中国高等植物

·修订版·

HIGHER PLANTS OF CHINA

·*Revised Edition*·

主 编

EDITORS-IN-CHIEF

傅立国 陈潭清 郎楷永 洪 涛 林 祁 李 勇

FU LIKUO, CHEN TANQING, LANG KAIYUNG, HONG TAO, LIN QI AND LI YONG

第十卷

VOLUME

10

编 辑

EDITORS

傅立国 洪 涛

FU LIKUO AND HONG TAO

青岛出版社

QINGDAO PUBLISHING HOUSE

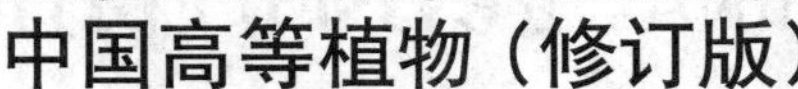

中国高等植物（修订版）

主编单位 中国科学院植物研究所
深圳仙湖植物园

主　　编 傅立国　陈潭清　郎楷永　洪　涛　林　祁　李　勇

副 主 编 傅德志　李沛琼　覃海宁　张宪春　张明理　贾　渝
杨亲二　李　楠

编　　委 (按姓氏笔画排列)　王文采　王印政　包伯坚　石　铸
朱格麟　吉占和　向巧萍　邢公侠　林　祁　林尤兴
陈心启　陈艺林　陈书坤　陈守良　陈伟球　陈潭清
应俊生　李沛琼　李秉滔　李　楠　李　勇　李锡文
吴珍兰　吴德邻　吴鹏程　何廷农　谷粹芝　张永田
张宏达　张宪春　张明理　陆玲娣　杨汉碧　杨亲二
郎楷永　胡启明　罗献瑞　洪　涛　洪德元　高继民
梁松筠　贾　渝　黄普华　覃海宁　傅立国　傅德志
鲁德全　潘开玉　黎兴江

责任编辑 高继民　张　潇

中国高等植物（修订版）第十卷

编　　辑 傅立国　洪　涛

编 著 者 陈伟球　潘开玉　洪德元　杨汉碧　胡嘉琪
秦祥堃　马毓泉　傅晓平　陶德定　尹文清
李秉滔　陈淑荣　陆玲娣　谷粹芝　林　祁
李振宇　李镇魁　曹　瑞　班　勤　王勇进
杜玉芬

责任编辑 高继民　张　潇

HIGHER PLANTS OF CHINA **REVISED EDITION**

HIGHER PLANTS OF CHINA **REVISED EDITION Volume 10**

Editors Fu Likuo and Hong Tao

Authors Ban Qin, Cao Rui, Chen Shurong, Chen Weiqiu, Du Yufen, Fu Xiaoping, Gu Cuizhi, Hong Deyuan, Hu Jiaqi, Li Bingtao, Li Zhenkui, Li Zhenyu, Lin Qi, Lu Lingdi, Ma Yuquan, Pan Kaiyu, Qin Xiangkun, Tao Deding, Wang Rongjin, Yang Hanbi and Yin Wenqing

Responsible Editors Gao Jimin and Zhang Xiao

第 十 卷　被子植物门
Volume 10　ANGIOSPERMAE

科　次

190. 透骨草科 PHRYMACEAE

（陈淑荣）

多年生直立草本。茎四棱形。叶为单叶，对生，具齿，无托叶。穗状花序生茎顶、侧枝顶及上部叶腋，具苞片及小苞片，有长梗。花两性，左右对称，虫媒；花萼合生成筒状，具5棱，檐部二唇形，上唇3萼齿钻形，先端钩状反曲，下唇2萼齿较短，三角形；花冠蓝紫、淡紫或白色，合瓣，漏斗状筒形，檐部二唇形，上唇直立，近全缘、微凹或2浅裂，下唇较大，开展，3浅裂，裂片在蕾中覆瓦状排列；雄蕊4，着生冠筒内面，内藏，下方2枚较长，花丝窄线形，花药分生，肾状圆形，背着，2室，药室平行，纵裂，顶端不汇合；雌蕊由2个背腹向心皮合生而成，子房上位，1室，基底胎座，有1直生胚珠，单珠被，花柱1，顶生，内藏，柱头二唇形。果为瘦果，包藏于宿存萼筒内，含1基生种子，子叶宽而旋卷。

1属、1种、2亚种，间断分布于北美东部及亚洲东部。我国1亚种。

透骨草属 **Phryma** Linn.

属特征同科。

透骨草 图 1

Phryma leptostachya Linn subsp. **asiatica** (Hara) Kitamura in Acta Phytotax. Geobot. 17: 7. 1957.

Phryma leptostachya var. *asiatica* Hara, Enum. Spem. Jap. 1: 297. 1948.

多年生草本，高达80（-100）厘米。茎四棱形，不分枝或于上部有带花序的叉开分枝，绿色或淡紫色，遍布倒生短柔毛或于茎上部有开展的短柔毛，稀近无毛。叶卵状长圆形、卵状披针形、卵状椭圆形、卵状三角形或宽卵形，长（1-）3-11（-16）厘米，先端渐尖、尾状急尖或急尖，稀近圆，基部楔形、圆或平截，中、下部叶基部常下延，边缘有（3-）5至多数锯齿，两面散生但沿脉较密的短柔毛，侧脉每侧4-6；叶柄长0.5-4厘米，被短柔毛，有时上部叶柄极短或无柄。穗状花序被微柔毛或短柔毛，花序梗长3-20厘米；花序轴长（5-）10-30厘米；苞片钻形或线形，长1-2.5毫米。小苞片2，生于花梗基部，与苞片同生，具短梗，花后反折；花萼筒状，萼筒长2.5-3.2毫米，有5纵棱，外面常有微柔毛，萼齿直立。上方萼齿3，钻形，长1.2-2.3毫米，先端多少钩状，下方萼齿2，三角形，长约0.3毫米；花冠蓝紫、淡红或白色，漏斗状筒形，长6.5-7.5毫米，外面无毛，内面于筒部远轴面被短柔毛；檐部上唇直立，长1.3-2毫米，先端2浅裂，下唇平伸，长2.5-3毫米，3浅裂，中央裂片较大；雄蕊远轴2枚较长，无毛,花丝长1.5-1.8毫米；雌蕊无毛，子房斜长圆状披针形，长1.9-2.2毫米，花柱长3-3.5毫米；柱头下唇较长。瘦果窄椭圆形，包藏于棒状宿存花萼内，反折并贴近果序轴。种子1，基生，种皮与果皮合生。花期6-10月，果期8-12月。

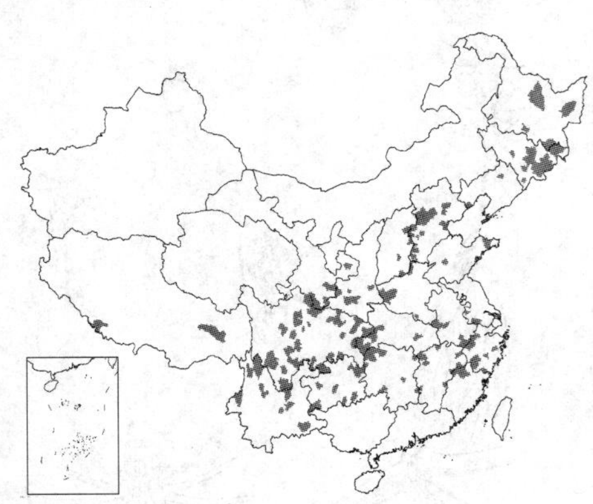

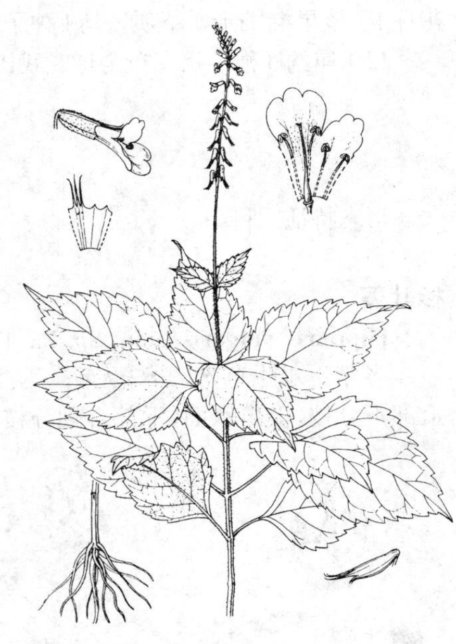

图 1 透骨草 （张泰利绘）

产黑龙江、吉林、辽宁、河北、山西、河南、山东、江苏、安徽、浙江、福建、江西、湖北、湖南、广西、贵州、云南、西藏、四川、陕西及甘肃，生于海拔380-2800米阴湿山谷或林下。俄罗斯远东地区、朝鲜半岛、日本、越南北部、印度东北部、尼泊尔、克什米尔地区及巴基斯坦北部有分布。民间用全草入药，治感冒、跌打损伤，外用治毒疮、湿疹、疥疮。根及叶的鲜汁或水煎液对菜粉蝶、家蝇和三带喙库蚊的幼虫有强烈的毒性。根含透骨草素及透骨草醇乙酸酯，后者为杀虫成分。民间用全草煎水消灭蝇蛆和菜青虫。

191. 杉叶藻科 HIPPURIDACEAE

（杜玉芬）

多年生水生或沼生草本。具匍匐根状茎。茎直立，不分枝。叶轮生，线形或长圆形，全缘。花小，两性或单性，单生叶腋，无柄；花萼明显，具环状边缘；无花瓣；雄蕊1，花丝短，内向纵裂；子房下位，1室，具1倒生胚珠，花柱1。核果椭圆形，革质，具1种子。种子短圆柱形，种皮膜质，具少量胚乳，胚圆柱形。

仅1属约3种，几广布全球。我国1种。

杉叶藻属 **Hippuris** Linn.

形态特征同科。

杉叶藻 图 2 彩片 1

Hippuris vulgaris Linn. Sp. Pl. 4. 1753.

多年生水生草本，全株无毛。茎直立，多节，常带紫红色，高达1.5米，上部不分枝，挺出水面，下部合轴分枝，有匍匐白或棕色肉质匍匐根茎，节上生多数纤细棕色须根，生于泥中。叶6-12，轮生，线形，长1-2.5厘米，宽1-2毫米，全缘，具1脉。花单生叶腋，无柄，常为两性，稀单性；萼与子房合生；无花瓣；雄蕊1；花柱稍长于雄蕊，子房下位，雌蕊生于子房上的一侧。核果窄长圆形，长约1.5毫米，光滑，顶端近平截，具宿存雄蕊及花柱。花期6月。

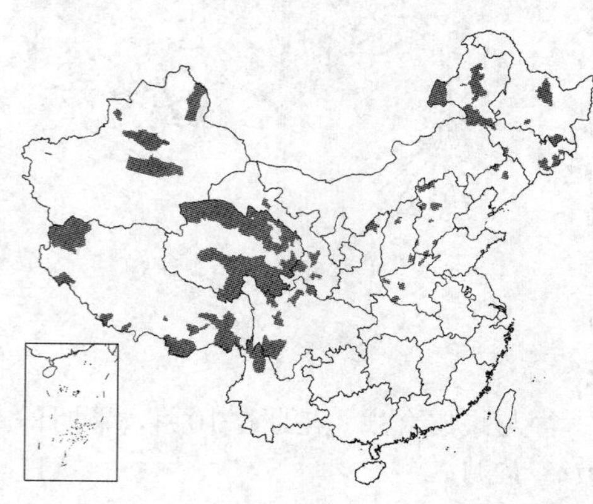

产黑龙江、吉林、辽宁、内蒙古、河北、河南、山西、陕西、甘肃、新疆、青海、西藏、云南及四川，生于沼泽、草甸、湖滨、池塘、溪流或河沟浅水中。北半球广布。

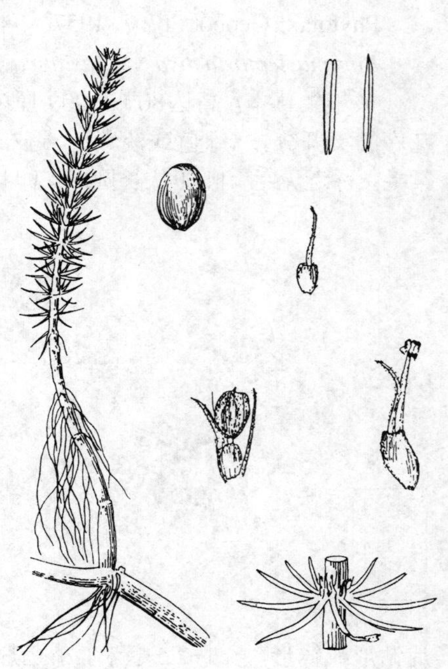

图 2 杉叶藻 （仿《东北草本植物志》）

192. 水马齿科 CALLITRICHACEAE

（林 祁）

一年生草本，水生、沼生或湿生。茎细弱。叶对生，或在水面上呈莲座状，倒卵形、匙形或线形，全缘，无托叶。花细小，单性同株，腋生、单生或极少雌雄花同生于一个叶腋内；苞片2，膜质，白色；无花被；雄花仅1雄蕊，花丝纤细，花药小，2室，侧向纵裂；雌花具1雌蕊，花柱2，伸长，子房上位，4室，4浅裂，胚珠单生。果4浅裂，边缘具膜质翅，成熟后4室分离。种子具膜质种皮，胚直立，胚乳肉质。

1属，约25种，广布世界各地。我国4种。

水马齿属 **Callitriche** Linn.

属的特征同科。

1. 果实倒卵状椭圆形，长过于宽，仅上部边缘具窄翅 ………………………………… 1. **沼生水马齿 C. palustris**
1. 果实横椭圆形，宽过于长，周边具宽翅 ……………………………………………………… 2. **水马齿 C. stagnalis**

1. 沼生水马齿 图 3

Callitriche palustris Linn. Sp. Pl. 969. 1753.

一年生草本，高达40厘米。茎纤细，多分枝。叶对生，在茎顶常密集排列成莲座状，浮于水面，倒卵形或倒卵状匙形，长4-6毫米，先端圆或微钝，基部渐窄，两面疏生褐色细小斑点，叶脉3；沉于水中的茎生叶匙形或线形，长0.6-1.2厘米。花单性同株，单生叶腋，为2个膜质小苞片所托；花丝长2-4毫米；子房倒卵状，长过于宽。果倒卵状椭圆形，长1-1.5毫米，宽约1毫米，仅上部边缘具窄翅。

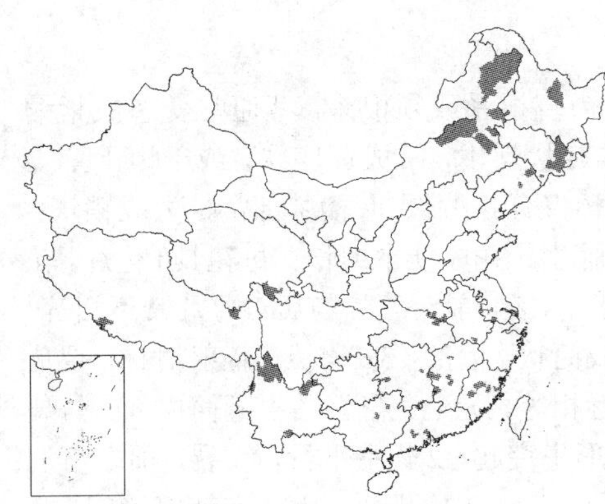

产黑龙江、吉林、辽宁、内蒙古、河南、安徽、江苏、福建、江西、湖北、湖南、广东、广西、贵州、云南、四川、西藏及青海，生于海拔700-3800米沼泽或湿地。欧洲、北美及亚洲温带地区均有分布。

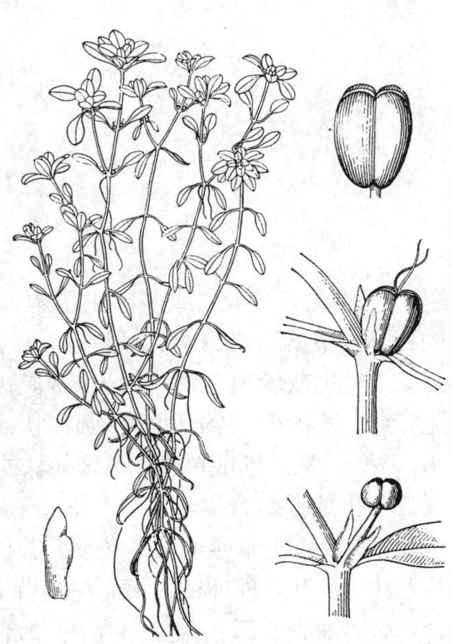

图 3 沼生水马齿（肖 溶绘）

2. 水马齿 图 4

Callitriche stagnalis Scop. Fl. Carniol. 2: 251. 1772.

一年生草本，高达30厘米。叶对生，在茎顶密集排列成莲座状，浮于水面，倒卵形或倒卵状匙形，长3-3.5毫米，先端圆，基部渐窄，两面具褐色小斑点，叶脉3；沉于水中的茎生叶匙形或长圆状披针形，长6-9毫米。花单性同株，单生叶腋，为2个膜质小苞片所托；花丝长约2毫米；子房扁圆状，宽过于长。果横椭圆形，长约1.5毫米，宽约2毫米，周边具宽翅，两端微凹。

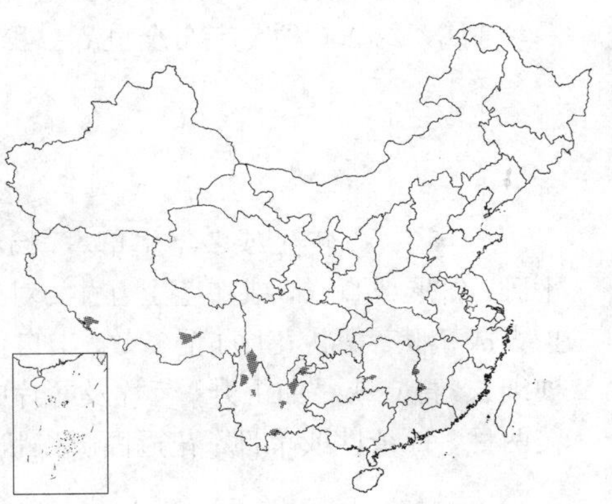

产山东东部、江苏西南部、江西西部、湖南、香港、云南及西藏，生于低海拔至中海拔（4200米）水沟、沼泽、湿地或水田中。各大洲均有分布。

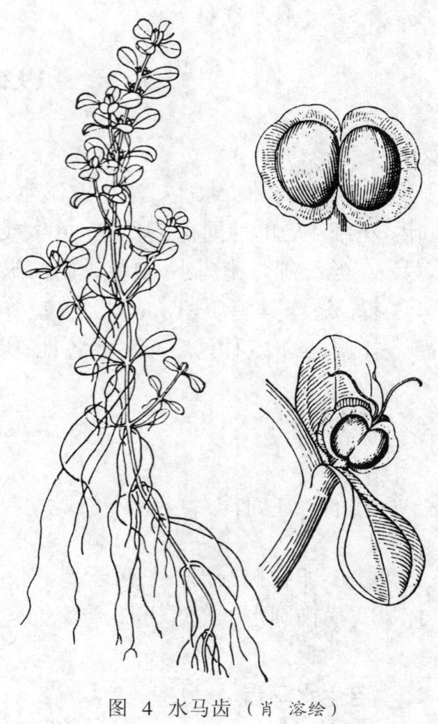

图 4 水马齿（肖 溶绘）

193. 车前科 PLANTAGINACEAE

（陈淑荣　李振宇）

一年生、二年生或多年生草本，稀小灌木，陆生或沼生，稀水生。根为直根系或须根系。茎通常变态成紧缩的根茎，根茎通常直立，稀斜升，少数具直立和节间明显的地上茎。叶螺旋状互生，常成莲座状，或于地上茎上互生、对生或轮生；单叶，全缘或具齿，稀羽状或掌状分裂，弧形脉3-11，稀仅有1中脉；叶柄基部常扩大成鞘状；无托叶。穗状花序窄圆柱状、圆柱状或头状，偶简化为单花，稀总状花序，腋生；花序梗常细长；每花具1苞片。花小，两性，稀杂性或单性，雌雄同株或异株，风媒，稀虫媒或闭花受粉；花萼4裂，前对萼片与后对萼片常不相等，裂片分生或后对合生，宿存；花冠干膜质，白、淡黄或淡褐色，高脚碟状或筒状，檐部（3-）4裂，辐射对称，裂片覆瓦状排列，开展或直立，花后常反折，宿存；雄蕊4，稀1或2，相等或近相等，无毛。花丝贴生冠筒内面，与裂片互生，丝状，外伸或内藏，花药背着，丁字药，顶端骤缩成三角形或钻形小突起，2药室平行，纵裂，顶端不汇合，基部多少心形；花盘不存在；雌蕊由背腹向2心皮合生而成，子房上位，2室，中轴胎座，稀1室基底胎座，胚珠1-40余个，横生或倒生，花柱1，丝状，被毛。果常为周裂的蒴果，果皮膜质，无毛，内含1-40余个种子，稀为含1种子的骨质坚果。种子盾状着生，腹面隆起、平坦或内凹成船形，无毛；胚直伸，稀弯曲，肉质胚乳位于中央。

3属，约200种，广布全世界。我国1属20种。

车前属 **Plantago** Linn.

一年生、二年生或多年生草本，稀小灌木，陆生或沼生。根为直根系或须根系。叶螺旋状互生，紧缩成莲座状，平卧、斜展或直立，或在茎上互生、对生或轮生，全缘或具齿，稀羽状或掌状分裂；叶柄长，少数不明显，基部常扩大成鞘状。穗状花序1至多数，出自莲座丛或茎生叶的腋部，细圆柱状、圆柱状或头状，有时简化至单花；花序梗细长，直立或弓曲上升；苞片及萼片中脉常具龙骨状突起或加厚，有时翅状，两侧片通常干膜质，白或无色透明。花两性，稀杂性或单性。花冠高脚碟状或筒状，宿存，冠筒初为筒状，后随果的增大而呈壶状，包裹蒴果，檐部4

裂，直立、开展或反折；雄蕊4，着生冠筒内面，外伸，少数内藏，花药开裂后明显增宽，顶端骤缩成三角形小突起；子房2-4室，中轴胎座，具2-40多个胚珠。蒴果果皮膜质，周裂。种子1至40余个，具网状或疣状突起，含黏液质，种脐生于腹面中部或稍偏向一侧；胚直伸，两子叶背腹向或左右向排列。

190余种，广布世界温带及热带地区，向北达北极圈附近。中国20种，其中2种为外来入侵杂草，1种为引种栽培及野化植物。车前、大车前和平车前为传统中药，有清热利尿、祛痰、凉血、解毒等作用，其嫩叶及幼苗含较丰富的钙、磷、铁、胡萝卜毒及维生素C，在民间作野菜食用。多种车前的种子富含胶质，可用作缓泻剂。

1. 地上茎不存在；根茎短而直立；叶螺旋状互生，紧缩成莲座状；花序梗花葶状；花冠筒无横皱；种子（1-）3至多数，腹面（种脐一侧）隆起、平坦或凹陷成船形。
  2. 叶宽卵形或宽椭圆形，长通常不及宽的2倍；苞片背面无毛；种子（2-）5-34，子叶背腹向排列；根为须根系或直根系。
    3. 根为须根系；叶薄纸质或纸质，具3-7条脉；穗状花序紧密或稀疏，通常较细长；花冠绿白或白色，裂片无光泽，不透明；花丝白色，干后不变黑；种子（2-）5-24（-34），长0.8-2毫米，具角。
      4. 花无梗；花药鲜时淡紫色，稀白色；蒴果于中部或稍低片周裂；种子（8-）12-24（-34），长0.8-1.2毫米 ………………………………………………………………………… 3. **大车前 P. major**
      4. 花具短梗；花药鲜时白色，稀黄色（革叶车前）；蒴果于基部上方周裂；种子（2-）5-15，长（1.2-）1.3-2毫米。
        5. 萼片先端钝圆或钝尖，龙骨突不及或延至先端，而不外伸。
          6. 植株干后绿或褐绿色，或局部带紫色；叶薄纸质或纸质，叶柄上面具凹槽，中部无翅；花冠裂片窄三角形；花药白色，干后变淡褐色，长1-1.2毫米。
            7. 叶脉5-7条 ……………………………………………………………… 4. **车前 P. asiatica**
            7. 叶脉3-5条。
              8. 穗状花序通常稀疏、间断；花萼长2-2.5毫米，龙骨突常延至萼片先端；花冠裂片长0.7-1.1毫米蒴果圆锥状卵圆形，长3-4毫米 ……………………… 4.(附). **疏花车前 P. asiatica** subsp. **erosa**
              8. 穗状花序紧密，有时下部间断；花萼长3.5-4毫米，龙骨突不延至萼片先端花冠裂片长1.3-1.5毫米；蒴果窄圆锥状卵圆形，长5-8毫米 ……………… 4(附). **长果车前 P. asiatica** subsp. **densiflora**
          6. 植株干后变黑褐或浅黑色；叶薄革质或革质，叶柄扁平，具宽翅；花冠裂片卵形或卵圆形；花药干后黄褐色，长约1.5毫米 ……………………………………… 6. **革叶车前 P. gentianoides** subsp. **griffithii**
        5. 萼片先端渐尖，龙骨突先端外伸 ……………………………………………… 5. **尖萼车前 P. cavaleriei**
    3. 根为直根系；叶厚纸质，具7-11条脉；穗状花序紧密而粗壮，径0.8-1厘米；花冠银白色，裂片有光泽，半透明；花丝淡紫色，干后变黑色；种子（2-）4，长1.9-2.4毫米，无角 ……………… 1. **巨车前 P. maxima**
  2. 叶椭圆形、卵状披针形、披针形、匙形或线形，长为宽的2倍以上；苞片背面无毛或被毛种子2-5，若为7-30，则叶呈线形，子叶背腹向或左右向排列；根均为直根系。
    9. 花冠被毛。
      10. 叶稍肉质，干后硬革质，线形；后对萼片两侧相等；花冠筒遍被短毛，裂片仅有短缘毛 ……………………………………………………………………………… 13. **盐生车前 P. maritima** subsp. **ciliata**
      10. 叶坚纸质，窄披针形、披针形或倒披针形；后对萼片两侧极不相等；花冠筒无毛，裂片背面密被硬毛状长柔毛，毛长达裂片的3倍 ……………………………………… 13(附). **毛瓣车前 P. lagocephala**
    9. 花冠无毛。
      11. 前对萼片至近先端合生 …………………………………………………… 10. **长叶车前 P. lanceolata**
      11. 萼片分生。
        12. 苞片先端具芒状长尖，长为花的2倍以上 ……………………………………… 11. **芒苞车前 P. aristata**
        12. 苞片先端钝圆或急尖，无芒状尖，短于或等长于、稀稍长于花。

13. 叶倒卵状披针形或倒披针形，叶脉（3-）5条；种子腹面内凹成船形，子叶背腹向排列 ……… 7. **北美车前 P. virginica**

13. 叶披针形、椭圆形或线形，若为倒卵形则叶脉7-9条；种子腹面平坦，子叶背腹向排列，若腹面内凹成船形，则子叶为左右向排列（小车前P. minuta.）。

14. 种子（2-）3-5，长1-2（-2.2）毫米，腹面平坦或微隆起，子叶背腹向排列。

15. 叶脉7-9条；花冠银白色，裂片有光泽，透明；花丝着生于冠筒内面近基部，淡紫色，干后黑；叶椭圆形、卵形或倒卵形 ………………………………………………………… 2. **北车前 P. media**

15. 叶脉3-5（-7）条；花冠白色，裂片无光泽，不透明或透明；花丝着生于冠筒内面上部，白色，干后不变黑。

16. 叶和花序被短柔毛、柔毛或长柔毛；叶椭圆形、窄椭圆形、椭圆状卵形或卵状披针形；种子3-5。

17. 叶和花序疏生或密被白色短柔毛或柔毛；苞片无毛；花冠裂片长0.5-1毫米；花药干后淡褐色；蒴果长4-5毫米；种子长1.2-1.8毫米。

18. 一年生或二年生草本；直根多少肉质；叶和花序梗疏被短柔毛，叶长达12厘米，宽达3.5厘米，边缘具锥齿 ………………………………………………………… 8. **平车前 P. depressa**

18. 多年生草本；直根木质化；叶和花序梗密被或疏被柔毛，叶长达16厘米，宽达5.5厘米，全缘，稀具少数波状浅钝齿 ………………… 8(附). **毛平车前 P. depressa** subsp. **turczaninowii**

17. 叶和花序密被白色长柔毛；苞片基部、花萼龙骨突或边缘常有柔毛；花冠裂片长1-1.5毫米；花 药干后暗红褐色；蒴果长2.5-3毫米；种子长（1.2）1.5-2.2毫米 ……………………………………………………………………… 8(附). **海滨车前 P. camtschatica**

16. 叶和花序密被白或淡褐色蛛丝状毛；叶披针形、窄椭圆形或线形，近全缘或疏生小钝齿；穗状花序通常紧密，长1-2.5（-5）厘米；种子1-2 ………………………… 9. **蛛毛车前 P. arachnoidea**

14. 种子2，长（2.5-）3-4毫米，腹面内凹成船形，子叶左右向排列；植株矮小，叶、花序轴和花序梗密被灰白或灰黄色长柔毛；叶线形、窄匙状线形或窄披针形 …………………… 12. **小车前 P. minuta**

1. 地上茎发达，多分枝，无根茎，全株散生短腺毛，具直根；叶对生，或兼3叶轮生，线形或线状披针形；穗状花序生于茎中部叶腋，短圆柱状至卵球形，具较短的花序梗；花冠筒有横皱；种子2，腹面内凹成船形，边缘内卷，子叶左右向排列 ………………………………………………………… 14. **对叶车前 P. arenaria**

1. 巨车前 图 5:1

Plantago maxima Juss. ex Jacq. Collect. Bot. 1: 82. 1786.

多年生粗壮草本。直根粗，圆柱状。根茎粗短，具叶柄残基。叶基生呈莲座状，厚纸质，宽椭圆形、卵状长圆形、宽卵形或宽倒卵形，长8-20厘米，先端钝尖或圆，基部宽楔形，向下渐窄至叶柄，全缘或具稀疏的波状齿，脉7-11条，于下面隆起，两面散生白色短柔毛；干时常变浅黑色；叶柄长7-20厘米，有明显纵条纹，密被向下贴生的短柔毛。穗状花序粗壮而紧密，圆柱状，长6-20厘米，花序梗长20-50厘米，被短柔毛；苞片长卵形，稍短于花萼，具明显的龙骨突，无毛。萼片长椭圆形或卵状椭圆形，长2.2-2.5毫米，龙骨突较宽，延至近顶端，无毛；花冠银白

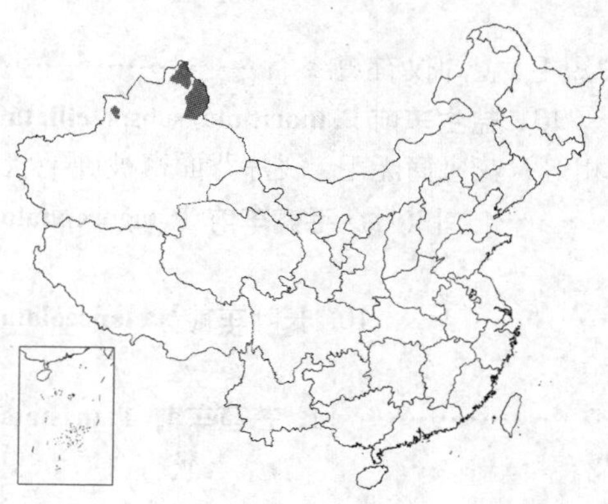

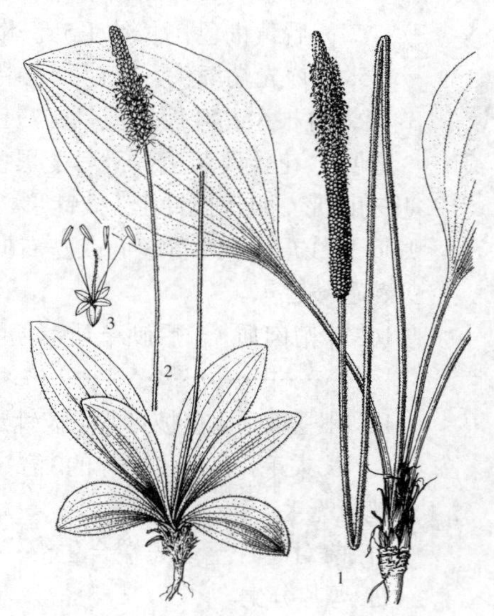

图 5: 1.巨车前 2-3.北车前
（冀朝祯绘）

色，无毛，花冠筒约与萼片等长，裂片卵状披针形，中脉明显，半透明，有光泽，花后反折；雄蕊同花柱明显外伸，花丝着生花冠筒内面近基部，淡紫色，干后黑色，花药淡紫色，顶端具三角状突起；胚珠4。蒴果卵球形，长3-4毫米，无毛。种子（2-）4，卵圆形或长卵圆形，长1.9-2.4毫米，无角，背腹面隆起；子叶背腹向排列。花期6-8月，果期8-9月。

产新疆西北部及北部，生于海拔500-700米较干旱的钙土低草地。匈牙利、俄罗斯、哈萨克斯坦、土库曼斯坦、吉尔吉斯斯坦、乌兹别克斯坦、塔吉克斯坦及蒙古有分布。

2. 北车前 图 5:2-3

Plantago media Linn. Sp. Pl. 113. 1753.

多年生草本。直根较粗，圆柱状。根茎粗短，具叶柄残基，有时分枝。叶基生呈莲座状，纸质或厚纸质，椭圆形、长椭圆形、卵形或倒卵形，长4.5-13厘米，先端急尖，基部渐窄，全缘或疏生浅波状小齿，两面散生白色柔毛，脉7-9条；叶柄长0.5-8厘米，具翅，密被倒向白色柔毛。穗状花序通常2-3，长3-8厘米，密集，穗轴、苞片基部及内侧疏生白色柔毛；花序梗长15-40（-45）厘米，被向上的白色短柔毛；苞片窄卵形，龙骨突厚。萼片与苞片约等长，无毛，龙骨突不达顶端；花冠银白色，无毛，冠筒约与萼片等长，裂片卵状椭圆形、卵形或披针状卵形，脉不明显，半透明，有光泽，花后反折。雄蕊与花柱明显外伸，花丝生花冠筒内面近基部，淡紫色，干后变黑色，花药顶端具三角形突起，通常淡紫色，稀白色；胚珠4。蒴果卵状椭圆形，长2.5-4毫米。种子（2-）4，长椭圆形，长1.5-2毫米；子叶背腹向排列。花期6-8月，果期7-9月。

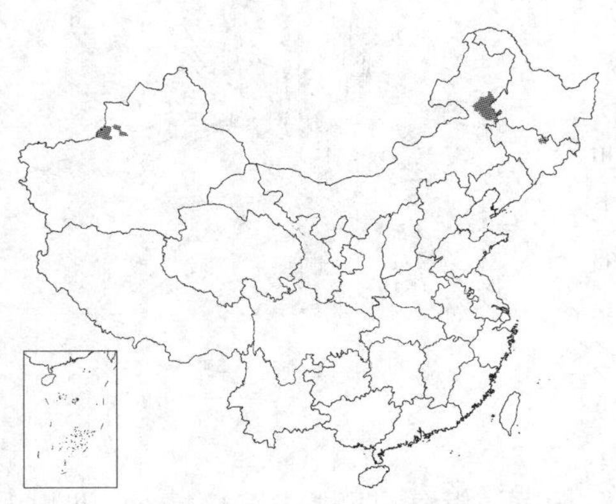

产吉林南部、内蒙古东部及新疆西北部，生于海拔1360-2000米草甸、河滩、沟谷或山坡台地。欧洲至亚洲中部及北部有分布。

3. 大车前 图 6

Plantago major Linn. Sp. Pl. 112. 1753.

二年生或多年生草本。须根多数。根茎粗短。叶基生呈莲座状，草质、薄纸质或纸质，宽卵形或宽椭圆形，长3-18（-30）厘米，先端钝尖或急尖，边缘波状、疏生不规则牙齿或近全缘，两面疏生短柔毛或近无毛，稀被较密柔毛，脉（3-）5-7条；叶柄长（1-）3-10（-26）厘米，基部鞘状，常被毛。穗状花序1至数个，细圆柱状，（1-）3-20（-40）厘米，基部常间断；花序梗长（2-）5-18（-45）厘米，被短柔毛或柔毛；苞片宽卵状三角形，无毛或先端疏生短毛，龙骨突宽厚。花无梗；花萼裂片先端圆，无毛或疏生短缘毛，边缘膜质，龙骨突不达顶端；花冠白色，无毛，花冠筒等长或稍长于萼片，裂片披针形或窄卵形，花后反折；雄蕊着生花冠筒内面近基部，与花柱明显外伸，花药通常初为淡紫色，稀白色，干后变淡褐色；胚珠（8-）12至40余个。蒴果近球形、卵球形或宽椭圆球形，长2-3毫米，于中部或稍低处周裂。种子（8-）12-24（-34），卵圆形、椭圆形或菱形，长0.8-1.2毫米，具角，腹面隆起或近平坦；子叶背腹向排列。花期6-8

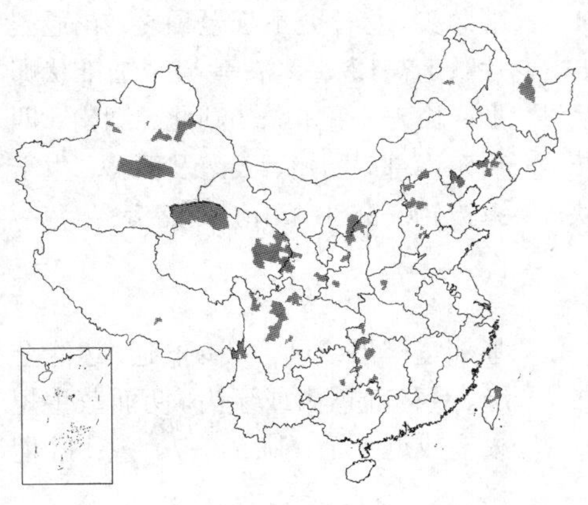

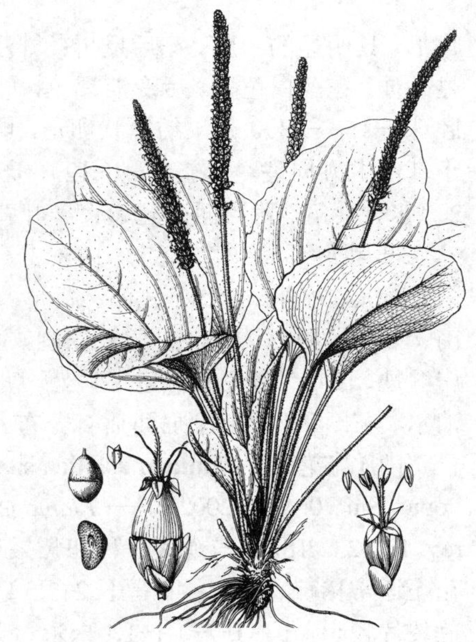

图 6 大车前（冀朝祯绘）

月，果期7-9月。

产黑龙江、吉林、辽宁、内蒙古、河北、山西、河南、山东、江苏、福建、台湾、广西、海南、四川、云南及西藏，生于海拔5-2800米草地、草甸、河滩、沟边、沼泽地、山坡路旁、田边或荒地。分布欧亚大陆温带及寒温带。

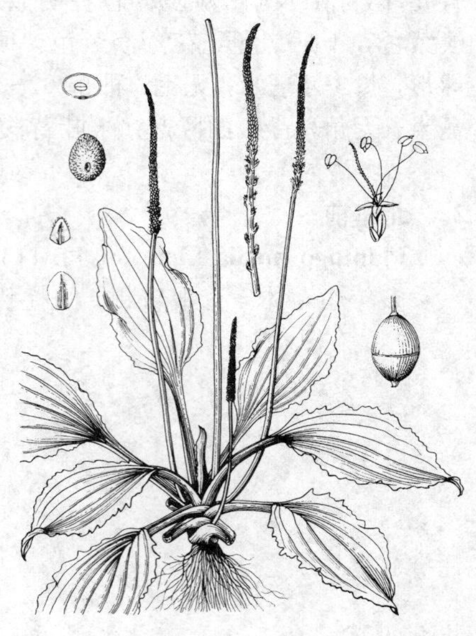

图 7 车前（冀朝祯绘）

4. 车前 图 7

Plantago asiatica Linn. Sp. Pl. 113. 1753.

二年生或多年生草本，植株干后绿或褐绿色，或局部带紫色。须根多数。根茎短，稍粗。叶基生呈莲座状，薄纸质或纸质，宽卵形或宽椭圆形，长4-12厘米，先端钝圆或急尖，基部宽楔形或近圆，多少下延，边缘波状、全缘或中部以下有锯齿、牙齿或裂齿，两面疏生短柔毛；脉5-7条；叶柄长2-15（-27）厘米，上面具凹槽，无翅，基部扩大成鞘，疏生短柔毛。穗状花序3-10个，细圆柱状，长3-40厘米，紧密或稀疏，下部常间断；花序梗长5-30厘米，疏生白色短柔毛；苞片窄卵状三角形或三角状披针形，龙骨突宽厚。花具短梗；萼片先端钝圆或钝尖，龙骨突不延至顶端。花冠白色，无毛，花冠筒与萼片近等长，裂片窄三角形，具明显的中脉，花后反折；雄蕊着生花冠筒内面近基部，与花柱明显外伸，花药白色，干后变淡褐色，长1-1.2毫米，顶端具宽三角形突起；胚珠7-15（-18）。蒴果纺锤状卵形、卵球形或圆锥状卵形，长3-4.5毫米，于基部上方周裂。种子5-6（-12），卵状椭圆形或椭圆形，长（1.2-）1.5-2毫米，具角，背腹面微隆起；子叶背腹排列。花期4-8月，果期6-9月。

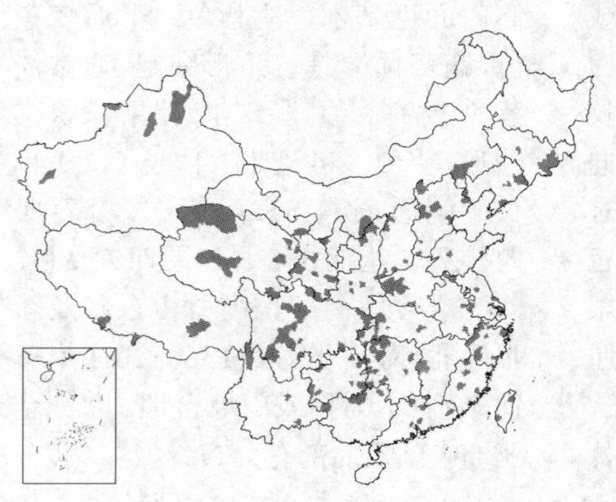

产黑龙江、吉林、辽宁、内蒙古、河北、山西、河南、山东、江苏、安徽、浙江、福建、台湾、江西、湖北、湖南、广东、海南、广西、贵州、云南、西藏、四川、陕西、甘肃及新疆，生于海拔3200米以下草地、沟边、河岸湿地、田边、路旁或村边空旷处。朝鲜半岛、俄罗斯远东地区、日本、尼泊尔、马来西亚及印度尼西亚有分布。

[附] **疏花车前 Plantago asiatica** subsp. **erosa** (Wall.) Z. Y. Li, Fl. Reipubl. Popul. Sin 70: 328. 2002. —— *Plantago erosa* Wall. in Roxb. Fl. Ind. ed. Carey, 1: 423. 1820. 与模式亚种和长果车前的主要区别：叶脉3-5条；穗状花序通常稀疏、间断；花萼长2-2.5毫米，龙骨突通常延至萼片顶端；花冠裂片较小，长（0.7-）1-1.1毫米；蒴果圆锥状卵形，长3-4毫米。产陕西、青海、西藏东南部、云南、四川、贵州、广西、广东、湖南、湖北及福建，生于海拔350-3800米山坡草地、河岸、沟边、田边或火烧迹地。斯里兰卡、锡金、尼泊尔、孟加拉国及印度东北部有分布。

[附] **长果车前 Plantago asiatica** subsp. **densiflora** (J. Z. Liu) Z. Y. Li, Fl. Reipubl. Popul. Sin 70: 328. 2002. —— *Plantago densiflora* J. Z. Liu in Acta Phytotax. Sin. 27 (4): 298. pl. 1. 1989. 与模式亚种和疏花车前的区别：叶脉3-5条；穗状花序紧密，有时中部间断；花萼长3.5-4毫米，萼片先端急尖，龙骨突不延至顶端；花冠裂片长1.3-1.5毫米；蒴果窄圆锥状卵形，长5-8毫米。产湖北、湖南、四川东南部、贵州、云南及西藏，生于海拔700-3500米山坡或路旁。

5. 尖萼车前 图 8

Plantago cavaleriei Lévl. in Fedde, Repert. Sp. Nov. 2: 114. 1906.

多年生草本。须根多数。根茎较短，顶端具黄褐色绵毛。叶基生呈莲座状，纸质，宽卵形或椭圆形，长（2.5-）3.5-10厘米，先端钝圆或急尖，基部宽楔形或圆，多少下延，边缘全缘、具稀疏锯齿或牙齿，两面散生短柔毛或近无毛，脉5（-7）条；叶柄

长5-12厘米，基部明显扩展成鞘状。穗状花序2-10个，细圆柱状，长3-20厘米，下部常间断；花序梗长5-25厘米，散生但上部密生柔毛；苞片宽卵形至宽卵状三角形，龙骨突外伸。花具短梗；萼片先端渐尖，龙骨突先端外伸；花冠绿白色，无毛，花冠筒稍长于萼片，裂片窄三角形，花后反折；雄蕊着生花冠筒内面近基部，与花柱明显外伸，花药白色，干后变淡黄或黄褐色，顶端具三角形小突起；胚珠7-12。蒴果常圆锥状卵圆形，长4-4.5毫米，于基部上方周裂。种子6-9，卵圆形或椭圆形，具角，长1.2-1.8毫米，腹面隆起；子叶背腹向排列。花期5-8月，果期7-9月。

产四川、云南、贵州。生于海拔200-3475米山谷潮湿草地、河边、湖畔或路边湿地。

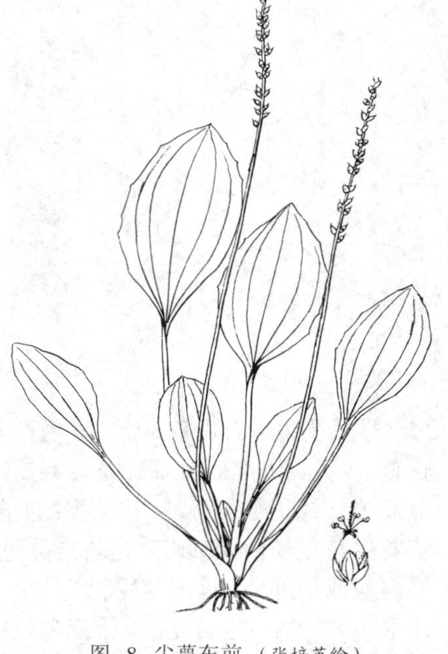

图 8 尖萼车前（张培英绘）

6.　革叶车前　图 9

Plantago gentianoides Sibth et Smith subsp. **griffithii** (Decne.) Rech. f. in Fl. Iran. 15: 9. t. 1. f. 2. t. 2. 1965.

Plantago griffithii Decne. in DC. Prodr. 13 (1): 700. 1852.

多年生草本。须根多数。根茎粗短或延长达5厘米。叶基生呈莲座状，薄革质或革质，卵形、宽卵形或宽椭圆形，长（1-）2-6厘米，先端急尖或短渐尖，基部宽楔形或近圆，全缘、浅波状或中部以下具疏钝齿，下延至叶柄，脉3-5条；无毛，干后常变黑褐色或浅黑色；叶柄长1-3（-4）厘米，扁平具宽翅，基部鞘状。花序梗长2-10厘米，中上部或仅上部被向上贴生的白或淡黄色柔毛；穗状花序头状至圆柱状，紧密升基部间断，长1-3厘米，1-5序或有时更多，干后常变浅黑色；苞片宽卵形或宽卵状三角形，龙骨突宽厚，不延至顶端，具明显纵脉纹。花具短梗；萼片龙骨突窄，延至顶端。花冠白色，干后变褐色，无毛，花冠筒与萼片等长，裂片卵形或卵圆形，中脉明显，花后反折。雄蕊着生花冠筒内面近基部，与花柱明显外伸，花药长约1.5毫米，顶端具宽三角形小突起，干后黄褐色；胚珠4-7。蒴果椭圆球形或卵球形，顶端平截，于基部上方周裂。种子2-4（-7），椭圆形，长约2毫米，具角，腹面近平坦；子叶背腹向排列。花期6-8月，果期8-9月。

产新疆塔什库尔干及西藏西南部，生于海拔3000-4300米河滩草甸或山坡下部多石草地。伊朗、阿富汗、吉尔吉斯斯坦、巴基斯坦及克什米尔有分布。

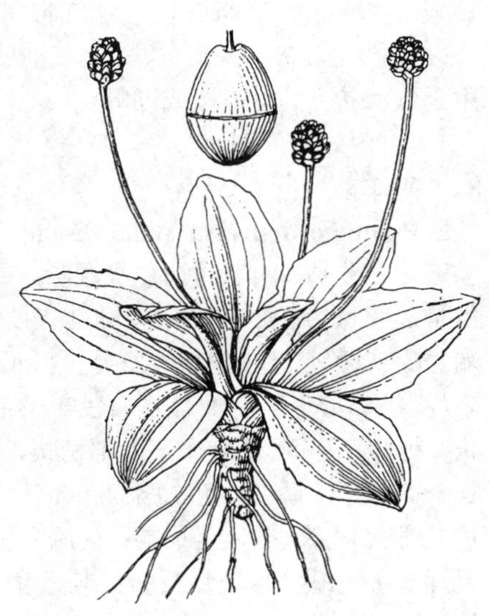

图 9 革叶车前（冀朝祯绘）

7.　北美车前　图 10

Plantago virginica Linn. Sp. Pl. 113. 1753.

一年生或二年生草本。直根纤细，有细侧根。根茎短。叶基生呈莲

座状，倒披针形或倒卵状披针形，长（2-）3-18厘米，先端急尖或近圆，基部窄楔形，下延至叶柄，边缘波状、疏生牙齿或近全缘，两面及叶柄散生白色柔毛，脉（3-）5条；叶柄长0.5-5厘米，基部鞘状。穗状花序1至多数，长（1-）3-18厘米，下部常间断；花序梗长4-20厘米，密被开展的白色柔毛，中空；苞片披针形或窄椭圆形，龙骨突宽厚，背面及边缘有白色疏柔毛。萼片与苞片等长或稍短，前对萼片龙骨突较宽，不达顶端，后对萼片龙骨突较窄，伸出顶端；花冠淡黄色，无毛，花冠筒等长或稍长于萼片；花两型；能育花的花冠裂片卵状披针形，直立，雄蕊着生花冠筒内面顶端，花药淡黄色，干后黄色，具窄三角形小尖头，花柱内藏或稍外伸，以闭花受粉为主；风媒花通常不育，花冠裂片与能育花同形，开展并于花后反折，雄蕊与花柱明显外伸；胚珠2。蒴果卵球形，长2-3毫米，于基部上方周裂。种子2，卵圆形或长卵圆形，长（1-）1.4-1.8毫米，腹面凹陷呈船形；子叶背腹向排列。花期4-5月，果期5-6月。

原产北美洲，在江苏、安徽、浙江、江西、福建、台湾及四川已野化，生于低海拔草地、路边或湖畔。

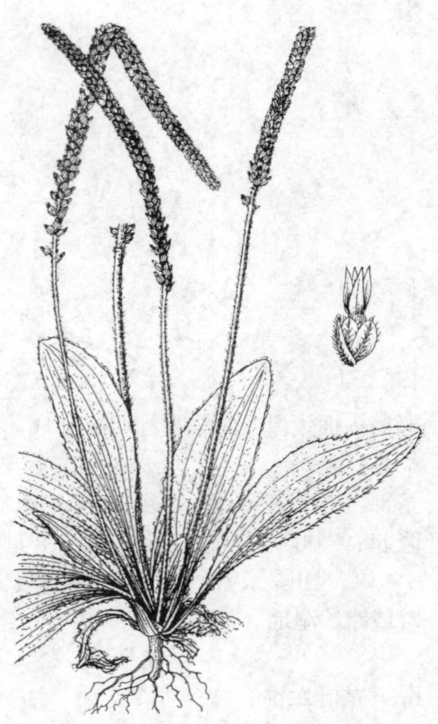

图 10 北美车前（冀朝祯绘）

8. 平车前 图 11

Plantago depressa Willd. Enum. Pl. Hort. Berol. Suppl. 8. 1813.

一年生或二年生草本。直根长，具多数侧根，多少肉质。根茎短。叶基生呈莲座状，纸质，椭圆形、椭圆状披针形或卵状披针形，长3-12厘米，先端急尖或微钝，基部楔形，下延至叶柄，边缘具浅波状钝齿、不规则锯齿或牙齿，脉5-7条，两面疏生白色短柔毛；叶柄长2-6厘米，基部扩大成鞘状。穗状花序3-10余个，上部密集，基部常间断，长6-12厘米；花序梗长5-18厘米，疏生白色短柔毛；苞片三角状卵形，无毛，龙骨突宽厚；萼片龙骨突宽厚，不延至顶端；花冠白色，无毛，花冠筒等长或稍长于萼片，裂片长0.5-1毫米，花后反折；雄蕊着生花冠筒内面近顶端，同花柱明显外伸，花药顶端具宽三角状小突起，鲜时白或绿白色，干后变淡褐色；胚珠5。蒴果卵状椭圆形或圆锥状卵形，长4-5毫米，于基部上方周裂。种子4-5，椭圆形，腹面平坦，长1.2-1.8毫米；子叶背腹向排列。花期5-7月，果期7-9月。

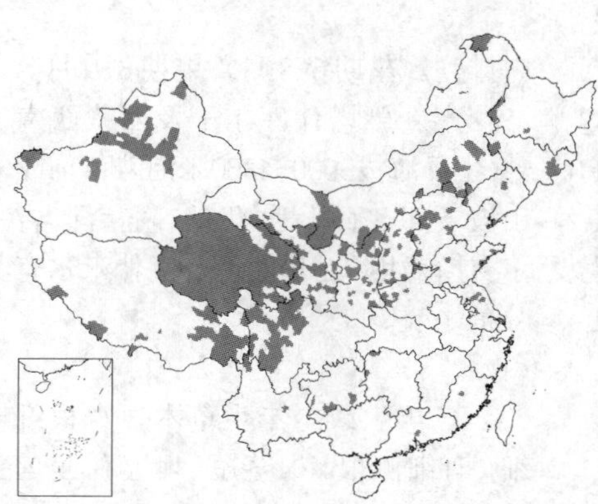

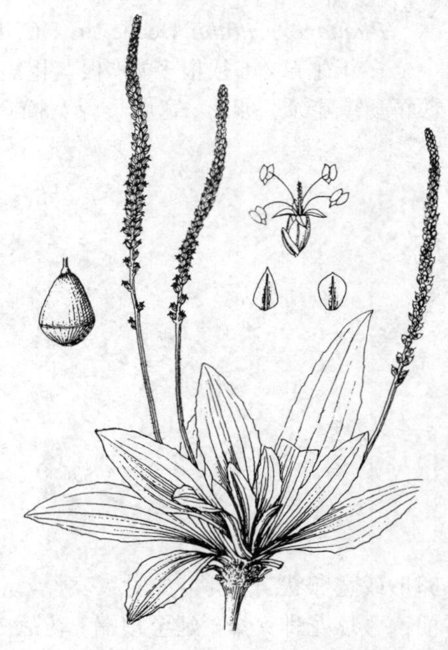

图 11 平车前（冀朝祯绘）

产黑龙江、吉林、辽宁、内蒙古、河北、山西、河南、山东、江苏、安徽、江西、湖北、四川、云南、西藏、新疆、青海、甘肃、宁夏及陕西，生于海拔5-4500米草地、河滩、沟边、草甸、田间或路旁。朝鲜半岛、俄罗斯西伯利亚及远东地区、哈萨克斯坦、阿富汗、蒙古、巴基斯坦、克什米尔及印度有分布。

[附] **毛平车前 Plantago dep-**

ressa subsp. **turczaninowii** (Ganjeschin) N. N. Tsvelev in Arktich. Fl. SSSR 8 (2): 19. 1983. —— *Plantago depressa* Willd. var. *turczaninowii* Ganjeschin in Trav. Mus. Bot. Acad. Imp. Sci. St. Peterst. 8: 193. 1915. 与模式亚种的区别：多年生草本，老株根茎及直根木质化；叶和花序梗密被或疏生白色柔毛，叶椭圆形、窄椭圆形或倒卵状椭圆形，长9-15厘米，宽2.5-5.5厘米，边缘全缘，稀具少数波状浅钝齿。产黑龙江、吉林、辽宁、内蒙古东北部及河北北部，生于海拔1000-1530米河滩、湿草地或阴湿山坡。俄罗斯远东地区及蒙古东部有分布。

[附] **海滨车前 Plantago camtschatica** Link. Enum. Hort. Berol. 1: 120. 1821. 本种与平车前的区别：叶和花序密被白色长柔毛；苞片基部、花萼龙骨突或边缘常有柔毛；花冠裂片长1-1.5毫米；花药干后暗红褐色；蒴果2.5-3毫米；种子长（1.2-）1.5-2.2毫米，腹面平坦。花期5-7月，果期6-8月。产辽宁长岛，生于海滨沙地或荒地。朝鲜半岛南部济州岛、日本、俄罗斯堪加半岛及萨哈林岛有分布。

图 12 蛛毛车前 （冀朝祯绘）

9. 蛛毛车前 图 12

Plantago arachnoidea Schrenk in Fisch. et Mey. Enum. Pl. Not. 1: 16. 1841.

多年生小草本。根茎、叶、花序密被白或淡褐色蛛丝状毛。直根粗长。根茎粗短，密覆残留叶柄纤维。叶基生呈莲座状，纸质，披针形、窄椭圆形或线形，长2-8（-15）厘米，先端急尖或渐尖，基部渐窄，边缘近全缘、浅波状或疏生小钝齿，脉1-3条，不明显；叶柄长1.2-2.5厘米。穗状花序（1-）3-7，长1-2.5（-5）厘米，紧密或下部间断；花序梗长5-20厘米；苞片卵形或卵圆形，边缘被蛛丝状毛，龙骨突宽厚，不延至顶端。花萼与苞片近等长，萼片龙骨突宽厚，不延至顶端，先端及边缘被蛛丝状毛；花冠白色，无毛，花冠筒与萼片近等长，裂片长1-1.5毫米，花后反折；雄蕊着生花冠筒内面近顶端，与花柱外伸，花药干后黄色，顶端具宽三角形小尖头；胚珠4。蒴果卵圆形或窄卵圆形，长3-4毫米，于基部上方周裂。种子1-2，长圆形或椭圆形，长（1.5-）1.8-2.8毫米，腹面平坦；子叶背腹向排列。花期6-7月，果期7-8月。

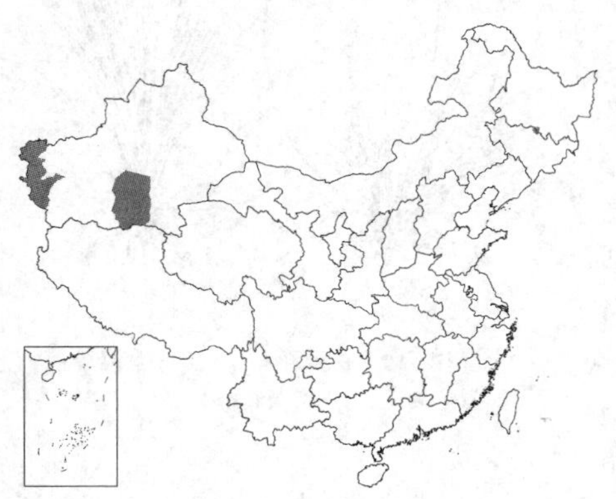

产新疆，生于海拔690-3520米多石山坡、盐碱地、草甸或河滩。塔吉克斯坦及哈萨克斯坦东部有分布。

10. 长叶车前 图 13

Plantago lanceolata Linn. Sp. Pl. 113. 1753.

多年生草本。直根粗长。根茎粗短，不分枝或分枝。叶基生呈莲座状，纸质，线状披针形、披针形或椭圆状披针形，长6-20厘米，先端渐尖或急尖，基部窄楔形，下延，全缘或具极疏小齿，脉（3-）5（-7）条；叶柄长2-10厘米，有长柔毛。穗状花序3-15，幼时通常呈圆锥状卵圆形，成长后变短圆柱头或头状，长1-5（-8）厘米，紧密；花序梗长10-60厘米，棱上多少贴生柔毛；苞片卵形或椭圆形，先端膜质，尾状，龙骨突匙形，密被长粗毛。萼片龙骨突不达顶端，背面常有长粗毛，前对萼片至近先端合生，

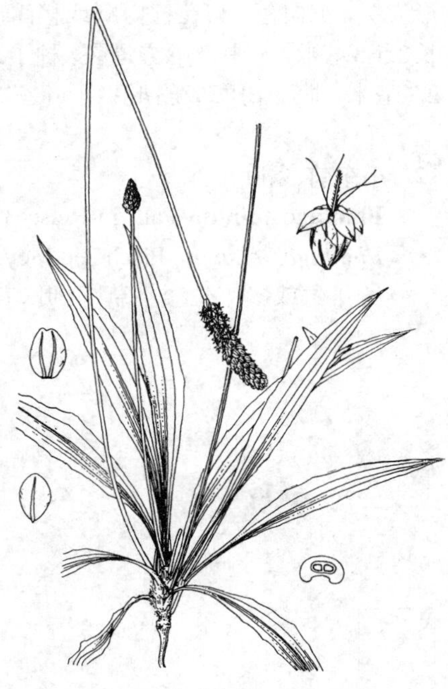

图 13 长叶车前 （冀朝祯绘）

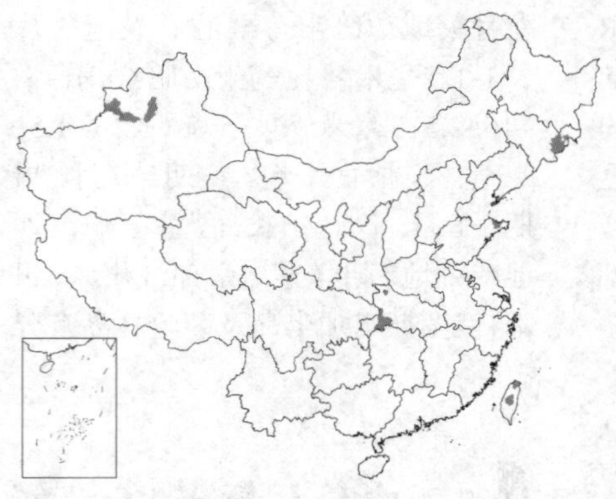

后对萼片分生；花冠白色，无毛，花冠筒约与萼片等长或稍长，裂片披针形或卵状披针形，中脉明显，干后淡褐色，花后反折；雄蕊着生花冠筒内面中部，与花柱外伸，花药顶端有卵状三角形小尖头，白或淡黄色；胚珠2-3。蒴果窄卵球形，长3-4毫米，于基部上方周裂。种子（1-）2，窄椭圆形或长卵圆形，长2-2.6毫米，腹面内凹成船形；子叶左右向排列。花期5-6月，果期6-7月。

产吉林东南部、辽宁南部、山东东部、安徽东南部及新疆，生于海拔3900米海滩、河滩、草原湿地、山坡多石处、沙质地、路边或荒地。欧洲、俄罗斯、蒙古、朝鲜半岛及北美洲有分布。

11. 芒苞车前 图 14:1-4

Plantago aristata Michx. Fl. Bor. Amer. 1: 95. 1803.

一年生或二年生草本。直根细长，具少数极细侧根。根茎长1-4厘米，不分枝或分枝。叶基生呈莲座状，直立或斜展，坚挺，密被开展的淡褐色长柔毛，毛长达6毫米，老叶可变无毛；叶坚纸质，披针形或线形，长4-20厘米，先端长渐尖，基部渐窄并下延，全缘，脉3条；无明显叶柄，基部扩大成鞘状，鞘长（0.5-）1-1.5厘米，边缘白色，膜质。穗状花序1-15（-30），长（0.5-）3-10厘米，紧密；花序梗长10-20厘米，无纵沟槽，密被向上伏生的柔毛；苞片窄卵形，常短于花萼，先端极延长，形成线形或钻状披针形的芒状长尖，密被开展的淡褐色长柔毛。萼片先端及龙骨突背面密被柔毛，前对萼片龙骨突宽厚，不达顶端，明显宽于侧片；后对萼片龙骨突窄，延至顶端，明显窄于侧片。花冠淡黄白色，无毛，花冠筒约与萼片等长，裂片宽卵形，基部近耳状，花后反折；花药顶端具极小的三角形尖头，黄白色，与花柱内藏或稍露出；胚珠2。蒴果椭圆球形或卵圆形，长2.5-3毫米，于中部下方周裂。种子2，椭圆形或长卵圆形，长（1.9-）2.3-2.7毫米，腹面内凹成船形；子叶左右向排列。花期5-6月，果期6-7月。

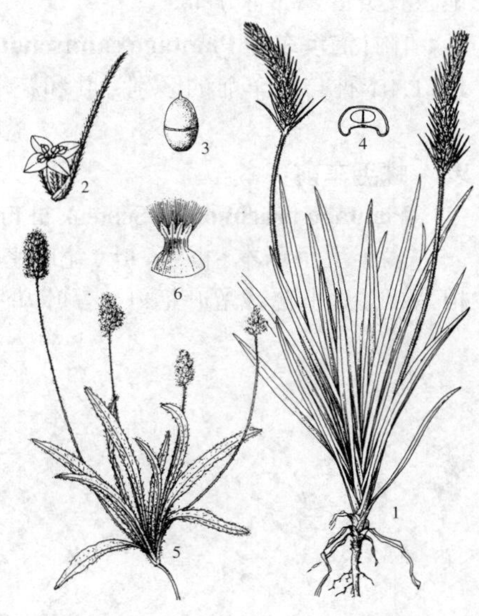

图 14: 1-4.芒苞车前 5-6. 毛瓣车前
（冀朝祯绘）

原产北美洲，在山东东南部及江苏南部已野化，生于海拔3-20米海滨沙滩、平原草地或山谷路旁。

12. 小车前 条叶车前 图 15

Plantago minuta Pall. in Reise 3: 521. 1776.

Plantago lessingii Fisch. et Mey.; 中国高等植物图鉴 4: 182. 1975.

一年生或多年生矮小草本，叶、花序梗及花序轴密被灰白或灰黄色长柔毛，有时变近无毛。直根细长，无侧根或有少数侧根。根茎短。叶基生呈莲座状，硬纸质，线形、窄披针形或窄匙状线形，长3-8厘米，先端渐尖，基部渐窄并下延，全缘；脉3条，叶柄不明显，基部扩大成鞘状。穗状花序2至多数，短圆柱状至头状，长0.6-2厘米，紧密，有时仅具少数花；花序梗长（1-）2-12厘米；苞片

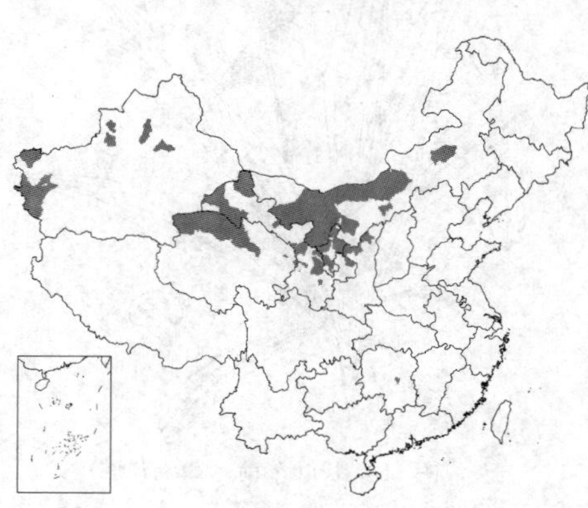

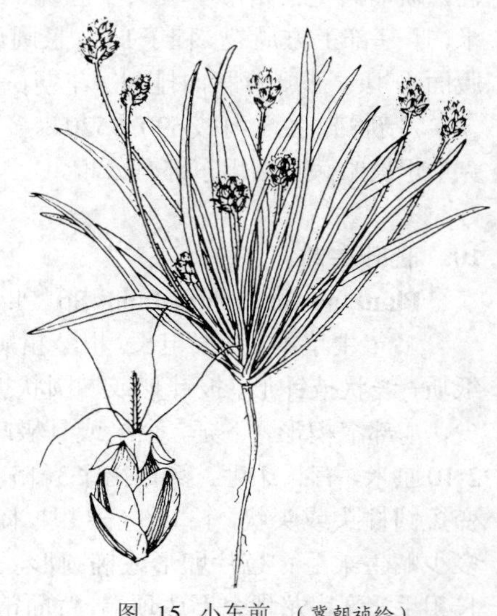
图 15 小车前 （冀朝祯绘）

宽卵形或宽三角形，龙骨突延至顶端，先端钝圆，与萼片外面密生或疏生长柔毛，或仅龙骨状及边缘有长柔毛。萼片龙骨突较宽厚，延至顶端；花冠白色，无毛，花冠筒约与萼片等长，裂片中脉明显，花后反折；雄蕊着生花冠筒内面近顶端，花丝与花柱外伸，花药顶端具三角形小尖头，干后黄色；胚珠2。蒴果卵圆形或宽卵圆形，长3.5-4（-5）毫米，于基部上方周裂。种子2，椭圆状卵圆形或椭圆形，长（2.5-）3-4毫米，腹面内凹成船形；子叶左右向排列。花期6-8月，果期7-9月。

产内蒙古、山西、陕西、宁夏、甘肃、青海、新疆及西藏，生于海拔400-4300米戈壁滩、沙地、沟谷、河滩、沼泽地、盐碱地或田边。俄罗斯南部、高加索、哈萨克斯坦及蒙古有分布。

图 16：1-2.盐生车前 3-5.对叶车前
（冀朝祯绘）

13. 盐生车前 图 16：1-2

Plantago maritima Linn. subsp. **ciliata** Printz, Veget. Siber.-Mongol. Front. 3: 397. f. 111. 1921.

Plantago maritima var. *salsa* (Pall.) Pilger；中国高等植物图鉴 4: 181. 1975.

多年生草本。直根粗长。根茎粗，长达5厘米，常有分枝，顶端具叶鞘残基及枯叶。叶簇生呈莲座状，稍肉质，干后硬革质，线形，长（4-）7-32厘米，先端长渐尖，基部渐窄并下延，边缘全缘，平展或略反卷，脉3-5条，有时仅1条明显；无明显叶柄，基部扩大成三角形叶鞘。穗状花序1至多个，长（2-）5-17厘米，紧密或下部间断，穗轴密生短糙毛；花序梗长（5-）10-30（-40）厘米，无沟槽，贴生白色短糙毛；苞片三角状卵形或披针状卵形，有短缘毛，背面龙骨突厚，不达顶端。花萼长2.2-3毫米，萼片有粗短毛，龙骨突厚，不达萼片顶端，前对萼片稍不对称，后对萼片两侧相等；花冠淡黄色，花冠筒与萼片近等长，外面散生短毛，裂片宽卵形或长圆状卵形，花后反折，疏生短缘毛；雄蕊与花柱外伸，花药长1.8-2毫米，顶端具三角状小突起，干后淡黄色；胚珠3-4。蒴果圆锥状卵圆形，长2.7-3毫米。种子1-2，椭圆形或长卵圆形，长1.6-2.3毫米，腹面平坦；子叶左右向排列。花期6-7月，果期7-8月。

产内蒙古、河北、陕西、甘肃、青海及新疆，生于海拔100-3750米戈壁、盐湖边、盐碱地、河漫滩或盐化草甸。蒙古、高加索、俄罗斯西伯利亚、哈萨克斯坦、吉尔吉斯斯坦、阿富汗及伊朗有分布。

[附] **毛瓣车前** 图14: 5-6 **Plantago lagocephala** Bunge in Mem Sav. Etrang. Petersb. 7: 445. 1851. 本种与盐生车前的区别：一年生小草本；叶坚纸质，窄披针形、披针形或倒披针形；后对萼片两侧极不相等，一侧半卵形，膜质，另一侧极窄；花冠筒无毛，裂片背面密被硬毛状长柔毛，毛长达裂片的3倍。花期4-5月，果期5-6月。产新疆，生多石山坡、盐碱地或干旷草地。哈萨克斯坦、土库曼斯坦、乌兹别克斯坦、塔吉克斯坦、阿富汗及巴基斯坦有分布。

14. 对叶车前 图 16：3-5

Plantago arenaria Waldst. et Kit. Pl. Rar. Hung. 1: t. 51. 1802.

一年生或二年生草本，高达60厘米，具直根，无根茎；茎、叶及花序被白色短腺毛。茎直立，具多数分枝，分枝对生，节间长。叶纸质或坚纸质，对生，有时兼3叶轮生，线形或线状披针形，长3-6（-8）厘米，全缘，脉3条或仅中脉明显；基部无柄，具略扩大的短鞘。穗状花序生于茎上部以上叶腋，卵球形至椭圆球形，长0.7-2厘米，紧密，不间断；花序梗长2-8厘米；苞片卵形，先端具长突尖，基部的较大，向上渐尖。萼片具宽脉，龙骨突窄，不达顶端，背面有短腺毛及柔毛，边缘有缘毛；花冠淡褐白色，无毛，花冠筒稍长于萼片，具横皱，裂片窄卵形，花后反折；雄蕊着生花冠筒内面近顶端，与花柱外伸，花药淡黄色，顶端具三角形小突尖；肧珠2。蒴果椭圆形，长3.2-3.5毫米，于基部上方周裂。种子2，卵状椭圆形或椭圆形，长2.5-2.8毫米，腹面深陷成船形，边缘内卷；子叶左右向排列。花期7-8月，果期8-10月。

原产欧洲、北非、亚洲西南部，东达伊朗、高加索、俄罗斯西西伯利亚及哈萨克斯坦。辽宁、河北、江苏、浙江、广西、四川、新疆及西藏有栽培或逸生，生于海拔100-3500米砂地、草甸或路旁。

194. 醉鱼草科 BUDDLEJACEAE

（李秉滔　李镇魁）

乔木、灌木或亚灌木。植株无内生韧皮部，常被星状毛、腺毛或鳞片。单叶，对生或轮生，稀互生，全缘或具锯齿，羽状脉；叶柄短，托叶生于2叶柄基部之间呈叶状或托叶线。花两性，辐射对称，单生或多朵组成聚伞花序，再排成总状、穗状、圆锥状或头状花序。花4数；花萼及花冠裂片覆瓦状排列；雄蕊着生花冠筒内壁，花丝短，花药2（4）室，纵裂；子房上位，2（4）室，每室胚珠多数。花柱1，柱头全缘或2裂。蒴果，2瓣裂，稀浆果或核果。种子多粒，常具翅；胚乳肉质；胚直伸。染色体基数x=19。

醉鱼草属 **Buddleja** Linn.

灌木，稀乔木或亚灌木。植株常被星状毛、腺毛或分枝毛。枝条常对生，圆或4棱，具窄翅。单叶，对生，稀互生或簇生，羽状脉；托叶着生于2叶柄基部之间，呈叶状、耳状、舌状或托叶线。花4数，聚伞花序密集，组成圆锥状、总状、穗状或头状；苞片线形。花萼钟状，常密被星状毛；花冠高脚碟状或钟状，裂片辐射对称，覆瓦状排列；雄蕊着生花冠筒内壁，与花冠裂片互生，花丝短，花药内向，2室，基部常2裂；子房上位，2（4）室，每室胚珠多数。蒴果，室间开裂，或浆果。种子多粒，细小，两端或一端具翅，稀无翅；胚乳肉质；胚直伸。染色体基数x=19。

约100种，分布于美洲、非洲及亚洲热带至温带地区。我国约25种，除东北和新疆外，全国各省区均产。

1. 子房4室；浆果 ………………………………………………………… 1. **浆果醉鱼草 B. madagascariensis**
1. 子房2室；蒴果，室间开裂。
  2. 叶在长枝互生或互生兼对生，在短枝簇生。
    3. 叶常全缘或具波状齿；子房无毛 ………………………………………… 2. **互叶醉鱼草 B. alternifolia**
    3. 叶边缘具锯齿；子房被星状毛 ………………………………………… 2(附). **互对醉鱼草 B. wardii**
  2. 叶对生。
    4. 花冠筒直伸。
      5. 叶全缘或微波状，稀兼具细齿。
        6. 雄蕊着生花冠筒喉部。
          7. 子房被星状短柔毛；叶椭圆状披针形或卵状披针形 ………………… 3. **喉药醉鱼草 B. paniculata**
          7. 子房无毛；叶披针形或长披针形 ………………………………………… 4. **白背枫 B. asiatica**
        6. 雄蕊着生花冠筒中部。
          8. 叶窄椭圆形、长卵形或卵状披针形，长4-19厘米，侧脉明显；花序长达15厘米 ………………

··· 5. 密蒙花 **B. officinalis**

8. 叶披针形或卵状披针形，长1.5-6厘米，侧脉不明显；花序长2-5厘米 ··· 6. **短序醉鱼草 B. brachystachya**

5. 叶具锯齿。

9. 花大，花冠径约1厘米，花冠筒6-8毫米 ······························ 7. **大花醉鱼草 B. colvilei**

9. 花小，花冠径约5毫米，花冠筒径3.5毫米以下。

10. 雄蕊着生花冠筒喉部或近喉部。

11. 子房被星状毛。

12. 花冠裂片或花冠筒喉部无鳞状腺体 ···························· 8. **大序醉鱼草 B. macrostachya**

12. 花冠裂片或花冠筒喉部被鳞状腺体。

13. 花柱基部被星状毛；叶具细齿，侧脉8-10对 ···················· 9. **紫花醉鱼草 B. fallowiana**

13. 花柱基部无毛；叶具粗齿，侧脉12-16对 ························ 10. **金沙江醉鱼草 B. nivea**

11. 子房无毛。

14. 枝条4棱，花冠筒被星状毛或星状短绒毛。

15. 侧脉15-18对；叶柄间具托叶线；花萼裂片内面疏被柔毛 ··············· 11. **滇川醉鱼草 B. forrestii**

15. 侧脉每7-12对；叶柄间具1-2托叶；花萼裂片内面无毛 ··············· 12. **酒药花醉鱼草 B. myriantha**

14. 枝条圆或近圆；花冠筒疏被星状毛，后脱落无毛 ························ 13. **巴东醉鱼草 B. albiflora**

10. 雄蕊着生花冠筒内壁中部。

16. 子房被星状毛。

17. 叶先端渐尖，基部楔形，具细圆齿 ······························ 14. **密香醉鱼草 B.candida**

17. 叶先端短渐尖，基部心形、平截或宽楔形，具波状锯齿或缺刻 ·············· 15. **皱叶醉鱼草 B. crispa**

16. 子房无毛 ··· 16. **大叶醉鱼草 B. davidii**

4. 花冠筒弯曲 ··· 17. **醉鱼草 B. lindleyana**

1. 浆果醉鱼草 图 17

Buddleja madagascariensis Lamk. Encycl. 1: 513. 1785.

匍匐状或藤状灌木，长达10米。枝条、叶下面、叶柄及花序均密被灰白色星状绒毛。叶对生，稀近对生，近革质，卵形、卵状披针形或椭圆形，长2-14厘米，先端稍尾尖或渐尖，基部楔形，圆或近心形，侧脉6-12对；叶柄长0.5-2厘米，叶柄间具托叶线。圆锥状聚伞花序顶生，长5-25厘米；苞片长达1.5厘米。花萼长2-3.5毫米，裂片长0.5-1毫米；花冠桔红色，花冠筒长约6毫米，裂片长2-2.5毫米；雄蕊着生花冠筒内壁喉部，花药基部2裂；子房4室，花柱长3-6.5毫米，子房及花柱被星状长柔毛，柱头棍棒状。浆果球形，径2.5-5毫米，成熟时紫蓝色，花柱宿存。种子椭圆形或斜卵圆形，长约1毫米，无翅。

原产马达加斯加，亚洲热带及亚热带地区有栽培。我国福建，广东、香港及广西栽培。全株药用，治哮喘、咳嗽、支气管炎及黄疸肝炎等。

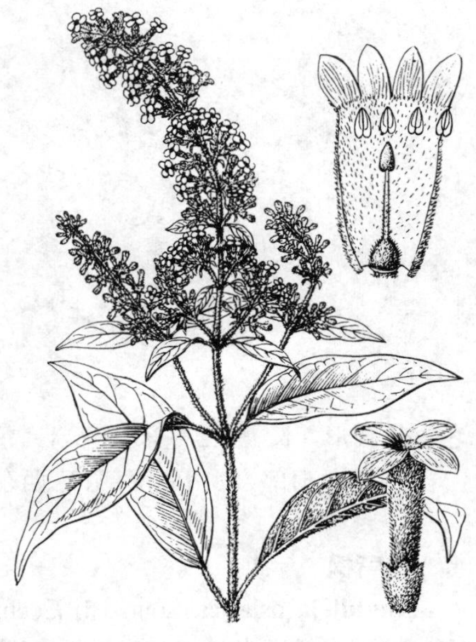

图 17 浆果醉鱼草（黄少容绘）

2. 互叶醉鱼草 小叶醉鱼草 图 18

Buddleja alternifolia Maxim. in Bull. Acad. Imp. Sci. St. Petersb. 26: 494. 1880.

灌木，高达4米。叶在长枝互生，在短枝簇生。长枝叶披针形或线状披针形，长3-10厘米，全缘或具波状齿，两面密被灰白色星状短绒毛，上面老时近无毛；叶柄长1-2毫米；短枝或花枝叶椭圆形或倒卵形，长0.5-1.5厘米，宽0.2-1厘米，全缘兼具波状齿。花多朵组成簇生状或圆锥状聚

伞花序，花序长1-4.5厘米；花序梗短，基部常具少数小叶。花梗长3毫米；花芳香，花萼钟状，长2.5-4毫米，密被灰白色星状绒毛杂有腺毛，裂片长0.5-1.7毫米；花冠紫蓝色，花冠筒长0.6-1厘米，裂片长1.2-3毫米；雄蕊着生花冠筒内壁中部，花药长1-1.8毫米；柱头卵形。蒴果椭圆形，长约5毫米，无毛。种子多粒，长1.5-2毫米，边缘具短翅。花期5-7月，果期7-10月。

产内蒙古西部、河北、河南西部、山西西部、陕西、甘肃、宁夏、青海东部、四川东南部及西藏，生于海拔1500-4000米干旱山地或河滩灌丛中。

[附] 互对醉鱼草 高山醉鱼草 **Buddleja wardii** Marq. in Journ. Linn. Soc. Bot. 48: 203. 1929. 本种与互叶醉鱼草的区别：叶对生兼互生，披针形、卵状披针形或椭圆形，长3-5厘米，具不规则圆齿，上部近全缘；蒴果被星状毛。产西藏，生于海拔3000-3600米山坡或山谷灌丛中。

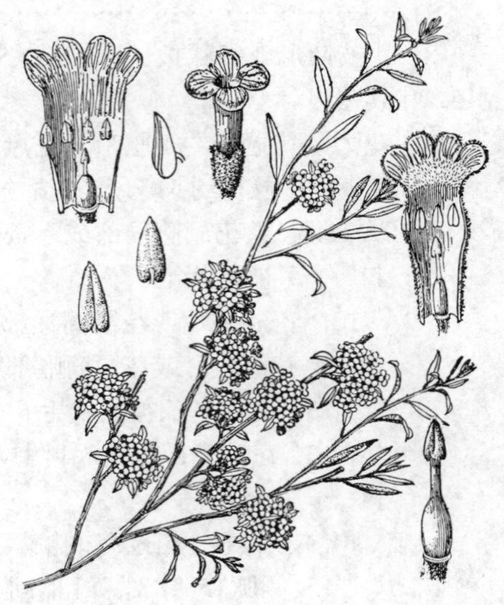

图 18 互叶醉鱼草 （黄少容绘）

3. 喉药醉鱼草　　图 19

Buddleja paniculata Wall. in Roxb. Fl. Ind. ed. Carey, l: 412. 1820.

小乔木或灌木状，高达6米。小枝、叶下面、叶柄、花萼、花冠及子房均被星状短绒毛。叶对生，椭圆状披针形或卵状披针形，长2-15厘米，先端渐尖，基部楔形下延，全缘或微波状，侧脉8-13对；叶柄长0.2-1厘米，叶柄间具托叶线。圆锥状聚伞花序长3-25厘米；苞片线形或小叶状。花梗短；花萼钟状，长2.5-4毫米，裂片长0.3-1.2毫米；花冠紫色，后白色，喉部白色；雄蕊着生花冠筒喉部；子房2室，每室胚珠约50。蒴果椭圆形，长4-7毫米，幼时被星状毛，老渐脱落。种子灰褐色，长圆形，长1-1.2毫米，两端具翅。花期3-6月，果期6-8月。

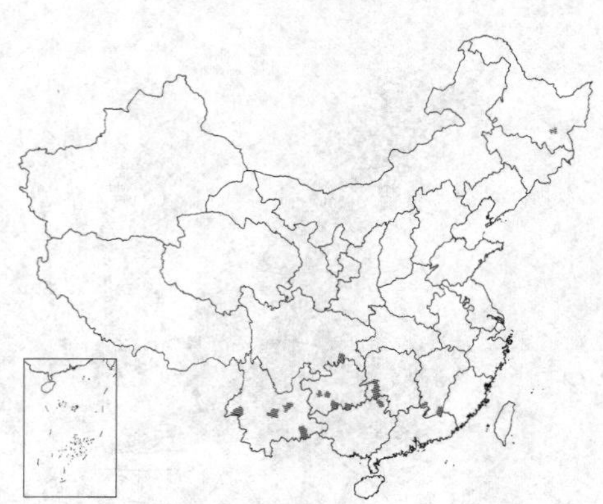

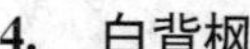

产江西南部、湖南西南部、广西东北部、云南、贵州及四川东南部，生于海拔500-3000米山地灌丛或疏林中。尼泊尔、不丹、印度、缅甸及越南有分布。

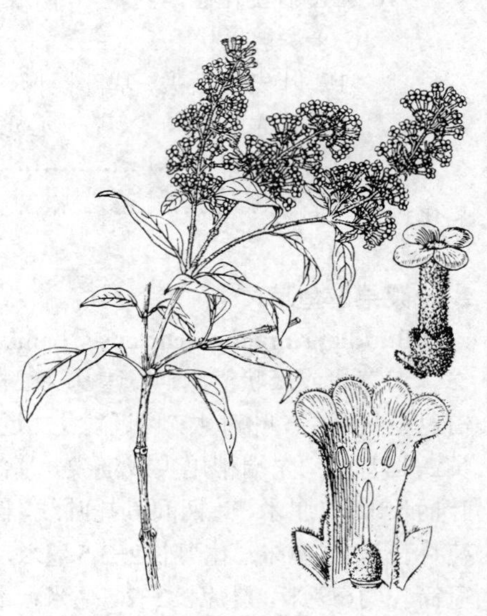

图 19 喉药醉鱼草 （黄少容绘）

4. 白背枫　　图 20 彩片 2

Buddleja asiatica Lour. F1. Cochinch. 72. 1790.

小乔木或灌木状，高达8米。小枝4棱，老枝圆，小枝、叶下面、叶柄及花序均密被灰白或淡黄色星状绵毛。叶对生，膜质或纸质，披针形或长披针形，长6-30厘米，先端渐尖或长渐尖，基部楔形下延，全缘或具细齿，侧脉10-14对；叶柄长0.2-1.5厘米。多个聚伞花序组成总状花序，或3至数个聚生枝顶及上部叶腋组成圆锥状花序。花小，白色；花梗长0.2-2毫米；小苞片短于花萼；花萼长1.5-4.5毫米，裂片长约为花萼一半；花

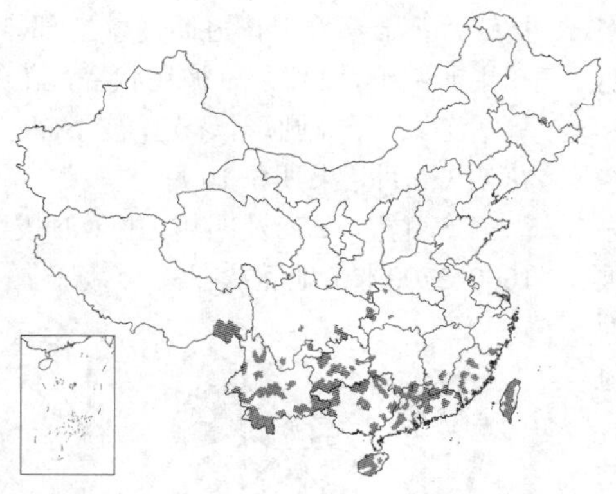

冠筒圆筒状，直伸，长3-6毫米，裂片长1-1.7毫米；雄蕊着生花冠筒喉部，花粉粒具2沟孔；子房无毛，柱头头状。蒴果椭圆形，长3-5毫米。种子两端具短翅。花期1-10月，果期3-12月。

产浙江东南部、福建、台湾、江西南部、湖北、湖南、广东、香港、海南、广西、贵州、云南、西藏、四川及陕西东南部，生于海拔200-3000米向阳山坡灌丛中或林缘。巴基斯坦、印度、锡金、不丹、尼泊尔及东南亚各国有分布。根叶药用，可驱风化湿、行气活络；花芳香，可提取芳香油。

图 20 白背枫（黄少容绘）

5. 密蒙花 图 21 彩片 3

Buddleja officinalis Maxim. in Bull. Acad. Imp. Sci. St. Petersb. 26: 496. 1880.

灌木，高达4米。小枝稍4棱，密被灰白色星状毛。叶对生，纸质，窄椭圆形、长卵形或卵状披针形，长4-19厘米，先端渐尖，基部楔形，常全缘，稀疏生锯齿，上面疏被星状毛，下面密被白色或褐黄色星状毛，侧脉8-14对，中脉及侧脉突起；叶柄长0.2-2厘米，2叶柄基部之间具托叶线。花密集成圆锥状聚伞花序，长5-15(-30)厘米，密被灰白色柔毛。小苞片披针形；花萼钟状，长2.5-4.5毫米，裂片长0.6-1.2毫米，花萼及花冠密被星状毛；花冠白或淡紫色，喉部桔黄色，长1-1.3厘米，花冠筒长0.8-1.1厘米，裂片长1.5-3毫米；雄蕊着生花冠筒中部；于房中部以上至花柱基部被星状短柔毛。蒴果椭圆形，2瓣裂，被星状毛，花被宿存。种子两端具翅。花期2-4月，果期4-8月。

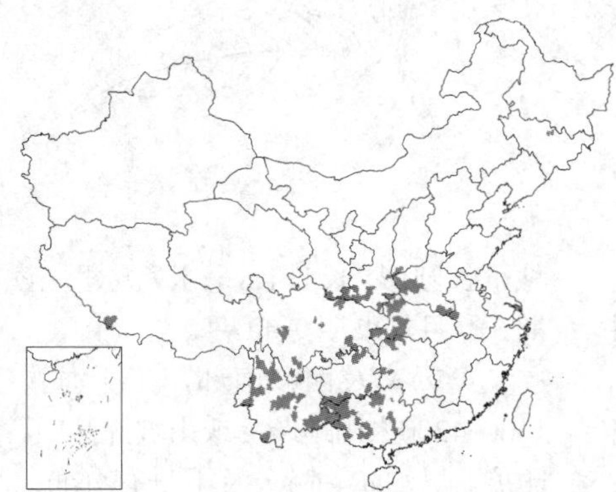

产甘肃南部、陕西南部、山西南部、河南西部及东南部、安徽西部、湖北、湖南、广东、广西、贵州、云南、四川及西藏，生于海拔200-2800米向阳山坡灌丛中或林缘。不丹、缅甸及越南有分布。根治黄疸、水肿，花可清热利湿、明日退翳，也可提取芳香油及作黄色食品染料；兽医用枝叶治牛红白痢；茎皮纤维供造纸原料；花美丽芳香，东南各省区及香港栽培，为优良观赏植物。

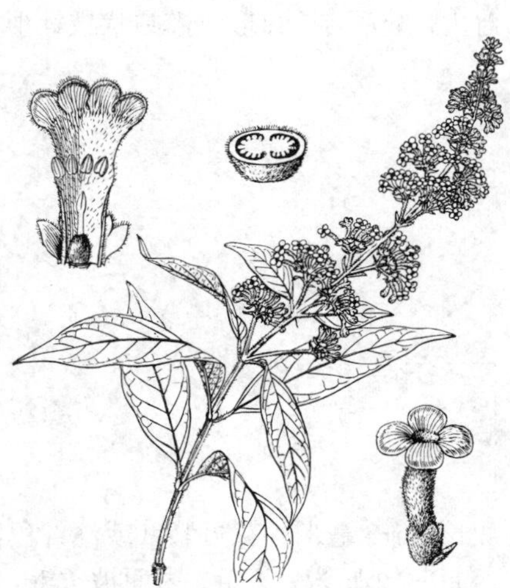

图 21 密蒙花（黄少容绘）

6. 短序醉鱼草 图 22

Buddleja brachystachya Diels in Notes Roy. Bot. Gard. Edinb. 5: 249. 1912.

灌木，高约1米。幼枝被白色星状短绒毛，老渐脱落。叶对生，薄纸质，披针形或卵状披针形，长1.5-6厘米，先端尖或稍钝，基部楔形下延，

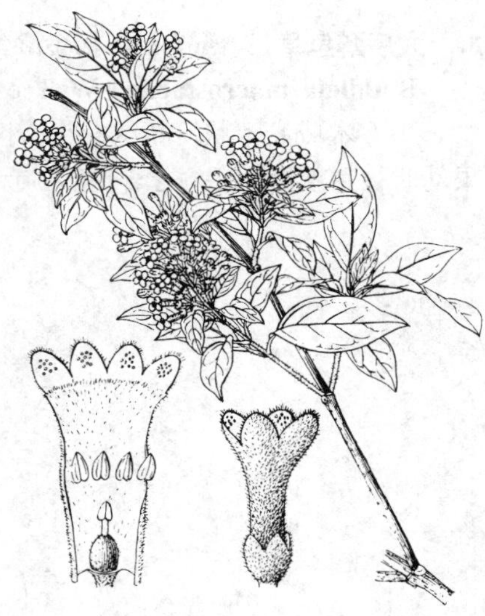

图 22 短序醉鱼草（黄少容绘）

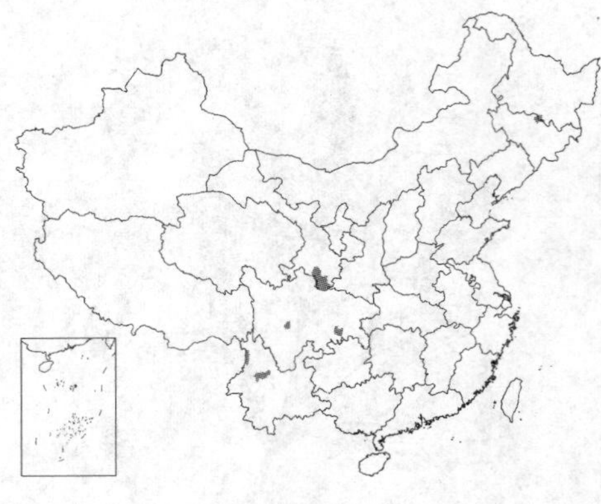

全缘，上面疏被星状毛，下面密被星状短绒毛，侧脉两面不明显；叶柄短，密被星状短绒毛。花6-12朵组成聚伞花序，再组成顶生及腋生圆锥花序，花序长2-5厘米。花萼及花冠密被星状短绒毛；花萼筒状，内面无毛，裂片长约1毫米；花冠紫红色，花冠筒长0.8-1厘米，裂片长3-5毫米，内面无毛，密被鳞片；雄蕊着生花冠筒内壁中部。蒴果卵圆形，2瓣裂，被星状毛，花萼宿存。种子卵圆形，无翅，被小瘤。花期3-5月，果期6-10月。

产甘肃、云南及四川，生于海拔1000-2700米山地灌丛中。

7. 大花醉鱼草 图 23

Buddleja colvilei Hook. f. et Thoms. in Hook. Illistr. Himal. Pl. t. 18. 1855.

小乔木或灌木状，高达6米。小枝被锈色星状毛及腺毛，老渐脱落。叶对生，纸质，长圆形或椭圆状披针形，长7-16厘米，先端渐尖，基部圆或楔形，有时下延，具细锯齿，上面幼时被星状短绒毛，下面较密，老近无毛；侧脉15-20对，叶柄短或近无柄。花多朵组成腋生及顶生宽圆锥状聚伞花序，长7-23厘米，被锈色星状毛；花序梗长1-5厘米；苞片短小。小苞片线形，长5毫米；花萼钟状，长6-8毫米，密被星状毛，萼筒长4-5毫米，裂片长1.5-3毫米；花冠紫红或深红色，长2.3-3厘米，花冠筒圆筒状钟形，长1.7-2.1厘米，无毛，内面被柔毛，花冠裂片长0.5-1厘米；雄蕊着生花冠筒喉部；柱头头状，2裂，绿色。蒴果椭圆形，长1-1.6厘米，花萼宿存。种子长圆形，长1-1.5毫米，无翅。花期6-9月，果期9-11月。

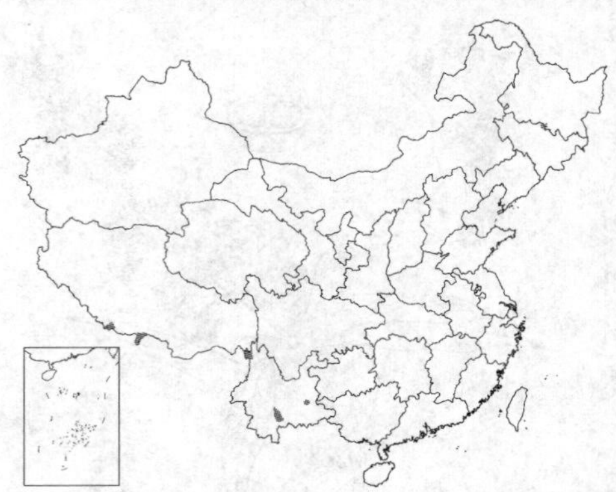

图 23 大花醉鱼草 （余汉平绘）

产云南及西藏南部，生于海拔1600-4200米山地疏林或山坡灌丛中。印度、尼泊尔、锡金及不丹有分布。

8. 大序醉鱼草 长穗醉鱼草 锡金醉鱼草 图 24

Buddleja macrostachya Wall. ex Benth. Scroph. Ind. 42. 1835.

小乔木或灌木状，高达6米。小枝4棱，具窄翅。枝条、叶上面、蒴果幼时被星状短绒毛，老渐脱落。叶对生，纸质，披针形或椭圆状披针形，长4-45厘米，先端渐尖，基部楔形，具细齿，下面密被星状短绒毛，侧脉16-26对，叶柄短或近无柄，叶柄间具1-2叶状托叶，有时早落。花芳香，总状聚伞花序长达33厘米，径达4厘米。花梗长约2毫米；花萼及花冠被星状绒毛及腺毛；花萼钟状，长4-6毫米，内面无毛，裂片长2-2.5毫米；花冠淡紫至紫红色，长

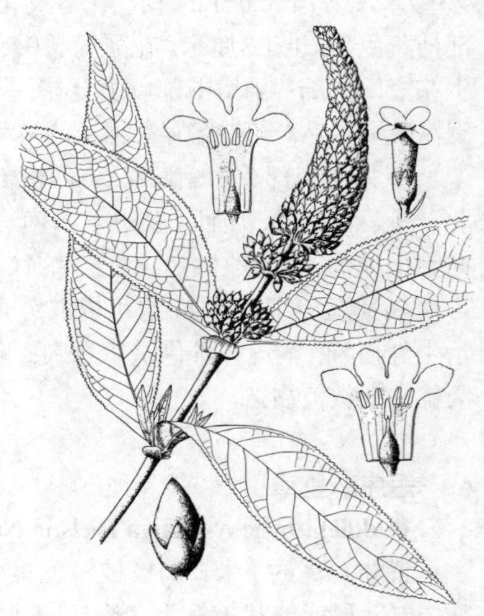

图 24 大序醉鱼草 （邓晶发绘）

0.9-1.5厘米，喉部黄或红色，花冠筒长0.9-1.1厘米，内面上部被毛，裂片长2-4毫米；雄蕊着生花冠筒喉部；子房被星状毛及腺毛，花柱基部被毛，柱头棒状。蒴果长卵圆形，长0.7-1厘米，花柱宿存。种子褐色，长2-2.5毫米，两端具窄翅。花期3-9月，果期6-12月。

产云南、广西东北部、贵州、四川西南部及西藏东南部，生于海拔900-3200米山地疏林中或山坡灌丛中。印度、孟加拉国、不丹、缅甸、泰国及越南有分布。

9. 紫花醉鱼草 图 25:1-5 彩片 4

Buddleja fallowiana Balf. f. et W. W. Smith in Notes Roy. Bot. Gard. Edinb. 10: 15. 1917.

灌木，高达5米。枝条、叶下面、叶柄、花序、苞片、花萼及花冠均密被白或黄白色星状绒毛及腺毛。叶对生，纸质，卵形或卵状披针形，长5-14厘米，先端渐尖或尖，基部圆或楔形，具细齿，齿具尖凸头，侧脉8-10对；叶柄长0.5-1厘米。花芳香，穗状聚伞花序顶生，长5-15厘米；花梗短或近无梗；苞片长1-2.5厘米；小苞片长约6毫米；花萼钟状，长3-4.5毫米，内面无毛，裂片长1.5-2毫米；花冠紫色，喉部橙色，长0.9-1.4厘米，花冠筒长0.8-1厘米，裂片长2-4毫米，内面及花冠筒喉部密被鳞状腺体；雄蕊着生花冠筒内壁上部；子房及花柱被星状毛，柱头棒状。蒴果长卵圆形，长6-9毫米，疏被星状毛，花萼宿存。种子长圆形，长0.5毫米，褐色，周围具翅。花期5-10月，果期7-12月。

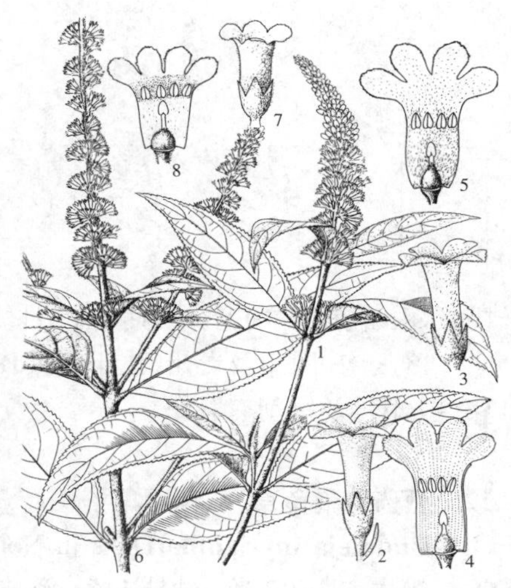

图 25：1-5. 紫花醉鱼草 6-8. 金沙江醉鱼草（邓晶发绘）

产云南、四川及西藏东南部，生于海拔1200-3800米山地疏林或山坡灌丛中。幼枝及花药用，可祛风、明目及止咳。

10. 金沙江醉鱼草 图 25:6-8

Buddleja nivea Duthie in Gard. Chron. ser. 3, 38: 275: f. 102. 1905.

灌木，高达3米。小枝、叶下面、叶柄、花序、子房及蒴果均密被星状绒毛。叶对生，纸质，椭圆形或卵状披针形，长5-26厘米，先端渐尖，基部楔形或圆，具粗锯齿，侧脉12-16对；叶柄长0.5-1.5厘米，叶柄间具托叶线。穗状聚伞花序长10-30厘米；苞片及小苞片线形，长0.3-1.2毫米。花萼及花冠密被星状绒毛及腺毛；花萼钟状，长3-4毫米，内面无毛，裂片长1.5-2.5毫米；花冠紫色，长0.8-1.1厘米，花冠筒直伸，长6.5-8毫米，喉部密被毛，裂片长1.5-3毫米；雄蕊着生花冠筒近喉部；子房及花柱长无毛，柱头棒状。蒴果长卵圆形，长5-8毫米，2瓣裂，花萼宿存。种子纺锤形或长椭圆形，长1-1.5毫米，两端具长翅。花期6-9月，果期10月至翌年2月。

产云南、西藏、四川及陕西南部，生于海拔750-3600米山地疏林中或山坡、山谷灌丛中。

11. 滇川醉鱼草 端丽醉鱼草 图 26

Buddleja forrestii Diels in Notes Roy. Bot. Gard. Edinb. 5: 249. 1912.

灌木，高达5米。小枝4棱，具窄翅。叶对生，薄纸质，披针形或长圆状披针形，长5-35厘米，先端渐尖，基部楔形，常下延至叶柄，具细齿，侧脉15-18对；叶柄长0.2-1.5厘米；叶柄间具托叶线。总状聚伞花序顶生及腋生，长6-25厘米；花梗长1-2毫

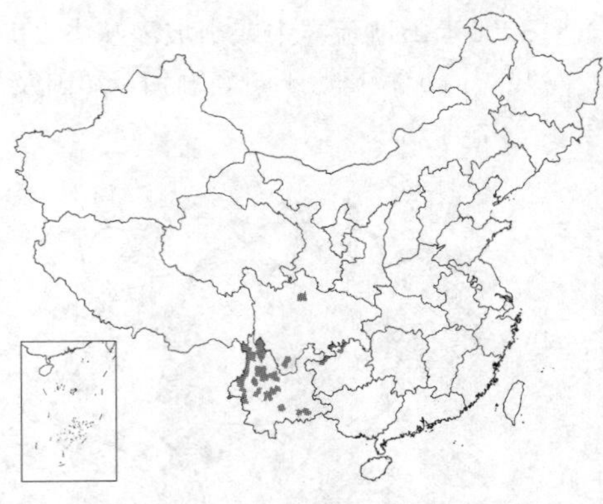

米；花萼及花冠疏被星状毛及腺毛；花萼钟状，长4-5毫米，裂片长约2毫米，裂片内面疏被柔毛；花冠橙色、蓝紫或紫红色，花冠筒长0.7-1.6厘米，裂片长2-6毫米；雄蕊着生花冠筒喉部。蒴果卵圆形或长卵圆形，长0.6-1厘米，径2-3毫米，2瓣裂，无毛，花萼及花柱宿存。种子长卵圆形，长2-4毫米，周围具翅。花期6-10月，果期7-12月。

产云南、四川及贵州，生于海拔1800-4000米山地疏林或山坡灌丛中。印度、不丹及缅甸有分布。

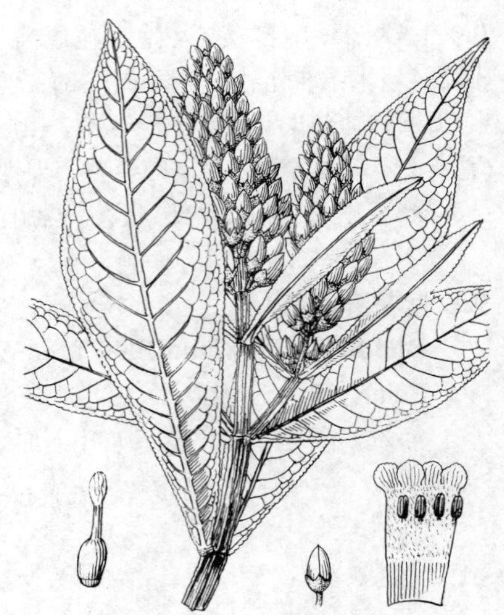

图 26 滇川醉鱼草 （余汉平绘）

12. 酒药花醉鱼草 多花醉鱼草 图 27：1-3

Buddleja myriantha Diels in Notes Roy. Bot. Gard. Edinb. 5: 250. 1912.

灌木，高达3米。幼枝4棱，密被绒毛，老渐无毛。叶对生，纸质，披针形，长5-20厘米，宽1-6厘米，先端渐尖，基部楔形或近圆，下延至叶柄基部，幼叶具尖锯齿，老叶锯齿较圆，两面被星状绒毛，下面较密，侧脉7-12对；叶柄间具1-2宽心形或半圆形托叶，有时早落。总状或圆锥状聚伞花序长6-27厘米，径1-3厘米。花萼钟状，长3-4毫米，被星状短绒毛，内面无毛，裂片长1.5-2毫米；花冠紫色，花冠筒长5-6毫米，外面被星状短绒毛及腺毛，内面上部被长柔毛，裂片长约2毫米，内面无毛；雄蕊着生花冠筒喉部。蒴果长椭圆形，长4-6毫米，无毛，有时花萼宿存。种子纺锤形，长2-2.5毫米，两端具长翅。花期4-10月，果期6-12月。

产福建南部、广东北部、广西西部、湖南、贵州、云南、西藏、四川及甘肃南部，生于海拔450-3400米山地疏林中或山坡、山谷灌丛中。缅甸有分布。

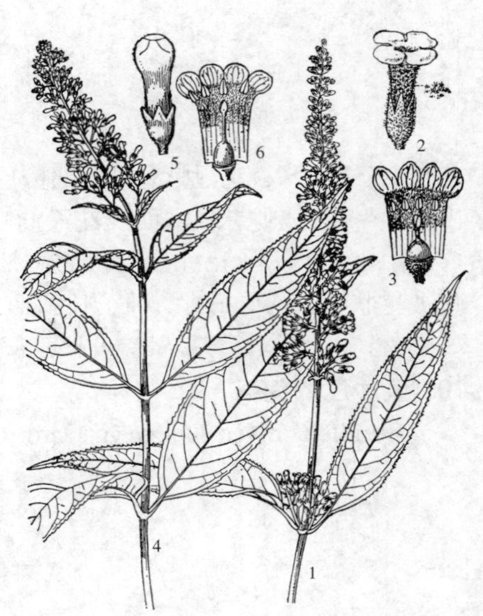

图 27：1-3. 酒药花醉鱼草 4-6. 巴东醉鱼草（邓晶发绘）

13. 巴东醉鱼草 白花醉鱼草 图 27：4-6 彩片 5

Buddleja albiflora Hemsl. in Journ. Linn. Soc. Bot. 26: 118. 1889.

灌木，高达3米。小枝、叶柄、花萼及花冠幼时均被星状毛及腺毛，后脱落无毛。叶对生，纸质，披针形或长椭圆形，长7-30厘米，先端渐尖，基部楔形或圆，具重锯齿，上面近无毛，下面被灰白或淡黄色星状短绒毛，侧脉10-17对；叶柄长0.2-1.5厘米。圆锥聚伞花序顶生，长7-25厘米。花梗被长硬毛；花萼钟状，长3-3.5毫米，萼筒长约2毫米，裂片长1-1.5毫米；花冠蓝紫、淡紫至白色，喉部橙黄色，芳香，长6.5-8毫米，内面花冠

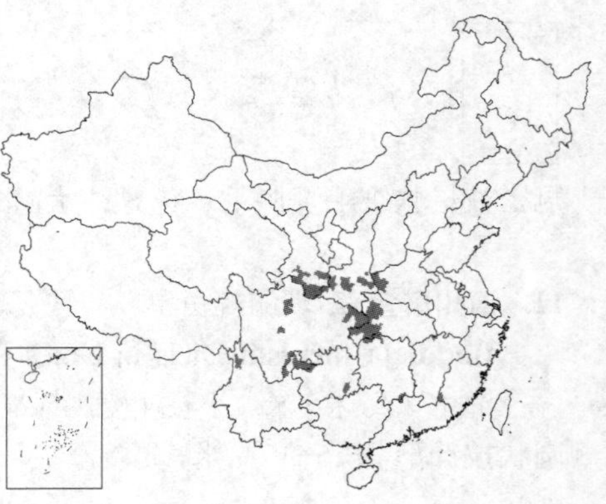

筒中部以上及喉部被长髯毛，花冠筒长约5毫米，裂片长1-1.5毫米；雄蕊着生花冠筒喉部。蒴果长圆形，长5-8毫米，无毛。种子褐色，两端具长翅。花期2-9月，果期8-12月。

产福建西南部、江西北部、湖南、湖北、河南西部、甘肃、陕西南部、四川、贵州及云南，生于海拔500-3000米山地灌丛中或林缘。

图 28 密香醉鱼草（黄少容绘）

14. 密香醉鱼草 图 28

Buddleja candida Dunn in Kew Bull. 1920: 134. 1920.

灌木，高达2米。幼枝、叶下面、叶柄及花序均密被灰白色短绒毛，老枝近无毛。叶对生，纸质，披针形或长圆形，长12-24厘米，先端渐尖，基部楔形，具细圆齿，侧脉10-12对；叶柄长0.5-1.5厘米，带黄色。总状或圆锥状聚伞花序顶生，长8-20厘米，苞片及小苞片长约3毫米；花萼钟状，长约3毫米。内面无毛，裂片长约1.7毫米；花冠紫色，圆筒状，长约6毫米，内面中部以上被星状毛及腺毛，喉部较密，裂片长约1.2毫米，内面无毛；雄蕊着生花冠筒中部；子房基部无毛，余被星状短绒毛。蒴果长圆形，长约6毫米，被星状短绒毛。种子纺锤形，两端具翅。花期4-10月，果期9-12月。

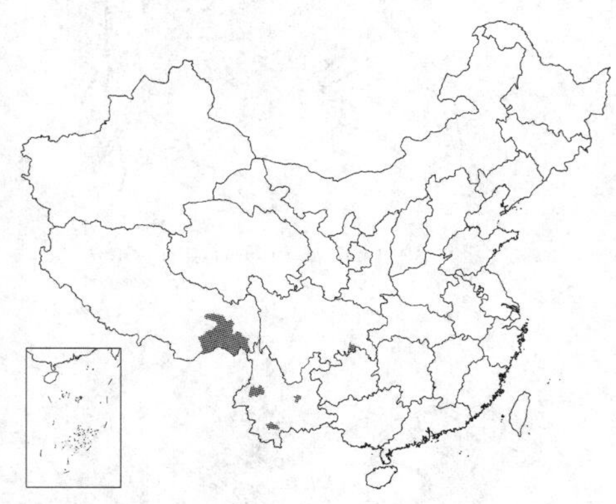

产云南、四川东南部及西藏东南部，生于海拔1000-2500米山地常绿阔叶林林缘或沟边灌丛中。印度有分布。

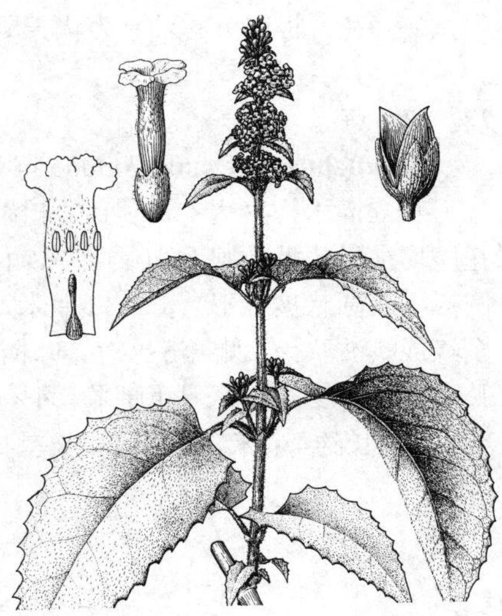

图 29 皱叶醉鱼草（余 峰绘）

15. 皱叶醉鱼草 图 29

Buddleja crispa Benth. Scroph. Ind. 43. 1835.

灌木，高达3米。小枝、叶片、叶柄、花序、苞片、小苞片、花萼、花冠、子房、花柱基部及蒴果均被星状毛或绒毛。叶对生，厚纸质，卵形或卵状椭圆形，短枝叶椭圆形或匙形，长1.5-20厘米，宽1-8厘米，横向皱折，先端短渐尖，基部心形平截或宽楔形，具波状锯齿或缺刻，侧脉3-11对，密被星状绒毛；叶柄长0.3-4厘米，无翅或两侧具被毛长翅，叶柄间托叶心形至半圆形，长0.3-2厘米。圆锥状或穗状聚伞花序顶生及腋生；苞片及小苞片长达4毫米。花萼钟状，长3-5毫米，裂片长约1.5毫米；花冠高脚碟状，淡紫色，近喉部白色，芳香，花冠筒长0.9-1.2厘米，内面中部以上被星状毛，裂片长2.5-4毫米，内面常被鳞片；花药着生花冠筒内壁中部或稍上。蒴果卵圆形，长5-6毫米，2瓣裂，花萼宿存。种子长约1毫米，两端具短翅。花期2-8月，果期6-11月。

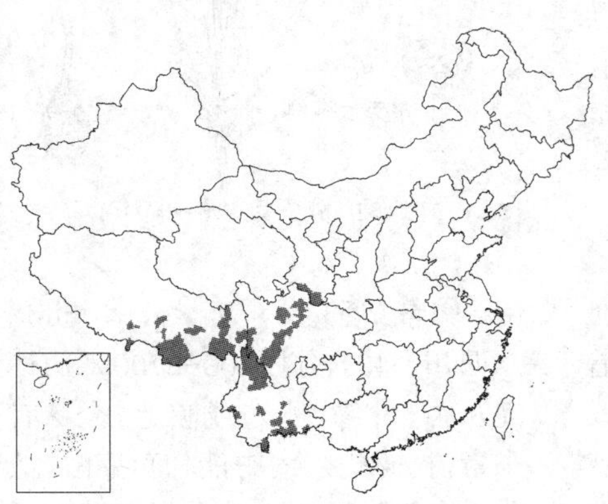

产甘肃南部、四川、云南及西藏，生于海拔1400-4300米山地疏林中或山坡、干旱沟谷灌丛中。印度、不丹、尼泊尔、阿富汗及巴基斯坦有分布。花药用，清肝明目，根治肾虚腰痛、急性结膜炎及妇女白带。

16. 大叶醉鱼草 图 30 彩片 6

Buddleja davidii Franch. in Nouv. Arch. Mus. Hist. Nat. Paris ser 2, 10: 65. 103. 1887.

灌木，高达5米。幼枝、叶下面及花序均密被白色星状毛。叶对生，膜质或薄纸质，卵形或披针形，长1-20厘米，宽0.3-7.5厘米，先端渐尖，基部楔形，具细齿，上面初疏被星状短柔毛，后脱落无毛，侧脉9-14对；叶柄间具2卵形或半圆形托叶，有时早落。总状或圆锥状聚伞花序顶生，长4-30厘米；小苞片长2-5毫米；花萼钟状，长2-3毫米，被星状毛，后脱落无毛，内面无毛，裂片长1-2毫米；花冠淡紫、黄白至白色，喉部橙黄色，芳香，花冠筒长0.6-1.1厘米，内面被星状短柔毛，裂片长1.5-3毫米，全缘或具不整齐锯齿；雄蕊着生花冠筒内壁中部。蒴果长圆形或窄卵圆形，长5-9毫米，2瓣裂，无毛，花萼宿存。种子长椭圆形，长2-4毫米，两端具长翅。花期5-10月，果期9-12月。

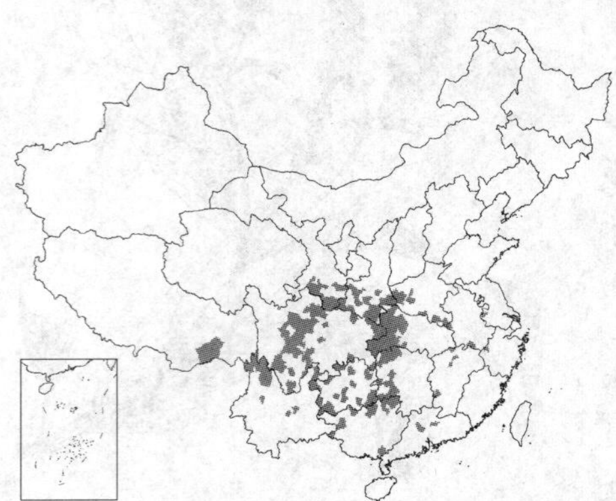

产江苏西南部、安徽南部及西部、浙江、江西、河南、湖北、湖南、广东、广西、贵州、云南、西藏、四川、甘肃南部及陕西南部，生于海拔800-3000米山坡、沟边灌丛中。日本有分布。全株药用，可祛风散寒、止咳、消积止痛；花可提取芳香油；为优美庭园观赏植物。

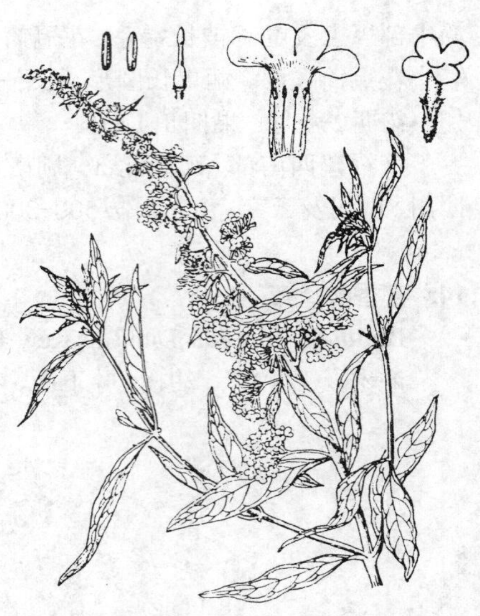

图 30 大叶醉鱼草 （引自《图鉴》）

17. 醉鱼草 图 31

Buddleja lindleyana Fortune in Lindl. Bot. Reg. 30: Misc. 25. 1844.

直立灌木，高达3米。小枝4棱，具窄翅。幼枝、幼叶下面、叶柄及花序均被星状毛及腺毛。叶对生（萌条叶互生或近轮生），膜质，卵形、椭圆形或长圆状披针形，长3-11厘米，先端渐尖或尾尖，基部宽楔形或圆，全缘或具波状齿，侧脉6-8对；叶柄长0.2-1.5厘米。穗状聚伞花序顶生，长4-40厘米；苞片长达1厘米。小苞片长2-3.5毫米；花紫色，芳香；花萼钟状，长约4毫米，与花冠均被星状毛及小鳞片，花萼裂片长约1毫米；花冠长1.3-2厘米，内面被柔毛，花冠筒弯曲，长1.1-1.7厘米，裂片长约3.5毫米；雄蕊着生花冠筒基部。蒴果长圆形或椭圆形，长5-6毫米，无毛，被鳞片，花萼宿存。种子小，淡褐色，无翅。花期4-10月，果期8月至翌年4月。

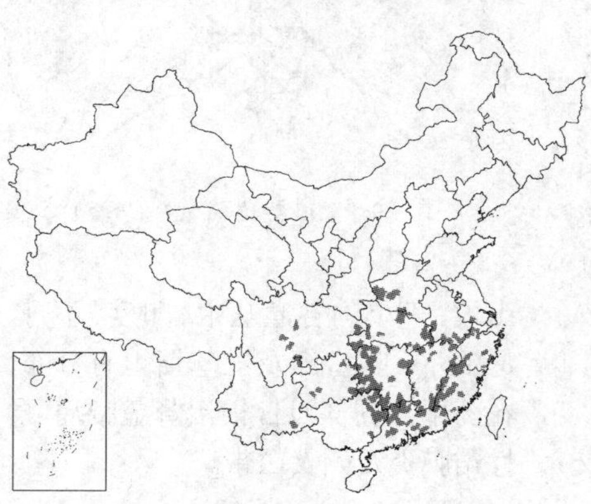

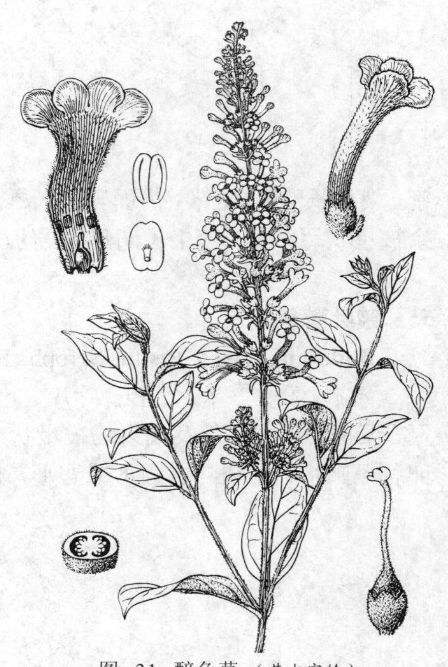

图 31 醉鱼草 （黄少容绘）

产河南、安徽、江苏南部、浙江、福建、江西、湖北、湖南、广东、香港、广西、云南、贵州及四川，生于海拔200-2700米山地灌丛中、林缘、水边或旷地。全株有小毒，捣碎投入河中能使鱼麻醉，故称“醉鱼草”。花、叶及根入药可活血、止咳化痰、祛风除湿，兽医用枝叶治牛泻血；全株作农药，能杀螟虫、小麦吸浆虫及孑孓等；花芳香美丽，为常见观赏植物。

195. 木犀科 OLEACEAE

（秦祥堃）

乔木或灌木，稀藤本。叶对生，稀轮生或互生，单叶、三出复叶或羽状复叶，全缘或具齿，稀羽状分裂；具叶柄，无托叶。花辐射对称，两性，稀单性或杂性，雌雄同株、异株或杂性异株；聚伞花序常组成圆锥花序，或为总状、伞形、头状花序，顶生或腋生，或为聚伞花序簇生叶腋，稀花单生。花萼裂片常4枚，有时多达12枚，稀无花萼；花冠浅裂、深裂或近离生，有时基部成对合生，稀无花冠，裂片常4枚，有时多达12；雄蕊2（4），着生花冠筒上或花冠裂片基部，花药纵裂；子房上位，2心皮2室，每室具2胚珠，有时1或多枚，花柱单一或无花柱，柱头2裂或头状。翅果、蒴果、核果、浆果。种子具直伸胚，子叶扁平，有胚乳或无胚乳。

约28属，400余种，广布热带至温带地区。我国11属，约150种。

1. 翅果或蒴果。
  2. 翅果。
    3. 翅生于果周围；单叶 ………………………………………… 1. **雪柳属 Fontanesia**
    3. 翅生于果顶端；奇数羽状复叶 ………………………………………… 2. **梣属 Fraxinus**
  2. 蒴果。
    4. 蒴果柱状或卵球状，具喙；花冠裂片4。
      5. 花黄色，花冠裂片长于花冠筒；小枝中空或具片状髓 ………………………… 3. **连翘 Forsythia**
      5. 花紫、红、粉红或白色，花冠裂片短于花冠筒或近等长；小枝实心 ………… 4. **丁香属 Syringa**
    4. 蒴果近圆形、倒心形或椭圆形，两侧扁；花冠裂片4-8（-9） ………………… 5. **夜花属 Nyctanthes**
1. 核果或浆果。
  6. 核果。
    7. 花序多腋生，稀顶生；果长1厘米以上。
      8. 花蕾时花冠裂片覆瓦状排列；花多簇生，稀短小圆锥花序 ………………… 6. **木犀属 Osmanthus**
      8. 花蕾时花冠裂片镊合状排列；圆锥花序。
        9. 花冠深裂近基部，或基部成对合生 ……………………………… 7. **流苏树属 Chionanthus**
        9. 花冠浅裂，花冠裂片常短于花冠筒，稀无花冠 …………………………… 8. **木犀榄属 Olea**
    7. 花序顶生，稀腋生；浆果状核果或核果状开裂；果长1厘米以下 ……………… 9. **女贞属 Ligustrum**
  6. 浆果。
    10. 花蕾时花冠裂片覆瓦状排列，花冠筒长0.7-4厘米；浆果双生或其中一枚不孕而成单生 …………………………………………………… 10. **素馨属 Jasminum**
    10. 花蕾时花冠裂片镊合状排列，花冠筒长1毫米；浆果单生 ………………… 11. **胶核木属 Myxopyrum**

1. 雪柳属 **Fontanesia** Labill.

落叶灌木或小乔木。小枝四棱形。单叶对生，常披针形，全缘或具齿；无柄或具短柄。花小，多朵组成圆锥花序或总状花序，顶生或腋生。花萼4裂，宿存；花冠白、黄或略带红色，4深裂，基部合生；雄蕊2，着生于花冠基部，花丝细长，花药长圆形；子房2室，每室具2下垂胚珠，花柱短，柱头2裂，宿存。翅果，扁平，环生窄翅，每室常有1种子。种子线状椭圆形，种皮薄；胚乳肉质；子叶长卵形，扁平；胚根向上。染色体基数x=13。

1种1亚种，产我国和地中海地区。

雪柳 图 32 彩片 7

Fontanesia phillyraeoides Labill subsp. **fortunei** (Carr.) Yaltirik in Davis, Fl. Turkey & E. Aegean Is. 6: 147. 1978.

Fontanesia fortunei Carr. Rev. Hort. Paris 1859: 43. 1859; 中国高等植物图鉴 3: 342. 1974; 中国植物志 61: 4. 1992.

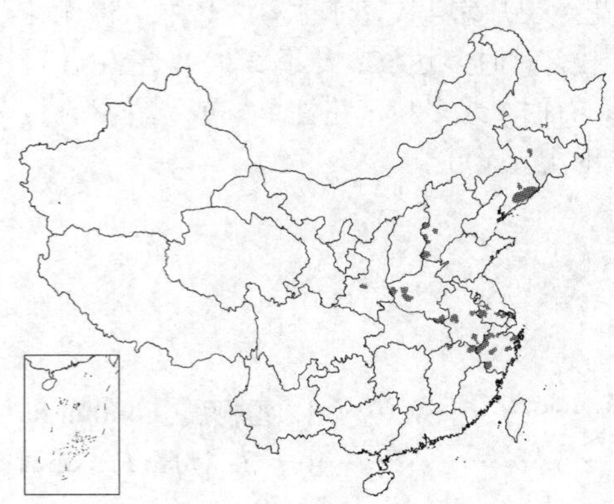

落叶灌木或小乔木。小枝淡绿色，无毛。叶纸质，披针形、卵状披针形或窄卵形，长3-12厘米，宽0.8-2.6厘米，先端锐尖或渐尖，基部楔形，全缘，两面无毛；叶柄长1-5毫米，上面具沟，无毛。圆锥花序顶生或腋生，长1.5-6厘米；花两性或杂性同株。苞片锥形或披针形。花梗长1-2毫米；花萼微小，杯状，深裂，裂片卵形，长约0.5毫米；花冠绿白色，深裂近基部，裂片卵状披针形，长2-3毫米；花丝长1.5-6毫米。翅果黄棕色，倒卵形或倒卵状椭圆形，扁平，长7-9毫米，先端微凹，花柱宿存，边缘具窄翅。种子长约3毫米，具3棱。花期4-6月，果期6-10月。染色体数2n=26。

图 32 雪柳（引自《图鉴》）

产吉林、辽宁、陕西、湖北东部、河南、河北、山东东部、江苏南部、安徽、浙江及江西北部；生于海拔800米以下溪边或林中。嫩叶可代茶；枝条可编筐；亦栽培作绿篱。

2. 梣属 Fraxinus Linn.

落叶乔木，稀灌木。奇数羽状复叶对生，稀在枝梢呈3叶轮生状，小叶3至多枚。花小，单性、两性或杂性；圆锥花序顶生或腋生，或生于去年生枝上。花梗细；花萼钟状或杯状，萼齿4，或为不整齐裂片状，或无花萼；花冠4裂至基部，白或浅黄色，早落，或无花冠；雄蕊通常2，与花冠裂片互生，花药2室，每室具2下垂胚珠，花柱短，柱头2裂，坚果，顶端具长翅，翅长于坚果。种子1（2），卵状长圆形，扁平，种皮薄；胚根向上。染色体基数x=23。

约60余种，主产北半球温带，少数至热带。我国约20种。

1. 花序顶生或腋生于当年生枝梢；花叶同放或先叶后花。
  2. 花具花冠，先叶后花。
    3. 小叶近全缘；花序具苞片，常于花期宿存；冬芽裸露。
      4. 小叶5-7，两面无毛，具小叶柄 …… 1. **光蜡树 F. griffithii**
      4. 小叶9-25，下面中脉被棕色茸毛，小叶近无柄。
        5. 小叶9-15，长3-8厘米，先端尖 …… 2. **白枪杆 F. malacophylla**
        5. 小叶15-25，长2.5-4.5厘米，先端圆钝或微凹 …… 2(附). **楷叶梣 F. malacophylla** f. **retusifoliulata**
    3. 小叶具齿；花序苞片早落或无；冬芽具鳞片。
      6. 叶柄长0.5-1.5厘米。
        7. 小叶3-5（-7），两面无毛；翅果无红色糠秕状毛 …… 3. **苦枥木 F. floricunda** subsp. **insularis**
        7. 小叶7-9，下面疏被柔毛和淡黄色毡毛；翅果被红色糠秕状毛 …… 3(附). **多花梣 F. floribunda**

6. 叶柄长不及5毫米。
  8. 小叶(5-)7-9；花萼平截或具宽三角形齿 ………………………………………………………… 4. **秦岭梣 F. paxiana**
  8. 小叶（3-）5-7，萼齿窄三角形。
    9. 小叶长2-5厘米，具深锯齿或缺刻状，先端尾尖 ………………………………………… 5. **小叶梣 F. bungeana**
    9. 小叶长3-8厘米，具浅锯齿，先端锐尖或渐尖 ………………………………………… 6. **庐山梣 F. sieboldiana**
2. 花无花冠，花叶同放。
  10. 小叶卵形或披针形，具整齐锯齿 ………………………………………………………………… 7. **白蜡树 F. chinensis**
  10. 小叶宽卵形、倒卵形或卵状披针形，具粗齿或波状 ………………………………………… 8. **花曲柳 F. rhynchophylla**
1. 花序侧生于去年生枝上，花序下无叶；先叶开花。
  11. 小叶长2-4厘米；花序短，花密集，簇生 ………………………………………………… 9. **椒叶梣 F. xanthoxyloides**
  11. 小叶长4-13厘米；花序长或短，花稍疏离。
    12. 花具花萼；翅果不扭曲。
      13. 叶柄基部非囊状膨大；果翅延至果中部 ……………………………………………… 10. **美国红梣 F. pennsylvanica**
      13. 叶柄基部囊状膨大；果翅延至果基部 ………………………………………………… 11. **象蜡树 F. platypoda**
        14. 小枝近四棱形；叶在枝端对生，小叶近无柄 …………………………… 12. **水曲柳 F. nigra** subsp. **mandschurica**
        14. 小枝圆柱形；叶在枝端3叶轮生，小叶具柄 …………………………… 13. **天山梣 F. angustifolia** subsp. **syriaca**

1. 光蜡树 图 33 彩片 8

Fraxinus griffithii C. B. Clarke in Hook. f. Fl. Brit. Ind. 3: 605. 1882.

半落叶乔木，高达20米。小枝灰白色，被柔毛或无毛。芽裸露。羽状复叶长10-25厘米；小叶5-7，革质或薄革质，宽卵形或披针形，长2-14厘米，先端斜骤尖或钝尖，基部圆钝或楔形，近全缘，两面无毛，下面具细小腺点；小叶柄长约1厘米。圆锥花序顶生枝端；苞片叶状，长0.3-1毫米，初被柔毛。花两性；花梗细，长3毫米；小苞片长约1毫米；花萼杯状，长约1毫米，被微毛或无毛；花冠白色，裂片卷曲，长约2毫米。翅果宽披针状匙形，长2.5-3厘米，宽4-5毫米，翅下延至坚果中部以下。花期5-7月，果期7-11月。染色体2n=46。

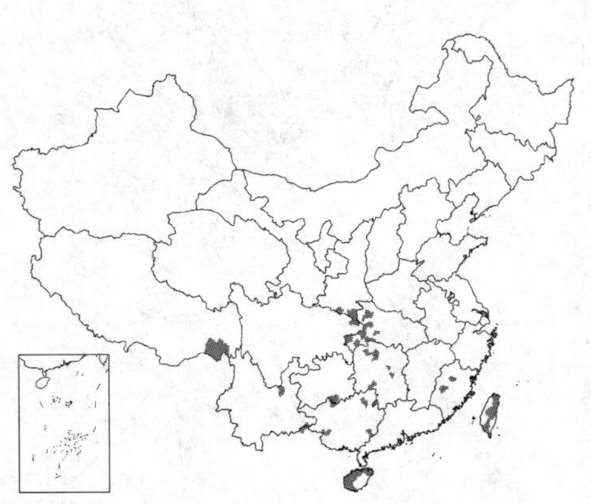

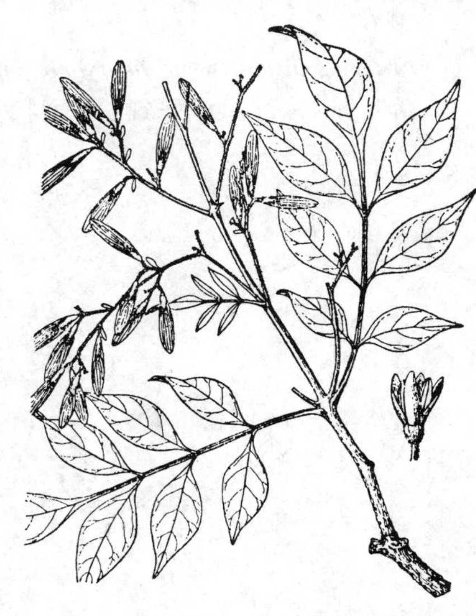

图 33 光蜡树（引自《图鉴》）

产福建、台湾、湖北西部、湖南、广东南部、海南、香港、广西、贵州南部、四川东部、云南、西藏东南部及陕西南部，生于海拔2000米以下干旱山坡、林缘、村旁、河边。日本、菲律宾、印度尼西亚、缅甸、孟加拉国及印度有分布。

2. 白枪杆 图 34

Fraxinus malacophylla Hemsl. in Hook. Icon. Pl. 26: t. 2598. 1899.

落叶乔木。芽裸露，密被锈色糠秕状毛。小枝疏被柔毛和茸毛。羽状复叶长约25厘米；小叶9-15，薄革质，椭圆形或披针状椭圆形，长3-8厘米，宽1-4厘米，先端尖，基部楔形或宽楔形，两侧不等大，近全缘，上面密被棕色茸毛或近无毛，下面密被白色柔毛或近无毛，脉上被黄色绒毛；小叶近无柄。圆锥花序生于枝端或上部叶腋；苞片线形，长2-7毫米。花

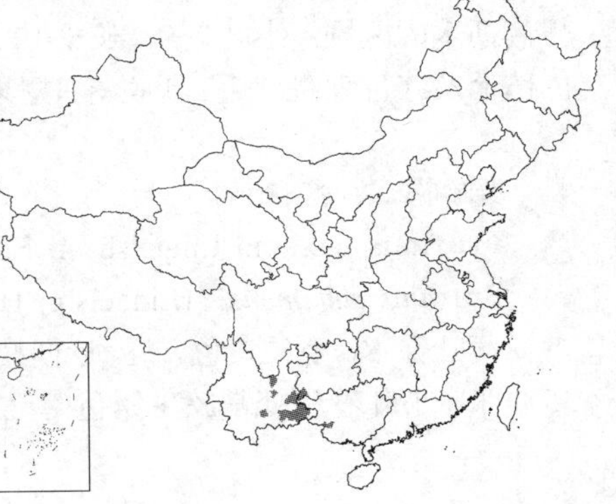

两性；花梗细，长约3毫米，与苞片均密被黄色绒毛；花萼长约1毫米，萼齿短或平截；花冠白色，裂片线形，长约3毫米。翅果匙形，长3-4厘米，宽6-7毫米，翅下延至坚果中部。花期6月，果期9-11月。

产云南、广西西南部及贵州西南部，生于海拔500-1500米石灰岩山地林中。根皮药用。

[附] **楷叶梣 Fraxinus malacophylla** Hemsl. f. **retusifoliolata** (Feng ex P. Y. Bai) X. K. Qin, stat. nov. —— *Fraxinus retusifoliolata* Feng ex P. Y. Bai in Acta Bot. Yunnan. 5 (2): 177. 1983; 中国植物志 61: 13. 1992. 与原变型的区别：小叶15-25，长2-4厘米，宽1-2厘米，先端钝圆或微凹，果长2-2.5厘米，宽4-5毫米。产云南，生于海拔约2000米干旱岩石山坡。

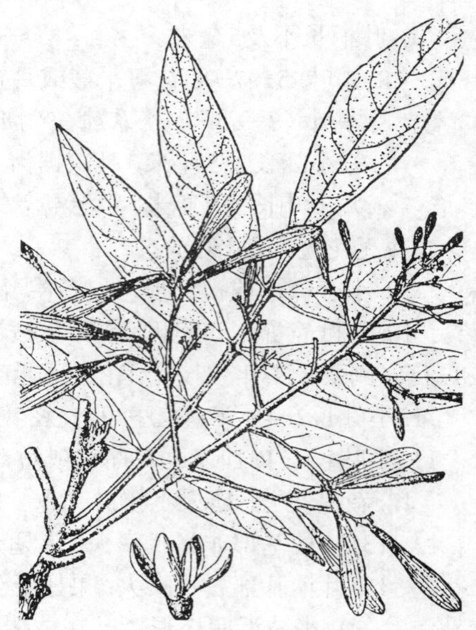

图 34 白枪杆（引自《图鉴》）

3. 苦枥木 齿缘苦枥木 图 35 彩片 9

Fraxinus floribunda Wall. ex Roxb. subsp. **insularis** (Hemsl.) S. S. Sun in Bull. Bot. Res. (Harbin) 5 (1): 49. 1985.

Fraxinus insularis Hemsl. in Journ. Linn. Soc. Bot. 26: 86. 1889; 中国高等植物图鉴 3: 344. 1994; 中国植物志 61: 20. 1992; Fl. China 15: 276. 1996

Fraxinus insularis var. *henryana* (Oliv.) Z. Wei; 中国植物志 61: 22. 1992.

落叶乔木。小枝扁平细长。羽状复叶长10-30厘米。小叶（3-）5-7，纸质或革质，长圆形或椭圆状披针形，长6-9厘米，宽2-4厘米，先端尖、渐尖或尾尖，基部楔形或圆，具浅齿，或中部以下近全缘，两面无毛；小叶柄纤细，长1-1.5厘米。圆锥花序分枝细长；后叶开花。花梗丝状，长约3毫米；花萼杯状，平截，上部膜质，长约1毫米；花冠白色，裂片匙形，长约1毫米。翅果红或褐色，长匙形，长2-4厘米，宽3.5-4毫米，先端钝圆，翅下延至坚果上部。花期4-5月，果期7-9月。染色体数2n=46。

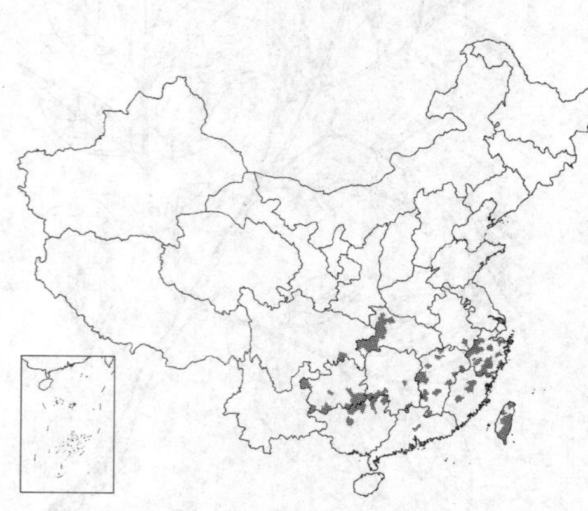

图 35 苦枥木（引自《图鉴》）

产安徽南部、浙江、福建、台湾、江西、湖北、湖南、广东、广西、贵州及四川东南部，生于山地、河谷。

[附] **多花梣 Fraxinus floribunda** Wall. ex Roxb. Fl. Ind. 1: 150. 1820. 与苦枥木的区别：小叶7-9，长8-12厘米，宽3-6厘米，初被柔毛、淡黄色毡毛及红色糠秕状毛，渐脱落；翅果被红色糠秕状毛。产广东、广西、贵州、云南及西藏，生于海拔2600米以下山谷密林中。尼泊尔、不丹、克什米尔地区、印度、缅甸、泰国、老挝及越南有分布。

4. 秦岭梣 秦岭白蜡树 图 36

Fraxinus paxiana Lingelsh. in Engl. Bot. Jahrb. 40: 213. 1907.

Fraxinus sikkimensis (Lingelsh.) Hand.-Mazz.; 中国植物志 61: 14. 1992.

落叶乔木。小枝黄色，粗，近四棱形，无毛或被绒毛。羽状复叶长15-35厘米，小叶着生处常簇生锈色茸毛；小叶5-9，硬纸质，披针形或卵状长圆形，长5-18厘米，先端渐尖，基部圆或下延至小叶柄，具钝齿或圆齿，两面无毛或下面脉上疏被柔毛；

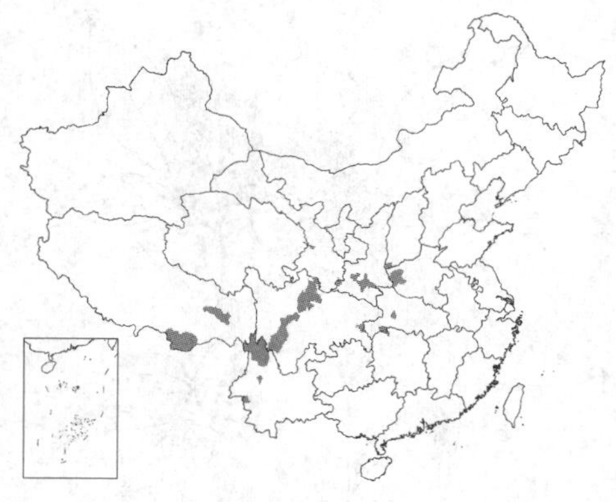

上部小叶无柄，下面具短柄。圆锥花序顶生及腋生枝端。花杂性异株；花梗细，长约2毫米；花萼膜质，杯状，长约1.5毫米，平截或具宽三角形齿；花冠白色，裂片线状匙形，长约3毫米。翅果线状匙形，长2.5-3厘米，宽约4毫米，先端钝或微凹，翅下延至坚果中上部。花期5-7月，果期9-10月。

产甘肃、陕西南部、河南、湖北、湖南北部、四川、云南及西藏，生于海拔400-3100米山谷坡地及疏林中。印度及斯里兰卡有分布。茎皮药用，可清热、收敛止泻。

图 36 秦岭梣 （引自《秦岭植物志》）

5. 小叶梣 小叶白蜡树 图 37

Fraxinus bungeana DC. Prodr. 8: 276. 1844.

落叶小乔木或灌木状。当年生枝淡黄色，密被绒毛，渐脱落。羽状复叶长5-15厘米；叶轴被绒毛。小叶5-7，硬纸质，宽卵形、菱形或卵状披针形，长2-5厘米，先端尾尖，基部宽楔形，具深锯齿或缺刻，两面无毛；小叶柄长0.2-1.5厘米，被柔毛。圆锥花序顶生或腋生枝端，疏被绒毛。花杂性，花梗细，长约3毫米；雄花较小，花萼杯状，长约0.5毫米；花冠白或淡黄色，裂片长4-6毫米，雄蕊与裂片近等长；两性花花冠裂片长达8毫米，雄蕊短。翅果匙状长圆形，长2-3厘米，宽3-5毫米，先端尖、钝圆或微凹，翅下延至坚果中下部。花期5月，果期8-9月。染色体数2n=46。

产吉林、辽宁、河北、山西及河南，生于海拔1500米以下较干旱向阳砂质土壤或岩缝中。树皮为中药“秦皮”，可消炎解热，收敛止泻。

图 37 小叶梣 （何冬泉绘）

6. 庐山梣 图 38

Fraxinus sieboldiana Bl. Mus. Bot. Ludg. Bat. 1: 311. 1850.

Fraxinus mariesii Hook. f.; 中国植物志 61: 24. 1992.

落叶小乔木。小枝被柔毛和糠秕状毛。羽状复叶长7-15厘米；叶轴被柔毛和糠秕状毛；小叶3-5，卵形或宽卵形，长（2.5）3-8厘米，先端锐尖或渐尖，基部钝圆或窄至叶柄，具浅齿或近全缘，两面无毛或有时沿下面中脉被白色柔毛；小叶柄长达5毫米。圆锥花序顶生及腋生枝端。花杂性；雄花具短梗，花萼小，被柔毛，花冠白或淡黄色，裂片长3-5毫米，雄蕊与花冠裂片近等长；两性花花冠裂片较短。翅果线形或线状匙形，长约2.5厘米，宽约4毫米，近中部最宽，先端钝或微凹，紫色，翅

下延至坚果中部。花期5-6月，果期9月。

产安徽南部、浙江、福建北部及江西北部，生于海拔500-1200米林中及溪边。日本有分布。

7. 白蜡树 尖叶梣 图 39

Fraxinus chinensis Roxb. Fl. Ind. 1: 150. 1820.

Fraxinus szaboana Lingelsh.; 中国植物志 61: 26. 1992.

落叶乔木。树皮灰褐色，纵裂。小枝无毛或疏被长柔毛，旋脱落。羽状复叶长12-35厘米；小叶3-7，硬纸质，卵形、长圆形或披针形，长3-12厘米，先端锐尖或渐尖，基部圆钝或楔形，具整齐锯齿，上面无毛，下面延中脉被白色长柔毛或无毛；小叶柄长3-5毫米。圆锥花序花序轴无毛或被细柔毛；花雌雄异株。雄花密集，花萼长约1毫米，无花冠；雌花疏离，花萼长2-3毫米，无花冠。翅果匙形，长3-4厘米，宽4-6毫米，先端锐尖，常梨头状，翅下延至坚果中部。花期4-5月，果期7-9月。

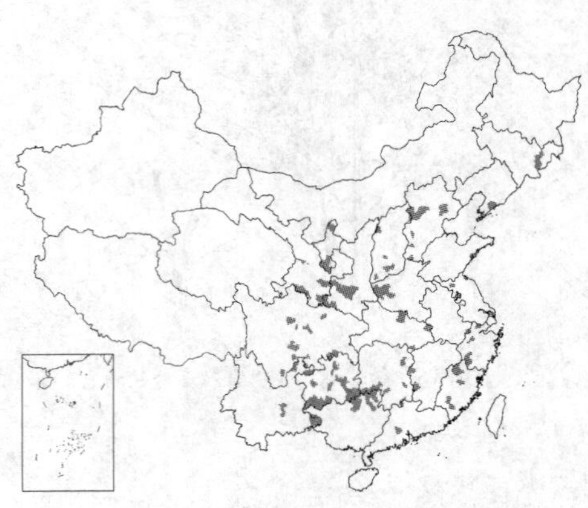

产吉林、辽宁、河北、山西、河南、山东、江苏、安徽、浙江、福建、江西、湖北、湖南、广东、香港、广西、贵州、云南、四川、陕西、甘肃及宁夏，生于海拔800-2300米山地林中。多栽培。越南及朝鲜半岛有分布。可放养白蜡虫，取蜡为重要工业原料；树皮作中药“秦皮”，可消炎解热，收敛止泻。

8. 花曲柳 图 40：1-3 彩片 10

Fraxinus rhynchophylla Hance in Journ. Bot. 7: 164. 1869.

Fraxinus chinensis Roxb. subsp. *rhynchophylla* (Hance) E. Murray; Fl. China 15: 277. 1966.

落叶乔木；树皮灰褐色，光滑。小枝淡黄色，无毛。羽状复叶长15-35厘米；叶柄基部膨大；小叶3-7，革质、宽卵形或卵状披针形，顶生小叶常倒卵形，长3-11厘米，先端渐尖或尾尖，基部宽楔形、钝圆或心形，具不规则粗齿或波状，下部近全缘，上面无毛，下面沿中脉被白色柔毛。圆锥花序顶生或腋生于当年生枝端，雄花与两性花异株。花梗长约5毫米；花萼浅杯形，无毛；无花冠。翅果线形，长约3.5毫米，宽约5毫米，翅下延至坚果中

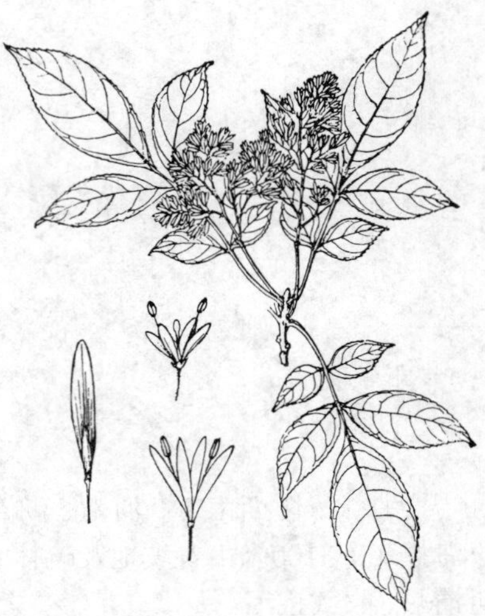

图 38 庐山梣（何冬泉绘）

图 39 白蜡树（引自《图鉴》）

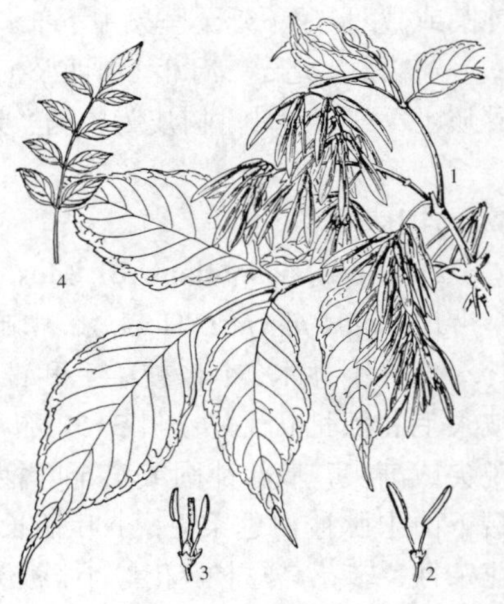

图 40：1-3. 花曲柳 4. 椒叶梣（张桂芝绘）

部。花期4-5月，果期9-10月。

产黑龙江、吉林、辽宁、河北、山东、江苏南部、浙江西北部、安徽南部、河南、湖北、四川东南部、陕西南部及甘肃南部，生于海拔1500米以下山坡、河岸。俄罗斯及朝鲜半岛有分布。树皮药用。木材坚韧，纹理美观。

9. 椒叶梣 图 40：4

Fraxinus xanthoxyloides (G. Don) DC. Prodr. 8: 275. 1844.

Ornus xanthoxyloides G. Don, Gen. Hist. Dichlam. Pl. 4: 57. 1837.

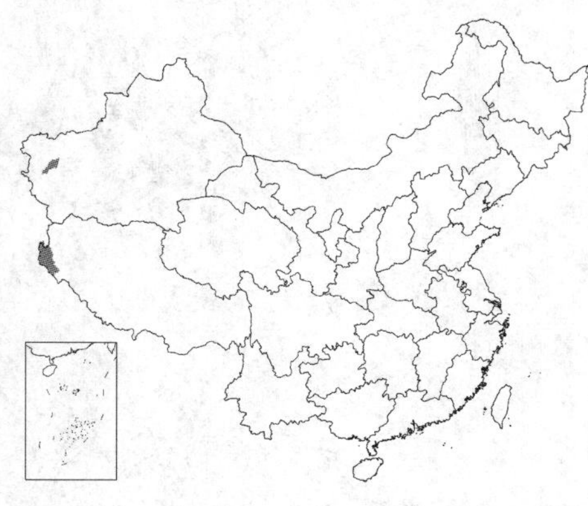

灌木或小乔木。小枝圆。羽状复叶长8-12厘米；小叶7-11，近革质，卵状披针形或椭圆形，长（2）3-4厘米，各对小叶近等大，先端钝尖或尖，基部楔形，两侧不等大，具圆齿，上面无毛，下面中脉基部被白色柔毛；小叶无柄。聚伞状圆锥花序密集簇生于去年生枝上；花杂性；苞片被棕色绢毛。无花冠；雄花无花萼，两性花花萼杯状。翅果长圆状线形，长3-5厘米，宽约5毫米，先端钝或平截，翅下延至坚果中部。花期4月，果期10月。染色体数2n=46。

产西藏西部及新疆西部，生于海拔1000-2800米河谷干旱山坡岩壁上。阿富汗、巴基斯坦、印度至地中海南岸、非洲北部有分布。

10. 美国红梣 美国白蜡 图 41

Fraxinus pennsylvanica Marsh. Arb. Amer. 92. 1785.

落叶乔木。小枝红棕色，圆柱形，被黄色柔毛或无毛。羽状复叶长18-40厘米；叶轴密被灰黄色柔毛；小叶7-9，薄革质，长圆状披针形或椭圆形，长4-13厘米，先端渐尖或尖，基部宽楔形，具不明显钝齿或近全缘，上面无毛，下面疏被绢毛；小叶近无柄。圆锥花序生于去年生枝上；雄花与两性花异株，与叶同放；花梗纤细，被柔毛；具花萼；无花冠。翅果窄倒披针形，长3-5厘米，宽4-7毫米，中上部最宽，先端钝圆或具短尖头，翅下延至坚果中部。花期4月，果期8-10月。

原产美国东海岸至落基山脉。我国引种栽培，多见于庭园及行道树。

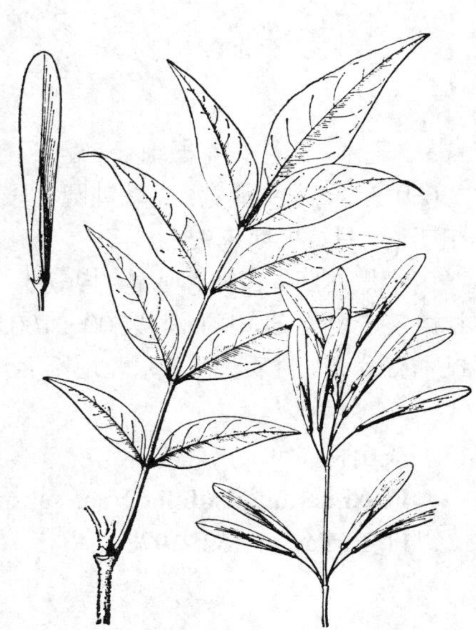

图 41 美国红梣 （李志民绘）

11. 象蜡树 钝翅象蜡树 图 42

Fraxinus platypoda Oliv. in Hook. Icon. Pl. 20: t. 1929. 1890.

Fraxinus inopinata Lingelsh.; 中国高等植物图鉴 3: 346. 1974.

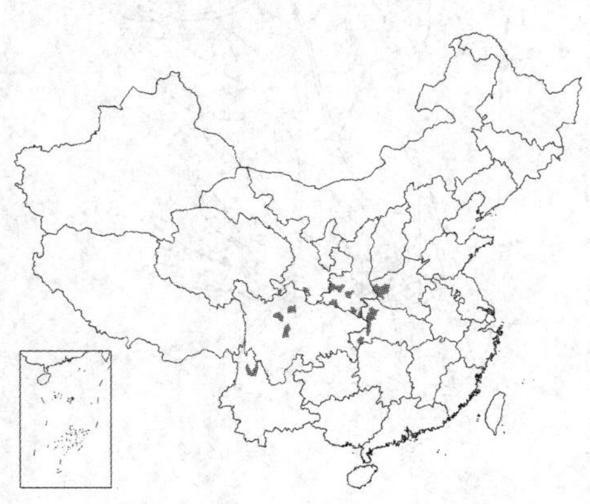

落叶乔木，高达28米，胸径1米。小枝被柔毛或无毛。羽状复叶长10-25厘米；叶柄基部囊状膨大，耳状半抱茎；叶轴密被黄色柔毛或脱落无毛；小叶7-11，薄革质，长圆形，长6-12厘米，先端短渐尖，基部圆钝或宽楔形，稍歪斜，具不明显细齿，上面无毛，下面沿中脉密被淡黄长柔毛或脱落无毛；小叶近无柄。聚伞状圆锥花序生于去年生枝上；花序轴初被黄色曲柔毛，渐脱落无毛；苞片宽线形，长约1厘米。花杂性异株；花萼钟状，长约1.5毫米，无花冠。翅果长圆形，长4-5厘米，宽0.7-1厘米，近中部最宽，翅下延至坚果基部。花期4-5月，果期8月。

产陕西南部、甘肃南部、河南西部、湖北西部、四川及云南西北部，生于海拔1200-2800米山坡及溪谷林中。

图 42 象蜡树（李志民仿绘）

12. 水曲柳 图 43

Fraxinus nigra Marsh. subsp. **mandshurica** (Rupr.) S. S. Sun in Bull. Bot. Res. (Harbin) 5 (1): 60. 1985.

Fraxinus mandshurica Rupr. in Bull. Phys.-Math. Acad. Sci. Saint Pétersb. 15: 371. 1857; 中国高等植物图鉴 3: 347. 1974; 中国植物志 61: 37. 1992.

落叶乔木。小枝无毛。羽状复叶在枝端对生，长25-35厘米；叶轴小叶着生处簇生黄褐色曲柔毛或脱落无毛，小叶7-11，纸质，长圆形或卵状长圆形，长5-20厘米，先端渐尖或尾尖，基部楔形或圆钝，稍歪斜，具细齿，上面无毛或疏被白色硬毛，下面沿脉被黄色曲柔毛；小叶近无柄。圆锥花序生于去年生枝上，先叶开花；花序轴与分枝具窄翅状锐棱。雄花与两性花异株，无花冠，无花萼；雄花花梗细，长3-5毫米，两性花花梗细长。翅果长圆形或倒圆状披针形，长3-3.5厘米，宽6-9毫米，中部最宽，先端钝圆、平截或微凹，翅下延至坚果基部，扭曲。花期4-6月，果期8-9月。

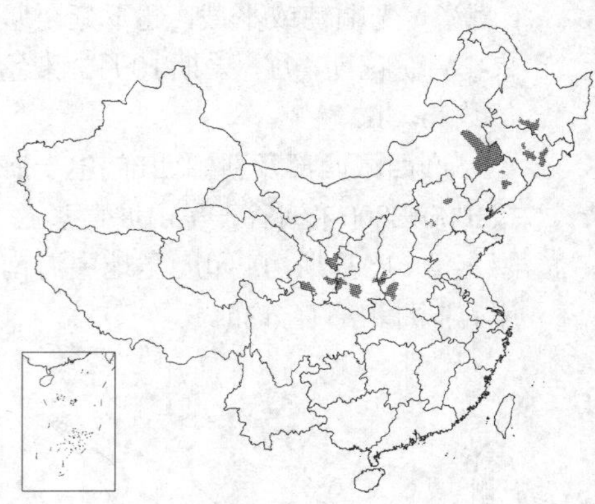

产黑龙江、吉林、辽宁、内蒙古、河北、山西南部、河南西部、陕西、甘肃及宁夏南部，生于海拔700-2100米山坡疏林中或河谷。朝鲜、俄罗斯、日本有分布。材质优良，东北地区名贵商品材。

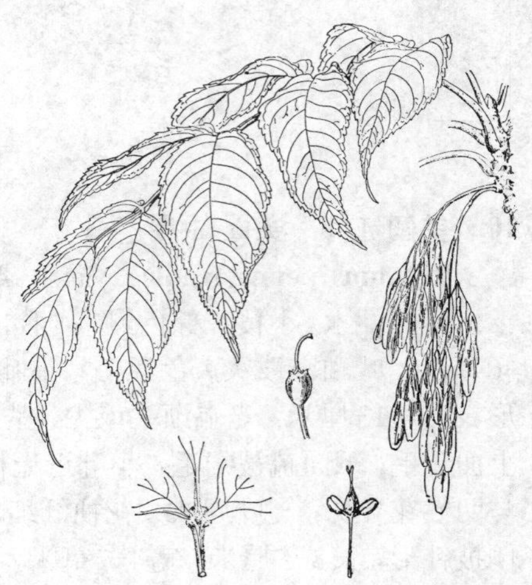
图 43 水曲柳（张桂芝绘）

13. 天山梣 图 44

Fraxinus angustifolia Vahl subsp. **syriaca** (Boissier) Yaltirik in Davis, Fl. Turkey 6: 152. 1978.

Fraxinus syriaca Boissier in Diagn. ser. 1, 11 : 77. 1849.

Fraxinus sogdiana Bunge; 中国植物志 61: 39. 1992.

落叶乔木。小枝无毛。羽状复叶在枝端3叶轮生，长10-30厘米；叶柄基部有白色髯毛；叶轴细，无毛；小叶7-11，纸质，卵状披针形或窄披针形，长2.5-8厘米，先端渐尖或长渐尖，基部楔形下延至小叶柄，疏生

图 44 天山梣（何冬泉绘）

不整齐三角形锯齿，上面无毛，下面密生细腺点，有时沿中脉被疏柔毛；小叶柄长0.5-1.2厘米。聚伞花序生于去年生枝上。花杂性；无花冠，无花萼。翅果倒披针形，长3-3厘米，宽5-8毫米，翅下延至坚果基部，扭曲。花期4-6月，果期7-10月。染色体数2n=46。

产新疆西北部及西部，生于海拔约500米河旁及落叶林中。俄罗斯有分布。树形挺拔优美，耐干旱，可作沙漠绿洲的营林树种。

3. 连翘属 Forsythia Vahl

直立或蔓性落叶灌木。枝中空或具片状髓。单叶，对生，稀3裂或3出复叶；具叶柄。先叶开花，花两性，1至数朵生叶腋。花具梗；花萼4深裂，多少宿存；花冠黄色，钟状，4深裂，裂片较花冠筒长；雄蕊2，着生花冠筒基部，花药2室，纵裂；子房2室，每室具多枚下垂胚珠，花柱细长，柱头2裂，花柱异长；具长花柱的花，雄蕊短于雌蕊，具短花柱的花，雄蕊长于雌蕊。蒴果具喙，2室，室间开裂，每室种子多枚。种子一侧具翅；子叶扁平。染色体基数x=14。

约11种，1种产欧洲东南部，余产亚洲东部。我国6种。

早春开花，为优美花木。

1. 叶上部具不规则锐齿或粗齿。
  2. 节间中空；花萼裂片长（5）6-7毫米；果柄长0.8-1.5厘米；叶有时3裂或3出复叶。
    3. 植物无毛 ······ 1. **连翘 F. suspensa**
    3. 幼叶、叶柄和叶上面均被柔毛，叶下面被柔毛 ······ 1(附). **毛连翘 F. suspensa f. pubescens**
  2. 节间具片状髓；花萼裂片长5毫米以下；果柄长7毫米以下；叶不裂 ······ 2. **金钟花 F. viridissima**
1. 叶全缘或疏生小锯齿。
  4. 叶两面被毛或无毛，全缘或疏生小锯齿 ······ 3. **秦连翘 F. giraldiana**
  4. 叶两面无毛，全缘 ······ 3(附). **丽江连翘 F. likiangensis**

1. 连翘 图 45 彩片 11

Forsythia suspensa (Thunb.) Vahl, Enum. Pl. 1: 39. 1804.

Ligustrum suspensa Thunb. in Nov. Acta Soc. Sci. Upsal 3: 207. 1780.

落叶灌木。小枝节间中空。单叶，有时3裂或3出复叶，叶卵形、宽卵形或椭圆状卵形，长2-10厘米，先端锐尖，基部圆、宽卵形或楔形，近基部具锐齿或粗齿，两面无毛；叶柄长0.8-1.5厘米。花单生或2至数朵生于叶腋，先叶开花；花梗长5-6毫米；花萼绿色，裂片长圆形，长6-7毫米，边缘具睫毛，与花冠筒近等长；花冠黄色，裂片倒卵状长圆形或长圆形，长1.2-2厘米；在雌蕊长5-7毫米的花中，雄蕊长3-5毫米，在雌蕊长约3毫米的花中。果卵圆形、卵状椭圆形或长椭圆形，长1.2-2.5厘米，宽0.6-1.2厘米，先端喙状，疏生皮孔；果柄长0.7-1.2厘米。花期3-4月，果期7-9月。

图 45 连翘（仿《图鉴》）

产辽宁西部、河北、山西、山东、河南、安徽西部、湖北、陕西及宁夏，生于海拔250-2200米山坡灌丛、林下或草丛中。除华南地区外，各地均有栽培。果实为我国常用中药“连翘”，可清热解毒、消肿排脓，叶可治高血压、痢疾及喉痛。

[附] **毛连翘 Forsythia suspensa**

f. **pubescens** Rehd in Sarg. Pl. Wilson. 1: 302. 1912. 与模式变种的区别：幼枝、叶柄及叶两面均被柔毛，叶脉毛较密。产山西、陕西、河南、湖北及四川，生于海拔1300–1900米山谷阳处或林中。

2. 金钟花 图 46 彩片 12

Forsythia viridissima Lindl. in Journ. Hort. Soc. London 1: 226. 1846.

落叶灌木；全株除花萼裂片边缘具睫毛外，余无毛。小枝具片状髓。单叶，长椭圆形或披针形，长3.5–15厘米，宽1–4厘米，先端锐尖，基部楔形，上部常具不规则锐齿或粗齿，稀近全缘，两面无毛；叶柄长0.6–1.2厘米。花1–3（4）朵生于叶腋，先叶开花。花梗长3-7毫米；花萼裂片卵形或长圆形，长2–4毫米，具睫毛；花冠深黄色，长1.1–2.5厘米，花冠筒长5–6毫米，裂片窄长圆形，反卷；在雄蕊长3.5–5毫米的花中，雌蕊长5.5–7毫米，在雄蕊长6–7毫米的花中，雌蕊长约3毫米。果卵圆形或宽卵圆形，长1–1.5厘米，先端喙状渐尖，具皮孔。花期3–4月，果期8–11月。

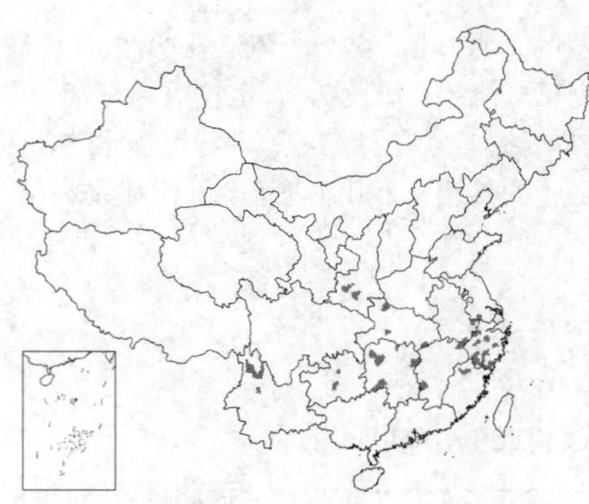

产江苏南部、安徽南部、浙江、福建西北部、江西、湖北、湖南、贵州、云南西北部及陕西南部，生于海拔300–2600米山地、溪边或灌丛中。除华南地区外，各地均有栽培。

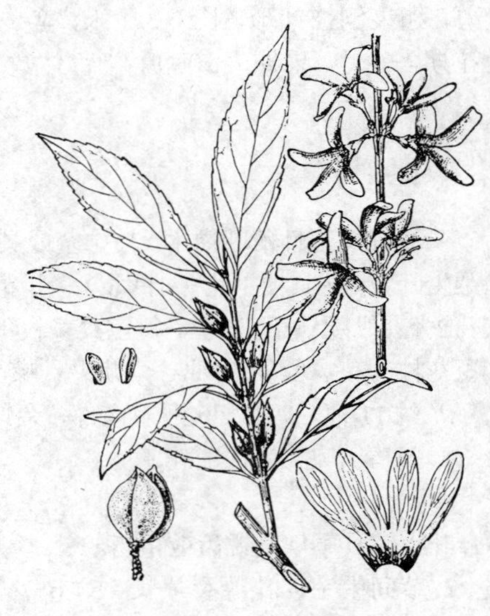

图 46 金钟花（陆锦文绘）

3. 秦连翘 图 47

Forsythia giraldiana Lingelsh. in Jahresb. Schles. Ges. Vaterl. Cult. 2b (Zool.-Bot. Sekt.): 1. 1908.

落叶灌木，高达3米。小枝无毛，具片状髓。单叶，近革质，长椭圆形、卵形或披针形，长3.5–12厘米，宽1.5–6厘米，先端尾尖或尖，基部楔形或近圆，全缘或疏生小齿，上面无毛或疏生柔毛，下面被较密柔毛、长柔毛或仅沿叶脉疏被柔毛至无毛；叶柄长0.5–1厘米，被柔毛或无毛。花常单生或2–3朵生于叶腋。花萼带紫色，长4-5毫米，裂片卵状三角形，长3–4毫米，边缘具睫毛；花冠黄色，花冠筒长4–6毫米，裂片窄长圆形，长0.7–1.5厘米；在雄蕊长5–6毫米的花中，雌蕊长约3毫米；在雄蕊长3–5毫米的花中，雌蕊长5–7毫米；果卵圆形或披针状卵圆形，长0.8–1.8厘米，宽0.4–1厘米，先端喙状短渐尖或渐尖，或锐尖，皮孔不明显或疏生皮孔，开裂时反折。花期3–5月，果期6–10月。

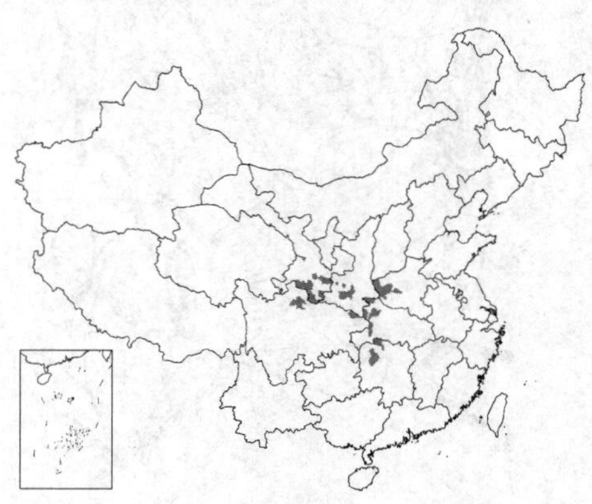

产甘肃东南部、四川东北部及北部、陕西南部、河南西部、湖北西部、湖南北部，生于海拔800–3200米山坡或林中。

图 47 秦连翘（李志民绘）

[附] **丽江连翘 Forsythia likiangensis** Ching et Feng ex P. Y. Bai in Acta Bot. Yunnan. 5(2): 178. 1983. 本种与秦连翘的区别：叶全缘、两面无毛。产云南西北部、四川木里，生于山坡灌丛中、林下。

4. 丁香属 **Syringa** Linn.

落叶灌木或小乔木。冬芽具芽鳞，常无顶芽。单叶，稀复叶，对生，全缘，稀分裂；具叶柄。聚伞花序组成圆锥花序，顶生或腋生。花萼钟状，具4齿或不规则齿裂，或近平截，宿存；花冠漏斗状、高脚碟状或近辐状，裂片4，紫、红、粉红或白色，开展或近直立；雄蕊2，着生花冠筒喉部或花冠筒中部，内藏或伸出；子房2室，每室具2下垂胚珠，花柱丝状，短于雄蕊，柱头2裂。蒴果2室，室间开裂。种子扁平，有翅。染色体基数x=23，或22、24。

约19种，我国16种。本属有些种类的花可提取香精；枝叶繁茂，花色淡雅，为园艺珍品。

1. 圆锥花序由顶芽抽生，或由顶芽和侧芽抽生，基部常有叶。
  2. 叶下面无毛；花冠漏斗状 …………………………………………… 1. **云南丁香 S. yunnanensis**
  2. 叶下面多少有毛。
    3. 花冠筒中部以上漏斗状，裂片近直立。
      4. 果熟后不反折；花序直立 …………………………………………… 2. **辽东丁香 S. wolfii**
      4. 果熟后反折；花序微下垂或下垂 …………………………………… 3. **西蜀丁香 S. komarovii**
    3.花冠筒圆柱形，裂片外展…………………………………………………… 4. **红丁香 S. villosa**
1. 圆锥花序由侧芽抽出，无顶芽，基部常无叶。
  5. 花冠紫、红、粉红或白色，花冠筒远比花萼长，花药全部或部分藏于花冠筒，稀全部伸出。
    6. 单叶。
      7. 叶全缘。
        8. 叶长卵形、宽卵形、近圆形或肾形，基部心形，平截、近圆或宽楔形。
          9. 大灌木或乔木；叶长3-13厘米，羽状脉。
            10. 叶卵圆形或肾形，常宽大于长。
              11. 叶、小枝和花序轴无毛或被腺毛。
                12. 花紫色 ………………………………………………………… 5. **紫丁香 S. oblata**
                12. 花白色 ……………………………………………… 5(附). **白丁香 S. oblata** var. **alba**
              11.叶下面被短柔毛或柔毛，小枝、花序轴被微柔毛、短柔毛或无毛 ……………………………………………………………………… 5(附). **毛紫丁香 S. oblata** var. **giraldii**
            10. 叶卵形、宽卵形或长卵形，常长大于宽 ………………………… 6. **欧丁香 S. vulgaris**
          9. 矮灌木；叶长1-3厘米，主脉5，掌状脉或近掌状脉 ……………… 7. **山丁香 S. spotanea**
        8. 叶菱形、卵形或披针形，基部楔形或近圆。
          13. 叶下面沿中脉有毛；果具皮孔。
            14. 花序轴、花梗、花萼无毛；花紫或淡紫色 ……………………… 8. **巧玲花 S. pubescens**
            14. 花序轴、花梗、花萼具毛。
              15. 叶先端尾尖，常歪斜，或近凸尖；花冠淡紫、粉红色，略漏状 ……………………………………………… 8(附). **关东巧玲花 S. pubescens** subsp. **patula**
              15. 叶先端尖或渐尖；花冠、花萼及花梗均紫色，花冠筒近圆柱形 ……………………………………………… 8(附). **小叶巧玲花 S. pubscens** subsp. **microphylla**
          13. 叶无毛；果光滑，皮孔不明显 ……………………………………… 9. **什锦丁香 S.** x **chinensis**
      7. 叶羽状分裂，兼有全缘叶。
        16. 叶具3-9羽状深裂至全裂，枝条上部和花枝的叶近全缘 ……………… 10. **华丁香 S. protolaciniata**
        16. 叶全缘，稀具1-2小裂片 …………………………………………… 10(附). **花叶丁香 S.** x **persica**

6. 羽状复叶，具7-11小叶 ………………………………………………………………………… 11. **羽叶丁香 S. pinnatifolia**
5. 花冠白色，花冠筒与花萼近等长，花丝伸出花冠筒外。
17. 叶厚纸质，叶脉在上面凹下；果顶端钝 ………………………… 12. **暴马丁香 S. reticulata** subsp. **amurensis**
17. 叶纸质，叶脉在上面平；果顶端尖至长渐尖 ……………… 12(附). **北京丁香 S. reticulata** subsp. **pekinensis**

1. 云南丁香 图 48

Syringa yunnanensis Franch. in Rev. Hort. 1891: 308. 332. 1891.

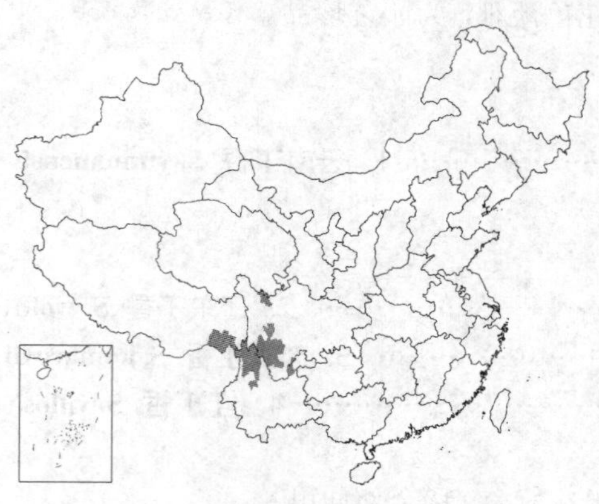

灌木，高达5米。小枝无毛。叶椭圆形或倒卵形，长2-8厘米，先端锐尖或短渐尖，基部楔形或宽楔形，两面无毛，稀沿下面叶脉被微柔毛；叶柄长0.5-2厘米，无毛。圆锥花序由顶芽抽出；花序轴、花梗均紫色，被微柔毛。花萼无毛，长1-2.5毫米，平截或具萼齿；花冠白、淡紫红或淡粉红色，漏斗状，花冠筒长5-8毫米，裂片直角开展，长圆形，长2-3.5毫米；花药黄色，常位于花冠筒喉部，稀稍突出。果长圆柱形，长1-1.7厘米，先端锐尖，稍具皮孔。花期5-6月，果期9月。染色体数2n=48。

图 48 云南丁香（引自《图鉴》）

产云南西北部、四川及西藏东南部，生于海拔2000-3900米山坡、沟边或河滩地。

2. 辽东丁香 图 49

Syringa wolfii Schneid. in Fedde, Repert. Sp. Nov. Reg. Veg. 9: 81. 1910.

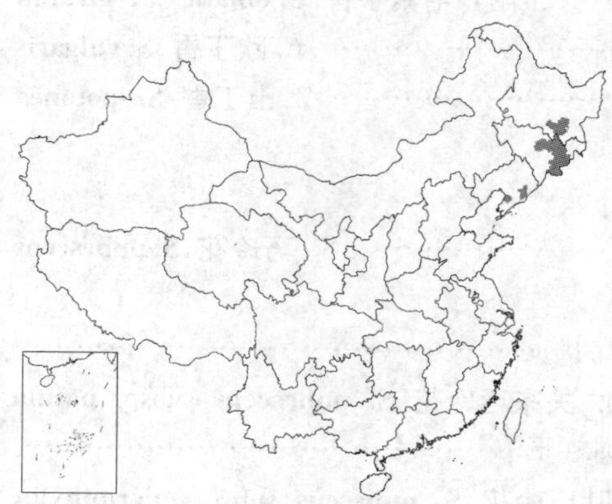

直立灌木。当年生枝绿色，无毛或被短柔毛。叶椭圆形，长3.5-15厘米，先端锐尖或渐尖，基部楔形或近圆，叶缘具睫毛，上面无毛或疏被柔毛，下面被柔毛；叶柄长1-3厘米。圆锥花序直立，由顶芽抽生，花序轴被柔毛。花梗、花萼被较密柔毛；花梗长不及2毫米；花萼长2-3.5毫米；平截或具齿；花冠淡紫或紫红色，漏斗状，花冠筒长1-1.4厘米，裂片开展，不反折；花药黄色，位于花冠筒喉部。果长圆形，长1-1.7厘米，先端近骤尖或凸尖，皮孔不明显。花期6月，果期8月。染色体数2n=46。

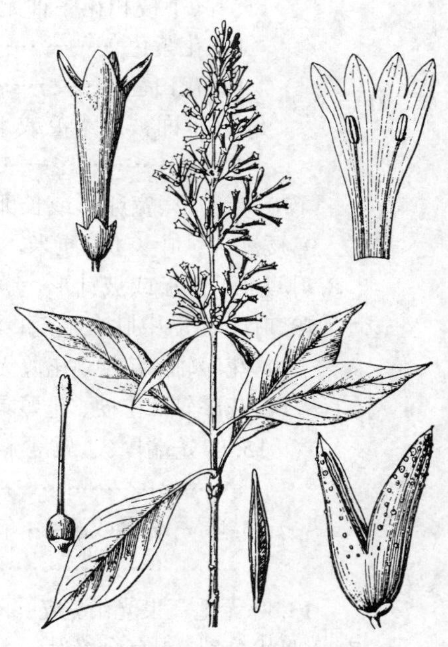

图 49 辽东丁香（钱存源绘）

产黑龙江南部、吉林及辽宁南部，生于海拔500-1600米林中或河边。朝鲜半岛北部及俄罗斯有分布。

3. 西蜀丁香 图 50

Syringa komarovii Schneid. in Fedde, Repert. Sp. Nov. Reg. Veg. 9: 82. 1910.

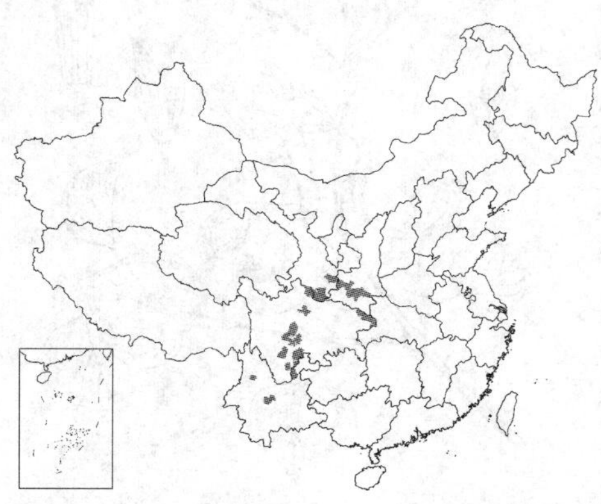

灌木。小枝无毛或被柔毛。叶卵状长圆形或卵状披针形，长5-19厘米，先端尖、长渐尖或钝，基部楔形或宽楔形，上面无毛或沿中脉被柔毛，下面被柔毛；叶柄长1-3厘米。圆锥花序由顶芽抽生，微下垂或下垂；花序轴、花梗和花萼被柔毛或无毛。花梗长不及1.5毫米；花萼长2-3毫米，平截或具齿；花冠紫红色，内面白色，漏斗状，花冠筒长0.8-1.5厘米，裂片近直立，长2-4毫米；花药黄色，位于花冠筒喉部。果成熟时常反折，长椭圆形，长1-1.5厘米，顶端具小尖头，皮孔不明显或疏具皮孔。花期5-7月，果期7-10月。染色体数2n=46，48。

产甘肃南部、陕西南部、四川及云南，生于海拔1000-3400米灌丛、疏林中或河边。

图 50 西蜀丁香 （唐庆瑜绘）

4. 红丁香 图 51

Syringa villosa Vahl, Enum. Pl. 1: 38. 1804.

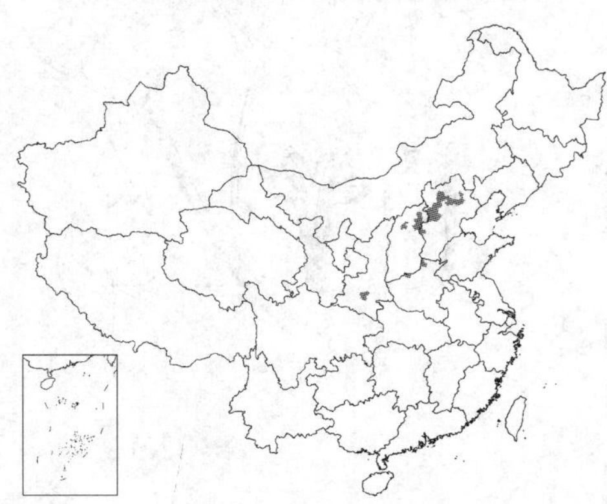

灌木。小枝淡灰色，无毛或被微柔毛。叶卵形或椭圆形，长4-11厘米，先端尖或短渐尖，基部楔形或近圆，上面无毛，下面粉绿色，贴生疏柔毛或沿叶脉被柔毛；叶柄长0.8-2.5厘米，无毛或被柔毛。圆锥花序直立，由顶芽抽生；花序轴、花梗及花萼无毛，或被柔毛。花梗长0.5-1.5厘米；花萼长2-4毫米，萼齿锐尖或钝；花冠淡紫红或白色，花冠筒细，近圆柱形，长0.7-1.5厘米，裂片直角外展，长3-5毫米；花药黄色，位于花冠筒喉部。果长圆形，长1-1.5厘米，顶端凸尖，皮孔不明显。花期5-6月，果期9月。染色体数2n=46，48。

产河北、山西、河南北部及陕西南部，生于海拔1200-2200米山坡灌丛中、沟边或河边。

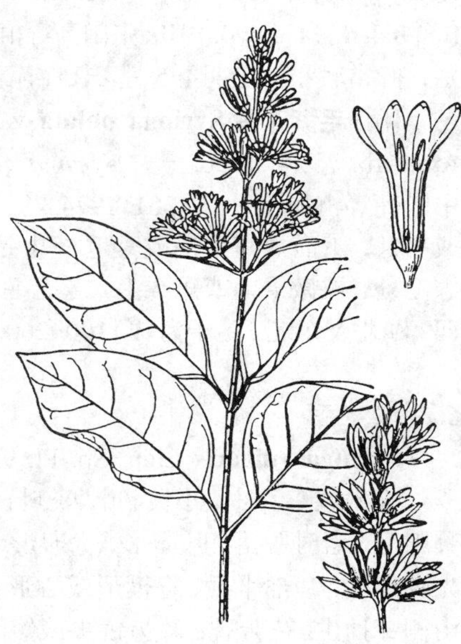

图 51 红丁香 （陆锦文绘）

5. 紫丁香 图 52

Syringa oblata Lindl. in Gard. Chron. 1859: 868. 1859.

灌木或小乔木。小枝、花序轴、花梗、苞片、花萼、幼叶两面及叶柄均密被腺毛。叶革质或厚纸质，卵圆形或肾形，长2-14厘米，宽2-15厘米，先端短凸尖或长渐尖，基部心形、平截或宽楔形；叶柄长1-3厘米。圆锥花序直立，由侧芽抽生。花梗长0.5-3毫米；花萼长约3毫米；花冠紫色，花冠筒圆柱形，长0.8-1.7厘米，裂片直角开展，长3-6毫米；花药黄色，位于花冠筒喉部。果卵圆形或长椭圆形，长1-1.5（-2）厘米，顶端长渐尖，

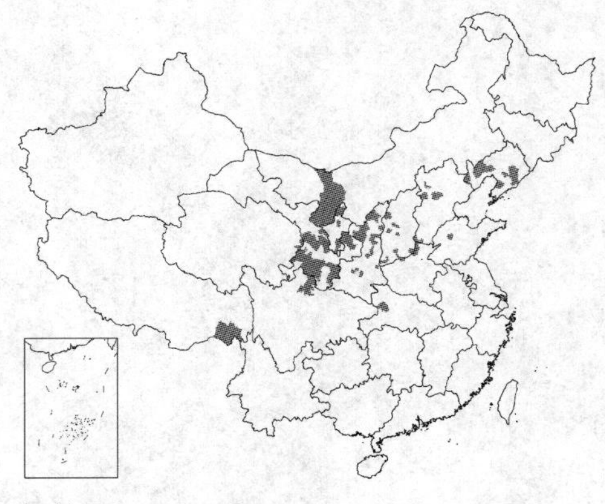

几无皮孔。花期4-5月，果期6-10月。染色体数2n=46。

产辽宁、内蒙古西部、河北、山东、山西、河南、湖北西部、陕西、宁夏、甘肃、四川北部、青海东部及西藏东南部，生于海拔300-2400米山坡林内、溪边、山谷。长江以北各地栽培。对SO_2污染有一定的净化作用；花可提取芳香油；嫩叶可代茶。

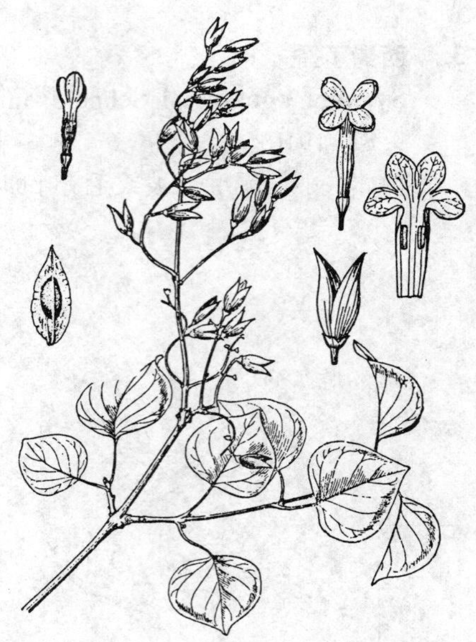

图 52 紫丁香（引自《图鉴》）

[附] **白丁香 Syringa oblata** var. **alta** Hort. ex Rehd. in Bailey, Cycl. Amer. Hort. 4: 1763. 1902. —— *Syringa oblata* var. *hupthensis* Pampan. in Nuor. Bot. Ital. n. s. 17: 690. 1910; 中国高等植物图鉴 3: 351. 1974. 与模式变种的区别：叶常较小。花期4-5月。长江流域以北普遍栽培。

[附] **毛紫丁香 Syringa oblata** var. **giraldii** (Lingelsh.) Rehd. in Journ. Arn. Arb. 7: 34. 1926. —— *Syringa giraldi* var. *affinis* (L. Henry) Lingelsh; 中国高等植物图鉴 3: 351. 1974. 与模式变种的区别：叶基部宽楔形、近圆或平截，下面被短柔毛或柔毛；叶上面、叶柄、小枝、花序轴和花梗除具腺毛外，被微柔毛或短柔毛，或无毛。花期5月，果期7-9月。产甘肃、陕西、湖北及东北，生于海拔1100-2600米山坡林下或灌丛中。

6. 欧丁香 图 53 彩片 13

Syringa vulgaris Linn. Sp. Pl. 9. 1753.

灌木或小乔木。小枝、叶柄、叶两面、花序轴、花梗和花萼均无毛，或具腺毛，老时脱落。叶卵形、宽卵形或长卵形，长3-13厘米，宽2-9厘米，先端渐尖，基部平截、宽楔形或心形；叶柄长1-3厘米。圆锥花序近直立，由侧芽抽生。花芳香；萼齿锐尖或短渐尖；花冠紫或淡紫色，花冠筒细弱，近圆柱形，长0.6-1厘米，裂片直角开展；花药黄色，位于花冠筒喉部。果卵形或长椭圆形，长1-2厘米，先端渐尖或骤凸，光滑，无皮孔。花期4-5月，果期6-7月。

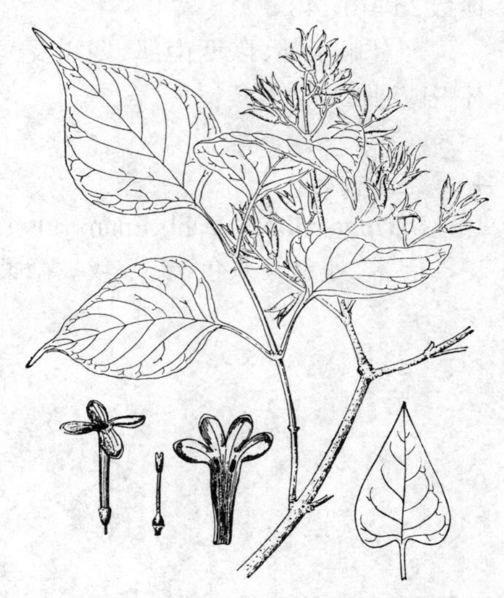

图 53 欧丁香（张桂芝绘）

原产东南欧。华北各地普遍栽培，东北、西北及江苏也有栽培。有白花、紫红花、蓝花及重瓣等栽培变型。

7. 山丁香 小叶蓝丁香 蓝丁香 图 54

Syringa spontanea (M. C. Chang) X. K. Qin in Acta Phytotax. Sin. 36 (4): 362. 1998.

Syringa meyeri Schneid. var. *spontanea* M. C. Chang in Investigat. Stud. Nat. 10: 33. 1990; 中国植物志 61: 68. 1992; Fl. China 15: 284. 1996.

Syringa meyeri auct. non Schneid.: 中国高等植物图鉴 3: 350. 1974; 中国植物志 61: 68. 1992.

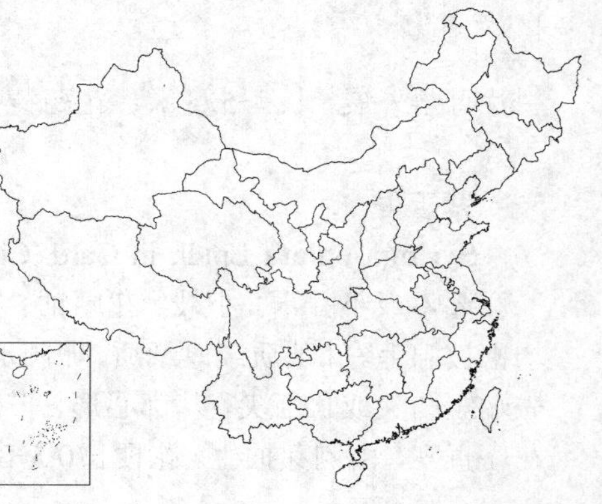

矮灌木。枝叶密生。小枝圆柱形，密被柔毛，具皮孔。叶近圆形或宽卵形，长1-3厘米，基部近圆，叶缘具睫毛，上面无毛，下面沿叶脉基部被柔毛，主脉5条，掌状脉或近掌状脉，自基部弧曲达叶片上部；叶柄长0.6-1厘米。圆锥花序直立，由侧芽抽生；花序梗、花梗密被柔毛。花萼暗紫色，长约2毫米，萼齿锐尖；花冠紫色，花冠筒近圆柱形，长约1厘米，裂片开展，长2-4毫米，花药位于花冠筒喉部以下。果长椭圆形，长1-2厘米，先端渐尖，具皮孔。花期5月，果期9-10月。染色体数2n=46。

产辽宁金县和尚山，生于海拔约500米山坡石缝间。在栽培条件下每年可开花二次，第一次4-6月，第二次8-9月，树形较矮而雅致，辽宁、北京、西安等地栽培供观赏。

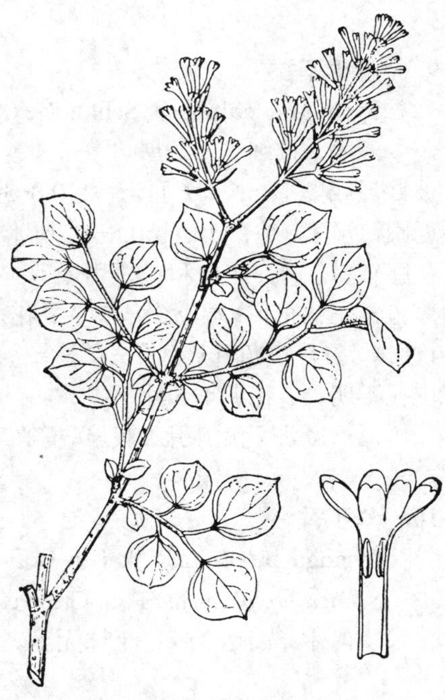

图 54 山丁香（陆锦文绘）

8. 巧玲花 图 55:1-5

Syringa pubescens Turcz. in Bull. Soc. Nat. Mosc. 13: 73. 1840.

灌木。小枝四棱形，无毛，疏生皮孔。叶卵形，长1.5-8厘米，先端锐尖、渐尖或钝，基部宽楔形或圆，叶缘具睫毛，上面无毛，下面被短柔毛或无毛，常沿叶脉或叶脉基部被长柔毛；叶柄长0.5-2厘米，细弱。圆锥花序直立，由侧芽抽生；花序轴、花梗、花萼略带紫红色，无毛，稀被短柔毛或微柔毛；花序轴四棱形。花萼长1.5-2毫米，平截或具齿；花冠紫或淡紫色，后近白色，花冠筒近圆柱形，长0.7-1.7厘米，裂开开展或反折，长2-5毫米；花药紫色，内藏，距喉部1-3毫米。果长椭圆形，长0.7-2厘米，先端锐尖或具小尖头，或渐尖，皮孔明显。花期5-6月，果期6-8月。染色体数2n=48。

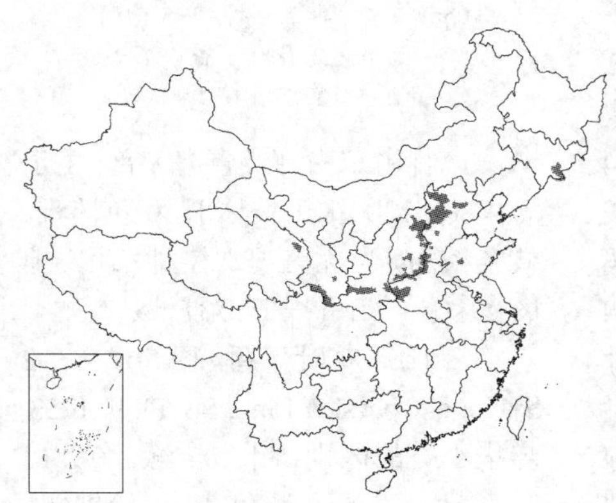

产吉林、辽宁、河北、山东、河南、山西、陕西南部、甘肃南部及青海东北部，生于海拔900-2100米山坡、山谷灌丛中或沟边。

[附] **关东巧玲花 Syringa pubescens** subsp. **patula** (Palibin) M. C. Chang et X. L. Chen in Investigat Stud. Nat. 10: 34. 1990.—— *Ligustrum patulum* Palibin in Acta Hort. Petrop. 18: 156. 1900.—— *Syringa velutina* Kom.; 中国高等植物图鉴 3: 350. 1974. 与模式亚种的区别：小枝、花序轴、花梗和花萼均被微柔毛、短柔毛或近无毛；叶椭圆形，先端尾尖，常歪斜，或近凸尖；花冠淡紫或粉红色，略漏斗状。花期5-7月，果期8-10月。染色体数2n=46。产辽宁及吉林长白山区，生于海拔300-1200米山坡草地、灌丛、林下或岩石坡。朝鲜有分布。

图 55：1-5. 巧玲花 6-10. 小叶巧玲花（陆锦文绘）

[附] **小叶巧玲花** 小叶丁香 图55：6-10 **Syringa pubescens** subsp. **microphylla** (Diels) M. C. Chang et X. L. Chen in Investigat. Stud. Nat. 10: 34. 1990.—— *Syringa microphylla* Diels in Engl. Bot. Jahrb. 29: 531. 1900; 中国高等植物图鉴 3: 350. 1974.—— *Syringa giraldiana* Schneid.; 中国高等植物图鉴 3: 350. 1974. 与模式亚种的区别：叶先端尖或渐尖，小枝、花序轴近圆柱形，常被柔毛；花梗、花萼均紫色，花冠近圆柱形。花期5-6月，栽培的每年开花两次，第一次春季，第二次8-9月，有四季丁香之称；果期7-9月。染色体数2n=46，48。产河北西南部、山西、陕西、甘肃、宁夏南部、青海东部、四川东北部、湖北西部及河南西部，生于海拔500-3400米山坡灌丛、林下、林缘、河边、山顶草地或石缝间。

9. 什锦丁香 图 56：1-2

Syringa x **chinensis** Schmidt ex Willd. Berlin. Baumz. 378. 1796.

灌木。枝细长，开展，常弓曲。小枝黄棕色，无毛，具皮孔。叶卵状披针形或卵形，长2-6厘米，宽0.8-3厘米，先端锐尖或渐尖，基部楔形或近圆，两面无毛；叶柄长0.5-1.5厘米，无毛。圆锥花序直立，由侧芽抽生；花序轴、苞片、花梗和花萼均无毛。花梗长2-5毫米；花萼长2-2.5毫米，萼齿常三角形，先端渐尖或锐尖；花冠紫或淡紫色，花冠筒圆柱形，长0.6-1厘米，裂片直角开展，长5-9毫米；花药黄色，位于花冠筒喉部，果光滑，皮孔不明显。花期4-5月。

原产欧洲。我国引入栽培。有白花和重瓣等栽培变型。

10. 华丁香 图 56：3-5

Syringa buxifolia Nakai in Bot. Mag Tokyo 32: 131. 1918.

Syringa protolaciniata P. S. Green et M. C. Chang；中国植物志 61:79.1992.

小灌木，高达3米；全株无毛。小枝细弱，棕褐色，四棱形，疏生皮孔。叶全缘或羽状分裂，长1-4厘米，宽0.4-2.5厘米；叶柄长0-2.5厘米；枝条上部的叶和花枝叶近全缘，下部叶常3-9羽状深裂至全裂；叶和裂片披针形、椭圆形或卵形，先端钝或锐尖，基部楔形，下面具黑色腺点。花序由侧芽抽生，呈顶生圆锥花序状。花梗纤细，长2-6毫米；花芳香；花萼长1.5-2毫米，平截或具齿；花冠淡紫或紫色，花冠筒近圆柱形，长0.7-1.2厘米，裂片开展，长5-9毫米；花药黄绿色，位于花冠筒喉部。果长圆形或长卵圆形，微4棱，长0.8-1.5厘米，皮孔不明显。花期4-6月，果期6-8月。染色体数2n=46。

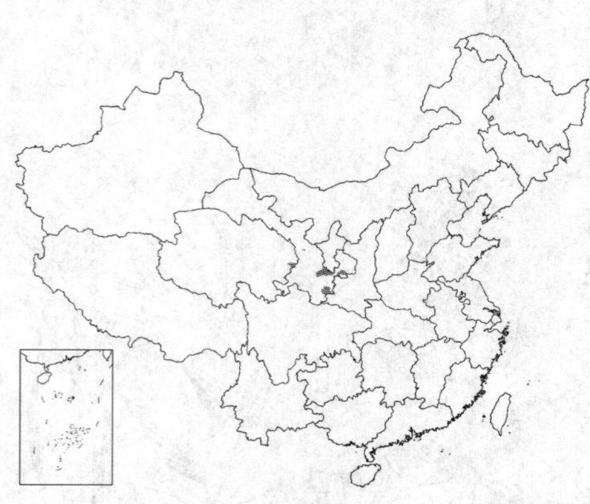

图 56：1-2. 什锦丁香 3-5. 华丁香 6-12. 花叶丁香
（引自《图鉴》《中国植物志》）

产甘肃东南部及青海东部，生于海拔800-1200米山坡林下。花色淡雅，枝叶秀丽，为优美观赏树种，北方地区多栽培；花可提取芳香油。

[附] **花叶丁香** 图56：6-12

Syringa x **persica** Linn. Sp. Pl. 9. 1753.

与华丁香的区别：叶常全缘，稀具1-2小裂片；花冠淡紫色，花冠筒细弱，近圆柱形，长0.6-1厘米，花冠裂片直角开展；花药小，不孕，淡黄绿色，位于冠筒喉部之下。花期5月。产中亚、西亚、地中海地区至欧洲。我国北部有栽培。有白花等栽培变型。花芳香，可提取芳香油。

11. 羽叶丁香 图 57

Syringa pinnatifida Hemsl. in Gard. Chron. ser. 3, 39: 68. 1906.

直立灌木；树皮片状剥落。小枝无毛，疏生皮孔。羽状复叶具小叶7-11，叶轴有时具窄翅；小叶对生，卵状披针形或卵形，长0.5-3厘米，宽0.3-1.3厘米，先端尖、渐尖或钝，常具小尖头，基部楔形或近圆，常歪斜，叶缘具睫毛，上面无毛或疏被柔毛，下面无毛。圆锥花序由侧芽抽生，稍下垂，花序轴、花梗和花萼均无毛。花梗长2-5毫米；花萼

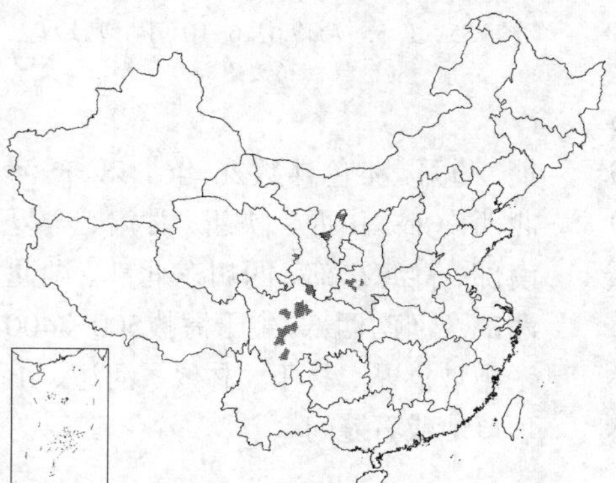

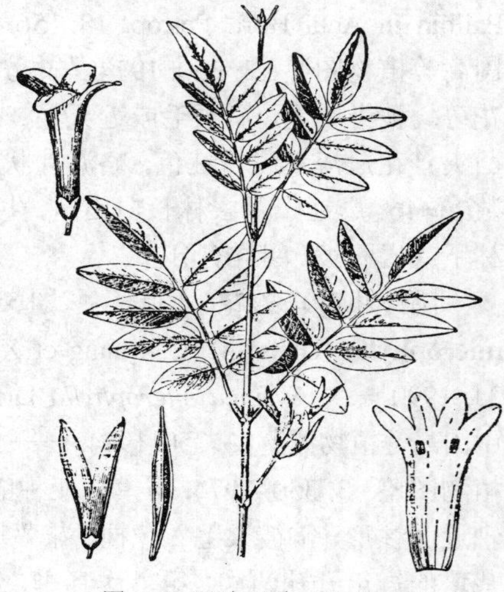

图 57 羽叶丁香 （钱存源绘）

长约2.5毫米；花冠白或淡红色，花冠筒略漏斗状，长0.8-1.2厘米，裂片长3-4毫米；花药黄色，位于冠筒喉部或以下。果长圆形，长1-1.3厘米，顶端凸尖或渐尖，光滑。花期5-6月，果期8-9月。染色体数2n=46，48。

产内蒙古和宁夏交界的贺兰山区、陕西南部、甘肃南部、青海东部及四川，生于海拔2600-3100米山坡灌丛中。根、枝入药，降气、温中、暖胃。

12. 暴马丁香 图 58：1-3

Syringa reticulata (Bl.) Hara subsp. **amurensis** (Rupr.) P. S. Green et M. C. Chang in Novon 5 (4): 329. 1995.

Syringa amurensis Rupr. in Bull. Acad. Imp Sci. St. Ptersb. 15: 371. 1857.

Syringa reticulata var. *amurensis* (Rupr.) Pringle; 中国植物志 61: 81. 1992.

落叶乔木，高达10米。小枝无毛。叶宽卵形、卵形或椭圆状卵形，长3-13厘米，先端尾尖或尖，基部常圆，上面叶脉明显凹下，叶面皱缩，下面无毛，稀沿中脉略被毛；叶柄长1-2.5厘米，无毛。圆锥花序由1至多对着生于同一枝条上的侧芽抽生；花序轴、花梗和花萼均无毛。花梗长达2毫米；花萼长1.5-2毫米，萼齿钝、凸尖或平截；花冠白色，花冠筒长约1.5毫米，裂片卵形，长2-3毫米，花丝与花冠裂片近等长或长于裂片，花药黄色。果长椭圆形，长1.5-2厘米。花期6-7月，果期8-10月。染色体数2n=46。

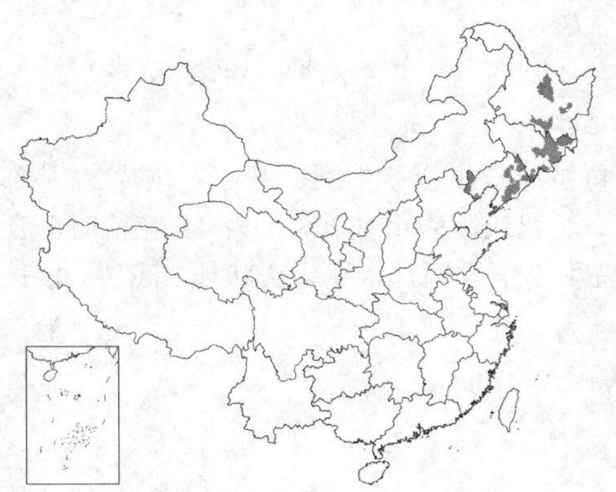

产黑龙江、吉林、辽宁及内蒙古东南部，生于海拔100-1200米山坡灌丛、林缘、草地、沟边或针阔叶混交林中。俄罗斯远东地区及朝鲜半岛北部有分布。树皮、枝干入药，消炎、镇咳、利尿；花的浸膏可调制各种香精，为优质天然香料。

图 58：1-3. 暴马丁香 4-7.北京丁香（张桂芝绘）

[附] **北京丁香** 图58: 4-7 **Syringa reticulata** subsp. **pekinensis** (Rupr.) P. S. Green et M. C. Chang in Novon 5 (4): 330. 1995.—— *Syringa pekinensis* Rupr. in B ull. Acad. Imp. Sci. St. petersb. 15: 371. 1857; 中国植物志 61: 84. 1992. 与暴马丁香的区别：叶纸质，叶脉上面平；果顶端锐尖或长渐尖。产辽宁、内蒙古、河北、山西、河南、陕西、宁夏、甘肃及四川北部，生于海拔600-2400米山坡灌丛、疏林或沟边。枝叶茂盛，黄河流域多栽培供观赏。

5. 夜花属 Nyctanthes Linn.

小乔木。小枝四棱形。单叶对生，全缘或具齿，两面被糙硬毛。花芳香，两性；3-7朵组成头状花序，外具数枚总苞片。头状花序组成聚伞状复花序。花无梗；花萼筒状，裂片5-6，不明显；花冠高脚碟状，冠筒短圆柱形，裂片4-9，开展；雄蕊2，几无花丝，着生花冠筒喉部；子房2室，每室具1枚向上胚珠，花柱短，柱头近头状，2裂。蒴果，近圆形、倒心形或椭圆形，两侧扁，成熟时开裂成2枚近盘状果爿。种皮扁平，圆形，无胚乳，子叶扁平，胚根向下。染色体基数x=22或23。

2种，分布于印度、泰国和印度尼西亚。我国栽培1种。

夜花 图 59

Nyctanthes arbor-tristis Linn. Sp. Pl. 6. 1753.

小乔木，高达10米。小枝褐色，四棱形，被糙硬毛。叶革质，卵形或卵状披针形，长3-16厘米，先端尖或渐尖，基部圆或微心形（上部叶为楔形），全缘或具数枚不整齐齿，叶缘反卷，两面被糙硬毛；叶柄长0.4-2厘米，被柔毛。头状花序有3-5花，再组成聚伞状复花序，顶生或腋生；苞片卵形或近圆形。花无梗；花萼被柔毛，长5-9毫米，先端5浅裂或近平截；花冠黄色，高脚碟状；花冠筒长0.7-1厘米，裂片4-8，长5-7毫米；先端2裂。果倒心形或椭圆形，长1.5-2厘米，宽1.2-1.9厘米，顶端具短尖头，中间有纵肋，成熟时黑色。种子宽卵圆形，长约9毫米，宽约7毫米。花期11月至翌年2月，果期2月至7月。

原产印度及泰国。云南西双版纳有栽培。夜间开花，晨闭合，花美丽，供观赏。

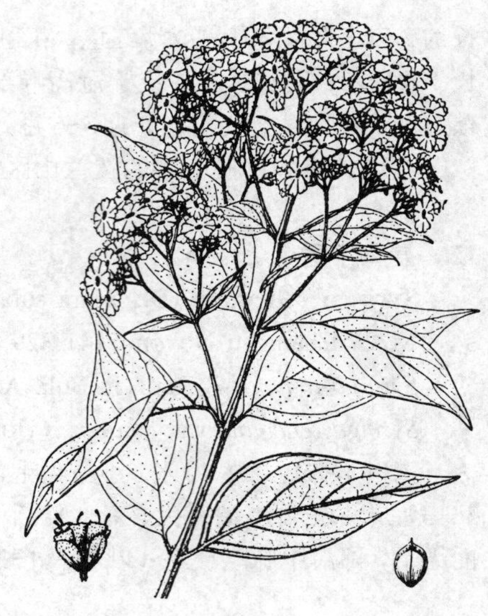

图59 夜花（引自《图鉴》）

6. 木犀属 Osmanthus Lour.

常绿灌木或小乔木。单叶对生，叶革质，全缘或具齿，常具腺点。花两性，或单性，雌雄异株或雄花、两性花异株；聚伞花序簇生叶腋，或再组成腋生或顶生圆锥花序；苞片2，基部合生。花萼钟状，4裂；花冠白或黄白色，钟状、坛状或圆柱形，浅裂、深裂或深裂至基部，裂片4，花蕾时覆瓦状排列；雄蕊2（4），着生花冠筒上部，药隔呈小尖头；子房2室，每室具2下垂胚珠，柱头头状或2浅裂。核果椭圆形或斜椭圆形，常具1种子。染色体基数x=23。

约30种，分布于亚洲东南部和美洲。我国23种。

1. 花具花冠筒。
  2. 聚伞花序组成圆锥花序；药隔在花药顶端不延伸。
    3. 叶长8-14厘米，宽2.5-4.5厘米。
      4. 叶椭圆形，基部宽楔形或楔形，常全缘 ………… 1. **厚边木犀 O. marginatus**
      4. 叶倒披针形，基部窄楔形，全缘或上部常具锯齿 ………… 2. **牛矢果 O. matsumaranus**
    3. 叶长4.5-9厘米，宽1.5-3.5厘米，全缘 ………… 3. **小叶月桂 O. minor**
  2. 聚伞花序簇生叶腋；药隔在花药顶端呈小尖头状凸起。
    5. 花冠筒与花冠裂片几等长或较裂片短。
      6. 小枝、叶柄和叶上面中脉多少被毛。
        7. 叶全缘 ………… 4. **宁波木犀 O. cooperi**
        7. 叶缘具3-4对刺状牙齿 ………… 5. **柊树 O. heterophyllus**
      6. 小枝、叶柄和叶上面中脉无毛。
        8. 花冠筒长1毫米以下，花冠裂片长于花冠筒。
          9. 苞片边缘具睫毛；花冠筒极短，裂片深裂近基部 ………… 6. **野桂花 O. yunnanensis**
          9. 苞片无毛；花冠筒长达1毫米 ………… 7. **木犀 O. fragrans**
        8. 花冠筒长约2毫米，与花冠裂片近等长。
          10. 叶脉在叶上面极不明显 ………… 8. **细脉木犀 O. gracilinervis**
          10. 叶脉在叶两面均明显凸起 ………… 9. **网脉木犀 O. reticulatus**
    5. 花冠裂片较花冠筒长 ………… 10. **山桂花 O. delavayi**
1. 花无花冠筒，花冠裂片基部成对结合 ………… 11. **双瓣木犀 O. didymopetalus**

1. 厚边木犀 图 60 彩片 14

Osmanthus marginatus (Champ. ex Benth.) Hemsl in Journ. Linn. Soc. Bot. 26: 88. 1889.

Olea marginata Champ. ex Benth. in Journ. Bot. Kew Misc. 4: 330. 1852.

常绿灌木或乔木，高达10米。小枝无毛。叶厚革质，宽椭圆形或披针状椭圆形，长9-15厘米，先端渐尖，基部楔形，全缘，稀上部具不明显锯齿，两面无毛，具小泡状突起腺点；叶柄长1-2.5厘米，无毛。聚伞状小圆锥花序，腋生，排列紧密，有10-20花；花序轴无毛或被柔毛；苞片卵形，具睫毛。小苞片宽卵形，长1-1.5毫米，具睫毛；花梗长1-2毫米；花萼长1.5-2毫米，裂片具睫毛；花冠黄白色，花冠筒长1.5-2毫米，裂片长约1.5毫米，先端具睫毛；雄蕊着生花冠筒上部。核果椭圆形或倒卵圆形，长2-2.5厘米，黑色。花期5-6月，果期11-12月。染色体数2n=46。

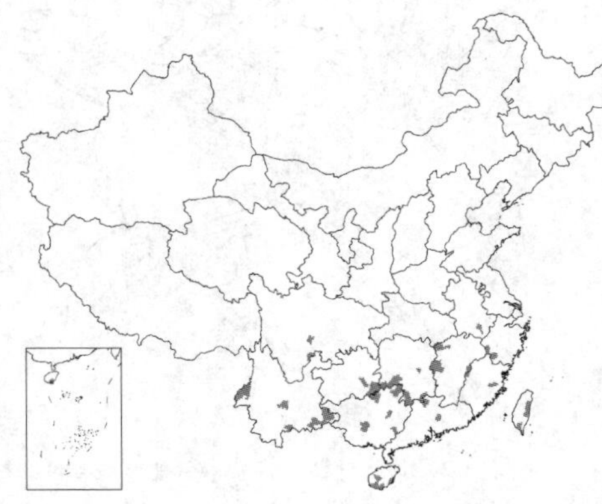

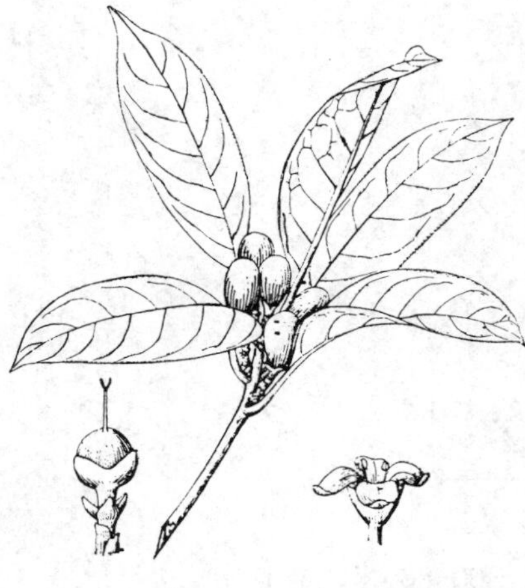

图 60 厚边木犀 （引自《图鉴》）

产安徽南部、浙江西南部、福建、台湾、江西、湖南、广东、海南、广西、贵州东南部、云南及四川中南部，生于海拔800-1800米山谷、山坡密林中。琉球群岛有分布。

2. 牛矢果 图 61

Osmanthus matsumuranus Hayata in Journ. Coll. Sci. Univ. Tokyo 30: 192. 1911.

常绿灌木或乔木，高达10米。小枝无毛。叶薄革质或厚纸质，倒披针形，长8-14（-19）厘米，宽2.5-4.5（-6）厘米，先端渐尖，基部窄楔形，下延至叶柄，全缘或上部具齿，两面无毛，具针尖状腺点，腺点干后灰白或淡黄色；叶柄长1.5-3厘米，无毛。聚伞状小圆锥花序，腋生。花芳香；花梗长2-3毫米，花萼长1.5-2毫米，裂片长0.5-1毫米，边缘有纤毛；花冠近白色，长3-4毫米，花冠筒与裂片近等长，裂片反折，边缘具纤毛；雄蕊着生花冠筒上部。果椭圆形，长1.5-3厘米，成熟时紫红至黑色。花期5-6月，果期11-12月。染色体数2n=46。

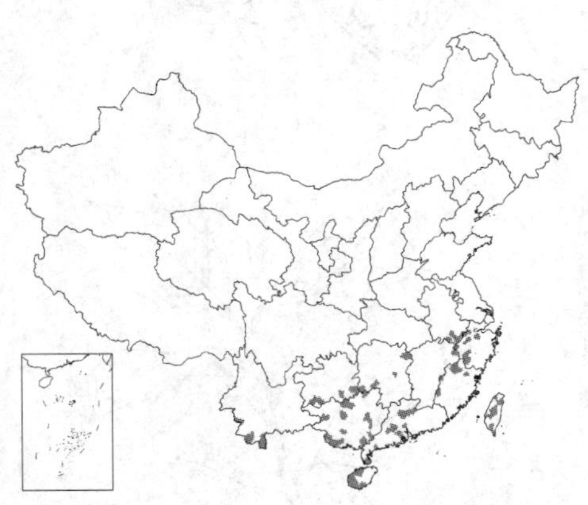

图 61 牛矢果 （引自《图鉴》）

产安徽南部、浙江、福建、台湾、江西、湖南、广东、香港、海南、广西、贵州及云南西南部，生于海拔800-1500米山坡密林、山谷林中或灌丛中。越南、老挝、柬埔寨及印度有分布。

3. 小叶月桂 图 62

Osmanthus minor P. S. Green in Notes Roy. Bot. Gard. Edinb. 22(5): 465. 1958.

常绿灌木或小乔木，高达5米；树皮片状剥落。叶革质，窄椭圆形或窄倒卵形，长4.5-9厘米，宽1.5-3.5厘米，先端渐尖，有时尾状，基部窄楔形，全缘，腺点在上面呈针尖状突起，下面呈小水泡状突起；叶柄长1-1.5厘米，无毛。圆锥花序腋生，长1-1.5厘米；花序梗被柔毛；苞片三角形，

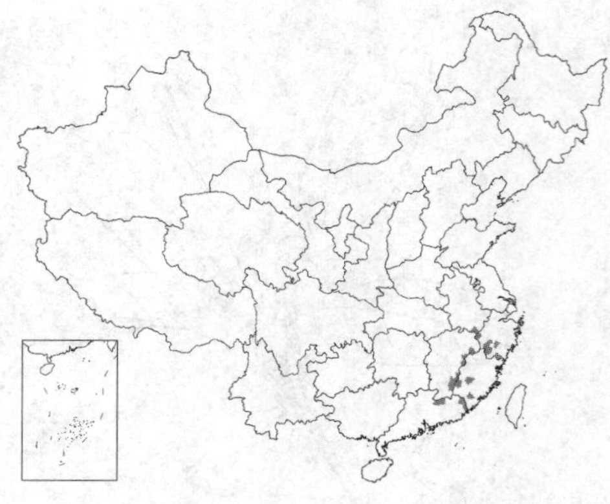

图 62 小叶月桂 （引自《福建植物志》）

基部常被毛。小苞片宽卵形或披针形，有小尖头，边缘具睫毛；花萼长1-1.5毫米，裂片三角形，边缘具睫毛；花冠白色，花冠筒长1.5-2毫米，与裂片近等长；雄蕊着生花冠筒上部。果椭圆形，长1.5-2厘米，成熟时黑色。花期5-6月，果期10-11月。

产安徽南部、浙江南部、福建、江西东部及广东，生于海拔300-800米山谷林中。

4. 宁波木犀 图 63

Osmanthus cooperi Hemsl. in Bull. Misc. Inf. Kew 1896: 18. 1896.

常绿小乔木或灌木，高达5米。小枝稍被毛。叶椭圆形或倒卵形，长5-10厘米，先端渐尖，稍尾状，基部宽楔形或圆，全缘，腺点在两面呈针尖状突起，中脉在上面凹下，被柔毛，近叶柄处尤密，在下面凸起，侧脉在两面均极不明显；叶柄长1-2厘米。花4-12朵簇生叶腋；苞片宽卵形，长约2毫米，被柔毛。花梗长3-5毫米；花萼长1.5毫米，裂片圆形；花冠白色，长约4毫米，花冠筒与萼片近等长；雄蕊着生花冠筒下部，花丝长约0.5毫米，花药长1-1.5毫米，药隔成小尖头。果长1.5-2厘米，成熟时蓝黑色。花期9-10月，果期翌年5-6月。

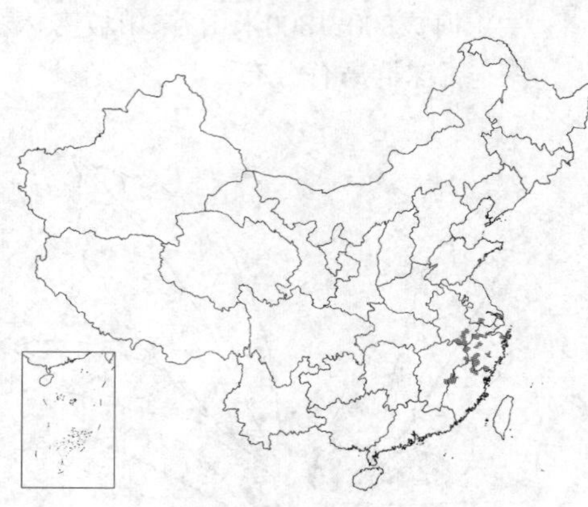

图 63 宁波木犀 （陆锦文绘）

产江苏南部、安徽南部、浙江、福建北部及西部、江西东部，生于海拔400-800米林中或沟边。

5. 柊树 图 64

Osmanthus heterophyllus (G. Don) P. S. Green in Notes Roy. Bot. Gard. Edinb. 22 (5): 508. 1958.

Ilex heterophylla G. Don. Gen. Syst. 2: 17. 1832.

常绿灌木或小乔木。幼枝被柔毛。叶长圆状椭圆形或椭圆形，长4.5-6厘米，先端渐尖，基部楔形，具3-4对刺状牙齿或全缘，齿长5-9毫米，先端具刺，上面腺点呈小水泡状突起，下面不明显，

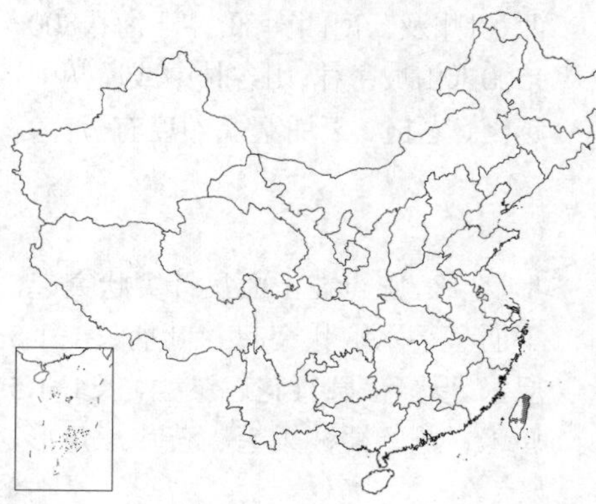

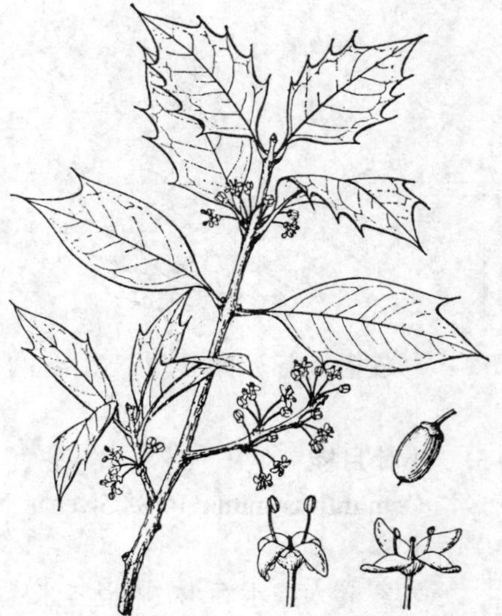

图 64 柊树 （引自《图鉴》）

中脉在两面凸起，上面被柔毛，羽脉在上面凸起，下面不明显；叶柄长0.5-1厘米，幼时被柔毛。花5-8朵簇生叶腋；苞片长2-2.5毫米，被柔毛；花梗长5-6毫米，无毛；花萼长1-1.5毫米；花冠白色，长3-3.5毫米，花冠筒极短；雄蕊着生花冠筒基部，与花冠裂片几等长。果卵圆形，长约1.5厘米，成熟时暗紫色。花期11-12月，果期翌年5-6月。染色体数2n=46。

产台湾。日本有分布。各地栽培供观赏。

6. 野桂花 图 65

Osmanthus yunnanensis (Franch.) P. S. Green in Notes Roy. Bot. Gard. Edinb. 22(5): 495. 1958.

Pittosporum yunnanense Franch. in Bull. Soc. Bot. France 33: 415. 1886.

常绿乔木或灌木。幼枝被柔毛。叶卵状披针形或椭圆形，长8-14厘米，宽2.5-4厘米，全缘或具20-25对尖齿，腺点在两面均针尖状突起，中脉在两面凸起，侧脉在上面不明显，下面明显凸起或在全缘叶上不明显凸起，干时黄色；叶柄长0.6-1（-1.5）厘米，无毛或稀被毛。花5-12朵簇生叶腋；苞片长2-4毫米，无毛，具睫毛；花梗长约1厘米，无毛；花萼长约1毫米，裂片极短；花冠黄白色，长约5毫米，花冠筒极短，裂片深裂近基部；药隔先端延伸极小突起。果长卵形，长1-1.5厘米，成熟时紫黑色。花期4-5月，果期7-8月。

图 65 野桂花（引自《图鉴》）

产西藏东南部、云南、四川中部、贵州东南部及湖南西南部，生于海拔1350-2800米山坡或沟边密林中。

7. 木犀 桂花 图 66 彩片 15

Osmanthus fragrans (Thunb.) Lour. Fl. Cochinch. 1: 29. 1790.

Olea fragrans Thunb. Fl. Jap. 18. 1783.

常绿乔木或灌木。小枝无毛。叶椭圆形、长圆形或椭圆状披针形，长7-15厘米，宽3-5厘米，先端渐尖，基部楔形，全缘或上部具细齿，两面无毛，腺点在两面连成小水泡状突起，叶脉在上面凹下，下面凸起；叶柄长0.8-1.2厘米，无毛；花梗细弱，无毛，长0.4-1厘米；花极芳香；花萼长约1毫米，裂片稍不整齐；花冠黄白、淡黄、黄或桔红色，长3-4毫米。花冠筒长0.5-1毫米；雄蕊着生花冠筒中部。果斜椭圆形，长1-1.5厘米，成熟时紫黑色。花期9-10月，果期翌年3-5月。染色体数2n=46。

原产我国南部，各地广泛栽培。著名花树；花可作食品香料。

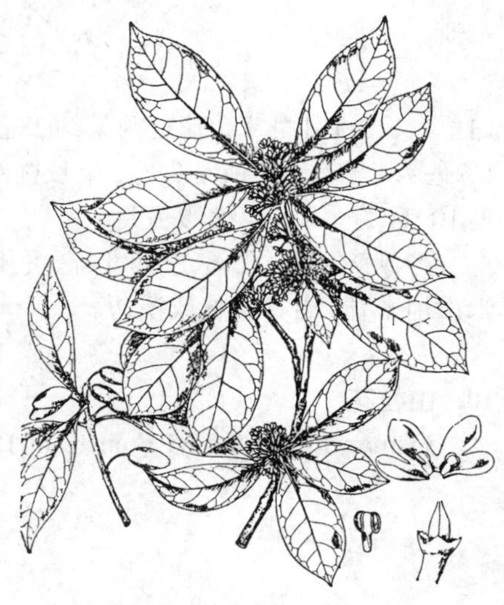

图 66 木犀（引自《图鉴》）

8. 细脉木犀 图 67

Osmanthus gracilinervis Chia ex R. L. Lu in Acta Phytotax. Sin. 27 (1): 71. 1989.

常绿小乔木或灌木，高达5米。幼枝淡黄白色，无毛。叶革质，椭圆形或窄椭圆形，长5-9厘米，宽2-3厘米，先端长渐尖，尾状，基部宽楔形，全缘，腺点在两面成小水泡状突起，上面中脉凹下，侧脉极不明显；叶柄长约1厘米，无毛。花5-10朵簇生叶腋；苞片长约1毫米。花萼长约1毫米，裂片浅三角形或不明显；花冠白色，长约4毫米，冠筒长约2毫米，裂

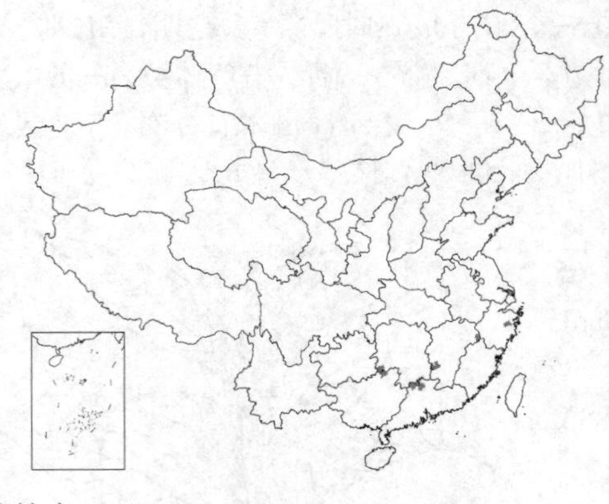

片近卵形；雄蕊着生花冠筒中部，花药长约1.5毫米，药隔先端延伸成小尖头。果椭圆形，长约1.5厘米，绿黑色。花期9-10月，果期翌年4-5月。

产浙江东部、江西东北部及西南部、湖南南部及西南部、广东北部及广西东北部，生于海拔300-1200米山坡林中。

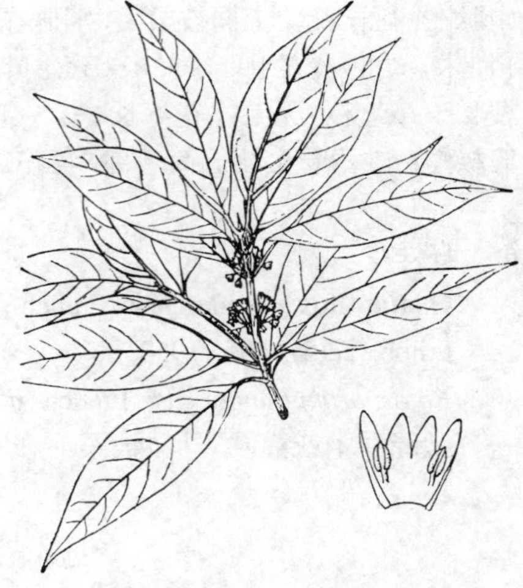

图 67 细脉木犀（陆锦文绘）

9. 网脉木犀 图 68

Osmanthus reticulatus P. S. Green in Notes Roy. Bot. Gard. Edinb. 22 (5): 517. 1958.

常绿灌木或小乔木，高达8米。小枝黄白色。叶革质，椭圆形或窄卵形，长6-9厘米，宽2-3.5厘米，先端渐尖，略尾状，基部圆或宽楔形，全缘或有锯齿，齿端具锐尖头，腺点在两面极明显，中脉在上面凹下，侧脉在叶两面均明显突起，幼时上面被柔毛；叶柄长0.5-1.5厘米，无毛。花簇生叶腋；苞片长2-3毫米；花梗长3-5毫米，无毛；花萼长约1毫米，具不等大小裂片；花冠白色，长3.5-4毫米，花冠筒长约2毫米；雄蕊着生冠筒中部，花药长1-1.5毫米，药隔延伸成小尖头。果长椭圆形，长约1厘米，成熟时紫黑色。花期10-11月，果期翌年5-6月。

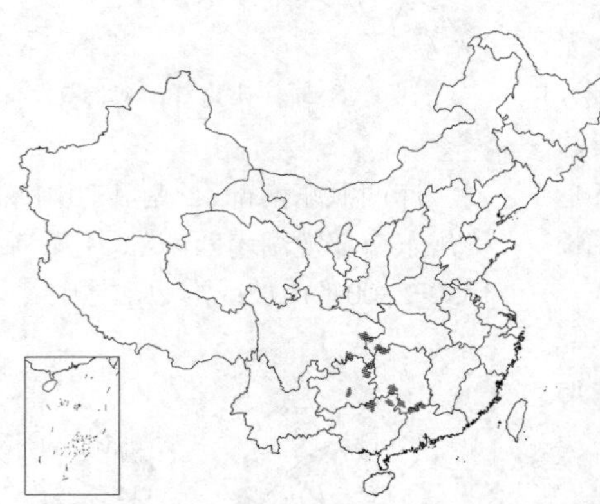

图 68 网脉木犀（陆锦文绘）

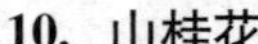

产湖南、广东北部、广西北部、贵州及四川东南部，生于海拔1100-2100米山地密林、山谷疏林或溪边。

10. 山桂花 图 69 彩片 16

Osmanthus delavayi Franch. in Bull. Soc. Linn. Paris 1: 613. 1886.

常绿灌木。小枝密被柔毛。叶厚革质，长圆形、宽椭圆形或宽卵形，长1-2.5（-4）厘米，宽1-2厘米，先端具小尖头，基部宽楔形，具6-10对尖齿，齿长约1毫米，腺点有两面呈小针孔状凹点或小针尖状突起，中脉在两面凸起，上面沿中脉被柔毛，近

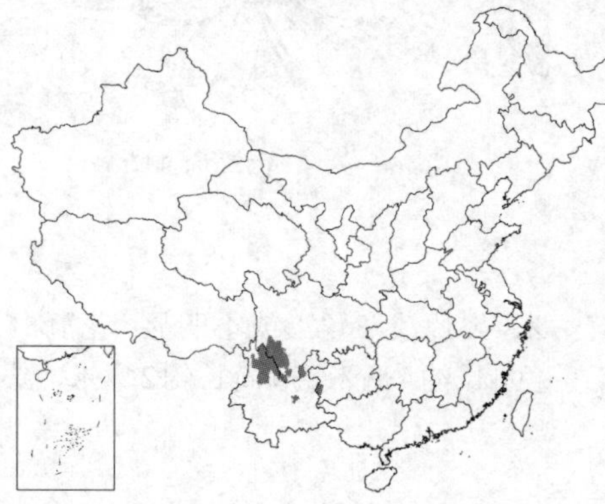

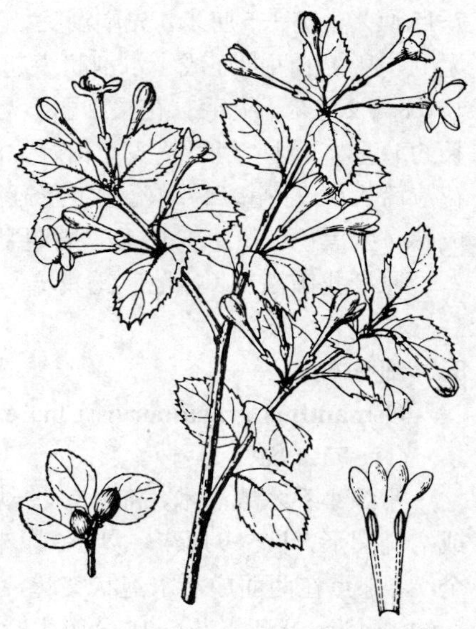

图 69 山桂花 （引自《图鉴》）

基部尤密；叶柄长2-3毫米，被柔毛。花4-8朵簇生叶腋或小枝顶端；苞片宽卵形，先端尖，被柔毛，边缘具睫毛，常早落；花梗长2-5毫米，无毛；花萼长2-4毫米，裂片与萼筒近等长，具睫毛；花冠白色，冠筒长0.6-1厘米，裂片长4-6毫米；雄蕊着生花冠筒中部，药隔成小尖头。果椭圆状卵形，长1-1.2厘米，成熟时蓝黑色。花期4-5月，果期9-10月。

产云南、四川西南部及贵州西部，生于海拔2100-3400米山地、沟边、灌丛中或林中。

图 70 双瓣木犀 （引自《图鉴》）

11. 双瓣木犀 离瓣木犀 图 70

Osmanthus didymopetalus P. S. Green in Notes Roy. Bot. Gard. Edinb. 22(5): 536. 1958.

常绿乔木，高达9米。小枝灰黄色，无毛。叶厚革质，窄椭圆形，长6.5-10厘米，宽2-2.5厘米，先端尖，基部楔形，全缘，腺点在两面呈小水泡状突起，中脉在上面凹下，下面凸起，无毛；叶柄长1-2厘米，无毛。花6至多朵簇生叶腋；苞片长2-3毫米，被柔毛或无毛；花梗长0.3-1厘米；花萼长0.5毫米，裂片大小不等；花冠白、奶白或黄色，裂片基部成对结合，裂片带形；雄蕊着生2裂片连合处。果窄卵状椭圆形或椭圆形，长1.5-2.5厘米，径0.6-1厘米，先端钝，略弯曲，基部近平截，稍不对称，成熟时紫或淡紫色。花期9-10月，果期翌年2月。

7. 流苏树属 **Chionanthus** Linn.

乔木或灌木。单叶对生，全缘或具小齿。圆锥花序腋生，稀顶生。花两性；花萼小，裂片4；花冠白色，裂片4，深裂近基部，或基部成对合生至合生成极短的筒，花蕾时内向镊合状排列；雄蕊2（4），着生花冠裂片基部；花药椭圆形或长椭圆形，药室近外向开裂；子房2室，每室具2下垂胚珠，花柱短，柱头微2裂。核果。种子1枚；胚乳肉质，胚根向上。染色体基数x=23。

约80余种，分布于美洲、非洲、亚洲和澳洲热带、亚热带地区。我国7种。

1. 落叶；叶有毛，全缘或有小齿；圆锥花序顶生；花梗长0.5-2厘米，花冠长1.2-2.5厘米 …… 1. **流苏树 C. retusa**
1. 常绿；叶无毛，全缘；圆锥花序腋生；花梗长1-5毫米，花冠长1.5-2.5毫米 ………… 2. **枝花李榄 C. ramiflorus**

1. 流苏树 图 71 彩片 17

Chionanthus retusus Lindl. et Paxt. in Paxton's Flow. Gard. 3: 85. 1852.

落叶灌木或乔木。幼枝淡黄色或褐色，被柔毛。叶革质或薄革质，长圆形、椭圆形或圆形，长3-12厘米，先端圆钝，有时凹下或尖，基部圆或宽楔形，全缘或有小齿，幼时上面沿脉被长柔毛，下面被长柔毛，叶缘具睫毛，老时仅沿脉具长柔毛；叶柄长0.5-2厘米，密被黄色卷曲柔毛。聚伞状圆锥花序顶生，近无毛，苞片线形，长0.2-1厘米，被柔毛；花单性或两性，雌雄异株。花梗长0.5-2厘米，纤细，无毛；花萼长1-3毫米，4深裂，

裂片长0.5-2.5毫米；花冠白色，4深裂，裂片线状倒披针形，长1.5-2.5厘米，宽0.5-3.5毫米，花冠筒长1.5-4毫米；雄蕊内藏或稍伸出。果椭圆形，被白粉，长1-1.5厘米，蓝黑色。花期3-6月，果期6-11月。染色体数2n=46。

产辽宁、河北、山东、江苏、浙江、福建、台湾、江西、湖南北部、湖北、河南、山西、陕西、四川及云南，生于海拔3000米以下林内或灌丛中。各地有栽培。朝鲜半岛及日本有分布。花、嫩叶可代茶；果可提取芳香油。

图 71 流苏树 (引自《图鉴》)

2. 枝花李榄 黑皮插柚紫 图 72

Chionanthus ramiflorus Roxb. Fl. Ind. 1: 106. 1820.

Linociera ramiflora (Roxb.) Wall. ex G. Don; 中国高等植物图鉴 3: 357. 1974; 中国植物志 61: 114. 1992.

常绿灌木或乔木，高达25米。小枝节间常扁。叶厚纸质或薄革质，椭圆形、长圆状椭圆形或卵状椭圆形，稀披针形，长8-20厘米，先端渐尖或钝，基部楔形或渐窄，全缘，两面无毛，常密生乳突状小点；叶柄长2-5厘米，无毛。圆锥花序腋生，苞片线形，长0.5-5毫米，无毛或被微柔毛。花梗长1-5毫米；花萼长1毫米，无毛或被微柔毛；花冠白、淡黄或黄色，干后黑褐色，长1.5-2.5毫米，裂片长圆形，基部稍合生，花丝短，花药椭圆形，长约1毫米。果卵状椭圆形或椭圆形，长1.5-3厘米，成熟时蓝黑色，被白粉。花期12月至翌年6月，果期5月至翌年3月。染色体数2n=46。

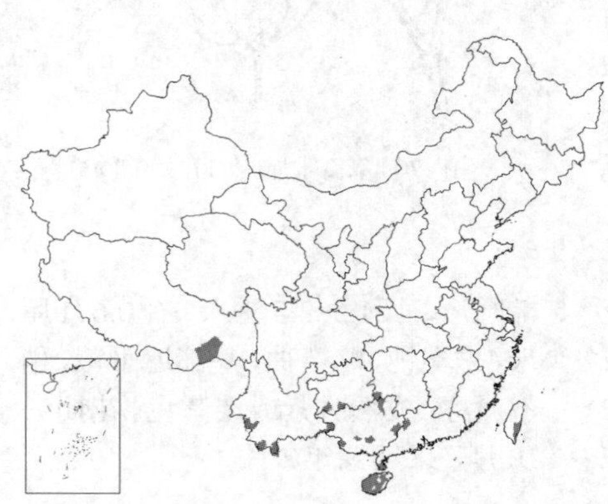

产台湾、广东、海南、广西、湖南西南部、贵州西南部、云南及西藏东南部，生于海拔2000米以下林中、灌丛、山坡、谷地。印度、东南亚及大洋洲有分布。

图 72 枝花李榄 (引自《图鉴》)

8. 木犀榄属 **Olea** Linn.

乔木或灌木。单叶对生，叶被细小腺点；具叶柄。圆锥花序顶生或腋生。花小，两性、单性或杂性，白或淡黄色；花萼钟状，4浅裂，宿存；花冠筒短，裂片4，常较花冠筒短，花蕾时镊合状排列，稀无花冠；雄蕊2（4），内藏，着生花冠筒基部，花丝短；子房2室，每室具2枚下垂胚珠，花柱短，柱头头状或2微裂。核果。种子1枚；胚乳丰富；子叶扁平。染色体基数x=23。

约40余种，产南亚、大洋洲、南太平洋岛屿、热带非洲和地中海地区。我国12种。

1. 花冠深裂，裂片长于花冠筒；小枝近四棱形；叶全缘，下面具鳞片。
  2. 叶下面密被银灰色鳞片；果长2-4厘米 ························ 1. **木犀榄 O. europaea**
  2. 叶下面密被锈色鳞片；果长7-9毫米 ························ 1(附). **锈鳞木犀榄 O. europaea** subsp. **cuspidata**
1. 花冠浅裂，裂片短于花冠筒；小枝圆或扁；叶具齿或全缘，下面无鳞片。
  3. 果长圆形，长1-1.5厘米，径5-7毫米。

4. 叶长7–17厘米；植株常密被毛 ………………………………………………………… 2. **红花木犀榄 O. rosea**
4. 叶长5–10厘米；植株被微柔毛或无毛 ……………………………………………… 3. **异株木犀榄 O. tsoongii**
3. 果球形，径5–7毫米；叶长3–8厘米 ……………………………………………… 4. **滨木犀榄 O. brachiata**

1. 木犀榄 油橄榄 图 73

Olea europaea Linn. Sp. Pl. 8. 1753

常绿小乔木，高达10米。小枝近四棱形，密被银灰色鳞片，节稍扁。叶窄披针形或椭圆形，长1.5–6厘米，宽0.5–1.5厘米，先端具小凸尖，基部楔形，全缘，叶缘反卷，上面稍被银灰色鳞片，下面密被银灰色鳞片，两面无毛；叶柄长2–5毫米，密被银灰色鳞片。圆锥花序顶生或腋生，长2–4厘米；苞片披针形或卵形，长0.5–2毫米。花梗长不及1毫米；花芳香，白色，两性；花萼杯状，长约1毫米，浅裂或近平截；花冠长3–4毫米，深裂达基部；花丝扁平，长约1毫米；子房无毛。果椭圆形，长1.6–4厘米，成熟时蓝黑色。花期4–5月，果期6–9月。

可能原产小亚细亚地区，现亚热带地区均有栽培。我国长江流域以南地区有栽培。果可榨油、食用，也可制蜜饯。

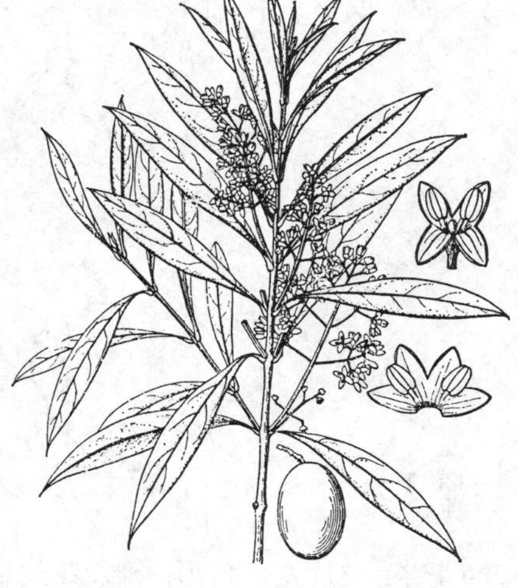

图 73 木犀榄 （引自《图鉴》）

[附] **锈鳞木犀榄 Olea europaea** subsp. **cuspidata** (Wall. ex G. Don) Ciferri, L'Olivicoltore 19 (5): 96. 1942.—— *Olea cuspidata* Wall. ex G. Don, Gen. Hist. Dichlam. Pl. 4: 49. 1837.—— *Olea ferruginea* Royle; 中国高等植物图鉴 3: 358. 1974; 中国植物志 61: 125. 1992. 与模式亚种的区别：叶长3–10厘米，宽1–2厘米，小枝和叶下面密被锈色鳞片；果宽椭圆形或近球形，长7–9毫米，径4–6毫米，成熟时暗褐色。花期4–8月，果期8–11月。产云南，生于海拔600–2800米林中或河边灌丛中。印度、巴基斯坦、阿富汗、非洲东部及南部有分布。

2. 红花木犀榄 图 74

Olea rosea Craib in Kew Bull. 1911: 411. 1911.

灌木或小乔木，高达15米。小枝密被柔毛。叶革质，披针形，长7–17厘米，宽2–6厘米，先端渐尖或尾尖，基部楔形或宽楔形，全缘，有时具不规则锯齿，下面被柔毛；叶柄长0.5–1.5厘米，密被柔毛或脱落无毛。圆锥花序顶生或腋生，密被黄色柔毛。花杂性异株；雄花序长2–14厘米；花梗纤细，被柔毛，雄花黄白色，干后玫瑰红色；花萼被柔毛，裂片卵形，长0.5–1毫米；花冠长1.5–2.5毫米，花冠筒长1–2毫米，裂片圆形；花药卵形，长约1毫米。两性花序长1–3厘米，花梗较粗，长不及2毫米；花萼同雄花；花冠长3–4毫米；花药近圆形；子房无毛。果长椭圆形，长1.2–1.7厘米，紫红色。花期2–9月，果期7–11月。

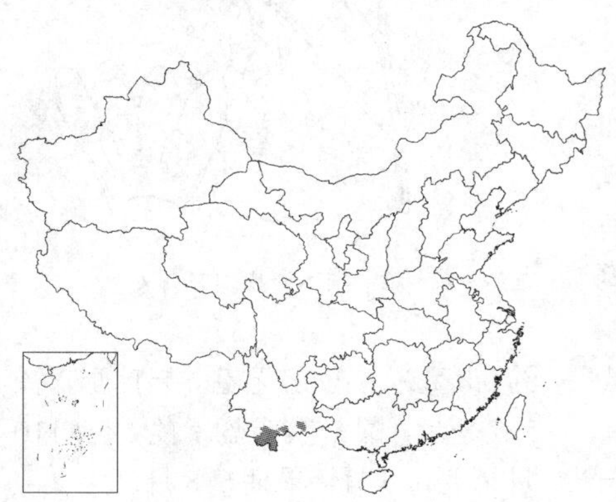

图 74 红花木犀榄 （陆锦文绘）

产云南南部，生于海拔760–1750米密林中。越南、老挝、柬埔寨及泰国有分布。

3. 异株木犀榄 图 75 彩片 18

Olea tsoongii (Merr.) P. S. Green in Kew Bull. 50 (2): 338. 1995.

Ligustrum tsoongii Merr. in Philipp. Journ. Sci. Bot. 21: 506. 1922.

Olea yuennanensis Hand.-Mazz.; 中国高等植物图鉴 3: 359. 1974; 中国植物志 61: 132. 1992.

Olea dioica auct. non Roxb.: 中国高等植物图鉴 3: 360. 1974; 中国植物志 61: 133. 1992.

灌木或小乔木。小枝被微柔毛或无毛。叶倒披针形或长椭圆形，长5-10厘米，宽2-4厘米，基部楔形，全缘或具不规则疏齿，上面有时沿中脉被疏柔毛，常无毛；叶柄长0.5-1厘米，被微柔毛或无毛。圆锥花序腋生，被微柔毛或无毛；苞片线形，长1-2毫米；花杂性异株，白、淡黄或红色。雄花序长2-12厘米；花梗纤细，长1-5毫米，无毛；花萼长约1毫米，裂片宽三角形或卵形，边缘具睫毛；花冠长2-4毫米，裂片宽三角形；雄蕊花丝扁平，极短，花药椭圆形，长约1毫米。两性花序长1-4厘米，花梗粗，长不及2毫米，花萼花冠同雄花；雄蕊2(4)，花丝短，着生花冠筒中部。果椭圆形或卵圆形，长0.7-1.2厘米，成熟时紫黑色。花期3-7月，果期5-12月。

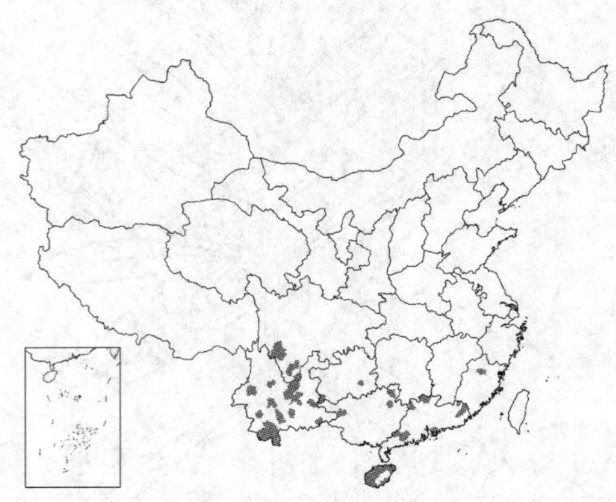

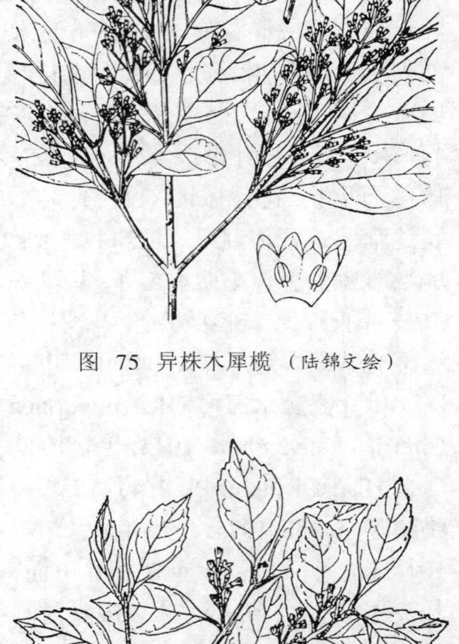

图 75 异株木犀榄（陆锦文绘）

产福建、广东、香港、海南、广西、云南、贵州及四川西南部，生于海拔2300米以下林中。印度、缅甸、越南及泰国有分布。种子榨油，供食用及工业用。

4. 滨木犀榄 图 76

Olea brachiata (Lour.) Merr. in Lingnan. Agr. Rev. 2: 127. 1925.

Tetrapilus brachiatus Lour. Fl. Cochinch. 611. 1790.

灌木，高达9米。小枝圆，常被微柔毛。叶革质，椭圆形或披针形，长3-8厘米，宽1-3厘米，常中部以上最宽，先端渐尖或短尾尖，基部楔形，中部以上具不规则锯齿，稀全缘，中脉上面常被微柔毛，余无毛；叶柄长3-5毫米，常被微柔毛或无毛。圆锥花序腋生，长0.5-3厘米，常被柔毛；花白色，杂性异株。两性花长2-2.5毫米；花梗长1-1.5毫米；花萼长约1毫米，被微柔毛；花冠筒长1-1.5毫米，裂片卵形，长0.5-1毫米；雄蕊近无花丝，花药椭圆形，长约0.8毫米；子房无毛。果球形，径5-7毫米，圆紫黑或蓝紫色。花期10月至翌年3月，果期6-8月。

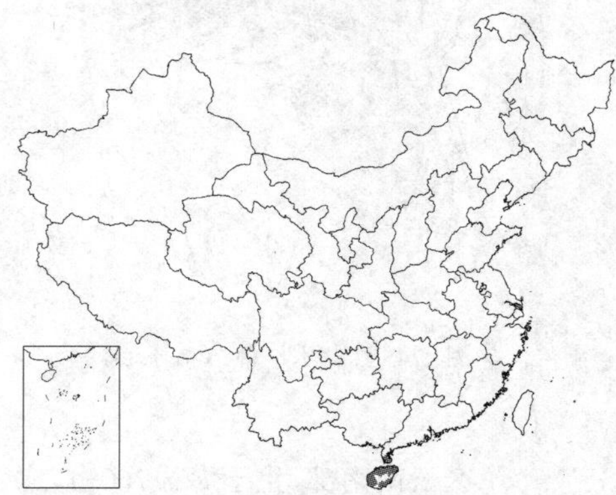

图 76 滨木犀榄（陆锦文绘）

产广东雷州半岛及海南，生于海拔700米以下林内及灌丛中。东南亚有分布。

9. 女贞属 **Ligustrum** Linn.

灌木或小乔木。单叶对生，全缘，叶柄短。聚伞状圆锥花序，顶生，稀腋生。花两性；花萼钟状，4齿裂或不规则齿裂；花冠白色，裂片4，花蕾时镊合状排列；雄蕊2，着生近花冠筒喉部；子房近球形，2室，每室2下垂胚珠，花柱线形，短于雄蕊，柱头2浅裂。浆果状核果，室背开裂。种子1-4，种皮薄；胚乳肉质。染色体基数x=23。

约45种，分布于亚洲、澳大利亚、欧洲。我国约29种。

1. 果熟后不裂。
  2. 花冠筒与裂片近等长或短于裂片。
    3. 叶长1-4厘米，宽0.5-2.5厘米，革质，先端常凹、钝或尖，下面无毛，侧脉3-4对。
      4. 叶窄披针形或线状披针形，长1-4厘米，宽0.3-1厘米 ………… 1. **细女贞 L. gracile**
      4. 叶较宽，非上述叶形。
        5. 花序紧缩，柱形，长为宽的2-5倍 ………… 2. **小叶女贞 L. quihoui**
        5. 花序较疏展，塔形，长为宽的1-2倍。
          6. 叶下面密被褐色腺点，叶椭圆形或近圆形，长2.5-6.5厘米，宽1.3-3.5厘米，叶柄长0.6-1.2厘米 ………… 3. **台湾女贞 L. amamianum**
          6. 叶下面腺点不明显，叶卵形或卵状椭圆形，长1.5-3厘米，宽1.5-2厘米，叶柄长2-7毫米 ………… 4. **宜昌女贞 L. strongylophyllum**
    3. 叶长3-17厘米，宽2-8厘米，先端常尖或渐尖，下面有毛或无毛（小蜡及其变种有时叶长不及3厘米，宽不及2厘米，先端钝或凹，纸质，下面多少被毛），侧脉4对以上。
      7. 果非球形，有明显的长短径。
        8. 叶纸质；果弯曲。
          9. 侧脉9-15对，排列紧密 ………… 5. **长叶女贞 L. compactum**
          9. 侧脉4-11对，排列较疏散 ………… 6. **粗壮女贞 L. robustum** subsp. **chinense**
        8. 叶革质；果弯曲或不弯曲。
          10. 小枝被毛；果不弯曲 ………… 7. **华女贞 L. lianum**
          10. 小枝无毛。
            11. 花冠筒与花萼近等长；果多少弯曲 ………… 8. **女贞 L. lucidum**
            11. 花冠筒长约为花萼2倍；果不弯曲 ………… 9. **日本女贞 L. japonicum**
      7. 果近球形。
        12. 果两侧对称，不弯曲；叶纸质，中脉常被毛。
          13. 花序常顶生，基部有叶；叶下面常被灰白色柔毛、短柔毛或近无毛。
            14. 叶脉在叶上面平或微凹下，叶长2-7厘米 ………… 10. **小蜡 L. sinense**
            14. 叶脉在叶上面明显凹下，叶长4-13厘米 ………… 10(附). **皱叶小蜡 L. sinense** var. **rugosulum**
          13. 花序多腋生，基部常无叶；叶下面常密被锈色或黄褐色毛 ………… 10(附). **光萼小蜡 L. sinense** var. **myrianthum**
        12. 果略弯曲；叶薄革质，无毛或上面叶基部疏被柔毛 ………… 11. **散生女贞 L. confusum**
  2. 花冠筒较裂片长2倍或更长。
    15. 圆锥花序短柱形或球形，长1-7厘米，径1-4厘米，最下1对分枝短于花序轴1/3。
      16. 常绿；叶革质或薄革质，下面无毛。
        17. 果弯曲成肾形 ………… 12. **丽叶女贞 L. henryi**
        17. 果椭圆形或近球形，不弯曲。
          18. 花冠长4-7毫米，花药紫色；叶长1-4厘米 ………… 13. **紫药女贞 L. delavayanum**
          18. 花冠长0.7-1.1厘米，花药黄色；叶长3-9厘米，下面干后黄褐色 …… 14. **总梗女贞 L. pedunculare**
      16. 落叶，叶纸质，下面有毛或无毛。
        19. 植株高0.5-1.5米；叶长0.8-2厘米，宽0.4-1.3厘米 …………

……………………………………………………… 15(附). **东亚女贞 L. obtusifolium** subsp. **microphyllum**

19. 植株高1-5米；叶长1.5-10厘米，宽0.5-4.5厘米。

20. 叶先端钝，两面常无毛 …………………………………………… 15. **辽东水蜡树 L. obtusifolium** subsp. **suave**

20. 叶先端尖，两面多少被毛 ………………………………………………………………… 16. **蜡子树 L. leucanthum**

15. 圆锥花序塔形，长5-10厘米，径3-6厘米，最下1对分枝长为花序轴1/2 …………… 17. **卵叶女贞 L. ovalifolium**

1. 果成熟时开裂 ……………………………………………………………………………… 18. **裂果女贞 L. sempervirens**

1. 细女贞

图 77

Ligustrum gracile Rehd. in Sarg. Pl. Wilson. 2: 602. 1916.

Ligustrum compactum (Wall. ex G. Don) Hook. f. et Thoms. ex Brandis var. *glabrum* (Mansf.) Hand.-Mazz.; 中国高等植物图鉴 3: 361. 1974.

落叶灌木，高达3米。小枝紫色，近基部被微柔毛。叶纸质，窄披针形或线状披针形，长1-4厘米，宽0.3-1厘米，先端渐尖或圆钝具小尖头，基部楔形，叶缘稍反卷，两面无毛，下面被黄色小腺点，老时脱落；叶柄细，长1-4毫米，无毛。花序轴纤细，四棱形，无毛；小苞片线形，长1-5毫米。花梗长不及1毫米；花萼无毛，长1-1.5毫米；花冠长3-5.5毫米，花冠筒与裂片近等长。果倒卵圆形，长5-7毫米，成熟时蓝黑色；果柄长不及3毫米。花期5-8月，果期8-11月。染色体数2n=46。

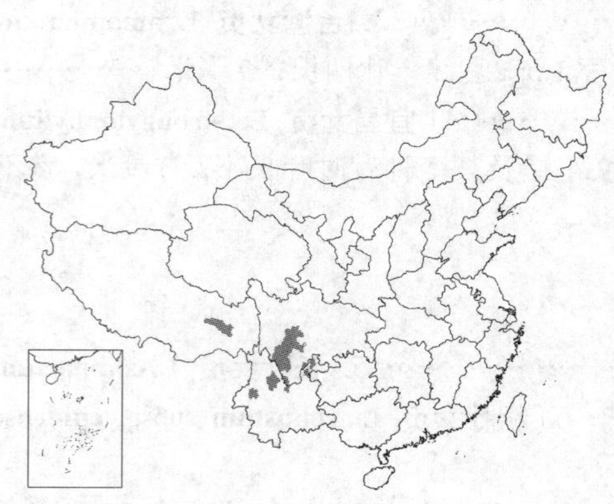

产四川、云南及西藏东南部，生于海拔800-3800米山坡灌丛中。

图 77 细女贞（陆锦文绘）

2. 小叶女贞

图 78 彩片 19

Ligustrum quihoui Carr. in Rev. Hort. Paris 1869: 377. 1869.

半常绿灌木，高达3米。小枝圆，密被微柔毛，后脱落。叶薄革质，披针形、椭圆形、倒卵状长圆形形或倒卵状披针形，长1-4厘米，宽0.5-2厘米，先端尖、钝或微凹，基部楔形，叶缘反卷，两面无毛，下面常具腺点；叶柄长不及5毫米，无毛或被微柔毛。圆锥花序顶生，紧缩，近圆柱形，长为宽的2-5倍；小苞片卵形，具睫毛。花近无梗；花萼长1.5-2毫米，无毛；花冠长4-5毫米，花冠筒与裂片近等长；雄蕊伸出花冠裂片外。果倒卵圆形、椭圆形或近球形，长5-9毫米，成熟时黑紫色。花期5-7月，果期8-11月。

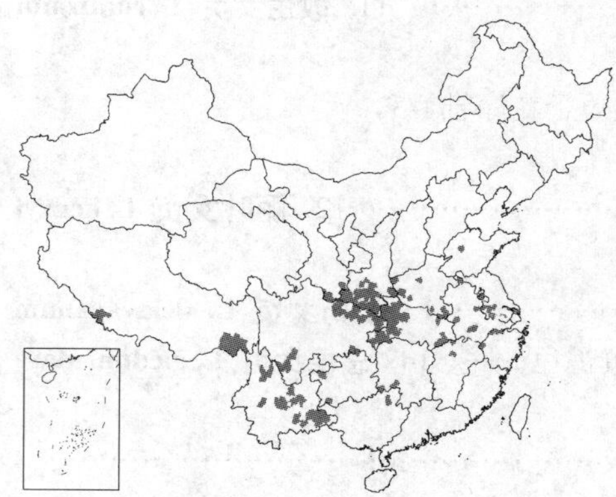

产山东、河南、安徽、江苏、浙江、江西、湖北、湖南、广西、贵州、云南、西藏、四川、陕西南部及甘肃南部，生于海拔2500米以下山坡、沟边、路边或河边灌丛中。

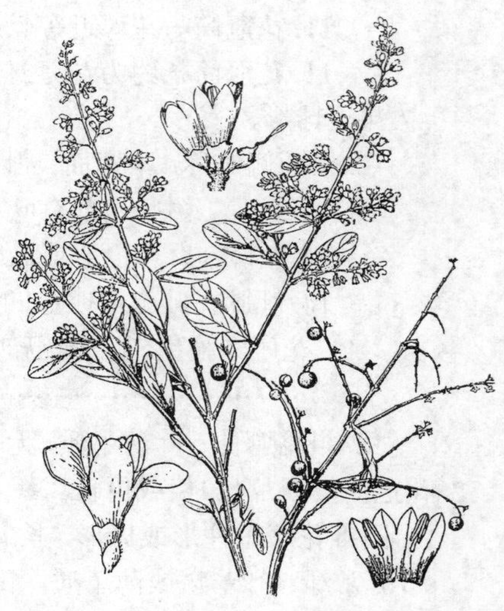

图 78 小叶女贞 （引自《江苏植物志》）

3. 台湾女贞 图 79

Ligustrum amamianum Koidz. Pl. Nov. Amami-Ohsima 7. 1929.

常绿灌木，高达3米。幼枝圆柱形，被微柔毛，后无毛。叶革质或厚革质，椭圆形或近圆形，长2.5-6.5厘米，宽1.5-3.5厘米，先端钝尖或圆，有时凹下，基部钝或下延，边缘反卷，两面无毛，密被褐色腺点；叶柄长0.6-1.2厘米，圆锥花序顶生，塔形，长为宽的1-2倍，被柔毛或无毛；苞片线形或披针形，长1.5-8毫米。花梗长不及1.5毫米；花萼长约1.5毫米，无毛；花冠长4-6毫米，花冠筒与裂片近等长；雄蕊长达花冠裂片顶部。果近球形或卵圆形，径6-7毫米。花期5月，果期11-12月。

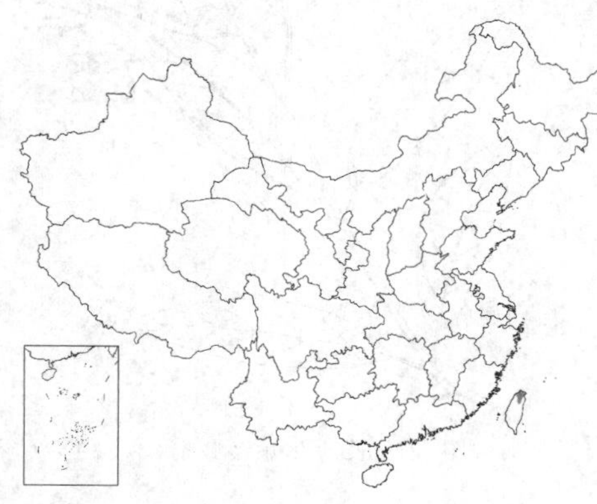

产台湾及香港，生于海拔1000-3000米林中。日本有分布。

图 79 台湾女贞（陆锦文绘）

4. 宜昌女贞 图 80

Ligustrum strongylophyllum Hemsl. in Journ. Linn. Soc. Bot. 26: 93. 1889.

常绿灌木，高达4米。小枝黄褐色，纤细，密被短柔毛。叶厚革质，卵形、卵状椭圆形或近圆形，长1.5-3厘米，宽1.5-2厘米，先端钝或尖，基部近圆或楔形，叶缘反卷，两面无毛或上面中脉被微柔毛；叶柄长2-7毫米，被微柔毛。圆锥花序顶生，开展，花序轴和分枝具棱，主轴下部被微柔毛，余无毛。花梗长不及2毫米；花萼长1-1.5毫米；花冠长4-5毫米，花冠筒与裂片近等长；雄蕊稍短于花冠裂片。果倒卵圆形，长6-9毫米，径3-5毫米，略弯曲，成熟时黑色。花期6-8月，果期8-10月。

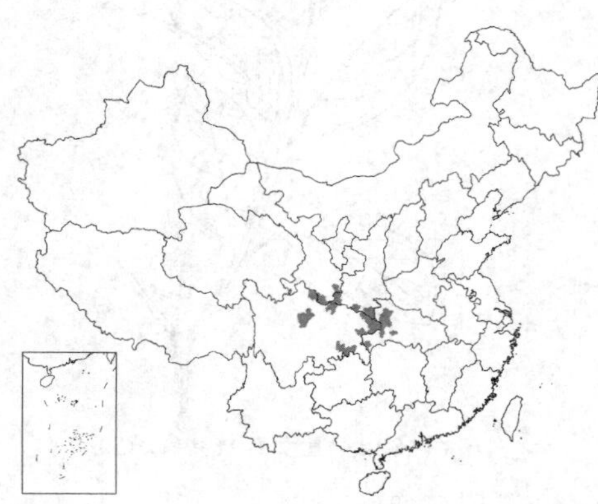

产甘肃南部、陕西南部、四川及湖北西部，生于海拔300-2500米山谷林内、灌丛中或河边。

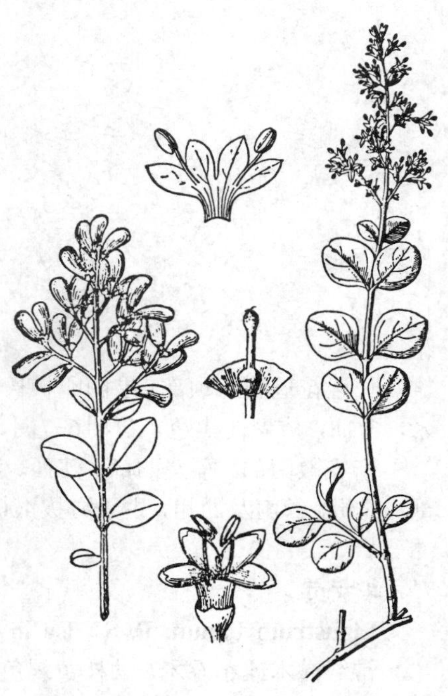

图 80 宜昌女贞（引自《秦岭植物志》）

5. 长叶女贞 图 81

Ligustrum compactum (Wall. ex G. Don) Hook. f. et Thoms. ex Brandis. For. Fl. Ind. 310. 1874.

Olea compacta Wall. ex G. Don, Gen. Hist. Dichlam. Pl. 4: 48. 1837.

半常绿灌木或小乔木，高达12米。小枝幼时被柔毛，后无毛。叶椭圆状披针形或卵状长圆形，长5-15厘米，先端尖或长渐尖，基部近圆或楔形，

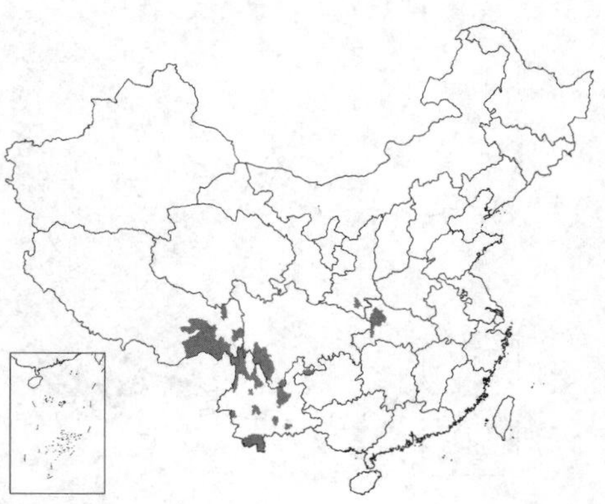

上面中脉有时有微柔毛，余无毛，侧脉9-15对，两面稍凸起；叶柄长0.5-2.5厘米。圆锥花序长7-20厘米，径7-16（-24.5）厘米，花序轴和分枝无毛或被微柔毛。花近无梗；花萼长1-1.5毫米；花冠长3.5-5毫米，花冠筒和裂片近等长；雄蕊长达花冠裂片顶部。果椭圆形或近球形，长0.7-1厘米，弯曲，成熟时蓝黑色。花期3-7月，果期8-12月。

产陕西东南部、湖北西部、四川、云南及西藏东部，生于海拔680-3400米山谷林中及灌丛中。印度及尼泊尔有分布。

图 81 长叶女贞（引自《图鉴》）

6. 粗壮女贞 图 82

Ligustrum robustrum (Roxb.) Bl. subsp. **chinense** P. S. Green in Kew Bull. 50(2): 385. 1995.

Ligustrum robustrum auct. non (Roxb.) Bl.: 中国植物志 61: 155. 1992.

落叶灌木或小乔木，高达10米。小枝紫色，疏被微柔毛，后渐脱落。叶披针形、近卵形或椭圆形，长4-11厘米，宽2-4厘米，先端长渐尖，基部宽楔形或近圆，两面无毛或沿上面中脉疏被微柔毛，侧脉4-11对；叶柄长2-8毫米，疏被柔毛或无毛。花序顶生；花序梗和分枝轴稍扁，或近圆，果时具棱，紫色，具柔毛或腺毛；小苞片卵形或披针形，具纤毛。花梗长不及2毫米，被柔毛；花萼长约1毫米，被疏硬毛或近无毛；花冠长4-5毫米，花冠筒和裂片近等长；雄蕊长达花冠裂片顶部。果倒卵状长圆形或肾形，长0.7-1厘米，径3-6毫米，弯曲，成熟时黑色。花期6-7月，果期7-12月。

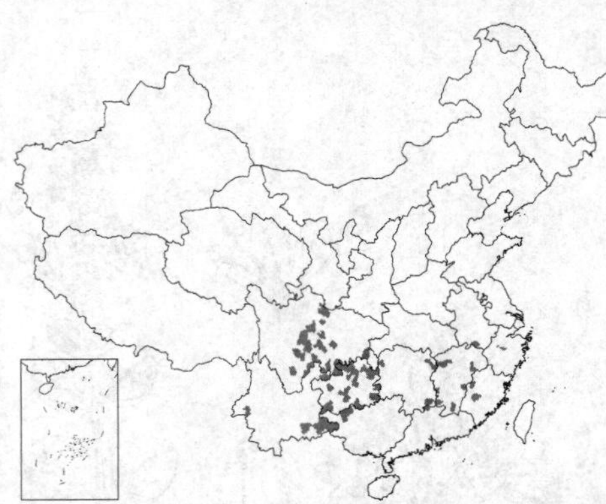

产安徽南部、福建西部、江西、湖北东部、湖南、广东北部、广西西部、贵州、云南及四川，生于海拔400-2000米山地林中。

图 82 粗壮女贞（陆锦文绘）

7. 华女贞 图 83

Ligustrum lianum P. S. Hsu in Acta Phytotax. Sin. 11: 200. 1966.

常绿灌木或小乔木。幼枝黄褐色，被柔毛或无毛。叶革质，椭圆形或卵状披针形，长4-13厘米，宽1.5-5.5厘米，先端渐尖或长渐尖，基部宽楔形或圆，下面仅中脉被柔毛，余无毛；叶柄长0.5-1.5厘米，被微柔毛或近无毛。圆锥花序顶生。花梗长不及2厘米，无毛；花萼长1-1.5毫米，花冠长4-5毫米，花冠筒与花冠裂片近等长；雄蕊长达花冠裂片顶部。果椭圆形或近球形，长0.6-1.2厘米，径5-7毫米，成熟时黑、黑褐或红褐色。花期4-6月，果期7月至翌

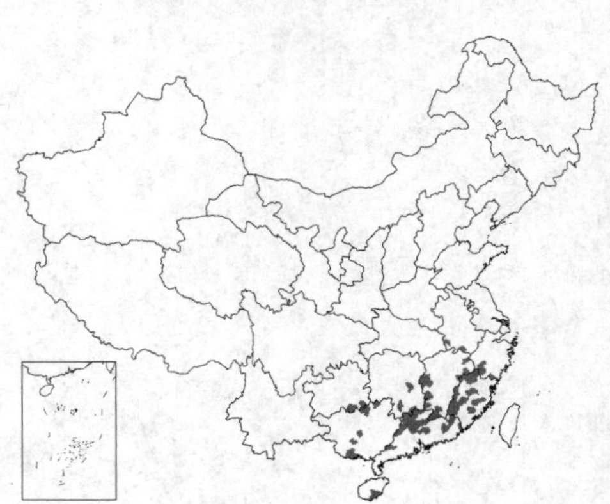

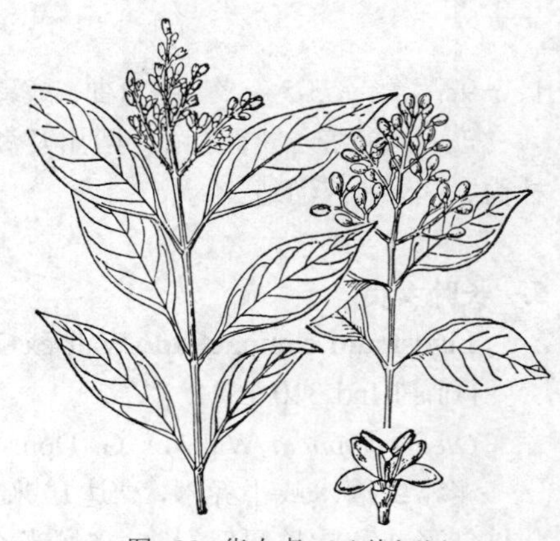

图 83 华女贞（陆锦文绘）

年4月。

产安徽南部、浙江南部、福建、江西、湖南、广东、香港、海南、广西及贵州南部，生于海拔400-1700米山谷林内或灌丛中。

8. 女贞 图 84 彩片 20

Ligustrum lucidum Ait. Hort. Kew. ed. 2, 1: 19. 1810.

常绿乔木或灌木，高达25米。叶卵形或椭圆形，长6-17厘米，宽3-8厘米，先端尖或渐尖，基部近圆，叶缘平，两面无毛，侧脉4-9对；叶柄长1-3厘米。圆锥花序顶生，塔形。花梗长不及1毫米；花萼长1.5-2毫米，与花冠筒近等长；花冠长4-5毫米，花冠筒较花萼长2倍；雄蕊长达花冠裂片顶部。果肾形，多少弯曲，长0.7-1厘米，径4-6毫米，成熟时蓝黑或红黑色，被白粉。花期5-7月，果期7月至翌年5月。

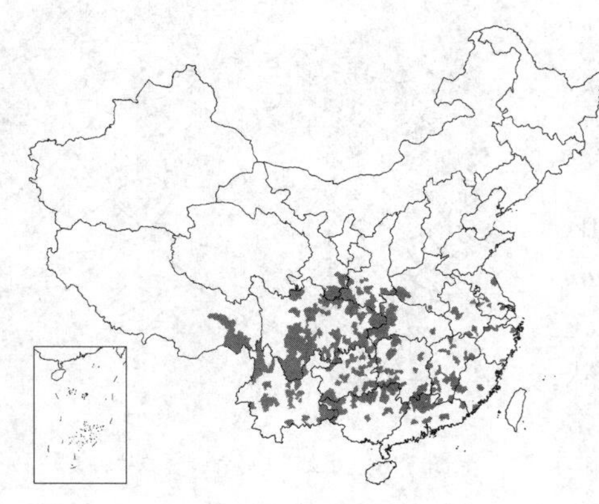

产河南、安徽、江苏、浙江、福建、江西、湖北、湖南、广东、香港、广西、贵州、云南、西藏、四川、甘肃东南部及陕西南部，生于海拔2900米以下林中。果入药，称女贞子，为强壮剂；叶可解热镇痛；为观赏树和行道树广泛栽培；可作桂花和丁香砧木。

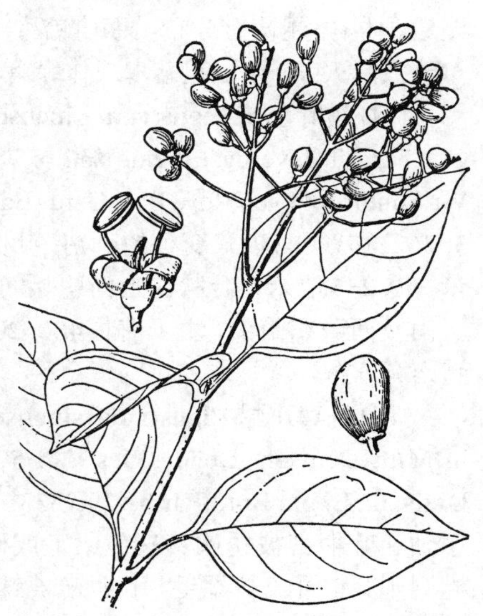

图 84 女贞（引自《图鉴》）

9. 日本女贞 图 85

Ligustrum japonicum Thunb. in Nov. Acta Soc. Sci. Upsal. 3: 207. 1780.

常绿灌木，高达5米；全株无毛。叶厚革质，椭圆形或卵状椭圆形，长5-8厘米，宽2.5-5厘米，先端尖或渐尖，基部楔形或圆；叶柄长0.5-1.5厘米。圆锥花序顶生，塔形；花序轴和分枝轴具棱。花梗长不及2毫米；花萼长1.5-1.8毫米；花冠长5-6毫米，花冠筒比裂片稍长或近等长；雄蕊伸出花冠。果长圆形或椭圆形，长0.8-1厘米，径6-7毫米，直立，成熟时紫黑色，被白粉。花期6月，果期11月。

原产日本和朝鲜半岛南部。我国庭园栽培。

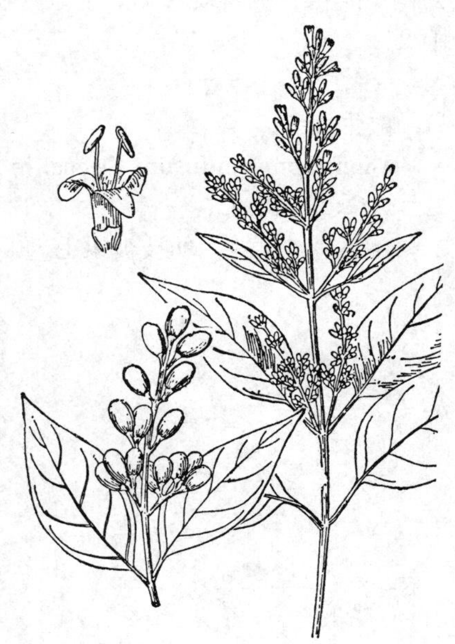

图 85 日本女贞（陆锦文绘）

10. 小蜡 图 86

Ligustrum sinense Lour. Fl. Cochinch. 1: 23. 1790.

落叶灌木或小乔木。幼枝被黄色柔毛，老时近无毛。叶纸质或薄革质，卵形、长圆形或披针形，长2-7厘米，宽1-3厘米，先端尖或渐尖，或钝而微凹，基部宽楔形或近圆，两面疏被柔毛或无毛，常沿中脉被柔毛；侧脉在叶上面平或微凹下；叶柄长2-8毫米，被柔毛。花序塔形，花序轴被较密黄色柔毛或近无毛，基部有叶。花梗长1-3毫米；花萼长1-1.5毫米，无毛；花冠长3.5-5.5毫米，裂片长于花冠筒；雄蕊等于或长于花冠裂片。果近球形，径5-8毫米。花期5-6月，果期9-12月。染色体数2n=46。

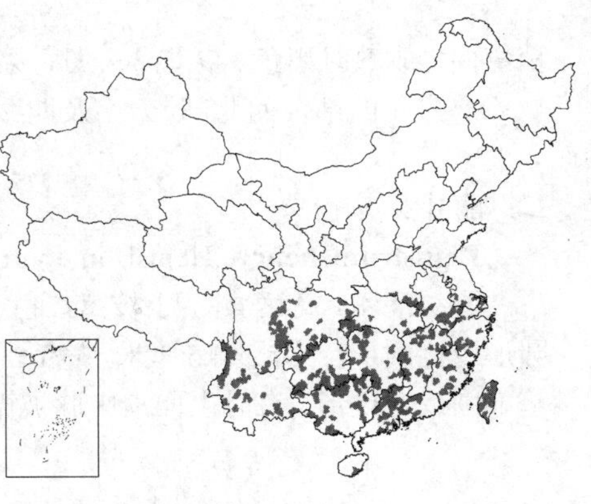

产河南、安徽、江苏、浙江、福建、台湾、江西、湖北、湖南、广东、香港、海南、广西、贵州、云南及四川，生于海拔2600米以下山坡、山谷、溪边、林中。越南有分布。果可酿酒；种子榨油供制肥皂；树皮和叶入药，可清热降火；可作桂花砧木或作绿篱。

[附] **皱叶小蜡 Ligustrum sinense** var. **rugosulum** (W. W. Smith) M. C. Chang in Investigat. Stud. Nat. 6: 78. 1986.——*Ligustrum rugosulum* W. W. Smith in Notes Roy. Bot. Gard. Edinb. 10: 44. 1917; 中国高等植物图鉴 3: 362. 1974. 与模式变种的区别：叶卵状披针形或卵状椭圆形，长4-13厘米，宽2-5厘米，叶脉在上面明显凹下。花期4-6月，果期9-12月。产云南及西藏东南部，生于海拔400-2000米山谷、河边、路边、山坡林中。越南有分布。

[附] **光萼小蜡 Ligustrum sinense** var. **myrianthum** (Diels) H. Hofk. in Mitt. Deutsch. Dendr. Ges. 24: 57. 1915.——*Ligustrum myrianthum* Diels in Engl. Bot. Jahrb. 29: 533. 1900. 与模式变种的区别：幼枝、花序轴和叶柄密被锈或黄棕色柔毛或硬毛；叶革质，椭圆状披针形或卵状椭圆形，上面疏被柔毛，下面密被锈或黄褐色柔毛；花序腋生，基部常无叶。花期5-6月，果期9-12月。产福建、江西、广东、广西、贵州、云南、四川、陕西及甘肃，生于海拔130-2700米山坡、山谷或溪边林中。

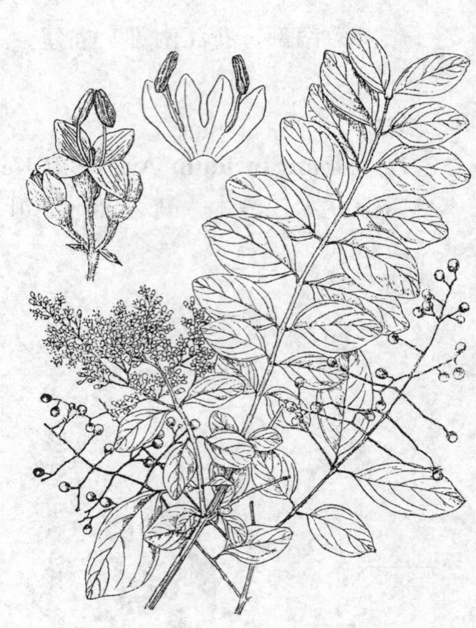

图 86 小蜡 （引自《江苏植物志》）

11. 散生女贞 图 87

Ligustrum confusum Decne. in Nouv. Arch. Mus. Hist. Nat. Paris ser 2, 2: 24. 1897.

灌木或小乔木。幼枝被柔毛。叶薄革质，椭圆形或卵形，长3-7厘米，宽2-3厘米，先端渐尖或尖，基部宽楔形或圆，两面无毛，或上面中脉基部疏被柔毛；叶柄长4-5毫米，无毛或被柔毛。圆锥花序顶生；花序轴和分枝轴圆，密被柔毛。花梗长不及1.5毫米；花萼长1-1.5毫米，无毛；花冠长4-5毫米，花冠筒与花冠裂片近等长；雄蕊略低于花冠裂片顶部。果近球形，径6-9毫米，稍弯曲，成熟时黑色。花期3-4月，果期7月。

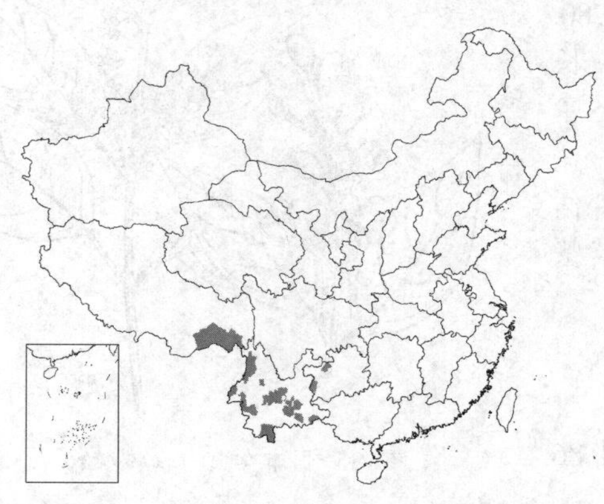

产贵州西部及西北部、云南及西藏东南部，生于海拔800-2000米山沟灌丛中。越南、缅甸、锡金、不丹、尼泊尔、孟加拉国及印度有分布。

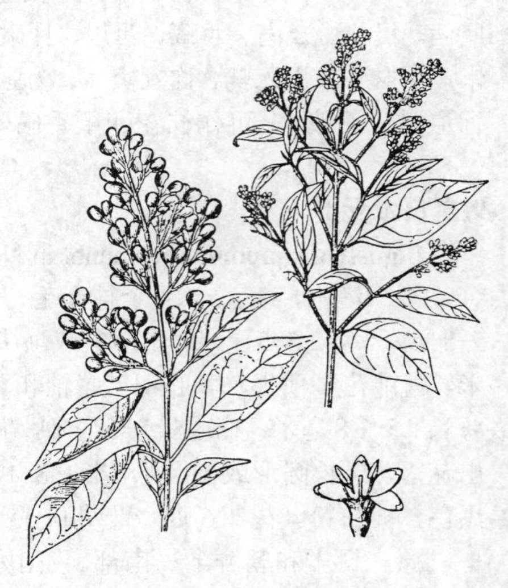

图 87 散生女贞 （陆锦文绘）

12. 丽叶女贞 图 88

Ligustrum henryi Hemsl. in Journ. Linn. Soc. Bot. 26: 90. 1889.

常绿灌木，高达4米。小枝紫红色，密被锈或灰色柔毛。叶宽卵形、椭圆形或近圆形，长1.5-4.5厘米，宽1-2.5厘米，先端尖或渐尖，或短尾尖，基部圆或宽楔形，有时上面沿中脉被微毛，余无毛；叶柄长1-5毫米，被微柔毛或无毛。圆锥花序顶生，柱形；花序轴密被柔毛。花梗长不及1毫米，无毛；花萼长约1毫米，无毛；花冠

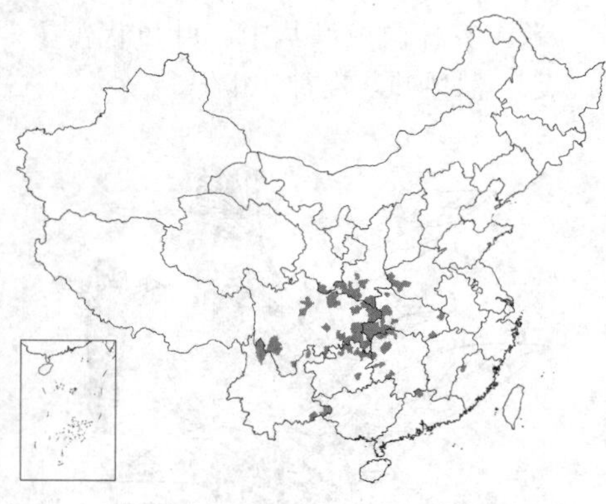

筒长6-9毫米，花冠筒比裂片长2-3倍；雄蕊长达花冠裂片顶部。果肾形，弯曲，长0.6-1厘米，径3-5毫米，成熟时黑或紫红色。花期5-6月，果期7-10月。

产甘肃南部、陕西南部、河南西部、湖北、湖南、广东北部、广西西部、贵州、云南及四川，生于海拔1800米以下山坡灌丛中或林内。

图 88 丽叶女贞（钱存源绘）

13. 紫药女贞 川滇蜡树　　图 89

Ligustrum delavayanum Hariot in Journ. de Bot. 14: 172. 1900.

常绿灌木，高达4米。小枝密被柔毛。叶椭圆形或卵状椭圆形，长1-4厘米，先端尖或渐尖，基部渐窄或近圆，两面无毛或沿上面中脉被柔毛；叶柄长1-5毫米，被微柔毛。圆锥花序密集，圆柱形，常生于去年生枝腋内或侧生小枝顶端；花序梗密被柔毛或刚毛。花梗长不及3毫米，无毛；花萼长1-2毫米，无毛；花冠长4-7毫米，花冠筒比花冠裂片长2倍；雄蕊不伸出花冠裂片，花药紫色。果椭圆形或球形，长5-9毫米，径4-7毫米，不弯曲，成熟时黑色，常被白粉。花期5-7月，果期7-10月。染色体数2n=46。

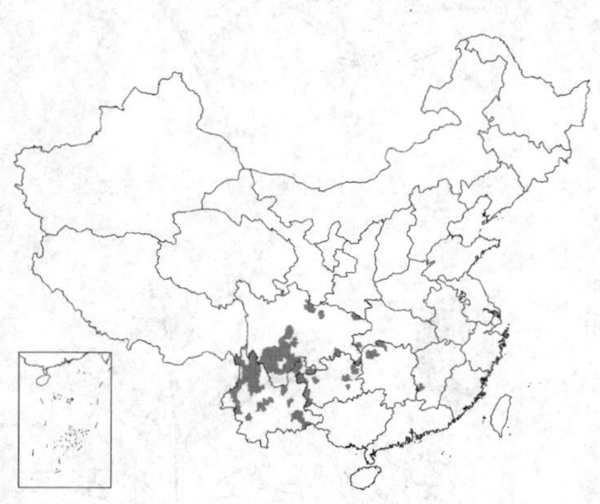

产江西西南部、湖北西南部、湖南西北部、贵州、云南及四川，生于海拔500-3700米山坡林内或灌丛中。

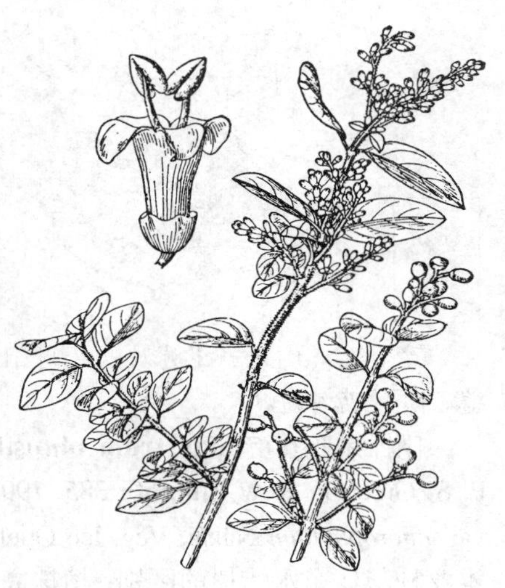

图 89 紫药女贞（引自《图鉴》）

14. 总梗女贞　　图 90

Ligustrum pedunculare Rehd. in Sarg. Pl. Wilson. 2: 609. 1916.

Ligustrum pricei auct. non Hayata: 中国植物志 61: 166. 1992.

常绿灌木或小乔木。小枝密被柔毛。叶披针形或椭圆形，长3-9厘米，宽1-3厘米，先端长渐尖，基部楔形或近圆，两面无毛，下面干后黄褐色；叶柄长2-8毫米，无毛或上面有柔毛。圆锥花序顶生，花序轴密被柔毛。花梗长不及3毫米；花萼长约1.5毫米，无毛；花冠长0.7-1.1厘米，花冠筒长为裂片2-3倍；雄

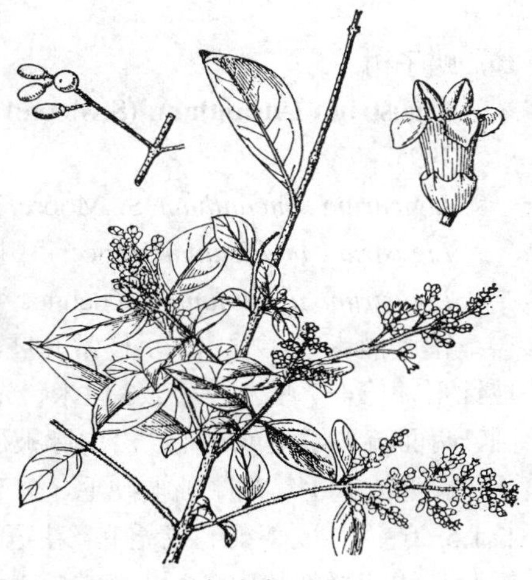

图 90 总梗女贞（引自《图鉴》）

蕊长达花冠裂片顶部，花药黄色。果椭圆形，长0.7-1厘米，径5-7毫米。花期5-7月，果期8-12月。

产陕西南部、湖北西部、湖南西部、四川及贵州，生于海拔300-2600米沟谷林内或灌丛中。叶可代苦丁茶，散风热、提神、止渴。

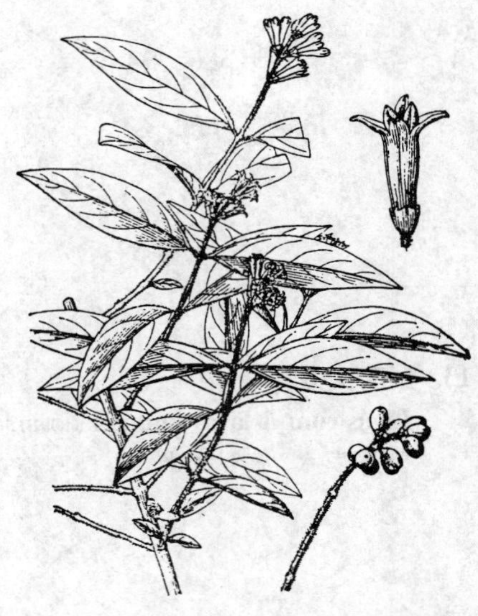
图 91 辽东水蜡树 （引自《江苏植物志》）

15. 辽东水蜡树 图 91

Ligustrum obtusifolium Sieb. et Zucc. subsp. **suave** (Kitag.) Kitag. in Journ. Jap. Bot. 40 (5): 134. 1965.

Ligustrum ibota Sieb. et Zucc. var. *suave* Kitag. in Bot. Mag. Tokyo 48: 612. 1934.

Ligustrum obtusifolium var. *suave* (Kitag.) Hara; 中国高等植物图鉴 3: 364. 1974.

落叶多分枝灌木。小枝被微柔毛或柔毛。叶长椭圆形或倒卵状长椭圆形，长1.5-6厘米，基部楔形，两面无毛；叶柄长1-2毫米，无毛或被柔毛。花序轴、花梗、花萼均被柔毛；花梗长不及2毫米；花萼长1.5-2毫米；花冠长0.6-1厘米，花冠筒比花冠裂片长1.5-2.5倍；雄蕊长达花冠裂片中部。果近球形或宽椭圆形，长5-8毫米，成熟时紫黑色。花期5-6月，果期8-10月。

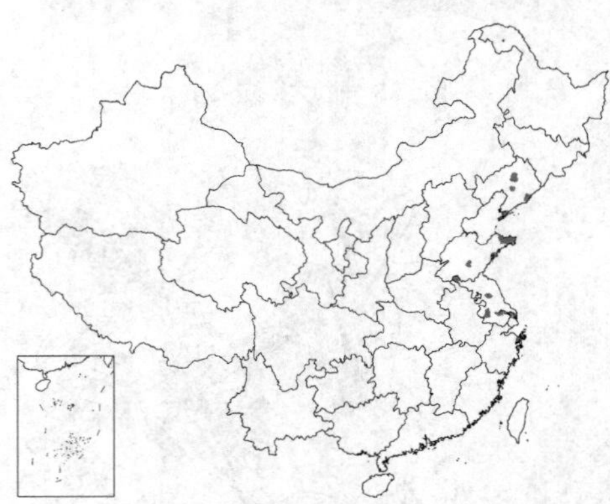

产辽宁、山东、江苏及浙江舟山群岛，生于海拔600米以下山坡、石缝、林下或沟边。

[附] **东亚女贞 Ligustrum obtusifolium** subsp. **microphyllum** (Nakai) P. S. Green in Kew Bull. 50: 385. 1995. ——*Ligustrum ibota* Sieb. et Zucc. var. *microphyllum* Nakai, Veg. Isl. Quelp. 73. 1914; 中国植物志 61: 167. 1992. 本亚种与辽东水蜡树的区别：植株高0.5-1.5米；叶长0.8-2厘米，宽0.4-1.3厘米。产江苏连云港、浙江普陀山和岱山，生于海拔450米以下山坡石缝、山谷或溪边。朝鲜半岛及日本有分布。

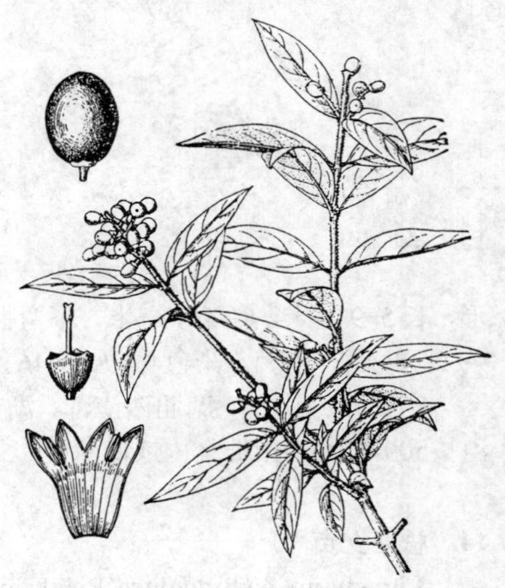
图 92 蜡子树 （引自《江苏植物志》）

16. 蜡子树 图 92

Ligustrum leucanthum (S. Moore) P. S. Green in Kew. Bull. 50 (2): 384. 1995.

Ligustrum leucanthum S. Moore in Journ. Bot. 13: 229. 1875.

Ligustrum molliculum Hance; 中国植物志 61: 169. 1992.

Ligustrum acutissimum Koehne; 中国高等植物图鉴 3: 364. 1974.

落叶灌木或小乔木。小枝常开展，被硬毛、柔毛或无毛。叶椭圆形或披针形，长4-7厘米，宽2-3厘米，先端尖、短渐尖或钝，基部楔形或近圆，两面疏被柔毛或无毛，沿中脉被硬毛或柔毛；叶柄长1-3毫米，被硬毛、柔毛或无毛。花序轴被硬毛、柔毛或无毛。花梗长不及2毫米；花萼长1.5-2毫米，被微柔毛或无毛；花冠长0.6-1厘米，花冠筒较裂片长2倍；雄蕊长达花冠裂片中部。果近球形或宽长圆形，长0.5-1厘米，成熟时蓝黑

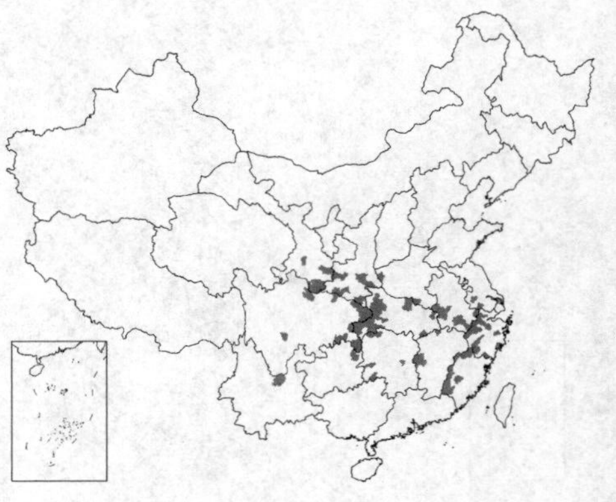

色。花期6-7月，果期8-11月。

产河南、山东、江苏、安徽、浙江、福建、江西、湖北、湖南、贵州东北部、云南北部、四川、陕西南部及甘肃南部，生于海拔300-2500米山坡林下或路边。

17. 卵叶女贞 图 93

Ligustrum ovalifolium Hassk. Cat. Hort. Bogor. 119. 1844.

半常绿灌木。小枝棕色，无毛或被微柔毛。叶近革质，倒卵形、卵形或近圆形，长2-10厘米，宽1-5厘米，先端尖或钝，基部楔形或近圆，两面无毛或下面沿中脉被柔毛；叶柄长2-5毫米。圆锥花序顶生，塔形，长5-10厘米，径3-6厘米，花序轴具棱，无毛或被微柔毛。花梗长不及2毫米；花萼长1.5-2毫米，无毛；花冠筒长4-5毫米，裂片长2-3毫米；雄蕊与花冠裂片近等长。果近球形或宽椭圆形，长6-8毫米，径5-8毫米，紫黑色。花期6-7月，果期11-12月。

原产日本。我国庭园有栽培。

图 93 卵叶女贞（陆锦文绘）

18. 裂果女贞 图 94

Ligustrum sempervirens (Franch.) Lingelsh. in Engl. Pflanzenr. 72 (IV-243): 95. 1920.

Syringa sempervirens Franch. in Bull. Soc. Linn. Paris 1: 613. 1866.

常绿灌木，高达4米，小枝具棱，红棕色，密被微柔毛，后脱落。叶革质，椭圆形或近圆形，长1.5-6厘米，宽0.8-4.5厘米，先端尖、短渐尖或钝，基部楔形或近圆，两面常无毛，具斑状腺点，下面尤密；叶柄长不及5毫米，被微柔毛或无毛。圆锥花序顶生，塔形，花密集；花序轴具棱，被微柔毛或无毛；小苞片卵形，具睫毛。花梗长不及1.5毫米；花萼长1.5-2.5毫米，无毛或被微柔毛；花冠长6-8毫米，花冠筒长于花冠裂片；雄蕊长达花冠裂片顶部。果宽椭圆形，长约8毫米，径约5毫米，成熟时紫黑色，室背开裂。花期6-8月，果期9-11月。

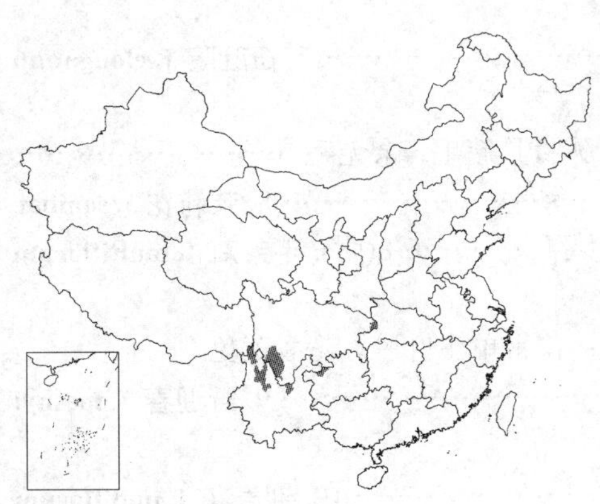

产四川、云南及贵州，生于海拔1900-2700米山坡、河边灌丛中。

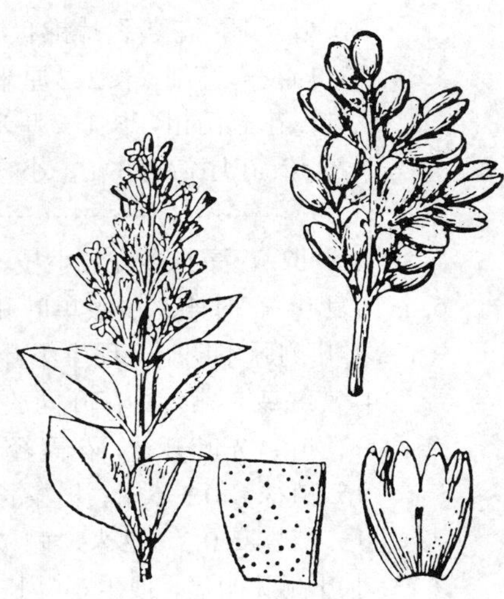

图 94 裂果女贞（陆锦文绘）

10．素馨属 Jasminum Linn.

常绿或落叶，小乔木、灌木或攀援状灌木。单叶，三出复叶或奇数羽状复叶；对生、互生，稀轮生，叶柄有时具关节，无托叶。花两性；聚伞花序组成圆锥状、总状、伞房状或头状复花序，苞片常锥形或线形。花芳香；花萼钟状、杯状或漏斗状，具4-12齿；花冠白或黄色，稀红或紫色，高脚碟状或漏斗状，花冠筒长0.7-4厘米，裂片4-12，花蕾时覆瓦状排列，栽培者常有重瓣；雄蕊2，内藏，着生花冠筒中部，花丝短，花药背着；子房2室，每室具1-2向上胚珠，花柱常异长，丝状。浆果双生或其中1个不育而单生，成熟时黑或蓝黑色。种子无胚乳，胚根向下。染色体基数x=13。

约200余种，分布于非洲、亚洲、澳大利亚及太平洋南部岛屿，南美洲1种。我国约40种。

1. 叶互生。
  2. 花萼裂片三角形，短于萼筒；花冠裂片先端圆或钝。
    3. 羽状复叶有小叶（3-）5（-7），顶生小叶长1-6厘米，侧生小叶长0.5-4.5厘米，叶先端尖或尾尖 ………………………………………… 1. **矮探春 J. humile**
    3. 羽状复叶有小叶（3-）5-7（-9），顶生小叶长0.6-2.5厘米，侧生小叶长0.2-2厘米，叶先端圆或钝 ………………………………………… 1(附). **小叶矮探春 J. humile** var. **microphyllum**
  2. 花萼裂片锥状线形，与萼筒等长或较长,花冠裂片先端尖，边缘具纤毛。
    4. 小枝、花萼无毛；叶稀沿中脉被微柔毛，常无毛 ………………………… 2. **探春花 J. floridum**
    4. 小枝、花萼被柔毛；叶下面被白色长柔毛 ………………………… 2(附). **黄素馨 J. floridum** subsp. **giraldii**
1. 叶对生。
  5. 单叶或三出复叶。
    6. 单叶。
      7. 小枝四棱形；叶柄无关节 ………………………… 3. **红素馨 J. beesianum**
      7. 小枝圆或稍扁；叶柄具关节。
        8. 叶具基出脉3或5条。
          9. 叶革质 ………………………… 4. **桂叶素馨 J. laurifolium**
          9. 叶纸质 ………………………… 5. **青藤仔 J. nervosum**
        8. 叶具羽状脉。
          10. 叶革质；花萼裂片三角形 ………………………… 6. **亮叶素馨 J. sequinii**
          10. 叶纸质；花萼裂片锥状线形。
            11. 花冠筒细，长2-3厘米，径1-2毫米 ………………………… 7. **扭肚藤 J. elongatum**
            11. 花冠筒粗，长1-2厘米，径2-3毫米。
              12. 花序常有3花；小枝、叶柄及花序轴疏被柔毛，叶下面脉腋具簇毛，余无毛 ………………………………………… 8. **茉莉花 J. sambac**
              12. 花序具多花；小枝、叶柄、花序轴及叶下面密被黄褐色绒毛 ………… 8(附). **毛茉莉 J. multiflorum**
    6. 三出复叶，有时兼有少数单叶和复叶。
      13. 小叶侧脉不明显，顶生小叶长1-5（-6.5）厘米，无柄或有短柄；花常单生叶腋，花冠黄色。
        14. 常绿或半常绿；花叶同放，花冠径2-4.5厘米 ………………………… 9. **野迎春 J. mesnyi**
        14. 落叶；先叶开花，花冠径2-2.5厘米。
          15. 植株高0.3-5米，枝条长，下垂 ………………………… 10. **迎春花 J. nudiflorum**
          15. 植株高0.3-1.2米，侧枝多而短，密集成垫状 ……… 10(附). **垫状迎春花 J. nudiflorum** var. **pulvinatum**
      13. 小叶侧脉明显，顶生小叶长3-12厘米，具柄；圆锥花序顶生或腋生，花冠白色。
        16. 小叶具基脉3出 ………………………… 11. **川素馨 J. urophyllum**
        16. 小叶具羽状脉。
          17. 叶革质，顶生小叶与侧生小叶近等大；花萼近平截 ………………………… 12. **清香藤 J. lanceoparium**
          17. 叶纸质，顶生小叶比侧生小叶大；花萼裂片线形或尖三角形 ………………………… 13. **华素馨 J. sinense**
  5. 叶羽状深裂或为羽状复叶。
    18. 花萼裂片锥状线形，长0.3-1厘米；顶生裂片或小叶长4（4.5）厘米以下。
      19. 聚伞花序近伞状；花冠裂片长0.6-1.2厘米 ………………………… 14. **素方花 J. officinale**
      19. 聚伞花序，周边花梗明显长于中心花的梗；花冠裂片长1.3-2.2厘米 ……… 14(附). **素馨花 J. grandiflorum**
    18. 花萼裂片三角形，长不及2毫米；顶生裂片或小叶长达9.5厘米………………………… 15. **多花素馨 J. polyanthum**

1. 矮探春 图 95 彩片 21

Jasminum humile Linn. Sp. Pl. 9. 1753.

灌木或小乔木，高达3米。小枝无毛或疏被柔毛。羽状复叶互生，小叶（3-）5（-7），小枝基部常有单叶，叶柄长0.5-2厘米，叶和小叶无毛或上面疏被刚毛，下面脉上被柔毛，卵形或卵状披针形，先端尖或尾尖，基部圆或楔形；顶生小叶长1-6厘米，侧生小叶长0.5-4.5厘米。聚伞花序顶生，有1-10花。花梗长0.5-3厘米；花萼无毛或微被柔毛，裂片三角形，较萼筒短；花冠黄色，近漏斗状，花冠筒长0.8-1.6厘米，裂片圆形或卵形，长3-7毫米。果椭圆形或球形，长0.6-1.1厘米，成熟时紫黑色。花期4-7月，果期6-10月。染色体数2n=26。

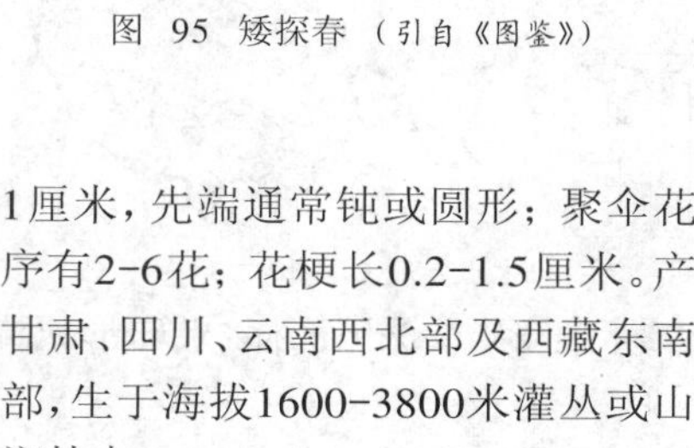

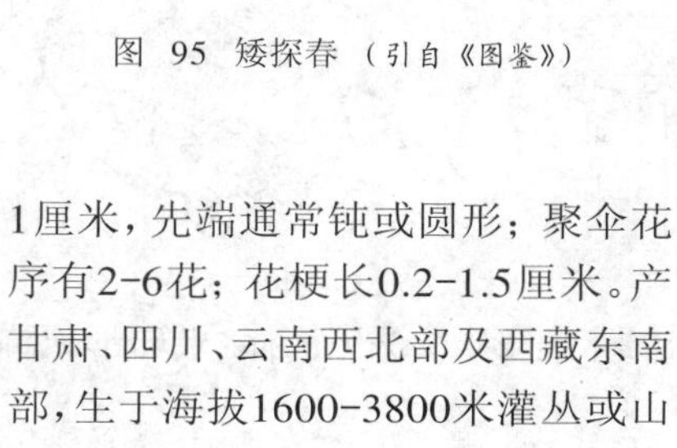

图 95 矮探春（引自《图鉴》）

产陕西南部、四川、贵州西部、云南及西藏，生于海拔1100-3500米林中。伊朗、阿富汗、喜马拉雅山区及缅甸有分布。

[附] **小叶矮探春 Jasminum humile** var. **microphyllum** (Chia) P. S. Green in Notes Roy. Bot. Gard. Edinb. 23: 370. 1961.——*Jasminum humile* Linn. f. *microphyllum* Chia in Acta Phytotax. Sin. 2: 27. 1952. 与模式变种的区别：植株高0.3-2米；复叶具小叶（3-）5-8（-9），小叶纸质，卵形、倒卵形、椭圆形或披针形，顶生小叶长0.6-2.5厘米，侧生小叶长0.2-1厘米，先端通常钝或圆形；聚伞花序有2-6花；花梗长0.2-1.5厘米。产甘肃、四川、云南西北部及西藏东南部，生于海拔1600-3800米灌丛或山涧林中。

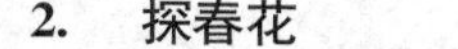

2. 探春花 图 96

Jasminum floridum Bunge in Mém. Acad. Imp. Sci. St. Pétersb. 2: 116. 1833.

灌木，高达3米。小叶扭曲，4棱，无毛。羽状复叶互生，小叶3或5，稀7，小枝基部常有单叶，叶柄长0.2-1厘米，叶两面无毛，稀沿中脉被微柔毛，小叶卵形或椭圆形，长0.7-3.5厘米，先端具小尖头，基部楔形或圆；顶生小叶具小叶柄，长0.2-1.2厘米，侧生小叶近无柄。聚伞花序顶生，有3-25花；苞片锥形，长3-7毫米。花梗长不及2厘米；花萼无毛，具5条肋，萼筒长1-2毫米，裂片锥状线形，长1-3毫米；花冠黄色，近漏斗状，花冠筒长0.9-1.5厘米，裂片卵形或长圆形，长4-8毫米，边缘具纤毛。果长圆形或球形，长0.5-1厘米，成熟时黑色。花期5-9月，果期9-10月。

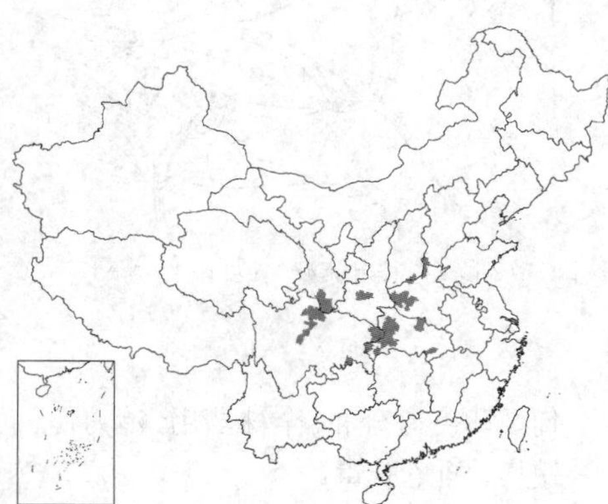

产河北南部、山西南部、河南、湖北、贵州北部、四川、甘肃南部及陕西南部，生于海拔2000米以下坡地、山谷或林中。

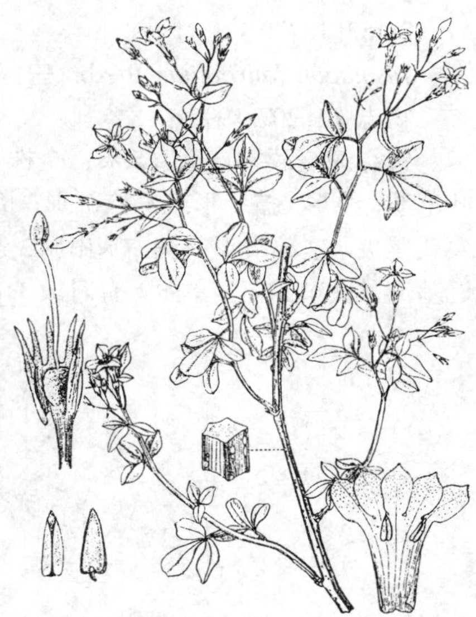

图 96 探春花（引自《江苏植物志》）

[附] **黄素馨 Jasminum floridum** subsp. **giraldii** (Diels) Miao in Bull. Bot. Res. (Harbin) 4 (1): 98. 1984.——*Jasminum giraldii* Diels in Engl. Bot. Jahrb. 29: 534. 1901; 中国高等植

物图鉴 3: 365. 1974. 与模式亚种的区别：小枝被柔毛；叶纸质或薄革质，小叶长1-4厘米，上面光滑或疏被柔毛，下面灰白色，被白色长柔毛；花萼疏被柔毛。花期5-10月，果期8-11月。产陕西、湖北西北部、山西、甘肃、河南及四川北部，生于海拔300-1500米山谷、灌木林中。

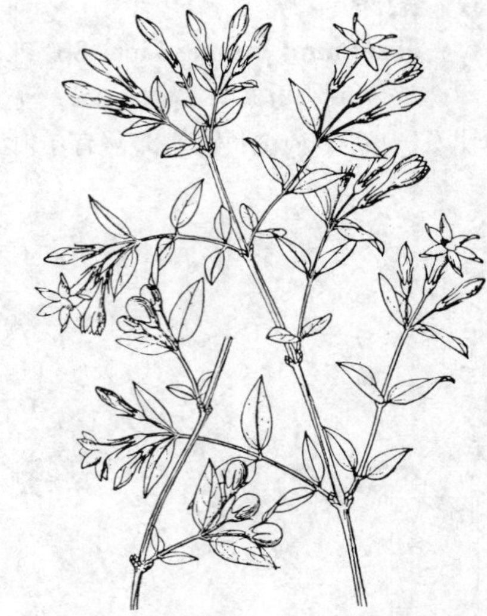

图 97 红素馨 （引自《图鉴》）

3. 红素馨 红茉莉 图 97

Jasminum beesianum Forrest et Diels in Notes Roy. Bot. Gard. Edinb. 5: 253. 1912.

缠绕藤本。小枝扭曲，4棱，幼时常被柔毛。单叶对生，卵形或披针形，长1-4厘米，两面无毛或被柔毛，侧脉不明显；叶柄长0.5-3毫米，扁平。聚伞花序有2-5花，顶生于短侧枝，或单花生于叶腋；苞片线形，长0.4-1厘米。花梗长0.2-1.8厘米，无毛或被柔毛；花萼光滑或被黄色长柔毛，裂片5-7，锥状线形，长0.3-1厘米；花冠红或紫色，近漏斗状，花冠筒长0.9-1.5厘米，内面喉部以下被长柔毛，裂片4-8，卵圆形，长3-9毫米。果球形或椭圆形，长0.5-1.2厘米，成熟时黑色。花期11月至翌年6月，果期6-11月。染色体数2n=26。

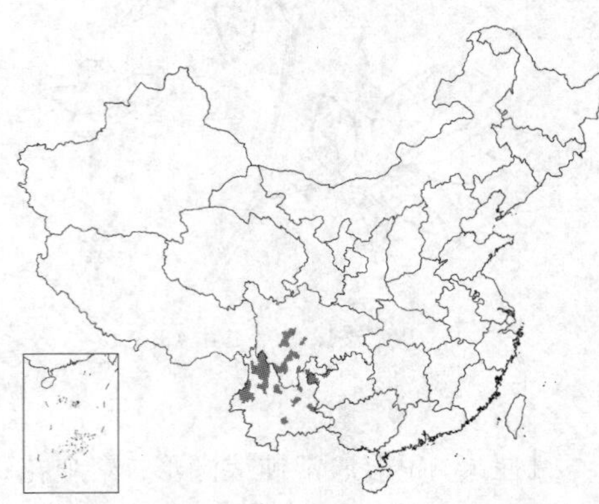

产四川、贵州西北部及云南，生于海拔1000-3600米山坡、草地、灌丛或林中。

4. 桂叶素馨 岭南茉莉 图 98

Jasminum laurifolium Roxb. var. **brachylobum** Kurz, Forest Fl. Burma 2: 152. 1877.

Jasminum laurifolium Roxb.; 中国高等植物图鉴 3: 368. 1974; 中国植物志 61: 207. 1992.

常绿缠绕藤本，长达5米；全株无毛。小枝圆柱形。叶对生，单叶；叶革质，线形、披针形或窄椭圆形，长4-12厘米，宽0.7-3.3厘米，先端渐尖或尾尖，基部楔形或圆，基出脉3条，常不明显；叶柄长0.4-1.2厘米，近基部具关节。花常单生，有时成3-8朵花的聚伞花序，顶生或腋生。花梗细长，长0.7-2.3厘米；小苞片线形，长2-5毫米；花萼管长2-3毫米，萼片4-12，线形；花冠白色，高脚碟状，花冠筒长1.6-2.4厘米，裂片8-12，披针形，长1.5-2厘米。果卵状长圆形，长0.8-2.2厘米，成熟时黑色。花期5月，果期8-12月。染色体数2n=26，52。

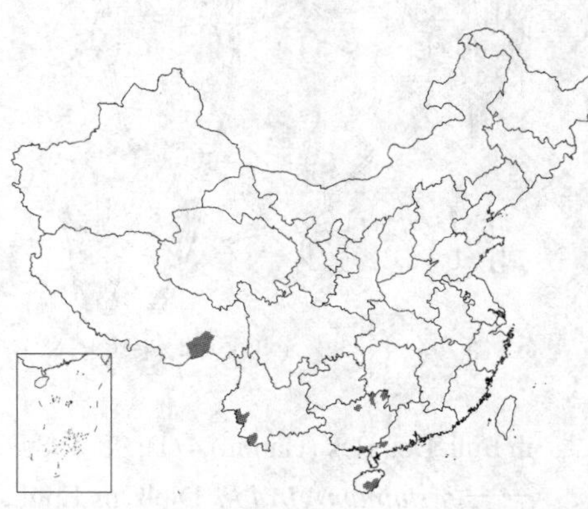

产海南、广西北部及东北部、云南西南部、西藏，生于海拔1200米以下林内或灌丛中。缅甸及印度有分布。全株药用，治刀伤、蛇伤、痈疮肿毒。

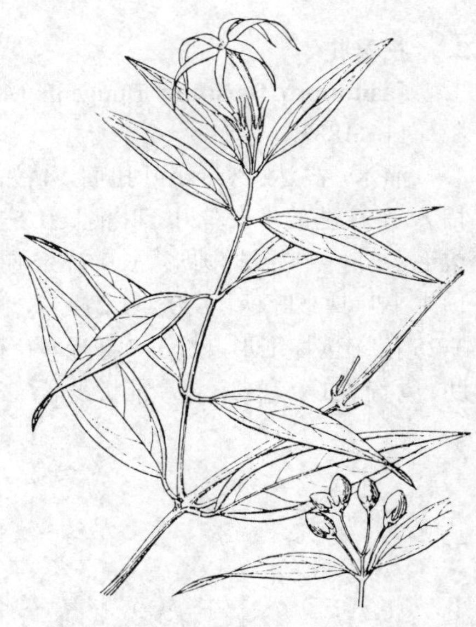

图 98 桂叶素馨 （引自《图鉴》）

5. **青藤仔** 毛青藤仔 小叶青藤仔 图 99

Jasminum nervosum Lour. Fl. Cochinch. 20. 1790.

Jasminum nervosum var. *villosum* (Lévl.) Chia; 中国高等植物图鉴 3: 369. 1974.

Jasminum nervosum var. *elegans* (Hemsl.) Chia; 中国高等植物图鉴 3: 369. 1974.

攀援灌木。小枝无毛或微被柔毛。单叶对生，纸质，卵形或披针形，长2.5-13厘米，基部宽楔形或圆，基脉3或5，两面无毛或下面脉上疏被柔毛；叶柄长0.2-1厘米，具关节。花常单生，或聚伞花序有3-5花；苞片线形，长达1.3厘米。花梗长达1厘米；花萼白色，无毛或微被柔毛，裂片7-8，线形，长1-1.7厘米；花冠白色，高脚碟状，花冠筒长1.3-2.6厘米，裂片8-10，披针形，长1.5-2.5厘米。果球形或长圆形，长0.7-2厘米，成熟时由红变黑色。花期3-7月，果期4-10月。

图 99 青藤仔（引自《图鉴》）

产台湾、广东西南部、海南、广西、贵州南部及云南，生于海拔2000米以下山坡、沙地、灌丛或林中。印度、不丹、缅甸、越南、老挝及柬埔寨有分布。

6. **亮叶素馨** 图 100 彩片 22

Jasminum seguinii Lévl. in Fedde, Repert. Sp. Nov. 13: 151. 1914.

缠绕藤本。小枝无毛。单叶对生，革质，卵形或窄椭圆形，长4-10厘米，先端锐尖、渐尖或尾尖，基部楔形或圆，下面脉腋具簇毛，余无毛；叶柄长0.4-1.2厘米，中部具关节。聚伞花序组成总状或圆锥状复花序。花梗长不及2.2厘米，无毛；花萼杯状，无毛，裂片4，三角形；花冠白色，高脚碟状，花冠筒长1-2厘米，裂片6-8，窄披针形，长0.8-1.7厘米；花柱异长。果近球形，径0.5-1.5厘米，成熟时黑色。花期5-10月，果期8月至翌年4月。

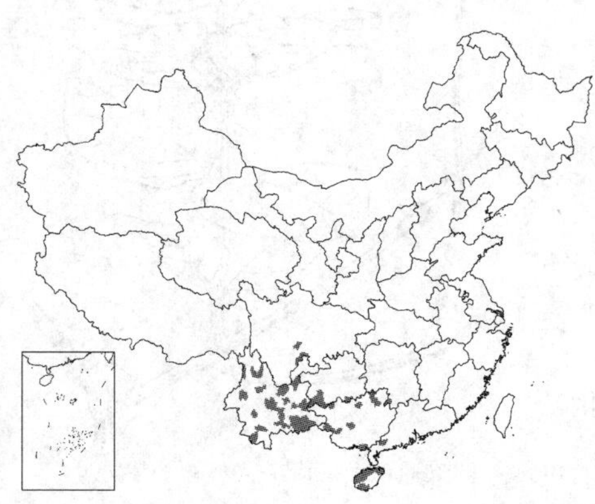

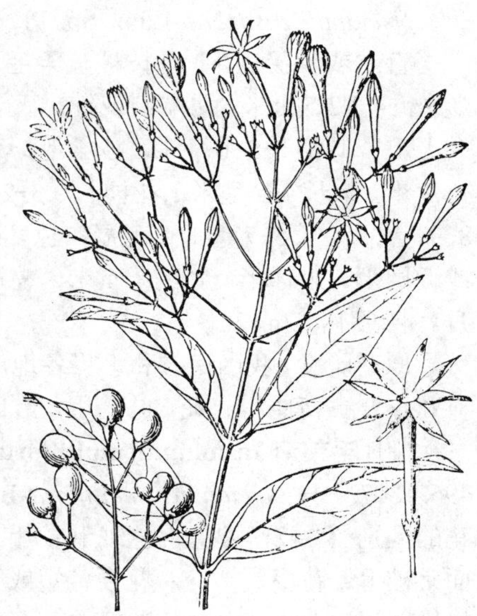

图 100 亮叶素馨（引自《图鉴》）

产海南、广西、贵州西南部、云南及四川南部，生于海拔2700米以下山坡草地、溪边、灌丛及疏林中。根药用，强壮、健胃。

7. **扭肚藤** 图 101 彩片 23

Jasminum elongatum (Bergius) Willd. Sp. Pl. ed. 4, 1: 37. 1797. *Nyctanthes elongata* Bergius in

Phil. Trans. 61: 289. 1772.

Jasminum amplexicaule Buch.-Ham. ex G. Don.; 中国高等植物图鉴 3: 370. 1974.

攀援灌木。小枝疏被柔毛或密被黄褐色绒毛。单叶对生，纸质，卵形或卵状披针形，长3-11厘米，先端短尖或锐尖，基部圆、平截或微心形，两面被柔毛，下面脉上被毛，余近无毛；叶柄长2-5毫米。聚伞花序多花，着生侧枝顶端；苞片线形或卵状披针形，长1-5毫米。花梗长1-4毫米，被毛或无毛；花萼密被柔毛或近无毛，内面近边缘处有长柔毛，裂片6-8，锥形，长0.5-1厘米，边缘具睫毛；花冠白色，高脚碟状，花冠筒长2-3厘米，径1-2毫米，裂片6-9，披针形，长0.8-1.1（-1.4）厘米。果长圆形或卵圆形，长1-1.2厘米，径5-8毫米，成熟时黑色。花期4-12月，果期8月至翌年3月。染色体数2n=26。

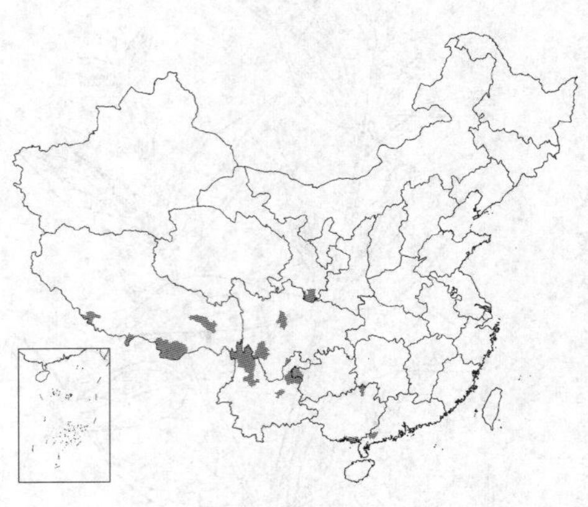

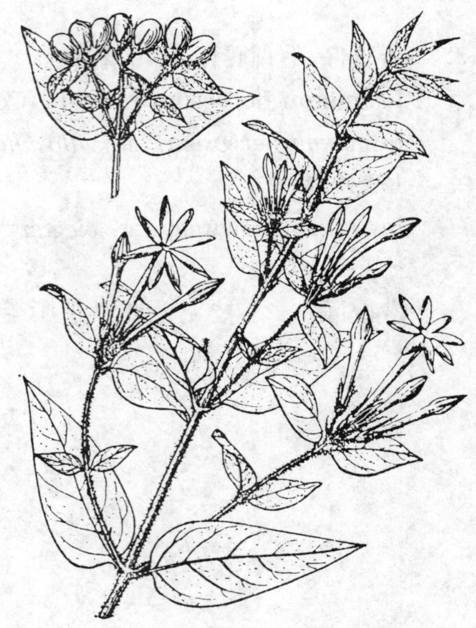

图 101 扭肚藤 （引自《图鉴》）

产广东、海南、广西、贵州西南部及云南南部，生于海拔850米以下灌丛、林中。越南、缅甸、喜马拉雅山地区、马来西亚及大洋洲北部有分布。叶可治疗外伤出血、骨折。

8. 茉莉花 图 102 彩片 24

Jasminum sambac (Linn.) Ait. Hort. Kew 1: 8. 1789.

Nyctanthes sambac Linn. Sp. Pl. 6. 1753.

直立或攀援灌木。小枝被疏柔毛。单叶对生，纸质，圆形或卵状椭圆形，长4-12.5厘米，两端圆或钝，基部有时微心形，下面脉腋常具簇毛，余无毛；叶柄长2-6毫米，被柔毛，具关节。聚伞花序顶生，通常3朵；苞片锥形，长4-8毫米 。花梗长0.3-2厘米；花萼无毛或疏被柔毛，裂片8-9，线形，长5-7毫米；花冠白色，花冠筒长0.7-1.5厘米，裂片长圆形或近圆形。果球形，径约1厘米，成熟时紫黑色。花期5-8月，果期7-9月。染色体数2n=26。

原产印度。我国南方和世界各地广泛栽培。花极香，为著名的花茶原料及重要香精原料；花、叶药用，治目赤肿痛，可止咳化痰。

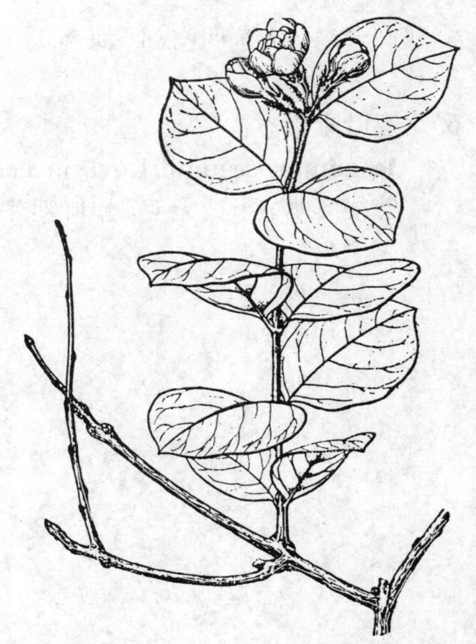

图 102 茉莉花 （引自《图鉴》）

[附] **毛茉莉 Jasminum multiflorum** (Burm. f.) Andr. Bot. Repos. 8: t. 496. 1807.——*Nyctanthes multiflora* Burm. f. Fl. Ind. 5. 1768. 本种与茉莉花的区别：小枝密被黄褐色绒毛；叶卵形或心形，先端渐尖、尖或钝，下面常被毛；花序具多花；花梗甚短或无，花序轴、花萼密被黄褐色绒毛；果椭圆形，成熟时褐色。花期10月至翌年4月。原产东南亚及印度。我国及世界各地广泛栽培。

9. 野迎春 图 103

Jasminum mesnyi Hance in Journ. Bot. 20: 37. 1882.

常绿亚灌木。枝条下垂，小枝无毛。叶对生，三出复叶或小枝基部具单叶；叶柄长0.5-1.5厘米，无毛；叶两面无毛，叶缘反卷，具睫毛，侧脉不明显；小叶长卵形或披针形，先端具小尖头，基部楔形，顶生小叶长2.5-6.5厘米，具短柄，侧生小叶长1.5-4

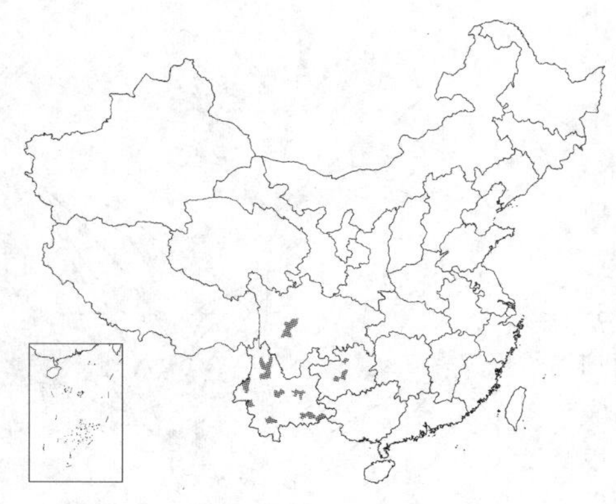

厘米，无柄；花单生叶腋，花叶同放；苞片叶状，长0.5-1厘米。花梗长3-8毫米；花萼钟状，裂片6-8，小叶状；花冠黄色，漏斗状，径2-5厘米，冠筒长1-1.5厘米，裂片6-8，宽倒卵形或长圆形。果椭圆形，两心皮基部愈合，径6-8毫米。花期11月至翌年8月，果期3-5月。染色体数2n=24，26。

产四川中西部、贵州近中部及云南，生于海拔500-2600米峡谷、林中，我国各地均有栽培。有重瓣品种。

图 103 野迎春（引自《江苏植物志》）

10. 迎春花 图 104 彩片 25

Jasminum nudiflorum Lindl. in Journ. Hort. Soc. London 1: 153. 1846.

落叶灌木。枝条下垂，小枝无毛，棱上多少具窄翼。叶对生，三出复

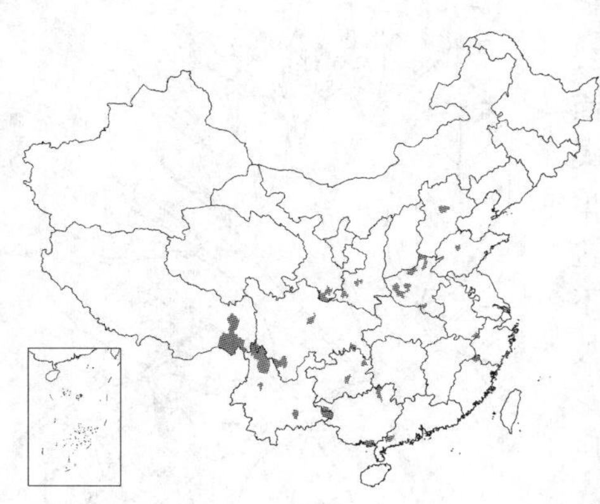

叶，小枝基部常具单叶；叶柄长0.3-1厘米，无毛，具窄翼；幼叶两面稍被毛，老叶仅叶缘具睫毛；小叶卵形或椭圆形，先端具短尖头，基部楔形；顶生小叶长1-3厘米，无柄或有短柄，侧生小叶长0.6-2.3厘米，无柄。花单生于去年生小枝叶腋；苞片小叶状，长3-8毫米。花梗长2-3毫米；花萼绿色，裂片5-6，长4-6毫米，窄披针形；花冠黄色，径2-2.5厘米，花冠筒长0.8-2厘米，裂片5-6，椭圆形。果椭圆形，长0.8-2厘米。花期6月，果期5月。染色体数2n=24，39，48，52。

产河北、山西东南部、山东、安徽南部、福建西北部、河南、陕西西南部、甘肃南部、四川、贵州、云南及西藏东南部，生于海拔800-2000米山坡灌丛中。世界各地普遍栽培。

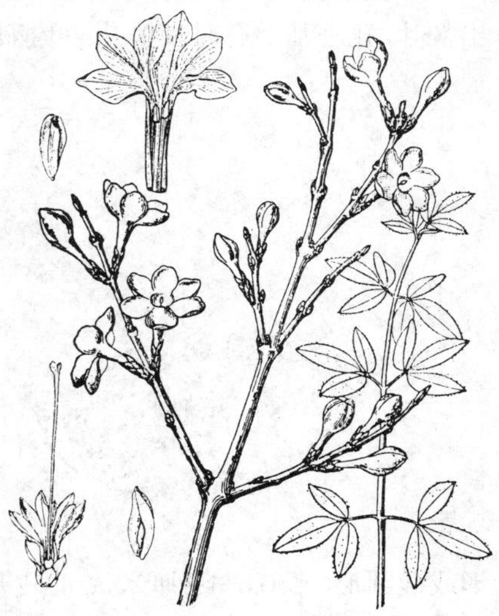

图 104 迎春花（引自《图鉴》）

[附] **垫状迎春 Jasminum nudiflorum** var. **pulvinatum** (W. W. Smith) Kobuski in Journ. Arn. Arb. 13: 154. 1932. —— *Jasminum pulvinatum* W. W. Smith in Notes Roy. Bot. Gard. Edinb. 12: 209. 1920. 与模式变种的区别：小灌木具密集分枝，呈垫状，当年生枝径约1毫米，先端近刺状；果卵形，长约6毫米，径3-4毫米，果柄长达1.5厘米。花期4-9月，果期5-10月。产四川西南部、云南西北部及西藏东南部，生于海拔1900-4500米河谷、山坡、灌丛中。

11. 川素馨 图 105 彩片 26

Jasminum urophyllum Hemsl. in Journ. Linn. Soc. Bot. 26: 81. 1889.

攀援灌木。小枝无毛或密被柔毛。三出复叶对生，叶柄长1-4厘米，小叶革质，椭圆形或披针形，先端渐尖或尾尖，基部圆或平截，基脉3出，无毛或下面被平伏柔毛，顶生小叶长(3-)6-12.5厘米，小叶柄长0.8-2.5厘

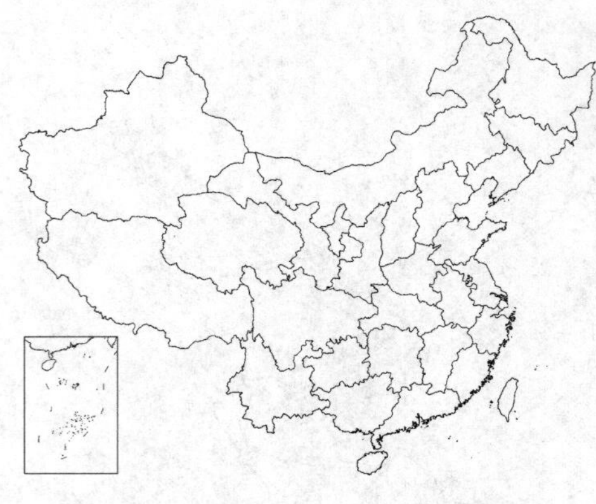

米，侧生小叶长2-7.5厘米，小叶柄长0.5-5毫米。伞房状聚伞花序有3-10花，无毛或被柔毛；苞片线形，长0.5-5毫米。花梗长0.5-4厘米，无毛；花萼无毛或密被柔毛；花冠白色，花冠筒长1.2-1.8厘米，裂片5-6，卵形，长5-6毫米。果椭圆形或近球形，长0.8-1.2厘米，成熟时紫黑色。花期6-10月，果期8-12月。

产台湾、福建、湖北、湖南、广东、广西、贵州、云南及四川，生于海拔900-2200米山谷或林中。

图 105 川素馨（孙英宝仿绘）

12. 清香藤 北清香藤 图 106

Jasminum lanceolarium Roxb. Fl. Ind. 1: 97. 1820.

攀援灌木，高达15米。小枝无毛或被柔毛。叶革质，对生或近对生，三出复叶，花序基部有时具单叶；叶柄长1-4.5厘米；顶生小叶与侧生小叶近等大，椭圆形、卵形或披针形，长4-16厘米，宽1-9厘米，上面无毛或被柔毛，下面无毛或被柔毛；小叶柄长0.6-4.5厘米。聚伞花序常成圆锥状，花密集；苞片线形，长1-5毫米。花梗长不及5毫米；花萼筒状，无毛或被柔毛，萼齿不明显，近平截；花冠白色，花冠筒细，长1.7-3.5厘米，裂片4-5，披针形或椭圆形，长0.5-1厘米；花柱异长。果球形或椭圆形，长0.6-1.8厘米，2心皮基部相连或仅1心皮成熟，黑色。花期4-10月，果期6月至翌年3月。染色体数2n=26。

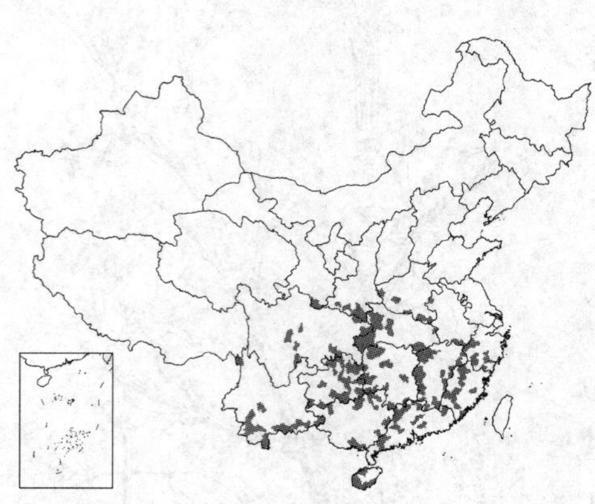

产河南、安徽、浙江、福建、江西、湖北、湖南、广东、香港、海南、广西、贵州、云南、四川、甘肃南部及陕西南部，生于海拔2200米以下山坡、灌丛或山谷林中。印度、不丹、缅甸、泰国及越南有分布。

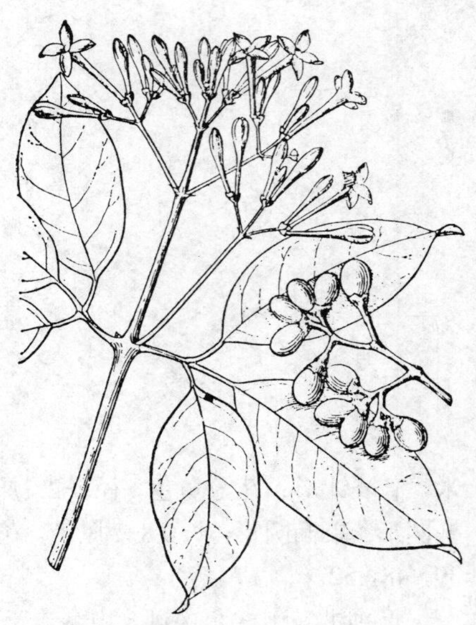

图 106 清香藤（引自《图鉴》）

13. 华素馨 华清香藤 图 107 彩片 27

Jasminum sinense Hemsl. in Journ. Linn. Soc. Bot. 26: 80. 1889.

缠绕藤本。小枝密被锈色长柔毛。叶对生，三出复叶；叶柄长0.5-3.5厘米；小叶纸质，卵形或卵状披针形，两面被锈色长柔毛；顶生小叶长3-12厘米，宽2-8厘米，小叶柄长1-3厘米，侧生小叶长1.5-7.5厘米，宽0.8-5.4厘米，小叶柄长1-6毫米。聚伞花序组成圆锥状，花密集。花梗长不及5毫米；花萼被柔毛，裂片线形或尖三角形，长0.5-5毫米；花冠白或淡黄色，花冠筒细，长1.5-4厘米，裂片5，长圆形或披针形，长0.6-1.4厘米；

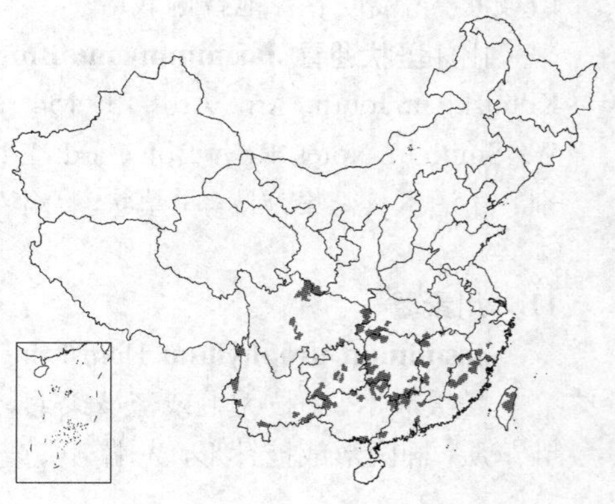

花柱异长。果长圆形或近球形，长0.8-1.7厘米，黑色。花期6-10月，果期9月至翌年5月。

产浙江、福建、台湾、江西、湖北、湖南、广东、广西、贵州、云南及四川，生于海拔2000米以下山坡、灌丛或林中。

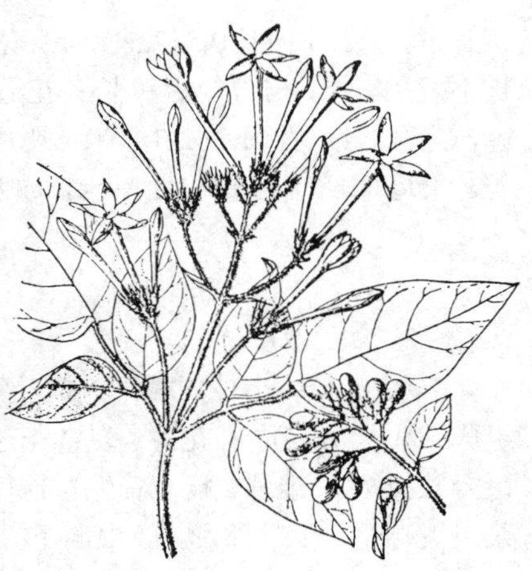

图 107 华素馨（引自《图鉴》）

14. 素方花 图 108：1-3 彩片 28

Jasminum officinale Linn. Sp. Pl. 7. 1753.

攀援灌木。小枝无毛，稀被微柔毛。叶对生，羽状深裂或羽状复叶，小叶5-7，小枝基部常有单叶，叶轴具窄翼，叶柄长0.4-4厘米，无毛，叶卵形或椭圆形，两面无毛或疏被柔毛；顶生小叶长1-4.5厘米，侧生小叶长0.5-3厘米。聚伞花序近伞状，有1-10花；苞片线形，长不及1厘米。花梗长0.4-2.5厘米；花萼杯状，无毛或被柔毛，裂片4，锥状线形，长0.5-1厘米；花冠白色，或外面红色，内面白色，花冠筒长1-1.5厘米，裂片5，卵形或长圆形，长6-8毫米，花柱异长。果球形或椭圆形，长0.7-1厘米，成熟时暗红或紫色。花期5-8月，果期9月。染色体数2n=26。

产四川西部、云南中部及西北部、西藏东南部，生于海拔1800-3800米山谷、沟边、灌丛中或林中。印度有分布。世界各地广泛栽培。

[附] **素馨花** 图108: 4 **Jasminum grandiflorum** Linn. Sp. Pl. ed. 2, 1: 9. 1762.——*Jasminum officinale* Linn f. *grandiflorum* (Linn.) Kobuski；中国高等植物图鉴 3: 367. 1974. 本种与素方花的区别：小叶5-9；聚伞花序中心之花的梗明显短于周边花梗；花冠筒长1.3-2.5厘米，裂片长圆形，长1.3-2.2厘米。花期8-10月。染色体数2n=26。原产阿拉伯半岛。云南、四川等温暖地区栽培供观赏，或已野化。世界各地广泛栽培。

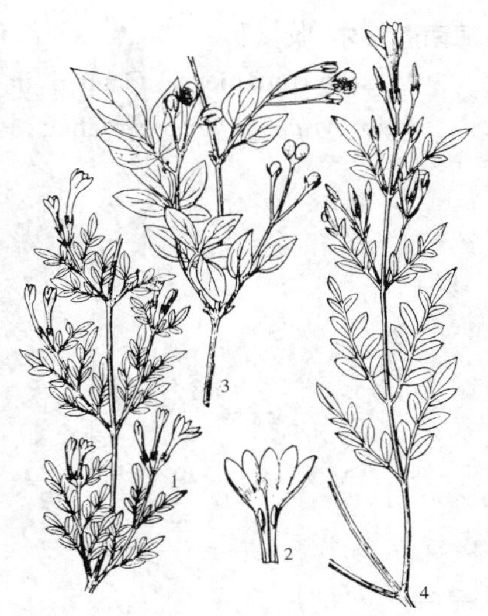

图 108：1-3. 素方花 4.素馨花（陆锦文绘）

15. 多花素馨 图 109 彩片 29

Jasminum polyanthum Franch. in Rev. Hort. Paris 1891: 270. 1891.

缠绕藤本，长达10米。小枝无毛。叶对生，羽状深裂或为羽状复叶，小叶5-7；叶柄长0.4-2厘米；叶两面无毛或下面脉腋有黄色簇毛，基出脉3条；顶生小叶披针形或卵形，长2.5-9.5厘米，先端尖或尾尖，基部楔形或圆，小叶柄长达2厘米；侧生小叶卵形或长卵形，长1.5-8厘米，先端钝或尖，基部圆、宽楔形或心形，无柄或有短柄。总状花序或圆锥花序有5-50花；苞片锥形，

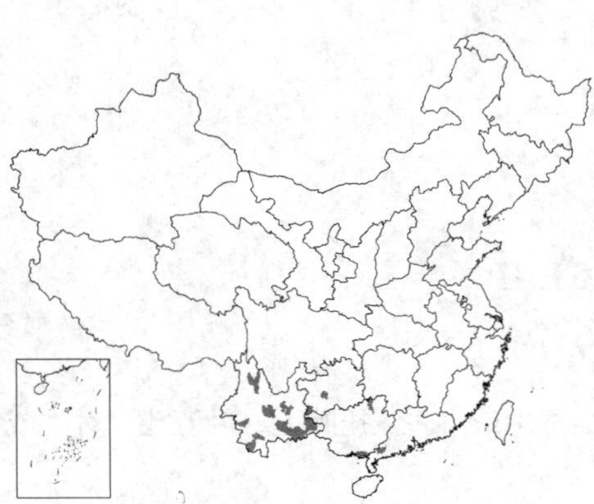

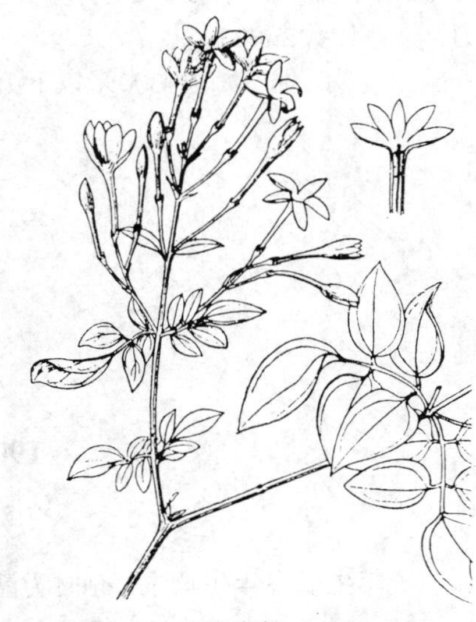

图 109 多花素馨（陆锦文绘）

长1-6毫米。花梗长0.5-2.5厘米；花萼无毛或被微柔毛，裂片5，三角形，长不及2毫米，与萼筒近等长；花冠外面蕾时红色，开花后变白，内面白色，花冠筒细，长1.3-2.5厘米，裂片5，长圆形，长0.9-1.5厘米；花柱异长。果近球形，径0.6-1.1厘米，成熟时黑色。花期2-8月，果期11月。

产贵州西南部及云南，生于海拔1400-3000米山谷、灌丛或疏林中。花可提取芳香油；常栽培供观赏。

11. 胶核木属 Myxopyrum Bl.

攀援灌木；小枝四棱形。单叶对生，叶革质，全缘或有齿，无毛，基出脉3条；具叶柄。花小，两性，多花组成腋生聚伞花序；花萼4裂；花冠黄或浅红色，肉质，壶状，花冠筒长约1毫米，裂片4，短于花冠筒，花蕾时镊合状排列；雄蕊2枚，着生花冠筒基部。花丝短；子房2室，每室具2向上胚珠，花柱极短，柱头微小，2裂。浆果近球形。子叶卵形，胚根向下。染色体基数x=11。

约4种，分布于印度、中国、缅甸、越南、菲律宾、马来西亚、印度尼西亚至新几内亚。我国1种。

海南胶核木 胶核藤　　图 110

Myxopyrum pierrei Gagnep. in Bull. Soc. Bot. France 80: 78. 1933.

Myxopyrum hainanense Chia; 中国植物志 61: 222. 1992.

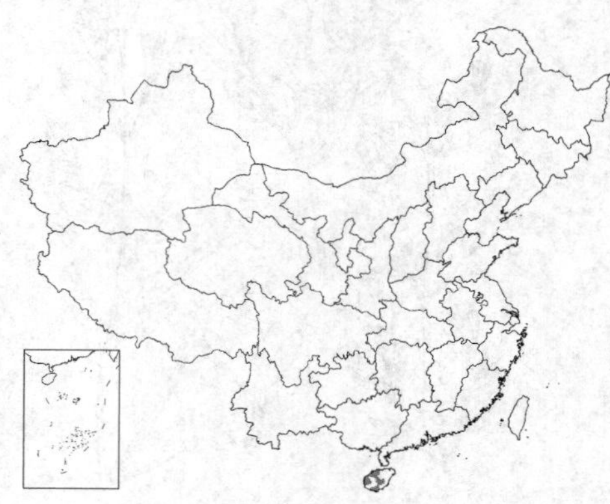

大型攀援灌木。小枝具窄翼，无毛。叶对生或近对生，叶革质，椭圆形或椭圆状披针形，长7-18厘米，宽4.5-7.5厘米，先端渐尖、尖或钝，常偏斜，基部宽楔形，稍不对称，全缘或具齿，两面无毛；叶柄长0.5-1.5厘米，常扭曲。圆锥花序腋生，花序梗被毛状乳凸。花近无梗；花萼长0.6-0.8毫米，被毛状乳凸，裂片三角形；花冠壶状，花冠筒长约1毫米，喉部稍缢缩，裂片椭圆形，长约0.5毫米。果序长6-9厘米；果近球形或倒卵圆形，径0.8-2厘米，具乳凸。花期8-10月，果期9月至翌年4月。染色体数2n=22。

产海南，生于海拔1300米以下山谷林荫处。老挝、泰国及越南有分布。

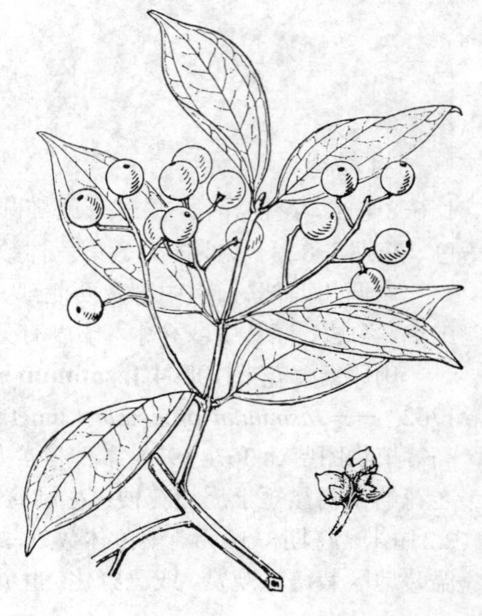

图 110 海南胶核木（引自《图鉴》）

196. 玄参科 SCROPHULARIACEAE

（洪德元　杨汉碧　潘开玉　陆玲娣　谷粹芝）

一年生或多年生草本，有时为灌木，稀为乔木；大多为自养，较少半寄生或寄生。托叶无；叶互生、对生或轮生，或基部对生、上部互生，单叶或有时羽状深裂。花序总状、穗状或聚伞圆锥花序，有限或无限，或花单生。花两性，通常两侧对称，稀辐射对称；花萼常宿存，（2）4或5裂或全裂，各式连合；花冠合瓣，檐部（3）4或5裂，常二唇形；雄蕊4，2强，有时有1或2个退化雄蕊，较少雄蕊2或5，药室1或2，相等或近相等，离生或汇合；子房基部常有蜜腺，环状、杯状或退化成腺体，2室，稀顶端1室，胚珠多数，稀每室2颗，中轴胎座，倒生或横生，花柱单一，柱头头状，2裂或成2片。果为蒴果，室背或室间开裂，或室轴开裂，有时孔裂或不规则开裂，稀为浆果。种子小，稀明显，有时具翅，种皮常网状，种脐侧生或位于腹部；胚乳肉质或缺；胚直立或弯曲。

约220属4500种。我国61属，约680种。

1. 乔木或灌木；花萼革质，密被星状毛；茎叶幼嫩时常被星状毛。
  2. 花冠具短筒；上唇远比下唇长；花萼规则5裂或不规则3-4裂，或仅2裂；灌木或乔木。
    3. 蒴果室背开裂；花萼规则5裂，或2裂而裂片全缘或有齿；灌木 …………………………… 2. **来江藤属 Brandisia**
    3. 蒴果室间开裂；花萼不规则3-4裂；乔木 ……………………………………………………… 4. **美丽桐属 Wightia**
  2. 花冠具长筒，上下两唇近等长；花萼规则5裂；乔木 ……………………………………………… 3. **泡桐属 Paulownia**
1. 草本，有时基部木质化；花萼草质或膜质；茎叶无星状毛。
  4. 叶下面有腺点；蒴果4爿裂；花萼下常有1对小苞片。
    5. 陆生草本。
      6. 花单生或成对生叶腋；花冠几为辐状，几无筒部 ……………………………………………… 8. **野甘草属 Scoparia**
      6. 花单生上部叶腋，常集成总状、穗状或头状药序；花冠具明显筒部 ………………… 14. **毛麝香属 Adenosma**
    5. 水生或沼生草本 ……………………………………………………………………………………… 15. **石龙尾属 Limnophila**
  4. 叶下面无腺点；蒴果2或4爿裂；小苞片有或无。
    7. 花冠在基部有长距，下唇隆起，多少封闭喉部，使花冠呈假面状；蒴果顶端不规则开裂 …… 27. **柳穿鱼属 Linaria**
    7. 花冠无距，亦不呈假面状；蒴果不裂或规则地2或4爿裂。
      8. 果实肉质，红或深紫色，不裂或最后顶端开裂；体态特殊，或者叶强烈二型，在主茎上的为卵形而对生，在分枝上的内卷成针状而且密集簇生，或者叶同型而为低矮草本，茎只有单片叶的长度，具细长且节上有鳞片的根状茎，叶数对密集。
        9. 叶同型，低矮草本；果不裂 ………………………………………………………………… 16. **肉果草属 Lancea**
        9. 叶二型，匍匐草本；果最后顶端开裂 ……………………………………………… 32. **鞭打绣球属 Hemiphragma**
      8. 果为干燥蒴果或核果状；叶同型；无节上具鳞片的细长根状茎和茎矮而与单个叶片近等长这两个特征的结合。
        10. 植株铺地而极多分枝，成垫状；叶极小，长不及5毫米；花在茎上每节1朵，互生 …… 25. **小果草属 Microcarpaea**
        10. 植株直立或匍匐，但不因极多分枝而成垫状；叶较大。
          11. 植株仅有匍匐茎，有时浮于水中；具长柄的叶和具长花梗的花在一起丛生 …… 26. **水茫果属 Limosella**
          11. 植株具匍匐茎或否，有寻常的茎，水生或陆生，决不浮于水中；叶和花非上述着生方式。
            12. 萼片完全分离，4或5，覆瓦状排列，极不等宽，最外面的卵状披针形至圆形，向内渐窄至线形。
              13. 萼片5，最外1枚不为心形；总状花序顶生或花单生叶腋；茎直立或匍匐 … 9. **假马齿苋属 Bacopa**
              13. 萼片4，后方1枚心形，前方1枚卵形，内2枚线形；总状花序腋生；茎至少下部铺地 ……………………………………………………………………………………………… 17. **苦玄参属 Picria**
            12. 萼片合生或几乎完全分离，至少花开后不为覆瓦状排列，等宽或近等宽。
              14. 花单生叶腋，不集成花序，具长梗，花梗开花后卷曲；叶互生，羽裂；具长柄；茎纤细而匍匐；花 盘发达，包子房2/3；种子密生亚盾状长毛 ……………………………… 33. **幌菊属 Ellisiophyllum**
              14. 无上述特征的结合；花梗不卷曲；种子无毛。

15. 能育雄蕊4，有1枚退化雄蕊位于花冠上唇中央；花药汇合成1室，肾形 而横生，花丝顶端膨大；花序聚伞状，如退化而花单生或成总状花序则花梗上有1对小苞片（Oreosolen的茎极短、花簇生 叶腋，有1对小苞片）。

16. 茎明显，高10厘米以上；花序为聚伞状，少为花单生，决不簇生，有明显花梗；花冠筒短粗 …………………………………………………………………………………………………… 5. **玄参属 Scrophularia**

16. 茎极短，高不过10厘米；花单生或簇生叶腋，几无花梗；花冠筒细长。

17. 花簇生；花冠明显二唇；叶柄短 …………………………………………………… 6. **藏玄参属 Oreosolen**

17. 花单生；花冠不明显二唇，近辐射对称；叶柄约为叶片两倍长 ……………………… 7. **石玄参属 Nathaliella**

15. 能育雄蕊2、4或5，退化雄蕊如存在则为2枚且位于花冠前方；花药2或1室，不横生，花丝顶端亦不膨大（仅Verbascum的花药1室，有时肾形横生，其花丝被棉毛，无退化雄蕊，花冠辐状；花序总状或穗状，或花单生。

18. 花冠辐状，几无筒；雄蕊4或5 ……………………………………………………… 1. **毛蕊花属 Verbascum**

18. 花冠不为辐状，有明显的筒部（Veronica有许多种的花冠近于辐状，其雄蕊2）。

19. 雄蕊2，无退化雄蕊；花冠裂片多为4，少为3，辐射对称，如为唇形则下唇不为规则地具3裂片，而常 仅具1-2裂片；花密集成穗状、头状或总状花序。

20. 花萼4或5裂；叶全部茎生；果为蒴果。

21. 花萼裂片5近等长；雄蕊多少伸出花冠；花冠有明显的筒部；柱头小，为花柱的延伸，不为头状 ……………………………………………………………………………………………… 35. **腹水草属 Veronicastrum**

21. 花萼裂片4，如5则后方1枚小得多，仅为其他4枚半长或更短；雄蕊短于花冠，稀较长；花冠有明显筒部或否；柱头扩大至头状或棒状。

22. 花冠唇形，下唇强烈反折；叶单脉，互生，密集；花序穗状；种子具蜂窝状透明种皮 ……………………………………………………………………………………………… 36. **细穗玄参属 Scrofella**

22. 花冠几不为唇形，有的近辐状；叶对生、轮生或互生；花序密穗状或总状；种子平滑。

23. 总状花序顶生，长且花多而密集，呈长穗状；苞片窄小；蒴果近圆形，稍扁；花冠有明显的筒部，稍二唇形 ……………………………………………………………… 37. **穗花属 Pseudolysimachion**

23. 总状花序侧生或顶生，疏生花，如花密集则花序短而近头状；苞片几与叶同形；蒴果多明显侧扁，少稍侧扁；花冠筒部极短，近辐状 ………………………………………………… 38. **婆婆纳属 Veronica**

20. 花萼仅前方开裂到底，佛焰苞状或有时后方也开裂而为2片；叶大部分基生；果为核果状而不 裂 ……… …………………………………………………………………………………………………… 39. **兔耳草属 Lagotis**

19. 雄蕊4，如2枚则在花冠前方有2枚退化雄蕊；花冠明显唇形，下唇具3裂片，上唇2裂或全缘，或檐部5裂片几辐射对称（仅Neopicrorhiza的花冠具4裂片，但其叶全部基生，集成莲座状，花葶上无 叶，根状茎粗壮）；花集成总状，少为密穗状花序。

24. 叶完全基生，集成莲座状，花葶上无叶；具粗壮根状茎；花序穗状；蒴果4爿裂；花冠裂片4 ……………………………………………………………………………………………… 34. **胡黄连属 Neopicrorhiza**

24. 叶茎生或兼有基生，植株如有花葶，茎上也有叶（仅Triaenophora花葶上无叶，但叶大如白菜状）；根状茎有也细弱；花序多为总状，少穗状；蒴果2或4爿裂；花冠裂片5，少因上唇不裂而为4。

25. 花冠上唇多少向前方弓曲成盔状或为窄长的倒舟状（后者上唇明显长于下唇）；雄蕊的花药全部靠拢，位于盔下，药室基部常有凸尖或距；常为半寄生草本。

26. 叶互生；花冠上唇窄长，倒舟状，顶端几成钩状，明显长于下唇；花药两个药室不等长或2室完全分离，着生于花丝不同位置上，或仅1室。

27. 两个药室1长1短；花萼侧扁，前后裂达一半，两侧较浅裂；花冠下唇裂片平展而不内卷 ……………………………………………………………………………………………… 47. **火焰草属 Castilleja**

27. 两个药室完全分离，1室位于花丝顶端，另1室位于花丝近顶端，或仅1室；花萼4裂均等；花冠下唇裂片顶端多少成囊状 ………………………………………………………………… 48. **直果草属 Triphysaria**

26. 叶对生；花冠上唇多少为盔状，与下唇近等长；花药两药室等长而靠合。

28. 花萼在后方开裂达一半，其他三向极浅裂成萼齿，在果期强烈扩大成囊泡状；果实扁平圆形；种子扁，常有翅；分枝及叶均垂直上升，几紧靠主轴 ………………………………………… 55. **鼻花属 Rhinanthus**

28. 花萼分裂深度相等或在前方深裂，果期不扩大；果实和种子不扁；分枝及叶开展。

29. 蒴果仅含1-4种子，种子大而平滑；苞片具齿至芒状长齿，极少全缘；花冠上唇边缘密被须毛………………………………………………………………………………………… 49. **山罗花属 Melampyrum**

29. 蒴果含多颗种子，种子小而有饰纹；苞片常全缘；花冠上唇边缘不密被须毛。

30. 花萼下无小苞片。

31. 花萼4裂；蒴果顶端圆钝而微凹。

32. 总状花序常复出而集成圆锥花序；花梗细长；花萼前后两方较深裂达半 … 52. **脐草属 Omphalothrix**

32. 穗状花序；花梗极短；花萼裂度均等。

33. 苞片常比叶大，近圆形；花冠上唇边缘向外翻卷 ……………………………… 51. **小米草属 Ehphrasia**

33. 苞片比叶小，窄长形；花冠上唇边缘不外卷 ……………………………………… 54. **疗齿草属 Odontites**

31. 花萼5裂；蒴果顶端尖锐或平而微凹。

34. 叶不裂而仅有锯齿；花萼前方深裂达2/3，其余浅裂达1/3 ……………………… 56. **马松蒿属 Xizangia**

34. 叶羽状或掌状分裂，或具篦状齿；花萼均等分裂或前方深裂而具2-5齿。

35. 叶掌状分裂；蒴果顶端微凹；花冠上唇稍向前弓曲，呈极不明显盔状，深裂达半 ……………………………………………………………………………………… 53. **五齿草属 Pseudobartsia**

35. 叶羽状分裂或具篦状齿；蒴果顶端尖锐；花冠明显盔状，全缘或浅2裂。

36. 花萼常在前方深裂，具2-5齿；花冠上唇常延长成喙，边缘不外卷 ……………………………………………………………………………………… 57. **马先蒿属 Pedicularis**

36. 花萼均等5裂；花冠上唇边缘向外翻卷 ………………………………… 50. **松蒿属 Phtheirospermum**

30. 花萼下有1对小苞片。

37. 茎在基部生寻常叶。

38. 花萼卵状而大，具5条明显的脉；叶全缘或具齿；茎常有翅，稀圆柱形 …… 58. **翅茎草属 Pterygiella**

38. 花萼细长，筒状，具10条明显的脉；叶羽状分裂；茎圆柱形 …………… 59. **阴行草属 Siphonostegia**

37. 茎在基部生鳞片状叶。

39. 蒴果2室均开裂；花萼5裂片间常有1-3枚小齿；花冠黄色，长过2.5厘米 ……………………………………………………………………………………… 60. **芯芭属 Cymbaria**

39. 蒴果仅背面单向室背开裂；花萼5裂片间无齿；花冠淡紫或白色，长不过2厘米 ……………………………………………………………………………………… 61. **鹿茸草属 Monochasma**

25. 花冠上唇伸直或向后翻卷，不成盔状；花药成对靠拢或完全不靠拢，药室基部常钝，少数具凸尖。

40. 花梗上或花萼下有1对小苞片（仅Leptorbabdos无小苞片，其式四方形，花冠裂片又都再半裂）；花冠裂片开展，几辐射对称；寄生或半寄生草本。

41. 花冠高脚碟状；花药1室败育而仅存1室。

42. 花冠筒部伸直；花序常密穗状；下部叶宽而有齿，上部叶较窄而全缘 ………………… 45. **黑草属 Buchnera**

42. 花冠筒部在近顶端弯曲；花序疏穗状；叶窄而全缘，稀有齿，有时退化为鳞片 ……… 46. **独角金属 Striga**

41. 花冠不为高脚碟状；花药2或1室。

43. 花冠裂片半裂；茎四方形；叶线形，全缘或3全裂 ………………………………………… 43. **方茎草属 Leptorhabdos**

43. 花冠裂片不裂；茎圆柱形；叶各式。

44. 花萼侧扁，前方深裂，佛焰苞状，全缘或具3-5浅齿；花药1室发育，1室萎缩；茎叶上的毛基部有鳞片状小瘤体 ………………………………………………………………… 41. **胡麻草属 Centranthera**

44. 花萼钟状，具均等5裂片。

45. 花冠筒短，仅占花冠半长或稍短于半长；蒴果室背2裂；花药有1室不育而狭窄 ……………………………………………………………………………… 44. **短冠草属 Sopubia**

45. 花冠筒占全长一半以上；蒴果2或4爿裂；两药室相等。

46. 花萼仅包花冠筒一半，花后不膨大；花冠筒管状；蒴果室背、室间均开裂；叶互生，线形，基出单脉 ………………………………………………………… 40. **毛冠四蕊草属 Petitmepginia**

46. 花萼包着花冠筒，花后膨大；花冠近钟状，筒部粗；蒴果室背开裂；叶至少下部的对生，基出3脉 …………………………………………………………………… 42. **黑蒴属 Alectra**

40. 花梗上或花萼下无小苞片（仅Gratiola有小苞片，但为水生草本，茎肉质；Rchmannia个别种有小苞片，但基生叶大而莲座状，植株满布腺毛）；花冠裂片明显唇形；自生植物。

47. 花萼具3-5翅或明显的棱，浅裂而成萼齿。

48. 花萼具3翅，翅宽呈半圆形，萼齿3；一年生匍匐草本 ………………………… 18. **三翅萼属 Legazpia**

48. 花萼具5翅或5棱，萼齿5；直立或匍匐草本。

49. 花萼具5翅或5棱，沿部不为平截，果期不膨大；花丝常有附属物。

50. 花萼具明显5翅，少为5条明显的棱，多少呈唇形；蒴果隔膜不宿存 ……………… 20. **蝴蝶草属 Torenia**

50. 花萼具5棱，不呈唇形，果期不规则分裂；蒴果隔膜宿存 …………………… 19. **母草属 Lindernia**

49. 花萼具5棱，沿部平截或斜截，有睫毛，果期常膨大成囊泡状；花丝无附属物。

51. 茎高不过0.5米；花单生叶腋；花萼长不过2厘米 ……………………………… 21. **沟酸浆属 Minulus**

51. 茎高达1米以上；花常2-6集成聚伞花序，少单生；花萼长2.5厘米以上 ……………………………………………………………………………… 22. **囊萼花属 Cyrtandromoea**

47. 花萼无翅亦无明显的棱，深裂（过半，少不过半）成明显的5裂片，有时裂片再分裂。

52. 能育雄蕊2，花冠前方有2枚退化雄蕊；生于水边或低湿地。

53. 花萼下有1对小苞片，形似萼片；叶无柄而全缘；茎肉质 ……………………… 10. **水八角属 Gratiola**

53. 花萼下无小苞片；叶有柄且有齿或无柄而全缘；茎肉质或否。

54. 叶无柄且全缘；蒴果卵圆状或球形。

55. 花萼深裂稍过半；茎肉质，直立，基部多分枝；花丝顶端直，花药无毛 ……… 11. **虻眼属 Dopatrium**

55. 花萼近全裂达基部；茎纤细而非肉质，上升或倾卧；花丝顶端扭曲，花药有毛 ……………………………………………………………………………… 12. **泽番椒属 Deinostemma**

54. 叶有柄，稀无柄，有齿；蒴果窄披针状，渐尖，长远大于宽 …………………… 19. **母草属 Lindernia**

52. 能育雄蕊4；陆生草本（仅Minulicalyx和Lindernia的某些种生水边及湿润地方）。

56. 花冠大呈喇叭状，长超过3厘米；基生叶莲座状，茎生叶发达而全部互生至不存在，叶大而具长柄。

57. 叶有腺毛；植株除基生叶外，多少还有茎生叶；花萼裂片全缘或偶有不规则齿裂。

58. 花萼分裂几达基部，裂片宽；花冠上唇极短，下唇中裂片最长 ……………… 29. **毛地黄属 Digitalis**

58. 花萼有筒，钟状；花冠上下唇近等长 ………………………………………… 30. **地黄属 Rehmannia**

57. 叶无腺毛，被绵毛；植株仅有基生叶，花葶上无叶；花萼裂片3裂而成三叉戟状 ……………………………………………………………………………… 31. **呆白菜属 Triaenophora**

56. 花冠小，长不及2厘米；叶全部茎生或有莲座状基生叶，叶至少下部的对生，叶小或无长柄。

59. 植株基部被鳞片，极多分枝而成扫帚状；叶疏生，无柄，线形或鳞片状，上部的互生；旱生植物 ……………………………………………………………………………… 24. **野胡麻属 Dodartia**

59. 无上述特征；中性或湿生植物。

60. 茎圆柱形；花冠上唇在花蕾中居外方，包裹下唇。
  61. 花萼5深裂几达基部，如浅裂则蒴果披针状窄长；花丝常有附属物 ………………………………… 19. **母草属 Lindernia**
  61. 花萼钟状，裂达一半左右；蒴果短；花丝无附属物。
    62. 茎叶被腺毛，叶全部在茎上对生；药室分离 ……………………………………………… 13. **钟萼草属 Lindenbergia**
    62. 茎叶无毛或被柔毛，基生叶通常发达，有时成莲座状，茎生叶上部的有时互生；药室顶端靠合 ……………… …………………………………………………………………………………………… 23. **通泉草属 Mazus**
60. 茎四方形；花冠下唇在花蕾中居外方，包裹上唇 ………………………………………………… 28. **虾子草属 Minulicalyx**

1. 毛蕊花属 Verbascum Linn.

（洪德元 潘开玉）

草本。叶通常为单叶互生，基生叶常呈莲座状。花集成顶生穗状、总状或圆锥状花序。花萼5裂；花冠通常黄色，稀紫色，具短花冠筒，5裂，裂片几相等，呈辐状；雄蕊5或4，花丝通常具绵毛，花药汇合成一室，位于后方的（向轴的一侧）2或3枚肾形，位于前方的（离轴的一侧）2枚肾形，或基部多少延伸于花丝而成由线状长圆形或肾形的不同形状；子房2室，具中轴胎座。果为蒴果，室间开裂。种子多数，细小，锥状圆柱形，具6-8条纵棱和沟，在棱面上有细横槽，外形似短的白马牙玉米。

约300种，主要分布于欧、亚温带。我国约6种。

1. 花单生，雄蕊4；蒴果显著长于宿存的花萼；植株被腺毛。
  2. 花冠紫色；蒴果表面有隆起的网纹 ………………………………………………………… 1. **紫毛蕊花 V. phoeniceum**
  2. 花冠黄色；蒴果表面无隆起的网纹。
    3. 基生叶和茎下部叶琴状全裂，裂片通常3对；雄蕊4；蒴果具腺点 ……………………… 2. **琴叶毛蕊花 V. chinense**
    3. 基生叶和茎下部叶长圆形；雄蕊5；蒴果上部生微腺毛 ……………………………… 2(附). **毛瓣毛蕊花 V. blattaria**
1. 花二至数朵簇生；蒴果约与宿存花萼等长或仅稍长。
  4. 全株被密而厚的浅灰黄色星状毛；穗状花序圆柱状 …………………………………………………… 3. **毛蕊花 V. thapsus**
  4. 茎疏被白色星状毛，茎生叶上面近无毛或只有很稀的毛；花序为开展的圆锥花序 ……………………………… ……………………………………………………………………… 3(附). **东方毛蕊花 V. chaixii** subsp. **orientale**

1. 紫毛蕊花 图 111

Verbascum phoeniceum Linn. Sp. Pl. 178. 1753.

多年生草本。茎上部有时分枝，高达1米，上部具腺毛，下部具较硬的毛。叶几全部基生，卵形或长圆形，长4-10厘米，基部近圆或宽楔形，边具粗圆齿或浅波状，无毛或有微毛，叶柄长达3厘米；茎生叶不存在或很小而无柄。花序总状，花单生，主轴、苞片、花梗、花萼都有腺毛。花梗长达1.5厘米；花萼长4-6毫米，裂片椭圆形；花冠紫色，径约2.5厘米；雄蕊5，花丝有紫色绵毛，花药肾形。蒴果卵圆形，长约6毫米，长于宿存的花萼，上部疏生腺毛，有隆起的网纹。花期5-6月，果期6-8月。

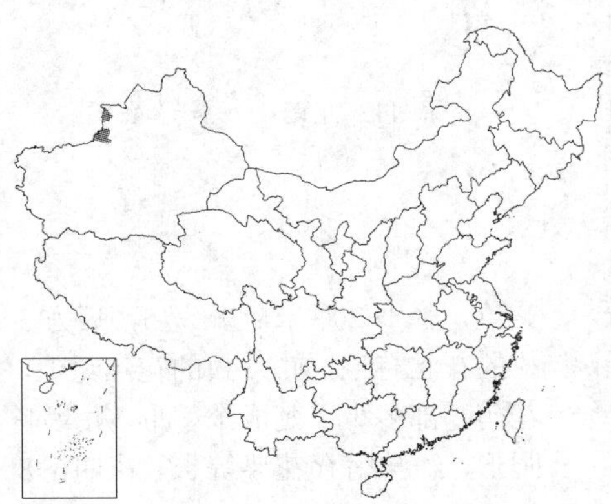

产新疆西北部，各地偶有栽培。生于海拔1600-1800米山

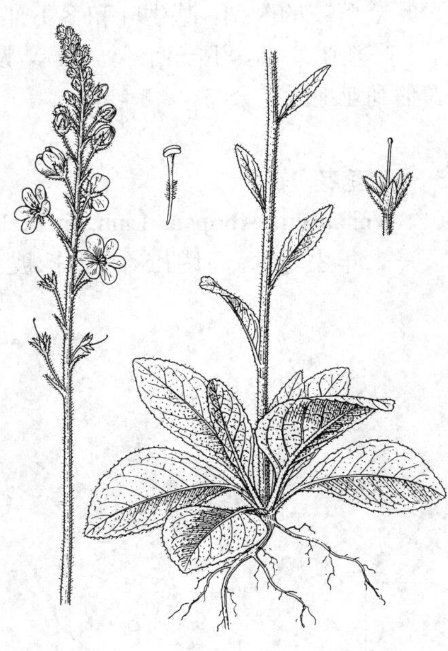

图 111 紫毛蕊花 （蔡淑琴绘）

坡草地或荒地。欧洲至中亚及西部西伯利亚地区有分布。

2. 琴叶毛蕊花 图 112

Verbascum chinense (Linn.) Santapau, Fl. Purandhar 90. 1958.

Scrophularia chinensis Linn. Mant. Pl. 2 : 250. 1771.

Verbascum coromandelianum (Vahl). Kuntze; 中国高等植物图鉴 4: 2. 1975; 中国植物志 67 (2): 15. 1979.

一年生或二年生草本。茎常在上部分枝，高达1米，多少被柔毛。基生叶琴状全裂，长5-8厘米，裂片3-5，顶生裂片卵形、椭圆形或长圆形，前部具锯齿，后部常具重锯齿至浅裂，叶柄长3-8厘米；下部的茎生叶似基生叶，上部的卵形、椭圆形或卵状三角形，仅具短柄或无柄。总状花序单出或有分枝而成圆锥状，长达20厘米，主轴、苞片、花梗和花萼均有腺毛。花单生，花梗长达5毫米，果时长达1厘米；花萼长3-4.5毫米，裂片椭圆状长圆形；花冠黄色，径约1厘米；雄蕊4，2强，花丝有绵毛，花药均为肾形。蒴果卵圆形，长6-7毫米，长于宿存花萼，有腺点。花果期3-8月。

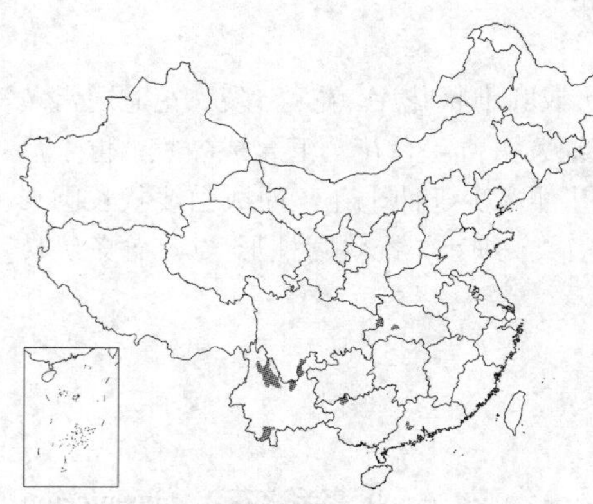

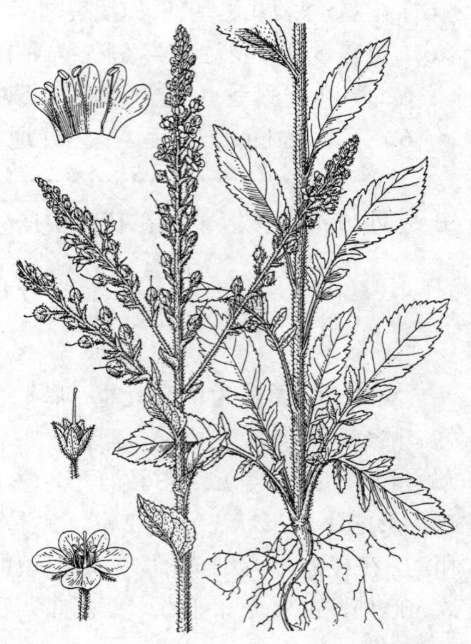

图 112 琴叶毛蕊花（蔡淑琴绘）

产湖北西部、四川东部及南部、云南、广西西北部、广东中西部，生于海拔540-1320米江边沙地。阿富汗、巴基斯坦、克什米尔、印度、斯里兰卡、泰国、老挝及柬埔寨有分布。

［附］**毛瓣毛蕊花 Verbascum blattaria** Linn. Sp. Pl. 178. 1753. 本种与琴叶毛蕊花的区别：基生叶和茎下部叶长圆形；雄蕊5；蒴果上部生微腺毛。产新疆北部，生于河滩、沼泽、芨芨草滩或路旁。欧洲至中亚和西部西伯利亚地区有分布。

3. 毛蕊花 图 113 彩片 30

Verbascum thapsus Linn. Sp. Pl. 177. 1753.

二年生草本，高达1.5米，全株被密而厚的浅灰黄色星状毛。基生叶和下部茎生叶倒披针状长圆形，长达15厘米，基部渐窄成短柄状，边缘具浅圆齿，上部茎生叶逐渐缩小而渐变为长圆形或卵状长圆形，基部下延成窄翅。穗状花序圆柱状，长达30厘米，径达2厘米，果时可伸长和变粗。花密集，数朵簇生（至少下部如此）；花梗很短；花萼长约7毫米，裂片披针形；花冠黄色，径1-2厘米；雄蕊5，后方3枚的花丝有毛，前方2枚的花丝无毛，花药基部多少下延成个字形。蒴果卵圆形，约与宿存花萼等长。花期6-8

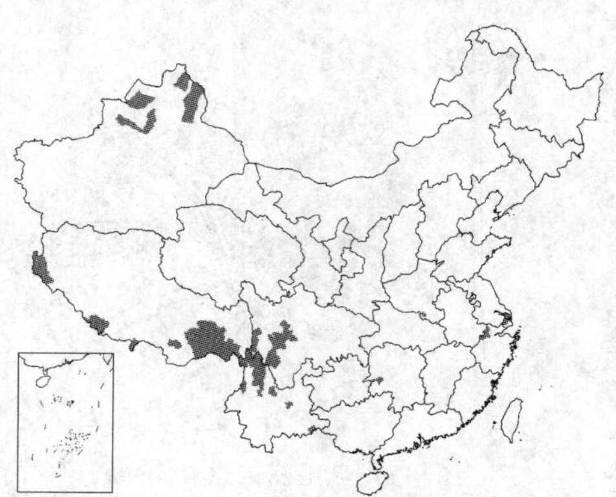

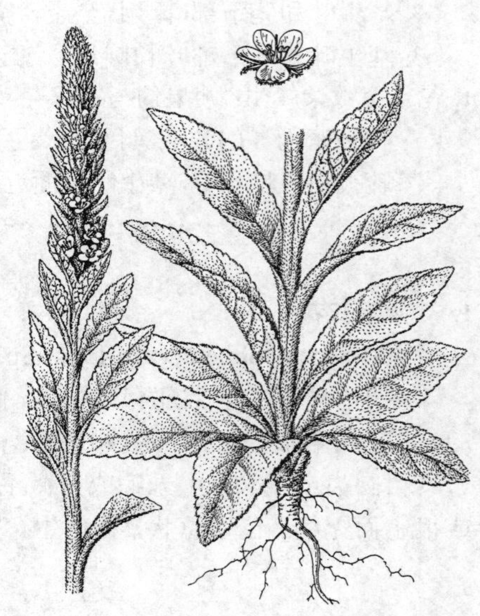

图 113 毛蕊花（蔡淑琴绘）

月，果期7-10月。

产新疆北部、西藏、云南、四川、湖南西部、河南南部、江苏南部及浙江西北部，生于海拔1650-3280米草坡、路边灌丛中或石灰岩山地。北半球广布。

[附] **东方毛蕊花 Verbascum chaixii** Vill. subsp. **orientalis** (M. Bieb.) Hayek. in Fedde, Repert. Sp. Nov. 30(2): 127. 1929. ——*Verbascum orientale* M. Bieb. Fl. Taur.-Caucas. 1: 160. 1808. 本种与毛蕊花的区别：茎疏被白色星状毛，茎生叶上面近无毛或只有很稀的毛；花序为开展的圆锥花序。产新疆霍城、塔城一带，生于海拔1200-1900米山谷草丛或河谷砾石地。高加索、中亚和西部西伯利亚地区有分布。

2. 来江藤属 Brandisia Hook. f. et Thoms.

（陆玲娣）

直立、攀援或藤状灌木，稀寄生，常被星状绒毛。叶对生，稀近生，有短柄，无齿或有细齿。花腋生，单个或成对，稀花较多，或形成总状花序。花梗上着生2枚小苞片；花萼钟状，稀管状卵圆形，质厚而有清晰的主脉，或质薄而脉不明显，外面有星状毛，具整齐5裂齿或多少二唇状；花冠具长短不等的管部，多少内弯，瓣片二唇状，上唇较长大，2裂，凹陷，下唇较短而3裂，伸展；雄蕊4，2强，着生花冠基部，多少伸出或藏于花冠内，花丝无毛，花药2室，圆形，沿缘或顶部有长毛，无退化雄蕊；子房卵圆形，有毛，2室，含多数线状长圆形胚珠，花柱伸长，柱头简单。蒴果质厚，卵圆形，室背开裂。种子线形，种皮有薄翅，膜质而有网纹。

约11种，主要分布亚洲东部大陆的亚热带地区。我国8种。

1. 植株全体被星状绒毛，久不脱落；花单一或成对，生于叶腋；花冠下唇约与上唇等长或稍短，裂片近相等；花萼内面有长毛或绒毛。
  2. 花萼较明显的5-10条粗脉，具相等的5齿或稍呈二唇形；花冠筒粗短，最多不超过萼3倍。
    3. 花萼具整齐的5齿，不呈二唇形。
      4. 萼管有10条脉；萼齿之间的缺刻底部尖锐。
        5. 萼齿宽短，宽大于长或长宽相等，宽卵形至三角状卵形，先端具短锐头或凸尖；毛锈黄色；叶卵状披针形 ………… 1. **来江藤 B. hancei**
        5. 萼齿窄长，长远大于宽，窄三角状卵形，先端渐窄成长尖头；毛灰褐色；叶卵形，稀卵状长圆形 ………… 1(附). **岭南来江藤 B. swinglei**
      4. 萼筒仅有5条脉；萼齿向先端尖削，基部三角形，齿间缺刻宽阔而底部圆 ………… 2. **异色来江藤 B. discolor**
    3. 花萼具不整齐的齿，开裂至1/3或1/2处而形成二唇形 ………… 3. **广西来江藤 B. kwangsiensis**
  2. 花萼无明显的脉，2裂达1/2处，形状二唇形；花冠筒窄长，超出花萼3倍以上 ………… 4. **红花来江藤 B. rosea**
1. 植株的星状毛迅速脱落，成熟时无毛或几无毛；花形成总状花序；花冠下唇较上唇短2倍或更多，中裂片较小而着生凹缺中；花萼内面仅有稀疏细柔毛 ………… 5. **总花来江藤 B. rocemosa**

1. 来江藤　　图 114

Brandisia hancei Hook. f. Fl. Brit. Ind. 4: 257. 1884.

灌木，高达3米，全体密被锈黄色星状绒毛，仅枝及叶上面的毛逐渐脱落。叶卵状披针形，长3-10厘米，先端锐尖头，基部近心形，稀圆形，全缘，稀具锯齿；叶柄短，长者达5毫米，有锈色绒毛。花单生叶腋；花梗长达1厘米，中上部有1对披针形小苞片，均有毛；花萼宽钟形，长宽各约1厘米，外面密生锈黄色星状绒毛，内面密生绢毛，具脉10条，5裂至1/3处，萼齿宽短，宽大于长或几相等，宽卵形或三角状卵形，萼齿之间的缺刻底部尖锐；花冠橙红色，长约2厘米，外面有星状毛，上唇宽大，2裂，裂片三角形，下唇较上唇低4-5毫米，3裂，裂片舌状；雄蕊约与上唇等

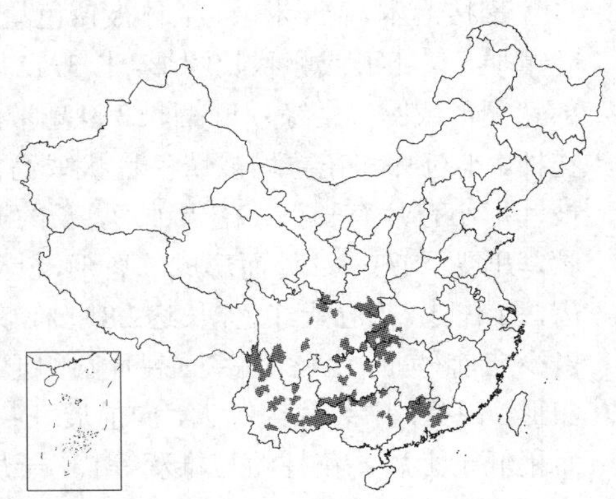

长；子房卵圆形，与花柱均被星状毛。蒴果卵圆形，稍扁平，具短喙，被星状毛。花期11月至翌年2月，果期3-4月。

产湖北、湖南、广东、广西、云南、贵州、四川、甘肃南部及陕西南部，生于海拔500-2600米林中或林缘。

[附] **岭南来江藤 Brandisia swinglei** Merr. in Philipp. Journ. Sci. Bot. 13: 157. 1918. 本种与来江藤的区别：萼齿窄长，长远大于宽，窄三角状卵形，先端渐尖或长尖头；毛灰褐色；叶卵形，稀卵状长圆形。产湖南、广东及广西，生于海拔500-1000米山坡。

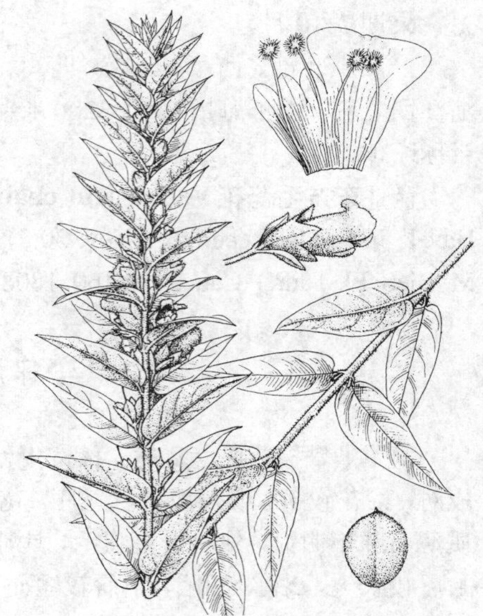

图 114 来江藤（引自《中国植物志》）

2. 异色来江藤 图 115

Brandisia discolor Hook. f. et Thoms. in Journ. Linn. Soc. Bot. 8: 11. t. 4. 1865.

灌木，多少攀援状，全体密被黄褐色星状绒毛。仅枝和叶上面的毛渐脱落。叶卵状披针形或窄披针形，长达9厘米，先端锐尖，基部楔形或近圆，全缘；叶柄长达6毫米，有毛。花单生于叶腋；花梗、小苞片、花萼及花冠均被黄褐色星状绒毛；花梗长1-1.4厘米，在中部着生1对线形小苞片；花萼钟形，长6-8毫米，内面有紫棕色长绢毛，仅具5脉，5裂至1/3处；萼齿短。长约3毫米，先端尖锐，基部三角形，齿间缺刻宽阔而底部圆；花冠污黄色或带紫棕色，长约2厘米，上唇直立，长达8毫米，先端有浅缺，基部宽阔，下唇裂片3，中裂片稍大，均为卵形，有尖头，边缘微上卷；花柱基部及卵圆形子房均密生星状绒毛。蒴果卵圆形，长约1.2厘米，顶端锐尖，外面有星毛。花期11月至翌年2月。

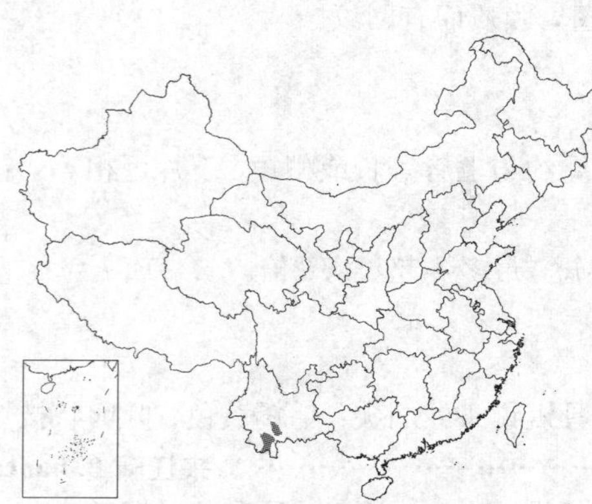

产云南南部，生于海拔约1500米林中及路旁。印度及缅甸有分布。

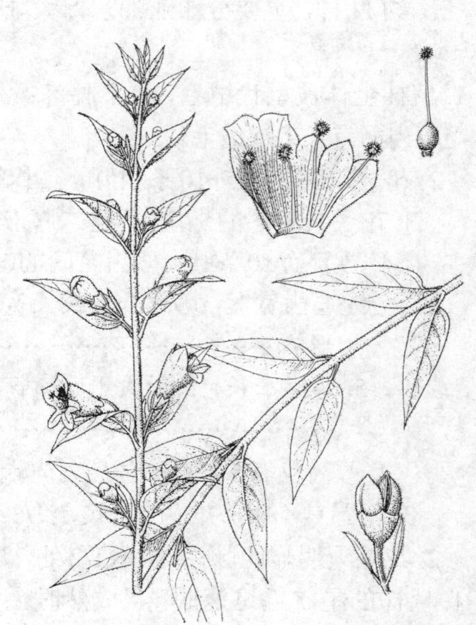

图 115 异色来江藤（张春方绘）

3. 广西来江藤 图 116

Brandisia kwangsiensis Li in Journ. Arn. Arb. 28: 133. 1947.

攀援灌木，高1米余，全体被锈色星状绒毛，仅枝和叶上面毛渐脱落。叶革质，长卵形或卵状长圆形，长3-11厘米，先端具短凸尖或锐尖头，基部宽楔形或圆，全缘；叶柄长3-9毫米，有绒毛。花1或2朵生于叶腋；花梗、小苞片和花萼均被锈色星状绒毛；花梗长约9毫米，其上端的一对披针形小苞片有长柄；花萼钟形，长约1厘米，内面有长绢毛，外面具10脉，开裂至1/3-1/2处而形成二唇形，上下2唇再浅裂而分别形成2或3短齿，稀不裂；花冠紫红色，长达2.8厘米，外面除管下部外均密生星状绒毛，多少向前弓曲，上唇2深裂，裂片圆卵形，下唇短，3裂，侧裂片向上斜展，卵形，锐尖，中裂片约等大，向前展开；雄蕊4，略2强，约与侧裂片等长而稍低于上唇；花柱约与雄蕊等长，子房密被星状绒毛。蒴果卵圆形，包

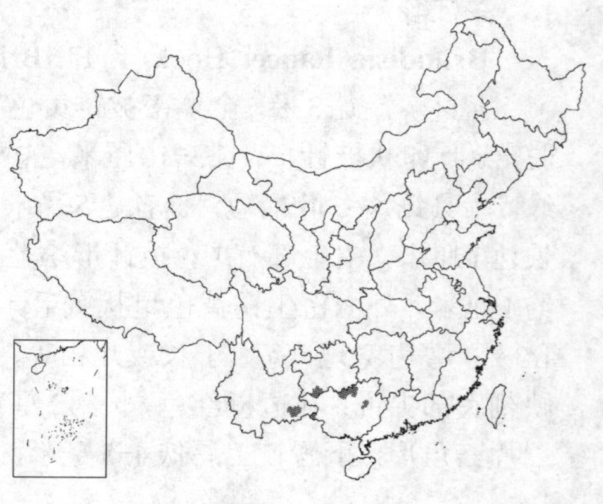

于宿萼内，长约1厘米，基部窄，密被星状绒毛。花期7-11月。

产广西、云南东南部及贵州西南部，生于海拔900-2700米灌丛及林中。

图 116 广西来江藤 （引自《中国植物志》）

4. 红花来江藤 图 117

Brandisia rosea W. W. Smith in Notes Roy. Bot. Gard. Edinb. 10: 10. 1918.

灌木，高1米余，全体被褐灰色星状绒毛，仅枝和叶上面毛渐脱落。叶卵形或长圆状披针形，小枝上的叶长约2厘米，老枝上的叶长达14厘米，先端锐尖，基部楔形，全缘；叶柄长达6毫米。花常单生叶腋，或在小枝顶端几形成总状花序；花梗、小苞片、花萼及花冠均被褐灰色星状绒毛；花梗长达1厘米，近基部有2枚早落线形小苞片；花萼钟形，长5-7毫米，内面有毛，外面无明显的脉，2裂至1/2处，形成二唇形，裂片再浅裂或不裂；花冠玫瑰红或橙红色，窄长筒状，长达2厘米或更长，上唇2深裂，直立，下唇3裂，裂片卵形，开展；雄蕊和花柱均稍短于上唇；子房密被星状毛。蒴果卵圆形，稍扁平，长约1.5厘米，顶端有凸头，外面的星状毛渐脱落。花期7-11月。

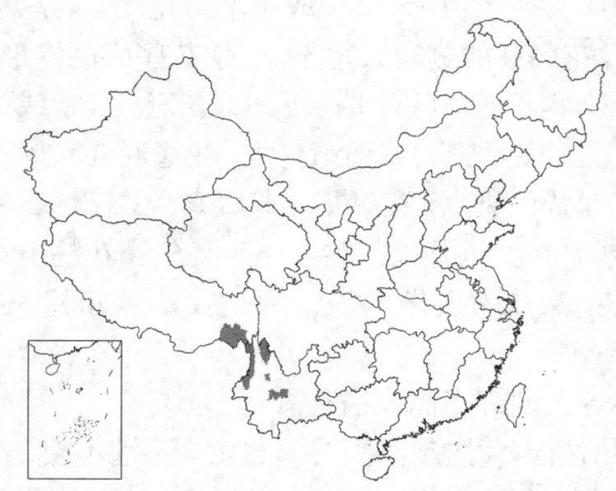

产云南、四川西南部及西藏东南部，生于海拔1600-3000米山坡林内及灌丛中。不丹有分布。

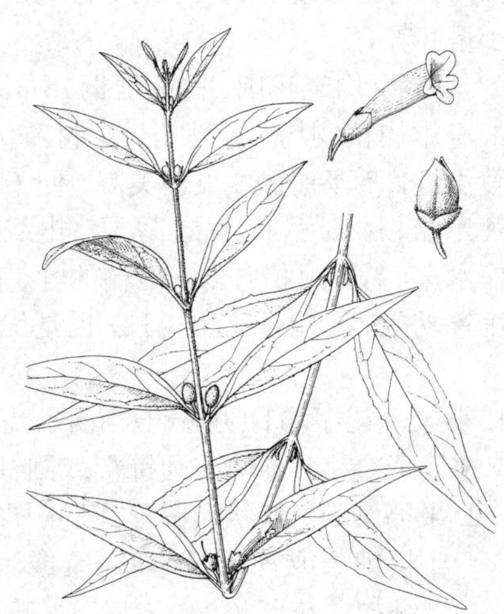

图 117 红花来江藤 （张春方绘）

5. 总花来江藤 图 118

Brandisia racemosa Hemsl. in Kew. Bull. 1895: 114. 1895.

藤状灌木。幼枝具棕色星状毛，老时毛脱落，有多数凸起的棕黄色皮孔。叶卵形或卵状披针形，长2-6厘米，先端锐尖，基部圆或宽楔形，两面无毛或下面及叶柄具毛，边缘有尖锐锯齿；叶柄长达5毫米。总状花序生于侧枝先端，稀侧生，长达20厘米或更长，幼时有棕色星状毛；苞片叶状，较叶小，有柄。花成对生于苞腋中。花梗长达5毫米，多少下垂，近顶端处有1对早落披针形小苞片；花萼钟状，长5-7毫米，外面无毛，内面疏生柔毛，5浅裂；萼齿半圆状三角形；花冠深红色，长达2.5厘米，外面疏生短毛，内面具密毛，背面中部弓曲，上唇远较下唇长，先端微凹，边缘有褐色长毛，下唇具3枚短

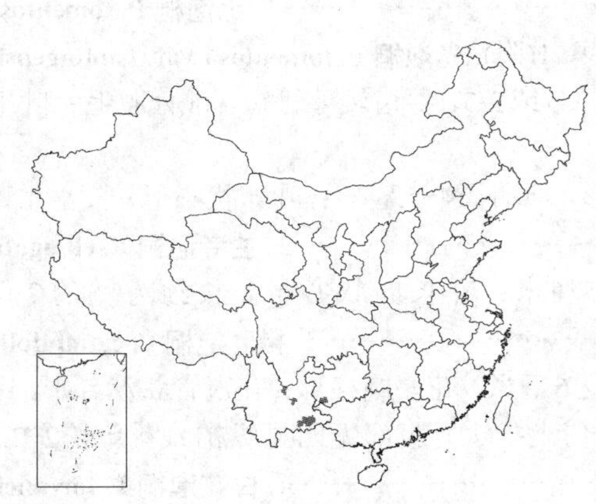

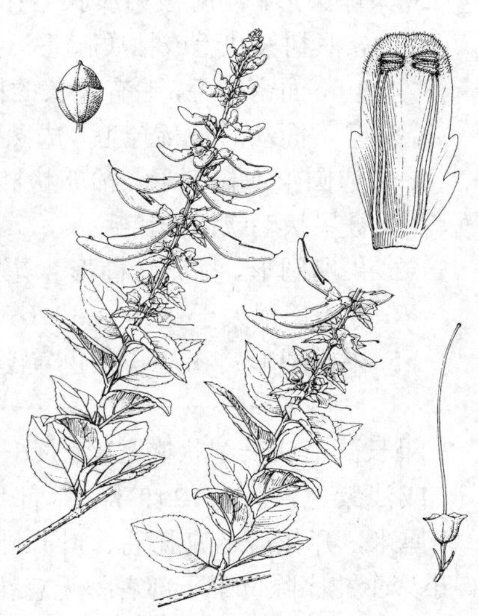

图 118 总花来江藤 （引自《中国植物志》）

裂片，两侧裂片连于上唇，歪卵形，边缘有长毛，中裂片三角状卵形，低于侧裂片，边缘无毛；雄蕊与花柱稍短于上唇；子房卵圆形，顶端有毛。蒴果卵圆形，无毛，幼时顶端稍有毛。花期夏秋季。

产云南北部及东南部、贵州西南部，生于海拔3000米以下灌丛中。

3. 泡桐属 **Paulownia** Sieb. et Zucc.

（陆玲娣）

落叶乔木，在热带为常绿；幼时树皮平滑而具显著皮孔，老时纵裂；通常假二歧分枝，枝对生，常无顶芽；除老枝外全体均被毛，毛有各种类型。叶对生，大而有长柄，生长旺盛的新枝上有时3枚轮生，心形或长卵状心形，基部心形，全缘、波状或3-5浅裂，在幼株中常具锯齿，多毛，无托叶。花3（1）-5（8）成小聚伞花序，具总梗或无，但经冬季叶状总苞和苞片脱落而多数小聚伞花序组成大型花序，花序枝的侧枝长短不一，使花序成圆锥形、金字塔形或圆柱形。花萼钟形或基部渐窄而为倒圆锥形，被毛，萼齿5，稍不等，后方1枚较大；花冠大，紫或白色，花冠管基部窄缩，通常在离基部5-6毫米处向前驼曲或弓曲，曲处以上突然膨大或逐渐扩大，花冠漏斗状钟形或管状漏斗形，腹部有两条纵褶（仅白花泡桐无明显纵褶），内成常有深紫色斑点，在纵褶隆起处黄色，檐部二唇形，上唇2裂，多少向后翻卷，下唇3裂，伸长；雄蕊4，2强，不伸出，花丝近基处扭卷，花药叉分；花柱上端微弯，约与雄蕊等长，子房2室。蒴果室背开裂，2爿裂或不完全4爿裂，果皮木质化。种子小而多，有膜质翅，具少量胚乳。

7种，均产我国，白花泡桐分布到越南和老挝，有些种类已在世界各大洲许多国家引种栽培。

本属植物均为高大乔木，材质优良，轻而韧，具有很强的防潮隔热性能，耐酸耐腐，导音性好，不翘不裂，不被虫蛀，不易脱胶，纹理美观，便于雕刻。可利用制作胶合板、航空模型、车船衬板、空运水运设备，还可制作各种乐器、雕刻手工艺品、家具、电线压板和优质纸张等。在建筑上可做梁、檩、门、窗和房间隔板等。在农业上制作水车、渡槽、抬扛等，泡桐的叶、花供作牲畜饲料。近年来在医学上发现泡桐的叶、花和木材有消炎、止咳、降压等功效。泡桐是速生树种，也是优良的绿化造林树种，有些种又适宜农桐兼作。

1. 小聚伞花序均有明显的总花梗，总花梗几与花梗近等长；花序枝的侧枝较短，长不超过中央主枝之半，花序较窄而成金字塔形，窄圆锥形或圆柱形，长在50厘米以下。
  2. 果卵圆形、卵状椭圆形或椭圆形，长3-5.5厘米；果皮较薄，不及3毫米；花序金字塔形或窄圆锥形；花冠漏斗状钟形或管状漏斗形，紫或浅紫色，长5-9.5厘米，基部强烈向前弓曲，曲处以上突然膨大，腹部有两条明显纵褶；花萼长2厘米以下，开花后脱毛或不脱毛；卵状心脏形或长卵状心脏形。
    3. 果卵圆形，幼时被粘质腺毛；花萼深裂过一半，萼齿较萼管长或等长，毛不脱落；花冠漏斗状钟形；叶下面常具树枝状毛或粘质腺毛。
      4. 叶下面密被毛，毛有较长的柄和丝状分枝，成熟时不脱落 ………………………………… 1. **毛泡桐 P. tomentosa**
      4. 叶下面幼时被稀疏毛，成熟时无毛或仅残留极稀疏毛 ………… 1(附). **光泡桐 P. tomentosa** var. **tsinlingensis**
    3. 果卵圆形或椭圆形，稀卵状椭圆形，幼时有绒毛；花萼浅裂至1/3或2/5，萼齿较萼管短，部分脱毛；叶下面被星状毛或树枝状毛。
      5. 果卵圆形，稀卵状椭形；花冠紫或粉白色，较宽，漏斗状钟形，顶端径4-5毫米；叶卵状心形，长宽几相等或长稍大于宽 …………………………………………………………………… 2. **兰考泡桐 P. elongata**
      5. 果椭圆形；花冠淡紫色，较细，管状漏斗形，顶端径不及3.5厘米；叶长卵状心形，长约为宽的2倍 …………………………………………………………………… 3. **楸叶泡桐 P. catalpifolia**
  2. 果长圆形或长圆状椭圆形，长6-10厘米；果皮厚而木质化，厚约达6毫米；花序圆柱形；花冠管状漏斗形，白或浅紫色，长8-12厘米，基部仅稍稍向前弓曲，曲处以上逐渐向上扩大，腹部无明显纵褶；花萼长2-2.5厘米，开花后迅速脱毛；叶长卵状心形，长远大于宽 ………………………………… 4. **白花泡桐 P. fortunei**
1. 小聚伞花序除位于下部者外无总花梗或仅有远比花梗为短的总花梗；花序枝的侧枝发达，稍短于中央主枝或至少超过中央主枝之半，花序宽大成圆锥形，最长可达1米左右。

6. 小聚伞花序无总花梗或仅位于下部者有极短总花梗；花萼深裂达一半或超过一半，毛不脱落。

7. 果卵圆形；萼齿在果期强烈反折；花冠浅紫或蓝紫色，长3-5厘米；叶两面有粘质腺毛，老时逐渐脱落而显现单条粗毛 ………………………………………………………………… 5. **台湾泡桐 P. kawakamii**

7. 果椭圆形或卵状椭圆形；萼齿在果期贴伏于果基，常不反折；花冠白色有紫色条纹或紫色，长5.5-7.5厘米；叶幼时具星状绒毛，老时不脱落或脱落近无毛 ………………………………………… 6. **川泡桐 P. fargesii**

6. 小聚伞花序具远比花梗为短的总花梗，总花梗最长达6-7毫米，位于顶端的小聚伞也有短而不明显的总花梗；花萼浅裂达1/3至2/5处，逐渐脱毛或稀不脱毛；果椭圆形 ……………………………… 7. **南方泡桐 P. australis**

1. 毛泡桐 图 119 彩片 31

Paulownia tomentosa (Thunb.) Steud. in Nomencl. Bot. 2: 278. 1841.

Bignonia tomentosa Thunb. in Nov. Acta Reg. Soc. Sci. Upsal. 4: 35. 39. 1783.

乔木，高达20米，树冠宽大伞形，树皮褐灰色。小枝有明显皮孔，幼时常具粘质短腺毛。叶心形，长达40厘米，先端锐尖，基部心形，全缘或波状浅裂，上面毛稀疏。下面毛密或较疏，老叶下面灰褐色树枝状毛常具柄和3-12条细长丝状分枝，新枝上的叶较大，其毛常不分枝，有时具粘质腺毛；叶柄常有粘质短腺毛。花序枝的侧枝不发达，长约中央主枝之半或稍短，花序为金字塔形或窄圆锥形，长通常在50厘米以下，少有更长；小聚伞花序的总花梗长1-2厘米，几与花梗等长，具3-5花。花萼浅钟形，长约1.5厘米，外面绒毛不脱落，分裂至中部或裂过中部，萼齿卵状长圆形，在花期锐尖或稍钝至果期钝头；花冠紫色，漏斗状钟形，长5-7.5厘米，在离管基部约5毫米处弓曲，向上突然膨大，外面有腺毛，内面几无毛，檐部二唇形，径约4.5厘米；雄蕊长达2.5厘米；子房卵圆形，有腺毛，花柱短于雄蕊。蒴果卵圆形，幼时密生粘质腺毛，长3-4.5厘米，宿萼不反卷，果皮厚约1毫米。种子连翅长约2.5-4毫米。花期4-5月，果期8-9月。

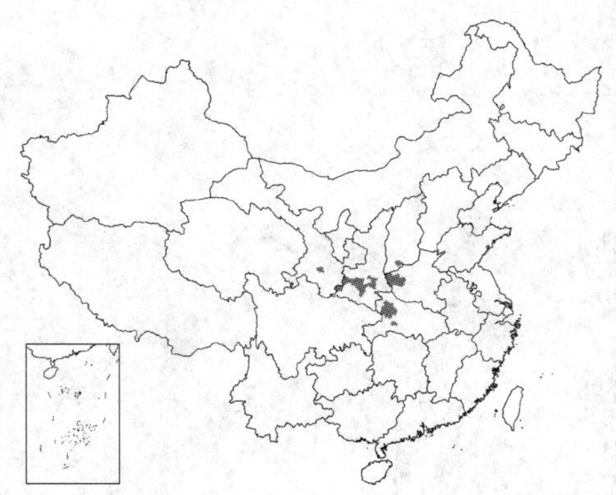

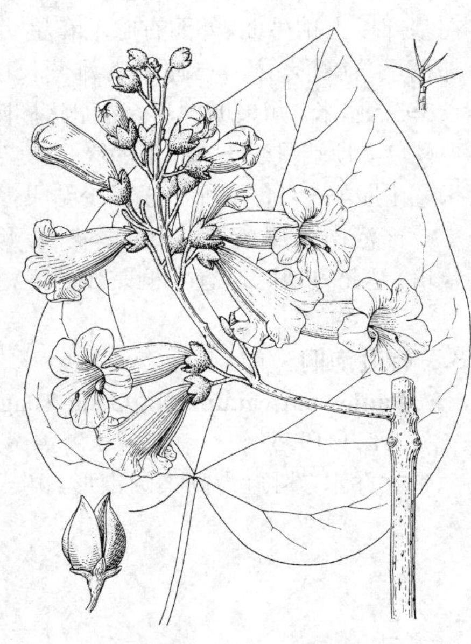

图 119 毛泡桐 （张春方绘）

产甘肃南部、陕西南部、山西南部、河南西部及湖北西部，辽宁东部、河北、山东、江苏、安徽、浙江、江西、湖北、湖南及广西，常栽培，生于海拔达1800米山地。日本、朝鲜、欧洲和北美洲有引利栽培。

[附] **光叶泡桐 Paulownia tomentosa var. tsinlingensis** (Pai) Gong Tong in Acta Phytotax. Sin. 14 (2): 43. 1976.—— *Paulownia fortunei* (Seem.) Hemsl. var. *tsinlingensis* Pai in Contr. Inst. Bot. Nat. Acad. Peip. 3: 59. 1935. 与模式变种的区别：叶下面幼时被稀疏毛，成熟时无毛或残留极稀疏的毛，基部圆或浅心形。产河北、河南、山西、陕西、甘肃、四川、湖北及山东，栽培或野生，海拔可达1700米。

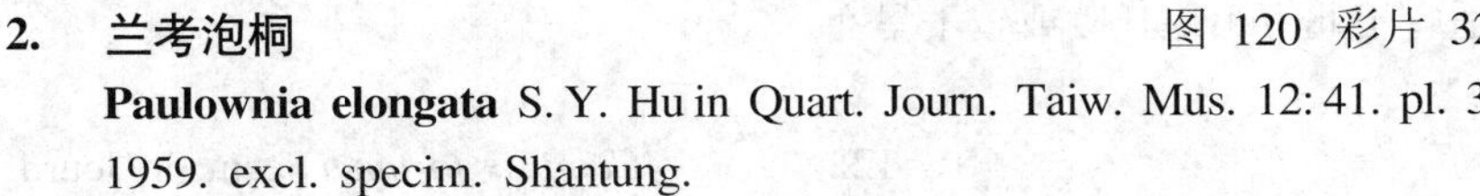

2. 兰考泡桐 图 120 彩片 32

Paulownia elongata S. Y. Hu in Quart. Journ. Taiw. Mus. 12: 41. pl. 3. 1959. excl. specim. Shantung.

乔木，高达10米以上，树冠宽圆锥形，全体具星状绒毛。小枝褐色，有凸起的皮孔。叶卵状心形，有时具不

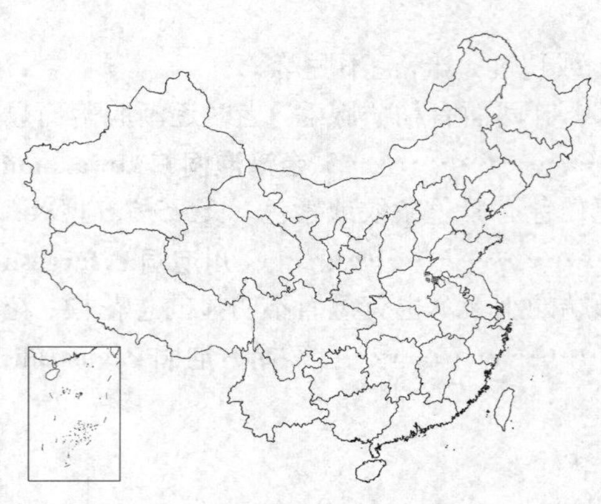

规则的角，长达34厘米，先端渐窄长而锐尖，基部心形或近圆，上面毛不久脱落，下面密被无柄的树枝状毛。花序枝的侧枝不发达，花序金字塔形或窄圆锥形，长约30厘米；小聚伞花序的总花梗长0.8-2厘米，几与花梗等长，有3-5花，稀有单花。花萼倒圆锥形，长1.6-2厘米，基部渐窄，分裂至1/3左右成5枚卵状三角形的齿，管部的毛易脱落；花冠漏斗状钟形，紫或粉白色，长7-9.5厘米，管在基部以上稍弓曲，外面有腺毛和星状毛，内面无毛而有紫色细小斑点，檐部稍呈二唇形，径4-5厘米；雄蕊长达2.5厘米；子房和花柱有腺，花柱长3-3.5厘米。蒴果卵圆形，稀卵状椭圆形，长3.5-5厘米，有星状绒毛，宿萼碟状，顶端具长4-5厘米的喙，果皮厚1-2.5毫米。种子连翅长约4-5毫米。花期4-5月，本种一般很少结果，果期秋季。

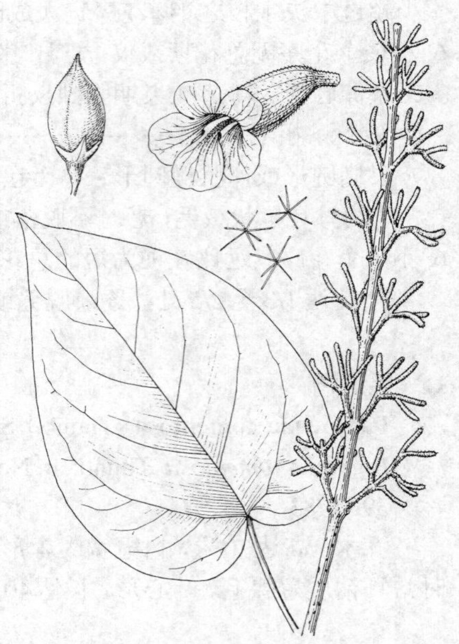

图 120 兰考泡桐 （王金凤绘）

产河南东部，河北、山西、陕西、河南、山东、江苏、安徽及湖北广泛栽培，是北方地区进行农桐兼作的好树种。

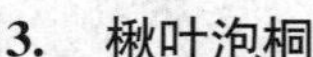

3. 楸叶泡桐 图 121

Paulownia catalpifolia Gong Tong in Acta Phytotax. Sin. 14(2): 41. pl. 3. f. 1. 1976.

大乔木，树冠为高大圆锥形，树干通直。叶通常卵状心形，长约宽的2倍，先端长渐尖，基部心形，全缘或波状而有角，上面无毛，下面密被星状绒。花序枝的侧枝不发达，花序金字塔形或窄圆锥形，长一般不超过35厘米；小聚伞花序有明显的总花梗，总花梗约与花梗近等长。花萼浅钟形，浅裂达1/3至2/5处；萼齿三角形或卵形；花冠浅紫色，长7-8厘米，较细，管状漏斗形，内部常密被紫色细斑点。喉部径约1.5厘米，顶端径不超过3.5厘米，基部向前弓曲，檐部二唇形。蒴果椭圆形，长4.5-5.5厘米，幼时被星状绒毛，果皮厚2-3毫米。

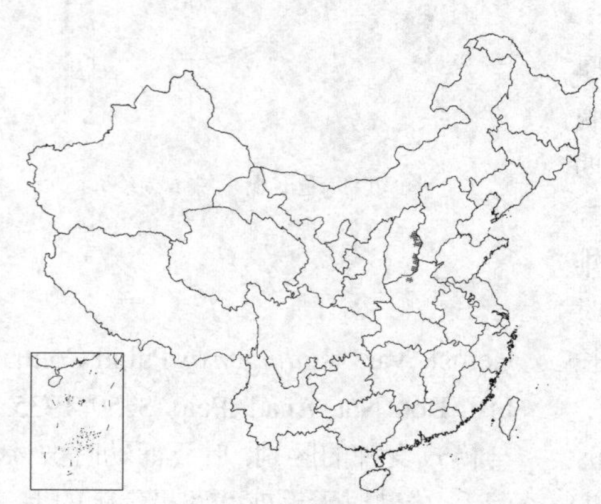

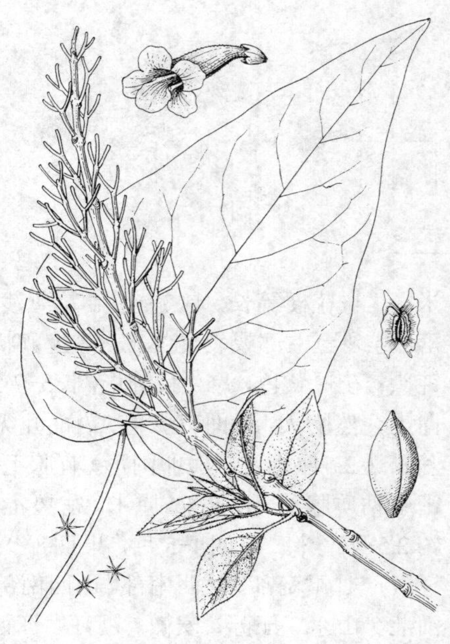

图 121 楸叶泡桐 （张泰利绘）

产山西及河南，河北、山东、河南、山西及陕西常有栽培，生于低海拔地区的山坡地。本种耐干旱瘠薄的土壤，适宜于北方山地丘陵或较干旱寒冷地区栽植，但在有些地区很少结籽。

4. 白花泡桐 白花桐 泡桐 图 122

Paulownia fortunei (Seem.) Hemsl. in Gard. Chron. ser. 3, 7: 448. 1890. *Campsis fortunei* Seem. in Journ. Bot. 5: 373. 1867.

乔木，高达30米，树冠圆锥形，主干直，胸径可达2米，树皮灰褐色；幼枝、叶、花序各种和幼果均被黄褐色星状绒毛，但叶柄、叶上面和花梗渐变无毛；叶长卵状心形，有时为卵状心形，长达20厘米，先端长渐尖或锐尖，其凸尖长达2厘米，基部心形，新枝上的叶有时2裂，下面有星状毛及腺，成熟叶片下面密被绒毛，有时毛很稀疏至近无毛；叶柄长达12厘米。花序枝几无毛或仅有短侧枝，花序窄长近圆柱形，长约25厘米；小聚伞花序有3-8花，总花梗几与花梗等长，或下部者长于花梗，上部者稍短于花梗。花萼倒圆锥形，长2-2.5厘米，花后逐渐脱毛，分裂至1/4或1/3处，萼齿卵形或三角状卵形，果期变为窄三角形；花冠管状漏斗形，白色仅背面稍带紫或浅紫色，长8-12厘米，管部在基部以上不突然膨大，而逐渐向上扩大，稍稍向前曲，外面有星状毛，腹部无明显纵褶，内部密布紫色细斑块；雄蕊长3-3.5厘米，有疏腺；子房有腺，有时具星毛，花柱长约5.5厘米。蒴果长圆形或长圆状椭圆形，长6-10厘米，顶端之喙长达6毫米，宿萼开展或漏斗状，果皮木质，厚3-6毫米。种子连翅长0.6-1厘米。花期3-4月，果期7-8月。

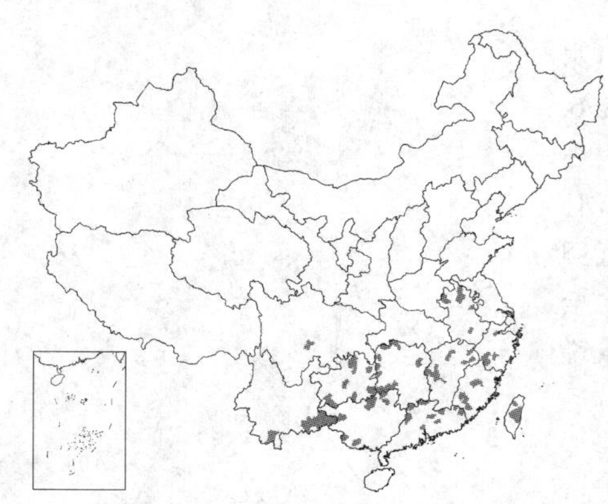

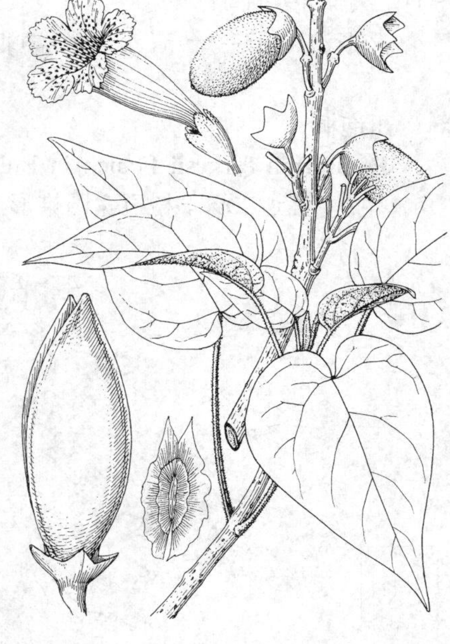

图 122 白花泡桐（蔡淑琴 冯晋庸绘）

产安徽、浙江、福建、台湾、江西、湖北、湖南、广东、广西、云南、贵州及四川，河北、河南、陕西、山东、江苏有栽培，生于低海拔的山坡、林中、山谷或荒地，西南海拔可达2000米。越南及老挝有分布。本种适宜于南方发展。

5. 台湾泡桐　　图 123　彩片 33

Paulownia kawakamii Ito, Icon. Pl. Jap. ser. 4, 1: 1. t. 15-16. 1912.

小乔木，高达12米，树冠伞形，主干矮。小枝褐灰色，有明显皮孔。叶心形，大者长达48厘米，先端锐尖，全缘或3-5裂或有角，两面有粘毛，老时显现单条粗毛，上面常有腺；叶柄较长，幼时具长腺毛。花序枝的侧枝发达而几与中央主枝等长或稍短，花序为宽大圆锥形，长可达1米；小聚伞花序无总梗或位于下部者具短总梗，比花梗短，有黄褐色绒毛，常具3花。花梗长达1.2厘米；花萼有绒毛，具明显的凸脊，深裂达一半以上，萼齿窄卵圆形，锐尖，边缘绿色；花冠近钟形，浅紫或蓝紫色，长3-5厘米，外面有腺毛，管基部细缩，向上扩大，檐部二唇形，径约3-4厘米；雄蕊长1-1.5厘米；子房有腺，花柱

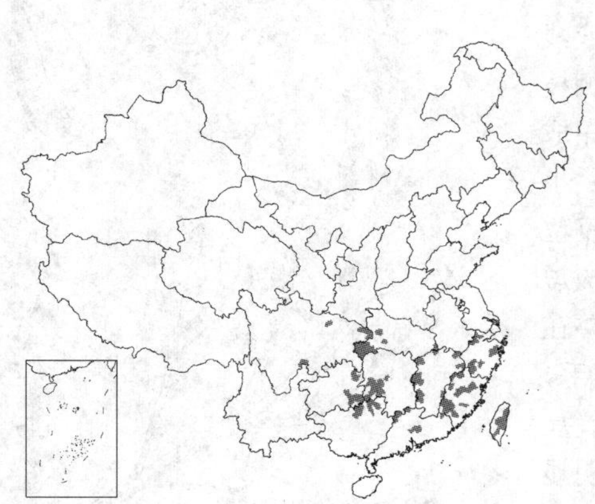

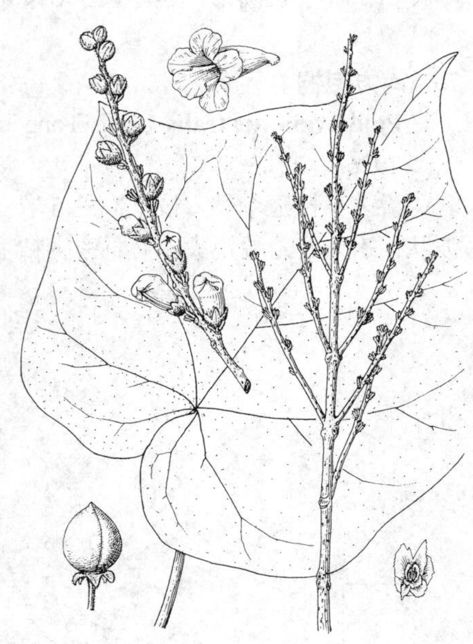

图 123 台湾泡桐（张泰利绘）

长约1.4厘米。蒴果卵圆形，长2.5-4厘米，顶端有短喙，果皮薄，厚不到1毫米，宿萼辐射状，常强烈反卷。种子长圆形，连翅长3-4毫米。花期4-5月，果期8-9月。

产浙江、福建、台湾、江西、湖北、湖南、广东、广西、贵州及四川，多数野生，也有栽培，生于海拔200-1500米的山坡灌丛、疏林或荒地。

6. 川泡桐 图 124

Paulownia fargesii Franch. in Bull. Mus. Hist. Nat. Paris 2: 280. 1896.

乔木，高达20米，树冠宽圆锥形，主干明显；全体被星状绒毛，但逐渐脱落。小枝紫褐或褐灰色，有圆形凸出皮孔。叶卵圆形或卵状心形，长达20厘米以上，全缘或浅波状，先端长渐尖成锐尖，上面疏生短毛，下面毛具柄和短分枝，毛的疏密度有很大变化，直至无毛；叶柄长达11厘米。花序枝的侧枝长可达主枝之半，花序为宽大圆锥形，长约1米；小聚伞花序无总梗或几无梗，有3-5花。花梗长不及1厘米；花萼倒圆锥形，基部渐窄，长达2厘米，不脱毛，分裂至中部成三角状卵形的萼齿，边缘较薄；花冠近钟形，白色有紫色条纹至紫色，长5.5-7.5厘米，外面有短腺毛，内面常无紫斑，管在基部以上突然膨大，多少弓曲；雄蕊长2-2.5厘米；子房有腺，花柱长3厘米。蒴果椭圆形或卵状椭圆形，长3-4.5厘米，幼果被粘质腺毛，果皮较薄，有明显的横行细皱纹，宿萼贴伏于果基或稍伸展，常不反折。种子长圆形，连翅长5-6毫米。花期4-5月，果期8-9月。

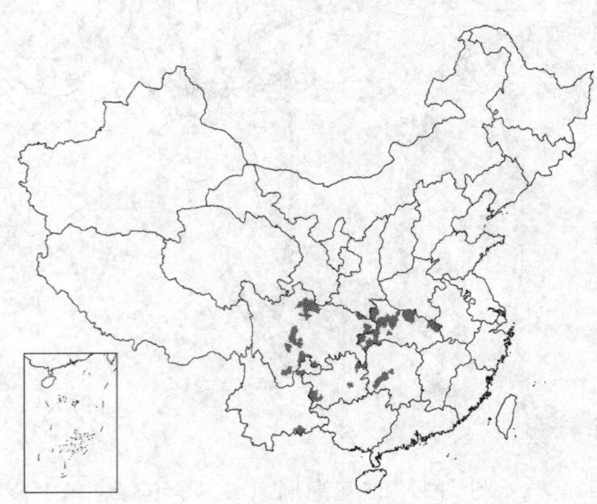

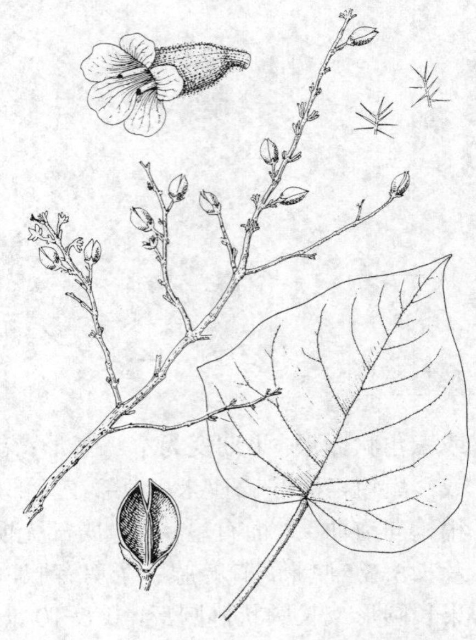

图 124 川泡桐（王金凤绘）

产湖北、湖南、贵州、云南及四川，野生或栽培，生于海拔300-3000米的林中或山坡。

7. 南方泡桐 图 125

Paulownia australis Gong Tong in Acta Phytotax. Sin. 14(2): 43. f. 3. 1976.

乔木，树冠伞状，枝下高达5米，枝条开展。叶卵状心形，全缘或浅波状而有角，先端锐尖，下面密生粘毛或星状绒毛。花序枝宽大，其侧枝超过中央主枝之半，花序成宽圆锥形，长达80厘米；小聚伞花序有短总花梗，仅位于花序顶端的小聚伞有极短而不明显的总花梗。花萼在开花后部分脱毛或不脱毛，浅裂达1/3至2/5；花冠紫色，腹部稍带白色并有两条明显纵褶，长5-7厘米，管部钟形，檐部二唇形。果实椭圆形，长约4厘米，幼时具星

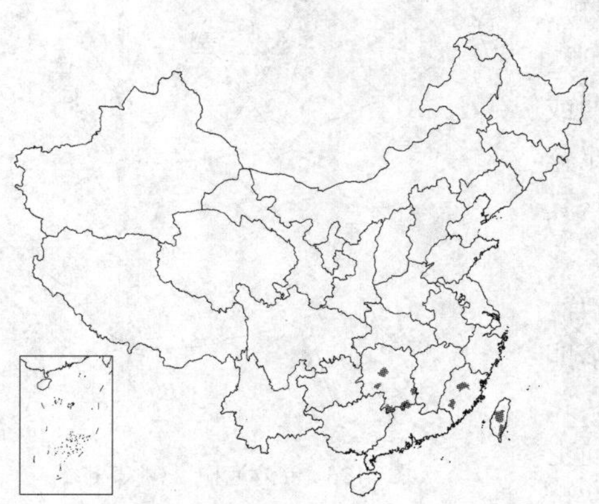

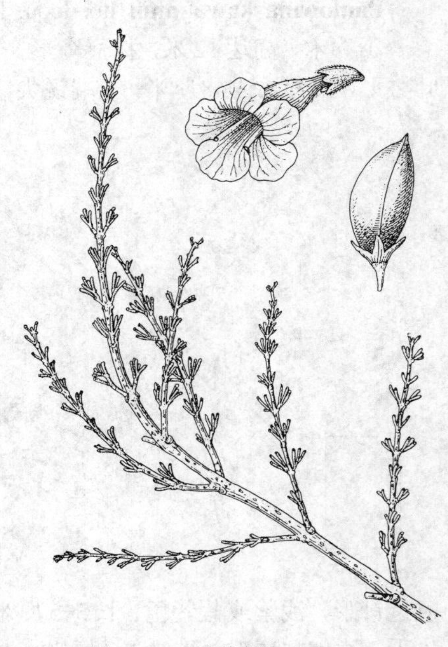

图 125 南方泡桐（吴彰桦绘）

状毛，果皮厚可达2毫米。花期3-4月，果期7-8月。

产台湾、福建、湖南及广东，浙江等省区栽培，生于低海拔地区的山坡、山谷溪边或干燥阳处。本种形态介于台湾泡桐和白花泡桐之间。

4. 美丽桐属 Wightia Wall.

（陆玲娣）

落叶乔木，或为半附生假藤本，或为寄生灌木。小枝具皮孔，有髓，幼时被星毛。叶对生，革质，全缘，多少有星状毛，有时下面脉腋间具腺体；叶柄上面具沟。花集合成聚伞状圆锥花序或总状花序；每一小聚伞花序有3-9花，花序各部常多少被星毛。萼钟形，质厚，不规则3-4裂或近平截；花冠具向前弯曲之管，瓣片二唇形，上唇直立，2裂，下唇3裂，伸张；雄蕊2强，着生近管基部，有毛，上部伸出花冠，花药基着，长圆状戟形，基部2裂，药室平行，顶端多少汇合；无退化雄蕊；花柱伸长，顶端内曲，柱头不明显；子房各室具多数胚珠，有盾形胎座。蒴果卵圆形或披针形，2爿裂，裂片边缘强烈内卷，从生有胎座的中轴脱离。种子多数，线形，外种皮薄而透明，膨大为环绕无缺的窄翅。

2种，1种产马来西亚西部，另1种产亚洲大陆。

美丽桐 图 126

Wightia speciosissima (D. Don) Merr. in Journ. Arn. Arb. 19: 67. 1938.

Gmelinia speciosissima D. Don, Prodr. Fl. Nepal. 104. 1825.

乔木或常为半附生的假藤本，高达15米，树皮灰白色。枝多少下垂或卷旋；小枝褐色，有皮孔，幼时被星毛。叶革质，长圆形或椭圆形，一般较小，长达30厘米，先端锐尖，基部宽楔形或近圆，上面无毛，下面具灰黄色星毛；叶柄上面具沟，长约2厘米。聚伞状圆锥花序窄长，长达30厘米以上，花序各部多少被锈色星毛。短花梗上具1对小苞片；花萼钟形，长达8毫米，不规则3-4裂，外面有星毛；萼片圆形或宽卵形；花冠粉红色，长达3.5厘米，管微扁，向前渐扩大，背面微驼曲，外面具星状毛，上唇2裂，基部两侧亚心形，下唇3裂，中裂向下，侧裂多少反卷，喉部张开；雄蕊4，伸出花冠很长，花丝无毛；子房卵圆形，无毛，具6条不明显的条纹。蒴果长卵圆形或长椭圆形，长约4厘米，薄革质。种子有窄翅。花期9-10月。

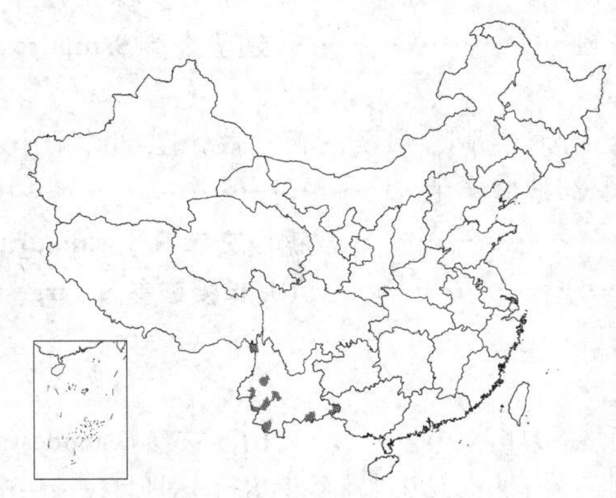

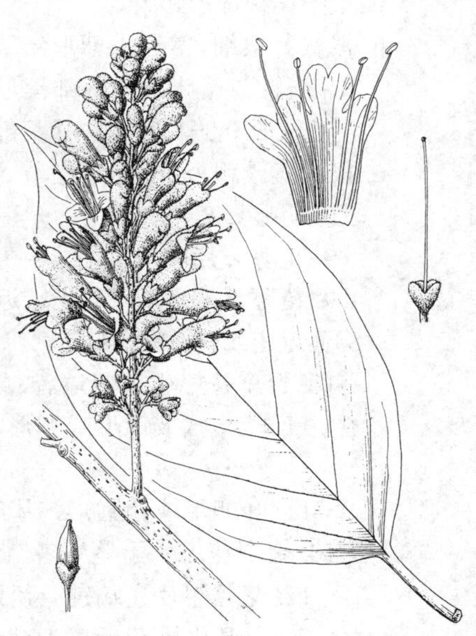

图 126 美丽桐（冯晋庸绘）

产云南，生于海拔25000米以下的林中或田野。越南、缅甸、不丹、锡金、尼泊尔及印度有分布。

5. 玄参属 Scrophularia Linn.

（洪德元 潘开玉）

多年生草本或亚灌木状草本，稀一年生草本。叶对生或很少上部的叶互生。花先组成聚伞花序（有时退化仅存1花），单生上部叶腋或可再组成顶生聚伞圆锥花序、穗状花序或近头状花序。花萼4裂；花冠通常二唇形，上唇（在我国种类中）常较长而具2裂片，下唇具3裂片，除中裂片向外反展外，其余4裂片均近直立；发育雄蕊4，多少呈2强，内藏或伸出花冠，花丝基部贴生于花冠筒，花药汇合成一室，横生于花丝顶端；退化雄蕊微小，位于上唇一方；子房周围有花盘，花柱与子房等长或过之，柱头通常很小，子房2室，中轴胎座，胚珠多数。蒴果室间开裂。种子多数。

200种以上，分布于欧、亚大陆的温带，地中海地区尤多，在北美只有少数种类。我国约36种。

1. 叶脉不网结；茎木质化程度较多，基部多分枝似多条簇生，呈亚灌木状草本。
  2. 花萼裂片的膜质边缘在花期时不甚明显；蒴果尖卵圆形 ………………………………… 1. **齿叶玄参 S. dentata**
  2. 花萼裂片的膜质边缘在花期时很明显；蒴果近球形。
    3. 花萼裂片具宽膜质边缘；叶上半部通常具牙齿或大锯齿至羽状半裂，下半部可羽状深裂至全裂 ………………………………………………………………………………………… 2. **裂叶玄参 S. kiriloviana**
    3. 花萼裂片具窄膜质边缘；叶边缘具浅齿或浅裂，稀基部有1-2深裂片 ……………………… 3. **砾玄参 S. incisa**
1. 叶脉明显网结；草本，茎单生或少数簇生，不呈亚灌木状。
  4. 聚伞花序集成顶生圆锥花序或每个聚伞花序（有时退化仅存1花）单生上部叶腋。
    5. 支根纺锤形或胡萝卜状膨大 ……………………………………………………………… 4. **玄参 S. ningpoensis**
    5. 支根不作纺锤形膨大。
      6. 根状茎很细，常有小球形结节。
        7. 花冠长2毫米；叶基部楔形或近平截形 ……………………………………………… 6. **小花玄参 S. souliei**
        7. 花冠长0.8-1厘米；叶基部圆或近心形 …………………………………………… 7. **甘肃玄参 S. kansuensis**
      6. 根状茎较粗，无小球形结节。
        8. 茎明显具窄翅。
          9. 花萼裂片卵形，先端锐尖或微尖，无膜质边缘；雄蕊长，伸出花冠 ………………… 8. **高玄参 S. elatior**
          9. 花萼裂片宽卵形，先端近圆，具宽膜质边缘；雄蕊短于花冠 …………………… 9. **翅茎玄参 S. umbrosa**
        8. 茎无翅或有微突的棱。
          10. 聚伞花序生于茎端者，各节具大形叶状苞片，苞片由下至上渐次缩小，最下的苞片仅比上部叶稍小。
            11. 叶卵状披针形或卵形，基部平截或圆；茎叶无毛，稀茎下部被微柔毛 ……………………………………………………………………………… 5. **双锯齿玄参 S. yoshimurae**
            11. 叶卵形或卵圆形，基部心形或圆；茎叶常被毛 ………………………………… 10. **长梗玄参 S. fargesii**
          10. 聚伞花序生于茎端者，各节仅具小形苞片，苞片远比上部叶小。
            12. 花萼裂片先端钝；蒴果长6-9毫米。
              13. 退化雄蕊近扇形或横长圆形，宽远大于长；植株高达60厘米 ………… 11. **山西玄参 S. modesta**
              13. 退化雄蕊近圆形或倒心形，长宽相等或宽稍长于长；植株高达1米，约具8-10对叶 ………………………………………………………………………… 12. **单齿玄参 S. mandarinorum**
            12. 花萼裂片先端锐尖；花序为短总状或窄圆锥状，长仅达5厘米，每个聚伞花序常退化为1花，稀有3花；蒴果长1.1-1.4厘米 ………………………………………………… 13. **大果玄参 S. macrocarpa**
  4. 聚伞花序集成顶生穗状花序或近头状花序。
    14. 支根纺锤状或棒状膨大。
      15. 茎、叶柄和叶下面无毛或仅有微毛 ……………………………………………… 14. **北玄参 S. buergeriana**
      15. 茎、叶柄和叶下面生白色长毛 ………………………… 14(附). **秦岭北玄参 S. buergeriana** var. **tsinglingensis**
    14. 支根不为纺锤状或棒状膨大。
      16. 花冠上唇和花冠筒内面具柔毛，花冠筒近钟形，花柱长为子房2倍或稍多 ……… 15. **大花玄参 S. delavayi**
      16. 花冠内面无毛，花冠筒等粗或稍膨大而不为钟形。
        17. 矮小细弱草本，高达10厘米；花冠长达1.5厘米，花柱长为子房4-5倍 … 16. **岩隙玄参 S. chasmophila**
        17. 中等高草本，高达80厘米；花冠长约9毫米，花柱约与子房等长或稍长 … 17. **马边玄参 S. mapienensis**

1. 齿叶玄参 图 127

Scrophularia dentata Royle ex Benth. Scroph. Ind. 19. 1835.

亚灌木状草本，高达40厘米，基部多分枝；如为簇生则基部木质化。茎近圆形，无毛或被微毛。叶窄长圆形或卵状长圆形，长1.5-5厘米，疏具浅齿、羽状浅裂至深裂，稀全缘，基部楔形，近无柄或基部渐窄呈短柄状。窄圆锥花序顶生，花稀疏，长5-20厘米，聚伞花序有1-3花，总梗和花梗均疏生微腺毛。花萼长约2毫米，无毛，裂片近圆形或宽椭圆形，膜质边缘在果期明显；花冠长约6毫米，紫红色，花冠筒长约4毫米，球状筒形，上唇深紫红色，裂片扁圆形，下唇侧裂片长仅入上唇之半；雄蕊与花冠近等长，退化雄蕊近长圆形；子房长约2毫米，花柱长约子房的2倍半。蒴果尖卵圆形，连同短喙长5-8毫米。花期5-10月，果期8-11月。

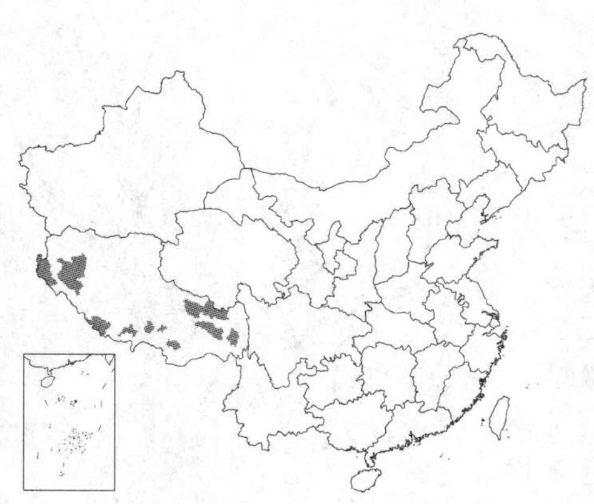

图 127 齿叶玄参（张泰利绘）

产西藏，生于海拔4000-6000米河滩、山坡草地或林下石上。巴基斯坦及印度西北部有分布。

2. 裂叶玄参 羽裂玄参 图 128

Scrophularia kiriloviana Schischk. in Fl. URSS. 22: 306. 1955.

亚灌木状草本，高达50厘米。茎近圆形，无毛。叶卵状椭圆形或卵状长圆形，长3-10厘米，前半部边缘具牙齿或大锯齿至羽状半裂，后半部羽状深裂至全裂，裂片具锯齿，稀全部边缘具大锯齿；叶柄长0.3-2厘米。窄圆锥花序顶生、稀疏，少腋生，长10-30厘米，主轴至花梗均疏生腺毛，下部各节的聚伞花序具3-7花。花萼长约2.5毫米，裂片近圆形，具明显宽膜质边缘；花冠紫红色，长5-7毫米，花冠筒近球形，长3.5-4毫米，上唇裂片近圆形，下唇侧裂片长约为上唇之半；雄蕊约与下唇等长，退化雄蕊长圆形至窄长圆形；子房长约1.5毫米，花柱长约4毫米。蒴果球状卵圆形，连同短喙（长1-2毫米）长5-6毫米。花期

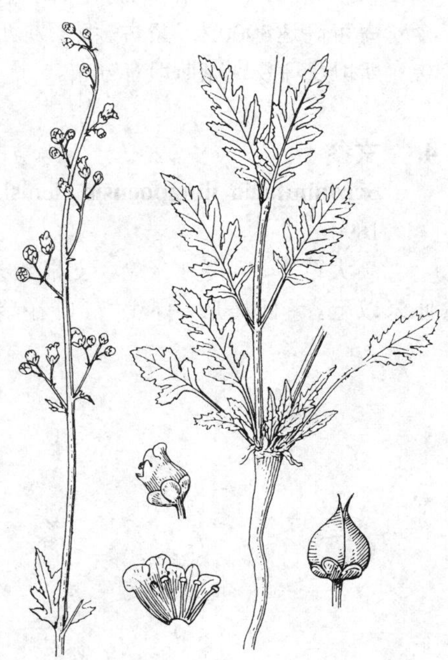

图 128 裂叶玄参（张泰利绘）

5-7月，果期7-8月。

产新疆北部，生于海拔700-2100米林边、山坡阴处、溪边、石隙或干燥砂砾地。哈萨克斯坦、吉尔吉斯斯坦和塔吉克斯坦有分布。

3. 砾玄参 图 129

Scrophularia incisa Weinm. Enum. Pl. Hort. Dorpat. 136. 1810.

亚灌木状草本，高达50(-70)厘米。茎近圆形，无毛或上部生微腺毛。叶窄长圆形或卵状椭圆形，长（1）2-5厘米，先端锐尖至钝，基部楔形或渐窄呈短柄状，边缘有浅齿至浅裂，稀基部有1-2深裂片，无毛，稀脉上有糠秕状微毛。顶生、稀疏的窄圆锥花序长10-20(-35)厘米，聚伞花序有1-7花，总梗和花梗生微腺毛。花萼长约2毫米，无毛或仅基部有微腺毛，裂片近圆形，有窄膜质边缘；花冠玫瑰红或暗紫红色，下唇较浅，长5-6毫米，花冠筒球状筒形，长约为花冠之半，上唇裂片先端圆，下唇侧裂片长约为上唇之半；雄蕊约与花冠等长，退化雄蕊长圆形，顶端圆或稍尖；子房长约1.5毫米，花柱长约为子房的3倍。蒴果球状卵圆形，连同短喙长约6毫米。花期6-8月，果期8-9月。

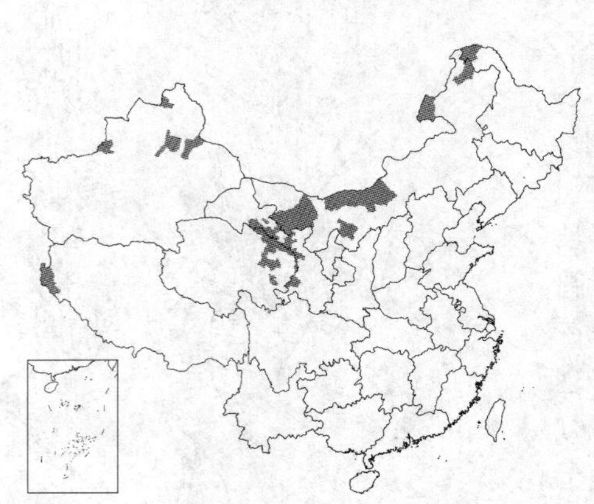

产黑龙江大兴安岭以西、内蒙古、甘肃、青海东北部及东部、西藏西部及新疆北部，生于河滩石砾地、湖边沙地或湿山沟草坡，海拔650-2600米至青海可高达3900米。蒙古、俄罗斯西伯利亚、哈萨克斯坦、格鲁吉亚、塔吉克斯坦及乌兹别克斯坦有分布。

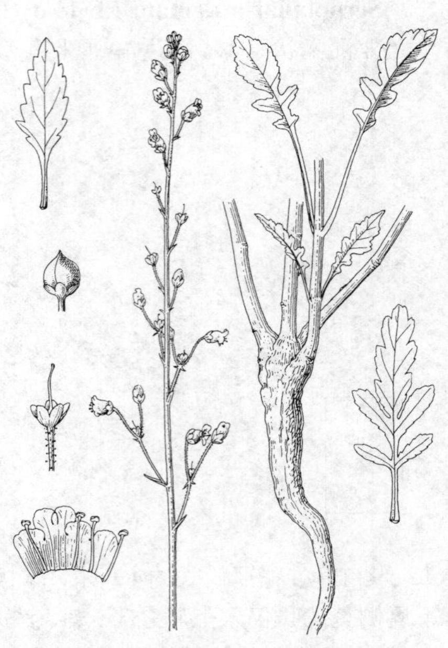

图 129 砾玄参 （引自《中国植物志》）

4. 玄参 图 130

Scrophularia ningpoensis Hemsl. in Journ. Linn. Soc. Bot. 26: 178. 1890.

高大草本，可达1米余。支根数条，纺锤形或胡萝卜状膨大，粗约3厘米以上。茎四棱形，有浅槽。叶在茎下部多对生而具柄，上部的有时互生而柄极短，柄长者达4.5厘米；叶形多变，多为卵形，有时上部为卵状披针形或披针形，基部楔形、圆或近心形，边缘具细锯齿，稀为不规则的细重锯齿，长8-30厘米。花序由顶生和腋生的聚伞圆锥花序合成大型圆锥花序，长达50厘米，在较小的植株中，仅有顶生聚伞圆锥花序，长不及10厘米，聚伞花序常2-4回复出。花梗长0.3-3厘米，有腺毛；花萼长2-3毫米，裂片圆形，边缘稍膜质；花冠褐紫色，长8-9毫米，上唇长于下唇约2.5毫米，裂片圆形，边缘相互重叠，下唇裂片多少卵形，中裂片稍短；雄

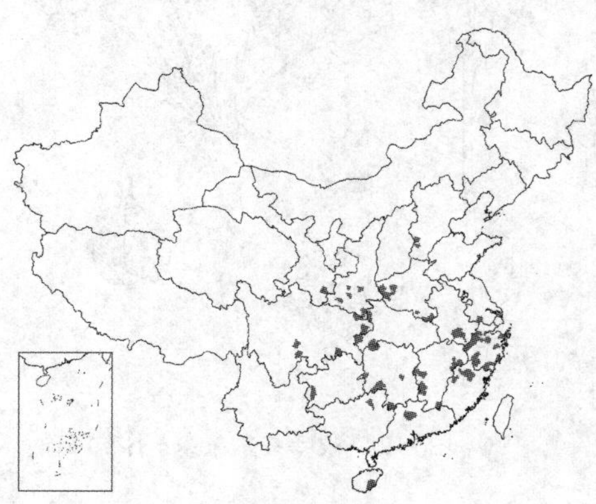

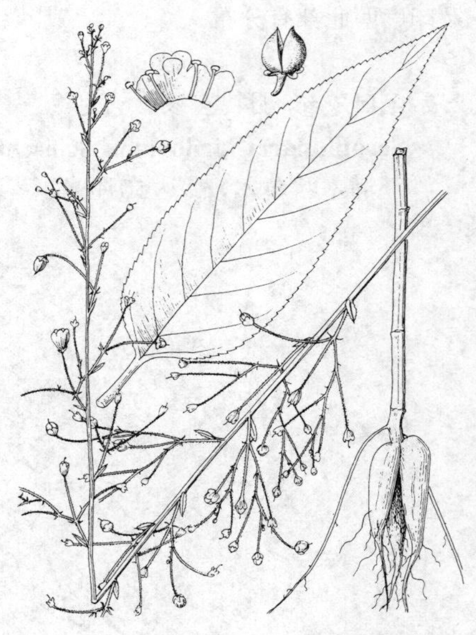

图 130 玄参 （引自《中国植物志》）

蕊短于下唇，花丝肥厚，退化雄蕊大而近圆形；花柱长约3毫米。蒴果卵圆形，连同短喙长8-9毫米。花期6-10月，果期9-11月。

产河北南部、山西、河南、安徽、江苏、浙江、福建、江西、湖北、湖南、广东、广西、贵州、四川、甘肃南部及陕西南部，生于海拔1700米以下竹林、溪旁、丛林或高草丛中。常有栽培。根药用，有滋阴降炎、消肿解毒等功效。

5.　双锯齿玄参　　图 131

Scrophularia yoshimurae Yamazaki in Journ. Jap. Bot. 23: 86. 1949.

多年生草本，高达1.2米，常分枝。根茎纺锤状。茎四棱形，多无毛，稀近基部被柔毛。叶卵形或卵状披针形，无毛，长5-14厘米，先端急尖或渐尖，基部平截、圆或楔形，边缘具重锯齿；叶柄长0.5-2.5厘米。聚伞花序组成大型圆锥花序，顶生，疏离；聚伞花序顶生和腋生，具2-9花，花序梗被腺状柔毛。花梗长0.8-2厘米，被腺状柔毛；花萼长3-5毫米，裂片卵形；花冠淡紫色、坛状，长0.7-1.2厘米，花冠筒长4-5毫米，上唇长3.5-4毫米，裂片圆形，下唇长约1.5毫米；雄蕊比花冠筒长约1.5毫米，花丝白色，被腺毛；子房无毛，花柱长3-5毫米。蒴果球形，径6-8毫米，顶端具尖头。

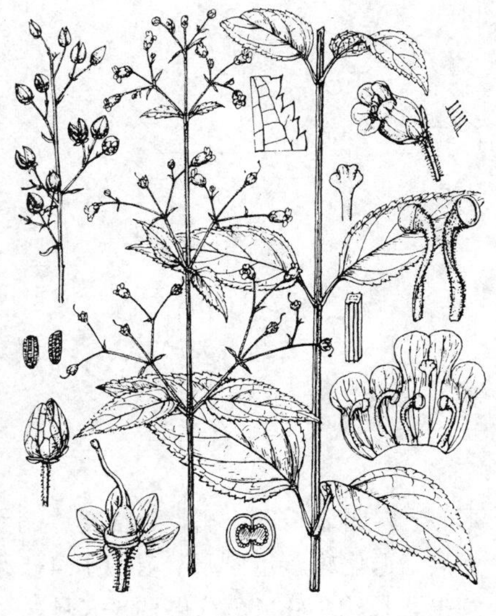

图 131　双锯齿玄参（引自《Fl. Taiwan》）

产台湾，生于海拔600-2900米林缘、路旁或溪边。

6.　小花玄参　　图 132

Scrophularia souliei Franch. in Bull. Soc. Bot. France 47: 15. 1900.

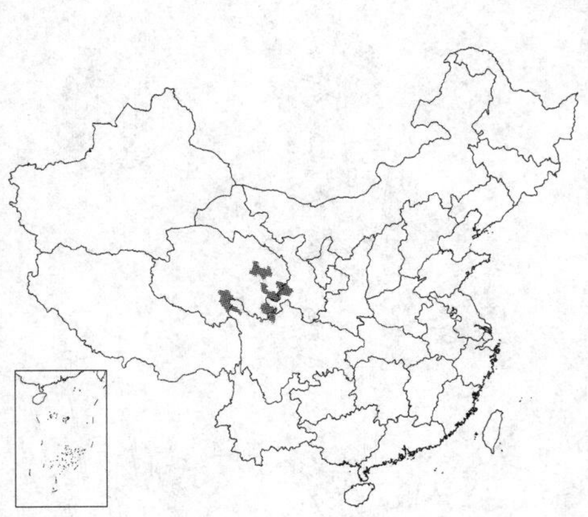

细弱小草本，有时3厘米即开花，高者达20厘米。根状茎细长，常有球形、径达5毫米的小结节。茎直立或多少弯曲上升，有疏毛。叶卵形或三角状卵形，稀长圆状卵形，基部楔形或近平截，边缘有不规则钝齿，上面疏生压平的白毛，下面脉上有疏毛。花序顶生，窄圆锥状而疏，聚伞花序对生，多具3花，总梗细长达1.7厘米。花梗长约2毫米，有短腺毛；花萼多少成盘状，长仅1毫米，裂片三角状卵形；花冠长约2毫米，绿色而喉部带褐色，花冠筒球形，上唇裂片宽圆，边缘均互不重叠，下唇显著短于上唇，裂片远小于上唇裂片；雄蕊不伸出，惟因下唇裂片外反而微微显露，退化雄蕊近圆形或肾形；子房长约0.7毫米，具约等长的花柱。蒴果尖卵圆形，长4-5毫米。花果期6-7月。

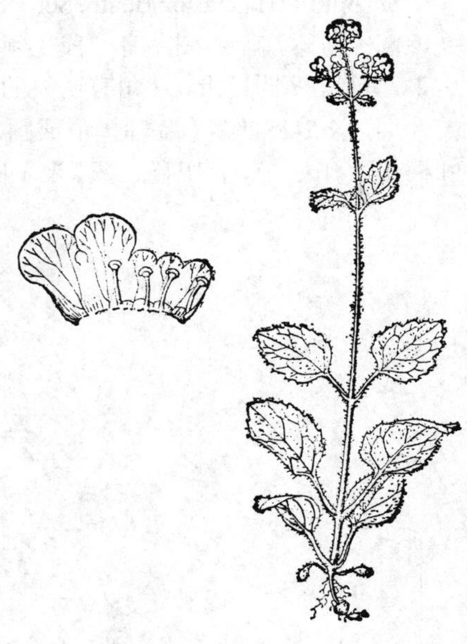

图 132　小花玄参（引自《图鉴》）

产四川西北部、青海东部及南部、甘肃西南部，生于海拔约3700米山坡草地。

7. 甘肃玄参 图 133

Scrophularia kansuensis Batal. in Acta Hort. Petrop. 13: 381. 1894.

矮小草本，高达40厘米。根状茎细长，节上常有小球形、径达5毫米的结节。茎中空，直立，多少四棱形，有腺毛。叶卵形，基部圆或近心形，长1-3厘米，近全缘或有不规则粗齿，上面几无毛或具疏毛，下面毛较密；叶柄长达2厘米。聚伞花序退化仅具1-2花，单生上部叶腋，多少聚成顶生窄花序，总梗长1-2.5厘米。花梗稍短，生腺毛；花萼长4-5毫米，有腺毛，裂片长卵形或卵状披针形；花冠绿白色，长约1厘米，花冠筒多少球形，上唇明显长于下唇，上唇裂片倒卵形，下唇裂片近圆形；雄蕊稍短于下唇，退化雄蕊近圆形；花柱长4-5毫米，稍长于卵圆形的子房。蒴果卵圆形，长约8毫米。花果期5-8月。

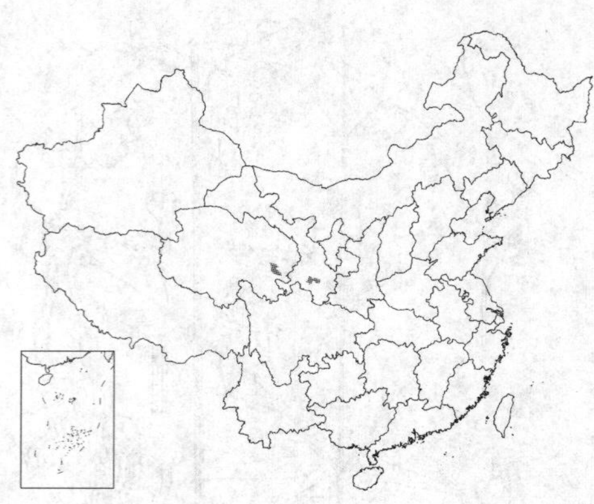

产甘肃南部、青海东部及四川北部，生于海拔2300-4500米山坡草地或田野。

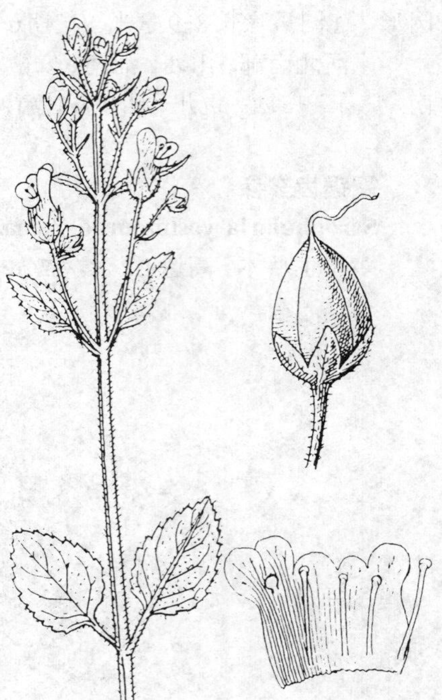

图 133 甘肃玄参（郭木森绘）

8. 高玄参 图 134

Scrophularia elatior Benth. Scroph. Ind. 18. 1835.

高大草本，高达2米，有一段生须根的地下茎，下端有粗结节的根，径达2.6厘米。茎四棱形，棱角有明显的翅，具白色髓心，常分枝。叶卵形或披针形，长5-25厘米，基部楔形或圆，稀浅心形，边缘有锯齿或重锯齿；叶柄长达10厘米，有明显之翅。聚伞圆锥花序顶生，长达30厘米，聚伞花序具5-12花，总梗长达5厘米，与花梗均有腺毛。花萼长约3毫米，裂片卵形，先端锐尖或稍尖；花冠长约6毫米，绿色，上唇稍长于下唇，裂片宽圆，边缘互相重叠，下唇的中裂片较窄；雄蕊长于花冠约1倍，退化雄蕊扇形或倒卵形，稍长于上唇，有时缺失；子房长约2.8毫米，花柱长约7毫米。蒴果球状卵圆形，连同短喙长7-8毫米。花期7-9月，果期9-11月。

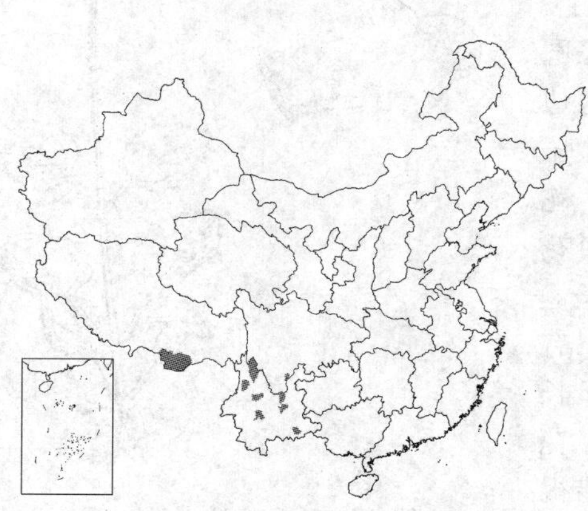

产云南、四川南部及西藏南部，生于海拔2000-3000米山坡、草地或溪边灌丛中。尼泊尔及锡金有分布。

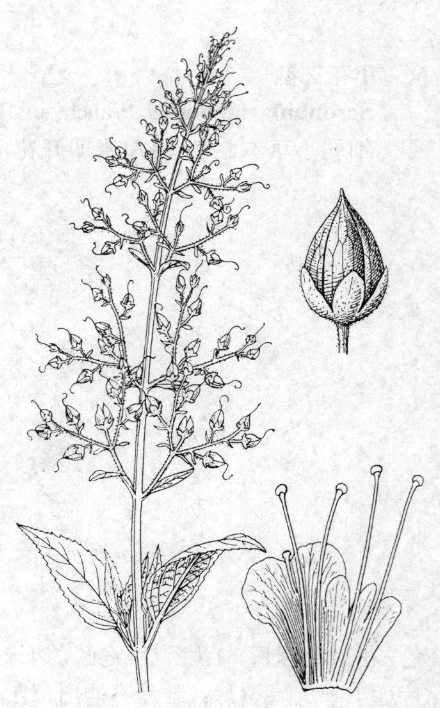

图 134 高玄参（郭木森绘）

9. 翅茎玄参 图 135

Scrophularia umbrosa Dum. Fl. Belg. 3: 37. 1827.

直立草本，高达1.3米，除花梗有腺毛外，均无毛。根头粗壮。茎四棱形，粗达8毫米，具宽达1毫米的窄翅，多分枝。叶卵形或卵状披针形，长7-10厘米，基部圆或近心形，具浅锯齿，齿边缘圆凸；叶柄长达5厘米，有窄翅。聚伞圆锥花序顶生，复出而大，花较密，生于主茎上的长达20厘米。花梗长达1厘米；花萼长2-3毫米，裂片宽卵形，先端近圆，具宽膜质边缘；花冠绿或黄色而带紫或褐色，长4-6毫米，花冠筒近球形，长3-4毫米，上唇稍长于下唇，裂片近半圆形，相邻边缘重叠，下唇中裂片比其侧裂片稍窄；雄蕊约与下唇等长，退化雄蕊肾形；子房长约2毫米，具近等长的花柱。蒴果卵圆形，连同尖喙长5-6毫米。花期6-8月，果期7-9月。

图 135 翅茎玄参 （郭木森绘）

产新疆北部，生于海拔900-1700米山沟林下或水沟边。俄罗斯及欧洲有分布。

10. 长梗玄参 图 136

Scrophularia fargesii Franch. in Bull. Soc. Bot. France 47: 12. 1900.

多年生草本，高达60厘米以上。根多少肉质变粗。茎中空，无毛或有白色柔毛或腺柔毛，基部有鳞片状叶。叶全对生，质较薄，卵形或宽卵形，长5-9厘米，基部圆或心状截形，稀宽楔形，边缘有向外伸张的、大小不等的重锐锯齿，无毛或上面有疏毛而下面仅脉上有微毛；叶柄长达5厘米，扁平而稍有翅，无毛或有密短毛。聚伞花序极疏，腋生或生于分枝顶端，有时因上部叶变小而多少圆锥状，具1-3花，极少复出而具5花，总梗及花梗均细长，长可达3厘米以上。花萼长约5毫米，裂片窄卵形或宽卵形，先端圆钝或稍尖，有膜质窄边，但结果时不明显；花冠紫红色，长1-1.2厘米，花冠筒卵状球形，上唇较下唇长2-3毫米，裂片长1.5-2毫米，边缘相互重叠，下唇裂片圆形，中间裂片较小；雄蕊稍短于下唇，退化雄蕊近圆形；花柱稍长于卵圆形子房，长3-4毫米。蒴果尖卵圆形，连同短喙长0.9-1厘米。花期6-7月，果期8月。

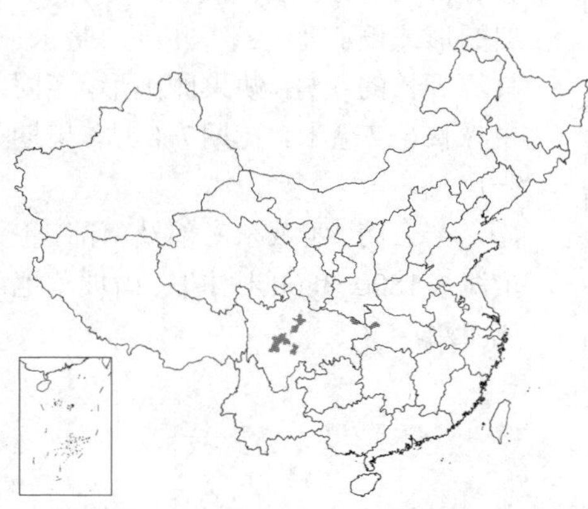

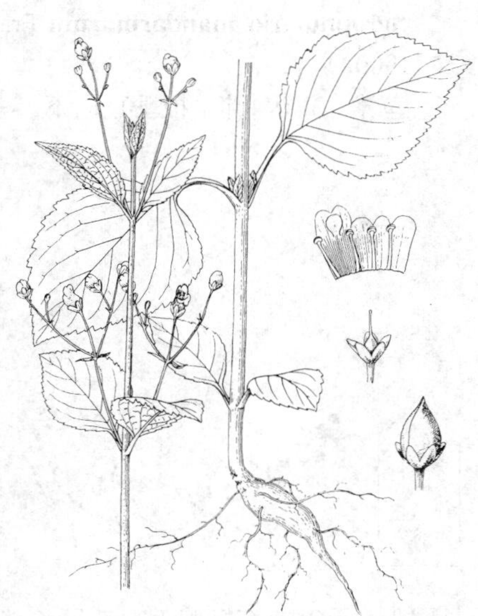

图 136 长梗玄参 （引自《中国植物志》）

产湖北西部及四川，生于海拔2000-3300米草地或灌丛中。

11. 山西玄参 图 137：1-5

Scrophularia modesta Kitagawa in Rep. First. Sci. Exped. Manch. sect. 4, 2: 28. t. 8. 1935.

草本，高达60厘米；根向下斜

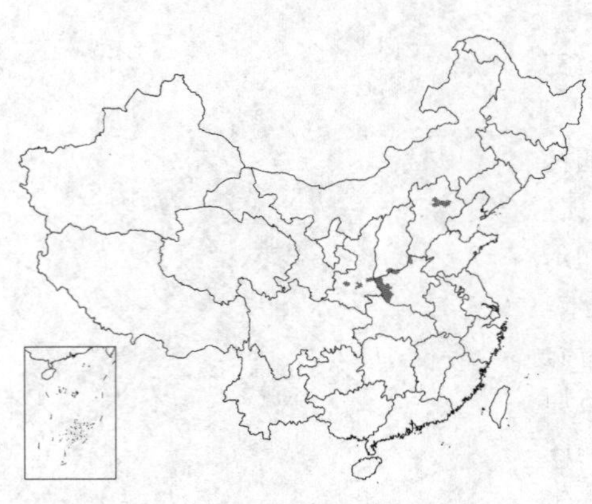

伸。茎四棱形，有白色髓心或有时中空，棱上微突，有密短腺毛。叶卵形、卵状长圆形或长圆状披针形，大者长达9厘米，基部圆、多少平截或近心形，稀宽楔形，两侧常不对称，边缘有多变的齿，齿圆钝，两面有短毛。花序顶生或还有侧枝之聚伞圆锥花序，长达30厘米，聚伞花序稍稀疏，有(3-)6-9花，总梗长达1.5厘米。花梗长仅4毫米或更短，稀长达1厘米，均有腺毛；花萼长约4毫米，几无毛，裂片卵形；花冠绿或黄绿色，长约8毫米，花冠筒多长球形，长约4毫米，上唇约比下唇长1毫米，裂片卵形，相邻边缘相互重叠，下唇的中裂片稍短于圆形的侧裂片；雄蕊稍短于下唇，退化雄蕊近扇形或横长圆形；子房长约2.5毫米，花柱长3-4毫米。蒴果卵圆形，连同短喙长6-9毫米。花期5-7月，果期7-9月。

产河北北部、山西南部、河南北部及西部、陕西秦岭，生于海拔1100-2300米草地、河流旁、山沟阴处或林下。

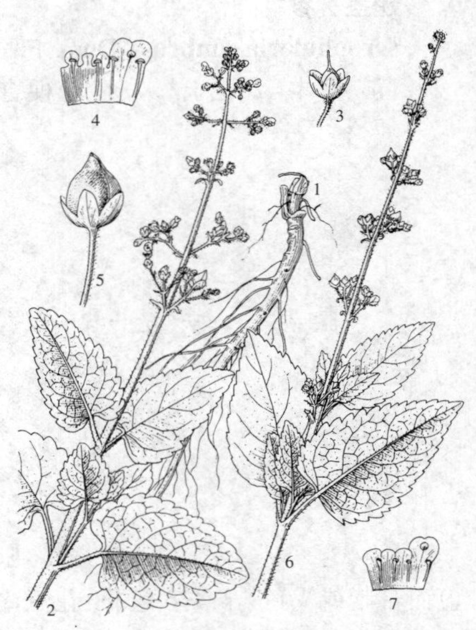

图 137：1-5. 山西玄参 6-7. 单齿玄参
（引自《中国植物志》）

12. 单齿玄参 图 137：6-7

Scrophularia mandarinorum Franch. in Bull. Soc. Bot. France 47: 13. 1900.

草本，高达1米。根垂直向下。茎四棱形或下部近四棱形，有白色髓心，被腺毛或下部几无毛。叶约8-10对，卵形或卵状披针形，基部宽楔形、圆或近心形，边缘锯齿整齐，偶有重锯齿，无毛或两面均生或长或短的柔毛；柄长达2.5厘米，或有下延的窄翅，有腺毛或几无毛。花序窄聚伞圆锥状，花稀疏，长达20厘米，聚伞花序总梗和花梗均有腺毛，长0.5-1.5厘米。花萼长2-3毫米，裂片卵状披针形或披针状长圆形，无毛或有微腺毛；花冠长（5-）6-8毫米，花冠筒稍肿胀，长3-5毫米，上唇较下唇长1-1.5毫米，裂片圆大，边缘相互重叠，下唇侧裂片宽过于长，中裂片较小；雄蕊约与下唇等长或稍短，退化雄蕊小，近圆形、扁圆形或倒心形；子房长约2毫米，具约等长的花柱。蒴果卵圆形，连同短喙长6-7毫米。花期7-8月，果期8-10月。

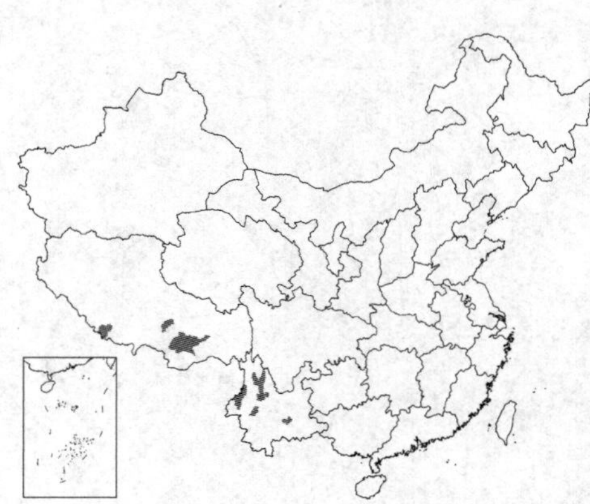

产云南、西藏东南部及南部，生于海拔1800-3800米林下、山坡草地或河滩。

13. 大果玄参 图 138

Scrophularia macrocarpa P.C. Tsoong , Fl. Reipubl. Popul. Sin. 67(2): 395. 69. 1979.

多年生草本，高达35厘米。根多少肥大，粗达2厘米。茎中空，基部有苞片状鳞叶。叶3-4对，卵形、宽卵形或三角状卵形，长达9.5厘米，基

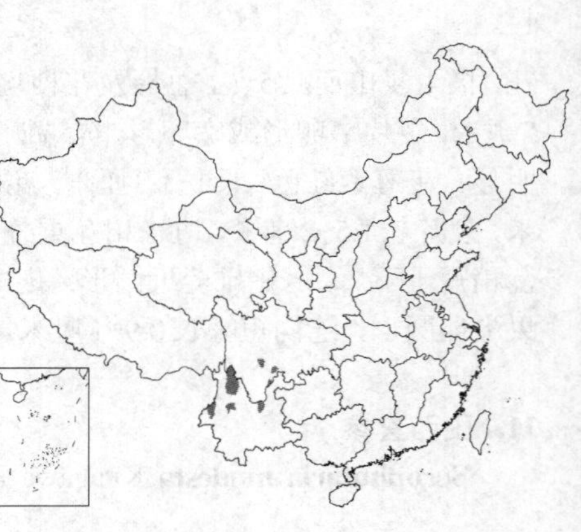

部楔形或浅心形，无毛或上面有微毛，边缘有多变的重锯齿；叶柄扁平，有窄翅，长达6厘米。花序顶生短总状或短窄的圆锥状，聚伞花序多退化成单花或有时含3花，总梗和花梗均长达1厘米以上，有腺毛。花黄绿色；花萼长5-6毫米，裂片卵状披针形，先端锐尖；花冠长约9毫米，上唇约长于下唇2.5毫米，裂片宽圆，边缘互相重叠，下唇裂片圆形，小于上唇裂片，花冠筒长约5毫米，近球形；雄蕊稍短于下唇，退化雄蕊倒卵形而小；子房长3毫米，花柱与子房等长或稍长。蒴果卵圆形，连同短喙长1.1-1.4厘米。花期5月。

产云南及四川南部，生于海拔3000-3600米高山林中。

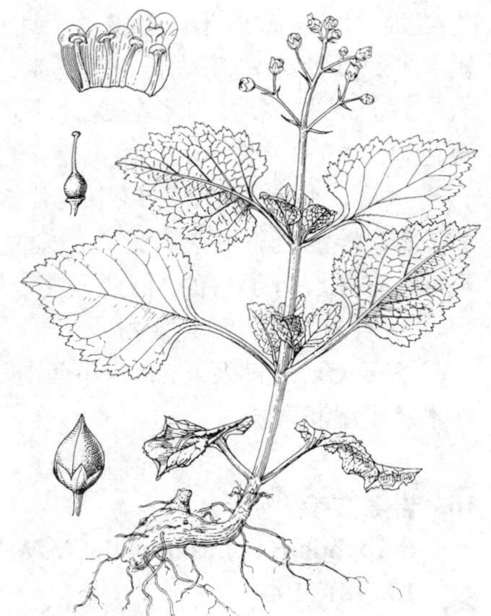

图 138 大果玄参（张春方绘）

14. 北玄参 图 139

Scrophularia buergeriana Miq. in Ann. Bot. Lugd. Bat. 2: 116. 1865.

高大草本，高达1.5米，具地下茎。根头肉质结节，支根纺锤形膨大。

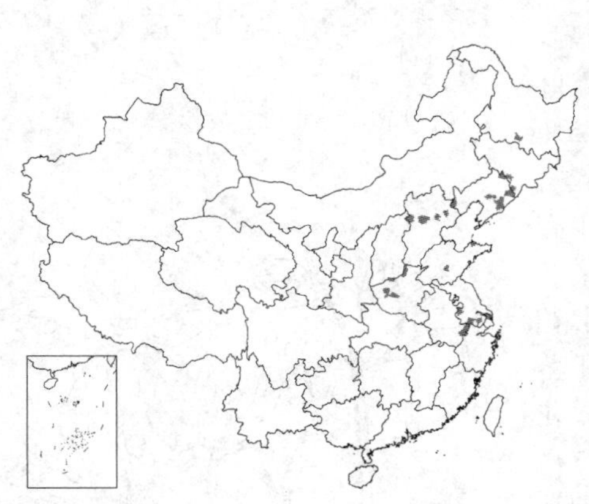

茎四棱形，具白色髓心，稍有窄翅，无毛或有微毛。叶卵形或椭圆状卵形，多少三角形，长5-12厘米，基部宽楔形或平截，边缘有锐锯齿，无毛或下面有微毛；叶柄长达5.5厘米，无毛或有微毛。穗状花序长达50厘米，宽不超过2厘米，除顶生花序外，常由上部叶腋发出侧生花序，聚伞花序全部互生或下部的极接近而似对生，总花梗和花梗均不超过5毫米，多少有腺毛。花萼长约2毫米，裂片卵状椭圆形或宽卵形；花冠黄绿色，长5-6毫米，上唇长于下唇约1.5毫米，两唇的裂片均圆钝，上唇2裂片边缘互相重叠，下唇中裂片稍小；雄蕊几与下唇等长，退化雄蕊倒卵状圆形；花柱长约3毫米，约为子房的2倍。蒴果卵圆形，长4-6毫米。花期7月，果期8-9月。

产黑龙江、吉林、辽宁、河北、河南、山东、江苏南部及安徽东部，生于低山荒坡或湿草地。朝鲜、日本有分布。

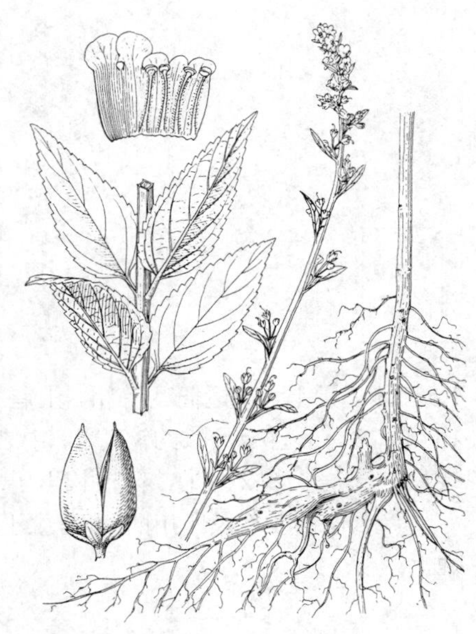

图 139 北玄参 （郭木森绘）

[附] **秦岭北玄参** 北玄参秦岭变种 **Scrophularia buergeriana** var. **tsinglingensis** P. C. Tsoong, Fl. Reipubl. Popul. Sin. 67(2): 395. 72. 1979. 与模式变种的区别：茎、叶柄、叶下面生白色长毛。花期7-8月。产甘肃东部、陕西太白山及山西南部，生河边草地。

15. 大花玄参 图 140 : 1-3

Scrophularia delavayi Franch. Bull. Soc. Bot. France 47: 15. 1900.

多年生草本，高达45厘米；根较茎粗壮，下部分裂成数条细长支根。茎常丛生，有疏毛，基部各节具苞片状鳞叶。叶卵形或卵状菱形，长2.5-7厘米，基部宽楔形至近截形，边缘有缺刻状重锯齿，无毛或有疏毛；叶柄长达4厘米，扁平有窄翅，无毛或被疏毛。花序近头状或多少伸长

为穗状，长3-10厘米，有腺毛，具1-3轮，聚伞花序具1-3花。花梗极短至长达1厘米；花萼长5-7毫米，歪斜，多少二唇形，上方3裂片开裂较浅，下方2裂片开裂较深而小，顶端锐尖，无毛或有疏腺毛；花冠黄色，长0.9-1.5厘米，外面无毛，上唇及其下筒中有长柔毛，上唇显著长于下唇，裂片圆形，下唇中裂片多少舌形而窄，花冠筒近钟形，长约6毫米；雄蕊达下唇裂片之半，退化雄蕊圆形或多少肾形；子房长约3毫米，花柱长为子房的2倍或稍多。蒴果窄尖卵圆形，连同短喙长约7毫米。花期5-7月，果期8月。

产云南西北部及北部、四川西南部，生于海拔3100-3800米山坡草地或灌木丛中湿润岩隙。

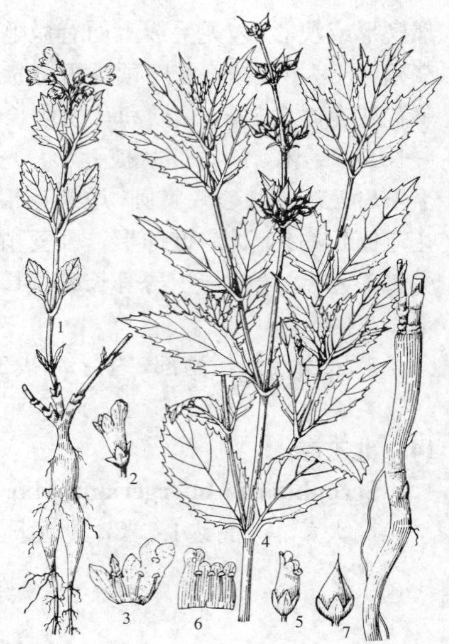

图 140：1-3 .大花玄参 4-7.马边玄参
（王金凤绘）

16. 岩隙玄参 图 141

Scrophularia chasmophila W. W. Smith in Notes Roy. Bot. Gard. Edinb. 13: 181. 1921.

矮小草本，高达10厘米。根伸长，长达15厘米。茎柔软弯曲，易压扁，基部各节具苞片状鳞叶。叶小，多少菱状卵形，长达1.5厘米，基部宽楔形，上面生较密的伏毛，下面仅边缘及脉上有毛，边缘有不显著的疏齿；叶柄长达5毫米，顶端较宽阔。花少数，常4朵，两两对生于茎顶的苞片腋中成短花序；花梗长达5毫米；花萼长5-7毫米，多少歪斜，有腺毛，裂片不等，先端常锐尖；花冠长达1.5厘米，无毛，花冠筒几等粗，上唇长于下唇达5毫米，裂片圆形，边缘相互重叠，下唇裂片长约3毫米，中裂片较小；雄蕊长达下唇，退化雄蕊线形；子房长约2毫米，花柱长于子房4-5倍。花期7月。

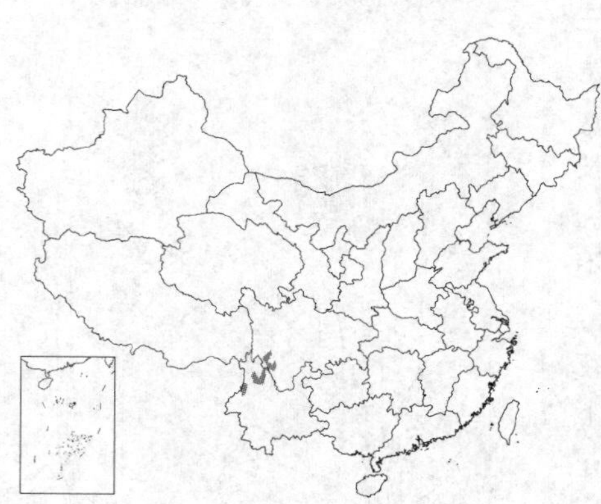

产云南西北部及四川西南部，生于海拔3700-4300米高山开旷的多石草地上。

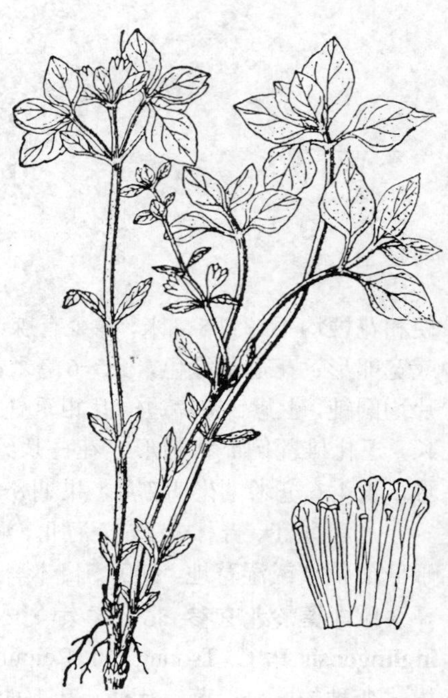

图 141 岩隙玄参 （路桂兰 王金凤绘）

17. 马边玄参 图 140 : 4-7

Scrophularia mapienensis P. C. Tsoong, Fl. Reipubl. Popul. Sin. 67 (2): 395. 83. 1979.

多年生草本，高达80厘米。根状茎粗壮，支根细长。茎直立，中空，基部各节有苞片状鳞叶，上部分枝，有疏毛。叶披针状长圆形或卵形，长3-7厘米，基部楔形至钝，边缘有不规则的锯齿或重锯齿，上面疏生细毛，下面常仅脉上有毛；叶柄不超过2厘米，扁平宽阔，基部与茎节相连处有丛毛。花序头状或穗状，由聚伞花序组成，结果时长达8厘米，总花梗和花梗均有腺毛。花萼长4-5毫米，裂片卵形，无毛或密生腺毛；花冠黄白或紫色，长约9毫米，无毛或有腺毛，上唇长于下唇约2毫米，裂片边缘相互重叠，下唇裂片较小，中裂片更小，花冠筒稍膨大，长约5毫米；雄蕊约与花冠筒等长，退化雄蕊窄匙形、近圆形或倒心形；子房长2-3毫米，花柱约与子房等长或稍长。蒴果尖卵圆形，连同短喙长1-1.2厘米。花期6-7月，果期8-10月。

产四川及云南东北部，生于海拔2900-3200米灌木林中或山坡草地。

6. 藏玄参属 **Oreosolen** Hook. f.

（洪德元 潘开玉）

多年生矮小草本，高不过5厘米，全体被粒状腺毛。根粗壮。叶对生，在茎顶端集成莲座状，心形、扇形或卵形，长2-5厘米，边缘具不规则缺齿，网纹强烈凹陷，基出掌状脉5-9，具极短而宽扁的叶柄，下部叶鳞片状。花数朵簇生叶腋；花梗极短，有1对小苞片；花萼5裂几达基部，萼片线状披针形；花冠黄色，长1.5-2.5厘米，具长筒，檐部二唇形，上唇2裂，裂片卵圆形，下唇3裂，裂片倒卵形，上唇长于下唇；雄蕊4，内藏或稍伸出，花丝粗壮，顶端膨大，花药1室，横置，退化雄蕊1，针状，贴生于上唇中央。蒴果卵圆形，长达8毫米，顶端渐尖，室间2裂。种子椭圆状，长近2毫米，暗褐色，具网纹。

单种属。

藏玄参 图 142 彩片 34

Oreosolen wattii Hook. f. Fl. Brit. Ind. 4: 318. 1884.

形态特征同属。花期6月，果期8月。

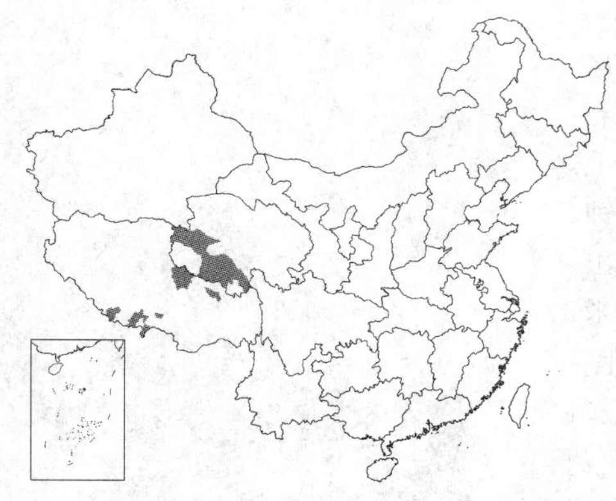

产西藏东北部及南部、青海西南部，生于海拔3000-5100米高山草甸。尼泊尔、锡金及不丹有分布。

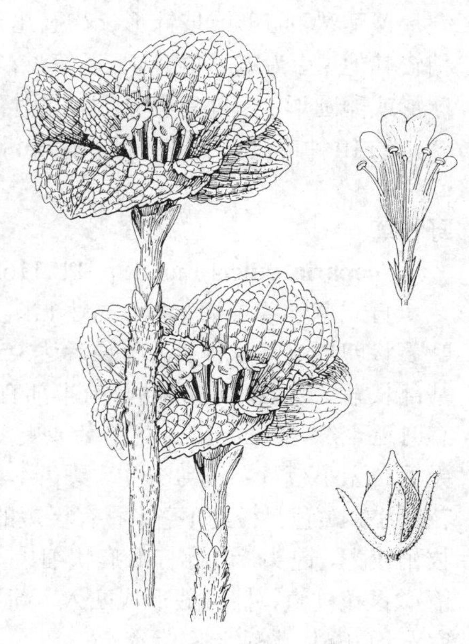

图 142 藏玄参（引自《中国植物志》）

7. 石玄参属 **Nathaliella** B. Fedtschenko

（洪德元 潘开玉）

多年生小草本。根粗壮，垂直。茎基密集残存的叶及白色刚毛。叶莲座状，宽卵形，长1-1.5厘米，先端钝，基部楔形，全缘，具短缘毛；叶柄长为叶片的2倍。花单生叶腋，具短梗；花萼长4-5毫米，5裂，裂片短，先端钝；花冠紫红色，长约1.5厘米，檐部不明显二唇形，上唇2裂，下唇3裂，喉部稍膨大；花冠筒细筒形；能育雄蕊4，稍二强，生于花冠筒基中，且1/2与筒部贴生，花丝丝状，无毛，药室稍叉开；退化雄蕊1；子房具多数胚珠，花柱丝状，柱头扁平。蒴果卵圆形，长0.5-1厘米，无毛，2瓣裂。

单种属。

石玄参

Nathaliella alaica B. Fedtsch. in Bot. Zhurn. S. S. S. R. 17: 327. 1932.

形态特征同属。花期6月，果期8月。

产新疆中北部，生于海拔1500-1600米向阳石坡。吉尔吉斯斯坦有分布。

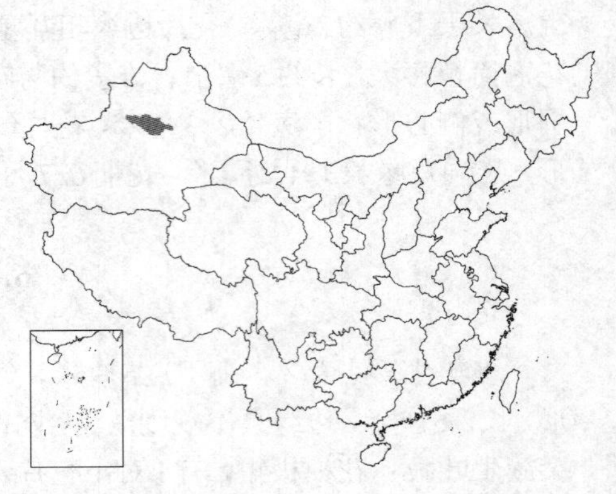

8. 野甘草属 Scoparia Linn.

（谷粹芝）

多枝草本或小灌木。叶对生或轮生，全缘或有齿，常有腺点。花腋生，具细梗，单生或常成对；花萼4-5裂，裂片覆瓦状，卵形或披针形；花冠几无管而近辐状，喉部生有密毛，裂片4，覆瓦状，在蕾中时后方1片处于外方，稍较其他3片为宽；雄蕊4，近等长，药室分离，并行或2分；子房球形，内含多数胚珠，花柱顶生稍膨大。蒴果球形或卵圆形，室间室背开裂，果爿薄，缘内卷。种子小，倒卵圆形，有棱角，种皮贴生，有蜂窝状孔纹。

约10种，分布于墨西哥和南美洲，其中有1种广布于全球热带。我国引入1种。

野甘草 图 143

Scoparia dulcis Linn. Sp. Pl. 116. 1753.

直立草本或半灌木状，高达1米。茎多分枝，枝有棱角及窄翅，无毛。叶菱状卵形或菱状披针形，长者达3.5厘米，枝上部叶较小而多，先端钝，基部长渐窄、全缘而成短柄，前半部有齿，齿有时颇深多少缺刻状而重出，有时近全缘，两面无毛。花单朵或更多成对生于叶腋；花梗长0.5-1厘米，无毛；无小苞片；花萼分生，萼齿4，卵状长圆形，长约2毫米，具睫毛；花冠小，白色，径约4毫米，有极短的管，喉部生有密毛，瓣片4，上方1枚稍较大，钝头，边缘有啮痕状细齿，长2-3毫米；雄蕊4，近等长，花药箭形；花柱直，柱头截形或凹入。蒴果卵圆形或球形，径2-3毫米，室间室背均开裂，中轴胎座宿存。

原产美洲热带，现已广布于全球热带。福建、台湾、广东、海南、广西及云南已野化，生于荒地、路旁或山坡。

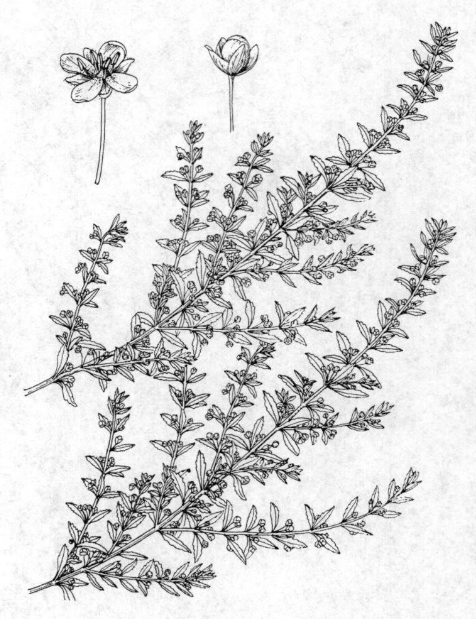

图 143 野甘草（引自《中国植物志》）

9. 假马齿苋属 Bacopa Aubl.

（洪德元 潘开玉）

直立或铺散草本。叶对生。花单生叶腋或在茎顶端集成总状花序。小苞片1-2或缺如；萼片5，完全分离，覆瓦状排列，后方1枚常常最宽大，前方1枚次之，侧面3枚被包裹，最窄小；花冠筒管状，檐部开展，二唇形，上唇微凹或2裂，下唇3裂；雄蕊4，2强，稀5，药室并行而分离；柱头扩大，头状或短2裂。蒴果卵圆状或球状，有两条沟槽，室背2裂或室背室间4裂成4爿。种子多数，微小。

约60种，分布于热带和亚热带，主产美洲。我国2种。

1. 茎直立；花梗短，长仅2毫米；柱头2裂 ………………………………………………… 1. **麦花草 B. floribunda**
1. 茎匍匐生根；花有明显之梗；柱头头状 ………………………………………………… 2. **假马齿苋 B. monnieri**

1. 麦花草 图 144

Bacopa floribunda (R. Br.) Wettst. in Engl. u. Prantl, Nat. Pflanzenfam. 4, (3b): 77. 1895.

Herpestis floribunda R. Br. Prodr. 442, 1810.

一年生直立草本，根须状。茎高15-40厘米，有时中上部分枝，下部无毛，上部疏生短糙毛。叶无柄，条形至条状椭圆形，长1-5厘米，全缘或有几个小齿，无毛。花单生叶腋或有时在茎顶集成总状花序；花梗极短，长仅2毫米，萼下有一对丝状小苞片；萼片边缘有糙毛，背面有黄色透明腺点，后方一枚圆形，长约6毫米，前方1枚卵圆形，其余3枚卵形或披针形；花冠白色，与花萼等长，上唇2裂；雄蕊4；柱头2裂。蒴果卵圆形，为扩大的萼片包裹，4爿裂。种子棕色，椭圆状锥形，有格状饰纹，长约0.3毫米。花期8-11月。

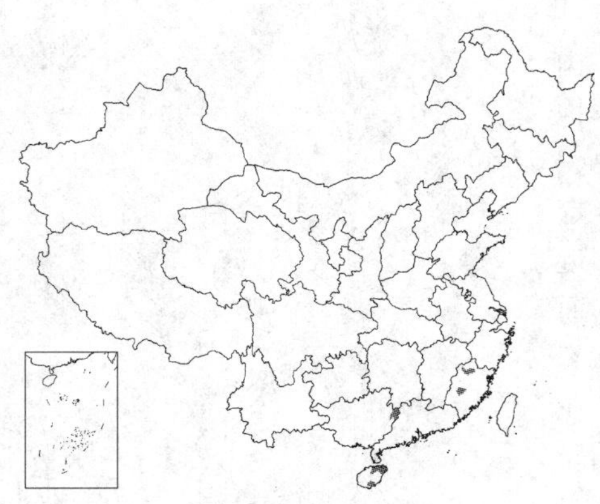

图 144 麦花草（蔡淑琴绘）

产福建、海南及广西东部，生水田及湿地。亚洲和大洋洲热带广布。

2. 假马齿苋 图 145

Bacopa monnieri (Linn.) Wettst. in Engl. u. Prantl, Nat. Pflanzenfam. 4, (3b): 77. 1895.

Lysimachia monnieri Linn. Cent. Pl. 2: 9. 1756.

匍匐草本，节上生根，多少肉质，无毛，体态极象马齿苋。叶无柄，长圆状倒披针形，长0.8-2厘米，先端圆钝，极少有齿。花单生叶腋；花梗长0.5-3.5厘米；花萼片有1对线形小苞片，萼片前后两枚卵状披针形，其余3枚披针形或线形，长约5毫米；花冠蓝、紫或白色，长0.8-1厘米，不明显二唇形，上唇2裂；雄蕊4；柱头头状。蒴果长卵圆状，顶端急尖，包在宿存花萼内，4爿裂。种子椭圆状，顶端平截，黄棕色，具纵条棱。花期5-10月。

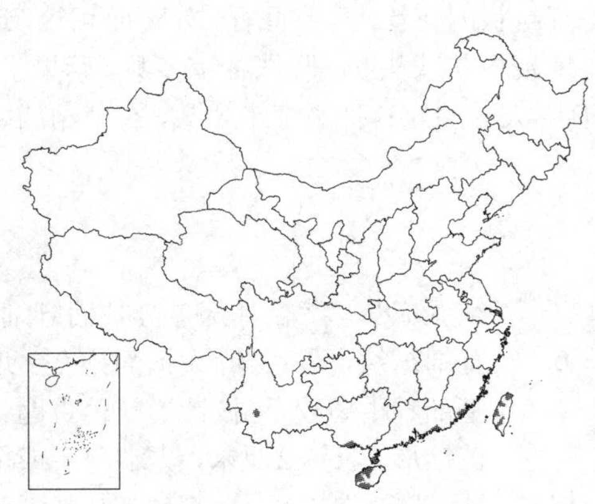

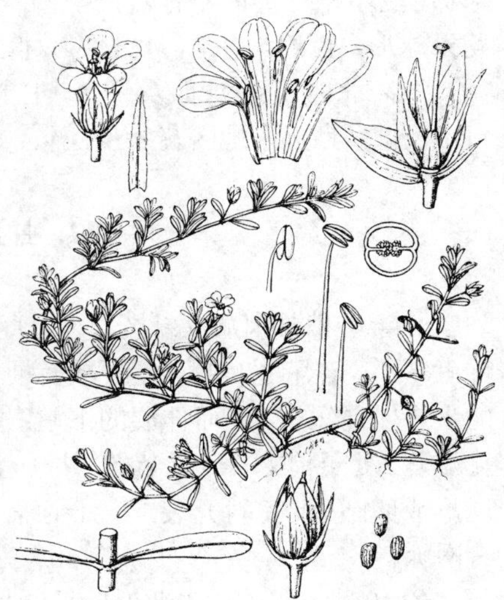

图 145 假马齿苋（引自《Fl. Taiwan》）

产福建、台湾、广东、海南及云南，生水边、湿地或沙滩。全球热带广布。

10. 水八角属 **Gratiola** Linn.

（杨汉碧）

草本，茎直立或平卧，肉质，无毛或被腺状柔毛。叶对生，无柄，全缘或具锯齿。花单生叶腋。花梗极短或丝状，近萼有2小苞片；花萼5深裂，裂片窄长；花冠二唇形，白、黄或紫红色，花冠筒状，上唇全缘或2浅裂，下唇3裂，在花蕾中上唇包下唇；雄蕊内藏，能育雄蕊2，着生花冠筒后方，花丝丝状，药室分离，平行而横向或垂直，退化雄蕊2或无，着生花冠筒前方，丝状；花柱丝状，柱头膨大，外折或2片状，胚珠多数。蒴果球形或卵圆形，室背及室间裂成4爿，每爿边缘内折与胎座柱分离。种子多数，形小，具条纹及横网纹。

约25种，主产温带及亚热带。我国2种。

水八角 白花水八角　　图 146

Gratiola japonica Miq. in Ann. Mus. Bot. Lugd.-Bat. 2: 117. 1866.

一年生草本；无毛。根状茎细长。茎高达25（-30）厘米，直立，肉质，中下部分枝。叶基部半抱茎，长椭圆形，长（0.7-）1-2（-2.5）厘米，宽2-7毫米，全缘，不明显三出脉。花单生叶腋，近无梗；小苞片2，与萼片同形而稍长。花萼长约4毫米，5深裂近基部，萼片长圆状披针形；花冠稍二唇形，白或淡黄色，长5-7毫米，花冠筒较唇部长，上唇顶端钝或微凹，下唇3裂，裂片有时凹缺；雄蕊2枚，着生上唇基部，药室略分离而平行，下唇基部有2枚短棒状退化雄蕊；柱头2浅裂。蒴果球形，径约4毫米，4爿裂。种子细长，具网纹。花果期5-7月。

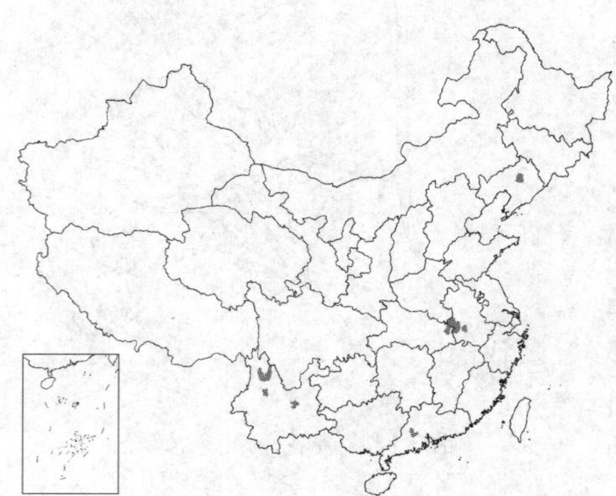

产东北、江苏、江西及云南，生于稻田及水边带粘性淤泥。朝鲜半岛、日本及俄罗斯远东地区有分布。

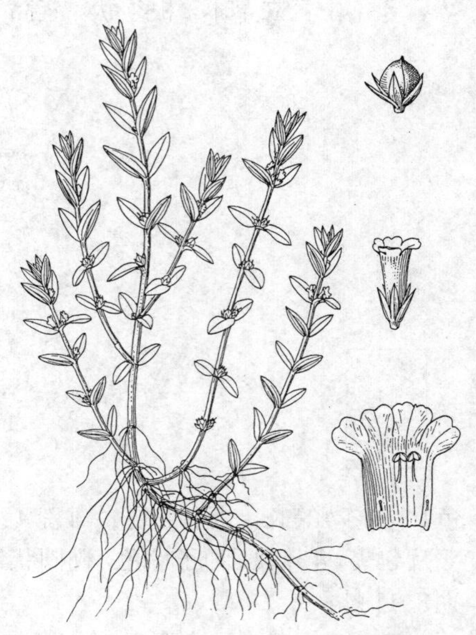

图 146 水八角（引自《中国植物志》）

11. 虻眼属 **Dopatricum** Buch.-Ham. ex Benth.

（谷粹芝）

一年生稍带肉质的纤弱草本，直立，简单或有分枝，有时倾卧。叶对生，全缘，肉质，有时退化为鳞片状，上部者常小。花腋生单出，无梗或有梗，无小苞；花萼5深裂；花管明显超出花萼，向上扩大，瓣片二唇状，其2裂的上唇明显短于3裂而伸展的下唇；能育雄蕊2，处于后方，生于花管，有丝状的花丝，药室并行，分离而相等，退化雄蕊2处于前方，小而全缘，生于管内；花柱短，顶端具2片状柱头，或棍棒状或头状，胚珠各室多数。蒴果小，球形或卵圆形，室背开裂，其爿全缘或顶部稍2浅裂，中部有隔障，生有膨大的胎座；种子细小多数，有节结或略有网脉。

约10种，分布于非洲、亚洲和大洋洲的热带地区，我国1种。

虻眼　　图 147

Dopatricum junceum (Roxb.) Buch.-Ham. ex Benth. in Bot. Reg. 21: 46. t. 1770. 1835.

Gratiola juncea Roxb. Fl. Coromand. 2: 16. t. 129. 1798.

一年生直立草本，稍带肉质，高达50厘米，低小者5厘米即开花。根须状成丛。茎自基部多分枝而纤细，有细纵纹，无毛。叶无柄而抱茎；近基部者距离较近，披针形或稍带匙状披针形，长达2厘米，先端急尖或微钝，基部常长渐窄，全缘，叶脉不明

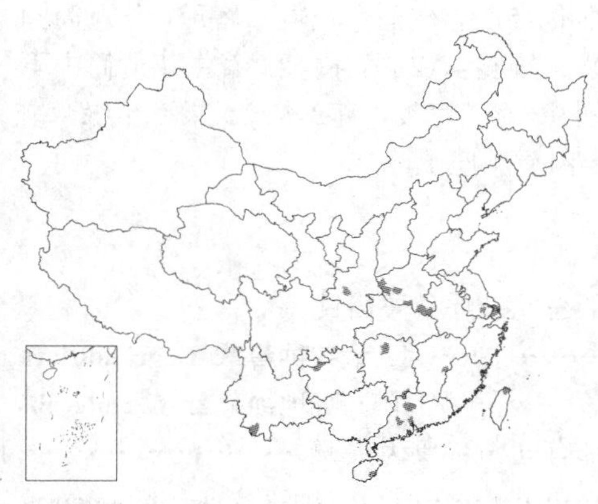

显；向上距离较远而较小，常为卵形或椭圆形，先端钝；在茎之上部者很小，有时退化为鳞片状。花单生叶腋；花梗纤细，下部的极短，向上渐长可达1厘米，无小苞片；花萼钟状，长约2毫米，萼齿5；花冠白、玫瑰或淡紫色，比花萼长约2倍，上唇短而直立，2裂，下唇开展，3裂；雄蕊4，后方2枚能育，药室并行，前方2枚退化而小。蒴果球形，径2毫米，室背2裂。种子卵圆状长圆形，有细网纹。花期8-11月。

产陕西南部、河南、江西、江苏、台湾、广东、广西及云南，常生于稻田或潮湿处。不丹、印度、泰国、越南、马来西亚、菲律宾、印度尼西亚、日本、澳大利亚及大洋洲有分布。

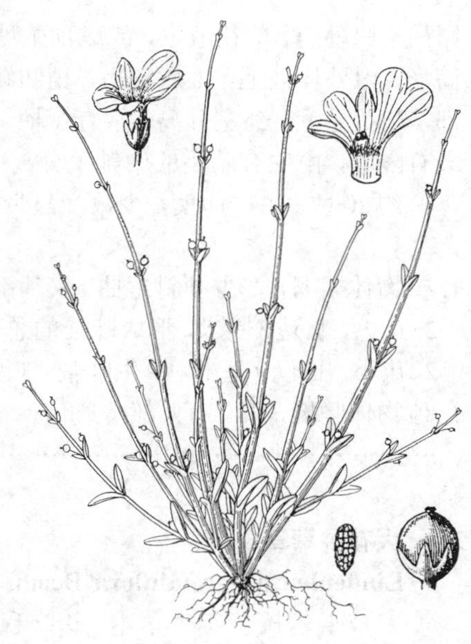

图 147 虻眼（蔡淑琴绘）

12. 泽蕃椒属 Deinostemma Yamazaki

（洪德元 潘开玉）

沼生一年生草本，植株纤细，高约20厘米，全体无毛。叶对生，线状钻形，全缘，长达1厘米；花单朵腋生，无小苞片，花梗极短至长4毫米；花萼管状钟形，5深裂达近基部，裂片在花蕾中镊合状排列，钻形；花冠明显二唇形，上唇深2裂，下唇3裂，裂片开展，比上唇长；雄蕊2，位于后方，前方2枚几完全退化，花丝顶端扭曲，花药被毛。蒴果卵状椭圆形，长2毫米，4爿裂。种子椭圆形，黄棕色，长约0.5毫米，具网纹。

单种属。

泽蕃椒 图 148

Deinostemma violaceum (Maxim.) Yamazaki in Journ. Jap. Bot. 28: 129. 1953.

Gratiola violacea Maxim. in Mel. Biol. 9: 407. 1874.

形态特征同属。

产辽宁南部、江苏南部、浙江西北部及台湾。朝鲜半岛及日本有分布。

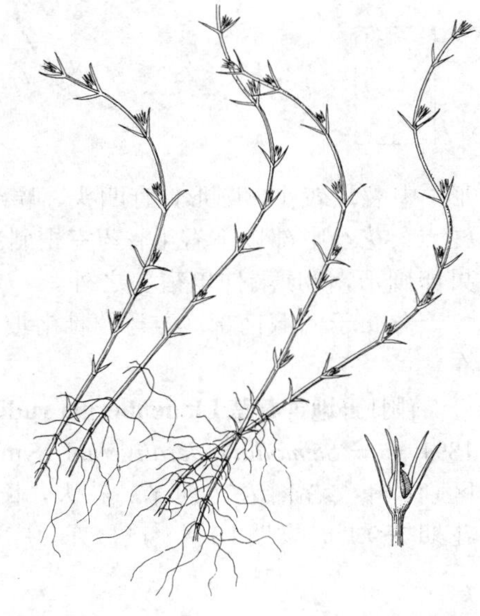

图 148 泽蕃椒（冯晋庸绘）

13. 钟萼草属 Lindenbergia Lehm.

（杨汉碧）

一年生或多年生草本；草质或基部木质，被毛，直立或倾卧，下部节上生根，多分枝。叶对生或上部互生，有锯齿，具短柄。单花腋生，或成顶生穗状或总状花序；苞片叶状。花萼钟状，5裂，被毛；花冠二唇形，花冠筒圆筒形，内外均被毛，上唇宽短，稍凹缺或2裂，下唇较大，3裂，常有褶襞；雄蕊4，2强，内藏，着生花冠筒中下部，花丝无毛，药室分离，常有短柄，柱头不裂。蒴果常包于宿萼内，花柱宿存，室裂，有2沟纹，果爿全缘，中部有隔障，由生有胎座的中轴上分离 。种子多数，极小，椭圆形，半陷于肉质胎座上。

约20种，主产印度，少数产热带非洲和马亚西亚。我国5种。

1. 植物体柔弱，多少倾斜弯曲，仅基部木质化；花单生叶腋或形成稀疏的总状花序；萼齿钝。
  2. 花大，长达3厘米，形成疏松的总状花序；叶大者长达20厘米 ………………………… 1. **大花钟萼草 L. grandiflora**
  2. 花小，长仅9毫米，单生叶腋；叶大者亦不超过6厘米 ……………………………… 1(附). **野地钟萼草 L. ruderalis**
1. 植物体坚挺，直立，大部木质化；花形成稠密的穗状总状花序，仅下部有间断；萼齿尖锐 ……………………………………………………………………………………………… 2. **钟萼草 L. philippensis**

1. 大花钟萼草 图 149

Lindenbergia grandiflora Benth. Scroph. Ind. 22. 1835.

多枝半攀援一年生草本，多长毛，有时茎基部木质化；枝细而弯曲，长达15-80厘米。叶对生于茎同枝上，下部者长达20厘米，上部的较小很多，均为卵形，锐头或锐尖头，有波状锯齿，浅绿色，侧脉6-10对，有柄，下部叶的柄可达7厘米。花微偏向一面，几无梗，单生于苞腋中，集成长而疏的有叶穗状花序，有时长达25厘米 。花萼钟形，长约7-8毫米，有长腺毛，萼齿相等，伸展，圆形；花冠筒较花萼长2-3倍，有疏毛，金黄色，上唇短而圆，端有凹缺，下唇宽过于长，宽达2.5厘米，3裂，侧裂片短长圆形，中裂片较小，圆形，有凹头，喉部有2条长圆形并行的褶襞，上有红点；花丝中部以下有毛，药室歪斜地叠置，长圆形；子房有绢毛。蒴果卵圆形，仅顶端伸出宿萼之外。

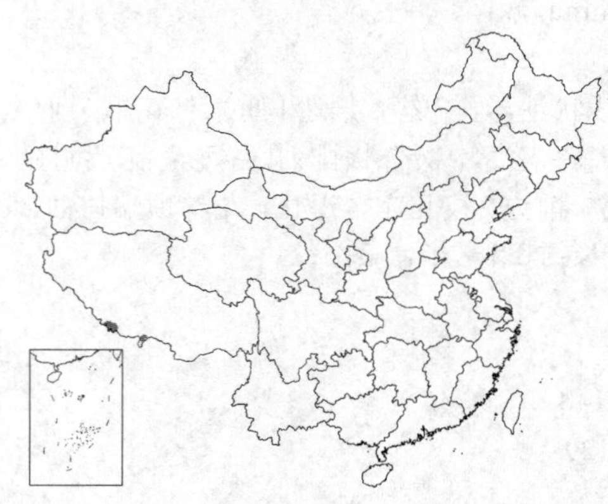

分布于西藏南部。喜马拉雅南坡、不丹、锡金、尼泊尔及印度有分布。

图 149 大花钟萼草
（孙英宝仿《Curtis Bot. Mag.》）

[附] **野地钟萼草 Lindenbergia ruderalis** (Vahl) O. Kuntze, Rev. Gen. 462. 1891. —— *Stemodia ruderalis* Vahl, Symb. 2: 69. 1791. 本种与大花钟萼草的区别：叶大者长达20厘米；花大，长达3厘米，形成疏松的总状花序。花期7-9月，果期10月。产广东、广西、贵州、湖北、四川、云南及西藏，生于海拔800-2500米河边、干山坡或路旁。阿富汗、斯里兰卡、克什米尔、巴基斯坦、缅甸、泰国及越南有分布。

2. 钟萼草 图 150

Lindenbergia philippensis (Cham. et Schlecht.) Benth. in DC. Prodr. 10: 377. 1846.

Stemodia philippensis Cham. et Schlecht. in Linnaea 3: 5. 1828.

多年生草本，高达1米；粗壮、直立，全株被腺毛。茎多分枝。叶较密，卵形或卵状披针形，长2-8厘米，

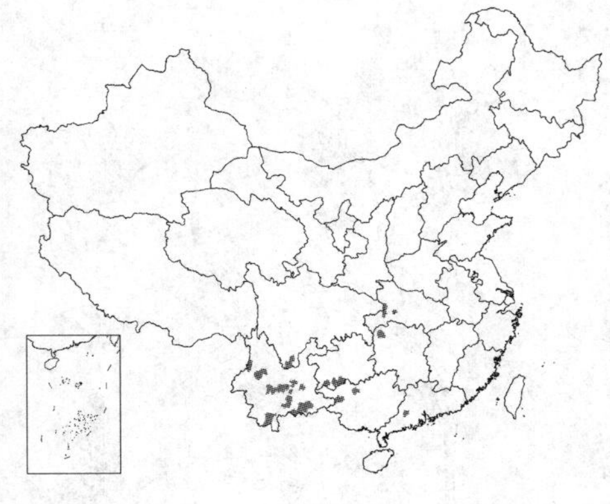

先端尖，基部窄楔形，具尖锯齿；叶柄长0.6-1.2厘米。穗状总状花序长6-20厘米，花密集。花萼长约5毫米，萼片钻状三角形，与萼筒等长；花冠长约1.5厘米，黄色，下唇有紫斑，外面多少被毛，上唇顶端近平截或凹缺，下唇较长，有褶襞；花药药隔长，具柄；子房顶端及花柱基部被毛。蒴果长卵形，长5-6毫米，密被棕色梗毛。种子长约0.5毫米，黄色，粗糙。花果期11月至翌年3月。

产湖北西部、湖南西北部、广东西部、广西西部及西北部、贵州西南部及云南，生于海拔1200-2600米干旱山坡、岩缝及墙缝中。印度、缅甸、泰国及菲律宾有分布。

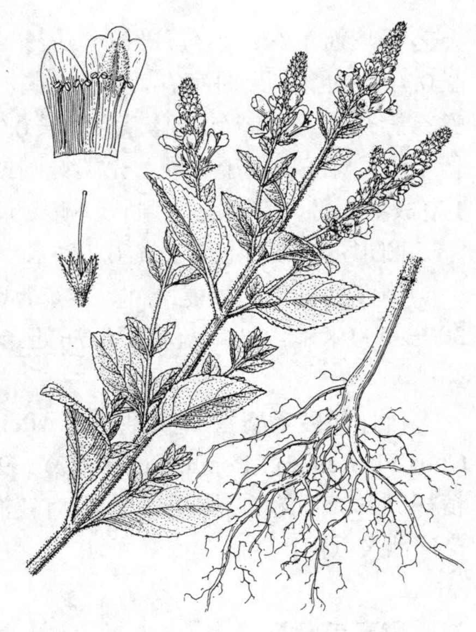

图 150 钟萼草（冯晋庸绘）

14. 毛麝香属 Adenosma R. Br.

（洪德元 潘开玉）

草本，直立或匍匐而下部节上生根，被长柔毛，常杂有腺毛，有芳香味。叶对生，有锯齿，被腺点。花具短梗或无梗，单生上部叶腋，常集成总状、穗状或头状花序；小苞片2；萼齿5，后方1枚通常较大；花冠筒状，裂片成二唇形，上唇直立，先端凹缺或全缘，下唇伸展，3裂；雄蕊4，2强，内藏，药室分离有短柄，前方1对花药的两药室中1室或2室均不发育，后方1对花药的两室均发育或有时只1室发育，不发育的药室小而中空；花柱顶端膨大，全缘或2裂。蒴果卵圆形或椭圆形，顶端稍具喙，室背成室间均开裂而成4爿。种子小而多数，有网纹。

约10种，分布于亚洲东部和大洋洲。我国4种。本属植物含芳香油，大多可作药用。

1. 花单生叶腋或集成疏散的顶生总状花序。
  2. 茎直立。
    3. 植株高0.3-1米；下唇裂片全缘或微凹 …………………………………… 1. **毛麝香 A. glutinosum**
    3. 植株高5-35厘米；下唇裂片均有较深的凹缺或浅2裂 ………………… 1(附). **凹裂毛麝香 A. retusilobum**
  2. 茎匍匐，下部节上生根 …………………………………………………… 2. **卵萼毛麝香 A. javanicum**
1. 花密集成顶生的头状或圆柱状的穗状花序；植株高19-60厘米；下唇裂片几相等，近圆形 ………………………………………………………… 3. **球花毛麝香 A. indianum**

1. 毛麝香　　图 151: 1-4

Adenosma glutinosum (Linn.) Druce, Bot. Exch. Club Brit. Isles Rep. 3: 413. 1914.

Gerardia glutinosa Linn. Sp. Pl. 611. 1753.

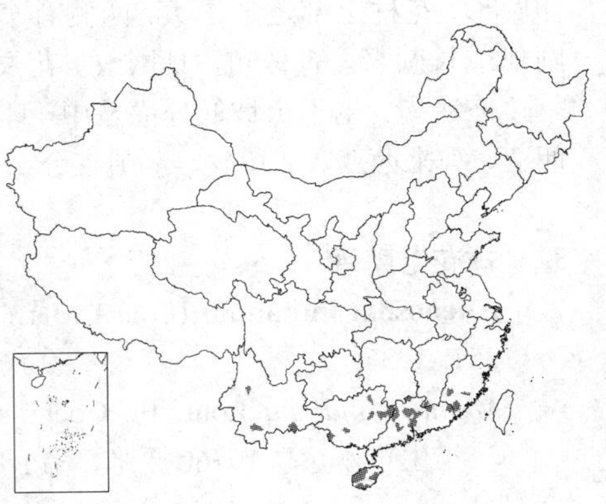

直立草本，密被长柔毛和腺毛，高达1米。茎上部四方形，中空，常有分枝。叶对生，上部的多少互生，披针状卵形或宽卵形，长2-10厘米，先端锐尖，基部楔形、平截或近心形，边缘具不整齐的齿，有时为重齿，上面被长柔毛，中肋密生短毛；下面被长柔毛，并有稠密的黄色腺点，腺点脱落后留下褐色凹窝；叶柄长0.3-2厘米。花单生叶腋或在枝顶集成总状花序；花梗长0.5-1.5厘米，果期达2厘米；苞片叶状而较小，在花序顶端的几为线形而全缘；小苞片线形，长5-9毫米，贴生萼筒基部；花萼5深裂，长0.7-1.3厘米，果时宿存，萼齿全缘，与花梗、小苞片同被长柔毛及腺毛，并有腺点；花冠紫红或蓝紫色，长0.9-2.8厘米，上唇卵圆形，下唇3裂，稀4裂，侧裂稍大于中裂，先端钝圆或微凹；雄蕊前方1对较长，花药仅1室成熟，另一室退化为腺状。蒴果卵圆形，顶端具喙，长5-9.5毫米。种子长圆形，褐或棕色，长约0.7毫米，有网纹。花果期7-10月。

产江西南部、福建南部、广东、香港、海南、广西及云南，生于海拔300-2000米荒山坡或疏林下湿润处。南亚、东南亚及大洋洲有分布。全草药用。

[附] **凹裂毛麝香** 图151：5-8 **Adenosma retusilobum** P. C. Tsoong et Chin, Fl. Reipubl. Popul. Sin. 67 (2): 396. 100. 1979. 本种与毛麝香的区别：植株高5-35厘米；下唇裂片先端有较深的凹缺或为浅2裂。花果期8-11月。产广西及云南。

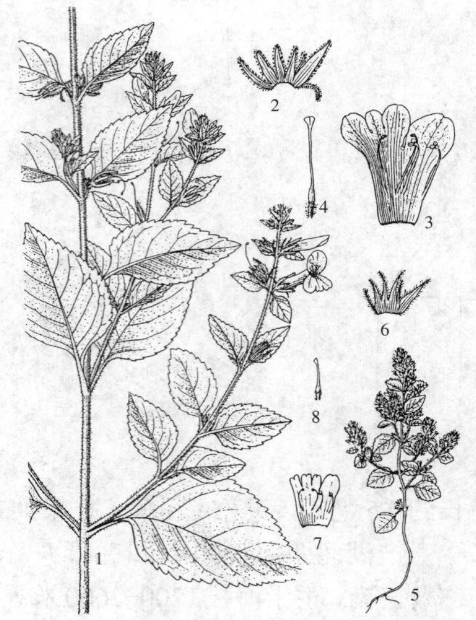

图 151：1-4. 毛麝香 5-8.凹裂毛麝香（引自《中国植物志》）

2. 卵萼毛麝香　　图 152

Adenosma javanicum (Bl.) Koord. Exkurs.-Fl. Java 3: 175. 1912.

Herpestis javanicum Bl. Bijdr. 748. 1826.

草本；茎倾卧或匍匐，下部节上生根，四方形，稍带紫色，多分枝，被多细胞长柔毛。叶对生，卵形，长0.6-2.5厘米，先端钝，基部宽楔形，具圆齿，上面干时变黑，疏被短硬毛，下面干时褐色而密被黑色腺点，短硬毛仅见于脉上；叶柄长2-4毫米。花单生叶腋，具长1-2毫米之短梗；小苞片线形，长约2毫米，贴生于萼筒基部；萼齿5，极不相等，外边的3枚为卵形，长4-7毫米，有缘毛，老时有明显的网脉；内边的2枚，较小，线状披针形，长约4毫米。花冠淡红色，长约7毫米，花冠筒内有短硬毛，上唇直立，白色，长椭圆形，先端截平或微凹，长3毫米，下唇3裂片近相等，长圆形，长约2毫米；雄蕊前方1对较长，花药仅1室成熟，后方1对的花药两室均成熟；子房长卵圆形，花柱上部逐渐扩大，两侧有窄翅，柱头近圆形。种子多数，长卵圆形或长圆形，有棱角，具网纹。花果期3-4月。

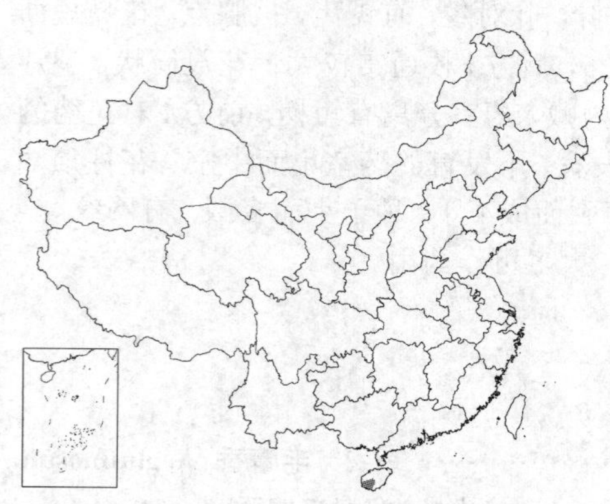

产海南，生于山坡低处灌丛中。印度、越南、老挝、柬埔寨、印度尼西亚、马来西亚、菲律宾、泰国有分布。

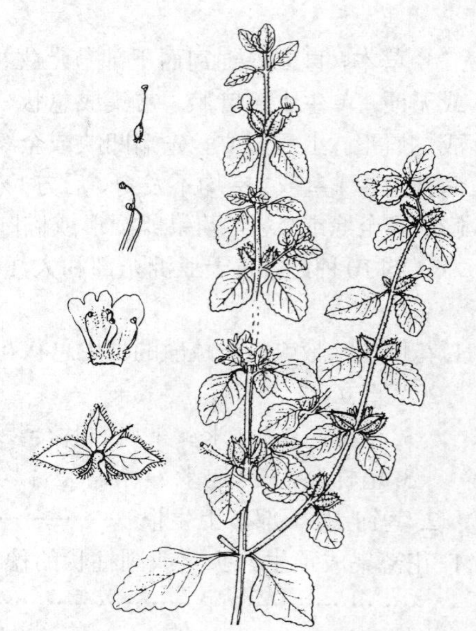
图 152 卵萼毛麝香（引自《中国植物志》）

3. 球花毛麝香　　图 153

Adenosma indianum (Lour.) Merr. in Trans. Amer. Phil. Soc. n. s. 24: 351. 1935.

Manulea indiana Lour. Fl. Cochinch. 386. 1790.

一年生草本，高19-60厘米，稀1米以上，密被白色长毛。叶柄长2-

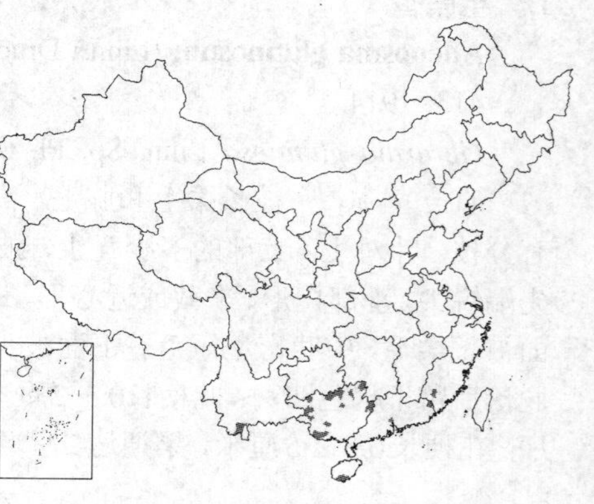

6毫米；叶卵形或长椭圆形，长1.5-4.5厘米，钝头，边缘具锯齿，上面被长柔毛，下面仅脉上被长柔毛，密被腺点。花无梗，集成穗状花序；苞片长卵形，在花序基部的集成总苞状。小苞片线形。花萼长4-5毫米，萼齿长卵形或长圆状披针形；花冠淡蓝紫或深蓝色，长约6毫米，喉部有柔毛，上唇先端微凹或浅2裂。下唇3裂片几相等，近圆形；前方1对雄蕊较长，花药仅1室成熟，后方1对的药室均成熟或仅1室成熟，花丝着生处有白色柔毛；子房长卵圆形，基部为一歪斜的杯状花盘所托，花柱顶端扩大，有窄翅，柱头头状。蒴果卵圆形，长约3毫米。种子多数，黄色，有网纹。花果期9-11月。

产福建南部、广东、海南、广西及云南南部，生于海拔200-600米瘠地、干旱山坡、溪旁或荒地等处。南亚及东南亚有分布。全草药用。

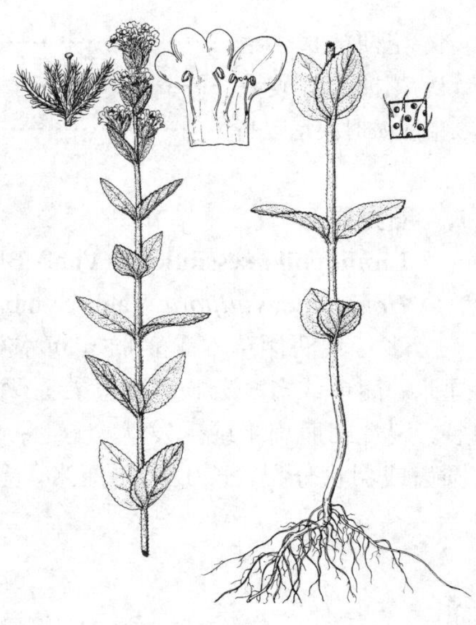

图 153 球花毛麝香（引自《图鉴》）

15. 石龙尾属 Limnophila R. Br.

（洪德元 潘开玉）

一年生或多年生草本，生于水中或水湿处。茎直立，平卧或匍匐而节上生根，简单或多分枝。叶在水生或两栖的种类中，有沉水叶和气生叶；前者轮生，撕裂、羽状开裂至毛发状多裂；后者对生或轮生，有柄或无柄，全缘，撕裂或羽状开裂，如不开裂时，通常具羽状脉或并行脉，被腺点。花无梗或具梗，单生叶腋或排列成顶生或腋生的穗状或总状花序。小苞片2枚或无；花萼筒状，萼齿5，近相等或后方1枚较大，萼筒上的脉不明显或有5条凸起的纵脉，或在果实成熟时具多数凸起的条纹；花冠筒状或漏斗状，5裂，裂片成二唇形，上唇全缘或2裂，下唇3裂；雄蕊4，内藏，2强，后方1枚较短，药室具柄；子房无毛。蒴果为宿萼所包，室间开裂。种子小，多数。

约35种，分布于旧大陆热带亚热带地区，我国9种。

1. 叶二型：沉水叶羽状全裂，气生叶具齿或开裂。
  2. 气生叶羽状裂，脉1-3条。
    3. 气生茎被短柔毛；气生叶全部轮生，多数分裂；花无梗或稀具长达1.5毫米之梗，单生于全茎的叶腋；无小苞片或稀有1对长不超过1.5毫米的鳞片状小苞片 ······ 1. **石龙尾 L. sessiliflora**
    3. 气生茎被无柄或有柄的腺体；气生叶通常轮生，有时对生，多数不分裂；花梗通常与萼等长或过之；小苞片显著，通常长为花萼长的一半；花仅见于茎的气生部分的叶腋 ······ 2. **有梗石龙尾 L. indica**
  2. 气生叶羽状裂，或对生而具圆齿，基部几抱茎，脉3-5条 ······ 1(附). **异叶石龙尾 L. heterophylla**
1. 叶全部为气生叶。
  4. 叶具3-7条平行脉 ······ 3(附). **抱茎石龙尾 L. connata**
  4. 叶具羽状脉，或仅主脉明显。
    5. 花萼在果实成熟时平滑或仅具5条凸起的纵脉，花无梗 ······ 3. **大叶石龙尾 L. rugosa**
    5. 花萼在果实成熟时具多数凸起的条纹，花具梗。
      6. 果实成熟时果柄不反折。
        7. 花梗无毛。
          8. 花梗长0.5-2厘米 ······ 4. **紫苏草 L. aromatica**
          8. 花梗长0.5-3毫米 ······ 5(附). **匍匐石龙尾 L. repens**
        7. 花梗被毛。

9. 花梗被长柔毛 ………………………………………………………………………… 5. **中华石龙尾 L. chinensis**
9. 花梗被短硬毛 ………………………………………………………………………… 5(附). **匍匐石龙尾 L. repens**
6.果成熟时果柄反折 ………………………………………………………………………… 6. **直立石龙尾 L. erecta**

1. 石龙尾 图 154 : 1-3

Limnophila sessiliflora (Vahl) Bl. Bijdr. 749. 1826.

Hottonia sessiliflora Vahl, Symb. Bot. 2: 36. 1791.

多年生两栖草本。茎细长，沉水部分无毛或几无毛；气生部分长6-40厘米，简单或多少分枝，被短柔毛，稀几无毛。沉水叶长0.5-3.5厘米，多裂，裂片细而扁平或毛发状，无毛；气生叶全部轮生，椭圆状披针形，具圆齿或羽状分裂，长0.5-1.8厘米，无毛，密被腺点，有1-3脉。花无梗或稀具长不超过1.5毫米之梗，单生于气生茎和沉水茎的叶腋；小苞片无或稀具1对长不超过1.5毫米的全缘的小苞片；花萼长4-6毫米，被短柔毛，在果实成熟时不具凸起的条纹，萼齿长2-4毫米，卵形，长渐尖；花冠长0.6-1厘米，紫蓝或粉红色。蒴果近球形，两侧扁。花果期7月至翌年1月。

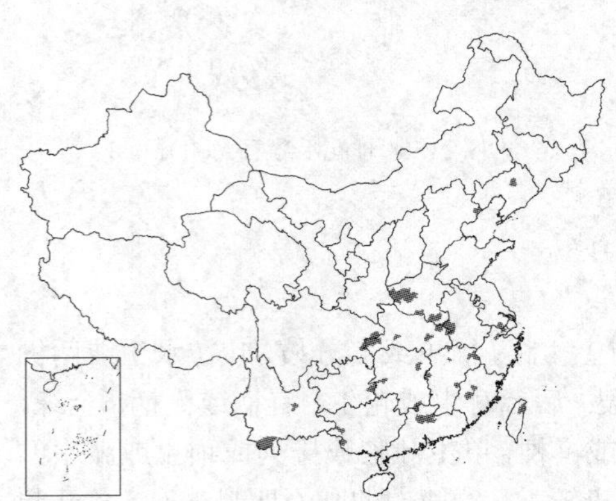

产辽宁、河北、河南、安徽、江苏南部、浙江北部、福建、台湾、江西、湖北、湖南、广东、香港、广西、贵州、云南及四川东部，生于水塘、沼泽、水田或路旁或沟边湿处。朝鲜、日本、印度、尼泊尔、不丹、越南及马亚西亚有分布。

[附] **异叶石龙尾** 图 154 : 4-6 **Limnophila heterophylla** (Roxb.) Benth. Scroph. Ind. 25. 1835.—— *Columnea heterophylla* Roxb. Fl. Ind. 3: 97. 1832. 本种与石龙尾的区别：气生叶对生，稀轮生，基部稍抱茎，具3-5脉。花期7月。产台湾、江西及广东，生于水塘中。越南、泰国、缅甸、柬埔寨、斯里兰卡、印度、马来西亚及印度尼西亚有分布。

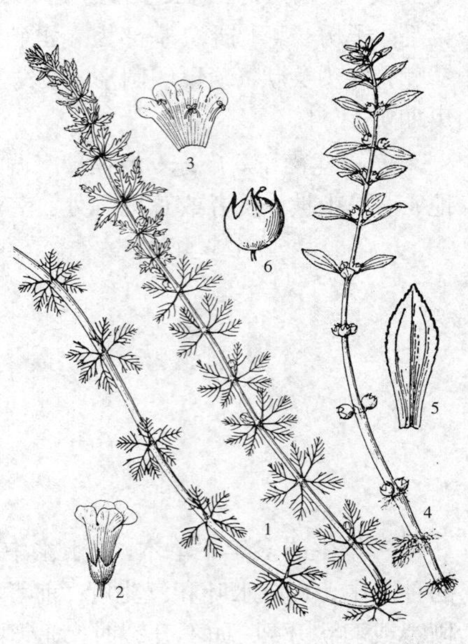

图 154：1-3.石龙尾 4-6. 异叶石龙尾
（引自《中国水生高等植物图谱》）

2. 有梗石龙尾 轮叶石龙尾 图 155

Limnophila indica (Linn.) Druce in Rep. Bot. Exch. Club Brit. Isles 3: 420. 1914.

Hottonia indica Linn. Sp. Pl. ed. 2, 208. 1762.

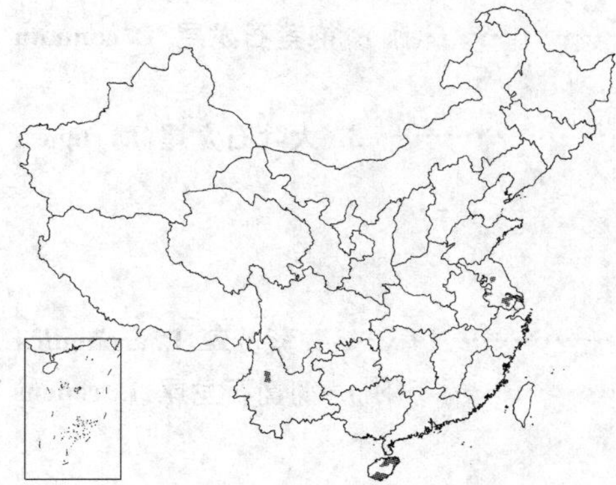

多年生两栖草本。沉水茎多分枝，无毛；气生茎高达15厘米，简单或分枝，无毛，被无柄或有短柄的腺体，或近平滑。沉水叶长1.5-2.5厘米，轮生，羽状全裂，裂片细而扁平或毛发状；气生叶通常轮生，羽状分

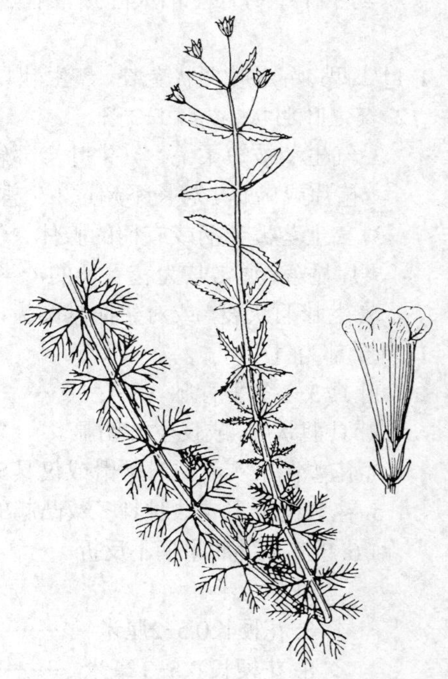
图 155 有梗石龙尾 （张泰利绘）

裂，长0.4-2厘米，有时对生而具圆齿。花单生于气生茎的叶腋；花梗纤细，长0.2-1厘米，通常超过苞叶，被无柄或有柄的腺体；小苞片长1.5-3.5毫米，急尖，全缘或具疏齿；花萼长3.5-5毫米，被无柄的腺体，在果实成熟时不具凸起的条纹，萼齿长2-3毫米，卵形或披针形；花冠长1-1.4厘米，白、淡紫或红色。蒴果长约3毫米，椭圆形或近球形，两侧扁，暗褐色。花果期3-11月。

产江苏、海南及云南，生于水塘或潮湿处。日本、南亚、东南亚及非洲有分布。

3. 大叶石龙尾 图 156

Limnophila rugosa (Roth) Merr. Interpr. Rumph. Herb. Amb. 466. 1917. *Herpestis rugosa* Roth, Nov. Pl. Sp. 290. 1821.

多年生草本，高达50厘米，根茎横直，多须根。茎1条或数条而近成丛，常不分枝，稍成四方形，无毛。气生叶对生，卵形、菱状卵形或椭圆形，长3-9厘米，边缘具圆齿，上面无毛或疏被短硬毛，遍布灰白色泡沫状凸起，下面脉上被短硬毛，脉羽状，每侧约10条，直达边缘，在下面隆起；叶柄长1-2厘米，具窄翅。花无梗，无小苞片，通常聚集成头状，总花梗长0.2-3厘米，苞片近匙状长圆形，全缘或前端微具波状齿，无柄，与花萼同被缘毛及扁平而膜质的腺点；亦可单生叶腋；花萼长6-8毫米，在果实成熟时平滑或仅具5条凸起的纵脉；花冠紫红或蓝色，长达1.6厘米；花柱纤细，顶端圆柱头而被短柔毛，稍下两侧具较厚而非膜质的耳。蒴果卵圆形，多少两侧扁，长约5毫米，浅褐色。花果期8-11月。

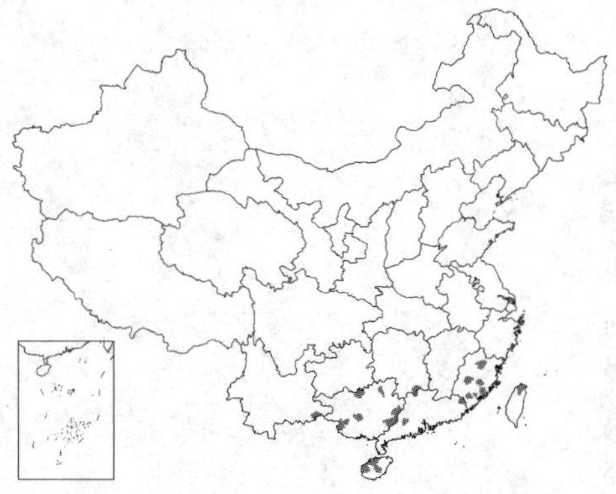

产福建、台湾、湖南南部、广东、海南、广西及云南东南部，生于水旁、山谷或草地。日本、南亚、东南亚有分布。全草药用。

[附] **抱茎石龙尾 Limnophila connata** (Buch.-Ham. ex D. Don) Hand.-Mazz. Symb. Sin. 7: 837. 1936.—— *Cybbanthera connata* Buch.-Ham. ex D. Don, Prodr. Fl. Nepal. 87. 1825. 本种与大叶石龙尾的区别：叶具3-7条平行脉。产福建、江西、湖南、广东、广西、云南及贵州，生于溪旁、草地或水湿处。印度、尼泊尔及缅甸有分布。

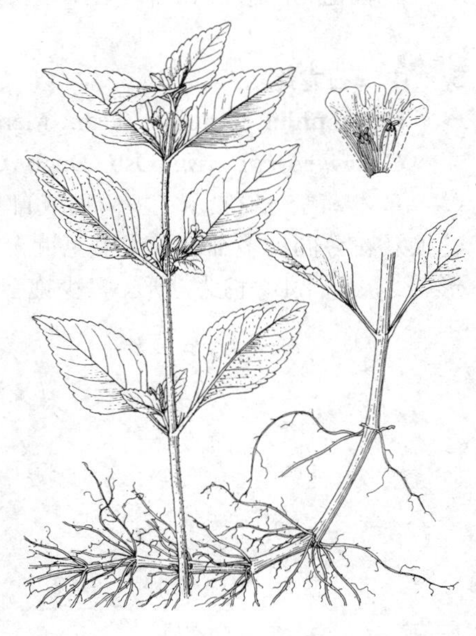

图 156 大叶石龙尾（张泰利绘）

4. 紫苏草 图 157

Limnophila aromatica (Lam.) Merr. Interpr. Rumph. Herb. Amb. 466. 1917. *Ambulia aromatica* Lam. Encycl. Méth. 1: 128. 1783.

一年生或多年生草本，高达70厘米。茎简单或多分枝，无毛或被腺体，基部倾斜节上生根。气生根无柄，对生或3枚轮生，卵状披针形、披针状椭圆形或披针形，长1-5厘米，具细齿，基部多少抱茎，具羽状脉。花具梗，排列成顶生或腋生圆锥花序，或单生叶腋；花梗长0.5-2厘米，无毛或被腺

图 157 紫苏草（引自《Fl. Taiwan》）

体；小苞片线形或线状披针形，长1.5-2毫米；花萼长4-6毫米，无毛或被腺体，在果实成熟时具凸起的条纹；花冠白、蓝紫或粉红色，长1-1.3厘米，外面疏被细腺毛，内面被白色柔毛；花柱顶端扩大，有2枚极短的片状柱头。蒴果卵球形，长约6毫米。花果期3-9月。

产福建、台湾、江西、广东、香港、海南及云南，生于旷野或塘边水湿处。日本、南亚、东南亚及澳大利亚有分布。全草药用。

5. 中华石龙尾 图 158

Limnophila chinensis (Osb.) Merr. Amer. Journ. Bot. 3: 581. 1916.

Columnea chinensis Osb. Dagb. Ostind. Resa 230. 1757.

草本，高5-50厘米；茎简单或自基部分枝，下部匍匐而节上生根，与花梗及花萼同被多细胞长柔毛至近无毛。叶对生或3-4枚轮生，卵状披针形、线状披针形，稀为匙形，多少抱茎，长0.5-5.3厘米，具锯齿；脉羽状，不明显；上面近无毛至疏被多细胞柔毛，下面脉上被多细胞长柔毛；无柄。花具长0.3-1.5厘米之梗，单生叶腋或排列成顶生的圆锥花序；小苞片长约2毫米；花萼长5-7毫米，在果实成熟时具凸起的条纹；花冠紫红或蓝色，稀白色，长1-1.5厘米。蒴果宽椭圆形，两侧扁，长约5毫米，浅褐色。花果期10月至次年5月。

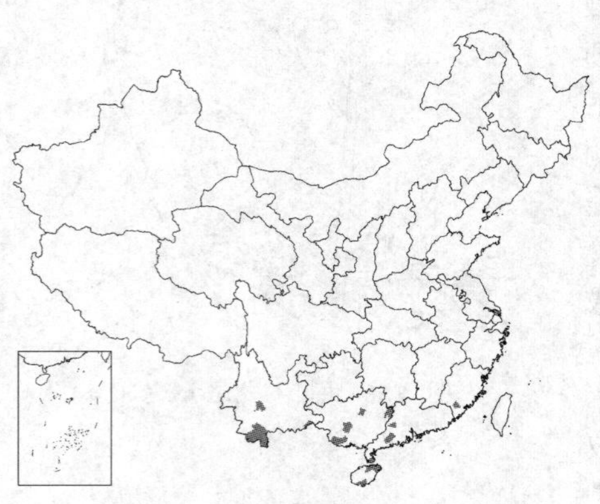

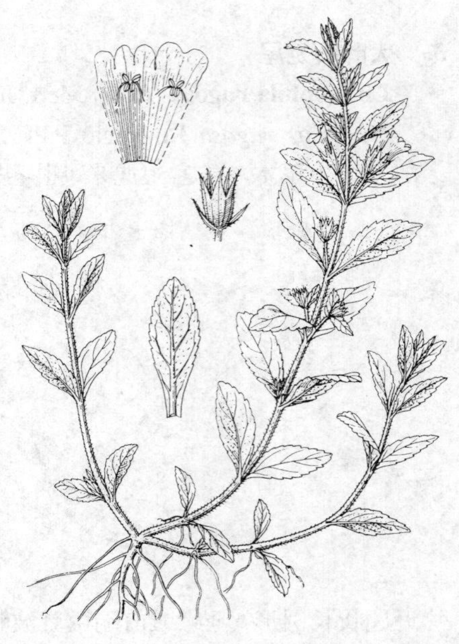

图 158 中华石龙尾（张泰利绘）

产福建南部、广东、香港、海南、广西及云南，生于海拔1800米以下水旁或田边湿地。南亚、东南亚及澳大利亚有分布。

[附] **匍匐石龙尾** 图 159：3-4 **Limnophila repens** (Benth.) Benth. in DC. Prodr. 10: 387. 1846. —— *Stemodia repens* Benth. Lindl. Bot. Reg. 17: ad. t. 1470. sp. 11. 1832. 本种与中华石龙尾的区别：花梗被短硬毛或无毛；与紫苏草的区别在于花梗长0.5-3毫米。产海南，生于水旁湿润处。南亚和东南亚有分布。

6. 直立石龙尾 图 159：1-2

Limnophila erecta Benth. in DC. Prodr. 10: 388. 1846.

一年生草本，高15-25厘米；茎直立或上升，简单或多分枝，无毛或疏被短硬毛。叶对生，线状椭圆形，长0.5-3厘米，具圆齿状牙齿或牙齿，无柄或基部常窄成柄状，无毛，具羽状脉。花单生叶腋或成腋生或顶生的总状花序；花梗长2-4毫米，无毛至被短硬毛，在果实成熟时下弯；小苞片长0.5-0.8毫米，线形；花萼长4-5毫米，无毛，在果实成熟时，具凸起的条纹；花冠长6-7毫米，白或粉红色，外面无毛。蒴果卵圆形，长约3.5毫米，浅褐

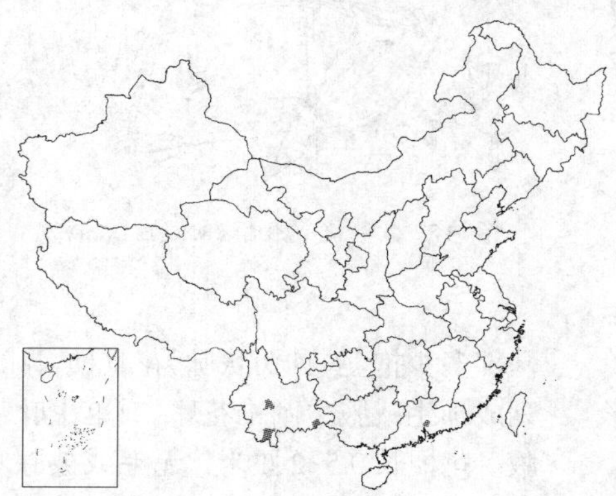

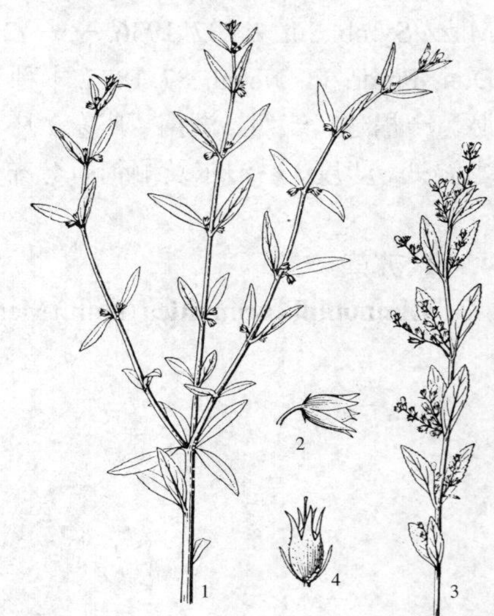

图 159:1-2. 直立石龙尾 3-4. 匍匐石龙尾（吴彰桦绘）

色，成熟时果柄反折。花果期7-10月。

产广东及云南，生于海拔1500米以下水旁或湿草地。缅甸、泰国、越南、马来西亚及印度尼西亚有分布。

16. 肉果草属 Lancea Hook. f. et Thoms.

（杨汉碧）

多年生草本；近无毛。根状茎细长，节上被鳞片。叶对生，全缘或具浅圆齿，羽状脉，茎基部叶鳞片状。总状花序顶生，短而少花；苞片披针形。花萼钟状，萼片5，与萼筒近等长；花冠二唇形，蓝或深紫蓝色，花冠筒筒状，上部稍扩大，上唇较大，开展，3裂，中裂稍前凸，全缘或2浅裂，基部有2条被毛褶襞。雄蕊4，2强，花丝丝状，无毛或2条被毛，药室叉分；子房无毛，柱头扇状或2片状。果球形，浆果状，近肉质，不裂。种子多数，种皮薄而贴生。

2种，产我国及印度北部。

1. 植株仅叶柄有毛，余无毛；花萼革质，花冠筒长0.8-1.3厘米，下唇中裂片全缘，雄蕊着生花冠筒近中部，花丝无毛 ………………………………………………………………………… **肉果草 L. tibetica**
1. 茎、叶被粗毛；花萼膜质，花冠筒长达2厘米以上，下唇中裂片2浅裂，雄蕊着生花冠筒喉部，花丝被毛 ……………………………………………………………………………… (附). **粗毛肉果草 L. hirsuta**

肉果草 图 160 彩片 35

Lancea tibetica Hook. f. et Thoms. in Kew Journ. 9: 244. t. 7. 1857.

多年生草本，高达8（-15）厘米；叶柄有毛，余无毛。根状茎细，长达10厘米，节上有1对鳞片。叶6-10，近莲座状，近革质，倒卵形或匙形，长2-7厘米，先端常有小凸尖，基部渐窄成短柄，近全缘。花3-5簇生或成总状花序。花萼革质，长约1厘米，萼片钻状三角形；花冠深蓝或紫色，长1.5-2.5厘米，花冠筒长0.8-1.3厘米，上唇2深裂，下唇中裂片全缘；雄蕊着生花冠筒近中部，花丝无毛。果红或深紫色，长约1厘米。花期5-7月，果期7-9月。

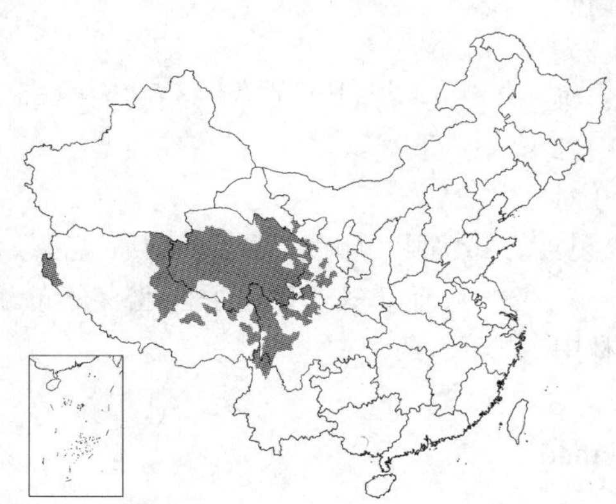

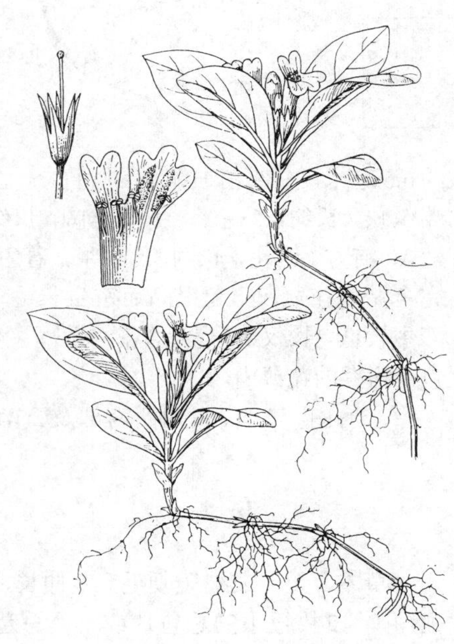

图 160 肉果草（引自《中国植物志》）

产甘肃、青海、西藏、云南西北部、四川西北部及西部，生于海拔2000-4500米草地、疏林中或沟旁。印度有分布。

[附] **粗毛肉果草 Lancea hirsuta** Bonati in Bull. Soc. Bot. France 56: 467. 1909. 本种与肉果草的区别：茎和叶被粗毛；花萼膜质，花冠筒长2厘米以上，下唇中裂片2浅裂，雄蕊着生花冠筒喉部，花丝被毛。产云南西南部及四川西北部，生于海拔3700-4100米草地、山坡或云杉林中。

17. 苦玄参属 Picria Lour.

（谷粹芝）

匍匐或铺散的草本。叶对生，有波状齿。花序总状，开始顶生，后因枝伸展而变为腋生；苞片小；花梗细长，顶端膨大，无小苞；花萼4裂，裂片伸张，前方明显大于后方，在果时膨大，基部心形，均全缘或前方1枚2浅裂，侧方2枚很窄；花冠二唇形，花冠筒短圆筒形，上唇基部很宽，先端有缺刻，下唇较长，伸展，3裂；雄蕊4，后方2枚着生花冠裂片基部，不伸出，花丝丝状，花药连着，药室叉分而离开，前方2枚常退化成棍棒状；花柱顶端常为2片状的柱头，胚珠多数。蒴果卵圆形，包于宿存花萼内，从宽阔的具有胎座的轴上裂开，爿质薄。室间种子小而多，有蜂窝状孔纹而粗糙。

2种，分布于亚洲东南部和南部。我国1种。

苦玄参 图 161

Picria fel-terrae Lour. Fl. Cochinch. 2: 393. 1790.

草本，长达1米，基部匍匐或倾卧，节上生根。枝被短糙毛。叶对生，卵形，有时近圆形，长达5.5厘米，先端急尖，基部常多少不等，延下至柄，边缘有圆钝锯齿，上面密被粗糙短毛，下面脉在有糙毛，侧脉约4-5对；叶柄长达1.8厘米。花序总状，有4-8花，总花梗与花梗均细弱。花梗长达1厘米，苞片细小；花萼裂片分生，外方之2片长圆状卵形，在果时长达1.4厘米，基部心脏形，其中前方1枚较小，常2浅裂，侧方2片近线形，较短；花冠白或红褐色，长约1.2厘米，花冠筒长约6.5毫米，中部稍细缩，上唇直立，基部很宽，向上变窄，近长方形，先端微缺，长约4.5毫米，下唇宽阔，长约6.5毫米，3裂，中裂向前突出；雄蕊4，前方1退化，长约3.5毫米，着生冠筒喉部，花丝自花喉至下唇中部完全贴着花冠，凸起很高而密生长毛，顶端游离，膨大而弓曲，后方1对着生较低，长仅2.5毫米，花丝游离。蒴果卵圆形，长5-6毫米，室间2裂，包于宿存的花萼内。

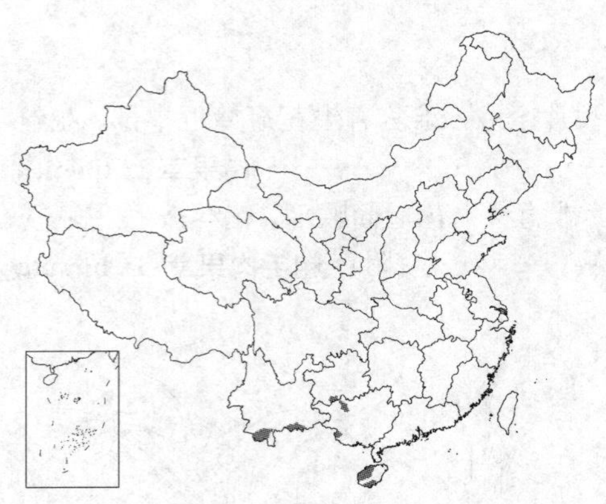

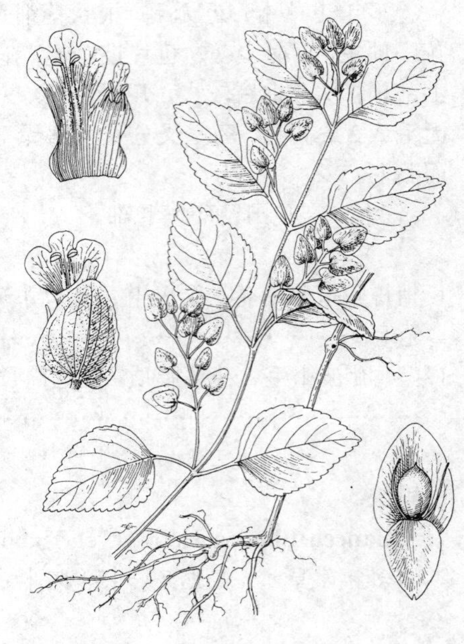

图 161 苦玄参（王金凤绘）

产海南、广西、贵州西南部及云南南部，生于海拔750-1400米疏林中或荒野。印度、缅甸、泰国、老挝、越南、菲律宾及印度尼西亚有分布。全草入药。

18. 三翅萼属 Legazpia Blanco

（洪德元 潘开玉）

草本，无毛或被短硬毛。茎伸长，匍匐，具分枝，下部节上生根。叶具柄，对生，有齿。伞形花序腋生，总花梗短，具2枚很小的总苞片或不具总苞片。花具梗和苞片；花萼具3枚半圆形的宽翅，顶端具3枚小齿，宿存；花冠小，裂片二唇形；雄蕊4，2强，前方1对花丝各有1枚丝状附属物，药室叉开，成一直线。蒴果室间开裂。

约2种，分布于亚洲东南部至大洋洲。我国1种。

三翅萼 图 162

Legazpia polygonoides (Benth.) Yamazaki, in Journ. Jap. Bot. 30: 359. 1955.

Torenia polygonoides Benth. Scroph. Ind. 36. 1835.

匍匐草本，下部节上生根，几无毛，分枝细弱。叶卵状椭圆形或卵圆状菱形，长1-2厘米，前半部具带短尖的圆锯齿，两面无毛；叶柄长0.5-0.8毫米。总花梗长约2毫米，顶端有1-4花；总苞片2，叶状，长约1毫

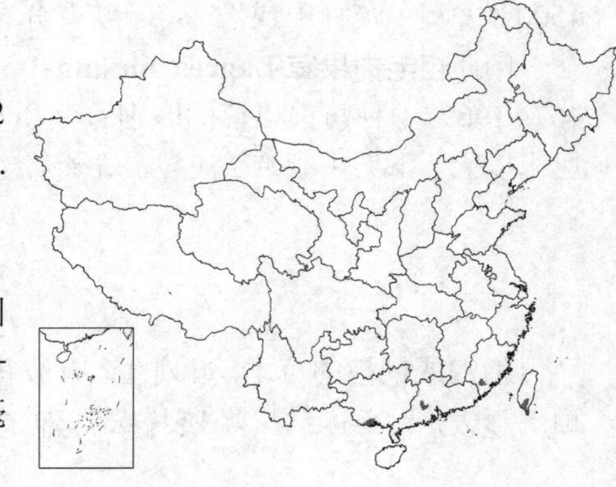

米。苞片钻状，长1-2毫米，花梗长约5毫米；花萼长圆形或近圆形，果期长达9毫米，顶端有3枚很小的尖齿，翅宽达4毫米，基部下延成耳，耳与花梗分离；花冠白或紫蓝色，稍长于花萼，上唇全缘，先端圆钝，下唇3裂。蒴果长卵圆形，长约8毫米。花果期7-8月。

产台湾南部、福建南部、广东中西部及广西南部，生于路旁或山谷阴湿处。缅甸至太平洋密克罗尼亚群岛有分布。

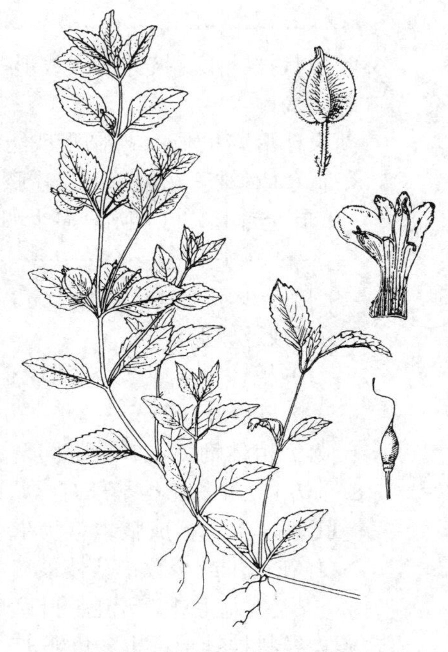

图 162 三翅萼（引自《中国植物志》）

19. 母草属 Lindernia All.

（谷粹芝）

草本，直立、倾卧或匍匐。叶对生，有柄或无，形状多变，常有齿，稀全缘，脉羽状或掌状。花常对生，稀单生，生于叶腋或在茎枝之顶形成疏总状花序，有时短缩而成假伞形花序，稀为大型圆锥花序。常具花梗，无小苞片；花萼具5齿，齿相等或微不等，有深裂、半裂或萼有管而多少单面开裂，其开裂不及一半，宿存；花冠紫、蓝或白色，二唇形，上唇直立，微2裂，下唇较大而伸展，3裂；雄蕊4，全育，稀前方1对退化而无药，花丝常有齿状、丝状或棍棒状附属物，花药互相贴合或下方药室顶端有刺状或距；花柱顶端常膨大，多为2片状。蒴果室间开裂。种子小，多数。

约70种，主要分布于亚洲的热带和亚热带，美洲和欧洲也有少数种类。我国约29种。

1. 雄蕊4，全育。
  2. 花萼半裂或浅裂。
    3. 花萼半裂；蒴果长椭圆形，比宿存花萼长2倍；叶宽卵形或圆卵形，边缘有浅圆钝齿或波状齿 ………………………………………………………………………………… 1. **宽叶母草 L. nummularifolia**
    3. 花萼浅裂；蒴果椭圆形或长圆形，与宿存花萼等长。
      4. 叶卵形或三角状卵形，基部宽楔形或近圆，有明显锯齿；花单生叶腋或有极短的总状花序 ………………………………………………………………………………… 2. **母草 L. crustacea**
      4. 叶菱状卵形或菱状披针形，基部楔形，边缘常有波状浅缺、小齿或全缘；花成顶生稀疏的长总状花序 ………………………………………………………………………………… 3. **菱萼母草 L. oblonga**
  2. 花萼深裂，仅基部合生。
    5. 叶脉并行，从叶基部发出3-5条，全缘或有不明显锯齿。
      6. 叶椭圆形或长圆形，多少带菱形，长1-2.5厘米，宽0.6-1.2厘米；蒴果球形或卵圆形 …………………

………………………………………………………………………………………… 4. **陌上菜 L. procumbens**

6. 叶线状披针形、披针形或线形，长1-4厘米，宽2-8毫米；蒴果线形 ………… 5. **狭叶母草 L. mierantha**

5. 叶脉羽状。

7. 蒴果球形、卵圆形、椭圆形或纺锤状卵圆形。

8. 前方1对雄蕊花丝基部仅作膝状弯曲而无明显附属物；蒴果球形、卵圆形或卵状椭圆形。

9. 叶全部长宽几相等，多少卵形或近圆形，长不超过18厘米，边缘浅波状，反卷；蒴果卵球形 ……………………………………………………………………………… 6. **细茎母草 L. pusilla**

9. 叶至少下部者长远大于宽，多少长圆形或倒卵状长圆形，边缘有明显的齿，不反卷；蒴果长卵圆形、球形或近球形。

10. 植体直立或多少铺散，但不长蔓；基部之叶大而具柄，向上变小而圆；宿萼长约3毫米；蒴果球形，与宿萼近等长 ……………………………………………………………… 7. **粘毛母草 L. viscosa**

10. 植体匍匐；叶全部同型；宿萼长约5-8毫米；蒴果长卵圆形，比宿萼短 …… 8. **红骨母草 L. mollis**

8. 前方1对雄蕊花丝基部有丝状或棍棒状附属物；蒴果椭圆形或卵状长圆形。

11. 花多数，多成腋生总状花序，再集成圆锥花序 ……………………………… 9. **荨麻叶母草 L. elata**

11. 花单生或少数在茎枝顶端成稀疏或短总状花序；植株大部倾斜多少蔓生，仅在基部1-3节上生根；全株疏被刺毛或近无毛；叶宽卵形，长0.4-1.3厘米，先端微尖，基部宽楔形 …… 10. **刺毛母草 L. setulosa**

7. 蒴果线状披针形；叶三角卵形、卵形或长圆形，基部楔形或近心形，边缘有不明显浅圆齿；花线附属物短棒状；茎下部匍匐长蔓，节上生根 ……………………………………… 11. **长蒴母草 L. anagallis**

1. 雄蕊仅后方1对能育，花丝基部无附属物，前方1对败育而成为退化雄蕊。

12. 退化雄蕊无极短的开裂花丝；叶脉羽状；蒴果圆柱形，比宿萼长2-3倍。

13. 叶边缘有浅而不整齐锯齿，基部楔形，常下延而半抱茎。

14. 茎直立或稍匍匐，稀在第二或第三节上生根，高达15厘米；叶线形，宽约2毫米；花少数，与叶对生；果梗反折 ……………………………………………………………… 12. **细叶母草 L. tenuifolia**

14. 茎匍匐；叶变化较大，但不为线形，宽0.6-1.2厘米；花在茎枝之顶成疏总状花序；果梗不反折 ……………………………………………………………………………… 13. **泥花草 L. antipoda**

13. 叶边缘有密生整齐而急尖或带芒刺的锯齿，基部宽楔形。

15. 叶有柄，长0.3-2厘米；叶缘有急尖的细锯齿 ……………………………… 14. **旱母草 L. ruellioides**

15. 叶无柄或几无柄或有极短而抱茎叶柄；叶缘有带芒刺的锯齿 ……………… 15. **刺齿泥花草 L. ciliata**

12. 退化雄蕊浅仅有极短的开裂花丝；叶脉三出；蒴果卵圆形，比宿萼长1倍 …… 16. **尖果母草 L. hyssopioides**

1. 宽叶母草　　图 163

Lindernia nummularifolia (D. Don) Wettst. in Engl. u. Prantl, Nat. Pflanzenfam. 4(3b): 79. 1895.

Vandellia nummularifolia D. Don, Prodr. Fl. Nepal. 86. 1825.

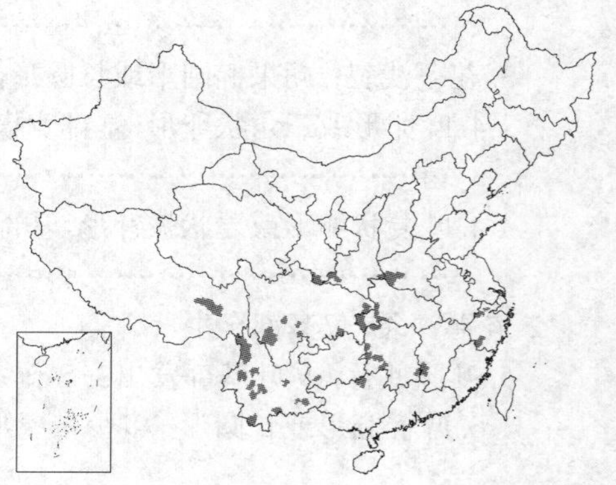

一年生矮小草本，高达15厘米；根须状。茎直立，不分枝或有时多枝丛密，而枝倾卧后上升。叶宽卵形或近圆形，有时宽过于长，长0.5-1.2厘米，先端圆钝，基部宽楔形或近心形，边缘有浅圆锯齿或波状齿，齿端有小突尖；无叶柄或有短柄。花少数，在茎顶端和叶腋成亚伞形，有两种型式：生于每一花序中央者花梗极短或无，系闭花受精，先期结实，生于花序外方之一对或两对则有长梗，花期较晚甚久，在短梗花种子成熟时才开放，常有败育现象，仅在有长梗花的植株中看到成熟之梗长达2厘米，但不同的植株情况不一，有的植株仅具长梗或短梗，而有的植株则长梗和短梗均有；无小苞片；花萼长约3毫米，萼齿5，卵形或披针状卵形，常结合至中部；花冠紫色，稀蓝或白色，长约7毫米，上唇直立，下唇开展，3裂；雄蕊4，全育，前方1对花丝基部有短小的附属物。蒴果长椭圆形，顶端渐尖，比宿萼长约2倍。花期7-9月，果期8-11月。

产浙江西北部及南部、江西西南部、湖北、湖南、广西北部、贵州西南部、云南、西藏东部、四川、甘肃南部、陕西南部及河南西南部，常生于海拔1800米以下田边、沟旁等湿润处。克什米尔地区、尼泊尔、锡金、缅甸、泰国及越南有分布。

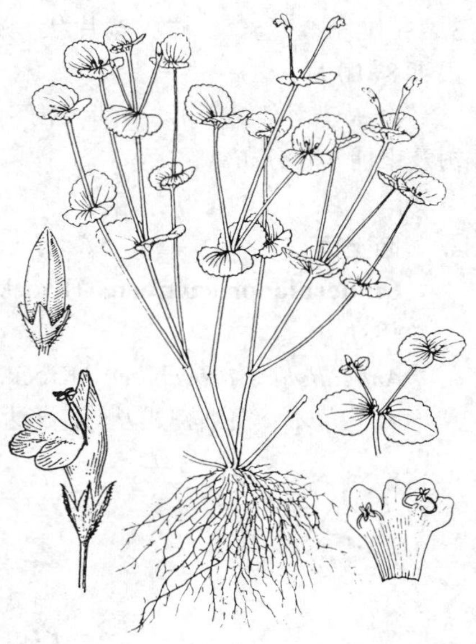

图 163 宽叶母草（路桂兰 冯晋庸绘）

2. 母草 图 164

Lindernia crustacea (Linn.) F. Muell, Syst. Cens. Austral. Pl. 1: 97. 1882.

Carparia crustacea Linn. Ment. Pl. 1: 87. 1767.

草本，高10-20厘米，常铺散成密丛，多分枝，枝弯曲上升，无毛；有须状根。叶三角状卵形或宽卵形，长1-2厘米，先端钝或短尖，基部宽楔形或近圆，边缘有浅钝锯齿，上面近无毛，下面沿叶脉有稀疏柔毛或近无毛；叶柄长1-8毫米。花单生叶腋或在茎枝顶成极短的总状花序；花梗长0.5-2.2厘米；花萼坛状，长3-5毫米，成腹面较深，而侧、背均开裂较浅的5齿，齿三角状卵形，中肋明显，外面有稀疏粗毛；花冠紫色，长5-8毫米，冠筒稍长于花萼，上唇直立，有时2浅裂，下唇3裂，中裂片较大，稍长于上唇；雄蕊4，全育，2强，花柱常早落。蒴果椭圆形，与宿萼近等长。花果期全年。

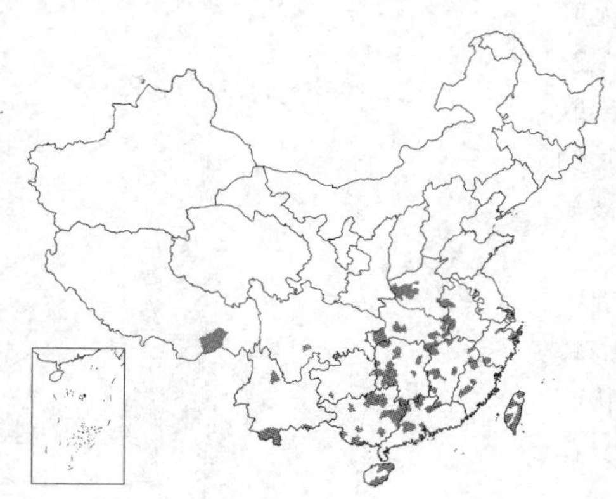

产河南、安徽、江苏、浙江、福建、台湾、江西、湖北、湖南、广东、海南、广西、贵州、云南、四川及西藏东南部，生于田边、草地或路边等低湿处。热带和亚热带广布。全草可药用。

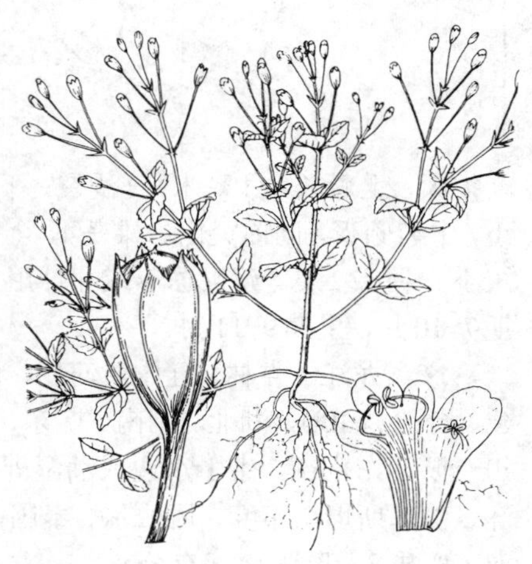

图 164 母草（蔡淑琴绘）

3. 棱萼母草 图 165

Lindernia oblonga (Benth.) Merr. et Chun in Sunyatsenia 5: 180. 1940.

Vandellia oblonga Benth. Scroph. Ind. 35. 1835.

一年生草本，直立或有时倾卧而发出直立或弯曲上升之枝；有须状之根。茎枝多少呈四棱形，中部节间长达6厘米，下部节间则较叶为短，无毛。叶菱状卵形或菱状披针形，长0.5-2厘米，先端微尖或圆钝，基部宽楔形，边缘常有少数不规则波状浅缺、小齿或全缘，两面无毛；基部叶有短柄，上部叶无柄而微抱茎；花一般不超过10朵，成稀疏长总状；苞片披针形；花梗长0.7-2.5厘米；花萼窄钟状，仅1/4分裂，裂片三角状卵形，先端外曲，中肋明显，无毛；花冠紫或蓝紫色，长达1.3

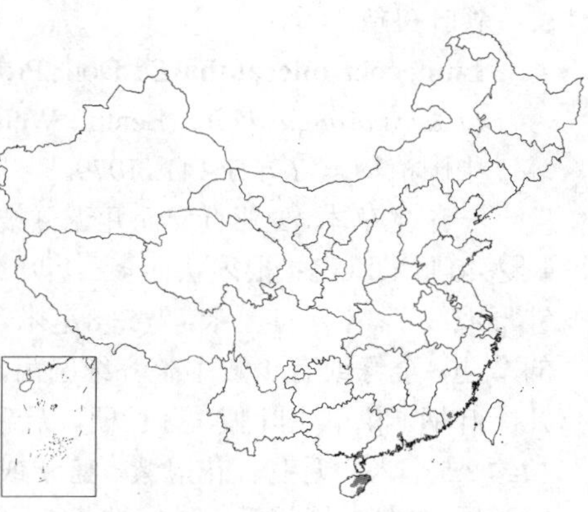

厘米以上，冠筒长约7毫米，向喉部渐扩大，上唇2裂，下唇较上唇大，3裂；雄蕊4，全育；柱头宽片状。蒴果椭圆形，比宿萼短。花期5-7月，果期8-10月。

产福建南部、广东、香港及海南，多生于干地沙质土壤中。越南、老挝及柬埔寨有分布。

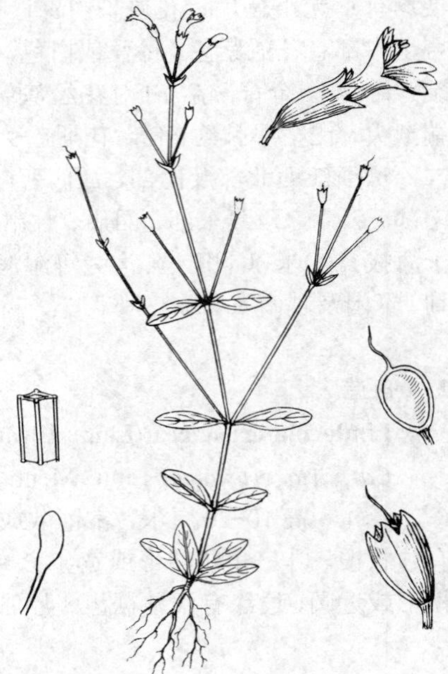

图 165 棱萼母草（余汉平绘）

4.　陌上菜　　图 166

Lindernia procumbens (Krock.) Borbás, Békés Vaámegye Fl. 80. 1881.

Anagalloides procumbens Krock. Fl. Siles 2(1): 398. 1790.

直立草本；根细密成丛。茎高达20厘米，基部多分枝，无毛。叶无柄；叶椭圆形或长圆形，多少带菱形，长1-2.5厘米，宽0.6-1.2厘米，先端钝或圆，全缘或有不明显钝齿，两面无毛，叶脉并行，自叶基发出3-5条，无叶柄。花单生叶腋；花梗长1.2-2厘米，无毛；花萼仅基部联合，萼齿5，线状披针形，长约4毫米，先端钝头，外面微被短毛；花冠粉红或紫色，长5-7毫米，冠筒长约3.5毫米，向上渐扩大，上唇长约1毫米，2浅裂，下唇长约3毫米，3裂，侧裂椭圆形较小，中裂圆形，向前突出；雄蕊4，全育，前方2枚雄蕊的附属物腺体状而短小；柱头2裂。蒴果球形或卵球形，与萼近等长或稍长，室间2裂。花期7-10月，果期9-11月。

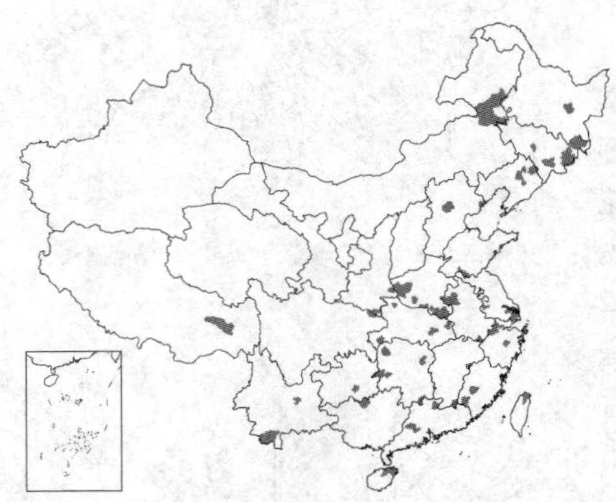

产黑龙江、吉林、辽宁、河北、山东、河南、安徽、江苏、浙江、福建、台湾、江西、湖北、湖南、广东、海南、广西、贵州、云南、西藏、四川及陕西东南部，生于水边或潮湿处。日本、俄罗斯、哈萨克斯坦、阿富汗、巴基斯坦、印度、尼泊尔、泰国、老挝、越南、马来西亚、印度尼西亚（爪哇）及欧洲南部有分布。

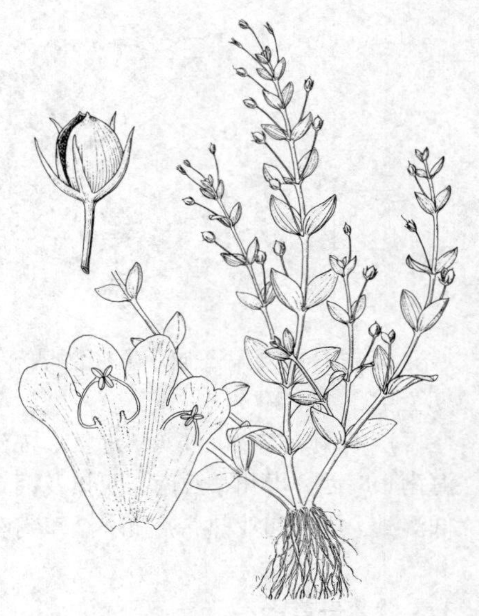

图 166 陌上菜（郭木森绘）

5.　狭叶母草　　图 167

Lindernia micrantha D. Don. Prodr. Fl. Nepal. 85. 1825.

Lindernia angustifolia (Benth.) Wettst.; 中国高等植物图鉴 4: 726. 1975; 中国植物志 67(2): 141. 1979.

一年生草本，少亚直立而几无分枝或常有极多的分枝，下部弯曲上升，长达40厘米以上；根须状而多。茎叶无毛，叶几无柄；叶线状披针形、披针形或线形，长1-4厘米，宽2-8毫米，先端渐尖或圆钝，基部楔形成极短的窄翅，全缘或有少数不整齐细圆齿，脉自基部发出3-5条，两面无毛；几无叶柄。花单生叶腋，有长梗，无毛；萼齿5，仅基部联合，窄披针形，长约2.5毫米，无毛；花冠紫、蓝紫或白色，长约6.5毫米，上唇2裂，下唇开展，3裂，稍长于上唇；雄蕊4，全育，前面2枚花丝的附属物丝状；

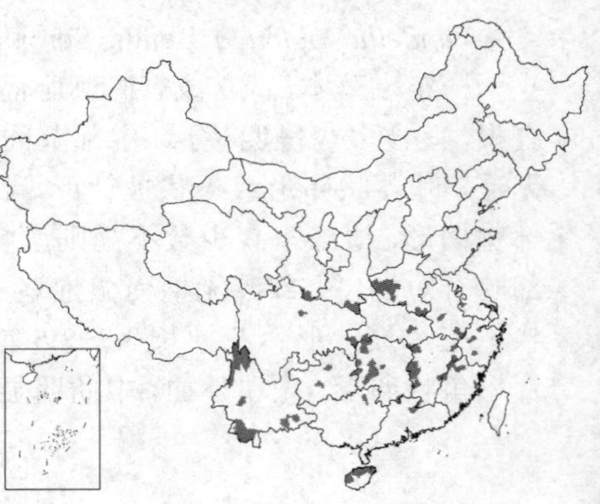

花柱宿存，形成细喙。蒴果线形，长达1.4厘米，比宿萼长约2倍；果梗长达3.5厘米。花期5-10月，果期7-11月。

产河南、安徽、江苏、浙江、福建、江西、湖北、湖南、广东、香港、海南、广西东北部、贵州、云南、四川、甘肃南部及陕西南部，生于海拔500米以下水田或河流旁等低湿处。日本、朝鲜半岛、越南、老挝、柬埔寨、印度尼西亚（爪哇）、缅甸、印度、尼泊尔及斯里兰卡有分布。

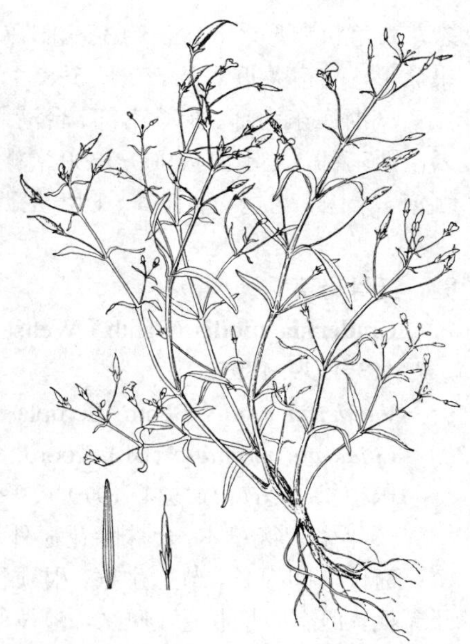

图 167 狭叶母草
（引自《中国水生高等植物图谱》）

6. 细茎母草 图 168

Lindernia pusilla (Willd.) Boldingh, Zakfl. Landb. Java. 165. 1916.

Gratiola pusilla Willd. Sp. Pl. 1: 105. 1797.

一年生细弱草本，铺散或有时长蔓，长达30厘米以上，节间长达6厘米以上。茎枝近无毛或有伸展的疏毛而节上有较密的粗毛。叶下部有短柄，上部者无柄，卵形或心形，稀圆形，长达1.2厘米，先端急尖或钝，基部楔形或近心形，边缘有少数不明显波状细齿或近全缘，常向反卷，上下两面有稀疏压平的粗毛，叶脉羽状。花对生叶腋，在茎枝顶端成近伞形的短缩总状花序，有3-5花；花梗长0.8-1.5厘米，无小苞片；花萼仅基部联合，萼齿5，窄披针形，外被粗毛；花冠紫色，长约9毫米，上唇直立，先端微缺，下唇远长于上唇，向前伸展；雄蕊4，全育，前方1对花丝细长，其基部膝状弯曲；柱头片状。蒴果卵球形，与宿萼近等长。花期5-9月，果期9-11月。

产台湾、福建、广东、海南、广西及云南，生于海拔850-1550米水流潮湿处、田中或林下。尼泊尔、印度、缅甸、越南、老挝、泰国、柬埔寨、斯里兰卡、马来西亚、菲律宾、印度尼西亚及新几内亚有分布。

图 168 细茎母草（引自《Kew Bull.》）

7. 粘毛母草 图 169

Lindernia viscosa (Hornem.) Bolding. Zakfl. Landb. Java. 165. 1916.

Gratiola viscosa Hornem. Enum. Pl. Hort. Hafn. 19. 1807.

一年生草本，直立或多少铺散，但不长蔓，高可达16厘米。茎有时分枝极多，被伸展的粗毛。叶下部者卵圆形，长达5厘米，先端钝或圆，基部下延而成约1厘米的宽叶柄，边缘有浅波状齿，两面疏被粗毛，叶脉羽状，上部叶渐宽短，在花序下之叶有时为宽心脏状卵形，宽过于长，较基叶小而无柄，半抱茎。花序总状，稀疏，有6-10花；小苞片小，披针形；总花梗和花梗有粗毛，花后常反曲，在果时长可达1厘米；花萼长约3毫米，仅基部联合，萼齿5，窄披针形，外被粗毛；花冠白色或微带黄色，长5-6毫米，上唇长约2毫米，2

裂，三角状卵形，下唇长约3毫米，3裂，裂片近相等；雄蕊4，全育。蒴果球形，与宿萼近等长。花期5-8月，果期9-11月。

产浙江东南部、福建南部、台湾北部、江西南部、广东、海南、广西及云南西南部，生于海拔900-1300米林中及岩石旁。印度（大吉岭）、锡金、缅甸、泰国、老挝、菲律宾、印度尼西亚及新几内亚有分布。全草入药。

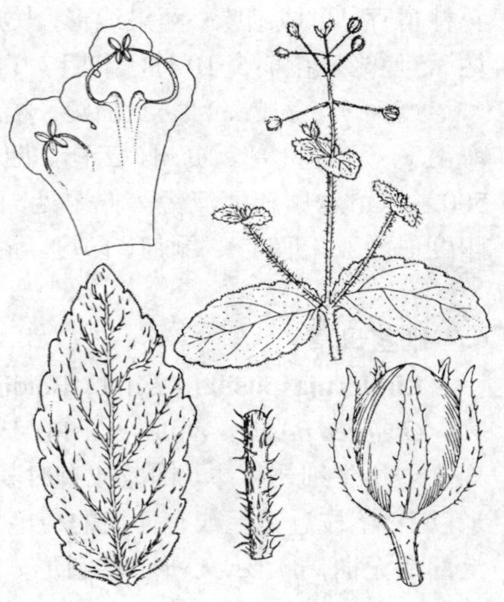

图 169 粘毛母草（引自《Kew Bull.》）

8. 红骨母草 图 170

Lindernia mollis (Benth.) Wettst. in Engl. u. Prantl, Nat. Pflanzenfam. 4(3b): 79. 1895.

Vandellia mollis Benth. Scroph. Ind. 37. 1835.

Lindernia montana (Bl.) Koord.; 中国高等植物图鉴 4: 726. 1975; 中国植物志 67(2): 134. 1979.

一年生匍匐草本，全株除花冠外均被白色闪光的细刺毛，尤以幼时为密；匍枝节间很长，节上生根，根须状；茎高达5-20厘米或更多。叶有时几无柄，但有时柄长达1厘米，密被伸展的白毛；叶大小和形状多变，披针状长圆形或卵形，长2-6厘米，先端急尖或钝，基部宽楔形或近心形，边缘有不规则锯齿或浅圆齿，两面均密被有丝光而基部膨大的压平白色粗毛，有时较稀疏，叶脉羽状。花成短总状花序或有时近伞形，顶生或腋生，有时亦单生，花数可达10朵；苞片小，钻形；花梗长者达2.5厘米，有白色绢毛；花萼长5-7毫米，仅基部联合，齿5，条状披针形，有白色绢毛；花冠紫色或黄白色，长0.8-1厘米，上唇直立，2浅裂，下唇开展，3裂；雄蕊4，全育，前方2枚的花丝基部附属物齿状；柱头2裂。蒴果长卵圆形，比宿萼短。花期7-10月，果期9-11月。

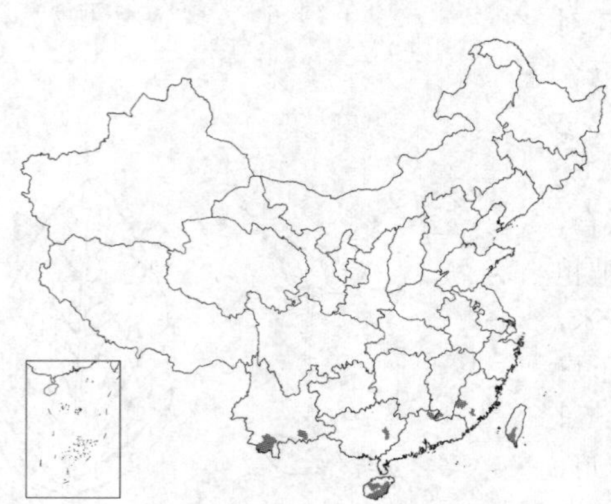

产福建南部、台湾南部、江西南部、广东北部、海南、广西东部及云南南部，常生于海拔900-1400米荒芜田野、阳山坡、山谷灌丛、林边、水流旁等环境中。巴基斯坦、印度、缅甸、老挝、柬埔寨、越南、马来西亚、印度尼西亚有分布。

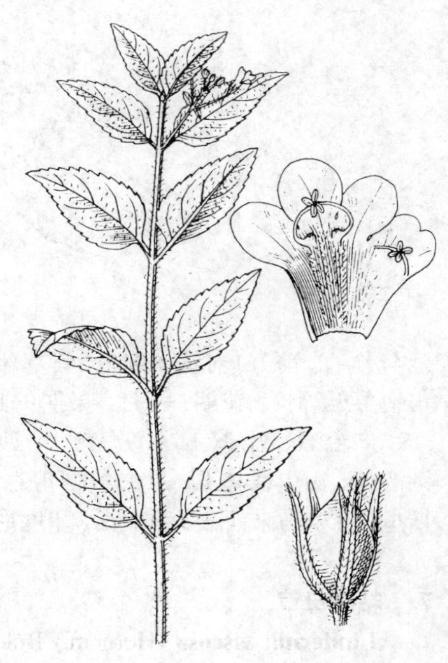

图 170 红骨母草（王金凤绘）

9. 荨麻叶母草 图 171

Lindernia elata (Benth.) Wettst. in Engl. u. Prantl, Nat. Pflanzenfam. 4 (3b): 79. 1891.

Vandellia elata Benth. Scroph. Ind. 36. 1825.

Lindernia urticifolia (Hance) Bonati; 中国高等植物图鉴 4: 726. 1975; 中国植物志 67(2): 135. 1979.

一年生直立草本，高达40厘米。茎枝方形，被伸展长硬毛。叶柄长者可达1.4厘米；叶三角状卵形，长1.2-2厘米，先端急尖，基部宽楔形或平截，常下延于叶柄而成窄翅，每边有4-6锐锯齿，两面被伸展长硬毛，叶脉羽状。花多数，多成腋生总状花序，再集成圆锥花序。花梗长2-7毫米，有毛；苞片窄披针形，被毛；花萼长3毫米，仅基部联合，萼齿5，线状披

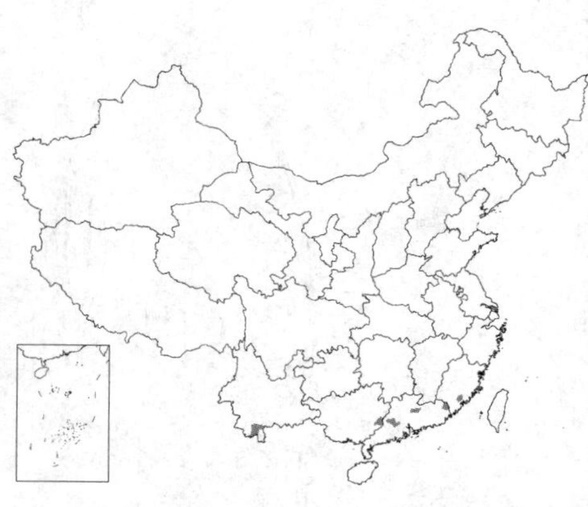

针形，疏被伸展毛；花冠长约1毫米，紫、紫红或蓝色，稍长于萼齿；冠筒长约1毫米，中部膨大，上唇有浅缺，下唇较长1倍，3裂；雄蕊4，全育，前方1对有头部膨大的棍棒状附属物。蒴果椭圆形，比宿萼短。花期7-10月，果期9-11月。

产福建东南部、广东、广西东部及云南南部，常生于海拔900-1400米稻田、草地和山腰沙质土壤中。泰国、越南、柬埔寨、马来西亚、印度尼西亚（加里曼丹）有分布。

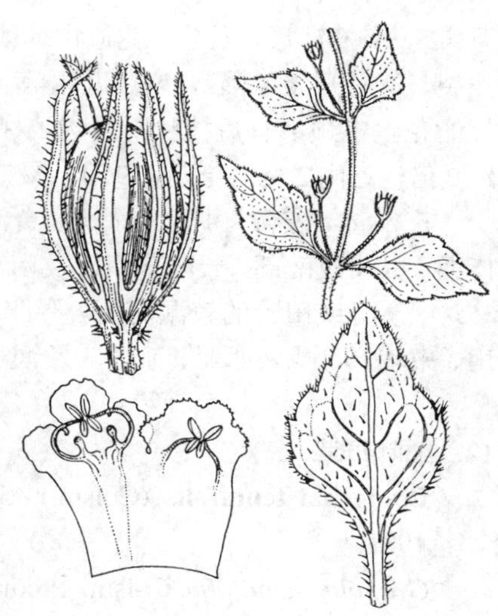

图 171 荨麻叶母草（引自《Kew Bull.》）

10. 刺毛母草 图 172

Lindernia setulosa (Maxim.) Tuyama ex Hara in Journ. Jap. Bot. 19: 207. 1943.

Torenia setulosa Maxim. in Bull. Acad. Imp. Sci. St. Pétersb. 31: 72. 1887.

一年生草本。茎多分枝，多少方形，角具翅棱，疏被刺毛或近无毛，大部倾卧多少蔓生，仅基部1-3节上生根。叶有柄，柄长不及3毫米；叶宽卵形，长0.4-1.3厘米，先端微尖，基部宽楔形，边缘有齿4-6对，上面被压平的粗毛，下面较少或沿叶脉和近缘处有毛，有时几无毛，叶脉羽状。花单生叶腋，常占茎枝的大部而形成疏总状，在茎枝顶端有时叶近全缘而成苞片状。花梗长1-2厘米；花萼仅基部联合，萼齿5，线形，肋上及边缘有硬毛，果时长达5毫米，内弯而包裹蒴果；花冠白或淡紫色，长约7毫米，稍长于花萼，上唇短，下唇较长；雄蕊4，全育。蒴果纺锤状卵圆形，比宿萼短。花期5-8月，果期7-11月。

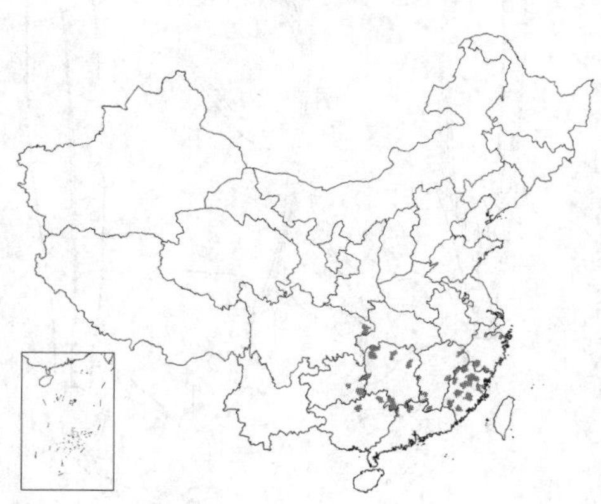

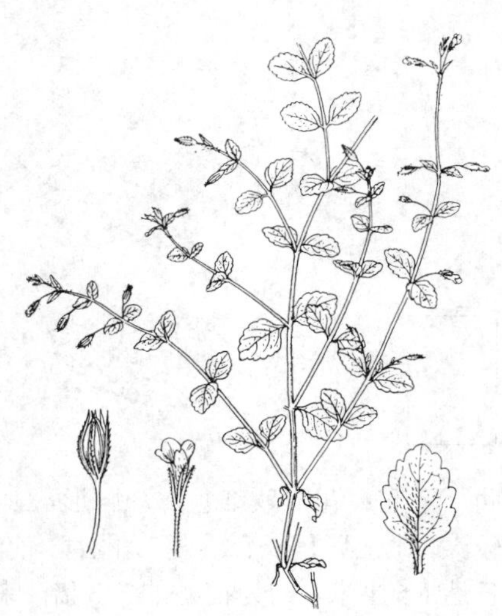

图 172 刺毛母草（冯晋庸绘）

产浙江、福建、江西、广东北部、广西东北部及北部、贵州东南部及四川东部，生于山谷、道旁、林中、草地等较湿润地方。日本有分布。

11. 长蒴母草 长果母草 图 173

Lindernia anagallis (Burm. f.) Pennell in Journ. Arn. Arb. 24: 252. 1943.

Ruellia anagallis Burm. f. Fl. Ind. 135. 1768.

一年生草本，长达40厘米；根须状。茎始简单，不久即分枝，下部匍匐长蔓，节上生根，并有根状茎，无毛。叶三角状卵形、卵形或长圆形，长0.4-2厘米，先端圆钝或急尖，基部平截或近心形，边缘有不明显浅圆齿，侧脉3-4对，上下两面均无毛，叶脉羽状；下部者有短柄。花单生叶腋；花梗长0.6-1厘米，果时长达2厘米，无毛；花萼长约5毫米，基部联合，萼齿5，窄披针形，无毛；花冠白或淡紫色，长0.8-1.2厘米，上唇直立，2浅裂，下唇开展，3裂，裂片近相等，比上唇稍长；雄蕊4，全育，前面2枚的花丝在颈部有短棒状附属物；柱头2裂。蒴果线状披针形，比宿萼长约2倍，室间2裂。花期4-9月，果期6-11月。

产江苏、安徽、浙江、福建、台湾、江西、湖南、广东、香港、海南、广西、贵州西南部、云南东南部及南部、四川南部，生于海拔1500米以下林边、溪旁或田野的较湿润处。不丹、印度、锡金、缅甸、泰国、老挝、越南、柬埔寨、马来西亚、菲律宾及澳大利亚有分布。全草可入药。

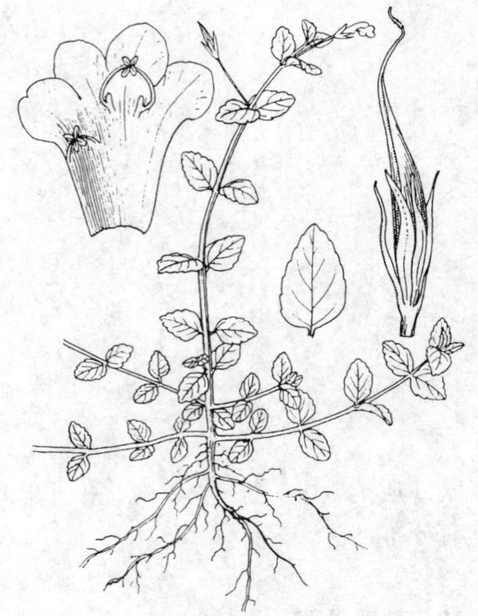

图 173 长蒴母草（吴彰桦绘）

12. 细叶母草 图 174

Lindernia tenuifolia (Colsm.) Alston in Trim. Fl. Ceyl. 6. Suppl. 214. 1931.

Gratiola tenuifolia Colsm. Prodr. Desc. Grat. 8. 1973.

一年生矮小草本，高达15厘米；根须状成丛。茎直立或稍倾斜后上升，稀在第二或第三节上生根，分枝极多，有棱条，无毛。叶无柄，稍抱茎，线形，长1-2.8厘米，宽约2毫米，先端有钝头，边缘有极稀疏而不明显的短锯齿或近全缘，两面无毛，中脉清楚，无明显网纹。花少数，与叶对生，基部有1枚线状小苞片，仅为梗长的1/3；花梗长0.5-1厘米，无毛；花萼仅基部联合，萼齿5，线状披针形，有明显中肋，无毛；花冠紫红色，二唇形，上唇不明显2裂，下唇3裂，中间裂片较大，比上唇稍长；雄蕊2，能育，前方2枚退化。蒴果圆柱形，顶端渐尖，长达1.5厘米，约为宿萼的2-3倍；果柄反折。种子多数，长圆形。

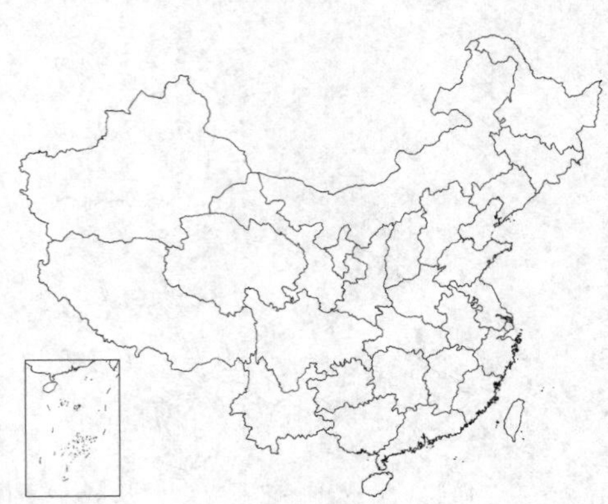

产广东南部、香港及台湾，生于水边或路旁等处。印度、缅甸、越南、老挝、柬埔寨、马来西亚、印度尼西亚（爪哇、伊里安）及菲律宾有分布。

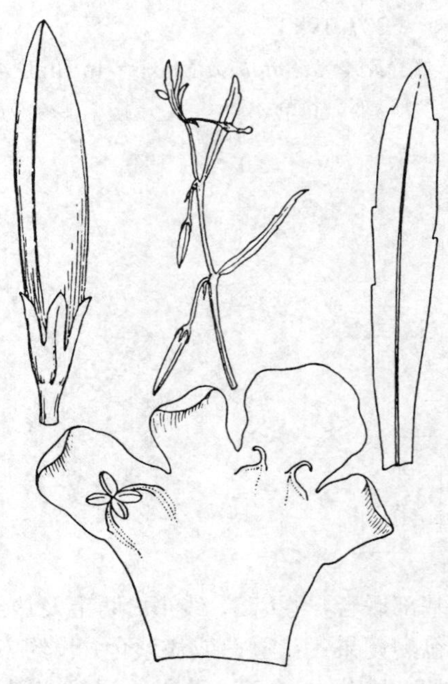

图 174 细叶母草（引自《Kew Bull.》）

13. 泥花草 图 175

Lindernia antipoda (Linn.) Alston in Trim. Handb. Fl. Ceyl. 6 (Suppl.): 214.1931.

Ruellia antiposa Linn. Sp. Pl. 635. 1753.

一年生草本；根须状成丛。茎高达30厘米，茎枝无毛，基部匍匐，下部节上生根。叶长圆形、长圆状披针形、长圆状倒披针形或近线状披针形，长0.8-4厘米，宽0.6-1.2厘米，先端急尖或圆钝，基部楔形、下延有宽短叶柄，而近于抱茎，边缘有少数不明显锯齿至有明显锐锯齿或近全缘，两面无毛，叶脉羽状。花多在茎枝顶端成总状，花序长达15厘米，有2-20花；苞片钻形。花梗长达1.5厘米，在果期平展或反折；花萼基部联合，萼齿5，线状披针形；花冠紫、紫白或白色，长达1厘米，冠筒长达7毫米，上唇

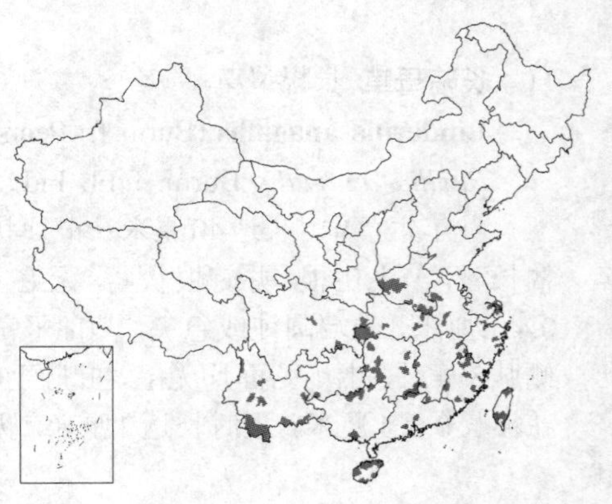

2裂，下唇3裂，上、下唇近等长；后方1对雄蕊能育，前方1对退化，花丝顶端钩曲有腺；花柱细，柱头片状。蒴果圆柱形，顶端渐尖，长约为宿萼2倍或较多。花果期春季至秋季。

产河南、安徽、江苏、浙江、福建、台湾、江西、湖北、湖南、广东、海南、广西、贵州、云南及四川，生于田边或潮湿草地。尼泊尔、印度、不丹、缅甸、泰国、老挝、越南、柬埔寨、菲律宾、日本（琉球岛）、斯里兰卡、马来西亚、澳大利亚及太平洋岛屿有分布。全草可药用。

图 175 泥花草（引自《海南植物志》）

14. 旱田草 图 176 : 1-2

Lindernia ruellioides (Colsm.) Pennell, Brittonia 2: 182. 1936.

Gratiola ruellioides Colsm. Prodr. Desc. Grat. 12. 1793.

一年生矮小草本，高达15厘米。分枝长蔓，节上生根。长达30厘米，近无毛。叶长圆形、椭圆形、卵状长圆形或圆形，长1-4厘米，先端圆钝或急尖，基部宽楔形，边缘除基部外密生整齐而急尖的细锯齿，两面有粗涩的短毛或近无毛，叶脉羽状；叶柄长0.3-2厘米；总状花序顶生，有2-10花；苞片披针状条形。花梗短，无毛；花萼长约6毫米，果期达1厘米，基部联合，萼齿线状披针形，无毛；花冠紫红色，长1-1.4厘米，冠筒长7-9毫米，上唇直立，2裂，下唇开展，3裂，裂片几相等，或中间稍大；前方2枚雄蕊不育，后方2枚能育，无附属物；花柱有宽扁的柱头。蒴果圆柱形，顶端渐尖，比宿萼长约2倍。花期6-9月，果期7-11月。

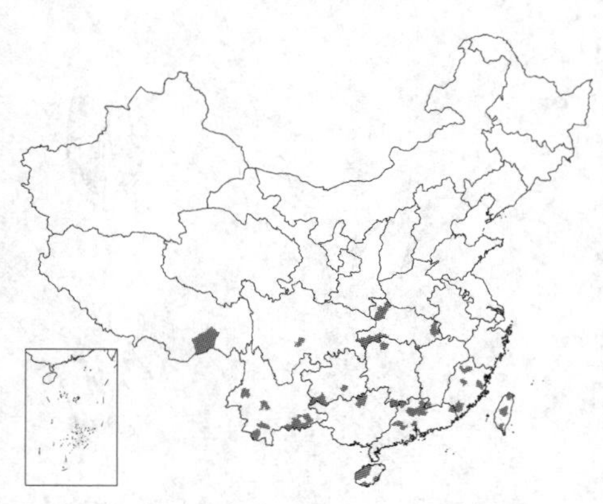

产福建、台湾、江西、湖北、湖南、广东、海南、广西、贵州、云南、四川及西藏，生于草地、平原、山谷或林下。印度、缅甸、越南、柬埔寨、日本（琉球岛）、菲律宾、印度尼西亚、新几内亚及马来西亚有分布。全草可药用。

图 176: 1-2. 旱田草 3-6. 刺齿泥花草（张泰利绘）（引自《Kew Bull.》）

15. 刺齿泥花草 图 176 : 3-4

Lindernia ciliata (Colsm.) Pennell, Brittonia 2: 182. 1936.

Gratiola ciliata Colsm. Prodr. Desc. Grat. 14. 1793.

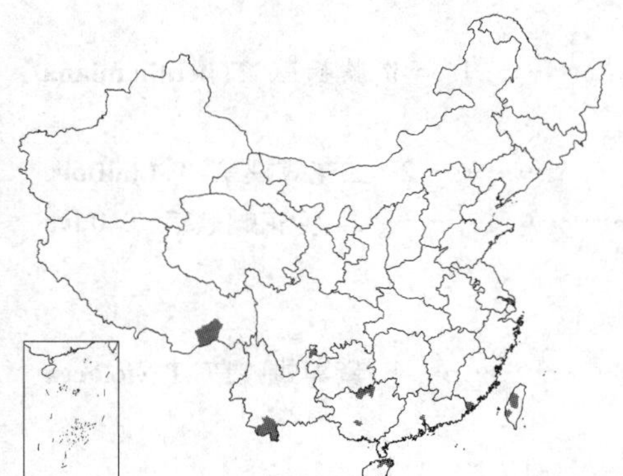

一年生草本，直立或在多枝的个体中铺散，高达20厘米。枝倾斜，最下的节上有时稍有不定根。叶长圆形或披针状长圆形，长0.7-4.5厘米，边缘有紧密而带芒刺的锯齿，两面近无毛，叶脉羽状。花序总状，生于茎枝顶端。花梗无毛；花萼长约5毫米，基部联合，萼齿窄披针形，有刺尖头；花冠浅紫或白色，长约7毫米，冠筒长达4.5毫米，上唇卵形，下唇约与上唇等长，常不等3裂，中裂片大；后方2枚雄蕊能育，前方2枚退化雄蕊在下唇基部凸起为褶襞；花柱约与能育雄蕊等长。蒴果长荚状圆柱形，有短尖头，长约宿萼3倍。花果期夏季至冬季。

产福建、台湾、广东、海南、广西、云南及西藏东南部，生于海拔500-1300米稻田、草地、荒地或路旁低湿处。印度、缅甸、老挝、越南、柬埔寨、马来西亚、日本（琉球岛）、菲律宾及澳大利亚有分布。全草可药用。

16. 尖果母草 图 177

Lindernia hyssopioides (Linn.) Haines, Bot. Bihar Orissa 4: 666. 1922.

Gratiola hyssopioides Linn. Mant. Pl. 174. 1771.

草本，直立或稍弯曲上升；根须状丛密；茎高达30厘米，无毛。叶无柄，多少抱茎，两面无毛，窄卵形或卵状披针形，长0.5-1.5厘米，先端微尖或钝，全缘或有不明显小齿2-3对，叶脉三出，中脉明显。花单生茎枝上部叶腋；花梗长0.5-3厘米；花萼基部联合，萼齿5，线状披针形；花冠红、紫或白色，远长于花萼，长0.9-1.1厘米，上唇深2裂，裂片宽三角状卵形，下唇3裂，裂片近相等，喉部有凸线两条，上面有乳头状结节；雄蕊4，前方1对退化，仅有极短而开裂的花丝；花柱短，顶端有2个片状柱头。蒴果长卵圆形，顶端锐头而有短喙，长约6毫米，约为宿萼的1倍，外面有极细纵波纹。花期5-10月，果期8-11月。

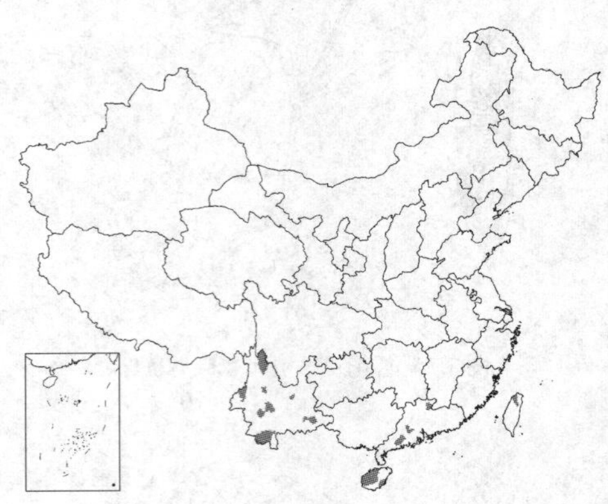

产云南、广东、海南及台湾，生于海拔1200米旱田和水湿处。印度、斯里兰卡、越南及印度尼西亚有分布。

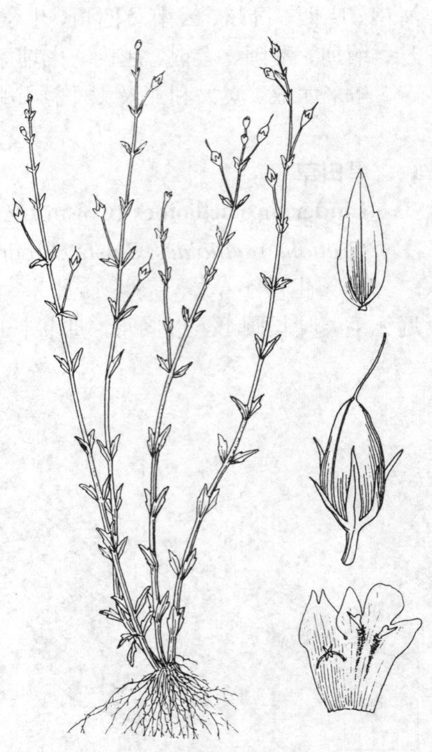

图 177 尖果母草（路桂兰 冯晋庸绘）

20. 蝴蝶草属 Torenia Linn.

（洪德元 潘开玉）

草本，无毛或被柔毛，稀被硬毛。叶对生，通常具柄。花序总状或腋生伞形花序成簇，稀少退化为叉生的两朵顶生花，或仅1花。无小苞片；具花梗；花萼具棱或翅，通常二唇形，萼齿5；花冠二唇形，上唇直立，先端微凹或2裂，下唇3裂，裂片近相等；雄蕊4，均发育，后方2枚内藏，花丝丝状，前方2枚着生喉部，花丝长而弓曲，基部各具1枚齿状、丝状或棍棒状附属物，稀不具附属物，花药成对靠合，药室顶部常汇合；子房上部被短粗毛，花柱先端2片状，胚珠多数。蒴果长圆形，为宿萼所包藏，室间开裂。种子多数，具蜂窝状皱纹。

约30种，主要分布亚、非热带地区。我国10种。

1. 花萼具棱或窄翅，翅宽在花期不超过1毫米。
   2. 全体密被硬毛；花常3朵排成伞形花序，稀单生叶腋或5朵排成总状花序 …… 1. **毛叶蝴蝶草 T. benthamiana**
   2. 全体疏被柔毛。
      3. 花序顶端的1朵花不发育，通常成二歧状 …… 2. **二花蝴蝶草 T. biniflora**
      3. 总状花序顶端的1朵花发育，不成二歧状 …… 3. **黄花蝴蝶草 T. flava**
1. 花萼具翅，翅宽在花期超过1毫米。
   4. 花丝无附属物。
      5. 花冠超出其萼齿部分长2-7毫米，通常排列成伞形花序 …… 4. **紫萼蝴蝶草 T. violacea**

5. 花冠超出其萼齿部分长1-2.3厘米，通常排列成总状花序 ………………………… 4(附). **兰猪耳 T. fournieri**

4. 花丝具附属物。

6. 花排列成总状花序 ………………………………………………………… 5(附). **紫斑蝴蝶草 T. fordii**

6. 花排列成伞形花序或单生。

7. 花萼基部截形或多少钝圆，翅不下延 ……………………………………… 5. **西南蝴蝶草 T. cordifolia**

7. 花萼较粗短，花期通常长不超过1.5厘米，果期不超过2厘米，翅多少下延，萼齿三角形；叶三角状卵形，长略超过宽；花冠蓝色或紫蓝色，裂片不具蓝色斑块。

8. 花冠超出其萼齿部分长仅0.4-1厘米；花丝附属物长1-2毫米 ………………… 6. **光叶蝴蝶草 T. glabra**

8. 花冠超出其萼齿部分长1.1-2.1厘米；花丝附属物长2-4毫米 ………………… 7. **单色蝴蝶草 T. concolor**

1. 毛叶蝴蝶草 图 178

Torenia benthamiana Hance in Ann. Sci. Nat. ser. 4, 18: 226. 1862.

植株密被白色硬毛，节上生根。叶卵形或卵心形，长1.5-2.2厘米，两侧各具6-8枚带短尖的圆齿，先端钝，基部楔形；叶柄长约1厘米。花通常3朵排成伞形花序，稀单生叶腋或5枚排成总状花序。花梗长约1厘米；萼筒窄长，长约1厘米，具5棱，上部多少扩大；萼齿近二唇形，果期裂成5枚长约2毫米、近相等的小齿；花冠紫红或淡蓝紫色，或白而稍带红色，长1.2厘米，上唇长圆形，长约5毫米，2浅裂；下唇3枚裂片近圆形，中裂稍大，长约4毫米；前方1对花丝各具1枚丝状附属物；花柱顶端扩大，2裂。蒴果长椭圆形，长约1厘米；果柄长2-3厘米。花果期8月至次年5月。

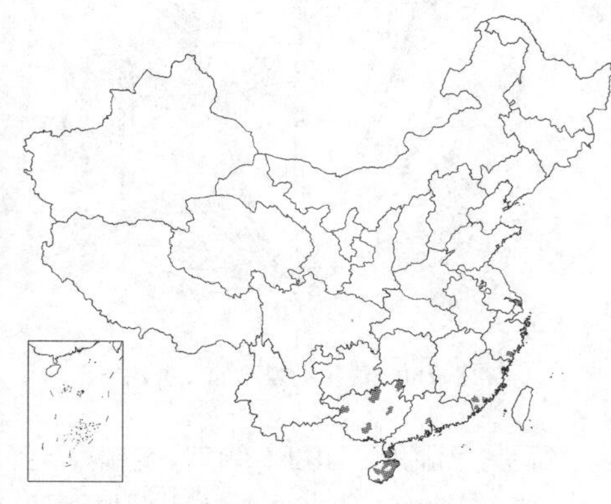

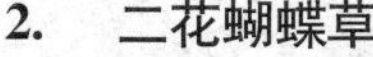

产浙江东南部、福建南部、广东、海南及广西，生于山坡、路旁或溪旁阴湿处。

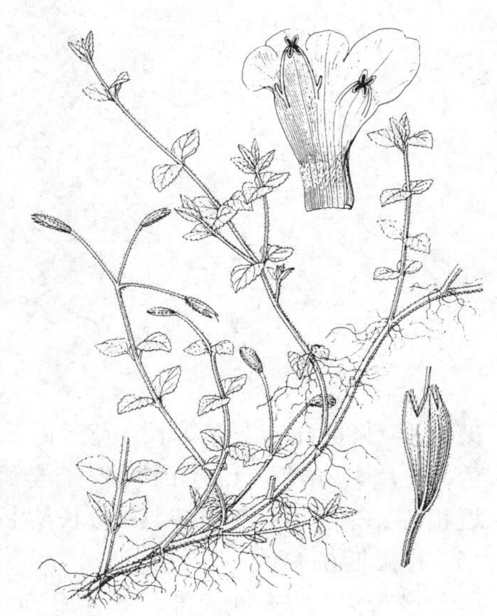

图 178 毛叶蝴蝶草 （冀朝祯绘）

2. 二花蝴蝶草 图 179

Torenia biniflora Chin et D. Y. Hong, Fl. Reipubl. Popul. Sin. 67(2): 399. 145. 1979.

一年生草本，植株疏被极短的硬毛。茎长达50厘米，简单或基部分枝，匍匐或上升，下部节上生根。叶卵形或窄卵形，长2-4厘米，基部钝圆，稀宽楔形，先端急尖或短渐尖，边缘具粗齿；叶柄长0.6-1厘米。花序着生中、下部叶腋，顶端1朵花不发育，通常排成二歧状；发育的花通常2朵，稀4朵；苞片三角状钻形或线形，长约3毫米；花梗长5-8毫

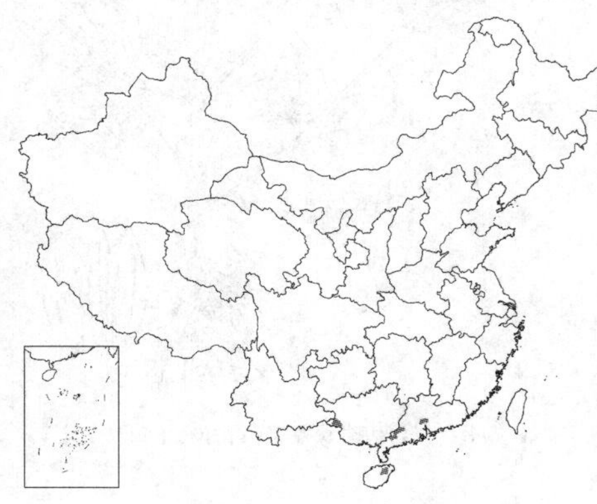

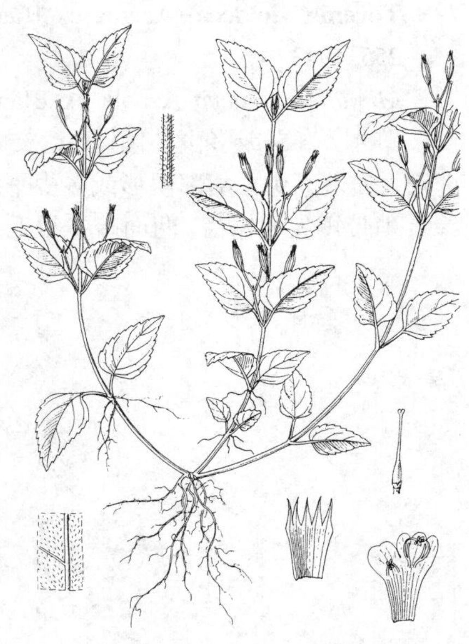

图 179 二花蝴蝶草 （王金凤绘）

米，与苞片疏被短毛；花萼筒状，先端稍扩大，长约1厘米，外面疏被短毛，具5枚不等宽的窄翅，萼齿5，窄披针形，长3-4毫米；花冠黄色，稀白色而微带蓝，长约1.1厘米；前方2枚花丝基部各有1枚棍棒状附属物；花柱顶端扩大，具2枚钝圆裂片。蒴果长椭圆状，长约7毫米。花果期7-10月。

产广东中部及西南部、海南、广西西部，生于密林下或路旁阴湿处。

3. 黄花蝴蝶草 图 180

Torenia flava Buch.-Ham. ex Benth. Scroph. Ind. 38. 1835.

直立草本，高达40厘米，全体疏被柔毛，通常自基部起向上逐节分枝；枝对生，其节上常不再分枝。叶卵形或椭圆形，长3-5厘米，先端钝，基部楔形，渐窄成长5-8毫米之柄，边缘具带短尖的圆齿，上面疏被柔毛，下面除叶脉外几无毛。总状花序顶生，长10-20厘米；花梗长约5毫米，果期增粗，但通常较萼短；苞片长卵形，长5-8毫米，被柔毛及缘毛，多少包裹花梗；花萼窄筒状，伸直或稍弯曲，具5枚凸起的棱，长约1厘米，被柔毛，棱上被缘毛，萼齿5，窄披针形，果期几与萼筒等长；花冠筒长约1.2厘米，上端红紫色，下端暗黄色，裂片4，黄色，后方1枚稍大，全缘或微凹，其余3枚多少圆形，彼此近相等；前方1对花丝各具1枚长约1毫米之丝状附属物。蒴果窄长椭圆形。花果期6-11月。

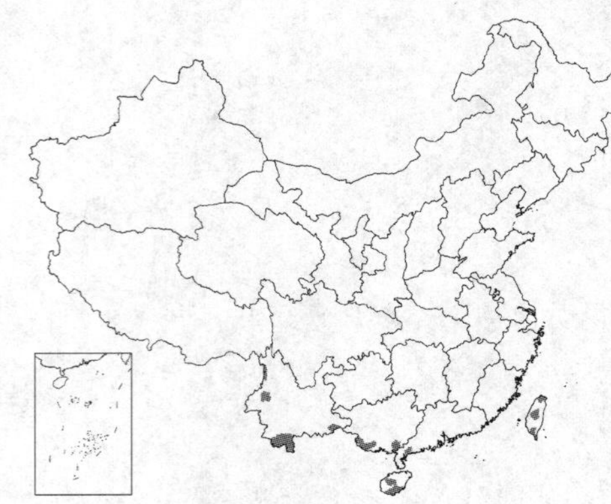

产台湾、广东西南部、海南、广西南部及云南，生于空旷干燥处及林下溪旁湿处。印度、缅甸、越南、老挝、柬埔寨、马来西亚及印度尼西亚有分布。

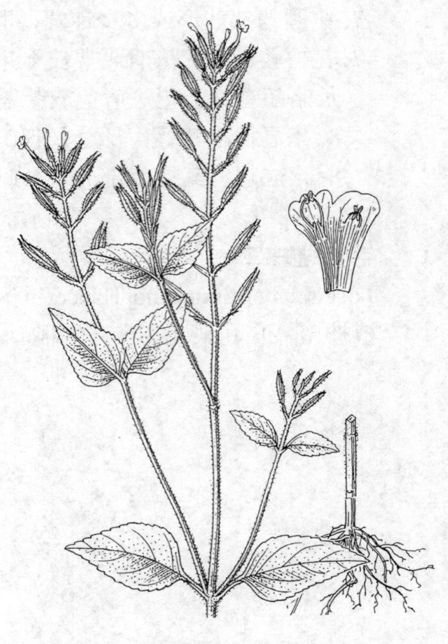

图 180 黄花蝴蝶草（王金凤绘）

4. 紫萼蝴蝶草 图 181

Torenia violacea (Azaola ex Blanco) Pennell in Journ. Arn. Arb. 24: 255. 1943.

Mimulus violacea Azaola ex Blanco, Fl. Filip. ed. 2, 357. 1845.

草本，直立或多少外倾，高达35厘米，自近基部起分枝。叶卵形或长卵形，先端渐尖，基部楔形或多少平截，长2-4厘米，向上逐渐变小，边缘具稍带短尖的锯齿，两面疏被柔毛；叶柄长0.5-2厘米。伞形花序顶生，或单花腋生，稀总状排列。花梗长约1.5厘米，果期达3厘米；花萼长圆状纺锤形，具5翅，长1.3-1.7厘米，翅宽达2.5毫米而稍带紫红色，基部圆，先端裂成5小齿；花冠淡黄或白色，长1.5-2.2厘米，其超出萼齿部分仅2-7毫米，上唇多少直立，近圆形，宽约6毫米，下唇3裂片近相等，长约3毫米，各有1枚

图 181 紫萼蝴蝶草（引自《中国植物志》）

蓝紫色斑块，中裂片中央有1黄色斑块；花丝不具附属物。花果期8-11月。

产江苏南部、浙江、福建、台湾、江西、湖北、湖南、广东、广西、贵州、云南、西藏、四川及甘肃南部，生于海拔200-2000米山坡灌丛及江边林缘。印度、锡金、不丹、越南、老挝、泰国、马来西亚及印度尼西亚（爪哇）有分布。

[附] **兰猪耳 Torenia fournieri** Linden ex Fourn. Illustr. Hortic. 23: 129. t. 249. 1876. 本种与紫萼蝴蝶草的区别：花冠超出其萼齿部分长1-2.3厘米，通常排列成总状花序。花果期6-12月。原产越南，我国南方常见栽培。

5. 西南蝴蝶草 图 182

Torenia cordifolia Roxb. Pl. Corom. 2: 52. t. 161. 1798.

一年生直立草本，高15-20厘米，疏被白色柔毛，向上逐渐分枝；枝交互对生，平展后上升或斜向侧出，基部的多少铺散，整个植株成金字塔形。叶柄长0.8-1.5厘米；叶卵形或心形，长2.5-3.5厘米，宽1.5-2.5厘米，先端略尖，基部楔形而多少下延，边缘具粗三角状锯齿，两面疏被柔毛。花3-5朵在分枝顶部排成伞形花序；苞片线形，长5毫米。花梗长1.5-2厘米，通常弯曲向上；花萼卵状长圆形，长约1.3厘米，宽0.7厘米，具5枚宽约2毫米、边缘多少波状的翅，有时后方1枚较窄，宽仅1毫米，基部截形或多少钝圆，翅绝不下延，萼齿2枚，三角状，近相等，果期开裂成5枚三角状小齿；花冠长1.3-2厘米，紫色，上唇宽过于长，先端全缘或微凹缺，稍内卷；下唇3裂片近相等；前方1对花丝各具1枚齿状或丝状附属物。蒴果长圆形，长约9毫米，宽4毫米。花果期9-11月。

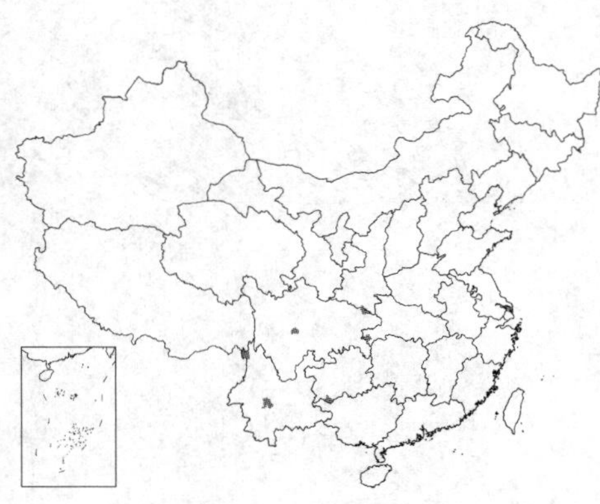

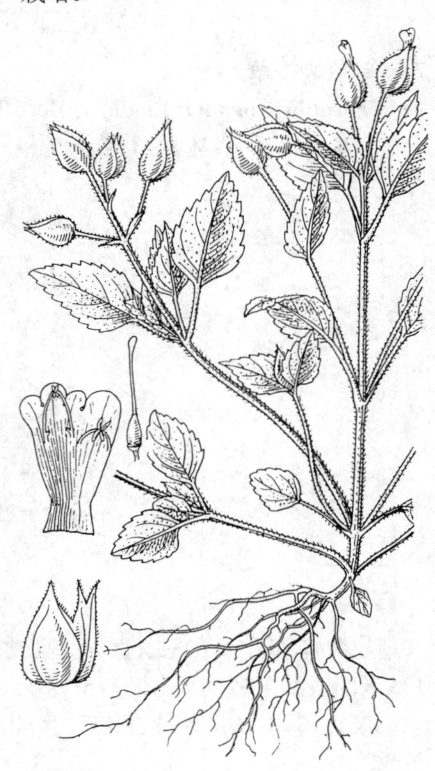

图 182 西南蝴蝶草 （王金凤绘）

产湖北西南部、四川、云南及贵州西南部，生于海拔650-1700米之间山坡路旁或湿润沟边。印度（大吉岭）、锡金、不丹、柬埔寨及越南有分布。

[附] **紫斑蝴蝶草 Torenia fordii** Hook. f. in Bot. Mag. 111: t. 6797B. 1885. 本种与西南蝴蝶草的区别：花排列成总状花序。花果期7-10月。分布于福建、江西、湖南、广东等省。生于山边、溪旁或疏林下。

6. 光叶蝴蝶草 图 183 彩片 36

Torenia asiatica Linn. Sp. Pl. 862. 1753.

Torenia glabra Osbeck; 中国高等植物图鉴 4: 27. 1975; 中国植物志 67(2): 161. 1979.

草本，匍匐或近直立，节上生根。茎多分枝，分枝细长。叶三角状卵形、窄卵形或卵状圆形，长1.5-3.2厘米，先端渐尖，稀急尖，基部楔形或宽楔形，边缘具圆齿或锯齿，两面无

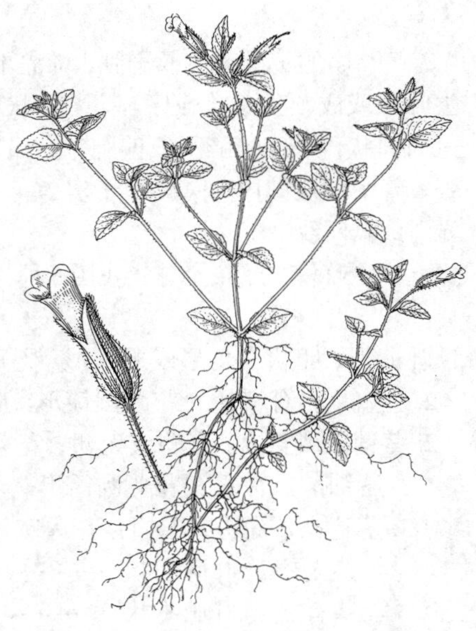

图 183 光叶蝴蝶草 （冯晋庸绘）

毛或被疏柔毛；叶柄长2-8毫米。单花腋生或束生；花梗长0.5-2厘米；花萼长0.8-1.5厘米，果期长达1.2-2厘米，二唇形，具5翅，萼唇窄三角形，先端渐尖，进而裂成5小齿，翅宽超过1毫米，多少下延；花冠紫红或蓝紫色，长1.5-2.5厘米，伸出花萼0.4-1厘米；前方雄蕊附属物线形。蒴果长1-1.3厘米。花果期6-9月。

产浙江、福建、江西、河南、湖北、湖南、广东、海南、广西、贵州、云南、四川及西藏东南部，生于山坡、路旁或沟边湿润处。日本及越南有分布。

7. 单色蝴蝶草 图 184 彩片 37

Torenia concolor Lindl. in Bot. Reg. t. 62. 1846.

匍匐草本；茎具4棱，节上生根；分枝上升或直立。叶三角状卵形或长卵形，稀卵圆形，长1-4厘米，先端钝或急尖，基部宽楔形或近截形，边缘具锯齿或具带短尖的圆锯齿，无毛或疏被柔毛；叶柄长0.2-1厘米。单朵腋生或顶生，稀排成伞形花序；花梗长2-3.5厘米；花萼长1.2-1.5（1.7）厘米，具5枚宽稍超过1毫米之翅，基部下延；萼齿2枚，长三角形，果实成熟时裂成5枚小齿；花冠长2.5-3.9厘米，其超出萼齿部分长1.1-2.1厘米，蓝或蓝紫色；前方1对花丝各具1枚长2-4毫米的线状附属物。花果期5-11月。

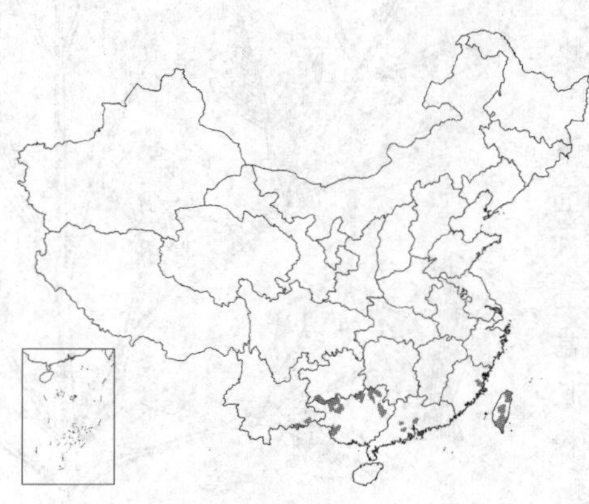

产台湾、广东、香港、广西、贵州西南部及云南东南部，生于林下、山谷或路旁。

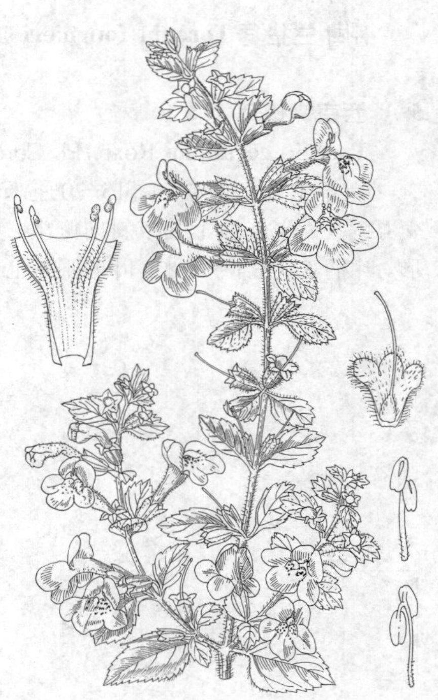

图 184 单色蝴蝶草
（孙英宝仿《Bot. Mag.》）

21. 沟酸浆属 Mimulus Linn.

（杨汉碧）

草本，直立、铺散或平卧，稀灌木；无毛或有腺毛，有时有粘质。茎圆柱形或四方形，具窄翅。叶对生。花单生叶腋或成顶生总状花序。花萼筒状或钟状，果期常成囊泡状，具5肋，肋有时稍翅状，萼片5；花冠二唇形，花冠筒筒状，上部稍膨大或偏肿，喉部常具2瓣状褶襞，多少被毛，上唇直立，2裂，下唇常开展，3裂；雄蕊4，2强，着生花冠筒内，内藏；子房2室，胚珠多数。蒴果包藏于宿存花萼内，2裂。种子小，卵圆形或长圆形，种皮光滑或具网纹。

约150种，广布全球。我国5种。

1. 叶卵形、卵状三角形或椭圆形，无重锯齿；花萼宽钟形或圆筒形，萼口平截或斜截，萼齿窄，长1毫米以上。
   2. 茎直立，有窄翅；花萼圆筒形，萼口斜截，萼齿长短不齐，后方1枚较大 …… 1. **四川沟酸浆 M. szechuanensis**
   2. 茎铺散或直立，有翅或无翅；花萼圆筒形或宽钟形，萼口平截或稍斜，萼齿短而齐或后方1 枚较大。
      3. 茎铺散，有翅；花萼圆筒形，萼口平截，萼齿刺状，短而齐 …………………………… 2. **沟酸浆 M. tenellus**
      3. 茎直立，有翅或无翅；花萼宽钟形，萼齿长短不齐，后方1枚较大。
         4. 茎无翅；叶脉羽状 ………………………………………………… 2(附). **高大沟酸浆 M. tenellus** var. **procerus**
         4. 茎有翅；叶脉掌状 ………………………………………………… 2(附). **南红藤 M. tenellus** var. **platyphyllus**
1. 叶圆形，有重锯齿；花萼宽钟状，萼口平截，后方1齿较大，余齿宽短，长不及1毫米 ……………………………

……………………………………………………………………………………… 1(附). 西藏沟酸浆 M. tibeticus

1. 四川沟酸浆 图 185

Mimulus szechuenensis Pai in Contr. Inst. Bot. Nat. Acad. Pe: p. 2: 119. 1934.

多年生直立草本，高达60厘米；近无毛。茎四方形，有窄翅。叶卵形，长2-6厘米，疏生齿；叶柄长约1.5厘米。花单生叶腋；花梗细，长1-5厘米；花萼圆筒形，长1-1.5厘米，果期囊泡状，长达2厘米，肋有窄翅，萼口斜截，肋与口缘均被柔毛，萼齿刺状，长短不齐，后方一枚较大；花冠黄色，长约2厘米，喉部有紫斑，上下唇近等长。蒴果长椭圆形，长1-1.5厘米，包于宿存花萼内。种子棕色，卵圆形，有网纹。花期6-8月。

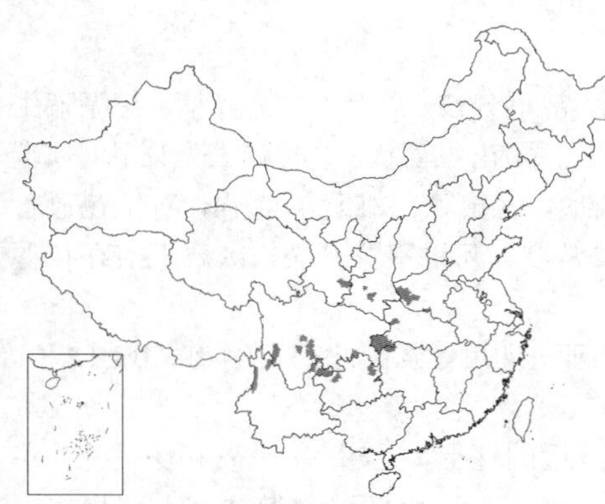

产甘肃东南部、陕西南部、河南西部及南部、湖北西部及西南部、湖南西北部及西部、贵州东部及西北部、四川、云南西北部及东北部，生于海拔1300-2800米林下阴湿处、沟边或溪旁。

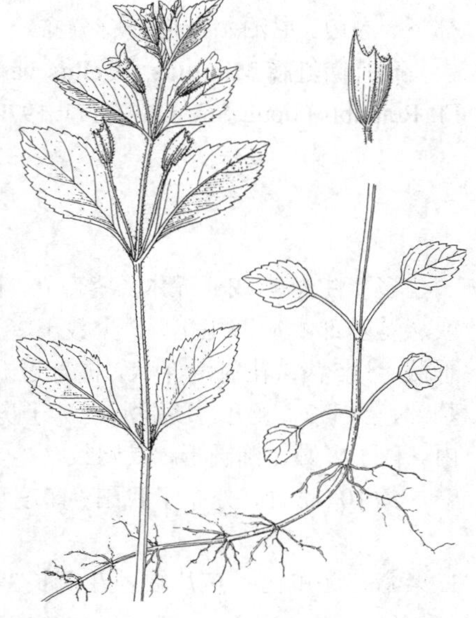

图 185 四川沟酸浆（张泰利绘）

[附] **西藏沟酸浆 Milulus tibeticus** Tsoong et H. B. Yang, Fl. Reipubl. Papul. Sin. 67(2): 166. 399. 1979. 本种与四川沟酸浆的区别：叶圆形，有重锯齿；花萼宽钟状，萼口平截，萼齿宽短，长不及1毫米。产西藏南部，生于海拔3650米阴湿地。

2. 沟酸浆 图 186

Mimulus tenellus Bunge in Mém. Acad. Imp Sci. St. Pétersb. 2:. 123. 1833.

多年生草本，铺散，无毛。茎长达40厘米，多分枝，下部匍匐生根，四方形，角具窄翅。叶卵形或卵状三角形，长1-3厘米，疏生锯齿，叶脉羽状；叶柄与花梗近等长，较叶片短。花单生叶腋；花萼圆筒形，长约5毫米，果期成囊泡状，增大近一倍，5肋稍窄翅状，萼口平截，萼齿短而齐或后方1枚较大，刺状；花冠长7-8毫米，漏斗状，黄色，喉部有红色斑点，唇短，沿喉部密被髯毛。蒴果椭圆形，较宿存花萼短。种子具乳头状突起。花果期6-9月。

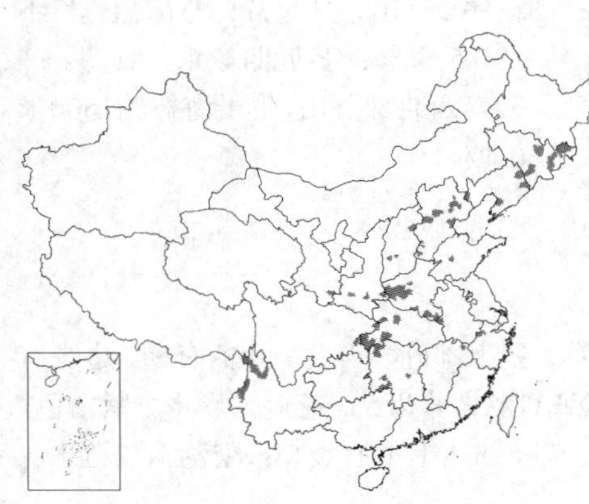

产黑龙江、吉林、辽宁、河北、山东、山西、河南、安徽、浙江、江西、湖南、湖北、云南、四川、陕西及甘肃，生于海拔700-1200米水边或林下湿地。朝鲜有分布。

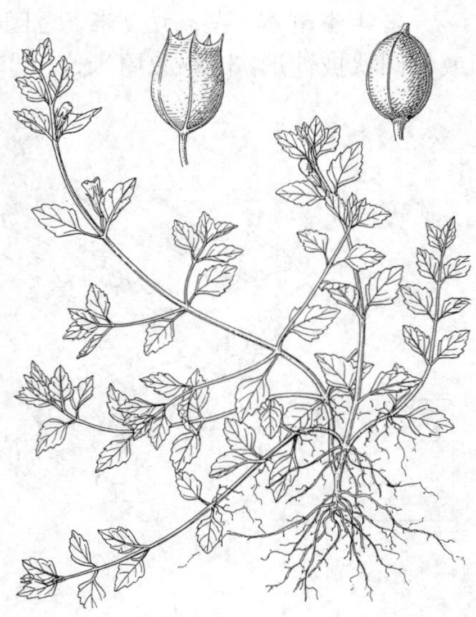

图 186 沟酸浆（张泰利绘）

[附] **高大沟酸浆 Mimulus tenellus** var. **procerus** (Grant) Hand.-Mazz. Symb. Sin. 7: 832. 1936. —— *Mimulus nepalensis* Benth. var.

procerus Grant in Ann. Miss. Bot. Gard. 15: 207. pl. 3. f. 2. 1924. 与模式变种的区别：茎直立，无翅；花冠长达3厘米，花萼宽钟形，口部有时稍斜，萼齿长短不齐，后方的1枚有时较大。产云南及四川，生于海拔200–3800米林下、沟边。尼泊尔及锡金有分布。

[附] **南红藤 Mimulus tenellus** var. **platyphyllus** (Franch) P. C. Tsoong. Fl. Reipubl. Popul. Sin. 67(2): 171. 1979. ——*Mimulus nepalensis* Benth. var. *platyphyllus* Franth. Pl. Darid. 2: 103. 1888与模式变种的区别：茎直立，叶较宽大，具粗锯齿，叶脉掌状；花萼宽钟形，萼齿长短不齐，后方的1枚较大。产云南及四川，生于海拔1900–2200米林下或路旁。

22. 囊萼花属 Cyrtandromoea Zoll.

（洪德元 潘开玉）

多年生草本或亚灌木。茎直立，稍四棱形，有翅或无翅，基部木质化，常不分枝。单叶对生，具柄。花序腋生或从茎基部木质部生出，具少数至多数花或单花生于上部叶腋；苞片小，膜质。花萼管状，果时膨大呈坛状，顶端平截，具5齿；花冠漏斗状，檐部近二唇形，上唇2裂，下唇3裂，裂片圆形，近相等；雄蕊4，2强，着生花冠管基部，药室2，叉开，顶端汇合；子房圆锥形或圆柱形，花柱丝状，柱头2片状。蒴果室背开裂，包藏于宿存花萼内。种子多数，椭圆形，具网纹。

约10–12种，分布于我国、印度尼西亚（爪哇、苏门答腊）、西马来西亚、印度、泰国北部及缅甸。我国2种。

1. 聚伞花序单出；苞片缺；花冠长3–5.5厘米；萼齿丝状，长3-4毫米；茎近圆柱形，无翅 ………………………………………… **囊萼花 C. grandiflora**
1. 聚伞花序2–3出；具苞片；花冠长2–2.5厘米；萼齿长不及0.5毫米；茎近四棱形，具宽1.5–2毫米的翅 ………………………………………… (附). **翅茎囊萼花 C. pterocaulis**

囊萼花

Cyrtandromoea grandiflora Clarke in DC. et Monogr. Phan. 5: 168. 1883.

多年生草本。茎高达2米，近圆柱形，无翅，密被柔毛。叶窄长圆形或长圆状披针形，长8–22厘米，先端渐尖，基部渐窄呈楔形，边缘具锯齿，上面被疏柔毛，下面沿叶脉密被柔毛；叶柄长1–4厘米，被疏柔毛。聚伞花序单出，长4–7厘米，具2–6花，花序梗和花梗均被疏柔毛，无苞片。花萼长0.8–2.5厘米，径0.4–1厘米，果时可达3厘米，萼齿丝状，长3–4毫米；花冠白或淡紫色，长3–5.5 厘米，外面疏被腺状柔毛。蒴果椭圆形，长约1.3厘米，径约5毫米。花果期8–9月。

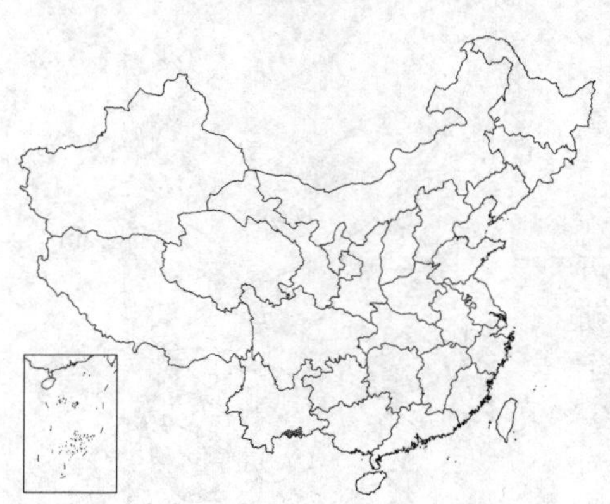

产云南东南部屏边及金平，生于海拔800–1100米河边草地或疏林下。缅甸、泰国及印度尼西亚（苏六答腊）有分布。

[附] **翅茎囊萼花 Cyrtandromoea pterocaulis** D. D. Tai, X. D. Li et X. Yang in Acta Bot. Yunnan. 17 (2): 156. 1995. 本种与囊萼花的区别：聚伞花序2–3出，具苞片，萼齿短，长不及0.5毫米；茎近四棱形，具翅。产云南西北部贡山，生于海拔约1500米山坡。

23. 通泉草属 Mazus Lour.

（杨汉碧）

矮小草本，直立或倾斜，着地部分节上常生不定根。叶多基生成莲座状，茎上部叶多互生，叶柄有翅，边缘有锯齿，稀全缘或羽裂。总状花序顶生，稍偏向一边；苞片小。花萼漏斗状或钟状，萼齿5；花冠二唇形，紫白色，花冠筒短，上部稍扩大，上唇直立，2裂，下唇较大，开展，3裂，有2褶襞从喉部达上下唇裂口；雄蕊4，2强，着生花冠筒上，药室叉开；花柱无毛，柱头2片状。蒴果包于宿存花萼内，球形，室背开裂。种子小，极多数。

约35种，分布于北半球及大洋洲至新西兰。我国22种。

1. 老茎基部木质化，无长蔓匍匐茎；子房被毛。
  2. 植株粗壮，直立，节上不生根；花长1.5厘米或更长，花萼漏斗状，果期长0.8-1.6厘米。
    3. 茎生叶长2-4（-7）厘米，长椭圆形或倒卵状披针形；花梗短于花萼 ………… 1. **弹刀子菜 M. stachydifolius**
    3. 茎生叶长3.5-8（-10）厘米，卵状匙形；花梗较花萼长 ……………………………… 2. **早落通泉草 M. caducifer**
  2. 植株细瘦，基部倾卧，节上常生不定根；花长0.8-1.2厘米，花萼钟状，果期长5-8毫米 ……………………………… 3. **毛果通泉草 M. spicatus**
1. 茎草质，有长蔓匍匐茎或无匍匐茎；子房无毛。
  4. 茎直立，无匍匐茎。
    5. 花冠长2-2.5厘米，花冠裂片先端常有流苏状细齿；叶长（3-）15（-20）厘米。
      6. 叶厚纸质或近革质；上唇2裂片先端圆钝 ……………………………… 4. **岩白翠 M. omeiensis**
      6. 叶薄纸质或纸质；上唇2裂片先端有流苏状细齿 ………………………… 4(附). **美丽通泉草 M. pulchellus**
    5. 花冠长不及2厘米，花冠裂片先端无流苏状细齿；叶长不及10厘米。
      7. 植株高不及10厘米；花1-7朵；花梗和花萼均被腺毛 ……………………… 5. **低矮通泉草 M. humilis**
      7. 植株高15厘米以上；花常10朵以上。
        8. 叶较窄，倒披针形，具尖齿；花梗长约5毫米；花冠长约1厘米 ………… 6. **莲座叶通泉草 M. lecomtei**
        8. 叶较宽，倒卵状匙形，具粗钝齿或基部羽裂；花梗长1-2厘米；花冠长1.2-2厘米 ……………………………… 7. **台湾通泉草 M. fauriei**
  4. 有匍匐茎或茎倾卧上升。
    9. 有花茎与匍匐茎，花茎矮而直立，匍匐茎蔓长，节间长达4厘米以上 ……… 8. **西藏通泉草 M. surculosus**
    9. 花茎与匍匐茎区别不明显，植株倾卧，匍匐茎有或无，如有则顶端上升而生花。
      10. 无匍匐茎；花长约1厘米；花萼果期常增大。
        11. 茎多分枝；花萼长约6毫米，果期稍增大 ……………………………… 9. **通泉草 M. japonicus**
        11. 茎不分枝；花萼果期增大约1倍以上，径达2厘米 …… 9(附). **大萼通泉草 M. japonicus** var. **macrocalyx**
      10. 有匍匐茎；花长1.2-2厘米；花萼果期不增大或稍增大。
        12. 具匍匐茎和直立茎，匍匐茎长15-20厘米，有时无；花萼长0.7-1厘米 …… 10. **匍茎通泉草 M. miquelii**
        12. 茎全匍匐，长达30厘米，花序上升；花萼长4-7毫米 ……………………… 11. **纤细通泉草 M. gracilis**

1. 弹刀子菜　　图 187

Mazus stachydifolius (Turcz.) Maxim. in Bull. Acad. Imp Sci St. Pétersb. 20: 438. 1875.

Tittmannia stachydifolia Turcz. Bull. Soc. Nat. Mosc. 7: 156. 1837.

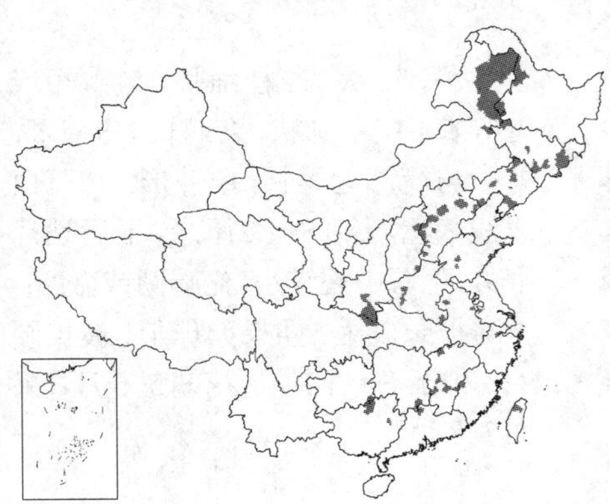

多年生草本，高达50厘米，全株被白色长柔毛。根状茎短。茎直立，稀上升，有时基部多分枝。基生叶匙形，有短柄，常早枯萎；茎生叶对生，上部叶常互生，无柄，长椭圆形或倒卵状披针形，长2-4（c7）厘米，具不规则锯齿。总状花序顶生，长2-20厘米；苞片三角状卵形，

图 187 弹刀子菜（冯晋庸绘）

长约1毫米。花萼漏斗状，长0.5-1厘米，果时长达1.6厘米，常较花梗长，萼齿较筒部稍长，披针状三角形；花冠蓝紫色，长1.5-2厘米，花冠筒与唇部近等长，上唇短，2裂，裂片尖，下唇开展，3裂，中裂较侧裂小，褶襞被黄色斑点及腺毛；子房上部被长硬毛。蒴果扁卵球形，长2-3.5毫米。花期4-6月，果期6-8月。

产黑龙江、吉林、辽宁、内蒙古、河北、山西、河南、山东、江苏、安徽、浙江、福建、台湾、江西、湖北、湖南南部、广东北部、广西、贵州、四川及陕西南部，生于海拔1500米以下较湿润谷地、草坡及林缘。俄罗斯、蒙古及朝鲜半岛有分布。

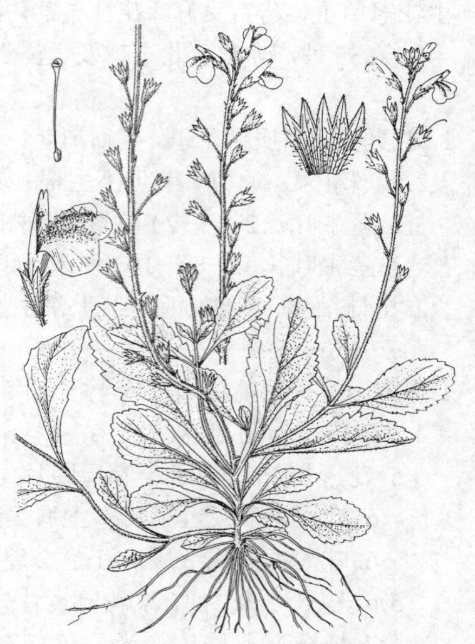

图 188 早落通泉草（引自《中国植物志》）

2. 早落通泉草 图 188

Mazus caducifer Hance in Journ. Bot. 20: 292. 1882.

多年生草本，高达50厘米；粗壮，全株被白色长柔毛。主根短，须根簇生。茎直立或上升，基部木质化，基生叶倒卵状匙形，成莲座状，常早枯落；茎生叶卵状匙形，对生，长3.5-8（-10）厘米，基部渐窄成带翅柄，具粗锯齿，有时浅裂。总状花序顶生，长达35厘米。花梗较花萼长；苞片小，早枯；花萼漏斗状，果期长达1.3厘米，萼齿与筒部近等长，卵状披针形；花冠淡蓝紫色，较萼长2倍，上唇裂片尖，下唇中裂片突出，较侧裂片小；子房被毛。蒴果球形；种子棕褐色，多而小。花期4-5月，果期6-8月。

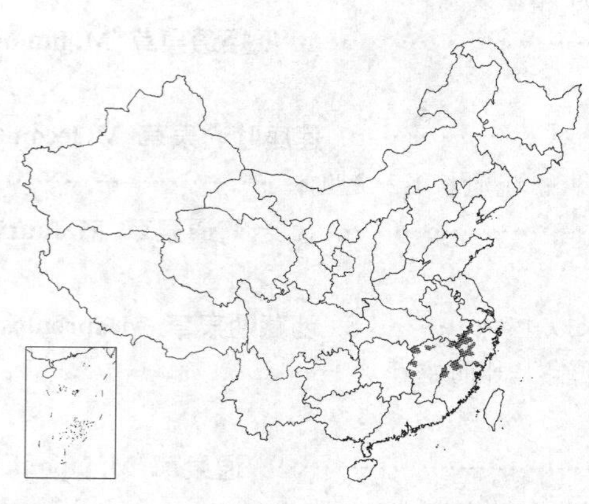

产安徽东南部、浙江、福建西北部及江西，生于海拔1300米以下阴湿山谷、林下或草坡。

3. 毛果通泉草 图 189

Mazus spicatus Vant. in Bull. Acad. Geogr. Bot. 15: 85. 1905.

多年生草本，高达30厘米；全株被白色或浅锈色长柔毛。茎直立或倾卧上升，着地部分节上常生不定根，基部木质化，多分枝。基生叶少数，早枯；茎生叶对生或上部叶互生，倒卵形或倒卵状匙形，长1-4厘米，基部渐窄成有翅的柄，下部叶柄长达1厘米，向上渐短，有缺刻状锯齿。总状花序顶生，长达20厘米；苞片小，钻状。花梗细长，较萼短或近等长；花萼钟状，果期长5-8毫米，萼齿与筒部近等长，披针形；花冠白或浅紫色，长0.8-1.2厘米，上唇裂片窄尖，下唇中裂较小，先端圆或微凹；子房被长硬毛。蒴果卵球形，被长硬毛。种子有细网纹。花期5-6月，果期7-8月。

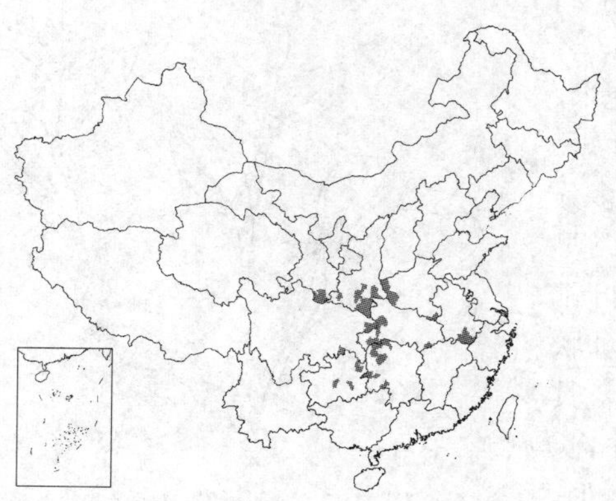

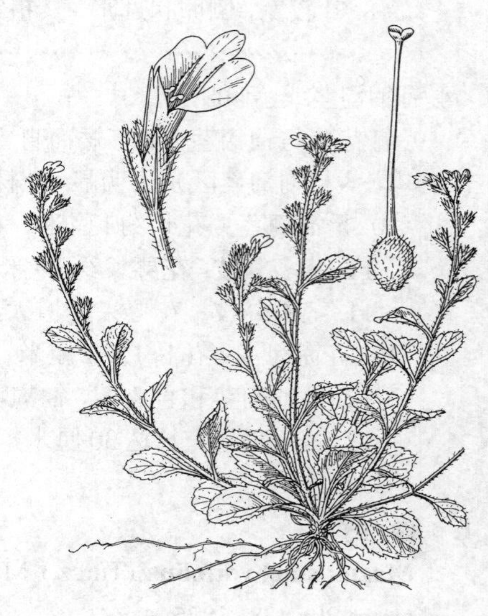

图 189 毛果通泉草（冯晋庸绘）

产安徽南部、河南西部及东南部、湖北、湖南、贵州、四川东部、甘肃南部及陕西南部，生于海拔700-2300米山坡或草丛中。

4. 岩白翠 图 190 : 1-4 彩片 38

Mazus omeiensis H. L. Li in Taiwania 1: 161. 1950.

多年生草本，高达30厘米；无毛或疏被柔毛。花茎常1（-4），草质，直立或上升，无叶。叶全基生，莲座状，倒卵状匙形或匙形，厚纸质或近革质，长3-15（-20）厘米，基部渐窄成有翅的柄，上面有光泽，下面灰白色，侧脉不明显，疏具粗圆齿，齿端具胼胝质突尖。总状花序，花少；苞片长达6毫米。花梗长1-1.5厘米，被腺毛；花萼钟状，长约7毫米，萼齿卵状三角形；花冠淡蓝紫色，长2-3厘米，上唇直立，裂片宽达4毫米，先端圆钝，下唇裂片先端平截，叉状凹缺，有啮状细齿；子房无毛。蒴果卵圆形，长约5毫米。花期4-7月，果期7-9月。

产四川中南部及贵州北部，生于海拔500-2000米岩壁阴湿处。

[附] **美丽通泉草** 图190：5-8 **Mazus pulchellus** Hemsl. ex Forbes et Hemsl. in Journ. Linn. Soc. Bot. 26: 182. 1890. 本种与岩白翠的区别：叶薄纸质或纸质；上唇唇片先端平截，有流苏状细齿。产云南东南部、四川东南部及湖北西部，生于海拔1600米以下阴湿岩缝或林下。

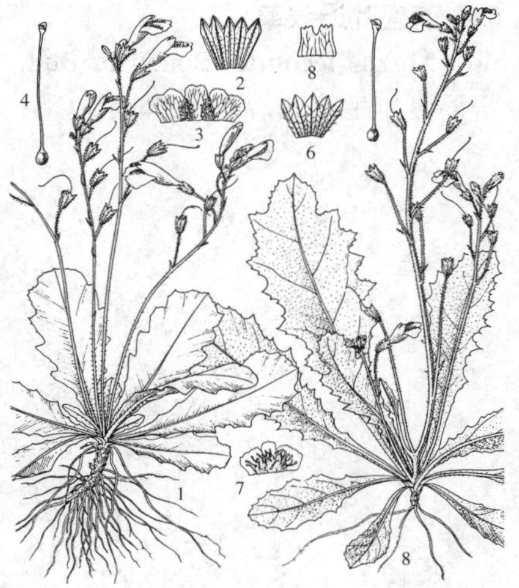

图 190：1-4. 岩白翠 5-8.美丽通泉草（引自《中国植物志》）

5. 低矮通泉草 图 191

Mazus humilis Hand.-Mazz. in Anz. Akad. Wiss. Wien, Math.-Nat. 58: 4. 1926.

多年生草本，高10厘米以下；全株疏被白色柔毛。花茎1-8，直立，长2-6厘米，无毛。叶全基生，莲座状，倒卵状匙形或椭圆状倒卵形，纸质，长1-3.5厘米，基部渐窄成有翅的柄，具不规则粗齿或浅裂，叶脉不明显。单花或总状花序具2-7花。花梗在果期长1-2厘米，与花萼均均被腺毛；花萼漏斗状，长5-7毫米，萼齿与萼筒等长，椭圆状披针形；花冠白或白色有紫斑，长约1厘米，上唇直立，2浅裂，裂片近卵形，下唇裂片近圆形，中裂较小，稍突出。蒴果球形。花果期6月。

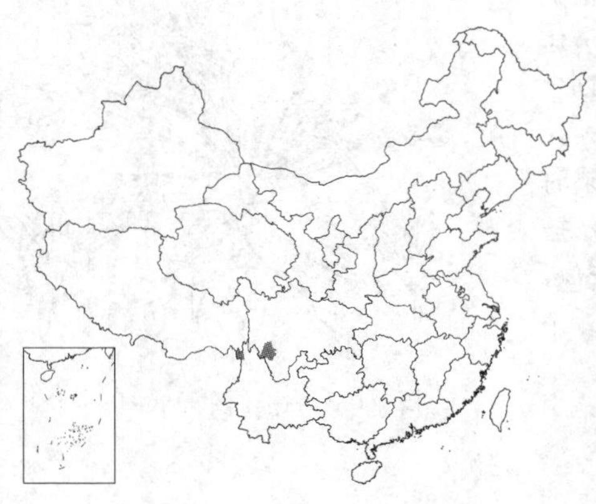

产云南西北部及四川西南部，生于海拔2500-3500米湿润草甸。

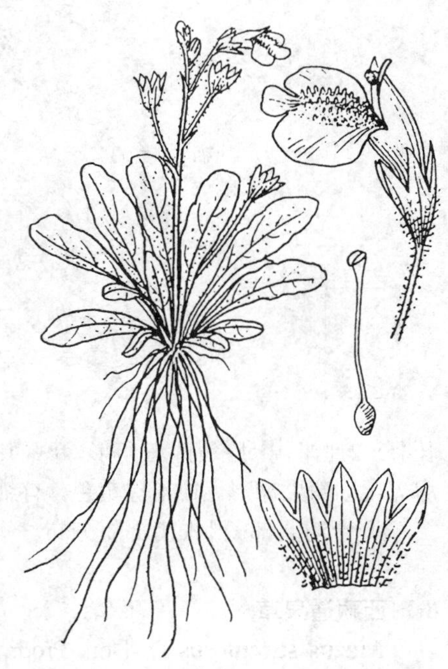
图 191 低矮通泉草（引自《中国植物志》）

6.　莲座叶通泉草　　图 192

Mazus lecomtei Bonati in Bull. Herb. Boiss. 2 (8): 538. 1908.

多年生草本，高达15厘米以上；被白色长柔毛。主根短，侧根常肉质，长达6厘米。花茎单生或多数，常直立，无叶或具1-2小叶。叶全基生，莲座状，倒披针形，长2.5-4(-5.5)厘米，基部渐窄成带宽翅的柄，具不整齐缺刻状尖齿。总状花序有10-20花，花稀疏；苞片针刺状。下部花梗较萼稍长；花萼钟状，长约5毫米，萼齿与萼筒等长，披针形；花冠紫堇色，长约1厘米，上唇裂片短，三角形，下唇中裂较侧裂小，突出，均全缘。蒴果球形。种子棕黄色。花果期3-5月。

产云南西北部及四川西南部，生于海拔1000-2600米湿润草坡或水边。

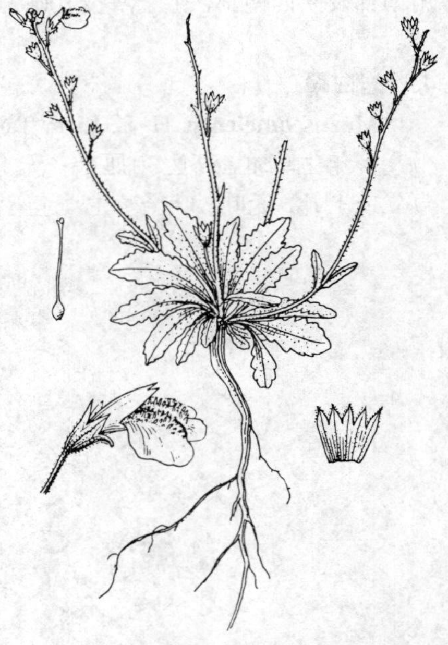
图 192 莲座叶通泉草
（引自《中国植物志》）

7.　台湾通泉草　　图 193

Mazus fauriei Bonati in Bull. Herb. Boiss 2 (8): 537. 1908.

多年生草本，高达20厘米；被白色长柔毛。主根短，须根簇生，细长。花茎常数支，细弱，上升，无叶或具1-2小叶。叶全基生，莲座状，倒卵状匙形，薄纸质，长（2-）4-6厘米，基部渐窄成宽翅状的柄，具粗钝齿或重锯齿或基部羽裂。总状花序有（3-）10-15花，花稀疏；苞片小，卵状三角形。花梗细弱，长1-2厘米；花萼钟状，长5-7毫米，果时增大，萼齿长为萼筒1/3，披针状三角形；花冠淡紫色，长1.2-2厘米，上唇裂片三角形，下唇中裂片较侧裂片小而突出，卵形；子房无毛。蒴果球形。种子棕黄色，有细格状网纹。花果期4-5月。

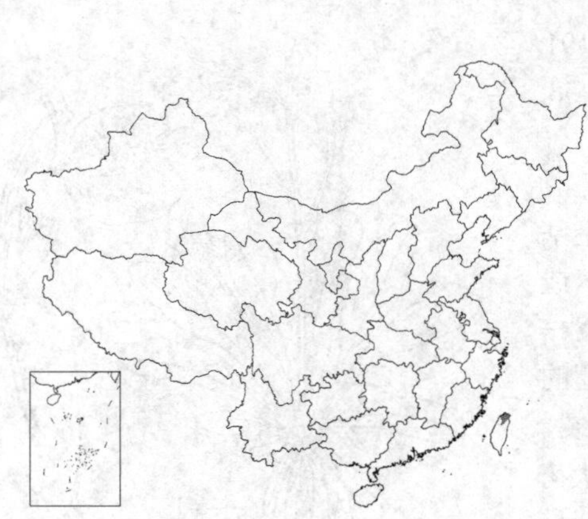

产台湾北部。日本南部有分布。

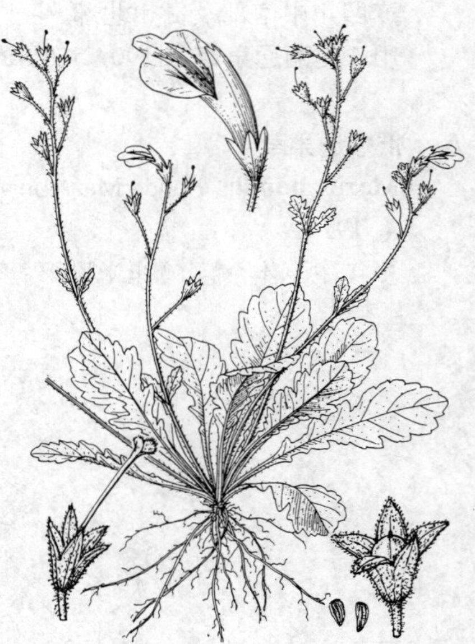
图　193　台湾通泉草（冯晋庸绘）

8.　西藏通泉草　　图 194

Mazus surculosus D. Don, Prodr. Fl. Nepal. 86. 1825.

多年生草本，高达8厘米，被白色长柔毛。花茎直立，较叶稍长，无叶；匍匐茎细长，不开花，节间长4厘米以上。基生叶莲座状，倒卵状匙形，纸质，长2-7厘米，具不整齐圆齿，基部常琴状羽裂，渐窄成带翅的

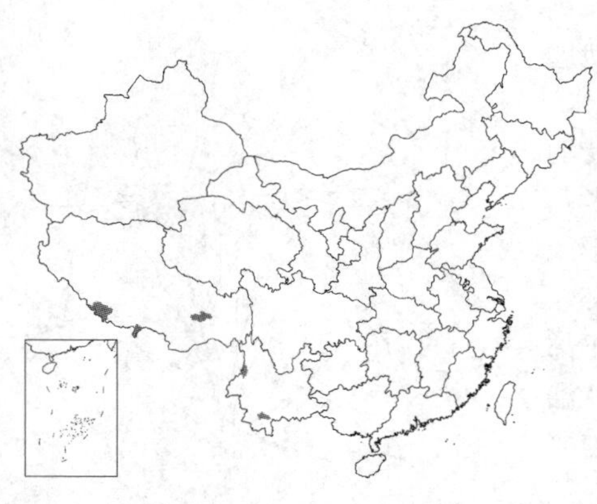

柄；匍匐茎叶对生，圆形或倒卵形，小型；具短柄。总状花序，花稀疏。花萼筒状钟形，长4-8毫米，萼齿长为萼1/3，宽卵形；花冠粉红或淡紫色，长为萼2倍，上唇短而直，2浅裂，裂片近圆形，下唇中裂片卵形，较小，突出。蒴果卵圆形，长约4毫米；果柄长达2厘米。种子平滑。花果期6-7月。

产西藏南部及东部、云南西部及西南部，生于海拔2000-3300米林缘或草地。印度、尼泊尔及不丹有分布。

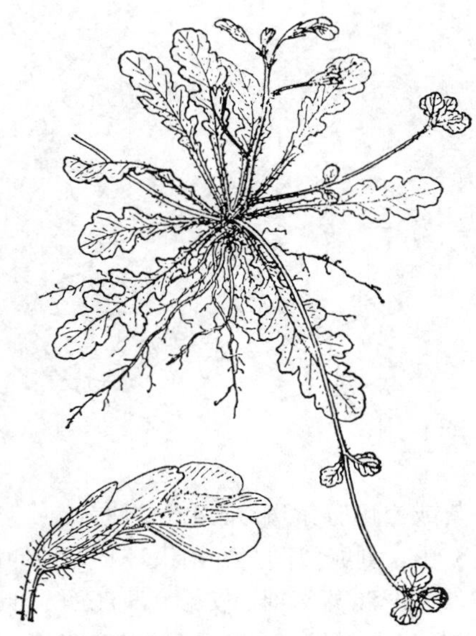

图 194 西藏通泉草（引自《图鉴》）

9. 通泉草 图 195

Mazus japonicus (Thunb.) Kuntze, Rev. Gen. 2: 462. 1891.

Lindernia japonica Thunb. Fl. Jap. 253. 1784.

一年生草本，高达15（-30）厘米；无毛或疏生柔毛。茎1-5（-7），直立或倾斜上升，多分枝，着地部分节上生不定根。基生叶常早落；茎生叶对生或互生，倒卵状匙形或卵状倒披针形，膜质，长2-6厘米，具不规则粗齿，基部渐窄成带翅叶柄。总状花序生于茎顶，常在近基部生花，花稀疏。花萼钟状，长约6毫米，果时稍增大，萼片与萼筒近等长；花冠白、紫或蓝色，长约1厘米，上唇裂片小，卵状三角形，下唇中裂片较小，稍突出，倒卵圆形。蒴果球形，果柄长达1厘米。种子黄色，有网纹。花果期4-10月。

产吉林、辽宁、河北、山西、河南、山东、江苏、安徽、浙江、福建、台湾、江西、湖北、湖南、广东、香港、海南、广西、贵州、云南、西藏、四川、甘肃及陕西，生于海拔2500米以下湿润草坡、沟边或林缘。俄罗斯、朝鲜半岛、日本及越南有分布。

图 195 通泉草（引自《图鉴》）

[附] **大萼通泉草 Mazus japonicus** var. **macrocalyx** (Bonati) P. C. Tsoong, Fl. Reipubl. Popul. Sin. 67(2): 191. 1979.——*Mazus macrocalyx* Bonati in Bull. Herb. Boiss 2(8): 529. 1908. 与模式变种的区别：茎不分枝；花萼果时增大1倍以上，径达2厘米。产陕西、云南、四川、台湾、广西及广东，生于海拔1200-2800米溪边、路旁或草坡。

10. 匍茎通泉草 图 196

Mazus miquelii Makino in Bot. Mag. Tokyo 26: 162. 1902.

多年生草本；常无毛。直立茎高达15厘米，叶多互生；花期生于匍匐茎，长达20厘米，着地部分节上生不定根，叶多对生，卵形或近圆形，具

短柄，连柄长1.5-4厘米，有锯齿。基生叶莲座状，倒卵状匙形，有长柄，连柄长3-7厘米，具粗齿，有时近基部缺刻状羽裂；茎生叶在直立茎上多互生，在匍匐茎上多对生，卵形或近圆形，具锯齿，连柄长1.5-4厘米，总状花序顶生。花序下部花梗长达2厘米；花萼钟状漏斗形，长0.7-1厘米，萼齿与萼筒等长，披针状三角形；花冠紫或白色有紫斑，长1.5-2厘米，上唇短而直，2裂，下唇中裂片较小，稍突出，倒卵状圆形。蒴果球形，稍伸出萼筒。花果期2-8月。

图 196 匍茎通泉草（冯晋庸绘）

产江苏南部、安徽、浙江西北部、福建、台湾、江西北部、河南东南部、湖北及湖南，生于海拔300米以下潮湿路旁、荒地或疏林中。日本有分布。

11. 纤细通泉草 图 197

Mazus gracilis Hemsl. ex Forbes et Hemsl. in Journ. Linn. Soc. Bot. 26: 181. 1890.

多年生草；常无毛。茎全匍匐，长达30厘米，纤细。基生叶匙形或卵形，连叶柄长2-5厘米，疏生锯齿；茎生叶常对生，倒卵状匙形或近圆形，柄短，连柄长1-2.5厘米，有圆齿或近全缘。总状花序常侧生，上升，长达15厘米。花梗纤细；花萼钟状，长4-7毫米，萼齿与萼筒等长，卵状披针形；花冠黄色有紫斑，或白、蓝紫或淡紫红色，长1.2-1.5厘米，上唇短而直，2裂，下唇中裂片稍突出，长卵形，有2条疏生腺毛的纵皱褶；子房无毛。蒴果球形，包于宿存花萼内，室背开裂；果柄长1-1.5厘米。种子小而多，棕黄色，平滑。花果期4-7月。

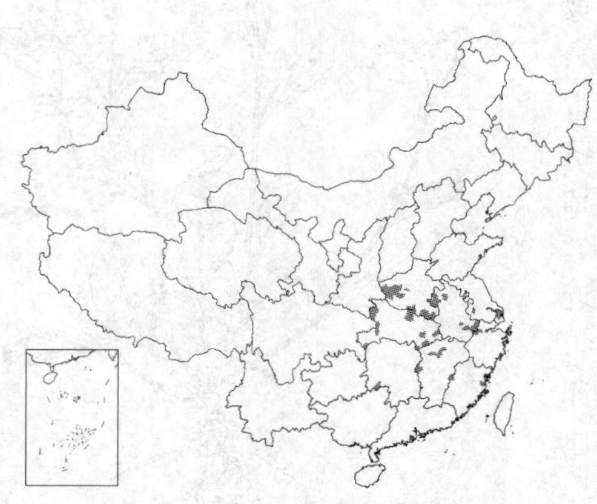

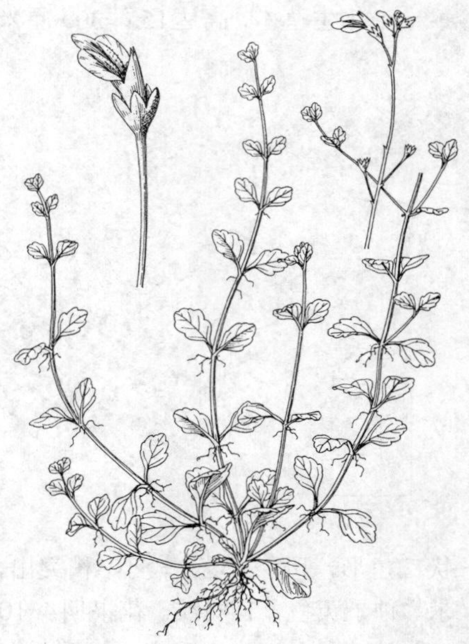

图 197 纤细通泉草（冯晋庸绘）

产江苏南部、浙江西北部、福建、江西、安徽、河南、湖北及湖南，生于海拔500米以下潮湿丘陵或水边。

24. 野胡麻属 **Dodartia** Linn.

（杨汉碧）

多年生直立草本，高达50厘米；无毛或幼嫩部分疏被柔毛。根粗壮，长达20余厘米，带肉质，须根。茎单一或束生，近基部被棕黄色鳞片，茎基部至顶端多分枝；细瘦，具棱角，扫帚状。叶少，茎下部叶对生或近对生，上部叶互生，无柄，线形或鳞片状，长1-4厘米，全缘或有疏齿。总状花序顶生，花3-7朵，稀疏。花梗长0.5-1毫米；花萼钟状，近革质，长约4毫米，宿存，萼齿5，宽三角形；花冠二唇形，紫或深紫红色，花冠筒较唇长，上部稍扩大，上唇短而直，2浅裂，下唇较上唇长而宽，3裂，中裂片舌状，稍突出，有两条隆起密被腺毛的褶襞；雄蕊4，2强，花药紫色，药室分叉；子房2室。蒴果近球形，径约5毫米，不明显开裂。种子多数，卵圆形，黑色，稍陷于带肉质中轴胎座。

单种属。

野胡麻 图 198

Dodartia orientalis Linn. Sp. Pl. 633. 1753.

形态特征同属。花果期5-7月。

产新疆及宁夏，生于海拔800-1400米多沙山坡或田野。蒙古、俄罗斯及伊朗有分布。全草药用。

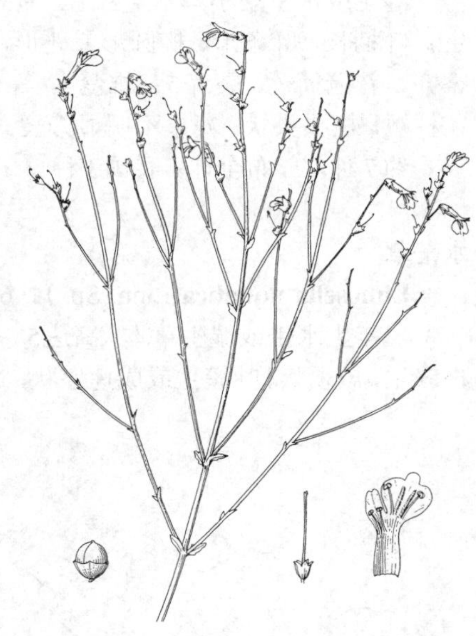

图 198 野胡麻（引自《中国植物志》）

25. 小果草属 **Microcarpaea** R. Br.

（洪德元 潘开玉）

一年生纤细小草本，极多分枝而成垫状，全体无毛。叶无柄，半抱茎，宽线形或窄长圆形，长3-4毫米，全缘，稍厚，叶脉不显。单生叶腋，有时每节一朵而为互生，无梗；花萼管状钟形，长约2.5毫米，5棱，具5齿，萼齿窄三角状卵形，疏生睫毛；花冠粉红色，近钟状，与萼近等长，檐部4裂，上唇短而直立，下唇3裂，开展；雄蕊2，位于前方。蒴果比萼短，卵圆形，略扁，有两条沟槽，室背开裂。种子少数，棕黄色，纺锤状卵圆形，近平滑，长约0.3毫米。

单种属。

小果草 图 199

Microcarpaea minima (Koen) Merr. Philipp. Journ. Sci. Bot. 7: 100. 1912.

Paederota minima Koen. Retz. Obs. 5: 10. 1789.

形态特征同属。

产江苏东南部、福建南部、台湾北部、广东、香港、贵州东部、云南东南部及南部，生于海拔400-1500米稻田或沼泽。朝鲜半岛、日本、泰国、印度、越南、印度尼西亚、马来西亚及大洋洲有分布。

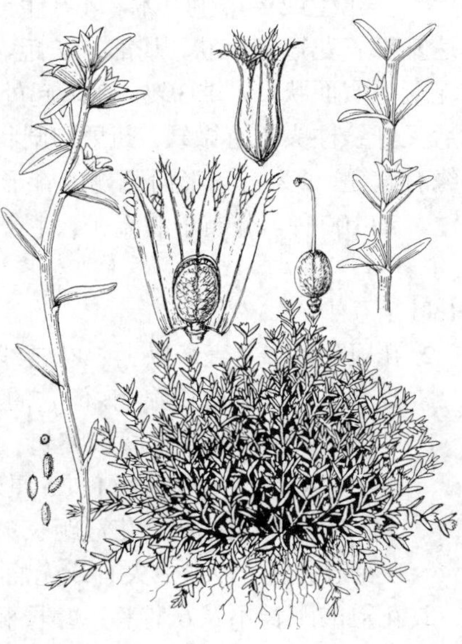

图 199 小果草（引自《中国植物志》）

26. 水茫草属 Limosella Linn.

（杨汉碧）

湿生或水生矮小草本，丛生，匍匐或浮水；无毛。具节节生根的匍匐茎或无茎。叶对生、束生或在长枝上互生；叶柄长，叶条形、椭圆形或匙形，全缘。花小，单生叶腋，无小苞片。花萼钟状，萼齿5；花冠辐射状钟形，整齐；花冠筒短，裂片5；雄蕊4，等长，着生花冠筒中部，花丝丝状，药室汇成1室；子房基部2室，上部1室，花柱短，柱头头状。蒴果不明显开裂。种子多数而小，具皱纹。

约7种，广布全球。我国1种。

水茫草 图 200

Limosella aquatica Linn. Sp. Pl. 631. 1753.

一年生水生或湿生草本，高达5（-10）厘米，匍匐茎短，几无直立茎。根簇生，短须状。叶簇生或成莲座状，宽线形或窄匙形，长0.3-1.5厘米，稍肉质；叶柄长1-4（-9）厘米。花3-10朵生于叶丛中。花梗长0.7-1.3厘米；花萼长1.5-2.5毫米，萼齿卵状三角形；花冠白或带红色，长2-3.5毫米，裂片椭圆形；花丝大部贴生。蒴果卵圆形，长约3毫米，伸出宿存花萼。种子纺锤形，稍弯曲，有格状纹。花果期4-9月。

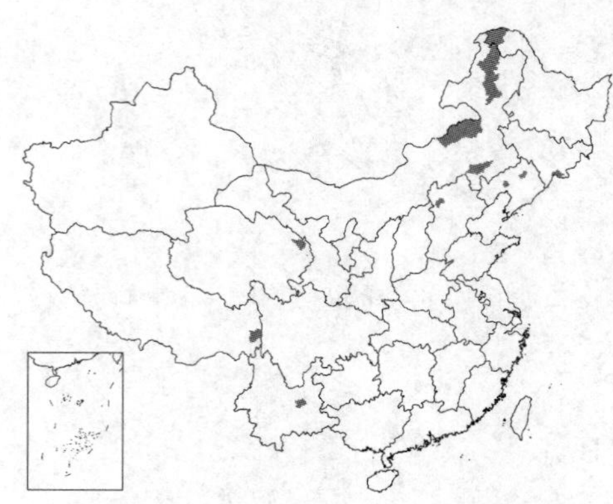

产黑龙江北部、吉林南部、辽宁、内蒙古东部、河北西北部、青海东北部、西藏东部及云南中东部，生于海拔1700-2400（-4000）米河岸、溪旁、林缘或湿草地，有时浮于水中。温带广布。

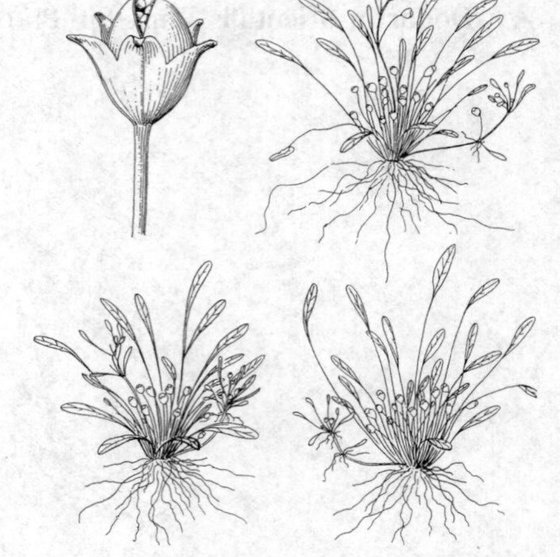

图 200 水茫草（冀朝祯绘）

27. 柳穿鱼属 Linaria Mill.

（洪德元 潘开玉）

一年生或多年生草本。叶互生或轮生，常无柄，单脉或有数条弧状脉。花序穗状、总状，稀头状。花萼5裂几达基部；花冠筒管状，基部有长距，檐部二唇形，上唇直立，2裂，下唇中央向上唇隆起并扩大，几封住喉部，使花冠呈假面状，先端3裂，在隆起处密被腺毛；雄蕊4，前面1对较长，前后雄蕊的花药各自靠拢，药室并行，裂后叉开；柱头常有微缺。蒴果卵圆状或球状，在近顶端不规则孔裂，裂片不整齐。种子多数，扁平，常为盘状，边缘有宽翅，少为三角形而无翅或肾形而边缘加厚。

约100种，分布于北温带，主产欧亚两洲。我国10种。

1. 叶全互生。
  2. 花冠的距长7毫米以上；叶常线形，具单脉，稀长椭圆形而具3条脉；花序轴及花梗无毛 或疏生短腺毛（仅L. buriatica密被长腺毛，但它的茎低矮，基部极多分枝）。
    3. 花冠紫色；种子无瘤状突起。
      4. 叶线形；花冠距长1-1.5厘米 ………………………………………………………… 1. **紫花柳穿鱼 L. bungei**
      4. 叶线状椭圆形；花冠距长7-8毫米 ……………………………………………… 1(附). **帕米尔柳穿鱼 L. kulabensis**
    3. 花冠黄色；种子中央有或无瘤状突起。
  2. 花冠的距长不及6毫米；叶长椭圆形，具3-5条脉；花序轴及花梗被长腺毛 …… 2. **宽叶柳穿鱼 L. thibetica**
    5. 植株高常在20厘米以上，中上部分枝；花序轴、花梗无毛或有少量短腺毛；花萼裂片披针形或卵状披针形。
      6. 叶线形，常单脉，稀具3脉，宽2-4（-10）毫米；花萼裂片披针形，宽1-1.5毫米，内面多少被腺毛 ………

………………………………………………………………………………………… 3. **柳穿鱼 L. vulgaris** subsp. **chinensis**

6. 叶线状披针形或披针形，具3条脉，宽0.5-1.5厘米；花萼裂片披针形或卵状披针形，宽超过1.5毫米，内面近无毛 ……………………………………………………… 3(附). **新疆柳穿鱼 L. vulgaris** subsp. **acutiloba**

5. 植株高常不及20厘米，基部极多分枝；花序轴、花梗及花萼密被长腺毛；花萼裂片线状披针形，长4-6毫米，宽仅1毫米 ………………………………………………………………… 4. **多枝柳穿鱼 L. buriatica**

1. 叶轮生或茎下部叶轮生。

7. 叶线形；种子盘状，边缘具宽翅 …………………………………… 3. **柳穿鱼 L. vulgaris** subsp. **chinensis**

7. 叶卵形或长圆形；种子肾形，边缘加厚 ………………………………… 4(附). **海滨柳穿鱼 L. japonica**

1. 紫花柳穿鱼　　图 201

Linaria bungei Kuprian. in Acta Bot. Inst. Acad. Sci. URSS 1(2): 298. 1936.

多年生草本，高达50厘米。茎常丛生，有时一部分不育，中上部常多分枝，无毛。叶互生，线形，长2-5厘米，两面无毛。穗状花序，花数朵至多花，果期伸长，花序轴及花梗无毛。花萼无毛或疏生短腺毛，裂片长圆形或卵状披针形，长2-3毫米；花冠紫色，除去距长1.2-1.5厘米，上唇裂片卵状三角形，下唇短于上唇，侧裂片长仅1毫米，距长1-1.5厘米，伸直。蒴果近球状，长5-7毫米。种子盘状，边缘有宽翅，中央光滑。花期5-8月。

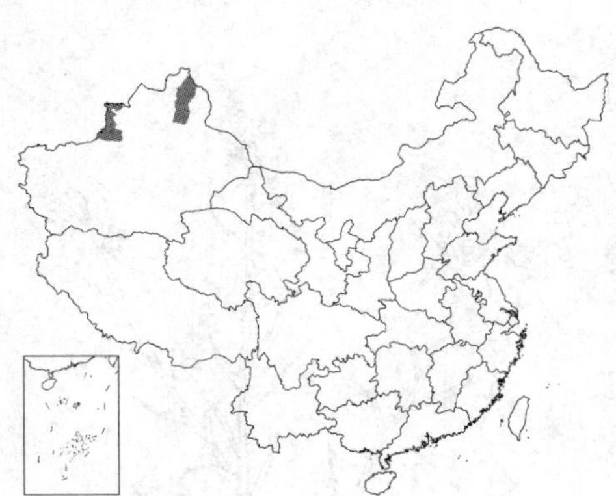

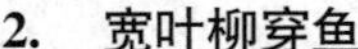

产新疆西北部及北部，生于海拔500-2000米草地或多石山坡。俄罗斯、哈萨克斯坦和吉尔吉斯斯坦分布。

[附] **帕米尔柳穿鱼 Linaria kulabensis** B. Fedtsch. in Fedder, Repert. Sp. Nov. Regni Veg. 10: 380. 1912. 本种与紫花柳穿鱼的区别：多年生草本，高达20厘米；叶较窄，线状椭圆形，长1.5-3厘米；花冠距较短，长7-8毫米。花期5-6月。产新疆西北部，生于海拔约2800米山坡砾石滩上。中亚有分布。

图 201　紫花柳穿鱼（王金凤绘）

2. 宽叶柳穿鱼　　图 202

Linaria thibetica Franch. in Bull. Soc. Bot. France 47: 11. 1900.

多年生草本，高达1米。茎常数枝丛生，不分枝或上部分枝，无毛。叶互生，无柄，长椭圆形或卵状椭圆形，长2-5厘米，具3-5脉，无毛。穗状花序顶生，花多而密集，果期伸长达12厘米，花序轴及花梗多少有

图 202　宽叶柳穿鱼（冯晋庸绘）

多细胞腺毛；苞片披针形。花梗极短；花萼裂片线状披针形，长5-7毫米，外面无毛，内面密被多细胞腺毛；花冠淡紫或黄色，除去距长0.8-1厘米，上下唇近等长，下唇裂片卵形，先端钝尖，宽2毫米，距长5-6毫米，稍弓曲。蒴果卵球状，长约9毫米。种子盘状，边缘有宽翅，中央有瘤突。花期7-9月。

产云南西北部、四川西部及西藏东南部，生于海拔2500-3800米山坡草地、林缘或疏灌丛中。

图 203 柳穿鱼（冯晋庸绘）

3. 柳穿鱼 图 203

Linaria vulgaris Mill. subsp. **chinensis** (Bunge ex Debeaux) D. Y. Hong, Fl. Reipubl. Popul. Sin. 67 (2): 206. 1979.

Linaria vulgaris var. *chinensis* Bunge ex Debeaux in Acta Soc. Linn. Bordeaux 31: 336. 1876.

多年生草本，高达80厘米；茎直立，常在上部分枝。叶多数而互生，少下部轮生，上部互生，稀全部4枚轮生，线形，常单脉，稀3脉，长2-6厘米。总状花序，花期短而花密集，果期伸长而果疏离，花序轴及花梗无毛或有少数短腺毛；苞片线形或窄披针形，长于花梗。花梗长2-8毫米；花萼裂片披针形，长约4毫米，宽1-1.5毫米，外面无毛，内面多少被腺毛；花冠黄色，除去距长1-1.5厘米，上唇长于下唇，裂片长2毫米，卵形，下唇侧裂片宽卵形，宽3-4毫米，中裂片舌状，距稍弯曲，长1-1.5毫米。蒴果卵球状，长约8毫米。种子盘状，边缘有宽翅，成熟时中央常有瘤状突起。花期6-9月。

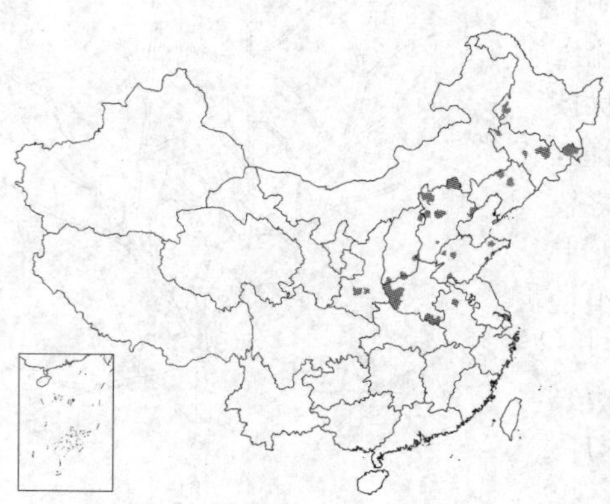

产黑龙江西部及南部、吉林、辽宁、内蒙古、河北、山东、安徽北部、河南、山西及陕西南部，生于海拔1000米以下山坡、路旁、田边草地或多砂的草原。朝鲜有分布。全草药用，可治风湿性心脏病。

[附] **新疆柳穿鱼 Linaria vulgaris** subsp. **acutiloba** (Fisch. ex Reich.) D. Y. Hong, Fl. Reipubl. Popul. Sin. 67 (2): 208. 1979. 与模式亚种的区别：叶互生，线状披针形或披针形，长3-8厘米，具3脉；花序轴及花梗无毛，萼片披针形或卵状披针形，宽超过1.5毫米，内面无毛。产新疆西北部及东北部，生于海拔1000-2200米山谷草地或林下。蒙古及俄罗斯有分布。

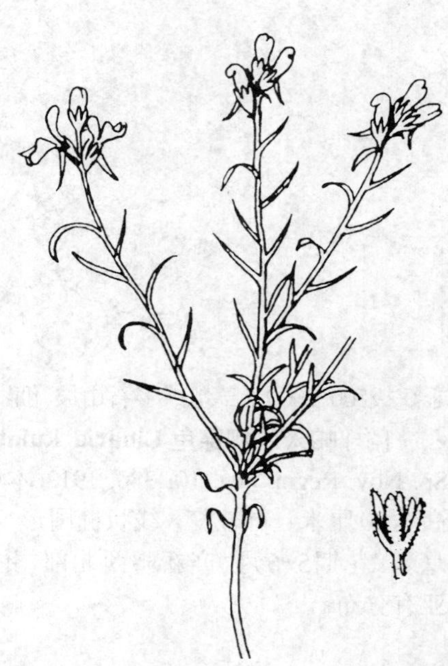
图 204 多枝柳穿鱼（王金凤绘）

4. 多枝柳穿鱼 图 204

Linaria buriatica Turcz. ex Benth. in DC. Prodr. 10: 281. 1846.

多年生草本，自基部极多分枝，分枝常铺散，高达20厘米。叶全互生，多而密，针叶形或线形，长1.5-5厘米，具单脉，无毛。总状花序生于枝顶，

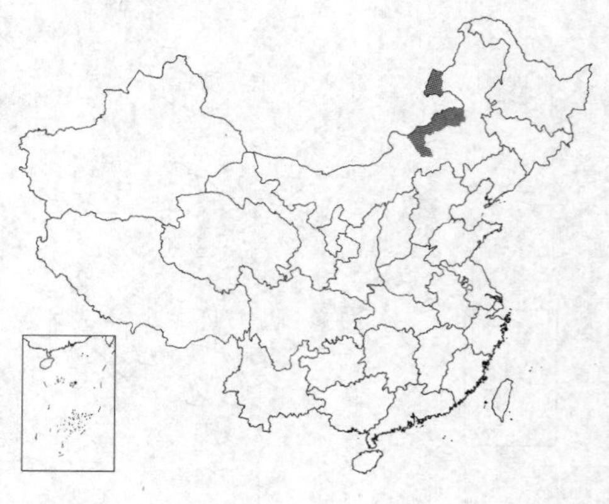

长3-7厘米，花序轴、花梗相当密地被腺柔毛；苞片线状披针形，下部的长近1厘米。花萼裂片线状披针形，长4-6毫米，两面被腺毛；花冠黄色，除去距长1.2-1.5厘米，上唇长于下唇，裂片长2毫米，先端圆钝，下唇侧裂片长圆形，宽2-5毫米，中裂片较窄，距长0.8-1.5厘米，稍弓曲。蒴果卵球状，长9毫米。种子盘状，有宽翅，中央有瘤突。花期6-8月。

产内蒙古，生于海拔100-200米草原、荒地或沙丘。俄罗斯西伯利亚地区及蒙古有分布。

[附] **海滨柳穿鱼 Linaria japonica** Miq. in Ann. Mus. Bot. Lugd.-Bat. 2: 115. 1865. 本种与多枝柳穿鱼的区别：茎上升，高达40厘米；叶对生或3-4枚轮生，卵形、倒卵形或长圆形，长1.5-3厘米，宽0.5-1.5厘米，具不清晰3出弧状脉。产辽宁，生于海边砂地。日本、朝鲜及俄罗斯远东地区有分布。

28. 虾子草属 Mimulicalyx Tsoong

（洪德元 潘开玉）

陆生或沼生多年生草本。茎四方形。叶对生，在一种中主要基生而成莲座状，茎叶少数而小，在另一种中叶全茎生，多少披针形，有极少之细齿。花序始自茎中部以下叶腋中对生，总状而在一种中下部偶有分枝而成为复总状。花梗远长于花，无小苞片；花萼近管状，果时钟状，有纵肋5条，直达萼筒之端，萼齿三角形，为筒长之半或1/3；花冠浅紫或浅红色，有长筒，为萼筒所包，冠檐二唇形，上唇直，2裂，下唇长于上唇，3裂，稍开展，裂片边缘皱缩，有缘毛，管喉有自管部伸出的两条凸起褶襞，褶襞间密生短柔毛；雄蕊4，着生花冠筒上，内藏，2强，药室相同，顶端汇合，下面叉分；柱头2裂。蒴果长圆状，稍侧扁，顶端微凹，室背开裂，胎座膨大。种子多数，椭圆形，略扁，外有透明之膜。

2种，产我国西南部。

1. 陆生草本；有主根；叶在茎基作莲座状丛生，匙形，有长柄，花茎上叶仅3-4对，甚小于基生叶；花序下部常有短分枝；下部果柄长不超过2.6厘米 ························ **虾子草 M. rosulatus**
1. 沼生草本；根须状成丛；叶均茎生，线状披针形，10对以上；花序下部不分枝；下部果柄长达4厘米以上 ························ (附). **沼生虾子草 M. paludigenus**

虾子草 图 205

Mimulicalyx rosulatus P. C. Tsoong, Fl. Reipubl. Popul. Sin. 67 (2): 400. 210. 1979.

多年生草本，高达30厘米。主根垂直向下，长达7厘米，侧根较细。叶基生，莲座状，窄匙形，长达4厘米以上，多少肉质肥厚，先端圆钝，基部窄楔形，近全缘或有极少不明显之齿，叶柄长1.3厘米；花茎上叶仅3-4对，线状披针形，长0.8-2.5厘米，先端钝，基部多少抱茎。总状花序，长达20厘米，有时基部分枝而成为圆锥状，花茎上花数达20以上；苞片与叶同形，远短于花梗，花序基部长达2厘米。花梗在果期长达2.6厘米；花萼长约5毫米，果时强烈增大至8毫米，径约4.5毫米，主脉5条，顶端浅裂为5个三角形齿，齿端外曲；花冠二唇形，上唇2裂，裂片宽过于长，下唇3裂，侧裂片与上唇裂片等大，中裂片较大，圆形，具两条有腺毛的褶臂，所有裂片均有缘毛；雄蕊4，着生花管下部，2强，花丝扁平，无毛，约与花管等长，药室椭圆形，基部叉分；花柱粗扁，柱头2片状，约与雄蕊等长。蒴果椭

图 205 虾子草（引自《中国植物志》）

圆形，多少侧扁，长约5毫米，包于宿存花萼内；下部果柄长不超过2.6厘米。种子多数，褐色，椭圆而有不规则棱角，有明显孔纹。

产云南建水县。

[附] **沼生虾子草 Mimulicalyx paludigenus** P. C. Tsoong, Fl. Reipubl. Popul. Sin. 67(2): 400. 210. 1979. 本种与虾子草的区别：沼生草本；根须状成丛；叶全部茎生，10对以上，线状披针形，长2-5厘米；花序下部不分枝；下部果柄长达4厘米以上。花期6-9月，果期7-10月。产云南东南部及四川南部，生于海拔1100-1520米沼泽浅水、水田或沟边。

29. 毛地黄属 Digitalis Linn.

草本，稀基部木质化。茎简单或基部分枝。叶互生，下部的常密集而伸长，全缘或具齿。花常排成朝向一侧的长而顶生的总状花序。花萼5裂，裂片覆瓦状排列；花冠倾斜，紫红、淡黄或白色，有时内面具斑点，喉部被髯毛，花冠筒一面膨臌或钟状，常在子房以上处收缩，裂片多少二唇形，上唇短，微凹缺或2裂；下唇3裂，侧裂片短而窄，中裂片较长而外伸；雄蕊4，2强，常藏于花冠筒内，花药成对靠近；药室叉开，顶端汇合；花柱浅2裂，胚珠多数。蒴果卵圆形，室间开裂；裂爿边缘内折，与带有胎座的中柱半分离。种子多数，小，长圆形、近卵形或具棱，有蜂窝状网纹。

约25种，分布于欧洲和亚洲中部与西部。我国引入栽培1种。

毛地黄 洋地黄　　图 206　彩片 39

Digitalis purpurea Linn. Sp. Pl. 622. 1753.

一年生或多年生草本，除花冠外，全株被灰白色短柔毛和腺毛，有时茎上几无毛，高达1.2米。茎单生或数条成丛。基生叶多数成莲座状，叶卵形或长椭圆形，长5-15厘米，先端尖或钝，基部渐窄，边缘具带短尖圆齿，少有锯齿，叶柄具窄翅，长可达15厘米；茎生叶下部的与基生叶同形，向上渐小，叶柄短直至无柄而成为苞片。花萼钟状，长约1厘米，5裂几达基部，裂片长圆状卵形，先端钝或急尖；花冠紫红色，内面具斑点，长3-4.5厘米，裂片很短，先端被白色柔毛。蒴果卵圆形，长约1.5厘米。种子短棒状，有蜂窝状网纹，被极细的柔毛。花期5-6月。

原产欧洲。我国引入栽培。叶药用，有强心之效。

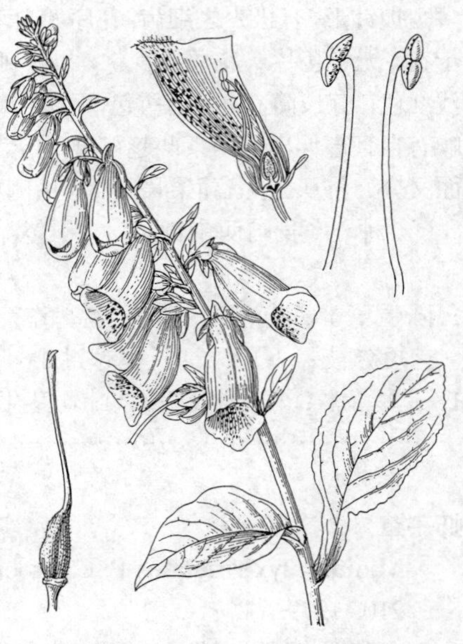

图 206　毛地黄　（引自《中国植物志》）

30. 地黄属 Rehmannia Libosch. ex Fisch. et Mey.

（洪德元　潘开玉）

多年生草本，具根茎，被长柔毛和腺毛。茎直立，简单或自基部分枝。叶具柄，互生或同时有基生叶存在，在顶端的常缩小成苞片，叶形变化很大，边缘具齿或浅裂。花单生叶腋或在茎顶部排列成总状花序。花具梗，小苞片无或存在时常为2枚，钻状或叶状着生于花梗下部或基部；花萼卵状钟形，具5枚不等长的齿，通常后方1枚最长，萼齿全缘或有时开裂而使萼齿总数达6-7枚；花冠紫红或黄色，筒状，稍弯或伸直，端扩大，裂片通常5，近二唇形，下唇基部有2褶襞直达筒的基部；雄蕊4，2强，内藏，稀为5，但1枚较小，花丝弓曲，基部常被毛，花药粘着，药室2枚均成熟；子房长卵圆形，基部托有一环状或浅杯状花盘，2室，或幼时2室，老时1室，花柱顶部浅2裂，胚珠多数。蒴果具宿存花萼，室背开裂。种子小，具网眼。根茎大多可作药用。

6种，均产我国。

1. 花无小苞片。
   2. 花冠长3-4.5厘米，筒部狭窄 …………………………………………………… 1. **地黄 R. glutinosa**

2. 花冠长5.6-7厘米，筒部膨大 ··························· 1(附). **天目地黄 R. chingii**

1. 花具小苞片。

3. 小苞片长椭圆形，羽状分裂 ··························· 2. **裂叶地黄 R. piasezkii**

3. 小苞片钻形 ··························· 2(附). **湖北地黄 R. henryi**

1. 地黄 图 207：1-3 彩片 40

Rehmannia glutinosa (Gaert.) Libosch. ex Fisch. et Mey. in Ind. Sem. Hort. Petrop. 1: 36. 1835.

Digitalis glutinosa Gaertn. in Nov. Comm. Acad. Petrop. 14: 544. t. 20. 1770.

植株高达30厘米，密被灰白色长柔毛和腺毛。根茎肉质，鲜时黄色，在栽培条件下，径达5.5厘米。茎紫红色。叶通常在茎基部集成莲座状，向上则强烈缩小成苞片，或逐渐缩小而在茎上互生；叶卵形或长椭圆形，上面绿色，下面稍带紫色或紫红色，长2-13厘米，边缘具不规则圆齿或钝锯齿至牙齿；基部渐窄成柄。花序上升或弯曲，在茎顶部略排成总状花序，或全部单生叶腋。花梗长0.5-3厘米；花萼长1-1.5厘米，密被长柔毛和白色长毛，具10条隆起的脉，萼齿5，长圆状披针形、卵状披针形或多少三角形，长0.5-0.6厘米，稀前方2枚开裂而使萼齿达7枚之多；花冠长3-4.5厘米，花冠筒多少弓曲，外面紫红色，被长柔毛，裂片5，先端钝或微凹，内面黄紫色，外面紫红色，两面均被长柔毛，长5-7毫米；雄蕊4，药室长圆形，基部叉开；子房幼时2室，老时因隔膜撕裂而成1室，无毛，花柱顶部扩大成2枚片状柱头。蒴果卵圆形或长卵圆形，长1-1.5厘米。花果期4-7月。

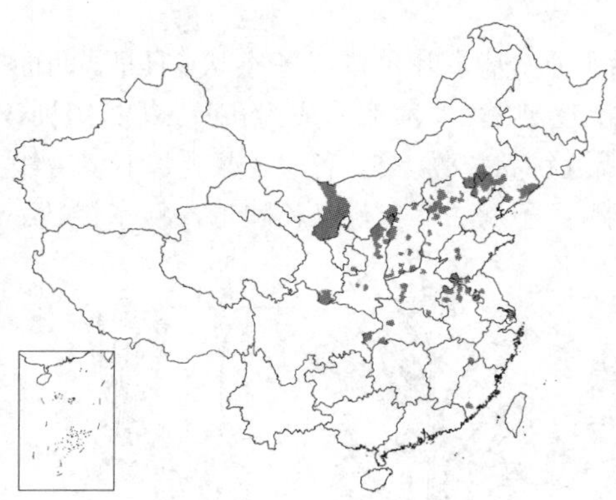

产辽宁、内蒙古、宁夏、甘肃、陕西、山西、河北、河南、湖北、安徽北部、山东、江苏、江西西北部及福建南部，生于海拔50-1100米砂质壤土、荒山坡、山脚、墙边或路旁等处。各地均有栽培。根茎药用。

[附] **天目地黄** 彩片 41 **Rehmannia chingii** H. L. Li in Taiwania 1: 87. 1948. 本种与地黄的区别：茎单出或从基部分枝；叶椭圆形，两面疏被白色柔毛；花冠长5.6-7厘米，筒部膨大。产安徽及浙江，生于海拔190-500米山坡路旁草丛中。

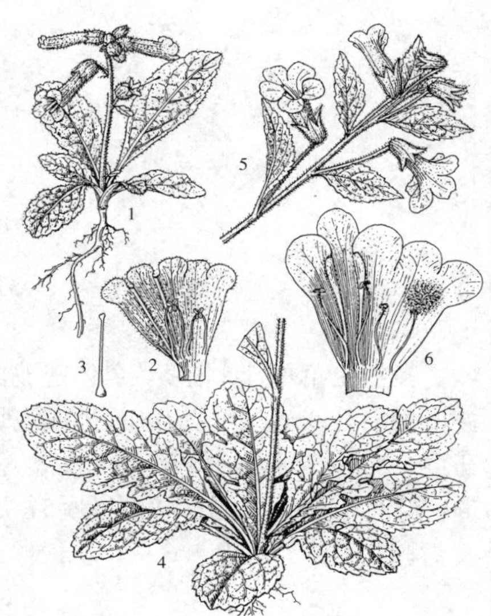

图 207：1-3. 地黄 4-6.湖北地黄

2. 裂叶地黄 图 208

Rehmannia piasezkii Maxim. in Bull. Acad. Imp. Sci. Petersb. 26: 502. 1880.

植株被长柔毛，高达1米。顶端幼嫩部分及花梗与花萼还被腺毛。叶长椭圆形，基部的长达15厘米，羽状分裂，裂片近三角形，边缘具尖齿，两面被白色柔毛，翅状柄长约4厘米，顶部叶不分裂，具三角状尖齿。花单生上部叶腋；花梗长2-4厘米；小苞片2，与叶同形，不具柄；花萼长1.5-3厘米，萼齿5，彼此不等；最后方1枚披针形，长约2.3厘米，其余4枚卵

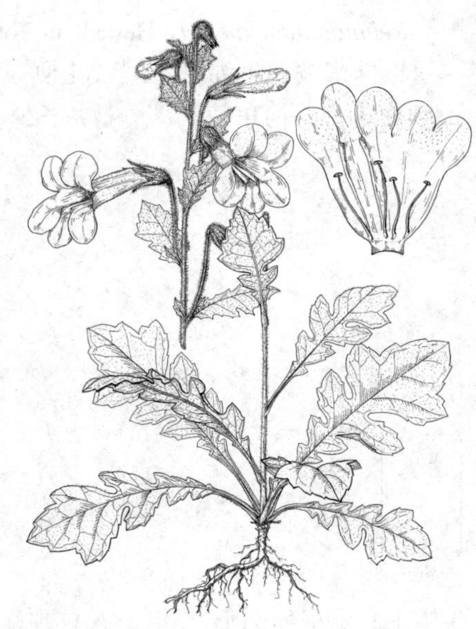

图 208 裂叶地黄（引自《图鉴》）

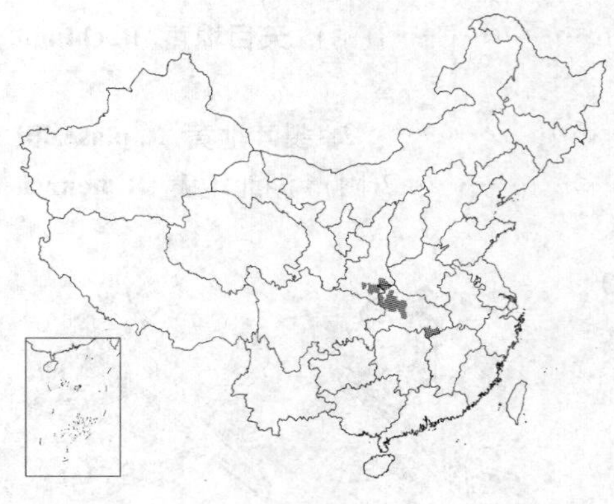

状披针形，长0.5-1.5厘米；花冠紫红色，长5-6厘米，花冠筒长3.5-4厘米，前端扩大，多少囊状，外面被长柔毛或无毛，内面褶襞上被长腺毛，裂片有缘毛，上唇裂片横长圆形，下唇中裂片倒卵状长圆形，稍长而突出于两侧裂片之外，侧裂片近圆形；花丝无毛或近基部略被腺毛；柱头2枚，片状，彼此不相等。果未见。花期5-9月。

产陕西东南部及湖北，生于海拔800-1500米山坡。

[附] **湖北地黄** 图207:4-6 **Rehmannia henryi** N. E. Brown in Kew Bull. 1909: 262. 1909. 本种与裂叶地黄的区别：草本，高达40厘米；小苞片钻形，长约3毫米，疏被黄色长柔毛。花期4-5月。产湖北，生于海拔400米以下的路旁或石缝中。

31. 呆白菜属 Triaenophora Solereder

（洪德元 潘开玉）

多年生草本，具根茎，全体密被白色绵毛。茎简单或分枝，顶端多少下垂。基生叶稍排成莲座状，具柄，两面被白色绵毛或近无毛，边缘具齿或浅裂或全缘；茎生叶与基生叶相似，向上逐渐缩小，顶部的成为苞片。花具短梗，在茎、枝顶排列成稍偏于一侧的总状花序；小苞片2，线形；花萼筒状或近钟状，萼齿5，各又3深裂，小裂齿线形，彼此不等；花冠筒状，裂片5，近二唇形；雄蕊4，2强，药室均成熟；子房2室。蒴果长圆形。种子多数。

2种，均产我国。

呆白菜 图 209

Triaenophora rupestris (Hemsl.) Solereder in Bericht Bot. Ges. 27: 399. 1909.

Rehmannia rupestris Hemsl. in Journ. Linn. Soc. Bot. 26: 195. 1890.

植株密被白色绵毛，在茎、花梗、叶柄及萼上的绵毛常结成网膜状，高达50厘米；茎简单或基部分枝，多少木质化。叶卵状长圆形或长椭圆形，长7-13厘米，两面被白色绵毛或近无毛，边缘具粗锯齿或为多少带齿的浅裂片；叶柄长3-6厘米。花梗长0.6-2厘米；小苞片线形，长约5毫米，着生于花梗中部；花萼长1-1.5厘米，裂齿长3-6毫米；花冠紫红色，窄筒状，长约4厘米，外面被长柔毛，上唇裂片宽卵形，长约5毫米，下唇裂片长圆状卵形，长约6毫米；花丝无毛，基部被长柔毛；子房卵圆形，无毛，花柱顶端2裂，裂片近圆形。蒴果长圆形。种子小，长圆形。花期7-9月。

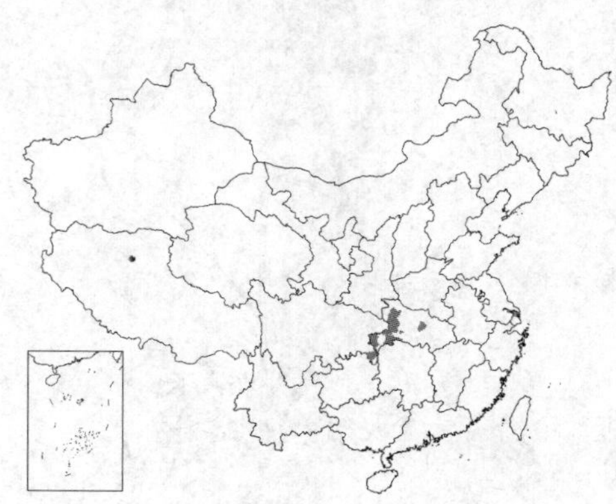

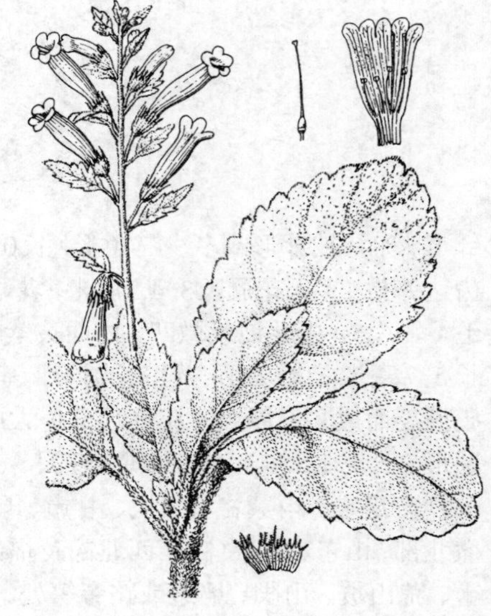

图 209 呆白菜（王金凤绘）

产湖北及四川东南部，生于海拔290-1200米悬岩上。根茎药用。

32. 鞭打绣球属 Hemiphragma Wall.

（杨汉碧）

铺散匍匐草本；被柔毛。茎纤细，多分枝，节上生根，茎皮薄，老后易剥落。叶二型；茎生叶对生具短柄或近无柄，圆形、卵圆形或肾形，长0.8-2厘米，基部平截、微心形或宽楔形，具5-9对圆齿，叶脉不明显；分枝之叶簇生，稠密，针形，长3-5毫米。花单生叶腋，近无梗；花萼5裂至基部，裂片窄披针形，近相等；花冠白或玫瑰色，辐射对称，花冠筒短钟状，裂片5，与筒部近等长，圆形或椭圆形，近相等，开展，有时有透明小点；雄蕊4，等长，着生花冠筒基部，花丝丝状与筒部贴生，花药箭形，药室顶端结合；雌蕊较雄蕊短，柱头钻状或2叉裂。蒴果卵球形，红色，近肉质，有光泽，中纵缝线开裂，果爿全缘或2裂，有时裂为4爿。种子多数，小，卵形，光滑。

单种属。

鞭打绣球 图 210

Hemiphragma heterophyllum Wall. Tent. Fl. Nep. 17. t. 8. 1822.

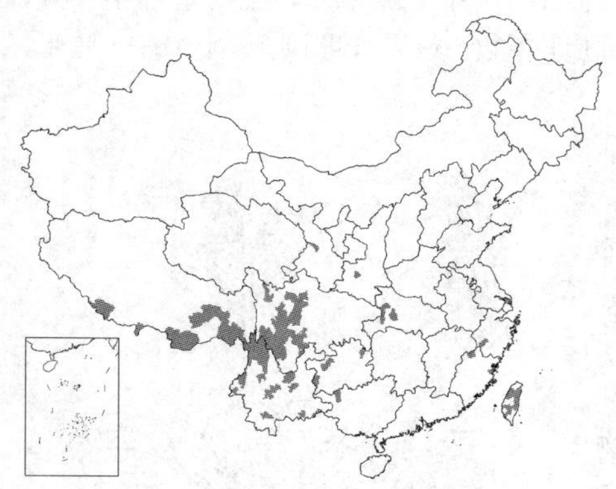

形态特征同属。花期4-6月，果期6-8月。

产浙江西南部、福建西北部及东部、台湾、湖北西部、贵州、广西西北部、云南、西藏、四川、甘肃近中部及陕西南部，生于海拔3000-4000米草地或石缝中。尼泊尔、印度及菲律宾有分布。

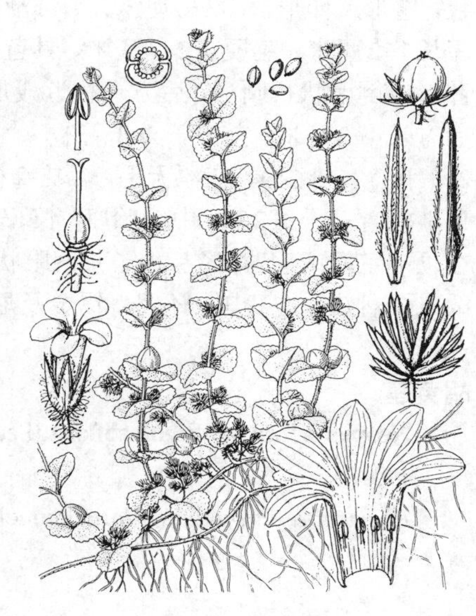

图 210 鞭打绣球
（引自《中国植物志》）

33. 幌菊属 Ellisiophyllum Maxim.

（杨汉碧）

多年生柔弱平卧草本；除花冠外全株被柔毛。匍匐茎细，长达1米。节间短，节上生不定根。叶单生节上，上升，叶卵形或椭圆状卵形，长2-5厘米，羽状深裂近至中肋，裂片5-9，倒卵形，上部具圆齿；叶柄长2.5-6厘米。花单生叶腋；花梗纤细，与叶柄近等长，果期卷曲；苞片钻状。花萼钟状，膜质，5裂至中部；花冠白色，长0.7-1.2厘米，漏斗状，辐射对称，花冠筒内从喉部至近基部密被髯毛，花冠辐射对称，裂片5，与筒部近等长，椭圆形；雄蕊4，相等，着生花冠筒喉部，花药窄箭形，2室，顶端结合；花盘杯状，包子房2/3；子房顶端被髯毛或近无毛，2室，花柱较花冠稍短，柱头2浅裂。蒴果球形，包于宿存花萼内。种子大，少数，种皮有胶质，密被亚盾状长毛。

单种属。

幌菊 图 211

Ellisiophyllum pinnatum (Wall. ex Benth.) Makino in Bot. Mag. Tokyo. 20: 91. t. 5. 1906.

Ourisia pinnata Wall. ex Benth. Scroph. Ind. 47. 1835.

形态特征同属。花果期7-9月。

产河北、甘肃、西藏、云南、四川、贵州、江西及台湾，生于海拔1500-2500米田野、沟边、草地或疏林中。印度、锡金、尼泊尔、不丹、菲律宾、日本及新几内亚有分布。

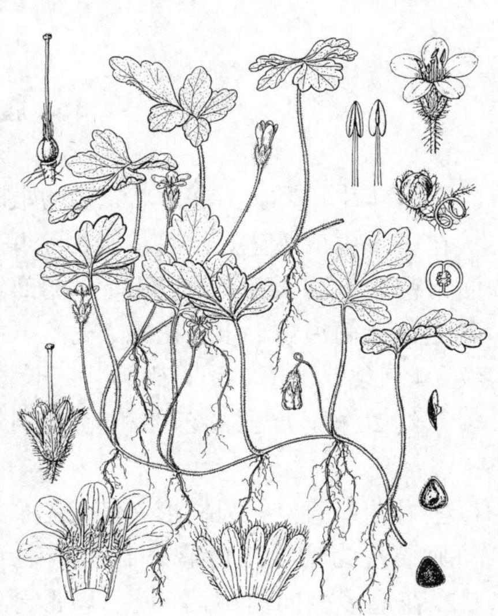

图 211 幌菊 （引自《图鉴》）

34. 胡黄莲属 Neopicrorhiza D. Y. Hong

（洪德元 潘开玉）

多年生矮小草本，植株高4-12厘米。根状茎径达1厘米，上端密被老叶残余，节上有粗须根。叶基生，成莲座状，匙形或卵形，长3-6厘米，基部渐窄成短柄，边缘具锯齿，稀有重锯齿，干时变黑。花亭生棕色腺毛，穗状花序长1-2厘米，花梗长2-3毫米，具苞片而不小苞片；花萼长4-6毫米，果时可达1厘米，深裂几达基部，萼片披针形或倒卵状长圆形，后方一枚近线形，有棕色腺毛；花冠二唇形，深紫色，外面被短毛，长0.8-1厘米，花冠筒后方长4-5毫米，前方长2-3毫米，上唇略向前弯作盔状，先端微凹，下唇3裂片长达上唇之半，2侧裂片先端具2-3小齿；雄蕊4，花丝无毛，后方2枚稍短于上唇，长4毫米，前方2枚伸出下唇，长7毫米，花药基部稍叉开，顶端汇合；子房2室，中轴胎座，长1-1.5毫米，花柱长约5-6倍于子房。胚珠多数。蒴果长卵圆形，长0.8-1厘米，在顶端室间或室背开裂。种子具网眼状纹饰。

单种属，产我国、不丹、锡金及尼泊尔。

胡黄莲 图 212

Neopicrorhiza scrophulariiflora (Peunell) D. Y. Hong in Opera Bot. 75: 56. 1984.

Picrorhiza scrophulariiflora Pennell in Acad. Nat. Sci. Philad. 5: 65. pl. 6. B. 1943; 中国高等植物图鉴 4:35.1975.中国植物志 67(2):227.1979.

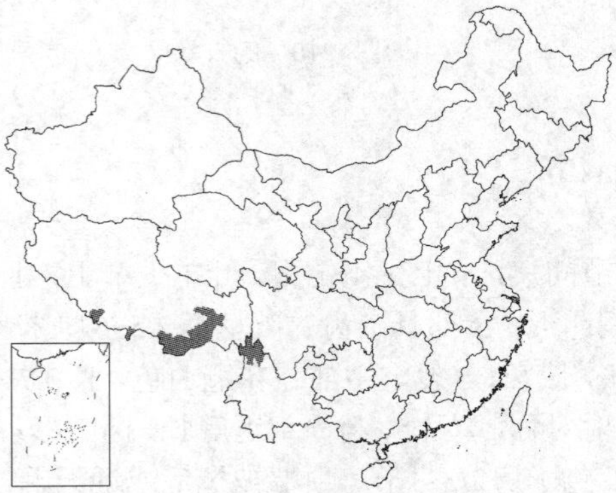

形态特征同属。花期7-8月，果期8-9月。

产西藏南部及东南部、云南西北部，生于海拔3600-4400米高山草地或岩石上。尼泊尔、不丹及锡金有分布。根状茎味苦，药用，有清虚热、解毒、杀虫之效。

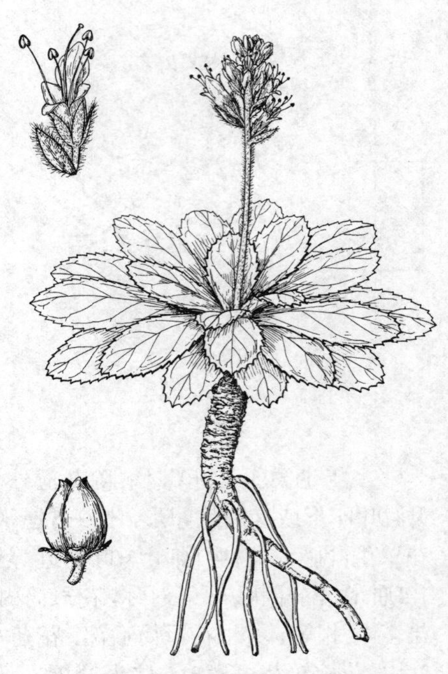

图 212 胡黄莲（引自《图鉴》）

35. 腹水草属 Veronicastrum Heist. ex Farbic.

（洪德元 潘开玉）

多年生草本，稀灌木状。根幼嫩时常密被黄色茸毛。茎直立或弓曲，顶端着地生根。叶互生、对生或轮生。穗状花序顶生或腋生，花通常极为密集。花萼深裂，裂片5，后方1枚稍小；花冠4裂，冠筒管状，伸直或稍弓曲，内面常密生一圈柔毛，稀近无毛，檐部辐射对称或多少二唇形，裂片不等宽，后方1枚最宽，前方1枚最窄；雄蕊2，着生花冠筒后方，伸出花冠，花丝下部常被柔毛，稀无毛，药室不汇合；柱头小。蒴果卵圆状，稍侧扁，有两条沟纹，4爿裂。种子多数，椭圆状或长圆状，具网纹。

约20种，产亚洲东部和北美，我国13种。

1. 茎弓曲或直立，圆柱形，有或无窄棱，稀有翅；花冠筒较长，长度超过宽度，也超过其裂片（如与裂片近等长，则裂片为钻状三角形）；花序腋生或顶生。
  2. 花冠多少向前弓曲，近二唇形至明显二唇形，檐部4裂深度不等，下唇裂片多少反折，上唇裂片常呈罩状；种子具厚的透明种皮，网纹明显；花序顶生。

3. 茎不分枝，直立草本；叶无柄，长椭圆形；花序单一顶生，稀由于茎顶分枝而复出；花冠明显二唇形，下唇裂片反折 ……………………………………………………………………… 1. **美穗草 V. brunonianum**

3. 茎多分枝，灌木状，林中攀援；叶有柄，宽卵形至卵状披针形；花序多支，顶生主茎及侧枝上；花冠近二唇形，下唇裂片不反折 …………………………………………………… 1(附). **云南腹水草 V. yunnanense**

2. 花冠直或稍向前弓曲，不呈二唇形，檐部4裂深度相等，裂片全部伸直；种子无透明种皮，仅具网纹；花序腋生或顶生。

4. 穗状花序腋生或顶生侧枝，稀兼顶生主茎上；花无梗；茎常弓曲，顶端着地生根，稀直立的；叶全互生，有短柄或近无柄。

5. 子房及幼果无毛；花序轴、苞片、花萼裂片不密被腺毛；穗状花序长1-8厘米。

6. 花冠裂片短，长不及1毫米，占花冠长1/5-1/6，正三角形；茎被黄色短卷毛或无毛；花序长1.5-8厘米。

7. 叶长卵形或披针形，先端长渐尖，长7-20厘米；茎被毛或否 …………… 2. **腹水草 V. stenostachyum**

7. 叶宽卵形或圆形，先端短渐尖，长4-7厘米；茎被黄色短卷毛 ………… 3. **宽叶腹水草 V. latifolium**

6. 花冠裂片长，占花冠1/3-1/4，如短而只占1/6则茎叶密被直长腺毛；茎叶被长腺毛、短卷毛或无毛；花序长1-3厘米。

8. 茎有由叶柄两侧下延的窄棱，无毛或仅棱上偶有毛；花序长1-3厘米；花萼裂片疏被睫毛或近无毛；花冠裂片长，占花冠1/3或更多 ………………………………………………… 4. **爬岩红 V. axillare**

8. 茎无棱或有时上部有窄棱，被毛或否；花序头状或近头状，长不及1.5厘米；花萼裂片密被硬睫毛；花冠裂片短，占花冠1/4-1/6 ……………………………………………… 5. **毛叶腹水草 V. vilosulum**

5. 子房及幼果被毛；花序轴、苞片和花萼裂片密被腺毛或短硬毛；穗状花序长3-10厘米 ……………………………………………………………………………… 3(附). **长穗腹水草 V. longispicatum**

4. 穗状花序单一，顶生于主茎上，极少茎顶有侧生花序而组成圆锥状；花有短梗；茎直立；叶轮生或互生，无柄。

9. 叶4-6枚轮生，长圆形至宽线形，宽1.5-3厘米，具羽状脉 ………………… 7. **草本威灵仙 V. sibiricum**

9. 叶互生，线形，宽不及1厘米，仅1条纵脉 ……………………… 7(附). **管花腹水草 V. tubiflorum**

1. 茎直立，有翅；花冠筒短，长度与宽度相等，也与裂片长度近相等；花序顶生 ……… 6. **四方麻 V. caulopterum**

1. 美穗草　　图 213：1-4

Veronicastrum brunonianum (Benth.) D. Y. Hong, Fl. Reipubl. Popul. Sin. 67 (2): 230. 1979.

Calorhabdos brunoniana Benth. Scroph. Ind. 44. 1835; 中国高等植物图鉴 4: 50. 1975.

根状茎长达10厘米。茎直立，不分枝，如有分枝亦极少发育，高达1.5米，圆柱形，有窄棱，中下部无毛或仅棱上有毛，上部和花序轴密生腺毛。叶互生，长椭圆形，长10-20厘米，两面无毛或下面疏生短毛，先端渐尖或尾状渐尖，基部楔形或近圆，有时稍抱茎，边缘具钝或尖的细齿；叶柄无。花序顶生，常单一，稀因分枝而复出。花冠白、黄白、绿黄或橙黄色，长6-

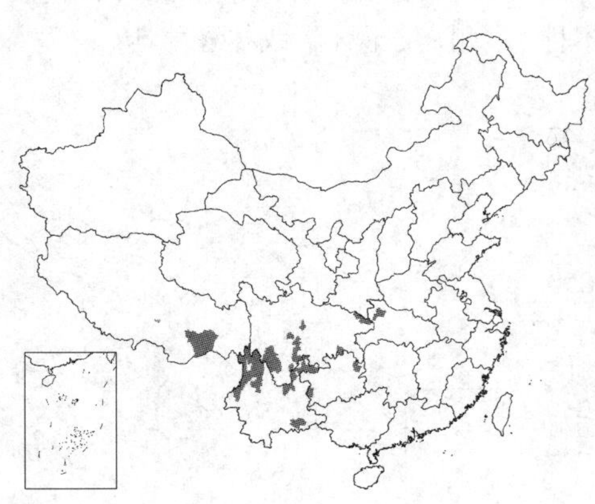

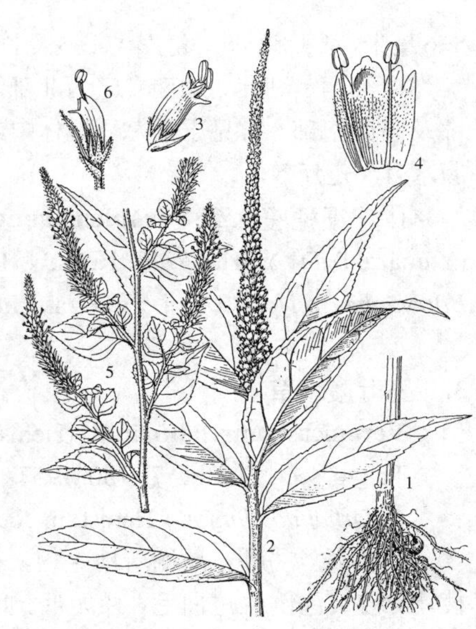

图 213：1-4. 美穗草 5-6. 云南腹水草
（引自《中国植物志》）

8毫米，向前作30°角的弓曲，花冠筒部内面上端被毛，檐部二唇形，长2-3毫米，上唇3裂，中央裂片卵圆形，伸直或多少呈罩状，两侧裂片直立或向侧后翻卷，下唇线状披针形，反折；雄蕊多少伸出，花丝被毛，花药长达2-5毫米。蒴果卵圆状，长约4毫米。种子具棱角，种皮厚而透明具网状纹饰。花期7-8月。

产湖北西北部、四川、贵州、云南及西藏东南部，生于海拔1500-3550米山谷、灌丛、湿草地或林下。尼泊尔、锡金及不丹有分布。

[附] **云南腹水草** 图213：5-6 **Veronicastrum yunnanense** (W. W. Smith.) Yamazki in Journ. Fac. Sci. Univ. Tokyo sect. 3, Bot. 7: 1957. —— *Botryopheuron yunnanensis* W. W. Smith in Notes Roy. Bot. Gard. Edinb. 10: 9. 1917. 与美穗草的区别：茎多分枝，下部多少木质化。灌木状，在林中攀援；叶宽卵形至卵状披针形，长3-5厘米，有叶柄；花序多分枝，顶生于主茎和侧枝上。长5-6厘米；花冠近二唇形，下唇裂片不反折。产云南及四川西南部，生于灌丛或林缘。

2. 腹水草 图 214

Veronicastrum stenostachyum (Hemsl.) Yamazaki in Journ . Fac. Sci. Univ. Tokyo sect. 3, Bot. 7:128. 1957.

Calorhabdos stenostachyum Hemsl. in Journ. Linn. Soc. Bot. 26: 196. 1890.

根茎短而横走。茎圆柱状，有条棱，多弓曲，顶端着地生根，稀近直立而顶端生花序，长达1米余，无毛。叶互生，长卵形或披针形，长7-20厘米，顶端长渐尖，边缘有突尖细齿，边缘有突尖细齿，下面无毛，上面仅主脉上有短毛，稀全被短毛；具短柄。花序腋生，有时顶生侧枝或兼生茎端，长2-8厘米，花序轴多少被短毛；苞片和花萼裂片常短于花冠，稀近等长，多少有短睫毛；花冠白、紫或紫红色，长5-6毫米，裂片近正三角形，长不及1毫米。蒴果卵圆形。种子小，具网纹。

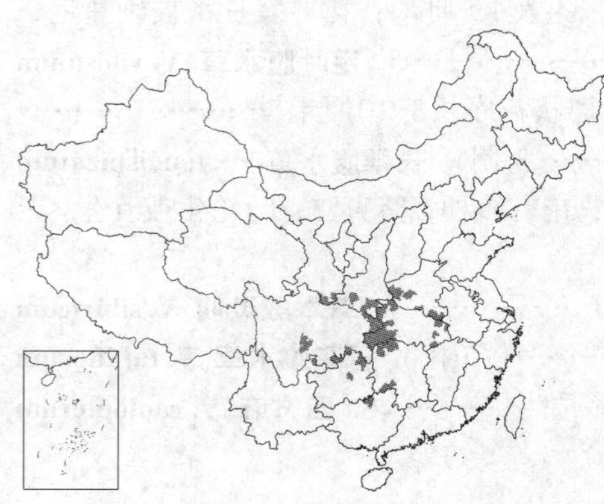

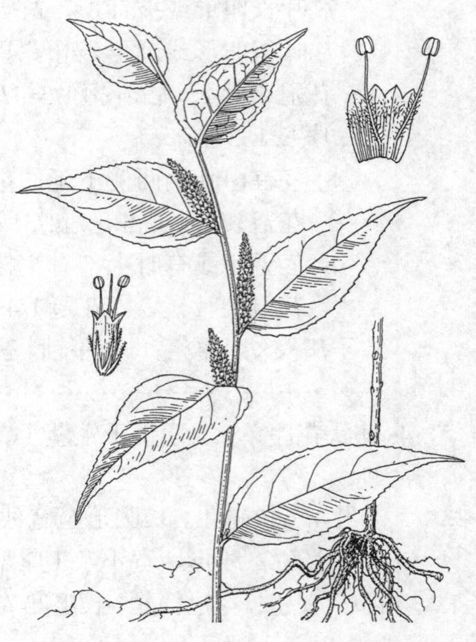

图 214 腹水草（引自《中国植物志》）

产河南、湖北、湖南、广西北部、贵州、云南东北部、四川、甘肃南部及陕西南部，常见于灌丛下、林中或阴湿处。药用，对血吸虫病引起的腹水有一定疗效。

[附] **细穗腹水草 Veronicastrum stenostachyum** subsp. **plukenetii** (Yamazaki) D. Y. Hong, Fl. Reipubl. Popul. Sin. 67 (2): 236. 64. 1979. —— *Botryopheuron plukenetii* Yamazaki in Journ. Jap. Bot. 27: 66. 1952. 本种与腹水草的区别：茎弓曲，顶端着地生根，疏被黄色短卷毛；叶窄卵形或卵状披针形；花序长1.5-5厘米，苞片和花萼裂片钻形，被睫毛或无毛。产福建、江西、湖北西部、湖南及贵州，生于林下或林缘草地。

3. 宽叶腹水草 图 215 彩片 42

Veronicastrum latifolium (Hemsl.) Yamazaki in Journ. Fac. Sci. Univ. Tokyo sect. 3, Bot. 7: 130. 1957.

Calorhabdos latifolia Hemsl. in Journ. Linn. Soc. Bot. 26: 196. t. 4. 1890.

茎细长，弓曲，顶端着地生根，长达1米余，圆柱形，上部有时有窄棱，常被黄色倒生短曲毛，稀无毛。叶互生，圆形或卵圆形，长3-7厘米，长稍长于宽，基部圆、平截形或宽截形，先端短渐尖，通常两面疏被短硬毛，稀无毛，边缘具三角状锯齿。花序腋生，稀兼顶生于侧枝上，长1.5-4

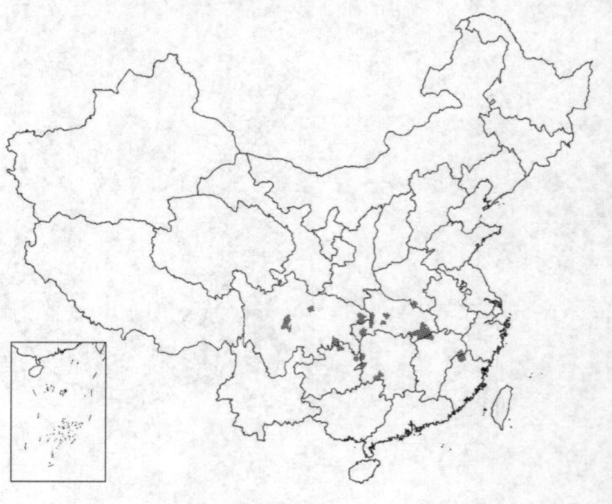

厘米；苞片和花萼裂片有睫毛；花冠淡紫或白色，长约5毫米，裂片短，正三角形，长不及1毫米。蒴果卵圆形，长2-3毫米。种子卵球状，长0.3毫米，具浅网纹。花期8-9月。

产福建西北部、江西、河南南部、湖北、湖南、贵州及四川，生于林中或灌丛中，有时倒挂于岩石上。

[附] **长穗腹水草 Veronicastrum longispicatum** (Merr.) Yamazaki in Journ. Fac. Sci. Univ. Tokyo sect. 3, Bot. 7: 128. 1957.——*Botryopheuron longispicatum* Merr. in Philipp. Journ. Sci. Bot. 21: 509. 1922. 本种与宽叶腹水草的区别：植物体具根状茎，基部多少木质化。茎直立，稀蔓生状，高达1米，无毛至被密黄色倒生短曲毛，圆柱状。叶卵形或卵状披针形，长8-18厘米。花序长3-10厘米，花序轴、苞片和萼片均密被腺毛或短硬毛；子房或仅顶端被腺毛。幼果被毛。花期7-9月。产湖南、广东及广西，生于林下或灌丛中。

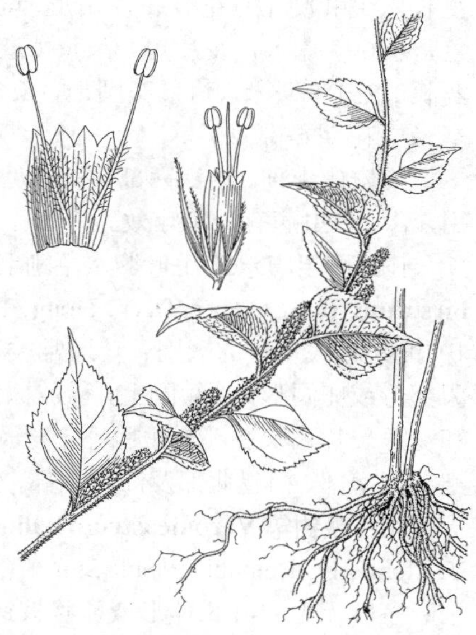

图 215 宽叶腹水草（引自《中国植物志》）

4. 爬岩红　　图 216 彩片 43

Veronicastrum axillare (Sieb. et Zucc.) Yamazaki in Journ. Fac. Sci. Univ. Tokyo sect. 3, Bot. 7: 130. f. 20: 5-6. 1957.

Paederota axillaris Sieb. et Zucc. in Alh. Akad. Muech. 4, 3: 144. 1846.

根状茎短而横走。茎弓曲，顶端着地生根，圆柱形，中上部有条棱，无毛，稀棱处有疏毛。叶互生，无毛，卵形或卵状披针形，长5-12厘米，先端渐尖，边缘具偏斜的三角状锯齿。花序腋生，稀顶生于侧枝上，长1-3厘米；苞片和花萼裂片线状披针形或钻形，无毛或有疏睫毛；花冠紫或紫红色，长4-5毫米，裂片长近2毫米，窄三角形；雄蕊稍伸出，花药长0.6-1.5毫米。蒴果卵球状，长约3毫米。种子长圆状，长0.6毫米，有不甚明显的网纹。花期7-9月。

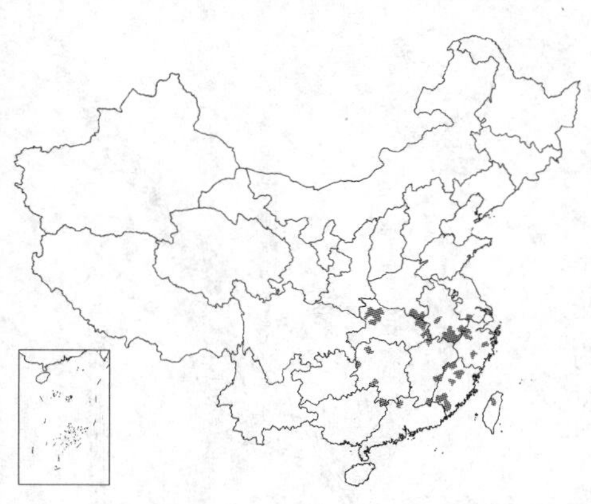

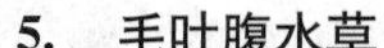

产江苏南部、安徽、浙江、福建、台湾、江西、河南、湖北、湖南及广东北部，生于林下、林缘草地或山谷阴湿处。日本有分布。全草药用，对血吸虫病引起的腹水有一定疗效。

图 216 爬岩红（引自《Fl. Taiwan》）

5. 毛叶腹水草　　图 217

Veronicastrum villosulum (Miq.) Yamazaki in Journ. Fac. Sci. Univ. Tokyo sect. 3, Bot. 7: 130. 1957.

Paederota villosula Miq. in Ann. Mus. Lugd. Bot. 2: 118. 1865.

根茎极短。茎圆柱形，有时上部有窄棱，弓状弯曲，顶端着地生根，密被棕色直长腺毛。叶互生，常卵状菱形，长7-12厘米，基部常宽楔形，稀浑圆，先端急尖或渐尖，边缘具锯齿，两面密被棕色长腺毛。花序头状，腋生，长1-1.5厘米；苞片披针形，与花冠近等长或较短，密生棕

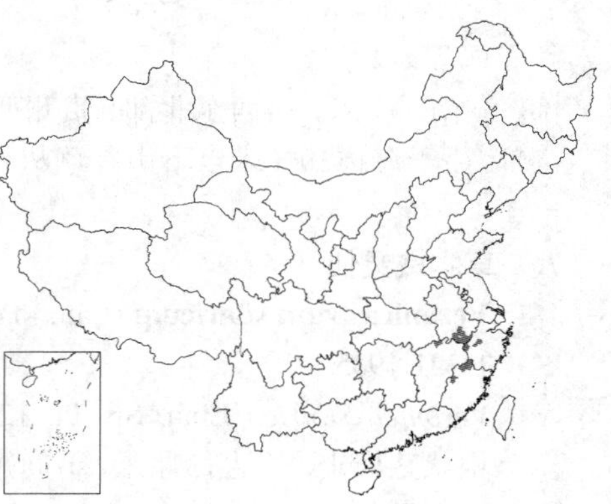

色长腺毛和睫毛；花萼裂片钻形，短于苞片并被同样毛；花冠紫或蓝紫色，长6-7毫米，裂片短，长仅1毫米，正三角形；雄蕊明显伸出，花药长1.2-1.5毫米。蒴果卵圆形，长2.5毫米。种子黑色，球状，径约0.3毫米。花期6-8月。

产安徽南部、浙江西部、福建西北部及江西北部，生于林下。全草药用，治血吸虫病有一定疗效。

[附] **刚毛腹水草** 毛叶腹水草刚毛变种 **Veronicastrum villosulum** var. **hirsutum** T. L. Chin et D. Y. Hong, Fl. Reipubl. Popul. Sin. 67(2): 401. 242. 1979. 与模式变种的区别：茎通常被棕黄色卷毛，稀被棕色长腺毛；叶多为卵形或卵圆形，被短刚毛，稀被棕色长腺毛，极少仅主脉被短毛；苞片和花萼裂片被长腺毛或短腺毛；花冠紫色，裂片长1.5-2毫米，窄三角形。产浙江南部、福建北部及江西东部，生林下。

[附] **铁钓竿 Veronicastrum villosulum** var. **glabrum** T. L. Chin et D. Y. Hong, Fl. Reipubl. Popul. Sin. 67(2): 402. 242. 1979. 与毛叶腹水草的区别：茎叶无毛；叶长卵形或卵状披针形，长6-15厘米；苞片和萼片密生硬睫毛；花冠紫、淡紫或紫蓝色，长5-6毫米，裂片窄三角形，长约1.5毫米。产安徽南部及浙江南部，生于林下或灌丛中。

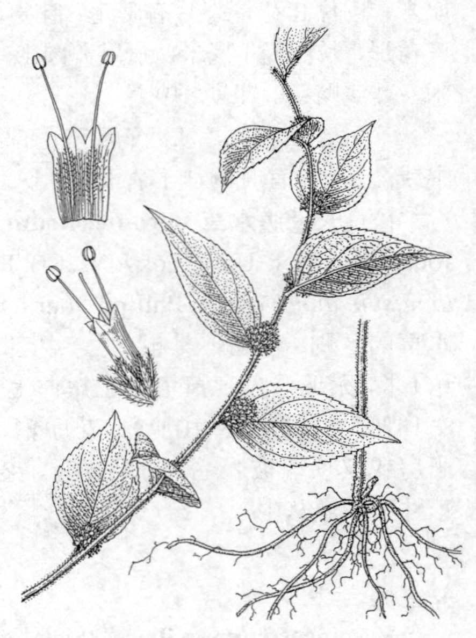

图 217 毛叶腹水草（引自《中国植物志》）

6. 四方麻 图 218

Veronicastrum caulopterum (Hance) Yamazaki in Journ. Fac. Sci. Univ. Tokyo sect. 3, Bot. 7: 127. 1957.

Calorhabdos cauloptera Hance in Trim. Journ. Bot. 15: 298. 1877.

直立草本，全株无毛，高达1米。茎多分枝，有窄翅。叶互生，长圆形、卵形或披针形，长3-10厘米，近无柄至有长达4毫米的柄。花序顶生主茎及侧枝上，长尾状。花梗长不及1毫米；花萼裂片钻状披针形，长约1.5毫米；花冠稍辐射对称，血红、紫红或暗紫色，长4-5毫米，花冠筒部与檐部等长，后方裂片卵圆形，前方裂片披针形。蒴果卵圆形，长2-3.5毫米。花期8-11月。

产江西西部、湖北西南部、湖南、广东、广西东北部、贵州西南部、四川南部、云南东北部及东南部，生于海拔2000米以下山谷草丛或疏林下。全草药用，治红白痢疾、喉痛、目赤、黄肿、淋病等。

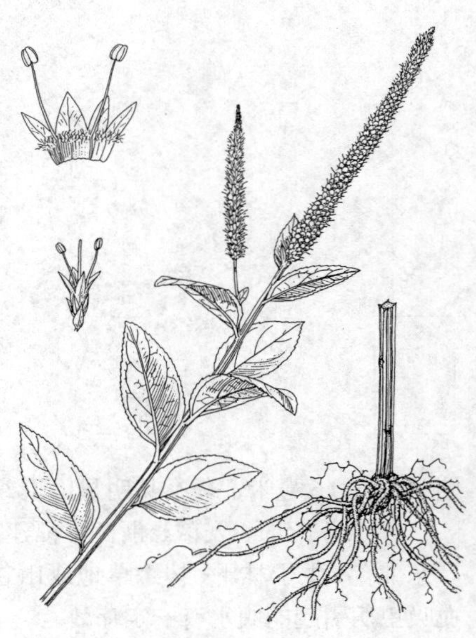

图 218 四方麻（引自《中国植物志》）

7. 草本威灵仙 图 219

Veronicastrum sibiricum (Linn.) Pennell, Monogr. Acad. Nat. Sci. Philad. 1:321. 1935.

Veronica sibirica Linn. Sp. Pl. 12. 1762.

根状茎横走，长达13厘米，节间短，根多而须状。茎圆柱状，不分枝，无毛或多少被长柔毛。叶4-6轮生，长圆形至宽线形，长8-15厘米，宽1.5-4.5厘米，无毛或两面疏被硬毛。花序顶生，长尾状，各部无毛。花萼裂片

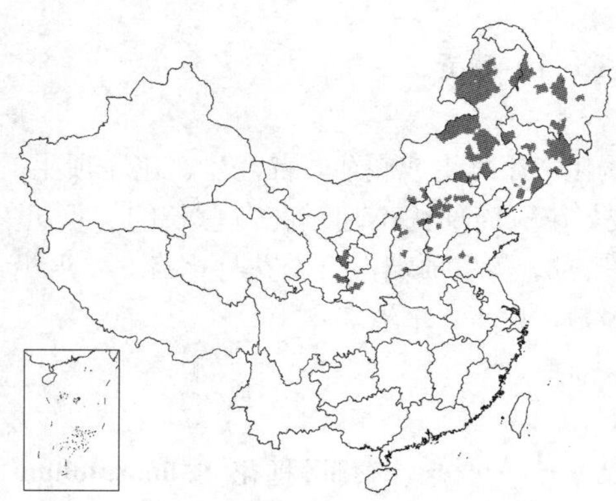

不超过花冠半长，钻形；花冠红紫、紫或淡紫色，长5-7毫米，裂片长1.5-2毫米。蒴果卵圆形，长3.5毫米。种子椭圆形。花期7-9月。

产黑龙江、吉林、辽宁、内蒙古、河北、山东、山西、陕西西南部及甘肃东南部，生于路边、山坡草地或山坡灌丛中，海拔可达2500米处。朝鲜、日本、蒙古及俄罗斯有分布。

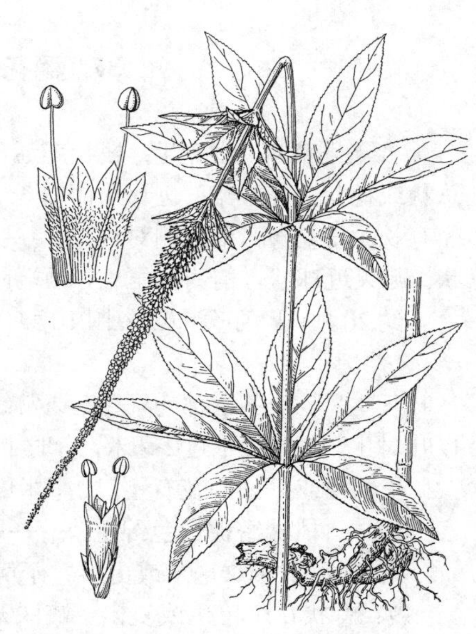

图 219 草本威灵仙（张泰利绘）

[附] **管花腹水草 Veronicastrum tubiflorum** (Fisch. et Mey.) Hara in Journ. Jap. Bot. 16: 159. 1940. —— *Veronica tubiflora* Fisch. et Mey. in Ind. Sem. Nort. Petrop. 2: 53. 1835. 本种与草本威灵仙的区别：茎直立，高40-70厘米；无根状茎；叶互生，无柄，线形，长3-9厘米，宽不及1厘米，仅1条纵脉。产黑龙江及吉林，生于湿草地或灌丛中。蒙古、俄罗斯远东及西伯利亚有分布。

36. 细穗玄参属 **Scrofella** Maxim.

（洪德元 潘开玉）

多年生草本，高达50厘米，不分枝。根茎斜走；根、茎、叶无毛。叶互生，无柄，全缘，长圆形至披针形，上部的较窄，长2-6厘米，仅中脉明显。穗状花序顶生，长达10厘米，花密集，花序轴、苞片、花萼裂片均被细腺毛；苞片钻形；花萼5深裂，裂片钻形。上唇1枚极小。花冠筒白色，先伸直，与檐部等长，后成瓮状，长稍长于檐部，檐部4裂，深度不等，二唇形，上唇3浅裂，中裂片宽圆，先端近平截，初全缘，后有小齿缺，侧2裂片向侧后翻卷，下唇窄舌状，反折，花冠筒内面在下唇根部密生一簇毛；雄蕊2，不伸出花冠，花丝无毛，贴生花冠筒中部，药室并行而不汇合；花盘杯状；花柱短，柱头稍扩大，短棒状，顶端不明显微凹。蒴果卵状锥形，稍侧扁，长约4毫米，有两条沟槽，4爿裂。种子多数，椭圆状，稍弯曲，长约1毫米，具蜂窝状透明的厚种皮。

我国特产单种属。

细穗玄参 图 220

Scrofella chinensis Maxim. in Bull. Acad. Imp. Sci. St. Petersb. 32: 511. 1888.

形态特征同属。花期7-8月。

产甘肃西南部、青海东部及四川北部，生于海拔2800-3900米草甸。

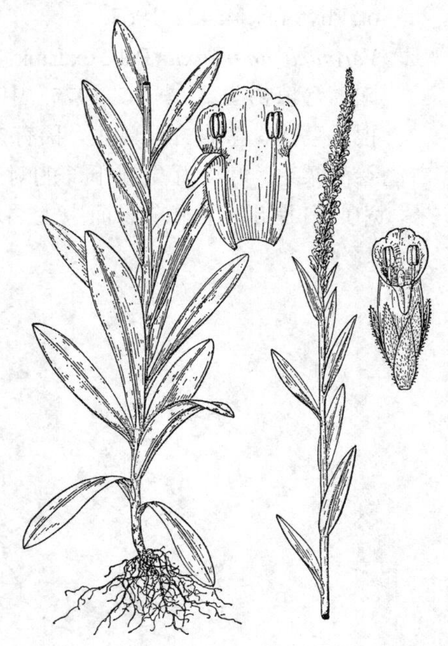

图 220 细穗玄参（引自《中国植物志》）

37. 穗花属 **Pseudolysimachion** (W. D. Koch) Opiz

（洪德元 潘开玉）

多年生草本。根无毛；根状茎通常长。茎单一或成丛，基部有时木质化。叶对生或轮生，稀互生。花序顶生，总状或穗状，花密集；苞片小而窄长。花萼4裂，裂片近等大；花冠4裂，花冠筒部稀不超过花冠总长的1/3，里面有长柔毛，檐部稍两侧对称，后方裂片最宽；雄蕊2，花丝贴生花冠筒后部，药室顶端汇合；花柱宿存，柱头头状。蒴果近球状，稍两侧压扁，顶端圆钝并微凹，室背开裂。种子每室多数，扁平，平滑。

约20种，欧亚分布。中国10种。

1. 叶互生，至少茎上部的互生，通常线形或披针形，稀宽卵形；花梗明显 ……………… 1. **细叶穗花 P. linariifolium**
1. 叶对生，花梗长不过2毫米，有时上部叶互生而无花梗。
  2. 花无梗或下部的花有不过2毫米的短梗；子房及蒴果上部被毛；叶具细而不明显的圆齿，稀具粗齿；花序常单生；植株密被白色绵毛 …………………………………………………… 2. **白兔儿尾苗 P. incanum**
  2. 花有梗，梗长2毫米或更多；子房和蒴果无毛（仅P. kiusianum的子房有时被毛）；叶具尖齿或稍钝的齿或浅裂；总状花序单生或复出；植株无毛或被卷曲柔毛或短柔毛。
    3. 叶至少在茎下半部的无柄或叶基部渐窄而成极短的柄；花冠筒长不及花冠全长的1/3。
      4. 茎常被白色卷毛；叶对生，下部的抱茎 ……………………… 5. **东北穗花 P. rotundum** subsp. **subintegrum**
      4. 茎无毛或被微柔毛；叶常互生，不抱茎 …………………… 1(附). **水蔓菁 P. linariifolium** subsp. **dilatatum**
    3. 叶有柄；花冠筒长至少占花冠全长的1/3。
      5. 茎无毛或上部有极稀的长柔毛；叶披针形；雄蕊伸出 …………………………… 3. **兔儿尾苗 P. longifolium**
      5. 茎被柔毛，稀上部无毛；叶窄长圆形、三角状卵形、卵状披针形或椭圆形；雄蕊内藏 ……………………………………………………………………… 4. **长毛穗花 P. kiusianum**

1. 细叶穗花 细叶婆婆纳 图 221：1-3

Pseudolysimac hion linariifolium (Pall. ex Link) Holub. Folia Geobot. Phytotax. 4: 422. 1967.

Veronica linariifolia Pall. ex Link, Jahrb. Gewachskunde 3: 35. 1820; 中国高等植物图鉴 4: 36. 1975；中国植物志 67 (2): 262. 1979.

根状茎短。茎直立，单生，稀有2茎，常不分枝，高达80厘米，常被白色卷曲柔毛。叶全互生或下部的对生，线形或线状长椭圆形，长2-6厘米，宽0.2-1厘米，下端全缘而中上端边缘有三角状锯齿，稀整叶全缘，两面无毛或被白色柔毛。总状花序单支或数支复出，长穗状。花梗长2-4毫米，被柔毛；花冠蓝或紫色，稀白色，长5-6毫米，花冠筒长约2毫米，后方裂片卵圆形，其余3枚卵形；花丝无毛，伸出花冠。蒴果长2-3.5毫米。花期6-9月。

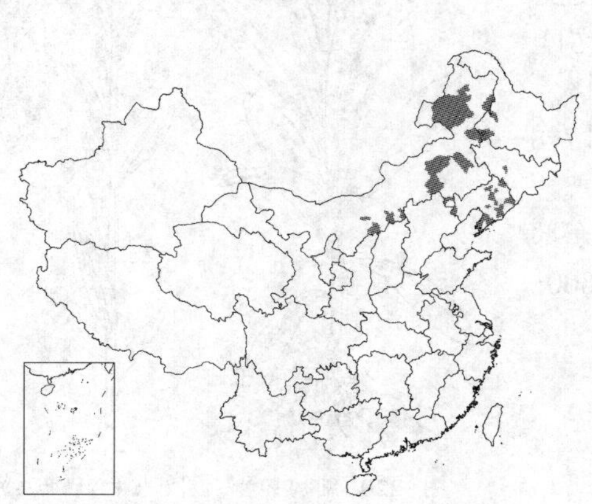

产黑龙江、吉林、辽宁及内蒙古，生于草甸、草地、灌丛或疏林下。日本、朝鲜半岛、蒙古、俄罗斯东西伯利亚及远东地区有分布。

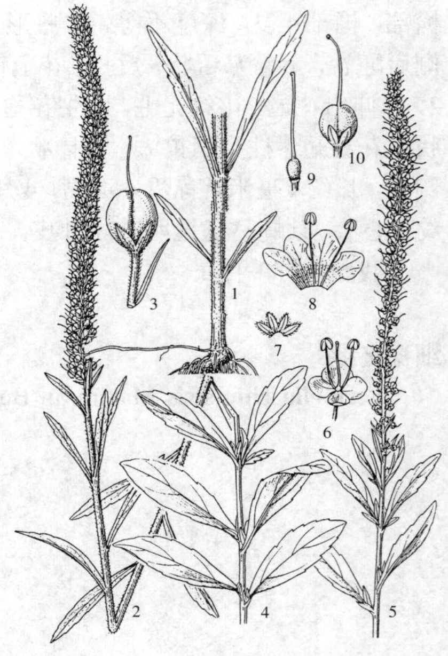

图 221：1-3. 细叶穗花 4-10.水蔓菁
（张泰利绘）

[附] **水蔓菁** 图 221：4-10 **Pseudolysimachion linariifolium** subsp. **dilatatum** (Nakai et Kitag.) D. Y. Hong in Novon 6: 23. 1996. —— *Veronica linariifolia* var. *dilatata* Nakai et Kitag. Rep. First. Sci. Exped. Manch. ser. 4, 4: 45. 93. 1936. —— *Veronica linariifolia* subsp. *dilatata* (Nakai et Kitag.) D. Y. Hong, Fl. Reipubl. Popul. Sin. 67 (2): 265. 402. 1979. 与模式亚种的区别：叶对生或至少在下部的对生，叶宽线形或宽卵形，宽0.5-2厘米，边缘具锯齿。产河北、山西、河南、山东、江苏、安徽、浙江、福建、台湾、江西、湖北、湖南、广东、广西、云南、四川、陕西、甘肃及青海，叶味甜，采苗炸熟，油盐调食；亦可药用。

2. 白兔儿尾苗 白婆婆纳 图 222

Pseudolysimachion incanum (Linn.) Holub. Folia Geobot. Phytotax. 4: 424. 1967.

Veronica incana Linn. Sp. Pl. 10. 1753; 中国植物志 67 (2): 266. 1979.

全株密被白色绵毛，呈白色，仅叶上面较稀而呈灰绿色。茎数翅丛生，直立或上升，不分枝，高达40厘米。叶对生，上部的有时互生，下部的叶长圆形或椭圆形，叶柄长达2厘米；或上部的常为宽线形，长1.5-5厘米，先端钝或急尖，基部楔状渐窄，叶缘具圆钝齿或全缘；近无柄。花序长穗状。花梗极短；花萼长约2毫米；花冠蓝、蓝紫或白色，长5-7毫米，花冠筒长1.5-2毫米，裂片常反折，圆形、卵圆形或卵形；雄蕊稍伸出；子房及花柱下部被腺毛。蒴果稍超过花萼，被毛。花期6-8月。染色体2n=68。

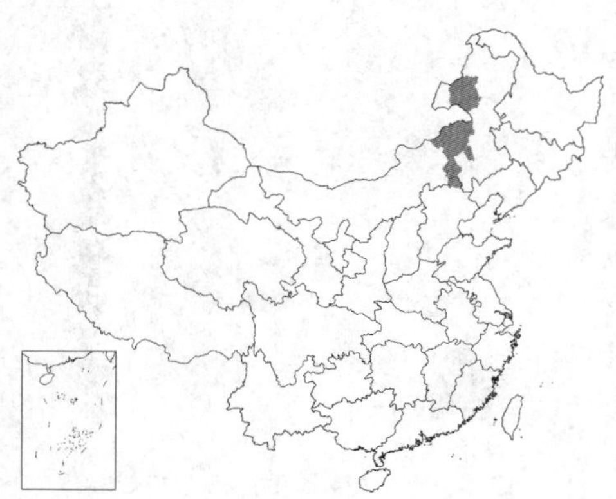
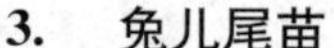

产黑龙江北部、吉林南部及内蒙古东部，生于海拔1200米以下草原或沙丘。日本、朝鲜半岛、蒙古、哈萨克斯坦、俄罗斯及欧洲部分地区有分布。

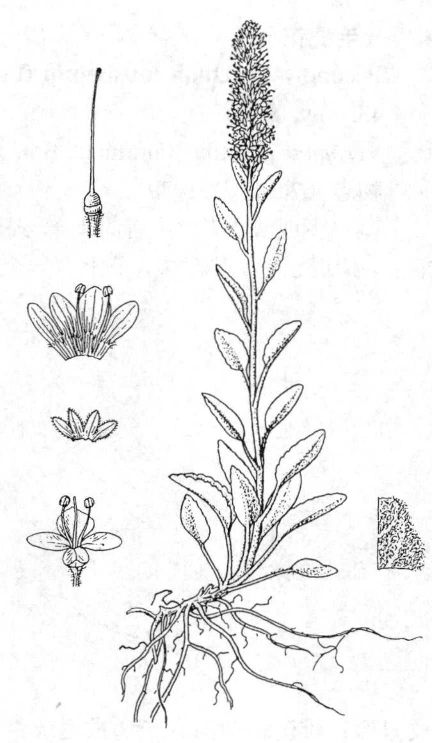

图 222 白兔儿尾苗 （张泰利绘）

3. 兔儿尾苗 图 223

Pseudolysimachion longifolium (Linn.) Opiz. Seznam 80. 1852.

Veronica longifolia Linn. Sp. Pl. 10. 1753; 中国高等植物图鉴 4: 37. 1975; 中国植物志 67 (2): 270. 1979.

茎单生或数支丛生，近直立，不分枝或上部分枝，高40厘米至1米余，无毛或上部有极疏的白色柔毛。叶对生，或上部的互生，稀3-4轮生，节上有一个环连接叶柄基部，叶腋有不发育的分枝，叶柄长2-4(-10)毫米，叶披针形，长4-15厘米，先端渐尖，基部圆钝或宽楔形，有时浅心形，边缘有深刻的尖

图 223 兔儿尾苗 （引自《中国植物志》）

锯齿，常兼有重锯齿，两面无毛或有短曲毛。总状花序常单生，少复出，长穗状，各部分被白色短曲毛。花梗长约2毫米；花冠紫或蓝色，长5-6毫米，花冠筒长占2/5-1/2，裂片开展，后方1枚卵形，其余长卵形；雄蕊伸出。蒴果长约3毫米，无毛，宿存花柱长7毫米。花期6-8月。染色体2n=34、64、68、70。

产黑龙江南部、吉林及内蒙古东部，生于海拔约1500米草甸、山坡草地、林缘草地或桦木林下。朝鲜半岛、蒙古、俄罗斯、哈萨克斯坦、亚洲西南部及欧洲其它地区有分布。

4. 长毛穗花 图 224

Pseudolysimachion kiusianum (Furumi) Yamazaki in Journ. Jap. Bot. 43: 409. 1968.

Veronica kiusiana Furumi in Bot. Mag. Tokyo 30: 122. 1916; 中国植物志 67(2): 272. 1979.

茎单生或数支丛生，有时上部分枝，直立，高50厘米以上，上部常有柔毛，稀近无毛。叶对生，节上有一个环连接叶柄基部，茎下部叶的叶柄长1-2.5厘米，上部叶的叶柄较短，生柔毛；叶三角状卵形或卵状披针形，长4-12厘米，先端急尖或渐尖，基部平截或浅心形，稀楔形，边缘有三角状锯齿，两面无毛或疏生柔毛。总状花序长穗状，单生，少复出，花序轴及花梗被柔毛。花梗长2-5毫米；花冠紫或蓝色，长5-7毫米，花冠筒占1/3长，裂片开展，后方1枚卵圆形，其余3枚卵形；雄蕊稍伸出；子房被毛或否。蒴果长3-5毫米，无毛。花期8-9月。染色体2n=34、68。

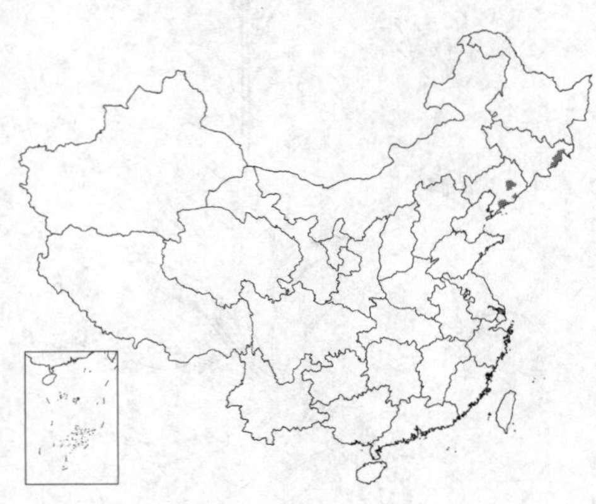

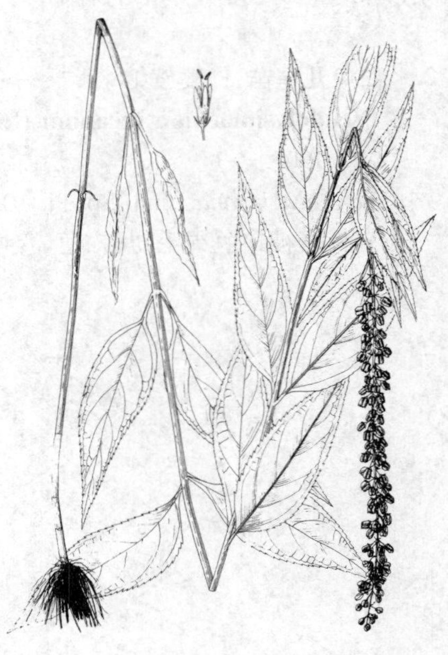

图 224 长毛穗花 （孙英宝绘）

产吉林东部及辽宁，生草甸或林缘草地。日本及朝鲜半岛有分布。

5. 东北穗花 东北婆婆纳 图 225

Pseudolysimachion rotunda (Nakai) T. Yamazaki subsp. **subintegrum** (Nakai) D. Y. Hong in Novon 6: 23. 1996.

Veronica spuria Linn. var. *subintegra* Nakai in Bot. Mag. Tokyo 25: 62. 1911.

Veronica rotunda Nakai var. *subintegra* (Nakai) Yamazaki; 中国植物志 67(2): 272. 1979.

茎单生，不分枝或上部分枝，高约1米，无毛或被短柔毛。叶对生，茎节上有一环连接叶基部，中下部的叶无柄，半抱茎，上部的叶无柄或有短柄；叶长椭圆形或披针形，长6-13厘米，先端急尖或短渐尖，基部楔形，边缘具三角状锯齿，两面无毛或仅下面沿叶脉疏被柔毛。

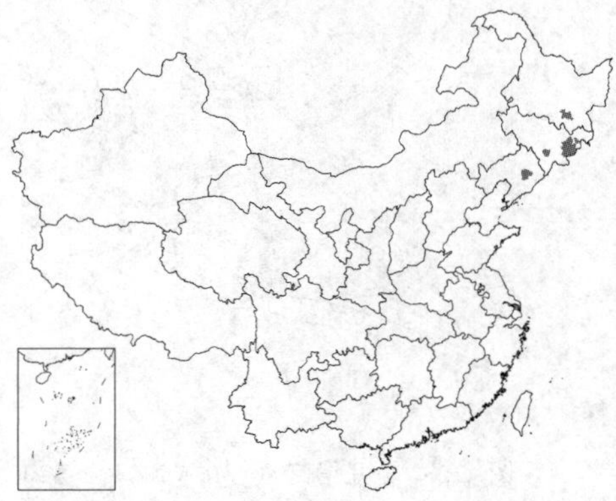

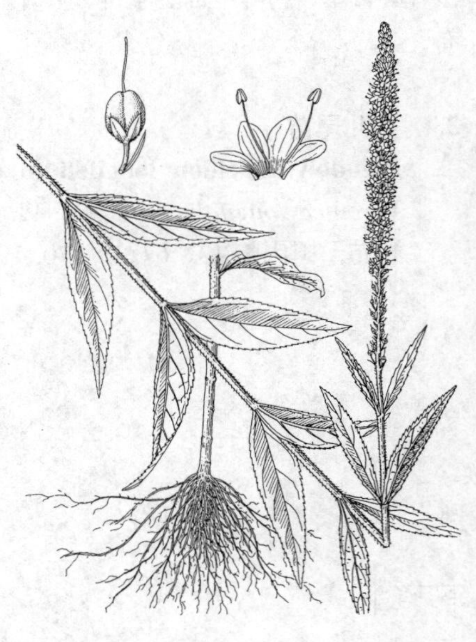

图 225 东北穗花 （引自《中国植物志》）

总状花序多单生，少复出，长穗状，花序轴密被白色短曲毛。花梗长2-5毫米，密被腺毛，稀为柔毛；花冠蓝或蓝紫色，稀白色，长6-7毫米，花冠筒短，不足全长1/3，裂片多少开展，后方1枚卵圆形，其余3枚长卵形；花丝伸出花冠。蒴果长3-5毫米。花期6-8月。染色体2n=34。

产黑龙江、吉林及辽宁，生于海拔1600米以下草甸、林缘草地或林中。朝鲜半岛北部、日本及俄罗斯远东地区有分布。

[附] **朝鲜穗花** 朝鲜婆婆纳 **Pseudolysimachion rotunda** subsp. **coreanum** (Nakai) D. Y. Hong in Novon 6: 23. 1996. —— *Veronica coreana* Nakai in Bot. Mag. Tokyo 32: 228. 1918. —— *Veronica coreana* (Nakai) Yamazaki; 中国植物志 67 (2): 274. 1979. 与模式亚种的区别：叶宽大，卵形，宽3-6厘米，两面被毛或仅叶脉上被毛。产辽宁、河南东南部、山西、安徽西南部及浙江西北部，生于海拔1100-1300米山坡草地。朝鲜半岛有分布。

38. 婆婆纳属 Veronica Linn.

（洪德元 潘开玉）

多年生草本而有根状茎或一年生草本，根无毛。叶通常对生，稀轮生或上部互生。总状花序顶生或侧生叶腋，在有些种中，花密集成穗状，有时很短而呈头状。花萼深裂，裂片4或5，后者则后方（近轴面）1枚极小，有的种花萼4裂深度不等；花冠具很短的筒部，近辐状，或花冠筒部明显，长占总长的1/2-2/3，裂片4，常开展，不等宽，后方1枚最宽，前方1枚最窄，有时稍二唇形；雄蕊2，花丝下部贴生花冠筒后方，药室叉开或并行，顶端汇合；花柱宿存，柱头头状。蒴果形状各式，稍侧扁或明显侧扁而近片状，两面各有1条沟槽，顶端微凹或明显凹缺，室背2裂。种子每室1至多颗，圆形、瓜子形或为卵圆形，扁平而两面稍臌，或为舟状。

约250种，广布于全球，主产欧亚大陆。我国53种。

1. 总状花序顶生。
  2. 多年生草本，具根茎。
    3. 花萼裂片5（极稀为4）；花冠多数有明显的筒部，稀筒部极短；蒴果稍侧扁。
      4. 植株全体被腺毛、绒毛或柔毛，呈绿或灰绿色；苞片远比叶小 …………………… 1. **密花婆婆纳 V. densiflora**
      4. 植株全体密被绵毛，呈白色；苞片叶状，近等大 ……………………………………… 2. **绵毛婆婆纳 V. lanuginosa**
    3. 花萼裂片4；花冠近于辐状，筒部极短；蒴果明显侧扁。
      5. 蒴果近肾形，宽大于长；花序长，多花；茎基部常匍匐生根 …………………… 3. **小婆婆纳 V. serpyllifolia**
      5. 蒴果倒卵圆形，长大于宽；花序短，花仅数朵；茎直立或上升，不匍匐 ……………………………………………………………………………………… 3(附). **长白婆婆纳 V. stelleri** var. **longistyla**
  2. 一年生草本，根细，不具根茎。
    6. 种子两面稍臌，平滑；花梗短，比苞片短数倍（仅V. perpusilla的花梗与苞片等长或过之）。
      7. 叶羽状分裂；茎不分枝或有垂直向上而紧靠主茎的分枝，植株不铺散 ………… 4(附). **裂叶婆婆纳 V. verna**
      7. 叶不分裂；茎铺散分枝，稍不分枝。
        8. 花梗极短，不超过2毫米，比萼短。
          9. 茎无毛或疏被毛；叶倒披针形或长圆形，基部楔形，全缘或中上端有三角状齿；花常白或浅蓝色 ……………………………………………………………………………………… 4. **蚊母草 V. peregrina**
          9. 茎密生两列长柔毛；叶卵圆形，叶基部圆钝，明显具钝齿；花常紫或蓝色 …………………………………………………………………………………………… 5. **直立婆婆纳 V. arvensis**
        8. 花梗较长，比花萼长半倍至2倍 ……………………………………………… 5(附). **侏倭婆婆纳 V. pusilla**
    6. 种子舟状，一面臌胀，一面具深沟，平滑或多皱；花梗长，与苞片（或苞叶）近等长或过之，果期常下垂。
      10. 植株铺散分枝，成丛；苞片有齿，与茎叶同型且近等大。
        11. 花梗比苞片稍短；蒴果宽4-5毫米，无明显网脉，凹口的角度近直角，裂片先端圆；花柱与蒴果凹口齐或稍超出 ……………………………………………………………………………… 6. **婆婆纳 V. polita**
        11. 花梗比苞片长；蒴果宽5毫米以上，具明显网脉，凹口大于90°角，裂片先端钝；花柱明显伸出凹

口 …………………………………………………………………………………… 7. **阿拉伯婆婆纳 V. persica**

10. 植株直立，不分枝或中部以下分枝；苞片全缘或具疏齿，比叶小 ……………………… 8. **两裂婆婆纳 V. biloba**

1. 总状花序侧生叶腋，往往成对，有时因侧生茎顶叶腋而茎顶停止发育使花序呈假顶生，稀这种侧生花序退化为单花或两花，更少为花数朵，簇生叶腋，但此时“花梗”中部或近基部有1枚“小苞片”（苞片）。

12. 陆生草本；花序明显腋生而且蒴果常明显侧扁，或花序生于茎顶叶腋而蒴果通常长且仅稍侧扁。

13. 根茎极短，密生一簇根，分不出节和节间；花萼裂片5，后方1枚遥小（仅V. rockii和V. filipes有时为4枚）；花冠通常有明显的筒部；蒴果稍扁，卵形至长圆状锥形，长明显过于宽（仅V. filipes的花冠辐状，蒴果卵圆形，长宽近等相等）。

14. 蒴果长卵形或长卵状锥形，长超过宽达半倍，稍扁；花冠筒明显，筒内常无毛；雄蕊不同程度地短于花冠。

15. 花冠小得多，外面无毛；花柱长不超过3.5毫米；蒴果宽不过5毫米；叶不抱茎。

16. 子房和蒴果明显被多细胞硬毛，花柱长或短。

17. 花冠具长筒，筒部占全长1/2-1/3，筒内面有毛或否；花柱长2-3.5毫米；花序疏花而长，在花期也不为头状；叶披针形至条状披针形 ………………………………… 9. **毛果婆婆纳 V. eriogyne**

17. 花冠筒较短，筒部占全长2/5-1/3，筒内面无毛；花柱长通常不超过2毫米，少 达3毫米；花序通常在花 期呈头状，少不呈头状的；蒴果较细长，长卵形或长卵状锥形，长5-8毫米，宽不过4毫米花萼裂片线状披针形；花序全缘。

18. 茎丛生 ……………………………………………………………………… 10. **长果婆婆纳 V. ciliata**

18. 茎常单生。

19. 叶卵状披针形，边缘具锯齿；花序伸长，不为头状 ……………………………………………………………… 10(附). **中甸长果婆婆纳 V. ciliata** subsp. **zhongdinnensis**

19. 叶椭圆形、卵形或卵状披针形，边缘具深刻锯齿，稀全缘；花序花期头状，花后伸长或头状 ……………………………………………………………… 10(附). **拉萨长果婆婆纳 V. ciliata** subsp. **cephaloides**

16. 子房和蒴果无毛或有极少几根毛；花柱短，长1-1.5毫米。

20. 叶两面疏被柔毛或变无毛；茎直立，通常不分枝 ……………………………… 11. **光果婆婆纳 V. rockii**

20. 叶两面被长柔毛或细柔毛；茎数枝丛生 …………… 11(附). **尖果婆婆纳 V. rockii** subsp. **stenocarpa**

15. 花冠大，长达1厘米，其外面有多细胞腺毛；花柱长0.5-1厘米；蒴果长卵形，宽超过5毫米；叶卵形或卵 状披针形，多少抱茎，锯齿十分明显 ………………………………… 12. **大花婆婆纳 V. himalensis**

14. 蒴果卵圆形，长宽近相等，相当明显地侧扁；花冠辐状，具极短之筒部，筒内有一圈柔毛；雄蕊长于花冠或与之近等长 ……………………………………………………………… 13. **丝梗婆婆纳 V. filipes**

13. 根茎长，有明显节间，极少一年生或二年生而无根茎；花萼裂片4（仅V. teucrium具5裂片）；花冠辐状，筒部很短；蒴果通常明显侧扁，宽明显过于长（仅V. teucrium宽小于长而为倒心状卵形且不明显侧扁）。

21. 总状花序通常长而多花，侧生于茎中上部叶腋，花疏散（仅V. vandellioides花序只1-2花，但它侧生于几乎所有叶腋，散而决不成伞房状）

22. 蒴果倒心形或倒卵状心形，基部宽楔形或多少浑圆，宽稍大于长或小于长，最宽处在上部或中上部。

23. 花萼裂片5；花梗长于苞片；蒴果倒心状卵形，无毛 ………………………… 14. **卷毛婆婆纳 V. teucrium**

23. 花萼裂片4；花梗短于苞片，少较长的；蒴果倒心形或心状卵形，全面被毛或有睫毛。

24. 茎极少分枝；蒴果较大，长2.5-5毫米；花柱长3-6毫米；花序长可达30厘米 ……………………………………………………………………………………………… 15. **疏花婆婆纳 V. laxa**

24. 茎基部多分枝；蒴果小，长2-3毫米；花柱长仅0.3-0.5毫米；花序长通常在5厘米以下，极少达10厘米 ……………………………………………………………… 16. **多枝婆婆纳 V. javanica**

22. 蒴果多数为折扇状菱形或为三角形，少为倒心状肾形或肾形，基部平截状圆形或楔状平截或平截，宽明显大于长，最宽处位于中下部或基部，稀在中上部。

21. 总状花序少花而缩短，甚至单花，侧生于茎顶端叶腋，多支，集成伞房状或花数朵簇生叶腋。
25. 总状花序2至数花，集成伞房状；蒴果倒心状三角形。
26. 茎有两列柔毛；叶仅上面疏生硬毛 ………………………………………… 17. **四川婆婆纳 V. szechuanica**
26. 茎被毛较密；叶两面被毛 ……………………… 17(附). **多毛四川婆婆纳 V. szechuanica** subsp. **sikkimensis**
25. 花1-3朵簇生上部叶腋；蒴果倒心状肾形 ………………………………………… 18. **察隅婆婆纳 V. chayuensis**
27. 蒴果倒心状肾形或肾形，基部平截状圆形，侧角圆钝；花萼裂片多少有腺毛；茎生丛 ……………………………………………………………………………………… 19. **唐古拉婆婆纳 V. vandellioides**
27. 蒴果折扇状菱形或三角状扇形，基部平截或楔状平截，侧角急尖或稍钝；花萼裂片常无毛，稀疏生腺毛；茎常单生。
28. 茎长，通常10厘米以上；叶仅数对且较疏生，至少在茎下部疏生，不成莲座状；花序2至数枝，少单支，比茎短。
29. 雄蕊比花冠长或相等；花柱长5.5毫米以上；花梗长超过4毫米，果期长0.7-1厘米 ……………………………………………………………………………………… 20. **陕川婆婆纳 V. tsinlingensis**
29. 雄蕊短于花冠；花柱长4毫米以下；花梗长不过3毫米。
30. 茎至少下部近无毛，常红紫色，直立或下部匍匐；叶卵形或长卵形，基部通常楔形，稀钝，先端常急尖，近缘具细尖锯齿，叶柄长不及1厘米 ……………………………………… 21. **华中婆婆纳 V. henryi**
30. 茎密被柔毛，直立或上升；茎下部叶三角状圆形或浅心形，茎上部叶卵形或宽卵形，先端通常钝，边缘具数枚粗糙锯齿，叶柄长1-1.5厘米 ……………………………………… 21(附). **灰毛婆婆纳 V. cana**
28. 茎短，长1-5厘米，节间多而短；叶密集几成莲座状，匙形，稀圆形；花序长而单支，少两支，远较茎长 ……………………………………………………………………………… 22. **鹿蹄草婆婆纳 V. piroliformis**
12. 水生或沼生草本，茎多少肉质；花序明显腋生；蒴果圆形、卵圆形或椭圆形，稍扁。
31. 叶无柄或仅下部的叶及分枝上的叶有短柄；蒴果圆形、椭圆形或卵圆状三角形，长大于宽。
32. 蒴果圆形，长宽近相等；花梗直或弯曲；花萼裂片在果期多少伸展，或直立而不紧贴果实，无毛或有少量腺毛；叶卵形或线状披针形。
33. 花梗弯曲上升，花序宽不及1厘米；花柱长1.5-2毫米；花序轴、花萼和蒴果常无腺毛或极少有几根腺 毛 ……………………………………………………………………………… 23. **北水苦荬 V. anagallis-aquatica**
33. 花梗直而横叉形，与花序轴几成直角，花序宽1-1.5厘米；花柱长1-1.5毫米；花序轴、花萼和蒴果多少有腺毛 ……………………………………………………………………………… 24. **水苦荬 V. undulata**
32. 蒴果椭圆形，长过于宽，明显超出宿存花萼，顶端稍微凹；花梗伸直或仅上端稍弯曲；花萼裂片在果期直立，紧贴果实，背面常密被腺毛；叶披针形或线状披针形 ………………………… 25. **长果水苦荬 V. anagalloides**
31. 叶均有短而明显的柄，叶通常卵形，稀卵状披针形；蒴果倒心状圆形，宽大于长；植株全体无毛 ……………………………………………………………………………………… 26. **有柄水苦荬 V. beccabunga**

1. 密花婆婆纳 图 226

Veronica densiflora Ledeb. Fl. Alt. 1: 34. 1839.

植株成丛。根状茎细长而分枝。茎上升，基部多分枝，高达15厘米，下部无毛或有不明显两列柔毛，上部被白色长绒毛。叶对生，无柄，茎基部的鳞片状，向上渐大，中上部叶卵圆形，长0.7-2厘米，边缘有小锯齿，两面疏生长柔毛。花序头状；苞片椭圆形，下部的长达8毫米，密被白色绒毛。花梗很短；花萼密被白色长绒毛，裂片倒卵状披针形；花冠淡紫或鲜蓝色，长5-7毫米，裂片倒卵圆形或卵形，喉部被毛；雄蕊伸出；子房上部被毛。蒴果倒卵圆形，长约4毫米，上部被毛或无毛，宿存花柱长约6

毫米。种子长1毫米。花期5-6月。

产新疆西北部，生于海拔3400米森林带至高山带的多石山坡。蒙古、俄罗斯及哈萨克斯坦有分布。

2. 绵毛婆婆纳 图 227

Veronica lanuginosa Benth. ex Hook. f. Fl. Brit. Ind. 4: 293. 1884.

全株密被白色绵毛，呈白色。茎上升，有时中下部分枝，高达15厘米，节间很短。叶对生，下部的鳞片状，中上部叶无柄，常密生且覆瓦状排列，圆形，长宽各1厘米，全缘或有小齿。总状花序顶生，近头状；苞片覆瓦状排列，与叶近等大；花梗长约4毫米；花萼长约5毫米，裂片倒卵状披针形，两面密被绵毛；花冠长0.9-1.2厘米，花冠筒长2-2.5毫米，裂片稍开展，后方1枚宽达7毫米；雄蕊稍短于花冠；子房上部有柔毛；花柱长6毫米。蒴果椭圆形，与宿存花萼近等长，被柔毛。花期6月。

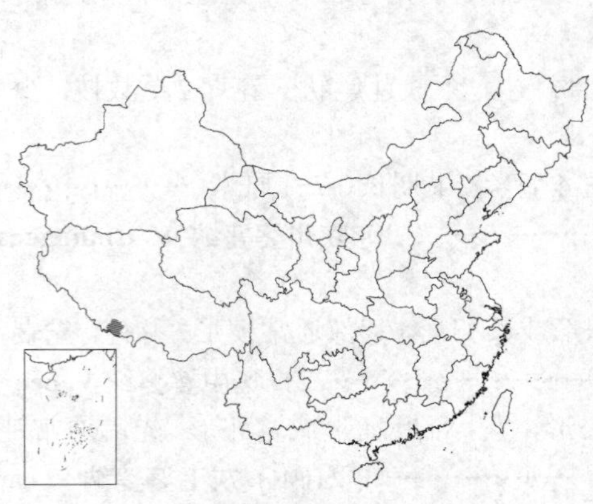

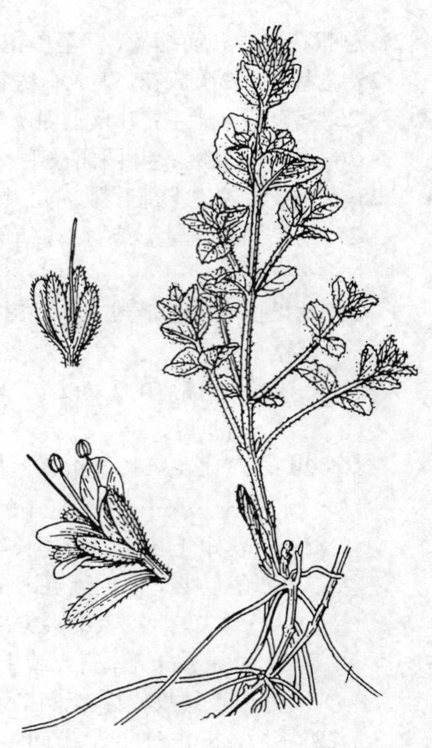

图 226 密花婆婆纳（冯晋庸绘）

产西藏南部，生于海拔4000-4700米高山上。不丹、尼泊尔及锡金有分布。

3. 小婆婆纳 图 228:1-6

Veronica serpyllifolia Linn. Sp. Pl. 12. 1753.

茎多支丛生，下部匍匐生根，中上部直立，高达30厘米，被柔毛，上部常被腺毛。叶无柄，有时下部的有极短的叶柄，卵圆形或卵状长圆形，长0.8-2.5厘米，边缘具浅齿缺，稀全缘，3-5出脉或为羽状叶脉。总状花序具多花，单生或复出，果期长达20厘米，花序各部密被或疏被腺毛；花冠蓝、紫或紫红色，长4毫米。蒴果肾形或肾状倒心形，长2.5-3毫米，宽4-5毫米，基部圆或近平截，边缘有一圈多细胞腺毛，宿存花柱长约2.5毫米。花期4-6月。

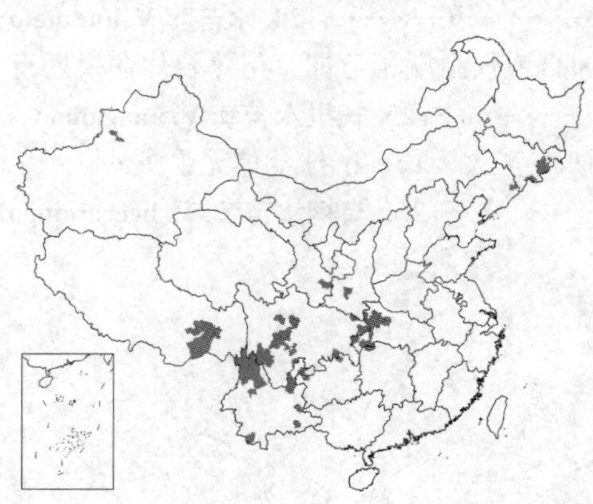

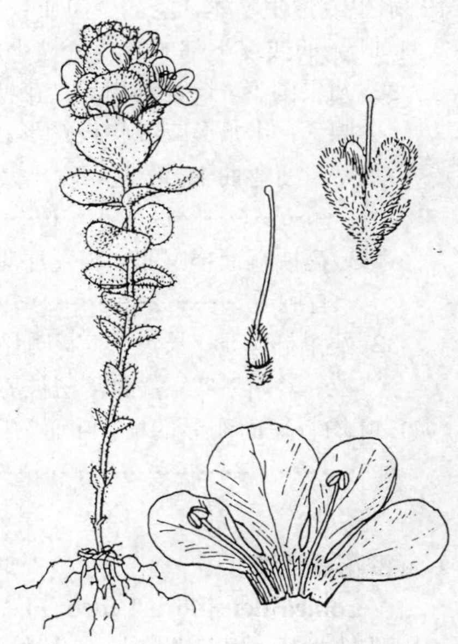

图 227 绵毛婆婆纳（引自《中国植物志》）

产吉林、辽宁东部、陕西南部、甘肃东南部、新疆西北部、西藏东南部、云南、贵州、四川、湖北西部及湖南西北部，生于海拔400-3700米山坡或湿草地。北温带及亚热带地区广布。

[附] **长白婆婆纳** 图 228：7-8 **Veronica stelleri** Pall. ex Link var. **longistyla** Kitag. Rep. Inst. Sci. Res. Manch. 4: 127. 1942. 本种与小婆婆纳

的区别：多年生草本，根状茎长而细；茎直立或斜上升；叶卵形或宽卵形，被疏柔毛；花序短，仅具数花；蒴果倒卵圆形，长大于宽，被腺毛。产吉林长白山区，生于海拔2200-2700米高山草地。日本、朝鲜半岛及俄罗斯远东地区有分布。

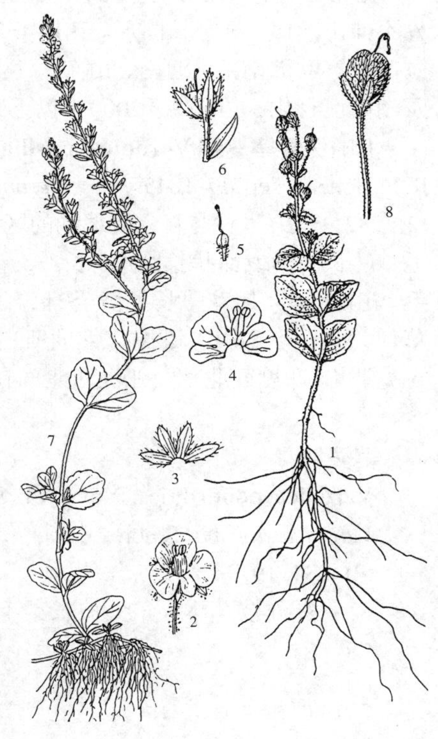

图 228：1-6. 小婆婆纳 7-8. 长白婆婆纳 （冯晋庸绘）

4. 蚊母草 图 229 : 1-6

Veronica peregrina Linn. Sp. Pl. 14. 1753.

一年生草本。植株高达25厘米，通常自基部多分枝，主茎直立，侧枝披散，全株无毛或疏生柔毛。叶无柄，下部的倒披针形，上部的长圆形，长1-2厘米，全缘或中上端有三角状锯齿。总状花序长，果期达20厘米；苞片与叶同形而稍小。花梗极短；花萼裂片长圆形或宽线形，长3-4毫米；花冠白或浅蓝色，长2毫米，裂片长圆形或卵形；雄蕊短于花冠。蒴果倒心形，明显侧扁，长3-4毫米，宽稍大于长，边缘生短腺毛，宿存花柱不超出凹口。种子长圆形。花期5-6月。染色体2n=52。

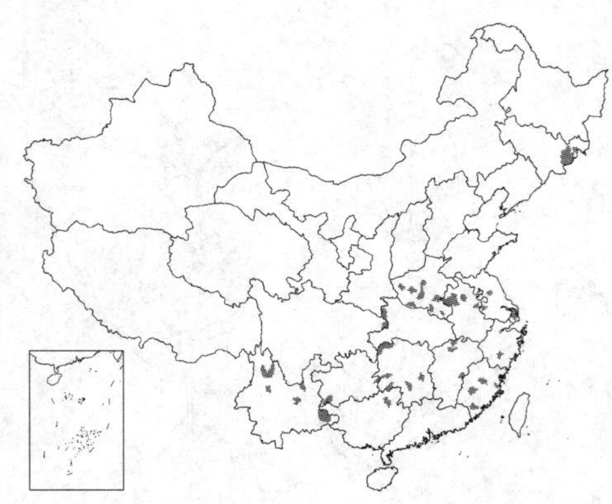

产吉林东部、河南、安徽、江苏、浙江、福建、江西、湖北、湖南、广西、贵州、云南及四川东部，生于潮湿的荒地、路边，在西南可达海拔3000米处。日本、朝鲜半岛、蒙古、俄罗斯、欧洲及北美洲有分布。果实常因虫瘿而肥大。带虫瘿的全草药用，治跌打损伤、瘀血肿痛及骨折。嫩苗味苦，水煮去苦味，可食。

[附] **裂叶婆婆纳** 图 229: 7-11 **Veronica verna** Linn. Sp. Pl. 1: 14. 1753. 本种与蚊母草的区别：茎不分枝或垂直向上而靠主茎的分枝；叶卵形，羽状分裂。产新疆，生于海拔2500米以下旱草地、路旁或桦木林下。印度西北部、克什米尔、阿富汗、巴基斯坦、哈萨克、吉尔吉斯斯坦、塔吉克斯坦、土库曼斯坦、乌兹别克斯坦、俄罗斯、亚洲西南部及欧洲其它地区有分布。

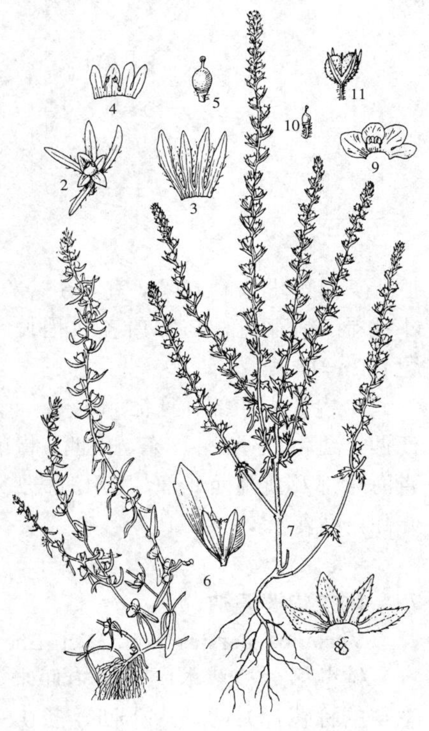

图 229：1-6. 蚊母草 7-11. 裂叶婆婆纳（引自《中国植物志》）

5. 直立婆婆纳 图 230

Veronica arvensis Linn. Sp. Pl. 13. 1753.

一年生小草本。茎直立或上升，不分枝或铺散分枝，高达30厘米，有两列白色长柔毛。叶常3-5对，下部的有短柄，中上部的无柄，卵形或卵圆形，长0.5-1.5厘米，宽0.4-1厘米，具3-5脉，边缘具圆或钝齿，两面被硬毛。总状花序长而多花，长达20厘米，各部被白色腺毛；苞片下部的长卵形而疏具圆齿至上部的长椭圆形而全缘。花梗极短；花萼长3-4毫米，裂片线状椭圆形，前方2枚长于后方2枚；花冠蓝紫或蓝色，长约2毫米，裂片圆形或窄长圆形；雄蕊短于花冠。蒴果倒心形，明显侧扁，长2.5-3.5毫米，宽稍过于长，边缘有腺毛，凹口很深，近果长1/2，裂片圆钝，宿存花柱不伸出凹口。种子长圆形。花期4-5月。染色体2n=14、16、18。

原产欧洲南部。河南、山东、江苏、安徽、福建、台湾、江西、湖北及湖南已野化。生于海拔2000米以下路边或荒野草地。现广布世界各地。

[附]**侏倭婆婆纳 Veronica pusilla** Kotschy et Boiss. Pl. Pers. Austr. ed. R. F. Hohenacker 717. 1845. —— *Veronica Perpusilla* Boiss.; 中国植物志 67 (2): 282. 1979 本种与直立婆婆纳的区别：纤细小草本，无毛或上部疏被短毛；叶长圆形或卵状长圆形，长3-5毫米，宽1-2.5毫米，全缘，边缘有腺毛。花梗较长，比花萼长半倍至2倍。产新疆，生于海拔5500米以下河边、草甸、低山至高山中。蒙古、俄罗斯、阿富汗、哈萨克斯坦、格鲁吉亚、塔吉克斯坦、印度西北部及亚洲西北部有分布。

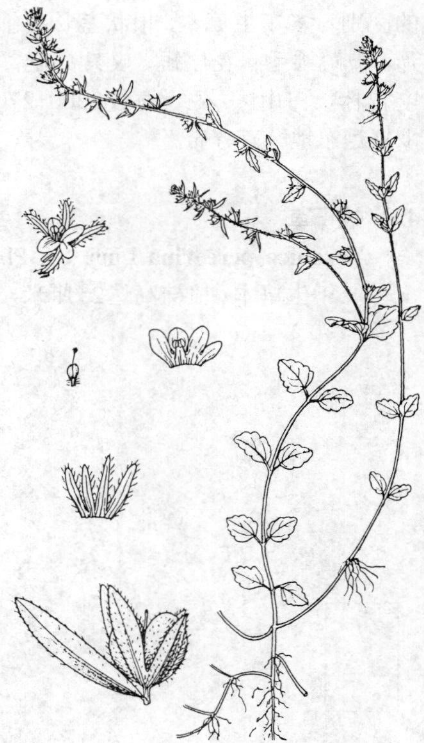

图 230 直立婆婆纳 （植物志 67(2)）

6. 婆婆纳 图 231

Veronica polita Fries, Novit. Fl. Suec. 5: 63. 1817.

Veronica didyma Tenore; 中国高等植物图鉴 4: 1975; 中国植物志 67 (2): 284. 1979.

铺散多分枝草本，多少被长柔毛，高达25厘米。叶2-4对（腋间有花的为苞片），心形或卵形，长0.5-1厘米，每边有2-4深刻的钝齿，两面被白色长柔毛；叶柄长3-6毫米。总状花序很长；苞片叶状，下部的对生或全部互生。花梗稍短于苞片；花萼裂片卵形，先端急尖，3出脉，疏被短硬毛；花冠淡紫、蓝、粉或白色，径4-5毫米，裂片圆形或卵形；雄蕊短于花冠。蒴果近肾形，密被腺毛，稍短于宿存花萼，宽4-5毫米，凹口约为90°角，裂片顶端圆，脉不明显，宿存花柱与凹口齐或稍长。种子背面具横纹。花期3-10月。染色体2n=14。

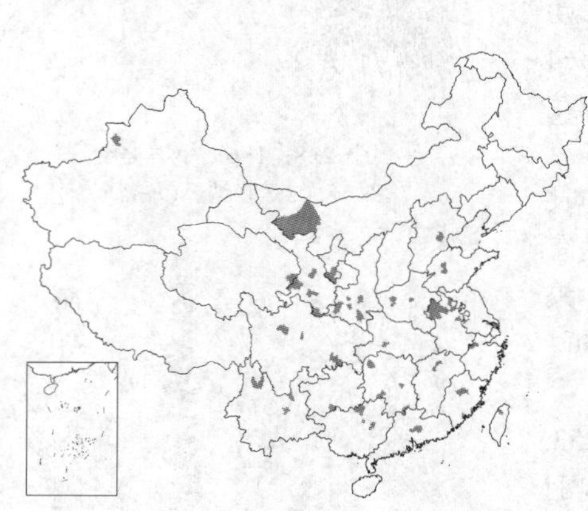

产内蒙古西部、河北、山东、河南、安徽、江苏、浙江、福建、台湾、江西、湖北、湖南、广东、广西、贵州、云南、四川、陕西、宁夏、甘肃、青海东部及新疆西北部，生于海拔2200米以下荒地。广布世界各地。茎叶味甜，可食。

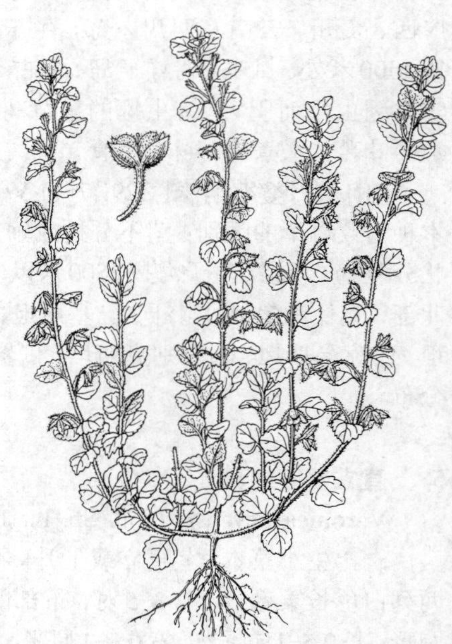

图 231 婆婆纳 （引自《中国植物志》）

7. 阿拉伯婆婆纳 图 232

Veronica persica Poir. Dict. Encycl. Meth. Bot. 8: 542, 1808.

铺散多分枝草本，高达50厘米。茎密生两列柔毛。叶2-4对（腋内生花的称苞片）；卵形或圆形，长0.6-2厘米，基部浅心形，平截或浑圆，边缘具钝齿，两面疏生柔毛；具短柄。总状花序很长；苞片互生，与叶同形近等大。花梗长于苞片，有的超过1倍；花萼长3-5毫米，果期增大达8毫米，裂片卵状披针形，有睫毛；花冠蓝、紫或蓝紫色，长4-6毫米，裂片卵形或圆形，喉部疏被毛；雄蕊短于花冠。蒴果肾形，长约5毫米，宽大于长，初被腺毛，后近无毛，网脉明显，凹口角度超过90°，裂片钝，宿存花柱超出凹口。种子背面具深横纹。花期3-5月。染色体2n=28。

原产欧洲西南部，19世纪后散布世界各地。江苏、安徽、浙江、福建、台湾、江西、湖北、湖南、广西、贵州、云南、西藏东部及新疆西部已野化，生于海拔1700米以下路边或荒野地。

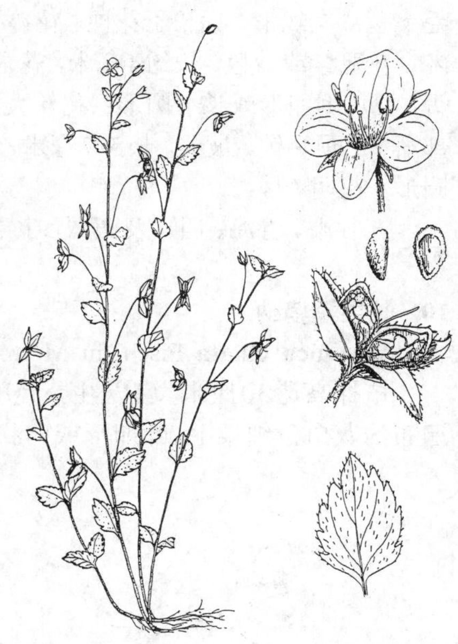

图 232 阿拉伯婆婆纳
（引自《Fl. Taiwan》）

8. 两裂婆婆纳 图 233

Veronica biloba Linn. Mant. Pl. 2: 172. 1771.

植株高达50厘米。茎直立，通常中下部分枝，疏生白色柔毛。叶对生，长圆形或卵状披针形，长0.5-3厘米，基部宽楔形或圆钝，边缘有疏浅锯齿；有短柄。花序长2-40厘米，各部疏生白色腺毛；苞片比叶小。花梗与苞片等长，花后伸展或多少向下弯曲；花萼侧向深裂达3/4，裂片卵形或卵状披针形，急尖，果期长达8毫米，明显3脉；花冠白、蓝或紫色，径3-4毫米，后方裂片圆形，其余3枚卵圆形；花丝短于花冠。蒴果长3-4.5毫米，被腺毛，开裂达基部而成两个分果，凹口叉开30-45°，裂片顶端圆钝，宿存花柱远比凹口低。种子有不明显横皱纹。花期4-8月。染色体2n=28。

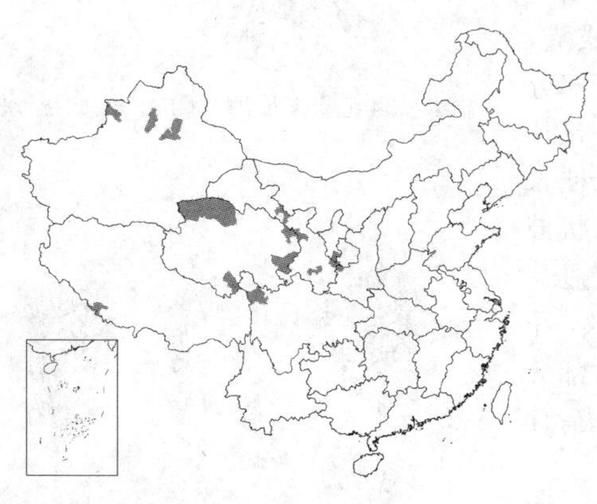

产陕西、甘肃、宁夏、新疆、青海、四川西北部及西藏南部，生于海拔800-3600米荒地、草原或山坡。蒙古、俄罗斯、吉尔吉斯斯坦、吐库曼斯坦、塔吉克斯坦、乌兹别克斯坦、哈萨克斯坦、阿富汗、印度、克什米尔、尼泊尔、巴基斯坦及亚洲西南部有分布。

图 233 两裂婆婆纳（引自《中国植物志》）

9. 毛果婆婆纳 图 234

Veronica eriogyne H. Winkl. in Fedde, Repert. Sp. Nov. Beih. 12: 480. 1922.

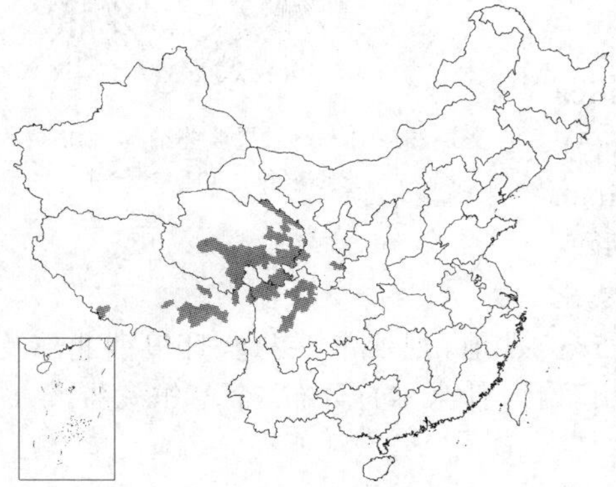

植株高达50厘米。茎直立，不分枝或有时基部分枝，常有两列白色柔毛。叶披针形或线状披针形，长2-5厘米，边缘有整齐的浅锯齿，两面脉上生长柔毛；无柄。总状花序2-4支，侧生于茎近顶端叶腋，长2-7厘米，花密集，穗状，果期长达20厘米，总梗长3-10厘米，花序各部分被长柔毛；苞片宽线形，远长于花梗。花萼裂片宽线形或线状披针形，长3-4毫米；花冠紫或蓝色，长约4毫米，花冠筒占全长的1/2-2/3，筒内微被毛或否，裂片倒卵形或长窄圆形；花丝大部分贴生花冠上。蒴果长卵圆形，上部渐窄，顶端钝，被毛，长5-7毫米，宿存花柱长2-3.5毫米。种子卵状长圆形。花期7月。

产甘肃、青海、四川及西藏，生于海拔2500-4500米高山草地。

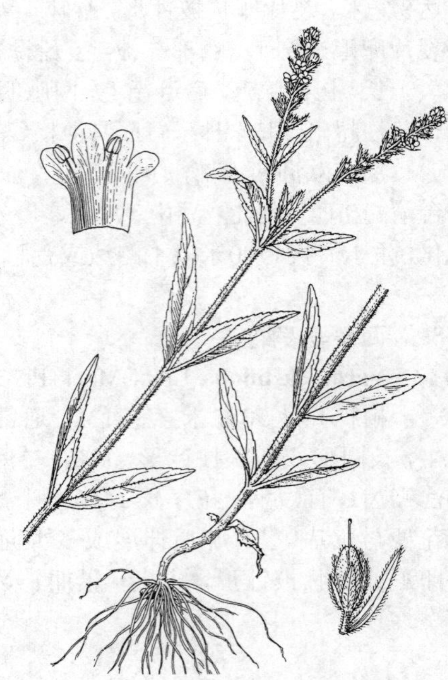

图 234 毛果婆婆纳 （引自《中国植物志》）

10. 长果婆婆纳 图 235 :1-3

Veronica ciliata Fisch. in Mém. Soc. Nat. Mosc. 3: 56. 1812.

植株高达30厘米。茎丛生，上升，不分枝或基部分枝，有两列或近遍布的灰白色细柔毛。叶卵形或卵状披针形，长1.5-3.5厘米，两端急尖，稀钝，全缘，或中段或整个边缘具尖锯齿，两面被柔毛或几乎变无毛；无柄或下部叶有极短的柄。总状花序1-4支，侧生茎端叶腋，短而花密集，几成头，稀伸长，除花冠外各部分被长柔毛或长硬毛；苞片宽线形，长于花梗。花梗长1-3毫米；花萼裂片线状披针形，长3-4毫米；花冠蓝或蓝紫色，长3-6毫米，花冠筒占全长1/5-1/3，内面无毛，裂片倒卵圆形或窄长圆形；花丝大部分游离。蒴果卵状锥形，长5-8毫米，顶端钝而微凹，几遍布长硬毛，宿存花柱长1-3毫米。种子长圆状卵形。花期6-8月。

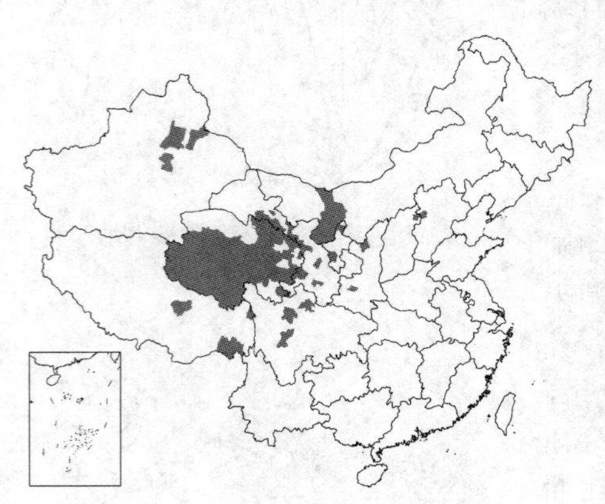

产内蒙古西部、河北西部、山西东北部、陕西、甘肃、宁夏、新疆、青海、西藏及四川，生于海拔3000-4700米高山地带。蒙古、俄罗斯、哈萨克斯坦、吉尔吉斯斯坦及塔吉克斯坦有分布。

[附] **中甸长果婆婆纳** 长果婆婆纳中甸亚种 **Veronica ciliata** subsp. **zhongdianensis** D. Y. Hong in Acta Phytotax. Sin. 16(3): 24. 1978. 与模式亚种的区别：茎常不分枝，高达60厘米；叶边缘有锯齿；总状花序伸长，稀缩为近头状；花梗长达6毫米；花萼裂片长约8毫米；花冠筒长为花冠长1/3-2/5。产云南北部、四川西部及西藏东南部，生于海拔2700-4400米高山林下。

[附] **拉萨长果婆婆纳** 长果婆婆纳拉萨亚种 图 235：4-10 **Veronica ciliata** subsp. **cephaloides** (Pennell) D. Y. Hong in Acta Phytotax. Sin. 16(3): 24. 1978. —— *Veronica cephaloides* Pennell in Acad. Nat. Sci. Philad. Monogr. 5: 84. 1943. 与模式亚种的区别：茎常单生；叶椭圆形、卵形或卵状披针形，常两面被毛，边缘具深刻锯齿，稀全缘；花序花期头状，花后伸长或头状；花冠较小，裂达2/3，花丝一半贴于花冠；蒴果长约5毫米，宿存花柱长0.8-1.5毫米。产西藏南部，生于海拔3300-5800米高山草地。尼泊尔、锡金、印度西北部及克什米尔有分布。全草作藏药。

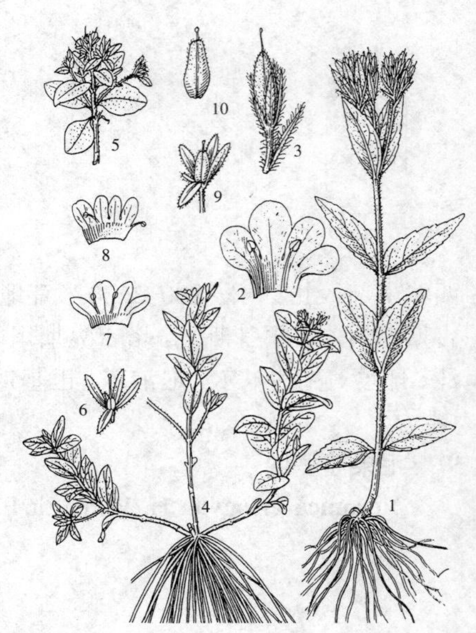

图 235：1-3. 长果婆婆纳 4-10. 拉萨长果婆婆纳 （吴彰桦绘）

11. 光果婆婆纳 图 236

Veronica rockii H. L. Li in Proc. Acad. Nat. Sci. Philad. 104: 210. 1952.

植株高达40厘米。茎直立，通常不分枝，有两列柔毛。叶卵状披针形或披针形，长1.5-8厘米，基部圆钝，边缘有三角状尖锯齿，两面疏被柔毛或变无毛；无柄。总状花序2至数支，侧生茎端叶腋，长2-7厘米，果期长达15厘米，各部被柔毛；苞片线形，常比花梗长。花萼裂片线状椭圆形，长约3毫米，果期长达6毫米，后方1枚很小或缺失；花冠蓝或紫色，长3-4毫米，后方裂达1/2，前方裂达3/5，裂片倒卵圆形或椭圆形，花冠筒内无毛；花丝远短于花冠，大部贴生于花冠上；子房无毛，极少有几根毛。蒴果卵圆形或长卵状锥形，顶端钝，长4-8毫米，宿存花柱长约1毫米。花期7-8月。

图 236 光果婆婆纳 (孙英宝绘)

产内蒙古、河北、山西、河南、陕西、甘肃、青海、西藏东北部、四川及湖北西部，生于海拔2000-3600米山坡。

[附] **尖果婆婆纳** 光果婆婆纳尖果亚种 **Veronica rockii** subsp. **stenocarpa** (H. L. Li) D. Y. Hong, Fl. Reipubl. Popul. Sin. 67(2): 402. 295. 1979.——*Veronica stenocarpa* H. L. Li in Proc. Acta Nat. Sci. Philad. 104: 211. 1952. 与模式亚种的区别：茎数支丛生；叶窄长圆形或披针形，两面被长柔毛或细柔毛，边缘有尖齿；花序开展上升，花疏离；子房和蒴果无毛或有极稀疏的几根短毛。产云南北部及四川西南部，生于海拔1300-3800米山坡。

12. 大花婆婆纳 图237

Veronica himalensis D. Don, Prodr. Fl. Nep. 92. 1825.

植株高达60厘米。茎直立，不分枝或下部分枝，被柔毛。叶无柄，上部的叶多少抱茎，卵形或卵状披针形，长3-5厘米，先端钝、急尖或渐尖，基部宽楔形或圆钝，边缘具尖锯齿，兼有重锯齿，两面疏被柔毛。总状花序2-4，侧生茎近顶端叶腋，长达15厘米，花疏离，花序各部被柔毛；苞片宽线形，与花梗近等长。花梗直，长达1厘米；花萼裂片宽线形或披针形，长7毫米；花冠蓝或紫色，长1厘米，外被腺毛，花冠筒长2.5毫米，内有长柔毛，裂片倒卵形或椭圆形；雄蕊稍短于花冠。蒴果卵圆形，顶端急尖，长8毫米，顶端疏生柔毛或几无毛，宿存花柱长0.5-1厘米。花期6-7月。

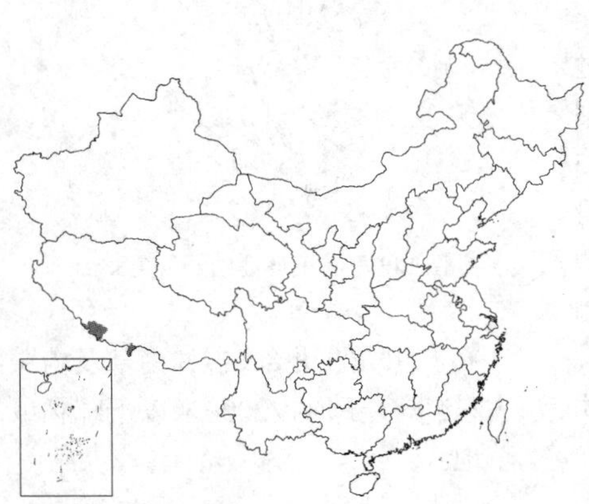

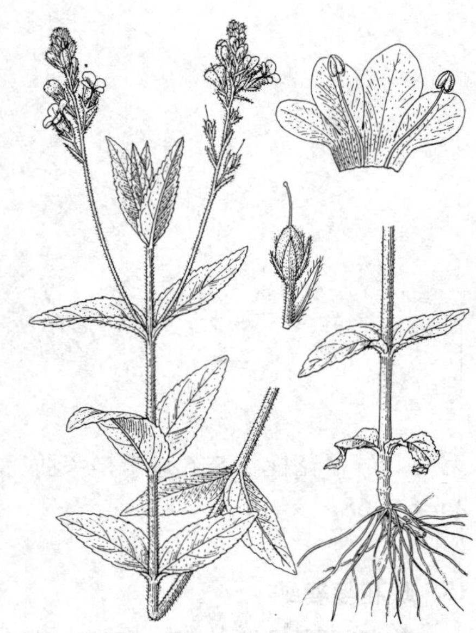

图 237 大花婆婆纳 (引自《中国植物志》)

产西藏南部，生于海拔3400-4000米高山草甸。印度、尼泊尔、不丹及锡金有分布。

13. 丝梗婆婆纳 图 238

Veronica filipes P. C. Tsoong, Fl. Reipubl. Popul. Sin. 67 (2): 403. 297. 1979.

植株高达15厘米。茎多支丛生，下部常紫色。下部叶鳞片状；正常叶卵形或圆形，长1.2-2.5厘米，先端圆钝或急尖，基部渐窄成短柄，两面多少被柔毛或硬毛，全缘或具圆齿、钝齿或尖齿。总状花序多支，侧生叶腋，除花冠外，各部被柔毛，花期近头状，花后略伸长，有数花；苞片倒卵状披针形或宽线形，比花梗长或短。花梗长0.3-1厘米；花萼裂片4或5，如5枚，则后方1枚极小，其余4枚宽线形或线状椭圆形，长3-5毫米；花冠蓝或淡紫色，长5-7毫米，花冠筒长0.8-1.8毫米，内有一圈柔毛，冠檐呈辐状，裂片长卵形或圆形；雄蕊与花冠等长或伸出2毫米。蒴果长圆形或卵圆形，侧扁，长3毫米，被长硬毛，宿存花柱长5-7毫米。种子每室数颗，长圆形，扁而光滑。花期6-8月。

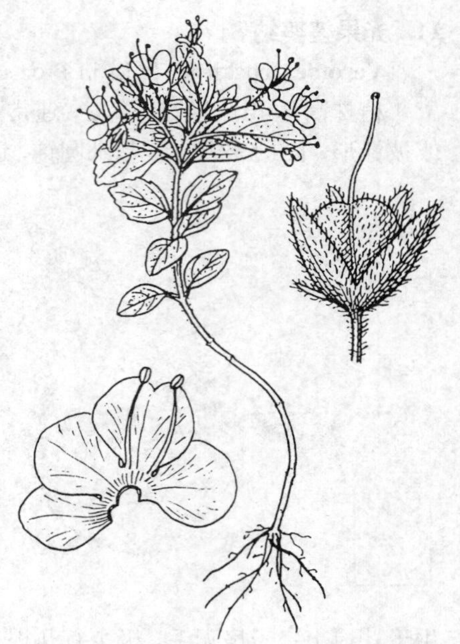

图 238 丝梗婆婆纳 (吴彰桦绘)

产甘肃、青海及四川，生于海拔3400-4500米高山多石或多砂山坡。

14. 卷毛婆婆纳 图 239

Veronica teucrium Linn. Sp. Pl. 16. 1753.

植株高达70厘米。茎单生或常多支丛生，直立或上升，密被短而向上的卷毛。叶无柄或茎下部的叶有极短的柄，卵形、窄长圆形或披针形，长1.5-4厘米，边缘具钝齿，有时为重齿，疏被短毛。总状花序侧生茎上部叶腋，2-4支，果期长达12厘米，花序轴及花梗被卷毛。花梗与苞片等长或过之，果期长达1厘米；花萼裂片5，披针形，先端钝，长约5毫米，具短睫毛；花冠鲜蓝、粉或白色，长6-7毫米，裂片卵形或宽卵形，先端钝。蒴果倒心状卵形，长4-6毫米，稍扁，无毛，宿存花柱长5-6毫米，弯曲。种子卵圆形。花期5-7月。染色体2n=64，68。

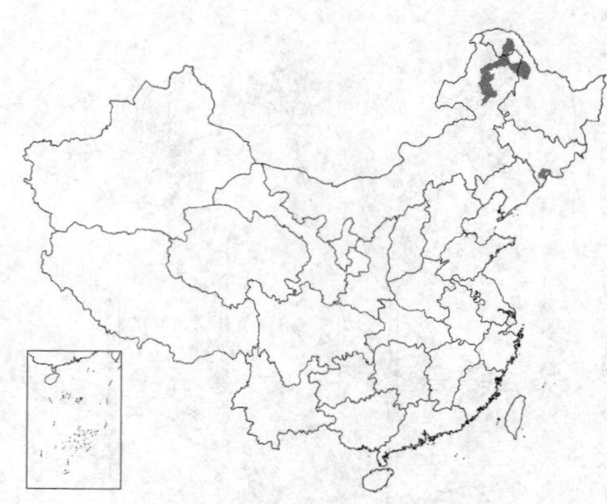

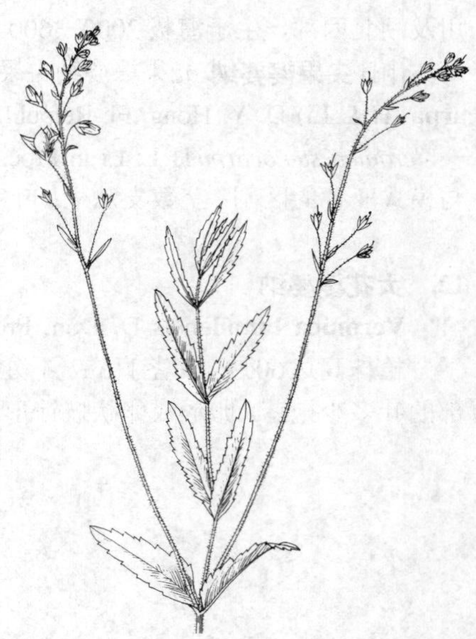

图 239 卷毛婆婆纳 (孙英宝绘)

产黑龙江北部、吉林南部及内蒙古东部，生于海拔2000米以下疏林或草地。

15. 疏花婆婆纳 图 240

Veronica laxa Benth. Scroph. Ind. 45. 1835.

植株高达80厘米。全株被白色柔毛，茎直立或上升，不分枝。叶卵形或卵状三角形，长2-5厘米，边缘具深刻的粗锯齿，多为重锯齿；无柄或叶柄极短。总状花序单支或成对，侧生茎中上部叶腋，花疏离，果期长达

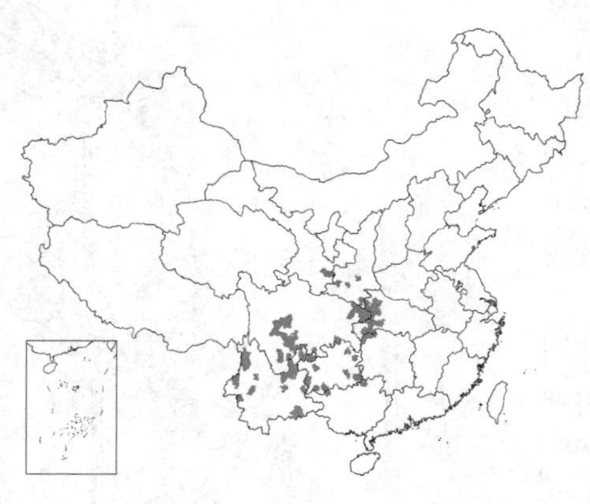

20厘米；苞片宽线形或倒披针形，长约5毫米。花梗远比苞片短；花萼裂片线状长椭圆形，长4毫米；花冠辐状，紫或蓝色，径0.6-1厘米，裂片圆形或菱状卵形；雄蕊与花冠近等长。蒴果倒心形，长4-5毫米，基部楔状浑圆，有睫毛，宿存花柱长3-4毫米。种子南瓜子形。花期6月。染色体2n=46。

产甘肃东南部、陕西南部、湖北西部、湖南西北部、贵州、广西北部、云南及四川，生于海拔1500-2500米沟谷阴处或山坡林下。印度、克什米尔、巴基斯坦及日本有分布。

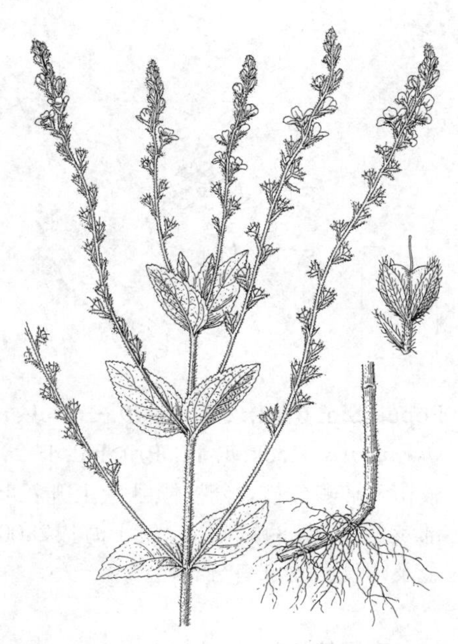

图 240 疏花婆婆纳 （引自《中国植物志》）

16. 多枝婆婆纳 图 241

Veronica javanica Bl. Bijdr. 742. 1826.

一年生或二年生草本，全株多少被柔毛，无根状茎，植株高达30厘米。茎基部多分枝，侧枝常倾卧上升。叶卵形或卵状三角形，长1-4厘米，先端钝，基部浅心形或平截，边缘具钝齿；叶柄长1-7毫米。总状花序很短，几乎集成伞房状，有的较长，果期达10厘米；苞片线形或倒披针形，长4-6毫米。花梗远比苞片短；花萼裂片线状长椭圆形，长2-5毫米；花冠白、粉或紫红色，长约2毫米；雄蕊约为花冠一半长。蒴果倒心形，长2-3毫米，顶端凹口深达果长1/3，有睫毛，宿存花柱极短。花期2-4月。

产浙江、福建、台湾、江西、湖南、广东、广西、贵州、云南、西藏、四川、陕西西南部及甘肃南部，生于海拔2300米以下山坡、路边或溪边湿草丛中。

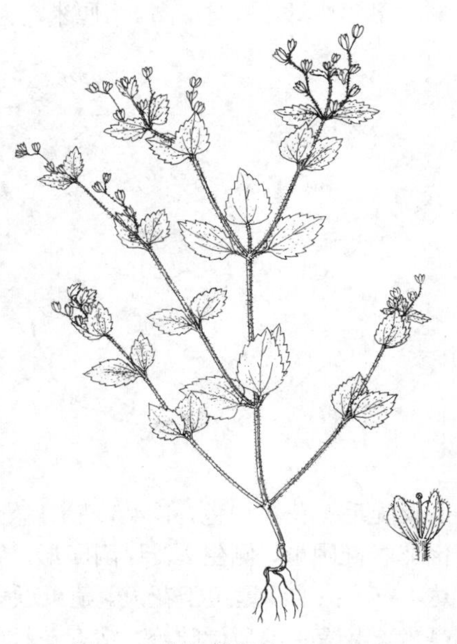

图 241 多枝婆婆纳 （孙英宝绘）

17. 四川婆婆纳 图 242

Veronica szechuanica Batal. in Acta Hort. Petrop. 13: 383. 1893.

植株高达35厘米。茎直立或上升，不分枝或少分枝，有两列柔毛。叶卵形，通常上部的较大，长1.5-5.5厘米，先端钝或急尖，基部宽楔形、圆钝或浅心形，边缘具尖锯齿或钝齿，仅上面疏生硬毛；叶柄两侧有睫毛。总状花序有数花，长不及3厘米，数支，侧生于茎端叶腋，因茎端节间缩短，故花序集成伞房状；苞片线形，与花梗近等长，边缘有睫毛。花梗长约5毫米；花萼裂片线形或倒卵状披针形，长3-5毫米，有睫毛；花冠白色，稀淡紫色，长5-7毫米，花冠筒长1.5-2毫米，内面无毛，裂片卵形或圆卵形；雄蕊稍短于花冠。蒴果倒心状三角形，长4-6毫米，边缘生睫毛，宿

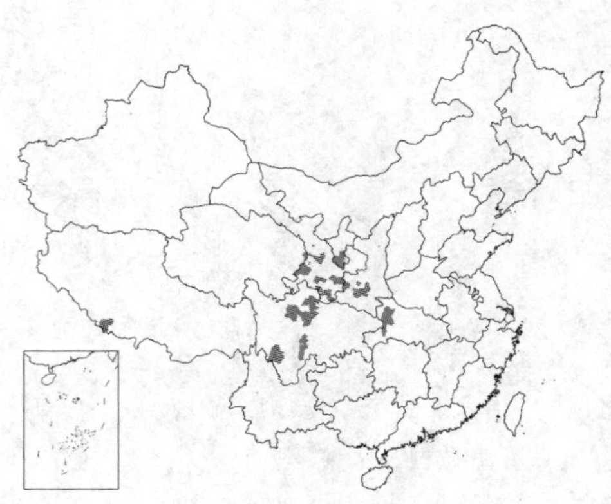

存花柱长2-3毫米。种子卵状长圆形。花期7月。

产陕西南部、甘肃东南部、宁夏、青海东部、西藏南部、四川及湖北西部，生于海拔1600-3500米沟谷、山坡草地、林缘或林下。

[附] **多毛四川婆婆纳** 四川婆婆纳多毛亚种 **Veronica szechuanica** subsp. **sikkimensis** (Hook. f.) D. Y. Hong, Fl. Reipul. Popul. Sin. 67(2): 304. 1979. —— *Veronica capitata* Royle ex Benth. var. *sikkimensis* Hook. f. Fl. Brit. Ind. 4: 296. 1884. 与模式亚种的区别：茎被毛较密，常多分枝，分枝倾卧或上升；叶两面被毛。产云南西北部、四川西部及西南部、西藏南部，生于海拔2800-4400米高山草地或林下。不丹、锡金及印度西北部有分布。

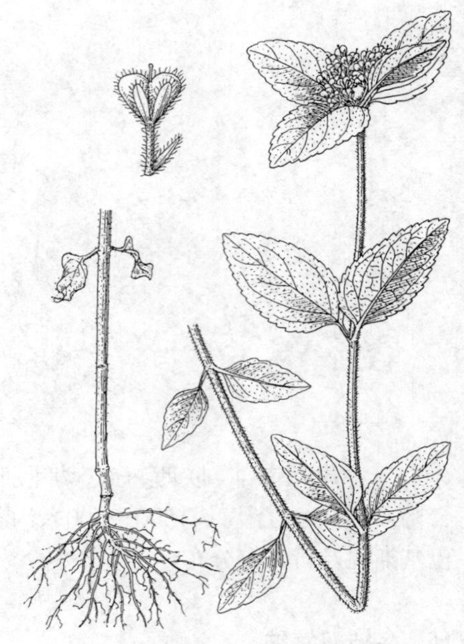

图 242 四川婆婆纳（引自《中国植物志》）

18. 察隅婆婆纳 图 243

Veronica chayuensis D. Y. Hoog, Fl. Reipubl. Popul. Sin. 67 (2): 403. 304. 1979.

多年生矮小草本，高4-6厘米。茎直立或上升，生有两列白色柔毛。叶对生，茎下部的小而疏离，常鳞片状，茎上部的叶大而较密集，茎中部的叶具短柄，两端的叶近无柄，叶圆形或卵圆形，茎中下部的常全缘，茎上部的每边有3-5枚钝至急尖的锯齿，长1-1.5厘米，近无毛。花1-3簇生上端叶腋，茎端不再发育，似花序顶生；苞片窄线形，生睫毛。花梗长1-1.5毫米；花萼裂片线状椭圆形，长约2.5毫米，疏生腺质睫毛；花冠白色，长4.5毫米，花冠筒长1毫米，内面无毛，前方裂片倒卵状椭圆形，侧生2裂片倒卵形，后方裂片横长圆形，先端近平截，宽达4毫米；雄蕊远短于花冠。蒴果近扁平，倒心状肾形，两侧浑圆，长3.5毫米，上缘生腺质硬睫毛，宿存花柱长1.8-2.3毫米。花期8月。

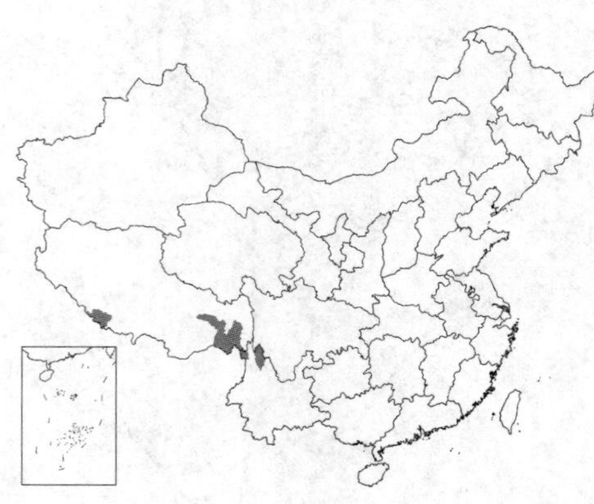

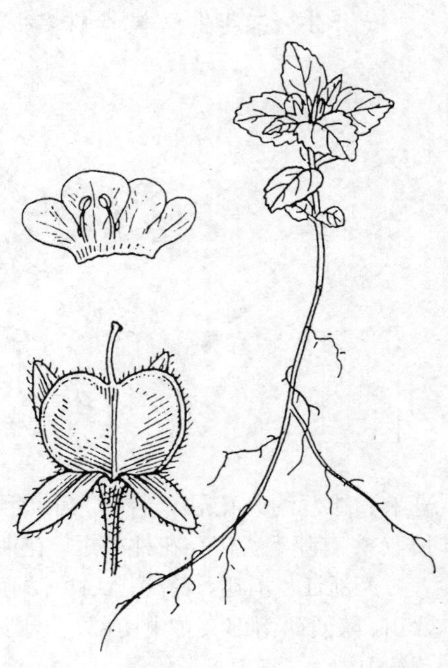

图 243 察隅婆婆纳（吴彰桦绘）

产云南西北部、西藏东南部及南部，生于海拔3500-4200米左右山坡水边碎石堆、草丛中或林下。

19. 唐古拉婆婆纳 图 244

Veronica vandellioides Maxim. in Bull. Acad. Imp. Sci. St. Pétersb. 32: 514. 1888.

植株高达25厘米。全株多少被白色柔毛。茎多支丛生，稀单生，上升或多少蔓生。叶卵圆形，长0.7-2厘米，先端钝，基部心形或平截，每边具2-5圆齿；近无柄或叶柄长达1厘米。总状花序多支，侧生茎上部叶腋或几乎所有叶腋，退化为只具单花或两朵花，单花时有小苞片；花序

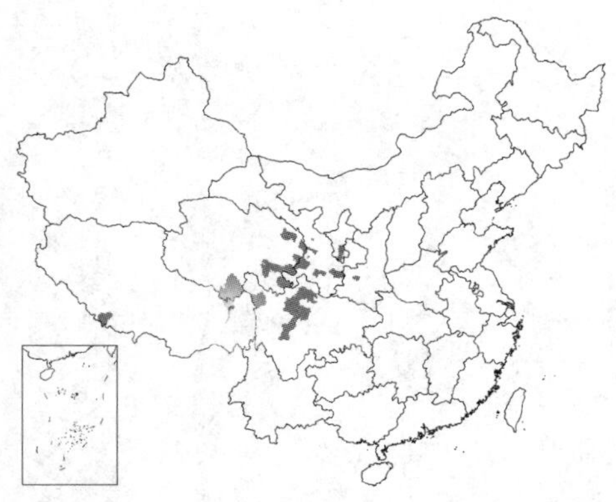

梗长0.6-2厘米；苞片宽线形或披针形，长不及5毫米。花梗纤细，长0.3-1厘米；花萼裂片长椭圆形，长3-6毫米；花冠浅蓝、粉红或白色，稍比花萼长，裂片圆形或卵形；雄蕊稍短于花冠。蒴果近倒心状肾形，基部平截状圆形，长3-4毫米，宿存花柱长2毫米。种子南瓜子形。花期7-8月。

产陕西、甘肃、宁夏、青海、四川及西藏，生于海拔2000-4400米林下或高草丛中。

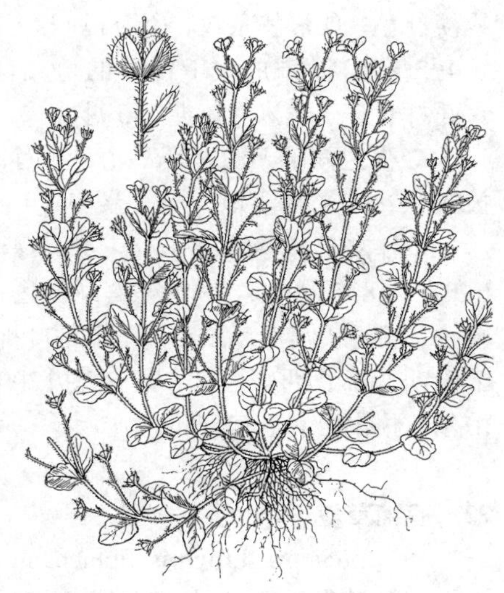

图 244 唐古拉婆婆纳
（引自《中国植物志》）

20. 陕川婆婆纳 图 245

Veronica tsinglingensis D. Y. Hong, Fl. Reipubl. Popul. Sin. 67 (2) 403. 309. 1979.

多年生草本，高达20厘米。茎上升，疏被灰白色柔毛。叶3-5对，卵形或长卵形，上部的较大，长1.5-3.5厘米，先端钝或急尖，上面被微柔毛，

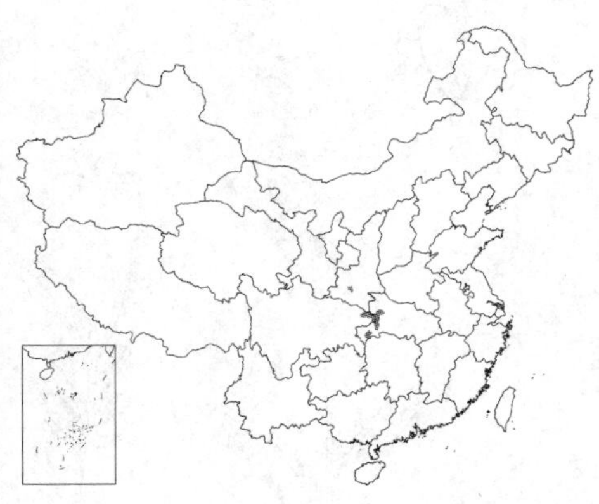

下面无毛，稀有毛，每边有4-9钝或急尖的锯齿，少为重锯齿；叶柄长5-7毫米。总状花序1-2支，侧生茎近端叶腋，长5-10厘米，有5-10花，总梗长2-3厘米，花序轴及花梗被细柔毛；苞片线形或线状椭圆形，常比花梗短，几无毛。花梗长5-8毫米；花萼裂片线状披针形或线状椭圆形，长3-4毫米，疏生腺睫毛；花冠白色，有紫色条纹，径约1厘米；雄蕊稍长于花冠。蒴果折扇状菱形，长3-3.5毫米，宽7-8毫米，基部楔状平截形，成大于120°的角，两侧角急尖或稍钝，上缘疏生腺睫毛，宿存花柱长5.5-8毫米。种子扁，卵状长圆形。花期6-7月。

产陕西南部、四川东部、湖北西部及西南部，生于海拔1500-3000米林中或草地。

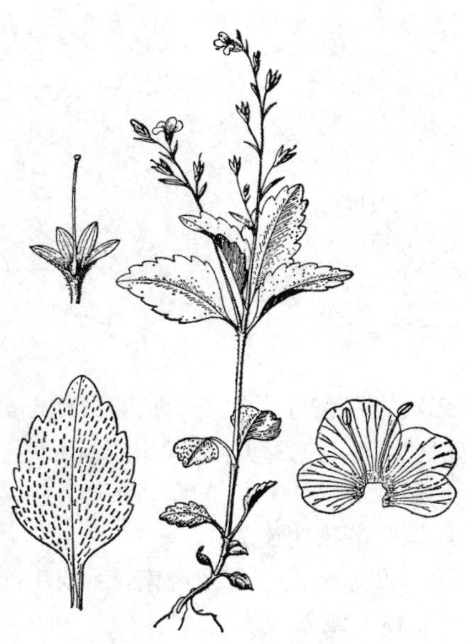

图 245 陕川婆婆纳（李志民绘）

21. 华中婆婆纳 图 246：1-2

Veronica henryi Yamazaki in Journ. Jap. Bot. 32: 296. 1956.

植株高达8-25厘米。茎直立，下部匍匐生根，下部近无毛，上部被细柔毛，常红紫色。叶4-6对，卵形或长卵形，长2-5厘米，两面无毛，或仅上面被短柔毛或两面有短柔毛；下部的叶具长近1厘米的叶柄，上部的叶具短柄。总状花序1-4对，侧生茎上部叶腋，长3-6厘米，花数朵，总梗长0.5-1.5厘米，花序轴和花梗被细柔毛；苞片线状披针形，比花梗短，无毛。花梗长1-3毫米；花萼裂片线状披针形，无毛，长3-4毫米；花冠白

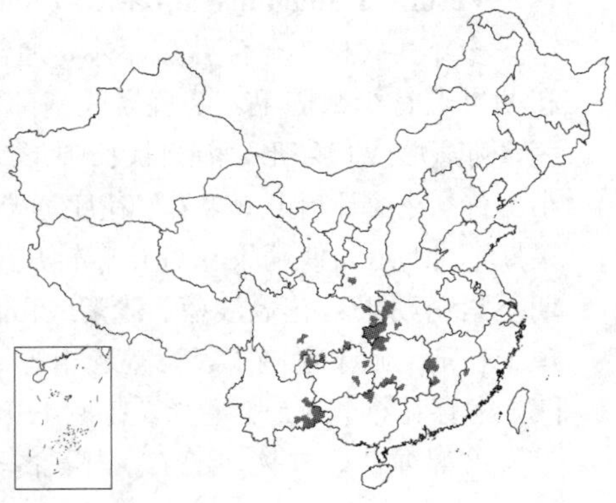

或淡红色，具紫色条纹，径约1厘米；雄蕊稍短于花冠。蒴果折扇状菱形，长4-5毫米，基部成大于120°的角，有的近平截，上缘疏生腺质硬睫毛，宿存花柱长2-3毫米。花期4-5月。

产福建西部、江西、湖北、湖南、广西、云南、贵州及四川，生于海拔500-2300米阴湿地。

[附] **灰毛婆婆纳** 图 246：3-4 **Veronica cana** Wall. ex Benth. Scroph. Ind. 45. 1835. 本种与华中婆婆纳的区别：茎基部密被灰白色柔毛；下部叶较小，三角状圆形或浅心形，上部叶卵圆形或卵形，叶柄长1-1.5厘米。产云南西北部及西藏南部，生于海拔2000-3500米林下。印度、克什米尔、尼泊尔、不丹及锡金有分布。

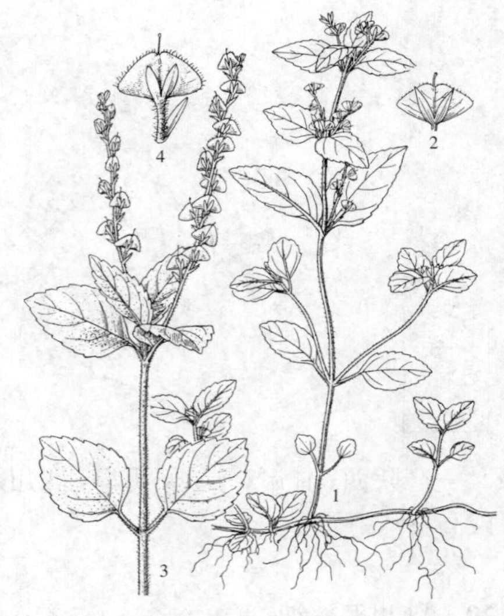

图 246：1-2. 华中婆婆纳 3-4. 灰毛婆婆纳（吴彰桦绘）

22. 鹿蹄草婆婆纳 图 247

Veronica piroliformis Franch. in Bull. Soc. Bot. France 47: 20. 1900.

根状茎粗壮而分枝。茎长仅1-5厘米，被毛，节间短至长达2厘米。叶密集，常呈莲座状，少疏生，匙形，稀椭圆形或圆形，长3-8厘米，先端急尖或圆钝，基部楔状渐窄，边缘具锯齿，两面近无毛或密被柔毛；叶柄长或短、有翅或无翅。总状花序常单支（稍2或3支），侧生叶腋，长达20厘米，花葶状，除花冠外各部分密被棕黄色腺毛。花梗长2-3毫米，与苞片近等长或较短；花萼裂片线状长圆形或倒卵状披针形，长4毫米；花冠紫、蓝或白色，径1-1.2厘米。蒴果折扇状菱形，长4-5毫米，宽7-9毫米，基部近平截或成大于120°的角，两侧角急尖或稍钝，宿存花柱长约1.5毫米。种子卵圆形。花期6-7月。

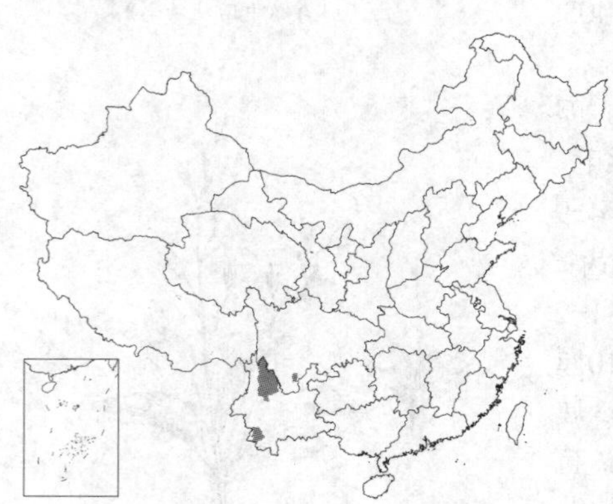

产云南西北部及西南部、四川西南部，生于海拔2600-4000米山坡草地、林下或石灰岩岩隙中。

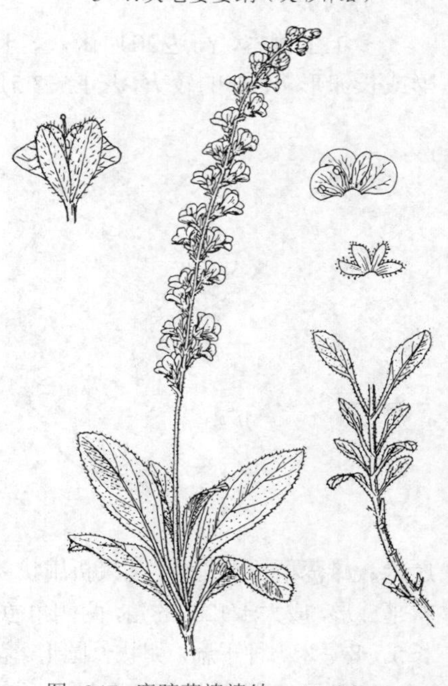

图 247 鹿蹄草婆婆纳（王金凤绘）

23. 北水苦荬 图 248

Veronica anagallis-aquatica Linn. Sp. Pl. 12. 1753.

多年生（稀为一年生）草本，通常全株无毛，稀花序轴、花梗、花萼和蒴果上有少数腺毛。茎直立或基部倾斜，高1米。叶无柄，上部的半抱茎，椭圆形或长卵形，稀卵状长圆形或披针形，长2-10厘米，全缘或有疏小锯齿。花序比叶长，多花，花序通常不宽于1厘米。花梗与苞片近等长，果期弯曲向上，使蒴果靠近花序轴；花萼裂片卵状披针形，长约3毫米，果期不紧贴蒴果；花冠浅蓝、浅紫或白色，径4-5毫米，裂片宽卵形；雄蕊短于花冠。蒴果近圆形，长宽近相等，几与宿存花萼等长，顶端圆钝而微凹，宿存花柱长1.5-2毫米。花期4-9月。染色体2n=36。

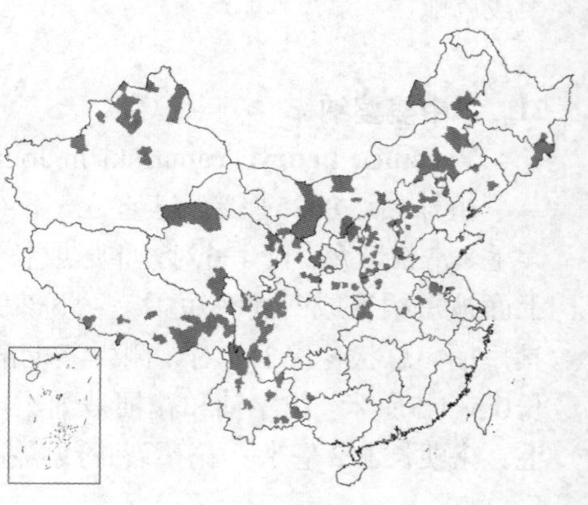

产黑龙江、吉林、辽宁、内蒙古、河北、山东、江苏、安徽北部、湖

北西北部、河南、山西、陕西、甘肃、宁夏、新疆、青海、西藏、四川、云南及贵州西南部，生于海拔4000米以下水边或沼泽地。朝鲜半岛、蒙古、俄罗斯、哈萨克斯坦、吉尔吉斯斯坦、塔吉克斯坦、乌兹别克斯坦、土库曼斯坦、尼泊尔、巴基斯坦及欧洲其它地区广布。嫩苗可蔬食。果常因昆虫寄生而异常肿胀，这种具虫瘿的植株名为“仙桃草”，可药用，治跌打损伤。

图 248 北水苦荬 （引自《中国植物志》）

24. 水苦荬 芒种草 水莴苣 图 249：1-2

Veronica undulata Wall. ex Jack in Roxb. Fl. Ind. 1: 147. 1820.

与前一种在体态上极为相似，惟植株稍矮；叶有时为线状披针形，叶缘通常有尖锯齿；茎、花序轴、花梗、花萼和蒴果多少有大头针状腺毛；花梗在果期挺直，横叉开，与花序轴几乎成直角，而使花序宽过1-1.5厘米；花柱也较短，长1-1.5毫米。花期4-9月。染色体2n=18。

产吉林、辽宁、内蒙古、河北、山西、河南、山东、江苏、浙江、台湾、江西、湖北、湖南、广东北部、广西、贵州、云南、西藏东部、四川、陕西及新疆，生于海拔2800米以下沼泽地。朝鲜半岛、日本、越南、老挝、泰国、尼泊尔、印度北部、巴基斯坦及阿富汗东部有分布。

25. 长果水苦荬 图 249：3-4

Veronica anagalloides Guss. Icon. Pl. Rar. 5: 3. 1826.

一年生草本，通常花序轴、花梗、花萼及蒴果多少被腺毛，稀无毛。茎高达50厘米，不分枝或基部有分枝。叶无柄，半抱茎，披针形或线状披针形，长2-5厘米，近全缘或有尖锯齿。总状花序长可达15厘米。花梗长3-7毫米，直或上端稍弯曲，与花序轴成60-70°角；花萼裂片椭圆形，先端急尖，具不明显3条脉，背面常有腺毛，果期紧贴蒴果；花冠径3毫米，蓝或淡紫色。蒴果椭圆形或宽椭圆形，顶端稍微凹，长期2.5-4毫米，超出宿存花萼，宿存花序长约1.5毫米。染色体2n=18。

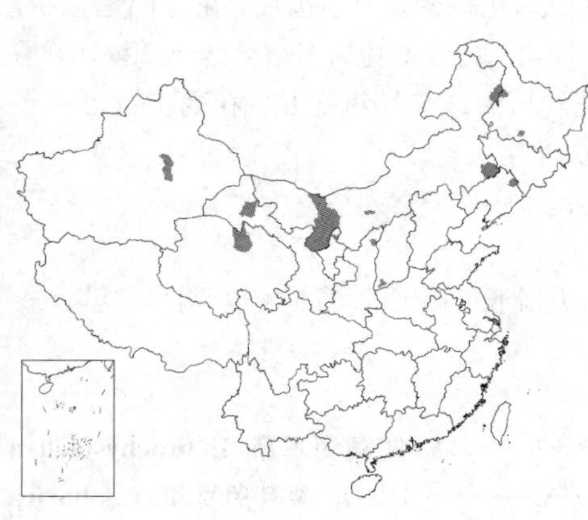

图 249：1-2. 水苦荬 3-4.长果水苦荬
（引自《中国水生高等植物图谱》）

产黑龙江、辽宁、内蒙古、山西南部、陕西北部、甘肃、宁夏、青海北部及新疆，生于海拔300-2900米水沟、河边或湿地。日本、朝鲜半岛北部、蒙古、俄罗斯、哈萨克斯坦、吉尔吉斯斯坦、塔吉克斯坦、土库曼斯坦、阿富汗、巴基斯坦、亚洲西南部及欧洲中部至南部广布。

26. 有柄水苦荬 图 250

Veronica beccabunga Linn. subsp. **muscosa** (Korsh.) Elenevsky in Byull. Moskovsk. Obshch. Isp. Prir. Otd. Biol. 82: 153. 1977.

Veronica beccabunga var. *muscosa* Korsh. in Zap. Imp. Akad. Nauk. Fiz.- Mat. Otd. 4 (4): 96. 1896.

Veronica beccabunga auct. non Linn.: 中国植物志 67 (2): 323. 1979.

多年生草本，全株无毛，植株高达20厘米。根茎长。茎下部倾卧，节上生根，上部上升，分枝或不分枝。叶卵形、长圆形或披针形，长1-3.5厘米，全缘或有浅刻的锯齿或圆齿；有很短但不明显的柄。总状花序长3-6厘米，有10-20花。花梗长0.3-1厘米，近横叉开；花萼裂片卵状披针形，果期反折或多少离开蒴果；花冠淡紫或淡蓝色，径约5毫米。蒴果近圆形，长2-3毫米，顶端凹口明显，宿存花柱长1.5-2毫米。种子膨胀，有浅网纹。花期4-9月。染色体2n=34。

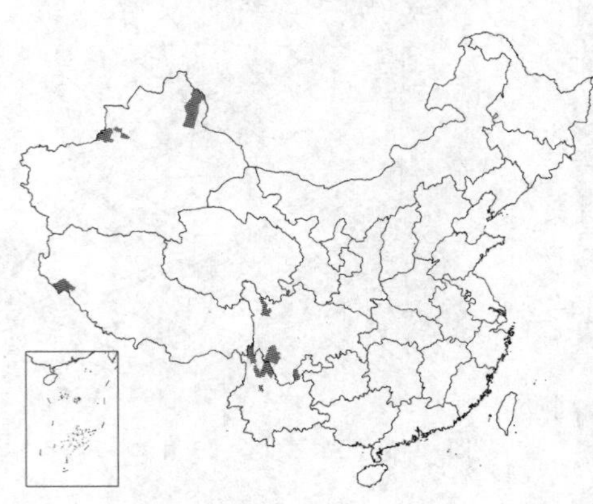

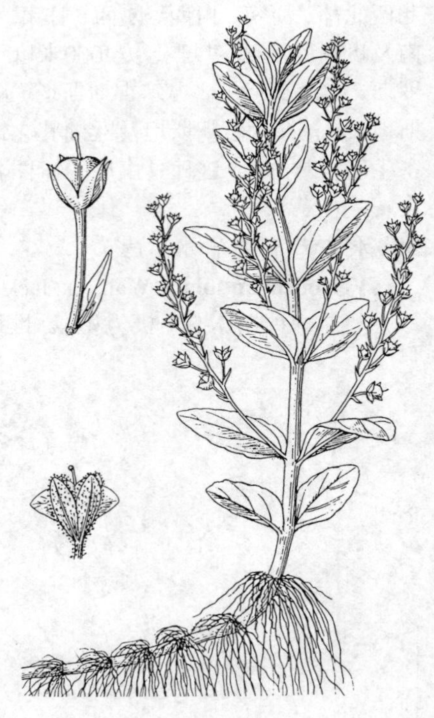

图 250 有柄水苦荬 （引自《中国植物志》）

产新疆、西藏西部、云南西北部及东北部、四川西南部及西北部，生于海拔1500-2500米水边。哈萨克斯坦、吉尔吉斯斯坦、塔吉克斯坦、土库曼斯坦、乌兹别克斯坦、阿富汗、巴基斯坦、克什米尔及尼泊尔有分布。

39. 兔耳草属 Lagotis Gaertn.

（杨汉碧）

多年生草本，直立或铺散，肉质；无毛。根状茎粗壮。茎不分枝，或无明显主茎，多具匍匐茎。叶多基生，茎生叶少或无，叶柄基部鞘状；叶全缘、具锯齿或羽状分裂。花序穗状或头状，花稠密，无小苞片。花萼佛焰苞状，前方裂至基部，后方浅裂或深裂至基部成2裂片；花冠二唇形，蓝紫色，稀白、黄或红色，上唇全缘或2裂，下唇常2（-4）裂；雄蕊2，着生上下唇分界处，或花丝贴生上唇基部边缘，花丝极短或与唇近等长，花药多肾形；子房上位，具花盘，2室。果为核果状，不裂，或裂为2小坚果，具种子1-2。

约30种，分布于北半球。我国17种。有的供药用，治高血压、肺炎、肺病。

1. 花萼前方裂至基部，后方裂至1/3以下或至基部成2裂片；花丝常与唇近等长；花冠筒直伸；无明显主茎，多具匍匐茎。
  2. 具匍匐茎；花长4-6毫米。
    3. 根颈为纤维状老叶包被；叶全缘 ························ 1. **短穗兔耳草 L. brachystachya**
    3. 根茎无老叶叶鞘；叶羽状深裂 ························ 1(附). **裂叶兔耳草 L. pharica**
  2. 无匍匐茎；花长0.6-1厘米。
    4. 花茎无叶，花序卵球状，长不及2厘米；根状茎伸长。
      5. 叶柄及叶下面不为紫红色；苞片长约8毫米，纸质 ························ 2. **圆穗兔耳草 L. ramalana**
      5. 叶柄及叶下面均为紫红色；苞片长达1.5厘米，近革质 ························ 2(附). **紫叶兔耳草 L. precox**
    4. 花茎有叶，花序多少伸长，根状茎短缩 ························ 2(附). **倾卧兔耳草 L. decumbens**

1. 花萼前方裂至基部，后方浅裂不及1/3，成佛焰苞状；花丝较唇短；花冠筒向前稍弓曲；有主茎。
  6. 花冠筒直伸；花柱短，常内藏。
    7. 根颈外常有残留的鳞鞘状老叶柄；苞片近圆形 ………………………………………… 3. **短筒兔耳草 L. brevituba**
    7. 根颈外无残留的老叶柄；苞片倒卵形或卵状披针形 ……………………………… 3(附). **革叶兔耳草 L. alutacea**
  6. 花冠筒多少向前弓曲。
    8. 花丝贴生于上唇基部边缘；花柱较长，伸出花冠筒；花冠苍白、浅蓝或紫色，长0.8-1.2厘米；果为卵状长圆形 ………………………………………………………………………… 4. **中亚兔耳草 L. integrifolia**
    8. 花丝着生于上下唇分界处；花柱内藏；花冠浅黄或绿白色，稀紫色，长5-6毫米；果为圆锥形 ……………………………………………………………………………………… 5. **全缘兔耳草 L. integra**

1. 短穗兔耳草 图 251 彩片 44

Lagotis brachystachya Maxim. in Bull. Acad. Imp. Sci. St. Pétersb. 27: 525. 1881.

多年生矮小草本，高达8厘米。根状茎粗短，外被棕褐色纤维状鞘。匍匐茎带紫红色，长达30厘米以上。叶全基出，莲座状；叶宽线形或披针形，长2-7厘米，全缘；叶柄长1-3（-5）厘米，扁平，有宽翅。花葶数条，倾卧或直立，高不过叶；穗状花序卵圆形，长1-1.5厘米，花密集。花萼后方裂至1/3以下成2裂片，较苞片短，膜质，被长缘毛；花冠白、微粉红或紫色，长5-6毫米，花冠筒直伸，上唇全缘，下唇2裂；雄蕊贴生上唇基部，花丝较上唇稍短；花柱伸出花冠。果卵圆形，红色，顶端微凹。花果期5-8月。

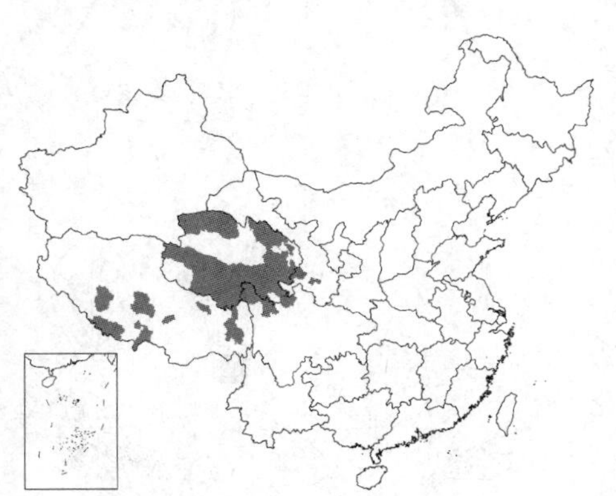

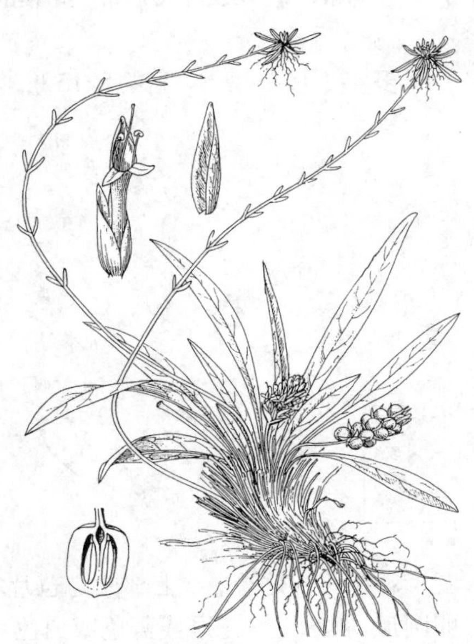

图 251 短穗兔耳草（蔡淑琴 冯晋庸绘）

产甘肃、青海、西藏及四川西北部，生于海拔3200-4500米草原、河滩、湖边砂质草地。全草药用，治高血压、肺病、肺炎。

[附] **裂叶兔耳草 Lagotis pharica** Prain in Journ. Asiat. Soc. Bengal. 65 (2) : 62. pl. 1. 1896. 本种与短穗兔耳草的区别：根颈无老叶叶鞘；叶羽状深裂。产西藏东南部及四川西部，生于海拔约4300米高山草原。

2. 圆穗兔耳草 圆叶兔耳草 图 252 彩片 45

Lagotis ramalana Batalin in Acta. Hort. Petrop. 14: 177. 1895.

多年生矮小草本，高达8厘米。根状茎长达5厘米。叶3-6，全基生，卵形，与叶柄近等长，先端圆钝，基部宽楔形，具圆齿。叶柄长1-3（-5）厘米，扁平，基部鞘状扩张。花葶2至数条，稍较叶长；穗状花序卵球形，长1.5-2厘米；苞片倒卵形或匙形。花萼裂片2，披针形，比苞片短，有细缘毛；花冠蓝紫色，长6-7毫米，花冠筒直伸，较唇部长约1倍，上唇卵形，先端微凹或平截，下唇2裂，裂片长椭圆形；雄蕊2，伸出花冠；花柱较花冠稍短。果椭圆形，长约7毫米，种子1颗。花果期5-8月。

产甘肃西南部、青海、西藏及四川西部，生于海拔4000-5300米高山草地。不丹有分布。

[附] **紫叶兔耳草 Lagotis precox** W. W. Smith in Notes Roy. Bot. Gard. Edinb. 11: 217. 1919. 本种与圆穗兔耳草的区别：叶柄及叶下面均为紫红色；苞片宽大，长达1.5厘米，近革质。产四川西部及云南西北部，生于海拔4500-5200米高山草地、砂砾及风化的页岩上。

[附] **倾卧兔耳草 Lagotis decumbens** Rupr. Sertum. Tiansch. 64. 1869. 本种与圆穗兔耳草的区别：花茎有叶；花序长约2.5厘米；根状茎短。产新疆及西藏西部，生于海拔4800-5500米冰碛石、溪旁或石坡。中亚有分布。

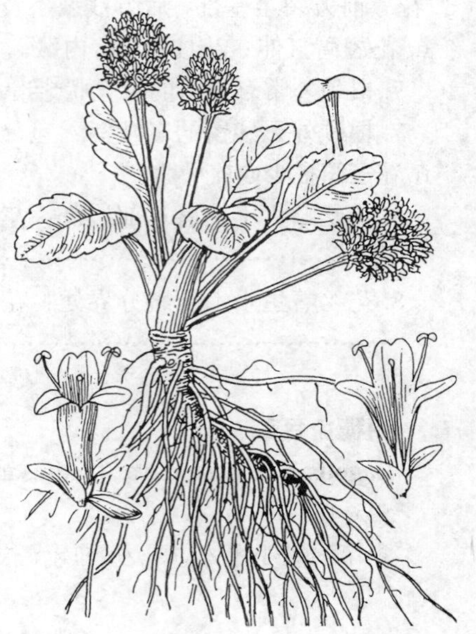

图 252 圆穗兔耳草 （蔡淑琴绘）

3. 短筒兔耳草 图 253：5-8

Lagotis brevituba Maxim. in Bull. Acad. Imp. Sci. St. Pétersb. 27: 524. 1881.

多年生矮小草本，高约5-15厘米。根颈外常有残留的鳞鞘状老叶柄。茎1-2（3）条。基生叶4-7，卵形或卵状长圆形，质地较厚，长1.6-4（6）厘米，先端钝或圆，基部宽楔形或亚心形，边缘有深浅多变的圆齿，稀近全缘，柄长2-5（6.5）厘米，有窄翅；茎生叶多数，生于花序附近，有短柄或近无柄，与基生叶同形而较小。穗状花序头状或长圆形，长约2-3厘米，花稠密；苞片常较花冠筒长，近圆形；花萼佛焰苞状，上部的与苞片等长或稍短，后方开裂1/4-1/3，裂片卵圆形，被缘毛；花冠浅蓝色或白色带紫色，长0.8-1.3厘米，花冠筒伸直，与唇部近等长或稍短，上唇全缘或浅凹，下唇较上唇稍长，2裂；雄蕊2，花丝极短，花药肾形；花柱内藏，柱头头状。核果长卵圆形，长约5毫米，黑褐色。花果期6-8月。

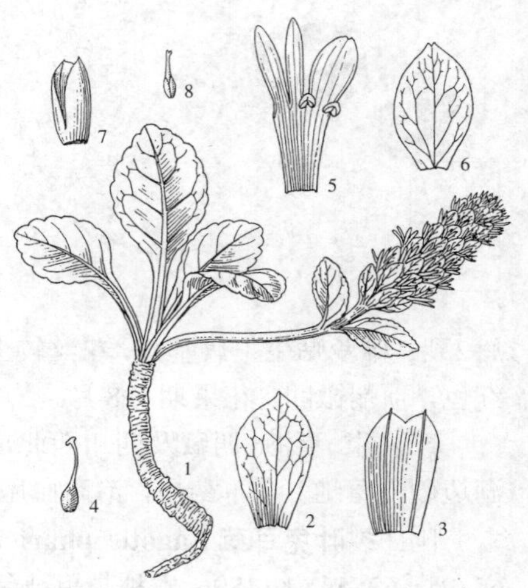

图 253：1-4.革叶兔耳草 5-8. 短筒兔耳草 （蔡淑琴 王金凤绘）

产甘肃、青海及西藏，生于海拔3000-4420米高山草地及多砂砾的坡地上。

[附] **革叶兔耳草** 图 253：1-4 **Lagotis alutacea** W. W. Smith in Notes Roy. Bot. Gard. Edinb. 11: 215. 1919. 本种与短筒兔耳草的区别：根颈外无残留老叶柄；苞片倒卵形或卵状披针形。产云南西北部及四川西南部，生于海拔3600-4800米高山草地或砂砾坡地。

4. 亚中兔耳草 图 254

Lagotis integrifolia (Willd.) Schischk. ex Vikulova in Fl. URSS 22: 502. t. 24. f. 3. 1955.

Gymnandra integrifolia Willd. Ges. Naturf. Freund. Berl. Mag. Neuesten Entdeck. Gesammten Nat. 5: 392. 1811.

多年生草本，高达30（-40）厘米。根状茎长达4厘米，根茎常有残留老叶柄。茎单条，直立。基生叶2-4，卵形、卵状椭圆形或卵状披针形，肉

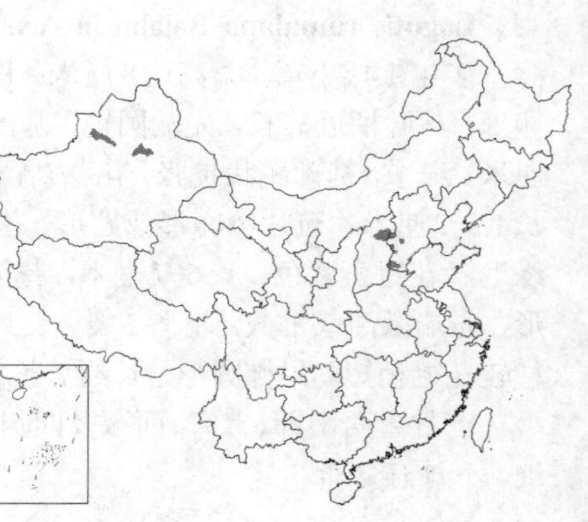

质，长3-4（-12）厘米，先端钝或有短突尖，全缘或疏生不明显波状齿；叶柄长3-4（-12）厘米，扁平，有窄翅。基部鞘状；茎生叶1-4（5），近无柄，与基生叶同形而较小。穗状花序长5-7（-12）厘米；苞片稍长于花萼。花萼佛焰苞状，后方短2裂，被缘毛；花冠白、浅蓝或紫色，长0.8-1.2厘米；花冠筒较唇长，中部弓曲，上唇全缘或具2-3短齿，稀2裂，下唇2（3）裂；雄蕊2，花丝贴生上唇基部边缘；花柱常伸出花冠筒。果卵状长圆形，长5-6毫米。花果期6-8月。

产新疆、山西东北部及河北南部，生于海拔2400-3100米灌丛下、岩缝中、砾石坡地或苔原。蒙古、俄罗斯及中亚有分布。

图 254 亚中兔耳草（蔡淑琴绘）

5. 全缘兔耳草 图 255

Lagotis integra W. W. Smith in Notes Roy. Bot. Gard. Edinb. 11: 216. 1919.

多年生草本，高达30（-50）厘米。根状茎粗壮。茎1-3（-5）。基生叶4-5（-8），卵形或卵状披针形，长4-11厘米，先端渐尖或钝，基部楔形，全缘或疏生不规则细齿，具长柄，基部鞘状；茎生叶3-4（-11），与基生叶同形，甚小，近无柄。穗状花序长5-15厘米；苞片卵形或卵状披针形，向上渐小，较花萼短。花萼佛焰苞状，后方顶端2齿裂，被细缘毛；花冠浅黄或绿白色，稀紫色，长5-6（-8）毫米，花冠筒前曲，较唇长，上唇椭圆形，全缘或先端微缺，下唇2裂，裂片披针形；雄蕊2，着生花冠上下唇分界处；花丝极短；花柱内藏。核果圆锥形，黑色，长5-6毫米。种子2。花果期6-8月。

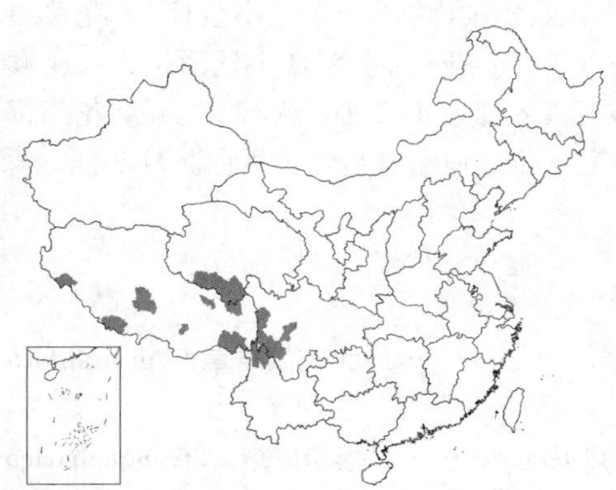

产青海南部、西藏、云南西北部及四川西部，生于海拔3200-4800米高山草地或针叶林下。根药用，代藏黄连。

图 255 全缘兔耳草（蔡淑琴 冯晋庸绘）

40. 毛冠四蕊草属（钟山草属）Petitmenginia Bonati

（洪德元 潘开玉）

陆生草本，茎直立。叶近无柄，羽状深裂、不裂而具1-2枚小齿至全缘。花单生叶腋或为总状花序；具2枚小苞片；花萼钟状，5裂；花冠小，不明显二唇形，上唇伸直，2裂，下唇较长，3裂，裂片开展；雄蕊4，多少2强，不伸出，药室分离而稍叉开，基部有凸尖；花柱细长，柱头不明显，尖锐。蒴果短于宿存花萼或等长，基部圆，侧扁或为球状，顶端平截或凹缺，4瓣裂。种子多数，金字塔形或长圆形，有网纹。

2种，产中国、老挝、泰国及柬埔寨。我国1种。

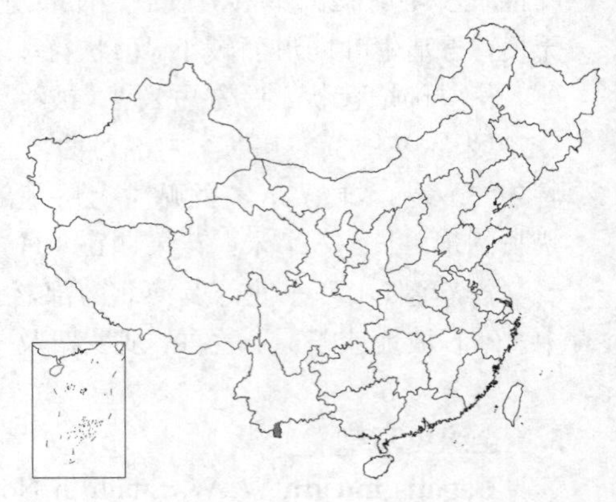

滇毛冠四蕊草

Petitmenginia comosa Bonati in Lecomte, Notul. Syst. (Paris) 1: 335. 1911.

草本，高约50厘米。茎粗壮，圆柱形，上部帚状分支，密被短硬毛。叶线形或丝状，长2-7厘米，边缘外卷，全缘或具2尖齿，上面近无毛，下面被糙毛；近无柄。小苞片卵形，先端渐尖；长约4毫米，被糙毛；花萼长约4毫米，被硬毛，具5棱，裂片间具厚的褶襞，裂片正三角状披针形，肉质，被糙毛，边缘外卷；花冠红紫色，花冠筒长约8毫米，外面被疏柔毛，裂片近圆形，长约2毫米。蒴果球形，多少压扁，径约4毫米。种子长圆形，长约0.6毫米。

产云南南部，生于开阔草地。老挝、泰国及柬埔寨有分布。

41. 胡麻草属 Centranthera R. Br.

（洪德元 潘开玉）

草本，多为一年生。叶对生，稀互生，线形或圆形，全缘或有疏齿。花具短梗，单生叶腋，小苞片2；花萼通常单面开裂，成佛焰苞状，先端急尖或渐尖，有时钝，全缘或具3-5小齿或裂片；花冠筒状，向上逐渐扩大或在喉部以下多少膨胀，花冠裂片5，稍成二唇形，彼此近相等，圆钝，直立或开展；雄蕊4，2强，花丝常有毛，花药背着，成对靠近，药室横置，有距或凸尖，1枚完全，另1枚较小或窄而中空；花柱顶端常舌状扩大而具柱头面。蒴果室背开裂，卵圆形或球形，裂片全缘。种子多数，有螺纹或网纹。

约9种，分布于亚洲热带及亚热带。我国3种。

1. 叶宽1-2.6厘米，下面具3条粗大、凸起而近于并行的纵脉，边缘具锯齿 …………… 1. **大花胡麻草 C. grandiflora**
1. 叶宽不过6毫米，下面只有1条凸起的中脉，全缘。
  2. 茎自基部分枝；分枝多数，基部倾斜而后上升，稠密成丛；苞片超过花冠 ……… 2. **矮胡麻草 C. tranquebarica**
  2. 茎自中、上部分枝；分枝直伸；苞片不超过花冠或偶与花冠等长。
    3. 花冠常为黄色，长1.5-2.5厘米。
      4. 花冠长1.5-2.2厘米，常为黄色；植株较粗壮…………………………………………… 3. **胡麻草 C. cochinchinensis**
      4. 花冠长2.5-3.5厘米，黄色或稀具粉红色裂片；植株细弱 ……………………………………………………………… 3(附). **中南胡麻草 C. cochinchinensis** var. **lutea**
    3. 花冠长约1.5厘米，常为淡紫红色 ………………………… 3(附). **西南胡麻草 C. cochinchinensis var. nepalensis**

1. 大花胡麻草 图 256

Centranthera grandiflora Benth. Scroph. Ind. 50. 1835.

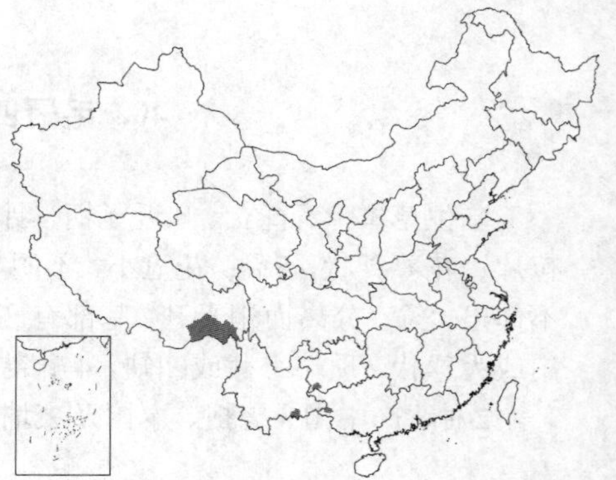

直立粗壮草本，高达80厘米。茎基部圆柱形，上部稍成方形而有凹槽，被倒生硬毛，单一或上部稍分枝。叶无柄，下部的对生，上部的偶有互生，椭圆形，长2-5厘米，边缘多少背卷，具疏锯齿，两面被着生泡沫状的突起上或圆盘状的鳞片上的硬毛，下面具3条隆起而多少并行的纵脉。花具长4-6毫米的梗；小苞片钻状，长4-5毫米，着生花梗基部，与花梗及萼均被短硬毛；花萼卵形，长1.4-2厘米，顶端收缩成一长约2毫米而稍弯曲的尖头；花冠黄色，长3.5-4.5厘米。花期7-9月。

产广西西部、贵州西南部、云南东南部及西藏东南部，生于海拔约

800米山坡、路旁或宽旷处。越南、缅甸、锡金、尼泊尔、印度及不丹有分布。

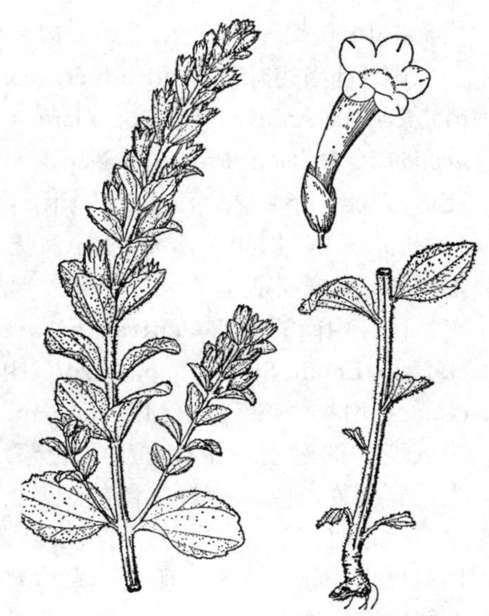
图 256 大花胡麻草（引自《图鉴》）

2. 矮胡麻草 图 257

Centranthera tranquebarica (Spreng.) Merr. in Sunyatsenia 5: 182. 1940.

Razumovia tranquebarica Spreng. Fl. Hal. Mant. 45. 1807.

柔弱草本，下部被硬毛，向上毛渐减少。茎直立或倾卧，自下部分枝。枝细弱，多匍匐而后上升，稠密成丛，长5-20厘米。叶对生，下部的稀互生，无柄，线状披针形，通常长0.8-2.5厘米，先端渐尖，无毛或下面中脉及多少背卷的边缘上被短毛，两面有粗糙鳞片状凸起，全缘，无柄。苞片与叶同形，超过花冠；花冠长约9毫米，黄色，具褐色条纹，上唇长3毫米，喉部密被黑色细点，裂片近圆形，下唇裂片多少长圆形；雄蕊前方1对长5毫米，花丝上部密被白色绵状长柔毛，后方1对稍短，花丝上部疏被长柔毛，成熟药室长圆形，不成熟药室退化成锥状而较长；子房长圆形，长约3毫米，无毛，花柱顶部稍成倒卵形。蒴果近圆形，长4-5毫米，与宿萼等长。种子柱状圆锥形，长约1毫米，黄色，具网纹。花果期7-10月。

产广东、海南及广西南部，生于山坡草地或路旁瘠地。南亚及东南亚有分布。

图 257 矮胡麻草（王金凤绘）

3. 胡麻草 长花胡麻草 图 258

Centranthera cochinchinensis (Lour.) Merr. in Trans. Amer. Philos. Soc. 24(2): 353. 1935.

Digitalis cochinchinensis Lour. Fl. Cochinch. 2: 378. 1790.

Centranthera cochinchinensis var. *longiflora* (Merr.) P. C. Tsoong; 中国植物志 67(2): 349. 1979.

直立草本，高达60厘米。茎基部近圆柱形，上部多少四方形，具凹槽，通常自中、上部分枝。叶对生，无柄，下面中脉凸起，边缘多少背卷，两面与茎、苞片及萼同被基部带有泡沫状凸起的硬毛，线状披针形，全缘，中部的长2-3厘米。花具极短的梗，单生上部苞腋；花萼长0.7-1厘米，顶端收缩为3枚短尖头；花冠长1.5-2.2厘米，通常黄色，裂片宽椭圆形，长约4毫米；雄蕊前方1对长约1厘米，后方1对长6-7毫米。花丝被绵毛；子房无毛，柱头被柔毛。蒴果卵圆形，长4-6毫米，顶部具短尖头。种子小，黄色，具螺旋状条纹。花果期6-10月。

产浙江南部、福建、台湾、江西、广东、海南、广西及云南，生于海

拔500-1400米路旁草地、干燥或湿润处。越南、老挝及柬埔寨有分布。

[附] **西南胡麻草 Centranthera cochinchinensis** var. **nepalensis** (D. Don) Merr. in Anniv. Vol. Bot. Gard. Calcutta 56. 1942.—— *Centranthera nepalensis* D. Don, Prodr. Fl. Nepal. 88. 1825. 与模式变种的区别：花较小，花冠常长约1.5厘米，稀达2.2厘米，常为淡紫红色，稀近白色。花果期8-10月。产云南、四川及西藏，生于海拔700-1500米旷野、田边草地或林下。尼泊尔、印度及斯里兰卡有分布。全草药用。

[附] **中南胡麻草 Centranthera cochinchinensis** var. **lutea** (H.Hara) H. Hara, Enum. Sperm. Jap. 1 : 246. 1948. —— *Razumovia cochinchinensis* (Lour.) Merr. var. *lutea* H. Hara in Journ. Jap. Bot. 17: 397. 1941. 与模式变种的区别：植株细弱；花萼片长0.8-1厘米，花冠长2.5-2.5厘米，全部黄色或稀具粉红色的裂片。产江苏、安徽、福建、台湾、江西、广东、海南、广西、云南、四川及西藏，生于海拔1100米以下荒地或稻田。日本、朝鲜半岛、印度、柬埔寨、老挝、缅甸、泰国、马来西亚及菲律宾有分布。

图 258 胡麻草 （引自《Fl. Taiwan》）

42. 黑蒴属 Melasma Berg.

（杨汉碧）

草本，直立、坚挺。叶对生或上部互生，无柄，基出3脉。花单生苞腋，组成顶生穗状或总状花序，基部常间断。小苞片2，对生；花萼钟状，萼齿5，镊合状排列；花冠近钟形，花冠筒较花萼短或稍伸出，裂片5，宽而开展，覆瓦状排列，稍左右对称，花芽时下面裂片在外；雄蕊4，2强，药室并排，分离，具短突尖；花柱长，弯曲，柱头舌状。蒴果近球形，包于宿存花萼内，室背开裂，裂爿全缘或2。种子极多数而小。

约25种，除大洋洲外，热带均有分布。我国1种。

黑蒴 图 259

Melasma arvense (Benth.) Hand.-Mazz. Symb. Sin. 7: 843. 1936.

Glossostylis arvensis Benth. Scroph. Ind. 49. 1835.

一年生草本，全株被毛，干后变成黑色，高达50厘米；有时上部分枝，基部木质化。叶宽卵形或卵状披针形，长2-3厘米，基部楔形，中部疏生锯齿，两面密被短毛，有时老叶上面被刺毛；近无柄。总状花序；苞片叶状。花梗极短，小苞片丝状；花萼长5-6毫米，被髯毛，萼齿三角形，先端长渐尖；花冠黄色，长6-8毫米，花冠筒宽钟状，包在花萼内，裂片5，前方1片稍大，余近圆形；雄蕊着生花冠筒中部以下，后方1对花丝被长腺毛，柱头舌状，被绒腺毛。蒴果球形，无毛。种子圆柱形，包于杯状网膜内。花果期8-11月。

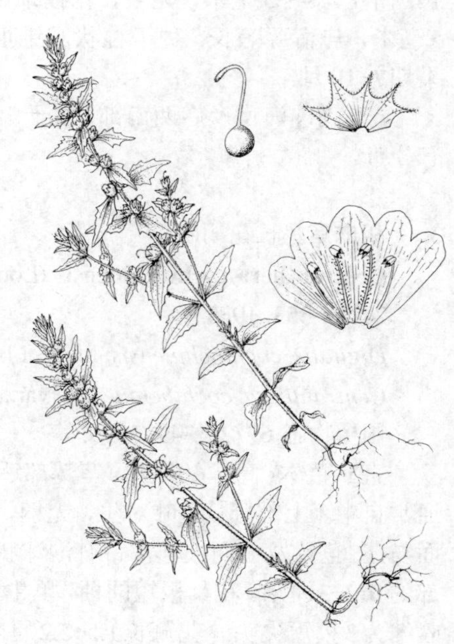

图 259 黑蒴 （吴彰桦绘）

产浙江、福建西南部、台湾、广东、广西东部及云南，生于海拔700-2100米山坡草地或疏林中。印度至菲律宾有分布。

43. 方茎草属 Leptorhabdos Schrenk

（洪德元 潘开玉）

一年生直立草本，多分枝呈扫帚状，高达1米，全株被短腺毛。茎四方形，下部紫褐色。叶线形，长4-8厘米，中下部的对生，羽状全裂，裂片窄线形，1-5对，上部的互生，不裂且较短，逐渐过渡为苞片。总状花序；花萼管状钟形，长3-5毫米，具10脉，5裂，萼齿钻状三角形，比筒部短；花冠筒管状漏斗形，长约6毫米，粉红色，檐部5裂，裂片卵圆形，2裂几达基部；雄蕊4，稍2强，着生花冠筒上，药室分离而并行；柱头头状，子房每室有胚珠两颗。蒴果长圆状，扁，顶端钝而微凹，室背2裂。种子长圆状或有棱角，两种子的接触面斜截形，种皮多数。

单种属。

方茎草 图 260

Leptorhabdos parviflora (Benth.) Benth. in DC. Prodr. 10: 510. 1846.

Gerardia parviflora Benth. Scroph. Ind. 48. 1835.

形态特征同属。花期7-8月。

产新疆北部及甘肃北部，生于海拔800-1500米河湖岸边、洼地或草原。阿富汗、巴基斯坦、印度西北部、克什米尔、哈萨克斯坦、吉尔吉斯斯坦、塔吉克斯坦、土库曼斯坦、乌兹别克斯坦及亚洲西南部有分布。

图 260 方茎草（引自《中国植物志》）

44. 短冠草属 Sopubia Buch.-Ham. ex D. Don

（谷粹芝）

直立草本，多为一年生；茎常分枝；枝对生，上部者偶3枚轮生。叶对生，上部叶有时互生，全缘或全裂成窄细裂片。花在茎枝端成总状或穗状或复合而成大圆锥花序；有苞片。花萼钟状，具5齿；花冠有较长或极短之管，瓣片5，伸张，后方2枚在芽中处于内方；雄蕊4，2强，不伸出，花药4或其中2枚成对贴生，每一药中有1室完全，另1室则退化成柄状而中空；花柱上部变宽而多少舌状，有柱头面，子房各室含多数胚珠。蒴果卵圆形或长圆形，顶端圆或压平、微凹或深凹，室背开裂，裂爿不裂或稍浅裂，自胎座柱分离。种子多数，有松散的种皮。

约20种，分布于非洲热带、南非（阿扎尼亚）、马达加斯加岛、印度、马来半岛及大洋洲。我国记载有3种。

短冠草 图 261

Sopubia trifida Buch.-Ham. ex D. Don, Prodr. Fl. Nepal. 88. 1825.

一年生草本。茎高达90厘米，常在上部多分枝，有时3枚轮生，被细柔毛。叶对生或上部的有时互生，线形，长3-6厘米，全缘，下部叶3全裂，上部叶不分裂。花序由总状合成圆锥状，具叶状而短于花梗或等长的苞片。花梗长约1厘米，近顶端有2枚针形的小苞片；花萼钟状，管部具肋10条，萼齿5，宽过于长，三角形，内面与边缘均有绵毛；花冠黄或紫色，长达1厘米，花冠管极短，长约3毫米，裂片宽倒卵形，长约5毫米，近相等；雄蕊4，2强，花丝着生花冠管上部，

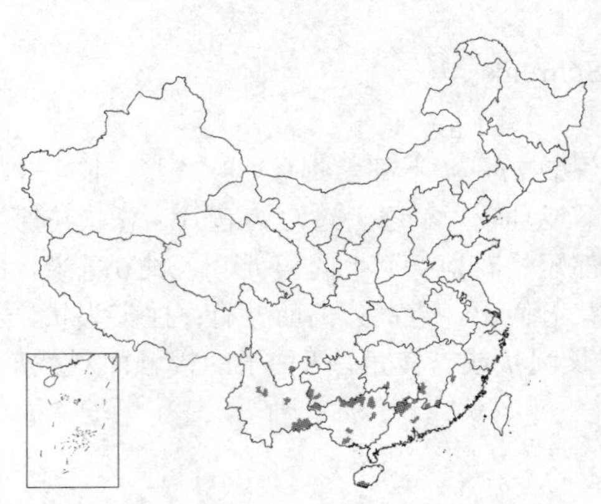

花药1室发达，长圆状卵形，基部有密丛毛，前方1对雄蕊的发达药室互相贴合，后方1对则分离。蒴果球形，顶端扁平而凹陷，比萼短或近等长，有宿存花柱，沿缝线有1条凸线，无毛。种子有长孔网纹。花期6–7月，果期9月。

产福建西部、江西南部、湖南、广东、海南、广西、贵州西南部、云南及四川南部，生于海拔1600–2100米空旷草坡或荒地中。巴基斯坦、尼泊尔、印度、锡金、不丹、老挝、菲律宾、马来西亚、印度尼西亚（爪哇）及非洲有分布。

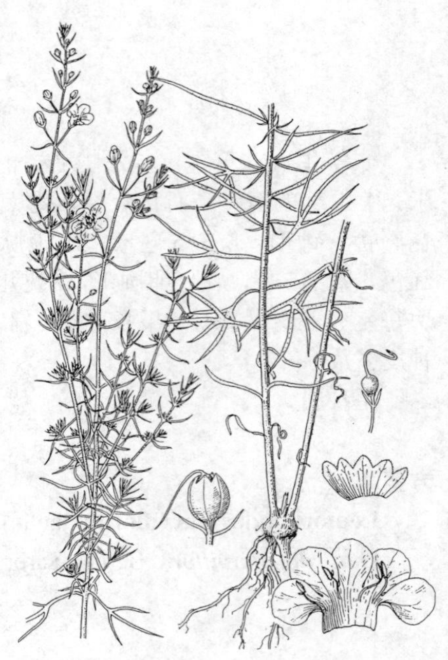

图 261 短冠草 （引自《中国植物志》）

45. 黑草属 Buchnera Linn.

（洪德元 潘开玉）

刚硬直立草本，常粗糙，多为寄生。叶下部叶对生，上部的互生，全缘，最下部的常具粗齿。花无梗，单生苞腋，有时排成密集或多少疏离的穗状花序。小苞片2；花萼筒状，具10脉，有时其中有5脉凸起成肋，或所有的脉均不明显，萼齿5，短；花冠筒伸直或多少向前弯曲，花冠裂片5，近相等；雄蕊4，2强，内藏，花药1室，直立，背着，先端有时具短尖，基部钝；花柱上部增粗或棍棒状，柱头全缘或具缺刻。胚珠多数。蒴果长圆形，室背开裂，裂爿全缘。种子多数，具网纹或条纹，近于背腹扁。

约60种。分布于热带及亚热带。我国1种。

黑草 图 262

Buchnera cruciata Buch.-Ham. ex D. Don, Prodr. Fl. Nepal. 91. 1825.

直立草本，高达50厘米，全株被弯曲短毛。茎圆柱形，纤细而粗糙。基生叶莲座状，倒卵形，无柄，长2–2.5厘米；茎生叶线形或线状长圆形，无柄，长1.5–4.5厘米，下部的通常对生而较宽，宽达1.2厘米，常具2至数枚钝齿，上部的互生或近对生，窄而全缘。穗状花序圆柱状而稍带四棱形，着生茎或分枝顶端，长1–4.5厘米，在果时长达6.5厘米；苞片卵形，先端渐尖，长4.8毫米，外面及边缘密被柔毛。小苞片线形，长2–3毫米，先端短渐尖；花萼长4–4.5毫米，萼齿窄三角形，两面与萼筒外面及小苞片同被柔毛；花冠蓝紫色，窄筒状，多少具棱，稍弯曲，长6–7毫米，喉部收缩，两面均被柔

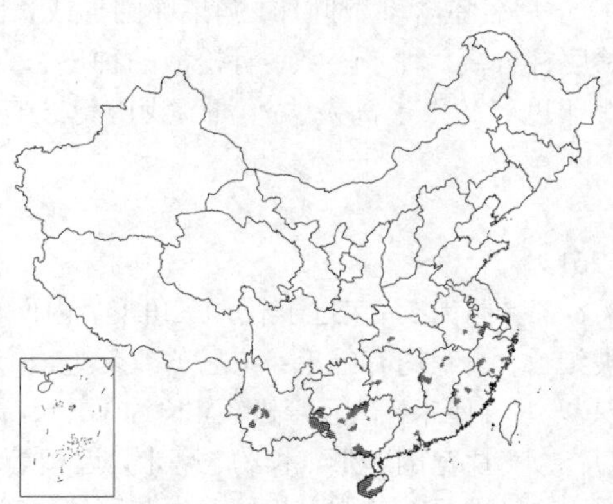

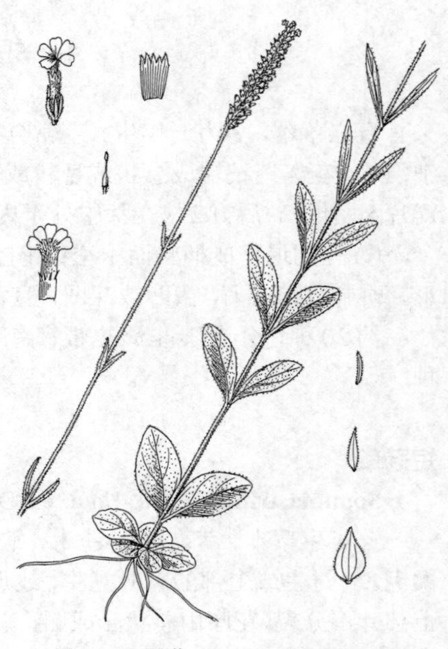

图 262 黑草 （引自《中国植物志》）

毛，花冠裂片倒卵形或倒披针形，长1.5-2毫米，花药长约1毫米；子房卵圆形，长2-2.5毫米。蒴果多少圆柱状，长约5毫米。种子多数，三角状卵形或椭圆形，具螺旋状条纹。花果期4月至次年1月。

产江苏南部、安徽南部、浙江、福建、江西、湖北、湖南、广东、海南、广西、贵州西南部及云南，生于海拔1600米以下旷野、山坡或疏林中。印度北部、尼泊尔、柬埔寨、泰国、缅甸、越南、老挝、印度尼西亚（苏门答腊）及马来西亚有分布。

46. 独脚金属 Striga Lour.

（洪德元 潘开玉）

草本，常寄生。叶下部的对生，上部的互生。花无梗，单生叶腋或集成穗状花序。常有1对小苞片；花萼管状，具5-15条明显的纵棱，5裂或具5齿；花冠高脚碟状，花冠筒在中部或中部以上弯曲，檐部开展，二唇形，上唇短，全缘、微凹或2裂，下唇3裂；雄蕊4，2强，花药1室，顶端有突尖，基部无距；柱头棒状。蒴果室背开裂。种子多数，种皮具网纹。

约20种，分布于亚洲、非洲和大洋洲的热带和亚热带地区。我国4种。

1. 花萼具10条棱，长4-8毫米；花冠筒长0.8-1.5厘米，顶端弯曲；植株高常在20厘米以下 …… **独脚金 S. asiatica**
1. 花萼具15条棱，长1-1.5厘米；花冠筒长约2厘米，近顶端弯曲；植株高达60厘米 … (附). **大独脚金 S. masuria**

独脚金 独脚金宽叶变种　　图 263

Striga asiatica (Linn.) Kuntze, Rev. Gen. Pl. 466. 1891.

Buchnera asiatica Linn. Sp. Pl. 630. 1753.

Striga asiatica var. *humilis* (Benth.) D. Y. Hong; 中国植物志 67(2): 359. 1979.

一年生半寄生草本，高达20（30）厘米，直立，全株被刚毛。茎单生，少分枝。叶较狭窄，仅基部的为窄披针形，其余的为线形，长0.5-2厘米，有时鳞片状。花单朵腋生或在茎端形成穗状花序。花萼有10棱，长4-8毫米，5裂几达中部，裂片钻形；花冠常黄色，稀红或白色，长1-1.5厘米，花冠筒顶端急剧弯曲，上唇短2裂。蒴果卵圆状，包于宿存花萼内。花期秋季。

产安徽、浙江、福建、台湾、江西、湖南、广东、香港、海南、广西、贵州、云南及四川，生于海拔800米以下田野或荒草地，寄生于寄主的根上。柬埔寨、不丹、尼泊尔、斯里兰卡、泰国、越南、菲律宾、非洲及美洲有分布。全草药用，为治小儿疳积良药。

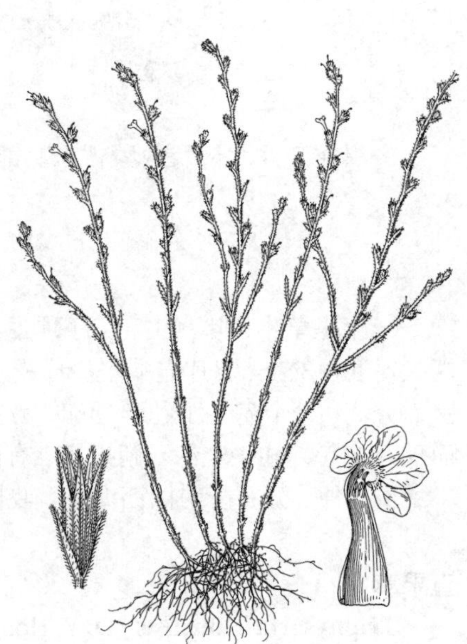

图 263 独脚金（冀朝祯绘）

[附] **大独脚金 Striga masuria** (Buch.-Ham. ex Benth.) Benth. in Hook. Companion Bot. Mag. 1: 364. 1835.—— *Buchnera masuria* Buch.-Ham. ex Benth. Scroph. Ind. 41. 1835. 本种与独脚金的区别：多年生草本，高达60厘米，全体被刚毛；茎四棱形；花萼有15条棱，长1-1.5厘米；花冠筒长约2厘米，近顶端弯曲。产江苏、福建、台湾、湖南、广东、广西、云南、贵州南部及四川西南部，生于海拔1100米以下山坡草地或杂木林中。柬埔寨、印度、尼泊尔、老挝、泰国、缅甸、越南及菲律宾有分布。

47. 火焰草属 **Castilleja** Mutis ex Linn. f.

（洪德元　潘开玉）

草本，稀灌木。叶互生或最下部的对生。穗状花序顶生；苞片常比叶大，先端有缺刻。花萼管状，侧扁，基部常膨大，先端2裂，裂片全缘、具不等的齿缺或2浅裂；花冠筒藏于花萼内，上唇窄长，倒舟状，全缘，下唇短而开展，3裂；雄蕊4，2强，花药藏于上唇下，药室窄长，并行。蒴果卵状，稍侧扁，室背开裂。种子每室多数，微小，外种皮透明膜质，蜂窝状。

约200种，主产北美西部，欧洲东部和亚洲北部仅10种。我国1种。

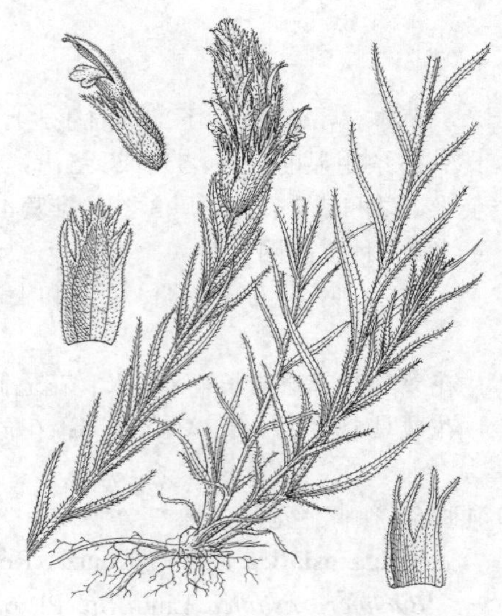

图 264　火焰草（蔡淑琴绘）

火焰草　　图 264

Castilleja pallida (Linn.) Kunth, Syn. Pl. 2: 100. 1823.

Bartsia pallida Linn. Sp. Pl. 602. 1753.

多年生直立草本，全株被白色柔毛。茎通常丛生，不分枝，高达30厘米。叶最下部的对生，其余的互生，线形或线状披针形，长2-8厘米，全缘，基出3条脉。花序长3-12厘米；苞片卵状披针形，黄白色，长1-3厘米。花萼长约2厘米，前后两方裂达一半，两侧裂达1/4，裂片线形；花冠淡黄或白色，长2.5-3厘米，花冠筒长管状；药室1长1短。蒴果无毛，长约1厘米，顶端钩状尾尖。花期6-8月。

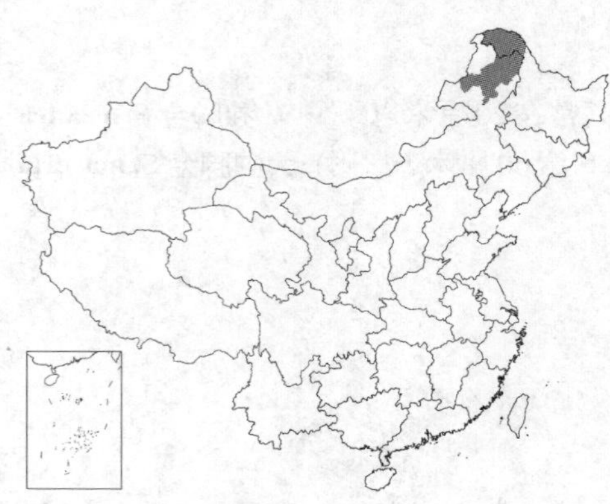

产黑龙江西北部及内蒙古东北部，生于海拔700-900米草原、碱土草甸或灌丛下。蒙古、俄罗斯、欧洲东部及北美北部有分布。

48. 直果草属 **Triphysaria** Fisch. et Mey.

（洪德元　潘开玉）

一年生草本。叶互生。花序顶生，穗状。花无小苞片；花萼4裂；花冠细长，二唇形，上唇窄长，倒舟状，先端尖，下唇3裂，裂片先端多少成囊状；雄蕊4，2强，伸至上唇下，花药2室而分离，一个着生于花丝顶端，另一个侧生花丝中上部，或下方1室退化而仅存1室；柱头全缘。蒴果扁，有两条沟槽，室背2裂。种子多数。

约6种，分布于美国西海岸。我国1种。

直果草　　图 265

Triphysaria chinensis (D. Y. Hong) D. Y. Hong in Novon 6: 374. 1996.

Orthocarpus chinensis D. Y. Hong, Fl. Reipubl. Popul. Sin. 67 (2): 406. 363. 1979.

一年生铺散矮小草本，全株被白色硬毛。茎基部多分枝，长约15厘米。叶仅数枚，无柄，线形，长1-2厘米，上端分裂成几个细长裂片。穗状花序长，几从茎基部开始，花疏离；苞片三角状圆形，比花长，掌状全裂，裂片再分裂。花萼管状，长5-7毫米，分裂至中部，裂片钻状长三角形，前方2枚稍短；花冠长5-6毫米，花冠筒部黄色，上唇先端钩状，下唇裂片先端浅囊状；花药仅存1室，长椭圆形。蒴果长圆形，无毛，长3.5毫米。

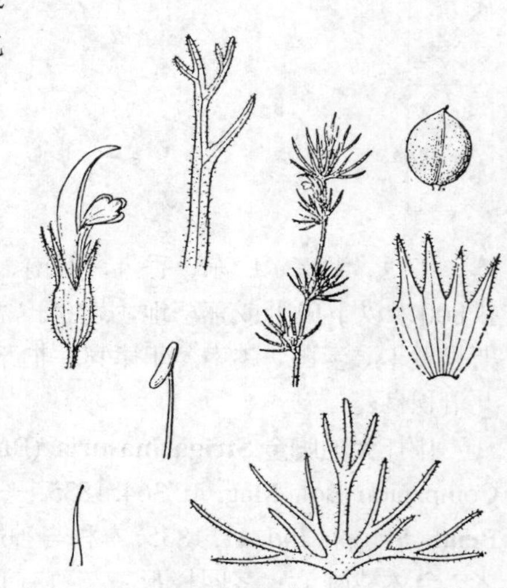

图 265　直果草（张泰利绘）

种子暗褐色，长约1毫米，弯曲，种皮透明，具格状饰纹。花果期9-10月。

产湖北西部兴山。

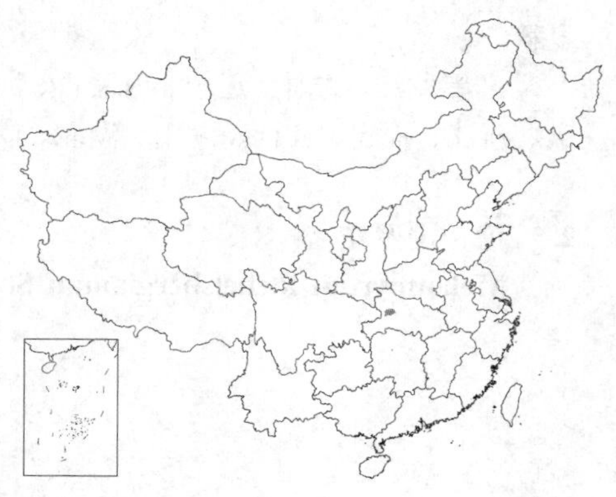

49. 山罗花属 Melampyrum Linn.

（洪德元 潘开玉）

一年生半寄生草本。叶对生，全缘。花单生苞叶腋中，集成总状花序或穗状花序；苞叶与叶同形，常有尖齿或刺毛状齿，稀全缘。花具短梗，无小苞片；花萼钟状，萼齿4，后面两枚较大；花冠筒管状，向上渐变粗，檐部扩大，二唇形，上唇盔状，侧扁，先端钝，边缘窄而翻卷，下唇稍长，开展，基部有两条皱褶，先端3裂；雄蕊4，2强，花药靠拢，伸至盔下，药室等大，基部有锥状突尖，开裂后沿裂缝有须毛；子房每室2颗胚珠，柱头头状，全缘。蒴果卵状。略扁，顶端钝或渐尖，直或偏斜，室背开裂，有种子1-4颗。种子长圆状，平滑。

约20种，产北半球。我国3种。

1. 叶卵状披针形或长卵形，长2-3厘米，宽0.8-3厘米；苞叶仅基部具尖齿至整个边缘具刺毛状长齿，稀近全缘；花冠长1.5-2厘米 …………………………………… 1. **山罗花 M. roseum**
1. 叶披针形，稀卵状披针形或线状披针形，长约2.5厘米，宽不及1.5厘米；苞叶常全缘，有时基部有1-2短齿或长齿；花冠长1.2-1.6厘米 …………………………………… 2. **滇川山罗花 M. klebelsbergianum**

1. 山罗花 图 266

Melampyrum roseum Maxim. Prim. Fl. Amur. 210. 1859.

直立草本，全株疏被鳞片状短毛，有时茎上还有两列柔毛。茎通常多分枝，近四棱形，高达80厘米。叶披针形或卵状披针形，长2-8厘米，宽0.8-3厘米，先端渐尖，基部圆钝或楔形。叶柄长约5毫米。苞叶仅基部具尖齿至整个边缘具刺毛状长齿，稀近全缘，先端急尖或长渐尖。花萼长约4毫米，常被糙毛，脉上常有柔毛，萼齿长三角形或钻状三角形，有短睫毛；花冠紫、紫红或红色，长1.5-2厘米，花冠筒长约檐部的2倍，上唇内面密被须毛。蒴果卵状渐尖，长0.8-1厘米，直或顶端稍向前偏，被鳞片状毛，稀无毛。种子黑色，长3毫米。花期

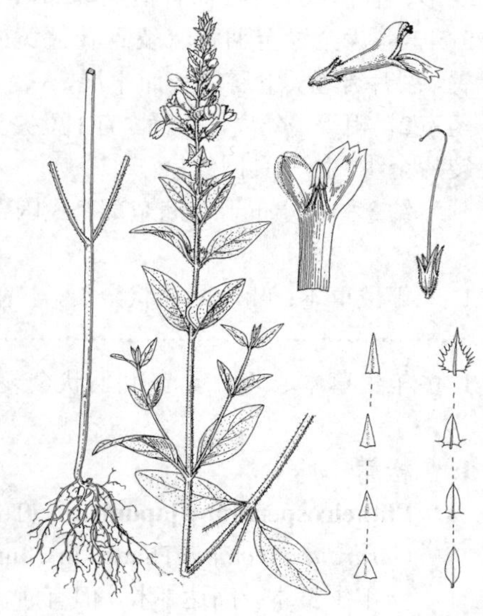

图 266 山罗花 （引自《中国植物志》）

夏秋。

产黑龙江、吉林、辽宁、内蒙古、河北、山西、河南、山东、江苏、安徽、浙江、福建、江西、湖南、湖北、陕西、甘肃及宁夏，生于海拔1500米以下山坡灌丛或草丛中。日本、朝鲜半岛及俄罗斯远东地区有分布。

2. 滇川山罗花 图 267

Melampyrum klebelsbergianum Sob in Journ. Bot. 65: 144. 1927.

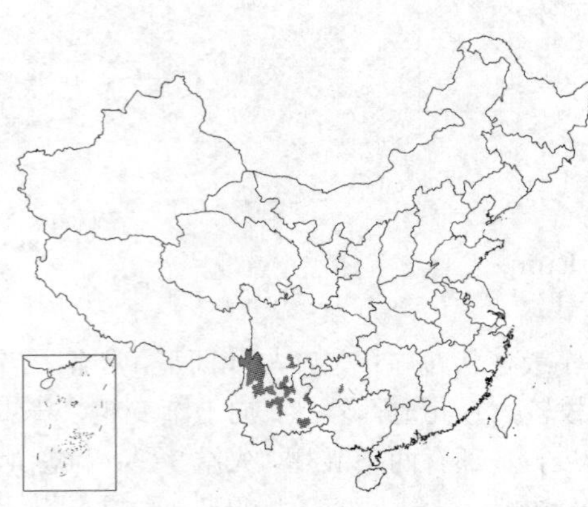

直立草本，高达60厘米。茎四棱形，多分枝，有两列柔毛。叶披针形，稀卵状披针形或线状披针形，长约2.5厘米，宽不及1.5厘米，先端渐尖而头稍钝，两面被糙毛；叶柄长达5毫米。自第5-9节上开始生花；苞叶窄披针形，常全缘，稀基部有1-2短齿或长齿。花萼长4-5毫米，脉上被短毛，萼齿渐尖，有睫毛；花冠紫红或红色，长1.2-1.6厘米，花冠筒长为檐部的两倍，上唇内面密被须毛。蒴果卵状锥形，长0.8-1厘米，被糙毛，顶端直或向前偏斜。种子黑色，长2.5-3毫米。夏秋开花。

产云南、贵州中南部及四川南部，生于海拔1200-3400米山坡草丛中或杂木林内。

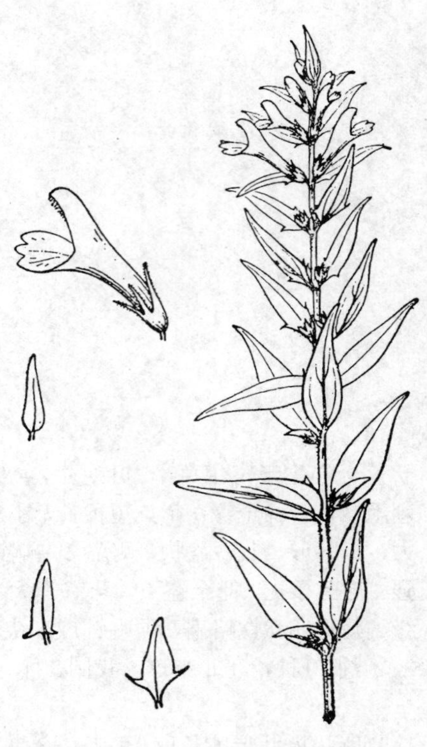

图 267 滇川山罗花（吴彰桦绘）

50. 松蒿属 Phtheirospermum Bunge ex Fisch. et Mey.

（洪德元 潘开玉）

一年生或多年生草本，全株密被粘质腺毛。茎单出或成丛。叶对生，一至三回羽状分裂；小叶卵形、长圆形或线形；有柄或无柄，如有柄则基部常下延成窄翅。花生上部叶腋，成疏总状花序。花柄短，无小苞片；花萼钟状，5裂，萼齿全缘至羽状深裂；花冠黄或红色，花冠筒状，具2褶襞，上部扩大，檐部二唇形，上唇较短，直立，2裂，裂片外卷，下唇较长而平展，3裂；雄蕊4，2强，前方1枚较长，内藏或多少露于筒口，花药无毛或疏被棉毛，药室2，相等，分离，并行，有1短尖头；子房长卵圆形，花柱顶部匙状扩大，浅2裂。蒴果扁，具喙，室背开裂，裂片全缘。种子具网纹。

约3种，分布于亚洲东部。我国2种。

1. 一年生草本；叶一回羽状全裂，小裂片长卵形或卵圆形，边缘具重锯齿或深裂；花冠淡紫红或红色 ………………………………………………………… 1. 松蒿 **Ph. japonicum**
1. 多年生草本；叶二至三回羽状全裂，小裂片线形；花冠黄色 ……………………… 2. 裂叶松蒿 **Ph. tenuisectum**

1. 松蒿 图 268 彩片 46

Phtheirospermum japonicum (Thunb.) Kanitz, Anthoph. Jap. 12. 1878.

Gerardia japonica Thunb. in Murray, Syst. Veg. ed 14, 553. 1784.

一年生草本，高达1米，但有时高仅5厘米即开花，植株被腺毛。茎直立或弯曲而后上升，通常多分枝。叶长三角状卵形，长1.5-5.5厘米，近基部的羽状全裂，向上则为羽状深裂；小裂片长卵形或卵圆形，多少歪斜，边缘具重锯齿或深裂，长0.4-1厘米；叶柄长0.5-1.2厘米，边缘有窄

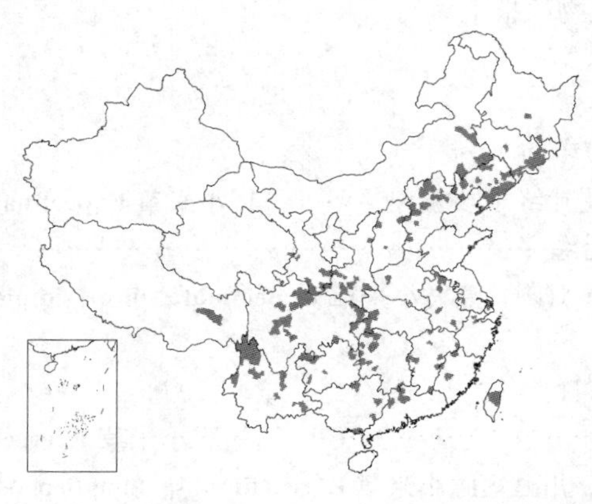

翅。花长2-7毫米；花萼长0.4-1厘米，萼齿5，披针形，长2-6毫米，羽状浅裂至深裂，裂齿先端锐尖；花冠紫红或淡紫红色，长0.8-2.5厘米，外面被柔毛，上唇裂片三角状卵形，下唇裂片先端圆钝；花丝基部疏被长柔毛。蒴果长0.6-1厘米。种子卵圆形，扁平。花果期6-10月。

除新疆、宁夏、海南、香港外，全国各省区均有分布，生于海拔150-1900米山坡灌丛阴处。朝鲜半岛、日本及俄罗斯远东地区有分布。

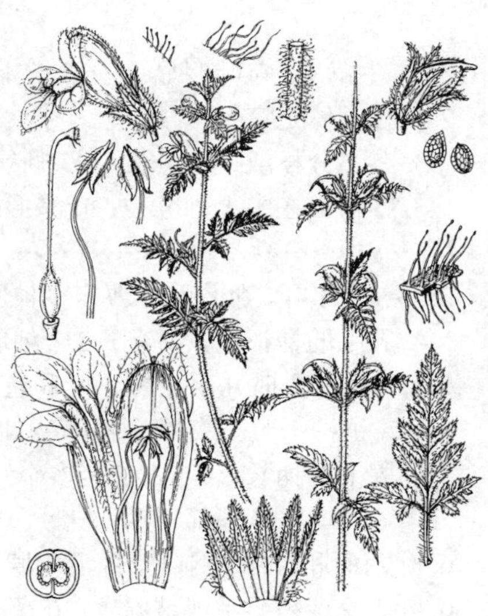

图 268 松蒿（引自《Fl. Taiwan》）

2. 裂叶松蒿 细裂叶松蒿 图 269

Phtheirospermum tenuisectum Bur. et Franch. in Journ. Bot. 5: 129. 1891.

多年生草本，高达55厘米，植株被腺毛。茎多数成丛，下部弯曲而后上升，简单或上部分枝。叶对生，中部以上的有时近对生，三角状卵形，长1-4厘米，二至三回羽状全裂；小裂片线形，先端圆钝或有小凸尖，两面与花萼同被腺毛。花单生，花梗长1-3毫米；花萼长5-8毫米，萼齿卵形或披针形，全缘直至深裂而具2-3或更多的小裂片；花冠通常黄或橙黄色，外面被腺毛及柔毛，花冠筒长0.8-1.5厘米，喉部被毛，上唇裂片卵形，稍长，下唇3裂片均为倒卵形，近相等或中裂片稍大，被缘毛；雄蕊内藏；子房被长柔毛。蒴果卵圆形，长4-6毫米。种子卵圆形，扁平，具网纹。花果期5-10月。

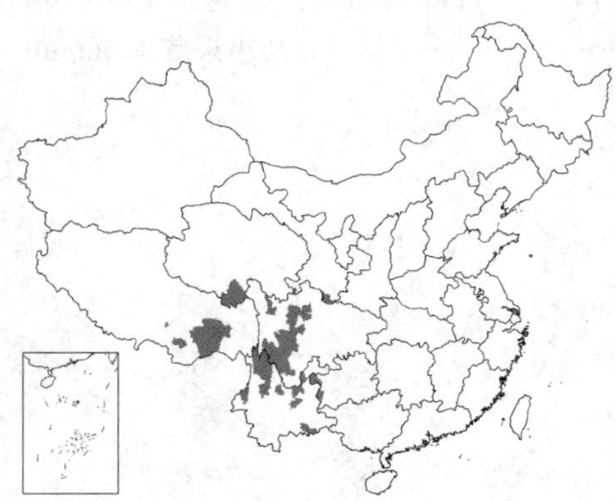

产青海南部、西藏东南部、四川、云南及贵州西部，生于海拔1900-4100米草坡、林下或灌丛中。不丹有分布。

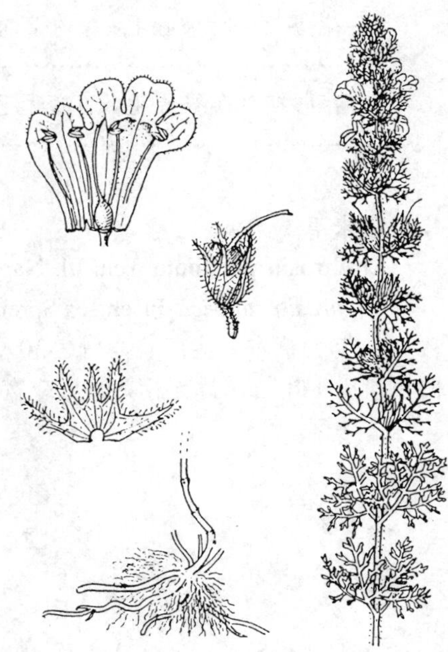

图 269 裂叶松蒿（引自《中国植物志》）

51. 小米草属 Euphrasia Linn.

（洪德元 潘开玉）

一年生或多年生、多少为半寄生草本。叶通常在茎下部的较小，向上逐渐增大，过渡为苞叶，苞叶比营养叶大而宽，叶和苞叶均对生，掌状叶脉，边缘为胼胝质增厚，具齿。穗状花序；顶生。花无小苞片；花萼管状或钟状，4裂；花冠筒管状，上部稍扩大，檐部二唇形，上唇直而盔状，先端2裂，裂片多少翻卷，下唇开展，3裂，裂片先端常凹缺；雄蕊4，2强，花药藏于盔下，全部靠拢，药室并行而分离，基部具尖锐的距或部分药室基部具尖锐的距，其余药室基部具小凸尖；柱头稍扩大，全缘或2裂。蒴果长圆状，多少侧扁，有两条沟槽，室背2裂。种子多数，椭圆形，具多数纵翅，翅上有细横纹。

近200种，广布于世界。我国11种。本属植物常寄生于禾本科植物的根上。

1. 一年生草本；苞叶明显大于营养叶。
  2. 植株全体无腺毛。
    3. 茎不分枝或下部分枝；叶卵形或宽卵形，基部楔形，两面脉上及叶缘多少被刚毛 …… 1. **小米草 E. pectinata**
    3. 茎通常在中上部分枝；叶卵形或三角状卵形，基部近平截，近无毛 …………………………………………………… 1(附). **高枝小米草 E. pectinata** subsp. **simplex**
  2. 茎上部、叶、苞片及花萼多少被腺毛。
    4. 腺毛的柄很短，仅有1-2个细胞；茎直立，不分枝或分枝，被白色柔毛。
      5. 植株平时几乎变黑；叶和苞叶基部宽楔形 ………………………… 2. **短腺小米草 E. regelii**
      5. 植株平时不变黑，绿黄色；叶和苞叶基部近平截 …… 2(附). **川藏短腺小米草 E. regelii** subsp. **kangtienensis**
    4. 腺毛的柄长，具（2）3至多个细胞；茎常细弱，少分枝，被腺毛并混生其他毛 …… 3. **长腺小米草 E. hirtella**
1. 多年生草本，茎基部常木质化；苞叶不明显大于营养叶。
  6. 叶两面和边缘被刚毛，并混生腺毛；花萼裂片超过筒部达1倍以上 ………… 4. **高山小米草 E. nankotaizanensis**
  6. 叶无毛或被柔毛或被腺毛；花萼裂片与筒部近等长或较短。
    7. 叶两面均明显被毛；植株密被腺毛 ………………………………… 5. **多腺小米草 E. durietziana**
    7. 叶无毛或疏生毛。
      8. 花萼及苞叶被腺毛；茎下部匍匐，节上生根；叶无毛或被疏柔毛，稀边缘被硬毛 …………………………………………………… 6. **台湾小米草 E. transmorrisonensis**
      8. 花萼初期疏被硬毛，后变无毛，苞叶无腺毛；茎丛生，直立而不分枝；下部叶两面疏被腺毛 …………………………………………………… 6(附). **矮小米草 E. pumilis**

1. 小米草 图 270

Euphrasia pectinata Ten. Fl. Napal. 1: 36. 1811.

Euphrasia tatarica Fisch. ex Spreng.; 中国高等植物图鉴 4: 58. 1975.

一年生草本。茎直立，高达30（45）厘米，不分枝或下部分枝，被白色柔毛。叶与苞片无柄，卵形或宽卵形，长0.5-2厘米，基部楔形，每边有数枚稍钝而具急尖的锯齿，两面脉上及叶缘多少被刚毛，无腺毛。花序长3-15厘米，初花期短而花密集，果期逐渐伸长，而果疏离。花萼管状，长5-7毫米，被刚毛，裂片窄三角形；花冠白或淡紫色，背面长0.5-1厘米，外面被柔毛，背面较密，其余部分较疏，下唇比上唇长约1毫米，下唇裂片先端凹缺；花药棕色。蒴果窄长圆状，长4-8毫米。种子白色。花期6-9月。

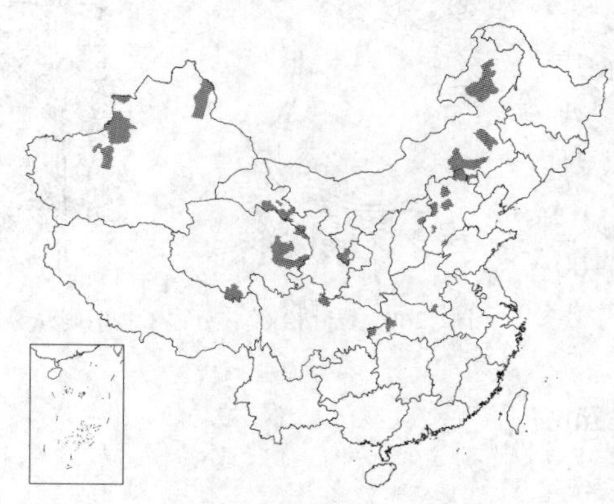

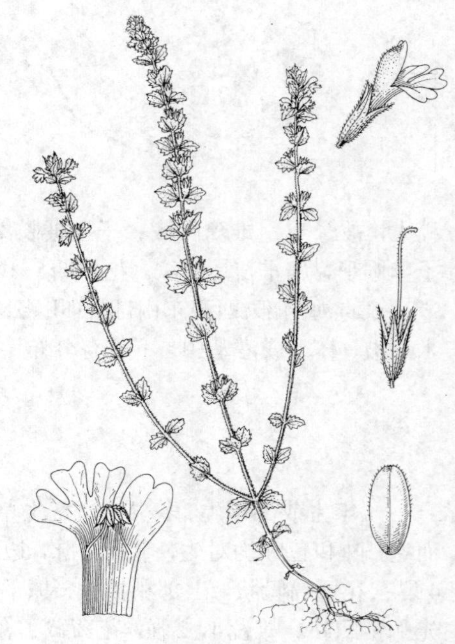

图 270 小米草（引自《中国植物志》）

产内蒙古、河北、河南东南部、山西北部、甘肃西部、宁夏南部、青海及新疆，生于阴坡草地或灌丛中。蒙古、俄罗斯远东地区及欧洲有分布。

[附] **高枝小米草 Euphrasia pectinata** subsp. **simplex** (Freyn) D. Y. Hong,

Fl. Reipubl. Popul. Sin. 67 (2): 374. 1979. ——*Euphrasia maximowiczi* Wettst. var. *simplex* Freyn in Oesterr. Bot. Zeitsch. 52: 404. 1902. 与模式亚种的区别：茎通常在中上部多分枝；叶卵圆形或三角状圆形，近无毛，基部近平截，边缘锯齿急尖至渐尖，有时成芒状。花期8-9月。产黑龙江、吉林、辽宁、内蒙古、河北、山西、山东及新疆，生于海拔约2600米山坡草地，极少生近水边或疏林下草丛。朝鲜半岛北部及俄罗斯远东地区有分布。

2. 短腺小米草 图 271

Euphrasia regelii Wettst. Monogr. Gatt. Euphr. 81. t. 3. f. 111-119. t. 11. f. 6. 1896.

一年生草本，植株干时几变黑。茎直立，高达35厘米，不分枝或分枝，被白色柔毛。叶和苞片无柄；下部的楔状卵形，先端钝，每边有2-3枚钝齿；中部的稍大，卵形或卵圆形，长0.5-1.5厘米，基部宽楔形，每边有3-6枚锯齿，锯齿急尖、渐尖或有时为芒状；均被刚毛和短腺毛，腺毛的柄1（2）细胞。花序通常在花期短，果期伸长或达15厘米。花萼管状，与叶被同类毛，长4-5毫米，果期长达8毫米，裂片披针形或钻形；花冠白色，上唇常带紫色，背面长0.5-1厘米，外面多少被白色柔毛，背面最密，下唇比上唇长，裂片先端凹缺，中裂片宽至3毫米。蒴果长圆状，长4-9毫米。花期5-9月。

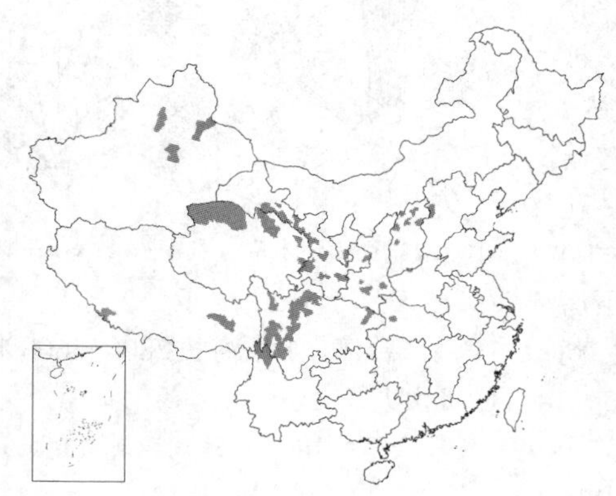

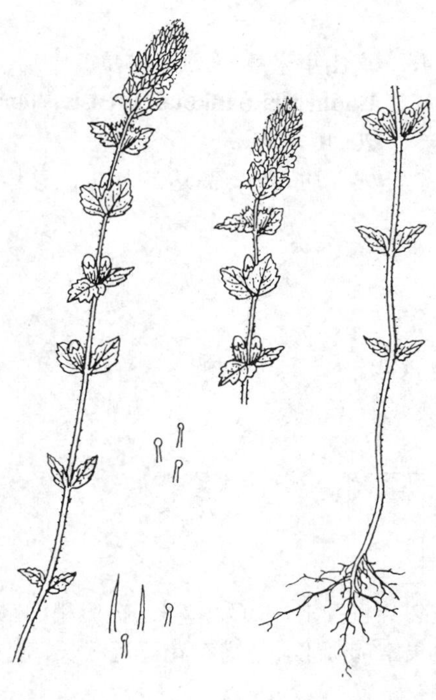

图 271 短腺小米草（引自《中国植物志》）

产河北西部、山西、陕西、宁夏、甘肃、新疆、青海、西藏、云南西北部、四川及湖北西部，生于海拔1200-3500米草地、湿草地或林中。克什米尔、哈萨克斯坦及俄罗斯远东地区有分布。

[附] **川藏短腺小米草** 短腺小米草川藏亚种 **Euphrasia regelii** subsp. **kangtienensis** D. Y. Hong, Fl. Reipubl. Popul. Sin. 67(2): 406. 377. 1979. 与模式亚种的区别：植株干时不变黑，绿黄色；叶和苞片基部近平截，边缘锯齿钝或急尖。产四川西部及西藏东南部，生于海拔2900-4000米草地。

3. 长腺小米草 图 272

Euphrasia hirtella Jard. ex Reuter, Compt.-Rend. Trav. Soc. Haller. 4: 120. 1854-1856.

一年生草本。高达40厘米，通常细弱，不分枝或少有上半部分枝，各部分有长腺毛与其他毛混生。叶和苞片无柄，卵形或圆形，基部楔形或圆钝，边缘具2至数对钝齿或渐尖的齿。花序有花数朵至多朵。花萼长3-4毫米，裂片披针形或钻形；花冠白色或上唇淡紫色，背面长4-8毫米。蒴果长圆状，长4-6毫米。花期

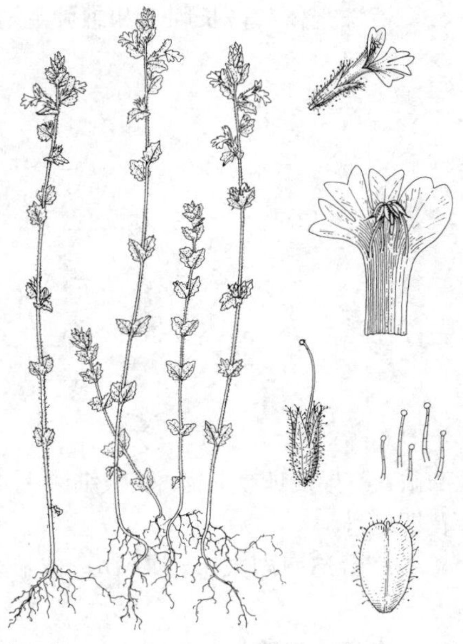

图 272 长腺小米草（引自《中国植物志》）

6-8月。

产黑龙江南部、吉林东部、内蒙古东部、新疆北部及西藏南部，生于海拔1400-1800米草甸、草原、林缘或针叶林中。朝鲜半岛北部、蒙古、俄罗斯、哈萨克斯坦及欧洲其它地区有分布。

4. 高山小米草 南湖碎雪草　　图 273 彩片 47

Euphrasia nankotaizanensis Yamamoto in Trans. Nat. Hist. Soc. Taiwan 20: 104. 1930.

多年生草本，高达20厘米。茎上升或直立，常基部木质化，不分枝或分枝，密被白色柔毛。叶向上逐渐增大，卵形或窄卵形，长0.5-1.2厘米，两面和边缘被刚毛和混生腺毛，基部圆。穗状花序顶生；苞片与叶同形，稍大，被刚毛和腺毛；花萼果期长达7毫米，密被腺毛，裂片超过萼筒部达1倍以上，或与筒等长；花冠黄色，被腺毛，背面长1.2-1.4厘米，花冠筒长约1厘米，下唇裂片长圆形，长约2毫米，盔瓣稍凹陷；药室纵向开裂，沿裂缝具髯毛。蒴果窄卵圆形，与宿存花萼近等长，疏被硬毛。花期6-10月。

图 273 高山小米草（引自《Fl. Taiwan》）

产台湾，生于海拔2800-3600米砂砾山坡。

5. 多腺小米草　　图 274

Euphrasia durietziana Ohwi in Acta Phytotax. Geobot. 2: 149. 305. 1933.

植株全体密被长腺毛和细硬毛。茎基部上升，上部直立，不分枝或分枝，高达20厘米。叶卵圆形，基部圆钝，几无柄，下部的长2-5毫米，上部的长达7毫米，每边有2-4枚钝齿。花具短梗，下部花的梗长达4毫米；花萼长4-5毫米，管状钟形，裂片长卵形，先端钝，与筒部近等长；花冠背面长0.8-1.2厘米，背部被柔毛，上唇2浅裂，裂片钝，有时向上反折，下唇裂片顶端深凹缺。蒴果倒卵状，扁，疏被细刚毛，长3.5毫米。种子数颗，长达1毫米。花期夏月。

产台湾南湖大山、次高山、大霸尖山，生于海拔2800-3000米处。

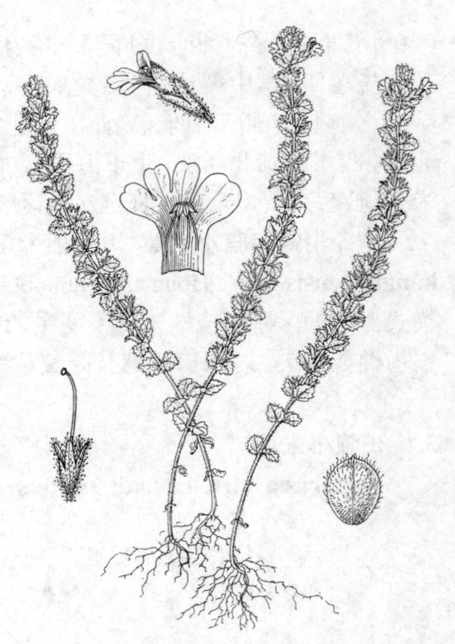

图 274 多腺小米草（引自《中国植物志》）

6. 台湾小米草　　图 275 彩片 48

Euphrasia transmorrisonensis Hayata, Icon. Pl. Formos. 5: 129. f. 48 A. 1915.

多年生草本，高达16厘米，茎下部匍匐，节上生根，上部上升，不分枝或分枝，全株被柔毛或具2列白色硬毛。叶卵形，长0.3-1厘米，无毛或被疏柔毛，稀边缘被硬毛，基部宽楔形或圆，边缘每边具1-3（4）锐齿。

穗状花序顶生；苞叶小，与叶片同形，稍宽，疏被或密被腺毛。花萼长3.5-5毫米，裂片披针形，与萼筒等长，先端急尖，外面被腺毛；花冠白色，背面长0.8-1.3厘米，盔瓣外面淡紫红色，下唇长约8毫米，外面被腺，喉凸黄色，具暗色纵条纹；花药纵向开裂，沿裂缝具髯毛。蒴果长圆状卵圆形，比宿存花萼短，被长硬毛。花期8-11月。

产台湾，生于海拔2600-3300米高山地区。

[附] **矮小米草 Euphrasia pumilis** Ohwi in Acta Phytotax. Geobot. 2: 306. 1933. 本种与台湾小米草的区别：花萼外面初期疏被硬毛，后变无毛，裂片倒卵状线形；苞叶无腺无毛；茎丛生，直立而不分枝；下部叶两面疏被腺毛。产台湾，生于海拔3100-3800米溪边或高山草甸。

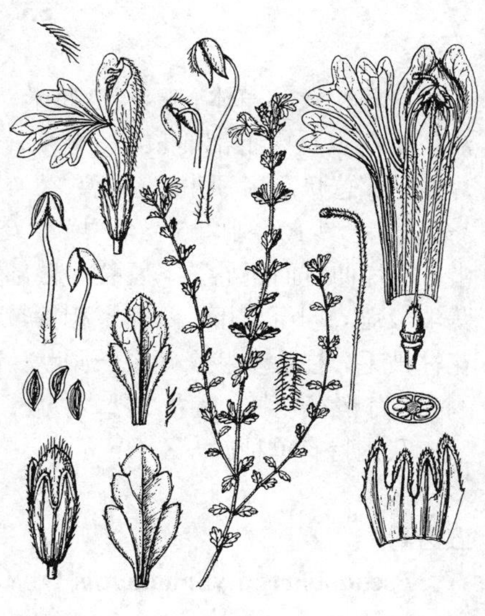

图 275 台湾小米草（引自《Fl. Taiwan》）

52. 脐草属 **Ompha** lothrix Maxim.

（洪德元 潘开玉）

一年生草本，高约60厘米。茎直立，被白色倒毛，上部分枝。叶对生，无柄，线状椭圆形，长0.5-1.5厘米，无毛，边缘胼胝质加厚，每边有几个尖齿，到果期几全部叶脱落。总状花序集成圆锥状；苞片与叶同形。花梗细长，直或稍弓曲，长0.5-1厘米；与茎同样被毛；花萼管状钟形，前后两裂达2/5，两侧裂达1/3-1/4，卵状三角形，具5条脉，边缘有糙毛；花冠白色，长约5毫米，外面被柔毛，檐部二唇形，上唇盔状，直，先端微凹，边缘常不翻卷，下唇3深裂，裂片开展；雄蕊4，伸至盔下，花药箭形，药室基部延伸成距，开裂后沿裂口露出须毛；柱头头状。蒴果长圆状，侧扁，与宿存花萼近等长，被细刚毛，室背开裂。种子椭圆形，有白色纵翅，翅上有横条纹。

单种属。

脐草 图 276

Omphalothrix longipes Maxim. in Mem. Acad. Imp. Sci. St. Pétersb. 9: 209. 1859.

形态特征同属。花期6-9月。

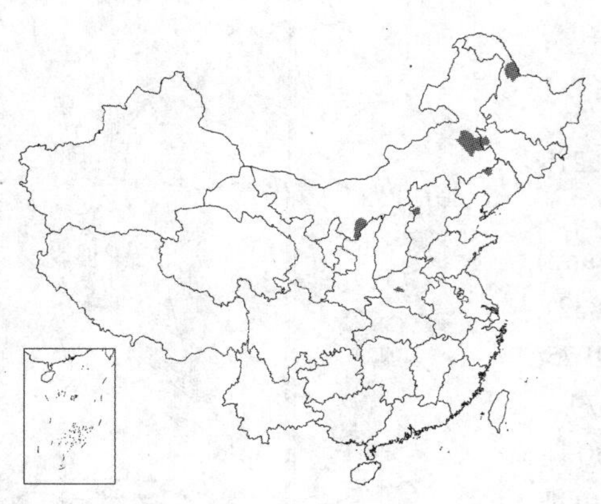

产黑龙江北部、吉林西部、辽宁北部、内蒙古东部及南部、河北西部、河南近中部，生于海拔300-400米湿草地。朝鲜半岛北部及俄罗斯远东地区有分布。

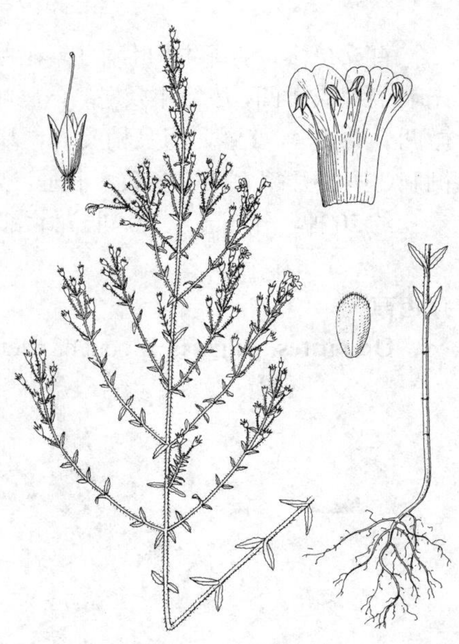

图 276 脐草（引自《中国植物志》）

53. 五齿萼属 Pseudobartsia D. Y. Hong

（洪德元 潘开玉）

一年生矮小草本，高达13厘米，全株密被腺毛。茎单生，直立或上升。叶对生，在茎最下部的小，卵圆形，3浅裂至深裂；中上部的长4-6毫米，具长1毫米的短柄，3全裂，中裂片线状倒披针形，长为侧裂片的2倍，侧裂片线形。总状花序顶生，有花数朵；苞叶对生，与叶同形，每节只生一朵花。花梗短，无小苞片；花萼钟状，长3-5毫米，具10条脉，5裂至中部。花冠黄色，檐部二唇形，下唇裂片在花蕾中居外方，上唇稍呈盔状，深裂稍过半，裂片伸直而不卷，下唇裂片根部有两个横皱褶，裂片3枚，开展；雄蕊4，2强，伸至盔下，两药室相等，连着，倒卵形，基部有尾尖；子房和花柱被毛，柱头头状。蒴果长圆状，侧扁，顶端微凹，短于宿存花萼，被刚毛，有宿存花柱，室背2裂。种子多数，椭圆状，褐色，稍弯曲，具网纹。

我国特有单种属。

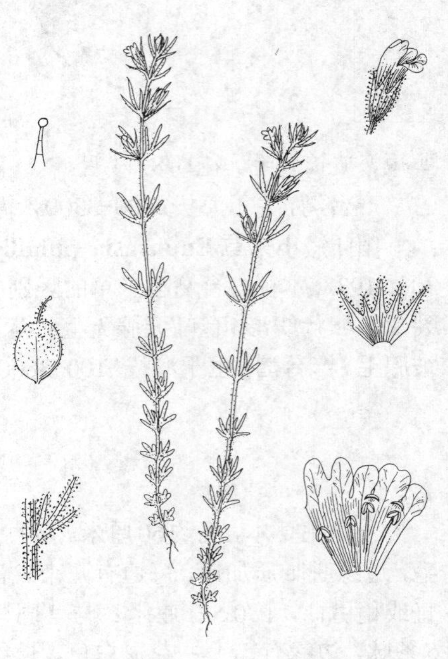

图 277 五齿萼（张泰利绘）

五齿萼 图 277

Pseudobartsia yunnanensis D. Y. Hong, Fl. Reipubl. Popul. Sin. 67 (2): 407. 388. 1979.

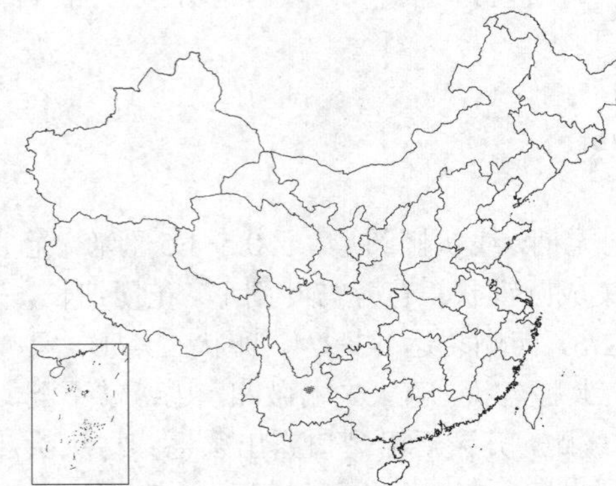

形态特征同属。花果期10月。

产云南嵩明，生于海拔约2300米丛林中。

54. 疗齿草属 Odontites Ludwig

（洪德元 潘开玉）

直立草本，半寄生。叶对生。花萼管状或钟状，4裂；花冠筒管状，檐部二唇形，上唇稍弓曲，呈不明显盔状，先端全缘或微凹，边缘不反卷，下唇稍开展，3裂，两侧裂片全缘，中裂片先端微凹；雄蕊4，2强，药室稍叉开，基部突尖；柱头头状。蒴果窄长圆状，稍侧扁，室背开裂。种子多数，下垂，具纵翅，翅有有横纹。

约20种，分布于欧洲、非洲北部及亚洲温带地区。我国1种。

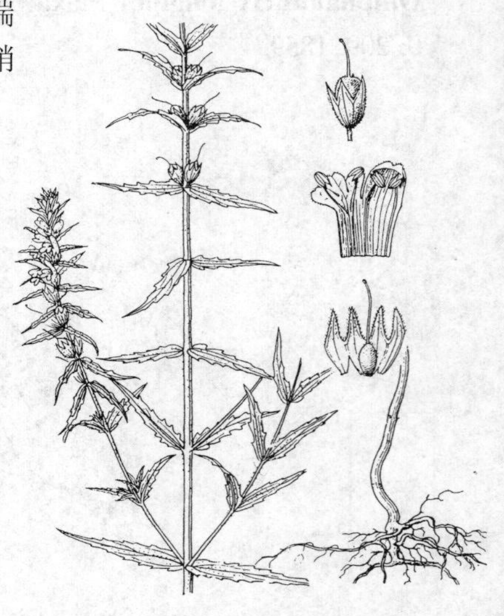

图 278 疗齿草（引自《中国植物志》）

疗齿草 图 278

Odontites vulgaris Moench, Methodus 499. 1794.

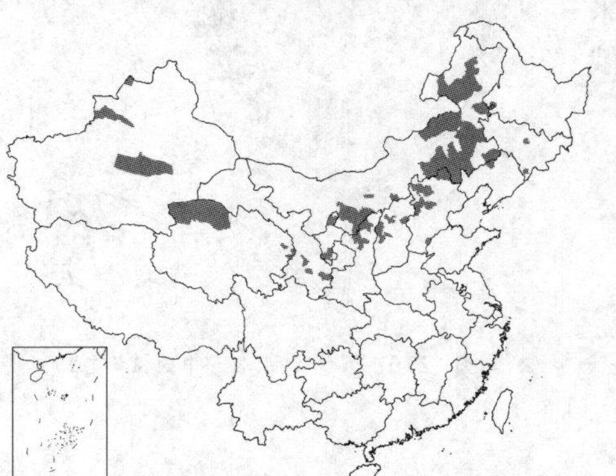

Odontites serotina (Lam.) Dum. (non Reich. 1830-1832); 中国高等植物图鉴 4: 60. 1975; 中国植物志 67 (2): 390. 1979.

一年生草本，高达60厘米，全株被贴伏倒生的白色细硬毛。茎常在中上部分枝，上部四棱形。叶披针形至线状披针形，长1-4.5厘米，边缘疏生锯齿；无柄。穗状花序顶生；苞片下部的叶状。花萼长4-7毫米，裂片窄三角形；花冠紫、紫红或淡红色，长0.8-1厘米，外被白色柔毛。蒴果长4-7毫米，上部被细刚毛。种子椭圆形。花期7-8月。

产黑龙江、吉林、辽宁、内蒙古、河北、山西、陕西、甘肃、宁夏、青海及新疆，生于海拔2000米以下湿草地。蒙古、俄罗斯、哈萨克斯坦、吉尔吉斯斯坦、塔吉克斯坦、乌兹别克斯坦及欧洲其它地区有分布。

55. 鼻花属 **Rhinanthus** Linn.

（洪德元 潘开玉）

一年生半寄生草本。叶对生。总状花序顶生。花萼侧扁，果期鼓胀成囊状，4裂，后方裂达中部，其余3方浅裂，裂片窄三角形；花冠上唇盔状，先端延成短喙，喙2裂，下唇3裂；雄蕊4，伸至盔下，花药靠拢，药室横叉开，无距，开裂后沿裂口露出须毛。蒴果圆，近扁平，室背开裂。种子每室数颗，扁平，近半圆形，具宽翅。

约50种，分布于北美、亚洲北部和欧洲。我国1种。

鼻花 图 279

Rhinanthus glaber Lam. Fl. France 2: 352. 1778.

一年生草本，高达60厘米。茎直立，有棱，有4列柔毛，不分枝或分枝，分枝及叶几垂直向上，紧靠主轴。叶无柄，线形或线状披针形，长2-6厘米，与节间近等长，两面有短硬毛，下面的毛生于斑状突起上，叶缘有规则的三角状锯齿，齿尖朝向叶顶端，齿缘有胼胝质加厚，并有短硬毛。苞片比叶宽，花序下端的苞片边缘齿长而尖，而花序上部的苞片边缘具短齿；花梗长仅2毫米；花萼侧扁，果期膨胀而呈近球形，长约1厘米，裂片窄三角形；花冠黄色，长约1.7厘米，下唇贴于盔下。蒴果近球形，径约8毫米，藏于宿存花萼内。种子边缘有宽达1毫米的翅。花期6-8月。

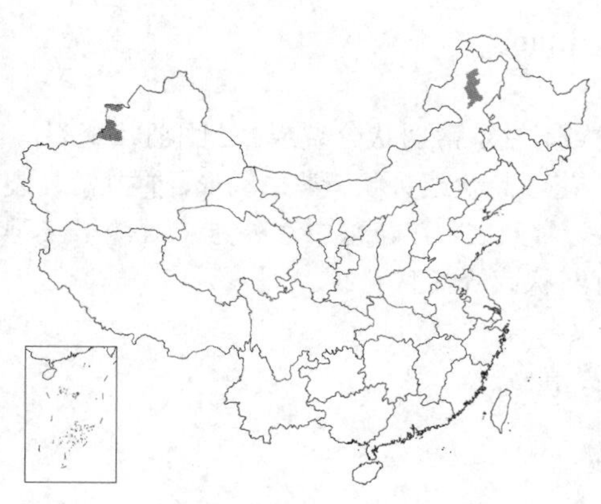

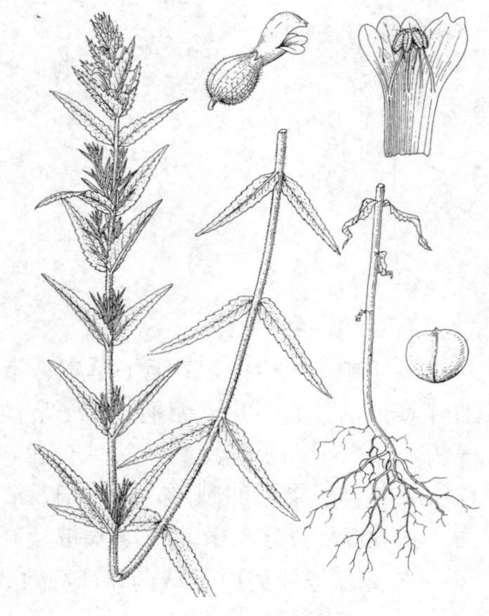

图 279 鼻花（引自《中国植物志》）

产内蒙古东部及新疆西北部，生于海拔1200-2400米草甸。蒙古、俄罗斯、哈萨克斯坦及欧洲有分布。

56. 马松蒿属 **Xizangia** D. Y. Hong

（洪德元 潘开玉）

多年生直立草本，高达50厘米，干时变黑色，被毛，后近无毛。根茎地平伸展，单条分枝，多少木质化。茎单条，成疏丛，不分枝或上部有1-2分枝。叶对生，卵形或长卵形，长1-2厘米，先端钝或急尖，边缘具锯齿，两面无毛，基出3-7主脉；无柄。总状花序，花疏散，花序轴疏生腺毛；苞片下部的叶状，向上逐渐变小，无柄，边缘有腺毛。花无梗或有短梗，无小苞片；花萼长0.8-1.4厘米，不等分裂，前方深裂达2/3外后方裂至1/3处；花冠筒状，长约1.2厘米，檐部极短，占花冠全长1/8，径几与花冠筒相等，前方有两个大皱褶，二唇形，上唇盔状，2裂，裂片侧向反卷，下唇3裂，裂片长圆形；雄蕊4，2强，内藏，伸至上唇盔下，药室相等，开裂时露出须毛；子房加花柱与花冠近等长，上部密被刷状毛，柱头头状，疏被柔毛，每室具多数胚珠。蒴果卵圆状，长约7毫米，稍侧扁，顶端尖，被刚毛，室背开裂。种子近圆形，黑褐色，外种皮透明，泡状。具格状网纹。

我国特有单种属。

马松蒿 齿叶翅茎草 图 280

Xizangia bartschioides (Hand.-Mazz.) D. Y. Hong in Acta Phytotax. Sin. 39 (6): 545. 2001.

Pterygiella bartschioides Hand.-Mazz. in Anz. Akad. Wiss. Wien, Math.-Nat. 60: 186. 1923; 中国植物志 68: 382. 1963; Fl. China 18: 210. 1998.

Xizangia serrata D.Y.Hong; Fl.China 18:97. 1998.

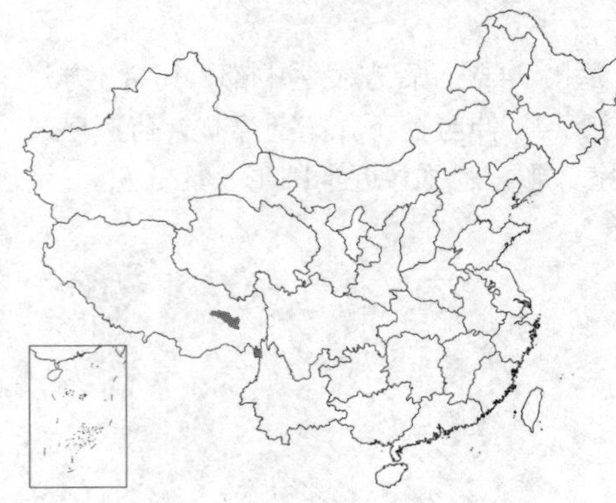

形态特征同属。花期8-9月，果期9-10月。

产云南西北部及西藏东部，生于海拔2700-3400米山坡林缘砾石地或灌木草丛中较湿润处。

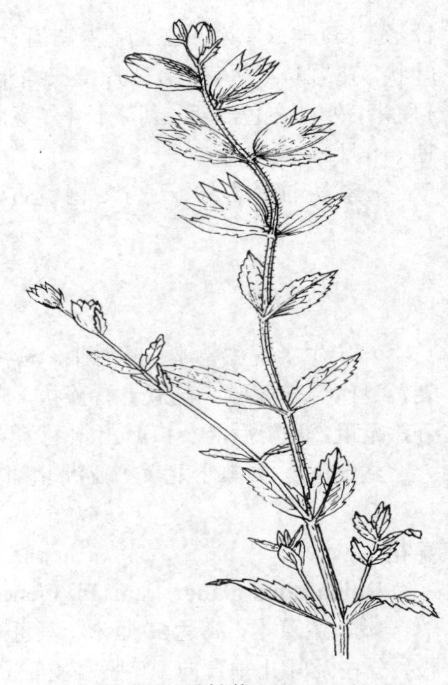

图 280 马松蒿（孙英宝绘）

57. 马先蒿属 Pedicularis Linn.

（杨汉碧）

多年生、一年生、二年生草本；常半寄生或半腐生。叶互生、对生或轮生，常羽状分裂或1-2回羽状全裂，下部叶具长柄，上部叶近无柄。花序常顶生，总状或穗状；苞片常叶状。花萼筒状或钟状，常二唇形，前方常开裂，萼齿（2-）5；花冠紫、红、黄或白色，二唇形，上唇包雄蕊，下唇3裂，常开展，在花蕾中在外方；雄蕊4，2强，柱头头状。蒴果近卵圆形，两侧扁，常具喙，室背开裂。种子多数，有网状或蜂窝状孔纹。

约600种，分布于北半球寒带及高山地带。我国352种、109亚种及41变种。

本属有些种类用于藏药，有特效；植株奇特，花艳丽，为优美观赏植物。

1. 叶对生或轮生。
  2. 叶对生或间有互生。
    3. 花冠上唇无喙。
      4. 花冠上唇无齿 ………………………………………………………… 16. **丹参花马先蒿 P. salviaeflora**
      4. 花冠上唇具齿 ………………………………………………………… 66. **俯垂马先蒿 P. cernua**
    3. 花冠上唇具喙。
      5. 喙细长，常S形；叶窄长圆状披针形 ……………………………… 63. **全叶马先蒿 P. integrifolia**
      5. 喙较短，直伸或稍弯；叶较宽。
        6. 叶常对生，茎端有互生；花梗长3-11.5厘米 ……………… 70. **刺冠马先蒿 P. mussoti** var. **lophocentra**
        6. 叶全对生；花梗长2-3毫米或近无梗。
          7. 茎叶具长柄；花序长穗状；花萼长1.3厘米，齿全缘 ……………… 26. **二歧马先蒿 P. dichotoma**
          7. 茎叶柄长不及2厘米；花序短；花萼长6-9毫米，齿具锯齿。
            8. 花冠上唇下缘有2耳，喙端有细裂齿；茎生叶柄长达2厘米，叶披针形 ……………………………………………… 65. **裂喙马先蒿 P. schizorhyncha**
            8. 花冠上唇下缘无耳，喙端全缘；茎生叶近无柄，叶卵状长圆形 …… 62. **聚花马先蒿 P. confertiflora**

2. 叶常3-4轮生。
9. 花冠上唇无喙。
10. 花冠上唇具齿。
11. 叶柄及苞片基部均膨大而结合成斗状体。
12. 花冠紫红色；花丝疏被毛 ………………………………… 27. **立氏大王马先蒿 P. rex** subsp. **lipskyana**
12. 花冠黄色；花丝密被毛 ……………………………………………………………… 27(附). **大王马先蒿 P. rex**
11. 叶柄及苞片基部不膨大，不结合成斗状体。
13. 花冠筒在萼内直伸，花冠非S形。
14. 萼裂片多少叶状，具锯齿。
15. 花长1.8-2.1厘米；花冠筒与上唇近等长，上唇有鸡冠状凸起，花丝一对有毛 ………………………………………………………………………………… 17. **假山萝花马先蒿 P. pseudomelampyriflora**
15. 花长1.6厘米；上唇长为花冠筒约1/2，无鸡冠状凸起，花丝均无毛 ………………………………………………………………………………… 17(附). **山萝花马先蒿 P. melampyriflora**
14. 萼裂片三角形或披针形，全缘 …………………………………………… 36. **干黑马先蒿 P. comptoniifolia**
13. 花冠筒在萼内弯曲，花前俯，上唇直角前折，花冠近S形 ……………………… 44. **小唇马先蒿 P. microchila**
10. 花冠上唇无齿。
16. 花冠筒近基部弯曲。
17. 花冠长1.6-2.6厘米，黄色，上唇前缘有内褶；药室有刺尖 …………………… 37. **皱褶马先蒿 P. plicata**
17. 花较小，多红色，稀白或黄色，上唇前缘无内褶或内褶不明显；药室无刺尖。
18. 上唇与下唇近等长，其长短相差不到1倍，
19. 萼前方开裂。
20. 萼齿细长，边缘有细齿；蒴果斜披针状卵圆形，顶端下曲，有凸尖 … 39. **堇色马先蒿 P. violascens**
20. 萼齿小，全缘；蒴果披针形，顶端渐尖 ………………………………… 40. **轮叶马先蒿 P. verticillata**
19. 萼前方不裂或不明显开裂。
21. 苞片叶状；花萼钟状，花冠长1.7-1.9厘米，额部有窄鸡冠状凸起，花丝无毛 ………………………………………………………………………………… 38. **草甸马先蒿 P. roylei**
21. 上部苞片均亚掌状3裂；花萼近球形；花冠长约1.5厘米，额部鸡冠状凸起，具波状齿；花丝1对有毛 ………………………………………………………………………… 41. **甘肃马先蒿 P. kansuensis**
18. 上唇较短，与下唇近等长或稍长于1/2。
22. 萼齿后方1枚离生，余4枚两两结合成大齿而顶端有微缺；花丝一对有毛。
23. 叶裂片9-20对；花序长达12厘米；蒴果歪窄卵形，前半部向下弓曲 ………………………………………………………………………………… 42. **穗花马先蒿 P. spicata**
23. 叶裂片4-9对；花序长2-4(-6)厘米；蒴果三角状披针形，近直伸 ………………………………………………………………………………… 42(附). **全萼马先蒿 P. holocalyx**
22. 齿萼均离生，花丝均无毛 ………………………………………………………… 43. **条纹马先蒿 P. lineata**
16. 花冠筒在中部或近顶端弯曲。
24. 花序及花萼无毛或疏被柔毛。
25. 植株高2-8厘米；叶羽状浅裂或有缺刻状齿；花冠小，花冠筒较萼长1/2；下唇基部中央有斑点 ………………………………………………………………………………… 48. **远志状马先蒿 P. polygaloides**
25. 植株高（15-）25-80厘米；叶羽状深裂或全裂；花冠较大，花冠筒较萼稍长；下唇基部中央无斑点。
26. 叶羽状全裂，裂片10-15对；花冠长7-9毫米，花冠筒近端弓曲，上唇直伸 ……………………

………………………………………………………………………………… 47. 柔毛马先蒿 **P. mollis**

26. 叶羽状深裂，裂片4-8对；花冠长1.5-2厘米，花冠筒中上部弓曲，上唇多少镰状弓曲 ………………………………………………………………………………… 49. 短唇马先蒿 **P. brevilabris**

24. 花序及花萼密被白色绵毛 ……………………………………… 64. 绵穗马先蒿 **P. pilostachya**

9. 花冠上唇具喙。

27. 花冠筒较花萼长2.5-4倍 ……………………………………… 29. 斗叶马先蒿 **P. cyathophylla**

27. 花冠筒较花萼长不及3倍。

28. 叶柄基部及苞片基部结合成斗状体 ……………………………………… 28. 华丽马先蒿 **P. superba**

28. 叶柄基部及苞片基部不结合成斗状体。

29. 上唇具短喙，喙短于包有雄蕊的部分。

30. 花冠筒在花萼内膝曲。

31. 花萼长圆状钟形，无紫斑或紫晕，花冠紫红或白色；喙较粗，长约1毫米。

32. 上唇额部不圆凸，无全缘或具波状齿的鸡冠状凸起，短喙不反翘 ………………………………………………………………………………… 45. 碎米蕨叶马先蒿 **P. cheilanthifolia**

32. 上唇额部圆凸，有全缘或具波状齿的鸡冠状凸起，短喙反翘向前上方 ………………………………………………………………………………… 45(附). 球花马先蒿 **P. globifera**

31. 花萼卵圆形膨臌，常有紫斑或紫晕，花冠紫色，或下唇浅黄色，上唇暗紫红色喙细直，长约1.5毫米 ………………………………………………………………………………… 46. 鸭首马先蒿 **P. anas**

30. 花冠筒在花萼内不膝曲。

33. 上唇不似鹅首；茎叶多数。

34. 花冠黄色 ……………………………………… 50. 阿拉善马先蒿 **P. alaschanica**

34. 花冠紫或紫红色。

35. 萼齿具锯齿，花冠筒在顶部膝曲，上唇具齿状凸起 ……………… 51. 华北马先蒿 **P. tatarinowii**

35. 萼齿全缘，花冠筒细直，上唇具鸡冠状突起 ……………………… 52. 具冠马先蒿 **P. cristatella**

33. 上唇似鹅首；茎叶1-2对 ……………………………………… 67. 鹅首马先蒿 **P. chenocephala**

29. 上唇具长喙，喙长于包有雄蕊的部分。

36. 喙卷曲成半环或成卷扭状。

37. 叶长达4厘米，裂片5-7对；花丝均无毛 ……………………… 53. 聚齿马先蒿 **P. roborowskii**

37. 叶长达10厘米，裂片8-15对；一对花线中部有长柔毛 ……………… 54. 半扭卷马先蒿 **P. semitorta**

36. 喙直伸或稍镰状弓曲。

38. 植株上部多分枝；叶羽状全裂，裂片6-20对。

39. 一年生草本；叶裂片6-9对；花萼不裂，喙长4-5.5毫米，不上翘，下唇无缘毛，花丝无毛 ………………………………………………………………………………… 18. 纤挺马先蒿 **P. gracilis** subsp. **stricta**

39. 多年生草本；叶裂片8-20对；花萼前方开裂，喙长约7毫米，上翘，下唇有缘毛，花丝均有毛 ………………………………………………………………………………… 19. 穆坪马先蒿 **P. moupinensis**

38. 植株上部无分枝；叶羽状浅裂或半裂，裂片4-6对 ……………… 61. 马鞭草叶马先蒿 **P. venbenaefolia**

1. 叶互生或上部叶互生。

40. 花冠上唇无喙或喙短而不明显。

41. 花冠上唇无齿。

42. 花冠筒顶端膝曲；蒴果偏斜。

43. 植株直立，茎常花葶状，花顶生；花丝前方1对被毛。

44. 叶长圆状披针形，长约1厘米，裂片8-10对；花冠淡黄色，上唇额部圆 …………………………………… 68. **藓状马先蒿 P. muscoides**

44. 叶线状披针形或线形，长1.5-7厘米，裂片10-20对；花冠黄白色，上唇顶端紫黑色，有时下唇及上唇下部有紫斑，上唇额前端稍三角形凸出 ………………………………… 72. **华马先蒿 P. oederi** var. **sinensis**

43. 植株细弱铺地，多枝；花腋生于基部叶腋或顶生成总状；花丝均被毛 …………………………………… 73. **拟紫堇马先蒿 P. corydaloides**

42. 花冠筒直伸，稀基部膝曲；蒴果不偏斜。

45. 茎明显而直立；花常成顶生花序。

46. 植株无毛；叶二回羽状全裂；萼齿相等，三角形；花冠紫色 ……………………… 1. **野苏子 P. grandiflora**

46. 植株被毛；叶羽状浅裂或深裂；萼齿不等；花冠非紫色或有紫斑。

47. 基生叶多，成莲座状，茎生叶少或无；花冠长达3厘米，淡黄或玫瑰色，常有紫斑，下唇具长柄 …………………………………… 2. **茨口马先蒿 P. tsekouensis**

47. 叶全茎生或多数茎生；花冠长4-4.5厘米，淡黄色，下唇无柄。

48. 花冠上唇圆钝，前端无小凸尖，下缘无长须毛，下唇中裂有褶襞，花丝无毛 …………………………………… 3. **山西马先蒿 P. shansiensis**

48. 花冠上唇下缘前端略三角形而有小凸尖，下缘有长须毛，下唇中裂无褶襞，花丝有毛 …………………………………… 3 (附). **白氏马先蒿 P. paiana**

45. 茎细弱而短，近无茎；花腋生，花梗长达6.5厘米 ……………………………… 20. **短茎马先蒿 P. artselaeri**

41. 花冠上唇具齿。

49. 下唇常直立或稍开展，花冠筒常不膝曲。

50. 植株具分枝；萼齿2-3。

51. 二年生草本；叶线状披针形，羽状浅裂；萼齿3；花丝1对被毛 … 30. **拉不拉多马先蒿 P. labradorica**

51. 多年生草本；叶长卵形或披针状长圆形，常羽状深裂；萼齿2；花丝无毛 …………………………………… 30(附). **江西马先蒿 P. kiangsiensis**

50. 植株不分枝；萼齿5。

52. 植株无红褐色粗毛；花冠黄色具绛红色脉纹；花丝1对有毛；叶长达10厘米 …………………………………… 12. **红纹马先蒿 P. striata**

52. 植株密被红褐色粗毛；花冠白或玫瑰色，花丝无毛；叶长达5厘米 ………… 15. **粗毛马先蒿 P. hirtella**

49. 下唇开展；花冠筒常膝曲。

53. 植株高（10-）15-60厘米；花序长10-20厘米，常10-30花，花丝有毛。

54. 叶羽状全裂；花萼长5-6毫米，萼齿5，相等，三角形，全缘，下唇3裂片先端均微凹 …………………………………… 55. **高升马先蒿 P. elata**

54. 叶2-3回羽状全裂；花萼长达1.3厘米，萼齿5，后方1枚较小，余4枚两两相结合而先端2裂，下唇3裂片先端不凹。

55. 花冠红色，下唇略短于上唇，3裂片多少波状 …………………………… 56. **红花马先蒿 P. rubens**

55. 花冠黄色，下唇与上唇近等长，3裂片均有啮痕状齿 ……………………… 57. **长根马先蒿 P. dolichorrhiza**

53. 植株高4（-8）厘米；花序近头状，约有3花；花丝均无毛 ………………… 69. **盔齿马先蒿 P. merrilliana**

40. 花冠上唇具喙。

56. 花冠筒较花萼长2倍。

57. 植株常蔓生、弯曲上升或倾卧；萼齿5枚。

58. 花萼前方裂至中部，上唇喙长约4毫米，细而直伸 …………………………… 23. **地管马先蒿 P. geosiphon**

58. 花萼前方不裂，上唇喙长达1厘米，向上方卷曲，成S形 ………………………… 24. **藓生马先蒿 P. muscicola**

57. 植株直立或近无茎，若茎细长铺散，则萼齿2–3枚。

59. 叶浅裂或深裂；萼齿5枚，下唇宽大。

60. 叶卵状披针形，长1–1.5厘米，羽状浅裂；下唇较开展，不包上唇。

61. 下唇中裂片小于侧裂片，基部不窄缩成顶，顶端圆，喙细长，多少卷曲 ……… 74. **美丽马先蒿 P. bella**

61. 下唇3裂片近等大，中裂片先端凹，基部窄细成短柄，喙向前下方直伸 …… 74(附). **青海马先蒿 P. przewalskii**

60. 叶线状长圆形，长5–7厘米，羽状深裂；下唇多兜状包上唇，上唇的细长喙有时伸出。

62. 一年生草本，茎近无毛；花萼前方开裂不及1/3；花冠多玫瑰红色，花冠筒长3–6厘米；花丝前方1对有毛……………………………………………………………………………… 80. **硕花马先蒿 P. megalantha**

62. 多年生草本，茎被贴伏白色长毛；花萼前方深裂至2/3；花冠黄色，喙部红色；花冠筒长约1.5厘米；花丝均被毛 ……………………………………………………………………… 80(附). **大唇马先蒿 P. magelochila**

59. 叶多羽状深裂；萼齿2–3，下唇宽大。

63. 花冠黄色，花冠筒短于12厘米。

64. 上唇额部有鸡冠状凸起，萼齿（2）3，花冠筒长不及萼长3倍 ……………………75. **凹唇马先蒿 P. croizatiana**

64. 上唇额部无鸡冠状凸起，萼齿2，花冠筒较萼长4倍多。

65. 下唇宽大于长近2倍，中裂不前凸，花冠筒长4.5–5厘米 ……………………… 76. **中国马先蒿 P. chinensis**

65. 下唇长宽近相等，中裂片前凸，花冠筒长5厘米以上。

66. 下唇3裂片先端均凹下，近喉部有2棕红色斑点；植株近无毛 ………………………………………………………………………………………………… 77. **斑唇马先蒿 P. longiflora** var. **tubiformis**

66. 下唇3裂片先端平圆或平截；花冠黄色；植株密被细毛 ……………………… 78. **刺齿马先蒿 P. armata**

63. 花冠浅红色，花冠筒长达12厘米 …………………………………………………… 79. **极丽马先蒿 P. decorissima**

56. 花冠筒较萼短约2倍。

67. 花冠上唇下缘有长须毛。

68. 花冠上唇舟形，喙短。

69. 花冠非黄色。

70. 花冠白色，上唇上部紫红色，额部黄色；植株高0.6（1–）米；叶披针状线形，长3–15厘米，羽状深裂；花萼长5–6.5毫米 ……………………………………………………………………… 4. **粗野马先蒿 P. rudis**

70. 花冠深玫瑰色或黑紫色；植株高13–40厘米；叶卵状长圆形或披针状长圆形，长2.5–6厘米，浅裂或具重锯齿；花萼长约9毫米 ……………………………………………………… 6. **长舟马先蒿 P. dolichocymba**

69. 花冠黄色。

71. 叶线状披针形或窄披针形，羽状深裂，裂片达20对；花序密被腺毛 …………… 5. **美观马先蒿 P. decora**

71. 叶长圆状线形，具缺刻状重锯齿，多达40余对；花序密被粗毛 ………………… 7. **硕大马先蒿 P. ingens**

68. 花冠上唇非舟形，喙长。

72. 喙与下唇近等长。

73. 叶常浅裂或深裂；喙稍下弯或转指后方，先端无刷状毛。

74. 花冠黑紫红色，上唇背部密被紫红色长毛，喙细长转向后方 …………… 8. **毛盔马先蒿 P. trichoglossa**

74. 花冠黄色，除喙外均被黄色柔毛；喙稍下弯 ………………………………… 9. **毛颏马先蒿 P. lasiophrys**

73. 叶常羽状全裂；喙直伸，先端被一丛刷状毛 ……………………………… 13. **绒舌马先蒿 P. lachnoglossa**

72. 喙长于下唇。

75. 叶宽卵形，长达16厘米，宽达10厘米；花萼长约5毫米，前方深裂；花冠上唇无紫黑色圆斑点…………

………………………………………………………………………………………… 11. **卓越马先蒿 P. excelsa**

75. 叶披针状长圆形，长2-7厘米，宽达3厘米；花萼长2.5-3毫米，前方不深裂；花冠上唇额部有紫黑色圆斑点。

76. 叶下面密被浅黄色柔毛；花萼长约3毫米，下唇中裂近无柄，稍前凸 …… 14. **康定马先蒿 P. kangtingensis**

76. 叶下面无毛；花萼长约2.5毫米，下唇中裂有柄，前凸 ……………………… 14(附). **反曲马先蒿 P. recurva**

67. 花冠上唇下缘无长须毛。

77. 茎细弱，常倾卧或蔓生；花常腋生。

78. 茎常2-4条，被毛；叶椭圆状披针形，宽3厘米，羽状全裂，裂片5-12对，羽状深裂 或浅裂，有缺刻状齿 ………………………………………………………………………………… 21. **腋花马先蒿 P. axillaris**

78. 茎常单条，近无毛；叶卵形或椭圆形，宽3-5厘米，羽状全裂，裂片2-7对，具重锯齿 ………………………………………………………………………………………… 22 . **蔊菜叶马先蒿 P. nasturtiifolia**

77. 茎直立或稍弯曲上升，或茎短；花非腋生。

79. 花序长，多花，无间断。

80. 叶全茎生；萼齿5，花冠长约1厘米，下唇长为上唇1/4-1/3；花丝无毛 ………… 10. **维氏马先蒿 P. vialii**

80. 叶基生或茎生均有；萼齿3；花冠长1.2-1.6厘米，下唇较上唇长；花丝均被毛。

81. 花冠紫或红色，喙卷成半环形或略S形，端向后方，无鸡冠状凸起 ……………… 59. **扭盔马先蒿 P. davidii**

81. 花冠黄色，上唇紫或紫红色，长喙S形，端向上，有鸡冠状凸起 ………… 59(附). **扭旋马先蒿 P. torta**

79. 花序近头状，少花，若伸长，则基部有间断。

82. 萼齿2-3。

83. 萼齿2；叶均茎生或多茎生，叶缘有浅重锯齿；喙短，不弯曲或转折；下唇较小，不包上唇。

84. 花长2-2.5厘米，花冠筒基部向右扭旋，下唇及上唇成返顾状，喙较长；下唇有缘毛 …………………………………………………………………………………… 31. **返顾马先蒿 P. resupinata**

84. 花长2.8-3.5厘米；花冠筒直伸，下唇及上唇不返顾，喙不明显，下唇无缘毛，有啮痕状细齿 ………………………………………………………………………………… 32. **黑马先蒿 P. nigra**

83. 萼齿3；叶基生，叶羽状深裂，喙较长，弯曲或转折；下唇宽大，包上唇。

85. 花萼长1-1.2厘米，前方深裂至1/2；花冠紫或浅紫红色，喙转折；下唇有长缘毛 ………………………………………………………………………………… 71. **裹盔马先蒿 P. elwesii**

85. 花萼长2--3厘米，前方浅裂至1/4；花冠白色，下唇中央有红晕，上唇略镰状弓曲，下唇有细缘毛或近无毛 ……………………………………………………… 71(附). **光唇马先蒿 P. fletcherii**

82. 萼齿5。

86. 茎叶常2或无叶；花萼前方稍开裂，萼齿近相等；花冠白色 ………………… 25. **华中马先蒿 P. fargesii**

86. 茎叶多于2；花萼前方深裂，萼齿不等；花冠非白色。

87. 花序多少近头状。

88. 花冠淡黄色，上唇紫色，喙不卷曲 ……………………………………… 58. **球状马先蒿 P. strobilacea**

88. 花玫瑰色，喙常S形卷曲 ……………………… 60. **大唇似鼻花马先蒿 P. rhinanthoides** subsp. **labellata**

87. 花序多少成总状。

89. 茎基部倾卧，弯曲上升；花冠筒较萼长2倍，下唇中裂片不凹下。

90. 花长1.8-2.3厘米，上唇中部向前上方弓曲，喙较短；蒴果长达1.6厘米 ………………………………………………………………………………… 33. **江南马先蒿 P. henryi**

90. 花长2.5-3厘米，上唇近直角向前膝曲，喙较长；蒴果长约1.1厘米 …… 34. **西南马先蒿 P. labordei**

89. 茎斜升；花冠筒与萼近等长；下唇中裂片先端微凹 …………………… 35. **糠秕马先蒿 P. furfuracea**

1.　野苏子　　图 281 : 1-2

Pedicularis grandiflora Fisch. in Mém. Soc. Imp. Nat. Mosc. 3: 60. 1812.

多年生草本，高达1米以上；常多分枝，全株无毛。根成丛，稍肉质。茎粗壮。叶互生；基生叶早枯，茎生叶柄长达7厘米，叶卵状长圆形，长达23厘米，二回羽状全裂，裂片披针形，羽状深裂或全裂，有具白色胼胝粗齿。花序长总状，花稀疏；苞片近三角形，不显著。花萼长约8毫米，萼齿5，相等，三角形，具细齿；花冠紫色，长2.5-3.5厘米，上唇镰刀状，无齿，下唇稍较短，不开展，3裂，裂片圆卵形，略等大，互盖；雄蕊4，2强，药室有长刺尖，花丝无毛。蒴果卵圆形，长约1.3厘米，宽约9毫米，有凸尖，稍侧扁，室相等。

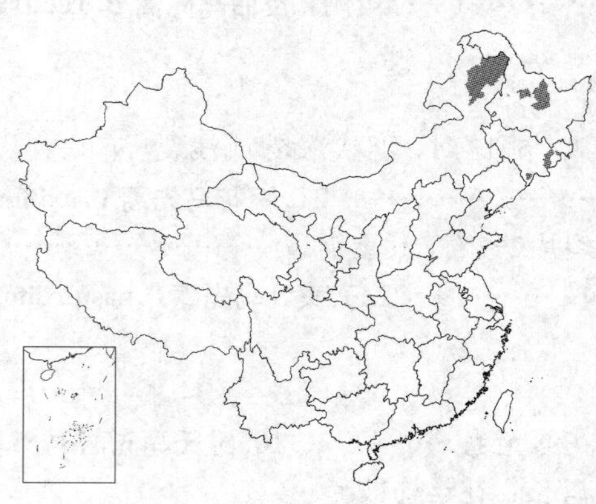

产黑龙江、吉林及内蒙古东部，生于海拔350米水泽和草甸。俄罗斯西伯利亚东部有分布。

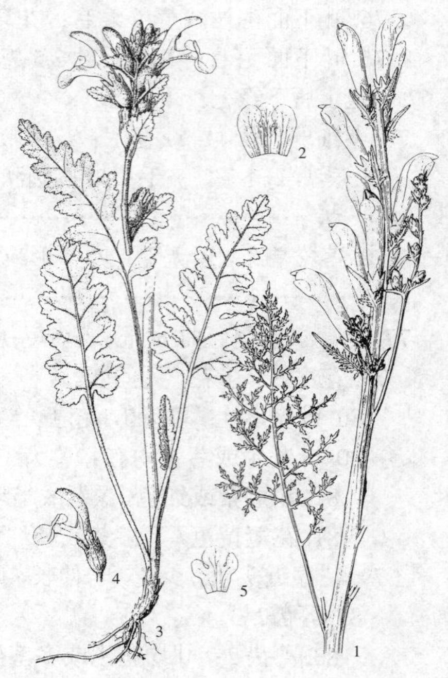

图 281：1-2. 野苏子 3-5. 茨口马先蒿
（冯晋庸绘）

2.　茨口马先蒿　　图 281 : 3-5

Pedicularis tsekouensis Bonati in Bull. Soc. Bot. France 54: 373. 1907.

多年生草本，高达60厘米；全株被毛。根细长，丛生。基生叶多，常成莲座状；叶柄长（1）2-10厘米，叶披针状长圆形或卵状椭圆形，长2-8厘米，羽状浅裂或深裂，裂片4-10对，斜卵形或三角形，被毛，有重锯齿，茎生叶无或少，与基生叶相似但较小，柄较短。花序头状或总状，长达25厘米以上，花稀疏；苞片叶状。花梗长约9毫米；花萼长约1厘米，萼齿5，不等；花冠淡黄或玫瑰色，常有紫斑，长达3厘米，花冠筒稍长于萼，上唇背部有毛，近顶端密被毛，下唇有长柄，3裂，裂片开展，中裂较大；花丝1对被毛，药室有尖头。花期6-9月。

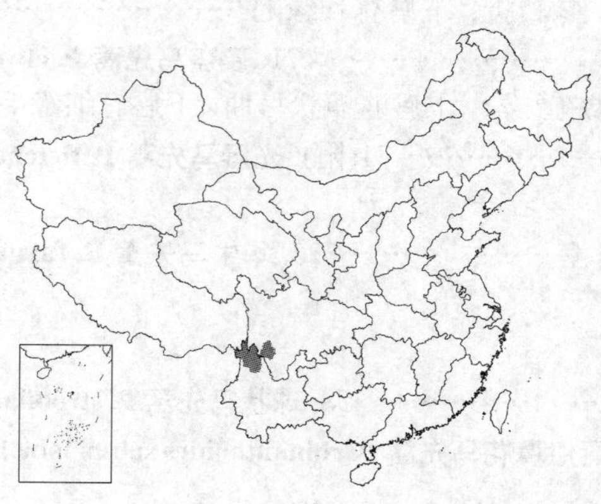

产云南西北部及四川西南部，生于海拔3000-4500米松林或杜鹃灌丛中多石砾干旱地方。

3.　山西马先蒿　　图 282 : 1-3

Pedicularis shansiensis P. C. Tsoong, Fl. Reipubl. Popul. Sin. 68: 397. 41. 1963.

多年生草本，高达70厘米。茎中空，具条纹，被长毛。叶全茎生，披针状线形，长5-12厘米，宽0.8-4.5厘米，基部宽楔形抱茎，羽状深裂，裂

片9-15对，三角状卵形或披针状长圆形，羽状浅裂，小裂片有具胼胝的尖齿，两面疏生白色长毛。花序长达18厘米；苞片叶状，较花长。花萼长约1.4厘米，前方不裂，5齿不等长，后方1枚较小；花冠淡黄色，长约4.5厘米，密生腺毛；花冠筒长2.5厘米，上唇圆钝，下缘无长须毛，顶端无小凸尖，下唇中裂后方与侧裂片相接处有2褶襞；花丝无毛。蒴果长圆状卵圆形，稍侧扁，长约2厘米。种子三角形，长约4毫米，有蜂窝状孔纹。

产河南西部、山西南部及陕西南部，生于海拔1100-2400米草坡或灌丛中。

图 282 :1-3. 山西马先蒿 4-5. 白氏马先蒿（冯晋庸绘）

[附] **白氏马先蒿** 图 282 : 4-5 **Pedicularis paiana** H. L. Li in Proc. Acad. Nat. Sci. Philad. 101: 61. 1949. 本种与山西马先蒿的区别：花冠上唇下缘前庙略三角形，具小凸尖，下缘有长须毛，下唇中裂两侧后方与侧裂相接处无褶襞；花丝有毛。花期7-8月。产甘肃及四川西部，生于海拔2800-3000米草坡或疏林中。

4. 粗野马先蒿 图 283

Pedicularis rudis Maxim. in Bull. Acad. Imp. Sci. St. Pétersb. 24 : 67. 1877.

多年生草本，高0.6（-1）米。上部多分枝，多毛。叶全茎生，无柄，抱茎，披针状线形，长3-15厘米，宽0.8-2.2厘米，羽状深裂，裂片达24对，长圆形或披针形，被毛，有重锯齿。花序长穗状，长达30厘米以上，被腺毛；下部苞片叶状，上部的卵形，较花萼长；花萼长5-6.5毫米，密被白色腺毛，萼齿5，略相等，有锯齿；花冠白色，长2-2.2厘米，花冠筒长约1.2厘米，与上唇均被密毛，上唇上部紫红色，额部黄色，顶端具小凸喙，下缘被长须毛，下唇与上唇近等长，裂片卵状椭圆形，具长缘毛；花丝无毛。蒴果宽卵圆形，略侧扁，长约1.3厘米。种子稍肾状椭圆形，有网纹。花期7-8月，果期8-9月。

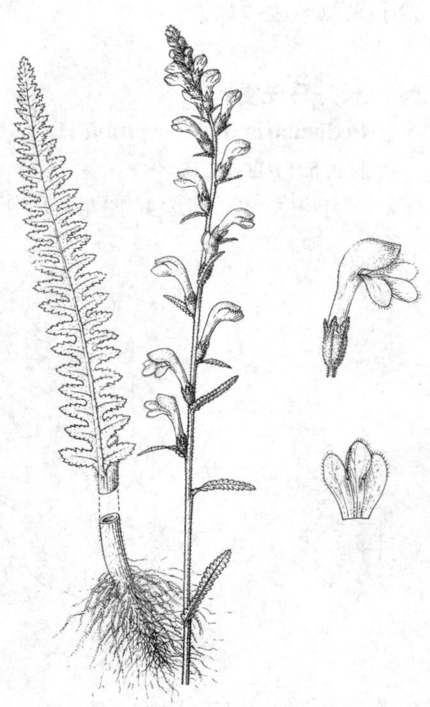
图 283 粗野马先蒿（冯晋庸绘）

产内蒙古西部、宁夏、甘肃东部、青海东部、西藏东部、四川北部及中西部，生于海拔2200-3400米草坡、灌丛或疏林中。

5. 美观马先蒿 图 284

Pedicularis decora Franch. in Bull. Soc. Bot. France. 48: 28. 1900.

多年生草本，高达1米。茎不分枝或上部分枝，疏被白色长毛。叶线状披针形或窄披针形，长达10厘米，宽达2.5厘米，羽状深裂，裂片约20对，长圆状披针形，有重锯齿。花序长穗状，下部花疏散，密被腺毛；下部苞片叶状，向上渐小，卵形，全缘；萼长3-4毫米，密被腺毛，齿三角形，近全缘；花冠黄色，花冠筒长1.2厘米，外面被毛，上唇与下唇近等长，舟形，喙短，下缘有长须毛，下唇裂片卵形，中裂片较大于侧裂片；花柱伸出。果卵圆形，稍扁，长1.4厘米，2室相等，顶端刺尖。

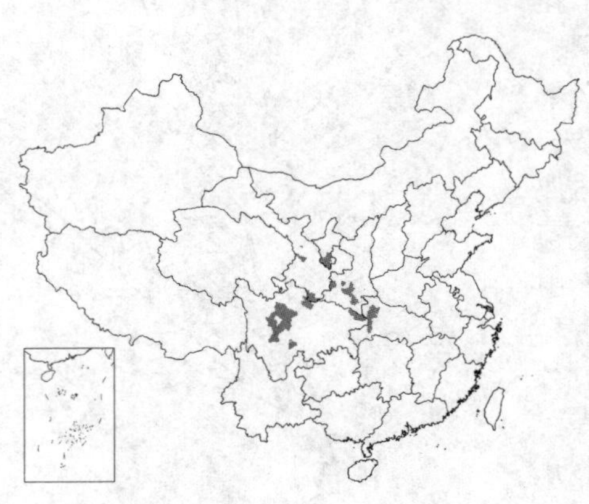

产甘肃南部、宁夏南部、陕西南部、湖北西部及四川，生于海拔2200-2800米草坡或疏林中。

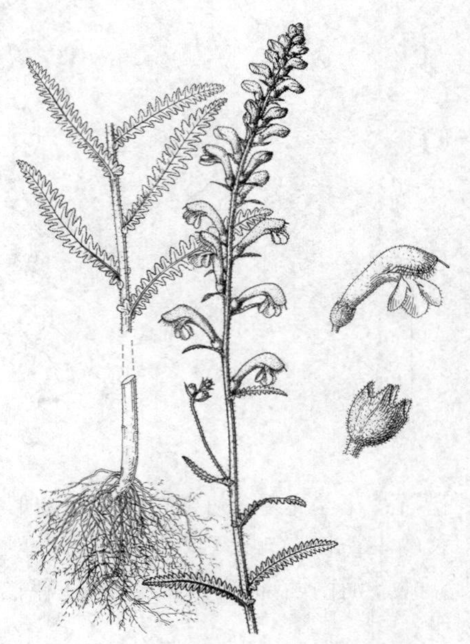

图 284 美观马先蒿 （冯晋庸绘）

6. 长舟马先蒿 图 285

Pedicularis dolichocymba Hand.-Mazz. in Anz. Akad. Wiss. Wien, Math.-Nat. 57: 102. 1920.

多年生草本，高达40厘米，稀分枝。茎具纵沟，沟中被褐色毛。叶互生，无柄；基生叶鳞片状；茎生叶卵状长圆形或披针状长圆形，长2.5-6厘米，宽0.3-2厘米，上面中肋密被褐色短毛，下面中肋疏生长毛，有浅裂或重锯齿。花序头状或短总状；苞片叶状。萼长约9毫米，萼齿5，卵形，有锯齿；花冠深玫瑰色或黑紫色，长2.3-2.8厘米，花冠筒长约1.4厘米，无毛，上唇舟形，具短喙，被疏毛，下缘密生长须毛，下唇短于上唇，裂片卵形，近相等；花丝无毛；花柱伸出喙端达8毫米，常下弯。果序长达12厘米；蒴果扁卵圆形，长2厘米，有小凸尖，包于宿萼内。花期8月。

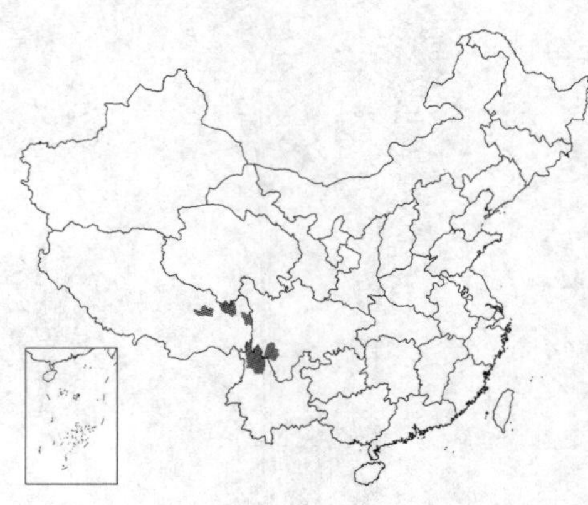

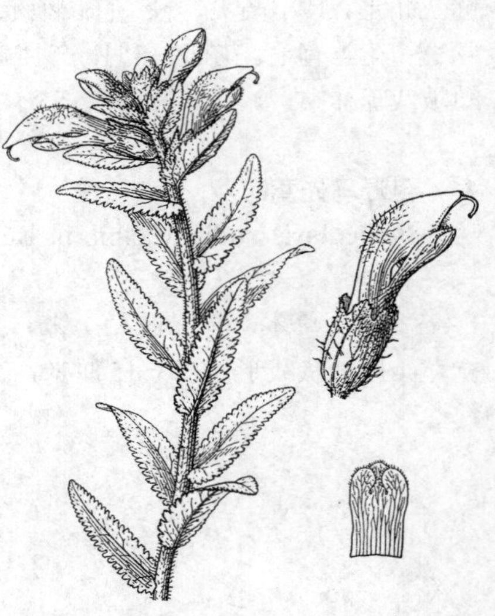

图 285 长舟马先蒿 （冯晋庸绘）

产云南西北部、四川西南部及西藏东北部，生于海拔3500-4300米草坡或岩坡。

7. 硕大马先蒿 图 286 彩片 49

Pedicularis ingens Maxim. in Bull. Acad. Imp. Sci. St. Pétersb. 32: 565. 1888.

多年生草本，高达60厘米以上。茎直立，中空，被毛，基部有膜质长

圆形鳞片。基生叶早枯；茎生叶基生耳状抱茎，长圆状线形，长达9厘米，宽1.2厘米，有缺刻状重锯齿，多达40余对。花序长达20厘米，苞片叶状，多短于花，与萼均被密粗毛。萼长达1.2厘米，齿5，略不等，具锯齿；花冠黄色，长约2.5厘米，花冠筒细，长约1.4厘米，近顶端稍前弓曲，有2毛带，上唇包被雄蕊部分稍膨大，略舟形，下缘有长须毛，顶端有不明显短喙，喙端2裂，下唇长约8毫米，中裂片较宽，宽倒卵形，基部后面有2折襞，裂片有细圆齿；花丝1对有毛；柱头稍伸出。花期7-9月。

产甘肃西南部、青海东南部及南部、四川及云南西北部，生于海拔3000-200米高山草坡或多岩石处。

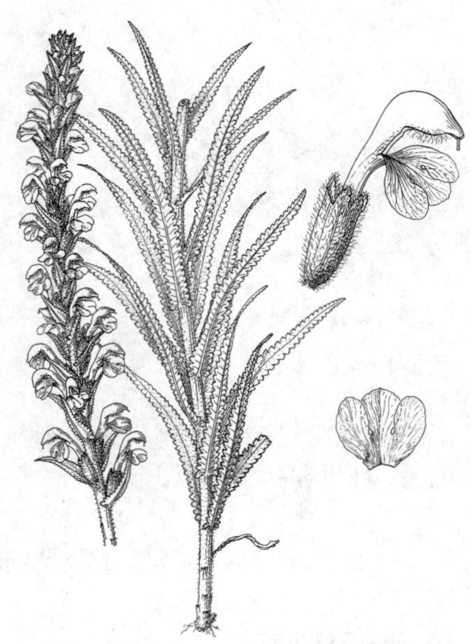

图 286 硕大马先蒿（冯晋庸绘）

8. 毛盔马先蒿 图 287

Pedicularis trichoglossa Hook. f. Fl. Brit. Ind. 4: 310. 1884.

多年生草本，高达60厘米。茎不分枝，沟纹中被毛。叶无柄，抱茎，

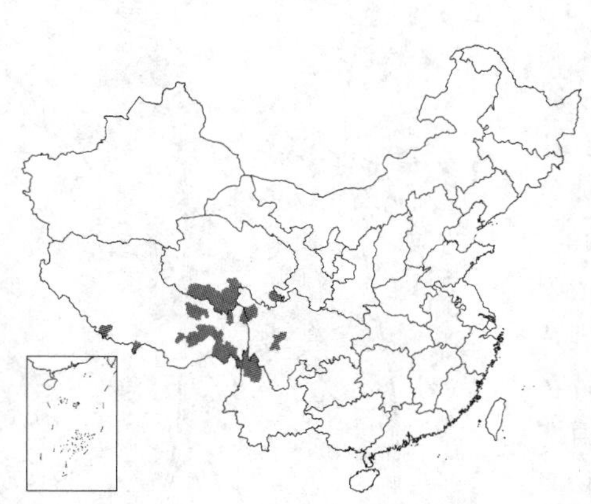

线状披针形，长2-7厘米，宽0.3-1.5厘米，羽状浅裂或深裂，裂片20-25对，有重锯齿，上面中脉密被褐色短毛。花序总状，长6-18厘米，轴被密毛；苞片线形，不显著，密被毛。花梗长3毫米，有毛；萼长0.8-1厘米，密生黑紫色长毛，齿5枚；花冠黑紫红色，花冠筒近基部弓曲，花前俯，上唇背部密被紫红色长毛，喙细长转向后方，无毛，下唇宽大于长，3裂，中裂片圆形，侧裂近肾形，与中裂片两侧稍迭置；花柱稍伸出喙端。果宽卵形，长1.2-1.5厘米，稍伸出宿萼。

产云南西北部、四川西部、西藏、青海南部及东南部，生于海拔3500-5000米高山草地或疏林中。不丹、印度、尼泊尔及锡金有分布。

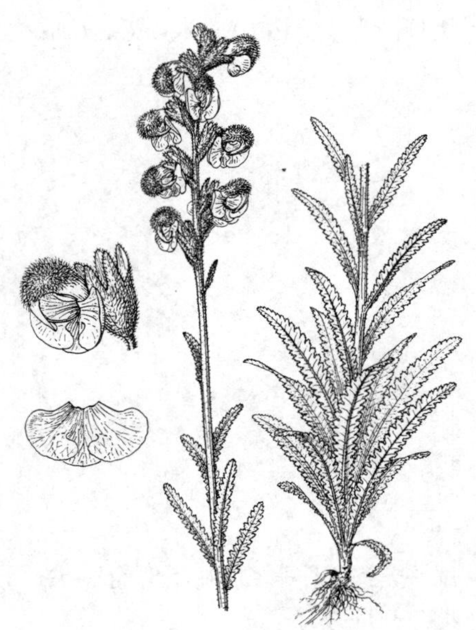

图 287 毛盔马先蒿（冯晋庸绘）

9. 毛颏马先蒿 图 288

Pedicularis lasiophrys Maxim. in Bull. Acad. Imp. Sci. St. Pétersb. 24: 68. 1877.

多年生草本。茎直立，常不分枝，沟纹中被毛。叶密集基部，稍莲座状。茎中部以上几无叶，下部叶有短柄，稍上者无柄，多少抱茎，长圆状

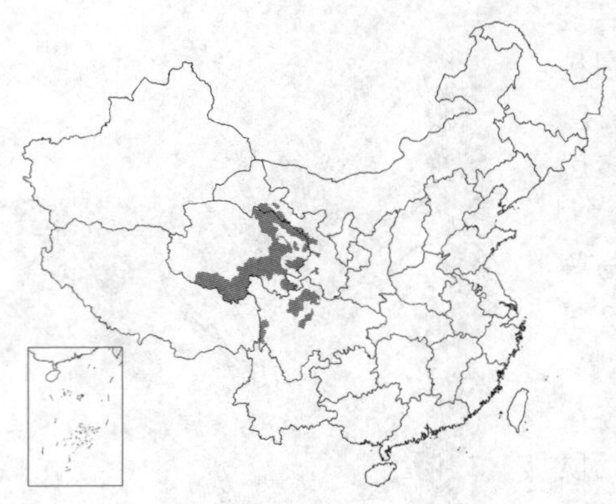

线形或披针状线形，长达4厘米，宽达1.1厘米，叶缘有羽状裂片或深齿，裂片有重齿或小裂片，幼时上面疏生白毛，下面疏生褐色毛。花序头状或短总状；苞片叶状，密生褐色腺毛。花萼长6-8毫米，被密毛，萼齿5；花冠黄色，花冠筒稍长于萼，上唇上部直角转折，喙细长稍下弯，无毛，上唇中下部及颏部均密被黄色柔毛；下唇稍短于上唇，裂片圆形，无缘毛；花丝无毛。蒴果卵状椭圆形，长达1厘米，黑色，稍扁平，有小凸尖。花期7-8月。

产甘肃、青海及四川，生于海拔2900-5000米高山草甸或疏林中湿润处。

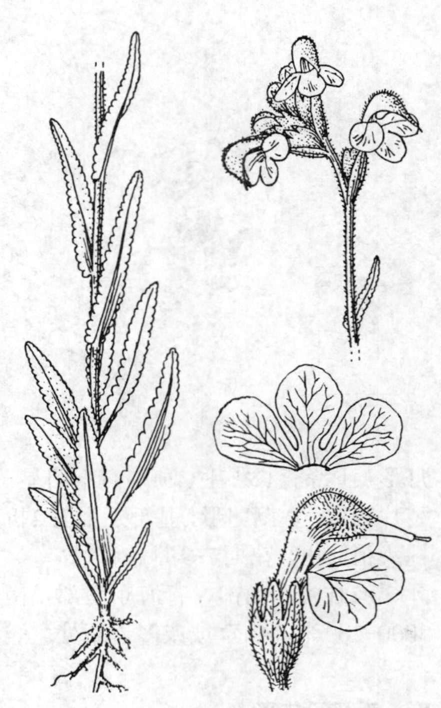

图 288 毛颏马先蒿 （冯晋庸绘）

10. 维氏马先蒿 图 289：1-3

Pedicularis vialii Franch. ex Forbes et Hemsl. in Journ. Linn. Soc. Bot. 26: 219. 1890.

茎高达80厘米，近无毛。叶全茎生，柄长2-5厘米，被疏毛，叶披针状长圆形，长达10厘米，宽达6厘米，羽状深裂或全裂，裂片5-10对，具小裂片，有重锯齿，脉上被毛。花序总状；上部苞片线形，短于花萼；花萼长5-6毫米，光滑，萼齿5，三角形，全缘；花冠长约1厘米，白色，具玫瑰色或紫色的喙，上唇下缘无须毛，喙长约5毫米，上卷，下唇依附上唇，长5毫米，3裂，侧裂片肾形，基部外方有耳，中裂片在前，基部与侧裂片前端稍迭置；花丝无毛。果序长达30厘米；果披针形，长约1.1厘米，扁平，2室不等，顶端下弯有刺尖，下部2/5为宿萼所包。花期5-8月，果期7-9月。

产云南西北部、四川西南及西藏东南部，生于海拔2700-4300米针叶林下或草坡。缅甸北部有分布。

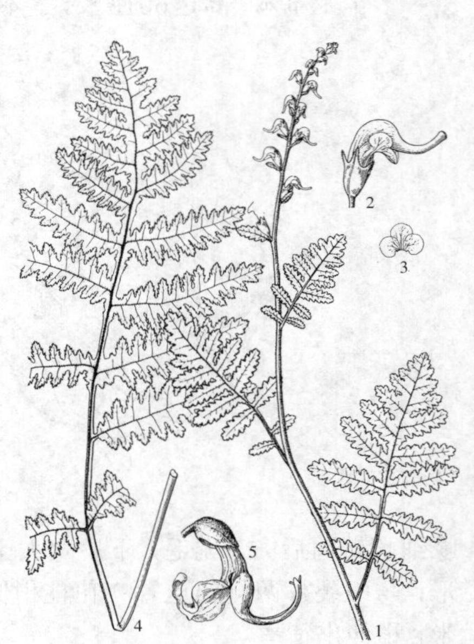

图 289：1-3. 维氏马先蒿 4-5.卓越马先蒿 （冯晋庸绘）

11. 卓越马先蒿 图 289：4-5

Pedicularis excelsa Hook. f. Fl. Brit. India 4: 311. 1884.

多年生草本，高达1.6米。茎中空，有分枝。基部叶早枯；叶柄长2-6厘米，叶宽卵形，长达16厘米，宽达10厘米，三回羽状浅裂或全裂，裂片卵状披针形，6-15对，小裂片具刺尖齿。花序总状，长6-20厘米；苞片叶状，长约9毫米，短于花。花梗短；花萼长约5毫米，前方深裂，萼齿5，长不及1毫米，钝三角形，全缘；花冠筒自萼裂口斜面伸，向上稍扩大，上唇下缘有密须毛，喙细，长约1厘米，顶端2裂，下唇卵状长圆形，长1.8厘米，顶端3裂，侧裂片小而圆，中裂片线形，有缘毛；花丝无毛。蒴果卵状长圆形，较萼长约4倍，顶端钝，有斜网脉。花期8月。

产西藏南部，生于海拔3200-3600米密林中及沼泽地。不丹、尼泊尔及锡金有分布。

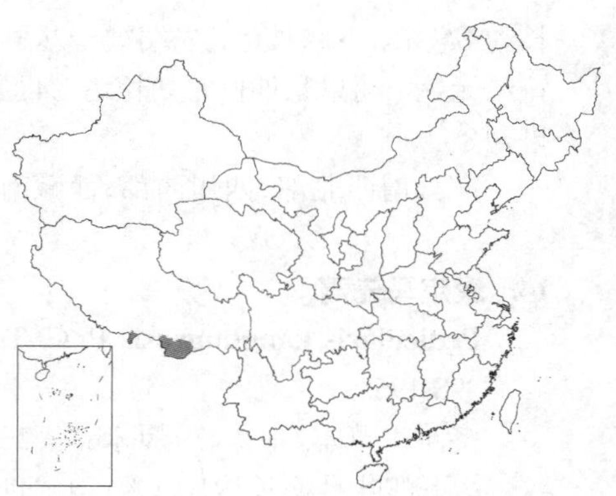

12. 红纹马先蒿 图 290

Pedicularis striata Pall. in Reise Russ. Reich. 3: 737. 1776.

多年生草本，高达1米。茎直立，密被短卷毛，老时近无毛。基生叶丛生，茎生叶多数，柄短，叶披针形，长达10厘米，宽3-4厘米，羽状深裂或全裂，裂片线形，有锯齿。花序穗状，长6-22厘米，轴被密毛；苞片短于花，无毛或被缘毛。花萼长1-1.3厘米，被疏毛，萼齿5，不等，卵状三角形，近全缘；花冠黄色，具绛红色脉纹，长2.5-3.3厘米，上唇镰刀形，顶端下缘具2齿，下唇稍短于上唇，不甚张开，3浅裂，中裂片较小，叠置于侧裂片之下；花丝1对有毛。蒴果卵圆形，长0.9-1.6厘米，有短突尖。花期6-7月，果期7-8月。

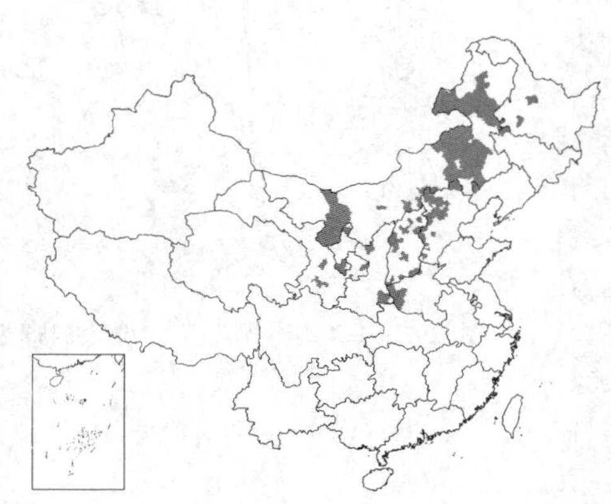

产黑龙江、吉林、内蒙古、河北、河南、山西、陕西、甘肃及宁夏，生于海拔1300-2700米高山草原或疏林中。蒙古及俄罗斯西伯利亚有分布。

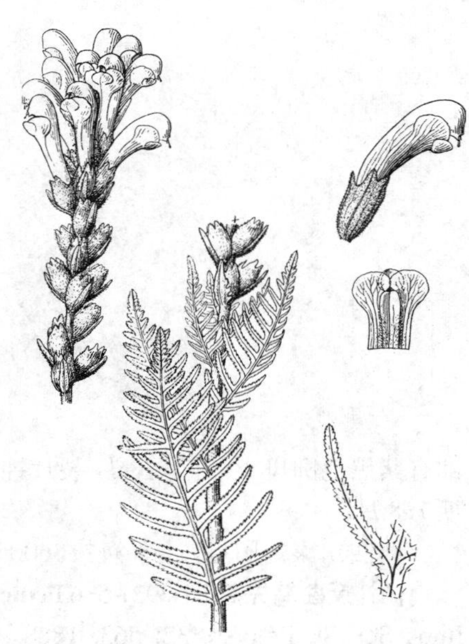

图 290 红纹马先蒿（冯晋庸绘）

13. 绒舌马先蒿 图 291

Pedicularis lachnoglossa Hook. f. Fl. Brit. Ind. 4: 311. 1884.

多年生草本，高达50厘米。茎2-5（-8）条，被褐色柔毛。基生叶丛生，柄长3.5-8厘米，叶披针状线形，长达16厘米，宽1-2.6厘米，羽状全裂，裂片20-40对，披针形，羽状深裂或有重锯齿；茎生叶不发达。花序总状，长达20厘米；苞片线形，短于花。花梗短；花萼圆筒状长圆形，长约1厘米，前方稍开裂，萼齿线状披针形，缘有长柔毛；花冠紫红色，长1.6厘米，花冠筒近中部稍前曲，上唇包雄蕊部分近直角转折向前下方，颏部与额部及其下缘均密被浅红褐色长毛，喙细，

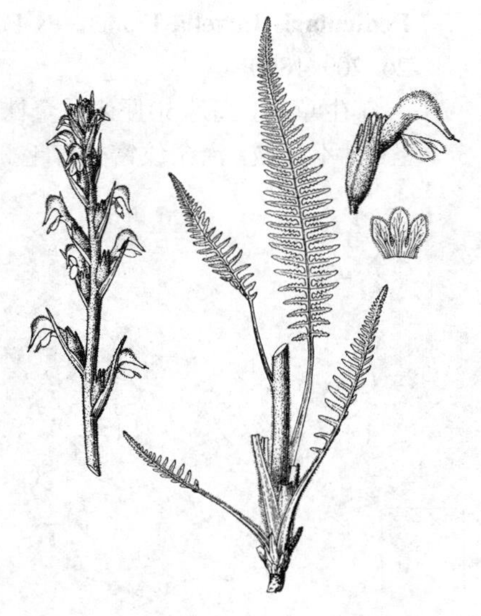

图 291 绒舌马先蒿（冯晋庸绘）

长约4毫米，下缘被毛，先端被一丛刷状毛；下唇3深裂，被红褐色缘毛；花丝无毛。蒴果长卵圆形，长达1.4厘米，大部为宿萼所包。花期6-7月，果期8月。

产云南西北部、四川西部、西藏南部及东部，生于海拔2500-5400米高山草甸、疏林或灌丛中多石处。不丹、尼泊尔及锡金有分布。

14. 康定马先蒿 图 292：1-4

Pedicularis kangtingensis P. C. Tsoong, Fl. Reipubl. Popul. Sin. 68: 69. 398.1963.

多年生草本，高达39厘米。茎2-3条，直立，稻草色，有紫黑色纵斑纹。茎下部叶具柄长达8厘米，上部叶柄短；叶披针状长圆形，长2-7厘米，宽达3厘米，下面密被浅黄色柔毛，羽状全裂或深裂，裂片羽状深裂或具缺刻状齿。花序总状，长5.5-11厘米，花疏散；上部苞片窄卵形，缘有白绵毛；花萼紫红色，长3毫米，萼齿三角形，全缘，缘有绵毛；花冠紫红色，花冠筒长约3毫米，上唇下弯，前端具弯向前上方的长喙，颏部与下缘均有密绵毛，额部有紫黑色圆斑点，下唇3裂，裂片钝圆，中裂片近无柄，稍向前凸出。花期7-8月。

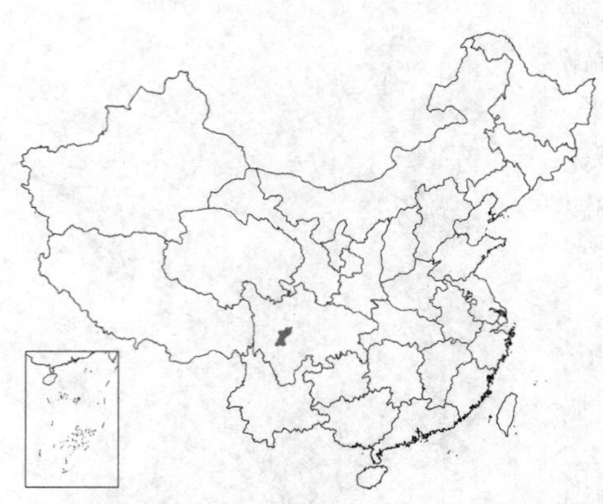

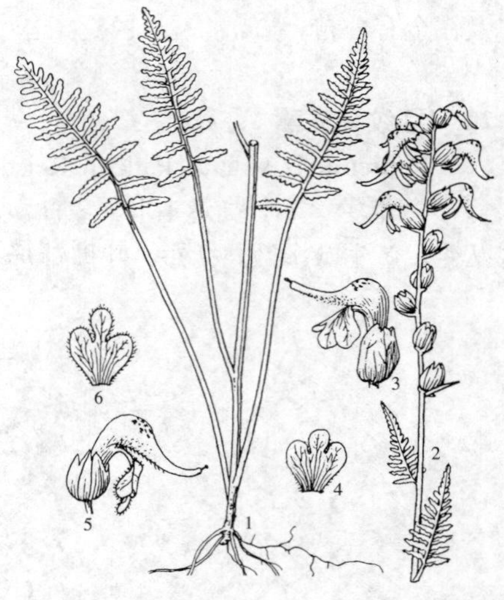

图 292：1-4. 康定马先蒿 5-6.反曲马先蒿（冯晋庸绘）

产四川康定附近，生于海拔3600米高山草地。

[附] **反曲马先蒿** 图 292：5-6 **Pedicularis recurva** Maxim. in Bull. Acad. Imp. Sci. St. Pétersb. 32: 563. 1888. 本种与康定马先蒿的区别：叶下面无毛，萼长2.5毫米，花冠筒长3.5毫米，伸出萼外，下唇中裂片有柄，前凸。产甘肃西南部及四川西部，生于海拔3300-3400米砾石地或岩壁。

15. 粗毛马先蒿 图 293

Pedicularis hirtella Franch. ex Forbes et Hemsl. Journ. Linn. Soc. Bot. 26: 209. 1890.

二年生草本，高达50厘米；全株密被红褐色粗毛，有时为腺毛。茎直立，坚挺，不分枝，沿条纹密生腺毛。基生叶较大，稍莲座状，叶柄长0.4-1厘米，叶卵状长圆形或披针状长圆形，长达5厘米，宽2-2.5厘米，羽裂，裂片9-15对，卵形或卵状披针形，具齿，下面沿脉密生长毛。花序穗状，长7-14厘米；苞片叶状。花萼圆筒形，长约1厘米，被腺毛，萼齿5，线状长圆形；花冠白或玫瑰色，长达3厘米，被腺毛，花冠筒较萼长约2倍，上唇长1-1.1厘米，中下部向前呈镰刀状，下

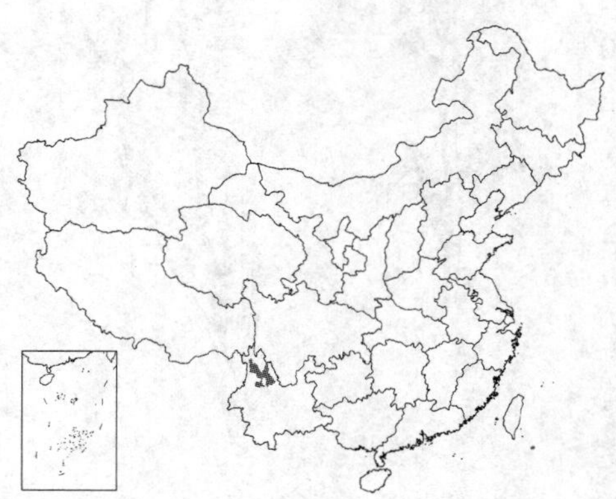

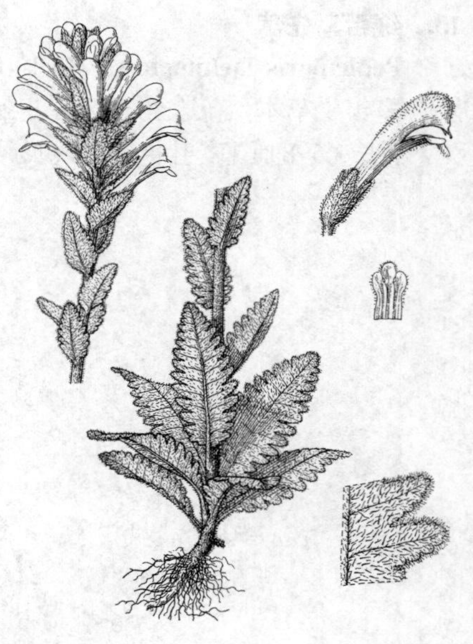

图 293 粗毛马先蒿（冯晋庸绘）

缘具2齿，下唇几不开展，开花时裂片向下张开，裂片有缘毛；花丝均无毛。花期8-9月。

产云南西北部，生于海拔2800-3700米石坡和灌丛中。

16. 丹参马先蒿 图 294

Pedicularis salviaeflora Franch. ex Forbes et Hemsl. in Journ. Linn. Soc. Bot. 26: 215. 1890.

多年生草本，高达1.3米。茎直立，下部常木质化，分枝细长，有时略蔓性，沿条纹密被毛。叶对生，柄长达1.5厘米，叶卵形或长圆状披针形，长达7厘米，宽达3.5厘米，两面均密被短毛，羽状深裂或全裂，裂片10-14对，卵状披针形或长圆形，具锯齿。总状花序花疏生，长达25厘米。花梗细弱，被毛；花萼长1-1.5厘米，前方开裂至2/5，密被腺毛，萼齿5，具锯齿；花冠玫瑰红色，长3.5-5厘米，被疏毛，花冠筒长1.4-2.4厘米，上唇无齿，无喙，与下唇近等长，镰刀状，近顶端具长毛，下唇长1.5-2厘米，裂片圆形；花丝无毛。蒴果卵圆形，长1.2-1.5厘米，密被毛，顶端具弯曲尖喙。花期8-9月，果期10-11月。

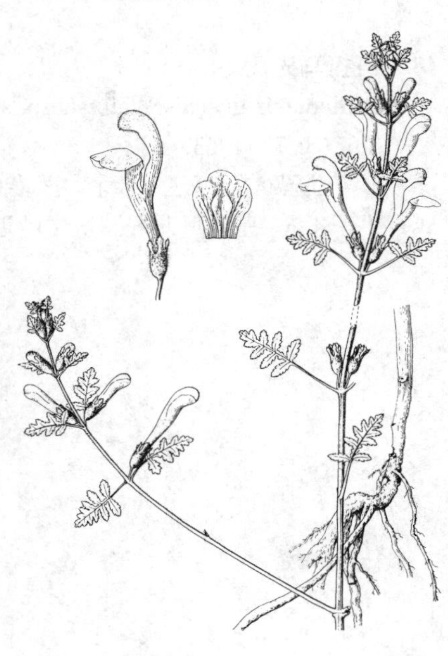

图 294 丹参马先蒿 （冯晋庸绘）

产云南及四川西南部，生于海拔2000-3900米草坡、灌丛中或林下。

17. 假山萝花马先蒿 图 295：1-3

Pedicularis pseudomelampyriflora Bonati in Bull. Soc. Bot. France 57. Mem. 18: 29. 1910. nom. subnud. et in Notes Roy. Bot. Gard. Edinb. 15: 155. 1926.

一年生草本，高达60余厘米。茎单出，上部多分枝，分枝3-4条轮生，细长，沟纹被毛。叶3-6轮生，柄短，叶卵状长圆形或披针状长圆形，长2.5-4.5厘米，宽达1.5厘米，下面中脉被毛，羽状深裂或全裂，裂片线形，缘有粗齿。花序总状，花轮生。花梗短；苞片叶状，短于花，密生白色长毛。花萼长约4毫米，被疏长毛，萼齿不等大，具锯齿；花冠玫瑰色，长1.8-2.1厘米，花冠筒与上唇近等长，在萼中弓曲，上唇镰状弓曲，背部至额部有鸡冠状凸起，下缘前端有2齿，下唇长0.9-1.2厘米；花丝一对有毛。

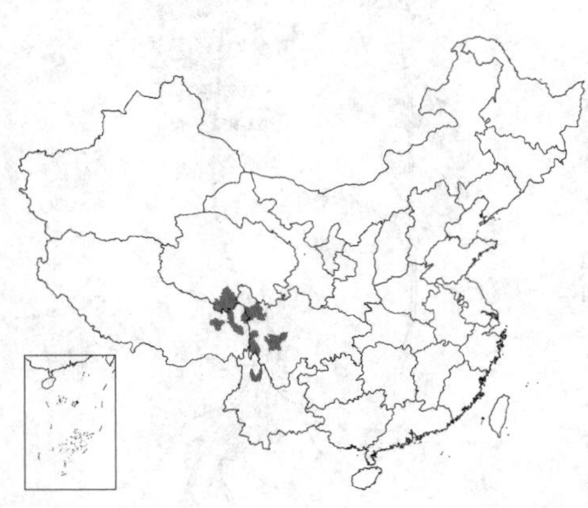

产云南西北部、四川西部、西藏东北部及青海南部，生于海拔3000-3800米湿润地或灌丛边缘。

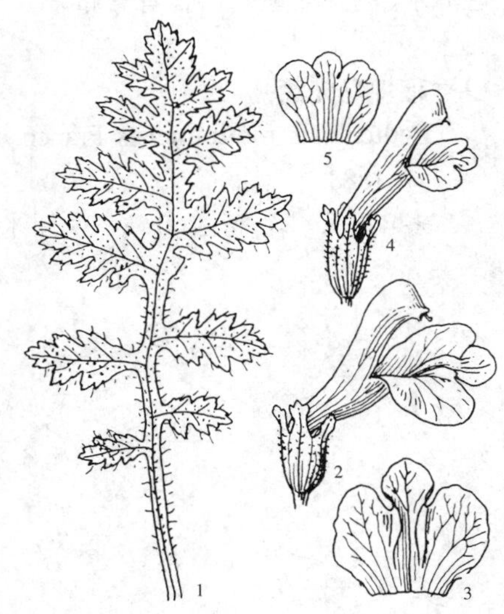

图 295：1-3.假山萝花马先蒿 4-5. 山萝花马先蒿 （冯晋庸绘）

[附] **山萝花马先蒿** 图 295：4-5 **Pedicularis melampyriflora** Franch. ex Maxim. in Bull. Acad. Imp. Sci.

St. Pétersb. 32: 603. 1888. 本种与假山萝花马先蒿的区别：花长1.6厘米，上唇长为花冠筒长1/2，额部无鸡冠状凸起，花丝均无毛。产四川西南部及云南西北部，生于海拔2700-3600米山坡或疏林中。

18.　纤挺马先蒿　　图 296

Pedicularis gracilis Wall. subsp. **stricta** P. C. Tsoong, Fl. Rripubl. Popul. Sin. 68: 78. 1963.

一年生草本，高达1米余。茎多分枝，分枝多4条轮生，常坚挺，具成行毛3-4条。基生叶早枯，茎生叶近无柄，3-4枚轮生；叶卵状长圆形，长2.5-3.5厘米，宽1-1.5厘米，羽状全裂，裂片6-9对，长圆形，有缺刻状锯齿，上面中脉被毛，下面几无毛。花序总状，顶生，花多4枚轮生，花轮疏离；苞片叶状，顶生，花萼管状，不裂，长5-6毫米，具10条凸起主脉，沿脉被短毛，萼齿5，短而全缘；花冠紫红色，长1.2-1.5厘米，花冠筒长7-8毫米，上唇稍膨大，直角转折，喙细，长4-5.5毫米，顶端略2裂，下唇中裂片较侧裂片约小2倍；雄蕊花丝无毛。蒴果宽卵形，锐尖，长约8毫米。

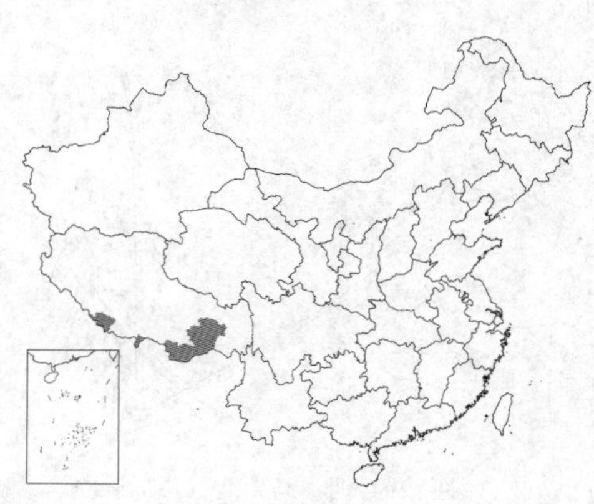

产西藏南部及东部，生于海拔2200-3800米高山草坡。阿富汗、不丹、尼泊尔、巴基斯坦及锡金有分布。

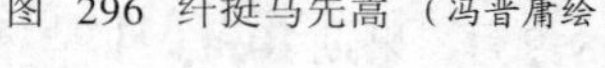

图 296　纤挺马先蒿（冯晋庸绘）

19.　穆坪马先蒿　　图 297

Pedicularis moupinensis Franch. in Nouv. Arch. Mus. Paris ser. 2, 10: 67. 1888.

多年生草本，高达60（-70）厘米。茎中空，具成行毛4条；分枝4条轮生。基生叶大，柄长达9厘米，叶披针形或长圆状披针形，长达12厘米，宽达5.5厘米，羽状全裂，裂片8-20对，卵形或线状长圆形，羽状半裂或全裂，有重锯齿，茎生叶较基生叶小，柄较短或近无柄，叶披针状椭圆形。花序长6-16厘米，花轮生，每轮（2-）4朵。苞片叶状，长于萼；花萼长约5.5毫米，前方开裂，萼齿5，窄三角形，常全缘；花冠紫色，花冠筒较萼长，上唇上端直角弯向前方，喙细而上翘，长约7毫米，下唇长1.4厘米，有缘毛；花丝有毛。蒴果卵状披针形，长约9毫米，略镰状弓曲。花期8月。

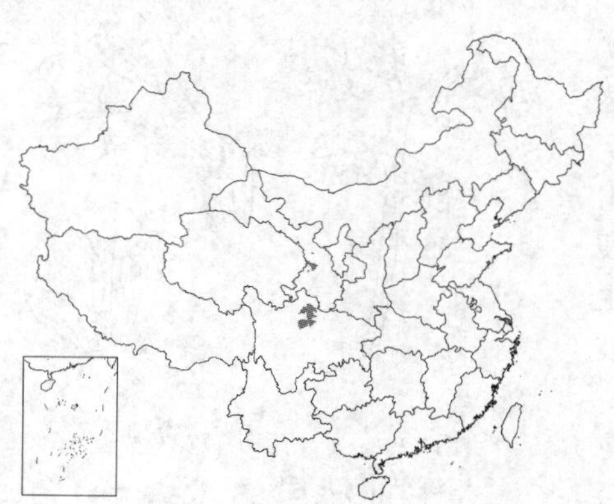

产甘肃中南部及四川北部。

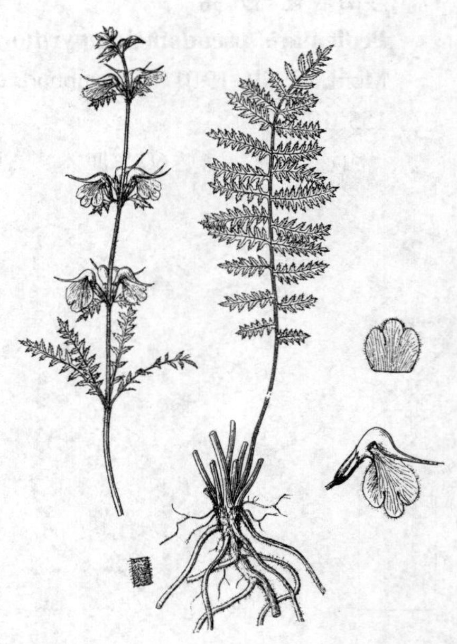

图 297　穆坪马先蒿（王凤祥绘）

20. 短茎马先蒿 图 298

Pedicularis artselaeri Maxim. in Bull. Acad. Imp. Sci St. Pétersb. 24: 84. 1877.

多年生草本，高达6厘米。根肉质。茎细短，被毛，基部被披针形或卵形黄褐色膜质鳞片及枯叶柄。叶柄长5.5-9厘米，铺散，密被柔毛；叶长圆状披针形，长7-10厘米，宽2-2.5厘米，羽状全裂，裂片8-14对，卵形，羽状深裂，有缺刻状锯齿。花腋生。花梗长达6.5厘米，细柔弯曲，被长柔毛；花萼长1.2-1.8厘米，被长柔毛，萼齿5，叶状；花冠紫色，长3-4厘米，花冠筒直伸，较萼长，上唇长约1.3厘米，镰状弓曲，先端尖，顶部稍钝，下唇稍长于上唇，伸展，裂片圆形，近相等；花丝均被长毛。蒴果卵圆形，长约1.3厘米，全为膨大宿萼所包。

产河北、山西南部、陕西中南部、甘肃东南部、湖北西部及四川东部，生于海拔1000-2800米石坡、草丛或林下湿润处。

图 298 短茎马先蒿 （冯晋庸绘）

21. 腋花马先蒿 图 299

Pedicularis axillaris Franch. ex Maxim. in Bull. Acad. Imp. Sci St. Pé tersb. 32: 555. 1888.

多年生草本，植物常倾卧。茎常2-4条，基部分枝，分枝细长偃卧，被毛。叶多对生，柄长达2.5厘米，叶椭圆状披针形，长达8厘米，宽3厘米，羽状全裂，裂片5-12对，羽状深裂或浅裂，有缺刻状锯齿。花腋生。花梗花时直立，花后伸长而弯曲，长达2.5厘米；花萼长6毫米，陀螺状圆筒形，萼齿5，上部有缺刻状锯齿；花冠紫色，花冠筒较萼长2倍，直伸，无毛，上唇直角转折向前，喙细长，前端稍向下方，下唇长8毫米，中裂片稍前凸，均有缘毛；花丝无毛。蒴果偏圆形，长约8毫米，1/2为宿萼所包。花期6-8月。

产云南西北部、四川西南部、青海东部、西藏东南部及东北部，生于海拔3000-4000米湿润草坡、河岸、林下或灌丛中。

图 299 腋花马先蒿 （引自《图鉴》）

22. 蔊菜叶马先蒿 图 300

Pedicularis nasturtiifolia Franch. in Bull. Soc. Bot. France 47: 28. 1900.

多年生草本。茎常单条，偃蔓，近无毛。叶对生或近对生，柄长1-5厘米，被疏长毛，叶卵形或椭圆形，长达9厘米，宽3-5厘米，上面有疏粗毛，下面近无毛，羽状全裂，裂片2-7对，卵形，具重锯齿。花腋生。花梗纤细，长0.8-2厘米，近无毛；

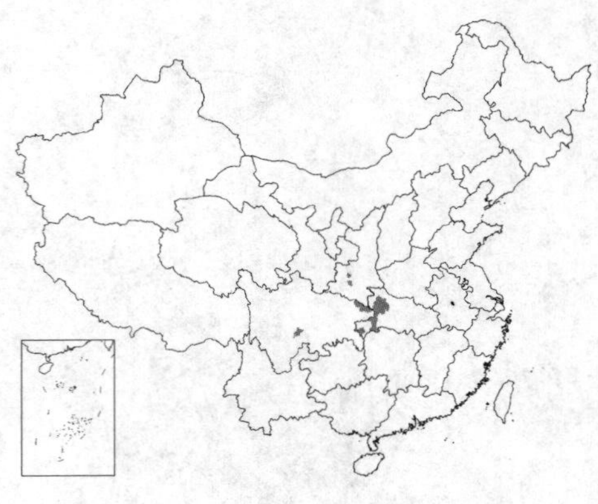

花萼圆筒状倒圆锥形，长约7毫米，主脉5条，基部沿主脉有白色疏长毛，萼齿5，稍不等，叶状；花冠玫瑰色，花冠筒长约1.2厘米，上唇顶端直角转折，包雄蕊的部分与喙均向前下方，下唇大，中裂片窄卵形，几不凸出，均有缘毛；雄蕊花丝前方1对被毛。

产陕西南部、湖北西部及西南部、四川东北部及中南部，生于海拔约2000米林下、湿润草坡或灌丛中。

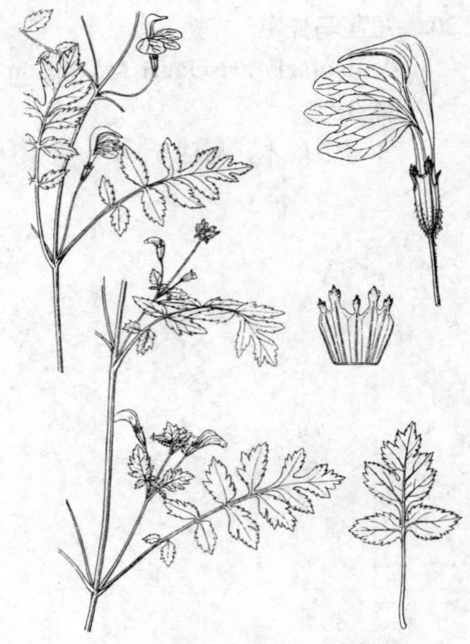

图 300 蕨菜叶马先蒿（引自《图鉴》）

23. 地管马先蒿 图 301

Pedicularis geosiphon H. Smith. et P. C. Tsoong, Fl. Reipubl. Popul. Sin. 68: 102. 400. 1963.

多年生草本，蔓生，根茎鞭状纤细，长达10厘米，节上常生有紫红色、披针状长圆形膜质鳞片。茎常2-4条，直立部分1-2厘米，黑色，叶5-6枚，叶柄长达3厘米，近无毛，叶线状长圆形，长达4厘米余，宽1.5厘米，羽状全裂，裂片斜卵形，4-5对，缘有重锐齿，上面疏被短毛。花单生叶腋。花梗短，黑色而光滑；花萼圆筒形，长约9.5毫米，有疏长毛，前方裂至中部，萼齿5，不等大；花冠筒长4.5-6.5厘米，外面有毛，上唇近顶部两边有小齿，顶端直角转折，喙细而直伸，长约4毫米，下唇宽大，长约2厘米，较长于上唇；花丝均无毛。

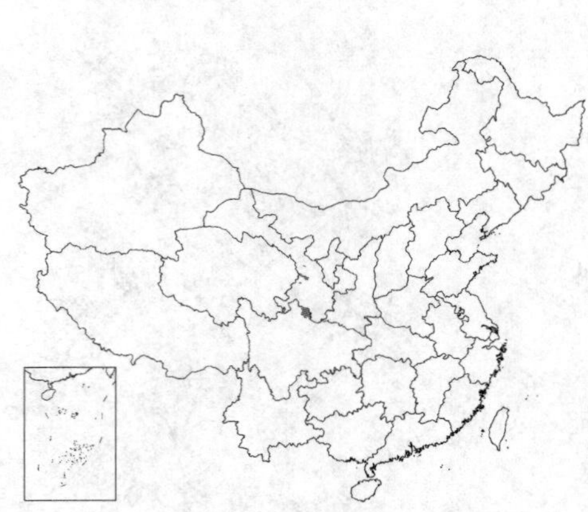

产甘肃中南部及四川北部，生于海拔3500-3900米针叶林中苔藓层。

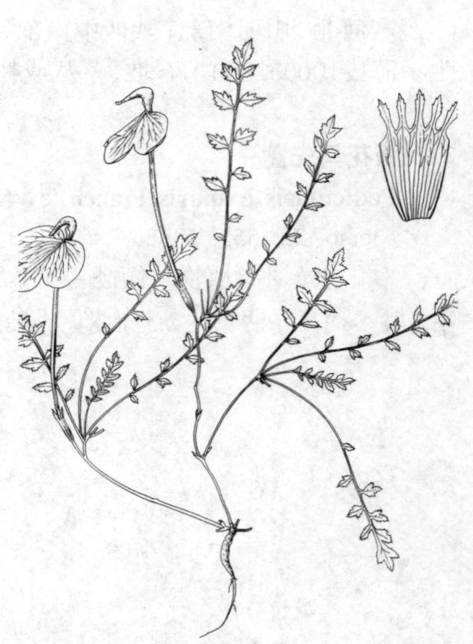

图 301 地管马先蒿（引自《中国植物志》）

24. 藓生马先蒿 图 302

Pedicularis muscicola Maxim. in Bull. Acad. Imp. Sci. St. Pétersb. 24: 54. 1877.

多年生草本；多毛。根茎粗，顶端有宿存鳞片。茎丛生，中间者直立，外层多弯曲上升或倾卧，长达25厘米。叶柄长达1.5厘米，有疏长毛；叶椭圆形或披针形，长达5厘米，羽状全裂，裂片4-9对，有重锐齿，上面被毛。花腋生。花梗长达1.5厘米；花萼圆筒形，长达1.1厘米，前方不裂，萼齿5，上部卵形，有锯齿；花冠玫瑰色，花冠筒长4-7.5厘米，外面被毛，上唇近基部向左扭折，顶部向下，喙长达1余厘米，向上卷曲成S形，下唇宽达2厘米，中裂片长圆形；花丝均无毛，花柱稍伸出喙端。蒴果偏卵

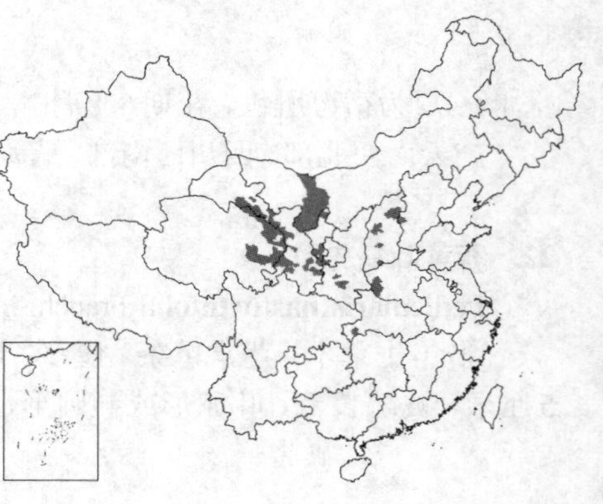

形，长1厘米，为宿萼所包。花期5-7月，果期8月。

产内蒙古西部、河北、山西、河南西部、湖北西南部、陕西南部、宁夏、甘肃、青海东北部及东部，生于海拔1700-2700米林中、冷杉林苔藓层或阴湿处。

图 302 藓生马先蒿（冯晋庸绘）

25. 华中马先蒿 法氏马先蒿　　图 303

Pedicularis fargesii Franch. in Bull. Soc. Bot. France 47: 26. 1900.

一年生或二年生草本，高达40厘米；近无毛。茎细弱，具2叶或无叶。基出叶柄长4-7厘米；叶卵状长圆形或椭圆状长圆形，长5-6厘米，羽状深裂或羽状全裂，裂片5-8对，卵状长圆形，缘有缺刻状重锯齿，上面无毛，下面沿脉有白色短毛，茎叶2枚，对生或近对生，较小或无叶。头状花序顶生，有5-6花，苞片叶状。花萼长约1厘米，前方稍开裂，萼齿5，近相等，缘有锯齿；花冠白色，长约2厘米，花冠筒细长，长为萼约2倍，上唇新月状弓曲，喙细长，顶端稍向下钩曲，下唇稍短于上唇，中裂片较小，均被缘毛；花丝上部均被长毛；柱头常伸出。花期6-7月。

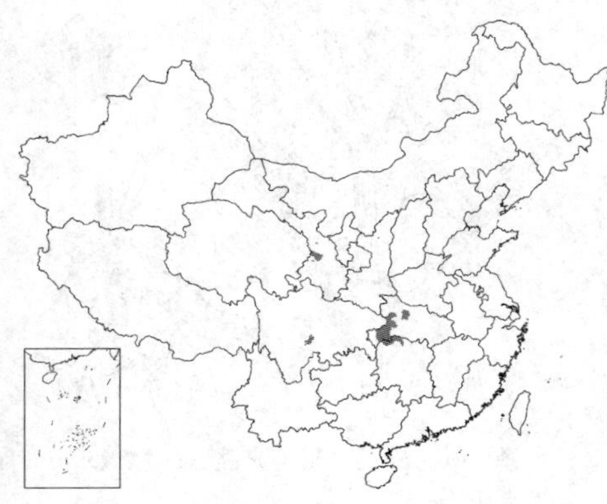

产甘肃中南部、四川中南部及东部、湖北西部及西南部、湖南北部，生于海拔1400-1800米石灰岩上、松林中或草坡。

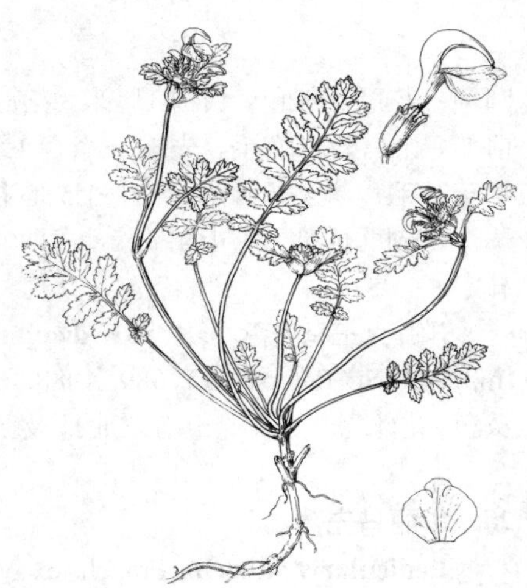

图 303 华中马先蒿（冯晋庸绘）

26. 二歧马先蒿　　图 304

Pedicularis dichotoma Bonati in Bull. Soc. Bot. France 55: 247. 1908.

多年生草本，高达30厘米以上。茎被毛，具对生枝条或不分枝。叶对生，连柄长达7厘米，羽状全裂，裂片5-7对，线形，边缘具微突起胼胝，植株上部叶柄渐宽。花序长穗状，长5-12厘米，花对生，2-18对；苞片卵形，先端常羽状全裂，被缘毛。花近无梗；花萼膨大，多少坛状，长卵形，膜质，长约1.3厘米，具5棱角，棱被毛，萼齿5，三角形，全缘，后方1枚甚小；花冠粉红色，长约2厘米，上唇直立部分前缘具1对小齿，其上以略大于直角向前下方骤折，喙细长直伸，下唇几不开展，中裂片较小，边缘均无波状齿；花丝有毛。蒴果卵圆形，包于膨大宿萼内，有喙状凸尖。花期7-9月。

产云南西北部、四川西部及西藏东南部，生于海拔2700-4300米山坡或疏林中。

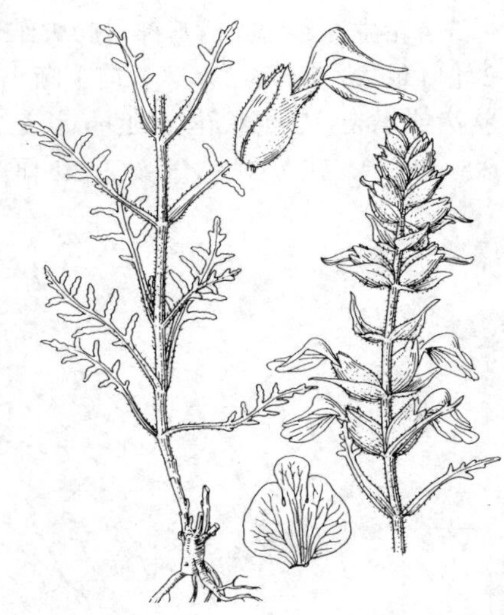

图 304 二歧马先蒿（冯晋庸绘）

27. 立氏大王马先蒿 大王马先蒿立氏变种 图 305

Pedicularis rex Clarke subsp. **lipskyana** (Bonati) P. C. Tsoong, Fl. Reipubl. Popul. Sin. 68: 1111963.

Pedicularis lipskyana Bonati in Bull. Soc. Bot. France 57: 60. 1911.

多年生草本，高达90厘米。茎直立，有棱角和条纹，幼时被毛；枝轮生。叶（3）4（5）枚轮生；最下部叶柄常不膨，离生，较上部叶柄多膨大，与同轮叶柄结合成状体，体高达0.5-1.5厘米，叶线状长圆形或披针状长圆形，长3.5-12厘米，宽1-4厘米，羽状深裂或全裂，裂片10-14对，具锯齿。花序穗状，花轮生，苞片叶状，基部均膨大结合为斗状体。花萼长1-1.2厘米，膜质，无毛，萼齿2，宽而圆钝；花冠紫红色，长约3厘米，花冠筒长2-2.5厘米，在萼内微弯曲，花前俯，上唇背部有毛，先端下缘有2细齿，下唇锐角开展，中裂片小；花丝疏被毛。蒴果卵圆形，长1-1.5厘米，具短喙。

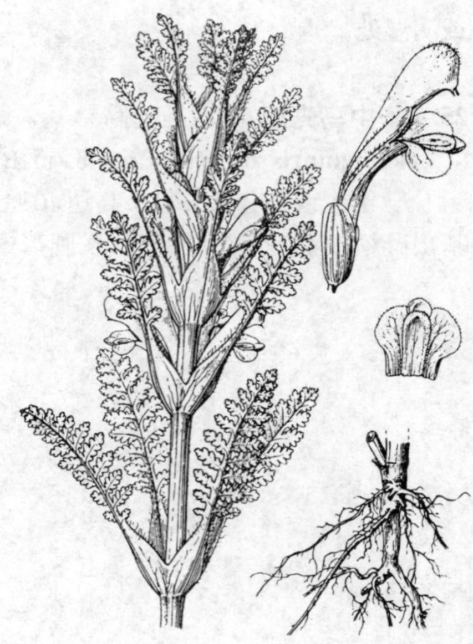

图 305 立氏大王马先蒿 （冯晋庸绘）

产湖北西部、四川西部及云南西北部，生于海拔3000-4300米山地或疏林中。

[附] **大王马先蒿** 彩片 50 **Pedicularis rex** Clarke ex Maxim. in Bull. Acad. Imp. Sci. St. Pétersb. 32: 589. 1888. 本种与立氏大王马先蒿的区别：花冠黄色，花丝密被毛。产云南东北部及西北部、四川西南部，生于海拔2500-4300米空旷山坡草地、山谷或稀疏针叶林中。缅甸北部及印度（阿萨姆）有分布。

28. 华丽马先蒿 图 306：1-3

Pedicularis superba Franch. ex Maxim. in Bull. Acad. Imp. Sci. St. Pétersb. 32: 589. 1888.

多年生草本，高达90厘米。茎直立，幼时被疏毛，不分枝，节明显。叶3-4轮生；上部叶柄基部常膨大结合成斗状；叶长椭圆形，最下部的1-2轮叶最大，长9-13厘米，向上渐小，羽状全裂，裂片12-15对，有缺刻状齿或小裂片。穗状花序顶生，长达20厘米；苞片叶状，被毛，斗状体高0.5-1厘米。花萼膨大，长2.2-2.5厘米，萼齿5，不等长，后方1枚最小；花冠紫红或红色，长3.7-5厘米，花冠筒长1.5-3厘米，近顶端稍宽前弯，上唇直立，近顶端转折向前，下方具三角形短喙，下唇宽大于长，长1.7-2厘米，边缘有时疏被纤毛；花丝均被毛。蒴果扁卵圆形，长2-2.5厘米。

产四川西南部及云南西北部，生于海拔2800-4000米高山草地、开旷山坡或林缘荫处。

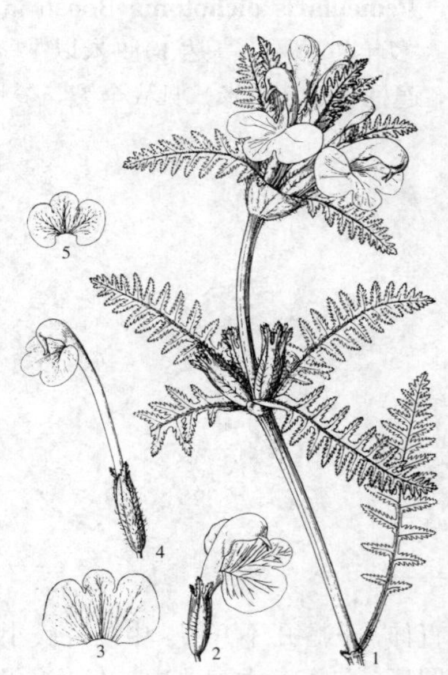

图 306：1-3. 华丽马先蒿 4-5. 斗叶马先蒿 （冯晋庸绘）

29. 斗叶马先蒿 图 306 : 4-5

Pedicularis cyathophylla Franch. in Bull. Soc. Bot. France 47: 25. 1900.

多年生草本，高达55厘米。茎直立，不分枝，被毛。叶3-4枚轮生，基部结合成斗状体，高达5厘米；叶长椭圆形，长达14厘米，宽4厘米，羽状全裂，裂片有锯齿，齿端常成刺毛状，下面脉上被稀纤毛。花序穗状；苞片叶状，被毛。花萼长1.5厘米，被长毛，前方开裂，萼齿2，有缺刻状重锯齿；花冠紫红色，长5-6厘米，花冠筒细，长3.5-5（6）厘米，近顶端直角转折，上唇前俯，向后下方骤折为喙，喙长7毫米，尖端向下，下唇宽大于长，多少包上唇；花丝均被毛，柱头内藏上唇内。花期7-8月。

产云南西北部、四川西部及青海南部，生于海拔4700米高山草地。

30. 拉不拉多马先蒿 图 307

Pedicularis labradorica Wirsing. Ecolog. Bot. 2: t. 10. 1778.

二年生草本，高达30厘米。茎直立，坚挺，被毛，常多分枝；枝互生，稀对生。叶互生，有时在枝上者对生；柄长0.2-1厘米；叶线状披针形，长1.5-6厘米，羽状浅裂，裂片有细齿，上面无毛，下面被腺毛。总状花序顶生；苞片叶状，有锯齿。花梗长约1毫米；花萼长6-7毫米，脉明显，常被毛，前方开裂，萼齿3枚，不等，全缘；花冠黄色，有时上唇先端粉红色，长1.8-2厘米，花冠筒较萼长，无毛，上唇顶端下弯，下缘稍凸出，具2披针形小齿，下唇不甚开展，3裂，具紫色斑纹，中裂片较小，均被缘毛；雄蕊花丝一对被毛。蒴果宽披针形，顶端尖，基部为宿存花萼所包。花期8月，果期9月。

产内蒙古东北部(大兴安岭)，生于海拔300-900米落叶松林及林下。并广布亚洲、北美及欧洲的北极及亚极区。

[附] **江西马先蒿 Pedicularis kiangsiensis** P. C. Tsoong et Cheng f. Fl. Reipubl. Popul. Sin. 68: 119. 401. 1963. 本种与拉不拉多马先蒿的主要区别：多年生草本；叶长卵形或披针状长圆形，常羽状深裂；萼齿2；花丝无毛。产江西武功山，生于海拔1500-1700米阳坡岩石上或者说山顶灌丛边缘。

图 307 拉不拉多马先蒿（冯晋庸绘）

31. 返顾马先蒿 图 308

Pedicularis resupinata Linn. Sp. Pl. 608. 1753.

多年生草本，高达70厘米。茎上部多分枝。叶均茎生，互生或中下部叶对生；叶柄长0.2-1厘米；叶卵形或长圆状披针形，长2.5-5.5厘米，宽1-2厘米，有钝圆重齿，齿上有浅色胼胝或刺尖，常反卷。花序总状；苞片叶状。花萼长6-9毫米，长卵圆形，前方深裂，萼齿2；花冠长2-2.5厘米，淡紫红色，花冠筒长1.2-1.5厘米，基部向右扭旋，下唇及上唇成返顾状，上唇上部两次稍膝状弓曲，顶端成圆锥状短喙，背部常被毛，下唇稍长于上

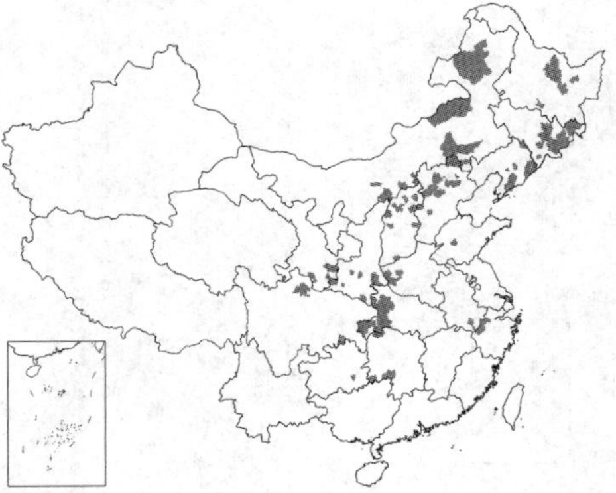

唇，锐角开展，有缘毛，中裂片较小，略前凸；花丝1对有毛。蒴果斜长圆状披针形，长1.1-1.6厘米。

产黑龙江、吉林、辽宁、内蒙古、河北、山西、河南、山东、安徽南部、浙江西部、湖北、湖南、贵州、四川、甘肃南部及陕西南部，生于海拔300-2000米湿润草地或林缘。欧洲、俄罗斯、蒙古、朝鲜半岛及日本有分布。

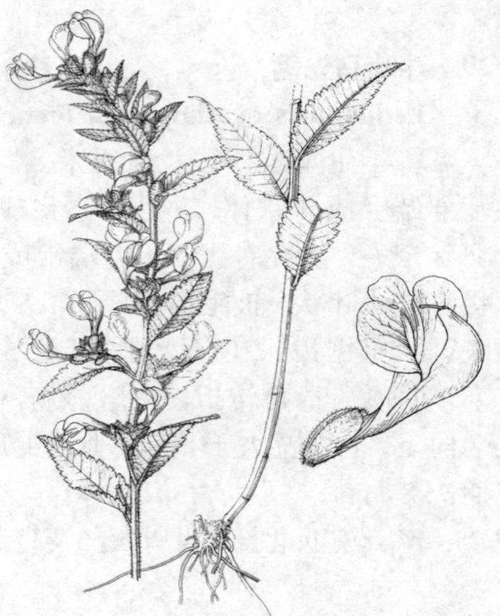

图 308 返顾马先蒿（冯晋庸绘）

32. 黑马先蒿 图 309

Pedicularis nigra (Bonati) Vaniot ex Bonati in Notes Roy. Bot. Gard. Edinb. 13: 130. 1921.

Pedicularis colletti Prain var. *nigra* Bonati in Bull. Acad. Glogr. Bot. 13: 240. 1904.

多年生草本，高达70厘米；无毛。茎直立坚挺，无棱角。叶互生，稀少数假对生；叶柄长达10厘米，向上渐短；叶卵状椭圆形、披针状长圆形、线状披针形或窄披针形，向上渐窄，长达7厘米，宽达9毫米，有重锯齿，常反卷，上面密被粗毛。花序穗状；苞片叶状。花萼长1-1.5厘米，前方开裂1/2，萼齿2，先端圆，有小凸片；花冠紫堇红色，长2.8-3.5厘米，疏生细毛，花冠筒长达2.2厘米，直伸，上唇弓曲镰状，喙不明显，下唇长达1.4厘米，宽1.1厘米，中裂片基部两侧2褶襞延至花冠喉部，裂片均有啮痕状细齿；花丝均被疏毛。蒴果斜披针形，长1.4厘米，大部为宿萼所包。花期7-10月，果期8-11月。

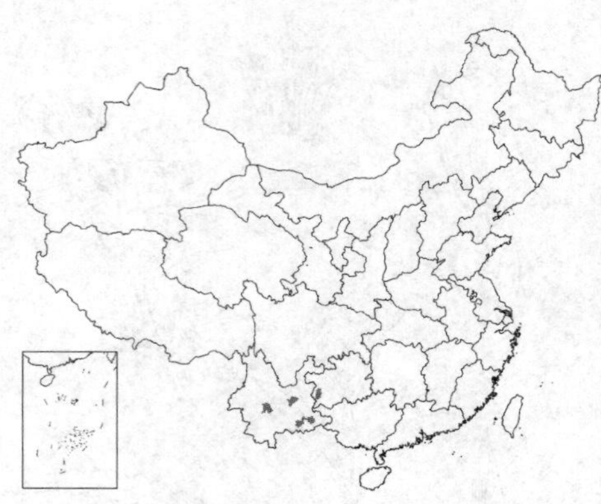

产云南及贵州西部，生于海拔1100-2300米草坡。

图 309 黑马先蒿（冯晋庸绘）

33. 江南马先蒿 亨氏马先蒿 图 310

Pedicularis henryi Maxim. in Bull. Acad. Imp. Sci . St. Pétersb. 32: 560. 1888.

多年生草本，高达35厘米。茎基生3-5条，多少倾卧，弯曲上升，常多分枝，密被锈褐色毛。叶茂密，互生；柄纤细，长0.5-1.5厘米，被柔毛；叶长圆状披针形或线状长圆形，长1.5（-3.4）厘米，宽5（-8）毫米，两面均被毛，羽状全裂，裂片6-8（-12）对，具白色胼胝齿，常反卷。总状花序长达20厘米。花梗长3-5毫米，密被毛；花萼长达8毫米，前方裂至1/2-2/3，萼齿

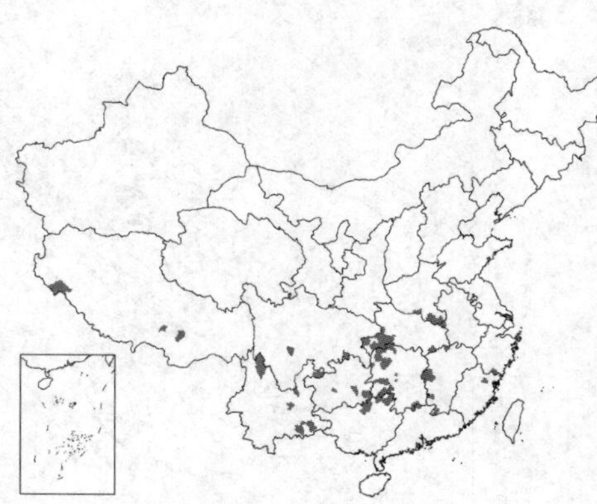

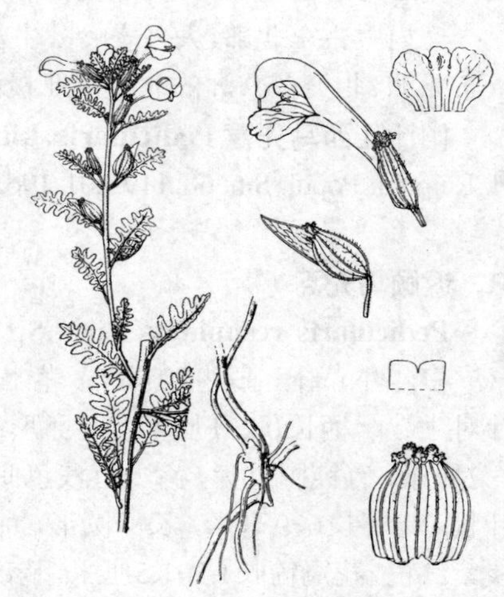

图 310 江南马先蒿（冯晋庸绘）

(3) 5，顶端圆，膨大，有反卷小齿；花冠浅紫红色，长1.8-2.3厘米，花冠筒长0.9-1.3厘米，上唇中部向前上方弓曲，前端窄缩为向下的短喙，顶端2浅裂，下唇下部锐角开展，无缘毛；花丝均密被长柔毛。蒴果斜披针状卵形，长达1.6厘米。花期5-6月，果期8-11月。

产河南南部、安徽南部、浙江南部、福建北部、江西、湖北、湖南、广东北部、香港、广西东北部及北部、贵州、云南、西藏及四川，生于海拔400-1500米草丛、林缘或旷地。

34. 西南马先蒿 拉氏马先蒿　　图 311

Pedicularis labordei Vant. ex Bonati in Bull. Acad. Gogr. Bot. 13: 242. 1904.

多年生草本。茎丛生，偃卧上升，弯曲多分枝，被毛。叶互生或近对生；叶柄长0.5-1厘米，密被白色长毛；叶长圆形，长2-4.5厘米，羽状深裂或全裂，裂片5-8对，羽状半裂或具缺刻状重锯齿，两面被毛。花序近头状，长2-5-3厘米。花梗细，长5-6毫米，被长毛；苞片叶状；花萼长1-1.2厘米，前方裂至1/2，脉密生长柔毛，萼齿5，近相等或后方1枚较小，团扇状，有锯齿；花冠紫红色，长2-5-3厘米，花冠筒长1.5厘米，无毛，上唇直向前膝状屈曲，背线平，额部高凸，额下具长3毫米的喙，下唇长1厘米，宽达1.4厘米；花丝均被长毛。蒴果斜窄卵形，长1.1厘米，大部为宿萼所包。花期7-9月。

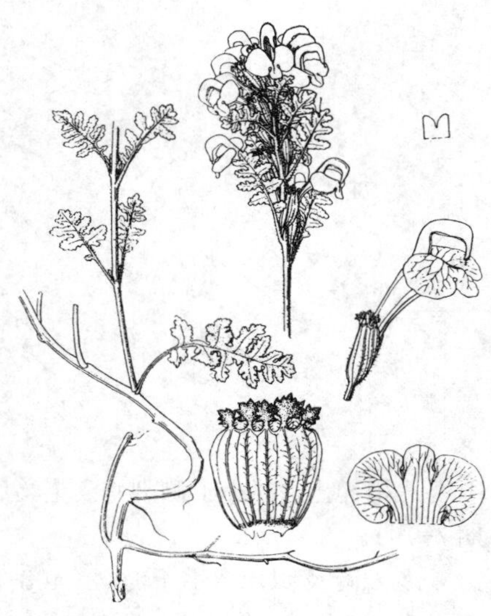

图 311 西南马先蒿 （冯晋庸绘）

产云南西北部及四川西南部，生于海拔2800-3500米高山草地。

35. 糠秕马先蒿　　图 312

Pedicularis furfuracea Wall. ex Benth. Scroph. Ind. 53. 1835.

多年生草本，高达45厘米。茎基生分枝，枝长而疏，斜升，被毛。叶稀疏，互生，柄长1.5-4厘米，被毛；叶长圆状卵形或卵形，长2.5-6厘米，宽1.5-4厘米，羽状深裂，裂片4-6对，有不规则锯齿，下面密被白色糠秕状物。总状花序疏散；苞片叶状，长于花。花萼长6-7毫米，前方裂至2/3，密被白色柔毛，萼齿5，近全缘；花冠紫红色，花冠筒长约6毫米，扭转，上部多少返顾，上唇直立部分与冠筒近等长，顶端直角转折，喙长约5毫米，顶端2裂，裂片2浅裂，下唇长于上唇，近圆形，中裂片先端钝，微凹；花丝一对疏被长毛。蒴果披针形，长1-1.5厘米，为宿萼斜包。花期6-7月，果期7-8月。

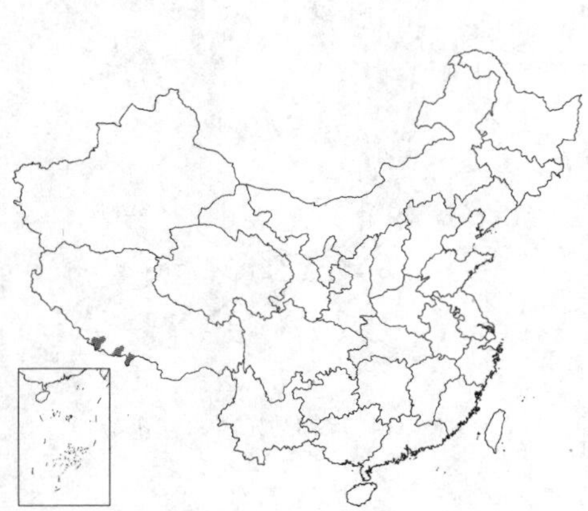

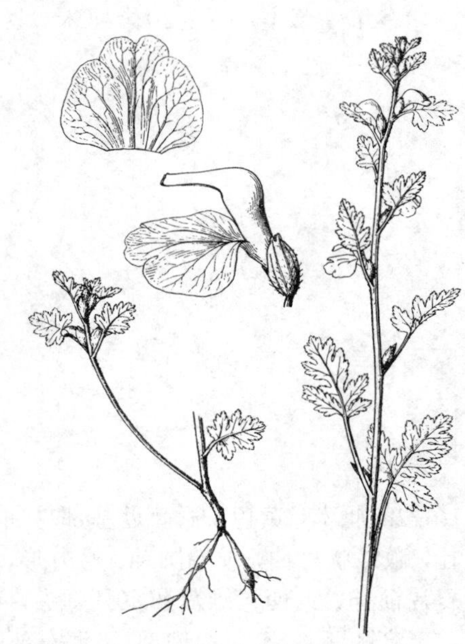

图 312 糠秕马先蒿 （冯晋庸绘）

产西藏南部，生于海拔3500-4000米湿地及溪边岩缝中。尼泊尔东部至不丹有分布。

36. 干黑马先蒿 康泊东叶马先蒿　　　　图 313

Pedicularis comptoniifolia Franch. ex Maxim. in Bull. Acad. Imp. Sci. St. Pétersb. 32: 586. 1888.

多年生草本，高达60厘米，干后黑色，幼时被毛。茎坚挺，上部多分枝，分枝3-4条轮生。叶革质，4枚轮生；柄长约3毫米；叶线形，长约5厘米，宽7毫米，羽裂或有重锯齿。总状花序顶生；苞片叶状，较萼长。花萼长6毫米，钟形，略膨大，裂片5，三角形或披针形，全缘，有长缘毛；花冠深红色，长约2厘米，冠筒在萼口前弯，上部渐宽，较萼长约3倍，上唇额部直角向下，几成方形，下端斜平截，两侧有短齿，下唇略长于上唇，前方3浅裂，中裂片稍伸出，甚小于侧裂片；花丝后方一对有疏毛；柱头头状伸出。花期7-9月。

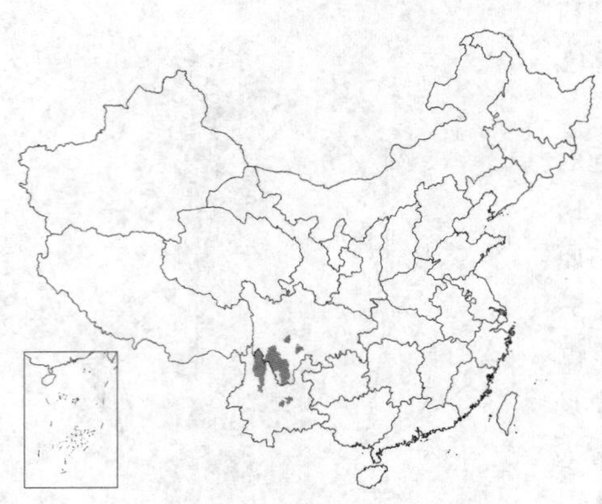

产云南及四川，生于海拔2400-3000米干旱草坡或草滩。缅甸有分布。

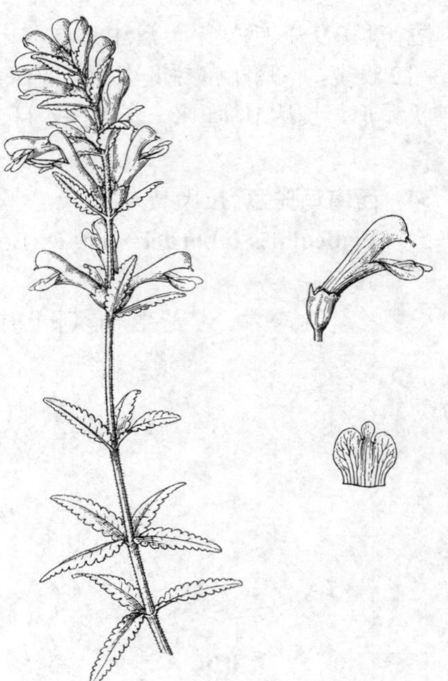

图 313 干黑马先蒿 （冯晋庸绘）

37. 皱褶马先蒿　　　　图 314

Pedicularis plicata Maxim. in Bull. Acad. Imp. Sci. St. Pétersb. 32: 598. 1888.

多年生草本，高达20余厘米。茎单条或2-6条生于根颈，中间者直立，外层弯曲上升，黑色，被毛。基出叶柄长约3厘米，叶线状披针形，长1-3厘米，羽状深裂或近全裂，裂片6-12对，羽状浅裂或半裂，有锯齿，幼时疏被毛，茎叶常4枚轮生，1-2轮，与基出叶同形而较小。穗状花序长3-7厘米，花轮生；苞片被白色长毛。花萼长0.9-1.3厘米，前方开裂近1/2，萼齿5，不等，有锯齿；花冠长1.6-2.6厘米，黄色，冠筒近基部弓曲，自萼裂口伸出，花前俯，上唇粗壮，微镰状弓曲，顶端圆钝，略方形，前缘有内褶，下唇长7-9毫米，中裂片前伸，具柄；雄蕊药室具刺尖，花丝无毛。花期7-8月。

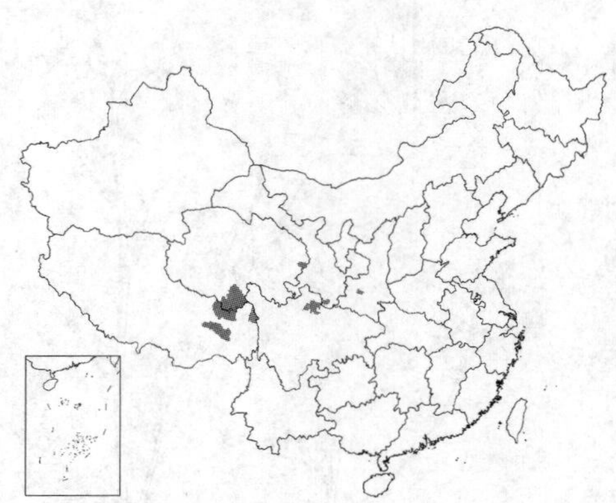

图 314 皱褶马先蒿 （冯晋庸绘）

产陕西南部、甘肃南部、青海东部及南部、四川北部及西藏东北部，生

于海拔2900-5000米石灰岩山地或湿润山坡。

38. 草甸马先蒿 罗氏马先蒿　　　　图 315

Pedicularis roylei Maxim. in Bull. Acad. Imp. Sci. St. Pétersb. 27: 517. 1881.

多年生草本，高达15厘米。茎直

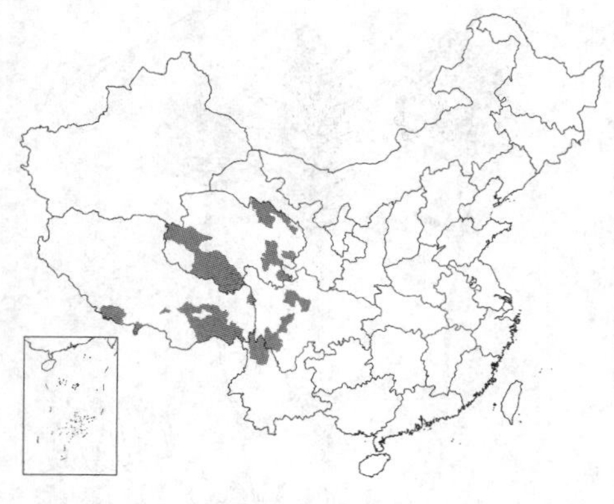

立，基部常有卵状鳞片，被成行白毛。基生叶成丛，具长柄，茎生叶3-4枚轮生；叶披针状长圆形或卵状长圆形，长2.5-4厘米，羽状深裂，裂片7-12对，有缺刻状锯齿。总状花序长达6厘米，序轴密被长柔毛，2-4花轮生；苞片叶状。花萼钟状，长8-9毫米，密被白色柔毛，前方微开裂，萼齿5，不等，后方1枚较小；花冠紫红色，长1.7-1.9厘米，花冠筒长1-1.1厘米，近基部向前膝曲，上唇略镰状，额部有窄鸡冠状凸起，下唇长8-9毫米，中裂片近圆形，顶端钝圆或微凹；花丝无毛。蒴果卵状披针形，长约1.2厘米，有小凸尖，基部为宿萼所包。花期7-8月，果期8-9月。

产云南西北部、四川、西藏及青海，生于海拔3400-5500米高山湿草甸或林中。阿富汗、不丹、印度及克什米尔有分布。

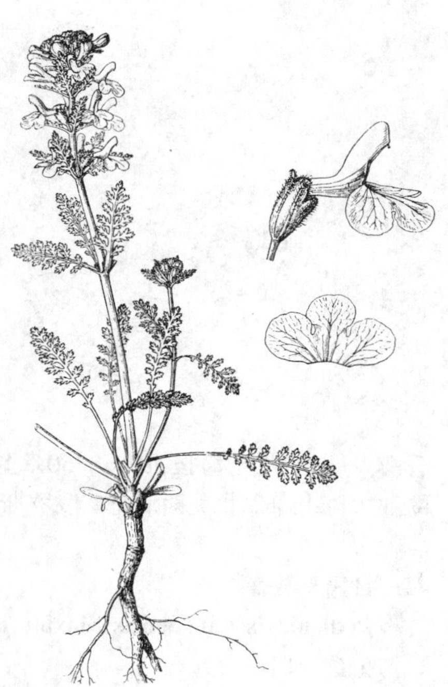

图 315 草甸马先蒿（冯晋庸绘）

39. 堇色马先蒿 图 316：1-4 彩片 51

Pedicularis violascens Schrenk in Bull. Acad. Imp. Sci. St. Pétersb. 1: 79. 1843.

多年生草本，高达10（-30）厘米。茎单一或从根颈生出多达10条，不分枝，被成行毛。基生叶柄长1-5厘米，叶披针状或线状长圆形，长2.4-4.4厘米，宽0.2-1.4厘米，羽状全裂，裂片6-9对，卵形，羽状深裂，小裂片具有刺尖的重锯齿，茎生叶与基出叶相似而较短，轮生。花序长2-6厘米，花轮生；苞片宽菱状卵形，掌状3-5裂。花萼长6-7（-10）毫米，前方开裂，萼齿5，不等，细长，有细齿；花冠紫红色，长约1.7厘米，冠筒长约1.1厘米，近中部向前上方膝曲，上唇稍镰状弓曲，额部圆钝或略方，下唇长约4毫米，中裂片较小而凸出；花丝1对有微毛。蒴果斜披针状扁卵圆形，长1.4厘米，顶端向下弓曲，有凸尖。

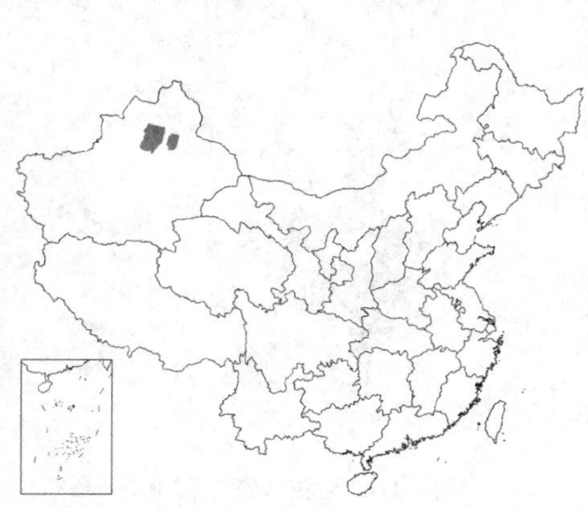

产新疆准噶尔盆地，生于海拔4000-4300米多石山坡。中亚及俄罗斯有分布。

图 316：1-4. 堇色马先蒿 5-8. 甘肃马先蒿（引自《中国植物志》）

40. 轮叶马先蒿 图 317 彩片 52

Pedicularis verticillata Linn. Sp. Pl. 608. 1753.

多年生草本，高达35厘米。茎自根颈丛生，具毛线4条。基生叶柄长达3厘米，叶长圆形或线状披针形，长2.5-3厘米，羽状深裂或全裂，裂片有缺刻状齿，齿端有白色胼胝；茎叶常4枚轮生，柄短或近无，叶较短宽。花序总状，花轮生；苞片叶状。花萼球状卵圆形，长约6毫米，常红色，密被长柔毛，前方深开裂，萼齿小，不

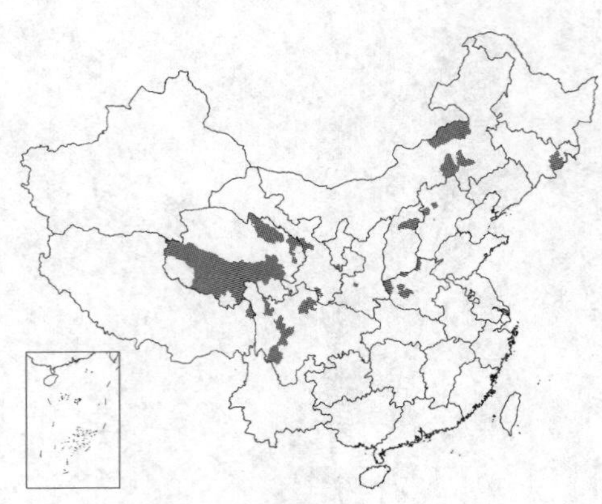

等，常偏聚后方；花冠紫红色，长约1.3厘米，冠筒近基部直角前曲，由萼裂口中伸出，上唇略镰状弓曲，长约5毫米，额部圆，下缘端微有凸尖；下唇与上唇近等长，裂片有红脉；花丝前方1对有毛；蒴果披针形，长1-1.5厘米，顶端渐尖。花期7-8月。

产吉林、内蒙古、河北、山西、河南、陕西、宁夏、甘肃、青海及四川，生于海拔2100-3350米湿润处。广布于北温带较寒地带，北极、欧亚大陆北部、北美西北部、俄罗斯、蒙古及日本有分布。

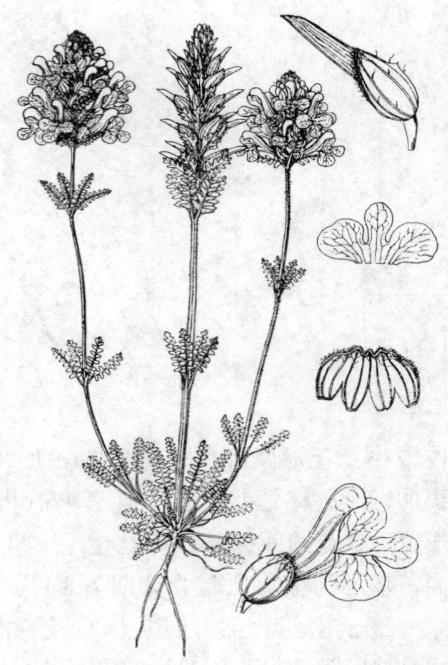

图 317 轮叶马先蒿 （冯晋庸绘）

41. 甘肃马先蒿 图 316:5-8 彩片 53

Pedicularis kansuensis Maxim. in Bull. Acad. Imp. Sci. St. Pétersb. 27: 516. 1881.

一年生或二年生草本，高达40厘米，多毛。茎多条丛生，具4条毛线。基生叶柄较长，有密毛；茎叶4枚轮生；叶长圆形，长达3厘米，宽1.4厘米，羽状全裂，裂片约10对，披针形，羽状深裂，小裂片具锯齿。花序长25（-30）厘米，花轮生；下部苞片叶状，上部苞片亚掌状3裂。花萼近球形，膜质，前方不裂，萼齿5，不等大，三角形，有锯齿；花冠紫红色，长约1.5厘米，冠筒近基部膝曲，上唇长约6毫米，稍镰状弓曲，额部高凸，具有波状齿的鸡冠状凸起，下唇长于上唇，裂片圆形，中裂片较小，基部窄缩；花丝1对有毛。蒴果斜卵形，稍自宿萼伸出具长锐尖头。花期6-8月。

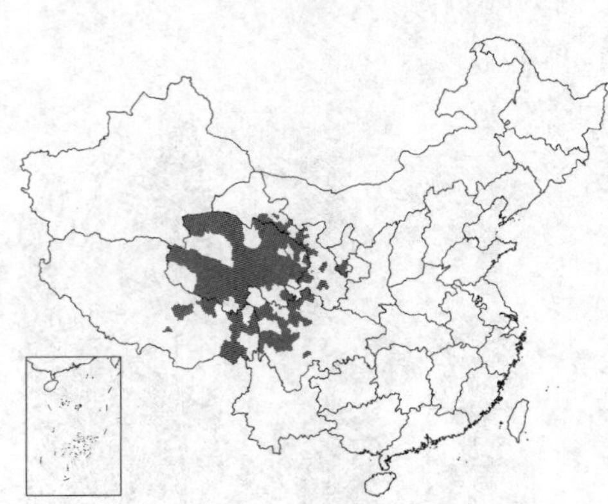

产宁夏南部、甘肃、青海、四川及西藏，生于海拔1800-4600米草坡、石砾地或田边。

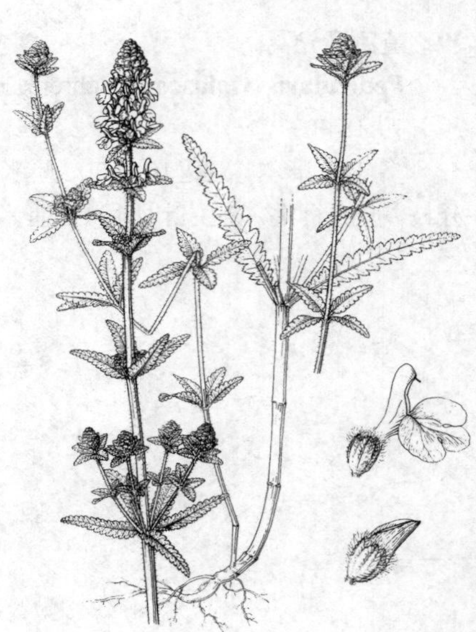

图 318 穗花马先蒿 （冯晋庸绘）

42. 穗花马先蒿 罗氏马先蒿 图 318 彩片 54

Pedicularis spicata Pall. in Reise Russ. Reich. 3: 738. 1776.

一年生草本，高达30（-40）厘米。茎单一或多条，上部常多分枝，分枝4条轮生，被毛线。基生叶常早枯，较小；茎生叶多4枚轮生，柄长约1厘米，叶长圆状披针形或线状窄披针形，长达7厘米，宽达1.3厘米，两面被白毛，羽状浅裂或深裂，裂片9-20对，具尖锯齿。穗状花序长达12厘米；苞片长于萼，被长白毛。花萼短钟形，长3-4毫米，膜质透明，前方微裂，齿后方1枚较小，余4枚两两结合，三角形；花冠红色，长1.2-1.8

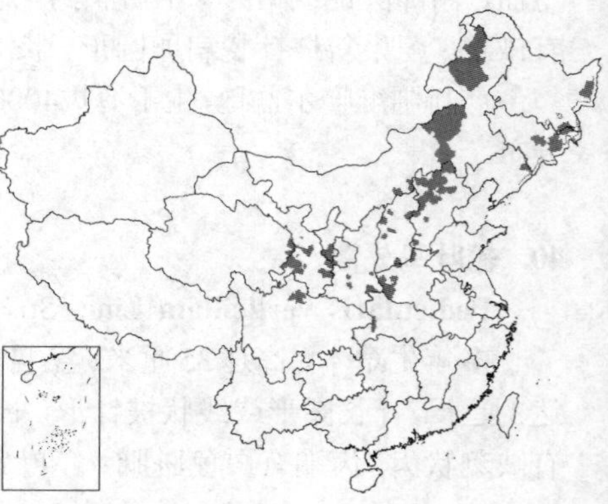

厘米，冠筒在萼口向前近直角膝曲，上唇长3-4毫米，额部高凸，下唇大，长0.6-1厘米；花丝1对有毛。蒴果长6-7毫米，歪窄卵形，上部向下弓曲。花期7-9月，果期8-10月。

产黑龙江、吉林、辽宁、内蒙古、河北、山西、河南、陕西南部、宁夏、甘肃南部、青海、四川北部及湖北西部，生于海拔1500-2600米草地、溪旁或灌丛中。蒙古及俄罗斯西伯利亚有分布。

[附] **全萼马先蒿** 图 319：5-8 **Pedicularis holocalyx** Hand.-Mazz. Symb. Sin. 7: 849. 1936. 本种与穗花马先蒿的区别：叶裂片4-9对；花序长2-4（-6）厘米；蒴果三角状披针形，近直伸。产湖北西部及四川东部，生于海拔约2000米草坡。

43. 条纹马先蒿 图 319：1-4

Pedicularis lineata Franch. ex Maxim. in Bull. Acad. Imp. Sci. St. Pétersb. 32: 597. 1888.

多年生草本，高达35（-60）厘米。茎有条纹，幼时具毛线。基生叶早枯；茎生叶4枚轮生，柄短；叶心状卵圆形、椭圆状长圆形或线状长圆形，长0.7-6厘米，羽状浅裂或半裂，裂片5-8对，具刺长重锯齿，上面疏被腺毛，下面脉上被白色长毛。花序长达18厘米，花轮疏散；苞片叶状。花萼卵圆形，长4-5.5毫米，膜质，前方不裂，萼齿5，离生，后方1枚较小；花冠紫红色，长1.5-1.8厘米，冠筒纤细，约在萼口前曲，上唇长3-4毫米，顶部稍圆凸，前缘端稍凸出，下唇长6-8毫米；花丝两对均无毛。蒴果三角状窄披针形，长1-1.3厘米，顶端有刺尖。

产陕西南部、甘肃南部、四川及云南，生于海拔1900-4600米林中或草地。缅甸北部有分布。

图 319：1-4. 条纹马先蒿
5-8. 全萼马先蒿 （引自《中国植物志》）

44. 小唇马先蒿 图 320 彩片 55

Pedicularis microchila Franch. ex Maxim. in Bull. Acad. Imp. Sci. St. Pétersb. 32: 595. 1888.

一年生草本，高达40厘米。茎草质，近无毛。叶稀少；基生叶早枯；茎生叶在最下节上对生，向上者均4枚轮生，柄短，上部叶无柄；叶长圆形、椭圆形或卵形，长1-3.5厘米，具缺刻状浅裂或锯齿6-10对。花序具1-8个花轮，每轮有2或4花；苞片叶状或卵圆形。花萼卵状钟形，长约4.5毫米，萼齿5，相等，被毛；花冠长2厘米，浅红色，冠筒至萼喉弯曲转指前方，上唇深紫色，近直角前折，上唇窄长，略镰状弓曲，花多少成S形，下缘端常有2细

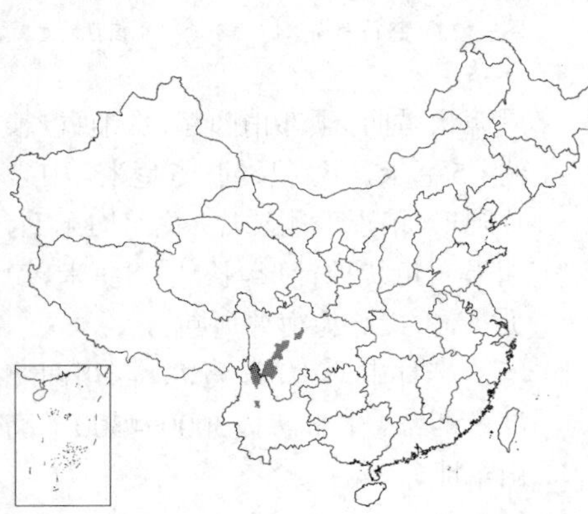

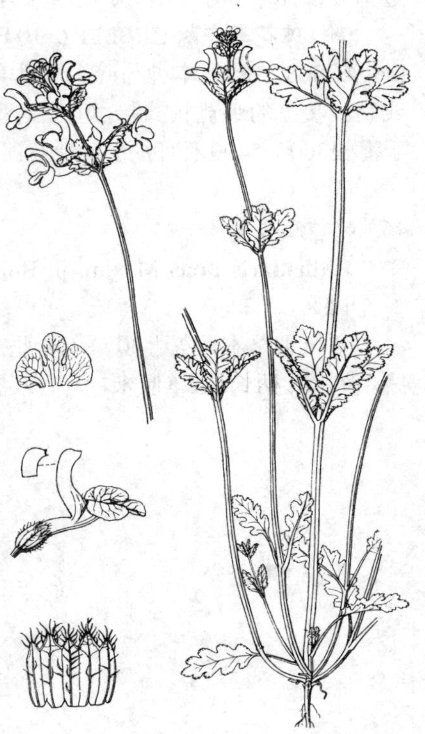
图 320 小唇马先蒿 （引自《中国植物志》）

齿，下唇长约7毫米，中裂片较小，有柄，伸出；花丝均无毛。蒴果三角状窄卵形，长达1.4厘米，下部为宿萼所包，具小凸尖。花期6-8月。

产云南西北部及四川，生于海拔2750-4000米高山草原、溪旁或灌丛下。

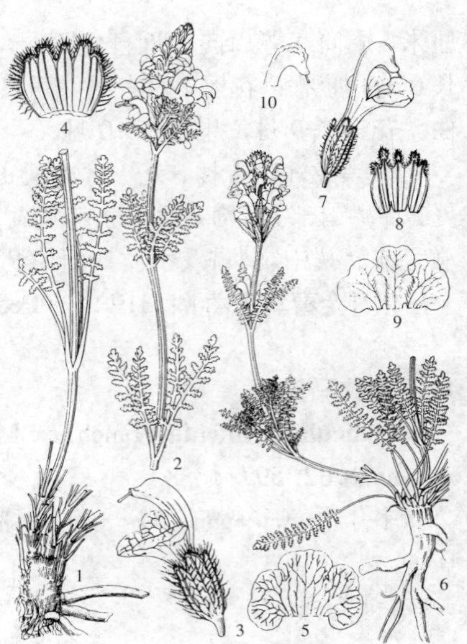

图 321：1-5.碎米蕨叶马先蒿 6-10. 球花马先蒿 （引自《中国植物志》）

45. 碎米蕨叶马先蒿 图 321：1-5 彩片 56

Pedicularis cheilanthifolia Schrenk in Bull. Acad. Imp. Sci. St. Pétersb. 1: 79. 1842.

多年生草本，高达30厘米。茎不分枝，具毛线。基生叶丛生，宿存，柄长3-4厘米；茎叶4枚轮生，柄较短，叶线状披针形，长0.75-4厘米，宽2.5-8毫米，羽状全裂，裂片8-12对，羽状浅裂，有重锯齿。花序长2-10厘米；苞片叶状。花萼长圆状钟形，长8-9毫米，前方裂至1/3，脉上有密毛，萼齿5，不等，后方1枚较小；花冠紫红或白色，冠筒初直伸，后近基部几以直角向前膝曲，长1.1-1.4厘米，上唇长约1厘米，额部不圆凸，镰状弓曲，喙不明显或短圆锥形，长不及1毫米，不反翘；花丝基部有微毛。蒴果披针状三角形，长达1.6厘米，下部为宿萼所包。花期6-8月，果期7-9月。

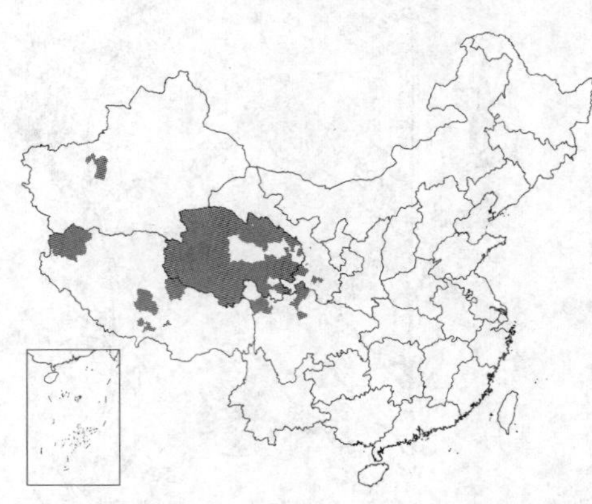

产甘肃、青海、新疆、西藏及四川，生于海拔2100-4900米河滩、沟边、湿草坡或桦木林中。俄罗斯及中亚有分布。

[附]**球花马先蒿** 图 321：6-10 **Pedicularis globifera** Hook. f. Fl. Brit. Ind. 4: 308. 1848. 本种与碎米蕨叶马先蒿的区别：上唇额部圆凸，有全缘或具波状齿的鸡冠状凸起，短喙反翘；花丝无毛。产西藏南部及东南部，生于海拔3600-5400米河谷水湿地及河滩莎草群落中。尼泊尔及锡金有分布。

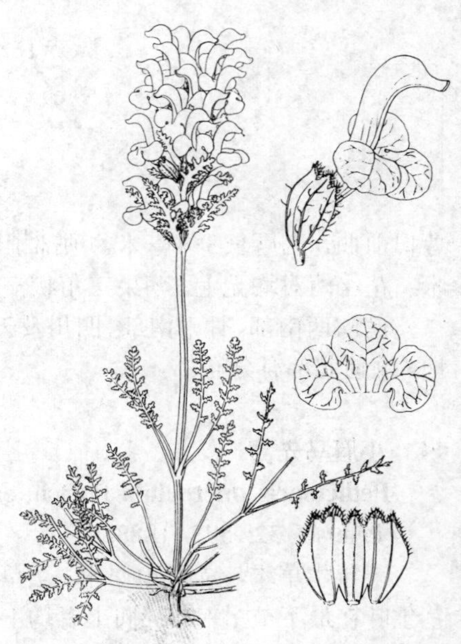

图 322 鸭首马先蒿 （引自《中国植物志》）

46. 鸭首马先蒿 图 322

Pedicularis anas Maxim. in Bull. Acad. Imp. Sci. St. Pétersb. 32: 578. 1888.

多年生草本，高达30（-40）厘米，少毛。茎紫黑色，常不分枝，具毛线。基出叶柄长达2.5厘米，无毛；茎叶柄长2.7-7毫米；叶长圆状卵形或线状披针形，羽状全裂，裂片7-11对，羽状浅裂或半裂，具刺尖锯齿，两面均无毛。花序头状或穗状。花萼卵圆形膨臌，常有紫斑或紫晕，萼齿5，后方1枚较小，均有锯齿，外面常有白长毛，内面沿缘密生褐色茸毛；花冠紫色或下唇浅黄色，上唇暗紫红色，冠筒长约7毫米，近基部膝曲，上唇镰状弓曲，额部稍凸起，喙细直，长约1.5毫米，下唇长约7.5毫米，中裂片圆形，稍小于侧裂片；花丝均无毛。蒴果三角状披针形，长达1.8厘米，锐尖头，约2/5为宿萼所包。

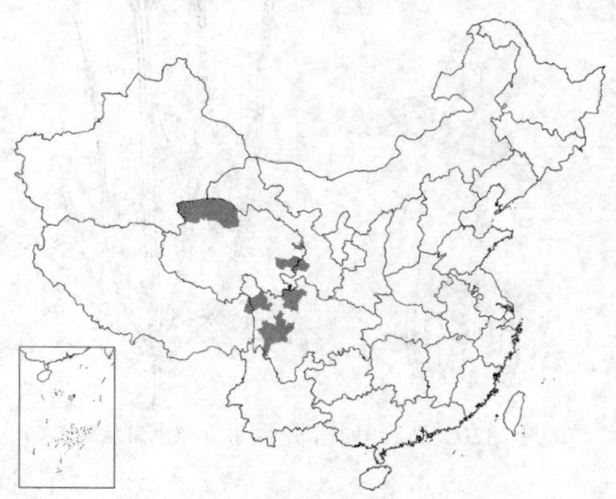

产甘肃西南部、青海、四川西北部及西部，生于海拔3000-4300米高山草地。

47. 柔毛马先蒿 图 323 : 1-4

Pedicularis mollis Wallich ex Benth. Scrophul. Ind. 53. 1835.

一年生草本，高达80厘米；被长柔毛。茎直立，多叶。茎叶3-5枚轮生，下部叶有短柄；叶线状披针形，长3-5厘米，宽0.8-1厘米，羽状全裂，裂片10-15对，披针形，羽裂，具齿。花序长总状。花梗短；苞片叶状；花萼长约6毫米，多毛，萼齿5，具锯齿；花冠红色，长7-9毫米，冠筒长约5毫米，近端弓曲，被毛，上唇直伸，细长，喉部边缘有毛，端尖，略三角形，无齿，下唇较上唇短，伸张，有2折襞，裂片圆形，相等，缘有毛；花丝均无毛；花柱不伸出。蒴果卵状披针形，长约1.2厘米，偏斜，锐尖头，1/2伸出宿萼外。花期7-9月。

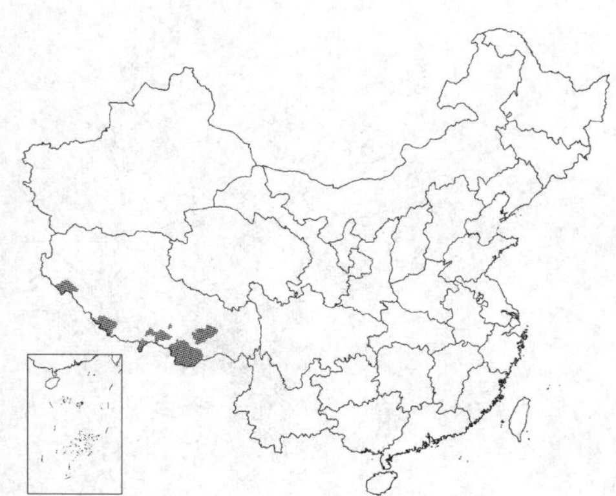

产西藏南部，生于海拔3000-4500米山麓、河谷沙滩、多沙林下或多石砾草原。不丹、尼泊尔及锡金有分布。

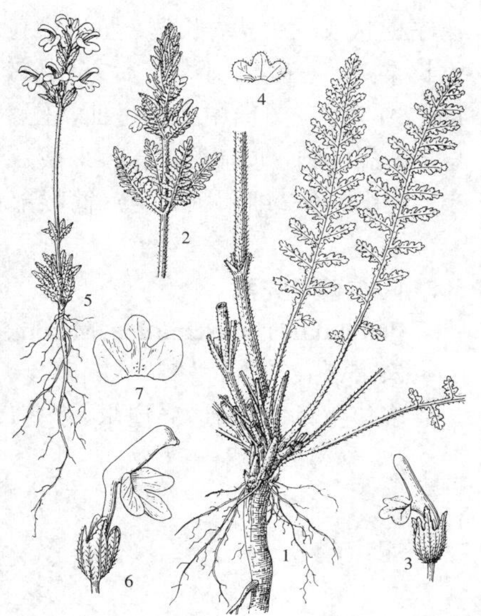

图 323：1-4. 柔毛马先蒿 5-7. 远志状马先蒿 （冯晋庸绘）

48. 远志状马先蒿 图 323 : 5-7

Pedicularis polygaloides Hook. f. Fl. Brit. Ind. 4: 317. 1884.

草本，高达8厘米。茎多细枝，弯曲铺散，有2条毛线。基生叶丛生，早枯，柄长达1厘米；茎生叶对生，稀3-4枚轮生，有短柄或无柄，叶卵形或卵状长圆形，长0.8-1厘米，宽2.5毫米，羽状浅裂或有缺刻状齿。花腋生，下部花梗长达8毫米；上部苞片羽状浅裂；花萼长圆状钟形，多毛，萼齿5，不等，后方1枚极小而全缘，余4枚较大，有锯齿；花冠小，花冠筒较萼长1/2，向前弓曲，花前俯，上唇直伸，较冠筒宽1/2，顶端圆，额部短，呈喙状，顶端2裂，下唇伸张，宽大于长，基部中央有斑点；花丝均无毛。蒴果窄卵形，歪斜，锐尖，伸出宿萼外约1/3。

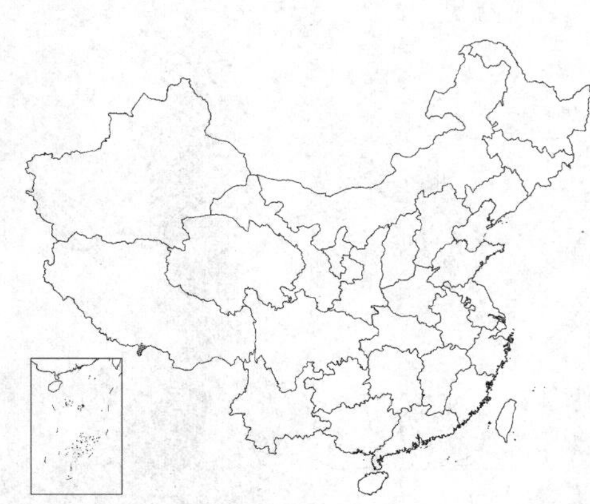

产西藏南部，生于海拔约4000米岩坡。不丹及锡金有分布。

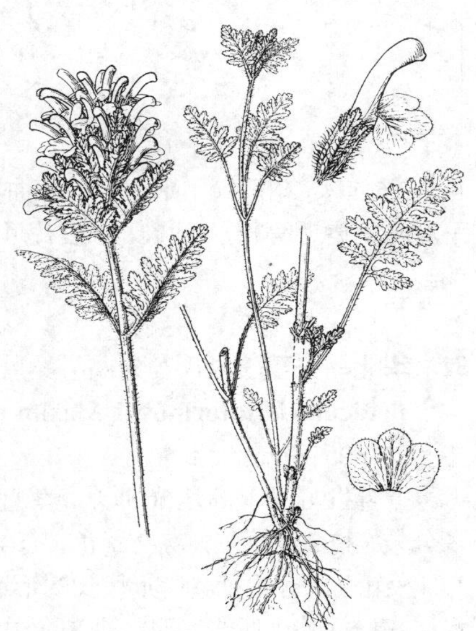

图 324 短唇马先蒿 （冯晋庸绘）

49. 短唇马先蒿 图 324

Pedicularis brevilabris Franch. in Bull. Soc. Bot. France 57: 33. 1911.

一年生草本，高达45厘米。茎单条或基部丛生；枝对生，被疏毛。下部叶对生，柄长达3厘米，上部叶4枚轮生，具短柄或近无柄，叶长卵形或椭圆状长圆形，长1.5-3厘米，羽状深裂，裂片4-8对，有不规则锐锯齿。

花序穗状或近头状，长达8厘米；苞片叶状。花萼钟形，前方不裂，被白色长柔毛，萼齿5，不等，后方1枚较小，三角形，全缘；花冠浅绯色，长1.5-2厘米，花冠筒中上部弓曲，上唇长0.9-1.2厘米，较花冠筒长，稍镰状弓曲，额部圆，顶端略凸，喙平截；下唇短于上唇，有细缘毛，中裂片较小，伸出，有2细褶襞延至冠筒喉部；花丝均无毛；花柱不伸出。

产甘肃、青海东部及南部、四川西部及北部，生于海拔2700-3500米高山草原或灌丛中。

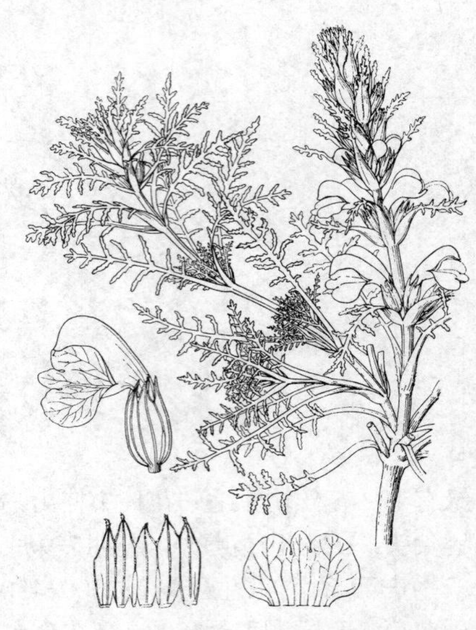

图 325 阿拉善马先蒿（引自《中国植物志》）

50. 阿拉善马先蒿 图 325 彩片 57

Pedicularis alaschanica Maxim. in Bull. Acad. Imp. Sci. St. Pétersb. 24: 59. 1877.

多年生草本，高达35厘米。多茎，稍直立，侧枝多铺散上升，基部分枝，微有4棱，密被锈色绒毛。基生叶早枯，茎生叶密，下部对生，上部3-4枚轮生；叶柄扁平，有宽翅，被毛；叶披针状长圆形或卵状长圆形，长2.5-3厘米，宽1-1.5厘米，两面近光滑，羽状全裂，裂片7-9对，线形，有细锯齿。花序穗状，长达20余厘米；苞片叶状。花萼长达1.3厘米，膜质，前方开裂，脉凸起，沿脉被柔毛，萼齿5，不等；花冠黄色，长2-2.5厘米，花冠筒中上部稍前膝曲，上唇近顶端弯转成喙，喙长2-3毫米，下唇与上唇近等长，3浅裂，中裂片近菱形，较小；花丝前方一对端有长柔毛。

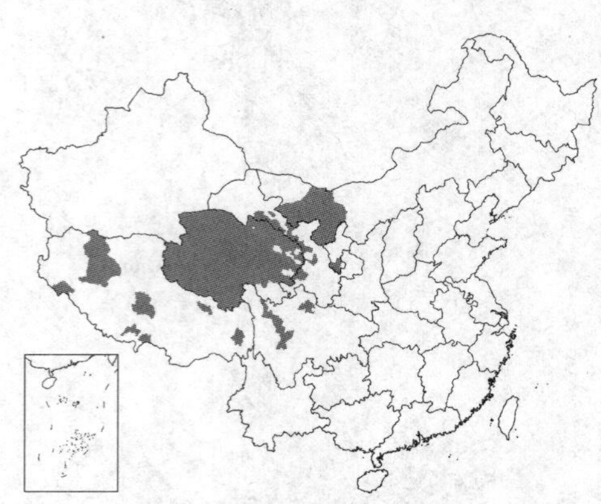

产内蒙古西部、甘肃、宁夏、青海、西藏及四川，生于海拔3900-5100米河谷、湖边平地、多石砾或沙质阳坡。

51. 华北马先蒿 塔氏马先蒿 图 326 彩片 58

Pedicularis tatarinowii Maxim. in Bull. Acad. Imp. Sci. St. Pétersb. 24: 60. 1877.

一年生草本，高达50厘米。茎直立，侧茎稍弯曲或倾斜上升，中上部多分枝，枝2-4轮生，常红紫色，有4条毛线，下部叶早枯，中上部叶（2-3）4枚轮生，有短柄，叶卵状长圆形或长圆状披针形，长1-3.5（-7）厘米，宽0.8-1.5（-3）厘米，羽状全裂，裂片5-10（-15）对，羽状浅裂或深裂。花序总状；苞片叶状，短于花。花萼长达8毫米，膜质，前方略开裂，多毛，萼齿5，上部具锯齿；花冠堇紫色，花冠筒近顶部膝曲，略较萼长，上唇直立部分上端有时有齿状凸起，顶部圆形弓曲，前端具喙，喙长达2毫米，下唇长于上唇，中裂片小于侧裂片；花丝无有毛或后方一对近无毛。蒴果歪卵形，长达1.6厘米，稍伸出宿萼。花期7-8月。

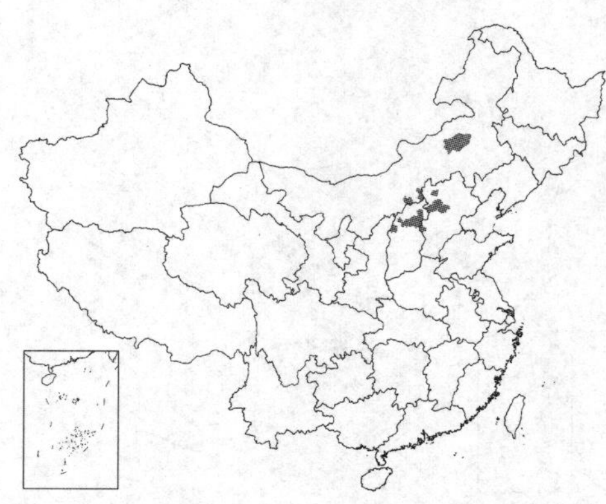

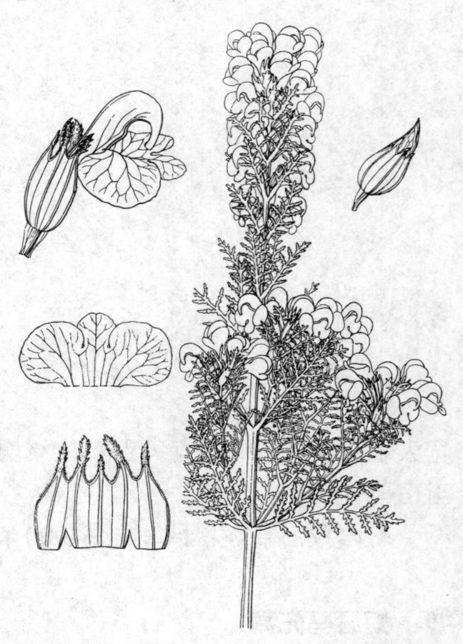

图 326 华北马先蒿（引自《中国植物志》）

产内蒙古、河北北部及山西北部，生于海拔2000-2300米山坡。

52. 具冠马先蒿 图 327

Pedicularis cristatella Pennell et H. L. Li in Proc. Acad. Nat. Sci. Philad. 100: 291. 1948.

一年生草本，高达50厘米。茎单条或多条，直立或侧茎弯曲上升，中上部常有分枝，有黄色毛线4条。基生叶常早枯，茎生叶对生或5枚轮生，叶柄长达1厘米，密生黄色长毛，叶长圆状披针形或窄披针形，长2-3厘米，宽0.7-1.5厘米，羽状全裂，裂片6-12对，披针形，羽状浅裂，小裂片端有锯齿，两面被毛。花序长穗状，长达20厘米，花3-4枚轮生。花萼膜质，白色，脉凸起，前方稍开裂，萼齿5，略相等，全缘；花冠红紫色，上唇深紫色，冠筒长8-9毫米，细直，上唇具鸡冠状凸起，喙下弯，细长，下唇长1.1厘米，宽达1.3厘米，中裂片较小；花丝一对有密毛。蒴果长约1.4厘米，扁卵圆形，略歪斜，顶端有刺尖。花期7月。

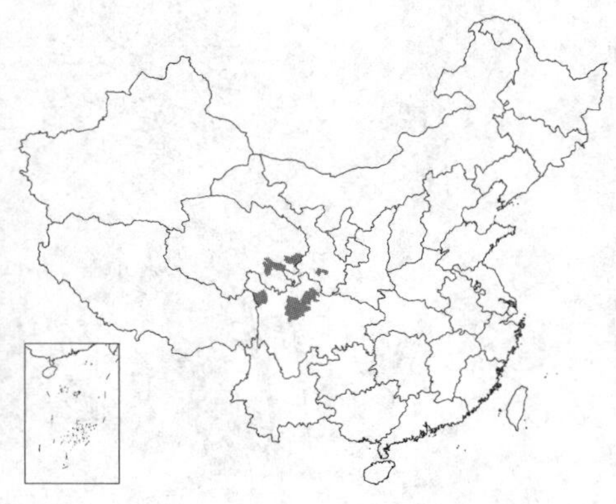

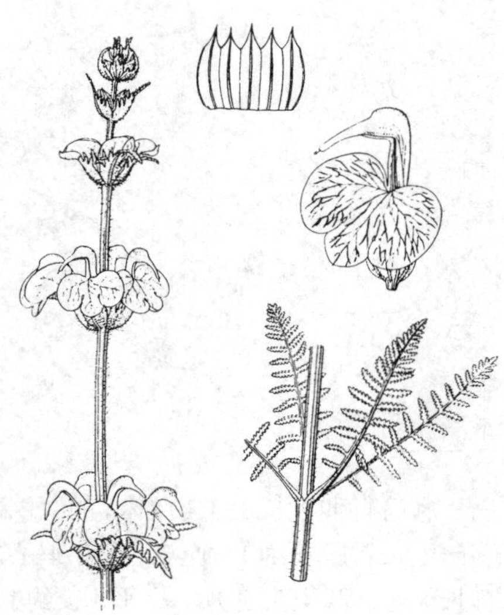

图 327 具冠马先蒿 （引自《中国植物志》）

产甘肃南部、青海东南部、四川北部及西北部，生于海拔1900-3000米山谷草地、岩壁、河岸或柳梢林中。

53. 聚齿马先蒿 劳氏马先蒿 图 328

Pedicularis roborowskii Maxim. in Bull. Acad. Imp. Sci. St. Pétersb. 27: 512. 1881.

一年生草本，高达50厘米。茎数条生于根茎，具4条毛线，下部叶对生，柄长达2厘米，上部叶4枚轮生，柄短，叶宽长圆形或卵状长圆形，长达4厘米，宽达2厘米，羽状全裂，裂片5-7对，披针形或线形，有齿。花序长达18厘米，花轮生；最下部苞片叶状，上部苞片常亚掌状开裂。花萼长0.8-1厘米，前方深裂达1/2以上，5萼齿不等，均细窄，偏聚后方；花冠黄色，长约1.3厘米，花冠筒近喉部稍前俯，从萼裂口伸出，上唇近端处有一褶痕与小齿状凸出，近直角向前下方转折，喙长约5毫米，卷扭，下唇长约8毫米，中裂片近圆形，前凸；花丝均无毛。蒴果长约1.8厘米，三角状卵形，大部包于宿萼内。

图 328 聚齿马先蒿 （冯晋庸绘）

产甘肃西部、青海东部及四川北部，生于云杉林或桦木林下灌丛中。

54. 半扭卷马先蒿 图 329 彩片 59

Pedicularis semitorta Maxim. in Bull. Acad. Imp. Sci. St. Pétersb. 32: 546. 1888.

一年生草本，高达60厘米。茎1（3-5）条，上部多分枝，枝细弱，（1-）

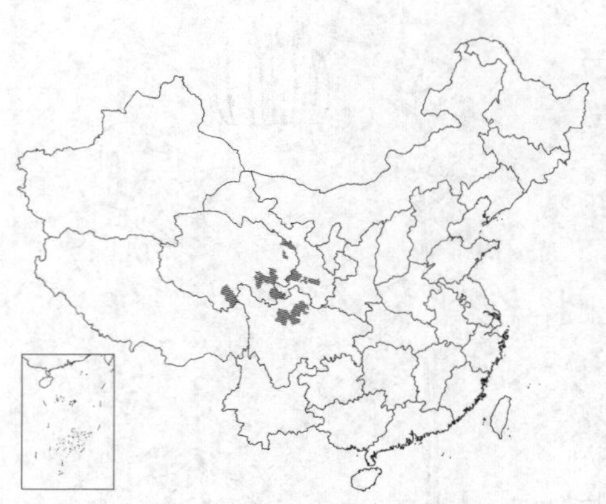

3-4（-5）轮生。基生叶早枯。柄长达3厘米，茎生叶3-5枚轮生，最下部的叶柄较长，上部叶柄较短，叶卵状长圆形或线状长圆形，长3.5-10厘米，宽0.2-5厘米，羽状全裂，裂片8-15对，羽状深裂，具锯齿。穗状花序长达20余厘米；苞片短于花。花萼长0.9-1厘米，窄卵状圆筒形，开裂1/2以上，萼齿5，线形，偏聚后方；花冠黄色，冠筒直伸，长1-1.1厘米，上唇端向右扭折，喙细长，卷成半环，顶端向上，下唇长约1.1厘米，宽1.4-1.7厘米，裂片不盖迭；花丝一对中部有长柔毛。蒴果尖卵形，扁平，长约1.7厘米，约3/4为宿萼所包，有凸尖。

产甘肃南部、青海东部及南部、四川北部，生于海拔2500-4000米高山草地。

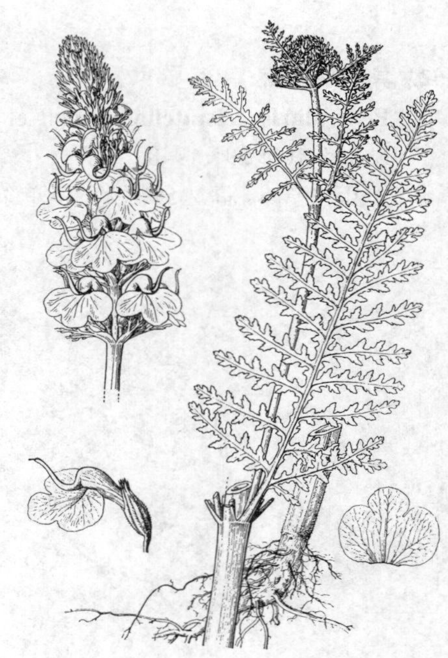

图 329 半扭卷马先蒿（冯晋庸绘）

55. 高升马先蒿　图 330

Pedicularis elata Willd. Sp. Pl. 3: 210. 1800.

一年生草本，高达60厘米，植株除苞片与萼有绵毛外，余无毛。基生叶早枯，柄长达5厘米，上部之叶柄较短或近无柄，叶卵状长圆形，长0.25-12厘米，宽0.2-5.5厘米，羽状全裂，裂片10-18对，篦齿状，具锯齿。花序长穗状，长达20厘米，苞片近掌状，3-5裂，常有红晕。花萼长5-6毫米，膜质，前方稍开裂，萼齿5，三角形，全缘，主脉凸起，伸出齿端成凸尖；花冠浅玫瑰色，镰状弓曲，冠筒长约1厘米，上唇长为下唇约2倍，额部圆凸，近下缘具方形短喙，下端各有细齿1枚，下唇近平展，3裂片先端均微凹，均有啮痕状细齿及疏缘毛；花丝前方一对全被长柔毛，后方一对仅基部有毛。

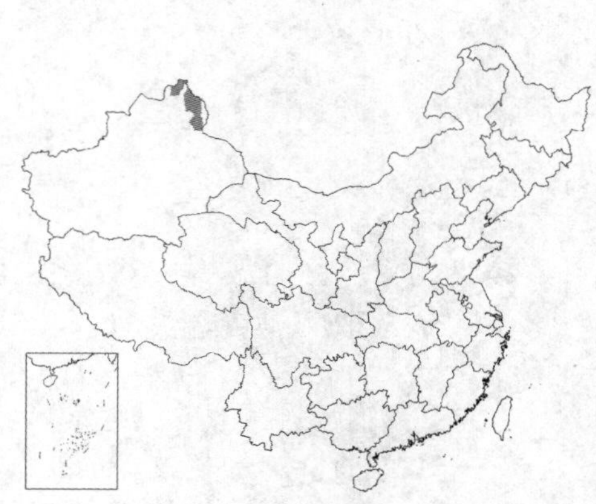

产新疆。俄罗斯西伯利亚有分布。

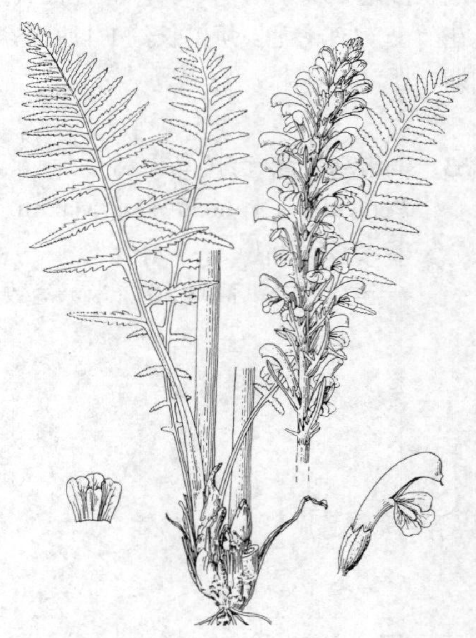

图 330 高升马先蒿（冯晋庸绘）

56. 红花马先蒿 红色马先蒿　图 331

Pedicularis rubens Steph. ex Willd. Sp. Pl. 3: 9. 1800.

多年生草本，高达35厘米。茎被白色细毛线。叶多基生，柄长达7厘米，叶窄长圆形或长圆状披针形，长达10余厘米，宽达3厘米余，2-3回全裂，二回裂片线形，有胼胝质锐齿。总状花序长达10余厘米；苞片叶状，密生白色长毛。花萼长达1.3厘米，密生白色长毛，萼齿5，细而全缘，后

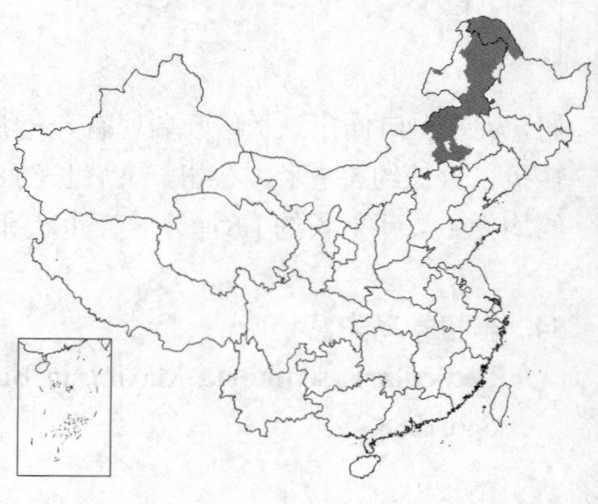

方1枚较小，余4枚两两结合，先端2裂；花冠红色，长约2.7厘米，冠筒长约1.4厘米，上唇与冠筒近等长，中部以上稍镰状弓曲，额部圆，顶端斜平截，下角有细长齿1对，其上有小齿数枚，下唇略短于上唇，3裂片稍波状，中裂片宽大于长，稍前凸；花丝着生处有微毛。1对上部有疏毛。

产黑龙江大兴安岭、内蒙古东北部及河北北部，生于山地草原。蒙古及俄罗斯西伯利亚有分布。

图 331 红花马先蒿（冯晋庸绘）

57. 长根马先蒿 图 332

Pedicularis dolichorrhiza Schrenk in Bull. Acad. Imp. Sci. St. Pétersb. 1: 80. 1842.

多年生草本，高达1米。根多数成丛，长达15厘米，纺锤形，稍肉质。茎直立，不分枝，被白色毛线。叶互生，基生叶丛生，柄长达27厘米，叶窄披针形，长达25厘米，宽达6厘米，羽状全裂，裂片多达25对，茎生叶向上渐小，柄渐短。花序长穗状，花疏生，长达20余厘米。花萼长达1.3厘米，被疏长毛，前方稍开裂，萼齿5，短，左右两齿连成大齿，有缘毛；花冠黄色，冠筒长1.3-1.6厘米，上唇上端镰状弓曲，喙长约3毫米，斜平截，顶端2齿裂，下唇与上唇近等长，3裂片均有啮痕状齿；花丝前方1对有毛。蒴果长1-1.1（-1.5）厘米，有凸尖。

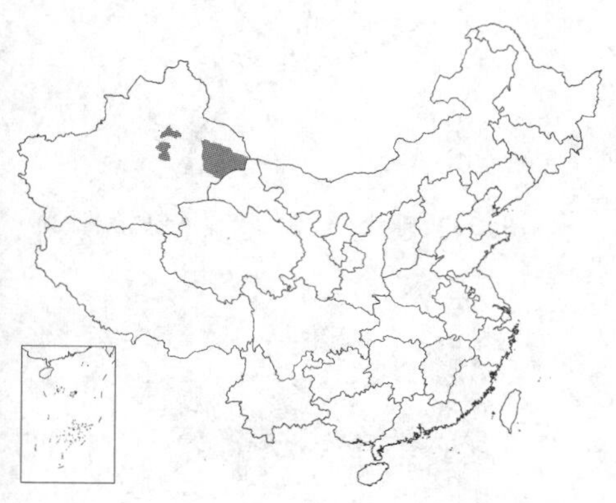

产新疆，生于海拔约2000米地区。克什米尔、俄罗斯天山及帕米尔阿拉套有分布。

图 332 长根马先蒿（鞠维江绘）

58. 球状马先蒿 图 333

Pedicularis strobilacea Franch. ex Forbes et Hemsl. in Journ. Linn. Soc. Bot. 26: 216. 1890.

一年生草本，高达33厘米。茎直立，分枝互生或有时假对生，被白色柔毛。基生叶早枯，茎生叶互生，疏离，下部的叶柄长达3厘米余，向上渐短，叶长圆形或卵状长圆形，长达4厘米，宽达2.2厘米，羽状深裂或全裂，裂片5-9对，具三角状锯齿，两面被疏毛和白色肤屑状物。亚头状总状花序顶生，下部有单花腋生。花萼斜漏斗状钟形，外被白色长毛，筒长5-6毫米，前方膨臌，约裂2/3，萼齿5，叶状，内面被白色柔毛；花冠淡黄色，上唇紫色，长约1.8厘米，上端直角前折，略在鸡冠状凸起，喙细长，顶端2浅裂，下唇有缘毛；花丝前方1对有疏长柔毛。蒴果斜卵形。

产云南西北部、四川西南部及西藏东南部，生于海拔约3500米高山草地。缅甸东北部有分布。

59. 扭盔马先蒿 大卫氏马先蒿　　图 334 : 1-3 彩片 60

Pedicularis davidii Franch. in Nouv. Arch. Mus. Hist. Nat. Paris ser. 2, 10: 67. 1888.

多年生草本，高达30（-50）厘米，密被短毛。茎单出或3-4条生于根颈。基生叶常早落，下部叶多假对生，上部叶互生；叶卵状长圆形或披针状长圆形，长7-13厘米，向上渐小，上部为苞片，羽状全裂，裂片9-14对，羽状浅裂或半裂，有重锯齿。总状花序顶生，长达18余厘米。花萼长5-6毫米，前方裂至萼筒中部或更深，萼齿3，后方1枚钻状，余为线形，均全缘；花冠紫或红色，长1.2-1.6厘米，上唇直立部分扭旋两整转，扭折，喙细长，卷成半环形或略S形，指向后方，下唇大，有缘毛；花丝均被毛。蒴果窄卵形或卵状披针形，长约1厘米。花期6-8月，果期8-9月。

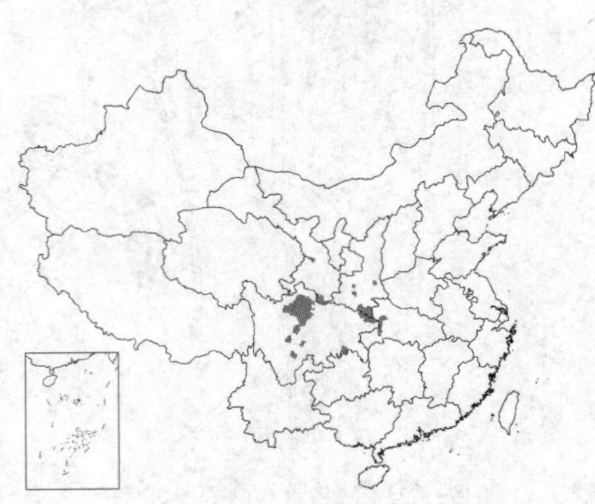

产陕西南部、甘肃南部、四川及湖北西部，生于海拔1700-3500米沟边、路旁或草坡。

[附] **扭旋马先蒿** 图 334 : 4 彩片 61 **Pedicularis torta** Maxim. in Bull. Acad. Imp. Sci. St. Pétersb. 32: 538. 1888. 本种与扭盔马先蒿的区别：花冠筒下唇黄色，上唇紫或紫红色，S形长喙扭转指向上方，近基部有1透明窄鸡冠状凸起。产甘肃南部、湖北西部、四川北部及东部，生于海拔2500-4000米草坡。

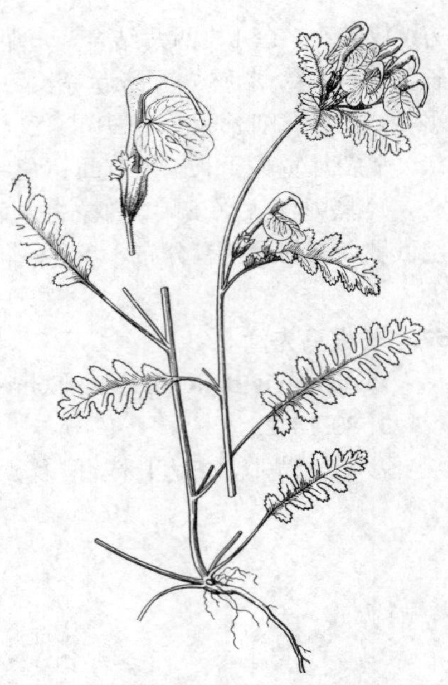

图 333 球状马先蒿（引自《中国植物志》）

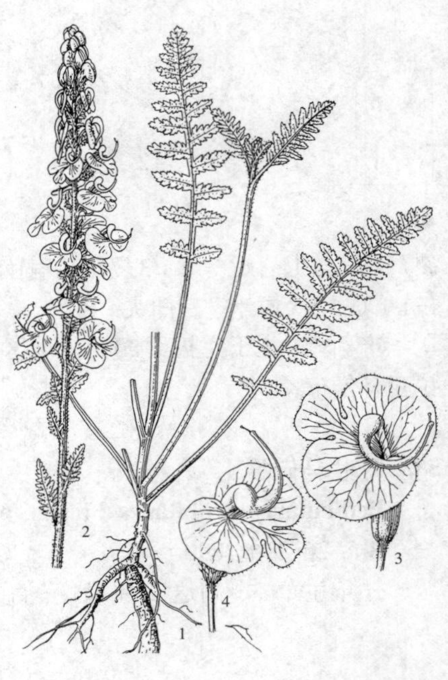

图 334 : 1-3.扭盔马先蒿 4.扭旋马先蒿（冯晋庸绘）

60. 大唇拟鼻花马先蒿 拟鼻花马先蒿大唇亚种　　图 335 彩片 62

Pedicularis rhinanthoides Schrenk subsp. **labellata** (Jacq.) Pennell. in Acad. Nat. Sci. Philad. 5: 152. 1943.

Pedicularis labellata Jacq. Voy. dans I' Inde Bot. 118 t. 123. 1844.

多年生草本，高达30（-35）厘米。根肉质。茎不分枝，稍黑色有光泽，基生叶成丛，柄长2-5厘米，叶线状长圆形，羽状全裂，裂片9-12对，具齿；茎生叶少，柄较短。总状花序，亚头状或长达8厘米；苞片叶状，无毛或有疏长毛。花萼长卵形，长1.2-1.5厘米，前方裂至1/2，常有色斑，萼齿5，后方1枚披针形，全缘；花冠玫瑰色，冠筒较萼长约1倍，被毛，上唇上端稍膝曲，喙长达0.8-1厘米，常向下，近端处向前作S形卷曲，上唇前缘转角处偶有一对小齿，额部偶有小鸡冠状凸

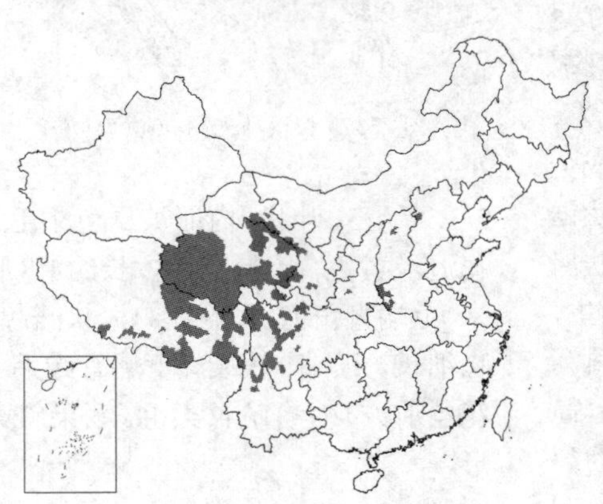

起，下唇宽2.5-2.8厘米；花丝前方1对有毛。蒴果披针状卵形，长约1.9厘米。

产河北西部、山西北部、河南西部、陕西南部、甘肃、青海、西藏、四川及云南，生于海拔3000-4500米山谷潮湿处或高山草甸。印度及西喜马拉雅有分布。

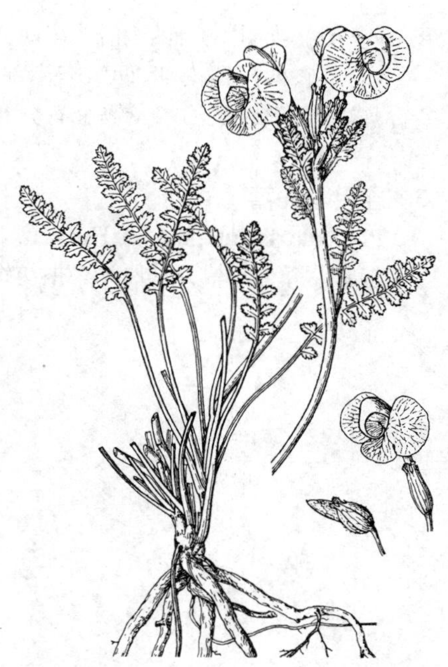

图 335 大唇拟鼻花马先蒿 （冯晋庸绘）

61. 马鞭草叶马先蒿 图 336

Pedicularis verbenaefolia Franch. ex Maxim. in Bull. Acad. Imp. Sci. St. Pétersb. 32: 549. 1888.

多年生草本，高20-50厘米。茎直立，稀分枝，具4条毛线，基生叶早枯，柄长达4厘米，茎生叶对生，上部多3（4）枚轮生，柄长0.5-1.5（-3）厘米，叶卵形或卵状长圆形，长2-4（-6）厘米，宽1-1.5厘米，羽状浅裂或半裂，裂片4-6对，上部具圆齿或锯齿。穗状花序长3-9（-17）厘米；下部苞片叶状。花萼卵圆形，膜质，长5-8毫米，前方不裂，萼齿5，不等；花冠紫色，长1.6-2厘米，冠筒直伸，无毛，上唇上端直角转折，喙长5-6毫米，下唇常较上唇稍长，3裂片被长缘毛，中裂片较小，凸出，顶端非兜状；花丝均无毛。蒴果窄卵圆形，稍偏斜，扁平，长1.4-1.8厘米，顶端有小凸尖。花期7-9月，果期8-10月。

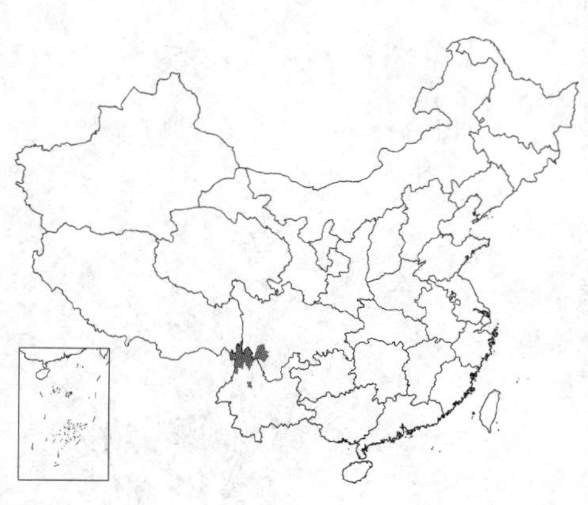

产云南西北部及四川西南部，生于海拔3100-4000米岩缝、草地或灌丛中。

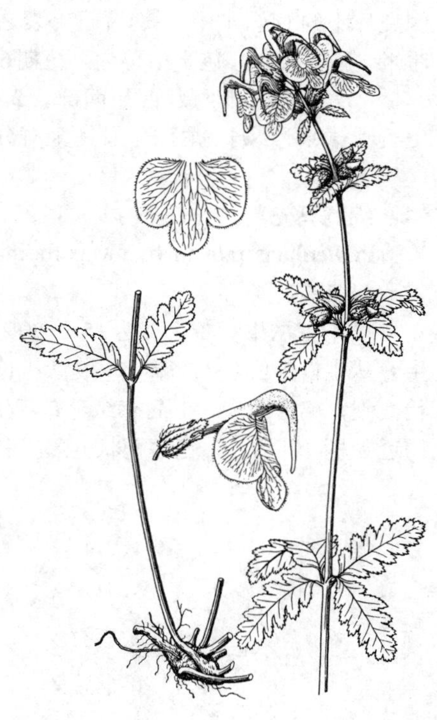

图 336 马鞭草叶马先蒿
（引自《中国植物志》）

62. 聚花马先蒿 图 337

Pedicularis confertiflora Prain. in Journ. Asiat. Soc. Bengal. 58: 258. 1889.

一年生草本，高达18（-25）厘米；被毛。茎单生或基生丛生，稍紫黑色。基生叶丛生，早枯，柄长达3厘米；茎生叶对生，1-2（-4）对，近无柄，叶卵状长圆形，羽状全裂，裂片5-7对，具缺刻状锯齿。花具短梗，对生或上部4枚轮生；苞片近叶状；花萼钟形，长达6毫米，膜质，常有红晕，被粗毛，萼齿5，不等，后方1枚较小，全缘；花冠玫瑰色或紫红色，花冠筒较萼长2倍，上唇上端直角转折向前，喙长7毫米，稍指向前下方而直伸，端全缘，下唇宽，与盔近等长，有时有细缘毛，中裂片较小，基部有柄，端兜状，花丝常前方1对有毛。蒴果斜卵

形，有凸尖，伸出宿萼约1倍。花期7-9月。

产云南、四川西南部、西藏东南部及南部，生于海拔2700-4900米空旷多石草地。不丹、尼泊尔及锡金有分布。

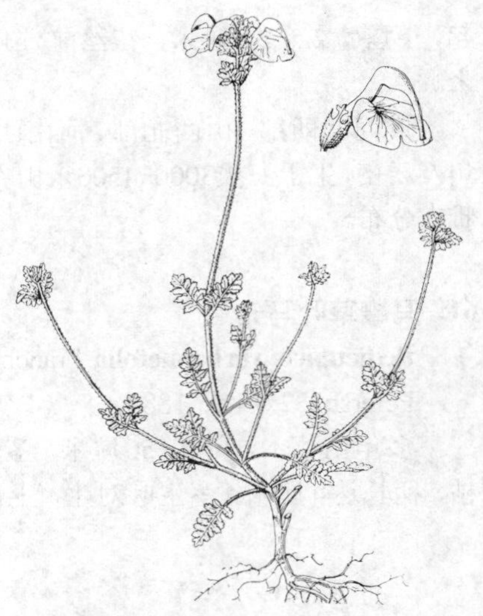

图 337 聚花马先蒿 （冯晋庸绘）

63. 全叶马先蒿 图 338 彩片 63

Pedicularis integrifolia Hook. f. Fl. Brit. Ind. 4: 308. 1884.

多年生草本，高达7厘米。根纺锤形，肉质。茎单条或多条，弯曲上升。基生叶丛生，柄长3-5厘米，叶窄长圆状披针形，长3-5厘米，宽5毫米，茎生叶2-4对，无柄，叶窄长圆形，长1.3-1.5厘米，宽0.8厘米，有波状圆齿。花轮聚生茎端；苞片叶状。花无梗；花萼筒状钟形，长1.2厘米，有腺毛，前方裂1/3，萼齿5，后方1枚较小；花冠深紫色，花冠筒直伸，长约2厘米，上唇直角转折，喙S形弯曲，长1.5厘米，端钝而全缘，下唇宽1.8厘米，中裂片近圆形，较侧裂片小约1倍，两侧不迭置于侧裂之下；花丝2对均有毛。蒴果长约1.5厘米，扁卵圆形，包于宿萼内。花期6-7月。

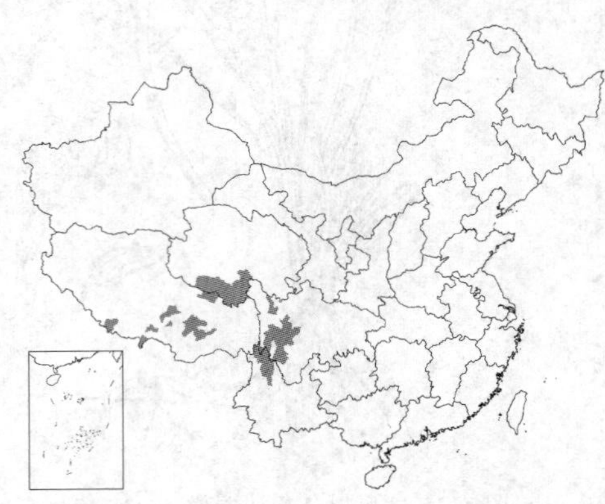

产青海南部、西藏、四川西部及云南西北部，生于海拔2700-5100米高山石砾草原。不丹、尼泊尔及锡金有分布。

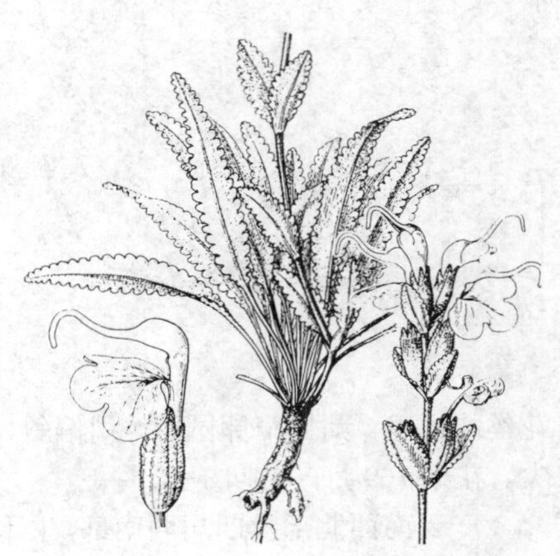

图 338 全叶马先蒿 （冯晋庸绘）

64. 绵穗马先蒿 图 339 彩片 64

Pedicularis pilostachya Maxim. in Bull. Acad. Imp. Sci. St. Pétersb. 24: 64. 1877.

多年生丛生草本，高达15（-20）厘米；有蛛丝状毛，常有紫晕。基生叶丛生，柄长1-4厘米，叶披针状长圆形，羽状深裂，裂片达15对，羽状浅裂，疏生细齿，下面有绒毛，茎生叶2轮，下轮具2叶，上轮具3叶，均近无柄，叶较小。花序穗状，密被白色绵毛，有花约15朵，密集；苞片下面有密绵毛。花萼长圆形，长1.1-1.7厘米，密被白色长绵毛，萼齿5，后方1枚几无或短三角形，余4枚两两靠合，几成三角状披针形大齿；花冠深洋红色，冠筒稍长于萼，在萼口直角向前膝曲，上唇指向前上方，顶端圆钝，无齿，下唇向下方斜展，与上唇等长，侧裂片椭圆状卵形，中裂片稍较小；花丝无毛。花期6-7月。

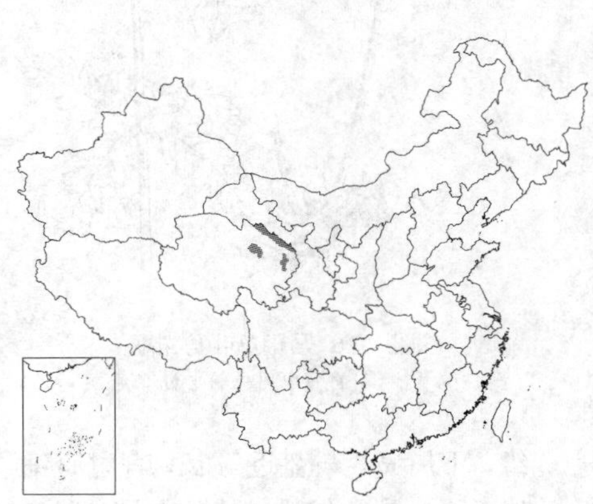

产甘肃中部、青海东部及东北部，生于海拔4700-5100米山坡砂砾地。

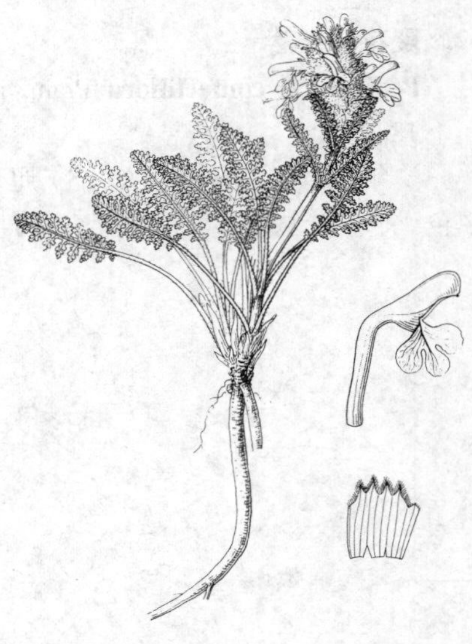

图 339 绵穗马先蒿 （冯晋庸绘）

65. 裂喙马先蒿 图 340

Pedicularis schizorhyncha Prain in Journ. Asiat. Soc. Bengal. 58 (2): 260. 1889.

多年生草本，高达5厘米，无毛。茎多数，细弱。基生叶丛生，茎生叶1对或无，柄均长达2厘米，叶披针形，长约9毫米，宽3-4毫米，羽状全裂，裂片6-8对，有锯齿。总状花序具3（4）花。花梗长2-3毫米；苞片叶状；花萼长圆形，长约9毫米，脉上有毛，前方几不裂，萼齿5，后方1枚稍小，端均有齿；花冠筒长1.6-1.8厘米，上唇大，镰刀状向前弓曲，下缘有2耳，有时为针形齿，喙长约3毫米，直伸而稍指向前下方，粗壮，顶端平截，有细齿，下唇宽大，开展，稍长于上唇，有缘毛；花丝前方1对有长毛。蒴果卵形，长约1.1厘米，有小凸尖，自萼内稍伸出。花期8-9月。

产西藏南部，生于海拔约3800米山坡湿润地或林下。不丹、尼泊尔及锡金有分布。

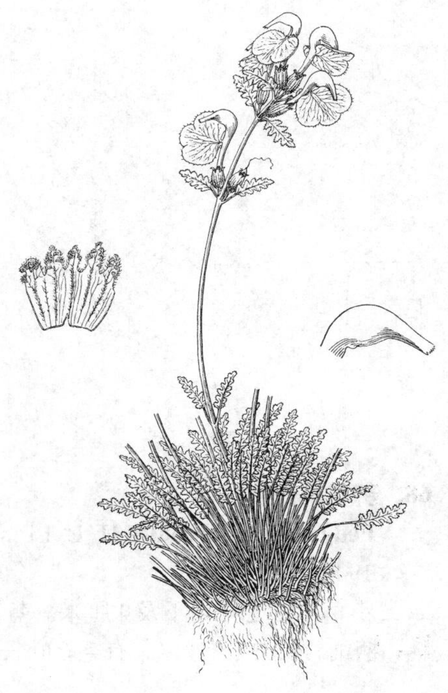

图 340 裂喙马先蒿 （引自《中国植物志》）

66. 俯垂马先蒿 图 341 : 1-2

Pedicularis cernua Bonati in Bull. Soc. Bot. France 54: 373. 1907.

多年生草本，高达22厘米；无毛。茎单条或多条，基部常有宿存鳞片，叶多基出，成丛，柄细，长3-12厘米，叶卵状长圆形，长4-5.5厘米，羽状全裂或深裂，裂片6-10对，线状披针形或长圆状披针形，再浅裂或半裂，有细锯齿；茎生叶对生，似基生叶，柄较短，叶羽状浅裂。总状花序长4-7厘米；苞片叶状，短于花。花萼长约1厘米，前方稍裂，萼齿5，不等，后方1枚较短，全缘，余均有齿；花冠红色，长约3.3厘米，上唇具齿，无喙，上部镰状弓曲，前缘中部有凸起1对，额部圆钝，下端常小凸尖，下缘近端片常有2小齿，下唇有缘毛及细波状齿；花丝均被长柔毛。蒴果长1.2-1.5厘米，长卵形，锐尖。花期7-8月。

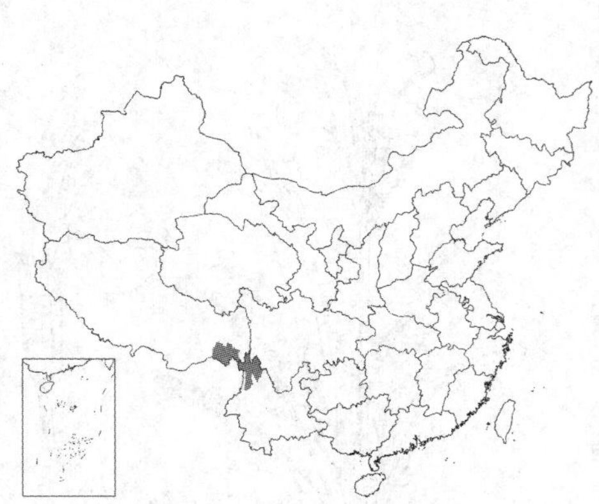

图 341: 1-2. 俯垂马先蒿 3-4. 鹅首马先蒿 （引自《中国植物志》）

产云南西北部及西藏东南部，生于海拔3800-4000米高山草地。

67. 鹅首马先蒿 图 341 : 3-4

Pedicularis chenocephala Diels in Notizbl. Bot. Gart. Berl. 10: 892. 1930.

多年生草本，高达13厘米。茎

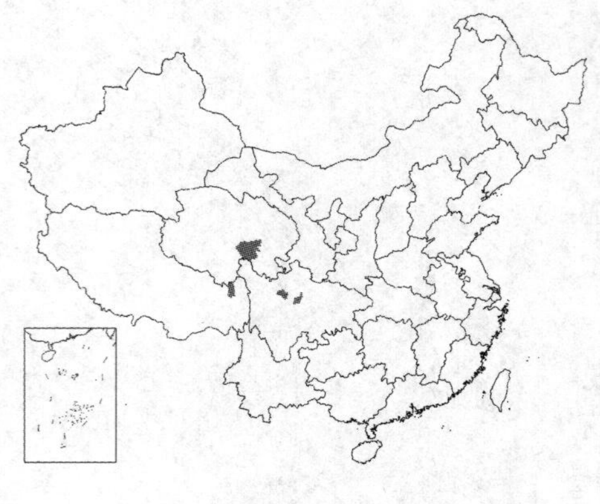

单出或2-3条。下部叶柄长达5厘米，无毛，叶线状长圆形，长达3厘米，宽达8毫米，羽状全裂，裂片5-10对，羽状浅裂，上部茎生叶对生或轮生，1-2对，卵状长圆形，裂片4-5对，叶柄常宽，稍膜质。花序头状，密被总苞状苞片；苞片叶状，柄宽，有长缘毛及疏毛。花萼长达9毫米，萼齿5，不等；花冠玫瑰色，长约2.8厘米，花冠筒长约1厘米，上唇似鹅首，包雄蕊部分色较深紫，约45°角转向前上方，喙长约1.5毫米，圆锥形，斜平截，转指前方，下唇基部楔形，侧裂片斜倒卵形，中裂片宽卵形，前伸约1/2，裂片先端均匀小凸尖，有啮痕状齿及缘毛；花丝前方1对有疏毛。

产青海南部、四川中北部及西藏东北部，生于海拔3600-4300米沼泽草地。

68. 藓状马先蒿 图 342

Pedicularis muscoides H. L. Li in Proc. Acad. Nat. Sci. Philad. 101: 91. 1949.

小草本，连花高不及4厘米。茎花葶状，长不及1厘米。基生叶有长柄，柄细，长1-1.5厘米，有毛，叶长圆状披针形，长约1厘米，宽2-3毫米，羽状全裂或近端处羽状深裂，裂片8-10对，卵形，有锯齿。花每茎2-3朵；苞片叶状。花梗长2-3毫米；花萼长圆状卵圆形，长约8毫米，被毛，萼齿5，不等，窄三角形，有微波状齿，近全缘；花冠淡黄色，长约2.3厘米，花冠筒长约1.1厘米，端稍前弯，略宽，上唇稍前俯，额部圆，下缘前端尖，无齿，下唇长约9毫米，全缘，中

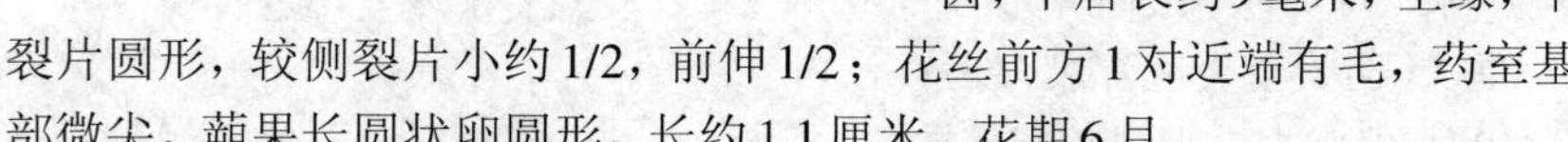

裂片圆形，较侧裂片小约1/2，前伸1/2；花丝前方1对近端有毛，药室基部微尖。蒴果长圆状卵圆形，长约1.1厘米。花期6月。

产云南西北部、四川西部及西藏南部，生于海拔3900-5335米山地。

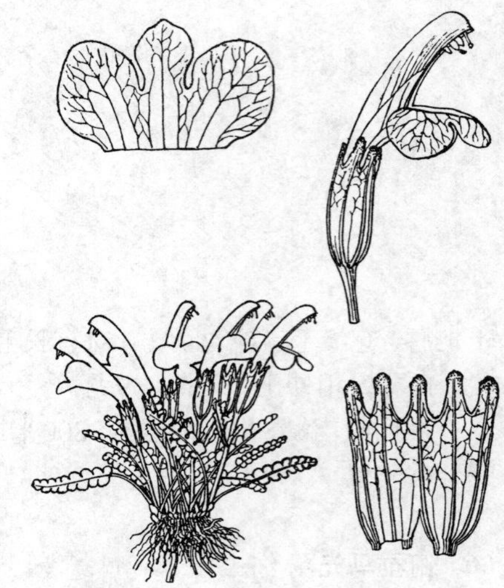

图 342 藓状马先蒿 （引自《中国植物志》）

69. 盔齿马先蒿 迈氏马先蒿 图 343

Pedicularis merrilliana H. L. Li in Proc. Acad. Nat. Sci. Philad. 101: 96. 1949.

多年生草本，高4（8）厘米。茎1-5条，不分枝，黑色，有光泽，基部常有膜质鳞片，被毛线及锈色长毛或近无毛。叶多基生，成密丛，柄长1.5-3厘米，纤细，叶长圆形，长1-1.7厘米，宽3-5毫米，下面被锈色毛，羽状全裂，裂片8-12对，具

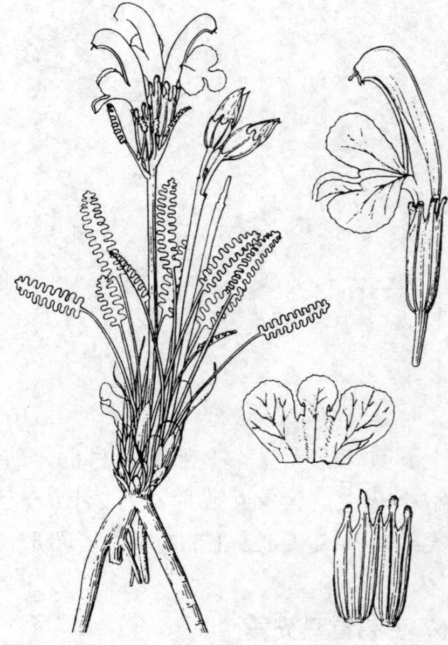

图 343 盔齿马先蒿 （引自《中国植物志》）

齿。花序近头状，顶生，花约3朵；苞片叶状。花梗长2-4（-7）毫米，疏被长柔毛；花萼长约1厘米，前方不裂，被毛，萼齿5，不等，后方1枚较小，全缘，余端具齿；花冠紫红色，长约2-3厘米，花冠筒近直伸，上唇与冠筒近等长，略镰状弓曲，上唇顶端圆，前缘斜平截，有细齿，下角有2齿，下唇长约7毫米，无缘毛；花丝两对均无毛。蒴果长圆状卵形，长1.1-1.3厘米，稍偏斜，顶端有小凸尖。花期6-7月。

产四川，生于海拔3200-4900米高山草甸。不丹有分布。

图 344 刺冠马先蒿（引自《中国植物志》）

70. 刺冠马先蒿 谬氏刺冠马先蒿 图 344

Pedicularis mussoti Franch. var. **lophocentra** (Hand.-Mazz.) H. L. Li in Proc.Acad. Nat. Sci. Philad. 101: 180. 1949.

Pedicularis lophocentra Hand.-Mazz. in Anz. Akad. Wiss. Wien, Math.-Nat. 59: 251. 1922.

多年生草本，高达15厘米。茎常4-5条，倾卧或弯曲上升，密被毛。基生叶柄长2.5-10厘米，被毛，叶长2-10.5厘米，宽0.5-2.5厘米，羽状深裂或近全裂，裂片6-13对，有重锐锯齿；茎生叶近对生，茎端叶互生。花腋生。花梗长3-11.5厘米，弯曲；花萼筒长0.6-1厘米，前方深裂1/2以上，萼齿2-3；花冠红色，花冠筒长0.7-1厘米，上唇下缘有2耳状凸起，喙长0.7-1.1厘米，卷成半环状，上唇有窄鸡冠状凸起1条，顶端有刺状附属物，下唇大，有长缘毛，中裂片较小，先端凹下；花丝两对均有毛。蒴果半圆形，长约1.2厘米，约1/2为宿萼所斜包。

产云南西北部及四川，生于海拔3600-4900米高山草地。

71. 裹盔马先蒿 哀氏马先蒿 图 345：1-3

Pedicularis elwesii Hook. f. Fl. Brit. Ind. 4: 312. 1884.

多年生草本，高达20厘米；密被短毛。茎单条或2-4，不分枝。基生叶成疏丛，具长柄，叶卵状长圆形或披针状长圆形，长3.5-9.5(-18)厘米，宽1-2.5厘米，羽状深裂，裂片10-20(-30)对，羽状浅裂或半裂，有重锯齿；茎生叶少，有时近对生，较小。总状花序长5-8厘米；苞片叶状。花萼长1-1.2厘米，前方裂至1/2，裂口膨臌，萼齿3，不等；花冠紫或浅紫红色，长2.6-3厘米，花冠筒较萼稍短，直伸，上唇向右偏扭，额部高凸，喙直针转折指向前下方，向下钩曲，顶端2深裂，下唇宽大，包上唇，有长缘毛，中裂片较小，顶端微凹；花丝均被长毛。蒴果长圆状披针形，长1.7-2厘

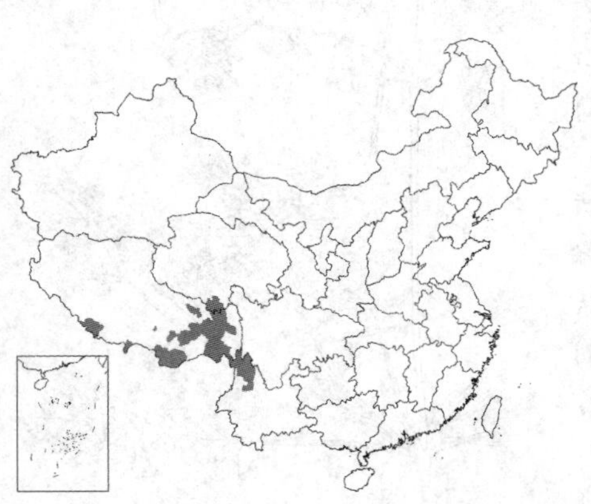

图 345：1-3. 裹盔马先蒿
4-7. 光唇马先蒿（引自《中国植物志》）

米。花期5-8月。

产云南西北部及西藏，生于海拔3200-4600米高山草地。不丹、尼泊尔、锡金有分布。

[附] **光唇马先蒿** 阜莱氏马先蒿 图 345：4-7 **Pedicularis fletcherii** P. C. Tsoong in Acta Phytotax. Sin. 3: 294. 324. 1954. 本种与裹盔马先蒿的区别：萼长2.3厘米，前方裂至1/4，花冠白色，下唇中央有红晕，上唇略镰状弓曲，下唇有细缘毛或近无毛。产西藏东南部，生于海拔3500-4200米高山草地。不丹有分布。

72. 华马先蒿 欧氏马先蒿中国变种 图 346

Pedicularis oederi Vahl var. **sinensis** (Maxim.) Hurus. in Journ. Jap. Bot. 22: 73. 1948.

Pedicularis versicolor Wahlenb. var. *sinensis* Maxim. in Bull. Acad. Imp. Sci. St.Pétersb. 32: f. 1776. 1888.

多年生草本，高达10（-15）厘米。根多数，稍纺锤形，肉质。茎花葶状，常被绵毛。叶多基生，成丛宿存，柄长达5厘米，叶线状披针形或线形，长1.5-7厘米，羽状全裂，裂片10-20对，有锯齿，茎生叶1-2枚，较小。花序顶生；苞片叶状，常被绵毛。花萼窄圆筒形，长0.9-1.2厘米，萼齿5，后方1枚较小，全缘，余顶端膨大有锯齿；花冠黄白色，上唇顶端紫黑色，有时下唇及上唇下部有紫斑，冠筒近端稍前曲，花前俯，上唇长7-9毫米，额部前端稍三角形凸出，下唇宽大于长，中裂片小，凸出；花丝前方1对被毛。蒴果长卵形或卵状披针形，长达1.8厘米。

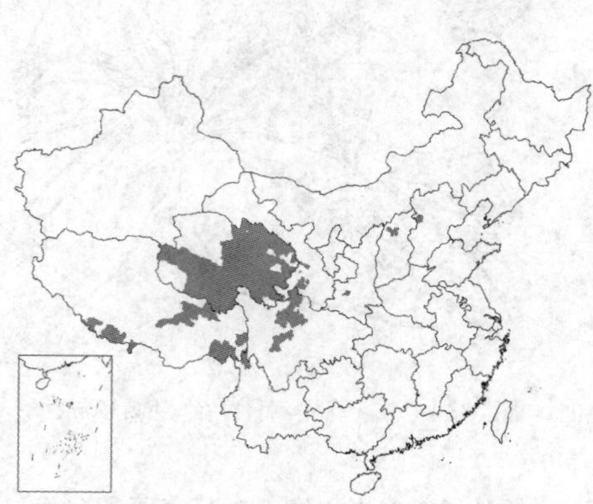

产河北西部、山西北部、陕西南部、甘肃、青海、四川、云南西北部及西藏。不丹有分布。

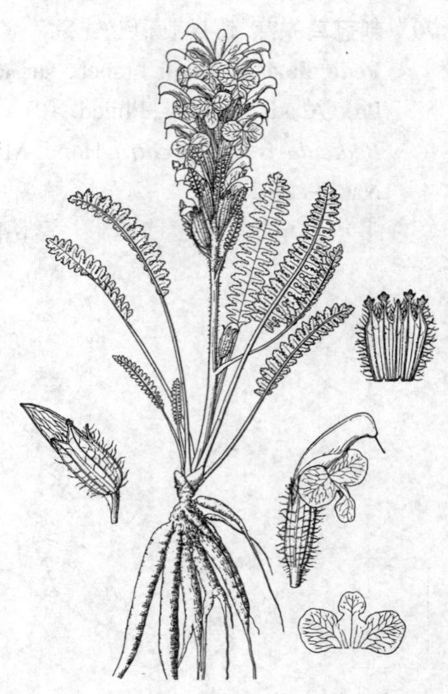

图 346 华马先蒿（引自《中国植物志》）

73. 拟紫堇马先蒿 图 347

Pedicularis corydaloides Hand.-Mazz. Symb. Sin. 7: 851. 1936.

多年生草本，高达16厘米；细弱，常铺散地面。茎短，生出长枝多条。基生叶多数，柄长达4厘米，叶卵状椭圆形或卵状长圆形，长1-4厘米，宽达1.8厘米，羽状全裂，裂片4-6（-8）对，卵形或长圆形，羽状半裂或有缺刻；茎生叶常假对生，较小。花腋生基部叶脉或成顶生总状花序。花萼长5-6毫米，被毛，萼齿5，不等，后方1枚短，全缘，余大，有锯齿；花冠黄色，冠筒较萼长，在萼上微宽，稍前弯，上唇直伸，长约6毫米，顶部圆，前额有时有小凸尖，背面有疏腺毛及细毛，下唇开张，与上唇近等长，有细缘毛，3枚裂片圆形，

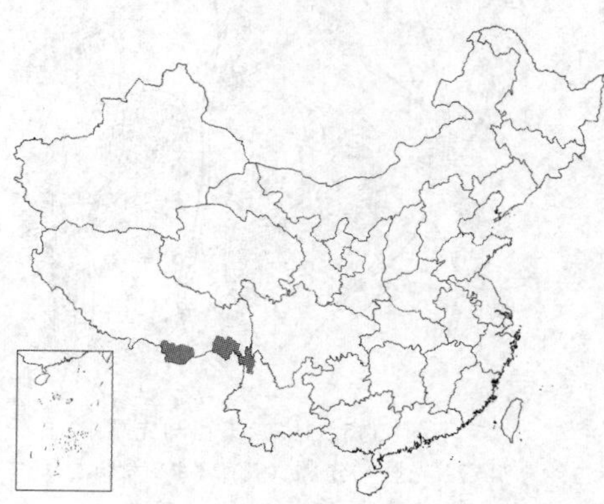

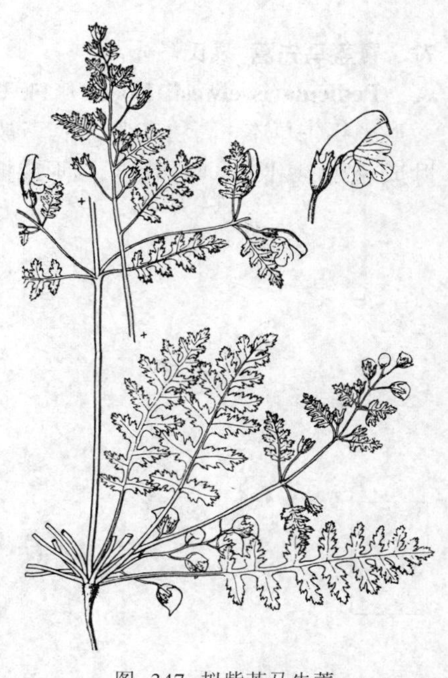

图 347 拟紫堇马先蒿（引自《中国植物志》）

近相等；花丝均被毛。蒴果长约5毫米，偏斜，顶端有小凸尖。

产云南西北部及西藏东南部，生于海拔3200-3800米高山草甸、灌丛中或林内。

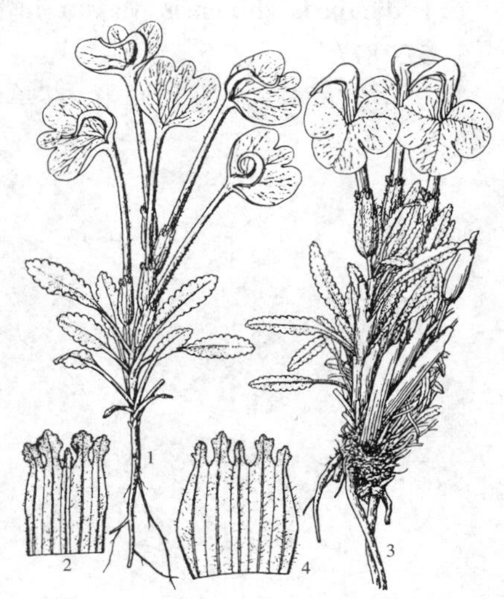

图 348：1-2. 美丽马先蒿 3-4 .青海马先蒿 （吴彰桦绘）

74. 美丽马先蒿 图 348 : 1-2

Pedicularis bella Hook. f. Fl. Brit. Ind. 4: 313. 1884.

一年生草本，连花高约8厘米，丛生。茎高0.1-3厘米，被白毛。叶集生基部，柄长0.5-2厘米，膜质，基部鞘状，被疏毛，叶卵状披针形，长1-1.5厘米，羽状浅裂，裂片3-9对，密生白色长毛。花萼长1.2-1.5厘米，密被白毛，前方裂至1/3，萼齿5，不等；花冠深玫瑰紫色，花冠筒色较浅，长2.8-3.4厘米，被毛，上唇稍镰状弓曲，喙细，长约8毫米，多少卷曲，下唇宽2-2.4厘米，两侧稍包上唇，中裂片小于侧裂片，顶端圆，基部不窄缩成柄；花丝均有毛。蒴果斜长圆形，伸出宿萼约1倍，有短凸尖。花期6-7月。

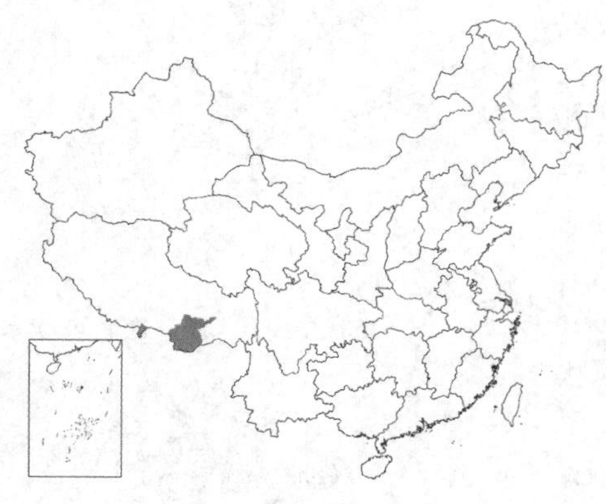

产西藏南部，生于海拔4200-4900米潮湿草地。不丹及锡金有分布。

[附] **青海马先蒿** 普氏马先蒿 图 348 : 3-4 彩片 65 **Pedicularis przewalskii** Maxim. in Bull. Acad. Imp. Sci. St. Pétersb. 24: 55. 1877. 本种与美丽马先蒿的区别：下唇3裂片近等大，中裂片先端凹，基部窄细成短柄，喙向前下方直伸。产甘肃南部、青海东部及西藏南部，生于海拔约4000米高山湿草地。

75. 凹唇马先蒿 克洛氏马先蒿 图 349

Pedicularis croizatiana H. L. Li in Proc. Acad. Nat. Sci. Philad. 10: 187. 1949.

多年生草本，高达21厘米。茎常多数，不分枝，弯曲上升或倾卧上升，有密毛。叶互生，有时近对生，柄长1-2.5厘米，叶线状披针形或卵状长圆形，长2-4.5厘米，宽0.5-1厘米，羽状全裂，裂片9-12对，有刺状重锯齿。花腋生；苞片叶状，被毛。花梗长1-1.8毫米，被长毛；花萼长1-1.3厘米，有长毛，前方裂约1/3，萼齿（2）3，不等，后方1枚较小，上部膨大叶状；花冠黄色，长3.3-4厘米，花冠筒长2.5-3厘米，有疏毛，上唇端镰状弓曲，喙长约5毫米，稍拳卷或前端反指前方，额部至喙基沿缝线有鸡冠状凸起，下唇宽1.5-2.1厘米，有缘毛，3裂片先端均浅凹缺；花丝上部均有密毛。

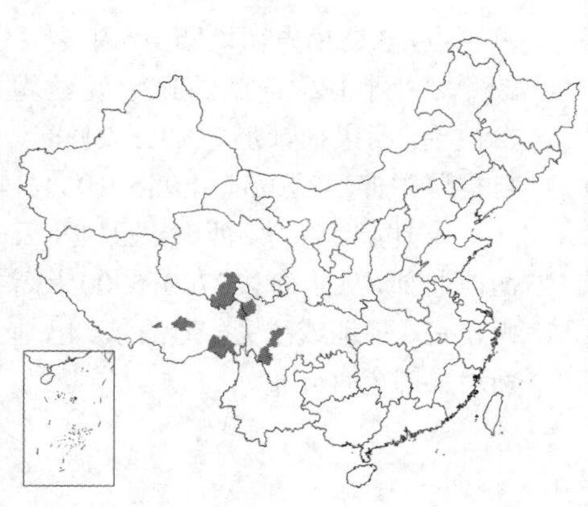

图 349 凹唇马先蒿（引自《中国植物志》）

产四川西部、青海南部及西藏，生于海拔3700-4200米松林中或高山草地。

76. 中国马先蒿 图 350 彩片 66

Pedicularis chinensis Maxim. in Bull. Acad. Imp. Sci. St. Pétersb. 24: 57.1877.

一年生草本，高达30厘米。茎单出或多条，直立或弯曲上升至倾卧。叶基生与茎生，基生叶柄长达4厘米，上部叶脉较短，均被长毛；叶披针状长圆形或线状长圆形，长达7厘米，羽状浅裂或半裂，裂片7-13对，卵形，有重锯齿。花序长总状；苞片叶状，密被缘毛。花萼管状，长1.5-1.8厘米，密被毛，有时具紫斑，前方约裂2/5，萼齿2，叶状；花冠黄色，冠筒长4.5-5厘米，被毛，上唇上端渐弯，无鸡冠状凸起，喙细，长达1厘米，半环状，下唇宽大于长近2倍，宽约2厘米，密被缘毛，中裂片较小，顶部平截或微圆，不前凸于侧裂片；花丝均被密毛。蒴果长圆状披针形，长1.9厘米，顶端有小凸尖。

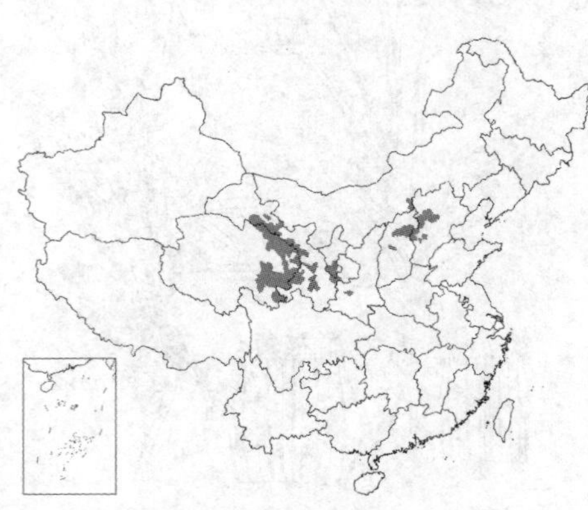

产内蒙古、河北、山西、陕西、宁夏、甘肃、青海及西藏，生于海拔1700-2900米高山草地。

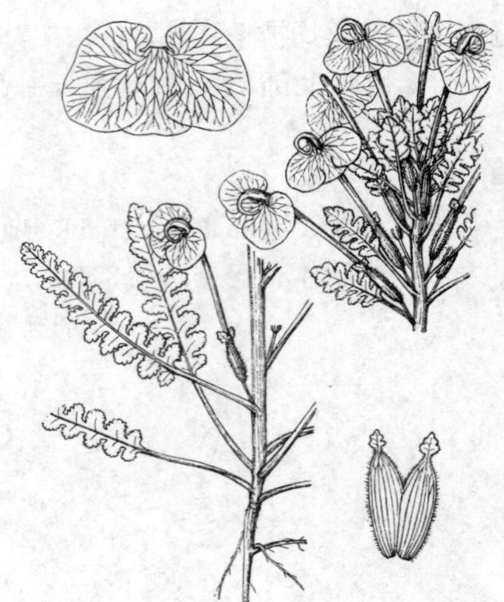

图 350 中国马先蒿（鞠维江绘）

77. 斑唇马先蒿 管状长花马先蒿 图351 彩片 67

Pedicularis longiflora Rudolph var. **tubiformis** (Klotz.) P. C. Tsoong in Acta Phytotax. Sin. 3: 278. 318. 1954.

Pedicularis tubiformis Klotz. in Klotzsch et Garcke, Bot. Ergebn. Reise Prinz Waldemar 106. t. 57. 1862.

一年生草本，高达18厘米。茎短，近无毛。基生叶密生，柄长1-2厘米，叶披针形或窄长圆形，羽状浅裂或深裂，裂片5-9对，有重锯齿；茎生叶互生，具短柄。花腋生。花梗短；花萼筒长，长1.1-1.5厘米，前方裂约2/5，有缘毛，萼齿2，掌状开裂；花冠黄色，长4-6厘米，冠筒被毛，上唇上端转向前上方，前端具细喙成半环状卷曲，喙长约6毫米，喙端指向花冠喉部，下唇宽大于长，宽达1.8厘米，有长缘毛，近喉部有2棕红色斑点，3裂片先端均凹下，中裂片较侧裂片小1/2，前凸约1/2；花丝均密被毛。蒴果披针形，长1.8-2厘米。自宿萼中伸出约3/5。花期5-10月。

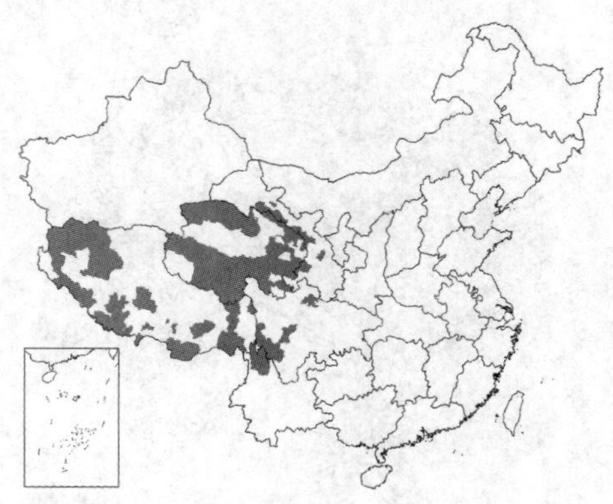

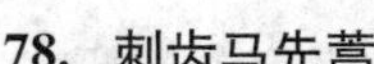

产甘肃、青海、西藏、四川及云南西北部，生于海拔2700-5300米高山草甸、谷地或溪旁。尼泊尔、巴基斯坦及锡金有分布。

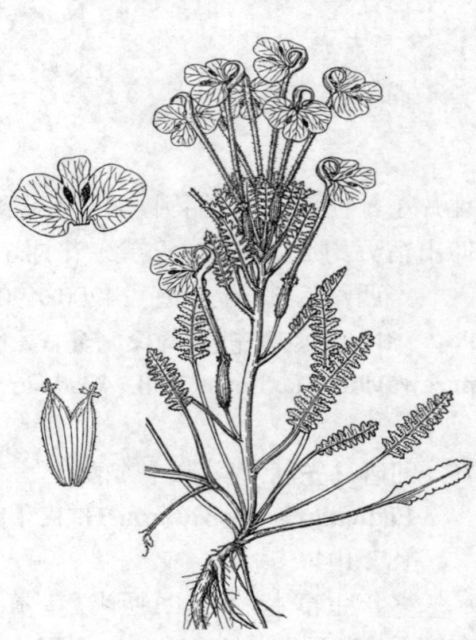

图 351 斑唇马先蒿（鞠维江绘）

78. 刺齿马先蒿 图 352

Pedicularis armata Maxim. in Bull. Acad. Imp. Sci. St. Pétersb. 24: 56. 1877.

多年生草本，高达16厘米。茎丛生，中央者短而直立，外侧者常弯曲上升或倾卧，密被细毛。叶柄长1-4厘米，被毛；叶线状长圆形，长2-4

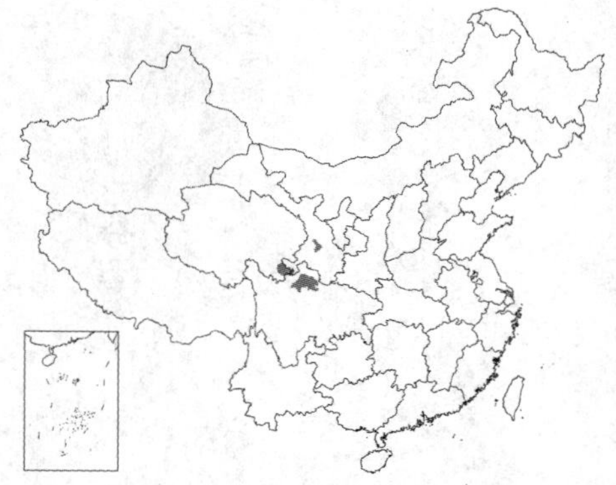

厘米，宽0.4-1厘米，羽状深裂，裂片4-9对，有刺尖重锯齿。花腋生。花梗短，被密毛；花萼长1.6-2厘米，前方裂约1/3，密被毛，萼齿2，近掌状3-5裂，具刺尖锯齿；花冠黄色，长5-9厘米，被毛，上唇端部近直角转向前方，喙细，长约1.5厘米，卷成环状，先端反指后上方，下唇大而开展，长宽均相等，有长缘毛，裂片平圆或平截，侧裂片较中裂片大2-2.5倍，基部具耳，成深心形，伸至上唇后方；花丝均有密毛。花期8-9月。

产甘肃中南部、青海东南部及四川北部，生于海拔3600-4600米高山草地。

图 352 刺齿马先蒿 （冯晋庸绘）

79. 极丽马先蒿 图 353

Pedicularis decorissima Diels in Notizbl. Bot. Gart. Berlin 10: 891. 1930.

多年生草本，高达15厘米。茎常多条，外方茎常倾卧状上升，中央茎较长。叶基生与茎生，柄长1-3（-6）厘米，被毛；叶线形或披针状长圆形，长2-7厘米，宽达1.8厘米，常羽状深裂，裂片6-9对，有重锯齿；茎生叶有时假对生。花腋生。花梗短；花萼长于2厘米，密被长毛，前方裂约1/2，萼齿2，羽裂，具刺尖齿；花冠浅红色，花冠筒长达12厘米，被疏毛，上唇上部宽，转弯向前方，额部密生绒毛，有鸡冠状凸起，喙卷成环状，端反指向前，下唇宽达2.8厘米，有长缘毛，中裂片较小，前凸，侧裂片基部深耳形；花丝均被密毛。

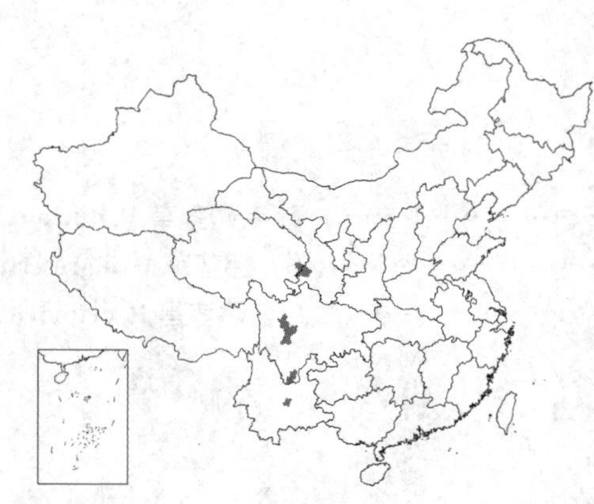

产甘肃西南部、青海东部、四川中西部及南部、云南近中部，生于海拔2900-3500米高山草地。

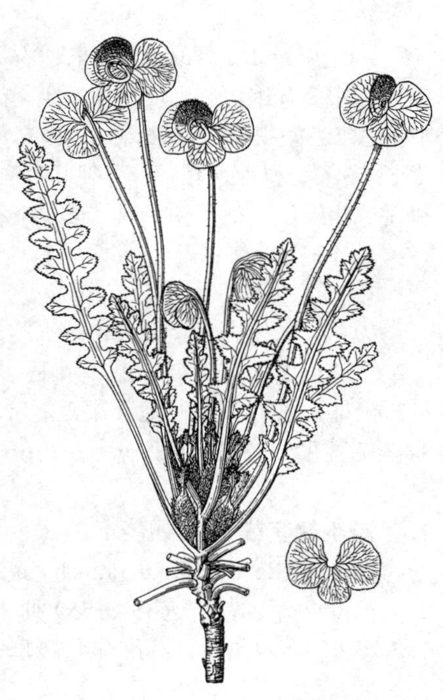

图 353 极丽马先蒿 （冯晋庸绘）

80. 硕花马先蒿 图 354 : 1-2

Pedicularis megalantha D. Don, Prodr. Fl. Nepal. 94. 1825.

一年生草本，高达45厘米。茎丛生或单条，直立，近无毛。基生叶早枯，茎生叶少数；叶柄长4-6厘米，叶线状长圆形，长5-7厘米，宽2-3.5厘米，羽状深裂，裂片7-12对，有波状齿，上面疏被毛。花序长30厘米以上；苞片叶状。花梗长0.5-1.2厘米；花萼长圆形，被毛，前方裂不及1/3，萼齿5，不等；花冠多玫瑰红色，花冠筒长3-6厘米，较萼长2-4倍，上唇短，上端直角转折，喙细，长1.2-1.4厘米，卷曲成环状，下唇宽大于长，宽2.5-3.5厘米，常向后反卷，背面向上，包上唇，缘有毛，中裂片小，前凸；花丝前方1对有毛。蒴果卵状披

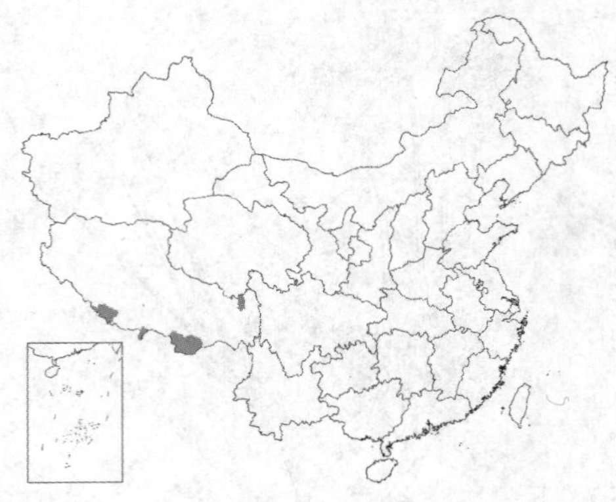

针形，长约3厘米。

产西藏东北部及南部，生于海拔2300-4200米溪旁湿润地或林中。不丹、印度、尼泊尔、巴基斯坦及锡金有分布。

[附] **大唇马先蒿** 图354：3-5 **Pedicularis megalochila** H. L. Li in Taiwania 1: 91. 1948. 本种与硕花马先蒿的区别：多年生草本；茎被贴伏白色长毛；萼前方深裂2/3，花冠黄色，喙部红色，花冠筒长约1.5厘米，花丝2对均被毛。产西藏东南部及西南部，生于海拔约4200米草坡或矮杜鹃林中。不丹及缅甸有分布。

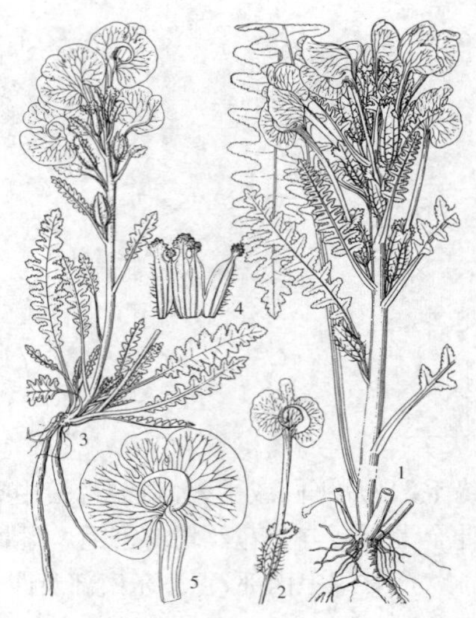

图 354：1-2. 硕花马先蒿 3-5.大唇马先蒿（引自《中国植物志》）

58. 翅茎草属 Pterygiella Oliv.

（杨汉碧）

一年生草本。茎具4棱，沿棱有4条窄翅，或圆筒形无翅。叶交互对生，全茎出，无柄；叶稍披针形，全缘，或宽卵形，有锯齿。总状花序顶生，花对生，稀疏；苞片叶状。花梗短，具1对小苞片；花萼筒宽钟形，脉10条，5条达萼齿间缺口成小凸点，萼齿5，略二唇形；花冠二唇形，花冠筒漏斗状，上唇2浅裂，拱曲，下唇与上唇近等长，3裂，裂片近相等，中裂基部有2褶襞，上被长卷毛；雄蕊2强，药室有刺尖，密被白色长毛；子房密被长硬毛。蒴果包于宿萼内；种子多数，种皮有蜂窝状纹。

约4种，我国特产。

1. 茎方形，沿棱有4窄翅；叶具主脉。
   2. 全株近无毛或疏被短毛；叶基部楔形，不抱茎 …………………… 1. **疏毛翅茎草 P. duclouxii**
   2. 全株密被棕褐色腺毛及柔毛；叶基部宽，抱茎 …………………… 1(附). **翅茎草 P. nigrescens**
1. 茎圆柱形；叶具3主脉 …………………… 2. **圆茎翅茎昌 P. cylindrica**

1. **疏毛翅茎草** 杜氏翅茎草　图 355：1

Pterygiella duclouxii Franch. in Bull. Soc. Bot. France 47: 22. 1900.

一年生草本，高达35（-55）厘米；全株近无毛或疏被毛。茎单条或2-7条丛生，四角形，沿角有4窄翅。叶全茎生，交互对生；无柄；叶线形，稀线状披针形，草质，长1.5-4.5厘米，宽2-3（-6）毫米，基部楔形。主脉1条，全缘。总状花序顶生，约为茎枝长1/4-1/2。花对生，4-6对；苞片叶状。花梗短；小苞片1对，线形，常早落；花萼钟状，略二唇形，长1.2-1.5厘米，萼齿5，卵状三角形，全缘；花冠黄色，长1.4-1.6厘米，上唇略盔状，2

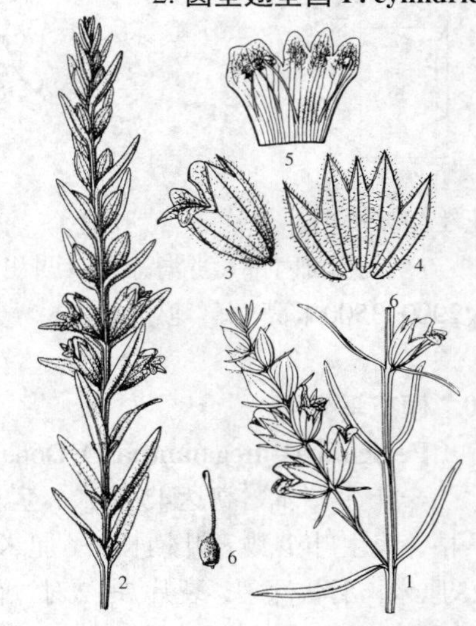

图 355：1. 疏毛翅茎草 2-6.翅茎草（引自《中国植物志》）

裂片边缘稍向外卷；下唇中裂片凸出，具2褶襞，密被白灰色长毛；雄蕊2强，花丝被毛；子房密被长硬毛。蒴果短卵圆形，长0.8-1厘米；花柱常宿存，密被硬毛。种子黑色，肾形。花期7-9月，果期9-10月。

产广西、云南、贵州及四川，生于海拔1000-2800米林缘或草坡。

[附] **翅茎草** 图 355：2-6 **Pterygiella nigrescens** Oliv. in Hook. f. Icon. Pl. 5: t. 2463. 1896. 本种与疏毛翅茎草的区别：全株密被棕褐色腺毛及柔毛；叶基部宽，抱茎。产云南，生于海拔1700-2600米灌丛中。

2. 圆茎翅茎草 图 356

Pterygiella cylindrica P. C. Tsoong, Fl. Reipubl. Popul. Sin. 68: 381. 419. 1963.

一年生草本，高达60厘米。茎常单条，圆柱形，无棱角及翅，密被灰黄褐色长毛。叶对生，全茎生，稠密，近无柄，叶披针状线形或线形，长2.5-3.5厘米，宽约4毫米，两面密被灰褐色细毛，主脉3条，全缘或稍波状。花序总状，顶生；苞片叶状。花梗短，具2针状小苞片。花萼钟状，略二唇形，长1.3-1.6厘米，内外均密被毛，萼齿5；花冠黄色，长1.2-1.5厘米，二唇形，上唇长4-5毫米，略弯，顶端微凹，下唇3裂，长约1.5毫米，中裂有2褶襞，密被锈色长毛；雄蕊2强，花丝被毛，花药密被白色长毛，有刺尖；子房密被锈黄色长硬毛。蒴果卵圆形，长约8毫米，全苞宿萼内，黑褐色。种子多数，黑褐色。花期9-11月，果期10-11月。

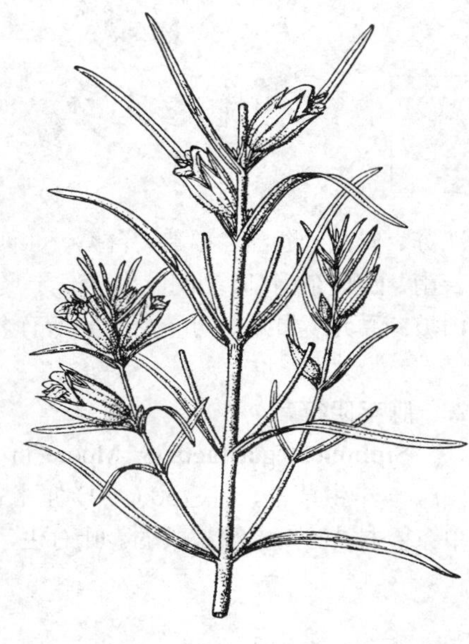

图 356 圆茎翅茎草（引自《图鉴》）

产云南及四川西南部，生于海拔1800-2100米草坡。

59. 阴行草属 Siphonostegia Benth.

（杨汉碧）

一年生草本；密被短毛或腺毛。茎上部多分枝。叶对生或上部的为假对生，全茎生。总状花序顶生；花对生，疏稀；苞片不裂或叶状，花梗短，具2线状披针形小苞片；花萼筒状钟形，脉间有褶迭，萼齿5，近相等，稍披针形而全缘，厚草质；花冠二唇形，花冠筒细，上唇略镰状，额部圆，前下方有2短齿，下唇与上唇近等长，3裂，裂片近相等，有褶襞；花药2室，背着；子房2室，胚珠多数，柱头头状。蒴果卵状长椭圆形，包于宿存萼筒内；种子多数。

约4种，3种产中亚与东亚，1种产小亚细亚。我国2种。

1. 植株密被短毛；叶二回羽状全裂；萼齿长为萼筒1/4-1/3；下唇褶襞瓣状，无长卷毛 …… **1. 阴行草 S. chinensis**
1. 植株密被腺毛；叶亚掌状3深裂；萼齿长为萼筒1/2-2/3；下唇褶襞非瓣状，密被长卷毛 …………………………………………………………………… **2. 腺毛阴行草 S. laeta**

1. 阴行草 图 357

Siphonostegia chinensis Benth. in Hook. et Arn. Bot. Beech. Voy. 203. 1835.

一年生草本，高达60（-80）厘米，干后黑色，密被锈色毛。茎单条，基部常有少数膜质鳞片；枝1-6对，细长，坚挺。叶对生，无柄或有短柄；叶厚纸质，宽卵形，长0.8-5.5厘米，宽0.4-6厘米，二回羽状全裂，裂片约3对，小裂片1-3，线形。花对生于茎枝上部；苞片叶状。花梗短，有

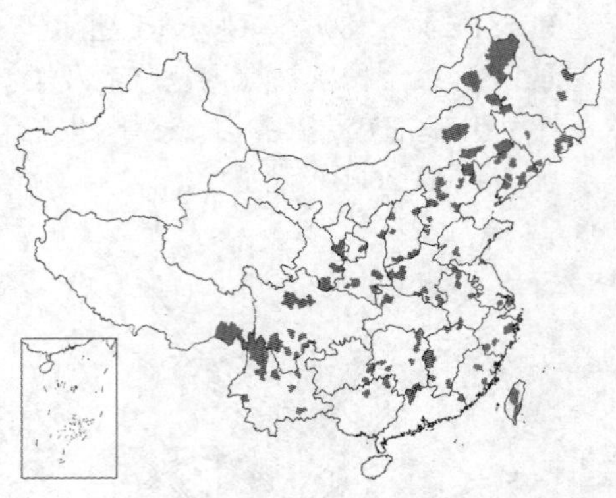

2小苞片；花萼筒长1-1.5厘米，主脉10条粗，凸起，脉间凹入成沟，萼齿5，长为萼筒1/4-1/3；花冠长2.2-2.5厘米，上唇红紫色，下唇黄色，上唇背部被长纤毛，下唇褶襞瓣状；雄蕊2强，花丝基部被毛。蒴果长约1.5厘米，黑褐色。种子黑色。花期6-8月。

产黑龙江、吉林、辽宁、内蒙古、河北、山西、河南、山东、江苏、安徽、浙江、福建、台湾、江西、湖北、湖南、广东、广西、贵州、云南、西藏东南部、四川、甘肃、宁夏及陕西，生于海拔800-3400米干旱山坡或草地。日本、朝鲜及俄罗斯有分布。

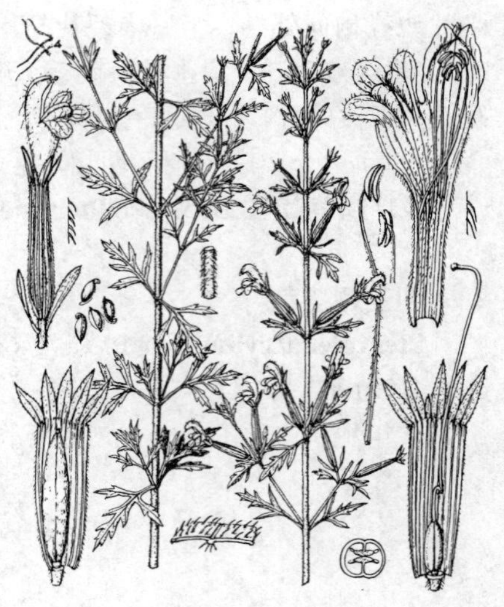

图 357 阴行草（引自《Fl. Taiwan》）

2. 腺毛阴行草 图358

Siphonostegia laeta S. Moore in Journ. Bot. 18: 5. 1880.

一年生草本，高达60（-70）厘米；干后稍黑色，全株密被腺毛。茎常单条；枝3-5对，细长柔弱。叶对生，柄长0.6-1厘米；叶三角状长卵形，长1.5-2.5厘米，宽0.8-1.5厘米，亚掌状3深裂，裂片不等，中裂片较大，羽状浅裂。花对生，稀疏；苞片叶状。花无梗或具短梗；小苞片2；花萼筒长1-1.5厘米，主脉10条较细，脉间不成沟，萼齿5，长为萼筒1/2-2/3；花冠长2.3-2.7厘米，黄色，有时上唇背部微紫色，下唇褶襞非瓣状，密被长卷毛；雄蕊2强，花丝密被毛。蒴果长1.2-1.3厘米，黑褐色，顶端稍有短突尖。种子多数，长约1-1.5毫米，黄褐色，长卵圆形。花期7-9月，果期9-10月。

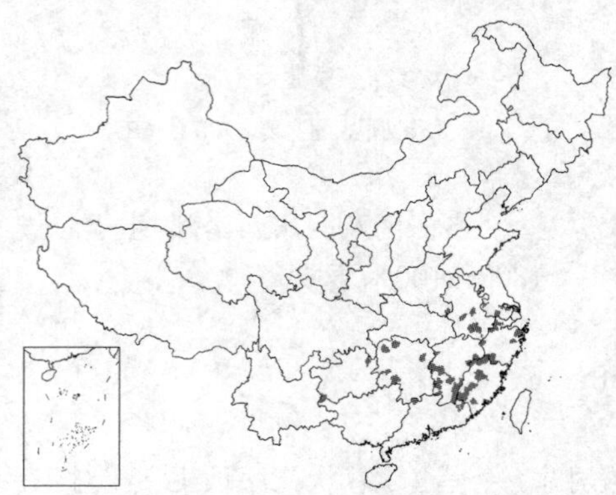

产河南东南部、安徽、江苏南部、浙江、福建、江西、广东、湖南及贵州，生于海拔220-500米草丛或灌木林较阴湿地方。

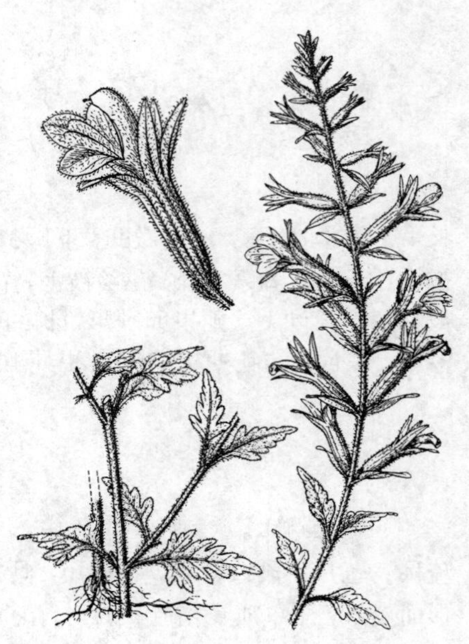

图 358 腺毛阴行草（冯晋庸绘）

60. 芯芭属 Cymbaria Linn.

（杨汉碧）

多年生草本；被毛，基部常有宿存枯茎。茎丛生，基部常密被鳞片。叶对生，无柄。总状花序顶生，花少数；小苞片2枚。萼齿5，锥形或线状披针形，较萼筒长2-3倍，齿间常有1-3小齿；花冠黄色，二唇形，喉部扩大，上唇直立前俯，2裂，下唇3裂，裂片倒卵形；雄蕊4，2强，花药背着，伸出喉部，药室长卵形，下端具小尖头；花柱线形，与上唇近等长，先端前弯。蒴果革质；种子扁平或略三棱形，周围有窄翅。

约2种，我国均产。俄罗斯东西伯利亚及蒙古有分布。

1. 植株密被白色绢状长柔毛，呈银白色；花药长4-4.5毫米，顶部被长柔毛 ……………… 1. **达乌里芯芭 C. dahurica**
1. 植株被柔毛，呈绿色；花药长3-3.6毫米，顶部常无毛，稀疏生长柔毛 ……………………… 2. **蒙古芯芭 C. mongolica**

1. 达乌里芯芭 图 359

Cymbaria dahurica Linn. Sp. Pl. 618. 1753.

多年生草本，高达23厘米；植株密被白色绢状长柔毛，呈银白色。茎成丛生，基部密被鳞叶。叶对生，无柄，线形或线状披针形，长1-2.3厘米，宽2-3毫米，全缘，稀分裂。总状花序顶生，花少数，具短梗；具2小苞片，线形或披针形。花萼筒长0.5-1厘米，内外被毛，萼齿5，线形或披针形，长0.9-2厘米，齿间有1-2小齿；花冠黄色，长3-4.5厘米，内在腺点，上唇先端2裂，略前弯，下唇3裂，有2褶襞，中裂长1-1.6厘米；雄蕊4，2强，花丝基部被毛，花药长4-4.5毫米，顶部被长柔毛。蒴果长卵圆形，长1-1.3厘米。种子长3-4毫米。花期6-8月，果期7-9月。

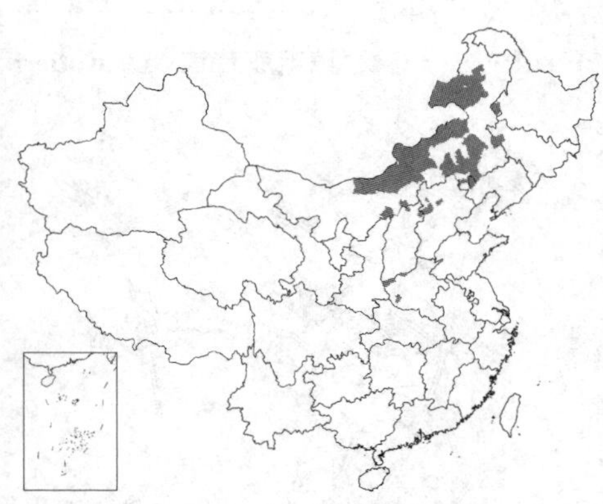

产黑龙江、吉林、内蒙古、河北、山西及河南，生于海拔620-1100米干旱山坡及砂砾草原。俄罗斯东西伯利亚及蒙古有分布。

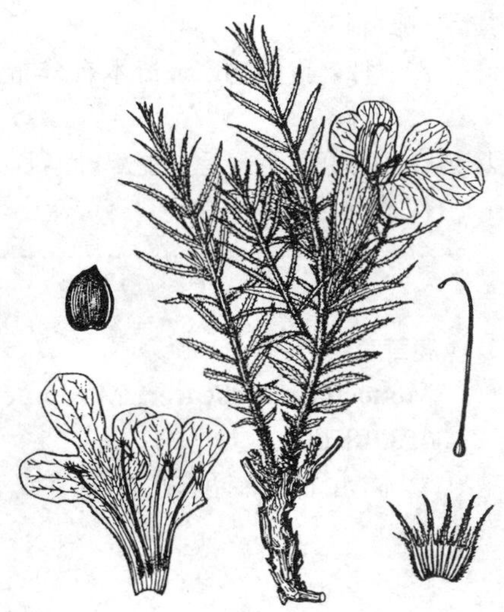

图 359 达乌里芯芭（鞠维江绘）

2. 蒙古芯芭 图 360

Cymbaria mongolica Maxim. in Mém. Acad. Imp. Sci. St. Pétersb. ser. 7, 29: 66. 1881.

多年生草本，高达20厘米；植株被柔毛，呈绿色。茎丛生，基部密被鳞叶。叶对生，无柄，长圆状披针形或线状披针形，长1.2-2.5(-4.5)厘米，宽3-4(-6)厘米。花少数，腋生。花梗长0.3-1厘米；小苞片2；花萼长1.5-3厘米，内外均被毛，萼齿5(6)，窄三角形或线形，长为萼筒2-3倍，齿间具1-2(3)线状小齿；花冠黄色，长2.5-3.5厘米，上唇略盔状，裂片外卷，下唇3裂，开展；雄蕊4，2强，花丝基部被柔毛，花药背着，顶部常无毛，稀疏生长毛，药室长3-3.6毫米，下端有刺尖。蒴果长卵圆形，长1-1.1厘米，革质。种子长卵形，长4-4.5毫米。花期4-8月。

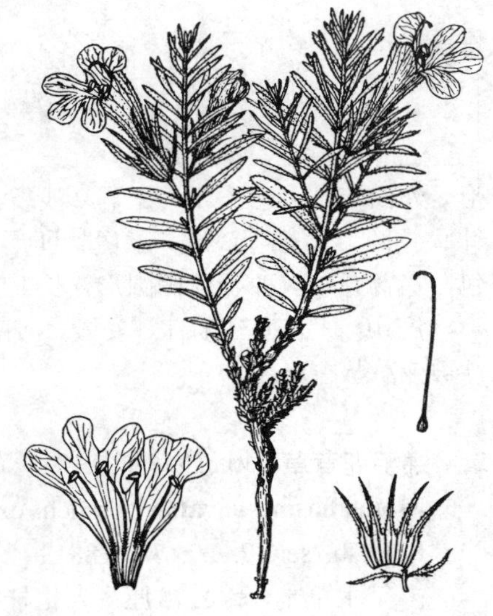

图 360 蒙古芯芭（鞠维江绘）

产内蒙古西部、河北、山西、河南西部、湖北西部、陕西、甘肃、宁夏及青海，生于干旱山坡。

61. 鹿茸草属 Monochasma Maxim.

（杨汉碧）

亚灌木或草本。茎多数，丛生，多基部倾卧上升，被毛。叶对生，无柄，披针形或线形，全缘，下部叶鳞片状。花序总状或单花顶生，具2小苞片。花萼筒状，主肋9条凸起，萼齿4-5；花冠白、淡紫或粉红色，二唇形，上唇稍反卷或略盔状，下唇3裂，有缘毛，中裂较侧裂长；雄蕊4，2强，花药2室，背着，下端有小尖头；子房不完全2室，每心皮的隔障生有2肥厚胎座，胚珠倒生，花柱线形，顶部前弯。蒴果具4沟，为宿萼所包。种子多数，种皮常有微刺毛。

约3种，我国均产。日本有分布。

1. 植株稍绿色，无腺毛；下部叶鳞片状，贴茎，呈覆瓦状；花萼长于花冠，宿存萼筒膨大 …… 1. **鹿茸草 M. sheareri**
1. 植株被绵毛，呈银白色，有腺毛；叶不贴茎，非覆瓦状；花萼短于花冠，宿存萼筒不膨大 …………………………………………………………………………………… 2. **绵毛鹿茸草 M. savatieri**

1. 鹿茸草 图361

Monochasma sheareri Maxim. ex Franch et Savat. Enum. Pl. Jap. 2: 458. 1876.

草本，植株稍绿色，疏被绵毛或上部被短毛或近无毛。茎丛生，细弱。叶交互对生，无柄，线形或线状披针形，全缘，茎下部叶鳞片状，长约2毫米，宽1毫米，贴茎，呈覆瓦状。总状花序顶生，花稀疏。花梗长2-5（-9）毫米；小苞片2枚；花萼筒长4-5毫米，具9条凸肋，萼齿4，线状披针形，长0.8-1厘米，花后萼筒膨大，肋成窄翅状，齿长超过花冠；花冠淡紫色，2唇形，外面疏被白色柔毛，上唇2浅裂，下唇伸展，3深裂至基部，裂片披针状长圆形；雄蕊2强；子房长卵形。蒴果卵形，长6-8毫米，为宿萼所包，室背开裂。种子扁椭圆形，长1.5毫米，被毛。

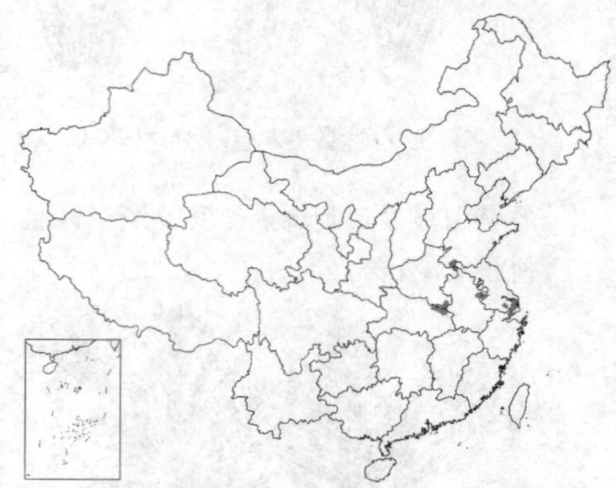

产山东、江苏、浙江、安徽、河南及湖北，生于海拔100米以上低山沙坡或草丛中。

图 361 鹿茸草（鞠维江绘）

2. 绵毛鹿茸草 沙氏鹿茸草 白毛鹿茸草 图362

Monochasma savatieri Franch. ex Maxim. in Mém Acad. Imp. Sci. St. Pétersb. ser. 7, 29: 58. 1881.

多年生草本，高达23厘米；植株密被绵毛，呈银白色，兼有腺毛。茎多数，丛生。叶交互对生，下部叶鳞片状，向上渐大，长圆状披针形或线状披针形，长1.2-2（-2.5）厘米，宽2-3毫米。总状花序顶生，花少数，具2叶状小苞片。花萼筒长5-7毫米，具9条凸肋；萼齿4，线形或线状披针形，与萼筒近等长；花冠淡紫或近白色，长为萼2倍，二唇形，上唇略盔状，2裂，下唇3裂，开展；雄蕊4，2强，花药背着，纵裂；子房长卵形，花柱细长。蒴果长圆形，长约9毫米，顶端具稍弯尖喙。花期3-4月。

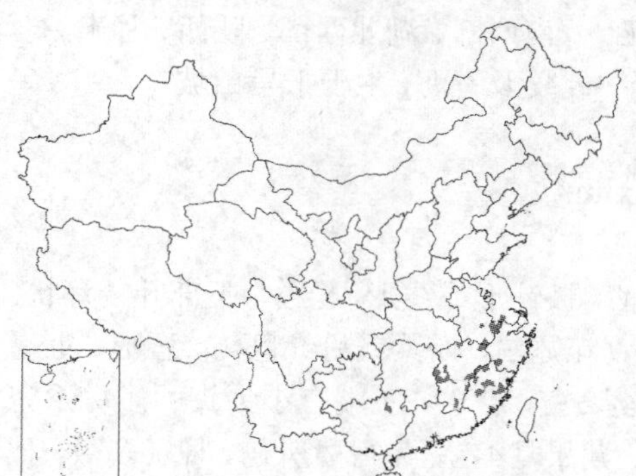

产江苏南部、安徽南部、浙江、福建、江西及广西东北部，生于阳坡草丛中或马尾松林下。

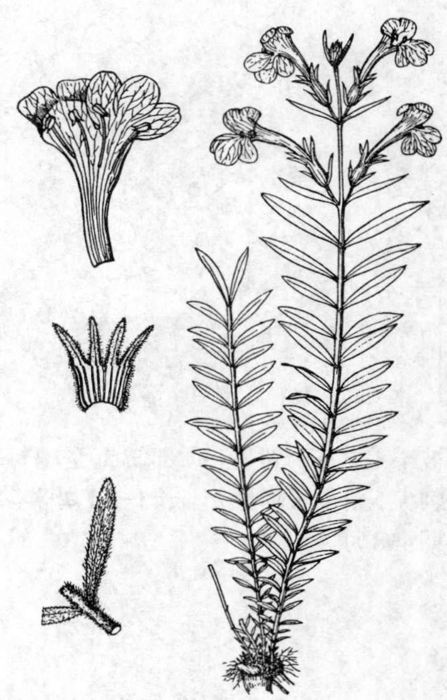

图 362 绵毛鹿茸草（鞠维江绘）

197. 苦槛蓝科 MYOPORACEAE

（陈淑荣）

灌木或小乔木，植株秃净或被鳞片。单叶互生，稀对生，常有半透明腺点，羽状脉，无托叶。聚伞花序或单花腋生，无苞片或小苞片。花两性，花萼5深裂至浅裂；花冠檐部近整齐或明显二唇形。雄蕊4（-7），着生冠筒内面，与花冠裂片互生；花丝窄线形，内藏或外伸，花药基着或近背着，2药室开裂时基部常极叉开，顶端汇合，分生；退化雄蕊1；雌蕊有2个背腹向心皮合生面成，子房上位，花柱1，丝状或钻形，顶生，柱头通常小或膨大，不分裂，子房2室，每室2胚珠，或子房形成3-10个分隔室，每室1个胚珠。核果。含2-10种子。

3属约230种，分布大洋洲至东南洲、夏威夷、毛里求斯。我国1属1种。

苦槛蓝属 **Myoporum** Banks et Soland. ex Forst. f.

常绿灌木或小乔木，直立，稀平卧。叶螺旋状互生，稀对生，散生透明的腺点。聚伞花序或单花生于叶腋。花萼5深裂，宿存；花冠近辐射对称，钟状或漏斗状，通常5裂，稀6-7裂，裂片近相等或下方稍大，白或粉红色，常具紫斑；雄蕊4；子房2室，每室2胚珠，或3-10个分隔室，每室1胚珠。核果多少肉质，成熟时红或蓝紫色。

约30种，主产澳大利亚，少数分布于新喀里多尼亚、新西兰、夏威夷、毛里求斯、东南亚及东亚沿海地区。我国1种。

苦槛蓝 图 363 彩片 68

Myoporum bontioides (Sieb. et Zucc.) A. Gray in Proc. Amer. Acad. Art. Sci. 6: 52. 1862.

Pentacoelium bontioides Sieb. et Zucc. in Abh. Akad. Wiss. Wien, Math.-Phys. 4(3): 151. t. 3B. 1846.

常绿灌木，高1-2米。小枝圆柱状，具微凸的圆形叶痕，淡褐色。叶互生，软革质，椭圆形，先端急尖或短渐尖；全缘，基部渐窄，无毛，中脉在上面凹陷，在下面稍凸起；聚伞花序具2-4花或为单花，无总梗；花萼5深裂，先端急尖，微具腺点；花冠漏斗状钟形，裂片稍反曲，白色有紫色斑点；雄蕊着生冠筒内面基部上方约1厘米处，无毛，花丝长1.5-1.8厘米；子房具5-8个分隔室，顶端渐尖；花柱丝状，柱头小头状。核果，内含5-8种子。

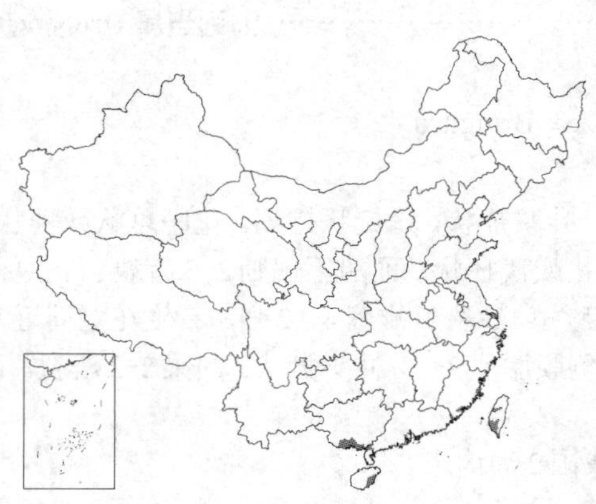

产浙江东部、福建东部、台湾、广东南部、香港、海南及广西南部，生于海滨潮汐带以上沙地或多石地灌丛中。日本及越南北部沿海地区有分布。

图 363 苦槛蓝（冀朝祯绘）

198. 列当科 OROBANCHACEAE

（曹 瑞　马毓泉）

多年生、二年生或一年生寄生草本；植株无叶绿素。茎常不分枝。叶鳞片状，常螺旋状排列。花单生、穗状或总状花序，两性，两侧对称；苞片1枚，常与叶同形，有时具1对小苞片。花萼筒状、杯状或钟状，常4-5裂，稀2或6裂；花冠5裂或二唇形（上唇2裂，下唇3裂），花冠筒弯曲；雄蕊4，2强，着生花冠筒中部或中部以下，花药常2室，平行，纵裂；雌蕊由2或3心皮合生，子房上位，侧膜胎座；胚珠2-4-多数；花柱细长，柱头膨大，2-4浅裂。蒴果，室背开裂，2-3瓣裂。种子细小，胚未分化；胚乳肉质或油质。

15属约150种，主产北温带。我国9属40种3变种。

1. 心皮3，如心皮2，则花冠筒部膨大成囊状。
  2. 心皮2或3；花萼杯状，2-5齿裂；花冠筒部膨大成囊状 ………… 1. 草苁蓉属 **Boschniakia**
  2. 心皮3；无花萼或萼片3；花冠筒部不膨大 ………… 2. 黄筒花属 **Phacellanthus**
1. 心皮2；花冠筒部不膨大。
  3. 花药1室发育。
    4. 花萼佛焰苞状 ………… 3. 野菰属 **Aeginetia**
    4. 花萼筒状钟形或漏斗状，4-5浅裂 ………… 4. 假野菰属 **Christisonia**
  3. 花药2室全部发育。
    5. 花冠5裂，裂片近等大 ………… 5. 肉苁蓉属 **Cistanche**
    5. 花冠二唇形，裂片不等大。
      6. 侧膜胎座2。
        7. 花有2小苞片；花萼5裂，裂片等大 ………… 6. 寄生属 **Gleadovia**
        7. 花无小苞片；花萼4裂，裂片稍不等大 ………… 7. 齿鳞草属 **Lathraea**
      6. 侧膜胎座4。
        8. 花多数，簇生茎顶成近头状或伞房状花序 ………… 8. 豆列当属 **Mannagettaea**
        8. 花多数组成总状或穗状花序 ………… 9. 列当属 **Orobanche**

1. 草苁蓉属 **Boschniakia** C. A. Mey. ex Bongard

肉质寄生草本。根状茎球形、近球形或圆柱形。茎圆柱状，肉质。叶鳞片状，螺旋状排列。花序总状或穗状，密生多花；苞片1枚，小苞片无或2枚。花几无梗或具短梗；花萼杯状或浅杯状，顶端不规则2-5齿裂；花冠二唇形，筒部直立，稍膨大或成囊状；上唇盔状，全缘或顶端微凹，下唇短，3裂；雄蕊4，2强，着生花冠筒近基部，花丝伸出花冠之外，花药2室；雌蕊由2-3心皮组成，子房1室，侧膜胎座2-3，柱头盘状。蒴果2-3瓣裂。种子多数，具网状或蜂窝状纹饰。

2种，分布于印度北部、锡金、朝鲜、日本、俄罗斯西伯利亚。我国2种均产。

1. 根状茎长圆柱形，茎2-3条，直立；花序穗状；花梗极短或近无梗，花冠长1-1.2厘米，筒部 囊状；种子椭圆状球形 ………… 1. 草苁蓉 **B. rossica**
1. 根状茎球形或近球形，茎1条，直立；花序总状；花梗长0.6-1厘米，花冠长1.5-2.5厘米，筒部稍膨大；种子近球形 ………… 2. 丁座草 **B. himalaica**

1. 草苁蓉 图 364

Boschniakia rossica (Cham. et Schlecht.) Fedtsch. in Fedtsch. et Flerov. Fl. Europ. Ross. 896. 875. 1910.

Orobanche rossica Cham. et Schlecht. in Linnaea 3: 32. 1828.

多年生寄生草本，高达35厘米。根状茎长圆柱状。茎粗壮，2-3条，直立，不分枝。叶密集近茎基部，向上渐稀，近三角形，长、宽6-8（-10）毫米。穗状花序长7-22厘米；苞片1枚，宽卵形或近圆形。花梗长1-2毫米，或近无梗；花萼顶端不整齐3-5齿裂；花冠长1-1.2厘米，紫或暗紫红色，筒部膨大成囊状，上唇近盔状，下唇3裂，常外折。蒴果近球形，长0.8-1厘米，顶端具宿存花柱基部，斜喙状；果柄长5-8毫米。种子椭圆状球形，具网状纹饰。花期5-7月，果期7-9月。

产黑龙江、吉林东部、内蒙古东北部及河北西部，生于海拔1500-1800米山坡、林下低湿地或河边，寄生于桤木属根部。朝鲜半岛北部、日本及俄罗斯西伯利亚地区有分布。全草入药，为中药肉苁蓉代用品，补肾壮阳、润肠通便，主治肾虚阳萎、腰关节冷痛、便秘。

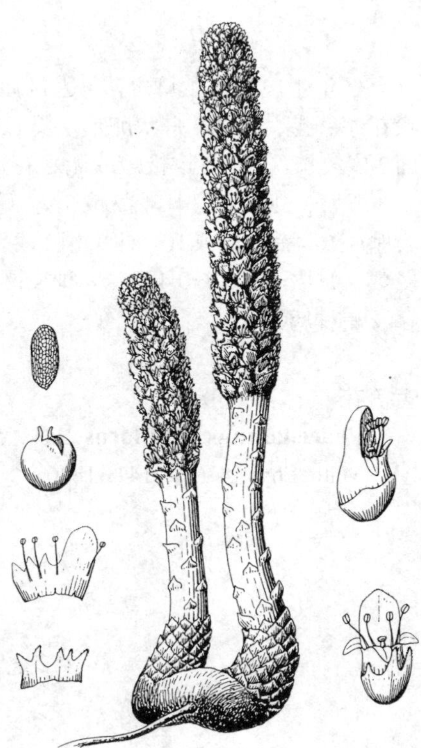

图 364 草苁蓉（吴彰桦绘）

2. 丁座草 千斤坠 图 365 彩片 69

Boschniakia himalaica Hook. f. et Thoms. in Hook. f. Fl. Brit. Ind. 4: 327. 1884.

Xylanche himalaica (Hook. f. et Thoms.) G. Beck; 中国高等植物图鉴 4: 114. 1983.

多年生寄生草本，高达45厘米。根状茎球形或近球形。茎1条，直立，不分枝，肉质。叶宽三角形、三角状卵形或卵形，长1-2厘米。总状花序长8-20厘米；苞片1枚，三角状卵形；小苞片无或2枚。花梗长0.6-1厘米；花萼5裂，花后裂片脱落，筒部宿存；花冠长1.5-2.5厘米，黄褐或淡紫色，筒部稍膨大，上唇盔状，下唇3浅裂，常反折。蒴果近球形或卵状长圆形，长1.5-2.2厘米，果柄长0.8-1.7厘米。种子近球形，具蜂窝状纹饰。花期4-6月，果期6-9月。

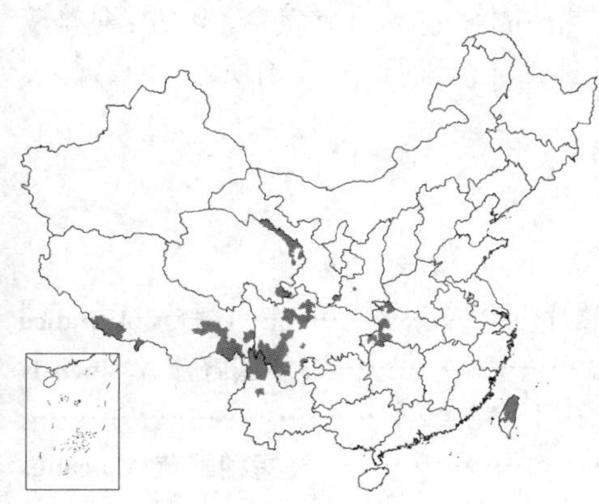

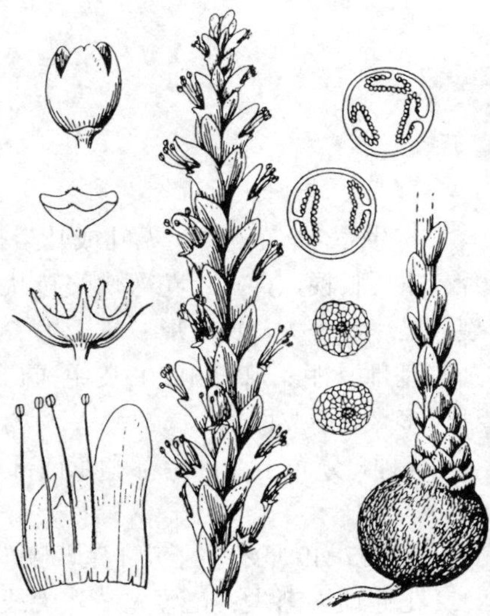

图 365 丁座草（吴彰桦绘）

产陕西南部、甘肃、青海东北部及东南部、西藏东南部及南部、云南西北部、四川、湖北及台湾，生于海拔2000-4400米高山林下或灌丛中，寄生于杜鹃花属根部。锡金及印度北部有分布。全草入药，理气止痛、止咳祛痰和消胀健胃。

2. 黄筒花属 Phacellanthus Sieb. et Zucc.

一年生肉质寄生草本，高达11厘米。茎短，圆柱状。叶螺旋状排列。花两性，常4朵至十几朵簇生茎顶成近头状花序；苞片1枚，舟状卵形，长1.5-2.3厘米，无小苞片。花无梗；无花萼，或有3枚离生萼片，萼片线形，侧面2枚较长，中间1枚极短或无；花冠筒状，二唇形，白色，后渐浅黄色，筒部近直立，不膨大，上唇微凹或2浅裂，下唇3裂；雄蕊4，稀3或5，内藏；雌蕊由3心皮组成，子房1室，侧膜胎座6，稀4、5或10，柱头稍2浅裂。蒴果长圆形，长1-1.4厘米。种子多数，卵形，长0.3-0.4毫米，种皮网状。

单种属。

黄筒花 图 366

Phacellanthus tubiflorus Sieb. et Zucc. in Abh. Akad. Wiss. Wien, Math. Phys. 4 (3): 141. 1846.

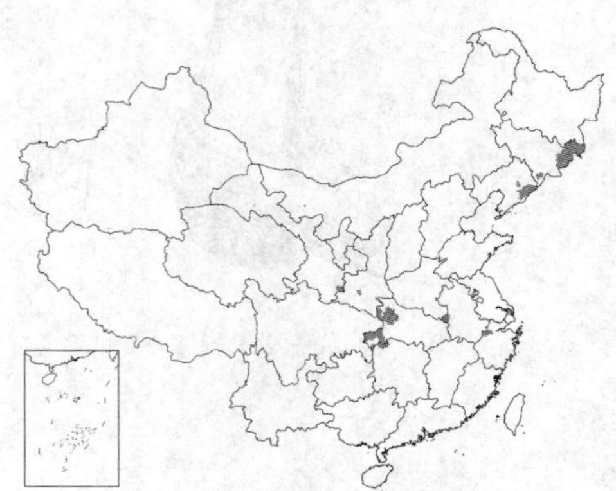

形态特征同属。花期5-7月，果期7-8月。

产吉林、辽宁、甘肃南部、陕西南部、湖北西部、湖南西北部、浙江西北部及安徽西部，生于海拔800-1400米山坡林下；寄生于树木根部。朝鲜半岛、日本及俄罗斯远东地区有分布。

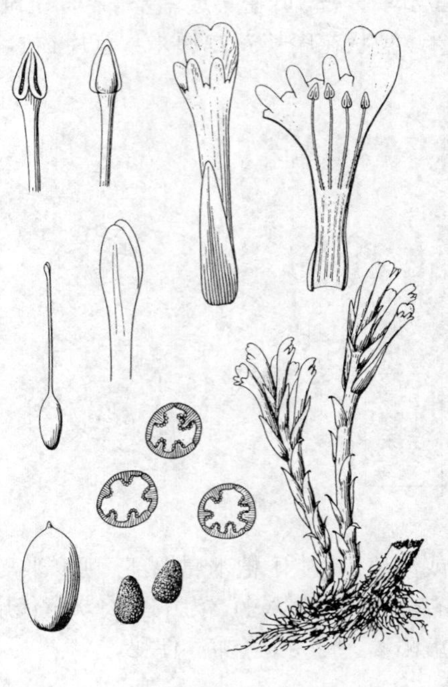

图 366 黄筒花（吴彰桦绘）

3. 野菰属 Aeginetia Linn.

寄生草本。茎极短，无叶或叶鳞片状，生于茎近基部。花大，单生茎端或数朵簇生茎端成短总状花序；无小苞片。花具长梗，直立；花萼佛焰苞状，一侧裂至近基部；花冠筒状或钟状，稍弯曲，稍二唇形，上唇2裂，下唇3裂，裂片近等大，长圆形；雄蕊4，2强，内藏，花丝着生花冠筒近基部，花药成对粘合，1室发育，下方1对雄蕊药隔基部具距；雌蕊由2心皮组成，子房椭圆状球形，侧膜胎座2或4，花柱上部稍弯曲，柱头肉质。蒴果2瓣裂。种子多数，种皮网状。

4种，分布于亚洲南部和东南部。我国3种。

1. 花梗长7-49厘米；子房1室，侧膜胎座4。
   2. 花芽顶端渐尖；花萼先端骤尖或渐尖；花冠筒状钟形，长4-6厘米，裂片近全缘 ………………… 1. **野菰 A. indica**
   2. 花芽和花萼顶端钝圆；花冠膨大钟状，长5.5-7厘米，裂片具细圆齿 ……………………… 2. **中国野菰 A. sinensis**
1. 花梗长2-4厘米；子房1室，侧膜胎座2，或子房下部胎座连合成中轴胎座，子房不完全2室 ……………………………………………………………………………………………………… 3. **短梗野菰 A. acaulis**

1. 野菰 图 367 彩片 70

Aeginetia indica Linn. Sp. Pl. 632. 1753.

一年生寄生草本，高达40(-50)

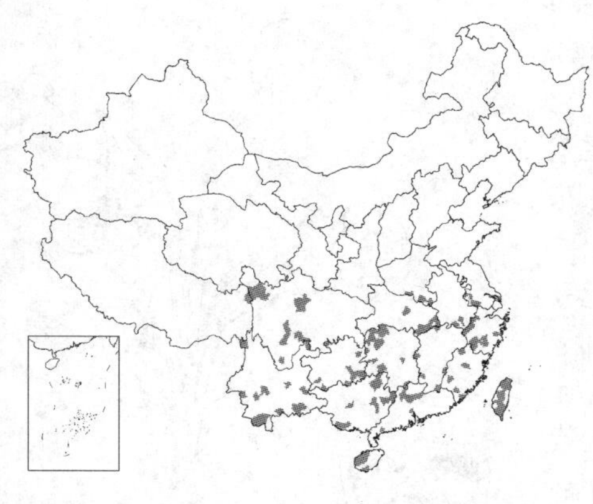

厘米。根稍肉质。叶肉红色，卵状披针形或披针形，长0.5-1厘米。花芽顶端渐尖。花常单生茎端，稍俯垂。花梗粗，常直立，长10-30(-40)厘米，常具紫红色条纹。花萼先端骤尖或渐尖，一侧裂至近基部，紫红、黄或黄白色，具紫红色条纹；花冠筒状钟形，带粘液，常与花萼同色，或下部白色，上部带紫色，长4-6厘米，不明显二唇形，全缘，筒部宽，稍弯曲，花丝着生处变窄，顶端5浅裂，裂片近全缘；雄蕊4，内藏，花丝着生花冠筒，花药成对粘合，1室发育；子房1室，侧膜胎座4，柱头盾状，肉质。蒴果圆锥形或长卵状球形，长2-3厘米。花期4-8月，果期8-10月。

产河南、安徽、江苏、浙江、福建、台湾、江西、湖北、湖南、广东、香港、海南、广西、贵州、云南、四川及西藏东北部，生于海拔200-1800米林下，常寄生于禾本科芒属和甘蔗属根部。印度、斯里兰卡、缅甸、越南、菲律宾、马来西亚及日本有分布。根和花入药，清热解毒、消肿，主治瘘、骨髓炎和喉痛；全草可用于妇科调经。

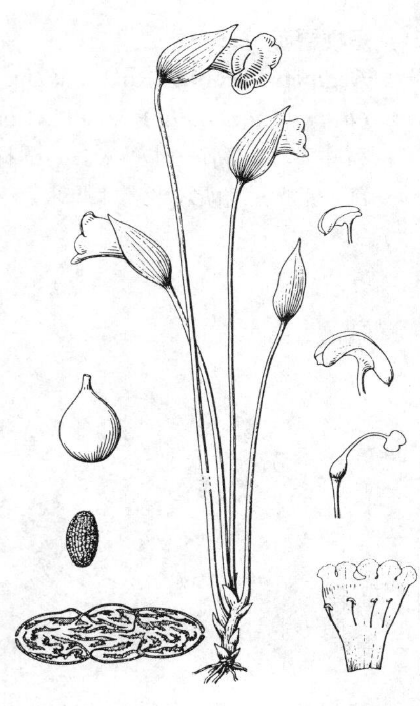

图 367 野菰 （吴彰桦绘）

2. 中国野菰 图 368

Aeginetia sinensis G. Beck in Engl. Pflanzenr. IV. 261 (Heft 96) : 19. 1930.

一年生寄生草本，高达30厘米。茎基部紫褐或淡紫色，常下部分枝。

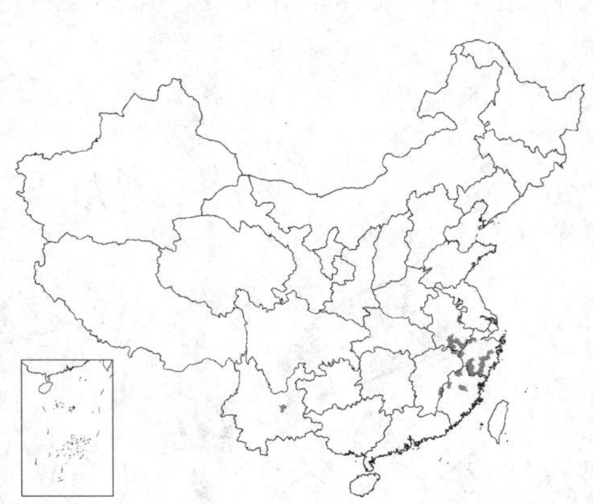

叶鳞片状，卵状披针形或披针形，长6-8毫米，疏生于茎近基部。花芽顶端钝圆，花单生茎端。花梗紫红色，直立，长15-20(-25)厘米，具条纹；花萼佛焰苞状，顶端钝圆，船形，一侧斜裂；花冠红紫色，长5.5-7厘米，顶端5浅裂，上唇2裂，下唇3裂，下唇稍长于上唇，裂片近圆形，具细圆齿。雄蕊4，着生花冠筒近基部，花药1室发育；子房1室，侧膜胎座4，横切面有极多分枝，柱头盾状，肉质。蒴果长圆锥形或圆锥形，长2-2.5厘米。种子近圆形，径约0.4毫米。花期4-6月，果期6-8月。

产安徽、浙江、福建、江西及云南，生于海拔800-920米草丛中；常寄生于禾草类植物根部。日本有分布。

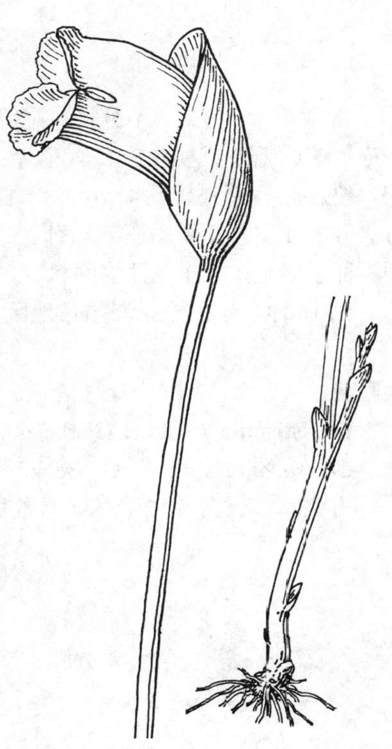

图 368 中国野菰 （冯晋庸绘）

3. 短梗野菰 图 369

Aeginetia acaulis (Roxb.) Walp. Repert. Bot. Syst. 3: 481. 1844-1845.

Orobanche acaulis Roxb. Pl. Coromand. 3: 89. pl. 292. 1819.

寄生草本，高达14厘米。茎圆柱状，长2-6厘米。叶鳞片状，疏生茎近基部，卵状三角形，长约1厘米。花3至数朵簇生茎端成短总状花序。花梗圆柱形，长2-4厘米；花萼佛焰苞状，红或黄色，与花近等长或稍短，一侧裂至近基部；花冠筒状，近二唇形，黄白色，长4-5厘米，5浅裂，裂片蓝紫色，圆形或近肾形，具小圆齿；雄蕊4，着生花冠筒近基部，花药1室发育；子房1室，侧膜胎座2，或子房下部胎座连成中轴胎座，子房不完全2室，柱头盘状。蒴果卵状近圆形。种子褐色。花期4-6月，果期6-8月。

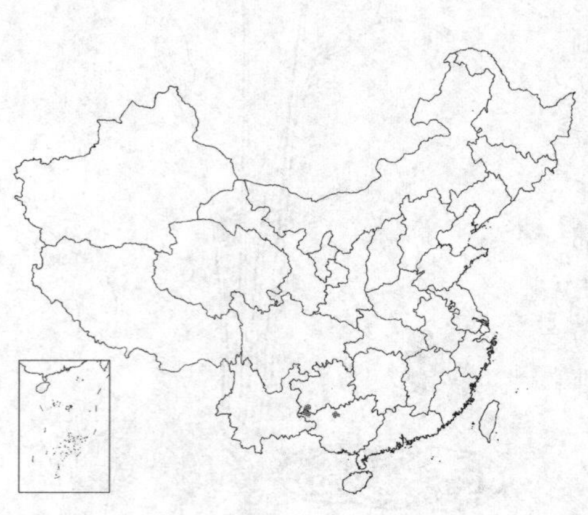

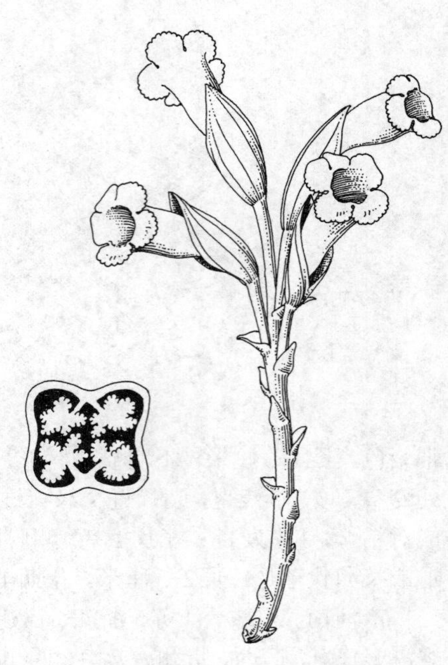

图 369 短梗野菰（冯 平绘）

产贵州西南部、广西西北部及北部，生于海拔900-1200米山地阴坡或林下。喜马拉雅、印度、缅甸、柬埔寨、印度尼西亚及菲律宾有分布。

4. 假野菰属 Christisonia Gardn.

寄生草本。茎短，不分枝。叶鳞片状，卵形，螺旋排列于茎基部。花常2至数朵簇生于茎端，或成总状或穗状花序。花近无梗或梗极短；有苞片；花萼筒状，4-5浅裂，裂片常不等大；花冠白、黄、紫红或玫瑰红色，4-5浅裂，裂片近等大；雄蕊4，花丝纤细，着生冠筒基部，花药1室，下方花药另1室成棒状附属物或无，稀2室全发育；子房1室，侧膜胎座2，有时子房下部胎座连成中轴胎座，为不完全2室，柱头盘状，常2裂。蒴果，室背开裂。种子多数，极小，种皮网状。

约16种，分布于亚洲热带地区。我国1种。

假野菰 图 370

Christisonia hookeri Clarke in Hook. f. Fl. Brit. Ind. 4: 321. 1884.

Christisonia sinensis G. Beck; 中国高等植物图鉴 4: 109. 1983.

寄生草本，高达12厘米。常数株簇生，近无毛。茎长1-2厘米。叶少数，卵形。花常2至数朵簇生茎顶；苞片长圆形或卵形。花萼筒状，不整齐（4）5浅裂；花冠筒状，长2-7厘米，白色，稀淡紫色，5裂；雄蕊4，花丝无毛或基部被腺毛，花药粘合，上方2枚花药1室，下方2枚花药一室发育，另一室成棍棒状附属物；花柱长2-4厘米。果卵形。花期5-8月，果期8-9月。

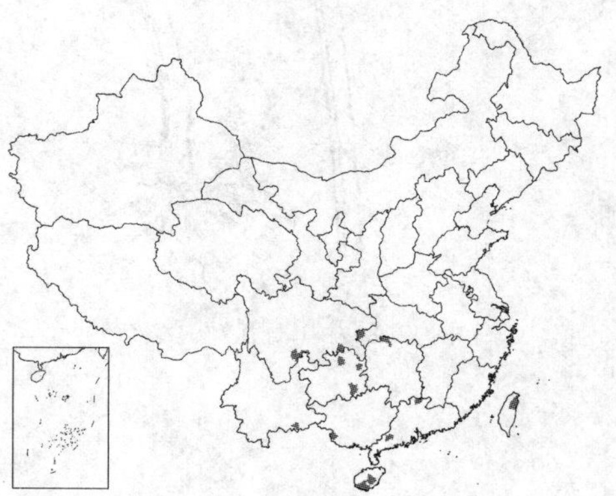

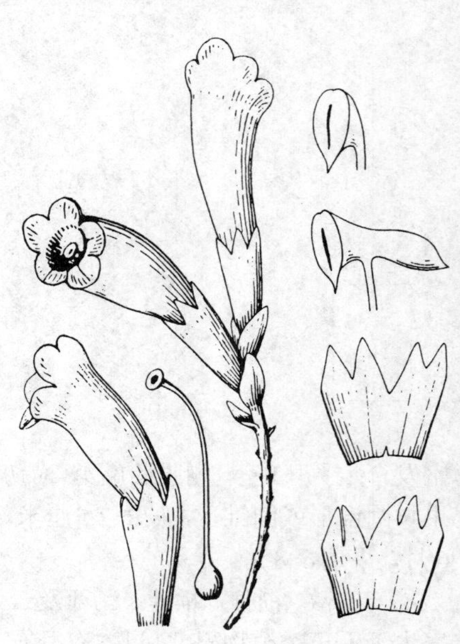

图 370 假野菰（吴彰桦绘）

产湖北西南部、湖南北部、贵州、四川东南部及南部、云南东南部、广西西南部、广东北部及西部、海南及台湾，生于海拔1500-2000米竹林下或阴湿地。斯里兰卡有分布。

5. 肉苁蓉属 **Cistanche** Hoffmg. et Link

多年生根寄生草本。茎肉质，圆柱形，常不分枝，稀基部2-3分枝。叶肉质鳞片状，螺旋状排列；茎、叶淡黄色。穗状花序顶生，有多花；苞片1片，小苞片2片，稀无。花萼5浅裂，稀4-5深裂；花冠筒状钟形，5裂，裂片近等大；雄蕊4，2强，着生花冠筒，近内藏；花药2室，等大，常被柔毛；子房上位，侧膜胎座4，花柱细长，柱头近球形。蒴果2瓣裂。种子多数，极细小，近球形，有网状纹饰。

约20种，分布于欧亚荒漠或半荒漠地区。我国5种。

1. 花冠筒内近基部无一圈长柔毛，花萼5浅裂。
  2. 花药基部具小尖头。
    3. 花序苞片条状披针形或披针形，长于花冠 ………………………………………… 1. **肉苁蓉 C. deserticola**
    3. 花序苞片卵状披针形，长为花冠1/2 ………………………………………… 2. **盐生肉苁蓉 C. salsa**
  2. 花药基部钝圆 ………………………………………… 1(附). **管花肉苁蓉 C. tubulosa**
1. 花冠筒内近基部有一圈长柔毛，花萼4深裂 ………………………………………… 3. **沙苁蓉 C. sinensis**

1. 肉苁蓉 图 371：1-5

Cistanche deserticola Ma in Acta Sci. Nat Univ. Inner Mongolia 1960 (1): 63. 1. 1960.

多年生草本，高达1.6米。茎下部叶紧密，宽卵形或三角状卵形，长0.5-1.5厘米，宽1-2厘米；上部叶较稀疏，披针形或窄披针形，无毛。穗状花序长15-50厘米，宽1-2厘米；上部叶较稀疏，披针形或窄披针形，无毛。穗状花序长15-50厘米；苞片条状披针形或披针形，常长于花冠；小苞片卵状披针形或披针形，与花萼近等长。花萼钟状，5浅裂；花冠筒状钟形，长3-4厘米，裂片5，近半圆形；花冠淡黄色，裂片淡黄、淡紫或边缘淡紫色，干后棕褐色；花丝基部被皱曲长柔毛；花药基部具骤尖头，被皱曲长柔毛；子房基部有蜜腺；花柱顶端内折。蒴果卵球形，长1.5-2.7厘米，顶端具宿存花柱。种子长0.6-1毫米。花期5-6月，果期6-8月。2n=40。

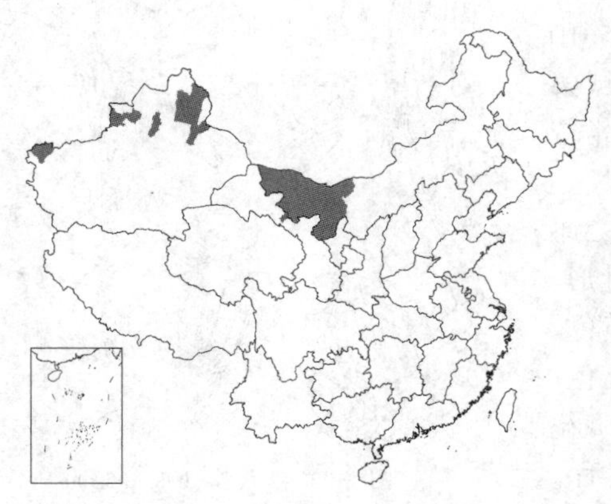

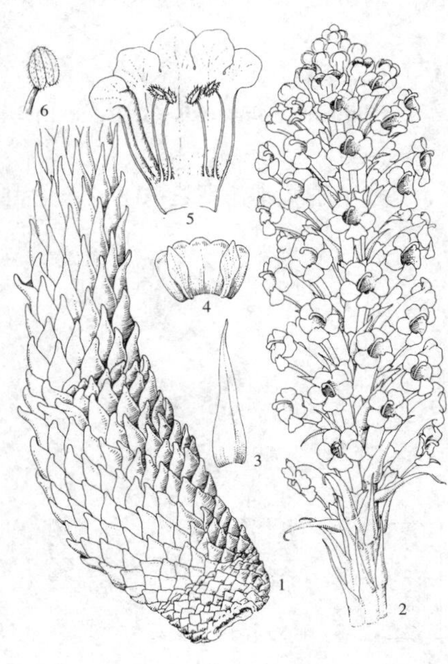

图 371：1-5. 肉苁蓉 6.管花肉苁蓉
（马 平绘）

产内蒙古西部、新疆北部及西北部，生于海拔225-1150米梭梭荒漠沙丘；寄主为梭梭。茎入药，称肉苁蓉，补精血、益肾壮阳、润肠通便。

[附] **管花肉苁蓉** 图 371：6 **Cistanche tubulosa** (Schenk) Wight, Icon. Pl. Ind. Or. 4: t. 1420 et 1420 bis. 1850. —— *Phelipaea tubulosa* Schenk, Pl. Sp. Aegypt. Arab. 23. 1840. 本种与肉苁蓉的区别：花药基部圆钝，寄主为柽柳属植物。产新疆南部，常生于海拔1200米柽柳丛中。北非、西亚、中亚、印度及巴基斯坦有分布。茎入药，功效同肉苁蓉。

2. 盐生肉苁蓉 图 372

Cistanche salsa (C. A. Mey.) G. Beck in Engl. u. Prantl, Nat. Pflanzenfam. 4(3b): 129. 1895.

Phelipaea salsa C. A. Mey. in Ledeb. Fl. Alt. 2: 461. 1830.

多年生草本，高达45厘米。茎基径1-3厘米，向上渐细。叶卵形或长圆状卵形，长3-6毫米，宽4-5毫米，生于茎上部的渐窄长。穗状花序长5-20厘米；苞片卵状披针形，为花冠1/2；小苞片与花萼近等长。花萼钟状，长1-1.2厘米，5浅裂；花冠筒状钟形，长2.5-3厘米，筒部白色，5浅裂，裂片半圆形，淡紫色；花药长卵形，基部具小尖头，连同花丝基部密被皱曲长柔毛；子房无毛。蒴果卵球形或椭圆形，长1-1.4厘米。种子径0.4-0.5毫米。花期5-6月，果期7-8月。

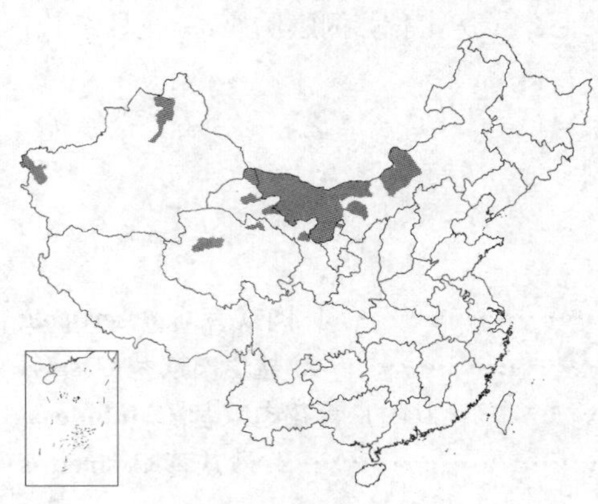

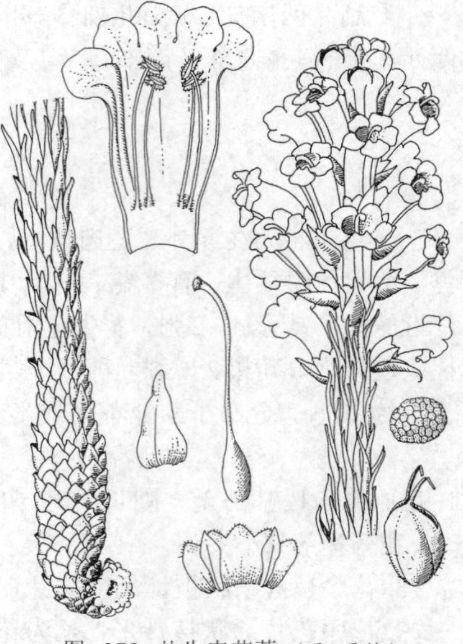

图 372 盐生肉苁蓉（马 平绘）

产内蒙古、甘肃、宁夏、青海及新疆，生于海拔700-2650米荒漠草原及荒漠区湖盆低地或盐化低地；寄主有盐爪爪属、红沙属、白刺属。伊朗、高加索、中亚及蒙古有分布。

3. 沙苁蓉 图 373

Cistanche sinensis G. Beck in Engl. Pflanzenr. TV 261 (Heft 96): 38. 1930.

多年生草本，高达70厘米。茎圆柱形，径1.5-2厘米，鲜黄色。茎下部叶卵形，向上渐窄为披针形，长0.5-2厘米。穗状花序长5-10厘米；苞片长圆状披针形或条状披针形，密被蛛丝状毛，常较花萼长；小苞片条形，被蛛丝状毛。花萼近钟形，长1.4-2厘米，4深裂，裂片长圆状披针形，稍被蛛丝状毛；花冠淡黄色，稀裂片带淡红色，干后墨蓝色，筒状钟形，长2.2-2.8厘米，花冠筒内近基部有一圈长柔毛；花药基部有小尖头，被长曲柔毛。蒴果长卵球形，长1-1.5厘米。种子长约0.4毫米。花期5-6月，果期6-8月。

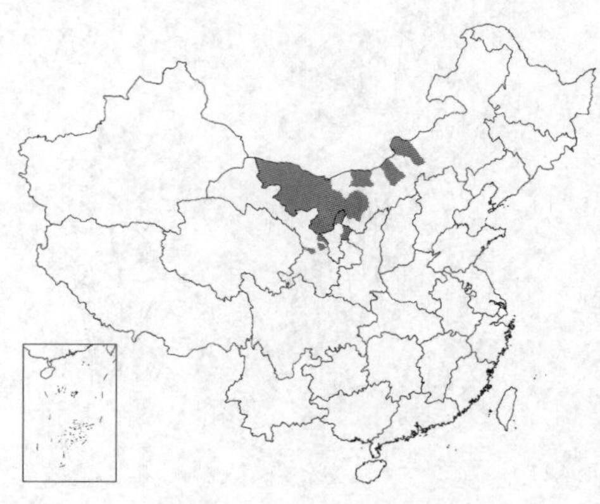

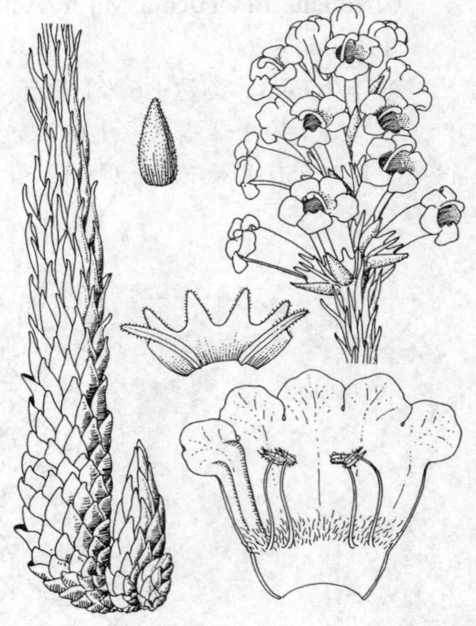

图 373 沙苁蓉（马 平绘）

产内蒙古、甘肃及宁夏，生于海拔1000-2240米荒漠草原、沙地及砾石地；根寄生，主要寄生虫为红砂、珍珠柴、沙冬青、藏锦鸡儿、霸王、四合木等。

6. 蔗寄生属 Gleadovia Gamble et Prain

肉质寄生草本。茎圆柱状，不分枝。叶多数，螺旋状排列。花3至数朵簇生茎顶成近头状或近伞房花序。苞片1枚，小苞片2枚，生于花梗；花萼筒状钟形或筒状，稍膨大或漏斗状，5浅裂，裂片近等大；花冠二唇形，蔷薇红或紫色，稀白色，上唇龙骨状，下唇3裂；雄蕊4，内藏，花丝着生花冠筒近基部，基部常被柔毛，花药2室，基部具小尖头，药隔宽，顶端圆锥状；子房1室，侧膜胎座2，花柱长，柱头膨大，2浅裂。蒴果近卵球形。种子多数，种皮网状。

2种，产我国和喜马拉雅西北部。

1. 花3至数朵密集簇生茎顶，成近头状花序，花几无梗或具等长短梗，花梗长达2（-2.5）厘米；小苞片长圆形或匙形；花萼筒状钟形，上部漏斗状 …………………………………………………… 1. **蔗寄生 G. ruborum**
1. 花3至数朵散生茎上部，成近伞房花序；花梗不等长，花梗长（2-）4-9厘米；小苞片线形或线状披针形；花萼筒状，上部稍宽大 …………………………………………………… 2. **宝兴蔗寄生 G. mupinense**

1. 蔗寄生　　图 374

Gleadovia ruborum Gamble et Prain in Journ. Asiat. Soc. Bengal. 69 (2): 489. 1900.

植株高达18厘米。茎长4-10厘米，径1-1.5厘米。生于茎基部的叶近圆形，上部叶宽卵形或长圆形。花3至数朵簇生茎顶，成近头状花序。花几无梗或具近等长的短梗，花梗长达2(-2.5）厘米；苞片1，长圆形或长卵形；小苞片2，长圆形或匙形；花萼筒状钟形，上部漏斗状，长2-3（-3.5）厘米，5浅裂；花冠红色、蔷薇色，稀白色，有香气，长5-7厘米，二唇形，上唇大，2浅裂或微凹，下唇小，3裂；果近卵球形。种子椭圆形。花期4-8月，果期8-10月。

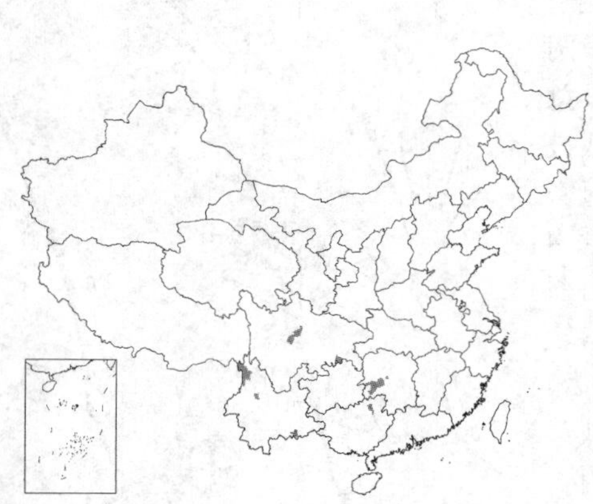

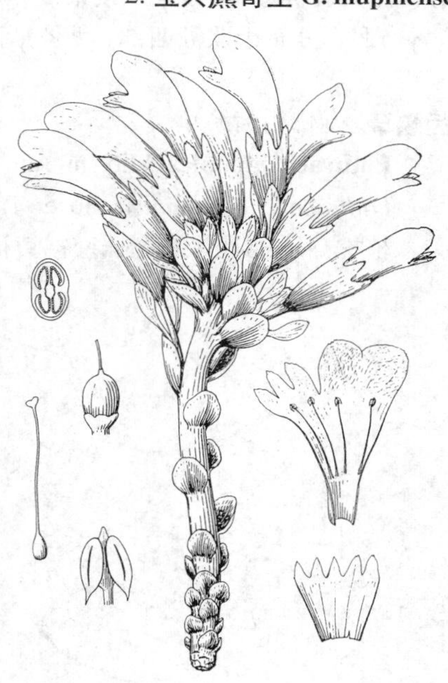

图 374 蔗寄生（吴彰桦绘）

产湖南西部、广西东北部、云南东南部及西北部、四川东南部及近中部，生于海拔900-3500米林下或灌丛中；常寄生于悬钩子属根部。喜马拉雅西北部有分布。

2. 宝兴蔗寄生　　图 375

Gleadovia mupinense Hu in Sunyatsenia 4 (1-2): 2. pl. 1. 1939.

植株高达20（-30）厘米。茎粗壮。茎基部的叶长圆状披针形或披针形，上部叶渐窄。花常3至数朵散生茎上部，成近伞房状花序。花梗不等长，长(2-）4-9厘米；苞片1，长圆形或长卵形；小苞片2，线形或线状披针形；花萼筒状，上部稍宽，长2.5-3厘米，5浅裂，裂片长圆状三角形；花冠淡紫或淡紫红

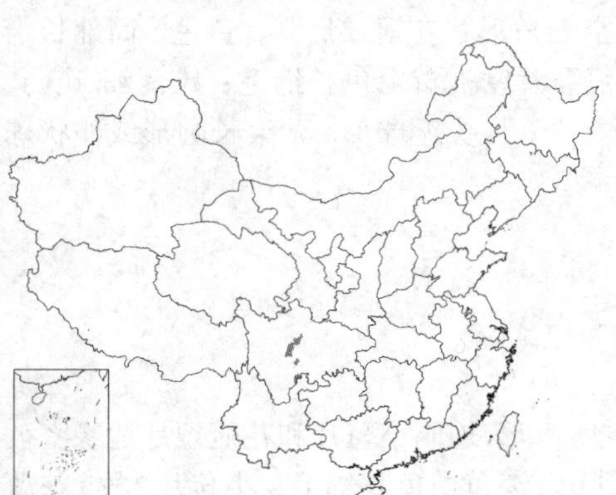

图 375 宝兴蔗寄生（吴彰桦绘）

色，稀白色，长4-7.5厘米，二唇形，上唇2浅裂，下唇较短，3裂；雄蕊4，花丝基部密被长柔毛；子房卵球形。花期4-7月。

产四川中部及南部，生于海拔3000-3500米林下、路旁、潮湿地。

7. 齿鳞草属 **Lathraea** Linn.

寄生肉质草本。茎不分枝或基部分枝。叶鳞片状，螺旋状排列。总状或穗状花序；苞片1，无小苞片。花有短梗或近无梗；花萼钟状，4裂，裂片稍不等大；花冠二唇形，密被腺毛，上唇盔状，全缘或顶端微凹，下唇短于上唇，3裂或平截；雄蕊4，2强，稍伸出于花冠，花药2室，被柔毛，基部具小尖头；子房1室，胎座2，基部具蜜腺，柱头盘状，常2浅裂。蒴果倒卵形，具短喙。种子球形或近球形，种子4枚或多数，种皮网状或沟状。

5种，分布于欧洲西部、俄罗斯高加索地区、喜马拉雅及日本。我国1种。

齿鳞草 金佛山齿鳞草 图 376

Lathraea japonica Miq. in Ann. Mus. Bot. Lugd. Bat. 3:205. 1867.

Lathraea chinfushanica Hu et Tang; 中国高等植物图鉴 4: 113. 1983.

植株高达35厘米；全株密被黄褐色腺毛。茎基部分枝。叶白色，生于茎基部，菱形、宽卵形或半圆形，长0.5-0.8毫米，无毛。总状花序。苞片卵状披针形或披针形，连同花梗、花萼及花冠密被腺毛；花萼钟状，不整齐4裂；花冠紫或蓝紫色，上唇盔状，全缘或顶端微凹，下唇较短，3裂，全缘、波状，稀有齿。蒴果长5-7毫米。种子干后浅黄色，径1.8-2毫米，种皮沟状。花期3-5月，果期5-7月。

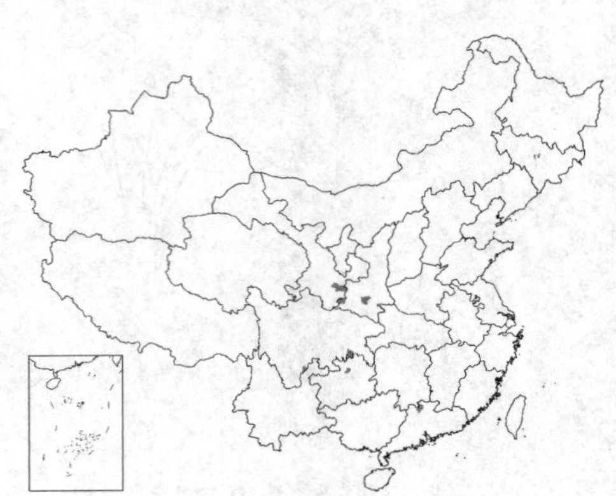

产陕西南部、甘肃东南部、四川东南部及南部、贵州北部及广东北部，生于海拔1500-2200米林下阴湿地或路旁。日本有分布。

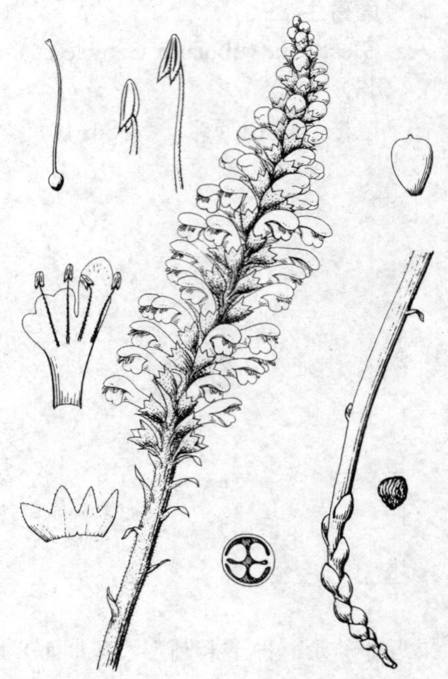

图 376 齿鳞草（吴彰桦绘）

8. 豆列当属 **Mannagettaea** H. Smith

矮小寄生草本。茎粗壮，极短。叶少数。花常数朵至十几朵簇生茎顶，成头状或伞房状花序；苞片1枚；小苞片2枚，线形或线状披针形。花萼筒状，5裂，近轴面1枚裂片极小，窄三角形；花冠二唇形，黄色，筒部长于唇部，上唇长于下唇，顶端钝圆，下唇3裂，裂片近等大，窄披针形；花冠裂片密被黄白色长绵毛；雄蕊4，花药、花丝中部以下密被长绵毛；雌蕊由2心皮合成，子房1室，胎座4，两两靠合，柱头近球形。蒴果长圆形或卵状球形。种子多数，微小，种皮网状。

2种，分布于俄罗斯东西伯利亚地区及我国。

豆列当 图 377

Mannagettaea labiata H. Smith in Acta Hort. Gothob. 8: 137. f. 3. 1933.

植株高达11厘米，地上部分高3-3.5厘米。茎粗壮，极短。叶少数，卵状披针形，长1.5厘米。花8-10朵簇生茎顶成近头状花序；苞片卵状披针形，连同小苞片和花冠裂片边缘密被淡黄白色长绵毛；小苞片2枚。花萼

筒状，5裂，近轴面1枚裂片极小，或无，余4枚近等大；花冠二唇形，黄色，筒部长于唇部，上唇长于下唇，全缘，下唇3裂；花药基部具小尖头。花期6-7月。

产青海东部及东南部、四川北部及湖北西南部，生于海拔3600米灌丛中或林下；寄生于锦鸡儿属根部。

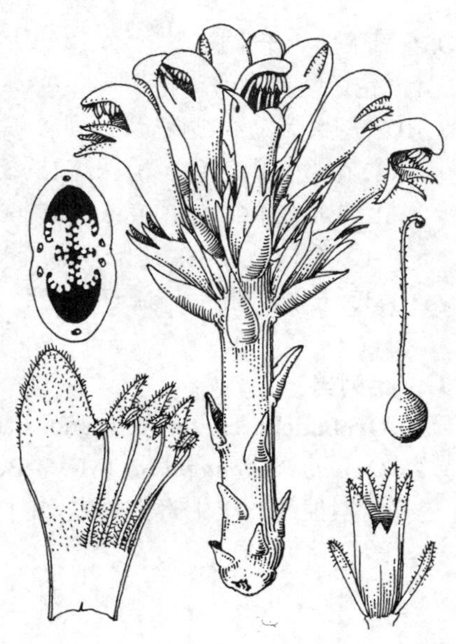

图 377 豆列当（吴彰桦绘）

9. 列当属 Orobanche Linn.

肉质寄生草本；植株被蛛丝状长绵毛、长柔毛或腺毛，稀近无毛。茎圆柱状。叶鳞片状，螺旋状排列，或茎基部叶覆瓦状排列，卵形或卵状披针形。花多数，成穗状或总状花序，稀单生茎顶；苞片1枚，常与叶同形，苞片上方有2枚小苞片或无。花萼杯状或钟状，（2）4-5裂；花冠弯曲，二唇形，上唇龙骨状、全缘，或穹形，顶端微凹或2浅裂，下唇顶端3裂；雄蕊4，2强，内藏，花丝纤细，基部常粗，被柔毛或腺毛，稀近无毛，花药2室；雌蕊由2心皮组成，子房上位，侧膜胎座4，花柱常宿存，柱头盾状或2-4浅裂。蒴果。种子多数，种皮网状。

约100余种，主要分布于北温带，少数种产中美洲南部、非洲东部及北部。我国23种3变种1变型。

1. 花有2枚小苞片。
  2. 花药无毛。
    3. 植株密被白色蛛丝状长柔毛，兼有腺毛；茎不分枝 ………………………………………… 1. **毛列当 O. caesia**
    3. 植株密被腺毛；茎基部多少分枝 ……………………………………………… 1(附). **光药列当 O. brassicae**
  2. 花药有长柔毛。
    4. 茎不分枝；花萼4裂，外面被柔毛并混生短腺毛；花冠淡蓝色，长1.8-2.5厘米 … 2. **中华列当 O. mongolica**
    4. 茎基部或中部以上分枝；花萼4-5裂，外面仅被腺毛；花冠蓝紫色，长2-3.5厘米 ………………………………………………………………………… 3. **分枝列当 O. aegyptiaca**
1. 花无小苞片。
  5. 花药无毛。
    6. 花丝有毛；花冠非膝曲，花丝着生处不膨大 ……………………………………… 4. **列当 O. coerulescens**
    6. 花丝无毛；花冠膝曲，花丝着生处膨大 …………………………………………… 5. **弯管列当 O. cernua**
  5. 花药有毛。
    7. 植株近无毛或疏被腺毛；花冠蓝紫色 …………………………………………… 6. **美丽列当 O. amoena**
    7. 植株密被腺毛，有时兼有长柔毛。
      8. 花萼杯状，2裂达基部，裂片2深裂，近等大 ……………………………………… 7. **四川列当 O. sinensis**
      8. 花萼2深裂，裂片2裂或全缘，不等大。
        9. 花冠下唇长于上唇 ………………………………………………………… 8. **黄花列当 O. pycnostachya**

9. 花冠下唇短于上唇。
  10. 花冠裂片边缘无毛 ………………………………………………………………… 9(附). **短唇列当 O. major**
  10. 花冠裂片边缘被腺毛。
    11. 花冠常肉红色；植株高15-25厘米 ……………………………………………………… 9. **滇列当 O. yunnanensis**
    11. 花冠常黄褐色；植株高35-65厘米。
      12. 植株被腺毛；花丝基部疏被柔毛 ……………………………………………………… 10. **白花列当 O. alba**
      12. 植株被腺毛，兼有长柔毛；花丝基部密被长柔毛 ……………………… 10(附). **丝毛列当 O. caryophyllacea**

1. 毛列当 图 378 : 1-6

Orobanche caesia Reichenb. Pat. Icon. 7: 48. f. 936. 1829.

Orobanche lanuginosa (Mey.) Beck. ex Kryler; Fl. China 18: 232. 1998.

多年生或二年生寄生草本，植株高达30厘米。茎不分枝，上部密被蛛丝状长柔毛，兼有腺毛。叶多数，宽披针形，长1-1.7厘米。花序穗状；苞片卵状披针形，连同叶、小苞片和花萼裂片外面及边缘密被白色蛛丝状长柔毛并兼有腺毛；小苞片2枚。花萼2中裂，裂片2浅裂；花冠紫或淡蓝紫色，花丝着生处缢缩，向上膨大，弓状弯曲，上唇2浅裂，下唇稍长于上唇，3中裂，裂片外面及边缘密被长柔毛并兼有腺毛；花丝、花药均无毛；花柱无毛或疏被腺毛。蒴果长椭圆状球形，长约1厘米。花期3-6月，果期6-9月。

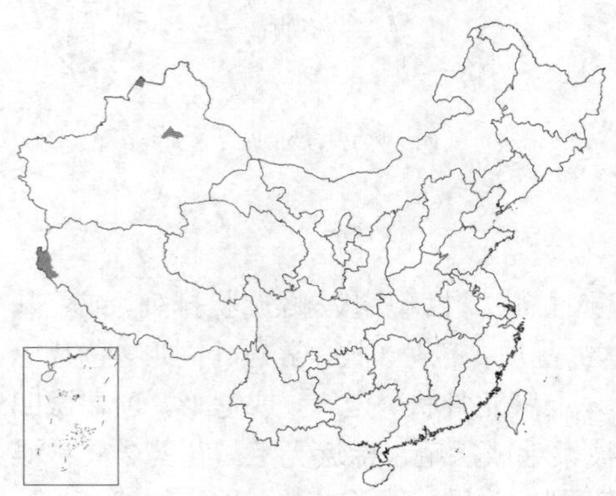

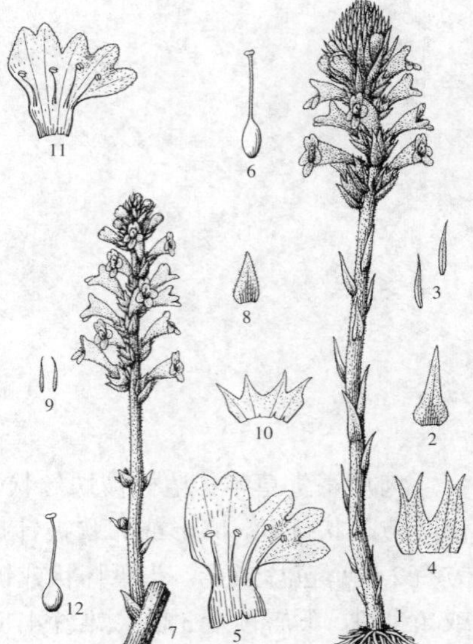

图 378 : 1-6. 毛列当 7-12. 光药列当
（吴彰桦绘）

产新疆北部及西藏西部，生于海拔800-2900米山坡及灌丛中；常寄生于蒿属及小檗属根部。欧洲中部及南部、伊朗、阿富汗、克什米尔地区、巴基斯坦及中亚地区有分布。

[附] **光药列当** 图 378: 7-12 **Orobanche brassicae** Novopokr. in Bull. Don Inst. Agric. 9: 47. 54. 58. 1929. 本种与毛列当的主要区别：植株密被腺毛；茎基部多少分枝。原产罗马尼亚、保加利亚及俄罗斯西部。福建厦门鼓浪屿，寄生于圆白菜根部。

2. 中华列当 图 379

Orobanche mongolica G. Beck, Monogr. Orob. 117. t. 2. f. 23. 1890.

寄生草本，植株高15-30厘米。茎不分枝，被黄褐色短腺毛。叶多数，下部的卵形，长3-6毫米，上部的渐变长，披针形，长1-1.5厘米，连同苞片、小苞片、花萼、花冠筒外面被短黄褐

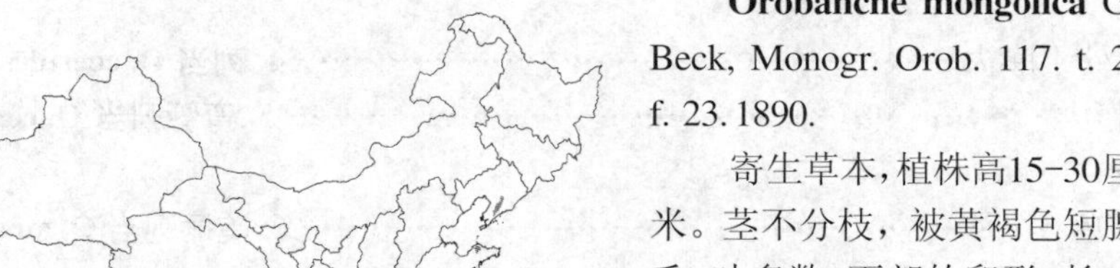

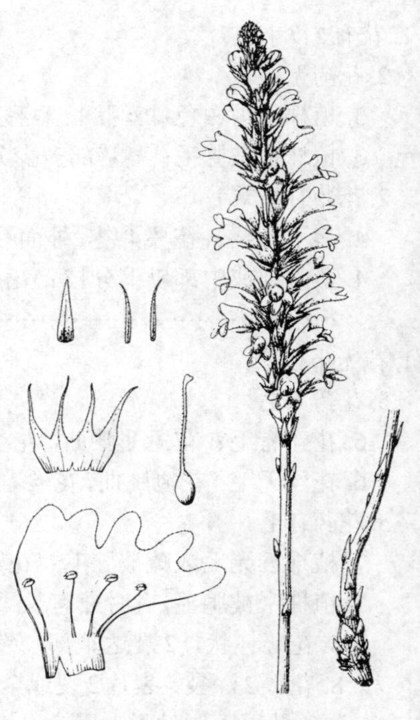
图 379 中华列当（吴彰桦绘）

色腺毛。花序近穗状；苞片披针形，比花萼稍短，小苞片2枚，窄线形。花萼外面混生柔毛，4深裂；花冠淡紫色，长1.8-2.5厘米，筒部在花丝着生处稍缢缩，上唇2浅裂，下唇明显长于上唇，3裂，裂片边缘浅波状或具小圆齿，外面、内面及边缘密被白色长柔毛；花丝近无毛或仅在基部被短柔毛，花药沿缝线密被明显白色绵毛状长柔毛；子房上部连同花柱被短腺毛；蒴果长椭圆形，长约1厘米。花期4-6月，果期6-8月。

产辽宁南部、陕西西南部及山东东部，生于海拔1300-1500米河谷沙滩上。

图 380 分枝列当（吴彰桦绘）

3. 分枝列当　　图 380 彩片 71

Orobanche aegyptiaca Pers. Syn. Pl. 2: 181. 1807.

一年生寄生草本，高达50厘米；全株被腺毛。茎基部或中部以上分枝。叶卵状披针形，长0.8-1厘米，连同苞片、小苞片、花萼及花冠外面密被腺毛。花序穗状，花较稀疏；苞片贴生花梗基部，卵状披针形或披针形；小苞片2枚，线形。花萼4-5裂近中部，裂片近等大；花冠蓝紫色，花丝着生处缢缩，上部漏斗状，上唇2浅裂，下唇3裂，长于上唇，裂片全缘或浅波状，被长柔毛；花丝基部疏被柔毛，花药密被长柔毛。花柱被腺毛。蒴果长圆形。种子长卵形，种皮网状。花期4-6月，果期6-8月。

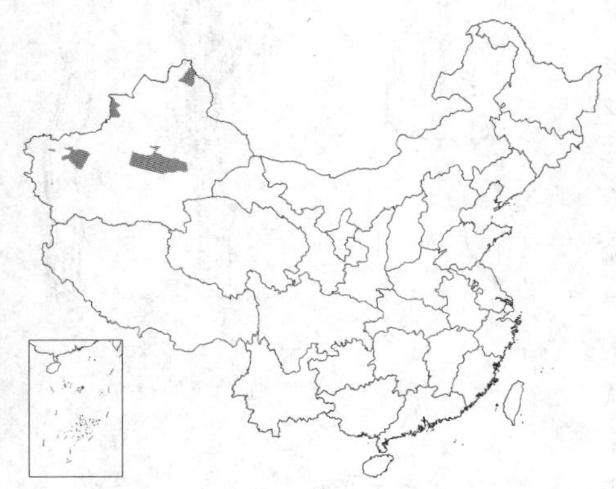

产新疆，生于海拔140-1400米田间或庭园；寄生瓜类根部，为田间杂草，对农作物生长有危害。地中海地区东部、阿拉伯半岛、非洲北部、伊朗、巴基斯坦、喜马拉雅、俄罗斯高加索及克里米亚、中亚地区有分布。

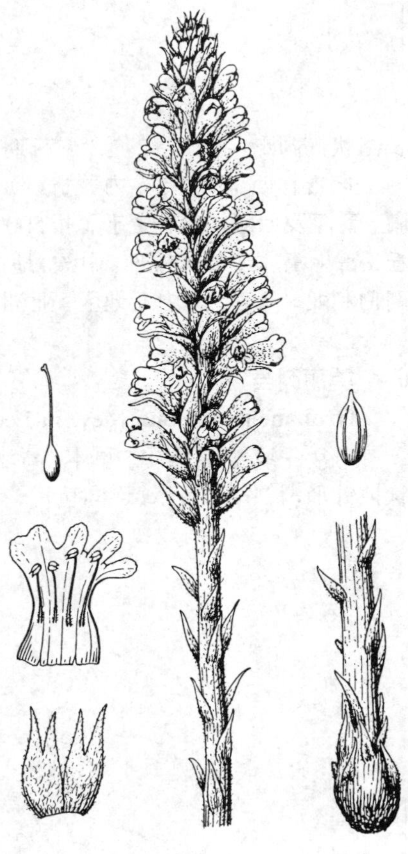

图 381 列当（吴彰桦绘）

4. 列当　　图 381

Orobanche coerulescens Steph. in Willd. Sp. Pl. 3: 349. 1800.

二年生或多年生寄生草本，高达50厘米；全株密被蛛丝状长绵毛。茎不分枝。叶卵状披针形，长1.5-2厘米，连同苞片、花萼外面及边缘密被蛛丝状长绵毛。穗状花序；苞片与叶同形，近等大；无小苞片。花萼2深裂近基部，每裂片中裂；花冠深蓝、蓝紫或淡紫色，筒部在花丝着生处稍上方缢缩，上唇2浅裂，下唇3中裂，具不规则小圆齿；花丝被长柔毛，花药无毛；花柱无

毛。蒴果卵状长圆形或圆柱形，长约1厘米。花期4-7月，果期7-9月。

产黑龙江、吉林、辽宁、内蒙古、河北、山西、河南、山东、江苏、浙江、湖北、贵州、云南、四川、西藏、青海、新疆、甘肃、宁夏及陕西，生于海拔850-4000米山坡、砂丘、沟边、草地；常寄生于蒿属根部。朝鲜、日本、俄罗斯高加索、西伯利亚、远东及中亚地区有分布。全草药用，补肾壮阳、强筋骨、润肠，主治阳痿、腰酸腿软、神经官能症及小儿腹泻等；外用可消肿。

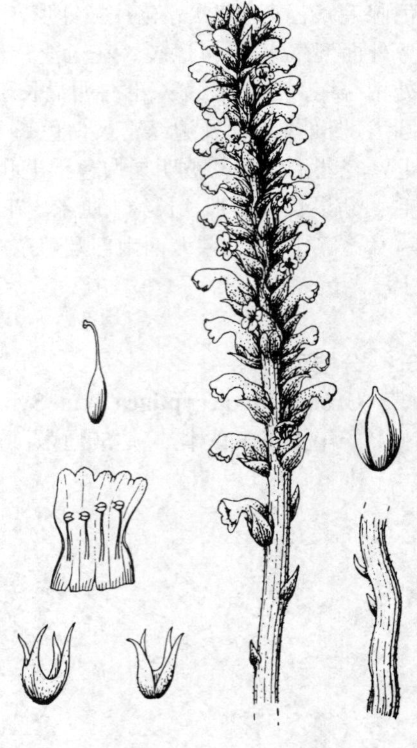
图 382 弯管列当 （吴彰桦绘）

5. 弯管列当 图 382

Orobanche cernua Loefling, Iter. Hisp. 152. 1758.

一年生、二年生或多年生寄生草本，高达40厘米；全株密被腺毛。茎不分枝。叶三角状卵形或卵状披针形，长1-1.5厘米，连同苞片、花萼和花冠外面密被腺毛。花序穗状；苞片卵形或卵状披针形。花萼2深裂至基部，裂片顶端2浅裂；花冠淡紫或淡蓝色，花丝着生处膨大，向上缢缩，筒部淡黄色，缢缩处稍扭转向下膝曲，上唇2浅裂，下唇稍短于上唇，3浅裂，边缘浅波状或具小圆齿；花丝及花药无毛；花柱无毛。蒴果长圆形或长圆状椭圆形，长1-1.2厘米。花期5-7月，果期7-9月。

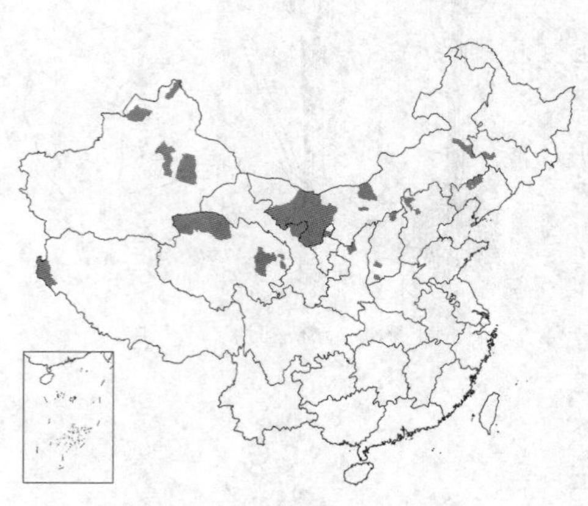

产吉林西部、辽宁、内蒙古、河北、山西、陕西北部、宁夏、甘肃、新疆、青海及西藏西部，生于海拔500-3000米草原、山坡、林下、路边或沙丘；寄生蒿属或谷类根部。中欧、地中海地区、俄罗斯欧洲部分及高加索、西伯利亚、乌克兰、中亚地区、亚洲西部及蒙古有分布。

图 383 美丽列当 （马 平仿绘）

6. 美丽列当 图 383

Orobanche amoena Mey. in Ledeb. Fl. Alt. 2: 457. 1830.

二年生或多年生寄生草本，高达30厘米。茎近无毛或疏被腺毛。叶卵状披针形，长1-1.5厘米，连同苞片、花萼及花冠外面疏被腺毛。花序穗状；苞片与叶同形。花萼后面裂达基部，前面裂至中下部或近基部，裂片2中裂；花冠裂片蓝紫色，筒部淡黄白色，花丝着生处窄，向上稍缢缩，上部漏斗状，上唇2浅裂，下唇长于上唇，3裂，裂片间具褶，裂片均具不规则小圆齿；花丝上部被腺毛，基部密被长柔毛，花药密被长柔毛；柱头2裂，裂片近圆形。蒴果椭圆状长圆形，长1-1.2厘

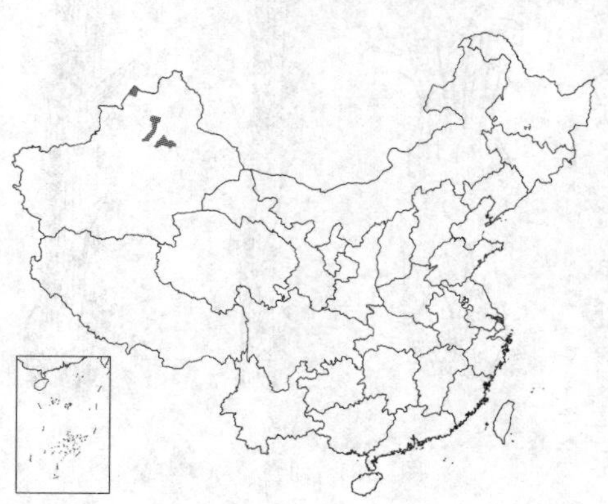

米。花期5-6月，果期6-8月。

产新疆北部，生于海拔700-2800米荒漠沙质山坡；寄生蒿属根部。伊朗、阿富汗、巴基斯坦、喜马拉雅西北部及中亚地区有分布。

7. 四川列当 图 384

Orobanche sinensis H. Smith in Acta Hort. Gothob. 8: 128. f. 1(a-b). pl. 1(a). 1933.

一年生或多年生寄生草本，高达40厘米；全株密被腺毛，兼有长柔毛。叶卵状披针形，长1-1.2厘米，连同苞片和花萼裂片外面及边缘密被黄褐色腺毛，兼有白色长柔毛。花序穗状；苞片卵状披针形。花萼杯状，不等长2深裂，裂片2中裂，裂片近等大；花冠淡灰蓝、蓝或蓝紫色，稀黄色，不缢缩，向上稍下弯，上部漏斗状，密生腺毛，内面被长柔毛，上唇全缘，下唇与上唇近等长，3裂，裂片间具褶；花丝基部密被长柔毛，向上疏被腺毛，花药密被长柔毛；子房及花柱被腺毛，柱头2裂。蒴果长圆形，长1-1.2厘米。花期5-6月，果期6-8月。

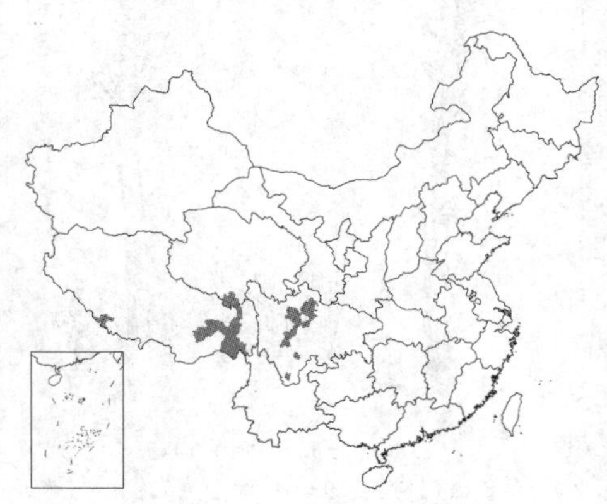

产青海南部、四川、西藏东部及南部，生于海拔1600-3500米山坡、路边、林下及灌丛中；寄生蒿属根部。

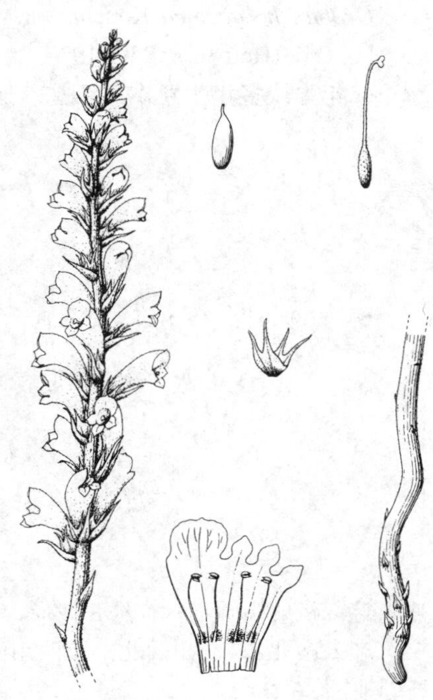

图 384 四川列当（吴彰桦绘）

8. 黄花列当 图 385

Orobanche pycnostachya Hance in Journ. Linn. Soc. Bot. 13: 84. 1873.

二年生或多年生寄生草本，高达50厘米；全株密被腺毛。茎不分枝。叶卵状披针形或披针形，长1-2.5厘米，连同苞片、花萼裂片及花冠裂片外面及边缘密被腺毛。花序穗状；苞片卵状披针形。花萼2深裂至基部，每裂片2裂，裂片不等长；花冠黄色，冠筒中部稍弯，花丝着生处稍上方缢缩，向上稍宽，上唇顶端2浅裂或微凹，下唇长于上唇，3裂，边缘波状或具小齿；花丝基部疏被腺毛，花药被长柔毛；花柱疏被腺毛，柱头2浅裂。蒴果长圆形，长约1厘米。花期4-6月，果期6-8月。

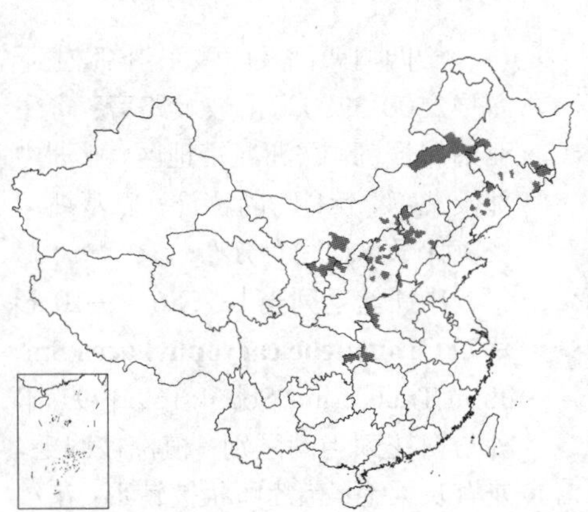

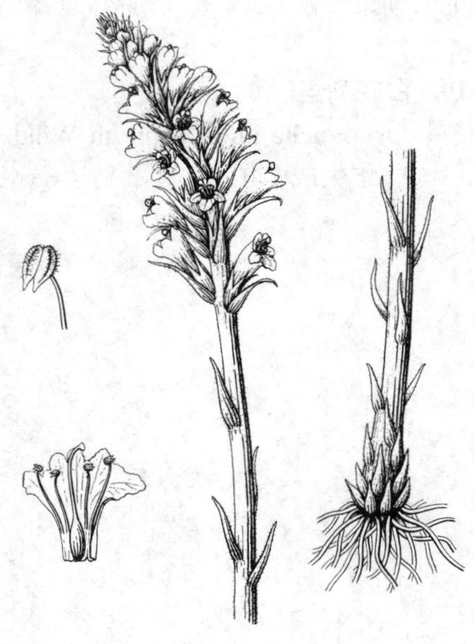

图 385 黄花列当（吴彰桦绘）

产黑龙江、吉林、辽宁、内蒙古、河北、山西、河南、湖北西南部、陕西及宁夏，生于海拔250-2500米沙丘、山坡及草原；寄生蒿属根部。朝鲜、俄罗斯东西伯利亚及远东地区有分布。

9. 滇列当 图 386 : 1-3

Orobanche yunnanensis (G. Beck) Hand.-Mazz. Symb. Sin. 7: 875. 1936.

Orobanche alsatica Kirschl. var. *yunnanensis* G. Beck in Engl. Pflanzenr. IV. 261 (Heft 96): 259. 1930.

二年生或多年生草本，高达25厘米；全株密被腺毛。茎不分枝。叶卵状披针形，长1-1.5厘米，连同苞片、花萼及花冠裂片外面和边缘密被腺毛。花序穗状；苞片卵状披针形或披针形。花萼不整齐2深裂达基部，裂片2-3浅裂或全缘；花冠常肉红色，稀黄褐色，干后红褐或褐色，弧曲，筒部膨大，上唇顶端微凹，下唇长为上唇1/2，3裂，裂片边缘均具腺毛和不明显小齿；花丝基部疏被柔毛，花药疏被柔毛，后渐脱落；子房及花柱被腺毛。蒴果椭圆形，长约8毫米。花期5-6月，果期7-8月。

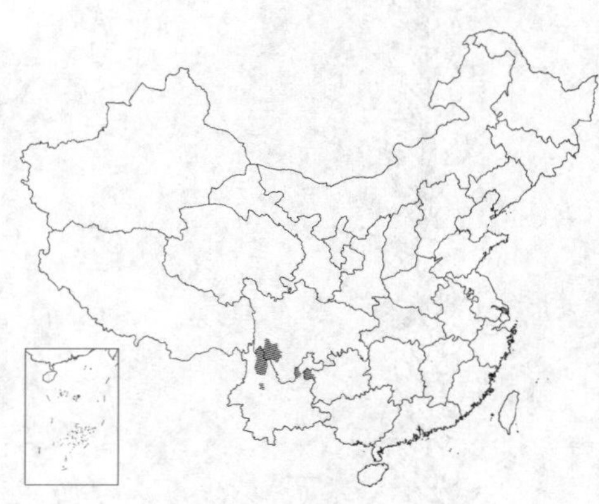

产云南北部、贵州西北部及四川西南部，生于海拔2200-3400米山坡或石砾地。

[附] **短唇列当** 图 386: 4-7 **Orobanche major** Linn. Sp. Pl. 632. 1753. 本种与滇列当的区别：植株高达45厘米；花冠黄或黄褐色，裂片边缘无毛；蒴果长1-1.2厘米。产新疆北部、甘肃南部及湖北西部，生于海拔850-3450米山坡、林下及砂砾地。欧洲中部及南部、地中海地区西部、巴尔干半岛、伊朗、印度、喜马拉雅、中亚地区有分布。

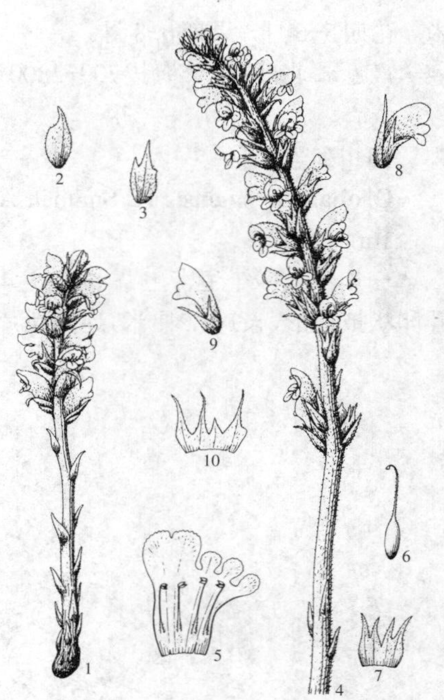

图 386：1-3. 滇列当 4-7. 短唇列当 8.白花列当 9-10. 丝毛列当 （吴彰桦绘）

10. 白花列当 图 386 : 8

Orobanche alba Steph. in Willd. Sp. Pl. 3: 350. 1800.

二年生或多年生草本，高达65厘米；全株被腺毛。茎直立，基部棍棒状。叶卵状披针形或披针形，长2-3厘米，连同苞片、花萼及花冠裂片外面和边缘密被腺毛。花序穗状；苞片披针形。花萼2深裂至基部，稀前面裂至近基部，裂片全缘或不规则2中裂，裂片不等长；花冠淡黄、黄或黄褐色，稀白色，筒部膨大，上唇全缘或微凹，下唇短于上唇，3裂，裂片边缘均具小齿；花丝基部疏被柔毛，上部被腺毛，花药被柔毛，后脱落；子房及花柱密被腺毛。蒴果长圆形，长1-1.2厘米。花期4-6月，果期7-8月。

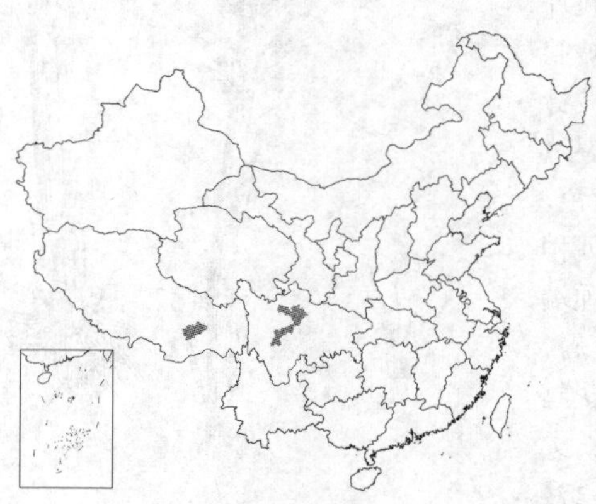

产四川西部及西藏东南部，生于海拔2500-3700米山坡及路旁；寄生亚菊属根部。欧洲温带地区、亚洲中部及北部、伊朗、阿富汗、巴基斯坦及克什米尔地区有分布。

[附] **丝毛列当** 图 386：9-10 彩片72 **Orobanche caryophyllacea** Smith in Trans. Linn. Soc. 4: 169. 1797. 本种与白花列当的区别：植株被腺毛，兼有长柔毛；苞片卵状披针形；花丝基部密被长柔毛。产新疆东部及北部阿尔泰山区；寄生拉拉藤属根部。中欧、俄罗斯西伯利亚地区及伊朗有分布。

199. 苦苣苔科 GESNERIACEAE

（潘开玉）

多年生草本或灌木，稀乔木。叶对生或轮生，或基生莲座状，稀互生，不分裂，稀羽状分裂或为羽状复叶；无托叶。花序腋生或近顶生和顶生，常为聚伞花序，稀为总状花序；苞片分生，稀合生，稀无苞片。花两性，具花梗；花萼辐射对称，稀左右对称，（4）5全裂或深裂；花冠合瓣，常左右对称，稀辐射对称，檐部多少二唇形，上唇2裂，稀4裂或不分裂，下唇3裂；雄蕊4-5，着生花冠上，常1-3枚退化，稀全部能育，花药分生，通常成对以顶端或整个腹面连着，稀合生围绕花柱成筒，2室，药室平行，稍叉开或极叉开，顶端不汇合或汇合；花盘环状或杯状，或由1-5个腺体组成，稀不存生；雌蕊由2枚心皮构成，子房上位、半下位或下位，1室，侧膜胎座2，稀1，偶尔侧膜胎座在子房室中央相遇并合生而形成2室中轴胎座，胚珠多数，倒生，花柱1，柱头2或1，呈片状、头状、扁球形或盘状。果为蒴果，室背或室间开裂，稀盖裂，或为不开裂的浆果。种子多数，小，通常椭圆形或纺锤形，稀两端有附属物，有或无胚乳，胚直，2枚子叶等大或不等大，有时较大的子叶发育成个体的唯一营养叶。

约133属，3000余种，分布于亚洲东部和南部、非洲、欧洲南部、大洋洲、南美洲及墨西哥的热带至温带地区。我国56属，440余种。

1．花辐射对称；雄蕊全部能育；聚伞花序；种子无附属物。
2．雄蕊花药分生，药隔无突起；花盘存在。
3．花序苞片2，对生；雄蕊着生花冠筒近基部或基部，花药基着；柱头1。
4. 花4或5基数；花冠辐状，筒部短于檐部；花药椭圆形，顶端无小尖头，药室顶端不汇合 …………………………………… 1. **辐花苣苔属 Thamnocharis**
4. 花5基数；花冠近壶状，筒部长于檐部；花药近肾形，顶端有小尖头，药室顶端汇合 …………………………………… 3. **世纬苣苔属 Tengia**
3．花序苞片6-9，近轮生，雄蕊着生花冠筒中部或中上部，花药背着，药室顶端不汇合；柱头2；花4或5基数；花冠钟状 …………………… 2. **四数苣苔属 Bournea**
2．雄蕊花药合生成筒，药隔有长突起；花盘不存在；花5基数；花冠辐状；柱头1 …… 4. **苦苣苔属 Conandron**
1．花右右对称；雄蕊1-3枚退化。
5. 花序聚伞状或为单歧聚伞花序，有时似总状花序，此时花与苞片近互对生，不生于苞片腋部。
6．子房长圆形，稀卵圆形，顶端渐变细成花柱；花序聚伞状；叶全部基生，在地上茎存在时对生或轮生，稀互生。
7. 果为开裂的蒴果。
8. 种子无附属物。
9．能育雄蕊4。
10. 雄蕊分生。
11．花药长圆形，药室平行，顶端不汇合，稀马蹄形，2室极叉开，顶端汇合 …………………………………… 5. **马铃苣苔属 Oreocharis**
11．花药卵圆形，药室茎都稍叉开。
12．花冠上唇极短，几与花冠筒口截平；雄蕊伸出，花药纵裂，药室顶端汇合 …………………………………… 6. **短檐苣苔属 Tremacron**
12．花冠上唇明显，长于或近等于下唇；雄蕊内藏。
13．花药纵裂，药室顶端不汇合，稀汇合；子房窄长圆形；柱头2；无茎多年生草本 …………………………………… 7. **金盏苣苔属 Isometrum**

13. 花药孔裂或横裂；柱头1；小灌木或亚灌木，稀为草本，地上茎存在，稀不存在（紫花短筒苣苔Boeica guileana）。

14. 亚灌木，有地上茎；叶对生；花冠檐部稍短于筒部；花药孔裂，药室顶端不汇合；子房椭圆形 …… **17. 细蒴苣苔属 Leptoboea**

14. 亚灌木或多年生草本，有或无地上茎，在有地上茎时，叶互生；花冠檐部稍长于筒部；花药纵裂孔裂或横裂，药室顶端汇合；子房卵圆形 ……………………………………………………… **18. 短筒苣苔属 Boeica**

10. 花药成对连着或全部连着。

15. 4枚雄蕊的花药成对连着。

16. 花萼不呈二唇形，5裂片近等大；柱头2或1，在1枚呈扁球形；蒴果较长，长圆形、披针形或线形，若蒴果较短，则偏斜，开裂不达基部（筒花苣苔Briggsiopsis）。

17. 花冠上唇4裂，长大于下唇，下唇不裂 ……………………………………… **8. 弥勒苣苔属 Paraisometrum**

17. 花冠上唇2裂，长近等于下唇或明显短于下唇，下唇3裂。

18. 较高大草本或小灌木；叶数枚或更多，全部基生或基生。

19. 花冠筒状、钟状或高脚碟状，通常长2厘米以下，径在1厘米以下。

20. 花冠下唇内面无毛或散生短柔毛。

21. 花冠钟状，淡紫、紫、紫红或紫蓝色，上唇长于或近等于下唇 …… **7. 金盏苣苔属 Isometrum**

21. 花冠筒状，橙黄或黄色白色，稀红色，上唇短于下唇 …………… **9. 直瓣苣苔属 Ancylostemon**

20. 花冠下唇内面密被髯毛 ……………………………………………………… **13. 珊瑚苣苔属 Corallodiscus**

19. 花冠粗筒状，下侧膨大，或为筒状漏斗形，通常长3-7厘米，径1-2.2（-2.6）厘米。

22. 花冠下方膨大。

23. 花冠粗筒状，子房1室，有2侧膜胎座；蒴果披针状长圆形或倒披针形，直，长3-7厘米，纵裂达基部 ……………………………………………………………………… **10. 粗筒苣苔属 Briggsia**

23. 花冠筒状漏斗形，子房2室，有中轴胎座，上方1室发育，下方1室退化；蒴果斜长圆形，长约1.2厘米，纵裂不达基部 …………………………………………………… **11. 筒花苣苔属 Briggsiopsis**

22. 花冠筒状漏斗形，下侧不膨大 ……………………………………………… **12. 漏斗苣苔属 Didissandra**

18. 低矮草本，只在茎顶端有1（-2）叶 …………………………………………… **14. 堇叶苣苔属 Platystemma**

16. 花萼二唇形，上唇线形，下唇4裂；柱头1，仅下方一侧发育，呈半圆形；蒴果短，窄椭圆形 ………………………………………………………………………………………… **15. 扁蒴苣苔属 Cathayanthe**

15. 4枚雄蕊的花药全部连着，药室顶端汇合 ……………………………………………… **16. 横蒴苣苔 Beccarinda**

9. 能育雄蕊2。

24. 上（后）方2雄蕊能育；花冠上唇2裂，下唇3裂；雄蕊内藏，花药2室平行，顶端不汇合 ……………………………………………………………………………………………… **19. 后蕊苣苔属 Opithandra**

24. 下（前）方2雄蕊能育。

25. 花药2室平行，顶端不汇合（石蝴蝶属Petrocosmea一些种例外）。

26. 花序苞片大，合生成球形总苞；花冠内面基部之上有1毛环（毛果半蒴苣苔Hemiboea flaccida例外），筒部比檐部长；子房有中轴胎座，2室，下室的胎座退化；地上茎存在；叶对生 ……………………………………………………………………………………………… **25. 半蒴苣苔属 Hemiboea**

26. 花序苞片2，小，分生；花冠筒内面无毛环；子房通常有侧膜胎座，1室，如具中轴胎座和2室时，则2室的胎座均发育。

27. 花冠筒与檐部近等长或比檐部稍短；雄蕊着生花冠筒近基部；地上茎不存在。

28. 雄蕊伸出，分生，花药背着；花盘存在；子房及蒴果均为线形，侧膜胎座不分裂，柱头2 ………………………………………………………………………………………… **20. 瑶山苣苔属 Dayaoshania**

28. 雄蕊内藏，花药顶端连着，底着；花盘不存在；子房卵圆形，蒴果长椭圆形，侧膜胎座2，柱头1………………………………………………………………………………………… 27. **石蝴蝶属 Petrocosmea**

27. 花冠筒比檐部长2倍或更多；雄蕊着生花冠筒中部，花药顶端连着。

29. 柱头2；地上茎存在；叶对生。

30. 花萼5裂达基部，无萼筒；花丝稍扭曲，等宽；2枚柱头等大，子房有2侧膜胎座………………………………………………………………………………………… 21. **双片苣苔属 Didymostigma**

30. 花萼5裂不达基部，有萼筒；花丝直；2枚柱头不等大。

31. 花萼5浅裂；花丝等宽；子房有2侧膜胎座，1室 ……………………… 22. **异裂苣苔属 Pseudochirita**

31. 花萼5深裂；花丝中部最宽，向上、下两端渐变窄；子房有中轴胎座，2室 …………………………………………………………………………………………………… 23. **异片苣苔属 Allostigma**

29. 柱头1。

32. 地上茎存在；叶在茎上对生；花冠上唇2裂；侧膜胎座1 …………… 24. **单座苣苔属 Metabriggsia**

32. 地上茎不存在；叶丛生于根状茎顶端；花冠上唇不分裂；侧膜胎座2 ………………………………………………………………………………………………… 29. **全唇苣苔属 Deinocheilos**

25. 花药2室极叉开，顶端汇合（仅盾叶苣苔属Metapetrocosmea例外）。

33. 蒴果直。

34. 叶柄在叶片基部盾状着生，均基生；花盘不存在；花药2室不汇合；蒴果近球形；柱头1 ………………………………………………………………………………………… 28. **盾叶苣苔属 Metapetrocosmea**

34. 叶柄不为盾状着生；花盘存在；花药2室在顶端汇合；蒴果线形、长圆形或椭圆形。

35. 柱头2。

36. 地上茎存在；叶对生；花序密集，2苞片船状卵圆形，互相邻接形成球形总苞；花冠筒状，裂片 先端圆；花丝在中部最宽，花药有三角形附属物；子房有中轴胎座，2室，2枚柱头不等大 ………………………………………………………………………………………………… 26. **密序苣苔属 Hemiboeopsis**

36. 地上茎不存在；叶均基生；花序稀疏，苞片对生，椭圆形或长圆形，不形成球形总苞；花冠筒细筒状，裂片先端渐窄；花丝等宽，花药无附属物；子房有2侧膜胎座，1室，2枚柱头等大 ……………………………………………………………………………………………… 30. **细筒苣苔属 Lagarosolen**

35. 柱头1。

37. 柱头片状，位于下（前）方。

38. 花冠高脚碟状，檐部平展；花盘由2近方形腺等宽 ………………………… 31. **报春苣苔属 Primulina**

38. 花冠筒状漏斗形或筒部，檐部斜上展；花盘环状。

39. 子房及蒴果均为线形，蒴果通常比宿存花萼长多倍；花丝常中部最宽，常膝状弯曲 ……………………………………………………………………………………………………… 32. **唇柱苣苔属 Chirita**

39. 子房卵圆形，蒴果长椭圆形，与宿存花萼等长或较短；花丝等宽，稍膝状弯曲 …… 33. **小花苣苔属 Chiritopsis**

37. 柱头扁球形、截形或盘形。

40. 花冠上唇4裂，下唇不分裂。

41. 花序苞片6或更多，密集，形成总苞；花冠筒状，筒比檐部长3部以上；雄蕊着生花冠筒中部之上；雌蕊稍伸出 ………………………………………………………………… 38. **朱红苣苔属 Calcareoboea**

41. 花序苞片2，对生；花冠窄钟状，筒比檐部短；雄蕊着生花冠筒近基部处；雌蕊长伸出 ………………………………………………………………………………………………… 39. **异唇苣苔属 Allocheilos**

40. 花冠上唇2裂或不分裂，下唇3裂。

42. 花冠坛状粗筒形，檐部不明显二唇形，上唇2裂 …………………………… 34. **石山苣苔属 Petrocodon**
42. 花冠筒部筒状或钟状，檐部明显二唇形。
43. 花冠筒部筒状或钟状，檐部斜上展，比筒短或近等长；蒴果线形、披针状线形或筒形，比宿存花萼长2倍以上。
44. 花冠上唇2裂；檐部短于筒部。
45. 叶下面无蛛丝状毡毛；花冠筒部细筒状或筒形 …………………… 35. **长蒴苣苔属 Didymocarpus**
45. 叶下面密被蛛丝状毡毛；花冠筒部钟状 ……………………………………… 40. **蛛毛苣苔属 Paraboea**
44. 花冠上唇不分裂；檐部与筒部近等长 ………………………………………… 36. **圆唇苣苔属 Gyrocheilos**
43. 花冠筒部细筒形，檐部近水平开展，与筒近等长；蒴果长椭圆形，与宿存花萼近等长 ……………………………………………………………………………………………… 37. **长檐苣苔属 Dolicholoma**
33. 蒴果螺旋状卷曲。
46. 花数朵或多朵组成简单或复杂的聚伞花序；花冠钟状；花药无髯毛；柱头1。
47. 花萼不呈二唇形，5裂片近相等。
48. 花冠上唇比下唇稍短，下唇内面不被髯毛。
49. 叶下面密被彼此交织的毡毛；蒴果不卷曲或稍螺旋状扭曲 …………… 40. **蛛毛苣苔属 Paraboea**
49. 叶被不交织的柔毛；蒴果螺旋状卷曲 ……………………………………………… 41. **旋蒴苣苔属 Boea**
48. 花冠上唇极短，几与花冠筒口截平，下唇内面被髯毛 ………………… 42. **喜鹊苣苔属 Ornithoboea**
47. 花萼二唇形，上唇3浅裂，下唇2裂至基部 …………………………………… 43. **唇萼苣苔属 Trisepalum**
46. 花单生茎顶叶腋；花冠筒状；花药有髯毛；柱头2 ………………… 44. **长冠苣苔属 Rhabdothamnopsis**
8. 种子两端有钻状或毛状附属物。
50. 能育雄蕊4。
51. 雄蕊内藏；花冠紫、黄或白色。
51. 雄蕊伸出，花药顶端成对连着；花冠通常红或橙色 ……………………… 47. **芒毛苣苔属 Aeschynanthus**
52. 花序苞片大，形成扁球形总苞；花冠檐部内面下方有2个弧形囊状突起；花药顶端成对连着，2对彼此分开；花柱比子房短；柱头1 ……………………………………………………… 45. **大苞苣苔属 Anna**
52. 花序苞片小，不形成总苞；花冠檐部内面下方无突起。
53. 叶的侧脉明显；花药顶端成对连着，2对雄蕊的花药又相靠合；花柱比子房长或等长，柱头2 …… …………………………………………………………………………………………… 46. **紫花苣苔属 Loxostigma**
53. 叶的侧脉不明显；4枚雄蕊的花药以顶端全部连着；花柱短于比子房，柱头1 …………………… ………………………………………………………………………………………… 47. **芒毛苣苔属 Aeschynanthus**
50. 能育雄蕊2，内藏，花药顶端成对连着 ………………………………………… 48. **吊石苣苔属 Lysionotus**
7. 果为不开裂的浆果。
54. 花萼5裂达基部，无萼筒；花冠钟状粗筒形；能育雄蕊4 ………………… 49. **线柱苣苔属 Rhynchotechum**
54. 花萼裂片不达茎部，有萼筒；花冠漏斗状筒形；能育雄蕊2 ………………… 50. **浆果苣苔属 Cyrtandra**
6. 子房球形或卵圆形，顶端突然形成花柱；花序聚伞状或为单歧聚伞花序，有时似总状花序，此时花不生于苞片腋部；叶对生，同一对叶常极不等大，或互生，基部常极偏斜。
55. 花萼5浅裂或裂至中部，稀裂至基部，裂片之间有纵褶；能育雄蕊4。
56. 叶对生，同一对叶近等大；花冠上唇短于下唇；雄蕊分生，2药室顶端不汇合 …………………………… …………………………………………………………………………………………………… 51. **圆果苣苔属 Gyrogyne**
56. 叶互生或对生，同一对叶极不等大；花冠上唇与下唇近等长；4枚雄蕊的花药以侧面合生成扁圆状，2药室顶端汇合 ……………………………………………………………………………… 52. **十字苣苔属 Stauranthera**

55. 花萼裂片之间无纵褶，5裂至基部或5浅裂。

57. 叶对生，同一对叶极不相等；聚伞花序无苞片；花萼5裂至近基部，有多条纵分泌沟；能育雄蕊4，花药全部连着；子房2室，中轴胎座 ………………………………………………………… 53. **异叶苣苔属 Whytockia**

57. 叶互生或对生，对生时，同一对叶梢不等大；花萼5浅裂或裂至中部，无分泌沟；花药成对连着；子房有1室，有2侧膜胎座。

58. 叶互生，基部极斜；花序总状，有苞片和稀疏的花；能育雄蕊4或2 ………………………………………………………………………………………………… 54. **尖舌苣苔属 Rhynchoglossum**

58. 茎下部叶互生，上部叶对生，基部不极斜；花序为具密集花的蝎尾状聚伞花序，能育雄蕊2 ……………………………………………………………………………………………… 55. **盾座苣苔属 Epithema**

5. 花序总状或似穗状花序，花生于苞片腋部；花冠筒状；能育雄蕊4；种子两端有鳞状附属物 ………………………………………………………………………………………………… 56. **台闽苣苔属 Titanotrichum**

1. 辐花苣苔属 Thamnocharis W. T. Wang

多年生小草本，具短根状茎。叶多数，均基生,椭圆形，稀窄倒卵形，长1.2-5厘米，先端微尖或钝，基部楔形或宽楔形，边缘有小钝齿，两面密被贴伏的白色短柔毛，侧脉每侧3-4；叶柄长0.6-4厘米。聚伞花序腋生，2回分枝，约3条，每花序有5-9花；花序梗长3-5厘米，与花梗均密被短柔毛；苞片2，对生，钻形，长1.5-2毫米，被短柔毛。花4或5基数，辐射对称；花梗长0.6-4毫米；花萼钟状，长2.2-3毫米，4-5裂至近基部，裂片三角形，稍不等，宽0.7-1.1毫米，外面被短柔毛；花冠辐状，紫或蓝色，径约1.2厘米，筒部长约2毫米，无毛，檐部4-5深裂，裂片披针状长圆形，长6-7毫米；雄蕊4-5，与花冠裂片互生，着生花冠基部，分生，伸出，不等长，花丝窄线形，长2.5-7毫米，疏被短柔毛，花药底着，椭圆形，无毛，顶端无尖头，药室平等，纵裂，顶端不汇合；花盘低环状；雌蕊伸出，长约5毫米，子房卵圆形，被短柔毛，1室，2侧膜胎座稍伸出后继极叉开，具多数胚珠，花柱无毛，柱头1，近截形。蒴果线状披针形，长约1.1厘米，疏被糙伏毛，室背分裂成2瓣。

我国特有单种属。

辐花苣苔 图 387

Thamnocharis esquirolii (Lévl.) W. T. Wang in Acta Phytotax Sin. 19 (4): 486. f. 1. 1981.

Oreocharis esquirollii Lévl. in Fedde, Repert. Sp. Nov. 9: 329. 1911.

形态特征与属同。花期8月。

产贵州西南部兴仁及贞丰一带，生于海拔1500-1600米山地灌丛中或林下。

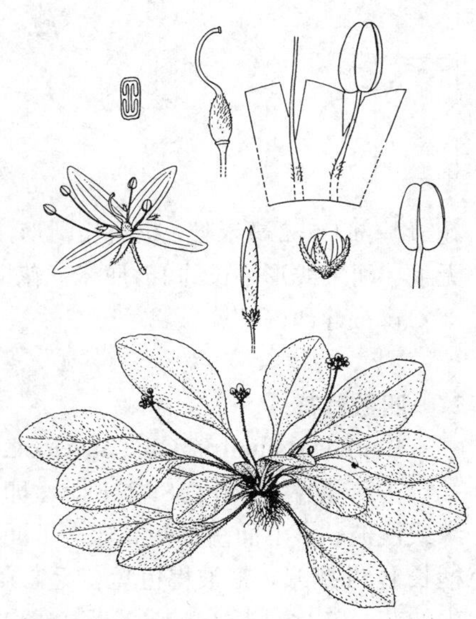

图 387 辐花苣苔 （引自《中国植物志》）

2. 四数苣苔属 Bournea Oliv.

多年生草本，具短根状茎。叶基生，具柄，长圆形或卵形，有羽状脉。聚伞花序腋生，似伞形花序，总苞片簇生，具多数花。花4或5基数，辐射对称；花萼钟状，4-5深裂，有短筒，裂片线状披针形；花冠钟状，4-5裂至中部或稍超过中部；雄蕊4-5，与花冠裂片互生，着生花冠筒中部或中上部，伸出，花丝窄线形，花药背着，2室平行，顶端不汇合；花盘环状；雌蕊内藏，子房线形，1室，2侧膜胎座内伸，2裂，胚珠多数，花柱极短，柱头2。蒴果长圆状线形，室背开裂为2瓣。种子小，纺锤形，光滑。

我国特有属，2种。

1. 叶片长达8厘米，边缘有齿，无毛，叶柄密被开展的淡褐色柔毛；花5基数 ·············· 1. **五数苣苔 B. leiophylla**
1. 叶片长达18厘米，边缘全缘或浅波状，两面被毛，叶柄被贴伏的褐色柔毛；花4基数 ··· 2. **四数苣苔 B. sinensis**

1. 五数苣苔 图 388

Bournea leiophylla (W. T. Wang) W. T. Wang et K. Y. Pan, Fl. Reipubl. Popul. Sin. 69: 135. 1990.

Oreocharis leiophylla W. T. Wang in Acta Phytotax. Sin. 13 (3) : 99. 1975.

多年生草本。叶约6，椭圆状卵形或卵形，长5-8厘米，先端急尖，基部浅心形或近平截，边缘有浅齿，两面无毛，侧脉每侧5-6；叶柄长3-7.5厘米，密被开展的淡褐色柔毛。伞形花序约2条，每花序有11-13花；花序梗长约11厘米，被淡褐色长柔毛；总苞苞片6-9，近轮生，线状披针形，长约6毫米，被疏柔毛。花梗细，果期长约1.2厘米，被褐色柔毛；花萼长约2.8毫米，5裂近中部，筒部长约2.2毫米，裂片长圆形，长约2.2毫米；雄蕊5，伸出，无毛，花丝长约5毫米，着生距花冠基部1.5-2毫米处，花药长圆形，2药室顶端不汇合；花盘环状；雌蕊无毛。蒴果线形，长约1.6厘米。花期10月。

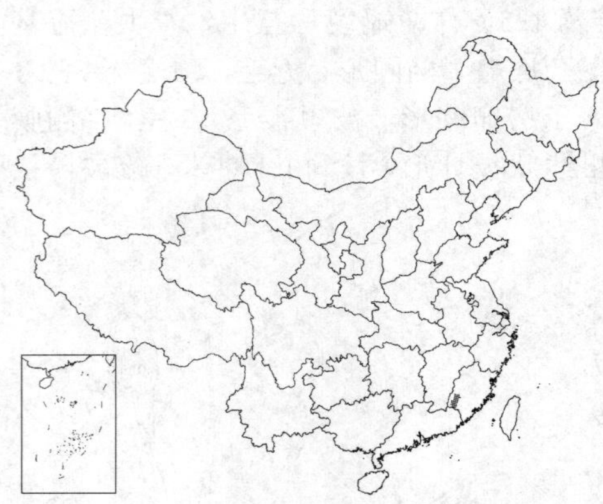

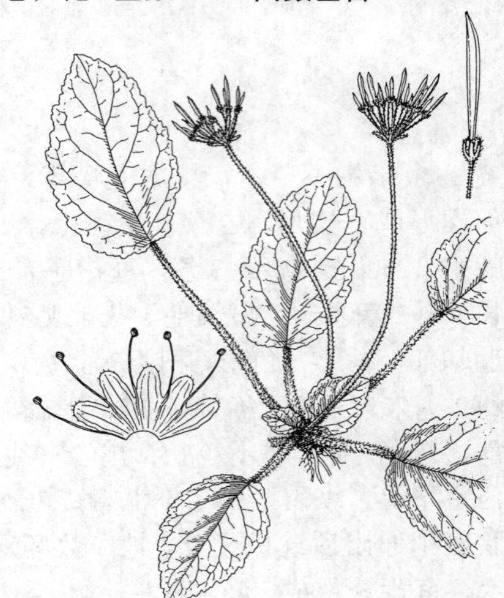

图 388 五数苣苔（冯晋庸绘）

产福建西南部连城。

2. 四数苣苔 图 389

Bournea sinensis Oliv. in Hook. Icon. Pl. ser. 4, 3: pl. 2254. 1893.

多年生草本。叶约8，长圆形、卵状长圆形或窄卵形，长4-18厘米，全缘或浅波状，上面疏被短伏毛，下面沿脉疏被短伏毛，侧脉每侧5-6；叶柄长1-11厘米，密被褐色短伏毛。聚伞花序1-3，每花序有10-20朵近簇生的花；花序梗长14-26厘米，被褐色柔毛；总苞苞片约8，披针状窄线形，长0.6-1.2厘米，外面疏被短毛。花4基数；花萼长4-5毫米，裂片4，线状披针形，长2.8-3.5毫米，边缘每侧有1-2小钝齿，外面疏被柔毛。花

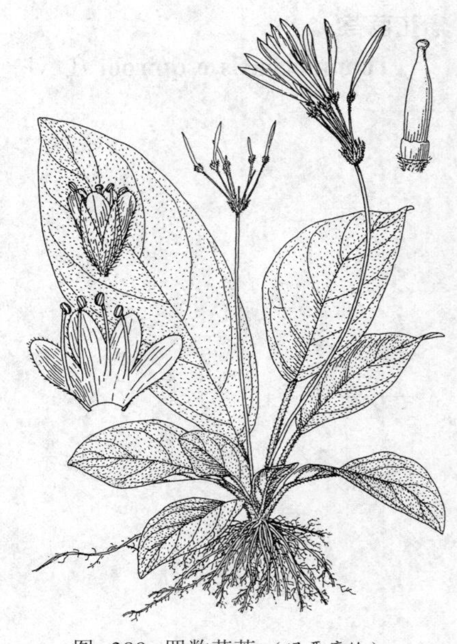

图 389 四数苣苔（冯晋庸绘）

冠白色，在雌雄同时成熟的花长约8毫米，筒部长约3毫米，裂片4，长圆形或卵状长圆形，长5毫米，在雄蕊先熟的花长约5毫米，筒部长约2.5毫米，裂片长方状卵形，与筒近等长；雄蕊4，在雌雄同时成熟的花稍伸出花冠，花丝着生距花冠基部1.5毫米处，长约7毫米，花药宽卵形或宽椭圆形，长1.5–1.8毫米；在雄蕊先熟的花伸出花冠，花丝着生于距花冠基部1.7毫米处，长7.5–9.2毫米，花药宽卵形；花盘环状；雌蕊无毛，子房长约5毫米，柱头长约1毫米。蒴果长2.1–3.3厘米，宽3–3.5毫米，无毛。花期9–10月。

产广东，生于海拔650–1000米山谷溪边石上或林中。

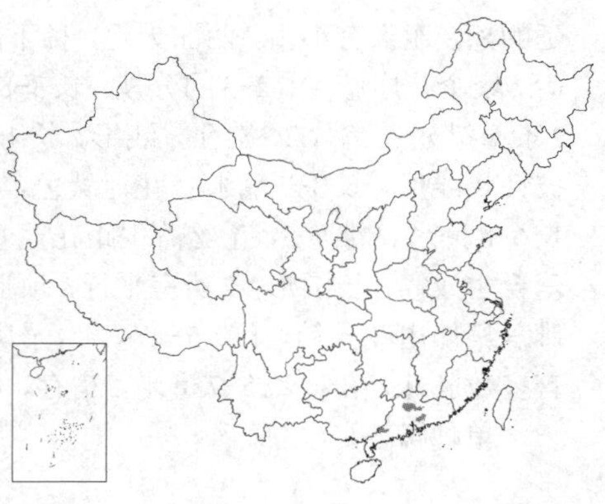

3. 世纬苣苔属 Tengia Chun

多年生小草本，具短根状茎。叶基生，椭圆形、椭圆状长圆形或窄倒卵形，长3–6厘米，先端急尖，稀钝，基部楔形或宽楔形，边缘在基部之上有不规则浅齿，上面疏被短伏毛，下面沿中脉及侧脉疏被短曲毛，侧脉每侧4–5；叶柄长1.5–6厘米，被白色伏毛及灰鳞片。聚伞花序腋生，有8–10花；花序梗长4–5厘米，密被褐色柔毛；苞片2，对生。花5基数辐射对称；花梗丝形，长4–5毫米；花萼钟状，5裂达基部，裂片披针状线形，长2.5–3毫米；花冠近壶状，白色带粉红色，筒部长5–7毫米，外面被疏柔毛，檐部5裂，裂片窄三角形，长约3毫米，有3条脉；雄蕊5，着生花冠近基部，花丝窄线形，长约2.5毫米，花药基着，近肾形，顶端有小尖头，药室近个字形，顶端汇合；花盘环状；雌蕊稍伸出花冠，长5.5–7毫米，密被短伏毛，子房细圆锥状筒形，长2.5–3毫米，1室，2侧膜胎座内伸，2裂，有多数胚珠，花柱长3–4毫米，柱头1。蒴果线状披针形，长约1.5厘米，褐色，变无毛。花期8月。

我国特有单种属。

世纬苣苔 黔苣苔 图 390

Tengia scopulorum Chun in Sunyatsenia 6(3–4): 281. pl. 46. 1946.

形态特征与属同。

产贵州中南部平伐，生于山地石崖阴处。

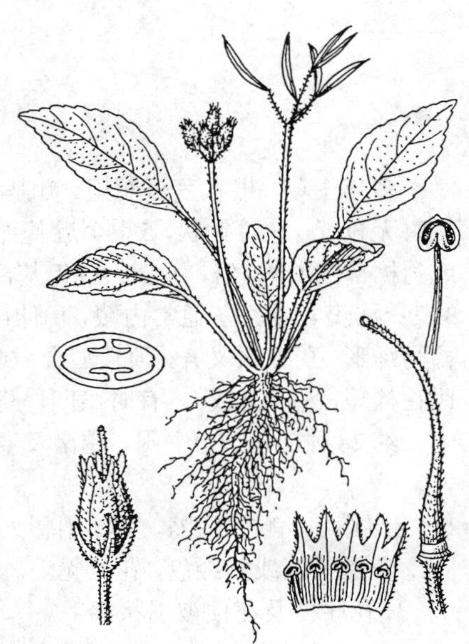

图 390 世纬苣苔（冯晋庸绘）

4. 苦苣苔属 Conandron Sieb. et Zucc.

多年生草本，根状茎长1.4–3厘米。叶1–2（–3），椭圆形或椭圆状卵形，长18–24厘米，基部以下有两侧有下延的翅，连缘有小齿，两面无毛，稀下面沿脉有疏柔毛，侧脉每边8-11；叶柄长4-19厘米，无毛，上端翅缘有小齿。聚伞花序腋生，2-3回分枝，长3-8厘米，有6-23花，疏被柔毛或近无毛；花序梗长（3-）9-12厘米，有时有2条窄纵翅；苞片2，对生，线形，长4-8毫米。花5基数，辐射对称；花萼宽钟形，5裂达基部，裂片窄披针形或披针状线形，长3-7毫米；花冠紫色，辐状，径1-1.8厘米，筒部长约3.5毫米，檐部5深裂，裂片三角状窄卵形，长6-8毫米；雄蕊5，花丝着生距花冠基部0.8-1毫米处，长约0.8毫米，分生，花药长2.2-3.2毫米，底着，围绕雌蕊合生成筒，长圆形，2药室平行，顶端下汇合，药隔突起的筒与花药近等长或稍短，顶端5浅裂；花盘不存在；雌蕊稍伸出花药筒，长7.5-9毫米，子房窄卵圆形，与花柱散生小腺体，1室，2侧膜胎座内伸，2裂，裂片稍反曲，有多数胚珠，花柱长5-7毫米，宿存，柱头1。扁球形。蒴果窄卵圆形或长椭圆形，长7-9毫米。

单种属。

苦苣苔 图 391

Conandron ramondioides Sieb. et Zucc. in Abh. Akad. Wiss. Wien, Mach.-Phys. 3: 730. t. 3. f. e: 1-7. 1843.

形态特征与属同。花期8月。

产安徽、浙江、福建、台湾及江西，生于海拔5800-1000米山谷溪边石上或山坡林中石壁上阴湿处。日本有分布。全草药用，与秋海棠、夏枯草等合用外敷，治毒蛇咬伤。

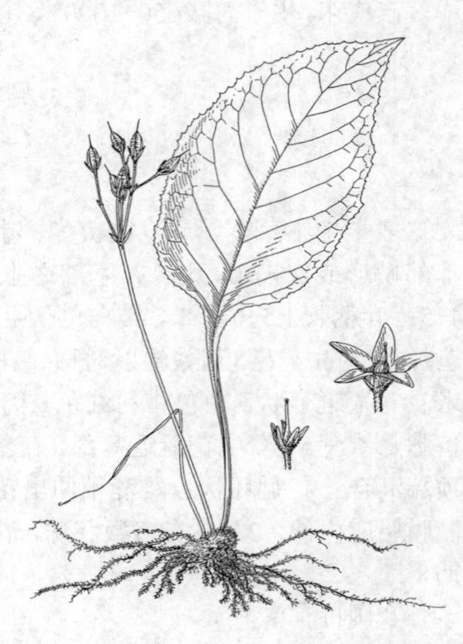

图 391 苦苣苔（冯晋庸绘）

5. 马铃苣苔属 Oreocharis Benth.

多年生草，根状茎短而粗。叶基生，具柄，稀近无柄。聚伞花序腋生，1至数条，有1至数花；苞片2，对生，有时无苞片。花萼钟状，5裂至近基部；花冠钟状、钟状筒形或钟状细筒形，稀粗筒状或细筒状，筒部与檐部等长或为檐部的1.5-4倍，不膨大或仅基部膨大成囊状，喉部不缢缩或缢缩，檐部稍二唇形或二唇形，上唇2裂，下唇3裂；雄蕊4，分生，通常内藏，稀伸出花冠，花丝着生花冠基部至中部，花药长圆形，药室2，平行，顶端不汇合，稀马蹄形，药室极叉开，顶端汇合；退化雄蕊1；花盘环状，全缘或5裂；雌蕊无毛，稀被腺状柔毛，子房长圆形，比花柱短，柱头2或1，有时微凹。蒴果倒披形、线形、针状长圆形或长圆形。种子卵圆形。

约28种，分布于中国、越南及泰国。我国27种，5变种，多数种分布狭窄。

1. 花冠筒状，喉部缢缩，基部稍膨大，筒部与檐部等长或稍长，檐部二唇形，5裂，裂片长圆形或长圆状披针形。
  2. 花冠紫蓝或紫绖色，花丝无毛。
    3. 花序梗及花梗被绢状绵毛。
      4. 叶上面被短柔毛，下面脉上密被淡褐色绢状绵毛至近无毛；上唇2裂至中下部；上雄花长于下雄花…… 1. **长瓣马铃苣苔 O. auricula**
      4. 叶两面均被淡褐色绢状长柔毛；上唇2裂全中上部；上雄蕊短于下雄蕊 … 1(附). **绢毛马铃苣苔 O. sericea**
    3. 花序梗及花梗被腺状柔毛。
      5. 雌蕊被淡褐色腺状柔毛 ……………………………………………………… 2. **心叶马铃苣苔 O. cordatula**
      5. 叶上面疏被粗硬毛，有时具少褐色长柔毛；苞片线形；花长1-1.5厘米，雌蕊无毛 ……………………

………………………………………………………………………………………… 2(附). **肉色马铃苣苔 O. cinnamomea**

2. 花冠黄色，花丝被短柔毛或近无毛。

6. 叶窄卵形、椭圆形或窄倒卵形，长2-9厘米，宽0.8-3.5厘米，边缘具细牙齿；花萼裂片边缘全缘 ……………………………………………………………………………………… 3. **剑川马铃苣苔 O. georgei**

6. 叶披针形或卵形，长5-15.5厘米，宽3.4-8厘米，边缘具重锯齿；花萼裂片边缘具2-3锯齿 ……………………………………………………………………………………… 3(附). **黄马铃苣苔 O. aurea**

1. 花冠钟状、钟状筒形或细筒状，稀粗筒状，喉部不缢缩，基部不膨大或渐窄，筒部为檐部的1-5倍，檐部二唇形或稍二唇形，裂片短，近圆形，稀长圆形。

7. 花冠钟状筒形，稀钟状，筒部为檐部的1.5-2倍。

8. 花冠檐部明显二唇形，花丝无毛。

9. 叶披针状窄卵形，边缘具波状锯齿或三角状锯齿，上面被短柔毛，下面密被褐色毡毛；花序梗、花梗及花萼外面被深紫色腺状柔毛 ……………………………………………… 4. **川滇马铃苣苔 O. henryana**

9. 叶卵状长圆形，边缘具重锯齿，两面被锈色长柔毛；花序梗、花梗及花萼外面被色锈色长柔毛和腺状短柔毛 ……………………………………………………………… 4(附). **丽江马铃苣苔 O. forrestii**

8. 花冠檐部稍二唇形；花丝被腺状短柔毛 ……………………………… 5. **椭圆马铃苣苔 O. delavayi**

7. 花冠细筒状，稀粗筒状，筒部为檐部的3-5倍。

10. 花冠紫色，筒部比檐部稍狭窄；花丝无毛至近无毛；花盘全缘。

11. 叶被柔毛或绢状棉毛。

12. 叶两面被贴伏长柔毛，近全缘；花序梗、苞片、花梗及花萼外面均被长柔毛 ……………………………………………………………………………… 6. **紫花马铃苞片苣苔 O. argyreia**

12. 叶下面被短柔毛，仅在脉上被锈色毛绢状棉毛；边缘具细圆齿；花序梗、苞片、花梗及花外面均密被褐色绢状棉毛 ……………………………………………… 6(附). **湘桂马铃苣苔 O. xiangguiensis**

11. 叶下面被锈色绢状绵毛，边缘具细锯齿，稀近全缘；花序梗、花梗及花萼外面被绢状绵毛。

13. 花冠较小，长0.8-1厘米，径约5毫米，花冠檐部裂片光端圆；雄蕊与花冠等长或2枚伸出花冠 ……………………………………………………………………………… 7. **大叶石上莲 O. benthamii**

13. 花冠较大，长2-2.5厘米，径8-9毫米，花冠檐部裂片先端锐尖；雄蕊内藏 ……………………………………………………………………………… 7(附). **大花石上莲 O. maximowiczii**

10. 花冠黄色，筒部与檐部近等粗；花丝被短柔毛；花盘微裂至裂。

14. 聚伞花序不分枝；花唇檐部上唇等于下唇1倍；雄蕊内藏，药隔背面无毛 ……………………………………………………………………………… 8. **管花马铃苣苔 O. tubicella**

14. 聚伞花序2次分枝；花冠檐部上唇与下唇的等长；雄蕊伸出花冠或与花冠等长，药隔背面具硬毛 ……………………………………………………………………………… 8(附). **毛药马铃苣苔 O. bodinieri**

1. 长瓣马铃苣苔 图 392

Oreocharis auricula (S. Moore) Clarke in DC. Monogr. Phan. 5: 64. t. 6. 1883.

Didymocarpus auricula S. Moore in Journ. Bot. 13: 229. 1875.

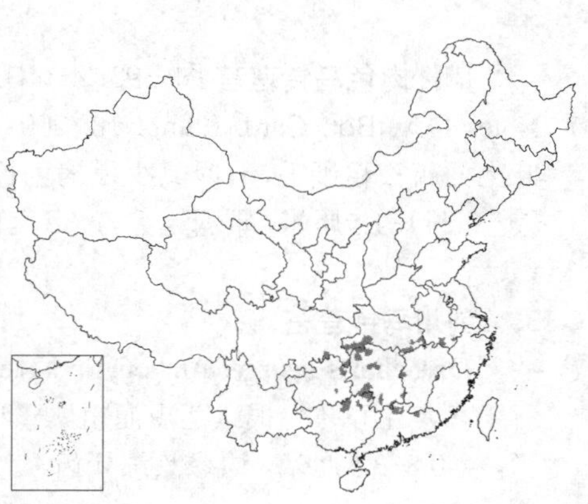

多年生草本。叶长圆状椭圆形，长2-8.5厘米，上面被贴伏短柔毛，下面被淡褐色绢状绵毛至近无毛，侧脉每边7-9；叶柄长2-4厘米，花序梗被褐色绢状绵毛。聚伞花序2次分枝，2-5条，每花序具4-11花；花序梗长6-12厘米，苞片长圆状披针形，长约6毫米。花梗长约1厘米；花萼裂片长圆状披针形，长3毫米；花冠细筒状，蓝紫色，长2-2.5厘米，外面被短柔毛，筒部长1.2-1.5厘米，与檐部等长或稍长，喉部缢缩，近基部稍膨大；

檐部二唇形，上唇裂至中下部，5裂片近相等，近窄长圆形，长0.7-1厘米；上雄蕊长于下雄蕊，花丝无毛；花盘近全缘；子房长0.7-1厘米，花柱长2-3毫米，柱头1，盘状。蒴果长约4.5厘米。花期6-7月，果期8月。

产安徽南部、江西、湖北、湖南、广东北部、海南、广西东北部及北部、贵州东北部及四川东南部，生于海拔400-1600米山谷、沟边或林下潮湿岩石上。

[附] **绢毛马铃苣苔 Oreocharis sericea** (Lévl) Lévl. in Fedde, Repert. Sp. Nov. 9: 329. 1911.—— *Didymocarpus sericeus* Lévl. in Compt. Rend. Assoc. France 34: 427. 1906. 本种与长瓣马铃苣苔的区别：叶两面均被淡褐色绢状长柔毛；花冠紫蓝或紫红色，上唇2裂至中上部；上雄蕊短于下雄蕊。产福建、江西、湖北、湖南、广东西北部，广西东北部及贵州，生于海拔300-1800米山坡、山谷或林下阴湿岩石上。

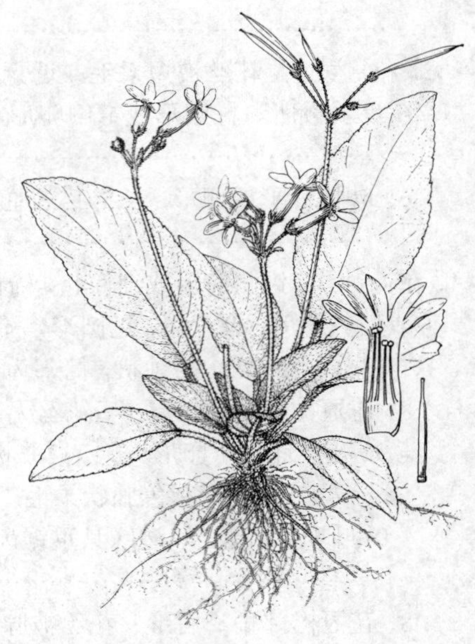
图 392 长瓣马铃苣苔（冯晋庸绘）

2. 心叶马铃苣苔　图 393：1-3

Oreocharis cordatula (Craib) Pellegr. in Bull. Sot. France 72: 873. 1925. *Perantha cordatula* Craib in Notes Roy. Bot. Gard. Edinb. 10: 214. 1918.

多年生草本。根状茎粗而短。叶长圆状披针形或长圆状卵形，长3-5厘米，边缘具不规则圆齿，上面密被贴伏柔毛，下面与叶柄均密被淡褐色绢状绵毛；叶柄长达13厘米。聚伞花序2-3次分枝，2-4条，每花序具4-10花；花序梗长达12厘米，与花梗、花冠、花萼被淡褐色腺状柔毛；苞片无。花梗长0.9-2毫米；花萼裂片披针形，长2-2.5毫米；花冠细筒状，黄色，长1.9-2.2厘米；筒部长1.4厘米，为檐部的2倍，喉部缢缩，檐部二唇形，上唇2裂至中部，裂片卵形，长4毫米，下唇3裂至中部之下，裂片长圆形，长6毫米；上雄蕊短于下雄蕊，花丝无毛；雌蕊被淡褐色腺状柔毛，长1.2厘米，子房长9毫米，花柱长约3毫米，柱头1，盘状。蒴果长2-2.2厘米。花期6-7月。

图 393：1-3. 心叶马铃苣苔 4-6 肉色马铃苣苔（吴彰桦绘）

产云南西北部及四川西南部，生于海拔2100-2700米山顶或沟谷石灰岩上。

[附] **肉色马铃苣苔** 图 393: 4-6 **Oreocharis cinnamomea** Anthony in Notes Roy. Bot. Gard. Edinb. 18: 200. 1934. 本种与心叶马铃苣苔的区别：叶上面疏被粗硬毛，有时具少量褐色长柔毛；苞片线形，长1.5-2毫米；花较小，长1-1.5厘米，雌蕊无毛。产云南西北部及四川西南部，生于岩石上。

3. 剑川马铃苣苔　图 394

Oreocharis georgei Anthony in Notes Roy. Bot. Gard. Edinb. 18: 202. 1934.

多年生草本。根状茎短而粗。窄卵形、椭圆形或窄倒卵形，长2-9厘米，宽0.8-3.5厘米，边缘具细牙齿，上面脉被黄褐色长柔毛，下面被较密

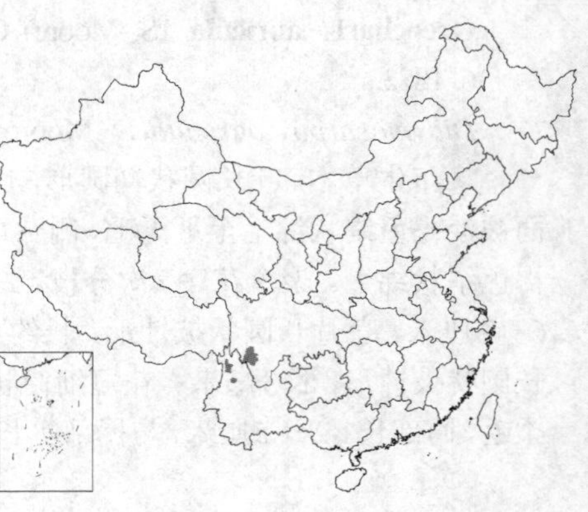

的黄褐色长柔毛，侧脉每边4-5；叶柄长1.5-5厘米，与花序梗、苞片及花萼均被黄褐色长柔毛。聚伞花序1-4条，每花序具1-3花；花序梗长5-13厘米；苞片长2毫米。花梗长0.8-1.7厘米；花萼裂片长圆形，长4毫米，全缘；花冠细筒状，黄色，长约1.6厘米，外面被短柔毛；筒部长约1厘米，径约5毫米，喉部缢缩，近基部稍膨大，檐部二唇形，上唇长约3毫米，裂片近圆形，下唇长约7毫米，裂片倒卵形；上雄蕊与下雄蕊等长，花丝近无毛；花盘5浅裂；雌蕊无毛，子房卵圆形，长约4毫米，花柱长约1毫米。蒴果长2-3厘米，无毛。花期6月。

产云南西北部及四川西南部，生于海拔3000-3354米林缘或林中岩石上。

[附] **黄马铃苣苔 Oreocharis aurea** Dunn in Kew Bull. 1908: 19. 1908. 本种与剑川马铃苣苔的区别：叶披针形或卵形，长5-15.5厘米，宽3.4-8厘米，边缘具重锯齿；花萼裂片边缘常具2-3锯齿。产云南东南部，生于海拔1850-2400米林下潮湿岩石上或附生树上。越南北部有分布。

图 394 剑川马铃苣苔（吴彰桦绘）

4. 川滇马铃苣苔 图 395

Oreocharis henryana Oliv. in Hook. Icon. Pl. 20: pl. 1944. 1890.

多年生草本。根状茎短而粗。叶披针状窄卵形，长2-6.7厘米，边缘波状或具三角状锯齿，上面被短柔毛，下面密被褐色毡毛；叶柄长1.5-7厘米，密被褐色毡毛。聚伞花序2次分枝，2-4条，每花序具6-8花；花序梗长10-18厘米，与花梗被深紫色腺状柔毛；苞片小，钻形。花梗长0.5-1厘米；花萼裂片线状披针形，长约4毫米；花冠钟状，深紫色，长约1厘米，外面近无毛；筒部长约5毫米，喉部不缢缩，檐部稍二唇形，全部裂片长圆形，长约3毫米；上雄蕊与下雄蕊等长；花盘全缘；子房长4.5毫米；花柱长约1.5毫米；柱头1，盘状。蒴果长2.5-3.3厘米，无毛。花期7-8月，果期10月。

产甘肃南部、四川及云南北部，生于海拔650-2600米山地潮湿岩石上。

图 395 川滇马铃苣苔（冯晋庸绘）

[附] **丽江马铃苣苔 Oreocharis forrestii** (Diels) Skan in Curtis's Bot. Mag. 143: t. 8719. 1917.——*Toettlera forrestii* Diels in Notes Roy. Bot. Gard. Edinb. 5: 224. 1912. 本种与川滇马铃苣苔的区别：叶卵状长圆形，边缘具重锯齿，两面被锈色长柔毛；花序梗、花梗及萼片外面被锈色长柔毛和腺状短柔毛。产云南西北部及四川西南部，生于海拔2300-3350米山坡林下岩石上。

5. 椭圆马铃苣苔 图 396

Oreocharis delavayi Franch. in Bull. Mens. Soc. Linn. Paris 1: 715. 1888.

Oreocharis elliptica Anthony; 中国高等植物图鉴 4: 123. 1975; 中国植物志 69: 159. 1990.

Oreocharis ellptica var. *parvifolia* W. T. Wang et K. Y. Pan; 中国植物志 69: 160. 1990.

多年生草本。叶椭圆形，长1.4-6厘米，边缘具粗圆齿，上面被灰白色柔毛和稀疏的锈色长柔毛，下面被短柔毛和较密的锈色长柔毛，侧脉每边4-5；叶柄长2-6.5厘米，与花序梗、苞片、花梗、萼片外面被均被苞片锈色长柔毛。聚伞花序1-10条，每花序有1-3（-4）花；花序梗长8-13厘米；苞片线状长圆形，长3-4毫米。花梗长0.7-1.5厘米；花萼线状披针形，长约4.5毫米，全缘，具3脉；花冠钟状，黄色，长1.5-1.8厘米，外面近无毛，筒部长0.6-1厘米，喉部不缢缩，檐部稍二唇形，裂片近圆形，长6-7毫米；雄蕊稍伸出花冠，上雄蕊长1.4厘米，下雄蕊 长1.2厘米，花丝被腺状短柔毛；子房长约1厘米，花柱长约3.5毫米，上部弯曲，柱头1，盘状。蒴果长约3.5厘米，无毛。花期7月，果期9月。

产云南西北部、四川西南部及西藏东南部，生于海拔2700-3200米山坡阴湿岩石上。

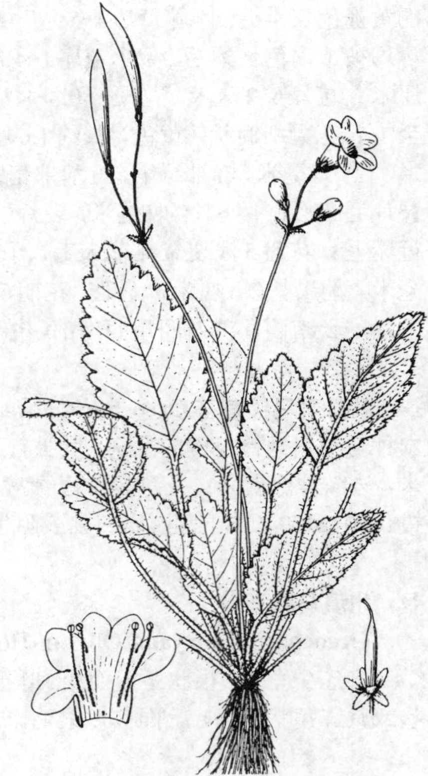

图 396 椭圆马铃苣苔 （吴彰桦绘）

6. 紫花马苓苣苔 图 397 : 6-8

Oreocharis argyreia Chun ex K. Y. Pan in Acta Phytotax. Sin. 25 (4): 283. 1987.

多年生无茎草本。叶窄椭圆形，长5.5-13厘米，近全缘，两面均被贴伏长柔毛，侧脉每边5-7；叶柄长2-7毫米，密被贴伏长柔毛。聚伞花序2-3次分枝，2-6条，每花序具5-12花；花序梗长10-20厘米，与花梗、花萼外面均被长柔毛；苞片长圆形，长约8毫米，全缘。花梗长1.5-2厘米；花萼裂片长6-8毫米，全缘；花冠钟状细筒形，蓝紫色，长2-2.3厘米，外面被长柔毛至近无毛；筒部长1.5-2厘米，檐部长约3毫米，檐部稍二唇形，全部裂片近圆形，长2-3毫米；雄蕊无毛，花丝扁平，长约1.1厘米，着生于花冠筒中部；花盘5浅裂；子房长约1厘米，花柱长约4毫米，柱头1，盘状。蒴果长3-4.5厘米，无毛。花期8月。

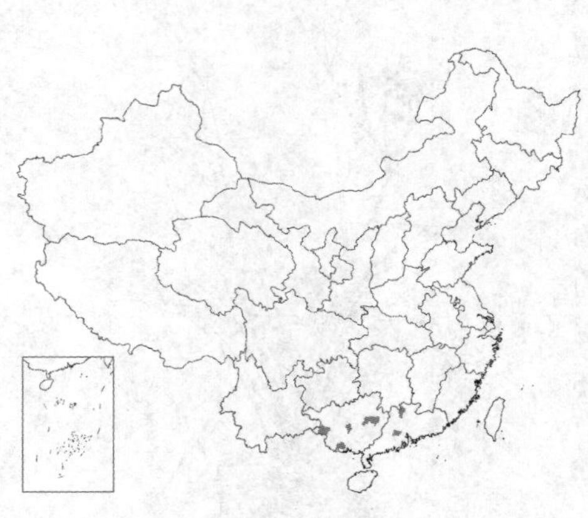

产广东及广西，生于海拔580-1100米的山坡林下岩石上。

[附] **湘桂马铃苣苔** 图 397 : 1-5 **Oreocharis xiangguiensis** W. T. Wang et K. Y. Pan in Acta Phytotax. Sin. 25 (4): 285. 1987. 本种与紫花马铃苣苔的区别：叶边缘具细圆齿，下面被短柔毛，仅脉上被锈色绢状棉毛；花序梗、苞片、花梗及花堇外面均密被褐色绢状棉毛；花冠紫红色。产湖南南部及广西东北部，生于海拔800-1400米山坡、山谷、路边的岩石上。

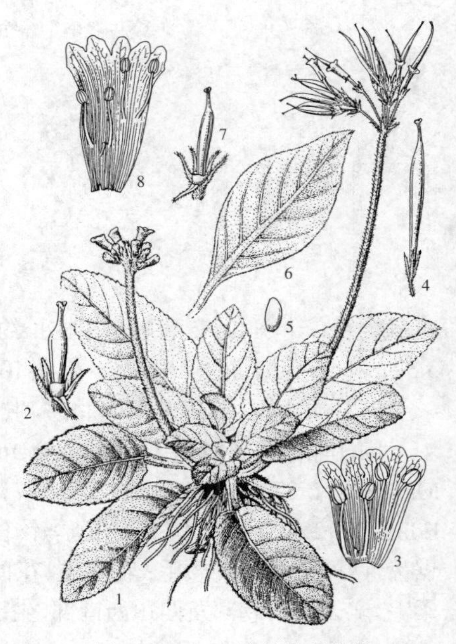

图 397：1-5. 湘桂马铃苣苔 6-8. 紫花马苓苣苔 （冀朝祯绘）

7. 大叶石上莲 图 398 :1-3

Oreocharis benthamii Clarke in DC. Monogr. Phan. 5: 64. t. 5. 1883.

多年生草本。叶椭圆形或卵状椭圆形，长6-12厘米，边缘具小锯齿

或全缘，上面密被短柔毛，下面与均密被褐色绵毛，侧脉每边6-8；叶柄长2-8厘米。聚伞花序2-3次分枝，2-4条，每花序具8-11花；花序梗长10-22厘米，与苞片、花萼均花梗具被褐色绵毛；苞片长6-8毫米。花梗长0.9-1.5厘米；花萼线状披针形，长3-4毫米；花冠细筒状，长0.8-1厘米，径约5毫米，淡紫色，外面被短柔毛；筒部长5.5-6毫米，喉部不缢缩，檐部稍二唇形，长1.5-2.5毫米，上唇裂片近圆形或圆形，长1-2毫米；雄蕊与花冠等长或2枚伸出花冠；花盘全缘；子房长约5毫米，花柱长约1.7毫米，柱头1，盘状。蒴果长2.2-3.5厘米。花期8月，果期10月。

产江西东南部及西北部、湖南西南部、广东及广西，生于海拔200-400米岩石上。

[附] **大花石上莲** 图 398：4-6 **Oreocharis maximowiczii** Clarke in DC. Monegr. Phan. 5: 63. 1883. 与大叶石上莲的区别：花较大，长2-2.5厘米，筒部直径8-9毫米；花冠檐部裂片卵状长圆形，先端锐尖，长约5毫米；雄蕊内藏。产福建及江西，生于海拔210-800米山坡、路旁或林下岩石上。

图 398：1-3.大叶石上莲 4-6. 大花石上莲（冯晋庸 吴彰桦绘）

8. 管花马铃苣苔 图 399 :1-3

Oreocharis tubicella Franch. in Bull. Mus. Nat. Hist. Paris 5: 249. 1899.

多年生无茎草本。叶卵形，长3.5-6厘米，宽2-5厘米，先端微尖，基部浅心形或圆，边缘具钝齿，两面被贴伏柔毛，侧脉每边4-5，下面脉上及叶柄密被褐色长柔毛；叶柄长1.5-5厘米。聚伞花序1-3条，每花序具1-3花；花序梗长7-10厘米，与花梗、萼片外面均被淡褐色长柔毛；苞片长约5毫米。花梗长1-1.5厘米；花萼裂片线状披针形，长约7毫米，全缘；花冠细筒状，黄色，长2-2.5厘米，外面被淡褐色柔毛，筒部长约2毫米，向基部稍膨大，檐部二唇形，上唇裂片长约1毫米，下唇裂片长圆形，长约5毫米；花丝长约1.1厘米，被长柔毛，药隔无毛；花盘5裂至近中部；子房长1.5-1.7厘米，花柱长2-3毫米，柱头1，盘状。蒴果长2.6-3厘米。花期8-9月。

产云南东北部及四川中南部，生于海拔约1300米路旁阴处岩石上。

[附] **毛药马铃苣苔** 图 399 : 4-6 **Oreocharis bodinieri** Lévl. in Bull. Geogr. Bot. 25: 40. 1915. 本种与管花马铃苣苔的区别：花冠檐部稍二唇形，上唇2裂片较长，约1.5毫米，上唇与下唇近等长，药隔背面具硬毛；叶片较大，长6-9厘米，宽4.5-6.5厘米，基部心形。产云南东北部及四川南部，生于海拔1400-1600米阴湿岩石上。

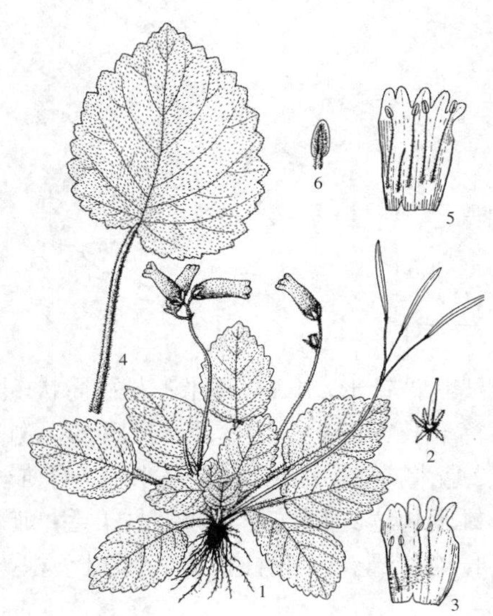

图 399：1-3. 管花马铃苣苔 4-6. 毛药马铃苣苔（吴彰桦绘）

6. 短檐苣苔属 Tremacron Craib

多年生无茎草本。根状茎短粗。叶全部基生，被长柔毛和短柔毛，边缘具圆齿或分裂状粗齿，基部楔形或心形。聚伞花序不分枝或2-3次分枝，腋生；花序梗和花梗均被柔毛和腺状柔毛，或仅具柔毛；苞片2，被短柔毛或长柔毛。花萼钟形，5裂至近基部；花冠筒状，稀细筒状，黄、白或红色，檐部二唇形，上唇极短，与筒口平截或微凹，下唇3裂，裂片半圆形，中央裂片稍长于两侧裂片；能育雄蕊4，分生，全部或仅下（前）雄蕊伸出花冠外，着生花冠近基部，花丝扁平，被细柔毛，花药卵圆形，基部稍叉开；2药室平行纵裂，顶端汇合；退化雄蕊1，位于上（后）方中央近基部；花盘环状，边缘5浅裂；雌蕊无毛或被细柔毛，或腺状柔毛，花柱短，为子房的1/2，柱头2，极短。蒴果长圆状披针形，顶端具短尖头。种子小，多数，两端无附属物。

我国特有属，7种，多数种分布区狭窄。

短檐苣苔 图 400

Tremacron forrestii Craib in Notes Roy. Bot. Gard. Edinb. 10: 217. 1916.

多年生草本。根状茎短粗。叶窄椭圆形或窄菱状椭圆形，长3-7（-14）厘米，先端钝，基部楔形，边缘具重牙齿，上面被较密的白色贴伏短柔毛和稀疏锈色长柔毛，下面脉上及叶柄均被锈色长柔毛；叶柄长1-3（-5）厘米。聚伞花序2次分枝，3条，每花序具10余花；花序梗长10-20厘米，与花梗均被锈色长柔毛和腺状短柔毛；苞片长圆形或线状披针形，长5-6毫米。花梗长1-1.2厘米；花萼卵状披针形或线状披针形，长3-4毫米；花冠筒状，长0.5-1.2厘米，黄色，外面近无毛；筒部长7-9毫米，上唇长约1毫米，微凹，下唇裂片半圆形，中央裂片长约2毫米，侧裂片长约1.2毫米。能育雄蕊伸出花冠，上雄蕊长约4毫米，下雄蕊长达2厘米，花丝两侧具柔毛；雌蕊与花冠近等长，子房线状长圆形，长约3.5毫米，花柱长约1.5毫米，柱头2。蒴果长约3.5厘米，无毛。花期8月。

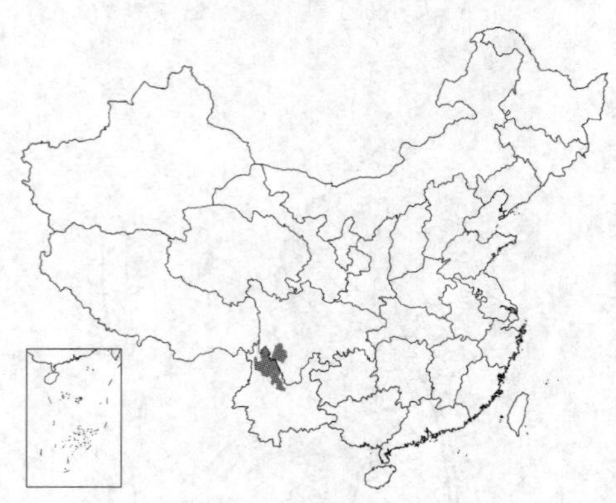

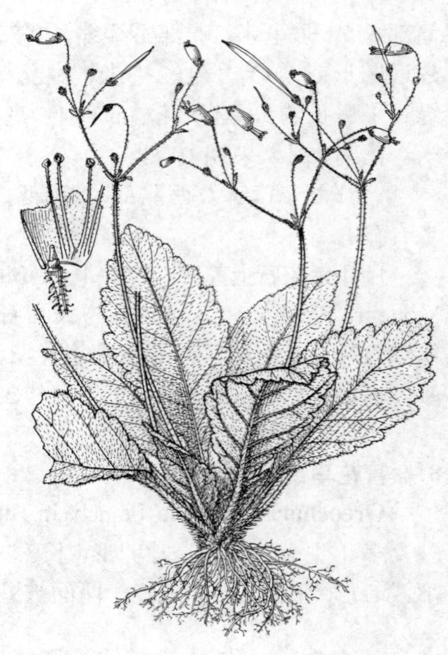

图 400 短檐苣苔（冯晋庸绘）

产云南西北部及四川西南部，生于海拔约2500米林下岩石上。

7. 金盏苣苔属 Isometrum Craib

多年生无茎草本，根状茎短粗。叶基生，似莲座状，具柄；叶片不裂或羽状浅裂。聚伞花序腋生，不分枝或2-3次分枝；苞片2（3）。花萼钟状，5裂至基部，裂片相等，长于或短于雌蕊；花冠钟状或细筒状，稀高脚碟状，淡紫、紫红或蓝紫色，筒部与檐部等长或为檐部的2-4倍，檐部稍二唇形，上唇2裂至近中部，稀裂至中下部，长于或近等于下唇，下唇3裂，内面无毛或散生短柔毛；能育雄蕊4，内藏，着生花冠筒基部之上至近中部，上（后）雄蕊位于花冠筒上方两侧，下（前）雄蕊位于花冠筒下方，花丝顶端与花药稍成直角弯曲，花药顶端成对连着，稀分生。纵裂，药室顶端不汇合，稀汇合，基部稍叉开；退化雄蕊1，位于上（后）方中央；花盘环状，边缘不整齐5浅裂，稀近全缘；雌蕊无毛，稀被短柔毛或腺状短柔毛，子房窄长圆形，花柱比子房短或近等长，柱头2。蒴果线状长圆形、披针形或倒披针形。种子多数，卵圆形，两端无附属物。

我国特有属，约1千种，多数种分布狭窄。

1. 花冠钟形，檐部为冠筒长度约1/3；叶披针状卵形，上面成泡状隆起，近无毛，下面沿脉密被褐色长柔毛；花梗长6-9厘米 …… 1. **短檐金盏花 I. glandulosum**
1. 花冠细筒形，檐部为筒部长度的2-4倍。
   2. 叶不分裂，菱状卵形、倒椭卵形或椭圆形，长1.5-3厘米，边缘具细筒；花冠紫或紫红色，外面疏被腺毛 …… 2. **金盏苣苔 I. farreri**
   2. 叶羽状浅裂。
      3. 叶长圆形，长1.5-5厘米，宽0.8-1.5厘米，上面不成泡状；花序梗长4-6厘米；花萼长2.5-3毫米；花冠蓝紫色，檐部上唇长5毫米，下唇长4毫米 …… 3. **裂叶金盏苣苔 I. pinnatilobartum**
      3. 叶基状窄椭圆形，长5-9.5厘米，宽2.7-5.5厘米，上面成泡状；花序梗长8-20厘米；萼片长4-5毫米；花冠蓝紫色，檐部上唇长5毫米，下唇长4毫米 …… 3(附). **羽裂金盏苣苔 I. primuliflorum**

1. 短檐金盏苣苔 图 401 : 4-5

Isometrum glandulosum (Batalin) Craib in Notes Roy. Bot. Gard. Edinb. 11: 267. 1919.

Didissandra glandulosa Batalin in Acta Hort. Petrop. 12: 175. 1892.

多年生草本。叶披针状卵形，长1.5-3.5厘米，边缘具圆齿，上面成泡状隆起，近无毛，下面或蜂窝状，沿叶脉密被褐色柔毛，侧脉每边5-6；叶柄长1-1.5厘米。聚伞花序2次分枝，3-5条，每花序具3-6花；花序梗长6-9厘米，和花梗被褐色长柔毛和腺状短柔毛；苞片线状披针形，长5毫米，被锈色长柔毛。花梗长0.4-1.4厘米；花萼裂片披针形，长3.5毫米，外被褐色长柔毛；花冠钟形，紫红或淡紫色，长1-1.5厘米，筒部长0.8-1厘米，檐部短，长为筒部的1/3，上唇长约4毫米，下唇长约2.5毫米；上雄蕊长7毫米，下雄蕊长5毫米；雌蕊短于花萼，花柱短于子房。蒴果线状长圆形，长2.5-3厘米，无毛。花期7-8月。

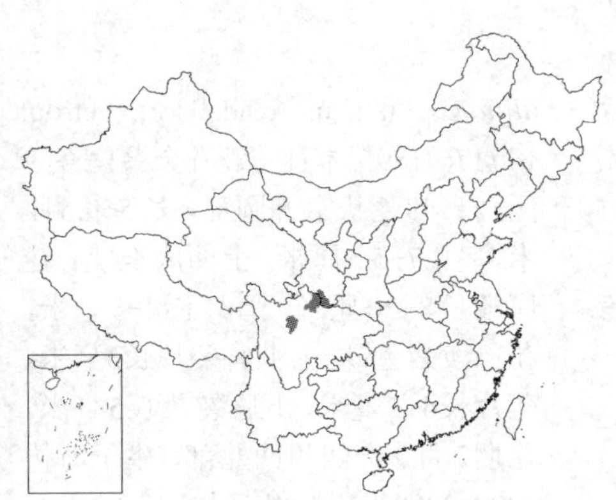

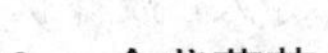

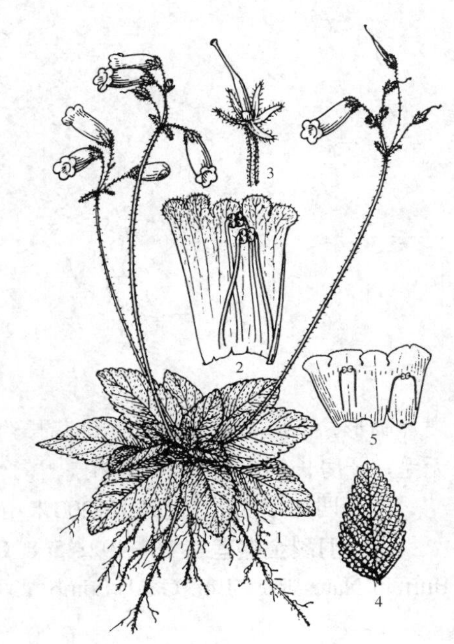

图 401 : 1-3. 金盏苣苔 4-5. 短檐金盏苣苔 （冯晋庸绘）

产甘肃南部、四川北部及西北部，生于海拔800-1100米山坡路旁。

2. 金盏苣苔 图 401 : 1-3

Isometrum farreri Craib in Notes Roy. Bot. Grad. Edinb. 11: 250. 1919.

多年生草本。叶菱状卵形、倒卵形或椭圆形，长1.5-3厘米，宽1-1.3厘米，先端圆形，边缘具细圆齿，除下面脉上被锈色长柔毛外，两面均被灰白色短柔毛，侧脉每边4-5；叶柄长约1厘米，被锈色长柔毛。聚伞花序2次分枝，2-4条，每花序具5-7花；花序梗长8-17厘米，与苞片、花梗、萼片外面均被锈色长柔毛；苞片长圆形，长约5毫米，全缘。小苞片长约2毫米；花梗长1-2.5厘米；花萼裂片长圆形，长2.5-3.5毫米；花冠钟状

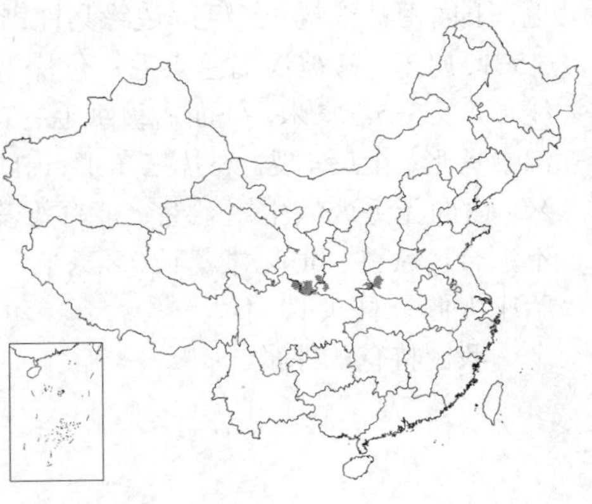

筒形，紫或紫红色，长约1.2厘米，外面疏生腺毛，筒部长约9毫米，为檐部的3-4倍，上唇长3毫米，裂片长0.6毫米，下唇长1毫米，裂片长1毫米；上雄蕊长8毫米，下雄蕊长8.5毫米；子房长4毫米，花柱稍短于子房，柱头圆形。蒴果披针形，长2.-2.5厘米，无毛。花期8月。

产河南西部、陕西南部、甘肃南部及四川北部，生于海拔约800米山地岩石上。

3. 裂叶金盏苣苔 图 402：1-4

Isometrum pinnatilobatum K. Y. Pan in Acta Bot. Yunnan. 8 (1): 34. pl. 2. 1-4. 1986.

多年生草本。叶长圆形，长1.5-5厘米，宽0.8-1.5厘米，边缘羽状浅裂，裂片长5-7毫米，宽3-3.5毫米，上面被灰白色柔毛，下面被淡褐色柔毛；叶柄长1.5-3.5厘米，被淡褐色长柔毛。聚伞花序2次分枝，4-8条，每花序具4-6花；花序梗长4-6厘米，与花梗被褐色长柔毛和腺状短柔毛；苞片线形，长1.8-2毫米，被褐色长柔毛。花梗长0.8-1.2厘米；花萼裂片披针形，长2.5-3毫米，外面被短柔毛；花冠细筒状，蓝紫色，长1.2-1.4厘米，外面疏生短柔毛；冠筒长约8毫米，约为檐部的2倍，上唇长5毫米，裂片圆形，下唇长4毫米；上雄蕊长约3毫米，下雄蕊长2.5毫米；雌蕊无毛，子房长约3毫米，花柱稍短于子房，柱头2。花期5月。

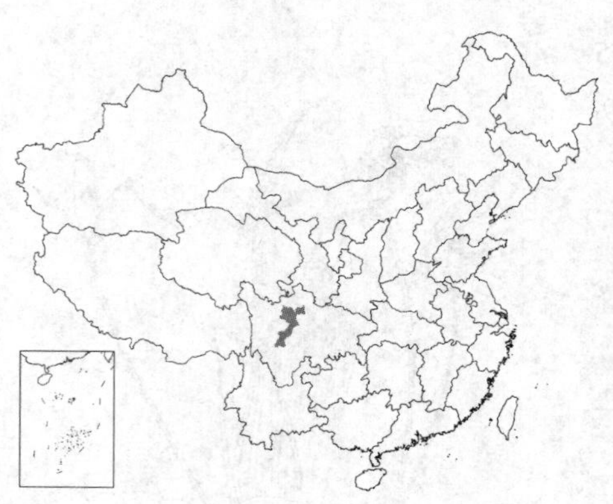

产于四川，生于海拔500-1200米山坡路旁岩壁上。

[附] **羽裂金盏苣苔** 图 402：5-8 **Isometrum primuliflorum** (Batal.) Burtt in Nates Roy. Bot. Gard. Edinb. 23 (2): 93. 1960.——*Didissandra primuliflora* Batal. in Acad. Hort. Petrop. 14: 176. 1895. 本种与裂叶金盏苣苔的区别：叶菱状窄椭圆形，长5-9.5厘米，宽2.7-5.5厘米，上面成泡状；花序梗长8-20厘米，萼片长4-5毫米，花冠淡紫色，檐部上唇裂片长3毫米，苞片长4-5毫米，下唇裂片长5毫米。花期7月。产四川西北部，生于海拔2000-2800米阴湿岩石上。

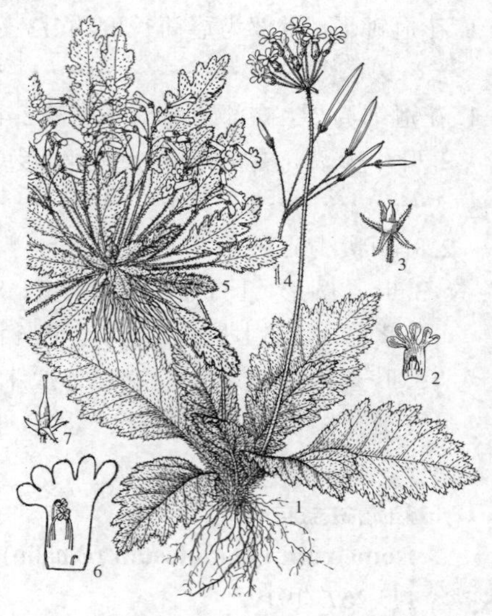

图 402：1-4. 裂叶金盏苣苔 5-8. 羽裂金盏苣苔（冯晋庸绘）

8. 弥勒苣苔属 Paraisometrum W. T. Wang

多年生无茎草本；根状茎极短。叶全部基生，椭圆形或长圆状椭圆形，长2-4.8厘米，上面密被贴伏状白色柔毛，下面密被淡褐色绵毛，边缘具钝锯齿，先端钝圆形，基部楔形或宽楔形。聚伞花序腋生，具少数花，花序梗长6.5-12厘米，密被淡褐色柔毛；苞片2，对生，披针状线形，长0.7-1厘米。花萼5裂至基部，裂片近等大，披针状线形，长3-5.3毫米，外面密被绒毛；花冠紫色，两侧对称，长1.6-1.8厘米，筒部漏斗状筒形，长1.3-1.4厘米，檐部二唇形，上唇4裂，裂片三角形，中央2枚长约1.2毫米，侧面2枚长约1.6毫米，下唇不裂，椭圆形，长约2.2毫米，内面无毛或散生短柔毛；能育雄蕊4，着生花冠筒中上部，长约6毫米，无毛花药成对连着，药室平行，顶端不汇合，纵裂；退化雄蕊长0.8毫米；花盘环状；雌蕊长约1厘米，无毛；子房线形，长约9毫米，1室，2侧膜胎座内伸；柱头1，不裂。

我国特有单种属。

弥勒苣苔　图 403

Paraisometrum mileen W. T. Wang in Novon 7(4): 434. f. 2. 1997.

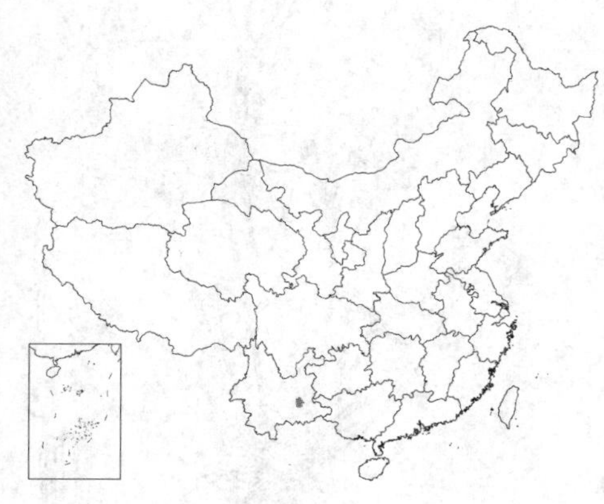

形态特征与属同。花期5月。产云南东南部弥勒县。

图 403 弥勒苣苔（引自《Novon》）

9. 直瓣苣苔属 Ancylostemon Craib

多年生草本，无地上茎。根状茎短而粗。叶均基生，有柄或无柄。聚伞花序1-2次分枝，腋生；苞片2，对生。花萼钟状，5裂达近基部至中上部，裂片相等，近全缘或具2-4小齿；花冠筒状，橙黄或黄白色，稀粉红色，筒部向下渐窄，下方稍膨大，檐部二唇形或稍二唇形，上唇短于下唇，2浅裂，微凹，稀不裂，下唇3深裂，裂片等长或中裂片远长于两侧裂片，稀5裂近相等；能育雄蕊4，着生花冠筒中部或中上部，稀中下部着生，花丝无毛，稀下部具柔毛，顶端与花药略成直角弯曲，弯曲处稍膨大，花药卵圆形，顶端成对连着，药室2，基部稀叉开，顶端不汇合；退化雄蕊位于上（后）方中央基部之上；花盘环状，不裂或5浅裂；雌蕊无毛，稀被短柔毛，子房比花柱长，柱头2。蒴果顶端具小尖头。种子多数，两端无附属物。

我国特有属，约12种，多数种分布狭窄。

1. 花黄白色，长1.1-1.5厘米；下雄蕊伸出花冠；花萼5裂至基部；雌蕊无毛；植株矮小 …… 1. 矮直瓣苣苔 **A. humilis**

1. 花橙黄或粉红色，长2.8-3.5厘米；全部雄蕊内藏；花萼裂至中部或中上部；雌蕊密被短柔毛；植株较高大 …… 2. 直瓣苣苔 **A. saxatilis**

1. 矮直瓣苣苔　图 404

Ancylostemon humilis W. T. Wang in Acta Phytotax. Sin. 13(3): 100. 1975.

多年生小草本。叶椭圆状卵形或椭圆形，长1.1-2.5厘米，0.7-1.5厘米，上面被锈色长柔毛至近无毛，略成泡状，下面近无毛，侧脉每边3-5，与叶柄均密被锈色长柔毛；叶柄长1.8-5厘米，聚伞花序1-4条，每花序具1-4花；花序梗长3-6厘米，与苞片花梗均被锈色长柔毛；苞片长2-4毫米；花梗长

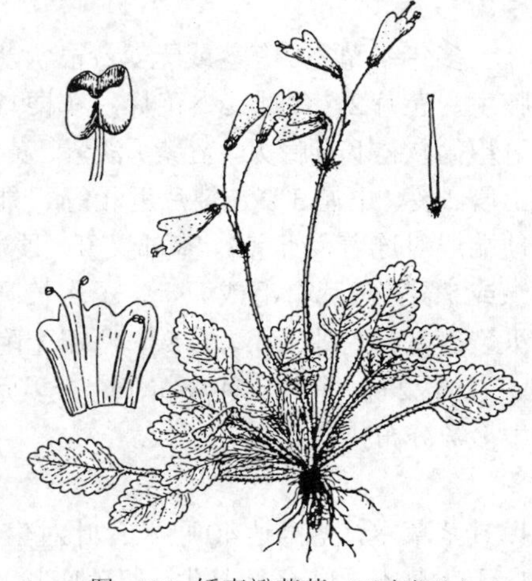

图 404 矮直瓣苣苔（吴彰桦绘）

1-2厘米。花萼5裂至基部，裂片长圆形，长约2毫米，外面被疏柔毛，全缘；花冠筒状，淡黄白色，长1.1-1.5厘米，外面被极短的柔毛，筒长1-1.2厘米，檐部二唇形，上唇长约2毫米，裂片顶端胼胝状加厚，下唇中央裂片远长于两侧裂片，上雄蕊长9毫米，内藏，下雄蕊长9毫米，伸出花冠。花盘近全缘。长6-8毫米，花柱长2-2.5毫米，柱头不膨大。蒴果长2-3.5厘米，无毛。花期7月。

产湖北西部及四川东部，生于海拔约2100米林中石上及潮湿的石灰岩上。

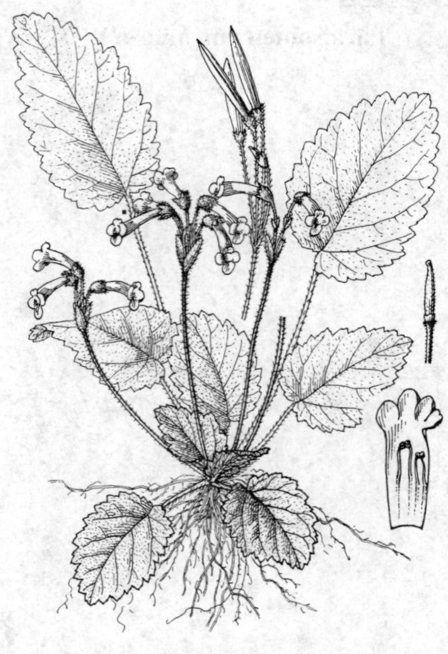

图 405 直瓣苣苔（冯晋庸绘）

2. 直瓣苣苔 图 405

Ancylostemon saxatilis (Hemsl.) Craib in Notes Roy. Bot. Gard. Edinb. 11: 266. 1919.

Didissandra saxatilis Hemsl. in Journ. Linn. Soc. Boc. Bot. 26: 227. 1890.

根状茎直立。叶卵形或宽卵形，长2.5-9厘米，边缘具圆齿，稀为牙齿，上面被较密的白色短柔毛和锈色疏长柔毛，下面被白色短柔毛，沿主脉和侧脉被锈色长柔毛；叶柄长达7厘米，被较密的锈色长柔毛。聚伞花序1-5条，每花序具1-4花；花序梗长7-11厘米，与花梗被褐色长柔毛和淡褐色短柔毛；苞片长3-6毫米。花梗长1.5-2厘米；花萼长4-6毫米，5裂至中部或中上部，稀裂至基上部，裂片近相等，长2-3毫米，边缘常具2至3齿；花冠筒状，黄色，长2.7-3.5厘米，向基部渐窄，外面被短柔毛，筒部长2.3-2.9厘米，檐部二唇形，上唇约1毫米，微凹，下唇3深裂，中央裂片远长于两侧裂片，长4-8毫米；长1-8毫米；花盘5浅裂；雌蕊被白色短柔毛，长2.3厘米，柱头膨大。蒴果长2-7厘米，花期6-7月。

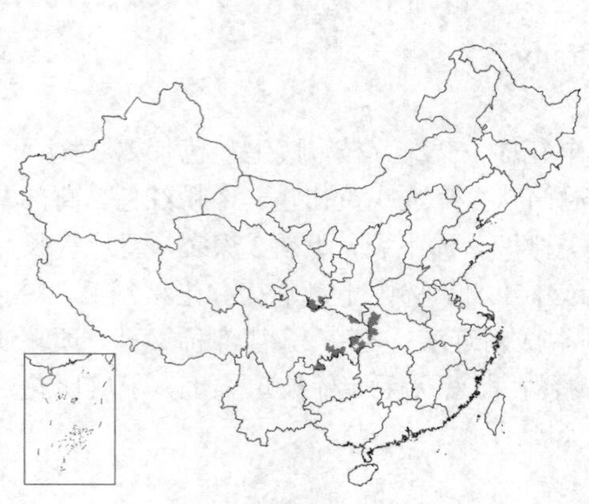

产湖北西部及西南部、贵州西北部、四川东南部及东北部、甘肃南部，生于海拔1650-2100米阴湿岩石上及林下石上。

10. 粗筒苣苔属 Briggsia Craib

多年生草本。有茎或无茎；根状茎短而粗。叶对生或全部基生，似莲座状，有柄或无柄。聚伞花序1-2次分枝，腋生；苞片2，有时具小苞片；花梗具柔毛或腺状柔毛。花萼钟状，5裂至近基部，稀裂至中部，裂片近相等。花冠粗筒状，下方膨大，蓝紫、淡紫、黄或白色，无斑纹或有紫或紫红色斑纹；筒长为檐部的2-3倍；檐部二唇形，上唇2裂，下唇3裂，裂片近相等；能育雄蕊4，2强，内藏，花丝扁平，着生花冠筒基部，稀近中部着生，花药顶端成对连着，药室2，基部叉开，顶端不汇合或汇合；退化雄蕊1或不存在，位于上（后）方中央。花盘环状，全缘或5裂。雌蕊有毛或无毛，子房长圆形或线形，比花柱长或近等长，1室，有2侧膜胎座，柱头2，相等。蒴果，纵裂达基部。种子小，多数，两端无附属物。

约22种，其中1种分布于锡金，另有3种为我国与缅甸、不丹、印度、越南所共有，其余18种为我国特有，其中多数分布狭窄。

1. 具茎草本，茎高达40厘米；叶对生，常4枚聚集于茎顶端 ………………………………… 1. 粗筒苣苔 **B. amabilis**
1. 无茎草本；叶全部基生，似莲座状。

2. 叶两面无毛。
  3. 叶窄倒卵形、倒卵形或椭圆形，边缘波状牙齿或小牙齿；花冠内面具淡褐色斑纹 …… 2. 革叶粗筒苣苔 **B. mihieri**
  3. 叶椭圆形、披针状椭圆形或近圆形，全缘；花冠内面无斑纹 ……………………… 2(附). 盾叶粗筒苣苔 **B. longipes**
2. 叶两面被柔毛或绵毛。
  4. 雌蕊无毛或仅花柱被微柔毛。
    5. 花冠橙黄色，内面具紫红色斑纹，花丝及花柱均无毛；叶两面被白色短柔毛，下面沿叶脉及叶柄被锈色长柔毛 ……………………………………………………………………………… 3. 藓丛粗筒苣苔 **B. muscicola**
    5. 花冠紫红色，内面具紫色斑点，花丝及花柱被微柔毛；叶两面被贴伏短柔毛，下面脉上及叶柄密被锈色绵毛 …………………………………………………………………………………………………… 4. 浙皖粗筒苣苔 **B. chienii**
  4. 雌蕊被腺状柔毛。
    6. 花冠上唇2裂至中部，裂片宽三角形，长约5毫米，内面下唇一侧具2条黄褐色斑纹 …… 5. 鄂西粗筒苣苔 **B. speciosa**
    6. 花冠上唇2浅裂，裂片半圆形，长约2毫米，内面具深红或紫红色斑纹 ……… 6. 川鄂粗筒苣苔 **B. rosthornii**

1. 粗筒苣苔 图 406

Briggsia amabilis (Diels) Craib in Notes Roy. Bot. Gard. Edinb. 11: 263. 1919.

Didissandra amabilis Diels in Notes Roy Bot. Gard. Edinb. 5: 224. 1912.

Briggsia kurzii (Clarke) W. E. Evans, Fl. China 18: 274. 1998.

多年生具茎草本。茎高达40厘米，具纵棱，疏生白色短柔毛。叶对生，集聚茎顶端，多为4枚，倒卵形或窄卵形，长4-14厘米，边缘或中部以上有牙齿或锯齿，侧脉每边6-7；叶柄长达3厘米，疏生白色短柔毛。聚伞花序生顶端叶腋；花序梗和花梗均被白色柔毛，具1-2花；苞片长2-4毫米。花梗长1-1.3厘米；花萼裂片线状披针形，长1-1.8厘米，外面疏生白色贴伏柔毛，全缘，稀上部具2-3小齿；花冠长3.8-4.2厘米，黄色，稀白色，外面近无毛，筒部长2.8-3厘米，上唇裂片相等，长约5毫米；下唇内面具紫色斑点，中央裂片长0.9-1厘米，侧裂片长2.8-3毫米；上雄蕊长2.5厘米，下雄蕊长3厘米，花丝无毛，药室顶端不汇合；花盘近全缘；子房长约1厘米，密被柔毛，花柱被短柔毛。蒴果长线形，长3.5-4厘米，被淡黄色疏柔毛。花期7-8月。

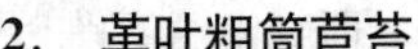

产云南西北部及近中部、贵州东北部及四川西南部，生于海拔1800-3500米山地林中草坡、石上或附生树上。

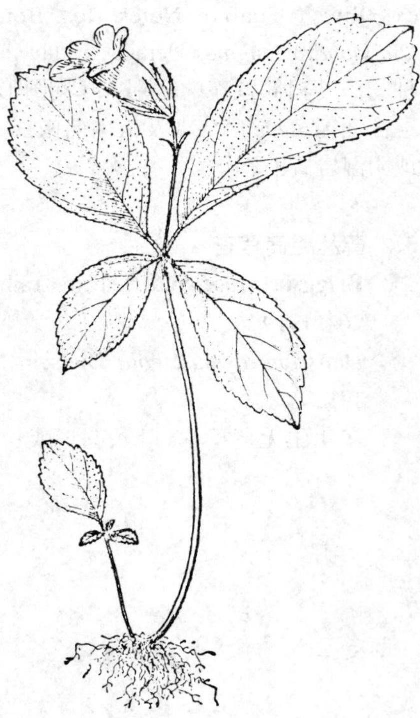

图 406 粗筒苣苔（引自《图鉴》）

2. 革叶粗筒苣苔 图 407:1-3 彩片 73

Briggsia mihieri (Franch.) Craib in Notes Roy Bot. Gard. Edinb. 11: 262. 1919.

Didissandra mihieri Franch. in Bull. Soc. Linn. Paris 1: 450. 1885.

多年生草本。叶窄倒卵形、倒卵形或椭圆形，长1-10厘米，边缘具

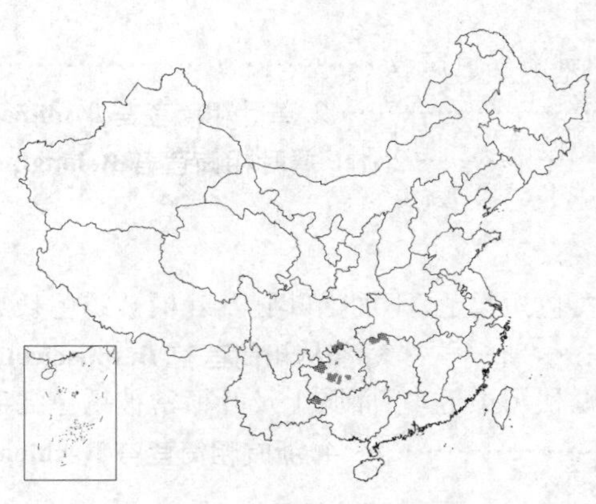

波状牙齿或小牙齿，两面无毛；叶长2-9厘米。聚伞花序1-6条，每花序具1-4花；花序梗长8-17厘米，苞片长1-2毫米。花梗细，长2-3厘米；花萼裂片长圆状窄披针形，长4-6毫米，全缘，具3脉；花冠蓝紫或淡紫色，长3.2-5厘米，内面具淡褐色斑纹，筒部长2.1-4厘米，上唇长8毫米，裂片半圆形，下唇长1.4厘米，3浅裂，裂片近圆形；上雄蕊长约1.6厘米，下雄蕊长约1.7厘米，花丝疏被腺状短柔毛，药室顶端不汇合；花盘边缘波状；雌蕊被短柔毛，子房长1.2-1.4厘米，花柱长1.5-2毫米。蒴果披针形，长3.4-7厘米，近无毛。花期10月，果期11月。

产广西西北部、贵州、四川东南部及湖南北部，生于海拔650-1710米阴湿岩石上，

[附] **盾叶粗筒苣苔** 图 407：4-6 彩片 74 **Briggsia longipes** (Hemsl. ex Oliv.) Craib in Notes Roy Bot. Gard. Edinb. 11: 262. 1919. —— *Didissandra longipes* Hemsl. ex Oliv. in Hook. Icon. Pl. 4: pl. 2379. 1975. 本种与革叶粗筒苣苔的区别：叶椭圆形、披针状椭圆形或近圆形，全缘；花冠内面无斑纹。产广西及云南西南部，生于海拔1000-1800米的林下石缝中或阴湿岩石上。

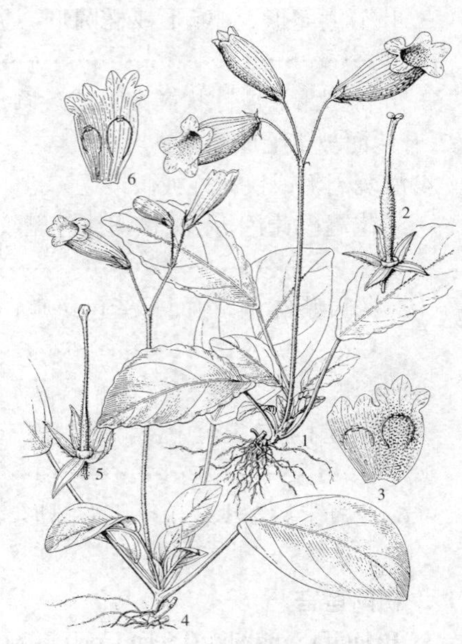

图 407：1-3. 革叶粗筒苣苔 4-6. 盾叶粗筒苣苔 （冀朝祯绘）

3. 蘚丛粗筒苣苔 图 408

Briggsia muscicola (Diels) Craib in Notes Roy. Bot. Gard. Edinb. 11: 264. 1919.

Didissandra muscicola Diels in Notes Roy. Bot. Gard. Edinb. 5: 225. 1912.

多年生无茎草本。叶长圆形或长圆状窄披针形，长6-16厘米，边缘具锯齿两面密被白色贴伏短柔毛，下面沿叶脉被锈色长柔毛；叶柄长1.5-5.5厘米，密被锈色长柔毛。聚伞花序1-4条，每花序具（2-）3-4（-7）花；花序梗长8-21厘米，被锈色长柔毛和腺状柔毛；苞片长圆状披针形，长达1厘米，外面生锈色长柔毛。花萼长5-8毫米，裂片长圆形，长4-5毫米，外面疏生白色短柔毛和锈色长柔毛；花冠橙黄色，长1.7-3厘米，外面被短柔毛，内面具紫红色斑纹；筒长1.4-1.8厘米，上唇长4毫米，2浅裂，裂片半圆形，下唇长7毫米，3裂，裂片长圆形；上雄蕊长1厘米，下雄蕊长1.2厘米，花无毛，药室顶端汇合；雌蕊无毛，子房长7毫米，花柱长约2毫米。蒴果倒披针形，长4-6.5厘米。花期7月，果期9月。

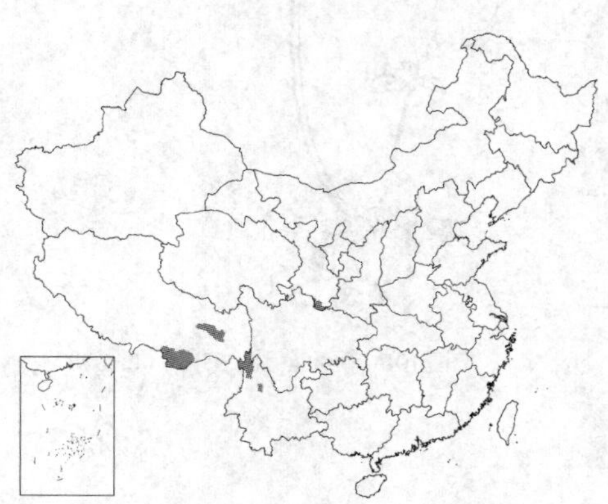

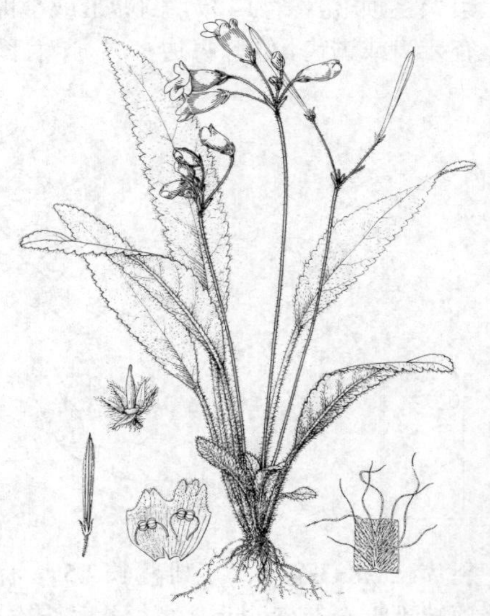

图 408 蘚丛粗筒苣苔 （冯晋庸绘）

产云南西北部、西藏东南部及东部、甘肃南部。生于海拔2400-3500米林中岩石上或树干上。缅甸、不丹及印度北部有分布。

4. 浙皖粗筒苣苔 图 409

Briggsia chienii Chun in Sunyatsenia 6: 300. 1946.

多年生草本。叶椭圆状长圆形或窄椭圆形，长4-10厘米，边缘有锯齿，上面密被灰白色贴伏短柔毛，下面沿叶脉密被锈色绵毛，其余部分疏生灰白色贴伏短柔毛；叶柄长1.2-4厘米，被锈色绵毛。聚伞花序1-2(-3)条，每花序具1-5花；花序梗长11-17厘米，疏生锈色绵毛；苞片窄倒卵形或线状披针形，长0.8-1厘米，近先端具2-3齿或近全缘。萼长0.8-1厘米，裂片卵状长圆形，宽3-4毫米，具3-4齿或近全缘，外面密被锈色绵毛；花冠紫红色，长3.5-4.2厘米，外面疏生短柔毛，内面具紫色斑点，筒部长2.8-3厘米，上唇2深裂，裂片圆形，长约5毫米，下唇3裂至中部，裂片长圆形，长7毫米；上雄蕊长约1.6厘米，下雄蕊长1.2厘米，花丝被微柔毛至近无毛，药室顶端不汇合；子房长约9毫米，花柱长约2毫米，被微柔毛，蒴果倒披针形，长5.5-6厘米，无毛，顶端具短尖。花期9月，果期10月。

图 409 浙皖粗筒苣苔 (冯晋庸绘)

产安徽南部、浙江及江西东北部，生于海拔500-1000米潮湿岩石上及草丛中。

5. 鄂西粗筒苣苔 图 410

Briggsia speciosa (Hemsl.) Craib in Notes Roy Bot. Gard. Edinb. 11: 264. 1919.

Didissandra speciosa Hemsl. in Journ. Linn. Soc. Bot. 26: 228. 1890.

多年生无茎草本。叶长圆状长圆形或椭圆状窄长圆形，长3-8厘米，边缘具锯齿和钝齿，两面被白色贴伏短柔毛，叶柄长4.5-12厘米，密被白色柔毛。聚伞花序，1-6条，每花序具1-2花；花序梗长9-16厘米，被褐色长柔毛；苞片长圆形或卵状披针形，长3-7毫米，被白色短柔毛，全缘；花萼裂片卵形卵状长圆形，长4-6毫米，外面被褐色柔毛；花冠紫红色，长3.8-5.3厘米，外面疏生短柔毛，内面下唇一侧具两条黄褐色斑纹，有时有紫色斑点，筒部长3.6厘米，上唇长9毫米，裂片宽三角形，下唇长1.2-1.7厘米，裂片长圆形，上雄蕊长约2.4厘米，下雄蕊长3厘米，花丝疏被腺状柔毛，药室顶端不汇合；雌蕊疏被腺状短柔毛，子房长约2厘米，花柱长约3毫米，蒴果线状披针形，长6-6.8厘米。花期6-7月。

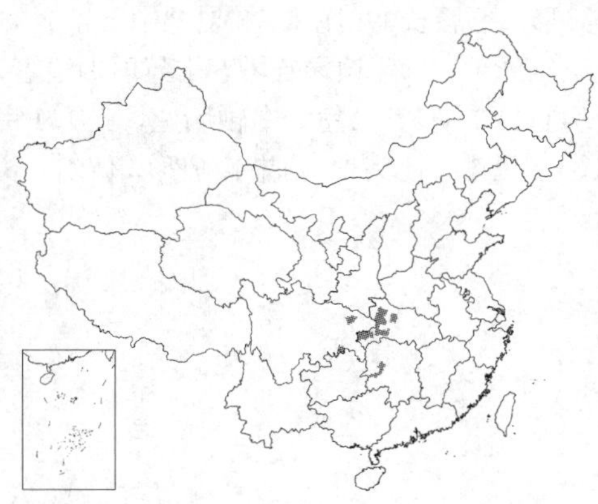

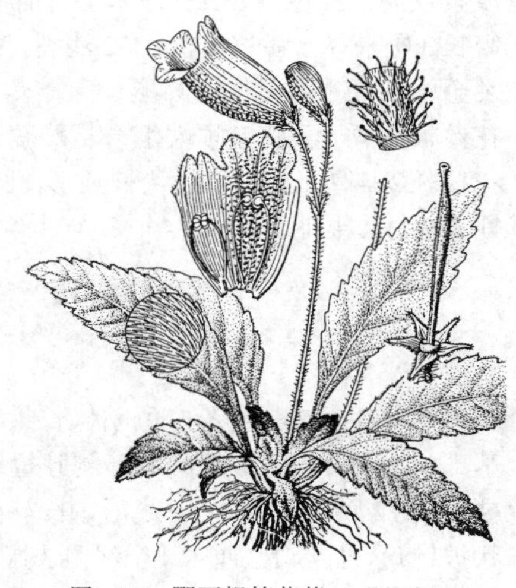

图 410 鄂西粗筒苣苔 (冀朝祯绘)

产湖北西部、湖南中西部及四川东部，生于海拔300-1600米山坡阴湿岩石上。

6. 川鄂粗筒苣苔 图 411

Briggsia rosthornii (Diels) Burtt in Notes Roy. Bot. Gard. Edinb. 22: 306. 1958.

Didissandra rosthornii Diels in Engl. Bot. Jahrb. 29: 574. 1901.

多年生无茎草本。叶卵圆形或椭圆形，长2-13厘米，边缘具粗圆齿，上面除叶脉外，被白色短柔毛，稀脉上被疏短柔毛，下面除被短柔毛外，沿叶脉有锈色长柔毛；叶柄长达8厘米，密被锈色长柔毛。聚伞花序1-5条，每花序具1-4花；花序梗长10-20厘米，被锈色长柔毛；苞片长2-4毫米，外面被锈色长柔毛，花梗长1.5-3.5厘米，被锈色长柔毛和腺状柔毛；花萼裂片披针状长圆形或倒卵形，长3-7毫米，外面被锈色长柔毛，具3-5脉；花冠淡紫或淡紫红色，长3.2-5厘米，外面被短柔毛，内面有深红或紫红色斑纹；筒长3厘米，上唇长6毫米，2浅裂，裂片半圆形，下唇长1.1-1.3厘米，3裂至中部之下，裂片长圆形；上雄蕊长1-1.5厘米，下雄蕊长1.4-2厘米，花丝被短柔毛，药室顶端汇合；雌蕊疏被腺状柔毛，子房长0.9-1.2厘米，花柱长2-4毫米。蒴果线状长圆形，长5-6.5厘米，被疏柔毛或近无毛。花期8-9月。果期10月。

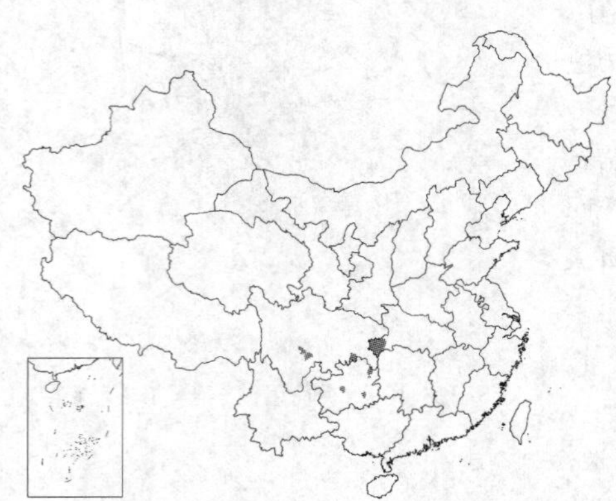

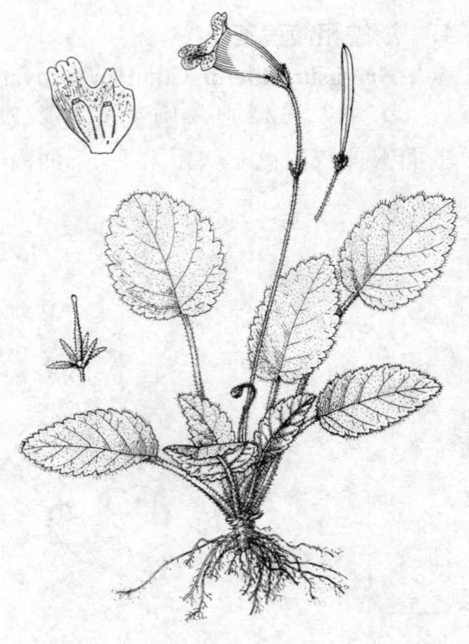

图 411 川鄂粗筒苣苔 （冯晋庸绘）

产湖北西南部、贵州、四川东南部及中南部，生于海拔1000-2000米林下潮湿岩石上。

11. 筒花苣苔属 Briggsiopsis K. Y. Pan

多年生草本。被灰白色贴伏长柔毛。无茎或具短茎。叶基生或集生短茎近顶端，卵形或近圆形，长4-12厘米，基部浅心形，全缘或微波状，侧脉每边4-5；叶柄长2.5-14厘米。聚伞花序腋生。1-3条，每花序具1-3花；花序梗长6-12厘米，苞片2，线形，长4-6毫米。花梗红色，长1-1.2厘米；花萼钟状，5裂至基部，裂片近相等，线状披针形，长约1.3厘米，全缘具3脉。花冠筒状漏斗形，下方稍膨大，白色，长4-4.5厘米，具紫色条纹；筒部较粗，长2.5-3厘米，檐部二唇形，上唇长约7毫米，2裂至中部，裂片圆卵形，下唇长1.1厘米，3裂至中下部；雄蕊4，着生于花冠筒基部之上，上雄蕊长约1厘米，下雄蕊长约1.3厘米，花丝无毛，花药顶端连着，花药顶端连着，药室2，顶端不汇合；花盘环状，5深裂；雌蕊无毛，长约2.3厘米，子房长约7毫米，2室，中轴胎座，上方1室发育，裂片反曲，具多数胚珠，下方1室退化成空腔或完全退化，花柱长1.5厘米，柱头2。蒴果长圆形，偏斜，长约1.2厘米，无毛，纵裂至基部之上，果皮薄。

我国特有单种属。

筒花苣苔 图 412

Briggsiopsis delavayi (Franch.) K. Y. Pan in Acta Phytotax. Sin. 23 (3): 217. f. 1. 1985.

Didissandra delavayi Franch. in Bull. Mus. Hist. 5: 250. 1899.

形态特征与属同。花期8月。

产云南东北部、贵州北部及四川南部，生于海拔250-1500米山地山坡阴湿岩石上。

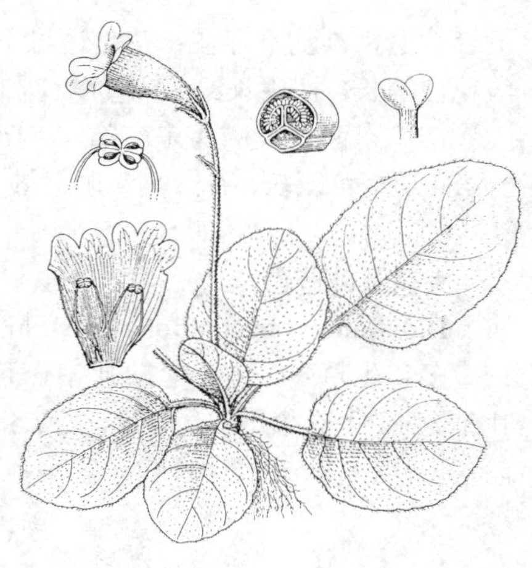

图 412 筒花苣苔（冀朝祯绘）

12. 漏斗苣苔属 Didissandra Clarke

多年生草本，稀为灌木。具匍匐茎，茎分枝或不分枝。叶1-4对，密集于茎顶端，或数对散生，每对不等大，基部偏斜，具柄或近无柄。聚伞花序不分枝，稀2-3次分枝，腋生，具1-10花；苞片2或不存在。花萼钟状，5裂至近基部，稀2/3以下合生；花冠较大，筒状漏斗形，白、紫、紫蓝或橙红色，外面被腺状短柔毛或短柔毛，筒部向下逐渐变细，长为檐部的4-5倍，檐部二唇形，上唇2裂，下唇3裂；雄蕊2对，有时各对不等大，内藏，无毛或被腺毛，着生花冠中上部，花丝直立，花药窄长圆形，中部缢宿或椭圆形，顶端成对连着或腹面连着，药室顶端不汇合或汇合；退化雄蕊小或不存；花盘环状，全缘或5浅裂；雌蕊无毛，或具腺状柔毛或被微柔毛，子房线形，比花柱长或与花柱等长，柱头2，相等，不裂，或不等，上方1枚不裂，下方1枚微2裂。

约31种，分布于中国南部及西南部，印度至马来西亚。我国约5种。

1. 花序有1-3花；苞片长约2.5毫米；花冠橙红色，长6-7厘米，外面被疏柔毛，筒部长约4.5厘米，上唇长1厘米，下唇长3.2厘米；雌蕊无毛 ……………… 1. **长筒漏斗苣苔 D. macrosiphon**
1. 花序有3-10花；萼片长约2厘米；花冠淡紫色或紫色，长3-5厘米，外面被腺状柔毛，筒部长2.5-4厘米，上唇长5毫米，下唇长9毫米；雌蕊被柔毛和腺状短柔毛 ……………… 2. **大苞漏斗苣苔 D. begoniifolia**

1. 长筒漏斗苣苔 图 413 : 1-4

Didissandra macrosiphon (Hance) W. T. Wang in Acta Phytotax. Sin. 13 (3): 98. 1975.

Chirita? macrosiphon Hance in Ann. Sci. Nat. ser. 5, 5: 231. 1866.

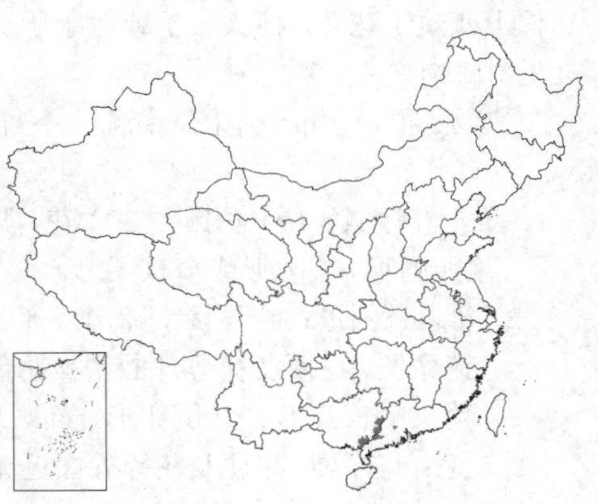

多年生草本，茎高达13厘米，不分枝，密被褐色长柔毛。叶多集生于茎顶端，通常4，卵状椭圆形，大小不等，通常长5-12厘米，边缘具小齿或近全缘，两面被深褐色或淡褐色长柔毛，沿叶脉较密集，侧脉每边6-10；叶柄长1-6厘米，密被褐色长柔毛。聚伞花序腋生，具1-3花；苞片长圆形，长约2.5毫米。花梗长1-3厘米，被疏柔毛；花萼长0.7-1厘米，外面疏被长柔毛，裂片近相等，长6-8毫米，先端锐尖；花冠橙红色，长6-7厘米，中部之下突然变细成细筒状，外面被疏柔毛，筒部长约4.5厘米，上唇长1厘米，2裂，下唇长3.2厘米，3裂，全部裂片圆卵形；上雄蕊长1.4厘米，下雄蕊长1.4厘米，花药中部缢缩，每对不等大，顶端连着，药室顶端汇合；退化雄蕊不存在；花盘边缘不整齐；雌蕊无毛，长约5厘米，子房与花柱等长，柱头长约1.5毫米。花期7-8月。

产广东西部及广西东南部，生于海拔200-800米的路旁及林下潮湿的岩石上。全草入药，有清热消肿之效。

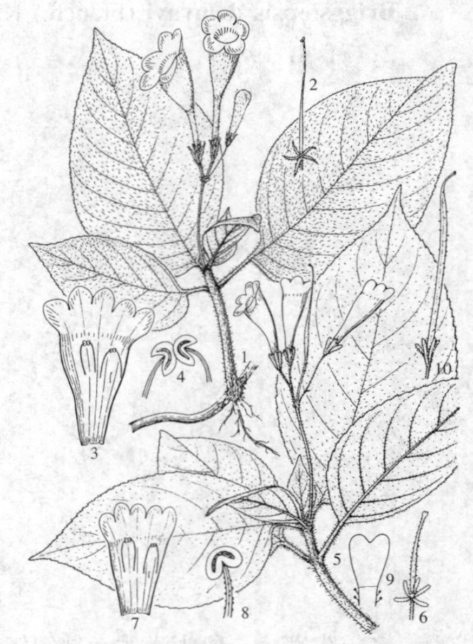

图 413：1-4. 长筒漏斗苣苔 5-9. 大苞漏斗苣苔（吴彰桦绘）

2. 大苞漏斗苣苔 图 413：5-9 彩片 75

Didissandra begoniifolia Lévl. in Fedde, Repert. Sp. Nov. 11: 495. 1913.

多年生草本，茎高达28厘米，不分枝，密被淡褐色长柔毛和短柔毛。叶2-4对，每对稍不等，卵形，长7.5-13厘米，边缘具小齿，下部近全缘，两面被较密的白色长柔毛，侧脉每边5-9；叶柄长0.8-4.5厘米，被淡褐色长柔毛。聚伞花序2-3次分枝，具3-10花；花序梗长3-10厘米，被淡褐色长柔毛；在花尚未充分发育时由扁球状的苞片所包着；苞片长约2厘米，径约2.5厘米，上部分裂，裂片具不整齐锯齿，密被淡褐色长柔毛。花梗长0.4-1.5厘米；花萼裂片近相等，长0.8-1.2厘米，顶端钝，外面初被腺状柔毛；花冠淡紫或紫色，长3-5厘米，外面被腺状柔毛，筒部长2.5-4厘米，上唇长5毫米，2裂，裂片圆卵形，下唇长9毫米，3裂，裂片圆形；上雄蕊长1厘米，下雄蕊长1.5厘米，花丝两边具膜质鳞片，花药顶端成对连着；花盘边缘不整齐；雌蕊长约3.6厘米，被疏柔毛和腺状短柔毛，花柱长1厘米，柱头长4毫米，顶端凹陷。蒴果线形，长6.5-7厘米，无毛。花期9月。

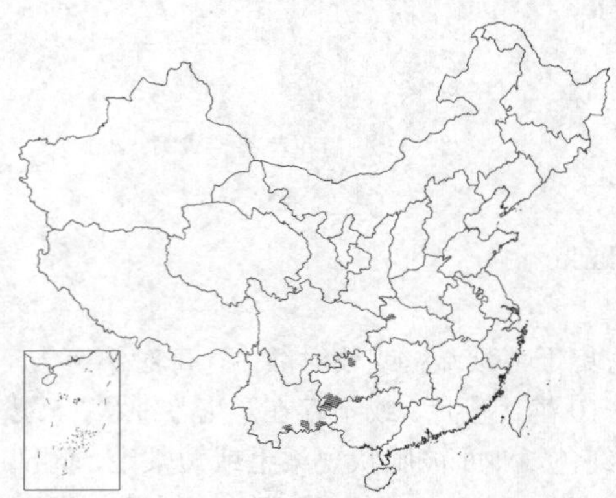

产广西西北部、云南东南部及南部、贵州及湖北西部，生于海拔1200-2100米山坡丛林下石缝中。

13. 珊瑚苣苔属 **Corallodiscus** Batalin

多年生无茎草本。具根状茎。叶全部基生，莲座状；具叶柄或近无柄。聚伞花序2-3次分枝，稀不分枝或多次分枝，具1-多数花；苞片不存在。花萼钟状，5裂至近基部，裂片相等；花冠筒状，淡紫或紫蓝色，外面无毛，稀被疏柔毛，内面下唇一侧具髯毛和两条带状斑纹，稀斑纹不明显，筒部远长于檐部，檐部二唇形，上唇2浅裂，下唇3裂至中部，稀3深裂，内面密被髯毛；雄蕊4，2强，花丝无毛，弧状，有时螺旋状卷曲，花药长不及1毫米，成对连着，药室2，顶端汇合，基部极叉开；退化雄蕊1，位于花冠上（后）方中央；花盘环状；雌蕊无毛，子房长于或短于花萼，柱头长于或短于子房，头状，微凹。蒴果长圆形，顶端具尖头，基部有花萼宿存。种子小，两端无附属物。

约3种，分布于中国、锡金、不丹、尼泊尔及印度北部。我国全产。

1. 聚伞花序具（1-）4-15（-30）花，与花梗，花萼及叶下面均被锈或淡褐色绵毛；花序梗长（1-）3-17厘米，蒴果卵圆形、长圆形或窄长圆形。
   2. 蒴果长圆形；叶菱状窄卵形或卵状披针形，稀卵形，长1.6-11厘米，上面无毛，稀近基部中脉处被锈色绵毛；花序梗、花梗及花萼外面密被锈色绵毛 ………………………………………… 1. **卷丝苣苔 C. kingianus**
   2. 蒴果窄长圆形；叶倒卵形、椭圆形、菱形、扇形或长圆形，长（0.5-）1-5（-8）厘米，上面无毛至被密长柔毛；花序梗、花梗及花萼外面近无毛至被淡褐色绵毛 ………………………………… 2. **珊瑚苣苔 C. lanuginosa**

1. 聚伞花序具1花，花序梗长1.5-3厘米，与花萼外面、叶下面均密被灰白色绵毛；蒴果卵圆形；叶卵形或近圆形 ………………………………………………………………………………… 3. **小石花 C. conchifolius**

1. 卷丝苣苔 图 414

Corallodiscus kingianus (Craib) Burtt in Gard. Chron. III, 122 (3180): 212. 1947.

Didissandra kingiana Craib in Notes Roy. Bot. Gard. Edinb. 11: 257. 259. 1919; 中国高等植物图鉴 4: 131. 1975.

多年生草本无茎。根状茎短而粗。叶菱状窄卵形或卵状披针形，稀卵形，长1.6-11厘米，边缘向上面稍卷曲，具不整齐细锯齿或近全缘，上面无毛，平展，稀稍具皱褶，下面密被锈色毡状绵毛；叶柄长0-4.5厘米，被锈色绵毛。聚伞花序2-6条，每花序具（5-）7-20花；花序梗长6.5-17厘米，与花梗及花萼外面均密被锈色绵毛，果时部分脱落。花梗长0.6-1厘米；花萼裂片长圆形，长2-3毫米，具5脉；花冠淡紫或紫蓝色，长（1.3-）1.5-1.6（-1.8）厘米，内面下唇一侧具淡褐色髯毛和两条深褐色斑纹，筒部长0.8-1.2厘米，上唇裂片半圆形，长约1毫米，下唇裂片卵圆形或近圆形，长4-5毫米；上雄蕊长约3毫米，下雄蕊长约6毫米，花丝有时卷曲；雌蕊无毛，子房长约3毫米，花柱长约6毫米，柱头头状，微凹。蒴果长圆形，长约2厘米。花期6-8月。

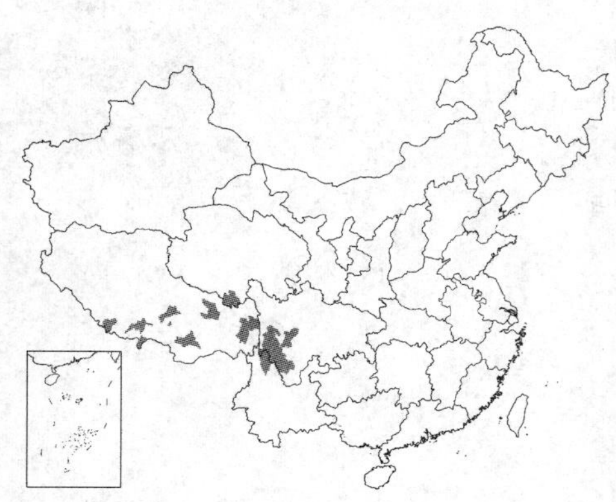

图 414 卷丝苣苔（冯晋庸绘）

产青海南部、西藏东部及南部、云南西北部及四川西南部，生于海拔2800-4600米山坡、林下岩石上。锡金及不丹有分布。

2. 珊瑚苣苔 西藏珊瑚苣苔 泡状珊瑚苣苔 石花 光萼石花 花石花 锈毛石花 绢毛石花 多花珊瑚苣苔 长柄珊瑚苣苔 短柄珊瑚苣苔 大理珊瑚苣苔 图 415

Corallodiscus lanuginosa (Wall. ex Br.) Burtt in Gard. Chron III, 122 (3180): 212. 1947.

Oidymocarpus lanuginosa Wall. ex Br. On Cyrtandreae 118. 1839.

Corallodiscus bullatus (Craib.) Burtt; 中国植物志 69: 237. 1990.

Corallodiscus cordatus (Craib) Burtt; 中国植物志 69: 241. 1990.

Corallodiscus flabellatus (Craib) Burtt; 中国植物志 69: 236. 1990.

Corallodiscus flabellatus var. *leiocalyx* W. T. Wang; 中国植物志 69: 237.1990.

Corallodiscus flabellatus var. *luteus* (Craib) K. Y. Pan; 中国植物志 69: 237. 1990.

Corallodis cus flabellatus var. *puberulus* K. Y. Pan; 中国植物志 69: 237. 1990.

Corallodiscus flabellatus var. *sericeus* (Craib) K. Y. Pan; 中国植物志 69:236.1990.

Corallodiscus patens (Craib) Burtt; 中国植物志 69: 240. 1990.

Corallodiscus plicatus (Franch.) Burtt; 中国植物志 69: 243. 1990.

Corallodiscus plicatus var. *lineatus* (Craib) K. Y. Pan; 中国植物志 69:243.1990.

Corallodiscus taliensis (Craib) Burtt; 中国植物志 69: 240. 1990.

多年生无茎草本。叶倒卵形、倒披针形、椭圆形、菱形、长圆形、菱状卵形、扇形、卵状长圆形或卵形，长（0.6-）1-5（-8）厘米，先端圆钝或微尖，基部楔形，边缘近全缘，具圆

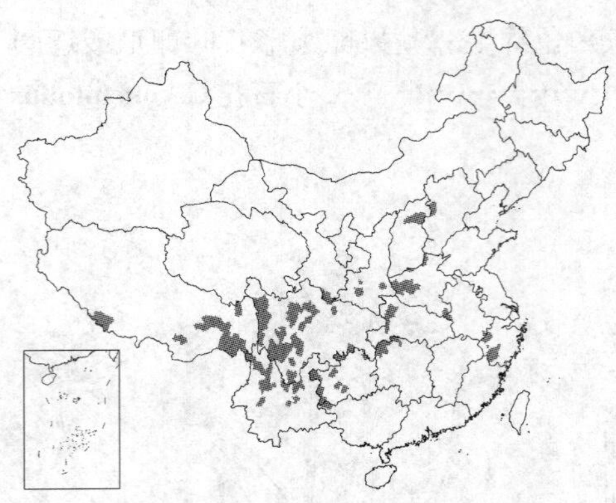

齿、锯齿或细锯齿，上面平展至皱褶状或泡状，无毛至密被长柔毛，下面被淡褐色柔毛或被白或淡褐色绵毛，或疏柔毛至无毛；叶柄长0-5.5厘米，无毛至被绵毛或毡毛。聚伞花序不分枝或2至多分枝，1-7条，每花序有（1-）4-15（-30）花；花序梗长（1-）3-17厘米，与花梗、花萼外面均被淡褐色绵毛，稀近无毛；花萼钟状，裂片长1.6-3.5毫米，外面无毛至疏柔毛，少有被绵毛，具3-5脉；花冠蓝、紫蓝或淡紫色，长（0.6-）0.8-1.4厘米，筒部长0.5-1厘米；下唇内面有或无斑纹，上唇裂片长0.6-2毫米，下唇裂片长2-6毫米；上雄蕊长2-5毫米，下雄蕊长2-6.5毫米；雌蕊无毛；子房长2-5毫米；花柱长2-8毫米。蒴果线形或窄长圆形，长1-2.5厘米。花期4-10月，果期6-12月。

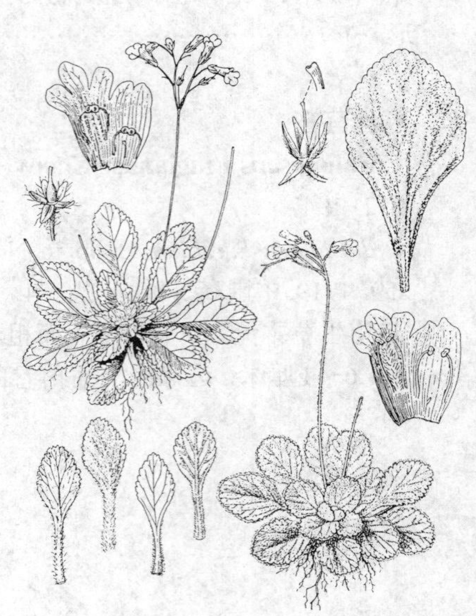

图 415 珊瑚苣苔（吴彰桦绘）

产甘肃、陕西、山西、河北、河南、安徽、浙江、湖北、湖南西北部、广西西北部、贵州、云南、四川及西藏，生于海拔700-4300米山坡林缘、林中岩石上及石缝中。不丹、锡金、尼泊尔、泰国及印度北部有分布。

3. 小石花 图 416

Corallodiscus conchifolius Batal. in Acta Hort. Petrop. 12: 176. 1892.

多年生矮小草本。叶卵形或近圆形，长6-8厘米，边缘上部或全部密被柔毛状睫毛，上面近无毛，下面密被灰白色绵毛，侧脉每边约2条；近无柄。聚伞花序1（-2）条，仅具1花；花序梗长1.5-3厘米，密被灰白色长柔毛至近无毛。花萼长4-5毫米，裂片近相等，披针形，长2-3毫米，外面被灰白色柔毛；花冠紫蓝色，长0.9-1.2厘米，外面被疏柔毛，内面下唇一侧具两条髯毛，无斑纹，筒部长7-9毫米，上唇裂片半圆形，长约1毫米，下唇裂片近圆形，长约2.5毫米；上雄蕊长约2毫米，下雄蕊长约5毫米，花丝，弧状，稀螺旋状卷曲；子房长圆形，长约3毫米，花柱长与子房近等长，柱头头状，微凹。蒴果短，卵圆形，长6-7毫米。花期6月，果期7月。

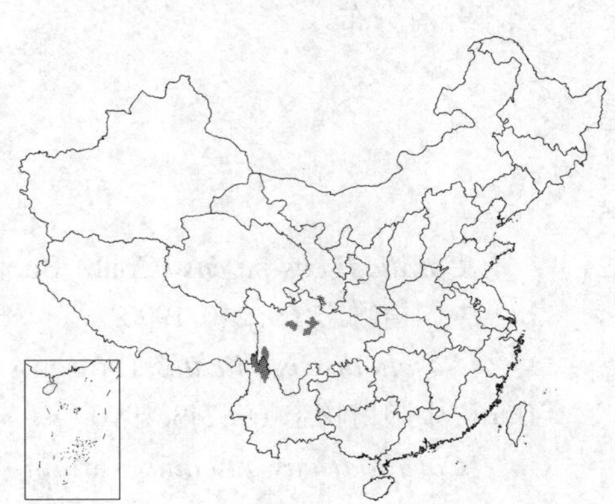

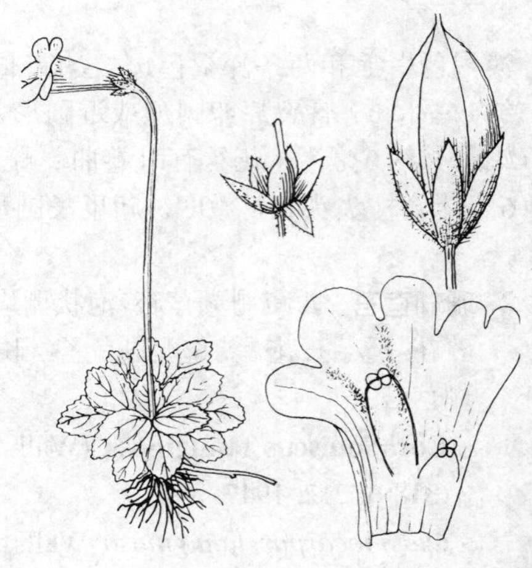

图 416 小石花（吴彰桦绘）

产甘肃南部、四川北部及西南部、云南西北部，生于海拔2150-3200米的山地路旁及石缝中。

14. 堇叶苣苔属 Platystemma Wall.

矮小草本。茎高约5厘米，被白色柔毛。叶1（-2）生于茎顶，心形，长1.5-3.1厘米，宽2-5厘米，顶端锐尖，基部心形，边缘具粗牙齿，上面被白色贴伏柔毛，下面疏被柔毛，叶脉近掌状，6-10条；无柄。聚伞花序从叶腋抽出，具1-3花；花序梗长1.9-2.5厘米，与花梗疏被白色柔毛；无苞片。花梗长2-2.5厘米；花萼钟状，5裂至近基部，裂片相等，长圆形，长2.5-3毫米，被微柔毛；花冠斜钟形，淡紫红色，长约1.3厘米，筒部极短，上唇2裂相等，下唇3裂，裂片相等，远长于上唇；雄蕊4，2枚位于上方，2枚位于下方，花丝较短，稍长于花冠筒，花药卵圆形，药室2，极叉开，横裂，顶端汇合；退化雄蕊1，位于上方中央；花盘环状；子房卵圆形，花柱细，比子房长，柱头1，头状。蒴果卵状长圆形，长5-7毫米。

单种属。

堇叶苣苔 图 417 : 1-2

Platystemma violoides Wall. Pl. Asiat. Rar. 2: 42. t. 151. 1831.

形态特征与属同。

产西藏南部聂拉木，生于海拔约2300米沟谷阴湿岩石上，尼泊尔、不丹至印度北部有分布。

图 417 : 1-2. 堇叶苣苔 3-9. 扁蒴苣苔
（冀朝祯绘）

15. 扁蒴苣苔属 Cathayanthe Chun

多年生草本；植株被柔毛。叶在根状茎近顶端生数枚密集，椭圆状倒卵形或倒披针形，长4.5-12厘米，先端微钝，基部楔形，全缘，上面被淡褐色绢状长柔毛，下面被贴伏柔毛，毛在脉上较密集，侧脉每边4-5；叶柄长4.5-14厘米，密被淡褐色柔毛。聚伞花序1-2条，每花序具1-2花；花序梗长7-12厘米，被褐色柔毛。花萼左右对称，长约1.2厘米，外面被长柔毛，萼筒长约4毫米，上唇1，线形，长约8毫米，下唇4裂至中部或中部之上，裂片线状长圆形，长3.5-5毫米；花冠筒状，淡紫色，长约5厘米，外面被疏长柔毛；筒部长1.2厘米，基部之上缢缩成细筒形，上唇2裂，裂片长约4毫米，下唇3裂，裂片长约6毫米；雄蕊4，上雄蕊长约1.3厘米，下雄蕊长1.4厘米，2强，内藏花丝被腺状柔毛，花药成对连着，长约2.2毫米；退化雄蕊不存在；花盘筒状；子房长约6毫米，花柱长约3厘米，柱头1，仅下方一侧发育，呈半圆形。蒴果窄椭圆形，长约1.6厘米。

我国特有单种属。

扁蒴苣苔 图 417 : 3-9

Cathayanthe biflora Chun in Sunyatsenia 6: 283. 1964.

形态特征同属。花期7-8月。

产海南南部，生于海拔约2400米山谷溪流两岸潮湿的岩石上。

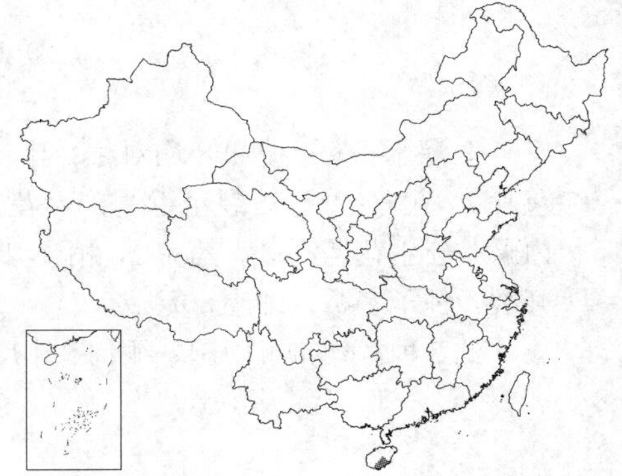

16. 横蒴苣苔属 **Beccarinda** Kuntze

多年生草本，稀小灌木。叶具柄，全部基生或茎生，被柔毛。聚伞花序伞状或聚伞花序；苞片2，对生，近圆形或卵圆形。花梗近等长；花萼钟状，5裂至基部，裂片近相等；花冠近斜钟状，筒部较短，短于或近等于檐部，檐部二唇形，上唇2裂，下唇3裂，裂片近等长或不等长；雄蕊4，无毛，内藏，花丝较短，着生花冠筒近基部或基部稍上，花药全部连着，药室近平行，基部稍叉开，顶端汇合，横裂；退化雄蕊小或不存在；花盘环状，全缘或不明显；雌蕊无毛，稀被疏柔毛，子房比花柱短，花柱上部稍弯曲，柱头1，头状。蒴果窄长圆形，无毛，偏斜，顶端具较长的尖头。种子多数，小，无附属物。

约7种，分布于我国西南至华南、缅甸及越南北部。我国5种，其中4种分布狭窄。

横蒴苣苔 图 418 彩片 76

Beccarinda tonkinensis (Pellegr.) Burtt in Notes Roy. Bot. Gard. Edinb. 22: 64. 1955.

Slackia tonkinensis Pellegr. in Bull. Soc. Bot. France 73: 428. 1926.

多年生无茎草本。叶圆形或卵圆形，长3.5-7厘米，边缘具粗圆齿，两面被淡褐色或灰白色长柔毛；叶柄长4-13厘米，被较密的长柔毛。聚伞花序1-5条，每花序具1-5花；花序梗长10-15厘米，疏被长柔毛；苞片近圆形，长4-5毫米，被长柔毛。花梗长1-1.3厘米，被长柔毛；花萼裂片近相等，卵圆形或长圆形，长3-4.5毫米，具3脉；花冠蓝紫色，外面疏被短柔毛，长(0.7-)1（-1.6）厘米，筒部长约5毫米，上唇2裂，裂片相等，卵圆形，长约3毫米，下唇3裂，裂片圆形，长约5毫米；雄蕊4，着生于花冠近基部，花丝无毛，长3毫米；花盘全缘；雌蕊无毛，子房卵球形，长约2毫米，花柱长约6毫米。蒴果长约2厘米，顶端具长约4毫米的短尖。花期4-5月。

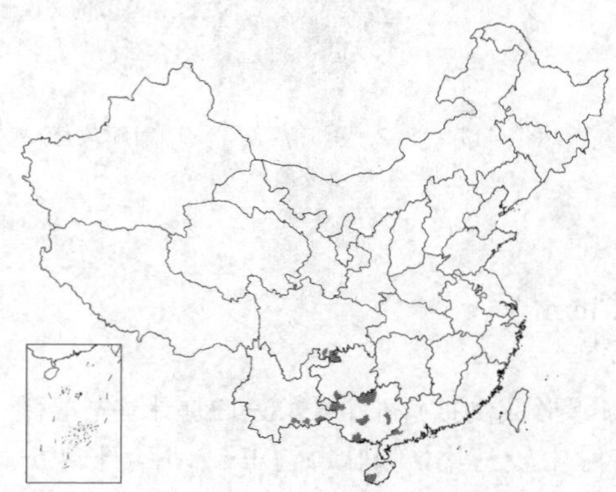

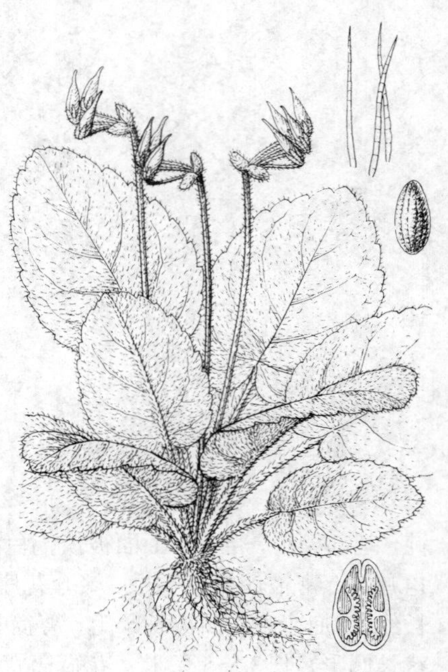

图 418 横蒴苣苔 （冯晋庸绘）

产广东西部、海南、广西、贵州、云南东南部及四川南部，生于海拔700-2400米山坡林下岩石上。越南北部有分布。

17. 细蒴苣苔属 **Leptoboea** Benth.

亚灌木。茎分枝和叶均对生；叶具短柄，常密集于当年生短枝上。聚伞花序伞状，花序梗和花梗均细如丝状；苞片2。花萼钟状，5裂至近基部；花冠钟状，檐部不明显二唇形，5裂片近相等，筒部稍长于檐部；能育雄蕊4，内藏，分生花药孔裂，药室2，稍叉开，顶端不汇合；退化雄蕊1；无花盘；子房稍长于花柱，柱头1。蒴果室间开裂。种子多数，细小，无毛。

约3种，分布于中国、缅甸、印度东北部、不丹、锡金及加里曼丹。我国1种。

细蒴苣苔 图 419

Leptoboea multiflora (Clarke) Clarke in. DC. Monogr. Phan. 5: 165. 1883.

Championia multiflora Clarke, Comm. et Cyrt. Beng. 98. 68. 1872.

亚灌木。茎高1-2米，无毛，分枝对生，当年生分枝常缩短，具柔毛。叶对生，常密集于当年生枝的近顶端，长圆形或长圆状卵形，长3-1.1厘米，边缘有小齿，两面被灰白色贴伏柔毛，侧脉每边9-10；叶柄长0.5-1.2厘米，密被淡褐色长柔毛。聚伞花序伞状，成对腋生，具3-5花；花序梗长约4厘米，丝状，被微柔毛；苞片披针形，长1.2-2毫米，被柔毛。花梗纤细，丝状，长约1.8厘米，被微柔毛；花萼裂片窄线形，长约2毫米，无毛，全缘；花冠淡黄色，长约9毫米，筒稍长于檐部，长4毫米，裂片近圆形，长2.5毫米；花丝长约1毫米，无毛；子房长1.8毫米，被疏短柔毛，花柱长约0.7毫米。蒴果线形，长约2毫米，无毛。花期7月，果期8月。

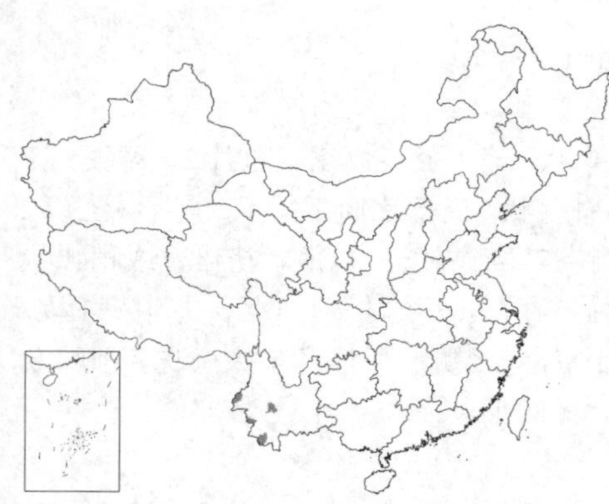

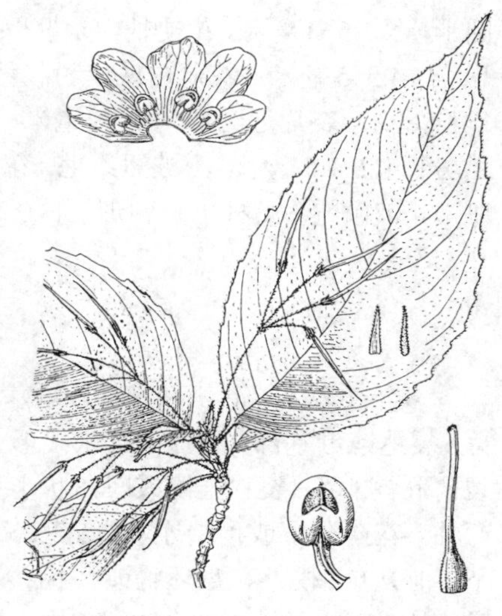

图 419 细蒴苣苔（冀朝祯绘）

产云南西南部及西部，生于海拔约1250米陡坡密林中。印度东北部、不丹及锡金有分布。

18. 短筒苣苔属 Boeica Clarke

亚灌木或多年生草本，具直立的地上茎，有时具匍匐茎，稀无茎似莲座状。叶互生，具柄。聚伞花序多次分枝似圆锥状，或不分枝；苞片小，2枚。花萼钟状，5裂至近基部，裂片近相等。花冠钟状，筒部稍短于檐部，稍二唇形，5裂，裂片相等或稍不等。能育雄蕊4，内藏，分生，近等长，着生花冠筒基部，花丝极短，花药大，宽卵圆形，2药室，基部略叉开，纵裂、孔裂或横裂，顶端汇合；退化雄蕊1；花盘环状或不明显。子房卵圆形，被毛或近无毛，花柱上部弯曲或直立，无附属物或具宽大而扁平的附属物，与子房等长或长于子房，柱头小，头状。蒴果线形，顶端具尖头。种子多数，极小长圆形或卵圆形，无毛。

约12种，分布于中国、缅甸、不丹、印度北部及越南。我国7种，多数种分布狭窄。

孔药短筒苣苔 图 420

Boeica porosa Clarke in DC. Monogr. Phan. 5: 136. 1883.

亚灌木，植株密被淡黄色长柔毛，茎高达20厘米。叶聚集在茎上部或近顶端，长圆形，长4.5-15厘米，边缘具细锯齿，上面疏被长柔毛（毛长2.5-3毫米），下面疏生极短的柔毛，侧脉每边8-9；叶柄长0.5-1.5厘米。聚伞花序近伞状，近茎顶腋生，具3-5花；花序梗长3.5-5厘米，苞片有时几枚轮生，长

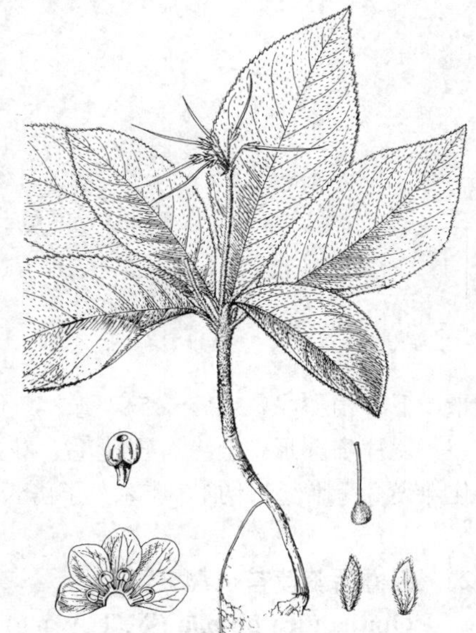

图 420 孔药短筒苣苔（冀朝祯绘）

圆形，长1.5-3毫米。花梗长约8毫米；花萼裂片相等，线状披针形或长圆形，长4.5-5毫米；花冠白或淡粉红色，稍短于花萼，长约3毫米，筒部长1-1.5毫米，裂片近圆形，长约2毫米；雄蕊无毛，药室孔裂；花盘近全缘；子房长1.2-1.5毫米，密被短柔毛，花柱长1.4-3毫米，无毛。蒴果长2-2.8厘米，被微柔毛。种子长圆形，长0.3-0.4毫米。花期6-7月，果期8月。

产云南东南部，生海拔850-1200米山坡路旁林中石上。缅甸及越南北部有分布。

19. 后蕊苣苔属 Opithandra Burtt

多年生草本。具根状茎。叶均基生，具柄，叶脉羽状。花序腋生，聚伞状，有1至多数花；苞片2，对生。花萼5裂达或近基部，裂片披针状线形；花冠漏斗状筒形或细筒形，稍近高脚碟状，檐部比筒部短，二唇形，上唇2裂，下唇3裂，裂片全缘或三角状小裂片；每侧有1或3-4，上（后）方侧生2雄蕊能育，内藏，花丝直或稍弧状弯曲，花药分生或顶端连着，2药室平行，顶端不汇合；退化雄蕊3-1，稀不存在，3枚时，上（后）方中央1枚，下（前）方2枚；花盘环状或杯状；雌蕊内藏，稀伸出花冠，子房线形，1室，有2侧膜胎座和多数胚珠，顶端渐变细成花柱，柱头2或合生成1枚。蒴果线形，室背开裂为2瓣。种子小，椭圆形。

约9种，分布于我国东南部及日本。我国8种，多分布狭窄。

1.花冠裂片全缘，口部径1.5-1.7厘米，花药扁圆卵形；叶长11-19厘米 ………………… 1. **汕头后蕊苣苔 O. dalzielii**
1. 花冠裂片分裂成三角形小裂片，口部径约3毫米；花药近肾形；叶长1.8-4厘米 …… 2. **裂檐后蕊苣苔 O. pumila**

1. 汕头后蕊苣苔 图 421

Opithandra dalzielii (W. W. Smith) Burtt in Notes Roy. Bot. Gard. Edinb. 22(4): 303. 1958.

Chirita dalzielii W. W. Smith in Notes Roy. Bot. Gard. Edinb. 10: 171. 1913.

多年生草本。叶长圆形或卵状长圆形，长11-19厘米，边缘有小钝齿或重钝齿，上面被稍密的白色短毛和稀疏褐色长毛，下面密被贴伏短柔毛，侧脉每侧7-9；叶柄长1-9厘米，密被开展褐色长柔毛。花序4-6条，每花序有1-7花；花序梗长约7厘米，被开展褐色长柔毛；苞片长约6毫米，被长柔毛。花梗长0.8-1.5厘米；花萼裂片窄三角形或线形，长4-7(-10)毫米，外面被褐色柔毛，花冠粉红色，长3.2-3.6厘米，外面上部疏被短柔毛，筒部长2.3-2.6厘米，口部径1.5-1.7厘米，下方稍膨胀，上唇长5-7毫米，不明显2浅裂，下唇长约9毫米，3浅裂，裂片扁圆形，全缘有短睫毛；花丝长约1.7厘米，花药扁圆卵形；退化雄蕊3；雌蕊长约1.7厘米，子房长约1.1厘米，密被短腺毛，花柱疏被短腺毛，柱头2。蒴果长4.2厘米，被短腺毛。种子长约0.4毫米。花期9-10月。

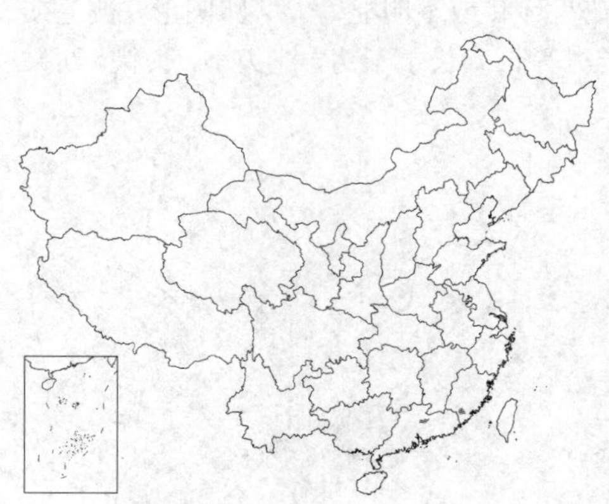

图 421 汕头后蕊苣苔
（引自《中国植物志》）

产福建南部及广东中北部，生于海拔约650米山谷林下。

2. 裂檐后蕊苣苔 裂檐苣苔 图 422

Opithandra pumila (W. T. Wang) W. T. Wang in Guihaia 12: 293. 1992.

Schistolobos pumilus W. T. Wang in Bull. Bot. Res. (Harbin) 1: 17. 2. 1983; 中国植物志 69: 270. 1990.

多年生小草本。叶椭圆状卵形或

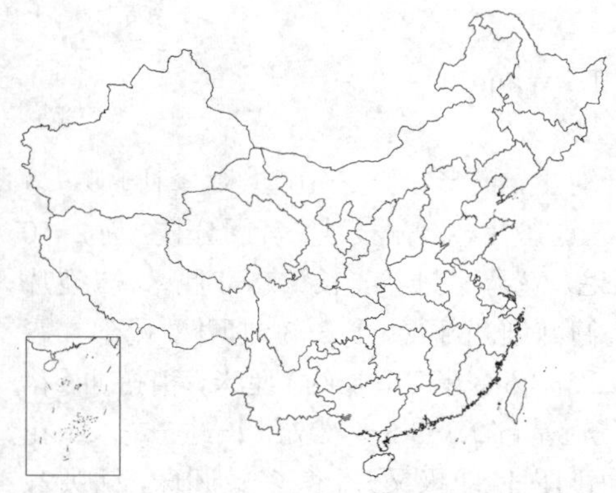

椭圆形，长1.8-4厘米，边缘有重或单的小牙齿或小钝齿，上面被稍密的短伏毛和稀疏的长柔毛，下面密被两种伏柔毛，侧脉每侧4-6；叶柄长0.8-2.5厘米，被开展的长柔毛。聚伞花序伞状，约有3花；花序梗长约4厘米，被开展的锈色长柔毛；苞片长约3毫米，边缘被长睫毛，上部有1-2小齿，背面被短柔毛。花梗长1.5-4毫米，被柔毛；花萼裂片线形，长约2.5毫米，边缘上部有1-2小齿，外面被柔毛；花冠淡紫色，长约1.5厘米，外面疏被短柔毛，筒部长约1.2厘米，中部之上稍变粗，口部径约3毫米，上唇长约2.5毫米，2深裂，裂片窄三角形，每侧有1枚三角形小裂片，下唇长约3毫米，3深裂，裂片卵形，每侧有3-4三角形小裂片；花丝长约3.8毫米，花药近肾形，退化雄蕊2；雌蕊长约1厘米，无毛，子房长6毫米，花柱疏长4毫米，顶端增粗而形成点状柱头。花期4-5月。

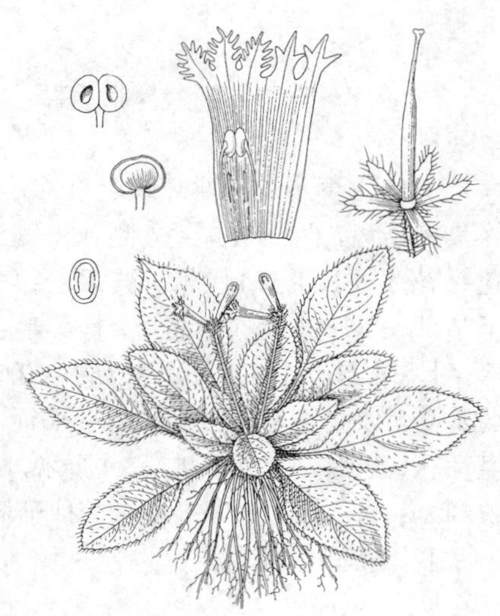

图 422 裂檐后蕊苣苔
（引自《中国植物志》）

产广西西南部大新，生于海拔约740-910山谷林中石上。

20. 瑶山苣苔属 Dayaoshania W. T. Wang

多年生无茎草本。根状茎近圆柱形。叶9-17枚，均基生，宽椭圆形、圆卵形或近圆形，长2.5-5.5厘米，近全缘或有不明显小浅钝齿，两面稍密被白色短柔毛，侧脉每侧4-7；叶柄长0.8-6厘米，密被贴伏短柔毛。聚伞花序腋生2-4条，每花序有1-2花；花序梗长5.5-8.5厘米，与苞片、花梗和花萼外面均密被短柔毛；苞片对生，线状披针形，长5.5-9毫米。花梗长0.4-1.2厘米；花萼钟状，5全裂，裂片窄三角形或披针状线形，长5-8毫米；花冠近钟状，淡紫或白色，长1.3-1.9厘米，外面疏被短柔毛，筒部长7-9毫米，内面疏被短柔毛，檐部径1-2厘米，上唇长0.7-1厘米，2裂，裂片宽卵形或圆卵形，下唇长0.7-1.2厘米，（2-）3裂至近中部，裂片三角形，边缘有短柔毛；雄蕊（1-）2；伸出，分生，花丝着生花冠筒近基部，长0.75-1.4厘米，疏被短柔毛，花药背着，药室平行，纵裂，顶端不汇合；退化雄蕊2或不存在；花盘环状；雌蕊长1-1.6厘米，子房线形，长4.5-9毫米，密被短柔毛，2侧膜胎座稍向子房室内伸，不分裂，有多数胎珠，花柱疏被短柔毛，柱头2，半圆形或宽卵形。蒴果线形，长约2.5厘米，被短柔毛。花期9月。

我国特有单种属。

瑶山苣苔

图 423

Dayaoshania cotinifolia W. T. Wang in Acta Phytotax. Sin. 21 (3): 320. 1: 1-6. 1983.

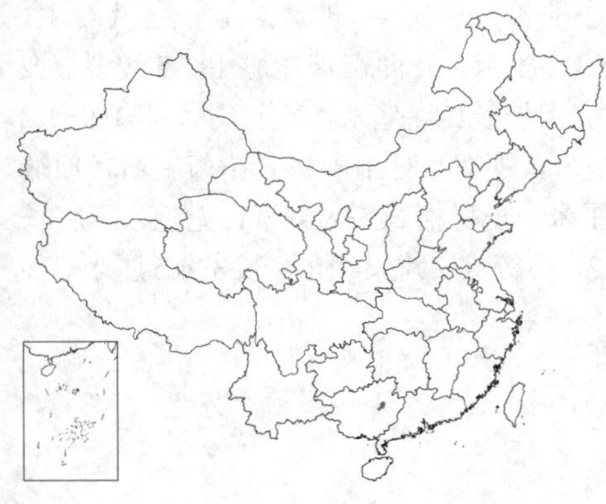

形态特征与属同。

产广西东部金秀大瑶山，生于海拔860-1200米山地林中或路边林下。

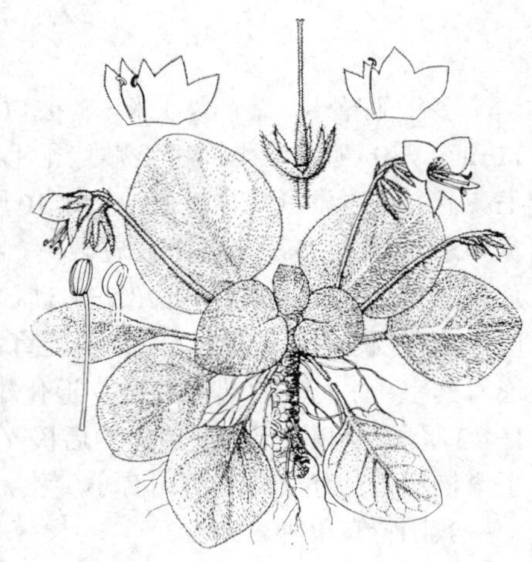

图 423 瑶山苣苔 （引自《中国植物志》）

21. 双片苣苔属 Didymostigma W. T. Wang

一年生草本。茎渐升或近直立，长达20厘米，有3-5节，被柔毛。叶对生，卵形，长2- 10厘米，斜圆形，边缘具钝锯齿，两面被柔毛，侧脉每侧5-8；叶柄长0.8-3.8厘米，被柔毛。花序腋生，不分枝或2-4回分枝，有2-10花；花序梗长1.5-4厘米，被柔毛；苞片披针状线形，长3-6毫米，被柔毛。花萼窄钟状，长0.75-1厘米，5裂片至基部，裂片披针状窄线形，被柔毛；花冠淡紫或白色，长3.6-5.2厘米，筒部细漏斗形，长3-3.5厘米，檐部二唇形，上唇长5-7毫米，下唇长0.9-1.2厘米，花丝无毛，着生于距花冠基部2.5-3.6毫米处，长约1厘米，稍扭曲，花药基着，顶端连着不汇合，药室平行，长约2毫米；退化雄蕊2，着生距花冠基部2.3-3.5厘米处，长约5毫米；花盘环状，全缘；雌蕊长2.2-3.4厘米，子房和花柱被疏柔毛，侧膜胎座2，稍向内伸即极叉开，具多数胚珠，柱头2，长约1毫米。蒴果长4-8厘米。种子椭圆形，长约0.4毫米。花期6-10月。

我国特有单种属。

双片苣苔 唇柱苣苔　　　　图 424

Didymostigma obtusum (Clardke) W. T. Wang in Acta Phytotax. Sin. 22 (3): 189. f. 2. 1984.

Chirita obtusa Clarke in A. DC. Monogr. Phan. 5: 114. 1883.

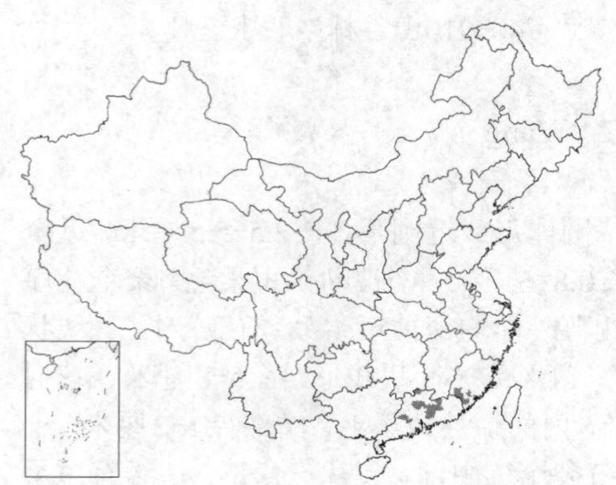

形态特征同属。

产福建南部及广东，生于海拔约650米山谷林中或溪边阴处。

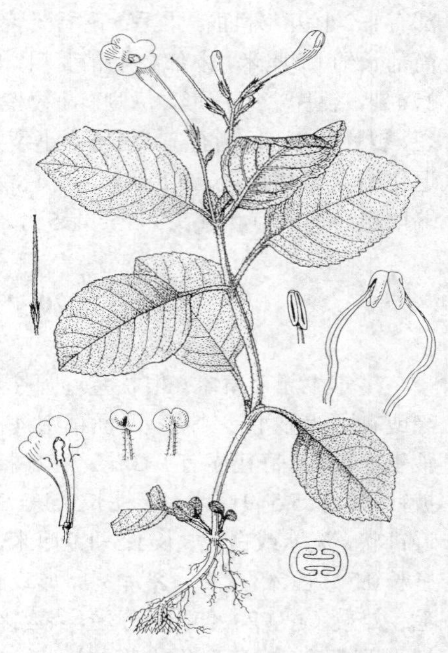

图 424 双片苣苔（冯晋庸绘）

22. 异裂苣苔属 Pseudochirita W. T. Wang

多年生草本。茎高达1米，密被短绒毛。叶对生，同一对叶不等大，两侧常不相等，椭圆形或椭圆状卵形，长11-27（-30）厘米，上面密被贴伏柔毛，下面被短绒毛，边缘有小牙齿，侧脉每侧8-11；叶柄长1-6厘米，被短绒毛。聚伞花序生近茎顶叶腋，长达16厘米，两叉状分枝，约有10花；花序梗长6-9厘米，被短柔毛；苞片对生，宽卵形，长达1.5厘米，密被短柔毛。花梗长3-8毫米；花萼钟状，长0.9-1.1厘米，外面密被短腺毛，5浅裂，裂片扁三角形；花冠白色，长3.2-4.3厘米，筒部长2.5-3厘米，檐部二唇形，上唇长约4毫米，2裂，下唇长0.9-1.2厘米，3浅裂；下（前）方2雄蕊能育，花丝着生于花冠筒中部，长约7毫米，等宽，有小腺体，花药基着，顶端连着药室，平行，顶端不汇合；退化雄蕊3；花盘杯状；雌蕊长2.4-2.9厘米，子房柄长5-8毫米，无毛，子房长1-1.3厘米，2侧膜胎座，稍内伸后极叉开，与花柱均有极短的腺毛，柱头2，不等大。蒴果线形，长3-4.5厘米。种子窄椭圆形或纺锤形，两端有小尖头，长约0.5毫米。

我国特有单种属。

异裂苣苔 图 425 彩片 77

Pseudochirita guangxiensis (S. Z. Huang) W. T. Wang in Bull. Bot. Res. (Harbin) 1: 22. f. 3. 1983.

Chirita guangxiensis S. Z. Huang in Acta Bot. Yunnan 2 (1): 102. t. 1. 1980.

形态特征同属。

产广西，生于石山林下阴处。

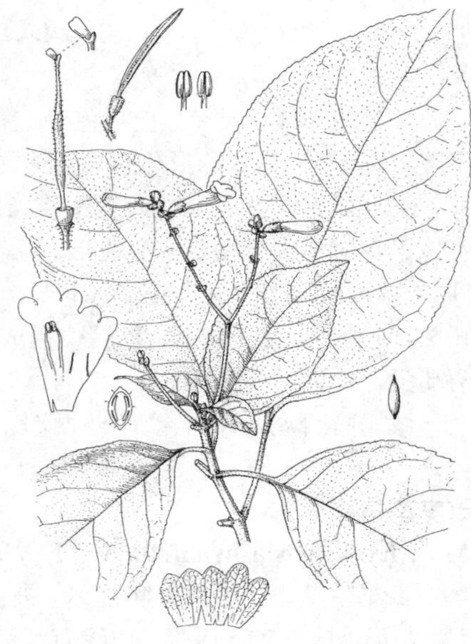

图 425 异裂苣苔 （冯晋庸绘）

23. 异片苣苔属 Allostigma W. T. Wang

多年生草本。茎高约43厘米，不分枝，密被灰白色或淡褐色长毛和短毛。叶对生，同一对叶稍不等大，两侧不对称，卵形或椭圆形，长6.5-15厘米。边缘有小钝齿，上面被短柔毛，整个下面密被黄色小腺体和短毛，侧脉每侧6-10；叶柄长1-4.5厘米，有与茎相同的毛被。聚伞花序腋生，1-2回稀疏分枝，有3-5花；花序梗长4.5-10厘米，被长柔毛；苞片对生，线形，长3-5.5毫米，被柔毛。花梗长4-7毫米，被柔毛；花萼钟状，长约1.1厘米，5深裂，筒长2毫米，裂片披针状窄线形，长8-9.5毫米，外面被短柔毛；花冠漏斗状筒形，长约3.8厘米，外面被疏柔毛，筒部长约2.7厘米，上唇长约4毫米，2裂近基部，裂片扇状倒卵形，下唇长约1.1厘米，3裂稍超过中部，裂片近圆形或圆卵形。雄蕊下方2枚能育，花丝与2侧生退化雄蕊着生于距花冠基部约1.4厘米处，长约8毫米，中部宽，花药基着，顶端连着，药室平行，顶端不汇合；侧生2枚，长3.5-4.5毫米，中央1枚长0.5毫米；花盘全缘；雌蕊长约2.8厘米，子房长1.2厘米，被短柔毛，上柱头长1毫米，下柱头长4毫米。蒴果长约4厘米，被短柔毛。

我国特有单种属。

异片苣苔 图 426 彩片 78

Allostigma guangxiense W. T. Wang in Acta Phytotax. Sin. 22 (3): 187. f. 1. 1984.

形态特征与属同。花期9月。

产广西西南部大新，生于石灰岩石上。

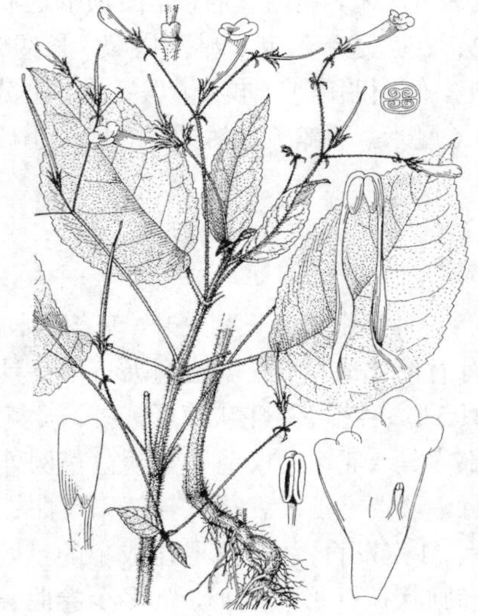

图 426 异片苣苔 （冯晋庸绘）

24. 单座苣苔属 Metabriggsia W. T. Wang

多年生草本，具茎，被褐色毛。茎直立。叶对生，同一对叶不等大，具柄，卵形或椭圆形，叶脉羽状。聚伞花序腋生，具梗，有近球形总苞。花少数或多数；花萼钟状，5裂至基部，裂片披针状线形；花冠白色，筒部漏斗状，下（前）面多少膨胀，檐部二唇形，比筒部短，上唇2深裂或2全裂，下唇3浅裂；下（前）方2雄蕊能育，花丝着生于花冠筒中部附近，窄线形，直，花药基着，腹面顶端连着，药室平行，顶端不汇通；退化雄蕊2-3，位于上（后）方，小，近丝形；花盘环状；雌蕊内藏，子房线形，侧膜胎座1，伸入子房室中，不分裂，呈薄片状，生有胚珠，花柱细，比子房长，顶端变粗成扁球形的小柱头。蒴果线形，宿存胎座近圆筒状。种子多数，小，宽椭圆形，两端尖，光滑。

我国特有属，2种，产广西西部。

单座苣苔 图 427 彩片 79

Metabriggsia ovalifolia W. T. Wang in Guihaia 3 (1): 2. f. 1. 1983.

多年生草本。茎高达40厘米，被褐色长柔毛。叶对生，同一对叶不等大，卵形，长5-25.5厘米，边缘有浅波状小钝齿，两面被贴伏短柔毛；侧脉每侧5-10；叶柄长0.3-7厘米，被与茎相同的毛。聚伞花序生于茎上部叶腋，具5-12花，2-3回分枝；花序梗长7.5-12.5厘米，被褐色腺毛；有近球形的总苞。花梗长5-6毫米，被短柔毛。花萼钟形，5裂至基部，裂片披针形，长0.9-10厘米，外面被短柔毛，有3-5脉。花冠白色，带黄绿色，长约3.6厘米，外面被疏柔毛，筒部漏斗状，长约2.7厘米，檐部二唇形，短于筒部，上唇长2.8毫米，2裂，裂片斜正三角形，下唇长1厘米，3浅裂；下（前）方2雄蕊花丝着生花冠筒近中部，长1.4厘米，花药基着，膜面顶端连着，药室平行，顶端不汇合；退化雄蕊2；花盘边缘波状。雌蕊内藏，长约2.5厘米，子房长约8毫米，疏被短柔毛，侧膜胎座1，伸入子房室中，不分裂，呈薄片状，生多数胚珠，花柱长1.6厘米，下部疏被短柔毛，柱头小。蒴果线形，长约1.5厘米，被短柔毛，宿存胎座近圆筒形。种子长约0.4毫米，两端尖。

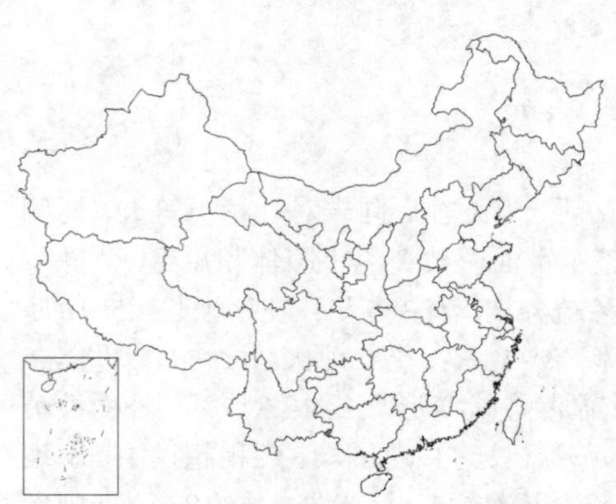

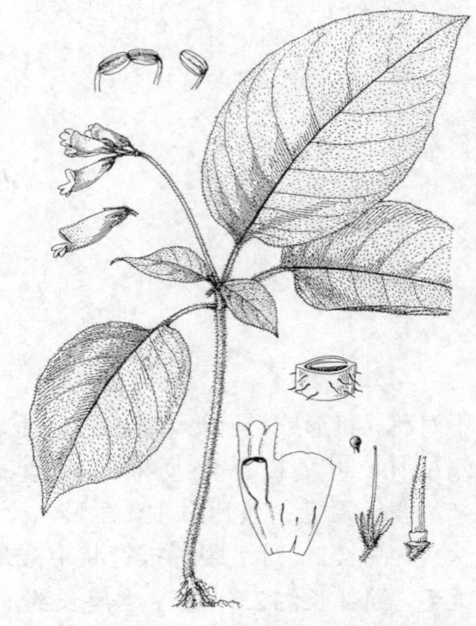

图 427 单座苣苔（冯晋庸绘）

产广西西部那坡。生于海拔1100米的石灰山山坡林下。

25. 半蒴苣苔属 Hemiboea Clarke

多年生草本。茎上升，基部具匍匐枝。叶对生，具柄。花序假顶生或腋生，二歧聚伞状或合轴式单歧聚伞状，有时简化成单花；总苞球形，顶端具小尖头，开放后呈船形、碗形或坛状。花萼5裂，分生或合生至中上部，裂片具3脉；花冠漏斗状筒形，白、淡黄或粉红色，内面常具紫斑，檐部二唇形，短于筒部，上唇2裂，下唇3裂，筒部内具一毛环（仅毛果半蒴苣苔例外）。能育2雄蕊，着生于花冠筒的下（前）方，花药以顶端或腹面连着，药室平行，顶端不汇合，花丝基部稍弯曲；退化雄蕊3或2，生花冠筒上（生）方；花盘环状；子房线形，中轴胎座，2室，1室发育，另1室退化成小的空腔，2室平行并于子房上端汇合成1室。柱头截形或头状。蒴果线状披针形、长椭圆状披针形或线形，常多少卷曲；室背开裂。种子细小多数，具6条纵棱及多数网状突起，无毛。

约23种，产我国越南北部及日本。我国均产，其中多数种分布狭窄。大部分种类为民间草药和青饲料，半蒴苣苔的叶可作蔬菜，花和总苞美丽，供观赏。

1. 萼片分生；花冠白、淡黄或粉红色，长3-4.8厘米，伸出总苞外。
  2. 萼片无毛。
    3. 叶片皮下具石细胞；花序梗无毛。
      4. 蠕虫状石细胞伴生于叶维管束周围，干时仅在叶脉上隐约可见疣状突起。
        5. 茎具4-15节；花序梗长0.5-6.5厘米；聚伞花序具3-12花；花药长3-3.2毫米；退化雄蕊3或2
          6. 叶稍肉质，干后草质，多少被疏柔毛，侧脉每边6-14；花药椭圆形，顶端或近顶端连着；退化雄蕊3 ………………………………………………………………………… 1. **贵州半蒴苣苔 H. cavaleriei**
          6. 叶薄纸质至纸质。常无毛，稀被疏柔毛，侧脉每边4-8（-9）；花药近圆形，腹面完合连着或近顶端连着；退化雄蕊2，稀3 ………………………………… 1(附). **疏脉半蒴苣苔 H. cavaleriei** var. **paucineris**
            7. 茎、叶柄、花序梗、总苞外面和萼片外面均无毛 ……………………………… 2. **纤细半蒴苣苔 H. gracilis**
            7. 茎近顶端、叶柄、花序梗、总苞外面及萼片外面均被白色长柔毛 ……………………………………………………………………… 2(附). **毛苞半蒴苣苔 H. gracilis** var. **pilobracteata**
        5. 茎具3-5节；侧脉每侧4-6；花序梗长0.2-1.2厘米；聚伞花序具1-3花；花药长1.1-2.5毫米；退化雄蕊2 ……………………………………………………………………… 2. **纤细半蒴苣苔 H. gracilis**
      4. 蠕虫状石细胞散生于叶肉中，干时在叶表面可见大量分散的杆状突起 ………… 3. **半蒴苣苔 H. subcapitata**
    3. 叶片皮下无石细胞；花序梗疏被或密被柔毛 ………………………………… 3(附). **短茎半蒴苣苔 H. subacaulis**
  2. 萼片外面及边缘被腺短柔毛。
    8. 子房及蒴果无毛。
      9. 叶柄无翅，分生；萼片长1.4-1.5厘米 ……………………………………… 4. **柔毛半蒴苣苔 H. mollifolia**
      9. 叶柄具翅，茎上部数对叶柄基部合生成船形；萼片长7-9毫米 ………… 4(附). **腺毛半蒴苣苔 H. strigosa**
    8. 子房及蒴果散生腺状短柔毛 ……………………………………………………… 5. **毛果半蒴苣苔 H. flaccida**
1. 萼片合生至中上部；花冠长1.5-1.8厘米，绿白色，隐蔽于总苞内 ………………… 6. **华南半蒴苣苔 H. follicularis**

1. 贵州半蒴苣苔 图 428:1-4 彩片 80

Hemiboea cavaleriei Lévl. in Fedde, Repert. Sp. Nov. 9: 328. 1911.

多年生草本。茎高2-1.5厘米，无毛，具4-15节，散生紫斑。稍肉质，干后草质，长圆状披针形、卵状披针形或椭圆形，边缘具多数锯齿或浅钝齿，稀近全缘，长5-20厘米，两面疏生短柔毛，下面淡绿色或带紫色，侧脉每侧6-14；蠕虫状石细胞嵌生于维管束周围的基本组织中；叶柄长0.5-6.5厘米。聚伞花序假顶生，具3-12花；花序梗长0.5-6.5厘米，无毛；总苞径1-2.5厘米，无毛，开放后呈船形。花梗长2-5毫米，无毛；萼片长5-7毫米，无毛；花冠白、淡黄或粉红色，散生紫斑，长3-4.8厘米，外面疏生腺状短柔毛，筒部长2.3-3.3厘米，上唇长0.6-1厘米，下唇长0.7-1.5厘米，花丝长1-1.3厘米，花药椭圆形，长3-3.2毫米，近顶端连着；退化雄蕊3；雌蕊长1.7-2.5厘米，子房，无毛，柱头钝形。蒴果长1.5-2.5厘米，无毛。花期8-10月，果期10-12月。

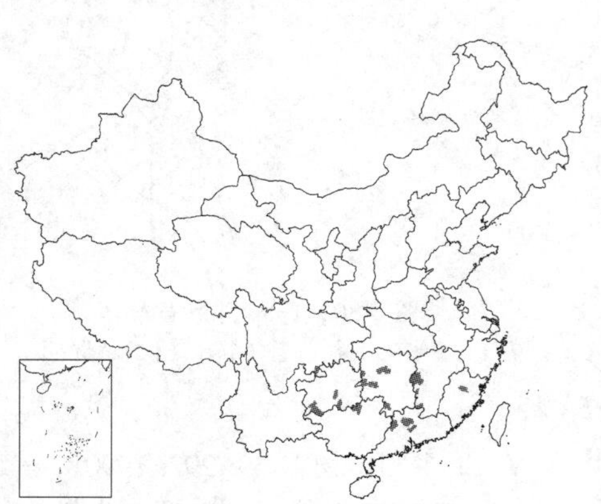

图 428 :1-4.贵州半蒴苣苔 5-8.疏脉半蒴苣苔 （引自《中国植物志》）

产福建中北部、江西西部、湖南、广东、广西北部、贵州南部及四川南部，生于海拔250-1500米山谷林下石上。全草入药，治疗痈和烫伤，可作猪饲料。

[附]**疏脉半蒴苣苔** 图 428: 5-8 **Hemiboea cavaleriei** var. **paucinervis** W. T. Wang et Z. Y. Li in Acta Phytotax. Sin. 21 (2): 203. pl. 1. f. 1-3. 1983. 与模式变种的区别：叶干时纸质或厚纸质，边缘全缘或具少数锯齿，两面通常无毛，稀叶面疏生短柔毛，侧脉较稀疏，每侧4-8（-9）条；花药近圆形，腹面完全连着或上方连着；退化雄蕊2，稀3。产广西、贵州南部及云南东南部，生于海拔260-1600米山谷林下石上。越南北部有分布。

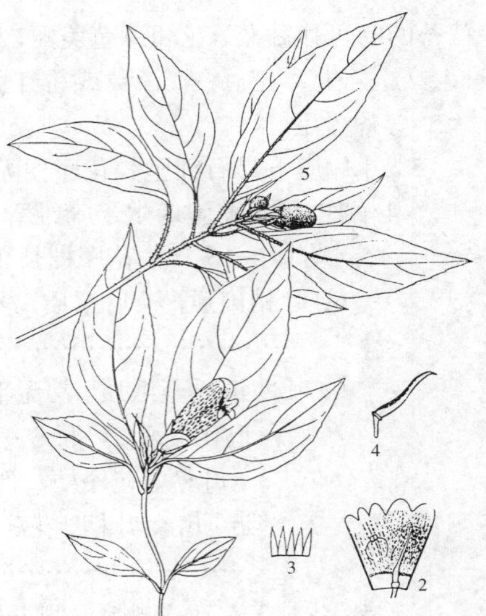

图 429: 1-4. 纤细半蒴苣苔 5. 毛苞半蒴苣苔 （引自《中国植物志》）

2. 纤细半蒴苣苔

图 429 :1-4 彩片 81

Hemiboea gracilis Franch. in Bull. Soc. Linn. Paris 1899: 124. 1899.

多年生草本。茎常不分枝，具3-5节，肉质，无毛，散生紫褐色斑点。

叶倒卵状披针形、卵状披针形或椭圆状披针形，长3-15厘米，全缘或具疏的波状浅钝齿，上面疏生短柔毛，下面绿白色或带紫色，无毛；侧脉每侧4-6；蠕虫状石细胞小量嵌生于维管束附近的基本组织中；叶柄长2-4厘米，无毛。聚伞花序假顶生或腋生，具1-3花；花序梗长0.2-1.2厘米，无毛；总苞径1-1.4（-2）厘米，无毛，开放后呈船形。花梗长2-5毫米，无毛；萼片线状披针形至长椭圆状披针形，长5-8毫米，无毛；花冠粉红色，具紫色斑点，长3-3.8厘米，筒部长2.2-2.8厘米，外面疏生腺状短柔毛，上唇长5-8毫米，下唇长0.8-1厘米，花丝长1.1-1.2厘米，花药长圆形，长（1.1-）1.7-2.5毫米，顶端连着；退化雄蕊2；雌蕊长2-2.5厘米，无毛，子房线形，柱头头状。蒴果长1.7-2.5厘米，无毛。花期8-10月，果期10-11月。

产江西西部、湖北西部及西南部、湖南西北部及西南部、广西西北部、四川、贵州东北部及西北部，生于海拔300-1300米山谷阴处石上。

[附]**毛苞半蒴苣苔** 图 429: 5 **Hemiboea gracilis** var. **pilobracteata** Z. Y. Li in Acta Phytotax. Sin. 21 (2): 207. 1983. 与模式变种的区别：近茎顶端叶柄、花序梗、总苞外面和萼片外面被白色长柔毛。产湖北西南部、湖南西部及贵州，生于海拔540-1000米林缘沟旁或山谷阴处。

图 430：1-8. 半蒴苣苔 9-11. 华南半蒴苣苔（引自《中国植物志》）

3. 半蒴苣苔 密齿降龙草 污毛降龙草

图 430 :1-8 彩片 82

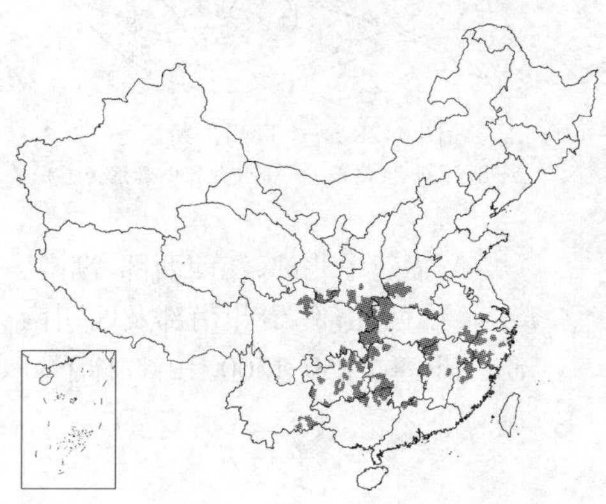

Hemiboea subcapitata Clarke in Hook. Icon. Pl. 18: sub pl. 1798. 1888.

Hemiboea henryi Clarke; 中国高等植物图鉴 4: 134. 1975; 中国植物志 69: 292. 1990.

Hemiboea subcapitata var. *denticulata* W. T. Wang ex Z. Y. Li; 中国植物志 69: 292. 1990.

多年生草本。茎高40厘米，散生紫褐色斑点，不分枝，具4-8节。叶椭圆形、卵状披针形或倒卵状披针形，长3-22厘米，全缘具浅钝齿，基部常不相等，侧脉每侧5；蠕虫状石细胞；散生于叶肉中，干时在叶表面可见大量分散的杆状突起；叶柄长1-7（-9）厘米，开裂后呈船形。花梗长2-5毫米，无毛。萼片长椭圆形，长0.6-1.2厘米，无毛，花冠白色，具紫斑，长3.5-4.2厘米，筒长2.8-3.5厘米，外面疏生腺状短柔毛，上唇长5-6毫米，下唇长6-8毫米；花丝长0.8-1.3厘米，无毛，花药顶端连着；退化雄蕊3；雌蕊长3-4厘米，子房无毛，柱头钝，略宽于花柱。蒴果长1.5-2.2厘米，无毛。花期9-10月，果期10-12月。

产河南、安徽南部、江苏南部、浙江、福建西北部、江西、湖北、湖南、广东北部、广西北部、贵州、云南、四川、陕西南部及甘肃南部，生于海拔100-2100米山谷林下或沟边阴湿处。全草入药治喉痛、麻疹、疔疮肿毒、蛇咬伤和烧烫伤；作猪饲料；叶作蔬菜。

[附] **短茎半蒴苣苔 Hemiboea subacaulis** Hand.-Mazz. in Anz. Akad. Wiss. Wien, Math.-Nat. 62: 66. 1925. 本种与半蒴苣苔的区别：花序梗疏被或密被柔毛；叶皮下无石细胞；花冠粉红色具紫斑；退化雄蕊2。花期9-10月，果期10-12月。产湖南、广西北部及贵州东部，生于海拔80-600米山谷石上。

4. 柔毛半蒴苣苔 图 431

Hemiboea mollifolia W. T. Wang in Bull. Bot. Res. (Herbin) 2 (2): 129. 1982.

多年生草本。茎高达40厘米，具3-5节，被开展的柔毛。叶椭圆状卵形或长圆形，长3-15厘米，基部斜宽楔形或一侧楔形，另一侧圆形，边缘浅波状或上部有浅波状小齿，两面扁被柔毛，侧脉每侧6-11；石细胞嵌生于维管束附近的基本组织中；叶柄长0.6-6厘米，无翅被开展的柔毛。聚伞花序假顶生或腋生，常具3花；花序梗长1-1.5厘米，被开展的柔毛；总苞径1-2厘米，外面被柔毛，开放时呈碗状。花梗长0.5-1.4厘米，疏生柔毛；萼片线状倒披针形，长1.4-1.5厘米，外面及边缘被腺状短柔毛；花冠长3.7-4.2厘米，粉红色，外面疏生腺状短柔毛，筒部长3-3.4厘米，上唇长5-6毫米，下唇长6-7毫米；花丝花药腹面完全连着；退化雄蕊2，雌蕊长约2.5厘米，无毛，柱头截形。蒴果长2.2-2.4厘米，无毛。花期8-10月，果期9-11月。

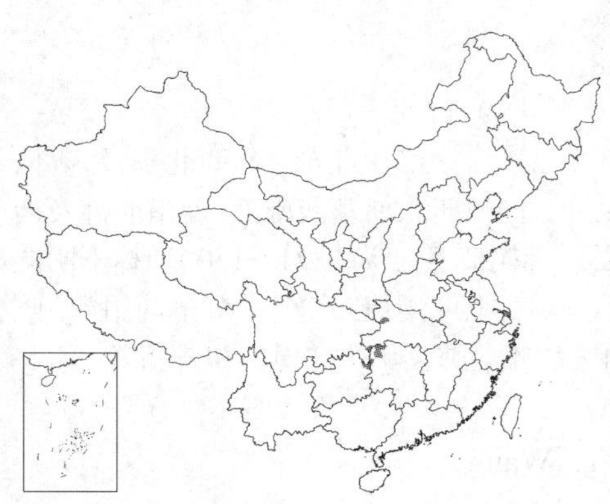

产湖北西部及西南部、湖南西北部及贵州东北部，生于海拔620-900米山谷石上。

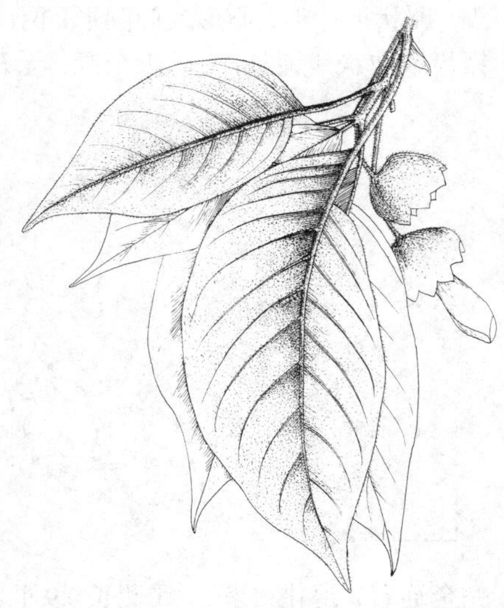

图 431 柔毛半蒴苣苔（孙英宝绘）

[附] **腺毛半蒴苣苔 Hemiboen strigosa** Chun ex W. T. Wang in Bull. Bot. Res (Harbin) 2 (2): 124. 1982. 本种与柔毛半蒴苣苔的区别：叶柄具翅，茎上部数对叶柄基部合生成船形；花序梗、花梗被腺状短柔毛，花萼裂片短，长7-9毫米。花期8-9月，果期9-12月。产江西南部、湖南南部及西部、广东北部，生于海拔360-900米山谷林下。

5. 毛果半蒴苣苔 图 432

Hemiboea flaccida Chun ex Z. Y. Li in Acta Phytotax. Sin. 21 (2): 210. pl. 3. f. 6-7. 1983.

多年生草本。茎不分枝，高达40厘米，具3-6节，密被褐色短柔毛或柔毛。叶椭圆形，长7-21厘米，边缘全缘或上部具少数波状浅钝齿，两面密被短柔毛；无石细胞；侧脉每侧5-8；叶柄长2-11，密生短柔毛或柔毛。聚伞花序腋生，具2-7（-21）花；花序梗长0.4-1.9厘米，散生腺状短柔毛。萼片长5-9毫米，外面散生腺状短柔毛；花冠白色，内面上方散生紫斑，外

面疏生腺状短柔毛，长3-3.4厘米，筒长2.3-2.5厘米，上唇长4-5毫米，2深裂，下唇长7-9毫米；3浅裂；花丝长1.3厘米，花药顶端连着；退化雄蕊2；子房被腺状短柔毛，柱头近头状。蒴果镰状，长1.6-2.2厘米，疏被腺状短柔毛。花期8-10月，果期9-11月。

产广西西部及贵州南部，生于海拔700-1420米石灰岩山地密林下石上。

图 432 毛果半蒴苣苔（孙英宝绘）

6. 华南半蒴苣苔 图 430:9-11

Hemiboea follicularis Clarke in Hook. Icon. Pl. 18: sub pl. 1798. 1888.

多年生草本。茎高60厘米，不分枝，无毛，具4-8节，散生紫色小斑点。卵状披针形、卵形或椭圆形，两面无毛，长3-18厘米，边缘具多数细锯齿或波状浅钝具，有时近全缘；无石细胞；侧脉每侧5-9；叶柄长1-10.5厘米，无毛。聚伞花序假顶生，具7-20余花；总苞径约2厘米，无毛；开放时呈坛状。花梗长1-5毫米，无毛；萼片白色，长1-1.1厘米，合生至中上部，无毛；花冠隐藏于总苞内，白色，长1.5-1.8厘米，筒部钟形，长1.1-1.2厘米，外面无毛，上唇长4-4.5毫米，下唇长5.5-6毫米；花丝长1-3.5毫米，花药腹面完全连着；退化雄蕊2，雌蕊长0.9厘米，无毛，花柱短于子房，柱头头状。蒴果长椭圆状披针形，长1（-1.5）厘米，稍弯曲，无毛。花期6-8月，果期9-11月。

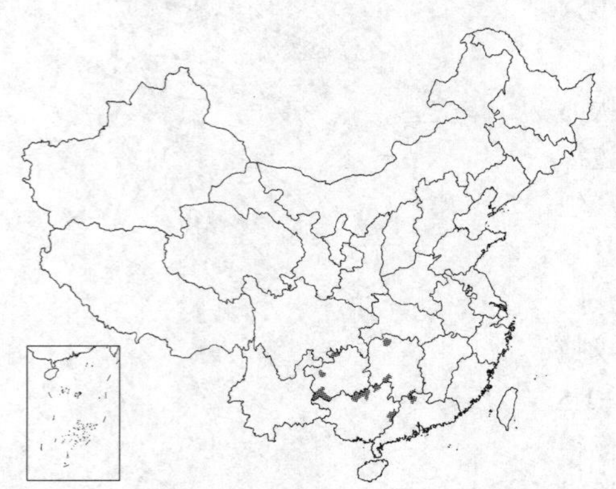

产广东北部、广西北部及东部、贵州西北部及西南部、湖南北部及西南部，生于海拔240-1500米林下阴湿石上或沟边石缝中。全草药用，治咳嗽、肺炎、跌打损伤和骨折等。

26. 密序苣苔属 **Hemiboeopsis** W. T. Wang

亚灌木。茎高25-80厘米，有不明显4条纵棱，上部密被贴伏淡褐色柔毛，叶对生，长圆形或长圆状披针形，长9-24厘米，宽3-6.5厘米，边缘在基部之上有浅波状小钝齿或近全缘，上面无毛或近无毛，下面沿脉疏被柔毛，羽状侧脉每侧8-12；叶柄长1.5-5.5厘米，被疏柔毛。聚伞花序密集腋生，3-7花；花序梗长1.5-2厘米，被柔毛；苞片2，对生近圆形或船形，互相邻接形成近球形总苞；长约2厘米，宽2.5厘米，无毛；花梗长3-5毫米，无毛。花萼5裂达基部，裂片匙状线形，长约2厘米，无毛；花冠漏斗状筒形，淡紫或白色，长3.5-4.5厘米，无毛，檐部二唇形，上唇2裂，长约5毫米，下唇3裂，长约10厘米，裂片圆卵形。下（前）方2雄蕊能育，花丝中部最宽，长约1.2厘米，花药背着，腹面连着，2药室极叉开，顶端汇合，药隔有1三角形附属物；退化雄蕊2，长约1厘米，被疏柔毛。花盘环状；雌蕊长2.1-2.6厘米，子房长0.9-1.1厘米，无毛，2室，中轴胎座，花柱下部散生小腺体，上部被稀疏短腺毛，上柱头半圆形，长0.5-0.6毫米，下柱头近扇形或倒梯形，长1.5-2.5毫米，腹面密被短柔毛。蒴果长约8厘米，有小瘤状突起。种子椭圆形。

我国特有单种属。

密序苣苔 图 433

Hemiboeopis longisepala (H. W. Li) W. T. Wang in Acta Bot. Yunnan. 6(4): 399. f. 1. 1984.

Lysionotus longisepala H. W. Li in Bull. Bot. Res. (Harbin) 3(2): 1. photo. 1. 1983.

形态特征与属同。花期4月。

产云南东南部，生于海拔250-800米山谷灌丛中、芭蕉林下或沟边阴处。

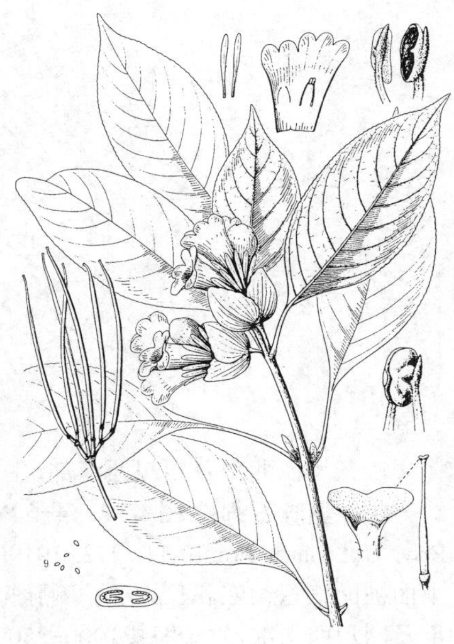

图 433 密序苣苔（吴彰桦绘）

27. 石蝴蝶属 Petrocosmea Oliv.

多年生草本，通常低矮。具短而粗的根状茎。叶均基生，具柄，具羽状脉。聚伞花序腋生，1至数条；1-2回分枝或不分枝，有小数或1朵花；有2苞片。花萼通常辐射对称，5裂达基部，稀左右对称，3裂达或近基部；花冠蓝紫或白色，筒部粗筒状，檐部比筒长，二唇形，上唇2裂，与下唇近等长或比下唇短约2倍，下唇3裂；下（前）方2雄蕊能育，着生花冠近基部处，内藏，花丝常比花药短，稀较长，花药顶端连着底着，2药室平行，顶端不汇合或汇合；退化雄蕊3或2，位于上（后）方，稀不存在；花盘不存在；雌蕊稍伸出花冠筒，子房卵圆形，1室，有2侧膜胎座和多数胚珠，花柱细长，柱头1，近球形。蒴果长椭圆形，室背开裂为2瓣。种子小，椭圆形，光滑。

约27种，产我国及印度东北部、缅甸、泰国及越南南部。我国24种，其中多数种分布狭窄。

1. 花冠上唇与下唇等长；雄蕊无毛。
  2. 叶脉在叶下面不明显。
    3. 叶扁圆形，圆菱形或近圆形，长1.2-3.4厘米，宽1.2-4.2厘米 …………………………… 1. **萎软石蝴蝶 P. flaccida**
    3. 叶宽菱形、菱状倒卵形、菱状卵形、卵形或近圆形，长0.7-3厘米，宽0.7-2.8厘米。
      4. 花冠内面无毛；花柱基部被短伏毛 ……………………………………………………… 2. **中华石蝴蝶 P. sinensis**
      4. 花冠内面在上唇和下唇之下被短柔毛；花柱被开展的长柔毛 …………… 2(附). **秦岭石蝴蝶 P. qinlingensis**
  2. 叶脉在叶下面明显 …………………………………………………………………………… 1(附). **显脉石蝴蝶 P. nervosa**
1. 花冠上唇比下唇短2-4倍；雄蕊被毛。
  5. 叶较大，长3.6-4.8厘米，宽3-4.5厘米；花萼裂片长5-6毫米 …………………………… 3. **蒙自石蝴蝶 P. iodioides**
  5. 叶较小，长达2厘米，宽1.5厘米；花萼裂片长2.5-4毫米 …………………………… 3(附). **滇黔石蝴蝶 P. martinii**

1. 萎软石蝴蝶 图 434:1-3

Petrocosmea flaccida Craib in Notes Roy. Bot. Gard. Edinb. 11: 272. 1919.

多年生草本。叶6-12，扁圆形、圆菱形或近圆形，长1.2-3.4厘米，全缘或浅波状，两面疏被短柔毛，侧脉每侧约3，在下面不明显；叶柄扁，长3-9厘米，疏被开展的短柔毛。花序5-12条；花序梗长4.5-7.5厘米，被开展的白色短柔毛，在中部附近有2苞片，顶端生1花。苞片长1-1.5毫米；花萼钟状，裂片窄三角形或披针形，

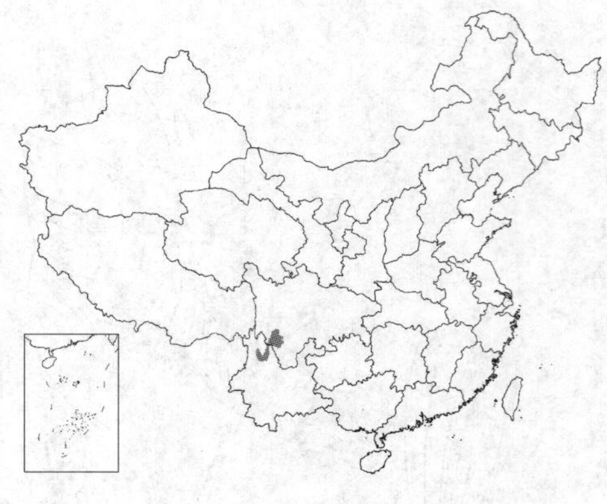

长3.2-4.2毫米，外面被开展的白色柔毛；花冠蓝紫色，长约9.5毫米，外面疏被短柔毛，筒部长约2.5毫米，上唇长约6毫米，2裂稍超过中部，裂片长圆形，下唇长约7毫米，3裂近基部，裂片长圆状倒卵形；雄蕊长约3毫米，无毛；退化雄蕊3；雌蕊长约8.5毫米，子房被短柔毛，花柱长约7毫米，下部被短柔毛。花期9月。

产云南西北部及四川西南部，生于海拔约3000米高山石崖上。

[附] **显脉石蝴蝶** 图 434：4-6 **Petrocosmea nervosa** Craib in Notes Roy. Bot. Gard. Edinb. 11: 272. 1919. 本种与萎软石蝴蝶的区别：叶10-20，上面被贴伏短柔毛和长柔毛；侧脉每边3-4条，在下面明显，产云南西北部及四川西南部，生于海拔1900-2500米山地林中石上或阴湿处。

图 434：1-3. 萎软石蝴蝶 4-6. 显脉石蝴蝶 （引自《中国植物志》）

2. 中华石蝴蝶 图 435

Petrocosmea sinensis Oliv. in Hook. Icon. Pl. 18: pl. 1716. 1887.

多年生草本。叶12-15，宽菱形、宽菱状倒卵形或近圆形，长0.9-2.5厘米，全缘或中上部有不明显波状浅齿，两面被短柔毛，侧脉每侧2-3；叶柄长0.5-3.5厘米，被短柔毛。花序4-10条；花序梗长4.5-7.5厘米，被开展的短柔毛，顶端有1花；苞片生花葶中部稍上处，长约2.5毫米；花萼裂片窄三角状线形，长约4.2毫米；花冠蓝或紫色，内面无毛；筒部长3-3.5毫米，上唇长6.5-7毫米，2裂超过中部，下唇长约6.5毫米，3深裂，所有裂片均长圆形；雄蕊无毛；退化雄蕊3，无毛；雌蕊长约9毫米，子房和花柱基部被贴伏短柔毛，花柱长6.5毫米，蒴果椭圆球形，长约4毫米，被短柔毛。种子窄椭圆形，长约0.4毫米。

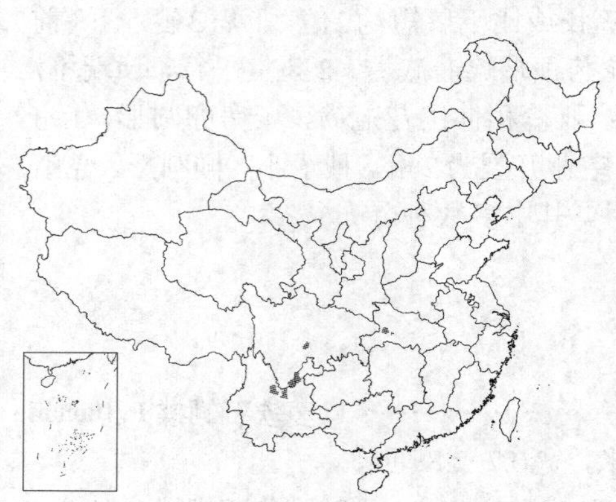

产湖北西部、四川及云南北部，生于海拔400-500米低山阴处石上。

[附] **秦岭石蝴蝶 Petrocosmea qinlingensis** W. T. Wang in Bull. Bot. Res. (Harbin) 1 (4): 36. 1981. 本种与中华石蝴蝶的区别：花冠内面在上唇和下唇之下被短柔毛；花柱被开展的白色长柔毛。产陕西西南部，生于海拔约650米山地岩石上。

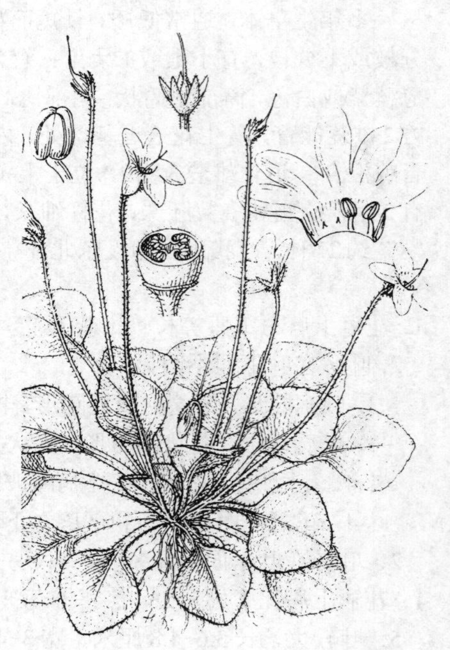

图 435 中华石蝴蝶 （冯晋庸绘）

3. 蒙自石蝴蝶 图 436：1-4

Petrocosmea iodioides Hemsl. in Hook. Icon. Pl. ser. 4, 6: pl. 2599. 1899. 多年生小草本。叶5-18，卵形、

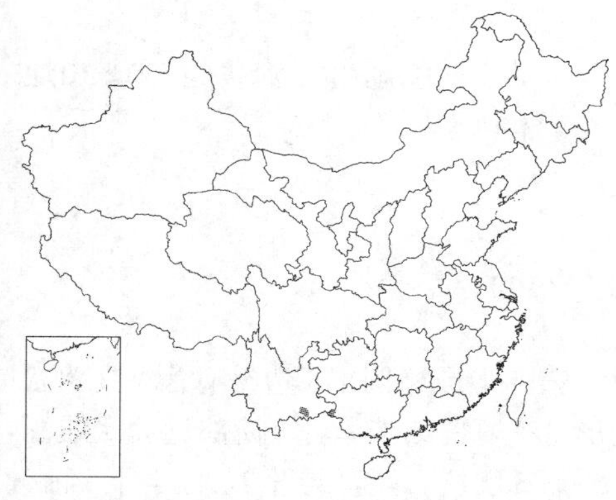

宽卵形、圆卵形或宽椭圆形，长1.5-4.5厘米，宽1-4.3厘米，边缘自基部至顶部密生多数小牙齿或小浅钝齿，两面密被白色短柔毛，侧脉每侧约5；叶柄长2-6.5厘米，密被柔毛。花序2-8条，每花序有（1-）2-4花；花序梗长4-4.7厘米，与花梗均被开展的长柔毛；苞片线形，长2.5-3毫米，被柔毛。花梗长0.8-1.6厘米；花萼裂片稍不等长，披针状窄线形，长5-6毫米，外面密被长柔毛；花冠蓝紫色，长1.2-1.5毫米，外面疏被短柔毛，筒部长约6.5毫米；上唇长约3毫米，不明显2浅裂，下唇长约1.2厘米，3浅裂，裂片互相覆压；雄蕊长约4.5毫米，花丝被极短的小毛；退化雄蕊2；雌蕊长约9毫米，子房长约2.5毫米，密被短柔毛，花柱长约6.5毫米，无毛。蒴果椭圆形，长约7毫米。花期5月。

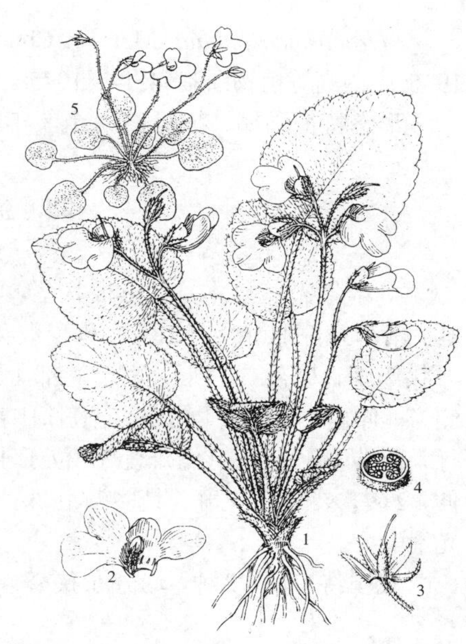

图 436：1-4. 蒙自石蝴蝶 5. 滇黔石蝴蝶（冯晋庸绘）

产广西西部及云南东南部，生于海拔1100-2300米山地林中或阴处石崖上。

[附] **滇黔石蝴蝶** 图 436：5 **Petrocosmea martinii** (Lévl) Lévl. in Fedde, Repert. Sp. Nov. 9: 329. 1911.——*Vaniotia martinii* Lévl. in Bull. Acad. Geogr. Bot. 12: 166. 1903. 与蒙自石蝴蝶的区别：叶片长0.7-2厘米，宽0.5-1.5厘米；花序梗长3-5厘米，与叶柄被开展的短柔毛；花萼裂片长2.5-4毫米。产云南东南部及贵州中西部，生于海拔约1000米山地石壁上。

28. 盾叶苣苔属 Metapetrocosmea W. T. Wang

多年生小草本。根状茎直或稍弯曲。叶8-15，均基生，椭圆形、窄椭圆形或椭圆状卵形，或少数小形叶宽卵形或近圆形，长1.2-4.5厘米，先端钝或圆，基部盾状，边缘浅波状或全缘，两面疏被短柔毛，侧脉每侧3-4；叶柄扁，长0.6-5厘米，与花葶和花梗均被短柔毛。聚伞花序腋生，似伞状，2-6条，每花序有1-7花；花序梗纤细，长4-8厘米；苞片2，窄三角形或线形，长0.7-1毫米。花梗长0.3-2.4厘米；花萼钟状，5裂达基部，裂片窄三角形，长1.5-2.5毫米，外面被白色柔毛；花冠白色，长约8毫米，外面被贴伏短柔毛，筒部长约4.5毫米，上唇2深裂长约2.2毫米，下唇长约3.5毫米，3深裂，所有裂片圆倒卵形；下（前）方2雄蕊能育花丝着生于距花冠基部0.4-0.6毫米处，长约1.8毫米，无毛，花药背着，被白色长柔毛；药室极叉开，顶端不汇合；退化雄蕊2；雌蕊长5.5毫米，子房圆形，长1毫米，密被贴伏白色短柔毛，2侧膜胎座稍内伸继极叉开，生有胎珠，花柱长4.5毫米，无毛，柱头1，蒴果近球形，径3毫米，被短柔毛。种子椭圆形，长约0.3毫米，光滑。

我国特有单种属。

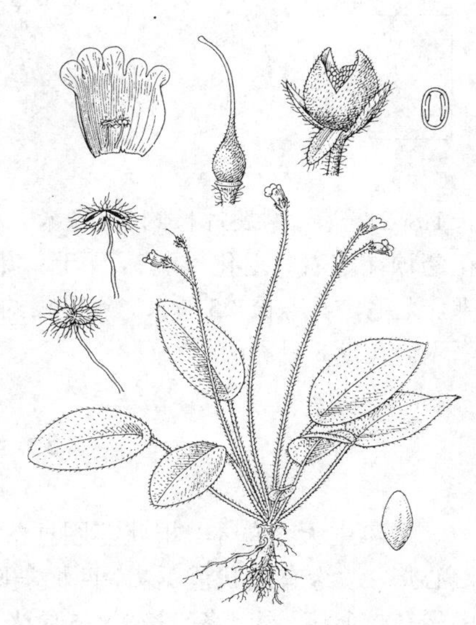

图 437 盾叶苣苔（冯晋庸绘）

盾叶苣苔 盾叶石蝴蝶　　图 437 彩片 83

Metapetrocosmea peltata (Merr. et Chun) W. T. Wang in Bull. Bot. Res. (Harbin) 1 (4): 39. 1981.

Petrocosmea peltata Merr. et Chun in Sunyatsenia 2 (3–4): 320. pl. 70. 1935; 中国高等植物图鉴 4: 143. 1975.

形态特征同属。花期12月至翌年2月。

产海南，生于海拔约700米山地林中溪边石上。

29. 全唇苣苔属 **Deinocheilos** W. T. Wang

多年生无茎草本，具短根状茎。叶丛生于根状茎顶端，具短或长柄，窄卵形或椭圆形，边缘有齿，具羽状脉。聚伞花序腋生，有2苞片和少数花。花萼钟状，5裂达基部，裂片线形；花冠白或淡紫色，筒部近筒状或漏斗状筒形，檐部二唇形，短于筒部上唇，正三角形或半圆形，不分裂，下唇3浅裂；能育雄蕊2，位于下（前）侧方，伸出，花丝着生于近花冠筒中部或中部稍上处，直，有1脉，花药底着，在腹面顶端连着或分生，药室平行，顶端不汇合；退化雄蕊3，位于上（后）方，或不存在；花盘杯状；雌蕊内藏，子房线形，2侧膜胎座不内伸，2裂，裂片极叉开，具多数胚珠，花柱比子房短，柱头1，扁头形。蒴果线形，室背开裂。种子小，纺锤形，光滑。

我国特有属，2种，均分布狭窄。

全唇苣苔 图 438

Deinocheilos sichuanense W. T. Wang in Guihaia 6 (1–2): 2. pl. 1. 1986.

多年生草本。叶约25，均基生，窄卵形或长圆状卵形，长2.2–4厘米，自基部以上有钝牙齿，下面疏被锈色柔毛，侧脉每侧约4；叶柄长0.2–6厘米，被长柔毛。花序约5条，每花序有5–8花；花序梗长5–6.2厘米，被开展褐黄色柔毛；苞片线形，长约3毫米。花梗长0.9–2.5厘米，疏被褐黄色长柔毛及短腺毛；花萼裂片线形或窄三角形，长1.9–2.4毫米，外面被疏柔毛；花冠白色，长1.3–1.45厘米。筒部长约1.1厘米，上唇正三角形，长约1.8毫米，啮蚀状，下唇长3.2–3.8毫米，3浅裂，中裂片长1.8–2毫米，侧裂片长约0.8毫米；雄蕊伸出，无毛，花丝长0.9–1厘米，花药顶端连着；退化雄蕊3，无毛；花盘近杯状，边缘波状；雌蕊长1.1厘米，无毛，子房长8.5毫米。蒴果长约3.8厘米，无毛。种子褐色，长约0.8毫米。花期8月。

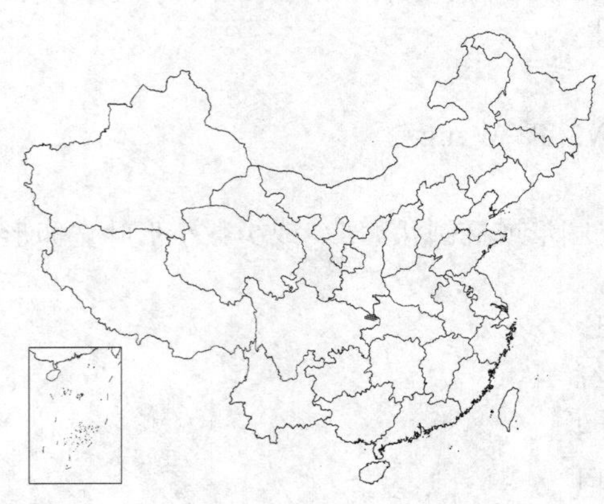

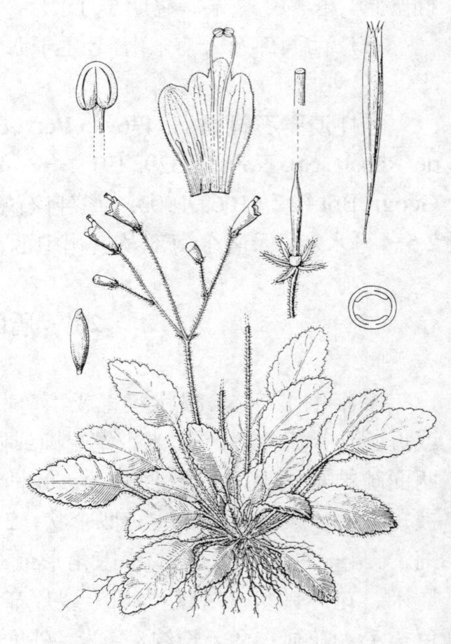

图 438 全唇苣苔 （冀朝祯绘）

产四川东部巫溪，生于山地石崖上。

30. 细筒苣苔属 **Lagarosolen** W. T. Wang

多年生无茎草本。根状茎圆柱形。叶约6，均基生，宽卵形、圆卵形或宽椭圆形，长4.5–11厘米，斜心形或斜浅心形，边缘有波状浅锯齿，两面被贴伏白色短硬毛，侧脉每侧约5；叶柄长2–14.2厘米，被开展短硬毛。聚伞花序稀疏，伞状，约4条，长2.8–5厘米，2–3回分枝，每花序有5–10花；花序梗长3.5–5厘米，被硬毛；苞片对生，椭圆形或长圆形，长1.4-2.5厘米。小苞片对生，长圆状披针形，长0.9-1.7厘米；花梗长2-6毫米，被短硬毛和短腺毛；花萼钟状，5裂达基部，裂片披针状窄条形，长7-8毫米，外面疏被硬毛，内面上部被糙伏毛；花冠紫色，长2.5-3毫米，内面上部和外面均被短柔毛，筒部细筒状，长约2.2厘米。上唇长4-5毫米，2裂达基部，下唇长7-9毫米，3裂近或稍超过中部，裂片窄三角形。能育雄蕊2，无毛，花丝着生于距花冠基部1.1-1.4厘米处，长约2.5毫米，等宽，花药腹面连着；退化雄蕊3；花盘近杯状，边缘有小齿；雌蕊长1.2-1.8厘米，子房线形，长3.5-4毫米，2侧膜胎座稍内伸后2裂，柱头2，卵圆形。

我国特有单种属。

细筒苣苔 图 439

Lagarosolen hispidus W. T. Wang in Acta Bot. Yunnan. 6 (1): 12. f. 1. 1984.

形态特征与属同。花期8月。

产云南东南部，生于海拔约1500米的山坡常绿阔叶林下。

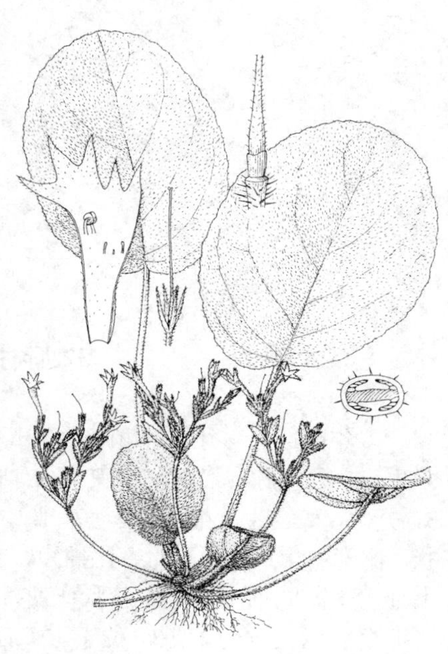

图 439 细筒苣苔（冯晋庸绘）

31. 报春苣苔属 Primulina Hance

多年生无茎草本，有菸草气味。叶均基生，圆卵形或正三角形，长5-10厘米，边缘浅波状或羽状浅裂，裂片扁正三角形，两面均被短柔毛，下面还有腺毛，侧脉每侧约3；叶柄长2.5-14厘米，扁平，边缘有波状翅。聚伞花序伞状，1-2回分枝，有3-9花；花序梗被短柔毛和短腺毛；苞片对生，窄长圆形或线状披针形，长1.5厘米，有腺毛。花萼长约6.5毫米，5深裂，两面被短柔毛，裂片窄披针形或线状披针形，长约5.5毫米，顶端有腺体，边缘上部每侧有1-2个三角形小齿，齿端有腺体；花冠高脚碟状紫色，两面被短柔毛，筒部细筒状，长约9毫米，檐部平展，径约1.6厘米，不明显二唇形，上唇长约7毫米，2深裂，长约5毫米，下唇长约9毫米，3深裂，裂片长约6毫米，裂片窄倒卵形，下（前）方2雄蕊能育无毛，着生于花冠近基部，花丝长约0.8毫米，等宽，花药连着，药室极叉开，顶端汇合；退化雄蕊3；花盘由2近方形腺体组成；雌蕊长约2.6毫米，子房长约1.5毫米，与花柱被短柔毛，2侧膜胎座内伸后2裂，花柱长约0.5毫米，柱头2浅裂。蒴果长椭圆球形，长3.2-6毫米。种子窄椭圆球形，长约0.4毫米，有密集小乳头状突起。

我国特有单种属。

报春苣苔 图 440

Primulina tabacum Hance in Journ. Bot. 21: 169. 1883.

形态特征与属同。花期8-10月。

产广东北部。

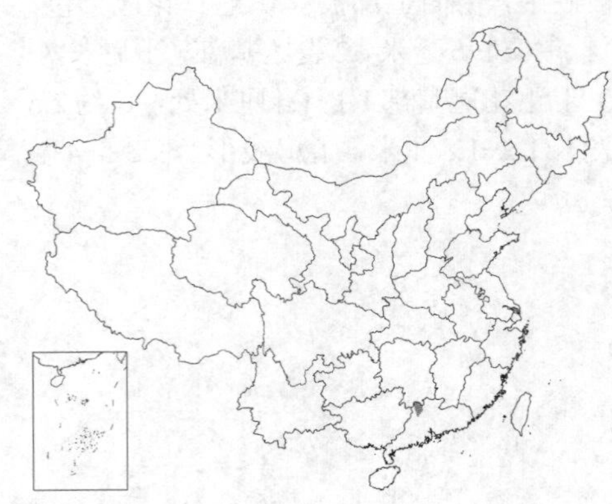

图 440 报春苣苔（冯晋庸绘）

32.唇柱苣苔属 Chirita Buch.-Ham. ex D. Don

多年生或一年生草本植物，无或具地上茎。叶为单叶，稀为羽状复叶，不分裂，稀羽状分裂，对生或簇生，稀互生，具羽状脉。聚伞花序腋生，有时多少与叶柄合生，有少数或多数花，或只具1花；苞片2，对生，稀为1或3，分生，稀合生。花萼5裂达基部，或5深裂至（3-）5浅裂；花冠紫、蓝或白色，筒部筒状漏斗形、筒状或细筒状，檐部斜上展，二唇形，比筒短，上唇2裂，下唇3裂；能育雄蕊2，位于下（前）方，花丝着生花冠筒中部或上部，窄线形，常中部宽，膝状弯曲，花药以整个腹面连着或仅以药隔顶端突起相连，常被髯毛，2药室极叉开，顶端汇合；退化雄蕊2或3，位于上（后）方；花盘环状；雌蕊通常无柄，子房线形，1室，具2（-1）侧膜胎座，稀2室，具中轴胎座，下（前）室不发育；柱头1，位于下（前）方，不分裂或2裂。蒴果线形，近常比宿存花萼长多倍室背开裂。种子小，椭圆形，常有纵纹。

约140种，分布于不丹、中国、印度、印度尼西亚、老挝、马来西亚、尼泊尔、缅甸、泰国及越南。我国99种，其中多数为狭域种。

1. 花序梗不与叶柄合生；花药以整个腹面连着；多年生草本，稀为一年生草本。
  2. 花萼5裂至基部，无萼筒。
    3. 叶全缘或浅波状，或具小齿。
      4. 无地上茎，叶簇生根状茎顶端。
        5. 花萼裂片边缘上部有小齿，花萼长0.7-1.1厘米，裂片披针状线形，叶上面密被短柔毛并散生长糙毛……………………………………………………………………………… 5. **蚂蝗七 C. fimbrisepala**
        5. 花萼裂片全缘。
          6. 花序苞片卵形、椭圆形、长椭圆形或近圆形，常较大（宽达1.6-2.8厘米）。
            7. 花萼裂片卵形，长4-5毫米，先端钝或圆；子房2室，远轴室不育 …… 3(附). **唇柱苣苔 C. sinensis**
            7. 花萼裂片窄披针形、窄三角形或三角形，先端尖；子房1室。
              8. 叶边缘有钝齿；柱头不裂，舌状 ………………………………………… 2. **钻萼唇柱苣苔 C. subulatisepala**
              8. 叶边缘全或有波状浅齿；柱头2裂。
                9. 叶卵形或窄卵形，长3.5-17厘米，全缘；花冠紫或淡紫色，稀白色，长3-4.5厘米，喉部黄色，长3-4.5厘米，上唇裂片相对有2纵条毛 ……………………………………… 3. **牛耳朵 C. eburnea**

9. 叶椭圆状卵形、椭圆形或卵状，长2.6-10厘米，边缘有浅钝齿或小牙齿；花冠白色，长3-3.8厘米，内面上唇具紫斑，基上有腺毛 ………………………………… 4. **隆林唇柱苣苔 C. lunglinensis**

6. 花序苞片线形、窄披针形或窄三角形，宽在6毫米以下。

10. 叶片长1-2.5厘米；花冠长2-2.5厘米，筒部细筒状；花丝不膝状弯曲 ………………………………………………………………………… 10. **神农架唇柱苣苔 C. tenuituba**

10. 叶片长在5厘米以上；花冠长2.3-6厘米，筒漏斗状筒形、近筒状或钟状。花丝膝状弯曲。

11. 花冠筒部钟状；柱头不分裂 ………………………………… 1. **钟冠唇柱苣苔 C. swinglei**

11. 花冠筒部漏斗状筒形或近筒状；柱头2裂。

12. 叶两面被短柔毛；毛极密，长0.2-0.5毫米；花冠紫色，长4-6厘米 ………………………………………………………… 6. **桂林唇柱苣台 C. guilinensis**

12. 叶两面均被长柔毛和短柔毛，较短的毛长达0.3-0.9毫米，较长的毛长达2-4毫米，花冠粉红色，长2.3-3.3厘米 ………………………………… 7. **桂粤唇柱苣苔 C. fordii**

4. 地上茎存在，叶对生。

13. 多年生草本；叶全缘或浅波状；花冠白色；花丝被毛，上部有短腺毛 … 11. **康定唇柱苣苔 C. tibetica**

13. 一年生草本；叶边缘有牙齿；花冠紫或淡紫色；雄蕊无毛 ………… 11(附). **滇川唇柱苣苔 C. forrestii**

3. 叶边缘羽状浅裂或具大齿。

14. 叶边缘有大齿，或中下部羽状浅裂长0.8-1.3厘米，全缘；子房长4-8毫米，1室，有2能育侧膜胎座；蒴果长1-1.3厘米；柱头不明显2浅裂 ………………………………… 8. **大齿唇柱苣苔 C. juliae**

14. 叶边缘不规则羽状浅裂；花萼长4-7毫米，边缘有每侧有1-2（3）小齿；子房长约1.1厘米，2室，远轴室不育；蒴果长3-4厘米；柱头深2裂 ………………………………… 9. **羽裂唇柱苣苔 C. pinnatifida**

2. 花萼5裂不达基部，有萼筒。

15. 基生叶2，大，具长柄，茎生叶小；花冠白色 ………………… 12(附). **大叶唇柱苣苔 C. macrophylla**

15. 叶均茎生，基生叶不存在。

16. 多年生草本；叶下面有橙黄色小腺点；花萼5浅裂；花丝不膝状弯曲 ………………………………………………………… 12. **长圆叶唇柱苣苔 C. oblongifolia**

16. 一年生草本；叶无腺点；花萼5裂至中部或下部；花丝膝状弯曲。

17. 叶无紫斑；花萼外面无毛，顶端不呈角状，不向外弯曲………………… 13. **光萼唇柱苣苔 C. anachoreta**

17. 叶有紫斑；花萼外面被稍密的长柔毛，裂片先端实状渐尖 ………………… 14. **斑叶唇柱苣苔 C. pumila**

1. 花序梗与叶柄合生；花药以药隔顶端突起相连；一年生草本 ………………… 15. **钩序唇柱苣苔 C. hamosa**

1. 钟冠唇柱苣苔　图 441 : 1-3

Chirita swinglei (Merr.) W. T. Wang in Bull. Bot. Res. (Harbin) 1 (4): 62. 1981.

Didymocarpus swinglei Merr. in Philipp. Journ. Sci. Bot. 13: 156. 1918.

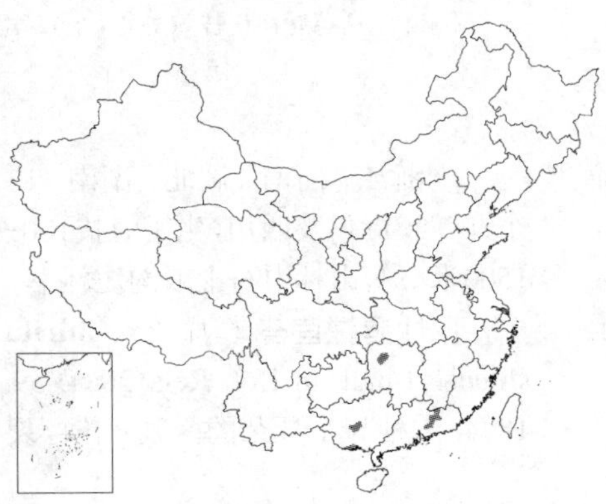

多年生草本。叶均基生，椭圆形或椭圆状卵形，有时近圆形，长6-13（-17）厘米，边缘有不整齐波状小齿，有时具牙齿，两面与叶柄均被稍密或稀疏的短伏毛，侧脉每侧3-7；叶柄扁，长0.8-5厘米。花序有（1-）3-6花；花序梗长2.8-17厘米，被短柔毛；苞片线形或线状披针形，长2-6毫米，被短毛。花梗长2-4（-8）厘米，被开展的短柔毛；花萼长0.6-1厘米，5裂至基部，裂片披针状线形，外面密被短柔毛；花冠淡蓝或紫色，长2.8-4.2厘米，外面疏被短柔毛，筒部钟状，长1.2-2.2厘米，上唇长0.7-1.1厘米，下唇长1-2.2厘米；雄蕊长约9毫米，在基部之上稍膝状弯曲，疏被短毛，雌蕊长1.5-1.7厘米，子房密被、花柱疏被短柔毛，柱头不分裂。蒴果长2-3厘米，被短柔毛。花期5-8月。

产湖南、广东及广西，生于山谷林中或陡崖上。越南北部有分布。

2. 钻萼唇柱苣苔 图 442

Chirita subulatisepala W. T. Wang in Bull. Bot. Res. (Harbin) 4(1): 18. pl. 2. f. 1-3. 1984.

多年生草本。叶约5，均基生，斜卵形，长2.2-6.5厘米，边缘有钝牙齿，两面被贴伏短柔毛，侧脉每侧约3；叶柄长0.2-2.8厘米，密被贴伏短柔毛。聚伞花序1-2回分枝，每花序有（1-）4-6花；花序梗长3-9厘米，疏被短柔毛；苞片椭圆形或椭圆状卵形，长1.7-2.3厘米，边缘上部有少数小齿，两面被短伏毛。花梗密被短柔毛及短腺毛；花萼5裂达基部，裂片披针状窄线形，长0.9-1.5厘米，先端常钻状渐尖，外面密被短柔毛；花冠紫色，长约4厘米，外面被短柔毛，筒漏斗状筒形，长约2.7厘米，上唇长约1.1厘米，2深裂，下唇长约1.3厘米，3裂近中部，裂片卵形；花丝长约1.2厘米，有疏柔毛；雌蕊长约3厘米，子房1室，长约1厘米，密被短柔毛，花柱被疏柔毛，柱头舌形，不分裂。花期6月。

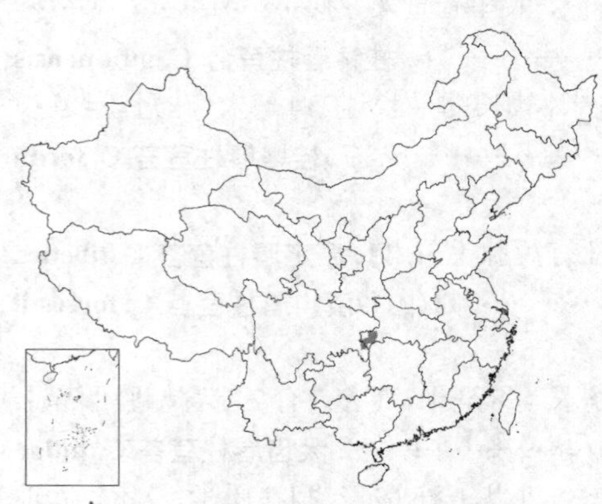

产四川东南部及湖北西南部，生于海拔约700米山地岩壁阴湿处。

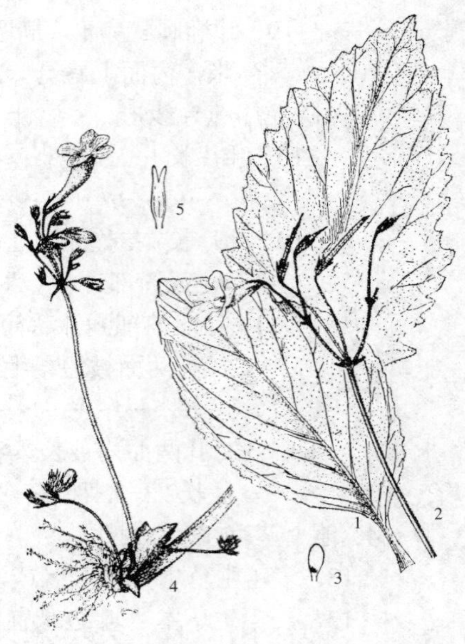

图 441：1-3. 钟冠唇柱苣苔 4-5. 大齿唇柱苣苔 （冯晋庸绘）

3. 牛耳朵 图 443 彩片 84

Chirita eburnea Hance in Journ. Bot. 21: 168. 1883.

多年生草本。叶均基生，卵形或窄卵形，长3.5-17厘米，宽2-9.5厘米，全缘，两面均被贴伏的短柔毛，侧脉约4对；叶柄长1-8厘米，密被短柔毛。聚伞花序2-6条，不分枝或一回分枝，每花序有（1-）2-13（-17）花；花序梗长6-30厘米，被短柔毛；苞片长1-4.5厘米，密被短柔毛。花梗长达2.3厘米，密被短柔毛及短腺毛；花萼长0.9-1厘米，5裂达基部，裂片窄披针形，外面被短柔毛及腺毛；花冠紫或淡紫色，稀白色，喉部黄色，长3-4.5厘米，与上唇2裂片相对，有2纵条毛，筒部长2-3厘米，上唇长5-9毫米，2浅裂，下唇长1.2-1.8厘米，3裂；花丝长0.9-1厘米，被疏柔毛，膝状弯曲；雌蕊长2.2-3厘米，密被短柔毛，柱头2裂。蒴果长4-6厘米，被短柔毛。花期4-7月。

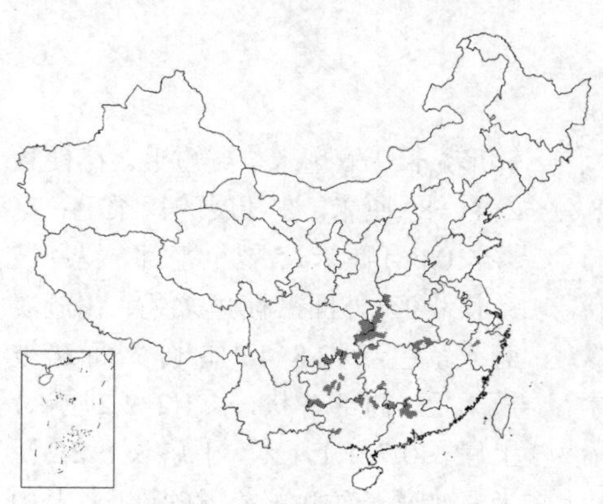

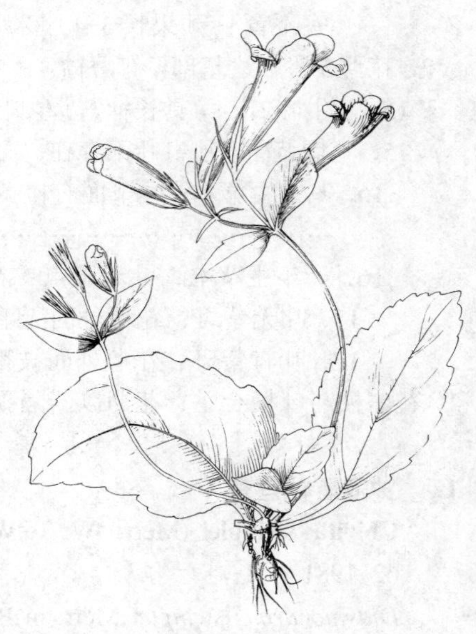

图 442 钻萼唇柱苣苔 （孙英宝绘）

产浙江、河南、湖北、湖南、广东、广西、贵州及四川，生于海拔100-1500米石灰山林中石上或沟边林下。

[附] **唇柱苣苔** 彩片 85 **Chirita sinensis** Lindl. in Bot. Reg. 30: t. 59. 1844. 本种与牛耳朵的区别：花萼裂

片卵形，长4-5毫米，先端钝或圆；花冠白色或带淡紫色，下唇内面具2黄色纵条；子房2室，远轴室不发育。产广东，生于海拔100-500米荫湿岩石上或溪谷。

图 443 牛耳朵（冯晋庸绘）

4. 隆林唇柱苣苔 图 444

Chirita lunglinensis W. T. Wang in Bull. Bot. Res. (Harbin) 1 (4): 53. sf. 9. 1981.

多年生草本。叶3-5，均基生；椭圆状卵形、椭圆形或卵形，稀宽卵形，长2.6-10（-12）厘米，边缘有浅钝齿或小牙齿，两面被贴伏短柔毛，侧脉每侧3-4；叶柄长0.6-8厘米。花序1-4条，每花序有2-8花；花序梗长5-20厘米，疏被短柔毛；苞片长1-3.8厘米，边缘有少数小齿，被短柔毛。花梗长0.6-1厘米，被短腺毛；花萼长3-9毫米，5裂达基部，裂片窄披针形或窄三角形，外面被短柔毛。花冠白色，长3-3.8厘米，外面被短柔毛，内面上唇有紫斑，其上有短腺毛，筒部窄漏斗状，长约2.8厘米，上唇长约6毫米，2浅裂，下唇长约1.1厘米，3裂至中部；花丝长约1.3厘米，在中部之下膝状弯曲，疏被短腺毛，花药背部被髯毛；雌蕊长2.7厘米，子房及花柱密被短柔毛，柱头2浅裂。花期6月。

产广西西北部、贵州南部及西南部，生于海拔330-520米石山谷中或山坡林边石上。

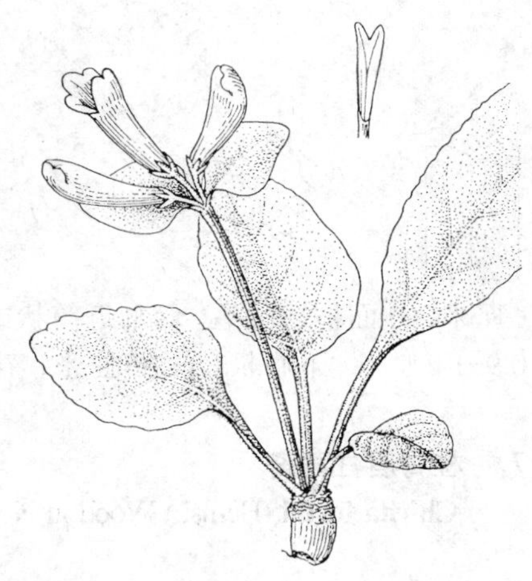

图 444 隆林唇柱苣苔（引自《中国植物志》）

5. 蚂蝗七 图 445：1-3 彩片 86

Chrita fimbrisepala Hand-Mazz. in Anz. Akad. Wiss. Wien, Math.-Nat. 62: 65. 1925.

多年生草本。叶均基生，卵形、宽卵形或近圆形，长4-10厘米，边缘有小或粗牙齿，上面密被短柔毛并散生长糙毛，下面疏被短柔毛，侧脉每侧3-4；叶柄长2-8.5厘米，有疏柔毛。聚伞花序1-4（-7）条，每花序有（1-）2-5花；花序梗长6-28厘米，被柔毛；苞片窄卵形或窄三角形，长0.5-11厘米，被柔毛。花梗长0.5-3.8厘米，被柔毛；花萼长0.7-1.1厘米，5裂至基部，裂片披针状线形，边缘上部有小齿，被柔毛；花冠淡紫或紫色，长（3.5-）4.2-6.4厘米，在内面上唇紫斑处有2纵条毛，筒部细漏斗状，长2.5-3.8

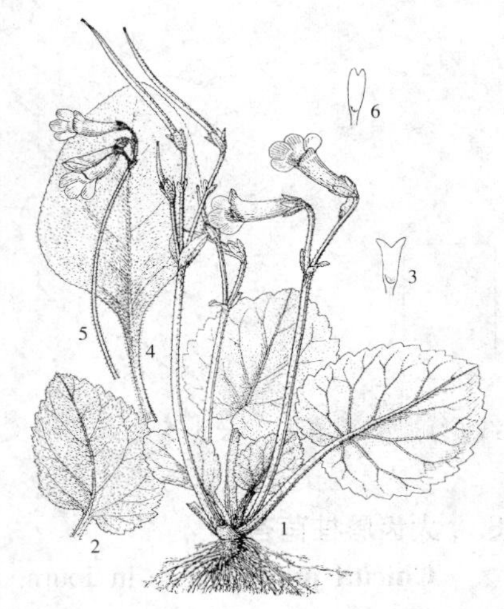

图 445：1-3. 蚂蝗七 4-6. 桂粤唇柱苣苔（冯晋庸绘）

厘米，上唇长0.7-1.2厘米，下唇长1.5-2.4厘米；长约1.3厘米，在基部之上稍膝状弯曲；雌蕊长2.7-3厘米，子房及花柱密被短柔毛，柱头2裂。蒴果长6-8厘米，被短柔毛。种子纺锤形，长6-8毫米。花期3-4月。

产安徽南部、福建、江西、湖南、广东北部、广西及贵州，生于海拔400-100米山地林中石上或石崖上，或山谷溪边。根状茎治小儿疳积、胃痛、跌打损伤。

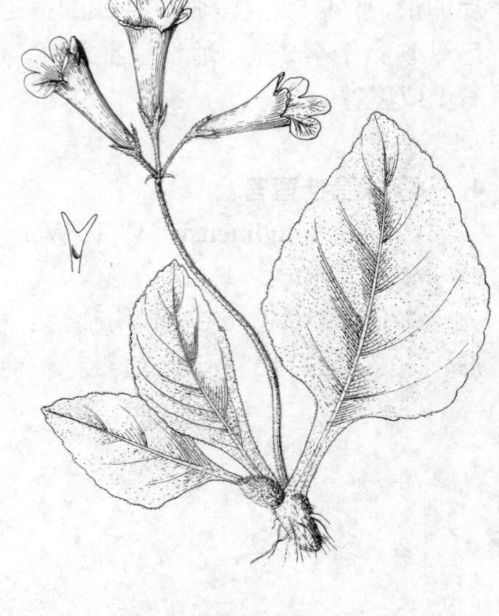

图 446 桂林唇柱苣苔 （孙英宝绘）

6. 桂林唇柱苣苔 图 446 彩片 87

Chirita guilinensis W. T. Wang in Bull. Bot. Res. (Harbin) 1 (4): 43. photo. 2. 1981.

多年生小草本。叶约6，均基生，窄椭圆形或菱状椭圆形，长2.5-7.5厘米，边缘具浅印齿，两面密被短柔毛，侧脉每侧4-6；叶柄长0.5-4厘米。花序1-4条，每花序有1-5花；花序梗长1.5-6厘米，与花梗均密被开展短柔毛；苞片线形或长椭圆形，长2-4毫米，被短柔毛。花梗长0.3-1厘米；花萼长5-7毫米，5裂至基部，裂片窄披针形，外面被短柔毛；花冠紫色，长4-6厘米，外面被短柔毛，筒部近筒状或细漏斗状，长2.5-3.8厘米，上唇长0.9-1.2厘米，下唇长1.1-1.5厘米；花丝长1.1-1.2厘米，在中部稍膝状弯曲；雌蕊长2-3厘米，子房长1.5-2.6厘米，与花柱密被柔毛，柱头2深裂，裂片三角形。花期3-4月。

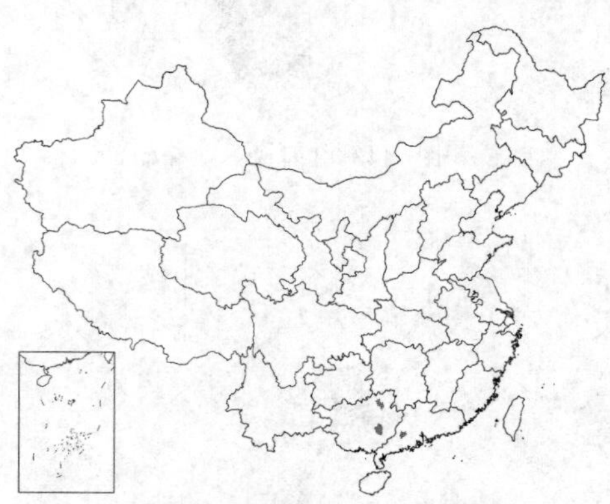

产广东西部及广西，生于海拔约800米石灰山林下或阴处。根状茎在民间供药用，治咳嗽，跌打损伤。

7. 桂粤唇柱苣苔 图 445：4-6 彩片 88

Chirita fordii (Hemsl.) Wood in Notes Roy. Bot. Gard. Edinb. 31: 371. 1972.

Didymocarpus fordii Hemsl. in Journ. Linn. Soc. Bot. 26: 229. 1890.

多年生草本，叶均基生；卵形，长7-11厘米，边缘有不明显钝齿，上面密被白色短和长柔毛，下面被短柔毛，混生少数长柔毛，侧脉每侧4；叶柄长2.5-5厘米，与花序梗均被开展的柔毛。花序3-4条，每花序有3-4花；花序梗长5-13厘米；苞片线形或窄三角形，长3-5毫米，被柔毛；花梗长0.3-1.6厘米，有柔毛；花萼长3.5-5毫米，5裂至基部，裂片披针状线形，外面被柔毛；花冠粉红色，长2.3-3.3厘米，下唇之内有2条黄色纵褶，上唇有紫色斑，外面疏被短柔毛，内面只在紫色斑处有疏柔毛，筒部近筒状或漏斗状筒状；长达2厘米，上唇长约9毫米，下唇长约14毫米；花丝长约1.1厘米，基部之上膝状弯曲；雌蕊长约2厘米，子房与花柱密被短柔毛，柱头2裂。花期7月。

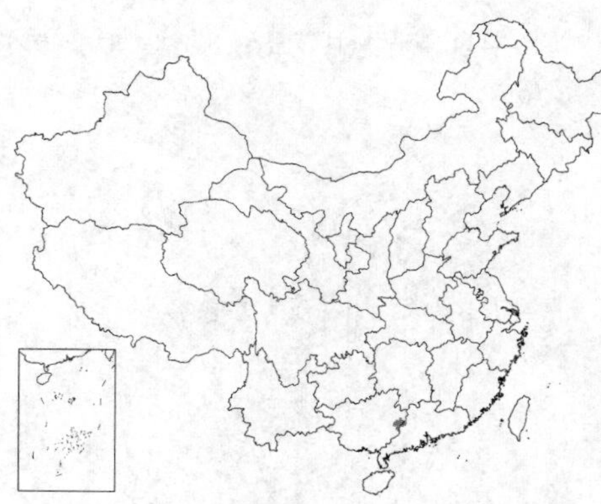

产广东西部及广西东部，生于海拔约400米山谷水边石上。

8. 大齿唇柱苣苔 图 441：4-5

Chirita juliae Hance in Journ. Bot. 21: 168. 1883.

多年生草本。叶基生，卵形、椭圆状卵形或椭圆形，长6-15厘米，边缘有牙齿或中下部羽状浅裂，两面被贴伏短柔毛，侧脉每侧4-5；叶柄长3-17厘米。聚伞花序2-3条，1-2回分枝，每花序有2-12花；花序梗长

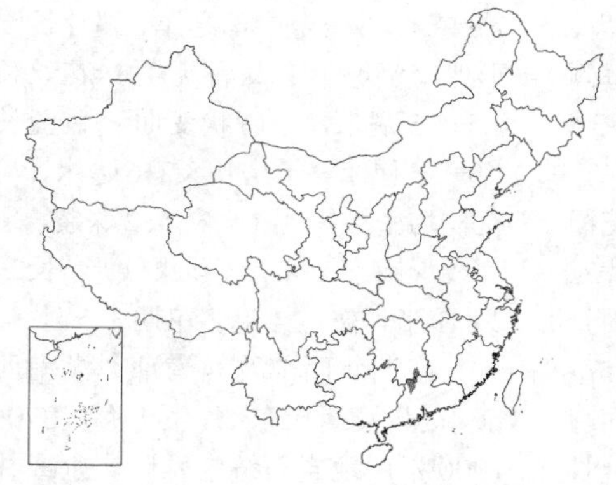

4-11厘米，与花梗均被开展的短柔毛；苞片窄披针状线形，长0.6-1.3厘米，被短柔毛。花梗长1-3毫米；花萼长0.8-1.3厘米，5裂达基部，裂片披针状线形，全缘，外面被短柔毛；花冠蓝或浅蓝色，长3.5-4.5厘米，外面疏被短柔毛，筒部近筒状或漏斗状筒形，长2.2-3.3厘米，上唇长7-8毫米，下唇长1-1.2厘米；花丝长1-1.3厘米，在基部之上膝状弯曲；雌蕊长3-3.2厘米，子房密被短柔毛，1室，有2能育侧膜胎座，花柱长2.5-2.7厘米，被短柔毛，柱头2裂。蒴果披针状线形，长0.9-1.3厘米，密被短柔毛。花期7-10月。

产江西东北部、湖南南部及西南部、广东北部，生于海拔约550米低山山谷溪边石上阴处。

9. 羽裂唇柱苣苔 图 447 彩片 89

Chirita pinnatifida (Hand.-Mazz.) Burtt in Notes Roy. Bot. Gard. Edinb. 23: 99. 1960.

Didymocarpus pinnaiifidus Hand.-Mazz. in Sinensia 5: 8. 1934.

多年生草本。叶基生，长圆形、披针形或窄卵形，长3-18厘米，边缘不规则羽状浅裂，或有牙齿或呈波状，两面疏被短伏毛，侧脉每侧3-5；叶柄长2-10厘米，被柔毛。花序有1-4花；花序梗长4.5-20厘米，被柔毛；苞片长圆形、卵形或倒卵形，长0.5-1.4（-2.3）厘米，被柔毛。花梗长5-10厘米，被柔毛及腺毛；花萼长4-7毫米，5裂至基部，裂片线状披针形，边缘每侧有1-2（3）小齿，被短柔毛；花冠紫或淡紫色，长3.2-4.5厘米，外面被短柔毛，筒部长2-2.8厘米，上唇长0.6-1厘米，下唇长1.2-1.5厘米；花丝长1-1.1厘米，在基部之上膝状弯曲；雌蕊长2.4-3厘米，子房长约1.1厘米，2室，远轴室不育，与花柱密被短柔毛，柱头顶端不明显2浅裂。蒴果长3-4厘米，被短柔毛。花期6-9月。

产浙江南部及西部、福建西北部、江西东北部、湖南南部、广东北部、广西及贵州东南部，生于海拔600-1500米山谷林中石上或溪边。全草在民间供药用，治路打损伤等症。

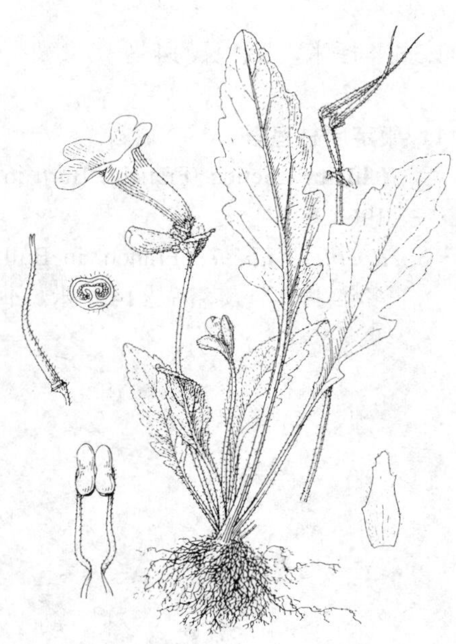

图 447 羽裂唇柱苣苔 （冯晋庸绘）

10. 神农架唇柱苣苔 图 448

Chirita tenuituba (W. T. Wang) W. T. Wang, Fl. Reibubl. Popul. Sin. pl. 69: 388. 1990.

Deltocheilos tenuifubum W. T. Wang in Bull. Bot. Res. (Harbin) 1(3): 40. pl. 7. f. 8-12. 1981.

多年生小草本。叶约5，基生，卵形、圆卵形或近圆形，长1-2.5厘米，

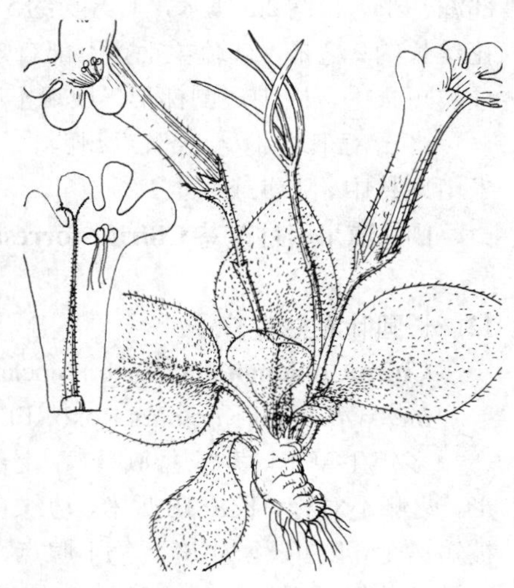

图 448 神农架唇柱苣苔
（引自《中国植物志》）

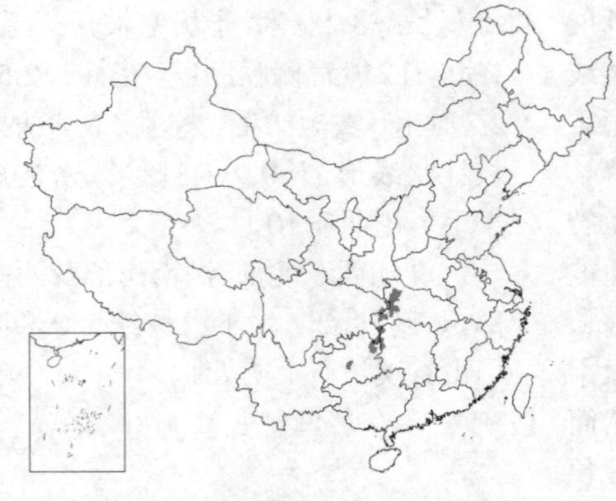

全缘或有小数浅波状钝齿，两面被贴伏柔毛，侧脉每侧约3；叶柄长3-9毫米。花序2-4条，每花序有1-3花；花序梗长0.6-1.4厘米，与花梗均密被开展短柔毛；苞片三角形，长0.8-3毫米。花梗长2-5.5毫米；花萼长4.5-5.5毫米，5裂达2.5厘米，外面疏被短柔毛，筒部细筒状，长1.3-1.8厘米，上唇长约4毫米，2裂至中部，稀不裂，裂片卵形，下唇长5-7.5毫米，3裂至中部之下，裂片长圆形或窄倒卵形；雄蕊无毛；花丝长4.5-5.5毫米，不膝状变曲；雌蕊长1.9-2.2厘米，子房长3.2-6毫米，与花柱均密被短柔毛，柱头2深裂，裂片线形或窄三角形。蒴果线形，长2-2.8厘米，被短柔毛。花期3-5月。

产湖北西部及西南部、湖南西部、贵州及四川东部，生于海拔370-1000米山地岩石缝中、陡崖上或林下。

11. 康定唇柱苣苔 图 449

Chirita tibetica (Franch.) Burtt in Notes Roy. Bot. Gard. Edinb. 23: 99. 1960.

Roettlera tibetica Franch. in Bull. Mus. Hist. Nat. Paris 5: 251. 1899.

多年生草本。茎高达14厘米，不分枝。叶2-3对，椭圆形、窄卵形或卵形，长2.2-6.2厘米，全缘或浅波状，两面疏被短柔毛，侧脉每侧5-6；叶柄长0.2-1.3厘米。聚伞花序生茎顶叶腋，有1-3花；花序梗长2.4-5.5厘米，疏被短柔毛；苞片长椭圆形，长3-7毫米，被疏睫毛。花梗长0.7-1.5厘米；花萼长6-9毫米，5裂达基部，裂片线状三角形，外面被短柔毛；花冠白色，长约3.4厘米，外面疏被短柔毛，筒部漏斗形，长约2.5厘米，上唇长约5毫米，2裂，下唇长约1厘米，3裂；花丝长约9毫米，被疏柔毛，上部有短腺毛；雌蕊长约2厘米，子房及花柱被短柔毛，柱头短倒梯形，顶端不明显2浅裂。花期7-8月。

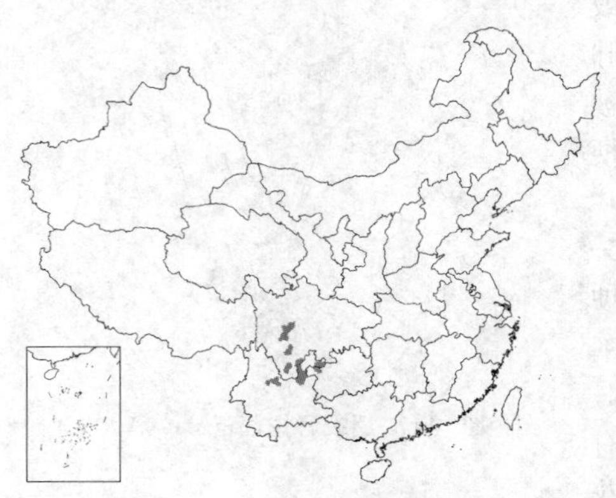

产云南东北部及北部、贵州西北部及四川西南部，生于海拔1400-2400米山地林中、陡崖或石上。

[附] **滇川唇柱苣苔 Chirita forrestii** Anthony in Notes Roy. Bot. Gard. Edinb. 18: 192. 1934. 本种与康定唇柱苣苔的区别：一年生小草本；茎高1.2-7.5（-14）厘米；花冠紫或淡紫色，外面下部疏被短柔毛；花丝无毛。产云南北部及四川西南部，生于海拔约2600米山地溪边石上或林下石上。

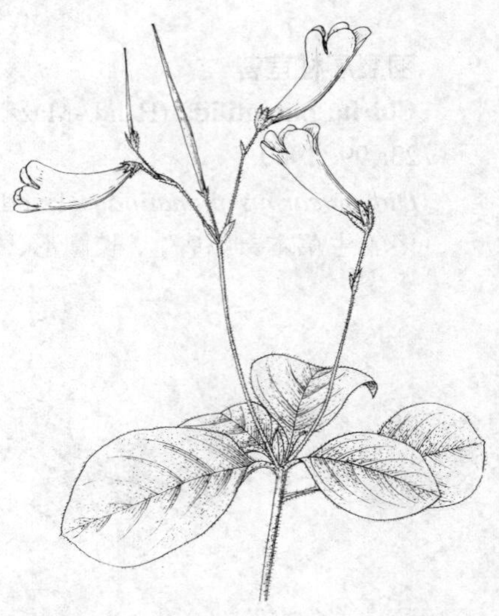

图 449 康定唇柱苣苔 （孙英宝绘）

12. 长圆叶唇柱苣苔 图 450

Chirita oblongifolia (Roxb.) Sinclair in Bull. Bot. Soc. Beng. 9: 102. 1957.

Incarvillea oblongifolia Roxb. Fl. Ind. ed. 2, 3: 113. 1832.

多年生草本。茎高达90厘米，上部被锈色短柔毛。叶卵形或椭圆状卵形，两侧不对称，长8-18厘米，边缘自基部之上有多数小钝齿，两面稍密被短柔毛，下面还密生橙黄色小腺点，侧脉每侧8-13；叶柄长1.6-4.5厘米，密被贴伏短柔毛。聚伞花序生茎上部叶腋，1-2回分枝，每花序有5-7花，密被锈色短柔毛；花序梗长1.8-3.2厘米；苞片窄卵形或线状披针形，长约6毫米。花萼筒状钟形，长约1.1厘米，外面密被短柔毛和小腺点，5浅裂；裂片三角形，长约4毫米；花冠白色，长约4厘米，无毛；筒部漏斗状，长约2.7厘米，上唇长约8毫米，2裂，下唇长约1.7厘米，3裂；花丝长约1.3厘米，不弯曲；雌蕊长约2.5厘米，子

房长约2厘米，密被短柔毛，柱头匙状线形，顶端近截形，微凹。蒴果长约5.6厘米。花期8-9月。

产云南西北部及西藏东南部，生于海拔750-1200米山地常绿阔叶林中或林边。

[附] **大叶唇柱苣苔 Chirita macrophylla** Wall. Pl. Asiat. Rar. 1: 56. t. 72. 1830. 本种与长圆叶唇柱苣苔的区别：茎高2-37厘米，疏被短伏毛；具2枚较大的基生叶；叶柄长13-30厘米，被疏柔毛，茎生叶小；花丝膝状弯曲。产云南南部及贵州西南部，生于海拔1800-2800米山地林下石上。泰国、缅甸北部、印度东北部，不丹、锡金及尼泊尔有分布。

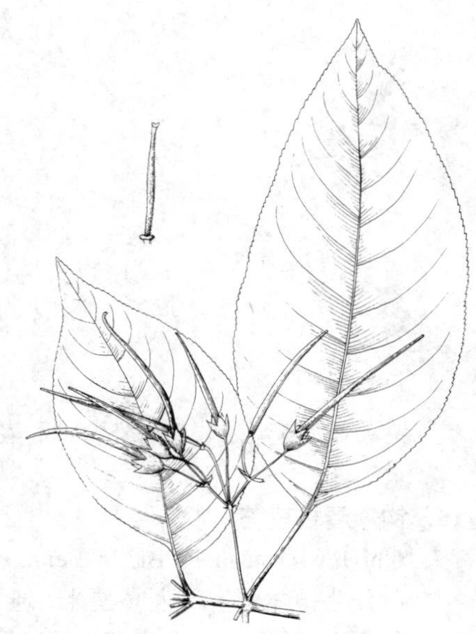

图 450 长圆叶唇柱苣苔 （孙英宝绘）

13. 光萼唇柱苣苔 薄叶唇柱苣苔　　图 451：1-3　彩片 90

Chirita anachoreta Hance in Ann. Sci. Nat. ser. 5, 5: 231. 1866.

Chirita dimidiata auct. non R. Br.: 中国高等植物图鉴 4. 135. 1975.

一年生草本。茎高达35（-55）厘米，有2-6节，基部常弯曲。叶对生，窄卵形或椭圆形，长3-13厘米，边缘有小牙齿，下面沿脉有疏柔毛，侧脉每侧6-10；叶柄长0.2-4厘米。花序腋生，有（1-）2-3花；有疏睫毛；花序梗长2.5-4.5厘米，与花梗均无毛或有时被疏柔毛；苞片宽卵形或窄卵形，长5-8毫米，花梗长0.5-1.8厘米；花萼长(0.6-)1.2-1.5(-1.7)厘米，5裂至近中部，裂片窄三角形，先端钻状渐尖，有短睫毛；花冠白或淡紫色，长（2.3-）3.4-4.6（-5.8）厘米，筒部长2.5-3.2（-3.6）厘米，上唇长0.7-1厘米，下唇长1.2-1.5厘米；花丝长1-1.2厘米，稍膝状弯曲；雌蕊长2.4-3.8厘米，子房上部和花柱疏被短柔毛或无毛，柱头2，蒴果长7.5-12厘米，无毛。花期7-9月。

产台湾、湖南南部、广东、广西及云南南部，生于海拔220-1900米山谷林中石上和溪边石上。缅甸北部、泰国北部、老挝及越南北部有分布。

图 451：1-3. 光萼唇柱苣苔 4-5. 斑叶唇柱苣苔 （冯晋庸绘）

14. 斑叶唇柱苣苔　　图 451：4-5　彩片 91

Chirita pumila D. Don, Prodr. Fl. Nepal. 90. 1825.

一年生草本。茎高达46厘米，有1-6节，被柔毛。叶对生，有紫色斑，窄卵形、斜椭圆形或卵形，长2-12（-15）厘米，边缘有小牙齿，两面均被短柔毛，在上面毛较密，侧脉每侧6-9；叶柄长0.4-2.8厘米，被柔毛。花

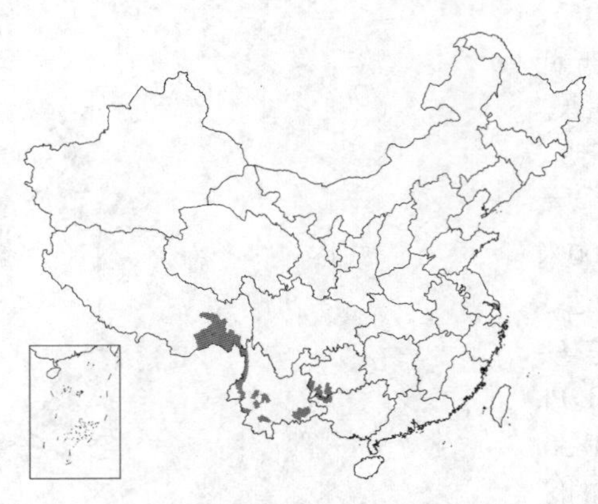

序腋生，有长梗，1-4回分枝，稀不分枝，每花序有(1-)2-7花；花序梗长2.8-10厘米，被短柔毛；苞片卵形、宽卵形或披针形，长0.5-1.8厘米，被短柔毛。花梗长0.2-2厘米；花萼长1.2-1.8厘米，外面被稍密的长柔毛，5裂超过中部或至中部，裂片窄三角形或三角形，长0.7-1厘米，先端突钻状渐尖，尖头长2-5毫米，常向外弯曲；花冠淡紫色，长3.2-5.7厘米，外面被短柔毛，筒部细漏斗状，长2.5-4.5厘米，上唇长0.4-1厘米，2裂，下唇长0.6-1.5厘米，3裂；花丝长0.8-1.3厘米，稍膝状弯曲；雌蕊长2.5-3.8厘米，柱头裂片长3-3.5毫米。蒴果长6-12厘米，花期7-9月。

产广西西北部、贵州西南部、云南及西藏东南部，生于海拔800-2380米山地林中、溪边、石上或陡崖上，或土山草丛中。越南北部、泰国、缅甸产部、不丹、锡金、尼泊尔及印度北部有分布。

15. 钩序唇柱苣苔 图 452 彩片 92

Chirita hamosa R. Br. in Benn. et Br. Pl. Jav. Rar. 117. 1840.

一年生草本。茎高达36厘米，通常不分枝。叶1-3(-7)，最下部叶单生，上部叶对生，卵形、宽卵形或窄卵形，有时椭圆状卵形，长1.5-13厘米，全缘，两面疏被或密被短柔毛，侧脉每侧6-16；叶柄近不存在至长达7厘米。花序腋生，花序梗与叶柄合生，有1-5(-10)花，无苞片。花梗簇生，下部的钩状弯曲，长0.3-1.4厘米，有疏柔毛；花萼5裂达基部，裂片线形，长4.5-7毫米，外面被柔毛；花冠白色，喉部黄色，长1.2-1.9厘米，外面上部被疏柔毛，筒部近筒状，长1-1.5厘米，上唇长1.5-2毫米，2裂，下唇长2-3毫米，3裂，裂片圆卵形；花丝长2-4毫米，无毛，花药花隔顶端突起相连，下端被长髯毛；雌蕊长1.1-1.4厘米，子房长3-6毫米，上部被疏柔毛，柱头2深裂。蒴果长1.4-3.3厘米，被疏柔毛。花期7-10月。

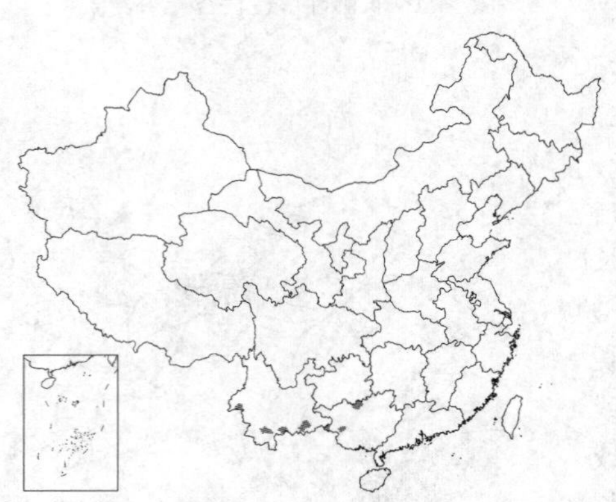

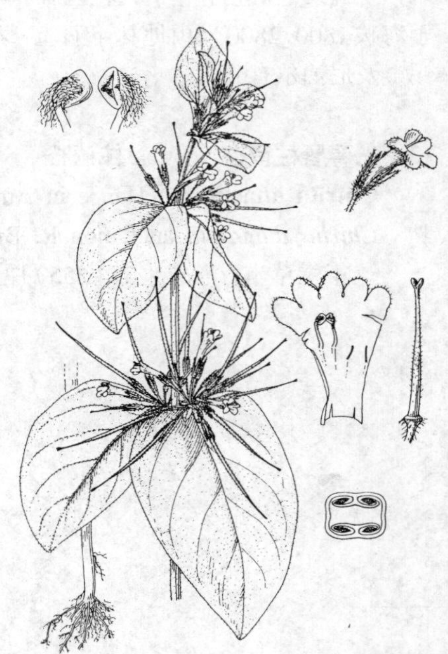

图 452 钩序唇柱苣苔（冯晋庸绘）

产广西北部及西南部、云南南部及西部，生于海拔330-1450米石山阴处石上、林中石上、沟边或陡崖上。越南北部、老挝、马来半岛、泰国、缅甸及印度有分布。全草民间可供药用。

33.小花苣苔属 Chiritopsis W. T. Wang

多年生草本植物，无地上茎，具粗状根状茎。叶均基生，具长柄，叶脉羽状，花序聚伞状，腋生，2或3回分枝，具2苞片；花小。花萼钟状，5裂达基部，裂片窄披针形，宿存。花冠白色、淡黄色或淡紫色，筒粗筒状或筒状，檐部斜上展，二唇形，上唇2浅裂，下唇3深裂；下（前）方2雄蕊能育，花丝披针状线形，等宽，稍膝状弯曲，花药窄椭圆球形，腹面连着，2药室极叉开，顶端汇合；上（后）侧方退化雄蕊2，小，上（后）中方退化雄蕊多不存在，稀存在。花盘环状或间断；雌蕊稍伸出；子房卵圆形，比花柱短1.5-2.5倍，2枚侧膜胎座内伸，然后反曲极叉开，具胚球，花柱细，柱头1，位于下（前）方，片状，2浅裂或不分裂。蒴果长卵圆形，与宿存花萼等长或较短，室背2瓣裂。

我国特有属，约7种，多数种分布狭窄。

1. 叶椭圆形或宽卵形，宽2.5–4.2厘米，基部楔形或宽楔形，叶柄长3.5–11.5厘米；花长约8毫米 …………………………………………………………………… 小花苣苔 **C. repanda**

1. 叶心状卵形或心形，宽3–9厘米，基部心形，叶柄长5.5–16.5厘米；花长约1.4厘米. …………………………………………………………………… (附). **心叶小花苣苔 C. cordifolia**

小花苣苔 图 453 : 3–5

Chiritopsis repanda W. T. Wang in Bull. Bot. Res. (Harbin) 1 (3): 23. pl. 1. f. 1–5. 12–13. pl. 3. f. 1. 1981.

多年生矮小草本。叶约6，基生，椭圆形或宽卵形，长3.5–9.5厘米，宽2.5–4.2厘米，基部楔形或宽楔形，边缘浅波状，或有牙齿，两面被短柔毛，侧脉每侧3；叶柄长3.5–11.5厘米。聚伞花序3–4条，长2.5–4.5厘米，2–3回分枝；花序梗长3–14厘米，被淡褐色柔毛；苞片对生，披针状线形，长约4毫米。小苞片钻形；花梗长3–8毫米，密被短柔毛；花萼长3.5毫米，裂片窄三角形，外面被短柔毛；花冠白色，长约8毫米，外面被疏柔毛，筒部长6毫米，上唇上2毫米，2浅裂，下唇长2毫米，3深裂，裂片圆卵形；雄蕊无毛，花丝长3毫米，基部之上稍膝状弯曲；雌蕊长约7.5毫米，子房卵形，密被短柔毛，花柱长5毫米，无毛，柱头2浅裂。蒴果长卵圆形，长约4.5毫米，被疏柔毛，宿存花萼长6–7毫米。花期7–9月。

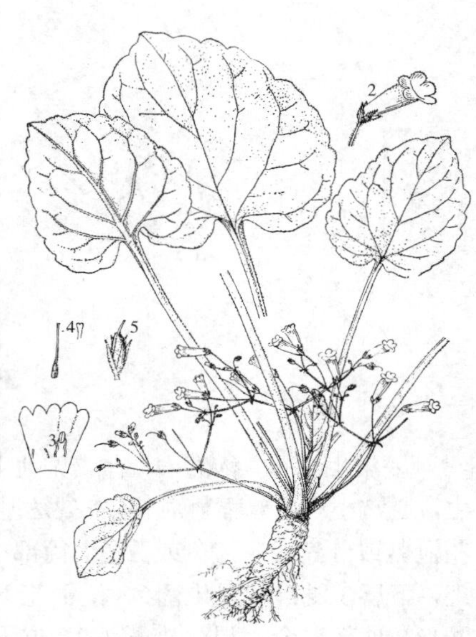

图 453：1–2. 心叶小花苣苔 3–5. 小花苣苔（冯晋庸绘）

产广西天峨、桂林及上林，生于石灰岩山岩石上。

[附] **心叶小花苣苔** 图 453：1–2 **Chiritopsis cordifolia** D. Fang et W. T. Wang in Bull. Bot. Res. (Harbin) 2 (4): 54. 1982. 本种与小花苣苔的区别：叶心状卵形或心形，宽3–9厘米，基部心形，叶柄长5.5–16.5厘米；花冠长1.4厘米。产广西中北部，生于石灰岩山陡崖上。

34. 石山苣苔属 Petrocodon Hance

多年生草本。叶5–15，椭圆状倒卵形、椭圆形或长圆形，长1.5–16厘米，边缘中上部有小浅齿或呈波状近全缘，或有时有小牙齿，上面疏被短伏毛，下面沿脉密被短伏毛，侧脉每侧4–5；叶柄长0.5–11厘米，被短伏毛。聚伞花序1–3条，近伞状，每花序有4–11花；花序梗长7.5–11厘米，被近贴伏的短毛；苞片线形，长3–7毫米，疏被短伏毛。花梗细，长3–6毫米，密被短糙伏毛；花萼钟状，长2–5毫米，5裂至基部，裂片披针状窄线形，两面疏被短糙毛。花冠白色，坛状粗筒形，长5.5–8毫米，外面上部被短柔毛。筒部长4–5毫米，檐部不明显三唇形，上唇长0.8–2毫米，2裂近基部，裂片正三角形，下唇长1.8–3毫米，3裂至或稍超过中部，裂片正三角形或卵形。下（前）方2雄蕊能育，内藏着生花冠中下部，长2毫米，花药连着，2室近极叉形，顶端汇合，退化雄蕊2–3；雌蕊常伸出，长6.5–8.5毫米，无毛，子房长2.8–3.6毫米，有短柄，2侧膜胎座，具多数胚珠花柱长3.8–4.8毫米，柱头小。蒴果长1.2–2.2厘米，无毛。

我国特有单种属。

石山苣苔　　图 454

Petrocodon dealbatus Hance in Journ. Bot. 21: 167. 1883.

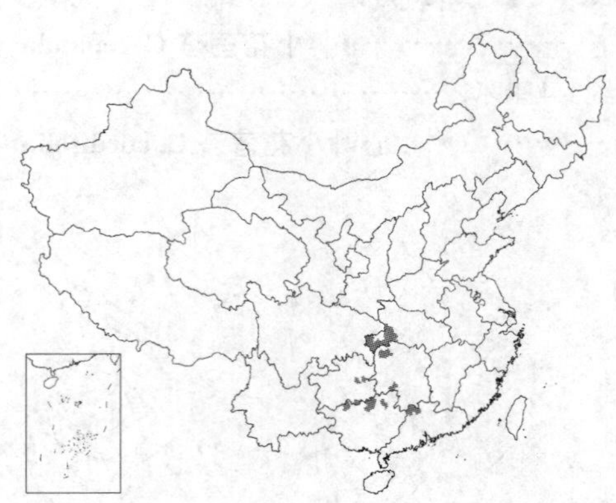

形态特征与属同。花期6-9月。

产湖北西南部、湖南、广东北部、广西北部及贵州东部，生于海拔500-1050米山谷阴处石上或石山林中。在湖北咸丰等地供药用，全草可治咳嗽等症。

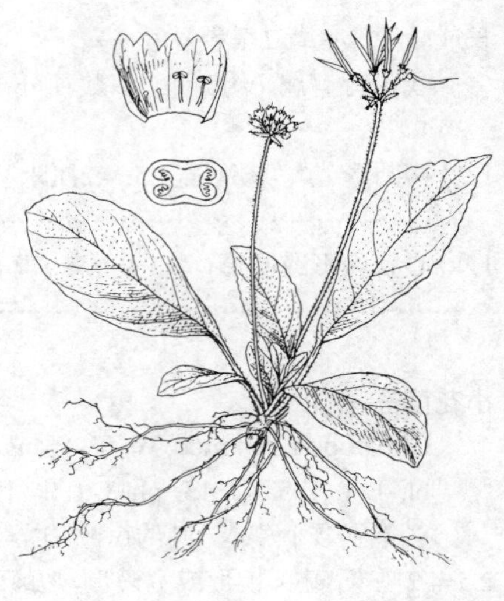

图 454 石山苣苔（冯晋庸绘）

35.长蒴苣苔属 Didymocarpus Wall.

多年生草本，稀灌木，有或无地上茎。叶对生、轮生、互生或簇生。聚伞花序腋生，有小数或多数花；苞片对生，通常小。花萼辐射对称，5裂达基部至浅裂，或左右对称，3裂达基部，檐部呈二唇形，上唇2裂，下唇3裂。花冠紫或红紫色，稀白或黄色，筒部细筒状或漏斗状筒形，稀基部囊状，檐部斜上展，二唇形，比筒部短，上唇2裂，下唇3裂；能育雄蕊2，位于花下（前）方，着生花冠筒中部或上部，花丝窄线形，花药腹面连着，2药室极叉形，顶部汇合；退化雄蕊2-3，位于花上（后）方，或不存在；花盘环状或杯状；雌蕊有柄或无柄，子房线形，稀披针状线形，1室，2侧膜胎座内伸，极叉开，花柱长或短，柱头1，盘状、扁球形或截形。蒴果线形或披针状线形，比宿存花萼长2倍以上，室背开裂为2瓣。

约180种，产亚洲东南部。我国约31种，多数种分布狭窄。

1. 地上茎存在；苞片长2-4毫米。
  2. 花萼分裂达基部；花冠长1.6-2厘米。
    3. 花药无毛 …… 1. **腺毛长蒴苣苔 D. glandulosus**
    3. 花药被短柔毛 …… 1(附). **毛药长蒴苣苔 D. glandulosus** var. **lasiantherus**
  2. 花萼分裂不达基部；花冠长1.6-3.5厘米。
    4. 花冠长2.4厘米以下，外面无毛。
      5. 花冠紫红色，长约1.6厘米，花药无毛；花萼外面散生腺毛；茎最下1对叶常互生；蒴果长约2.6厘米 …… 2. **互叶长蒴苣苔 D. aromaticus**
      5. 花冠紫色，长2-2.4厘米，花药被短柔毛；花萼外面无毛；茎顶2对叶常密集；蒴果长3-4厘米 …… 3. **狭冠长蒴苣苔 D. stenanthos**
    4. 花冠长2.5-3.5厘米，外面被疏柔毛 …… 4. **云南长蒴苣苔 D. yunnanensis**
1. 地上茎不存在；叶全部基生；苞片长0.5-1.4厘米。
  6. 叶长圆形或长圆状椭圆形，宽1-3.6厘米，边缘有密小牙齿，基部楔形或宽楔形；花冠长1.5-2厘米，上下唇裂至中部；蒴果长2-3.4厘米 …… 5. **东南长蒴苣苔 D. hancei**
  6. 叶心状圆卵形或心状三角形，宽3.5-11厘米，边缘浅裂基部心形；花冠长2.5-3.2厘米，上下唇均深裂 蒴果长5.5-7厘米 …… 6. **闽赣长蒴苣苔 D. heucherifolius**

1. 腺毛长蒴苣苔 图 455

Didymocarpus glandulosus (W. W. Smith) W. T. Wang in Acta Bot. Yunnan. 6(1): 14. f. 2. 1984.

Didymocarpus silvarum W. W. Smith var. *glandulosa* W. W. Smith. in Notes Roy. Bot. Gard. Edinb. 5: 151. 1912.

多年生草本。茎高达27厘米，被贴伏短柔毛，不分枝，有3-5节。叶对生，同一对叶不等大，椭圆形、菱状卵形或窄卵形，长4-14.5厘米，边缘基部以上有多数小牙齿，有时上部有粗牙齿，上面被短柔毛，下面沿脉密被短柔毛，侧脉每侧8-11；叶柄长0.2-5厘米。聚伞花序生茎顶叶腋，3-4回分枝，每花序有5-12花；花序梗纤细，长3.2-4厘米，与花梗均疏被短腺毛；苞片宽卵形，长约3毫米，无毛。花梗长0.3-1厘米；花萼无毛，5裂达基部，裂片披针形，长约2.6毫米；花冠紫红色，长约2厘米，无毛；筒部近筒状，长约1.2厘米，上唇长2.5毫米，下唇长约7毫米，裂片近圆形或圆卵形；雄蕊2，无毛，花约长约3.5毫米；雌蕊长约1.1厘米，无毛，柱头截形。蒴果线形，长1.6-2.6厘米，无毛。花期8月。

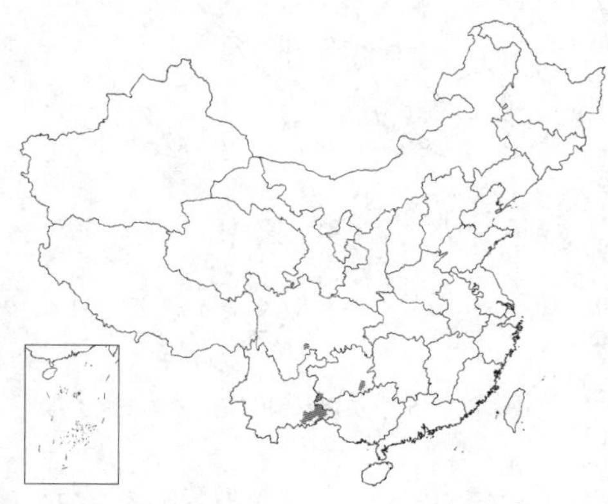

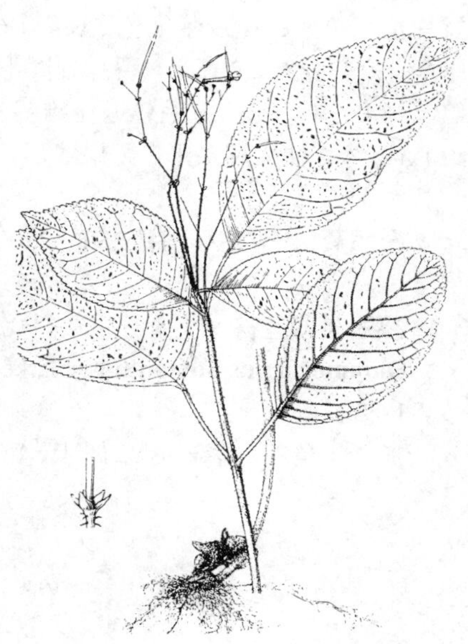

图 455 腺毛长蒴苣苔 （冯晋庸绘）

产云南东南部、四川南部、贵州东南部及西南部，生于海拔1000-1500米山谷溪边林中。

[附] **毛药长蒴苣苔 Didymocarpus glandulosus** var. **lasiantherus** (W. T. Wang) W. T. Wang in Acta Bot. Yunnan. 6(1): 16. 1984. —— *Didymocarpus silvarum* W. W. Smith var. *lasiantherus* W. T. Wang in Bull. Bot. Res (Harbin) 2 (4): 41. 1982. 与模式变种的区别：花药被短柔毛。产四川南部、西部及北部，生于海拔45-1300米山谷溪边石上或林边。

2. 互叶长蒴苣苔 图 456

Didymocarpus aromaticus Wall. ex D. Don, Prodr. Fl. Nepal. 123. 1825.

多年生草本。茎高达12厘米，常不分枝，被贴伏短柔毛。叶2-3对，最下一对常互生，顶部的对生，窄卵形或椭圆形，长2-6.8厘米，边缘有钝牙齿或浅齿，上面被贴伏短柔毛，两面有黄色小腺点，侧脉每侧4-5；叶柄长0.1-3厘米。聚伞花序生茎顶叶腋，有2-3花；花序梗长2.8-3.5厘米，与苞片及花梗均疏被短腺毛；苞片红紫色，卵形或圆卵形，长2.-2.5毫米。花梗长0.5-1.4厘米；花萼钟状，红紫色，长3-4毫米，5裂近中部，外面散生少数腺毛，

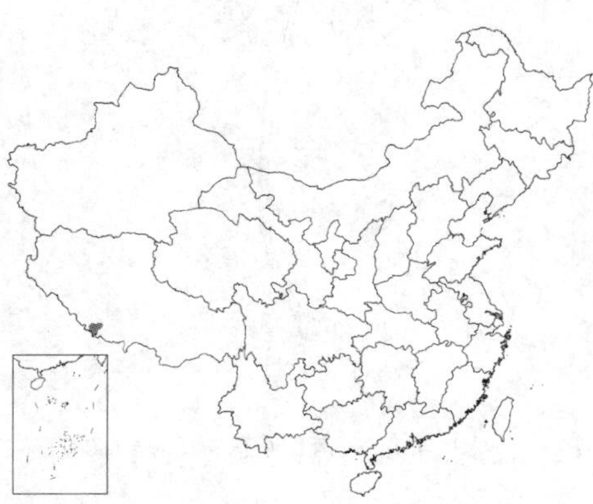

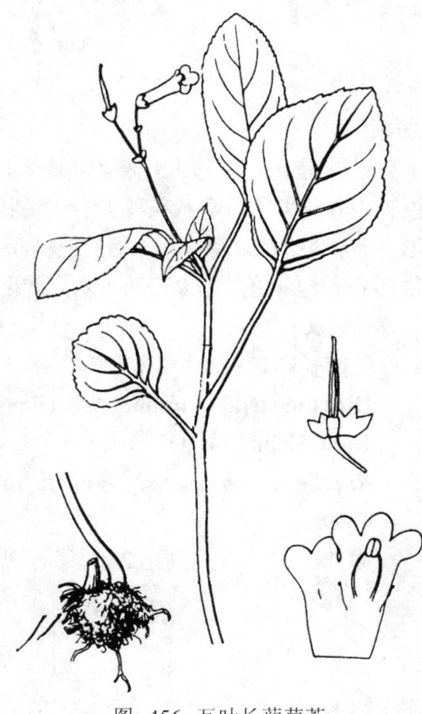

图 456 互叶长蒴苣苔

（引自《中国植物志》）

裂片正三角形；花冠紫红色，长约1.6厘米，无毛；筒部近筒状，长约1.2厘米，上唇长约2.2毫米，裂片扁圆形，下唇长约5.5毫米；雄蕊无毛，花丝长约4毫米，花药无毛；退化雄蕊3；雌蕊长约1.3厘米，无毛，花柱长约1.5毫米，柱头扁头形，蒴果线形，稍镰刀状弯曲，长约2.6厘米。花期8月。

产西藏南部，生于海拔2500-2800米山地草坡或石上。

3. 狭冠长蒴苣苔 图 457

Didymocarpus stenanthos Clarke in Hook. Icon. Pl. 8: pl. 1799 . 1887-1888.

多年生草本。茎高达22厘米，密被短柔毛。有叶3-4对，茎顶2对叶常密集，卵形、椭圆形或窄倒卵形，长2-13厘米，边缘有钝或尖的小重牙齿或小牙齿，两面常有橙黄色小腺点，脉上密被短柔毛，侧脉每侧6-8；叶柄长0.3-3.3厘米，密被短柔毛。花序生茎顶叶腋，2-4回分枝，每花序有6至多数花，分枝疏被短腺毛；花序梗长2.5-4.6厘米；苞片紫色，宽卵形，长约4毫米，疏被腺毛；花序梗长2.5-4.6厘米；苞片紫色，宽卵形，长约4毫米，基部常合生。小苞片基部合生；花梗长2-6毫米，无毛；花萼紫色，钟状，长4.2-5毫米，无毛，檐部近二唇形，上唇长约1.2毫米，3裂至或稍超过中部，下唇长约1.5毫米，裂片三角形；花冠紫色，长2-2.4厘米，无毛；筒部近筒状，长1.5-1.8厘米，上唇长约3.5毫米，2深裂，下唇长约4.5毫米，3裂近中部；花丝长约3.5毫米，花药被短柔毛；退化雄蕊3；雌蕊长约1.9厘米，无毛，子房线形，长约1.5厘米，柱头盘状。蒴果长3-4厘米，无毛。花期6-9月。

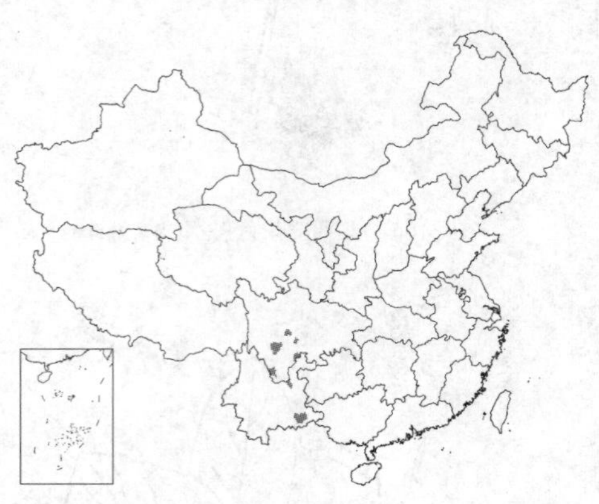

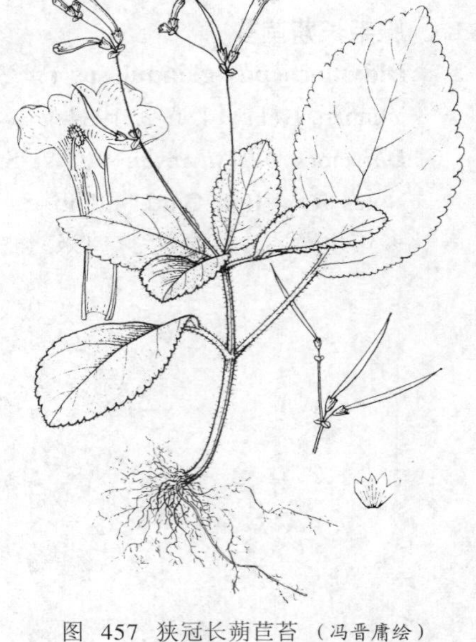

图 457 狭冠长蒴苣苔（冯晋庸绘）

产云南东南部及东北部、四川中南部，生于海拔1300-2000米山谷或山坡石上。

4. 云南长蒴苣苔 图 458

Didymocarpus yunnanensis (Franch.) W. W. Smith in Notes Roy. Bot. Gard. Edinb. 14: 337. 1924.

Roettlera yunnanensis Franch. in Bull. Mus. Hist. Nat. Paris 5: 250. 1899.

多年生草本。茎高达26厘米，密被极短的柔毛，有3-4节，下面2节或上面2节常密集。叶对生，长椭圆状卵形或卵形，长1-14厘米，边丝有浅钝齿上面密被贴伏短柔毛，下面沿脉被短柔毛，侧脉每侧5-6对；茎中部叶具长柄，上部叶无柄。花序生茎面或茎中部叶腋，长1.5-6厘米，1-2回分枝，稀不分枝，每花序有1-数花；花序梗长1-2.8厘米，与花梗有疏腺毛；苞片常

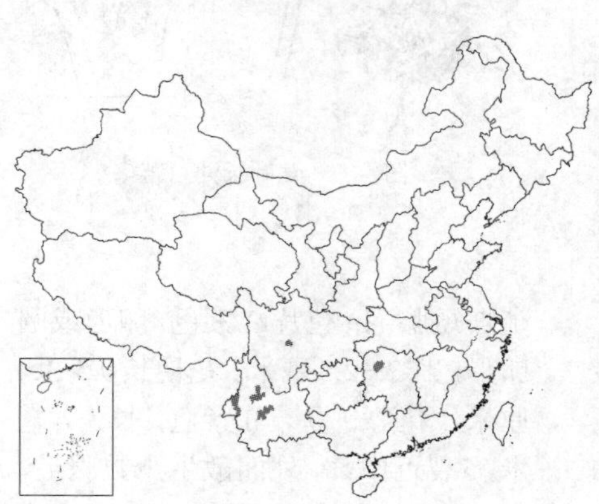

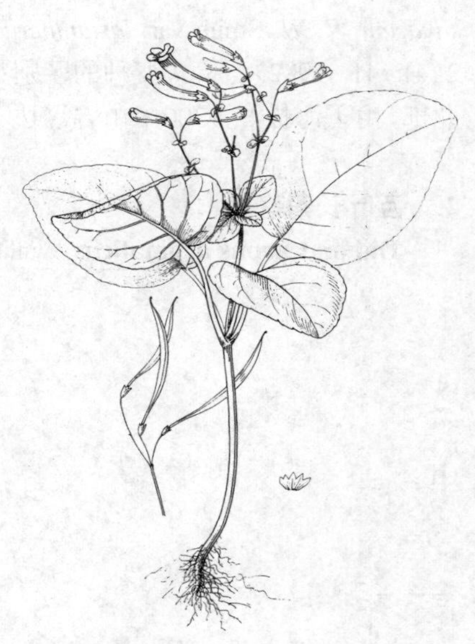

图 458 云南长蒴苣苔（冯晋庸绘）

紫色，圆卵形，长2-3毫米；花梗长0.4-1厘米；花萼钟状，长5-6毫米，5浅裂，裂片三角形；花冠紫色，长2.5-3.5厘米，筒部近筒状，长2-2.8厘米，上唇长约3.5毫米，下唇长约7毫米，裂片卵形，长约7毫米；退化雄蕊3；雌蕊长2.3-3.2厘米，无毛，柱头头状。蒴果长3-4.2厘米，无毛。花期8-10月。

产云南、四川中南部及湖南，生于海拔1500-2600米山谷石上或石崖上。印度东北部有分布。

5. 东南长蒴苣苔 图 459 彩片 93

Didymocarpus hancei Hemsl. in Journ. Linn. Soc. Bot. 26: 229. 1890.

多年生草本。叶4-16，基生，长圆形或长圆状椭圆形，长2.2-10厘米，宽1-2.6厘米，基部楔形或宽楔形，边缘有密小牙齿，两面均被短伏毛，侧脉每侧5-7；叶柄长1.8-8厘米，有短糙毛。聚伞花序伞状，2-4条，2-3回分枝，每花序有4至多数花；花序梗长7-18厘米，疏被短柔毛；苞片长0.5-1.4厘米，被短伏毛。花梗长0.5-1.2厘米，被短柔毛；花萼长4.5-7毫米，5裂达基部，裂片窄线形，外面疏被短伏毛；花冠长1.5-2厘米，外面疏被短柔毛，筒部窄钟状，长1.1-1.3厘米，上唇长3-5毫米，2裂至中部裂片斜扁三角形，下唇长4-8.5毫米，3裂至中部，裂片卵形；花丝6-7毫米；退化雄蕊2；雌蕊长约1.6厘米，疏被小腺体，子房无柄，花柱长约1厘米，柱头扁球形。蒴果线形，长2-3.4厘米，无毛。花期4月左右。

图 459 东南长蒴苣苔（冯晋庸绘）

产福建西南部、江西东北部、湖南南部及西南部、广东北部，生于海拔380-980米山谷林下、山坡石上或石崖上。

6. 闽赣长蒴苣苔 图 460

Didymocarpus heucherifolius Hand-Mazz. Symb. Sin. 7: 861. 1936.

多年生草本。叶5-6，基生，心状圆卵形或心状三角形，长3-9厘米，宽3.5-11厘米，边缘浅裂，两面被柔毛或下面仅沿脉被短柔毛，基出脉4-5；叶柄长2-29.5厘米，与花序梗密被开展的锈色长柔毛。花序1-2回分枝，每花序有3-8花；花序梗长（6）10-18厘米；苞片椭圆形或窄椭圆形，长0.5-1厘米，边缘有1-2齿，被长睫毛。花梗长0.4-10厘米，被短腺毛；花萼长6-7毫米，5裂达基部，裂片宽披针形或倒披针状窄线形，边缘每侧有1-3个小齿；花冠粉红色，长2.5-3.2厘米。筒部长1.8-2.2厘米；上唇长6.5毫米，2深裂，

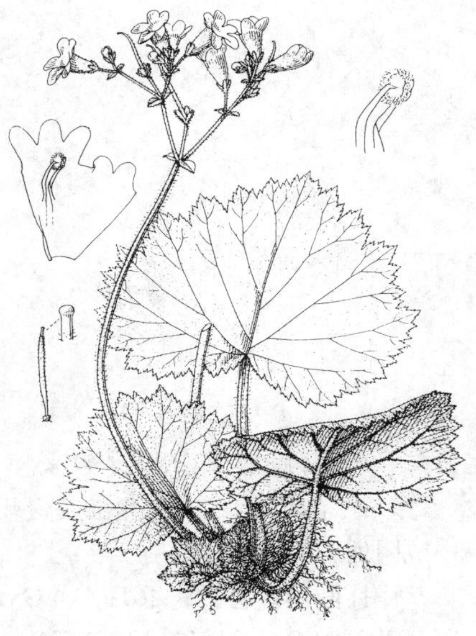

图 460 闽赣长蒴苣苔（冯晋庸绘）

裂片卵形，下唇长约1厘米，3深裂，裂片长圆形；花丝长0.8-1厘米，有小腺体，花药被短柔毛；退化雄蕊3；雌蕊长1.8-2.9厘米，子房被短柔毛，柄长约8毫米，花柱长约3毫米，柱头扁头形。蒴果线形或线状棒形，长5.5-7厘米，被短柔毛。花期5月。

产安徽南部、浙江西部、福建西部、江西及广东东北部，生于海拔460-1000米山谷路边、溪边石上或林下。

36.圆唇苣苔属 Gyrocheilos W. T. Wang

多年生草本植物，具粗壮根状茎。叶基生，具长柄，肾形或心形。边缘有重牙齿，掌状脉。花序聚伞状，腋生，3-4回分枝，有多数花和2苞片。花小；花萼宽钟状，5裂至基部或5至2深裂，裂片线形或长圆形；花冠紫或淡红色，筒部粗筒状，与檐部近等长，檐部斜上展，二唇形，上唇半圆形，不分裂，下唇3深裂；下（前）方2雄蕊能育，花丝披针状线形，不膝状弯曲，花药宽椭圆球形，连着，2药室极叉开，顶端汇合；退化雄蕊2，位于上（生）方，窄线形或棒状；花盘环状；雌蕊自花冠口伸出甚高，子房线形，顶端渐变窄与花柱等长，2侧膜胎座稍内伸即极叉开，具胚珠，柱头小，头状。蒴果线形或披针状线形，比宿存花萼长2倍以上，室背开裂为2瓣。

我国特有属，4种，分布均狭窄。

1. 叶心形，长10.5-14厘米，上面被短伏毛，叶柄长15厘米；花萼4-2深裂；花冠紫色 ………………………………………………………… **稀裂圆唇苣苔 G. retrotrichnm** var. **oligolobum**

1. 叶近圆形或肾形，长3-6厘米，上面被短柔毛和长柔毛，叶柄3-8厘米；花萼5裂达基部；花冠稍红色 ……… ……………………………………………………………… (附). **圆唇苣苔 G. chorisepalum**

稀裂圆唇苣苔 图 461：5

Gyrocheilos retrotrichum W. T. Wang var. **oligolobum** W. T. Wang in Bull. Bot. Res. (harbin) 1 (3): 35. pl. 2. f. 11. 1981.

多年生草本。叶基部心形，长10-14厘米，边缘具重锯齿，两面被短伏毛，掌状脉7；叶柄长达15厘米，密被开展或向下斜展的柔毛。聚伞花序约3条，长7-11厘米，4回分枝，具多数花；花序梗长24-34厘米，被开展的柔毛；苞片卵形，边缘有浅钝齿，被短柔毛。小苞片卵形或披针形；花梗长0.5-1厘米，无毛；花萼4-2裂，裂片线状披针形；花冠紫色，长约1.3厘米，筒部长7.5毫米，上唇长3毫米，下唇长5.5毫米，3裂至中下部，裂片长圆形；花丝长3毫米；退化雄蕊窄线形，长0.5毫米，顶端头状；雌蕊长约1.4厘米，子房长6毫米。

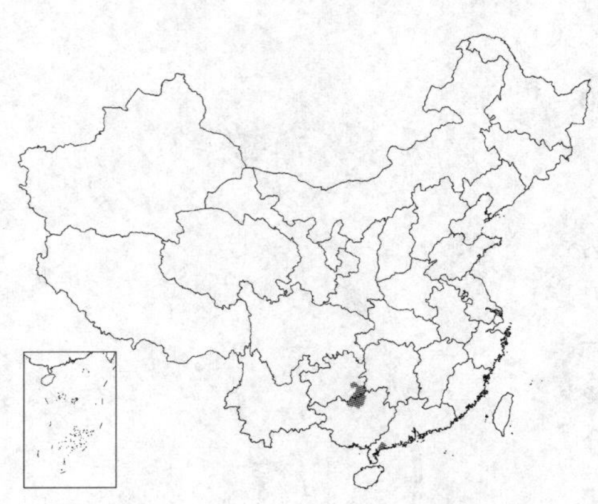

产广东西南部、广西北部及贵州东南部，生于海拔480-1500米山谷林中或阴处石上。

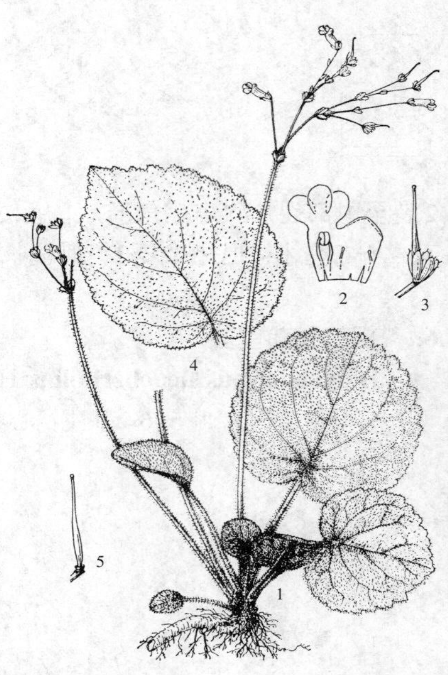

图 461：1-4. 圆唇苣苔 5. 稀裂圆唇苣苔（冯晋庸绘）

[附] **圆唇苣苔** 图 461：1-4 **Gyrocheilos chorisepalum** W. T. Wang in Bull. Bot. Res (Harbin) 1 (3): 31. pl. 2. f. 1-5. pl. 4. f. 2. 1981. 本种与稀裂圆唇苣苔的区别：叶近圆形或肾形，长3-6厘米，上面被短柔毛和长柔毛，叶柄长3-5厘米；花萼5裂；花冠淡红色。花期4-5月。产广西上林及武鸣一带山地，生于山谷溪边石上或陡崖阴湿处。

37. 长檐苣苔属 **Dolicholoma** D. Fang et W. T. Wang

多年生小草本。根状茎圆柱形。叶6-16，基生，窄卵形或椭圆形，长1.1-2.3厘米，边缘有小腺体并被疏睫毛及短腺毛，两面疏被白色柔毛，下面常紫色，侧脉不明显；叶柄长1-4厘米，与花序梗和花梗均被开展的白色柔毛和短腺毛。聚伞花序2-6条，1-2回分枝，每花序有1-4花；花序梗长1.5-3厘米；苞片长1.5-2毫米，被疏柔毛。花梗长1.5-6毫米；花萼5裂达基部，裂片窄线形，长3.8-4.1毫米，外面被疏柔毛，花冠红色，长1.5-1.7厘米，外面被柔毛，筒部细筒状，长7-8.5毫米，檐部近水平开展，二唇形，与筒部近等长，上唇长5.5-6毫米，2裂近基部，下唇长7-9毫米，3深裂超过中部，裂片窄三角形；下（前）方2雄蕊能育，无毛，花丝着生于花冠筒口部之下，长约1毫米，花药近背着，连着，2室极叉开，顶端汇合；退化雄蕊2；花盘环状；雌蕊内藏，长约6.5毫米，子房窄卵圆形，被贴伏短柔毛，花柱长约4.8毫米，疏被短柔毛，柱头盘状。蒴果长椭圆形，与宿存花萼近等长，近无毛或上部被疏柔毛，裂为4瓣。

我国特有单种属

长檐苣苔 图 462 彩片 94

Dolicholoma jasminiflorum D. Fang et W. T. Wang in Bull. Bot. Res. (Harbin) 1: 19. f. 2. 1983.

形态特征同属。花期4月。

产广西西部那坡，生于石灰岩山陡崖阴处。

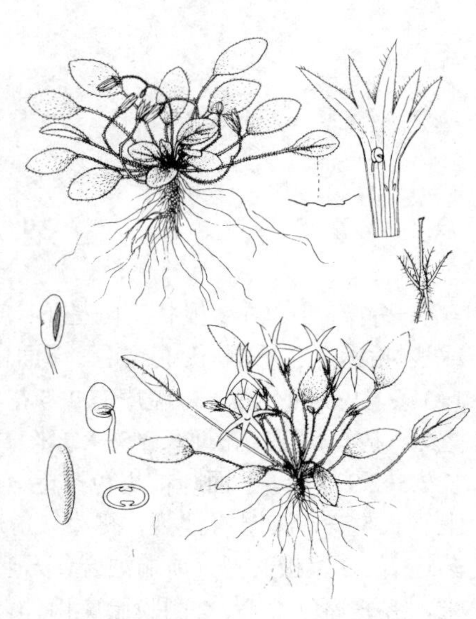

图 462 长檐苣苔 （引自《中国植物志》）

38. 朱红苣苔属 **Calcareoboea** C. Y. Wu ex H. W. Li

多年生草本。根状茎粗达1厘米。叶10-20，基生，椭圆状窄卵形或长圆形，长4.5-9.5厘米，边缘有小齿，两面被短柔毛，侧脉每侧5-8；叶柄长3-14.5厘米，与花序梗密被贴伏柔毛。花序有9-11花；花序梗长9-20厘米；苞片约6，密集，窄卵形或披针形，长1-1.7厘米，被短伏毛。花梗长2-4毫米，被淡黄色柔毛；花萼长3-7毫米，5裂达基部，裂片窄线状披针形，外面被短柔毛；花冠朱红色，细漏斗状筒形，长1.9-2.5厘米，外面密被、内面疏被短毛，筒部长1.5-2.1厘米，檐部二唇形，上唇长4毫米，下唇窄三角形，长2-3毫米。下（前）方2雄蕊能育，花丝着生花冠筒中上部，长4-6毫米，有少数腺体，花药无毛，连着，2药室极叉开，顶端汇合；退化雄蕊2；花盘环状，边缘波状；雌蕊长约2.3厘米，子房长1.1-1.5厘米，无毛，具短柄，2侧膜胎座，花柱有少数小腺毛。蒴果线形，长约6厘米。

我国特有单种属。

朱红苣苔 图 463 彩片 95

Calcareoboea coccinea C. Y. Wu ex H. W. Li in Ac ta Bot. Yunnan. 4 (3): 243. f. 1. 1982.

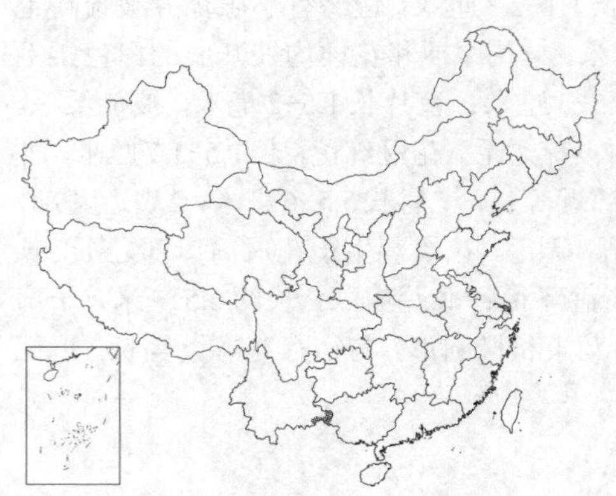

形态特征同属。花期4-6月。

产云南东南部及广西西部，生于海拔1000-1460米石灰岩山林中石上。

图 463 朱红苣苔（冯晋庸绘）

39. 异唇苣苔属 Allocheilos W. T. Wang

多年生小草本。根状茎圆柱形。叶约6，基生，圆卵形或近圆形，长0.9-2.2厘米，基部浅心形，边缘有小圆齿或浅钝齿，上面被贴伏疏柔毛，下面密被淡褐色柔毛，侧脉不明显；叶柄长0.3-4厘米，被开展长柔毛，聚伞花序1-3条，1-2回分枝，每花序有2-5花；花序梗长6-10厘米，疏被长柔毛，有时还被短腺毛；苞片对生，长2-2.5毫米，被短柔毛。花梗长3.5-9毫米。被短腺毛；花萼钟状，长2.5-2.9毫米，5全裂，裂片稍不等大，披针状线形，长2.5-2.9毫米，外面疏被褐色柔毛。花冠紫色，斜钟状，长8.5-9.5毫米，外面被短柔毛，筒部长3-3.5毫米，檐部上唇长5.5-7毫米，4浅裂，裂片三角形，下唇三角形，下（前）方2雄蕊能育，花丝筒近中部，顶端被短柔毛；花药连着，2室极叉开，顶端汇合，无毛；退化雄蕊2；花盘环状；雌蕊伸出长约1厘米，子房近长圆形，长约3毫米，密被褐色柔毛，2侧膜胎座内伸，2裂，裂片向后弯曲，有多数胚珠，花柱长7毫米，被疏柔毛，柱头小。

我国特有单种属。

异唇苣苔 图 464

Allocheilos cortusiflorum W. T. Wang in Acta Phytotax. Sin. 21 (3): 323. f. 1: 7. 1983.

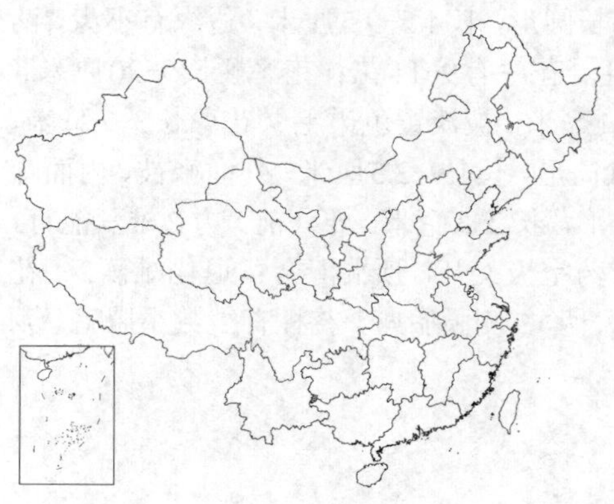

形态特征同属。

产贵州西南部兴义。

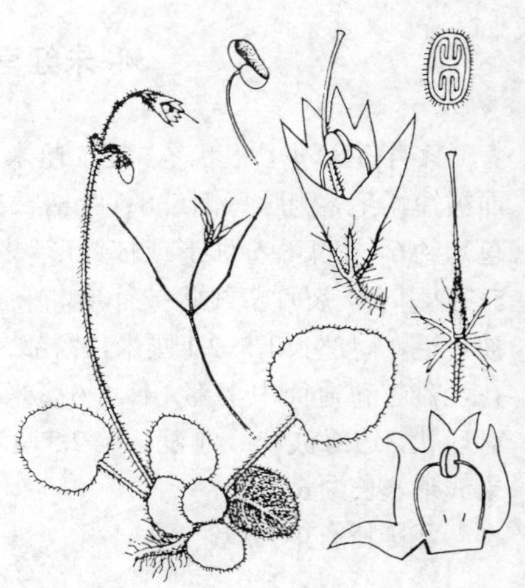

图 464 异唇苣苔（引自《中国植物志》）

40. 蛛毛苣苔属 **Paraboea** (Clarke) Ridlcy

多年生草本，根状茎木质化，稀为亚灌木，幼时被蛛丝状绵毛。叶对生，有时螺旋状排列，上面被蛛丝状绵毛，后变近无毛，下面常密被彼此交织的毡毛，毛簇生、星状或成树枝状分枝。聚伞花序腋生或组成顶生圆锥状聚伞花序；苞片1-2。花萼钟状，5裂达基部，裂片近相等。花冠白、蓝或紫色，筒部钟形，檐部斜上展，二唇形，上唇2裂，下唇3裂；雄蕊2，位于下（前）方，着生花冠近基部，内藏花丝通常淡黄色，花药窄长圆形，稀椭圆形，顶端连着，药室2，顶端汇合，极叉开；退化雄蕊1-3，稀不存在。无明显花盘。子房卵圆形或长圆形，向上渐细成花柱，柱头头状，稀近于舌状。蒴果通常筒形，稍扁，不卷曲或稍螺旋状卷曲，比宿存花萼长2倍以上。

约87种。分布于我国、不丹、泰国、缅甸、越南、印度尼西亚、马来西米及菲律宾，我国18种，多为窄域种。

1. 小灌木或亚灌木，茎高30-60厘米；叶对生。
  2. 聚伞花序顶生和成对腋生，组成圆锥花序；苞片长约5毫米；花冠长4-6毫米，白色；花萼绿色，裂片长圆形，长约1.2毫米 ………………………… 1. **锥序蛛毛苣苔 P. swinhoii**
  2. 聚伞花序成对腋生，呈伞状；苞片长1-1.5厘米；花冠长1.5-2厘米，紫蓝色；花萼紫红色，裂片倒披针状匙形，长0.8-1.3厘米 ………………………… 2. **蛛毛苣苔 P. sinensis**
1. 多年生草本，无地上茎或有地上茎；根状茎木质化；叶密集于根状茎顶端。
  3. 叶上面被短糙伏毛；花丝上部膨大，下部渐狭窄 ………………………… 3. **锈色蛛毛苣苔 P. rufescens**
  3. 叶上面被灰白色绵毛或近无毛；花丝膨大或不膨大。
    4. 有茎草本；叶对生非肉质，叶柄长2-5.5厘米。
      5. 植株较高大，茎高约40厘米；茎生叶发育正常；花冠白色，长1.1-1.3厘米；花丝中部膨大，下部变细，与膨大部分成钩状 ………………………… 4(附). **白花蛛毛苣苔 P. glutinosa**
      5. 植株较矮小，茎高约10厘米；茎生叶退化，正常叶集生于根状茎近顶端；花冠淡紫色，长1.8-2.5厘米；花丝膝状弯曲，上部稍膨大，下部渐狭窄，关节处具一撮桔红色髯毛 ……… 4. **髯丝蛛毛苣苔 P. martinii**
    4. 无茎草本。
      6. 叶基生，厚而肉质，近无柄；花冠紫色或淡紫色，长1-1.5厘米；花丝上部稍膨大，成直角弯曲；雌蕊不伸出花序。
        7. 叶倒卵形或倒卵状匙形，长3.5-9厘米，先端圆或钝，近无柄；花序梗长8-12厘米，被丝状绵毛 ………………………… 5. **厚叶蛛毛苣苔 P. crassifolia**
        7. 叶长圆形或窄长圆形，长7-14厘米，先端尖，基部渐窄下延成柄；花序梗长14-17厘米，无毛 ………………………… 5(附). **网脉蛛毛苣苔 P. dictyoneura**
      6. 叶密集茎顶，非肉质，具长柄；花冠白色，长5-5.2毫米，花丝不膨大；雌蕊伸出花冠 ………………………… 5(附). **小花蛛毛苣苔 P. thirionii**

1. 锥序蛛毛苣苔 图 465

Paraboea swinhoii (Hance) Burtt in Notes Roy. Bot. Gard. Edinb. 41 (3): 439. 1984.

Boea swinhoii Hance in Ann. Sci. Nat. ser. 5, 6: 231. 1866; 中国高等植物图鉴 4: 145. 1975.

小灌木，高达60厘米。茎圆柱形，不分枝，密被淡褐色毡毛。叶长圆状披针形或披针形，长4-14厘米，近全缘或具疏锯齿，上面被灰白色绵毛，下面密被淡褐色毡毛；叶柄长1-5厘米。聚伞花序顶生或成对腋生，组成圆锥状，具10-20花；花序梗被淡褐色绵毛；苞片卵形，长约5毫米，被淡褐色毡毛。花梗长5-7毫米，初被淡褐色绵毛；花萼绿色，裂片长圆形，长约1.2毫米，外面被疏柔毛；花冠白色，长4-6毫米，筒部长约3毫米，上唇裂片，半圆形，长约1.5毫米，下唇裂片卵圆形，长约2.3毫米；花丝长约2毫米，不膨大；子房窄卵形，长约2.5毫米，花柱长约3毫米。蒴果线形，长2-2.5厘米，顶端具短尖，螺旋状卷曲，褐色，无毛。花期6月，果期8月。

产台湾、广西及贵州南部，生于海拔300-750米山坡林下阴湿岩石上。泰国、越南至菲律宾有分布。

图 465 锥序蛛毛苣苔（引自《中国植物志》）

2. 蛛毛苣苔 图 466 彩片 96

Paraboea sinensis (Oliv.) Burtt in Notes Roy. Bot. Gard. Edinb. 38 (3): 471. 1980.

Phylloboea sinensis Oliv. in Hook. Icon. Pl. 8: pl. 1721. 1887.

Chlamydoboea sinensis (Oliv.) Stapf; 中国高等植物图鉴 4: 145. 1975.

小灌木。茎常弯曲，高达30厘米，幼枝具褐色毡毛，节间短。长圆形、长圆状倒披针形或披针形，长5.5-25厘米，边缘生小钝齿或近全缘，幼时上面被灰白色或淡褐色绵毛，下面密被淡褐色毡毛；叶柄长3-6厘米，被褐色毡毛；聚伞花序成对腋生伞状，具10余花；花序梗长2.5-5.5厘米，密被褐色毡毛；苞片圆卵形，长1-1.5厘米，基部合生，全缘。花梗长0.8-1厘米，被短绵毛；花萼紫红色，裂片倒披针状匙形，长0.8-1.3厘米，全缘。花冠紫蓝色，长1.5-2厘米，筒部长1-1.3厘米，裂片近圆形，上唇稍短于下唇，裂片长约7毫米，下唇长约5毫米；花丝上部膨大似囊状，下部弯曲变细而扁平，长约9毫米，无毛；子房长圆形，长约5毫米，花柱圆柱形，长约5毫米，蒴果线形，长3.5-4.5厘米，无毛，螺旋状卷曲。花期6-7月，果期8月。

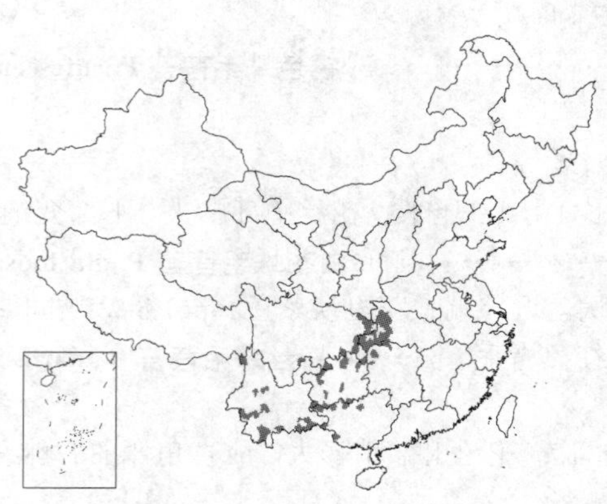

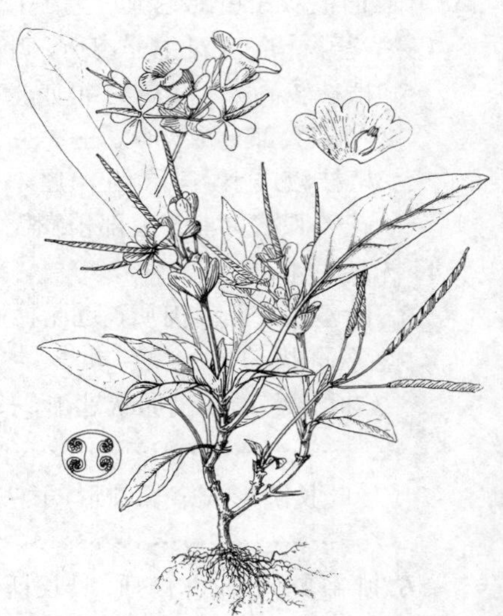
图 466 蛛毛苣苔（冯晋庸绘）

产湖北西部、湖南西北部、广西、云南、贵州及四川东部，生于山坡林下石缝中或陡崖上。缅甸、泰国及越南有分布。

3. 锈色蛛毛苣苔 图 467 彩片 97

Paraboea rufescens (Franch.) Burtt in Notes Roy. Bot. Gard. Edinb. 38 (3): 471. 1980.

Boea rufescens Franch. in Bull. Soc. Linn. Paris 1: 449. 1885; 中国高等植物图鉴 4: 145. 1975.

多年生草本。茎极短，长2-10厘米，密被锈色毡毛。叶密集于茎近顶端，长圆形或窄椭圆形，长3-12厘米，边缘密生小钝齿，上面密被短糙伏毛，下面和叶柄、苞片均密被锈或灰色毡毛；叶柄长1.5-7厘米。聚伞花序

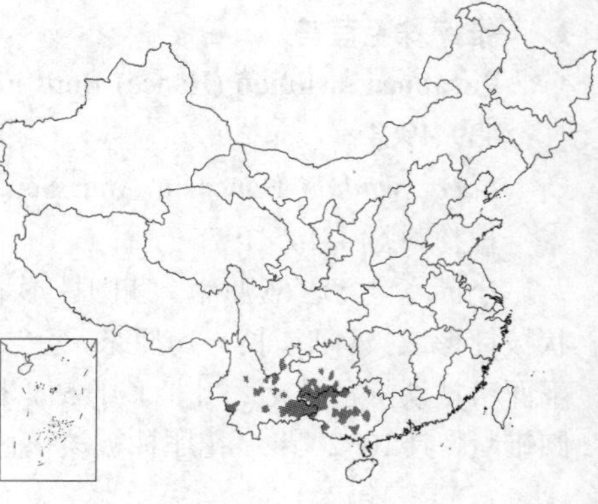

伞状，成对腋生，具5-10花；花序梗长4-8.5厘米，被锈色毡毛；苞片卵形，长7-9毫米。花梗长5-7毫米，被疏柔毛或近无毛；花萼裂片线形，长约4毫米；花冠淡紫色，稀紫红色，长约1.3厘米，筒部短而宽，长约7毫米，上唇长3.5毫米，下唇长6.5毫米，全部裂片近圆形，长3-4.5毫米；花丝上部膨大似囊状，具腺状短柔毛，下部弯曲变细而扁平，长4-5毫米；子房窄长圆形，长约6毫米，花柱长4毫米。蒴果线形，长3.5-4.5厘米，无毛，螺旋状卷曲。花期6月，果期8月。

产广西、贵州南部及云南，生于海拔700-1500米山坡石山岩石隙间。泰国北部及越南有分布。全草药用，治咳嗽、劳伤、痈疮红肿等症。

图 467 锈色蛛毛苣苔（冯晋庸绘）

4. 髯丝蛛毛苣苔 图 468：1-3

Paraboea martinii (Lévl. et Van.) Burtt in Notes Roy. Bot. Gard. Edinb. 38 (3): 470. 1980.

Didymocarpus martinii Lévl. et Van in Compt. Rend. Assoc. France 34: 426. 1906.

Paraboea barbatipes K. Y. Pan; 中国植物志 69: 468. 1990.

多年生草本。茎高约10厘米。茎生叶退化，苞片状，长0.8-1.5厘米；正常叶3-4集生于根状茎近顶端，卵状椭圆形，长6-14厘米，边缘具疏锯齿，上面无毛，下面密被灰褐色毡毛；叶柄长2-5.5厘米，被灰褐色毡毛。聚伞花序近伞状，顶生和近顶腋生，具15-20余花；苞片卵形，长0.7-1厘米，小苞片与苞片同形，长4-5毫米，均密被灰褐色毡毛。花梗长约1厘米，被疏柔毛；裂片2枚稍大，长圆形，长2.7-3毫米，外面被疏短柔毛；花冠淡紫色，长1.8-2.5厘米，筒部长0.9-1厘米，上唇裂片长圆形，长约6毫米，下唇裂片不等，中央裂片长圆形，长约6毫米，侧裂片宽卵形，长约4毫米；花丝长约1厘米，呈膝状弯曲，上部稍膨大，下部渐狭窄，中间关节处具一撮桔红色髯毛；子房窄长圆形，长6毫米，花柱与子房等长。花期5月。

产广西、贵州南部及云南东南部，生于海拔1200-1260米山坡林下石灰岩上。

图 468：1-3. 髯丝蛛毛苣苔 4-7. 小花蛛毛苣苔（引自《中国植物志》）

[附] **白花蛛毛苣苔 Paraboea glutinosa** (Hand. -Mazz.) K. Y. Pan in Novon 7: 431. 1998. ——*Boea glutinosa* Hand. -Mazz. in Sinensia 7: 620. 1936.——*Paraboea martinii* auct. non. Lévl et Van.: 中国植物志 69: 467. 1990. 本种与髯丝蛛毛苣苔的区别：茎高约40厘米；花序大型，排列稀疏，花冠长1.1-1.3厘米，白色；花丝无毛。中部膨大，并成钩状。产广西及贵州南部，生于海拔400-900米山坡路旁岩石上。

5. 厚叶蛛毛苣苔 图 469

Paraboea crassifolia (Hemsl.) Burtt in Notes Roy. Bot. Gard. Edinb. 41 (3): 427. 1984.

Boea crassifolia Hemsl. in Journ. Linn. Soc. Bot. 26: 233. 1890; 中国高

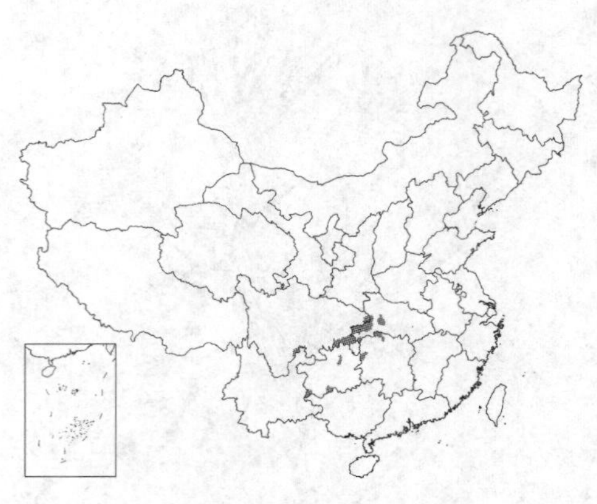

等植物图鉴 4: 146. 1975.

多年生无茎草本。叶基生，近无柄，厚而肉质，窄倒卵形或倒卵状匙形，长3.5-9厘米，边缘向上反卷，具不整齐锯齿，上面被灰白色绵毛，下面被淡褐色蛛丝状绵毛。聚伞花序伞状，2-4条，每花序具4-12花；花序梗长8-12厘米，初被淡褐色蛛丝状绵毛；苞片钻形，长2-3毫米，被淡褐色蛛丝状绵毛。花萼裂片窄形，长约2毫米，外面被淡褐色短绒毛；花冠紫色，长1-1.4厘米，筒部长6-7毫米，上唇与下唇裂片相等，长3-4毫米；花丝长5.5-7毫米，无毛，上部稍膨大，成直角弯曲，子房长圆形，长3-4毫米，花柱长5.5-6毫米。花期6-7月。

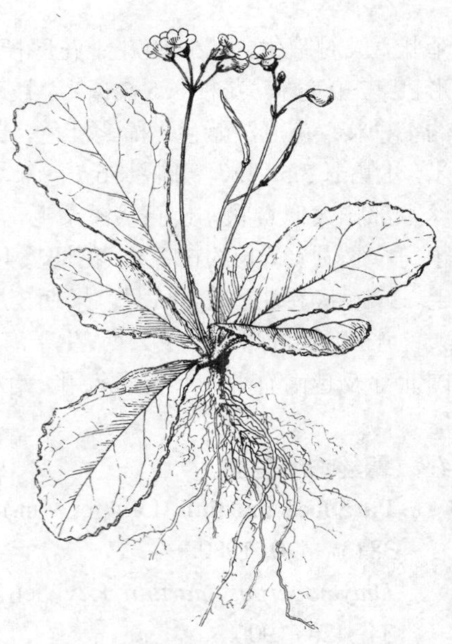

图 469 厚叶蛛毛苣苔 （冯晋庸绘）

产湖北西部、湖南北部及西北部、四川及贵州，生于海拔约700米山地石崖上。

[附] **小花蛛毛苣苔** 图 468：4-7 **Paraboea thirionii** (Lévl.) Burtt in Notes Roy. Bot. Gard. Edinb. 38 (3): 471. 1980.——*Boea thirionii* Lévl. in Fedde, Repert. Sp. Nov. 1: 301. 1912. 本种与厚叶蛛毛苣苔的区别：叶密集茎顶，非肉质，具长柄；花冠白色，长5-5.2毫米，花丝不膨大，雌蕊伸出花冠，子房被灰白色蜡粉。产广西西北部及贵州南部，生于海拔约305米阴湿岩石上。

[附] **网脉蛛毛苣苔** **Paraboea dictyoneura** (Hance) Burtt in Notes Roy. Bot. Gard. Edinb. 21: 169. 1883. 本种与厚叶蛛毛苣苔的区别：叶长圆形或窄长圆形，长7-14厘米，先端尖，基部渐窄下延成柄；花序柄长14-17厘米，无毛；花冠淡紫色。产广东西北部及广西东北部，生于海拔320-620米山地疏林岩石上。

41. 旋蒴苣苔属 **Boea** Comm. ex Lam.

无茎或有茎草本。根状茎木质化。叶对生或基生，有时螺旋状，被单细胞长柔毛，稀被短柔毛或腺状柔毛。聚伞花序伞状，腋生，少数至多数；苞片小，不明显；花萼钟状，5裂至基部，裂片相等；花冠白、蓝或紫色，窄钟形，5裂近相等或明显二唇形，上唇2裂，短于下唇，下唇3裂；雄蕊2，着生于花冠基部之上，位于下（前）方一侧，花丝不膨大，花药大，椭圆形，顶端连着，药室2，汇合，极叉开；退化雄蕊2-3枚；花盘不明显；子房长圆形，花柱细，与子房等长或短于子房，柱头1，头状。蒴果螺旋状卷曲。

约20种，分布于我国及印度东部、缅甸、中南半岛、马来西亚、澳大利亚至波利尼西亚。我国3种。

1. 花冠长0.7-1.3厘米，径0.6-1厘米；花萼5裂至近基部；叶近圆形、圆卵形、倒卵形或长椭圆状匙形，上面被长柔毛，下面被短绒毛。
   2. 叶倒卵形或椭圆状匙形，长3-8厘米，宽1-3厘米，下面被短绒毛，沿中脉和侧脉被长柔毛；花萼、花梗及子房被腺状柔毛 ………………………………………… 1. **地胆旋蒴苣苔 B. phileppensis**
   2. 叶近圆形，圆卵形，长1.8-7厘米，宽1.2-5.5厘米，下面长绒毛；花萼、花梗及子房被短柔毛 ……………………………………………………………… 2. **旋蒴苣苔 B. hygrometrica**
1. 花冠长2-2.2厘米，径1.2-1.8厘米，花萼5裂至中部；叶宽卵形，长3.5-7厘米，宽2.2-4.5厘米，两面均被短柔毛 ……………………………………………… 3. **大花旋蒴苣苔 B. clarkeana**

1. 地胆旋蒴苣苔 图 470

Boea philippensis Clarke in DC. Monogr. Phan. 5: 146. 1883.

多年生无茎草本。叶基生，近无柄，倒卵形或长椭圆状匙形，长3-8厘米，上面被灰白色长柔毛，下面密被短绒毛，沿主脉和侧脉被长柔毛。二歧聚伞花序近伞状，1-9条，每花序具2-5花；花序梗长6-13厘米，被疏柔毛；苞片线形，长1.5-2毫米。花梗长0.5-1厘米，与花萼、子房均被腺状短柔毛；花萼裂片窄披针形，长1.5-2.5毫米；花冠淡紫色，长0.7-1厘米，外面被微柔毛；筒部长约5毫米，檐部二唇形，上唇裂片相等，近圆形，长2-3毫米，下唇裂片与上唇同形，长2.5-5毫米；花丝长1-1.5毫米；退化雄蕊2；子房窄长圆形，长3-4毫米，被腺状短柔毛，花柱长2.5-4毫米。蒴果窄线形，长2-3.5厘米，外面被短柔毛。花期6月，果期7月。

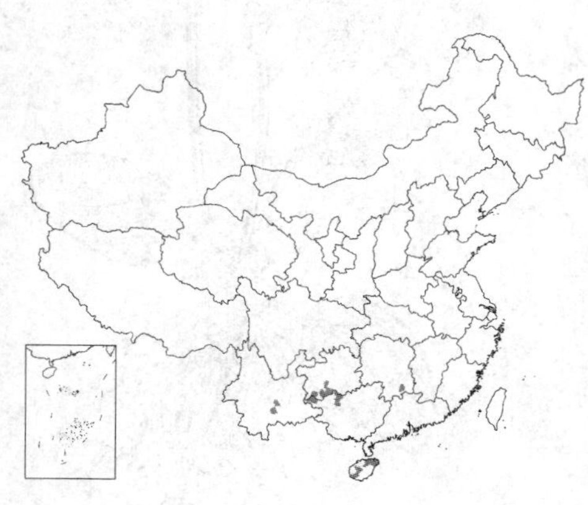

产湖南南部、海南、广西西北部、贵州西南部及云南中南部，生于海拔700-800米山坡、路边、林下阴湿岩石上。越南至菲律宾有分布。

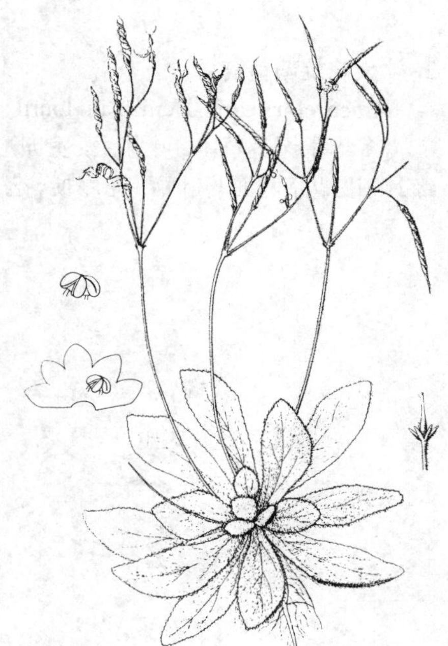

图 470 地胆旋蒴苣苔
（引自《中国植物志》）

2. 旋蒴苣苔 猫耳朵 牛耳草 图 471 彩片 98

Boea hygrometrica (Bunge) R. Br. in Benn. Pl. Jav. Rar. 120. 1840.

Dorcoceras hygrometrica Bunge, Pl. Chin. Bor. 54. 1833.

多年生无茎草本。叶基生，莲座状，无柄，近圆形、圆卵形或卵形，长1.8-7厘米，上面被白色贴伏长柔毛，下面被白或淡褐色贴伏长绒毛，边缘具牙齿或波状浅齿。聚伞花序伞状，2-5条，每花序具2-5花；花序梗长10-18厘米，被淡褐色短柔毛和腺状柔毛；苞片极小或不明显。花梗长1-3厘米，与花萼、子房均被短柔毛。花萼裂片稍不等，上唇2枚稍小，线状披针形，长2-3毫米；花冠淡蓝紫色，长0.8-1.3厘米，筒部长约5毫米；檐部稍二唇形，上唇裂片长圆形，长约4毫米，下唇裂片宽卵形或卵形，长5-6毫米；花丝长约1毫米；退化雄蕊3；极小；子房卵状长圆形，长约4.5毫米，花柱长约3.5毫米。蒴果长圆形，长3-3.5厘米，外面被短柔毛。花期7-8月，果期9月。

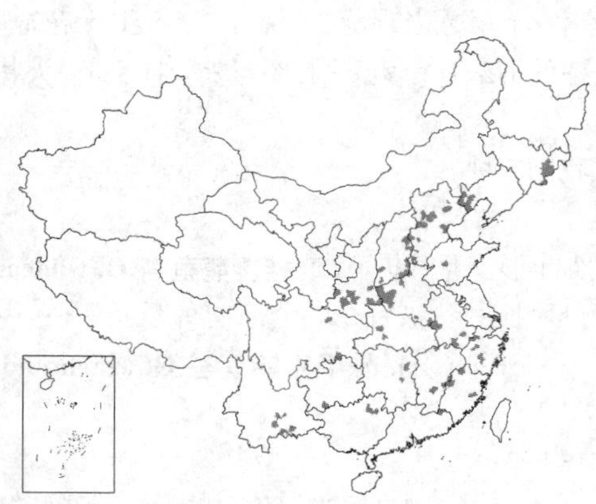

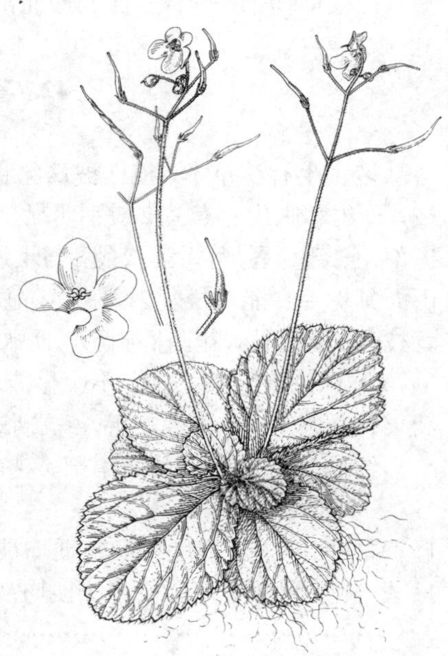

图 471 旋蒴苣苔（冯晋庸绘）

产吉林东部、辽宁西部、河北、山西、河南、山东、安徽、浙江、福建、江西、湖北、湖南、广东东北部、广西东北部、云南南部、贵州西南部、四川及陕西南部，生于海拔200-1320米山坡路旁岩石上。全草药用，治中耳炎、跌打损伤等。

3. 大花旋蒴苣苔 图 472

Boea clarkeana Hemsl. in Journ. Linn. Soc. Bot. 26: 232. 1890.

多年生无茎草本。叶基生，宽卵形，长3.5–7厘米，宽2.2–4.5厘米，边缘具细圆齿，两面与叶柄、花序梗、苞片、花梗及花萼均被灰白色短柔毛，叶柄长1.5–6厘米，聚伞花序伞状，1–3条，每花序具1–5花；花序梗长7–13厘米，苞片卵形或卵状披针形，长5–7毫米。花梗长0.5–1厘米；花萼长6–8毫米，5裂至中部，裂片相等，长圆形或卵状长圆形，长3.5–4毫米；花冠长2–2.2厘米，径1.2–1.8厘米，淡紫色，筒部长约1.5厘米，檐部稍二唇形，上唇裂片卵圆形，长约5毫米，下唇裂片与上唇同形，长约4毫米；花丝长7毫米；退化雄蕊2；子房长圆形，长约8毫米，外面被淡褐色短柔毛，花柱与子房近等长。蒴果长圆形，长3.5–4.5厘米，外面被短柔毛。花期8月，果期9–10月。

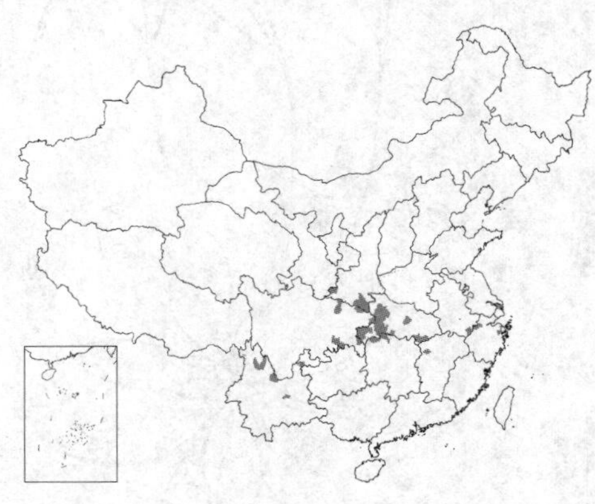

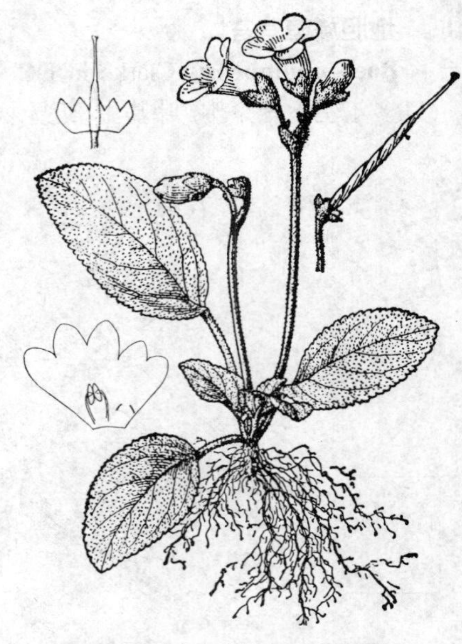

图 472 大花旋蒴苣苔（引自《图鉴》）

产安徽南部、浙江、江西西北部、湖北、湖南北部、云南、四川及陕西南部，生于海拔500–700米山坡岩石缝。全草药用，治外伤出血、跌打损伤等症。

42. 喜鹊苣苔属 Ornithoboea Parish ex Clarke

多年生有茎草本，植株被蛛丝状绵毛或柔毛。叶对生，膜质，偏斜，基部心形，全缘具柄。聚伞花序1–2次分枝，顶生和腋生；苞片2或不明显。花萼钟状，5裂至近基部，裂片相等。花冠斜钟形，蓝紫或淡紫色，筒部短于檐部，檐部二唇形，上唇2裂，与下唇远离且短于下唇，裂片短或成边缘状，几与筒口截平，下唇3裂，裂片相等，内面具髯毛；能育雄蕊2，着生花冠下（前）方一侧近基部或基部稍上处，花丝不叉分或近顶端关节处叉分成1不育枝和1能育枝，花药椭圆形，顶端连着，两端钝，2室，极叉开，顶端汇合；退化雄蕊2，稀为3，着生于花冠上（后）方一侧近基部；花盘不明显或环状；子房被毛，卵圆形，常为花柱的1/2–1/3，花柱上部弯曲，柱头1，头状。蒴果长椭圆形，外面被柔毛，螺旋状卷曲，基部花萼宿存。

约11种，分布于我国南部、越南、泰国、缅甸东部及马来西亚。我国5种。

1. 茎、叶、叶柄、花序梗和花梗均被柔毛；花丝分叉；花萼裂片线状披针形，不对折 …… **滇桂喜鹊苣苔 O. wildeana**
1. 茎、叶、叶柄、花序梗和花梗均被蛛丝状绵毛；花丝不分叉；花萼裂片长圆状披针形，全部向外反折 …………………… (附). **蛛毛喜鹊苣苔 O. arachnoides**

滇桂喜鹊苣苔 图 473：1–4

Ornithoboea wildeana Craib in Kew Bull. 1916: 268. 1916.

多年生草本。茎高达40厘米，与叶柄、花序梗及花梗均被淡褐色长柔毛。下部具稍隆起的落叶痕。叶宽卵形，长5–11厘米，边缘具整齐的粗圆齿，其上复有小齿，两面均被贴伏状柔毛，下面脉上较密集；叶柄长6–11厘米。聚伞花序2次分枝，顶生和成对腋生，每花序具5–10花；苞片和小苞片线形，长4–7毫米，被柔毛。花梗长1.2–2厘米；花萼裂片线状披针形，长1–1.3厘米，不反折；花冠淡紫色，长约1.5厘米，外面疏被短柔毛，筒部长7–9毫米，边缘具缘毛，上唇裂片长圆形，长4–6毫米，上端具4个小圆齿，下唇长4.5–7毫米，裂片近相等，卵圆形，长2–3.5毫米，内面

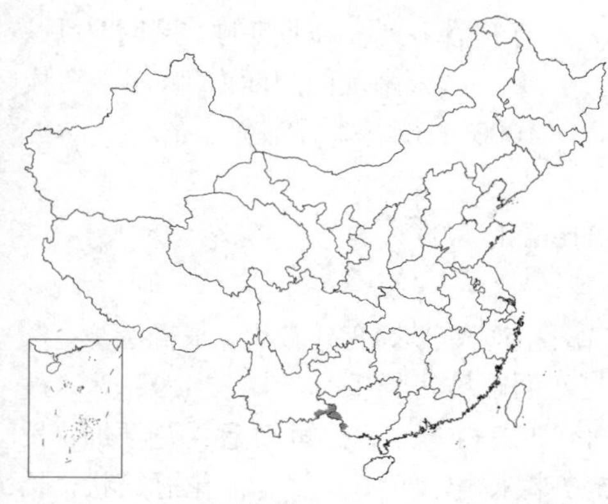

具淡黄色髯毛；雄蕊长约3毫米，花丝在上部关节处叉分，上方一侧分叉不育，顶端具腺体，下方一侧分叉能育，花药椭圆形，长约2毫米，2室，顶端汇合；子房卵圆形，长约3毫米，被短柔毛，花柱长为子房的3倍，上部弯曲，被疏短柔毛，蒴果长圆形，长1.5-1.8厘米，外面被柔毛。花果期9月。

图 473：1-4. 滇桂喜鹊苣苔 5-8. 蛛毛喜鹊苣苔（引自《中国植物志》）

产广西西部及云南东南部，生于海拔320-730米山地林缘岩石上。泰国西北部有分布。全草民间供用，可治骨髓炎。

[附]**蛛毛喜鹊苣苔** 图 473: 5-8 **Ornithoboea arachnoidea** (Diels) Craib in Notes Roy. Bot. Gard. Edinb. 11: 251. 1919.——*Boea arachnoidea* Diels in Notes Roy. Bot. Gard. Edinb. 5: 225. 1912. 本种与滇桂喜鹊苣苔的区别：茎、叶、叶柄、花序梗和花梗均被蛛丝状绵毛；花丝不分叉；花萼裂片长圆状披针形，全部向外反折。产云南西部，生于海拔1800-2800米山坡岩石的石缝中。泰国西北部有分布。

43. 唇萼苣苔属 Trisepalum Clarke

多年生草本，稀一年生草本。有茎或无茎，茎有时具分枝，幼时密被绵毛。叶对生或莲座状，密被分枝的蛛丝状绵毛。聚伞花序呈二歧式、单歧式或组成圆锥花序，腋生；花梗成对，常不等长；苞片不明显，或具较大的苞片。花萼二唇形，上唇3裂，下唇2裂；雄蕊2，位于花冠下（前）方近基部，花丝内藏，花药椭圆形，药室2，顶端连着叉开；退化雄蕊1，位于花冠上（后）方中央近基部；花盘环状；子房椭圆形，花柱与子房等长，柱头2，舌状。蒴果螺旋状卷曲。

约13种，分布于中国西南部、缅甸、泰国及马来西亚。我国1种。

唇萼苣苔 图 474

Trisepalum birmanicum (Craib) Burtt in Notes Roy. Bot. Gard. Edinb. 41 (3): 446. 1984.

Boea birmanica Craib in Kew Bull. 1913: 114. 1913.

Dichiloboea birmanica (Craib) Stapf；中国高等植物图鉴 4: 144. 1975.

多年生草本。茎高达30厘米，与叶柄、叶下面、花序梗、苞片、花梗、花萼外面均被灰白色蛛丝状绵毛。叶长圆形或椭圆形，长2.5-5厘米，边缘具细锯齿，上面密被柔毛，偶见灰白色绵毛；叶柄长0.6-3厘米。聚伞花序，组成总状圆锥花序，顶生和腋生；花序梗长3-6厘米；苞片倒卵形或倒卵状匙形，长7-9毫米。花梗长0.6-1.2厘米；花萼长约7毫米，上唇顶端具3齿，下唇2裂至近基部，裂片线形，长约6毫米；花冠粉红色，稀白色，长约7毫

图 474 唇萼苣苔（冯晋庸绘）

米，筒长4毫米，上唇3裂，下唇2裂，裂片近相等，全部裂片卵圆形，长2-2.5毫米，边缘波状；花丝长1.5-2毫米；子房椭圆形，长2.5-3毫米，花柱长8毫米，上部弯曲。蒴果椭圆形长1.3-1.7厘米，无毛，基部有宿存花萼。花期9月，果期10月。

产云南及四川西南部，生于海拔1000-1700米。缅甸有分布。

44. 长冠苣苔属 Rhabdothamnopsis Hémsl.

小灌木。茎高达50厘米，自下部分枝，幼枝被短柔毛。叶对生，有时节上密集，形状变异较大，窄椭圆形、椭圆状卵形或倒卵形，长1.5-3.5厘米，边缘在中部以上有细牙齿或浅钝齿，两面疏被短柔毛；叶柄长3-9毫米，被较密的短柔毛。花单生茎顶叶腋；苞片1-2，稀无，位于花萼之下，披针形，长3-4毫米，被短柔毛；花梗细，长0.8-2厘米，被短柔毛；花萼钟状，5裂至近基部，裂片线状披针形，长5-7毫米，外面被短柔毛；花冠筒状，长3厘米，外面被短柔毛；筒部长2-2.5厘米，上唇2裂，近圆形，长约5毫米，下唇3裂，裂片长圆形，长约4毫米；雄蕊2，花丝长约7毫米，无毛，着生于花冠筒基部0.7-1.2厘米处，花药顶端连着，具髯毛，药室2，顶端汇合，基部极叉开；退化雄蕊2，长约2.5毫米，着生于距花冠基部6毫米处；花盘高1毫米；雌蕊长2.5厘米，被短柔毛，子房窄长圆形，长9毫米，花柱长为子房的2倍，柱头2，不等长，舌状，半圆形或盘凹。蒴果长圆形，长约2.5厘米，螺旋状卷曲。花期6-7月，果期8月。

我国特有单种属。

长冠苣苔 图 475

Rhabdothamnopsis sinensis Hemsl. in Journ. Linn. Soc. Bot. 3 5: 513. 1903.

Rhabdothamnopsis chinensis (Franch.) Hand.-Mazz.; 中国高等植物图鉴 4: 144. 1975.

形态特征与属同。花期6-7月，果期8月。

产云南、贵州南部、四川西南部及东南部，生于海拔1600-2200米山地林中石灰岩上。

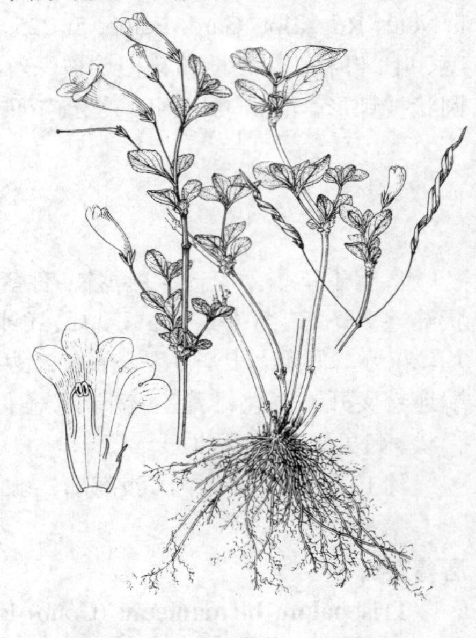

图 475 长冠苣苔（冯晋庸绘）

45.大苞苣苔属 Anna Pellegr.

小灌木或亚灌木。小枝有棱，幼时密被短柔毛。叶对生，每对叶稍不等大；具柄，近全缘或具不明显小齿。聚伞花序伞状，腋生；苞片大形成扁球形总苞，幼时包着花序，开花时早落。花萼钟状，5裂至近基部，裂片近相等；花冠漏斗状筒形，白或淡黄色，筒部粗筒状，比檐部长，上部下方一侧肿胀，喉部无毛，无斑纹，檐部二唇形，上唇2裂，较下唇短，下唇3裂，内面具两个弧形囊状突起；能育雄蕊4，2强，不伸出花冠外，着生花冠筒近中部，花丝弯曲，花药成对连着，2对彼此分开，药室2，汇合；退化雄蕊1；花盘环状，全缘；雌蕊线形，无毛，花柱长为子房的1/3-1/5，柱头1，盘状。蒴果线形。种子多数，纺锤形，两端各具1条毛状或钻形附属物。

3种，我国全产。其中1种分布至越南北部。

1. 叶椭圆状披针形、长椭圆形或长圆形，先端渐尖近全缘，下面非紫红色，侧脉每边10-17。
   2. 叶椭圆状披针形，两面近无毛；花长约3厘米，花丝弯曲，花柱长2-3毫米，被腺状短柔毛；花序梗长8-10

厘米 ··· 1. **大苞苣苔 A. submontana**

2. 叶长椭圆形或长圆形，两面均被较密的短柔毛，花长4.5-5.8厘米，花丝中部扭曲，花柱长约7毫米，近无毛；花序梗长1.2-2厘米 ··· 1(附). **软叶大苞苣苔 A. mollifolia**

1. 叶披针形或披针状长圆形，先端尾状渐尖，边缘具不明显小齿，下面紫红色，侧脉每边6-8 ··· 2. **白花大苞苣苔 A. ophiorrhizoides**

1. 大苞苣苔 图 476：1-4

Anna submontana Pellegr. in Bull. Soc. Bot. France 77: 46. 1930.

小灌木，茎高0.5-1米。叶椭圆状披针形，一侧偏斜，长11-18厘米，全缘，两面近无毛，侧脉每边14-17，叶柄长1-2.5厘米，被褐色短柔毛。聚伞花序伞状，具2-6花；花序梗长8-10厘米，疏被短柔毛；总苞无毛。花梗长约1厘米，外面被褐色腺状短柔毛；花萼裂片长圆形，长约1厘米，外面被褐色腺状短柔毛；花冠白色，无毛，长约3厘米，上唇长约6毫米，裂片半圆形，长4-5毫米，下唇长约1厘米，裂片长约5毫米；上雄蕊长0.8-1厘米，下雄蕊长0.9-1.3厘米，花丝弯曲，无毛，花药肾形，基部叉开；子房线形，长0.8-1厘米，花柱长2-3毫米，被腺状短柔毛。蒴果线形，长6-7厘米，褐色，无毛。花期6-10月。

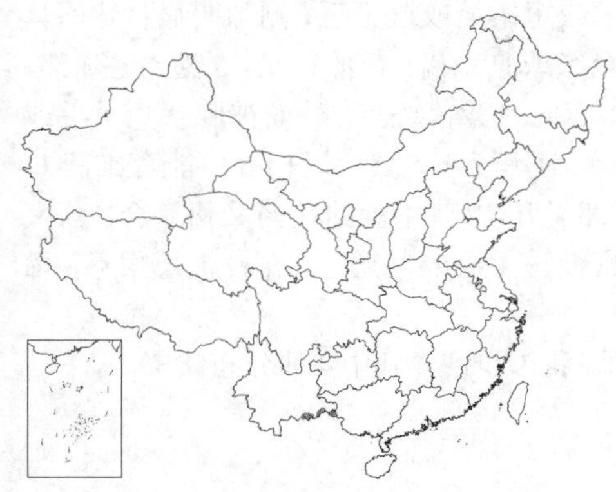

产广西西部及云南东南部；生于海拔950-1600米山坡阴处密林中或石灰岩上。越南北部有分布。

[附] **软叶大苞苣苔** 图476：5-10 **Anna mollifolia** (W. T. Wang) W. T. Wan et. K. Y. Pan, Reipubl. Popul. Sin. 69: 487. pl. 135. f. 1-6. 1990. —— *Lysionotus mollifolius* W. T. Wang in Guihaia 3 (4): 262. 1983. 本种与大苞苣苔的区别：叶长椭圆形或长圆形，两面密被短柔毛；花长4.5-5.8厘米，花丝中部扭曲，花柱长约7毫米，无毛；花序梗长1.5-2厘米。产广西西部及云南东南部，生于海拔1130-1500米石灰山岩石缝中。

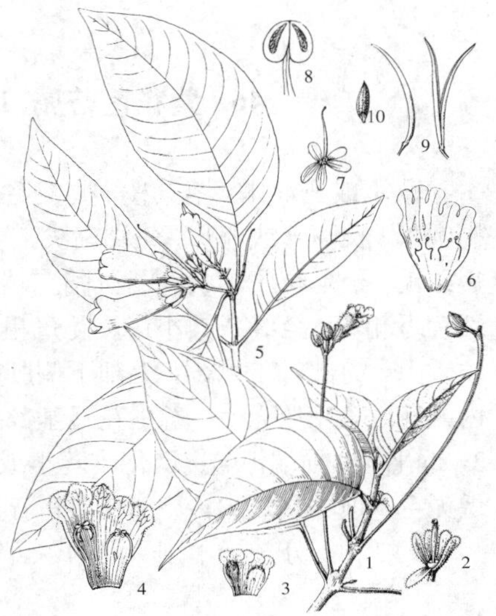

图 476：1-4. 大苞苣苔 5-10.软叶大苞苣苔 （冀朝祯 吴彰桦绘）

2. 白花大苞苣苔 漏斗苣苔 图 477

Anna ophiorrhizoides (Hemsl.) Burtt et Davidson in Notes Royes Bot. Gard. Edinb. 21: 233. 1955.

Lysionoius ophiorrhizoides Hemsl. in Joun. Linn. Soc. Bot. 26: 224. 1890.

Didissandra sinophiorrhizoides W. T. Wang; 中国高等植物图鉴 4: 133.1975.

小灌木或亚灌木，高达60厘米。叶披针形或披针状长圆形，长4-13厘米，先端尾状渐尖，边缘具不明显小齿，上面疏被贴伏短柔毛，下面紫红色，沿叶脉被极短的柔毛，侧脉每边6-8；叶柄长1-1.5厘米，被短柔毛。聚伞花序近顶腋生，具3-4花；花序梗长2.5-3厘米，无毛；总苞片径约1厘米，早落。花梗长约6毫米，无毛。花萼裂片倒卵状长圆形，长约9毫米，两面无毛，具3-5脉；花冠白或淡黄色，无毛，长4.5-5厘米，筒部

图 477 白花大苞苣苔（冯晋庸绘）

长3厘米，上唇裂片圆形，长约5毫米，下唇中央裂片较大，长约1厘米；上雄蕊长约1厘米，下雄蕊长约1.4厘米，花丝弯曲，下部与花冠贴生部分具疏柔毛；子房线形，长约1.5厘米，花柱长约3毫米。蒴果细长，镰刀状弯曲，长6-7厘米，紫红色，无毛。花期8月。

产贵州南部、四川中南部，生于海拔900-1700米山坡草地及沟边林下石缝中。

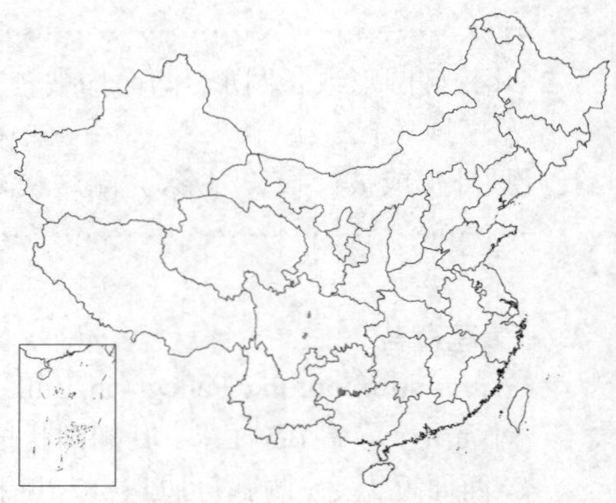

46. 紫花苣苔属 **Loxostigma** Clarke

草本或亚灌木。茎具棱，被柔毛。叶具柄，对生，每对不等大，长圆状椭圆形、长圆形或卵形，先端渐尖，基部偏斜，全缘或有细牙齿，被粗柔毛或短柔毛或近无毛，侧脉明显；叶柄具短柔毛。聚伞花序伞状，2至4回二歧式分枝；苞片2，披针形或宽卵形，全缘或具小齿。花萼钟状，5裂至近基部，裂片近相等，全缘或具小齿；花冠粗筒状，较大，白、淡黄、紫或红白色，有时具紫色斑点，外面被腺状短柔毛或短柔毛，筒部长于檐部，上部下侧肿胀，檐部二唇形，上唇2裂，裂片相等，下唇3裂，裂片近相等；能育雄蕊4，内藏花丝，花丝无毛，着生花冠基部之上，花药肾形，顶端成对连着，基部叉开，2对雄蕊的花药又相靠合，药室2，近平行，顶端汇合；退化雄蕊小或不存在；花盘环状；子房长圆形，密被短柔毛或近无毛，花柱被短柔毛，稀近无毛，顶端具短尖，基部花萼宿存。种子无毛，两端具毛状附属物。

约7种，分布于中国、尼泊尔、锡金、不丹、印度、缅甸及越南北部。我国全产，其中4种分布狭窄。

1. 叶膜质，两面均被柔毛；花萼及花梗均被长柔毛和腺状短柔毛。
    2. 聚伞花序二歧式；花黄或淡黄色；花萼被腺状短柔毛；花梗被短柔毛；子房无毛，花柱被短柔毛 ………………………………………………………………………………………… 1. **紫花苣苔 L. griffithii**
    2. 聚伞花序；花红白色；花萼与花梗均被腺状短柔毛；雌蕊被较密的短柔毛 … 1(附). **滇黔紫花苣苔 L. cavaleriei**
1. 叶纸质,除下面脉上被短柔毛外，两面均无毛；聚伞花序二歧式；花萼及花梗被短柔毛 ………………………………………………………………………………………… 2. **光叶紫花苣苔 L. glabrifolium**

1. 紫花苣苔 图 478：1-3

Loxostigma griffithii (Wight) Clarke in DC. Monogr. Phan. 5: 60. 1883.

Didymocarpus grffithii Wight, Ill. Ind. Bot. 2: 182. t. 159. 1850.

半灌木，高达1米。叶膜质，长椭圆形或窄卵形，长4-19厘米，边缘具细牙齿或仅上部具不明显疏齿，上面疏被贴伏粗柔毛，下面疏生短柔毛至近无毛，沿叶脉较密集，侧脉每边7-12；叶柄长0.5-5厘米，被短柔毛。聚伞花序二歧式；花序梗长2-10厘米，与花梗被短柔毛，具2-10花；苞片线状披针形，长3-6毫米，被短柔毛。花梗长1-1.5厘米；萼片线状披针形或披针形，长7-8毫米，被腺状短柔毛，具3-5脉；花黄或淡黄色，长3-3.8厘米，外面疏被腺状短柔毛，内面具紫色斑纹；筒部长2.8-3厘米，上

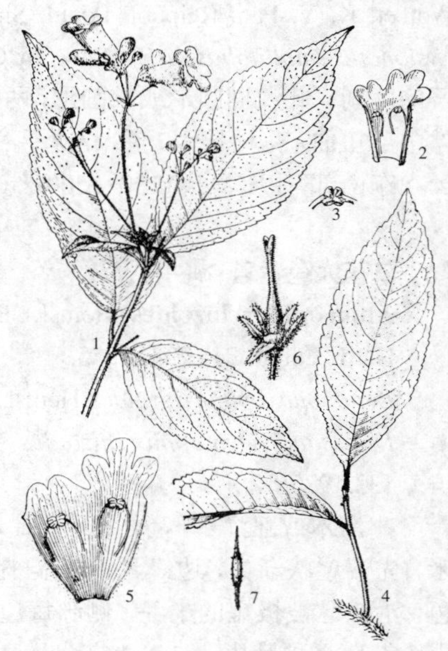

图 478：1-3. 紫花苣苔 4-7. 滇黔紫花苣苔
（引自《图鉴》《中国植物志》）

唇裂片半圆形，长约5毫米，下唇裂片长0.8-1厘米；花丝弯曲，上雄蕊长约1.4厘米，下雄蕊长约1.8厘米，子房线状长圆形，长1.1-1.4厘米，无毛，花柱线形，连同柱头长0.9-1.4厘米，被短柔毛。蒴果线形，有时的镰状弯曲，长6.5-10厘米。花期10月，果期11月。

产广西北部、云南、贵州、四川南部及西藏东南部，生于海拔650-2600米潮湿的林中树上或山坡岩石上。

[附] **滇黔紫花苣苔** 图478: 4-7 **Loxostigma cavaleriei** (Lévl. et Van.) Burtt in Notes Roy. Bot. Gard. Edinb. 22: 310. 1958. —— *Didissandra cavaleriei* Lévl. et Van. in Compt. Rend. Assoc. France 34: 425. 1906. 本种与紫花苣苔的区别：植株较矮，高7-30厘米，聚伞花序具1-4（-6）花，花红白色，花萼与花枝均被腺状短柔毛，雌蕊密被短柔毛。产广西、云南及贵州，生于海拔680-1550米林中树上附生。

2. 光叶紫花苣苔 图 479

Loxostigma glabrifolium D. Fang et K. Y. Pan in Bull. Bot. Res. (Harbin) 2 (2): 140. 1982.

亚灌木。茎数条由匍匐茎节上生出。高10-22厘米，不分枝，有棱，疏被短柔毛。叶纸质，窄椭圆形或长椭圆形，长7-23厘米，全缘或具不明显的小齿，除下面叶脉疏被短柔毛外，两面均无毛，侧脉每边8-10；叶柄长0.5-3厘米。二歧聚伞花序，具3-5花；花序梗长6-12厘米，与花梗被淡褐色短柔毛；苞片长圆形，长2-2.5毫米。花梗长1.5-2.5厘米；萼片线状披针形，长5-6毫米，外面疏被短柔毛，具3脉；花冠粗筒状，长约4厘米，外面白色，被灰白色短柔毛，内面紫色，筒部长3-3.5厘米，上唇裂片近圆形，长5-6毫米，下唇长约7毫米，裂片近相等，半圆形，长约5毫米，上雄蕊长8毫米，下雄蕊长1厘米，花丝曲状弯曲，子房长圆形，长7-8毫米，被黄褐色短柔毛，花柱连同柱头长约1.3厘米。蒴果线形，长7.5-8厘米，淡褐色，近无毛。花期10月。

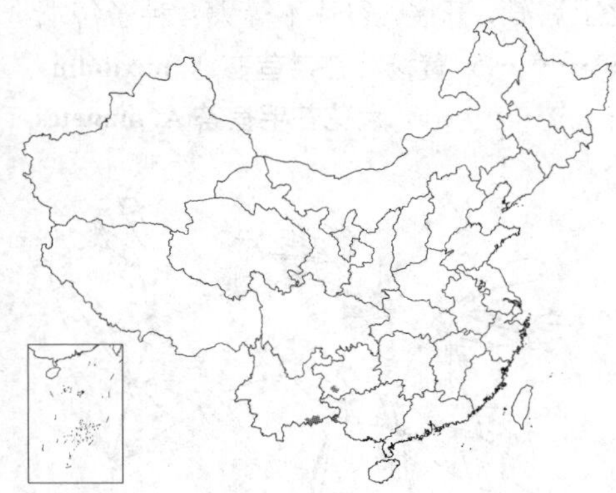

图 479 光叶紫花苣苔（孙英宝绘）

产广西西部、云南东南部及贵州西南部，生于海拔约1200米石灰岩石壁上或附生树上。

47. 芒毛苣苔属 Aeschynanthus Jack

小灌木，常附生。叶对生或3-4枚轮生，肉质、革质或纸质，全缘，脉不明显。花1-2朵腋生，或组成聚伞花序；苞片通常脱落。花萼钟状或筒状，5裂达基部，或5深裂至5浅裂。花冠红或橙色，稀绿、黄或白色，筒部近筒状，比檐部长，上部常弯曲，有时内面基部之上有一毛环，檐部直立或开展，不明显二唇形或明显二唇形，上唇2裂，下唇与上唇近等长或较长，3裂，裂片近等大或不等大；能育雄蕊4，2强，着生花冠筒中部左右或更高处，伸出花冠或与花冠筒等长，花药通常成对在顶端连着，稀4枚花药一起在顶端连着，2药室平行，顶端不汇合；退化雄蕊1，位于后方中央，或不存在；花盘环状；雌蕊具柄，子房线形或长圆形，1室，2侧膜胎座内伸近子房室中央，花柱长或短，柱头扁球形。蒴果线形，室背纵裂成2瓣。种子在近种脐一端有1、2或多根毛状附属物，另一端有1根毛状附属物，稀两端各有1条扁平的窄线形附属物。

约140种，自尼泊尔、印度东部向东至中国，向东南至伊里安岛。我国34种，其中多数种分布狭窄。本属植物的花美丽，可供观赏；少数种供药用。

1. 花形成有花序梗的聚伞花序；花萼5裂达基部；叶及花冠外面无毛。
  2. 花萼长2.5-7毫米，裂片窄卵形、卵状长圆形或长方状卵形，先端圆。
    3. 叶长4.5-9厘米；花序梗长0.8-3厘米；花冠长1.5-2.2厘米；蒴果长6.5-9.8厘米 …… **1.芒毛苣苔 A. acuminatus**
    3. 叶长7-12厘米；花序梗长3.5-11厘米；花冠长约4厘米；蒴果长12-28厘米 …………………………………………………… **1(附). 红花芒毛苣苔 A. moningeriae**
  2. 花萼长1.1-1.9厘米，裂片披针状线形或窄长圆形，先端尖。
    4. 叶卵形、窄卵形或宽披针形；花序苞片长2-3厘米 ………………………… **2. 显苞芒毛苣苔 A. bracteatus**
    4. 叶倒披针状线形或倒披针形；花序苞片长5-15厘米 ………………………… **3. 条叶芒毛苣苔 A. linearifolius**
1. 花1至数朵簇生叶腋或茎或短枝顶端。
  5. 花1-2生于枝上部叶腋或腋生的短枝上；花萼5裂达基部。
    6. 花冠外面无毛或近无毛，内面疏被短腺毛。
    6. 花冠外面被短柔毛，内面无毛 …………………………………………………… **4. 滇南芒毛苣苔 A. austroyunnanensis**
      7. 叶长2.2-5厘米，宽1.4-2.4厘米；花冠不明显二唇形，口部不斜，上唇与下唇近等长，直立，裂片近等大；种子每端各有1根毛状附属物 ………… **4(附). 广西芒毛苣苔 A. austroyunnanensis var. guangxiensis**
      7. 叶长0.7-2厘米，宽0.5-1毫米；花冠明显二唇形，口部斜，下唇比上唇长，开展，裂片不等大；种子每端各有1条扁平的线状附属物 ………………………………………………… **5. 黄杨叶芒毛苣苔 A. buxifolius**
  5. 花数朵簇生茎或短枝顶端；花萼5浅裂，有明显萼筒 ………………………………… **6. 大花芒毛苣苔 A. mimetes**

1. 芒毛苣苔 图 480:1-2 彩片 99

Aeschynanthus acuminatus Wall. ex DC. Prodr. 9: 263. 1845.

附生小灌木。茎长约90厘米。叶对生，无毛，长圆形、椭圆形或窄倒披针形，长4.5-9厘米，全缘；叶柄长2-6毫米。花序生茎顶部叶腋，有1-3花；花序梗长0.8-3厘米，无毛；苞片宽卵形，长3-9毫米。花梗长约1厘米，无毛；花萼长2.5-7毫米，无毛，5裂至基部，裂片窄卵形或卵状长圆形，宽2-3毫米；花冠红色，长1.5-2.2厘米，外面无毛，内面在口部及下唇基部有短柔毛，筒部长0.8-1.6厘米，上唇长4-6毫米，下唇稍长，裂片窄卵形；雄蕊伸出，长1.4-2.4厘米，下部及顶部有稀疏短腺毛，线形，长1.6-2厘米，无毛。蒴果长6.5-9.8厘米，种子每端有1条长1.5-4毫米的毛。花期10-12月。

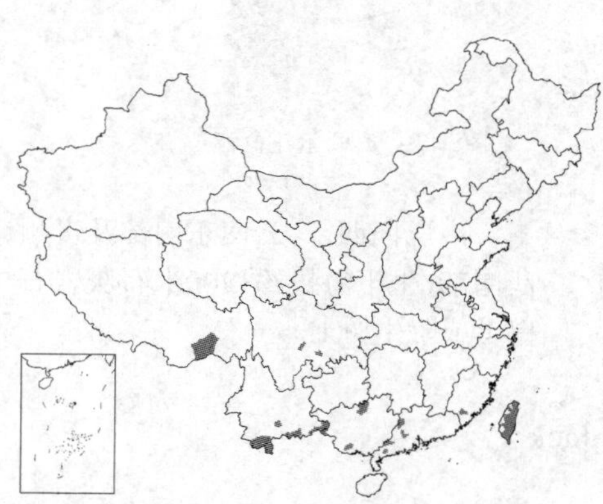

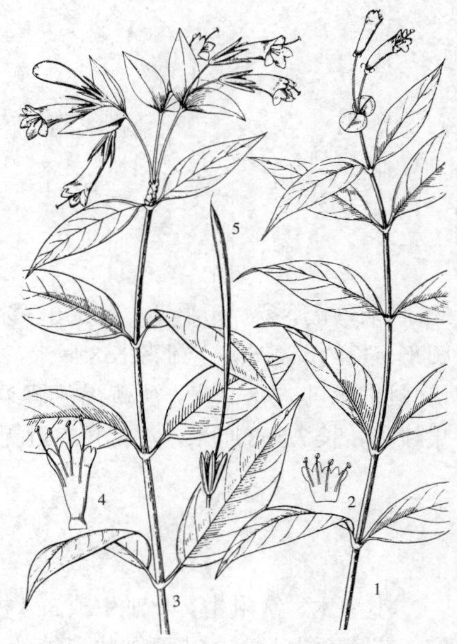

图 480：1-2. 芒毛苣苔 3-5. 显苞芒毛苣苔（路桂兰绘）（引自《海南植物志》）

产台湾、福建南部、广东、广西、云南南部及东南部、四川南部及西藏，生于海拔300-1300米山谷林中树上或溪边石上。锡金、不丹、印度东北部、泰国、老挝及越南北部有分布。全株供药用，治风湿骨痛等症。

[附] **红花芒毛苣苔** 彩片 100 **Aeschynanthus moningeriae** (Merr.) Chun, Fl. Hainan. 3: 519. 587. f. 896. 1974.——*Trichosporum moningeriae* Merr. in Philipp. Journ. Sci. Bot. 19: 677. 1921. 本种与芒毛苣苔的区别：叶长7-12厘米，宽（1.8）2.4-5.2厘米；花序梗长3.5-11厘米；花冠长约4厘米，下唇有3条暗红色的纵纹；蒴果长12-28厘米。产广东及海南，生于海拔800-1200米山谷林中或溪边石上。

2. 显苞芒毛苣苔 图 480 : 3-5

Aeschynanthus bracteatus Wall. ex DC. Prodr. 9: 261. 1845.

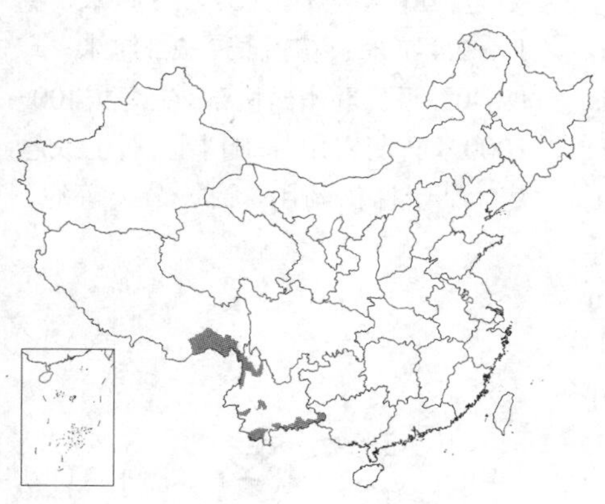

附生小灌木。茎长达1.2米。叶对生，无毛，窄卵形、椭圆状卵形或宽披针形，长4.4-11厘米，全缘；叶柄长0.5-1.5厘米。花序生分枝上部叶腋，有3-7花，无毛；花序梗长0.8-5.2厘米，稀不存在；苞片红色，宽披针形或卵形，长2-3厘米。花梗长0.8-1.2厘米；花萼红色，长1.2-1.9厘米，无毛，5裂至基部，裂片披针状线形，宽(1.2-)2-3.2毫米；花冠红色，长3.2-4.2厘米，两面均无毛，边缘有稀疏短柔毛，筒部长2.6-3.3厘米，上唇长6-8毫米，下唇与上唇近等长，裂片窄卵形；雄蕊伸出，花丝长约2.7厘米，有稀疏短腺毛；雌蕊线形，长约2.8厘米，子房有稍密的短腺毛。蒴果长0.8-1厘米。种子每端有1根长1.8-2毫米的毛。

产云南及西藏东南部，生于海拔1300-3000米山谷林中树上。锡金、不丹、印度东北部及缅甸北部有分布。

3. 条叶芒毛苣苔 图 481 : 1-3

Aeschynanthus linearifolius C. E. C. Fisch. in Kew Bull. 1928: 321. 1928.

小灌木。茎长约50厘米。叶对生，无毛，线状倒披针形或窄倒披针形，长4.8-9厘米，全缘；叶长3-8毫米。花序腋生，有1-4花。无毛；花序梗长1.8-5厘米；苞片红色，披针形、窄卵形或窄椭圆形，长0.5-1.5厘米。花梗长约3毫米；花萼红色，膜质，长1.1-1.3厘米，无毛，5裂达基部；裂片窄长圆形，宽3-4毫米；花冠红色，长3-3.5厘米，外面无毛，内面上部疏被短腺毛，筒部长2.5-3厘米，上唇长约4毫米，2浅裂，下唇长约5.5毫米，3深裂，裂片卵形；雄蕊稍伸出，花丝长1.6-2.2厘米，疏被短腺毛；雌蕊长约2.1厘米，子房无毛，有细柄，花柱长约2.5毫米，有短柔毛。蒴果长9-10厘米，无毛。种子每端有1条长1.5毫米的毛。花期7月。

产西藏东南部及云南西北部，生于海拔2000-2800米。印度东北部有分布。

图 481：1-3. 条叶芒毛苣苔 4-6. 滇南芒毛苣苔（冯晋庸 张春方绘）

4. 滇南芒毛苣苔 图 481 : 4-6

Aeschynanthus austroyunnanensis W. T. Wang in Acta Phytotax. Sin. 13 (2): 63. 1975.

攀援小灌木。茎长约1米。叶对生，无毛，椭圆形或窄圆形，长4-7.2厘米，全缘；叶柄粗，长3-6毫米。花1-2朵生于腋生的短枝上；花梗长4-8毫米，疏被短柔毛；花萼长4-5毫米，5裂达近基部，裂片线状披针形，宽1.1-1.2毫米，外面被短柔毛，内面无毛；花冠红色，长2.4-2.7厘米，外面有短柔毛，内面无毛，筒部细筒状，长约2厘米，上唇长约5毫米，2裂至近基部，裂片窄卵形，下唇长约7毫米，3深裂，裂片宽卵形，长约2.5毫米；雄蕊稍伸出，花丝上部被短柔毛；雌蕊稍伸出，长3.2厘米，子房线形，长2.2厘米。蒴果长18.5-26厘米。种子每端有1根毛，毛长1.2-1.5毫米。花期10月。

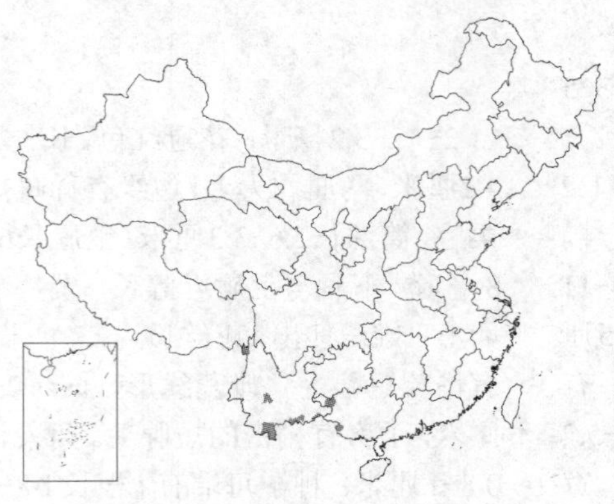

产广西西南部及西部、云南，生于海拔500–1500米河边石上或林中。

[附] **广西芒毛苣苔 Achynanthus austroyunnanensis** var. **guangxiensis** (Chun ex W. T. Wang) W. T. Wang, Reipubl. Popul. Sin. 69. 513. 1990.——*Aeschynanthus guangxiensis* Chun ex W. T. Wang in Bull. Bot. Res. (Harbin) 2 (2): 146. 1982. 与模式变种的区别：花萼和花冠外面无毛或近无毛；叶常较小，长2.2–5厘米，宽1.4–2.4厘米；花冠长2–2.3厘米。产广西西部及贵州西南部，生海拔400–1000米石灰岩山林中树上、石上或悬崖上。全株供药用，治关节炎等症。

5. 黄杨叶芒毛苣苔 图 482 彩片 101

Aeschynanthus buxifolius Hemsl. in Journ. Linn. Soc. Bot. 35: 515. 1903.

附生小灌木。茎长达40厘米。小枝常有小鳞状突起。叶对生或3枚轮生，无毛，椭圆形、椭圆状卵形、卵形、宽椭圆形或长椭圆形，长0.7–2厘米，叶柄长2–3毫米。花单生于枝上部叶腋；花梗细，长0.4–1厘米，无毛；花萼长3.5–6毫米，无毛，5裂达基部，裂片线形或披针状线形，宽0.8–1.1毫米；花冠紫红色，下唇有深红色条纹，长约2.8厘米，外面无毛或近无毛，内面疏被短腺毛，筒部后方长约2.3厘米，前方长1.7厘米，口部斜，上唇长约4.5毫米，2裂近中部，裂片宽卵形或近方形，下唇较大，3裂近基部，中裂片长圆形，长约8毫米，侧裂片斜正三角形，长6.5毫米；雄蕊伸出，花丝有稀疏短腺毛，雌蕊长约2.8厘米。蒴果，长6.2–9.5厘米。种子每端有1条附属物，后者三角状线形，长0.5–0.8毫米。花期6–11月。

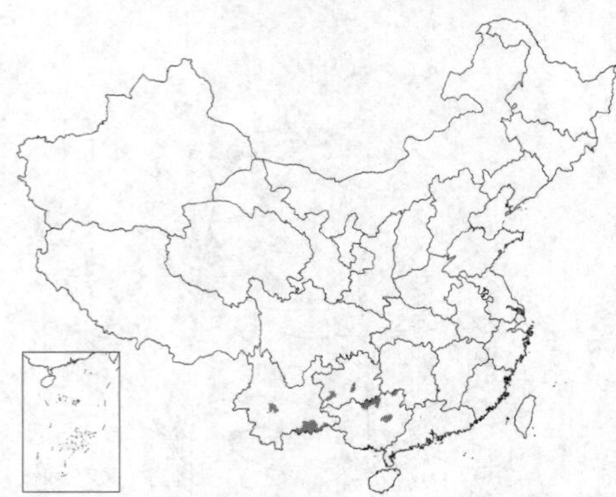

产广西、云南及贵州，生于海拔1300–2200米山地林中树上或石上。

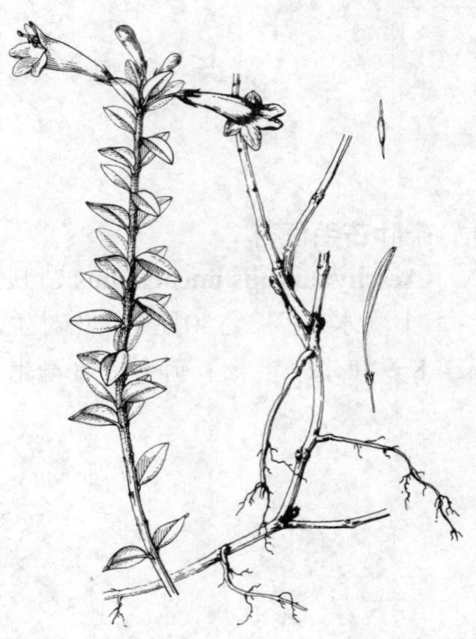

图 482 黄杨叶芒毛苣苔（冯晋庸绘）

6. 大花芒毛苣苔 图 483 彩片 102

Aeschynanthus minetes Burtt in Curtis's Bot. Mag. 162: t. 9595. 1940.

附生小灌木。茎长达0.6(–1)米。叶对生，无毛；叶形变化大，长圆形、长圆状披针形或椭圆形、卵形或倒卵形，长5.5–14厘米，全缘；叶柄长3–9毫米。花数朵簇生茎或短枝顶端，花梗长0.8–1.2厘米，无毛；花萼钟状筒形，长1.2–1.5厘米，无毛，5浅裂，裂片三角形；长3–5毫米；花冠桔红色。裂片中央

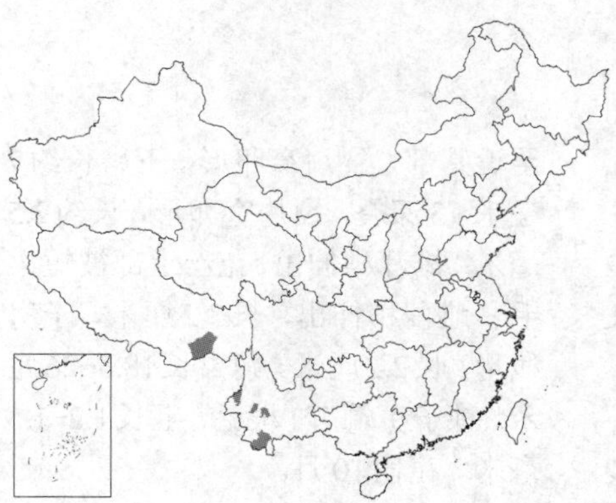

图 483 大花芒毛苣苔（冯晋庸绘）

有暗紫色斑，长4.8-5.5厘米，外面上部及内面下部有短柔毛，筒部长4.4-4.8厘米，上唇长5-6毫米，2深裂，下唇近等长，3深裂，裂片长方卵形；雄蕊伸出，花丝长2.6-3.5厘米，疏被短腺毛或近无毛，雌蕊长约5.2厘米，子房无毛，花柱长约1厘米，上部有短柔毛。蒴果长20-34厘米。种子一端有1根毛，另一端有2根毛，毛长约1厘米。花期6-9月。

产西藏东南部及云南，生于海拔1000-1900米山地林中树上。印度东北部有分布。

48. 吊石苣苔属 **Lysionotus** D. Don

小灌木或亚灌木，通常附生，稀攀援并具木栓。叶对生或轮生，稀互生，近等大或不等大，通常有短柄。聚伞花序生茎顶腋生，常具细花序梗，有少数或多数花；苞片对生，线形或卵形，常较小。花萼5裂达或接近基部，稀5浅裂；花冠白、紫或黄色，筒部细漏斗状，稀筒状，檐部二唇形，比筒部短，上唇2裂，下唇3裂；雄蕊下（前）方2枚能育，内藏，花丝着生花冠筒近中部处或基部之上，常扭曲，花药成对连着，2室近平行，药隔背部无或有附属物；退化雄蕊位于上（后）方，2-3；花盘环状或杯状；雌蕊内藏，常与雄蕊近等长，子房线形，侧膜胎座2，花柱常较短，柱头盘状或扁球形。蒴果线形，室背开裂成2瓣，每瓣又纵裂为2瓣。种子每端有1附属物。

约25种，自印度北部、尼泊尔向东经中国、泰国及越南北部至日本南部。我国13种。

1. 种子的附属物钻形，比种子短，长0.1-0.2毫米；叶对生；花萼5裂达基部。
  2. 叶边缘有多数小齿；花冠内面被柔毛 ………………………… 1. **多齿吊石苣苔 L. denticulosus**
  2. 叶近全缘，或边缘的小齿退化为腺体；花冠内面无毛 ……………… 1(附). **长圆吊石苣苔 L. oblongifolius**
1. 种子的附属物常为毛状，与种子近等长或比种子长，长在0.3毫米以上。
  3. 小灌木或亚灌木，直立或渐升，常附生，茎长达1米，无木栓；叶常革质或纸质，稀草质，侧脉不隆起，不明显或稍明显，无明显细脉；花萼5裂达基部或至近基部。
    4. 花药无附属物。
      5. 叶长1.5厘米以上。
        6. 叶无毛；茎无毛。
          7. 叶3枚轮生，长4.5-13.5厘米，宽2.2-6厘米，边缘全缘或浅波状；苞片椭圆形，长约5毫米………………………………………………………… 2. **桂黔吊石苣苔 L. aeschynanthoides**
          7. 叶4-8枚，密集于茎或分枝顶端。
            8. 叶长1.5-8.2厘米，宽0.7-3.2厘米，边缘有小齿或近全缘；苞片窄线形，长0.1-1.5厘米；花冠长2.6-3.5厘米；蒴果长3.5-5.5厘米 ……………………… 3. **异叶吊石苣苔 L. heterophyllus**
            8. 叶较小，长1.5-1.8厘米，宽5-7毫米，边缘每侧有3-6牙齿；苞片圆卵形或近圆形，长和宽均为4毫米；花冠长约2厘米；蒴果长2-2.5厘米 ……………… 3(附). **圆苞吊石苣苔 L. involucratus**
        6. 叶被毛；茎上部密被短柔毛。
          9. 叶长圆形、椭圆状卵形或宽披针形，长1-4.8厘米，宽0.5-1.9厘米，上面无毛，或与下面被疏毛 花萼长2.5-4.5毫米；花冠白或淡紫色；子房被疏柔毛 ………………… 4. **毛枝吊石苣苔 L. wardii**
          9. 叶披针形或窄披针形，长1.5-2.2厘米，宽达4毫米，两面密被短柔毛；花萼长7.5-8.5毫米；花冠淡紫色；子房无毛 ……………………………… 4(附). **狭萼吊石苣苔 L. levipes**
      5. 叶小，长3.5-8.5毫米，宽3-5毫米，中上部有1（2）小片，叶柄长0.3-1.5毫米；花序有1花，花冠长1.3厘米 ……………………………… 5. **小叶吊石苣苔 L. microphyllus**
    4. 花药药隔背面有一突起的附属物。
      10. 花冠白色带淡紫色条纹或淡紫色，无毛；叶革质，花序有1-2（-5）花；花序梗长0.4-2.6（-4）厘米；花盘杯状，高2.5-4毫米，边缘有尖齿，长1.5-5.8厘米，宽0.4-1.5（-2）厘米 …………………

………………………………………………………………………………………… 6. 吊石苣苔 **L. pauciflorus**

10. 花冠淡紫或白色，外面被疏柔毛和短腺毛，内面下部有短腺毛；花序有3-15花，花序梗长3.5-8.5厘米，花盘环状，高0.8-2毫米，边缘近全缘；长4-14（-18）厘米，宽2-4.8（-5.5）厘米 ………………………………………………………………………………………… 7. 齿叶吊石苣苔 **L. serratus**

3. 攀援小灌木；茎长达9米，具木栓；叶下面侧脉多少隆起，与3、4脉形成脉网；花序有1花；苞片宽卵形或卵形；花萼5浅裂 ………………………………………………………… 8. 攀援吊石苣苔 **L. chingii**

1. 多齿吊石苣苔 图 484：10

Lysionotus denticulosus W. T. Wang in Guihaia 3 (4): 264. pl. 2. f. 10. 1983.

亚灌木。茎高约60厘米，上部与叶密被锈色柔毛。叶对生，长圆形或披针状长圆形，长5.8-18厘米，边缘有多数小齿，两面均稍密被锈色短柔毛，叶柄长0.5-3.5厘米。聚伞花序有3-7花；花序梗长1-1.3厘米，被锈色长柔毛；苞片三角形，长约4毫米，5裂达基部，裂片线状披针形，外面密被柔毛；花冠紫红色，长约1.7厘米，外面被短柔毛，内面在下唇被短柔毛，筒部近筒状，长1厘米，上唇长3毫米，下唇长5.5毫米；花丝长5毫米，基部稍扭曲；退化雄蕊3；花盘环状，边缘波状；雌蕊长1.4厘米，子房长8毫米，无毛，花柱上部疏被短腺毛，柱头盘状。蒴果长3.7-4.5厘米。种子每端有长0.1-0.2毫米的附属物。花期9-10月。

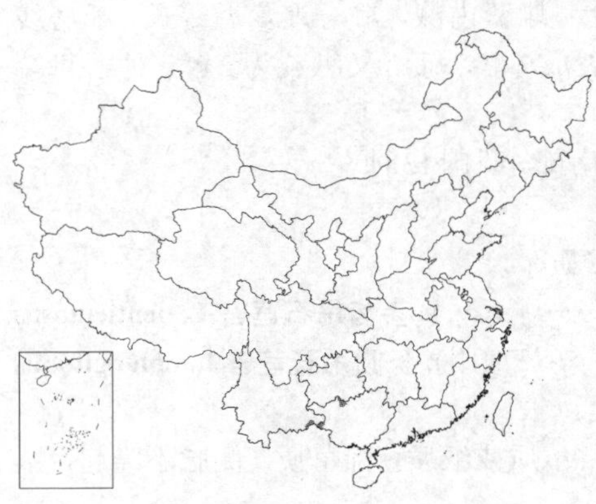

产广西西部及西北部、云南东南部，生于海拔1000-1500米石山林中。

[附] **长圆吊石苣苔** 图 484: 1-9 彩片 103 **Lysionotus oblongifolius** W. T. Wang in Guihaia 3 (4): 263. pl. 2. f. 1-9. 1983. 本种与多齿吊石苣苔的区别：叶近全缘，或边缘的小齿退化为腺体；花梗被锈色长柔毛，花冠内面无毛。花期9-10月。产广西西南部，生于石山林中。

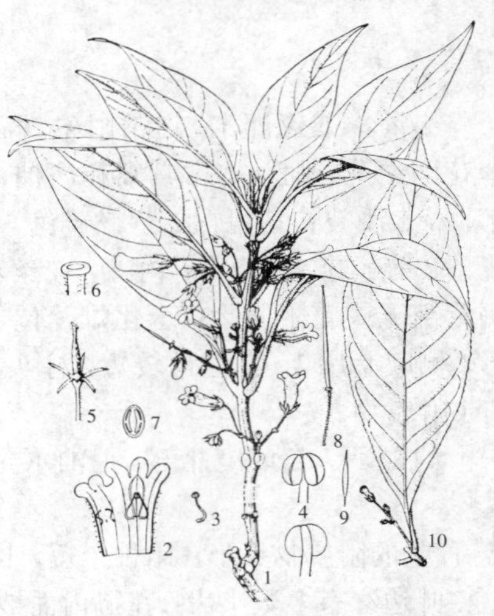

图 484: 1-9. 长圆吊石苣苔 10.多齿吊石苣苔 （引自《中国植物志》）

2. 桂黔吊石苣苔 图 485：1-3

Lysionotus aeschynanthoides W. T. Wang in Guihaia 3 (4): 265. pl. 4. f. 7-9. 1983.

茎高达1米，无毛。叶3枚轮生，两侧不相等，椭圆形、长椭圆形或椭圆状卵形，长4.5-13.5厘米，宽2.2-6厘米，全缘或浅波状，无毛；叶柄长0.2-2厘米。聚伞花序1-2回分枝，有3-8花，无毛；花序梗长1-2厘米；苞片椭圆形，长约5毫米；花梗长2.5-4.5毫米；花萼长8-9毫米，无毛，裂片披针状线形；花冠黄色，长1.7-2.1厘米，内面下部被短腺毛，筒部漏部状筒形，长

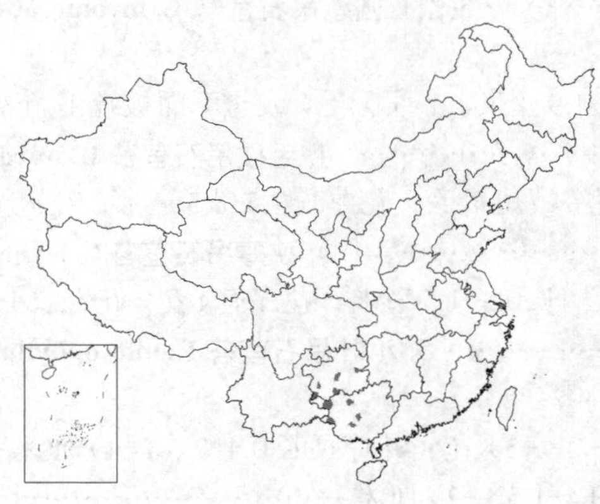

图 485：1-3. 桂黔吊石苣苔 4-9. 攀援吊石苣苔 （引自《中国植物志》）

1-1.3厘米，上唇长4毫米，2浅裂，下唇长7-8毫米，3裂近中部，裂片宽卵形；花丝长约7毫米，在中下部或近中部处膝状弯曲，退化雄蕊2，被短腺毛；花盘环状，边缘有浅齿；雌蕊长0.9-厘米，无毛，子房线形，长7毫米，柱头扁头形。蒴果长5.4-10厘米。花期6-7月。

产广西西部、云南东南部及贵州，生于海拔900-1200米山地林中或灌丛中石上、或溪边石上。

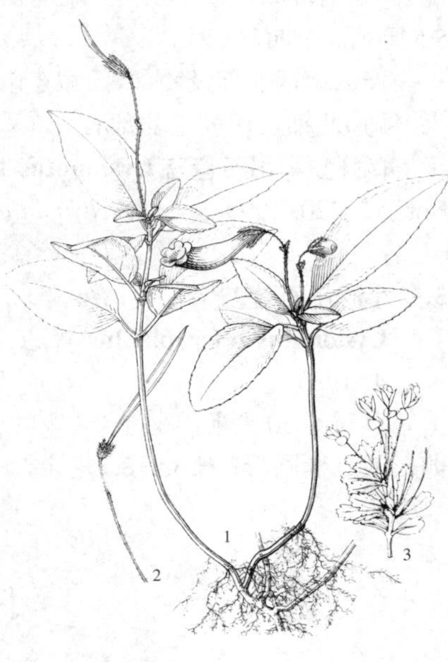

图 486：1-2. 异叶吊石苣苔
3. 圆苞吊石苣苔（冯晋庸 王金凤绘）

3. 异叶吊石苣苔 图 486：1-2

Lysionotus heterophyllus Franch. in Bull. Mus. Hist. Nat. Paris 5: 249. 1899.

亚灌木。茎长达35厘米，无毛。叶4-8聚生茎或分枝顶端，4-5在茎中部以上近轮生，长椭圆形、长圆形、椭圆形或长圆状卵形，长1.2-8.2厘米，宽0.7-3.2厘米，边缘有小齿或齿退化成腺点而近全缘，无毛；叶柄长0.2-1（-2）厘米，花序有1-4花；花序梗细，长1.5-4.4厘米，苞片窄线形，长1-1.5毫米。花梗长0.5-1厘米；花萼长4-8毫米，被疏柔毛或无毛，裂片三角状线形或线状三角形，花冠白色，有紫色条纹，长2.6-3.5厘米，筒部长1.9-2.4厘米，上唇长约3-5毫米，下唇长0.9-1.1厘米；雌蕊无毛，花丝长0.8-1厘米，花药无突起；退化雄蕊2；花盘环状，边缘浅波状；雌蕊长1.2-1.8厘米，无毛。蒴果长3.5-5.5厘米。花期7-8月。

产云南东北部、四川南部及东南部、湖南西南部，生于海拔1700-2300米山谷林中树上。

[附] 圆苞吊石苣苔 图 486: 3 **Lysionotus involucratus** Franch. in Bull. Mus. Hist. Nat. Paris 5: 249. 1899. 与异叶吊石苣苔的区别：叶楔状倒披针形或窄长圆形，长1.2-1.8厘米，宽5-7毫米，先端钝或平截，中上部边缘每侧有3-6牙齿；苞片圆卵形，长和宽均约4毫米。产湖南西北部及四川东北部，生于海拔约1300米山谷石上。

4. 毛枝吊石苣苔 图 487

Lysionotus wardii W. W. Smith in Notes Roy. Bot. Gard. Edinb. 10: 186. 1918.

附生小亚灌木。茎高19-45厘米，上部密被淡黄色短柔毛。叶3枚轮生或对生；叶长圆形、椭圆状卵形或宽披针形，长1-4.8厘米，边缘有稀疏波状小齿、小牙齿或近全缘，上面无毛或疏被短伏毛，下面被疏毛；叶柄长1-6毫米，被短毛。花序有1-3花；花序梗丝形，长3.2-6.5厘米，无毛；苞片宽倒卵形或正三角形，长2.2-3毫米。花梗长4-6毫米，无

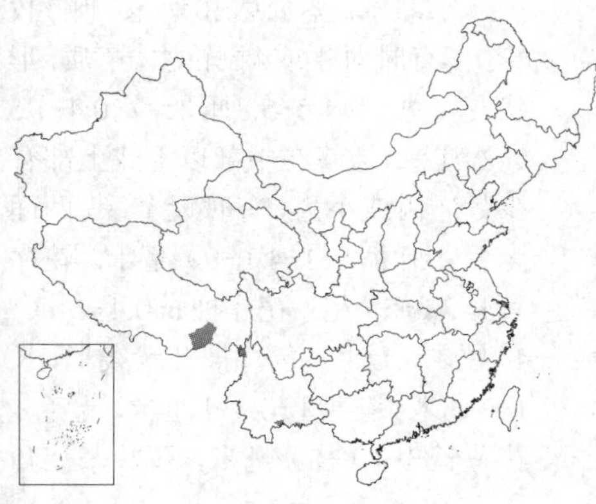

图 487 毛枝吊石苣苔
（引自《中国植物志》）

毛；花萼长2.5-4.5毫米，裂片有3-5条脉；花冠白或淡紫色，有紫色条纹，长3.7-4.4厘米，外面被短柔毛，筒部漏斗状筒形，长2.5-2.7厘米，上唇长6-7毫米，下唇长0.9-1.2厘米；花丝长0.8-1.2厘米，花药无突起；退化雄蕊2；花盘环状，边缘波状；雌蕊长2-2.5厘米，子房被疏柔毛。蒴果长约5.5厘米。花期8-9月。

产云南西北部及南部、西藏东南部，生于海拔1550-2100米山地林中树上。缅甸北部及印度东北部有分布。

[附] 狭萼吊石苣苔 **Lysionotus levipes** (Clarke) Burtt in Edinb. Journ. Bot. 52: 220. 1995.——*Aeschynanthus levipes* Clarke in DC. Monogr. Phan. 5: 28. 1883.——*Lysionotus angustisepalus* W. T. Wang; 中国植物志 69: 545. 1990. 本种与毛枝吊石苣苔的区别：叶披针形或窄披针形，长1.2-2.2厘米，宽2.5-4毫米；花萼较长，长7.5-8.5毫米；花冠淡紫色；子房无毛。花期9月。产云南西北部及西藏东南部，生于海拔1200-2400米山谷林中树上。

5. 小叶吊石苣苔 图 488

Lysionotus microphyllus W. T. Wang in Guihaia 3 (4): 270. pl. 1. f. 3-4. 1983.

茎长约30厘米，被疏柔毛。叶3枚轮生、对生或互生，倒卵形、窄倒卵形或近椭圆形，长3.5-8.5毫米，边缘中上部有1（2）小齿，无毛；叶柄长0.3-1.5毫米。花序有1花，长约3厘米；花萼无毛，裂片三角形，长约1.5毫米；花冠长约1.3厘米，内面下部被短柔毛，筒部长约9毫米，上唇长约2毫米，裂片扁半圆形，下唇长约4.5毫米，裂片宽卵形，花丝长5毫米；退化雄蕊3；花盘环状，全缘；雌蕊长约8毫米，无毛，雌蕊柄长1.5毫米，子房线形，长4毫米，花柱长2毫米，柱头截形。蒴果近线形，长约6.5厘米。花期7月。

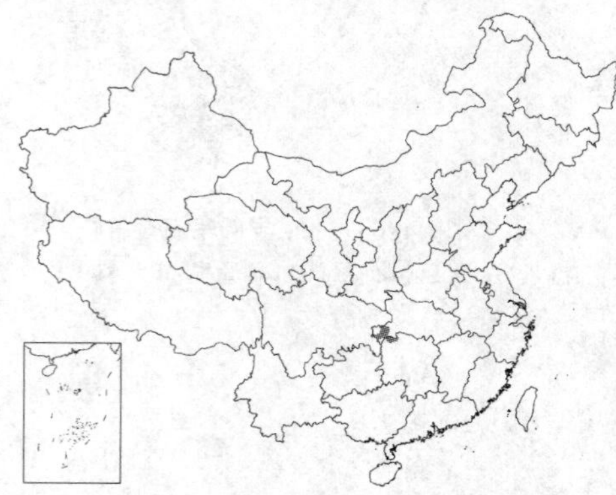

产湖北西南部及湖南西北部，生山地岩石上。

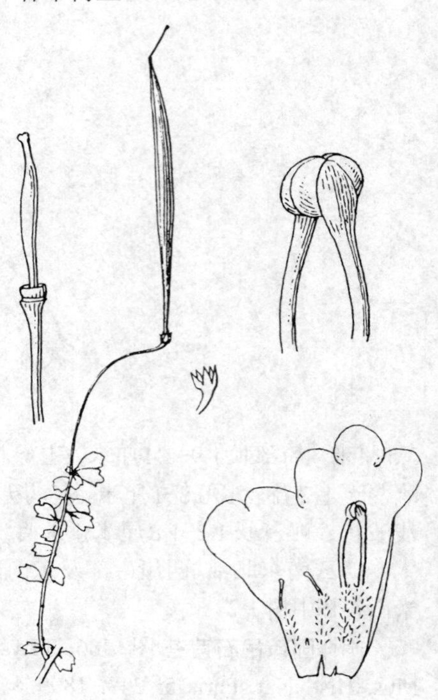

图 488 小叶吊石苣苔
（引自《中国植物志》）

6. 吊石苣苔 石吊兰 紫白吊石苣苔 海南吊石苣苔 披针吊石苣苔 宽叶吊 石苣苔 高山吊石苣苔 条叶吊石苣苔 图 489 彩片 104

Lysionotus pauciflorus Maxim. in Bull. Acad. Imp. Sci. St. Petersb. 19: 534. 1874.

Lysionotus carnosus Hemsl; 中国植物志 69: 549. 1990.

Lysionotus hainanensis Merr. et Chun; 中国高等植物图鉴 4: 118. 1975; 中国植物志 69: 549. 1990.

Lysionotus pauciflorus var. *lancifolius* W. T. Wang; 中国植物志 69: 551. 1990.

Lysionotus montanus Kao et Devol; 中国植物志 69: 552. 1990.

Lysionotus pauciflorus var. *linearis* Rehd; 中国植物志 69: 551. 1990.

小灌木。茎长达30厘米。叶3枚轮生，有时对生或4枚轮生，革质，形状变化大，长1.5-5.8厘米，宽0.4-1.5（-2）厘米，边缘在中部以上或上部有少数牙齿或小齿，有时近全缘，两面无毛；叶柄长1-4（-9）毫米。花序有1-2（-5）花；花序梗长0.4-2.6（-4）厘米，无毛；苞片披针状线形，长1-2毫米。花梗长0.3-1厘米，无毛；花萼长3-4（-5）毫米，裂片窄三角形或线状三角形；花冠白色带淡紫色条纹或淡紫色，长3.5-4.8厘米，无毛，筒部细漏斗状，长2.5-3.5厘米，上唇长约4毫米，下唇长1厘米；花比长约1.2厘米，药隔背面突起长约0.8毫米；退化雄蕊3；花盘杯状，高2.5-4毫米，有尖齿；雌蕊长2-4毫米，有尖齿；雌蕊长2-3.4厘米，无毛。蒴果长5.5-9厘米。花期7-10月。

产河南、安徽、江苏南部、浙江、台湾、福建、江西、湖南、湖北、广东、广西、海南、贵州、云南、四川、甘肃南部及陕西南部，生于海拔300-2000米丘陵或山地林中或阴处石崖上或树上。越南及日本有分布。全草供药用，治跌打损伤等症。

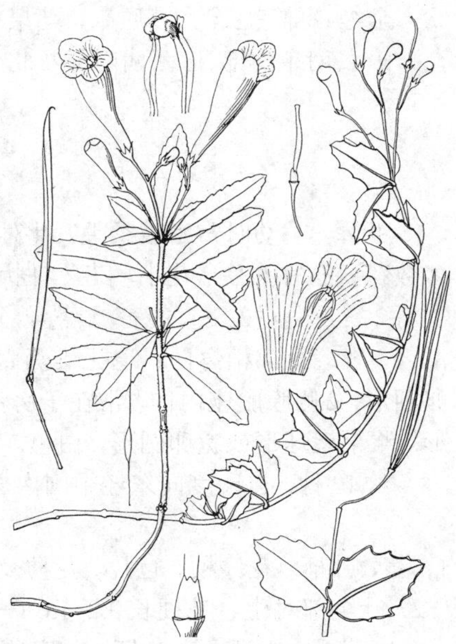

图 489 吊石苣苔（引自《中国植物志》）

7. 齿叶吊石苣苔 图 490 彩片 105

Lysionotus serratus D. Don in Edinb. Phil. Journ. 7: 85. 1822.

亚灌木，常附生；植株无毛，茎高达1米。叶3枚轮生或对生，草质，稀纸质，椭圆状卵形、椭圆形、长椭圆形或窄长圆形，长4-14（-18）厘米，宽2-4.8（-5.5）厘米，边缘有牙齿或波状小齿；叶柄长0.6-1.6（-2.8）厘米。花序（1）2-3（4）回分枝，有3-15花；花序梗长3.5-8.5厘米；苞片长3-8毫米；花萼长4-8毫米，裂片窄长圆形或长椭圆形，有3条明显的纵脉；花冠淡紫或白色，长2.5-4厘米，外面有疏柔毛和短腺毛，内面下部有稀疏短腺毛，筒部细漏斗状，长2.2-2.5厘米，上唇长约4毫米，下唇长约8毫米；花丝长0.7-1厘米，常扭曲，花药药隔突起长约1毫米；退化雄蕊3；花盘环状，0.8-2毫米，边缘近全缘；雌蕊长约2.2厘米。蒴果线形，长7-8厘米。

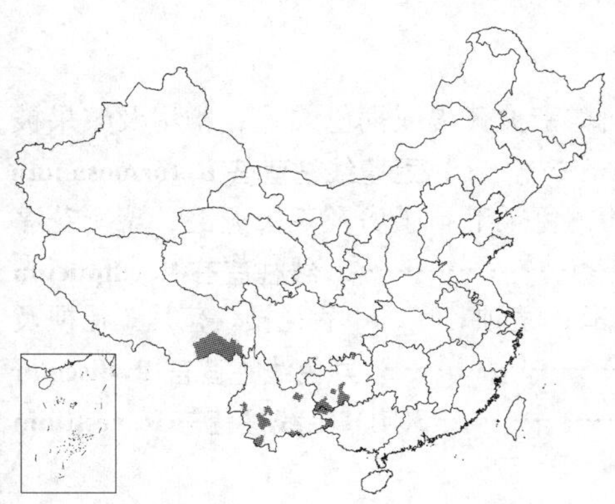

产广西西部、贵州、云南及西藏东南部，生于海拔900-2200米山地林中树上或石上、溪边或高山草地。不丹、尼泊尔、印度北部、缅甸北部及越南北部有分布。

图 490 齿叶吊石苣苔（冯晋庸绘）

8. 攀援吊石苣苔 图 485：4-9 彩片 106

Lysionotus chingii Chun ex W. T. Wang in Guihaia 3 (4): 279. pl. 4. f. 1-6. 1983.

攀援小灌木；植株无毛。茎长达9米，有软而厚的木栓，叶对生，椭圆形或长圆形，长4.5-13厘米，全缘或有极不明显的小齿，侧脉在下面多少隆起，三、四级形成脉网；叶柄长0.6-2.3厘米。花序具1花，花序梗长1.4-2.8厘米；苞片宽卵形或卵形，长4-7毫米。花梗长2-7毫米；花萼长1.6-2.2厘米，5浅裂，裂片正三角形或圆卵形，长4-5毫米；花冠白色或带淡绿色，长约4厘米，内面下部被短柔毛，其他部分有小鳞片，筒部细漏斗状，长约3.3厘米，上唇长约6毫米，下唇长约7毫米，花丝长约1.1厘米，在基部之上强烈膝状弯曲，退化雄蕊2，弯曲，有少数睫毛；花盘环

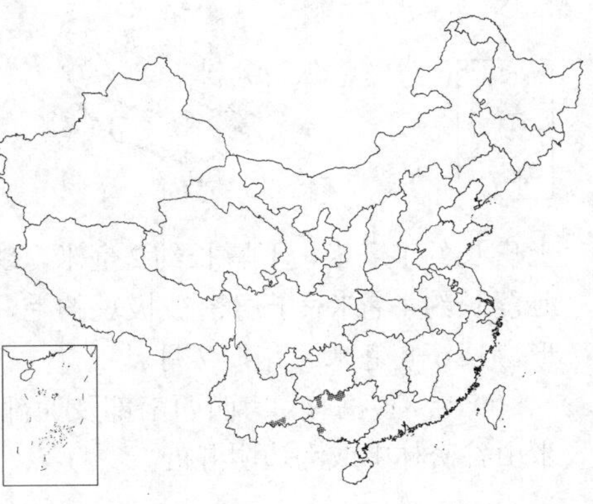

状，全缘；雌蕊长约2.9厘米，蒴果长6.5-9厘米。花期7-9月。

产云南东南部、广西西南部及北部，生于海拔1000-1500米山谷林中树上或石上。越南北部有分布。

49. 线柱苣苔属 **Rhynchotechum** Bl.

亚灌木。幼时常密被柔毛。叶对生，稀互生，具柄，有较多近平行的侧脉。聚伞花序腋生，2-4回分枝，常有多数花；苞片对生。花小，花萼钟状，5裂达基部，宿存；花冠钟状粗筒形，筒部比檐部短，檐部不明显二唇形，上唇2裂，下唇3裂；能育雄蕊4，分生，着生花冠筒基部，稀达中部，花丝短，花药近球形，2药室平行，顶端汇合，裂缝上部稍弯曲；退化雄蕊1，位于上方中央，或不存在。花盘环状，或不存在。雌蕊与花冠近等长，子房卵圆形，2侧膜胎座内伸，常在子房室中央相连接，裂片反曲，生多数胚珠，花柱比子房长，钻形，柱头小，扁球形。浆果近球形或宽卵圆形，白色。种子椭圆形，光滑。

约13种，自印度向东经中国南部、中南半岛、印度尼西亚至伊里安岛。我有5种。

1．茎、叶柄、花序梗、苞片、花梗及花萼外面密被柔毛。
  2．叶全部对生；花梗长0.2-1.6（-2.2）厘米；花冠上唇长1-2毫米。
    3．茎顶、叶下面、叶柄、花序梗、花序分枝、花枝、苞片及花萼外面均密被黄褐或褐色柔毛；子房及浆果被短毛；聚伞花序具5-30花；苞片长5-8毫米 ………………………………… 1. **冠萼线柱苣苔 R. formosanum**
    3．茎顶部、幼叶、叶柄、花梗、苞片、花序分枝及花梗均密被紧贴的锈色柔毛；子房及浆果无毛；聚伞花序具15-70花；苞片长0.3-1.5厘米 ……………………………………………………………… 2. **线柱苣苔 R. ellipticum**
  2．叶互生，或有时下部叶对生；花梗长1-4毫米；花冠上唇长约3毫米；茎顶、叶、叶柄花梗、苞片、花梗及花萼外面均被淡黄色贴伏柔毛 …………………………………………………………… 3. **异色线柱苣苔 R. discolor**
1．茎、叶柄、花序梗及花萼外面密被开展的淡黄色硬毛 ……………………………… 3(附). **毛线柱苣苔 R. vestitum**

1. 冠萼线柱苣苔　　图 491

Rhynchotechum formosanum Hatusima in Journ. Jap. Bot. 15: 132. f. 1. 1939.

茎高达1米，顶部与叶下面、叶柄、花序梗及分枝、花梗、苞片及花萼外面均密被黄褐色柔毛。叶对生，多为椭圆形，有时长圆形或窄倒卵形，长（6.5-）13-26厘米，边缘有小齿，下面侧脉每侧9-14；叶柄长0.5-2.5厘米。聚伞花序常成对腋生，2-3回分枝；具5-30花；花序梗长1.2-2.4厘米；苞片近钻形，长5-8毫米。花萼裂片披针状线形，长3-5毫米；花冠无毛，长4-5毫米，筒部长约2毫米，上唇长约1毫米，下唇长约2毫米，裂片圆卵形；花丝长0.6-0.8毫米；雌蕊长约4毫米，子房密被极短的毛，花柱基部有短毛。浆果白色，近球形，长6-8毫米。花期7月。

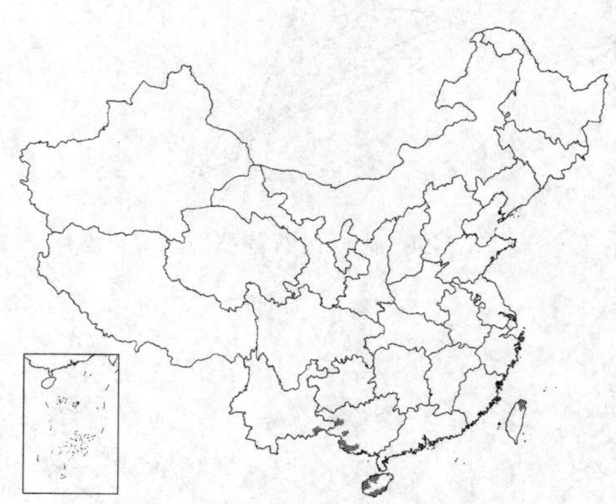

图 491 冠萼线柱苣苔 （引自《海南植物志》）

产台湾、海南、广西西南部及西部、云南东南部，生于海拔200-10000米山谷密林中或沟边阴湿处。

2. 线柱苣苔 椭圆线柱苣苔　　图 492

Rhynchotechum ellipticum (Wall. ex Dietr.) DC. Prodr. 9: 285. 1845.

Corysanthera ellipticum Wall. ex Dietr. Syn. Pl. 3: 582. 1842.

Rhynchotechum obovatum (Griff.) Burtt; 中国高等植物图鉴 4: 115. 1975; 中国植物志 69: 559. 1990.

亚灌木。茎高达2米，顶部与幼叶、叶柄、花序梗及分枝、苞片及花梗均密被紧贴的锈色柔毛。叶对生。倒披针形或长椭圆形，长9.5-32厘米，边缘有小牙齿，下面脉上的毛宿存，侧脉每侧13-26条，近平行；叶柄长0.8-4厘米，聚伞花序1-2或较多簇生叶腋，具梗，长2.5-9厘米，3-4回分枝，有15-70或更多的花；花序梗长2.4-3.5厘米；苞片窄披针形，长5-9毫米。花梗长2-9毫米；花萼裂片线状披针形，长2.2-5毫米，外面密被淡褐色柔毛；花冠白色或带粉红色，无毛，筒部长约1.5-2毫米；上唇长约1.6-1.8毫米，下唇长约2.2-4毫米，裂片卵形，花丝长约0.3毫米；雌蕊长约5.5毫米，无毛，子房长约1毫米，花柱伸出。浆果白色，宽卵圆形，长5-6毫米，无毛。花期6-10月。

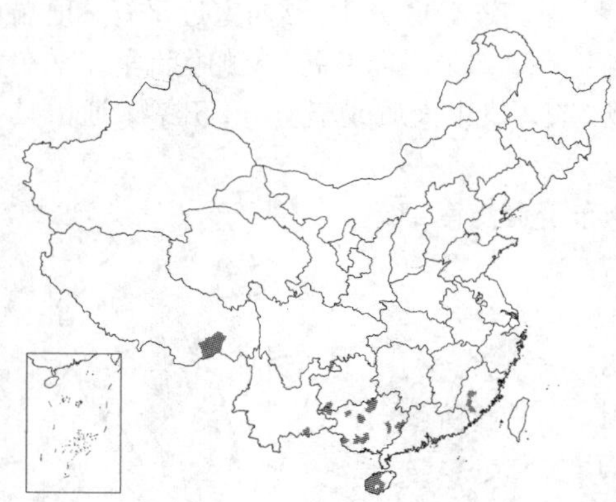

图 492 线柱苣苔（冯晋庸绘）

产福建、香港、海南、广西、贵州西南部、云南东南部、四川南部及西藏东南部，生于海拔140-1500米山谷林中或溪边阴湿处。越南、老挝、泰国、缅甸及印度东北部有分布。

3. 异色线柱苣苔　　图 493

Rhynchotechum discolor (Maxim.) Burtt in Notes Roy. Bot. Gard. Edinb. 24: 37. 1962.

Isanthera discolor Maxim. in Bull. Acad. Imp. Sci. St. Petersb. 19: 538. 1874.

茎高25-45厘米，顶部与叶、叶柄、花序梗、苞片、花梗、花萼外面均密被淡黄色贴伏柔毛。叶互生，或有时下部叶多少对生，长圆状倒披针形、长圆形或窄椭圆形，长6.5-16厘米，边缘有不规则小牙齿，侧脉每侧7-12条，上部的与中脉成锐角向斜上方展出；叶柄长0.7-2.5厘米。聚伞花序单生叶腋，长4-6厘米，2-3回分枝，有10-25花；花序梗长1.8-3厘米；苞片披针形，长5-8毫米。花梗长1-4毫米；裂片线形，长约5毫米；花冠白色，无毛，筒部长约1毫米，上唇长约3毫米，下唇与上唇近等长，裂片长圆形；花丝比花药长；雌蕊长约3.5毫米，子房有极短的毛。浆果卵圆形，长约5毫米，有短毛。花期6-8月。

产福建南部、台湾、广东东部及海南，生于约1700米山谷林中阴湿处。菲律宾及伊里安岛有分布。

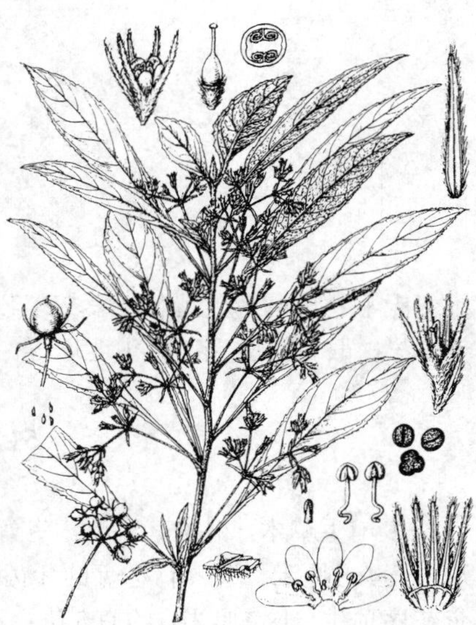
图 493 异色线柱苣苔（引自《Fl. Taiwan》）

[附] **毛线柱苣苔 Rhynchotechum vestitum** Wall. ex Clarke. Comm. et Cyrt.

Beng. t. 92. 1874. 本种与异色线柱苣苔的区别：茎高（0.2-）1-2米，与叶柄、花序梗、花萼外面均被开展的淡黄色硬毛；叶每侧侧脉13-16；花冠淡红色，雌蕊无毛。产广西西部、云南南部及西藏东南部，生于海拔800-1300米山谷林中或溪边阴处。印度东北部，不丹及锡金有分布。

50. 浆果苣苔属 Cyrtandra J. R. et G. Forst.

灌木或亚灌木，稀小乔木。叶对生或互生，全缘或有齿，羽状脉。聚伞花序腋生，有梗，有多数或少数花；苞片大或小，有时合生。花萼5裂，有短或长的萼筒；花冠中等大或大，稀小，漏斗状筒形，檐部通常二唇形，上唇2裂，下唇3裂；能育雄蕊2，位于下（前）方，着生花冠筒上，通常内藏，花药连着或分生，2药室近平行，顶端不汇合或汇合，退化雄蕊2或3，位于上（后）方，小；花盘环状，或位于一侧；子房卵1室，2侧膜胎座几乎在子房室中央相遇，2裂片反曲，有多数胚球，花柱长或短。柱头近球形或2裂。浆果肉质或革质，不开裂，通常具宿存花柱。种子多数，椭圆形，光滑。

约350种，分布于缅甸南部、马来西亚，菲律宾及大洋洲。仅1种分布于台湾南部。

浆果苣苔 图 494 彩片 107

Cyrtandra umbellifera Merr. in Philipp. Journ. Sci. Bot. 3: 435. 1908.

小灌木，高约1.5米。枝圆柱形或具5纵棱，无毛，小枝被短柔毛。叶对生，膜质，长圆状椭圆形，有时稍镰状弯曲，长16-30厘米，边缘上部有小齿，下部全缘，无毛或两面疏被柔毛；叶柄长1-4厘米，被短柔毛。花序有3-4花；花序梗长1.5-3厘米，密被锈色短柔毛；苞片对生，披针形，长约1厘米，被短柔毛；花萼长约5毫米，外面被褐色短柔毛，5裂稍超过中部，裂片三角形；花冠白色，长约1厘米，外面被短柔毛，筒部长约6毫米，上唇比下唇稍长，2浅裂，下唇3裂，裂片近圆形；雄蕊无毛；椭圆形；退化雄蕊2；花盘环状；雌蕊伸出花冠筒口，子房无毛，花柱散生短腺毛，柱头近球形。浆果椭圆形，长约8毫米，无毛。产台湾南部兰屿岛。菲律宾有分布。

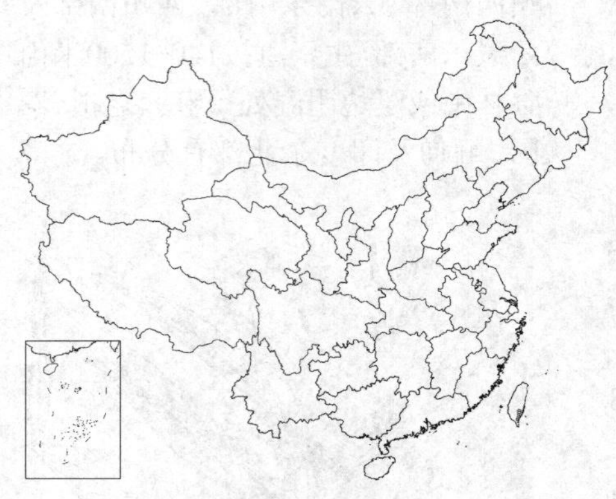

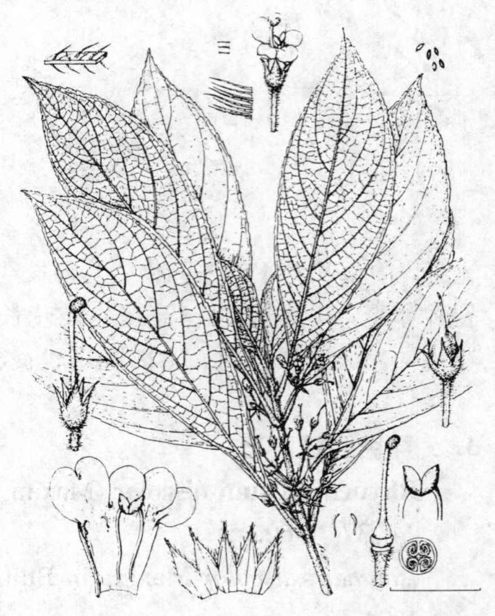

图 494 浆果苣苔（引自《Fl. Taiwan》）

51. 圆果苣苔属 Gyrogyne W. T. Wang

多年生草本。根状茎块状。茎高达16厘米，不分枝，有2-3节，被淡褐色短柔毛。叶对生，每对叶近等大，卵形，长4-8厘米，边缘有不等的牙齿，上面被疏柔毛，下面沿脉疏被短柔毛；叶柄长0.3-2.7厘米，被短柔毛。聚伞花序顶生，长2厘米，约有5花；花序梗长1厘米，与花梗被柔毛。花梗长1.5-4毫米；花萼宽钟状，长5毫米，5裂达基部，外面疏被短柔毛，筒部长2.5毫米，在裂片之间有纵褶，裂片三角形，长2.5毫米；花冠白色，长1厘米，外面被短柔毛，筒长5毫米，口部斜，基部囊状，檐部二唇形，上唇长2.5毫米，2裂达基部，裂片卵状三角形，下唇长4毫米，3深裂，裂片宽长圆形；能育雄蕊4，无毛，花丝长1.2毫米，花药基部稍叉开。2室近平行顶端不汇合。雌蕊长5.5毫米，无毛，子房2枚，圆形，具胚珠的侧膜胎座自子房壁腹面中央伸向室中，花柱长3.8毫米，柱头扁球形。

我国特有单种属。

圆果苣苔 图 495

Gyrogyne subaequifolia W. T. Wang in Bull. Bot. Res. (Harbin) 1 (3): 43. pl. 7. f. 1-7. 1981.

形态特征与属同。花期6月。

产广西西部百色，生于低山路边阴处。

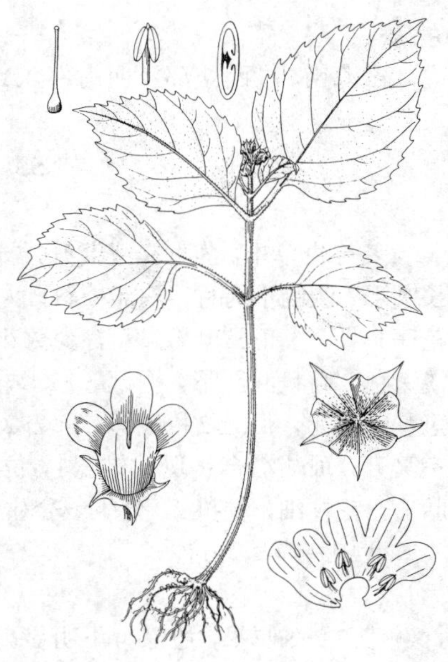

图 495 圆果苣苔（王金凤绘）

52. 十字苣苔属 Stauranthera Benth.

低矮肉质草本，被柔毛。叶互生或对生，同一对中的1枚极小，正常叶镰状椭圆形，两侧极不对称。聚伞花序具长梗，有稀疏的花；苞片小。花萼宽钟状，5裂，裂片开展，在裂片之间有纵褶；花冠钟状，基部具距或囊状，檐部不明显二唇形，上唇2裂，下唇3裂，与上唇近等长；能育雄蕊4，花丝短，花药以侧面合生成扁圆锥状，2药室基部稍叉开，纵裂顶端汇合。花盘不存在。子房近球形，2侧膜胎座内伸，2裂，密生胚珠。蒴果扁球形，横裂或不规则开裂。

约10种，分布于亚洲南部和东南部热带地区。我国1种。

十字苣苔 图 496

Stauranthera umbrosa (Griff.) Clarke, Comm. et Cyrt. Beng. t. 89. 1874.

Cyananthus umbrosa Griff. Notul. Pl. Asiat. 4: 154. 1854.

多年生草本。茎高达22厘米，上部及叶柄均被锈色短柔毛。正常叶两侧不对称，长圆形或椭圆状倒卵形，长8-25厘米，边缘在窄侧上部、在宽侧下部之上有波状浅齿，下面沿脉疏被短柔毛，叶柄长0.5-2.3厘米；退化叶小，长3-4毫米。聚伞花序顶生，长5-10厘米，有稀疏的花；花序梗长2.5-3.5厘米，与花梗密被短柔毛；苞片对生，线形，长3-4毫米，外面被短柔毛。花梗长0.7-1厘米；花萼长约4毫米，外面被短柔毛，5浅裂，裂片正三角形；花冠白或紫色，径约1厘米，无毛，筒部长约2.6毫米，上唇长约4毫米，2深裂，下唇长约4.5毫米，3浅裂；上方2雄蕊的花丝长2毫米，下方2雄蕊的花丝长4毫米；子房长约1.5毫米，被短柔毛，花柱长约0.5毫米。柱头球形。花期2-

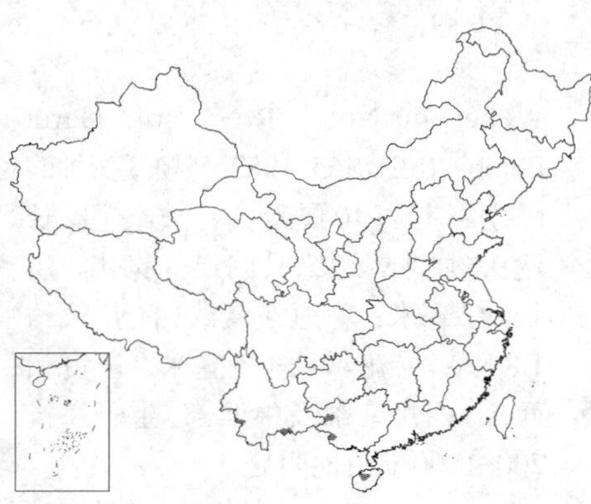

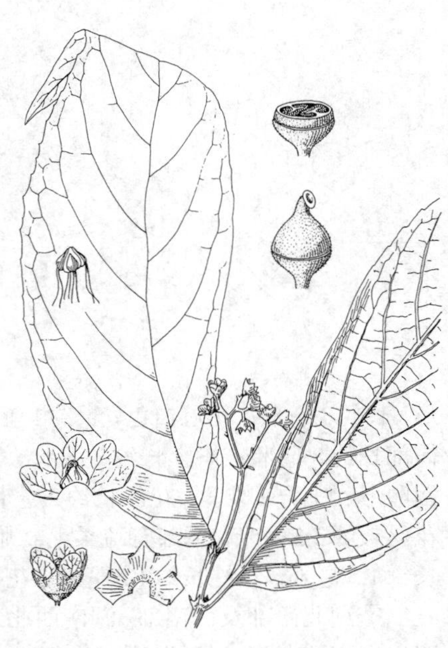

图 496 十字苣苔（冯晋庸绘）

6月。

产海南、广西西部及西南部、云南南部及西南部，生于海拔400-1100米山地林中或林边。印度东北部、缅甸、越南及马来半岛有分布。

53. 异叶苣苔属 **Whytockia** W. W. Smith

多年生草本。茎直立或渐升，下部在节上生根。叶对生，同一对叶极不相等；正常叶具短柄或无柄，窄卵形或长圆形，两侧不对称，基部极斜，两面被短柔毛，边缘有小齿，具羽状脉；退化叶小，无柄，卵形或宽卵形。聚伞花序具梗，生正常叶腋部，有少数花，无苞片；花萼5裂至近基部，裂片卵形，有多条纵分泌沟；花冠白、淡红或淡紫色，筒状漏斗形，檐部二唇形，比筒部短，上唇2裂，下唇比上唇长，3裂；能育雄蕊4，2强，内藏，着生花冠基部之上，后方2枚较短，前方2枚较长，花丝有1条纵脉，被柔毛，花药全部连着，与花丝等宽或较宽，2药室叉开，顶端汇合；退化雄蕊1，位于后方中央；花盘环状；雌蕊内藏，无毛，子房近球形或卵圆形，2室，中轴胎座，花柱细，柱头2，分生或合生，呈盘状椭圆形或近圆形。蒴果近球形，2瓣裂或不规则2裂。

我国特有属，6种。

1. 叶长3.2-8厘米，边缘有不明显小齿或退化成小腺体；花冠白色，长约1厘米；花丝长约2毫米 ………………………………………………………………………………… 白花异叶苣苔 **W. tsiangiana**
1. 叶长9.5厘米，边缘具明显的锯齿，齿长约2毫米；花冠淡紫或白色；花丝长4-5毫米 ………………………………………………………………………………… (附). 峨眉异叶苣苔 **W. tsiangiana** ver **wilsonii**

白花异叶苣苔

Whytockia tsiangiana (Hand.-Mazz.) A. Weber in Notes Roy. Bot. Gard. Edinb. 40 (2): 365. 1982.

Stauranthera tsiangiana Hand.-Mazz. in Sinensia 5: 19. 1934.

多年生草本。茎高达30厘米，有6-7节，上部被淡褐色短柔毛。正常叶具短柄或近无柄，斜长圆形或卵状长圆形，长3.2-8.8厘米，边缘有不明显小齿，有时退化成小腺体，上面散生短柔毛，下面沿脉疏被短柔毛；叶柄长达5毫米。退化叶无柄，宽卵形或圆卵形，长0.4-1.4厘米。花序长4-7厘米，有2-5花；花序梗长3-4.5厘米，与花梗均被短腺毛，花梗长0.6-1.8厘米；花萼长约3.2毫米，无毛，裂片卵形，长约3毫米；花冠白色，长约1厘米，内面下部及下唇之下有疏柔毛，筒部长约8毫米；唇上长约2毫米，裂片宽卵形，下唇长约4毫米，裂片倒卵形；上方2雄蕊，花丝长约2毫米，上部有稍密的柔毛，下方2雄蕊，花丝长约3.5毫米，下部有疏柔毛；雌蕊长约3毫米，无毛，子房卵圆形，长约1.5毫米，花柱长约1.5毫米。花期8-10月。

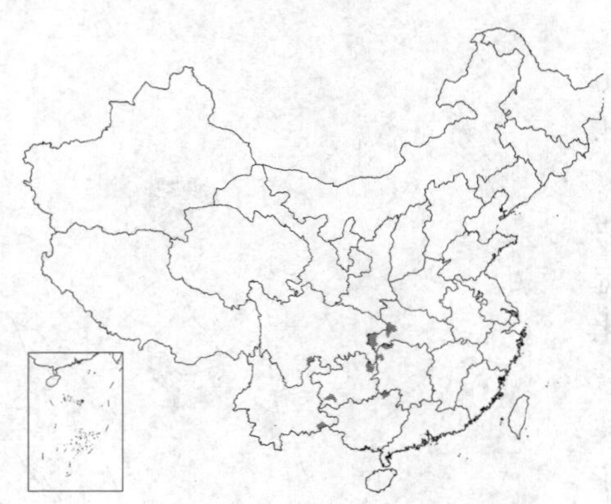

产湖北西部及西南部、湖南西北部、广西东北部、云南东南部、贵州、四川南部及东部，生于海拔550-1300米山谷水边石上阴处或林下。

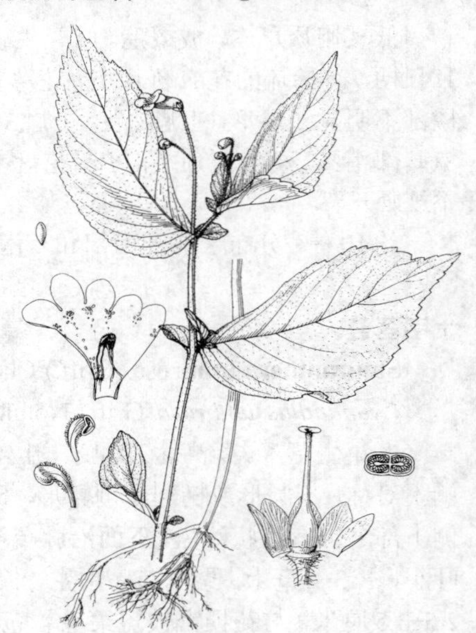

图 497 峨眉异叶苣苔 （冯晋庸绘）

[附] **峨眉异叶苣苔** 图 497 **Whytockia tsiangiana** var. **wilsonii** A. Weber in Notes Roy. Bot. Gard. Edinb. 40(2): 365. 1982. 与模式变种的区别：茎高40厘米；叶被柔毛，长达9.5厘米，边缘具明显的锯齿，齿长约2毫米；花冠淡紫或白色，长约1.8厘米；花丝长4-5毫米。产贵州西部、四川南部及中西部，生于海拔700-1200米山地阴处。

54. 尖舌苣苔属 Rhynchoglossum Bl.

多年生或一年生草本。叶互生，两侧不对称，基部极斜，侧脉多数。花序总状；顶生，有苞片和稀疏的花，花偏向一侧，中等大或小。花萼近筒状，5浅裂，有时具翅；花冠蓝色，筒部细筒状，檐部二唇形，上唇短，2裂，下唇较大，3裂，稀不分裂；雄蕊内藏，4，2强，或只下（前）方2枚能育，花丝直，花药成对连着，2室近平行或极叉开，顶端汇合；退化雄蕊3、2或不存在；花盘环状；雌蕊内藏，子房卵圆形，2侧膜胎座内伸，2裂，有多数胚珠，花柱细，柱头近球形。蒴果椭圆形，室背开裂为2瓣。种子长椭圆形，光滑。

约12种，分布于印度至中国及伊里安岛的热带地区，以及美洲的墨西哥及哥伦比亚。我国2种。

尖舌苣苔 图 498 彩片 108

Rhynchoglossum obliquum Bl. Bijdr. 741. 1826.

一年生草本。茎高40厘米。叶窄卵形，长4-12厘米，一侧近楔形，另一侧近耳形，全缘，上面在边缘之内疏被短伏毛；叶柄长0.5-1.5厘米，无毛。花序长3-12厘米，有多数花；花序轴上部以及花梗被极短的伏毛；苞片线形，常带蓝色。花梗长1-3毫米；花萼带蓝色，长约5.5毫米，裂片三角形，边缘被短柔毛，花冠蓝紫色，长约1厘米，仅内面口部突起处有短毛，筒部长约5毫米，上唇长约2毫米，裂片宽卵形或半圆形，下唇长5毫米，椭圆形，3浅裂；雄蕊2；子房无毛，长约2毫米，花柱长约4毫米。蒴果长约4毫米。花期7-10月。

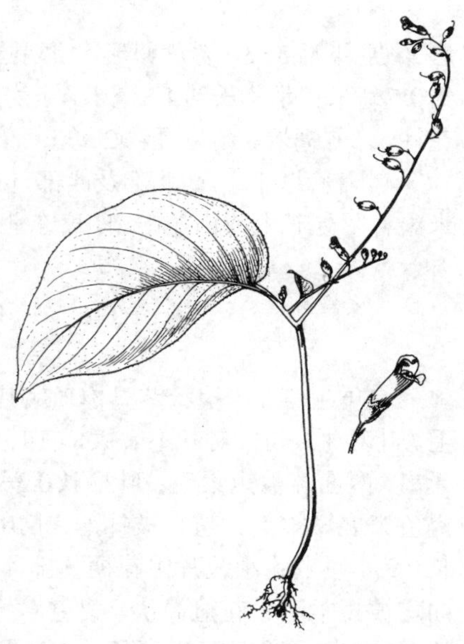

图 498 尖舌苣苔（冯晋庸绘）

产台湾、广西西北部、云南、贵州西南部及四川西南部，生于海拔100-2800米山地林缘、林中及陡崖阴处。尼泊尔、印度、斯里兰卡、缅甸、中南半岛、马来西米及印度尼西业有分布。

55. 盾座苣苔属 Epithema Bl.

肉质小草本。茎不分枝或有短分枝。叶1或少数，下部的互生，上部的常对生，具柄或无柄，卵形或心形。蝎尾状聚伞花序生茎上部叶腋，具花序梗，分生或与叶柄及叶片基部合生；苞片1，大，卵形或基部边缘合生而呈船形。花小，密集，具短梗；花萼钟状，5裂，裂片三角形；花冠蓝或白色筒部较长，檐部短，二唇形，上唇2裂，下唇3裂，裂片近等大；能育雄蕊2，位于上（后）方，花药连着，2室极叉开，顶端汇合；退化雄蕊2，位于下（前）方；花盘环状或位于子房一侧；子房卵圆形，花柱丝形；柱头近头状，胎座具柄，盾状，全部生胚珠。蒴果球形，果皮膜质，被宿存花萼包著，周裂。种子两端尖，光滑。

约10种，产亚洲南部及东南部热带地区和非洲。我国2种。

盾座苣苔 图 499

Epithema carnosum Benth. Scroph. Ind 57. 1835.

矮小草本。茎高达16厘米，与叶柄、花序梗均被开展的短柔毛。下部茎生叶1，椭圆状卵形、心状卵形或近心形，长7.5-12厘米，边缘有波状小齿，两面被短柔毛，叶柄长1-5厘米；茎上部叶通常2，对生，卵状椭圆形，长3.5-7.5厘米。花序生上部叶腋，有

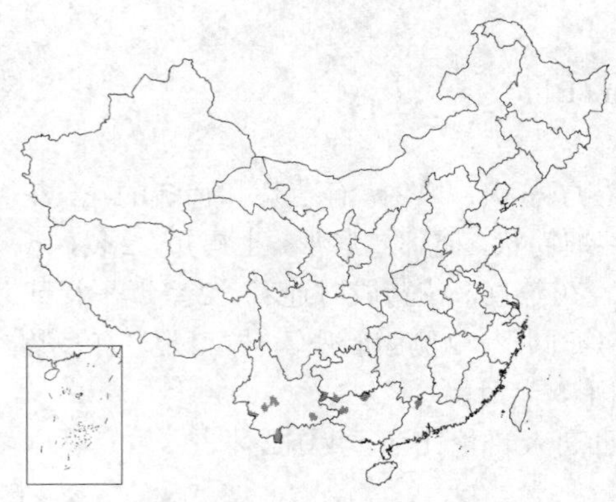

多数密集的花，径1-1.5厘米；花序梗长2.5-5.5厘米；苞片兜状，圆倒卵形，长约4毫米，上部边缘有小齿，外面被疏柔毛。花梗长2-4毫米，密被极短的小毛；花萼长3.5-4毫米，外面被短柔毛，5裂至近中部，裂片长1.5-2毫米；花冠淡红、淡紫或白色，长约6毫米，内面中部被疏柔毛，筒部长约4.5毫米，上唇2裂，下唇3裂，裂片卵形，顶端圆形；雄蕊花丝长约1.6毫米，花药长约0.5毫米；雌蕊长约4.5毫米，子房球形，径约1毫米，顶部密被短柔毛，花柱长3.6毫米。蒴果径约2毫米。花期6-9月。

产广东北部、广西北部及西部、贵州西南部及云南，生于海拔700-1400米山谷阴处石上或山洞中。印度东北部、不丹及尼泊尔有分布。

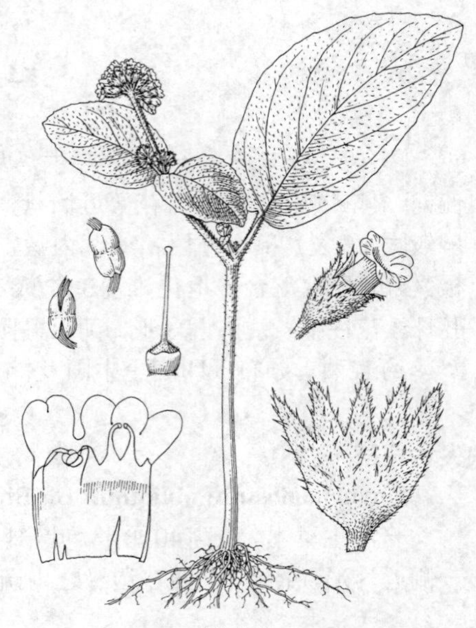

图 499 盾座苣苔（冯晋庸绘）

56. 台闽苣苔属 **Titanotrichum** Soler.

多年生草本。根状茎具肉质鳞片。茎高达45厘米，有4条纵棱，下部疏被短柔毛，上部密被开展的褐色短柔毛。叶对生，同一对叶不等大，有时互生，长圆形、窄椭圆形、椭圆形或窄卵形，长4.5-24厘米，边缘有牙齿和小牙齿，两面疏被短柔毛；叶柄长0.3-5.8厘米，被短柔毛。能育花的花序总状，顶生，长10-15厘米，轴和花梗均被褐色开展短柔毛；苞片披针形，长0.4-1厘米；不育花的花序似穗状花序，长约26厘米。花生于苞片腋部，花梗长0.2-1厘米；小苞片生花梗基部，长2-4毫米，被短柔毛；花萼5裂达基部宿存，裂片披针形，长7-9毫米，两面均被短柔毛；花冠筒状，黄色，裂片有紫斑，长约3厘米，筒部筒状漏斗形，长2.6厘米，檐部二唇形，上唇长约4.5毫米，2深裂，下唇长约6毫米，3裂，裂片近圆形；雄蕊无毛4，2强，花丝着生，花冠基部，长2.2-2.7厘米，花药扁圆形，药室平行，顶端不汇合；退化雄蕊无毛；雌蕊长约2厘米，子房卵圆形，长约3毫米，密被贴伏短柔毛，具2侧膜胎座；花柱长约1.6厘米，柱头2。蒴果卵圆形，径约5.5毫米，疏被短柔毛。种子两端有鳞状附属物。

单种属。

台闽苣苔 图 500 彩片 109

Titanotrichum oldhamii (Hemsl.) Soler. in Ber. Deutsch. Bot. Ges. 27: 400. 1909.

Rehmannia oldhami Hemsl. in Journ. Linn. Soc. Bot. 26: 194. 1889.

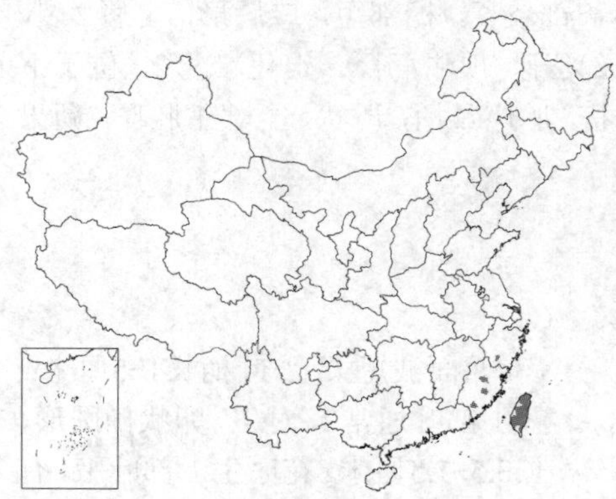

形态特征同属。花期8月。

产台湾、福建及浙江南部，生于海拔700米山谷。日本琉球群岛有分布。

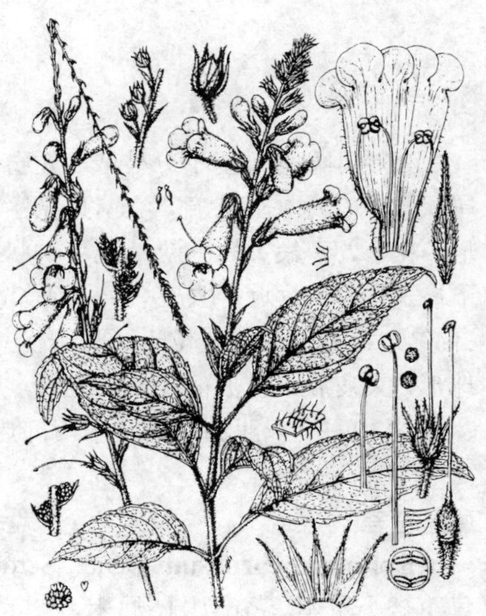

图 500 台闽苣苔（引自《Fl. Taiwan》）

200. 爵床科 ACANTHACEAE

（胡嘉琪　傅晓平）

草本、灌木或藤本，稀为小乔木。叶对生，稀互生，极少数羽裂，无托叶；叶、小枝和花萼上常有线形或针形的钟乳体。花两性，左右对称，无梗或有梗，通常组成总状、穗状、聚伞或头状花序，有时单生或簇生而不组成花序；苞片通常大。小苞片2或有时退化；花萼通常5裂或4裂，稀多裂或环状而平截，裂片镊合状排列或覆瓦状排列；花冠合瓣，花冠筒直或不同程度扭弯而逐渐扩大成喉部，或在不同高度骤然扩大呈高脚碟形、漏斗形或钟形，冠檐通常5裂，裂片整齐，旋转状、双盖覆瓦状或覆瓦状排列，或二唇形，上唇2裂，有时全缘，稀退化成单唇，下唇3裂，稀全缘；发育雄蕊4或2（稀5），通常2强，后对雄蕊等长或不等长，前对雄蕊较短或消失，着生花冠管或喉部，花丝分离或基部成对联合，或联合成雄蕊管，花药背着，稀基着，2室或退化为1室，若为2室，药室邻接或远离，等大或一大一小，平行排列或叠生，有时基部有芒或距附属物，纵向开裂，药隔具短尖头或蝶形，不育雄蕊1-3或无；子房上位，常有花盘，2室，中轴胎座，每室2至多粒、倒生、成2行排列的胚珠，花柱单一，柱头通常2裂。蒴果室背开裂为2果爿，或中轴连同爿片基部一同弹起。本科植物染色体基数有较宽的范围。

约200属，近3000种，分布于亚洲、非洲、美洲、欧洲及大洋洲，主产热带及亚热带地区，少数属种产温带地区。我国65属，约300种，引入栽培7-8属。

1. 蒴果的胎座上无珠柄钩。
  2. 攀援草本或灌木，稀直立；2小苞片常合生或佛焰苞状包被花萼；花萼具10-16小齿或退化成环状边圈；花冠裂片旋转状排列；子房每室有2粒种子；蒴果有喙 ………………………………………… 1. **山牵牛属 Thunbergia**
  2. 直立或匍匐的草本或灌木，稀攀援状；花萼4或5裂；花冠裂片覆瓦状排列；子房每室有多粒种子；蒴果无喙。
    3. 苞片覆瓦状排列；花萼裂片4；蒴果有8-16种子 ………………………………………… 4. **瘤子草属 Nelsonia**
    3. 苞片疏离；花萼裂片5；蒴果种子极多。
      4. 花冠整齐或稍呈二唇形，里面无毛；雄蕊4，不伸出花冠，2药室平行 ………… 2. **叉柱花属 Staurogyne**
      4. 花冠二唇形，里面有一圈毛；雄蕊4或2，伸出花冠，2药室顶端叉开，基部合生 …………………………………………………………………………………………………… 3. **蛇根叶属 Ophiorrhiziphyllon**
1. 蒴果的胎座上具珠柄钩。
  5. 花冠裂片为覆瓦状排列或双盖覆瓦状排列。
    6. 花冠高脚碟形或漏斗形，裂片5，双盖覆瓦状排列。
      7. 花萼裂片4，外面2片甚大，边有刺状小齿，里面2片甚小；花药2室 ……………… 11. **假杜鹃属 Barleria**
      7. 花萼5裂，裂片不相等，前方一对多少相连合；花冠二唇形；蒴果盒形，子房室直达不收缩的基部；种子被微毛。
        8. 花药室无芒或距；蒴果小，种子被长柔毛 ………………………………………… 41. **鳞花草属 Lepidagathis**
        8. 花药室具距；蒴果大，种子被短柔毛 ………………………………………… 42. **色萼花属 Chroesthes**
    6. 花冠裂片覆瓦状排列。
      9. 花冠单唇形，上唇退化。
        10. 花丝粗壮，顶端细而内弯；花冠筒极短；花萼裂片退化为4，多脉；蒴果裂爿纸质；叶柄两侧各具1刺，叶边缘有深波状带刺的齿 ………………………………………… 5. **老鼠簕属 Acanthus**
        10. 花丝顶端向上延伸成塔状的突起；花冠筒短；上部花萼裂片全缘3脉，下部2脉；蒴果裂爿膜质 …………………………………………………………………………………… 6. **百簕花属 Blepharis**
      9. 花冠不为单唇形，冠檐5裂或二唇形。

11. 花冠5裂，裂片近相等；药室2，近相等，平行，无芒；蒴果棒状，基部收缩成实心。
12. 雄蕊4。
13 花冠筒短而膨大；花偏生一侧 ………………………………………………………………… 47. 十万错属 **Asystasia**
13.花冠筒细长；花不偏生一侧 ………………………………………………………………… 48. 白接骨属 **Asystasiella**
12. 发育雄蕊2。
14. 花冠筒钟状，长不超过1厘米，花冠管甚短。
15. 冠檐5裂。
16 药室近相等 …………………………………………………………………………… 50. 钟花草属 **Codonacanthus**
16. 药室上方1枚较大 ………………………………………………………………… 51. 纤穗爵床属 **Leptostachya**
15. 冠檐4裂 ……………………………………………………………………………… 52. 银脉爵床属 **Kudoacanthus**
14. 花冠筒细长，蒴果下部实心而似细柄状。
17. 苞片较小，若长达1.5厘米，亦非白色 …………………………………………… 49. 山壳骨属 **Pseuderanthemum**
17. 苞片较大，绿白色，有绿色脉纹 ………………………………………………………… 10. 喜花草属 **Eranthemum**
11. 花冠二唇形；花药通常2-1室，药室基部有距，通常一个在另一个之上；柱头2裂或仅全缘。
18. 子房每室有3-10胚珠。
19. 花药基部和花丝有柔毛；蒴果两侧扁；种子卵形，极扁 ………………………… 43. 穿心莲属 **Andrographis**
19. 花药基部和花丝无毛，或仅花丝基部有毛；蒴果圆柱形。种子扁。
20. 花萼密生腺毛；花冠筒一侧呈浅囊状 ………………………………………… 46. 鳔冠花属 **Cystacanthus**
20. 花萼生微毛，但不为腺毛；花冠筒圆柱形，稍弯，既不一面臌胀，也不为深裂的二唇形 ……………
……………………………………………………………………………………………… 45. 火焰花属 **Phlogacanthus**
18. 子房每室有2-4胚珠。
21. 子房每室有4胚珠 ……………………………………………………………………… 44. 金苞花属 **Pachystachys**
21. 子房每室有2胚珠。
22. 聚伞花序下部苞片2-4枚呈总苞状，内有1-4花。
23. 花药1室；蒴果开裂时，胎座不从蒴底弹起 ………………………………… 56. 枪刀药属 **Hypoestes**
23. 花药2室。
24. 有退化雄蕊2 …………………………………………………………… 61. 秋英爵床属 **Cosmianthemum**
24. 不具退化雄蕊。
25. 药室卵圆形；蒴果开裂时胎座自蒴底弹起 ……………………………… 54. 狗肝菜属 **Dicliptera**
25. 药室线形；蒴果开裂时胎座不从蒴底弹起 ……………………………… 55. 观音草属 **Peristrophe**
22. 花序下部苞片不呈总苞状。
26. 花药1室 ………………………………………………………………………………… 57. 鳄嘴花属 **Clinacanthus**
26. 花药2室，药室一高一低。
27. 苞片大，棕红色，长1.5-2厘米 ……………………………………………… 63. 麒麟吐珠属 **Calliaspidia**
……………………………………………………………………………………………… 64. 黄脉爵床属 **Sanchezia**
27. 苞片较小，若宽大则不为棕红色。
28. 花冠筒较细长，长1厘米以上。
29. 花长约5厘米，密集成顶生和短穗状花序 ………………………………… 62. 珊瑚花属 **Cyrtanthera**
29. 花长不超过3厘米。
30. 花序为顶生、开展的2歧聚伞花序，或退化而成总状；花冠的上唇卵形，雄蕊着生花冠筒上部
……………………………………………………………………………………………… 53. 叉序草属 **Isoglossa**
30. 花序为顶生或腋生的紧缩聚伞花序；花冠的上唇披针形；雄蕊着生花冠筒喉口 ……………
……………………………………………………………………………………………… 60. 灵枝草属 **Rhinacanthus**

28. 花冠筒较短，通常长不及1厘米。
31.苞片有白色膜质边缘；蒴果开裂时胎座自蒴底弹起 …………………………………… 59. **孩儿草属 Rungia**
31. 苞片无膜质边缘；蒴果开裂时胎座不从蒴底弹起。
32. 花萼裂片4 ………………………………………………………………… 69. **爵床属 Rostellularia**
32. 花萼裂片5。
33.灌木。
34. 苞片长1厘米以上；花药基部有细尖的距；花冠里面在雄蕊着生处有圈一毛 … 65. **鸭嘴花属 Adhatoda**
34. 苞片长不及5毫米；花冠里面无一圈毛。
35. 花序顶生穗状 ……………………………………………………… 68. **驳骨草属 Gendarussa**
35. 花序腋生聚伞花序 ………………………………………………… 58. **针子草属 Rhaphidospora**
33. 草木或茎基部稍木质化。
36. 花1至数朵簇生上部叶腋 ………………………………………… 66. **杜根藤属 Calophanoides**
36. 花序穗状，分枝或否，顶生或腋生 ……………………………… 67. **野靛棵属 Mananthes**
5. 花冠裂片为旋转排列，裂片相等或近相等。
37. 种子每室多粒。
38. 花冠5等裂。
39. 发育雄蕊4；子房每室有4至多数胚珠。
40. 花全为腋生2或3朵叠生或3出腋生；小苞片较花萼长 ………………… 7. **楠草属 Dipteracanthus**
40. 花为穗状或总状花序；小苞片较花萼短。
41. 茎短缩；叶基生呈莲座状；花序穗状或头状；花冠筒短于钟形喉部，内方雄蕊比外方雄蕊长；花药乳头状；子房每室有4-8胚珠 …………………………………………… 8. **地皮消属 Pararuellia**
41. 茎伸长，节间发育，直立；叶散生于茎上；花单生叶腋和2-3朵聚集于枝端；花冠管窄，远较稍宽的喉部长，内方雄蕊比外方雄蕊明显短；花药具窄药隔；子房每室有10-20胚珠 ……………………………………………………………………… 9. **拟地皮消属 Leptosiphonium**
39. 发育雄蕊2，不育雄蕊2；子房每室有2胚珠 …………………………… 10. **喜花草属 Eranthemum**
38. 花冠二唇形；蒴果具3至多粒种子，爿片直或具槽。
42. 雄蕊4; 花2至数朵簇生上部叶腋 ……………………………………… 12. **水蓑衣属 Hygrophila**
42. 雄蕊2；总状或穗状花序顶生 ………………………………………… 13. **裸柱草属 Gymnostachyum**
37. 种子每室2-4。
43. 雄蕊花丝通常成对联合，花丝基部无薄膜相连；花柱不依靠在花冠上两列毛之间，柱头的后裂片不宽平；花冠里面无毛，或有毛而不为2行。
44. 药室基部无附属物；穗状花序顶生，偏向一侧。
45. 每苞片内生3花；蒴果开裂时胎座自蒴底弹起 ……………………… 14. **肾苞草属 Phaulopsis**
45. 苞片与花对生；蒴果开裂时胎座不自蒴底弹起 ……………………… 16. **赛山蓝属 Blechum**
44. 药室基部常有附属物。
46. 药室基部常有刺芒状距 ……………………………………………… 17. **恋岩花属 Echinacanthus**
46. 药室基部常有短尖头 ………………………………………………… 15. **安龙花属 Dyschoriste**
43. 雄蕊花丝通常联合成一体，花丝基部有薄膜相连；花柱依靠在花冠上两列毛之间，柱头的后裂片宽平。花冠里面有2短行的毛；蒴果下部不为柄状。
47. 叶同型。
48. 花冠筒直，不扭弯。
49. 苞片早落 ……………………………………………………………… 27. **板蓝属 Baphicacanthus**
49. 苞片宿存。

50. 茎节增粗，被带有腺头状硬糙毛 ………………………………………… 26. **假尖蕊属 Pseudaechmanthera**
50. 茎非上述情况。
51. 子房每室具4-8胚珠。
52. 花冠里面光滑，蓝、堇或白色，稀黄色。
53. 花药无芒，或不明显具短尖头，花冠蓝、堇或白色 ………………………… 18. **半插花属 Hemigraphis**
53. 花药有芒尖或芒，花冠淡堇或黄色 ……………………………………… 19. **尖药花属 Aechmenthera**
52. 花冠里面被毛，黄色，基部密生绢毛 ………………………………………… 25. **黄球花属 Sericocalyx**
51. 子房每室具2-4胚珠。
54. 花序短缩，苞片叶状；花萼5深裂 ……………………………………………… 20. **黄猄草属 Championella**
54. 花序伸长。
55. 花萼3深裂 ……………………………………………………………… 21. **兰嵌马蓝属 Parachampionella**
55. 花萼5深裂 ………………………………………………………………… 24. **肖笼鸡属 Tarphochlamys**
48. 花冠筒扭弯。
56. 雄蕊2；花序短穗状或近头状 ……………………………………………………… 22. **山一笼鸡属 Gutzlaffia**
56. 能育雄蕊2，不育雄蕊2；花序为伸长的假穗状 ……………………………… 23. **南一笼鸡属 Paragutzlaffia**
47. 叶异型。
57. 植株全体被红色刚毛 ………………………………………………………………… 32. **红毛蓝属 Pyrrothrix**
57. 植株不全体被红色刚毛。
58. 苞片下延直达节上或极下延，宿存，花后干膜质 …………………………… 39. **延苞蓝属 Hymenochlaena**
58. 苞片不下延。
69. 苞片宿存，紧缩穗状花序包于苞片内。
60. 花序为2对成十字形的叶状苞片所包 ……………………………………………… 38. **四苞蓝属 Tetragoga**
60. 花序为大而上缘或先端有齿的苞片所包 …………………………………… 33. **长苞蓝属 Tetraglochidium**
59. 苞片早落或宿存，但不为叶状苞片所包。
61. 花萼近二唇形。
62. 花萼上唇3裂联合至中部，下唇联合至中下部 ……………………………… 28. **耳叶马蓝属 Perilepta**
62. 花萼上唇3裂联合至中部，下唇2裂片几裂至基部 …………………………… 29. **腺背蓝属 Adenacanthus**
61. 花萼整齐5裂。
63. 外方雄蕊不等长，内方雄蕊极内弯，药室水平向着生。
64. 花冠几不弯，花序穗状或窄总状 ……………………………………………… 35. **叉花草属 Diflugossa**
64. 花冠扭转，花序缩短穗状 ……………………………………………………… 34. **金足草属 Goldfussia**
63. 外方雄蕊等长，药室直立平行；花序伸长。
65. 苞片早落，稀宿存。
66. 雄蕊管具翅 ……………………………………………………………………… 40. **假蓝属 Pteroptychia**
66. 雄蕊管不具翅 ………………………………………………………………… 30. **马蓝属 Pteracanthus**
65. 苞片宿存。
67. 药室顶端钝。
68. 雄蕊外方的较内方的长2倍 ………………………………………………… 36. **合页草属 Sympagis**
68. 雄蕊外方的较内方的稍长 ………………………………………………… 37. **紫云菜属 Strobilanthes**
67. 药室顶端具短尖头 ………………………………………………………………… 31. **糯米香属 Semnostachya**

1. 山牵牛属 Thunbergia Retz.

攀援草本或灌木，稀直立。单叶，具柄，对生，具羽状脉、掌状脉或3出脉。花单生或成总状花序，顶生或腋生；苞片2，叶状。小苞片2，常合生或佛焰苞状包被花萼，常宿存；花萼杯状，具10-16小齿或退化成环状边圈。花通常大而艳丽，花冠漏斗状，花冠筒短，内弯或偏斜，喉部扩大，冠檐伸展，5裂，裂片近等大，旋转状排列；雄蕊4，2长2短，着生花冠筒基部，通常内藏，花药2室，药室平行排列，近相等，基部常有芒刺状附属物；花盘成短环状或垫状；子房肉质，球形，具2室，每室着生2并生胚珠，花柱线形，柱头2裂，全缘或流苏状。蒴果通常球形或稍背腹压扁，顶端具长喙，每室具2种子，室背开裂。种子半球形至卵球形，无珠柄钩。

约90-100种，分布于中、南非洲及热带亚洲，澳大利亚也有。我国6种2亚种，另有3种栽培植物。

1. 叶具羽状脉。
  2. 直立灌木；叶长2-6厘米；小苞片长圆形 ………………………………………………… 1. **直立山牵牛 T. erecta**
  2. 缠绕草本；叶长10-14.5厘米；小苞片椭圆形 ……………………………………………… 6. **羽脉山牵牛 T. lutea**
1. 叶具掌状脉或三出脉。
  3. 叶具掌状脉。
    4. 花萼成10-16小齿，花通常单生叶腋。
      5. 叶柄具翼，叶卵状箭头形或卵状稍戟形，果实被开展柔毛 ……………………… 2. **翼叶山牵牛 T. alata**
      5. 叶及叶柄无上述特征。
        6. 叶宽卵形、卵形、长圆至披针形，基部戟形、箭形或下部每边2-3浅裂 ………………… 7. **碗花草 T. fragrans**
        6. 叶长圆状卵形至长圆状披针形，边缘皱波状，基部有时稍戟形 ……………………………………………………………………………………………………… 7(附). **海南山牵牛 T. fragrans** subsp. **hainanensis**
    4. 花萼成环状边圈，花序通常总状。
      7. 茎节下、花梗上部及小苞片下部有黑色巢状腺体 ……………………………………… 4. **山牵牛 T. grandiflora**
      7. 茎节、花梗及小苞片无巢状腺体；花序下垂，叶两面脉上被短柔毛，冠檐裂片红色 ……………………………………………………………………………………………………… 3. **红花山牵牛 T. coccinea**
  3. 叶具3出脉 ……………………………………………………………………………… 5. **桂叶山牵牛 T. laurifolia**

1. 直立山牵牛 图 501

Thunbergia erecta (Benth.) T. Anders. in Journ. Linn. Soc. Bot. 7: 18. 1864.

Meyenia erecta Benth. in Hook. Fl. Nigrit. 475. 1849.

直立灌木，高达2米。茎四棱形，多分枝，初被稀疏柔毛，后变无毛，仅节处叶腋的分枝基部被黄褐色柔毛。叶近革质，卵形或卵状披针形，有时菱形，长2-6厘米，先端渐尖，基部楔形或圆，边缘具波状齿或不明显3裂，两面近无毛或无毛，有时沿主肋及侧脉有稀疏短糙伏毛，羽状脉，侧脉2-3，两面凸起，下面略明显；叶柄长2-5毫米。花单生叶腋，花梗长1-1.5厘米，无毛；小苞片白色，长圆形，长达2.3厘米，外面上部散布小圆透明凸起，内面被稀疏柔毛，边缘较密；花萼成12不等小齿；花冠筒白色，长1.5厘米，喉黄色，长3厘米，冠檐紫堇色，内面散布有小圆透明凸起，裂片2厘米；花丝无毛，短的长7毫米，长的长1厘米，花药具短尖头；子房无毛，花柱向先端被几不明显的状头微硬毛，柱头藏于喉的中部，裂

图 501 直立山牵牛（孙英宝仿《Bot. Mag.》）

片极不等。蒴果无毛，径1.2厘米，喙长2厘米。果柄长达4厘米。

原产热带西部非洲。各地栽培为观赏植物。

2. 翼叶山牵牛 图 502 彩片 110

Thunbergia alata Bojer ex Sims in Bot. Mag. t. 2591. 1825.

缠绕草本。茎具2槽，被倒向柔毛。叶卵状箭头形或卵状稍戟形，长2-7.5厘米，先端锐尖，基部箭形或稍戟形，边缘具2-3短齿或全缘，两面被稀疏柔毛间糙硬毛，背面稍密，掌状脉5，主肋具1-2侧脉；叶柄具翼，长1.5-3厘米，被疏柔毛。花单生叶腋，花梗长2.5-3厘米，疏被倒向柔毛；小苞片卵形，长1.5-1.8厘米，具5-7脉，外面被近贴伏柔毛；花萼成10不等大小齿；花冠筒长2-4毫米，喉蓝紫色，长1-1.5厘米，冠檐径约4厘米，黄色，裂片倒卵形；花丝无毛，花药具短尖头，药室基部和缝部具髯毛；子房及花柱无毛；花柱长8毫米，柱头约在喉中部，不外露，裂片长宽不等，两个对折，上方的直立，下方的开展。蒴果径约1厘米，被开展柔毛。喙长1.4厘米。

原产热带非洲。我国广东、福建栽培作观赏植物。

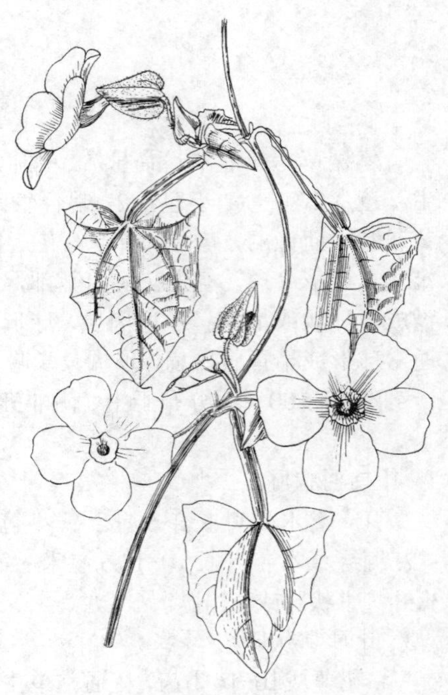

图 502 翼叶山牵牛 （孙英宝仿《Bot. Mag.》）

3. 红花山牵牛 图 503

Thunbergia coccinea Wall. Tent. Fl. Nepal. 1: 49. 58. t. 37. 1824.

攀援灌木。茎及枝条具明显或不太明显的9棱，初被短柔毛，后仅节处被毛。叶宽卵形、卵形或披针形，长8-15厘米，先端渐尖，基部圆或心形，边缘波状或疏离的大齿，两面脉上被短柔毛，掌状脉5-7；叶柄有沟，长2-7厘米，花序下的叶无柄。总状花序长达35厘米，下垂，花序梗、花序轴、花梗和小苞片被短柔毛；苞片叶状无柄，下面疏被短柔毛，每苞腋生1-3花。花梗长3-4厘米；小苞片长圆形，长2.2-2.6厘米；花萼环状，全缘；花冠红色，花冠筒和喉间缢缩，花冠筒长5-6毫米，先端着生花药处被绒毛，喉长1.5-1.6厘米，冠檐裂片近圆形，长7毫米；花丝不等长，无毛，花药不等大，稍外露，基部具距；子房和花柱无毛，柱头露出，2裂，裂片相等。蒴果无毛，径1.5-2厘米，喙长1.5-2.3厘米。

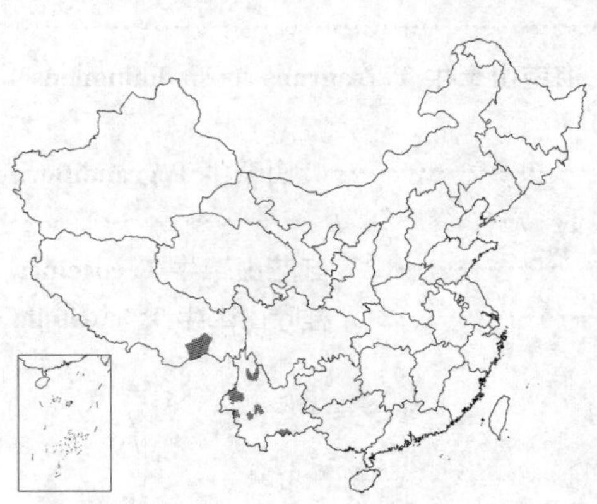

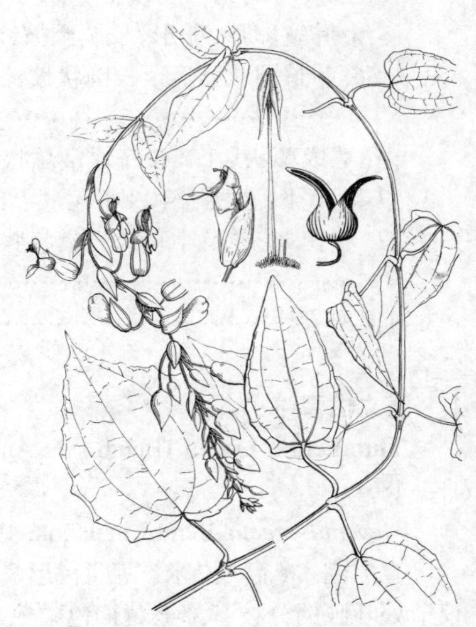

图 503 红花山牵牛 （引自《图鉴》）

产云南及西藏东南部，生于海拔850-960米山地林中。印度及中南半岛北部有分布。

4. 山牵牛 大花山牵牛 图 504 彩片 111

Thunbergia grandiflora (Roxb. ex Rottl.) Roxb. in Lodd. Bot. Cab. t. 324. 1819.

Flemingia grandiflora Roxb. ex Rottl. in Nov. Acta Nat. Cur. 4: 202. 1803.

攀援灌木。小枝稍四棱形，后逐渐变圆，初密被柔毛，主节下有黑色巢状腺体及稀疏长毛。叶卵形、宽卵形或心形，长4-9（15）厘米，边缘有2（4）-6（8）宽三角形裂片，上面被有毛基柔毛，粗糙状，下面密被柔

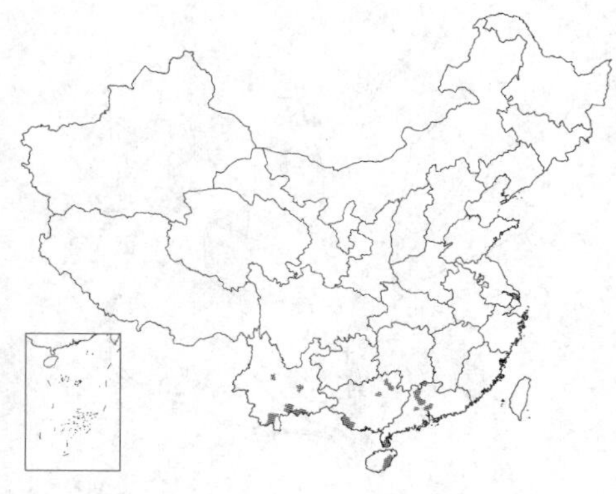

毛；掌状脉5-7；叶柄长达8厘米，被柔毛。花单生叶腋或成顶生总状花序；苞片小，卵形，先端具短尖头。花梗长2-4厘米，被短柔毛，上部连同小苞片下部有黑色巢状腺体；小苞片长圆卵形，被短柔毛；花萼环状，全缘；花冠筒长5-7毫米，连同喉白色；喉2.2-2.5厘米，自花冠筒以上膨大；冠檐蓝紫色，裂片圆形或宽卵形，长2.1-3毫米，先端常微缺；雄蕊4，花丝长0.8-1厘米，无毛，花药不外露，药隔突出成一锐尖头，药室不等大，基部具弯曲长刺；子房近无毛，花柱长1.7-2.4厘米，柱头近相等，2裂，对折，下方的抱着上方的，不外露。蒴果被短柔毛，径约1.3厘米，长高1.8厘米，喙长2厘米。

产广东、香港、海南、广西及云南，生于山地灌丛。印度及中南半岛有分布。

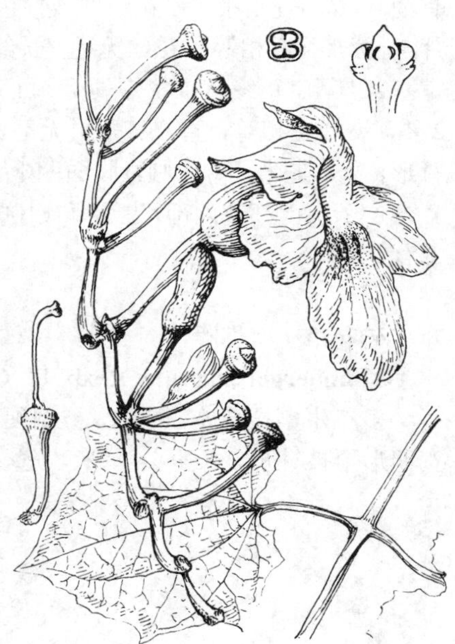

图 504 山牵牛（引自《广州植物志》）

5. 桂叶山牵牛 图 505

Thunbergia laurifolia Lindl. in Gard. Chron. 1856: 260. 1856.

高大藤本；枝、叶无毛。茎枝近四棱形，具沟状凸起。叶长圆形或长圆状披针形，长7-18厘米，全缘或具不规则波状齿，上面及下面的脉及小脉间具泡状凸起，3出脉，主肋上面有2-3支脉；叶柄长可达3厘米，上面的小叶近无柄，具沟状凸起。总状花序顶生或腋生。花梗长达2厘米；小苞片长圆形，长2.5-3厘米，边缘向先端密被短柔毛，向轴面边缘粘连成佛焰苞状；花冠筒和喉白色，花冠筒长7毫米，喉长2.5厘米，冠檐淡蓝色，裂片圆形，径2厘米，花丝基部变厚，花药藏于喉中部，先端尖，缝处有弯曲髯毛，距不等长；子房和花柱无毛，花柱长2.6厘米，柱头内藏。蒴果径1.4厘米，喙长2.8厘米。

原产中南半岛和马来半岛。广东及台湾栽培。

图 505 桂叶山牵牛（孙英宝仿《Bot. Mag.》）

6. 羽脉山牵牛 图 506

Thunbergia lutea T. Anders. in Journ. Linn. Soc. Bot. 9: 448. 1846.

Thunbergia salwenensis W. W. Smith; 中国高等植物图鉴 4: 154. 1975.

缠绕草本，具有径达3厘米的纺锤状块根。茎具纵沟，除节处有一圈毛外无毛，长达5米。叶对生，卵形或长卵形，稀卵状披针形，长4-13厘米，基部下延，边缘具几不明显小齿，有时不规则浅齿，上面疏被短微柔毛兼糙伏毛，下面几无毛，脉羽状；叶柄长2-3.5厘米，无毛。花单生叶腋，花梗长5-7.5厘米，无毛；小苞片椭圆形，长2.1-2.4厘米，内面具细小头状或棒状腺体，7脉；花萼有约10枚不规则小齿；花粉红或白色，花冠筒长7毫米，喉长3.5厘米，瓣片5，圆形，近相等；花丝无毛，长约1厘米，长7毫米，花药被髯毛，药室基部具距，距缘有锥状短硬毛；子房及花柱无毛，花柱长2.5厘米，柱头2裂，裂片近相等，直立。蒴果无毛，径约1.8厘米，喙长1.8厘米。种子肾形，长8毫米，背面圆，腹面凹下。

产云南南部及西部，生于海拔1000-2500米林下或灌丛。喜马拉雅山东部有分布。

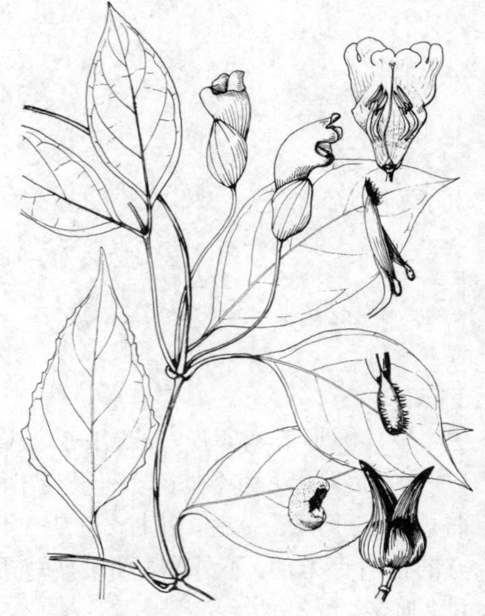

图 506 羽脉山牵牛（引自《图鉴》）

7. 碗花草 铁贯藤 图 507

Thunbergia fragrans Roxb. Pl. Corom. 1: 47. t. 67. 1795.

多年生攀援草本。茎细，被倒硬毛或无毛；有块根。叶形变异大，从宽卵形至披针形，长4-14厘米，先端渐尖，基部圆，有时平截或近心形，两侧基部戟形、箭形或具2-3开展的裂片，两面初被柔毛或短柔毛，后渐稀疏，仅脉上被毛，掌状脉5；叶柄长0.8-4.5厘米，被倒向柔毛；花通常单生叶腋，花梗长1.5-8.5厘米，被倒向柔毛；小苞片卵形，长1.6-2.4厘米，被疏柔毛或短毛；花萼具13枚不等大小齿，无毛；花冠筒长4-7毫米，喉长1.8-2.3厘米，冠檐裂片倒卵形，先端平截，或多或少成山字形，长约2.6厘米，白色；花丝不等，无毛，花药披针形；子房无毛，柱头漏斗状，外露，花柱无毛，长2.5-3厘米。蒴果无毛，径约1厘米，喙长1.5厘米。种子腹面平滑，种脐大。

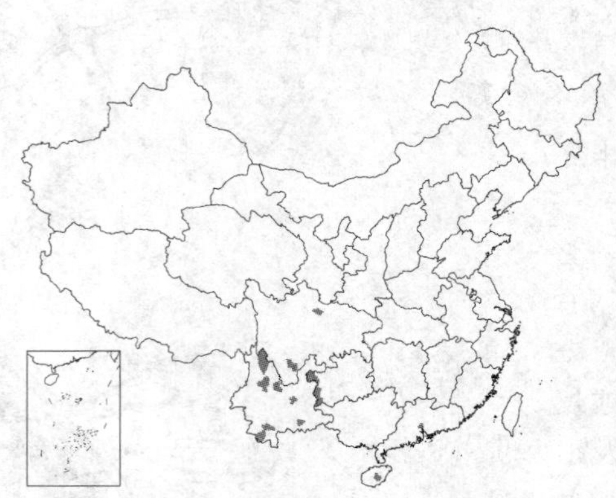

产四川、云南、贵州、广西、广东及海南，生于海拔1100-2300米山坡灌丛中。印度、斯里兰卡、中南半岛、印度尼西亚及菲律宾有分布。

[附] **海南山牵牛 Thunbergia fragrans** subsp. **hainanensis** (C. Y. Wu et H. S. Lo) H. P. Tsui, Fl. Reipubl. Popul. Sin. 70: 31. 2002.——*Thunbergia hainanensis* C. Y. Wu et H. S. Lo, Fl. Hainan. 3: 591. 544. 1974. 与模式亚种的区别：叶长圆状卵形或长圆状披针形，先端钝，有时圆，基部有时稍戟形，边缘常皱波状。产广东、海南及广西南部沿海地区。

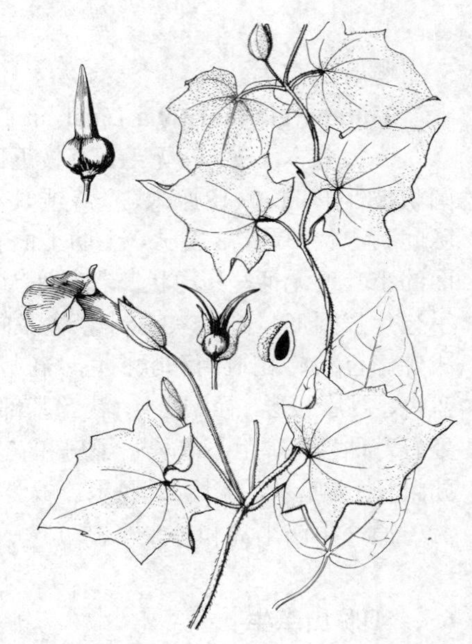

图 507 碗花草 （引自《图鉴》）

2. 叉柱花属 Staurogyne Wall.

草本，通常单茎，从基部外倾，或匍匐生根上升，有时近直立或直立。叶对生或有时上部的互生，通常全缘，具羽状脉，常具叶柄。花序总状或穗状，有时分枝而成圆锥花序，稀近头状，花序梗常有节间，与花序轴等长或较长，基部通常有1对缩小的叶，稀无或有正常大小的叶；苞片常对生，有时叶形，具（1）3（5）脉。小苞片常似苞片或较窄，常具1脉；花萼裂至近基部，裂片相等，稀后1裂片较宽大，外形和大小近苞片；花冠筒短，里面无毛，喉部窄，近钟形，远长于冠筒，冠檐近相等或稍呈二唇形；雄蕊4，2强，内藏，药室平行，球形或近球形，基部有时有附属物，药隔短而膨大，背部常被微硬毛；子房柱状，两侧室内有12-60胚珠，成2列或稀4列，花柱无毛，柱头2裂。蒴果延长，顶端急尖或稍钝，裂爿扁平。种子球形，种皮有小凹点。

约80-140种，分布于美洲、非洲和亚洲热带地区，尤以马来西亚为多。我国14种。

1. 茎节间明显较长，通常直立，有时外倾；叶对生明显。
  2. 花明显有梗，成总状花序。
    3. 植株高约1米；花萼裂片长三角形，长约4毫米；花小，冠檐裂片长约1.5毫米 …… 1. **灰背叉柱花 S. hypoleuca**
    3. 植株高达35厘米；花萼裂片窄披针形，长1.6-2.2厘米；花大，冠檐裂片长约1厘米 …… 2. **大花柱花 S. sesamoides**
  2. 花近无梗，成穗状花序，长5-10厘米；茎外倾，枝下匍匐生根，无分枝或仅下面有分枝 …… 3. **瘦叉柱花 S. rivularis**
1. 茎缩短；叶对生成丛莲座状。
  4. 叶卵形、长卵形、长圆形或窄长圆形；花萼裂片线状匙形，侧裂片先端不异色；花冠淡蓝紫色 …… 4. **弯花叉柱花 S. chapaensis**
  4. 叶匙状长圆形或匙状倒披针形；花萼裂片线形，侧裂片先端异色（黄和白色）；花冠红色 …… 5. **叉柱花 S. concinnula**

1. 灰背叉柱花 图 508

Staurogyne hypoleuca R. Ben. in Lecomte, Notul. Syst. 2: 338. 1911.

草本，高约1米。茎枝无毛，有纵棱，多皮孔。叶对生，椭圆形、长椭圆形或披针形，长13-17厘米，基部楔形，稍下延，两面无毛，侧脉8-11对，全缘或浅波状；叶柄长3-6厘米。总状花序顶生或上部腋生，长达15厘米，不分枝或有2分枝，花疏生，花序轴有腺毛。花梗长2-3.5毫米；苞片线形，长4-4.5毫米；小苞片线形，长约2毫米；花萼长5毫米，外面有疏柔毛及腺毛，裂片5，长三角状，长4毫米，边缘有缘毛及腺毛；花冠白色，漏斗状，长约7毫米，冠檐裂片5，近圆形，长1.5毫米；能育雄蕊4，近2强，着生喉基部，花丝无毛，长3毫米，药室长圆形；子房椭圆形，长2毫米，无毛，每室有2列胚珠，每列12；花柱长3毫米，无毛；柱头2裂。蒴果圆桶状，长5-7毫米，成2爿裂开。

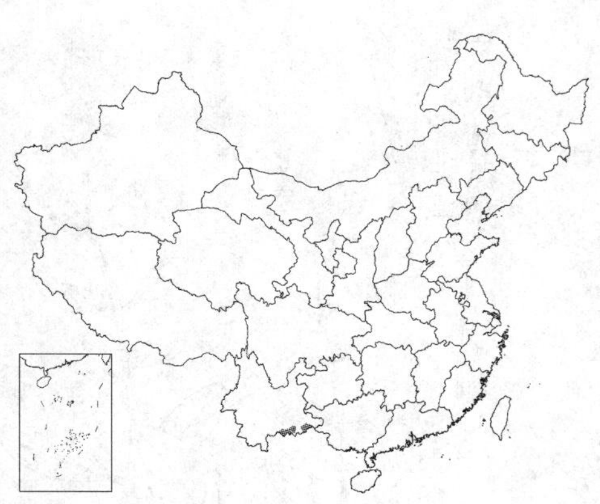

产云南南部，生于海拔260-1750米湿润山谷或林下。越南有分布。

图 508 灰背叉柱花（引自《图鉴》）

2. 大花叉柱花 图 509

Staurogyne sesamoides (Hand.-Mazz.) B. L. Burtt in Notes Roy. Bot. Gard. Edinb. 22: 310. 1958.

Loxostigma (?) *sesamoides* Hand.-Mazz. in Oesterr. Bot. Zeitschr. 85: 217. 1936.

直立草本，高达35厘米。茎枝被子被绒毛，有纵棱，常不分枝。叶对生，椭圆状长圆形，长5-13厘米，上面无毛，下面仅脉上被短柔毛，侧脉8-11对，全缘或有时成不规则浅波状；叶柄长1.5-4厘米，被绒毛。总状花序顶生或腋生，不分枝，稍下垂，花较密集，花序梗及花序轴有柔毛；

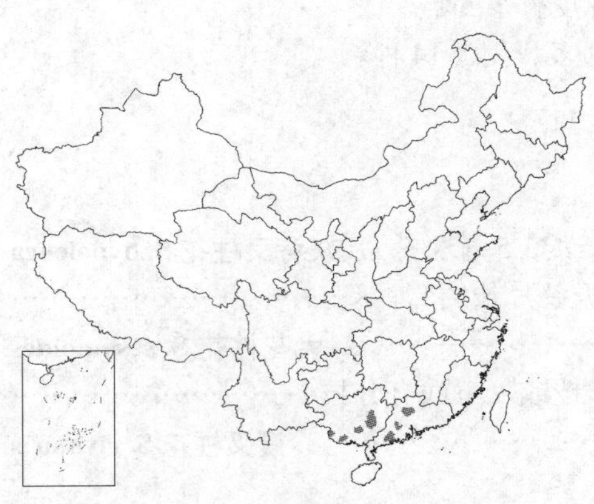

苞片披针形，长6-6.5毫米，3脉，被柔毛。花梗长0.8-1毫米，被绒毛；小苞片披针形，长8-8.5毫米，被柔毛；花萼裂片5，裂片窄披针形，被柔毛，长1.6-2.2厘米；花长达3-4厘米，花冠白或淡红白色，冠檐裂片5，近圆形，近相等，长约1厘米；能育雄蕊4，2强，着生于喉基部，花丝不等长，被腺毛，长1.3-1.7厘米，药室卵圆形，开裂边缘有硬毛，具附属物；子房无毛，每室有2列胚珠，共约60，花柱长2厘米，柱头三角形，有2裂片，裂片边缘成流苏状。蒴果窄椭圆形，顶端急尖。种子小，角球形，蜂窝状。

产广东及广西，生于海拔800米以下湿润山谷或林下。越南有分布。

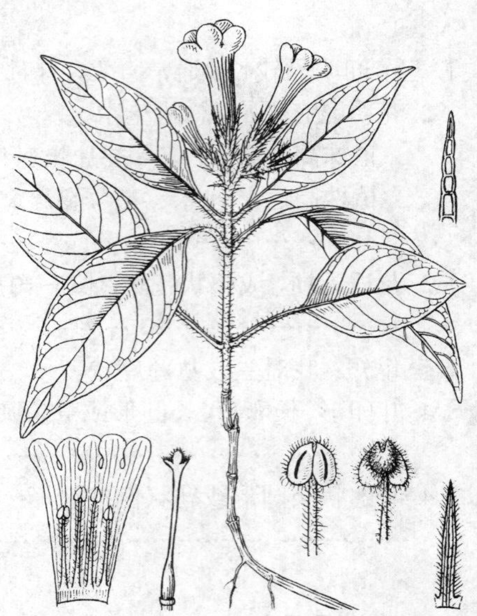

图 509 大花叉柱花（余汉平绘）

3. 瘦叉柱花 图 510

Staurogyne rivularis Merr. in Phillipp. Journ. Sci. Bot. 7: 247. 1912.

草本，高1米。茎枝无毛，有纵棱，多皮孔。叶对生，椭圆形、长椭圆形或披针形，长13-17厘米，两面无毛，侧脉8-11对，全缘或浅波状；叶柄长3-6厘米。总状花序顶生或上部腋生，长达15厘米，不分枝或有2分枝，花疏生，花序轴有腺毛；苞片线形，长4-4.5毫米。花梗长2-3.5毫米；小苞片线形，长约2毫米；花萼长5毫米，外面有疏柔毛及腺毛，裂片5，长三角状，长4毫米，边缘有缘毛及腺毛，花冠白色，漏斗状，长约7毫米，冠檐裂片5，近圆形，长1.5毫米；能育雄蕊4，近2强，花丝无毛，药室长圆形；子房椭圆形，无毛，每室有2列胚珠，每列12枚，花柱无毛，柱头2裂。蒴果圆桶状，长5-7毫米，成2爿状裂开。

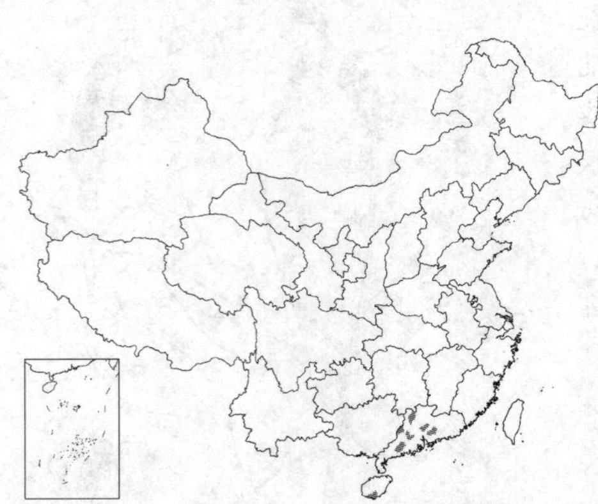

产海南南部及广东，生于海拔260-1750米湿润山谷或林下。越南有分布。

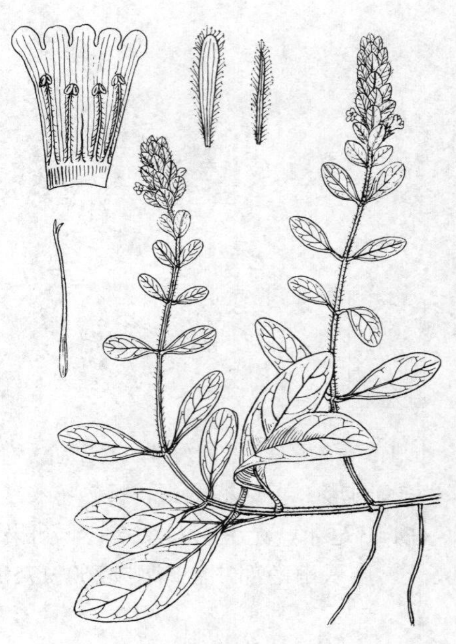

图 510 瘦叉柱花（余汉平绘）

4. 弯花叉柱花 图 511

Staurogyne chapaensis R. Ben. in Bull. Mus. Hist. Nat. 2 (5): 172. 1933.

草本。茎缩短。叶对生成丛，莲座状，卵形、长卵形、长圆形或窄长圆形，长2.5-14.5厘米，先端通常圆钝，基部心形，上面被稀疏长柔毛，下面几无毛，脉上被长柔毛，全缘或不明显波状；叶柄长达11厘米，疏被棕色长柔毛。总状花序有多花，花序梗长约4厘米，连同花轴被长柔毛，苞片倒卵形或线状匙形，长5.5-3.5厘米，背面被柔毛。花梗长3毫米，被柔毛；小苞片线状匙形，长5.1毫米，

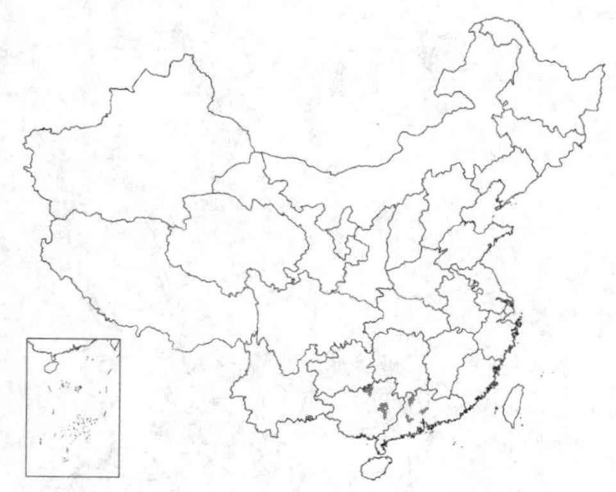

外面被疏柔毛，具缘毛，花冠淡蓝紫色，冠檐裂片5，圆形；能育雄蕊4，花丝长1-2毫米，无毛，花药近等大，药室基部具一长方形附属体，背部药隔宽；子房长椭圆体形，长2毫米，无毛，花柱5.5毫米，无毛。果实未见。

产广东北部及西部、广西东部及东北部、云南东南部，生于海拔1000-1800米林下。

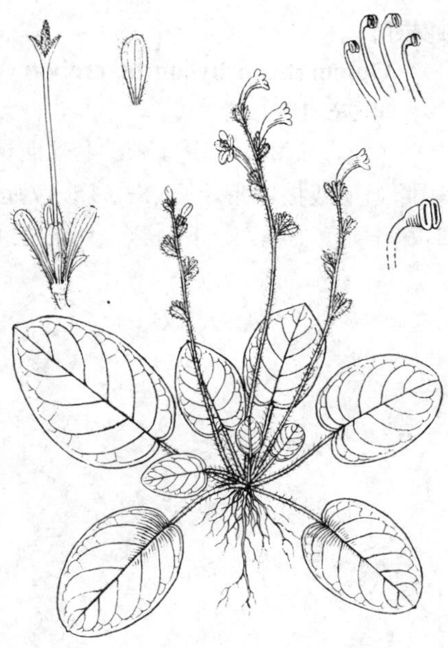

图 511 弯花叉柱花（余汉平绘）

5. 叉柱花 图 512

Staurogyne concinnula (Hance) Kuntze, Rev. Gen. 497. 1891.

Ebermaiera concinnula Hance in Journ. Bot. 6: 300. 1868.

草本。茎极缩短，被长柔毛。叶对生成丛，莲座状，匙形、匙状长圆形或匙状披针形，长1.2-7厘米，近全缘或稍波状，上面具小凸点及被稀疏柔毛，下被稀疏柔毛，脉被长柔毛；叶柄长0.3-2.3厘米，被柔毛。总状花序顶生或近顶腋生，疏花，长4-15厘米，花序梗及花序轴被柔毛；苞片匙状线形，长3-4毫米。小苞片线形，与苞片近等长，皆1脉和背面被柔毛；花梗长约2毫米，被柔毛；花萼5深裂至基部，裂片线形，侧裂片先端异色（黄和白色）；花冠红色，长约1厘米，5裂，长圆形或近圆形，宽3毫米；前雄蕊长约7毫米，后雄蕊长约5毫米，花丝无毛，药室卵圆形；子房长圆形，无毛，花柱长8毫米，柱头不等2裂。蒴果未见。

产福建、台湾、广东及海南，生于低海拔林下。日本琉球有分布。

图 512 叉柱花（引自《Fl. Taiwnn》）

3. 蛇根叶属 Ophiorrhiziphyllon Kurz

草本，直立。叶对生，全缘，两面除背面脉上外无毛，羽状脉。总状花序顶生，单一或下部有1-2对生分枝，基部有2小叶及2苞片，花序梗、花序轴、苞片、小苞片及花萼均被柔毛及腺毛。花梗基部着生钻形小苞片，上端着生线形小苞片；花萼5裂，裂片近相等，几裂至基部，花冠二唇形，下唇3裂，上唇2裂，花冠筒内具或不具一圈毛；雄蕊着生此处，能育雄蕊4或2，花丝长，花药椭圆形或长圆形，药室顶端叉开，基部合生，常外露；子房2室，花柱长，柱头2裂或二唇形。蒴果2爿，每爿有2列种子，每列种子多数。

5种，分布于缅甸、中国及中南半岛。我国1种。

蛇根叶 图 513

Ophiorrhizip hyllon macrobotryum Kurz in Journ. Asiat. Soc. Bengal. 40: 76. 1871.

草本，直立，高达1米。上部四棱形，被棕色柔毛。叶对生，长卵形、长椭圆形或披针形，长（8-）15-17厘米，先端急尖，基部急尖或近圆，有时稍下延，全缘，除下面脉上两面无毛，侧脉每边7-10；叶柄长3-8厘米，沟内被柔毛。总状花序顶生，花序梗基部有2小叶形苞片，常长卵形，基上有交互对生钻形苞片，有时花序分枝自苞腋生出；花序梗、花序轴及小苞片被棕色柔毛及腺毛；花梗短，基部着生1窄三角形苞片，顶端着生1线形小苞片；花萼长5.5毫米，外面被稀疏柔毛及腺毛，裂片窄三角形，被缘毛及腺毛；花冠黄白色，二唇形，长7毫米，下唇3裂，上唇2裂，裂片近圆形，花冠筒2/5处有一圈白色毛；能育雄蕊2，外露，花丝长约8毫米，无毛，药室叉开，不育雄蕊常附在花冠裂片基部；子房长圆形，无毛，花柱长8毫米，无毛，柱头2裂。蒴果长圆形。

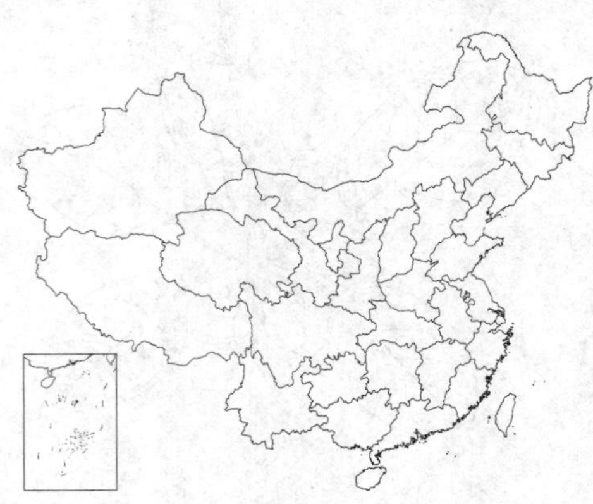

图 513 蛇根叶 （引自《图鉴》）

产云南南部，生于海拔170-1250米密林中或水沟边潮湿处。越南有分布。

4. 瘤子草属 Nelsonia R. Br.

草本，高达15厘米。茎、叶、花序密被柔毛。茎枝近圆柱形。叶对生，椭圆形，长1-12厘米，侧脉3-7对，大叶可达7对；叶柄长达4厘米。花序近穗状，有分枝或短枝，腋生或顶生，基部有对生的缩小的叶，长1.5-4厘米，通常无花序梗，苞片椭圆形，长6-7.5毫米，有5-7脉。花梗不及1毫米；无小苞片；花萼4裂，后裂片先端急尖，前裂片先端短2裂；花冠二唇形，淡蓝紫色，内面喉部有髯毛，上唇长2裂，下唇3裂，花冠筒长1.5毫米，上部弯曲，顶端缢缩，喉与花冠筒等长；发育雄蕊2，着生于花冠筒缢缩处，内藏，药室基部具小尖头，花丝无毛；子房锥形，2室，每室有4-8胚珠，无毛。蒴果卵形，长5毫米，2爿，每爿具4-8种子。种子宽椭圆形，有小突起。

单种属。

瘤子草 图 514

Nelsonia canescens (Lam.) Spreng. Syst. Veg. 1: 42. 1825.

Justicia canescens Lam. Tab. Encycl. Méth. Bot. 1: 41. 1791.

形态特征同属。

产云南南部及广西南部，生于海拔350-1500米山谷、疏林等湿润处。广布旧大陆热带。

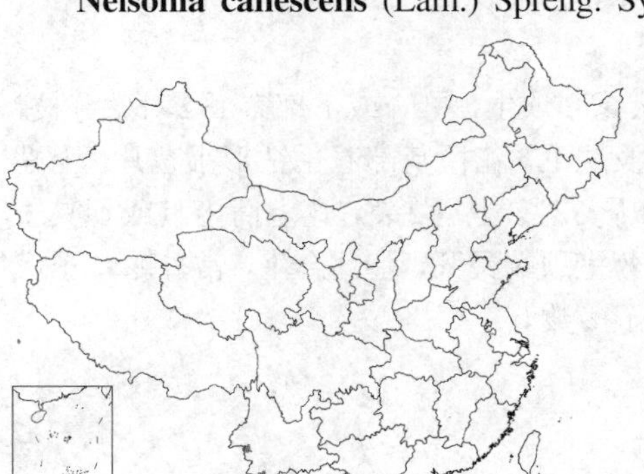

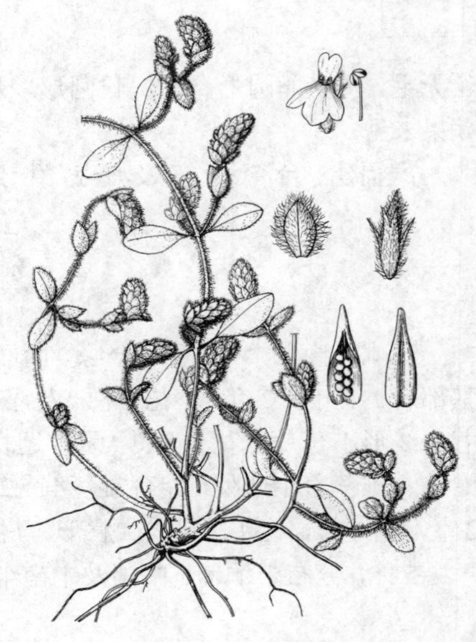

图 514 瘤子草 （引自《图鉴》）

5. 老鼠簕属 Acanthus Linn.

灌木或草本，直立或攀援，常稍肉质。叶对生，羽状分裂或浅裂，常有齿及刺，稀全缘。穗状花序，顶生；苞片大，边缘常具刺。小苞片较小或无；花萼4裂，前后两裂片较大，基部常软骨质，两侧的较小；花冠上唇极小或退化而成单唇状，下唇大，伸展，3裂，花冠筒短，常为软骨质；雄蕊4，近等长或2强，着生喉部，花丝粗厚，后雄蕊花丝先端变细，有时成S状弯曲，花药长圆形，1室，具髯毛；花盘无；子房2室，每室2胚珠，花柱短，柱头2裂。蒴果两侧压扁，含4种子。种子两侧压扁，近圆形或宽卵形，有珠柄钩。

有30余种，分布于亚洲、非洲和地中海等热带、亚热带地区。我国4种。

1. 花有2枚小苞片；叶先端急尖。
  2. 叶有刺状托叶，浅裂片三角形，脉自裂片先端突出成一尖刺，主脉在下面明显凸出，无毛；苞片边缘无刺 …… 1. **老鼠簕 A. ilicifolius**
  2. 叶无托叶，浅裂或不明显，有齿尖，侧脉在近边缘处网结，主脉在下面不明显凸起，被褐色柔毛；苞片边缘有刺……………………………………………………………………………… 1(附). **刺苞老鼠簕 A. leucostachyus**
1. 花无小苞片；叶先端平截，边缘羽状分裂，侧脉直贯齿尖 ……………………………… 2. **小花老鼠簕 A. ebracteatus**

1. 老鼠簕 图 515

Acanthus ilicifolius Linn. Sp. Pl. 639. 1753..

直立灌木，高达2米。茎粗壮，上部有分枝，无毛。叶长圆形或长圆状披针形，长6-14厘米，边缘4-5羽状浅裂，两面无毛，主、侧脉在下面明显凸起，侧脉每侧4-5，顶端突出成尖锐硬刺；托叶成刺状；叶柄长3-6毫米。穗状花序顶生；苞片对生，宽卵形，长7-8毫米，无刺，早落。小苞片3，卵形；花萼裂片4，外方的1对宽卵形，长1-1.3厘米，先端微缺，边缘有时成皱波状，具缘毛，内方的1对卵形，长约1厘米，全缘。花冠白色，长3-4厘米，花冠筒长约6毫米，上唇退化，下唇倒卵形，长约3厘米，先端3裂，外面被柔毛，内面上部两侧各有1条3-4毫米宽的被毛带；雄蕊4，花药纵裂，裂缝两侧各有1列髯毛；子房顶部软骨质，花柱有纵纹，长2.2厘米，柱头2裂。蒴果椭圆形，长2.5-3厘米，有种子4颗。种子扁平，圆肾形，淡黄色。

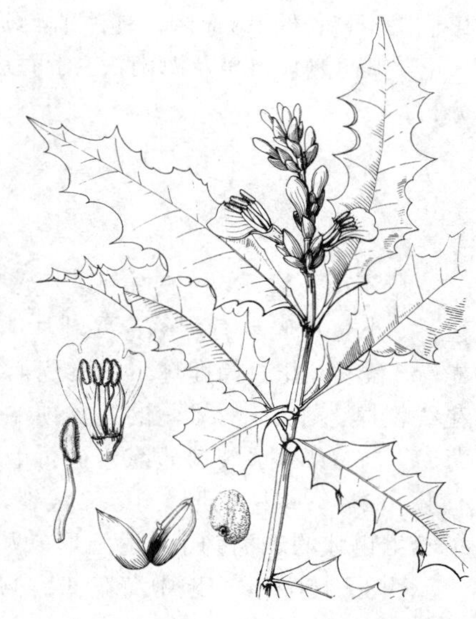

图 515 老鼠簕 （引自《图鉴》）

产福建、广东、海南及广西，生于海岸及潮汐能至的滨海地带，为红树林重要组成树种之一。根可入药，有凉血清热、散痰积、解毒止痛功能。

[附] **刺苞老鼠簕 Acanthus leucostachyus** Wall. ex Nees in Wall. Pl. Asiat. Rar. 3: 98. 1832. 本种与老鼠簕的区别：叶无托叶，边缘浅裂或不明显，有齿，齿具刺，侧脉在近边缘处网结，主脉在下面不明显凸起，被褐色柔毛；花冠长2.1厘米；苞片边缘有刺。产云南南部西双版纳，生于海拔550-1150米密林中潮湿处。中南半岛及印度有分布。

2. 小花老鼠簕 图 516

Acanthus ebracteatus Vahl, Symb. 2: 75. t.40. 1791.

直立灌木，高达1.5米。茎粗壮，无毛。叶长圆形或倒卵状长圆形，长5-12厘米，先端平截或稍圆凸，边缘3-4不规则羽状浅裂，两面无毛，主侧脉粗壮，主脉在下面明显凸起，侧脉每侧3-4，顶端突出成尖锐硬刺，托叶刺状；叶柄长1-4厘米。穗状花序顶生；苞片宽卵形，长6-7毫米。无小苞片；花萼裂片4，长0.8-1.2厘米，外方的1对宽卵形，内方的1对椭圆形。花冠白色，长约2.5厘米，花冠筒长约2.5毫米，上唇退化，下唇长圆形，长约2.2厘米，先端3裂，内方上部两侧各有1被毛带；雄蕊4，近等长，花药纵裂，裂缝两侧各有1列髯毛；子房椭圆形，花柱线形，柱头2裂。蒴果椭圆形，长约1.8厘米，有种子4颗。

图 516 小花老鼠簕（余汉平绘）

产广东（阳江）及海南，生于海边。印度、中南半岛及印度尼西亚有分布。

6. 百簕花属 Blepharis Juss.

草本或亚灌木。叶对生或4片轮生，全缘或有齿，有时有刺。花两性，单生叶腋或数朵排成顶生穗状花序；苞片、小苞片先端有刺毛；萼裂片4，外方1对较大，内方1对较小；花冠单唇形，上唇退化，下唇阔大，伸展，先端3浅裂，花冠筒卵球形；雄蕊4，2长2短或有时近等长，着生喉部，花线粗厚，前方1对雄蕊的花丝顶端向上延伸成塔状附属体，花药1室，背着，药室纵裂，裂口边缘密被髯毛；花盘环状；子房无毛，2室，每室有胚珠2粒，花柱线形，柱头2浅裂，蒴果长圆形或椭圆形，有光泽。种子着生粗壮的珠柄钩上，近圆形，两侧稍压扁，粗糙。

约80-100种，产地中海东部、热带非洲、马达加斯加、阿拉伯、印度、越南及中国。我国1种。

百簕花 图 517

Blepharis maderaspatensis (Linn.) Roth. Nov. Pl. Sp. 320. 1821.

Acanthus maderaspatensis Linn. Sp. Pl. 892. 1753.

平卧草本。茎被短柔毛；叶4片轮生，近膜质，椭圆形、长圆形或倒卵状披针形，长2.5-5厘米，两面被微柔毛，叶缘具浅波状齿，侧脉每边3-5；叶柄长约2毫米，被微柔毛。花单生于叶腋或少花组成顶生穗状花序；苞片及小苞片先端均具坚硬的长刺毛，苞片3对，倒卵形；小苞片2，匙形；花萼裂片4，被微柔毛，外方1对长圆形，长约1.1-1.3厘米，其中较小的1片顶端微凹，内方1对披针形，长约0.7厘米；花冠粉红、紫或近白

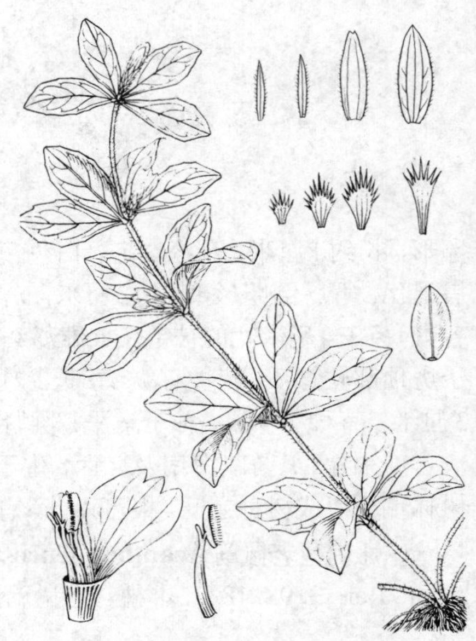

图 517 百簕花（余汉平绘）

色，长约1.6–1.7厘米，冠檐上唇退化，下唇大，伸展，倒卵形，先端3裂，被微柔毛，花冠筒卵球形，长约0.4毫米；雄蕊稍曲，前方1对雄蕊花丝顶端向上延伸成一塔状附属体，药室长圆形，裂口边缘被白色髯毛；子房有胚珠4颗。蒴果椭圆形，压扁，长约0.8厘米，无毛，栗褐色，具光泽。种子圆形，稍压扁，粗糙。

产海南，生于海拔800米石灰岩上。分布于热带非洲、亚洲的印度、斯里兰卡和越南。

7. 楠草属 Dipteracanthus Nees

草本，基部匍匐生根或外倾。叶通常全缘。花无梗或具短梗，腋生，通常单生或有时3朵成束；小苞片叶状；花萼深5裂，裂片等大；花冠筒圆筒状，喉部扩大，比花冠筒长，冠檐5裂，裂片近等大，伸展，旋转状排列；雄蕊4，2长2短，前方雄蕊的花丝稍长，花药基部稍叉开呈箭形，药隔顶端有时具方形附属物；子房每室有3–8胚珠，花柱被短毛或上部渐无毛，柱头前裂片退化，后裂片背腹扁平。蒴果基部坚实，棒状。种子每室3–8粒，边缘增厚且被毛，珠柄钩弯钩状，顶端齿状2裂。

已知4种或10–15种，分布于亚洲东南部至澳大利亚和非洲东部。我国1种。

楠草 匍匐消 图 518

Dipteracanthus repens (Linn.) Hassk. in Hoev. et De Vriese, Tijdschr. Nat. Gesch. 10: 129. 1843.

Ruellia repens Linn. Mant. 89. 1767.

多年生披散草本，高达50厘米。茎膝曲状，下部常斜倚地面，多分枝。叶卵形或披针形，长1.5–4厘米或过之，顶端渐尖或短渐尖，有时钝头，基部宽楔形或近圆，全缘，两面散生透明、干时白色的疏柔毛，缘毛短而密，在下面中脉凸起，侧脉每边4–5；叶柄长3–5毫米。花单生叶腋；花梗长约1毫米；小苞片叶状；花萼裂片长约5毫米；花冠紫色或后裂片深紫色，长约2厘米，被短柔毛，花冠筒短，喉部钟形，冠檐整齐；雄蕊内藏，后方雄蕊花药比前方雄蕊小。蒴果淡棕黄色，纺锤形，长1.2厘米。种子每室6，彼此重叠，近球形，径约3毫米，有增厚的边缘，被紧贴柔毛。花期早春。

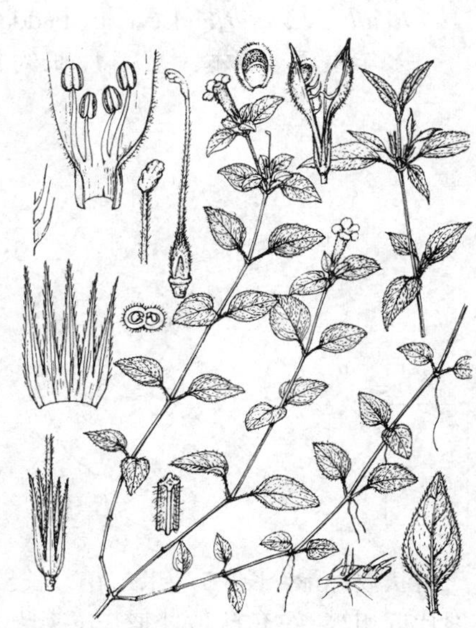

图 518 楠草（引自《Fl. Taiwan》）

产台湾、香港、广东南部、海南、广西东部及南部、云南南部、四川东部，生于低海拔路边或旷野草地上。印度、马来西亚至菲律宾有分布。

8. 地皮消属 **Pararuellia** Bremek. et H. Bremek.

多年生草本，茎短。叶对生，莲座状，具叶柄，边缘啮蚀状，或具不规则的圆齿并或多或少皱波状，稀近全缘。花具极短花梗，单生于对生苞片叶腋或组成顶生或腋生头状复聚伞花序，而在花茎上形成2至数节对生花序；苞片叶形。小苞片线形；花萼5裂，裂片近等大，先端圆或微缺，旋转排列；雄蕊4，2长2短，着生喉的近基部，花药着生于扇形药隔两端而呈蝶形；子房无毛，每室有4-8胚珠，花柱及柱头被毛，柱头2裂，后裂片常短或退化。蒴果2爿裂，每爿有4-8种子。种子透镜状，被毛。

约5-6种，分布于亚洲南部、中南半岛至马来西亚，延至中国。我国4种。

1. 花茎通常至少着生4节花序，并常有分枝。
   2. 花茎节处不成"之"字形弯曲，节间茎轴不具翅，花茎苞片长3-4厘米；花冠筒顶端不缢缩 …………………………………………………………………………………… 1. **罗甸地皮消 P. cavaleriei**
   2. 花茎节处成"之"字形弯曲，节间茎轴具翅，花茎苞片长约6厘米；花冠筒顶端缢缩 …………………………………………………………………………………… 1(附). **节翅地皮消 P. alata**
1. 花茎有1-2节花序，即便极发达的植株也极少有分枝，花茎苞片线形，长1.1厘米 ……… 2. **地皮消 P. delavayana**

1. 罗甸地皮消 图 519

Pararuellia cavaleriei (Lévl.) E. Hossain in Notes Roy. Bot. Gard. Edinb. 32 (2): 409. 1973.

Reullia cavaleriei Lévl. in Fedde, Repert. Sp. Nov. 12: 21. 1913.

多年生矮小草本。茎缩短，长约1.5厘米。叶对生，成莲座丛状，倒披针形或匙形，长4-12厘米，基部下延，边缘啮蚀状，两面被稀疏糙伏毛，脉上较密钟乳体明显，侧脉7-10对；叶柄长0.7-2.7厘米。花组成头状复聚伞花序，在花茎上着生1-2节花序，花茎被稀疏糙伏毛；花茎苞片叶状，椭圆形，长3-4厘米，侧脉4-6对，有2厘米长的短柄；花苞片卵形，长约5毫米，羽状脉，无毛，钟乳体明显。小苞片三角状披针形，长3.5毫米；花萼长5毫米，除基部外疏被微小头状腺毛，裂片近相等，三角状披针形；花冠紫、淡蓝、黄或白色，外面被微柔毛，不久冠檐及喉部的毛脱落，花冠筒管状，长1厘米，喉部长约4毫米，冠檐5裂片近方形，先端微凹；长6毫米；雄蕊无毛，花丝不等长；花粉粒圆球形，具蜂窝状纹饰；子房窄卵形，长3毫米，无毛，花柱长1厘米，疏被白色短柔毛。蒴果圆筒形，无毛，长1.5厘米，内有种子8-12颗。种子宽卵形，长1.4毫米，密被白色长毛。

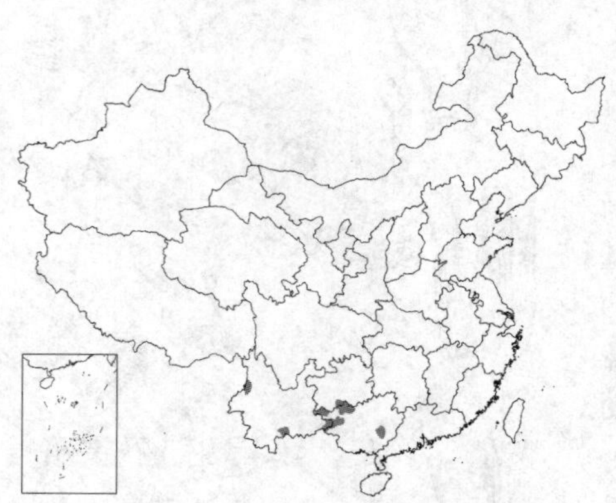

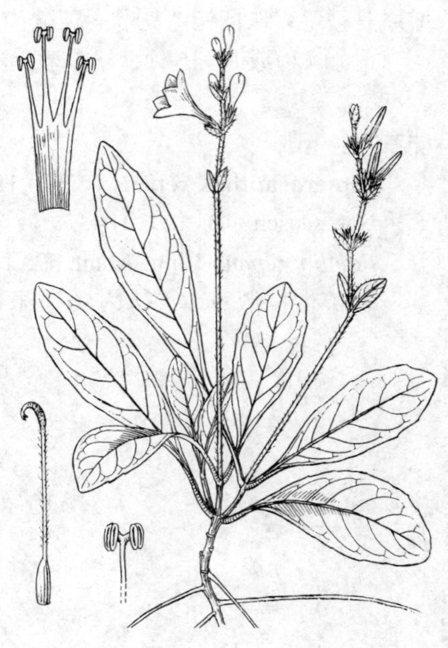

图 519 罗甸地皮消（余汉平绘）

产贵州、广西及云南，生于海拔150-1400米草坡或疏林下。

[附] **节翅地皮消 Pararuellia alata** H. P. Tsui, Fl. Reipubl. Popul. Si. 70: 53. 346. 2002. —— *Pararuellia flagelliformis* auct. non (Roxb.) Bremek.: 中国高等植物图鉴 4: 155. 1975. 本种与罗甸地皮消的区别：茎生叶椭圆形；花茎节处成"之"字形弯曲，节间茎轴具翅，花茎苞片长约6厘米；花冠筒顶端缢缩。

产湖北西部、四川东部及云南西南部，生于海拔约750米江边疏林下沙地。

2. 地皮消 图 520

Pararuellia delavayana (Baill.) E. Hossain in Notes Roy. Bot. Gard. Edinb. 32 (3): 409. 1973.

Reullia delavayana Baill. Hist. Pl. 10: 408. 1891.

多年生矮小草本。茎极缩短，长1-2厘米。叶对生，成莲座丛状，通常长圆形或长椭圆形，有时倒卵形、椭圆形或披针形，长4-12厘米，基部下延，边缘波状，具圆齿，上面被长糙伏毛或糙伏毛，下面稀疏，钟乳体明显，侧脉8-9对；叶柄长0.5-2厘米。头状复聚伞花序在花葶上1-2（3）节处，总苞片椭圆形或卵形，长2-4.7厘米，两面脉上被稀疏伏毛，有缘毛，无柄；花序苞片线形，长1.1毫米；花苞片叶状，椭圆形或卵形，长9毫米，有短柄，下延至柄两侧成为翅。小苞片线形，长7毫米；花萼5裂，裂片三角状披针形，长7毫米；花冠白、淡蓝或粉红色，花冠筒长4毫米，喉部扩大，长5毫米，冠檐5裂，裂片近相等，圆形，长4毫米，先端微缺；长雄蕊花丝长3.5毫米，着生喉中部，2短雄蕊花丝长1.5毫米，着生喉基部；子房无毛，花柱长约1.4厘米，连同柱头被白色柔毛，柱头裂片不等长。蒴果圆柱形，长达2厘米，2爿裂，每爿有2列种子8颗。种子近圆形，两侧压扁，长1.7毫米，黑色，被长柔毛。

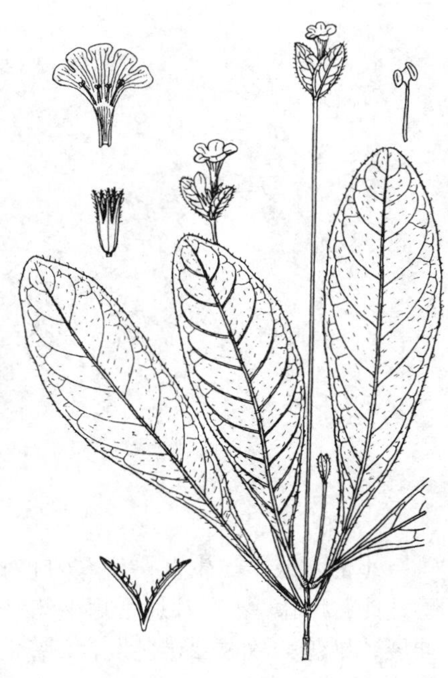

图 520 地皮消（余汉平绘）

产湖北西南部、四川西南部、云南及贵州西南部，生于海拔750-3000米山地草坡或疏林下。

9. 拟地皮消属 Leptosiphonium F. v. Muell.

草本。茎单一或稀分枝，直立。叶对生，先端渐尖，具柄。花对生枝顶两侧叶腋，呈总状花序或穗状花序状；苞片和小苞片窄，较萼短。花萼5深裂至中部或近基部，裂片窄长，急尖，宿存。花冠高脚碟形；花冠筒极窄长，喉部漏斗形，短而内弯扩大，冠檐裂片近相等；雄蕊生于花冠中部下沿的褶处。外方的稍长，花药近直立，基部箭形，药室伸展，无退化雄蕊；子房每室通常有10-20胚珠，柱头后裂爿比前裂爿短一半。蒴果圆柱形。

约10种，主要分布巴布亚新几内亚及邻近岛屿。亚洲大陆1种，仅产我国。

拟地皮消 图 521

Leptosiphonium venustum (Hance) E. Hossain in Notes Roy. Bot. Gard. Edinb. 32 (3) : 408. 1973.

Ruellia venusta Hance in Journ. Bot. 6: 92. 1868.

草本，高达60厘米。茎直立，不分枝或少分枝。叶长圆状披针形、披针形或倒披针形，长5-12厘米，先端尖，基部楔形，下沿，具短柄，边近浅波状。花单生上部叶腋或数朵集生枝端；苞片披针形，长5-7毫米；花萼长7-8毫米，5深裂至中部或中部以下，裂片窄披针形；花冠

图 521 拟地皮消（引自《图鉴》）

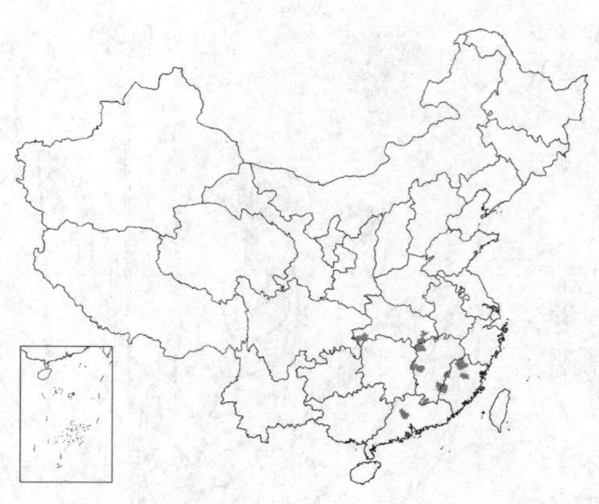

淡紫色，漏斗状，全长4-5.5厘米，花冠筒长2.2-3.5厘米；冠檐5裂，裂片几相等，长0.7-1.7厘米，先端浅波状；雄蕊4，2强，药室纵裂，药隔斧形；子房无毛，花柱疏生短柔毛，柱头2裂。蒴果圆柱形。

产广东近中部、福建西北部及西部、江西及湖北，生于林下或山坡草地。

10. 喜花草属 Eranthemum Linn.

小灌木或多年生直立草本。叶对生，全缘、浅波状或具圆齿；具叶柄。穗状花序通常顶生；苞片大，长于花萼，具羽状脉。小苞片通常短于花萼；花萼5裂；花冠高脚碟状，花冠筒细长，喉部短，冠檐5裂，裂片近相等，伸展；雄蕊4，外方2雄蕊发育，着生于喉部，花丝褶几延至花药管基部，不外露或外露，内方的不育雄蕊棍棒状或线状，花药长圆形；子房每室有2胚珠，花柱无毛或有毛，柱头后裂片极短于前裂片。蒴果棒状；每室具2种子，具珠柄钩。种子两侧扁，被贴伏长毛。

约30种，分布于亚洲热带及亚热带地区、印度、斯里兰卡，东至小巽他群岛。我国3种，常见栽培1种。

1. 叶通常卵形、椭圆状卵形或椭圆形，叶柄长达2.5-3厘米。
  2. 苞片无缘毛；叶两面无毛或近无毛，侧脉3-10对；灌木 ……………………………………… 1. 喜花草 **E. phuchellum**
  2. 苞片有缘毛；叶下面脉上有毛，侧脉4-5对；草本 ……………………………………… 2. 华南可爱花 **E. austrosinense**
1. 叶椭圆形，稀卵形，下面被短柔毛，叶柄长约1厘米；花冠常被短柔毛 …………… 3. 毛冠可爱花 **E. pubipetalum**

1. 喜花草　　图 522 彩片 112

Eranthemum pulchellum Andrews. Bot. Repos. 2: t. 88. 1800.

Eranthemum nervosum (Vahl) R. Br. ex Roem. et Shult.; 中国高等植物图鉴 4: 156. 1975.

灌木，高达2米。枝四棱形。无毛或近无毛。叶对生，通常卵形，有时椭圆形，长9-20厘米，先端渐尖或长渐尖，基部圆或宽楔形并下延，两面无毛或近无毛，全缘或有不明显的钝齿，侧脉每边8-10，连同中肋有叶两面凸起，下面明显；叶柄长1-3厘米。穗状花序顶生和腋生，长3-10厘米；苞片叶状，白绿色，倒卵形或椭圆形，长1-25厘米，具绿色羽状脉，无缘毛。小苞片线状披针形，短于花萼；花萼白色，长6-8毫米；花冠蓝或白色，高脚碟状，花冠筒长约3厘米，外被微柔毛，冠檐裂片5，通常倒卵形，近相等，长约7毫米；发育雄蕊稍外露。蒴果长1-1.6厘米；有种子4粒。

原产印度及热带喜马拉雅地区。在我国南部和西南部栽培于庭园供观赏。

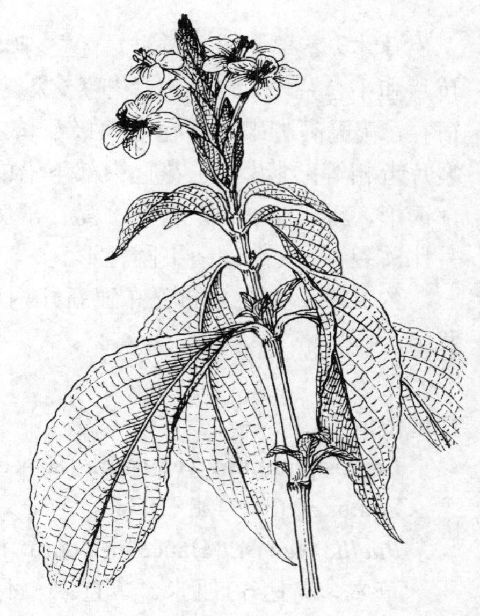

图 522 喜花草 (引自《广州植物志》)

2. 华南可爱花 图 523

Eranthemum austrosinense H. S. Lo in Acta Phytotax. Sin. 17 (4): 85. 1979.

直立草本。茎、枝四棱形，被柔毛，节部肿胀。叶卵形或椭圆状卵形，长2-9厘米，先端短渐尖或急尖，钝头，基部宽楔形或近圆，常稍下延，上面无毛，钟乳体明显，下面中脉和侧脉被柔毛，侧脉4-5对；叶柄长0.7-2.5厘米。穗状花序顶生和腋生，长5-10厘米，花序梗长1.5-2厘米；苞片卵形或椭圆状卵形，长1.2-2厘米，干时苍白色，但中脉、侧脉和横行小脉均绿色，下面被短柔毛，具伸展的长缘毛。小苞片三角状卵形，长约6毫米，有短缘毛；花萼长约6.5毫米，外面被短柔毛，5裂至中部，裂片渐尖；花冠紫红色，高脚碟状，无毛，花冠筒长2.4-2.5厘米，喉部稍扩大，微弯折，冠檐伸展，5裂片等大，宽楔形，长约6毫米，先端不等2裂；发育雄蕊的花线长约3毫米，花药内曲；子房和花柱被柔毛。柱头扁平，先端渐尖。蒴果无毛，长约1.5厘米，有种子4粒。种子宽卵圆形或近椭圆形，长4毫米，黑色，被贴伏柔毛。

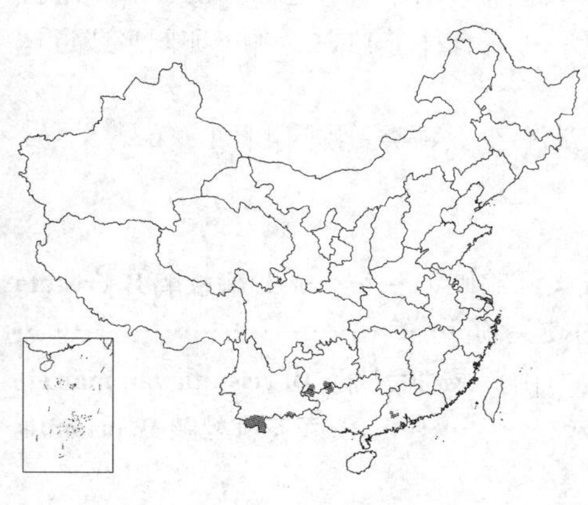

产广东近西部、广西西北部、贵州西南部及云南南部。

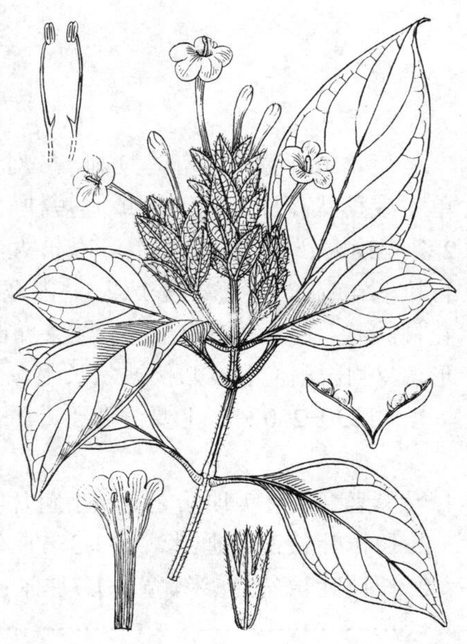

图 523 华南可爱花（余汉平绘）

3. 毛冠可爱花 图 524

Eranthemum pubipetalum S. Z. Huang, Fl. Reipubl. Popul. Sin. 70: 61. 347. 2002.

多年生草本，高约70厘米。小枝四棱形，密被短柔毛，节膨大。叶椭圆形，稀卵形，长4.5-10厘米，全缘，下面被短柔毛，侧脉每边5-6；叶柄长约1厘米，被短柔毛。穗状花序顶生或腋生，长3-11厘米，花序梗四棱形，长约3厘米，密被短柔毛；苞片卵形或椭圆形，长1.5-2厘米，背面被短柔毛，有缘毛，每苞片内通常有1花。小苞片长约5毫米；花萼长约5毫米，外面被短柔毛，5裂达中部，裂片披针形；花冠蓝紫色，常被短柔毛，花冠筒长约3厘米，喉长约4毫米，冠檐5裂，裂片倒卵圆形，长、宽约8毫米，先端微下凹；能育雄蕊外露，花丝长约5.5毫米，花药线形，长3.5毫米；子房无毛，长约2.5毫米，花柱中部以上被疏柔毛，柱头单一，披针形。蒴果无毛，长约1厘米，内有种子4粒。种子扁圆形，密被贴伏长毛。

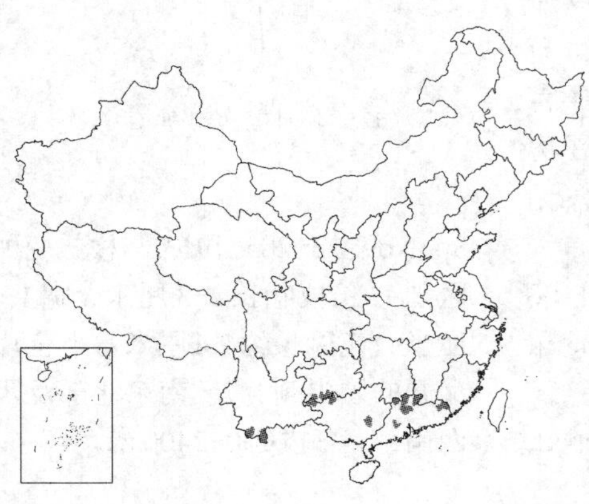

产广东、广西、贵州及云南，生于海拔150-700米河边灌丛中或山谷林中阴处。

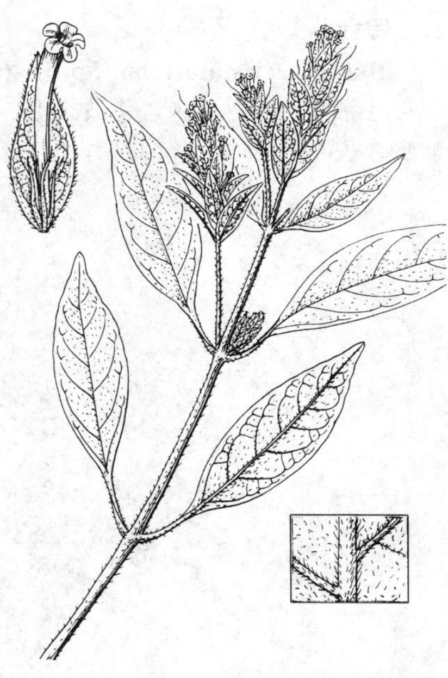

图 524 毛冠可爱花（谢 华绘）

11. 假杜鹃属 Barleria Linn.

草本或亚灌木，有时具刺。叶对生，生于长枝的叶大，常早落，腋生短枝的叶小。花大，通常生于短枝叶腋，单生或穗状花序；花无梗或具短梗；苞片小或无；小苞片有时成为2叉开的硬刺；花萼裂片4，两两相对，外方2裂片较大；花冠筒常筒状，喉扩大，直立或内弯，冠檐裂片5，双盖覆瓦状排列，近等大，整齐或稍二唇形；能育雄蕊4或2，不育雄蕊1或3，内藏或稍外露，花药2室，常先端相连而背面稍分开；子房2室，每室具胚珠2，花柱线状，柱头2裂或全缘。蒴果卵圆形或长圆形，有时顶端具实心的喙，每室有种子1或2。种子卵圆形或近球形，两侧压扁，常被贴伏波状长毛，并外被一层膜。

约230-250种，主要分布于非洲、亚洲热带至亚热带地区，欧洲、美洲有少数种类。我国4种1变种。

1. 花紫蓝色，果实顶端无喙；小苞片不变成叉开的刺。
    2. 长枝叶长3-10厘米，宽1.3-4厘米；花冠长3.5-5厘米；小苞片不成叉开的硬尖 ………… 1. **假杜鹃 B. cristata**
    2. 长枝叶长2-3厘米，宽1-1.7厘米；花冠长约2.4厘米；小苞片成叉开的硬尖刺 ………………………………………………………… 1(附). **禄劝假杜鹃 B. cristata** var. **mairei**
1. 花黄色，果实顶端渐尖成实心的喙；小苞片成叉开的硬尖刺 ……………………………… 2. **黄花假杜鹃 B. prionitis**

1. 假杜鹃 图 525 彩片 113

Barleria cristata Linn. Sp. Pl. 636. 1753.

小灌木，高达2米。茎被柔毛，有分枝。长枝叶椭圆形、长椭圆形或卵形，长3-10厘米，宽1.3-4厘米，两面被长柔毛，脉上较密，全缘，侧脉4-5（7）对，叶柄长3-6毫米，常早落；腋生短枝的叶小，叶椭圆形或卵形，长2-4厘米。具短柄。叶腋常生2花，短枝有分枝，花在短枝上密集；苞片叶形，无柄。小苞片披针形或线形，长1-1.5厘米；外2萼片卵形或披针形，长1.2-2厘米，内2萼片线形或披针形，长6-7毫米，有缘毛；花冠蓝紫或白色，二唇形，长3.5-5（-7.5）厘米，花冠筒圆筒状，喉部渐大，冠檐裂片长圆形；能育雄蕊2长2短，着生喉基部，长雄蕊花药2室并生，短雄蕊花药顶端相连，下面叉开，不育雄蕊1，花丝疏被柔毛；子房扁，长椭圆形，无毛，花盘杯状，包被子房下部，花柱无毛，柱头稍膨大。蒴果长圆形，长1.2-1.8厘米，两端急尖，无毛。花期11-12月。

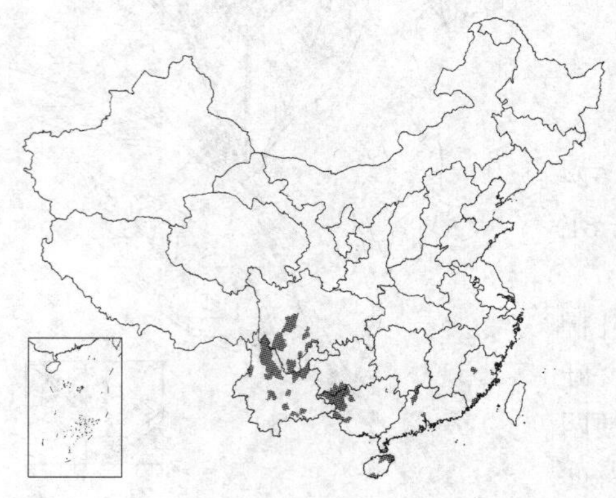

产福建、广东、海南、广西、贵州、云南、四川，生于海拔700-1100米山坡、路旁或疏林下阴处，也可生于干燥草坡或岩石中。中南半岛、印度和印度洋一些岛屿有分布。药用全草，通筋活络，解毒消肿。

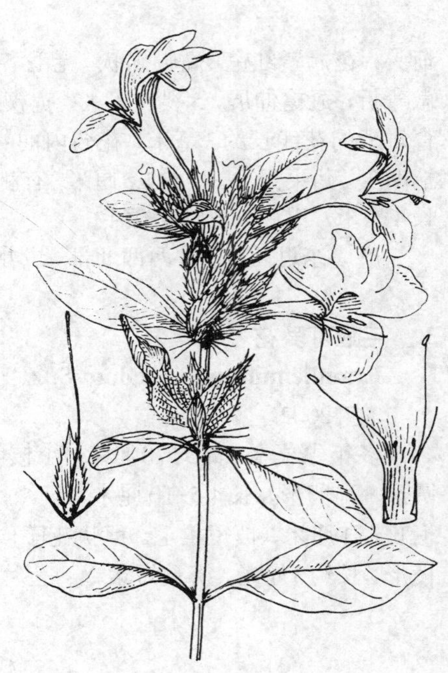

图 525 假杜鹃 （引自《广州植物志》）

[附] **禄劝假杜鹃 Barleria cristata** var. **mairei** Lévl. in Fedde, Repert. Sp. Nov. 12: 285. 1913. 与模式变种的区别：长枝叶长2-3厘米，宽1-1.7厘米；花冠长约2.4厘米；小苞片成叉开的硬尖刺。产云南东北部及四川西南部，海拔400-2400米。

2.　黄花假杜鹃　　图 526

Barleria prionitis Linn. Sp. Pl. 636. 1753.

小灌木，高达1.2米，有分枝。叶椭圆形或有时卵形，长枝叶长5-8.5厘米，短枝叶长1.2-2.5厘米，叶柄长1-1.5厘米，幼时两面被柔毛。花密集着生短枝上的苞腋，花序穗状；长枝及短枝基部的苞片叶状，腋内着生1花。小苞片成叉开的硬尖刺，向上逐渐变窄，线状，不成尖刺；在正常叶腋着生的花的小苞片也成叉开的硬尖刺，宿存；花萼裂片卵形或窄卵形，长1.3-1.4厘米；花冠黄色，长约2.4厘米，花冠筒稍短于喉部，下唇中裂片稍宽短，长8毫米，两侧裂片与上唇裂片近相等，长1厘米；大雄蕊花药长3.2毫米，花丝长1.1厘米，小雄蕊花药长约1毫米，花丝长1.5毫米，均着生喉基部；子房卵圆形，柱头稍膨大，稍2裂，外露。蒴果卵圆形，长1.8厘米，顶端渐尖成一实心的喙，内有种子2。种子近卵形，两端圆，两侧压扁，长7毫米，被紧压贴伏弯曲长毛，外有一层膜。

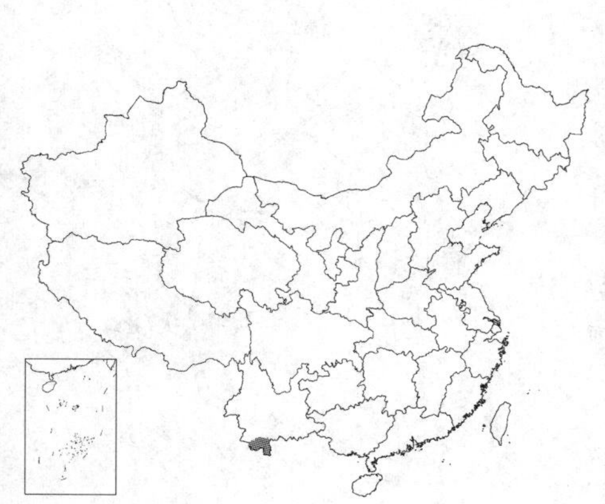

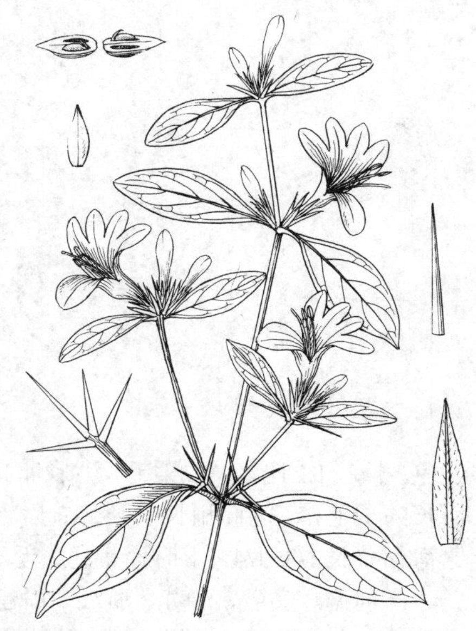

图 526 黄花假杜鹃（余汉平绘）

产云南南部，生于海拔约600米路旁阳处灌丛中或常绿林下干燥处。印度及中南半岛有分布。

12. 水蓑衣属 Hygrophila R. Br.

灌木或草本。叶对生，全缘或具不明显小齿。花无梗，2至多朵簇生上部叶腋；花萼圆筒状，5深裂至中部裂片等大或近等大；花冠筒筒状，喉部常一侧膨大，冠檐二唇形，上唇直立，2浅裂，下唇近直立或稍伸展，有喉凸，浅3裂，裂片旋转状排列；雄蕊4，2长2短，花丝基部常有下沿的膜相连，花药2室等大，平行，中下部常分开，基部无附属物或有时具不明显短尖；子房每室有4至多数胚珠，花柱线状，柱头2裂，后裂片常消失。蒴果圆筒状或长圆形，2室，每室有种子4至多粒。种子宽卵圆形或近球形，两侧压扁，被紧贴长白毛。

约25（-100）种，广布于热带和亚热带的水湿或沼泽地区。我国6种。

1. 后雄蕊的花药与前雄蕊的小一半，花冠长1-2.5厘米；蒴果比宿存花萼长1/3-1/4。
  2. 花生于叶腋。
    3. 花小，花冠长1-1.2厘米，簇生叶腋 ……………… 1. **水蓑衣 H. salicifolia**
    3. 花大，花冠长达2.5厘米，1-3朵生于叶腋 ……………… 2. **大花水蓑衣 H. megalantha**
  2. 短穗状花序生于枝和小枝顶端；花冠长4-4.5毫米 ……………… 3. **小狮子草 H. polysperma**
1. 后雄蕊的花药比前雄蕊的稍小；蒴果比宿存花萼近等长或稍长。
  4. 花较小，花冠长约1.5厘米，萼长约0.7厘米 ……………… 4. **小叶水蓑衣 H. erecta**
  4. 花较大，花冠长1.8-2.2厘米，萼长约1.1厘米 ……………… 4(附). **毛水蓑衣 H. phlomiodes**

1.　水蓑衣　　图 527

Hygrophila salicifolia (Vahl) Nees in Wall. Pl. Asiat. Rar. 3: 81. 1832.

Ruellia salicifolia Vahl, Sym. 3: 84. 1794.

草本，高80厘米。茎四棱形；幼枝被白色长柔毛。叶长椭圆形、披针

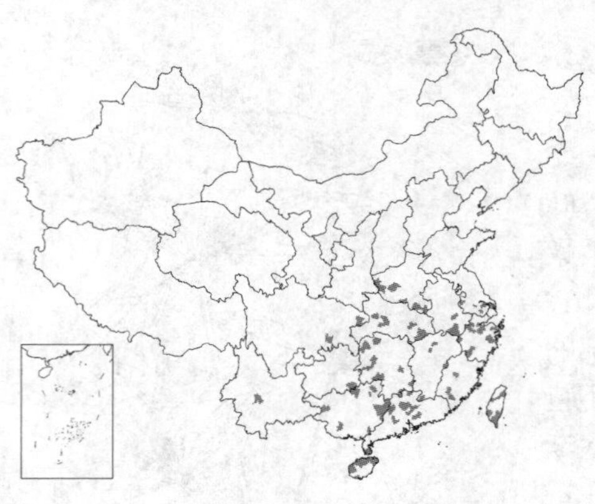

形或线形，长4-11.5厘米，两端渐尖，先端钝，两面被白色长硬毛，背面脉上较密，侧脉不明显；近无柄。花簇生于叶腋，无梗；苞片披针形，长约1厘米，外面被柔毛；小苞片线形，外面被柔毛；花萼圆筒状，长6-8毫米，被短糙毛，5深裂至中部，裂片稍不等大，渐尖，被通常绉曲的长柔毛；花冠淡紫或粉红色，长1-1.2厘米，被柔毛，上唇卵状三角形，下唇长圆形，喉凸上有疏而长的柔毛，花冠筒稍长于裂片；后雄蕊的花药比前雄蕊的小一半。蒴果比宿存萼长1/3-1/4，干时淡褐色，无毛。花期秋季。

产河南、安徽、江苏、浙江、福建、台湾、江西、湖北、湖南、广东、香港、海南、广西、贵州、云南及四川，生于溪沟边或洼地等潮湿处。亚洲东南部至东部（日本琉球）有分布。全草入药，有健胃消食、清热消肿之效。

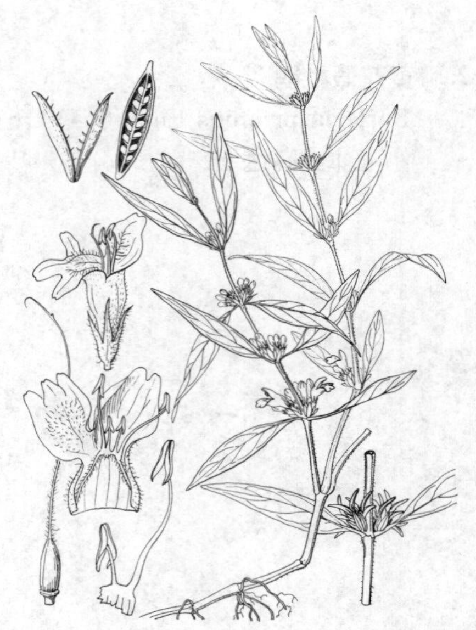

图 527 水蓑衣（引自《图鉴》）

2. 大花水蓑衣 图 528

Hygrophila megalantha Merr. in Philipp. Jour. Sci. Bot. 12: 110. 1917.

草本，高达60厘米。茎四棱形，直立，分枝，无毛。叶窄长圆状倒卵形或倒披针形，长4-8厘米，先端圆或钝，基部渐窄，全级，侧脉不明显。花1-3朵生于叶腋内；苞片长圆状披针形，长约1厘米，小苞片窄长圆形，长约6毫米；花萼长1.2-1.4厘米，裂片线状披针形，尾头渐尖，约与萼筒等长，有短睫毛；花冠紫蓝色，长达2.5厘米，外被疏柔毛，花冠筒下部圆柱形，上部肿胀，上唇钝，下唇短3裂；后雄蕊的花药比前雄蕊的小一半。蒴果长柱形，比宿存花萼长1/3-1/4，长1-1.5厘米。花期冬季。

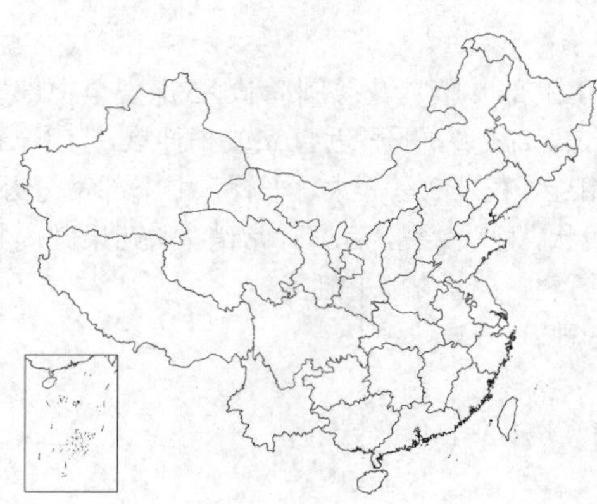

产广东近中部、香港及福建东南部，生于江边湿地上。

图 528 大花水蓑衣（余汉平绘）

3. 小狮子草 图 529

Hygrophila polysperma T. Anders. in Journ. Linn. Soc. Bot. 9: 456. 1868.

一年生矮小草本。茎匍匐，高8厘米或稍长，初被微毛或硬毛，节膝曲有纤毛，多分枝。茎叶长圆状披针形，长过2.5厘米，不久枯萎；枝上部和下部的茎椭状长圆形或线形，长2-2.2厘米，具不明显的圆齿。穗状花序

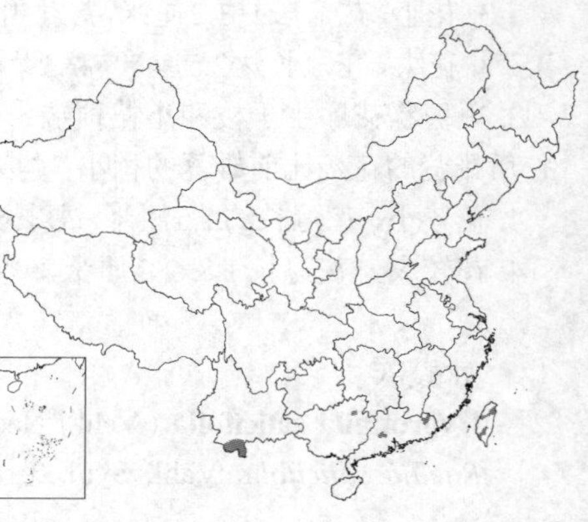

短，生于枝和小枝顶端，无梗，约长1.3厘米；苞片覆瓦状排列，倒卵形和卵形，被微毛或硬毛。小苞片披针形，稍长于花萼，有纤毛；花萼基部筒状，5裂至中部，裂片不相等，线形渐尖，被微毛；花冠长4-4.5毫米，被微毛，上唇2齿，下唇3裂，裂片近相等。雄蕊着生于冠筒下部，花丝下部两侧互连志膜，后雄蕊的花药比前雄蕊的小一半。蒴果比宿存花萼长1/3-1/4，长8.5毫米，披针形，光滑，扁，具6沟，自基部生24-30种子。种子卵圆形，两面凸起；珠柄钩短，顶端具小钩。

产台湾广东东部及西部、广西东北部、云南南部。印度东北部及马来西亚有分布。

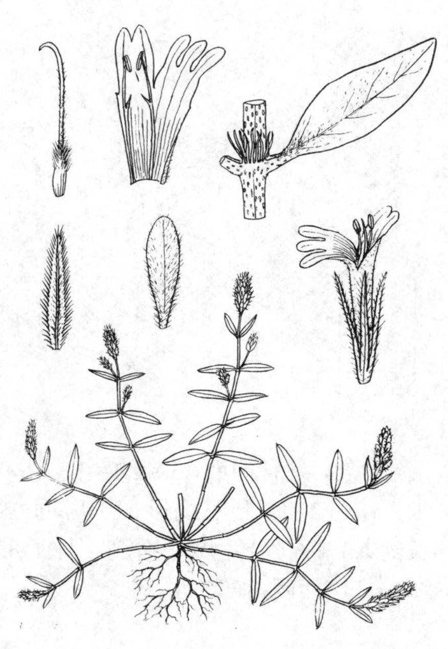

图 529 小狮子草 （余汉平绘）

4. 小叶水蓑衣

Hygrophila erecta (Burm. f .) Hochr. in Candollea 5: 230. 1934.

Ruellia erecta Burm. f. Fl. Ind. 135 t. 41. f. 3. 1768.

多年生匍匐草本，有时基部稍木质。茎和分枝均被白色广展硬毛，上部很密。叶倒卵形，有时椭圆形或长椭圆形，长1-5厘米，先端钝或圆，基部楔形，两面被白色紧贴硬毛，钟乳体明显；侧脉纤细；无柄或有柄。花无梗，数至多朵于小枝上部腋生；苞片长圆状披针形，长约8毫米，密被白色硬毛；花萼长约7毫米，裂片线状披针形；花冠淡紫色，长约1.5厘米；后雄蕊的花药比前雄蕊的稍小。蒴果与宿存花萼近等长或稍长。花期春季。

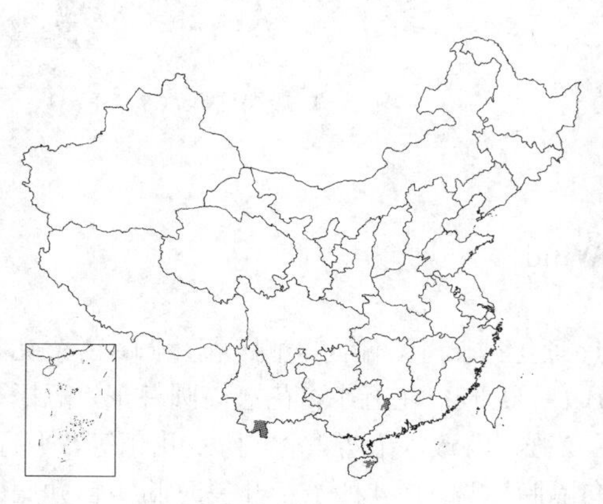

产海南、广西东部及云南南部，生于田野。印度东南部及缅甸有分布。

[附] 毛水蓑衣 **Hygrophila phlomiodes** Nees in Wall. Pl. Asiat. Rar. 3: 80. 1832. 本种与小叶蓑衣的区别：叶两面被硬毛；花大，花冠长1.8-2.2厘米，花萼长约1.1厘米。产海南及云南南部，生于村边草地。印度尼西亚、菲律宾、中南半岛、印度及巴基斯坦有分布。

13. 裸柱草属 Gymnostachyum Nees, emend.

草本或矮小灌木。叶茎生或近基生。花序顶生，总状或穗状，由小聚伞花序组成；苞片和小苞片很小。花萼小，5深裂，裂片近等大，线状披针形；花冠二唇形。花冠筒通常圆筒形，上唇窄2齿裂，下唇3齿裂，冠檐裂片覆瓦状排列；雄蕊2，着生花冠筒中下部或花冠喉的近底部，与花冠近等长，内藏，花药2室，药室平行连接，1或2基部有短尖头，无短尖头的不久成1室，无退化雄蕊；柱头2浅裂，裂片扁，子房2室，每室有3至多粒胚珠。蒴果线形，有多数种子。种子扁，卵圆形。

约30种，分布于印度、斯里兰卡、中南半岛等地至马来西亚、印度尼西亚爪哇、菲律宾等亚洲热带地区。我国4种。

矮裸柱草 图 530

Gymnostachyum subrosulatum H. S. Lo in Acta Phytotax. Sin. 17 (4): 86. 1979.

草本，具极短而多节结的茎和分枝，呈莲座状。叶密集，近圆形或宽卵状圆形，长5-16厘米，基部微心形或圆，边缘稍呈浅波状，下面近无毛

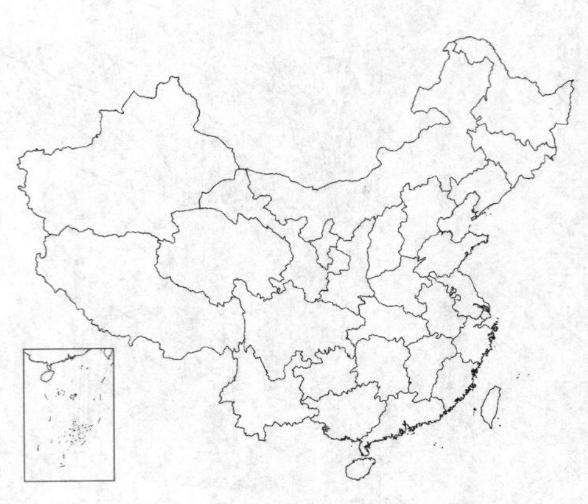

或中脉和侧脉上被硬毛，侧脉每边约7条，几达叶缘，在下面明显突起；叶柄长2-9-(14)厘米。总状花序由聚伞花序组成，花序梗长12-19厘米；苞片和小苞片钻形，长2.5-4毫米，通常每苞片中有3花；花萼长2.5-3毫米，5深裂几至基部，裂片钻形；花冠筒圆筒状，长1.5厘米，喉部扩大，下弯，冠檐长约5毫米，上唇直立，近三角形，长约5毫米，先端短2裂，下唇伸展，3裂约至中部；雄蕊生花冠喉的近底部，花丝长8毫米，花药2室，药室线形；子房每室4胚珠，花柱长1.9厘米。蒴果线形，长约1.3-1.6厘米，果爿外弯，种子8粒。

产广西西南部龙州。

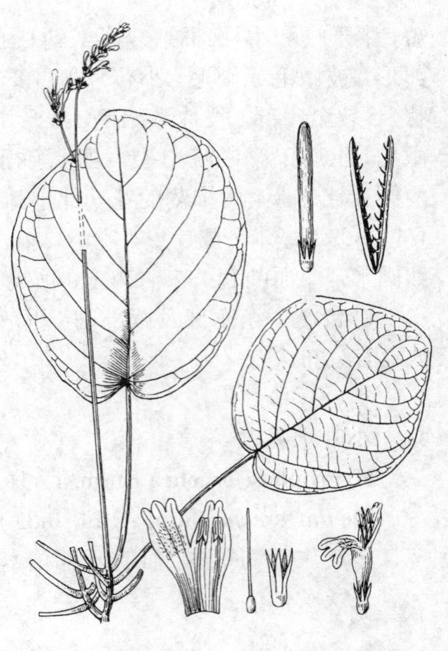

图 530 矮裸柱草（余汉平绘）

14. 肾苞草属 Phaulopsis Willd.

匍匐性多年生草本。叶对生，全缘或明显具圆齿，具柄。穗状花序顶生或腋生，偏向一侧；苞片圆，密覆瓦状排列，每苞内生3花。无小苞片；花萼5裂，其中1片卵形，具脉，另4片线形；花冠小，花冠筒圆柱形，冠檐裂片5，旋转排列，稍不等，近二唇形，上唇2浅裂，下唇3裂；雄蕊4，2强，内藏，花药2室，药室几相等，平行，基部稍具短尖头。子房每室2胚珠，花柱被毛，柱头线形。蒴果棒状向隔膜压扁，具4种子；开裂时胎座自蒴底弹起弹出种子。种子盘形，被毛。

约20种，分布于热带非洲、马斯克林群岛、阿拉伯和印度、喜马拉雅、中南半岛等地。我国1种。

肾苞草 图 531

Phaulopsis oppositifolia (J. C. Wendl.) Lindau in Engl. u. Prantl, Nat. Pflanzenfam. 1: 305. 1895.

Micranthus oppositifolius J. C. Wendl. Obs. (Bot.Beobacht.): 39.1788.

Phaulopsis dorsiflora (Retz.) Santapau; 中国高等植物图鉴 4: 156. 1975.

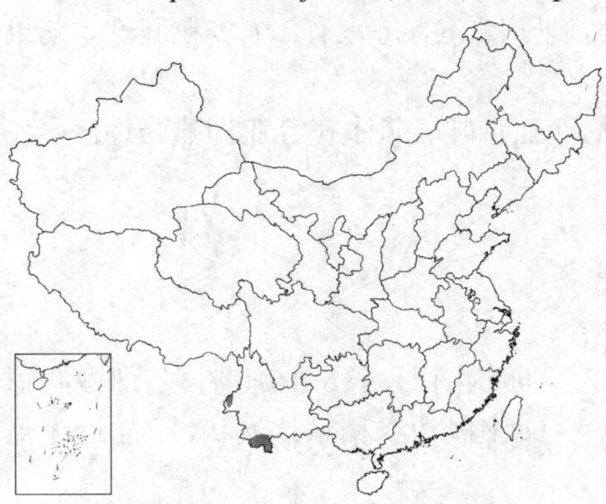

草本，高达50厘米。茎四棱形，棱上被黄褐色倒生毛，余被疏生。叶卵状椭圆形或椭圆形，长7.5-11厘米，先端长渐尖尾状，基部宽楔形，两侧不等，稍歪斜，上面疏被刚毛，背面仅脉上被毛，侧脉每侧6条；叶柄长4-6厘米。花序穗状顶生，有时因小枝的叶退化而似

图 531 肾苞草（引自《图鉴》）

为腋生；花数朵生于1宽卵形苞片内，偏生一侧；苞片长达1厘米，被白色毛和腺毛。小苞片无毛；花萼裂片5，其中4片线形，长约6毫米，1片卵状椭圆形，长达1厘米，被腺毛；花冠通常白色，长约6毫米，上唇2裂片较窄；雄蕊生于喉部；子房顶端被细腺毛，柱头2裂，裂片不等。蒴果长约6毫米，顶端有腺毛。种子4，淡黄色，椭圆状卵圆形，有微毛。

产云南西双版纳及盈江，为路边杂草。中南半岛、印度、喜马拉雅、马斯克林群岛至热带非洲有分布。

15. 安龙花属 Dyschoriste Nees

草本或灌木。叶对生，具柄。花腋生，单生、簇生或组成聚伞花序；花萼5裂至中部或近基部；花冠筒直或内弯，圆筒形，喉部扩大，冠檐伸展，近整齐或二唇形，裂片5，旋卷状排列，近等大或2个后裂片多少合生；雄蕊4，2强，花丝下部成对（一长一短）合生，并与管壁粘连，花药2室，药室平行，基部常有短尖头；子房2室，每室有2（极少1）粒胚珠，柱头前裂片稍扁，后裂片很小或无。蒴果长圆形，裂为2果爿，每室有1或2粒种子。种子扁，圆形。

约65种，主要分布在中、南美洲和非洲北部及马达加斯加、印度，亚洲种类很少，且呈星散分布。我国1种。

安龙花 图 532

Dyschoriste sinica H. S. Lo in Acta Phytotax. Sin. 17 (4): 85. 1979.

多分枝矮小草本，高约10厘米。茎斜倚地面，近基部常节上生根。小枝方柱形，无毛，节稍密，节间长通常不及1厘米。叶长椭圆状披针形，长0.7–3厘米，先端钝，基部楔尖下延，全缘或上部有不很明显的小锯齿，两面无毛；侧脉稀疏，约3对；叶柄短。花单生近枝顶叶腋；苞片与叶近同形而小；小苞片2，线状匙形，长4.5–5毫米；花萼长约5.5–6毫米，5深裂至近基部，裂片线状披针形，宽约0.6毫米，被稀疏缘毛；花冠淡紫色，长1.1厘米，花冠筒长约4毫米，喉部长约4.5毫米，冠檐裂片近等大，微呈倒心形，长2–2.5毫米；花丝长的3.5毫米，短的1.2毫米；子房无毛，每室有2胚珠，花柱长约8毫米，被疏毛。蒴果长6.5毫米；有4粒种子。

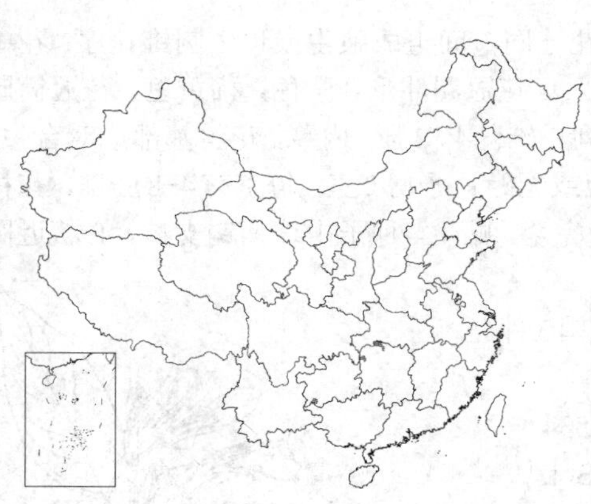

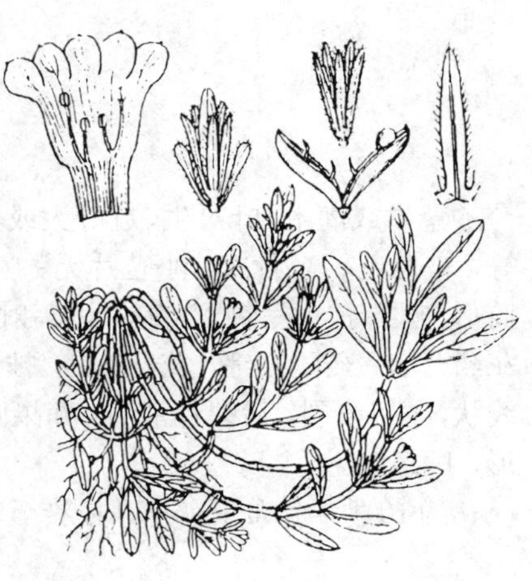

图 532 安龙花（余汉平绘）

产贵州西南部、湖南北部及西北部。

16. 赛山蓝属 Blechum P. Br.

多年生草本，光滑或被毛。叶对生，全缘或具波状锯齿，具柄。穗状花序顶生；苞片宽，草质，4列覆瓦状排列，缘通常有纤毛；花小，通常3或2出簇生于花束，与窄的苞片对生；腋生花束近无柄。2小苞片在花梗上自花基部两侧着生，与花萼裂片相似；花萼深5裂，裂片等大，线形或钻形；花冠漏斗形，5浅裂，花冠筒直或内弯，上部稍扩大，扭转，冠檐短，等大，圆形，开展；雄蕊4，2强，内藏，着生花冠筒近中部，花药2室，药室平行；子房2室，每室3至多粒胚珠，花柱顶端近钻形。蒴果卵圆形，稍一面臌，两面凸起，自基部生6至多粒种子；隔膜完全；珠柄钩钩状。

约6（-10）种，通常分布于美洲热带及西印度群岛，有些种产印度、巴基斯坦、孟加拉国及马达加斯加。我国1种。

赛山蓝 图 533

Blechum pyramidatum (Lam.) Urb. in Fedde, Repert. Sp. Nov. 15: 323. 1918.

Barleria pyramidata Lam. Enc. 1: 380. 1783.

多年生草本，高达50厘米。茎圆柱形或近4棱，常匍匐，下部节上生根。叶卵形，长3-6厘米，先端尖，基部钝或圆，全缘或近全缘，稀具3-4圆锯齿，上面疏被糙伏毛；叶柄长达2.5厘米。穗状花序长达6厘米，无梗；苞片卵形，叶状，约长1.5厘米，被贴生微毛，边缘明显有纤毛。小苞片线形；花萼裂片线形，背面有疏柔毛；花冠白色，稍大于苞片；花柱约长2毫米，稍被刚毛。蒴果卵圆形，约长5毫米，被微柔毛。种子圆形，径约1.5毫米。

原产美洲。我国台湾及菲律宾群岛、马里安纳群岛及加罗林群岛等地引种，现已野化。

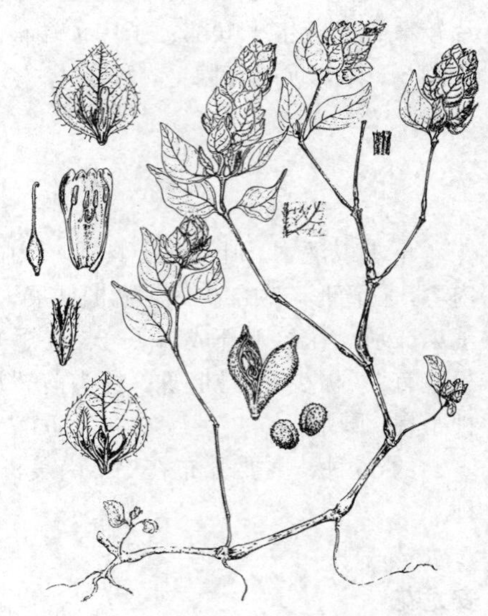

图 533 赛山蓝（引自《Fl. Taiwan》）

17. 恋岩花属 Echinacanthus Nees

草本或灌木。叶对生，近等大或不等大，多少具齿。聚伞花序或两花连同节间组成腋生或顶生圆锥花序；花中等，被腺毛；苞片窄。小苞片无；花萼深5裂，裂片近相等，果时直立；花冠漏斗形，紫色，稀黄色，花冠筒圆筒形，喉部扩大呈钟形，冠檐近辐射对称，5裂，裂片近等大，旋转排列；雄蕊4，2强，内藏，花丝基部成对合生，花药背着，药隔被毛，花药2室，被硬毛，药室平行，基部有芒刺状距或无距；子房2室，每室有4-8胚珠，花柱线状，柱头2裂，后裂片消失。蒴果圆柱形，自基部生多粒种子；隔壁完全，贴生。种子由珠柄钩支撑，心状近圆形，压扁。

约10种，分布于东喜马拉雅至印度、泰国、印度尼西亚爪哇。我国3种。

黄花恋岩花 图 534

Echinacanthus lofouensis (Lévl.) J. R. I. Wood in Edinb. Journ. Bot. 51(20): 186. 1994.

Strobilanthes lofouensis Lévl. in Fedde, Repert. Sp. Nov. 12: 99. 1913.

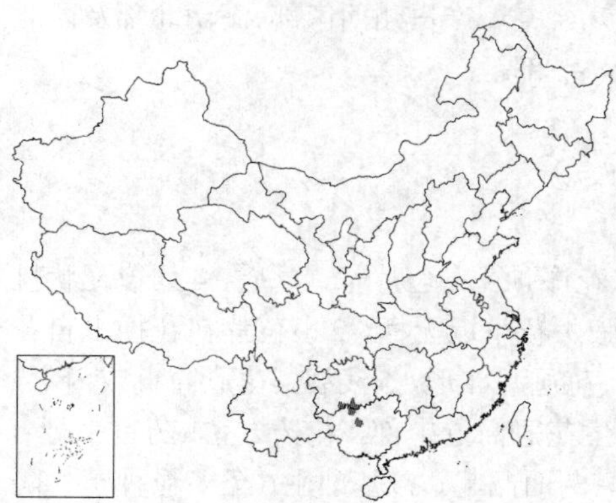

灌木，高达3米。枝有4棱，棱上密生1行小瘤状凸起，近无毛。叶近卵形、披针形或窄披针形，长6-12厘米，有时长仅1.5-5.5厘米，先端尾尖渐尖，基部宽楔形或近钝圆，全缘，上面无毛，下面侧脉腋内有簇生髯毛，中脉上通常亦被髯毛，侧脉每边5-6条；叶柄长0.5-2厘米，被短硬毛。聚伞花序腋生，常有3花，稀

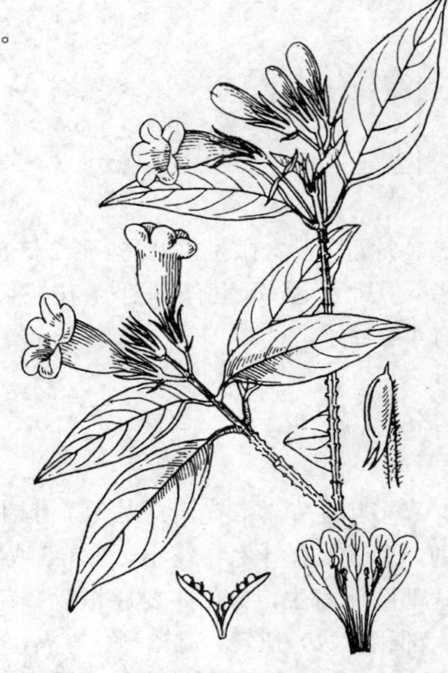

图 534 黄花恋岩花（余汉平绘）

1花，花序梗常稍长于叶柄，被短柔毛；苞片叶状，长1-1.5厘米，常早落。花萼长1.2-1.4厘米，裂片线形，两面被密而贴伏灰白色柔毛；花冠黄色，长约4厘米，外面被柔毛，花冠筒长约1厘米，喉部扩大呈钟形，一侧膨胀，冠檐裂片半圆形，长约5毫米；雄蕊生喉部下方，花丝长1-1.3厘米，密被髯毛状柔毛，药室卵形，基部有1芒刺状距，药距密被髯毛状柔毛；子房被密而贴伏的灰白色柔毛，花被疏柔毛。蒴果线状长圆形，长约1.5厘米，被密柔毛，有种子8-12。

产广西北部及近中部、贵州南部，生于石山或林下。

18. 半插花属 Hemigraphis Nees

草本，近莲座状，具不定根的上升的匍匐茎，部分外倾，稀直立。叶同型。花序穗状，伸长或多少紧缩，顶生和上部腋生；苞片宿存，具1脉或羽脉，稀自基部3脉。花单生苞腋或2-3叠生；常无小苞片，有则决不与花萼近等长；花萼5裂，二唇形，上唇3裂，下唇2浅裂，常具睫毛；花冠不扭弯，喉部钟形，与药冠筒近等长，支撑花柱的毛排列成两列，冠檐裂片相等，常弯曲；雄蕊4，2强，内藏，长花丝常具1列长毛，短花丝常无毛，花药直立，两侧扁平，退化雄蕊不相等，通常无；子房2室，被头状毛或簇毛，或上半部被微柔毛状短柔毛，每室含3-8胚珠，花柱被硬毛。蒴果伸长，珠柄钩尖小。种子6-16，具小基区，基区具环形毛，有时有黏液。

约90-100种，分布自印度半岛至马来西亚、菲律宾、印度尼西亚、澳大利亚热带和太平洋岛屿及中国。我国3种。

1. 莲座式草本；叶长圆形，宽2-3.5厘米 …………………………………… **恒春半插花 H. primulifolia**
1. 非莲座式草本；叶圆形或长圆状卵形，宽1-2厘米 …………………………… (附). **匍匐半插花 H. reptans**

恒春半插花 图 535

Hemigraphis primulifolia (Nees) F.-Vill. in Novis App. 153. 1880.

Ruellia primulifola Nees in DC. Prodr. 11: 144. 1847.

近莲座式草本，具匍匐茎。茎初密被柔毛。叶具长0.8-3厘米的柄，初时柄上有短柔毛；叶长圆形，长3.5-6厘米，宽2-3.5厘米，先端钝圆，基部不等，平截或近圆，近全缘或浅波状圆齿，钟乳体长钻形、明显，上面被刚毛，下面脉上毛较密，侧脉每边5条。穗状花序顶生，长2.5-8厘米；苞片对生，初密集，不久疏离，倒披针形，通常长0.8-1.2厘米，具缘毛。花通常2-3叠生苞腋，无小苞片；花萼长9毫米，外面稍被微毛，裂片窄披针形，边缘和中肋被短毛；花冠长1.3厘米；长雄蕊的花丝向基部被刚毛；子房顶端被微毛，每室具5胚珠，花柱基部被刚毛。蒴果浅棕或褐色，顶端有毛，长8-9毫米，有10粒种子。

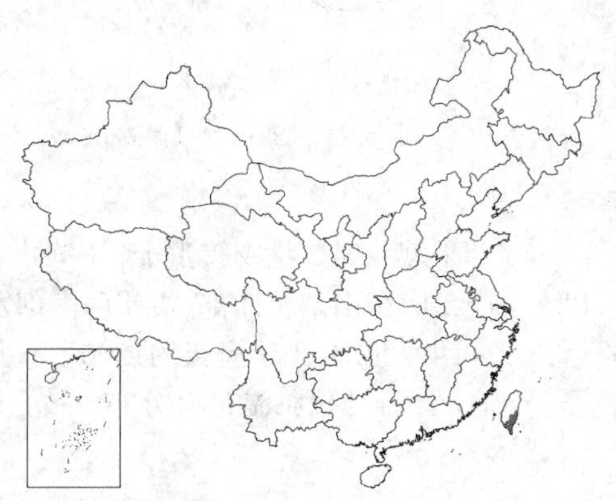

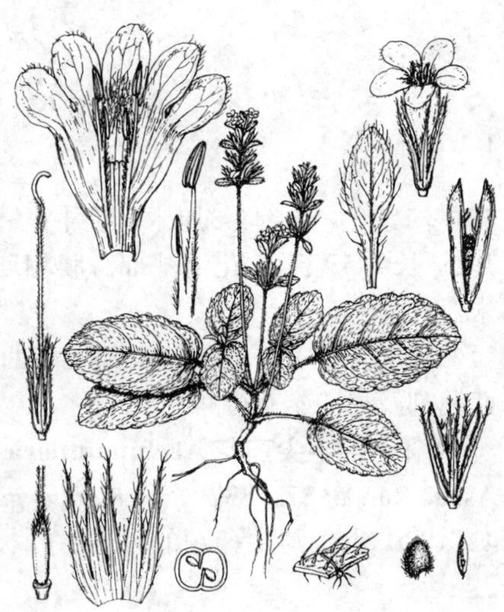

图 535 恒春半插花（引自《Fl. Taiwan》）

产台湾。菲律宾和印度尼西亚有分布。

[附] **匍匐半插花 Hemigraphis reptans** (Forst.) T. Anders. ex Hemsl. in Bot. Voy. Challenger 1(3): 173. 1884.——*Ruellia reptans* Forst. Fl. Ins. Austr. Prodr. 44. 1786. 本种与恒春半插花的区别：多年生纤细草本；叶长圆状卵形或圆形，宽1-2厘米；苞片长5-8毫米。产台湾。香港曾有栽培。菲律宾群岛及日本琉球群岛有分布。

19. 尖药花属 (尖蕊花属) Aechmanthera Nees

草本或小灌木。叶同型，具柄。花无梗，单生苞腋，3出或簇生枝上；花序穗状，形成疏松偏向一侧圆锥状花序；苞片宿存，线形，与花萼等长。小苞片与苞片相似；花萼5深裂，裂片等大；花冠直立，花冠筒圆柱形，喉部钟形，与花冠筒等长，支撑花柱的毛排列成两行，冠檐裂片相等，左向螺旋排列；雄蕊4，2强，直立，内藏，外方雄蕊的花丝具1行硬毛，花药顶端具芒尖或有芒，药隔顶端塔状，药室基部无芒；子房顶端密被簇毛，两侧室各具3-4胚珠，花柱稍被硬毛。蒴果窄纺锤形，珠柄钩强壮。种子6-8粒，盘状，无基区，具有不明显的环形毛。

3种，分布于喜马拉雅温带（克什米尔、不丹）经孟加拉国的吉大港山区至中国。我国2种。

1.叶椭圆形或椭圆状长卵形，长4.5-13厘米，茎部近圆或心形；花3-8成簇 …………………… **尖药花 A.tomentosa**
1.叶长卵形，长5-8厘米，茎部平截；常3花成簇 …………………………………………（附）.**绵毛尖药花 A.gossypina**

尖药花 图 536

Aechmanthera tomentosa Nees in Wall. Pl. Asiat. Rar. 3: 87. 1832.

草本，茎稍木质化或小灌木，高达1米；全株各部多少被灰白色绵毛，尤以花序、嫩枝和叶为显著。叶椭圆形或椭圆状长圆形，长4.5-13厘米，先端尖，基部近圆或心形，稍具圆齿，有线状钟乳体；叶柄长1-3厘米，被黄色腺毛。花3-8成簇，间断着生于圆锥花序分枝上，花序长达30厘米；苞片线形，长约1.2厘米，外面杂有腺毛。小苞片窄舌状，与花萼裂片等长或为其一半，长约5毫米；花萼裂至基部；花冠淡紫色，长约2.5厘米，漏斗状钟形，里面近喉部有2列柔毛，冠檐裂片5，长约5毫米；花丝基部有膜相连，药隔顶端有小尖头。蒴果长约1厘米，有微毛。

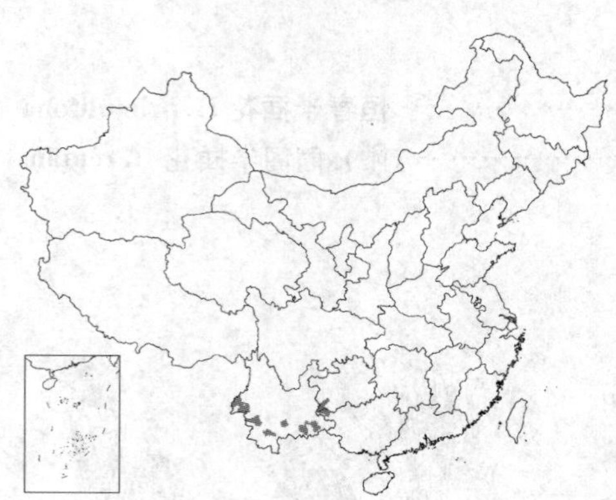

图 536 尖药花（引自《图鉴》）

产云南南部、贵州西南部及广西西北部，生山坡草地或疏林边。印度西北部及尼泊尔有分布。

[附] **绵毛尖药花 Aechmanthera gossypina** (Wall.) Nees in Wall. Pl. Asiat. Rar. 3: 87. 1832.——*Ruellia gossypina* Wall. Pl. Asiat. Rar. 1: 38. t. 42. 1830. 本种与尖药花的区别：叶长卵形，长5-8厘米，先端长渐尖，基部平截；常3花成簇生于花序轴上。产云南东南部至西部、贵州西南部及广西西北部，生于海拔约1500米石灰岩区。喜马拉雅温带有分布。

20. 黄猄草属 Championella Bremek.

多年生草本或亚灌木。具同型叶，有柄或无柄。花无梗，单生苞腋，组成顶生、紧密短缩的穗状花序；苞片叶状，长于花萼，具羽状脉，宿存。小苞片线形，与萼裂片近等长或较短，宿存；花萼5深裂，裂片近等大，线形，急尖；花冠筒直，向上逐渐扩大，喉部钟形或漏斗形，内具两列支撑花柱的毛，冠檐5裂，裂片近等大，螺旋状排列；雄蕊4，2长2短，内藏，直立，外方雄蕊的花丝比内方的长2倍，被硬毛，花药直立，稍长，顶端钝，退化雄蕊几无；子房被簇毛，每室有2胚珠，花柱密被短硬毛。蒴果纺锤状或线状长圆形，珠柄钩延伸成针刺。种子每室2粒，两侧呈压扁状。

约7-9种，全部见于我国，少数种类分布至日本和越南。

1. 叶无毛；花冠长不超过2厘米。
  2. 叶卵形或近椭圆形；穗状花序仅有数花 ………………………………………………… 1. 黄猄草 **C. tetrasperma**
  2. 叶卵状椭圆形或披针形；穗状花序具多花 …………………………………………… 1(附). 日本黄猄草 **C. japonica**
1. 叶被毛；花冠长2-3厘米。
  3. 直立草本；长圆状卵形，3-13厘米；叶和苞片被金黄色硬毛 ……………………… 2. 海南黄猄草 **C. maclurei**
  3. 铺散和平卧草本；叶卵形，长2-3厘米；叶和苞片的毛不为金黄色硬毛 ……… 2(附). 贵州黄猄草 **C. labordei**

1. 黄猄草 四子马蓝　图 537

Championella tetrasperma (Champ. ex Benth.) Bremek. in Verh. Ned. Akad. Wetensch. Afd. Nat. sect. 2, 41 (1): 150. 1944.

Ruellia tetrasperma Champ. ex Benth. in Kew Journ. 5: 132. 1853.

Strobilanthes tetraspermus (Champ. ex Benth.) Druce; 中国高等植物图鉴 4: 163. 1975.

直立或匍匐草本。茎近无毛。叶卵形或近椭圆形，长2-7厘米，先端钝，基部渐窄或稍收缩，边缘具圆齿，无毛，侧脉每边3-4；叶柄长0.5-2.5厘米。穗状花序短而紧密，通常仅有数花；苞片叶状，倒卵形或匙形，具羽状脉，长约1.5厘米，和2枚线形小苞片及花萼裂片均被流苏状缘毛。花萼5裂，裂片长6-7毫米，稍钝头；花冠淡红或淡紫色，长约2厘米，外面被短柔毛，内有长柔毛，冠檐裂片几相等，宽约3毫米，被缘毛；花丝基部有膜相连，有1退化雄蕊残迹。蒴果长约1厘米，顶部被柔毛。花期秋季。

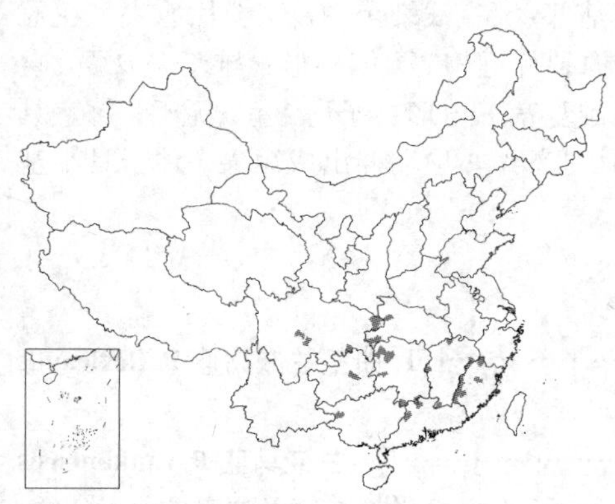

产福建、江西、湖北西部及西南部、湖南、广东、香港、海南、广西西部、贵州及四川，生于密林中。越南北部有分布。

[附] **日本黄猄草** 日本马蓝 **Championella japonica** (Thunb.) Bremek. in Verh. Ned. Akad. Wetensch. Afd. Nat. sect. 2, 41 (1): 150. 1944.——*Ruellia japonica* Thunb. Fl. Jap. 254. 1784. 本种与黄猄草的区别：叶卵状椭圆形或披针形；穗状花序具多花。产四川中南部及贵州西南部。间断分布于日本。

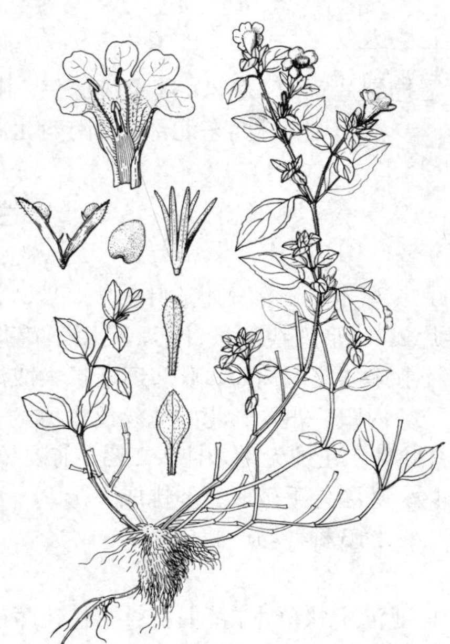

图 537 黄猄草 （引自《图鉴》）

2. 海南黄猄草　图 538

Championella maclurei (Merr.) C. Y. Wu et H. S. Lo, Fl. Hainan. 3: 547. 592. 1974.

Strobilanthes maclurei Merr. in Philipp. Journ. Sci. Bot. 21: 354. 1922.

多年生直立草本，高0.5-1米。茎红色，常膝曲状弯拐，下部匍匐生根，仅嫩枝被疏硬毛。叶长圆状卵形，长3-13厘米，先端渐尖或短渐尖，基部

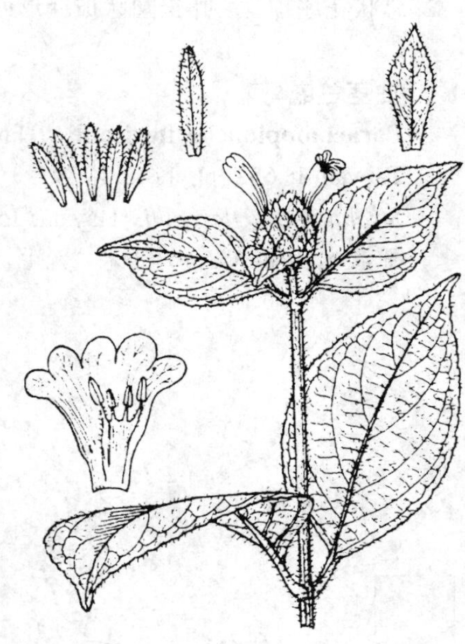

图 538 海南黄猄草 （余汉平绘）

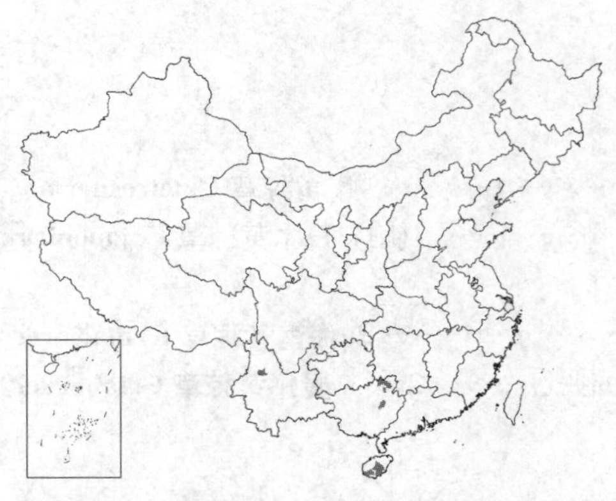

急尖或近圆，边缘具圆齿，两面被金黄色硬毛，上面钻状钟乳体明显；叶柄长1-2厘米。穗状花序初时极紧密，呈头状，花后稍伸长；苞片倒卵形，长约1厘米，两面被硬毛，具羽状脉。小苞片与萼近等长，中部以上和边缘均被硬毛；花萼裂片长约6毫米，亦被硬毛，花冠淡蓝或白色，长约3厘米，近无毛，冠檐裂片宽约4毫米。蒴果淡棕色，长约7毫米，顶部被柔毛。花期10月。

产海南、广西东北部、云南西北部及江西北部，生于中海拔林下或山溪石上。

[附] **贵州黄猄草 Championella labordei** (Lévl.) E. Hossain in Notes Roy. Bot. Gard. Edinb. 32 (2) : 405. 1973.—— *Strobilanthes labordei* Lévl. in Fedde, Repert. Sp. Nov. 12: 20. 1913. 本种与海南黄猄草的区别：铺散和平卧草本，被长柔毛；叶卵形，长2-3厘米，叶和苞片被白色毛。产贵州及广西。

21. 兰嵌马蓝属 Parachampionella Bremek.

草本或亚灌木状。叶等大，具柄。穗状花序或总状花序伸长，顶生；苞片时常叶状，宿存。花单生苞腋，小苞片2，线形或线状披针形，稍短于花萼；花萼深裂二唇形，前2片深裂至基部，后3浅裂至中部，裂片急尖；花冠不扭弯，花冠筒短，喉部逐渐扩大成漏斗形，支撑花柱的毛排成2列，冠檐裂片近相等，倒心形；雄蕊4，2强，直立，内藏，外方雄蕊的花丝比内方的长2倍，花药直立，药室开展，退化雄蕊宽三角形；子房2室，无毛，每室具2胚珠，花柱无毛，柱头2裂，前裂长，后裂退化。蒴果具4种子，珠柄钩基部厚，顶端伸出成短尖。种子具小基区，基区外毛较长，不排成环形。

约3种。均产我国。

1. 亚灌木状草本，茎曲折；穗状花序密集 ………………………………………… 1. **曲茎兰嵌马蓝 P. flexicaulis**
1. 平卧草本，茎匍匐或基部匍匐。
  2. 花单一腋生或近顶生；叶卵状菱形，长约1.5厘米 ………………………………… 2. **兰嵌马蓝 P. rankanensis**
  2. 总状花序顶生；叶长圆状披针形或披针形，长8-9厘米 ……………………… 2(附). **琉球兰嵌马蓝 P. tashiroi**

1. 曲茎兰嵌马蓝 图 539

Parachampionella flexicaulis (Hayata) C. F. Hsieh et T. C. Huang, Fl. Taiwan 4: 652. pl. 1142. 1978.

Strobilanthes flexcaulis Hayata, Ic. Fl. Formos. 5: 135. 1915.

亚灌木状草本，高达1米，无毛。茎曲折。叶不等大，营养枝上叶具长柄，长圆状卵形，长达18厘米，先端渐尖，边缘具疏锯齿，侧脉每边4-5条，被平卧微柔毛或近无毛；花枝上叶较小，无柄或近无柄，卵形、近圆形或肾形，基部心形。穗状花序密集，苞片小而钝。花无梗，小苞片2，线形，长8毫米，具1条中肋，基部与花萼相连，常被腺状柔毛；花萼圆柱状钟形，3深裂，上方

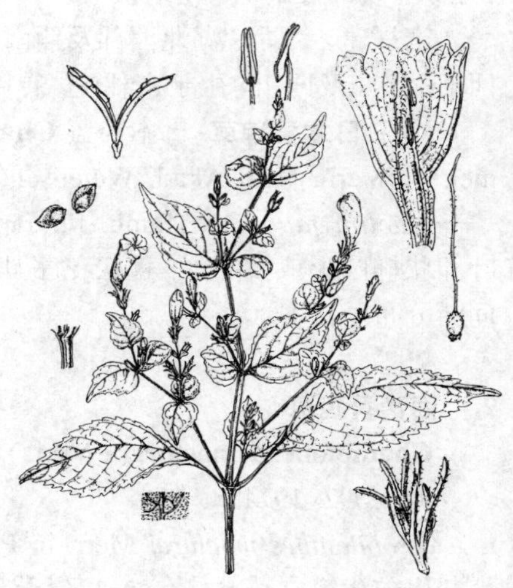

图 539 曲茎兰嵌马蓝（引自《Fl. Taiwan》）

2深裂，裂片线形，长达1厘米，外面散生腺毛或纤毛，后变无毛；下方通常3裂至中部，裂片线形，长6毫米；花冠蓝或紫色，管状钟形，约长4厘米，顶部宽1.5厘米，花冠筒里面具刚毛，长约1.5毫米，向上逐渐扩大成钟形，冠檐近二唇形，上唇长4毫米，2裂，下唇长1厘米，3裂；长花丝约长7毫米，向下有刚毛，短花丝约长2毫米，光滑无毛；花盘圆柱形。子房倒卵形，花柱丝状，被短硬毛，柱头近钻形渐尖。蒴果线状圆柱形，约长2厘米。种子长圆状卵形，压扁，贴生微柔毛。

产台湾中南部中海拔地带。日本琉球群岛有分布。

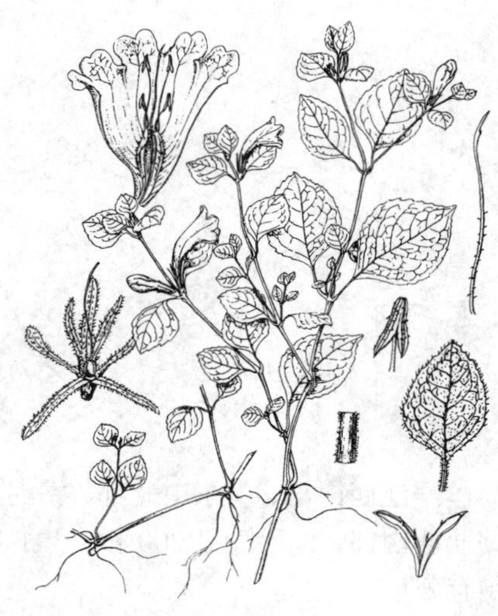

图 540 兰嵌马蓝 （引自《Fl. Taiwan》）

2. 兰嵌马蓝 图 540

Parachampionella rankanensis (Hayata) Bremek. in Verh. Ned. Akad. Wetensch. Afd. Nat. sect. 2, 41 (1): 151. 1944.

Strobilanthes rankanensis Hayata, Ic. Pl. Formos. 9: 84. 1920.

草本，茎匍匐，节上生根，上升部分长15厘米。叶卵形菱形，长约1.5厘米，先端三角状急尖或钝，基部骤尖，边缘具疏齿，两面无毛或极少被刚毛；柄长5毫米，被长刚毛。花无梗，单一腋生，或近顶生；无苞片；具2小苞片，小苞片线状匙形，长6毫米，多少被刚毛；花萼2深裂，长7-8毫米，上唇3浅裂，下唇2裂，裂片线形，无毛或稍被刚毛，边缘具纤毛；花冠钟形，基部管形，长2.5厘米，外面无毛，冠檐5裂，裂片几不等，三角状圆形，无毛；花药长圆状线形；花盘圆柱形，长1毫米；子房光滑无毛。蒴果长1.2厘米，具4种子，珠柄钩急尖。种子椭圆形，扁，长2.5毫米，密被伏贴刚毛。

产台湾。

[附] **琉球兰嵌马蓝 Parachampionella tashiroi** (Hayata) Bremek. in Verh. Ned. Akad. Wetensch. Afd. Nat. sect. 2, 41 (1): 286. 1944. —— *Strobilanthes tashiroi* Hayata Ic. Pl. Formos. 9: 85. 1920. 本种与兰嵌马蓝的区别：叶长圆状披针形或披针形，长8-9厘米；总状花序顶生，具苞片；花萼裂片长1.3厘米。产台湾。日本冲绳有分布。

22. 山一笼鸡属 Gutzlaffia Hance

多年生草本。叶对生，等大，全缘。花序短穗状近头状，顶生和腋生。花整齐；苞片近革质，披针形，被糙硬毛。小苞片线形；花萼裂片5，线形，近相等；花冠辐射状，花冠筒膨大而向一面肿胀，冠檐5裂，裂片近相等；雄蕊2；子房每室具2胚珠，花柱外露，弯曲。蒴果纺锤形，有种子4颗。种子近圆形，两面凸起，初被细柔毛，基区较大。

分布于泰国、中南半岛至我国，可能为单型属。

山一笼鸡 图 541

Gutzlaffia aprica Hance in Journ. Bot. & Kew Gard. Misc. 1: 142. 1849.

多年生直立草本，高达70厘米。茎四棱形，节明显，基部木质化，被倒生白色糙硬毛。叶疏生，椭圆形或长椭圆形，先端渐尖，基部圆或宽楔形，上面多少粗糙，被糙硬毛，全缘，具糙硬缘毛，侧脉5-6对，中肋及侧脉被糙硬毛，下面被黄色贴伏绒毛；叶柄长约3毫米，被疏柔毛。穗状花序头状，生于上部者近无梗，生于下部者具长达7厘米花序梗；苞片披针形，长1.3-1.5厘米，被糙硬毛。小苞片线形，长约1毫米，有白色缘毛；花萼裂片有缘毛；花冠紫或白色，长

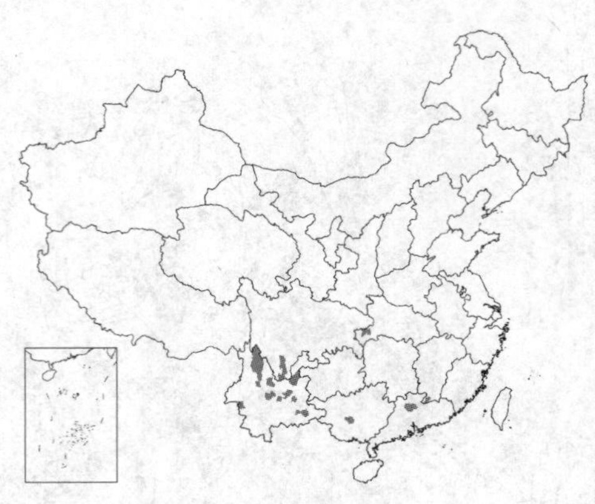

约3.5厘米，花冠筒窄，长1.5厘米，喉部膨大并一面凸起，内面有2列柔毛，冠檐裂片5，近圆形，约长5毫米；雄蕊外露，着生喉的基部；子房窄长圆形，顶端有柔毛，花柱弯曲，有柔毛。蒴果纺锤形，长约1厘米，有种子4颗。种子近圆形，两面凸起，初被细柔毛，有光泽，基区较大。

产江西南部、广东中北部、香港、广西中西部、云南、四川西南部及湖北西南部，生于海拔2200米以下干旱疏林下或山坡灌丛。中南半岛及泰国有分布。

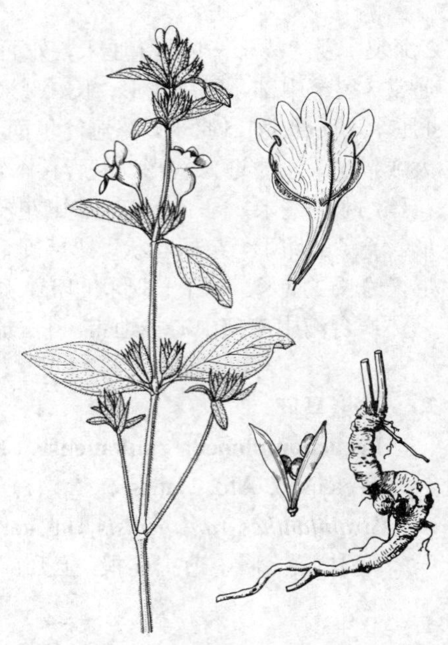

图 541 山一笼鸡 （引自《图鉴》）

23. 南一笼鸡属 **Paragutzlaffia** H. P. Tsui

草本或亚灌木状。叶对生，不等大，卵形或披针形，边缘具圆锯齿。假穗状花序顶生或腋生；苞片与萼等长或稍短。花小，成对着生；小苞片短于苞片；花萼5裂，裂片近等大，连同苞片、小苞片被腺毛或柔毛；花冠漏斗状，花冠筒扭转180°，一面膨大，冠檐二唇形，上方2裂片几裂至基部，下方3裂片至裂片1/3处；能育雄蕊2，着生花冠筒下部，花药2室，不育雄蕊2，着生能育雄蕊内侧；子房每室具2胚珠，花柱外露，弯曲。蒴果纺锤形，有种子4颗。种子两侧极压扁，近圆形或宽卵圆形，基区微小。

2种，为我国特有属。

1. 花序上花密集呈柱头，被腺毛；花通常淡黄或白色 ………………………………………………… 南一笼鸡 **P. henryi**
1. 花序上花疏松呈节状，被疏柔毛，花紫或粉红色 ……………………………………………… (附). 异蕊一笼鸡 **P. lyi**

南一笼鸡 图 542

Paragutzlaffia henryi (Hemsl.) H. P. Tsui in Acta Bot. Yunnan. 12 (3): 274. 1990.

Strobilanthes henryi Hemsl. in Journ. Linn. Soc. Bot. 26: 240. 1890.

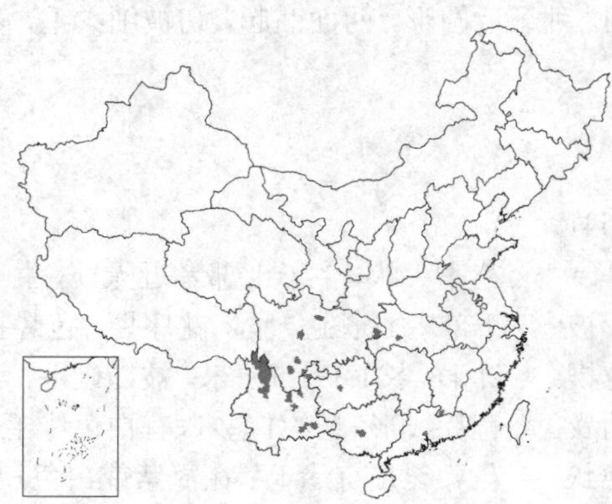

多年生草本或亚灌木状，通常高约3.5厘米。茎4棱，初被倒生柔毛。叶对生，不等大，卵形或卵状披针形，长3-7（-9）厘米，先端急尖或渐尖，基部圆或宽楔形，常下延，边缘具圆锯齿，上面被稀疏糙硬毛，有时初被长柔毛，线形钟乳体密集，下面被疏柔毛，脉上较密，侧脉5-6对，

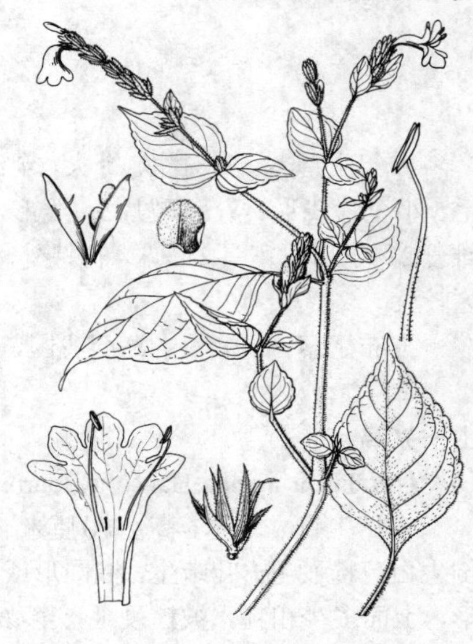

图 542 南一笼鸡 （引自《图鉴》）

叶柄长1.5-3.5（-4.5）厘米。假穗状花序通常长4.5-8厘米，最长达20厘米并有分枝，每节有2对生的花；苞片线状披针形或匙形，长6-7毫米，连同小苞片、花萼及花梗被腺毛。小苞片线形，短于苞片；花萼长1.1厘米，裂片5，线形，近相等，长6-7毫米；花冠淡紫色，有时白色，长1.7-2.3厘米，花冠筒长约3.5毫米，喉部一面膨大，冠檐二唇形，上2裂片圆形，下3裂片稍大，先端凹缺，能育雄蕊外露，花丝长约3.5毫米；子房长圆形，花柱先端膨大成柱头。蒴果纺锤形，长0.8-1厘米。种子两侧极压扁，近圆形，密被细长柔毛，基区微小。

产江西南部、广东中南部、香港、广西中西部、贵州中西部、云南、四川及湖北西部，生于海拔1000-2200米山坡。

［附］**异蕊一笼鸡 Paragutzlaffia lyi** (Lévl.) H. P. Tsui in Acta Bot. Yunnan. 12(3): 274. 1990.——*Ruellia lyi* Lévl. in Fedde, Repert. Sp. Nov. 12: 21. 1913. 本种与南一笼鸡的区别：花序上花疏松呈节状，被疏柔毛；花紫或粉红色。产贵州中南部、云南西北部、四川南部、湖南西部，生于海拔2800米以下路边、山坡或杂木林下等处。

24. 肖笼鸡属 Tarphochlamys Bremek.

草本。叶同型，具柄。花序长穗状，顶生和腋生；苞片覆瓦状排列，基部具多脉，稍长于花萼，宿存。花单生于苞腋；小苞片与花萼裂片相似，但稍短，具1脉，宿存；花萼5深裂，裂片倒披针形，中央1枚稍大；花冠扭弯，花冠筒圆柱形，从喉部至顶部作直角弯曲，在喉部近不等大的扩大或漏斗形，支撑花柱的毛排成2列，冠檐裂片不等大，圆形；雄蕊4，2强，外方雄蕊的花丝比内方的稍长，基部具硬毛，内方花丝无毛，花药直立，药室近扁平，不育雄蕊小；子房两侧室各具胚珠2，花柱被毛。蒴果纺锤形，顶端被微柔毛，具4粒种子，珠柄钩直立并伸展成尖。种子两面凸起，具小基区，基区外最初生环形毛。

2种。分布尼泊尔、印度卡西山区和阿萨姆、中南半岛至中国。我国均产。

肖笼鸡 顶头马蓝　　图 543

Tarphochlamys affinis (Griff.) Bremek. in Verh. Ned. Akad. Wetensch. Afd. Nat. sect. 2, 41 (1): 157.1944.

Adenosma affinis Griff.; Notulae 4: 133. 1854.

Strobilanthes affinis (Griff.) Y. C. Tang; 中国高等植物图鉴 4: 159. 1975.

草本，高达60厘米。茎基部多膝曲，被白色糙毛。叶卵形，长3-8厘米，先端尖，边有钝齿，两面疏生糙硬毛，上面钟乳体长钻形，密而明显，下面脉上毛较密；叶柄长0.5-1.5厘米。穗状花序圆柱状，长3-6厘米，通常顶生，花序梗密被腺毛；苞片匙形、宽倒卵形至卵形，长约7毫米，被长毛和腺毛，先端反折，具5脉。小苞片长圆形或线形，稍短于苞片；花萼裂片5，线形，具1脉，三者均被腺毛和长睫毛；花冠淡紫色，弯曲，扭转，花冠筒一面膨胀，冠檐稍二唇形；雄蕊2强，伸出花冠，2短雄蕊之间有退化雄蕊残迹，花丝基部有膜相连，膜的两侧边缘有柔毛；花药长圆形。蒴果长约7毫米，有微毛。种子4粒，有微毛。

图 543 肖笼鸡 （引自《图鉴》）

产云南、贵州、广西及湖南西部，生于山坡草地或灌丛中。越南至印度东北部有分布。

25. 黄球花属 **Sericocalyx** Bremek.

草本或小灌木。叶对生，同节的等大，两面或稀下面被顶端具钩的刚毛，多少粗糙，上面钟乳体常为细而平行的线条；具柄或无柄。花无梗，组成顶生或腋生，短或甚长的紧密穗状花序；苞片覆瓦状排列，常基部3出脉，宿存。花单生苞腋或稀生3朵；小苞片刚毛状或无；花萼5深裂，中部的裂片较大，内面向基部密被长的白绢毛；花冠黄色，直立和不扭弯，花冠筒圆柱形，喉部扩大呈宽漏斗形，稍长于花冠筒，支撑花柱的毛排成2列，冠檐裂片几相等，雄蕊4，2强，伸出，外方雄蕊的花丝比内方的长近2倍，花药直立，药室向两侧扁平，不育雄蕊小或无；子房被头状毛，两侧室各有胚珠2-6，花柱被毛。蒴果纺锤形，头状毛有时成簇，有时全为微柔毛，有种子4-12，珠柄钩紧贴，顶部两齿。种子基区有时一直向边缘扩展，有时在基区外着生毛环。

约15种，分布于孟加拉国、印度东北（阿萨姆）、中南半岛、华南，经马来西亚直至巽他群岛。我国2种。

1. 草本或小灌木，高达0.5-1.5米；叶纸质，卵形、椭圆形或近长圆形，长1.5-11厘米，宽1-4.5厘米 ………………………………………………………………………………………… **黄球花 S. chinensis**
1. 草本，高达18厘米；叶披针形或椭圆状披针形，长3.5厘米，宽1厘米 …………… (附). **溪畔黄球花 S. fluviatilis**

黄球花 半柱花 图 544

Sericocalyx chinensis (Nees) Bremek. in Verh. Ned . Akad. Wetensch. Afd. Nat. sect. 2, 41 (1): 163. 1944.

Ruellia chinensis Nees in DC. Prodr. 11: 147. 1817.

Hemigraphis chinensis (Nees) T. Anders ex Hemsl.; 中国高等植物图鉴 4: 157. 1975.

草本或小灌木，高达0.5米（稀达1.5）米。茎基部常匍匐生根，稀直立，被硬毛。叶卵形、椭圆形或近长圆形，长1.5-11厘米，宽1-4.5厘米，先端渐尖或急尖，基部渐窄或稍下延，边缘具细锯齿或牙齿，两面疏被刺毛，上面钟乳体多为细而平行的线条，侧脉每边5，紫色，具顶端钩状囊状体，毛较密；叶柄长4-10厘米。穗状花序短而紧密，圆头状或稍伸长；苞片卵形，长1.5-2厘米，绿色，常自基部3出脉，被硬毛，先端喙状骤尖，喙长约苞片1/3。小苞片与萼裂片等大，线形，长约9毫米；花冠长约2厘米，外面被短柔毛，里面被长柔毛。蒴果长约1厘米，被短柔毛。种子每室4粒，宽卵圆形，无毛或边缘稍被毛。花期冬季。

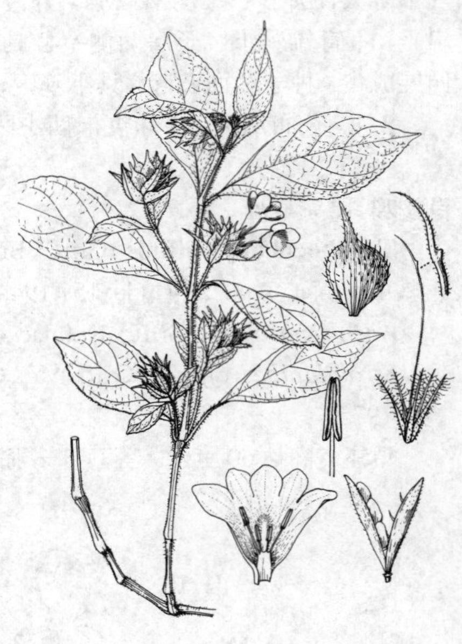

图 544 黄球花 （引自《图鉴》）

产广东、海南及广西东南部，生于沟边或潮湿山谷。越南、老挝及柬埔寨有分布。

[附] **溪畔黄球花** 岸生半柱花 **Sericocalyx fluviatilis** (Clarke ex W. W. Smith) Bremek. in Verh. Ned. Akad. Wetensch. Afd. Nat. sect. 2, 41 (1): 163. 1944. —— *Hemigraphis fluviatilis* Clarke ex W. W. Smith in Notes Roy. Bot. Gard. Edinb. 10: 182. 1918. 本种与黄球花的区别：矮小草本，高达18厘米；叶披针形或椭圆状披针形；长约3.5厘米，宽1厘米。产云南南部及贵州西南部，生于溪畔。

26. 假尖蕊属 Pseudaechmanthera Bremek.

多年生草本，灌木状。茎木质化，髓部充满肉质，节增粗厚，被带有腺头状硬糙毛。叶卵形，长约7.5厘米，两端渐尖，边缘具有短尖头细锯齿，两面被硬毛。穗状花序顶生和腋生，长2.5厘米，或于下部叶腋对生或为3出，有硬毛和几腺毛；苞片卵状长圆形，与花萼均被腺毛和黏液；小苞片匙形或线状匙形、有浅波状牙齿，比萼短2倍；花萼约1.2厘米，裂片线形，上方的较长；花冠长4厘米，长漏斗形，外面稀被微柔毛，蓝色，不扭弯，长于苞片，花冠筒圆柱形与喉等长，喉钟形，支撑花柱的毛排成两列，冠檐宽微凹，里面光滑无毛，裂片内凹；雄蕊4，几不明显，2强，内藏，基部有时有硬毛，不育雄蕊截形；子房密被头状毛，两侧室各具2胚珠，花柱被毛。蒴果1.2厘米，稍压扁，被头状毛，有4粒种子。种子近基区有环生硬毛。

单种属。

假尖蕊 粘毛假尖蕊

Pseudaechmanthera glutinosa (Nees) Bremek. in Verh. Ned. Akad. Wetensch. Afd. Nat. sect. 2, 41 (1): 188. 1944.

Strobilanthes glutinosa Nees in Wall. Pl. Asiat. Rar. 3: 86. 1832.

形态特征同属。

产云南北部大姚盐丰及喜马拉雅山区。

27. 板蓝属 Baphicacanthus Bremek.

草本，多年生一次性结实，高约1米。茎直立或基部外倾，通常成对分枝，幼嫩部分和花序均被锈色鳞片状毛。叶椭圆形或卵形，长10-20（-25）厘米，先端短渐尖，基部楔形，边缘有稍粗的锯齿，两面无毛，侧脉每边约8条，在两面凸起；叶柄长1.5-2厘米。花无梗，对生，组成腋生或顶生的穗状花序，长10-30厘米；苞片对生，叶状，长1.5-2.5厘米，具短柄，最下部的比花萼长。最下部小苞片比花萼稍短；花萼不等5深裂，裂片线形，后裂片较大；花冠堇、玫瑰红或白色，花冠圆筒形，顶端内弯，喉部扩大呈窄钟形，稍弯曲，不扭弯，花冠筒短圆柱形，喉窄钟形，长为花冠筒的两倍，支撑花柱的毛排列成2列，冠檐5裂，裂片等大，倒心形，旋转状排列；雄蕊2长2短，内藏；子房上半部被毛，每室有胚珠2粒，花柱无毛。蒴果棒状，上端稍大，长2-2.2厘米，稍具4棱。种子每室2粒，卵圆形，小基区以外散生稍明显的毛。

单种属。

板蓝 马蓝　　图 545 彩片 114

Baphicacanthus cusia (Nees) Bremek. in Verh. Ned. Akad. Wetensch. Afd. Nat. sect. 2, 41 (1): 59. 190. 1944.

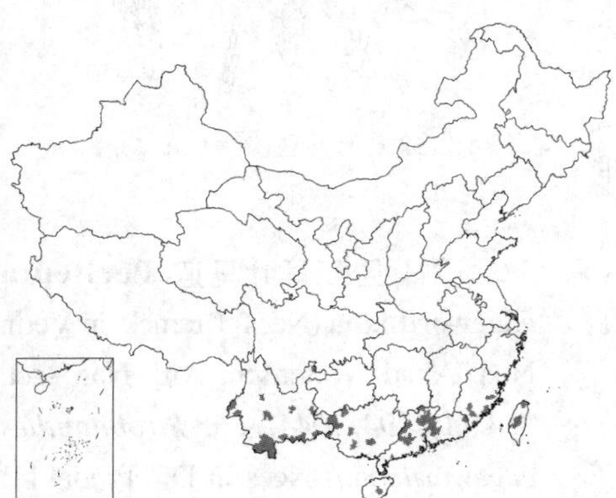

Goldfussia cusia Nees in Wall. Pl. Asiat. Rar. 3: 38. 1832.

Strobilanthes cusia (Nees) Kuntze; 中国高等植物图鉴 4: 160. 1975.

形态特征同属。花期11月。

产浙江、福建、台湾、广东、香港、海南、广西、云南、贵州及四川，常生于潮湿地方。孟加拉国、印度东北部、缅甸、

图 545 板蓝（引自《图鉴》）

喜马拉雅等地至中南半岛均有分布。本种的叶含蓝靛染料，在合成染料发明以前，我国中部、南部和西南部均有栽培；根、叶入药，有清热解毒、凉血消肿之效。

28. 耳叶马蓝属 Perilepta Bremek.

多年生草本、亚灌木或灌木。叶不等，无柄，向基部渐窄，多少耳形或抱茎。穗状花序顶生和腋生于上部叶腋，被微毛或绒毛；苞片常具睫毛，基部多脉，与花萼近等长，宿存。花单生苞腋，小苞片小或无；花萼2深裂，下唇2裂，上唇3裂，裂片具1脉，中央1枚较大，两侧的稍较短；花冠蓝或堇色，花冠筒圆柱形，扭弯，较长于扩大成钟状的喉部，喉基部弯曲，支撑花柱的毛排成2列，冠檐裂片近相等；雄蕊4，2强，内藏或较长的伸出，其花丝基部被长硬毛，直立，较短花丝被长硬毛，下弯，花药两侧平扁，中间的不孕雄蕊明显；子房无毛，两侧室各具2胚珠，花柱无毛。蒴果具4种子，珠柄钩尖。种子小基区外的毛环状。

约13-14种，分布印度、尼泊尔、不丹、锡金、克什米尔、巴基斯坦、缅甸、中南半岛至中国。我国约8种，其中1种常见栽培。

1. 叶无玫瑰红色侧脉，嫩叶下面不呈紫红色。
  2. 穗状花序顶生和腋生，几无花序梗；苞片倒卵状匙形，先端有稍向外翻的小尖 ········ 1. **耳叶马蓝 P. auriculata**
  2. 穗状花序腋生，基部间断，花序梗长1-2厘米；苞片近心形，急尖或微凸裂，反折 ·································· 1(附). **墨江耳叶马蓝 P. edgeworthianus**
1. 叶具玫瑰红色侧脉，嫩叶下面紫红色 ·································· 2. **红背耳叶马蓝 P. dyeriana**

1. 耳叶马蓝 图 546

Perilepta auriculata (Nees) Bremek. in Verh. Ned. Akad. Wetensch. Afd. Nat. sect. 2, 41 (1): 194. 1 944.

Strobilanthes auriculatus Nees in Wall. Pl. Asiat. Rar. 3 : 69. t. 295. 1832; 中国高等植物图鉴 4: 159. 1975.

灌木状草本，多分枝，高达1米。枝下部四棱形，光滑无毛，上部3-4棱，明显粗糙。叶椭圆状长圆形或长圆状披针形，长5-12厘米，先端急尖，基部楔形，多少抱茎而具耳形，边有微锯齿，两面脉上有硬毛。穗状花序圆柱状，长5-8厘米，顶生或腋生，被绒毛，花序轴有4条深沟，具节，几无花序梗；苞片倒卵状匙形，长6-9毫米，先端有稍向外翻的小尖头，被绒毛。无小苞片；花冠淡紫色，漏斗形，长约2厘米，外面有微柔毛，里面有2列柔毛，花冠筒下部窄，上部扩大而稍弯，冠檐裂片5，近二唇，上唇2裂，下唇3裂，稍不等长；雄蕊2强，花丝基部有膜相连。蒴果长约8毫米，长于苞片，近棒形，扁，具4粒种子。

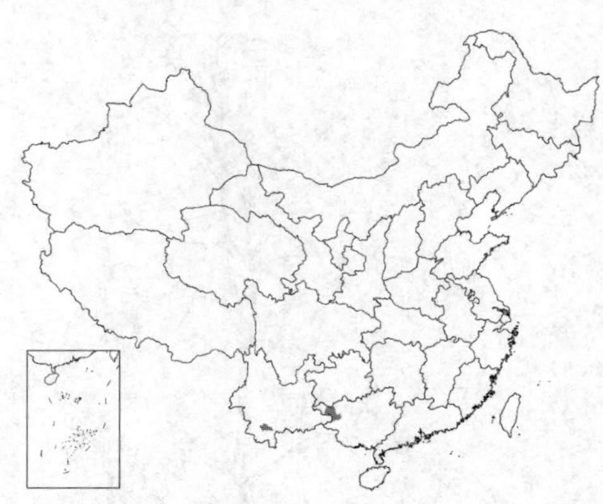

产云南南部及广西西部，孟加拉国、印度东北、喜马拉雅及中南半岛有分布。

图 546 耳叶马蓝（引自《图鉴》）

[附] **墨江耳叶马蓝 Perilepta edgeworthiana** (Nees) Bremek. in Verh. Ned. Akad. Wetensch. Afd. Nat. sect. 2, 41(1): 194. 1944. —— *Strobilanthes edgeworthianus* Nees in DC. Prodr. 11:

190. 1874. 本种与耳叶马蓝的区别：穗状花序腋生，基部间断，花序梗长1-2厘米；苞片近心形，急尖或微凹裂，反折。产云南南部。印度北部、喜马拉雅和中南半岛有分布。

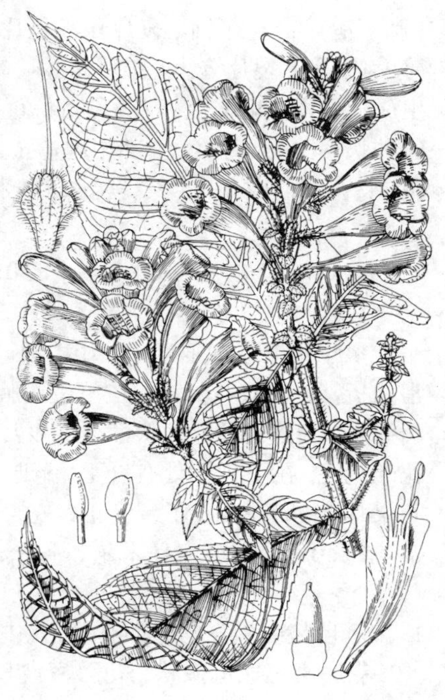

图 547 红背耳叶马蓝
（孙英宝仿《Bot. Mag.》）

2. 红背耳叶马蓝 红背马蓝 图 547

Perilepta dyeriana (Mast.) Bremek. in Verh. Ned. Akad. Wetensch. Afd. Nat. sect. 2, 41 (1): 194. 1944.

Strobilanthes dyeriana Mast. in Gard. Chron. 1: 442. 1893; 中国高等植物图鉴 4: 159. 1975.

多年生草本或直立灌木，多分枝。茎4棱，明显具沟，疏被硬毛。叶无柄，卵形或倒卵状披针形，顶端渐尖或尾尖，基部收缩提琴形，下延，圆钝，心形，边缘具锯齿，两面疏被硬毛，具玫瑰红色侧脉12-15对，嫩叶下面红紫色。穗状花序腋生，长2-3厘米，花密。苞片宽卵形，长4-8毫米。小苞片和萼片线形，被腺毛或疏柔毛；花萼不等5裂至中部，裂片长约7毫米；花冠长3-4厘米，稍弯曲，堇色，花冠筒短窄，向上逐渐扩大，稍一面臌胀，喉部径约2.5厘米，冠檐裂片5，具1白色的龙骨瓣，侧裂片宽过于长，外卷；长雄蕊能育，短雄蕊的花药败育；子房近无毛。

原产缅甸。广东及云南栽培。观花和叶。

29. 腺背蓝属 Adenacanthus Nees

多年生草本。叶具柄，下面或有时两面具黄或红棕色点状无柄腺体。花序顶生和生于上部两侧叶腋，有时3朵，有时排成总状或圆锥状，具花序梗；苞片近覆瓦状，宿存。花单生于苞腋；小苞片宿存；花萼3深裂，前2裂片近分离，后3裂片合生成3中裂的上唇，裂片里面无毛；花冠筒筒状，扭弯，喉部增大或钟状，基部内弯，支撑花柱的毛排成2列，冠檐裂片近相等；雄蕊4，2强，直立，内藏，长雄蕊花丝向基部被微硬毛，短雄蕊无毛；两侧室各具2胚珠，花柱被稀疏硬毛。蒴果常具4种子，珠柄钩。种子小,基区外被颇坚的环状毛。

约5种，分布于中国、缅甸、中南半岛、马来西亚至印度尼西亚爪哇西部。我国1种。

长穗腺背蓝 图 548

Adenacanthus longispicus H. P. Tsui, Fl. Reipubl. Popul. Sin. 70: 123. 348. 2002.

草本，高1.2米。茎4棱，具沟，沟中被柔毛。叶长椭圆形或长卵形，长达13厘米，先端长渐尖，基部渐窄，边缘具锯齿，两面被稀疏糙伏毛，上面具线状钟乳体，羽状侧脉7-8对；叶柄长1-2厘米。穗状花序3-6节，顶生或腋生，长5-7厘米，花序梗长约1厘米；花序苞片叶状，椭圆状披针形，边缘具锯齿，具羽状脉；花苞片在花序轴上对生，长椭圆形，长4毫米，全缘，具

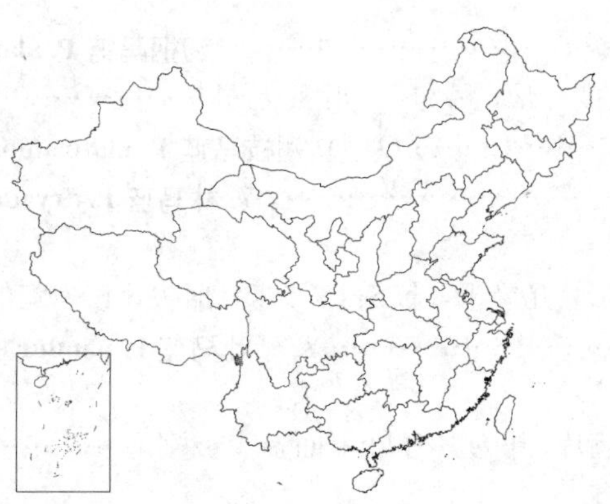

图 548 长穗腺背蓝 （李爱莉绘）

1脉，宿存；花序轴、苞片和小苞片被腺毛。小苞片线形，长4毫米；花萼3裂，前2裂片分离，披针形，长7.5毫米，后3裂片长2.5-3.5毫米，合生成上唇，内里无毛；花冠淡青蓝色，花冠筒长7毫米，扭转，喉部扩大成钟状，长2.3毫米，中部稍内弯，支撑花序毛排成2列，冠檐裂片圆形，微缺；花丝被微硬毛，长花丝长5毫米，短花丝长2.2毫米；子房长椭圆形，长3毫米，无毛，两侧每室有2胚珠；花柱长约1.8厘米，疏被头状腺毛，柱头线形。蒴果未见。

产云南西北部贡山，生于海拔约1380米山谷灌丛。

30. 马蓝属 **Pteracanthus** (Nees) Bremek.

多年生草本或亚灌木。叶稍不等大，通常向基部骤变窄成翅状假叶柄。花序穗状，顶生或腋生，疏松，花序轴常曲折，具翅或几具翅。花单生苞腋；苞片短于花萼，早落；小苞片细小；花萼5裂，中央裂片常较大；花冠筒圆筒状，扭弯，喉部钟状，一面膨大，内面有2列支撑花柱的毛，冠檐裂片5，近相等；雄蕊4，2强，内藏，直立，花丝无毛，在下延褶处有纤毛，无退化雄蕊；子房被头状毛及短簇毛，每室具2胚珠，花柱被头状毛或稀疏短硬毛。蒴果具4枚种子。种子基区小，被柔毛或长柔毛。

约40种，主产克什米尔、不丹，经孟加拉国及印度东北部至中国西南部。我国32种。

1. 花冠自基部极宽的一面膨胀，在中部作90°弯曲。
  2. 花序密集成近头状；花萼密被长硬腺毛，冠檐作直角弯曲 ……………………………… 1. **弯花马蓝 P. cyphanthus**
  2. 花序穗状。
    3. 花生于穗状花序两侧；叶卵形或披针形 ……………………………………………………… 2. **城口马蓝 P. flexus**
    3. 穗状花序一侧生花。
      4. 花序缩短，花序轴不呈"之"字形曲折；叶卵形、宽卵形或近圆形，先端急尖或渐尖；茎密被白色长柔毛和腺毛；花萼被腺毛；苞片披针形或长圆形 ……………………………………… 3. **大叶马蓝 P. grandissimus**
      4. 花序伸长，花序轴呈"之"字形曲折；叶卵状披针形，先端渐尖；茎上部被褐色毛；花萼无毛，白色线状钟乳体纵向排列，稀被腺毛；苞片线形 ……………………………………… 3(附). **曲序马蓝 P. calycinus**
1. 花冠自基部逐渐扩大，稍弯。
  5. 穗状花序组成顶生圆锥花序，花全部疏离；苞片早落；花萼裂片线状长圆形，顶端匙形，不反折 ………………………………………………………………………………………… 4. **棒果马蓝 P. claviculatus**
  5. 穗状花序不形成顶生圆锥花序，花序紧密或疏松，或偏向一侧，或花单生或对生。
    6. 花序紧密；叶长圆形或披针形，缘具圆锯齿；苞片披针形，稀被柔毛，小苞片长圆形，急尖，被腺柔毛，花萼线形，急尖，先端被腺柔毛 ……………………………………… 5. **奇瓣马蓝 P. cognatus**
    6. 花序疏松。
      7. 花序腋生和顶生。
        8. 花萼无毛，或仅在裂片先端多少被毛。
          9. 茎纤细，四棱形，无翅；叶宽卵形，叶柄上部具翅 ……………………………… 6. **翅柄马蓝 P. alatus**
          9. 小枝上部节间有薄翅，翅宽1.5-4毫米；叶长圆状卵形或披针形，稀卵形，叶柄无翅 ………………………………………………………………… 6(附). **翅枝马蓝 P. alatiramosus**
        8. 花萼明显被毛，花对生，无梗，疏生于穗状花序 ……………………………… 7. **林马蓝 P. dryadum**
      7. 花序大多明显腋生。
        10. 叶无柄，基部圆，几耳形，纵向1/3处宽线形，然后披针形，几琴形，长5-15厘米，渐尖，长为宽的3倍，下部具疏离的锯齿 ……………………………………… 8. **琴叶马蓝 P. panduratus**
        10. 叶具柄。
          11. 茎密被白或黄色刚毛，后变无毛；花冠红紫色，花萼、苞片、小苞片和叶上面多少被刚毛 …………

………………………………………………………………………………………… 9. 假水蓑衣 **P. hygrophiloides**

11. 茎无毛，稀被微柔毛；花冠白或蓝色；花萼和叶上面密被或疏被柔毛 …………… 9(附). 变色马蓝 **P. versicolor**

1. 弯花马蓝 图 549

Pteracanthus cyphanthus (Diels) C. Y. Wu et C. C. Hu, Fl. Reipubl. Popul. Sin. 70: 134. 2002.

Strobilanthes cyphanthus Diels in Notes Roy. Bot. Gard. Edinb. 5: 162. 1912.

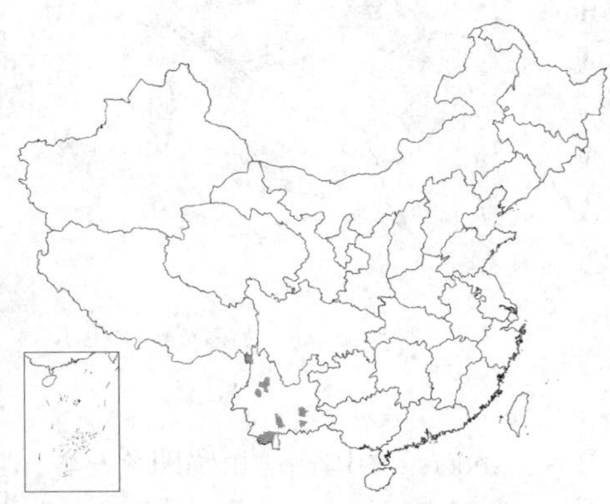

亚灌木，高达60厘米。茎4棱。叶卵形，长3-7厘米，先端渐尖，基部在柄处近下延，具圆细锯齿，两面密被糠秕状柔毛；叶柄长2-5厘米。花序密集成近头形；苞片和小苞片倒披针形或披针形，花被开展的淡白色长柔毛；花萼密被长硬腺毛，裂片几相等，线形，长1厘米；花冠蓝色，长3-4厘米，外被微柔毛，花冠筒圆筒形，自基部极宽地一面膨胀，外面被长柔毛，冠檐作近直角弯曲，裂片短；花丝与花柱微被毛；子房顶端具髯毛。

产云南，生于海拔约3000米处。

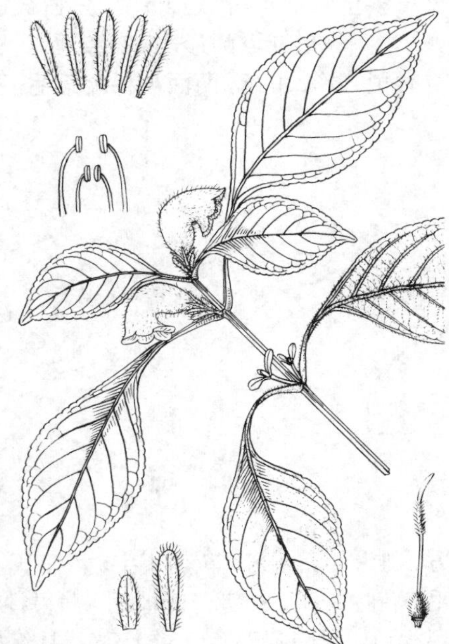

图 549 弯花马蓝（余汉平绘）

2. 城口马蓝 图 550

Pteracanthus flexus (R. Ben.) C. Y. Wu et C. C. Hu, Fl. Reipubl. Popul. Sin. 70: 136. 2002.

Strobilanthes flexus R. Ben. in Bull. Mus. Nat. His. Paris ser. 28: 186. 1922.

直立草本，高达1.6米。叶卵形或披针形，长达15厘米，先端渐尖，稀钝，基部骤窄而成长楔形，边缘具粗齿，两面被白色毛；具长柄。花序腋生和顶生，被腺状疏柔毛。花对生，无梗，生于穗状花序两侧；苞片和小苞片长圆形，苞片长约1.5厘米，小苞片长7-8毫米；萼片长圆状线形，被腺毛，长约1厘米；花冠长4厘米，花冠筒基部短，圆筒形，向上迅即扩大，作90°弯；雄蕊4，花丝无毛；子房无毛，花柱疏被毛。蒴果尚未成熟即伸长，无毛。

产四川东南部及东北部、云南西北部。

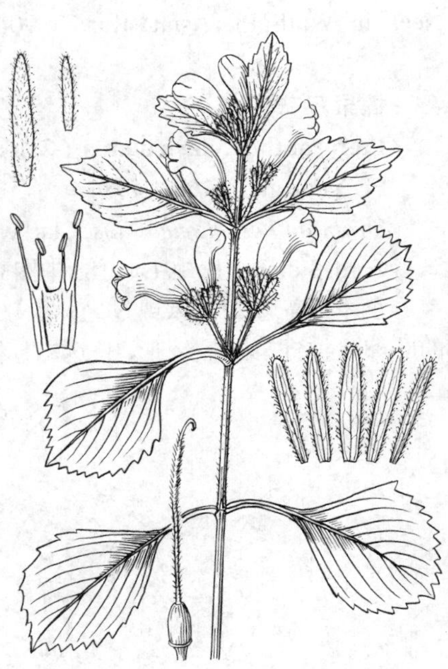

图 550 城口马蓝（余汉平绘）

3. 大叶马蓝 图 551

Pteracanthus grandissimus (H. P. Tsui) C. Y. Wu et C. C. Hu, Fl. Reipubl. Popul. Sin. 70: 140. 2002.

Goldfussia grandissimus H. P. Tsui in Acta Bot. Yunnan. 12 (3): 276. 1990.

多年生草本，高达2.5米。茎密被白色长柔毛或腺毛，后逐渐稀疏。叶卵形、宽卵形或近圆形，长7-22厘米，先端急尖至渐尖，基部宽楔形或圆，有时稍心形，下延，两面被稀疏柔毛，脉上较密，边缘具锯齿；叶柄长2.5-13厘米，半具翅，初被腺毛。穗状花序缩短，腋生，每节2花，其中1花常不发育；苞片披针形或长圆形，长2.4厘米。小苞片线形，长4毫米；花萼长约2.1厘米，5深裂至基部，裂片线形或匙形，连同苞片、小苞片被腺毛；花冠蓝紫色，长达4.7厘米，花冠筒基部以上扩大，至喉部弯曲；冠檐裂片圆形，先端微缺，两面被微柔毛；雄蕊4，2强，内方2雄蕊短，内弯，花药丁字着生，无毛；子房长圆形，长4.5毫米，被柔毛，花柱丝状，柱头一侧被毛。蒴果柱状，长2.2厘米，具4种子。种子扁，黑褐色，斜卵圆形，长5.5毫米，具纵棱，密被白毛长柔毛，基区极小。

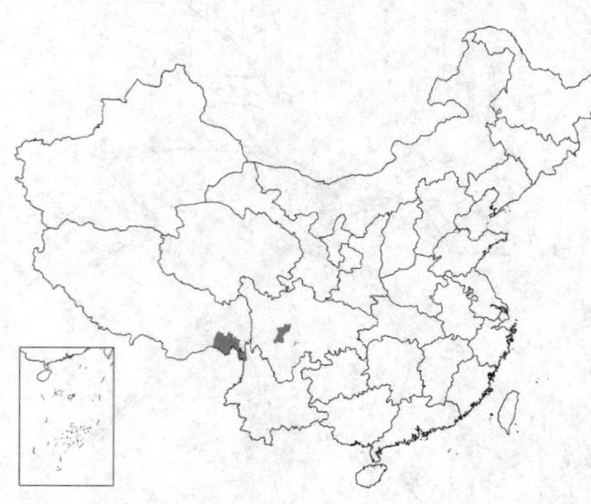

产云南西北部、四川中部及西藏东南部，生于海拔2800-3400米林下。

[附] **曲序马蓝 Pteracanthus calycinus** (Nees) Bremek. in Verh. Ned. Akad. Wetensch. Afd. Nat. sect. 2, 41 (1): 199. 1944. —— *Asystasia calycina* Nees in Wall. Pl. Asiat. Rar. 3: 90. 1832. —— *Strobilanthes helicta* T. Anders.; 中国高等植物图鉴 4: 161. 1975. 本种与大叶马蓝的区别：茎上部被褐卷毛；叶卵状披针形，先端渐尖；花序伸长，花序轴呈"之"字形曲折；苞片线形；萼片无毛，稀被腺毛，有纵向排列白色线状钟乳体。产云南及西藏东南部，生于海拔1700-2200米。喜马拉雅地区有分布。

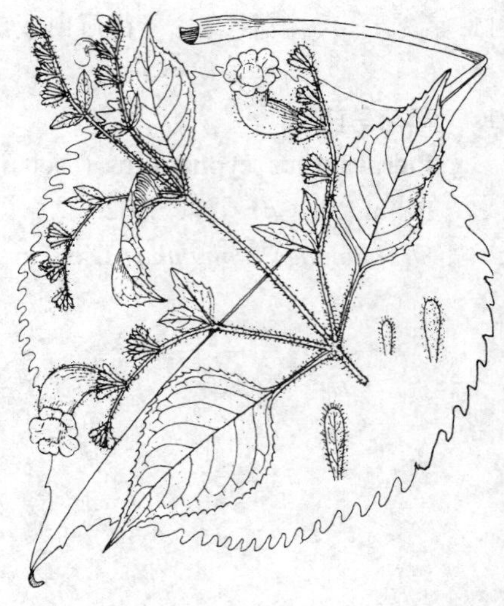

图 551 大叶马蓝（余汉平绘）

4. 棒果马蓝 图 552

Pteracanthus claviculatus (Clarke ex W. W. Smith) C. Y. Wu, Index Fl. Yunnan. 2: 1682. 1984.

Strobilanthes claviculatus Clarke ex W. W. Smith in Notes Roy. Bot. Gard. Edinb. 10: 191. 1918; 中国高等植物图鉴 4: 161. 1975.

草本，高达70厘米或过之。多分枝。茎曲折，无毛。中部和下部较大的叶卵状披针形或披针形，长达7厘米，边缘具疏锯齿，上面稍散生刚毛，叶柄长0.5-1厘米，具翅，微被短柔毛。脉约5对；上部较小的叶无柄，心形或心状卵形。穗状花序顶生和腋生，组成圆锥花序，长达5厘米，密被腺状刚毛；苞片早落。花无梗；花萼长达2厘米，被腺状刚毛，5裂至最下部，裂片线状长圆形，先端匙形；花冠长4厘米，微弯曲，淡白或紫色；花筒基部圆柱形，一面膨

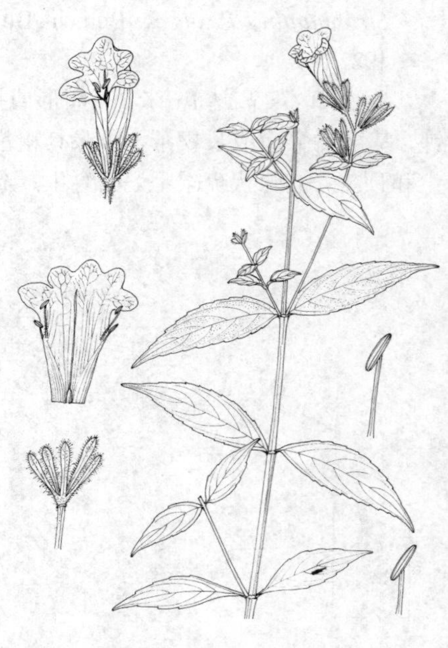

图 552 棒果马蓝（吴锡麟绘）

胀；冠檐裂片圆，径约5毫米；发育雄蕊4，花丝无毛。蒴果与宿存花萼等长，棒状长圆形，顶端被长柔毛。种子4，被绢毛，径约8毫米。

产云南、四川西南部、湖南北部及广东东部。

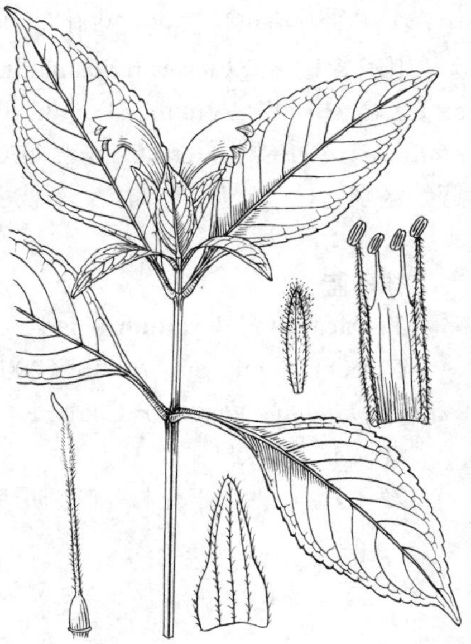

图 553 奇瓣马蓝（余汉平绘）

5. 奇瓣马蓝 图 553

Pteracanthus cognatus (R. Ben.) C. Y. Wu et C. C. Hu, Fl. Reipubl. Popul. Sin. 70: 133. 2002.

Strobilanthes cognata R. Ben. in Bull. Mus. Hist. Nat. Paris. 28: 189. 1922.

外倾草本。茎4棱，无毛。叶长圆形或披针形，长8-12厘米，先端渐尖，基部楔形，边缘具圆锯齿，两面无毛。侧脉9对；叶柄长约1厘米。花密集顶生穗状花序；苞片披针形，稀被柔毛，长0.7-2厘米。小苞片长圆形，被腺柔毛，长1.1厘米；花萼裂片线形，先端被腺柔毛，长1-1.2厘米；花冠堇色，长4-5厘米，花冠筒基部长圆柱形，长2.5厘米，上部扩大，漏斗形，宽1.5厘米，斜平截；雄蕊4，花丝直立，花药长圆形；子房无毛，向顶端被柔毛。

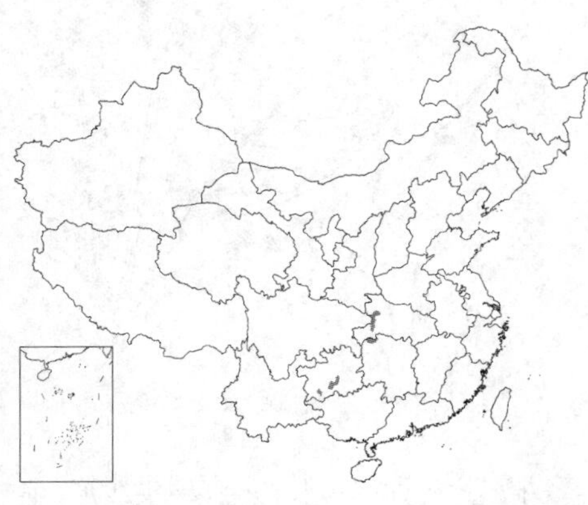

产贵州近中部及西南部、湖南西北部及湖北西部。

6. 翅柄马蓝 图 554

Pteracanthus alatus (Nees) Bremek. in Verh. Ned. Akad. Wetensch. Afd. Nat. sect. 2, 41 (1): 199. 1944.

Ruellia alata Nees in Wall. Pl. Asiat. Rar. 1: 26. t. 31. 1830.

Strobilanthes triflora Y. C. Tang; 中国高等植物图鉴 4: 163. 1975.

多年生草本。具横走茎，节上生根，多分枝，茎纤细，四棱形，无毛或在棱上被微柔毛。叶宽卵圆形，长3.5-8（-10）厘米，先端长渐尖，基部楔形，边缘具4-5（-7）个圆锯齿，上面微被柔毛或无毛，钟乳体细线状，侧脉5-6对；叶柄长约1.5厘米，上部具翅。穗状花序偏向一侧，常呈“之”字形曲折；花单生或成对；苞片叶状，卵圆形或近心形，向上变小，具3脉或羽脉。小苞片线状长圆形，微小或无；花萼长1-1.5（-2）厘米，裂片线形，有纵列细条状钟乳体；花冠淡紫或蓝紫色，长约3.5厘米，花冠筒圆柱形，与膨胀部分等长，冠檐裂片圆形；花丝与花柱无毛。蒴果长1.2-1.8厘米，无毛，具4粒种子。种子卵圆形，被微柔毛，基区小。

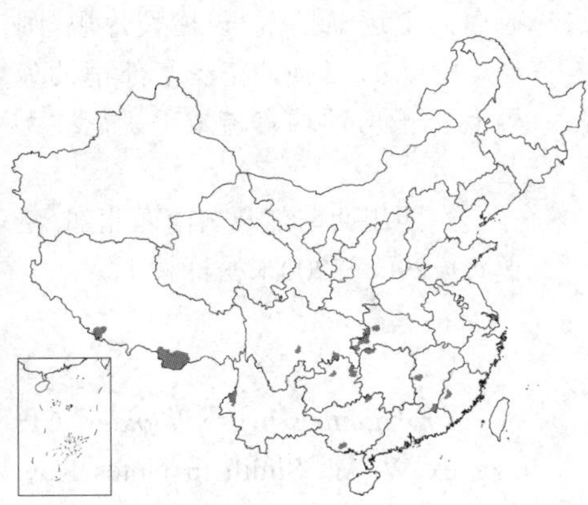

图 554 翅柄马蓝（孙英宝仿《Bot. Mag.》）

产福建西部、江西南部及西部、湖北西部及西南部、湖南西北部、广西东北部及南部、贵州东北部、云南西部、西藏南部及四川，生于海拔1000-1600米山坡竹林或铁杉冷杉林中，在西部海拔可达2800-2900米。尼泊尔、锡金及不丹有分布。

[附] **翅枝马蓝 Pteracanthus alatiramosus** (H. S. Lo et D. Fang) C. Y. Wu et C. C. Hu, Fl. Reipub l. Popul. Sin. 70: 129. 2002. —— *Strobilanthes alatiramosa* H S. Lo et D. Fang, in Guihaia 17 (1): 29. 1997. 本种与翅柄马蓝的区别：枝"之"字形曲折，小枝上部节间有薄翅，翅宽1.5-4毫米；叶长圆状卵形或披针形，稀卵形，叶柄无翅。产广西西部、云南东南部及南部，生于密林下。

7. 林马蓝 图 555

Pteracanthus dryadum (Clarke ex R. Ben.) C. Y. Wu et C. C. Hu, Fl. Reipubl. Popul. Sin. 76: 135. 2002.

Strobilanthes dryadum Clarke ex R . Ben. in Bull. Mus. Hist. Nat. Paris 28: 94. 1922.

草本，高1米，多分枝。叶卵形或披针形，连柄长达25厘米，先端渐尖，基部常下延至柄成翅，边缘具圆齿状牙齿，两面无毛，侧脉6-7条。花序腋生和顶生；花对生，无梗，疏生于穗状花序；苞片披针状长圆形，长4-5毫米；小苞片长圆形，被腺毛，长4毫米；花萼裂至近中部，裂片线形，长1厘米，被腺柔毛；花冠堇色，花冠筒基部圆柱形，上部扩大，弯曲，冠檐裂片近相等；雄蕊4，花丝直立；子房顶端被微毛，花柱稀被长微毛，柱头线形，扁平。蒴果伸长，顶端稀被腺毛。

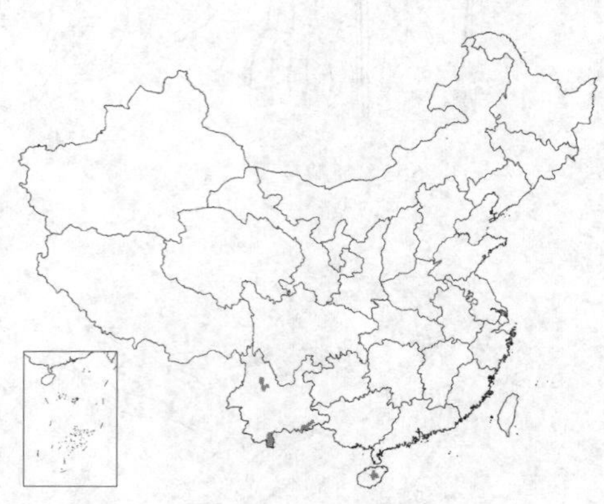

图 555 林马蓝 （余汉平绘）

产云南及海南。

8. 琴叶马蓝

Pteracanthus panduratus (Hand.-Mazz.) C. Y. Wu et C. C. Hu, Fl. Reipubl. Popul. Sin. 70: 146. 2002.

Strobilanthes panduratus Hand.-Mazz. Symb. Sin. 7: 893. 1936.

横走茎木质化，多分枝，多头；根多数极长，发出多数茎。茎高约65厘米，直立，具4沟，沟中和节上密被刚毛，上部迅即成圆锥状分枝。叶无柄，基部圆，几耳形，纵向1/3处宽线形，然后披针形，几琴形，长5-15厘米，渐尖，长为宽的3倍，下部具疏离的锯齿，具极密的细线条，上面稍粗糙，下面脉上有短柔毛，侧脉6-12。假总状花序成疏松的宽圆锥花序，除花冠外，密被腺状柔毛；花通常对生；最下部的苞片叶状，向上变窄，宿存。花萼长1-1.5厘米，5裂，几至基部，其中1片较长；花冠约长3厘米，稍弯，里面在着生雄蕊下延处有2列短柔毛，喉部稍有长柔毛，花冠筒向上逐渐扩大，冠檐裂片短，圆形。雄蕊4，2强，花丝基部稍被疏柔毛；子房顶端有疏柔毛，花柱无毛。

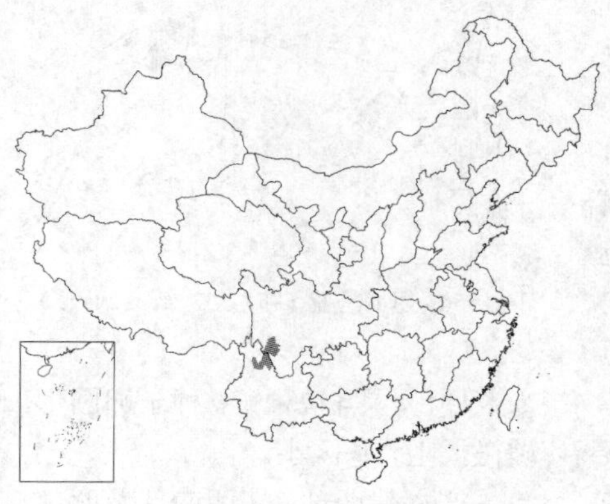

产四川西南部及云南西北部，生于海拔2900-3200米松栎林下。

9. 假水蓑衣 图 556

Pteracanthus hygrophiloides (Clarke ex W. W. Smith) H. W. Li, Fl. Xizang. 4: 415. 1985.

Strobilanthes hygrophiloides Clarke ex W. W. Smith in Notes Roy.

Bot. Gard. Edinb. 10: 194. 1918.

亚灌木，高达2米。茎曲折，密被白或黄色刚毛，后变无毛，分枝4棱，沿槽有2列褐色短柔毛；叶通常椭圆形、卵形或卵状披针形，长5-7(-10)厘米，宽2.5-3.5(-5)厘米，先端渐尖，基部宽或窄楔形，边缘钝和不规则锯齿，仅在大叶为锯齿，两面具细条状钟乳体，上面散生刚毛，脉上较密，下面密被刚毛，侧脉5-7对；叶柄长1-2厘米，多少有翅，被刚毛。花1-3紧缩成聚伞花序，常多个聚生于叶腋，在小枝上组成偏向一侧的穗状花序，几轮生，无花序轴和花梗；苞片与小苞片线状长圆形，与花萼等长或过之，多少被刚毛；花萼约长1.5厘米，5裂几至基部，裂片线状披针形，疏被刚毛，花冠红紫色，长3.5-4厘米，花冠筒基部圆柱形，向上一面膨胀扩大，外面稀被长柔毛，里面在喉部散生白色长柔毛；冠檐裂片圆形，宽7-8毫米；发育雄蕊4，花丝有白色长柔毛；子房被白色长柔毛，花柱被微柔毛。种子4。

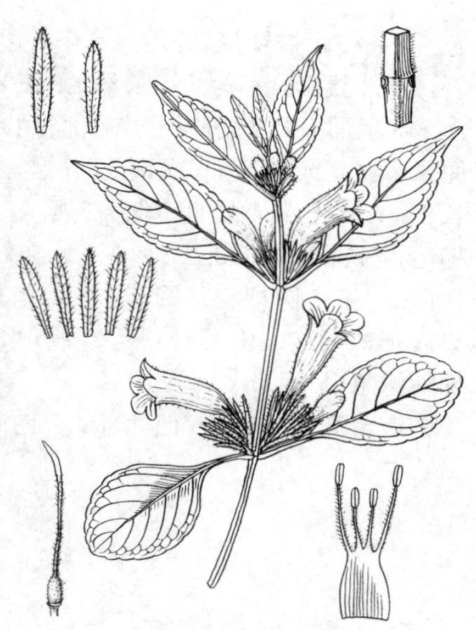

图 556 假水蓑衣（余汉平绘）

产云南西北部、西藏东南部、四川中西部及西南部，生于海拔1300-1600米山坡阔叶林下或路边灌丛中。

[附] **变色马蓝 Pteracanthus versicolor** (Diels) H. W. Li, Fl. Xizang. 4: 415. 1985.——*Strobilanthes versicolor* Diels in Notes Roy. Bot. Gard. Edinb. 5: 163. 1912. 本种与假水蓑衣的区别：茎无毛，稀被微柔毛；花冠白或黄色；花萼和叶上面密被或疏被柔毛。产云南西北部及西藏南部，生于海拔3100-3300米山坡高山栎林、冷杉林林下或林缘草地，常在亚高山针叶林下常成大片生长。

31. 糯米香属 Semnostachya Bremek.

多年生草本或灌木，具不等叶性。叶具柄，边缘具胼胝体状的牙齿。花序穗状，稀总状，有时圆锥状，顶生或腋生，具短花序梗；花单生于苞腋，每节通常2朵；苞片及小苞片与花萼等长或稍短，宿存；苞片通常3脉，稀5脉或1脉。小苞片每节通常2，与花萼贴生；花萼不等5裂，后2裂片合生较高，裂片线形，钟乳体非常密；花白色，花冠筒圆柱状，扭弯，喉部钟形远长于花冠筒，支撑花柱的毛排成2列；冠檐裂片近相等，有时微凹；雄蕊4，2强，直立，内藏，长雄蕊的花丝全部或部分被短硬毛，短雄蕊无毛或基部被短硬毛，退化雄蕊小或无；子房具簇毛，两面凸起，每室具2胚珠，花柱被短硬毛。蒴果爿片背面加厚，具4种子，珠柄钩与种子完全相贴。种子全部被硬毛。

约10种。分布于印度尼西亚、菲律宾及中国。我国2种。

长穗糯米香 图 557

Semnostachya longispicata (Hayata) C. F. Hsieh et T. C. Huang in Taiwania 19(1): 22. 1974.

Strobilanthes longespicatus Hayata, Ic. Pl. Formos. 9: 83. 1920.

灌木，高达2厘米。枝近4棱，无毛。叶长圆形或长圆状披针形，长9-20厘米，先端急尖，基部楔形，边缘具钝而疏锯齿，两面无毛；叶柄长2-3厘米。穗状花序腋生和顶生，长10-15厘米；花对生于穗状花序节上，无梗，苞片1，卵形，线状披针形，长1厘米，紧贴凹下的主轴。小

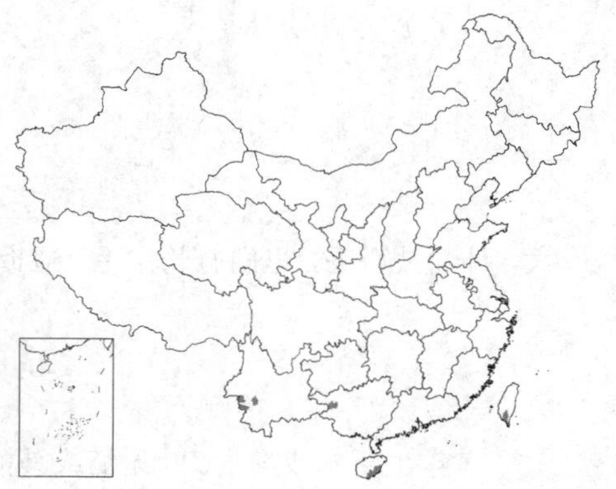

苞片2，线状披针形，长2.5毫米，边缘有刚毛，贴近花萼；花萼几5深裂，裂片线形，不等大，长约1.3厘米，边缘具刚毛。花冠圆柱形，长5厘米，里面有极细的髯毛，喉部径1.5厘米，基部突然收缩，花冠筒长1厘米，直立或稍弯曲，冠檐近开展，5浅裂，裂片近不等，三角状圆形，长8毫米，先端钝微凹。雄蕊2强，花丝与花冠相连，连同花冠深处有硬糙毛，分离部分长0.2-1厘米，后方的较短，长2毫米，前方的较长，长1厘米；子房圆柱状长圆形，顶端稍具硬糙毛，花柱丝状，有硬糙毛。蒴果线形，无毛，长1.7厘米。种子4粒，长圆状圆形，长3毫米，平扁，珠柄钩急尖。

产台湾、海南、广西西部、云南西部。

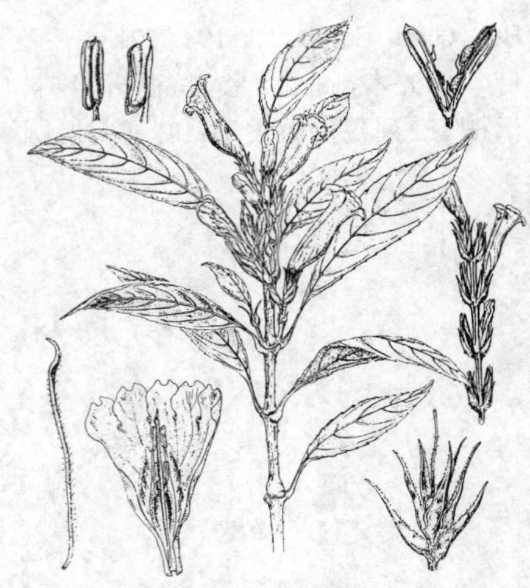
图 557 长穗糯米香（引自《Fl. Taiwan》）

32. 红毛蓝属 **Pyrrothrix** Brsemek.

植株几全被锈红色刚毛。叶收缩成柄。穗状花序短缩或相当长，顶生或腋生，具花序梗；苞片与花萼几等长，宿存。花单生苞腋，具小苞片；花萼几相等5深裂，裂片线形；花冠扭弯，花冠筒圆柱形，喉部扩大成钟形，有2列支撑花柱的毛，冠檐裂片近相等，圆形；雄蕊4，2强，内藏，直立，花丝被刚毛；花药直立；子房被稀疏簇毛，每室有2胚珠，花柱无毛。蒴果有短芒尖，几无簇毛，具4粒种子，珠柄钩针状伸出。种子无基区，几全被坚硬毛。

约13种，分布于印度东北部、中国、中南半岛至印度尼西亚苏门答腊。我国约3种。

红毛蓝 图 558

Pyrrothrix rufo-hirta (Clarke ex W. W. Smith.) C. Y. Wu et C.C. Hu, Fl. Reipubl. Popul. Sin. 70: 155. 2002.

Strobilanthes rufo-hirta Clarke ex W. W. Smith in Notes Roy. Bot. Gard. Edinb. 10: 199. 1918.

草本，高20-30厘米，偶达1米，直立。上部的茎具关节，明显被红色刚毛，下部的光滑无毛。叶卵形或卵状披针形，长8-9厘米，先端渐尖，基部宽楔形或近圆，边具圆齿，上面深绿色，散生淡红色刚毛，下面刚毛稍密；侧脉约5对；叶柄长1.5-2.5厘米，密被红褐刚毛。花序顶生，由2-3花连同密被红褐色刚毛线状匙形的苞片组成，花序梗和花梗缺；苞片宿存。花萼长1.2-1.3厘米，裂片线状匙形，裂至基部；花冠长4-5厘米，花冠筒下部圆柱形，向上逐渐扩大，外面被微毛，里面有长柔毛，冠檐裂片圆，宽6-7毫米；花丝有白色长柔毛。蒴果纺锤形，顶端有小尖头，淡褐色。种子扁圆形，褐色，顶端有小尖头，有棕色毛，无基区。

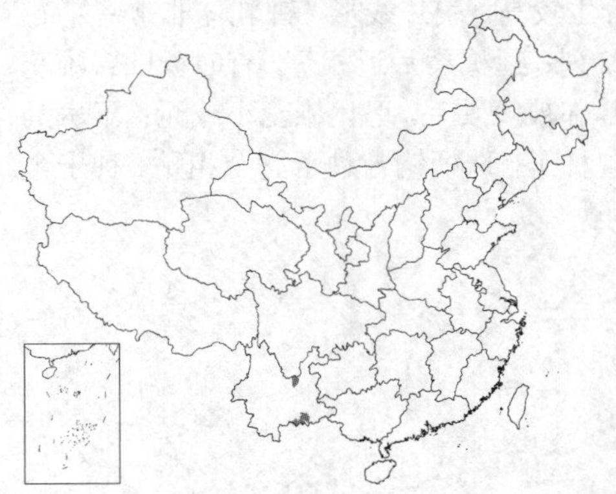

产云南东南部及北部。

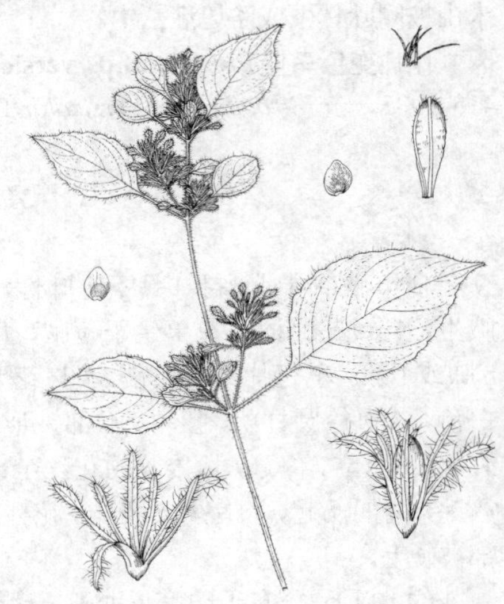
图 558 红毛蓝（吴锡麟绘）

33. 长苞蓝属 **Tetraglochidium** Bremek.

多年生草本或灌木。叶无柄或具柄，上面具小而密线形钟乳体，边缘具齿牙和纤毛。花序顶生，短缩，被最下方的1对较叶小、无柄的、相等或不相等的、伸展或近直立的苞片全部或近全部所包，较花序梗短，穗状，通常扁；苞片最下面的自基部3出或多出脉，其余的羽脉，边缘具纤毛，外方的几全部叶状或具齿，自基部至顶部由叶状和具齿的不孕，逐渐变小的能孕，宿存。花单生苞腋；小苞片线形或刚毛状，有时与花萼近等长，有时远短于花萼或退化无；花萼无毛，几相等或不相等，5浅裂或二唇形深裂，裂片镊合状；花冠堇或白色，稀黄色，扭弯，花冠筒圆柱形，在窄的部位扭弯成钟形，远长于扩大部分，支撑花柱的毛排成2列，冠檐裂片几相等，圆形；雄蕊4，2强，直立，内藏，花丝被毛或无毛，花药直立；子房无毛，2室，每室具2胚珠，花柱基部具头状毛，其余被刚毛状微毛。蒴果具4种子，珠柄钩全伏贴，顶端有时有2-3齿。种子具小基区，几全被长硬毛状微毛。

约8种，分布于马来半岛至印度尼西亚、中南半岛和我国。我国2-3种。

1. 草本；花无梗，通常4朵生于短穗状花序顶端，短缩，被下方的苞片全部或近全部所包，最下方1对苞片较叶小，无柄，相等或不相等，伸展或近直立，卵形、卵状长圆形或长圆形，自基部3出或多出脉，其余的羽脉，边缘具纤毛，外方的几全部叶状或具齿，自基部至顶部叶状，具齿的不孕，向内逐渐变小的能孕，宿存；萼片线形，长1.1厘米；花冠堇色 ………………………………………………………………………………… **长苞蓝 T. jugorum**
1. 灌木；花对生于短穗状花序；苞片卵形或椭圆形，先端短渐尖，边缘上半部至顶有齿，下部2枚不孕，较小，随后2枚长4-5厘米，大小超过上部的；萼片披针形，长2厘米；花冠白色 …………… (附). **大苞蓝 T. gigantodes**

长苞蓝 图 559

Tetraglochidium jugorum (R. Ben.) Bremek. in Verh. Ned. Akad. Wetensch. Afd. Nat. sect. 2, 60: 2. 1957.

Strobilanthes jugorum R. Ben. in Bull. Soc. Bot. France 81: 601. 1934.

草本，高30厘米。叶卵形，长3-9厘米，两端渐尖，基部下延至柄，边有圆齿，两面散生毛，上面具小而密线形钟乳体，侧脉每边6-8条；叶柄上有毛。花序穗状，通常扁。花无梗，通常4朵生于短穗状花序顶端，短缩，被下方的苞片全部或近全部所包，最下方1对苞片较叶小，无柄，相等或不相等的，伸展或近直立，卵形、卵状长圆形或长圆形，自基部3出或多出脉，其余的羽脉，边缘具纤毛，外方的几全部叶状或具齿，自基部至顶部叶状，具齿的不孕，向内逐渐变小的能孕，宿存。小苞片披针形或披针状线形，先端有齿，被毛，长1.3-2厘米；花萼5裂，近相等，线形，下部有散毛，长1.1厘米；花冠堇色，自基部至喉部扩大，长3.5-4厘米。花丝基部连成靠在花冠上的膜有毛；子房无毛，2室，每室具2胚珠，花柱基部具头状毛及刚毛状微毛，柱头伸长，扁。蒴果纺锤形，无毛，具4种子，珠柄钩全伏贴，顶端有时有2-3齿。种子棕色，具小基区，几全被长硬毛状微毛。

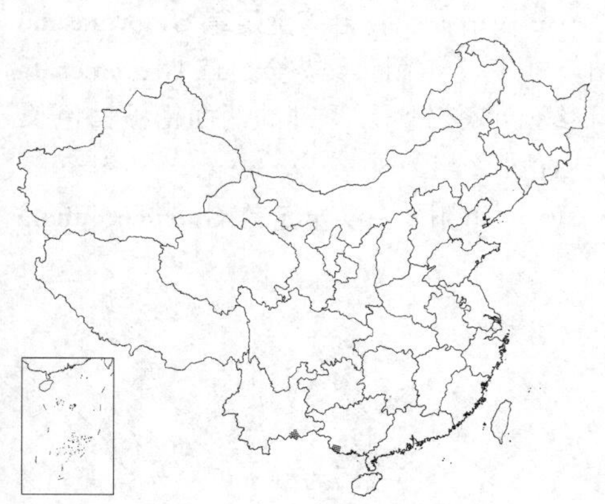

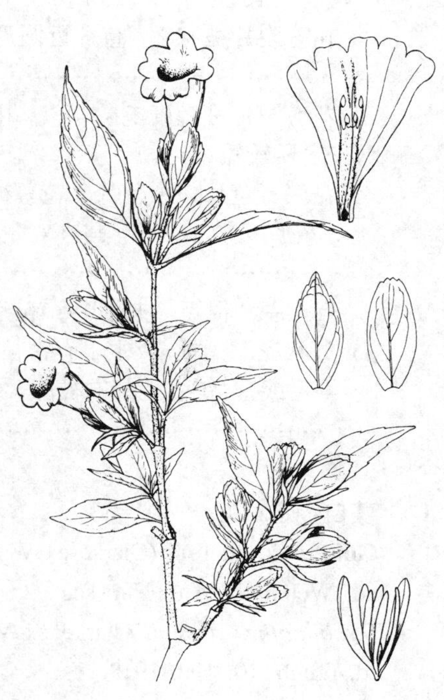

图559 长苞蓝 （李爱莉绘）

产广西西南部及云南东南部，越南北部有分布。

[附] **大苞蓝 Tetraglochidium gigantodes** (Lindau) C. Y. Wu et C. C. Hu, Fl. Reipubl. Popul. Sin. 70: 157 . 2002. ——*Strobilanthes gigantodes* Lindau in Bull. Herb. Boiss. 5: 649. 1897. 本种与长苞蓝的区别：灌木；花对生于短穗状花序；苞片卵形或椭圆形，先端短渐尖，边缘上半部至顶有齿，下部2枚不孕，较小，随后2枚长4-5厘米，大小超过上部的；萼片披针形，长2厘米；花冠白色。产广西南部及云南东南部，生于海拔200米的林中。越南北部有分布。

34. 金足草属 Goldfussia Nees

多年生草本或灌木。叶有柄或无柄，有时不对称。花序顶生或腋生，穗状或头状；苞片长于花萼，自基部3或5出脉，通常宿存。花单生苞腋；小苞片较苞片小而窄，有时无；花萼5裂，裂片近相等，中央1片较大，镊合状排列；花冠扭转，花冠筒圆柱形，喉部扩大成钟形，冠檐5裂，裂片近相等，支撑花柱毛排成2列；雄蕊4，2强，内藏，花丝基部合生成膜，长的2枚不等长，短的极短，等长，花药水平向；子房顶端具一簇短的头状毛，每室有胚珠2。蒴果具4粒种子，珠柄钩急尖，种子被长毛。

约30种，分布于尼泊尔、不丹、印度、中国、中南半岛、印度尼西亚及菲律宾。我国约14种。

1. 花序穗状，通常顶生，苞片覆瓦状排列于花序轴上；花冠紫红色 ………………………… 1. **蒙自金足草 G. austinii**
1. 花序头状，短缩，为下部苞片所包覆，每头具2-3花。
  2. 苞片卵形、椭圆形或长圆形，被微柔毛，与花萼等长；小苞片长为花萼之半；花冠深蓝色；花序梗通常长1.2-2.5厘米，无毛或稍被微柔毛 ………………………… 2. **金足草 G. capitata**
  2. 苞片近圆形或卵状椭圆形，无毛，长过花萼，小苞片微小。
    3. 花序梗长。
      4. 花萼裂片被腺毛；苞片近圆形或卵状椭圆形，外部的长1.2-1.5厘米，先短渐尖；花冠紫红色 ………………………… 3. **圆苞金足草 G. pentstemonoides**
      4. 花萼裂片被短硬毛；叶先端尾状渐尖；花冠灰白紫色 ………………………… 3(附). **细穗金足草 G. psilostachys**
    3. 花序梗较短或无。
      5. 花序、苞片、小苞片、花萼被微柔毛或硬毛，毛被不呈白色。
        6. 花序梗具1-3花，与叶对生，约长1-2.7厘米，被微柔毛；苞片稍被纤毛；叶披针状卵形或倒卵形 ………………………… 4. **台湾金足草 G. formosana**
        6. 花序梗很短，被刚毛；苞片被黄色毛和腺毛；叶卵形或近圆形 ………… 4(附). **聚花金足草 G. glomerata**
      5. 头状花序无梗，或生于有密被白色柔毛的短花序梗上；苞片椭圆状线形或披针形，下部的两面密被白色长柔毛或密髯毛，上部的被腺柔毛；小苞片毛被与苞片同；花萼密被白色长纤毛 ………………………… 4(附). **白头金足草 G. leucocephala**

1. 蒙自金足草　　图 560

Goldfussia austinii (Clarke ex W. W. Smith) Bremek. in Verh. Ned. Akad. Wetensch. Afd. Nat. sect. 2, 41. (1): 231. 238. 1944.

Strobilanthes austinii Clarke ex W. W. Smith. in Notes Roy. Bot. Gard. Edinb. 10: 190. 1918.

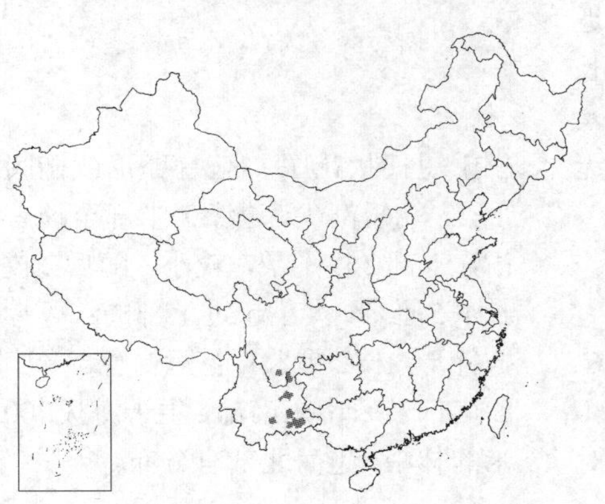

草本，高达1米，直立。曲折，基部多少有些匍匐，初被卷曲疏柔毛。叶椭圆形、卵形、倒卵形或卵状披针形，长6-7厘米，先端渐尖，基部多少宽楔形，边缘具细锯齿或圆锯齿，两面具明显平行的线条形钟乳体，上面无毛或疏被短毛，下面无毛或沿脉被柔毛或散生短毛，侧脉4-6

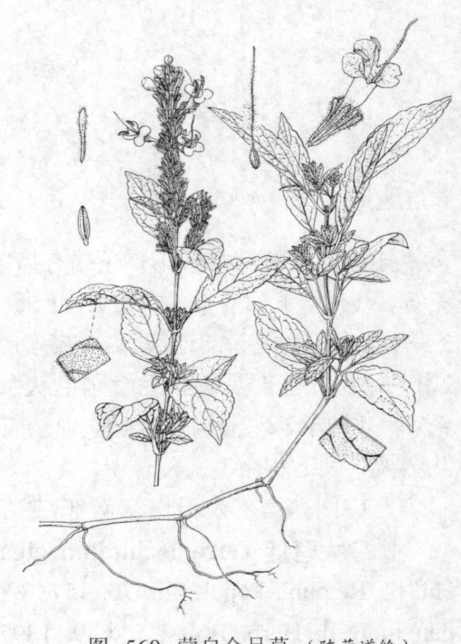

图 560 蒙自金足草（陈荣道绘）

(-7)对；叶柄长1.5-2厘米，被密黄褐色柔毛。穗状花序通常顶生，长2-4厘米，花苞腋生，无梗，花序基部苞片与下部叶相似；苞片覆瓦状排列于花序轴上，叶状，长圆形或圆形，长约1.5厘米，早落或多少宿存，具细而平行的线形钟乳体，边缘具纤毛或柔毛；花萼长0.8-1厘米，几裂至基部，裂片线状长圆形，边缘有纤毛；花冠紫红色，长4-5厘米，稍弯，花冠筒圆柱形，中部逐渐扩大，外面被柔毛，冠檐裂片圆形，宽5-6毫米；雄蕊全育，花丝被白色柔毛。蒴果纺锤形，淡棕色。种子基区小，区外生弯曲毛。

产云南东南部及东北部、四川南部，生于海拔400-2100米草山或林下。

2. 金足草

Goldfussia capitata Nees in Wall Pl. Asiat. Rar. 3: 88. 1832.

Strobilanthes capitatus T. Anders. in Journ. Linn. Soc. Bot. 9: 475. 1866.

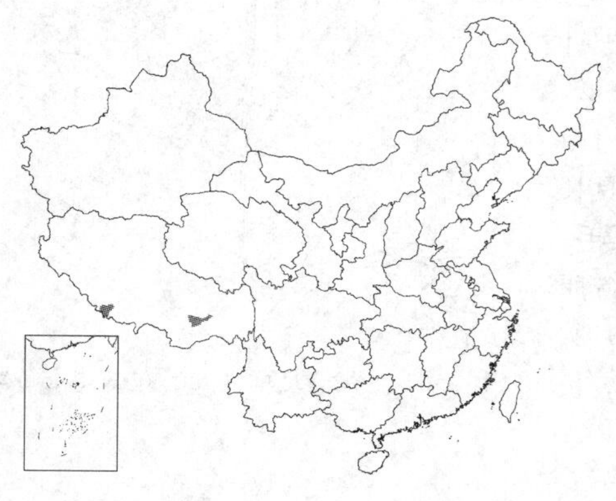

多年生草本或亚灌木，高达1米。叶卵圆形或椭圆形，长约15厘米，先端长渐尖，基部渐窄，边具重锯齿，上面有不明显的钟乳体，下面脉上有细毛，侧脉6-7对，叶柄长约5-6厘米。穗状花序头状，簇生或成伞形花序，顶生或腋生，花序梗通常长1.2-2.5厘米，无毛或稍被微柔毛；苞片大，卵形、椭圆形或长圆形，向先端有锯齿，被微柔毛，与花萼等长，脱落。小苞片长圆形，长为花萼之半，脱落；花萼长约1.2厘米，几至基部，裂片窄披针形，被柔毛；花冠深蓝色，弯曲，一侧臌胀，近无毛；雄蕊无毛；子房具腺毛，花柱具细毛。蒴果长约2厘米，被微柔毛。种子4粒，多毛，基区小。

产西藏东南部及南部，生于林中。尼泊尔、锡金、不丹、印度东北部及缅甸有分布。

3. 圆苞金足草 球花马蓝 图 561

Goldfussia pentstemonoides Nees in Wall. Pl. Asiat. Rar. 3: 88. 1832.

草本，高达1米多。茎近梢部常呈“之”字形曲折。叶不等大，椭圆形或椭圆状披针形，大叶长4-15厘米，小叶长1.3-2.5厘米，先端渐尖，基部渐窄，边缘有锯齿，两面有不明显的钟乳体，上面被白色贴伏微柔毛，下面中脉被硬伏毛，侧脉5-6对；叶柄长0.5-1.2厘米。头状花序近球形，有2-3花，为苞片所包覆，1-3个生于花序轴梗上；苞片近圆形或卵状椭圆形，长1.2-1.5厘米，小苞片微小，二者均早落。花萼裂片线状披针形，长7-9毫米，果时增至1.5-1.7厘米，有腺毛；花冠紫红色，长约4厘米，稍弯曲，冠檐裂片几相等，先端微凹；前雄蕊达花冠喉部，后雄蕊达花冠中部；花柱几不伸出。蒴果长圆状棒形，长1.4-1.8厘米，有腺毛。种子4粒，有毛。

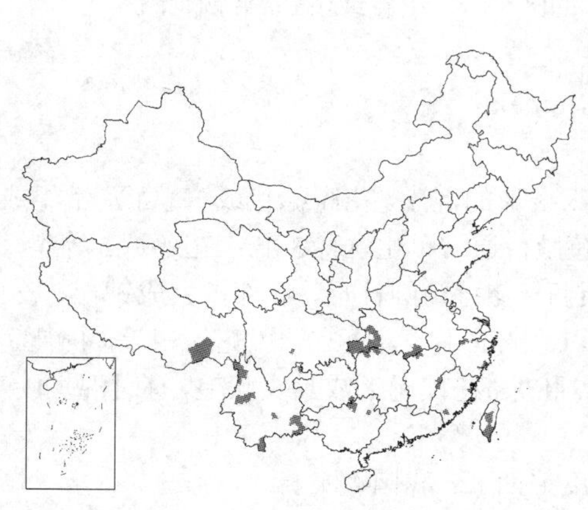

图 561 圆苞金足草（引自《图鉴》）

产浙江、福建、台湾、江西、湖北、湖南、贵州、广西、云南、四川及西藏。喜马拉雅各国、缅甸、泰国及中南半岛有分布。

4. 台湾金足草 图 562

Goldfussia formosana (S. Moore) C. F. Hsieh et T. C. Huang in Taiwania 19(1): 21. 1974.

Strobilanthes formosana S. Moore in Journ. Bot. 15: 294. 1877.

灌木状草本，高达80厘米。茎分枝，4棱，被刚毛，下部节上生根。叶具短柄或近无柄，披针状卵形或倒卵形，长1.5-7-14厘米，边缘具锯齿状小圆齿，稀部分被刚毛。小聚伞花序顶生或腋生，稀分枝，具1-3花，花序梗长1-4厘米，被微柔毛；苞片凹，稍被纤毛，最外方1对几叶状，线状披针形，内方4枚或更多，宽卵形。花萼裂片不等，线形，约长1厘米，短为花冠1/3，有时稍具长硬毛；花冠直，外面被微柔毛，花冠筒逐渐扩大，长3-3.5厘米，冠檐裂片5，圆形或卵形，钝而微缺；雄蕊4，内藏，长花丝有纤毛，短花丝无毛。蒴果长圆形，长为宿存萼片的2倍。种子卵圆形，扁，被紧贴长柔毛。

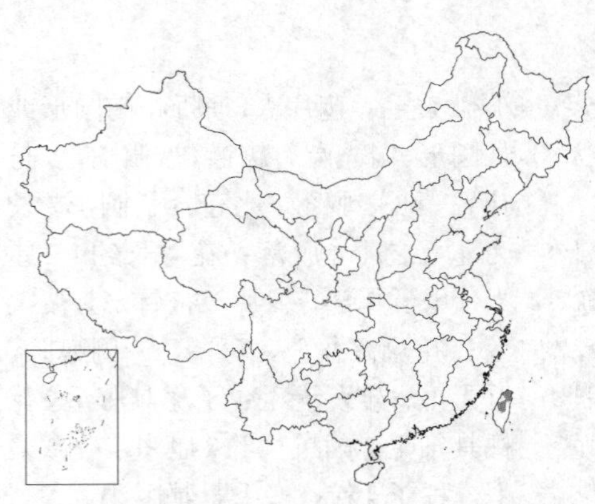

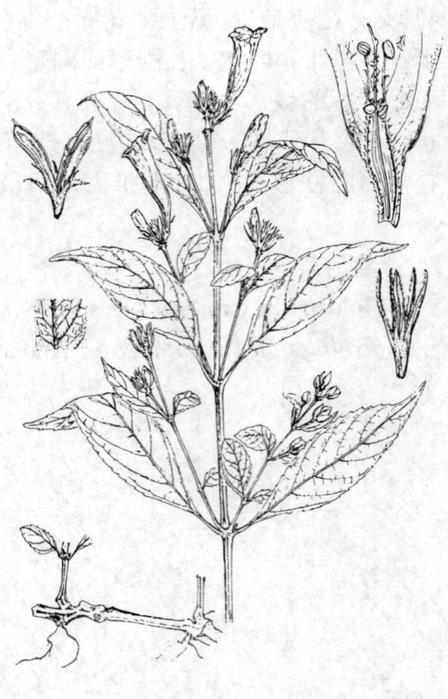

图 562 台湾金足草（引自《Fl. Taiwan》）

产台湾。

[附] **聚花金足草 Goldfussia glomerata** Nees in Wall. Pl. Asiat, Rar. 3: 88. 1832. 本种与台湾金足草的区别：叶卵形或近圆形；花序梗很短，被刚毛；苞片被黄色毛和腺毛。产云南近中部及西南部，生于海拔700-1800米林下。印度东北部及缅甸北部有分布。

[附] **白头金足草 Goldfussia leucocephala** (Craib) C. Y. Wu, Seed Plants of China A. Data Base Disk. 1999. —— *Strobilanthes leucocephala* Craib in Kew Bull. 1914: 130. 1914. 本种与台湾金足草的区别：头状花序无梗或生于密被白色柔毛的花序梗上；苞片椭圆状线形或披针形，上部的两面密被白色长柔毛或密髯毛，上部的被腺柔毛；小苞片毛被与苞片同；花萼密被白色长纤毛。产云南南部，生于海拔540-1400米山谷或溪边常绿林下。

35. 叉花草属 **Diflugossa** Bremek.

多年生草本。叶不等大，具柄或无柄，钟乳体很大，常与较小的纵线形的混生。花序穗状或窄总状，常组成圆锥花序；苞片及小苞片小，远短于花萼，具1脉，常早落。花生于苞腋，通常单生，稀3出；花萼近5等裂，通常镊合状，先端具胼胝体，有时中央1枚稍长；花冠几不弯曲和不反折，花冠筒圆柱形，喉部扩大成钟形，较长，支撑花柱的毛排成2列，冠檐裂片近相等；雄蕊通常4，2强，内藏，长花丝不等，直立，短花丝相等，内弯，药室水平向开展，稀内方的雄蕊不发育；子房无毛或具头状簇毛，每室2胚珠，花柱无毛或具头状毛，有时混生硬毛。蒴果具4种子，珠柄钩尖。种子被长毛。

约16种，分布于喜马拉雅、印度东北部、中国至马来西亚及印度尼西亚。我国4种。

1. 茎和枝光滑无毛。
  2. 花萼5裂，裂片顶端尖或钝，常无毛，稀疏生柔毛或细线条 ………………………… 1. **疏花叉花草 D. divaricata**
  2. 花萼极光滑无毛，裂片覆瓦状排列，顶端微凹；节间有沟 ………………………… 1(附). **叉花草 D. colorata**
1. 茎初密被粘长柔毛，后光滑无毛。花萼密被腺状长柔毛，裂片线形 ………………… 2. **瑞丽叉花草 D. scoriarum**

1. 疏花叉花草 图 563

Diflugossa divaricata (Nees) Bremek. in Verh. Ned. Akad. Wetensch. Afd. Nat. sect. 2, 41 (1): 246. 274. 1944.

Glodfussia divaricata Nees in Wall. Pl . Asiat. Rar. 3: 89. 1832.

Strobilanthes divaricatus auct . nom (Nees) T . Anders: 中国高等植物图鉴 4: 161. 1975.

多年生草本或亚灌木，高达1米。枝“之”字形曲折，具关节，近节处四棱形，无毛。大叶椭圆状长圆形或披针形，长5-15厘米，先端长渐尖，基部宽楔形、平截或心形；小叶卵形或心形，长达3-7.5厘米，先端急尖，基部心形；边缘均具锯齿，侧脉每边6-7条。两歧聚伞花序由疏散的穗状花序组成，其中1分枝较短或不发达，花序轴作“之”字形曲折。花单生；苞片早落；花萼5裂，裂片窄披针形，长6-9毫米，常无毛；花冠淡紫色，长3.5-4.5厘米，外面有微毛，里面有2列毛；雄蕊内藏，长花丝不等，直立，基部有硬毛，短花丝相等，内弯，花丝基部有膜相连。蒴果反折，长1.3厘米。种子4粒，有微毛。

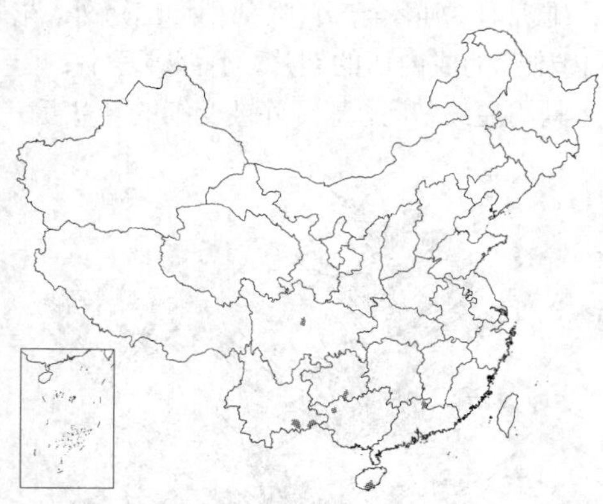

产云南东南部、四川近中部、贵州南部、广西西北部、广东北部及海南。尼泊尔、不丹、锡金及印度东北部有分布。

[附] 叉花草 **Diflugossa colorata** (Nees) Bremek. in Verh. Ned. Akad. Wetensch. Afd. Nat. sect. 2, 41 (1): 237. 1944. —— *Goldfussia colorata* Nees in Wall. Pl. Asiat. Rar. 3: 89. 1832. 本种与疏花叉花草的区别：叶基部尖；穗状花序组成圆锥花序，花序轴和棱不呈“之”字形曲折；花萼裂片先端微凹，无毛。产云南西部。喜马拉雅和印度东北部有分布。

图 563 疏花叉花草 （引自《图鉴》）

2. 瑞丽叉花草 图 564

Diflugossa scoriarum (W. W. Smith) E. Hossain in Notes Roy. Bot. Gard. Edinb. 32 (3): 406. 1973.

Strobilanthes scoriarum W. W. Smith in Notes Roy. Bot. Gard. Edinb. 10: 199. 1918.

草本，高达1（-1.5）米。茎直立，近4棱，初密被粘长柔毛。叶不等大，上部的无柄，下部的具长1-2厘米的柄，无毛；大叶卵形或卵状披针形，长12-15厘米，先端长渐尖，基部多少圆或宽钝，边缘有密而规则的锯齿，两面粗糙，具细而平行的线形钟乳体，齿间稀疏纤毛，侧脉5-10对。窄圆锥花序长达30厘米，花序轴、枝和小枝密被腺毛或柔毛；苞片开花前脱落。花萼约长1厘米，密被腺状长柔毛，5裂至基部，裂片线形；花冠紫色，约长2.5-

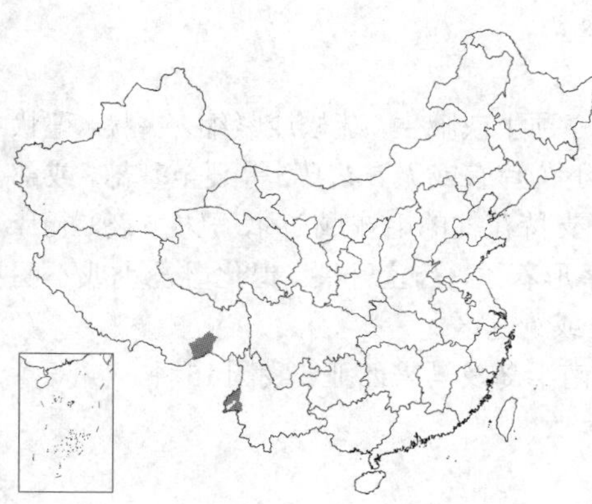

图 564 瑞丽叉花草 （曾孝濂绘）

3厘米，几直立，外面无毛，里面喉部有白色长柔毛；花冠筒下部圆柱形，上部突然扩大一面膨胀，冠檐裂片圆，宽约5毫米；花丝无毛；子房稍被柔毛，花柱下部稀疏被柔毛。蒴果棒形，有4粒种子。种子盘形，基区小，棕色，有皱纹。

产云南西部及西藏东南部，生于海拔1200–1500米山坡阔叶林下。

36. 合页草属 Sympagis Bremek.

灌木或草本。叶具柄。花序穗状，伸长，顶生和腋生；苞片在穗状花序上覆瓦状排列，较花萼短，基部具3或5脉，宿存。花单生节上；小苞片较苞片短，具1脉，宿存；花萼5等裂，裂片线形，中央1枚有时稍窄；花冠不扭弯，花冠筒与扩大成钟形的喉部几相等，支撑花柱的毛排成2列，冠檐裂片近相等；雄蕊4，2强，全部自喉部稍伸出冠外，花丝无毛，外方的较内方的长2倍，花药直立，药室叉开，外雄蕊的药隔膜质，内雄蕊的成内弯的裂片，不育雄蕊小；子房被簇毛，每室2胚珠，花柱无毛。蒴果具2–4粒种子，珠柄钩直，向外伸。种子具明显的基区，基区外被变细的环状毛。

约5种。分布于东喜马拉雅、印度东北部至泰国。我国2种。

合页草 图 565

Sympagis monadelpha (Nees) Bremek. in Verh Ned. Akad. Wetensch. Afd. Nat. sect. 2, 41 (1): 254. 1944.

Strobilanthes monadelpha Nees in Wall. Pl. Asiat. Rar. 3: 87. 1832.

灌木。枝紫色，稍具4钝棱。叶卵形，两端渐尖，边缘中部具粗圆齿，上面粗糙，被囊状硬毛；叶柄长7.5厘米。在穗状花序的侧枝下部的叶不等大，小的叶长约1.25厘米，近无柄，卵形，全缘；在二歧枝上的较具穗状花序枝上的长，约长5厘米，另1枚较短几不到2.5厘米，部分被黄色硬刚毛。穗状花序腋生和顶生，二歧，近偏向一侧，具硬毛；苞片卵形或倒卵形，长5毫米，全缘，具刚毛，小苞片对生，与花萼几等长，线状匙形或线形；先端外折。花萼交互对生，裂片线形，被刚毛和腺毛；花冠紫色，被短柔毛；雄蕊着生冠筒下部腹面，连接膜脉上有纤毛，花丝丝状，无毛。

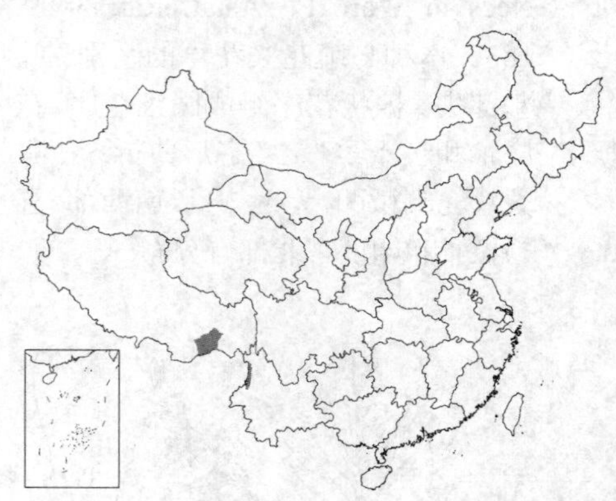

图 565 合页草（张泰利绘）

产西藏东南部及云南西部碧江。印度阿萨姆、喜马拉雅、泰国北部及印度尼西亚爪哇有分布。

37. 紫云菜属 Strobilanthes Bl. s. l.

多年生草本或亚灌木。叶具柄，钟乳体线形，小的或大的混合生。花序顶生或腋生，疏松或紧缩，头状、穗状或聚伞状，部分单生，或排成圆锥花序或总状花序；苞片形状变异极大。小苞片有或无；花萼5等裂至基部，或部分联合，或连合，或二唇形；花冠筒圆柱形于喉部扩大成较短的漏斗状，支持花柱的毛排成2列，冠檐5裂，裂片近相等；发育雄蕊4，2强，外方的伸出，较内方的稍长，花药直立或丁字形着生，药室开展，退化雄蕊小或不明显；子房2室。蒴果每室具2种子，开裂时胎座通常不弹起。种子具基区或无基区。

广义的紫云菜属，达250种，分布于阿富汗至印度、中国、缅甸、中南半岛及马来西亚。我国15种。

1. 花序腋生，或顶生和生于上部叶腋。

2. 叶等大，宽卵形或菱形，先端圆或钝尖，基部宽楔形或近圆，边缘具圆锯齿，上面密被刚毛或柔毛；花序近头状或短穗状，花序几轮生，基部为缩小的叶所包围着或近于隐藏；苞片长圆形，长0.8-1厘米 ································· 1. **环毛紫云菜 S. cycla**

2. 叶不等大，窄卵形，两端逐渐变窄长，先端镰刀状渐尖，基部下延，上半部边缘具粗锯齿，下半部近全缘，上面无毛；花密集叶腋，近无梗；苞片披针形或倒披针形，长 2.5 厘米 ··· 1(附). **雅安紫云菜 S. limprichtii**

1. 花序顶生，几无花序梗；苞片长圆状披针形，长约2.4厘米，先端尾尖；小苞片先端近丝状 ································· 2. **尾苞紫云菜 S. mucronato-producta**

1. 环毛紫云菜 图 566

Strobilanthes cycla Clarke ex W. W. Smith in Notes Roy. Bot. Gard. Edinb. 10: 192. 1918.

草本，高达60厘米。茎常呈"之"字形曲折，密被或多少被黄褐色或近白色长柔毛。叶等大，宽卵形或菱形，长2.5-5.5厘米，先端圆或钝尖，基部宽楔形或近圆，边缘具圆锯齿，有时不明显，侧脉4-5对，上面密被刚毛或柔毛，下面主脉和侧脉被刚毛或柔毛；叶柄长2-5毫米，密被长褐毛。花序顶生和生于上部叶腋，近头状或短穗状花序几轮生，基部为缩小的叶所包围或近于隐藏；苞片、小苞片线形或长圆形，长0.8-1厘米，被柔毛；花萼长7毫米，裂片裂至基部，线形或长圆形；花冠蓝色，长2厘米，前方闭合处有白色柔毛，花冠筒较短，圆柱形，逐向上扩大，外面除冠檐裂片外无毛；冠檐裂片近圆形，宽约5毫米，背面被白色柔毛。雄蕊全育，长雄蕊外露，花丝无毛；子房顶端被柔毛，柱头螺旋状弯曲。蒴果长7毫米，顶端有柔毛。

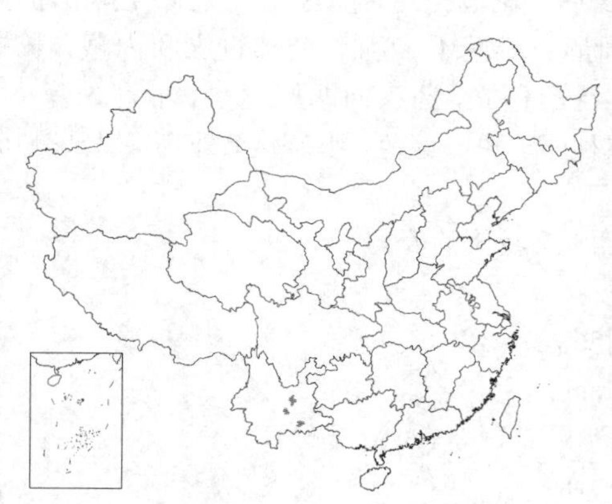

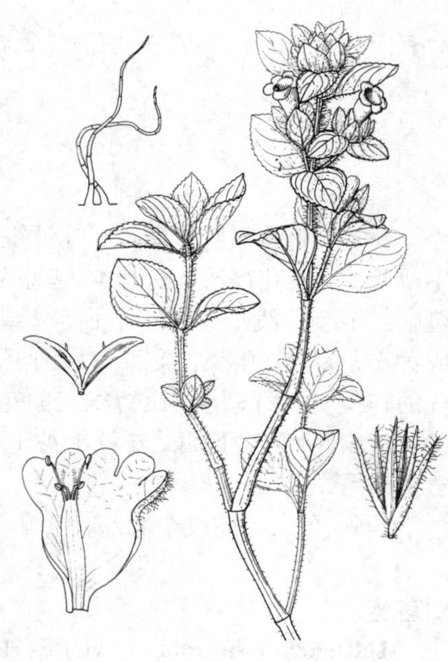

图 566 环毛紫云菜（引自《图鉴》）

产云南，生于海拔2100-2300米林下。

[附] 雅安紫云菜 **Strobilanthes limprichtii** Diels in Fedde, Repert. Sp. Nov . 12: 488. 1922. 本种与环毛紫云菜的区别：叶不等大，窄卵形，两端逐渐变窄长，先端镰刀状渐尖，基部下延，上半部边缘具粗锯齿，下半部近全缘，上面无毛；花密集叶腋，近无梗；苞片披针形或倒披针形，长2.5厘米。产四川中西部及云南西北部，生于海拔约1200米处。

2. 尾苞紫云菜 图 567

Strobilanthes mucronato-producta Lindau in Bull. Herb. Boiss. 5: 650. 1897.

灌木，高约1.5米。茎近四棱形，初被微毛。叶卵形或长圆形，长8.5-15厘米，先端长渐尖，基部圆或稍窄，上面具密线状钟乳体，下面脉上有毛，边有圆锯齿或全缘，侧脉每边8-9条；叶柄被微柔毛。穗状花序顶生，密集，几无花序梗；苞片长圆状披针形，长约2.4厘米，先

图 567 尾苞紫云菜（吴锡麟绘）

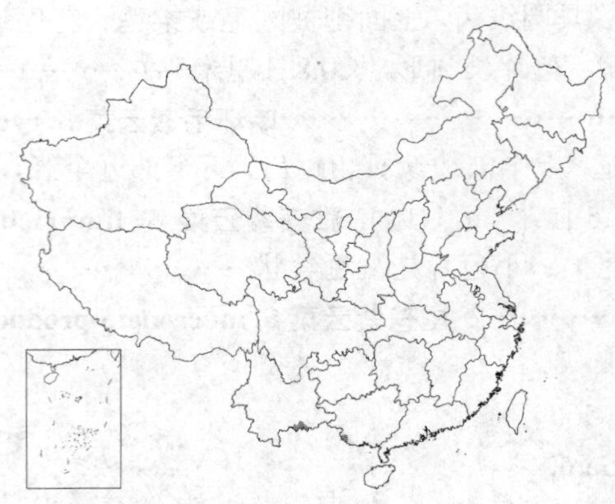

端尾尖。小苞片披针形，先端近丝状，长5毫米；花萼裂至基部，裂片披针形，长1,6-1.7厘米；花冠紫色，长3.5-4厘米，向上逐渐扩大，喉部顶端径约1.3厘米，外面无毛，冠檐裂片5，近圆形，长7毫米；花丝均疏被短柔毛；子房先端和花柱被短硬毛。

产广西西南部及云南南部，生于山坡林下。越南北部有分布。

38. 四苞蓝属 **Tetragoga** Bremek.

草本、亚灌木状或藤状。叶被褐或锈红色长硬毛，上面具小而明显线形钟乳体，具柄。穗状花序短缩，顶生或腋生，具花序梗；苞片4，基部至下部的直立，顶端部分开展，并呈叶状组成十字形，多脉和宿存。花单生苞腋；小苞片线形，与花萼不等长或较长；花萼不等5深裂，裂片线形；花冠扭弯，圆柱形花冠筒至喉部扩大成钟形，为其2倍长，支撑花柱的毛排成2列，冠檐裂片几相等，圆形；雄蕊4，2强，全部直立和内藏，长雄蕊的花丝具一行硬毛，比短雄蕊的花丝长近2倍，短雄蕊花丝无毛，花药直立，药室向两侧扁平，不育雄蕊小；子房通常每室具2胚珠，花柱毛被至少部分被头状刚毛。蒴果具4粒种子。种子棕色，小基区，外环着生坚硬而弯曲的毛。

2种。分布于印度东北部、中国、中南半岛、马来半岛至印度尼西亚。我国均产。

四苞蓝 图568

Tetragoga esquirolii (Lévl.) E. Hossain in Notes Roy. Bot. Gard. Edinb. 32 (2): 410. 1973.

Strobilanthes esquirolii Lévl. in Fedde, Repert. Sp. Nov. 12: 18. 1913.

亚灌木状或藤状草本，高达1米。茎4棱，具沟槽，初被长柔毛。后光滑无毛。叶椭圆形或披针形，先端短渐尖，基部宽楔形，边具圆齿，侧脉6-8条，两面具点状钟乳体，大叶长6.5-8.5厘米，小叶3-3.5厘米；叶柄长0.8-1.2厘米。花序头状紧密和明显包于苞片内；苞片直立，最外面2对交互对生，不育，先端附属物，叶状，长1.2厘米，有时和小叶一样大小，呈十字形，着花的苞片三角状卵形，长2厘米，第一对苞片外面疏被腺毛，钟乳体纵向排列，第三对苞片逐渐变短小。花生苞腋；花萼5深裂，裂片披针形，密被黄棕色刚毛；雄蕊4。

图 568 四苞蓝（李爱莉绘）

产贵州南部、云南南部及海南。

39. 延苞蓝属 **Hymenochlaena** Bremek.

多年生草本。叶基部长楔形下延成柄，两面具金黄色点。花序穗状，顶生或腋生，具长花序梗；苞片直达节上或极下延，羽状脉，远长于花萼长，宿存。花单生苞腋；小苞片小；花萼5裂，裂片近相等；花冠白色，不扭转，花冠筒颇短，喉部扩大成钟形，支撑花柱的毛排列成2行，冠檐裂片近相等，卵形；外方雄蕊几内藏，花丝稍不等，花药两侧极凹，水平着生，内方雄蕊退化成棒状，不育雄蕊几不明显；子房被短头状簇毛，胚珠每室2粒，花柱被刚毛。蒴果纺锤形，稍被头状毛，具4种子，珠柄钩顶端具3齿。种子白色，基区通常向边缘扩展。

约3种，分布于印度东北部、中国、中南半岛、马来半岛及菲律宾。我国1种。

延苞蓝 图 569

Hymenochlaena pteroclada (R. Ben.) C. Y. Wu et C. C. Hu, Fl. Reipubl. Popul. Sin. 70: 193. 2002.

Strobilanthes pteroclada R. Ben. in Bull. Mus. Hist. Nat Paris 28: 187. 1922.

草本，节膝曲状。茎4棱，无毛，两侧具沟。叶披针形，长达12厘米，先端渐尖，基部变窄下延长楔形，边有疏离小齿，两面无毛，侧脉5-7；具柄或无柄。聚伞花序疏松，生枝顶；苞片对生，长长地下延至枝，分离部分长3厘米，宽1.4厘米，先端渐尖或急尖，边有疏离小齿，无毛。花藏于两大苞片内；小苞片长圆形，长7毫米；无毛。花萼裂片相等，长圆形，无毛；花冠长4厘米，基部圆柱形，上部扩大。雄蕊4，花丝直，花药长圆形；子房无毛，花柱稀被疏柔毛。蒴果伸长达1厘米，无毛。

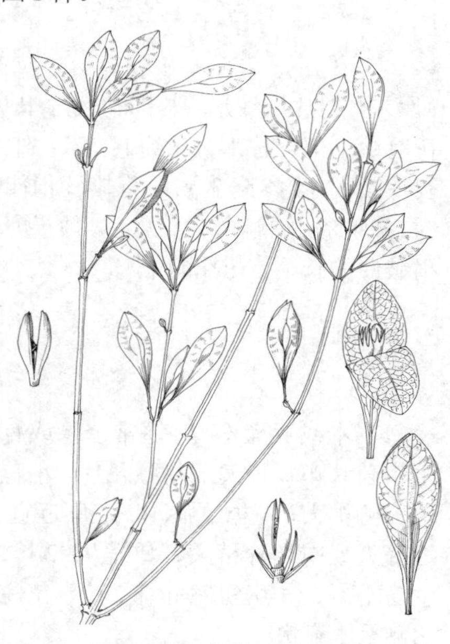

图 569 延苞蓝（吴锡麟绘）

产贵州西南部、广西西部及西南部。

40. 假蓝属 **Pteroptychia** Bremek.

草本或亚灌木状。具异叶性。叶具柄或无柄，上面有大而密的线形钟乳体。穗状花序伸长，顶生或腋生；苞片通常窄，稀叶状，1条脉或羽状脉，短于花萼或与之等长；花单生苞腋；小苞片稍短于花萼；花萼5深裂，裂片近相等；花冠扭弯，圆柱形花冠筒在喉部扩大成钟形，并为其2倍长，支撑花柱的毛排列成2列，冠檐裂片几相等，宽圆形；雄蕊4，2强，直立和内藏或稍伸出，下延成2褶襞，褶襞两侧或一侧边缘被缘毛，花丝基部或几全部被微硬毛，外方的雄蕊比内方的长近2倍，花药直立，药室向侧面扁，不育雄蕊小或不明显；子房无毛或稍被毛，通常每室具2胚珠，花柱被毛。

约5种，分布于中国、中南半岛、马来半岛至印度尼西亚。我国1种。

曲枝假蓝 图 570

Pteroptychia dalziellii (W. W. Smith) H. S. Lo, Fl. Hainan. 3 : 547, 592. 1974.

Acanthopale dalziellii W. W. Smith in Notes Roy Bot. Gard. Edinb. 11: 193. 1919.

草本或亚灌木状，高达1米。枝呈“之”字形曲折，稍被微柔毛。上

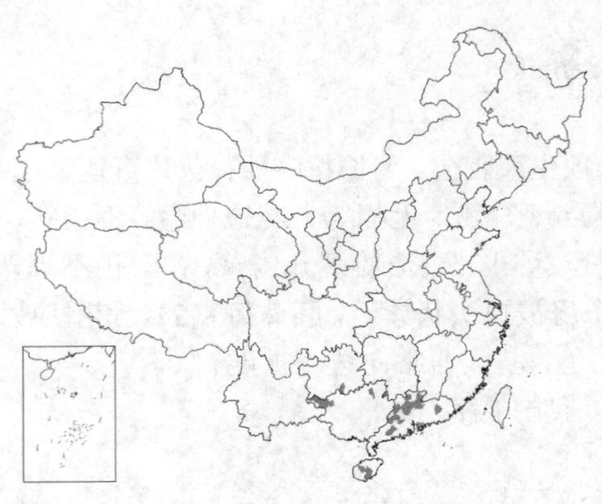

部叶无柄或近无柄，近相等或极不等，大叶长达14厘米，小叶长2-5厘米，卵形或卵状披针形，先端渐尖或急尖，稀钝，基部圆，边缘疏锯齿，侧脉每边5条，上面无毛，下面无毛或脉上稀被疏柔毛。顶生花序和上部腋生花序长2-3厘米，有2-4花，疏生，花序轴稀被白色疏柔毛；苞片线形或披针形，叶状。花梗不明显或极短；花萼长约1厘米，裂片近线形，基部和裂片中肋密被白色疏柔毛；花冠长4.5厘米，花冠筒下部圆柱形，长约1厘米，外面微被疏柔毛，向上逐渐扩大，冠檐裂片圆，宽约8毫米；发育雄蕊稍伸出。蒴果线状长圆形，两侧压扁，长约1.8厘米，顶端急尖，无毛。种子卵圆形，基区极小，基区以外密被紧贴稍皱曲的长毛。花期11月。

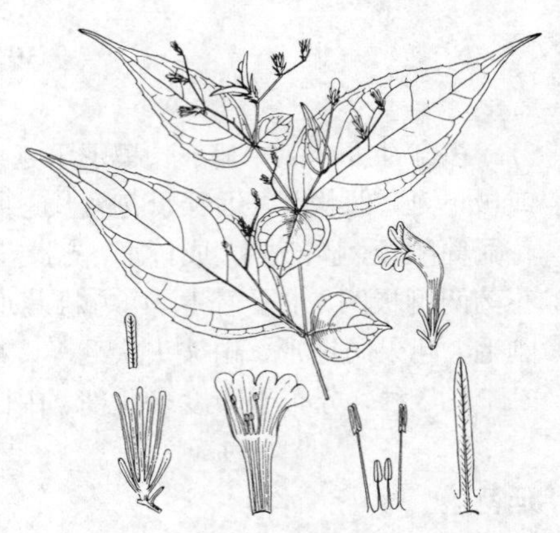

图 570 曲枝假蓝（余汉平绘）

产广东、海南、广西、湖南南部、贵州南部及西南部。

41. 鳞花草属 **Lepidagathis** Willd.

草本或亚灌木。叶通常全缘或有时有圆齿。花无梗，组成顶生或腋生、通常密花的穗状花序，单个或3-5个簇生；苞片革质，大于花萼裂片。小苞片稍小；花萼深5裂或2前裂片多少合生，裂片不等大；花冠具短筒，喉部常一侧扩大，冠檐二唇形，上唇近直立或稍伸展，先端微缺或浅2裂，下唇伸展，3裂，冠檐裂片双盖覆瓦状排列，近等大或中裂片稍大；雄蕊4，2长2短，着生花冠喉部，内藏，花丝短，花药2室，药室等大，一上一下或斜叠生，无距；子房每室胚珠2粒，花柱线形，柱头不分裂或浅2裂。蒴果长圆形。种子每室2粒，稀1粒，近圆形，两侧呈压扁状。

约100余种，主要分布于东半球热带至亚热带地区，少数产美洲。我国7种。

1. 叶缘明显具齿 ………………………………………………………… 1. **齿叶鳞花草 L. fasciculata**
1. 叶近全缘。
  2. 苞片及小苞片被微毛 ……………………………………………… 2. **台湾鳞花草 L. formosensis**
  2. 苞片及小苞片被腺状柔毛或长柔毛。
    3. 花萼前面1对裂片深裂几达基部；同一节上的叶极不等大 ……… 3. **海南鳞花草 L. hainanensis**
    3. 花萼前面1对裂片中部以下合生；同一节上的叶近于等大或稍不等大 ……… 4. **鳞花草 L. incurva**

1. 齿叶鳞花草 图 571

Lepidagathis fasciculata (Retz.) Nees in Wall. Pl. Asiat. Rar. 3: 95. 1832.

Ruellia fasciculata Retz. Obs. 4: 28. 1786.

草本。茎仰卧，被长柔毛和腺毛。叶长圆状卵形，长4-11.5厘米，两端渐尖，自中部至顶端具波状齿牙和被刚毛，两面被极短毛，钟乳体线形，密而明显，侧脉6-7对；叶柄长1.5-3.5厘米。穗状花序近球形，长2.5厘米，具花序梗或无，通常有4级分枝，腋生；背方苞片椭圆形，具3脉，被腺状微柔毛。小苞片镰状长圆形，近不等，1枚比花萼长，1枚比花萼短；花萼上裂片披针形，具3脉，下2枚线形，中间2枚近刚毛状；苞片、小

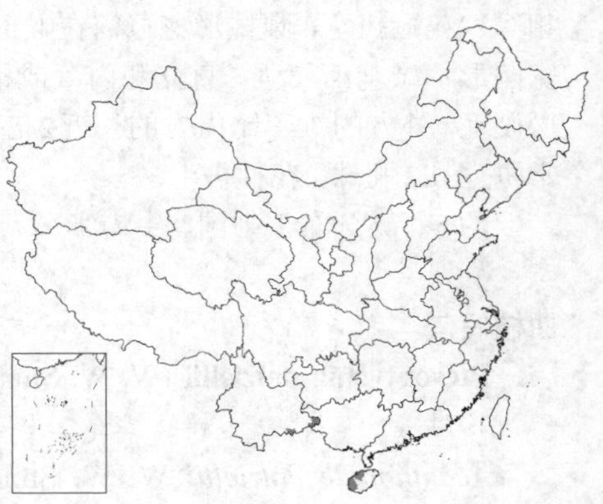

苞片及萼有芒尖；花冠长4.5毫米，紫色，扭弯，被白色毛。

产云南东南部及海南尖峰岭。孟加拉国、缅甸、泰国、老挝至马来半岛有分布。

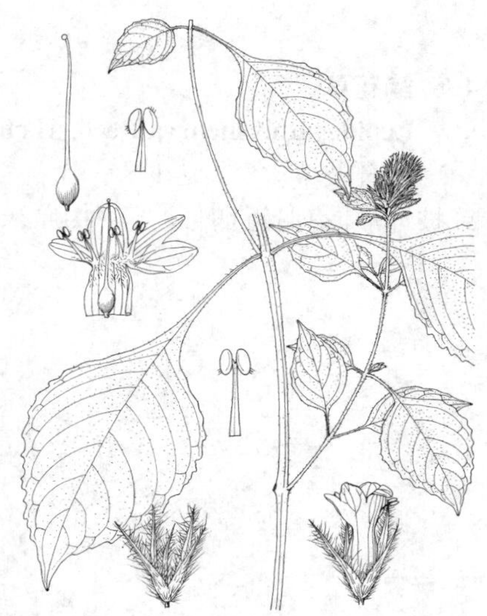

图 571 齿叶鳞花草 （吴锡麟绘）

2. 台湾鳞花草 图 572

Lepidagathis formosensis Clarke ex Hayata in Journ. Coll. Sci. Univ. Tokyo 30(1): 213.1911.

灌木状草本或直立亚灌木，高45厘米或过之。茎4棱，有极窄的翅，近光滑或被极疏的微毛。叶长圆状卵形或卵形，长7.5-8-10厘米，先端长渐尖或钝，基部渐窄，下延至柄，边缘具圆齿或浅波状，上面被疏毛，下面主脉上被黄褐色柔毛，侧脉每边4条，近边缘网结；叶柄长0.5-2厘米。穗状花序长圆状卵形，无梗，单个或3-5个簇生；花密集，偏向一侧；苞片披针形，长5-6毫米，外面被刚毛。花萼长6毫米，不等5深裂，外面有髯毛，裂片披针形，有长芒，具1中肋，有黄色边；花冠长8-9毫米，花冠筒钟形，长3.5毫米，外面被极短反折微柔毛，顶端稍收缩，喉里面基部有反折的髯毛，冠檐裂片4，长圆形，先端2齿或全缘；子房卵圆形，被刚毛；花盘环形，稍5裂。

产台湾、广东肇庆鼎湖山、罗定及云浮山。

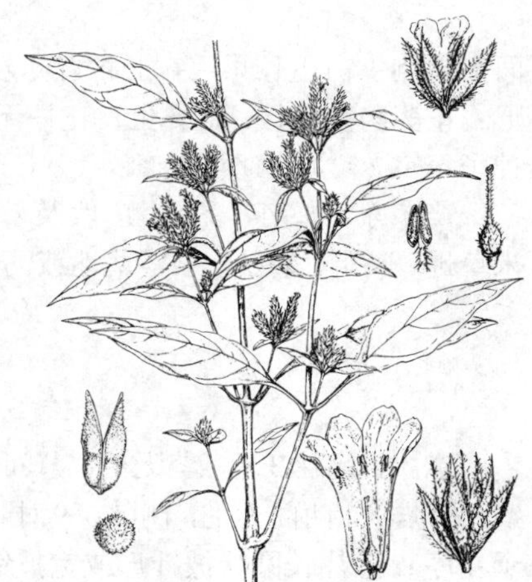

图 572 台湾鳞花草 （引自《Fl. Taiwan》）

3. 海南鳞花草 图 573

Lepidagathis hainanensis H. S. Lo, Fl. Hainan. 3: 598. 552. f. 925. 1974.

多年生直立草本，高达30厘米。茎4棱，近无毛或稍被微柔毛。叶长椭圆形或长圆状椭圆形，先端钝或浑圆，基部窄楔形，下延，同一节上的叶常极不等大，大的长5-12厘米，小的通常长1-2厘米，很少达5-6厘米，下面被微柔毛；叶柄长可达1.5厘米，有时几无柄。穗状花序长达6厘米，花序梗通常很短；苞片窄披针形，长0.8-1厘米，先端芒尖，具5或7脉，外面被腺柔毛。小苞片稍小于苞片；花萼被腺状柔毛，前方1对裂片深裂几达基部，后方中裂片最大，披针形，长0.8-1厘米，侧裂片小，近线形，长约6毫米，前方1对裂片线状披针形，长约8毫米，深裂几达基部；花冠白色，长0.9-1厘米。蒴果长圆状卵圆形，长约6毫米，每室种子2粒。花期春季。

产海南及广西西北部，通常生于森林边缘。

图 573 海南鳞花草 （引自《海南植物志》）

4. 鳞花草 图 574

Lepidagathis incurva Buch.-Ham. ex D. Don, Prodr. Fl. Nepal. 119. 1825.

多分枝草本，高达1米；除花序外几全体无毛。小枝4棱。叶长圆形或披针形，有时近卵形，长4-10厘米，先端渐尖或短渐尖，基部多少下延，通常浅波状或有疏齿，两面均有稍粗的针状钟乳体，侧脉每边7-9条；叶柄长0.5-1厘米。穗状花序长1-3厘米；苞片长圆状卵形，长约7毫米，先端具刺状小凸起。小苞片稍窄，和苞片及萼裂片均在背面和边缘被长柔毛；花萼后裂片较大，披针状卵形，长约7毫米，前面1对裂片中部以下合生；花冠白色，长约7毫米，喉部内面密被倒生白色长柔毛，上唇直立，宽卵形，不明显2裂，下唇裂片近圆形；花药药室邻接，斜叠生；花柱无毛。蒴果长圆形，长约6毫米，无毛。种子每室2粒。花期早春。

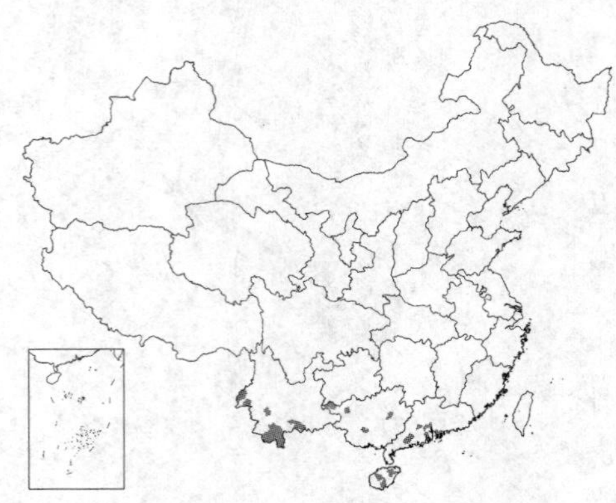

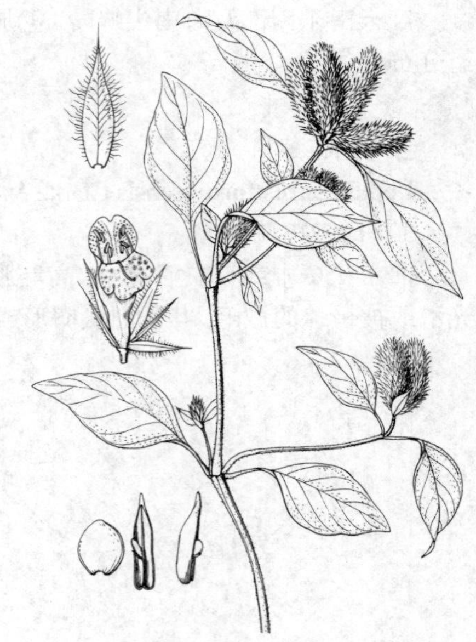

图 574 鳞花草（引自《图鉴》）

产广东、海南、香港、广西及云南，通常生于海拔200-1500（-2200）米草地、旷野、灌丛、干旱草地或河边沙地。中南半岛至印度及喜马拉雅其他国家有分布。全株入药，治眼病、蛇伤、伤口感染、皮肤湿疹。

42. 色萼花属 Chroesthes R. Ben.

灌木。高达3米。茎无毛，节间延长。叶倒披针形或披针形，长10-16厘米，先端稍长渐尖，基部窄楔形，全缘，稍波状，两面无毛，侧脉6-9对；叶柄长1-2.5厘米。聚伞圆锥花序长3厘米，有间隔；花对生或2-3朵聚成聚伞花序；苞片长圆状披针形或宽披针形，长3-9毫米，被腺状短柔毛，中肋及侧脉明显。小苞片与苞片相似；花梗长1-5毫米；花萼长1-1.6厘米，外被腺毛，内被柔毛，后方裂片宽披针形，两侧的线状披针形，前方的稍宽，明显具脉，前方1对裂片常在2/3处多少联合；花冠二唇形，白色，带粉红色点至紫色点，约长2.5厘米，外被长柔毛，花冠筒窄处柱形，约长9毫米，膨大处长1.5厘米，冠檐后方2裂片在其一半处联合，前方3枚分离；雄蕊4，2强，内藏，着生花冠扩大部的基部，花丝长1-1.2厘米，药室边缘和顶端有短毛，基部具双距；子房顶端有毛，花柱长2.5厘米，基部有微柔毛。蒴果长1.2-1.6厘米，长圆形，顶端稍被微柔毛或光滑。种子4，压扁，圆形，具短毛。

单种属。

色萼花 图 575

Chroesthes lanceolata (T. Anders.) B. Hansen in Nord. Journ. Bot. 3: 209. 1983.

Asystasia lanceolata T. Anders. in Journ. Linn. Soc. Bot. 9: 524. 1867.

Chroesthes pubiflora R. Ben.; 中国高等植物图鉴 4: 165. 1975.

图 575 色萼花 （引自《图鉴》）

形态特征同属。

产云南南部及广西中南部，生于海拔（200-）850-1400米林下。越南、老挝、泰国及缅甸有分布。

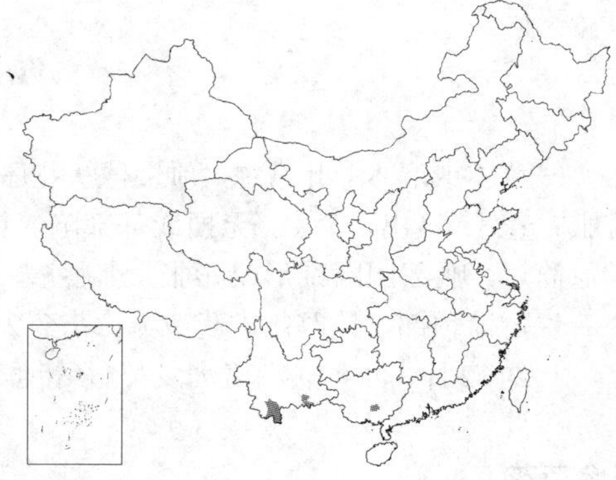

43. 穿心莲属 Andrographis Wall. ex Nees

草本或亚灌木。叶全缘。花序顶生或腋生；花具梗，通常组成疏松的圆锥花序，有时紧密总状花序呈头状，具苞片。小苞片有或无；花萼5深裂，裂片窄，等大；花冠筒筒状或膨大，冠檐二唇形或稍呈二唇形，上唇2裂，下唇3裂，裂片覆瓦状排列；雄蕊2，伸出或内藏，药室等大或1大1小，基部无距，有时有髯毛；子房每室有胚珠3至多粒，花柱细长，柱头齿状2裂。蒴果两侧呈压扁状，每室有3至多粒种子。种子种皮骨质，珠柄钩脱落。

约20种，分布在亚洲热带地区的印度、中国、缅甸、中南半岛、马来半岛至加里曼丹岛。我国2种，其中1种栽培。

1. 叶披针形或长圆状披针形；总状花序集成大型圆锥花序；花冠明显二唇形；雄蕊伸出花冠，花丝中部不扩大；花萼和蒴果被腺毛 ………………………………………………………………………… **穿心莲 A. paniculata**
1. 叶卵形；总状花序通常伸展，不集成大型圆锥花序；花冠微二唇形；雄蕊内藏，花丝在中部弧形扩大；花萼和蒴果无毛 ………………………………………………………………………… (附). **疏花穿心莲 A. laxiflora**

穿心莲 图 576

Andrographis paniculata (Burm. f.) Nees in Wall. Pl. Asiat. Ras. 3: 116. 1832.

Justicia paniculata Burm. f. Fl. Ind. 9: 1763.

一年生草本，高达80厘米。茎4棱，下部多分枝，节膨大。叶卵状长圆形或长圆状披针形，长4-8厘米，先端稍钝。总状花序顶生和腋生，集成大型圆锥花序，花序轴上叶较小；苞片和小苞片微小，长约1毫米；花萼裂片三角状披针形，长约3毫米，有腺毛和微毛；花冠白色，下唇带紫色斑纹，长约1.2厘米，外有腺毛和短柔毛，二唇形，上唇微2裂，下唇3深裂，花冠筒与唇瓣等长；雄蕊2，花药2室，1室基部和花丝一侧有柔毛。蒴果扁，中有一沟，长约1厘米，疏生腺毛。种子12粒，四方形，有皱纹。

原产地可能在南亚。福建、广东、海南、广西、云南常见栽培，江苏、陕西也已引种。茎、叶极苦，有清热解毒之效。

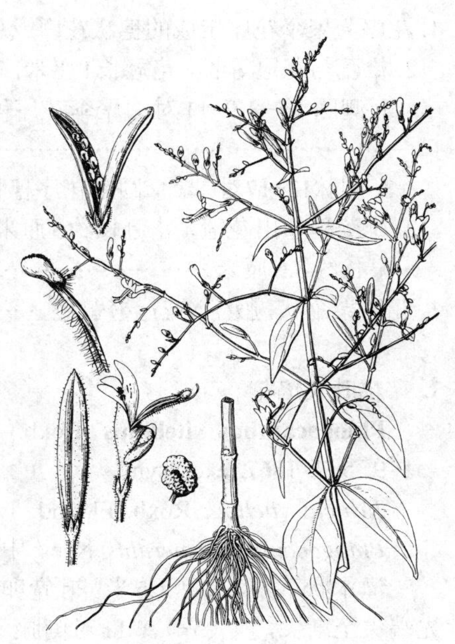
图 576 穿心莲（引自《图鉴》）

[附] **疏花穿心莲 Andrographis laxiflora** (Bl.) Lindau in Engl. u. Prantl, Nat. Pflanzenfam. 4. 3b: 323. 1895.——*Justicia laxiflora* Bl. Bijdr. Fl. Ned. Ind. 789. 1826. 本种与穿心莲的区别：叶卵形；总状花序通常伸长，不分枝，不集成大型圆锥花序；花冠微二唇形；雄蕊内藏，花丝在中部弧形扩大；花萼和蒴果无毛。产云南东南部及南部、贵州西南部及海南，印度、缅甸、中南半岛、马来半岛及印度尼西亚有分布。

44. 金苞花属 Pachystachys Nees

草本或灌木。叶常绿。顶生穗状花序密集；苞片宽，膜质或草质。具小苞片或无，而在花萼基部有极短的胼胝；花3或4出，轮生，无梗或基部陷入粗有棱角的花序轴；萼片通常5深裂，上部常窄；花冠张开，紫或黄色，冠筒短，喉部倒圆锥形或膨胀，上唇窄，凹，先端2裂，下唇3裂，长圆形或卵形；能育雄蕊2，与花冠相等长，着生冠筒顶部，具退化雄蕊或无，花药2室，深箭状，药室相等，钝；花柱丝状，柱头钝。

约12种，分布热带美洲及秘鲁等地。我国引入栽培1种。

金苞花 彩片 115

Pachystachys lutea Nees in DC. prodr. 11: 320. 1847.

常绿草本。叶长圆形或披针形，有光泽，先端渐尖，基部通常楔形，下面主脉被微柔毛，几无柄。顶生穗状花序由密、短的总花梗组成：苞片膜质，卵形，下部的近心形，锐尖，排成4行。小苞片披针形或匙形，与花萼等长，锐尖，先端几具微齿：花冠黄色，艳丽。

原产美洲热带及秘鲁。上海、昆明等市栽培装饰庭院，供观赏。

45. 火焰花属 Phlogacanthus Nees

灌木或高大草本。叶通常大而全缘，或具不明显的钝齿，上面稍有乳突或凸起。花序顶生，常由聚伞花序组成穗状花序、总状花序或窄圆锥花序，或为腋生聚伞花序；苞片小。花具梗；小苞片几缺；花萼5深裂；花冠美丽，花冠筒圆筒状，喉部扩大，内弯，冠檐整齐5裂，或多少呈二唇形，裂片覆瓦状排列；雄蕊2，着生花冠筒中部或基部，内藏或有时稍伸出，花药2室，药室等大，平行，基部戟形叉开，无芒，不育雄蕊通常2枚；子房无毛，每室5-8胚珠，柱头全缘。蒴果每室有5-8种子。种子透镜状，无毛或密被短柔毛。

约15-17种。分布于印度、中国、缅甸、中南半岛、马来西亚。我国5种。

1. 花序为聚伞花序组成的穗状花序或总状花序，花冠紫红或白色。
  2. 雄蕊与花冠等长，花冠长1厘米，花冠筒在喉部成直角弯曲。
    3. 侧脉（5-）9-11对；聚伞花序穗状，长10-20厘米，分枝少，有间断；蒴果长约2厘米 …………………………………… 1. **糙叶火焰花 P. vitellinus**
    3. 侧脉12-17对；聚伞圆锥花序穗状，花序轴极少单一，通常分枝 ………………… 1(附). **广西火焰花 P. colaniae**
  2. 雄蕊稍超出花冠，花冠长约5厘米，花冠筒稍弯曲；花梗长5-8毫米，花序密集，无间断；侧脉12-17对；蒴果长约3.5厘米 ………………………………… 2. **火焰花 P. curviflorus**
1. 花序聚伞状，腋生，花冠橙黄色 ………………………………… 3. **毛脉火焰花 P. pubinervius**

1. 糙叶火焰花 图 577

Phlogacanthus vitellinus (Roxb.) T. Anders. in Journ. Linn. Soc. Bot. 9: 507. 1867. excl. syn.

Justicia vitellina Roxb. Fl. Ind. 1: 115. 1820.

Phlogacanthus asperulus Nees; 中国高等植物图鉴 4: 167. 1975.

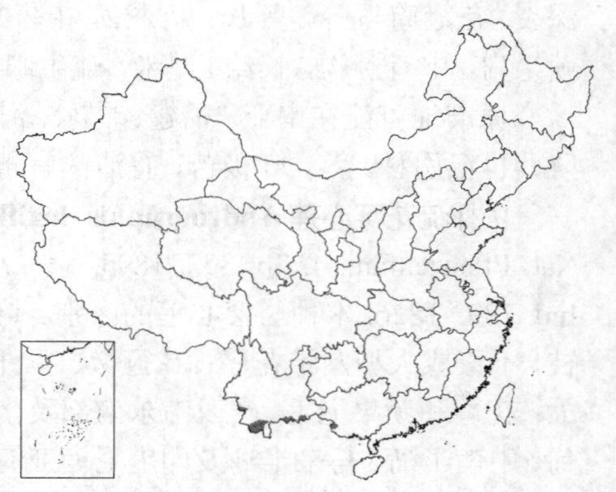

灌木状草本，高达1.5米。叶宽卵形或长圆状披针形，长10-30厘米，先端尖至渐尖，具（5-）9-11对侧脉，两面具小凸点的钟乳体，边近微波状。聚伞花序穗状，长10-20厘米，分枝少，有间断，每节具对生紧缩的聚伞花序；苞片微小。花萼裂片线状披针形，长6毫米，有微毛；花冠紫红色，长约1.2-1.8厘米，外生微毛，花冠筒下部筒状，在喉部成直角弯曲，冠檐裂片5，稍成二唇形，长约为花冠1/4；雄蕊着生近花冠基部，约与花冠等长，花丝基部附近有2个具毛的退化雄蕊。蒴果柱状，长约2厘米，具8粒种子。

产云南南部及广西西南部，生于海拔240-700-1100米林下。印度、尼泊尔、锡金及不丹有分布。

[附] **广西火焰花 Phlogacanthus colaniae** R. Ben. in Not. Syst. Paris 5 (2): 109. 1934. 本种与糙叶火焰花的区别：叶卵形或卵状披针形，全缘或稍具圆齿，上面光滑，下面脉上稍被微毛，侧脉12-17对；聚伞圆锥花序穗状，花序轴极少单一，通常分枝。产广西、云南西部及海南陵水，生于海拔约200米石灰岩地区。越南北部有分布。

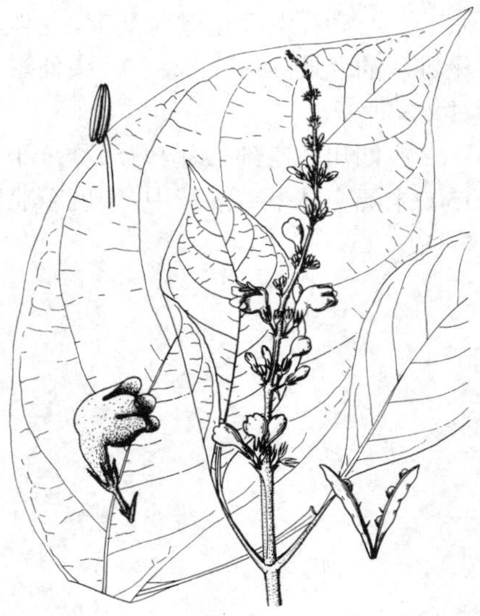

图 577 糙叶火焰花（引自《图鉴》）

2. 火焰花 图 578 彩片 116

Phlogacanthus curviflorus (Wall.) Nees in Wall. Pl. Asiat. Rar. 3: 99. 1832.

Justicia curviflorus Wall. Pl. Asiat. Rar. 2: 9. t. 112. 1831.

灌木，高达3米。叶椭圆形或长圆形，长12-30厘米，先端尖或渐尖，基部宽楔形，下延，上面密生小点状钟乳体，无毛，下面被微毛，脉上毛较密而明显，侧脉12-17对；叶柄长1.5-5厘米。聚伞圆锥花序穗状，顶生，长14-18厘米；苞片和小苞片微小；花梗长5-8毫米，密被短绒毛；花萼5裂至下部，裂片三角状披针形，长约5-7毫米，密生微毛；花冠紫红色，长约5厘米，外密被倒生黄褐色微毛和腺毛，花冠筒长约4.2厘米，稍向下弯，冠檐二唇形，上唇2裂，下唇3深裂；雄蕊着生近花冠筒基部，稍外露，花丝基部附近有2退化雄蕊的残迹。蒴果圆柱形，长约3.5厘米，具10粒种子。

产云南南部及西部，生于海拔400-1600米林下。越南至印度东北部有分布。

图 578 火焰花（引自《图鉴》）

3. 毛脉火焰花 图 579

Phlogacanthus pubinervius T. Anders. in Journ. Linn. Soc. Bot. 9: 508. 1867.

灌木或小乔木，高达5米。叶椭圆状长圆形或长圆形，长（5-）8-18厘米，先端渐尖或长渐尖，边缘多少浅波，具5-7对侧脉，草质，上面粗糙，下面沿脉被疏毛，短枝叶较小，下部叶早落。聚伞花序腋生，具1-4花，花序梗四棱形，长0.8-1.6厘米，被短柔毛；苞片微小，早落。花梗下部具2钻形小苞片；花萼裂至近基部，裂片不等大，线状披针形，外面被微毛，里面具灰白色绒毛，中肋1条；花冠橙黄色，长约1.8厘米，外有微毛，稍成二唇形，花冠筒长约1.3厘米，稍弯，上唇2裂，下唇3深裂，外面密被

微毛；雄蕊着生近花冠筒基部，花丝长2.5厘米，伸出花冠基部附近有2退化雄蕊的残迹；花柱细长，柱头外露。蒴果圆柱形，近棒状，长2.5-3厘米，具8粒种子。

产四川西南部、云南南部及西部、贵州南部及广西西部，生于海拔900-1500米混交林下或灌丛中。印度东北部及锡金有分布。

图 579 毛脉火焰花（引自《图鉴》）

46. 鳔冠花属 Cystacanthus T. Anders.

灌木或高大草本。叶全缘或具不明显钝齿。组成顶生窄圆锥状花序，稀腋生聚伞花序或总状花序；苞片2，对生，远离花萼及小苞片。花萼5深裂，裂片线形，密被腺毛；花冠膨大，钟状漏斗形，稍弯，花冠筒短，冠檐顶部收缩，裂片相等；雄蕊2，内藏，花丝基部关节处有髯毛；花药2室，相等，被长硬毛，基部无芒，有退化雄蕊2；子房卵圆形，被长硬毛，花柱圆柱形，柱头极短2裂。蒴果细长，有12粒种子，顶端钝，爿片背面有深沟。种子卵圆形，压扁，被绒毛，珠柄钩内弯，钻形。

约8种，分布于中国、缅甸、泰国至中南半岛。我国4种。

1. 花序少花，3-4花；花冠黄色，内面淡黄色有紫酱色条纹，花萼长1.5-2厘米 ……………… 1. **丽江鳔冠花 C. affinis**
1. 花序为窄圆锥聚伞花序。
   2. 花冠紫色；叶长圆形或长圆状披针形；茎四棱形，无毛；幼枝具翅 ……………………… 2. **鳔冠花 C. paniculatus**
   2. 花冠淡白或天蓝色，基部稍白；叶卵形或卵状披针形，上面紧靠中脉密被黄色柔毛；茎和枝初被黄褐色长柔毛；茎圆柱形 ……………………………………………………… 2(附). **滇鳔冠花 C. yunnanensis**

1. 丽江鳔冠花

Cystacanthus affinis W. W. Smith in Notes Roy. Bot. Gard. Edinb. 9: 103. 1916.

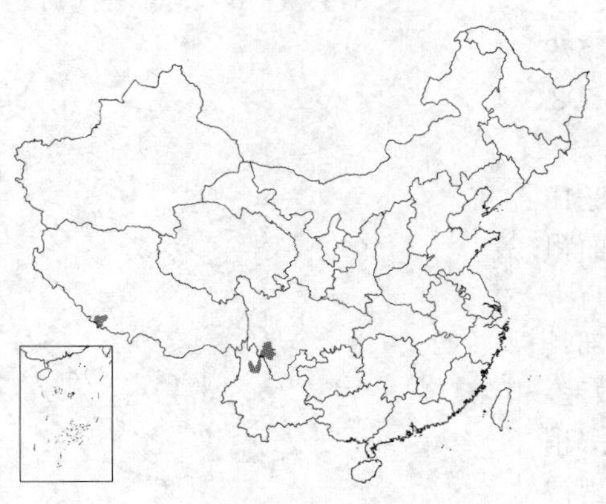

灌木，高达2米。茎圆柱形。叶长圆形或长卵形，长2.5-6厘米，先端短渐尖，基部楔形，全缘，两面脉上被短柔毛，下面有钻形钟乳体，主脉和侧脉明显白色，侧脉5-6对；叶柄长0.5-1厘米。花序顶生，少花，3-4花。花萼长1.5-2厘米，外面被毛，宿存；花冠长3.5-4厘米，外面黄色，内面淡黄色有紫酱色条纹，花冠筒中部宽约2厘米，冠檐裂片长达1.5厘米；雄蕊2，内藏，花药长达9毫米；子房长约5毫米，花柱长约2厘米，无毛。蒴果淡黄色，长2厘米，每室有种子3粒。

产云南西北部、四川西南部及西藏南部，生于海拔1700-2200米处。

2. **鳔冠花** 鳔刺草 图 580 彩片 117

Cystacanthus paniculatus T. Anders. in Journ. Linn. Soc. Bot. 9: 458. 1866.

灌木，高达2米。茎4棱，光滑；幼枝具翅。叶长圆形或长圆状披针形，长10-12厘米，先端渐尖，基部下延至柄，边缘呈浅波状圆齿，下面脉上有毛；叶柄长1-1.5厘米。圆锥花序顶生，紧缩似总状，长达18厘米，花序轴上密生柔毛和腺毛；苞片和小苞片长圆状披针形，短于花萼，早落，与萼同密被腺毛；花萼裂片5，宽披针形，长1.2-1.4厘米；花冠淡紫色，近钟状，外被腺毛，长2-2.4厘米，花冠筒下部囊状，冠檐5裂，裂片圆钝，近相等而稍开展；雄蕊2，内藏，花丝基部有髯毛，退化雄蕊极小；子房有毛，每室具4粒胚珠。蒴果棒形，灰褐色，被粘绒毛，长2.3厘米，花萼宿存，爿片有明显凹槽。

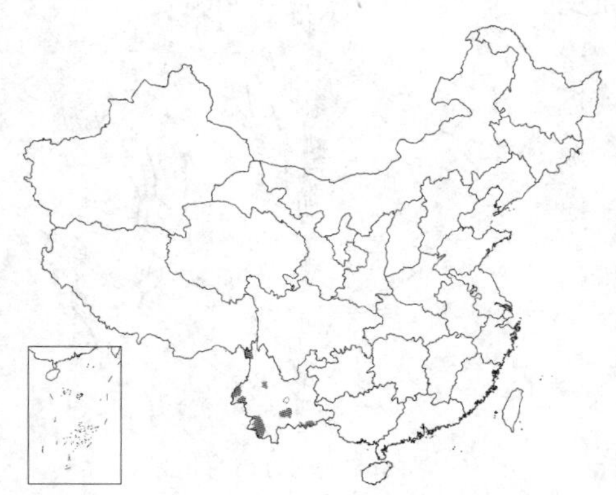

图 580 鳔冠花（引自《图鉴》）

产云南，生于海拔300-2100米灌丛中。缅甸有分布。

[附] **滇鳔冠花 Cystacanthus yunnanensis** W. W. Smith in Notes Roy. Bot. Gard. Edinb. 9 : 104. 1916. 本种与鳔冠花的区别：茎圆柱形，茎和枝初被白或黄褐色长柔毛；叶卵形或卵状披针形，上面紧靠中脉密被黄色柔毛；花冠淡白或天蓝色，基部稍白色；苞片、花梗、花萼外面密被腺毛和长柔毛。产云南。

47. 十万错属 Asystasia Bl.

草本或灌木，疏松，铺散，几具长匍匐茎。叶蓝色或变化于黄蓝色之间，全缘或稍有齿。花排列成顶生总状花序或圆锥花序；苞片和小苞片均小；花萼5裂至基部；裂片相等；花冠通常钟状，近漏斗形，冠檐近于5等裂，上面的细长裂片微凹；雄蕊4，2强，内藏，基部成对连合，花药2室，药室平行，有胼胝体或附着物；花柱头状，两浅裂或两齿，胚珠每室2颗。蒴果基部扁，变细，无种子，上部中央略凹四棱形，两室，有种子4粒。

70种，分布于东半球热带地区。我国3种。

1. 叶窄卵形或卵状披针形，边缘具浅波状圆齿，基部急尖；冠檐裂片短于花冠筒3-4倍 …… **十万错 A. chelonoides**
1. 叶椭圆形，边近全缘，基部急尖、钝、圆或近心形；冠檐裂片与花冠筒近等长 ……… (附). **宽叶十万错 A. gangetica**

十万错 图 581

Asystasia chelonoides Nees in Wall. Pl. Asiat. Rar. 3: 89. 1832.

多年生草本，高达1米。茎两歧分枝，几被微柔毛。叶窄卵形或卵状披针形，长6-12（-18）厘米，先端渐尖或长渐尖，基部急尖，具浅波状圆齿，上面钟乳体白色。总状花序顶生和侧生。花单生或3出而偏向一侧；花梗长1-2毫米；苞片和小苞片长2-3毫米；花萼裂片披针形，长5-6毫米，与苞片和小苞片均疏生柔毛和腺毛；花冠二唇形，白带红色或紫色，花冠筒钟形，长约2.2厘米，外有短柔毛和腺毛，冠檐裂片

5，稍不等，短于花冠筒3-4倍；药室不等高，基部有白色小尖头；子房和花柱下部有短柔毛。蒴果长1.8-2.2厘米，上部具4粒种子，下部实心似细柄状。

产云南南部及东南部、广东北江及广西东南部，生林下。东喜马拉雅地区、印度东北部、缅甸、泰国及中南半岛有分布。可作作解热药。

[附] **宽叶十万错 Asystasia gangetica** (Linn.) T. Anders. in Thwaites, Enum. Pl. Zeyl. 235. 1860.——*Justicia gangetica* Linn. Amoen. Acad. 4: 299. 1759. 本种与十万错的区别：叶椭圆形，边近全缘，基部急尖、钝、圆或近心形；冠檐裂片与花冠筒近等长。产云南南部及广东广州。分布于印度、泰国、中南半岛至马来半岛，现已成为泛热带杂草。叶可食。

图 581 十万错 （引自《图鉴》）

48. 白接骨属 Asystasiella Lindau

草本或灌木。叶具柄，对生。总状花序伸长或圆锥花序，顶生；苞片和小苞片短于花萼。花大，无梗，单生苞腋；花萼5裂至基部，裂片等大；花冠筒极窄长，在喉部突然张开，一面臌胀，冠檐5裂，裂片近相等，开展；雄蕊4，着生花冠喉部，2强，内藏，花丝基部成对连合，药室等高或稍不等高；子房具4胚珠，花柱头状。蒴果棍棒状，基部收缩成实心柄状。种子4，圆形，偏，瘤状凸起，多皱纹。

约3种，分布于旧大陆热带。我国1种。

白接骨 图 582 彩片 118

Asystasiella neesiana (Wall.) Lindau in Engl. u. Prantl, Nat. Pflanzenfam. 4 3b: 326. 1895.

Ruellia neesiana Wall. Pl. Asiat. Rar. 1: 73. t. 83. 1831.

Asystasiella chinensis (S. Moore) E. Hossain; 中国高等植物图鉴 4: 169. 1975.

图 582 白接骨 （引自《图鉴》）

草本，高达1米，具白色粘液；根状茎竹节形。稍呈四棱形。叶卵形或椭圆状长圆形，长5-20厘米，先端尖或渐尖，基部下延成柄，边缘微波状或具浅齿，侧脉6-7条，两面凸起，疏被微毛。总状花序或基部有分枝，长6-12厘米；苞片2，长1-2毫米。花单生或对生；花萼裂片长约6毫米，与花序轴均被有柄腺毛；花冠淡紫红色，漏斗状，外疏生腺毛，花冠筒长3.5-4厘米，裂片稍不等，长约1.5厘米；长花丝长3.5毫米，短花丝长2毫米，药室等高。蒴果长1.8-2.2厘米，上部具4粒种子，下部实心细长似柄。

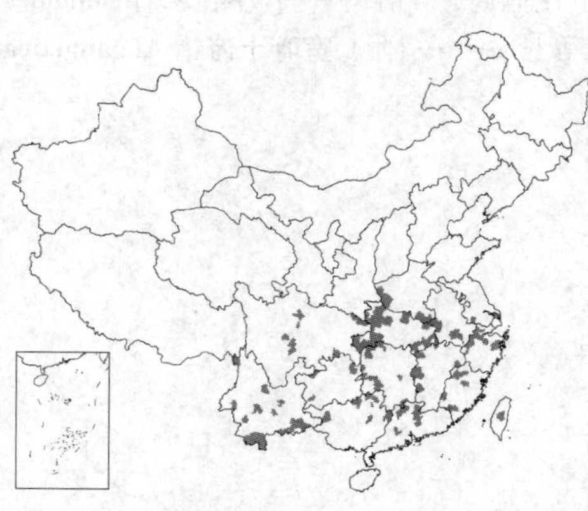

产河南、安徽、江苏南部、浙江、福建、台湾、江西、湖北、湖南、广东、广西、贵州、云南及四川，生林下或溪边。东喜马拉雅山区、越南及缅甸有分布。叶和根状茎入药，可止血。

49. 山壳骨属 **Pseuderanthemum** Radlk.

草本、亚灌木或灌木。叶全缘或有钝齿。花在花序上对生，无梗或具极短的花梗，组成顶生或腋生穗状花序；苞片和小苞片通常小；萼深5裂，裂片等大，花冠筒圆柱状，喉部稍扩大，冠檐伸展，5裂，覆瓦状排列，前裂片稍大，有时有喉凸；发育雄蕊2，着生喉部，内藏或稍伸出，花丝极短，花药2室，药室等大，平行而靠近，基部无附属物，不育雄蕊2枚或消失；子房每室有胚珠2颗，柱头钝或不明显2裂。蒴果棒锤状，每室具2粒种子。种子两端呈压扁状，皱缩。

约60-100种，分布于泛热带。我国约8种。

1. 穗状花序疏松。
  2. 叶椭圆状卵形或卵形，稀披针状椭圆形。
    3. 叶长约为宽的2.5倍或不及；发育雄蕊与不育雄蕊的花丝彼此分离 …………… 1. **海康钩粉草 P. haikangense**
    3. 叶长约为宽的4倍或过之；发育雄蕊与不发育雄蕊的花丝基部合生。下部苞片叶状 ……………………………………………………………………… 1(附). **狭叶钩粉草 P. couderci**
  2. 叶椭圆形 ……………………………………………………………… 2. **山壳骨 P. latifolium**
1. 花序密集，穗状花序由1-3出小聚伞花序组成。
  4. 花序轴被黄褐色毛，苞片和萼片密被毛，花萼裂片无腺毛 ………………………… 3. **云南山壳骨 P. graciliflorum**
  4. 花序轴不被黄褐色毛，苞片和萼片被柔毛，花萼裂片有腺毛 ……………………… 3(附). **多花山壳骨 P. polyanthum**

1. 海康钩粉草 图 583

Pseuderanthemum haikangense C. Y. Wu et H. S. Lo, Fl. Hainan 3: 558. 595. 1974.

亚灌木，高达1米；仅花和花序被腺毛短柔毛。叶椭圆状卵形或卵形，稀披针状椭圆形，长5-11.5厘米，宽2-3.5厘米，先端短渐尖，基部宽楔形或近圆，全缘或不明显的波状圆齿，侧脉每边5-7，弧状上升；叶柄长0.5-1.5厘米。穗状花序顶生，稀生于上部叶腋，长达30厘米，不分枝，稀于基部分枝；苞片对生，窄三角形，长2-3毫米。花生苞腋；小苞片长1-2毫米；花萼长约5毫米，裂片线状披针形；花冠长4厘米，白或淡红色，花冠筒长约3厘米，基部径约1.5毫米，喉部稍扩大，冠檐前裂片椭圆形，基部有红色斑点，长约1厘米，其余的窄椭圆形；发育雄蕊与不育雄蕊的花线彼此分离；子房被微柔毛，花柱长3厘米，被微柔毛。蒴果棒形，长1.9-2厘米，被柔毛。种子4粒，宽卵形，两侧呈压扁状，长约3.5毫米，具脑纹状皱纹。花期5-6月。

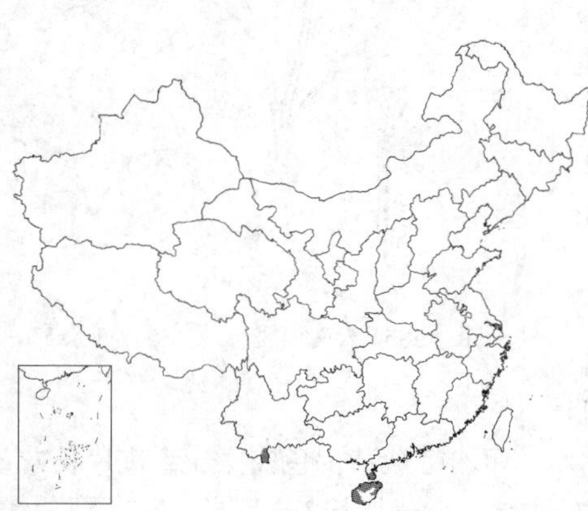

产广东雷州半岛、海南及云南南部，生于低海拔地区林下或旷野。

图 583 海康钩粉草 （余汉平绘）

[附]狭叶钩粉草 **Pseuderanthemum couderci** R. Ben. in Not. Syst. 5: 111. 1935. 本种与海康钩粉草的区

别：叶长3-11厘米，宽0.5-2.5厘米，基部近急尖，侧脉每边6-12；苞片、小苞片及萼片均被柔毛；花冠紫红色；发育雄蕊与不育雄蕊的花丝基部合生。产海南，生于中海拔林下或沟溪。柬埔寨有分布。

2. 山壳骨 图 584

Pseuderanthemum latifolium (Vahl) B. Hansen in Nordic Journ. Bot. 9: 213. 1989.

Justicia latifolium Vahl, Symb. Bot. 2: 4. 1791.

Pseuderanthemum palatiferus (Wall.) Radlk. ex Lindau；中国高等植物图鉴 4: 170. 1975.

多年生草本，高达1米。茎上部被毛；老枝节膨大。叶椭圆形，长11.5-12厘米，两端渐尖，近全缘，疏具波状圆锯齿，下面中脉初被毛，侧脉每边5-6，叶柄长1-2.5厘米。总状花序长达30厘米，常簇生穗状，花序各节有间距，下部各节相距1-2厘米；苞片长3-4毫米；花萼裂片长5毫米，线形；花冠淡紫色，高脚碟形，长约2厘米，花冠筒长1.5厘米，冠檐裂片长5毫米，不明显二唇形，下唇中裂片紫色带黄点；子房被柔毛。蒴果长2.5厘米，被柔毛。种子径约4毫米，具网状皱纹，无毛。

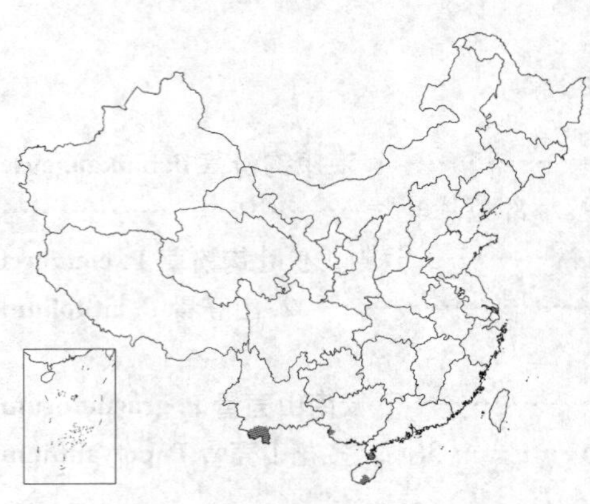

产广东雷州半岛、海南、广西西南部及云南南部，东喜马拉雅、中南半岛、印度至马来西亚广布。

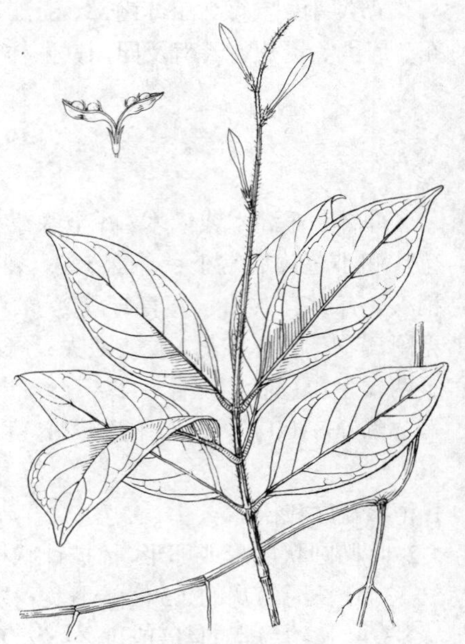

图 584 山壳骨（余汉平绘）

3. 云南山壳骨 图 585 彩片 119

Pseuderanthemum graciliflorum (Nees) Ridley in Fl. Mal. Peninsul 2: 591. 1923.

Eranthemum graciliflorum Nees in Wall. Pl. Asiat. Rar. 3: 107. 1832.

Pseuderanthemum malaccense (Clarke) Lindau; 中国高等植物图鉴 4: 170. 1975.

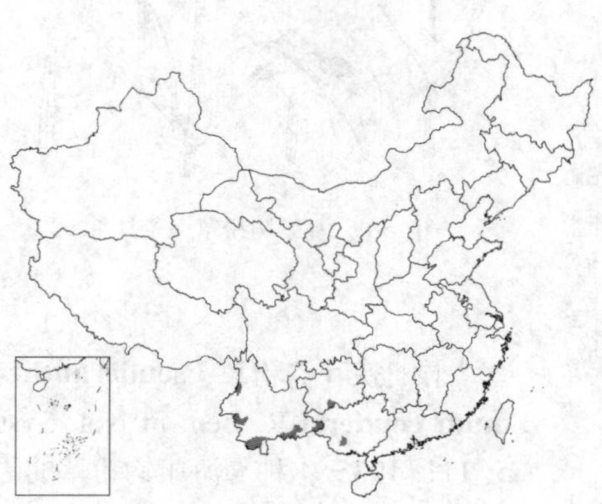

亚灌木或灌木，高达3米。叶卵状椭圆形或长圆状披针形，长5-15厘米，先端尖或渐尖，基部楔形或宽楔形，全缘，上面点状钟乳体突出，疏被微毛，下面脉上毛较密，侧脉每边7。花序穗状，较密集，长3-10厘米，分枝或基部具极短的分枝，每节具缩短的聚伞花序，花序轴、苞片小苞片和花萼均密被黄褐色短柔毛；苞片长7毫米。小苞片长3-4毫米；花萼裂片线状披针形，长4-5毫米；花冠白或淡紫色，高脚碟状，外面疏生微毛和腺毛，花冠筒长2.5-3.5厘米，冠檐裂片长约1厘米，上方2枚在中下部合生；花柱下部疏被白色柔毛，柱头伸出花

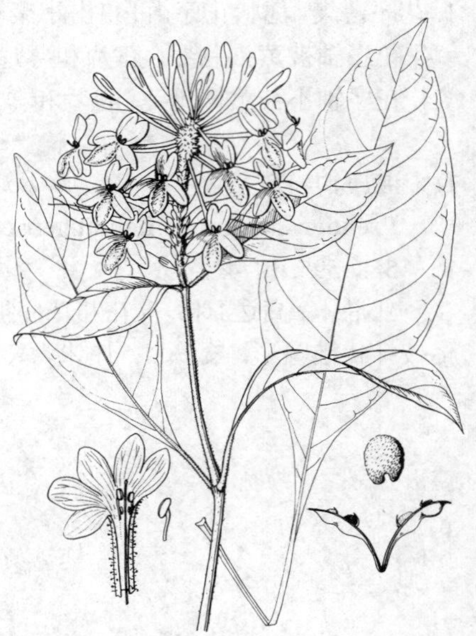

图 585 云南山壳骨（引自《图鉴》）

冠。蒴果长约2.5厘米，上部具4粒种子，下部实心似柄状，长约与上部相等。

产云南、广西西南部及贵州南部，生林下或灌丛中。东喜马拉雅地区、中国、中南半岛至马来西亚有分布。

[附] **多花山壳骨 Pseuderanthemum polyanthum** (Clarke) Merr. in Brittonia 4: 175 . 1941.—— *Eranthemum polyanthum*. Clarke in Hook. Icon. Pl. 20: t. 2000. 1891. 本种与云南山壳骨的区别：草本；叶无毛；苞片三角形，长3.5-4毫米，苞片和萼片被柔毛，花萼裂片有腺毛；花冠蓝紫色。产云南南部及东南部、广西西南部。印度及印度尼西亚苏门答腊广布。

50. 钟花草属 Codonacanthus Nees

草本。茎通常分枝，被短柔毛。叶椭圆状卵形或窄披针形，长6-9厘米或过之，全缘或有时呈不明显的浅波状，两面被微柔毛，侧脉每边5-7；叶柄长0.5-1厘米。花组成顶生和腋生的总状花序和圆锥花序；花在花序上互生，相对一侧有无花的苞片；苞片和小苞片均小，钻形。花梗长1-3毫米；萼片深5裂，裂片短，近等大；花冠白或淡紫色，钟形，长7-8毫米，花冠筒短于冠檐裂片，内弯，上部扩大呈钟状，冠檐裂片卵形或长卵形，后裂片稍小；发育雄蕊2，着生冠筒中部之下，花丝短，内藏，花药丁字形着生，药室稍不等大，无距，不育雄蕊2；子房每室有胚珠2粒，柱头头状。蒴果中部以上2室。种子每室2或1粒，近圆形，两侧呈压扁状，稍光亮，由珠柄钩承托。

单种属。

钟花草 图 586

Codonacanthus pauciflorus (Nees) Nees in DC. Prodr. 11: 103. 1847. *Asystaria pauciflora* Nees in Wall. Pl. Asiat. Rar. 3: 90. 1832.

形态特征同属。花期10月。

产台湾、福建、广东、香港、海南、广西、贵州西南部及云南，生于海拔800-1500米密林下或潮湿的山谷。孟加拉国、印度东北部及越南西南部有分布。

图 586 钟花草（引自《图鉴》）

51. 纤穗爵床属 Leptostachya Nees

草本。叶对生，具柄。穗状花序聚集成圆锥花序或单生，上部的偏向一侧；苞片和小苞片近钻形；花萼5深裂，裂片相等；花冠张开，花冠筒短，冠檐二唇形，上唇宽，拱形，下唇3浅裂，向外弯；雄蕊2，着生喉的基部，花药2室，无芒；药室1枚斜邻接于另一枚之上，平行；柱头2裂。蒴果基部扁，无种子，顶端有4种子，隔膜贴生。种子粗糙，生于分两齿的珠柄钩上。

约2种，分布于印度、中国、泰国、中南半岛及菲律宾。我国均产。

纤穗爵床 穗序钟花草 图 587

Leptostachya wallichii Nees in Wall. Pl. Asiat. Rar. 3: 105. 1832. *Codonacanthus spicatus* Hand.-

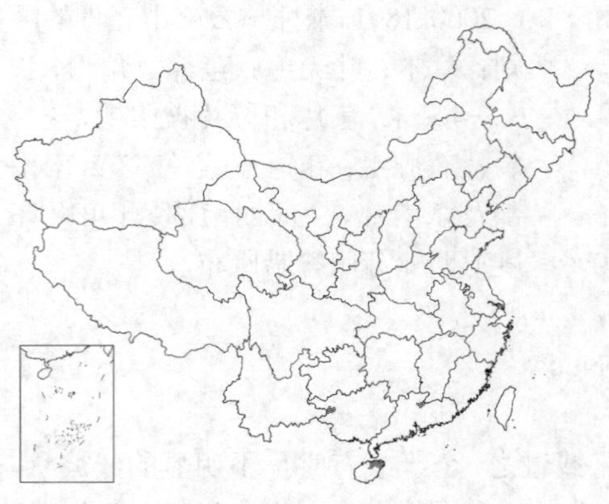

Mazz.; 中国高等植物图鉴 4: 170.1975.

草本，除花序外光滑，高达1米，近基部匍匐，不久上升。叶卵形，长7-11厘米，先端镰状渐尖，基部近圆，具极疏波状圆齿，钟乳体在脉上为细线条形，在叶片上为点状；叶柄长1-2厘米。花多数排成疏松的穗状花序，聚成圆锥花序，长约16厘米，近2歧，花序轴被极短的毛；或花序单生。小苞片成对，约1厘米长，窄卵形；花萼长2-3毫米，几裂至基部，披针形，具纤毛；花冠白色，长约8毫米，外面密被开展的毛，花冠筒短钟形，冠檐裂片近等长，三角状卵形；花丝稀被倒向的毛，无不育雄蕊；子房顶端紧贴极短的毛，2室，胚珠4；花柱基部有微毛，柱头棒状。

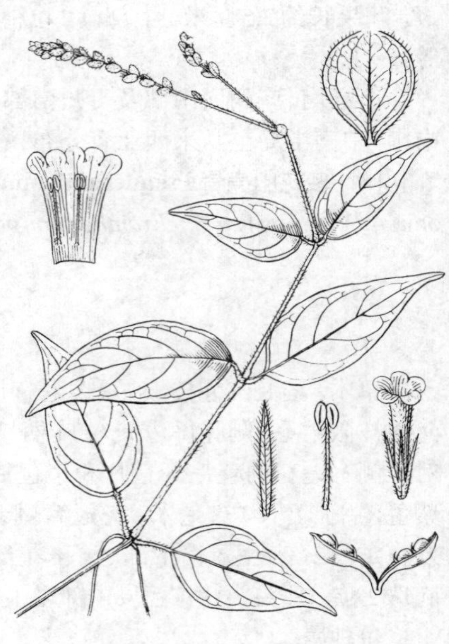

图 587 纤穗爵床 （余汉平绘）

产广东北部、海南及广西西部，生于海拔950-1200（-1600）米热带雨林或山地森林中。印度南部及东北部、泰国及中南半岛有分布。

52. 银脉爵床属 **Kudoacanthus** Hosok.

上升草本。茎被硬毛，通常下部节上生根。叶对生，卵形或宽卵形，长0.7-2.2厘米，先端钝，基部宽楔形，边有疏离波状齿或全缘，两面被疏柔毛。花少，生于顶生圆锥花序；苞片倒披针形，长2-3毫米，与小苞片、花萼外面均被腺状柔毛，内面有腺点；花无梗；小苞片2，长约2毫米；花萼5深裂，裂片线形，长3-3.5毫米；花冠长约5毫米，花冠筒长2.5-3毫米，上部稍扩大，冠檐4浅裂，上裂片直立，凹形，先端微凹，下方3裂片几相等，倒卵状椭圆形，开展；雄蕊2，着生于花冠喉部，药室平行，基部无芒，不育雄蕊无；花盘不成环状；子房2室，每室2胚珠，花柱线状，柱头稍2裂。

我国特有单种属。

银脉爵床 图 588

Kudoacanthus albo-nervosa Hosok. in Trans. Nat. Hist. Soc. Formos. 23: 94. 133.

形态特征同属。

产台湾台东。

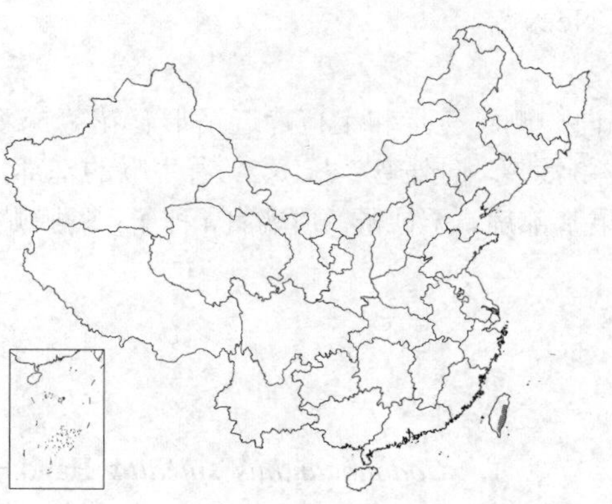

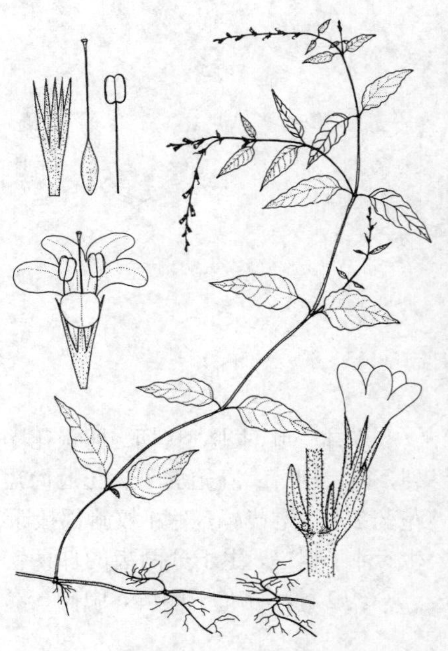

图 588 银脉爵床
（引自《中国种子植物特有属》）

53. 叉序草属 Isoglossa Oersted.

草本或灌木。茎上部四棱形。叶对生，具柄。花序顶生，有时生上部叶腋，圆锥花序或聚伞圆锥花序退化为总状；苞片和小苞片短小，三角形。花萼5裂，几至基部，裂片等大；花冠筒圆柱形，向上扩大成漏斗形，冠檐二唇形，扭转，远短于花冠筒，上唇微凹，下唇3浅裂；雄蕊2，内藏，花丝无毛，着生于花冠筒上，药隔伸长，药室平行稍分离，不等高；花盘近扁平或杯状；子房无毛，每室有胚珠2粒，花柱无毛，柱头球状。蒴果上部具4粒种子，下部实心而为短柄。种子每室2粒，两侧呈压扁状，有多数小凸点。

50种，分布于热带非洲至南非及热带东南亚。我国2种。

叉序草 图 589

Isoglossa collina (T. Anders.) B. Hansen in Nord. Journ. Bot. 5 (1): 12.1985.

Justicia collina T. Anders. in Journ. Linn. Soc. Bot. 9: 515. 1867.

Chingiacanthus patulus Hand.-Mazz.; 中国高等植物图鉴 4: 178. 1975.

草本，高达1米。茎基部匍匐并生根，下部无毛，向上被微柔毛。叶卵形或卵状椭圆形，长3.5-11厘米，先端渐尖，基部楔形，或上部叶的基部圆，近全缘，两面有褐棕色短柔毛。侧脉6-7对；叶柄长1-3厘米。花序常为多次2歧分叉的聚伞花序，长5-10厘米，稀退化为总状，花序轴常有腺毛；苞片披针形。无小苞片；花萼裂片窄披针形或近钻形，长4-7毫米；花冠粉红或白色，长2-3厘米，花冠筒下部细长，上部扩大或窄漏斗形，冠檐二唇形，上唇微凹，下唇3浅裂，裂片长3-6毫米；花丝长0.4-1厘米，无毛，药室长达4.5毫米，稍分离，在一半处叠生；子房无毛，下部为一杯状花盘所包围，具4粒胚珠，花柱无毛。蒴果长1.2-1.4厘米，下部实心而短柄状，上部具4粒种子。种子有粗糙不则皱褶，常有小而急尖的凸起。

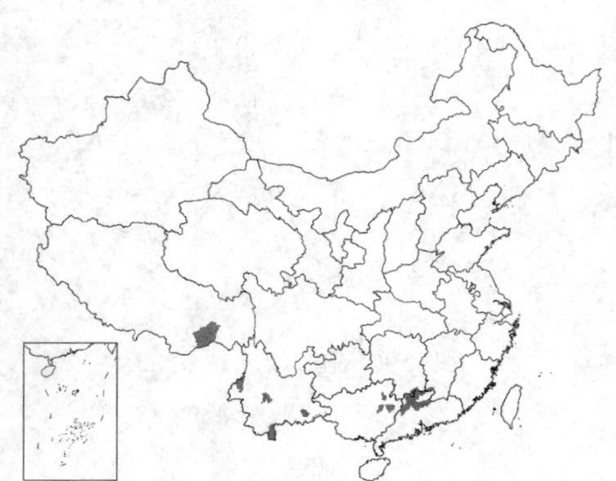

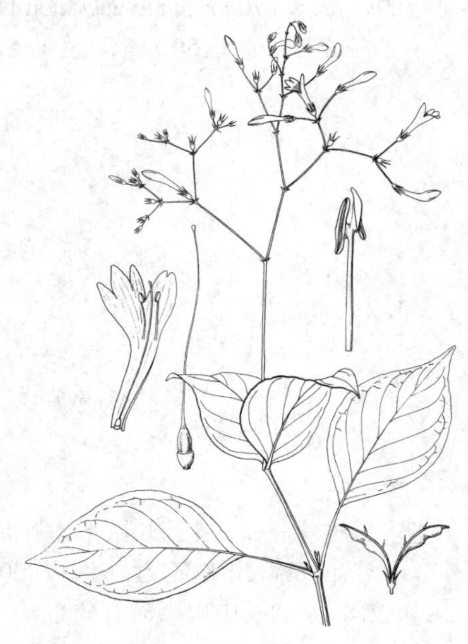

图 589 叉序草 （引自《图鉴》）

产江西南部、广东北部、湖南南部、广西东北部、云南及西藏东南部，生于山坡阔叶林下或溪边阴湿地。不丹及锡金有分布。

54. 狗肝菜属 Dicliptera Juss.

草本。叶通常全缘或浅波状。花序腋生，稀顶生，由数至多个头状花序组成聚伞状或圆锥状；头状花序具总花梗；总苞片2，叶状，对生，内有花数朵或较少，通常仅1朵发育，其余的退化仅存花萼和小苞片。花无梗；小苞片小；花萼5深裂，裂片等大；花冠筒细长，扭转，喉部稍扩大，冠檐二唇形，檐片覆瓦状排列，上唇直立，内凹，全缘或浅2裂，下唇稍伸展，浅3裂或有时全缘；雄蕊2，着生喉部，短于上唇，花药2室，药室斜叠生或一上一下，基部无附属物；子房每室具2胚珠，柱头浅2裂。蒴果两侧稍扁，开裂时胎座连同珠柄钩自果爿基部弹起。种子每室2粒，两侧呈压扁状，有小疣点或有小乳凸。

约150种，分布于热带和亚热带地区。我国约5种。

1. 总苞片披针形，长2-3毫米 ………………………………………… 1. 印度狗肝菜 **D. bupleuroides**
1. 总苞片宽倒卵形、倒卵形或近圆形，稀披针形，长0.6-1.5厘米。

2. 总苞片宽倒卵形或近圆形，稀披针形；花冠淡紫红色；叶卵状椭圆形，两面近无毛或下面脉上被疏柔毛；草本 ………………………………………………………………………… 2. 狗肝菜 **D. chinensis**

2. 总苞片近圆形或倒卵形；花冠淡白或玫瑰红色；叶卵形或卵状披针形，两面疏被柔毛，脉上密被淡黄色柔毛；亚灌木 ………………………………………………………………… 2 (附). 优雅狗肝菜 **D. elegans**

1. 印度狗肝菜

Dicliptera bupleuroides Nees in Wall. Pl. Asiat. Rar. 3: 111. 1832.

Dicliptera roxburghiana auct. non Nees; 中国高等植物图鉴 4: 172. 1975.

直立草本，高达50厘米。茎4棱。叶卵形，长3.5-7厘米，先端长渐尖，基部楔形，全缘，上面疏被毛，侧脉每边4-5；叶柄长0.5-1厘米。聚伞花序簇生叶腋，花序梗长3-5毫米；总苞片披针形，长2-3毫米；苞片线形或线状长圆形，被长柔毛，不等大，大的长约1厘米，小的长6-7毫米，被微毛或腺毛；花萼5深裂；花冠二唇形，长约2厘米，上唇长7毫米，下唇开展，长6毫米；雄蕊外露，花药长圆形，药室一上一下。

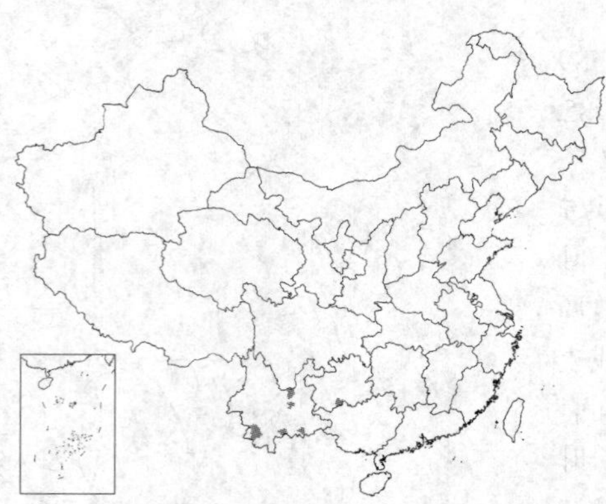

产云南及贵州南部，生于海拔800-1200米。阿富汗、喜马拉雅、印度、孟加拉国、泰国及中南半岛有分布。

图 590 狗肝菜 （引自《图鉴》）

2. 狗肝菜 图 590

Dicliptera chinensis (Linn.) Juss. in Ann Mus. Hist Nat Paris 9: 268. 1807.

Justicia chinensis Linn. Sp. Pl. 16. 1753.

Dicliptera roxburghiana Nees; 中国高等植物图鉴 4: 172. 1975.

草本，高达80厘米。茎外倾或上升，具6条钝棱和浅沟，节常膨大膝曲状。叶卵状椭圆形，长2-7厘米，先端短渐尖，基部宽楔形或稍下延，两面近无毛或下面脉上被疏柔毛；叶柄长0.5-2.5厘米。花序腋生或顶生，由3-4个聚伞花序组成，每个聚伞花序有1至数花，具长3-5毫米的花序梗，下面有2枚总苞片；总苞片宽倒卵形或近圆形，稀披针形，不等大，长0.6-1.2厘米，被柔毛；小苞片线状披针形，长约4毫米；花萼裂片钻形，长约4毫米；花冠淡紫红色，长1-1.2厘米，外面被柔毛，上唇宽卵状近圆形，全缘，有紫红色斑点，下唇长圆形，3浅裂；花丝被柔毛，药室一上一下。蒴果长约6毫米，被柔毛，具种子4粒。

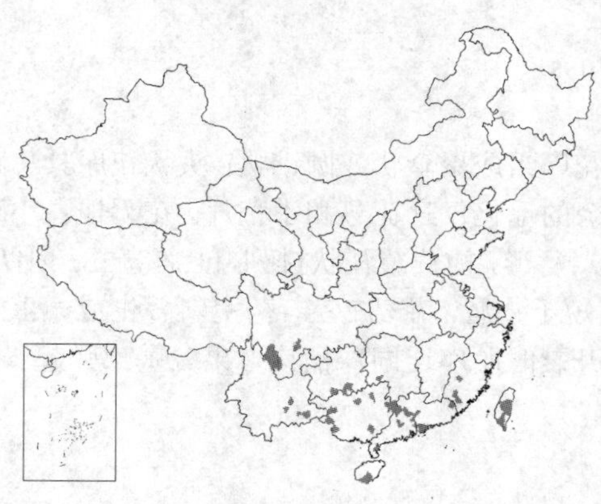

产福建、台湾、湖南西南部、广东、海南、香港、澳门、广西、贵州南部、云南及四川，生于海拔1800米以下疏林下、溪边或路旁。孟加拉国、印度东北部及中南半岛有分布。可药用，清热解毒，生津利尿。

[附] 优雅狗肝菜 **Dicliptera elegans** W. W. Smith. in Notes Roy. Bot. Gard. Edinb. 10: 174. 1918. 本种与狗肝菜的区别：亚灌木；叶卵形或卵状披针形，两面被疏柔毛，脉上密被淡黄色柔毛；总苞片近圆形或宽卵形；花冠淡白或玫瑰红色。产云南西北部、四川中西部及西南部，生于海拔1500-2000米密林边缘开阔处。

55. 观音草属 Peristrophe Nees

草本或灌木。叶通常全缘或稍具齿。由2至数个头状花序组成的聚伞式或呈伞形花序顶生或腋生，有时成圆锥花序状；头状花序具花序梗，单生或有时簇生；总苞片2，稀3或4，对生，通常比花萼大，内有花3至数朵，仅1朵发育，其余的退化仅存花萼和小苞片；花萼5深裂，裂片等大；花冠扭转，花冠筒细长，圆柱状，喉部短，稍扩大，内弯，冠檐二唇形，上唇常伸展，全缘或微缺，下唇常直立，齿状3裂；雄蕊2，着生喉部两侧，通常比冠檐短，花丝下部被微毛，花药2室，药室线形，一上一下，通常下方的一室较小，无距；子房每室有2胚珠，花柱线形，柱头稍膨大或2浅裂。蒴果开裂时胎座不弹起。种子每室2粒，两侧呈压扁状，有多数小凸点。

约15-40种，主产亚洲热带和亚热带地区及非洲。我国约11种。

1. 头状聚伞花序，不连同叶组成大形松散的圆锥花序。
  2. 总苞片卵形或披针形，有时椭圆形或宽卵形，长约为宽的2-3倍或稍过之。
    3. 小枝的节上和节间均被柔毛，花冠较长，长2.5-3厘米。
      4. 花冠粉红或微紫色，长2.5-3厘米，被柔毛；总苞片2 ………………………… 3. **九头狮子草 P. japonica**
      4. 花冠粉红色，长3-5厘米，被倒生柔毛；总苞片2-4。
        5. 叶柄长约5毫米；总苞片2-4，大的长（1.8-）2.3-2.5厘米，干时黑紫色 ……………… 1. **观音草 P. baphica**
        5. 叶柄长（0.5-）1-2厘米；总苞片2-3，大的长1.5-2厘米，干时黄褐色 …………… 1(附). **野山蓝 P. fera**
    3. 小枝仅节上疏被柔毛，花冠较短，外被倒生柔毛；总苞片2，干时绿色；叶卵形或披针形，长达9厘米 …………………………………………………………………………… 2. **海南山蓝 P. floribunda**
  2. 总苞片剑形或线状披针形，长约为宽的4-5倍 ………………………………………… 4. **五指山蓝 P. lanceolaria**
1. 花连同叶组成大形松散的圆锥花序，花序轴被毛。
  6. 花具长1-1.2厘米的花梗；苞片2，钻形，长的长1厘米，先端芒尖，短的长6毫米，与花萼裂片等长，生于花梗基部；花梗长1-1.6厘米，小苞片窄线形，1长1短 ……………………………… 5. **双萼观音草 P. bicalyculata**
  6. 花序最外的苞片长3毫米，线形；花在苞片组成头状花序内通常单生；苞片通常4，线状披针形，急尖，长6-7毫米，外面密被灰白色微毛；小苞片与苞片相似，长5-6毫米 ……………… 5(附). **滇观音草 P. yunnanensis**

1. 观音草 染色九头狮子草　　图 591

Peristrophe baphica (Spreng) Bremek. in Nova Guinea 8: 149. 1957.

Justicia baphica Spreng, Neue Entdeck. 3: 82. 1820.

多年生直立草本，高达1米。枝多数，交互对生，具5-6钝棱和纵沟，小枝被褐红色柔毛。叶卵形或有时披针状卵形，长3-5（-7.5）厘米，先端短渐尖或急尖，基部宽楔形或近圆，全缘，嫩叶两面被褐红色柔毛，干时呈黑紫色，侧脉每边5-6；叶柄长约5毫米。聚伞花序由2或3个头状花序组成，腋生或顶生，花序梗长3-5毫米；总苞片2-4，宽卵形、卵形或椭圆形，不等大，大的长（1.8）-2.3-2.5厘米，干时黑紫色或稍透明，有脉纹，被柔毛。花萼长4.5-5毫

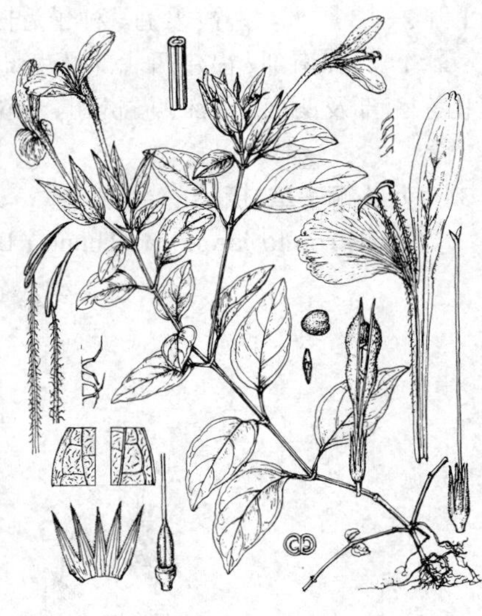

图 591 观音草（引自《Fl. Taiwan》）

米，裂片披针形，被柔毛；花冠粉红色，长3-3.5（-5）厘米，被倒生短柔毛，花冠筒直，径约1.5毫米，径约1.5毫米，喉部稍内弯，上唇宽卵状椭圆形，先端微缺，下唇长圆形，浅3裂；雄蕊伸出，花丝被柔毛，药室线形，下方的1室较小；花柱无毛，柱头2裂。蒴果长约1.5厘米，被柔毛。花期冬春。

产江苏南部、福建、江西北部、湖北西南部、湖南西南部、广东、海南、广西南部、贵州、云南及四川东部，生于海拔500-1000（-2000）米林下。印度、斯里兰卡、中南半岛、马来西亚至新几内亚有分布。通常做染料。

[附] 野山蓝 **Peristrophe fera** C. B. Clarke in Hook. f. Fl. Brit. Ind. 4: 556. 1885. 本种与观音草的区别：叶柄长（0.5-）1-2厘米；总苞片2-3，大约长1.5-2厘米，干时黄褐色。产海南、云南西北部及贵州近中部，生于密林中。印度东北部有分布。

2. 海南山蓝 图 592

Peristrophe floribunda (Hemsl.) C. Y. Wu et H. S. Lo, in Fl. Hainan. 3: 561. 595. 1974.

Dicliptera crinita (Thunb.) Nees. var. *floribunda* Hemsl. in Journ. Linn. Soc. Bot. 26: 248. 1890.

多年生直立草本。茎假2歧式分枝，仅小枝的节上被疏柔毛。叶卵形或披针形，长2-9厘米，先端渐尖或急尖，基部宽楔形或近圆形，全缘，两面中脉和侧脉上被疏柔毛，缘毛短硬或有时不明显，侧脉每边4-6；叶柄长0.5-2厘米，被绒毛。聚伞花序顶生或腋生，被柔毛；总苞片2，窄卵形或披针形，不等大，大的长1.5-2厘米，干时绿色或近透明，两面被疏柔毛和有稍密的缘毛。小苞片比萼稍短；花萼长约4.5毫米，裂片长约3.5毫米，被柔毛；花冠淡紫或淡红色，被倒生柔毛，花冠筒径约1毫米，喉部急剧内弯，上唇卵状椭圆形，下唇长圆形，3浅裂。蒴果长1.2-1.3厘米，密被柔毛。种子近圆形，径约2.5毫米。花期6-9月。

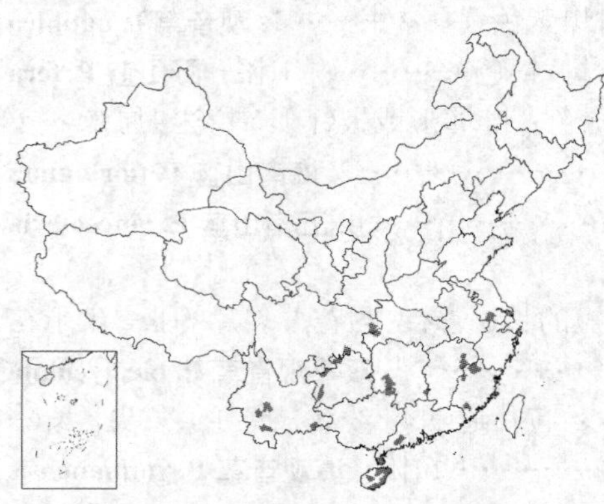

产江苏南部、福建西北部及南部、广东西南部、海南、广西东北部、湖南东南部及西南部、江西、贵州、云南，生于低海拔地区的沟谷边或林下。

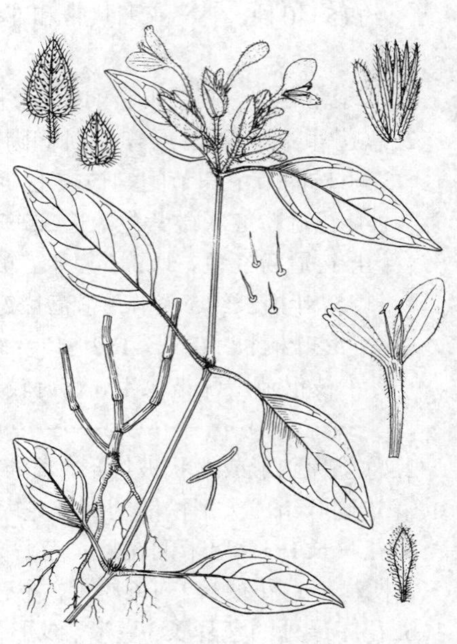

图 592 海南山蓝 （余汉平绘）

3. 九头狮子草 接长草 土细辛 图 593 彩片 120

Peristrophe japonica (Thunb.) Bremek. in Boissiera 7: 194. 1943.

Dianthera japonica Thunb. Fl. Jap. 21. t. 4. 1784.

草本，高20-50厘米。小枝节上和节间均被柔毛。叶卵状长圆形，长5-12厘米，先端渐尖或尾尖，基部钝或急尖。花序顶生或生于上部叶腋，由2-8（-10）聚伞花序组成；每个聚伞花序下托以2枚总苞片，一大一小，长

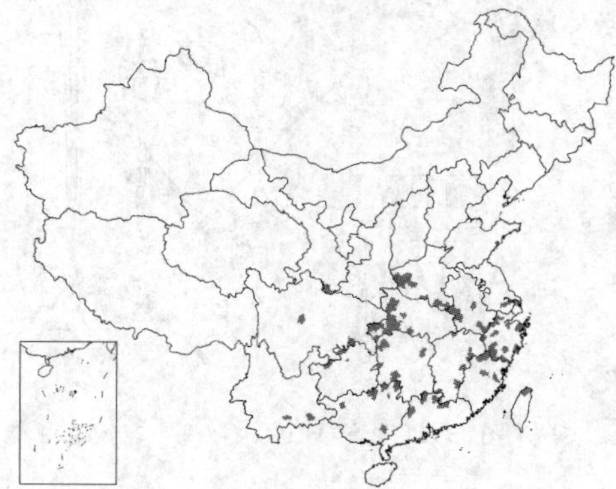

图 593 九头狮子草 （引自《图鉴》）

1.5–2.5厘米，近无毛，羽脉明显，内有1至数花；花萼裂片5，钻形，长约3毫米；花冠粉红或微紫色，长2.5–3厘米，外疏生短柔毛，二唇形，下唇3裂；雄蕊花丝伸出，花药被长硬毛，药室叠生。蒴果长1–1.2厘米，疏生短柔毛，开裂时胎座不弹起，上部具4粒种子，下部实心。种子有小疣状突起。

产河南西部及西南部、安徽南部、江苏南部、浙江、福建北部、台湾、江西、湖北、湖南、广东北部、广西、贵州北部、四川及云南东南部，低海拔广布，生路边、草地或林下。日本有分布。药用能解毒发汗等。

4.　五指山蓝　　图 594

Peristrophe lanceolaria (Roxb.) Nees in Wall. Pl. Asiat. Rar. 3: 114. 1832.

Justicia lanceolaria Roxb. Fl. Ind. 1: 122. 1820.

直立草本，高达50厘米。枝无毛，节上缢陷明显。叶披针形或卵状披针形，长6–12厘米，先端呈弯弓的尾状渐尖，基部稍偏斜，窄楔形，全缘，通常仅中脉上被柔毛，针状钟乳体，不甚明显，侧脉每边6–7；叶柄长1.5–3厘米。头状花序被腺毛，常2或3个聚于顶生或腋生的总花梗上；总苞片2枚，剑形或线状披针形，长1–1.4厘米，宽1.5–3毫米；花萼长约5毫米，裂片长4毫米；花冠淡红色，长约4.3厘米，被柔毛，花冠筒窄长，长为花冠之半，唇片为1/2；雄蕊外露，药室一上一下，分离；柱头稍膨大。蒴果长1.4厘米，被柔毛。花期10月。

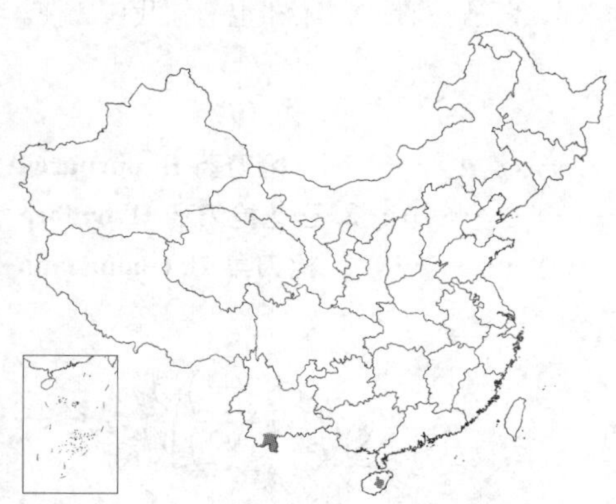

产海南五指山及云南南部，生于海拔约600米阴湿处。缅甸、泰国及老挝有分布。

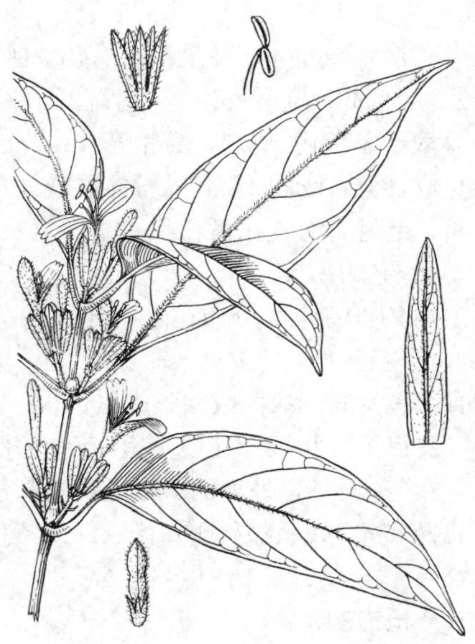

图 594　五指山蓝（余汉平绘）

5.　双萼观音草　　图 595 :1–6

Peristrophe bicalyculata (Retz.) Nees in Wall. Pl. Asiat. Rar. 3: 113. 1832.

Dianthera bicalyculata Retz. in Acta Holm. 1775: 297. 1779.

直立草本，高达1.2米。茎有棱，通常幼枝4棱，老枝6棱，被开展伸直白色硬毛。叶卵形，大叶长3–4.5厘米，小叶长0.8–1.2厘米，先端尾尖渐尖，基部宽楔形，边缘疏具锯齿和稀疏缘毛，上面疏被微毛，细条形的钟乳体密，下面毛稍密，脉上更为明显；叶柄长3–5毫米。花连同叶组成大形松散的圆锥花序，花序轴被毛；花具长1–1.2厘米的花梗；苞片钻形，长1厘米，具1脉。花梗长1–1.6厘米；小苞片窄线形，1长1短；花萼裂片披针形；花冠长1厘米，外面被毛，花冠筒圆柱形，包于花萼中，上唇直立，下唇开展；花丝分离部分长5毫米，被白色微毛，药室一上一下，远离。

图 595 :1–6. 双萼观音草　7.滇观音草（吴锡麟绘）

产云南金沙江河谷及四川南部，印度、缅甸、泰国及非洲有分布。是一种有害杂草。

[附] **滇观音草** 图 595 :7 **Peristrophe yunnanensis** W. W. Smith in Notes Roy. Bot. Gard. Edinb. 10:

187. 1918. 本种与双萼观音草的区别：叶全缘；花在苞片组成头状花序内通常单生；苞片通常4，线状披针形，急尖，长6-7毫米，外面密被白色微毛；小苞片与苞片相似，长5-6毫米。产云南西北部及北部、四川南部。

56. 枪刀药属 Hypoestes Soland. ex R. Br.

灌木或草本。叶全缘或有齿。穗状花序腋生、由数个或多个头状花序组成；头状花序常无花序梗；苞片4或2，合生成圆筒形或分离，内有3至数花，通常仅1朵发育，其余的退化，常有残存的花萼和小苞片。小苞窄小；花萼藏于总苞内，5裂，裂片等大；花冠筒扭转，喉部稍扩大，直或顶部反折，冠檐二唇形，裂片覆瓦状排列，上唇直立，全缘或浅2裂，下唇伸展或外弯，浅3裂或裂至中部，雄蕊2，着生花冠喉部，通常较冠檐短，花药1室，背着，无附属物；花盘杯状；子房每室有胚珠2粒，花柱丝状，柱头全缘或2裂。蒴果每室2粒种子。种子两侧呈压扁状，有小疣点。

约40余种。分布在东半球的热带地区，尤以马达加斯加最多。非洲南部、喜马拉雅、大洋洲也有。我国3种。

1. 总苞片联合成筒或相联成总苞状。
  2. 每个头状聚伞花序下有4苞片，并两两合生成筒 ………… 1. **枪刀药 H. purpurea**
  2. 苞片6-8，外方的1对相联成总苞状，其余4-6枚基部相联 ………… 2. **三花枪刀药 H. triflora**
1. 总苞窄，线状披针形；花冠红或紫色 ………… 3. **枪刀菜 H. cumingiana**

1. 枪刀药　　图 596 彩片 121

Hypoestes purpurea (Linn.) R. Br. Prodr. 1: 474. 1810.

Justicia purpurea Linn. Sp. Pl. 16. 1753.

多年生草本或亚灌木，高达0.5米。茎下部常膝曲状弯拐，上部具4钝棱和浅沟，被微柔毛。叶卵形或卵状披针形，长4-8厘米，先端尖，基部楔形，下延，全缘，两面被微柔毛或近无毛，侧脉每边5-6；叶柄长0.5-2厘米。穗状花序长1-2厘米，紧密；头状聚伞花序位于花序轴的一侧；其下有4苞片，并两两合生成筒，长约8毫米，分离的2枚钻形，长约2.5毫米，被微柔毛，内方的1对较小，披针形，里面通常仅有1花。花萼长约5毫米；花冠紫蓝色，长2-2.5厘米，被柔毛，上唇线状披针形，下唇倒卵形，3浅裂；雄蕊伸出，花丝扁平，花丝和花柱均无毛，柱头2浅裂。蒴果长约1厘米，下部藏于宿存管状总苞内。花期10-11月。

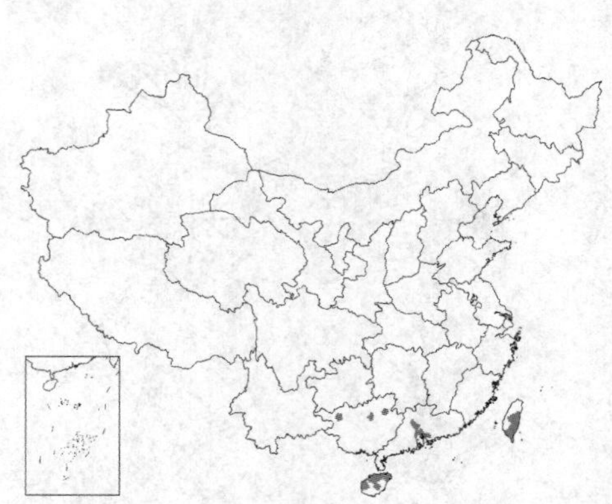

图 596 枪刀药（引自《海南植物志》）

产台湾、广东、香港、海南及广西，生于低海拔的灌丛中。菲律宾有分布。全草入药，有消炎散瘀、止血止咳之效。

2. 三花枪刀药　　图 597

Hypoestes triflora Roem. et Schult. Syst. 1: 88. 1817.

多年生草本，高达1.5米。茎有关节，节间通常伸长。叶卵状椭圆形或椭圆状长圆形，长3-10厘米，先端渐尖，边缘具极浅的钝齿，两面疏生短柔毛。花序由1-5聚伞花序集成，生枝顶或上部叶腋；聚伞花序近无梗，苞片不等，外方2枚相联成

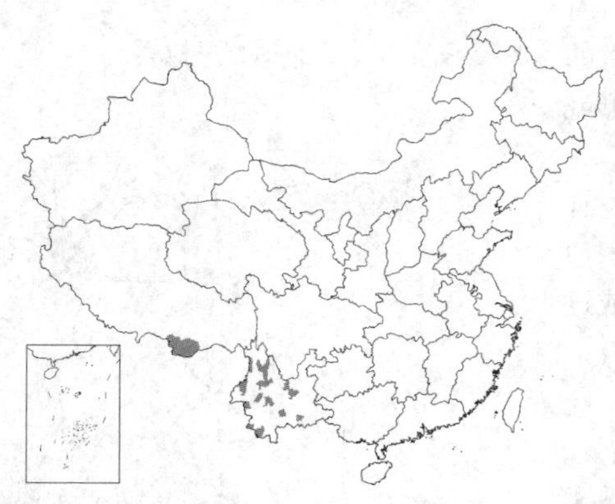

总苞状，倒披针状长圆形或倒卵状长圆形，其余4-6枚仅基部相联，线状披针形；花萼裂片线状披针形，长约5毫米；花冠长约1.5厘米，外生短柔毛，二唇形，下唇微3裂。蒴果长约9毫米，上部具4粒种子，下部实心。种子有小疣状凸起。

产云南及西藏南部，生于海拔300-2100米路边或林下。尼泊尔、锡金及不丹有分布。

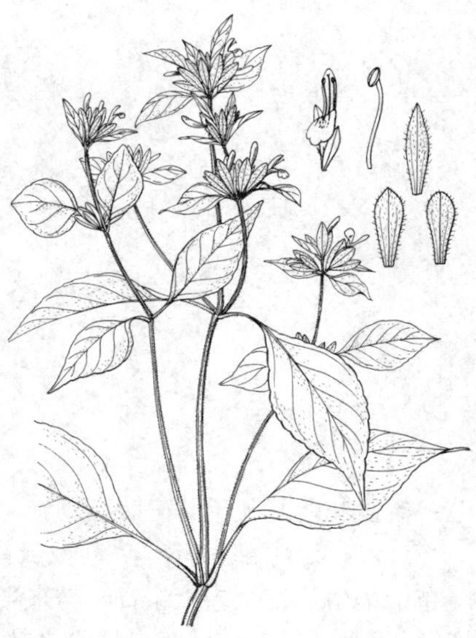

图 597 三花枪刀药（引自《图鉴》）

3. 枪刀菜 图 598 彩片 122

Hypoestes cumingiana Benth. et Hook. f. Gen. Pl. 2: 1122. 1873.

亚灌木状草本，高达1米。上部稍被微毛。叶卵状长圆形或线状披针形，长4-14厘米，先端渐尖或急尖，基部钝，边缘稍波状，两面光滑；叶柄长达2厘米。圆锥花序顶生或腋生，疏松，长达40厘米。花1-2朵聚生枝顶；苞片线状披针形，约长4.5毫米；花萼裂片线形，被微柔毛和腺毛；花冠红或紫色，长达2厘米，外面被微柔毛，冠檐二唇形，上唇椭圆形，约长8毫米，下唇长圆状椭圆形，约长1.2厘米，浅3裂；雄蕊伸出；花柱长2厘米，稍粗糙，柱头短，2浅裂。蒴果长圆状卵形，长约1.3厘米，密被微柔毛。种子4粒或更少。椭圆形，有疣状凸起。

产台湾南部。菲律宾有分布。

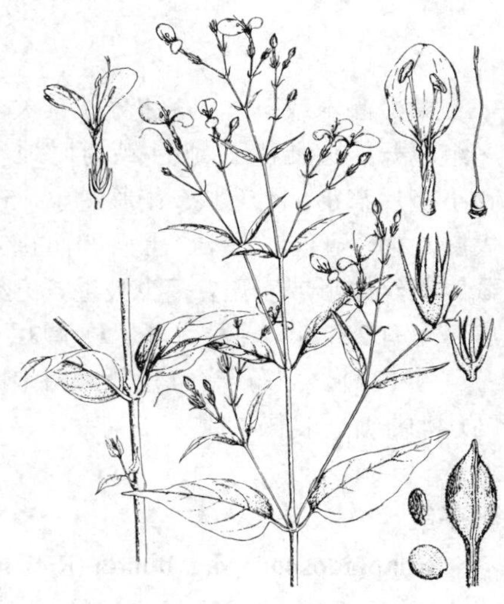

图 598 枪刀菜（引自《Fl. Taiwan》）

57. 鳄嘴花属 Clinacanthus Nees

高大草本。叶全缘或具齿。花大而美丽，具短梗、组成俯垂的聚伞花序、紧缩成头状生于枝顶；苞片线形或披针形；花萼深5裂，裂片线状披针形，近等大；花冠筒稍窄，基部内弯，喉部渐扩大，冠檐二唇形，檐片覆瓦状排列，上唇直立，2浅裂，下唇稍伸展，3裂；雄蕊2，着生花冠喉部，与冠檐近等长或稍短，花药1室，无附属物；花盘环状；子房每室有2胚珠，花柱细线状，柱头截平或不明显2裂。蒴果棒状。种子每室2粒，有珠柄钩承托。

2种。1种广布于华南热带至马六甲、爪哇、加里曼丹等地；另1种分布于老挝。

鳄嘴花 扭序花 图 599

Clinacanthus nutans (Burm. f.) Lindau in Engl. u. Prantl, Nat. Pflanzenfam. 4. 3b: 340. 1895.

Justicia nutans Burm. f. Fl. Ind. 10. t. 5. f. 1. 1768.

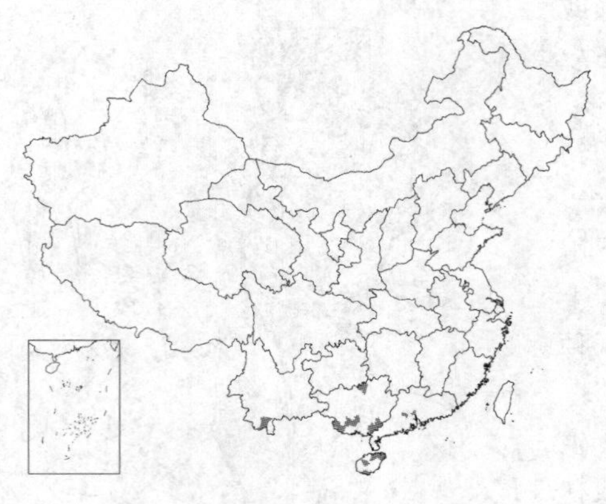

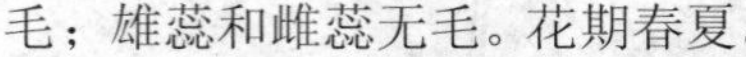

高大草本，直立或有时攀援状。茎圆柱状，有细密的纵条纹，近无毛。叶披针形或卵状披针形，长5-11厘米，先端弯尾状渐尖，基部稍偏斜，近全缘，两面无毛，侧脉每边5或6；叶柄长5-7毫米或过之。花序长1.5厘米，被腺毛；苞片线形，长约8毫米；花萼裂片长约8毫米，渐尖；花冠深红色，长约4厘米，被柔毛；雄蕊和雌蕊无毛。花期春夏。

产广东近中部、海南、广西及云南南部，生于低海拔疏林中或灌丛内。广布于华南热带至中南半岛、马来半岛、爪哇、加里曼丹。全株入药，有调经、消肿、去瘀、止痛、接骨之效。

图 599 鳄嘴花（引自《图鉴》）

58. 针子草属 Rhaphidospora Nees

攀援灌木或草本。茎和分枝具关节，近圆柱形。叶对生，两面具小细线条钟乳体，全缘或有锯齿。三歧聚伞花序组成开展圆锥花序，腋生或有时顶生，花序轴节上一级分枝不等长，呈假两歧分枝状，两侧不育常成单生；苞片和小苞片窄小，刚毛状。花萼短小，5深裂，裂片不等，钻形；花冠小或中等，花冠筒圆柱形，常扭弯，在喉部扩大漏斗形，冠檐二唇形，上唇凹而直立，先端微缺，生多皱纹，下唇3裂至中部或基部，弯曲；雄蕊2，外伸或内藏；花丝线形或宽扁，多少被毛，花药室一上一下，上面1枚较短，下面1枚有距，有时被髯毛，无不育雄蕊；子房每室有2胚珠，花柱细长，柱头2裂。蒴果基部变窄，上端具4种子。种子由珠柄钩支撑，被刚毛。

约12种。分布于喜马拉雅、中国、印度东部、斯里兰卡、中南半岛、印度尼西亚、菲律宾群岛、毛里求斯及马达加斯加。我国1种。

针子草 图 600

Rhaphidospora vagabunda (R. Ben) C. Y. Wu ex Y. C. Tang, Fl. Reipubl. Popul . Sin. 70: 253. 2002.

Justicia vagabunda R. Ben. in Not. Syst. 4: 114. 1936.

攀援状灌木。茎圆柱形，稍呈"之"字形曲折，无毛。叶长圆状披针形，长6-14厘米，先端渐尖、常长镰状弯曲，基部两侧稍不等、全缘或近波状，中脉上有疏微毛。三歧聚伞花序腋生，长约2厘米，花序梗长4-6毫米，密生微毛；苞片钻形，长1-2毫米。小苞片长2-5毫米；花萼裂片长圆状披针形，长约3.5毫米，与苞片均密生微毛；花冠白色有蓝色条纹，长1-1.1厘米，外

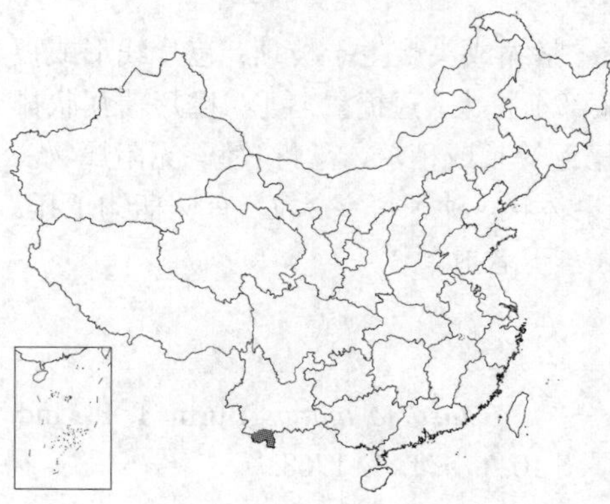

图 600 针子草（引自《图鉴》）

有微毛，花冠筒与唇瓣几等长，上唇三角形，先端凹，下唇具3裂片，中裂片远宽于侧裂片；雄蕊着生花冠喉口，药室不等高，下面1枚基部具距；花柱下部和子房顶部具微毛。

产云南南部，生疏林下或灌丛、沟边或密林潮湿处。越南北部有分布。

59. 孩儿草属 **Rungia** Nees

直立或披散草本。叶全缘。花无梗，组成顶生或腋生、常具密花的穗状花序；苞片常4列，稀2列，仅2列有花。小苞片与苞片近同形，等大或较小；花萼深5裂，裂片等大或稍不等大；花冠筒短直，喉部稍扩大，冠檐二唇形，裂片覆瓦状排列，上唇直立，稍内凹，全缘或浅2裂，下唇较长，伸展，3裂；雄蕊2，着生于花冠喉部，短于上唇，花药2室，药室近等长，叠生，下方1室基部常有距；子房每室有2胚珠，柱头全缘或不明显2裂。蒴果开裂时胎座连同珠柄钩自果爿基部弹起。种子每室2粒，两侧压扁，有小凸点。

约50种，产亚洲和非洲热带地区。我国约7种。

1. 花序偏向一侧。
  2. 不育苞片与能育苞片同形或几同形，椭圆形或匙形，长7-8毫米，缘毛明显；叶宽1.8-3厘米，全缘或浅波状 ………… 1. **中华孩儿草 R. chinensis**
  2. 苞片2型、不育苞片与能育苞片明显异形。
    3. 穗状花序紧密，长1-3厘米；花冠淡蓝或白色，长约5毫米；有花苞片近圆形或宽卵形，长约4毫米，无花苞片长圆状披针形，长约6.5毫米；叶长卵形，宽达4厘米，两面被紧贴疏柔毛 ………… 2. **孩儿草 R. pectinata**
    3. 穗状花序稍疏松，长约4厘米；花冠蓝色，长约1.6厘米；有花的苞片卵形或卵状披针形，长1-1.4厘米；叶卵状长圆形或长圆状披针形，宽1-3.5厘米 ………… 2(附). **台湾明萼草 R. taiwanensis**
1. 花序不偏向一侧。
  4. 叶每边有6-8条侧脉；苞片长0.7-1.1厘米，无干膜质边檐 ………… 3. **密花孩儿草 R. densiflora**
  4. 叶每边有5条侧脉；苞片长约4毫米，具干膜质边缘 ………… 3(附). **匍匐鼠尾黄 R. stolonifera**

1. 中华孩儿草　图 601

Rungia chinensis Benth. Fl. Hongkong. 266. 1861.

草本，基部匍匐，高达70厘米。茎4棱，具沟槽。叶卵形、椭圆形或椭圆状长圆形，长2.5-9厘米，宽1.8-3厘米，先端尖至近渐尖，基部宽楔形，侧脉每边5-6；叶柄长0.5-1.5厘米。穗状花序较疏松，长1-3（-7）厘米，顶生或生上部叶腋，花序梗长1-2厘米，小穗在花序轴上互生，密集；苞片椭圆形或匙形，长7-8毫米，疏生短柔毛，缘毛明显。小苞片椭圆形，长约5毫米，具膜质边缘和睫毛；花萼裂片线状披针形，长3-4毫米；花冠淡紫蓝色，长约1.5厘米，上唇三角形，下唇3裂，外面被白色柔毛；药室不等高，下方1室具小矩。蒴果长约6毫米，具4粒种子。

产安徽南部、浙江西北部及南部、福建、台湾、江西东部及西北部、广东、香港、广西东部及西部、贵州近中部及云南西南部，生路旁或溪边。

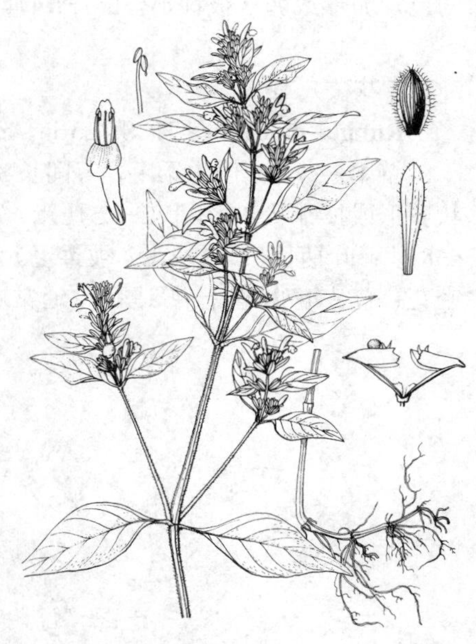

图 601 中华孩儿草（引自《图鉴》）

2. 孩儿草 图 602

Rungia pectinata (Linn.) Nees in DC. Prodr. 11: 470. 1847.

Justicia pectinata Linn. Amoen. Acad. 4: 299. 1760.

一年生纤细草本。枝圆柱状，无毛。下部的叶长卵形，长达6厘米，先端钝，基部渐窄或有时近急尖，两面被紧贴疏柔毛，侧脉每边5；叶柄长3-4毫米或过之。穗状花序紧密，顶生和腋生，长1-3厘米；苞片4列，仅2列有花，有花的苞片近圆形或宽卵形，长约4毫米，背面被长柔毛，边缘膜质，被缘毛，无花的苞片长圆状披针形，长约6.5毫米，先端具硬尖头，一侧或有时二侧有膜质窄边和缘毛。小苞片稍小；花萼裂片线形，等大，长约3毫米；花冠淡蓝或白色，长约5毫米，除下唇外无毛，上唇先端骤然收窄，下唇裂片近三角形。蒴果长约3毫米，无毛。花期早春。

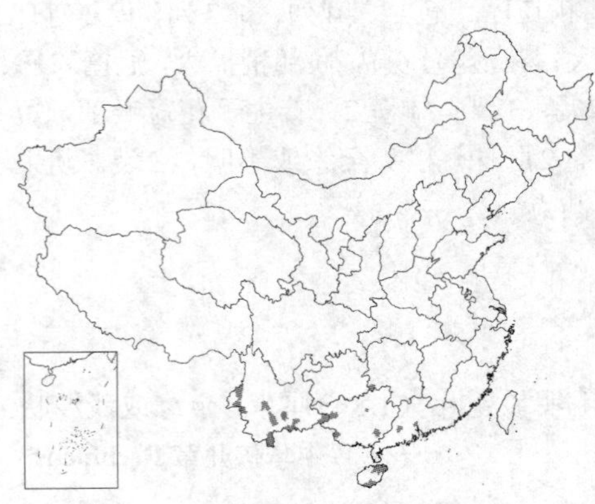

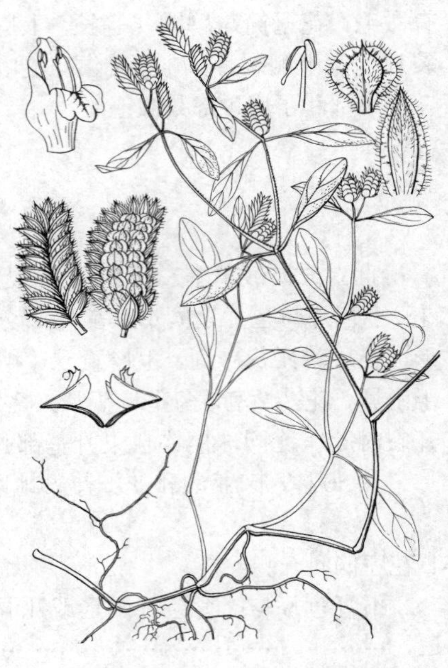

图 602 孩儿草 （引自《图鉴》）

产广东、香港、海南、广西、湖南西南部及云南，生于草地上，为一常见的野生杂草。印度、斯里兰卡、泰国及中南半岛有分布。全草煎服，有去积、除滞、清火之效。

[附] 台湾明萼草 **Rungia taiwanensis** Yamazaki in Journ. Jap. Bot. 43 (2): 61. 1968. 本种与孩儿草的区别：叶卵状长圆形或长圆状披针形，宽1-3.5厘米；穗状花序稍疏松，长约4厘米；花冠蓝色，长约1.6厘米，有花的苞片卵形或卵状披针形，长1-1.4厘米。产台湾。

3. 密花孩儿草 图 603

Rungia densiflora H. S. Lo in Acta Phytotax. Sin. 16 (4): 94. 1978.

草本。被2列倒生柔毛，节间长3-7厘米。小枝被白色柔毛。叶椭圆状卵形或披针状卵形，长2-8.5厘米，先端渐尖，基部楔形或稍下延，侧脉6-8对；叶柄长0.5-2厘米，被柔毛。穗状花序顶生和腋生，长达3厘米，密花；苞片4列，全着花，同形，通常匙形或有时倒卵形，长0.7-1.1厘米，具3脉，无干膜质边缘，缘毛硬；小苞片倒卵形，长约6毫米，有干膜质边缘和缘毛；花萼长约4毫米，深裂几达基部，裂片线状披针形；花冠天蓝色，长1.1-1.7厘米，花冠筒长6-9毫米，上唇直立，长三角形，长5-8毫米，先端2短裂，下唇长圆形，长5-8毫米，顶端3裂，中裂较小，外面被毛；花丝长5-7毫米，下方药室有白色矩。蒴果长约6毫米。

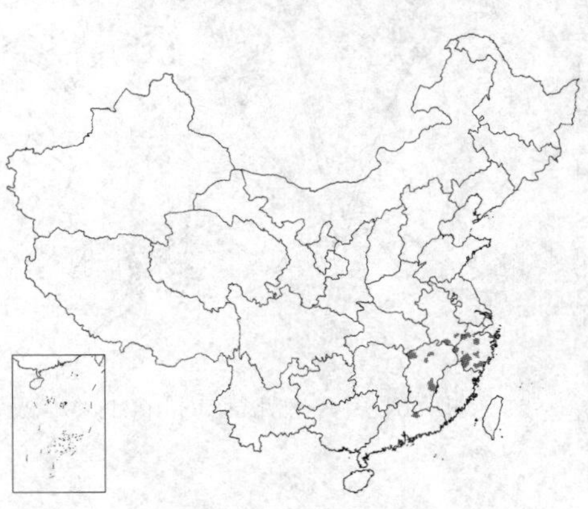

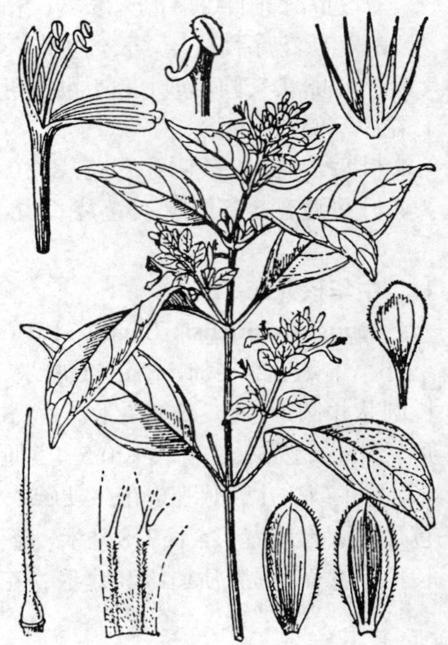

图 603 密花孩儿草 （引自《浙江植物志》）

产浙江、安徽南部、江西东部及西北部、广东东北部，生于海拔400-800米沟谷林下。

[附] **匍匐鼠尾黄 Rungia stolonifera** C. B. Clarke in Hook. f. Fl. Brid. Ind. 4: 547. 1885. 本种与密花孩儿草的区别：叶每边有5条侧脉；苞片长约4毫米，具干膜质边缘。产云南。印度东北部及孟加拉国有分布。

60. 灵枝草属 Rhinacanthus Nees

直立草本或亚灌木，有时攀援状。叶全缘或浅波状。花无梗，组成圆锥花序；苞片和小苞片小，钻形，短于花萼；花萼深5裂，裂片线状披针形；花冠高脚碟形，花冠筒细长，圆柱形，喉部稍扩大，冠檐二唇形，裂片覆瓦状排列，上唇下弯或旋卷，下唇宽大，伸展，深3裂；雄蕊2，着生花冠喉部，短于花冠裂片，花药2室，药室叠生或一上一下，无距；花盘杯状；子房每室有胚珠2粒，花柱丝状，柱头全缘或不明显的2裂。蒴果棍棒状。种子每室2粒，两侧压扁。

约7-25种，分布于热带非洲、马达加斯加、索科特拉岛、印度、马来西亚、泰国、中南半岛及中国。我国3种。

灵枝草 白鹤灵芝　　图 604

Rhinacanthus nasutus (Linn.) Kurz in Journ. Asiat. Soc. Bengal. 39 (2): 79. 1870.

Justicia nasuta Linn. Sp. Pl. 16. 1753.

多年生、直立草本或亚灌木。茎密被短柔毛。叶椭圆形或卵状椭圆形，稀披针形，长2-7（-11）厘米，先端短渐尖或急尖，基部楔形，全缘或稍呈浅波状，下面被密柔毛，侧脉每边5-6，不达叶缘；叶柄长0.5-1.5厘米。圆锥花序由小聚伞花序组成，顶生或有时腋生；花序轴通常二或三回分枝，通常3出，密被短柔毛；苞片和小苞片长约1毫米。花萼内外均被茸毛，裂片长约2毫米；花冠白色，长2.5厘米或过之，被柔毛，上唇线状披针形，短于下唇，先端常下弯，下唇3深裂至中部，冠檐裂片倒卵形，近等大；花柱和子房被疏柔毛。

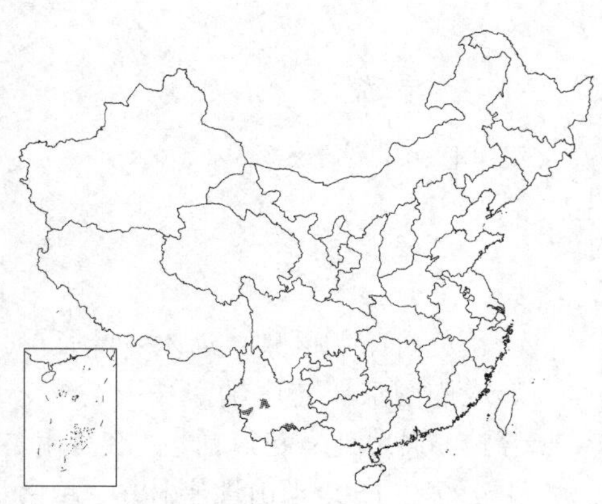

图 604 灵枝草（引自《图鉴》）

产云南，生于海拔700米左右灌丛和疏林下。菲律宾有分布。

61. 秋英爵床属 Cosmianthemum Bremek.

草本。茎通常基部平卧而后上升，稀直立。叶对生，相等，叶大都在叶柄处骤然成圆形，稀逐渐收缩成柄，全缘，上面的钟乳体单个密集成平行细线条。花序顶生，总状，有时着生于下部短枝上；苞片小。花小，通常单生苞腋，时常在下部节上2或3朵叠生；小苞片着生花梗基部；花萼通常裂至基部，有时后方一枚较短，全部裂片窄而急尖。花冠白色或绿色，高脚碟形，里面光滑，冠筒近直立或内弯，喉部近无，冠檐二唇形，上唇微凹或2裂，下唇3裂，雄蕊4，能育雄蕊花丝扁平，基部扩大，花药中部背着，不育雄蕊着生上唇基部，并与能育花丝基部连接；花盘环状，无毛；子房2室，每室具2粒胚珠，花柱具2裂小柱头，与雄蕊同外露。蒴果大，具实心的柄，并与带种子的部分近等长，具4粒种子，在种子上部和下部之间多少紧缩，顶端急尖。种子近平滑。

约8-9种，分布加里曼丹西部、马来半岛、泰国、越南及中国。我国4种。

1. 草本；叶卵形或宽卵形；花序轴和花萼被腺毛；花冠淡绿色，最下部一对苞片非叶状 …… 海南秋英爵床 **C. viriduliflorum**

1. 灌木；叶长卵形或椭圆形；花序轴密被微毛，花萼被鳞片状毛；花冠白色 … (附). **节叶秋英爵床 C. knoxifolium**

海南秋英爵床 图 605

Cosmianthemum viriduliflorum (C. Y. Wu et H. S. Lo) H. S. Lo in Guihaia 17(1): 42. 1997.

Graptophyllum viriduliflorum C. Y. Wu et H. S. Lo, Fl. Hainan 3: 555. 594. f. 928. 1974.

多年生直立草本。茎圆柱状，无毛，具膨大的节。当年生枝被短柔毛。叶卵形或宽卵形，长7-15厘米，先端骤然尾状渐尖或急渐尖，基部宽楔形或近圆，全缘或不明显浅波状，两面无毛，侧脉每边5-7，近叶缘处连接；叶柄长1-2.5厘米，被柔毛。花序顶生，总状，由4-12个小聚伞花序组成，花序轴长1-4厘米，被腺毛；小聚伞花序对生，有花3朵或上部的仅1朵，梗长2-2.5毫米；苞片线形，长1-1.5毫米，着生梗的基部。花梗长1-2毫米，小苞片线形，长约1毫米；花萼被腺毛，长约5毫米，裂片线状披针形；花冠淡绿色，平展时长1.2厘米，内外均被短柔毛，冠檐上唇直立，拱形，先端齿状2裂，下唇伸展，深3裂；发育雄蕊花丝长约4毫米，被疏柔毛，不育雄蕊丝状，长约2毫米，被疏柔毛；子房无毛，花柱长约6毫米，有疏柔毛。蒴果棒锤形，长约2厘米。花期夏季。

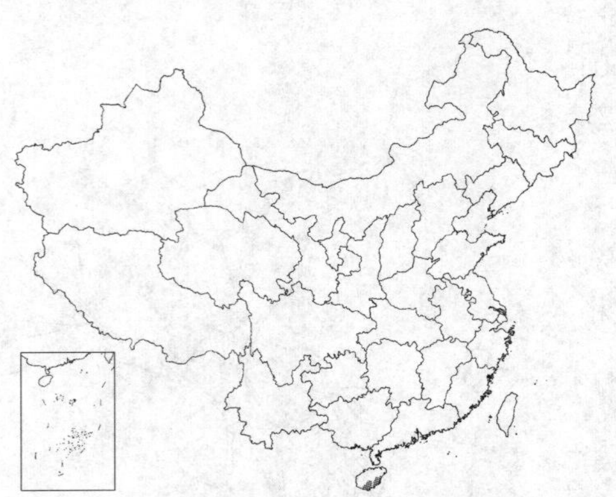

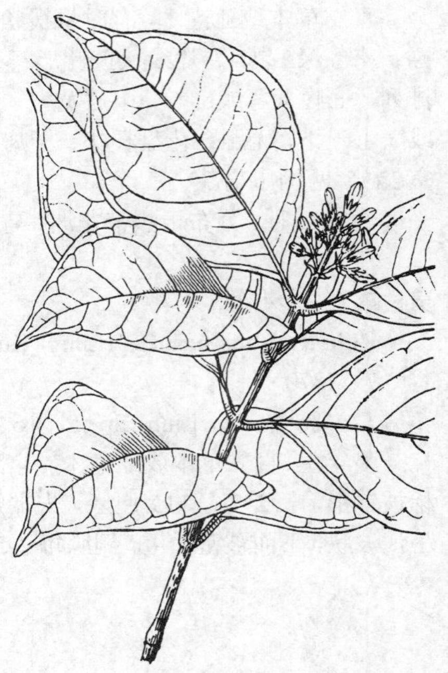

图 605 海南秋英爵床（余汉平绘）

产海南，生于中海拔密林下。

[附] **节叶秋英爵床 Cosmianthemum knoxifolium** (Clarke) B. Hansen in Nordic. Journ. Bot. 5 (2): 195. 1985.——*Gymnostachyum knoxiifolium* Clarke in Journ. Asiat. Soc. Bengal. 74 (2): 663. 1908. 本种与海南秋英爵床的区别：灌木；叶长卵形或椭圆形；花序轴密被微毛，花萼被鳞片状毛；花冠白色。产海南，生于海拔1500米山地密林中。越南北部有分布。

62. 珊瑚花属 Cyrtanthera Nees

草本或灌木。叶具柄。聚伞圆锥花序顶生，极密，多花；花在枝上偏向一侧；苞片和小苞片比花萼长而宽，通常有色。花萼不等5深裂或5浅裂，裂片有色；花冠张开，花冠筒长，冠檐不等深裂，上唇折叠成线状镰刀形，下唇为伸长倒圆锥形，先端3浅裂，裂片靠合，中裂片常较窄，先端外弯折叠；雄蕊2，着生冠筒基部，在上唇纵向贴生至中部，顶端弯曲，花药稍俯垂，2室，通常半新月形，顶端外弯，龙骨状凸起的药隔分开使之偏向一侧，1室稍短，无芒；柱头钝。

珊瑚花 图 606 彩片 123

Cyrtanthera carnea (Lindl.) Bremek. in Verh. Ned. Akad. Wetensch. Nat. Afd. sect. 2, 45 (21): 50. 1948.

草本或亚灌木，高达1米左右。茎四棱形，具叉状分枝。叶具柄，卵形、长圆形或卵状披针形，长9-15厘米，先端渐尖，基部宽楔形，下延，全缘或微波状，侧脉每边6。聚伞圆锥花序长达8厘米；苞片长圆形，长约2厘米，具柄，有缘毛。小苞片线形，长1.5厘米；花萼裂片线状披针形，近等大，长0.6-1厘米，花冠粉红紫色，长约5厘米，具黏毛，二唇形，花冠筒稍短或与唇瓣等长，上唇先端微凹，下唇反转，先端3浅裂；雄蕊外露，花丝长2.5厘米，药室不等高，药隔宽。蒴果有4粒种子。

原产巴西。我国多在温室中栽培，南方室外也可栽培。

图 606 珊瑚花（引自《图鉴》）

63. 麒麟吐珠属 **Calliaspidia** Bremek.

多分枝的草本，高达50厘米。茎圆柱状，被短硬毛。叶有柄，等大，对生，卵形，长2.5-6厘米，先端短渐尖，基部渐窄成柄，全缘，两面被短硬毛。穗状花序紧密，顶生，稍弯垂，长6-9厘米；穗状花序顶生；苞片卵状心形，覆瓦状排列，砖红色，长1.2-1.8厘米，被短柔毛，仅2列生花。小苞片较苞片稍小，比花萼长1倍；花萼长为花冠筒1/4，深5裂，裂片狭窄；尖；花单生苞腋，花冠白色，有红色糠秕状斑点，长约3.2厘米，花冠筒窄钟形，喉部短，冠檐二唇形，裂片近相等，覆瓦状排列，上唇直立，全缘或微缺，具柱槽，下唇3浅裂，具喉凸，不明显反折；雄蕊2，与上唇近等长，花药2室，药室一上一下，均具短尾；花盘马蹄形；子房每室有胚珠2粒，花柱无毛。蒴果棒状。种子两侧呈压扁状，无毛。

单种属。

虾衣花 图 607 彩片 124

Calliaspidia guttata (F. S. Brandegee) Bremek. in Verh. Ned. Akad. Wetensch. Nat. Afd. sect. 2, 45 (2): 54. 1948.

Beloperone guttata F. S. Brandegee in Univ. Calf. Publ. Bor. 4: 278. 1912.

形态特征同属。

原产墨西哥。我国南部的庭园和花圃中极常见，盆栽或露地栽种均生长良好，中部地区须在温室内越冬。

图 607 虾衣花（引自《图鉴》）

64. 黄脉爵床属 **Sanchezia** Ruiz et Pavon.

大型草本或灌木。叶具羽状脉，全缘或多少具齿。花大而鲜艳，具大型花萼状苞片，生于顶生或腋生的穗状花序，有时也单生；花冠筒长，下部圆柱形，上部扩大，冠檐5裂片短而宽；发育雄蕊2，着生冠筒中部以下，不育雄蕊2，药室具短尖头；子房每室具4胚珠，花柱细长，顶端2裂。蒴果基部稍收缩，常具8粒种子。

约12种，分布于热带美洲。我国南方植物园有引种栽培，用以观叶和赏花。

黄脉爵床 图 608

Sanchezia nobilis Hook. f. in Curtis's Bot. Mag. t. 5594. 1866.

灌木，高达2米。叶长圆形或倒卵形，长9-15厘米，先端渐尖或尾尖，基部楔形或宽楔形，下延，边缘有波状圆齿，侧脉每边7-12条；叶柄长1-2.5厘米。顶生穗状花序小，苞片大，长1.5厘米；花萼长2.2厘米，花冠长5厘米，花冠筒长4.5厘米，冠檐裂片长5-6毫米；发育雄蕊花丝细长，伸出冠外，疏被长柔毛，花药密被白色毛，背着，基部稍叉开；花柱细长，柱头伸出，高于花药。

原产厄瓜多尔。广东、海南、香港、云南等地植物园栽培。

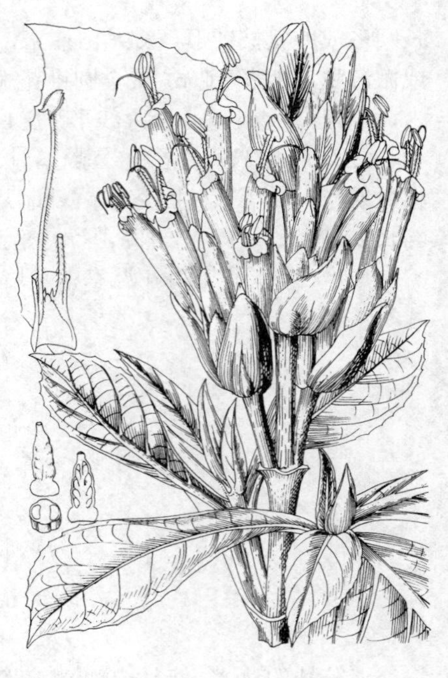

图 608 黄脉爵床
（孙英宝仿《Curtis's Bot. Mag.》）

65. 鸭嘴花属 Adhatoda Mill.

大灌木或小乔木状。叶有柄，全缘。花无梗，组成腋生、密花的穗状花序；花序梗粗壮而长，每节2花；苞片大，交互对生，覆瓦状重叠；花萼深5裂，裂片线状披针形，等大；花冠长1.2-3.8厘米，白、乳黄或粉红色，具卵圆形花冠筒，喉部下侧扩大，冠檐二唇形，上唇直立，拱形，先端2浅裂，下唇伸展，宽大，具喉凸，先端3深裂，裂片覆瓦状排列；雄蕊2，花丝粗壮，基部被白色绵毛状毛。花药2室，相等或1大1小，稍叠生，1室稍高于另1室，基部无附属物或有球状附属物；子房每室2胚珠，柱头单一。蒴果近木质。上部具4种子。种子压扁或稍压扁，具皱小瘤或蜂窝状，或平滑。

约5种，分布于非洲、印度、马来西亚、中南半岛至中国。我国1种。

鸭嘴花 鸭子花 图 609 彩片 125

Adhatoda vasica Nees in Wall. Pl. Asiat. Rar. 3: 103. 1832.

大灌木，高达3米；茎叶揉后有特殊臭气。枝圆柱状，嫩枝密被灰白色微柔毛。叶长圆状披针形、披针形、卵形或椭圆状卵形，长15-20厘米，先端渐尖，有时近尾状，基部宽楔形，全缘，上面近无毛，下面被微柔毛，侧脉每边约12；叶柄长1.5-2厘米。穗状花序卵形或稍伸长；苞片卵形或宽卵形，长1-3厘米，被微柔毛。花梗长5-10厘米；小苞片披针形，稍短于苞片；花萼裂片长圆状披针形，长约8毫米；花冠白色，有紫色条纹或粉红色，长2.5-3厘米，被柔毛，花冠筒卵圆形，长约6毫米；药室基部通常有不明显球形附属物。蒴果长约0.5厘米，上部具4粒种子，下部实心短柄状。

原产地不明，最早在印度发现。广东、广西、海南、澳门、香港、云南、江苏等地栽培或已野化。药用，续筋接骨，祛风止痛，祛痰。

图 609 鸭嘴花 （引自《图鉴》）

66. 杜根藤属 Calophanoides Ridl.

草本或亚灌木。叶全缘或有时稍呈浅波状。花腋生，单生或簇生，有时组成少花的聚伞花序；苞片通常圆形或匙形。花梗短；小苞片小或无；花萼5深裂，裂片等大，狭窄；花冠白色或稍带绿色，花冠筒短，漏斗状，喉部扩大，冠檐与花冠筒近等长，二唇形，裂片覆瓦状排列，上唇三角形，先端微缺，具花柱槽，下唇3裂，有喉凸；雄蕊2，花丝无毛或基部稍被毛，花药2室，药室一上一下，下方1室基部有尾状的距；无不育雄蕊；子房每室有胚珠2粒，花柱线状，柱头比花柱稍粗，2浅裂。蒴果棒状。种子每室2粒，两侧呈压扁状，有小瘤状凸起，珠柄钩扁平，钝头。

约30余种，分布于印度、中国、中南半岛、印度尼西亚及澳大利亚。我国约15-16种。

1. 花单一或3出或少数组成聚伞花序。
   2. 1至少数花组成聚缩的聚伞花序；苞片圆形或倒卵状匙形；叶椭圆形或长圆状披针形，先端钝或渐尖 ………………………………………………………………………… 1. **圆苞杜根藤 C. chinensis**
   2. 花单一或3出聚伞花序；苞片倒卵形或近圆形；叶长圆形或长菱形，先端长渐尖或近尾状 ………………………………………………………………………… 1(附). **贵州赛爵床 C. kouytchensis**
1. 花1-5朵簇生叶腋；苞片卵形或倒卵形；叶长圆形或长圆状披针形，先端短渐尖 ……… 2. **杜根藤 C. quadrifaria**

1. 圆苞杜根藤 图 610

Calophanoides chinensis (Champ.) C. Y. Wu et H. S. Lo ex C. C. Hu, Fl. Reopubl. Popul . Sin. 70: 281. 2002.

Adhatoda chinensis Champ. in Kew Journ. Bot. 5: 134. 1853.

草本，高达50厘米。茎直立或披散状。叶椭圆形或长圆状披针形，长2-12厘米，先端稍钝或渐尖。紧缩的聚伞花序具1至少数花，生于上部叶腋，似呈簇生；苞片叶状，有羽脉，长6-8毫米，圆形或倒卵状匙形，有短柄；小苞片无或小，钻形或三角形，被黄色微毛；花萼裂片线状披针形，长约7毫米，有微毛或小糙毛；花冠白色，外被微毛，长0.8-1.2厘米，下唇具3浅裂；药室不等高，下方1枚具白色小距。蒴果长约8毫米，上部具4粒种子，下部实心。种子有疣状突起。

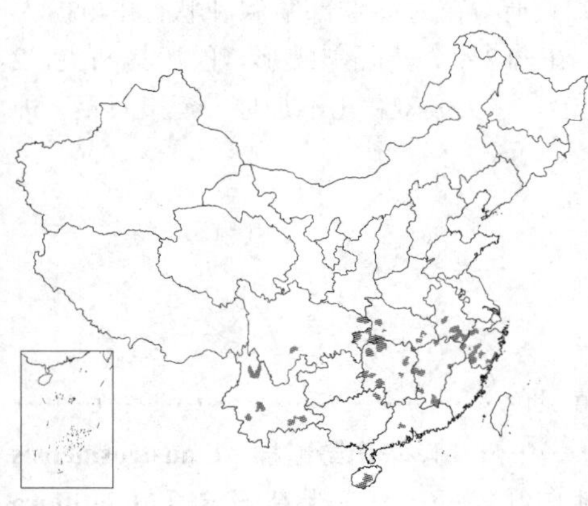

图 610 圆苞杜根藤（引自《图鉴》）

产安徽、浙江、江西、湖北、湖南、广东、香港、海南、广西东北部、云南及四川，在江南生于海拔700-1150米以下，在云南生于海拔1300-2000米山坡丛林下。

[附] **贵州赛爵床 Calophanoides kouytchensis** (Lévl.) H. S. Lo in Acta Phytotax . Sin . 17 (4): 86. 1979. —— *Ruellia repens* Linn . var. *kouytchensis* Lévl. in Fedde , Repert. Sp. Nov. 13: 175. 1914. 本种与圆苞杜根藤的区别：花单一或3出聚伞花序；苞片倒卵形或近圆形；叶长圆形或长菱形，先端长渐尖或近尾状。产贵州西南部及云南东南部。

2. 杜根藤 图 611

Calophanoides quadrifaria (Nees) Ridley. in Fl. Mal. Peninsul 2: 593. 1923.

Gendarussa quadrifaria Nees in Wall. Pl. Asiat. Rar. 3: 105. 1832.

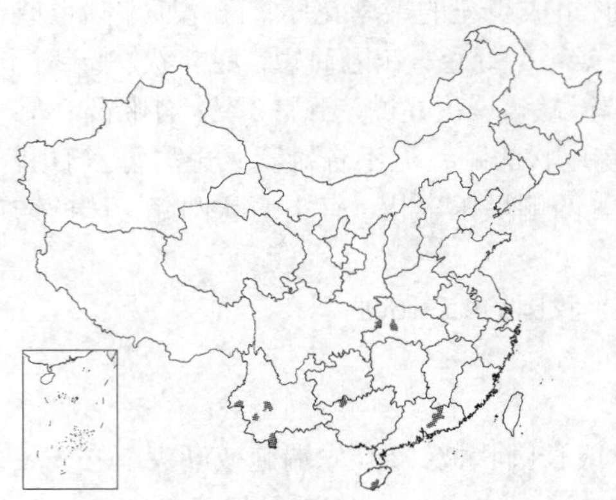

草本。茎基部匍匐，下部节上生根，后直立，幼时近四棱形，被短柔毛，后近圆柱形而无毛。叶长圆形或长圆状披针形，长2.5-8(-10)厘米，先端短渐尖，基部锐尖，边缘常有小齿，下面脉上无毛或被微柔毛；叶柄长0.4-1.5-（2）厘米。花1-5朵簇生叶腋；苞片卵形或倒卵圆形，长8毫米，具羽脉，两面疏被短柔毛，具3-4毫米柄；小苞片线形，长1毫米；花萼裂片线状披针形，被微柔毛，长5-6毫米；花冠白色，具红色斑点，被疏柔毛，上唇直立，2浅裂，下唇3深裂，开展；花药上下叠生，下方药室具距。蒴果无毛，长8毫米。种子无毛，被小瘤。

产广东、海南、广西西北部、云南、四川东部及湖北西部，生于海拔850-1600米。印度东北部、缅甸、泰国、越南及印度尼西亚爪哇有分布。

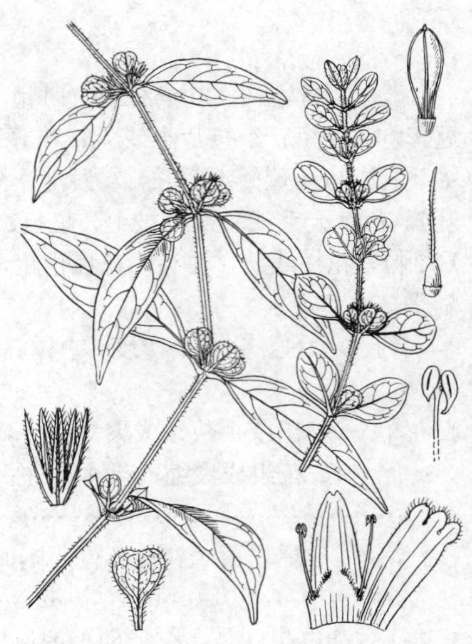

图 611 杜根藤 （余汉平绘）

67. 野靛棵属 Mananthes Bremek.

草本。叶对生，等大。花序顶生，穗状，通常甚延长和稍分枝；花生苞腋，或单生或密集成头状；苞片和小苞片小，短于花萼。小苞片着生短梗基部；花萼5裂，裂片近相等；花冠二唇形，花冠筒喉部窄漏斗状，并与扩大部分等长，上唇微缺，具皱纹，下唇3浅裂，具喉凸；雄蕊2，花丝无毛，花药2室，药隔斜蝶形，顶端具凸尖，2药室自身重叠一半，基部具距；花盘坛状；子房每室具2胚珠，花柱近无毛，柱头成双，几不加厚。蒴果具柄。种子扁，稍有皱纹。

约22种以上，分布于中国、泰国、中南半岛至印度尼西亚。我国15种。

1. 花序不分枝。
  2. 苞片叶状或近叶状，明显长于花萼。
    3. 苞片扇形或宽卵形，先端具1或3个短尖头；叶有粗齿或全缘；花冠黄绿色 …………………………………… 1. 华南野靛棵 **M. austrosinensis**
    3. 苞片卵形或椭圆形，先端短渐尖，干后上部呈紫色；叶全缘；花冠淡白红色 ……… 2. 紫苞野靛棵 **M. latiflora**
  2. 苞片较小，通常短于花萼。
    4.茎短；叶常排成莲座状 …………………… 3. 桂南野靛棵 **M. austroguanxiensis**
    4. 茎伸长短；叶疏生，绝不排成莲座状。
      5. 花通常单生于苞腋。
        6. 叶卵形，长3.5-14厘米，先端钝，基部浅心形或近平截 ……………… 4. 广东野靛棵 **M. lianshanica**
        6. 叶卵形或长圆状披针形，长16-26厘米，先端渐尖，基部急尖；花冠白色，有紫红色斑纹 …………………………………… 5. 野靛棵 **M. patentiflora**
      5. 花通常数朵聚生于苞腋。
        7. 草本；叶卵状披针形，长10.5-12(-18)厘米，叶柄细长 ……………… 6. 南岭野靛棵 **M. leptostachya**
        7. 灌木；叶倒卵形或琴形，长15-26厘米，无叶柄 ……………… 6(附). 琴叶野靛棵 **M. panduriformis**

1. 花序分枝。
  8. 穗状花序顶生或生于上部叶腋，单一或具1-2对分枝，长5-12厘米，每节具对生的单花，花轴四棱形，棱面中央具1列黄色微毛；叶长16-25厘米，宽7.5-9.5厘米，先端渐尖，基部急尖………… 5. **野靛棵 M. patentiflora**
  8. 穗状花序顶生，花成簇对生于花序轴节上，组成穗状圆锥花序；叶长10.5-12（-18）厘米，宽5-6.5（-8）厘米，先端长渐尖，基部宽楔形 ……………………………………………………………… 6. **南岭野靛棵 M. leptostachya**

1. 华南野靛棵　图 612

Mananthes austrosinensis (H. S. Lo) C. Y. Wu et C. C. Hu, Fl. Reipubl. Popul. Sin. 70: 292. 2002.

Justicia austrosinensis H. S. Lo in Guihaia 17 (1): 52. 1997.

草本，高通常40-70厘米。茎4棱，槽内交互有白色毛。叶卵形、宽卵形或近椭圆形，稀长圆状披针形，长5-10（-15）厘米，有粗齿或全缘，上面散生硬毛，下面中脉被硬毛，侧脉每边约5条。穗状花序腋生和顶生，密花或有时间断；苞片扇形，有时宽卵形，长5-7毫米，先端有1或3个短尖头，有时圆，每苞内常有2或1花；花萼裂片长3.5-4毫米；花冠黄绿色，外被柔毛，长约1厘米，上唇微凹，下唇3裂，有喉凸；花药下方一室有距。

产江西南部、广东、广西、贵州及云南东南部，生于低海拔至1250米山地水边、山谷疏林或密林中。

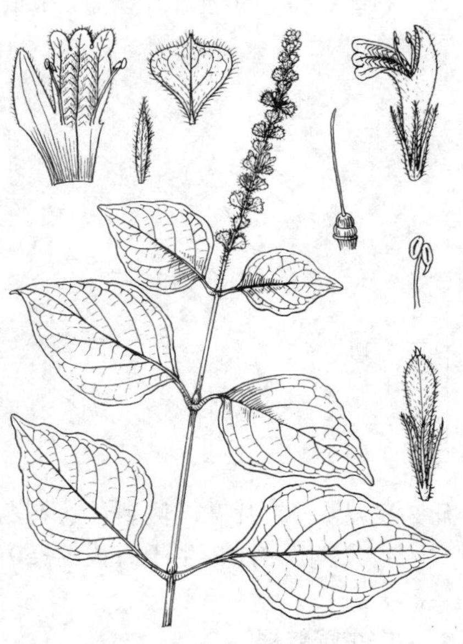

图 612 华南野靛棵（余汉平绘）

2. 紫苞野靛棵　图 613

Mananthes latiflora (Hemsl.) C. Y. Wu et C. C. Hu, Fl. Reipubl. Popul. Sin. 70: 295. 2002.

Justicia latiflora Hemsl. in Journ. Linn. Soc. Bot. 26: 45. 1890.

灌木。茎单一或少分枝，扭曲上升，4棱，疏被短毛。叶披针形、卵形或近圆形，连柄长7.5厘米，全缘，先端长渐尖，基部楔形，有时变窄，两面沿中肋和脉上多少被硬毛，侧脉每边8-10；叶柄细长。花生于长5厘米顶生的密穗状花序上，花序梗极短，苞片有色，被微柔毛，卵形或椭圆形，先端短渐尖，干后上部呈紫色。花萼长为苞片一半，被微毛，近不等5浅裂，裂片披针形，长0.75-1厘米；花冠淡白红色，有条纹，外面被微柔毛，有肋条或具褶，上唇宽圆，内凹，下唇开展，宽3齿，冠檐裂圆，两侧片较窄，脉突出；雄蕊稍外伸；子房光滑，2室。

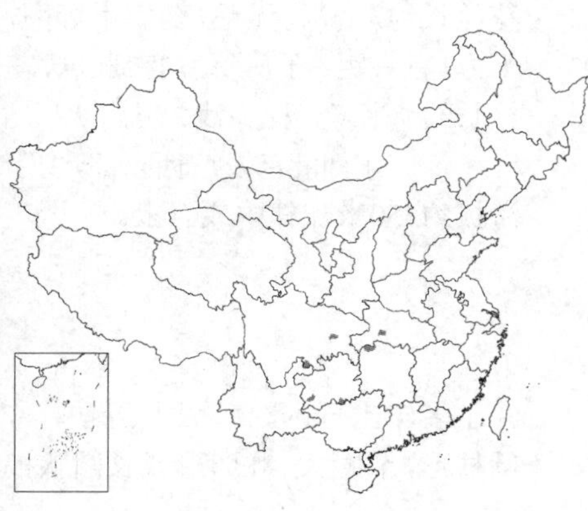

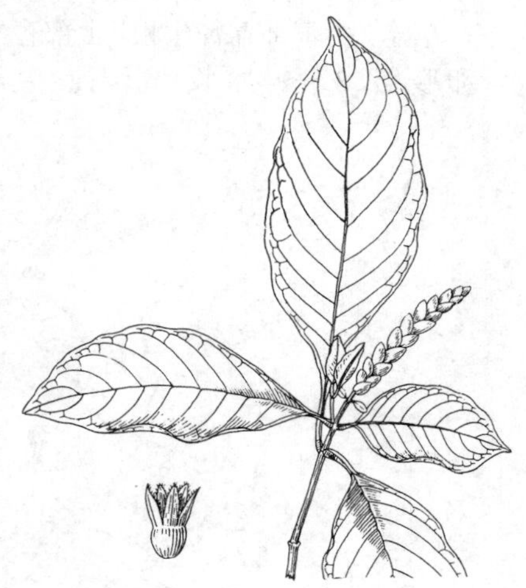

图 613 紫苞野靛棵（余汉平绘）

产湖北西部、湖南西北部、贵州南部及西南部、四川东部及南部，生于海拔600-1800米山坡密林中、山谷或路边。

3. 桂南野靛棵 图 614

Mananthes austroguanxiensis (H. S. Lo et D. Fang) C. Y. Wu et C. C. Hu, Fl. Reipubl. Popul. Sin. 70: 292. 2002.

Justicia austroguanxiensis H. S. Lo et D. Fang in Guihaia 17(1): 54. 1997.

草本，高达30厘米。茎短，节很密。叶常密聚生于茎上成莲座状，倒卵形或倒卵状椭圆形，稀椭圆形。长（6-）10-15厘米，先端短尖，基部渐窄，下延，全缘，无毛，上面具极密点状钟乳体，侧脉7-8对，近叶缘弧曲。穗状花序常近茎稍腋生，长5-35厘米，间断；苞片和小苞片三角形，稀长三角形，长1-1.5-2毫米。花萼长1.5-2毫米，裂片钻形；花冠淡黄绿色，外面被微柔毛，长8-9毫米，上唇微缺，下唇3浅裂，中裂片宽于侧裂片；花药下方1室有距。

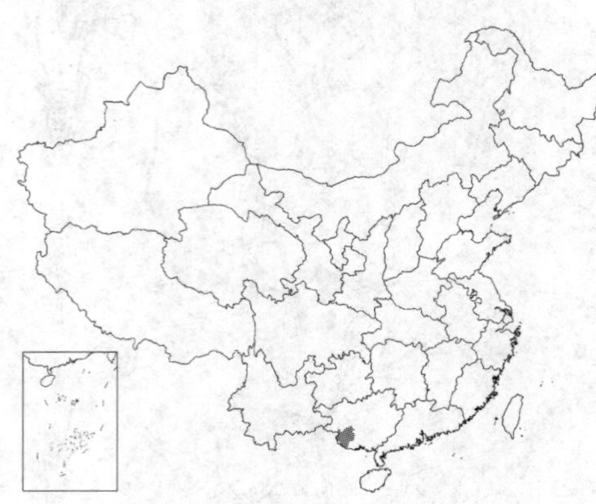

产广西西南部，生于海拔约350米石灰岩山上林中。

图 614 桂南野靛棵（孙英宝绘）

4. 广东野靛棵 图 615

Mananthes lianshanica H. S. Lo in Bull. Bot. Res. (Harbin) 1(4): 105. 1981.

Justicia lianshanica (H. S. Lo) in Guihaia 17(1): 50. 1997.

草本。茎基部匍匐生根，上部直立，通常不分枝，节间槽上初有柔毛。叶卵形，长3.5-14厘米，先端钝，基部浅心形或近截平，边缘浅波状或近全缘，两面无毛或下面脉上生疏毛，钟乳体甚密，短针形，侧脉约7-8对，近叶缘联接；叶柄长1.5-3.5厘米，被柔毛。穗状花序顶生，不分枝，被密被柔毛，连长约4-5厘米的花序梗长7-11厘米；苞片对生，钻状披针形，长3-4毫米，被柔毛，每苞腋常有1花。小苞片卵状披针形，长2-3毫米，被柔毛；花萼深裂几至基部，裂片近披针形，长约3.5毫米，被腺质柔毛；花冠黄色，有紫斑，外面被腺质柔毛，花冠筒向上渐扩大，冠檐上唇直立，三角形，长约2.2毫米，下唇伸展，长3.3-3.5毫米；花丝长约3毫米，无毛，药室不等高，下方1室有距；子房每室有2胚珠，花柱长约9毫米，柱头浅2裂。

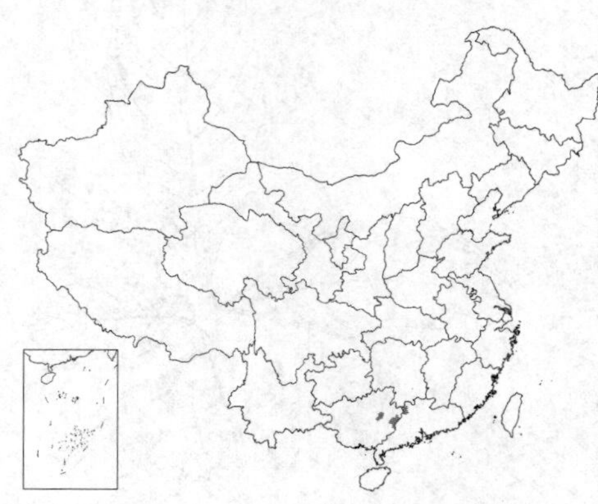

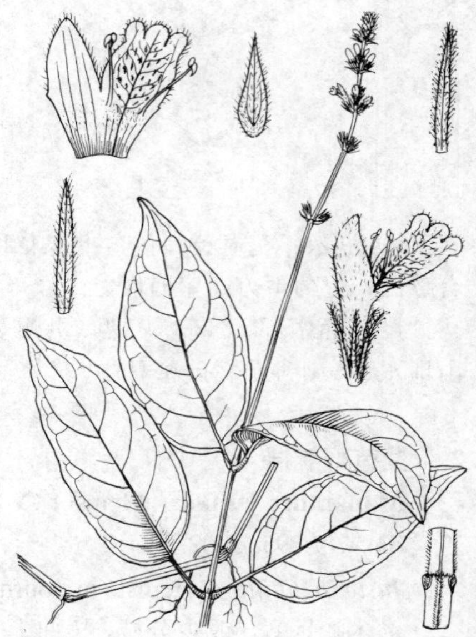

图 615 广东野靛棵（余汉平绘）

产广东西北部及广西东部，生于海拔约550米疏林中或石上。

5. 野靛棵 图 616

Mananthes patentiflora (Hemsl.) Bremek. in Verh. Ned. Akad. Wetensch. Afd. Nat. sect. 2, 45(2): 59. 1948.

Justicia patentiflora Hemsl. in Hook Icon. Pl. ser. 4, 8: pl. 2792. 1903.

多年生草本，高达2米。茎单一，圆柱形，节膨大。叶卵形或长圆状披

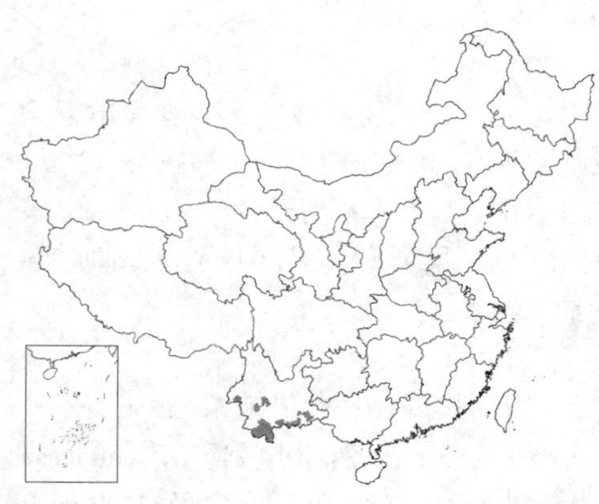

针形，长16-26厘米，宽7.5-9.5厘米，先端渐尖，基部急尖，侧脉每边8-9；叶柄长2-6厘米。穗状花序顶生或生于上部叶腋，单一或具1-2对分枝，长5-12厘米，每节具对生的单花，花轴四棱形，棱面中央具1列黄色微毛；苞片和小苞片鳞片状或三角状披针形，长约3毫米，短于花萼裂片。花萼约长1.2厘米，被短柔毛和缘毛，齿裂不等，急尖。花冠白色，有紫红色斑纹，花冠筒长约1.5厘米，基部以上突然弯曲，外有微毛，冠檐裂片圆，开展，上唇几圆，几比下唇短一倍，边缘反卷，下唇里面具2褶，不等3裂，雄蕊内藏或微伸出，着生于冠筒中部；花丝丝状，花药斜2室，下方1药室基部具距；花柱极少被微毛。蒴果倒披针形，长约0.5厘米，上部具种子4粒，下部实心似柄状，长约1.5厘米。种子扁圆，淡黄色，有疣状凸起。

图 616 野靛棵（引自《图鉴》）

产云南，生于海拔500-800（-2400）米林内或沟谷溪旁。

6. 南岭野靛棵 图 617

Mananthes leptostachya (Hemsl.) H. S. Lo in Bull. Bot. Res. (Harbin) 1(4): 104. 1981.

Justicia leptostachya Hemsl. in Journ. Linn. Soc. Bot. 26: 245. 1890.

草本，直立，几无毛。幼茎4棱，节间两侧被2列柔毛。叶卵状披针形，先端长渐尖，基部宽楔形，长10.5-12.5（-18）厘米，宽5-6.5（-8）厘米，全缘，具极不明显的波状，上面被稀疏小糙毛，下面沿脉被糙伏毛，侧脉明显弯曲；叶柄细长。花无梗，成簇对生于花序轴节上，组成离散而纤细的穗状圆锥花序，被糙伏毛；苞片和小苞片短于花萼。花萼裂片近相等，窄披针形或近线形，几为花冠之半；花冠被微柔毛，直立，花冠筒稍宽，冠檐裂片近相等，开展或稍弯，上唇长圆形，全缘，直立或稍弯，包被雄蕊，下唇3裂近等宽，下唇有纹脉；下药室具距；花柱丝状，内藏。蒴果棍棒状，被微柔毛，长约1.2厘米，具4粒种子。种子深暗棕色，稍粗糙。

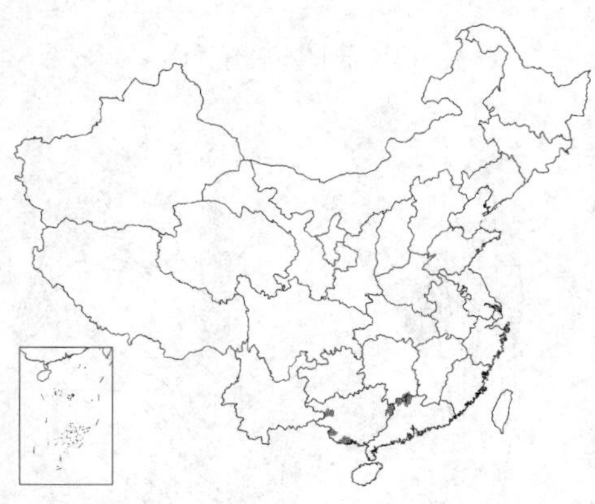

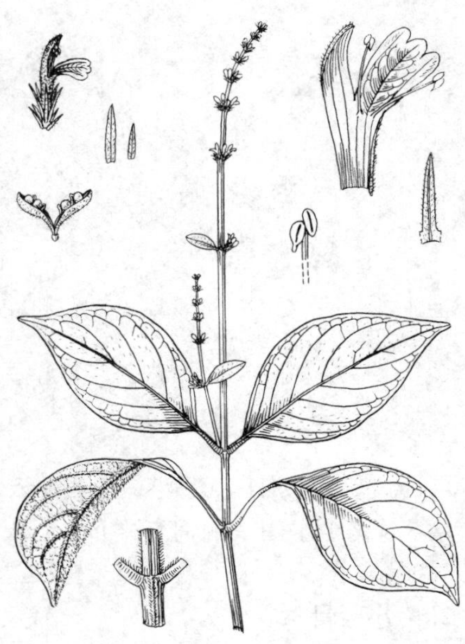

图 617 南岭野靛棵（余汉平绘）

产湖南南部、广东北部、广西西部及西南部。

[附] **琴叶野靛棵 Mananthes panduriformis** (R. Ben.) C. Y. Wu et C. C. Hu, Fl. Reipubl. Popul. Sin. 70: 297. 2002.—— *Justicia panduriformis* R. Ben. in Notul. Sys. 5: 116. 1935. 本种与南岭野靛棵的区别：灌木；叶倒卵形或琴状，长15-26厘米，无叶柄。产广西西南部及云南东南部，生于石灰岩山林中。越南北部有分布。

68. 驳骨草属 Gendarussa Nees

亚灌木或多年生草本。叶全缘。花近无梗，组成顶生穗状花序；苞片对生，每苞腋有1至数花。小苞片短于花萼；花萼近相等的5深裂，裂片披针状线形；花冠二唇形，花冠筒圆筒状或基部稍宽，喉部稍扩大，上唇拱形，直立，内凹，下唇伸展，3裂，有喉凸；雄蕊2，花丝稍扁，无毛，花药2室，具宽斜的药隔，其中一室高于另一室的中部，较低的一室棒形，稍叉开且基部有尾状附属物；子房无毛，每室有2胚珠，花柱线形。蒴果窄棒状，具4种子，基部坚实。

约3种，分布在亚洲东南部、印度至中国、菲律宾、马来西亚。我国约2种。

1. 叶椭圆形或倒卵形，长10–17厘米；苞片长1–1.5厘米，宽卵形或近圆形，覆瓦状重叠；蒴果被柔毛…………………………………………………………………………………………… 1. **黑叶小驳骨 G. ventricosa**
1. 叶窄披针形或披针状线形，长5–10厘米；苞片长不及1厘米，不重叠，蒴果无毛 ………… 2. **小驳骨 G. vulgaris**

1. 黑叶小驳骨 大驳骨 图 618

Gendarussa ventricosa (Wall. ex Sims.) Nees in Wall. Pl. Asiat. Rar. 3: 104. 1832.

Justicia ventricosa Wall. ex Sims. in Curtis's Bot. Mag. t. 2760. 1827.

Adhatoda ventricosa (Wall.) Nees; 中国高等植物图鉴 4: 174. 1974.

多年生、直立、粗壮草本或亚灌木，高约1米；除花序外全株无毛。叶椭圆形或倒卵形，长10–17厘米，先端短渐尖或急尖，基部渐窄，常有颗粒状隆起，侧脉每边6–7；叶柄长0.5–1.5厘米。穗状花序顶生；苞片覆瓦状重叠，宽卵形或近圆形，长1–1.5厘米，被微柔毛。萼裂片披针状线形，长约3毫米；花冠白或粉红色，长1.5–1.6厘米，上唇长圆状卵形，下唇3浅裂。蒴果长约8毫米，被柔毛。花期冬季。

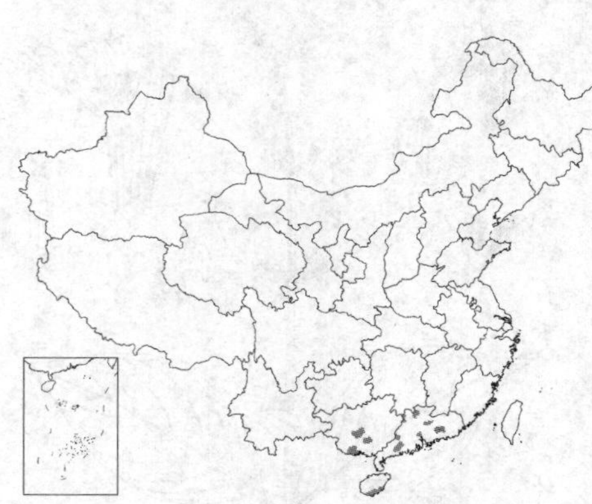

图 618 黑叶小驳骨 （余汉平绘）

产广东、海南、香港、广西及云南，生于疏林下或灌丛中。野生或栽培。越南至泰国及缅甸有分布。全株入药，有续筋接骨、祛风湿之效。

2. 小驳骨 图 619

Gendarussa vulgaris Nees in Wall. Pl. Asiat. Rar. 3: 104. 1832.

多年生直立草本或亚灌木，无毛，高约1米。茎圆柱形，节膨大，嫩枝常深紫色。叶窄披针形或披针状线形，长5–10厘米，先端渐尖，基部渐窄，全缘，侧脉每边6–8，呈深紫色或有时半透明；叶柄长在1厘米以内，或上部叶有时近无柄。穗状花序下部间断，上部密花；

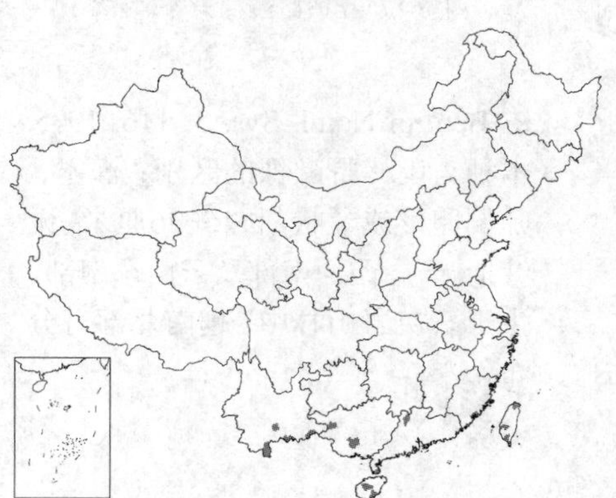

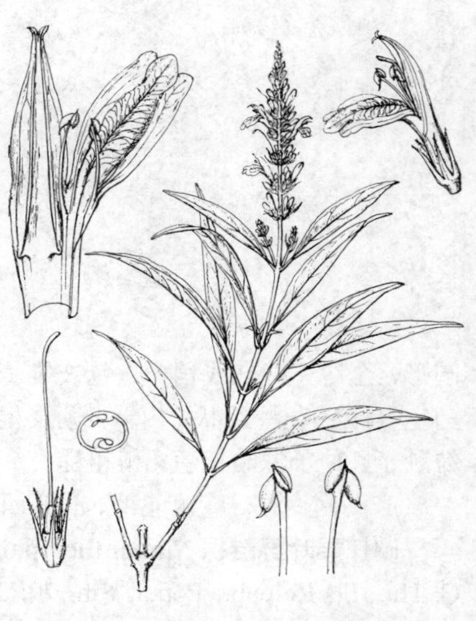

图 619 小驳骨 （引自《Fl. Taiwan》）

苞片对生，在花序下部的1或2对呈叶状，长于花萼，上部的小，披针状线形，短于花萼，内含2至数花；萼裂片披针状线形，长约4毫米；花冠白或粉红色，长1.2-1.4厘米，上唇长圆状卵形，下唇3浅裂。蒴果长1.2厘米，无毛。花期春季。

产于台湾、福建、广东、香港、海南、广西及云南，见于村旁或路边的灌丛中，有时栽培。印度、斯里兰卡、中南半岛至马来半岛有分布。味辛，性温，治风邪，理跌打，调酒服；茎叶煎水，趁热洗涤筋骨患处，有舒筋活络之效。

69. 爵床属 Rostellularia Reichenb.

草本。叶上面散布粗大、通常横列的钟乳体。花无梗，组成顶生穗状花序；苞片交互对生，每苞腋生1花。小苞片和萼裂片与苞片相似，均被缘毛；花萼不等大5裂或等大4裂，后裂片小或消失；花冠短，二唇形，上唇平展，浅2裂，具花柱槽，槽缘被缘毛，下唇有隆起的喉凸；雄蕊2，花丝扁平，无毛，花药2室，药隔窄而斜，药室一上一下，下方1室有尾状附属物；花盘坛状，每侧有方形附属物；子房被丛毛，柱头2裂，裂片不等长。蒴果基部具坚实的柄状部分。种子每室2粒，两侧呈压扁状，种皮皱缩，珠柄钩短，顶部明显扩大。

约10余种，主要分布亚洲的热带和亚热带地区，1种延至非洲的埃塞俄比亚，1种延至澳大利亚昆士兰。我国5-6种。

1. 叶卵形、近圆形、椭圆形或披针形。
  2. 穗状花序纤细，稀疏被毛。
    3. 叶披针状椭圆形或近圆形，长2.5-5厘米 ······ 1. **散爵床 R. diffusa**
    3. 叶卵形或近圆形，长0.7-1（-1.5）厘米 ······ 1(附). **小叶散爵床 R. diffusa** var. **prostrata**
  2. 穗状花序圆柱状，密被毛。
    4. 叶椭圆形或披针形；穗状花序密被长硬毛，苞片线状披针形 ······ 2. **爵床 R. procumbens**
    4. 叶圆形；穗状花序被密硬糙毛，苞片椭圆形 ······ 2(附). **椭苞爵床 R. rotundifolia**
1. 叶线形，宽2-4.5毫米；花序轴被硬毛 ······ 3. **两广线叶爵床 R. linearfolia** subsp. **liankwangensis**

1. 散爵床

Rostellularia diffusa (Willd.) Nees in Wall. Pl. Asiat. Rar. 3: 100. 1832.

Justicia diffusa Willd. Sp. Pl. 1: 87. 1797.

矮小草本。茎平铺。叶铺散，披针状椭圆形或近圆形，长2.5-5厘米，光滑或稀被疏长柔毛；叶柄长2毫米。聚伞花序组成穗状花序；苞片长圆状披针形，两侧的较窄，基部的卵形或钻形，长为花萼1/2-1/3倍。花萼5裂，几裂至基部，4裂片披针形，下面两枚较长，1枚最小，近钻形；萼片和苞片边缘膜质，有细微柔毛状纤毛，凸起的脉绿色，粗糙被微柔毛；花冠较小，肉色；下唇被微柔毛。蒴果长圆形，光滑，超出宿存花萼，基部变窄。

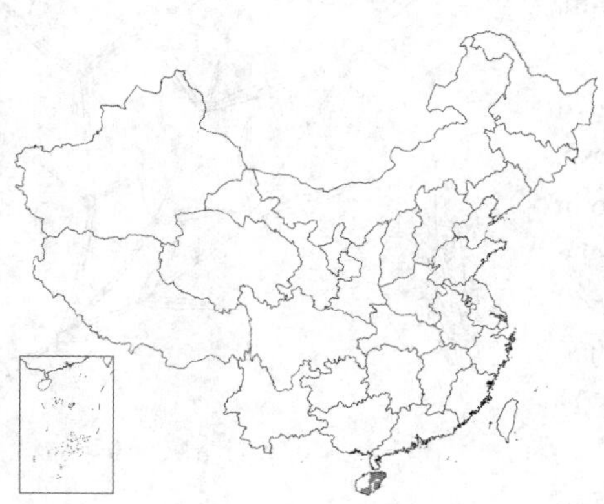

产海南及广西南部，生于草地、溪旁或沙地。

[附] **小叶散爵床 Rostellularia diffusa** var. **prostrata** (Roxb. ex Clarke) H. S. Lo in Fl. Hainan 3: 570. 598. 1974.——*Justicia diffusa* Wall. var. *prostrata* Roxb. ex Clarke in Hook. f. Fl. Brit. Ind. 4: 538. 1885. 与模式变种的区别：叶卵形或近圆形，有时椭圆形，长0.7-1（-1.5）厘米。产海南、福建福州及台湾，生于草地上。印度、斯里兰卡、泰国及越南有分布。

2. 爵床 图 620

Rostellularia procumbens (Linn.) Nees in Wall. Pl. Asiat. Rar. 3: 101. 1832.

Justicia procumbens Linn. Sp. Pl. 15. 1753.

草本，高达50厘米。茎基部匍匐，常有短硬毛。叶椭圆形或椭圆状长圆形，长1.5-3.5厘米，先端锐尖或钝，基部宽楔形或近圆，两面常被短硬毛；叶柄长3-5毫米，被短硬毛。穗状花序顶生或生上部叶腋，长1-3厘米；苞片1。小苞片2，均披针形，长4-5毫米，有缘毛；花萼裂片4，线形，约与苞片等长，有膜质边缘和缘毛；花冠粉红色，长7毫米，二唇形，下唇3浅裂；药室不等高，下方1室有距。蒴果长约5毫米，上部具4粒种子，下部实心似柄状。种子有瘤状皱纹。

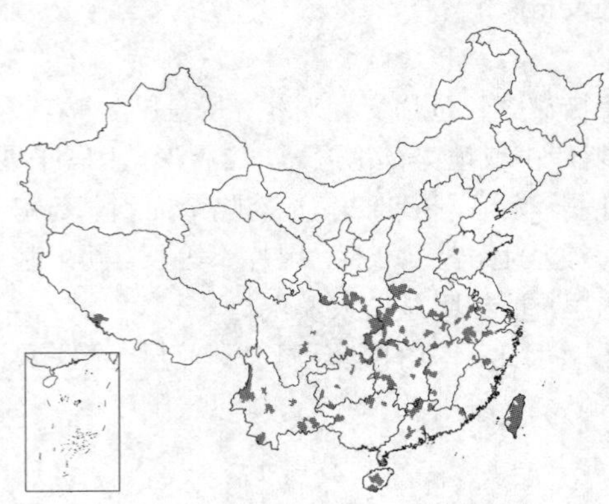

图 620 爵床 （引自《图鉴》）

产河南、山东、江苏、安徽、浙江、福建、台湾、江西、湖北、湖南、广东、海南、广西、贵州、云南、西藏、四川、甘肃南部及陕西南部，生于海拔1500米以下；在西南生于海拔2200-2400米山坡林间草丛中。亚洲南部至澳大利亚广布。全草入药，治腰背痛、创伤等。

[附] **椭苞爵床 Rostellularia rotundifolia** Nees in Wall. Pl. Asiat. Rar. 3: 100. 1832. 本种与爵床的区别：叶圆形；穗状花序密被毛，苞片椭圆形。产云南西部。印度、尼泊尔、不丹、巴基斯坦、克什米尔、马来西亚，东达日本琉球均有分布。

3. 两广线叶爵床 图 621

Rostellularia linearfolia Bremek. subsp. **liankwangensis** (H. S. Lo) H. S. Lo in Acta Phytotax. Sin. 17(4): 87. 1979.

Justicia linearfolia (Brem- ek.) H. S. Lo subsp. *liankwangensis* H. S. Lo in Acta Phytotax. Sin. 17 (1): 59. 1997.

本亚种与模式亚种的区别：花序轴被硬毛，叶宽2-4.5毫米。

产广西南宁、柳城及广东廉江。

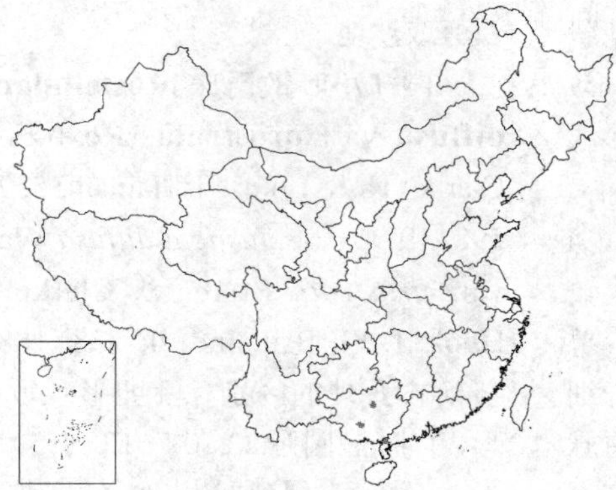

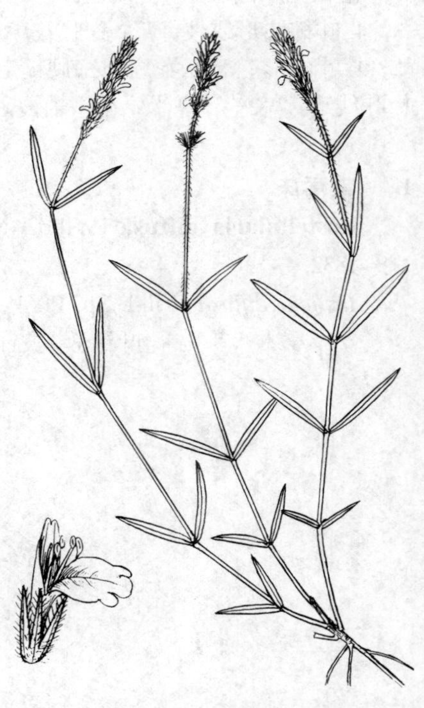

图 621 两广线叶爵床 （余汉平绘）

201. 胡麻科 PEDALIACEAE

（陈淑荣）

一年生或多年生草本，稀灌木。叶对生或上部互生，全缘、有齿缺或分裂。花左右对称，单生、腋生或组成顶生总状花序；花梗短；苞片缺或极小。花萼5裂；花冠一边肿胀不太明显二唇形，檐部裂片5，覆瓦状排列；雄蕊4，2强，有退化雄蕊，花盘肉质；子房上位或下位，2-4室，稀有假一室，中轴胎座，花柱丝形，柱头2浅裂，胚珠多数，倒生。蒴果2-4瓣开裂，或不开裂，常覆以硬钩刺或翅。种子多数，具薄肉质胚乳及小型劲直的胚。

14属，约50种，分布于旧大陆热带的沿海地区及沙漠地带，一些种类已在新大陆热带驯化。我国2属2种。

1. 能育雄蕊4；子房上位；蒴果室背开裂；陆生草本 …………………………………………………… 1. **胡麻属 Sesamum**
1. 能育雄蕊2；子房下位；果实不开裂；水生草本 …………………………………………………… 2. **茶菱属 Trapella**

1. 胡麻属 **Sesamum** Linn.

直立或匍匐草本。叶生于下部的对生，其它的互生或近对生，全缘、有齿缺或分裂。花腋生，单生或数朵丛生，白或浅紫色；花萼小，5深裂；花冠筒状，基部稍肿胀，檐部裂片5，圆形，近轴的2片较短；雄蕊2强，着生花冠筒近基部，箭头形，花药2室；子房上位，2-4室，每室再由一假隔膜分为2室，每室有多数叠生胚珠。蒴果长圆形，室背开裂为2果瓣。种子多数。

约30种，分布于热带非洲和亚洲，我国引入栽培1种。

芝麻 图 622 彩片 126

Sesamum indicum Linn. Sp. Pl. 634. 1753.

一年生直立草本，高达1.5米。叶长圆形或卵形，长3-10厘米，下部叶常掌状3裂，中部叶有齿缺，上部叶全缘。花单生或2-3朵腋生；花萼裂片披针形，被柔毛；花冠筒状，白色带有紫红或黄色的彩晕；雄蕊4，内藏；子房上位，4室，每室再由一假隔膜分为2室，被柔毛。蒴果，长圆形，有纵棱，直立，被毛，室背开裂至中部或基部。种子有黑白之分。花果期夏末秋初。

原产印度。我国引入栽培，现几遍布全国各地。

图 622 芝麻 （引自《图鉴》）

2. 茶菱属 **Trapella** Oliv.

浮水草本。叶对生，浮水叶三角状圆形或心形，沉水叶披针形。花单生叶腋，果期花梗下弯；萼齿5，萼筒与子房合生；花冠漏斗状，檐部广展，二唇形。能育雄蕊2，内藏；子房下位，2室，上室退化，下室有2胚珠。果实窄长，顶端具锐尖的3长2短的钩状附属物，不开裂，有1种子。

2种，分布于亚洲东部。我国1种。

茶菱 图 623

Trapella sinensis Oliv. in Hook. Icon. Pl. 14: pl. 1595. 1887.

多年生水生草本。根状茎横走。茎绿色。叶对生，上面无毛，下面淡紫色；沉水叶三角状圆形或心形，长1.5-3厘米，先端钝尖，基部浅心形；叶柄长1.5厘米。花单生叶腋，在茎上部叶腋的多为闭锁花；花梗长1-3厘米，花后增长；萼齿5，长约2毫

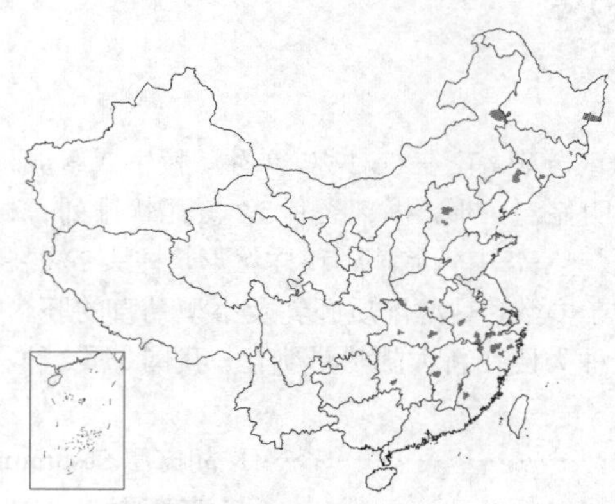

米，宿存；花冠淡红色，裂片5，圆形，薄膜质，具细脉纹；花丝长约1厘米，花药2室，极叉开，纵裂。子房下室有2胚珠。蒴果窄长，不开裂，有1种子，顶端有锐尖的3长2短的钩状附属物，其中长的附属物可达7厘米，短的附属物长0.5-2厘米。花期6月。

产黑龙江、吉林、辽宁、内蒙古、河北、河南、山东、江苏、安徽、浙江、福建、江西、湖北及湖南，群生于池塘或湖泊中。朝鲜半岛、日本、俄罗斯远东地区有分布。

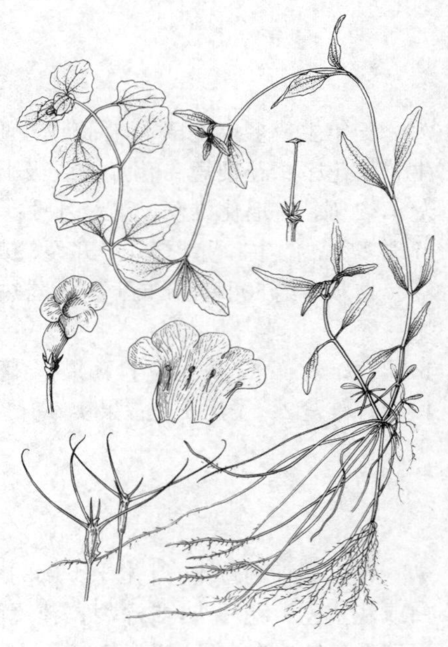

图 623 茶菱 （引自《华东水生维管束植物》）

202. 紫葳科 BIGNONIACEAE

（陶德定　尹文清）

乔木、灌木或木质藤本，稀草本；常具卷须、吸盘及气根。叶对生、互生或轮生，单叶或羽状复叶，稀掌状复叶；顶生小叶或叶轴有时成卷须状，卷须顶端有时钩尖或具吸盘，无托叶。花两性，左右对称，常大而美丽，组成顶生或腋生聚伞、圆锥或总状花序，稀老茎生花。花萼钟状、筒状，平截，或具齿；花冠合瓣，钟状或漏斗状，常二唇形，5裂；能育雄蕊4，具一枚后方退化雄蕊，有时能育雄蕊2，稀5枚雄蕊能育；具花盘；子房上位，(1)2(4)室，中轴胎座或侧膜胎座，胎珠多数，叠生；花柱丝状，柱头2唇形。蒴果，室间或室背开裂，常下垂，稀肉质不裂。种子常具翅或两端有束毛，薄膜质，极多数；无胚乳。

120属约650种，广布于热带、亚热带，少数产温带，欧洲、新西兰不产。我国17属约35种。

1. 子房2室；蒴果开裂；种子具翅。
  2. 蒴果室间开裂。
    3. 一至二回羽状复叶；藤本或藤状灌木；蒴果线形、椭圆形、扁平，隔膜薄。
      4. 顶生小叶成3叉丝状卷须；花橙红色；蒴果线形 ························ 1. **炮仗藤属 Pyrostegia**
      4. 顶生小叶3-5枚，无卷须；花白色；蒴果长椭圆形、扁平 ························ 2. **照夜白属 Nyctocalos**
    3. 二至三回羽状复叶；乔木。
      5. 顶生聚伞状圆锥花序；花小，白色，花冠筒细长；蒴果线形 ························ 3. **老鸦烟筒花属 Millingtonia**
      5. 顶生总状花序；花大，紫红色；蒴果长达1米 ························ 4. **木蝴蝶属 Oroxylum**
  2. 蒴果室背开裂。
    6. 单叶；能育雄蕊2；种子两端有束毛 ························ 5. **梓属 Catalpa**
    6. 羽状或掌状复叶；能育雄蕊4；种子具膜质透明翅。

7. 花萼钟状。
8. 乔木或灌木；一至三回羽状复叶。
9. 种子无翅，扁球形；2-3回羽状复叶，叶轴具翅；蒴果隔膜膜质 ······················· 6. **翅叶木属 Pauldopia**
9. 种子具翅；叶轴常无翅。
10. 蒴果圆柱形、线形或窄长圆形；一回羽状复叶。
11. 花大，花冠径1.5-4厘米；花萼宽1-2厘米。
12. 花白色；果圆柱形，隔膜木栓质，厚而扁平 ··· 7. **厚膜树属 Fernandoa**
12. 花桔红色；果细长圆形、扁平，隔膜近木质，非厚木栓质 ······················· 8. **火焰树属 Spathodea**
11. 花小，花冠喉部径不及1厘米；花萼径不及1厘米。
13. 隔膜圆柱形，种子全埋入隔膜 ··· 9. **羽叶楸属 Stereospermum**
13. 隔膜扁柱形，种子稍埋入隔膜 ··· 10. **菜豆树属 Radermachera**
10. 蒴果扁卵圆形；奇数二回羽状复叶，小叶多，长0.6-1.2厘米，花冠蓝或蓝紫色 ·························· 15. **蓝花楹属 Jacaranda**
8. 藤本或草本。
14. 藤本，气根攀援；奇数羽状复叶；花红或橙红色；蒴果长圆形 ························ 11. **凌霄属 Campsis**
14. 一年生至多年生草本，具茎或无茎；花红或黄色；蒴果长角形、长圆柱形或披针形 ·························· 12. **角蒿属 Incarvillea**
7. 花萼佛焰苞状。
15. 一回羽状复叶；顶部总状花序；蒴果长圆柱形，密被褐色长绵毛，猫尾状 ········ 13. **猫尾木属 Markhamia**
15. 二回羽状复叶；短总状花序生于老茎；蒴果线形，无毛 ································· 14. **火烧花属 Mayodendron**
1. 子房1室，侧膜胎座；果不裂；种子无翅；乔木或灌木。
16. 掌状3小叶或单叶；花簇生；果生于老茎，葫芦状、坚硬 ································· 16. **葫芦树属 Crescentia**
16. 奇数羽状复叶；顶生、下垂圆锥花序；果下垂、粗棒状 ·································· 17. **吊灯树属 Kigelia**

1. 炮仗藤属 Pyrostegia Presl

藤本。叶对生，小叶2-3枚，顶生小叶常成3叉丝状卷须。顶生圆锥花序；花密集成簇。花萼钟状，平截或具5齿；花橙红色，筒状，略弯曲，裂片5，镊合状排列，花期反折；雄蕊4，2强，药室平行；花盘环状；子房2室，线形，胚珠多颗，(1) 2 (3) 列。蒴果线形，室间开裂，隔膜与果瓣平行，果瓣扁平，薄或稍厚，革质，平滑，有纵肋。种子在隔膜边缘1-3列成覆瓦状排列，具翅。

约5种，产南美洲。我国引入栽培1种。

炮仗花 图 624 彩片 127

Pyrostegia venusta (Ker- Gawl.) Miers in Proc. Roy. Hort. Soc. 3: 188. 1863.

Bignonia venusta Ker-Gawl. Bot. Reg. t. 249. 1818.

藤本。小枝顶端具3叉丝状卷须。叶对生，小叶2-3，卵形，先端渐尖，基部近圆，长4-10厘米，两面无毛，下面疏生细小腺穴，全缘，叶轴长约2厘米；小叶柄长0.5-2厘米。圆锥花序生于侧枝顶端，长10-12厘米。花萼钟状，小齿5；花冠筒状，内面中部有毛环，基部缢缩，橙红色，裂片5，长椭圆形，花蕾时镊合状排列，花后反折，边缘有被白色柔毛；雄蕊着生花冠筒中部，花丝丝状，花药叉开；子房密被柔毛，花柱细，柱头舌状

图 624 炮仗花 （引自《海南植物志》）

扁平，花柱与花丝均伸出花冠筒。果瓣革质，舟状，种子多列。种翅薄膜质。花期1-6月。

原产南美巴西，在热带亚洲广泛栽培。我国广东、海南、广西、福建、台湾及云南均有栽培。初夏红橙色花朵成串，如鞭炮，称炮仗花。

2. 照夜白属 **Nyctocalos** Teijsm. et Binn.

藤本，无卷须。叶对生，一至二回羽状复叶，小叶3-5（7），全缘。总状花序顶生。花萼钟状，顶端近平截，具5枚短尖小齿；花冠白色，花冠筒细圆筒状，檐部微二唇形，裂片5，卵圆形，近等大，开展；雄蕊4-5，微2强，着生花冠筒近顶端，花药叉开，椭圆形，纵裂，顶端有尾状附属体；花盘垫状；子房有多列胚珠，花柱丝状，柱头舌状扁平。蒴果长椭圆形，扁平，花萼宿存。种子多数，2至多列，扁圆形，具白色透明周翅。

约5种，分布于印度东北部、缅甸、泰国、马来西亚、印度尼西亚（爪哇）及菲律宾。我国2种。

羽叶照夜白 图 625

Nyctocalos pinnata van Steenis in Acta Bot. Neerl. 2: 305. 1953.

缠绕木质藤本，长达20米。一回羽状复叶，小叶3-5，长椭圆形，长7-10厘米，先端渐尖，基部圆，薄革质，下面淡绿色，侧脉6-8对，近缘内弯网结，侧生小叶柄长约1厘米，顶生小叶柄长约3厘米。顶生花序有2-10花。花萼杯状，长约5毫米；花冠漏斗状，向下渐窄，长9.5-14厘米，口部径约2厘米，基部径约7毫米，花冠裂片5，卵圆形，长约2厘米；雄蕊4，微2强，着生花冠筒中部，花丝短，无毛，花药长约6毫米。蒴果长椭圆形，扁平，长12-14厘米，宽4-5厘米，顶端短尖，基部具细柄，果皮淡绿色，厚革质，2瓣裂，果柄长约2厘米。种子径约3厘米。花期7-8月，果期10-11月。

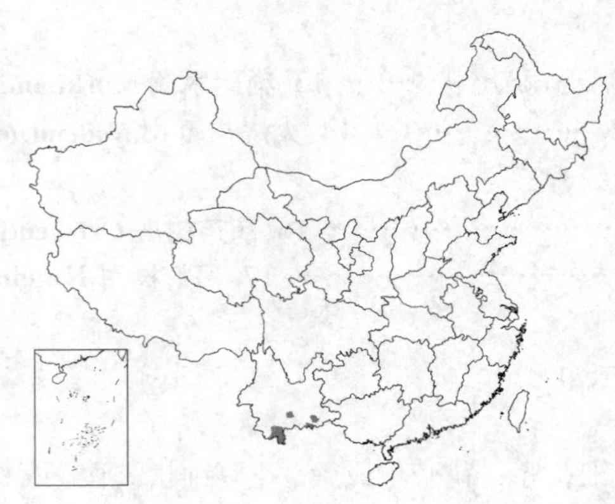

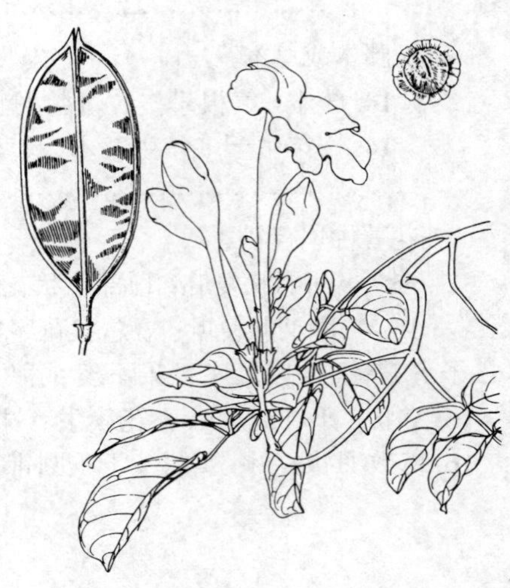

图 625 羽叶照夜白 （吴锡麟绘）

产云南南部及东南部，生于海拔160-670（-1500）米河谷密林中或湿润地方。

3. 老鸦烟筒花属 **Millingtonia** Linn. f.

乔木，高达25米。二至三回羽状复叶，长0.4-1米，小叶椭圆形、卵形或卵状椭圆形，长5-7厘米，先端近尾尖，基部圆，偏斜，全缘，两面无毛，侧脉4-5对；小叶柄长达1厘米，侧生小叶有时近无柄。聚伞圆锥花序顶生，径约25厘米，花序轴和花梗被淡黄色柔毛；苞片和小苞片早落。花梗细，长约1厘米，花萼杯状，长宽均2-4毫米，浅波状5裂，裂片微反折；花冠白色，花冠细，长3-7厘米，基径2-3毫米，裂片5，卵状披针形，长1-2厘米，内面沿边缘密被细柔毛；雄蕊4，2强，着生冠筒近顶端，内藏或略外露，花药2室，1室椭圆形，另1室为尾状附属物；花盘杯形；子房无毛；胚珠多数，4列，花柱细长，柱头舌状，2裂，微伸出。蒴果线形，扁，长30-35厘米，宽1-1.5厘米。种子盘状，细小，具膜质周翅。

单种属。

老鸦烟筒花 图 626

Millingtonia hortensis Linn. f. Suppl. Sp. Pl. 291. 1781.

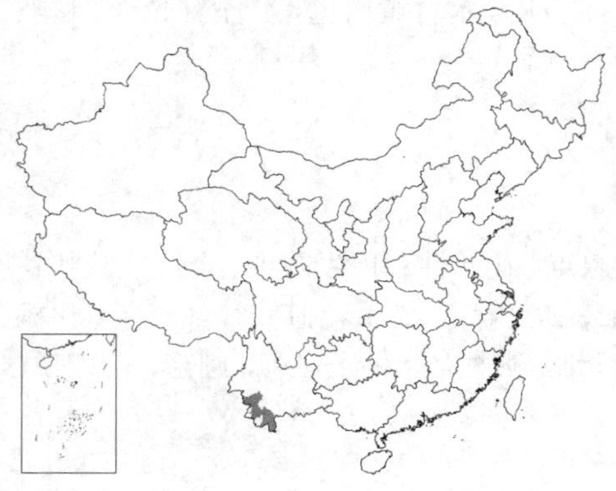

形态特征同属。花期9-12月。

产于云南西南部，生于海拔500-1200米低山丘陵密林中。越南、老挝、泰国、缅甸、柬埔寨、印度、马来西亚及印度尼西亚有分布。树皮药用，煎服治皮炎，也可驱虫解毒。

图 626 老鸦烟筒花（吴锡麟绘）

4. 木蝴蝶属 Oroxylum Vent.

小乔木，稀分枝。二至三回3小叶或羽状复叶对生，近茎顶端着生；小叶全缘。顶生总状花序，直立。花萼大，紫色，肉质，宽钟状，顶端近平截。花冠大，紫红色，钟状，檐部微二唇形，裂片5，开展，圆形，边缘波状；雄蕊4，微2强，退化雄蕊较短，着生花冠筒中部，花丝细长，扁平，花药椭圆形，2室；花柱丝状，柱头舌状扁平。蒴果长披针形，木质，扁平，长达1.2米，2瓣裂，隔膜木质，扁平。种子多列，极薄，扁圆形，周围具白色透明膜质翅。

约2种，分布于越南、老挝、泰国、缅甸、印度、马来西亚、斯里兰卡。我国1种。

木蝴蝶 图 627 : 1-3

Oroxylum indicum (Linn.) Kurz, For. Fl. Brit. Burma 2: 237. 1877.

Bignonia indicum Linn. Sp. Pl. 625. 1753.

小乔木，高达10米。奇数二至三（稀四）回羽状复叶，着生茎近顶端，长0.6-1.3米；小叶三角状卵形，长5-13厘米，先端短渐尖，基部近圆或心形，偏斜，两面无毛，全缘，叶干后带蓝色，侧脉5-6对，下面网脉明显。总状聚伞花序顶生，长0.4-1.5米。花梗长3-7厘米；花萼钟状，紫色，膜质，果期近木质，长2.2-4.5厘米，宽2-3厘米，光滑，顶端平截，具小苞片；花冠紫红色，肉质，长3-9厘米，基部径1-1.5厘米，口部径5.5-8厘米，檐部下唇3裂，上唇2裂，裂片微反折，傍晚开花，有臭味；雄蕊着生花冠筒中部，花丝长4厘米，微伸出花冠，花丝基部被绵毛，花药椭圆形，长0.8-

图 627：1-3. 木蝴蝶 4-6. 翅叶木（杨建昆绘）

1厘米，略叉开，花盘肉质，5浅裂，径约1.5厘米；花柱长5-7厘米。蒴果木质，垂悬树梢，长0.4-1.2米，宽5-9厘米，厚约1厘米，2瓣裂。种子连翅长6-7厘米，宽3.5-4厘米，周翅纸质，称“千张纸”。

产福建、台湾、广东、海南、广西、贵州西南部、云南及四川，生于海拔500-900米河谷密林中。东南亚有分布。种子及树皮药用，可消炎镇痛。木材黄白色，径面有光泽，材质轻软。

5. 梓属 Catalpa Scop.

落叶乔木。单叶对生，稀3叶轮生，揉之有臭味，下面脉腋常具紫色腺点。花两性；顶生圆锥、伞房或总状花序。花萼2唇形或不规则开裂；花冠钟状，上唇2裂，下唇3裂；能育雄蕊2，内藏，着生花冠筒基部，有退化雄蕊；子房2室，胚珠多数。蒴果长柱形，室背2瓣裂，果瓣薄而脆，隔膜纤细、圆柱形。种子多列，圆形，薄膜质，两端具束毛。

约13种，分布于美洲和东亚。我国4种及1变型。引入栽培1种。

1. 聚伞圆锥花序或圆锥花序；花淡黄或白色。
  2. 花淡黄白色；蒴果果爿宽4-5毫米；种子宽3毫米 ······ 1. **梓 C. ovata**
  2. 花白色；蒴果果爿宽1厘米；种子宽6-7毫米 ······ 2. **黄金树 C. speciosa**
1. 伞房状总状花序；花淡红或紫色。
  3. 叶三角状卵心形；花序具2-12花 ······ 3. **楸 C. bungei**
  3. 叶卵形；花序具7-15花。
    4. 幼枝、花序、叶柄均被分枝毛 ······ 4. **灰楸 C. fargesii**
    4. 幼枝、花序、叶柄均无毛 ······ 4(附). **滇楸 C. fargesii f. duclouxii**

1. 梓 图 628

Catalpa ovata G. Don, Gen. Syst. Gard. Bot. 4: 230. 1837.

乔木，高达15米。幼枝疏生柔毛。叶对生或近对生，有时轮生，宽卵形，长宽近相等，长约25厘米，先端渐尖，基部心形，全缘或浅波状，常3浅裂，两面均粗糙，微被柔毛或近无毛，侧脉4-6对，基部掌状脉5-7；叶柄长6-18厘米，顶生圆锥花序；花序梗微被疏毛，长12-28厘米。花萼蕾时球形；花冠黄白色，能育雄蕊2，花药叉开，退化雄蕊3。蒴果线形，下垂，长20-30厘米，径5-7毫米，果爿宽4-5毫米。种子长椭圆形，长6-8毫米，宽约3毫米，两端具平展长毛。

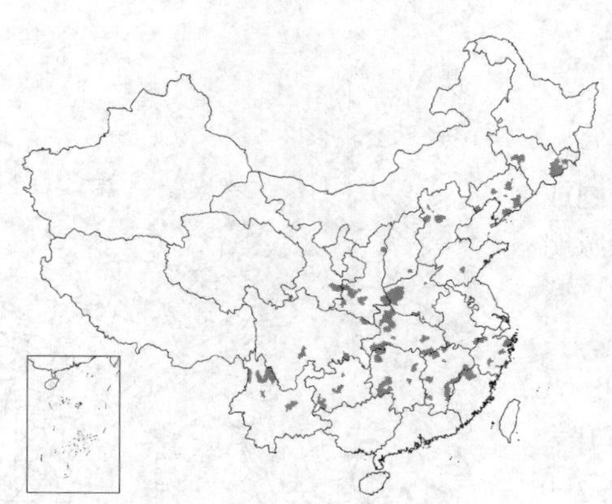

图 628 梓（引自《图鉴》）

产吉林、辽宁、河北、山西、河南、山东、安徽、福建、江西、湖北、湖南、贵州、云南、四川、甘肃及陕西，在海拔（500-）1900-2500米野生树木已不可多见；多栽培于村庄附近及公路两旁。日本有分布。树皮及树叶可作农药，杀稻螟、稻飞虱；果皮、种子及叶可作利尿剂，治肾病、肾气膀胱炎、肝硬化、腹水，根皮（梓白皮）可消肿毒，外用煎洗治疥疮。

2. 黄金树 图 629

Catalpa speciosa (Warder ex Barney) Engelm. in Bot. Gaz. 5: 1. 1880.

Catalpa bignonioides Walt. var. *speciosa* Warder ex Barney in Gard. Monthly 20: 312. 1878.

乔木，高达10米。叶卵状心形或卵状长圆形，长15-30厘米，先端长渐尖，基部平截或浅心形，上面无毛，下面密被柔毛；叶柄长10-15厘米。圆锥花序顶生，花少数，长约15厘米；苞片2，线形，长3-4毫米。花萼2裂，舟状，无毛；花冠白色，喉部有2黄色条纹及紫色细斑点，长4-5厘米，裂片开展。蒴果圆柱形，黑色，长30-55厘米，径1-2厘米，2瓣裂，果爿宽1厘米。种子椭圆形，长2.5-3.5厘米，宽6-7毫米，两端有白色丝状毛毛。花期5-6月，果期8-9月。

原产美国中部及东部。河北、山西、河南、山东、江苏、浙江、福建、台湾、广东、广西、陕西、新疆及云南等地有栽培。

图 629 黄金树（冯晋庸绘）

3. 楸 楸树 图 630 彩片 128

Catalpa bungei C. A. Mey. in Bull. Acad. Imp. Sci. St. Pétersb. 2: 49. 1837.

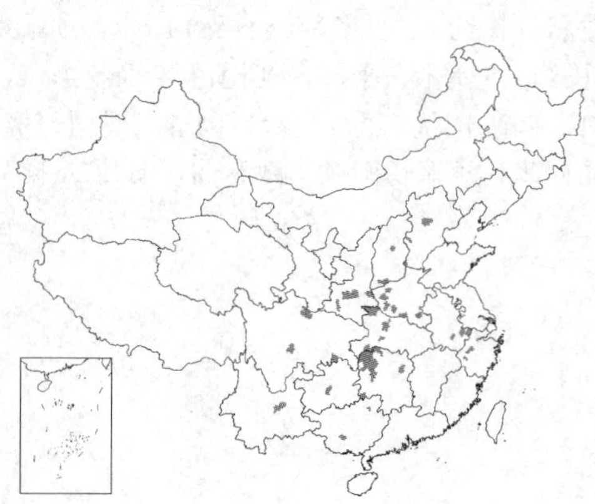

小乔木，高达12米。叶三角状卵形、卵形或卵状长圆形，长6-15厘米，宽达8厘米，先端长渐尖，基部平截或心形，有时基部具1-2齿，下面无毛；叶柄长2-8厘米。顶生伞房状总状花序，有2-12花。花萼蕾时球形，2唇裂，顶端有2尖齿；花冠淡红色，内面有2黄色条纹及暗紫色斑点，长3-3.5厘米。蒴果线形，长25-45厘米，径约6毫米。种子窄长椭圆形，长约1厘米，宽约2厘米，两端有长毛。花期5-6月，果期6-10月。

产陕西、山西、河北、河南、山东、江苏、浙江、安徽、湖北、湖南、广西、贵州、云南及四川，野生种群较少，现广为栽培，为速生树种。树干通直，木材坚韧，为优良建筑及装饰用材；可栽培作观赏树、行道树。花可炒食，叶可喂猪。茎皮、叶、种子入药，可杀虫、治疮痈；果清热利尿，治尿路感染。

图 630 楸（冯晋庸绘）

4. 灰楸 图 631

Catalpa fargesii Bur. in Nouv. Arch. Hist. Nat. Paris ser 3, 6: 195. 1894.

乔木，高达25米。幼枝、花序、叶柄均被分枝毛。叶厚纸质，卵形或三角状心形，长13-20厘米，宽10-13厘米，先端渐尖，基部平截或微心形，侧脉4-5对，基部3出，幼叶上面微被分枝毛，下面较密，后脱落无毛；叶柄长3-10厘米。顶生伞房状总状花序，有7-15花。花萼2裂达基部，裂片卵圆形；花冠淡红或淡紫色，内面具紫色斑点，钟状，长约3.2厘米；雄蕊2，内藏，退化雄蕊3，药室叉开，长3-4毫米；花柱丝形，长约2.5厘米，柱头2裂。蒴果细圆柱形，下垂，长55-80厘米，果爿革质，2裂。种子椭圆状线形，薄膜质，两端具丝毛，连毛长5-6厘米。花期3-5月，果期6-11月。

产甘肃、陕西、山西、河北、山东、河南、湖北、湖南、广西、贵州、云南及四川，生于海拔700-2500米村庄边、山谷。树姿优美；材质优良；嫩叶及花可食；叶可喂猪；果利尿，根皮治皮肤病；树皮及叶浸液治稻螟。

[附] **滇楸** 彩片 129 **Catalpa fargesii** f. **duclouxii** (Dode) Gilmour in Curtis's Bot. Mag. 159. t. 9458. 1936.——*Catalpa duclouxii* Dode in Bull. Soc. Dendr. France 1907: 201. 1907. 与模式变型的区别：叶及花序均无毛。产湖北、湖南、四川、贵州及云南。为珍贵商用硬材，供制高级家具及装饰用材。

图 631 灰楸（冯晋庸绘）

6. 翅叶木属 **Pauldopia** van Steenis

灌木或小乔木。小枝皮孔明显。二至三回羽状复叶，对生，叶轴具窄翅，被柔毛，长达38厘米，小叶卵状披针形，长3-7.5厘米，宽1.5-2.5厘米，先端长渐尖，基部楔形，全缘，具缘毛，两面疏被柔毛，近无毛。顶生聚伞状圆锥花序，径8-12厘米，下垂，花序梗长1-2厘米，疏被柔毛。花萼钟状，长约1.5厘米，径不及1厘米，顶端近平截，5浅裂；花冠筒暗黄色，长3-6厘米，微弯，裂片5，半圆形，长约1.5厘米，平展，红褐色；雄蕊4，2强，花丝丝状，长2-2.5厘米，无毛，花药个字形着生，药室2，水平叉开，药隔钻状弯曲；花盘杯状；花柱长约3厘米，无毛，柱头舌状，子房2室。蒴果细圆柱形，长达23厘米，径约1厘米，两端长渐尖，微卷曲，果爿2。隔膜膜质。种子扁球形，无翅，径约6毫米。

单种属。

翅叶木 图 627: 4-6 彩片 130

Pauldopia ghorta (Buch . ex G. Don) van Steenis in Acta Bot. Neerl. 18: 425. 1969.

Bignonia ghorta Buch.- Ham. ex G. Don, Gen. Syst. 4: 222. 1838.

形态特征同属。花期5-6月，果期11-12月。

产云南南部及西南部，生于海拔600-1750米常绿阔叶林中及路边坡地。越南、泰国、老挝、缅甸、斯里兰卡及印度有分布。

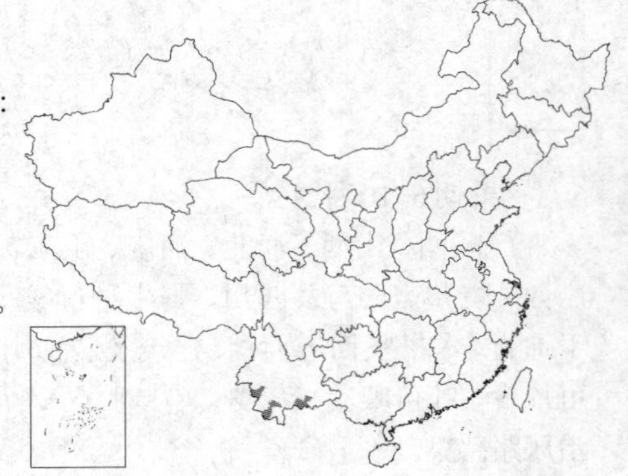

7. 厚膜树属 **Fernandoa** Welw. ex Seem.

乔木。一回奇数羽状复叶；小叶2-6对，全缘，下面无毛或被星状毛，散生腺毛，脉腋有巢状毛穴。聚伞花序被柔毛。花萼筒状或钟状，2-5裂，稍被腺点，宿存；花冠白色，漏斗状或钟状，裂片5，近圆形，波状或具圆齿；雄蕊4，2强，花药2室，略叉开，内藏，退化雄蕊小；花盘环状，稀缺裂；子房2室，近侧膜胎座，胚珠多数，2列。蒴果，长圆柱形，具细棱肋或四棱柱状，室背开裂，果爿2；隔膜厚而扁平，木栓质。种子极多，薄片状，两端具不整齐膜质窄翅。

约14种，热带非洲4种，马达加斯加3种；印度、中南半岛、马来西亚苏门答腊6种。我国1种。

广西厚膜树 图 632

Fernandoa guangxiensis D. D. Tao in Acta Phytotax. Sin. 24 (2): 149. 1986.

乔木，高达15米，胸径20厘米。小枝被褐色皮孔。复叶，长30-42厘米；小叶4-5对，长圆形或卵状长圆形，长7-13厘米，先端短渐尖，基部平截或近圆，偏斜，全缘，薄纸质，无毛，下面脉腋有巢状毛穴。聚伞圆锥花序密集，顶生，花序轴长5-7厘米，径3-4厘米。花萼钟状，径约1.5厘米，裂片5；花冠漏斗状，白色，长5.5厘米，檐部裂片5，宽椭圆形，长2.2厘米，宽1.5厘米；花丝长1.8厘米；子房被微柔毛，花柱长1.7厘米，柱头扁平，2片裂。蒴果长圆柱形，长45-70厘米，粗2.5-3厘米，具8-12条微凸纵纹，果爿薄壳质，淡黑褐色；隔膜厚0.8-1厘米。种子多列着生，翅长3.5厘米，宽1.5厘米。花果期8-12月。

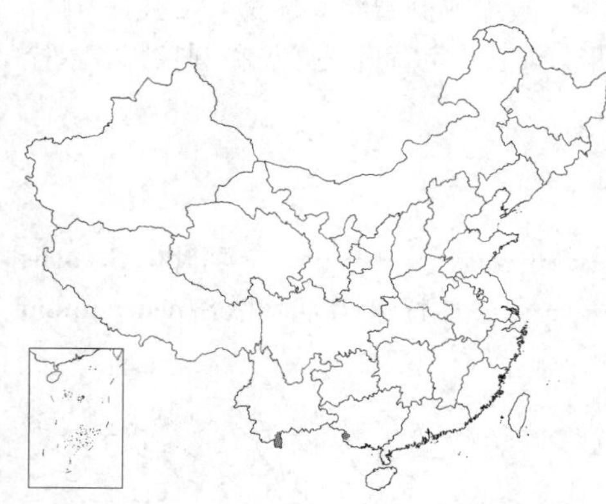

图 632 广西厚膜树（曾孝濂绘）

产广西西南部及云南南部，生于海拔约640米林中。

8. 火焰树属 Spathodea Beauv.

常绿乔木。奇数羽状复叶对生。伞房状总状花序顶生，密集。花萼佛焰苞状；花冠宽钟状，桔红色，基部缢缩成细筒状，裂片5，不等大，宽卵形，具纵皱褶；雄蕊4，2强，着生花冠筒，花丝无毛，花药个字形着生；子房2室，柱头2片裂，扁平。蒴果，细长圆形，扁平，室背开裂；果瓣与隔膜垂直，近木质。种子多数，具膜质翅。

约20种，主产热带非洲、巴西，少数种产印度及澳大利亚。我国引入栽培1种。

火焰树 图 633

Spathodea campanulata Beauv. Fl. Oware Benin Afr. 1: 47. t. 27. 1805.

落叶乔木，高达10米。一至二回羽状复叶，连叶柄长达45厘米；小叶（9-）13-17，叶椭圆形或倒卵形，长5-9.5厘米，先端渐尖，基部圆，全缘，下面脉上被柔毛，基部具2-3腺体；叶柄短，被微柔毛。花序轴长约12厘米，被褐色微柔毛。花梗长2-4厘米；苞片披针形，长2厘米；小苞片2，长0.2-1厘米；花萼佛焰苞状，被绒毛，先端外弯，开裂，基部全缘，长5-6厘米，宽2-2.5厘米；花冠一侧膨大，基部细筒状，檐部近钟状，径5-6厘米，长5-10厘米，桔红色，具紫红色斑点，内有突起条纹，裂片5，宽卵形，不等大，具纵褶纹，长3厘米，宽3-4厘米，外面桔红色，内面桔黄色；花丝长5-7厘米，花药长约8毫米；花柱长6厘米，柱头卵圆状

图 633 火焰树（杨建昆绘）

披针形，2裂。蒴果黑褐色，长15–25厘米，宽3.5厘米。种子具周翅，近圆形，长宽均1.7–2.5厘米。花期4–5月。

原产非洲。广东、福建、台湾及云南有栽培。花艳丽，树姿优美，为热带珍贵观赏树种。

9. 羽叶楸属 Stereospermum Cham.

落叶乔木。一至二回羽状复叶对生，小叶全缘。顶生聚伞状圆锥花序。花萼径不及1厘米，钟状，5齿；花冠筒短小，喉部径不及1厘米，一侧肿胀，黄或淡红色，裂片5，近等大，圆形，皱缩或撕裂状。雄蕊4，2强，内藏，花药个字形着生；花盘垫状；子房无柄，胚珠多数，1至多列。蒴果圆柱形，细长，室背开裂，隔膜圆柱形，木栓质。种子全埋入隔膜，两端有白色透明膜质翅。

约12种，分布于热带亚洲及热带非洲。我国3种1变种。

1. 小叶7–13，两面无毛，长椭圆形 ………………………………………… **羽叶楸 S. colais**
1. 小叶3–7，上面密被极短柔毛，下面密被细柔毛，宽椭圆形 ……………… (附). **毛叶羽叶楸 S. neuranthum**

羽叶楸 图 634 : 1–3

Stereospermum colais (Buch.-Ham. ex Dillwyn) Mabberl. in Taxon 27: 553. 1978.

Bignonia colais Buch.-Ham. ex Dillwyn, Rev. Hort. Mal. 6 (26): 28. 1839.

落叶乔木，高达35米，胸径80厘米。一回羽状复叶，长25–50厘米；小叶7–13，长椭圆形，长8–14厘米，先端长渐尖或尾尖，基部宽楔形或圆，全缘，无毛，小叶柄长1–2厘米。花序长20–40厘米，花序轴、花梗均被微柔毛；苞片及小苞片早落。花梗长3–4毫米；花微芳香；花萼钟状，紫色，无毛，长宽均4–5毫米，3–5裂。花冠黄色，微弯，长约2厘米，基部圆筒状，檐部微二唇形，上唇2裂，下唇3裂，近喉部被髯毛；花丝长约1厘米，无毛；柱头2裂，内藏。蒴果四棱柱形，微弯曲，长30–70厘米，径约1厘米，果皮近木质，隔膜径4–7毫米。种子卵圆形，连翅长2.8厘米，宽约3毫米。花期5–7月，果期9–11月。

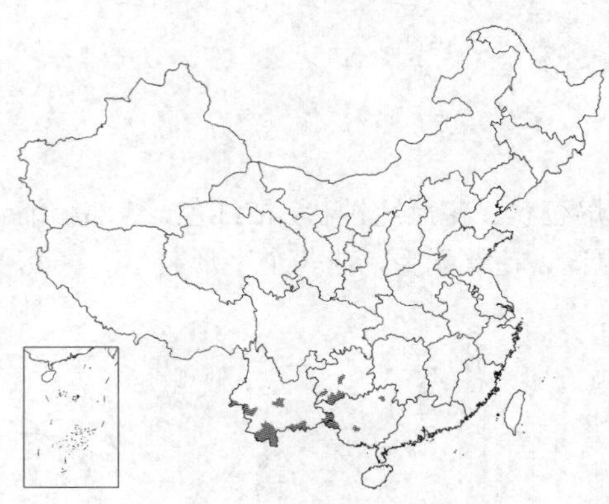

图 634：1–3. 羽叶楸 4–7. 小萼菜豆树
（肖 溶绘）

产广西、贵州及云南，生于海拔150–1800米丘陵或沟谷密林中。东南亚有分布。材质优良，抗腐性强，供建筑、家具及室内装饰用材。

[附] **毛叶羽叶楸 Stereospermum neuranthum** Kurz in Journ. Asiat. Soc. Bengal. 42 (2): 91. 1873. 本种与羽叶楸的区别：小叶3–7，宽椭圆形，上面密被极短柔毛，下面密被细柔毛；花序长4–12厘米，被粘毛。产云南西南部，生于海拔540–1600米山坡疏林中。越南、老挝、泰国、缅甸及印度有分布。

10. 菜豆树属 Radermachera Zoll. et Mor.

乔木。幼枝具粘液。一至三回羽状复叶，对生；小叶全缘，具柄。聚伞状圆锥花序顶生或侧生，具线状或叶状苞片及小苞片。花萼钟状，径不及1厘米，顶端5裂或平截；花冠筒喉部径不及1厘米，檐部微二唇形，裂片5，圆形，平展；雄蕊4，2强，内藏，具退化雄蕊，稀5枚能育雄蕊；花盘环状，稍肉质；子房2室，胚珠多数，花柱细长，柱头舌状，扁平，2裂。蒴果，细长圆柱形，有时旋扭，有2棱，隔膜扁柱形，木栓质，每室2列种子。种子稍埋入隔膜，扁平，两端有白色透明膜质翅。

约16种，产亚洲热带地区。我国7种。

1. 一回羽状复叶 ………………………………………………………………………… 1. **小萼菜豆树 R. micropcalyx**

1. 二至三回羽状复叶。

  2. 叶柄、叶轴和花序均无毛。

    3. 花冠长6-8厘米，白或淡黄色；蒴果长达85厘米，径约1厘米；2回羽状复叶，小叶卵形或卵状披针形，长4-7厘米，宽2-3.5厘米 ………………………………………………………… 2. **菜豆树 R. sinica**

    3. 花冠长3.5-5厘米，淡黄色，钟状，径1.5厘米，最细部分径5毫米；蒴果长达40厘米，径约5毫米；1-2回羽状复叶 ………………………………………………………… 3. **海南菜豆树 R. hainanensis**

  2. 叶柄、叶轴和花序稍被粉状微毛；2回羽状复叶；花冠白色，细筒状，长3.5-4厘米，径2-2.5厘米；内外均无毛；蒴果长20-40厘米，径5-6毫米 ………………………………………… 4. **美叶菜豆树 R. frondosa**

1. 小萼菜豆树 图 634: 4-7

Radermachera microcalyx C. Y. Wu et W. C. Yin, Fl. Yunnan. 2: 711. 1979.

乔木，高达20米。一回羽状复叶，长40-56厘米；小叶5-7，卵状长椭圆形或卵形，长11-26厘米，先端短尖，基部宽楔形或近圆，偏斜，全缘，两面无毛，下面近基部脉腋有黑色穴状腺体，下面网脉明显；侧生小叶柄长1-2厘米，顶生小叶柄长2-5.5厘米。花萼钟状，长3-5毫米，宿存，萼齿5，细小，顶端近平截；花冠筒长约2.5厘米，径约5毫米，淡黄色，裂片5，卵圆形，长约1厘米；花柱丝状，长约2厘米，无毛。蒴果长圆柱形，绿色，下垂，长20-28厘米，径约6毫米，果皮薄革质，2瓣裂，隔膜细圆柱形，径2-3毫米，种子着生处微凹。种子极多，长椭圆形，连翅长约1厘米。花期1-3月，果期4-12月。

产于云南南部、广西西部及近中部。

2. 菜豆树 图 635 彩片 131

Radermachera sinica (Hance) Hemsl. in Hook. f. Icon. Pl. 28: sub. pl. 2828. 1902.

Stereospermum sinicum Hance in Journ. Bot. 20: 16. 1882.

小乔木，高达10米。叶柄、叶轴、花序均无毛。二（稀三）回羽状复叶，叶轴长约30厘米；小叶卵形或卵状披针形，长4-7厘米，先端尾尖，基部宽楔形，全缘，侧脉5-6对，向上斜伸，两面无毛，侧生小叶片在近基部一侧疏生盘状腺体；侧生小叶柄长4-5毫米，顶生小叶

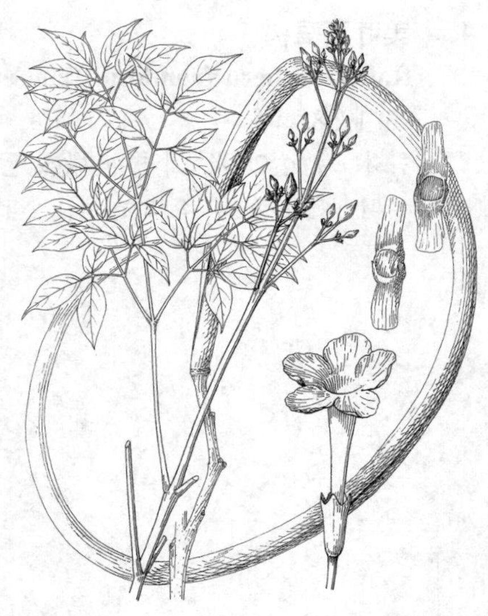

图 635 菜豆树（冯晋庸绘）

柄长1-2厘米。花序长25-35厘米；苞片线状披针形，长达10厘米，早落，苞片线形，长4-6厘米。花萼蕾时锥形，萼齿5，卵状披针形，中肋明显，长约1.2厘米；花冠钟状漏斗形，白或淡黄色，长6-8厘米，裂片5，圆形，具皱纹，长约2.5厘米。蒴果下垂，圆柱形，稍弯曲，多沟纹，渐尖，长达85厘米，径约1厘米，果皮薄革质，隔膜细圆柱形，微扁。种子椭圆形，连翅长约2厘米，宽约5厘米。花期5-9月，果期10-12月。

产台湾、江西、广东、海南、广西、贵州西南部及云南，生于海拔340-750米山谷或平地疏林中。不丹有分布。根、叶、果入药，可凉血消肿，治跌打损伤、毒蛇咬伤。

图 636 海南菜豆树（引自《海南植物志》）

3. 海南菜豆树 图 636

Radermachera hainanensis Merr. in Philipp. Journ. Sci. Bot. 2 (4): 353. 1922.

乔木，高达20米；除花冠筒内面被柔毛外，全株无毛。小枝无毛。一至二回羽状复叶，或有小叶5片；小叶纸质，长圆状卵形或卵形，长4-10厘米，先端渐尖，基部窄楔形，两面无毛，或上面密被细小斑点，侧脉5-6对，纤细，支脉稀疏。花序总状或少分枝的圆锥花序，比叶短。花萼淡红色，筒状，不整齐，长约1.8厘米，3-5裂；花冠淡黄色，钟状，长3.5-5厘米，径约1.5厘米，最细部分径达5毫米，内面被柔毛，裂片宽肾状三角形，宽1厘米。蒴果长达40厘米，径约5毫米，隔膜扁圆形。种子卵圆形，连翅长1.2厘米，薄膜质。花期4月。

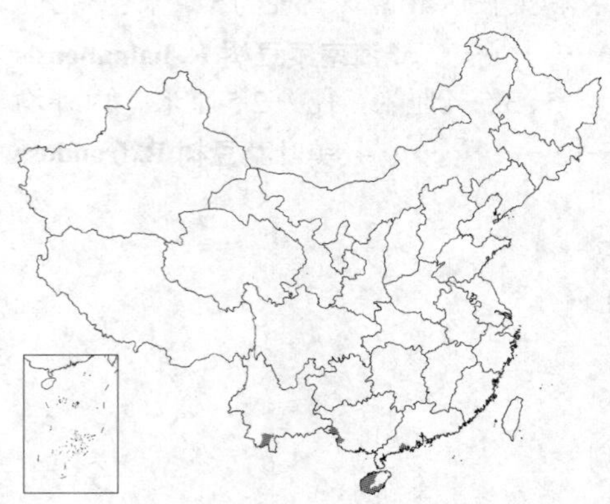

产广东南部、海南、广西西南部及云南，生于海拔300-550米山坡林中。树干通直，木材纹理美观，易加工、耐腐、不变形、切面有光泽，为优良家具及美工用材。根、叶、花果均可入药。

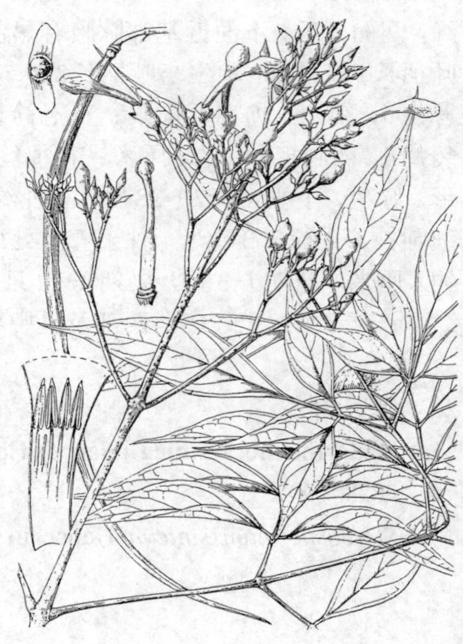

图 637 美叶菜豆树（引自《植物分类学报》）

4. 美叶菜豆树 图 637

Radermachera frondosa Chun et How in Acta Phytotax. Sin. 7: 75. f. 23. 1958.

乔木，高达20米。小枝被微柔毛或渐脱落无毛。二回羽状复叶，长30厘米；叶柄及叶轴被粉状微毛；小叶5-7，纸质，椭圆形或卵形，侧生小叶长4-6厘米，顶生小叶先端尾尖，基部宽楔形，干后黑褐色，下面苍白色，仅中脉被微柔毛，余无毛，密生小斑点，叶基部有少数腺体，顶生小叶柄长约1.5厘米，侧生小叶柄长5-6毫米。花序顶生，稍被粉状微毛，尖塔形，直立，长30厘米，3歧分叉。花梗长3-5毫米，被柔毛；花萼圆锥状，具胶质，长1-1.2（-1.8）厘米，3-4裂，裂片卵状三角形，长2-3毫米，短尖；花冠白色，细筒状，长3.5-4厘米，径2-2.5毫米，内外均

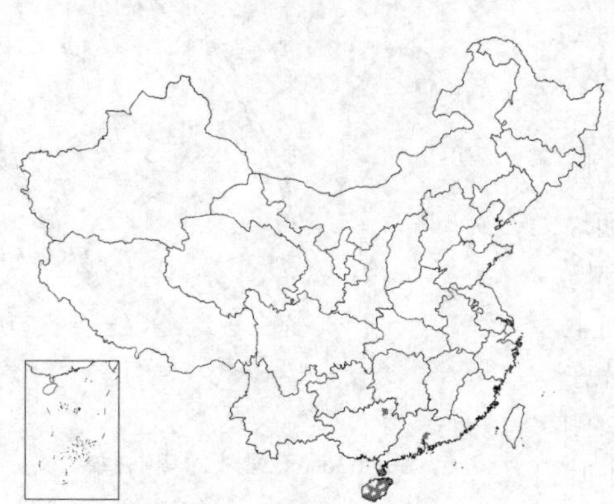

无毛，裂片圆形，长约1.2厘米；花盘杯状；雄蕊着生花冠筒中部，花药黄色，线形，长7毫米。蒴果下垂，近圆柱形，长20-40厘米，径5-6毫米。种子连翅长0.7-1.2厘米。花期几全年。

产广东、海南及广西东北部，生于低海拔疏林中。叶作绿肥；木材质轻，耐水湿，适制木桶及水车。

11. 凌霄属 **Campsis** Lour.

落叶攀援藤本，气根攀援。奇数一回羽状复叶，对生；小叶有粗齿。花大，红或橙红色，组成顶生花束或短圆锥花序。花萼钟状，近革质，不等5裂；花冠钟状漏斗形，檐部微二唇形，裂片5，半圆形；雄蕊4，2强，弯曲，内藏；子房2室，花盘大。蒴果长圆形，室背开裂，由隔膜上裂为2果瓣。种子多数，扁平，有半透明膜质翅。

2种，1种产北美，另一种产我国和日本。

1. 小叶7-9，叶下面无毛；花萼5裂至中部，裂片披针形 …………………………………… **凌霄 C. grandiflora**
1. 小叶9-11，叶下面被毛。至少沿中脉、侧脉及叶轴被柔毛；花萼5裂至1/3，裂片卵状三角形 ……………………………………………………………………………………………… (附). **厚萼凌霄 C. radicans**

凌霄 图 638 彩片 132

Campsis grandiflora (Thunb.) Schum. in Engl. u. Prantl, Nat. Pflanzenfam. 4 (3b): 230. 1894.

Bignonia grandiflora Thunb. Fl. Jap. 253. 1784.

攀援藤本。奇数羽状复叶，小叶7-9，卵形或卵状披针形，先端尾尖，基部宽楔形，长3-9厘米，侧脉6-7对，两面无毛，有粗齿；叶轴长4-13厘米；小叶柄长0.5-1厘米。花序长15-20厘米。花萼钟状，长3厘米，裂至中部，裂片披针形，长约1.5厘米；花冠内面鲜红色，外面橙黄色，长约5厘米，裂片半圆形；雄蕊着生花冠筒近基部，花丝线形，长2-2.5厘米，花药黄色，个字形着生；花柱线形，长约3厘米，柱头扁平，2裂。蒴果顶端钝。花期5-8月。

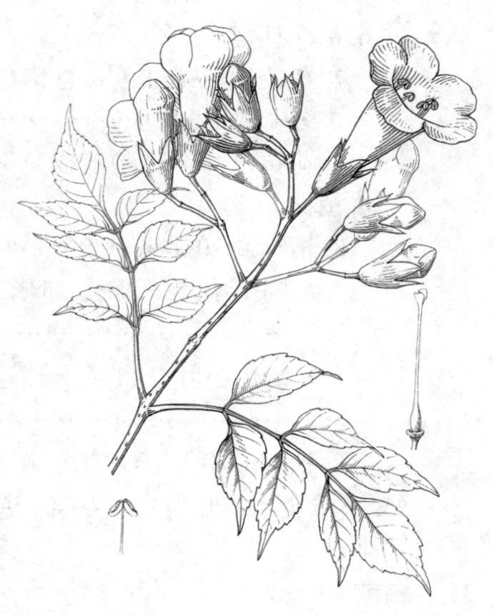

图 638 凌霄（冯晋庸绘）

产河北、河南、山东、江苏、安徽、浙江、福建、江西、湖北、湖南、广东、香港、广西、贵州、云南、四川、甘肃及陕西。日本有分布。供观赏及药用，花可通经、利尿，根治跌打损伤。

[附] **厚萼凌霄** 美国凌霄 彩片 133 **Campsis radicans** (Linn.) Seem. in Journ. Bot. 5: 372. 1867.——*Bignonia radicans* Linn. Sp. Pl. 624. 1753. 本种与凌霄的区别：小叶9-11，叶下面被毛，至少沿中脉、侧脉及叶轴被柔毛；花萼5裂至1/3处，裂片卵状三角形。原产美洲。广西、江苏、浙江、湖南及河北栽培供观赏。花或代凌霄入药；叶含咖啡酸、对香豆酸及阿魏酸。

12. 角蒿属 **Incarvillea** Juss.

一年生或多年生草本，直立或匍匐。具茎或无茎。叶基生或互生，单叶或一至三回羽状分裂。总状花序顶生。

花萼钟状，萼齿5，三角形渐尖或圆形突尖，稀基部具腺体；花冠红或黄色，漏斗状，稍二唇形，裂片5，圆形，开展；雄蕊4，2强，内藏，花药无毛，丁字形着生，基部具距；花盘环状；子房无柄，2室，胚珠多数，每胎座有1-2列胚珠，花柱线形，柱头2裂，扇形。蒴果长角形、长圆柱形或披针形，直或弯曲，渐尖，有时有4-6棱。种子较多，细小，扁平，两端或四周有白色透明膜质翅或丝状毛。

约15种，分布于中亚经喜马拉雅山区至东亚。我国11种、3变种。

1. 萼齿钻状，基部具腺体；叶二至三回羽细裂。
  2. 花红色；种翅卵圆形，顶端具缺刻 ······ 1. **角蒿 I. sinensis**
  2. 花黄色 ······ 1(附). **黄花角蒿 I. sinensis var. przewalskii**
1. 萼齿三角状披针形或半圆形，稀钻状，基部无腺体；叶一回羽状分裂。
  3. 萼齿钻状；蒴果革质，线状圆柱形；多年生草本，茎分枝，高达1.5米；叶互生，不聚生茎基部；花药裂片被毛；种子两端具丝状毛 ······ 2. **两头毛 I. arguta**
  3. 萼齿三角状披针形或半圆形，常增宽；蒴果亚木质，多少具4棱；花药裂片无毛；种翅卵圆形，厚而不透明，顶端无缺刻。
    4. 单叶，不裂，卵状长椭圆形，具圆钝齿；顶生总状花序，有6-12花 ······ 3. **单叶波罗花 I. forrestii**
    4. 一回羽状分裂或复叶。
      5. 小叶具粗锯齿或圆钝齿，如全缘，则不聚生茎基部。
        6. 植株具茎。
          7. 花玫瑰色或红色；总状花序长达53厘米，有10-30花；全株无毛；侧生小叶3-6对，顶生及侧生小叶均椭圆形 ······ 4. **四川波罗花 I. beresowskii**
          7. 花黄色；全株被淡褐色细柔毛；侧生小叶6-9对，小叶椭圆状披针形 ······ 5. **黄波罗花 I. lutea**
        6. 植株无茎。
          8. 植株高20厘米以上；小叶无泡状隆起。
            9. 侧生小叶2-3对，卵形；萼齿渐尖；花粉红或紫红色，长7-10厘米，径5-7厘米 ······ 6. **鸡肉参 I. mairei**
            9. 侧生小叶4-11对，长椭圆状披针形；萼齿尾尖；花红色，长约6.5厘米，径约3.5厘米 ······ 6(附). **红波罗花 I. delavayi**
          8. 植株高不及10厘米；小叶具泡状隆起；蒴果极弯曲，微4棱 ······ 6(附). **藏波罗花 I. younghusbandii**
      5. 小叶全缘；叶聚生茎基部；总状花序近伞状，具短梗，生于叶丛中 ······ 7. **密生波罗花 I. compacta**

1. 角蒿 　　图 639 彩片 134

Incarvillea sinensis Lam. Encycl. 3: 243. 1789.

一年生至多年生草本，高达80厘米。叶互生，二至三回羽状细裂，长4-6厘米，小叶不规则细裂，小裂片线状披针形，具细齿或全缘。顶生总状花序，疏散，长达20厘米。花梗长1-5毫米；小苞片绿色，线形，长3-5毫米；花萼钟状，绿色带紫红色，长宽均约5毫米，萼齿钻状，基部具腺体，萼齿间皱褶2浅裂；花冠淡玫瑰色或粉红色，有时带紫色，钟状漏斗形，基部细筒长约4厘米，径2.5厘米，花冠裂片圆形；雄蕊着生花冠近基部，花药成对靠合。蒴果淡绿色，细圆柱形，顶端尾尖，长3.5-10厘米，径约5毫米。种子扁圆形，细小，径约2毫米，四周具透明膜质翅，顶端具缺刻。花期5-9月，果期10-11月。

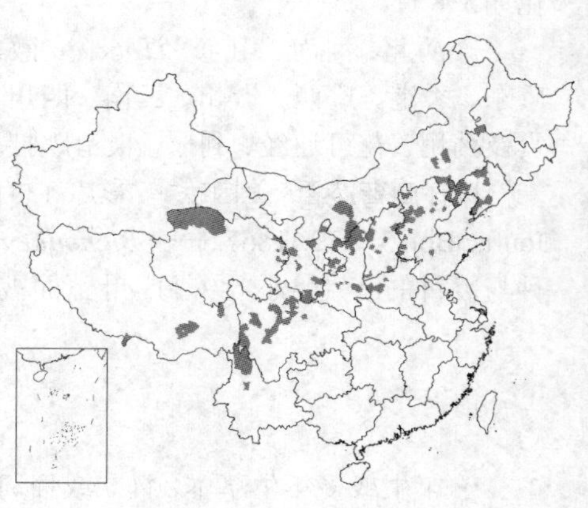

产吉林、辽宁、内蒙古、河北、河南、山东、山西、陕西、宁夏、甘肃、青海、西藏、四川及云南西北部，生于海拔500-3850米山坡或田野。

[附] **黄花角蒿** 彩片 135 **Incarvillea sinensis** var. **przewalskii** (Batal.) C. Y. Wu et W. C. Yin, Fl. Reipubl. Popul. Sin. 69: 36. 1990.——*Incarvillea variabilis* Batal. var. *przewalskii* Batal. in Acta Hort. Petrop. 7: 177. 1892. 与模式变种的区别：花淡黄色；叶及毛被形态多变异而不同。花期7-9月。产甘肃、陕西、青海及四川西北部，生于海拔2000-2600米山坡。

图 639 角蒿（冯晋庸绘）

2. 两头毛 图 640 彩片 136

Incarvillea arguta (Royle) Royle, Ill. Bot. Himal, 296. 1836.

Amphicome arguta Royle, Ill. Bot. Himsl. t. 72. 1835.

多年生草本，高达1.5米。茎分枝。一回羽状复叶互生，不聚生茎基部，长约15厘米；小叶5-11，卵状披针形，长3-5厘米，先端长渐尖，基部宽楔形，两侧不等，具锯齿，上面疏被微硬毛，下面淡绿色，无毛。顶生总状花序，有6-20花；苞片钻形，长3毫米，小苞片2，长不及1.5毫米。花梗长0.8-2.5厘米；花萼钟状，长5-8毫米，萼齿5，钻形，长1-4毫米，基部近三角形；花冠淡红、紫红或粉红色，钟状长漏斗形，长约4厘米，径约2厘米，花冠筒基部成细筒，裂片半圆形，长约1厘米，宽约1.4厘米。蒴果线状圆柱形，革质，长约20厘米。种子细小，多数，长椭圆形，两端尖，被丝状毛。花期3-7月，果期9-12月。

产甘肃、四川、贵州、云南及西藏，生于海拔1400-3400米干热河谷、山坡灌丛中。印度、尼泊尔及不丹有分布。

图 640 两头毛（冯晋庸绘）

3. 单叶波罗花 图 641

Incarvillea forrestii Fletcher in Notes Roy. Bot. Gard. Edinb. 18: 310. 1935.

多年生草本，高达60厘米；全株近无毛。具茎。单叶互生，不裂，纸质，卵状长椭圆形，长6-20厘米，两端近圆，具圆钝齿，下面淡绿色，侧脉7-9对；叶柄粗，长2-15厘米。总状花序顶生，有6-12花，密集株顶；花序梗长2-4厘米；苞片长0.5-1.2厘米。花梗长0.5-1厘米；花萼钟状，长1.4-2厘米，萼齿顶端细尖或突尖，宽0.5-1厘米，长2-4毫米；花冠红色，长约5.5厘米，径约3厘米，花冠筒内有紫红色条纹及斑点，长约5厘米，裂片圆形，长1.4-1.8厘米，宽1.8-2.2厘米，被短柄腺体。蒴果偏，披针形，具4棱，长4-9厘米，径5-7毫米，顶端渐尖。种子卵形，长5.5-6毫米，宽3.3-4毫米，翅宽1毫米。花期5-7月，果期8-11月。

产四川南部及云南西北部，生于海拔3000-3500米多石高山草地或灌丛中。

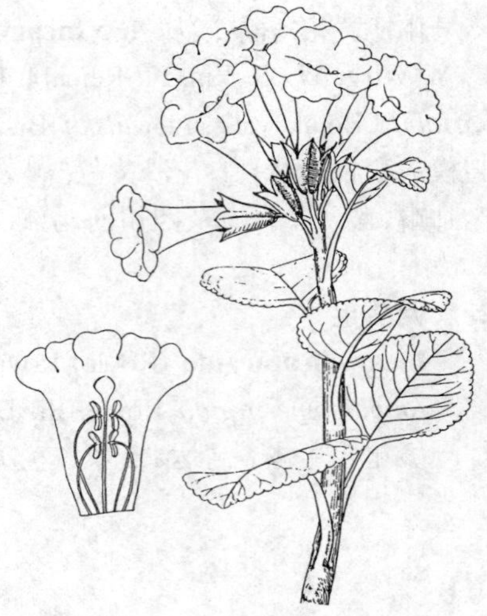

图 641 单叶波罗花（张宝福绘）

4. 四川波罗花 图 642

Incarvillea beresowskii Batal. in Acta Hort. Petrop. 14: 181. 1895.

多年生草本，高达1米；全株无毛。具茎。一回羽状复叶，侧生小叶3-6对，长椭圆形，长6-7厘米，基部偏斜，顶端1-2对小叶基部下延，近无柄，顶生小叶椭圆形，长2-7厘米，全缘或具粗锯齿。总状花序顶生，具10-30花，疏散，长达53厘米。花梗长0.5-1厘米；苞片长0.5-1.5厘米，披针形；小苞片2，线形，淡黄绿色，长1.5-3厘米；萼齿宽三角形，先端锐尖，长约4毫米；花冠玫瑰色或红色，花冠筒长3.5-5厘米，基部渐收缩，顶端微弯，裂片卵形，长约2厘米，开展。蒴果，四棱形，长8-10厘米，径1-1.3厘米，顶端尖，2瓣裂，果瓣革质。种子淡褐色，贝壳状，薄壳质，长4.5毫米，宽3毫米，具宽1毫米周翅，两面被鳞片及微柔毛。花期5-7月，果期7-10月。

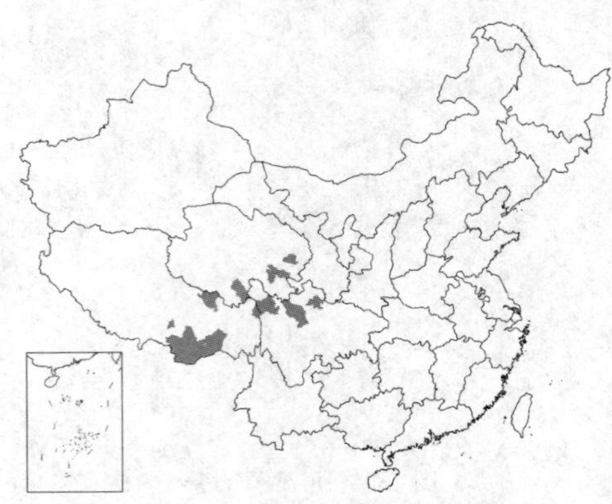

产四川西北部、西藏、青海东部及南部，生于海拔2100-4200米高山石砾灌丛草坡。

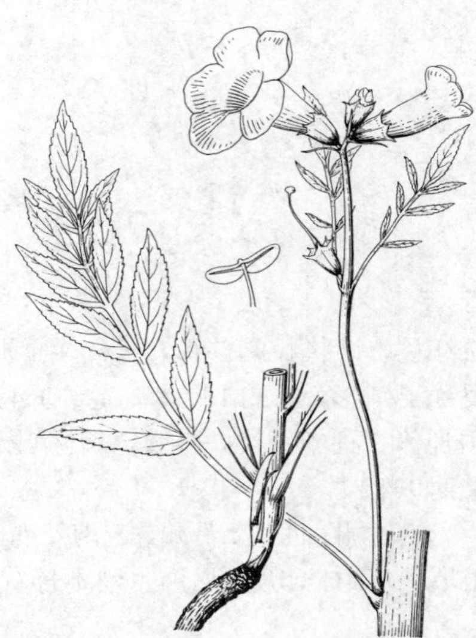

图 642 四川波罗花（吴彰桦绘）

5. 黄波罗花 图 643

Incarvillea lutea Bur. et Franch. in Journ. de Bot. 5: 137. 1891.

多年生草本，高达1米；全株被淡褐色细柔毛。根肉质，径1-2厘米。具茎。叶一回羽状分裂，多数着生茎下部，长12-27厘米；侧生小叶6-9对，椭圆状披针形，长5-9厘米，具粗齿，脉上被毛。顶生总状花序有5-12花；小苞片2，线形，长1-1.5厘米。花梗长0.5-1厘米；花萼钟状，绿色，具紫色斑点，脉深紫色，长1.5-3厘米，萼齿宽三角形，长0.5-1厘米；花冠黄色，具紫色斑点及褐色条纹，长5-6（-8）厘米，口部径约3厘米，花冠筒长约4厘米，裂片圆形，长1.5-2厘米，有具短柄腺体；退化雄蕊长1毫米，花丝、花药淡黄色。蒴果木质，披针形，淡褐色，长约10厘米，径1.3-1.5厘米，具6棱，顶端渐尖。种子卵形或圆形，平凸，长4-4.5毫米，顶端圆或微缺，淡黄褐色，上面密被灰色柔毛，翅宽约1毫米。花期5-8月，果期9-11月。

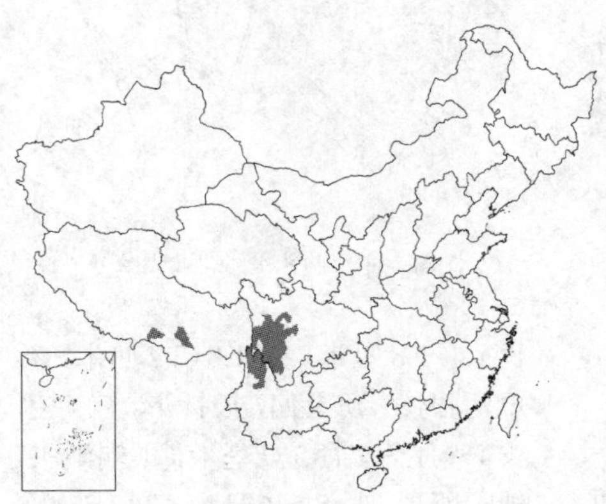

产四川西部、云南西北部及西藏南部，生于海拔2000-3400米草坡或混交林下。

图 643 黄波罗花（张宝福绘）

6. **鸡肉参** 滇川角蒿 图 644：1-4 彩片 137

Incarvillea mairei (Lévl.) Grierson in Notes Roy. Bot. Gard. Edinb. 23 (3): 341. 1961.

Tecoma mairei Lévl. Cat. Pl. Yunnan 20. 1915.

多年生草本，高达40厘米。无茎。一回羽状复叶；侧生小叶2-3对，卵形，顶生小叶宽卵圆形，先端钝，基部微心形，长达11厘米，宽9厘米，具钝齿。总状花序有2-4花，花葶长达22厘米。花梗长1-3厘米；花萼钟状，长约2.5厘米，萼齿三角形，先端渐尖；花冠紫红或粉红色，长7-10厘米，径5-7厘米，花冠筒长5-6厘米，裂片圆形；胚珠在每胎座1-2列，柱头扇形，2片裂。蒴果长6-8厘米。种子多数，膜质具翅，腹面具鳞片。花期5-7月。

产四川中北部及西南部、云南西北部及东部、西藏东部及青海，生于海拔2400-4500米石砾堆。根药用，补血、调经、健胃，治骨折肿痛、贫血、消化不良。

[附]**红波罗花** 彩片 138 **Incarvillea delavayi** Bur. et Franch. in Journ. de Bot. 5: 138. 1891. 本种与鸡肉参的区别：侧生小叶4-11对，长椭圆状披针形；萼齿尾尖，花红色，长约6.5厘米，径约3.5厘米。产四川西南部及云南西北部，生于海拔2400-3900米高山草坡。根药用，滋补强壮。

[附] **藏波罗花** 图 644：5-6 彩片 139 **Incarvillea younghusbandii** Sprague in Kew Bull. 1907: 320. 1907. 本种与鸡肉参的区别：植株高不及10厘米；小叶具泡状隆起，顶生小叶宽卵形或圆形；蒴果极弯曲，微4棱。花期5-8月，果期8-10月。产青海及西藏，生于海拔3600-5800米高山沙质草甸及山坡砾石垫状灌丛中。尼泊尔有分布。根入药，滋补强壮，治产后少乳、久病虚弱、头晕、贫血。

图 644：1-4. 鸡肉参 5-6. 藏波罗花 （冯晋庸绘）

7. **密生波罗花** 图 645 彩片 140

Incarvillea compacta Maxim. in Bull. Acad. Imp. Sci. St. Pétersb. 27: 521. 1881.

多年生草本，高达20（-30）厘米。根肉质，圆锥状，长15-23厘米。一回羽状复叶，聚生茎基部，长8-15厘米；小叶2-6对，卵形，长2-3.5厘米，先端渐尖，基部圆，顶生小叶近卵圆形，全缘。总状花序密集，聚生茎顶，1至多花生于叶腋；苞片长1.8-3厘米；小苞片2。花梗长1-4厘米，线形。花萼钟状，绿或紫色，具深紫色斑点，长1.2-1.8厘米，萼

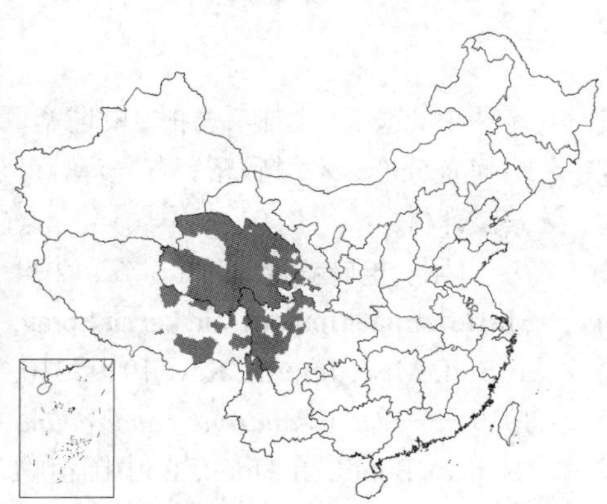

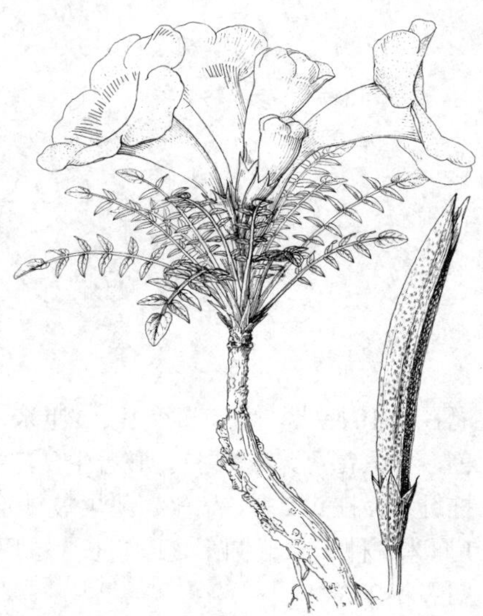
图 645 密生波罗花 （冯晋庸绘）

齿三角形，长0.6-1.2厘米；花冠红或紫红色，长3.5-4厘米，径约2厘米，花冠筒外面紫色，具黑色斑点，内面具少数紫色条纹，裂片圆形，长1.7-2.8厘米，先端微凹，具腺体。蒴果长披针形，具4棱，长约11厘米。花期5-7月，果期8-12月。

产甘肃、青海、四川、云南西北部及西藏，生于海拔2600-4100米空旷石砾山坡及草灌丛中。花、种子、根均入药，治胃病、黄疸、消化不良、耳炎、耳聋、月经不调、高血压、肺出血。

13. 猫尾木属 Markhamia Seem. ex Baill.

乔木。奇数一回羽状复叶对生。花大，黄或黄白色，顶生总状聚伞花序。花萼一边裂至基部成佛焰苞状，密被灰褐色绵毛；花冠筒钟状，裂片5，近相等，圆形，厚而具皱纹；雄蕊4，2强，两两成对。蒴果扁，被灰黄褐色绒毛，隔膜木质，中肋凸起。种子长椭圆形，每室2列，薄膜质，两端具白色透明膜质宽翅。

约10种，主产热带非洲，亚洲有分布。我国2种、2变种。

1. 花黄白色，花冠筒红褐色，径约10厘米，基部径1-1.5厘米；果长30-36厘米，径2-4厘米；种子连翅长3.5-5厘米 …………………………………………………………………… 西南猫尾木 M. stipulata
1. 花黄色，径10-15厘米，花冠筒基径1.5-2厘米；果长30-60厘米，径4厘米；种子连翅长5.5-6.5厘米 ……………………………………………………………… (附). 毛叶猫尾木 M. stipulata var. kerrii

西南猫尾木 图 646：1

Markhamia stipulata (Wall.) Seem. ex Schum. in Engl. u. Plantl, Nat. Pflanzenfam. 4 (3b): 242. 1895.

Spathodea stipulata Wall. Pl. Asiat. Rar. 3: 20. f. 238. 1832.

Dolichandrone stipulata (Wall.) Benth. et Hook. f.; 中国植物志 69: 51. 1990.

乔木，高达15米。幼枝、幼叶及花序轴密被黄褐色柔毛。奇数羽状复叶长达30厘米；小叶7-11，长椭圆形或椭圆状卵形，长12-19厘米，基部宽楔形或近圆，偏斜，侧脉8-10对，两面近无毛，有时两面疏被黑色腺点，全缘，侧生小叶近无柄，顶生小叶柄长1-2厘米。顶生总状聚伞花序，被锈黄色柔毛，有4-10花。花梗长2.5-5.5厘米；花萼佛焰苞状，长约5.5厘米，径约4厘米，密被锈黄色绒毛；花冠黄白色，长约10厘米，冠筒红褐色，花冠径达10厘米，筒基部径1-1.5厘米，裂片具不规则齿刻及皱纹；花丝紫色，着生花冠，花药丁字形着生，药室椭圆形；花盘环状。子房被毛，花柱纤细，柱头2裂，扁平。蒴果披针形，长30-36厘米，径2-4厘米，厚约1厘米。种子长椭圆形，连翅长3-5厘米，宽1-1.3厘米。花期9-12月，果期翌年2-3月。

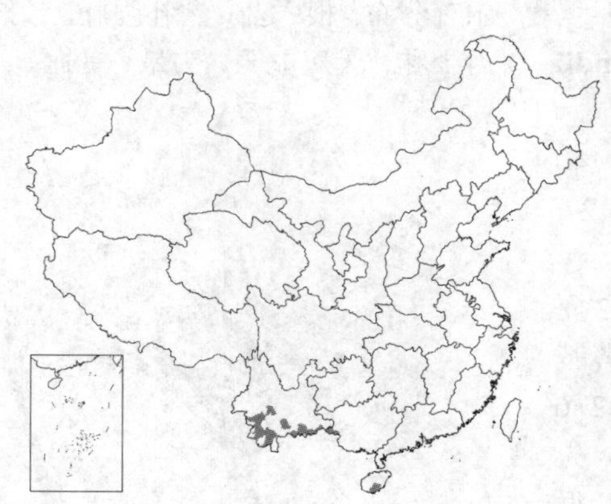

产云南南部及东南部、广西西南部及海南，生于海拔348-1700米密林或疏林中。越南、泰国、老挝、柬埔寨、缅甸有分布。木材致密，有光泽，可做装饰材。

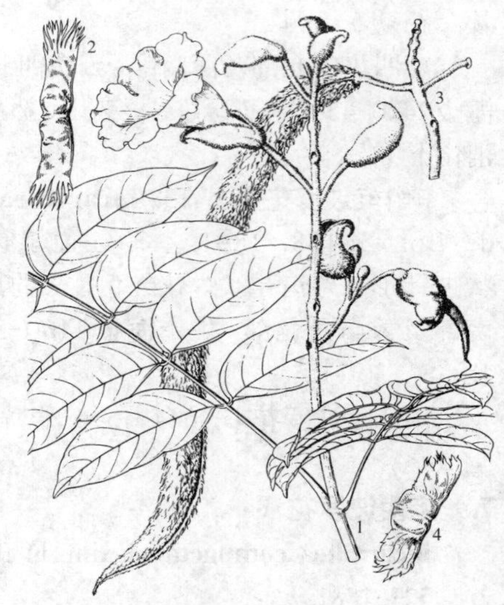

图 646：1. 西南猫尾木 2-4. 毛叶猫尾木
（李锡畴绘）

[附] **毛叶猫尾木** 图 646：2-4
Markhamia stipulata var. **kerrii** Sprag. in Bull. Misc. Inform. Kew 1919. 310. 1919.——*Dolichandrone cauda-felina* (Nance) Benth. et Hook. f.; 中国植物

志 69: 50. 1990. 与模式变种的区别：幼叶叶轴及小叶两面密被平伏柔毛；花黄色，径10-15厘米，花冠筒基部径1.5-2厘米，蒴果长30-60厘米，径4厘米；种子连翅长5.5-6.5厘米。花期10-11月，果期翌年4-6月。产广东南部、海南、广西西南部、云南南部及东南部。木材结构细致，易加工，适作梁、柱、门、窗、家具。

14. 火烧花属 Mayodendron Kurz

常绿乔木，高达15米，胸径20厘米；树皮光滑。奇数二回羽状复叶对生，长达60厘米，小叶卵形或卵状披针形，长8-12厘米，先端长渐尖，基部宽楔形，全缘，两面无毛。侧脉5-6对；侧生小叶柄长5毫米，顶生小叶柄长达3厘米。短总状花序具5-13花，着生于老茎或侧生短枝，花序梗长2.5-3.5厘米。花梗长0.5-1厘米；花萼长约1厘米，径约7毫米，佛焰苞状，一边开裂，密被柔毛；花冠筒状，橙黄色，长6-7厘米，径1.5-1.8厘米，檐部裂片5，圆形，近相等，反折；雄蕊4，两两成对，近等长，着生花冠筒近基部，花丝长约4.5厘米，基部被柔毛，花药2室，个字形着生，药隔成芒尖，花药及柱头微露出花冠筒；花盘环状；子房2室，胚珠多数，花柱长约6厘米，柱头舌状，2裂。蒴果线形，无毛，下垂，长达45厘米，径约7毫米，果爿2，薄革质。隔膜细圆柱形，木栓质。种子卵圆形，多数，胎座每边2列，具白色透明膜质翅，连翅长1.3-1.6厘米。

单种属。

火烧花

图 647 彩片 141

Mayodendron igneum (Kurz) Kurz in Prel. Pegu For Rep. App. D: 1. 1875.

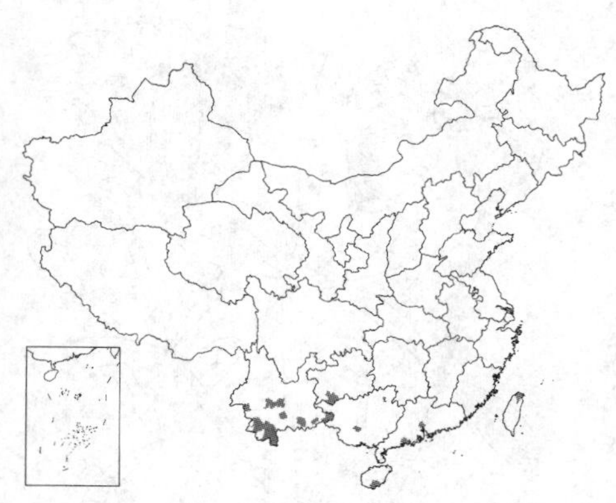

Spathodea igneum Kurz in Journ. Asiat. Soc. Bengal. 40 (2): 77. 1871.

形态特征同属。花期2-5月，果期5-9月。

产台湾北部、广东、海南、广西、贵州西南部、云南南部及东南部，常生于海拔150-1900米干热河谷或低山林中。越南、老挝、缅甸及印度有分布。花可作蔬菜；木材结构较细，材质较硬重；可栽培供观赏及行道树。

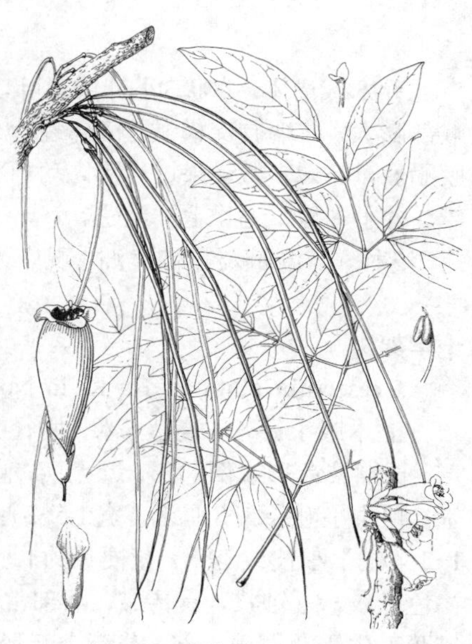

图 647 火烧花（冯晋庸绘）

15. 蓝花楹属 Jacaranda Juss.

乔木或灌木。二回羽状复叶，稀一回羽状复叶，互生或对生；小叶多数，顶生圆锥花序。花萼小，平截或5齿裂，萼齿三角形。花冠蓝或蓝紫色，漏斗状，檐部略二唇形，裂片5，密被柔毛；雄蕊4，2强，退化雄蕊棒状；花盘垫状；子房2室，胚珠多数，每室1-2列；柱头棒状。蒴果木质，扁，厚1.2-1.5厘米，迟裂。种子扁平，具透明周翅。

约50种，分布于热带南美洲。我国引入栽培2种。为优美的观赏树种。

蓝花楹

图 648

Jacaranda mimosifolia D. Don, Bot. Reg. 8: t. 631. 1822.

落叶大乔木，高达20米，胸径80厘米；枝下高约10米。二回羽状复叶对生或互生，叶轴长28-32厘米；

小叶8-15对，互生，长圆形，长7-8毫米，先端具芒尖，基部斜楔形。圆锥花序顶生或顶生于上部叶腋，长达25厘米，无毛。花萼长宽不及4毫米，萼齿5，芒尖；花冠蓝紫色，长4-5厘米，钟状，基部成细筒状；花丝无毛，着生花冠筒基部，与花药着生处具芒状关节。果圆形或长圆形，扁平，长5厘米，宽约4厘米，边缘薄，中心厚，木质、坚硬、迟裂，淡褐色，有细小点纹。花期5-6月。

原产南美洲巴西及阿根廷。福建、广东、海南及云南常见栽培，供观赏。

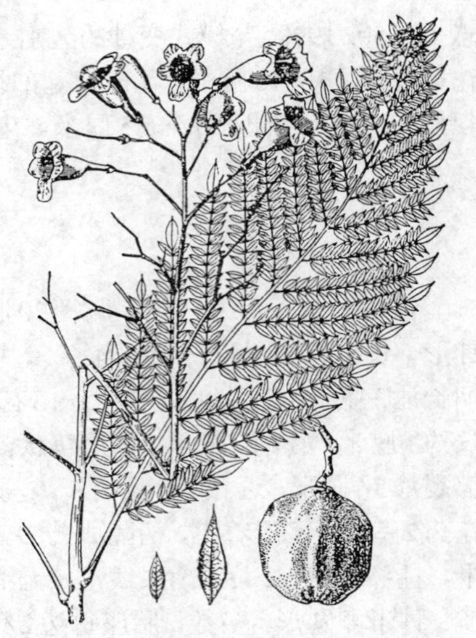
图 648 蓝花楹（引自《海南植物志》）

16. 葫芦树属 **Crescentia** Linn.

乔木或灌木。掌状3小叶或单叶，对生或互生。花簇生叶丛中或老茎上。花萼2-5深裂；花冠两侧对称、筒状，喉部膨大，前端有深横皱，檐部裂片5，具齿；雄蕊4，2强，内藏或略外露，花药叉开；花盘环状；子房1室，侧膜胎座，胚珠多数。果近球形，葫芦状，不裂，果皮坚硬，内有纤维状组织。种子多数，无长毛，无翅。

5种，产温带及热带美洲，现广为热带栽培。我国引入栽培2种。

十字架树 图 649

Crescentia alata H. B. K. in Nov. Gen. Pl. 3: 158. 1819.

灌木或小乔木，高达6米，胸径25厘米。叶簇生小枝；小叶3，十字形，长倒披针形或倒匙形，近无柄，侧生小叶2，长1.5-6厘米，宽1.5-2厘米，顶生小叶长5-8厘米，宽1.5-2厘米；叶柄长4-10厘米，具宽翅。花1-2朵生于小枝或老茎。花梗长约1厘米；花萼2裂达基部，淡紫色，具紫褐色脉纹，近钟状，具褶皱，喉部常浅囊状，长5-7厘米，檐部五角形；雄蕊着生于花冠筒下部，花药个字形着生，外露；花盘淡黄色；花柱长6厘米，柱头薄片状，2裂。果近球形，径5-7厘米，光滑、坚硬、不裂，淡绿色。果期夏季。

原产墨西哥至哥斯达黎加，现在东南亚及大洋洲广泛栽培。广东、香港、福建等地有栽培。种子可食用；果壳入药。

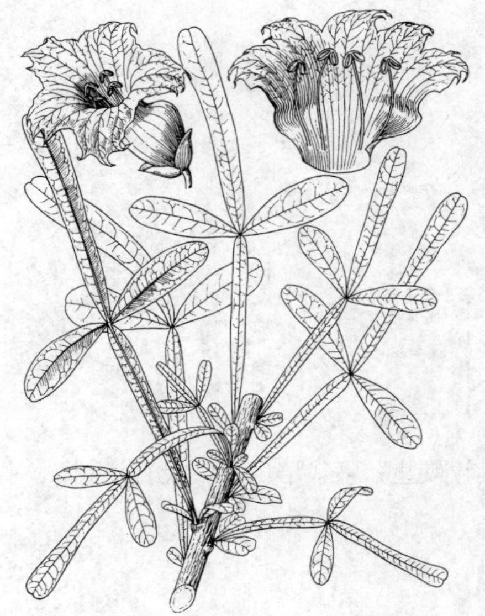
图 649 十字架树（何顺清绘）

17. 吊灯树属 **Kigelia** DC.

乔木。奇数羽状复叶对生。圆锥花序顶生，疏散，下垂，具长梗。花萼钟形，微二唇形，肉质或革质，萼齿3-5，不等大；花冠钟状、漏斗形，裂片5，近二唇形；雄蕊4，2强；花盘环状；子房1室，胚珠多数。果圆柱形，肿胀，坚硬，不裂，垂悬枝顶，具长柄。种子多数，无翅，埋入果肉内。

3-10种，产非洲、马达加斯加，现热带广泛栽培，为著名观赏树种。我国引入栽培1种。

吊灯树 图 650

Kigelia africana (Lam.) Benth. in Hook. Niger Fl. 463. 1849.

Bignonia africana Lam. in Encycl. 1: 424. 1785.

大乔木，高达20米，胸径约1米，枝下高约2米。奇数羽状复叶，交互对生或轮生，叶轴长7.5-15厘米；小叶7-9，长圆形或倒卵形，全缘，下面淡绿色，微被柔毛，近革质，羽状脉。花序下垂，长0.5-1米；花稀疏，6-10朵。花萼钟状，近革质，长4.5-5厘米，径约2厘米；花冠桔黄或褐红色，裂片卵圆形，上唇2片较小，下唇3裂片较大，开展，花冠筒具凸起纵肋；雄蕊外露，花药个字形着生。果下垂，圆柱形，长约38厘米，径12-15厘米，坚硬、不裂，果柄长8厘米。

原产热带非洲及马达加斯加。广东、海南、福建、台湾及云南南部有栽培。为优美观赏树种；果肉可食；树皮入药，治皮肤病。

图 650 吊灯树 （佘汉平绘）

203. 狸藻科 LENTIBULARIACEAE

（陈淑荣）

多年生或一年生，水生或陆生草本。叶基部轮生，莲座状，羽状分裂，裂片丝状，多裂。具有捕虫囊。花两性，两侧对称，在花茎上排成总状花序。花萼2-5裂，果时常扩大；花冠二唇形，基部有距，上唇全缘或2裂，下唇3-5裂，在管口下有距；雄蕊2，着生花冠基部，与下唇的裂片互生；子房上位，1室，有胚珠多颗，特立中央胎座。果为蒴果，圆球形，2-4裂。种子小而多数，不具胚乳。

10属，约250种，分布于世界各地。我国2属，19种。

1. 植株具真正的根和叶；叶全缘，上面散生分泌粘液的腺毛；不具捕虫囊；花单生于花茎顶端，无苞片及小苞片 …………………………………… 1. **捕虫堇属 Pinguicula**
1. 植株无真正的根和叶；而具茎变态成的假根及叶；叶全缘或细裂成线形或毛发状，无腺毛；具捕虫囊；总状花序具（1-）3至多花，有苞片或兼有小苞片，花序梗有鳞片或无；花萼2深裂；花冠具多少隆起的喉凸，喉部多少闭合 …………………………………… 2. **狸藻属 Utricularia**

1. 捕虫堇属 Pinguicula Linn.

多年生陆生草本。根纤维状。根状茎通常粗短，不具捕虫囊。叶基生呈莲座状，无托叶，叶绿色，脆嫩多汁，全缘，多少内卷，上面密生分泌粘液的腺毛，能粘捕小昆虫。花单生茎端，花茎1-8条直立，无苞片及小苞片。花萼二唇形，上唇3裂，下唇2裂；花冠多少二唇形，上唇2裂，下唇3裂，喉部开放；雄蕊2，花丝稍内弯，花药极叉开，2药室多少汇合；子房具多数胚珠，花柱短。蒴果室背开裂。种子多数，细小，具网状突起，有时两端成翅状。

约30种，主产欧洲南部，分布于北半球温带及中南美洲高山地区。我国2种。

1. 根较粗；叶长1-4厘米；花茎、花梗和花萼无毛；花冠长0.9-2厘米，白色，距淡黄色 … **高山捕虫堇 P. alpina**
1. 根纤细；叶长0.5-1厘米；花茎、花梗和花萼散生开展的腺状短柔毛；花冠长0.6-1.1厘米，淡紫色 ………………………………………………………………………………………… (附). **北捕虫堇 P. villosa**

高山捕虫堇 图 651 彩片 142

Pinguicula alpina Linn. Sp. Pl. 17. 1753.

多年生草本。根多数。叶3-13，基生呈莲座状，脆嫩多汁，干时膜质，长椭圆形，长1-4厘米，全缘，边缘内卷，淡绿色，上面密生分泌粘液的腺毛，下面无毛，花单生，花茎上部结果时增粗，无毛；花萼2深裂，无毛；花冠白色，长0.9-2厘米，花冠管漏斗状，外面无毛，内面具白色短柔毛，距淡黄色，圆柱状，顶端圆；雄蕊无毛，花丝线形，药室顶端汇合；子房无毛；球形，花柱极短，柱头下唇圆形，边缘流苏状，上唇较小，窄三角形。蒴果室背开裂。种子多数，无毛，具网状突起，网格纵向延长。

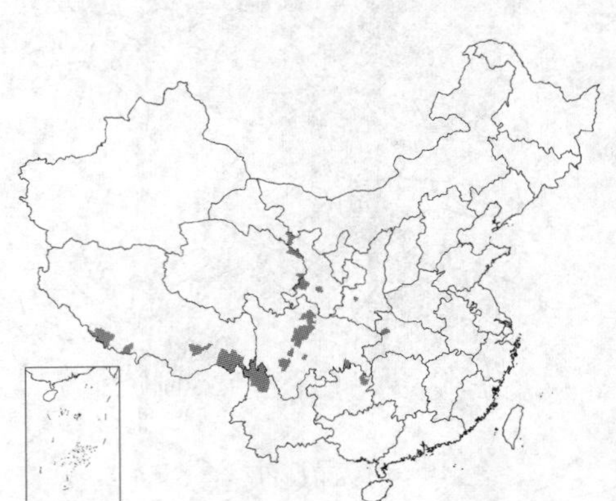

产青海、甘肃、陕西西南部、四川、贵州东北部、云南西北部及西藏南部，生于海拔2300-4500米阴湿岩壁间或高山杜鹃灌丛下。欧洲及亚洲的温带高山地区有分布。

[附] **北捕虫堇 Pinguicula villosa** Linn. Sp. Pl. 17. 1753. 本种与高山捕虫堇的区别：根纤细；叶长0.5-1厘米；花茎和花萼散生开展的腺状短柔毛；花冠长0.6-1.1厘米，淡紫色。产东北大兴安岭，生于泥炭沼泽中。欧洲、亚洲及北美洲温带地区有分布。

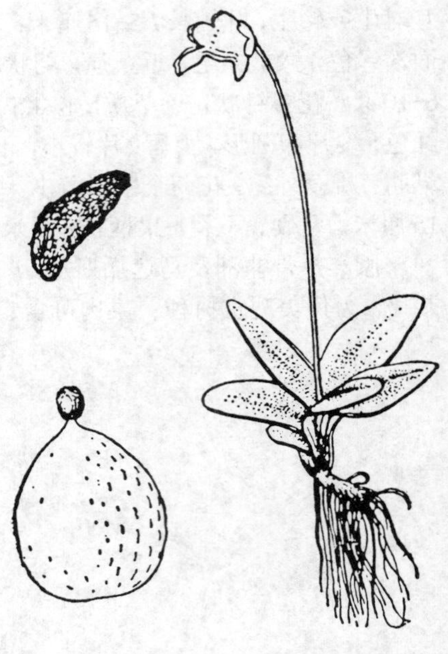

图 651 高山捕虫堇（引自《中国植物志》）

2. 狸藻属 Utricularia Linn.

水生、陆生或附生草本；无真正的根和叶。茎枝变态成匍匐枝、假根和叶。捕虫囊生于叶上或匍匐枝及假根上。花序总状，有时简化为单花，具苞片或兼有小苞片。花序梗或花茎直立或缠绕，具或不具鳞片。花萼2深裂，宿存并多少增大；花冠二唇形，喉凸常隆起呈浅囊状，喉部多少闭合；雄蕊2，生于花冠下方内面的基部，花丝短，常内卷，花药两室；柱头二唇形，下唇较大。蒴果球形，长圆形或卵圆形。种子多数，有时有翅，稀具倒钩毛或扁平糙毛。

约180种，主产中南美洲、非洲、亚洲及澳大利亚热带地区。我国17种。

1. 陆生或附生草本；叶全缘，无毛，于花期存在或不存在；具小苞片。
  2. 苞片基部着生。
    3. 花冠黄色。
      4. 小苞片短于苞片；花萼两唇先端钝；果柄下弯 ……………………………………………… 1. **挖耳草 U. bifida**
      4. 小苞片短于苞片；花萼上唇先端渐尖，下唇先端具2尖齿；果柄近直立 …………… 1 (附). **缠绕挖耳草 U. scandens**
    3. 花冠淡蓝或紫红色 ……………………………………………………………………… 2. **禾叶挖耳草 U. graminifolia**
  2. 苞片中部着生，多少呈盾状。
      4. 叶线形或窄倒卵形，开花前凋萎或宿存；捕虫囊的上唇具1喙状附属物；花梗长0.2-1毫米；花萼上下唇

近等大 …………………………………………………………………………………………… 3. 短梗挖耳草 U. caerulea

4. 叶圆形、肾形或倒卵形，具细长假叶柄，花期宿存；捕虫囊上唇的附属物具分枝；花梗长0.2-1厘米；花萼上唇远较下唇大。

5. 花冠下唇3裂，侧裂片微凹或2浅裂；柱头正三角形；种子窄长圆形，散生扁平糙毛，两端毛密生…………………………………………………………………………………………… 4. 怒江挖耳草 U. salwinensis

5. 花冠下唇多少规则5裂；柱头平截；种子梨形，基部以上散生倒钩毛 ……………… 5. 圆叶挖耳草 U. striatula

1. 水生草本；叶一至数回分裂，末回裂片窄线形或毛发状，先端及边缘常具细刚毛，花期宿存；无小苞片。

6. 苞片基部非耳状；花冠长4-6（-8）毫米；蒴果室背开裂；种子双凸镜状，无角，环生宽翅 …………………………………………………………………………………………… 6. 少花狸藻 U. exoleta

6. 苞片基部耳状；花冠长0.8-1.8厘米；蒴果周裂；种子压扁呈盘状，具5-6角，角上无翅或具极窄的棱翅。

7. 叶长0.2-1（-1.5）厘米，末回裂片窄细形或线形；花冠长0.8-1.3厘米。

8. 叶末回裂片无刚毛或具1-3小刚毛；捕虫囊生于绿色枝的叶上；花冠长0.8-1厘米，距囊状，顶端钝，宽过于长 …………………………………………………………………………………… 7. 细叶狸藻 U. minor

8. 叶末回裂片具5-12小刚毛；捕虫囊生于无色枝的退化叶上；花冠长0.9-1.3厘米，距细圆锥状，顶端钝或近急尖，长过于宽 ……………………………………………………………………… 8. 异枝狸藻 U. intermedia

7. 叶长1.5-6厘米，末回裂片毛发状；花冠长1-1.8厘米。

9. 匍匐枝及其分枝的顶端于秋季产生冬芽；花序梗具1-4鳞片；鳞片和苞片基部耳状。种子具细网状突起。

10. 匍匐枝的节间长0.3-0.8(-1.2)厘米；花冠下唇边缘反曲，距仅在远轴的内面散生腺毛 …………………………………………………………………………………………… 9. 狸藻 U. vulgaris

10. 匍匐枝的节间长(0.8-)1-2厘米；花冠下唇边缘波状，距在远轴及近轴的内面均散生腺毛…………………………………………………………………………………………… 10. 南方狸藻 U. australis

9. 枝梗无冬芽；花序梗无鳞片；苞片基部非耳状；种子具不明显细网状突起 ………… 11. 黄花狸藻 U. aurea

1. 挖耳草　　图 652

Utricularia bifida Linn. Sp. Pl. 18. 1753.

陆生小草本。假根少数，丝状，基部增厚具多数乳头状分枝。匍匐枝少数，丝状，具分枝。叶生于匍匐枝上，圆形，膜质，全缘，无毛，具1脉。捕虫囊生于叶及匍匐枝上，球形，侧扁，具柄。花序直立，中上部有1-16朵疏离的花；花序梗圆柱状，上部光滑，下部具细小腺体，有鳞片；苞片与鳞片相似，基部着生，先端钝。小苞片线状披针形，短于苞片；花梗丝状，具翅；花萼2裂达基部，两唇先端钝；花冠黄色，外面无毛，上唇窄长圆形或长卵形，先端圆或具2-3浅圆齿，喉凸隆起呈浅囊状；距钻形，与下唇成锐角或钝角叉开；花丝线形，药室于顶端汇合；子房卵圆形，花柱短而显著，柱头下唇近圆形，反曲，上唇较短，钝形。蒴果背腹扁，具皮膜质，室背开裂；果柄下弯。种子多数，无毛，具网状突起，网格纵向延长，多少扭曲。

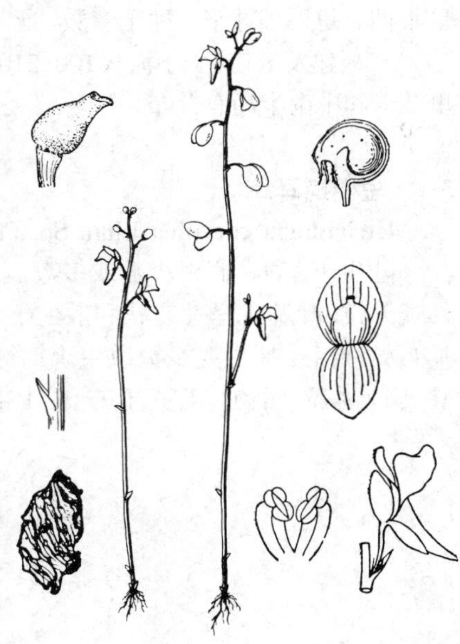

图 652 挖耳草（引自《中国植物志》）

产河南、江苏、安徽、浙江、福建、台湾、江西、湖北、湖南、广东、海南、广西、云南及四川，生于海拔40-1350米沼泽地、稻田或沟边湿地。

印度、孟加拉国、中南半岛、马来西亚、菲律宾、印度尼西亚、澳大利亚北部及日本有分布。

[附] **缠绕挖耳草** 图 653：3-7 **Utricularia scandens** Brnj. in Linnaea 20: 309. 1847 本种与挖耳草的主要区别：小苞片长于苞片；花萼上唇先端渐尖，下唇先端具2尖齿；果柄近直立。产云南南部，生于海拔约700米沼泽地，缠绕在草本植物上。非洲、印度、孟加拉、中南半岛、马来西亚及澳大利亚北部有分布。

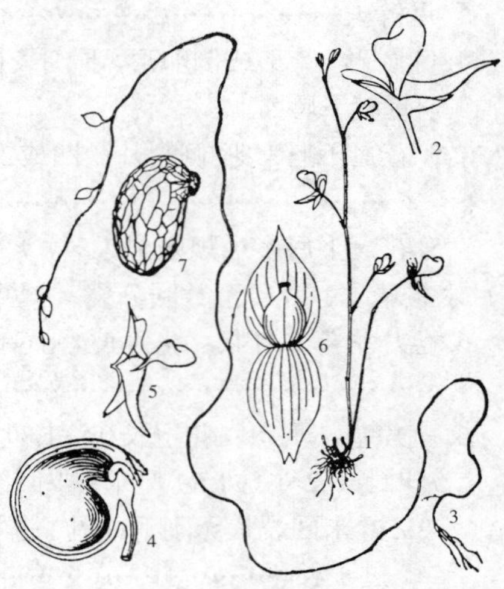

图 653：1-2. 禾叶挖耳草 3-7. 缠绕挖耳草（引自《中国植物志》）

2. 禾叶挖耳草 图 653：1-2

Utricularia graminifolia Vahl. Enum. 1: 195. 1804.

陆生小草本。假根少数，丝状，具多数分枝。叶生匍匐枝上，先端急尖或钝，基部渐窄，全缘，膜质，无毛。捕虫囊散生于匍匐枝和侧生叶上，具柄。花序直立，无毛，中上部具1-6朵疏离的花；花序梗圆柱形，具1-3鳞片；苞片与鳞片同形。小苞片较苞片短，钻形，具1脉；花梗丝状，上部具翅；花萼2裂达基部，裂片先端急尖或渐尖。花冠淡蓝或紫红色，喉凸隆起；距窄圆锥状钻形，顶端渐尖；花丝线形，弯曲，药室汇合；子房宽椭圆球形，花柱短而明显，柱头下唇半圆形，上唇消失呈平截。蒴果长球形。种子多数，无毛，具网状突起，网格纵向延长。

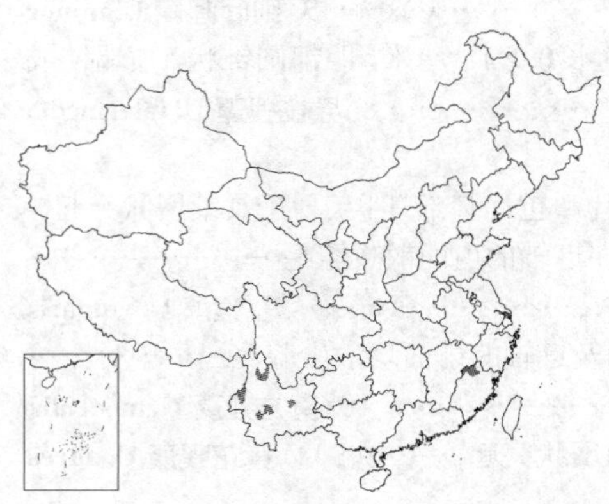

产福建及云南，生于海拔100-2100米潮湿石壁或沼泽地。印度南部、斯里兰卡和中南半岛有分布。

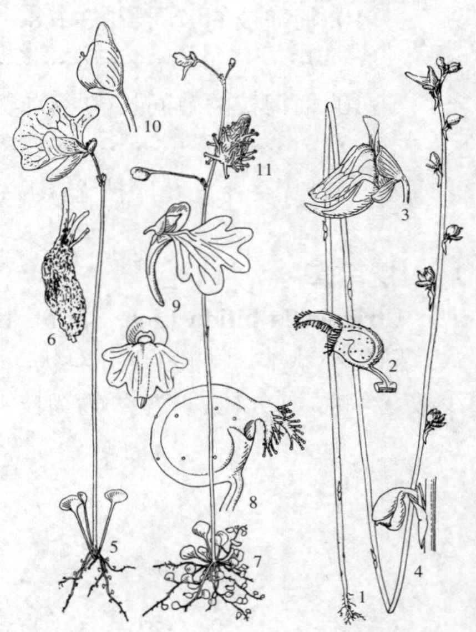

图 654：1-4. 短梗挖耳草 5-6. 怒江挖耳草 7-11. 圆叶挖耳草（冯晋庸绘）

3. 短梗挖耳草 图 654：1-4

Utricularia caerulea Linn. Sp. Pl. 18. 1753.

陆生小草本。假根少数或多数，丝状，不分枝或分枝。匍匐枝丝状，具稀疏分枝。叶基生呈莲座状和散生于匍匐枝上，线形或窄倒卵形，先端圆，具1脉，无毛。捕虫囊少数散生于匍匐枝及侧生于叶上，具柄，口顶生，上唇具1喙状附属物。花序直立，中上部具1-15朵疏离或密集的花，无毛；花序梗丝状，具1-12鳞片；苞片中部着生，与鳞片多少呈盾形。花梗长0.2-1毫米，花期直立，果期开展或反折；花萼上下唇近等大；花冠紫、蓝、粉红或白色，喉部常有黄斑；花丝线状，药室汇合，具细小的乳突；子房无毛，球形，花柱短。蒴果果皮坚硬而不透明，室背开裂。种子多数。

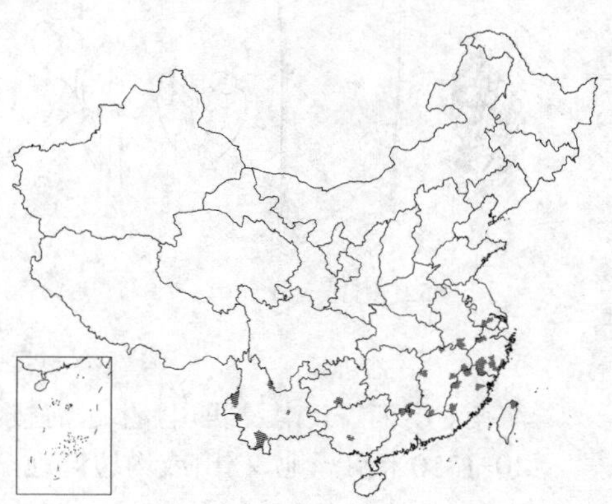

产山东、江苏、安徽、浙江、福建、台湾、江西、湖南、广东、广西、贵州及云南，生于海拔40-2000米沼泽地、水湿草地或滴水岩壁上。印度、孟加拉国、斯里兰卡、中南半岛、马来西亚、印度尼西亚、菲律宾、澳大利亚、日本及朝鲜半岛有分布。

4. 怒江挖耳草 图 654 : 5-6 彩片 143

Utricularia salwinensis Hand.-Mazz. Symb. Sin. 7: 873. 1936.

陆生小草本。假根少数，丝状，不分枝。叶稀疏地排成莲座状和散生于匍匐枝上，具显著的假叶柄，无毛。捕虫囊少数，散生于匍匐枝上，卵圆形。口侧生，上唇突出呈扇形附属物。花序直立，上部具1-3朵多少疏离的花，无毛；花序梗丝状；无鳞片或具1鳞片；苞片与鳞片同形，中部着生。小苞片与苞片相似；花梗直立；花萼2裂至基部，裂片不相等。花冠粉红色，下唇3裂，侧裂片微凹或2浅裂，喉突几不隆起；花丝窄线形，近伸直，药室近分离；子房球形，花柱粗短，柱头正三角形。蒴果球形，背腹扁，室背开裂。种子窄长圆形，散生扁平糙毛，两端毛密生。

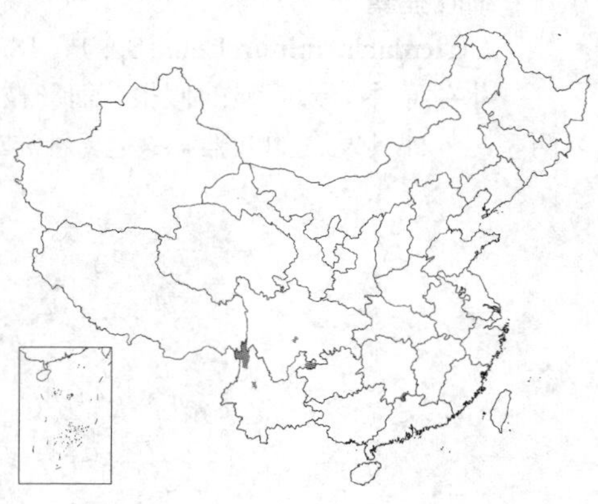

产湖南东南部、云南西北部及东北部、四川近中部，生于海拔2600-4000米岩面苔藓丛中。

5. 圆叶挖耳草 图 654 : 7-11 彩片 144

Utricularia striatula J. Smith in Rees. Cycl. 37. n. 17. 1819.

陆生小草本。假根少数，丝状，不分枝。匍匐枝丝状，具分枝。叶器多数，簇生成莲座状和散生于匍匐枝上，花期宿存，具细长的假叶柄；口侧生。花序直，上部具1-10朵疏离的花，无毛；花序梗丝状，具少数鳞片；苞片和小苞片与鳞片相似，中部着生。花梗丝状；花萼2裂达基部，裂片极不相等；花冠白、粉红或淡紫色，下唇多少不规则5裂，喉部具黄斑，喉凸稍隆起；花丝线形，上部膨大，药室近分离；子房球形，花柱短而明显，柱头平截。蒴果背腹扁，果皮膜质，室背开裂。种子梨形，基部以上散生倒钩毛。

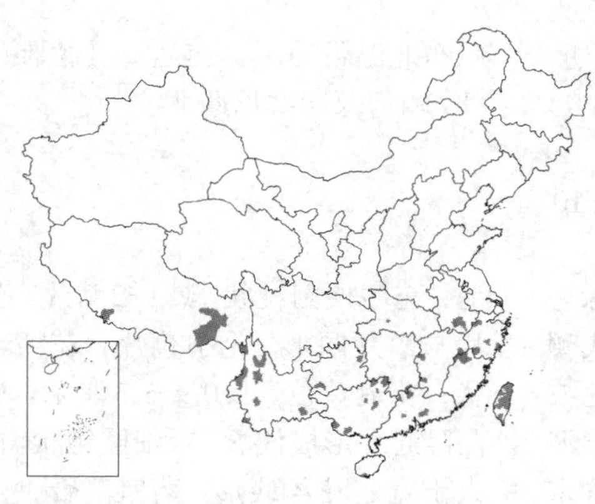

产安徽南部、浙江、福建、台湾、江西、湖北、湖南、广东、海南、广西、贵州、云南、四川及西藏东部，生于海拔400-3600米潮湿的岩石或树干上，常生于苔藓丛中。热带非洲、印度、斯里兰卡、中南半岛、马来西亚、印度尼西亚及菲律宾有分布。

6. 少花狸藻 图 655 : 1-3

Utricularia exoleta R. Br. Prodr. Nov. Holl. 1810: 430. 1810.

半固着水生草本。假根少数，丝状，具短的总状分枝。匍匐枝丝状，多分枝。叶器多数，互生于匍匐枝上，一至二回三歧状深裂，末回裂片毛发状。捕虫囊多数，侧生于叶器裂片上。花序直立，中上部具1-3朵疏离的花；花序梗丝状，具1鳞片；苞片与鳞片相似，基部着生。无小苞片；花梗丝状，近直立；花萼2裂达基部，裂片近相等；花冠黄色，长4-6(-8)毫米，喉凸隆起呈浅囊状；距细筒状；花丝线形，药室汇合；子房球形，花柱短而显著，柱头钝。蒴果球形，无毛，室背开裂。种子双凸镜状，无角，环生宽翅。

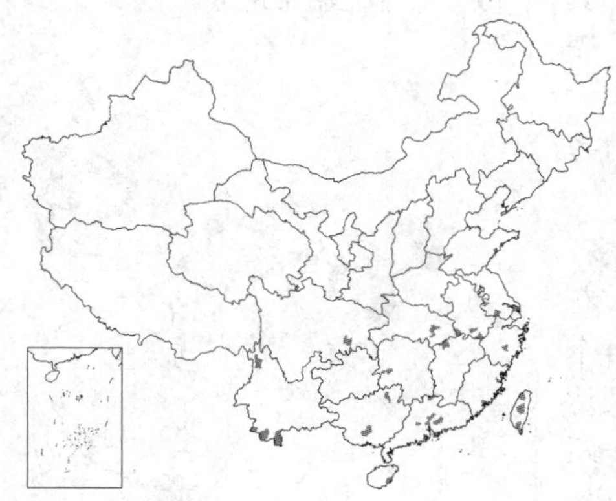

产江苏、安徽、浙江、福建、台湾、湖北、湖南、广东、海南、广西、云南及四川，生于海拔100-135米浅水湖泊、池塘、稻田或沼泽地中。葡萄牙、热带非洲、印度、孟加拉国、斯里兰卡、中南半岛、马来西亚、印度尼西亚、菲律宾、澳大利亚北部及日本有分布。

7. 细叶狸藻 图 655:4-6

Utricularia minor Linn. Sp. Pl. 18. 1753.

水生草本。无明显的假根。匍匐枝丝状，具稀疏的分枝，无毛，多少两型：一种具发育的叶器，绿色，悬浮或飘浮；另一种无发育的叶器，无明，半固着于泥中。叶器多数，末回裂片无刚毛或具1-3小刚毛。秋季匍匐枝及其分枝顶端产生冬芽，冬芽球形。捕虫囊少数生于绿色枝的叶器裂片上，而大多数生于埋于泥中的退化叶器裂片上。花直立，中上部具2-8朵多少分离的花；花序梗圆柱形，具2-4鳞片；苞片与鳞片同形。花萼2裂达基部，裂片近相等；花冠黄色，长0.8-1厘米，外面无毛，喉凸隆起并延伸至下唇中部；距囊状，宽大于长；花丝线形，弯曲，上部膨大，药室汇合；子房球形，花柱明显，柱头两唇边缘均流苏状。蒴果球形，周裂。种子扁压，边缘具6角和极窄的棱翅。

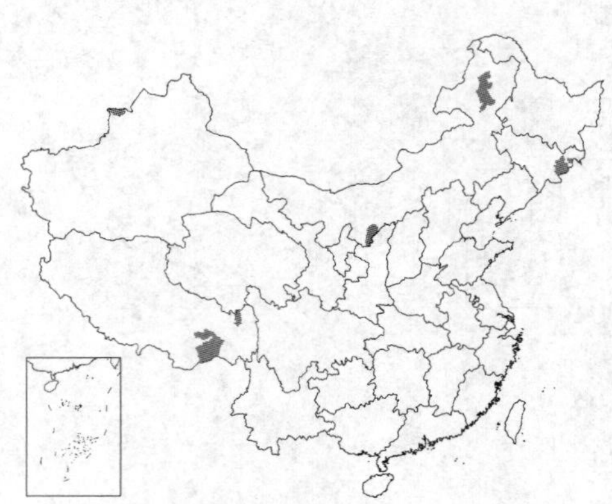

产吉林、内蒙古、新疆及西藏，生于海拔3100-3650米池塘或沼泽中。广布北温带地区，南达喜马拉雅山脉、缅甸及印度尼西亚。

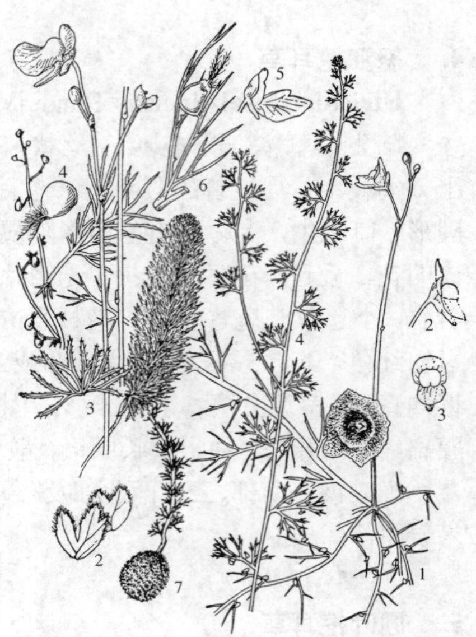

图 655：1-3. 少花狸藻 4-6. 细叶狸藻 7-10. 异枝狸藻 （冯晋庸绘）

8. 异枝狸藻 图 655:7-10

Utricularia intermedia Hayne in Schrad. Journ. 1800(1): 18. 1800.

水生草本。无明显的假根。匍匐枝细长，具分枝，多少两型：绿色枝具发育叶器，悬浮或飘浮，通常无捕虫囊；无色枝的叶器退化，半固着于泥中，具捕虫囊。叶器多数，末回裂片具5-12小刚毛，秋季于匍匐枝及其分枝的顶端产生冬芽，冬芽球形。捕虫囊卵圆形，生于无色枝的退化叶上。花序直立，中上部具有2-5朵多少疏离的花，无毛；花序梗圆柱状，具1-2鳞片；苞片与鳞片同形。无小苞片；花梗丝状；花冠黄色，长0.9-1.3厘米，喉凸隆起并形成浅囊；距细圆锥状，长大于宽；花丝线形，药室汇合；子房球形，花柱短。蒴果周裂。种子压扁。

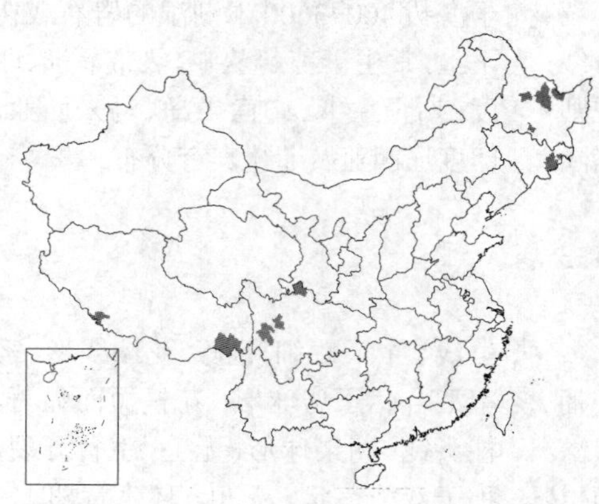

产黑龙江、吉林、西藏及四川，生于海拔300-4000米沼泽和池塘中。星散分布于北温带地区。

9. 狸藻 图 656:1-2

Utricularia vulgaris Linn. Sp. Pl. 18. 1753.

水生草本。匍匐枝圆柱形，节部长0.3-0.8（-1.2）厘米，分枝多。叶器多数，互生，2裂达基部。捕虫囊通常多数，侧生于叶器裂片上。花序直立，中上部具3-10朵疏离的花，无毛；花序梗圆柱状，具1-4个鳞片；苞片与鳞片同形，基部耳状。无小苞片；花梗丝状；花萼2裂达基部，裂片近相等；花冠黄色，下唇边缘反曲，喉凸隆起呈浅囊状；距筒状，仅在远轴的内面散生腺毛；花丝线形；子房球形，花柱稍短于子房，

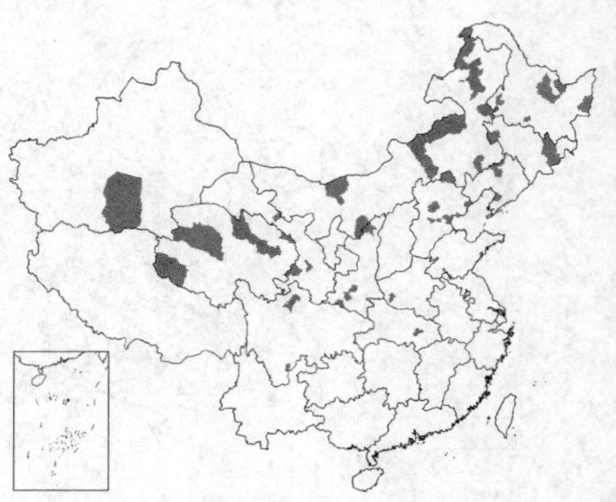

无毛。蒴果球形，周裂。种子扁压，具6角和细小的网状突起，褐色，无毛。

产黑龙江、吉林、辽宁、内蒙古、河北、山东、河南、陕西、甘肃、四川、青海及新疆，生于海拔50-3500米湖泊、池塘、沼泽或水田中。广布于北半球温带地区。

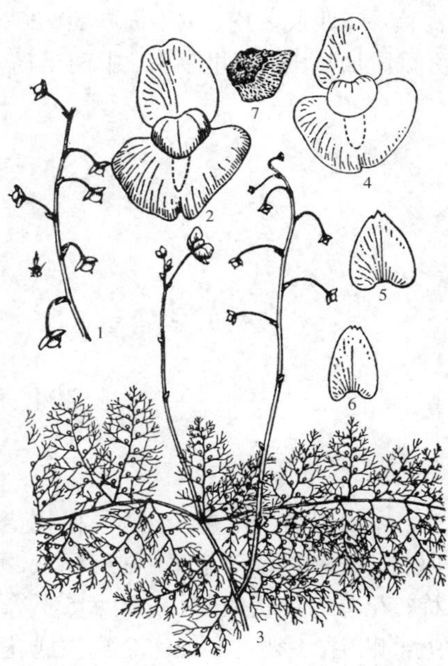

图 656：1-2. 狸藻 3-7. 南方狸藻
（引自《中国植物志》）

10. 南方狸藻 图 656：3-7

Utricularia australis R. Br. Prodr. Nov. Holl. 1810: 430. 1810.

水生草本。假根2-4，生于花序梗基部上方，丝状，具短的总状分枝。匍匐枝节间长（0.8-）1-2厘米。叶器多数，互生，2裂达基部，先端及边缘具小刚毛。秋季于匍匐枝及其分枝的顶端产生冬芽，密生小刚毛。捕虫囊多数，侧生于叶器的裂片口，口侧生，边缘疏生小刚毛。花序直立，中上部具3-8朵多少疏离的花，无毛；花序梗圆柱形，具1-4鳞片，苞片基部耳状。无小苞片；花梗丝状；花冠黄色，下唇边缘波状，喉凸隆起呈浅囊状；距细圆锥状，顶端钝，稍弯曲，在远轴和近轴的内面均散生腺毛；花丝线形，弯曲，药室汇合；子房球形，花柱与子房近等长。蒴果周裂。种子扁压，边缘具6角和细小的网状突起。

产江苏、安徽、浙江、福建、台湾、江西、湖北、湖南、广东、海南、广西、贵州、云南及四川，生于海拔30-2500米湖泊、池塘或稻田中。欧洲、非洲（热带及南部地区）、印度、斯里兰卡、中南半岛、马来西亚、印度尼西亚、菲律宾、澳大利亚及日本有分布。

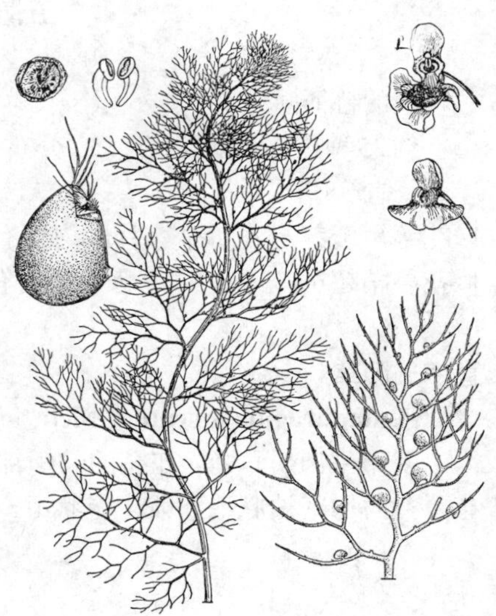

图 657 黄花狸藻
（引自《华东水生维管束植物》）

11. 黄花狸藻 图 657 彩片 145

Utricularia aurea Lour. Fl. Cochinch. 26. 1790.

水生草本。假根通常不存在，存在时轮生于花序梗的基部或近基部，具丝状分枝。匍匐枝圆柱形，具分枝。叶器多数，具细刚毛。捕虫囊通常多数，侧生于叶器裂片上。花序直立，中上部具3-8条多少疏离的花，花序梗无鳞片；苞片基部着生。无小苞片；花梗丝状，背腹扁；花冠黄色，喉部有时具橙红色条纹，外面无毛或疏生短柔毛，喉凸隆起呈浅囊状；距近筒状；花丝线形，上部扩大，药室汇合；子房球形。蒴果顶端具喙状宿存花柱，周裂。种子多数压扁，具5-6角和不明显的细网状突起。

产山东、江苏、安徽、浙江、福建、台湾、江西、湖北、湖南、广东、海南、广西及云南。生于海拔50-2680米湖泊、池塘或稻田中。印度、尼泊尔、孟加拉国、斯里兰卡、中南半岛、马来西亚、印度尼西亚、菲律宾、澳大利亚及日本有分布。

204. 五膜草科 PENTAPHRAGMATACEAE

（洪德元　潘开玉）

多年生草本，多少肉质，根状茎长而粗壮，常多少木质化。叶互生，大而且基部不对称，因茎短而几乎集成莲座状。花序为聚伞花序，常蝎尾状，单支或2-3支腋生。花具短梗或无梗；花除花萼外各部辐射对称。花萼两侧对称，花萼筒钟状或管状，裂片5不等宽，常有2枚较宽，另3枚等宽而较狭窄，常白色，宿存；花冠下部与花萼筒上部贴生，5裂过半或完全离生成花瓣状，常白色；雄蕊5，与花冠裂片互生，插生花冠筒下部，花丝无毛，花药卵形或长椭圆形，药室内向，近侧向纵裂，或药隔发达，稍超出药室；子房下位，2室，胚珠多数，花柱短，柱头头状或圆锥状，不裂，具5条肋或无肋。果为浆果，不裂。种子小，极多数，卵圆形至卵球形，具明显网状纹饰。

仅1属。

五膜草属 **Pentaphragma** Wall. ex G. Don

属的特征同科。

约25种，主产加里曼丹岛，分布于中南半岛、菲律宾、印度尼西亚（除爪哇外）及巴布亚新几内亚。我国2种。

1. 花萼短于花冠；每个苞片腋内仅有单花；花序伸直而不卷曲 ………………………………… 直序五膜草 **P. spicatum**
1. 花萼稍超出花冠；每个苞片腋内有两花；花序强烈卷曲 ………………………………………… (附). 五膜草 **P. sinense**

直序五膜草　　图 658

Pentaphragma spicatum Merr. in Philipp. Journ. Sc. Bot. 21. 511. 1922.

多年生肉质草本，在茎的幼嫩部分、叶柄、叶背面、花序轴、苞片及花萼背面均密被腺毛和兼生星状毛。根状茎斜走，长达15厘米以上，多少木质化。茎短，常在一侧着生叶，常留有叶柄残基。叶卵形或卵圆形，长10-30厘米，不对称，常向一边偏斜，基部不对称，全缘或偶有瘤突状齿；叶柄长5-15厘米。蝎尾状聚伞花序单支或有时两支腋生，伸直而不卷曲，总梗长数厘米，其上有一个远比叶小的总苞片；苞片倒卵形，腋内仅生单花。花全长1.6

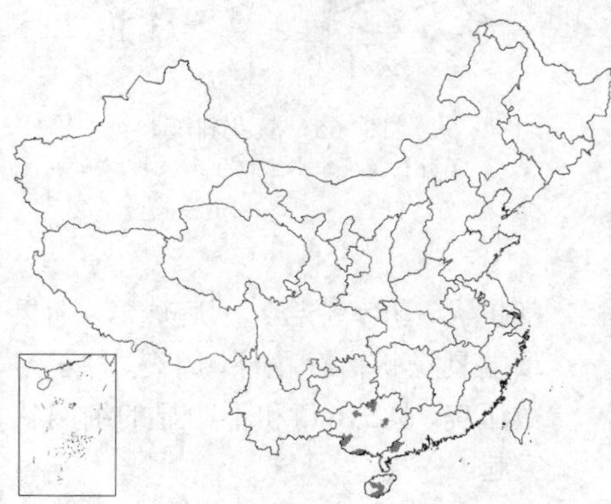

图 658 直序五膜草　（冯晋庸绘）

厘米；花梗长1-3毫米；花萼短于花冠，花萼筒钟状，裂片长5毫米，宽的宽4毫米，卵圆形，其余的宽2毫米，长圆形，均有3条脉；花冠白或黄绿色，长9毫米，深裂过半，裂片无毛，披针形，先端稍拳卷；药隔超出药室；花柱短，柱头圆锥状，几无肋。浆果椭圆状，长约8毫米。种子卵圆形，具明显网状纹饰，深棕色，长0.3毫米。花期5-7月，幼果期10月。

产广西、广东西南部及海南，生于热带山谷密林下。

[附] 五膜草 **Pentaphragma sinense** Hemsl. et Wils. in Kew Bull. 1906: 160. 1906. 本种与直序五膜草的区别：花序强烈卷曲；每个苞片腋内有两花；花萼稍超出花冠；浆果倒卵圆形；种子黄色。花果期5-11月。产云南东南部，生于林下或沟边潮湿处。越南北部有分布。

205. 尖瓣花科 SPHENOCLEACEAE

（洪德元　潘开玉）

一年生直立草本，无乳汁。叶互生，具柄。花序密穗状，开花顺序为向心性2；花密集，完全无梗，有1枚苞片和2枚小苞片。花萼上位，辐射对称，5裂；花冠管状，5裂至中部，辐射对称；雄蕊5枚，贴生于花冠筒下部，与花冠裂片互生，花丝极短，花药2室；子房下位，2室，胚珠多数，花柱短，柱头不明显2裂，裂片近头状。蒴果扁球状，帽状盖裂。种子多数，长圆状。

单型科，仅1属1种。

尖瓣花属 **Sphenoclea** Gaertn.

单种属，形态特征同科。

尖瓣花 图 659

Sphenoclea zeylanica Gaertn. Fruct. et Sem. Pl. 1: 113. pl. 24. f. 5. 1788.

植株全体无毛。茎直立，高达70厘米，径可达1厘米，通常多分枝。叶互生，长椭圆形、长椭圆状披针形或卵状披针形，长2-9厘米，全缘，上面绿色，下面灰绿色；叶柄长达1厘米。穗状花序与叶对生或生于枝顶，长1-4厘米；苞片卵形，先端渐尖。小苞片宽线形；花长不及2毫米；花萼裂片卵圆形；花冠白色，长1.5毫米，浅裂，裂片开展。蒴果径2-4毫米。种子棕黄色，长0.5毫米。无固定花果期。

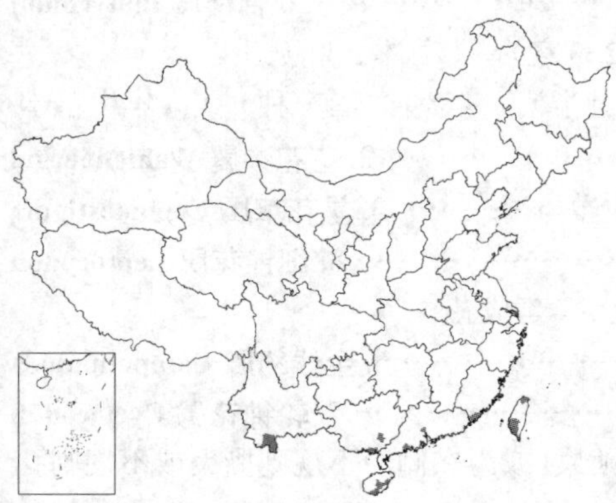

产福建、台湾、广东、海南、广西及云南南部西双版纳，生于稻田或潮湿处。广布东半球热带。

图 659 尖瓣花 （冯晋庸绘）

206. 桔梗科 CAMPANULACEAE

（洪德元　潘开玉）

一年生草本或多年生草本，具根状茎，或具茎基，有时茎基具横走分枝，有时植株具地下块根。稀为灌木、小乔木或草质藤本。大多数种类具乳汁管，分泌乳汁。叶为单叶，互生，少对生或轮生。花常常集成聚伞花序，有时聚伞花序演变为假总状花序，或集成圆锥花序，或缩成头状花序，有时花单生。花两性，稀少单性或雌雄异株，多5数，辐射对称或两侧对称。花萼5裂，萼筒与子房贴生，无萼筒，5全裂，裂片大多离生，常宿存，镊合状排列。花冠为合瓣的，浅裂或深裂至基部而成为5个花瓣状的裂片，整齐，或后方纵缝开裂至基部，其余部分浅裂，使花冠为两侧对称，裂片在花蕾中镊合状排列，稀覆瓦状排列；雄蕊5，通常与花冠分离，或贴生于花冠筒下部，或花丝基部的长绒毛在下部粘合成筒，或花药联合而花丝分离，或完全联合，花丝基部常扩大成片状，无毛或边缘密生绒毛，花药内向，稀侧向，在两侧对称的花中，花药常不等大，常有两个或更多个花药有顶生刚毛；花盘有或无，如有则为上位，分离或为筒状或环状；子房下位或半上位，稀上位，2-5（6）室，花柱单一，常在柱头下有毛，柱头2-5（6）裂，胚珠多数，多着生于中轴胎座上。果为蒴果，顶端瓣裂或在侧面（在宿存的花萼裂片之下）孔裂，或盖裂，或为不规则撕裂的干果，稀浆果。种子多数，有或无棱，胚直，具胚乳。

60-70属，约2000种，世界广布，主产温带和亚热带。最大的两个属是Campanula和Lobelia，它们各自都有数百种，前者主产北温带，后者主产热带和亚热带，尤其是南美洲。我国9属，约170种。

1. 花冠辐射对称；雄蕊离生，稀合生；子房下位或上位，3-5（6）室，稀2室，花柱绝大部有集合毛或刷状毛；花单生或为聚伞花序，或由聚伞花序集合成圆锥花序、头状花序，稀假总状花序。
  2. 子房对花萼和花冠两者而言均为上位；花萼通常被褐或黑色毛；花常单朵顶生 ……… 1. **蓝钟花属 Cyananthus**
  2. 子房下位，或至少对花冠而言是下位、半下位；花萼无毛或被他种毛；花单生或集成花序。
    3. 果为在顶端（花冠着生处以上部分）瓣裂的蒴果，或为不裂的浆果；子房下位，或仅对花冠而言是下位、半下位，对花萼而时言则为上位、半上位；柱头裂片较短而不卷曲。
      4. 果为蒴果；子房和果实（2）3（-5）室，顶端圆锥状渐尖。
        5. 无与雄蕊互生的腺体；植株直立或为缠绕草本。
          6. 花萼裂片4（2-5），侧面具2-4个长刺状小裂片；叶琴状羽裂 ………………… 5. **刺萼参属 Echinocodon**
          6. 花萼裂片5，全缘；叶全缘或有齿，但决不为琴状羽裂。
            7. 柱头裂片宽，卵形或长圆形；花萼裂片与花冠有时不着生在同一位置上，隔开一段距离；花多为单生；茎直立、蔓生或缠绕 ……………………………………………………………… 4. **党参属 Codonopsis**
            7. 柱头裂片窄，线形；花萼裂片与花冠着生在同一位置上；花通常集成聚伞花序或疏散的圆锥花序；茎直立或上升。
              8. 蒴果的裂瓣与宿存的花萼裂片对生；子房和蒴果5室；高大草本；叶轮生或对生，稀互生……………………………………………………………………………… 9. **桔梗属 Platycodon**
              8. 蒴果裂瓣与花萼裂片互生；子房和蒴果2-5室（国产种2-3室）；小草本；叶互生。
                9. 花冠钟状，3-5浅裂，有时裂至近基部（国产种5裂稍过半）；多年生（国产种）或一年生草本 ……………………………………………………………………… 2. **蓝花参属 Wahlenbergia**
                9. 花冠深裂达基部，几乎成为5枚花瓣状的裂片；一年生草本 ………… 3. **星花草属 Cephalostigma**
        5. 有5个与雄蕊互生的圆片状腺体；草质藤本 ………………………………… 8. **细钟花属 Leptocodon**
      4. 果为浆果；子房和果实顶端近平截，或仅子房顶端有小而短的突尖，延成花柱。
        10. 藤本；花萼裂片宽大，卵状三角形或卵状披针形，全缘 ………………………… 6. **金钱豹属 Companumoea**
        10. 直立草本；花萼裂片线形或线状披针形，有齿，稀全缘 ……………………………… 7. **轮钟花属 Cyclocodon**
    3. 果为在侧面（在宿存的花萼裂片着生处之下）的基部或上部孔裂的蒴果，或为在侧面不规则撕裂或不规则孔裂的干果；子房下位，柱头裂片窄长而反卷。

11. 果为规则孔裂的蒴果，果皮薄壳质；种子多数（数十颗以上）；绝大多数为多年生草本，根胡萝卜状，稀一年生草本。

12. 花冠浅裂，钟状。

13. 无花盘；蒴果在基部、中部或顶端孔裂 ……………………………… 10. 风铃草属 Campanula

13. 有一个环状或筒状花盘围绕花柱基部；蒴果在基部孔裂 ……………………… 11. 沙参属 Adenophora

12. 花冠深裂达基部，裂成5枚花瓣状的裂片，裂片线形或宽线形。

14. 多年生草本；花数朵簇生于总苞片腋内，集成有间隔的长穗状花序；花全为开花受精，花冠裂片条形 ……………………………………………………………… 12. 牧根草属 Asyneuma

14. 一年生草本；花1-3（8）组成腋生小聚伞花序；花在茎下部的闭花受精，花冠裂片披针形 ……………………………………………………………… 13. 异檐花属 Triodanis

11. 果为干果，果皮薄，膜质，不规则撕裂，或在基部不规则孔裂；种子数顶至数十颗；一年生或多年生草本，无胡萝卜状根。

15. 花单生叶腋，具细长花梗；多年生草本，具根状茎，根状茎末端有块根；种子平滑 ……………………………………………………………… 14. 袋果草属 Peracarpa

15. 花1-3生于极端缩短的侧生分枝上，无花梗；一年生匍匐草本；种子具细网纹 ……………………………………………………………… 15. 同钟花属 Homocodon

1. 花冠两侧对称；雄蕊合生；子房下位，2室。

16. 蒴果在顶端室背2瓣裂；子房和蒴果顶端圆锥状渐尖 ……………………… 16. 半边莲属 Lobelia

16. 果为浆果，或不开裂的干果；子房和果实顶端近平截 ……………………… 17. 铜锤玉带属 Pratia

1. 蓝钟花属 Cyananthus Wall. ex Benth.

矮小草本，多年生或一年生。叶互生或有时花梗下有4-5枚叶子聚集而呈轮生状，全缘、具齿或分裂，常被柔毛。单花顶生，少有3-5朵集生或排成总状花序式样；花有梗或几无梗。花萼筒状或筒状钟形，5齿裂；花冠筒状钟形，蓝色、紫蓝色或黄色及至白色，裂片5枚，近圆形至长距圆形；雄蕊5枚，花期常聚药于子房顶部；子房上位，圆锥状，（3）4或5室。果为蒴果，顶端瓣裂。种子多数，棕红色至棕黑色。

约28种，分布于喜马拉雅山及邻近地区。我国25种。

1. 多年生草本；茎基粗壮，顶端密被淡色膜质鳞片。

2. 花萼密被或者杂生棕黑色刚毛；花冠裂片近圆形、宽卵形或长圆形，长宽近相等或长大于宽，但绝不达2.5倍；花萼花后不明显膨大。

3. 叶大，长达3厘米，倒披针形、倒卵状披针形或倒卵形，上中部边缘有大而钝的粗齿3-7（9）；花梗长1-3厘米；花冠喉部密生长柔毛，裂片近圆形，长宽近相等 ……………………… 1. 裂叶蓝钟花 C. lobatus

3. 叶小，长不及1厘米；花梗长不逾1厘米；花冠裂片长远大于宽。

4. 花萼仅被棕黑色短刚毛；叶卵形、卵状披针形或长椭圆形，基部圆或浅心形，下面被贴伏的绢毛；茎几无毛 ……………………………………………………………… 2. 小叶蓝钟花 C. microphyllus

4. 花萼被白和棕黑色两种刚毛；叶长椭圆形，基部楔形，下面被长短不等的绢毛；茎疏被蛛丝状柔毛 ……………………………………………………………… 2(附). 杂毛蓝钟花 C. sherriffii

2. 花萼无毛或有毛，但绝无棕黑色刚毛；花冠裂片长为宽的2.5-5倍。

5. 叶菱形、菱状扇形、三角状圆形、匙形或卵形，除突然变窄而成柄的部分外，长宽几相等或长稍大于宽，但绝不达宽的二倍。

6. 叶小，长不及6毫米，叶菱状扇形、菱形或三角状圆形。

7. 叶菱状扇形，先端近平截，基部宽楔形或近平截，中部以上边缘有明显的齿 … 3. **美丽蓝钟花 C. formosus**
7. 叶三角状圆形，全缘或微波状 ………………………………………………… 3(附). **细叶蓝钟花 C. delavayi**
6. 叶较大，一般长达（5）6毫米，叶匙形或卵形。
8. 花冠黄色，或仅有紫色斑点和条纹，或在花萼以上一段为蓝色，其余黄色；花萼果期脉络凸起。
9. 茎多条并生，不分枝 ………………………………………………………………… 4. **大萼蓝钟花 C. macrocalyx**
9. 茎伏地而有极多分枝 ……………………………………………………………… 4(附). **脉萼蓝钟花 C. neurocalyx**
8. 花冠蓝色、紫蓝色。
10. 茎直立，纤细，不分枝；花萼下窄上宽，萼筒长5-6毫米，无毛 ………… 5. **光萼蓝钟花 C. leiocalyx**
10. 茎上升，较粗，常分枝；花萼稍下窄上宽，果期下宽上窄，被倒生伏刚毛至无毛 ……………………………………………………………………………………………… 6. **灰毛蓝钟花 C. incanus**
5. 叶卵状披针形或卵形；花白色 ……………………………………………………………… 7. **白钟花 C. montanus**
1. 一年生草本；根纤细，无鳞片或有少数鳞片。
11. 植株较高大；花有梗，花冠长逾1.5厘米，花通常5数。
12. 植株一般高不及25厘米；花萼被红棕色刚毛，毛基部膨大呈黑色瘤状凸起；花萼裂片倒卵状长圆形，最宽处在中上部或中部；花冠淡黄或绿黄色 ………………………………………… 8. **丽江蓝钟花 C. lichangensis**
12. 植株一般高于25厘米；花萼被柔毛；花萼裂片近条形或三角形；花冠蓝色。
13. 叶无毛或有少数短柔毛；花3-5集生于枝顶；花萼长5-7毫米，疏生柔毛，裂片近线形 ……………………………………………………………………………………………… 9. **束花蓝钟花 C. fasciculatus**
13. 叶被毛；花通常单生于枝顶；花萼长0.8-1.2厘米，被毛较密。
14. 花萼被长柔毛，裂片披针状三角形，长大于宽 ……………………………… 10. **胀萼蓝钟花 C. inflatus**
14. 花萼被密而短的柔毛，裂片三角形，长宽几相等 ………………… 10(附). **短毛蓝钟花 C. pseudo-inflatus**
11. 植株矮小，高不及20厘米；花几无梗，花冠长不及1厘米，花通常4数 ……………… 11. **蓝钟花 C. hookeri**

1. 裂叶蓝钟花 图 660 彩片 146

Cyananthus lobatus Wall. ex Benth. in Royle Ill. Himal. Pl. 309. t. 69. f. 1. 1839.

多年生草本，有粗的木质根。茎基粗壮，多头，顶部有宿存的卵状披针形鳞片。茎多条丛生，平卧或上升，长达50厘米，上部疏生柔毛。叶互生，其形状、大小和分裂度多变，一般为倒披针形、倒卵状披针形或倒卵形至菱形，小的叶长约7毫米，大的叶长达3厘米，中上部有大而钝的粗齿3-7（9），基部长楔形或楔形，边缘稍反卷，两面均生短柔毛，后变无毛；具短柄或几无柄。花大，单生于主茎和分枝顶端；花梗长1-3厘米，生棕褐色刚毛；花萼圆筒状钟形，萼筒长1.2-1.5厘米，密生棕红或棕黑色刚毛，裂片三角形至披针状三角形，长为萼筒1/4-1/2，被棕褐色柔毛；花冠紫蓝或淡蓝色，长3-4厘米，内面喉部密生长柔毛，裂片近圆形，稍超过花冠全长1/3，先端背面中央处簇生数根棕色短毛；子房圆锥状，约与萼筒等长，花柱达花冠中部不到喉部，柱头膨大，

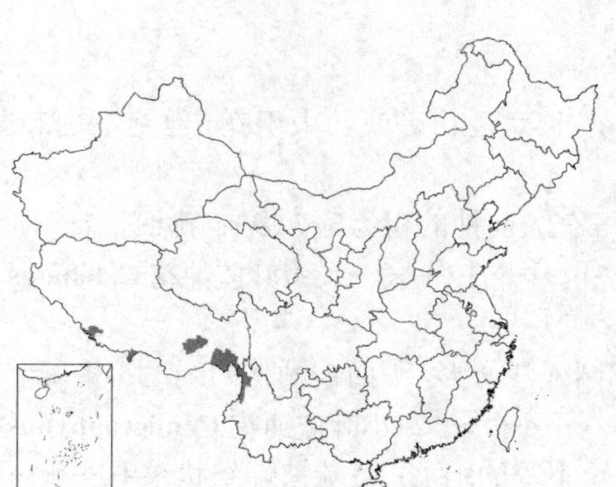

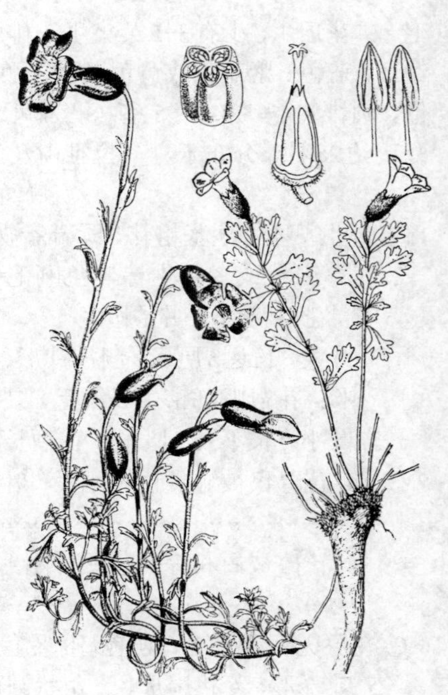

图 660 裂叶蓝钟花
（引自《中国植物志》《Bot. Mag.》）

5裂。花期8-9月。

产云南西北部、西藏东南部及南部，生于海拔2800-4500米山坡草地或林下。尼泊尔、锡金及印度有分布。

2. 小叶蓝钟花 图 661

Cyananthus microphyllus Edgew. in Trans. Linn. Soc. 20: 81. 1846.

多年生草本。茎基粗壮，顶部密被鳞片。茎长5-10厘米，下部分枝，地上部分棕红色，几无毛。叶互生，卵形、卵状披针形或长椭圆形，几无柄，长5-7毫米，先端钝或急尖，基部圆或浅心形，全缘或波状，边缘反卷，下面被贴伏绢毛。花单生茎顶；花梗长0.5-1厘米，生棕黑色刚毛；花萼筒状钟形，底部平截，长0.7-1厘米，被棕黑色短刚毛，裂片三角形，长为花萼1/3-2/5，两面被毛；花冠筒状钟形，长1.8-2厘米，蓝紫或蓝色，内面喉部密生流苏状白色长柔毛，裂片倒卵状长圆形，约与筒部等长；雄蕊聚药于子房顶端；子房圆锥状，花期约与花萼等长，花柱伸达花冠喉部。种子亮褐色，长圆状。

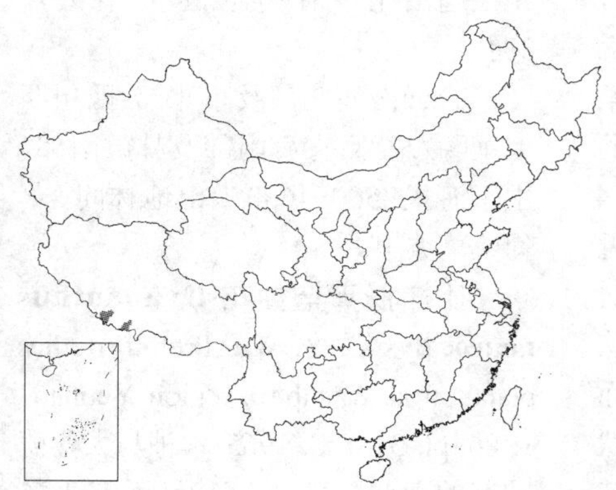

图 661 小叶蓝钟花（吴彰桦绘）

产西藏南部，生于海拔3300-4300米山坡。尼泊尔及印度有分布。

[附] **杂毛蓝钟花 Cyananthus sherriffii** Cowan, New Fl. Silva 10: 181. 1938. 本种与小叶蓝钟花的主要区别：茎被蛛丝状柔毛；叶长椭圆形，基部楔形，下面被长短不等的绢毛；花萼被白和黑棕色两种刚毛。产西藏朗县、米林。生于海拔4400-5000米高山草甸和灌丛下。不丹、锡金及尼泊尔有分布。

3. 美丽蓝钟花 图 662

Cyananthus formosus Diels in Notes Roy. Bot. Gard. Edinb. 5: 172. 1912.

多年生草本。茎常分叉，顶部鳞片宿存。鳞片线状披针形，长约5毫米。茎多条并生，长10-20厘米，淡紫色，平卧至上升，不分枝或有短分枝，下部有鳞片状叶。叶互生，茎上部的较大，花下4或5枚聚集呈轮生状，菱状扇形，长4-9毫米，被毛，叶缘反卷，先端平截，常有3-5钝齿，中间的齿与其它齿近等长，基部宽楔形或近平截，骤然变窄成柄；柄长3-7毫米。花单生主茎和分枝顶端；花梗长约3毫米；花萼筒状钟形，萼筒长0.8-1.2厘米，外面密生淡褐色柔毛，裂片窄三角形，长约5毫米，生柔毛；花冠深蓝或紫蓝色，长约3厘米，冠筒内面喉部密生长柔毛，裂片倒卵状长圆形，长为冠筒1/2-1/3，先端背部常生一簇柔毛；子房约与花萼筒等长，花柱达花冠喉部，柱头5裂。花期8-9月。

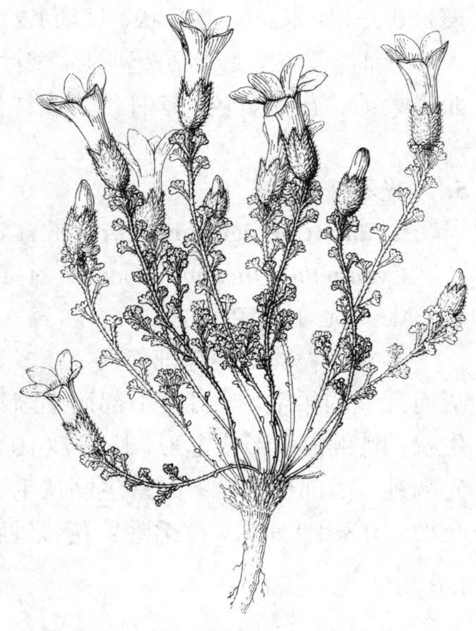

图 662 美丽蓝钟花（冯晋庸绘）

产云南西北部及四川西南部，生于海拔2800-4100米山地草坡、林间沙地或林边碎石地上。

[附] **细叶蓝钟花** 彩片 147 **Cyananthus delavayi** Franch. in Journ. de Bot. 1: 280. 1887. 本种与美丽蓝钟花的区别：叶近圆形或宽卵状三角形，全缘或微波状形。产云南西北部及四川西南部，生于海拔2800-4000米石灰质山坡草地或林边碎石地上。

4. 大萼蓝钟花 图 663:1-4 彩片 148

Cyananthus macrocalyx Franch. in Journ. de Bot. 1: 279. 1887.

多年生草本。茎基粗壮，木质化，顶部具宿存的卵状披针形鳞片。茎数条并生，长达15(-20)厘米，上升，不分枝，基部常疏生棕褐色长柔毛，上部疏生白色短柔毛或无毛。叶互生，由茎下部的叶至上部的叶渐次增大，花下4或5叶聚集呈轮生状，菱形、近圆形或匙形，长5-7毫米，有时更长，长稍大于宽，两面生伏毛，上面疏而短，下面较密而长，边缘反卷，全缘或有波状齿，先端钝或急尖，基部突然变窄成柄，柄长2-4毫米。花单生茎端；花梗长0.4-1厘米；花萼管状，长约1.2厘米，黄绿色或带紫色，花后显著膨大，下部呈球状，脉络凸起明显，裂片长三角形，长大于宽或近相等，内面生柔毛；花冠黄色，有时带紫或红色条纹，有的下部紫色，而超出花萼的部分黄色，筒状钟形，长2-3厘米，内面喉部密生柔毛，裂片倒卵状线形，长约冠筒2/5，花柱达花冠喉部。蒴果超出花萼。种子长圆状。花期7-8月。

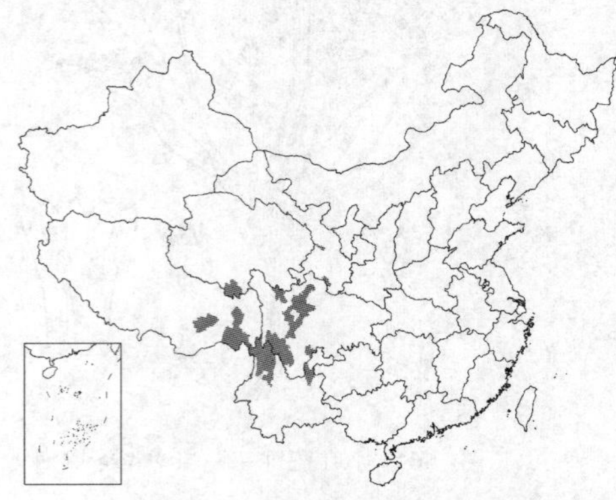

产云南西北部及东北部、四川西部、西藏东部、青海南部及甘肃南部，生于海拔2500-4600米山地林间、草甸或草坡中。

[附] **脉萼蓝钟花 Cyananthus neurocalyx** C. Y. Wu, Prelim. rtudies plants. trop. & subtrp. region Yunnan, 1: 86. pl. 32. f. 3. 1965. 本种与大萼蓝钟花的主要区别：茎伏地而有极多分枝；叶倒卵形或菱形，具圆齿。产云南西北部及四川西南部，生于海拔3500-3700米山坡或草地上。

5. 光萼蓝钟花 图 663:5-6

Cyananthus leiocalyx (Franch.) Cowan, New Fl. Silva 10: 187. 1938.

Cyananthus incanus Hook. f. et Thoms. var. *leiocalyx* Franch. in Journ. de Bot. 1: 279. 1887.

多年生草本。茎纤细而直立，多数丛生，高5-15厘米，不分枝，被稀疏而开展的柔毛。叶自茎下部而上渐次增大，互生，花下4或5枚聚集呈轮生状，倒卵状菱形或匙形，长4-7(10)毫米，边缘反卷，上部有波状圆齿，先端钝，基部楔形，下面密生倒伏毛；叶柄长2-3毫米。花单生茎顶端；花梗长0.8-1.1厘米，被柔毛；花萼钟状，下窄上宽或筒长5-6毫米，无毛，裂片卵圆形或卵状三角形，稍短于筒长，内面疏生褐黄色柔毛；花冠蓝紫色，长2-2.5厘米，内面喉部密生柔毛，裂片长圆形，长约花冠长2/5；子房花期约与花萼等长，花柱伸达花冠喉部。花期6-8月。

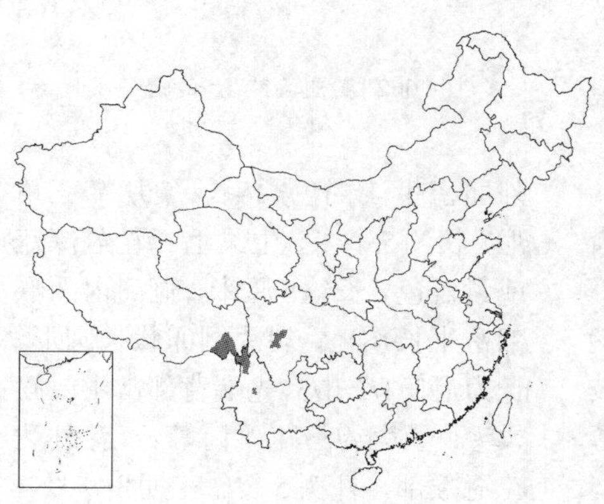

产云南西北部、四川西部及西藏东南部，生于海拔3000-5000米石灰石基质山坡草地。锡金有分布。

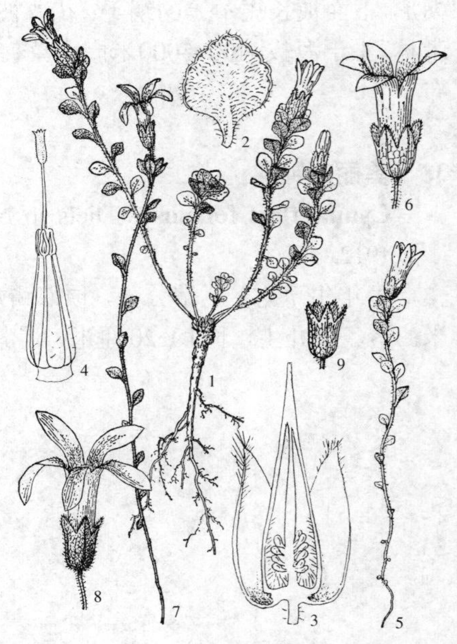

图 663：1-4. 大萼蓝钟花 5-6. 光萼蓝钟花 7-9. 灰毛蓝钟花 （冯晋庸绘）

6. 灰毛蓝钟花 图 663：7-9 彩片 149

Cyananthus incanus Hook. f. et Thoms. in Journ. Linn. Soc. Bot. 2: 20. 1858.

多年生草本。茎基粗壮，顶部具宿存的卵状披针形鳞片。茎多条并生，不分枝或下部分枝，被灰白色短柔毛。叶自茎下部而上稍增大，互生，花下4或5枚叶聚集呈轮生状，卵状椭圆形，长4-7(-8)毫米，两面均被短柔毛，边缘反卷，有波状浅齿或近全缘，基部楔形，有短柄。花单生主茎和分枝顶端；花梗长0.4-1.3厘米，被柔毛；花萼短筒状，稍下窄上宽，果期下宽上窄，密被倒伏刚毛至无毛，萼筒长5-8毫米，裂片三角形，长2-3毫米，略超过宽，密生白色睫毛；花冠蓝紫或深蓝色，长为花萼2.5-3倍，内面喉部密生柔毛，裂片倒卵状长圆形，长约花冠长2/5；子房花期约与萼筒等长，花柱伸达花冠喉部。蒴果超出花萼。种子长圆状。花期8-9月。

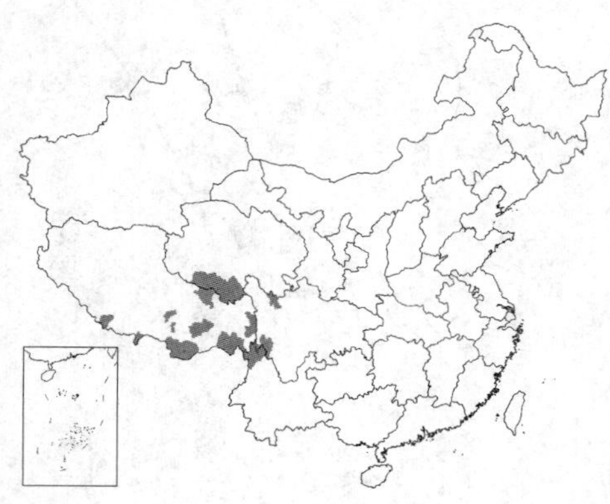

产西藏南部及东部、四川、云南西北部及青海南部，生于海拔3100-5400米高山草地、灌丛草地、林下、路边或河滩草地中。锡金、不丹及印度有分布。

7. 白钟花 图 664：1-2

Cyananthus montanus C. Y. Wu, Prelim. rtudies plants. trop. & subtrp. region Yunnan, 1: 89. 1965.

多年生草本。茎基粗壮，顶部具宿存的卵状披针形鳞片。茎数条并生，直立或上升，不分枝，长8-12厘米，被白色开展柔毛。叶互生，密集，花下4或5叶聚集呈轮生状，几无柄，卵状披针形或卵形，自茎下部而上逐渐变大，长0.7-1.7厘米，宽3-5毫米，两面中脉疏生柔毛，先端渐尖，基部近圆，边缘反卷，全缘或波状。花单生茎顶端；花梗长2-3厘米，无毛；花萼筒状，筒长约1.1厘米，无毛，花期后下部膨大，裂片三角形，外面无毛或有少毛，内面被柔毛；花冠筒状钟形，白色，长稍大于花萼2倍，内面喉部密生柔毛，裂片倒卵状长圆形，约与冠筒等长；子房约与花萼等长，花柱伸达花冠喉部，柱头5裂，裂片带状，反折。蒴果成熟时远超出花萼。种子长圆状。花期7-8月。

产四川南部及云南东北部，生于山坡草地。

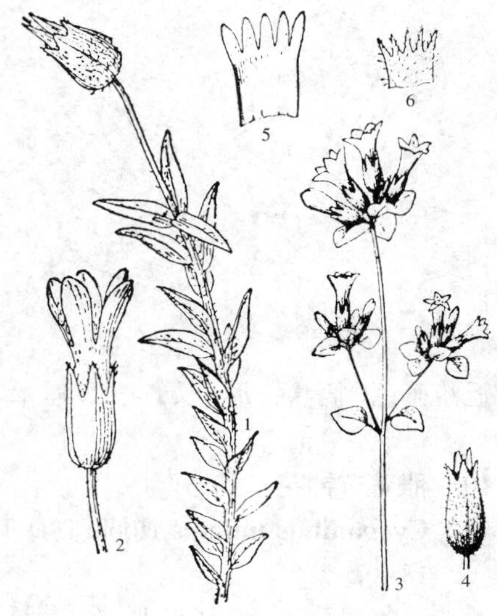

图 664：1-2. 白钟花 3-6. 束花蓝钟花
（冯晋庸绘）

8. 丽江蓝钟花 图 665

Cyananthus lichangensis W. W. Smith in Notes Roy. Bot. Gard. Edinb. 8: 109. 1913.

一年生草本。茎数条并生，高达25厘米，无毛，不分枝或有细弱分枝。叶稀疏互生，花小4或5枚聚集呈轮生状，卵状三角形或菱形，长宽均为5-

7毫米，两面均生短而稀疏的柔毛，边缘反卷，全缘或有波状齿，先端钝，基部长楔形，变窄成柄；柄长2-3（4）毫米，生柔毛。花单生主茎和分枝顶端；花梗长2-5毫米；花萼筒状，花后下部稍膨大，萼筒长0.8-1厘米，外面被红棕色刚毛，毛基部膨大，常呈黑色疣状凸起，裂片倒卵状长圆形，相当于筒长1/3，最宽处在中部或中上部，外面疏生红棕色细刚毛，内面贴生红棕色细柔毛；花冠淡黄或绿黄色，有时具蓝或紫色条纹，筒状钟形，长约萼筒2倍，内面近喉部密生柔毛，裂片长圆形，占花冠长的1/3-1/4，先端三角状急尖；子房约与萼筒等长；花柱伸达花冠喉部。蒴果成熟后超出花萼。种子长圆状。花期8月。

产云南西北部及东北部、四川西部及西藏东部，生于海拔3000-4100米山坡草地或林缘草丛中。

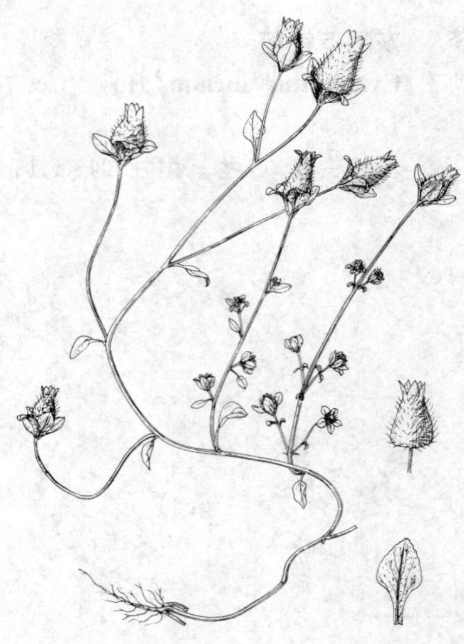
图 665 丽江蓝钟花（孙英宝绘）

9. 束花蓝钟花 图 664：3-6

Cyananthus fasciculatus Marq. in Kew Bull. 1924: 247. 1924.

一年生草本，高达1米。茎近木质，多分枝，侧枝开展，无毛或疏生微柔毛。叶互生，稀疏，花下数枚聚集呈轮生状，心形或三角状卵形，长0.4-1.5厘米，无毛或仅有稀疏短微毛，全缘或微波状，先端圆钝，基部浅心形或楔形；叶柄长0.5-1厘米，无毛或生疏柔毛。花3-5集生于枝顶；花梗长2-4毫米，无毛；花萼筒状，下宽上窄，底部圆，长5-7毫米，疏生开展褐黄色长柔毛，裂片近线形，生睫毛；花冠淡蓝色，筒状钟形，长1.4-1.7厘米，内面近喉部生柔毛，裂片倒卵状长圆形，长约5毫米；子房约与萼筒等长，花柱伸出花冠筒。果成熟后超出花萼。种子椭圆状，两端尖。花期9-10月。

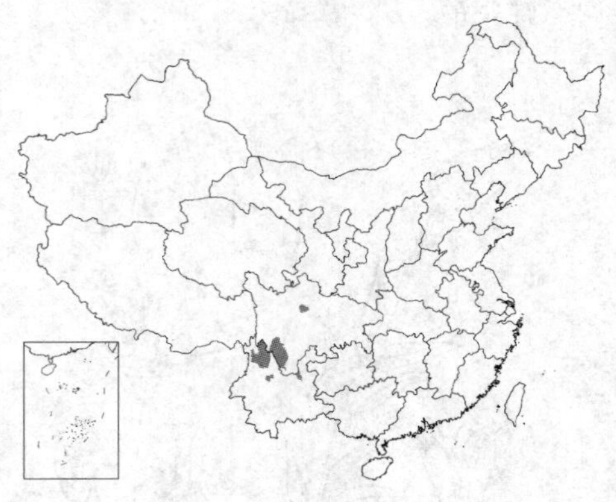

产云南西北部及北部、四川西南部及中北部，生于海拔2500-3400米山地林下、灌丛或草坡中。

10. 胀萼蓝钟花 图 666：1-4 彩片 150

Cyananthus inflatus Hook. f. et Thoms. in Journ. Linn. Soc. Bot. 2: 21. 1858.

一年生草本，高达80厘米。茎近木质，稀疏分枝，主茎明显，疏被柔毛。叶互生，稀疏，花下3或4枚聚集呈轮生状，菱形、卵状宽菱形或圆状菱形，长0.5-1.5厘米，全缘或有不明显钝齿，两面生柔毛，先端钝，基部圆或楔形；叶柄长2-6毫米。花通常单生于茎和分枝顶端；花梗长2-5毫米，被毛；花萼坛状，花后下部显著膨大，长0.8-1.2厘米，外面密生锈色柔毛，裂片5，披针状三角形，长为萼筒1/4-2/5，两面均生锈色柔毛；花冠淡蓝色，

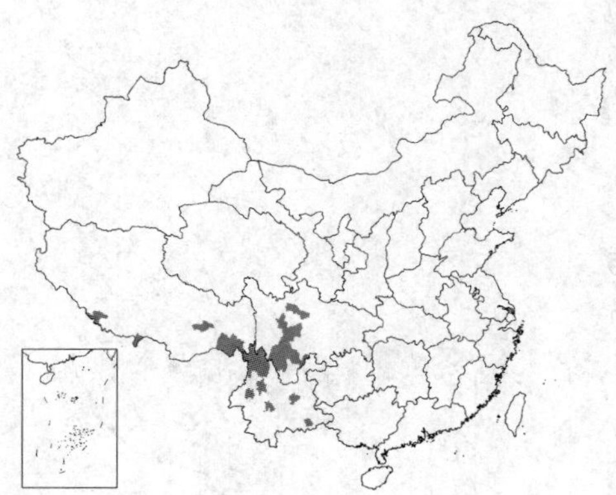

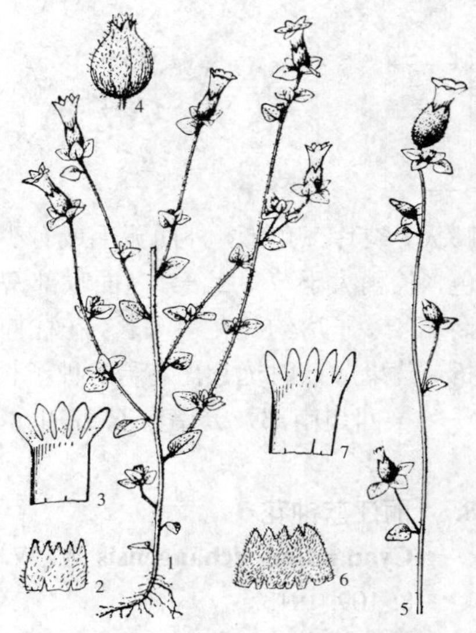
图 666：1-4. 胀萼蓝钟花 5-7. 短毛蓝钟花（吴彰桦绘）

筒状钟形，长约花萼的1倍，内面喉部密生柔毛，裂片5，倒卵状长圆形，长约花冠1/3；子房圆锥状，稍短于花萼，花柱伸达近花冠喉部。蒴果卵圆状，成熟后超出花萼，顶端5裂。种子棕红色，椭圆状，两端钝。花期8-9月。

产云南、四川、西藏东南部及南部，生于海拔1900-4900米山坡灌丛、草坡或草甸中。锡金、不丹、尼泊尔及印度有分布。

[附] **短毛蓝钟花** 图 666:5-7 **Cyananthus pseudo-inflatus** P.C.Tsoong in Contr. Inst. Bot. Nat. Acad. Peip. 3 (3): 109. 1935. 本种与胀萼蓝钟花在根、茎、叶和花等方面均很相似，区别在于：花萼密被短柔毛，裂片显著短，几为正三角形，长宽近相等；茎和叶两面均被短柔毛。产四川康定及西藏米林、错那、聂拉木，生于海拔3300-4100米林缘、灌丛或山坡草地。

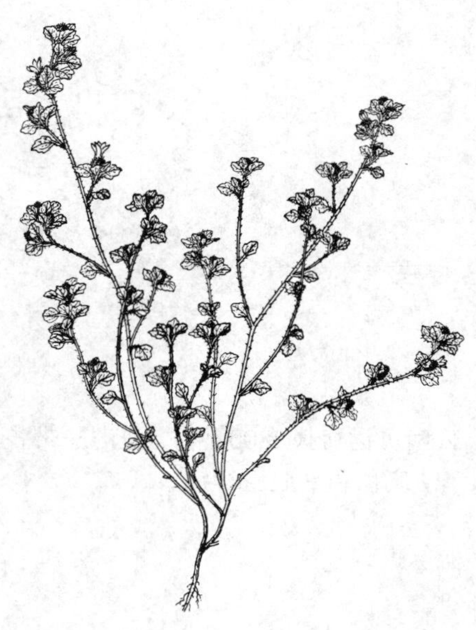

图 667 蓝钟花（冯晋庸绘）

11. 蓝钟花 图 667

Cyananthus hookeri Clarke. in Hook. f. Fl. Brit. Ind. 3: 435. 1881.

一年生矮小草本。茎通常数条丛生，近直立或上升，长3.5-20厘米，疏生开展的白色柔毛，基部生淡褐黄色柔毛或无毛，分枝长1.5-10厘米。叶互生，花下数枚常聚集呈总苞状，菱形、菱状三角形或卵形，长3-7毫米，先端钝，基部宽楔形，突然变窄成叶柄，边缘有少数钝齿，稀全缘，两面被疏柔毛。花单生茎和分枝顶端；几无梗；花萼卵圆状，长3-5毫米，外面密生淡褐黄色柔毛或无毛，裂片(3)4(5)，三角形，两面生柔毛，长为萼筒1/2-1/3；花冠紫蓝色，筒状，长0.7-1（1.5）厘米，内面喉部密生柔毛，裂片（3）4（5），倒卵状长圆形，先端生3或4根褐黄色柔毛；雄蕊4；花柱伸达花冠喉部以上，柱头4裂。蒴果卵圆形，成熟时露出花萼外。种子长卵圆形。花期8-9月。

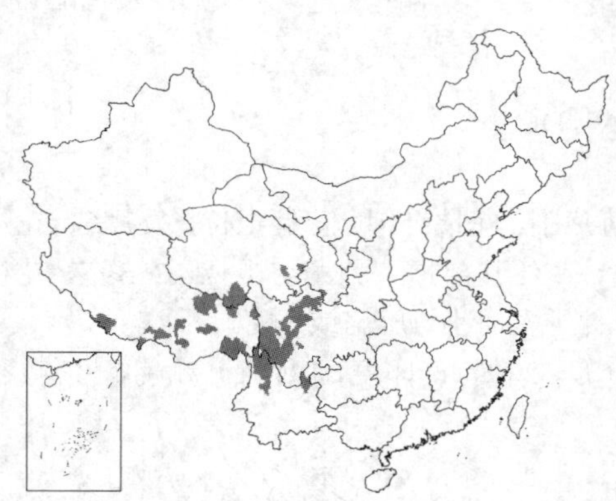

产西藏东部及南部、云南西北部及东北部、四川西部及北部、青海南部及东部、甘肃南部，生于海拔2700-4700米山坡草地、路旁或沟边。

2. 蓝花参属 Wahlenbergia Schrad. ex Roth

一年生或多年生草本，稀亚灌木。叶互生，稀对生。花与叶对生，集成疏散的圆锥花序。花萼贴生至子房顶端，3-5裂（国产种5裂）；花冠钟状，3-5浅裂，有时裂至近基部（国产种5裂过半）；雄蕊与花冠分离，花丝基部常扩大，花药长圆状；子房下位，2-5室，柱头2-5裂，裂片窄。蒴果2-5室，在宿存花萼以上的顶部部分2-5室背开裂（国产种3室3瓣裂）。种子多数。

约100种，主产南半球，几个种产热带，我国仅1种。

蓝花参 图 668

Wahlenbergia marginata (Thunb.). DC. Monogr. Camp. 143. 1830.

Campanula marginata Thunb. Fl. Jap. 89. 1784.

多年生草本，有白色乳汁。根细长，外面白色。茎自基部多分枝，直立或上升，长10-40厘米，无毛或下部疏生长硬毛。叶互生，无柄或具长至7毫米的短柄，常在茎下部密集，下部的匙形，倒披针形或椭圆形，上部的线状披针形或椭圆形，长1-3厘米，边缘波状或具疏锯齿，或全缘，无毛或疏生长硬毛。花梗长达15厘米；花萼无毛，萼筒倒卵状圆锥形，裂片三角状钻形；花冠钟状，蓝色，长5-8

毫米，分裂达2/3，裂片倒卵状长圆形。蒴果倒圆锥状或倒卵状圆锥形，有10条不明显肋，长5-7毫米。种子长圆状，光滑。花果期2-5月。

产江苏南部、安徽、浙江、台湾、江西、河南、陕西南部、湖北、湖南、海南、广西、贵州、云南、四川及青海南部，生于低海拔田边、路边和荒地中，有时生于山坡或沟边，在云南可达海拔2800地方。亚洲热带、亚热带地区广布。根药用，治小儿疳积，痰积和高血压等症。

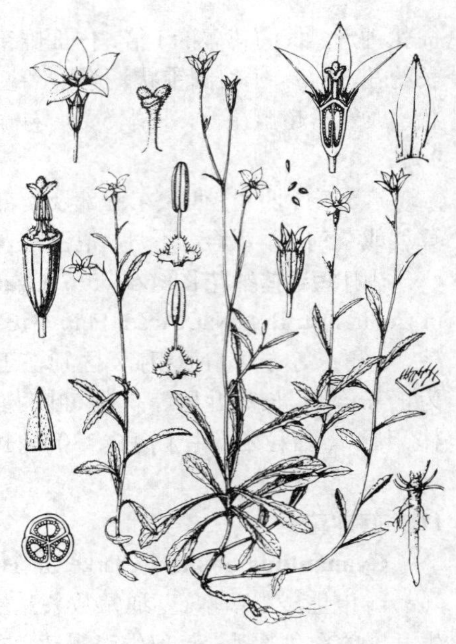

图 668 蓝花参（引自《Fl. Taiwan》）

3. 星花草属 Cephalostigma A. DC.

一年生草本。叶互生。花小，集成总状花序或圆锥花序，上部的苞片小，花梗纤细。花萼上位，裂片5；花冠深5裂，或近全裂为5枚花瓣状裂片，裂片线状披针形；雄蕊5，分离，花丝基部扩大；子房上位，2-3室，花柱细长，柱头2-3短裂。蒴果在宿存的花萼以上（以内）2-3室背瓣裂。种子多而小，压扁或3棱。

15种，1种产大洋洲南部，9种特产非洲，1种为东非和印度间断分布，2种特产印度，1种特产缅甸，另有1种间断分布于印度、泰国、印度尼西亚（爪哇）和我国云南。

星花草 图 669

Cephalostigma hookeri Clarke in Hook. f. Fl. Brit. Ind. 3: 429. 1881.

一年生草本，茎直立，高8-20厘米，疏生平展柔毛，两叉分枝，分枝向上。叶卵形，长约2.5厘米，两端钝，边缘具细小圆钝齿；具短柄。聚伞花序集成大而疏散的圆锥状花序，苞片小，花梗细长，长达2厘米。花小；花萼长仅1.5毫米，萼筒倒圆锥状，裂片三角形，长仅0.5毫米；花冠淡蓝色，5深裂，裂片星状散开，长椭圆形，长2-3毫米；雄蕊长1.5毫米；花柱几与花冠等长。蒴果近球状，径3毫米。种子宽椭圆状三棱形。花期11月。

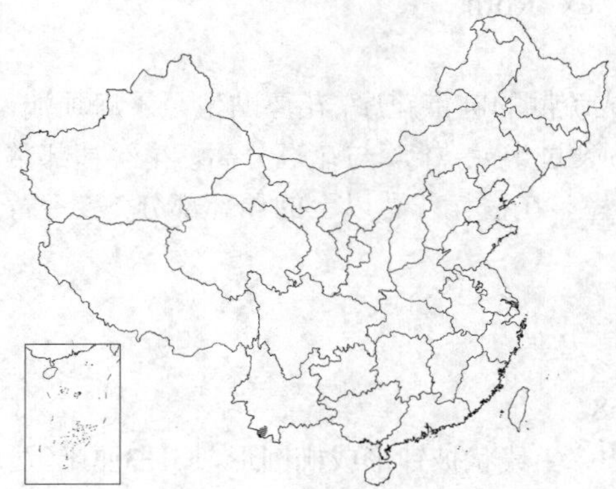

产云南南部勐海，生于海拔1360米湿润山谷斜坡无荫处。印度东部、泰国北部及印度尼西亚（爪哇）有分布。

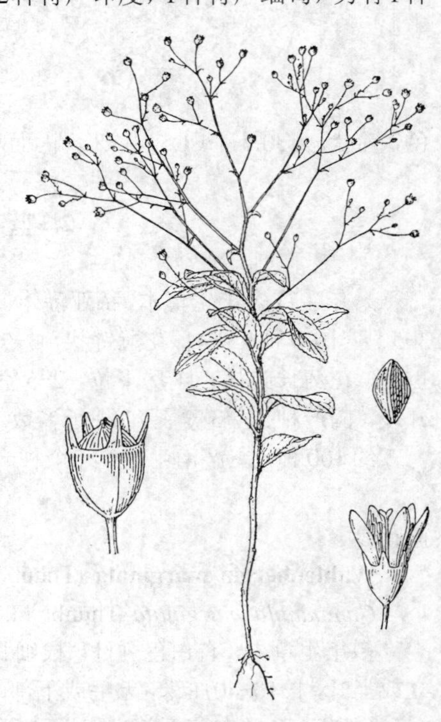

图 669 星花草（冯晋庸绘）

4. 党参属 Codonopsis Wall.

多年生草本，有乳汁。茎基常很短，有多数瘤状茎痕；根常肥大，呈圆柱状、圆锥状、纺锤状、块状卵圆形、球状或念珠状，肉质或木质。茎直立或缠绕、攀援、倾斜、上升或平卧。叶互生、对生、簇生或假轮生。花单生主茎与侧枝顶端，与叶柄相对，较少生于叶腋，有时呈花葶状。花萼5裂，萼筒与子房贴生，贴生至子房下部、中部或顶端，常有10条明显辐射脉；花冠上位，红紫、蓝紫、蓝白、黄绿或绿色，常有明显脉或晕斑，宽钟状、钟状、漏斗状、管状钟形或管状，5浅裂或5全裂而呈辐状；雄蕊5，花丝基部常扩大，无毛或被毛，花药底着，直立，长圆形，药隔无毛或有刺毛；子房下位，通常3室，中轴胎座肉质，每室胚珠多数，花柱无毛或有毛，柱头通常3裂，较宽阔。果为蒴果，具宿存花萼裂片，下部半球状而上部常有尖喙，或下部长倒锥状而上部较短钝，成熟后先端室背3瓣裂。种子椭圆形、长圆形或卵圆形，无翼或有翼，光滑或稍显网纹；胚直而富于胚乳。

全属40多种，分布于亚洲东部和中部。我国约39种。本属绝大多数种类的根部都具有药用价值，在目前临床应用中，无论是各种党参、珠子参还是鸡蛋参等，皆有不同程度的补脾、生津、催乳、祛痰、止咳、止血、益气、固脱等功效，以及增加血色素、红血球、白血球，收缩子宫，与抑制心动过速等作用。

1. 花冠多为宽钟状、管状钟形或管状，5浅裂；蒴果下半部近于半球状，上位部分长而较尖；根多较细长，常呈胡萝卜状或纺锤状(仅雀斑党参为块状)。
 2. 茎缠绕，不为直立，亦非花葶状或攀援状。
  3. 叶3-4枚簇生于短侧枝末端呈假轮生状。
   4. 根通常纺锤状；种子有翼，无光泽 ………………………… 1. 羊乳 **C. lanceolata**
   4. 根通常块状；种子无翼，有光泽 ………………………… 1(附). 雀斑党参 **C. ussuriensis**
  3. 叶互生或对生。
   5. 花萼裂片边缘具齿；叶通常三角状卵形或宽卵形，有粗钝大齿 ………………… 6. 三角叶党参 **C. deltoides**
   5. 花萼裂片全缘；叶通常非三角状卵形，全缘或具浅齿。
    6. 茎下部的叶基部深心形至浅心形，稀平截或圆钝。
     7. 花萼贴生至子房中部，裂片间湾缺尖窄。
      8. 花较大，花冠径1.7厘米以上，长在1.5厘米以上，通常较花萼裂片为长。
       9. 叶明显被毛，幼嫩时上面被毛更多。
        10. 叶较大，长达6.5厘米，宽达5厘米；花冠径在2厘米以上 ………………… 2. 党参 **C. pilosula**
        10. 叶较小，长4.5厘米，宽2.5厘米以下；花冠径在2厘米以下 ………………………………………… 2(附). 闪毛党参 **C. pilosula** var. **handeliana**
       9. 叶近无毛，或幼时上面有疏毛 ………………… 2(附). 素花党参 **C. pilosula** var. **modesta**
      8. 花较小，花冠径1.5厘米以下，长约8毫米，通常较花萼裂片为短或近相等 ………………………………………… 3. 小花党参 **C. micrantha**
     7. 花萼贴生至子房顶端，裂片间湾缺宽钝。
      11. 叶长宽皆在3厘米以下；花萼有刺毛，裂片卵圆形或菱状卵形，有锯齿及刺毛；花冠球状钟形，黄色而顶端带深红紫色 ………………………… 4. 球花党参 **C. subglobosa**
      11. 叶长宽皆远在3厘米以上；花萼筒部微被毛，裂片窄长圆形或披针形，近全缘，无刺毛；花冠宽钟状，黄绿色而有紫斑 ………………………… 4(附). 大叶党参 **C. affinis**
    6. 茎下部的叶基部楔形或较圆钝，稀心形 ………………………… 5. 川党参 **C. tangshen**
 2. 茎不缠绕，通常直立，花葶状，稀攀援或蔓生状。
  12. 茎不分枝或分枝，但茎下部无多数形状如长羽状复叶而常不育的分枝。
   13. 花冠管状；花丝有毛；茎多攀援状或蔓生状。

14. 叶柄较短，长1-5毫米；花萼裂片宽卵形，长1.2厘米，长不及花冠长度的一半 ······ 7. **管花党参 C. tubulosa**

14. 叶轴较长，长1-6厘米；花萼裂片卵形或三角状卵形，长1.3-2（2.5）厘米，通常超过花冠长度的一半 ······ 8. **大萼党参 C. macrocalyx**

13. 花冠宽钟形；花丝无毛；茎多直立或花葶状，稀蔓生状。

15. 主茎上叶均匀分布，不呈花葶状。

16. 叶对生或顶端的有时互生；全体无毛 ······ 10. **紫花党参 C. purpurea**

16. 叶互生；植株多少被毛 ······ 10(附). **藏南党参 C. subsimplex**

15. 主茎呈花葶状，叶多聚集于茎下部 ······ 9. **抽葶党参 C. subscaposa**

12. 主茎基部有多数状如羽状复叶而常不育的分枝，主茎直立或上升。

17. 叶脉不明晰，叶缘不反卷。

18. 花冠长管状或管状钟形 ······ 11(附). **管钟党参 C. bulleyana**

18. 花冠宽钟形或球状钟形。

19. 茎分枝较少，近草质；植株疏被毛；花萼外面无毛或仅裂片疏生短毛；花冠长2- 4.5厘米；叶通常较大，长1-2.8（-5.2）厘米。

20. 主茎上常具多花；花萼裂片长1.5-2厘米，仅顶端被短毛；叶卵形、卵状长圆形、宽披针形或披针形，长1-2.8（-5.2）厘米 ······ 11. **新疆党参 C. clematidea**

20. 主茎上仅单花，稀具多花；花萼裂片长0.7-1.2厘米，或较大而常卷叠，被白色柔毛；叶宽心状卵形、心形或卵形，长1-1.5厘米 ······ 12. **脉花党参 C. nervosa**

19. 茎分枝多，近木质；植株密被白色柔毛，使植株呈灰色；花冠长1.5-1.8厘米；叶较小，长1.5厘米以下 ······ 13. **灰毛党参 C. canescens**

17. 叶脉突出明显，边缘向下面翻卷成厚的叶缘。

21. 叶近全缘；花各部无毛。

22. 叶较大，长宽可达3.2×2.6厘米，两面无毛；花冠淡蓝色，内有红褐色斑点 ··· 14. **光叶党参 C. cardiophylla**

22. 叶较小，长宽不过1.8×1.5厘米，至少下面疏生短毛；花冠紫绿色，有紫色脉纹 ······ 14(附). **高山党参 C. alpina**

21. 叶具波状钝齿；花有些部分多少被毛。

23. 花大，径2.5厘米以上，深红紫色，基部黄色。

24. 花萼外面无毛；花冠内无毛 ······ 15. **二色党参 C. bicolor**

24. 花萼外面脉上有密粗毛；花冠内有毛 ······ 15(附). **秦岭党参 C. tsinlingensis**

23. 花小，径2厘米以下，黄绿色，近基部微带紫色。

25. 花萼裂片较大，长1.2-1.5厘米，宽6-7毫米，其间湾缺尖窄 ······ 16. **绿花党参 C. viridiflora**

25. 花萼裂片较小，长5-7毫米，宽2-3毫米，其间湾缺宽钝 ······ 16(附). **绿钟党参 C. chlorocodon**

1. 花冠多为全裂，裂片辐状，稀钟状而深裂；蒴果下位部分为倒长圆锥状，而上位部分则较短而平钝；根多较粗短，常呈块状、卵圆状或球状。

26. 叶纸质，全缘，如有齿则叶具长柄。

27. 叶一般均匀分布；茎通常较长，在1米以上，缠绕。

28. 叶较狭窄，宽0.4-1.5厘米，全缘；花较小，花冠裂片长在2厘米以下 ······ 17. **鸡蛋参 C. convolvulacea**

28. 叶宽超过1.5厘米，全缘或有齿；花大，花冠裂片长2-3厘米 ······ 17(附). **珠子参 C. convolvulacea** var. **forrestii**

27. 叶聚生于茎下部；茎较短，常在1米以下，直立或仅顶端缠绕 ······ 17(附). **松叶鸡蛋参 C. convolvulacea** var. **pinifolia**

26. 叶膜质，叶缘明显具稀疏锯齿 ······ 17(附). **薄叶鸡蛋参 C. convolvulacea** var. **vinciflora**

1. 羊乳 图 670:1-4 彩片 151

Codonopsis lanceolata (Sieb. et Zucc.) Trautv. in Acta Hort. Petrop. 6: 46. 1879.

Campanumoea lanceolata Sieb. et Zucc. Fl. Jap. 1: 174. t. 91. 1835.

植株全体光滑无毛，稀茎叶疏生柔毛。茎基近圆锥状或圆柱状，根常肥大呈纺锤状，长约10-20厘米，表面灰黄色，近上部有稀疏环纹，而下部则疏生横长孔。茎缠绕，长约1米，常有多数短细分枝，黄绿而微带紫色。叶在主茎上的互生，披针形或菱状窄卵形，长0.8-1.4厘米；在小枝顶端通常2-4叶簇生，而近对生或轮生状，菱状卵形、窄卵形或椭圆形，长3-10厘米，先端尖或钝，基部渐窄，通常全缘或有疏波状锯齿，叶柄长1-5毫米。花单生或对生于小枝顶端；花梗长1-9厘米；花萼贴生至子房中部，萼筒半球状，裂片卵状三角形，长1.3-3厘米，全缘；花冠宽钟状，长2-4厘米，径2-3.5厘米，浅裂，裂片三角状，反卷，长约0.5-1厘米，黄绿或乳白色内有紫色斑；花丝钻状，基部微扩大；花盘肉质；子房下位。蒴果下部半球状，上部有喙，径2-2.5厘米。种子多数，卵圆形，有翼。花果期7-8月。

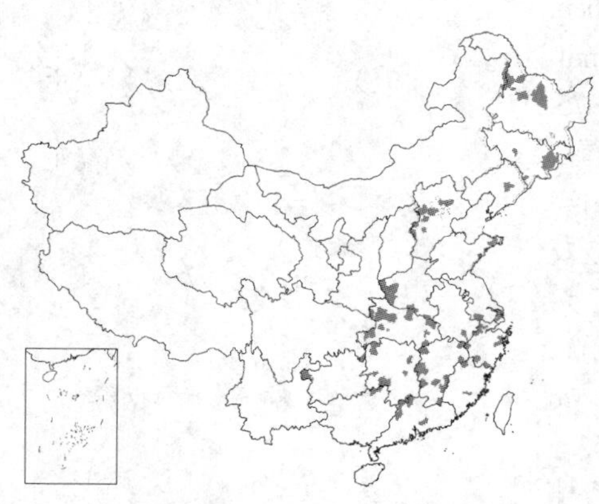

产黑龙江、吉林、辽宁、河北、山东、山西、河南、安徽南部、江苏南部、浙江、福建、江西、湖北、湖南、广东、广西东北部及贵州，生于山地灌木林下沟边阴湿地区或阔叶林内。俄罗斯远东地区、朝鲜半岛及日本有分布。

图 670：1-4. 羊乳 5-7. 雀斑党参
（张桂芝绘）

[附] 雀斑党参 图 670: 5-7 **Codonopsis ussuriensis** (Rupr. et Maxim.) Hemsl. in Journ. Linn. Soc. Bot. 26: 6. 1889.——*Glossocomia ussuriensis* Rupr. et Maxim. in Bull. Acad. Imp. Sci. St. Pétersb. 15: 209. 1857. 本种与羊乳的主要区别：花冠暗紫或污紫色，内面有明显的暗带或黑斑；根常块状；种子无翼，有光泽。花期7-8月。产黑龙江及吉林，生于海拔800米左右的山谷或水浸草地，特别是砂质土壤上。俄罗斯远东地区、朝鲜半岛及日本有分布。

2. 党参 图 671 彩片 152

Codonopsis pilosula (Franch.) Nannf. in Acta Hort. Goth. 5: 29. 1929.

Campanumoea pilosula Franch. Pl. David. 1: 192. 1884.

根常肥大呈纺锤状或纺锤状圆柱形，较少分枝或中下部稍有分枝，长15-30厘米，表面灰黄色，上端5-10厘米部分有细密环纹，而下部则疏生横长皮孔，肉质。茎缠绕，长约1-2米，有多数分枝，侧枝15-50厘米，小枝1-5厘米，具叶，不育或先端着花，无毛。叶在主茎及侧枝上的互生，在小枝上的近对生，卵形或窄卵形，长1-6.5厘米，宽0.8-5厘米，端钝或微尖，基部近心形，边缘具波状钝锯齿，分枝上叶渐趋狭窄，基部圆或楔形，上面绿色，下面灰绿色，两面疏或密地被贴伏长硬毛或柔毛，稀无毛；叶柄长0.5-2.5厘米，有疏短刺毛。花单生枝端，与叶柄互生或近对生，有梗。花萼贴生至子房中部，萼筒半球状，裂片宽披针形或窄长圆形，长1.4-1.8厘米，微波状或近全缘；花冠上位，宽钟状，长约2-2.3厘米，径1.8-2.5厘米，黄绿色，内面有明显紫斑，浅裂，裂片正三角形，全缘；花丝基部微扩大；柱头有白色刺毛。蒴果下部半球状，上部短圆锥状。种子卵圆形，无翼。花果期7-10月。

产黑龙江、吉林、辽宁、内蒙古、河北、河南、山西、陕西南部、甘肃东部、宁夏、青海东部、西藏东部、云南东北部、四川、湖北及湖南。

[附] 闪毛党参 **Codonopsis pilosula** var. **handeliana** (Nannf.) L. T. Shen, Fl. Republ. Popul. Sin. 73 (2): 41. 1983.—— *Codonopsis handeliana* Nannf. in Hand.-Mazz. Symb. Sin. 7(4): 1078. 1936; 中国高等植物图鉴 4: 774. 1975. 与模式变种的主要区别：叶较小，长1-4.5厘米，宽0.8-2.5厘米；花冠径在2厘米以下；花萼裂片长1.5-2厘米，几与花冠等长；叶上面常有闪亮的长硬毛。产四川西南部及云南西北部，生于海拔2300-3600米山地草坡及灌丛中。

[附] 素花党参 无毛党参 **Codonopsis pilosula** var. **modesta** (Nannf.) L. T. Shen, Fl. Republ. Popul. Sin. 73 (2): 41. 1983.—— *Codonopsis modesta* Nannf. in Acta Hort. Gothob. 5: 26. 1929; 中国高等植物图鉴 4: 378. 1975.—— *Codonopsis pilosula* var. *glaberrima* (Nannf.) P. C. Tsoong, 中国高等植物图鉴 4: 774. 1975. 与模式变种的主要区别：全体近光滑无毛；花萼裂片较小，长约1厘米。产山西、陕西南部、甘肃、青海及四川西北部，生于海拔1500-3200米山地林下、林边或灌丛中。

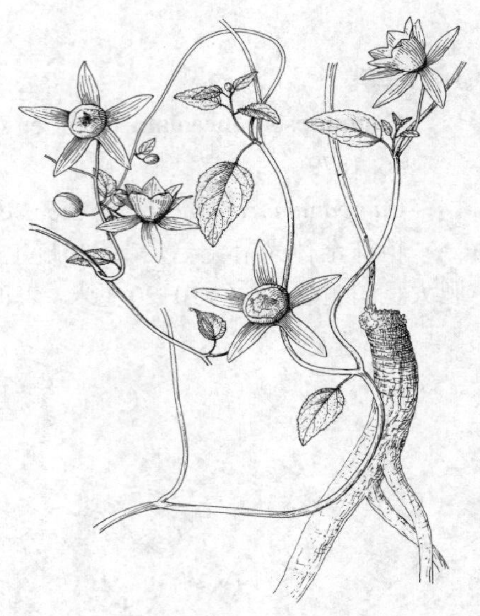

图 671 党参
（引自《江苏南部种子植物手册》）

3. 小花党参 图 672

Codonopsis micrantha Chipp in Journ. Linn. Soc. Bot. 38: 382. 1908.

茎叶疏生柔毛或近无毛。茎基长约10厘米，有多数瘤状茎痕；根长圆柱状，弯曲，一般较少分枝，长20-30厘米，表面灰黄色，疏生横长皮孔，断面黄白色，肉质。茎缠绕，长约1米，有分枝。叶对生或互生，卵形或宽卵形，长2-5.5厘米，先端钝或急尖，基部深心形，叶耳稍内弯，湾缺宽钝或略近方形，具浅钝圆锯齿；叶柄长2-5厘米。花腋生；花梗长1-2厘米，无毛；花萼仅贴生至子房中部，萼筒半球状，裂片三角形，长1-1.4厘米，无毛或微有缘毛，湾缺尖窄；花冠钟状，长约8毫米，径7-9毫米，白色，无毛或具缘毛，5裂几近中部，裂片三角形；花丝基部微扩大；子房下位。蒴果下部半扁球状，上部圆锥状并有尖喙，径约1厘米。种子卵状，微扁，具短尾。花果期7-10月。

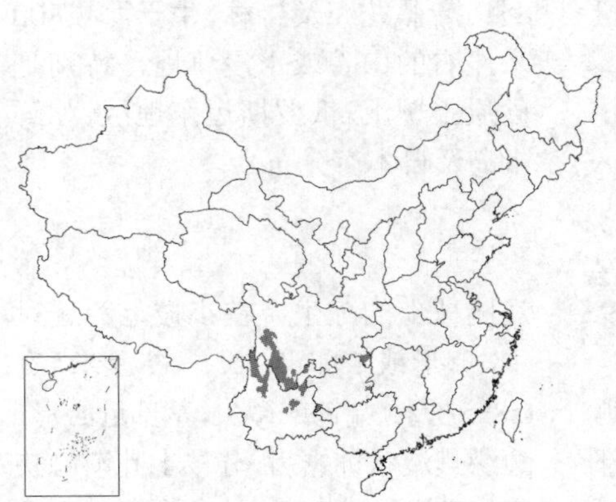

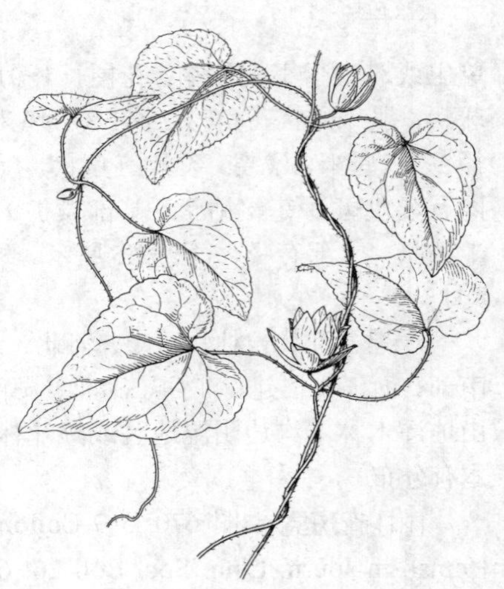

图 672 小花党参（冯晋庸绘）

产云南、四川西南部及东南部、贵州西南部及东南部，生于海拔1950-2600米山地灌丛或阳山坡林下草丛中。

4. 球花党参 图 673

Codonopsis subglobosa W. W. Smith in Notes Roy. Bot. Gard. Edinb. 8: 108. 1913.

有淡黄色乳汁及较强烈特殊臭味。茎基具多数细小茎痕；根常肥

大，呈纺锤状、圆锥状或圆柱状而较少分枝，长30-50厘米，表面灰黄色，近上部有细密环纹，而下部则疏生横长皮孔，径小于3厘米以下的为肉质，再增粗则渐趋于木质。茎缠绕，长约2米，有多数分枝，疏生白色刺毛。叶在主茎及侧枝上的互生，在小枝上的近对生，宽卵形、卵形或窄卵形，长0.5-3厘米，宽0.5-2.5厘米，上面有短伏毛，下面叶脉明显突出，并沿网上疏生短糙毛；叶柄短，长0.5-2厘米，有白色疏刺毛。花单生小枝顶端或与叶柄对生；花梗被刺毛；花萼贴生至子房顶端，萼筒半球状，有10条明显辐射脉，脉上疏生白色刺毛，裂片彼此远隔，近圆形或菱状卵形，长0.9-1.3厘米，脉明显，细齿缘，两侧常微反卷，背面被白色刺毛；花冠上位，球状宽钟形，长约2厘米，径2-2.5厘米，淡黄绿色而先端带深红紫色，外侧先端有刺毛浅裂，裂片宽三角形；花丝基部微扩大。蒴果下部半球状，上部圆锥状或有尖喙。种子椭圆形或卵圆形，无翼。花果期7-10月。

产云南西北部、四川西部及西藏东南部，生于海拔2500-3500米山地草坡多石砾处或沟边灌丛中。

[附] **大叶党参 Codonopsis affinis** Hook. f. et Thoms. in Journ. Linn. Soc. Bot. 2: 12. 1858. 本种与球花党参的主要区别：本种叶卵形或卵状长圆形，长2.5-15厘米，宽1-9厘米；花萼有10条不明显的辐射脉；花冠宽钟形，中下部黄绿色，上部紫红色。花果期7-10月。产西藏南部聂拉木，生于海拔2300-3200米山地林下。印度、尼泊尔及锡金有分布。

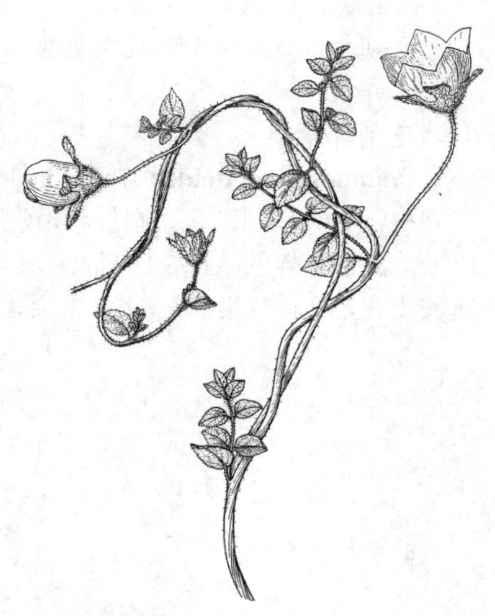

图 673 球花党参（冯晋庸绘）

5. 川党参 图 674 彩片 153

Codonopsis tangshen Oliv. in Hook. Icon. Pl. 20: t. 1966. 1891.

植株除叶两面密被微柔毛外，全体几近于光滑无毛。根常肥大呈纺锤状圆柱形，较少分枝或中下部稍有分枝，长15-30厘米，表面灰黄色，上端1-2厘米部分有稀或较密的环纹，而下部则疏生横长皮孔，肉质。茎缠绕，长可达3米，有多数分枝，侧枝长15-50厘米，小枝长1-5厘米，具叶，不育或顶端着花。叶在主茎及侧枝上的互生，在小枝上的近对生，卵形、窄卵形或披针形，长2-8厘米；叶柄长0.7-2.4厘米。花单生枝端，与叶柄互生或近对生；花有梗；花萼几完全不贴生于子房，近全裂，裂片长圆状披针形，长1.4-1.7厘米；花冠上位，钟状，长约1.5-2厘米，径2.5-3厘米，淡黄绿色而内有紫斑，浅裂，裂片近正三角形；花丝基部微扩大；子房下位，径0.5-1.4厘米。蒴果下部近球状，上部短圆锥状，径2-2.5厘米。种子椭圆形，无

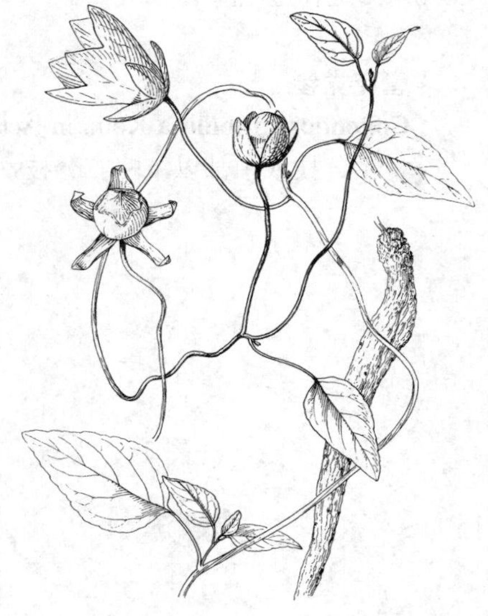

图 674 川党参（冯晋庸绘）

翼。花果期7-10月。

产湖北、湖南西北部及西南部、四川、陕西南部及甘肃南部，生于海拔900-2300米山地林边灌丛中，现已大量栽培。

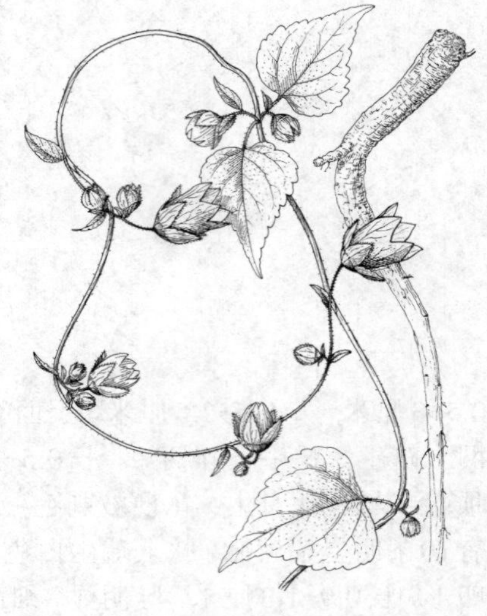

图 675 三角叶党参（冯晋庸绘）

6. 三角叶党参 图 675

Codonopsis deltoidea Chipp in Journ. Linn. Soc. Bot. 38: 3 87. 1908.

根常肥大呈圆锥状或圆柱状，较少分枝或中部以下稍有分枝，长15-30厘米，表面灰黄色，上端1-2厘米部分有较稀或密的环纹，而下部则疏生横长皮孔，肉质。茎缠绕，长1米余，主茎明显，侧枝及小枝皆极短小，长皆不超过5厘米，具叶，不育或顶端着花，表面疏生柔毛或渐变无毛。叶互生或对生，三角状卵形或宽卵形，在小枝上的为卵形或窄卵形，长3-9.5厘米，边缘具粗钝锯齿，两面疏生短柔毛或刺毛，叶柄长0.2-8厘米，被柔毛或刺毛。花单生主茎、侧枝或小枝顶端，有时集成聚伞花序；花梗长不过2厘米，被柔毛；花萼贴生至子房中部，萼筒半球状，无毛，裂片卵形，长约1.2厘米，先端急尖，边缘有齿，常具缘毛；花冠钟状，长约2.5厘米，淡黄绿色而有紫色脉纹，浅裂，裂片三角形；花丝基部微扩大。蒴果下部近半球状，上部短圆锥状。种子卵圆形，无翼。花果期7-10月。

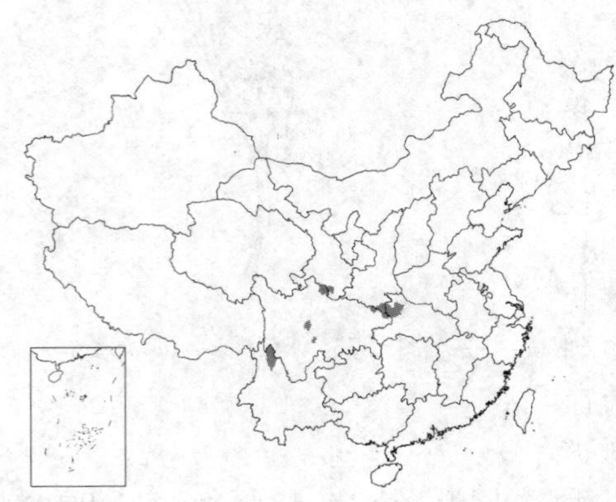

产甘肃南部、陕西南部、湖北西部、四川及云南西北部，生于海拔1800-2800米山地林边或灌丛中。

7. 管花党参 图 676

Codonopsis tubulosa Kom. in Acta Hort. Petrop. 29: 112. t. 2. f. 3. 1908.

根不分枝或中部以下略有分枝，长10-20厘米，灰黄色，上部有稀疏环纹，下部则疏生横长皮孔。茎蔓生，长约50-75厘米，主茎明显，有分枝，侧枝及小枝具叶，不育或顶端着花，近无毛或疏生短柔毛。叶对生或在茎顶部趋于互生；卵形、卵状披针形或窄卵形，长达8厘米，上面疏生短柔毛，下面常被或密或疏的短柔毛；叶柄极短，长1-5毫米，被柔毛。花顶生；花梗短，长1-6厘米，被柔毛；花萼贴生至子房中部，筒部半球状，密被长柔毛，裂片宽卵形，边缘有波状疏齿，内侧无毛，外侧疏生柔毛及缘毛，长约1.2厘米；花冠管状，长2-3.5厘米，黄绿色，全部近光滑无毛，浅裂，裂片三角形；花丝被毛，基部微扩大，花药龙骨状。蒴果下部半球状，上部圆锥状。种子卵状，无翼。花果期7-10月。

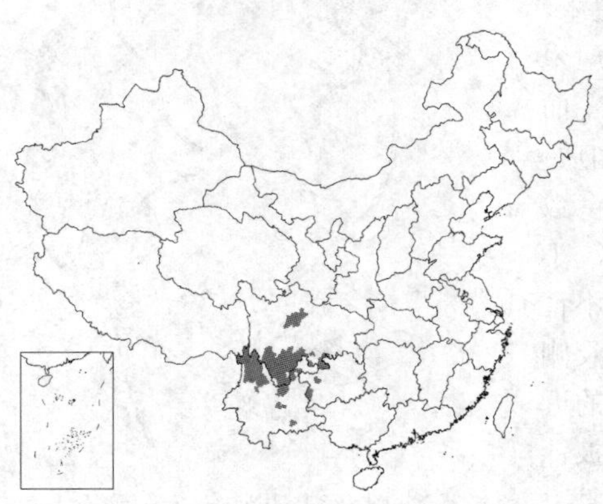

图 676 管花党参（冯晋庸绘）

产贵州西部及西北部、云南及四川，生于海拔1900-3000米山地灌木林下或草丛中。缅甸北部有分布。

8.　大萼党参　　图 677

Codonopsis macrocalyx Diels in Notes Roy. Bot. Gard. Edinb. 5: 170. 1912.

茎基具多数瘤状茎痕；根常肥大呈圆锥状或圆柱状，较少分枝，长20-30厘米，表面灰黄色，上部有稀疏环纹，下部则疏生横长皮孔。茎直立，攀援状或蔓生，长达1-2米，主茎明显分枝，侧枝及小枝具叶，不育或顶端着花，疏生短柔毛。叶互生或在侧枝上近对生；宽卵形、三角状卵形、卵形或卵状披针形，长3-9厘米，不规则羽状深裂至浅裂或边缘具粗钝锯齿、浅波状锯齿或偶近全缘，上面疏生短柔毛，下面被密或疏的短柔毛；叶柄长1-6厘米，被疏柔毛。花顶生；花梗长，疏生柔毛；花萼贴生至子房中部，萼筒具10条明显辐射脉，裂片卵形或三角形状卵形，长1.3-2（2.5）厘米，边缘有波状疏锯齿及缘毛；花冠管状，长2-4厘米，黄绿色，基部微带褐红色，无毛，浅裂，裂片三角形；雄蕊被柔毛，花丝基部微扩大。种子卵状，无翼。花果期7-10月。

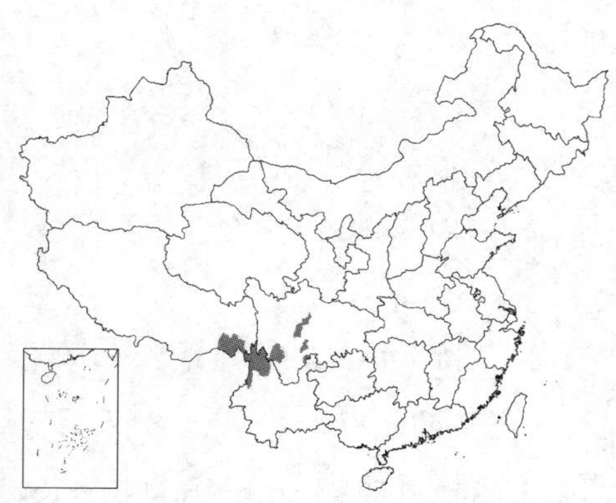

产云南西北部、四川及西藏东南部，生于海拔2800-3700米山地草坡、沟边、林边或灌丛中。缅甸北部有分布。

图 677　大萼党参（冯晋庸绘）

9.　抽葶党参　　图 678

Codonopsis subscaposa Kom. in Acta Hort. Petrop. 29: 114. 1908.

茎基具多数瘤状茎痕；根常肥大呈圆锥状，较少分枝，长15-20厘米，表面灰黄色，上端1-2厘米部分有稀疏环纹，下部则疏生横长皮孔。茎直立，单一或下端叶腋处有短细分枝，长0.4-1米。叶在主茎上的互生，在侧枝上的对生，多聚集于茎下部，至上端则渐稀疏而窄小，并过渡为线状苞片；叶柄长2-10厘米，疏生柔毛；叶卵形、长椭圆形或披针形，长2-13厘米，上面被疏短柔毛，下面近无毛或脉上疏生柔毛。花顶生或腋生，常1-4朵着生茎顶端，呈花葶状；花具长梗；花萼贴生至子房中部，萼筒半球状，具10条明显辐射脉，疏生柔毛，裂片短三角形，长5-7毫米，微波状或近全缘，无毛；花冠宽钟状，5裂近中部，长1.5-3厘米，径2-4厘米，黄色而有网状红紫色脉或红紫色而有黄色斑点，内外无毛或裂片顶端略有疏柔毛；雄蕊无毛，花丝基部微扩大。蒴果下部半球状，上部圆锥状。种子卵状，无翼。花果期7-10月。

图 678　抽葶党参（冯晋庸绘）

产四川西部、云南西北部及中部，生于海拔2500-4200米山地草坡或疏林中。

10. 紫花党参

图 679

Codonopsis purpurea Wall. in Roxb. Fl. Ind. ed. Carey, 2: 105. 1824.

植株全体无毛。根常肥大呈纺锤状或圆锥状。茎蔓生或近攀援状，较少分枝，长30-50厘米，表面光滑无毛。叶对生或顶端有时互生，不呈花葶状；叶柄短，长1-7毫米；叶长椭圆形、卵形或卵状披针形，边缘微波状或近全缘，长4-9厘米。花顶生或与顶端叶片相对生。花萼贴生至子房顶端，萼筒半球状，裂片三角状卵形，全缘，长1-2厘米；花冠宽钟状或漏斗状钟形，长2-3厘米，径3-4厘米，暗红紫色，脉纹明显，5裂几近中部，裂片三角形；花丝基部微扩大。蒴果下部半球状，上部短锥状，径1.5-2厘米，裂瓣长5-8毫米。种子长圆状，有窄翼。花果期9-10月。

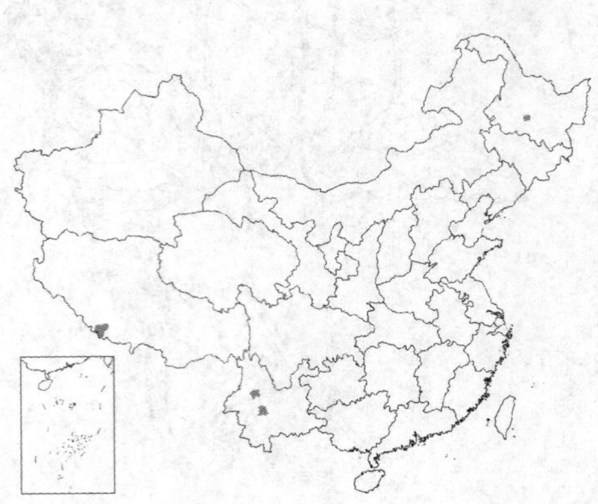

图 679 紫花党参（孙英宝绘）

产云南及西藏南部，生于海拔2000-3300米山地草丛及灌丛中或附生于林内树干上。印度东北部及尼泊尔有分布。

[附]藏南党参 **Codonopsis subsimplex** Hook. f. et Thoms. in Journ. Linn. Soc. Bot. 2: 16. 1858. 与紫花党参的主要区别：茎直立或上升，长35-60厘米，径2-3毫米；叶互生，叶柄较长，长0.5-1.3厘米；花冠较小，长不超过2厘米。花期7-8月，果期9-10月。产西藏南部及云南中西部，生于海拔约3100米山地林下或灌丛中。尼泊尔、印度北部及锡金有分布。

11. 新疆党参

图 680 彩片 154

Codonopsis clematidea (Schrenk) Clarke in Hook. f. Fl. Brit. Ind. 3: 433. 1881.

Wahlenbergia clematidea Schrenk, Enum. Pl. Nov. Songar. 1: 38. 1841.

茎基具多数细小茎痕，粗壮。根常肥大呈纺锤状圆柱形而较少分枝，长可达25-45厘米，径达1-3厘米，表面灰黄色，近上部有细密环纹，下部则疏生横长皮孔。茎1至数支，直立或上升，或略近于蔓状，基部有较多而上部有较少分枝，高达0.5-1米。主茎上的叶小而互生，分枝上的叶对生，叶卵形、卵状长圆形、宽披针形或披针形，长1-2.8（-5.2）厘米，密被短柔毛；柄长达2.5厘米，微被短刺毛。花单生于茎及分枝顶端；花梗长，疏生短小的白色硬毛；花萼贴生至子房中部，萼筒半球状，具10条明显辐射脉，有白粉，无毛或微被白色硬毛；裂片卵形、椭圆形或卵状披针形，全缘，长约1.5-2厘米，蓝灰色，无毛或顶端微具短柔毛；花冠宽钟状，长约2.8厘米，淡蓝色而具深蓝色花脉，内部常有紫斑，无毛；雄蕊无毛，花丝基部微扩大。蒴果下部半球状，上部圆锥状，整个轮廓近卵状，宿存花萼裂片极度长大，并向外反卷。种子窄椭圆状，无翼。花果期7-10月。

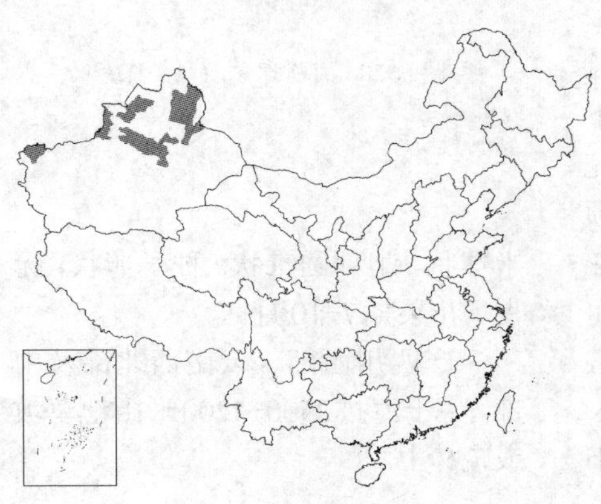

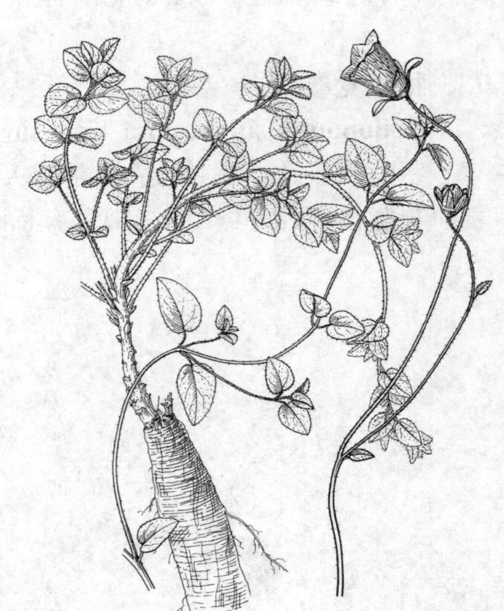

图 680 新疆党参（冯晋庸绘）

产新疆北部及西北部，生于海拔1700-2500米山地林中、河谷或山溪附近。印度、巴基斯坦、阿富汗及中亚地区有分布。

[附] **管钟党参** 彩片 155 **Codonopsis bulleyana** Forrest ex Diels in Notes Roy. Bot. Gard. Edinb. 5: 171. 1912. 与新疆党参的主要区别：茎基具少数瘤状茎痕，根长约15厘米，径约5毫米；花冠管状钟形或长管状，长2.2-2.8厘米。花果期7-10月。产云南西北部、四川西南部及西藏东南部，生于海拔3300-4200米山地草坡或灌丛中。

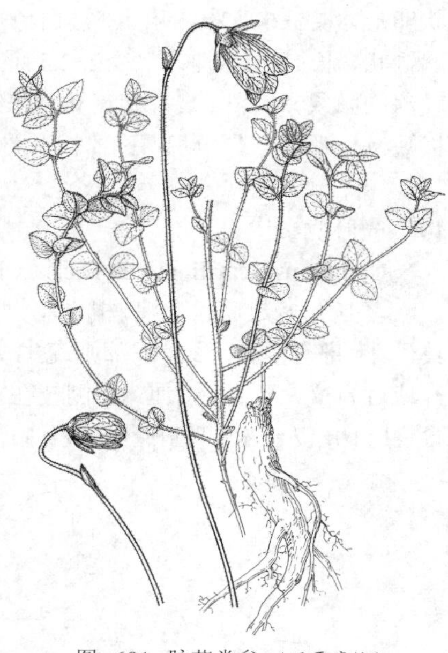

图 681 脉花党参 （冯晋庸绘）

12. 脉花党参 图 681 彩片 156

Codonopsis nervosa (Chipp) Nannf. in Acta Hort. Gothob. 5: pl. 13. f.b. 1929.

Codonopsis ovata Benth. var. *nervosa* Chipp in Journ. Linn. Soc. Bot. 38: 385. 1908.

茎基具多数瘤状茎痕；根常肥大，呈圆柱状，长15-25厘米，表面灰黄色，近上部有少数环纹，下部则疏生横长皮孔。主茎直立或上升，能育，长20-30厘米，疏生白色柔毛；侧枝集生于主茎下部，具叶，通常不育，长1-10厘米，密被白色柔毛。叶在主茎上的互生，在茎上部渐疏呈苞片状，在侧枝上的近对生；叶柄短，长约2-3毫米，被白色柔毛；叶宽心状卵形、心形或卵形，长1-1.5厘米，上面被较密，而下面被较疏的平伏白色柔毛。花单朵，极稀数朵，着生茎顶端，使茎呈花葶状，花微下垂；花梗长1-8厘米，被毛；花萼贴生至子房中部，萼筒半球状，具10条明显辐射脉，无毛或有极稀的白色柔毛，裂片卵状披针形，长0.7-1.2厘米，或较大而常卷叠，被白色柔毛；花冠球状钟形，淡蓝白色，内面基部常有红紫色斑，长约2-4.5厘米，浅裂，裂片圆三角形，外侧顶端及脉上被柔毛；雄蕊无毛，花丝基部微扩大。蒴果下部半球状，上部圆锥状。种子椭圆状，无翼。花期7-10月。

产甘肃南部、青海东南部及南部、四川西部、云南西北部及西藏东部，生于海拔3300-4500米阴坡林缘草地。

13. 灰毛党参 图 682 彩片 157

Codonopsis canescens Nannf. in Svensk. Bot. Tidskr. 34: 385. 1940.

茎基具多数细小茎痕，较粗长而直立，根常肥大呈纺锤状而较少分枝，长20-30厘米，灰黄色，近上部有细密环纹，下部则疏生横长皮孔。主茎1至数支，直立或上升，于中部有叶及多数分枝，长25-85厘米，侧枝通常不育，具叶，密被灰白色柔毛。叶在主茎上的互生，在侧枝上的近对生；卵形、宽卵形或近心形，长达1.5厘米，两面密被白色柔毛；叶柄长不过2毫米。花着生于主茎及其上部分枝的顶端；花梗长2-15厘米；花萼贴生至子房中部，萼筒半球状，具10条明显辐射脉，密被白色短柔毛，裂片卵形披针形或三角

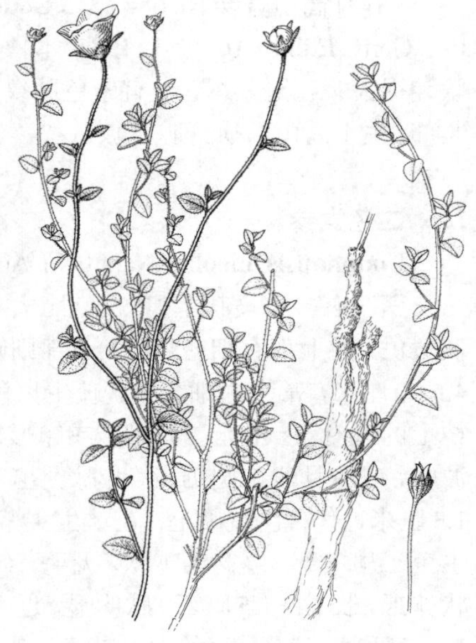

图 682 灰毛党参 （冯晋庸绘）

状卵形，长5-6毫米，两面密被白色短柔毛，但内面基部渐趋无毛；花冠宽钟状，长1.5-1.8厘米，径2-2.5厘米，淡蓝或蓝白色，内面基部具色泽较深的脉纹，浅裂，裂片宽三角形，先端及外侧被柔毛；雄蕊无毛，花丝极短，基部微扩大。蒴果下部半球状，上部圆锥状，长1-1.3厘米。种子椭圆状，无翼。花果期7-10月。

产青海南部、四川西部及西藏东部，生于海拔3000-4200米山地草坡、河滩多石或向阳干旱地方。

14. 光叶党参 图 683

Codonopsis cardiophylla Diels ex Kom. in Acta Hort. Petrop. 29: 117. 1908.

茎基有多数瘤状茎痕，根常肥大呈纺锤状或圆柱状，长10-15厘米，灰黄色，上部有少数环纹，下部则疏生横长皮孔。主茎数条发自一条茎基，上升或近直立，高20-60厘米，侧枝在主茎近下部的细而不育，在上部的可育，长10-17厘米。叶在茎下部及中部的对生，至上部则渐趋于互生；叶近于无柄或叶柄极短，长一般不及3毫米；叶卵形或披针形，全缘，边缘反卷而形成一条窄的镶边，长1-3.2厘米，叶脉突出明显，上面近无毛，下面疏被短毛。花生于主茎及上部侧枝顶端；花梗长，疏生柔毛，后渐变无毛；花萼贴生至子房中部，萼筒半球状，具10条明显辐射脉，裂片宽披针形或近三角形，长0.9-1.2厘米；淡蓝白色，冠筒内有红紫或褐红色斑点，浅裂，裂片卵形，长约1厘米，被柔毛；雄蕊无毛，花丝线形，基部微扩大。蒴果下部半球状，上部圆锥状，径0.8-1厘米，裂瓣长5-7毫米。种子椭圆状，无翼。花果期7-10月。

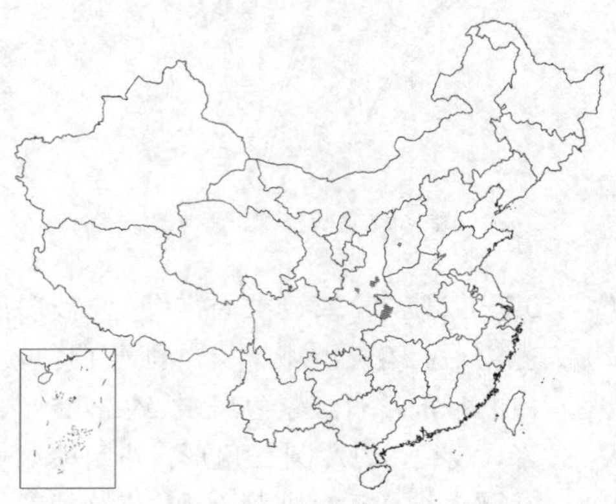

产山西中部、陕西南部及湖北西部，生于海拔2000-2900米山地草坡或石崖上。

[附] **高山党参** 图 684 : 2-3 **Codonopsis alpina** Nannf. in Notes Roy. Bot. Gard . Edinb. 16: 154. 1931. 本种与光叶党参的主要区别：边缘具微波状钝锯齿；花冠紫绿色，有紫色脉纹。花期8月。产西藏东南部及云南西北部，生于高山石质开旷草坡。

图 683 光叶党参 （冯晋庸绘）

15. 二色党参 图 684 : 1

Codonopsis bicolor Nannf. in Acta Hort. Gothob. 5: 26. 1929.

茎基有多数瘤状茎痕，根常肥大呈圆锥状或略有分枝，长15-25厘米，灰黄色，近上部有细密环纹，下部则疏生横长皮孔。茎近直立或上升，高40-90厘米，常有短细分枝，疏生白色长柔毛。叶在主茎上的互生，在分枝上的近对生；心形、宽卵形或卵形，长1.5-5厘米，宽1-4厘米，边缘微波状，或疏具浅钝圆锯齿，叶脉突出明显，两面疏生短硬毛；叶柄长0.5-1.3厘米，有白色疏硬毛。花单生主茎和上部分枝顶端；有花梗；花萼贴生至子房中部，萼筒半球状，无毛，有10条明显辐射脉，裂片卵形或三角状卵形，长1.2-1.5厘米，脉明显，近全缘或具波状锯齿；花冠宽钟状，径3-3.5厘米，浅裂，冠筒深红紫色，基部黄色，内面无毛，裂片近圆形，微带黄色，先端外侧有少许白色短硬毛；花丝基部微扩大，无毛。蒴果下

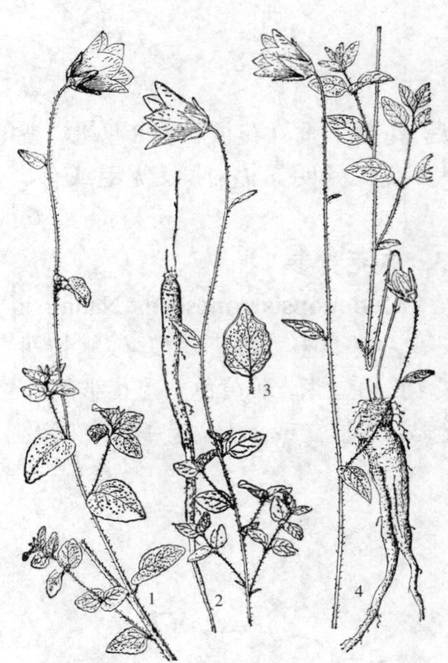

图 684 : 1. 二色党参 2-3. 高山党参 4. 绿花党参 （蔡淑琴绘）

部半球状，上部圆锥状。种子椭圆状，无翼。花果期7-10月。

产甘肃南部、青海东北部、四川北部、西藏东部及云南西北部，生于海拔3100-4200米向阳草地或高山灌丛中。

[附] **秦岭党参 Codonopsis tsinglingensis** Pax et Hoffm. in Fedde, Repert. Sp. Nov. Beih. 12: 500. 1922. 本种与二色党参的主要区别：叶柄较短，长不及1厘米，密被粗毛；叶卵形或宽卵形，长达2.6厘米，边缘具钝锯齿；花萼外面脉上被密粗毛；花冠内面密被长粗毛并有紫色斑点。花果期7-10月。产甘肃南部、陕西南部及四川西北部，生于高山灌丛或山坡草丛中。

16. 绿花党参　　图 684 : 4

Codonopsis viridiflora Maxim. in Bull. Acad. Imp. Sci. St. Pétersb. 27: 496. 1881.

根常肥大呈纺锤状或圆锥状，长10-15厘米，灰黄色，上部有少数环纹，下部疏生横长皮孔。主茎1-3发自一条茎基，近直立，高30-70厘米，侧枝生于主茎近下部，纤细，不育。叶在主茎上的互生，在茎上部的小而呈苞片状，在侧枝上的对生或近对生，似一羽状复叶；叶宽卵形、卵形、长圆形或披针形，长1.5-3.5（5）厘米，边缘疏具波状浅钝锯齿，叶脉明显，两面被稀疏或稍密的短硬毛。花1-3朵生于主茎及侧枝顶端；花梗长6-15厘米，近无毛或下部疏生硬毛；花萼贴生至子房中部，萼筒半球状，具10条明显辐射脉，长约3毫米，径约1.3厘米，裂片间湾缺尖窄，裂片卵形或长圆状披针形，长1.2-1.5厘米，宽6-7毫米，边缘疏具波状浅钝锯齿，先端疏生硬毛及缘毛；花冠钟状，长1.7-2厘米，黄绿色，仅近基部微带紫色，内外无毛，浅裂，裂片三角形，长约7毫米，冠筒径约1.5厘米；雄蕊无毛，花丝基部微扩大。蒴果径约1.5厘米。种子椭圆状，无翼。花果期7-10月。

产陕西南部、甘肃南部、宁夏南部、青海东部及南部、四川西部及北部，生于海拔3000-4000米高山草甸或林缘。

[附] **绿钟党参 Codonopsis chlorocodon** C. Y. Wu, Prelim. rtudies plants. trop. & subtrp. region Yunnan, 1: 82. pl. 30. f. 2. 1965. 与绿花党参的主要区别：茎中部叶最大，三角状披针形，向下面翻卷，两面疏被短硬毛；花单朵顶生，有时分枝上也有1-2朵；花萼裂片小，长4-6毫米，宽2-3毫米，其间湾缺宽钝；花冠淡黄绿色。花期7-8月，果期9月。产云南西北部及四川西南部，生于海拔2700-3700米向阳山坡草丛中或疏灌丛中。

17. 鸡蛋参　　图 685 彩片 158

Codonopsis convolvulacea Kurz in Journ. Bot. 11: 195. 1873.

茎基极短而有少数瘤状茎痕。块根状，近卵球状或卵状，长2.5-5厘米，灰黄色，上端具短细环纹，下部则疏生横长皮孔。茎缠绕，长达1米余，无毛。叶互生或有时对生，常均匀分布于茎上，卵形或线状披针形，长2-7厘米，宽0.4-1.5厘米，被毛或无毛，全缘或具波状钝齿，叶柄长0.2-1.2厘米；花单生主茎及侧枝顶端；花梗长2-12厘米，无毛；花萼贴生至子房顶端，裂片上位着生，萼筒倒长圆锥状，长3-7毫米，径0.4-1厘米，裂片窄三角状披针形，全缘，长0.4-1.1厘米，无毛；花冠辐状而近5全裂，裂片椭圆形，长1-2.5厘米，淡蓝或蓝紫色；花丝基部宽大，密被长柔毛。蒴果上位部分短圆锥状，裂瓣长约4毫米，下位部分倒圆锥状，长1-1.6厘米，径约8毫米，有10条脉棱，无毛。种子长圆状，无翼。花果期7-10月。

产云南、贵州西部、四川及西藏，生于海拔1000-3000米草坡或灌丛中。

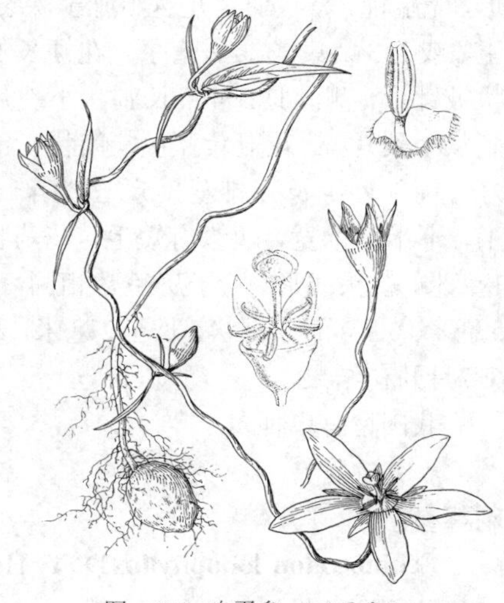

图 685 鸡蛋参（冯晋庸绘）

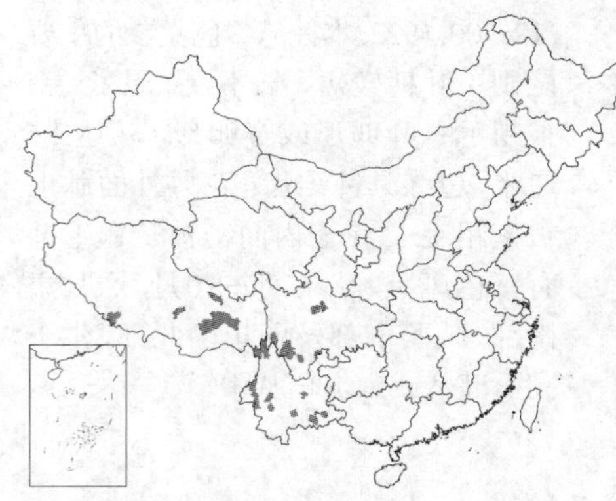

缠绕于高草或灌木上。缅甸有分布。

[附] **松叶鸡蛋参 Codonopsis convolvulacea** var. **pinifolia** (Hand.-Mazz.) Nannf. in Hand.-Mazz. Symb. Sin. 7(4): 1077. 1936. —— *Codonopsis limprichtii* Lingel et Borza var. *pinifolia* Hand.-Mazz., in Anz. Akad. Wiss. Wien, Math.-Nat. 61: 170. 1924. 与模式变种的主要区别：茎常短，长60厘米以下，少较长的；叶常集中于茎中下部，密集，他处几乎无叶，叶极窄长，通常线形或近针状，长达10厘米。产云南、贵州及四川西南部，生于海拔3000米以下草地或松林下。

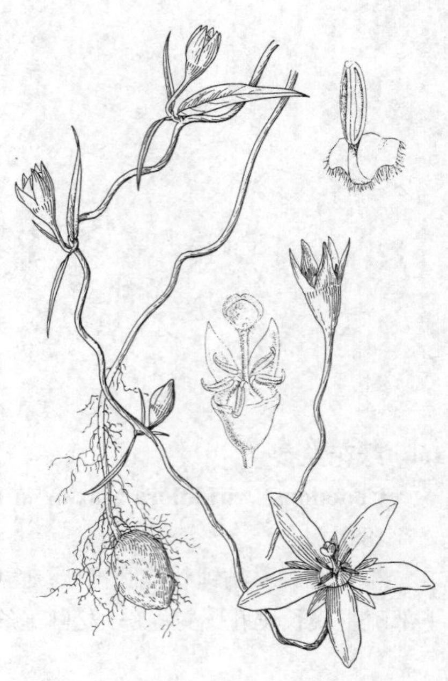

图 686 珠子参 （冯晋庸绘）

[附] **薄叶鸡蛋参** 彩片 159 **Codonopsis convolvulacea** var. **vinciflora** (Kom.) L. T. Shen, Fl. Reipubl. Popul. Sin. 73 (2): 68. 1983. —— *Codonopsis vinciflora* Kom. in Acta Hort. Petrop. 29: 103. t. 2. f. 4. 1908. —— *Codonopsis convolvulacea* var. *forrestii* auct. non Diels: 中国高等植物图鉴 4: 376. 1975. 与模式变种的主要区别：叶柄明显，长达1.6厘米，叶膜质，边缘明显具齿，脉细而明显。产西藏、四川西部及云南西北部，生于海拔2500-4000米阳坡灌丛中。

[附] **珠子参** 大金钱吊葫芦 图 686 彩片 160 **Codonopsis convolvulacea** var. **forrestii** (Diels) Ballard. in Bot. Mag. 162: pl. 9581. 1939. —— *Codonopsis forrestii* Diels in Notes Roy. Bot. Gard. Edinb. 5: 171. 1912. —— *Codonopsis convolvulacea* auct. non Kurz.: 中国高等植物图鉴 4: 376. 1976. pro parte 与模式变种的主要区别：叶长达10厘米，宽达3.5厘米。产云南中北部、贵州普安及四川西南部，生于海拔1200-3300米山地灌丛中。

5. 刺萼参属 Echinocodon D. Y. Hong

多年生草本，具乳汁，全体无毛。主根明显，稍胡萝卜状加粗，径达5毫米。茎长达40厘米，多分枝。叶互生，椭圆形，长0.5-2厘米，基部窄楔形，先端钝，琴状羽裂几达中脉至深裂至半；叶柄长0.5-1厘米。花单朵顶生，或2-3朵集成聚伞花序；花梗长1-5厘米；花萼裂片2-5，多为4，卵状披针形，侧面具2-4个长刺状小裂片，长2-6毫米，宽1-3毫米（不包括刺状小裂片）；花冠紫蓝色，筒状，长3-4.5毫米，3-5裂，常为4裂，裂片与筒部近等长；雄蕊3-5，多为4，初期互相靠合，后来分离，长1.5毫米，下半部增宽，边缘有短毛，花药长圆状；子房下位，3-5室；花柱长1毫米，柱头线形，与子房室数相同，反卷曲，胚珠多数。蒴果球状，径3-5毫米，上位部分锥状，长至2毫米。种子椭圆状，有3钝棱。染色体n=8。6-7月开花结果。

我国特有单种属。

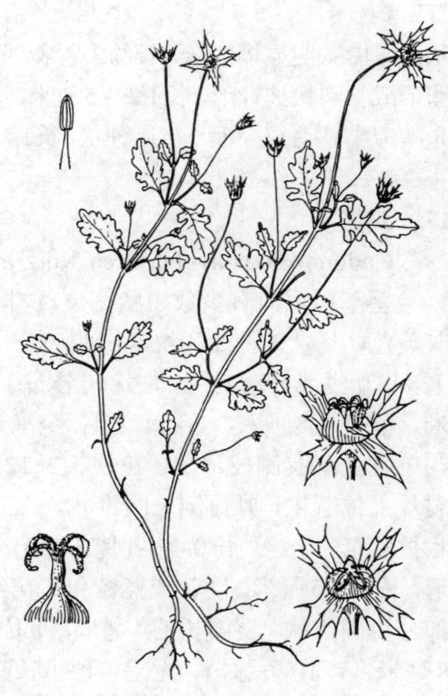

图 687 刺萼参 （孙英宝绘）

刺萼参 图 687

Echinocodon lobophyllus D. Y. Hong in Acta Phytotax. Sin. 22 (3): 181. pl. 1. 2. 1984.

形态特征同属。

产湖北西北部郧西，生于海拔约300米田埂石缝中。当地用作草药，治肺结核。

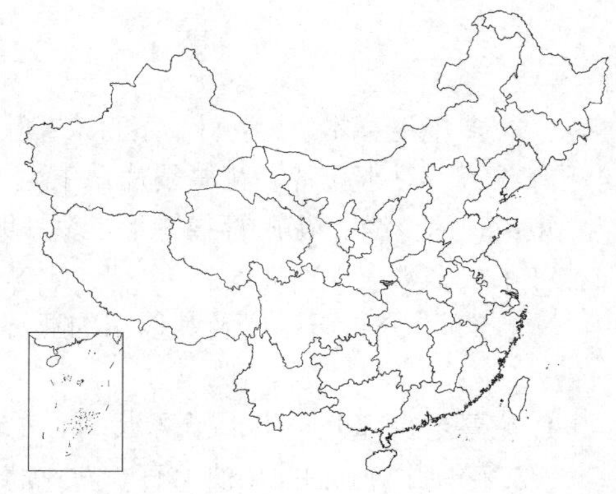

6. 金钱豹属 Campanumoea Bl.

多年生草质缠绕藤本；具胡萝卜状根。叶常对生，稀互生。花单朵腋生或与叶对生，花有梗；花萼钟状，与子房贴生至顶部，5裂，裂片宽大；花冠钟形，上位，具筒部，檐部5裂；雄蕊5，花丝有或无毛；子房完全下位，或仅对花冠言为下位，而对花萼为下位、半下位或上位，3或5室；花柱有或无毛；柱头3或5裂。果为浆果，球状，顶端平钝。种子多数。

2种，分布于亚洲东部热带亚热带地区：不丹、锡金、日本及印度尼西亚。我国全产。

1. 花冠长(1.8-)2-3厘米；浆果径(1.2-)1.5-2厘米 ······ **大花金钱豹 C. javanica**
1. 花冠长1-1.3厘米；浆果径1-1.2（-1.5）厘米 ······ (附). **金钱豹 C. javanica** subsp. **japonica**

大花金钱豹 金钱豹 图 688：1-2

Campanumoea javanica Bl. Bijdr. 727. 1826.

草质缠绕藤本，具乳汁；根胡萝卜状。茎无毛，多分枝。叶对生，稀互生，心形或心状卵形，边缘有浅锯齿，稀全缘，长3-11厘米，无毛或有时下面疏生长毛，具长柄。花单生叶腋，各部无毛，花萼与子房分离，5裂至近基部，裂片卵状披针形或披针形，长1-1.8厘米；花冠上位，白或黄绿色，长（1.8-）2-3厘米，内面紫色，钟状，裂至中部；雄蕊5；柱头4-5裂，子房5室。浆果径（1.2-）1.5-2厘米，黑紫色，紫红色，球状。种子不规则，常为短柱状，有网状纹饰。花期（5）8-9（11）月。

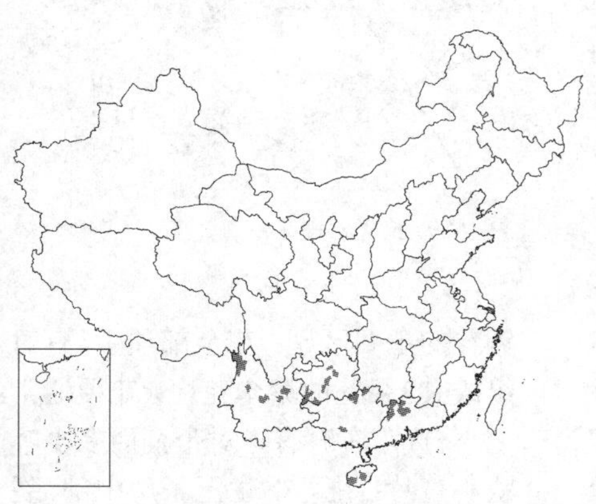

产广东、海南、广西、云南及贵州部，生于海拔2400米以下的灌丛中或疏林中。锡金、不丹至印度尼西亚有分布。果实味甜，可食。根入药，有清热、镇静之效，治神经衰弱等症，也可蔬食。

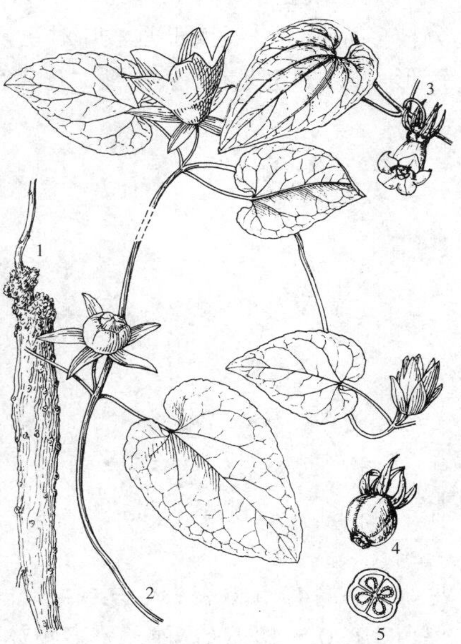

图 688：1-2. 大花金钱豹 3-5. 金钱豹（冯晋庸绘）（引自《Fl. Taiwan》）

[附] **金钱豹** 图 688: 3-5 彩片 161 **Campanumoea javanica** subsp. **japonica** (Makino) D. Y. Hong, Fl. Reipubl. Popul. Sin. 73 (2): 71. 1983.—— *Campanumoea javanica* var. *japonica* Makino in Bot. Mag. Tokyo 22: 155. 1905; 中国高等植物图鉴 4: 384. 1975. 与模式变种的主要区别：花冠长1-1.3毫米；浆果径1-1.2（-1.5）厘米。花期8-9月。产安徽南部、浙江、福建、台湾、江西、湖北西部、湖南、广东北部、广西、贵州及四川。日本有分布。

7. 轮钟花属 Cyclocodon Griffith

多年生草本，具乳汁。茎直立。叶对生，稀3枚轮生。花单朵顶生或兼腋生，有时3朵组成聚伞花序；花梗上有或无一对小苞片；花萼裂片贴生至子房下部或中部，或位于子房之下，4-5(-7)，丝状、线形或线状披针形，有短齿，稀全缘；花冠管状钟形，裂片卵形或卵状三角形；雄蕊4或5-6；子房4室或5-6室。果实为浆果，球状。种子极多数，呈多角体。

3种，分布于印度及其以东的亚洲南部至巴布亚新几内亚。中国3种全有。

1. 花萼至少部分贴生于子房上；花常5-6数。
  2. 花顶生兼腋生，花梗上有一对丝状小苞片；花萼裂片边缘有分枝状细长齿，花丝边缘被毛；浆果熟时紫黑色…… **长叶轮钟花 C. lancifolia**
  2. 花全部顶生，花梗常无小苞片，稀有带柄而多少叶状的小苞片；花萼裂片有短齿或近全缘；花丝无毛；浆果熟时常白色，稀黄色或淡红色 …………………………………………………………… (附). **小叶轮钟花 C. celebica**
1. 花萼与花的其他部分之间隔着长1-4毫米的轴，成总状；花常4数 ……………… (附). **小花轮钟花 C. parviflora**

长叶轮钟花 长叶轮钟草 图 689

Cyclocodon lancifolius (Roxb.) Kurz. Flora 55: 303. 1872.

Campanula lancifolia Roxb. Fl. Ind. 1: 505. 1820.

Campanumoea lancifolia (Roxb.) Merr.; 中国高等植物图鉴 4: 384. 1957; 中国植物志 73 (2): 72. 1983.

直立或蔓生草本，有乳汁（?），通常全部无毛。茎高可达3米，中空，分枝多而长，平展或下垂。叶对生，稀3枚轮生，卵形、卵状披针形或披针形，长6-15厘米，具短柄。花常5-6数，通常单朵顶生兼腋生，有时3朵组成聚伞花序，花梗或花序梗长1-10厘米；花梗中上部或在花基部有一对丝状小苞片；花萼仅贴生至子房下部，裂片(4)5(-7)，相互远离，丝状或线形，边缘有分枝状细长齿；花冠白或淡红色，管状钟形，长约1厘米，5-6裂至中部，裂片卵形或卵状三角形；雄蕊5-6，花丝与花药等长，基部宽成片状，边缘具长毛；花柱有或无毛，柱头（4）5-6裂；子房（4）5-6室。浆果球状，（4）5-6室，熟时紫黑色，径0.5-1厘米。种子呈多角体。花期7-10月。

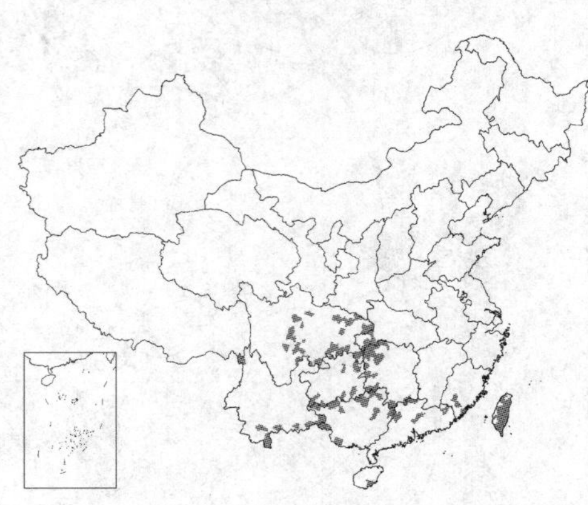

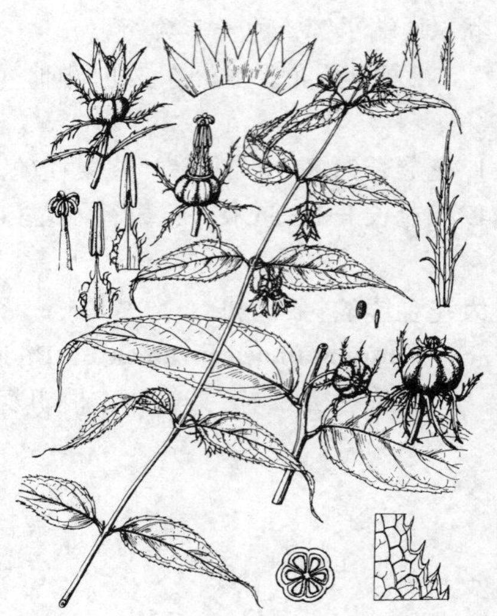

图 689 长叶轮钟花 （引自《Fl. Taiwan》）

产福建南部、台湾、广东、海南、广西、贵州、云南、四川、湖北西部及湖南，生于海拔1500米以下林内、灌丛中或草地上。印度尼西亚、菲律宾、越南、柬埔寨、缅甸及锡金有分布。根药用，无毒，有益气补虚、祛瘀止痛之效。

[附] **小叶轮钟花** 小叶轮钟草 **Cyclocodon celebica** (Bl.) D. Y. Hong et K. Y. Pan in Acta Phytotax. Sin. 36 (2): 109. 1998. —— *Campanumoea celebica* Bl. Bijdr. 727. 1826; 中国植物志 73 (2): 73. 11: 4. 1983. 本种与长叶轮钟花的主要区别：花全部顶生，有时组成具3朵花的聚伞花序；花梗通常无小苞片，有时有一对带柄而多少叶状小苞片；花萼贴生至子房中部，裂片线形或线状披针形，有短齿或近全缘。花丝基部稍扩大，常无毛。浆果熟时白或黄色，或稍带粉红色。此外，本种茎较矮，叶较小，长至11厘米；花冠蓝色，花期较早，7月前开花。产云南及西藏东南部，生于海拔2600米以下林中、灌丛中、林缘草地或河边。缅甸、泰国至新几内亚巴布亚广布。

[附] **小花轮钟花 Cyclocodon parvifloras** (Wall. ex DC.) Hook. f. et Thoms. in Journ. Linn. Soc. Bot. 2: 18. 1858, excl. syn. —— *Cyclocodon parviflora* Wall. ex DC. Monogr. Camp. 123. 1830. —— *Campanumoea parviflora* (Wall. ex DC.) Benth.; 中国植物志 73 (2): 74. 1983. 本种与长叶轮钟花、小叶轮钟花的区别：花常4数，全为顶生，有时组成具3朵花的聚伞花序；花梗无小苞片，花丝无毛，花萼位于子房之下1-4毫米处，具4枚完全分离的萼片，象是总苞，因此在花萼和花的其余部分之间有一个轴，萼片线形，具1-3对小齿。花和果均白色。花果期9-11月。产云南西南部及南部，生于海拔1500米以下灌丛或草丛中。印度北部、锡金、不丹、缅甸及老挝有分布。

8. 细钟花属 Leptocodon Hook. f. et Thoms.

草质藤本。叶互生，有时在分枝上的叶对生或近对生。根不加粗。花单朵生于茎的叶腋外部分，少生于叶腋内，或与叶对生；花萼筒部为很短的倒圆锥状，裂片5枚；花冠长管状，5浅裂；花丝长，基部稍扩大，与5个离生的片状腺体互生；子房半下位，上位部分长圆锥状，3室，花柱长，柱头3裂。蒴果在上位部分室背3爿裂。种子多数。

2种。分布于喜马拉雅山中段至我国云南和四川。

1. 全体无毛，或仅幼叶疏生长毛；花萼裂片常倒垂，线状长圆形，互相远离，基部有爪，无毛 …… **细钟花 L. gracilis**
1. 叶多少被毛，极少仅叶缘疏生长毛；花萼裂片卵形或长卵形，在花期互相重叠，不下垂，基部平钝或下延似心形而不具爪，至少边缘有细长毛 ……………… (附). **毛细钟花 L. hirsutus**

细钟花 图 690 : 1-2

Leptocodon gracilis (Hook . f.) Hook. f. et Thoms . in Journ. Linn. Soc. Bot. 2: 17. 1858.

Codonopsis gracilis Hook. f. Ill. Himal. Pl. t. 16, A. 1855.

草质藤本，奇臭，植株全体无毛，或仅幼叶疏生长毛。茎细长，有细长分枝。叶互生，稀在小枝上的对生，具细长柄，膜质，卵圆形，两端钝，边缘具波状圆齿，长1-2.5厘米。花梗长1-5厘米，伸直或弯曲；花萼无毛，萼筒长2毫米，裂片线状长圆形，长6-8毫米，花期倒垂，相互远离，每边有1-2对深刻的齿(齿尖向上并为黑色胼胝质)，基部具长1-2毫米的爪，无毛；花冠蓝或紫蓝色，长3-3.5厘米，筒部径4毫米，檐部径约1厘米，裂片三角形，长4-5毫米；花丝和花柱长约2厘米。蒴果下位部分半球状，长仅5毫米，上位部分长约1厘米，圆锥状。花期8-10月。

产四川西南部、云南西北部及中部，生于海拔2000-2500米林下或攀援于灌木上。锡金及尼泊尔东部有分布。

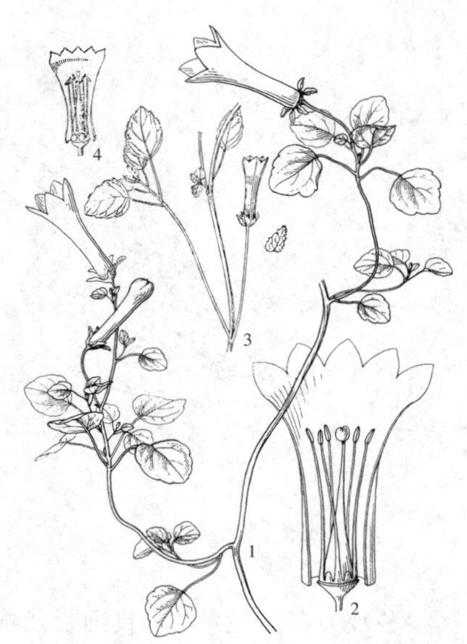

图 690：1-2. 细钟花 3-4. 毛细钟花
(冯晋庸绘)

[附] **毛细钟花** 图 690: 3-4 **Leptocodon hirsutus** D. Y. Hong in Acta Phytotax. Sin. 18 (2): 246. f. 2: 1-2. 1980. —— *Leptocodon gracilis* auct. non Hook. f.: 中国高等植物图鉴 4: 375. 1975, pro part. 本种与细钟花的区别：茎幼嫩部分、叶下面及花萼裂片背面和边缘有细长硬毛，稀叶被毛极稀疏；花萼裂片边缘有长硬毛，无爪，卵形，在花期基部互相重叠，直立而不倒垂，果期才彼此离开，基部下延似心形或近平截，长5毫米，边缘具浅波状齿。根细长，不加粗；蒴果径0.8-1厘米。种子椭圆状，无棱，长约1毫米。花期7-8月，果期10-11月。产云南西北部及西藏东南部，生于海拔2000-2700米山坡混交林下、灌丛、草地、沙滩湿地中或路边篱笆上。

9. 桔梗属 Platycodon A. DC.

多年生草本，有白色乳汁。根胡萝卜状。茎直立，高0.2-1.2米，通常无毛，稀密被短毛，不分枝，极少上部分枝。叶轮生、部分轮生至全部互生，卵形、卵状椭圆形或披针形，长2-7厘米，基部宽楔形或圆钝，先端急尖，上面无毛而绿色，下面常无毛而有白粉，有时脉上有短毛或瘤突状毛，边缘具细锯齿，无柄或有极短的柄。花单朵顶生，或数朵集成假总状花序，或有花序分枝而集成圆锥花序；花萼筒部半圆球状或圆球状倒锥形，被白粉，5裂，裂片三角形或窄三角形，有时齿状；花冠漏斗状钟形，长1.5-4厘米，蓝或紫色，5裂；雄蕊5，离生，花丝基部扩大成片状，且在扩大部分有毛；无花盘；子房半下位，5室，柱头5裂，裂片狭窄，常为线形。蒴果球状、球状倒圆锥形或倒卵圆形，长1-2.5厘米，在顶端（花萼裂片和花冠着生位置之上）室背5裂，裂爿带着隔膜。种子多数，熟后黑色，一端斜截，一端急尖，侧面有一条棱。花期7-9月。

单种属。

桔梗 图 691 彩片 162

Platycodon grandiflorus (Jacq.) DC. Monogr. Camp. 125. 1830.

Campanula grandiflora Jacq. in Hort. Vindb. 3: 4. t. 2, 1776.

形态特征同属。

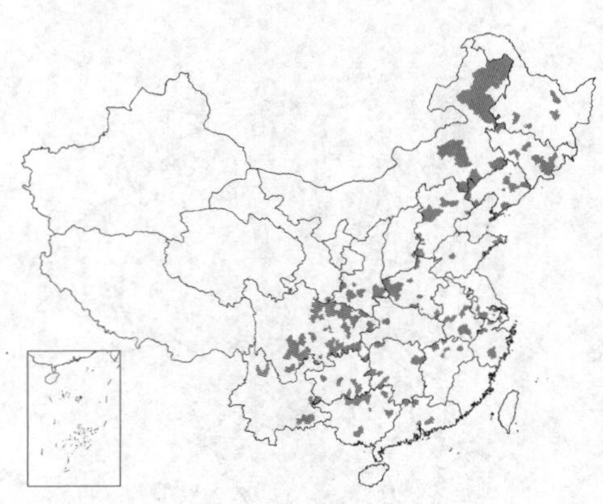

产黑龙江、吉林、辽宁、内蒙古东部、河北、山西、河南、山东、江苏、安徽、浙江、江西、湖北、湖南、广东、香港、广西、贵州、云南、四川、甘肃南部及陕西南部，生于海拔2000米以下阳坡草丛或灌丛中，少生于林下。朝鲜半岛、日本、俄罗斯远东和东西伯利亚地区的南部有分布。根药用，含桔梗皂甙，有止咳、祛痰、消炎（治肋膜炎）等效。

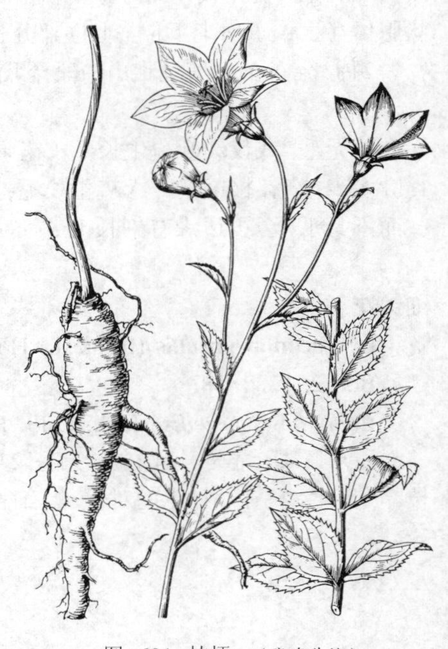

图 691 桔梗 （张海燕绘）

10. 风铃草属 Campanula Linn.

多数为多年生草本；具细长而横走的根状茎，或有短的茎基而根加粗，多少肉质，稀一年生草本。叶全部互生，基生叶有的成莲座状。花单朵顶生，或多朵组成聚伞花序，聚伞花序有时集成圆锥花序，也有时退化，无总梗和花梗，成为由数朵花组成的头状花序。花萼与子房贴生，裂片5，有时裂片间有附属物；花冠钟状、漏斗状或管状钟形，有时近辐状，5裂；雄蕊离生，稀花药不同程度地相互粘合，花丝基部扩大成片状，花药长棒状；柱头3-5裂，裂片弧状反卷或螺旋状卷曲；无花盘；子房下位，3-5室。蒴果3-5室，有宿存花萼裂片，在侧面的顶端或在基部孔裂。种子多数，椭圆状，平滑。

约200余种，几全产北温带，多数种产欧亚大陆北部，少数种产北美。我国约20种。

1. 蒴果在基部孔裂；茎多花，花单生或集成各式花序，茎上多叶，叶在茎上均匀分布；基生叶在花期通常枯萎（仅 C. canescens 例外，但为一年生草本）；花萼和花冠外面被毛，极少无毛。
  2. 花萼裂片之间有一个卵形而反折的附属物，其边缘有刺毛。
    3. 花冠大，长3-6.5厘米。

4. 花冠筒状钟形，白色而有紫斑，长3-6.5厘米；多年生草本；基生叶心状卵形，基生叶三角状卵形或披针形…………………………………………………………………………………………… 1. **紫斑风铃草 C. punctata**

4. 花冠钟形，紫蓝、粉红或白色，长约4.5毫米；二年生草本；基生叶倒披针形，茎生叶椭圆状披针形 ……………………………………………………………………………………………… 2. **风铃草 C. medium**

3. 花冠小，窄钟状，长不过1.5厘米，淡蓝紫色，无紫斑 ……………………………… 1(附). **刺毛风铃草 C. sibirica**

2. 花萼裂片间无附属物；花冠长不及2.5厘米。

5. 花2至数朵簇生总苞片腋间，成无总梗的头状花序，在茎顶多个头状花序又组成复头状花序；叶大，长超过4厘米，可达17厘米。

6. 叶较小，长4-13厘米，宽1.5-3.5厘米；茎不分枝，头状花序少 ……………………… 3. **北疆风铃草 C. glomerata**

6. 叶较大，长7-15厘米，宽1.7-7厘米；茎上部分枝，多个头状花序 ……………………………………………………………………………… 3(附). **聚花风铃草 C. glomerata** subsp. **cephalotes**

5. 花单生或成疏散的花序，决不簇生；叶通常小得多，最大长至6厘米。

7. 多年生草本；花期无宿存基生叶；侧枝上有单聚伞花序或仅单花。

8. 花萼裂片窄三角形，极少有齿；叶下面密被毡毛；茎通常多支发自一条根上，常铺散成丛，少上升的 ……………………………………………………………………………………… 3(附). **灰毛风铃草 C. cana**

8. 花萼裂片三角形或三角状钻形，全缘或有细齿；叶下面常疏或密地被刚毛，稀被毡毛；茎常单条或少数几条发自一条根上，直立或上升 ……………………………………………………… 4. **西南风铃草 C. colorata**

7. 一年生草本；花期常有莲座状基生叶；每一侧枝都有复聚伞花序 ……………………… 5. **一年风铃草 C. canescens**

1. 蒴果在侧面中部以上至顶端孔裂；花单朵生茎顶，或数朵顶生主茎及分枝上；茎生叶多数集中近基部，茎上部如有叶则为条形；基生叶花期宿存；花萼和花冠外面无毛。

9. 花萼裂片钻状三角形，远短于花冠；蒴果在中偏上部孔裂；茎分枝或否。

10. 花下垂或平展；花萼筒部倒圆锥状 ……………………………………………………… 6. **流石风铃草 C. crenulata**

10. 花上举；花萼筒部通常倒卵状或倒卵状锥形 ………………………………………… 6(附). **灰岩风铃草 C. calcicola**

9. 花萼裂片近丝状，比花冠长或为花冠半长；蒴果在最顶端孔裂；茎决不分枝。

11. 花萼裂片长于花冠；子房和蒴果倒卵状锥形，子房长3-6毫米，蒴果倒卵状锥形，长0.7-2厘米；茎高5-22厘米；中部茎生叶长0.5-2厘米 ……………………………………………………… 7. **藏滇风铃草 C. modesta**

11. 花萼裂片常短于花冠；子房和蒴果几乎圆柱状，子房长0.5-1.5厘米，蒴果圆柱状，长2-4厘米；茎高10-50厘米；中部茎生叶长（1.5-）2-7厘米 …………………………………………… 7(附). **钻裂风铃草 C. aristata**

1. 紫斑风铃草 图 692 彩片 163

Campanula punctata Lam. Encycl. Meth. 1: 586. 1785.

多年生草本，全体被刚毛；具细长而横走的根状茎。茎直立，粗壮，高达1米，常在上部分枝。基生叶具长柄，心状卵形；茎生叶下部的有带翅的长柄，上部的无柄，三角状卵形或披针形，边缘具不整齐钝齿。花生于主茎及分枝顶端，下垂；花萼裂片长三角形，裂片间有一个卵形至卵状披针形而反折的附属物，边缘有芒状长刺毛；花冠白色，带紫斑，筒状钟形，长3-6.5厘米，裂片有睫毛。蒴果半球状倒锥形，脉明显。种子灰褐色，长圆状，稍

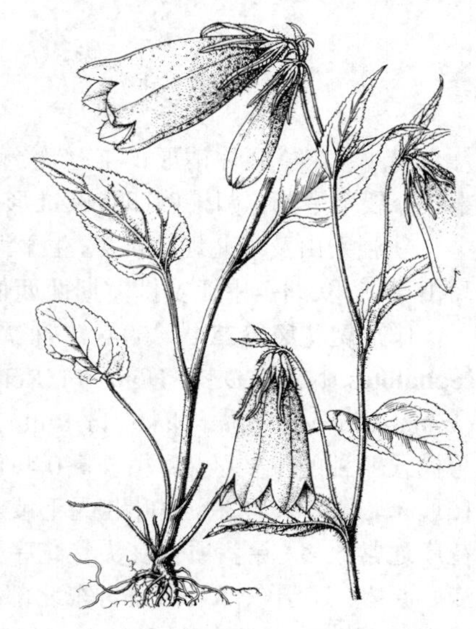

图 692 紫斑风铃草 （张海燕绘）

扁。花期6-9月。

产黑龙江、吉林、辽宁、内蒙古、河北、山西、河南西部、陕西、甘肃东南部、四川及湖北，生于山地林中、灌丛或草地中，在南方可至海拔2300米处。朝鲜半岛、日本及俄罗斯远东地区有分布。

[附] **刺毛风铃草 Campanula sibirica** Linn. Sp. Pl. 236. 1753. 本种与紫斑风铃草的主要区别：花冠窄钟状，淡蓝紫色，长0.9-1.2厘米，内面疏生须毛，无紫斑。花期5-7月。产新疆天山、阿尔泰山，生于干旱森林中或草地。欧洲至中亚及俄罗斯西伯利亚广布。

2. 风铃草 图 693

Campanula medium Linn. Sp. Pl. 167. 1753.

二年生草本，高达1米。茎直立，有粗毛，多分枝。基生叶倒披针形，长15-25厘米，边缘有钝齿，基部细长；茎生叶椭圆状披针形，长7-12厘米，先端钝，基部圆，半抱茎，边缘波状或钝齿。花直立向上，每1-2朵着生在较粗的短梗上，成顶生总状花序；花萼5裂，裂片披针形，在裂片间有向后反曲的广心形附属片；花冠紫蓝、粉红或白色，广钟形，长约4.5厘米，裂片短。蒴果通常5室，基部开裂。花期5月。

原产欧洲南部。各地公园常见栽培，供观赏。

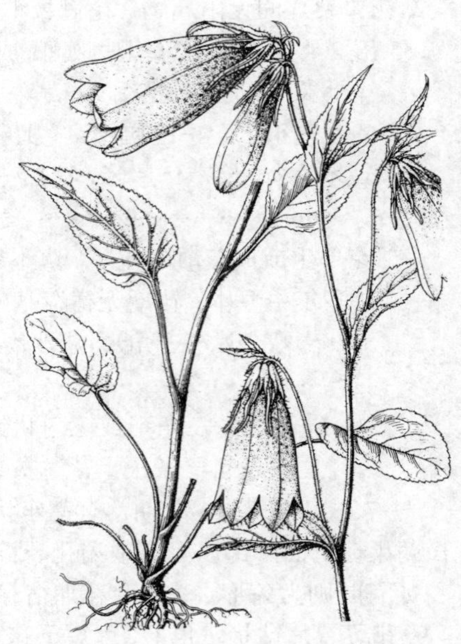

图 693 风铃草 （引自《江苏植物志》）

3. 北疆风铃草 聚花风铃草 图 694:1 彩片 164

Campanula glomerata Linn. Sp. Pl. 235. 1753.

多年生草本。茎高20-85厘米，与叶近无毛或疏被白色硬毛，不分枝。茎生叶具长柄，长卵形或心状卵形；茎生叶下部的具长柄，上部的无柄，椭圆形、长卵形或卵状披针形，长4-13厘米，宽1.5-3.5厘米，全部叶边缘有尖锯齿。花数朵集成头状花序，生于茎中上部叶腋间，无总梗，亦无花梗，在茎顶端，由于节间缩短、多个头状花序集成复头状花序，越向茎顶，叶越来越短而宽，最后成为卵圆状三角形的总苞状，每朵花有一枚大小不等的苞片，在头状花序中间的花先开，其苞片也最小。花萼裂片钻形；花冠紫、蓝紫或蓝色，管状钟形，长1.5-2.5厘米，分裂至中部。蒴果倒卵状圆锥形。种子长圆状，扁。花期7-9月。

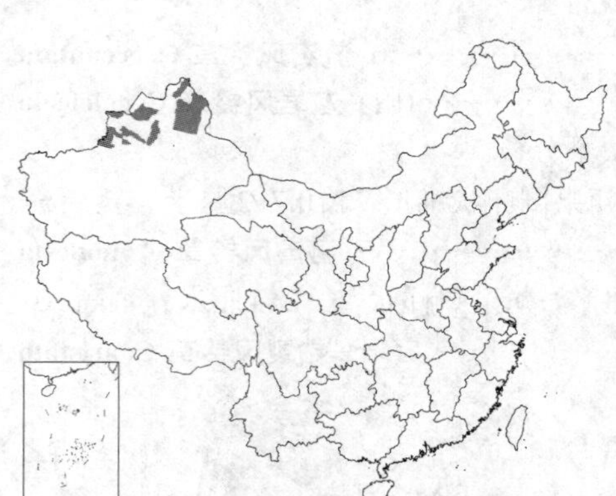

新疆天山及以北地区常见，生于海拔1300-2600米山谷草地、草原或亚高山草甸。欧洲至中亚及俄罗斯西西伯利亚有分布。

[附] **聚花风铃草** 图 694: 2 彩片 165 **Campanula glomerata** subsp. **cephalotes** (Nakai) D. Y. Hong, Fl. Reipubl. Popul. Sin. 73 (2): 82. 1983.——*Campanula cephalotes* Nakai in Bull. Nat. Sci. Mus. Tokyo 31: 111. 1952. 与模式亚种的主要区别：植株高0.4-1.25米；茎有时在上部分枝；叶长7-15厘米，宽1.7-7厘米，茎叶几无毛或疏生白色硬毛或密被白色绒毛。头状花序通常很多，除茎顶有复头状花序外还有多个单生的头状花序。产黑龙江、吉林、辽宁东部及内蒙古东北部，生于草地或灌丛中。蒙古东部、朝鲜半岛、日本、俄罗斯远东及东西伯利亚东南部有分布。

图 694：1 北疆风铃草 2 .聚花风铃草
（王金凤 张海燕绘）

4. 西南风铃草 图 695 彩片 166

Campanula colorata Wall. in Roxb. Fl. Ind. ed. Carey, 2: 101. 1824.

多年生草本，根胡萝卜状，有时仅比茎稍粗。茎单生，少2支，稀数支丛生于一条茎基上，上升或直立，高达60厘米，被开展的硬毛。茎下部的叶有带翅的柄，上部的无柄，椭圆形，菱状椭圆形或长圆形，长1-4厘米，先端急尖或钝，边缘有疏锯齿或近全缘，上面被贴伏刚毛，下面仅叶脉有刚毛或密被硬毛。花下垂，顶生于主茎及分枝上，有时组成聚伞花序；花萼筒部倒圆锥状，被粗刚毛，裂片三角形至三角状钻形，长3-7毫米，宽1-5毫米，全缘或有细齿，背面仅脉上有刚毛或全面被刚毛；花冠紫、蓝紫或蓝色，管状钟形，长0.8-1.5厘米，分裂达1/3-1/2；花柱长不及花冠长2/3，藏于花冠筒内。蒴果倒圆锥状。种子长圆状，稍扁。花期5-9月。

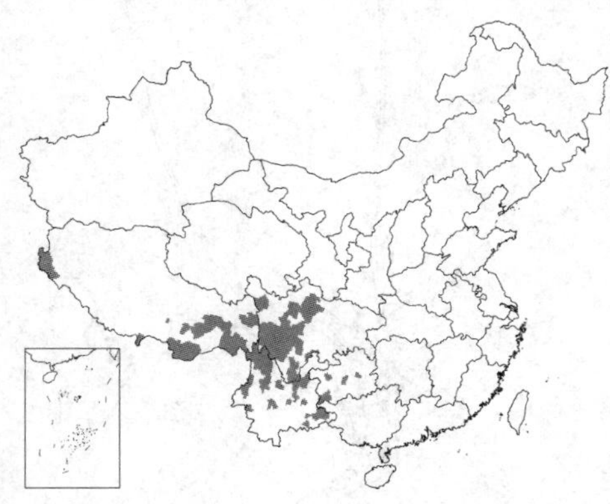

图 695 西南风铃草 （冯晋庸绘）

产云南、贵州、四川及西藏，生于海拔1000-4000米山坡草地或疏林下。阿富汗至老挝有分布。根药用，治风湿等症。

[附] **灰毛风铃草 Campanula cana** Wall. in Roxb. Fl. Ind. ed. Carey, 2: 101. 1824. 本种与西南风铃草的区别：茎很多支从一个根上发出，或茎基部木质化，从老茎下部发出很多当年生茎，植株通常铺散成丛，少上升；叶较小，长0.8-3厘米，下面密被白色毡毛；花萼筒部密被细长硬毛，裂片窄三角形，极少有齿，宽1-2.5毫米。花期5-9月。产西藏南部、四川西部及云南北部，生于海拔1000-4300米石灰岩石上。印度北部、尼泊尔、不丹有分布。

5. 一年风铃草 图 696

Campanula canescens Wall. ex DC. Prodr. 7: 473. 1839.

一年生草本，全体被刚毛。茎直立，高达40厘米，单生或自基部分枝而成丛。基生叶莲座状，匙形，具短柄，早萎；茎生叶匙形，具带翅的柄，全长2-7厘米。聚伞花序复出，组成顶生圆锥花序，花梗长度不等，聚伞花序顶端的花具较长之梗，下部的花具极短的花梗；花萼筒部半圆状倒锥形，基部急尖，裂片窄三角形，长4-5毫米；花冠紫或蓝紫色，钟状，长8毫米，外被刚毛，内面无毛，裂至1/3；花柱内藏。蒴果近球状。种子长圆状，平滑。花果期3-4月。

图 696 一年风铃草 （王金凤绘）

产台湾、广东北部、广西西部、贵州南部、云南东南部及西部、四川中部及东北部、陕西西南部，生于海拔2000米以下草地或路边。阿富汗至斯里兰卡有分布。

6. 流石风铃草 图 697 : 1

Campanula crenulata Franch. in Journ. Bot. 9: 365. 1895.

根胡萝卜状。茎基常为残留叶柄所包裹。茎2-5支丛生，上升，无毛，高10-30厘米，常不分枝。基生叶多枚，常排成莲座状，肾形、心形或卵圆形，长0.7-1.6厘米，边缘具圆齿，通常无毛，有的在上面疏生毛，具长柄；茎生叶下部的匙形或卵形，具1-3厘米长的叶柄，茎上部的渐变为宽线形。花单朵顶生，在有分枝时，也顶生于分枝上，下垂或平展，各处无毛；花萼筒部倒圆锥状，基部急尖，裂片钻状三角形，长4-8毫米，边缘有2-3对瘤状小齿；花冠蓝、蓝紫或深紫红色，钟状，长1.3-2.6厘米，分裂达1/3。蒴果倒卵状长圆形，长达1.2厘米，在中偏上部孔裂。花期7-9月。

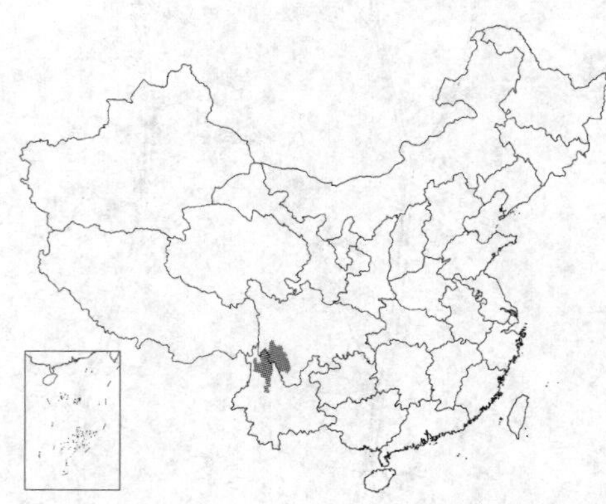

产云南西北部及四川西南部，生于海拔2600-4200米石上、石缝中或草地中。

[附] 灰岩风铃草 图 697 : 2 **Campanula calcicola** W. W. Smith in Notes Roy. Bot. Gard. Edinb. 12: 196. 1920. 本种与流石风铃草的主要区别：茎被毛，常分枝；茎生叶常有深刻的牙齿；花上举，不下垂，花萼筒部通常倒卵状或倒卵状锥形，基部钝。花期8-10月。产云南西北部及四川西南部，生于海拔2300-3600米湿润岩石上。

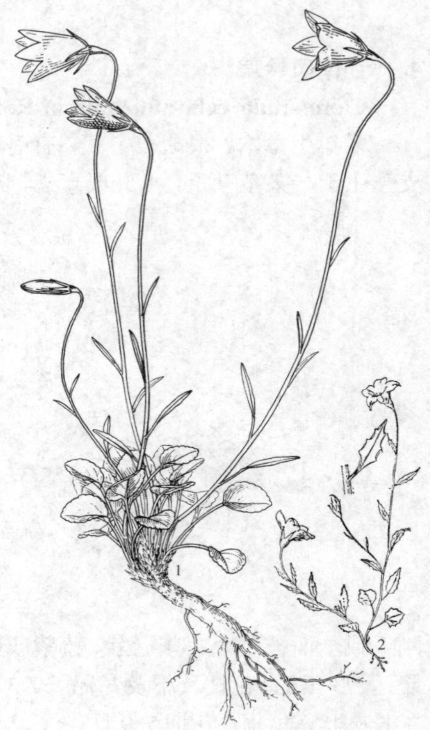

图 697 : 1 .流石风铃草 2.灰岩风铃草
（冯晋庸 张泰利绘）

7. 藏滇风铃草 图 698 : 1-2

Campanula modesta Hook. f. et Thoms. in Journ. Linn. Soc. Bot. 2: 24. 1858.

根胡萝卜状。茎常2至数支丛生，直立，高5-22厘米。中上部少叶，仅1-3枚，长0.5-2厘米；花萼裂片近丝状，长3-5（-8）毫米，常短于花冠；花萼筒部为倒卵状或倒卵状长圆形，长3-6毫米；花蓝或紫蓝色。蒴果倒卵状圆锥形，长0.7-2厘米，径3-6毫米，在最顶端孔裂。花期7-8月。

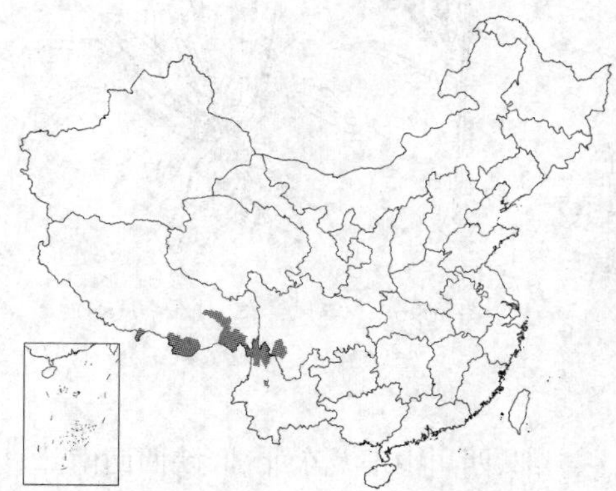

产西藏东南部、云南西北部及四川西南部，生于海拔3400-4500米高山草甸中。锡金有分布。

[附] **钻裂风铃草** 图 698: 3-4 **Campanula aristata** Wall. in Roxb. Fl. Ind. ed. Carey, 2: 98. 1824. 本种与藏滇风铃草的区别：茎

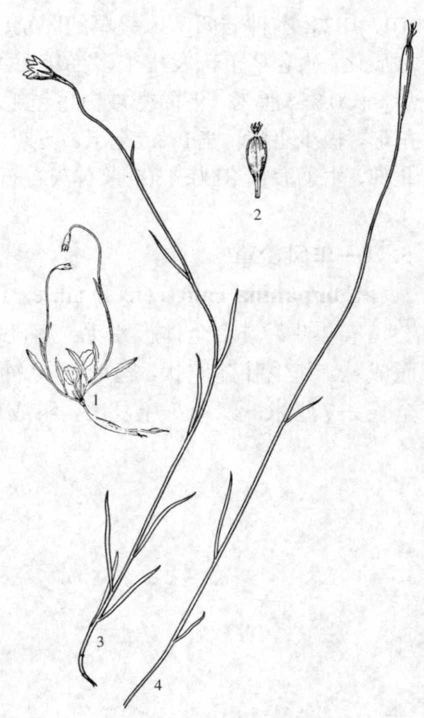

图 698：1-2.藏滇风铃草 3-4. 钻裂风铃草
（冯晋庸绘）

高10-50厘米；中上部叶线形，无柄，长（1.5-）2-7厘米；花萼裂片丝状，长（0.3）0.7-1.8（2.5）厘米，比花冠长；蒴果圆柱状，下部稍细，长2-4厘米，径约3毫米。花期6-8月。产陕西、甘肃南部、青海南部、西藏、云南西北部、四川西部及西北部，生于海拔3500-5000米草丛或灌丛中。克什米尔地区至锡金有分布。

11. 沙参属 Adenophora Fisch.

多年生草本，有白色乳汁。根胡萝卜状，分叉或否。茎基一般极短，分不出节间，直立而不分枝，有时具短分枝，有时具长而横走的分枝，其上有膜质鳞片，似横走根状茎。茎直立或上升。叶大多互生，稀轮生。花序分枝的基本单位为聚伞花序，有时聚伞花序退化为单花，轴上留下1至数枚苞片，似小苞片，整个花序呈假总状花序（顶生花先开），但常仅上部的聚伞花序退化，集成圆锥花序，有时聚伞花序有分枝，花序为大型复圆锥花序。花萼筒部的形状（亦即子房的形状）各式：球状、倒卵状、倒卵状圆锥形或倒圆锥状，裂片5，全缘或具齿；花冠钟状、漏斗状、漏斗状钟形或近筒状，常紫或蓝色，5浅裂，最深裂达中部；雄蕊5，花丝下部扩大成片状，片状体与花盘等长，或稍长于花盘，边缘密生长绒毛，镊合状排列，围成筒状，包着花盘，花药细长；花盘通常筒状，有时为环状，环绕花柱下部；子房下位，花柱比花冠短或长，柱头3裂，裂片窄长而卷曲，3室，胚珠多数。蒴果在基部3孔裂。种子椭圆状，有1条窄棱或带翅的棱。

约50种，主产亚洲东部，尤其是中国东部，其次为朝鲜半岛、日本、蒙古及俄罗斯远东地区，欧洲产1种，印度东北部、尼泊尔一带有2种。我国约40种。

1. 花盘细长，长2-7毫米，径一般不超过1毫米，长超过径；花冠细小，近筒状，口部稍收缢。长约1厘 米，个别花达到1.8厘米；花柱伸出花冠，常为花冠长2倍，至少为花冠1.3倍；花萼裂片窄小，毛 发状或钻形。
  2. 叶轮生，花序分枝常轮生；花盘长2-4毫米 ………………………………………………… 25. **轮叶沙参 A. tetraphylla**
  2. 叶和花序分枝全部互生；花盘长（2）3-7毫米。
    3. 花萼裂片钻形或钻状三角形。
      4. 茎生叶两面常被糙毛，全缘或具疏离刺状尖齿；花冠长1-1.7厘米 …………… 21. **长柱沙参 A. stenanthina**
      4. 茎生叶下面被硬毛或无毛，叶缘具疏齿或全缘；花冠长0.8-1.2厘米 …………… 22. **川藏沙参 A. liliifolioides**
    3. 花萼裂片毛发状。
      5. 花萼裂片长（0.3-）0.6-1.4（-2）厘米，下部有时有1-2对瘤状小齿；蒴果球状，少为卵状。
        6. 花萼裂片（3-）6-9毫米；花冠长1-1.4厘米；茎生叶极少被毛 …………………… 23. **丝裂沙参 A. capillaris**
        6. 花萼裂片（0.4-）0.9-1.4厘米；花冠长1.3-1.8厘米；茎生叶多数多少被毛 ……………………………………………………………………………………… 23(附). **细萼沙参 A. capillaris** subsp. **leptosepala**
      5. 花萼裂片长（2-）3-5（-7）毫米，全缘；蒴果卵状或卵状长圆形 ………………… 24. **细叶沙参 A. paniculata**
1. 无上述性状的结合，至少花冠不成筒状，口部不收缢，花柱长不及花冠长1.3倍，通常与花冠等长或稍伸出。
  7. 植株常有横走的茎基分枝，其上有互生的膜质鳞片；花柱不长于花冠；花盘常为环状，长不及1毫米，稀长至3.5毫米；花萼裂片边缘有瘤状齿或细齿，稀全缘。
    8. 花冠深裂，裂片长为花冠全长2/5-1/2；茎生叶多集中茎下半部；花单朵或少数几朵 ……………………………………………………………………………………… 1. **甘孜沙参 A. jasionifolia**
    8. 花冠浅裂，裂片至多占全长1/3；茎生叶均匀分布或集中于茎中下部；花常多数。
      9. 花盘环状，长不及1毫米；花梗细长，长1.5-3厘米；茎高10-30厘米 ………… 2. **台湾沙参 A. morrisonensis**
      9. 花盘筒状或短筒状，长1.2-3.5毫米；花梗较短；茎高50-80厘米 ……………… 2(附). **天蓝沙参 A. coelestis**
  7. 植株通常无横走的茎基分枝；无上述特征的结合。
    10. 花盘大，长3-8毫米，径（1.5-）2-3毫米；花单朵或少数几朵；茎生叶宽线形、卵状披针形、卵形或窄椭圆形；根常细弱。
      11. 叶多宽线形，稀窄椭圆形或卵状披针形；花萼裂片全缘，稀有瘤状齿；花柱通常稍伸出花冠……………………………………………………………………………………………… 20. **喜马拉雅沙参 A. himalayana**

11. 叶卵形或卵状披针形，稀宽线形，下面常疏被硬毛；花萼裂片常有瘤状小齿；花柱常内藏 ……………………………………………………………………………… 20(附). **高山沙参 A. himalayana** subsp. **alpina**

10. 无上述特征的结合。

12. 茎生叶轮生，或多少轮生或对生（A. pereskiifolia的叶轮生、部分轮生及完全互生兼有之，但其花柱多少伸出花冠，花萼裂片全缘）；花柱伸出花冠或否；花盘长0.8–2.5毫米。

13. 茎生叶完全轮生，稀叶稍错开，菱状卵形或菱状圆形，具不内弯锯齿；花序分枝部分轮生或全轮生；花萼裂片椭圆状披针形，长5–8毫米；花盘长1.8–2.5毫米 …………………………… 18. **展枝沙参 A. divaricata**

13. 茎生叶通常仅部分轮生，多少错开，少数仅部分对生至完全互生；叶椭圆状卵形、窄椭圆形、披针形或线状椭圆形，锯齿内弯或具细长锯齿；花序分枝不轮生；花萼裂片披针形，长3–6毫米；花盘长不过2毫米。

14. 花盘长1.5–2毫米；花柱稍短于花冠；叶长3–5（–10）厘米，宽0.5–1.5（–2）厘米 ……………………………………………………………………………………………… 19. **北方沙参 A. boreali**

14. 花盘长0.5–1.5毫米；花柱多少伸出花冠；叶长6–13（–16）厘米，宽1.5–4厘米 ……………………………………………………………………………… 19(附). **长白沙参 A. pereskiifolia**

12. 茎生叶完全互生。

15. 茎生叶至少下部的具长或短的叶柄，极少近无柄的；花萼筒部决不为球状，裂片全缘而常宽大，卵形或披针形，稀线状披针形。

16. 茎生叶全部具明显的叶柄，叶基部心形或圆钝，不下延或下延很短；花萼裂片先端稍钝。

17. 茎生叶基部全为心形，叶纸质；花萼筒部倒三角状圆锥形 ……………………… 10. **荠苨 A. trachelioides**

17. 茎生叶基部平截、圆钝或宽楔形，或仅茎下部叶有时浅心形，叶膜质；花萼筒部倒卵状或倒卵状圆锥形 ……………………………………………………………………… 10(附). **薄叶荠苨 A. remotiflora**

16. 茎生叶在茎上部的无柄或仅有楔状短柄，叶基部常楔状下延；花萼裂片先端急尖或渐尖。

18. 花萼裂片卵形或长卵形，基部通常彼此重叠，宽1.5–4毫米；花盘通常被毛；花柱与花冠近等长；花序分枝长，近平展或弓曲向上 ……………………………………………… 12. **杏叶沙参 A. hunanensis**

18. 花萼裂片卵状披针形或线状披针形，宽1–2（3）毫米，决不重叠；花盘无毛；花柱明显伸出花冠或否。

19. 花冠长2–2.7厘米，较深裂，裂片长0.8–1.1厘米；花柱与花冠近等长，稍短于或稍伸出花冠；花盘长1.8–2.1毫米 ……………………………………………………………… 11. **秦岭沙参 A. petiolata**

19. 花冠长不及1.8厘米，较浅裂，裂片长不过5毫米；花柱明显伸出花冠；花盘长不及1.5毫米。

20. 叶无毛，长3–8厘米，宽0.5–2厘米；花萼无毛，稀有粒状毛，裂片线状披针形，宽1毫米；花冠长1.3–1.5厘米 ……………………………………………………………… 13. **中华沙参 A. sinensis**

20. 叶通常两面疏生短硬毛，稀近无毛，长7–13厘米，宽1.5–3厘米；花萼常被毛，稀无毛，裂片披针形或线状披针形，宽1–2毫米；花冠长约1.7厘米 ………………… 13(附). **多毛沙参 A. rupincola**

15. 茎生叶无柄，仅个别种（如A. stricta）的少数植株下部叶有极短而带翅的叶柄，如明显有柄则花萼裂片具齿；花萼筒部球状或否，通常裂片狭窄，披针形或更窄，稀较宽，则具齿或浅裂。

21. 花萼裂片宽，卵形或卵状披针形，先端稍钝或急尖，下面有清晰的网脉，边缘具齿或浅裂；花柱稍长于花冠 ……………………………………………………………………… 17(附). **沼沙参 A. palustris**

21. 花萼裂片窄，或宽而不为卵形或卵状披针形，先端渐尖，下面不具清晰网脉。

22. 花萼裂片宽，卵状三角形，下部彼此重叠，每一个又常向侧后反叠，有两对长齿；蒴果近球状；花柱短于花冠 ……………………………………………………………… 17. **锯齿沙参 A. tricuspidata**

22. 花萼裂片窄，彼此决不重叠，也不向侧后反叠，有或无齿。

23. 花萼裂片全缘。

24. 花萼裂片长钻形，基部最宽，长（0.4–）0.6–1.4厘米，萼筒球状而无毛，或倒卵状、倒卵状圆锥形而常被毛；花盘短，长0.5–2（2.5）毫米；花柱与花冠近等长。

25. 花萼筒部倒卵状或倒卵状圆锥形，常有毛；花梗长不及1厘米；茎生叶无柄或偶有极不明显的叶柄。
26. 花盘短，长1-1.8毫米；花冠长1.5-2.3厘米。
27. 茎生叶被长柔毛或长硬毛，稀无毛；花萼被极密的硬毛；花冠外面被短硬毛 ………… 3. **沙参 A. stricta**
27. 茎生叶被短毛；花萼被短硬毛或粒状毛；花冠外面无毛或仅顶端脉上有几根毛 ……………………………… 3(附). **无柄沙参 A. stricta** subsp. **sessilifolia**
26. 花盘较长，长1.8-2（-2.5）毫米；花冠长2-2.5厘米 ……………………………… 4. **川西沙参 A. aurita**
25. 花萼筒部球状，无毛；花梗长1.5-3厘米；茎生叶至少下部的具短柄 ……… 6. **湖北沙参 A. longipedicellata**
24. 花萼裂片三角状披针形或线状披针形，长2-6毫米，如超过6毫米，则萼筒绝非球状，无毛；花盘较长或短，长0.8-4毫米；花柱明显伸出花冠或否。
28. 茎生叶常线形而全缘或宽而疏生锯齿；花萼无毛；花柱稍短于花冠 ……………………… 7. **狭叶沙参 A. gmelinii**
28. 茎生叶卵形或披针形，稀披针状线形或近圆形，边缘疏生尖锐锯齿或刺状齿；花萼常被毛，有时萼筒被粒状毛，稀近无毛；花柱多数稍长于花冠，少数近等长 ……………………………… 8. **石沙参 A. polyantha**
23. 花萼裂片边缘有齿。
29. 茎丛生，常多分枝，呈扫帚状；茎生叶针状或长椭圆状线形；花冠长1-1.3厘米；花盘短，长1-1.5毫米；蒴果细长，椭圆状，径2-3.5毫米 ……………………………… 9. **扫帚沙参 A. stenophylla**
29. 体态非上述；花冠一般较大；蒴果较粗（仅个别种的蒴果也和对立项一样细长）。
30. 花单朵顶生或仅数朵集成假总状花序，极少为窄圆锥花序；花冠窄钟状 ………… 9(附). **狭长花沙参 A. elata**
30. 花多朵至极多数，成假总状花序或通常为圆锥状花序；花冠钟状或宽钟状。
31. 花盘短，近环状，长不及1.2毫米；花柱多少伸出花冠至伸出部分达5毫米。
32. 茎生叶均匀分布于茎上，常无柄，多少被毛，卵形或长卵形或倒卵形 ……………… 5. **云南沙参 A. khasiana**
32. 茎生叶在花期密集于茎中部，下部的早枯萎，具楔状短柄，无毛，线状椭圆形或披针形 ……………………………… 16. **聚叶沙参 A. wilsonii**
31. 花盘通常较长，长在1.5毫米以上，稍较短；花柱一般与花冠近等长，也有长于花冠的，但没有短花盘与长花柱的结合。
33. 茎生叶无柄，稀有楔状短柄。
34. 茎绝大多数密生短硬毛；叶两面被毛，边缘具2至数个粗齿；花盘被毛 ……… 14. **泡沙参 A. potaninii**
34. 茎无毛或被细柔毛；叶通常无毛，稀有毛，边缘具多数锯齿；花盘无毛 ……………………………… 15(附). **新疆沙参 A. tiliifolia**
33. 茎生叶有明显叶柄，至少茎下部的叶如此 ……………………………… 15. **多歧沙参 A. wawreana**

1. 甘孜沙参 图 699

Adenophora jasionifolia Franch. in Journ. Bot. 9: 365. 1895.

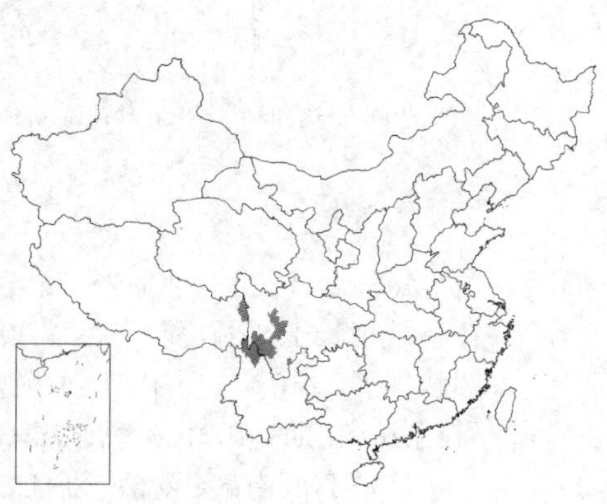

茎基有时具横走的分枝。茎2至多支发自一条根上，稀单生，上升，高达60厘米，不分枝，无毛或疏生柔毛。茎生叶多集中于茎下半部，卵圆形、椭圆形、披针形或线状披针形，长2-8厘米，基部渐窄成短柄，但通常无柄，两面有短柔毛，稀无毛。花单朵顶生，或少数几朵集成假总状花序，有时花序下部具有只生单朵花的花序分枝。花梗短；花萼无毛，或有时裂片边缘疏生睫毛，萼筒倒圆锥状，基部急尖，稀钝，裂片窄三角状钻形，长5-8(10)毫米，边缘有多对瘤状小齿；花冠漏斗状，蓝或紫蓝色，长1.5-2.2厘米，分裂达2/5-1/2，裂片三角状卵圆形；花盘环状，高0.5-1毫米；花柱比花冠短，稀近等长。蒴果椭圆状，长0.8-1.1厘米。种子椭圆状，有1条窄棱。花期7-8月，果期9月。染色体2n=34。

产云南西北部、四川西部及西藏东部，生于海拔（3000）3500-4700米草地或林缘草丛中。

2. 台湾沙参 图 700

Adenophora morrisonensis Hayata, Mater. Fl. Formos. 165. 1911.

植株有横走的茎基分枝。茎单生或数支发自一条茎基上，不分枝或有时于中部分枝，高达10-30厘米，无毛或疏生硬毛。基生叶卵状三角形，基部近平截；茎生叶互生，无柄，但下部叶有长达1厘米的叶柄，线状披针形或椭圆形，长3-8厘米，两面无毛或疏生短毛。花单朵顶生或数朵集成假总状花序，或有花序分枝而集成圆锥状花序。花梗细长，长1.5-3厘米；花萼无毛，萼筒倒卵状圆锥形，裂片长钻形，长1-1.5厘米，基部宽1-1.5毫米，边缘有多对细齿；花冠大，宽钟状，长2.8-3.5厘米，裂片卵状三角形，占花冠1/3长；花盘环状，不足1毫米长；花柱比花冠短数毫米。蒴果球状椭圆形，长1厘米。种子椭圆状，有1条翅状棱。

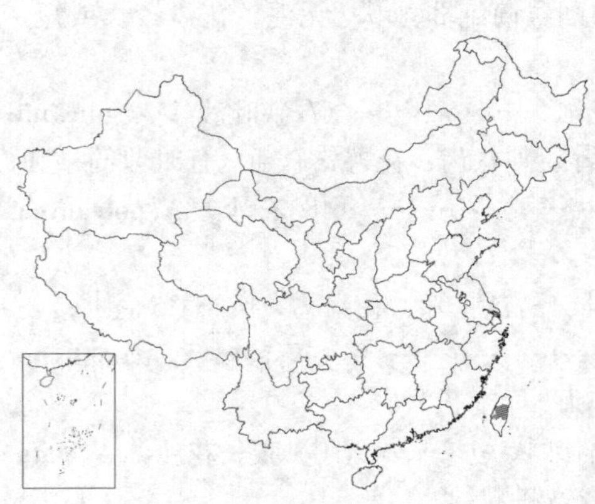

产台湾，生于高山地带。

[附] **天蓝沙参** 彩片 167 **Adenophora coelestis** Diels in Notes Roy. Bot. Gard. Edinb. 5: 173. 1912. 本种与台湾沙参的主要区别：花盘筒状或短筒状，长（1.2）2-3（-3.5）毫米；花梗较短；茎高50-80厘米。花期8-10月。产云南及四川西南部，生于海拔1200-4000米林下、林缘、林间空地或草地中。

图 699 甘孜沙参 （孙英宝绘）

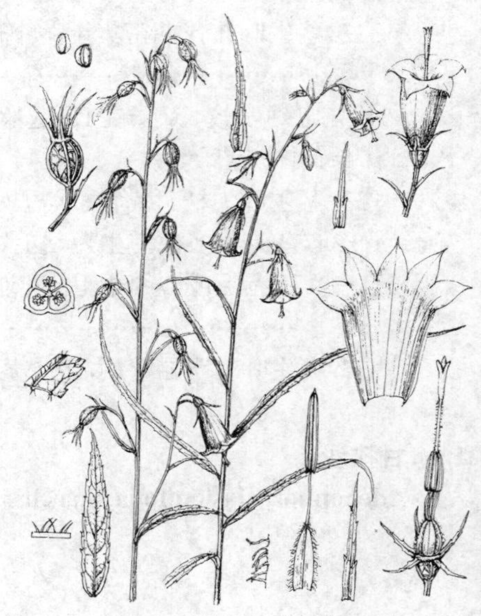

图 700 台湾沙参 （引自《Fl. Taiwan》）

3. 沙参 图 701 彩片 168

Adenophora stricta Miq. in Ann. Mus. Bot. Lugd.-Bat. 2: 192. 1866.

Adenophora axilliflora Borb; 中国高等植物图鉴 4: 390. 1975.

茎高40-80厘米，不分枝，常被长柔毛，稀无毛。基生叶心形，大而具长柄；茎生叶无柄，或仅下部的叶有极短而带翅的柄，叶椭圆形或窄卵形，两面被长柔毛或长硬毛，稀无毛，长3-11厘米。花序常不分枝而成假总状花序，或有短分枝而成极窄的圆锥花序，稀具长分枝而为圆锥花序。花梗长不及5毫米；花萼被极密的硬毛，萼筒常倒卵状，稀倒卵状圆锥形，裂片多为钻形，稀线状披针形，长6-8毫米；花冠宽钟状，蓝或紫色，外面被短硬毛，特别是在脉上，长1.5-2.3厘米，裂片长为全长的1/3，三角状卵形；花盘短筒状，长1-1.8毫米，无毛；花柱常稍长于花冠，稀较短。蒴果椭圆状球形，长0.6-1厘米。种子稍扁，有1条棱。花期8-10月。染色体2n=34。

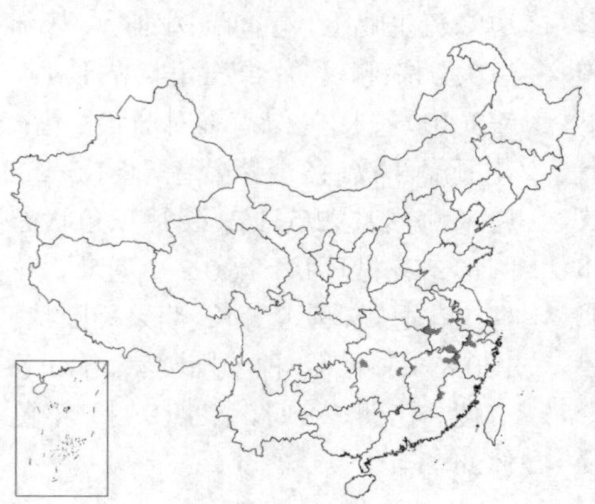

产江苏西南部、安徽、浙江、福

建西部、江西北部及湖南，生于低山草丛中或岩石缝中。日本有分布。

[附] **无柄沙参** 彩片 169 **Adenophora stricta** subsp. **sessilifolia** D. Y. Hong, Fl. Reipubl. Popul. Sin. 73 (2): 183. 1983. 与模式亚种的主要区别：茎叶被短毛；花萼多被硬毛或粒状毛，稀无毛的；花冠外面无毛或仅顶端脉上有几根硬毛。产云南东北部、四川、贵州、广西、湖南西部、湖北西部、湖南西部、陕西秦岭以南及甘肃东南部，生于海拔600-2000米草地或林缘草地中。

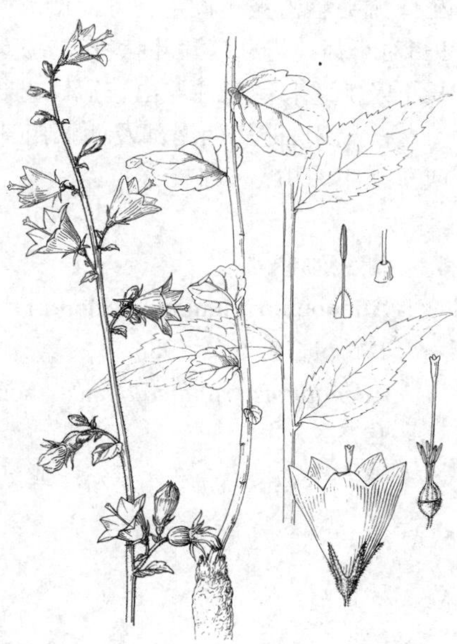

图 701 沙参 （冯晋庸绘）

4. 川西沙参 图 702

Adenophora aurita Franch. in Journ. Bot. 9: 366. 1895.

茎单生，不分枝，高达1米，通常密被糙毛，稀被长毛或近无毛。茎生叶无柄，有的叶基部稍耳状抱茎，少数在茎下部的叶有极短而带翅的短柄，常为椭圆状披针形、线状披针形或卵状椭圆形，个别植株的叶近正方形，长2-8厘米，边缘有锯齿、疏尖齿或近圆齿，两面疏被短硬毛。花序分枝通常极短而单花，组成假总状花序，稀长而多花，组成圆锥花序。花梗短，长不及1厘米；花萼常被硬毛，稀被糙毛或稀无毛，萼筒倒卵状或倒卵状圆锥形，裂片线状披针形，长(4)6-8(10)毫米；花冠宽钟状，长2-2.5厘米，常蓝色，稀蓝紫色，裂片宽圆状三角形，长5-7毫米；花盘长1.8-2（-2.5）毫米，无毛；花柱与花冠近等长。蒴果卵状椭圆形，长约8毫米。种子稍扁，有1条宽的纵翅。花期7-9月，果期9月。

产四川西部，生于海拔2100-3250米山坡草地、林缘或灌丛中。

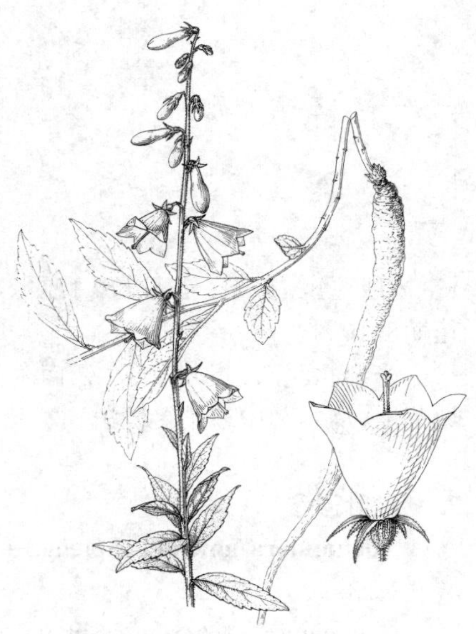

图 702 川西沙参 （冯晋庸绘）

5. 云南沙参 重齿沙参 图 703

Adenophora khasiana (Hook. f. et Thoms.) Coll. et Hemsl. in Journ. Linn. Soc. Bot. 28: 80. 1890.

Campanula khasiana Hook. f. et Thoms. in Journ. Linn. Soc. Bot. 2: 25. 1858.

Adenophora bulleyana Diels; 中国高等植物图鉴 4: 391. 1975.

Adenophora diplodonta Diels; 中国高等植物图鉴 4: 779. 1975.

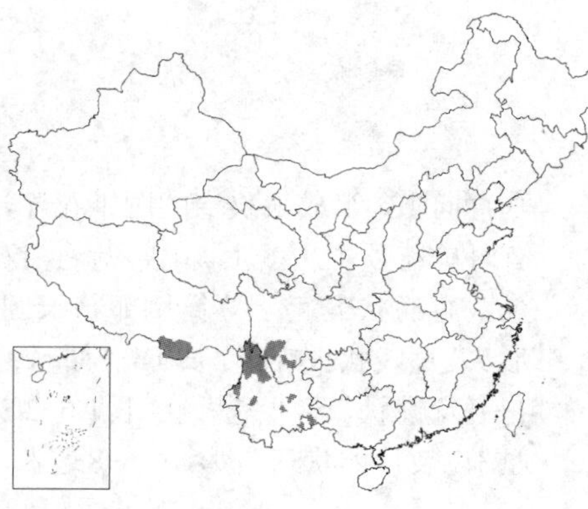

茎常单支，稀两支发自1条茎基上，高达1米，不分枝，常被白色细硬毛，稀近无毛。茎生叶宽卵形、卵形、长卵形或倒卵形，长3-9厘米，先端常急尖，基部楔状渐窄成短柄，有时茎下部的叶基部狭窄而下延成长达2厘米的柄，有时全部叶无柄或近无柄，上面疏生糙毛，下面密被硬毛或仅叶脉上被硬毛。花序有短的分枝成窄圆锥状花序，或无分枝仅数花组成假总状花序。花梗短；

花萼无毛至密被短硬毛，萼筒倒卵圆形，裂片钻形，长5-7毫米，边缘有1-3对小齿；花冠窄漏斗状钟形，淡紫或蓝色，长1-2.4厘米；花盘短筒状，长不及1毫米；花柱伸出花冠。花期8-10月。

产云南、四川西南部及西藏南部，生于海拔1000-2800米杂木林、灌丛或草丛中。印度东部有分布。

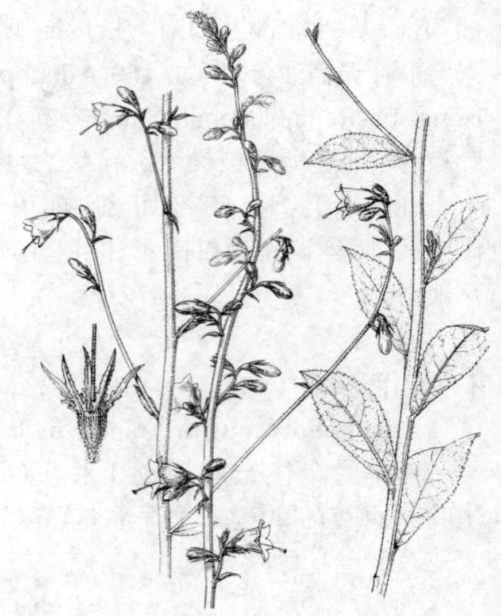

图 703 云南沙参 （冯晋庸绘）

6. 湖北沙参 图 704：1-2

Adenophora longipedicellata D. Y. Hong, Fl. Reipubl. Popul. Sin. 73(2): 185. pl. 19: 6-7. 1983.

Adenophora rupincola auct. non. Hemsl.: 中国高等植物图鉴 4: 778. 1975.

茎高大，长1-3米，不分枝或具长达70厘米的细长分枝，无毛。基生叶卵状心形；茎生叶至少下部的具柄，叶卵状椭圆形或披针形，边缘具细齿或粗锯齿，薄纸质，长7-12厘米，无毛或下面脉上疏生刚毛。花序具细长分枝，组成疏散的大圆锥花序，无毛或有短毛。花梗长1.5-3厘米；花萼无毛，萼筒球状，裂片钻状披针形，长0.8-1.4厘米；花冠钟状，白、紫或淡蓝色，长1.9-2.1厘米，裂片三角形，长5-6毫米；花盘环状，长1毫米或更短，无毛；花柱长2.1厘米，与花冠近等长或稍伸出。幼果球状。花期8-10月。

产湖北西部、贵州北部、云南东北部及四川，生于海拔2400米以下山坡草地、灌木丛中或峭壁缝里。

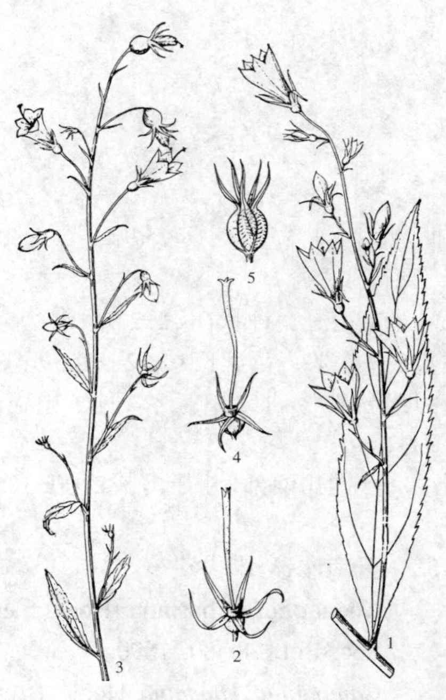

图 704：1-2.湖北沙参 3-5.中华沙参 （路桂兰绘）

7. 狭叶沙参 图 705

Adenophora gmelinii (Spreng.) Fisch. in Mém. Soc. Nat. Mosc. 6: 167. 1823.

Campanula fischeriana Spreng. Syst. 77. 1825.

根细长，长达40厘米，皮灰黑色。茎单生或数支发自1条茎基上，不分枝，常无毛，有时有短硬毛，高达80厘米。基生叶浅心形、三角形或菱状卵形，具粗圆齿；茎生叶常为线形，稀披针形，全缘或具疏齿，无毛，长4-9厘米，无柄。聚伞花序为单花组成假总状花序，或下部的有几朵花，短而垂直向上，组成很狭窄的圆锥花序，有时单花顶生主茎上。花萼无毛，仅少数有瘤状突起，萼筒倒卵状长圆形，裂片线状披针形，长0.4-1厘米；花冠宽钟状，蓝或淡紫色，长1.6-2.8厘米，裂片卵状三角形，长6-8毫米，

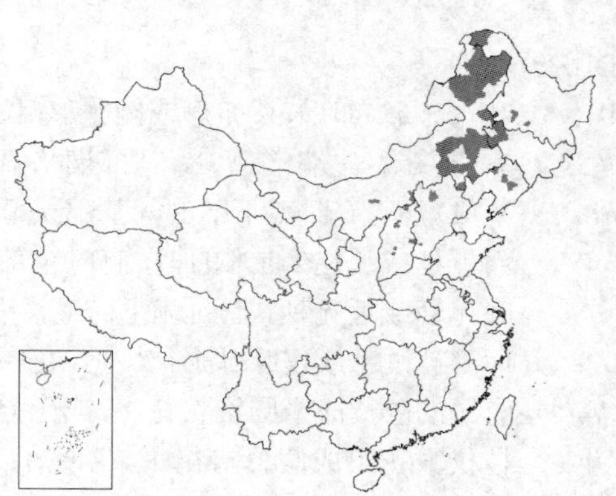

稀近正三角形，长仅4毫米；花盘筒状，长1.3-3.5毫米；花柱稍短于花冠，稀近等长。蒴果椭圆状，长0.8-1.3厘米。种子椭圆状，有1条翅状棱。花期7-9月，果期8-10月。

产黑龙江、吉林、辽宁、内蒙古东部及南部、山西及河北，生于海拔2600米以下山坡草地或灌丛下。蒙古东部及俄罗斯东西伯利亚南部和远东地区有分布。

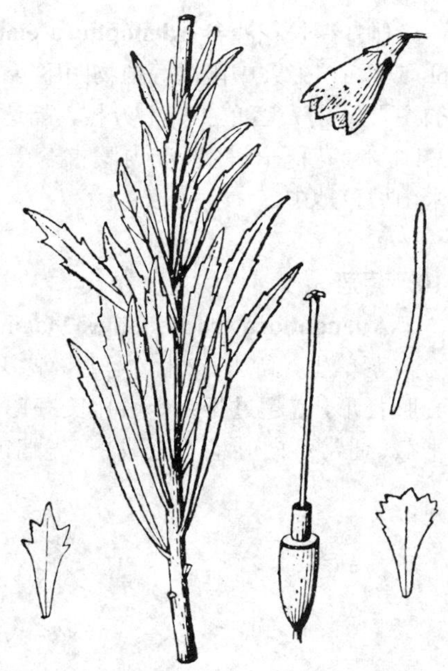

图 705 狭叶沙参 （吴彰桦绘）

8. 石沙参 图 706 彩片 170

Adenophora polyantha Nakai in Bot. Mag. Tokyo, 23: 188. 1909.

茎1至数支发自1条茎基上，常不分枝，高达1米。基生叶心状肾形，边缘具不规则粗锯齿，基部沿叶柄下延；茎生叶卵形或披针形，稀披针状线形，长2-10厘米，边缘疏生尖锯齿或刺状齿，无柄。花序常不分枝而成假总状花序，或有短分枝而组成窄圆锥花序。花梗短，长不及1厘米；花萼通常被各式毛，有的为乳头状突起，稀无毛，萼筒倒圆锥状，裂片窄三角状披针形，长3.5-6毫米；花冠紫或深蓝色，钟状，喉部常稍收缢，长1.4-2.2厘米，裂片短，不及全长1/4，常先直而后反折；花盘筒状，长（2）2.5-4毫米，常疏被细柔毛；花柱稍短于花冠，有时在花大时与花冠近等长。蒴果卵状椭圆形，长约8毫米。种子卵状椭圆形，稍扁，有1条带翅的棱。花期8-10月。

产辽宁、内蒙古中部、河北、山东、江苏、安徽、河南、山西、陕西、甘肃东南部及宁夏南部，生于海拔2000米以下阳坡开旷草地。朝鲜半岛有分布。

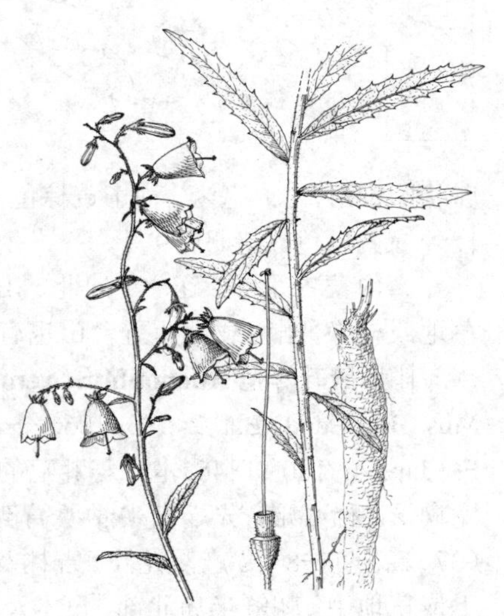

图 706 石沙参 （冯晋庸绘）

9. 扫帚沙参 图 707

Adenophora stenophylla Hemsl. in Journ. Linn. Soc. Bot. 26: 10 (in nota). 1889.

茎通常多支发自1条根上，丛生，高达50厘米，常多细弱分枝，加之叶较密集，因此体态为扫帚状，密被短毛至无毛。基生叶卵圆形，基部圆钝；茎生叶无柄，针状或长椭圆状线形，长至6厘米，全缘或疏生尖锯齿，无毛或被短刚毛。花序分枝纤细，近垂直上升，组成窄圆锥花序，稀无花序分枝，仅数朵花集成假总状花序。花梗纤细；花萼无毛，萼筒长圆状倒卵形，裂片钻状，长3-4毫米，全缘或有1-2对瘤状小齿；花冠钟状，蓝或紫蓝色，长1-1.3厘米，裂片卵状三角形，长3-3.5毫米；花盘筒状，长1-1.5毫米，无毛或有疏毛；花柱稍短于花冠。蒴果椭圆状或长椭圆状，长4-8毫米，径2-3.5毫米。种子椭圆状，稍扁，有条带翅的棱。花期7-9月，果期9月。

产黑龙江西南部吉林及内蒙古，生于干草地。

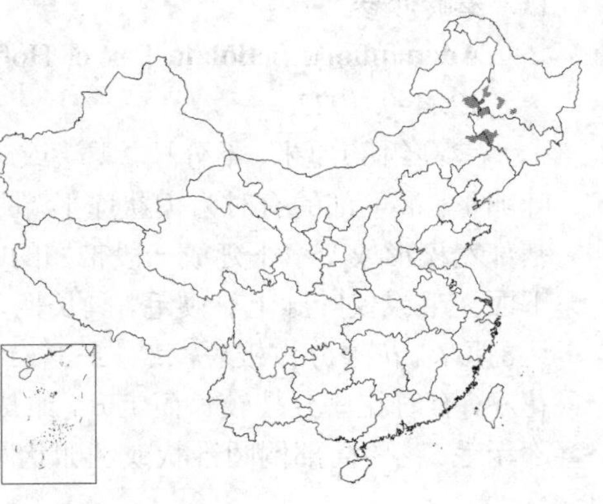

[附] 狭长花沙参 **Adenophora elata** Nannf. in Acta Hort. Gothob. 5: 16. pl. 5. f. a. 1929; 中国高等植物图鉴 4: 780. 1975, pro parte. 本种与扫帚沙参的主要区别：茎单生，不分枝，高达1.2米；花较大，常单朵顶生，长2-3.4厘米，花冠窄钟状。产内蒙古东南部、河北及山西，生于海拔1700-3000米山坡草地中。

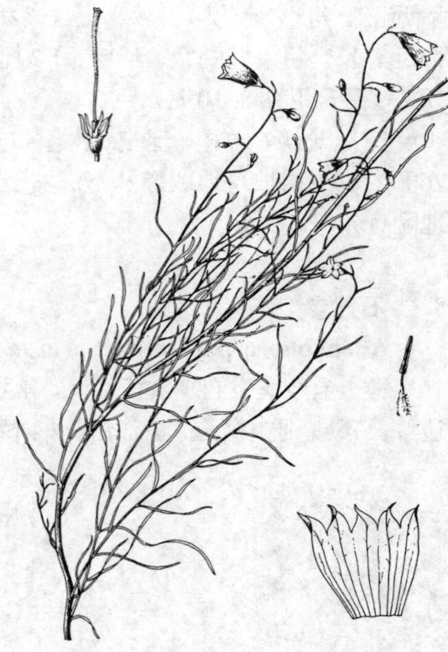

图 707 扫帚沙参 （田 虹绘）

10. 荠苨 图 708

Adenophora trachelioides Maxim. Prim. Fl. Amur. 186 (in nota). 1859.

茎单生，高达1.2米，无毛，常多少之字形曲折，有时具分枝。基生叶心脏肾形，宽超过长；茎生叶长3-13厘米，基部心形或茎上部的叶基部近平截，通常不向叶柄下延成翅，先端钝或短渐尖，边缘具单锯齿或重锯齿，无毛或沿叶脉疏生短硬毛，叶柄长2-6厘米。花序分枝大多长而几乎平展，组成大圆锥花序，或分枝短而组成窄圆锥花序。花萼筒部倒三角状圆锥形，裂片长椭圆形或披针形，长0.6-1.3厘米；花冠钟状，蓝、蓝紫或白色，长2-2.5厘米，裂片宽三角状半圆形，先端急尖，长5-7毫米；花盘筒状，长2-3毫米；花柱比花冠近等长。蒴果卵状圆锥形，长7毫米。种子黄棕色，两端黑色，长圆状，稍扁，有1条棱，棱外缘黄白色。花期7-9月。

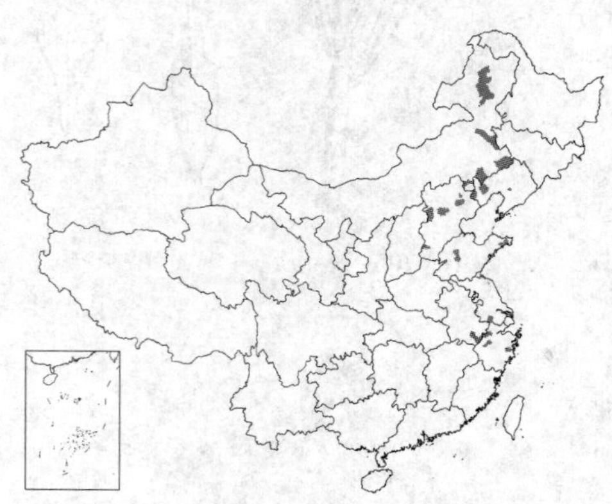

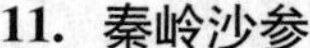

产内蒙古东部、辽宁、河北、山东、江苏、浙江及安徽南部，生山坡草地或林缘。据记载山西五台山也有。

[附] 薄叶荠苨 **Adenophora remotiflora** (Sieb. et Zucc.) Miq. in Ann. Mus. Bot. Lugd.-Bat. 2: 193. 1866.——*Campanula remotiflora* Sieb. et Zucc. Fl. Jap. 4: 180. 1846. 本种与荠苨的主要区别：叶膜质，基部平截、圆钝或宽楔形，稀心形，先端渐尖；萼筒倒卵状或倒卵状圆锥形。染色体2n=34（37）。花期7-8月。产黑龙江、吉林及辽宁，生于海拔1700米以下林缘、林下或草地中。朝鲜半岛北部、日本及俄罗斯有分布。

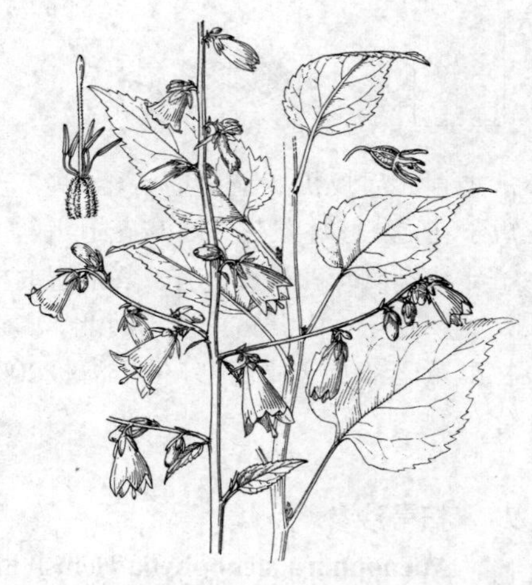

图 708 荠苨 （冯晋庸绘）

11. 秦岭沙参 图 709

Adenophora petiolata Pax et Hoffm. in Fedde, Repert. Nov. Sp. Beih. 12: 499. 1922.

茎高约80厘米，不分枝，无毛或疏生白色长柔毛。基生叶未见；茎生叶卵形，最下部的有时为楔状卵形，长4-10厘米，先端短渐尖，稀长渐尖，基部宽楔形或变窄下延成一段带翅的叶柄，边缘具粗锯齿，上面疏生短毛，下面无毛或仅叶脉上有硬毛，具长柄，仅最上端数枚具楔状短柄，柄长可达8厘米。花序分枝极短，仅具2-3花或单花，组成极窄圆锥花序至假总状花序，有时花序分枝较长而上升，组成较宽的圆锥花序，花序轴及花的各部无毛。花萼筒部倒圆锥状或倒卵状圆锥形，裂片卵状披针形或窄三角状

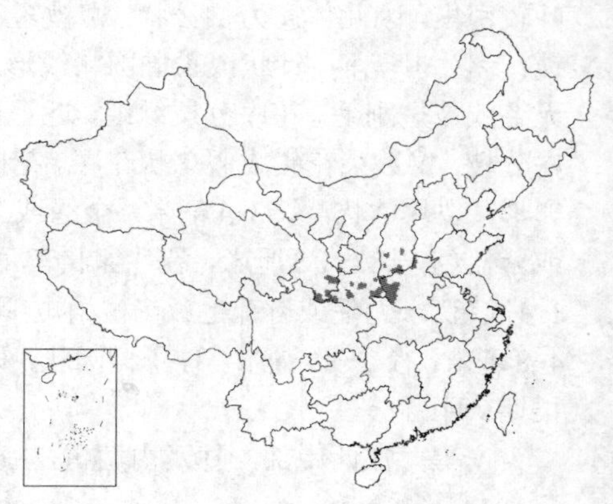

披针形，长4-9毫米；花冠钟状，蓝、浅蓝或白色，长2-2.7厘米，裂片卵状三角形，长0.8-1.1厘米；花盘短筒状，长1.8-2.1毫米，无毛；花柱与花冠近等长，稍短于或稍伸出花冠。蒴果卵状椭圆形，长8毫米。花期7-8月。

产甘肃东南部、陕西南部、山西南部及河南西部，生于海拔（1000-）1700-2300米林下或山坡路边。

图 709 秦岭沙参 （冯晋庸绘）

12. 杏叶沙参 宽裂沙参　　图 710 彩片 171

Adenophora hunanensis Nannf. in Hand. -Mazz. Symb. Sin. 7: 1070. 1936.

茎高达1.2米，不分枝，无毛或稍有白色短硬毛。茎生叶至少下部的具柄，叶卵圆形、卵形或卵状披针形，两面被疏或密的短硬毛，稀被柔毛或无毛，长3-10（15）厘米。花序分枝长，近平展或弓曲向上，常组成大而疏散的圆锥花序，稀分枝很短或长而几乎直立，因而组成窄的圆锥花序。花梗极短而粗壮，长2-3（-5）毫米，花序轴和花梗有短毛或近无毛；花萼常有或疏或密的白色短毛，或无毛，萼筒倒圆锥状，裂片卵形或长卵形，长4-7毫米，宽1.5-4毫米，基部通常彼此重叠；花冠钟状，蓝、紫或蓝紫色，长1.5-2厘米，裂片三角状卵形，长为花冠的1/3；花盘短筒状，长1.5-2.5毫米，通常被毛；花柱与花冠近等长。蒴果球状椭圆形，或近卵状，长6-8毫米。种子椭圆状，有1条棱。花期7-9月。

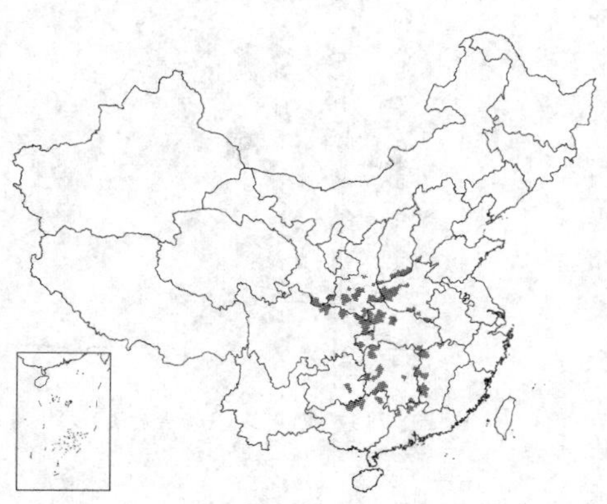

产河北南部、山西南部、河南、陕西南部、湖北、湖南、广东北部、广西北部、贵州东南部、四川东部及东北部、江西西部，生于海拔2000米以下山坡草地或林缘草地。

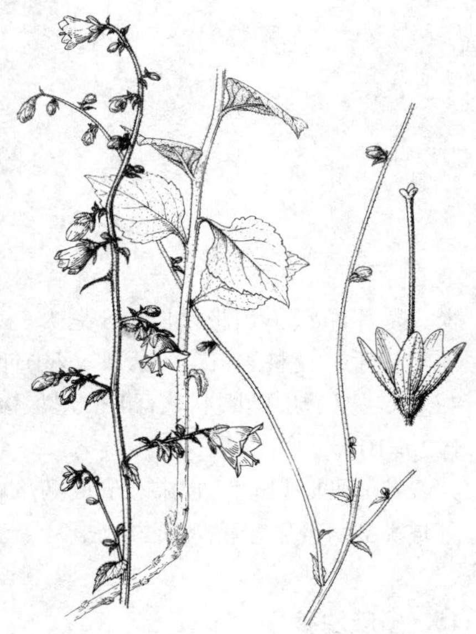

图 710 杏叶沙参 （冯晋庸绘）

13. 中华沙参　　图 704：3-5

Adenophora sinensis DC. Monogr. Camp. 354. t. 4: 1. 1830. pro parte excl. var. pilosa

茎单生或数支发自1条茎基上，不分枝，高达1米，无毛或疏生糙毛。基生叶卵圆形，基部圆钝，并向叶柄下延；茎生叶互生，下部的具长至2.5厘米的叶柄，上部的无柄或具短柄，叶长椭圆形或窄披针形，长3-8厘米，宽0.5-2厘米，边缘具细锯齿，两面无毛。花序常有纤细的分枝，组成窄圆锥花序。花梗纤细，长达3厘米；花萼通常无毛，稀疏生粒状毛，常球状，稀球状倒卵形，裂片线状披针形，长5-7毫米，宽约1毫米；花冠钟状，紫或紫蓝色，长1.3-1.5厘米；花盘短筒状，长1-1.5毫米；花柱超出花冠2-4毫米。蒴果椭圆状球形或球状，长6-7毫米。种子椭圆状，有1条窄翅状棱。花期8-10月。

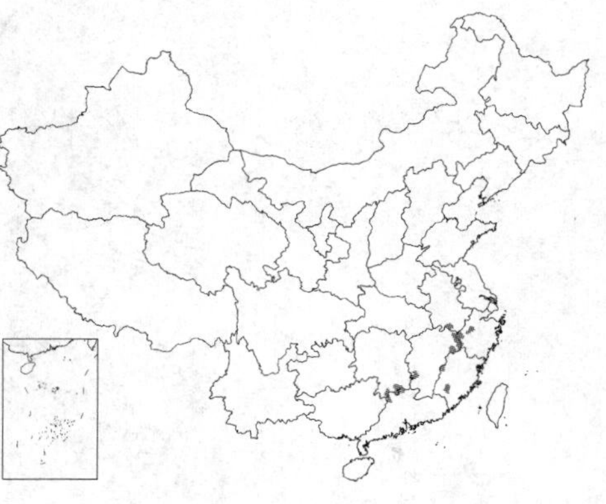

产安徽南部、浙江西南部、福建、江西东北部及西南部、湖南南部及广东北部，生于海拔1200米以下河边草丛或灌丛中。

[附] 多毛沙参 **Adenophora rupincola** Hemsl. in Journ. Linn. Soc. Bot. 26: 13. 1889.——*Adenophora pubescens* Hemsl.; 中国高等植物图鉴 4: 778. 1975. 本种与中华沙参的主要区别：叶卵状披针形，长7-13厘米，宽1.5-3厘米，两面疏生短硬毛，稀近无毛；花萼常被毛，萼筒倒卵状圆锥形，裂片披针形或线状披针形，宽1-2毫米，不反折；花冠长1.7厘米。花期7-10月。产湖北西部及江西北部，生于海拔1500米以下山沟或山坡草丛中。据记载四川有分布。

14. 泡沙参 图 711

Adenophora potaninii Korsh. in Mém. Acad. Imp. Sci . St. Pétersb. ser. 7, 42: 39. 1894.

茎高达1米，不分枝，常单支发自1条茎基上，被倒生短硬毛，稀近无毛。茎生叶卵状椭圆形或长圆形，稀线状椭圆形或倒卵形，长2-7厘米，每边具2至数个粗齿，两面有疏或密的短毛，无柄，稀下部叶有短柄。花序基部常分枝，组成圆锥花序，有时仅数花集成假总状花序。花梗长不过1厘米；花萼无毛，萼筒倒卵状或球状倒卵形，裂片窄三角状钻形，长3-7毫米，边缘有1对细长齿；花冠钟状，紫、蓝或蓝紫色，稀白色，长1.5-2.5厘米，裂片卵状三角形，长5-8毫米；花盘筒状，长2-2.6（-3）毫米，至少顶端被毛；花柱与花冠近等长或稍伸出。蒴果球状椭圆形或椭圆状，长约8毫米。种子长椭圆状，有1条翅状棱。花期7-10月，果期10-11月。染色体2n=102。

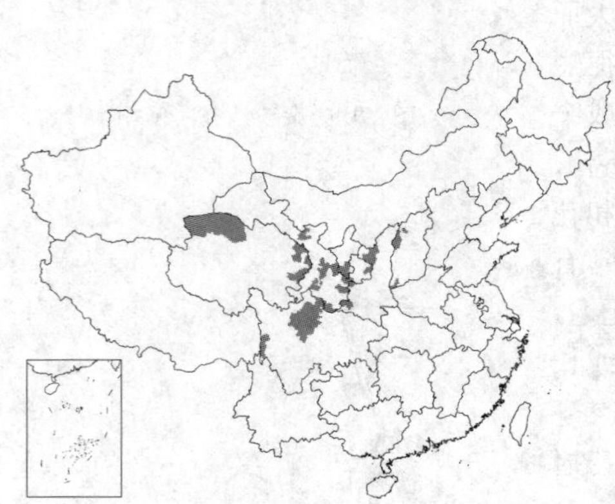

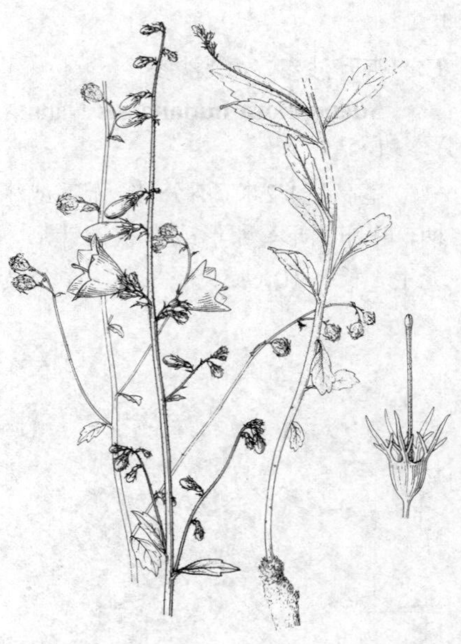

图 711 泡沙参 （冯晋庸绘）

产山西、陕西、甘肃、宁夏南部、青海及四川，生于海拔3100米以下阳坡草地，少生于灌丛或林下。

15. 多歧沙参 图 712

Adenophora wawreana Zahlbr. in Ann. Naturhist. (Wien.) 10 (Notiz.): 56. 1895.

根有时很粗大，径达7厘米。茎基常不分枝，茎通常单支，稀多支发自1条茎基上，常不分枝，常被倒生短硬毛或糙毛，稀近无毛或上部被白色柔毛，高达1米余。基生叶心形；茎生叶卵形或卵状披针形，稀宽线形，长2.5-10厘米，边缘具多枚整齐或不整齐尖锯齿，上面被稀疏粒状毛，下面无毛或仅叶脉上疏生短硬毛，稀密被短硬毛，

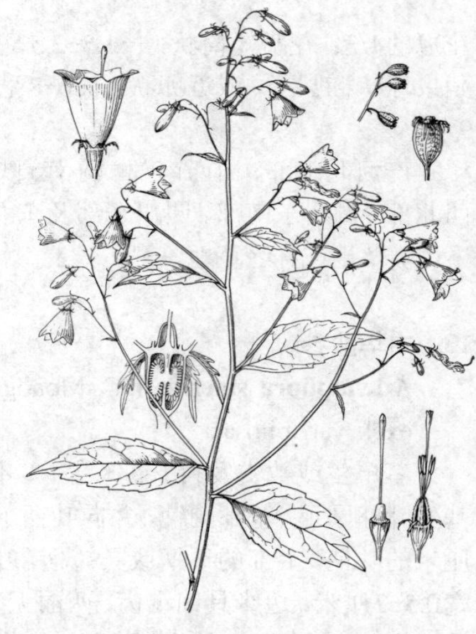

图 712 多歧沙参 （冯晋庸绘）

叶柄长达2.5厘米，稀具极短柄（叶为线形时，叶柄常不明显）。花序为大圆锥花序，花序分枝长而多，近横向伸展，常有次级分枝，至三级分枝，仅少数分枝短而组成窄圆锥花序，稀花序无分枝而为假总状花序。花梗长不过1.5厘米；花萼无毛，萼筒倒卵圆形或倒卵状圆锥形，裂片线形或钻形，长3-6（10）毫米，边缘有2-3对瘤状小齿或窄长齿；花冠宽钟状，蓝紫或淡紫色，长1.2-1.7（-2.2）厘米，裂片短；花盘梯状或筒状，长1.5-2毫米；花柱伸出花冠达4毫米。蒴果宽椭圆状，长约8毫米。种子长圆状，有1条宽棱。花期7-9月。

产辽宁、内蒙古、河北、河南、山西、陕西南部及甘肃南部，生于海拔2000米以下阴坡草丛、灌木林中或疏林下，多生于砾石或岩石缝中。

[附] **新疆沙参 Adenophora liliifolia** (Linn.) Bess. Enum. Pl. Volh. 90. 1822. —— *Campanula liliifolia* Linn. Sp. Pl. 233. 1753. 本种与多歧沙参的主要区别：茎高0.5-1.5米，无毛或被细柔毛；茎生叶上部的无柄，边缘具锯齿，无毛或仅边缘及脉上有细柔毛；花冠钟状，长约1.5厘米，裂片卵形，先端急尖；花盘无毛。产新疆（托里），生于山地林中及灌丛中。欧洲中部至中亚、俄罗斯西伯利亚广布。

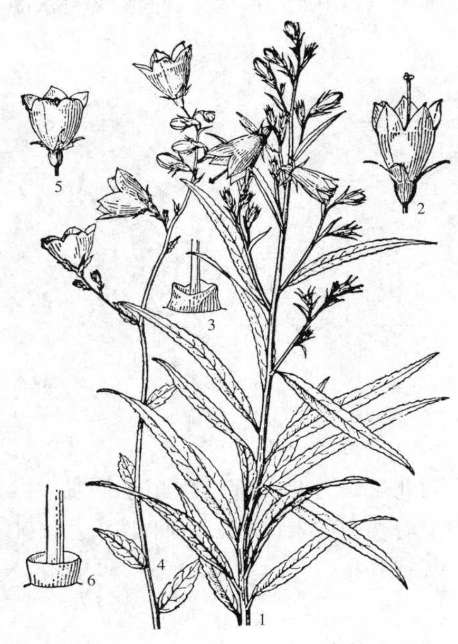

图 713：1-3.聚叶沙参 4-6.锯齿沙参 （冯晋庸绘）

16. 聚叶沙参 图 713：1-3

Adenophora wilsonii Nannf. in Hand.-Mazz. Symb. Sin. 7: 1075. 1936.

茎直立，常2至数支发自1条茎基上，不分枝，或上部分枝，高达80厘米，无毛，花期下部叶早枯，中部聚生许多叶。叶线状椭圆形或披针形，长4-10厘米，基部楔形，下延成短柄，边缘具锯齿或波状齿，两面无毛。花序圆锥状。花梗短，有时长达1厘米；花萼无毛，萼筒倒卵状或倒卵状圆锥形，稀球状倒卵形，裂片钻形或线状披针形，长5-7毫米，边缘具1-2对瘤状小齿；花冠漏斗状钟形，紫或蓝紫色，长1.5-2厘米，裂片卵状三角形，长约花冠1/3；花盘环状或短筒状，长不及1.2毫米，无毛；花柱长2-2.5厘米，伸出花冠约5毫米。蒴果球状椭圆形，长7-8毫米。花果期8-10月。

产湖北西部及西南部、湖南西北部、贵州北部、四川、陕西南部及甘肃南部，生于海拔1600米以下灌丛中或沟边岩石上。

17. 锯齿沙参 图 713：4-6

Adenophora tricuspidata (Fisch. ex Roem. et Schult.) DC. Monogr. Camp. 355. 1830.

Campanula tricuspidata Fisch. ex Roem. et Schult. Syst. Veg. 5: 116. 1819.

茎单生，稀两支发自1条茎基上，不分枝，高达1米，无毛。茎生叶互生，无毛，长椭圆形或卵状椭圆形，长4-8厘米，先端急尖，基部钝或楔形，边缘具锯齿，无柄。花序分枝极短，长2-3厘米，2至数花组成窄圆锥花序。花梗很短；花萼无毛，萼筒卵圆形或球状倒圆锥形，裂片卵状三角形，下部宽而彼此重叠，常向侧后反叠，先端渐尖，有两对长齿；花冠

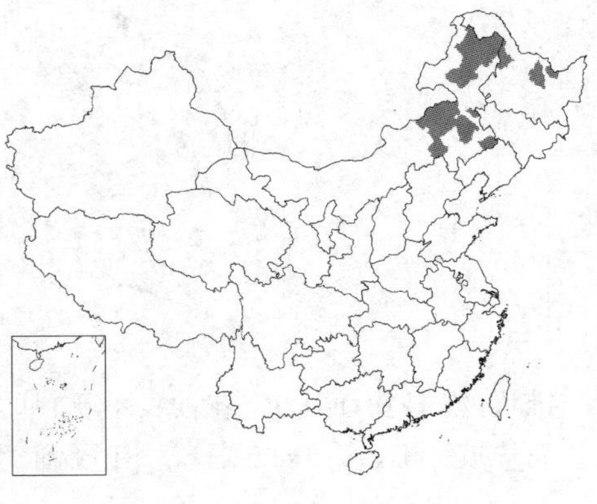

宽钟状，蓝、蓝紫或紫蓝色，长1.2-2厘米，裂片卵圆状三角形，长为花冠的1/3；花盘短筒状，长1-2毫米，无毛；花柱短于花冠。蒴果近球状。

产黑龙江及内蒙古东部，生于湿草甸、桦木林下或向阳草坡。俄罗斯西伯利亚和远东地区有分布。

[附] **沼沙参 Adenophora palustris** Kom in Acta Hort. Petrop. 18: 426. 1901. 4本种与锯齿沙参的主要区别：花萼裂片卵形或卵状披针形，先端稍钝或急尖，边缘浅裂或有齿，下面脉清晰网状；花少数集成假总状花序；叶宽而厚，有光泽。花期8月。产吉林和辽宁两省的东部。朝鲜半岛北部有分布。

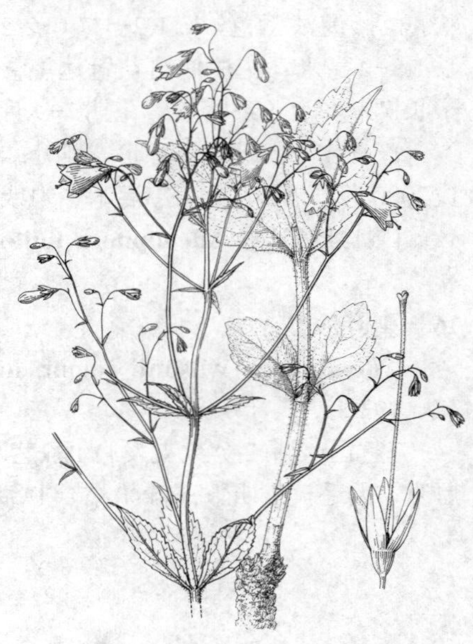

图 714 展枝沙参 （冯晋庸绘）

18. 展枝沙参 图 714

Adenophora divaricata Franch. et Sav. Enum. Pl. Jap. 2: 423. 1879.

茎单生，不分枝，常无毛，有时被细长硬毛，高达1米。茎生叶3-4轮，稀个别叶稍错开，菱状卵形或菱状圆形，长达6.5厘米，先端急尖或钝，稀短渐尖，边缘具锯齿，齿不内弯；花序常为宽金字塔状，花序分枝长而几乎平展，少见少花而为窄金字塔状的，分枝部分轮生或全部轮生，无毛或近无毛；花萼筒部圆锥状，基部急尖，最宽处在顶部，裂片椭圆状披针形，长5-8毫米；花冠钟状，蓝或蓝紫色，稀白色。花盘长1.8-2.5毫米。花期7-8月。

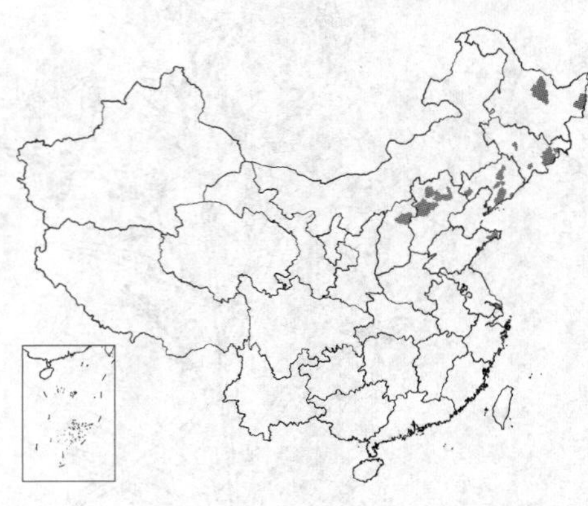

产黑龙江、吉林、辽宁、山西北部、河北北部及山东东南部，生于林下、灌丛中或草地中。在东北见于海拔500米以下，在河北可达1600米。朝鲜半岛、日本、俄罗斯远东地区有分布。

19. 北方沙参 图 715：1-3

Adenophora borealis D. Y. Hong et Y. Z. Zhao, Fl. Reipubl. Popul. Sin. 73(2): 187. 1983.

根胡萝卜状。茎基部极短，茎单生，稀2支同生于一条茎基上，直立，高达70厘米，不分枝，通常无毛，稀疏生短硬毛或柔毛。茎生叶着生方式多变：大部分轮生，有的少数轮生而大部分互生，也有的对生兼有互生，无柄；叶椭圆形、窄椭圆形或线形，基部楔形，先端急尖或短渐尖，长3-5(-10)厘米，宽0.2-1.5(-2)厘米，通常两面无毛，稀两面疏生白色细硬毛，边缘具锯齿或具细长锯齿。花序圆锥状，分枝短而互生。花梗长不及1厘米；花萼无毛，萼筒倒卵状圆锥形，裂片披针形，长3-4.5毫米；花冠蓝、紫或蓝紫色，钟状，长1.5-2厘米；花盘筒状，长1.5-2毫米；花柱稍短于花冠。花期8-9月。

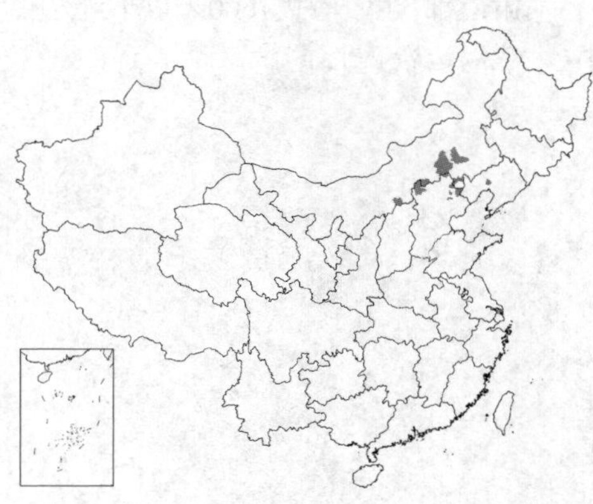

图 715：1-3. 北方沙参 4-7. 长白沙参
（王金凤 张桂芝绘）

产内蒙古、辽宁中西部及河北北部，生于海拔1500-1800米山坡草地。

[附] **长白沙参** 图 715:4-7 彩片 172 **Adenophora pereskiifolia** (Fisch. ex Roem. et Schult.) G. Don in London, Hort. Brit. 74. 1830.——*Campanula pereskiifolia* Fisch. ex Roem. et Schult. Syst. Veg. 5: 116. 1819. 与北方沙参的主要区别：花盘较短，长0.5-1.5毫米；花柱长（1.5）1.8-2.2厘米，伸出花冠；叶椭圆形，稀卵形，长6-13（-16）厘米，宽1.5-4厘米。花期7-8月。产黑龙江及吉林，生于海拔1000米以下林缘、林下草地或草甸中。朝鲜半岛北部、日本、蒙古东部、俄罗斯东西伯利亚及远东地区有分布。

20. 喜马拉雅沙参　图 716:1-2

Adenophora himalayana Feer in Engl. Bot. Jahrb. 14: 618. 1890.

根细，常稍加粗，达1厘米。茎常数支发自1条茎基上，不分枝，常无毛，稀有倒生短毛或长毛，高达60厘米。基生叶心形或近三角状卵形；茎生叶宽线形，稀窄椭圆形或卵状披针形，长3-12厘米，全缘，无毛，稀有毛，无柄或有时茎下部的叶具短柄，单花顶生或数朵花排成假总状花序。花萼无毛，萼筒倒圆锥状或倒卵状圆锥形，裂片钻形，长0.5-1厘米，全缘，稀有瘤状齿；花冠蓝或蓝紫色，钟状，长1.7-2.2厘米，裂片4-7毫米，卵状三角形；花盘粗筒状，长3-8毫米，径达2-3毫米；花柱通常稍伸出花冠。蒴果卵状长圆形。花期7-9月。

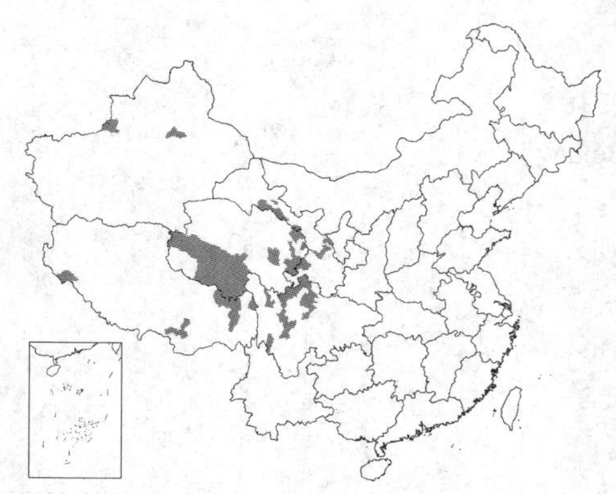

产新疆、甘肃、青海、四川西部及西藏，生于海拔3000-4700米高山草地或灌丛下。在新疆生于海拔1200-3000米北坡或山沟草地、灌丛下、林下、林缘或石缝中。喜马拉雅山、帕米尔、天山、塔尔巴哈台山等的国外部分有分布。

[附] **高山沙参 Adenophora himalayana** subsp. **alpina** (Nannf.) D. Y. Hong, Fl. Reipubl. Popul. Sin. 73(2): 132. 1983.——*Adenophora alpina* Nannf. in Acta Hort. Gothob. 5: 14. pl. 3. 1929. 与模式亚种的主要区别：叶卵形或卵状披针形，宽达2.5厘米，稀宽线形，下面常疏生硬毛；花萼裂片常有瘤状小齿，稀全缘；花盘粗或细，径1.5-2.5毫米；花柱常内藏。产四川西北部、陕西秦岭及甘肃东南部，生于海拔2500-4200米草地或林缘草地中。

图 716：1-2.喜马拉雅沙参 3-9.细叶沙参（王金凤绘）

21. 长柱沙参　图 717

Adenophora stenanthina (Ledeb.) Kitag. Lineam. Fl. Mansh. 418. 1939. *Campanula stenanthina* Ledeb. in Mém. Acad. Imp. Sci. St. Pétersb. 5: 525. 1814.

茎常数支丛生，高达1.2米，有时上部分枝，通常被倒生糙毛。基生叶心形，边缘有深刻而不规则的锯齿；茎生叶从线状至宽椭圆形或卵形，长2-10厘米，全缘或有疏离的刺状尖齿，通常两面被糙毛。花序无分枝，呈假总状花序，或有分枝而集成圆锥花序。花萼无毛，萼筒倒卵状或倒卵状

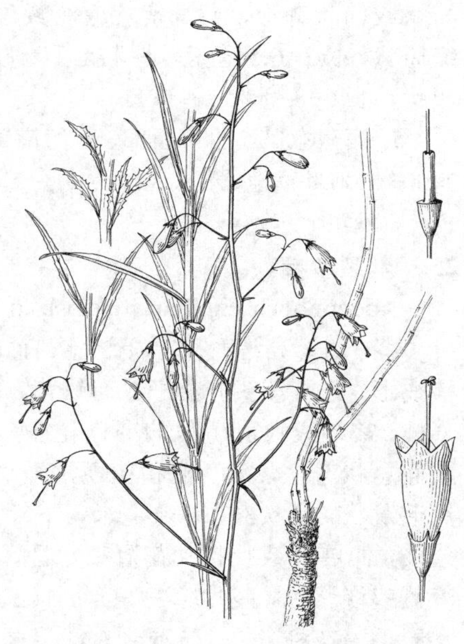

图 717 长柱沙参（冯晋庸绘）

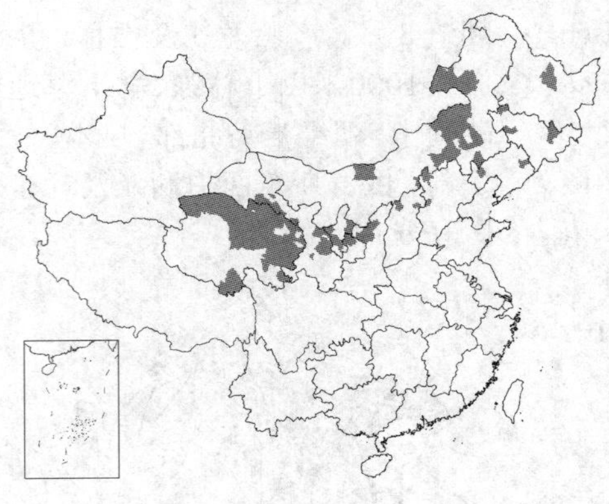

长圆形，裂片钻状三角形或钻形，长1.5-3毫米，全缘或稀有小齿；花冠细，长1-1.3厘米，近筒状，5浅裂，长2-3毫米，浅蓝、蓝、蓝紫或紫色；雄蕊与花冠近等长；花盘细筒状，长约4毫米，无毛或有柔毛；花柱长2-2.2厘米，伸出花冠0.7-1厘米。蒴果椭圆状，长7-9毫米。花期8-9月。

产黑龙江、吉林、辽宁、内蒙古、河北、山西北部、陕西西北部、甘肃、宁夏及青海，生于海拔1800（-2400）米以下砂地、草滩、山坡草地及耕地边。蒙古、俄罗斯东西伯利亚南部及远东地区有分布。

22. 川藏沙参 图 718

Adenophora liliifolioides Pax et Hoffm. in Fedde, Repert. Sp. Nov. Beih. 12: 499. 1922.

茎常单生，不分枝，高达1米，常被长硬毛，稀无毛。基生叶心形，边缘有粗锯齿，具长柄；茎生叶卵形、披针形或线形，边缘具疏齿或全缘，长2-11厘米，宽0.4-3厘米，下面常有硬毛，稀无毛。花序常有短分枝，组成窄圆锥花序，有时全株仅数朵花。花萼无毛，萼筒球状，裂片钻形，基部宽近1毫米，长（2）3-5（6）毫米，全缘，稀具瘤状齿；花冠细小，近筒状或筒状钟形，蓝、紫蓝或淡紫色，稀白色，长0.8-1.2厘米；花盘细筒状，长3-6.5毫米，通常无毛；花柱长1.5-1.7厘米。蒴果卵状或长卵状，长6-8毫米。

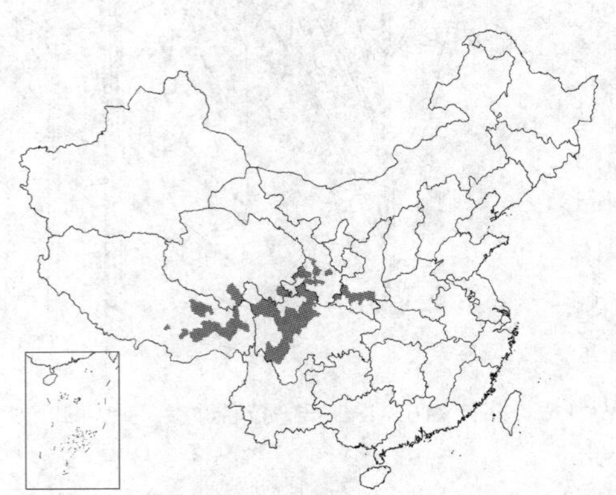

产西藏东部、四川西部、青海南部、甘肃南部及陕西秦岭，生于海拔2400-4600米草地、灌丛或乱石中。

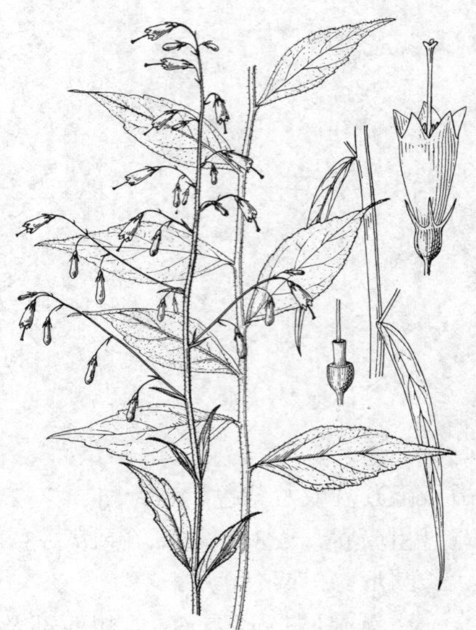

图 718 川藏沙参 （冯晋庸绘）

23. 丝裂沙参 图 719

Adenophora capillaris Hemsl. in Journ. Linn. Soc. Bot. 26: 10. 1889.

茎单生，高达1米余，无毛或有长硬毛。茎生叶卵形或卵状披针形，稀线形，先端渐尖，全缘或有锯齿，极少被毛，长3-19厘米。花序具长分枝，常组成大而疏散的圆锥花序，稀呈窄圆锥花序，更少仅数朵花集成假总状花序，花序梗和花梗常纤细如丝。花萼筒部球状，稀卵状，裂片毛发状，长（3-）6-9毫米，下部有时有1至数个瘤状小齿，稀叉状分枝，伸展开或反折；花冠细，近筒状或筒状钟形，长1-1.4厘米，白、淡蓝或淡紫色，裂片窄三角形，长3-4毫米；花盘细筒状，长2-5毫米，常无毛；花柱长2-2.5厘米。蒴果球状，稀卵状，长4-9毫米。花期7-8月。

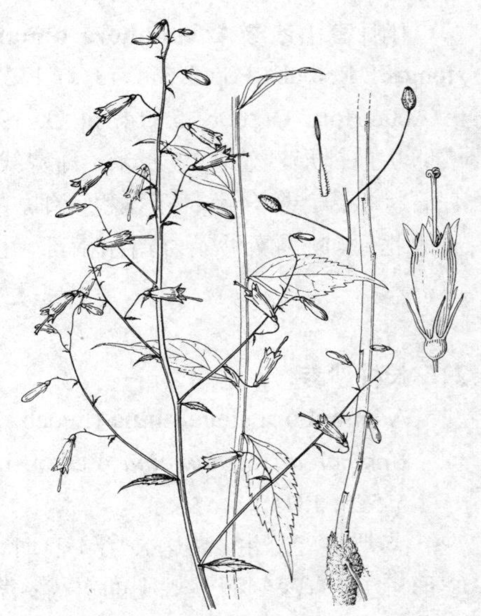

图 719 丝裂沙参 （冯晋庸绘）

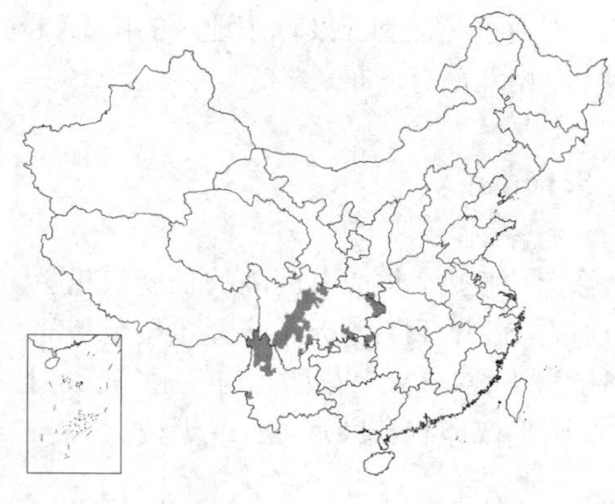

产陕西南部、湖北西部、贵州东北部、四川、云南西北部及西部，生于海拔1400-2800米林下、林缘或草地中。

[附] **细萼沙参** 彩片 173 **Adenophora capillaris** subsp. **leptosepala** (Diels) D. Y. Ho- ng, Fl. Reipubl. Popul. Sin. 73 (2): 136. 1983. —— *Adenophora leptosepala* Diels in Notes Roy. Bot. Gard. Edinb. 5 : 74. 1912. 本种与丝裂沙参的主要区别：茎生叶多数多少被毛；花萼裂片长（0.4-）0.9-1.4（-2）厘米，多数有小齿；花冠长1.3-1.8厘米。产云南西部及西北部、四川西南部，生于海拔2000-3600米林下、林缘草地或草丛中。

24. 细叶沙参 紫沙参 图 716 : 3-9 彩片 174

Adenophora paniculata Nannf. in Acta Hort. Gothob. 5: 19. pl. 7-9. 1929.

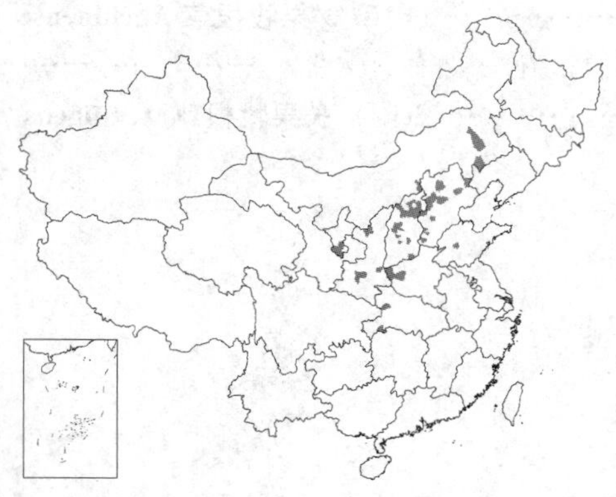

茎高大，高达1.5米，无毛或被长硬毛，绿色或紫色，不分枝。基生叶心形，边缘有不规则锯齿；茎生叶无柄或有长至3厘米的柄，线形或卵状椭圆形，全缘或有锯齿，通常无毛，有时上面疏生短硬毛，下面疏生长毛，长5-17厘米。圆锥花序由多个花序分枝组成，有时花序无分枝，仅数朵花集成假总状花序。花梗粗壮；花萼无毛，萼筒球状，稀卵状长圆形，裂片细长如发，长（2）3-5（-7）毫米，全缘；花冠细小，近筒状，浅蓝、淡紫或白色，长1-1.4厘米，5浅裂，裂片反卷；花柱长约2毫米；花盘细筒状，长3-3.5（4）毫米，无毛或上端有疏毛。蒴果卵状或卵状长圆形，长7-9毫米。花期6-9月，果期8-10月。

产内蒙古、河北、山东、山西、河南、湖北、陕西及宁夏南部，生于海拔1100-2800米山坡草地。

25. 轮叶沙参 图 720 彩片 175

Adenophora tetraphylla (Thunb.) Fisch. in Mém. Soc. Nat. Mosc. 6: 167. 1823.

Campanula tetraphylla Thunb. Fl. Jap. 87. 1784.

茎高达1.5米，不分枝，无毛，稀有毛。茎生叶3-6轮生，卵圆形或线状披针形，长2-14厘米，边缘有锯齿，两面疏生短柔毛，无柄或有不明显的柄。花序窄圆锥状，花序分枝（聚伞花序）大多轮生，细长或很短，生数花或单花。花萼无毛，萼筒倒圆锥状，裂片钻状，长1-2.5（4）毫米，全缘；花冠筒状细钟形，口部稍缢缩，蓝或蓝紫色，长0.7-1.1厘米，裂片三角形，长2毫米；花盘细管状，长2-4毫米；花柱长约2厘米。蒴果球状圆锥形或卵状圆锥形，长5-7毫米。种子长圆状圆锥形，稍扁，有1条棱，并扩展成1条白带。花期7-9月。染色体2n=34。

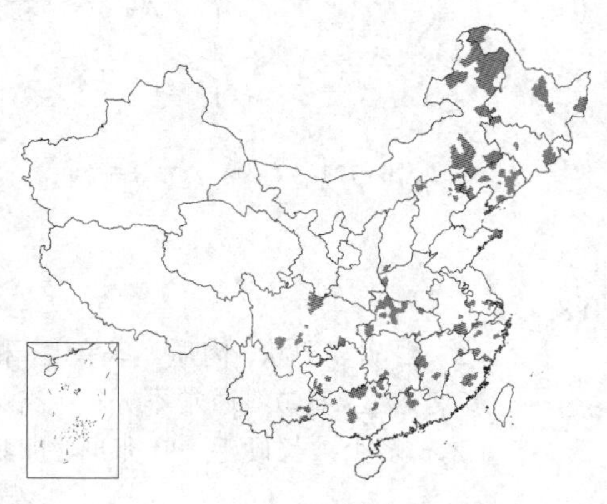

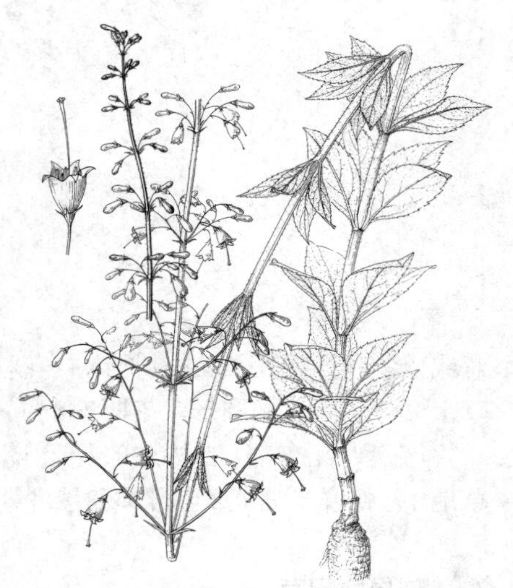

图 720 轮叶沙参 （冯晋庸绘）

产黑龙江、吉林、辽宁、内蒙古东部、河北、山西、山东、江苏、安徽、浙江、福建、江西、广东、香港、广西、云南东南部、贵州及四川，生于草地或灌丛中，在南方可至海拔2000米的地方。朝鲜半岛、日本、俄罗斯东西伯利亚及远东地区的南部、越南北部有分布。

12. 牧根草属 Asyneuma Griseb. et Schenk.

多年生草本，根胡萝卜状。茎粗壮。叶互生。花具短梗，数花簇生于总苞片腋内，集成有间隔的长穗状花序，花序单生或有时复出。花梗基部有1对线形小苞片；花萼贴生于子房至顶端，5裂，裂片线形；花冠5裂至基部，呈离瓣花状，裂片线形；雄蕊5，先熟，花丝基部扩大，边缘密生绒毛；子房下位，3室，花柱几与花冠等长，上部被毛，柱头3裂，裂片线形，反卷。蒴果在中偏上处3孔裂。种子卵状椭圆形或卵状长圆形，有或无棱。

近20种，分布于欧亚温带，主产地中海地区。我国3种。

1. 花柱长于花冠；蒴果球状 ………………………………………… 1. **牧根草 A. japonicum**
1. 花柱短于花冠；蒴果球状或倒长卵状圆锥形。
    2. 子房和蒴果球状，基部平截至凹入，下部比上部宽；茎上下都有疏或密的毛；花萼裂片开花后反卷 ………………………………………… 2. **球果牧根草 A. chinense**
    2. 子房和蒴果倒长卵状圆锥形，基部急尖或渐尖；茎无毛或仅下部疏生毛；花萼裂片不反卷 ………………………………………… 2(附). **长果牧根草 A. fulgens**

1. 牧根草 图 721 彩片 176

Asyneuma japonicum (Miq.) Briq. in Candollea 4: 335. 1931.

Phyteuma japonicum Miq. in Ann. Bot. Lugd.-Bat. 2: 192. 1866.

根肉质，胡萝卜状，径达1.5厘米，长达20厘米，分枝或否。茎单生或数支丛生，直立，高60厘米以上，不分枝或上部分枝，无毛。叶在茎下部的卵形或卵圆形，有长达3.5厘米的长柄，茎上部的叶披针形或卵状披针形，近无柄，长3-12厘米，先端急尖或渐尖，基部楔形或圆钝，边缘具锯齿，上面疏生短毛，下面无毛。花除花丝和花柱外各部分均无毛；花萼筒部球状，裂片线形，长4-6毫米；花冠紫蓝或蓝紫色，裂片长0.8-1厘米；花柱长0.9-1.4厘米。蒴果球状，径约5毫米。种子卵状椭圆形。花期7-8月，果期9月。

产黑龙江东部、吉林东部及辽宁，生于阔叶林下或杂木林下，偶见于草地中。朝鲜半岛北部、日本和俄罗斯远东地区有分布。

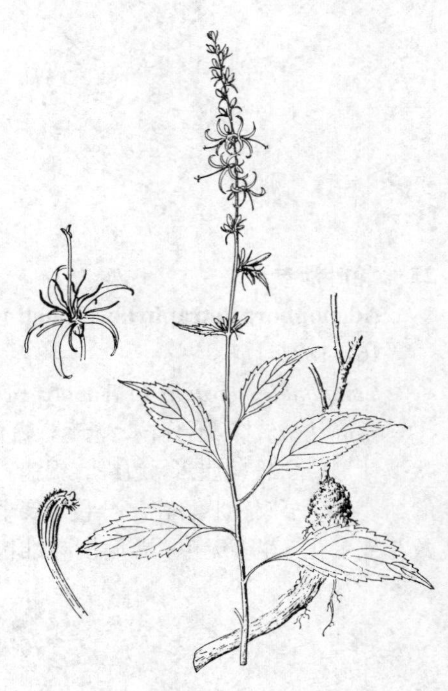

图 721 牧根草 （张桂芝绘）

2. 球果牧根草 图 722: 1-4

Asyneuma chinense D. Y. Hong, Fl. Reipubl. Popul. Sin. 73 (2): 188. 1983.

Asyneuma fulgens auct. non Wall.: 中国高等植物图鉴 4: 385. 1975, excl. specim. Tibet.

根胡萝卜状，肉质。茎单生，稀多支丛生，直立，通常不分枝，高达1米，多少被长硬毛。叶卵形、卵状

披针形、披针形或椭圆形，长2.5-8厘米，先端钝、急尖或渐尖，基部楔形，边缘具锯齿，两面多少被白色硬毛，近无柄，或茎下部的有长达3厘米的叶柄。穗状花序少花，有时仅数朵花，每个总苞片腋间有1-4花，总苞片有时被毛。花萼通常无毛，萼筒球状，裂片长0.7-1厘米，稍长于花冠，开花后常反卷；花冠紫或鲜蓝色；花柱稍短于花冠。蒴果球状，基部平截至凹入，下部最宽，有3条纵而宽的沟槽，长宽均为4毫米。种子卵状长圆形，稍扁，有1条棱。花果期6-9月（在广西，4月即结果）。

产广西东部、贵州、云南、四川及湖北西部，生于海拔3000米以下山坡草地、林缘或林中。

[附] **长果牧根草** 图 722：5-7 **Asyneuma fulgens** (Wall.) Briq. in Candollea 4: 334. 1931.——*Campanula fulgens* Wall. in Roxb. Fl. Ind. ed. Carey, 2: 99. 1824; 中国植物志 73 (2): 141. 1983. 本种与球果牧根草的主要区别：茎常无毛，有时下部疏生硬毛；花萼筒部倒长卵状圆锥形，长过于宽，基部尖窄。萼片不反卷；子房和蒴果倒卵状圆锥形，基部急尖或渐尖。产西藏南部及东南部，生于海拔1800-3000米山谷林缘草丛或山沟草地中。尼泊尔、锡金、印度东北部及斯里兰卡有分布。

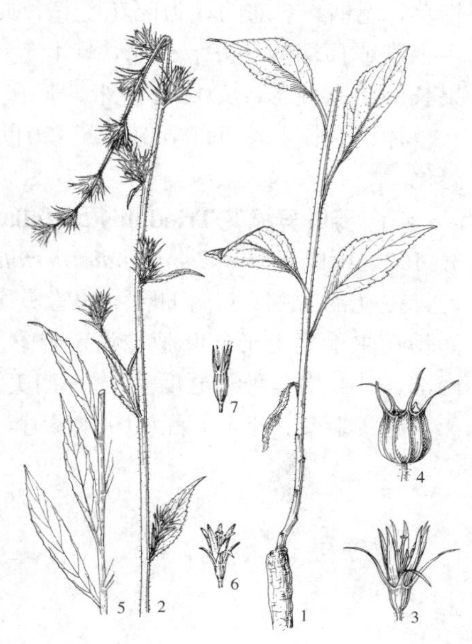

图 722：1-4. 球果牧根草 5-7.长果牧根草
（冯晋庸绘）

13. 异檐花属 Triodanis Raf.

一年生草本，具乳汁。根纤维状。茎直立或上升，单一或自下部分枝，具纵棱。叶互生，卵形、椭圆形、披针形或线形，全缘或具齿，无柄。花1-3（-8），无梗或近无梗，组成腋生的小聚伞花序；闭花受精，花生茎下部叶腋，花萼3-4（-6）裂，裂片较短小；正常开花受精花生于茎中部至上部叶腋，花萼5（6）裂；花冠辐状，5（6）深裂几达基部，裂片披针形，先端急尖或渐尖，蓝紫或浅蓝色，稀白色；雄蕊5（6），分生，花丝下部扩大，花药线形，长于花丝；子房下位，（2）3室，中轴胎座，稀上部贯通成侧膜胎座，具多数胚珠，花柱直伸，但于闭锁花中退化，柱头（2）3裂，密被微毛。蒴果近圆柱状或棍棒状，侧面（2）3孔裂。种子多数，宽椭圆状球形，略侧扁或呈透镜状。

8种，7种产北美，其中2种延至南美洲，另1种特产地中海地区。我国引入栽培2种，现已野化。

1. 叶卵形、卵状椭圆形或倒卵状披针形，边缘具浅圆齿或近全缘，基部通常圆或钝圆，不抱茎；开花受精花生于茎中上部或顶端；蒴果于中部上方至近顶端孔裂 ························ **异檐花 T. biflora**
1. 叶宽卵形，边缘具圆齿或锯齿，基部心形，抱茎；开花受精花生于茎上半部叶腋；蒴果于中部或中部下方（2）3孔裂 ························ (附). **穿叶异檐花 T. perfoliata**

异檐花 卵叶异檐花 图 723

Triodanis biflora (Ruiz et Pavon) Greene, Man. Bot. San Francis. Bay 230. 1894.

Campanula biflora Ruiz et Pavon, Fl. Per. 2: 55. 1799.

直立草本，植株除茎棱上有糙毛外全体无毛。茎不分枝或有分枝，高达60厘米。叶卵形或卵状椭圆形，或最上部的叶倒卵状披针形，长0.6-2厘米，近全缘或具浅圆齿，基部圆钝，不抱茎，无柄。下部的花为闭花受精，具3-4个卵形至披针形的花萼裂片；中上部或顶端的花开放受精，具4-5个较长、钻状披针形的花萼裂片。蒴果长圆状圆柱形，长0.6-1厘米，于中上部至近顶端孔裂。

原产美国、墨西哥至南美洲。20世纪80年引入安徽，现浙江及福建已野化。

[附] **穿叶异檐花 Triodanis perfoliata** (Linn.) Nieuwl. in Am. Midl. Nat. 3: 192. 1914. —— *Campanula perfoliata* Linn. Sp. Pl. 164. 1753. 本种与异檐花的区别：叶宽卵形，边缘具圆齿或锯齿，基部心开，抱茎；开花受精花生于茎上半部叶腋；蒴果于中部或中下部（2）3孔裂。原产加拿大南部、美国、墨西哥及厄瓜多尔，在南美洲及欧洲和日本有引种和野化，1992年福建（崇安、建宁）首见引种报道。

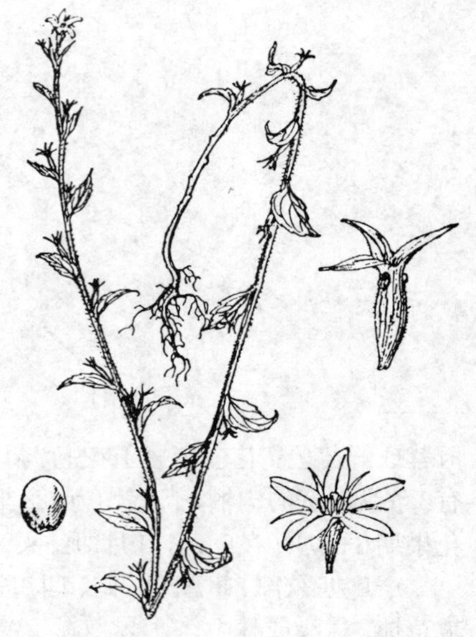

图 723 异檐花 （引自《浙江植物志》）

14. 袋果草属 Peracarpa Hook. f. et Thoms.

多年生纤细草本，具细长根状茎，其上具鳞片和芽，末端有块根。茎肉质，长5-15厘米，无毛。叶互生，多集中于茎上部，膜质或薄纸质，卵圆形或圆形，长0.8-2.5厘米，先端圆钝或多少急尖，基部平钝或浅心形，两面无毛或上面疏生贴伏短硬毛，边缘波状，但湾缺处有短刺，叶柄长0.3-1.5厘米。茎下部的叶疏离而较小。花单朵腋生；花梗细长而常伸直，长1-6厘米；花萼上位，无毛，萼筒倒卵状圆锥形，5裂，裂片三角形或线状披针形；花冠漏斗状钟形，白或紫蓝色，5裂至中部或过半，裂片线状椭圆形。雄蕊与花冠分离，花丝有缘毛，基部扩大成窄三角形，花药窄长；子房下位，3室，花柱上部有细毛，柱头3裂，裂片窄长而反卷。果为干果，倒卵状，3室，其中1室退化，不裂或基部不规则撕裂，长4-5毫米。种子数颗至数十颗，椭圆状，平滑。花期3-5月，果期4-11月。

分布于克什米尔地区至菲律宾及日本、俄罗斯远东地区。有人认为本属包括2或3种，而某些学者认为只有1种。根据我们见到的标本，暂作单种属处理。

袋果草 图 724

Peracarpa carnosa (Wall.) Hook. f. et Thoms. in Journ. Linn. Soc. Bot. 2: 26. 1858.

Campanula carnosa Wall. in Roxb. Fl. Ind. ed. Carey, 2: 102. 1824.

形态特征与属同。

产江苏南部、安徽南部及西部、浙江、台湾、湖北、湖南西北部、贵州东南部、广西北部、云南、四川及西藏东南部，生于海拔3000米以下林下或沟边潮湿岩石上。克什米尔地区、尼泊尔、锡金、不丹、印度东部、泰国、菲律宾、日本及俄罗斯远东地区有分布。

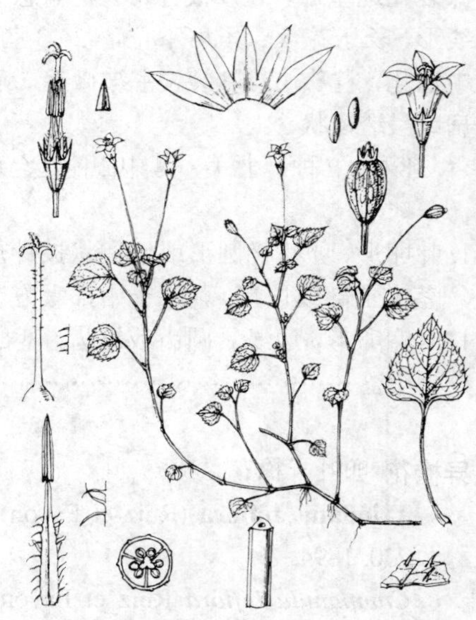

图 724 袋果草 （引自《Fl. Taiwan》）

15. 同钟花属 **Homocodon** D. Y. Hong

一年生匍匐草本，全体无毛，无地下根状茎。茎细长，长至50厘米，有3条纵翅，主茎腋间有极短的分枝，并有几片似簇生的叶。叶互生，三角状圆形或卵圆形，长0.7-1.2厘米，先端急尖，基部近平截，边缘具尖锯齿，叶柄长2-9毫米。花小，无梗，1或2朵生于极端缩短的侧生分枝上，长仅5毫米；花萼上位，筒部卵状，长1-1.5毫米，5裂，裂片窄三角形，长2毫米，有1对窄长齿；花冠白、淡蓝或淡紫色，管状钟形，长3.5毫米，深裂稍过半，5裂，裂片线状长圆形；雄蕊5，与花冠分离，花丝长1毫米，基部稍扩大，疏生缘毛；花药窄长；子房下位，3室，花柱与花冠近等长；柱头3裂，裂片线形，反卷曲。干果卵圆状，长约2.5毫米，果皮薄，基部不规则撕裂或不规则孔裂。种子数颗，椭圆状，无棱，具线网状纹饰。花果期4-8月。

2种，我国特有。

1. 花较小，长仅5毫米，无花梗，花柱与花冠近等长 …………………………………………………… **同钟花 H. brevipes**
1. 花较大，长7-9毫米，花梗长达6毫米，花柱明显伸出花冠 ……………………… (附). **长梗同钟花 H. pedicellatum**

同钟花 异钟花 图 725

Homocodon brevipes (Hemsl.) D. Y. Hong in Acta Phytotax. Sin. 18 (4): 474. f. 1: 7-10. 1980.

Wahlenbergia brevipes Hemsl. in Hook. Icon. Pl. 24: t. 2768. 1903.

Heterocodon brevipes (Hemsl.) Hand. -Mazz. et Nannf; 中国高等植物图鉴 4: 384. 1975.

形态特征同属。与长梗同钟花的区别见检索表。

产云南、四川中南部、贵州西南部及广西北部，生于海拔1000-2900米的沟边、林下、灌丛边或山坡草地中。

[附]**长梗同钟花 Homocodon pedicellatum** D. Y. Hong et L. M. Ma in Acta Phytotax. Sin. 29 (3): 268. f. 1. 1991. 本种与同钟花的主要区别：花大，长7-9毫米，花明显具梗，花梗长达6毫米；花柱明显伸出花冠外。产四川（泸定），生于海拔1400-1600米山坡。

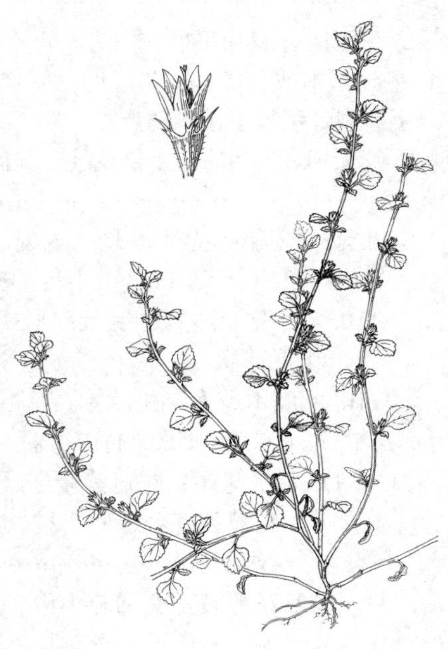

图 725 同钟花 （冯晋庸绘声绘）

16. 半边莲属 **Lobelia** Linn.

草本，有的种下部木质化，稀树木状。叶互生，排成两行或螺旋状。花单生叶腋（苞腋），或总状花序顶生，或由总状花序再组成圆锥花序。花两性，稀单性；小苞片有或无；花萼萼筒卵状、半球状或浅钟状，裂片等长或近等长，稀二唇形，全缘或有小齿，果期宿存；花冠两侧对称，背面常纵裂至基部或近基部，稀不裂或几乎完全分裂，檐部二唇形或近二唇形，稀裂片平展在下方呈一个平面，上唇裂片2，下唇裂片3；雄蕊筒包围花柱，或自花冠背面裂缝伸出，花药管顶端或仅下方2枚顶端生髯毛；子房下位、半下位，稀上位，2室，胎座半球状，柱头2裂，授粉面上生柔毛，胚珠多数。蒴果，成熟后顶端2裂。种子多数，小，长圆状或三棱状，有时具翅，平滑或有蜂窝状网纹、条纹和瘤状突起。

约350余种，分布热带和亚热带地区，特别是非洲和美洲，少数种至温带，欧洲2种。我国19种。

1. 矮小草本，茎平卧或直立；花冠二唇形或所有裂片排成一个平面。
  2. 花冠二唇形，上唇2裂片明显小，直立或者下弯，下唇3裂片大而平展。
    3. 5枚花药顶端均生髯毛。
      4. 茎平卧，节上生根。
        5. 叶长1-2.8厘；花萼裂片长3-5毫米；花冠长5-9（-11）毫米 ………………… 1. **卵叶半边莲 L. zeylanica**
        5. 叶长2.5-4.4厘米；花萼裂片长达7毫米；花冠长达1.5厘米 ……………………………………………………………… 1(附). **大花卵叶半边莲 L. zeylanica** var. **lobbiana**
      4. 茎直立或上升，节上不生根或仅基部的节上生根；叶较小，几无柄。
        6. 叶近圆形，长宽近相等；花梗长2-3厘米。
          7. 植株无毛；小苞片线状披针形 ……………………………………………… 2. **短柄半边莲 L. alsinoides**
          7. 植株被长柔毛；小苞片极小或脱落 …………………………………………… 3. **顶花半边莲 L. terminalis**
        6. 叶卵形或卵状披针形，长大于宽；花梗长1.5-2厘米 ……………………………… 4. **假半边莲 L. hancei**
    3. 仅下方2枚花药顶端生髯毛；茎有较宽的翅，叶上面疏生短柔毛；花冠长3-5毫米 ……………………………………………………………… 5. **翅茎半边莲 L. heyneana**
  2. 花冠所有裂片平展在下方，呈一个平面，裂片近同形；茎匍匐，节上生根 ………………… 6. **半边莲 L. chinensis**
1. 粗壮草本或亚灌木；花冠近二唇形，上唇裂片线形，下唇裂片短圆形或卵状披针形，上下唇裂片先端近等长或上唇裂片稍长于下唇裂片。
  8. 叶无柄，在茎的中上部密生，宽披针形或线状披针形，长2.5-5.5（-7）厘米；花冠长2.5-3（-3.5）厘米 ……………………………………………………………… 7. **山梗菜 L. sessilifolia**
  8. 叶有柄或无柄，茎生叶均匀排列。
    9. 花萼裂片全缘，或有微小齿，一般长超过1.1厘米。
      10. 多年生草本；叶镰状卵形或镰状披针形，长6-15厘米；花朝向各方，花梗长3-5毫米，花冠淡红色；蒴果近球状，上举，径5-6毫米 …………………………………………………… 8. **线萼山梗菜 L. melliana**
      10. 亚灌木或多年生草本；茎下部叶长圆形，中部以上的长披针形，长达25厘米；花偏向花序轴一侧，花梗长0.6-2.4厘米，向后弓曲，花冠紫蓝、粉红或白色；蒴果长圆状或近球状，向后倒垂或向后弓曲。
        11. 总状花序；花冠蓝紫红、紫蓝或淡蓝色；蒴果长圆状，长1-1.2厘米。
          12. 花萼裂片全缘；小枝、叶脉、花梗、花萼及花冠筒外均无毛；小苞片生于萼筒基部；种子有蜂窝状纹饰 …………………………………………………………………… 9. **西南山梗菜 L. sequinii**
          12. 花萼裂片有稀疏小齿；小枝、叶脉、花梗和花萼上均有细小而较密的微刺毛；小苞片不生于花萼筒的基部；种子光滑而具色淡的边缘 …………………………………… 9(附). **微齿山梗菜 L. doniana**
        11. 圆锥花序；花冠白或粉红色，或稍带蓝色；蒴果近球状，径6-8毫米。
          13. 植株无毛；花梗长1-2.4厘米 ……………………………………… 10. **塔花山梗菜 L. pyramidalis**
          13. 植株密被毡毛；花梗长5-8（10）毫米 …………………………… 10(附). **密毛山梗菜 L. clavata**
    9. 花萼裂片边缘有齿，常短于1.1厘米。
      14. 茎无毛或仅在近叶腋处有微毛；茎生叶窄长圆形或线状披针形，长4-6（-11）厘米，先端钝圆而中脉延伸成一突尖；花冠长1.2-1.9厘米 …………………………………… 11. **狭叶山梗菜 L. colorata**
      14. 茎无毛或有极短的倒糙毛，或密被柔毛；叶和花部无毛或疏生短柔毛；叶长达17厘米，边缘常具不规则粗齿；花梗较短，长3-5毫米，花冠红紫或紫红色；花序长20-50厘米 ………… 12. **江南山梗菜 L. davidii**

1. 卵叶半边莲 图 726

Lobelia zeylanica Linn. Sp. Pl. 932. pro parte

多汁草本。茎平卧，四棱状，长达60厘米，稀疏分枝，基部节上生根。叶螺旋状排列，三角状宽卵形或卵形，长1-5.4厘米，边缘锯齿状，先端急尖或钝，基部截形、浅心形或宽楔形，下面沿叶脉疏生短糙毛；柄长0.3-1.2厘米，生短柔毛。花单生叶腋；花梗长1-1.5厘米，疏生短柔毛，基部有2枚小苞片，有时脱落；花萼钟状，长2-5毫米，被短柔毛，裂片披针状线形，长3-7毫米，生缘毛；花冠紫、淡紫或白色，二唇形，长5-9（-11）毫米，裂至基部，上唇裂片倒卵状长圆形，下唇裂片宽椭圆形，背面中肋常疏生柔毛；花丝在2/3处以上连合成筒，花药管背部生短柔毛，5枚花药顶端均生髯毛；子房下位，2室。蒴果倒锥状或长圆状，长5-7毫米，具明显的脉络。种子三棱状，红褐色。全年均可开花结果。

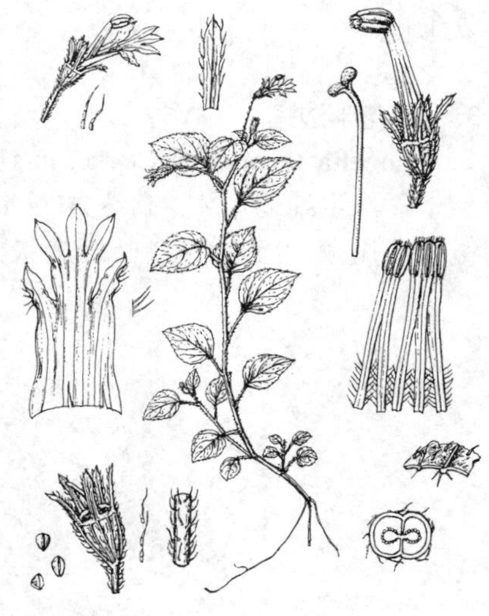

图 726 卵叶半边莲 （引自《Fl. Taiean》）

产台湾、福建东南部、广东、香港、海南、广西、云南南部及贵州东南部、，生于海拔1500（2000）米以下水田边或山谷沟边等阴湿处。中南半岛、斯里兰卡及巴布亚新几内亚有分布。

[附] **大花卵叶半边莲 Lobelia zeylanica** var. **lobbiana** (Hook. f. et Thoms.) Lian, Fl. Reipubl. Popul. Sin. 73 (2): 149. 1983. —— *Lobelia lobbiana* Hook. f. et Thoms. in Journ. Linn. Soc. Bot. 2: 28. 1858. 与模式变种的区别：叶长2.5-4.4厘米，宽达32厘米；花萼裂片长达7毫米；花冠长达1.5厘米。产云南、广西及广东。印度、缅甸及印度尼西亚爪哇有分布。

2. 短柄半边莲 图 727

Lobelia alsinoides Lam. Dict. Bot. 3: 588. 1791.

一年生草本，高达30厘米，植株各部无毛。茎肥厚多汁，平卧至斜升，分枝少而较强壮，有角棱。叶螺旋状排列，稀疏，近圆形或宽卵形，长1-1.8厘米，两面粗糙，具浅圆锯齿，先端圆钝或急尖，基部浅心形；叶柄长1-3毫米。花单生叶状苞片腋间，呈稀疏的总状花序式。花梗长（1.5）2-2.7厘米，基部有长约3毫米的披针形小苞片2枚；花萼筒杯状钟形，长2-3毫米，裂片线状披针形，稍长于萼筒，全缘；花冠淡蓝色，长4-5毫米，二唇形，上唇裂片长圆状倒披针形，直立，下唇裂片长圆状椭圆形，伸展；雄蕊自花丝中部以上连合，花丝中上部连合成筒，花药管长约1毫米，顶端全部生髯毛。蒴果长圆状，长约5毫米。种子三棱状，暗棕色。几乎全年开花结果。

图 727 短柄半边莲 （余汉平绘）

产台湾、海南及云南南部，生于海拔800米以下水田、水沟边或林间潮湿草地。印度半岛、斯里兰卡、中南半岛至印度尼西亚、菲律宾有分布。

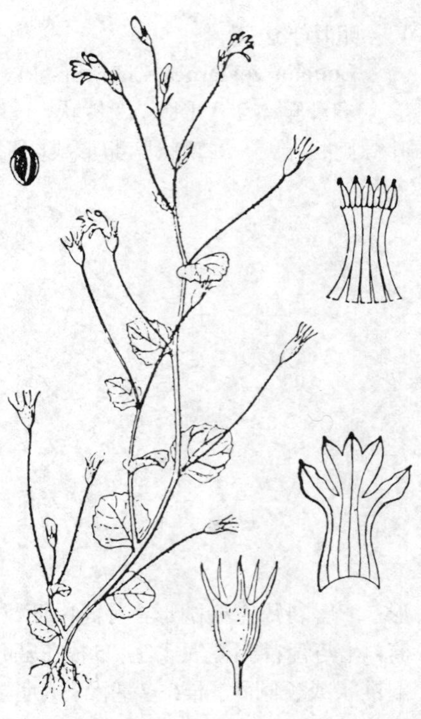

图 728 顶花半边莲 （张泰利绘）

3. 顶花半边莲 图 728

Lobelia terminalis Clarke. in Hook. f. Fl. Brit. Ind. 3: 424. 1881.

一年生细弱草本，高达20（-40）厘米。茎上升至直立，多分枝，具棱角而无翅，生短柔毛。叶螺旋状排列，稀疏，近圆形或椭圆形，长0.6-1（-1.5）厘米，两面被短柔毛，下部数枚近全缘外，其余明显具齿，先端圆钝，基部截形、亚心形或圆；柄长1-3毫米，有毛。花单生上部苞叶腋，形成稀疏的总状或伞房状花序；苞片卵状披针形，有锯齿，被毛。花梗长1.5-4厘米，疏生柔毛；小苞片2，宿存或早落。花萼筒倒卵状或近半圆状，长约2毫米，被细柔毛，裂片钻状线形，长2-3毫米，全缘；花冠淡紫色，长4-5（-8）毫米，二唇形，花冠筒分裂达基部，无毛，上唇裂片长圆状线形，直立，下唇裂片长圆形，稍短于上唇裂片；雄蕊5，花丝中部以上连合成筒，花丝筒部无毛，花药管长约1毫米，背部疏被柔毛，顶端生短髯毛。蒴果倒卵圆形，疏生柔毛，长4-5毫米。种子棕黄色，三棱状。花果期11月。

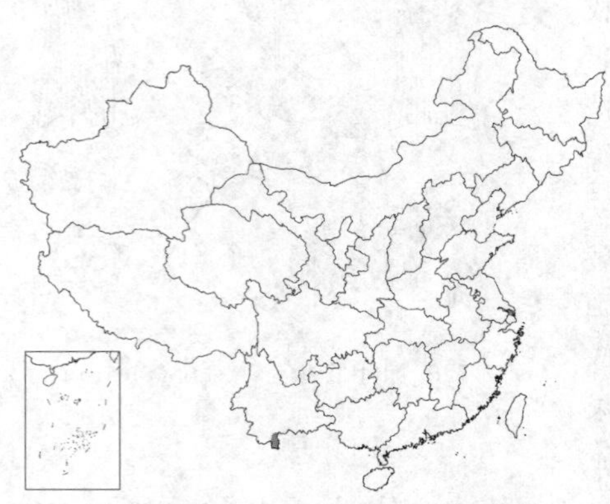

产云南南部，生于海拔200-850米林间潮湿地。印度、泰国、老挝及锡金有分布。

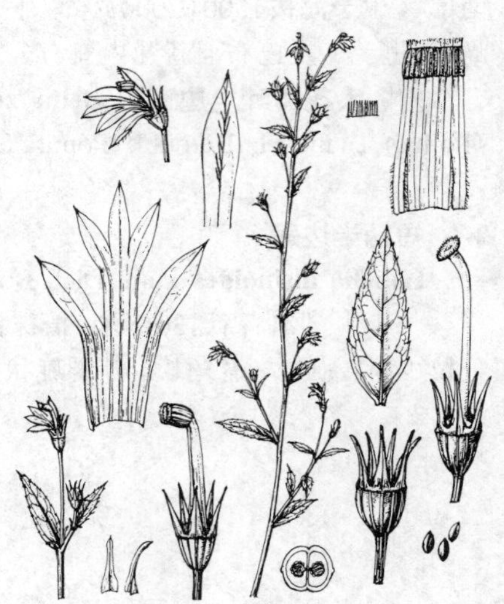

图 729 假半边莲 （引自《Fl. Taiwan》）

4. 假半边莲 图 729

Lobelia hancei Hara in Journ. Jap. Bot. 17: 23. 1941.

直立草本，高达30厘米，植株无毛。茎有分枝，四棱状，常带紫色。叶几无柄，螺旋状稀疏排列，下部的卵形，上部的卵状披针形，长0.4-2.2厘米，先端急尖或渐尖，基部圆或宽楔形，具稀疏小圆齿或全缘，常带紫色。花2-15，在茎的上部呈稀疏的总状花序。花梗四棱状，果期长达1.5-2厘米，基部有2枚小苞片；花萼筒钟状，长约2毫米，裂片钻状线形，全缘；花冠蓝、紫蓝或白色，二唇形，长约8毫米，裂至基部，上唇裂片较小，卵圆形或卵状椭圆形，背面的中肋生柔毛，下唇裂片长圆形，长约2毫米；雄蕊除基部外连合成筒，花药管长1毫米余，稍弓曲，有时背部疏生柔毛，花药顶端全部生髯毛。蒴果倒卵状球形，长3-4毫米。种子棕红色，三棱状。花果期4-9月。

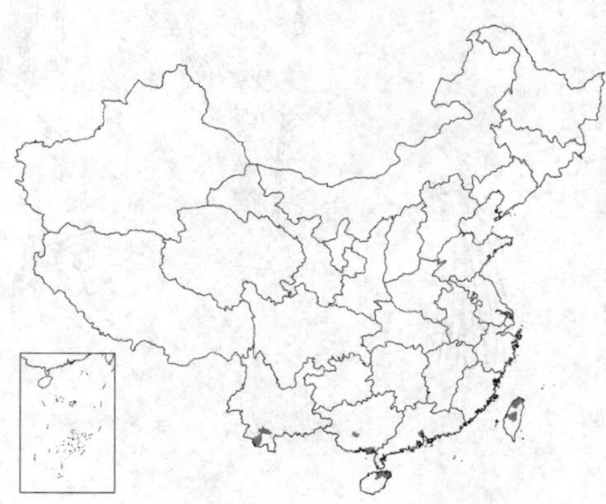

产台湾、广东中南部、海南、广

西及云南，生于潮湿的河边、路旁、草地或田野中。东南亚地区、巴布亚新几内亚及日本有分布。

5. 翅茎半边莲 图 730

Lobelia heyneana Roem. et Schult. Syst. Veg. 5: 50. 1819.

一年生草本，高达60厘米。茎直立，三棱状，具翅，无毛，多分枝。叶宽三角状卵形，在茎下部的大，向上渐小、变窄呈椭圆形，长0.8-2.5厘米，上面疏生短柔毛，下面无毛，边缘具锯齿或牙齿，先端圆钝或锐尖，基部平截或浅心形，常下延成翅；柄长1-4毫米，具翅。花单生上部苞片腋间，常形成顶生总状花序；苞片叶状，窄椭圆形，较短于花梗。花梗长1-1.5（2）厘米，基部有钻状小苞片2（1）枚；小苞易脱落。花萼钟状，长1-2毫米，无毛，裂片长于萼筒，花后萼筒渐长于裂片，裂片钻状，全缘；花冠淡紫色，长3-5毫米，内面疏生短柔毛，檐部二唇形，上唇裂片线形，直立，下唇裂片椭圆形或近圆形，平展；花丝中部以上连合成筒，下边2枚花药顶端生髯毛。蒴果长圆形或倒卵状长圆形，长4-5毫米。种子淡红棕色，稍扁压，椭圆状，光滑。全年开花结果。

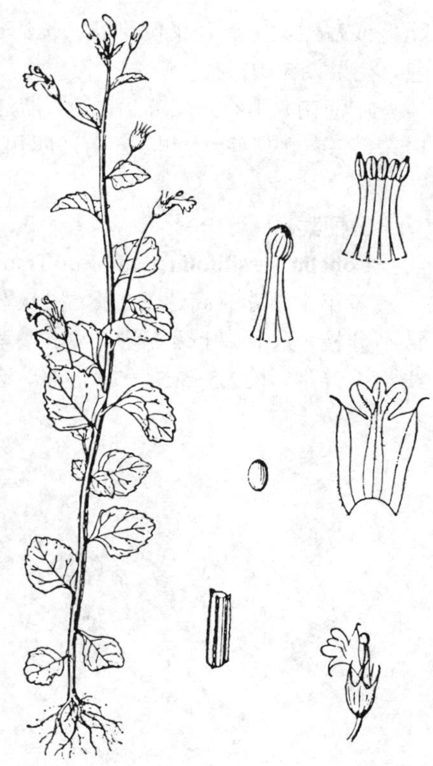

图 730 翅茎半边莲 （张泰利绘）

产云南，生于海拔500-2700米潮湿地。尼泊尔、印度、锡金、斯里兰卡至东南亚、巴布亚新几内亚及非洲热带有分布。

6. 半边莲 图 731 彩片 177

Lobelia chinensis Lour. Fl. Cochinch. 2: 514. 1790.

多年生草本；茎、叶、花梗、小苞片、花萼均无毛，茎匍匐，节上生根，分枝直立，高达15厘米，叶互生，无柄或近无柄，椭圆状披针形或线形，长0.8-2.5厘米，先端急尖，基部圆或宽楔形，全缘或顶部有明显的锯齿；花通常1朵，生分枝的上部叶腋；花梗长1.2-2.5（3.5）厘米，基部有长约1毫米的小苞片2枚、1枚或没有；花萼筒倒长锥状，基部渐细而与花梗无明显区分，长3-5毫米，裂片披针形，约与萼筒等长，全缘或下部有1对小齿；花冠粉红或白色，长1-1.5厘米，裂至基部，喉部以下生白色柔毛，裂片全部平展于下方，呈一个平面，2侧裂片披针形，较长，中间3枚裂片椭圆状披针形，较短；雄蕊长约8毫米，花丝中部以上连合，花丝筒无毛，未连合部分的花丝侧面生柔毛，花药管背部

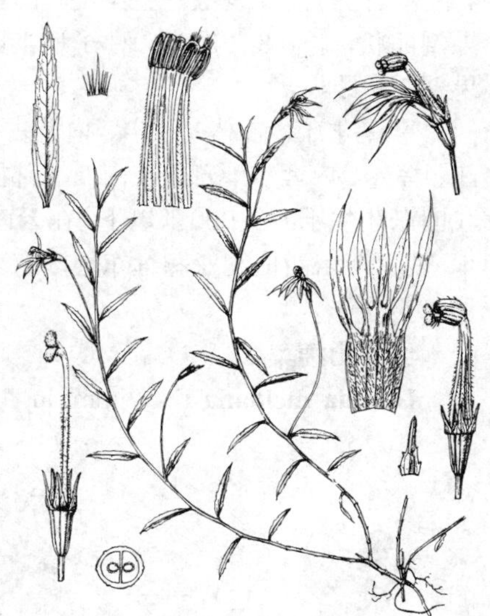

图 731 半边莲 （引自《Fl. Taiean》）

无毛或疏生柔毛。蒴果倒锥状，长约6毫米。种子椭圆状，稍扁压，近肉色。花果期5-10月。

产河南、山东、江苏、安徽、浙江、福建、台湾、江西、湖北、湖南、广东、海南、广西、贵州、云南及四川，生于水田边、沟边或潮湿草地。印度以东的亚洲其它各国有分布。全草可供药用，含多种生物碱，有清热解毒、利尿消肿之效。

7. 山梗菜 图 732 彩片 178

Lobelia sessilifolia Lamb. in Trans. Linn. Soc. 10: 260. t. 6. f. 2, 1811.

多年生草本，高达1.2米。根状茎直立，生多数须根。茎圆柱状，通常不分枝，无毛。叶螺旋状排列，在茎中上部较密集，无柄，宽披针形或线状披针形，长2.5-5.5（-7）厘米，边缘有细锯齿，先端渐尖，基部近圆或宽楔形，两面无毛。总状花序顶生，长8-35厘米，无毛；苞片状叶，窄披针形，比花短。花梗长0.5-1.2厘米；花萼筒杯状钟形，长约4毫米，无毛，裂片三角状披针形，长5-7毫米，全缘，无毛；花冠蓝紫色，长2.5-3（-3.5）厘米，近二唇形，内面生长柔毛，上唇2裂片长匙形，较长于花冠筒，上升，下唇裂片椭圆形，约与花冠筒等长，裂片边缘密生睫毛；雄蕊在基部以上连合成筒，花丝筒无毛，花药管长3-4毫米，花药接合线上密生柔毛，仅下方2枚花药顶端生笔毛状髯毛。蒴果倒卵状，长0.8-1厘米。种子近半圆状，一边厚，一边薄，棕红色。花果期7-9月。

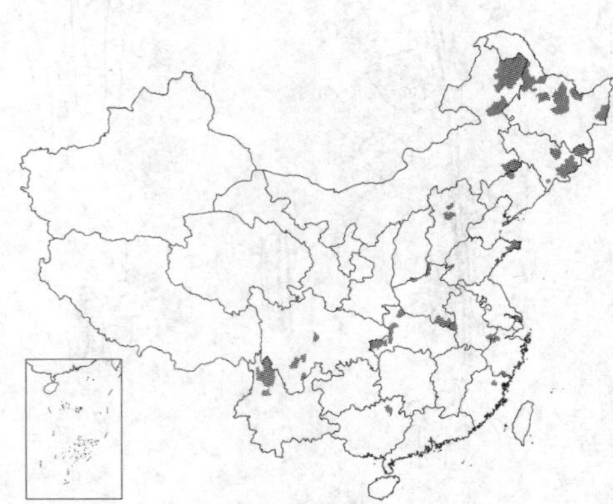

产黑龙江、吉林、辽宁、内蒙古东部、河北、山东、河南、安徽、浙江、福建、广西东北部、云南西北部及四川，生于平原或山坡湿草地，在我国东北生于海拔900米以下，在云南可达海拔2600-3000米处。朝鲜、日本、俄罗斯东西伯利亚和远东地区有分布。

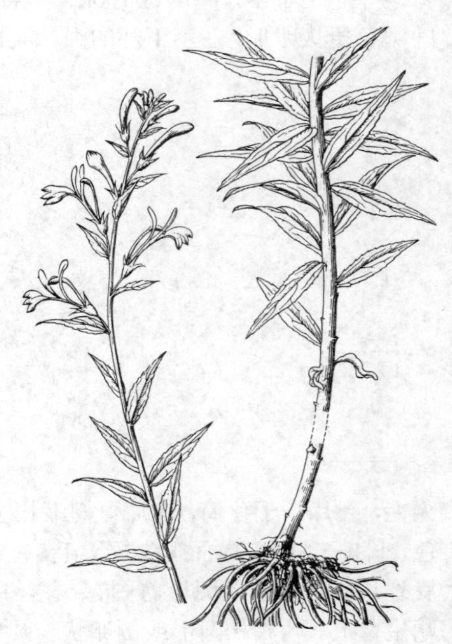

图 732 山梗菜 （张海燕绘）

8. 线萼山梗菜 图 733 : 1-5

Lobelia melliana E. Wimm. in Anz. Akad. Wiss. Wien, Math.-Nat. 14: 4. 1924.

多年生草本，高0.8-1.5米。主根粗，侧根纤维状。茎无毛，分枝或不分枝。叶螺旋状排列，多少镰状卵形或镰状披针形，长6-15厘米，无毛，先端长尾状渐尖，基部宽楔形，边缘具睫毛状小齿；有短柄或近无柄。总状花序生主茎和分枝顶端，长15-40厘米，花稀疏，朝向各方，下部花的苞片与叶同形，向

图 733：1-5. 线萼山梗菜 6-8. 塔花山梗菜 9-11. 密毛山梗菜 （张泰利绘）

上变窄，长于花，具睫毛状小齿。花梗扁，长3-5毫米，中部附近生钻状小苞片2枚；花萼筒半椭圆状，长3-4毫米，无毛，裂片窄线形，长1.3-2.1厘米，宽不及1毫米，全缘，果期外展；花冠淡红色，长1.2-1.7厘米，檐部近二唇形，上唇裂片线状披针形，上升，约与冠筒等长，内面生长柔毛，下唇裂片披针状椭圆形，约为冠筒长2/3，内面亦密生长柔毛，外展；雄蕊基部密生柔毛，在基部以上连合成筒，花丝筒无毛，花药管背部疏生柔毛，仅下方2枚花药顶端生笔毛状髯毛。蒴果近球形，上举，径5-6毫米，无毛。种子长圆状，稍压扁，有蜂窝状纹饰。花果期8-10月。

产浙江南部、福建、江西、湖南南部、广东及广西西北部，生于海拔1000米以下沟谷、道路旁、水沟边或林中潮湿地。根、叶或带花全草入药，功能与山梗菜相同。

9. 西南山梗菜 图 734

Lobelia sequinii Lévl. et Van. in Fedde, Pepert. Sp. Nov. 12: 186. 1913.

亚灌木状草本，高1-2.5（-5）米。茎、小枝、叶、花梗、花萼、花冠外面均无毛。茎多分枝。叶螺旋状排列，下部的长圆形，长达25厘米，具长柄，中部以上的披针形，长6-20厘米，先端长渐尖，基部渐窄，边缘有重锯齿或锯齿；有短柄或无柄。总状花序生主茎和分枝的顶端，花较密集，偏向花序轴一侧；花序下部的几枚苞片线状披针形，有细锯齿，长于花，上部的线形，全缘，短于花。花梗长5-8毫米，稍压扁，向后弓垂，小苞片生于萼筒基部；花萼筒倒卵状长圆形或倒锥状，长5-8毫米，裂片披针状线形，长（0.8-）1.6-2（-2.5）厘米，全缘；花冠紫红、紫蓝或淡蓝色，长2.5-3（-3.5）厘米，内面喉部以下密生柔毛，上唇裂片长线形，长约花冠的2/3，下唇裂片披针形，长约花冠长的一半；雄蕊连合成筒，花丝筒约与花冠筒等长，除基部外无毛，花药管基部有数丛短毛，下方2花药顶端生笔毛状髯毛。蒴果长圆状，长1-1.2厘米，倒垂。种子长圆形，有蜂窝状纹饰。花果期8-10月。

产四川、云南、贵州西南部、广西西北部、湖南北部及东北部、湖北南部及台湾，生于海拔500-3000米山坡草地、林边或路旁。根或全草入药。有剧毒；可用于消炎、止痛、解毒和杀虫。

图 734 西南山梗菜 （冯晋庸绘）

[附]**微齿山梗菜 Lobelia doniana** Skottsb. in Acta Hort. Gothob. 4: 19. f. 12. 1928. 本种与西南山梗菜的主要区别：花萼裂片有稀疏的小齿；小枝、叶、花梗和花萼常被细小而较密的微糙毛；小苞片不生于花托基部；种子光滑而具色淡的边缘。花期9-10月。产云南西部、西北部和东北部及西藏南部，生于海拔1400-3200米山坡草地、林缘或林中。锡金、尼泊尔及印度有分布。

10. 塔花山梗菜 图 733：6-8

Lobelia pyramidalis Wall. in Acta Soc. Asiat. 13: 376. 1820.

灌木状草本，高达2.5米，植株无毛或花序轴、花梗有刺毛。茎上部极多分枝。叶基生者匙形，茎下部的长圆形，长达25厘米，中部以上的长披针形，先端长渐尖，基部宽楔形，边缘具微小而密集的齿；有短柄或无柄。总状花序生茎和分枝顶端，形成圆锥花序，花序轴偶有小刺毛，花极密集，朝向花梗一侧。花梗长1-2.4厘米，偶有小刺毛，弓曲；苞片线形，全缘，常短于花；小苞片1或2枚，位置不定；花萼筒短长圆状，长稍大于宽，长5-7毫米，裂片披针状线形，长（1.2-）1.4-2.5（3）厘米，全缘；花冠白或粉红色，或稍带蓝色，长2.5-3厘米，冠筒内密生柔毛，檐部近二唇形，上唇裂片线形，长约花冠的2/3，下唇裂片卵状披针形，长约花冠的1/3；雄蕊在基部以上连合成筒，花丝筒无毛，花药管在连合线上密生长柔毛，下方2枚花药顶端生笔毛状髯毛。蒴果近球状，径6-8毫米，无毛，常倒垂。种子长圆状，压扁，常具色淡的边缘，无明显蜂窝状纹饰。花果期1-5月。

产广西西部、贵州西南部、云南及西藏中南部，一般生于海拔1900米以下山坡草地、灌丛或路旁。尼泊尔、锡金、不丹、印度及中南半岛有分布。

[附] **密毛山梗菜** 图 733：9-11 **Lo-belia clavata** E. Wimm. in Fedde, Repert. Sp. Nov. 38: 78. 1935. 本种与塔花山梗菜的主要区别：茎生叶较宽，长圆状椭圆形；植物体密生短毡毛；花梗长仅5-8毫米。产云南、四川南部、贵州东部及东南部，生于海拔1900米以下山坡草地、林下或路旁。缅甸有分布。

11. 狭叶山梗菜 图 735

Lobelia colorata Wall. Pl. Asiat. Rar. 2: 42. 1831.

多年生草本，高达1米。根状茎短，须根发达。茎圆柱状，不分枝，无毛或近叶腋处有微柔毛。基生叶椭圆形或长圆状椭圆形，幼时被毛，具长柄；茎生叶螺旋状排列，窄长圆形或线状披针形，长4-6（-11）厘米，先端钝圆而中脉延伸成突尖，基部渐窄，边缘有细密小齿，几无柄或有具宽翅的短柄。总状花序顶生，长15-30厘米，花稀疏；苞片披针形或线形，比花长或比花短。花梗长4-7毫米，无毛或疏生极小刺毛，中部以下生小苞片2枚；花萼筒半椭圆状，长2-3（4）毫米，无毛，裂片线形，长0.5-1.2厘米，边缘有2-4对腺齿；花冠紫蓝或天蓝色，稀白色，无毛，长（1.2-）1.6-1.9厘米，近二唇形，上唇裂片线形，长约1.1厘米，下唇裂片卵状长圆形，长约4毫米；花丝筒无毛，花药管无毛或疏生柔毛，下方2枚花药顶端生笔毛状髯毛。蒴果卵状球形，径4-6毫米。种子椭圆状，稍压扁。9-10月开花结果。

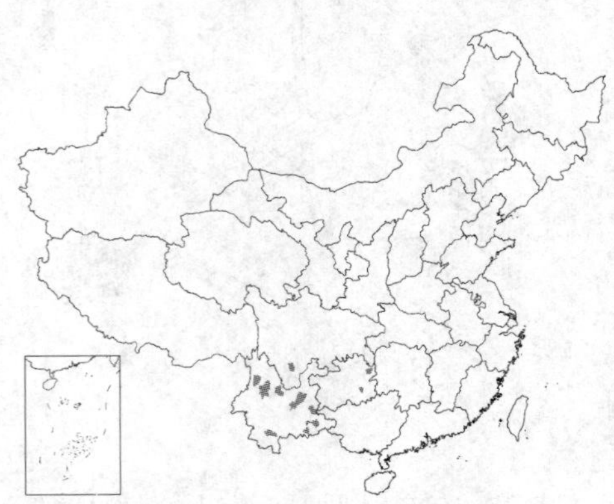

产云南、四川南部、贵州东部及东南部，生于海拔1000-3000米沟谷灌丛或潮湿草地上。印度有分布。

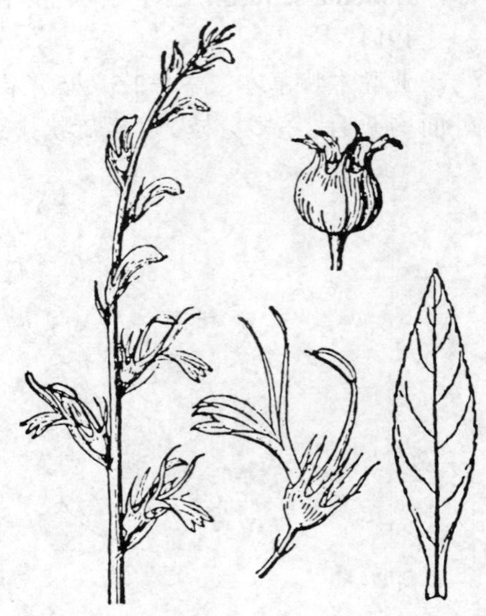

图 735 狭叶山梗菜 （张泰利绘）

12. 江南山梗菜 图 736 彩片 179

Lobelia davidii Franch. in Nouv. Arch. Mus. Nat. Paris 2, 6: 82. 1883.

多年生草本，高达1.8米。主根粗壮，侧根纤维状。茎分枝或不分枝，无毛或有极短的倒糙毛，或密被柔毛。叶螺旋状排列，下部的早落，卵状椭圆形或长披针形，长达17厘米，先端渐尖，基部渐窄成柄，边缘常有不规则粗齿；叶柄有翅，长达4厘米。总状花序顶生，长20-50厘米，花序轴无毛或有极短的柔毛；苞片卵状披针形或披针形，比花长。花梗长3-5毫米，有极短的毛和很小的小苞片1或2枚；花萼筒倒卵状，长约4毫米，基部浑圆，被极短的柔毛，裂片线状披针形，长0.5-1.2厘米，边缘有小齿；

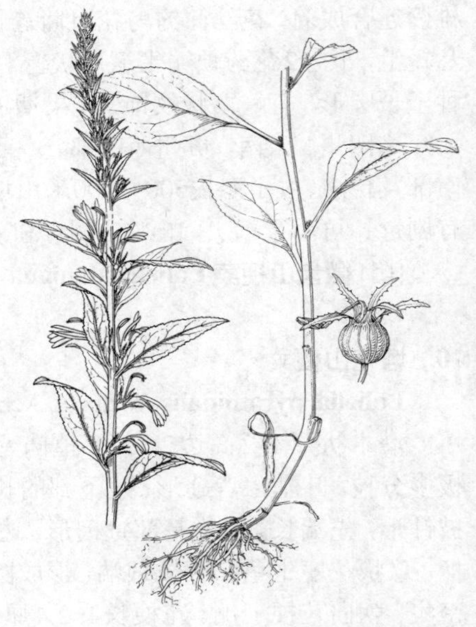

图 736 江南山梗菜 （冯晋庸绘）

花冠紫红或红紫色，长1.1-2.5(2.8)厘米，近二唇形，上唇裂片线形，下唇裂片长椭圆形或披针状椭圆形，中肋明显，无毛或生微毛，喉部以下生柔毛；雄蕊在基部以上连合成筒，花丝筒无毛或近花药处生微毛，下方2枚花药顶端生髯毛。蒴果球状，径0.6-1厘米，底部常背向花序轴，无毛或有微毛。种子黄褐色，稍压扁，椭圆状，一边厚而另一边薄，薄边颜色较淡。花果期8-10月。

产河南、安徽南部、浙江南部、福建、江西、湖北、湖南、广东北部、广西东北部、贵州、云南、四川东南部及南部，生于海拔2300米以下山地林边或沟边较阴湿处。根供药用，治痈肿疮毒、胃寒痛；全草治毒蛇咬伤。

17. 铜锤玉带属 **Pratia** Gaudich.

草本；茎平卧而生根，或粗壮而直立。叶互生。花单生叶腋，稀成总状花序。花梗长；花萼筒贴生于子房壁上，通常半球状或椭圆状；裂片5，线形，全缘或有齿，宿存；花冠筒背部分裂至3/4或达基部，花冠近二唇形，裂片5；雄蕊5，部分或全部结合，包围花柱，与花冠离生，花药管紫蓝或禾秆色，下方2枚顶端有2根刚毛、短柔毛或笔毛状髯毛。果为浆果或不开裂的干果，2室，宿存的花萼裂片呈冠状。种子多数，扁球状、椭圆状或不规则方形。

30-40种。分布于世界热带亚热带地区，主产大洋洲和亚洲南部。我国6种。

1. 平卧草本；茎被开展的柔毛，节上生根，通常肉质；叶圆卵形、心形或卵形，长0.8-1.6厘米；花萼裂片直伸，长3-4毫米，每边有2或3小齿；花单生叶腋 ………………………………………… **铜锤玉带草 P. nummularia**
1. 直立草本，茎无毛；叶椭圆形或卵状椭圆形，长7-15厘米；花萼裂片弓曲或反折，长约7毫米，全缘 …………………………………………………………………………………… (附). **山紫锤草 P. montana**

铜锤玉带草 图 737 彩片 180

Pratia nummularia (Lam.) A. Br. et Aschers. Index Sem. Hort. Berol. 1861, Append. 6.

Lobelia nummularia Lam. Dict. 3: 589. 1789.

多年生草本，有白色乳汁。茎平卧，长达55厘米，被开展的柔毛，节上生根。叶圆卵形、心形或卵形，长0.8-1.6厘米，先端钝圆或急尖，基部斜心形，边缘有齿，两面疏生短柔毛，叶脉掌状至掌状羽脉；叶柄长2-7毫米，生开展短柔毛。花单生叶腋；花梗长0.7-3.5厘米，无毛；花萼筒坛状，长3-4毫米，无毛，裂片线状披针形，伸直，长3-4毫米，每边生2或3枚小齿；花冠紫红、淡紫、绿或黄白色，长6-7(10)毫米，花冠筒外面无毛，内面生柔毛，檐部二唇形，裂片5，上唇2裂片线状披针形，下唇裂片披针形；雄蕊在花丝中部以上连合，花丝筒无毛，花药管长1毫米余，背部生柔毛，下

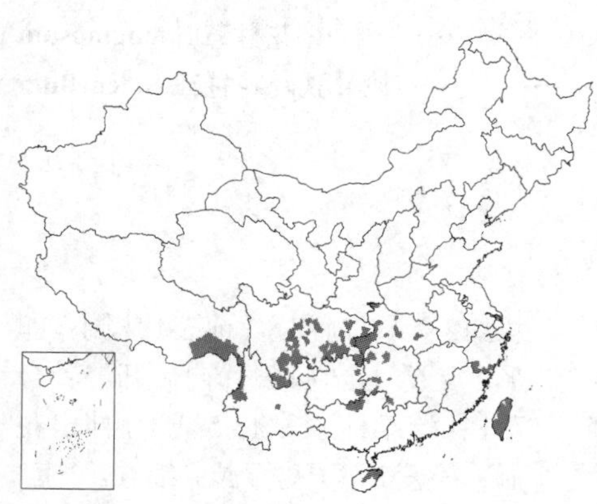

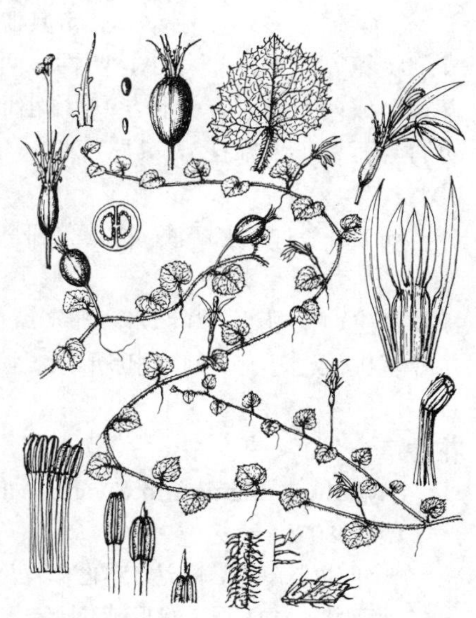

图 737 铜锤玉带草 （引自《Fl. Taiwan》）

方2枚顶端生髯毛。果为浆果，紫红色，椭圆状球形，长1-1.3厘米。种子多数，近球状，稍压扁，有小疣突。在热带地区整年可开花结果。

产浙江南部、福建北部、台湾、海南、广西北部、湖南、湖北、陕西东南部、四川、贵州东北部及东南部、云南及西藏东南部，生于田边、路旁及丘陵、低山草坡或疏林中的潮湿地。印度、尼泊尔、锡金、缅甸至巴布亚新几内亚有分布。全草代药用，治风湿、跌打损伤等。

[附] **山紫锤草 Pratia montana** (Reinw. ex Bl.) Hassk. Flora 25: 2. 1842. —— *Lobelia montana* Reinw. ex Bl. Bijdr. 728. 1826. 本种与铜锤玉带草的主要区别：直立草本；茎无毛；叶椭圆形或卵状椭圆形，长7-15厘米，叶柄长达2.5厘米；萼片弓曲或反折，长约7毫米，全缘。产云南及西藏，生于海拔1300-2600米潮湿山谷、林缘或林中。印度、尼泊尔、锡金、越南至马来西亚有分布。

207. 花柱草科 STYLIDIACEAE

（王勇进）

一年生或多年生草本，稀亚灌木，有时体态呈藓状。单叶互生或对生。花两性或由于败育而为单性，两侧对称，花萼和花冠5数；花萼为合萼，筒部与子房贴生，檐部2-5裂，常呈二唇形，裂片覆瓦状排列；花冠通常明显，合瓣，5-6裂，常不规则，其中4枚裂片近相似，而前方1枚（唇片）常不同型，向下（向前方）反折；雄蕊2，生于两侧，与花柱连合成合蕊柱，花药外向，2室；子房下位，2室或1室，胚珠多数，中轴胎座，柱头不裂或2裂。果为蒴果，通常室间开裂。种子多数，较小，具肉质胚乳。

5属约154种，分布于大洋洲、南美洲和热带亚洲。我国1属。

花柱草属 Stylidium Swartz ex Willd.

一年生或多年生小草本，常具腺毛。叶小，互生、对生、簇生于茎上或基生成莲座状；无托叶。聚伞花序或总状花序，顶生。花小，两性，两侧对称；花萼5裂，裂片合生成二唇形；花冠合生，5裂，其中4裂片近直立而成两对，前方（下方）1枚小而反卷，成为唇片；雄蕊2，与花柱合生成顶端外折、伸出花冠外、基部可动的合蕊柱（雌雄柱），具感应性；子房下位，2室或基部1室，胚珠多数，柱头不分裂。蒴果细长，2裂。种子极小。

约130多种，主产澳大利亚，亚洲热带地区有少数种类分布。我国2种。

1. 叶基生，有短柄，圆卵形、卵形或倒卵形 ………… **花柱草 S. uliginosum**
1. 叶茎生，无柄，长圆状倒卵形或长圆形 ………… (附). **狭叶花柱草 S. tenellum**

花柱草 图 738：1-3

Stylidium uliginosum Swartz, Mag. Ges. Naturf. Fr. Berilin 1: 52. t. 2. f. 4. 1807.

一年生小草本，高达15厘米。茎直立，丝状，不分枝或稍分枝。叶基生成莲座状，圆卵形、卵形或倒形，长5-8毫米，边缘全缘，脉不明显，无毛，有短柄；茎生叶极小，长仅2毫米。花小，无梗，组成稀疏的穗状聚伞花序；苞片2，线形。花萼裂片5，长约2毫米，近二唇形；花冠白色，长约2毫米，筒部短，前裂片极小，卵形，反卷，其他4裂片向后开展；合蕊柱（雌雄柱）长约3.5毫米，伸出花冠；雄蕊2；子房下位，细长，2室。

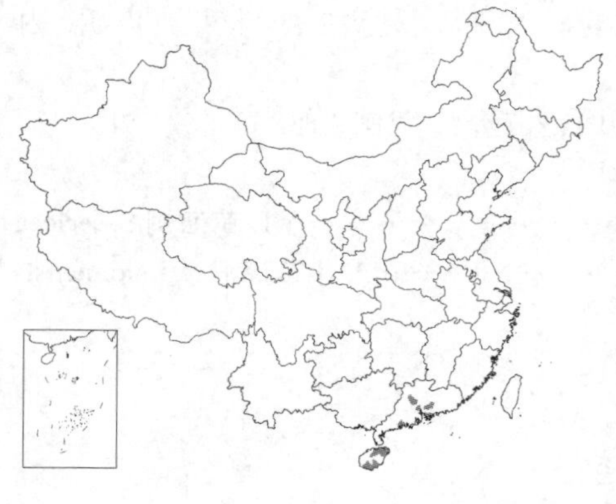

蒴果线形，长约8毫米，纵裂为果瓣。花期冬季。

产广东中部及南部、香港、海南，生于丘陵溪边草地。中南半岛、印度、斯里兰卡及澳大利亚有分布。

[附] **狭叶花柱草** 图 738: 4-6 **Stylidium tenellum** Swartz, Mag. Ges. Naturf. Fr. Berlin 1: 51. t. 2. f. 3. 1807. 本种与花柱草的区别：叶茎生，线状披针形、长圆状倒卵形或长圆形，无柄。产福建东南部、广东、香港及云南南部，生于海拔1000米以下的稻田或沼泽中。缅甸、老挝、柬埔寨、马来西亚、印度尼西亚的苏门答腊有分布。

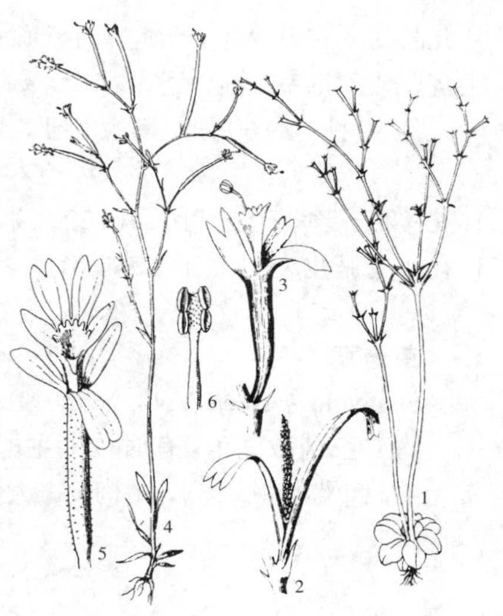

图 738：1-3. 花柱草 4-6. 狭叶花柱草（丁 柯绘）（引自《Fl. Gen. Indo-Chin.》）

208. 草海桐科 GOODENIACEAE

（班 勤）

草本、亚灌木、灌木、或小乔木，无乳汁。叶互生而螺旋状排列，或对生，叶腋常有毛簇。聚伞花序或花单生而有时集成总状花序，均腋生，有对生的苞片和小苞片。花两性，一般两侧对称，5数（心皮退化为2）；花萼筒几全部贴生子房，裂片通常发育；花冠合瓣，背面开一纵缝而两侧对称，裂片游离，两边有很薄的膜质宽翅；雄蕊5，通常与花冠分离，无毛，花药基部着生，内向，分离，稀侧向联合成管，2室，纵裂；无花盘；子房下位，2室或不完全2室，或仅1室，花柱柱状，向下弯曲，单一或顶端2-3裂，柱头为一个杯状（有时2裂）集药杯所围绕，杯沿常有缘毛，胚珠多数至1个，中轴着生或基底着生。果为蒴果，有时为核果或坚果，有宿存花萼。种子1至多颗，具胚乳。

14属，约300种，主产澳大利亚，分布于南太平洋近南极区、东南亚、巴布亚新几内亚和印度尼西亚阿鲁群岛。我国2属3种。

1. 灌木或藤本；果为核果 ………………………………………………………… 1. **草海桐属 Scaevola**
1. 草本；果为蒴果 ………………………………………………………………… 2. **离根香属 Calogyne**

1. 草海桐属 Scaevola Linn.

草本、亚灌木或灌木。叶互生而螺旋状排列，或对生。聚伞花序腋生，或单花腋生，有对生的苞片和小苞片。花萼筒部与子房贴生，檐部常很短，成一环状而具5齿或5裂；花冠两侧对称，后面纵缝开裂至近基部，檐部5裂片几相等；子房2室，每室有1个轴生而直立的胚珠，或仅1室，有1-2颗轴生胚珠，柱头2裂。核果常肉质，内果皮坚硬，每室1颗种子。

约80种，约60种产澳大利亚，近20种广布于全球热带，少数种产中国和越南。我国2种。

1. 花集成聚伞花序；叶长10-22厘米 …………………………………………………………………… 1. **草海桐 S. sericea**
1. 花单朵腋生；叶长1-2.5厘米 …………………………………………………………………… 2. **小草海桐 S. hainanensis**

1. 草海桐 图 739 彩片 181

Scaevola sericea Vahl, Symb. Bot. 2: 37. 1791.

直立或铺散灌木，有时枝上生根，或为小乔木，高达7米。枝中空，通常无毛。叶螺旋状排列，稍肉质，大多集生分枝顶端，叶腋密生一簇白色须毛，匙形或倒卵形，长10-22厘米，先端圆钝，平截或微凹，基部楔形，全缘或边缘波状，无毛或下面有疏柔毛；聚伞花序腋生，长1.5-3厘米；苞片和小苞片腋间有一簇长须毛；花梗与花之间有关节；花萼无毛，花萼筒倒卵状，裂片线状披针形，长2.5毫米；花冠白或淡黄色，长约2厘米，花冠筒细长，后方开裂至基部，外面无毛，内面密被白色长毛，檐部开展，裂片中间厚，披针形，中上部每边有膜质宽翅，翅常内叠，边缘疏生缘毛；花药在花蕾中围着花柱上部，和集粉杯下部粘成一管，花开后分离，药隔超出药室，顶端成片状。核果卵球状，白色，无毛或有柔毛，径0.7-1厘米，有两条径向沟槽，将果分为两爿，每爿有4棱，2室，每室有1种子。花果期4-12月。

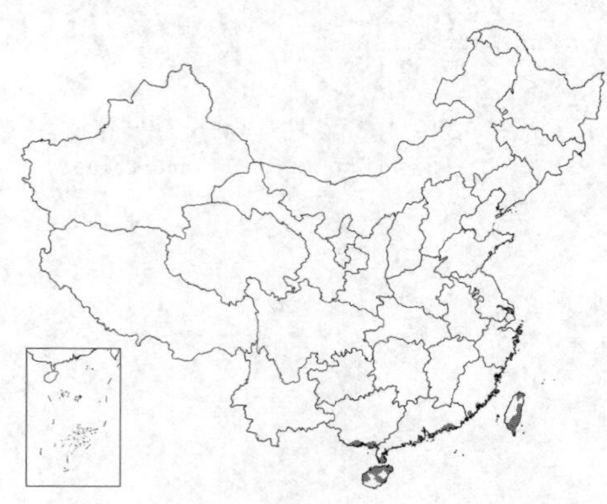

图 739 草海桐 （冯晋庸绘）

产台湾、福建东南部、广东南部及雷州半岛、海南、广西南部，生于海边砂地或海岸峭壁上。日本（琉球）、东南亚、马达加斯加、大洋洲热带、密克罗尼西亚及夏威夷有分布。

2. 小草海桐 图 740 彩片 182

Scaevola hainanensis Hance in Journ. Bot. 7: 229. 1878.

蔓性小灌木。老枝细长而秃净，小枝短而多，被糙伏毛。叶螺旋状着生，在枝顶较密集，有时侧枝不发育而极端缩短，使叶簇生，叶腋有一簇长绒毛，肉质，线状匙形，长1-2.5厘米，全缘，仅下面1条主脉可见，无毛，无柄或具短柄。花单生叶腋；花梗长约1毫米；小苞片对生，位于花梗顶端，宽线形，

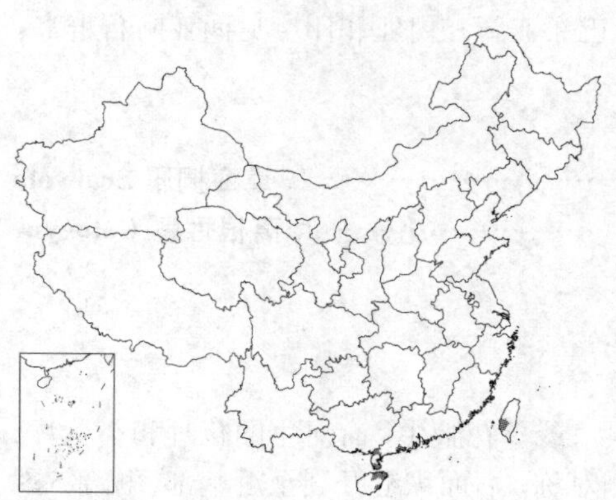

图 740 小草海桐 （冯晋庸绘）

长3-4毫米，腋内有一簇绒毛；花萼无毛，花萼筒倒卵状长圆形，长约2毫米，顶端波状5浅裂，形成一个浅杯；花冠淡蓝色，长约8毫米，后方开裂至基部，其余裂至中部，外面无毛，花冠筒内密生长毛，裂片向一方展开，窄长椭圆形，有膜质宽翅，翅缘下部多少流苏状；药隔超出药室；子房2室，花柱下部有短毛。

产台湾、福建东南部、广东西南部、香港及海南，生于海边盐田或与红树同生。越南沿海地区有分布。

2. 离根香属 Calogyne R. Br.

一年生草本，直立或铺散。叶互生。花单生叶腋，无苞片和小苞片；花萼筒部与子房贴生，檐部5裂；花冠后方开裂过半，裂片向前方伸展，边具宽翅，后方2枚具不对称的翅；雄蕊5，离生；子房下位，不完全2室，有胚珠数颗，花柱从中部起有2-3分枝，柱头基部的集粉杯浅2裂，口沿密生刷状毛，柱头片状而不裂。蒴果与隔膜平行地开裂。种子扁平，边缘稍加厚。

5-6种，产澳大利亚、东南亚、越南、柬埔寨及老挝。我国1种。

离根香 图 741

Calogyne pilosa R. Br. Prodr. 579. 1810.

一年生直立草本，具单茎而有分枝，或多茎丛生，高达15厘米，有时花后分枝倾卧，茎下部无毛，上部疏生硬毛。基生叶多枚，长椭圆形或线状长椭圆形，长2-5厘米，仅1条主脉明显可见，边缘疏生三角状锯齿，仅边缘及下面主脉上疏生长硬毛，叶柄长达1.5厘米；下部茎生叶同型而较小，具较短的叶柄；上部茎生叶叶同型而更小，有时长不及1厘米；无叶柄。花单生每片茎生叶的叶腋，有时侧生分枝短而多花，几成总状花序。花梗长2-8毫米，疏生长硬毛；花萼筒部长仅2毫米，密生长硬毛，裂片线状披针形，长约4毫米；花冠外面紫色，带亮棕色，内面黄色而有橙色斑点，长8毫米；雄蕊长3毫米，花药顶端有短尖。蒴果卵球状，径约3毫米，有种子5颗。种子卵状，长4毫米。花期和果期11月-翌年3月。

图 741 离根香 （冯晋庸绘）

产福建东南部，生于海拔100米以下稻田及干旱的稀树草地中。菲律宾、印度尼西亚、巴布亚新几内亚及澳大利亚北部有分布。

209. 茜草科 RUBIACEAE

（陈伟球）

乔木、灌木、藤本或草本。单叶，对生或轮生，有时具不等叶性，常全缘；托叶常生于叶柄间，稀生于叶柄内，分离或合生，宿存或脱落，稀退化为连接对生叶叶柄间的横线，内面常有粘液毛，有时叶状。由聚伞花序组成复合花序，稀聚伞花序具单花或少花；常具苞片和小苞片。花两性，稀单性或杂性，常辐射对称，花柱常异长；萼筒与子房合生，顶部常4-5裂，稀近不等，有时其中1或数个（稀全部）萼裂片成叶状或花瓣状，多白色；花冠筒状、漏斗状、高脚碟状、钟状或辐状，花冠裂片常4-5，镊合状、覆瓦状或旋转状排列；雄蕊与花冠裂片同数而互生，稀2枚，着生花冠筒内壁，花药2室，纵裂，稀顶孔开裂；有花盘，稀裂或腺体状；子房下位，2室，具中轴、顶生或基底胎座，稀1室，具侧膜胎座，花柱长或短，柱头不裂或2至多裂；子房每室1至多数胚珠。蒴果、浆果、核果或小坚果，开裂或不裂，或为分果，有时为分果爿。种子稀具翅，多具胚乳，胚直伸或弯曲。

约637属，10700种，广布热带和亚热带地区，少数至北温带。我国98属，约676种，其中5属自国外引种。

1. 花多数，组成球形头状花序，花序梗顶端球形。
  2. 子房每室多数胚珠；果每室多颗种子；叶对生。
    3. 藤本；茎枝有钩状刺 …… 26. **钩藤属 Uncaria**
    3. 灌木或乔木；茎枝无钩状刺。
      4. 头状花序顶生。
        5. 头状花序单生。
          6. 果序的小果融合为聚花果，径0.9-1.5厘米；叶长7-9厘米，基部楔形 …… 27. **乌檀属 Nauclea**
          6. 果序为分离的坚果组成，疏散，径3-4厘米；叶长15-25厘米，基部圆或平截 …… 28. **团花属 Neolamarckia**
        5. 头状花序由几个至多个作各式排列，稀单生。
          7. 头状花序常3个簇生，中间的具极短的花序梗，侧生花序梗长达3.6厘米 …… 25. **帽蕊木属 Mitragyna**
          7. 头状花序组成圆锥状、伞房状或聚伞状复花序，稀单生。
            8. 头状花序单生或数个组成圆锥状；萼裂片脱落 …… 29. **新乌檀属 Neonauclea**
            8.头状花序常多数；萼裂片宿存，附着蒴果中轴。
              9. 头状花序组成伞房花序式，侧生花序轴分枝；叶基部楔形，叶柄长0.7-1厘米；花萼裂片比萼筒长 …… 30. **黄棉木属 Metadina**
              9. 头状花序组成聚伞状圆锥花序式，侧生花序轴不分枝；叶基部心形或宽楔形，叶柄长3-6厘米；花萼裂片比萼筒短 …… 31. **鸡仔木属 Sinoadina**
      4.头状花序腋生或顶生，或两者兼有。
        10. 叶宽卵形，宽达16厘米，叶基部心形，叶柄长2-12厘米 …… 34. **心叶木属 Haldina**
        10. 叶非宽卵形，宽不及4厘米，叶基部非心形，叶柄长0.2-1厘米。
          11. 顶芽圆锥形；托叶全缘，稀先端2裂；头状花序腋生，稀顶生 …… 32. **槽裂木属 Pertusadina**
          11. 顶芽不明显，由托叶疏散包被，托叶2深裂；头状花序顶生或腋生，或两者兼有 …… 33. **水团花属 Adina**
  2. 子房每室1胚珠；果每室1种子；叶对生或轮生；头状花序顶生或腋生 …… 35. **风箱树属 Cephalanthus**
1. 花序与上述不同，花序梗顶端非球形或花单生。
  12. 花冠裂片镊合状排列。
    13. 种子有翅。

14. 花序有1至数片白色叶状苞片。
15. 花序顶生，聚伞状，常有数片白色叶状苞片 ······ 20. 石丁香属 **Neohymenopogon**
15. 花序腋生，总状或圆锥状，花序梗上部有1-4片白色叶状苞片 ······ 19. 土连翘属 **Hymenodictyon**
14. 花序的苞片小，非叶状亦非白色。
16. 有些花的萼裂片有1片叶状、白色、有柄 ······ 21. 绣球茜属 **Dunnia**
16. 花萼齿裂，非叶状 ······ 18. 金鸡纳属 **Cinchona**
13. 种子无翅。
17. 子房每室2至多数胚珠；果每室2至多颗种子。
18. 果成熟时开裂。
19. 果顶部盖裂或孔裂。
20. 花冠辐状或宽钟状，柱头头状 ······ 12. 雪花属 **Argostemma**
20. 花冠筒状或漏斗状，柱头2裂。
21. 花序腋生；花单型；同节叶不等大；花冠筒状 ······ 13. 牡丽草属 **Mouretia**
21. 花序顶生；花二型；同节叶等大；花冠漏斗状 ······ 14. 报春茜属 **Leptomischus**
19. 果室背或室间纵裂成2-5果瓣。
22. 果裂成5果瓣；无托叶，叶有不明显缺齿；雄蕊2 ······ 11. 蜘蛛花属 **Silvianthus**
22. 果裂成2-4果瓣；具托叶，叶全缘；雄蕊常4-5。
23. 花4数，稀5数。
24. 草本、亚灌木或灌木；种子具棱角或平凸；花盘小，4浅裂，柱头2裂 ······ 5. 耳草属 **Hedyotis**
24. 草本；种子盾形、舟形或平凸形，稀具翅，无棱角；花盘不明显，柱头2-4 ··· 6. 新耳草属 **Neanotis**
23. 花5数，稀4或6-7数。
25. 蒴果僧帽状或倒心形；花盘2裂 ······ 8. 蛇根草属 **Ophiorrhiza**
25. 蒴果形状与上述不同；花盘不裂或不明显4-5裂。
26. 有些花的萼裂片中有一片叶状、白色、有柄 ······ 38. 裂果金花属 **Schizomussaenda**
26. 花萼裂片非叶状。
27. 萼裂片不等大 ······ 9. 五星花属 **Pentas**
27. 萼裂片等大。
28. 果室背和室间4瓣裂；花序顶生或腋生；同节的叶稍不等大或等大 ··· 7. 螺序草属 **Spiradiclis**
28. 果室2瓣裂；花序腋生；同节的叶等大 ······ 4. 岩黄树属 **Xanthophytum**
18. 果成熟时不裂。
29. 果干燥，蒴果状。
30. 草本、亚灌木或灌木；花4数，稀5数 ······ 5. 耳草属 **Hedyotis**
30. 矮小草本；花5数。
31. 直立、矮小草本，具块根；顶生聚伞花序；叶长1-6厘米 ······ 2. 岩上珠属 **Clarkella**
31. 匍匐草本，茎平卧，无块根；花单生于小枝分叉处或腋生；叶长不及1厘米 ··· 3. 小牙草属 **Dentella**
29. 果肉质，浆果或坚果，浆果状、核果状或干燥时蒴果状。
32. 有些花的萼裂片有一片（稀全部）叶状，白色、有柄 ······ 37. 玉叶金花属 **Mussaenda**
32. 花萼裂片非叶状。
33. 花药粘合成筒状，包被棒状柱头，形成具10槽的受粉托 ······ 36. 尖药花属 **Acranthera**
33. 花药分离，柱头外露。
34. 子房2室；果2室或有2分核；种子有棱角。
35. 头状花序有总苞，顶生 ······ 39. 溪楠属 **Keenania**
35. 花序无总苞。

36. 茎皮松软，海绵质；苞片大，革质或萼裂片的边缘和弯缺处有腺体。
37. 花序腋生或顶生，常紧密；苞片大，革质，有脉纹；萼裂片边缘和弯缺处无腺齿或腺体，柱头2裂……………………………………………………………………………………………… 40. 密脉木属 **Myrioneuron**
37. 花序常顶生，较疏，稀生于无叶老茎；苞片非革质；萼裂片边缘和弯缺处有腺齿或腺体；柱头2或4-5……………………………………………………………………………………… 41. 腺萼木属 **Mycetia**
36. 茎皮微密，非海绵质；苞片小或叶状；萼裂片边缘和弯缺处无腺体。
38. 花序顶生或假腋生 ……………………………………………………………………… 1. 多轮草属 **Lerchea**
38. 花序腋生 ………………………………………………………………………… 4. 岩黄树属 **Xanthophytum**
34. 子房和果4-5室，稀6-7室。
39. 花序常顶生，稀生于无叶老茎；萼裂片边缘和弯缺处有腺齿或腺体 ……………………… 41. 腺萼木属 **Mycetia**
39. 花序腋生；萼裂片边缘和弯缺处无腺齿或腺体 ……………………………………… 42. 尖叶木属 **Urophyllum**
17. 子房每室1胚珠；果每室1种子。
40. 聚花果；萼筒粘合或合生。
41. 攀状灌木或乔木；头状花序，各花萼筒合生 ………………………………………… 88. 巴戟天属 **Morinda**
41. 草本；花2朵并生于花序梗；各花萼筒合生 ………………………………………… 82. 蔓虎刺属 **Mitchella**
40. 果非聚花果；各花萼筒分离。
42. 萼筒顶部平截、近平截或浅裂。
43. 藤本、灌木或乔木。
44. 攀援灌木或小乔木；花两性 ………………………………………………………… 85. 穴果木属 **Caelospermum**
44. 灌木或乔木；花两性、单性或杂性。
45. 冠筒喉部被毛；花簇生或组成伞房聚伞花序，腋生 …………………………………… 62. 鱼骨木属 **Canthium**
45. 冠筒喉部无毛；伞形花束顶生或兼腋生 ……………………………………… 87. 南山花属 **Prismatomeris**
43. 草本，直立、匍匐或攀援。
46. 花柱长，伸出 …………………………………………………………………………… 93. 长柱草属 **Phuopsis**
46. 花柱不伸出或稍伸出。
47. 果膀胱状；伞房状圆锥花序顶生，花4数 ……………………………………… 97. 泡果茜草属 **Microphysa**
47. 果非膀胱状。
48. 花冠辐状，稀钟状或短漏斗状。
49. 果干燥，被毛或无毛；花常4数；叶常具1脉或3脉，稀具5脉 ………… 95. 拉拉藤属 **Galium**
49. 果肉质，常无毛；花（4）5数；叶具掌状脉或羽状脉 ……………………………… 96. 茜草属 **Rubia**
48. 花冠漏斗状、筒状或高脚碟状。
50. 叶对生；花单朵腋生或顶生 …………………………………………………………… 84. 薄柱草属 **Nertera**
50. 叶轮生，稀对生；花多朵簇生或组成各式花序 ……………………………………… 94. 车叶草属 **Asperula**
42. 萼裂片明显，常4-5片，有时2或6片。
51. 草本。
52. 子房2（3-4）室；果成熟时非盖裂，如盖裂则非顶部。
53. 匍匐或近直立草本。
54. 花单生或数朵成伞形花序。
55. 花顶生；花萼裂片4；叶心状圆形或近圆形 ………………………………………… 72. 爱地草属 **Geophila**
55. 花腋生；花萼裂片2（4）；叶椭圆状披针形或倒披针形 …………………………… 90. 双角草属 **Diodia**
54. 花序头状，顶生，有叶状总苞片 ……………………………………………………… 89. 墨苜蓿属 **Richardia**
53. 直立草本，有时攀援。
56. 萼筒和果被钩毛 ……………………………………………………………………… 81. 钩毛草属 **Kelloggia**

56. 萼筒和果无钩毛。

57. 果盖裂；萼裂片2长2短 ………………………………………………………… 92. **盖裂果属 Mitracarpus**

57. 果非周裂；萼裂片等大。

58. 托叶与叶柄合生成鞘。

59. 聚伞或伞房花序，具花序梗 ……………………………………………… 60. **红芽大戟属 Knoxia**

59. 花多朵簇生托叶鞘内，无花序梗 ………………………………………… 91. **丰花草属 Borreria**

58. 托叶分离或基部连成鞘状 ………………………………………………………… 5. **耳草属 Hedyotis**

52. 子房4-5室；果成熟时顶部盖裂 ……………………………………………… 80. **假盖果草属 Pseudopyxis**

51. 乔木，灌木或藤本。

60. 藤本；枝叶揉之有臭气 ……………………………………………………………… 77. **鸡矢藤属 Paederia**

60. 乔木或直立灌木，稀攀援。

61. 花或花序腋生；核果。

62. 子房（3）4-9室；分核（3）4-9，桔瓣状；枝叶揉之常有臭气 ……………… 75. **粗叶木属 Lasianthus**

62. 子房2-4室；分核1-4，非桔瓣状；枝叶揉之有或无臭气。

63. 托叶全缘，先端长尖；柱头多型，有时具角或具5槽纹；枝叶揉之无臭气 ……… 61. **琼梅属 Meyna**

63. 托叶顶端具1-4骤尖头；柱头2-4裂；枝叶揉之有或无臭气。

64. 叶对生或3-4叶轮生；雄蕊生于冠筒喉部；枝无刺；枝叶揉之有臭气 … 74. **染木树属 Saprosma**

64. 叶对生；雄蕊生于冠筒上部；枝有刺或无刺；枝叶揉之无臭气 ………… 86. **虎刺属 Damnacanthus**

61. 花或花序顶生，稀兼有腋生；蒴果、核果或浆果。

65. 头状花序，总苞片多轮，覆瓦状排列，基部一轮合生成杯状 ……………………… 73. **头九节属 Cephaelis**

65. 花序非头状，若密集成头状，则无上述多轮总苞片。

66. 蒴果；柱头2-5，线形。

67. 顶生、3歧分枝圆锥花序或伞形聚伞花序；叶侧脉10-16对，明显 …… 78. **香叶木属 Spermadictyon**

67. 花3至多朵，簇生枝顶或叶腋，或密集成头状；叶侧脉9对以下，常不明显 ……………………………………………………………………………………… 79. **野丁香属 Leptodermis**

66. 核果或浆果；柱头2，短。

68. 枝叶揉之有臭气；托叶与叶柄合生成短鞘，有数条刺毛，宿存；叶小，近无柄，通常聚生短枝；少花 ……………………………………………………………………………… 83. **白马骨属 Serissa**

68. 枝叶揉之无臭气；托叶全缘或2裂，宿存或脱落；叶较大，具柄，对生，稀轮生；花序多花。

69. 花冠筒直，较短；分核背部常有棱和沟槽 ……………………………… 70. **九节属 Psychotria**

69. 花冠筒弯，细长；分核背部平 ………………………………………………… 71. **弯管花属 Chasalia**

12. 花冠裂片旋转状排列或覆瓦状排列。

70. 花冠裂片旋转状排列。

71. 子房每室2至多数胚珠；果每室2至多数胚珠；果每室2至多颗种子。

72. 子房1室，侧膜胎座；花1-3朵。

73. 胚珠和种子埋于肉质、肥厚胎座中；枝无刺；果常有纵棱 ……………………… 43. **栀子属 Gardenia**

73. 胎座非肥厚肉质，胚珠和种子外露；侧生小枝常化成刺；果无纵棱 ……… 44. **木瓜榄属 Ceriscoides**

72. 子房2室，非侧膜胎座；花少至多数簇生或组成花序，稀单生。

74. 有刺灌木或乔木，有时攀援状。

75. 花冠钟状；果径2-4厘米 ………………………………………………………… 45. **山石榴属 Catunaregam**

75. 花冠高脚碟状；果径不及2厘米。

76. 花单生或2-3朵聚生、腋生或生于侧生短枝顶部；腋芽2个，叠生，上面一个成刺，下面一个成枝…………………………………………………………………………… 46. **浓子茉莉属 Fagerlindia**

76. 花数至多朵簇生或组成聚伞花序，腋生或顶生，或生于侧生短枝；腋芽1个，成刺或枝…… 47. 鸡爪簕属 **Oxyceros**

74. 无刺灌木或乔木。

77. 叶常聚生于侧生短枝；花单生于侧生短枝顶端 …………………………… 51. 须弥茜树属 **Himalrandia**

77. 叶对生；腋生或顶生聚伞花序，稀生于侧生短枝顶端或老枝节上。

78. 花单性，雌雄异株。

79. 花序腋生或与叶对生；花5数；种子多数 …………………………… 52. 短萼齿木属 **Brachytome**

79. 花序腋生；花4（5）数；每室1-6种子 …………………………………… 53. 狗骨柴属 **Diplospora**

78. 花两性。

80. 子房每室2-3胚珠；果每室2-3种子。

81. 花序生于侧生短枝顶端或老枝节上；柱头2裂 …………………………… 50. 白香楠属 **Alleizettella**

81. 花序顶生或腋生；柱头不裂，稀2裂。

82. 萼筒顶部平截或具4-5小齿；果具纵棱；叶侧脉纤细，在叶两面均不明显 ……………………………………………………………………………………… 54. 瓶花木属 **Scyphiphora**

82. 萼筒（4）5裂，果无纵棱；叶侧脉在叶两面均明显。

83. 聚伞圆锥花序，柱头纺锤形，不裂；胚珠和种子埋于肉质胎座中 …… 49. 岭罗麦属 **Tarennoides**

83. 聚伞伞房花序；柱头纺锤形或线形，有槽纹，不裂或2裂；胚珠和种子均外露出胎座 ……………………………………………………………………………………………… 55. 乌口树属 **Tarenna**

80. 子房每室4颗以上胚珠；果每室4颗以上种子。

84. 矮小灌木，主茎长不及2厘米或近无茎；托叶上部反折 …………………… 17. 桂海木属 **Guihaiothamnus**

84. 灌木或乔木，主茎高50厘米以上；托叶不反折。

85. 花无梗；数朵至多朵簇生叶腋成密伞花序；花药背部和基部被毛 …… 57. 藏药木属 **Hyptianthera**

85. 花具梗，稀无梗；聚伞花序；花药无毛。

86. 聚伞花序有花数朵，疏散，花较大；花冠被白色绢毛 …………………… 56. 绢冠茜属 **Porterandia**

86. 聚伞花序常多花，较密，花较小；花冠常无毛，如被毛亦非绢毛。

87. 聚伞花序腋生或与叶对生，或生于无叶节上，稀顶生；种子与果肉胶结；叶干后非黑褐色……………………………………………………………………………………………… 48. 茜树属 **Aidia**

87. 聚伞花序顶生；胚珠和种子露出胎座，叶干后常黑褐色 ………………… 55. 乌口树属 **Tarenna**

71. 子房每室1胚珠；果每室1种子。

88. 胚珠和种子埋于肉质胎座中。

89. 聚伞圆锥花序顶生或近枝顶腋生；柱头不裂 ……………………………… 49. 岭罗麦属 **Tarennoidea**

89. 聚伞花序生于侧生短枝顶端或老枝节上；柱头2裂 ……………………… 50. 白香楠属 **Alleizettella**

88. 胚珠和种子不埋于肉质胎座中。

90. 多枝亚灌木，高不及60厘米；叶长不及1厘米 ………………………………… 59. 丁茜属 **Trailliaedoxa**

90. 灌木或乔木，高常1米以上；叶长5厘米以上。

91. 花簇生叶腋成球状或组成腋生聚伞花序，有时花单生；小苞片合生成杯状副萼 ……… 66. 咖啡属 **Coffea**

91. 顶生或腋生的聚伞伞房花序；小苞片离生。

92. 花柱长，伸出部分超过花冠裂片。

93. 花常4数；花序顶生；花萼裂片短，常短于萼筒 …………………………………… 67. 大沙叶属 **Pavetta**

93. 花5（6）数；花序顶生和腋生；花萼裂片线形，较萼筒管长2倍 …………… 69. 长柱山丹属 **Duperrea**

92. 花柱不伸出或稍伸出，伸出部分长不超过花冠裂片。

94. 花常4数；花冠筒圆柱形，花冠裂片短于花冠筒 ……………………………………… 68. 龙船花属 **Ixora**

94. 花5数；花冠筒短，花冠裂片与花冠筒近等长、短于或长于花冠筒 ……………… 55. 乌口树属 **Tarenna**

71. 花冠裂片覆瓦状排列。

95. 藤本或攀援灌木；子房2室，每室多数胚珠；蒴果，室背开裂；种子边缘有流苏状翅 …………………………………………………………………………………………………… 22. **流苏子属 Coptosapelta**

95. 乔木、灌木或草本，直立；种子边缘无流苏状翅。

96. 雄蕊2；叶有锯齿；蒴果宽金字塔形 ……………………………………………………… 10. **香茜属 Carlemannia**

96. 雄蕊4或5枚；叶全缘；果非上述形状。

97. 有些花的萼裂片中有一片叶状、白色、有柄；种子多颗，有翅，落叶乔木 ……………………………………………………………………………………………… 24. **香果树属 Emmenopterys**

97. 花萼裂片非叶状；种子有翅或无翅；常绿乔木或灌木。

98. 子房每室多颗胚珠；果每室多颗种子；花序顶生。

99. 种子有翅；果近圆筒形或倒卵状长圆形，较大；花大，萼裂片大，近叶状，比萼筒长 ………………………………………………………………………………………… 23. **滇丁香属 Luculia**

99. 种子无翅；果球形或卵圆形，小；花较小，萼裂片小，非叶状，短于萼筒或与萼筒近等长，稀较萼筒长。

100. 子房和果均5室；浆果；花生于花序末次分枝一侧，成蝎尾状 …………… 58. **长隔木属 Hamelia**

100. 子房和果均2室；蒴果；花在花序上的着生非蝎尾状。

101. 冠筒喉部有一环腺体；叶两面常皱，上面密被小凸点，小凸点常有硬毛 ……………………………………………………………………………………… 15. **郎德木属 Rondeletia**

101. 冠筒喉部无一环腺体；叶两面不皱，上面无小凸点 …………………… 16. **水锦树属 Wendlandia**

98. 子房每室1胚珠；果每室1种子；花和花序腋生。

102. 乔木；叶长9-20厘米，宽3-18厘米。

103. 花单性；柱头6-8裂，线形；叶下面无毛，叶柄长5毫米 ………………… 65. **海茜树属 Timonius**

103. 花两性或杂性；柱头头状或2微裂；叶下面被疏柔毛，叶柄长2-5厘米 ………………………………………………………………………………………… 63. **海岸桐属 Guettarda**

102. 灌木；叶长1.5-9厘米，宽1-3厘米。

104. 叶先端短尖；花2朵并生于花序梗顶端；萼裂片等大 ………………………… 76. **石核木属 Litosanthes**

104. 叶先端渐尖；聚伞花序，花数至多朵生于花序梗上；萼裂片不等大 ………… 64. **毛茶属 Antirhea**

1. 多轮草属 **Lerchea** Linn.

直立灌木或多年生草本。茎皮微密，单一，不分枝或少分枝。叶常生于茎上部节上，对生；有柄，托叶叶状，内面基部有粘液毛。花序顶生或假腋生，聚伞花序组成伞房状或蝎尾状、穗状、头状分枝；苞片小或叶状。花5数，两性，雄蕊先熟，花柱异长；萼筒球状或倒圆锥状，花萼裂片宿存，基部有粘液毛；花冠筒状或漏斗状，内面有一环密毛，裂片常兜状，稍下弯，镊合状排列；雄蕊着生冠筒近中部，花药内向，纵裂，有时一端或二端有簇毛；子房2室，花柱丝状，柱头2浅裂；子房每室胚珠多颗，着生隔膜中部盾状胎座。果肉质，内果皮坚硬。种子多数，褐色，有棱角，细小。

约9种，分布于中国、越南及印度尼西亚。我国2种。

多轮草 图 742

Lerchea micrantha (Drake) H. S. Lo in Bull. Bot. Res. (Harbin) 18 (3): 275. 1998.

Ophiorrhiza micrantha Drake in Journ. de Bot. 9: 214. 1895.

稍肉质草本。茎下部匍匐，节上生须根。叶对生，膜质，椭圆形、卵状椭圆形或披针状长圆形，长5-18厘米，先端渐尖或稍钝，基部楔形或微圆，常下延，侧脉12-18对，近叶缘

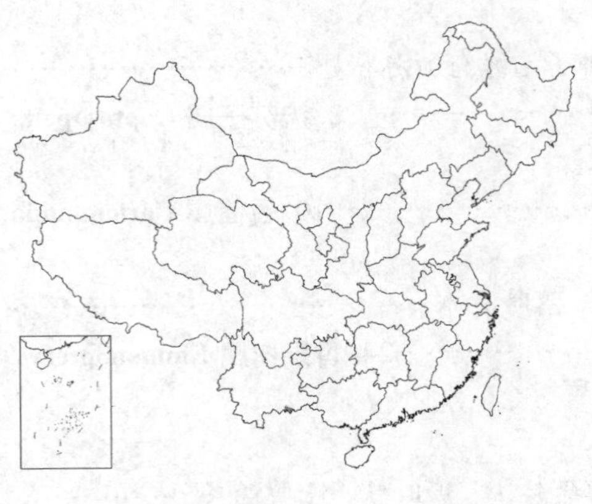

连成边脉；叶柄粗，密被柔毛，托叶早落。蝎尾状聚伞花序顶生，被锈色茸毛，长10-18厘米。花小，稍密集，花柱异长；花萼长0.5-0.7毫米；花冠白色，短筒状，下部膨胀，冠筒喉部有毛环；雄蕊5，花丝极短或细长。果球形，小。花期夏季。

产云南河口，生于低海拔山地林下荫湿溪边。越南有分布。

图 742 多轮草 （余 峰绘）

2. 岩上珠属 Clarkella Hook. f.

直立矮小草本，高达7厘米。块根长球形。茎不分枝，无毛或被粉状柔毛。叶对生，同对叶一大一小，薄纸质，卵形或宽卵形，长1-6厘米，先端短尖，基部微心形或宽楔形，全缘，两面近无毛或被粉状柔毛，侧脉4-8对，纤细；叶柄长0.5-1(-3)厘米，托叶小。聚伞花序具3-10花，常伞状，花序梗长不及1厘米，近顶端有苞片，卵形或长圆形，长不及5毫米。花两性；萼筒倒圆锥形，5裂，裂片镊合状排列，3长2短，三角形或长三角形；花冠白色，筒状漏斗形，长1.3-1.6厘米，被柔毛，喉部无毛，檐部5裂；雄蕊5，着生冠筒基部，花丝短，花药线状长圆形；子房2室，每室胚珠多数，胎座生于中轴中部稍下，花柱短，柱头2裂，被毛。果干燥，不裂，倒圆锥形，具5-7棱，长7-8毫米，花萼宿存。种子多数，细小，近椭圆形，有黑色小点。

单种属。

岩上珠 图 743

Clarkella nana (Endgew.) Hook. f. Fl. Brit. Ind. 3: 46. 1880.

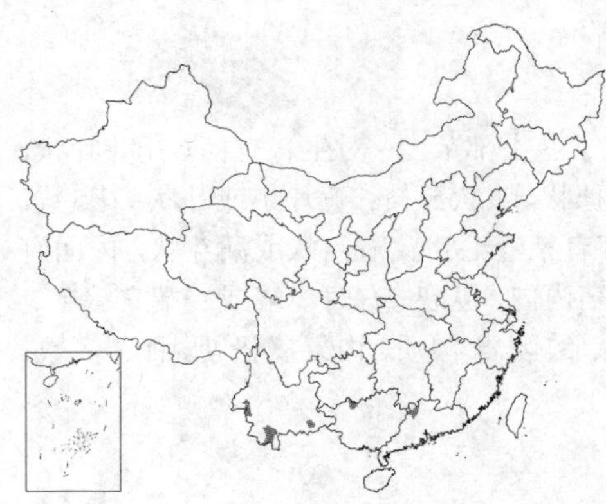

Ophiorrhiza nana Endgew. in Trans Linn. Soc. 20: 60. 1846.

Ophiorrhiza pellucida Lévl.; 中国高等植物图鉴 4: 209. 1975.

形态特征同属。

产广东北部、广西北部、云南西南部至东南部，生于低海拔至中海拔山地潮湿密林下或溪边岩缝中。泰国、缅甸及印度有分布。

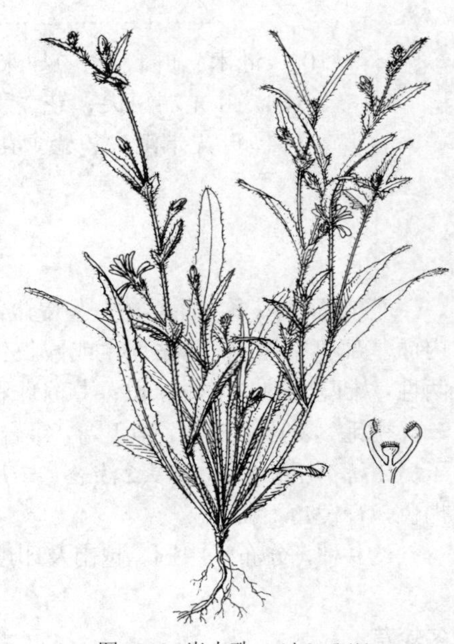

图 743 岩上珠 （余汉平绘）

3. 小芽草属 Dentella J. R. et G. Forst.

纤弱、蔓状、一年生或多年生草本。茎平卧。叶小，对生；托叶短，膜质，与叶柄合生。花小，单生，腋生。

花无梗或具短梗；萼筒近球形，花萼裂片5；花冠漏斗状，内面有毛，花冠裂片5，有2-3小齿，内向镊合状排列；雄蕊5，着生于花冠筒中部；花盘不明显；子房2室，花柱短，2裂，子房每室胚珠多数，着生于半球形胎座上。果小，球形，被粗毛，不裂。种子多数，胚乳肉质，胚小，2深裂。

约10种，分布于亚洲东南部至大洋洲及北美洲南部。我国1种。

小芽草 长花小芽草　　图 744

Dentella repens (Linn.) J. R. et G. Forst. Char. Gén. 25. t. 13. 1776.

Oldenlandia repens Linn. Mant. 1: 40. 1767.

Dentella repens var. *grandis* Piarre ex Pitard; 中国高等植物图鉴 4: 212. 1975.

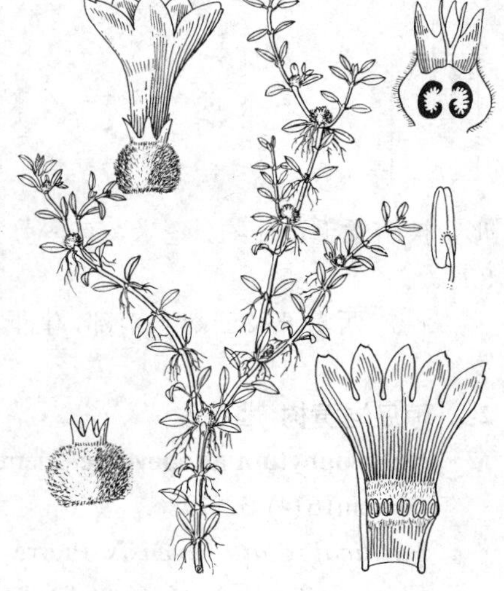

图 744 小芽草 （黄少容绘）

蔓生小草本；茎肉质，节上生根。叶膜质，长圆状倒披针形或倒卵形，长4-7毫米，宽1-2毫米，先端短尖，基部渐窄，上面无毛，下面被疏硬毛，侧脉不明显；叶柄短或近无柄，托叶短，膜质，先端钝或平截。花单生叶腋，花无梗或近无梗；花萼长约2.5毫米，被硬毛。花冠白色，肉质，长约6毫米，被疏硬毛。果干燥，近球形，径约4毫米，密被膜质长毛。花期冬春，果期夏季。

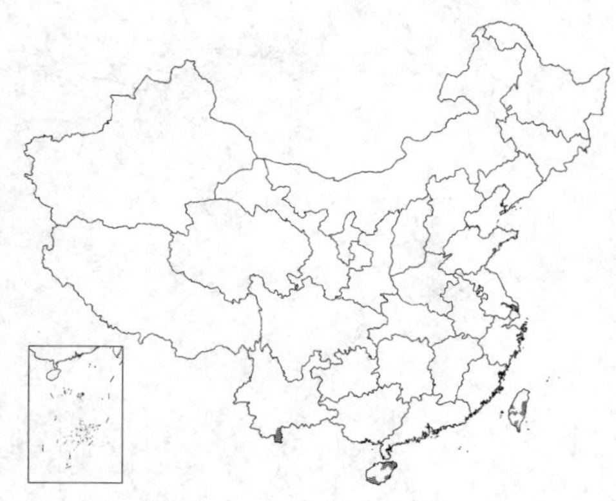

产台湾、海南、西沙群岛及云南，生于田野间潮湿处。亚洲南部及东南部至大洋洲，美国及墨西哥有分布。

4. 岩黄树属 Xanthophytum Reinw. ex Bl.

小乔木或亚灌木。幼茎和分枝有金黄色或锈色毛。叶常生于茎上部节上，有柄，对生，稀假互生；托叶生于叶柄间，常内面基部有粘液毛。花序腋生，圆锥状或头状，由聚伞花序或密伞花序组成；苞片小或叶状。花5数，两性，雄蕊先熟，花柱异长或花柱同长；萼筒近球状，常被毛，萼裂片短，宿存，裂片内面基部常有粘液毛；花冠筒状或漏斗状，冠筒内面上部有毛环，花冠裂片镊合状排列，开放时顶端内弯；雄蕊与花冠裂片互生，花药生于毛环之上，内向，纵裂；子房2室，花柱丝状，柱头棒状或2浅裂；子房每室胚珠多数，胎座盾状，生于隔壁中部。坚果2室，或蒴果2裂。种子多数，褐色，细小，有棱角。

约30种，分布于亚洲东南部，主产加里曼丹和沙捞越。我国3种。

1. 花序梗长不及1厘米，蒴果室背开裂 ………………………………………………… 1. **岩黄树 X. kwangtungense**
1. 花序梗长达4.5厘米；核果不裂 ……………………………………………………… 2. **琼岛岩黄树 X. attopevense**

1. 岩黄树 拟黄树　　图 745

Xanthophytum kwangtungense (Chun et How) H. S. Lo in Bull. Bot. Res. (Harbin) 6 (4): 32. 1986.

Xanthophytopsis kwangtungensis Chun et How in Sunyatsenia 4 (12):14. pl. 5. 1939; 中国高等植物图鉴 4: 211. 1975.

草本，有时亚灌木状，高达1米；全株被锈色、绢质长柔毛，幼枝和叶下面甚密。叶纸质，椭圆形或长圆形，长9-21厘米，先端渐尖，基部渐窄或

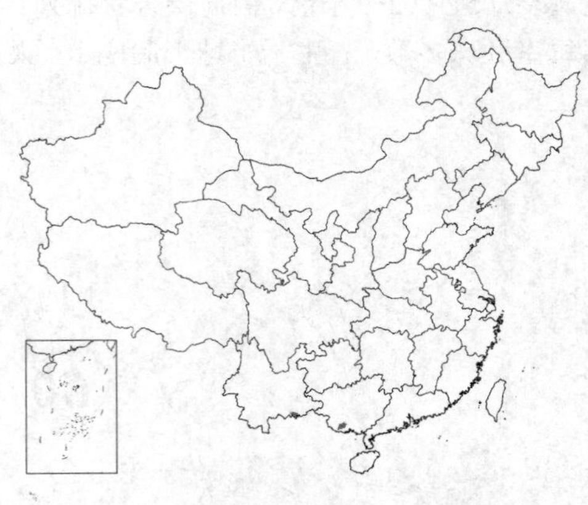

下延至叶柄，密生缘毛，侧脉纤细稍密，10-16对；叶柄长1-3厘米，托叶近卵形，先端长渐尖。聚伞花序腋生，多花密集成头状，花序梗长不及1厘米。花5数；花萼裂片倒披针状匙形，长约1.5毫米；花冠白色，筒状钟形，长约2毫米；雄蕊生于冠筒基部，花丝长约1毫米，花药内藏；花柱伸出，柱头2浅裂。蒴果近球形，被疏柔毛，径约2毫米，有宿萼裂片，室背开裂。花期5月，果期7-8月。

产广西南部及云南东南部，生于林下潮湿地方。越南有分布。

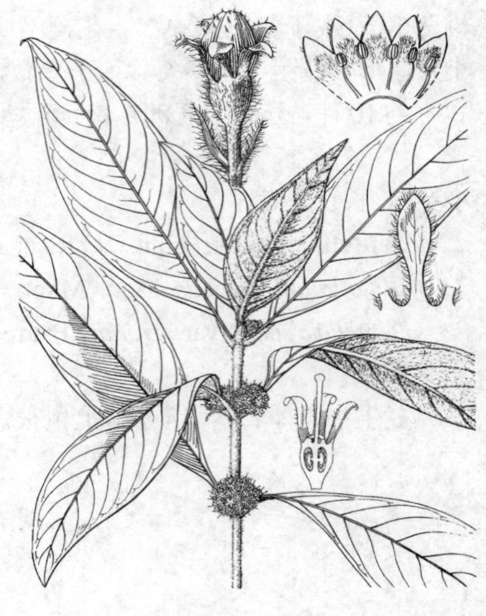

图 745 岩黄树 （黄少容绘）

2. 琼岛岩黄树 匙萼木 图 746

Xanthophytum attopevense (Pierre ex Pitard) H. S. Lo in Bull. Bot. Res. (Harbin) 6 (4): 32. 1986.

Paedicalyx attopevensis Pierre ex Pitard in Lécomte, Fl. Gén. Indo-Chine 3: 88. f. 90 (5-6) et f. 12 (1). 1922; 中国高等植物图鉴 4: 210. 1975.

亚灌木或草本，高达1米。幼枝被褐红色绢毛。叶对生，薄纸质，长圆形或倒披针状长圆形，长10-20厘米，宽3.5-6厘米，先端渐尖，基部渐窄，上面有疏柔毛或近无毛，下面被紧贴褐红色绢毛，侧脉密，20-23对；叶柄长2-3厘米，托叶卵形或披针形，长达1.7厘米。聚伞花序近枝顶腋生，稠密多花，有时成头状，被褐红色绢毛，花序梗长达4.5厘米。花5数，有短梗；萼筒球状，花萼裂片大小不等，近匙形或倒卵形；花冠白色，长约3毫米，花冠裂片长圆状披针形，比冠筒短；雄蕊着生冠筒中部稍下，花丝长约1.5毫米，花药稍伸出，花柱长2.5毫米，柱头伸出。核果近球形，长约2毫米，径约2.5毫米，被硬毛，不裂；宿存萼裂片大。花期1-3月，果期5-8月。

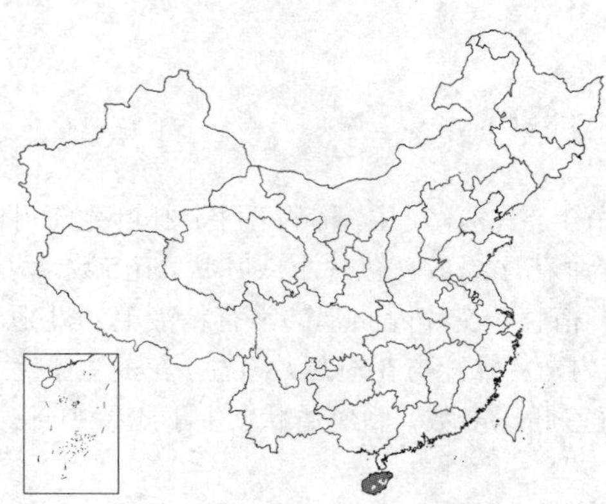

图 746 琼岛岩黄树 （黄少容绘）

产海南，生于密林中。越南及老挝有分布。

5. 耳草属 Hedyotis Linn.

草本、亚灌木、直立或攀援灌木。茎圆柱形或方柱形。叶对生，稀轮生或簇生，托叶分离合成刺状鞘。聚伞花序组成圆锥状或头状复花序，顶生或腋生，稀花单生。花萼裂片4-5，宿存；花冠轮状或漏斗状，裂片4-5，镊合状排列；雄蕊4-5，着生冠筒内或喉部；花盘小，4浅裂；子房下位，2室，花柱线形，柱头2裂，每子室多数胚珠，稀数粒或1粒。果小，膜质或脆壳质，稀革质，成熟时不裂，室间或室背开裂，有时顶部开裂。种子2至多数，稀1粒，具棱角或平凸，胚乳肉质。

约400余种，主要分布于热带和亚热带地区，少数至温带。我国60种、3变种。

1. 果不裂或顶部开裂。
  2. 花序具梗。
    3. 叶膜质或纸质，披针形或椭圆状披针形，长5-8厘米，宽1.5-2.8厘米，侧脉4-5对，叶柄长0.5-1厘米；果不裂 ………………………………………………………………………… 1. **脉耳草 H. costata**
    3. 叶肉质，长圆状倒卵形或长圆形，长1-2厘米，宽4-8毫米，侧脉不明显，无叶柄；果顶部开裂………………………………………………………………………………………… 1(附). **肉叶耳草 H. coreana**
  2. 花序无梗。
    4. 果不裂。
      5. 叶长3-8厘米，侧脉4-6对，托叶合成短鞘，顶部5-7裂，裂片线形或刚毛状；花多数密集成头状 ……………………………………………………………………………………… 2. **耳草 H. auricularia**
      5. 叶长2-2.8厘米，侧脉2-3对，托叶短合生，上部长渐尖，具疏齿；花序有1-3花 ……………………………………………………………………………………… 3. **金毛耳草 H. chrysotricha**
    4. 果顶部开裂。
      6. 果无毛。
        7. 叶长圆状卵形或长圆状披针形，长8-12厘米，宽2.5-4厘米，侧脉4-6对，叶柄长1-1.8厘米 ……………………………………………………………………………… 4. **阔托叶耳草 H. platystipula**
        7. 叶线形或线状披针形，长2-5厘米，宽2-4毫米，侧脉不明显 …………………… 5. **纤花耳草 H. tenelliflora**
      6. 果被毛。
        8. 叶椭圆形或卵状披针形，长2.5-5厘米，宽0.6-2厘米，两面被硬毛；花冠裂片顶端有髯毛；果长1.5-2.5毫米 ……………………………………………………………………… 6. **粗叶耳草 H. verticillata**
        8. 叶线形，长1.2-2.5厘米，宽1-2毫米，两面粗糙，稀被毛；花冠裂片顶端无髯毛；果长3毫米 ……………………………………………………………………………………… 7. **松叶耳草 H. pinifolia**
1. 果室间开裂或室背开裂。
  9. 果室间裂为2个分果爿。
    10. 果顶部不隆起。
      11. 花序疏散，伞房状或圆锥状。
        12. 花序顶生，稀腋生。
          13. 叶线形或线状披针形，长1.5-3厘米，宽2-3毫米，托叶线形 ……………… 8. **方茎耳草 H. tetrangularis**
          13. 叶非上述形状，长4-13厘米，宽1.5-4厘米，托叶非线形。
            14. 茎方柱形，有4棱或具翅；叶无柄或近无柄；花无梗 ……………………………… 9. **金草 H. acutangula**
            14. 茎圆柱形；叶具柄；花具梗。
              15. 叶先端尾尖，叶柄长1-1.5厘米；花冠长0.6-1厘米；果椭圆形 …… 10. **剑叶耳草 H. caudatifolia**
              15. 叶先端短钝尖，叶柄长2-5毫米；花冠长3毫米；果近球形 ………… 10(附). **鼎湖耳草 H. effusa**
        12. 花序腋生和顶生或生于腋生小枝上。
          16. 花序腋生和顶生，不生于腋生小枝上；叶卵状披针形，长5-9厘米，叶侧脉3-4对；花冠筒比花冠裂片短 ………………………………………………………………………… 11. **粗毛耳草 H. mellii**
          16. 花序生于腋生小枝上；叶窄长圆形或窄椭圆形，长10-15厘米，侧脉6-8对；花冠筒比花冠裂片长 ……………………………………………………………………… 11(附). **大众耳草 H. communis**
      11. 花密集成头状花序。

17. 叶先端渐尖，托叶长1.2厘米；雄蕊内藏 …………………………………………………………… 12. **长节耳草 H. uncinella**

17. 叶两端钝或略短尖，托叶长3-4毫米；雄蕊伸出 …………………………………… 12(附). **败酱耳草 H. capituligera**

10. 果顶部隆起。

18. 叶近革质，长圆状披针形或窄椭圆形，下面无毛，叶柄长2-3毫米，托叶先端具1尖头；花萼外面无毛，花冠长6毫米 …… 13. **攀茎耳草 H. scandens**

18. 叶膜质或纸质，长卵形或卵形，下面被柔毛，叶柄长0.3-1厘米，托叶先端平截，有4-6刺状毛；花萼被微柔毛，花冠长1-1.5厘米 ………………………………………………………………………………………… 14. **牛白藤 H. hedyotidea**

9. 果室背开裂，稀不裂。

19. 子房或果平滑，无明显棱亦无翅。

20. 花序多花；叶4枚近轮生于茎上部，下部无叶 …………………………………………………… 15. **矮小耳草 H. ovatifolia**

20. 花序少花，1-3朵，稀4朵；叶对生。

21. 伞房花序具2-4花，稀单花；花冠长2.2-2.5毫米，雄蕊生于冠筒内 ………… 16. **伞房花耳草 H. corymbosa**

21. 花单生或双生叶腋；花冠长3.5-5毫米，雄蕊生于冠筒喉部。

22. 花序梗线形，长1.3-1.5厘米，花柱长5毫米；中脉在叶上面平 ……………………… 17. **丹草 H. herbacea**

22. 花序梗略粗，长2-5(-10)毫米，稀无花梗，花柱长2-3毫米；中脉在叶上面凹下…… 18. **白花蛇舌草 H. diffusa**

19. 子房或果具明显棱或翅。

23. 萼筒杯形，具4翅；果具4翅，顶部有杯形浅裂的宿存萼檐 ……………………………… 19. **翅果耳草 H. pterita**

23. 萼筒陀螺形，具2或4纵棱；果具2或4纵棱，顶部有宿存萼檐小裂片 ……………… 20. **双花耳草 H. biflora**

1. 脉耳草 图 747

Hedyotis costata (Roxb.) Kurz in Journ. Asiat. Soc. Bengal. 45: 135. 1876.

Spermacoce costata Roxb. Fl. Ind. ed. Cerey, 1: 376. 1820.

多年生披散草本，高达50厘米；花和果被短柔毛，其余全部均被干后为金黄色疏长柔毛。叶对生，膜质或纸质，披针形或椭圆状披针形，长5-8厘米，宽1.5-2.8厘米，先端渐尖，基部楔形，侧脉4-5对，明显；叶柄长0.5-1厘米，托叶鞘状，顶端具数条针刺。聚伞花序密集成头状，单生或成总状花序，腋生；苞片钻形；花序梗长0.5-1.2厘米。花芳香，4-5数，花无梗或梗极短；萼筒陀螺状，长0.5毫米，萼裂片披针形；花冠筒状，白或紫色，长2.2-2.5毫米，花冠裂片椭圆形，长1毫米，冠筒喉部被毛；雄蕊与花冠裂片同数，着生冠筒喉部，花药伸出；柱头2裂。蒴果球形，径约1.5毫米，成熟时不裂；种子每室3-4粒。花果期7-11月。

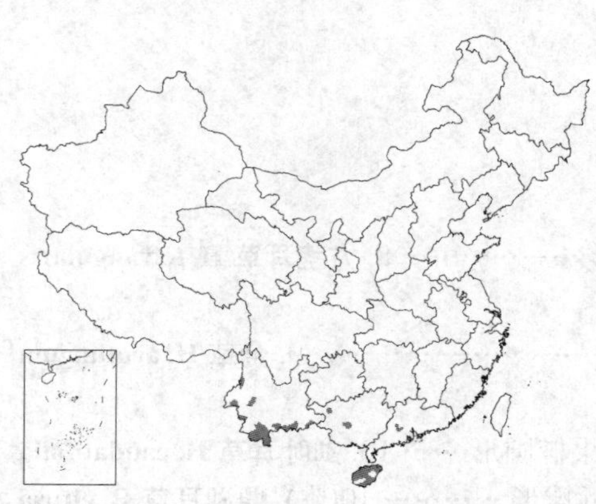

图 747 脉耳草 （易敬度绘）

产广东中西部、海南、广西、云南南部及西部，生于低海拔山谷林缘或草坡旷地。中南半岛、马来西来、印度尼西亚、菲律宾及印度有分布。

[附] **肉叶耳草 Hedyotis coreana** Lévl. in Fedde, Repert. Sp. Nov. 11: 64. 1912. 本种与脉耳草的区别：叶肉质，长圆状倒卵形或长圆形，长1-2厘米，宽4-8毫米，侧脉不明显，无叶

柄；果顶部开裂。花果期8月。产浙江、台湾及广东，生于低海拔海边沙滩和泥滩。日本及朝鲜半岛有分布。

2. 耳草 图 748

Hedyotis auricularia Linn. Sp. Pl. 101. 1753.

多年生、近直立或平卧草本，高达1米。小枝被硬毛，稀无毛。叶对生，近革质，披针形或椭圆形，长3-8厘米，宽1-2.5厘米，先端短尖或渐尖，基部楔形，下面常被粉状柔毛，侧脉4-6对；叶柄长2-7毫米，托叶膜质，合成短鞘，顶部5-7裂，裂片线形或刚毛状。花密集成头状，腋生。花萼长约2毫米，常被毛；花冠白色，长约3毫米；雄蕊生于冠筒喉部，花药伸出；花柱长1毫米、被毛，柱头2裂、被毛。蒴果球形，径1.2-1.5毫米，疏被硬毛，顶冠以宿萼裂片，不裂；每室2-6种子。花期3-8月。

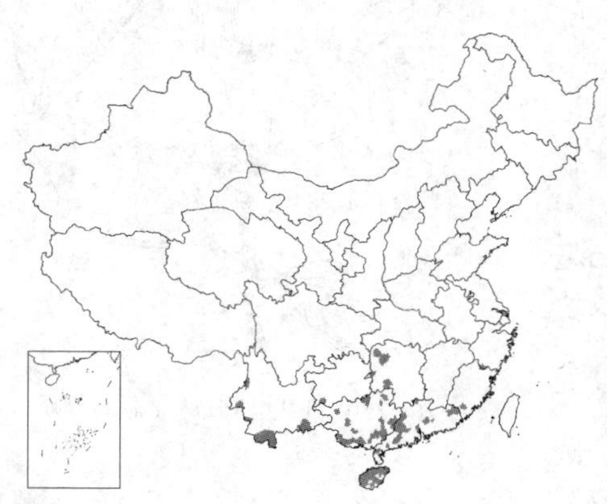

图 748 耳草 （陈荣道绘）

产福建、广东、香港、海南、广西、湖南、贵州西南部、云南南部及西部，生于低海拔地区草地、林缘或灌丛中。热带亚洲、澳大利亚及热带非洲有分布。全草入药，可清热解毒、散瘀消肿。

3. 金毛耳草 图 749

Hedyotis chrysotricha (Palib.) Merr. in Lingnan Sci. Journ. 7: 322. 1929.

Anotis chrysotricha Palib. in Bull. Herb. Boiss. ser. 2, 6: 20. 1906.

多年生披散草本，高约30厘米；被金黄色硬毛。叶对生，纸质，宽披针形、椭圆形或卵形，长2-2.8厘米，宽1-1.2厘米，先端短尖，基部楔形，上面疏被硬毛，下面被黄色绒毛，脉上毛密，侧脉2-3对；叶柄长1-3毫米，托叶短合生，上部长渐尖，具疏齿，被疏柔毛。聚伞花序腋生，1-3花，被金黄色疏柔毛。花4数，近无梗；萼筒近球形，长约1.3毫米，萼裂片披针形；花冠白或紫色，漏斗状，长5-6毫米，花冠裂片长圆形，与冠筒等长或略短；雄蕊内藏，蒴果球形，径约2毫米，被疏硬毛，不裂。花期几全年。

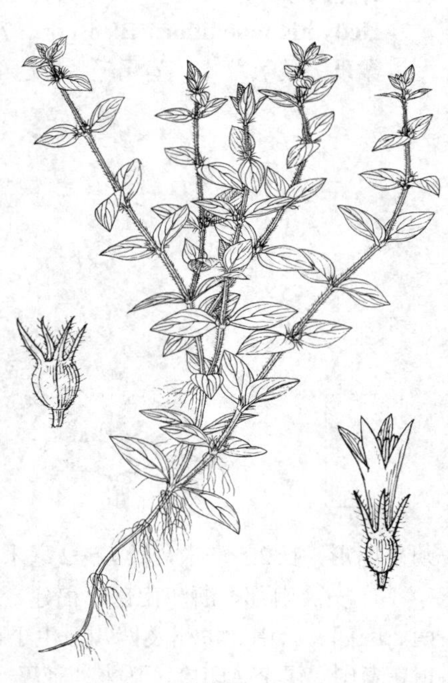

图 749 金毛耳草 （陈荣道绘）

产河南东南部、安徽南部、江苏南部、浙江、福建、台湾、江西、湖北、湖南、广东、海南、广西、云南、贵州及四川东部，生于低海拔山谷林下或山坡灌丛中。为热伤外敷药。

4. 阔托叶耳草 大托叶耳草 图 750

Hedyotis platystipula Merr. in Philipp. Journ. Sci. Bot. 21: 510. 1922.

直立少分枝灌木状草本。叶对生，膜质，长圆状卵形或长圆状披针形，长8-12厘米，宽2.5-4厘米，先端渐尖，基部楔形，两面光滑，侧脉明显，4-6对；叶柄长1-1.8厘米，托叶肾形，长约1厘米，宽1.5厘米，边缘撕裂成针状。团伞花序腋生，无花序梗，花4数，无梗；萼筒陀螺形，长约1.5毫米，萼裂片窄披针形，长达6毫米，具羽状脉，具缘毛；花冠白色，长8-8.5毫米，花冠裂片披针形，长约2毫米；雄蕊生于冠筒喉部，花药稍伸出。蒴果长圆形，长2-3毫米，径1.5-2毫米，成熟时顶部开裂；种子细小，约10余粒。花期7-8月。

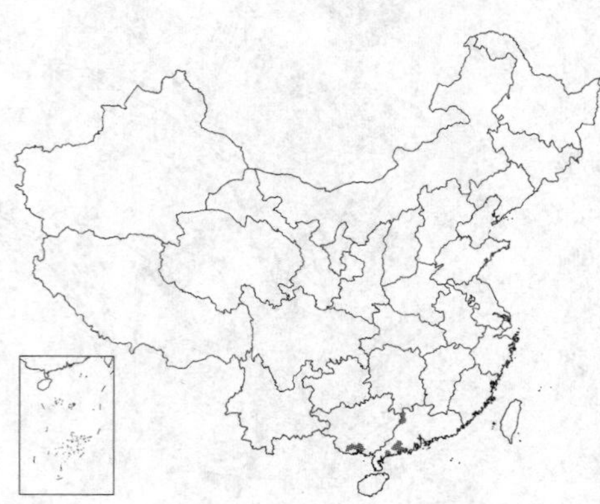

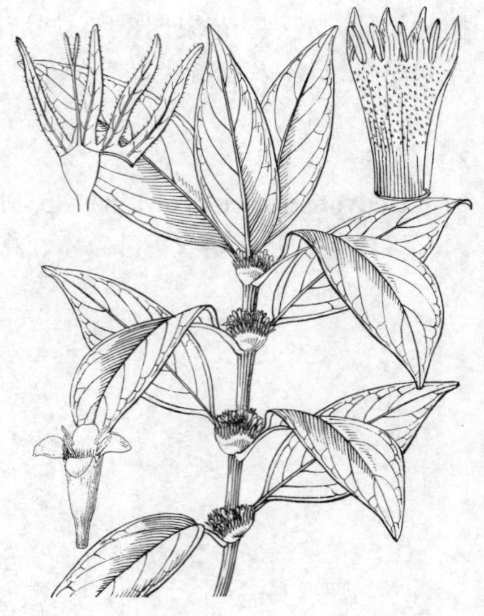

图 750 阔托叶耳草 （余汉平绘）

产广东西北部及西南部、广西南部，生于山谷林下或溪边岩缝中。越南有分布。

5. 纤花耳草 图 751

Hedyotis tenelliflora Bl. Bijdr. 971. 1826.

柔弱、披散草本。茎无毛，长达40厘米。叶稍革质，线形或线状披针形，长2-5厘米，宽2-4毫米，先端短尖，边缘背卷，干后黑色，侧脉不明显；无叶柄，托叶长3-6毫米，有刚毛。花小，无梗，1-3朵生于叶腋；萼长约3毫米，萼裂片窄披针形，具缘毛；花冠白色，漏斗形，长3-3.5毫米，花冠裂片披针形，与冠筒近等长；雄蕊生于冠筒喉部，花药伸出；花柱长约4毫米。蒴果卵形，长2.5毫米，径1.5-2毫米，顶部室裂，种子多颗。花期夏季。

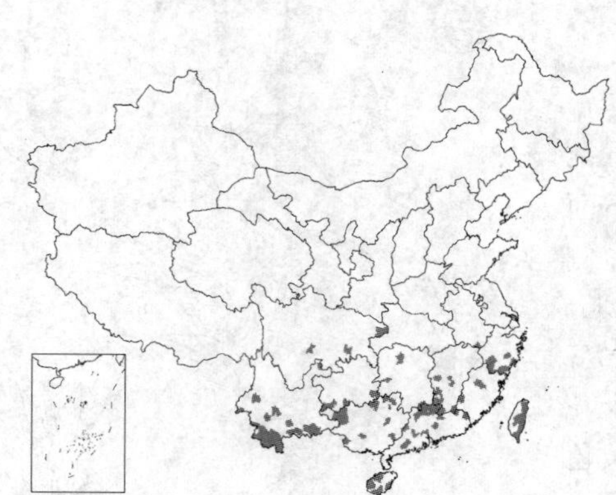

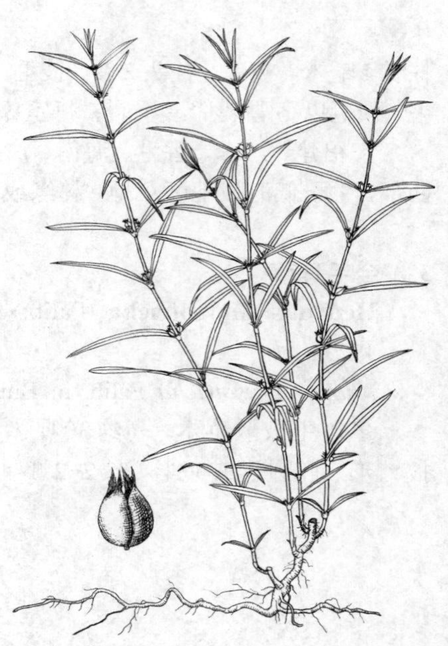

图 751 纤花耳草 （陈荣道绘）

产安徽南部、浙江南部、福建、台湾、江西、湖南、广东、香港、海南、广西、云南、贵州及四川，生于山谷、坡地或旷野。日本、越南、老挝、泰国、锡金、印度、马来西亚及菲律宾有分布。

6. 粗叶耳草 图 752

Hedyotis verticillata (Linn.) Lam. Tabl. Encycl. 1: 271. 1792.

Oldenlandia verticillata Linn. Mant. 1: 40. 1767.

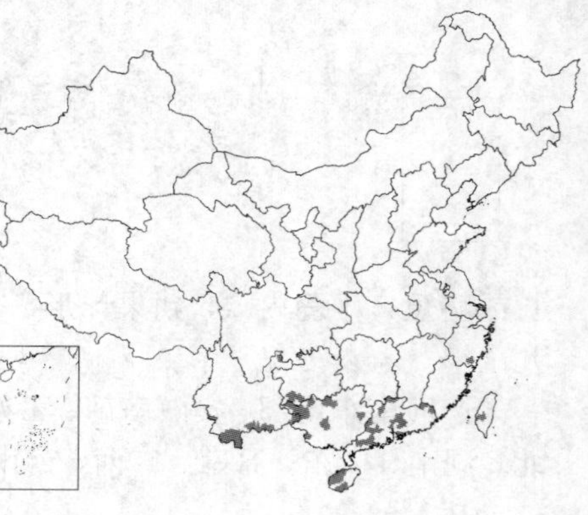

Hedyotis hispida Retz; 中国高等植物图鉴 4: 214. 1975.

一年生披散草本，高达30厘米。枝粗糙或被硬毛。叶对生，具短柄或无柄，纸质或薄革质，椭圆形或卵状披针形，长2.5-5厘米，宽0.6-2厘米，先端短尖或渐尖，基部楔形，两面被硬毛，边背卷，侧脉不明显；托叶略被毛，基部与叶柄合生成鞘，顶部具刺毛。团伞花序腋生，无花序梗，有2-6花。花无梗；花萼长约3毫米，被硬毛；花冠白色，近漏斗状，长约4.5毫米，顶端有簇毛；雄蕊生于冠筒喉部，花药伸出。蒴果卵形，长1.5-2.5毫米，径1.5-2毫米，被硬毛，萼裂片宿存，成熟时顶部开裂。种子多数，具棱。花期3-11月。

产浙江南部、台湾、广东、香港、海南、广西、云南及贵州，生于低海拔至中海拔草丛中或疏林下。亚洲热带、日本及密克罗尼西亚有分布。全草清热解毒、清肿止痛。

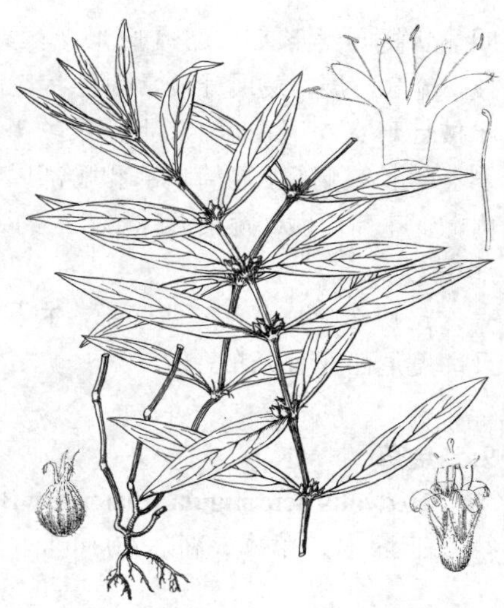

图 752 粗叶耳草 （引自《图鉴》）

7. 松叶耳草 图 753

Hedyotis pinifolia Wall. ex G. Don, Gen. Syst. 3: 526. 1834.

一年生、纤弱多枝草本。叶常丛生，无柄，线形，长1.2-2.5厘米，宽1-2毫米，边缘背卷，两面粗糙，稀被毛；托叶极短，有刺毛。团伞花序有3-10花，顶生和腋生，无花序梗。花无梗；花萼倒圆锥形，被硬毛，长2.5-3毫米；花冠白色，筒状，长8-8.5毫米，花冠裂片长圆形；雄蕊着生冠筒喉部，花药伸出。蒴果卵形，长约3毫米，径2毫米，中部以上被疏硬毛，成熟时顶部开裂，萼裂片宿存。花期5-8月。

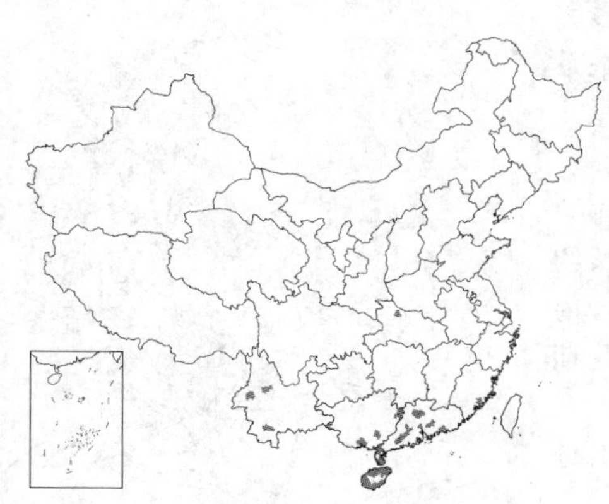

产福建东南部、广东、香港、海南、广西、云南及湖北西北部，生于低海拔丘陵旷地或滨海砂荒地。尼泊尔、印度及东南亚有分布。全草治小儿疳积、潮热，外用治跌打、刀伤。

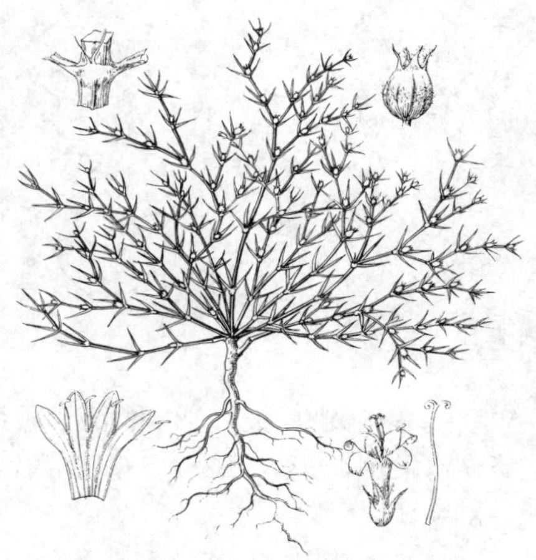

图 753 松叶耳草 （陈荣道绘）

8. 方茎耳草 图 754

Hedyotis tetrangularis (Korth.) Walp. Ann. Bot. Syst. 2: 769. 1852.

Diplophragma tetrangulare Korth. Nederl. Kuruidk. Arch. 2: 149. 1851.

直立、柔弱草本，高约50厘米。茎方柱形，基部木质。叶无柄，膜质或纸质，线形或线状披针形，长1.5-3厘米，宽2-3毫米，先端短尖，基部圆，边缘常背卷，上面中脉凹下，侧脉不

图 754 方茎耳草 （邓盈丰绘）

明显；托叶线形，长0.5-1厘米，全缘或3裂。聚伞圆锥状花序顶生，多分枝，疏散广展，最顶分枝常为穗状花序。花具短梗；花萼无毛，萼裂片卵状披针形；花冠白色，筒状，长约4毫米，花冠裂片长圆状披针形，与冠管近等长或略短，冠筒喉部和喉部以上被绒毛；雄蕊生于冠筒喉部，花药内藏。花药内藏。蒴果近球形，径约2毫米，无毛，成熟时裂为2果爿。花期9-11月。

产广东、海南及广西南部，生于低海拔旷地、草坡或田埂。马来西亚及印度尼西亚有分布。

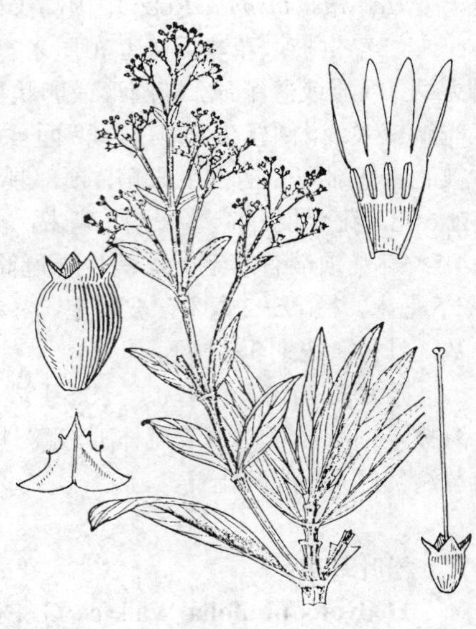

图 755 金草（引自《图鉴》）

9. 金草 图 755

Hedyotis acutangula Champ. ex Benth. in Hook. Kew Journ. 4: 171. 1852.

亚灌木状草本，高达60厘米。茎具4棱或翅。叶对生，革质，近无柄，卵状披针形或披针形，长5-12厘米，宽1.5-2.5厘米，先端短尖或短渐尖，基部圆或楔形，两面光滑，侧脉不明显；近无柄，托叶三角形，基部合生，长3-5毫米，上部全缘或具齿。聚伞圆锥花序或聚伞伞房花序顶生；苞片披针形。花4数，无梗；萼筒陀螺状，长约1毫米，萼裂片卵形，比萼筒短；花冠白色，筒状，长约5毫米，花冠裂片披针形，稍长于冠筒或近等长；雄蕊生于冠筒喉部，内藏。蒴果倒卵形，长2-2.5毫米，径约1毫米，成熟时裂为2果爿。花期5-8月。

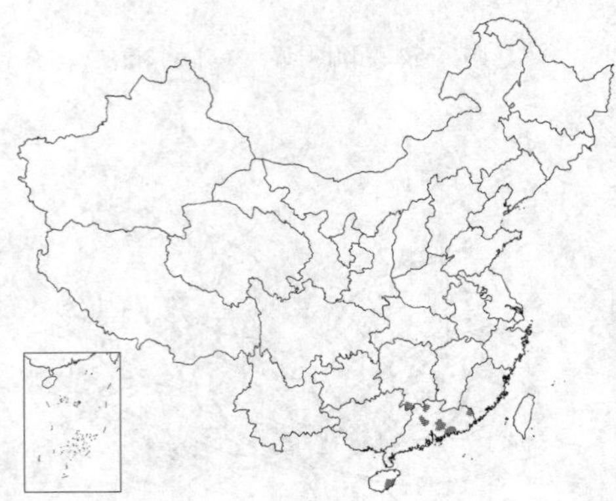

产湖南南部、广东、香港及海南，生于低海拔山坡或旷地。越南有分布。全株入药，可清热解毒、利尿，治淋病、赤浊。

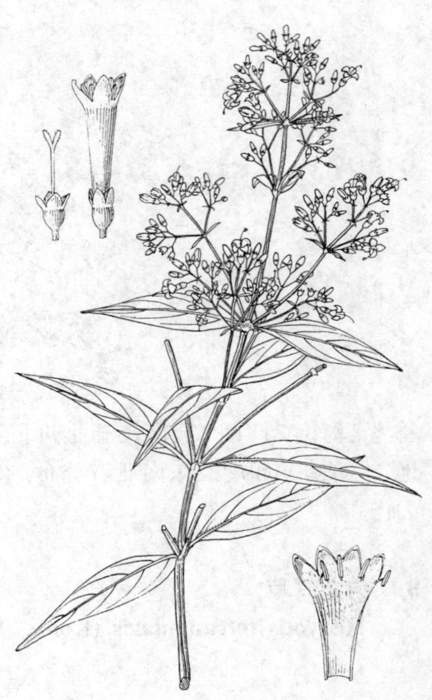

图 756 剑叶耳草（陈荣道绘）

10. 剑叶耳草 图 756

Hedyotis caudatifolia Merr. et Metcalf in Journ. Arn. Arb. 23: 228. 1942.

Hedyotis lancea auct.non Thunb. ex Maxim.:中国高等植物图鉴 4: 221. 1975.

直立、分枝、灌木状草本，高达90厘米；全株无毛。茎圆柱形。叶对生，革质，披针形，长4-13厘米，宽1.5-3厘米，先端尾尖，基部楔形，侧脉4对，不明显；叶柄长1-1.5厘米，托叶卵状三角形，长2-3毫米，全缘或具腺齿。聚伞圆锥花序，顶生和腋生；苞片披针形。花4数，具短梗；苞筒陀螺状，长3毫米，萼裂片卵状三角形，与萼筒等长；花冠白或粉红色，漏斗状，长0.6-1厘米，内面被长柔毛，花冠裂片披针形，

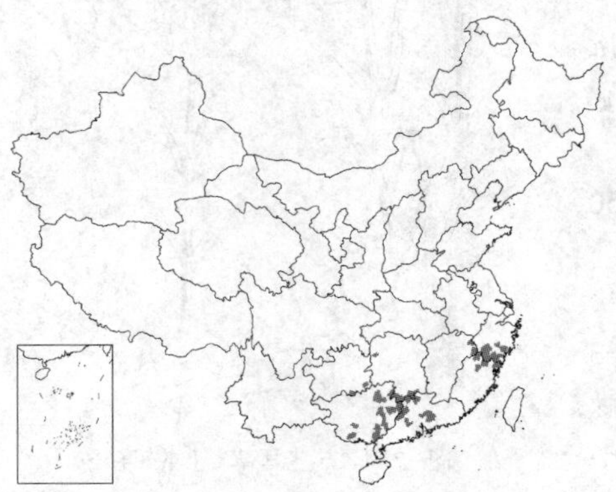

长2-2.5毫米；雄蕊伸出；花柱无毛。蒴果椭圆形，长4毫米，无毛。成熟时裂为2果爿。花期5-6月。

产浙江南部、福建北部、江西东北部、湖南南部及西部、广东、广西及贵州东南部，生于低海拔山地林下或山谷溪边。叶煎水治眼热病。

[附] **鼎湖耳草 Hedyotis effusa** Hance in Journ. Bot. 17: 11. 1879. 本种与剑叶耳草的区别：叶先端钝尖，叶柄长2-5毫米；花冠长3毫米；果近球形。花期7-9月。产广东及广西，生于低海拔山谷溪边林中。

11. 粗毛耳草 卷毛耳草　图 757

Hedyotis mellii Tutch. in Rep. Bot. Dept. 1914: 32. 1915.

直立草本，高达90厘米。叶对生，纸质，卵状披针形，长5-9厘米，先端渐尖，基部楔形，两面粗糙或被柔毛，侧脉3-4对，明显；叶柄长3-5毫米，托叶宽三角形，先端钻形，稍具腺毛，或3裂。聚伞圆锥花序顶生和腋生，密被毛，多花，稠密；苞片窄，长约7毫米，被硬毛。花4数，被毛，具梗；萼筒陀螺状，长1-1.5毫米，萼裂片卵形，长1.5-2毫米；花冠白或淡紫色，长6-7毫米，冠筒短，花冠裂片披针形，开放后外反；雄蕊生于冠筒中部以下。蒴果椭圆形，被毛，长约3毫米，成熟时裂为2果爿。花期6-7月。

产福建、江西、湖南、广东及广西东北部，生于低海拔疏林或灌丛中。药用，治腰痛；叶捣烂敷疮疖。

[附] **大众耳草 Hedyotis communis** Ko, Fl. Hainan. 3: 301. 579. 1974. 本种与粗毛耳草的区别：花序生于腋生小枝上；叶窄长圆形或窄椭圆形，长10-15厘米，侧脉6-8对；花冠筒比花冠裂片长。花期几全年。产海南及云南，生于低海拔至中海拔山谷溪边林中。

图 757 粗毛耳草（易敬度绘）

12. 长节耳草　图 758

Hedyotis uncinella Hook. et Arn. Bot. Beech. Voy. 192. 1833.

直立、多年生、无毛草本。茎方柱形。叶具柄或近无柄，纸质，卵状长圆形或长圆状披针形，长3.5-7.5厘米，宽0.8-3.5厘米，先端渐尖，基部楔形或宽楔形，侧脉4-5对，纤细；托叶三角形，长1.2厘米，撕裂。头状花序顶生和腋生，有或无花序梗。花无梗或梗极短；花萼长约4毫米，萼裂片长圆状披针形；花冠白或紫色，长约5毫米，冠筒喉部被绒毛，花冠裂片长圆状披针形，比冠筒短；雄蕊生于冠筒喉部，内藏。蒴果宽卵形，径1.8-2毫米，顶部平，成熟时裂为2果爿。花期4-6月。

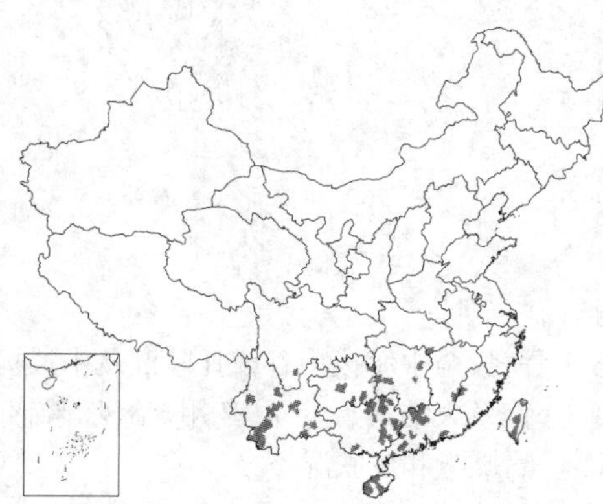

图 758 长节耳草（邓盈丰绘）

产台湾、福建、江西、湖北、湖南、广东、香港、海南、广西、贵州、云南及四川南部，生于干旱旷地。印度有分布。

[附] **败酱耳草 Hedyotis capituligera** Hance in Journ. Bot. 17: 12. 1879. 本种与长节耳草的区别：叶先端钝或略短尖，托叶长3-4毫米；雄蕊伸出。花期7-8月。产广东、云南及贵州，生于低海拔至中海拔空旷草地。

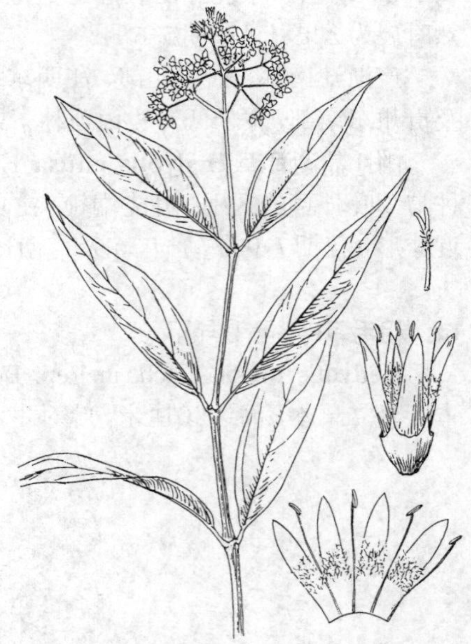

图 759 攀茎耳草 （余 峰绘）

13. 攀茎耳草 图 759

Hedyotis scandens Roxb. Fl. Ind. ed. Carey, 1: 369. 1820.

多分枝藤状灌木，除花外，余各部无毛。叶对生，近革质，长圆状披针形或窄椭圆形，长5-10厘米，宽3-4厘米，先端长渐尖或尾尖，基部楔形，下面无毛，侧脉4-5对，纤细；叶柄长2-3毫米，托叶膜质，基部合生，顶部具尖头。聚伞状圆锥花序，顶生，稀腋生。花4数，花梗长2-3毫米；萼筒倒圆锥形，长约1毫米，花萼裂片卵形，与萼筒近等长，外面无毛；花冠白或黄色，筒状，长6毫米，花冠裂片长圆形，长约4毫米；雄蕊生于冠筒基部；花柱略短于雄蕊。蒴果扁球形，顶部隆起，长宽均3-5毫米，成熟时室间裂为2果爿。花期7-8月。

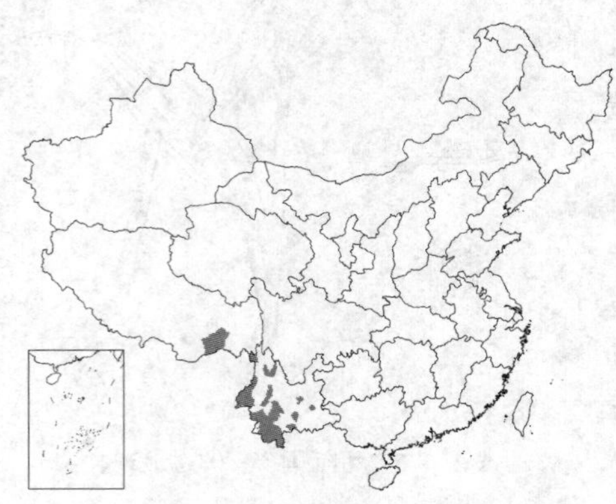

产云南及西藏东南部，生于低海拔至中海拔山地林中。南亚有分布。

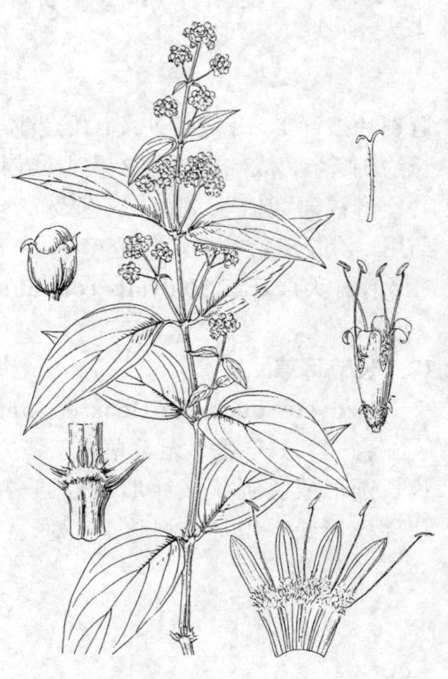

图 760 牛白藤 （余 峰绘）

14. 牛白藤 图 760

Hedyotis hedyotidea (DC.) Merr. in Lingnan Sci. Journ. 13: 48. 1934.

Spermacoce hedyotidea DC. Prodr. 4: 555. 1830.

藤状灌木，高达5米。叶对生，膜质或纸质，长卵形或卵形，长4-10厘米，先端短尖或短渐尖，基部楔形，上面粗糙，下面被柔毛，侧脉4-5对；叶柄长0.3-1厘米，托叶长4-6毫米，先端平截，有4-6条刺毛。伞形头状花序，有10-20花，腋生或顶生，花序梗长1.5-2.5厘米。花梗长约2毫米；花萼被微柔毛，萼裂片4，线状披针形，长约2.5毫米；花冠白色，长1-1.5厘米，筒状，花冠裂片披针形，比冠筒长。蒴果近球形，长约3毫米，径2毫米，顶部隆起，成熟时室间裂为2果爿。花期4-7月。

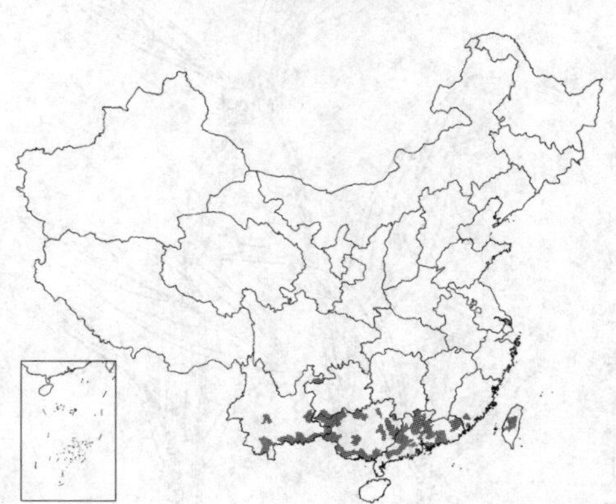

产台湾、福建南部、广东、香港、广西、云南及贵州西南部，生于低海拔至中海拔山谷或丘陵灌丛中。越南及柬埔寨有分布。药用，治风湿、感冒咳嗽和皮肤湿疹。

15. 矮小耳草 图 761

Hedyotis ovatifolia Cav. Icon. Pl. Hisp. 6: 52. t. 573. f. 1. 1801.

直立矮小草本；除花序和蒴果外，几全株被柔毛。茎纤细，下部常无叶，稀具1对小叶。叶4枚近轮生茎顶，稀对生，膜质，椭圆形或卵形，长1-3厘米，宽0.7-1.7厘米，先端短尖，基部楔形，侧脉5-6对，不明显；叶柄长1-5毫米，托叶膜质，上部具2-3针刺。聚伞花序顶生，单个或数个生于花序梗顶端，花序梗和分枝均丝状。花4数，花梗长0.8-1厘米，纤细；萼筒近球形，长1毫米，萼裂片小；花冠长约3毫米，花冠裂片披针形，长约1毫米；雄蕊着生冠筒喉部，伸出。蒴果扁球形，长宽均2-3毫米，成熟时顶部室背开裂。花果期7-8月。

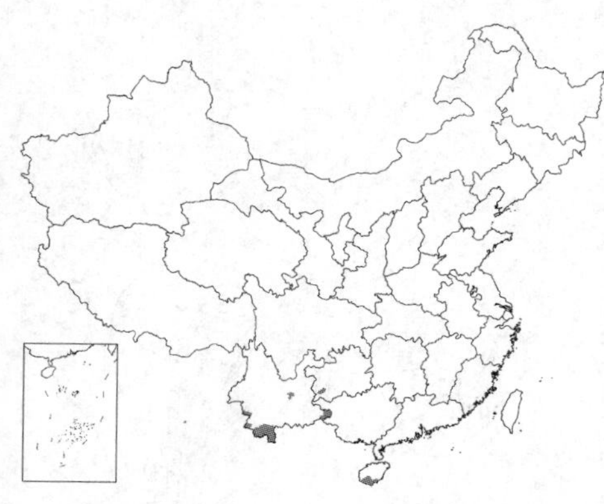

产海南、云南及贵州西南部，生于林内或山坡草地。锡金、尼泊尔、印度及东南亚有分布。

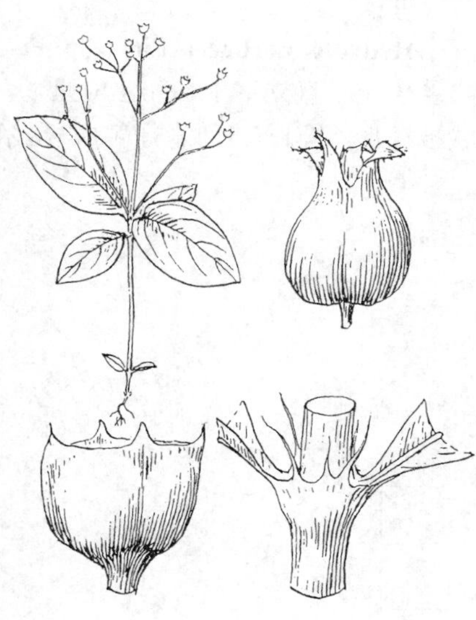

图 761 矮小耳草（余 峰绘）

16. 伞房花耳草 图 762

Hedyotis corymbosa (Linn.) Lam. Tabl. Encycl. 1: 272. 1791.

Oldenlandia corymbosa Linn. Sp. Pl. 119. 1753.

一年生、纤弱、蔓生草本；分枝极多，无毛或粗糙。叶膜质或纸质，线形或线状披针形，长1-2.5厘米，宽1-3毫米，边缘粗糙，背卷，两面略粗糙或上面中脉凹下，有极稀疏柔毛，下面平或微凸，侧脉不明显；近无叶柄，托叶膜质，平截，长1-1.5毫米，有刺毛。花序腋生，有2-4花，稀单花，花序梗长0.5-1厘米，线形，纤细。花萼长约2毫米，被微柔毛；花冠白或淡红色，筒状，长2-2.5毫米，冠筒喉部无毛，花冠裂片短于冠筒；雄蕊生于冠筒内，花丝极短，花药内藏，花柱中部被疏毛。蒴果球形，长宽均约1.8毫米，有数条不明显纵棱，成熟时顶部室背开裂。花果期几全年。

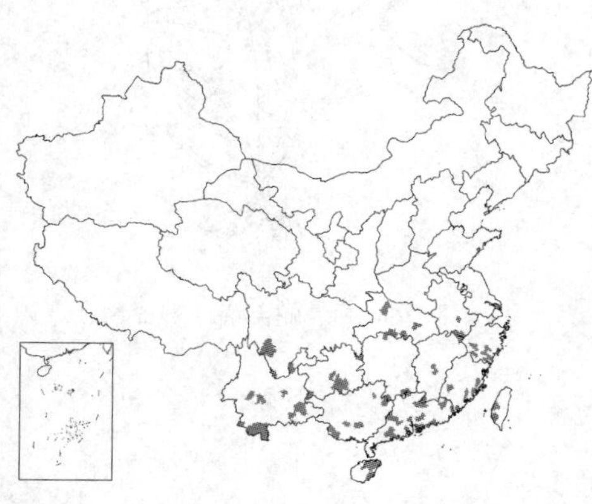

产安徽南部、浙江南部、福建、台湾、江西、湖北、湖南、广东、香港、海南、广西、云南、贵州及四川西南部，生于田野或湿润草地。亚洲热带地区、非洲和美洲有分布。全草入药，可清热解毒、利尿消肿、活血止痛。

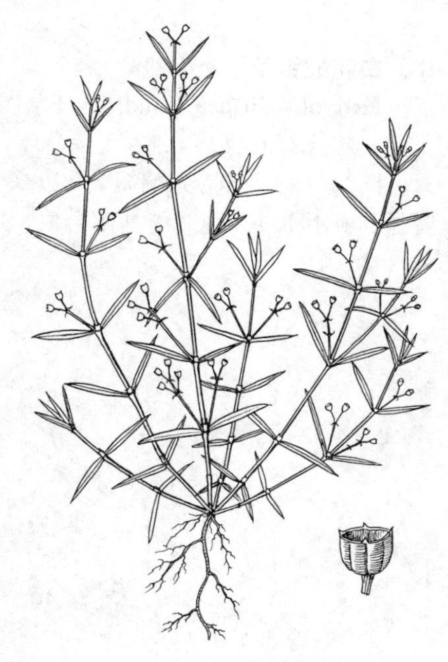

图 762 伞房花耳草（余汉平绘）

17. 丹草 图 763

Hedyotis herbacea Linn. Sp. Pl. 102. 1753.

一年生直立草本，高达40厘米。枝纤细，节间长。叶无柄，线形或线状披针形，长1-2.5厘米，宽1-3毫米，无毛，边缘背卷，上面中脉平，侧脉不明显；托叶短，不明显或刚毛状。花常单生，稀成对生于腋生花序梗，花序梗线状，长约1.5厘米，被粉状柔毛；萼筒近球形，长1.8-2毫米，萼裂片长2.5-2.8毫米；花冠白、带红色或浅紫色，筒状，长约5毫米，冠筒喉部无毛，花冠裂片长约2毫米；雄蕊生于冠筒喉部，花药伸出。蒴果卵形或近球形，径约2.5毫米，无毛，顶部隆起，成熟时顶部室背开裂。花期夏秋间。

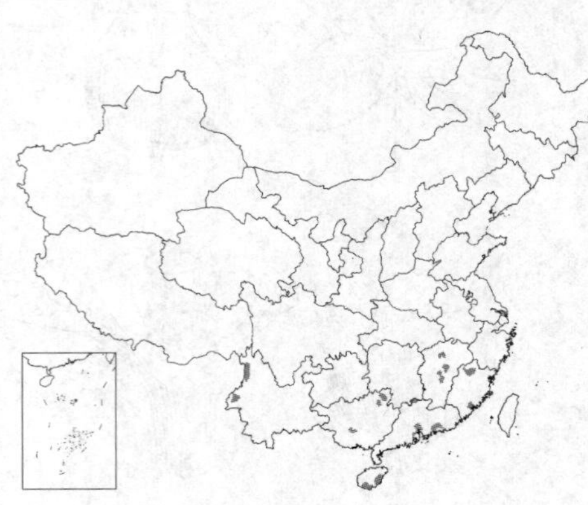

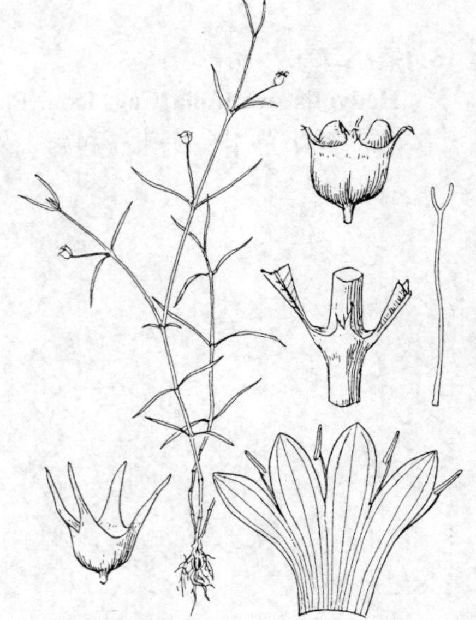

图 763 丹草 （余 峰绘）

产福建、江西、广东、海南、广西及云南西部，生于湿润草地。非洲和亚洲热带地区有分布。

18. 白花蛇舌草 图 764 彩片 183

Hedyotis diffusa Willd. Sp. Pl. 1: 566. 1797.

一年生、披散、纤细、无毛草本，高达50厘米。叶无柄，线形，长1-3厘米，宽1-3毫米，先端短尖，边缘干后常背卷，上面中脉凹下，侧脉不明显；托叶长1-2毫米，基部合生，先端芒尖。花单生或双生叶腋，花序梗长2-5(10)毫米。花无梗或具短梗；萼筒球形，长1.5毫米，萼裂片长1.5-2毫米；花冠白色，筒状，长3.5-4毫米，冠筒喉部无毛，花冠裂片长约2毫米；雄蕊生于冠筒喉部，花药伸出。蒴果扁球形，径2-2.5毫米，无毛；成熟时顶部室背开裂。花期夏秋间。

图 764 白花蛇舌草 （邓盈丰绘）

产江苏南部、浙江、安徽、福建、台湾、江西、湖北、湖南、广东、香港、海南、广西、贵州及云南，生于田埂和湿润旷地。亚洲热带和亚热带地区、日本有分布。全草入药，内服治肿瘤、蛇咬伤、小儿疳积；外用治泡疮、刀伤、跌打。

19. 翅果耳草 图 765

Hedyotis pterita Bl. Bijdr. 972. 1826.

一年生直立草本。枝近肉质。叶对生，膜质，长圆形或椭圆形，长1-4厘米，宽0.4-1.4厘米，先端短尖或钝，基部楔形，侧脉不明显；叶柄长

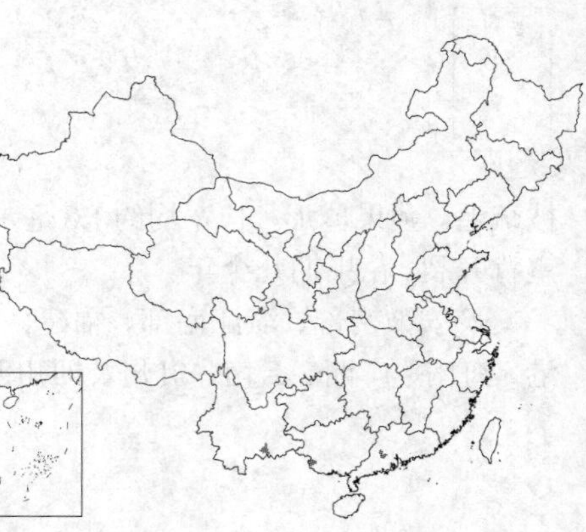

0.2-1厘米，托叶膜质，长1-2毫米，鞘状，顶端截平或具齿。花1-4朵簇生于长0.5-1.5厘米的花序梗上，腋生或顶生。花4数，具短梗；萼筒杯状，具4翅，萼裂片卵形，长约1毫米，有睫毛；花冠白色，被柔毛，冠筒球形，长1毫米，裂片窄，与冠筒等长；雄蕊无花丝，内藏。蒴果陀螺状，具4翅，长5-8毫米，径3-5毫米，顶部有杯形浅裂的宿存萼檐。花期7-10月。

产广东中西部、广西西南部及云南，生于低海拔地区灌丛中或稍荫蔽荒地。印度及东南亚有分布。

图 765 翅果耳草 （余 峰绘）

20. 双花耳草 图 766

Hedyotis biflora (Linn.) Lam. Tabl. Encycl. 1: 272. 1792.

Oldenlandia biflora Linn. Sp. Pl. 119. 1753.

一年生无毛柔弱草本，高达50厘米；直立或披散。叶对生，膜质，长圆形或椭圆状卵形，长1-4厘米，宽0.3-1厘米，先端短尖或渐尖，基部楔形，侧脉不明显；叶柄长2-5毫米，托叶膜质，长2毫米，基部合生，芒尖。聚伞花序生于上部叶腋或近顶生，有3-8花，花序梗长1-2厘米。花梗长2-7毫米，纤细；花萼长约2毫米，倒圆锥形，萼裂片小；花冠白色，筒状，长约2.5毫米，裂片长圆形，比冠管长；雄蕊生于冠筒内，花药内藏。蒴果陀螺形，径2.5-3毫米，有2-4纵棱，萼檐裂片宿存，成熟时室背开裂。花期1-7月。

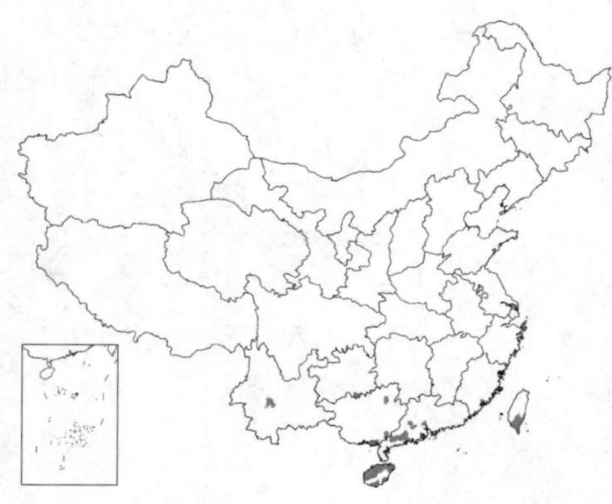

产福建东南部、台湾、广东、香港、海南、广西、贵州南部及云南中西部，生于低海拔湿润旷地或溪边。尼泊尔、印度、东南亚、日本及波利尼西亚有分布。

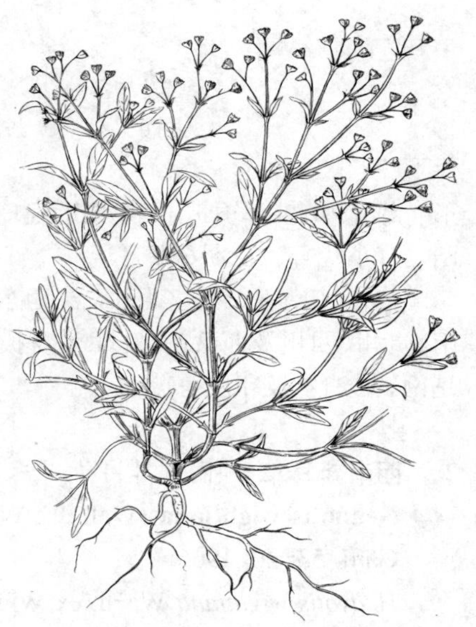

图 766 双花耳草 （引自《图鉴》）

6. 新耳草属 Neanotis Lewis

匍匐或近直立草本，常被毛。叶对生；托叶膜质，常刺毛状。花萼裂片4；花冠漏斗状或筒状，花冠裂片4，镊合状排列；雄蕊4，着生冠筒喉部，花药内藏或伸出；花盘不明显；子房2（3-4）室，花柱线形，柱头2-4裂，每室胚珠常数颗。蒴果双生，顶裂，稀不裂。种子盾形、舟形或平凸状，种皮有小窝点，稀具翅。

约30余种，主要分布于亚洲热带地区和澳大利亚。我国8种。

1. 直立草本，有时下部匍匐，有臭味；多歧聚伞花序；叶长4-9厘米，宽1.4-3.4厘米 … 1. **臭味新耳草 N. ingrata**

1. 平卧或披散草本，无臭味；聚伞花序密集成头状；叶较小。
 2. 叶长不及4厘米，宽不及1.5厘米，先端短尖。
 3. 花序无花序梗；叶两面被暗黄色绒毛，无柄或具柄极短；萼裂片比萼筒短 ……… 2. **西南新耳草 N. wightiana**
 3. 花序梗纤细；叶两面被毛或近无毛，叶柄长4-5毫米；萼裂片比萼筒长 …………… 3. **薄叶新耳草 N. hirsuta**
 2. 叶长4-6.5厘米，宽约2厘米，先端渐尖 ………………………………………… 4. **广东新耳草 N. kwangtungensis**

1. 臭味新耳草 图 767 彩片 184

Neanotis ingrata (Wall. ex Hook. f.) Lewis in Ann. Miss. Bot. Gard. 53: 39. 1966.

Anotis ingrata Wall. ex Hook. f. Fl. Brit. Ind. 3: 71. 1880; 中国高等植物图鉴 4: 224. 1975.

多年生草本，高达1米；全株有臭味。茎直立或下部匍匐。叶具短柄，薄纸质，卵状披针形、长圆状披针形或椭圆状卵形，长4-9厘米，宽1.4-3.4厘米，先端渐尖，基部渐窄，具缘毛，两面被疏柔毛，侧脉7-10对，托叶顶部具刚毛状、长1-1.5厘米的裂片。多歧聚伞花序顶生，花序梗和分枝均有窄翅状棱。花无梗或有短梗；花萼长约2.5毫米，萼裂片披针形，比萼筒长；花冠白色，长4-5毫米，裂片长圆形；雄蕊和花柱均伸出。蒴果近扁球状，常无毛，每室种子数粒。种子平凸，有小疣点。花期6-9月。

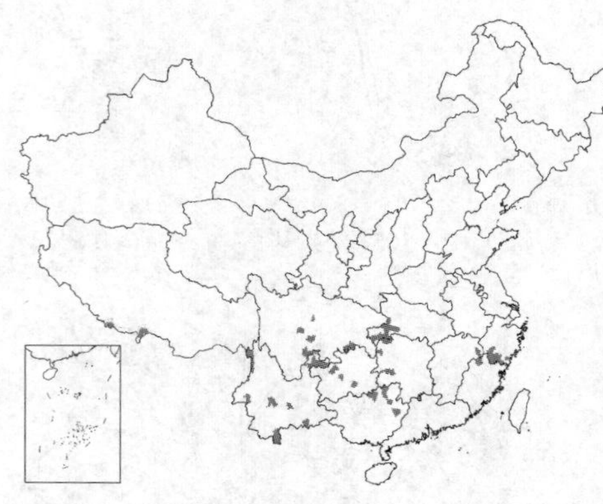

产浙江南部、福建北部、江西东北部、湖北西南部、湖南、广西、云南、贵州、四川及西藏南部，生于海拔约1000米山坡林内或河谷两岸草坡。越南、尼泊尔及印度有分布。

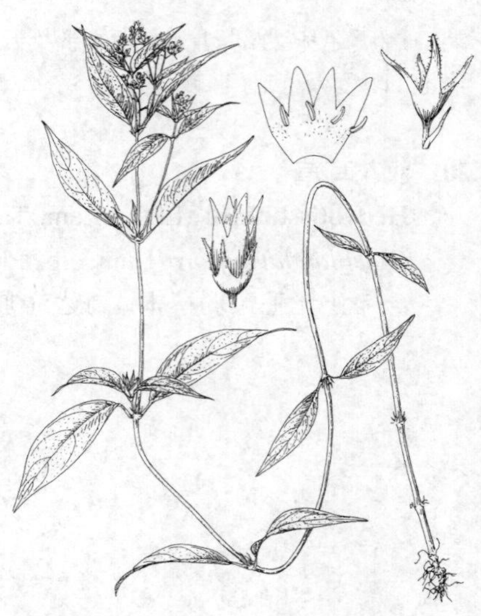

图 767 臭味新耳草 （余 峰绘）

2. 西南新耳草 西南假耳目草 图 768

Neanotis wightiana (Wall. ex Wight et Arn.) Lewis in Ann. Miss. Bot. Gard. 53: 40. 1966.

Hedyotis wightiana Wa-ll. ex Wight et Arn. Prodr. Fl. Ind. Or. 410. 1834.

多年生披散草本，高达50厘米；除花外全株被暗黄色绒毛。叶纸质，卵形或披针形，长0.7-2.5厘米，宽0.5-1.4厘米，先端短尖，基部楔形或近圆，侧脉约2对；叶无柄或柄极短，托叶披针形，长约1毫米，常2裂。聚伞花序密集成头状，顶生，无花序梗。花无梗或梗极短；花萼长约1毫米，萼裂片比萼筒短；花冠白或浅红色，长约1.5毫米，裂片三角形，外反；雄蕊伸出；花柱

图 768 西南新耳草 （余汉平绘）

内藏。蒴果扁球形，径1.5毫米，室间有深槽，萼裂片宿存。每室2-4种子，平凸，有光泽。花期5月，果期8月。

产广东、广西、湖南西北部、湖北西南部、四川东南部、贵州东南部、云南及西藏东南部，生于海拔约1000-1500米草坡或溪边。越南、缅甸、锡金、尼泊尔、印度及马来西亚有分布。

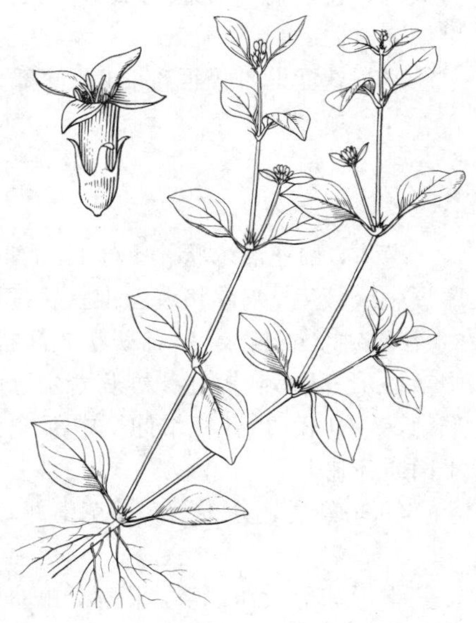

图 769 薄叶新耳草 （余汉平绘）

3. 薄叶新耳草 薄叶假耳草 图 769

Neanotis hirsuta (Linn. f.) Lewis in Ann. Miss. Bot. Gard. 53: 38. 1966.

Oldenlandia hirsuta Linn. f. Suppl. Pl. 127. 1781.

Anotis hirsuta (Linn. f.) Boerl.;中国高等植物图鉴 4: 225. 1975

匍匐草本。叶对生，膜质或纸质，卵形或椭圆形，长1-4厘米，宽1-1.5厘米，先端短尖，基部下延，两面被毛或近无毛，侧脉纤细；叶柄长4-5毫米，托叶下部宽短，顶部刺毛状。花序腋生或顶生，有2至数花，密集成头状，花序梗纤细，花无梗或梗极短；花萼裂片线状披针形，比萼筒长；花冠白或浅紫色，漏斗状，长4-5毫米，裂片比冠筒短；雄蕊和花柱均伸出，柱头2裂。蒴果扁球形，径2-2.5毫米，萼裂片宿存。种子平凸，有小窝孔。花果期7-10月。

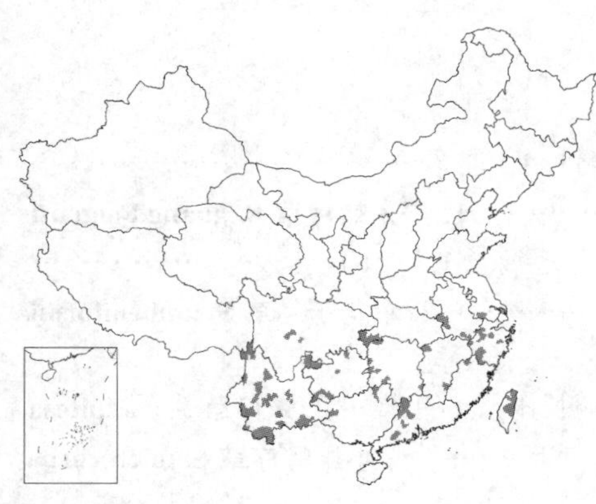

产江苏南部、安徽、浙江、福建北部、台湾、江西、湖北西南部、湖南、广东、广西、云南、贵州及四川，生于低海拔至高海拔山地林下或溪边湿地。日本、不丹、锡金、尼泊尔、印度及东南亚有分布。

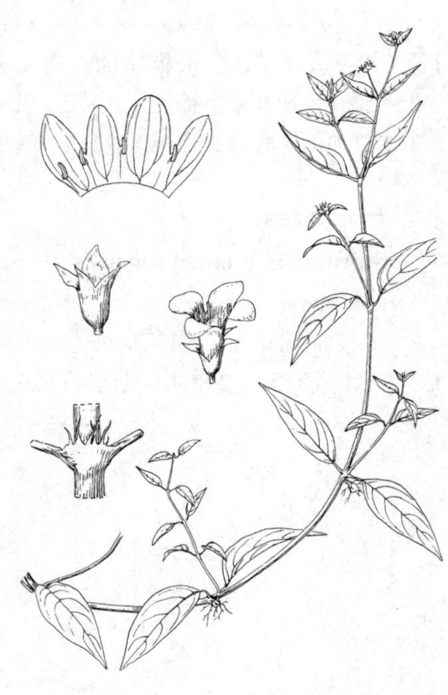

图 770 广东新耳草 （余 峰绘）

4. 广东新耳草 图 770

Neanotis kwangtungensis (Merr. et Metcalf) Lewis in Ann. Miss. Bot. Gard. 53: 39. 1966.

Anotis kwangtungensis Merr. et Metcalf in Lingnan Sci. Journ. 16: 122. 1937.

匍匐草本。茎无毛，具棱，下部节生根。叶纸质，椭圆形，长4-6.5厘米，宽约2厘米，先端渐尖，基部楔形或稍圆，无毛或上面疏生柔毛，具疏缘毛，侧脉5-9对，略明显；叶柄长0.6-1厘米，托叶顶端具数条长2-3毫米的线状裂片。花序不密集成头状，腋生或顶生。花具短梗；萼筒杯形，长1.2毫米，萼裂片三角形，与萼筒近等长；花冠长3毫米，裂片长圆形，长2毫米；雄蕊生于冠筒喉部，花丝短；花柱内藏，柱头2裂。蒴果近球形，萼裂片宿存。花果期8-9月。

产福建西北部及西部、江西南部、广东北部、广西东北部及四川中部，生于低海拔山地潮湿缓坡或溪边林下。

7. 螺序草属 Spiradiclis Bl.

草本，稀亚灌木状。叶对生，有时莲座状，同节叶稍不等大或近等大；托叶生于叶柄间，2裂或不裂。聚伞花序顶生或腋生，蝎尾状或圆锥状；苞片和小苞片线形或钻形。花两性，花柱异长，辐射对称；萼筒具5棱，萼裂片5；花冠钟状或漏斗状，稀坛状或筒状，裂片5，背部常有龙骨或窄翅，镊合状排列；雄蕊5，长柱花雄蕊着生冠筒中部以下，内藏；短柱花雄蕊着生冠筒喉部或中部，稍伸出；子房2室，每室胚珠多数，长花柱，常伸至筒口部或喉部，稀伸出，短花柱常伸至中部，柱头2裂。蒴果，成熟时室背室间均4瓣裂。种子多数，小而有棱角，胚小，藏于肉质胚乳中。

约30余种，分布于亚洲东南部。我国30种。

1. 蒴果近球形或卵球形，果瓣不扭曲；匍匐草本。
    2. 叶长0.7-1.8厘米，宽0.5-1.2厘米；花序有1-3花，花序梗短；花冠筒长1.1厘米 ………………………… 1. **广东螺序草 S. guangdongensis**
    2. 叶长1.5-4厘米，宽1-3厘米；花序有4-10花，花序梗长2-7厘米；花冠筒长1.7-1.8厘米 ………………………… 2. **伞花螺序草 S. umbelliformis**
1. 蒴果线状长圆形，果瓣扭曲；直立草本。
    3. 枝和叶下面脉上被毛；小枝、叶柄、叶脉和叶下面干后非黄色；叶柄长不及1厘米 … 3. **螺序草 S. caespitosa**
    3. 枝和叶均无毛；小枝、叶柄、叶脉和叶下面干后黄色；叶柄长3-4.5厘米 ……… 4. **小果螺序草 S. microcarpa**

1. 广东螺序草 图 771

Spiradiclis guangdongensis H. S. Lo in Acta Bot. Yunnan. 9(3): 299. f. 1. 1987.

多枝匍匐草本。枝多少被卷毛。叶纸质，心状圆形或宽卵形，长0.7-1.8厘米，宽0.5-1.2厘米，先端近短尖，基部微心形或宽楔形，有缘毛，上面疏被硬毛，下面常无毛，侧脉3-5对；叶柄长2-6毫米，被毛，托叶2全裂，裂片线状钻形，长2-3毫米，近无毛。花序顶生或腋生，有1-3花，花序梗短。花二型：长柱长花梗长1-2毫米；小苞片线形，长约1.7毫米；萼筒倒圆锥状，长约1毫米，萼裂片5，长约2毫米，裂片间有球形腺体；花冠白色，窄漏斗状，冠筒长1.1厘米，冠筒喉部密被长白毛，花冠裂片5，近卵形，背面有直棱；雄蕊5，生于冠筒喉部下方；花盘杯状；花柱伸出。短柱花未见。蒴果近球状，长约1.4毫米，宿存萼裂片比果长2-3倍。花期早春。

产广东近中部及北部、广西北部，生于低海拔山地林下或林缘。

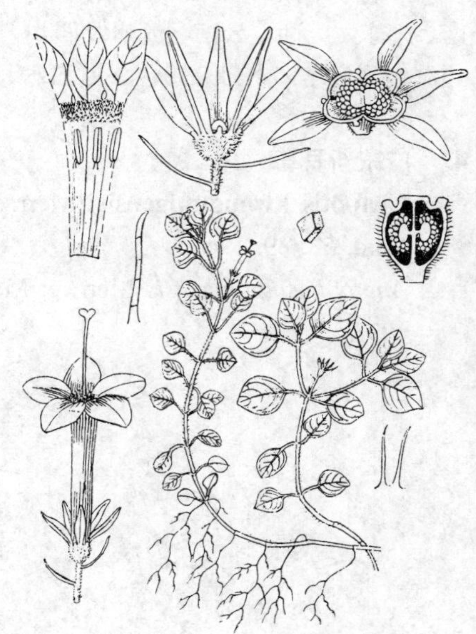

图 771 广东螺序草 （余汉平绘）

2. 伞花螺序草 图 772

Spiradiclis umbelliformis H. S. Lo in Bull. Bot. Res. (Harbin) 6 (4): 36. f. 1. 1986.

匍匐草本。枝密被棕红色长柔毛，下部节上生根。叶纸质，卵圆形，长1.5-4厘米，宽1-3厘米，先端钝或圆，有时骤尖，基部心形，下延，有缘毛，上面近无毛，下面脉上被柔毛，侧脉4-6对；叶柄长1-3厘米，被棕红色长柔毛，托叶2全裂，裂片线状钻形，长达1厘米。伞形花序顶生，有4-10花，花序梗长2-7厘米，分枝短而密。花近无梗，长柱花萼筒陀螺状，长约1.5毫米，花萼裂片5，长约0.6毫米，裂片间常有腺体；花冠白色或微红紫，近漏斗状，无毛，冠筒长1.7-1.8厘米，裂片5，长约6毫米；雄蕊5，着生冠筒近基部，花柱长约1.4厘米；短柱花花萼和花冠外形与长柱花相同；雄蕊生于冠筒上部，不伸出；花柱长2毫米。蒴果近球状，径3-3.5毫米，无毛，室背2瓣裂，果瓣2裂。花期4月。

产广东北部及广西西南部，生于海拔约1200米山地林下石缝中。

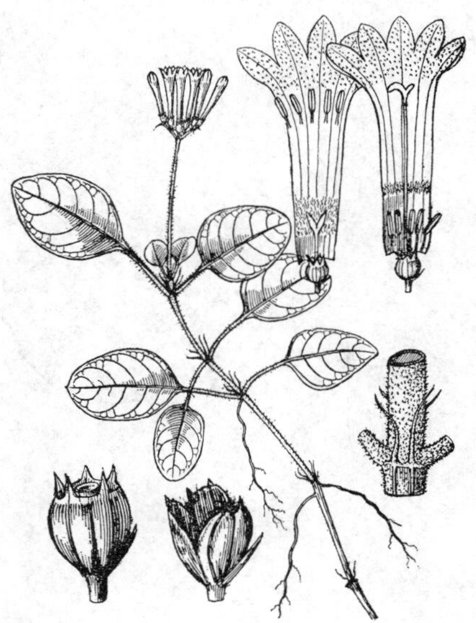

图 772 伞花螺序草 （余汉平绘）

3. 螺序草 图 773

Spiradiclis caespitosa Bl. Bijdr. 975. 1826.

多年生草本。茎、枝下部常伏地，节上簇生须根，被柔毛。叶纸质，卵形、卵状椭圆形或卵状披针形，长2-7厘米，宽1-3.5厘米，先端稍钝或短尖，基部楔形，两面近无毛或下面脉上被柔毛，稀上面疏生柔毛，侧脉7-9对；叶柄长不及1厘米，托叶钻形，长4-5毫米。聚伞圆锥花序顶生、单生或2-3个簇生，花序梗长2-8厘米，被柔毛。花萼长约2毫米，有5棱；花冠白色，短筒状，长约4毫米；雄蕊和花柱均稍伸出或均内藏。蒴果线状长圆形，长约5毫米，径1.5-1.7毫米，无毛，成熟时室背和室间开裂，果瓣4，扭曲。种子淡黄色，有角。花期夏季。

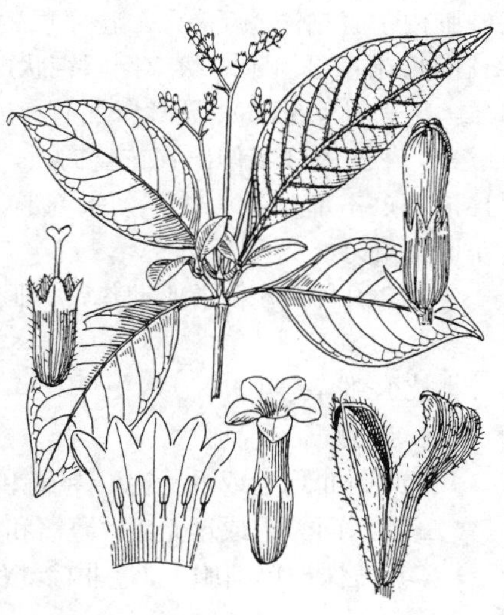

图 773 螺序草 （余汉平绘）

产广西及云南，生于低海拔至中海拔山地林下沟边、林缘或田野。越南、缅甸、印度尼西亚有分布。

4. 小果螺序草 图 774

Spiradiclis microcarpa H. S. Lo in Bull. Bot. Res. (Harbin) 18 (3): 276. 1998.

草本；全株无毛。小枝、叶柄、叶脉和叶下面干后黄色。叶纸质，倒

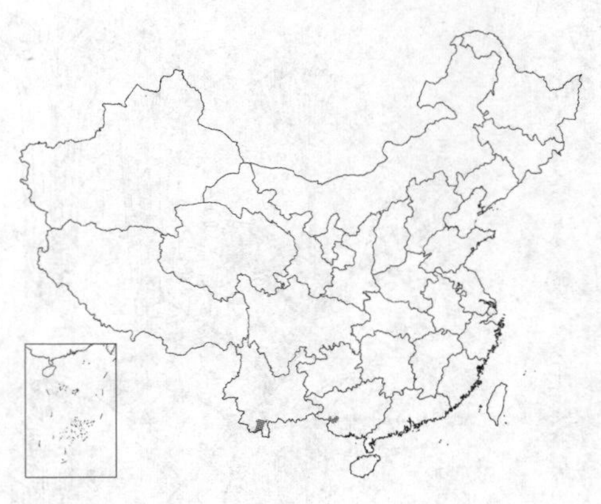

卵形或椭圆状倒卵形，长5-8厘米，宽3-4厘米，先端骤尖，基部下延，侧脉6-7对；叶柄长3-4.5厘米，托叶窄披针形，长约4毫米。聚伞花序顶生，长14厘米，上部分枝疏，花序梗长约2厘米。果成熟时室背和室间裂为4果瓣，果瓣扭曲。果期7月。

产广西西南部及云南南部，生于海拔约100米石灰岩山地阴处。

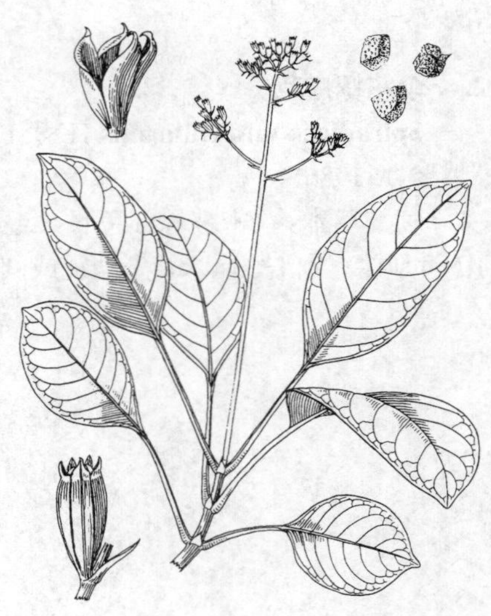

图 774 小果螺序草 （余汉平绘）

8. 蛇根草属 **Ophiorrhiza** Linn.

多年生草本，稀亚灌木状。叶对生，具等叶性或具不等叶性；托叶生叶柄间，宿存或早落，不裂或2深裂，托叶腋内常有粘液腺毛。聚伞花序顶生，常螺状，或具螺状分枝；小苞片有或无，宿存或脱落。花为花柱异长花或花柱同长花；萼筒陀螺状或倒圆锥状，有5（10）棱，花萼裂片5（6）；花冠近筒状、高脚碟状或漏斗状，冠筒常窄长，花冠裂片5（6），裂片背面有棱或翅；雄蕊5（6），长柱花的雄蕊着生冠筒中部以下，短柱花的雄蕊着生冠筒喉部，花药内藏或伸出；花盘肉质，2裂；子房2室，每室胚珠多数，长花柱伸至冠筒喉部或筒口之上，短花柱伸至冠筒近中部，柱头2裂。蒴果菱形、僧帽状或倒心状，侧扁，花盘和萼裂片宿存，成熟时室背2瓣裂；种子多数，小而有角。

约200种，分布于亚洲热带、亚热带地区和大洋洲。我国72种。

1. 小枝上部有托叶。
  2. 有小苞片。
    3. 叶两面无毛或近无毛；萼筒和果有小瘤体 …………………………………………………… 1. **瘤果蛇根草 O. hayatana**
    3. 叶两面无毛或近无毛；萼筒和果被毛。
      4. 植株被单细胞毛，毛非棕红色；叶柄长1.5-7厘米；花冠裂片背面无棱无附属体 ……………………………………………………………………………………………… 2. **尖叶蛇根草 O. hispida**
      4. 植株被棕红色多细胞毛；叶柄长0.5-2厘米；花冠裂片背面有窄翅 ………… 2(附). **垂花蛇根草 O. nutans**
  2. 无小苞片，或小苞片微小，果时脱落。
    5. 直立、近直立草本或亚灌木状。
      6. 花冠漏斗状筒形或窄筒状，长0.6-1.2厘米。
        7. 叶长3-11厘米，宽1-4厘米，托叶长2-3毫米；花冠内外被毛，花冠裂片背面有窄翅，顶部有附属体 ……………………………………………………………………………………… 3. **变红蛇根草 O. subrubescens**
        7. 叶长10-22厘米，宽5-10厘米，托叶长5-7毫米；花冠内外无毛，花冠裂片背面无窄翅，顶部无附属体 ……………………………………………………………………………………… 3(附). **美丽蛇根草 O. rosea**
      6. 花冠钟状，长3.5-4.5毫米，冠筒喉部被白色长毛 ………………………………… 4. **小花蛇根草 O. liukiuensis**
    5. 匍匐草本，下部节上生根。

8. 叶卵状披针形或披针形，先端尾尖；萼裂片比萼筒短很多，花冠粉红色 ………… 5. **匍地蛇根草 O. rugosa**

8. 叶卵形或宽卵形，先端稍钝或短尖；萼裂片比萼筒近等长或稍短，花冠白色 …… 5(附). **版纳蛇根草 O. hispidula**

1. 小枝无托叶，或偶见残迹。

9. 有小苞片，果时宿存。

10. 萼裂片比萼筒长。

11. 小苞片长4毫米；花冠外面有5列刚毛状长毛 ………………………………………… 6. **东南蛇根草 O. mitchelloides**

11. 小苞片长0.5–1厘米；花冠外面无毛或疏长毛。

12. 叶宽卵形、卵形或长圆状卵形，先端短尖；花冠长2.4–2.6厘米 ……… 7.**两广蛇根草 O. liangkwangensis**

12. 叶披针状长椭圆形或卵状椭圆形，先端渐尖或尾尖；花冠长约1厘米 … 7(附). **高原蛇根草 O. succirubra**

10. 萼裂片比萼筒短，稀近等长。

13. 花冠长2厘米以上。

14. 植株被多细胞长柔毛；同节叶常一大一小；花冠被毛 ……………… 8. **大苞蛇根草 O. grandibracteolata**

14. 植株无毛或被单细胞毛；同节叶常大小相等；花冠无毛。

15. 叶柄长不及1厘米；花冠白色，内面无毛，背面有棱，近顶部有短距状附属体，雄蕊生于冠筒喉部 …………………………………………………………………………………………… 9. **那坡蛇根草 O. napoensis**

15. 叶柄长1-4厘米；花冠红或紫红色，内面被毛，背面无翅，无角状附属体，雄蕊生于冠筒中部 …………………………………………………………………………………………… 9(附). **阴地蛇根草 O. umbricola**

13. 花冠长不及2厘米。

16. 叶披针形或窄披针形，长5–11厘米，宽1–2厘米，两端渐尖；枝有2列柔毛 … 10. **木茎蛇根草 O. lignosa**

16. 叶形与上述不同，宽大于长1/3。

17. 叶长1–4.5厘米，宽0.7–2厘米，先端钝圆或短尖，叶侧脉4–7对，叶柄长不及1厘米；雄蕊生于冠筒近基部 ………………………………………………………………………… 11. **变黑蛇根草 O. nigricans**

17. 叶长4–16厘米，宽1–6厘米，先端渐尖或骤渐尖，侧脉6–15对，叶柄长1–4厘米；雄蕊着生冠筒近中部。

18. 叶长4–10厘米，叶侧脉6–8对；花序梗长1–2厘米，被柔毛；长柱花柱头和短柱花的花药均内藏 ………………………………………………………………………………… 12. **日本蛇根草 O. japonica**

18. 叶长12–16厘米，侧脉9–15对；花序梗长2–7厘米，被极短锈色或带红色柔毛；长柱花柱头和短柱花花药均伸出 ……………………………………………………………… 13. **广州蛇根草 O. cantoniensis**

9. 无小苞片，或小苞片很小，旋脱落。

19. 花冠长1.8–3厘米；叶下面无毛或近无毛。

20. 叶基部两侧对称或近对称，干后常淡红色；花冠冠筒长1.8–2厘米；果径1厘米以下 …………………………………………………………………………………………… 14. **中华蛇根草 O. chinensis**

20. 叶基部两侧不对称，干后非红色；花冠长2.8–3厘米；果径1.4–1.5厘米 …………………………………………………………………………………………… 14(附). **大果蛇根草 O. wallichii**

19. 花冠长0.5–1.2厘米；叶下面被毛。

21. 花冠长0.6–1.2厘米；叶干后红色；花柱异长 ………………………………… 3. **变红蛇根草 O. subrubescens**

21. 花冠长5–6毫米；叶干后非红色。

22. 叶长2–9厘米，宽1–2.5厘米，先端钝圆，侧脉5–8对；花序顶生；花冠有柔毛，背面无棱；果被硬毛 ………………………………………………………………………………… 15. **短小蛇根草 O. pumila**

22. 叶长8–15厘米，宽3.5–6厘米，先端短渐尖，侧脉9–15对；花序顶生和在小枝上部的叶腋对生；花冠无毛，背面有龙骨；果近无毛 ……………………………… 15(附). **对生蛇根草 O. oppositiflora**

1. 瘤果蛇根草 图 775

Ophiorrhiza hayatana Ohwi in Fedde, Repert. Sp. Nov. 36: 57. 1934.

多年生直立草本，高约50厘米。茎有柔毛。叶对生，膜质，窄长圆形或窄披针形，长8-15厘米，宽1.5-3厘米，先端渐钝尖，基部渐窄，上面近无毛，下面无毛，苍白色，侧脉纤细；叶柄长0.5-1厘米，托叶三角形，先端硬骨质，早落。聚伞花序腋生和顶生，花序梗长达4厘米；小苞片线形，长1-1.5毫米。萼筒近球形，长2毫米，有小瘤体，萼裂片长圆状披针形，长1.5毫米；花冠长1.5-1.6厘米，内外均无毛，裂片三角形，长约2毫米，内面有小瘤体；雄蕊着生花冠筒喉部，内藏。蒴果倒心形，径约1厘米，有小瘤体。

产台湾，生于中海拔山地林下或溪边。

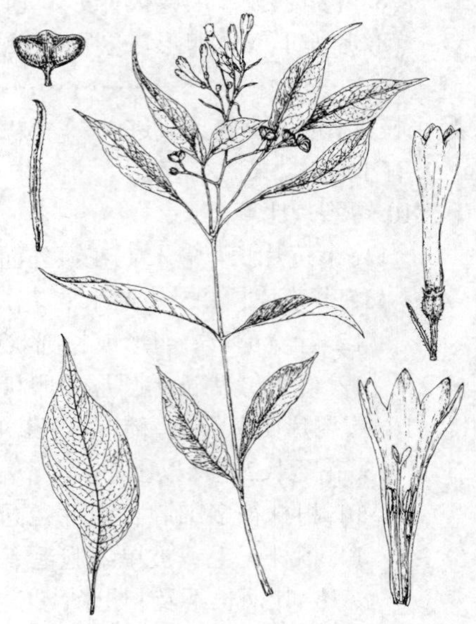

图 775 瘤果蛇根草 （引自《Fl. Taiwan》）

2. 尖叶蛇根草 图 776:1-7

Ophiorrhiza hispida Hook. f. Fl. Brit. Ind. 3: 83. 1880.

草本，高达1米。枝被长柔毛，稍肉质。叶对生，同节上叶不等大，薄纸质，卵形，长7-17厘米，宽3.5-7厘米，先端渐尖，基部楔形，稍不等侧，两面疏生毛，侧脉9-14对；叶柄长1.5-7厘米，密被柔毛，托叶近披针形，上部丝状，被柔毛和缘毛。花序顶生，被长柔毛，花序梗长约1.5厘米，多花密集。长柱花：花梗很短，苞片和小苞片线形，长3-4毫米；萼筒长约1毫米，有5棱，被柔毛，萼裂片长约0.5毫米，裂片间常有腺体；花冠淡紫或白色，窄筒状，冠筒长1-1.2厘米，疏生柔毛，裂片小，无棱，无附属体；雄蕊5，着生冠筒中部以下；花柱长约8毫米；短柱花：花萼和花冠同长柱花，雄蕊生冠筒中部以上，花丝长2.3-2.5毫米。蒴果长约2毫米，径约5毫米，被柔毛。花期4-6月。

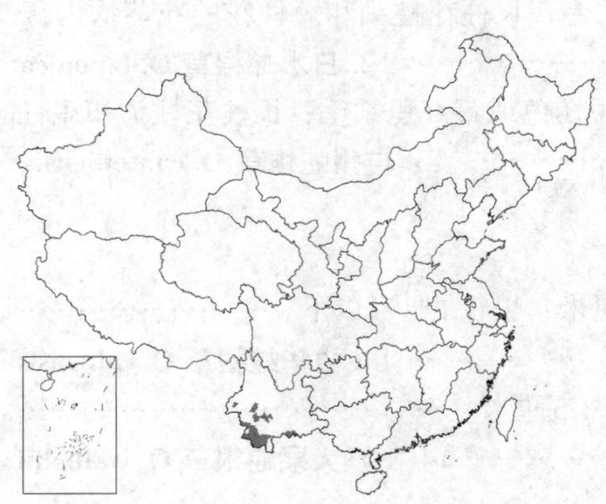

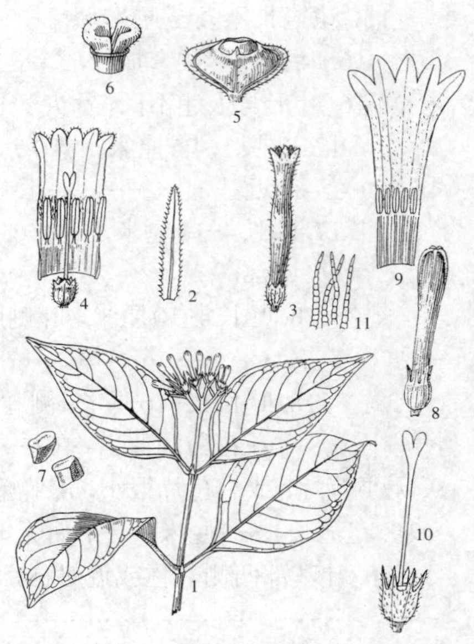

图 776：1-7. 尖叶蛇根草 8-11. 垂花蛇根草 （余汉平绘）

产云南，生于低海拔至中海拔山地林下。印度有分布。

[附] **垂花蛇根草** 图 776:8-11 **Ophiorrhiza nutans** Clarke in Hook. f. Fl. Brit. Ind. 3: 84. 1880. 本种与尖叶蛇根草的区别：植株被棕红色多细胞毛；叶柄长0.5-2厘米；花冠裂片背面有窄翅。产云南、西藏。印度、尼泊尔、锡金有分布。

3. 变红蛇根草 图 777:1-8

Ophiorrhiza subrubescens Drake in Journ. de Bot. 9: 215. 1895. 近直立草本或基部伏地，高达60

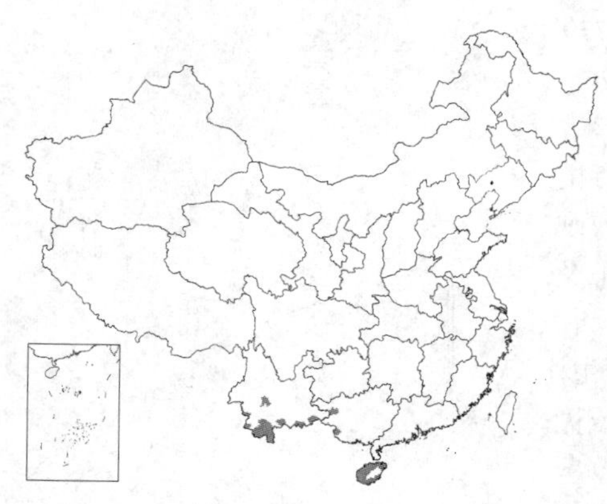

厘米。幼枝被柔毛。叶薄纸质，披针形或卵形，长3-11厘米，宽1-4厘米，先端圆钝、短尖或渐尖，基部楔形，上面无毛或疏被糙毛，下面脉上被柔毛，干后两面红色或上面灰绿色，侧脉7-13对；叶柄长0.5-4厘米，密被柔毛，托叶基部宽三角形，向上骤尖呈丝状，长2-3毫米，有时脱落。花序顶生，密被柔毛，多花稠密，花序梗长1-6厘米，分枝螺状。花二型，短柱花：花梗短；有或无小苞片；萼筒近倒心形，有5棱，长约1毫米，密被柔毛，萼裂片长约0.5毫米；花冠窄筒状，长0.6-1.2厘米，内外被毛，花冠裂片背面窄翅，顶部有短距状附属体；雄蕊着生冠筒近基部；花柱长2-2.2毫米，柱头2裂；长柱花：雄蕊着生冠筒近基部；花柱长约6毫米。蒴果倒心形，径7-8毫米，长约3毫米，被柔毛。花期4-7月。

产海南、广西及云南，生于低海拔至中海拔山谷林下阴湿处。越南有分布。

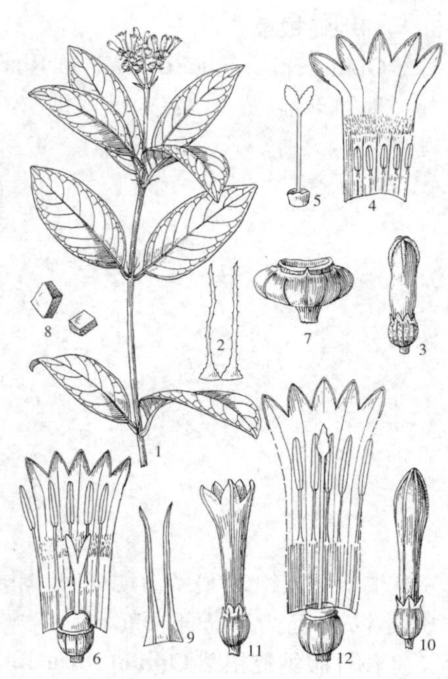

图 777：1-8. 变红蛇根草 9-12. 美丽蛇根草（余汉平绘）

[附] **美丽蛇根草** 图 777: 9-12 **Ophiorrhiza rosea** Hook. f. Fl. Brit. Ind. 3: 78. 1880. 本种与变红蛇根草的区别：叶长10-22厘米，宽5-10厘米，托叶长5-7毫米；花冠内外均无毛，花冠裂片背面无窄翅，顶部无附属体。花期10-12月。产云南及西藏，生于海拔1300-2100米山地林下。印度、锡金、缅甸、泰国有分布。

4. 小花蛇根草 细花蛇根草 图 778

Ophiorrhiza liukiuensis Hayata, Ic. Pl. Formos. 2: 89. 1912.

Ophiorrhiza parviflora Hayata; 中国高等植物图鉴 4: 208. 1975.

多年生直立草本，高约60厘米。分枝少，茎近无毛或上部被柔毛。叶对生，膜质，长圆状卵形，长7-15厘米，先端短钝尖，基部楔形，上面粗糙，下面沿脉被柔毛，侧脉8-9对；叶柄长2-3厘米，托叶三角形，长2-3毫米，先端具2凸尖或刚毛状刺。聚伞花序顶生，花序梗长达4厘米。花5数，被毛，近无梗，常偏生分枝一侧，无小苞片；萼筒近球形，长约1毫米，具浅棱，花萼裂片宽三角形；花冠钟状，长3.5-4.5毫米，花冠裂片三角形，冠筒喉部被白色长毛，内面有小瘤状体；雄蕊内藏，生于花冠筒近基部。蒴果菱形，长3-3.5毫米，径5.5-9毫米。

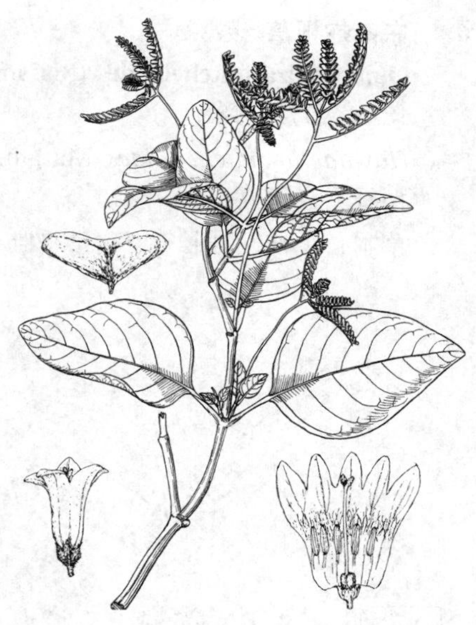

图 778 小花蛇根草（黄少容绘）

产台湾，生于湿润而荫蔽林下。日本及菲律宾有分布。

5. 匍地蛇根草 图 779

Ophiorrhiza rugosa Wall. in Roxb. Fl. Ind. ed. Carey, 2: 547. 1824.

匍匐草本。茎被柔毛。叶薄纸质，卵状披针形或披针形，长2-6厘米，先端尾尖，基部楔形，上面有稍密糙毛，下面脉上被柔毛或硬毛，侧脉5-11对；叶柄长不及1厘米，被柔毛，托叶丝状，长4-5毫米，被疏毛。花序顶生，长1-5厘米。花梗极短，有或无小苞片；花萼长约1.5毫米，萼裂片比萼筒短很多；花冠粉红色，筒状漏斗形，长约8毫米。花期夏季。

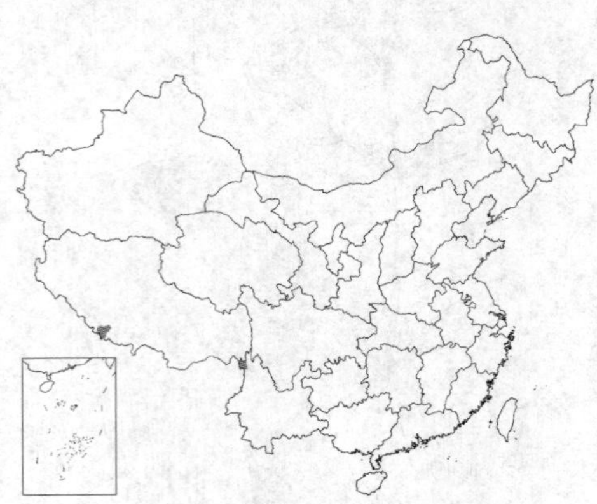

产云南西北部及西藏南部，生于海拔约2100米山地林中。印度、斯里兰卡、尼泊尔、锡金、不丹、中南半岛、马来半岛有分布。

[附] **版纳蛇根草 Ophiorrhiza hispidula** Wall. ex G. Don, Gen. Syst. 3: 523. 1834. 本种与匍地蛇根草的区别：萼裂片与萼筒近等长或稍短；叶卵形或宽卵形，先端稍钝或短尖；花冠白色。花期早春至初夏。产云南西双版纳，生于林中。印度、孟加拉及马来西亚有分布。

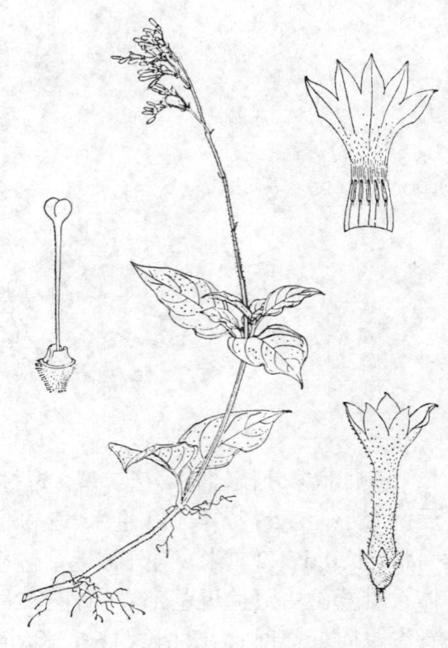

图 779 匍地蛇根草 （曾孝濂绘）

6. 东南蛇根草 棱萼茜 图 780

Ophiorrhiza mitchelloides (Masam.) H. S. Lo in Bull. Bot. Res. (Harbin) 18 (3): 277. 1998.

Hayataella mitchelloides Masam. in Trans. Nat. Hist. Soc. 24: 206. 1934.

草本；全株几被长毛。茎常平卧或匍匐上升，节上节根。叶纸质，宽卵形、宽卵圆形或卵形，长1-2厘米，宽0.7-1.8厘米，先端短尖或圆钝，基部近平截、楔形或圆，侧脉3-5对；叶柄长0.5-1厘米，托叶早落。花序顶生，有1-5花，花序梗长1-2厘米。花二型，长柱花：小苞片线形，长4毫米，萼筒扁球形，长约1.2毫米，萼裂片5，线形，长约1.4毫米，花冠白色，高脚碟状，外面有5列刚毛状长毛，冠筒长约1.5厘米，裂片5，宽卵形，长5-6.5毫米，雄蕊生于冠筒中部，花柱长约1.4厘米，柱头2裂；短柱花：花萼和花冠同长柱花，雄蕊生于冠筒喉部，花柱长约7毫米，柱头2裂。蒴果倒心状，长约3.5毫米，径0.9-1厘米，被长毛。花期4月，果期6月。

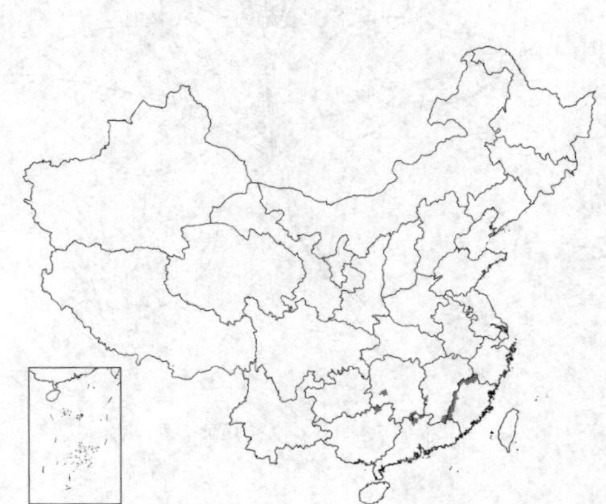

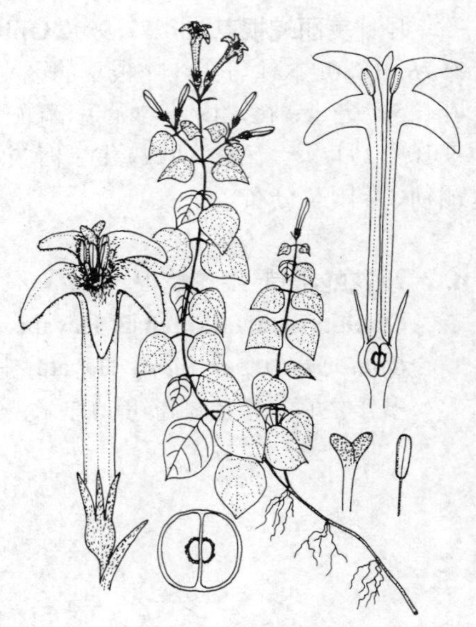

图 780 东南蛇根草
（引自《中国种子植物特有属》）

产福建、江西、湖南、广东北部及广西东北部，生于低海拔至中海拔山地林下或林缘。

7. 两广蛇根草 图 781

Ophiorrhiza liangkwangensis H. S. Lo in Bull. Bot. Res. (Harbin) 10 (2): 39. f. 10. 1990.

草本，高达30厘米；全株几均被白色或淡黄色长毛。叶对生，同节，叶常一大一小，薄纸质，宽卵形、卵形或长圆状卵形，长2-11厘米，宽1.5-4厘米，先端短尖，基部近圆或楔形，两侧常不对称，侧脉6-11对，近叶缘处连结；叶柄长0.5-3厘米，托叶早落。花序顶生，有2-6花或多朵，花序梗长约1厘米。花二型；长柱花：花梗很短，小苞片线形，长0.5-1厘米，宿存；萼筒扁球形，长约1.5毫米，萼裂片5，丝状，长约2毫米，裂片间有球形腺体；花冠白或淡紫色，窄漏斗状，长2.4-2.6厘米，冠筒长1.8-2厘米，内外均被疏长毛，裂片5，长约6毫米，背面有棱，顶端有距状附属体，雄蕊5，着生冠筒近基部，花柱长约9毫米，柱头2裂；短柱花：花萼和花冠似长柱花；雄蕊生于冠筒喉部，花柱长约3毫米。蒴果僧帽状，长约3毫米，宽约7毫米，密被长毛。花期6月。

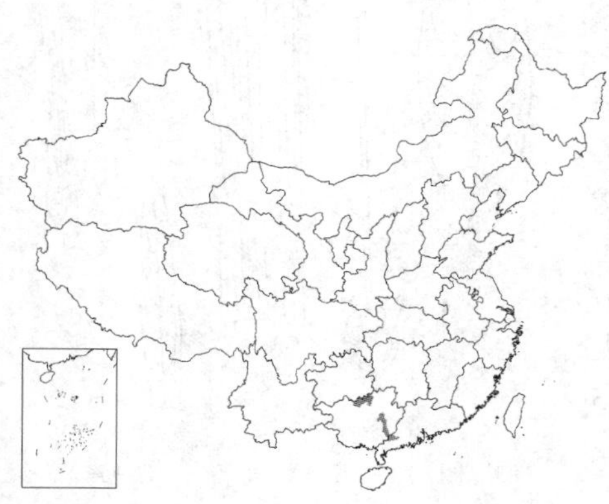

产广东西部、广西东南部及北部，生于中海拔山地林缘。

[附] **高原蛇根草 Ophiorrhiza succirubra** King ex Hook. f. Fl. Brit. Ind. 3: 82. 1880. 本种与两广蛇根草的区别：叶披针形状长椭圆形或卵状椭圆形，先端渐尖或尾尖；花冠长约1厘米。花期7-10月。产云南、贵州及西藏，生于海拔2000米以上山地林下。尼泊尔及锡金有分布。

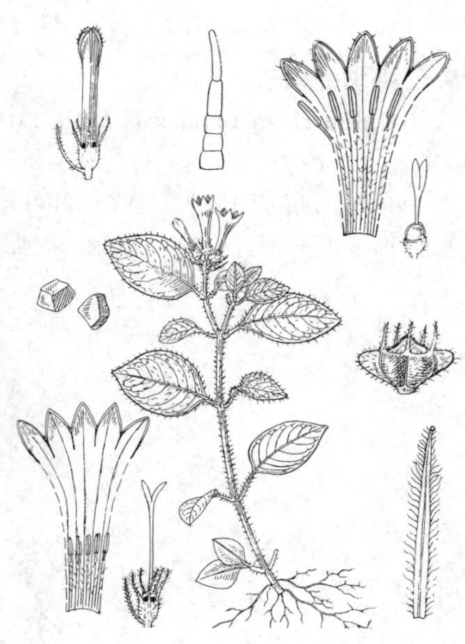

图 781 两广蛇根草 （余汉平绘）

8. 大苞蛇根草 图 782

Ophiorrhiza grandibracteolata How ex H. S. Lo in Bull. Bot. Res. (Harbin) 10 (2): 43. f. 11. 1990.

草本，高达70厘米；植株被多细胞长柔毛。叶薄纸质，卵形、宽卵形或披针状卵形，同节叶常一大一小，大叶长4-15厘米，宽2-6厘米，小叶长2-6厘米，宽1.2-2.5厘米，先端短尖或渐短尖，基部宽楔形，两面中脉和侧脉被长毛，侧脉7-10对；叶柄长0.5-3厘米，密被长毛，托叶早落。伞形花序顶生，有1至多花。花二型；长柱花：花梗长约2毫米，被长毛，苞片和小苞片卵形或披针形，长1-1.5厘米，萼被分节长毛，萼筒陀螺形，长2-2.3毫米，萼裂片长1-1.2毫米，花冠白色或微红色，近漏斗形，长2.7-3厘米，外面自筒中部至花冠裂片顶部有5行长毛，花冠裂片5，长约5毫米，背部有窄翅，雄蕊5，生于冠筒中部或喉部，花柱长2.1-2.3厘米，柱头2裂。蒴果长4-4.5毫米，径1.1厘米，被长柔毛。花期10-12月。

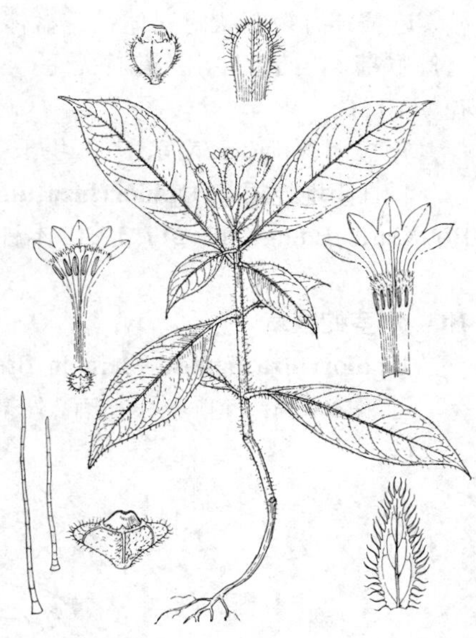

图 782 大苞蛇根草 （余汉平绘）

产广西西部及云南东南部，生于海拔1200-1500米山谷林下。

9. 那坡蛇根草 图 783

Ophiorrhiza napoensis H. S. Lo in Bull. Bot. Res. (Harbin) 10 (2): 48. f. 13. 1990.

草本，高约30厘米。茎、枝和叶均无毛。同节叶大小相等。叶纸质，窄披针形或近卵形，长5-12厘米，宽1.5-3.5厘米，先端渐尖，基部楔形或近圆，侧脉7-12对；叶柄长不及1厘米，托叶脱落。花序顶生，花序梗长约1厘米，分枝短，螺状，被金黄色绒毛或柔毛，密花。花具短梗；小苞片披针状线形，长1-1.4厘米；萼筒陀螺状，长约2毫米，有5棱，被柔毛，萼裂片5，2片较大，大的长1.8-2毫米，小的长1.3-1.5毫米，裂片间有2-3腺体；花冠白色，高脚碟状，内外均无毛，冠筒长2-2.2厘米，冠筒喉部稍扩大，裂片5，长2.5-3毫米，背面有棱，近顶部有短距状附属体；花盘体；花盘杯状，常不裂；雄蕊5，生于冠筒喉部，花药微伸出；花柱无毛，长约1.4厘米，柱头2裂。幼果倒心形。花期10月。

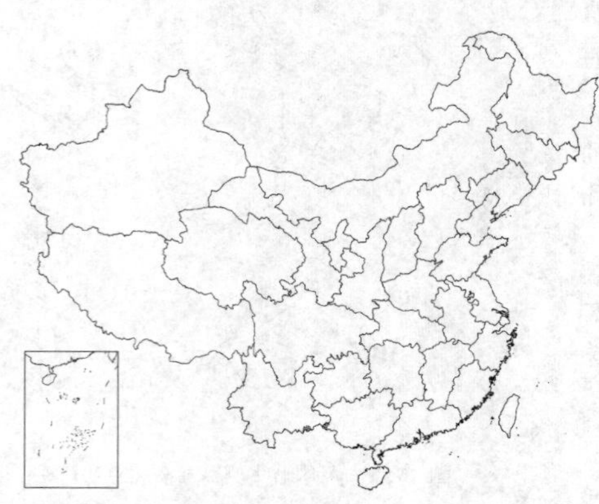

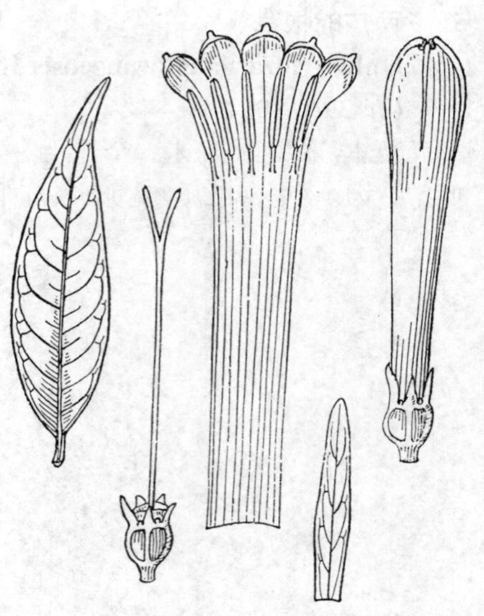

图 783 那坡蛇根草（余汉平绘）

产广西西部及云南东南部，生于中海拔山坡林下。

[附] **阴地蛇根草 Ophiorrhiza umbricola** W. W. Smith in Notes. Roy. Bot. Gard. Edingb. 12: 217. 1920. 本种与那坡蛇根草的区别：叶柄长1-4厘米；花冠红或紫红色，内面被毛，背面无翅，无角状附属体，雄蕊生于冠筒中部。花期6月。产云南及西藏，生于海拔2000-3000米山地林下。缅甸有分布。

10. 木茎蛇根草 图 784

Ophiorrhiza lignosa Merr. in Brittonia 4: 176. 1941.

小灌木，高约50厘米。枝有2列柔毛。叶纸质，披针形或窄披针形，长5-11厘米，宽1-2厘米，两端渐尖，两面无毛或下面中脉和侧脉被柔毛，侧脉纤细，8-9对；叶柄长0.6-2厘米，无毛或被柔毛，托叶脱落。花序顶生，多花，花序梗长1-2厘米，分枝螺状，长不及1厘米，被锈色柔毛。花梗长0.5-1毫米；小苞片剑状线形，长1.5-3毫米；萼筒扁陀螺形，5棱，长约1.3毫米，被糙硬毛，萼裂片5，长0.5-0.7毫米，裂片间常有腺体；花冠紫色，近筒状，外面无毛，内面中部有一环白色长毛，冠管长约1.1厘米，喉部被柔毛，裂片长3毫米，无棱和距状附属物；雄蕊5，着生冠筒近中部；花柱长约1.1厘米，被硬毛，柱头2裂。花期4月。

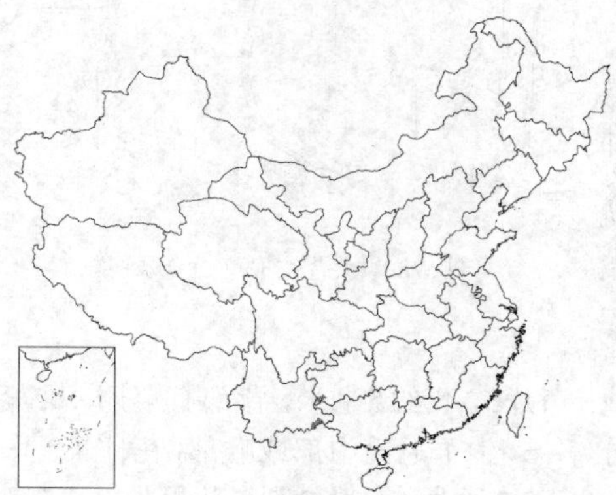

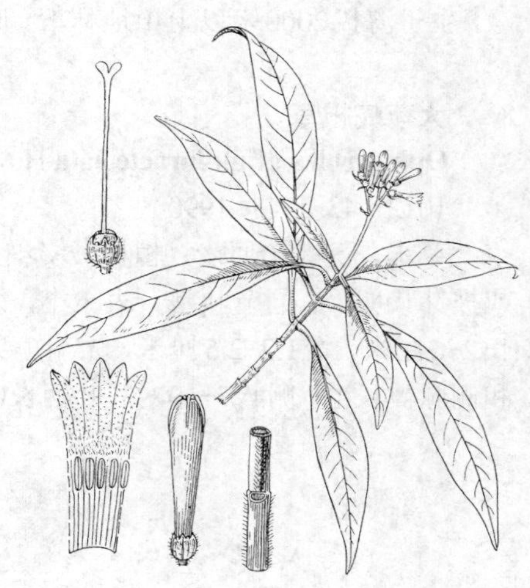

图 784 木茎蛇根草（余汉平绘）

产云南东南部及贵州西南部，生于海拔约1100米山谷密林中。缅甸有分布。

11. 变黑蛇根草 图 785

Ophiorrhiza nigricans H. S. Lo in Bull. Bot. Res. (Harbin) 10 (2): 53. 17. 1990.

草本，高达25厘米。枝密被柔毛。叶纸质，卵形、宽卵形或近长圆形，长1-4.5厘米，宽0.7-2厘米，先端钝圆或短尖，基部微心形或宽楔形，上面无毛或近无毛，下面近无毛或中脉和侧脉密被柔毛，侧脉4-7对；叶柄长不及1厘米，密被柔毛，托叶脱落。花序顶生，有3花，花序梗长1-6厘米，密被柔毛，分枝短，螺状。花二型；长柱花：花梗长1-2毫米，密被硬毛；小苞片丝状钻形，长1-2毫米，干后黑色；萼筒近球状，长1.2-1.5毫米，萼裂片5，长约1毫米，密被硬毛，干后黑色；花冠白色，近筒状，稍肉质，干后黑色，密被硬毛，冠筒长约1厘米，裂片5，长1.5-1.8毫米，顶端内弯呈喙状，背面有棱，无距状附属物；雄蕊5，生于冠筒近基部；花柱长约6毫米，无毛。蒴果干后黑色，长约2.5毫米，径约6.5毫米，被硬毛。花期8月。

产广西西部及云南东南部，生于中海拔山谷林下。

图 785 变黑蛇根草（李锡畴绘）

12. 日本蛇根草 图 786

Ophiorrhiza japonica Bl. Bijdr. 978. 1826.

直立草本，高达40厘米，全株近无毛。茎、叶干后红色。叶对生，纸质或膜质，卵形或卵状椭圆形，长4-10厘米，宽1-3厘米，先端钝或渐钝尖，基部圆或宽楔形，两面无毛或上面有疏柔毛，下面脉被微柔毛，侧脉6-8对，柔弱；叶柄长1-2.5厘米，纤细，托叶短小，早落。聚伞花序顶生，二歧分枝，分枝短，有5-10花，花序梗长1-2厘米，被柔毛；小苞片被毛，线形。花5数，具短梗；萼筒宽陀螺状球形，长约1.5毫米，萼裂片三角形，开展；花冠漏斗状，稍具脉，长达1.7厘米，裂片开展，内面被微柔毛；长柱花的柱头和短柱花的花药均内藏。蒴果菱形或近僧帽状，长3-4毫米，径7-9毫米，近无毛。花期冬春，果期春夏。

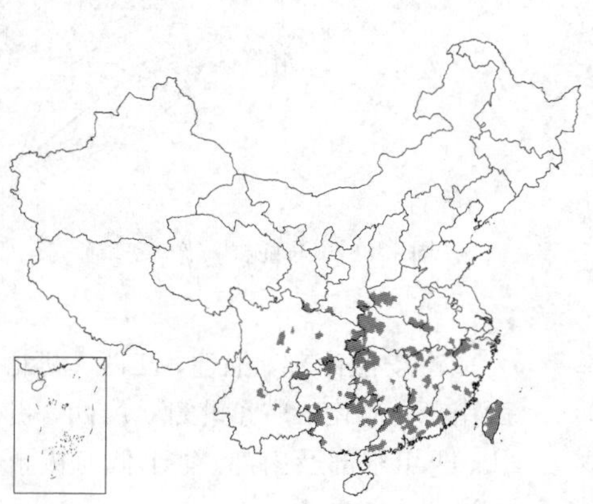

产河南、安徽、浙江、福建、台湾、江西、湖北、湖南、广东、香港、广西、云南、贵州、四川、甘肃南部及陕西南部，生于常绿阔叶林下。日本及越南有分布。

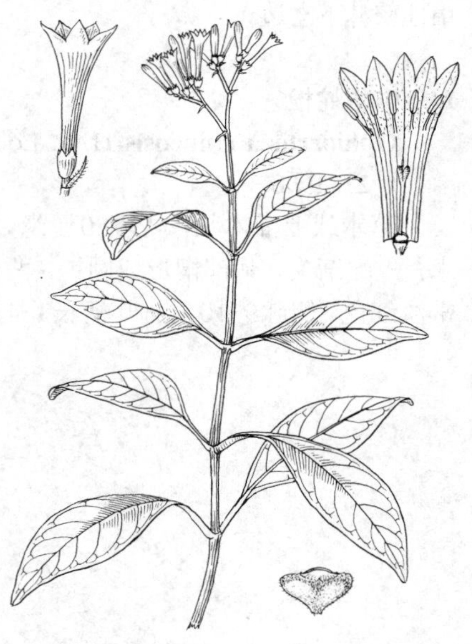

图 786 日本蛇根草（余汉平绘）

13. 广州蛇根草 图 787

Ophiorrhiza cantoniensis Hance in Ann. Sci. Nat. Bot. IV. 18: 222. 1862.

多分枝直立草本，高达80厘米。枝无毛。叶对生，纸质或膜质，长圆形或长圆状披针形，长12-16厘米，宽3-5厘米，先端渐钝尖，基部楔形，干后上面墨绿色，下面淡黄色，侧脉9-12（-15）对；叶柄长1.5-4厘米，托叶早落。聚伞圆锥花序顶生，花序梗长2-7厘米，被极短锈色毛或带红色柔毛；苞片和小苞片线形，均被锈色粉状柔毛；宿存。花5数，具短梗，大部偏生分枝一侧；花萼被粉状柔毛，萼筒近球形，萼裂片三角形；花冠白色，近筒状，长约1.5厘米，上部稍膨大，有膜质翅，裂片长圆形，直立，长柱花的柱头和短柱花的花药均伸出。蒴果菱形或僧帽状，长3-4毫米，径7-9毫米，略被毛。花期冬春，果期春夏。

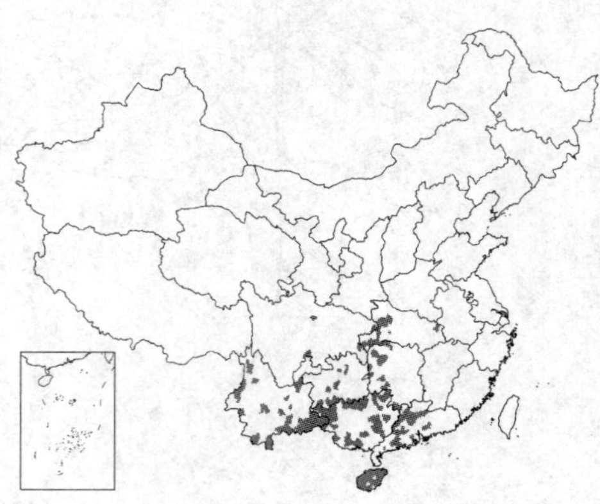

产湖北、湖南、广东、香港、海南、广西、云南、贵州及四川，生于山地密林下沟边。

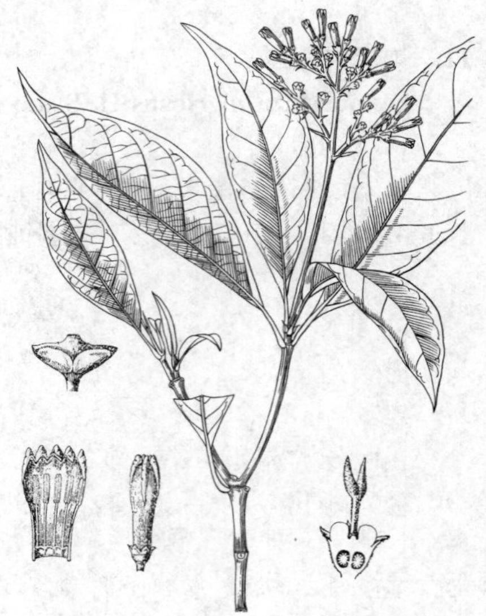

图 787 广州蛇根草（黄少容绘）

14. 中华蛇根 图 788

Ophiorrhiza chinensis H. S. Lo in Bull. Bot. Res. (Harbin) 10 (2): 70. f. 24. 1990.

草本或亚灌木状，高达80厘米。叶纸质，披针形或卵形，长3.5-15厘米，先端渐尖，基部楔形或圆钝，两侧近对称，两面无毛或近无毛，干后常淡红色，侧脉9-10对；叶柄长1-4厘米，托叶早落。花序顶生，常多花，花序梗长1.5-3.5厘米，分枝长1-3.5厘米，螺状，均密被柔毛。花二型；长柱花：花梗长1-2毫米，被柔毛；小苞片无或极小，早落；萼筒的陀螺形，长1.2-1.4毫米，有5棱，被粉状微柔毛，萼裂片5，长0.4-0.5毫米；花冠白或紫红色，筒状漏斗形，长1.8-2厘米，裂片5，长2.5-3毫米，顶端内弯，兜状，有喙，背面有龙骨状窄翅，近顶部有角状附属体；雄蕊5，着生冠筒近中部；花柱长1.6-1.8厘米。柱头微伸出；短柱花：花萼和花冠同长柱花；雄蕊生冠管喉部下方；花柱长3.5-4毫米。果序柄长3-5厘米，分枝长达5-6厘米；果径不及1厘米，果柄长3-4毫米。花期冬春，果期春夏。

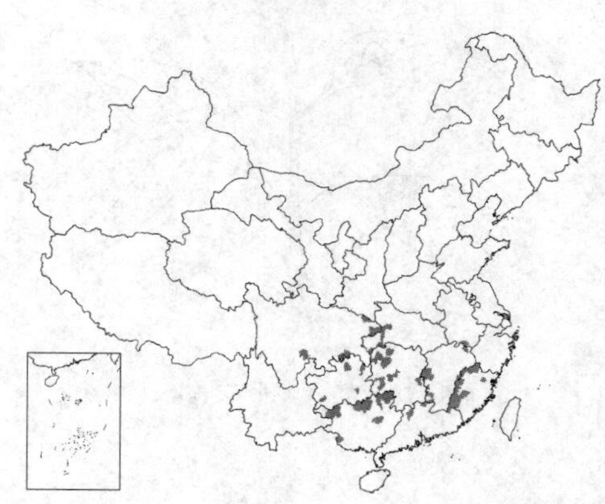

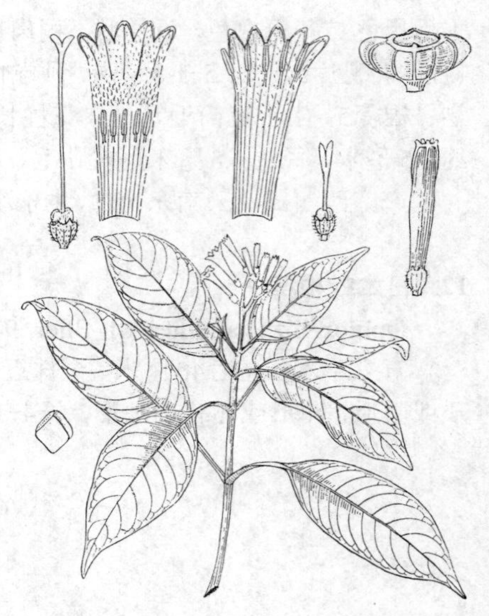

图 788 中华蛇根（余汉平绘）

产安徽南部、福建、江西、湖北西南部、湖南、广东北部、广西、贵州、四川东部及南部，生于低海拔至中海拔山谷林下。

[附] **大果蛇根草 Ophiorrhiza wallichii** Hook. f. Fl. Brit. Ind. 3: 79. 1880. 本种与中华蛇根草的区别：叶基部两侧不对称，干后非红色；花冠长2.8-3厘米；蒴果径1.4-1.5厘米。

花期4-6月。产云南，生于密林下。缅甸及印度有分布。

图 789 短小蛇根草 （黄少容绘）

15. 短小蛇根草 图 789

Ophiorrhiza pumila Champ. ex Benth. in Journ. Bot. Kew Misc. 4: 169. 1852.

矮小草本，平卧或上部直立，下部匍匐，节上生根。叶对生，膜质或纸质，卵形或椭圆形，长2-9毫米，宽1-2.5厘米，先端钝圆，基部渐窄成长柄，上面疏被硬毛，下面被柔毛，脉上毛较密，侧脉5-8对，纤细；叶柄长0.7-2厘米，纤细，被柔毛，托叶钻形，早落。聚伞花序顶生，分枝短而少，数花，花序梗极短。花5数，无小苞片；萼筒近球形，长约1毫米，密被绒毛，萼裂片与萼筒近等长；花冠白色，干后红黄色，长4-5毫米，被粉状柔毛，裂片卵形，长1.5-2毫米；雄蕊着生冠筒中部，内藏。蒴果菱形，顶部径4.5毫米，被硬毛。花期早春。

产福建、台湾、江西、湖南、广东、香港、海南及广西，生于山地林下溪边或水边岩缝中。越南有分布。

[附]**对生蛇根草 Ophiorrhiza oppositiflora** Hook. f. Fl. Brit. Ind. 3: 80. 1880. 本种与短小蛇根草的区别：叶长8-15厘米，宽3.5-6厘米，先端渐短尖，侧脉9-15对；花序顶生和在小枝上部的叶腋对生；花冠无毛，背面有龙骨；果近无毛。花期冬春。产云南，生于中海拔山谷林下。印度有分布。

9. 五星花属 Pentas Benth.

直立或匍匐、被毛草本或亚灌木。叶对生；具柄，托叶多裂或刺毛状。聚伞状伞房花序。花萼裂片4-6，不等大；花冠被毛，冠筒长，冠筒喉部扩大有毛，花冠裂片镊合状排列；雄蕊4-6，着生冠筒喉部以下；花柱伸出；花盘于花后成球状体；子房2室，每室胚珠多颗。蒴果，膜质或革质，2裂。种子多数，细小。

约50种，分布于非洲大陆和马达加斯加及阿拉伯地区。我国引入栽培1种。

图 790 五星花 （黄少容绘）

五星花 图 790

Pentas lanceolata (Forsk.) K. Schum. in Engl. u. Prautl, Nat. Pflanzenfam. 4(4): 29. 1891.

Ophiorrhiza lanceolata Forsk. Fl. Aegypt. Arab. 42. 1775.

亚灌木，直立或下部匍匐，高达70厘米；被毛。叶膜质或纸质，卵形、椭圆形或披针状长圆形，长4-15厘米，宽1-5厘米，先端短尖或渐尖，基部渐窄成短柄。聚伞花序密集，顶生。花近无梗，二型，花柱异长，长约2.5厘米；花萼长3-5毫米，被毛；花冠淡紫红色，被疏柔毛，冠檐开展，径约1.2厘米，冠筒喉部密被毛。花期夏秋。

原产非洲热带和阿拉伯地区。我国南部栽培。观赏植物。

10. 香茜属 **Carlemannia** Benth.

多年生草本。叶对生，有锯齿；无托叶，叶柄间有凸起横线相连。花序伞房状，疏散，顶生，花序梗长。花小，两性，4数；萼筒近球形，花萼裂片小，宿存；花冠窄漏斗状，花冠裂片覆瓦状排列；雄蕊2，着生冠筒内近中部，内藏，花丝短，花药线状长圆形；花盘明显；子房下位，2室，每室胚珠多数，着生中轴胎座，花柱单一，长，柱头棒状或纺锤状，2裂。蒴果宽金字塔形，2室，4-5瓣裂。种子多数，胚乳肉质。

约2种，分布于越南、缅甸、中国、不丹、锡金、尼泊尔、印度及印度尼西亚。我国1种。

香茜 图 791

Carlemannia tetragona Hook. f. Fl. Brit. Ind. 3: 85. 1880.

Carlemannia henryi Lévl.; 中国高等植物图鉴 4: 194. 1975.

柔弱草本，高达50厘米。茎淡黄色，无毛。叶膜质，椭圆形，稍偏斜，长8-10厘米，先端稍尾尖，基部稍下延，有锯齿，两面被疏柔毛，侧脉纤细，疏离，4-7对；叶柄长2-4厘米，被微柔毛，无托叶。伞房状聚伞花序，长2-4厘米，被柔毛，花序梗和分枝均纤细；苞片线形，长2-2.5毫米。花梗长1-2.5毫米；萼裂片4，线形，长1-2毫米；花冠白色，冠筒喉部有黄斑，长不及1厘米，花冠裂片4，长1毫米。蒴果宽金字塔形，径3.5-4.5毫米，被毛，顶端缢缩，基部平截，星状4瓣裂，果瓣附有线形宿萼裂片。种子有网纹。花期7-9月，果期10-12月。

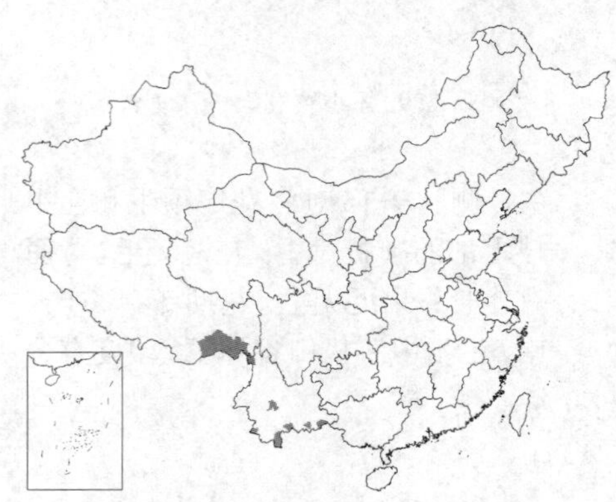

图 791 香茜 （邓盈丰绘）

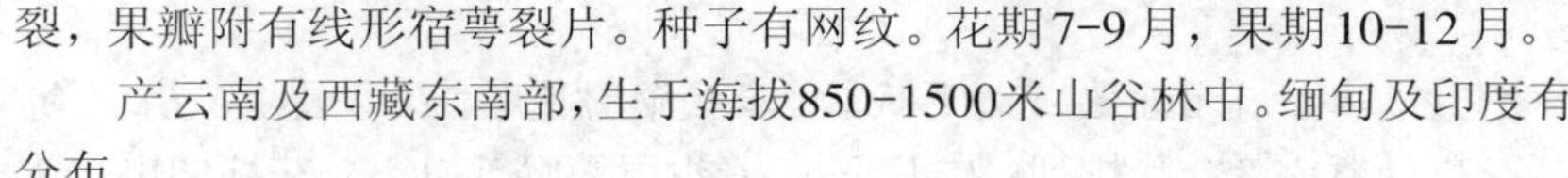

产云南及西藏东南部，生于海拔850-1500米山谷林中。缅甸及印度有分布。

11. 蜘蛛花属 **Silvianthus** Hook. f.

多年生草本或亚灌木。叶对生，有不明显缺齿，无托叶，叶柄间有凸起横线相连。聚伞花序多花，密集成头状，常腋生。萼筒与子房连合，萼裂片5；花冠宽漏斗形，裂片5，镊合状排列；雄蕊2，着生冠筒内，花丝短，花药近基着，长圆形；花盘隆起；子房2室，每室胚珠多数，花柱长，柱头长圆状纺锤形。蒴果稍肉质，在宿存萼裂片间裂成5果瓣。种子多数，卵状长圆形，稍弯，种皮海绵质，有纵纹，胚乳肉质。

约2种，分布于越南、老挝、缅甸、印度。我国2种。

1. 花萼裂片叶状，长圆形 ………………………………………………………… 1. **蜘蛛花 S. bracteatus**
1. 花萼裂片非叶状，线形 ………………………………………………………… 2. **线萼蜘蛛花 S. tonkinensis**

1. 蜘蛛花 图 792

Silvianthus bracteatus Hook. f. in Hook. Icon. Pl. 11: 36. t. 1048. 1868.

灌木，高达1米。茎无毛，中空。叶对生，膜质，椭圆形，长17-25厘米，先端短渐尖，基部楔形，有不规则波状齿，两面无毛，侧脉6-10对；

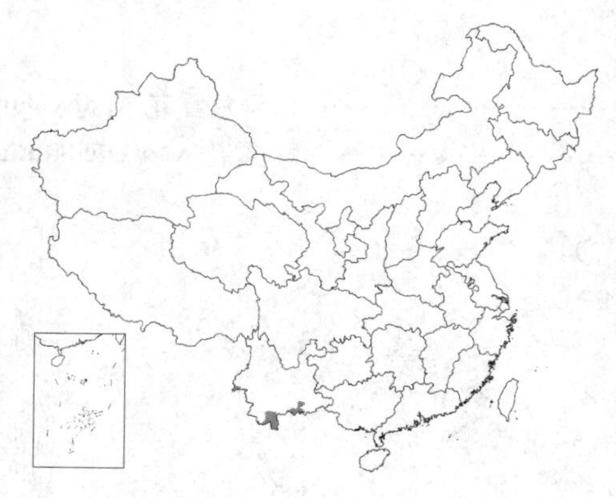

叶柄长2-7.5厘米，无毛。聚伞花序腋生及顶生，多花密集近头状，花序梗很短。花梗长约2毫米，被微柔毛；萼筒倒圆锥形，萼裂片5，叶状，长圆形，近等大，长0.7-1厘米；花冠白色，漏斗状钟形，长约1.2厘米，花冠裂片5，近圆形；雄蕊2，内藏；花盘大，花柱长，内藏。蒴果半球形，近肉质，长宽均6-7毫米，5瓣裂。花期春夏，果期秋冬。

产云南南部及西部，生于海拔约700-900米山谷林下。缅甸及印度有分布。

图 792 蜘蛛花 （余汉平绘）

2. 线萼蜘蛛花 图 793

Silvianthus tonkinensis (Gagnep.) Ridsd. in Blumea 24: 42. 1978.

Quiducia tonkinensis Gagnep. in Bull. Soc. Bot. France 33: 95. 1948.

小灌木或草本，高达2米；无毛。茎中空。叶纸质，椭圆形、卵状椭圆形或宽椭圆形，长10-30厘米，先端短尖或短渐尖，基部宽楔形，不明显缺齿，侧脉9-16对；叶柄长1-7厘米。聚伞花序密集成头状，径1-4厘米，花序梗长1-5厘米；苞片线形，长4-6毫米。花梗长约3毫米；萼筒倒圆锥状，长2-3毫米，萼裂片线形，长0.9-1.1厘米；花冠黄、淡红或紫红色，冠筒长约1.3厘米，内面被柔毛，裂片圆，长5-6毫米；雄蕊着生冠筒近中部；花柱长约1.1厘米。蒴果倒圆锥状，径6-9毫米。种子黑色，长约3.5毫米，有白色针状条纹。花期3-7月，果期10-12月。

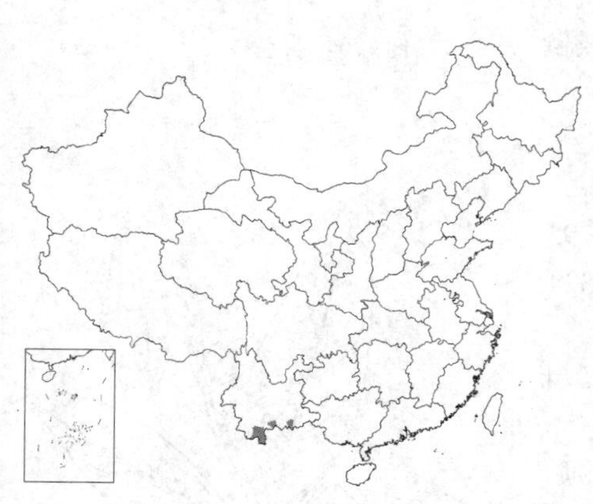

产云南南部，生于海拔900-1500米林下沟边。越南及老挝有分布。

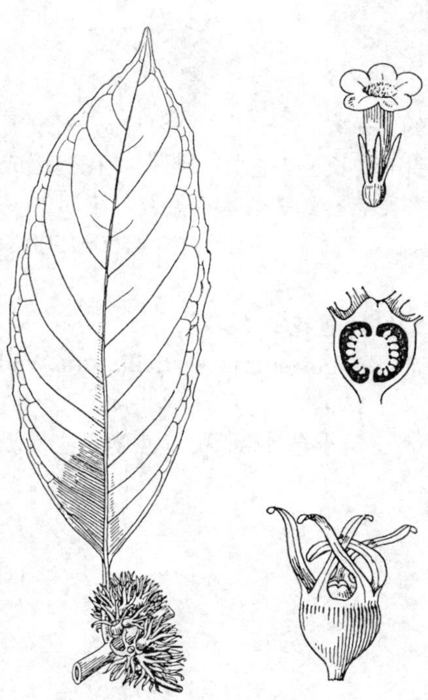

图 793 线萼蜘蛛花 （余汉平绘）

12. 雪花属 Argostemma Wall.

小草本。叶轮生或对生，同节叶常不等大，稀近等大；托叶生于叶柄间，宿存。聚伞花序或伞形花序，少花，有花序梗，顶生或腋生。萼筒常钟状，萼裂片4-5；花冠白色，辐状或宽钟状，裂片4-5，镊合状排列；雄蕊4-5，着生冠筒基部，花药常连成筒状或圆锥状，有时分离，药室顶孔开裂或纵裂；子房2室，每室多颗胚珠，花柱线形，柱头头状。蒴果具宿萼裂片，初稍肉质，后革质或膜质，顶部盖裂或孔裂。种子多数，小，扁，有棱角，胚乳肉质。

约100种，分布于非洲和亚洲热带地区。我国6种。

1. 叶对生；花药连成圆锥状，纵裂；花萼被柔毛 ·································· 1. **异色雪花 A. discolor**
1. 叶常4片轮生枝顶；花药不连成圆锥状，顶孔开裂；花萼无毛 ······························ 2. **小雪花 A. verticillatum**

1. 异色雪花 图 794

Argostemma discolor Merr. in Philipp. Journ. Sci. Bot. 23: 265. 1923.

稍肉质、匍匐草本；不分枝或少分枝，被透明粗毛。叶对生，一大一小，大的椭圆形，长1-4厘米，宽0.7-2厘米，小的卵形，长0.5-1厘米，先端短尖，基部楔形或圆钝，常有锯齿，上面疏生糙伏毛，下面脉上毛密，侧脉4-6对，边脉明显；叶柄长5-8毫米或近无柄，托叶卵形。伞状聚伞花序顶生，有2-3花，花序梗长0.5-2厘米，被糙伏毛，顶端有2或4片卵形、长1-2毫米的苞片。花梗长1-2.5厘米；萼筒长约3毫米，被柔毛，萼裂片5，稍短于萼筒；花冠白色，辐状，裂片卵状披针形，长6-7毫米；雄蕊5，花药连成圆锥状，药室纵裂。蒴果近球形或倒卵形，径约3毫米，盖裂。花期3-5月，果期9-10月。

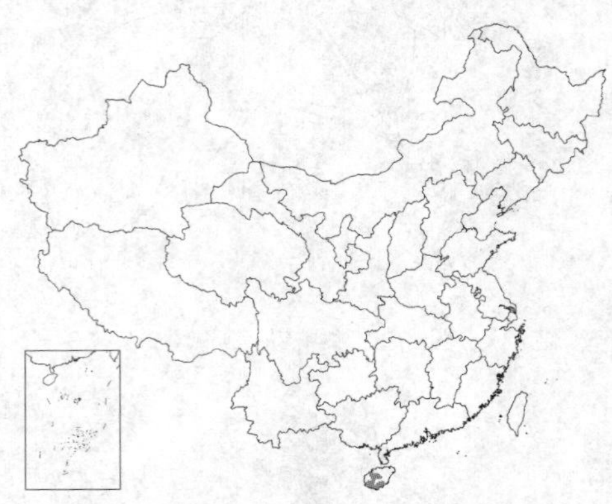

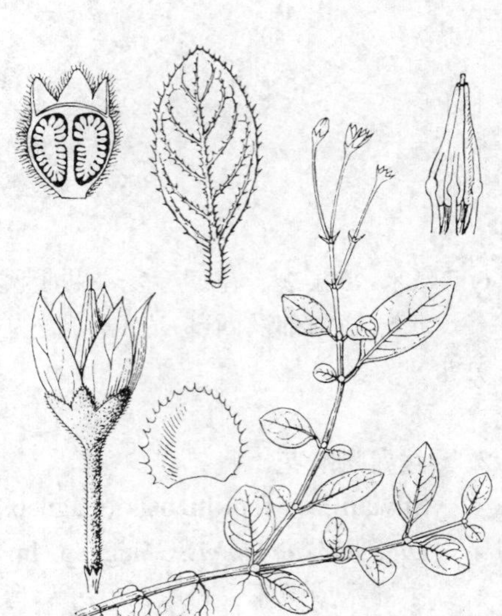

图 794 异色雪花 （余汉平绘）

产海南，生于海拔约500-1500米山谷密林中。

2. 小雪花 图 795

Argostemma verticillatum Wall. in Roxb. Fl. Ind. ed. Carey, 2: 324. 1824.

矮小草本，高达7厘米；块根近球状。茎稍肉质，不分枝，无毛。叶常4片轮生枝顶，大小不等，稀茎中部有一对鳞叶，纸质，卵形、椭圆形、长圆形或倒卵形，长1-7厘米，宽0.7-2.5厘米，先端短渐尖，基部宽楔形，两面无毛，侧脉4-7对，纤细；叶柄极短。伞状聚伞花序单生或2-3个簇生，花序梗纤细，长0.7-2厘米，有花2至数朵。萼宽钟状，萼裂片5，长约1毫米；花冠白色，辐状，裂片5，长圆状披针形，长约5毫米，无毛；雄蕊5，花药不连成圆锥状，顶孔开裂。花期6月。

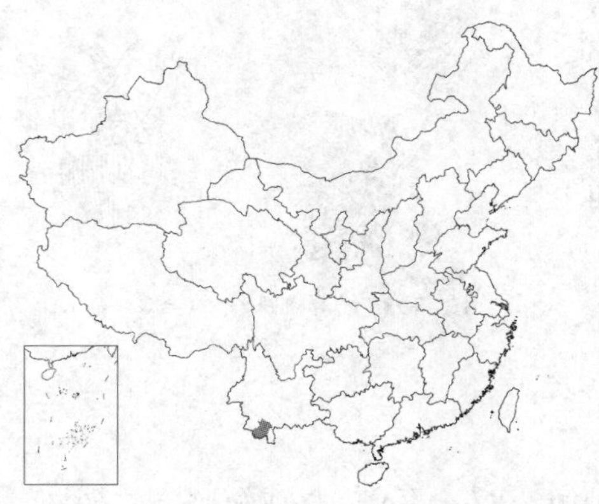

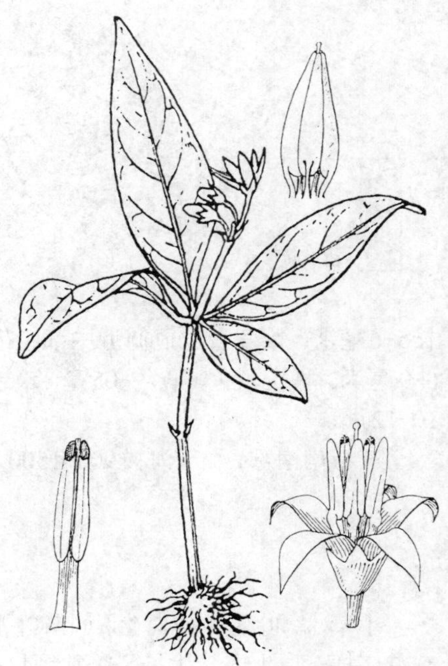

图 795 小雪花 （余汉平绘）

产云南南部，生于林下溪边。越南、泰国、缅甸、马来西亚、锡金、尼泊尔及印度有分布。

13. 牡丽草属 Mouretia Pitard

多年生草本，基部稍木质。叶对生，同节叶不等大，叶柄短或近无柄，托叶生于叶柄间，叶状，上部常反折，脱落。头状聚伞花序腋生，花序梗短或近无梗；苞片稍大。花有短梗或近无梗，有小苞片；萼筒倒圆锥形，萼裂片5，比萼筒长或近等长，常被毛；花冠筒状，裂片5，小，镊合状排列；雄蕊5，生于冠筒内，花丝短或近无，花药线形，纵裂；花盘环状；子房2室，每室胚珠多颗，花柱线形，柱头2裂。果蒴果状，倒圆锥形，成熟时沿宿萼内面环状盖裂。种子多数，很小，有棱角，浅黑色，有凸点。

约2种，分布于我国和越南。我国1种。

广东牡丽草 图 796

Mouretia guangdongensis H. S. Lo in Bull. Bot. Res. (Harbin) 18 (3): 282. 1998.

草本，高达40厘米。茎下部伏地生根，上部斜升，密被柔毛。叶薄纸质，长圆形、椭圆形、卵形或倒卵形，同节叶常不等大，大的长4-9厘米，宽2-4厘米，小的长1.5-3.5厘米，宽不及1厘米，先端短尖，基部楔形，上面近无毛，下面脉被长柔毛，侧脉5-9对，下面网脉明显；叶柄长0.5-1.5厘米，密被长柔毛，托叶近圆形或近肾形，长2.5-4毫米，反折，常脱落。聚伞花序紧密，腋生，花序梗长2-5毫米，密被柔毛；苞片和小苞片均披针形，长约1-1.5毫米。萼被柔毛，萼筒窄倒圆锥形，萼裂片披针形，与萼筒均长约1.7毫米；花冠黄或白色，筒状，长约4.5毫米，密被柔毛，冠筒内面中部疏被白色长柔毛，花冠裂片小，背面有白色冠状附属体；花丝极短，花药长约1.2毫米；花柱长约2.8毫米，柱头大，2裂。蒴果近球形。花期夏季。

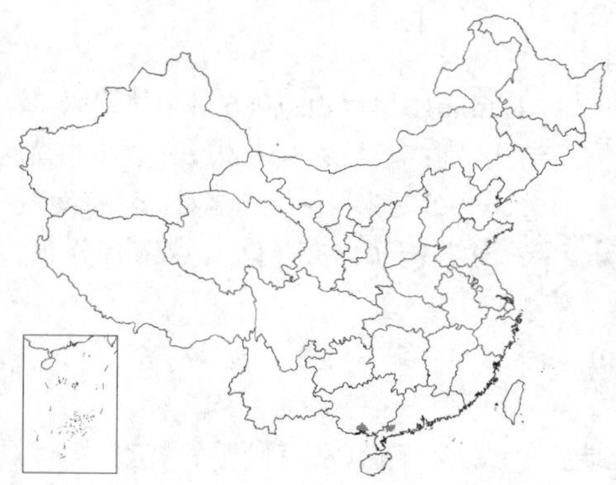

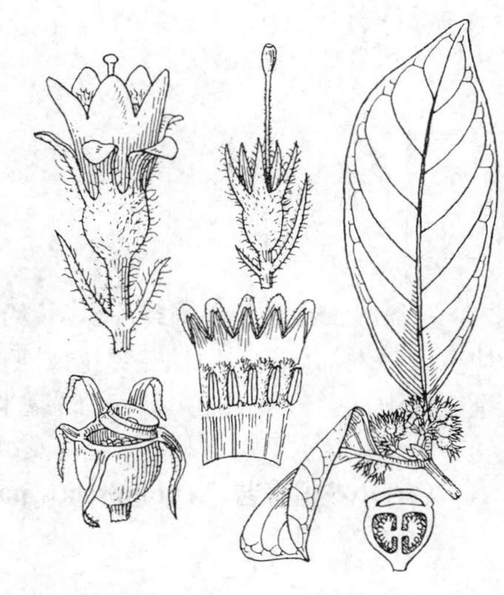

图 796 广东牡丽草 （余汉平绘）

产福建南部、广东西南部及广西南部，生于低海拔山地密林中。

14. 报春茜属 Leptomischus Drake emend. H. S. Lo

多年生草本。叶对生，同节叶等大，疏生或密集成莲座状，具叶柄；托叶大，生于叶柄间。头状或伞状聚伞花序，顶生，花序梗长，顶端有数枚总苞状苞片。花二型，为花柱异长花；萼筒长圆形或倒圆锥形，萼裂片5；花冠漏斗状，冠筒细长，裂片5，镊合状排列；雄蕊5，长柱花的雄蕊生于冠筒中部以下，短柱花的雄蕊生于冠筒喉部，花丝较短，花药线形或线状长圆形；花盘圆锥状或垫状；子房2室，每室胚珠多数，花柱线形，柱头2裂。蒴果成熟时隔壁消失，仅留下2裂的带有种子的中轴基部，成1室，顶部开裂。种子多数，小而有网纹。

约6种，分布于越南、缅甸、印度和中国。我国5种。

1. 茎短；叶密集成莲座状；花冠长1.8-2厘米 ································ **报春茜 L. primuloides**
1. 茎长；叶对生，疏离；花冠长6-6.5毫米 ································ （附）**小花报春茜 L. parviflorus**

报春茜 图 797

Leptomischus primuloides Drake in Bull. Mus. Nat. Hist. Paris 1: 117. 1895.

亚灌木状草本，高达30厘米。茎短。叶对生，密集成莲座状，膜质或纸质，倒卵形或椭圆形，长12-25厘米，宽5-10厘米，先端短钝尖，基部楔形，上面无毛，下面被疏毛，脉上毛较密，侧脉15-19对；叶柄长1-4厘米，被柔毛，托叶宽大，长0.8-1.8厘米，基部鞘状，被柔毛。头状聚伞花序顶生，径2-5厘米，花序梗长6-12厘米，有总苞状苞片。花梗短或无；花二型；长柱花：萼筒倒卵状长圆形，长1.5-2毫米，被疏柔毛，萼裂片5，披针形，长约2.5毫米；花冠漏斗状，长1.8-2厘米，冠筒喉部被长柔毛，裂片5，长约2毫米；雄蕊生于冠筒中部；花柱伸至冠管喉部以上；短柱花：花被同长柱花，雄蕊生于冠筒喉部，花柱伸至冠筒中部。蒴果倒卵形，长约3毫米，径约4毫米。花期冬初。

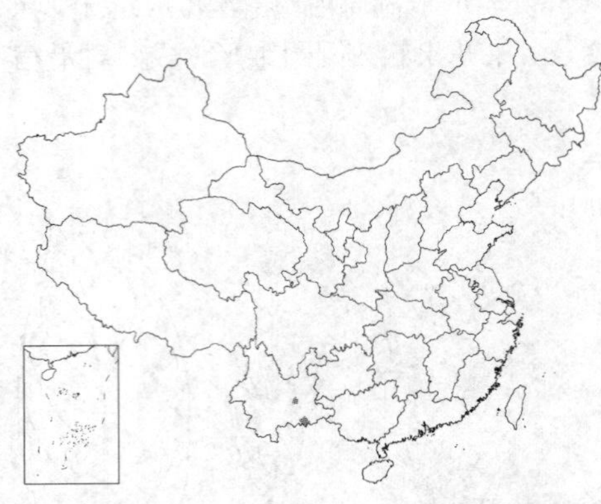

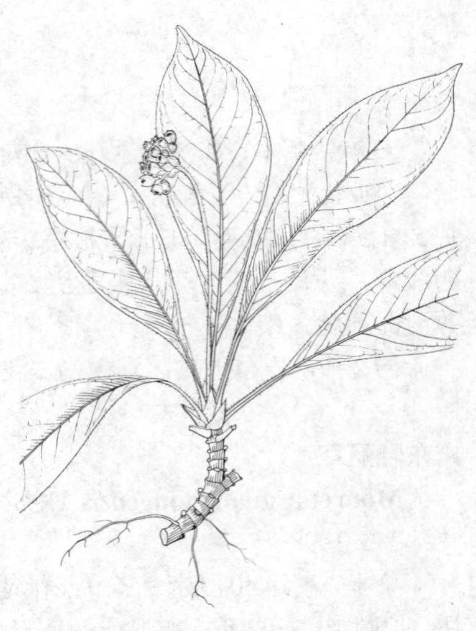

图 797 报春茜（余汉平绘）

产云南，生于山谷林下。越南及缅甸有分布。

[附] 小花报春茜 **Leptomischus parviflorus** H. S. Lo in Bull. Bot. Res. (Harbin) 6 (4): 49. 1986. 本种与报春茜的区别：茎长；叶对生，疏离；花冠长6-6.5毫米。花期7-8月。产海南及云南，生于山谷密林中。越南有分布。

15. 郎德木属 **Rondeletia** Linn.

常绿灌木或乔木。叶对生，稀轮生，革质或膜质，两面常皱，上面密被小凸点，小凸点常有硬毛；托叶宽，常宿存。伞房花序或圆锥花序，腋生，稀为顶生聚伞花序。花冠红、黄或白色；萼裂片4-5；花冠筒柔弱，有时膨大，冠筒喉部有一环腺体，裂片4-5；雄蕊4-5；子房2室，每室胚珠多颗。蒴果，常球形。

约120种，分布于美洲热带地区。我国引入栽培1种。

郎德木 图 798

Rondeletia odorata Jacq. Enum. Pl. Carib. 16. 1760.

灌木，高达2米。叶具短柄，革质，卵形、椭圆形或长圆形，长3-5厘米，宽1-3.5厘米，先端钝或短钝尖，基部圆或微心形，边缘背卷，下面沿脉被毛，常有皱纹；托叶三角形，直立。花鲜红色，冠筒喉部黄色，径约1厘米。顶生聚伞花序具数花至多花。花萼被粗毛，萼筒球形，长约2.5毫米，萼裂片5，线状倒披针形，长约5毫米；花冠筒柔弱，长约1厘米，外面被毛，花冠裂片5，圆形。花期秋季。

原产古巴、巴拿马及墨西哥。广州、香港等地栽培。为美丽观赏植物。

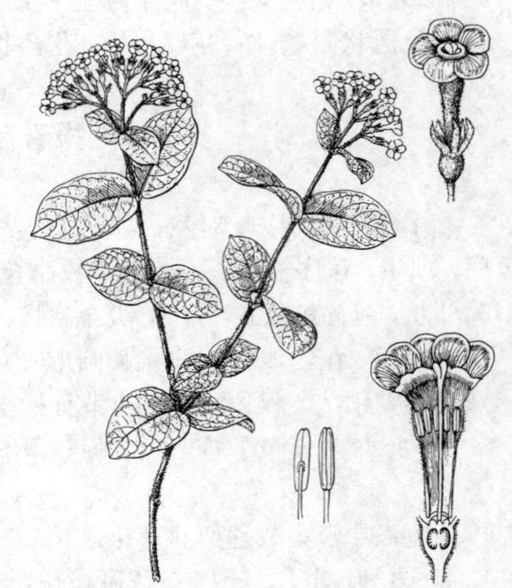

图 798 郎德木（黄少容绘）

16. 水锦树属 Wendlandia Bartl. ex DC.

灌木或乔木。单对生，稀3枚轮生，具柄或近无柄，托叶生于叶柄间。聚伞圆锥花序顶生，有苞片和小苞片。萼筒近球形、卵形或陀螺形，裂片5，宿存；花冠筒状、高脚碟状或漏斗状，冠筒被柔毛或硬毛，喉部无毛。无腺体，花冠裂片（4）5，扩展或外反，覆瓦状排列；雄蕊（4）5，着生冠筒裂片间；花盘环状；子房2-3室，每室胚珠多数，花柱纤细，柱头2裂，稀不裂成棒槌状。蒴果小，球形，脆壳质，室背开裂，稀室间2瓣裂。种子扁，种皮膜质，有网纹，或有窄翅，胚乳肉质。

约90种，分布于亚洲热带、亚热带地区及大洋洲。我国30种、10亚种、3变种。

1. 柱头2裂；叶常对生。
 2. 灌木或乔木；花丝稍长或短，不下弯，花药线状披针形、线状长圆形或椭圆形，长不及2毫米，伸出或稍伸出。
  3. 花丝稍长，花药线状披针形或线状长圆形，长1-2毫米，伸出。
   4. 托叶先端尖而直立。
    5. 萼裂片非线状长圆形，短于萼筒，花柱无毛。
     6. 叶椭圆形或椭圆状披针形，宽2厘米以上，边缘不卷；萼无毛或萼裂片边缘有缘毛。
      7. 叶侧脉5-6对，纤细而疏；花冠长5.5-6毫米 ······························ 1. **水金京 W. formosana**
      7. 叶侧脉7-10对，较密；花冠长3-5毫米 ·············· 1(附). **短花水金京 W. formosana** subsp. **breviflora**
     6. 叶窄披针形，宽0.5-1.5厘米，边缘反卷；萼有紧贴柔毛 ·························· 2. **柳叶水锦树 W. salicifolia**
    5. 萼裂片线状长圆形，长于萼筒，花柱有疏柔毛；叶椭圆形或椭圆状卵形，宽1.5厘米以上，叶柄长0.8-1.5厘米 ······························ 2(附). **小叶水锦树 W. ligustrina**
   4. 托叶上部圆形，反折；花柱有白色柔毛 ······························ 3. **美丽水锦树 W. speciosa**
  3. 花丝很短，花药椭圆形，长不及1毫米，稍伸出。
   8. 托叶先端尖，花序无毛或有微柔毛；花萼无毛或稀有极稀柔毛；花梗近无 ······························ 4. **东方水锦树 W. tinctoria** subsp. **orientalis**
   8. 托叶上部圆形，反折；花序被毛；花萼被毛或萼裂片无毛。
    9. 托叶上部宽为小枝2倍。
     10. 花萼被长硬毛。
      11. 叶较宽，椭圆形或宽卵形，下面密被灰褐色柔毛 ······························ 5. **水锦树 W. uvariifolia**
      11. 叶较窄，长圆形或长圆状披针形，下面被疏柔毛 ······ 5(附). **中华水锦树 W. uvariifolia** subsp. **chinensis**
     10. 萼筒被疏柔毛，萼裂片无毛或基部有疏缘毛，花冠长3.5-5毫米 ······ 6. **广东水锦树 W. guangdongensis**
    9. 托叶上部与小枝近等宽或稍宽。
     12. 花冠长3.5-5毫米，冠筒比裂片长2倍以上。
      13. 叶两面被毛；花序密被棕褐色绒毛；花萼被长硬毛 ······························ 7. **粗叶水锦树 W. scabra**
      13. 叶两面无毛；花序和花萼均被柔毛 ······························ 8. **吕宋水锦树 W. luzoniensis**
     12. 花冠长约2.5毫米，花冠裂片比冠筒稍长 ······························ 9. **短筒水锦树 W. brevituba**
 2. 多枝小灌木；花丝细长下弯，花药线状披针形，长约3.2毫米，伸出，萼裂片比萼筒长 ······························ 10. **水晶棵子 W. longidens**
1. 柱头棒槌状，不裂；叶对生或3枚轮生 ······························ 11. **垂枝水锦树 W. pendula**

1. 水金京 图 799 彩片 185

Wendlandia formosana Cowan in Notes Roy. Bot. Gard. Edinb. 16: 247. pl. 232. f. 7. 1932.

灌木或乔木，高达8米。幼枝被柔毛。叶纸质，椭圆形或椭圆状披针形，长6-14厘米，先端渐尖或短尖，基部渐窄，两面无毛，或下面中脉和侧脉有微柔毛，侧脉5-6对，纤细；

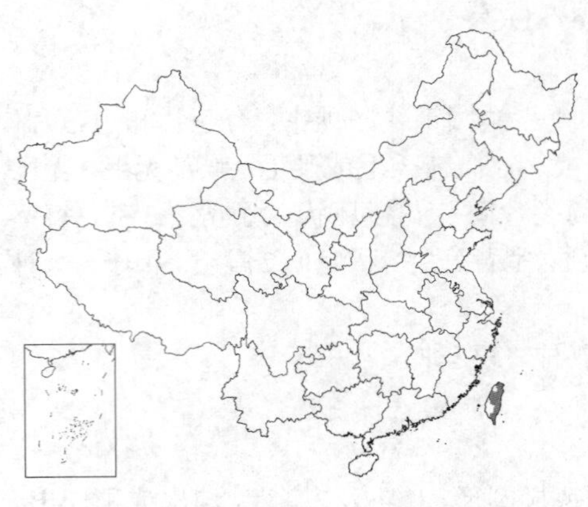

叶柄长0.7-2.5厘米，被微柔毛或无毛，托叶宽三角形，被微柔毛，长约3.5毫米，先端尖，直立。圆锥状聚伞花序顶生，被褐色柔毛。花有短梗或无；花萼无毛，长约1.5毫米，萼裂片长约0.5毫米；花冠白色，长5.5-6毫米，无毛，冠筒长3.5-4毫米，喉部有白色柔毛，裂片外反；花药线状披针形，长约2毫米，伸出；柱头2裂，伸出。蒴果无毛，径约2毫米。花期4-7月，果期7-8月。

产台湾，生于低海拔山地林中。日本有分布。

[附] **短花水金京 Wendlandia formosana** subsp. **breviflora** How in Sunyatsenia 7 (1-2): 38. 1948. 与模式亚种的区别：叶侧脉7-10对，较密，在叶下面凸起；花冠长3-5毫米，冠筒稍长于花冠裂片。花期4-7月，果期5-12月。产广西及云南，生于海拔260-1600米丘陵山地灌丛和林中。越南有分布。

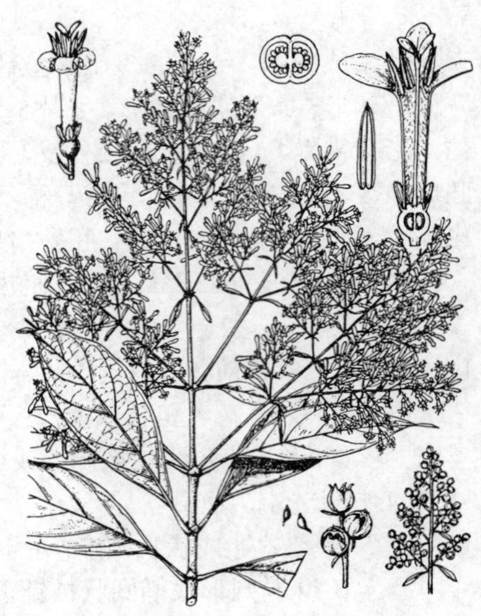

图 799 水金京（引自《Fl. Taiwan》）

2. 柳叶水锦树 图 800

Wendlandia salicifolia Franch. ex Drake in, Journ. de Bot. 9: 208. 1895.

灌木，高约1米。幼枝被柔毛。叶对生，薄革质，窄披针形，长3-9.5厘米，宽0.5-1.5厘米，先端渐尖，基部渐窄，两面无毛，边缘反卷，侧脉5-7对，稍明显；叶柄很短，托叶基部宽，先端芒尖。圆锥花序顶生，稠密多花，有线形苞片和小苞片。花有短梗；花萼长约1.5毫米，被紧贴柔毛，裂片4；花冠淡红色，长约3毫米，裂片4，线状披针形；花丝稍长，伸出；柱头2裂。蒴果径约2毫米，被柔毛。花期11月，果期翌年1月。

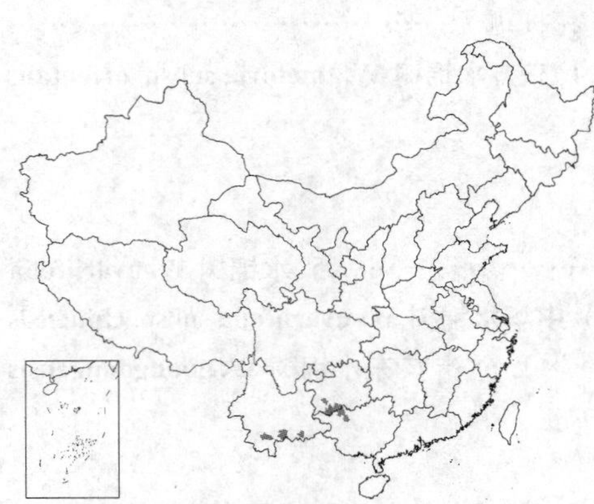

产广西西北部、云南南部及贵州南部，生于海拔约200米山谷溪边林中。越南及老挝有分布。

图 800 柳叶水锦树 （邓盈丰绘）

[附] **小叶水锦树 Wendlandia ligustrina** Wall. ex G. Don, Syst. 3: 518. 1834. 本种与柳叶水锦树的区别：叶椭圆形或椭圆状卵形，叶柄长0.8-1.5厘米；花萼裂片线状长圆形，长于萼筒，花柱有疏柔毛。花果期7月至翌年2月。产云南及贵州，生于海拔1550-1600米山谷林中。缅甸有分布。

3. 美丽水锦树 图 801

Wendlandia speciosa Cowan in Notes Roy. Bot. Gard. Edinb. 16: 254. 1932.

灌木或乔木，高达12米。小枝有褐黄色柔毛。叶卵形、倒卵形、卵状

披针形或椭圆形，长6-19厘米，先端短尖或渐尖，基部楔形，两面脉有疏柔毛或近无毛，余无毛或有极疏柔毛，侧脉5-12对；叶柄长0.5-3厘米，有柔毛或无毛，托叶长约4毫米，上部圆形，反折。花序顶生，开展，长达30厘米，径达23厘米，被棕黄色柔毛；苞片线形。花芳香，具短梗；花萼长2.5-3毫米，萼筒被黄褐色柔毛，萼裂片披针形，被疏柔毛，长1.5毫米，与萼筒等长或稍长；花冠白、黄白或红色，筒状，长约1厘米，无毛，冠筒内面被白色长柔毛，裂片窄长圆形，长2.5毫米，开花时外反；花药线状披针形，伸出，长2毫米，花丝长1.5毫米；花柱有白色长柔毛，柱头2裂，伸出。果有柔毛，径2.5-3毫米。花果期3-11月。

产云南及西藏东南部，生于海拔1500-2800米山坡、山谷溪边林中或林缘。缅甸及不丹有分布。

图 801 美丽水锦树 （余 峰绘）

4. 东方水锦树 图 802

Wendlandia tinctoria (Roxb.) DC. subsp. **orientalis** Cowan in Notes Roy. Bot. Gard. Edinb. 16: 268. pl. 234. f. 1. 1932.

灌木或乔木。小枝被柔毛。叶对生，长圆状披针形、椭圆状卵形或倒卵形，长10-20厘米，先端渐尖，基部楔形，上面无毛，下面稀无毛或脉上常被柔毛，有时被绒毛，侧脉7-12对；叶柄长1.3-2厘米，被柔毛，托叶三角形，先端骤尖。圆锥花序大，顶生，开展，无毛或有微柔毛。花长约6毫米，花梗近无，簇生；花萼无毛或稀有极疏柔毛，萼筒与萼裂片等长或稍长于萼裂片，萼裂片卵形；花冠白色，筒状，冠筒常纤细；花药椭圆形，稍伸出；柱头长圆形。蒴果径约1.5毫米，暗红色。花期3-5月，果期4-10月。

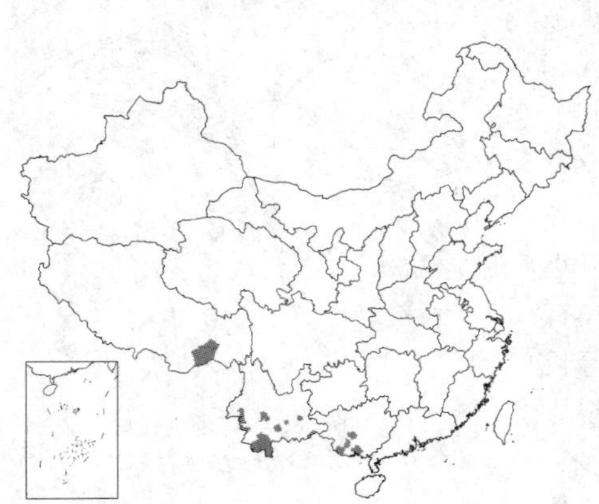

图 802 东方水锦树 （余 峰绘）

产广西南部、云南及西藏东南部，生于海拔280-2032米山地林内或灌丛中。泰国、缅甸及印度有分布。

5. 水锦树 图 803

Wendlandia uvariifolia Hance in Journ. Bot. 8: 73. 1870.

乔木，高达15米，稀灌木状。小枝被锈色硬毛。叶纸质，宽卵形或宽椭圆形，长7-26厘米，先端短尖或骤渐尖，上面疏生硬毛，下面被柔毛，脉上毛密，侧脉8-10对；叶柄长达2厘米，托叶大，基部宽，中部缢缩，

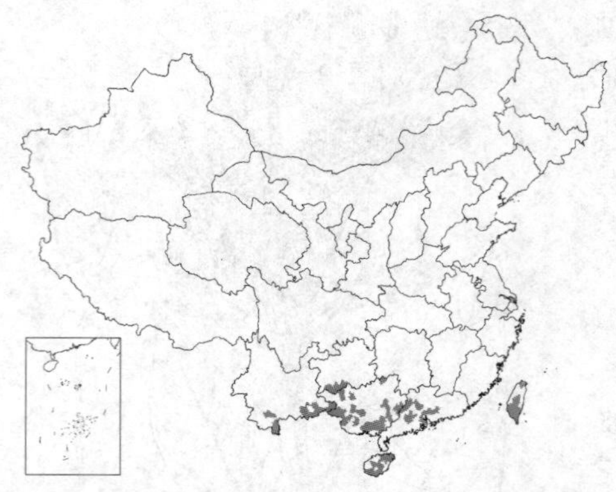

上部肾形，反折。圆锥花序顶生，被绒毛；花小，常数朵簇生。花萼被绒毛，萼裂片5；花冠白色，筒状漏斗形，长约4毫米，冠筒喉部有白色硬毛。蒴果径约1毫米，被毛。花期1-5月，果期4-10月。

产台湾、广东、海南、广西、云南南部及贵州西南部，生于海拔1200以下山地溪边林内、林缘或灌丛中。越南有分布。叶和根药用，活血散瘀。

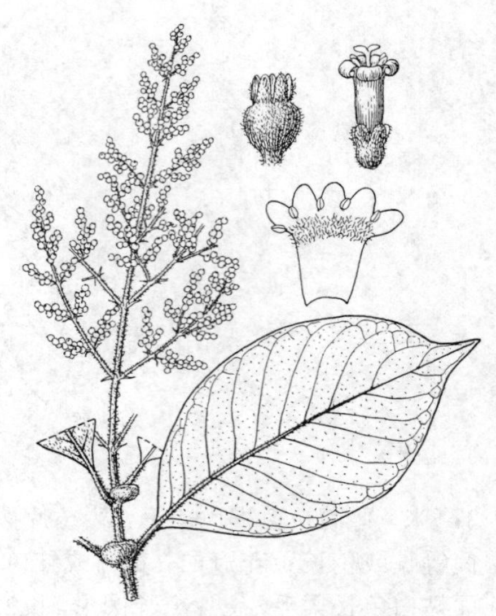

图 803 水锦树（余 峰绘）

[附] **中华水锦树 Wendlandia uvariifolia** subsp. **chinensis** (Merr.) Cowan in Notes Roy. Bat. Gard. Edinb. 16: 288. 1932. —— *Wendlandia chinensis* Merr. in Philipp. Journ. Sci. Bot. 15: 257. 1919. 与模式亚种水锦树的区别：叶较窄，长圆形或长圆状披针形，下面被疏柔毛。花期3-4月，果期4-7月。产广东、海南及广西，生于海拔540米以下山坡、山谷溪边、林内或灌丛中。

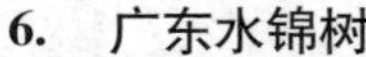

6. 广东水锦树 图 804

Wendlandia guangdongensis W. C. Chen in Acta Phytotax. Sin. 21 (4): 393. f. 5. 1983.

灌木或乔木。幼枝被铁锈色硬毛。叶厚纸质，披针状长圆形或卵状椭圆形，长7-16厘米，先端短渐尖或稍钝，基部圆或宽楔形，上面中脉和侧脉有疏柔毛，下面有极疏柔毛，侧脉7-11对；叶柄长0.5-1.2厘米，有棕色柔毛，托叶上部圆形，反折，宽约为小枝2倍。花序顶生，密被锈色硬毛，长13-17厘米，径10-20厘米；小苞片椭圆形，长约1.5毫米，有缘毛。花无梗，簇生；花萼长2-3毫米，萼筒有疏柔毛，裂片卵形或长圆形，长1.2-2毫米，比萼筒长或近等长，无毛或基部有疏缘毛；花冠筒状，白或绿黄色，无毛，冠筒喉部有白色硬毛，长3.5-5毫米，裂片近圆形，长约1毫米，开花时下弯；花药椭圆形，长约0.7毫米，花丝极短；柱头2裂，伸出。蒴果径约1.5毫米，有疏柔毛。花期3-4月，果期5月。

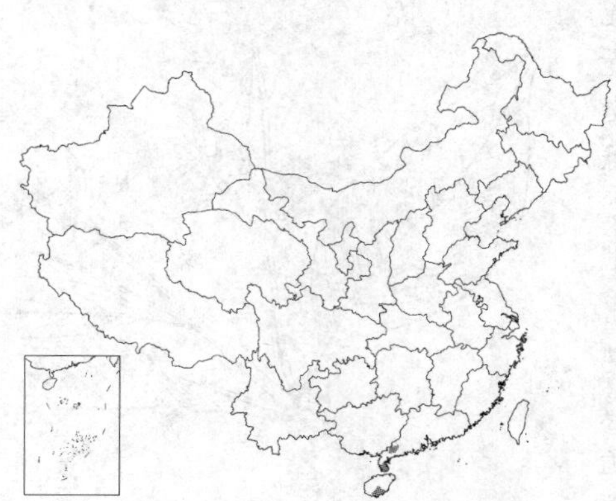

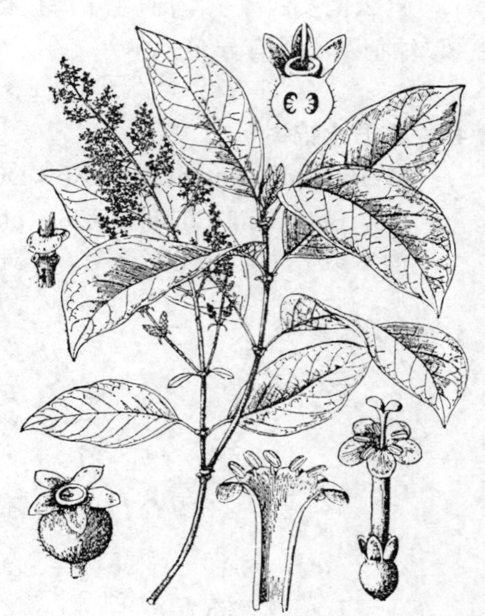

图 804 广东水锦树
（引自《植物分类学报》）

产广东西南部及海南南部，生于海拔100-800米山坡、山谷溪边灌丛或林中。

7. 粗叶水锦树 图 805

Wendlandia scabra Kurz in Journ. Asiat. Soc. Bengal. 41: 310. 1872.

灌木或乔木，高达12米。枝被棕褐色柔毛。叶椭圆状倒卵形、椭圆形或卵形，长6.5-18厘米，先端短尖或渐尖，基部楔形或钝圆，上面被糙伏毛，脉上有疏柔毛，下面密被柔毛，侧脉6-10对；叶柄长0.5-2.7厘米，被

棕褐色柔毛，托叶圆形，反折，与小枝近等宽。花序顶生，长达30厘米，径达25厘米，密被棕褐色绒毛。花芳香，花无梗或具短梗，密生；花萼长1.5-1.8毫米，被长硬毛，裂片三角形，长0.5-0.8毫米，比萼筒短；花冠白色，长3.5-4.5毫米，无毛，冠筒内面下部有极疏柔毛或无毛，裂片长圆形，长1-1.3毫米，比冠筒短；花丝很短，花药椭圆形，长0.8-1毫米；花柱和柱头长3.5-4.7毫米，无毛，柱头2裂，长约0.7毫米，伸出。蒴果被硬毛，径约2毫米。花期4-5月，果期5-7月。

产广西、云南及贵州南部，生于海拔180-1540米山地林内或灌丛中。印度、孟加拉、缅甸、泰国及越南有分布。

图 805 粗叶水锦树（余 峰绘）

8. 吕宋水锦树 图 806

Wendlandia luzoniensis DC. Prodr. 4: 412. 1830.

灌木或小乔木。小枝疏生柔毛或近无毛。叶纸质，卵状长圆形或椭圆形，长10-20厘米，宽4.5-7厘米，先端短渐尖，基部楔形，两面无毛，侧脉8-9对；托叶近圆形，与小枝近等宽。圆锥状聚伞花序顶生，被柔毛。花梗短或近无梗；花萼长1.5毫米，被柔毛，萼裂片三角形，长0.5毫米；花冠筒状，白色，长4-5毫米，无毛，冠筒喉部有柔毛，花冠裂片卵形，长0.8毫米；花药椭圆形，长约1毫米；柱头2裂，稍伸出。蒴果有柔毛，径约2毫米。花果期7-8月。

产台湾东南部，生于低海拔林中。印度、越南及菲律宾有分布。

图 806 吕宋水锦树（余汉平绘）

9. 短筒水锦树 图 807

Wendlandia brevituba Chun et How ex W. C. Chen in Acta Phytotax. Sin. 21 (4): 397. f. 8. 1983.

灌木，高达3米。小枝被紧贴锈色硬毛。叶纸质，椭圆状长圆形、椭圆状卵形或椭圆形，长5-15厘米，先端短渐尖，基部楔形，上面无毛或疏被微硬毛，下面沿脉被柔毛，余无毛或被柔毛，侧脉5-7对；叶柄长0.3-1.5厘米，有硬毛，托叶圆形，反折，宽3-4毫米，比枝稍宽，有柔毛。花序顶生，长4-7厘米，径4-11厘米，被锈色柔毛；苞片线形，被柔毛；小苞片比萼短。花梗短或无梗；花萼被柔毛，长约2毫米，萼裂片卵状三角

形，比萼筒稍短；花冠白色，长约2.5毫米，有疏柔毛，冠筒内面有疏柔毛，花冠裂片4，近卵形，比冠筒稍长；花药椭圆形，长约0.8毫米，花丝短；柱头2裂，稍伸出。果径约1.5毫米，有柔毛。花期4-5月，果期6-11月。

产广东西部及广西西南部，生于低海拔至中海拔山谷林中。

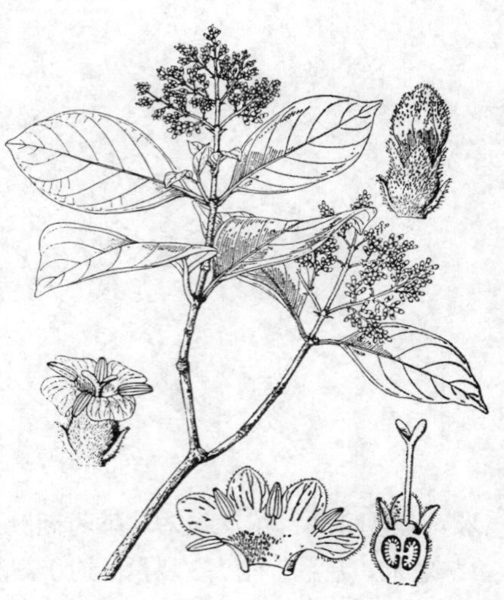

图 807 短筒水锦树
（引自《植物分类学报》）

10. 水晶棵子 图 808：1-4

Wendlandia longidens (Hance) Hutchins. in Sarg. Pl. Wilon. 3: 392. 1916.

Hedyotis longidens Hance in Journ. Bot. 20: 289. 1882.

多枝小灌木，高约1.5米。小枝、叶和花序均糙伏毛。叶对生，纸质，椭圆状披针形或卵形，长1-3厘米，宽4-8毫米，先端短渐尖，基部渐窄或短尖，侧脉约3对；叶柄很短，托叶三角形，先端尖，宿存。圆锥花序顶生，小而稍稠密，花序梗常很短。花稍大，花梗细；萼裂片匙状线形或线形，长为萼筒的2倍；花冠白色，长达1.5厘米，无毛，裂片匙状线形，与冠筒近等长；花丝细长下弯，花药线状披针形，长约3.2毫米，伸出，花柱伸出花冠之上达1厘米，柱头2裂。蒴果2室，径2-2.5毫米，被毛，宿萼裂片长达4毫米，室背2瓣裂。花期5-7月，果期7-12月。

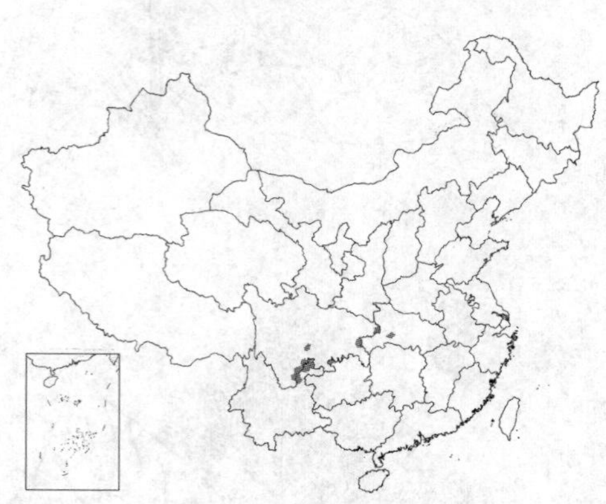

产湖北西部、四川、贵州北部及云南东北部，生于海拔1800米以下山坡或河边灌丛中。

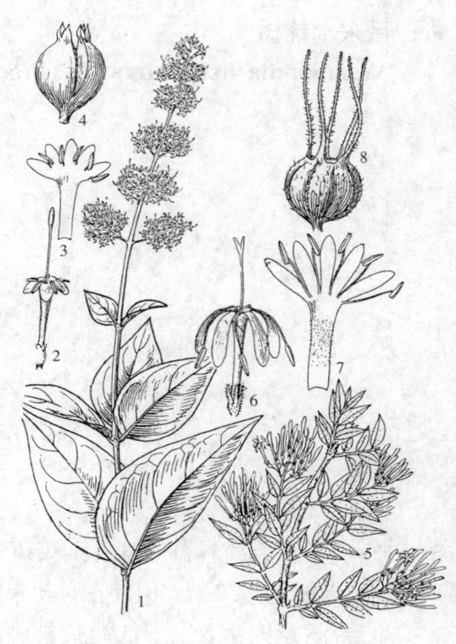

图 808:1-4.水晶棵子 5-8.垂枝水锦树
（余 峰绘）

11. 垂枝水锦树 图 808：5-8

Wendlandia pendula (Wall.) DC. Prodr. 4: 412. 1830.

Rondeletia pendula Wall. in Roxb. Fl. Ind. ed. Cardy, 2: 140. 1824.

稍披散灌木，高达3米。枝下垂，有柔毛。叶纸质，对生或3枚轮生，无柄或柄极短，卵状披针形或卵形，长3.5-10厘米，先端渐尖，基部圆或宽楔形，上面无毛，下面稍粗糙，脉上有疏柔毛，侧脉4-7对，托叶三角形，脱落。花序顶生，少分枝，被柔毛，长10-15厘米，径4-9厘米；花较密集。花梗短；花萼无毛，长约2.25毫米，裂片披针形或三角形，长0.8毫米；花冠筒状，长5-7毫米，裂片长圆形，长约2毫米；雄蕊稍伸出，花药线状长圆形，长1.3-1.5毫米；花柱伸出，比花冠筒长1倍，柱头长约1.3毫米，棒锤状，不裂。果径1.5-2毫米，无毛或有疏柔毛。花期果11月至翌年2月。

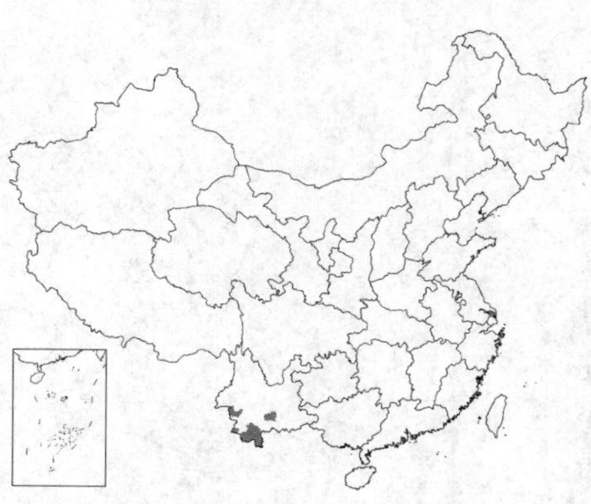

产云南西南部及南部，生于海拔635-1270米山谷溪边林内或灌丛中。印度、尼泊尔、不丹及缅甸有分布。

17. 桂海木属 Guihaiothamnus Lo

矮小灌木。主茎长不及2厘米，分枝1-2，长3-7厘米，被柔毛。叶簇生枝顶，纸质，宽倒卵形，长4.5-11厘米，宽2.5-7.5厘米，先端圆或骤尖，基部窄楔形，稍下延，两面被柔毛。侧脉8-12对，稍弧曲，近叶缘连成边脉；叶柄长1-2厘米，被柔毛，托叶长圆形，长约2毫米，上部反折，脱落。聚伞花序顶生，密花，花序梗极短或近无；小苞片钻状线形，长1.5-1.7毫米，被柔毛。花梗短或无；萼筒卵状椭圆形，长约1.7毫米，5裂，裂片线状披针形，与萼筒等长或稍长；花冠淡红色，高脚碟状，长约2.2厘米，外面无毛，内面疏被长柔毛，冠筒细长，基径约1毫米，喉部扩大，径3-3.5毫米，裂片5，椭圆形或卵状椭圆形，旋转状排列；雄蕊5，着生冠筒喉部，几无花丝，花药稍伸出；花盘环状；子房2室，每室多数胚珠，花柱细长，柱头2裂，裂片头状，伸出。果紫色，球形，稍肉质，径约2.5毫米，萼裂片宿存。种子多数，微小，有棱角及网纹，无翅。

我国特有单种属。

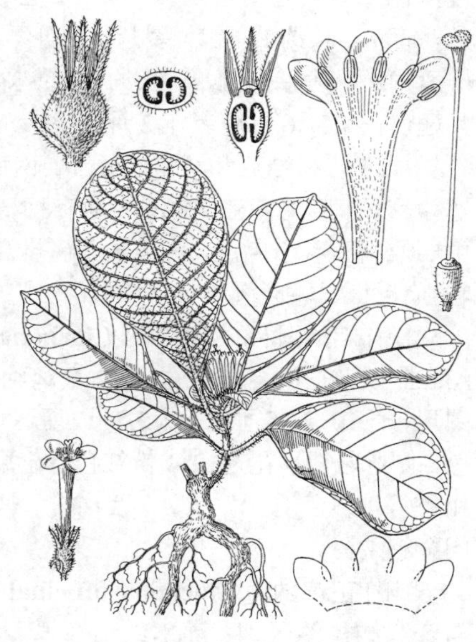

图 809 桂海木 （余汉平绘）

桂海木 图 809

Guihaiothamnus acaulis H. S. Lo in Bull. Bot. Res. (Harbin) 18 (3): 280. 1998.

形态特征同属。花期4月。

产广西北部融水县大苗山，生于海拔约180米山地荫蔽岩缝中。

18. 金鸡纳属 Cinchona Linn.

常绿灌木或乔木；树皮具苦味。叶对生；具柄，托叶生在叶柄间，脱落。花两性，芳香，顶生和腋生圆锥状聚伞花序，有苞片和小苞片。萼筒陀螺形，被柔毛，5齿裂，宿存；花冠高脚碟状或喇叭状，被柔毛，冠筒圆柱形，稍具5棱，冠筒喉部无毛或被毛，裂片5，短于冠筒，镊合状排列，边缘有毛；雄蕊5，着生冠筒，花丝无毛，花药背着，纵裂，线形；花盘垫状；子房下位，2室，每胚珠多数，花柱异长，无毛，柱头2裂。蒴果2室，室间2瓣裂。种子多数，稍扁平，周边具膜质翅，胚乳肉质；子叶卵形。

约40种，原产南美洲安第斯山脉，从委内瑞拉至玻利维亚；亚洲南部和东南部、大洋洲、非洲等地有引种。我国引入栽培3种。

1. 花冠白、淡黄白或粉红色；叶下面侧脉腋无有毛小孔。
    2. 花冠白或淡黄白色；叶长圆状披针形、椭圆状长圆形或披针形，两端渐窄，长7-21.5厘米，宽2.5-11厘米，鲜叶下面非淡红色，叶侧脉较纤细 ………………………………………… **金鸡纳树 C. ledgeriana**
    2. 花冠白或粉红色；叶卵形、卵状椭圆形或长圆形，长10-24.5厘米，宽5.5-17厘米，基部宽楔形或圆，常稍下延，鲜叶下面常淡红色，叶侧脉较粗 ………………………………… (附). **鸡纳树 C. succirubra**
1. 花冠红色；叶下面侧脉腋有生毛小孔，叶披针形、倒卵形披针形或椭圆形，长4.5-24厘米，宽2-11厘米 ……………………………………………………………………… (附). **正鸡纳树 C. officinalis**

金鸡纳树 图 810：1-5

Cinchona ledgeriana (Howard) Moens ex Trim. in Journ. Bot. 19: 323. 1881. *Cinchona calisaya* Wedd. var. *ledgeriana* Howard in Quin. E. Ind. Pl. 86. 1876.

常绿乔木，高达6米。幼枝四棱形，被褐色柔毛。叶长圆状披针形、椭圆状长圆形或披针形，长7-21.5厘米，宽2.5-11厘米，先端钝或短尖，基部楔形，下面沿叶脉被柔毛，侧脉7-11对；叶柄长0.3-2厘米，托叶早落。花序被淡黄色柔毛，长达23厘米，径达18厘米。花芳香，花梗长1-8毫米，被褐色柔毛；萼筒陀螺形，长约2毫米，萼裂片三角形；花冠白或淡黄白色，筒状，长约1厘米，裂片披针形，长为冠筒1/2，边缘被白色长柔毛；雄蕊内藏。蒴果椭圆形，长约1.2厘米，被柔毛。种子长圆形，长4-5毫米，具翅。花果期6月至翌年2月。

原产玻利维亚和秘鲁等地。云南南部有栽培。越南、印度、斯里兰卡、菲律宾、印度尼西亚、非洲等地有种植。茎皮和根皮为提制奎宁（quinine）主要原料，治疗疟疾，可镇痛、解热及局部麻醉。茎皮和根皮可制健胃剂和强壮药。本种含奎宁量较高。

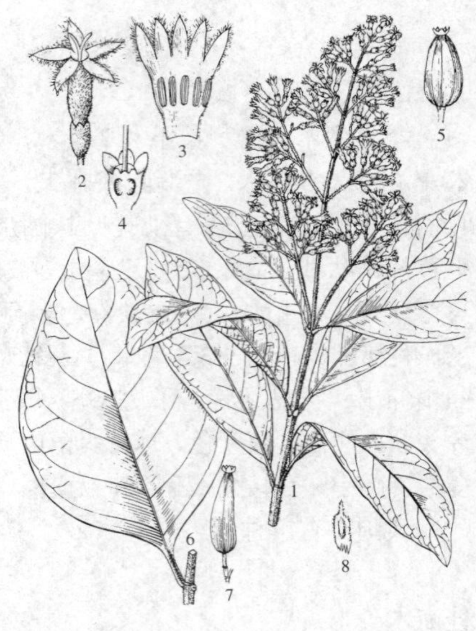

图 810：1-5. 金鸡纳树 6-8. 鸡纳树
（黄少容绘）

[附] 鸡纳树 图 810：6-8 **Cinchona succirubra** Pav. ex Klotzsch in Abh. Akad. Berlin 60. 1857. 本种与金鸡纳树的区别：叶卵形、卵状椭圆形或长圆形，长10-24.5厘米，宽5.5-17厘米，基部宽楔形或圆，鲜叶下面常淡红色，侧脉较粗；花冠白或粉红色。花果期6月至翌年2月。原产厄瓜多尔、秘鲁等地。台湾、海南、广西南宁、云南南部种植。奎宁含量较低；用途同金鸡纳树。

[附] 正鸡纳树 **Cinchona officinalis** Linn. Syst. ed. 10, 929. 1759. 本种与金鸡纳树的区别：灌木或小乔木，树干较细；叶披针形、倒卵状披针形或椭圆形，长4.5-24厘米，宽2-11厘米，叶下面侧脉腋常有生毛小孔；花冠红色。花果期7月至翌年1月。原产厄瓜多尔、秘鲁、玻利维亚、哥伦比亚等地。海南、云南南部种植。树皮味较苦，用途同金鸡纳树；能生长在海拔较高地区。

19. 土连翘属 Hymenodictyon Wall. nom. cons.

落叶灌木或乔木；树皮有苦味。叶对生；具柄，托叶生于叶柄间，常有腺齿，脱落。花小，两性，圆锥花序、总状花序或穗状花序，腋生；苞片1-4枚，白色叶状，有柄，具网脉，宿存；小苞片小或缺。萼筒卵形或近球形，裂片5（6），脱落；花冠漏斗状或窄钟状，冠筒内无毛，裂片5，短，直立，镊合状排列；雄蕊5，着生在冠筒喉部以下，花丝短，向上扩大，花药背着，内藏，线形或长圆形；花盘环状；子房2室，每室胚珠多数，花柱丝状，伸出，柱头纺锤形状。蒴果2室，室背2瓣。种子多数，扁平，覆瓦状排列，周边具窄翅，膜质，胚乳肉质；胚小，子叶长圆形或圆形。

约20种，分布于亚洲和非洲的热带和亚热带地区。我国2种。

1. 总状花序；叶两面无毛或下面被疏柔毛 …………………… 1. **土连翘 H. flaccidum**
1. 圆锥花序；叶两面被柔毛 …………………… 2. **毛土连翘 H. orixense**

1. 土连翘 图 811：1-5

Hymenodictyon flaccidum Wall. in Roxb. Fl. Ind. ed. Carey. 2: 152. 1824.

落叶乔木，高达20米；树皮灰色，有苦味。叶纸质或薄革质，常聚生枝顶，倒卵形、卵形、椭圆形或长圆形，长10-26厘米，先端骤短渐尖、钝

圆或近平截，基部楔形，全缘，稀近顶部具不规则粗齿，两面无毛或下面被疏柔毛，侧脉7-11对；叶柄长2.5-9厘米，有柔毛，托叶卵状长圆形或近三角形，反折。总状花序腋生，长10-30厘米，被柔毛，稍弯垂，密花，花序梗有1-2具柄叶状革质苞片，卵形或长圆形，长4-8.5厘米，下面被柔毛，羽状脉和网脉明显，柄长3-5.5厘米，有柔毛。花梗长0.5-2毫米，有柔毛；花萼长约2毫米，被柔毛，裂片5；花冠红色，被柔毛，长约4毫米，裂片长约0.8毫米；花柱无毛，长约1厘米，伸出。果序长达30厘米；蒴果倒垂，椭圆状卵形，长约1.5厘米，有灰白色斑点。种子连翅长约1厘米，宽约5毫米，翅基部2裂。花期5-7月，果期8-11月。

产广西西南部及西北部、云南及四川西南部，生于海拔300-3000米山谷溪边林中或灌丛中。越南、不丹、尼泊尔及印度有分布。树皮药用，可抗疟。

图 811：1-5. 土连翘 6-10. 毛土连翘
（黄少容绘）

2. 毛土连翘 图 811: 6-10

Hymenodictyon orixense (Roxb.) Mabberley in Taxon 31 (1): 66. 1982.

Cinchona orixense Roxb. Bot. Descr. Swietenia 21. 1793.

落叶乔木，高达25米。叶纸质或膜质，卵状椭圆形或宽椭圆形，长9-22厘米，先端短渐尖或短尖，基部宽楔形，两面被柔毛，下面较密，侧脉7-10对；叶柄长2-17厘米，被柔毛，托叶披针形，边常有腺齿。圆锥花序被柔毛，常下垂，密花，具2-4叶状苞片，被柔毛，卵形或长圆形，长约9厘米，具羽状脉和网脉，柄长5-8厘米，被柔毛。花小，有梗；花萼长约2毫米；花冠白或褐色，长约4毫米。蒴果椭圆形，多数，长1.2-3厘米，有斑点。花期4-7月，果期4-11月。

产云南南部及四川西南部，生于海拔150-1700米山谷、旷野或河边灌丛中及林中。尼泊尔、印度及东南亚有分布。树皮药用，可收敛、退热、抗疟。

20. 石丁香属 Neohymenopogon S. S. R. Bennet

附生灌木。叶对生，具柄，托叶生于叶柄间，卵形，宿存，有稍肉质腋生粘液毛。伞房状聚伞花序，顶生，有数个白色叶状、具网脉宿存苞片。萼筒倒卵形，萼裂片5，近相等，宿存；花冠白色，高脚碟状，冠筒长，上部稍扩大，喉部有下弯长柔毛，裂片5，开展，中部有髯毛，镊合状排列；雄蕊5，着生冠筒喉部以下，花丝短，花药背着，线形，基部2浅裂，内藏；花盘冠状，具缘毛；子房具2槽，2室，每子室胚珠多数，花柱丝状，具2槽，柱头2，线形，开展，具乳突。蒴果长圆形或陀螺形，具2槽，萼檐宿存，室间2瓣裂，果瓣2裂。种子多数，覆瓦状排列，线形，两端尾状，种脐侧生，种皮膜质，胚乳丰富；胚小，子叶卵形，胚根短。

约3种，分布于泰国、缅甸、中国、不丹、锡金及印度。我国2种。

石丁香 藏丁香 图 812

Neohymenopogon parasiticus (Wall.) S. S. R. Bennet in Ind. For. 107 (7): 436. 1981.

Hymenopogon parasiticus Wall. in Roxb. Fl. Ind. ed. Carey, 2: 157. 1824.

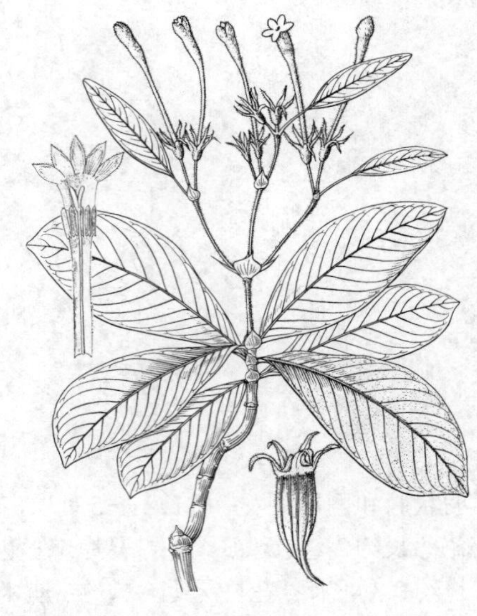

图 812 石丁香 （邓盈丰绘）

附生多枝小灌木，高达2米。幼枝有紧贴柔毛。叶纸质或膜质，常生于短枝顶端，椭圆状披针形、倒披针形或倒卵形，长5-25厘米，宽1.5-11厘米，先端钝、短尖或渐尖，基部渐窄，有时有缘毛，上面有紧贴柔毛，下面脉上密被紧贴柔毛，侧脉15-28对；叶柄长0.4-2厘米，有紧贴柔毛，托叶宽卵形或近圆形，先端骤尖或钝，长0.8-1.2厘米。花序顶生，疏散，长达18厘米，径达24厘米，三歧分枝，花序轴和分枝有黄褐色绒毛，有数枚白色、具长柄叶状苞片，长圆形，长3-10厘米，柄长2.5-4厘米，均有柔毛。花梗长0.8-1.2厘米，被柔毛；花萼被柔毛，萼筒长约3毫米，裂片披针形，长0.6-1厘米，果时反折；花冠白色，长2.5-7厘米，高脚碟状，被皱卷长柔毛，裂片长圆形，长0.5-1厘米；雄蕊内藏。蒴果长圆形，长1.5-3厘米，被柔毛，有纵棱，萼裂片宿存；果柄长0.5-1厘米，有毛。花期6-8月，果期9-12月。

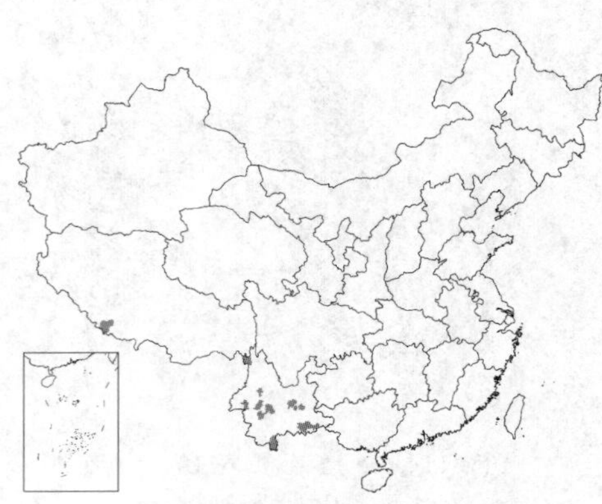

产云南及西藏南部，生于海拔1250-2700米山谷林内或灌丛中，常附生树干或岩石上。越南、泰国、缅甸、不丹、锡金、尼泊尔及印度有分布。全草入药，治水肿、跌打损伤、湿疹、肾虚、腰痛。

21. 绣球茜属 **Dunnia** Tutch.

灌木，高达2.5米。幼枝有柔毛。叶纸质或革质，披针形或倒披针形，长7-23厘米，宽1-6厘米，先端渐尖或短尖，基部窄楔形，下延，边缘常反卷，幼时两面被疏柔毛，脉上较密，老时渐脱落，侧脉11-30对，有边脉；叶柄长0.7-2.5厘米，托叶卵形或三角形，长6-8毫米，有柔毛，先端2裂，宿存。伞房状聚伞花序顶生，花序梗长，有苞片。花梗短；萼筒卵形，陀螺形或钟形，萼裂片小，宿存，一些花有一萼裂片为卵形或椭圆形，白色，长2-5.5厘米，宽1-2.3厘米，具3基脉及网脉，柄长达1.5厘米；花冠黄色，高脚碟状或漏斗状，裂片4（5），三角状卵形，长约2毫米，镊合状排列；雄蕊4（5），着生冠筒上部，花药线状长圆形，内向，花丝短；花盘不明显；子房2室，每室胚珠多数，花柱长5-6毫米，柱头2裂。蒴果近球形，径3-4毫米，室间2瓣裂，果瓣顶端2裂。种子多数，扁平，径0.6-1毫米，周边有膜质撕裂状宽翅；胚乳丰富，胚小。

我国特有单种属。

图 813 绣球茜草 （黄少容绘）

绣球茜草 图 813 彩片 186

Dunnia sinensis Tutch. in Journ. Linn. Soc. Bot. 37: 70. 1905.

形态特征同属。花果期4-11月。

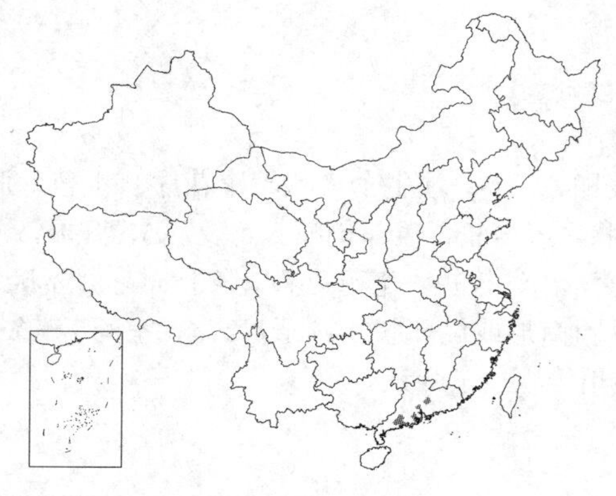

产广东，生于海拔290-850米山谷溪边灌丛中或林内。

22. 流苏子属 Coptosapelta Korth.

藤本或攀援灌木。叶对生，具柄，托叶小，生于叶柄间，三角形或披针形，脱落。花单生叶腋或顶生圆锥状聚伞花序。萼筒卵形或陀螺形，萼裂片5，宿存；花冠高脚碟状，裂片5，覆瓦状排列；雄蕊5，着盘不明显；子房2室，每室胚珠多数，柱头纺锤形，伸出。蒴果近球形，室背2裂。种子小，多数，种皮膜质，周边有流苏状翅，胚乳肉质；胚直，子叶短，胚根圆柱形，下位。

约13种，分布于亚洲南部和东南部，南至巴布亚新几内亚。我国1种。

流苏子 图 814 彩片 187

Coptosapelta diffusa (Champ. ex Benth.) Van Steenis in Amer. Journ. Bot. 56 (7): 806. 1969.

Thysanospermum diffusum Champ. ex Benth. in Journ. Bot. Kew Misc. 4: 168. 1852.

藤本或攀援灌木，长达5米。叶坚纸质或革质，卵形、卵状长圆形或披针形，长2-9.5厘米，先端短尖、渐尖或尾尖，基部圆，干后黄绿色，两面无毛，稀被长硬毛，侧脉3-4对；叶柄长2-5毫米，有硬毛，稀无毛，托叶披针形，长3-7毫米，脱落。花单生叶腋，常对生。花梗纤细，长0.3-1.8厘米，无毛或有柔毛，上部有1对长约1毫米的小苞片；花萼长2.5-3.5毫米，无毛或有柔毛，萼筒卵形，萼裂片5，卵状三角形，长0.8-1毫米；花冠白或黄色，高脚碟状，被绢毛，长1.2-2厘米，冠筒长0.8-1.5厘米，内面上部有柔毛，裂片5，长圆形，长4-6毫米，内面中部有柔毛，花时反折；雄蕊5，花药伸出；花柱长约1.3厘米，柱头伸出。蒴果稍扁球形，有浅沟，径5-8毫米，淡黄色，果皮硬，萼裂片宿存，果柄纤细，长达2厘米。种子近圆形，径约2毫米，边缘流苏状。花期5-7月，果期5-12月。

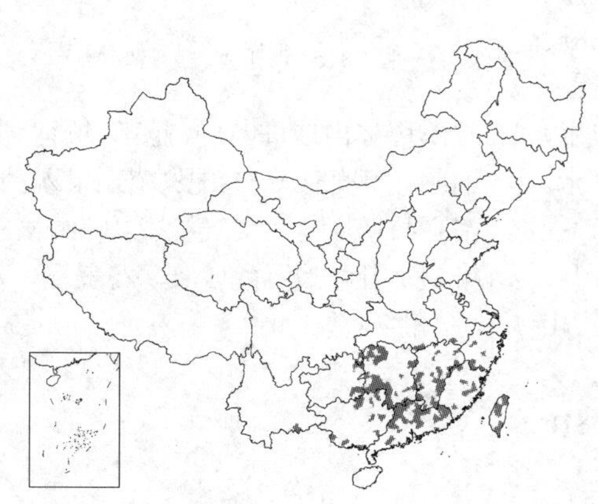

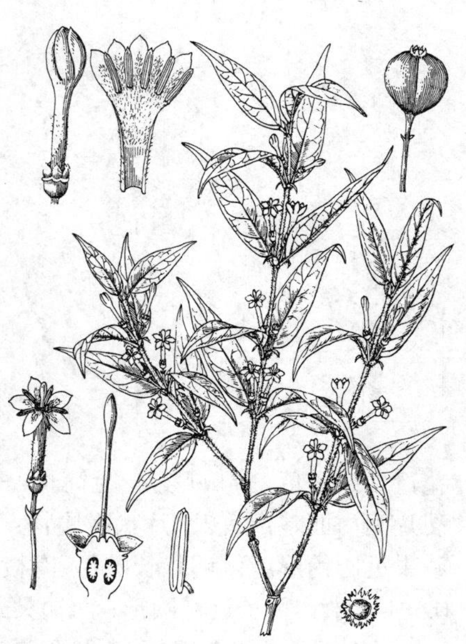

图 814 流苏子（黄少容绘）

产安徽南部、浙江、福建、台湾、江西、湖北、湖南、广东、香港、广西、云南、四川东南部、贵州东北部及东南部，生于海拔100-1450米山地林内或灌丛中。日本有分布。根辛辣，治皮炎。

23. 滇丁香属 Luculia Sweet

灌木或乔木。叶对生，具柄，托叶生于叶柄间，锐尖，脱落。花美丽，芳香，顶生伞房状聚伞花序；小苞片脱落。萼筒陀螺形，萼裂片5，近叶状，比萼筒长，脱落；花冠高脚碟状，冠筒长，喉部稍膨大，裂片5，开展，覆瓦状排列，裂片间内面基部有或无2个片状附属物；雄蕊5，着生冠筒，花丝极短，花药背着，线形；花盘环状；子房下位，2室，每室胚珠多数，花柱纤细，柱头2裂，线形。蒴果近圆筒形或倒卵状长圆形，2室，室间2瓣裂。种子多数，微小，向上覆叠，种皮微皱，有翅，具齿，胚乳肉质；胚稍棒状，子叶钝。

约5种，分布于亚洲南部及东南部。我国3种。

1. 花冠裂片间内面基部有2个片状附属物 ……………………………………………………… 1. **滇丁香 L. pinciana**
1. 花冠裂片间内面基部无2个片状附属物 ……………………………………………………… 2. **馥郁滇丁香 L. gratissima**

1. 滇丁香　　图 815

Luculia pinciana Hook. Curtis's Bot. Mag. 71: t. 4132. 1845.

Luculia intermedia Hutchins.; 中国高等植物图鉴 4: 202. 1975.

灌木或乔木，高达10米。叶纸质，长圆形、长圆状披针形或宽椭圆形，长5-22厘米，宽2-8厘米，先端短渐尖或尾尖，基部楔形，上面无毛，下面无毛或被柔毛，或沿脉被柔毛，脉腋常有簇毛，侧脉9-14对；叶柄长1-3.5厘米，无毛或被柔毛，托叶三角形，长约1厘米，先端长尖，无毛，脱落。花序梗无毛；苞片叶状，线状披针形，长1.5厘米，无毛，脱落。花梗长约5毫米；无毛；萼筒无毛或有秕糠状疏毛或疏柔毛，萼裂片近叶状，披针形，长0.8-1.8厘米，常有缘毛，有时有疏柔毛；花冠红或白色，高脚碟状，冠筒长2-6厘米，裂片近圆形，长1.5-2.2厘米，裂片间内面基部有2个片状附属物；雄蕊着生冠筒喉部，花丝长约2毫米。蒴果近圆筒形或倒卵状长圆形，有棱，无毛或有疏柔毛，长1.5-2.5厘米，径0.5-1厘米；种子近椭圆形，两端具翅，连翅长约4毫米。花果期3-11月。

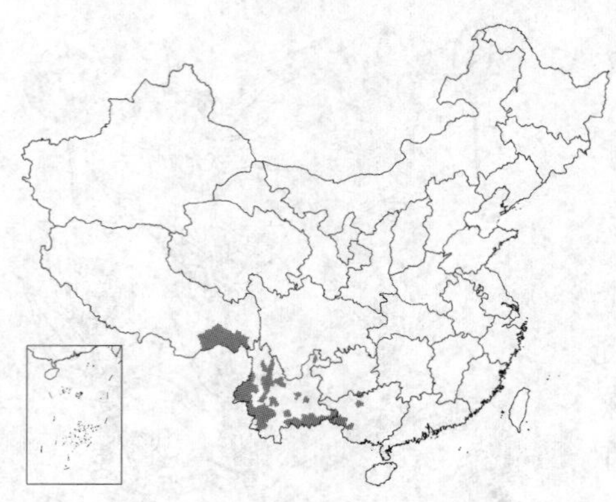

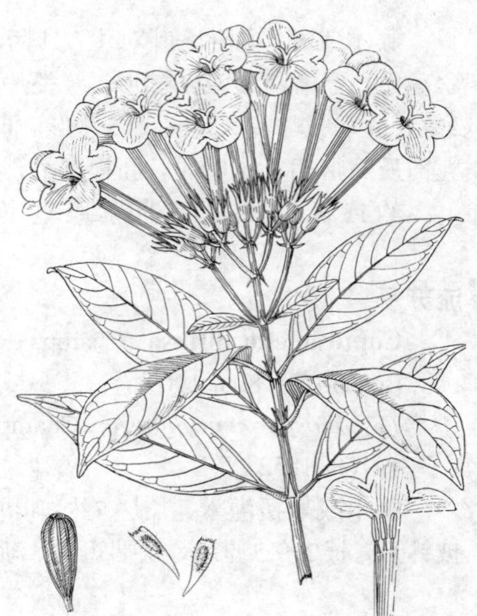

图 815 滇丁香 （余汉平绘）

产广西、贵州南部、云南及西藏东南部，生于海拔600-3000米山坡、山谷溪边林内或灌丛中。越南、缅甸、尼泊尔、印度有分布。根、花、果入药，治百日咳、慢性支气管炎、肺结核感染，外用可治毒蛇咬伤。花美丽，芳香，供观赏。

2. 馥郁滇丁香　　图 816

Luculia gratissima (Wall.) Sweet, Brit. Fl. Gard. 2: t. 145. 1826.

Cinchona gratissima Wall. in Roxb. Fl. Ind. ed. Carey, 2: 154. 1824.

灌木或小乔木。幼枝有疏柔毛。叶卵状长圆形、椭圆形或椭圆状披针形，长5-15厘米，先端渐尖，基部楔形，上面无毛，下面沿中脉和侧脉被柔毛，脉腋有时有簇毛，侧脉8-12对；叶柄长0.8-2厘米，托叶披针形，早落。花序梗被疏柔毛；苞片多数，线形，早落。萼筒被疏柔毛，萼裂片披针形，长1-1.6厘米；花冠红色，高脚碟状，长约5厘米，裂片

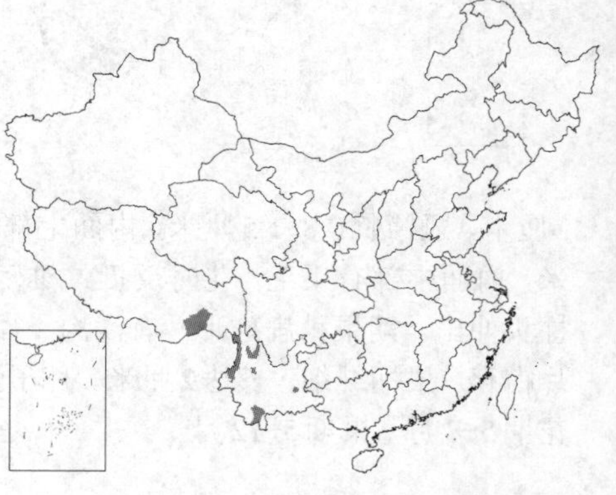

圆形，开展。蒴果倒卵状长圆形，被疏柔毛或脱落，长约2厘米。花果期4-11月。

产云南及西藏东南部，生于海拔800-2400米山地林内或灌丛中。越南、泰国、缅甸、不丹、锡金、尼泊尔及印度有分布。花美丽、芳香，供观赏。

图 816 馥郁滇丁香 （余汉平绘）

24. 香果树属 Emmenopterys Oliv.

落叶乔木。叶对生；具柄，托叶早落。圆锥状聚伞花序顶生。萼筒近陀螺形，萼裂片5，脱落，有些花有一萼裂片叶状，白色，有柄，宿存；花冠漏斗形，冠筒窄圆柱形，裂片5，覆瓦状排列；雄蕊5，着生冠筒喉部以下，内藏，花丝线形，花药长圆形，背着，2室，纵裂；花盘环状；子房2室，每室胚珠多数，花柱柔弱，内藏，柱头头状或不明显2裂。蒴果室间2瓣裂。种子多数，种皮海绵质，有翅，具网纹；胚乳丰富，胚小，子叶圆筒状。

约2种，分布于中国、泰国和缅甸。我国1种。

香果树 图 817 彩片 188

Emmenopterys henryi Oliv. in Hook. Icon. Pl. 19: t. 1823. 1889.

落叶大乔木，高达30米，胸径1米。叶宽椭圆形、宽卵形或卵状椭圆形，长6-30厘米，先端短尖或骤渐尖，基部楔形，上面无毛或疏被糙伏毛，下面被柔毛或沿脉被柔毛，或无毛，脉腋常有簇毛，侧脉5-9对；叶柄长2-8厘米，托叶三角状卵形，早落。花芳香，花梗长约4毫米；萼筒长约4毫米，萼裂片近圆形，叶状萼裂片白、淡红或淡黄色，纸质或革质，匙状卵形或宽椭圆形，长1.5-8厘米，有纵脉数条，柄长1-3厘米；花冠漏斗形，白或黄色，长2-3厘米，被黄白色绒毛，裂片近圆形，长约7毫米；花丝被绒毛。蒴果长圆状卵形或近纺锤形，长3-5厘米，径1-1.5厘米，无毛或有柔毛，有纵棱。种子小而有宽翅。花期6-8月，果期8-11月。

产甘肃、陕西南部、河南、安徽、江苏、浙江、福建、江西、湖北、湖南、广西、云南、贵州及四川，生于海拔430-1630米山谷林中。花美丽，可供观赏。树皮纤维柔韧，供制蜡纸及人造棉；木材纹理直，结构细，供制家具和建筑用。耐涝，可作固堤树种。

图 817 香果树 （黄少容绘）

25. 帽蕊木属 **Mitragyna** Korth.

乔木。顶芽椭圆形或卵圆形。叶对生；托叶全缘，有龙骨，内面基部有粘液毛，有时近叶状。头状花序顶生，花序轴2歧或复2歧式分枝，有时3个簇生，组成聚伞状圆锥花序。花5数，花无梗；小苞片匙状；萼筒短或长，萼裂片三角形或线状匙形；花冠漏斗状或窄高脚碟状，裂片镊合状排列；雄蕊着生近冠筒喉部，花丝短；花柱伸出，柱头长棒形或近球形，子房2室，每子室胚珠多数。蒴果外果皮薄，室背纵裂，内果皮厚，角质，室间开裂。种子小，多数，中央有网纹，两端有短翅，下部翅2浅裂或微凹。

约10种，分布于亚洲和非洲。我国1种。

帽蕊木 图 818

Mitragyna rotundifolia (Roxb.) Kuntze, Rev. Gen. Pl. 1: 289. 1891.

Nauclea rotundifolia Roxb. Fl. Ind. ed. Carey, 2: 124. 1824.

Mitragyna brunonis (Wall. ex G. Gon) Craib; 中国高等植物图鉴 4: 187. 1975.

乔木，高达30米。幼枝无毛或有柔毛。叶圆形、宽椭圆形或扁圆形，长14-25厘米，先端圆或短尖，基部圆或心形，上面无毛，下面被柔毛；侧脉6-10对，脉腋有毛窝；叶柄长2-6厘米，无毛或有疏柔毛，托叶椭圆状长圆形或卵形，长2.5-5厘米，宽1.7-3，有柔毛，内面无毛，基部有粘液毛，头状花序常3个一簇，中间的具短梗，侧生花序梗长达3.6厘米。萼筒长2-3毫米，无毛，裂片三角形或线状匙形，无毛；花冠黄白色，长约6.5毫米，外面无毛，内面密被柔毛，裂片窄倒披针形，长4-5毫米，内面有毛；花药伸出。果序径1-1.6厘米，蒴果长3-5毫米。花期春夏。

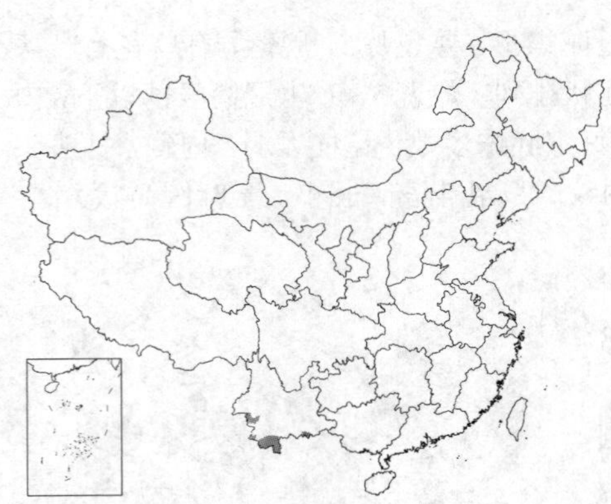

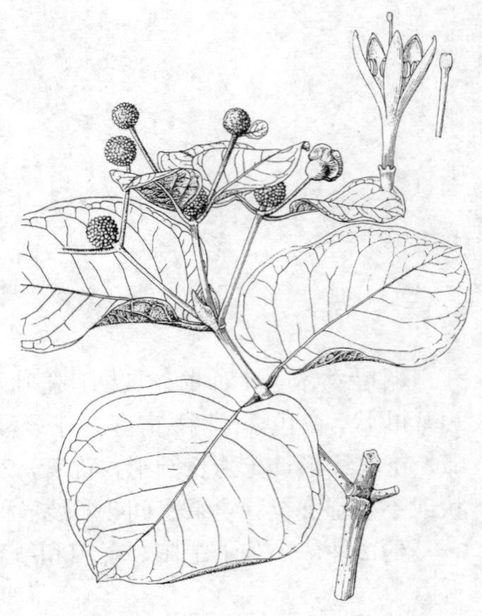

图 818 帽蕊木 （邓盈丰绘）

产云南南部及西南部，生于海拔约1000米山谷密林中。老挝、泰国、缅甸、孟加拉及印度有分布。

26. 钩藤属 **Uncaria** Schreber

木质藤本。侧枝常成钩刺。叶对生，侧脉腋常有窝陷；托叶全缘或有缺刻，2裂，有时略具龙骨，腹面基部或叶面具粘液毛。头状花序顶生于侧枝，常单生，稀为复聚伞圆锥花序状。花5数；小苞片线形或线状匙形；萼筒短；花冠高脚碟状或近漏斗状，裂片镊合状排列；雄蕊着生冠筒近喉部，伸出，花丝短，无毛；花柱伸出，柱头球形或长棒形，顶部有疣，子房2室，每子室胚珠多数。蒴果外果皮厚，纵裂，内果皮骨质，室背开裂。种子小，多数，两端有长翅，下端翅2深裂。

约34种，分布于亚洲热带和亚热带地区、澳大利亚、非洲大陆及马达加斯加、热带美洲。我国11种、1变型。

本属植物的带钩藤茎均作钩藤入药，以钩藤及华钩藤产量大，质量佳。钩藤味甘、苦，性微寒，有清热、平肝、止痛、降血压等药效。

1. 花有梗；蒴果有柄。
  2. 托叶2深裂，叶近革质，卵形或宽椭圆形，长10-16厘米，宽6-12厘米 …………… 1. **大叶钩藤 U. macrophylla**
  2. 托叶2浅裂，叶近薄纸质，长圆状披针形，长6-9厘米，宽3-4厘米 …………… 2. **恒春钩藤 U. lanosa f. setiloba**
1. 花无梗；蒴果无柄或近无柄。
  3. 叶两面无毛，或脉上及脉腋有疏柔毛、粘液毛。
    4. 托叶全缘或微缺，宽三角形或半圆形 …………… 3. **华钩藤 U. sinensis**
    4. 托叶2深裂，窄三角形、三角形、卵形。
      5. 叶近革质；花序梗长8-15厘米。
        6. 叶下面稍粉白色；花序梗长达15厘米；花冠裂片外面有绢毛 …………… 4. **白钩藤 U. sessilifructus**
        6. 叶下面非粉白色；花序梗长8厘米；花冠裂片外面无毛 …………… 4(附). **平滑钩藤 U. laevigata**
      5. 叶纸质或薄纸质；花序梗长4-7厘米。
        7. 叶柄长3-7毫米；头状花序（不计花冠）径1.1-1.5厘米；花萼裂片长匙形或长圆形，长1.5-3毫米，花冠长1.1-1.5厘米。
          8. 叶侧脉5对，叶柄长5-7毫米；头状花序（不计花冠）径1.1厘米；花萼裂片长1.5毫米，密被金黄色绢毛；果序径1.6-2厘米 …………… 5. **侯钩藤 U. rhynchophylloides**
          8. 叶侧脉5-8对，叶柄长3-5毫米；头状花序（不计花冠）径约1.5厘米；花萼裂片长2-3毫米，近无毛；果序径2-3.5厘米 …………… 5(附). **倒挂金钩 U. lancifolia**
        7. 叶柄长0.5-1.5厘米；头状花序（不计花冠）径5-8毫米；花萼裂片三角形，长0.5毫米，花冠长约7毫米 …………… 6. **钩藤 U. rhynchophylla**
  3. 叶密被柔毛或硬毛。
    9. 叶侧脉7-10对；头状花序（不计花冠）径2-2.5厘米；花序梗长2.5-7厘米；萼筒长2-3毫米，萼裂片与萼筒近等长。
      10. 叶革质；幼枝被硬毛；托叶外面被疏长毛；果序径4.5-5厘米 …………… 7. **毛钩藤 U. hirsuta**
      10. 叶纸质；幼枝密被锈色柔毛；托叶外面有糙伏毛；果序径2-2.5厘米 …………… 8. **攀茎钩藤 U. scandens**
    9. 叶侧脉8对；头状花序（不计花冠）径1厘米；花序梗长2.5-3厘米；萼筒长1.2毫米，裂片长0.75毫米 …………… 9. **北越钩藤 U. homomalla**

1. 大叶钩藤 图 819

Uncaria macrophylla Wall. in Roxb. Fl. Ind. ed. Carey, 2: 132. 1824.

大藤本。幼枝疏被硬毛。叶对生，近革质，卵形或宽椭圆形，先端短尖或渐尖，基部圆或近心形，长10-16厘米，上面脉上有黄褐色毛，下面被黄褐色硬毛，侧脉6-9对；叶柄长0.3-1厘米，无毛或疏被柔毛，托叶卵形，2深裂，外面被柔毛，内面无毛或疏被柔毛。头状花序单生叶腋，花序梗具一节，节上苞片长6毫米，或成聚伞状排列，花序梗腋生，长3-7厘米；头状花序（不计花冠）径1.5-2厘米。花梗长2-5毫米；萼筒漏斗状，长2-3毫米，被淡黄褐色绢状柔毛，萼裂片线状长圆形，长3-4毫米，被柔毛；花冠筒长0.9-1厘米，外面被柔毛，裂片长圆形，长2毫米，被柔毛。果序径8-10厘米；

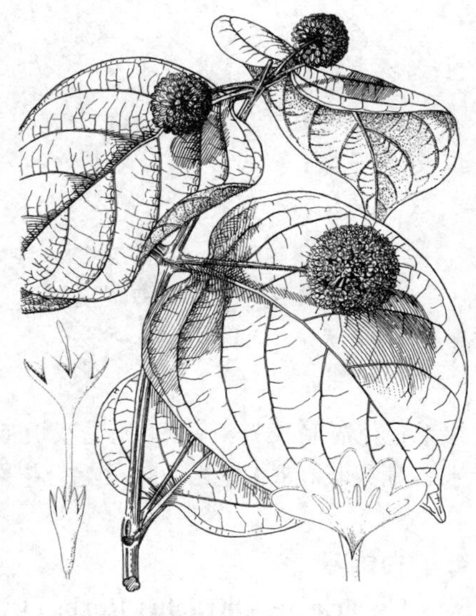

图 819 大叶钩藤 （陈荣道绘）

蒴果长约2厘米，有柔毛，萼裂片宿存；果柄长1.2-1.8厘米。种子长6-8毫米。花期夏季。

产广东、海南、广西、云南东南部及南部，生于低海拔至中海拔山地林中。越南、老挝、泰国、缅甸、孟加拉、不丹、锡金及印度有分布。

图 820 恒春钩藤 （余汉平绘）

2. 恒春钩藤 线萼钩藤 图 820

Uncaria lanosa Wall. f. **setiloba** (Benth.) Ridsd. in Blumea 24(1): 89. f. 9(6). 1978.

Uncaria setiloba Benth. in London Journ. Bot. 2: 223. 1843; 中国高等植物图鉴 4: 191. 1975.

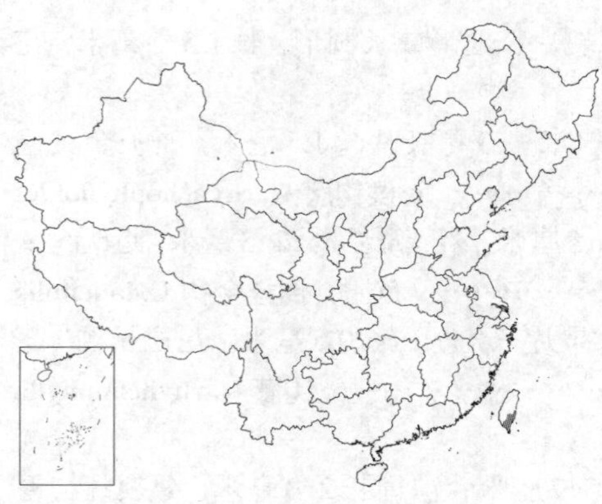

藤本。幼枝被硬毛。叶近薄纸质，长圆状披针形，长6-9厘米，宽3-4厘米，下面侧脉疏被锈色硬毛；托叶2浅裂。头状花序连花冠径约4厘米。萼裂片窄三角形，先端短针尖状。蒴果线状纺锤形。花期春夏。

产台湾南部，生于低海拔山地林下。马来西亚及菲律宾有分布。

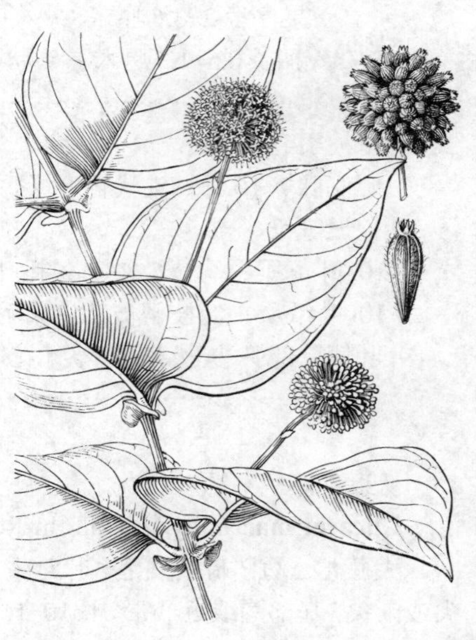
图 821 华钩藤 （邓盈丰绘）

3. 华钩藤 图 821

Uncaria sinensis (Oliv.) Havil. in Journ. Linn. Soc. Bot. 33: 89. 1897.

Nauclea sinensis Oliv. in Hook. Icon. Pl. t. 1956. 1891.

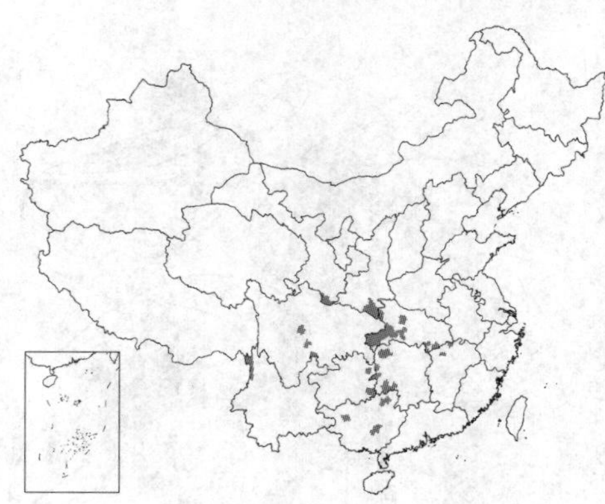

藤本。幼枝无毛。叶薄纸质，椭圆形，长9-14厘米，先端渐尖，基部圆或钝，两面无毛，侧脉6-8对，脉腋有粘液毛；叶柄长0.6-1厘米，无毛，托叶宽三角形或半圆形，全缘，有时先端微缺，外面无毛，内面基部有腺毛。头状花序单生叶腋，花序梗长3-6厘米；花序（不计花冠）径1-1.5厘米；小苞片线形或近匙形。花近无梗；萼筒长2毫米，有柔毛，萼裂片线状长圆形，长约1.5毫米，有柔毛；花冠筒长7-8毫米，无毛或疏被微柔毛，裂片有柔毛。果序径2-3厘米；蒴果长0.8-1厘米，有柔毛。花果期6-10月。

产江西西北部、湖北、湖南、广西、贵州东部、云南西北部、四川、甘肃南部及陕西南部，生于中海拔山地林中。

4. 白钩藤 图 822

Uncaria sessilifructus Roxb. Fl. Ind. ed. Carey, 2: 128. 1824.

大藤本。幼枝微被柔毛。叶近革质，卵形、椭圆形或椭圆状长圆形，长8-12厘米，先端短尖或渐尖，基部圆或楔形，两面无毛，下面干后稍粉白

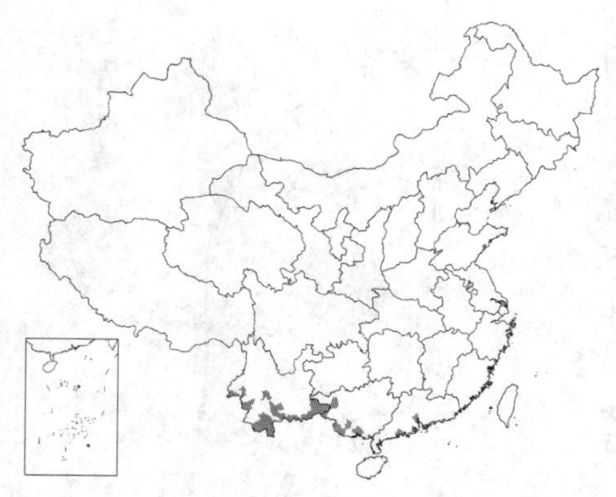

色，侧脉4-7对，脉腋有粘液毛；叶柄长0.5-1厘米，无毛，托叶窄三角形，2深裂，外面无毛或疏被柔毛，内面基部有粘液毛。头状花序（不计花冠）径0.5-1厘米，单生叶腋，花序梗长达15厘米；小苞片线形或近匙形。花无梗；萼筒长1-2毫米，萼裂片长圆形，长1毫米，与萼筒均被柔毛；花冠黄白色，高脚碟状，冠筒长0.6-1厘米，裂片长圆形，长2毫米，绢毛。果序径2.5-3.5厘米；蒴果纺锤形，长1-1.4厘米，微被柔毛，萼裂片宿存。花果期3-12月。

产广东、广西西部及西南部、云南东南部及西南部，生于低海拔至中海拔山谷林内或灌丛中。越南、老挝、缅甸、孟加拉、不丹、锡金、尼泊尔及印度有分布。

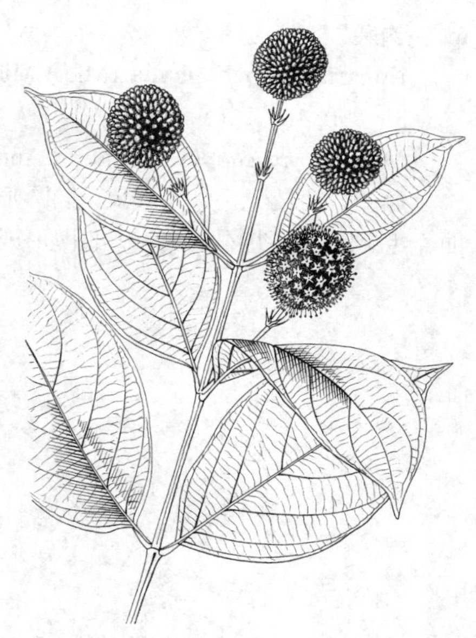

图 822 白钩藤 （余汉平绘）

[附] **平滑钩藤** 彩片 189 **Uncaria laevigata** Wall. ex G. Don, Gen. Hist. Dichlam. Pl. 3: 470. 1834. 本种与白钩藤的区别：叶下面非粉白色；花序梗长8厘米；花冠裂片无毛。花果期5-11月。产广西及云南，生于低海拔至中海拔山谷林内或灌丛中。越南、老挝、泰国、缅甸、孟加拉、印度有分布。

5. 侯钩藤 图 823：1-3

Uncaria rhynchophylloides How in Sunyatsenia 6: 257. 1946.

藤本，长达13米。幼枝无毛，钩刺长约1厘米，无毛。叶薄纸质，卵形或椭圆状卵形，长6-9厘米，先端渐尖，基部钝圆或楔形，两面无毛，侧脉5对，脉腋有粘液毛；叶柄长5-7毫米，无毛，托叶2深裂，裂片三角形，长3-4毫米，脱落。头状花序（不计花冠）径1.1厘米，单生叶腋，花序梗长5-7厘米；小苞片线形或线状匙形。花近无梗；萼筒倒圆锥状筒形，长3-4毫米，密被棕黄色紧贴长硬毛，萼裂片长圆形，密被金黄色绢毛，长1.5毫米；花冠筒长1.2厘米，裂片倒卵形或长圆状倒卵形，长2-2.5毫米。果序径1.6-2厘米；蒴果无柄，倒卵状椭圆形，长0.8-1厘米，被长柔毛，萼裂片宿存。花果期5-12月。

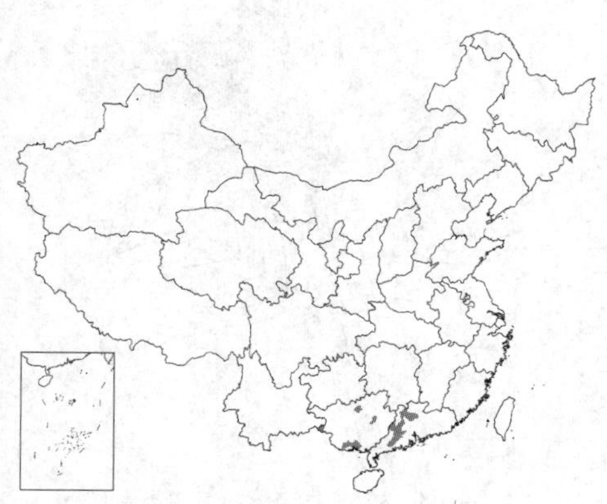

产广东及广西，生于低海拔山地林中或林缘。

图 823：1-3.侯钩藤 4-6.毛钩藤 （余汉平绘）

[附] **倒挂金钩 Uncaria lancifolia** Hutchins. in Sarg. Pl. Wilson. 3: 407. 1916. 本种与侯钩藤的区别：叶侧脉5-8对，叶柄长3-5毫米；头状花序（不计花冠）径约1.5厘米；花萼裂片长2-3毫米，近无毛；果序径2-3.5厘米。花果期6-12月。产广西及云南，生于中海拔山地林中。越南有分布。

6. 钩藤 图 824

Uncaria rhynchophylla (Miq.) Miq. ex Havil. in Journ. Linn. Soc. Bot. 33: 890. 1897.

Nauclea rhynchophylla Miq. in Ann. Mus. Bot. Lugd.-Bat. 3: 108. 1867.

藤本。幼枝无毛。叶纸质，椭圆形或椭圆状长圆形，长5-12厘米，两面无毛，先端短尖或骤尖，基部楔形或平截，侧脉4-8对，脉腋有粘液毛；叶柄长0.5-1.5厘米，无毛，托叶窄三角形，2深裂，外面无毛，内面无毛或基部具粘液毛。头状花序（不计花冠）径5-8毫米，单生叶腋，花序梗长5厘米，小苞片线形或线状匙形。花近无梗；萼筒疏被毛，萼裂片三角形，长0.5毫米，疏被柔毛；花冠长约7毫米，冠筒无毛，或有疏柔毛，裂片卵圆形，无毛或略被粉状柔毛。果序径1-1.2厘米；蒴果长5-6厘米，被柔毛，萼裂片宿存。花果期5-12月。

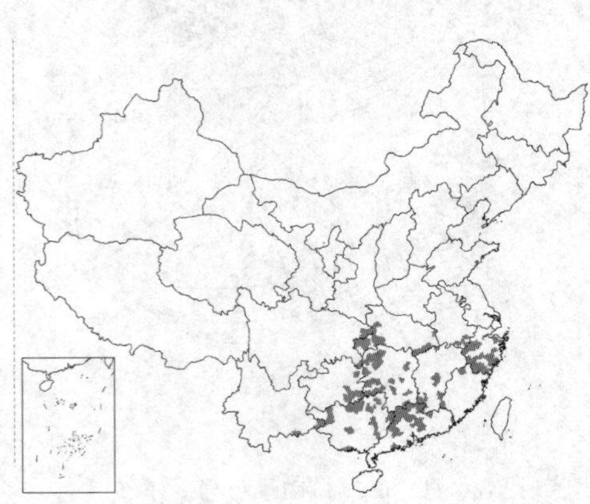

产安徽南部、浙江、福建、江西、湖北、湖南、广东、广西、云南东南部、贵州及四川东部，生于低海拔至中海拔溪边林内或灌丛中。日本有分布。

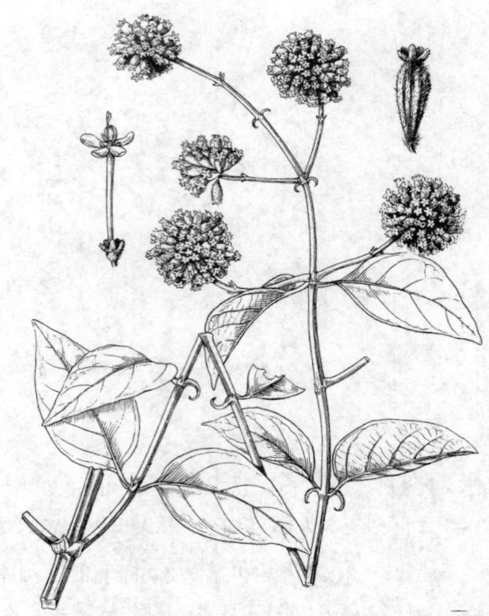

图 824 钩藤（邓盈丰绘）

7. 毛钩藤 图 823:4-6 图 825 彩片 190

Uncaria hirsuta Havil. in Journ. Linn. Soc. Bot. 33: 88. 1897.

藤本。幼枝被硬毛。叶革质，卵形或椭圆形，长8-12厘米，先端渐尖，基部钝，上面被疏硬毛，下面被糙伏毛，侧脉7-10对，脉腋有粘液毛；叶柄长0.3-1厘米，被毛，托叶宽卵形，2深裂，外面被疏长毛，内面无毛，基部有粘液毛。头状花序（不计花冠）径2-2.5厘米，单生叶腋，花序梗长2.5-5厘米；小苞片线形或匙形。花近无梗，萼筒长2毫米，密被柔毛，萼裂片线状长圆形，与萼筒近等长，密被毛；花冠淡黄或淡红色，冠筒长0.7-1厘米，有柔毛，裂片长圆形，有密毛。果序径4.5-5厘米；蒴果纺锤形，长1-1.3厘米，有柔毛。花果期全年。

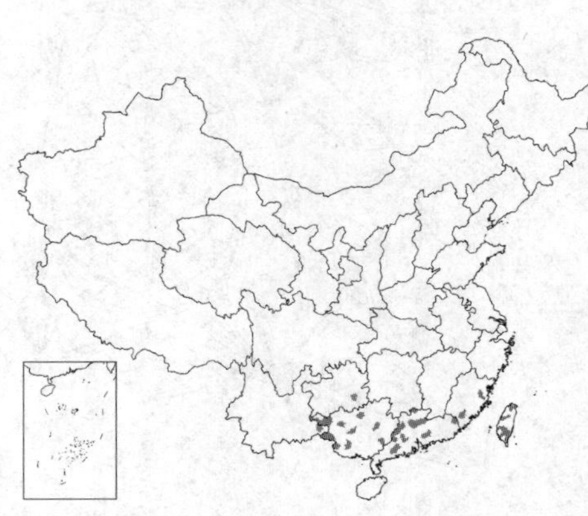

产福建、台湾、广东、广西、贵州东南部及云南东南部，生于低海拔至中海拔林内或灌丛中。

图 825 毛钩藤（邓盈丰绘）

8. 攀茎钩藤 图 826 彩片 191

Uncaria scandens (Smith) Hutchins. in Sarg. Pl. Wilson. 3: 406. 1916.

Nauclea scandens Smith in Rees Cycl. 24: 9. 1813; 中国高等植物图鉴 4: 190. 1975.

大藤本。幼枝密被锈色柔毛。叶纸质，卵形、卵状长圆形、椭圆形或

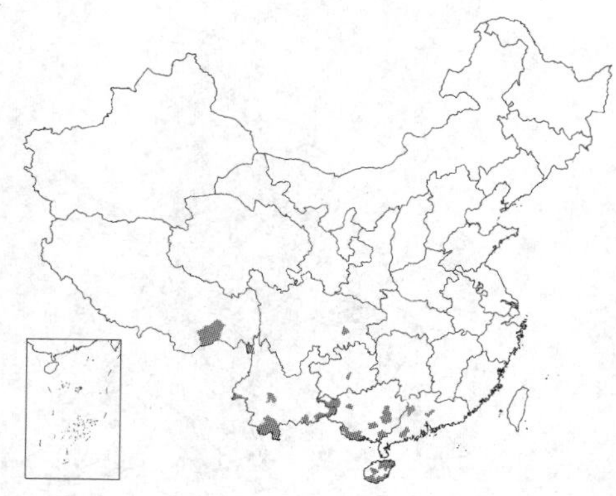

椭圆状长圆形，长10-15厘米，先端短尖或渐尖，基部钝圆、近心形或楔形，两面有疏糙伏毛，侧脉7-10对，脉腋有粘液毛；叶柄长3-6毫米，有硬毛，托叶宽卵形，2深裂，长5-6毫米，外面有糙伏毛，基部有粘液毛。头状花序（不计花冠）径2.5厘米，单生叶腋，长3-7厘米；小苞片线形或线状匙形，疏被毛。花近无梗；萼筒长2-3毫米，密被灰白色硬毛或柔毛，萼裂片线形或线状匙形，密被柔毛，与萼筒近等长；花冠淡黄色，冠筒长0.8-1厘米，被柔毛，裂片长倒卵形，长约2毫米，被柔毛。果序径2-2.5厘米；蒴果无柄，长约1.1厘米，倒披针状长圆锥形，疏被长柔毛。花期夏季。

产广东、海南、广西、云南、贵州中南部、四川东南部及西藏东南部，生于低海拔至中海拔林中。越南、老挝、泰国、缅甸、不丹、锡金、尼泊尔及印度有分布。

图 826 攀茎钩藤 （黄少容绘）

9. 北越钩藤 图 827

Uncaria homomalla Miq. Fl. Ind. Bat. 343. 1857.

藤本，长达25米。幼枝微被锈色柔毛。叶纸质，椭圆形、椭圆状披针形或卵状披针形，长8.5-10厘米，先端长渐尖或尾状，基部圆；两面被硬毛，侧脉8对；叶柄长3-6毫米，托叶窄三角形，长4-5毫米，2深裂，裂片披针形。头状花序（不计花冠）径1厘米，单生叶腋，花序梗长2.5-3厘米。萼筒楔形，长1.2毫米，萼裂片线形，长0.8毫米，被柔毛；花冠黄色，冠筒长5-7.5毫米，花冠裂片长约1毫米。蒴果无柄，倒卵形，长4毫米，径2毫米。花期5月。

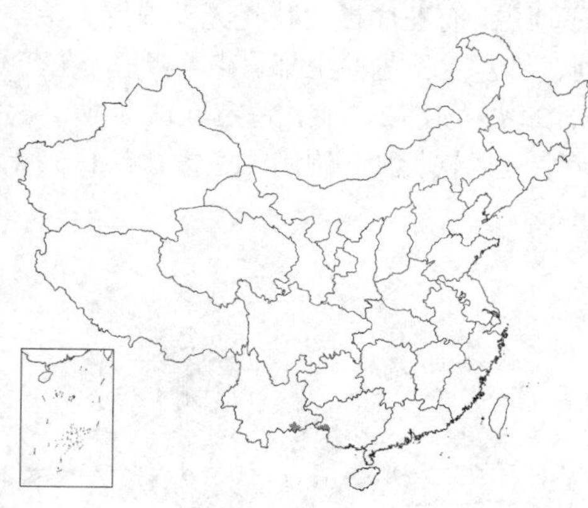

产广西西南部及云南东南部，生于低海拔至中海拔山地林中。印度、孟加拉及东南亚有分布。

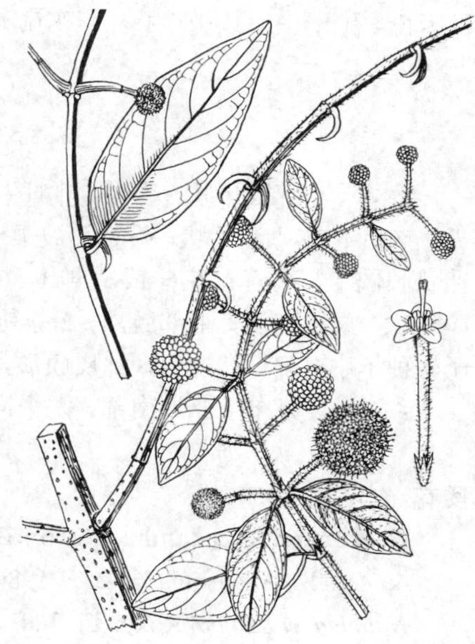

图 827 北越钩藤 （余汉平绘）

27. 乌檀属 Nauclea Linn.

乔木。顶芽两侧扁，稀近圆锥形。叶对生；托叶卵形、椭圆或倒卵形，扁平，有龙骨。头状花序顶生，或顶生兼有腋生，花序不分枝，具一节，节上有退化叶和托叶，不包被花序。花4-5数；萼筒连合，萼裂片宿存；花冠漏斗形，裂片长圆形，覆瓦状排列；雄蕊着生冠筒上部，花丝短，无毛，花药基着，内向，伸出；花柱伸出，柱头纺锤形，子房2室，每子室胚珠多数。果连合为不裂聚花果。种子卵球形或椭圆形，有时两侧略扁，无假种皮。

约10种，分布于东南亚、澳大利亚及非洲。我国1种。

乌檀 图 828 彩片 192

Nauclea officinalis (Pierre ex Pitard) Merr. et Chun in Sunyatsenia 5: 188. 1940.

Sarcocephalus officinalis Pierre ex Pitard in Lecomte, Fl. Gén. Indo-Chine 3: 26. 1922.

乔木，高达12米。叶纸质，椭圆形或倒卵形，长7-9厘米，先端渐尖，基部楔形，侧脉5-7对，纤细，具边脉，在叶两面微凸起；叶柄长1-1.5厘米，托叶倒卵形，长0.6-1厘米，早落。头状花序单个顶生，花序梗长1-3厘米，中部以下的苞片早落。聚合果成熟时黄褐色，径0.9-1.5厘米，表面粗糙。种子长1毫米，椭圆形，腹面平，背面凸，黑色有光泽，有小窝孔。花期夏季。

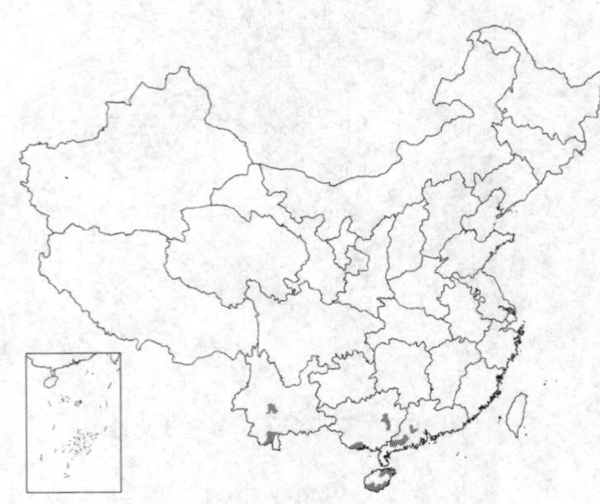

图 828 乌檀 （黄少容绘）

产广东西部、海南、广西及云南，生于中海拔山地林中。东南亚有分布。木材橙黄色，有苦味，良好建筑用材；茎药用能消肿止痛，治急性扁桃体炎、咽喉炎及乳腺炎。

28. 团花属 Neolamarckia Bosser

乔木。叶芽圆锥状，顶生。叶对生；托叶生于叶柄间，脱落。头状花序顶生，有花序梗；花托无毛或近无毛，无小苞片；花萼漏斗状，萼裂片被柔毛；花冠高脚碟状，裂片覆瓦状排列；雄蕊生于冠筒上部，花丝极短，花药卵状长圆形，基着；花柱长，伸出，柱头圆筒状或纺锤形，2裂，子房基部2裂，顶部2-4室，每室胚珠多数。果序球状，果稍肉质，下部膜质，2室具种子，上部由4个小坚果联合组成，小坚果软骨质，饱满或空虚，有1-5种子。种子小，扁，有棱角，种皮膜质，胚乳肉质；胚小，圆柱状，顶端2裂。

约2种，分布于亚洲南部、太平洋岛屿和澳大利亚。我国1种。

团花 图 829

Neolamerckia cadamba (Roxb.) Bosser in Bull. Mus. Nation. Hist. Nat. 4e ser. B. Adansonia 6: 247. 1984.

Nauclea cadamba Roxb. Fl. Ind. ed. Carey, 2: 121. 1824.

Anthocephalus chinensis auct. non (Lam.) A. Rich. ex Walp.: 中国高等植物图鉴 4: 184. 1975.

落叶大乔木，高达30米；树干通直，基部略有板状根，树皮薄，灰褐色，老时有裂缝。叶对生，薄革质，椭圆形或长圆状椭圆形，长15-25厘米，先端短尖，基部圆或平截，上面有光

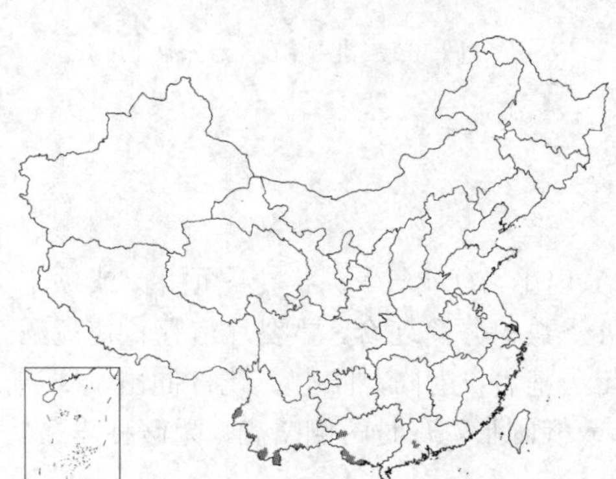

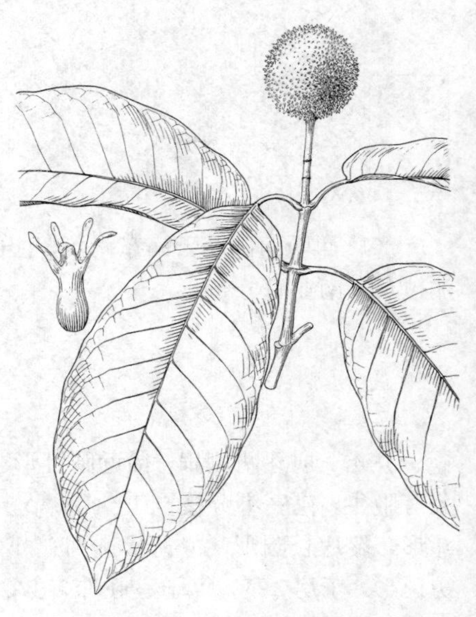

图 829 团花 （余 峰绘）

泽，下面无毛或被密柔毛；叶柄长2-3厘米，托叶披针形，长约1.2厘米，脱落。头状花序单个顶生，（不计花冠）径4-5厘米，花序梗粗，长2-4厘米。萼筒长1.5毫米，无毛，萼裂片长圆形，长3-4毫米，被毛；花冠黄白色，漏斗状，无毛，裂片披针形，长2.5毫米。果序径3-4厘米，成熟时黄绿色。花果期6-11月。

产广东中西部、广西西南部及西部、云南南部至西部，生于低海拔至中海拔山谷林中。印度、斯里兰卡、缅甸、越南及马来西亚有分布。著名速生树种；木材供建筑和制板。

29. 新乌檀属 Neonauclea Merr.

灌木或乔木。顶芽扁平。叶对生，托叶大。头状花序顶生，有苞片，单生或组成圆锥花序。花近无梗；小苞片圆锥形或无小苞片。萼裂片5，线形；花冠高脚碟状或长漏斗状，裂片覆瓦状排列；雄蕊5，着生冠筒喉部，花丝短，无毛，花药基着，内向，伸出；花柱伸出，柱头球形或倒卵球形，子房两室，每子室胚珠多数，悬垂。果序疏散；蒴果内果皮硬，室背室间4瓣裂，萼裂片脱落。种子椭圆形，两侧略扁，两端具短翅。

约50种，分布于亚洲热带地区和太平洋岛屿。我国4种。

1. 花冠裂片密被绢毛；头状花序（不计花冠）径2-2.5厘米；叶基部圆，有时下延或略耳状 ………………………………………… 1. **无柄新乌檀 N. sessilifolia**
1. 花冠裂片无毛，或具疏硬毛；头状花序（不计花冠）径0.8-4厘米；叶基部楔形或平截。
   2. 头状花序（不计花冠）径4厘米；叶基部短尖或平截 ………………… 2. **台湾新乌檀 N. truncata**
   2. 头状花序（不计花冠）径0.8-1.2厘米；叶基部渐窄或楔形 ………………… 3. **新乌檀 N. griffithii**

1. 无柄新乌檀 图 830

Neonauclea sessilifolia (Roxb.) Merr. in Journ. Wash. Acad. Sci. 5: 542. 1915.

Nauclea sessilifolia Roxb. Fl. Ind. ed. Carey, 2: 124. 1824.

乔木，高达30米。叶厚纸质或薄革质，椭圆形或椭圆状长圆形，长12-20厘米，先端钝，基部圆，有时下延或略耳状，两面无毛，侧脉6-9对；叶柄短或无柄，托叶宽椭圆形或倒卵形，无毛。花序梗1-3，长达8厘米；头状花序（不计花冠）径2-2.5厘米；小苞片长1-2毫米。萼筒无毛或被疏柔毛，萼裂片密被白色柔毛，长5-7毫米；花冠高脚碟状或窄漏斗状，冠筒基部稍被柔毛，裂片三角形或椭圆形，密被绢毛。果序径2.5-3.5厘米；蒴果稍被柔毛。花期10月。

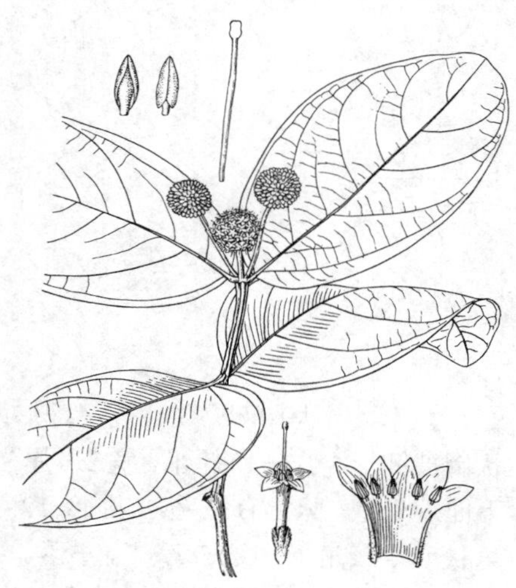

图 830 无柄新乌檀 （邓晶发绘）

产云南南部，生于海拔500-800米山地林内或灌丛中。印度及东南亚有分布。

2. 台湾新乌檀 图 831: 1-5

Neonauclea truncata (Hayata) Yamamoto in Journ. Soc. Trop. Agr. Taiwan 7: 149. 1935.

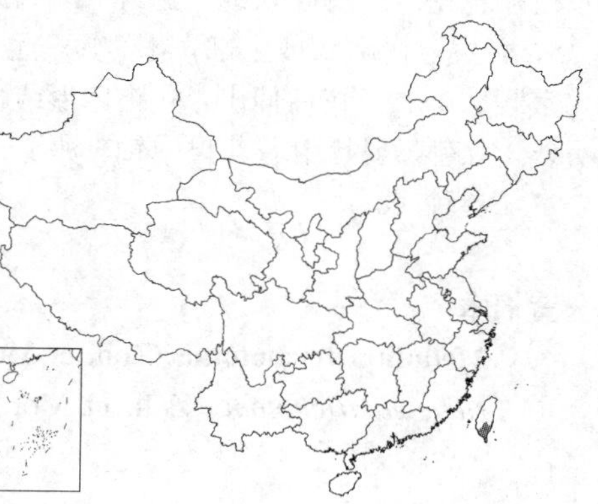

Nauclea truncata Hayata in Journ. Coll. Sci. Tokyo 30: 140. 1911.

常绿大乔木。小枝被柔毛。叶对生，近无柄，无毛，椭圆形或长圆形，长16-25厘米，先端稍钝，基部短尖或平截，全缘，侧脉明显；托叶长圆形，长1.4厘米，宽8毫米，早落。头状花序（不计花冠）径4厘米，顶生，无毛，近无柄，单生或2个，有小苞片。萼裂片5，不明显；花冠长约1厘米，裂片5，无毛。蒴果长8毫米。花期7月。

产台湾南部，生于珊瑚岩石上。菲律宾有分布。

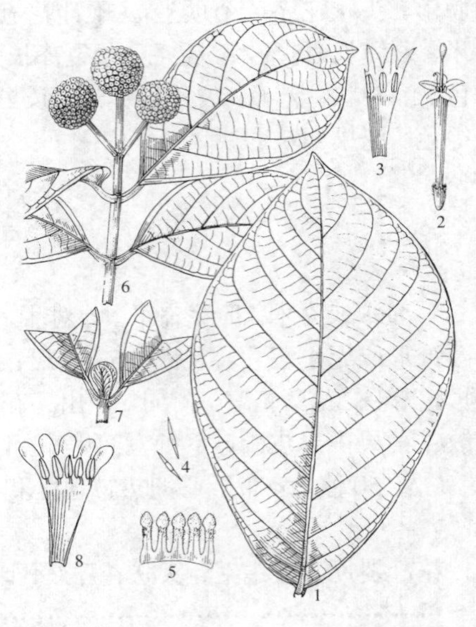

图 831：1-5. 台湾新乌檀 6-8. 新乌檀（余汉玉绘）

3. 新乌檀 图 831：6-8

Neonauclea griffithii (Hook. f.) Merr. in Journ. Wash. Acad. Sci. 5: 540. 1915.

Adina griffithii Hook. f. Fl. Brit. Ind. 3: 24. 1880.

常绿大乔木，高达20米。叶厚纸质或近革质，倒卵形或椭圆形，长10-18厘米，先端骤尖或短尖，基部渐窄或楔形，两面无毛，侧脉5-7对；叶柄长0.8-1.5厘米，无毛，托叶倒卵形或倒卵状长圆形，无毛。花序梗1-3条，头状花序（不计花冠）径0.8-1.2厘米；具小苞片。萼筒上部有苍白色柔毛，萼裂片密被苍白色毛，长3.5-4.5毫米；花冠窄漏斗形或高脚碟状，冠筒无毛，裂片长圆形，两面无毛。果序径2厘米；蒴果被柔毛。花果期9-12月。

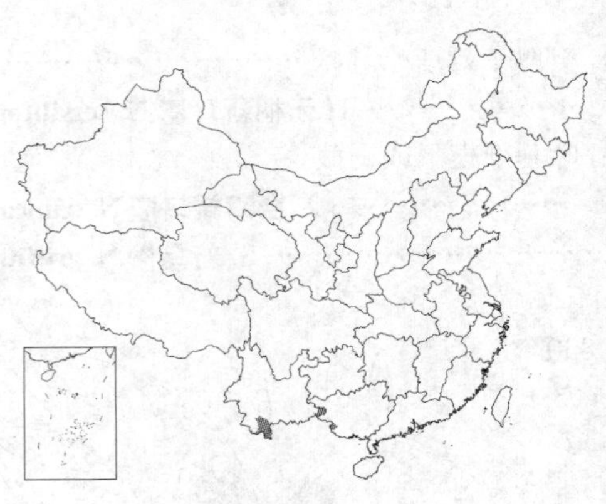

产广西西南部、云南东南部及南部，生于海拔800-1000米山谷林中。印度、不丹及缅甸有分布。

30. 黄棉木属 Metadina Bakh. f.

乔木，高达10米。顶芽金字塔形或圆锥形。叶对生，长披针形或椭圆状倒披针形，长6-15厘米，宽2-4厘米，先端尾尖，基部楔形，上面无毛，下面近无毛，脉上有绒毛，侧脉8-12对；叶柄长0.7-1厘米，托叶全缘，三角状或窄三角形，长5-8毫米，早落。多数头状花序组成伞房状复花序，顶生，花序梗长1.5-3厘米，被绒毛，中部以下有4枚早落苞片。花近无梗，小苞片线形或线状棒形；萼筒长0.5-0.7毫米，萼裂片椭圆形，长约1毫米，宿存；花冠高脚碟状或窄漏斗状，冠筒长3毫米，裂片镊合状排列；雄蕊5，着生冠筒喉部或上部，花丝短，无毛，花药基着，内向；子房2室，每室胚珠4-12，花柱伸出，柱头球形或棒状。蒴果内果皮硬，室背室间4瓣裂，宿存萼裂片附着蒴果中轴。种子三角形，略两侧扁，无翅。

单种属。

图 832 黄棉木（邓盈丰绘）

黄棉木 图 832

Metadina trichotoma (Zoll. et Mor.) Bakh. f. in Taxon 19: 472. 1970.

Nauclea trichotoma Zoll. et Mor. Syst. Verz. 61. 1846.

Adina polycephala Benth.; 中国高等植物图鉴 4 : 186. 1975.

形态特征同属。花果期4-12月。

产安徽南部、江西西南部、湖南、广东、广西、贵州东南部、云南东南部及南部，生于海拔300-1400米山谷溪边林中。印度及东南亚有分布。

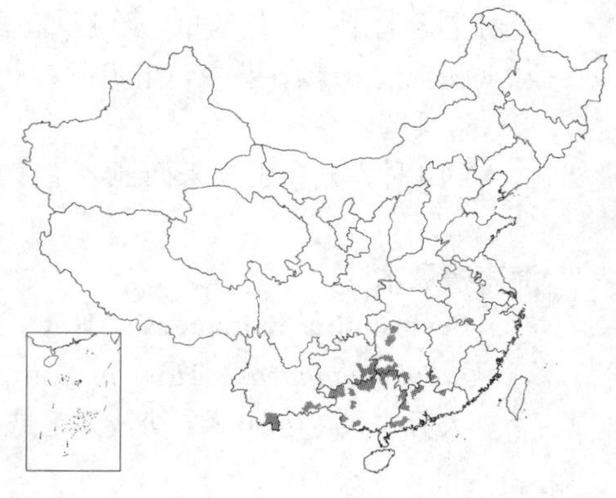

31. 鸡仔木属 **Sinoadina** Ridsd.

半常绿或落叶乔木，高达12米；树皮灰色，粗糙。小枝无毛。叶对生，薄革质，宽卵形、卵状长圆形或椭圆形，长9-15厘米，先端短尖或渐尖，基部微心形或宽楔形；上面无毛或有疏毛，下面无毛或有白色柔毛，侧脉6-12对，脉腋窝陷无毛或密毛；叶柄长3-6厘米，无毛或有柔毛，托叶2裂，裂片近圆形，早落。头状花序（不计花冠）径4-7毫米，7-11个组成聚伞状圆锥花序，节上托叶苞片状，不包被幼龄头状花序。花5数，具小苞片，近无梗；萼筒密被苍白色长柔毛，萼裂片密被长柔毛，宿存；花冠淡黄色，高脚碟状或窄漏斗状，长7毫米，密被苍白色微柔毛，裂片三角状，密被微柔毛，镊合状排列，雄蕊着生冠筒上部，花丝短，无毛，花药基着，内向，柱头倒卵圆形，果序径1.1-1.5厘米，蒴果疏散，倒卵状楔形，长5毫米，有疏毛，内果皮硬，室背室间4瓣裂，宿存萼裂片附着蒴果中轴。种子三角形或具3棱角，两侧略扁，无翅。

单种属。

鸡仔木 图 833

Sinoadina racemosa (Sieb. et Zucc.) Ridsd. in Blumea 24 (2) : 352. 1978.

Nauclea racemosa Sieb. et Zucc. in Abh. Akad. Wiss. Wien, Math.-Phys. 4: 178. 1846.

Adina racemosa (Sieb. et Zucc.) Miq.; 中国高等植物图鉴 4: 184. 1975.

形态特征同属。花果期5-12月。

产江苏西南部、安徽南部、浙江、福建、台湾、江西、湖北、湖南、广东、海南、广西、云南、贵州及四川，生于海拔330-1500米山谷沟边林中。日本、泰国及缅甸有分布。木材褐色，供制家具、家具、乐器等；树皮纤维可制麻袋、绳索及人造棉。

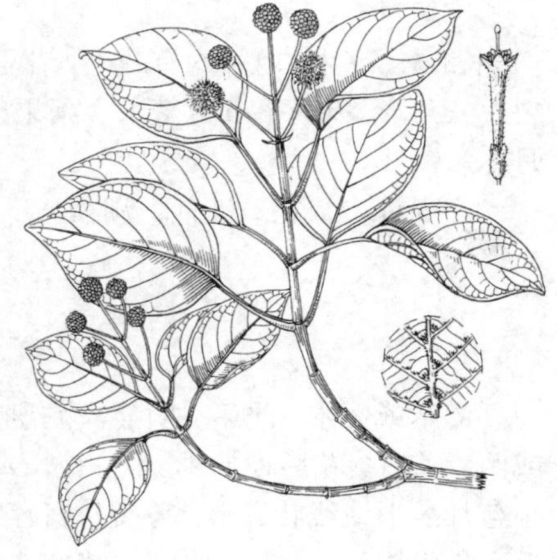

图 833 鸡仔木 （邓盈丰 余汉平绘）

32. 槽裂木属 **Pertusadina** Ridsd.

灌木或乔木；树干常有纵沟。顶芽圆锥形。叶对生；托叶窄三角形，全缘，有时先端2裂，脱落。头状腋生，稀顶生，花序梗单生或3条，不分枝或二歧聚伞状分枝，稀圆锥花序状，节上托叶小，苞片状。花5数，近无花梗；小苞片匙形或线状匙形；萼裂片三角状或椭圆状长圆形，宿存；花冠高脚碟状或窄漏斗形，裂片镊合状排列；雄蕊着生冠筒上部，花丝短，无毛，花药基着，内向，伸出；花柱伸出，柱头球形或倒卵球形，子房2室，每子室有悬垂胚珠约10颗。果序蒴果疏散；蒴果内果皮硬，室背室间4瓣裂；宿存萼裂片附着蒴果中轴。种子卵圆状三角形，略具翅。

约4种，分布于马来西亚、菲律宾、巴布亚新几内亚和中国。我国1种。

海南槽裂木 图 834

Pertusadina hainanensis (How) Ridsd. in Blumea 24 (2): 354. 1978.

Adina hainanensis How in Sunyatsenia 6: 240. f. 29. 1946.

大乔木，高达30米。幼枝无毛或近无毛。叶厚纸质，椭圆形或椭圆状长圆形，长4-10厘米，先端渐尖，基部楔形，两面无毛或被柔毛，侧脉7-10对；叶柄长0.3-1厘米，无毛或被柔毛，托叶线状长圆形或钻形，无毛。头状花序（不计花冠）径6-8毫米，花序梗单一或二歧状分枝。小苞片线形或线状匙形，顶端具缘毛；花芳香；萼筒长0.5-0.7毫米，无毛或有疏毛，基部常有长毛，萼裂片线状长圆形，长1.5-2毫米，内外均有疏毛；花冠黄色，高脚碟状，冠筒内外均无毛，裂片三角形。果序径4-6毫米；蒴果长1.5-2.5毫米，被疏柔毛。花期6-7月。

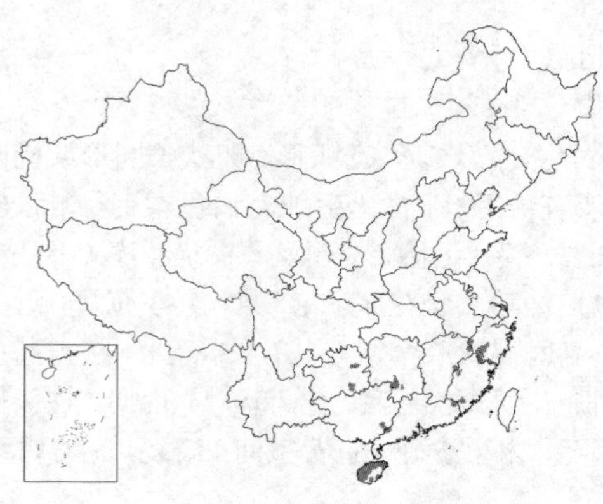

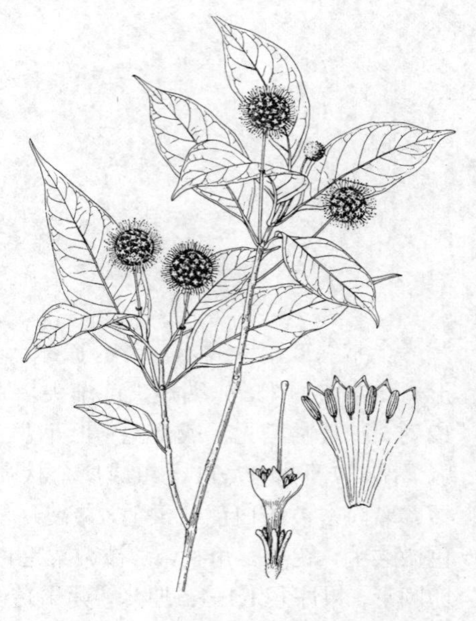

图 834 海南槽裂木 （邓盈丰绘）

产浙江、福建、江西、湖南、广东、海南、广西东南部及贵州，生于低海拔至中海拔山地林中。木材供造船、桥梁、木桩、枕木和车辆等用。

33. 水团花属 Adina Salisb.

灌木或乔木。顶芽不明显，有托叶疏散包被。叶对生；托叶窄三角形，2深裂，常宿存。头状花序顶生或腋生，或两者兼有，花序梗1-3，不分枝，或二歧聚伞状分枝，或圆锥状，节上的托叶小，苞片状。花5数，近无花梗；小苞片线形或线状匙形；萼裂片宿存；花冠高脚碟状或漏斗状，裂片镊合状排列；雄蕊着生冠筒上部，花丝短，无毛，花药基着，内向，伸出；花柱伸出，柱头球形，子房2室，每子室胚珠达40，悬垂。果序蒴果疏散；蒴果内果皮硬，室背室间4瓣裂，宿存萼裂片附着蒴果中轴。种子卵球状或三角形，扁平，略具翅。

约3种，分布于我国、日本和越南。我国2种。

1. 叶长4-12厘米，宽1.5-3厘米，侧脉6-12对，叶柄长2-6毫米；花序腋生，稀顶生 ········· 1. **水团花 A. pilulifera**
1. 叶长2.5-4厘米，宽0.8-1.2厘米，侧脉5-7对，叶近无柄；花序顶生或兼有腋生 ········· 2. **细叶水团花 A. rubella**

1. 水团花 图 835

Adina pilulifera (Lam.) Franch. ex Drake in Journ. de Bot. 9: 207. 1895.

Cephalanthus pilulifera Lam. in Encycl. 1: 678. 1785.

常绿灌木或小乔木。叶对生，厚纸质，椭圆形、椭圆状披针形、倒卵状长圆形或倒卵状披针形，长4-12厘米，先端短尖或渐尖，基部楔形，上面无毛，下面无毛或被疏柔毛，侧脉

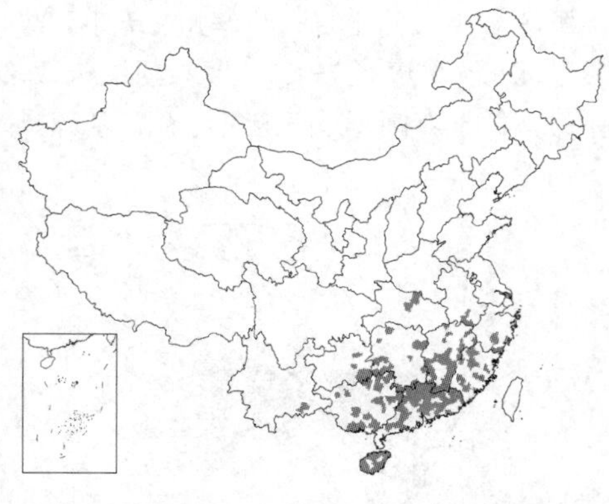

6-12对，脉腋有疏毛；叶柄长2-6毫米，无毛或被柔毛，托叶2裂，早落。头状花序腋生，稀顶生，(不计花冠)径4-6毫米；花序轴单生，不分枝；小苞片线形或线状棒形，无毛；花序梗长3-4.5厘米，中部以下有轮生小苞片5枚。萼筒被毛，萼裂片线状长圆形或匙形；花冠白色，窄漏斗状，冠筒被微柔毛，裂片卵状长圆形。果序径0.8-1厘米；蒴果楔形，长2-5毫米。种子长圆形，两端有窄翅。花期6-7月。

产安徽南部、浙江、福建、江西、湖北、湖南、广东、海南、广西、贵州东部及云南东南部，生于海拔200-350米山谷林中或溪边。日本、越南有分布。根系发达，为优良围堤树种。

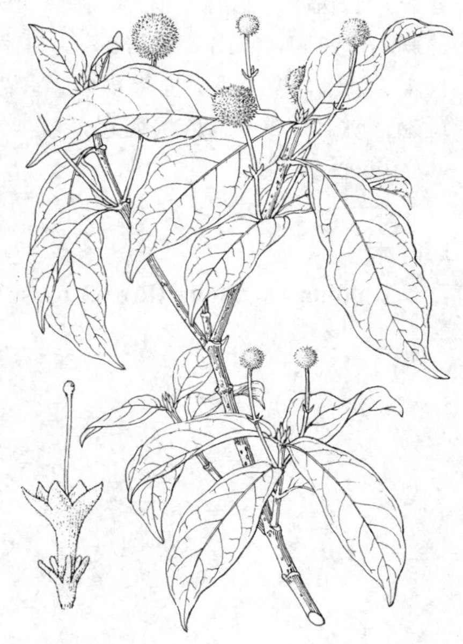

图 835 水团花 （引自《图鉴》）

2. 细叶水团花 图 836 彩片 193

Adina rubella Hance in Journ. Bot. 6: 114. 1868.

落叶灌木。叶对生，近无柄，薄革质，卵状披针形或卵状椭圆形，长2.5-4厘米，宽0.8-1.2厘米，先端渐尖或短尖，基部宽楔形或近圆，两面无毛或被柔毛；侧脉5-7对；托叶早落。头状花序（不计花冠）径4-5毫米，单生，顶生或兼有腋生；花序梗稍被柔毛；小苞片线形或线状棒形。萼筒疏被柔毛，萼裂片匙形或匙状棒形；冠筒长2-3毫米，裂片5，三角形，紫红色。果序径0.8-1.2厘米；蒴果长卵状楔形，长3毫米。花果期5-12月。

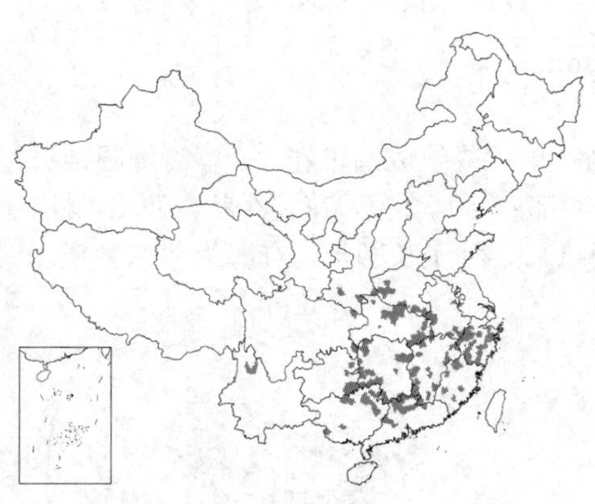

产河南、安徽、江苏西南部、浙江、福建、江西、湖北、湖南、广东、广西、云南西北部、贵州、四川东部及陕西南部，生于低海拔至中海拔溪边、沙滩湿润地方。朝鲜半岛有分布。茎皮纤维供制绳索、麻袋、人造棉和纸张；全株入药，枝干通经，花清热解毒、治菌痢和肺热咳嗽；根煎水服治小儿惊风症。

图 836 细叶水团花 （邓盈丰绘）

34. 心叶木属 Haldina Ridsd.

落叶乔木，高达30米；树皮淡红褐色，基部常板状。顶芽扁平。叶对生，薄革质，宽卵形，长宽约8-16厘米，先端短尖，基部心形，上面疏被长硬毛，下面苍白或淡黄绿色，密被柔毛，侧脉6-10对，脉腋窝陷有毛；叶柄长2-12厘米，密被柔毛，托叶长1-1.2厘米，宽0.5-1.2厘米，有龙骨，具柔毛。头状花序（不计花冠）径5-8毫米，淡黄色，腋生，每节2-4（-10）个；花序梗长达10厘米。花5数，近无梗；小苞片匙形或匙状棒形；萼筒有密毛，萼裂片长圆形，宿存；花冠高脚碟状，冠筒密被细毛，裂片镊合状排列；雄蕊着生冠筒上部，花丝短，无毛，花药基着，内向，伸出；子房2室，每室胚珠多数，花柱伸出，柱头卵圆形或近球形。果序径1-1.5厘米，蒴果疏散，长4-5毫米，被柔毛，内果皮硬，室背室间4瓣裂，宿存萼裂片附着蒴果中轴。种子卵圆形或三棱形，扁，基部具短翅，顶部有2个短爪状突起。

单种属。

心叶木 图 837

Haldina cordifolia (Roxb.) Ridsb. in Blumea 24(2): 361. 1978.

Nauclea cordifolia Roxb. Pl. Coromandel 1: 40. t. 53. 1795.

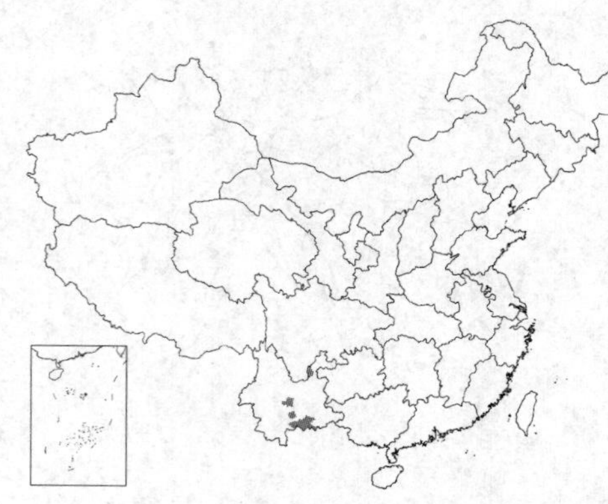

形态特征同属。花期春夏。

产云南，生于海拔330-1000米山地林中。印度、斯里兰卡、尼泊尔、泰国及越南有分布。

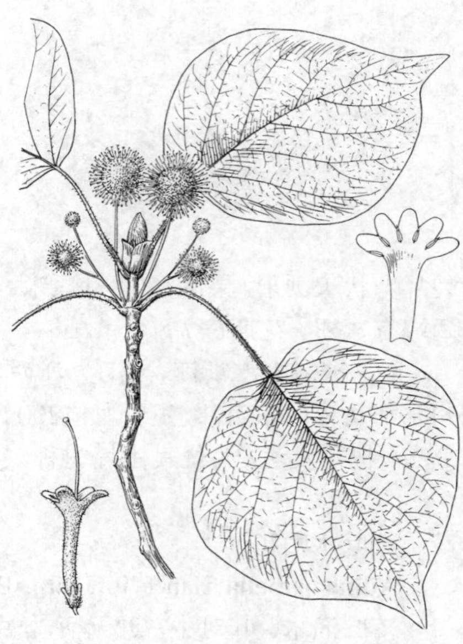

图 837 心叶木 （余 峰绘）

35. 风箱树属 Cephalanthus Linn.

灌木或乔木。叶对生或轮生；托叶生于叶柄间。顶生及腋生头状花序，单生或组成圆锥花序。萼筒倒圆锥形，萼裂片4-5，齿状；花冠筒状，裂片4，覆瓦状排列；雄蕊4，着生冠筒喉部；子房2室，花柱线状，伸出，柱头棒状；每子室1胚珠。果倒圆柱形，革质，有2果瓣，果瓣不裂，有种子1颗。种子长圆形，有海绵质假种质。

约6种，分布于亚洲、非洲和美洲。我国1种。

风箱树 图 838

Cephalanthus tetrandrus (Roxb.) Ridsd. et Bakh. f. in Blumea 23(1): 182. 1976.

Nauclea tetrandra Roxb. Fl. Ind. ed Carey, 2: 125. 1824.

Cephalanthus occidentalis auct. non Linn.: 中国高等植物图鉴 4: 192. 1975.

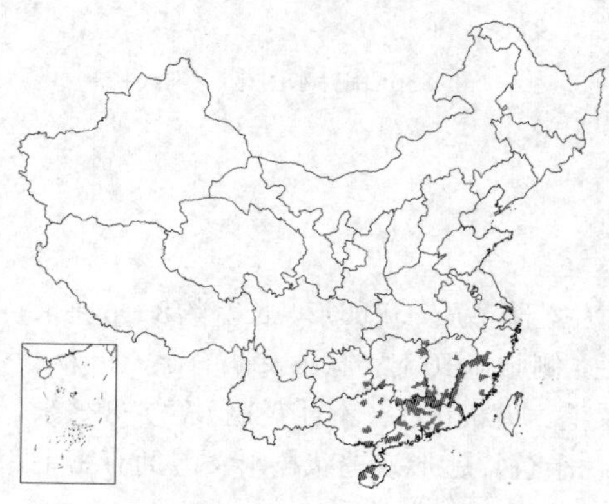

灌木或小乔木。幼枝被柔毛，老枝无毛。叶近革质，卵形或卵状披针形，长7-15厘米，宽2.5-8厘米，先端短尖或渐尖，基部圆或近心形，上面无毛或疏被柔毛，下面无毛或密被柔毛，侧脉8-12对；叶柄长0.5-1厘米，被柔毛或近无毛，托叶宽卵形，长3-5毫米，先端常有黑色腺体。头状花序，(不计花冠)径

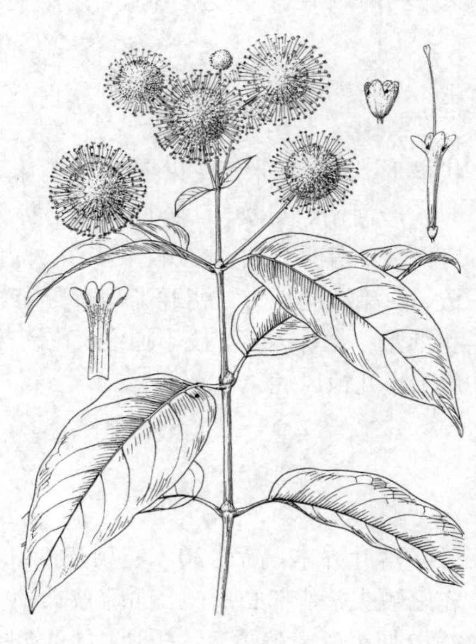

图 838 风箱树 （余 峰绘）

0.8-1.2厘米，花序梗长2.5-6厘米，有毛。萼筒被柔毛，长约3毫米，萼裂片4，边缘裂口处常有黑色腺体；花冠白色，冠筒长0.7-1.2厘米，外面无毛，内面有柔毛，裂片长圆形，长约1.7毫米，裂口处常有黑色腺体。果序径1-2厘米；坚果长4-6毫米，具宿萼。种子褐色。花期春末夏初。

产浙江南部、福建、台湾北部、江西、湖北东南部、湖南、广东、香港、海南、广西、云南及贵州东南部，生于低海拔至中海拔林内、灌丛及沟边。孟加拉、锡金、印度及东南亚有分布。根和花序药用，治感冒、咽喉肿痛、肠炎腹泻；可作护堤树种。

36. 尖药花属 **Acranthera** Arn. ex Meissn.

草本或亚灌木。茎单生，节间有2槽，幼时密被毛，老时近无毛。叶膜质，有柄，对生；托叶生于叶柄间，三角形。聚伞花序，稀花单生，有苞片。花两性，萼筒圆柱状或陀螺形，萼裂片线状；裂片间有腺体；花冠漏斗状或高脚碟状，密被毛，内面近无毛，裂片外向镊合状排列；雄蕊5，着生冠筒近基部，花药线形，内藏，粘合成筒状包被棒状柱头，形成具10槽的受粉托；花盘短圆筒状或半球形，有时不明显；花柱丝状，子房下位，2室，每子室胚珠极多数。浆果。种子微小，极多数，红棕或近黑色，胚乳肉质；胚小，直生。

约36种，分布于印度、斯里兰卡、马来西亚、泰国和中国。我国1种。

中华尖药花 图 839

Acranthera sinensis C. Y. Wu in Acta Phytotax. Sin. 6 (3): 294. 1957.

草本或亚灌木，高达1米。幼枝密被暗黄色毛，老枝近无毛。叶椭圆形或倒卵形，长8-22厘米，先端骤渐尖或短尖，基部楔形，有细缘毛，下面密被毛，侧脉9-11对；叶柄长1-7厘米，托叶宽卵状三角形，长3毫米。花单生腋生短枝顶端；花序梗长约2毫米，基部有2苞片。花5数；萼筒柱状倒圆锥形，被硬毛，萼裂片线状披针形，长3-4厘米，被毛；花冠淡红或紫红色，漏斗状，长5.5厘米，密被暗黄色绒毛，内面近无毛，裂片近圆形，宽1.5厘米，具短尖头；花丝分离，花药线形，长6-8毫米，药隔背部向上囊状隆凸，两侧粘合成管；花盘长约1毫米；花柱长约2厘米，与粘合雄蕊形成具10槽的受粉托。浆果扁圆柱状，被硬毛，有宿萼裂片。种子红棕色，近圆形。花期4-7月，果期7-10月。

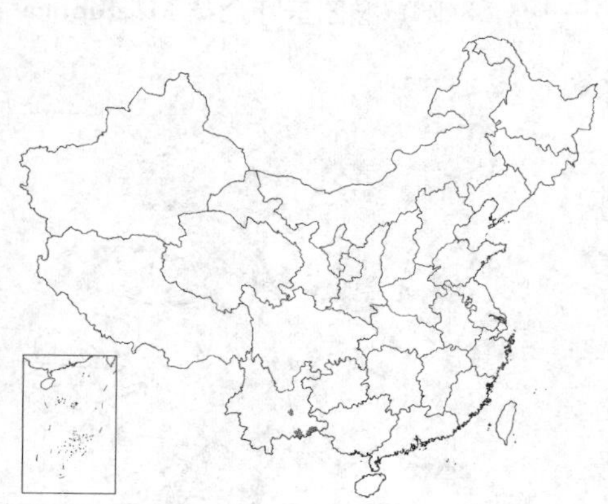

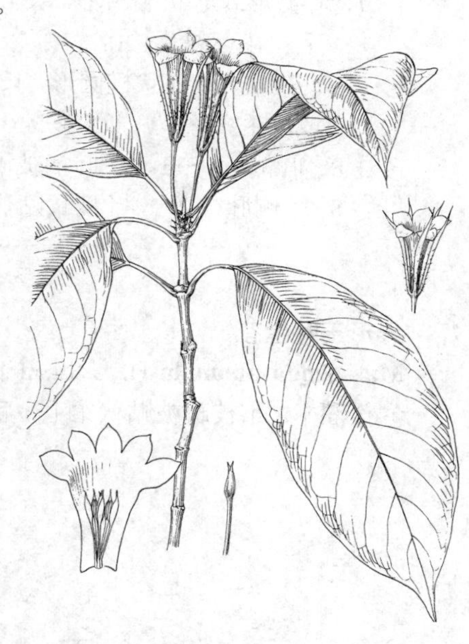

图 839 中华尖药花 （余 峰绘）

产云南东南部，生于海拔1000-1500米山地林中。

37. 玉叶金花属 **Mussaenda** Linn.

灌木或乔木，直立或攀援。叶对生或轮生；托叶离生或合生，脱落。顶生伞房状聚伞花序。萼筒长圆形或陀螺形，萼裂片5，有些花的萼裂片其中1片、稀全部为具柄、白色花瓣状片（称花叶）；花冠黄色，漏斗状，常被毛，裂片5，镊合状排列；雄蕊5，着生冠筒喉部，花丝极短；子房2室；每子室胚珠多数。浆果肉质，萼裂片宿存或脱落。种子小，有小孔穴状纹，胚乳肉质。

约120种，分布于亚洲热带和亚热带地区、非洲和太平洋诸岛。我国约31种、1变种、1变型。

1. 花萼裂片全为白色花瓣状 ………………………………………………… 1. **异形玉叶金花 M. anomala**

1. 花萼裂片有1枚为白色花瓣状。
  2. 正常萼裂片近叶状，披针形。
    3. 枝、花萼和花冠被贴伏柔毛；叶柄长1.5-3.5厘米；花梗长约2毫米，花冠裂片长2毫米 ………………………………………………………………………………………… 2. **离花 M. esquirolii**
    3. 枝、花萼和花冠被柔弱长柔毛；叶柄短或近无柄；花梗近无；花冠裂片长7毫米 ………………………………………………………………………………………… 3. **大叶玉叶金花 M. macrophylla**
  2. 正常萼裂片非叶状。
    4. 正常萼裂片比萼筒短；老叶两面无毛；果无毛 ………………………………………… 4. **楠藤 M. erosa**
    4. 正常萼裂片比萼筒长；叶两面被毛；果被毛或无毛。
      5. 萼裂片比萼管筒长2倍。
        6. 叶长5-8厘米，宽2-2.5厘米；萼筒陀螺形；果被柔毛 ……………………… 5. **玉叶金花 M. pubescens**
        6. 叶长7-13厘米，宽2.5-4厘米；萼筒椭圆形；果有浅褐色小斑点 ……… 6. **粗毛玉叶金花 M. hirsutula**
      5. 萼裂片比萼筒长不及2倍。
        7. 叶卵形或卵状椭圆形，长13-30厘米，宽7-15厘米，叶柄长1.5-4厘米，托叶长1-1.2厘米，密被长柔毛；花萼裂片长0.7-1厘米 ……………………………………………………… 7. **贡山玉叶金花 M. treutleri**
        7. 叶椭圆形或卵状椭圆形，长7-20厘米，宽5-10厘米，叶柄长0.5-1厘米，托叶长7-8毫米，疏被微柔毛或硬毛；萼裂片长4.5-5.5毫米。
          8. 叶侧脉9-11对，叶柄被硬毛，托叶疏被硬毛；聚伞花序具疏花 ……… 8. **展枝玉叶金花 M. divaricata**
          8. 叶侧脉6-7对，叶柄长贴伏细刚毛，托叶疏被微柔毛；聚伞花序具密花 ………………………………………………………………………… 8(附). **椭圆玉叶金花 M. elliptica**

1. 异形玉叶金花 图 840

Mussaenda anomala H. L. Li in Journ. Arn. Arb. 24 (4): 454. 1943.

攀援灌木。小枝疏被贴伏柔毛，后无毛。叶对生，薄纸质，卵圆形或椭圆状卵形，长13-17厘米，宽7.5-11.5厘米，先端渐尖，基部短尖，两面被疏柔毛，侧脉8-10对；叶柄长2-2.5厘米，略被柔毛，托叶早落。多歧聚伞花序顶生，有多朵，具略贴伏柔毛；苞片早落，小苞片披针形，长达1厘米，有柔毛，脱落。花梗长2-3毫米；萼筒长圆形，长约5毫米，有贴伏长硬毛，萼裂片5，全为花瓣状花叶，花叶卵状椭圆形，长2-4厘米，有纵脉5条，边缘及脉上被柔毛，柄长1.5-2.5厘米；花冠筒长约1.2厘米，密被贴伏柔毛，内面上部密被黄色棒状毛，裂片5，卵形，长约3毫米，外面有柔毛，内面有黄色小疣突；花柱内藏。浆果长4毫米。花期6月。

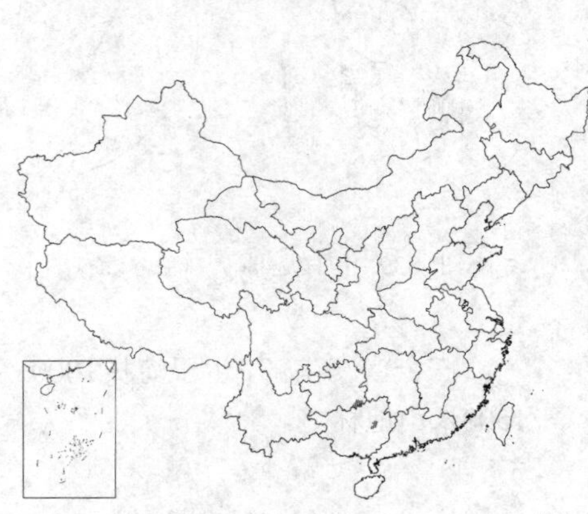

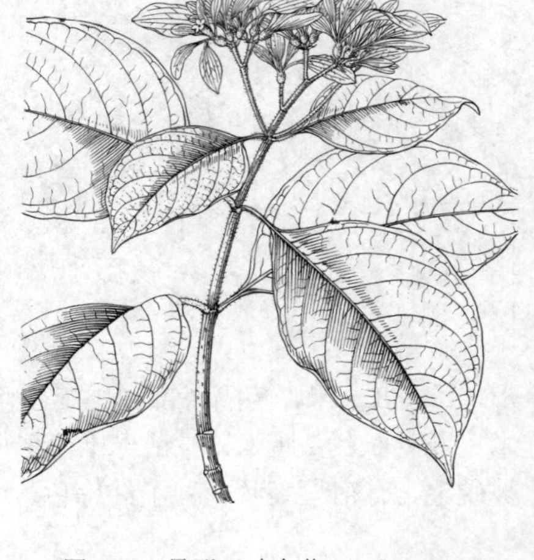

图 840 异形玉叶金花 （余汉平绘）

产广西大瑶山及贵州东南部，生于低海拔至中海拔山地林中，常攀援于树冠上。

2. 离花 大叶白纸扇 图 841

Mussaenda esquirolii Lévl. Fl. Kouy-Chéou 369. 1915.

直立或攀援灌木。幼枝密被柔毛。叶宽卵形或宽椭圆形，长10-20厘米，先端骤渐尖或短尖，基部楔形或圆，幼时两面有疏贴伏柔毛，老时两

面无毛，侧脉9对；叶柄长1.5-3.5厘米，有柔毛，托叶卵状披针形，常2裂，长0.8-1厘米，疏被贴伏柔毛。聚伞花序顶生；苞片托叶状，小苞片线状披针形，被柔毛。花梗长约2毫米；萼筒陀螺形，长约4毫米，被贴伏柔毛，萼裂片近叶状，白色，披针形，长达1厘米，被柔毛，花叶倒卵形，长3-4厘米，近无毛，柄长5毫米；花冠黄色，冠筒长1.4厘米，密被贴伏柔毛，膨大部内面密被棒状毛，裂片卵形，长2毫米，外面有柔毛，内面密被黄色小疣突。浆果近球形，径约1厘米。花期5-7月，果期7-10月。

产安徽南部、浙江、福建、江西、湖北、湖南、广东、广西、云南、贵州及四川，生于海拔400-1000米山地林中。含粘胶腋，可粘鸟，称“粘鸟胶”。

图 841 离花 （余汉平绘）

3. 大叶玉叶金花 图 842

Mussaenda macrophylla Wall. in Roxb. Fl. Ind. ed. Carey, 2: 228. 1824.

直立或攀援灌木。小枝密被灰棕色长柔毛。叶长圆形或卵形，长12-14厘米，先端短尖，基部楔形，两面被疏贴伏柔毛；叶柄极短或近无柄，托叶卵形，长约1厘米，2浅裂，密被棕色柔毛。聚伞花序；苞片2-3深裂，裂片披针形，密被长柔毛。花近无梗；萼筒钟形，长3毫米，密被棕色柔毛，萼裂片近叶状，披针形，密被棕色柔毛，长1-1.5厘米，花叶宽卵形或菱形，白色，长5-12厘米，柄长3.7厘米，稍被长柔毛；花冠橙黄色，冠筒长1.7厘米，密被柔毛，裂片卵形，长7毫米，外面疏被长柔毛，内面有稠密黄色疣突，冠筒喉部有稠密淡黄色棒状毛；花柱内藏。浆果深紫色，椭圆形，长1-1.5厘米，被柔毛。花期6-7月，果期8-11月。

产台湾东南部、广西、云南及四川西南部，生于海拔1000-1300米山地林内或灌丛中。印度、尼泊尔、锡金及东南亚有分布。

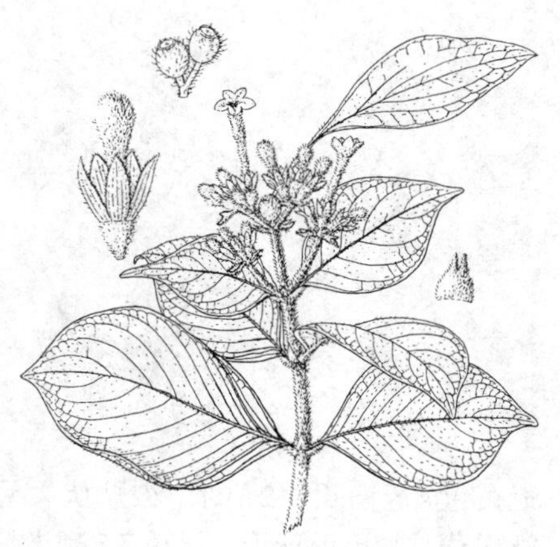

图 842 大叶玉叶金花 （余汉平绘）

4. 楠藤 大叶白纸扇 图 843

Mussaenda erosa Champ. in Journ. Bot. Kew. Misc. 4: 193. 1852.

攀援灌木。小枝无毛。叶长圆形、卵形或长圆状椭圆形，长6-12厘米，

图 843 楠藤 （余汉平绘）

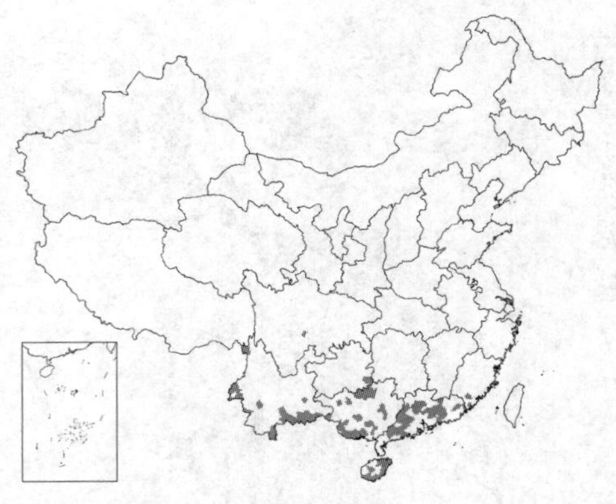

先端短尖或长渐尖，基部楔形，幼叶略被毛，老时两面无毛，侧脉4-6对；叶柄长1-1.5厘米，托叶长三角形，长约8毫米，2深裂。伞房状多歧聚伞花序顶生，花疏生；苞片线状披针形，长3-4毫米，几无毛。花梗短；萼筒椭圆形，长3-3.5毫米，无毛，萼裂片线状披针形，长2-2.5毫米，基部被疏硬毛，花叶宽椭圆形，长4-6厘米，宽3-4厘米，柄长约1厘米，无毛；花冠橙黄色，冠筒被柔毛，喉部密被棒状毛，裂片卵形，长约5毫米，内面有黄色小疣突。浆果近球形或宽椭圆形，长1-1.3厘米，径0.8-1厘米，无毛，果柄长3-4毫米。花期4-7月，果期9-12月。

产福建南部、广东、香港、海南、广西、云南、贵州东南部及四川中南部，生于低海拔至中海拔山地林内、林缘或灌丛中，常攀援树上。日本及中南半岛有分布。茎、叶和果均入药，可清热消炎，治疥疮。

5. 玉叶金花 图 844 彩片 194

Mussaenda pubescens Ait. f. Hort. Kew. ed. 2, 1: 372. 1810.

攀援灌木。小枝被柔毛。叶对生或轮生，卵状长圆形或卵状披针形，长5-8厘米，先端渐尖，基部楔形，上面近无毛或疏被柔毛，下面密被柔毛，侧脉5-7对；叶柄长3-8毫米，被柔毛，托叶三角形，长5-7毫米，2深裂，裂片线状。聚伞花序顶生，密花。花梗极短或无梗；花萼被柔毛，萼筒陀螺形，长3-4毫米，萼裂片线形，比萼筒长2倍以上，花叶宽椭圆形，长2.5-5厘米，柄长1-2.8厘米，两面被柔毛；花冠黄色，冠筒长约2厘米，被贴伏柔毛，喉部密被毛，裂片长约4毫米；花柱内藏。浆果近球形，径6-7.5毫米，疏被柔毛，干后黑色。花期6-7月。

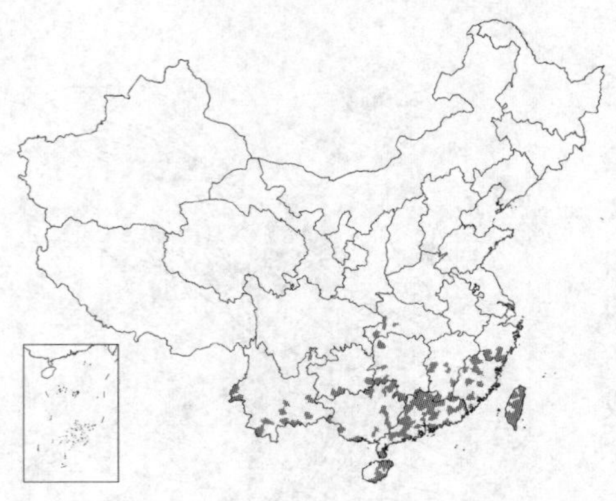

产浙江南部、福建、台湾、江西、湖北西南部、湖南、广东、香港、海南、广西、云南及贵州，生于低海拔地区林缘、灌丛中或溪边。茎叶可消暑、清热，供药用或晒干代茶。

图 844 玉叶金花 （邓盈丰绘）

6. 粗毛玉叶金花 图 845

Mussaenda hirsutula Miq. in Journ. Bot. Neerland. 1: 109. 1861.

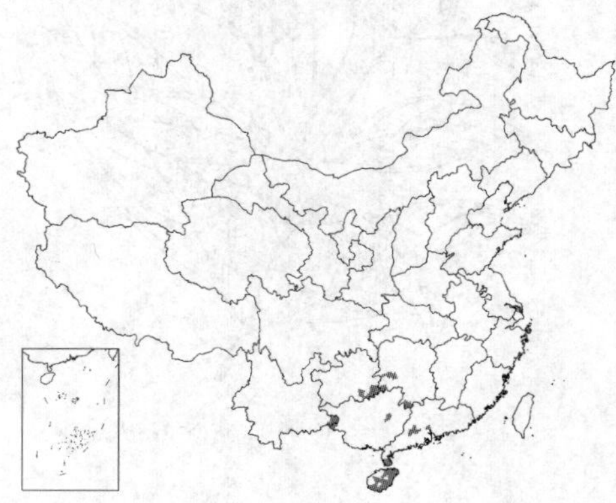

攀援灌木。小枝密被柔毛。叶椭圆形或近卵形，长7-13厘米，先端短尖或渐尖，基部楔形，两面被疏柔毛，侧脉6-7对；叶柄长3-5毫米，密被柔毛，托叶2裂，裂片披针形，长3-5毫米，密被柔毛。聚伞花序顶生和上部腋生，被贴伏灰黄色长绒毛；花序梗长0.8-1.1厘

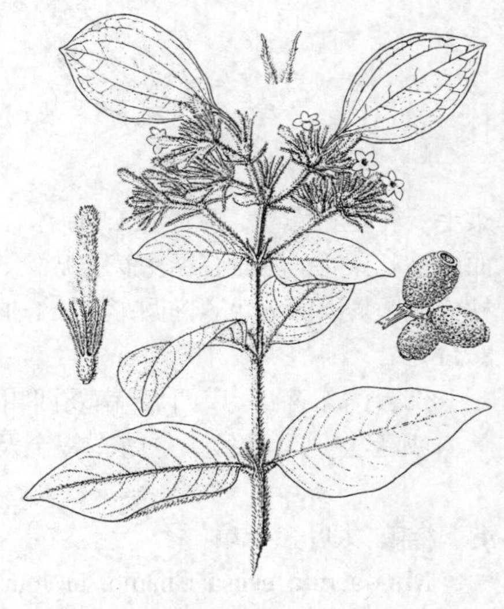

图 845 粗毛玉叶金花 （余汉平绘）

米；苞片线状披针形，被长柔毛。花梗短或无；萼筒椭圆形，长4-5毫米，密被柔毛，萼裂片线形，长0.7-1厘米，密被柔毛；花叶宽椭圆形，长4-4.5厘米，被柔毛，上面疏被短柔毛，下面密被长柔毛，柄长1.4厘米；花冠黄色，被硬毛，冠筒内有橙黄色棒状毛，裂片椭圆形，内面有金黄色小疣突。浆果椭圆状或近球形，长1.4-2厘米，径0.9-1.2厘米，有浅褐色小斑点，果柄被毛，长3-4毫米。花期4-6月，果期7月至翌年1月。

产湖南、广东、海南、广西、云南东南部及贵州东南部，生于海拔1000米以下山谷、溪边、灌丛中或林内，常攀援于树冠。

7. 贡山玉叶金花 图 846

Mussaenda treutleri Stapf in Curtis's Bot. Mag. 5: 135. t. 8254. 1909.

直立灌木。幼枝被柔毛。卵形或卵状椭圆形，长13-30厘米，先端短渐尖，基部平截，两面疏被硬毛，脉上有长硬毛；叶柄长1.5-4厘米，托叶宽卵形或三角状，先端渐尖，常2裂，长1-1.2厘米，宽6毫米，密被长柔毛。聚伞花序顶生和上部腋生，多花稠密；有苞片。花梗很短；萼筒钟形，长3毫米，被长柔毛，萼裂片线形，长0.7-1厘米，被长柔毛，花叶白色，卵形，长6.5-8厘米，两面被长柔毛；花筒长2-3厘米，密被贴伏柔毛，喉部密被橙红色棒状毛，花冠裂片橙红色，卵形，长6毫米，先端尖，内面密生小疣突。浆果球形，径1-1.2厘米，成熟时无毛。花期7-9月。

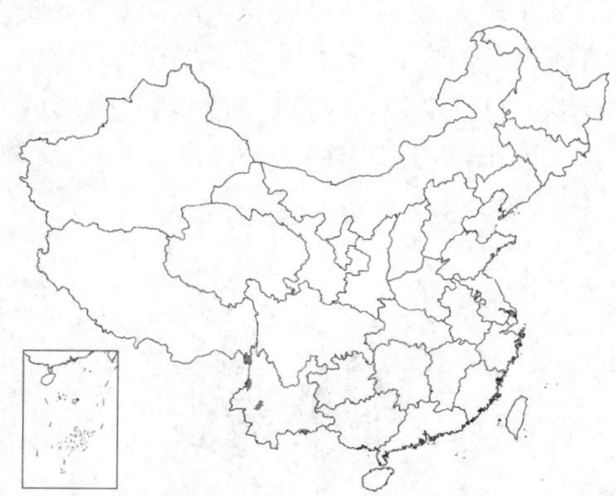

产云南，生于低海拔至中海拔山地林中。印度、尼泊尔、锡金及不丹有分布。

图 846 贡山玉叶金花
（孙英宝仿《Curtis's Bot. Mag.》）

8. 展枝玉叶金花 图 847

Mussaenda divaricata Hutchins. in Sarg. Pl. Wilson. 3: 394. 1916.

攀援灌木。小枝被疏柔毛，后近无毛。叶椭圆形或卵状椭圆形，长7-12厘米，先端骤渐尖，基部楔形，两面有疏柔毛，侧脉9-11对；叶柄长0.5-1厘米，被硬毛，托叶三角形，2深裂，长7毫米，裂片钻形，被疏硬毛。聚伞花序具疏花。萼筒陀螺形，疏被硬毛，长2.5-3毫米，萼裂片钻形，长4.5-5毫米，被柔毛，花叶宽椭圆形或卵形，长4-6厘米，两面脉上被微柔毛，柄长2.5厘米；花冠黄色，被柔毛，内面上部密被黄色棒伏毛，冠筒长2-2.5厘米，裂片卵形，长3.5毫米，内面密被黄色小疣突。浆果椭圆形，被疏柔毛，有纵纹，长1-1.2厘米，径4-6毫米；果柄长6毫米，密被柔毛。花期6-9月。

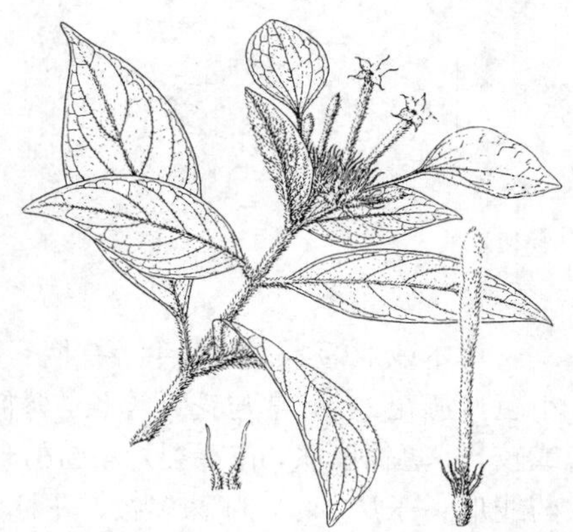

图 847 展枝玉叶金花 （余汉平绘）

产湖北西南部、四川、云南、贵州及广西，生于低海拔至中海拔山地林内及灌丛中。

[附] **椭圆玉叶金花 Mussaenda elliptica** Hutchins. in Sarg. Pl. Wilson. 3: 395. 1916. 本种与展枝玉叶金花的区别：叶侧脉6-7对，叶柄有贴伏细刚毛，托叶疏被微柔毛；聚伞花序具密花。花期5-6月。产广西、云南及四川，生于海拔660-980米峡谷林下及林缘。

38. 裂果金花属 Schizomussaenda Li

大灌木，高达8米。幼枝被糙伏毛，后脱落，近无毛。叶薄纸质，倒披针形、长圆状倒披针形或卵状披针形，长10-17厘米，宽2.5-6厘米，先端渐尖或短尖，基部楔形，上面疏被硬毛，中脉及侧脉稍被糙伏毛，下面被糙伏毛，侧脉约10对；叶柄长达1厘米，被糙伏毛，上面有槽，托叶披针形，先端尾尖。穗形蝎尾状聚伞花序顶生，多花；苞片和小苞片线状披针形。花无梗或近无梗；萼筒长陀螺形，长2毫米，萼裂片5，披针状长圆形，一些花中有一枚萼裂片为椭圆形或卵形花叶，长达9厘米，宽6.5厘米，纵脉5，柄长3厘米；花冠高脚碟状，冠筒长1.8厘米，外被黄褐色贴伏硬毛，内面近喉部被淡褐黄色棒形毛，裂片5，三角状卵形，内向镊合状排列；雄蕊5，着生冠筒，花丝短，花药内藏；花盘环状；子房2室，每子室胚珠多数，花柱丝状，柱头2裂，内藏。蒴果倒卵圆形或椭圆状倒卵形，长8毫米，棕黑色，顶部室间开裂。种子小，多数，有棱角，被小窝点及沟槽。

单种属。

裂果金花 图 848

Schizomussaenda dehiscens (Craib) H. L. Li in Journ. Arn. Arb. 24 (1): 100. 1943.

Mussaenda dehiscens Craib in Kew Bull. 1916: 263. 1916.

形态特征同属。花期5-10月，果期7-12月。

产广西及云南，生于低海拔至中海拔山地林中。中南半岛有分布。根、茎清热解毒、消炎利尿。

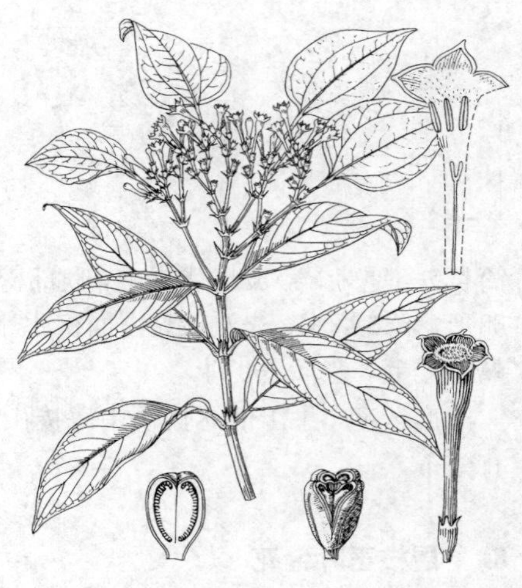

图 848 裂果金花 （余汉平绘）

39. 溪楠属 Keenania Hook. f.

草本或亚灌木。叶对生，有柄；托叶生于叶柄间，下部宽，上部钻状。花序头状，顶生，有总苞；苞片大；小苞片每花2片，常与花近等长。萼筒肉质，长圆形，萼裂片4-5（6），不等大，覆瓦状排列；花冠与萼裂片等长或较长，冠筒膨胀，花冠裂片4-5(6)，圆卵形，镊合状排列，冠筒喉部有毛环；雄蕊5，生于冠筒基部，花丝短，花药线形；子房2室，胚珠多数，花柱短或长，柱头2裂。

约5种，分布于印度、中南半岛和中国 。我国2种。

溪楠 图 849

Keenania tonkinensis Drake in Journ. de Bot. 9: 217. 1895.

多年生草本，高达30厘米。枝被柔毛。叶薄纸质，长圆形或椭圆形，长4-12厘米，先端短尖，基部楔形，上面无毛，下面被疏柔毛，侧脉8-10对；叶柄长1-4厘米，托叶长约8毫米，三角形，上部长渐尖。花序梗长1-3.5厘米；总苞片与苞片圆形、长圆形或近卵形，长6-7毫米，叶状，有脉纹。花无梗；萼筒倒圆锥形，长约

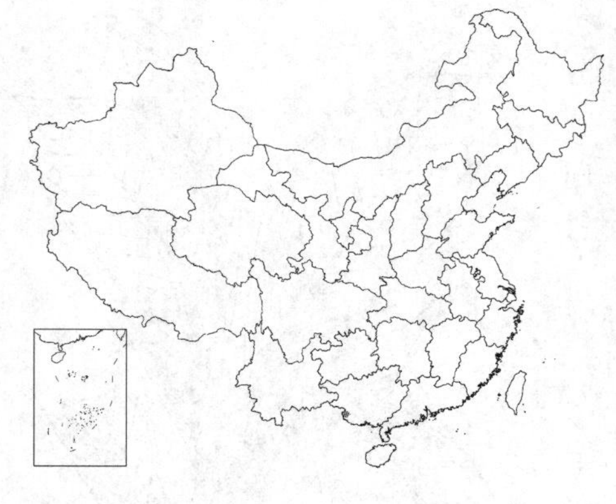

1毫米，萼裂片5，长4-5毫米，宽1.5毫米，叶状，有脉纹；花冠白色，冠筒长约6毫米，内面中部有毛环，花冠裂片5，长1毫米；花盘半球状；花柱长约5毫米，柱头2深裂。

产广西龙州大青山，生于中海拔山谷林下。越南有分布。

图 849 溪楠（余汉平绘）

40. 密脉木属 Myrioneuron R. Br. ex Kurz

小灌木或高大草本。茎皮海绵质。叶和托叶均较大。头状花序或伞房状聚伞花序，顶生或腋生。花二型，具花柱异长花；苞片大，革质，常披针形或卵形，有脉纹；萼筒卵圆形或卵状椭圆形，萼裂片5，质坚，宿存；花冠白或黄色，筒状，喉部被长柔毛，裂片5，常直立，有时外折，常被毛，镊合状排列；雄蕊5，生于冠筒内壁，花丝短，近钻状，花药线形，内藏；子房2室，每室胚珠多数，柱头2裂，裂片较窄长，常粘合。浆果卵球状，干燥或肉质，白色。种子多数，细小，有棱角，有洼点；胚小，胚乳肉质。

约14种，分布于亚洲热带和亚热带地区。我国4种、1变型。

1. 花序顶生，密集成球状；叶侧脉9-13对；花冠比萼裂片长 …………………… 1. **密脉木 M. fabri**
1. 花序腋生，短穗状或总状；叶侧脉15-18对；花冠比萼裂片短或近等长 …………… 2. **越南密脉木 M. tonkinensis**

1. 密脉木 图 850

Myrioneuron fabri Hemsl. in Journ. Linn. Soc. Bot. 23: 380. 1888.

高大草本或灌木状，高达1米。幼枝被柔毛。叶常聚生小枝上部，纸质，倒卵形或长圆状倒卵形，长10-20厘米，先端骤尖或短尖，基部楔形，上面无毛，下面脉上被柔毛，侧脉9-13对；叶柄长1-2厘米，被柔毛，托叶披针状长圆形或近卵形，长0.8-1.5厘米，有很密的直出脉纹。花序顶生，密集成球状，花序梗长约1厘米；苞片叶状，卵形或披针形，长1-2厘米，全缘或有少数粗齿，被柔毛；萼筒球状或倒圆锥状，长1.8-2毫米，萼裂片钻形，长8-9毫米；花冠黄色，筒状，长约1.3厘米，外面近无毛，内面被长柔毛，裂片近三角形，长1.8-2毫米，反折；雄蕊5，长柱花的着生冠筒近基部，内

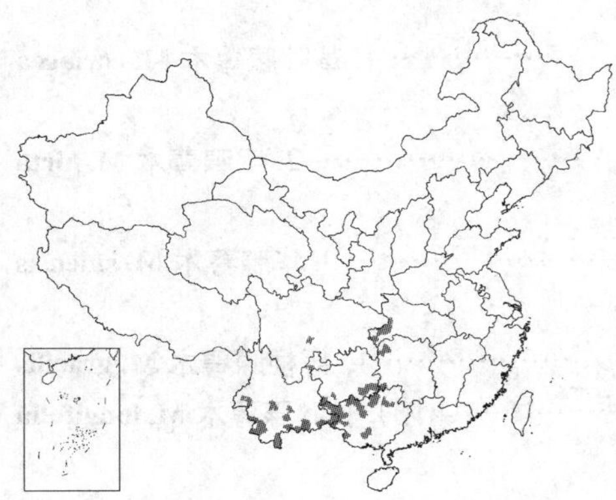

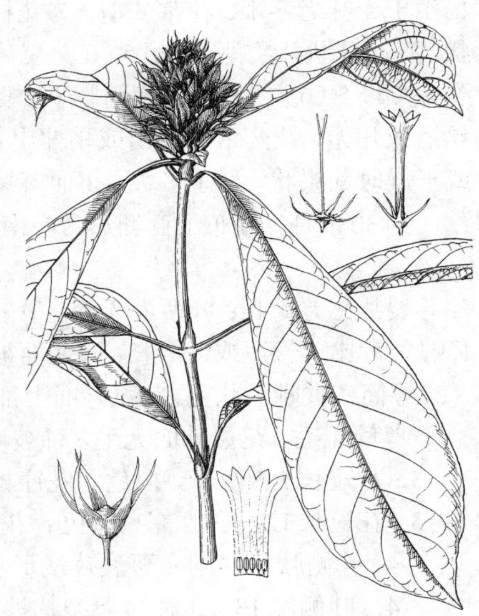

图 850 密脉木（陈荣道绘）

藏，短柱花的生于冠筒喉部，稍伸出；柱头2深裂，长柱花的稍伸出，短柱花的内藏。果近球形，径约3.5毫米，成熟时白色，无毛，宿存萼裂片5，窄披针形，长达1厘米。花期夏季。

产湖北西南部、湖南西北部及西南部、广西、云南、贵州东南部至西南部、四川东部及中南部，生于低海拔至中海拔山地林中。

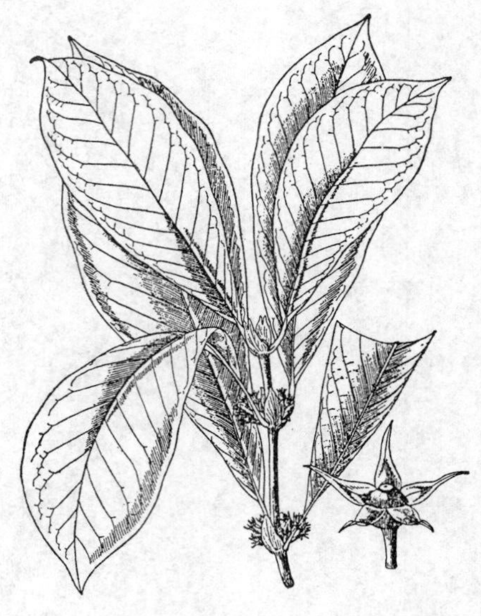

图 851 越南密脉木 （引自《海南植物志》）

2. 越南密脉木 图 851

Myrioneuron tonkinensis Pitard in Lecomte, Fl. Gén. Indo-Chine 3: 193. f. 17. 1923.

草本或灌木状，高达2米。枝被微柔毛。叶纸质，倒卵形、近长圆形或椭圆形，长12-28厘米，先端骤渐尖或短尖，基部渐尖，上面无毛，下面脉上密被粉状微柔毛，侧脉15-18对，较密；叶柄长1-3厘米，托叶卵形或长圆形，长1.5-2.5厘米，被柔毛。花序腋生，对生，短穗状或总状，长1-2.5厘米；苞片卵形或卵状披针形，长1-2.5厘米，被粉状微柔毛。花梗长2-3毫米；萼管半球状或卵状，长约2毫米，花萼裂片线状钻形，长1-1.4厘米；花冠黄色，筒状，长1-1.2厘米，裂片5，被柔毛，冠筒长为裂片3.5-4倍。浆果近球形，径3-4毫米，成熟时白色。花期6-8月，果期10-12月。

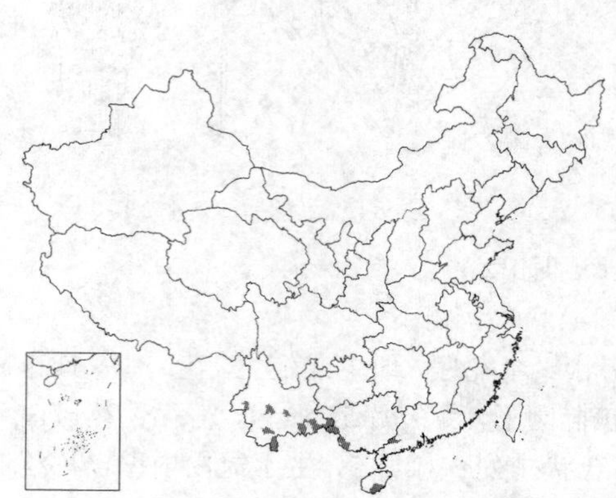

产广东西南部、海南南部、广西西南部及云南，生于海拔1640米以下山地林中。越南有分布。

41. 腺萼木属 Mycetia Reinw.

小灌木。老枝草黄或近白色，茎皮松软。叶对生，常一大一小，稀等大；托叶常叶状。聚伞花序顶生或腋生，稀生于无叶老茎上。花常二型，为花柱异长花，有梗；苞片常叶状，常有腺体；小苞片较小；萼筒半球状或陀螺状，有时球状，萼裂片（4）5（6），裂片边缘和弯缺内常有腺齿或腺体，宿存；花冠黄或白色，筒状，内面常被毛，裂片（4）5（6），外向镊合状排列；雄蕊4-6，短柱花的着生冠筒中部以上或喉部，长柱花的着生冠筒近基部，花丝短或几无，花药常不伸出或稍伸出；子房2或4-5室，柱头2或4-5，常内藏；胚珠每室多颗。果肉质，浆果状或干燥时蒴果状。种子多数，小而有棱角，有稍密小凸点。

约30余种，分布于亚洲热带和南亚热带地区。我国15种、1变种、3变型。

1. 萼裂片比萼筒长；叶两面无毛 …… 1. **革叶腺萼木 M. coriacea**
1. 萼裂片比萼管短或近等长；叶两面被毛或上面无毛。
  2. 萼筒密被刚毛状毛，花冠外面上部疏被长柔毛 …… 2. **毛腺萼木 M. hirta**
  2. 萼筒无毛，花冠外面无毛，稀被毛。
    3. 花冠长7-8毫米，白色；花序梗长3.5-6厘米 …… 3. **华腺萼木 M. sinensis**
    3. 花冠长1.3-1.9厘米，黄色；花序梗长不及1厘米。
      4. 叶侧脉8-14对；萼裂片线形，花梗纤细，长0.9-1.5厘米 …… 4. **纤梗腺萼木 M. gracilis**
      4. 叶侧脉13-20对；萼裂片披针形，花梗长不及5毫米 …… 4(附). **长叶腺萼木 M. longifolia**

1. 革叶腺萼木 硬叶腺萼木　图 852

Mycetia coriacea (Dunn) Merr. in Philipp. Journ. Sci. Bot. 13: 159. 1918.

Adenosacme coriacea Dunn in Kew Bull. add. ser. 10: 130. 1912.

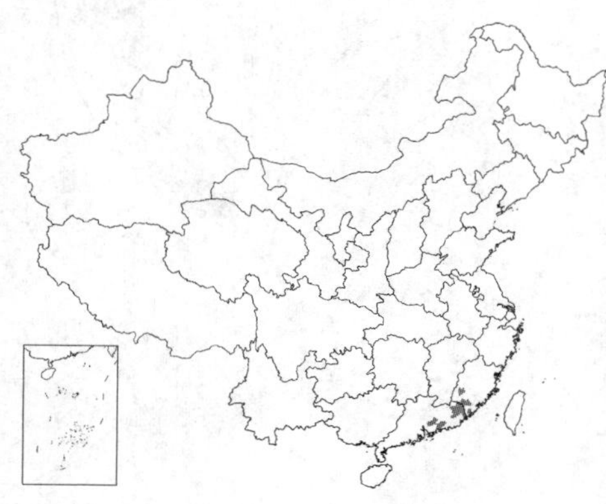

灌木，高达2米。叶披针形、倒披针形或倒卵形，长6-15厘米，宽2-5.5厘米，先端短尖或稍钝，基部楔形，近全缘，两面无毛，侧脉8-11对；叶柄长及1厘米，托叶宽三角形，长约4毫米。聚伞花序顶生，多花，长4-6厘米，总轴和分枝均无毛，干后黑色，花序梗长1-1.6厘米。花梗长2-3毫米；小苞片小；萼筒陀螺状倒圆锥形，长2-2.5毫米，萼裂片5，窄长三角形或线形，近等长或不等长，长2.5-6毫米；花冠淡黄或白色，宽筒状，长约1厘米，外面近无毛，冠筒喉部密被白色柔毛，裂片5，长约2毫米，内面近基部被毛；雄蕊5，生于冠筒中部，几无花丝；子房2室。果初浆果状，后干燥，成熟后不规则开裂。花期4月，果期9月。

产福建南部、广东东部及东南部，生于低海拔至中海拔山地林中。

图 852 革叶腺萼木 （余汉平绘）

2. 毛腺萼木　图 853

Mycetia hirta Hutchins. in Sarg. Pl. Wilson. 3: 410. 1916.

灌木。幼枝被皱卷绒毛，老枝无毛。叶纸质，长圆状椭圆形或宽披针形，同节叶常稍不等大，长8-25厘米，宽3.5-9厘米，先端长渐尖，基部宽楔形，上面被紧贴刚毛状长毛，下面被皱卷柔毛，侧脉18-23对；叶柄长1-3厘米，密被皱卷长毛。聚伞花序顶生，长达8厘米，密被皱卷长毛，花序梗长不及1.5厘米；苞片卵形或披针形，具有柄腺体；萼筒球状钟形，密被刚毛伏毛，萼裂片5，三角形，长约2.5毫米，边缘有具柄腺体或撕裂状，比萼筒稍短，花冠黄色，窄筒状，冠筒长约6毫米，上部疏被长柔毛，裂片5，三角形，长约1.7毫米，疏被长柔毛；短柱花雄蕊生于冠筒喉部，微伸出，长柱花雄蕊生于冠筒近基部，内藏；短柱花的花柱长约1.5毫米，长柱花的花柱与冠筒近等长，柱头稍伸出。蒴果近球形，径3.5-4.5毫米，白色，被毛。花期6-7月，果期9-10月。

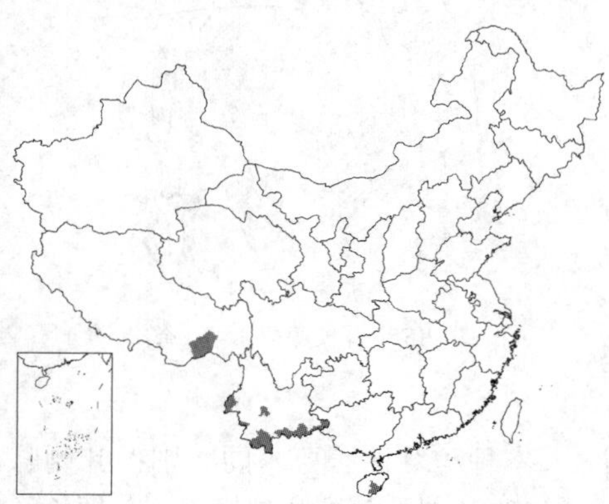

图 853 毛腺萼木 （邓盈丰绘）

产海南、云南及西藏东南部，生于海拔500-1600米山地林中。

3. 华腺萼木　图 854

Mycetia sinensis (Hemsl.) Craib in Kew Bull. 1914: 29. 1914.

Adenosacme longiflora (Wall.) Kuntze var. *sinensis* Hemsl. in Journ. Linn. Soc. Bot. 23: 379. 1888.

灌木或亚灌木。幼枝被皱卷柔

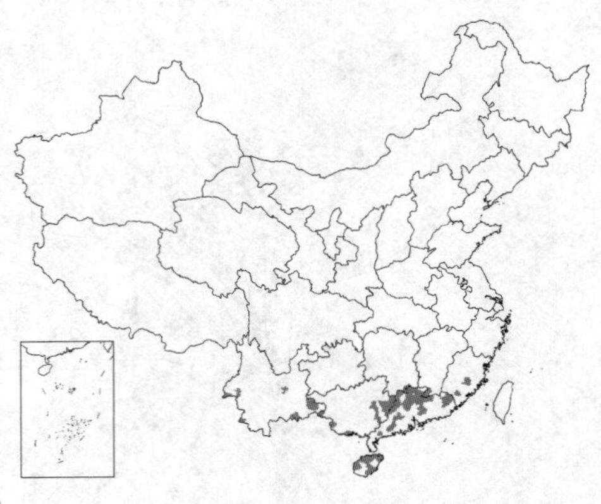

毛，老枝无毛。叶近膜质，长圆状披针形、长圆形、近卵形或椭圆形，同节上叶不等大，长8-20厘米，先端渐尖，基部楔形，上面无毛或散生柔毛，下面脉上常疏被柔毛，侧脉达20对；叶柄长常不及2厘米，被柔毛，托叶长圆形或倒卵形，长0.5-1.2厘米，有脉纹。聚伞花序顶生，单生或2或3簇生，花序梗长3.5-6厘米；苞片似托叶，基部穿茎，边缘常条裂，基部有黄色、具柄腺体；小苞片较小。花梗长1-2.5毫米；萼筒半球状，长约2毫米，裂片披针形三角形，长约2毫米，具1-3对有柄腺体；花冠白色，窄筒状，长7-8毫米，无毛，裂片5，近卵形，长1.5-2毫米；长柱花雄蕊生于冠筒近基部，短柱花雄蕊生于冠筒近中部，均不伸出或稍伸出。果近球形，径4-4.5毫米，白色。花期7-8月，果期9-11月。

产福建、江西南部、湖南南部、广东、海南、广西及云南，生于低海拔至中海拔山谷溪边林中。

图 854 华腺萼木 （黄少容绘）

4. 纤梗腺萼木 图 855

Mycetia gracilis Craib in Kew Bull. 1914: 125. 1914.

灌木。小枝初被微柔毛，后无毛。叶薄革质，倒披针形或窄披针形，大叶长5-15厘米，宽2-3.5厘米，小叶长1-4厘米，宽0.5-1.5厘米，先端渐尖，基部楔形，上面无毛，下面中脉和侧脉被微柔毛，侧脉10-14对，小叶约8对；叶柄短，托叶窄披针形，长5-7毫米。聚伞花序顶生，有5-7花，花序梗长不及1厘米，分枝丝状。花梗纤细，长0.9-1.5厘米；萼筒陀螺状，长2.5毫米，干后黑色，无毛，裂片线形，与萼筒近等长；花冠黄色，窄筒状，干后黑色，冠筒长1.4-1.6厘米，外面无毛，内面被疏柔毛，裂片长约3毫米；雄蕊内藏。果球形或稍扁，径4-6毫米，无毛。花期8-9月，果期11-12月。

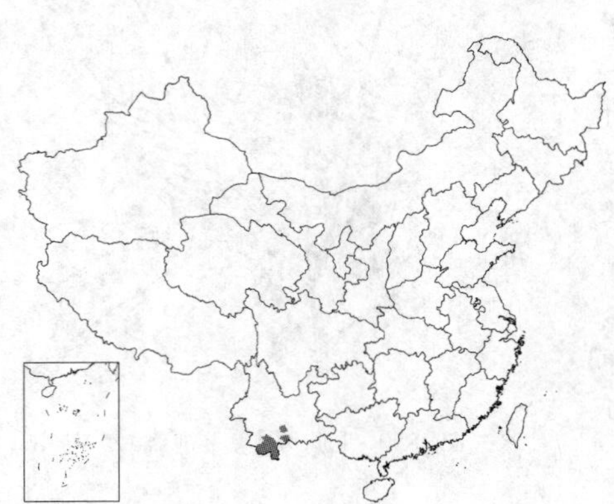

产云南南部，生于海拔600-1300米山谷溪边林中。泰国有分布。

[附] **长叶腺萼木 Mycetia longifolia** (Wall.) Kuntze, Rev. Gen. Pl. 1: 289. 1891.——*Rondeletia longifolia* Wall. in Roxb. Fl. Ind. ed. Carey, 2: 137. 1824. 本种与纤梗腺萼木的区别：叶侧脉13-20对；萼裂片披针形；花梗长及5毫米。花期夏秋。产云南及西藏，生于低海拔至高海拔山地林中。印度、尼泊尔、锡金、孟加拉及东南亚有分布。

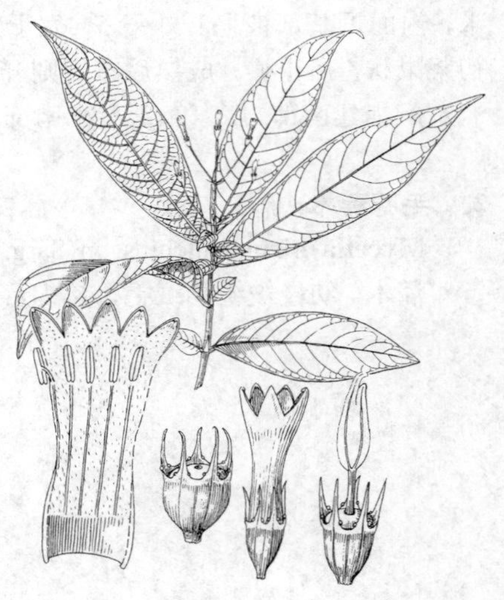

图 855 纤梗腺萼木 （余汉平绘）

42. 尖叶木属 **Urophyllum** Jack ex Wall.

灌木或乔木。叶对生；具柄，托叶大，生于叶柄间。头状聚伞花序或伞房状聚伞花序腋生。花两性或单性，花梗短，小苞片生于花梗基部；萼筒短，萼裂片（4）5（-7），宿存；花冠革质，辐状，短筒状或漏斗状，冠筒喉部被长柔毛，裂片（4）5（-7），三角形，镊合状排列；雄蕊（4）5（-7），着生冠筒喉部，花丝短，花药线形，内藏；花盘环状，有沟槽；子房（4）5（-7）室，花柱短，基部常肿胀；每子室胚珠多颗。浆果小，4-5室。种子多数，细小，球形，种皮脆壳质，有孔隙；胚棒状，胚乳肉质。

约150种，分布于亚洲热带地区和非洲。我国3种。

尖叶木 图 856

Urophyllum chinense Merr. et Chun in Sunyatsenia 2(1): 19. pl. 10. 1934.

灌木或小乔木。幼枝被柔毛。叶近革质，长圆形、长圆状披针形或近卵形，长10-20厘米，宽3.5-5厘米，先端尾尖，基部圆钝或短尖，下面脉上被贴伏柔毛，侧脉8对；叶柄长约1厘米，托叶窄披针状长圆形，长1-1.7厘米，被柔毛。花序腋生，对生，伞房状，花序梗长4-5毫米。花4-6毫米，被柔毛；小苞片披针形，长约2毫米；萼筒杯状，长约3毫米，被微柔毛，萼裂片小；花冠白色，革质，长约4毫米，冠筒喉部密被毛，裂片5，长约2毫米，近三角形。浆果近球形，径约8毫米，成熟时红或橙黄色。种子有洼点。花期7月，果期8-9月。

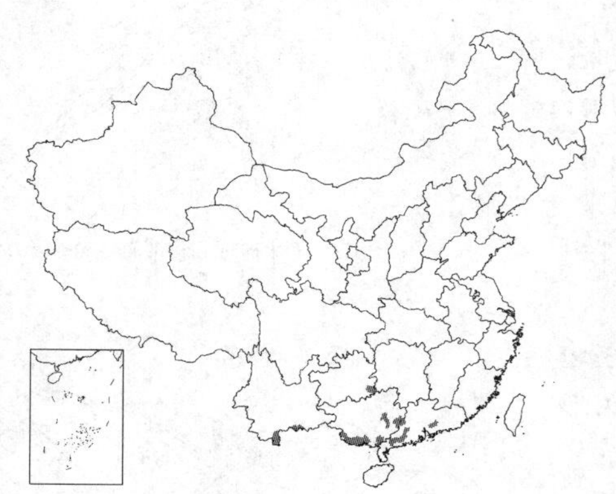

图 856 尖叶木 （余汉平绘）

产广东、广西、云南南部及贵州东南部，生于海拔700-900米山地林中。越南有分布。

43. 栀子属 Gardenia Ellis

灌木或乔木。叶对生或轮生；托叶生于叶柄内，基部常合生。花大，腋生或顶生，单生，稀为伞房花序。萼筒卵形或倒圆锥形，萼裂片宿存；花冠白色，后黄色，高脚碟状或漏斗状，裂片5-9，扩展或外弯，旋转状排列；雄蕊5-9，着生冠筒喉部，花丝极短或缺；子房1室，花柱厚，柱头棒状或纺锤形，常有槽纹；胚珠多数，侧膜胎座2-6。果大，革质或肉质，卵形或圆柱形，常有纵棱。种子埋于肉质、肥厚胎座中。

约250种，分布于东半球热带和亚热带地区。我国5种。

1. 叶两面无毛；果有宿存萼裂片。
  2. 叶窄披针形或线状披针形，宽0.4-2.3厘米 ………… 1. **狭叶栀子花 G. stenophylla**
  2. 叶非上述形状，宽（2）2.5厘米以上。
    3. 乔木；萼裂片长4-5毫米；果有纵棱，棱有时不明显 ………… 2. **海南栀子 G. hainanensis**
    3. 灌木；萼裂片长1-3厘米；果有翅状纵棱5-9条。
      4. 花单瓣 ………… 3. **栀子 G. jasmminoides**
      4. 花重瓣 ………… 3(附). **白蟾 G. jasminoides** var. **fortuniana**
1. 叶上面被柔毛，下面密被绒毛；果顶端无宿存萼裂片 ………… 4. **大黄栀子 G. sootepensis**

1. 狭叶栀子 图 857 彩片 195

Gardenia stenophylla Merr. in Philipp. Journ. Sci. Bot. 19: 678. 1921.

灌木。叶薄革质，窄披针形或线状披针形，长3-12厘米，宽0.4-2.3厘米，先端渐尖，基部渐窄，常下延，两面无毛；侧脉9-13对；叶柄长1-5毫米，托叶膜质，长0.7-1厘米，脱落。花单生叶腋或枝顶，芳香，径4-5厘米。花梗长约5毫米；萼筒倒圆锥形，长约1厘米，萼裂片5-8，窄披针形，长1-2厘米；花冠白色，高脚碟状，冠筒长3.5-6.5厘米，裂片5-8，外反，长圆状倒卵形，长2.5-3.5厘米；花药伸出；柱头棒形，长约1.2厘米，伸出。果长圆形，长1.5-2.5厘米，径1-1.3厘米，有纵棱，成熟时黄或橙红色，萼裂片宿存。花期4-8月，果期5月至翌年1月。

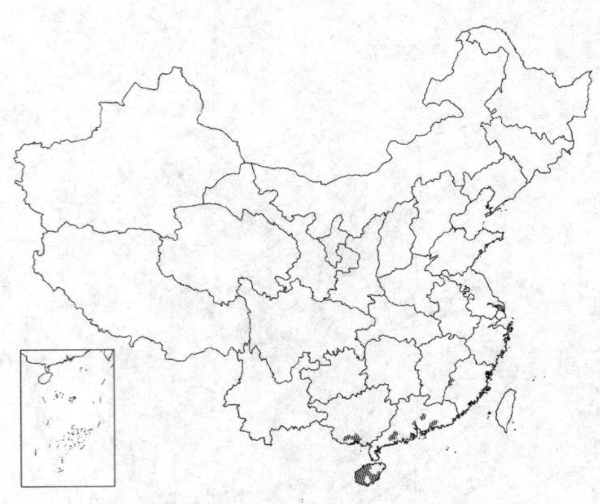

产福建西部、广东、海南及广西南部，生于海拔800米以下山谷溪边林内或灌丛中。越南有分布。果和根药用，凉血、泻火、清热解毒。树形多姿，花美丽，可作盆景栽植。

图 857 狭叶栀子 （邓盈丰绘）

2. 海南栀子 图 858

Gardenia hainanensis Merr. in Lingnan Sci. Journ. 9: 43. 1930.

乔木，高达12米。叶薄革质，倒卵状长圆形、长圆形或倒披针形，长5-20厘米，宽2-8厘米，先端短尖或渐尖，基部楔形，两面无毛，侧脉10-15对；叶柄长0.2-1厘米，托叶成圆筒形，长达1厘米。花芳香，花梗长达8毫米，单生枝顶或近顶部叶腋，径4-5厘米。萼筒宽倒圆锥形，长5-6毫米，萼裂片5，长圆状披针形，长4-5毫米；花冠白色，高脚碟状，冠筒长约1.5厘米，裂片5，倒卵状长圆形，长约3厘米；花药伸出；花柱伸出，侧膜胎座2。果球形或卵状椭圆形，黄色，长1.6-3.3厘米，有纵棱，萼檐宿存，果柄长1-2厘米。花期4月，果期5-10月。

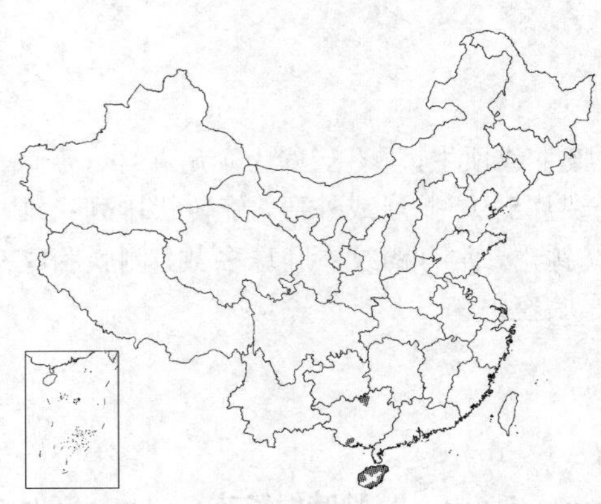

产海南及广西，生于海拔1200米以下溪边林中。

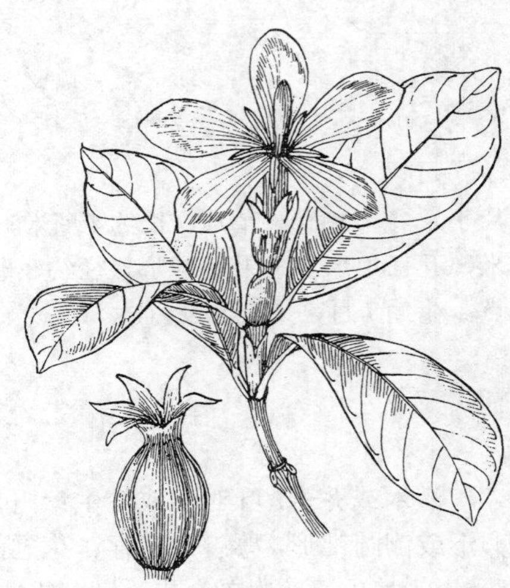

图 858 海南栀子 （黄少容绘）

3. 栀子 图 859 彩片 196

Gardenia jasminoides Ellis in Philos. Trans. 51 (2): 935. t. 23. 1761.

灌木，高达3米。叶对生或3枚轮生，长圆状披针形、倒卵状长圆形、倒卵形或椭圆形，长3-25厘米，宽1.5-8厘米，先端渐尖或短尖，基部楔形，两面无毛，侧脉8-15对；叶柄长0.2-1厘米；托叶膜质，基部合生成鞘。花芳香，单朵生于枝顶。花梗长3-5毫米；萼筒倒圆锥形或卵形，长0.8-2.5厘米，有纵棱，萼裂片5-8，披针形或线状披针形，长1-3厘米，宿存；花冠白或乳黄色，高脚碟状，冠筒长3-5厘米，喉部有疏柔毛，裂片

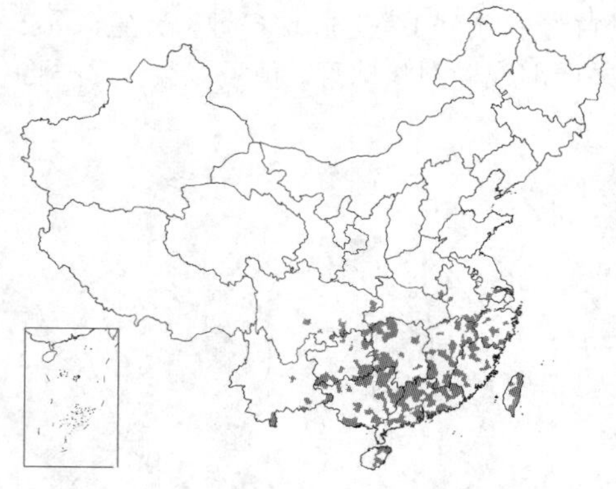

5-8，倒卵形或倒卵状长圆形，长1.5-4厘米；花药伸出；柱头纺锤形，伸出。果卵形、近球形、椭圆形或长圆形，黄或橙红色，长1.5-7厘米，径1.2-2厘米，有翅状纵棱5-9，宿存萼裂片长达4厘米，宽6毫米。种子多数，近圆形。花期3-7月，果期5月至翌年2月。

产河南东南部、安徽南部及西部、江苏、浙江、福建、台湾、江西、湖北、湖南、广东、香港、海南、广西、云南、贵州及四川，生于海拔1500米以下旷野、丘陵、山谷、山坡、溪边灌丛中或林内。日本、朝鲜、越南、老挝、柬埔寨、尼泊尔、印度、巴基斯坦、太平洋岛屿及美洲北部有分布。花大而美丽、芳香，供观赏。果药用，清热利尿、泻火、凉血、散瘀；叶、花、根亦可药用。果可提取栀子黄色素，作染料和食品和香料调合剂。

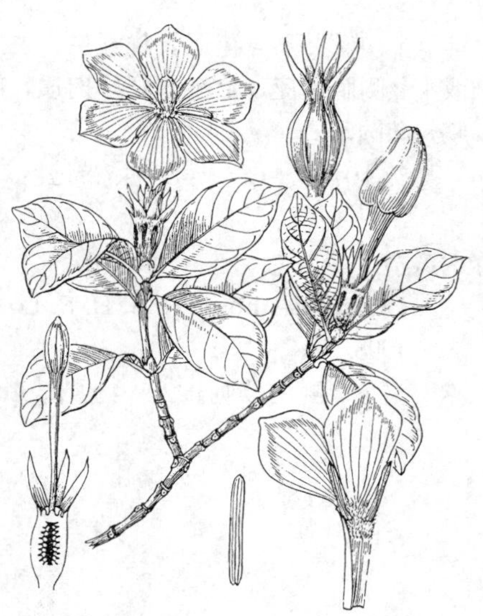

图 859 栀子 （黄少容绘）

[附] **白蟾 Gardenia jasminoides** var. **fortuniana** (Lindl.) Hara, Enum. Sperm. Jap. 2: 15. 1952.——*Gardenia florida* Linn. var. *fortuniana* Lindl. in Bot. Reg. 32: t. 43. 1846. 与模式变种的主要区别：花重瓣、花大而美丽。栽培供观赏。

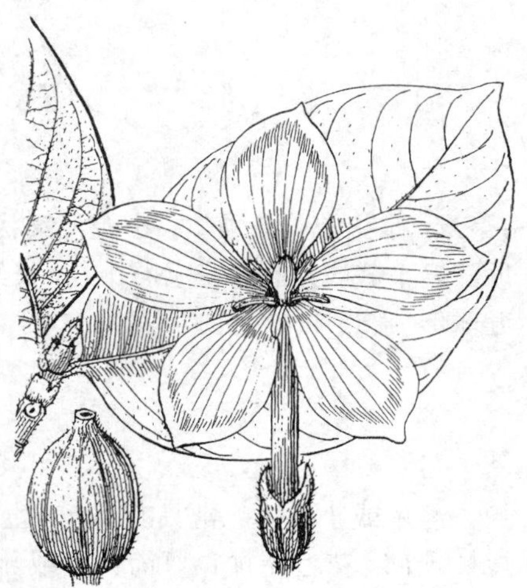

图 860 大黄栀子 （黄少容绘）

4. 大黄栀子 图 860

Gardenia sootepensis Hutchins. in Kew Bull. 1911: 392. 1911.

乔木，高达10米；常有胶质分泌物。小枝节明显，节间密。叶倒卵形、倒卵状椭圆形、宽椭圆形或长圆形，长7-29厘米，先端短渐尖，基部楔形，上面稍有胶腋，被柔毛，下面密被绒毛，侧脉12-20对；叶柄长0.6-1.2厘米，稍有胶液，有柔毛，托叶长0.5-1厘米，管状，近膜质，顶部平截，有缘毛。花径约7，芳香，单生枝顶。花梗长1-1.5厘米；花萼长1.3-1.5厘米，筒状，顶端一侧分裂，外面稍被柔毛，内面被紧贴毛；花药黄或白色，高脚碟状，裂片5，宽倒卵形，长4-5厘米，冠筒长5-7厘米，稍被微柔毛；雄蕊5；侧膜胎座2。果绿色，椭圆形，被微柔毛，有5-6纵棱，长2.5-5.5厘米，径1.5-3.5厘米，果皮革质。种子多数，近圆形，扁，径3-4毫米，有蜂窝状小孔。花期4-8月，果期6月至翌年4月。

产云南南部，生于海拔700-1600米山坡、村边或溪边林中。老挝及泰国有分布。果成熟时可吃，傣族妇女用作洗头发。

44. 木瓜榄属 Ceriscoides (Hook. f.) Tirveng.

灌木或小乔木。腋生小枝常刺状，常无毛。叶对生，有柄，常纸质。花1-3朵生于刺状顶端。单性或假杂性，雌雄异株；萼筒杯状或筒状，檐部5浅裂或近平截；花冠筒状钟形或漏斗状，无毛，裂片5，旋转状排列，盛开时伸展；雄蕊5，与花冠裂片互生，生于冠筒喉部，内藏，花丝极短，花药背着；子房1室，胚珠多数，叠生，具2或4个侧膜胎座，胎座非肥厚肉质，花柱顶端2裂，裂片粘合，内藏。浆果球形或椭圆状球形。种子多数，露出胎座，椭圆形。

约10种，分布于亚洲热带地区。我国1种。

木瓜榄　　图 861

Ceriscoides howii H. S. H. S. Lo in Bull. Bot. Res. (Harbin) 18 (3): 281. 1998.

灌木。侧生枝刺长2.5–4厘米。叶密集于小枝或刺的顶部，叶纸质，窄椭圆形或长圆状披针形，长5–11厘米，先端渐尖，基部楔形或近圆，上面无毛，下面脉腋簇生柔毛，侧脉5–6对；叶柄长3–5毫米，托叶脱落。花单性或假杂性，雌雄异株；雄花常2–3朵簇生枝顶，近无梗；萼筒状钟形，长约6毫米，顶部近平截或5浅裂，无毛；花冠淡黄色，筒状钟形，长1.4–1.5厘米，无毛，裂片5，近圆形，长3.5–4毫米。雌花常单朵顶生；小苞片鳞状，有粗齿；萼无毛，萼筒长1.2厘米，顶部近平截或浅裂；花冠同雄花，长约1.7厘米。浆果宽卵形、宽椭圆形或近球形，长3.4–4.5厘米。花期10月，果期翌年4月。

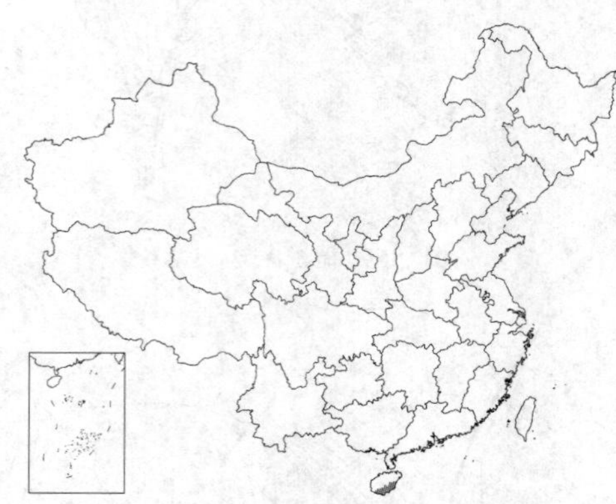

图 861 木瓜榄 （余汉平绘）

产海南南部，生于海拔400–600米山谷林中。

45. 山石榴属 Catunaregam Wolf

灌木或小乔木；常具刺。叶对生或簇生于侧生短枝；托叶生于叶柄间，常脱落。花单生或2–3朵簇生于侧生短枝顶部。花近无梗；萼筒钟形或卵球形，萼裂片5；花冠钟状，常被绢毛，裂片5，旋转状排列；雄蕊5，生于冠筒喉部，花丝极短，花药背着，稍伸出；子房2室，胚珠多数，柱头常2裂，裂片粘合，常伸出。浆果球形、椭圆形或卵球形，径2–4厘米，果皮厚，萼裂片宿存。种子多数，椭圆形或肾形。

约10种，分布于亚洲南部和东南部至非洲。我国1种。

山石榴　　图 862

Catunaregam spinosa (Thunb.) Tirveng. in Taxon 27 (5–6): 515. 1978.

Gardenia spinosa Thunb. Diss. Gard. 7: 16. 1780.

有刺灌木或小乔木，高达10米，有时攀援状。多分枝，刺腋生，对生，粗，长1–5厘米。叶对生或簇生侧生短枝上，倒卵形、长圆状倒卵形、卵形或匙形，长1.8–11.5厘米，宽1–5.7厘米，先端钝或短尖，基部楔形，两面无毛或有糙伏毛，或沿中脉和侧脉有疏硬毛，下面脉腋有束毛，常有缘毛，侧脉4–7对；叶柄长2–8毫米，托叶膜质，卵形，先端芒尖，长3–4毫米，脱落。花单生或2–3朵簇生于侧生短枝顶部。花梗长2–5毫米，被

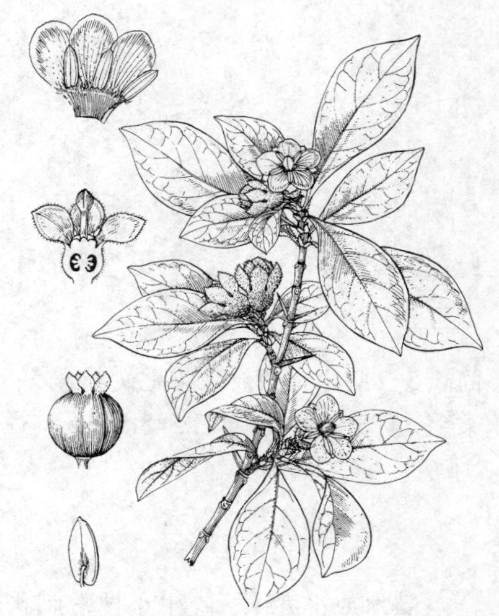

图 862 山石榴 （黄少容绘）

棕褐色长柔毛；萼筒钟形或卵形，长3.5-7毫米，被棕褐色长柔毛，萼裂片5，宽椭圆形，长5-8毫米，具3脉，被棕褐色长柔毛，内面被硬毛；花冠白或淡黄色，钟状，密被绢毛，冠筒长约5毫米，喉部疏被长柔毛，裂片5，卵形或卵状长圆形，长0.6-1厘米；浆果球形，径2-4厘米。花期3-6月，果期5月至翌年1月。

产广东、香港、澳门、海南、广西及云南，生于海拔1600米以下旷野、丘陵、山谷溪边林内或灌丛中。印度、巴基斯坦、尼泊尔、锡金、孟加拉、东南亚及非洲东部热带地区有分布。根利尿、驳骨、祛风湿，治跌打腹痛。

46. 浓子茉莉属 **Fagerlindia** Tirveng.

有刺灌木或乔木。腋芽2，叠生，上面一个成刺，下面一个成枝。托叶窄三角形或卵形。花两性，单生或2-3朵簇生，稀较多，顶生或腋生。花具梗；花萼杯状或钟状，萼裂片5，窄三角形；花冠高脚碟状，白或淡黄色，裂片5，旋转状排列；雄蕊5，生于冠筒喉部，花丝短，花药背着，伸出；柱头2裂，裂片粘合，子房2室，胚珠多数，中轴胎座。浆果球形，径0.5-1.5厘米，被柔毛，萼宿存。种子具角，有纹孔。

约8种，分布于亚洲南部和东南部。我国2种。

1. 小枝、花萼均均无毛；叶下面无毛，先端稍钝或短尖；花冠筒长1.4-2厘米，裂片长0.6-1.2厘米…………………………………………………………………………………………… 1. **浓子茉莉 F. scandens**
1. 小枝、花萼均被柔毛；叶下面无毛或疏生毛，先端渐尖或尾尖；花冠筒长3-4.5毫米，裂片长5-5.5毫米 ………………………………………………………………………………………… 2. **多刺山黄皮 F. depauperata**

1. 浓子茉莉 图 863

Fagerlindia scandens (Thunb.) Tirveng. in Nord. Journ. Bot. 3 (4): 458. 1983.

Gardenia scandens Thunb. Diss. Bot. Gard. 17. pl. 2. f. 5. 1780.

有刺灌木。小枝无毛；刺腋生，对生，劲直，长0.6-1.2厘米。叶疏生或簇生于侧生短枝，卵形、宽椭圆形或近圆形，长0.6-5.5厘米，先端稍钝或短尖，基部楔形，两面无毛，侧脉2-3对；叶柄长2-5毫米，托叶卵形，长约2毫米，基部合生。花单生或2-3朵聚生，腋生或生于侧生短枝顶部。花梗长约5毫米，近基部有合生的小苞片2枚；花萼无毛，萼筒钟形，长3.5-4毫米，裂片5，三角形，长1.5-2毫米；花冠白色，高脚碟状，冠筒长1.4-2厘米，内面上部有柔毛，裂片5，披针形，长0.6-1.2厘米；花柱与柱头长1.2-2厘米。浆果球形，径5-7毫米；果柄

图 863 浓子茉莉（黄少容绘）

长5-8毫米。种子16-20颗。花期3-5月，果期5-12月。

产广东、海南及广西南部，生于低海拔丘陵或旷野灌丛中。越南有分布。

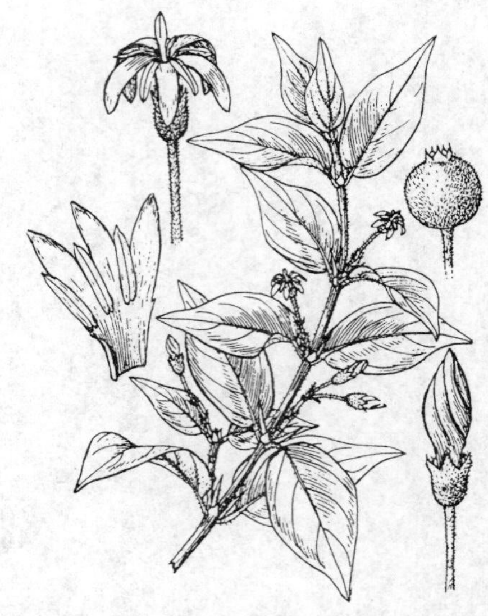

图 864 多刺山黄皮 （黄少容绘）

2. 多刺山黄皮 图 864

Fagerlindia depauperata (Drake) Tirveng. in Nord. Journ. Bot. 3 (4): 458. 1983.

Randia depauperata Drake in Journ. de Bot. 9: 217. 1895.

有刺灌木，高达3米。小枝被柔毛；刺腋生，对生，直或稍弯，长0.4-1.5厘米。叶薄纸质，对生，卵形、卵状长圆形或卵状披针形，长1.5-8.2厘米，先端渐尖或尾尖，基部圆钝或宽楔形，上面无毛，下面无毛或疏生柔毛，侧脉2-4对；叶柄长2-6毫米，被柔毛，托叶窄三角形，被柔毛，长3-4毫米。花1-2朵，稀3朵聚生腋生短枝。花梗长0.6-1厘米，被柔毛；花萼被柔毛，萼筒钟形，长3.5-4毫米，萼裂片5，窄三角形，长1-2毫米；花冠白色，高脚碟状，无毛，冠筒长3-4.5毫米，裂片5，长圆形，长5-5.5毫米，有缘毛。浆果球形，有疏柔毛，径5-6毫米，紫黑色；果柄纤细，有疏柔毛，长0.5-1.5厘米。花期4月，果期5月至翌年1月。

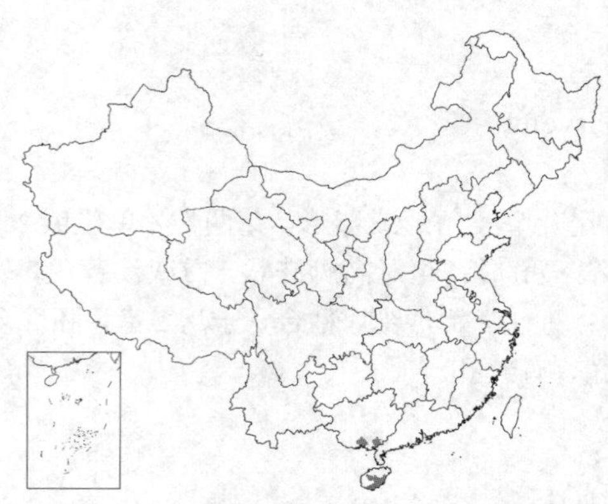

产海南及广西南部，生于海拔300米以下山地林内或灌丛中。越南有分布。

47. 鸡爪簕属 Oxyceros Lour.

有刺灌木或乔木，有时攀援状或藤本。枝粗，腋芽1个，成刺或枝，刺常成对，腋生或腋上生。叶对生或簇生侧生短枝。花两性，具柄，数至多朵簇生或组成聚伞花序，腋生或生于侧生短枝顶部，稀顶生或与叶对生，有苞片和小苞片。萼筒杯形或钟形，萼裂片5；花冠高脚碟状，无毛，冠筒喉部或内面上部有柔毛，裂片5，旋转状排列，花时常外反；雄蕊5，着生冠筒喉部，花丝极短，花药背着，细长，伸出；子房2室，每室胚珠数至多颗，中轴胎座，花柱细长，柱头棒形或纺锤形，常2裂，伸出。浆果，果皮薄或稍木质。种子数至多颗，常具角。

约20种，分布于亚洲南部和东南部。我国4种。

1. 花序稠密；冠筒长1.2-2.4厘米，冠筒较裂片长；花梗长1-1.5毫米或近无 …………………… 1. **鸡爪簕 O. sinensis**
1. 花序较疏散；冠筒长5.5-7毫米，冠筒较裂片短；花梗长1-9毫米 ………………………… 2. **琼滇鸡爪簕 O. griffithii**

1. 鸡爪簕 图 865

Oxyceros sinensis Lour. Fl. Cochinch. 151. 1790.

Randia sinensis (Lour.) Schult.; 中国高等植物图鉴 4: 237. 1975.

有刺灌木或小乔木，有时攀援状。小枝被黄褐色硬毛或柔毛；刺腋生，长0.4-1.5厘米。叶纸质，卵状椭圆形、长圆形或卵形，长2-21厘米，先端短尖或短渐尖，基部楔形或稍圆，两面无毛，或下面被柔毛，或沿中脉和侧脉或脉腋内被柔毛，侧脉6-8对；叶柄长0.5-1.5厘米，有黄褐色硬毛或脱落无毛，托叶三角形，被柔毛，长3-5毫米。聚伞花序顶生和上部腋生，多花稠密，伞状，长2.5-4厘米，花序梗长约5毫米或极短，密被黄褐色

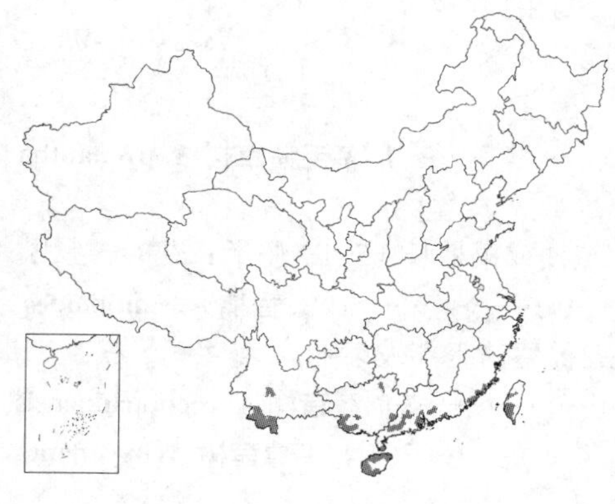

硬毛。花梗长1-1.5毫米或近无梗；被黄褐色硬毛；花萼被黄褐色硬毛，萼筒杯形，长4-6毫米，萼裂片三角形或卵状三角形，长1-4毫米；花冠白或黄色，高脚碟状，冠筒长1.2-2.4厘米，喉部被柔毛，裂片5，长圆形，长5-9毫米。浆果球形，径0.8-1.2厘米，黑色，有疏柔毛或无毛，常多个聚生成球状果序，果柄长不及5毫米；种子约9颗。花期3-12月，果期5月至翌年2月。

产福建东南部、台湾、广东、香港、海南、广西及云南，生于海拔1200米以下旷野、丘陵、山地林内、林缘或灌丛中。越南及日本有分布。常栽植作绿篱。

图 865 鸡爪簕 （黄少容绘）

2. 琼滇鸡爪簕 图 866

Oxyceros griffithii (Hook. f.) W. C. Chen, Fl. Reipubl. Popul. Sin. 71 (1): 346. 1999.

Randia griffithii Hook. f. Fl. Brit. Ind. 3: 112. 1880.

Randia hainanensis Merr.; 中国高等植物图鉴 4: 236. 1975.

有刺灌木或乔木，有时攀援状，高达10米。幼枝被柔毛；刺腋生，成对，长0.4-1.4厘米。叶长圆状卵形、椭圆状披针形或卵形，长3-14厘米，先端渐尖或尾尖，基部楔形或近圆，两面无毛或下面中脉和侧脉有疏柔毛，下面脉腋常有簇毛，侧脉3-6对；叶柄长0.4-1.3厘米，托叶披针形，有柔毛或无毛，长3-5.5毫米。聚伞花序较疏散，腋生和顶生，长2.5-3厘米，花序梗长0.4-1.5厘米；总苞片和小苞片长约2毫米，卵状三角形。花梗长1-9毫米；花萼长4-6.5毫米，有硬毛，萼筒钟形，长1-3毫米，径2.2-3.5毫米，萼裂片三角形，长1-1.5毫米；花冠白或黄色，高脚碟状，无毛，冠筒内面上部有柔毛，长5.5-7毫米，裂片长圆形，长6-8毫米。果球形，径5-8毫米。花期4-6月，果期5-12月。

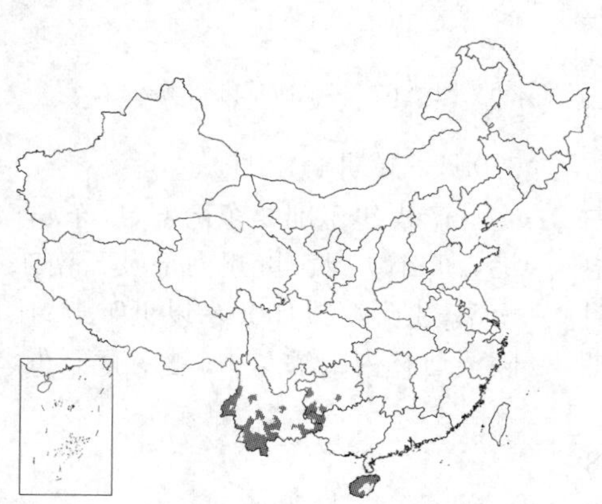

图 866 琼滇鸡爪簕 （黄少容绘）

产海南、广西西部、云南及贵州，生于海拔200-2400米山谷溪边林内或灌丛中。越南、泰国及印度有分布。

48. 茜树属 Aidia Lour.

无刺灌木或乔木，稀藤本。叶对生，干后非黑褐色。聚伞花序腋生或与叶对生，或生于无叶节上，稀顶生，有苞片和小苞片。花两性，萼筒杯形或钟形，萼裂片(4)5；花冠高脚碟状，无毛，冠筒喉部有毛，裂片(4)5，旋转状排列，花时常外反；雄蕊(4)5，着生冠筒喉部，花丝极短，花药背着，伸出；子房2室，花柱细长，柱头棒形或纺锤形，2裂，裂片粘合或分离，伸出。浆果球形。种子数至多颗，常具角，与果肉胶结。

约50多种，分布于非洲热带地区、亚洲南部及东南部至大洋洲。我国7种。

1. 幼枝、叶下面和花序均被锈色柔毛 …………………………………………………… 1. **多毛茜草树 A. pycnantha**
1. 幼枝、叶下面和花序均无毛或部分被毛。
   2. 聚伞花序腋生，有花数朵至10余朵，成伞状，花序梗极短或近无；花梗或果柄长0.5-1.7厘米；花萼被紧贴疏锈色柔毛 …………………………………………………… 2. **香楠 A. canthioides**
   2. 聚伞花序非伞状，花序梗较长；花梗或果柄长及8毫米；花萼无毛，稀萼筒基部被柔毛。
      3. 萼筒杯形，萼裂片三角形，长1-1.5毫米；叶干后上面非苍黄色 ………………… 3. **茜树 A. cochinchinensis**
      3. 萼筒钟形，萼裂片钻形或线状披针形，长2-4.5毫米；叶干后上面苍黄色 …… 3(附). **尖萼茜树 A. oxyodonta**

1. 多毛茜草树 图 867

Aidia pycnantha (Drake) Tirveng. in Nord. Journ. Bot. 3(4): 455. 1983.

Randia pycnantha Drake in Journ. de Bot. 9: 218. 1895.

Randia acuminatissima Merr.; 中国高等植物图鉴 4: 234. 1975.

无刺灌木或乔木，高达12米。幼枝、叶下面和花序被锈色柔毛。叶长圆形、长圆状披针形或长圆状倒披针形，长8-27.5厘米，宽2-10厘米，先端渐尖或尾尖，基部楔形，上面无毛，侧脉10-14对；叶柄长0.5-1.5厘米，被柔毛，托叶披针形，长0.8-1.2厘米，被柔毛。聚伞花序与叶对生，多花，长4-6厘米；苞片和小苞片线状披针形，长2-4毫米。花梗长1.5-4毫米；萼被锈色柔毛，萼筒杯形，长4-5毫米，萼裂片5，三角形，长1-2毫米；花冠白或淡黄色，高脚碟状，无毛，冠筒长约4毫米，喉部密被长柔毛，裂片长圆状倒披针形，长7-9毫米，花时反折。浆果球形，径6-8毫米，有锈色疏柔毛或近无毛，干后黑色。花期3-9月，果期4-12月。

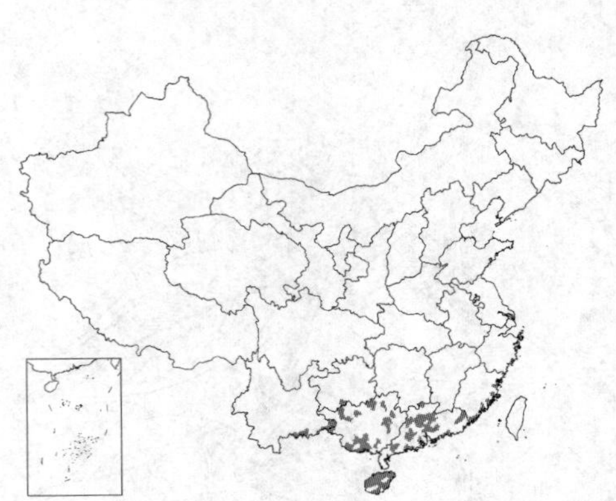

图 867 多毛茜草树 （易敬度绘）

产福建东部及东南部、广东、香港、海南、广西、贵州南部及云南东南部，生于海拔1000米以下旷野、丘陵溪边林内或灌丛中。越南有分布。

2. 香楠 图 868

Aidia canthioides (Champ. ex Benth.) Masam. in Trans. Nat. Hist. Soc. Formos. 28: 118. 1938.

Randia canthioides Champ. ex Benth. in Journ. Bot. Kew Misc. 4: 194. 1852.

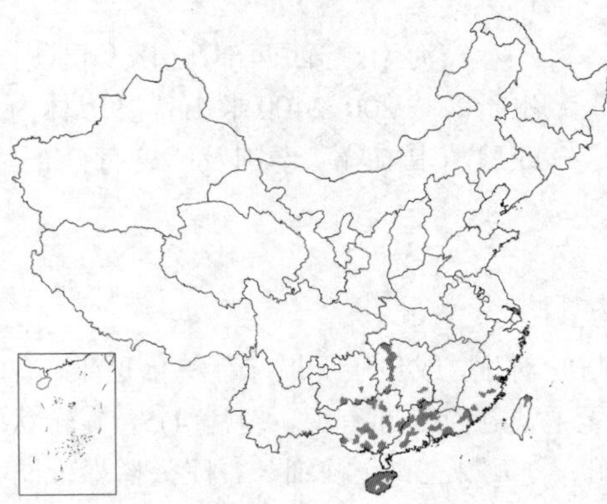

无刺灌木或乔木，高达12米。枝无毛。叶长圆状椭圆形、长圆状披针形或披针形，长4.5-18.5厘米，宽2-8厘米，先端渐尖或尾尖，有时短尖，基部宽楔形或稍圆，两面无毛，下面脉腋有小窝孔，侧脉3-7对；叶柄长0.5-1.8厘米，托叶宽三角形，长3-8毫米。聚伞花序腋生，长2-3厘米，花数花至10余朵，伞状，花序梗极短或近无；苞片和小苞片基部合成杯状体。花梗长0.5-1.6厘米，无毛；花萼被紧贴锈色疏柔毛，萼筒陀螺形，长4-6毫米，萼裂片三角形，长1-2毫米；花冠高脚碟状，白或黄白色，无毛，喉部被长柔毛，冠筒长0.8-1厘米，裂片5，长圆形，长4-7毫米，花时外反。浆果球形，径5-8毫米，有紧贴锈色疏毛或无毛，果柄长0.5-1.7厘米。花期4-6月，果期5月至翌年2月。

产福建、台湾北部、广东、香港、海南、广西、云南东南部、贵州南部及湖南，生于海拔1500米以下山谷溪边、丘陵灌丛中或林内。日本及越南有分布。

图 868 香楠 （黄少容绘）

3. 茜树 图 869

Aidia cochinchinensis Lour. Fl. Cochinch. 143. 1790.

无刺灌木或乔木，高达15米。枝无毛。叶椭圆状长圆形、长圆状披针形或窄椭圆形，长6-21.5厘米，先端渐尖或尾尖、短尖，基部楔形，两面无毛，下面脉腋小窝孔簇生柔毛，侧脉5-10对；叶柄长0.5-1.8厘米，托叶披针形，无毛，长0.6-1.8厘米，托叶披针形，无毛，长0.6-1厘米。聚伞花序与叶对生或生于无叶节上，多花，长2-7厘米，苞片和小苞片披针形，长约2毫米。花梗长7毫米或近无梗，花萼无毛，萼筒杯形，长3.5-4毫米，萼裂片4-5，三角形，长1-1.5毫米；花冠黄、白或红色，无毛，冠筒长3-4毫米，喉部密被淡黄色长柔毛，裂片长圆形，长0.6-1厘米，花时反折。浆果球形，无毛或疏柔毛，径5-6毫米，紫黑色。花期3-6月，果期5月至翌年2月。

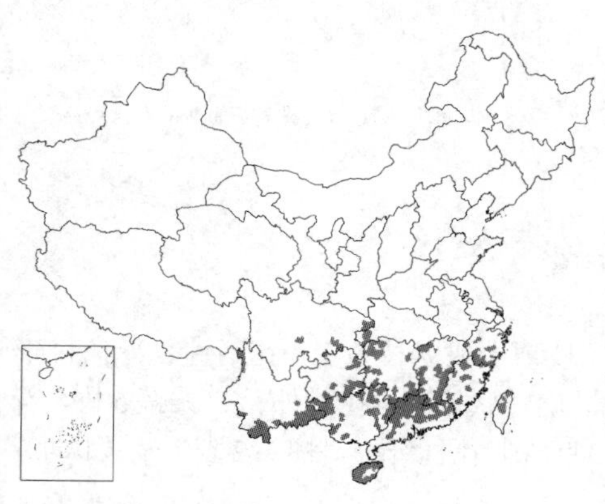

产浙江、福建、台湾、江西、湖北、湖南、广东、香港、海南、广西、云南、贵州及四川，生于海拔2400米以下山坡、山谷溪边林内或灌丛中。日本南部、亚洲南部及东南部至大洋洲有分布。

图 869 茜树 （黄少容绘）

[附] **尖萼茜树 Aidia oxyodonta** (Drake) Yamazaki in Journ. Jap. Bot. 45: 339. 1970.—— *Randia oxyodonta* Drake in Journ. de Bot. 9: 218. 1895. 本种与茜树的区别：萼筒钟形，长5-5.5毫米，裂片钻形或线状披针形，长2-4.5毫米；叶干后上面苍黄色。花期4-9月，果期5-10月。产广东、海南及广西，生于海拔180-1000米山地林内或灌丛中。越南有分布。

49. 岭罗麦属 Tarennoidea Tirveng. et C. Sastre

乔木。叶对生，革质；托叶基部合生，先端尖，常脱落。聚伞圆锥花序顶生或近枝顶腋生，有苞片和小苞片。花两性，具梗；萼筒钟状，萼裂片5；花冠高脚碟状，喉部有柔毛，裂片5，着生冠筒喉部，花丝极短，花药背着，伸出；子房2室，每室1-2胚珠，花柱细长，柱头纺锤形，不裂，伸出。浆果球形；种子1-4。

约2种，分布于亚洲南部及东南部。我国1种。

岭罗麦 图 870

Tarennoidea wallichii (Hook. f.) Tirveng. et C. Sastre in Mauritius Inst. Bull. 8 (4): 90. 1979.

Randia wallichii Hook. f. Fl. Brit. Ind. 3: 113. 1880; 中国高等植物图鉴 4: 234. 1975.

无刺乔木，高达20米。枝无毛。叶革质，长圆形、倒披针状长圆形或

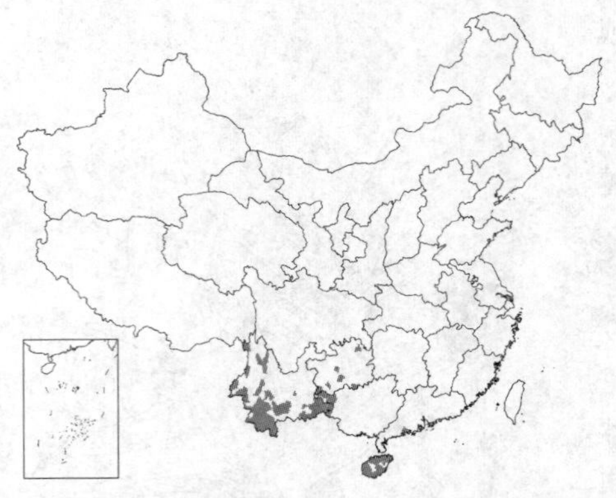

椭圆状披针形，长7-30厘米，宽2.2-9厘米，先端宽短尖或渐尖，基部楔形，边反卷，下面脉腋有簇毛，侧脉5-13对；叶柄长1-3厘米，无毛，托叶披针形，无毛，长0.8-1厘米。花序多花疏散，长4-12厘米，径8-13厘米，被柔毛；苞片和小苞片披针形或丝状。花梗长1-8毫米，被柔毛；萼筒钟形，基部常被柔毛，长1.5-2.5毫米，萼裂片5，三角形，花冠黄或白色，冠筒长3-4毫米，喉部有长柔毛，裂片长圆形，反折，长约2.5毫米。浆果球形，径0.7-1.8厘米，无毛。花期3-6月，果期7月至翌年2月。

产广东、海南、广西、云南及贵州，生于海拔400-2200米山谷溪边林内或灌丛中。印度、尼泊尔、不丹、孟加拉及东南亚有分布。木材坚韧，供造船、水工、桥梁、建筑等用。

图 870 岭罗麦 （余汉平绘）

50. 白香楠属 Alleizettella Pitard

灌木。叶对生，具柄；托叶基部合生，常脱落。聚伞花序生于侧生短枝顶端或老枝节上。花两性；萼筒钟形或卵球形，萼裂片5，三角形或线形；花冠高脚碟状，裂片5，短于冠筒，旋转状排列，花时外反；雄蕊5枚，着生冠筒喉部或上部，花丝极短，花药背着，长圆形；子房2室，每室2-3胚珠，花柱纤细，柱头2裂。浆果球形，平滑；种子每室1-3颗。

约2种，分布于越南和中国。我国1种。

白果香楠 图 871

Alleizettella leucocarpa (Champ. ex Benth.) Tirveng. in Nord. Journ. Bot. 3 (4): 455. 1983.

Randia leucocarpa Champ. ex Benth. in Journ. Bot. Kew Misc. 4: 194. 1852.

无刺灌木，有时攀援状。小枝被锈色糙伏毛或柔毛，老时毛渐脱落。叶长圆状倒卵形、长圆形、窄椭圆形或披针形，长4.5-17厘米，先端渐尖或尾尖，基部楔形，干后下面较苍白，有时有棕黑色斑点，下面中脉和侧脉有锈色糙伏毛，有时下面被锈色疏柔毛，有时上面中脉有疏柔毛，侧脉4-7对；叶柄长0.4-1.2厘米，被糙伏毛；托叶宽三角形。花序长约2厘米，有糙伏毛或硬毛；小苞片披针形，被毛。花梗长约2毫米；花萼被糙伏毛，长3-3.5毫米，萼筒钟形，长2-2.5毫米，萼裂片三角形，长约1毫米；花冠白色，高脚碟状，冠筒长约3毫米，上部有糙伏毛，喉部有长柔毛，裂片近卵形，长约1.5毫米，外反。浆果球形，淡黄白色，径0.8-1.3厘米。种子扁球形，径4-5毫

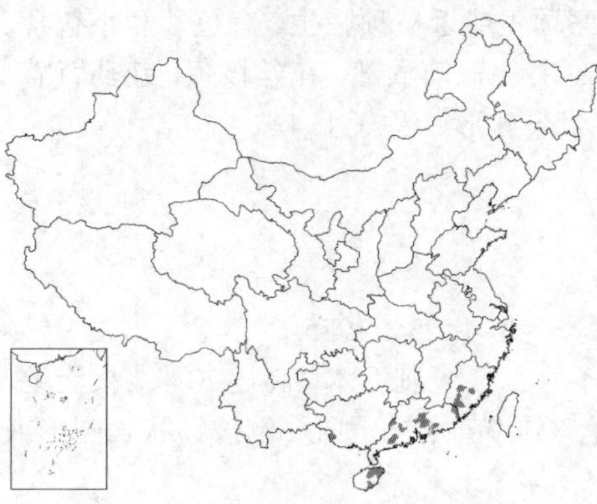

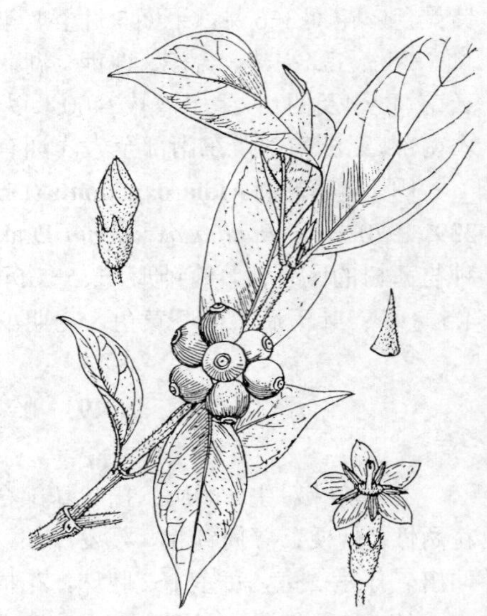

图 871 白果香楠 （黄少容绘）

米。花期4-6月，果期6月至翌年2月。

产福建、广东、香港、海南及广西西南部，生于海拔200-1000米山谷溪边林内或灌丛中。越南有分布。

51. 须弥茜树属 **Himalrandia** Yamazaki

灌木，近直立，多分枝。叶常聚生于侧生短枝，具短柄或近无柄；托叶有刚毛。花单生于侧生短枝顶端，有时生于茎顶。花萼钟状，萼裂片5；花冠外面无毛，内面被硬毛，裂片5，旋转状排列；雄蕊5，着生于冠筒喉部，花药线形，稍伸出，花丝极短或无；子房无毛，2室，每室2胚珠，花柱丝状，柱头纺锤形，无毛，常2裂，伸出。浆果球形；种子1-4颗。

约2种，分布于巴基斯坦、印度、锡金、不丹和中国。我国1种。

须弥茜树 图 872

Himalrandia lichiangensis (W. W. Smith) Tirveng. in Nord. Journ. Bot. 3(4): 462. 1983.

Randia lichiangensis W. W. Smith in Notes Roy. Bot. Gard. Edinb. 8: 200. 1914.

无刺灌木；多分枝。叶常簇生于侧生短枝，倒卵形或倒卵状匙形，长1-6.5厘米，先端短尖，基部楔形，干后黑色，两面有糙伏毛，下面脉上较密，侧脉3-5对；叶柄长约1毫米或近无柄，托叶卵形，长约5毫米。花近无梗；萼长约3毫米，被疏柔毛，萼裂片5，三角形，具缘毛；花冠黄色，冠筒长约3毫米，内面被白色硬毛，裂片卵形，长约5毫米，开展。浆果球形，径5-6毫米。种子椭圆形，1-2颗，径约3毫米。花期5月，果期7-11月。

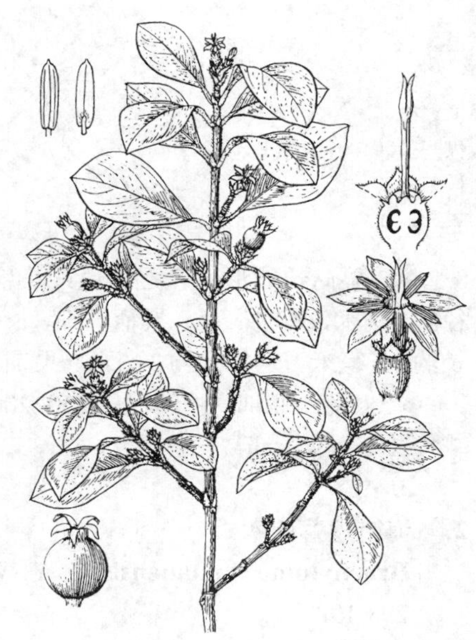

图 872 须弥茜树 （黄少容绘）

产云南及四川，生于海拔1400-2400米处山坡、山谷沟边林下或灌丛中。

52. 短萼齿木属 **Brachytome** Hook. f.

灌木或小乔木。叶对生，具柄；托叶生叶柄间，三角形。花小，白色，杂性异株，腋生或与叶对生的聚伞圆锥花序，有小苞片。萼裂片5，宿存；花冠筒喉部和内面无毛，裂片5，旋转状排列；雄蕊5，着生冠筒喉部，内藏，花丝极短，花药线状长圆形，背着；雌花花盘环形，雄花花盘杯形；子房2室，每室胚珠多数，花柱线形，雄花花柱短，柱头2裂，裂片短，长圆形，有槽纹。浆果小，2室。种子多数，密集，常楔形，扁平，有网纹；胚乳肉质；胚近圆柱形。

约5种，分布于印度、不丹、孟加拉、缅甸、越南、马来西亚和我国。我国3种、1变种。

1. 托叶先端钻状长尖，长0.6-1.5厘米；浆果椭圆形，长1-1.5厘米，径约8毫米 …………… 1. **短萼齿木 B. wallichii**
1. 托叶先端硬尖，长5-8毫米；浆果近球形，长约6毫米，径约5毫米 ………… 2. **海南短萼齿木 B. hainanensis**

1. 短萼齿木 图 873

Brachytome wallichii Hook. f. Icon. Pl. 11: 70. pl. 1088. 1871.

灌木或小乔木；全株无毛。叶纸质，长圆形或长圆状披针形，长9-14厘米，宽2.5-4.5厘米，先端渐尖或尾尖，基部楔形，侧脉8-10对；叶柄长0.3-1厘米；托叶三角形，先端钻状长尖，长0.6-1.5厘米。花序长3-4厘米，径3-5厘米，不规则分枝；花序梗和花梗纤细；小苞片窄三角形，长约1.5毫米。花梗长0.5-1厘米；雄花长约4毫米，萼筒倒圆锥形，花冠白色，近圆筒形，有线形小斑点；雌花长约8毫米，萼筒长卵形；花冠白色，近漏斗形。浆果椭圆形，长1-1.5厘米，径约8毫米，萼檐宿存；果柄纤细，长0.7-2厘米。种子多数，密聚，楔形，长约1.5毫米，上部宽约2毫米。果期9-10月。

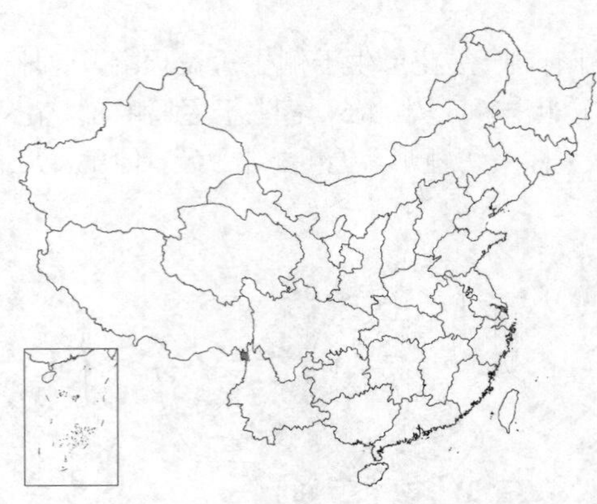

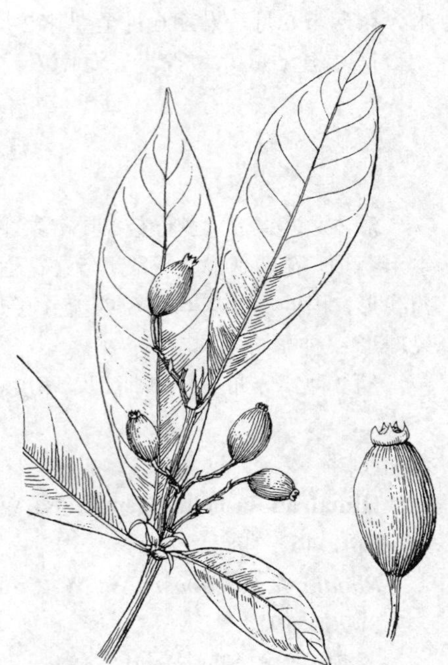

图 873 短萼齿木 （黄少容绘）

产云南西北部，生于海拔1250-2000米山谷林中。印度、不丹、孟加拉、缅甸及越南有分布。

2. 海南短萼齿木 图 874

Brachytome hainanensis C. Y. Wu ex W. C. Chen in Guihaia 7(4): 298. 1987.

灌木，高约3米；无毛。叶纸质，长圆形或椭圆状披针形，长7-20.5厘米，宽2.5-7厘米，先端渐尖，基部楔形，侧脉8-12对；叶柄长0.4-1.5厘米，托叶三角形，先端硬尖，长5-8毫米。果序长3-8厘米，径3-5厘米，扩展，腋生或与叶对生；苞片三角形，长约1毫米。浆果近球形，红色，长约6毫米，径约5毫米。萼檐宿存。种子楔形，扁，黄色，宽约1.5毫米。果期3月。

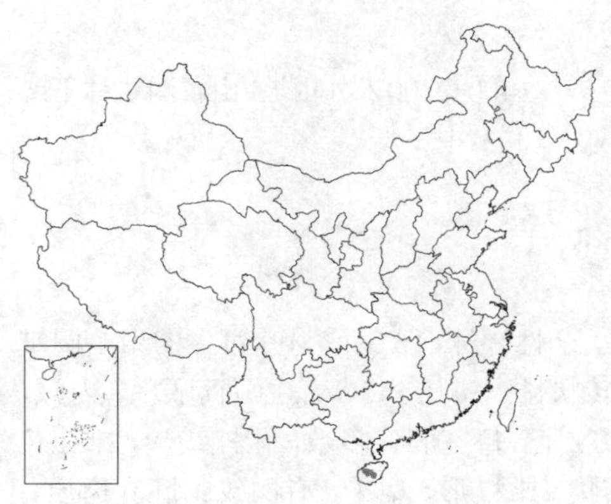

产海南，生于低海拔山地林中。越南有分布。

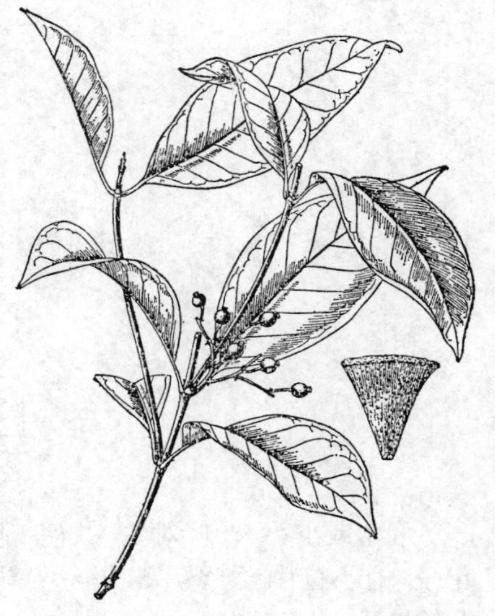

图 874 海南短萼齿木
（引自《海南植物志》）

53. 狗骨柴属 Diplospora DC.

灌木或小乔木。叶对生；托叶具短鞘和稍长的芒。聚伞花序腋生和对生，多花，密集。花4（5）数，两性或单性杂性异株；萼筒短，裂片常三角形；花冠高脚碟状，白、淡绿或淡黄色，裂片旋转状排列；雄蕊着生冠筒喉部，花丝短，花药背着；子房2室，每子室1-3（-6）胚珠，花柱2裂，雌花花柱稍伸出，雄花花柱不伸出；花盘环状。核果淡黄、橙黄或红色，近球形或椭圆状球形，萼宿存；每室1-3（-6）种子。

约20余种，分布于亚洲热带和亚热带地区。我国3种。

1. 叶两面无毛，叶柄无毛；花冠裂片与冠筒近等长 ······························ 1. **狗骨柴 D. dubia**

1. 叶脉和脉腋有疏柔毛，余无毛或疏生柔毛，叶柄常有刚毛；花冠裂片比冠筒长 ············ 2. **毛狗骨柴 D. fruticosa**

1. 狗骨柴 图 875 彩片 197

Diplospora dubia (Lindl.) Masam. in Trans. Nat. Hist. Soc. Formosa. 29: 269. 1939.

Canthium dubium Lindl. in Bot. Reg. 12: t. 1026. 1826.

灌木或乔木，高达12米。叶卵状长圆形、椭圆形或披针形，长4-19.5厘米，先端短渐尖、骤渐尖或短尖，基部楔形，两面无毛，侧脉5-11对；叶柄长0.4-1.5厘米，托叶长5-8毫米，基部鞘内面有白色柔毛。聚伞花序密集；花序梗短，有柔毛。花梗长约3毫米，有柔毛；萼筒长约1毫米，萼裂片4，有柔毛；花冠白或黄色，冠筒长约3毫米，裂片长圆形，与冠筒近等长，外卷；雄蕊4。浆果近球形，径4-9毫米，有疏柔毛或无毛，成熟时红色，果柄纤细，有柔毛，长3-8毫米。种子4-8，近卵形，暗红色，径3-4毫米，长5-6毫米。花期4-8月，果期5月至翌年2月。

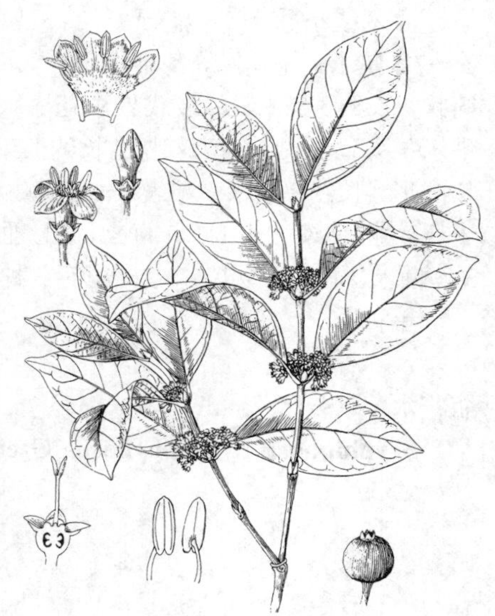

图 875 狗骨柴 （黄少容绘）

产安徽南部、浙江、福建、台湾、江西、湖南、广东、香港、海南、广西、贵州东南部及云南东南部，生于海拔1500米以下山谷沟边、林下或灌丛中。日本及越南有分布。木材致密强韧，易加工，供器具及雕刻细木工用材。根可治黄疸病。

2. 毛狗骨柴 图 876

Diplospora fruticosa Hemsl. in Journ. Linn. Soc. Bot. 23: 383. 1888.

灌木或乔木，高达15米。幼枝有柔毛。叶长圆形、长圆状披针形或窄椭圆形，长5.5-22厘米，先端渐尖或尾尖，基部楔形或钝圆，叶脉和脉腋有疏柔毛，余无毛或疏生柔毛，侧脉7-13对；叶柄长0.4-1.3厘米，常有刚毛，托叶基部合生，披针形，长0.8-1厘米，被柔毛。伞房状的聚伞花序腋生；花序梗很短。花梗短；萼被柔毛，长约3毫米，萼筒陀螺形，萼

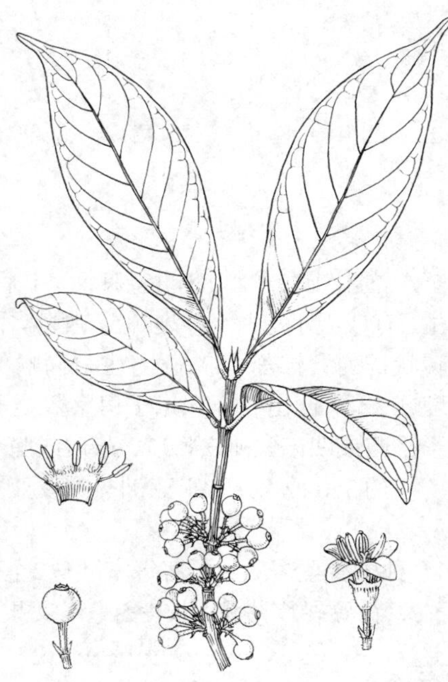

图 876 毛狗骨柴 （余汉平绘）

裂片4，三角形，长0.5-0.8毫米；花冠白或黄色，长6-7毫米，冠筒喉部被柔毛，裂片长圆形，比冠筒长，外反。果近球形，有柔毛或无毛，径5-7毫米，成熟时红色；果柄长0.3-1厘米，纤细。花期3-5月，果期6月至翌年2月。

产江西、湖北、湖南、广东、广西、云南、贵州及四川，生于海拔220-2000米山谷或溪边林下或灌丛中。越南有分布。

54. 瓶花木属 Scyphiphora Gaertn. f.

灌木或小乔木；全株无毛。小枝节间短，芽稍膨大；幼枝和幼叶有胶质。叶革质，倒卵圆形或宽椭圆形，长2.5-7.5厘米，先端圆，基部楔形，上面有光泽，侧脉4-6对，纤细，有两面不明显；叶柄长0.5-1.5厘米，托叶短筒状，长约3毫米。二歧式聚伞花序腋生，长1.5-3厘米，多花，花序梗长0.5-1厘米。花白或淡黄色，花梗长1-2毫米；萼筒长约5毫米，萼檐长约1.5毫米，顶端近平截或具4-5钝齿；花冠筒长4-5毫米，喉部被毛，裂片4-5，长圆形，长约2毫米；雄蕊4-5，着生花冠裂片间，花丝钻形，花药线状箭形，背着，稍伸出；花盘环状，分裂；子房2室，每室2胚珠，1直立，1悬垂，花柱线形，长约5毫米，柱头2裂。核果长圆状柱形，长0.8-1.1厘米，径3-5毫米，有6-8纵棱；萼檐宿存。种子长圆状柱形，种皮膜质，胚乳少；子叶长圆形，胚根长。

单种属。

瓶花木 图 877

Scyphiphora hydrophyllacea Gaertn. f. Fruct. 3: 91. t. 196. f. 2. 1805.

形态特征同属。花期7-11月，果期8-12月。

产海南，生于海边泥滩。亚洲南部及东南部、加罗林群岛、澳大利亚及新喀里多尼亚有分布。为组成红树林树种之一，树皮可提制栲胶。

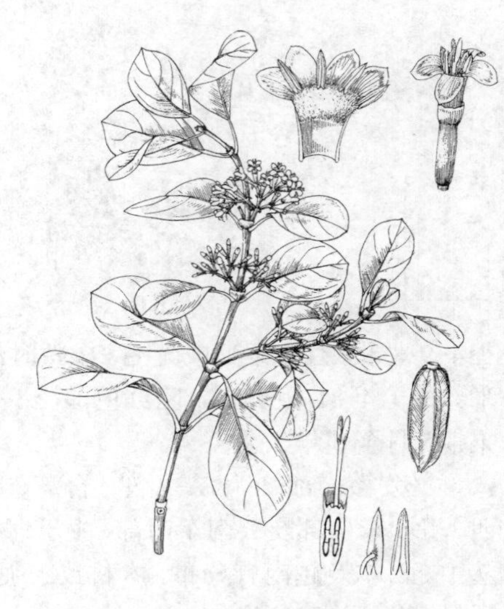

图 877 瓶花木 （黄少容绘）

55. 乌口树属 Tarenna Gaertn.

灌木或乔木。叶对生，具柄，干后常黑褐色；托叶生在叶柄间，基部合生或离生，常脱落。伞房状聚伞花序顶生，有或无小苞片。萼裂片5，脱落，稀宿存；花冠漏斗状或高脚碟状，冠筒喉部无毛或被毛，花冠裂片（4）5，旋转状排列；雄蕊（4）5，着生冠筒喉部，花丝短或无，花药背着；花盘环状；子房2室，花柱长，柱头有槽纹，不裂或2裂，伸出；胚珠每子房室数至多颗，稀1-2颗，中轴胎座肉质。浆果革质或肉质，2室，具1至多数种子。种子平凸或凹陷，种皮膜质、革质或脆壳质，胚乳肉质或骨质；胚小，子叶叶状。

约370种，分布于亚洲热带及亚热带地区、大洋洲、非洲热带地区。我国17种、1变型。

1. 种子少至多数；子房每室胚珠2至多数。
  2. 花萼裂片钻状，长4-5毫米；果有种子8-32；叶披针形，长5-32.5厘米，宽1-5厘米，两面被毛 ………………………… 1. **广西乌口树 T. lanceolata**
  2. 花萼裂片非钻状，长2毫米以下。
    3. 花冠筒与裂片近等长或花冠筒短于裂片。

4. 叶两面无毛。

5. 枝淡黄白或灰白色；叶中脉在叶两面凸起，托叶脱落 ………………………… 2. **白皮乌口树 T. depeuperata**

5. 枝非上述颜色；叶中脉在叶下面凸起，托叶常宿存。

6. 叶侧脉7-8对，在叶下面明显，叶柄长2-5厘米；花序无毛，长约10厘米，径约15厘米；叶长13-22厘米，宽5-12厘米 ………………………………………………………… 3. **锡兰玉心花 T. zeylanica**

6. 叶侧脉4-6对，不明显或稍明显，叶柄长0.8-2厘米；花序近无毛或被粉状柔毛，长宽均4-9厘米；叶长5-15厘米，宽1.5-5厘米 ………………………………………………… 4. **披针叶乌口树 T. lancilimba**

4. 叶两面被毛或下面被毛。

7. 叶两面被毛。

8. 花冠外面无毛；花序长约3厘米；果无毛，种子1-6 ……………………… 5. **滇南乌口树 T. pubinervis**

8. 花冠外面被毛；花序长4-8厘米；果被毛；种子7-30 ……………………… 6. **白花苦灯笼 T. mollissima**

7. 叶下面被毛；花冠外面无毛；果无毛。

9. 子房每室有胚珠2；花梗较粗，长4-7毫米；果近球形；叶下面疏生近乳突状短柔毛或近无毛，常稍粗糙，脉上被毛稍长和稍密 ………………………………………………………… 7. **海南乌口树 T. tsangii**

9. 子房每室有胚珠5-6；花梗纤细，长0.5-1厘米；果椭圆形；叶下面疏被紧贴短硬毛，脉上毛较密 ……………………………………………………………………………… 7(附). **薄叶玉心花 T. gracilipes**

3. 花冠筒比裂片长。

10. 叶柄有硬毛；花萼裂片三角状披针形，外面有柔毛；种子9-31 ……………… 8. **尖萼乌口树 T. acutisepala**

10. 叶柄无毛；萼裂片三角形，外面无毛；种子6-14 ………………………… 9. **华南乌口树 T. austrosinensis**

1. 种子1-2颗；子房每室1胚珠；花冠筒短于裂片；叶上面无毛 ……………………… 10. **假桂乌口树 T. attenuata**

1. 广西乌口树 图 878

Tarenna lanceolata Chun et How ex W. C. Chen in Acta Phytotax. Sin. 22(2): 139. f. 1. 1984.

灌木。幼枝被柔毛，老枝无毛。叶纸质，披针形，长5-32.5厘米，宽1-5厘米，先端长渐尖，基部楔形，上面被疏糙伏毛，下面被柔毛，两面中脉均被硬毛，侧脉7-10对；叶柄长0.3-1.8厘米，被硬毛，托叶披针形，长0.6-1厘米，被硬毛。果序顶生，长约2厘米，径约3厘米，被硬毛。果近球形，径3-6毫米，被柔毛或无毛；萼裂片宿存，钻状，长4-5毫米，被硬毛；种子8-32颗。果期5-11月。

图 878 广西乌口树 （黄少容绘）

产湖南西南部、广西及贵州东南部，生于海拔750-1520米山谷林下或灌丛中。

2. 白皮乌口树 图 879

Tarenna depauperata Hutchins. in Sarg. Pl. Wilson. 3: 411. 1916.

灌木或小乔木。枝淡黄白或灰白色，光滑，幼枝干后黑色。叶椭圆状倒卵形、椭圆形或近卵形，长4-15厘米，先端短渐尖或骤渐尖，基部楔形，两面无毛，中脉在叶两面凸起，侧脉5-11对，在叶两面稍凸起；叶柄长0.4-1.8厘米，托叶三角状卵形，长4-5毫米，无毛，脱落。花序梗长约1厘米；苞片三角形，长1-1.5毫米，内面有柔毛。花梗长约3毫米；花萼无毛或被微柔毛，萼筒长约2毫米，萼裂片卵形或三角形，有细缘毛，长0.8毫米；花冠白色，长0.8-1厘米，外面无毛，内面有长柔毛，裂片5，长圆形，比冠筒稍长；花药伸出；花柱下部有柔毛。浆果球形，成熟时黑色，光亮，径6-8毫米，种子1-2颗。花期4-11月，果期4月至翌年1月。

产湖南南部及西南部、广东西北部及北部、广西、云南东南部及中南部、贵州东南部及西南部，生于海拔200-1640米山地溪边林下和灌丛中，常见于石山上。越南有分布。

图 879 白皮乌口树 （余汉平绘）

3. 锡兰玉心花

图 880

Tarenna zeylanica Gaertn. Fruct. 1: 139. t. 28. f. 3. 1788.

常绿灌木。小枝无毛。叶长圆状卵形、长圆状倒卵形或长圆形，长13-22厘米，先端骤短尖或短尖，基部楔形，两面无毛，侧脉7-8对，在叶下面明显；叶柄长2-5厘米，无毛，托叶基部合生，三角形，长0.3-1厘米，常宿存。花序长约10厘米，径约15厘米，无毛；苞片线形。花萼筒状，萼裂片5，齿状，无毛；花冠漏斗状，白色，长约1.2厘米；内面被柔毛，裂片5，长圆形，长约8毫米；雄蕊伸出；花柱伸出，长约1.6厘米，下部被柔毛，柱头头状，有时2裂，子房每室2胚珠。浆果球形，成熟时黑色，径约1厘米，无毛，具2-4种子。

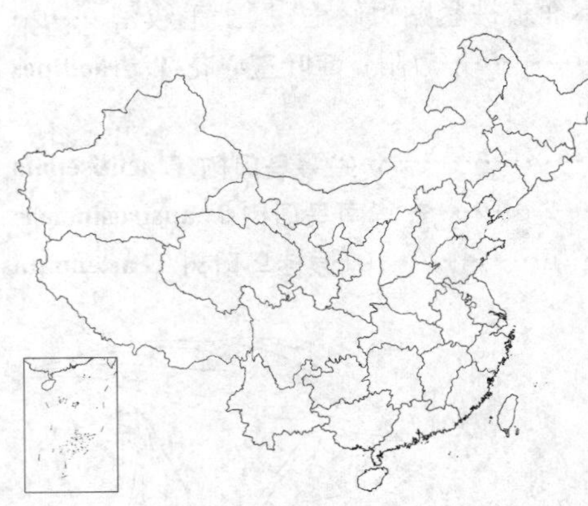

产台湾南部恒春和兰屿，生于海拔500米以下林中。日本及斯里兰卡有分布。

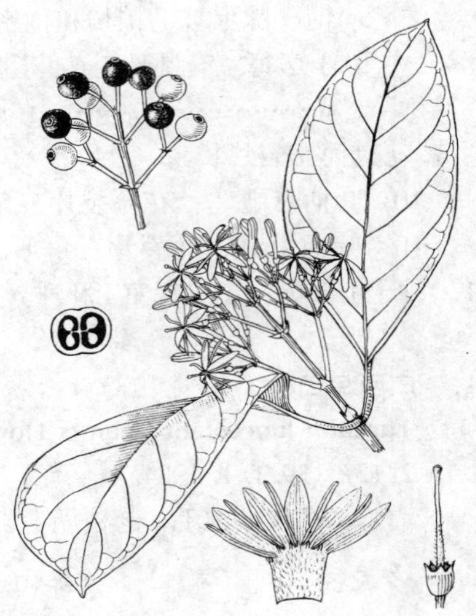

图 880 锡兰玉心花 （余汉平绘）

4. 披针叶乌口树

图 881

Tarenna lancilimba W. C. Chen in Acta Phytotax. Sin. 22 (2): 141. f. 3. 1984.

灌木或乔木，高达15米。小枝无毛或披粉状柔毛。叶薄革质，披针形、椭圆形或倒卵状长圆形，长5-15厘米，宽1.5-5厘米，先端短渐尖，基部楔形，两面无毛；中脉在叶上面稍凹下，侧脉4-6对，不明显或稍明显；叶柄长0.8-2厘米，无毛，托叶三角形，长约3毫米，无毛。花序多花，三歧分枝，长宽4-

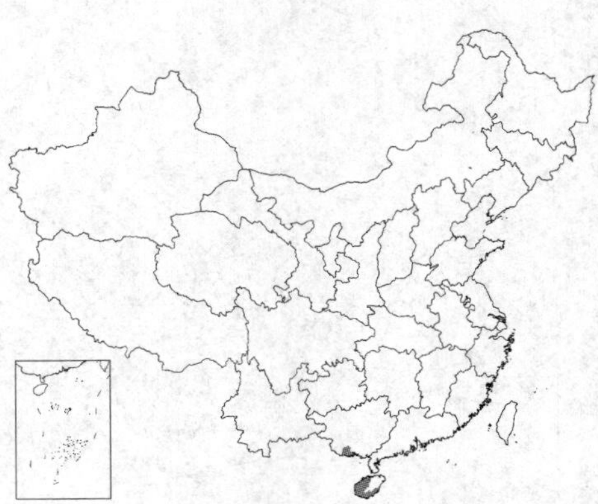

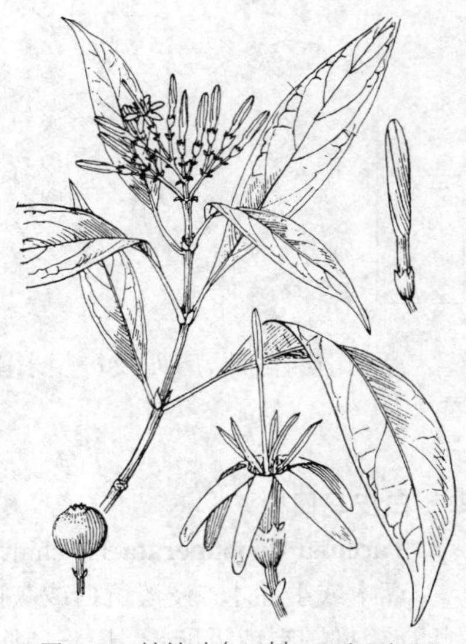

图 881 披针叶乌口树 （黄少容绘）

9厘米，近无毛或微被粉状柔毛；苞片和小苞片微小。花芳香，花梗长3-6毫米；萼长约2.5毫米，裂片5，长约0.7毫米，有缘毛；花冠白色，冠筒长5-7毫米，无毛，喉部有疏柔毛，裂片5，舌状线形，比冠筒稍长，内面近基部有疏柔毛。浆果球形，径5-6毫米，干后黑色；种子2-4。花期4-6月，果期6月至翌年1月。

产海南及广西西南部，生于海拔130-970米山地林下和灌丛中。越南有分布。

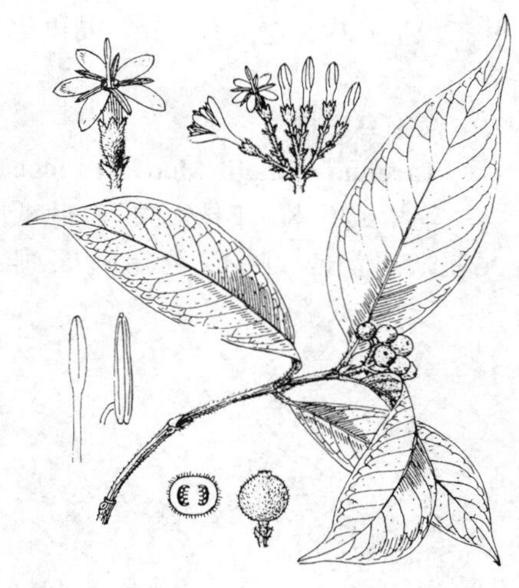

图 882 滇南乌口树 （黄少容绘）

5. 滇南乌口树 图 882

Tarenna pubinervis Hutchins. in Sarg. Pl. Wilson. 3: 411. 1916.

灌木或小乔木。幼枝被柔毛。叶纸质或膜质，长圆状椭圆形、长圆状披针形、披针形或倒披针形，长6-22厘米，宽2-7.8厘米，先端尾尖或渐尖，基部渐窄，两面疏生柔毛或近无毛，有缘毛，侧脉7-10对；叶柄长0.5-2.5厘米，有柔毛，托叶三角形，长5-9毫米，无毛。花序少花，长约3厘米；苞片线形，长1.5-2毫米，有柔毛。花梗长约2.5厘米，有柔毛；萼长3-3.5毫米，萼裂片披针形，长1-1.8毫米，有缘毛；花冠淡绿色，长约1厘米，外面无毛，内面有柔毛，冠筒与裂片近等长或稍短于裂片，长4-5毫米，花冠裂片5，长圆形；花药伸出。果窄椭圆形或近球形，长0.5-1厘米，径3-5毫米，干后黑色，无毛，果柄有柔毛；种子1-6。花期3-5月，果期6月至翌年1月。

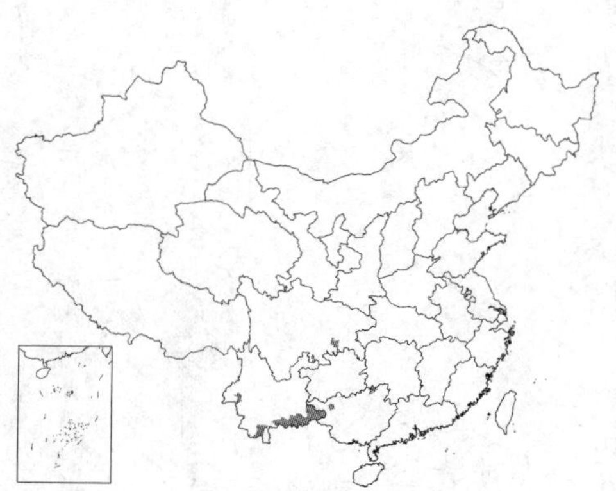

产广西东北部及西北部、云南及四川东南部，生于海拔700-2640米山谷林中。越南有分布。

6. 白花苦灯笼 乌口树 图 883

Tarenna mollissima (Hook. et Arn.) Rob. in Proc. Amer. Acad. 45: 405. 1910.

Cupia mollissima Hook. et Arn. Bot. Beech. Voy. 192. 1833.

灌木或小乔木；全株密被灰或褐色柔毛或绒毛，老枝毛渐脱落。叶纸质，披针形、长圆状披针形或卵状椭圆形，长4.5-25厘米，宽1-10厘米，先端渐尖或长渐尖，基部楔形或圆，两面被毛，侧脉8-12对；叶柄长0.4-2.5厘米，托叶长5-8毫米，卵状三角形。花序长4-8厘米，多花；苞片和小苞片线形。花梗长3-6毫米；萼筒近钟形，长约2毫米，萼裂片5，三角形，长约0.5毫米；花冠白色，长约1.2厘米，冠筒喉部密被长柔毛，裂片4-5，长圆形，与冠筒近等长或稍长，花时外反，柱头伸出；每室胚珠多颗。果近球形，径5-7毫米，被柔毛，黑色；种子7-30颗 。花期5-7月，果期5月至翌年2月。

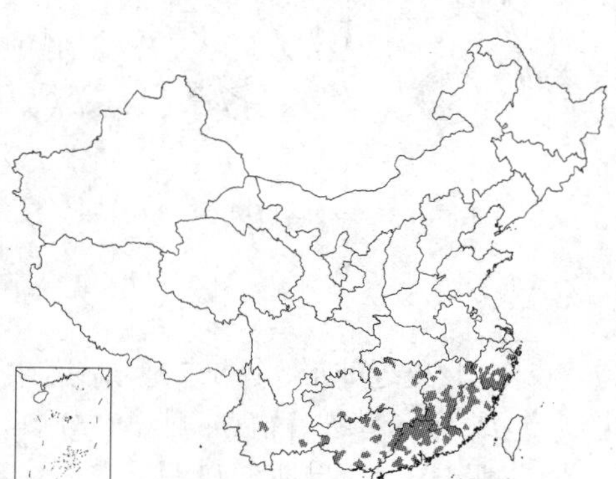

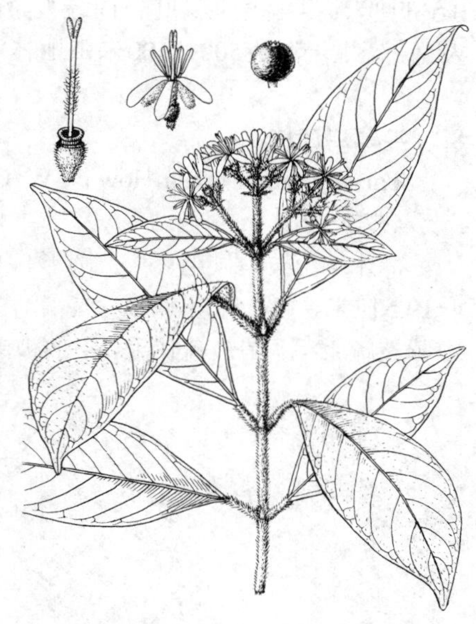

图 883 白花苦灯笼 （余汉平绘）

产浙江、福建、江西、湖南、广东、香港、海南、广西、云南及贵州南部，生于海拔200-1100米山地沟边林下或灌丛中。越南有分布。根和叶入药，清热解毒、消肿止痛。

7. 海南乌口树 图 884

Tarenna tsangiii Merr. in Lingnan Sci. Journ. 11: 59. 1932.

灌木或乔木。小枝被柔毛。叶纸质，长圆状倒卵形或倒披针形，长6-26厘米，宽1.5-7厘米，先端渐尖，基部楔形，上面无毛，下面疏生近乳突状柔毛或近无毛，侧脉4-7对；叶柄长0.5-1.5厘米，有柔毛，托叶三角形，长4-5毫米。花序长4-7厘米，径约6厘米，多花，被紧贴灰色柔毛。花梗长4-7毫米，与花萼均被柔毛；萼筒圆筒状壶形，长约3毫米，萼裂片5，三角形；花冠白色，长1.8-1.9厘米，外面无毛，内面被柔毛，裂片长圆形，长约1厘米，比冠筒稍长或近等长，花时外反。果近球形，径5-7毫米，无毛，果柄长约5毫米；种子4颗。花期5-7月，果期7月至翌年1月。

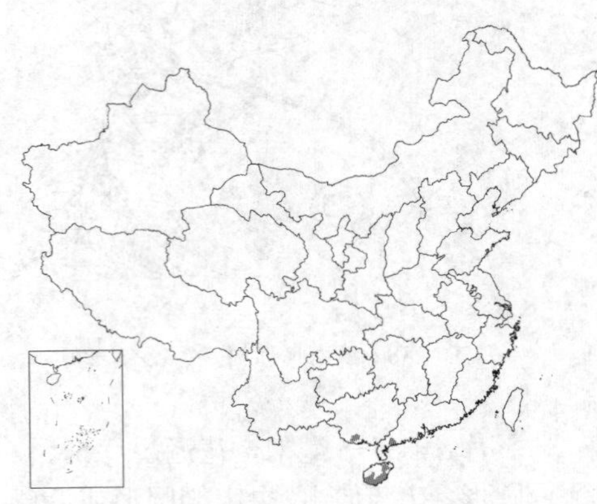

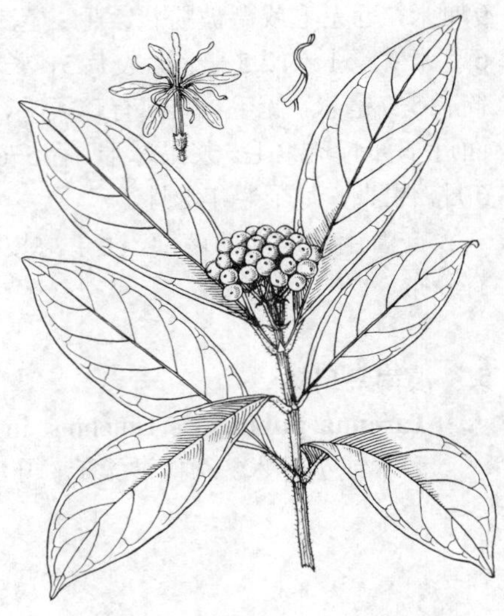

图 884 海南乌口树 （余汉平绘）

产广东西南部、海南及广西西南部，生于海拔140-800米山地林中。

[附] **薄叶玉心花 Tarenna gracilipes** (Hayata) Ohwi in Fedde, Repert. Sp. Nov. 36: 57. 1934.——*Chomelia gracilipes* Hayata, Ic. Pl. Formos. 9. 57. 1920. 本种与海南乌口树的区别：子房每室有5-6胚珠；花梗纤细，长0.5-1厘米；果椭圆形；叶下面疏被紧贴短硬毛，脉上毛较密。产台湾中部及南部，生于海拔500-2500米山地林中。

8. 尖萼乌口树 图 885

Tarenna acutisepala How ex W. C. Chen in Acta Phytotax. Sin. 24 (6): 477. 1986.

灌木。幼枝被硬毛。叶长圆形、披针形、长圆状椭圆形或近卵形，长4-19.5厘米，宽1.5-5.6厘米，先端渐尖或短尖，基部楔形，上面无毛或沿中脉被疏柔毛，稀被疏伏毛，下面被柔毛或乳突状毛，有时无毛，侧脉5-7对；叶柄长0.5-2.2厘米，有硬毛，托叶三角形，长约6毫米，被硬毛。花序紧密，长2.5-3厘米，径约4厘米，花序梗短，有柔毛；小苞片披针形，有柔毛。花梗长2-3毫米，有柔毛；花萼长4毫米，有柔毛，萼筒卵形，萼裂片三角状披针形，长约1.5毫米；花冠淡黄色，长约1.4厘米，无毛，冠筒内面上部和喉部有柔毛，裂片椭圆形，长约4毫米。浆果近球形，径5-7毫米，有柔毛或无毛，萼裂片宿存；种子9-31颗。花期4-9月，果期5-11月。

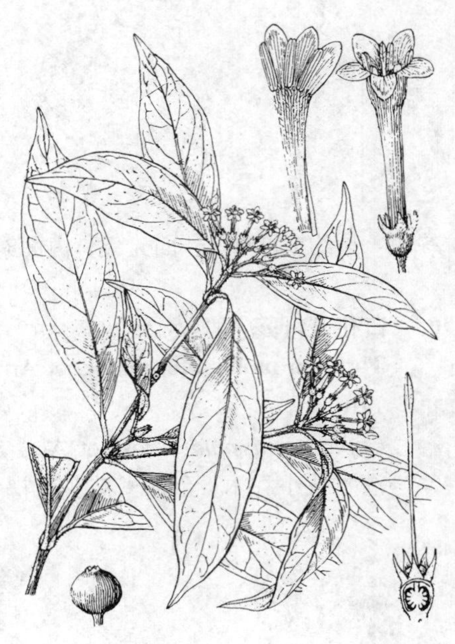

图 885 尖萼乌口树 （黄少容绘）

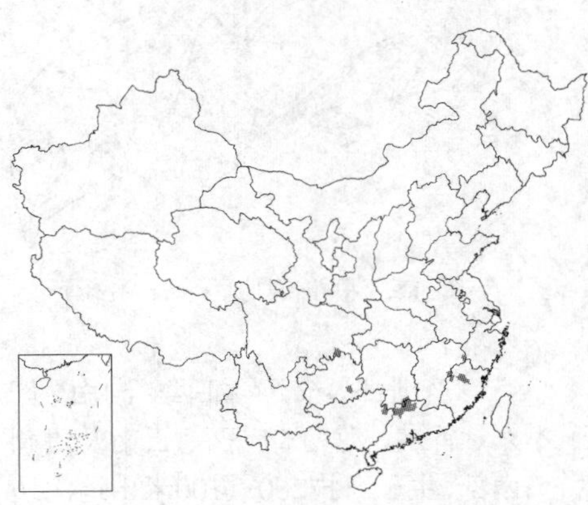

产福建中西部、江西东北部、湖南南部、广东北部、广西东北部、贵州西南部及四川东南部，生于海拔520-1530米山谷溪边林下或灌丛中。

9. 华南乌口树 图 886

Tarenna austrosinensis Chun et How ex W. C. Chen in Acta Phytotax. Sin. 22 (2): 145. f. 7. 1984.

灌木。小枝无毛。叶纸质或膜质，长圆形或长圆状披针形，长5-15厘米，宽2-2-4.5厘米，先端渐尖，基部楔形，两面无毛或下面被疏柔毛，侧脉6-7对；叶柄长0.5-1.5厘米，无毛，托叶卵状，长4-5毫米，无毛。花序长约3厘米，少花，被柔毛；小苞片丝状，被柔毛。花梗长3-5毫米，被柔毛；萼筒长1.5-2毫米，被疏柔毛，萼裂片三角形，长0.8-1.5毫米；花冠淡绿色，冠筒长约7毫米，外面无毛，内面有长柔毛，喉部有须毛，裂片5，卵形，长3-4毫米。浆果球形，径5-6毫米；种子6-14颗。花期4-5月，果期8-9月。

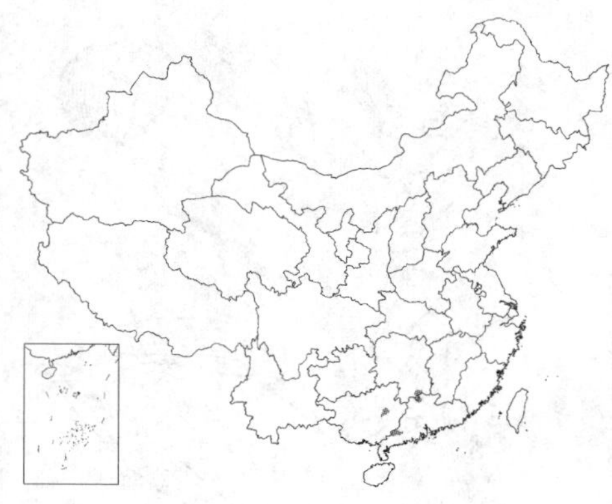

图 886 华南乌口树
（引自《植物分类学报》）

产湖南南部、广东北部及西部、广西中东部，生于海拔860-1300米山地林中。

10. 假桂乌口树 图 887

Tarenna attenuata (Voigt) Hutchius. in Sarg. Pl. Wilson. 3: 411. 1916. *Stylocoryna attenuata* Voigt, Hort. Suburb. Calc . 377. 1845.

灌木或乔木。叶纸质或薄革质，长圆状披针形、长圆状倒卵形、倒披针形或倒卵形，长4.5-15厘米，宽1.5-6厘米，先端渐尖或骤渐短尖，基部楔形，两面无毛，或下面脉腋有柔毛，上面中脉常凹下，侧脉5-10对；叶柄长0.5-1.5厘米，托叶长5-8毫米，基部合生。花序长2.5-5厘米，径4-6厘米，三歧分枝；花序梗较短；苞片和小苞片钻形。花梗长2-5毫米或近无梗；萼筒陀螺形，长约2毫米，萼裂片长约0.5毫米，三角形；花冠白或淡黄色，冠筒长2-2.5毫米，喉部有柔毛，裂片5，长圆形，长约5毫米，花时外反；雄蕊伸出；柱头伸出；子房每室1胚珠。浆果近球形，径5-7毫米，成熟时紫黑色，萼宿存；种子1-2。花期4-12月，果期5月至翌年1月。

图 887 假桂乌口树 （余汉平绘）

产湖南西南部、广东、香港、海南、广西及云南南部，生于海拔1200米以下山地沟边林下或灌丛中。印度、越南及柬埔寨有分布。全株药用，祛风消肿、散瘀止痛。

56. 绢冠茜属 Porterandia Ridl.

无刺灌木或乔木；常被毛。叶对生，常不相等；托叶基部常连合，稀分离。聚伞花序有花数朵，疏散，生于上部叶腋，常具花序梗，被毛；苞片卵形。花两性；萼筒被柔毛，裂片5；花冠白色，高脚碟状，外面被白色绢毛，内面常无毛，裂片5，旋转状排列，冠筒与裂片等长或较长；雄蕊5，着生冠筒上部，花丝极短或近无，花药线状长圆形，背着，内藏；柱头棒状或纺锤状，内藏，2裂，裂片粘合，子房2室或不完全4室，每室胚珠多颗，中轴胎座。浆果近球形或倒卵形，外果皮薄，内果皮薄木质。种子常多数，小，扁平，椭圆形或肾形。

约15种，分布于亚洲南部及东南部至非洲。我国1种。

绢冠茜 图 888

Porterandia sericantha (W. C. Chen) W. C. Chen, Fl. Reipubl. Popul. Sin. 71 (1): 384. 1999.

Randia sericantha W. C. Chen in Guihaia 7 (4): 298. 1987.

灌木或乔木。小枝被锈色柔毛。叶纸质，椭圆形或倒卵状长圆形，长5.5-16厘米，先端渐尖，基部楔形，两面疏生糙伏毛，下面中脉和侧脉被较密硬毛，稀下面密被绒毛，侧脉8-12对；叶柄长0.3-1.5厘米，被柔毛或无毛，托叶披针形，长约1厘米，基部合生。花序被锈色柔毛，少花，长约5.5厘米，具花序梗；苞片长约3毫米。花梗长1.5厘米；萼内外均被锈色柔毛，萼筒钟状，长5-6毫米，萼裂片5，卵状披针形，长6.5毫米，宽3毫米；花冠白色，漏斗状，外面基部密被黄色绢毛，冠筒长约3厘米，喉部无毛，内面中部有一环长柔毛，裂片5-6，卵状椭圆形，内面无毛，长1.3厘米；柱头纺锤形。果近球形，径0.9-1.5厘米，被疏柔毛；种子约4颗。花期5-6月，果期8月至翌年1月。

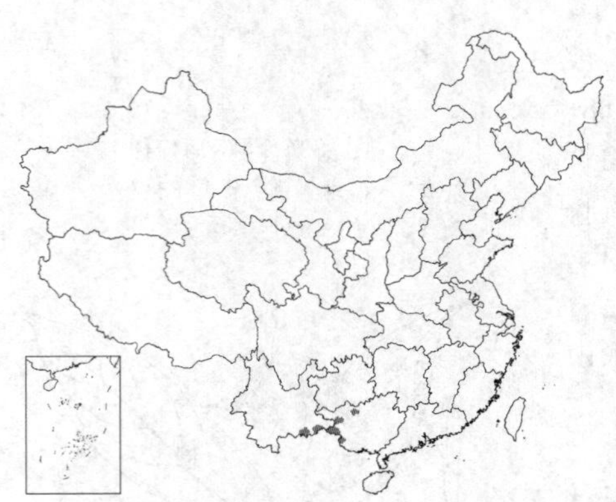

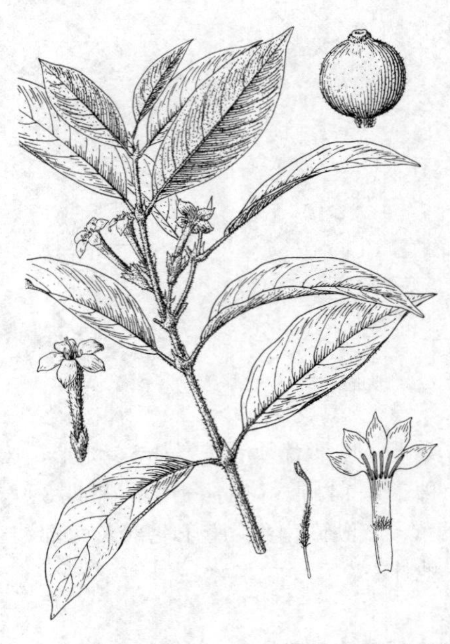

图 888 绢冠茜 （余 峰绘）

产云南东南部、广西西部及西北部，生于海拔380-1500米山谷溪边林下或灌丛中。

57. 藏药木属 Hyptianthera Wight et Arn.

灌木或小乔木。叶对生，具柄；托叶生于叶柄间，三角形，渐尖，宿存。花数朵至多朵簇生叶腋，成密伞花序，有小苞片。花无梗；萼筒短，陀螺形，裂片5，宿存；花冠筒短，裂片4-5，扩展，旋转状排列；雄蕊4-5，着生冠筒，无花丝，花药长圆形，内藏，背着，基部和背部有柔毛；花盘环状；子房2室，花柱短，内藏，柱头2，长圆形，直立，有长硬毛；每子室6-10胚珠。浆果2室，有6-10颗种子。种子由室顶悬垂，覆瓦状排列，扁平和有角，种脐顶生，种皮纤维质，有皱褶，胚乳肉质；胚小，子叶卵形，胚根圆柱状。

约2种，分布于亚洲南部及东南部。我国1种。

藏药木 图 889

Hyptianthera stricta (Roxb.) Wight et Arn. Prodr. 399. 1834.

Randia stricta Roxb. Fl. Ind. ed. Carey, 2: 145. 1824.

灌木或小乔木，高达8米。叶长圆状披针形、窄长圆形或披针形，长5-15厘米，宽1-5厘米，先端渐尖或长渐尖，基部楔形，两面无毛，或下面中脉和侧脉有疏柔毛，侧脉5-9对；叶柄长0.4-1厘米，托叶三角状披针形，背部有龙骨状凸起，长5-8毫米。花芳香，花无梗；苞片三角形，长2.5毫米，小苞片成对，长约1.5毫米，与苞片均被缘毛和内面有紧贴白色柔

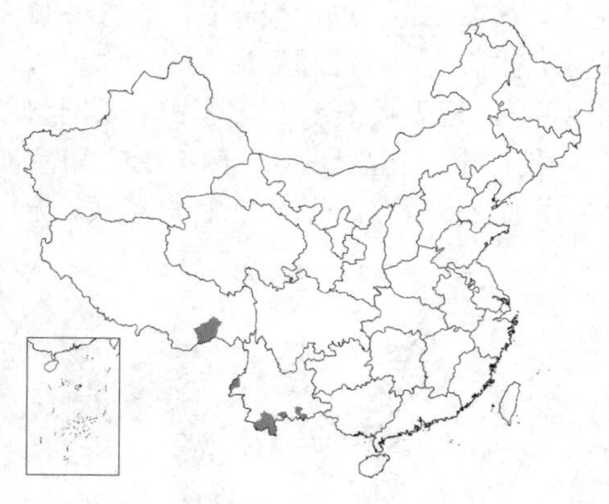

毛；萼筒长0.5-1毫米，萼裂片披针形，长1.8-2毫米，具缘毛，与萼筒内面均有紧贴柔毛；花冠白色，长3-4毫米，无毛，花冠裂片与冠筒近等长，近椭圆形，内面有白色粗伏毛。浆果簇生叶腋，卵形或球形，有微柔毛，长8-9毫米，径5-6毫米，萼裂片宿存；种子常8颗，长约5毫米，宽约3毫米。花期4-8月，果期8月至翌年2月。

产云南及西藏，生于海拔120-1050米山地溪边林下或灌丛中。印度、尼泊尔、锡金、不丹、孟加拉、缅甸、老挝及越南有分布。

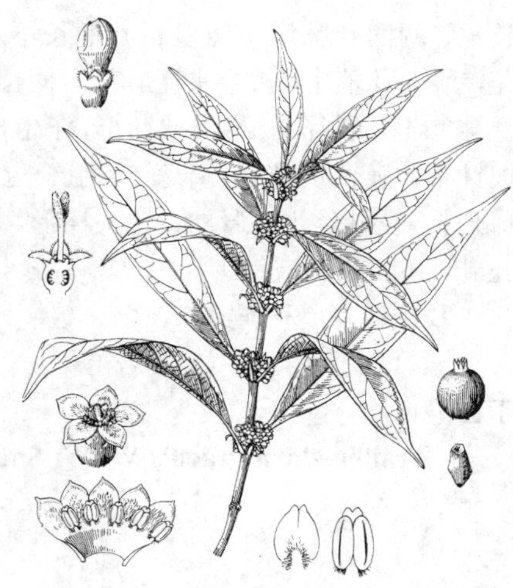

图 889 藏药木 （黄少容绘）

58. 长隔木属 Hamelia Jacq.

灌木或草本。叶对生或3-4片轮生，有叶柄；托叶多裂或刚毛状，常早落。聚伞花序轮生，2-3歧分枝，分枝蝎尾状，花偏生于分枝一侧。小苞片小；萼筒卵圆状或陀螺状，萼裂片4-6，常短而直立，宿存；花冠筒状或钟状，具4-6纵棱，基部缢缩，喉部被长柔毛，裂片4-6，覆瓦状排列；雄蕊4-6，生于冠筒基部，花丝稍短，花药基着，药隔顶端有附属体；花盘肿胀；子房5室，每室胚珠多数，花柱丝状，柱头近棱状，稍扭曲。浆果小，顶部有肿胀花盘，5裂，5室，每室有种子多颗。种子小，种皮膜质，有网纹。

约40种，分布于拉丁美洲。我国引入栽培1种。

长隔木 图 890 彩片 198

Hamelia pateus Jacq. Select. Am. 72. 1763.

红色灌木，高达4米。幼枝部分被灰色柔毛。叶常3枚轮生，椭圆状卵形或长圆形，长7-20厘米，先端短尖或渐尖。聚伞花序有3-5个放射状分枝。花无梗，沿花序分枝一侧着生；萼裂片三角形；花冠橙红色，冠筒长1.8-2厘米；雄蕊稍伸出。浆果卵圆状，径6-7毫米，暗红或紫色。花期几全年。

原产巴拉圭等拉丁美洲各国。福建、广东、香港、海南、广西及云南有栽培。花美丽，供观赏。

图 890 长隔木 （余汉平绘）

59. 丁茜属 Trailliaedoxa W. W. Smith et Forrest

直立亚灌木，高达45（-60）厘米，多分枝。茎纤细，密被微细卷毛，后脱落，老枝近无毛。叶革质，倒卵形或倒披针形，长0.5-1厘米，宽3-4毫米，先端圆或钝，基部渐窄成柄，全缘，上面无毛或被疏毛，下面沿中脉被长毛，两面叶脉均不明显；叶柄长不及1毫米，托叶锥形，2裂，长约6毫米，被微柔毛。球形聚伞花序，有6-12花，顶生及腋生，被卷曲毛，花序梗长约5毫米；苞片线形。花梗长1-2毫米，被长毛；萼筒圆柱形，长约1毫米，密被钩毛，裂片5，线状披针形，长0.8毫米，宿存；花冠漏斗形，红白或浅黄色，冠筒喉部无毛，裂片5，长圆状披针形，旋转状排列，雄蕊5，生于冠筒喉部，花丝极短，花药近基部背着，稍伸出；花盘环形；子房2室，每室1胚珠，花柱丝形，弯曲，柱头棒形，2裂。果圆柱形，有2槽，密被钩毛，萼檐裂片宿存。种子2，种皮革质，无胚乳，胚线状倒披针形。

我国特有单种属。

丁茜 图 891

Trailliaedoxa gracilis W. W. Smith et Forrest in Notes Roy. Bot. Gard. Edinb. 10: 75. 1917.

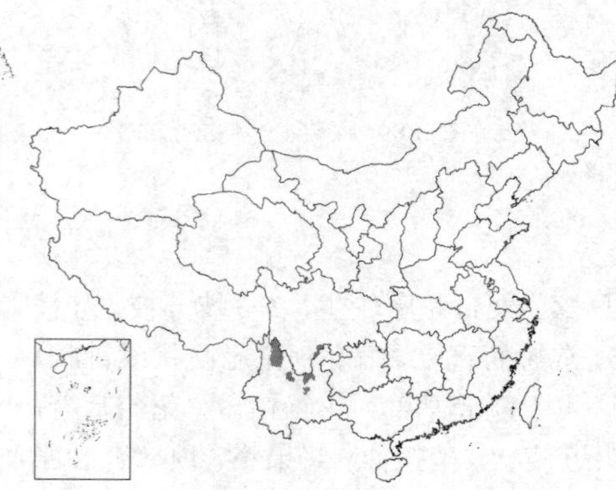

形态特征同属。花期8-9月。

产云南北部及西北部、四川南部，生于海拔1050-1800米干暖河谷岩缝中或山坡草丛。

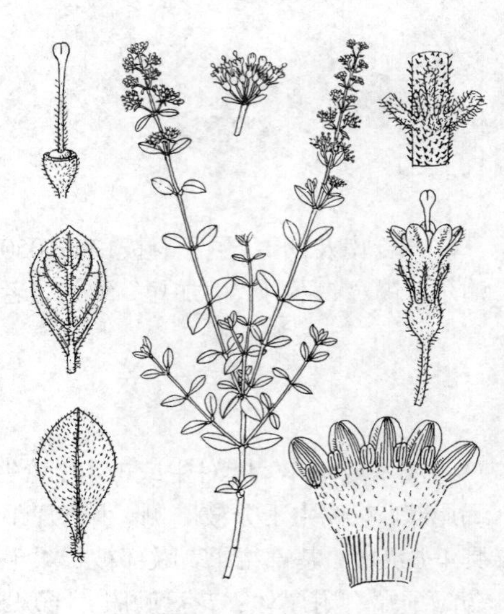

图 891 丁茜 （余汉平绘）

60. 红芽大戟属 Knoxia Linn.

直立草本或亚灌木。叶对生，具柄；托叶与叶柄合生成鞘，全缘或刺毛状。顶生聚伞花序或伞房花序，分枝为偏于一侧的穗状花序。花近无梗；花萼4齿裂，宿存；花冠漏斗状或高脚碟状，裂片4，镊合状排列，先端内弯；雄蕊4；花盘肿胀；子房2室，花柱线形，2裂；每室1胚珠。果小，有半圆柱形果瓣2个。

约7-9种，分布于亚洲热带、南亚热带地区和大洋洲。我国3种。

1. 无肉质紫色根；叶侧脉6-9对，在叶两面均明显，叶柄长1-6毫米或无柄，托叶长6毫米 …………………… 红芽大戟 **K. corymbosa**
1. 具肉质紫色根；叶侧脉5-7对，不明显，叶近无柄，托叶长0.8-1厘米 …………… (附). 红大戟 **K. valerianoides**

红芽大戟 图 892

Knoxia corymbosa Willd. Sp. Pl. 1: 582. 1789.

多年生草本，高达90厘米，被柔毛或绒毛。叶膜质，披针形、线状披针形或长圆形，长4-10厘米，宽1-2.5厘米，先端渐尖，基部楔形，两面均被紧贴柔毛，下面毛被较密，侧脉6-9对，在叶两面明显；叶柄长1-6毫米或无柄，托叶长6毫米，先端3-5裂，裂片刺毛状，被毛。聚伞花序顶生，长2-6厘米，被柔毛，花梗长2-3毫米；萼筒长约1毫米，无毛，萼裂片长短不等，具缘毛；花冠白或紫红色，冠筒长约2毫米，裂片长不及1毫米，被毛；花药伸出。果长圆状卵形，长约2毫米，有4-8棱，萼檐宿存。花期7-8月，果期10-11月。

产台湾、福建、广东、香港、海南、广西、云南及贵州，生于低海拔旷野草丛中。锡金、尼泊尔、印度、东南亚及澳大利亚有分布。

[附]**红大戟 Knoxia valerianoides** Thorel ex Pitard in Lecomte, Fl.

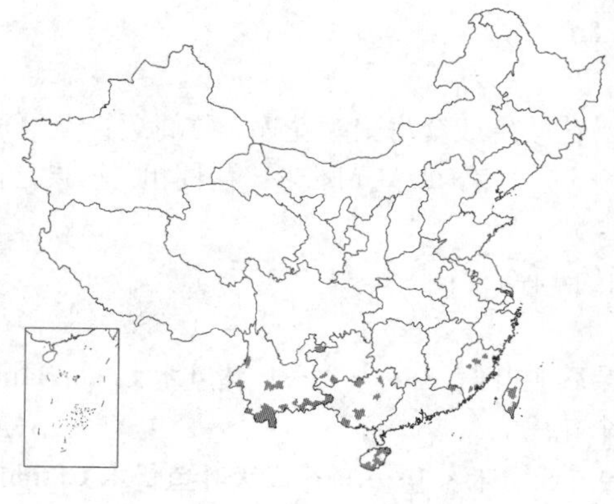

Gén. Indo-Chine 3: 288. 1923. 本种与红芽大戟的区别：具肥大、肉质、纺锤形紫色根；叶侧脉5-7对，不明显。花期春夏。产福建、广东、海南、广西、云南及贵州，生于低海拔山坡草地。越南、柬埔寨有分布。根入药，治水肿、腹胀、痰饮积聚。

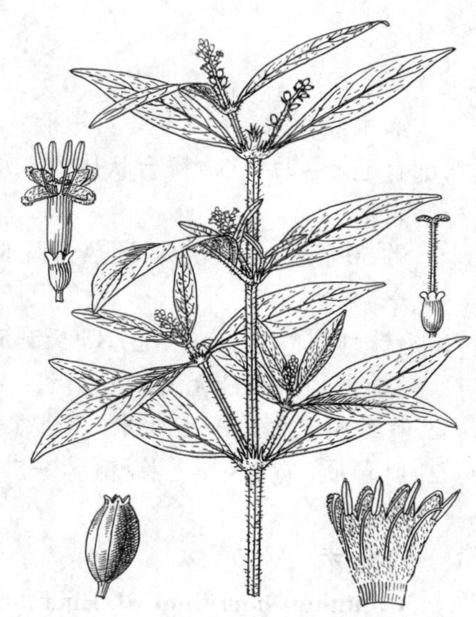

图 892 红芽大戟 （余汉平绘）

61. 琼梅属 Meyna Roxb. ex Link.

灌木或小乔木；分枝多，有时具刺。叶对生；托叶生于叶柄间，披针形或卵形，全缘，先端长尖，常合生宿存的环。聚伞花序或数朵簇生叶腋，无苞片。萼筒短，萼裂片（4）5，有时为不规则6-10片，脱落，稀宿存；花冠白或浅绿色，冠筒内面具1环丝状倒生毛，裂片（4）5，外反，镊合状排列；雄蕊（4）5生于冠筒喉部，花药长圆形，背着；具花盘；子房（3-）5（6）室，每室1倒生胚珠，悬垂。核果干燥或肉质，有3-5小核，顶端有网孔，小核骨质，有种子1颗。种子长圆形，种皮膜质，胚乳肉质；胚直，子叶平凸状，轴短，向上。

约11种，分布于非洲和亚洲热带地区。我国1种。

琼梅 图 893 彩片 199

Meyna hainanensis Merr. in Lingnan Sci. Journ. 14: 57. 1935.

乔木。叶纸质或近膜质，卵形、长卵形或长圆形，长3-9厘米，先端短尖或渐尖，基部楔形或近圆，两面无毛，脉腋有小束毛，侧脉6-7对；叶柄长5-8毫米，无毛，托叶脱落，披针形，长2-5毫米。花(4)5数，花梗长4-6毫米，被毛；萼筒倒圆锥形，长约0.5毫米，被疏毛，萼裂片三角状披针形，长0.8毫米；花冠筒长约3毫米，无毛，裂片披针形，与冠筒近等长；花药稍伸出；子房3-4室，花柱无毛，略长于冠筒。核果球形，径0.8-1厘米，萼宿存；小核3-4。花期4-8月。

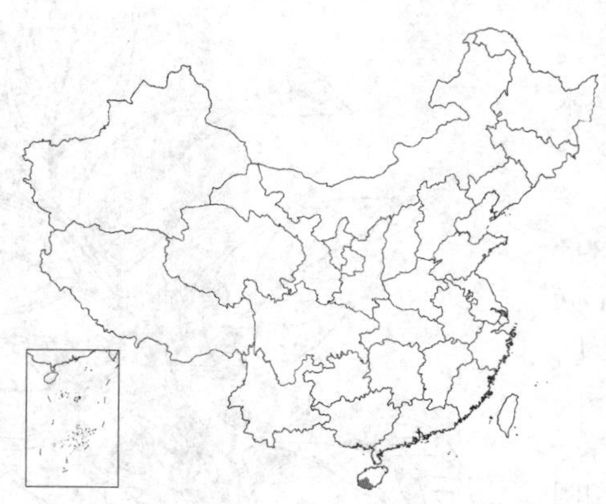

产海南西南部，生于低海拔山谷林中。

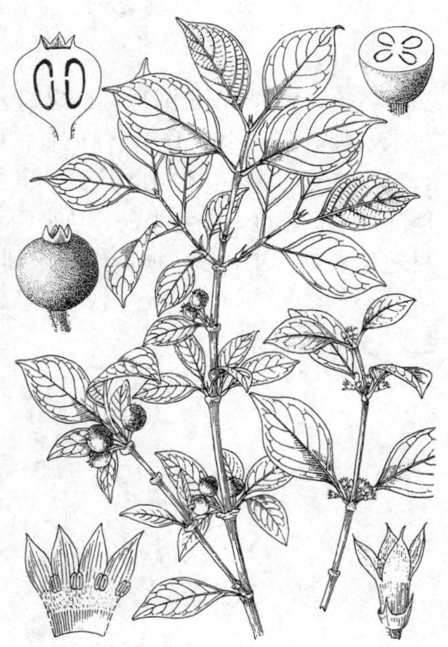

图 893 琼梅 （余汉平绘）

62. 鱼骨木属 **Canthium** Lam.

灌木或乔木。叶对生，具短柄；托叶常三角形，锥尖，基部合生。花簇生或伞房聚伞花序。萼筒短；花冠筒喉部有毛，裂片4-5，镊合状排列；雄蕊4-5，花丝极短；花盘环状；子房2室，每室1胚珠；花柱粗。核果，有小核1-2。

约50余种，分布于亚洲热带及亚热带地区、非洲和大洋洲。我国约4种。

1. 植株具刺；小枝被柔毛；叶长2-5厘米，侧脉2-3对；花单生或数朵簇生叶腋 …………… 1. **猪肚木 C. horridum**
1. 植株无刺；小枝无毛或近无毛；叶长4-13厘米，侧脉3-8对；聚伞花序。
  2. 叶纸质，宽4.5-6.5厘米，侧脉6-8对，叶柄长5-8毫米；果径0.9-1.5厘米 …………… 2. **大叶鱼骨木 C. simile**
  2. 叶革质，宽1.5-4厘米，侧脉3-5对，叶柄长0.8-1.5厘米；果径6-8毫米 …………………… 3. **鱼骨木 C. dicoccum**

1. 猪肚木　　图 894 彩片 200

Canthium horridum Bl. Bijdr. 966. 1826.

灌木；具刺，刺长0.3-3厘米，对生，劲直。小枝被紧贴土黄色柔毛。叶纸质，卵形、椭圆形或长卵形，长2-5厘米，宽1-2厘米，先端钝、短尖或近渐尖，基部圆或宽楔形，无毛或沿中脉略被柔毛，侧脉2-3对；叶柄长2-3毫米，略被柔毛，托叶长2-3毫米，被毛。花单生或数朵簇生叶腋；小苞片杯形。花近无梗；萼筒倒圆锥形，长1-1.5毫米，有波状小齿；花冠白色，近瓮形，冠筒长约2毫米，无毛，喉部有髯毛，裂片5，长圆形，长约3毫米。核果卵形，单生或孪生，径1-2厘米，萼宿存；小核1-2，有小瘤状体。花期4-6月。

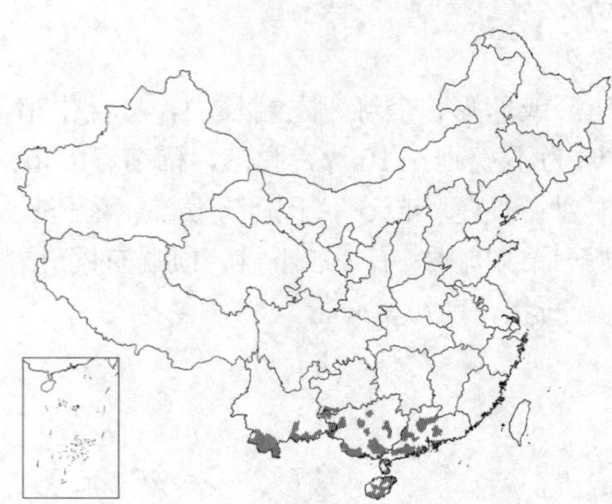

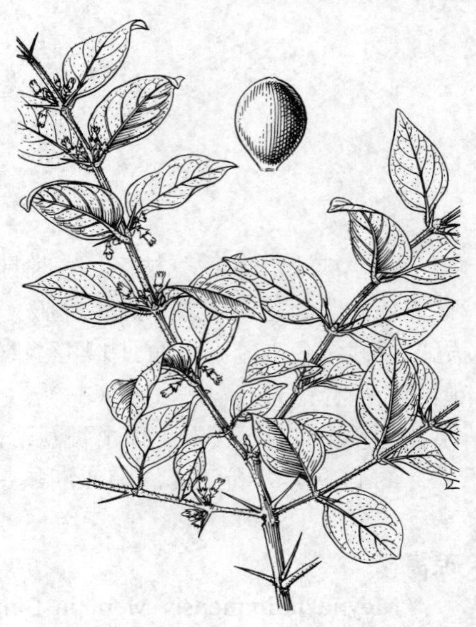

图 894 猪肚木 （邓盈丰绘）

产广东、香港、海南、广西、贵州西南部、云南南部，生于低海拔山地灌丛中。印度、中南半岛、马来西亚、印度尼西亚及菲律宾有分布。木材适作雕刻；果可食；根可作利尿剂。

2. 大叶鱼骨木　　图 895

Canthium simile Merr. et Chun in Sunyatsenia 2: 19. f. 11. 1934.

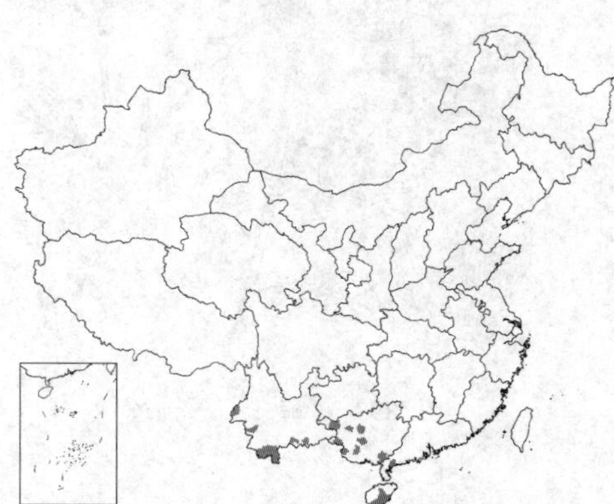

灌木或乔木，高达18米；无刺，无毛。叶纸质，卵状长圆形，长9-13厘米，宽4.5-6.5厘米，先端短渐尖，基部宽楔形，两面无毛，侧脉6-8对；叶柄长5-8毫米，托叶基部宽，上部尖。伞房聚花序腋生，长2.5-3

图 895 大叶鱼骨木 （邓盈丰绘）

毫米，花序梗长1厘米；有苞片和小苞片。花梗短或无；萼筒倒圆锥形，长1-1.5毫米，裂片5，宽卵状三角形，略长于冠筒；花药伸出；花柱无毛，伸出。核果倒卵形，约0.9-1.5厘米，孪生；小核平凸；果柄长0.6-1厘米。花期1-3月，果期6-7月。

产广东西南部、海南、广西及云南，生于低海拔至中海拔山谷林中。越南有分布。

图 896 鱼骨木 （易敬度绘）

3. 鱼骨木 图 896

Canthium dicoccum (Gaertn.) Teysmann et Binnedijk, Cat. H. Bog. 113. 1866.

Psydrax dicoccos Gaertn. Fruct. 1: 125. t. 26. 1788.

Canthium dicoccum (Gaertn.) Merr.; 中国高等植物图鉴 4: 267. 1975.

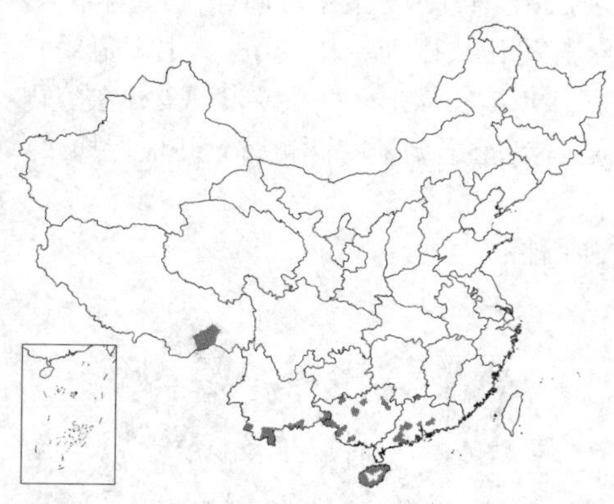

灌木或乔木，高达15米。叶革质，卵形、椭圆形或卵状披针形，长4-10厘米，宽1.5-4厘米，先端渐尖或短尖，基部楔形，叶缘微背卷，侧脉3-5对；叶柄长0.8-1.5厘米，托叶长3-5毫米。聚伞花序，具短梗，比叶短，苞片极小或无。萼筒倒圆锥形，长1-1.2毫米，顶部平截或5浅裂；花冠绿白或淡黄色，冠筒长约3毫米，喉部具绒毛，裂片4-5，近长圆形，比冠管短，花后外反；花柱伸出，柱头全缘。核果倒卵形或倒卵状椭圆形，径6-8毫米；小核具皱纹。花-8月。

产广东、香港、海南、广西、云南南部及西藏东南部，生于低海拔至中海拔山谷林下或灌丛中。锡金、尼泊尔、印度、东南亚及澳大利亚有分布。木材暗红色，坚重，纹理密致，供工业用材和艺术雕刻品用。

63. 海岸桐属 Guettarda Linn.

灌木或乔木。叶对生，稀3片簇生或轮生；托叶生于叶柄间。花两性或杂性异株，偏生于2叉状聚伞花序分枝的一侧。萼筒卵形、球形或杯形，萼檐筒形或近钟形，顶端平截或具不规则小齿，脱落，稀宿存；花冠高脚碟状，冠筒长，喉部无毛，裂片4-9，长圆形，双覆瓦状排列；雄蕊4-9，生于冠筒内，花药内藏；子房4-9室，每室1胚珠，花柱线形，柱头近头状或2微裂。核果有木质或骨质小核；小核具4-9个角或槽，4-9室，室顶有孔。种子倒垂，种皮膜质，胚乳少或无；胚圆柱形或扁，子叶小，胚根向上。

60-80种，分布于热带地区，热带美洲为盛。我国1种。

海岸桐 图 897 彩片 201

Guettarda speciosa Linn. Sp. Pl. 991. 1753.

常绿乔木。小枝被茸毛后脱落。叶薄纸质，宽倒卵形或宽椭圆形，长11-20厘米，先端骤尖、钝或圆，基部近心形或圆，上面近无毛，下面疏被柔毛，侧脉7-11对；叶柄长2-5厘米，被毛；托叶早落，卵形或披针形，长约8毫米，略被毛。聚伞花序腋生，分枝2叉状，密被茸毛；花序梗长5-7厘米，近无毛。花近无梗，芳香，密被黄色茸毛；萼筒杯形，长

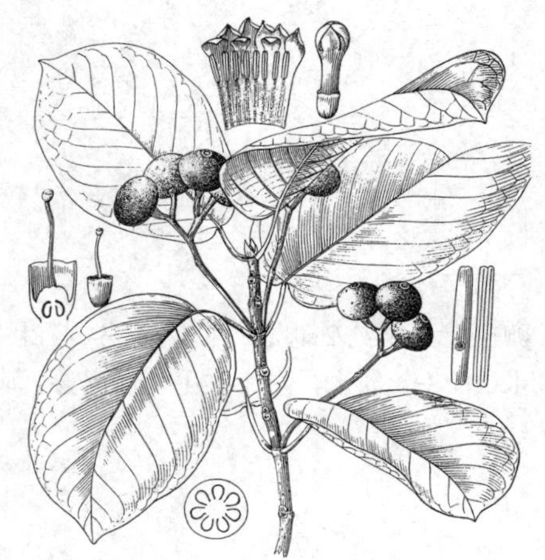

图 897 海岸桐 （黄少容绘）

2-2.5毫米，顶端平截；花冠白色，长3.5-4厘米，冠筒窄长，裂片7-8，倒卵形，长约1厘米。核果被毛，扁球形，径2-3厘米，中果皮纤维质。种子弯曲。花期4-7月。

产台湾及海南，生于低海拔海岸灌丛中。热带地区海岸有分布。

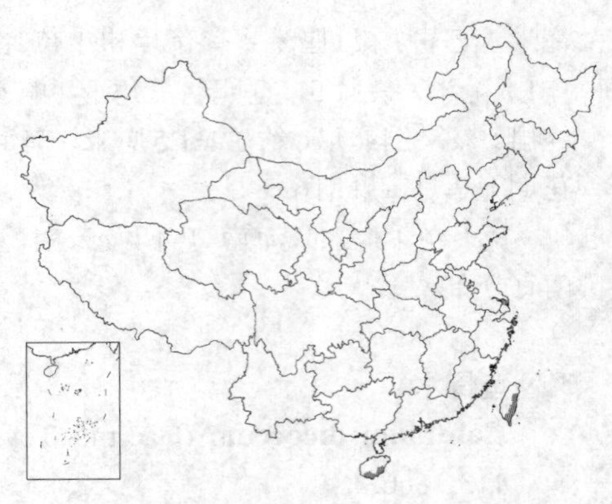

64. 毛茶属 **Antirhea** Comm. ex Juss.

灌木或乔木。叶对生；托叶脱落。聚伞花序腋生，二歧蝎尾状，具花序梗。花两性或杂性，萼筒卵形或倒卵形，萼檐宿存，顶端截平或4-5裂，裂片常不等大；花冠漏斗形，裂片4-5，双盖覆瓦状排列；雄蕊4-5，生于冠筒喉部，稍内藏，花丝短，花药背着，线状长圆形；子房2或多室，每子室1胚珠，花柱线形，柱头头状或2-3裂，内藏。核果小，2至多室，外果皮肉质，内果皮木质或骨质。种子圆柱形，垂悬，无胚乳，子叶两侧扁，胚根近棒形，向上。

约40种，分布于亚洲东南部、大洋洲、马达加斯加及毛里求斯。我国1种。

毛茶 图 898 彩片 202

Antirhea chinensis (Champ. ex Benth.) Forbes et Hemsl. in Journ. Linn. Soc. Bot. 23: 384. 1888.

Guettardella chinensis Champ. ex Benth. in Journ. Bot. Kew. Gard. Misc. 4: 197. 1852.

灌木。幼枝被柔毛。叶纸质，长圆形或长圆状披针形，长3-9厘米，宽1-3厘米，先端渐尖，基部楔形，上面近无毛或被疏柔毛，下面和叶柄均被密绢毛；侧脉4-7对；叶柄长0.4-1厘米，托叶三角形，长约4毫米，被绢毛。聚伞花序腋生，花序梗长1-3厘米，被绢毛；小苞片线形，长约2毫米。花萼长不及2毫米，密被柔毛，萼裂片4-5，线形或披针形，长0.5-1.5毫米，大小不等；花冠密被绢毛，裂片4，卵圆形，长约2毫米；柱头2裂。核果长圆形或近椭圆形，具棱，长5-7毫米，径3-4毫米，被疏柔毛，有宿萼，基部有苞片；种子圆柱形。花期4月。

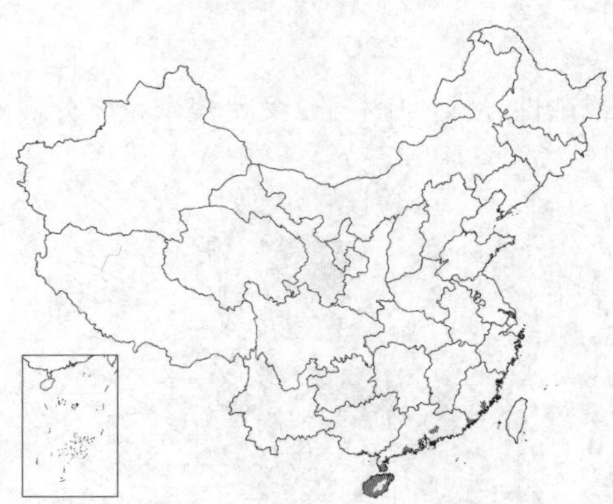

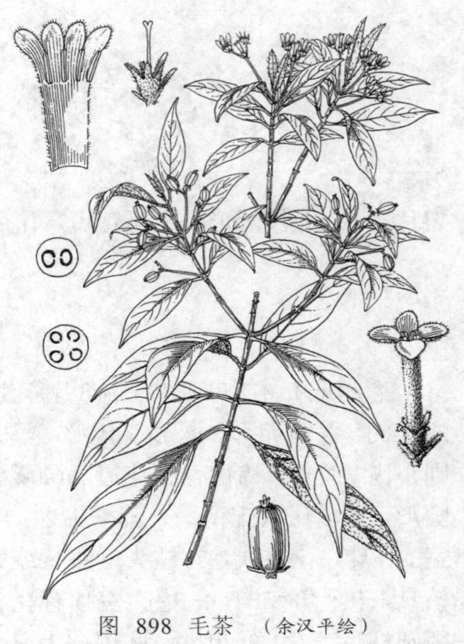

图 898 毛茶 （余汉平绘）

产福建、广东、香港及海南，生于低海拔至中海拔山地林下或灌丛中。

65. 海茜树属 **Timonius** DC.

灌木或乔木。叶对生，革质；托叶早落。花单性或杂性异株，芳香，聚伞花序腋生，雌花序的花常生于分枝一侧，雄花序有1-3花。中央花无花梗；花梗与花萼间有关节，具2枚小苞片；花萼倒卵形或球形，萼裂片4，宿存；

花冠革质，漏斗形，被毛，内面和冠筒喉部常无毛，裂片4(5-10)，厚革质，镊合状排列；雄蕊4(5-10)，着生冠筒喉部，花丝极短，花药背着，线状长圆形，伸出；花盘不明显，被粗毛；子房5-10室，每子室1胚珠，悬垂，花柱短，增厚，被毛，有分枝4-12，线形，常不等长，有乳头状凸体。核果有4-5纵棱，肉质，有小核数个，每个小核1种子。种子圆柱形，外种皮膜质，胚乳稀少或无；子叶扁平，胚根圆柱形，向上。

154-180种，主要分布于马来西亚和新几内亚岛，极少数分布于毛里求斯、塞古尔、安达曼、斯里兰卡、中国及菲律宾。我国1种。

海茜树 图 899

Timonius arboreus Elmer in Leafl. Philipp. Bot. 1: 72. 1906.

常绿乔木，高达12米。叶对生或3枚轮生，椭圆形或椭圆状倒卵形，长9-15厘米，先端渐尖，基部渐窄，两面无毛，侧脉5-7对；叶柄长5毫米，托叶宽三角形，被毛。花单性异株；花萼长约6毫米，萼筒近球形，被绢毛，萼裂片5-6；花冠长1-1.5厘米，被毛，裂片6-8，长圆形；雄花成聚伞花序，有花数朵，不育花花柱短，线形，被毛；雌花常单生，花梗长2-3厘米，具不育雄蕊，柱头6-8裂。果球形，径1.2-1.4厘米，果柄长2-3厘米。种子近圆柱形，长6-7毫米，径2-2.5毫米。果期6月。

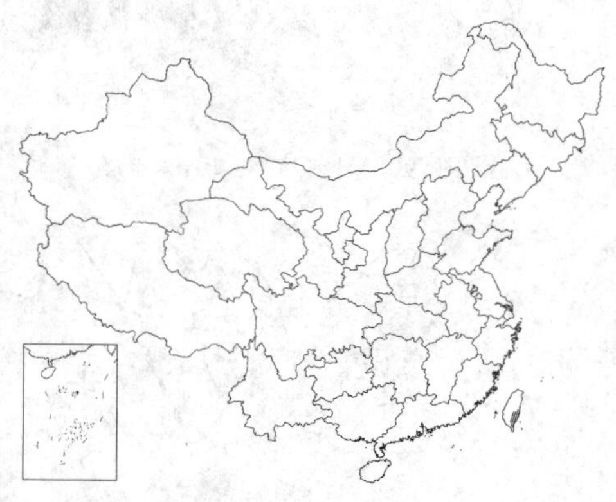

产台湾东南部，生于低海拔旷野灌丛或林中。菲律宾有分布。

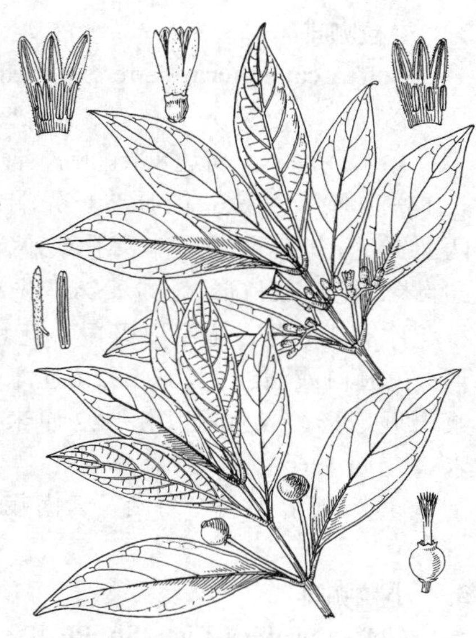

图 899 海茜树 （余汉平绘）

66. 咖啡属 Coffea Linn.

灌木或乔木。叶对生，稀3枚轮生；托叶大。花单生或簇生叶腋成球状花束，或成聚伞花序。花无梗或具短梗；萼筒短，顶端平截或齿裂，宿存；花冠漏斗状或高脚碟状，裂片4-8，旋转排列；雄蕊4-8，着生冠筒喉部；花盘肿胀；子房2室，花柱线形；每室1胚珠。浆果有骨质核仁2颗。

约90多种，分布于亚洲热带地区和非洲。我国引入栽培约5种。

1. 叶长15-30厘米，宽6-12厘米，先端锐尖。
   2. 叶下面脉腋小窝孔具丛毛；叶先端锐尖部分长0.4-1厘米，托叶先端钝，稀凸尖；果宽椭圆形，长1.9-2.1厘米，径1.5-1.7厘米 ………… 1. **大粒咖啡 C. liberica**
   2. 叶下面脉腋无小窝孔或小窝孔内无毛，叶先端锐尖部分长1-1.8厘米，托叶先端锐尖；果近球形，长和径均1-1.2厘米 ………… 2. **中粒咖啡 C. canephora**
1. 叶长6-14厘米，宽3.5-5厘米，先端渐尖，渐尖部分长1-1.5厘米 ………… 3. **小粒咖啡 C. arabica**

1. 大粒咖啡 图 900 彩片 203

Coffea liberica Bull. ex Hiern in Trans. Linn. Soc. ser. 2, 1: 171. t. 24. 1876.

乔木或灌木，高达15米。叶薄革质，椭圆形、倒卵状椭圆形或披针形，长15-30厘米，宽6-12厘米，先端锐尖，锐尖部分长0.4-1厘米，基部宽楔形，两面无毛，下面脉腋小窝孔具丛毛，侧脉8-10对；叶柄长0.8-2厘米，托叶基部合生，宽三角形，长3-4厘米，先端钝，稀凸尖。聚伞花序2至数个簇生叶腋，花序梗极短；苞片合生，2枚宽卵形，2枚线形或叶形。浆果宽椭圆形，长1.9-2.1厘米，径1.5-1.7厘米，成熟时鲜红色，具凸起花盘。种子长圆形，长1.5厘米，径约1厘米，平滑。花期1-5月。

原产非洲利比里亚，现广植于热带地区。广东、海南、云南栽培。

图 900 大粒咖啡 （余汉平绘）

2. 中粒咖啡 图 901 彩片 204

Coffea canephora Pierre ex Froehn. in Notizbl. Bot. Gart. Berlin 1: 237. 1897.

乔木或灌木，高达8米。叶厚纸质，椭圆形、卵状长圆形或披针形，长15-30厘米，宽6-12厘米，先端锐尖部分长1-1.8厘米，基部楔形，两面无毛，下面脉腋无小窝孔或小窝孔无毛，侧脉10-12对；叶柄长1-2厘米，托叶三角形，长7毫米，先端锐尖。聚伞花序1-3个簇生叶腋，每花序有3-6花，花序梗极短；苞片2枚宽三角形，2枚披针形或长圆形。花冠白或浅红色，长2-2.6厘米；花药伸出；花柱伸出，柱头2裂。浆果近球形，长和径均1-1.2厘米。种子长0.9-1.1厘米，径7-9毫米。花期4-6月。

原产非洲。广东、海南及云南栽培。

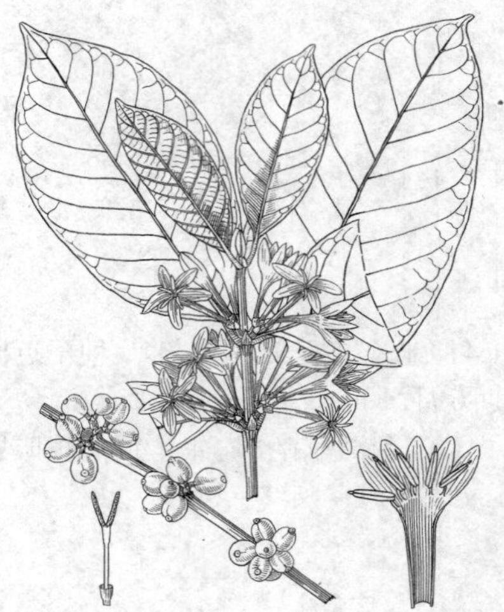
图 901 中粒咖啡 （余汉平绘）

3. 小粒咖啡 图 902 彩片 205

Coffea arabica Linn. Sp. Pl. 172. 1753.

乔木或灌木，高达8米。叶对生，稀轮生，革质，椭圆形、长圆形、卵状披针形或披针形，长6-14厘米，宽3.5-5厘米，先端渐尖部分长1-1.5厘米，基部楔形，两面无毛，下面脉腋有或无小窝孔，侧脉7-13对；叶柄长0.8-1.5厘米，托叶宽三角形，长3-6毫米，上部芒尖。聚伞花序数个簇生叶腋，每花序有2-5花，无花序梗或梗极短。花芳香，花梗长0.5-1毫米；苞片2枚宽三角形，2枚披针形，叶状；萼筒长2.5-3毫米，顶部平截或具5小齿；花冠白色，长1-1.8厘米，裂片4-6，比冠筒长。浆果宽椭圆形，红色，长1.2-1.6厘米，径1-1.2厘米。种子有纵槽，长0.8-1厘米，径5-7毫米。花期3-4月。

原产埃塞俄比亚或阿拉伯。福建、台湾、广东、海南、广西、云南、贵州及四川栽培。本种栽植最广，果加工后味香醇，含咖啡成分较低；经济价值最高。

图 902 小粒咖啡 （余汉平绘）

67. 大沙叶属 Pavetta Linn.

灌木或乔木。叶对生，稀轮生；托叶锐尖，脱落。腋生或顶生伞房聚伞花序。萼筒卵形或陀螺形，裂片4；花冠白或淡绿色，高脚碟状，冠筒圆柱形，裂片4，旋转排列；雄蕊4，着生冠筒喉部，花丝短；子房2室，花柱线状，伸出；每室1胚球。核果状如豌豆，有时有槽纹；内果皮脆壳质，种子1-2。

约400多种，分布于非洲南部、亚洲热带和南亚热带地区、澳大利亚北部。我国6种。

1. 花序和子房被毛。
  2. 叶下面脉被柔毛；花梗长3-5毫米，冠筒长约1.9厘米 ………………………………… 1. **多花大沙叶 P. polyantha**
  2. 叶下面被疏柔毛，中脉毛较密；花梗长1-1.2厘米，冠筒长1-1.4厘米 ……………………… 2. **大沙叶 P. arenosa**
1. 花序和子房无毛；叶下面近无毛或中脉和脉腋被柔毛 ………………………………… 3. **香港大沙叶 P. hongkongensis**

1. 多花大沙叶 图 903

Pavetta polyantha R. Br. ex Bremek. in Fedde, Repert. Sp. Nov. 37: 103.1934.

灌木，高达3米。幼枝被柔毛。叶膜质，窄倒卵形或披针形，长9-13厘米，宽3.5-4.7厘米，先端渐尖，基部楔形，上面无毛，下面脉被柔毛，侧脉约8对，纤细；托叶三角形，长5-7毫米，短芒尖，被柔毛。花序被柔毛；花序梗长1.5-2厘米。花梗长3-5毫米；萼裂片长0.1-0.2毫米；花冠筒长约1.9厘米；子房密被柔毛。浆果球形，径约8毫米，无毛。花期4-6月。

产广东中北部、广西、云南及贵州西南部，生于海拔900-1200米山谷林中或溪边。印度、缅甸、印度尼西亚及菲律宾有分布。

图 903 多花大沙叶
（引自《云南树木图志》）

2. 大沙叶 图 904

Pavetta arenosa Lour. Fl. Cochinch. 73. 1790.

Pavetta sinica Miq.; 中国高等植物图鉴 4: 262.1975.

灌木，高达3米。小枝无毛。叶膜质，长圆形或倒卵状长圆形，长7-18厘米，宽3-5.5厘米，先端渐尖，基部楔形，上面无毛，下面被疏柔毛，中脉毛较密，侧脉6-8对；叶柄长0.5-2厘米，有疏柔毛，托叶宽卵状三角形，长约1.2毫米。花序顶

图 904 大沙叶 （余汉平绘）

生，长9-11厘米，径约15厘米，花序3-4厘米。花芳香，花梗长约1.2厘米；萼筒卵形，被白色柔毛，萼裂片4，短；花冠白色，冠筒长1-1.4厘米，无毛，喉部被毛，裂片4，窄长圆形，长3-5毫米；花药伸出，开花时旋扭；花柱长2.5-3厘米，柱头棒形。浆果球形，径6-7毫米，无毛，萼檐宿存。花期4-5月。

产广东、海南、广西及云南，生于低海拔山地林中。越南有分布。

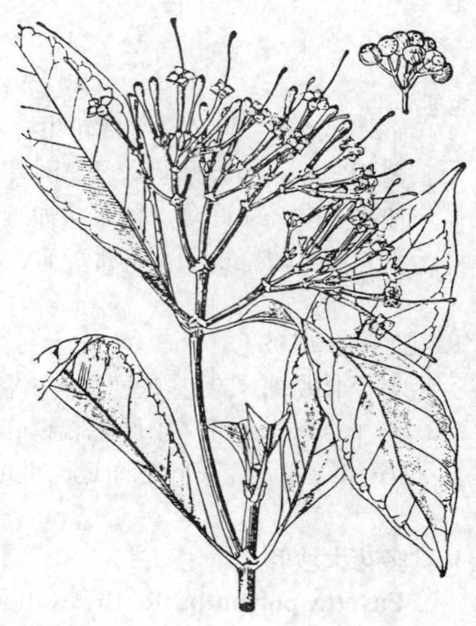

图 905 香港大沙叶 （引自《图鉴》）

3. 香港大沙叶 图 905 彩片 206

Pavetta hongkongensis Bremek. in Fedde, Repert. Sp. Nov. 37: 104. 1934.

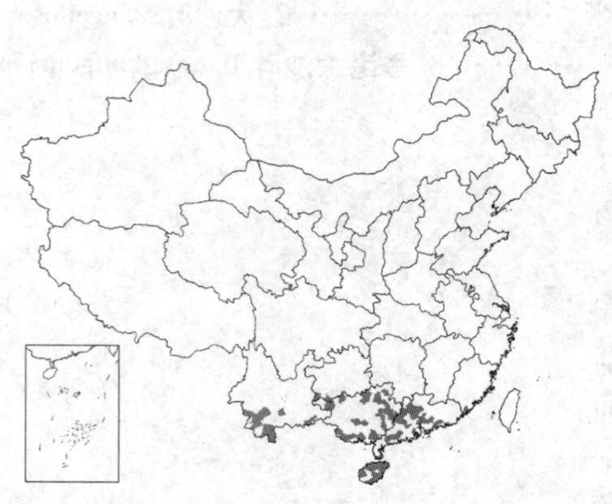

灌木或小乔木。叶膜质，长圆形或椭圆状倒卵形，长8-15厘米，宽2.5-6.5厘米，先端渐尖，基部楔形，上面无毛，下面近无毛或中脉和脉腋被柔毛，侧脉约7对；叶柄长1-2厘米，托叶宽卵状三角形，长约3毫米。花序生于侧枝顶部，多花，长7-9厘米，径7-15厘米。花梗长3-6毫米；萼筒钟形，长约1毫米，顶部不明显4裂；花冠白色，冠筒长约1.5厘米，无毛；花药伸出。果球形，径约6毫米。花期3-4月。

产福建南部、广东、香港、海南、广西、贵州西南部及云南，生于海拔200-1300米山地灌丛中。越南有分布。全株入药，清热解毒、活血去瘀，治感冒、中暑、肝炎、跌打刀伤。

68. 龙船花属 Ixora Linn.

灌木或乔木。叶对生；托叶生于叶柄间。顶生伞房聚伞花序。花萼卵形，萼裂片4，宿存；花冠白、黄或红色，高脚碟状，冠筒圆柱形，裂片4，短于冠筒，扩展或外反，旋转排列；雄蕊4，着生冠筒喉部，花丝极短或缺；子房2室，花柱线状，伸出，每子室1胚珠。浆果球形，小核2。

约300-400种，主产亚洲热带及亚热带地区、非洲、大洋洲，热带美洲较少。我国19种。

1. 花萼裂片比萼筒长。
  2. 花序第1次分枝长1-1.2厘米；小苞片长2.5-4毫米；果近椭圆形 ……………… 1. **团花龙船花 I. cephalophora**
  2. 花序第1次分枝长2-6厘米；苞片长0.8-1厘米；果近球形 ………………… 1(附). **薄叶龙船花 I. finlaysoniana**
1. 花萼裂片比萼筒短或近等长。
  3. 花萼裂片比萼筒短。
    4. 托叶基部合成鞘状，叶柄极短或无 ……………………………………………… 2. **龙船花 I. chinensis**
    4. 托叶基部不合成鞘状，叶柄长0.3-1.8厘米。
      5. 花序稠密，花序梗短或近无梗；花冠筒长3-4厘米；叶侧脉10-15对 ………… 3. **泡叶龙船花 I. nienkui**
      5. 花序宽展，花序梗长0.5-1.5厘米；花冠筒长2.5-3厘米；叶侧脉7-25对。
        6. 叶长5-15厘米，侧脉7-8对，叶柄长3-7毫米；花冠裂片长圆形，长5-6毫米 … 4. **白花龙船花 I. henryi**
        6. 叶长15-22厘米，侧脉18-25对，叶柄长1-1.8厘米；花冠裂片卵形或披针形，长1-1.2厘米 ………………………………………… 4(附). **亮叶龙船花 I. fulgens**

3. 花萼裂片与萼筒等长或稍短。

7. 叶倒披针形，稀长圆形；花梗长0.8-1厘米，花冠筒长0.7-1.1厘米，喉部无毛，裂片披针形，与冠筒近等长 …………………………………………………………………………………………… 5. **散花龙船花 I. effusa**

7. 叶长圆形；花梗长1-2毫米，花冠筒长2.5-3.5厘米，喉部有疏毛，裂片长圆形，长6-7毫米，比冠筒短 ………………………………………………………………………………………………… 6. **海南龙船花 I. hainanensis**

1. 团花龙船花 图 906

Ixora cephalophora Merr. in Journ. Arn. Arb. 23: 194. 1942.

灌木；全株无毛。叶纸质，长圆形、长圆状披针形，长10-30厘米，宽4-8厘米，先端渐尖，基部楔形，侧脉9-10对；叶柄长1-2厘米，托叶近宽卵形，先端芒尖，长3-5毫米。聚伞花序密集，成3歧伞房花序式，无花序梗或梗极短，第1次分枝长1-1.2厘米。花芳香，花有梗或无；小苞片长2.5-4毫米；萼筒长1.5-2毫米，萼裂片长4-5毫米；花冠白色，冠筒长2-2.5厘米，喉部无毛，裂片椭圆形或长圆形，长5-6毫米。果近椭圆形，长1.1厘米，径9毫米，成熟时红黄或红色；萼宿存。花期5月，果期9月。

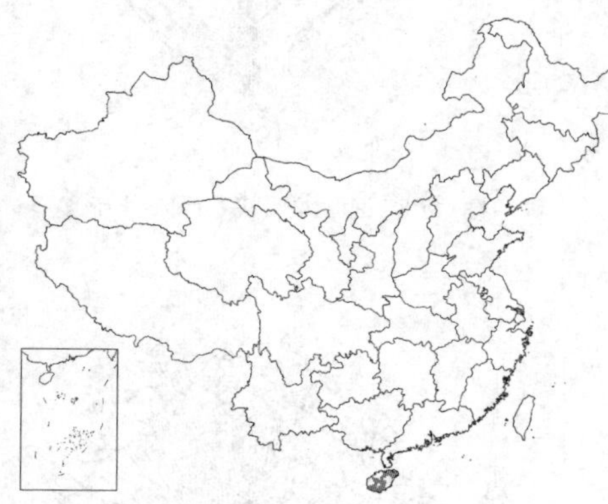

图 906 团花龙船花 （引自《图鉴》）

产海南，生于低海拔山地林中或旷地。中南半岛、菲律宾有分布。

[附] **薄叶龙船花 Ixora finlaysoniana** Wall. ex G. Don, Gen. Syst. 3: 572. 1834. 本种与团花龙船花的区别：花序第1次分枝长2-6厘米；苞片长0.8-1厘米；果近球形。花期4-10月。产广东、海南及云南，生于低海拔山地林中。中南半岛、印度及菲律宾有分布。有栽培供观赏。

2. 龙船花 蒋英木 图 907 彩片 207

Ixora chinensis Lam. Encycl. 3: 344. 1789.

Tsiangia hongongensis (Seem.) But, Hsue et P. T. Li; 中国植物志 71 (2): 110. 1999.

灌木。叶薄革质或纸质，披针形、长圆状披针形或长圆状倒卵形，长6-13厘米，宽3-4厘米，先端短钝尖，基部楔形或圆，侧脉7-8对，纤细，明显，近叶缘连成边脉，横脉明显；叶柄极短，托叶长5-7毫米，鞘状，先端渐尖。花序径6-12厘米，花序梗短有红色分枝。萼筒长1.5-2毫米，萼裂片长0.8毫米；花冠红或红黄色，长2.5-3厘米，裂片倒卵形或近圆形，长5-7毫米。果近球形，双生，中间有沟，径7-8毫米，成熟时黑红色。花期5-7月。

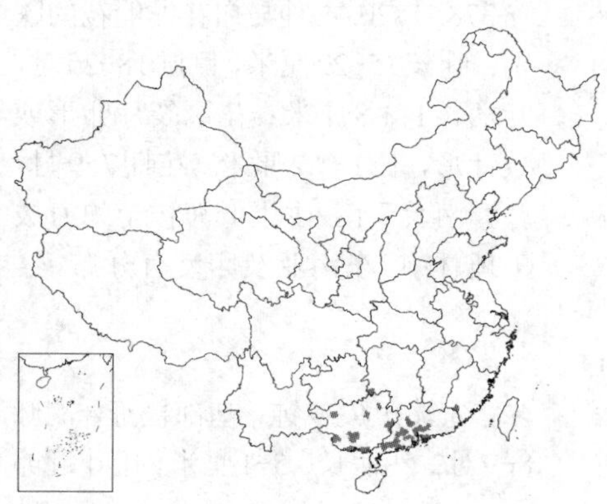

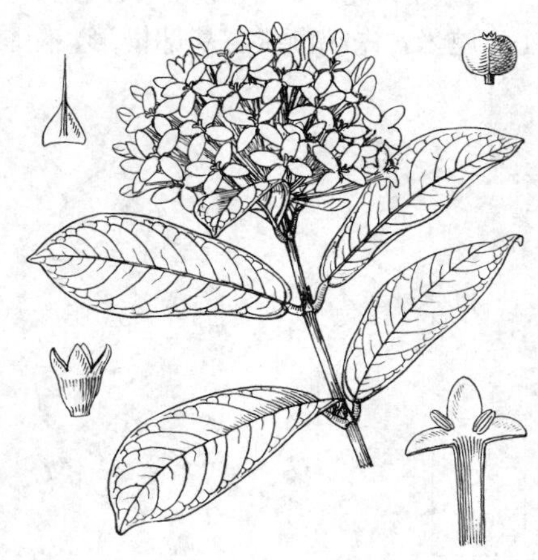

图 907 龙船花 （余汉平绘）

产福建南部、广东、香港、广西及湖南西南部，生于海拔200-800米山地灌丛、疏林中及旷野。东南亚有分布。常栽培供观赏；药用可消疮、拔脓、祛风、止痛。

图 908 泡叶龙船花 （邓盈丰绘）

3. 泡叶龙船花 长叶龙 船花 图 908

Ixora nienkui Merr. et Chun in Sunyatsenia 2: 324. pl. 71. 1935.

灌木。高1-3米；仅花序被疏柔毛，全株无毛。叶纸质，宽披针形或长圆状披针形，长10-23厘米，宽3-7厘米，先端长渐尖，基部圆或宽楔形，侧脉10-15对；叶柄长1-1.5厘米，托叶长1厘米，顶部芒尖。花序梗短或近无梗，第1次分枝长1-2.5厘米。花具梗或近无梗；苞片线状披针形，长2毫米，小苞片线形；萼筒长1.8-2毫米，萼裂片长三角形，比萼筒短；花冠白或微红色，冠筒长3-4厘米，喉部无毛，裂片披针形，长5-7毫米；花药伸出。果球形，成熟时鲜红色，径7-8毫米。花期7-9月。

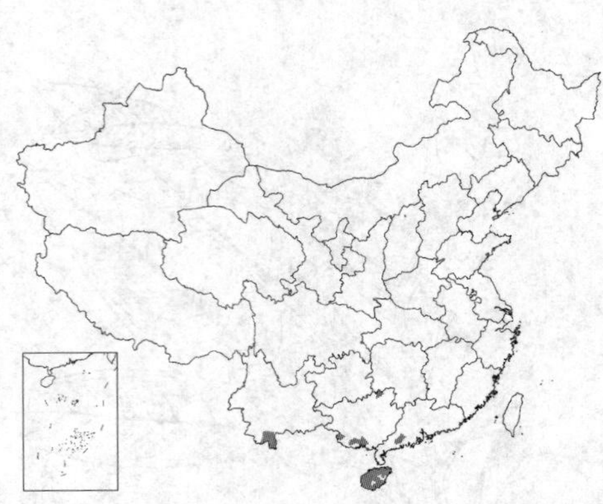

产广东西南部、海南、广西、湖南西南部及云南南部，生于中海拔山地林中。越南有分布。

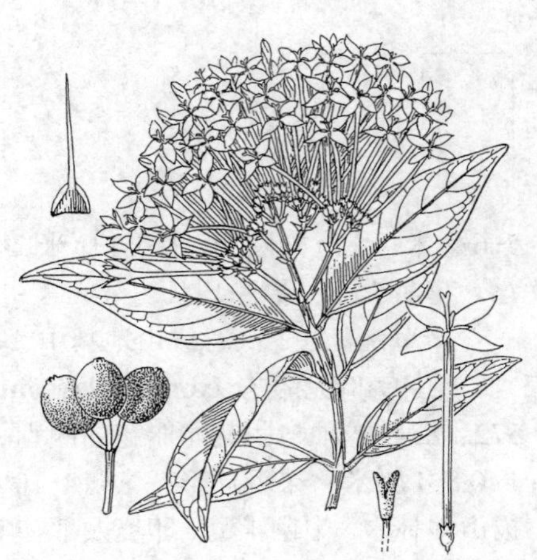

图 909 白花龙船花 （余汉平绘）

4. 白花龙船花 图 909

Ixora henryi Lévl. in Fedde, Repert. Sp. Nov. 13: 178. 1914.

灌木；无毛。叶纸质，长圆形、披针形或近椭圆形，长4-15厘米，宽1-4厘米，先端渐尖，基部楔形，侧脉7-8对，稍明显；叶柄长3-7毫米，托叶长0.7-1.5厘米，基部宽，上部长尖。3歧伞房聚伞花序，长6-8厘米，有苞片和小苞片，花序梗长0.5-1.5厘米。花梗长1-2.5毫米，萼筒长1.8-2毫米，萼裂片长约1毫米；花冠白或粉红色，冠筒2.5-3厘米，裂片长5-6毫米；花药伸出。果近球形，径约1厘米，萼裂片宿存。花期8-12月。

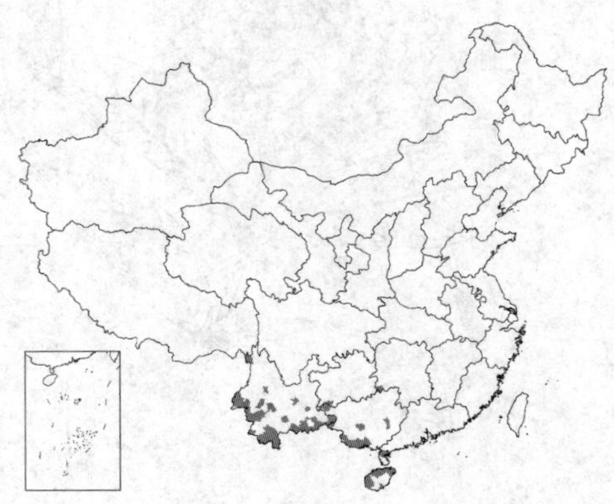

产广东西南部、海南、广西、云南、贵州西南部及湖南西南部，生于海拔500-2000米山地林中、林缘或溪旁。越南、泰国有分布。

[附] **亮叶龙船花 Ixora fulgens** Roxb. Hort. Beng. 10. 1814 et Fl. Ind. 1: 378. 1820. 本种与白花龙船花的区别：叶长15-22厘米，侧脉18-25对，叶柄长1-1.8厘米；花冠裂片卵形或披针形，长1-1.2厘米。花期7-9月。产海南及云南，生于低海拔至中海拔山地林中。东南亚及印度有分布。

5. 散花龙船花 图 910

Ixora effusa Chun et How ex Ko, Fl. Hainan. 3: 580. 344. f. 762. 1974.

灌木；无毛。叶纸质，倒披针形或长圆形，长10-18厘米，宽3-7厘米，先端短尖或钝，基部楔形，侧脉8-9对；叶柄长0.5-1厘米，托叶近卵

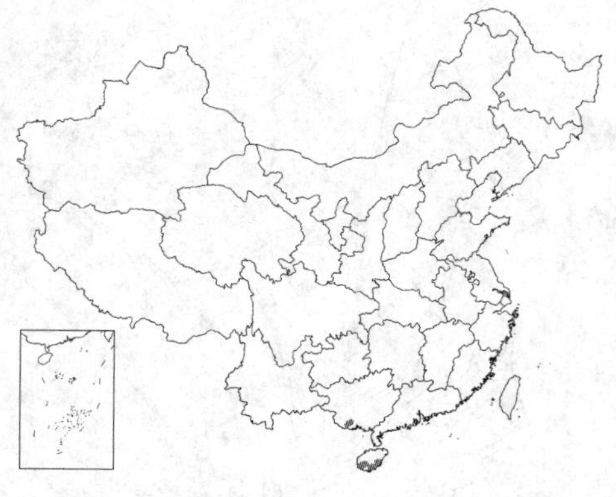

形，长5-8毫米，先端长芒尖。花序径7-11厘米，花序梗长0.5-4厘米，基部有小叶；有苞片和小苞片。花梗长0.8-1毫米，中央花无梗或花梗极短；萼筒长约1毫米，萼裂片与萼筒等长或稍短；花冠白或淡紫色，冠筒长0.7-1.1厘米，喉部无毛，花冠裂片披针形，与冠筒近等长；花药伸出。果近球形，径8-9毫米，具残留萼檐。花期4-5月。

产海南及广西南部，生于中海拔山地林中。越南有分布。

图 910 散花龙船花 （引自《海南植物志》）

6. 海南龙船花 图 911

Ixora hainanensis Merr. in Lingnan Sci. Journ. 6: 287. 331. 1928.

灌木；仅冠筒喉部被疏毛，全株无毛。叶纸质，长圆形，长5-14厘米，宽2-5厘米，先端钝圆，基部楔形或稍圆，侧脉8-10对，近叶缘连成边脉；叶柄长3-6毫米，托叶卵形，长0.4-1厘米，先端长渐尖，渐尖部分长3-4毫米。3歧伞房聚伞花序长达7厘米，花序梗长约4厘米。花芳香，花梗长1-2毫米；有苞片和小苞片；萼筒长约1.5毫米，花萼裂片与萼筒等长或略短；花冠白色，冠筒长2.5-3.5厘米，花冠裂片长圆形，长6-7毫米；花药伸出。果球形，长约6毫米，径6-8毫米，熟时红色。花期5-11月。

产广东南部及西南部、海南及云南中南部，生于低海拔至中海拔山谷溪边林中。

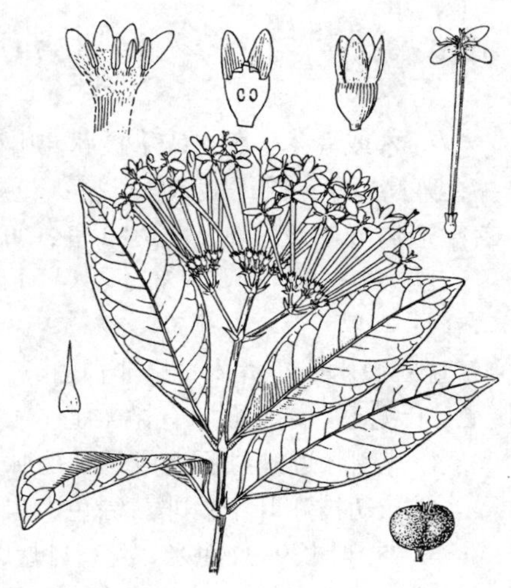

图 911 海南龙船花 （余汉平绘）

69. 长柱山丹属 Duperrea Pierre ex Pitard

灌木或小乔木。叶对生，膜质；托叶生于叶柄间，基部鞘状。顶生和腋生聚伞伞房花序。萼筒倒圆锥形，花萼裂片5-6，线形，比萼筒长约2倍；花冠高脚碟形，冠筒窄长，被粗毛，花冠裂片5(6)，卵形或倒卵形，旋转状排列；雄蕊5(6)，着生冠筒喉部，无花丝，花药伸出；花盘环形，肿胀；子房2室，每室1胚珠，柱头不裂，花柱伸出。浆果肉质，近球形，2室，室间有浅槽。种子2，腹面常凹陷，胚乳角质；胚小，子叶卵形，胚根向下。

约2种，分布于印度、中南半岛和中国。我国1种。

长柱山丹 图 912

Duperrea pavettaefolia (Kurz) Pitard in Lécomte, Fl. Gen. Indo-Chine 3: 334. 1924. —— *Mussaenda pavettaefolia* Kurz, For. Fl. Brit. Burma 2: 57. 1877.

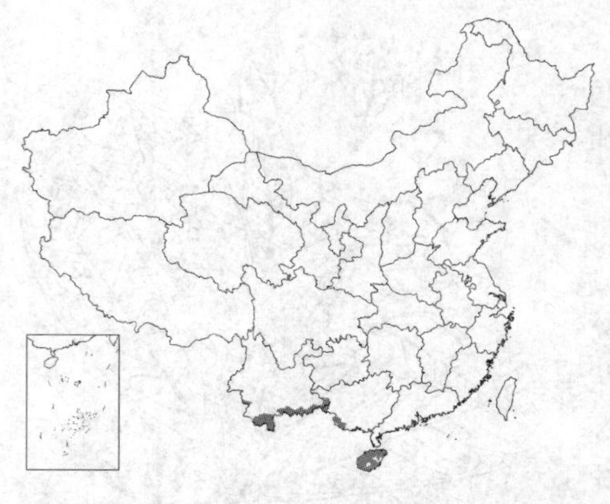

灌木或小乔木。小枝被浅黄色紧贴粗毛。叶长圆状椭圆形、长圆状披针形或倒披针形，长7-25厘米，宽3-7厘米，先端渐尖，基部楔形，上面无毛或近无毛，下面有乳头状微柔毛，脉上被紧贴柔毛，侧脉7-12对；叶柄长3-8毫米，被紧贴硬毛，托叶膜质，卵状长圆形，长0.8-1厘米，先端芒尖，背面被紧贴硬毛。花序密被锈色硬毛；苞片线形，被毛。花梗长3-5毫米，被毛；萼筒长约2毫米，稍被锈色、紧贴硬毛，萼裂片线形，长4-5毫米，被毛；花冠白色，密被锈色紧贴硬毛，冠筒长1.6-1.8厘米，花冠裂片长4-5毫米。浆果扁球形，径约1.2厘米，有宿萼。花期4-6月。

产海南、广西西南部及西部、云南，生于低海拔至中海拔山谷林中。印度、缅甸、泰国、柬埔寨、老挝及越南有分布。

图 912 长柱山丹（余汉平绘）

70. 九节属 **Psychotria** Linn. nom. cons.

灌木或乔木，直立或攀援状。叶对生，稀轮生；托叶常合生，全缘或2裂，常脱落。顶生复聚伞花序或丛生花序。萼筒短，顶端平截或4-6裂；花冠漏斗状或近钟状，冠筒常短，花冠裂片(4)5(6)，镊合状排列；雄蕊(4)5(6)，着生冠筒喉部或口部；子房2室；每室1胚珠。浆果或核果。

约800-1500种，广布于热带和亚热带地区，美洲尤盛。我国17种。

1. 直立灌木或小乔木；果非白色。
  2. 叶无毛，稀下面脉有微柔毛。
    3. 叶侧脉近叶缘不连成明显边脉。
      4. 幼枝和叶干后非黄绿色；果有或无明显纵棱；种子或小核腹面平，稀波状。
        5. 叶长9-31厘米，宽3-11厘米，侧脉8-16对，托叶脱落后节上有红褐色密毛 ··· 1. **云南九节 P. yunnanensis**
        5. 叶长5-22厘米，宽1-6厘米，侧脉4-13对；托叶脱落后节上无红褐色密毛。
          6. 叶干后榄绿色，侧脉4-8对，纤细，不明显或叶下面稍明显；果长圆形或近球形，果柄纤细，长0.5-1厘米 ································ 2. **溪边九节 P. fluviatilis**
          6. 叶干后淡红或红褐色，侧脉4-13对，明显；果球形，果柄较粗，长1-6毫米 ································ 2(附). **假九节 P. tutcheri**
      4. 幼枝和叶干后黄绿色；果无明显纵棱；种子或小核腹面凹陷 ··························· 3. **黄脉九节 P. straminea**
    3. 叶侧脉近叶缘连成明显边脉 ································ 5(附). **美果九节 P. calocarpa**
  2. 叶被毛或下面脉腋有毛。
    7. 头状聚伞花序，花序梗短或几无，花序常单个 ································ 4. **驳骨九节 P. prainii**
    7. 各式复聚伞花序。
      8. 叶侧脉近叶缘不连成明显边脉，托叶膜质，鞘状，先端不裂 ································ 5. **九节 P. rubra**
      8. 叶侧脉近叶缘连成明显边脉，托叶卵形或近圆形，先端2裂成钻状长尖 ····· 5(附). **美果九节 P. calocarpa**
1. 攀援或匍匐藤本，以气根攀附于树干或岩石上；果常白色 ································ 6. **蔓九节 P. serpens**

1. 云南九节 图 913

Psychotria yunnanensis Hutchins. in Sarg. Pl. Wilson. 3: 414. 1916.

灌木。小枝无毛，托叶脱落后节上有红褐色密毛。叶纸质或膜质，倒卵状长圆形、椭圆形、卵状长圆形或倒披针形，长9-31厘米，宽3-11厘米，先端渐尖或短尖，基部楔形，两面无毛，稀下面脉有微柔毛，侧脉8-16对；叶柄长1-5.5厘米，托叶近卵形，长1.2-1.5厘米，宽约8毫米，先端长渐尖，近膜质。圆锥状聚伞花序顶生或腋生，3歧分枝，长3-10厘米，花序硬长1-6厘米；苞片披针形；长2.5-5毫米。花梗极短或近无梗；花萼钟形，萼筒长约1.25毫米，花萼裂片5，钻状披针形，长约1.5毫米；花冠白色，冠筒长约5毫米，喉部有白色长柔毛，花冠裂片长圆形，长约3毫米；花药稍伸出。核果长圆状椭圆形，稀近球形，长0.6-1.2厘米，径4-7毫米，有纵棱，萼宿存，果柄长约1毫米；小核背面具4条龙骨状凸起，腹面平。花期4-12月，果期7-12月。

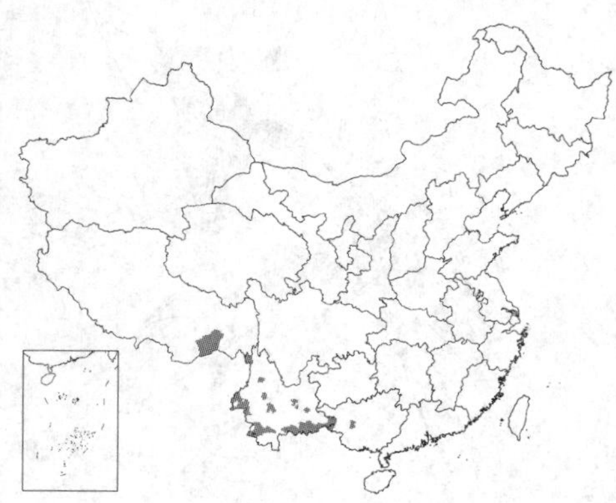

图 913 云南九节 （余汉平绘）

产广西西部、云南及西藏东南部，生于海拔800-2300米山坡或山谷溪边林中。越南有分布。

2. 溪边九节 图 914

Psychotria fluviatilis Chun ex W. C. Chen in Acta Phytotax. Sin. 30 (5): 482. f. 1. 1992.

灌木。小枝无毛。叶倒披针形、椭圆形或倒卵形，长5-11厘米，宽1-3.7厘米，先端渐尖或短钝尖，基部楔形，无毛，干后榄绿色，侧脉4-8对，纤细，不明显，或下面稍明显；叶柄长0.5-1.8厘米，托叶披针形或三角形，长4-7毫米。聚伞花序少花，长1-3厘米，花序梗长0.2-2厘米，常被疏柔毛；苞片和小苞片线状披针形。花梗长约1.5毫米；花萼倒圆锥形，长1.5毫米，萼裂片4-5，三角形，长0.5毫米；花冠白色，筒状，无毛，冠筒长3-3.5毫米，喉部被白色长柔毛，裂片4-5，长圆形，长1-1.7毫米。果长圆形或近球形，红色，无毛，具棱，长6-7毫米，萼宿存；果柄纤细，长0.5-1厘米；种子背面凸，具棱，腹面平。花期4-10月，果期8-12月。

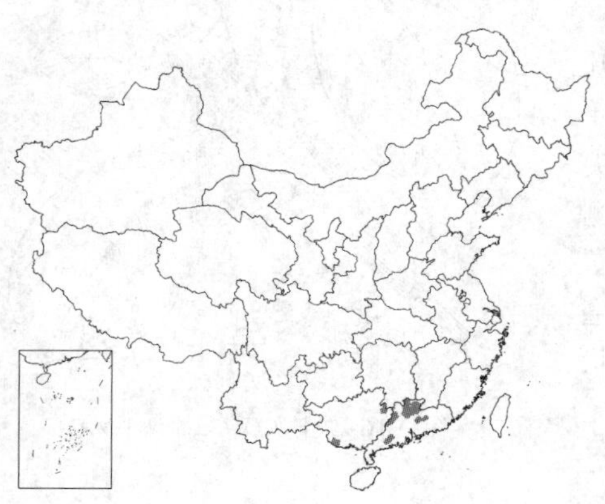

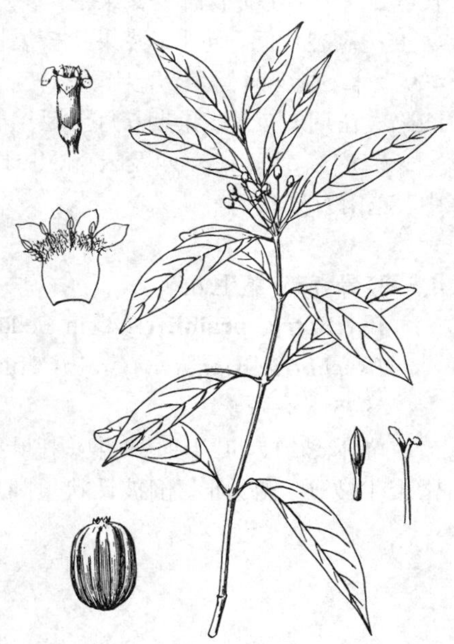

图 914 溪边九节 （引自《植物分类学报》）

产广东及广西，生于海拔550-1000米山谷溪边林中。

[附] **假九节 Psychotria tutcheri** Dunn in Journ. Bot. 48: 324. 1910. 本种与溪边九节的区别：叶干后淡红色或红褐色，侧脉4-13对，明显；果球形，果柄较粗，长1-6毫米。花期4-7月，果期6-12月。产福建、广东、香港、海南、广西及云南，生于海拔280-1000米山谷溪边灌丛或林中。越南有分布。

3. 黄脉九节 图 915

Psychotria straminea Hutchins. in Sarg. Pl. Wilson. 3: 416. 1916.

灌木；仅冠管喉部被毛，全株无毛。幼枝干后黄绿色。叶纸质或膜质，椭圆状披针形、倒卵状长圆形、椭圆形或披针形，长5.5-29厘米，宽0.8-10.5厘米，先端渐尖或短尖，基部楔形或稍圆，干后黄绿色，侧脉5-10对，常黄色；叶柄长0.5-3.5厘米，托叶鞘状，革质，长2-4毫米，顶部2浅裂。聚伞花序顶生，少花，长1-5厘米，花序梗长1-2.5厘米；苞片和小苞片微小。花梗长1.5-4毫米；萼筒倒圆锥形，长约2毫米，萼裂片三角形，长0.5-1毫米；花冠白或淡绿色，冠筒长约2毫米，喉部被白色长柔毛，裂片卵状三角形，长1.5-2.5毫米；雄蕊着生花冠裂片间，伸出。浆果状核果近球形或椭圆形，长0.7-1.3厘米，径4-9毫米，成熟时黑色，无明显纵棱；果柄长约1厘米。小核背面凸，腹面凹陷。花期1-7月，果期6月至翌年1月。

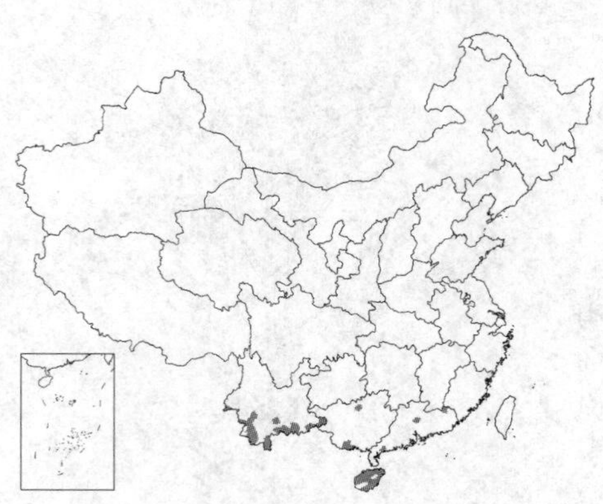

产广东、海南、广西及云南，生于海拔170-2700米山坡或山谷溪边林中。越南有分布。

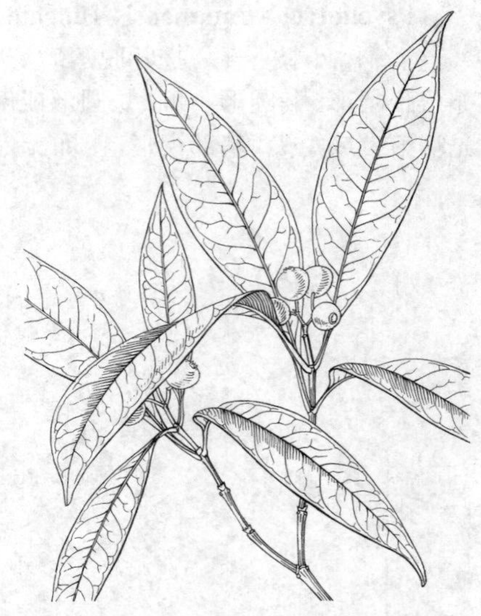

图 915 黄脉九节 （余汉平绘）

4. 驳骨九节 黄毛九节 图 916

Psychotria prainii Lévl. in Fedde, Repert. Sp. Nov. 9: 324. 1911.

Psychotria siamica (Craib) Hutchins.; 中国高等植物图鉴 4: 266. 1975.

灌木。幼枝、叶下面、叶柄、托叶外面和花序均被暗红色皱曲柔毛。叶常聚生枝顶，椭圆形、倒披针状长圆形、倒卵状长圆形或卵形，长3-15厘米，宽1.3-6.5厘米，先端短尖或短渐尖，基部楔形或稍圆，侧脉7-11对；叶柄长0.2-2.2厘米，托叶近卵形，基部长约7毫米，顶端2裂，裂片钻形。头状聚伞花序顶生，长宽均1-1.5厘米，花序梗极短。花密集，花近无梗；萼筒长约1.5毫米，萼裂片窄披针形，长约3毫米，上部被毛，冠筒长约4毫米，近无毛，冠筒喉部被白色长柔毛；雄蕊着生冠管喉部。果序头状；核果椭圆形或倒卵形，长5-8毫米，红色，被疏毛，具纵棱，具宿萼。花期5-8月，果期7-11月。

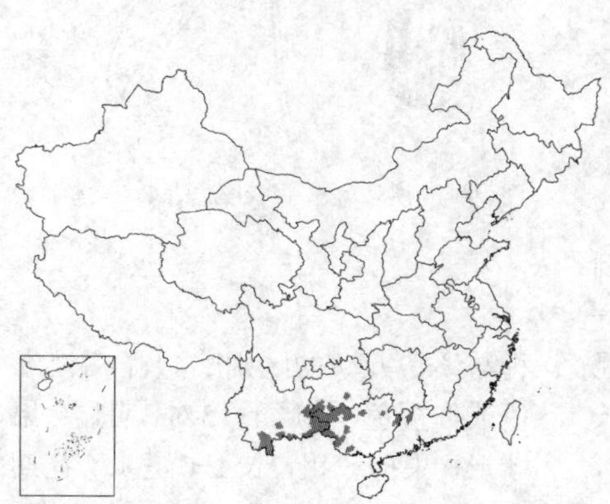

产广东西北部、广西、云南及贵州，生于海拔1000-1640米山坡或山谷溪边林下或灌丛中，常生于岩缝中。泰国有分布。全株药用，可清热解毒、祛风消肿、止血、止痛，治菌痢、肠炎、风湿骨痛、跌打损伤、蛇伤。

图 916 驳骨九节 （余汉平绘）

5. 九节

图 917 彩片 208

Psychotria rubra (Lour.) Poir. in Lam. Encycl. Suppl. 4: 597. 1816.

Antherura rubra Lour. Fl. Cochinch. 144. 1790.

灌木或小乔木。叶长圆形、椭圆状长圆形、倒披针状长圆形或长圆状倒卵形，长5-24厘米，宽2-9厘米，先端渐尖或短尖，基部楔形，侧脉5-15对，脉腋有束毛；叶柄长0.7-5厘米，托叶膜质；鞘状，顶端不裂，长6-8毫米。伞房状或圆锥状聚伞花序顶生，花序梗极短，近基部3分歧，花梗长1-2.5毫米；萼筒杯状，长约2毫米，顶部近平截或不明显5齿裂；花冠白色，冠筒长2-3毫米，喉部被白色长柔毛，裂片近三角形，长2-2.5毫米；花药伸出。核果球形或宽椭圆形，长5-8毫米，径4-7毫米，有纵棱，红色；果柄长0.2-1厘米。小核背面凸起，具纵棱，腹面平。花果期全年。

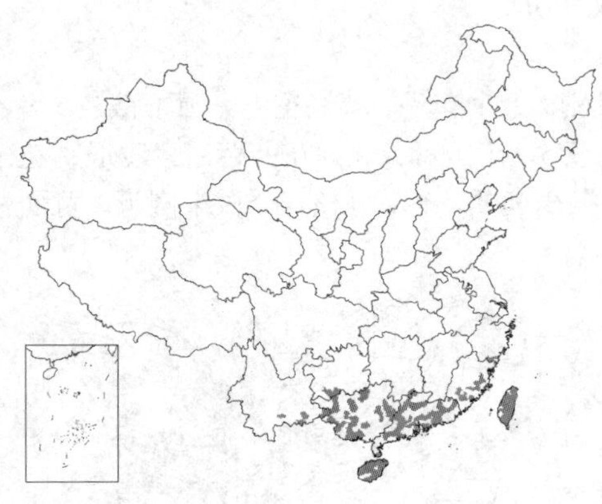

图 917 九节 （黄少容绘）

产浙江南部、福建、台湾、湖南南部、广东、香港、海南、广西、贵州南部及云南，生于海拔1500米以下平地、山谷溪边灌丛或林中。日本、越南、老挝、柬埔寨、马来西亚及印度有分布。幼枝、叶、根药用，清热解毒、消肿拔毒、祛风除湿；治扁桃体炎、白喉、疮疡肿毒、风湿疼痛、跌打损伤、感冒、咽喉肿痛、胃痛、痢疾、痔疮。

[附] 美果九果 **Psychotria calocarpa** Kurz in Journ. Asiat. Soc. Bengal. 41 (2): 315. 1872. 本种与九节的区别：叶侧脉近叶缘连成明显边脉，托叶卵形或近圆形，先端2裂成钻状长尖。花期5-7月，果期8月至翌年2月。产云南及西藏，生于海拔800-1640米山坡林中。印度、锡金、不丹、尼泊尔、孟加拉、缅甸、越南及马来西亚有分布。全株药用，清热解毒、祛风利湿、镇静、镇痛。

6. 蔓九节 穿根藤

图 918 彩片 209

Psychotria serpens Linn. Mant. 204. 1771.

攀援或匍匐藤本，常以气根攀附树干或岩石，长达6米或更长。幼枝无毛或有粃糠状柔毛。幼树叶卵形或倒卵形，老树叶椭圆形、披针形、倒披针形或倒卵状长圆形，长0.7-9厘米，宽0.5-3.8厘米，先端钝尖或渐锐尖，基部楔形或稍圆，侧脉4-10对；叶柄长达1厘米，托叶膜质，鞘状，长2-3毫米。圆锥状或伞房状聚伞花序顶生，有时被柔毛，常3歧分枝，长1.5-5厘米，花序梗长达3厘米；苞片和小苞片线状披针形。花梗长0.5-1.5毫米；花萼倒圆锥形，长约2.5毫米，萼裂片5，三角形，长约0.5毫米；花冠白色，冠筒与裂片近等长，长1.5-3毫米，裂片长圆形，喉部被白色长柔毛。浆果

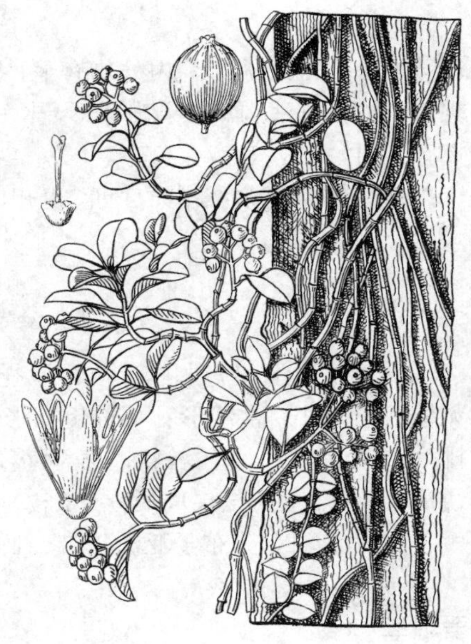

图 918 蔓九节 （邓盈丰绘）

状核果球形或椭圆形，具纵棱，白色，长4-7毫米；果柄长1.5-5毫米。小核背面凸起，具纵棱，腹面平。花期4-6月，果期全年。

产浙江东南部、福建东部及南部、台湾、广东、香港、海南、广西及云南东南部，生于海拔1360米以下平地、山地水旁灌丛或林中。日本、朝鲜、越南、柬埔寨、老挝、泰国及印度尼西亚有分布。全株药用，舒筋活络、壮筋骨、祛风止痛、凉血消肿；治风湿痹痛、坐骨神经痛、痈疮肿毒、咽喉肿痛。

71. 弯管花属 **Chasalia** Comm. ex Poir.

灌木或小乔木。叶对生或3片轮生；托叶全缘或2裂，分离或合生成鞘。聚伞花序。萼檐宿存，顶平截或5齿裂；花冠筒细长，常弯曲，喉部无毛或有须毛，裂片5，镊合状排列；雄蕊5，花丝短或无，花药背着，线形；花盘环状；子房2室，每室有基生直立胚珠1颗，花柱纤细，有2分枝。核果稍肉质，有2分核，分核半圆形，背面平，腹面凹。种子扁圆形，胚乳革质；胚根圆柱形，向下。

约40余种，分布于亚洲热带、亚热带地区和非洲。我国1种。

弯管花 图 919

Chasalia curviflora Thwaites, Enum. Pl. Zeyl. 150. 421. 1859.

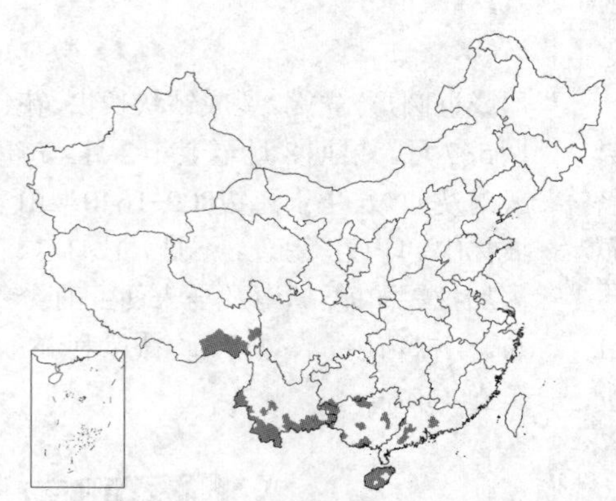

灌木；全株被毛。叶膜质，长圆状椭圆形或倒披针形，长10-20厘米，宽2.5-7厘米，先端渐尖，基部楔形，侧脉8-10对；叶柄长1-4厘米，无毛，托叶宿存，宽卵形或三角形，长4-4.5毫米，基部合生。聚伞花序多花，顶生，长3-7厘米；苞片小，披针形。花近无梗，三型：花药伸出而柱头内藏，柱头伸出而花药内藏，或柱头和花药均伸出；萼倒卵形，长1-1.5毫米，萼裂片长不及0.5毫米；花冠筒弯曲，长1-1.5厘米，内外均有毛，裂片4-5，卵状三角形，长约2毫米，顶部肿胀，具浅沟。核果扁球形，长6-7毫米，平滑或分核间有浅槽。花期春夏间。

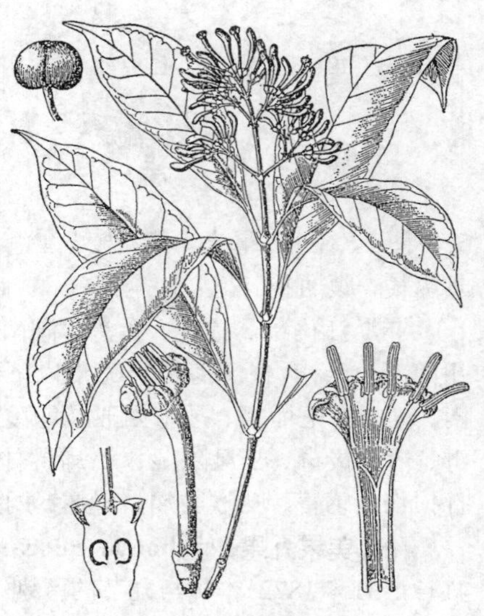

图 919 弯管花 （引自《海南植物志》）

产广东、香港、海南、广西、贵州、云南及西藏东南部，生于海拔1200米以下山谷林中。中南半岛、孟加拉、不丹、锡金、印度、斯里兰卡、马来西亚及印度尼西亚有分布。

72. 爱地草属 **Geophila** D. Don

多年生草本。叶对生，具长柄，托叶生于叶柄间，常卵形，全缘。花单生或顶生和腋生伞形花序。花无梗或近无梗；苞片小，常线形；萼筒倒卵形，萼裂片4（-7），宿存；花冠筒状漏斗形，喉部被柔毛，裂片4-7，镊合状排列；雄蕊4-7，花丝丝状，花药背着，内藏或稍伸出；花盘肥厚；子房2室，每室有1颗基生、直立胚珠，花柱线形，柱头2裂。核果肉质，有2枚平凸分核。种子腹面平坦，种皮膜质，胚乳角质；胚根短，向下。

约30余种，分布于亚洲热带、亚热带地区、非洲和美洲。我国1种。

爱地草 图 920

Geophila herbacea (Jacq.) K. Schum. in Engl. u. Prantl, Nat. Pflanzenfam. 4(4): 118. 1891.

Psychotria herbacea Jacq. Enum.

Pl. Carib. 16. 1760.

Geophila herbacea (Linn.) Kuntze; 中国高等植物图鉴 4: 272. 1975.

多年生匍匐草本，长达40厘米或过之。茎下部节常生不定根。叶膜质，心状圆形或近圆形，宽1-3厘米，先端圆，基部心形，两面近无毛，叶脉掌状，5-8条；叶柄长1-5厘米，被柔毛，托叶宽卵形，长1-2毫米。花单生或2-3朵组成顶生伞形花序，花序梗长1-4厘米；苞片线形或线状钻形。萼筒长2-3毫米，萼裂片4，线状披针形，长2-2.5毫米，被缘毛；花冠筒长约8毫米，被柔毛，内面被疏柔毛，花冠裂片4，卵形或披针状卵形；雄蕊着生冠筒中部之下，花药内藏。核果球形，径4-6毫米，红色，分核平凸。花期7-9月。

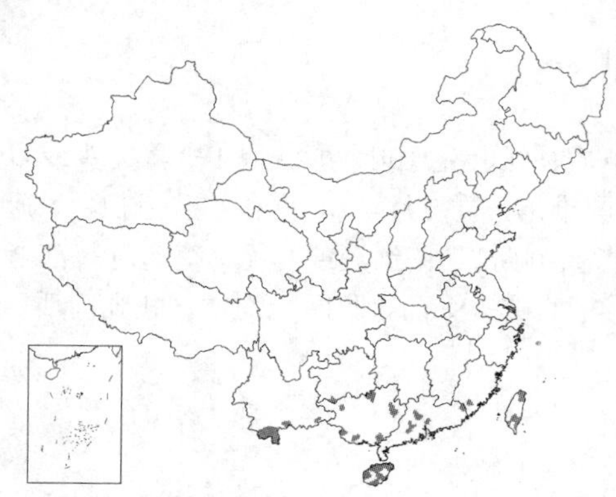

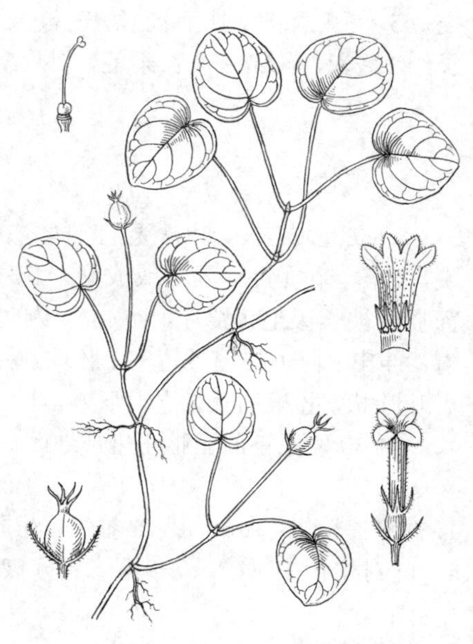

图 920 爱地草 （余汉平绘）

产台湾、福建南部、广东、香港、海南、广西、贵州西南部、云南东南部及南部，生于海拔140-800米林缘及溪边潮湿地。世界热带及亚热带地区有分布。

73. 头九节属 **Cephaelis** Swartz

灌木或多年生草本。叶对生，托叶生于叶柄间，分离或稍合生。头状花序顶生或腋生；总苞片交互对生或多轮覆瓦状排列，无柄，分离或合生成杯状。萼裂片4-7，宿存；花冠高脚碟状或漏斗状，冠筒直伸，花冠裂片4-5，镊合状排列；雄蕊4-5，着生冠筒上部，花线短，花药线形，背着；花盘肥厚；子房2(3-4)室，花柱丝状，柱头2，每子室1胚珠。核果干燥或肉质，有2分核；分核骨质、脆壳质或软骨质。种子与分核圆形，种皮膜质，胚乳角质；胚小，子叶叶状，根圆柱状，向下。

约60-100种，分布于世界热带地区。我国1种，引入栽培1种。

头九节 图 921

Cephaelis laui (Merr. et Metcalf) How et Ko, Fl. Hainan. 3: 578. 337. f. 754. 1974.

Psychotria laui Merr. et Metcalf in Lingnan Sci. Journ. 16: 403. f. 4. 1937.

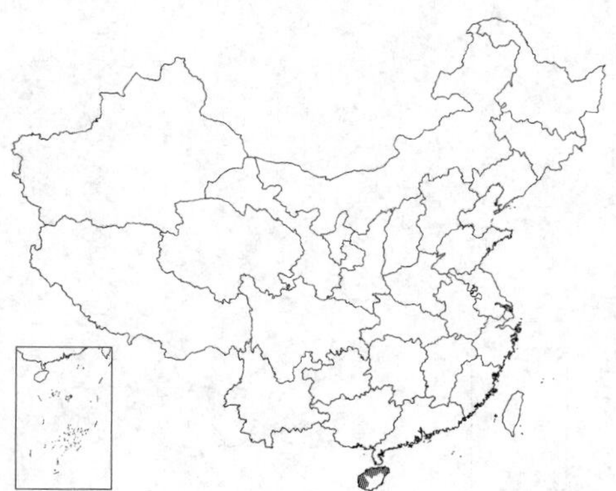

灌木。叶纸质，椭圆形或长圆形，长5-8厘米，宽1.5-3厘米，先端短渐尖，基部近楔形，两面无毛；叶柄长不及1厘米，托叶鞘状，长2-2.5毫米。头状花序径1-2厘米，常单生枝顶，稀对生，花序梗长2-3厘

图 921 头九节 （易敬度绘）

米；苞片覆瓦状排列，被褐色绒毛，外轮下部合生成杯状。萼筒无毛，萼裂片5，近三角形，比萼筒长，密被长硬毛，上部边缘流苏状；花冠白色，长约2毫米，喉部密被长柔毛，裂片5，近椭圆形，长不及1毫米，顶部喙状内弯；雄蕊5，内藏。核果椭圆形。花期秋冬。

产海南，生于低海拔山地林中。

74. 染木树属 Saprosma Bl.

直立灌木。枝、叶常无毛，揉之有臭气。叶对生或3-4片轮生，常革质；托叶生于叶柄间，具1-3骤尖头或多裂，脱落。花单生、簇生或成聚伞花序；苞片和小苞片常合生。萼筒倒圆锥形，萼裂片4-6，宿存；花冠白色，冠筒喉部被长柔毛，裂片4（5-6），内向镊合状排列；雄蕊4（5-6），着生冠筒喉部，花丝短或几无，花药近基部背着，伸出；子房2室，每室1胚珠，柱头2裂。核果有1-2壳质分核。种子直立，平凸，腹面无沟槽，胚乳肉质；子叶叶状，胚根细长，位于下方。

约30种，分布于亚洲热带地区。我国5种。

1. 叶3片轮生，或兼有少数对生；花冠筒长3-4毫米；分核背面无疣状凸起 ························ 1. 染木树 S. ternatum
1. 叶对生；花冠筒长7-8毫米；分核背面有疣状凸起 ························ 2. 厚梗染木树 S. crassipes

1. 染木树 图 922

Saprosma ternatum Hook. f. in Benth. et Hook. f. Gen. Pl. 2(1): 131. 1873.

灌木或乔木。叶常3片轮生，稀对生，长圆状披针形或长圆状椭圆形，长8-15厘米，宽3-6.5厘米，先端短渐尖，基部宽楔形，两面无毛，侧脉7-10对；叶柄长0.6-1.2厘米，托叶披针形，长1-1.2厘米，顶端有2-7尖齿。花数朵腋生，花序梗长；苞片和小苞片均三角形，长1-2毫米。花梗长0.2-1厘米；萼筒长约2毫米，无毛，萼裂片4-5；花冠白色，冠筒长3-4毫米，被粉状微柔毛，喉部被柔毛，裂片4，椭圆形，较冠筒稍短。果椭圆形或近球形，长0.8-1.2厘米，径6-8毫米，具隆起花盘和宿萼。种子1，椭圆形。花期夏季。

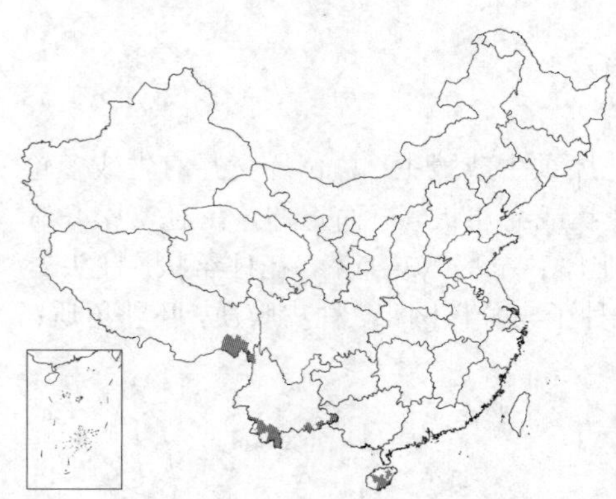

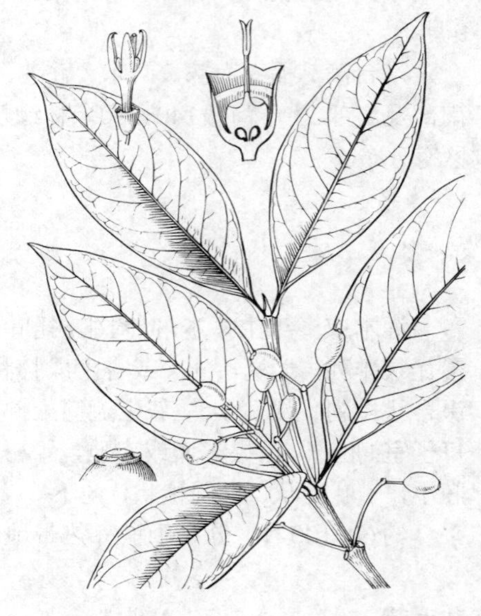

图 922 染木树 （余汉平绘）

产海南、云南东南部及西南部、西藏东南部，生于低海拔至中海拔山谷林中。印度、中南半岛及马来西亚有分布。

2. 厚梗染木树 图 923

Saprosma crassipes H. S. Lo in Bot. Journ. South China 2: 15. f. 5 (6-13). 1993.

灌木。叶对生，薄革质，椭圆状卵形或长圆状卵形，长8-16厘米，宽6厘米，先端渐尖，基部钝或圆，两面无毛，侧脉7-10对，近叶缘连成边脉；叶柄长0.3-1厘米，托叶革质，三角形，长约1.5毫米，被柔毛。花序腋上生，对生，花序梗粗，长5-8毫米；花3-7朵簇生于花序梗顶端。萼

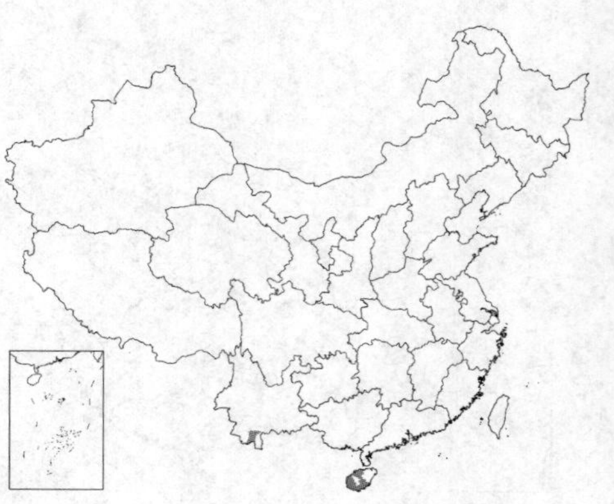

筒长约2毫米，萼裂片4，宽三角形，有缘毛；花冠白色，筒状漏斗形，长0.9-1厘米，外面无毛，内面被长柔毛，花冠筒长7-8毫米，裂片4，宽卵形；雄蕊4。核果椭圆状球形，长7-8毫米；分核2个，半球状，背部有多数小疣状凸起。花期4-8月，果期9-12月。

产海南及云南南部，生于低海拔至中海拔山地林缘或林中。

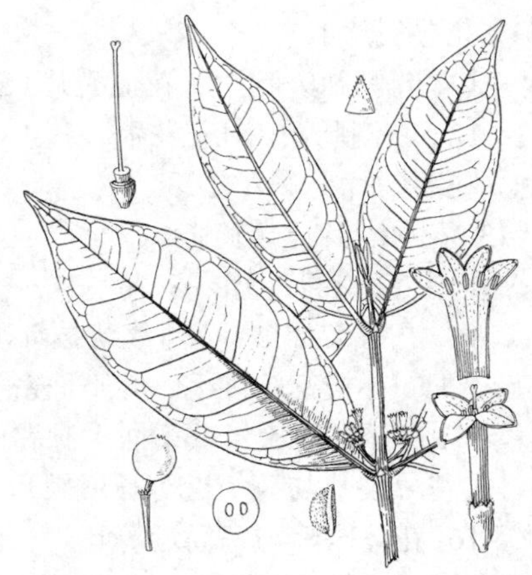

图 923 厚梗染木树 （余汉平绘）

75. 粗叶木属 Lasianthus Jack.

直立灌木，揉之常有臭味。叶对生，常有明显横脉；托叶宽。具腋生花束、聚伞花序或头状花序。花萼4-6裂或齿裂，宿存；花冠漏斗状或高脚碟状，喉部有毛，裂片4-6，扩展，镊合状排列；雄蕊4-6，着生冠筒喉部；子房4-9室，花柱4-9裂，每子室1胚珠。核果，有小核4-9。

约150-170种，分布于亚洲热带及亚热带地区、大洋洲和非洲。我国34种。

1. 叶基部偏斜，心形 ······ 1. 斜基粗叶木 **L. wallichii**
1. 叶基部对称或近对称，非心形。
  2. 花簇生腋生花序梗。
    3. 花序梗纤细，长1-5厘米 ······ 2. 长梗粗叶木 **L. filipes**
    3. 花序梗粗，长不及2厘米。
      4. 茎和叶下面密被毛；苞片多数，线形，长0.6-1.2（-2）厘米 ······ 3. 黄毛粗叶木 **L. koi**
      4. 茎和叶下面无毛或近无毛，或叶下面脉被毛；苞片细小，长不及1厘米或无苞片。
        5. 叶下面无毛；花萼裂片4 ······ 4. 云广粗叶木 **L. longicaudus**
        5. 叶下面脉被糙伏毛；花萼裂片5-6。
          6. 叶下面中脉和侧脉被糙伏毛；花萼裂片长约0.8毫米，花冠筒长3-6毫米 ······ 5. 小花粗叶木 **L. micranthus**
          6. 叶下面密被白色乳头状小凸点；花萼裂片长约4毫米，花冠筒长约8.5毫米 ······ 6. 梗花粗叶木 **L. biermanni**
  2. 花2至多朵生于叶腋，无花序梗或梗极短。
    7. 苞片比花长很多。
      8. 叶侧脉8-12对，托叶卵状三角形，长0.8-1.2厘米，密被长硬毛；雄蕊生于冠筒近中部 ······ 7. 鸡屎树 **L. hirsutus**
      8. 叶侧脉6-9对，托叶不明显；雄蕊生于冠筒喉部 ······ 8. 锡金粗叶木 **L. sikkimensis**
    7. 苞片比花短、近等长或无苞片，稀比花稍长。
      9. 苞片革质，近圆形，径4-5毫米 ······ 9. 革叶粗叶木 **L. tubiferus**
      9. 苞片非圆形，或无苞片。
        10. 花萼裂片6 ······ 10. 焕镛粗叶木 **L. chunii**
        10. 花萼裂片4-5。

11. 花萼裂片4。
  12. 叶侧脉9-14对；花冠裂片（5）6，披针状线形；雄蕊6 ………………………………… 11. **粗叶木 L. chinensis**
  12. 叶侧脉6-7对；花冠裂片4（5），近卵形；雄蕊4 ……………………………… 12. **栖兰粗叶木 L. hiiranensis**
11. 花萼裂片5。
 13. 花萼裂片比萼筒长。
  14. 花萼裂片卵形 ……………………………………………………………… 13. **华南粗叶木 L. austrosinensis**
  14. 花萼裂片披针形、线状披针形或窄披针形。
   15. 小枝密被硬毛；叶下面密被长柔毛或长硬毛；花萼裂片长3-5毫米 …………… 14. **广东粗叶木 L. curtisii**
   15. 小枝无毛；叶下面中脉和侧脉疏生糙伏毛或柔毛；花萼裂片长约2毫米 … 14(附). **无苞粗叶木 L. lucidus**
 13. 花萼裂片与萼筒近等长或较短。
  16. 花萼裂片与萼筒近等长。
   17. 小枝密被硬毛；花冠筒状漏斗形，长7-8.5毫米；果径约5毫米 …………… 15. **台湾粗叶木 L. formosensis**
   17. 小枝密被贴伏绒毛；花冠窄筒状，长约7毫米；果径6-8毫米 ………………… 16. **西南粗叶木 L. henryi**
  16. 花萼裂片比萼筒短。
   18. 叶下面无毛或脉被硬毛。
    19. 叶下面无毛或中脉和侧脉疏生硬毛；花冠长5.5-6.5毫米 ……………………… 17. **罗浮粗叶木 L. fordii**
    19. 叶下面脉被贴伏硬毛；花冠长0.8-1厘米。
     20. 枝和小枝无毛或幼枝被柔毛；叶长9-15厘米，侧脉5-6对 ……………… 18. **日本粗叶木 L. japonicus**
     20. 枝和小枝密被贴伏硬毛或柔毛；叶长7-8厘米，侧脉7-8对 ……… 19. **伏毛粗叶木 L. appressihirtus**
   18. 叶下面被茸毛或柔毛。
    21. 叶下面密被茸毛 ………………………………………………………………… 20. **文山粗叶木 L. bunzanensis**
    21. 叶下面被柔毛。
     22. 叶基部常稍不对称；花萼裂片短，顶端近平截 ………………………… 21. **斜脉粗叶木 L. obliquinervis**
     22. 叶基部两侧对称；花萼裂片较长。
      23. 叶长4-6厘米，宽2-3厘米，叶侧脉4-5对；果径约5毫米 ………… 22. **小叶粗叶木 L. microphyllus**
      23. 叶长6-30厘米，宽2-6.5厘米，侧脉5-10对；果径0.6-1厘米。
       24. 叶椭圆状披针形、披针形、椭圆状卵形、倒卵形，基部楔形；花冠长5.5-7毫米；果无毛，有6分核 ……………………………………………………………………… 23. **虎克粗叶木 L. hookeri**
       24. 叶窄披针形、线状披针形或近披针形，基部钝或圆；花冠长1.1-1.4厘米；果被毛，有5分核 ……………………………………………………………………… 23(附). **美脉粗叶木 L. lancifolius**

1. 斜基粗叶木 图 924

Lasianthus wallichii (Wight et Arn.) Wight in Calc. Journ. Nat. Hist. 6: 503. 1846.

Mephitidia wallichii Wight et Arn. Prodr. 1: 390. 1834.

灌木，高达3米。叶上面和花冠密被长硬毛或长柔毛。叶椭圆状卵形、长圆状卵形、披针形或长圆状披针形，长5-13厘米，宽2-4厘米，先端骤渐尖，基部心形，偏斜，侧脉6-8对。花无梗，数朵簇生于叶腋；苞片和小苞片多数，钻状披针形或线形，长1-1.5厘米。萼筒近杯状，长约1.5毫米，萼裂片5，三角状披针形，与萼筒近等长或稍长；花冠白色，近漏斗形，疏被长柔毛，花冠裂片5，近卵形，长3.5-4毫米，内面密被毛；雄蕊5，内藏；子房5室。核果近球形，径0.4-1厘米，成熟时蓝色，被硬毛，有4-5个分核。花期秋季。

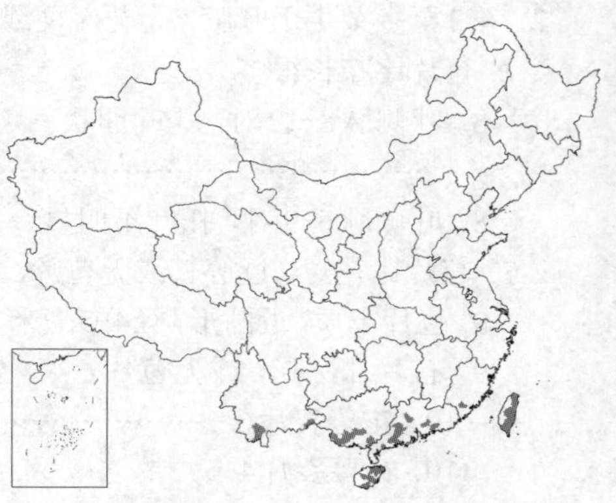

产福建南部、台湾、广东、香港、海南、广西南部、云南东南部及南部，生于海拔140-1100米山地林下、林缘或灌丛中。日本、印度、尼泊尔、孟加拉、中南半岛及菲律宾有分布。

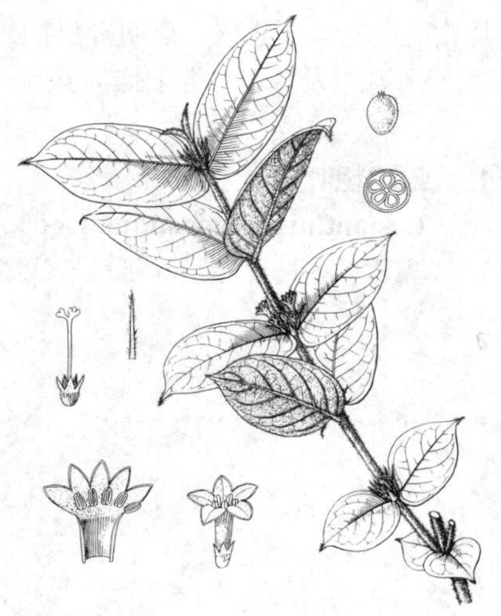

图 924 斜基粗叶木 （邓盈丰绘）

2. 长硬粗叶木 图 925

Lasianthus filipes Chun ex H. S. Lo in Bot. Journ. South China 2: 8. f. 2. 1993.

灌木。小枝密被贴伏柔毛。叶纸质，卵形或卵状长圆形，长5-10厘米，宽2-4厘米，先端骤渐尖，基部钝圆、近平截或微心形，边缘常被毛，上面无毛，下面脉被贴伏柔毛或硬毛，侧脉4-6对；叶柄长1-5毫米，密被硬毛。多花簇生叶腋，密被硬毛，花序梗长1-5厘米；苞片小，钻状丝形，长1-2.5毫米。花具短梗；萼筒近陀螺状，长1.5毫米，萼裂片5，钻形，长约1.5毫米，被硬毛；花冠白色，近筒状，长5-6毫米，被粉状毛，内面中部以上密被白色长柔毛，裂片5，三角状卵形，长约1.5毫米，顶端内弯呈长喙状，内面密被白色长柔毛；雄蕊5，花药微伸出；柱头微伸出。核果近球形，径7-8毫米，成熟时蓝色，近无毛；分核5个。花果期5-9月。

图 925 长硬粗叶木 （引自《华南植物学报》）

产福建南部、广东西南部、广西及云南东南部，生于海拔200-1200米山地林下或灌丛中。

3. 黄毛粗叶木 图 926

Lasianthus koi Merr. et Chun in Sunyatsenia 2: 47. 1934.

灌木。小枝、托叶、叶下面及花序均密被褐色长柔毛或绒毛。叶薄革质，披针形或长圆状披针形，长10-21厘米，宽4-7厘米，先端尾尖或渐尖，基部钝圆，常有缘毛，上面无毛，侧脉7-10对；叶柄长0.5-1厘米，密被毛，托叶小。多花腋生，花序梗长0.5-1.2厘米；苞片和小苞片多数，线形，长0.6-2厘米、密被褐黄色长柔毛。花无梗；萼筒长约4毫米，被疏柔毛，裂片6，窄披针形，长约3毫米，密被长柔毛；花冠白或微染紫色，冠筒长约4毫米，近口部被长柔毛，裂片5，长圆形，长约3毫米，密被硬毛，内面下部被长柔毛；雄蕊5，花药内藏。核果成熟时蓝色，卵球形或近球形，长约5毫米，径4-5毫米，被疏柔毛，萼裂

图 926 黄毛粗叶木 （邓盈丰绘）

片宿存，有4-5分核。花期春夏间。

产海南及广西，生于低海拔至中海拔山谷林中。越南有分布。

4. 云广粗叶木 图 927

Lasianthus longicaudus Hook. f. Fl. Brit. Ind. 3: 190. 1880.

灌木。小枝无毛。叶纸质，线状披针形或披针形，长5-12厘米，宽1-3厘米，先端长渐尖，尖头长约叶长1/3-1/4，基部楔形，两面无毛，侧脉5-10对；叶柄长0.5-1厘米，被疏毛，托叶长不及1毫米，早落。花具短梗或近无梗，数朵簇生叶腋，花序梗粗短；苞片微小，被硬毛。萼筒长2.5-3毫米，上部疏被长硬毛；裂片4，长约1毫米，疏被长硬毛；花冠白或带紫色，筒状漏斗形，冠筒长0.9-1厘米，内面被长柔毛，裂片宽卵形，长3-3.5毫米，密被白色缘毛；雄蕊4，花药稍伸出；子房4室，柱头4。核果卵球形，长6-7毫米，无毛，蓝色，萼裂片宿存，有4分核。花期春夏间，果期秋冬。

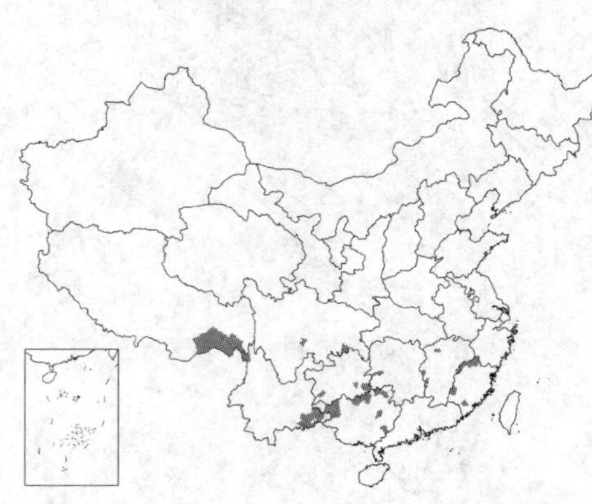

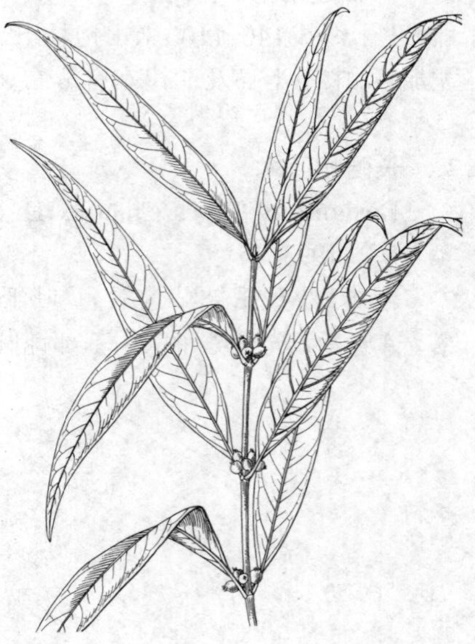

图 927 云广粗叶木 （余汉平绘）

产福建、江西、湖南、广西、贵州、云南东南部及西北部、四川及西藏东南部，生于海拔1000-2000处山谷林中。印度有分布。

5. 小花粗叶木 图 928

Lasianthus micranthus Hook. f. Fl. Brit. Ind. 3: 190. 1880.

灌木。幼枝被柔毛。叶纸质，披针形、长圆状披针形或近卵形，长7-12厘米，宽2-3.5厘米，先端骤渐尖，基部近圆或楔形，上面无毛，下面中脉和侧脉被糙伏毛，侧脉5-8对；叶柄长不及1厘米，被糙伏毛，托叶小，被糙伏毛。花近无梗，数朵或多朵簇生于腋生长约1厘米的花序梗，被糙伏毛；无苞片或有极小苞片。花萼被硬毛，萼筒倒圆锥形，长1.5-2毫米，裂片5，钻状三角形，长约0.8毫米；花冠白色，上部被疏硬毛，冠筒长3-6毫米，内面上部被长柔毛，裂片5，近卵形，长2-2.5毫米，内面被皱曲长柔毛；雄蕊5，微伸出。核果近球形，长约6毫米，近无毛，有5分核。花期8-10月，果期翌年4-5月。

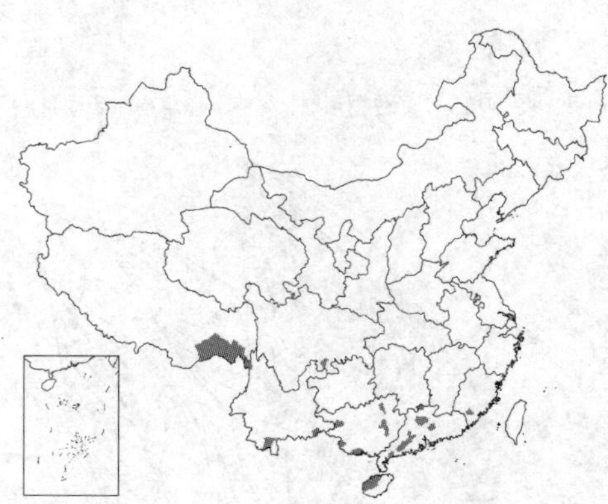

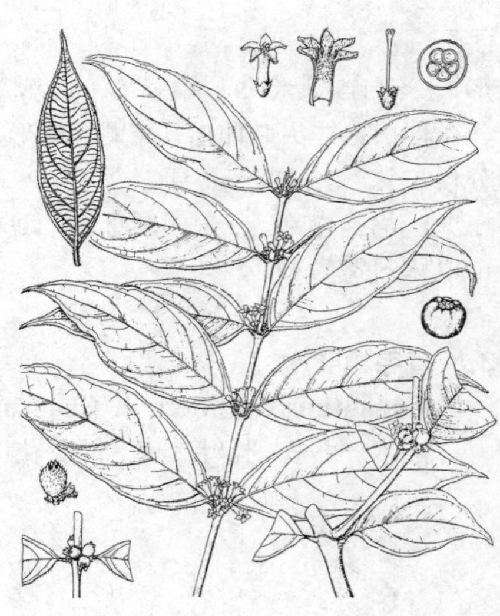

图 928 小花粗叶木 （引自《Fl. Taiwan》）

产福建南部、广东、海南、广西、云南、四川南部及西藏东南部，生于海拔150-1800米处山地林缘或林中。越南及印度有分布。

6. 梗花粗叶木 云贵粗叶木 图 929

Lasianthus biermanni King ex Hook. f. Fl. Brit. Ind. 3: 190. 1880.

灌木或稍攀援，高达6米。枝被

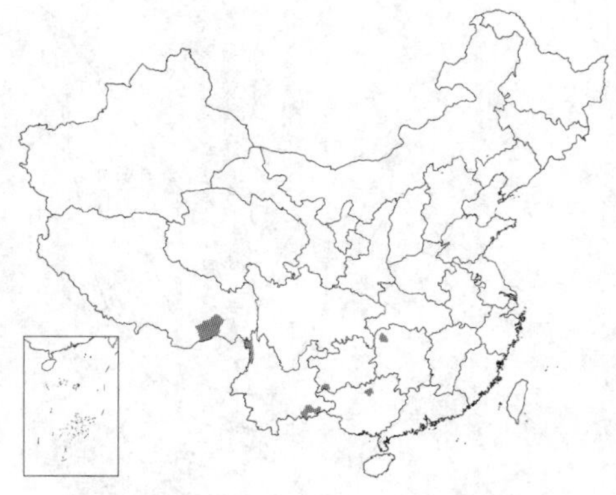

糙伏毛。叶纸质，卵形、长圆形或长圆状披针形，长7-20厘米，宽3-6厘米，先端渐尖或骤渐尖，基部钝，上面无毛或中脉被硬毛，下面密生白色乳头状小凸点，脉被糙伏毛，侧脉7-8对；叶柄长5-8毫米，密被贴伏硬毛，托叶近三角形，密被贴伏硬毛，常脱落。花序腋生，有花数至几十朵，花序梗长不及1厘米，苞片2，对生，线状钻形，长3-3.5毫米，被硬毛。花有梗或近无梗；萼筒钟状，密被白色柔毛，长2-2.5毫米，裂片5-6，披针形或近长圆形，长约4毫米，有3脉，两面被贴伏白色疏柔毛；花冠黄、白或淡紫红色，近漏斗状，冠筒长约8.5毫米，外面无毛或被疏柔毛，内面密被白色长柔毛，裂片5-6，披针状长圆形，长约3毫米，顶端内弯呈喙状；雄蕊5-6。核果近球形，径0.5-1厘米，有5-6个分核。花期夏秋。

产湖南西北部、广西北部、贵州西南部、云南东南部及西北部、西藏东南部，生于中海拔山地林中。缅甸、锡金及印度有分布。

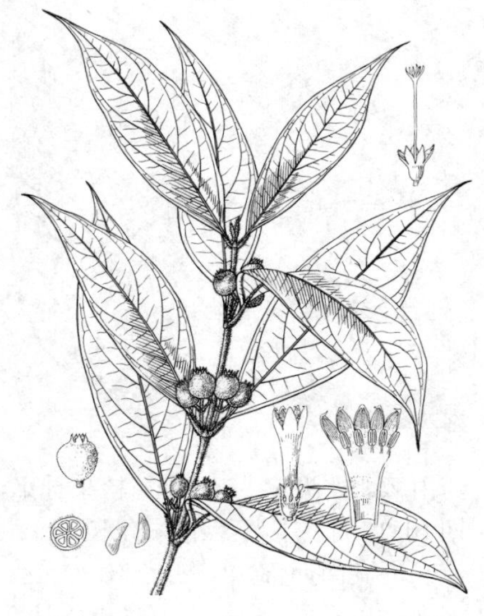

图 929 梗花粗叶木 （余汉平绘）

7. 鸡屎树 图 930

Lasianthus hirsutus (Roxb.) Merr. in Journ. Arn. Arb. 33 (3): 229. 1953.

Triosteum hirsutum Roxb. Fl. Ind. ed. Carey, 2: 180. 1824.

灌木。枝被红棕色或暗褐色长硬毛。叶纸质，长圆状椭圆形、长圆状倒卵形、长圆形或倒披针形，长15-25厘米，宽4-6厘米，先端渐尖或近尾尖，基部楔形或钝，上面被长糙毛或近无毛，下面密被暗褐色长硬毛，侧脉8-12对；叶柄长0.8-1.5厘米，密被贴伏硬毛，托叶卵状三角形，长0.8-1.2厘米，密被长硬毛。花无梗，数朵簇生叶腋；苞片长2.5-3厘米，先端尾尖，密被暗褐色长硬毛。萼筒近钟形，长1.5-2毫米，中部以上密被贴伏刚毛，萼裂片4-5，钻形，被长刚毛；花冠白色，漏斗状，冠筒长1.2-1.3厘米，外面疏被腺毛状柔毛，内面中部以上密被长柔毛，裂片4-5，长圆形或披针形，长约3.5毫米，边缘被腺毛，内面被皱曲长柔毛；雄蕊4-5。核果近球形，径7-8毫米，被疏毛或近无毛，有4分核。花期秋冬，果期翌年春夏。

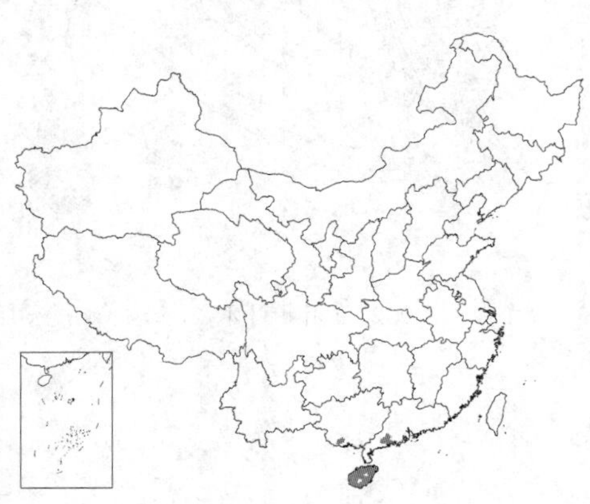

图 930 鸡屎树 （余汉平绘）

产广东西南部、香港、海南及广西南部，生于低海拔至中海拔山谷林中。日本、印度及东南亚有分布。

8. 锡金粗叶木 图 931

Lasianthus sikkimensis Hook. f. Fl. Brit. Ind. 3: 180. 1880.

Lasianthus tsangii Merr. ex H. L. Li；中国高等植物图鉴 4: 756. 1975.

灌木。除叶上面、花冠和果外，全株被褐色绒毛或长柔毛。叶长圆状披针形、窄披针形、近椭圆形或近卵形，长9-20厘米，宽2-6厘米，先端渐尖或尾尖，基部钝或圆，常有缘毛，

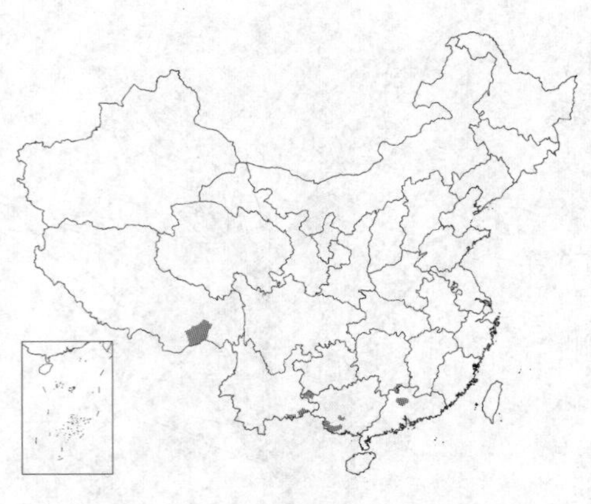

侧脉6-9对；叶柄长常不及1厘米，密被硬毛。花无梗，数至多朵簇生叶腋；苞片披针形，长1-1.5厘米，小苞片与苞片长常不及1厘米。萼倒圆锥状，萼筒长2-4毫米，近无毛，萼裂片5，窄披针形，长2-3毫米，密被长缘毛；花冠白色，顶端疏被硬毛，内面被疏长柔毛，裂片5，近卵形，顶端内弯，有粗喙；雄蕊5，花药内藏。柱头5裂，内藏。核果球形，径4-4.5毫米，无毛，有5分核。花期10-12月，果期翌年7-8月。

产湖南西部、广东北部、广西西南部及西北部、云南东南部及西藏东南部，生于中海拔至高海拔山谷林中。孟加拉、锡金及印度有分布。

图 931 锡金粗叶木 （余汉平绘）

9. 革叶粗叶木 图 932

Lasianthus tubiferus Hook. f. Fl. Brit. Ind. 3: 183. 1880.

灌木。小枝近无毛。叶近革质，长圆形或长圆状披针形，长8.5-19厘米，宽2.5-5厘米，先端短尾尖，基部渐窄，上面无毛，下面脉被贴伏柔毛，侧脉5-6对；叶柄长0.5-1厘米，近无毛；托叶三角形，革质，长约3-5厘米。花无梗，2-4朵簇生叶腋；苞片革质，近圆形，宽4-5毫米，被微柔毛。花萼长约8毫米，顶部5浅裂；冠筒比萼长，冠筒喉部被长柔毛。核果卵形，长1-1.2厘米，萼檐宿存，具4-5分核。

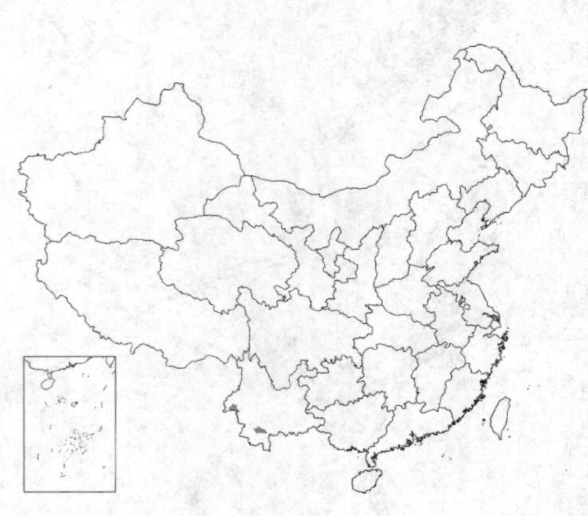

产云南南部及西部，生于海拔约1000米山谷林中。泰国及印度有分布。

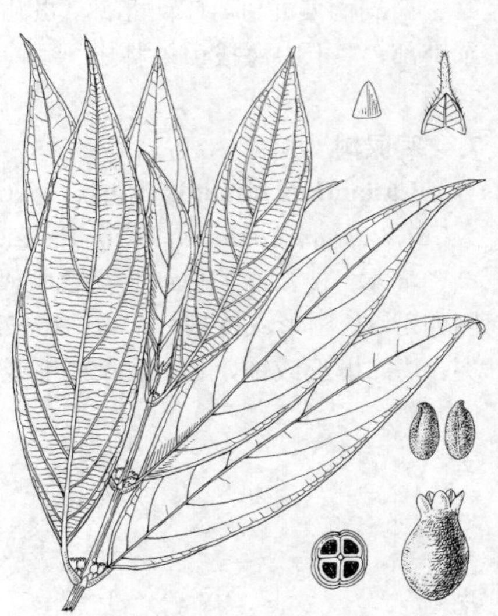

图 932 革叶粗叶木 （余汉平绘）

10. 焕镛粗叶木 图 933

Lasianthus chunii H. S. Lo in Bot. Journ. South. China 2: 10. f. 3. 1993.

灌木。小枝密被硬毛。叶厚纸质或近革质，披针形、长圆状披针形或近圆形，长8-15厘米，宽2-5.5厘米，先端渐尖，基部楔形，上面无毛，下面脉被硬毛，侧脉7-8对；叶柄长0.5-1厘米，密被硬毛，托叶近三角形，密被硬毛。花近无梗或有短梗，常2-4朵簇生叶腋；苞片很小或无苞片。萼筒陀螺状，密被硬毛，长约2毫米，萼裂片6，近三角形，长约1毫米；花冠白或微红色，筒状漏斗形，被硬毛，冠筒长0.9-1厘米，内面中部以上被长柔毛，裂片6，披针形，长3-3.5毫米，顶端内弯，有长喙，内面被疏毛；

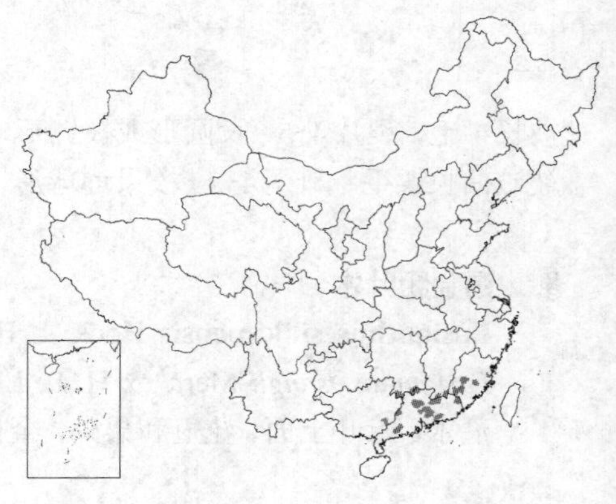

雄蕊6，稍伸出；子房6-7室。核果扁球形，长约5毫米，被硬毛，具6-7分核。花果期5-9月。

产福建、江西南部、湖南南部、广东及广西东南部，生于海拔150-700米山谷林中。

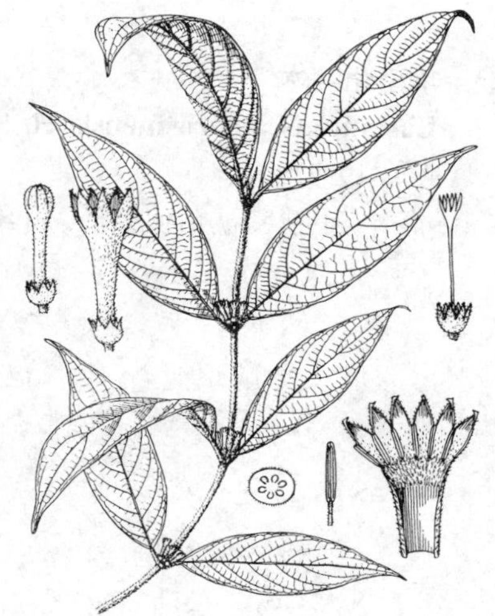

图 933 焕镛粗叶木
（引自《华南植物学报》）

11. 粗叶木 图 934

Lasianthus chinensis (Champ.) Benth. Fl. Hongkong. 160. 1861.

Mephitidia chinensis Champ. in Journ. Bot. Kew Misc. 4: 196. 1852.

灌木或小乔木，高达8米。小枝被褐色柔毛。叶薄革质或厚纸质，长圆形、长圆状披针形或椭圆形，长12-25厘米，宽2.5-6厘米，先端骤尖或近短尖，基部楔形，上面近无毛，下面脉被黄色柔毛，侧脉9-14对；叶柄长0.8-1.2厘米，被黄色绒毛，托叶三角形，被黄色绒毛。花无梗，常3-5朵簇生叶腋，无苞片。萼筒卵圆形或近宽钟形，长4-4.5毫米，密被绒毛，萼裂片4，卵状三角形；花冠白或带紫色，近筒状，被绒毛，冠筒长0.8-1厘米，喉部密被长柔毛，裂片(5)6，披针状线形，长4-5毫米，顶端有长喙；雄蕊6；子房6室。核果近卵球形，径6-7毫米，具6分核。花期5月，果期9-10月。

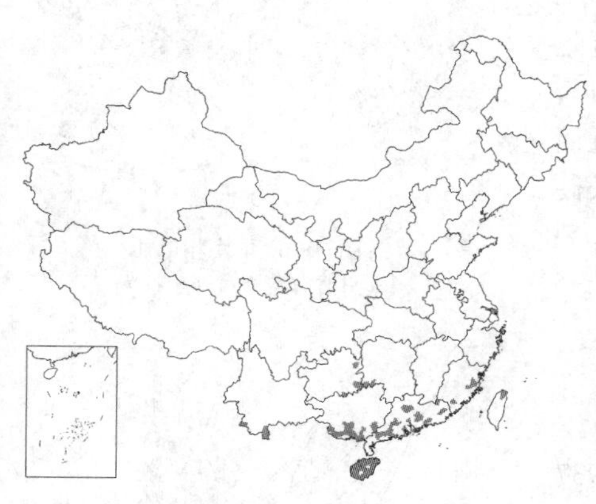

产福建、台湾北部、广东、香港、海南、广西、贵州及云南南部，生于低海拔至中海拔山谷林中或林缘。越南、泰国及马来西亚有分布。

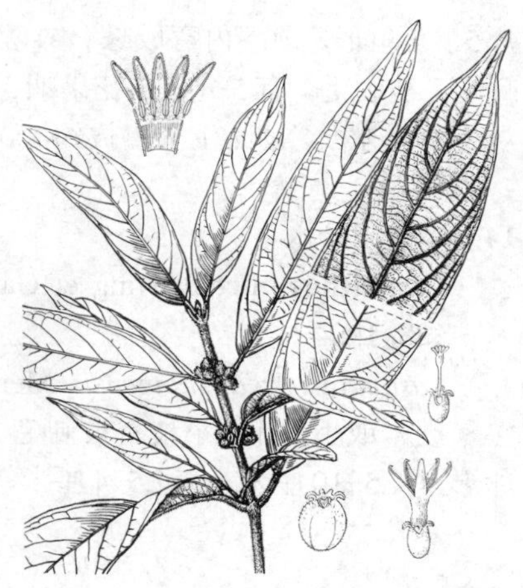

图 934 粗叶木 （邓盈丰绘）

12. 栖兰粗叶木 图 935

Lasianthus hiiranensis Hayata , Ic. Pl. Formos. 9: 62. 1919.

灌木。小枝被硬毛或近无毛。叶长圆形或倒卵状长圆形，长8-11厘米，宽3.5-4.5厘米，先端短尖或渐尖，基部钝或圆，上面无毛，下面被硬毛，侧脉6-7对；叶柄长6-9毫米，密被硬毛，托叶披针状三角形，被硬毛。花无梗，2-3朵簇生叶腋，无苞片和小苞片。萼钟状，长约4毫米，被硬毛，萼裂片4(5)，三角形；花冠白色，长约7毫米，宽管状，外面被硬毛，内面被长柔毛，裂片4(5)，近卵形；雄蕊4。核果球形，有4分核。花期6-8月。

产台湾，生于低海拔林中。马来西亚、印度尼西亚及菲律宾有分布。

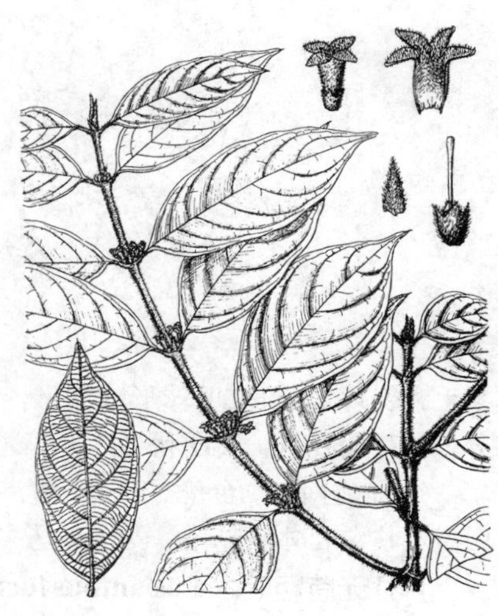

图 935 栖兰粗叶木 （引自《Fl. Taiwan》）

13. 华南粗叶木 图 936

Lasianthus austrosinensis H. S. Lo in Bot. Journ. South China 2: 4. f. 1. 1993.

灌木。小枝密被贴伏柔毛。叶纸质，卵形，长5-8厘米，宽2.5-3.5厘米，先端短尾尖，基部近圆或楔形，有缘毛，上面无毛，下面脉被贴伏硬毛，侧脉5对；叶柄长3-8毫米，密被硬毛；托叶早落，密被硬毛。花无梗或有短梗，常1-3朵腋生，无苞片和小苞片。花萼密被硬毛，萼筒近陀螺形，长2毫米，萼裂片卵形，长3-3.5毫米；花冠白色，近筒状，长约5毫米，外面密被长硬毛，内面中部以上被长柔毛，裂片5，三角形，顶端内弯成喙；雄蕊5，花药微伸出。核果近球形，径4-5毫米，被硬毛，有5分核。花果期5-8月。

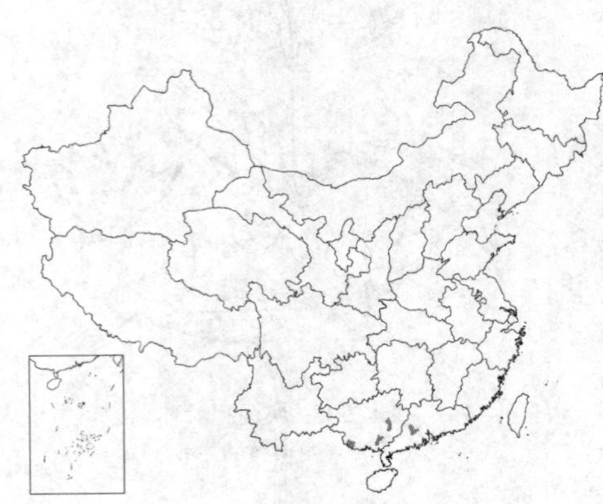

产广东及广西，生于海拔约400米处山地林中。

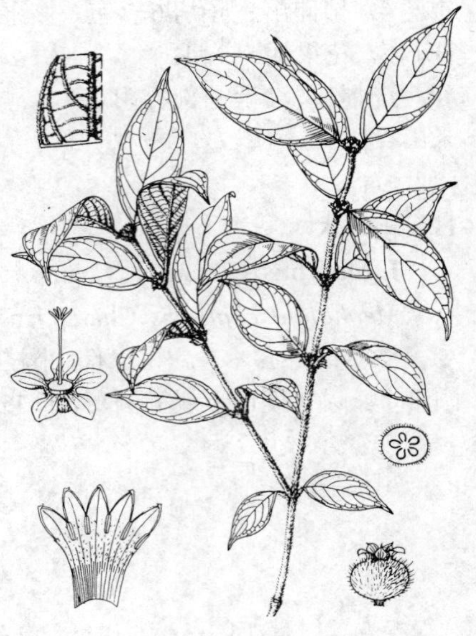

图 936 华南粗叶木
（引自《华南植物学报》）

14. 广东粗叶木 图 937

Lasianthus curtisii King et Gamble in Journ. Asiat. Soc. Bengal. 73: 128. 1904.

Lasianthus kwangtungensis Merr.; 中国高等植物图鉴 4: 246. 1975.

灌木或小乔木。小枝密被硬毛。叶纸质，长圆状披针形、长圆形或近卵形，长5-10厘米，宽1.5-4厘米，先端渐尖或尾尖，基部楔形，上面无毛，下面密被长柔毛或长硬毛，侧脉6对；叶柄长不及1厘米，密被硬毛；托叶长三角形，长1.5-2毫米，密被长硬毛。花无梗或梗极短，常十余朵簇生叶腋，无苞片或有极小苞片。萼密被硬毛，萼筒近倒圆锥状，长约1.5毫米，萼裂片5，线状披针形或窄披针形，长3-5毫米；花冠白色，长7-8毫米，外面被糙硬毛，内面被长柔毛，裂片5。核果近球形或卵形，长4-7毫米，被长柔毛或长硬毛，有5分核。花期春夏，果期秋冬。

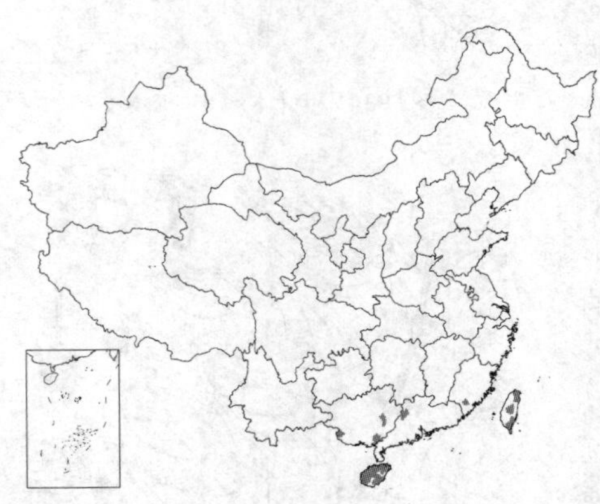

产福建南部、台湾、广东、香港、海南及广西，生于海拔140-1100米山谷林中。日本、越南、泰国、马来西亚有分布。

[附] **无苞粗叶木 Lasianthus lucidus** Bl. Bijdr. 997. 1826. 本种与广东粗叶木的区别：小枝无毛；叶下面中脉和侧脉疏生糙伏毛或柔毛；花萼裂片长约2毫米。产海南及云南，生于海拔1200-2400米山谷林中。越南、泰国、印度及印度尼西亚有分布。

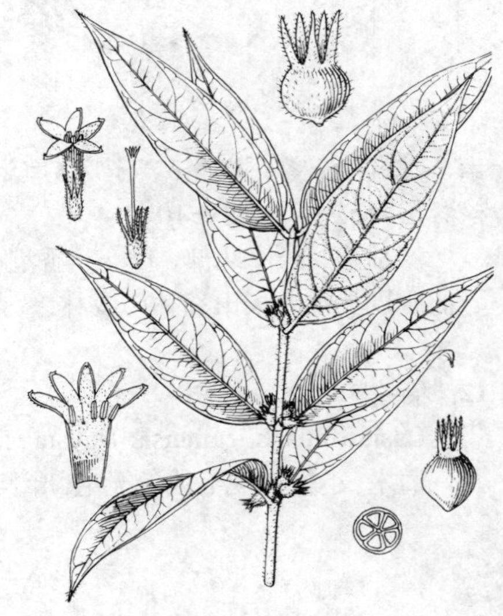

图 937 广东粗叶木 （余汉平绘）

15. 台湾粗叶木 图 938

Lasianthus formosensis Matsum. in Bot. Mag. Tokyo 15: 17. 1901.

灌木。小枝密被硬毛。叶纸质或薄革质，卵形、卵状椭圆形或近长圆形，长7-13厘米，宽2.5-5厘米，先端骤渐尖或渐尖，基部楔形，常被缘毛，上面无毛，下面密被柔毛或绒毛，有时脉被柔毛或硬毛，侧脉5-7对；叶柄长0.4-1厘米，密被硬毛，托叶近三角形，长1.5-2毫米，密被硬毛。花无梗，数至多朵簇生，无苞片。萼筒近钟形，长1.5-2毫米，密被硬毛，萼裂片5，钻状长三角形，与萼筒近等长，被毛；花冠白色，筒状漏斗形，被硬毛，冠筒长5-6毫米，内面中部以上被白色长柔毛，裂片5，长圆状披针形，长2-2.5毫米，顶端内弯；雄蕊5，花药微伸出。核果近球形或卵球形，径约5毫米，具5核。花期夏初至秋初，果期秋冬。

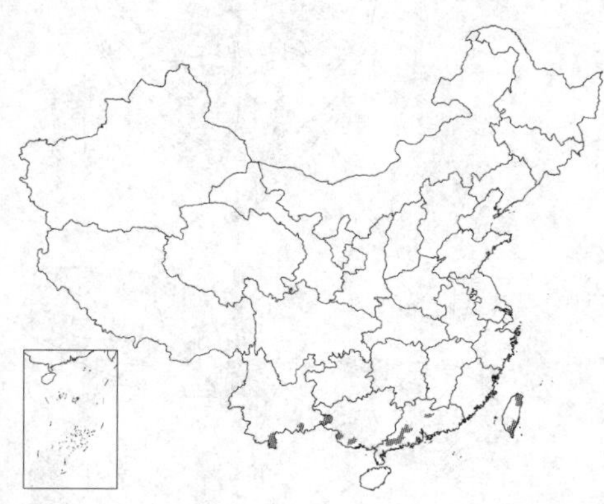

产台湾、广东、广西西南部、云南东南部及南部，生于低海拔至中海拔山谷林中。日本有分布。

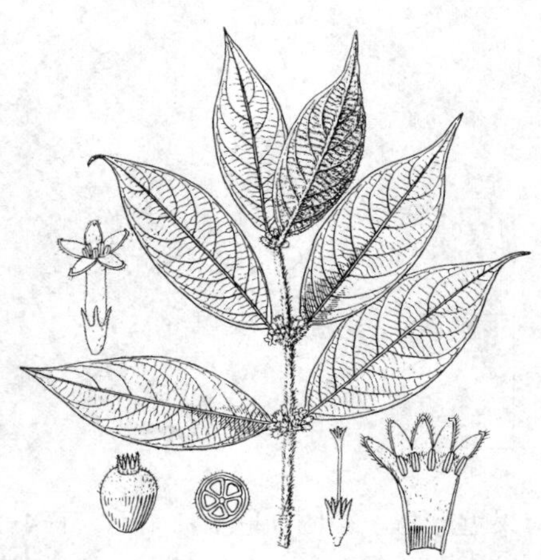

图 938 台湾粗叶木 （余汉平绘）

16. 西南粗叶木 图 939

Lasianthus henryi Hutchins. in Sarg. Pl. Wilson. 3: 401. 1916.

灌木。小枝密被贴伏绒毛。叶纸质，长圆形、长圆状披针形或椭圆状披针形，长8-15厘米，宽2.5-5.5厘米，先端短尾尖或渐尖，基部钝或圆，有缘毛，上面无毛，下面脉被柔毛，侧脉6-8对；叶柄长不及1厘米，密被硬毛，托叶近三角形，被毛。花近无梗或梗极短，2-4朵簇生叶腋；苞片长1-2毫米或无苞片。花萼被柔毛或硬毛，萼筒陀螺状，长约1.5毫米，萼裂片5，钻状，长1.5-2毫米；花冠白色，被硬毛，窄筒状，冠筒长约7毫米，内面中部以上被白色长柔毛，裂片披针形，长约3毫米，内面被柔毛；雄蕊5。核果近球形，径6-8毫米，无毛，有5分核。花期6-7月，果期8-11月。

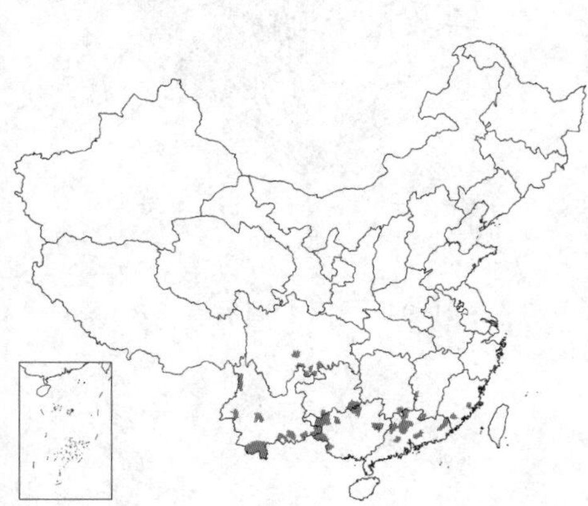

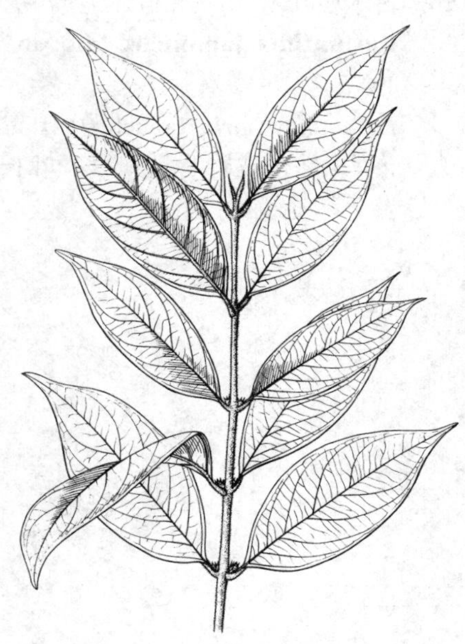

图 939 西南粗叶木 （余汉平绘）

产福建、江西、广东、广西、云南、贵州南部及四川南部，生于海拔600-700米山谷林缘或林中。

17. 罗浮粗叶木 图 940

Lasianthus fordii Hance in Journ Bot. 23: 324. 1885.

灌木。小枝无毛。叶纸质，长圆状披针形、长圆状卵形或近长圆形，长5-12厘米，宽2-4厘米，先端渐尖或尾尖，基部楔形，两面无毛或下面中脉和侧脉疏生硬毛，侧脉4-6对；叶柄长0.5-1厘米，被硬毛，托叶近三

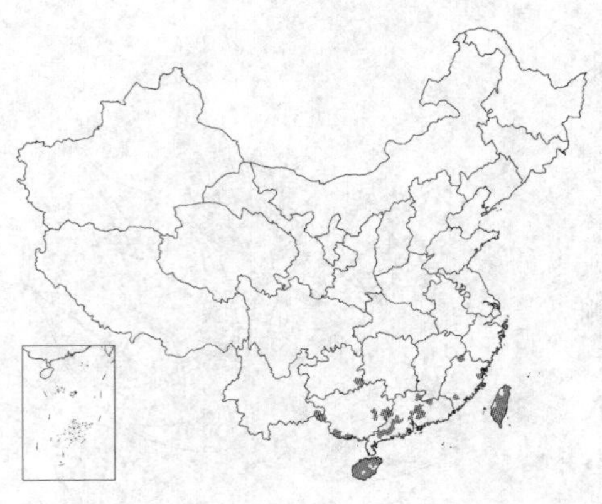

角形。花近无梗，数至多朵簇生叶腋，苞片极小或无。萼筒倒圆锥状，长1.2-1.5毫米，萼裂片5，长0.3-0.5毫米，被疏硬毛；花冠白色，冠筒长4-5毫米，外面无毛，内面中部以上被白色长柔毛，裂片4-5，长三角状披针形，长约1.5毫米，顶端内弯呈长喙状，外面近顶部被疏硬毛，内面被白色柔毛；雄蕊4-5，花药稍伸出。核果近球形，径约6毫米，无毛，有4-5分核。花期春季，果期秋季。

产福建、台湾、广东、香港、海南、广西、贵州东南部及云南东南部，生于海拔140-1400米山谷林缘或林中。日本及菲律宾有分布。

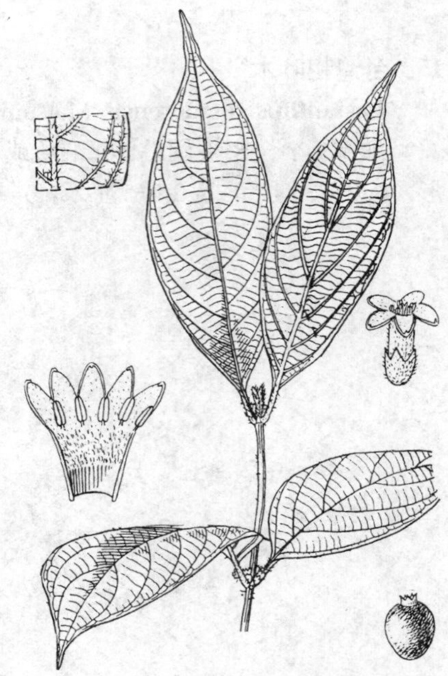

图 940 罗浮粗叶木 （余汉平绘）

18. 日本粗叶木 污毛粗叶木 图 941

Lasianthus japonicus Miq. in Ann. Mus. Bot. Lugd.-Bat. 3: 110. 1867.

Lasianthus hartii Franch.; 中国高等植物图鉴 4: 249. 1975.

灌木。幼枝被柔毛，后脱落。叶长圆形或披针状长圆形，长9-15厘米，宽2-3.5厘米，先端骤尖或骤渐尖，基部短尖，上面近无毛，下面脉被贴伏硬毛，侧脉5-6对；叶柄长0.7-1厘米，被柔毛或近无毛，托叶被硬毛。花无梗，常2-3朵簇生叶腋，花序梗近无；苞片小。萼钟状，长2-3毫米，被柔毛，萼裂片三角形，短于萼筒；花冠白色，筒状漏斗形，长0.8-1厘米，外面无毛，内面被长柔毛，裂片5，近卵形。核果球形，径约5毫米，有5分核。花期5-8月，果期9-10月。

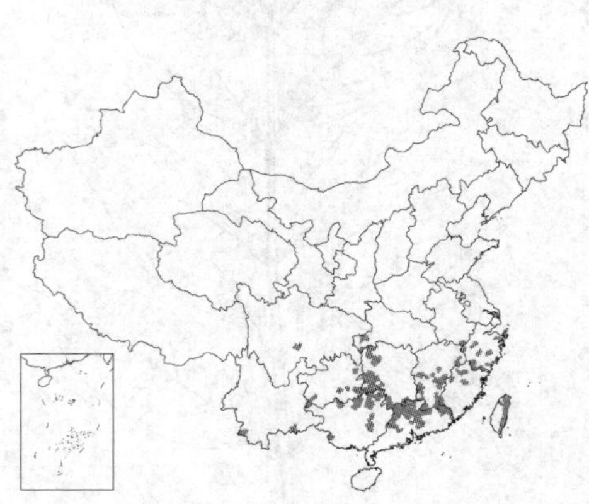

产安徽南部、浙江、福建、台湾、江西、湖北西南部、湖南、广东、广西、贵州、云南南部及四川中南部，生于海拔200-1800米山谷林中。日本有分布。

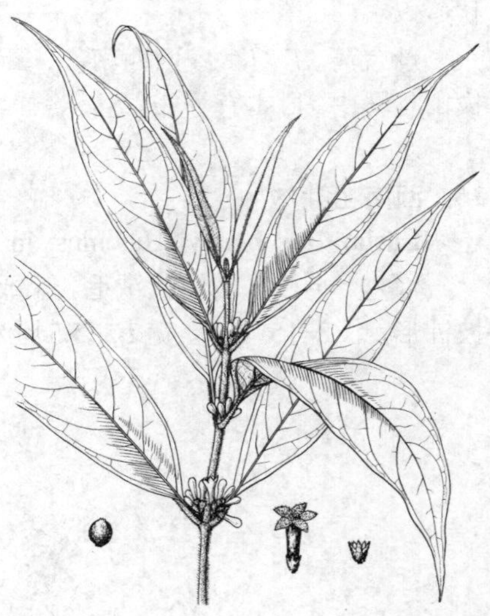

图 941 日本粗叶木 （余汉平绘）

19. 伏毛粗叶木 图 942

Lasianthus appressihirtus Simizu in Trans. Nat. Hist. Soc. Formos. 34: 300. 1934.

灌木。枝和小枝密被贴伏硬毛或柔毛。叶长圆形或倒披针状长圆形，长7-8厘米，宽1.5-2.5厘米，先端骤渐尖，基部短尖，上面无毛，下面脉被贴伏硬毛，侧脉7-8对；叶柄长5-8毫米，被贴伏柔毛，托叶小。花无梗，常2-3朵簇生叶腋；苞片小，被硬毛。萼钟状，被硬毛，长2-2.5毫米，萼

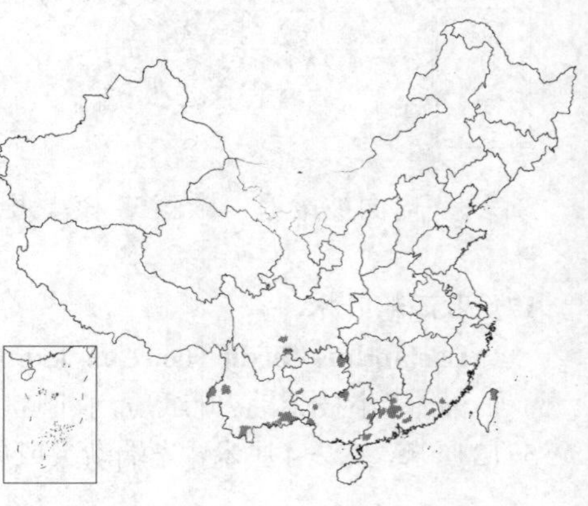

裂片5，长三角形，比萼筒短；花冠白色，近筒状，长约8毫米，外面无毛，内面被长柔毛，裂片5，近卵形，内面被柔毛；雄蕊5。核果无毛，有5分核。花期春夏。

产福建南部、台湾、广东、广西、云南、贵州及四川中南部，生于低海拔至中海拔山地林中。日本有分布。

图 942 伏毛粗叶木 （引自《Fl. Taiwan》）

20. 文山粗叶木 图 943

Lasianthus bunzanensis Simizu in Trans. Nat. Hist. Soc. Formos. 34: 301. 1944.

灌木。小枝密被长柔毛或硬毛。叶纸质，椭圆形或倒卵形，长7-10厘米，宽3-5厘米，先端骤渐尖或渐尖，基部短尖，上面无毛，下面密被茸毛，侧脉4-5对；叶柄长5-7毫米，被硬毛；托叶被硬毛。花无梗，3-6朵簇生叶腋，无苞片和小苞片。萼钟状，长1.5毫米，被硬毛，萼裂片5，三角形，比萼管短；花冠白色，长6-7毫米，外面被柔毛，内面被长柔毛，裂片5，宽卵形；雄蕊5。核果近球形，径5-6毫米，被硬毛，有5分核。花期春夏。

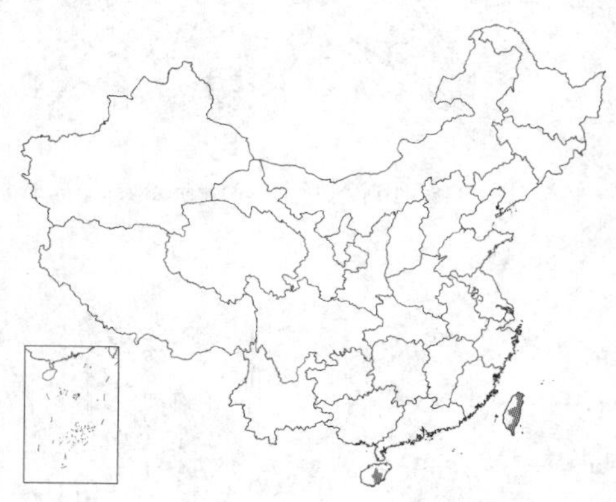

产台湾及海南，生于低海拔山地林中。菲律宾有分布。

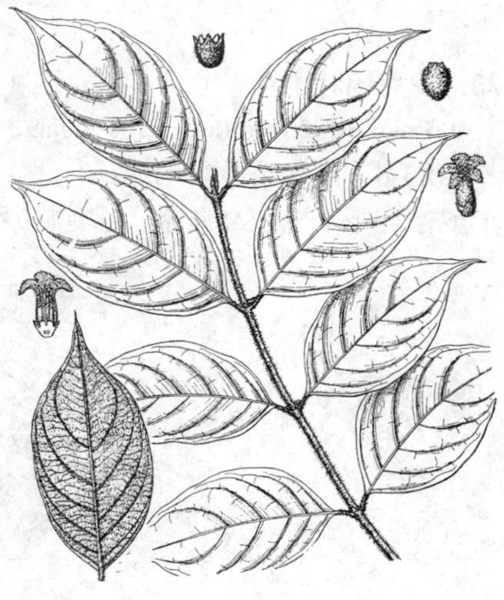

图 943 文山粗叶木 （引自《Fl. Taiwan》）

21. 斜脉粗叶木 图 944

Lasianthus obliquinervis Merr. in Philipp. Journ. Sci. Bot. 1 Suppl. 136.1906.

灌木。枝被贴伏微柔毛。叶厚纸质，长圆形、窄长圆形、椭圆形、卵状椭圆形或倒卵形，长10-20厘米，宽2.5-5.5厘米，先端骤尖或渐尖，基部短尖，常稍不对称，边缘微波状，上面无毛，下面脉被贴伏柔毛，侧脉5-9对；叶柄长1-1.5厘米，密被贴伏柔毛，托叶近三角形，被贴伏柔毛。花无梗，数朵簇生叶腋，无苞片。花萼近钟状，长4-5毫米，被柔毛，顶端近平截；花冠长约1厘米，被柔毛，冠筒长约6毫米，内面中部以上被白色长柔毛，裂片5，长圆形或长圆状披针形，比冠筒稍短，内面被长柔毛；雄蕊5，内藏。核果卵圆形，长6-9毫米，被柔毛，有5-6分核。花期春夏。

产台湾、广东西南部、海南、广西南部及云南南部，生于低海拔至中海拔山谷林中。日本及菲律宾有分布。

图 944 斜脉粗叶木 （余汉平绘）

22. 小叶粗叶木 图 945

Lasianthus microphyllus Elmer, Leafl. Philip. Bot. 5: 1870. 1913.

灌木。小枝疏被柔毛。叶纸质，椭圆形或长圆形，长4-6厘米，宽2-3厘米，先端骤渐尖或渐尖，基部短尖，上面无毛，下面被柔毛，侧脉4-5对；叶柄长约8毫米，被硬毛，托叶被硬毛。花无梗，3-4朵簇生叶腋；苞片三角形，被硬毛。萼宽钟状，长2.5毫米，被硬毛，萼裂片5，三角形，稍短于萼筒；花冠白色，近漏斗状，长约8毫米，外面被疏柔毛，内面被长柔毛，裂片(4)5，卵状披针形；雄蕊5。核果近球形，径约5毫米，稍被毛，有5分核。花期4-6月。

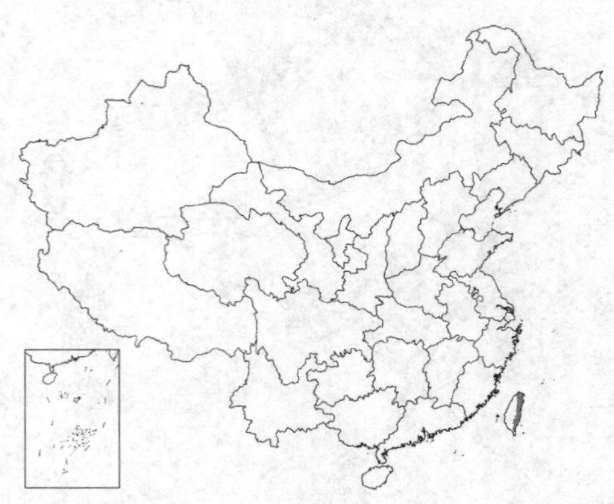

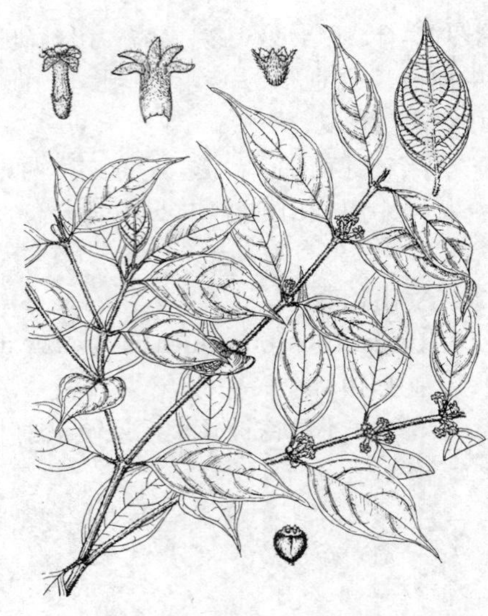

图 945 小叶粗叶木 （引自《Fl. Taiwan》）

产台湾，生于中海拔山地林中。菲律宾有分布。

23. 虎克粗叶木 图 946

Lasianthus hookeri C. B. Clarke ex Hook. f. Fl. Brit. Ind. 3: 184. 1880.

灌木。枝密被微柔毛或糙伏毛。叶椭圆状披针形、披针形、椭圆状卵形或倒卵形，长6-21厘米，先端尾尖，基部楔形，有缘毛，不明显浅波状，微背卷，上面无毛，下面被微柔毛，或脉被皱曲微柔毛，侧脉5-8对；叶柄长约1厘米，被微柔毛或糙伏毛，托叶宿存，三角形或卵状披针形。花多朵簇生叶腋，无花序梗。花无梗，萼筒长2.5毫米，萼裂片5，卵状披针形，长约1毫米；花冠白色，冠筒长4-5毫米，内外上部均被微柔毛，裂片5，卵状披针形，长1.5-2毫米；雄蕊5，内藏。果球形，径约1厘米，无毛，有6分核。花期5-6月，果期9-10月。

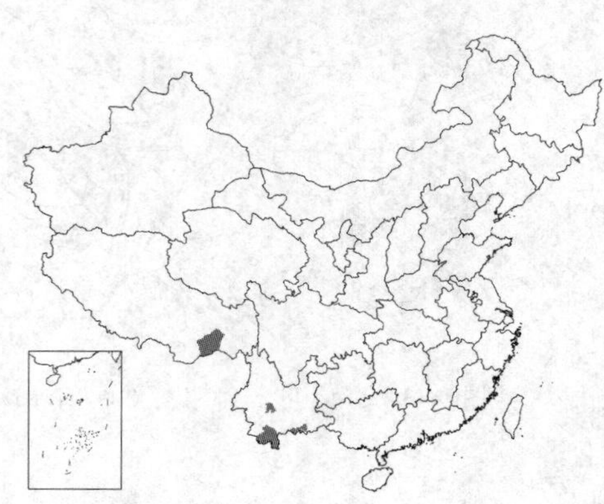

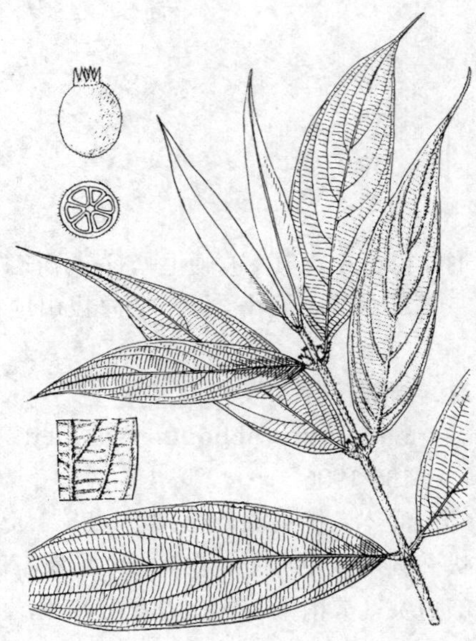

图 946 虎克粗叶木 （余汉平绘）

产云南及西藏东南部，生于海拔1000-1600米山地林中。泰国、缅甸及印度有分布。

[附] **美脉粗叶木 Lasianthus lancifolius** Hook. f. Fl. Brit. Ind. 3: 187. 1880. 本种与虎克粗叶木的区别：叶窄披针形、线状披针形或近披针形，基部钝或圆；花冠长1.1-1.4厘米；果被毛，有5分核。花期7-12月，果期11月至翌年春季。产广东、海南、广西及云南，生于海拔550-1700米山地林中。越南及印度有分布。

76. 石核木属 Litosanthes Bl.

小灌木，高达2.5米。小枝纤细，被柔毛。叶对生，2列，纸质或近膜质，椭圆形或近卵形，长1.5-2.5厘米，宽1-1.5厘米，先端短尖，基部近楔形，上面无毛，下面中脉被柔毛，侧脉7-9对，纤细；近无叶柄，托叶极小或不明显。花2朵腋生，花序梗长0.5-1.7厘米；苞片披针形，长0.5毫米。花梗短；萼筒陀螺形、倒卵形或卵形，长1.5毫米，近无毛，裂片4，三角形，长约0.5毫米；花冠白色，壶形，长2-3毫米，无毛，喉部被长柔毛，裂片4，卵形，先端喙状内弯，覆瓦状排列；雄蕊4，着生冠筒喉部，内藏，花丝短，花药基着；花盘肉质，球形；子房4室，每室1胚室，花柱粗，柱头4浅裂。核果球形或扁球形，径3-4毫米，成熟时黑色，无毛，有4分核。种子黑色，胚乳丰富，胚直伸，子叶短，胚珠长棒状。

单种属。

石核木 图 947

Litosanthes biflora Bl. Bijdr. 994. 1826.

形态特征同属。花期秋冬。

产台湾、海南及云南南部，生于低海拔至中海拔山地林中。菲律宾有分布。

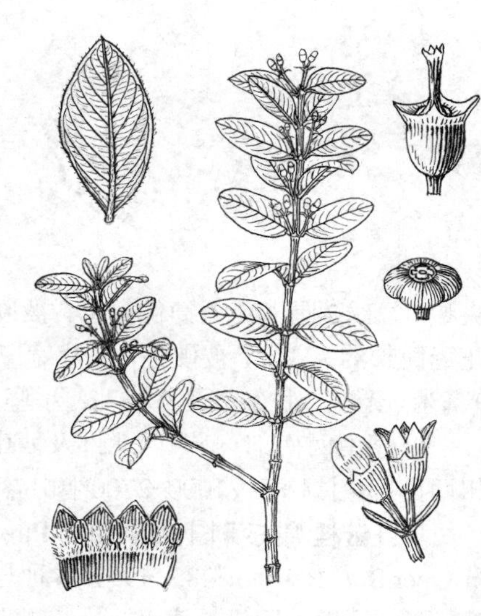

图 947 石核木 （余汉平绘）

77. 鸡矢藤属 Paederia Linn.

藤本；枝叶揉之有臭味。叶对生，稀3枚轮生，托叶三角形，脱落。2歧或3歧圆锥聚伞花序，腋生或顶生。萼筒陀螺形或卵形，萼裂片4-5；花冠筒状或漏斗状，有柔毛，裂片4-5，短，镊合状排列，边缘有皱纹；雄蕊4-5，着生冠筒喉部，花丝极短；子房2室，柱头2裂；每子房室1胚珠。果球形或扁，外果皮脆膜质，光亮，分裂为圆形或长圆形、膜质或革质的小坚果2个。

约20-30种，主要分布于亚洲热带地区，其他热带地区较少。我国11种。

1. 果卵形或卵状椭圆形；小坚果具翅。
  2. 叶近膜质，基部心形，两面被毛；花序窄 ······ 1. **云南鸡矢藤 P. yunnanensis**
  2. 叶革质，基部渐窄，两面无毛；花序宽展 ······ 1(附). **云桂鸡矢藤 P. spectatissima**
1. 果球形；小坚果无翅。
  3. 花密集中轴成团伞式；叶下面密被白色绒毛 ······ 2. **白毛鸡矢藤 P. pertomentosa**
  3. 花序非团伞式，头状或疏散；叶下面毛被与上述不同或无毛。
    4. 花序疏散、窄或成头状，末次分枝着生的花非蝎尾状排列或复总状。
      5. 叶长圆状卵形或椭圆状卵形，宽4-6厘米，两面被毛；花序密被绒毛 ······ 3. **狭序鸡矢藤 P. stenobotrya**
      5. 叶披针形，宽1.5-3厘米，两面无毛；花序无毛或分枝末梢稍被柔毛 ······ 3(附). **疏花鸡矢藤 P. laxiflora**
    4. 花序宽展，末次分枝着生的花呈蝎尾状排列或复总状。
      6. 茎和叶两面无毛或近无毛；末次分枝着生的花呈蝎尾状排列 ······ 4. **鸡矢藤 P. scandens**
      6. 茎和叶两面被锈色绒毛；末次分枝着生的花非蝎尾状排列 ······ 4(附). **耳叶鸡矢藤 P. cavaleriei**

1. 云南鸡矢藤 图 948：1-3

Paederia yunnanensis (Lévl.) Rehd. in Journ. Arn. Arb. 18: 249. 1937.

Cynanchun yunnanensis Lévl. Cat. Pl. Yunnan 13. 1915.

藤状灌木，长达7米。枝被绒毛或硬毛。叶近膜质，卵状心形，长6-

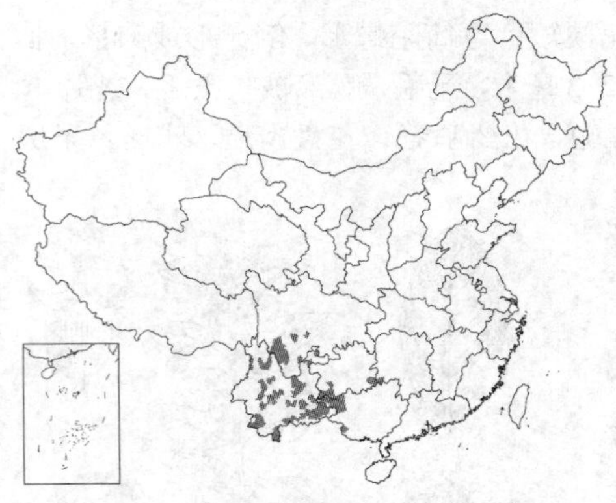

10厘米，宽3.5-6厘米，先端短尖或尾尖，基部心形，上面被柔毛，下面密被绒毛，稀两面均被微柔毛，侧脉6-8对；叶柄长2.5-5厘米，被绒毛，托叶膜质，披针状三角形，长0.7-1厘米，被微柔毛。圆锥花序腋生或生于顶部侧枝，狭窄，长6-12厘米，被柔毛；苞片托叶状。花具短梗，常密集生花序分枝成头状，径约2厘米；萼筒倒卵形，被硬毛，裂片5，长约1毫米，被硬毛；花冠筒长约7毫米，被硬毛，裂片宽三角形，长1-2.5毫米。果卵形，长7-9毫米，无毛，宿存萼裂片被毛；小坚果有乳头状毛，有翅。花期6-10月。

产湖南西南部、广西西北部及西南部、贵州东南部及西南部、云南、四川西南部，生于海拔1000-2700米山谷林中或林缘。

[附] **云桂鸡矢藤** 图 948：4-7 **Paederia spectatissima** H. Li ex C. Puff in Oper Bot. Belg. 3: 285. 1991. 本种与云南鸡矢藤的区别：叶革质，基部渐窄，两面无毛；圆锥花序宽展。花果期6-10月。产广西及云南，生于海拔800-1000米山谷林中。越南有分布。

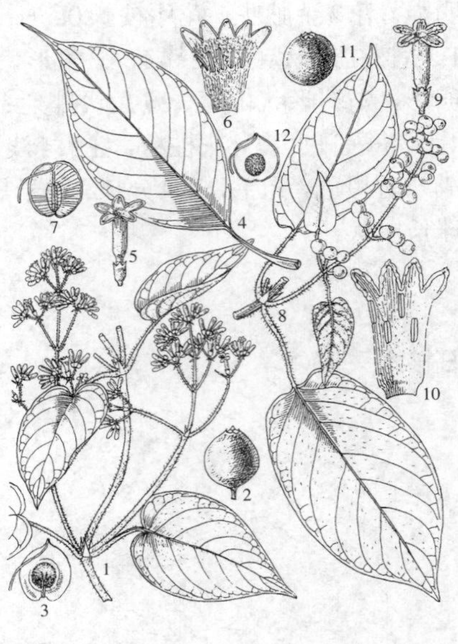

图 948：1-3. 云南鸡矢藤 4-7.云桂鸡矢藤 8-12. 狭序鸡矢藤 （余汉平绘）

2. 白毛鸡矢藤 图 949

Paederia pertomentosa Merr. ex H. L. Li in Journ. Arn. Arb. 24: 458. 1943.

亚灌木或藤本，长约3.5米。茎、枝和叶下面密被短绒毛。叶纸质，卵状椭圆形或长圆状椭圆形，长6-11厘米，宽2.5-5厘米，先端渐尖，基部圆或稍下延，上面有疏柔毛，下面密被白色绒毛，侧脉8对；叶柄长2-5厘米，有柔毛。花序腋生和顶生，长15-30厘米，密被柔毛，花密集中轴成团伞式。花5数；萼筒密被绒毛，萼裂片三角形；冠筒密被柔毛，长5毫米，裂片卵形，长1-1.2毫米。果球形，径4-5毫米；小坚果半球形，径3-4毫米，无翅，干后黑色。花期6-7月，果期10-11月。

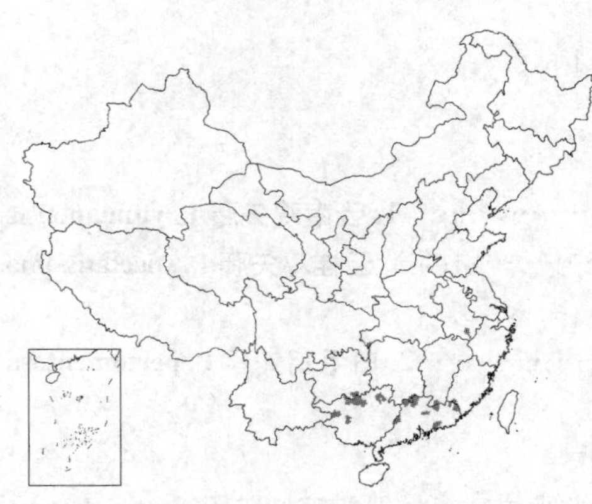

图 949 白毛鸡矢藤 （余汉平绘）

产安徽南部、福建南部、江西南部、湖北西南部、湖南南部、广东、香港、广西及贵州南部，生于低海拔山地林中，常见于石灰岩山地矮林内。

3. 狭序鸡矢藤 图 948：8-12

Paederia stenobotrya Merr. in Lingnan Sci. Journ. 11: 57. 1932.

缠绕灌木。茎有槽纹，疏生睫毛状粗毛。叶近膜质，长圆状卵形或椭圆状卵形，长7-12厘米，宽4-6厘米，先端渐尖，基部心形或平截，稍不对称，上面疏生睫毛状硬毛，下面沿脉被柔毛；侧脉5-8对；叶柄长5-8

厘米，被绒毛，托叶三角形，长0.4-1厘米，被毛。圆锥聚伞花序，窄或成头状，腋生，长8-15厘米，密被绒毛，分枝对生。萼筒陀螺形，长1.5-2毫米，被疏柔毛，萼裂片钻形，长1.5毫米，外反，被疏柔毛。果球形，草黄色，有光泽，径5-6毫米。果期6-11月。

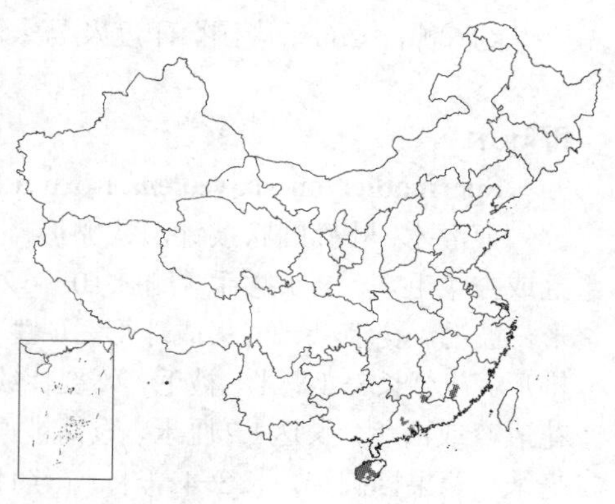

产福建西南部、广东及海南，生于海拔约500米山坡林中。

[附] **疏花鸡矢藤 Paederia laxiflora** Merr. ex H. L. Li in Journ. Arn. Arb. 25: 459. 25: 429. 1944. 本种与狭序鸡矢藤的区别：叶披针形，宽1.5-3厘米，两面无毛；疏散圆锥花序腋生和顶生，无毛或分枝末稍被柔毛；萼筒无毛。花期5-6月，果期冬季。产福建、江西、湖北、广西及云南，生于海拔750-800米山谷林中。

4. 鸡矢藤 图 950 彩片 210

Paederia scandens (Lour.) Merr. in Contr. Arn. Arb. 8: 163. 1934.

Gentiana scandens Lour. Fl. Cochinch. 171. 1790.

藤本，长达5米；无毛或近无毛。叶卵形、卵状长圆形或披针形，长5-15厘米，宽1-6厘米，先端短尖或渐尖，基部楔形、近圆或平截，两面无毛或近无毛，有时下面脉腋有束毛，侧脉4-6对；叶柄长1.5-7厘米，托叶三角形，长3-5毫米。圆锥聚伞花序腋生和顶生，宽展，分枝对生，末次分枝着生的花常蝎尾状排列；小苞片披针形，长约2毫米。花梗短或无梗；萼筒陀螺形，长1-1.2毫米，萼裂片5，长0.8-1毫米；花冠浅紫色，冠长0.7-1厘米，外面被粉状柔毛，内面被绒毛，裂片5，长1-2毫米。果球形，径5-7毫米，成熟时近黄色，有光泽；小坚果无翅，浅黑色。花期5-7月。

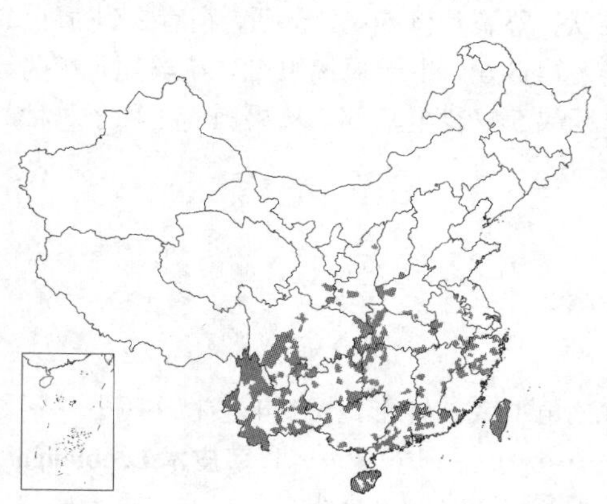

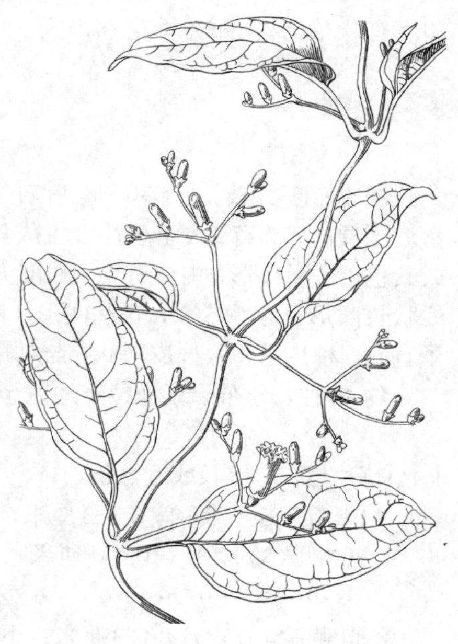

图 950 鸡矢藤 （引自《广州植物志》）

产山西、河南、山东、江苏、安徽、浙江、福建、台湾、江西、湖北、湖南、广东、香港、海南、广西、云南、贵州、四川、陕西及甘肃，生于海拔200-2000米处山地林下、林缘或灌丛中。朝鲜、日本、东南亚有分布。全株药用，治风湿筋骨痛、跌打损伤、黄疸型肝炎、肠炎、痢疾；外用治皮炎、湿疹。

[附] **耳叶鸡矢藤 Paederia cavaleriei** Lévl. in Fedde, Repert. Sp. Nov. 13: 179. 1914. 本种与鸡矢藤的区别：茎被锈色绒毛；叶两面被锈色绒毛；花序末次分枝的花非蝎尾状排列。花期6-7月，果期10-11月。产台湾、湖北、湖南、广东、广西、贵州及四川，生于海拔300-1400米山地灌丛中。

78. 香叶木属 Spermadictyon Roxb.

直立灌木；揉之有臭气。叶对生，具柄；托叶短，生于叶柄间，宿存。顶生、3歧分枝圆锥花序或伞形聚伞花序；苞片和小苞片锥状披针形。萼筒卵形，萼裂片5，锥形，宿存；花冠漏斗形，冠筒长而直，裂片5，长圆形，镊合状排列；雄蕊5，生于冠筒喉部，花丝短，锥形，花药中部以下背着，内藏；花盘枕形；子房5室，具5槽，花柱线形，柱头5裂，每子室1胚珠。蒴果顶端5裂。种子长圆形或三棱形，种皮具网状纹；胚直立，子叶叶状心形，胚茎圆柱形，向下。

约6种，分布于中国、印度及马来西亚。我国1种。

香叶木

Spermadictyon suaveolens Roxb. Pl. Corm. 3: 32. t. 236. 1815.

亚灌木。叶椭圆状披针形或卵形，长13-20厘米，两端均短尖，上面无毛或被柔毛，下面被柔毛，侧脉10-16对；叶柄长1.2-1.8厘米，托叶三角形，被毛。花多朵，密集成球形、顶生、3歧、被毛的圆锥花序；小苞片锥形。花萼长3-4毫米，被毛，萼裂片线状披针形，长约2毫米，被柔毛；花冠蓝或白色，长达1.2厘米，冠筒被柔毛，喉部无毛，裂片卵形，长约3毫米。蒴果椭圆形，长3-4毫米。花期冬季。

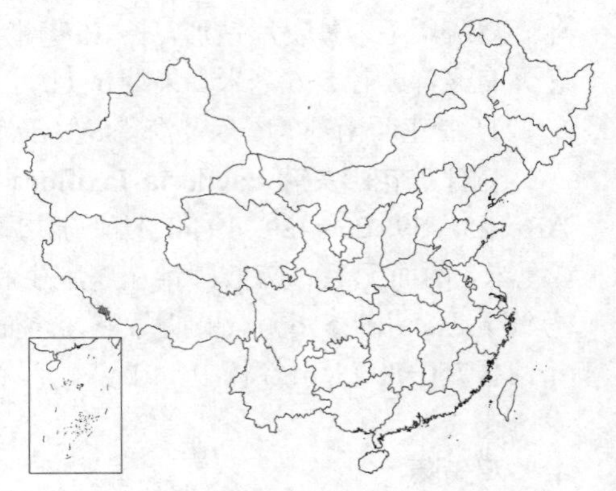

产西藏南部，生于海拔700-2700米山坡林下。克什米尔地区至不丹及印度有分布。为艳丽芳香花木。

79. 野丁香属 Leptodermis Wall.

灌木；多分枝。小枝纤细。叶对生；托叶锐尖或刺状尖，宿存。花3至多朵，簇生枝顶或叶腋或密集成头状，常近无梗，基部有2枚小苞片合生成具2凸尖的筒，稀离生。萼筒倒圆锥状，萼裂片(4)5(6)，革质，宿存；花冠白或紫色，常漏斗形，内面有毛，喉部无毛，裂片(4)5(6)，镊合状排列；雄蕊(4)5(6)，生于冠筒喉部，花丝短，花药线状长圆形；子房5室，花柱线形，柱头5或3，线形；每子室1胚珠。蒴果5瓣裂至基部，每果瓣有1种子。种子直立，种皮薄，假种皮网状，与种皮分离或粘贴；子叶圆，胚根短小，下位。

约40种，分布于喜马拉雅地区至日本。我国35种、9变种。

1. 小苞片与花萼等长或近等长。
  2. 叶长0.7-6厘米，宽0.3-3厘米，侧脉3-7对；花冠长1.1-2厘米。
    3. 叶侧脉3对，叶宽0.3-1厘米；小苞片卵形，被柔毛；花冠裂片窄三角形或披针形，长2-4毫米 ………… 1. **薄皮木 L. oblonga**
    3. 叶侧脉4-7对，宽1-3厘米；小苞片长圆形，被硬毛；花冠裂片长圆形，长1.5-1.8毫米 ………… 2. **卵叶野丁香 L. ovata**
  2. 叶长4-9毫米，宽1.3-2毫米，侧脉不明显；花冠长约7毫米 ………… 3. **纤枝野丁香 L. schneideri**
1. 小苞片长于或短于花萼。
  4. 小苞片短于花萼。
    5. 柱头5裂。
      6. 叶长1-2厘米，卵形、披针形、长圆形或椭圆形，两面被白色柔毛，侧脉3-4对；萼筒被毛，雄蕊生于冠筒中部以上 ………… 4. **野丁香 L. potanini**
      6. 叶长0.5-1厘米，线状倒披针形，两面无毛，侧脉不明显；萼筒无毛，雄蕊生于冠管喉部 ………… 5. **甘肃野丁香 L. purdomii**
    5. 柱头3裂。
      7. 叶侧脉4-6对，叶柄长不及2毫米，托叶边缘有流苏状粘液毛；花冠浅蓝或微红色 ………… 6. **高山野丁香 L. forrestii**
      7. 叶侧脉3-4对，叶柄长2-4毫米，托叶边缘常有腺体；花冠白或淡红色 ………… 7. **大果野丁香 L. wilsoni**
  4. 小苞片长于花萼。
    8. 柱头3裂。
      9. 叶长0.3-1厘米，宽2-5毫米，侧脉极不明显，两面近无毛；小苞片有疏缘毛；花冠紫红色 …………

……………………………………………………………………………………………… 8. **内蒙古野丁香 L. ordosica**

9. 叶长1-4厘米，宽0.4-1厘米，叶侧脉3-4对，两面被糙伏毛；小苞片被柔毛；花冠白色 ………………………………………………………………………………………………… 9. **糙叶野丁香 L. scabrida**

8. 柱头5-6裂。

10. 叶两面无毛。

11. 叶长0.5-1.5厘米，宽2-5毫米，侧脉不明显，叶柄短或近无柄；花近无梗，萼裂片被流苏状缘毛 ………………………………………………………………………………………… 10. **黄杨叶野丁香 L. buxifolia**

11. 叶长1.8-4厘米，宽0.8-1.5厘米，侧脉约4对，叶柄长4毫米；花梗长3-8毫米，萼裂片被缘毛 ………………………………………………………………………………………… 11. **文水野丁香 L. diffusa**

10. 叶两面被毛。

12. 叶长1.5-10厘米，宽1-2.5厘米，侧脉6-9对；花冠被柔毛或近无毛 ………… 12. **吉隆野丁香 L. kumaonensis**

12. 叶长0.5-2.5厘米，宽1.5厘米，侧脉3-5对；花冠密被绒毛 …………………………… 13. **川滇野丁香 L. pilosa**

1. 薄皮木 图 951

Leptodermis oblonga Bunge in Mém. Acad. Imp. Sci. St. Pétersb. 2: 108. 1833.

灌木。小枝被微柔毛。叶纸质，披针形、椭圆形或近卵形，长0.7-3厘米，宽0.3-1厘米，先端渐尖，基部楔形，上面粗糙，下面被柔毛或近无毛，侧脉约3对；叶柄长不及3毫米，托叶长约1.5毫米，基部宽三角形，先端骤尖。花无梗，常3-7朵簇生枝顶，稀枝上部腋生；小苞片卵形，长约3毫米，被柔毛，合生，萼裂片宽卵形，长约1.3-1.5毫米，密生缘毛；花冠淡紫红色，漏斗状，长1.1-2厘米，被微柔毛，裂片窄三角形或披针形，长2-4毫米；短柱花雄蕊微伸出，花药线形，长柱花雄蕊内藏，花药线状长圆形；花柱具4-5个线形柱头裂片，长柱花微伸出，短柱花内藏。蒴果长5-6毫米。假种皮与种皮分离。花期6-8月，果期10月。

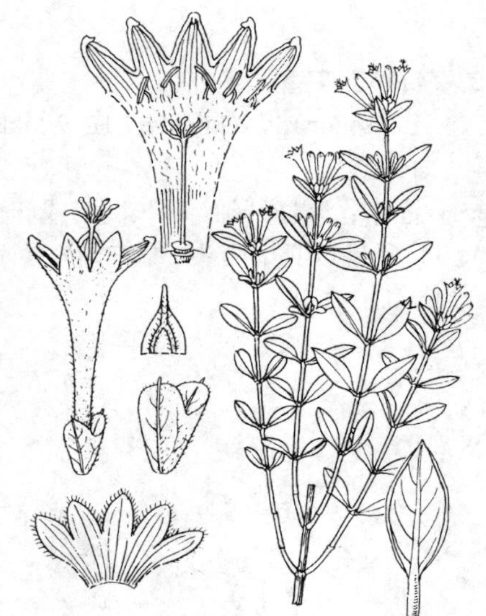

图 951 薄皮木 （余汉平绘）

产辽宁西部、河北、山西、河南、湖北西部、陕西、甘肃东南部、四川北部及东部、贵州西北部、云南西北部及西藏东南部，生于低海拔至高海拔山坡、灌丛中。

2. 卵叶野丁香 图 952

Leptodermis ovata H. Winkl. in Fedde, Repert. Sp. Nov. 18: 162. 1922.

灌木。叶近革质，卵形、卵状长圆形或长圆形，长1.5-6厘米，宽1-2.2(3)厘米，先端短尖或渐尖，基部渐窄，上面无毛或中脉被硬毛，下面脉被硬毛或无毛，侧脉4-7对；叶柄长1-5毫米，托叶长约1毫米，宽三角形。花顶生，3-7朵排成一行，近无梗，在上部3-6对叶腋中生花3-7朵，

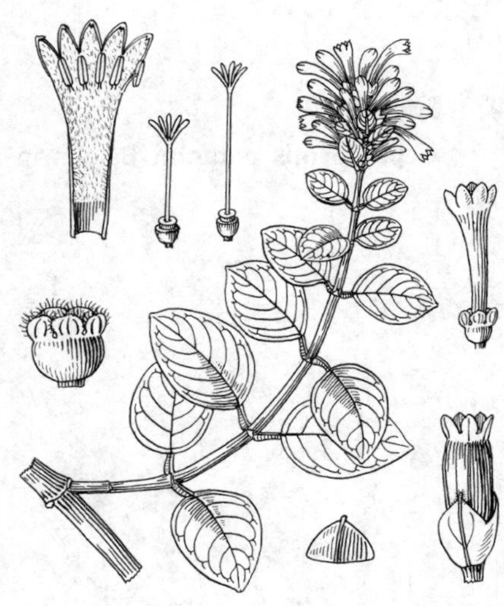

图 952 卵叶野丁香 （余汉平绘）

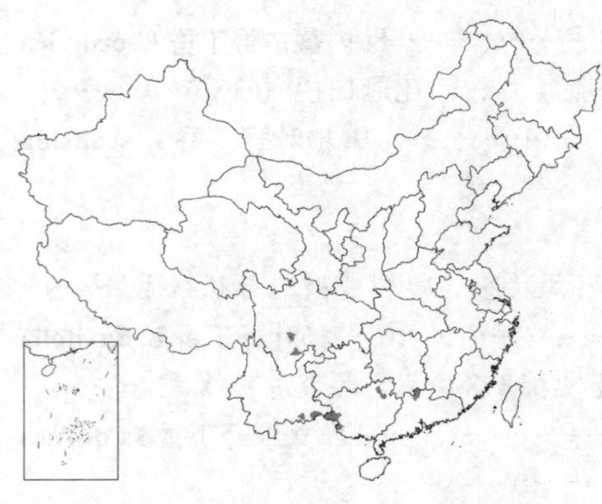

形成花枝；小苞片长圆形，长2.5-3.5毫米，合生，被硬毛；花萼裂片5，近圆形，长约0.5毫米，被缘毛；花冠筒长0.9-1厘米，窄漏斗形，被绒毛或疏柔毛，裂片5，长1.5-1.8毫米，长圆形；短柱花的雄蕊生于冠筒中部以上；花柱3-5裂，无毛。蒴果长约6毫米。假种皮与种皮分离。花期10月，果11月。

产广东北部、广西东北部及西南部、云南东南部及四川南部，生于海拔1000-1500米山坡、石山或林中。

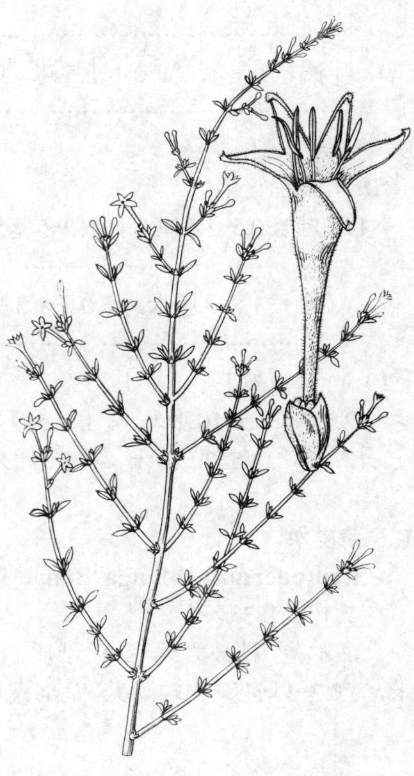

图 953 纤枝野丁香 （余汉平绘）

3. 纤枝野丁香 图 953

Leptodermis schneideri H. Winkl. in Fedde, Repert. Sp. Nov. 18: 156. 1922.

灌木；分枝纤细。叶长圆形或卵形，长4-9毫米，宽1.3-2毫米，先端短尖，稍钝或具细尖头，基部渐窄，两面无毛，侧脉不明显；叶柄短或近无柄，托叶长约1毫米。花顶生于具叶侧枝，在上部2-3个节的每叶腋均生花1-3朵。小苞片合生，长圆形，长约2毫米，比花萼稍长；萼裂片5，有缘毛；花冠窄漏斗状，冠筒长约5毫米，被圆锥状绒毛，冠筒喉部密被长柔毛，裂片长圆形，长约2毫米，内面基部被长柔毛；长柱花：花丝短，花药内藏；短柱花：花丝长，花药伸出；柱头5裂，长柱花的伸出，短柱花的伸至冠筒喉部以下。蒴果长约4毫米。假种皮与种皮紧贴。花期夏季。

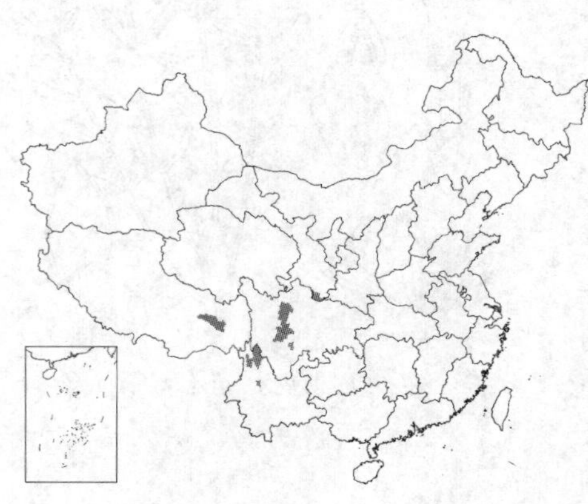

产云南西北部、四川及西藏东部，生于中海拔至高海拔山地林下或灌丛中。

4. 野丁香 图 954

Leptodermis potanini Batalin in Acta Hort. Petrop. 14: 319. 1898.

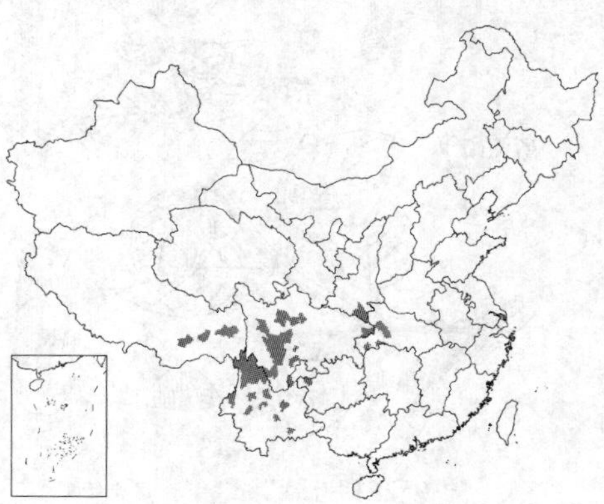

灌木，高达2米。幼枝有2列柔毛。叶纸质，卵形、披针形、长圆形或椭圆形，长1-2厘米，先端钝或近圆形，有短尖头，基部楔形，两面被白色，叶侧脉3-4对；叶柄短，托叶宽三角形，有刺状短尖头。聚伞花序顶生，无花序梗，1-3花，有或无花梗；花梗红色，有2列硬毛或柔毛；小苞片合生，比

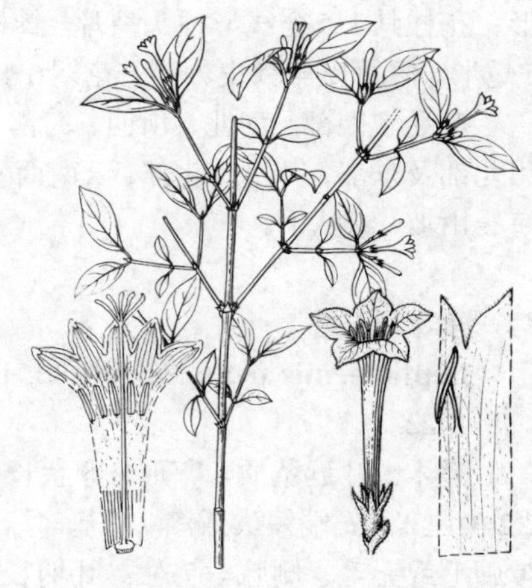

图 954 野丁香 （余汉平绘）

花萼短，密被硬毛或柔毛；萼筒窄倒圆锥形，上部和萼裂片均密被硬毛或柔毛，萼裂片5-6，窄三角形；花冠漏斗形，长达1.5厘米，冠筒被柔毛或近无毛，喉部密被硬毛，裂片5-6，无毛；雄蕊5-6，花药稍伸出。蒴果自顶部5裂至基部。花期5月，果期秋冬。

产陕西南部、湖北西南部、四川、贵州西北部、云南及西藏东部，生于海拔800-2400米山坡灌丛中。

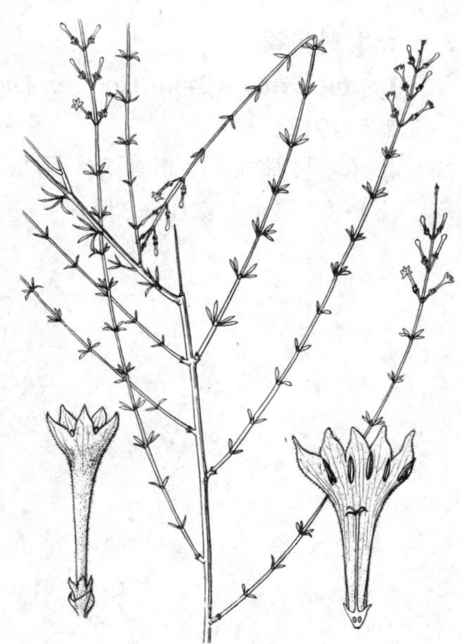

图 955 甘肃野丁香 （余汉平绘）

5. 甘肃野丁香 西南野丁香 图 955

Leptodermis purdomii Hutchins. in Sarg. Pl. Wilson. 3: 405. 1916.

灌木，高达2米。叶簇生，纸质，线状倒披针形，长0.5-1厘米，宽1.5-3.5毫米，先端钝，基部渐窄，边缘背卷，两面无毛，叶侧脉不明显，托叶卵形，长约1.5毫米。花无梗或近无梗，簇生枝顶；小苞片合生，卵形，比花萼短，长约1.5毫米；萼筒无毛，萼裂片5，长圆状卵形，长1.5毫米，被缘毛；花冠粉红色，窄漏斗状，长0.8-1厘米，内外均被柔毛，裂片5，卵状披针形，长约2毫米；雄蕊5，长柱花的内藏，短柱花的伸出；花柱纤细，长柱花的伸出，短柱花的伸至中部，柱头5裂。蒴果长5毫米。种皮与假种皮粘贴。花期7-8月，果期9-10月。

产甘肃、四川、云南及西藏，生于海拔800-1000米处山坡灌丛中。

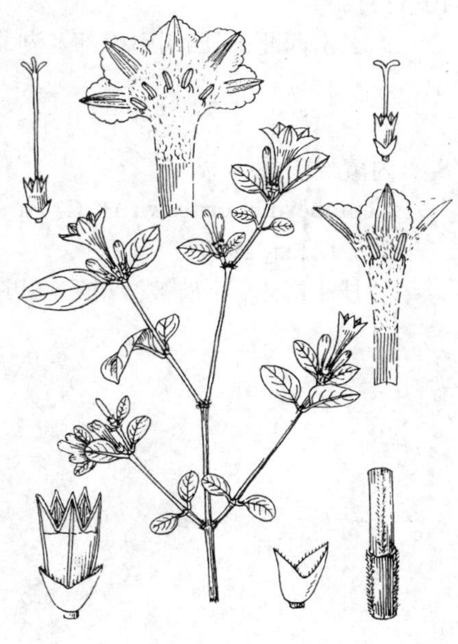

图 956 高山野丁香 （余汉平绘）

6. 高山野丁香 图 956

Leptodermis forrestii Diels in Notes Roy. Bot. Gard. Edinb. 5: 274. 1912.

灌木。幼枝密被柔毛。叶纸质，卵形、披针形、长圆形或宽卵形，长1-3厘米，宽0.6-1.5厘米，先端短尖或近渐尖，基部常骤缢缩，渐窄成短柄，上面疏生糙伏毛，下面无毛或中脉和侧脉被皱卷长柔毛，侧脉4-6对；叶柄长不及2毫米，托叶三角形，长2-2.5毫米，边缘有流苏状粘液毛，被柔毛。花单朵顶生，无梗，短柱花：苞片长约1.5毫米，常合生，或无苞片；萼裂片5，长三角形，长3.8-4毫米，与萼筒近等长或稍短；花冠浅蓝或微红色，漏斗状，长2-2.2厘米，无毛，内面被白色长柔毛，裂片5，短，边缘有啮状齿；雄蕊5，稍伸出；柱头3裂。蒴果长约5毫米。假种皮与种皮紧贴。花期6-8月。

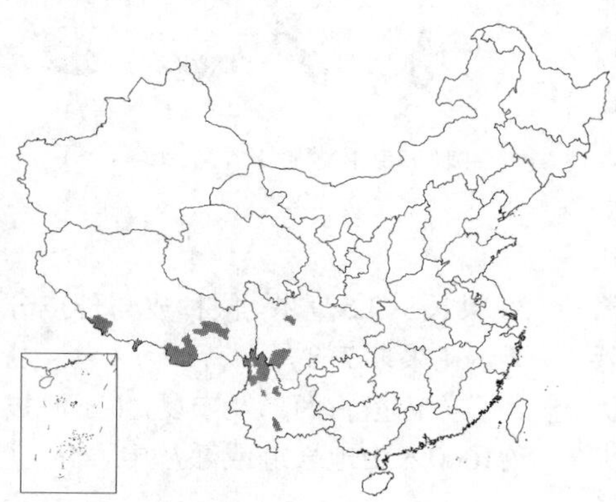

产云南、四川及西藏，生于海拔3200-3400米山坡林中。

7. 大果野丁香 图 957

Leptodermis wilsoni Hort. ex Diels in Notes Roy. Bot. Gard. Edinb. 5: 275. 1912.

灌木。枝被柔毛。叶纸质，卵形、卵状椭圆形、披针形或长圆状披针形，长1-3.5厘米，宽0.5-2厘米，先端短尖或钝，基部宽楔形，上面中脉有柔毛，具缘毛，侧脉3-4对；叶柄长2-4毫米，托叶长三角形，长约2毫米，边缘常有腺体。花近无梗，常3朵顶生，稀近枝顶腋生；小苞片2，披针形或卵状三角形，长2-2.5毫米，比萼短。萼筒长约2.5毫米，萼裂片窄三角形，长约1.8毫米；花冠白或淡红色，芳香，漏斗状，无毛，冠筒长1.2-1.4厘米，内面被长柔毛，裂片近圆形，径4-6毫米；雄蕊5，短柱花的生冠筒喉部，微伸出；柱头3裂。蒴果长圆状披针形，长7-8毫米，无毛。假种皮与种皮紧贴。花期7月，果期10-11月。

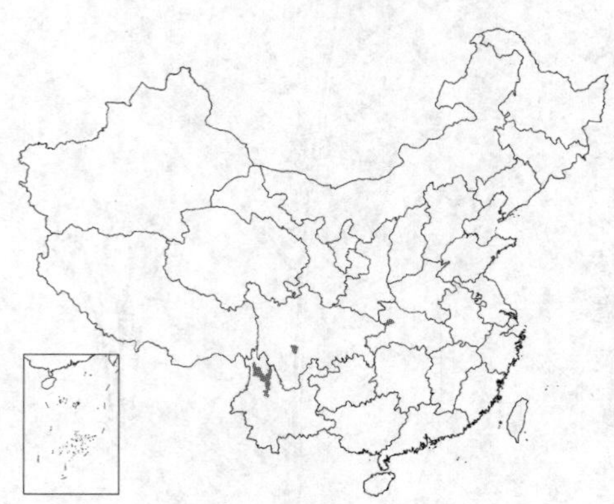

产云南西北部、四川中南部及湖北西部，生于海拔1800-3000米山地林中。

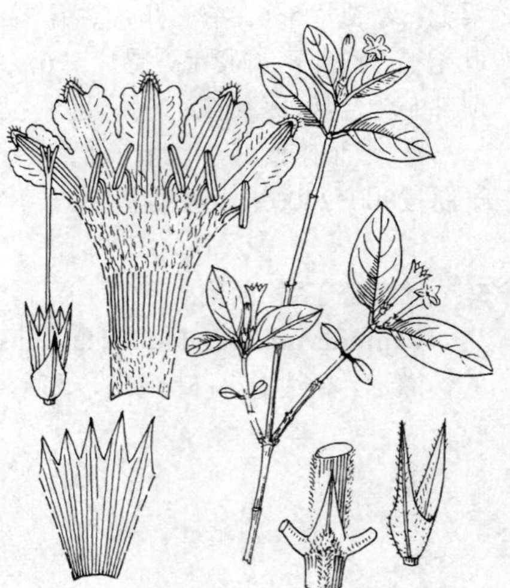

图 957 大果野丁香 （余汉平绘）

8. 内蒙野丁香 图 958

Leptodermis ordosica H. C. Fu et E. W. Ma, Fl. Intramongol. 5: 413. 335. f. 135. 1980.

多枝小灌木。小枝被微柔毛，叶厚纸质，长圆形或椭圆形，长0.3-1厘米，先端短尖或稍钝，基部楔形，边缘常稍反卷，两面近无毛，侧脉极不明显；叶柄短或近无柄，托叶三角状卵形或卵状披针形，被缘毛。花近无梗，1-3朵簇生枝顶和近枝顶叶腋；小苞片合生，长3-4毫米，先端尾尖，有疏缘毛。花萼长2-2.5毫米，萼裂片5，长圆状披针形，与萼筒近等长或稍短，被缘毛；花冠紫红色，芳香，漏斗形，长1.1-1.4厘米，被微柔毛，内面被长柔毛，裂片4-5，卵状披针形，长约3毫米；雄蕊4-5，生于冠管喉部以上，花药稍伸出；柱头3。果长3-3.5毫米。假种皮与种皮分离。花果期7-8月。

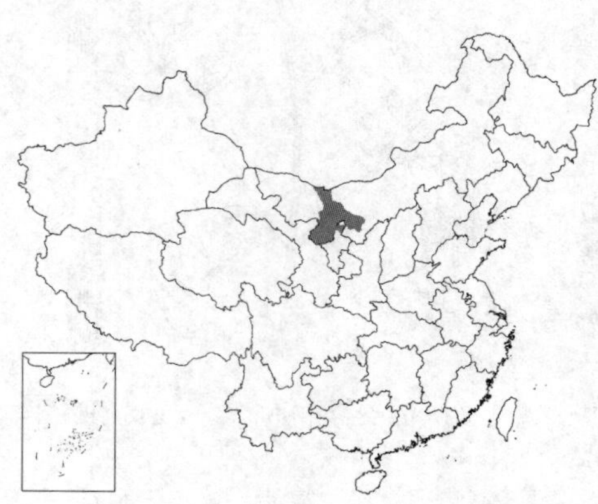

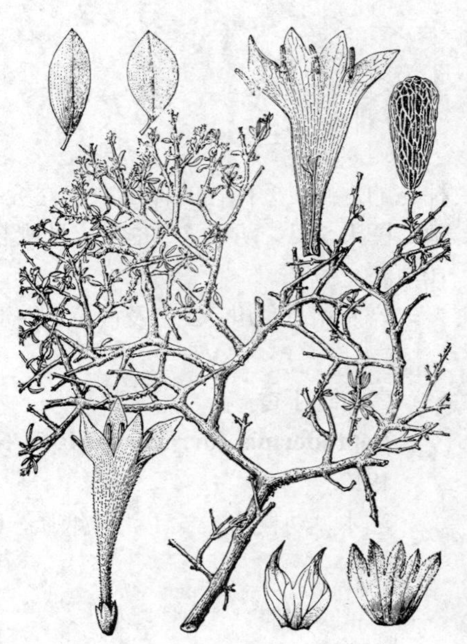

图 958 内蒙野丁香 （张海燕绘）

产内蒙古西部及宁夏，生于海拔约1600米山地岩缝或灌丛中。

9. 糙叶野丁香 图 959

Leptodermis scabrida Hook. f. Fl. Brit. Ind. 3: 199. 1881.

灌木。枝被柔毛。叶长圆状披针形、长圆形或窄披针形，长1-4厘米，

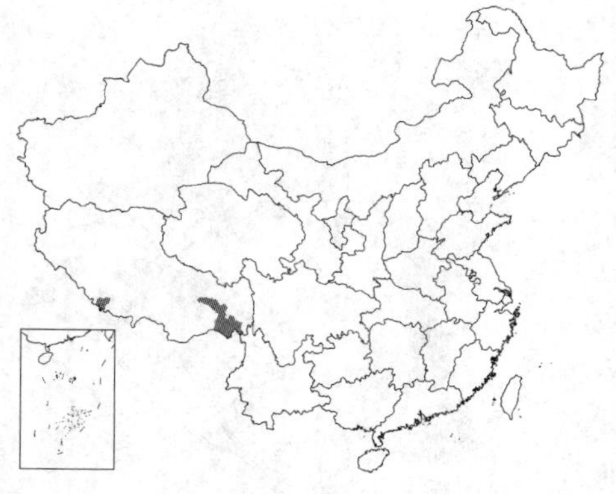

宽0.4-1厘米，先端短尖或渐尖，基部楔形，两面被糙伏毛或下面中脉和侧脉被毛，侧脉3-4对；叶柄短或近无柄，托叶近三角形，有长而外弯硬尖头，被柔毛。花近无梗，3-5朵顶生和近枝顶腋生；小苞片被柔毛，长3-4毫米，合生。萼筒长约2毫米，裂片长0.5-0.7毫米，被密缘毛；花冠白色，漏斗状，长0.9-1厘米，被柔毛，裂片5，近披针形，长2-2.5毫米；长柱花的雄蕊生于冠管喉部以下，花药内藏；长柱花的花柱稍伸出，柱头3裂。蒴果长5-6毫米。假种皮和种皮分离。花期6月。

产西藏东南部及南部，生于海拔2400-2600米山地林中。印度有分布。

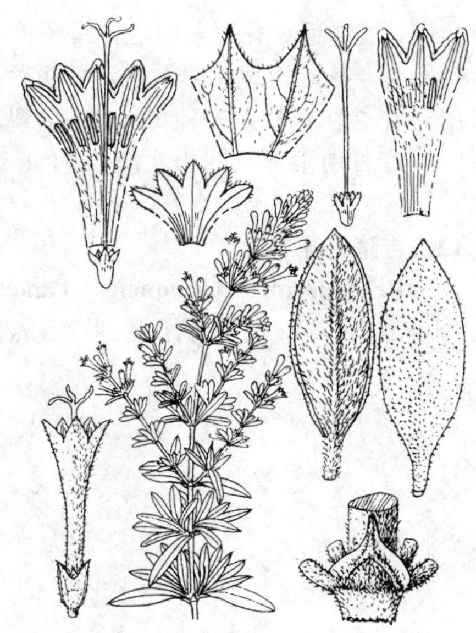

图 959 糙叶野丁香 （余汉平绘）

10. 黄杨叶野丁香　　图 960

Leptodermis buxifolia H. S. Lo in Journ. Trop. Subtrop. Bot. 7 (1): 20. 1999.

灌木，高达2米。叶厚革质，卵形、披针形、椭圆形或长圆形，长0.5-1.5厘米，宽2-5毫米，先端钝圆或近短尖，边缘反卷，两面无毛，侧脉不明显；叶柄短或近无柄，托叶三角形，长约1.2毫米，无毛。聚伞花序顶生或腋生，有3花，有时为窄长聚伞圆锥花序。花近无梗；小苞片长约2毫米，合生，无毛；萼筒长约1毫米，萼裂片圆卵形，长0.4-0.5毫米，被流苏状缘毛；花冠淡紫色，窄漏斗状，长0.9-1.4厘米，冠筒内外均被柔毛，裂片5，披针形，长约2毫米；雄蕊5，花药伸出；柱头5裂，内藏。果长4-4.5毫米。假种皮与种皮粘贴。花期7-8月，果期8-9月。

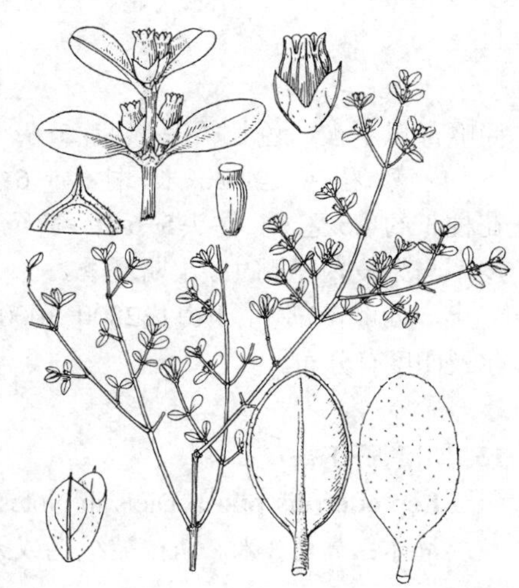

图 960 黄杨叶野丁香 （余汉平绘）

产陕西西南部、甘肃南部、四川中北部及北部，生于海拔1100-2100米山坡灌丛中。

11. 文水野丁香　　图 961

Leptodermis diffusa Batal. in Acta Hort. Petrop. 13: 373. 1894.

灌木。小枝被微柔毛。叶卵状披针或椭圆形，长1.8-4厘米；宽0.8-1.5厘米，先端短尖或钝，基部楔形，两面无毛，侧脉约4对；叶柄长达4毫米，托叶卵状三角形，长约1.5毫米，被柔毛。花序生于上部叶腋和顶生，近伞状，常多个组成顶生、多花圆锥花序。花梗长3-8毫米；苞片比萼长，长3-3.5毫米，无毛或被毛，紫蓝色，合生；花二型，花柱异长；花萼裂

片圆，被缘毛；花冠紫蓝色，漏斗状，长1.6-1.8厘米，被微柔毛，内面有疏柔毛，花冠裂片比冠筒短，宽卵形，长3.5毫米；花药在短柱花中稍伸出；花柱在长柱花中伸出，柱头5裂。蒴果比总苞长。花果期8-10月。

产甘肃南部及四川北部，生于海拔600-1300米山谷溪边岩缝中。

图 961 文水野丁香 （余汉平绘）

12. 吉隆野丁香 图 962

Leptodermis kumaonensis Parker in Ind. For. 48: 576, 1922.

灌木。小枝被腺质柔毛。叶纸质，长圆状披针形或卵状披针形，长1.5-10厘米，宽1-2.5厘米，先端近渐尖，基部楔形，有缘毛，上面被糙伏毛，下面中脉和侧脉被柔毛，侧脉6-9对；叶柄长2-4毫米，被柔毛，托叶基部宽，先端渐尖，长4-4.5毫米，被柔毛。花3-5朵簇生侧生短枝顶端，无梗或近无梗；苞片长约7毫米，合生，被缘毛。萼筒长3.5-4毫米，萼裂片5-6，三角状卵形，长约1.5毫米，被缘毛；花冠漏斗状，长1.3-1.5厘米，冠筒喉部以下被白色长柔毛，裂片5-6；长柱花：雄蕊5-6，生于冠筒喉部以下，内藏，花柱长约9毫米，柱头5-6裂，稍伸出；短柱花：雄蕊稍伸出；花柱长约4.5毫米，柱头5-6裂，伸至冠筒喉部以下。蒴果长5.6毫米，种皮不与果皮内壁贴生。花期夏季。

产西藏南部，生于海拔2800-3000米处山地林缘或灌丛中。不丹、尼泊尔及印度有分布。

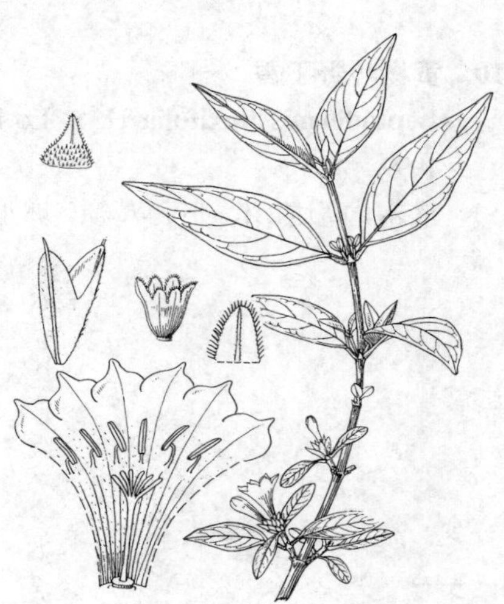

图 962 吉隆野丁香 （余汉平绘）

13. 川滇野丁香 图 963

Leptodermis pilosa Diels in Notes Roy. Bot. Gard. Edinb. 5: 275. 1912.

灌木；高达3米。幼枝被绒毛或柔毛。叶宽卵形、卵形、椭圆形或披针形，长0.5-2.5厘米，宽1.5厘米，先端短尖或钝圆，基部楔形，两面被柔毛或下面近无毛，侧脉3-5对；叶柄长1-5毫米，被毛，托叶基部宽三角形，长1-2毫米，被柔毛或绒毛。聚伞花序顶生和近枝顶腋生，有3-7花。花无梗或具短梗；小苞片被毛，比花萼长，合生；萼筒长约2毫米，萼裂片5，长1-1.2毫米，被缘毛；花冠漏斗状，冠筒长0.9-1.3厘米，密被绒毛，内面被长柔毛，裂片5，宽卵形，长2-2.5毫米；雄蕊5，短柱花的稍伸出，长

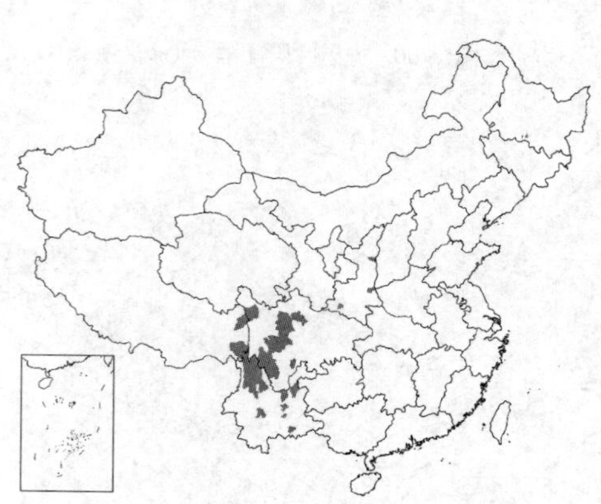

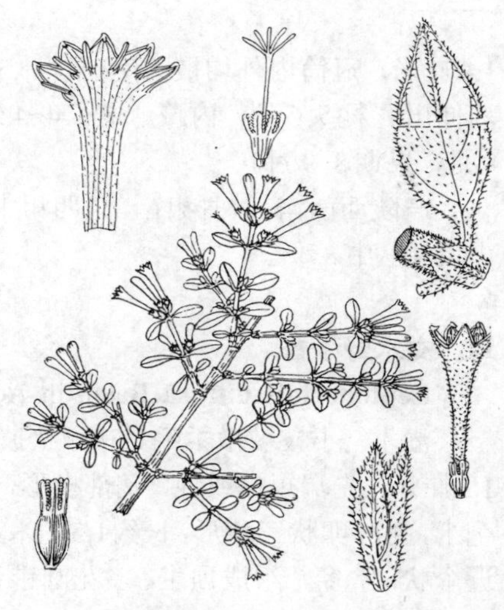

图 963 川滇野丁香 （余汉平绘）

柱花的内藏；长柱花柱头伸出，短柱花的内藏。果长4.5-5毫米。假种皮与种皮紧贴。花期6月。

产陕西、四川、云南及西藏东部，生于海拔600-3800米处阳坡或灌丛中。

80. 假盖果草属 **Pseudopyxis** Miq.

多年生小草本；被紧贴柔毛或疏生柔毛。根茎匍匐；茎直立，圆柱形或方形。叶对生；托叶生于叶柄间，膜质，宽三角形，有齿或缺刻，宿存。聚伞花序腋生或顶生；苞片有短柄，宿存。萼筒短，近球形，萼裂片5，卵状披针形，宿存，有网脉；花冠白或紫红色，筒状漏斗形，裂片5，开展，宽卵形，内向镊合状排列；雄蕊5，着生冠筒基部，花丝极短，花药背着，内藏；花盘肉质；子房4-5室，每室1倒生胚珠，花柱细长，柱头4-5裂，稍伸出。果小，具星状开展宿存萼裂片，顶部盖裂。种子倒卵形，有纵沟。

约2种，分布于中国和日本。我国1种。

异叶假盖果草 图 964

Pseudopyxis heterophylla (Miq.) Maxim. in Bull. Acad. Imp. Sci. St. Pétersb. 29: 175. 1883.

Oldenlandia heterophylla Miq. in Ann. Mus.-Bot. Lugd. Bat. 3: 109. 1867.

多年生草本；高达30厘米。茎被2列柔毛。叶4-6对，下部叶鳞片状，上部叶革质，卵圆形、宽卵形或菱状卵形，长1.5-6厘米，宽1-2.5厘米，先端短尖或钝，基部楔形或圆，下延，两面疏生柔毛，边缘有缘毛；叶柄长0.7-2厘米，托叶三角状，不等3裂，宿存。花1-2朵生于茎顶部叶腋。花梗短；萼钟状，裂片卵形，长达5毫米，开展；花冠白色，漏斗状，长9毫米；花柱伸出。蒴果球形。种子圆，具微细隆起线。花果期7-10月。

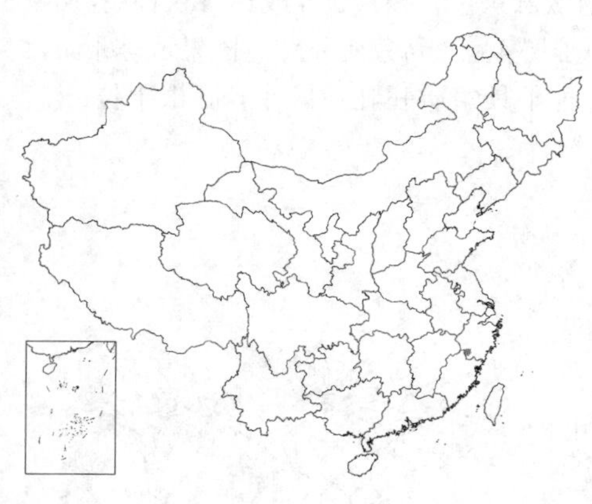

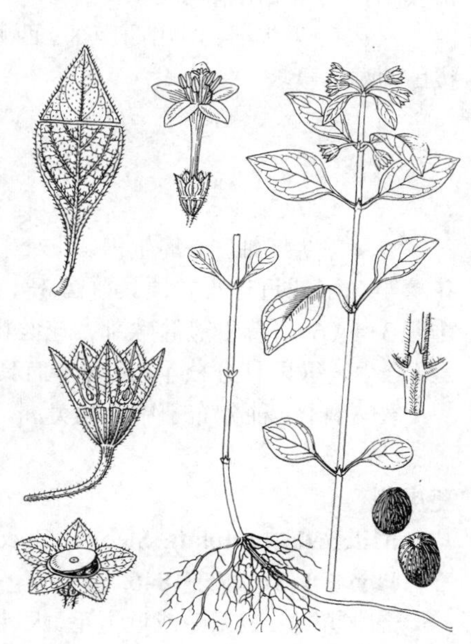

图 964 异叶假盖果草 （余汉平绘）

产浙江南部，生于海拔约1600米林下石缝中或溪旁。日本有分布。

81. 钩毛草属 **Kelloggia** Torrey ex Benth.

直立草本。茎基部近木质；枝纤细。叶对生；无柄，托叶生于叶柄间。花小，具梗，聚伞或伞形花序。萼筒倒卵形，被钩毛，萼裂片4-5，宿存；花冠裂片4-5；雄蕊4-5，生于冠筒喉部，花丝扁平，花药背着，线形，伸出；花盘不明显；子房2室，花柱线形，有2条短线形刺；每子室1胚珠。果小，长圆形，革质，被钩毛，裂为2个平凸形分果爿。种子长圆形，胚乳肉质；胚大，子叶叶状，胚根向下，圆柱形。

约2种，1种产美洲，1种产我国。

云南钩毛草 图 965

Kelloggia chinensis Franch. in Journ. de Bot. 6: 11. 1892.

草本，高约7.5厘米。有纤细多

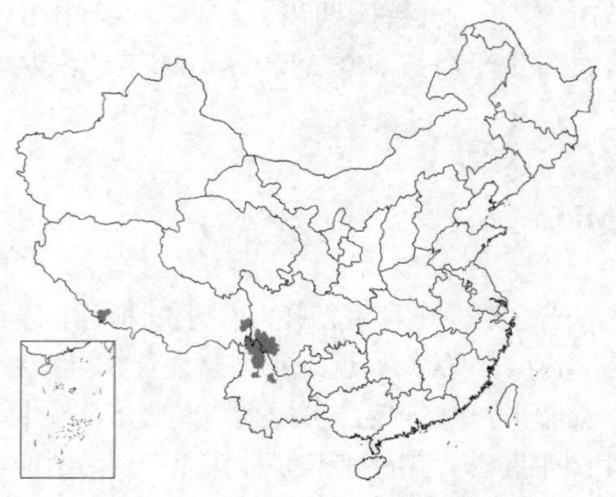

年生地下茎。叶薄纸质，窄披针形，长1.5厘米，宽3毫米，先端近短尖，基部楔形，上面疏生小睫毛，下面沿中脉有白色柔毛和疏生小睫毛；叶柄长1毫米，被长柔毛，托叶宽，长4毫米，膜质，3-7裂，被毛。花梗长2-3毫米，基部有托叶状苞片；萼筒密被白色钩毛，萼裂片5，长圆形，长约0.5毫米；花冠红色，短漏斗状，长5毫米，被微柔毛，花冠裂片5，披针形，与冠筒近等长。蒴果近球形，径约2毫米，密被白色钩毛。花果期夏季。

产云南西北部、四川西南部、西藏东部及南部，生于中海拔至中高海拔山地湿润草坡。

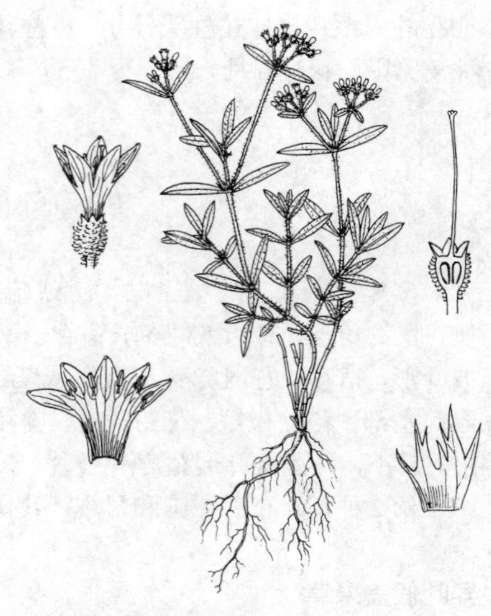

图 965 云南钩毛草 （余汉平绘）

82. 蔓虎刺属 Mitchella Linn.

草本。茎纤细，匍匐生根。叶对生；具柄，托叶生于叶柄间。花顶生或生于聚伞分叉处叶腋，2朵合生或单生。花萼半球形或近球形，顶具萼齿3-4或花合生而成6；花冠漏斗状，冠筒喉部被毛，裂片3-4或6，镊合状排列；雄蕊3-4（6），着生冠筒喉部，花丝粗，花药长圆形，基着；柱头4裂，子房4室，每室1胚珠。核果近球形，常2果合生，每果具分核4（或合生而具8分核）；分核三棱形，具1种子。种子具角质胚乳；胚小，胚根下位。

约3种，2种分布于中、北美洲，1种产我国、朝鲜半岛及日本。

蔓虎刺 图 966：1

Mitchella undulata Sieb. et Zucc. in Abh. Akad. Wiss. Wian, Mach.-Phys. 4 (3): 175. 1846.

匍匐草本。茎无毛或近无毛。大叶三角形状卵形或卵形，长1-2.1厘米，宽0.7-1.5厘米，先端短尖或圆，基部平截或圆，具波状疏齿，两面无毛，侧脉2-3对，叶柄长1.1厘米，无毛或近无毛；小叶卵形或圆形，长2-3毫米；托叶三角形。花单生于聚伞分叉处叶腋。花梗长约8毫米；花萼半球形，萼裂片4；花冠白色，漏斗状，长约1.5厘米，裂片4，冠筒喉部和裂片内面被毛。果近球形，成熟时红色，径约8毫米；果柄长约8毫米。花期秋季，果期冬季。

产浙江西南部、福建北部及台湾北部，生于海拔700-1600米处山谷溪边林下及岩缝中。朝鲜半岛、日本有分布。

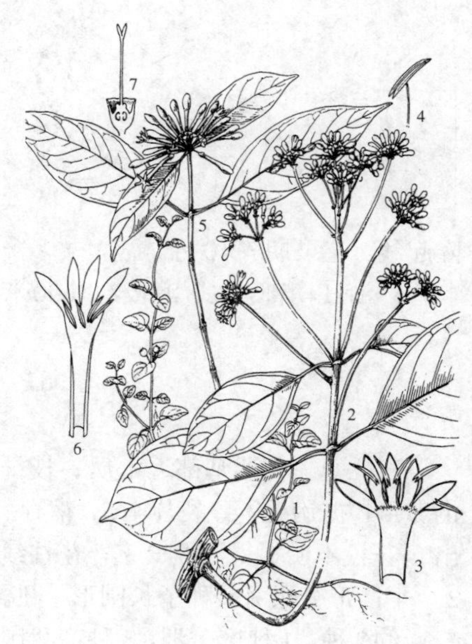

图 966：1. 蔓虎刺 2-4. 穴果木 5-7. 多花三角瓣花 （邓盈丰绘）

83. 白马骨属 Serissa Comm. ex Juss.

多枝灌木，揉之有臭气。叶小，对生，常聚生短枝；托叶与叶柄合成鞘，有刺毛，宿存。花腋生或顶生，单生或簇生。花无梗；萼筒倒圆锥形，萼裂片4-6，宿存；花冠漏斗状，裂片4-6，短，镊合状排列；雄蕊4-6，着生冠筒；子房2室，每室1胚珠，柱头2，短。核果近球形。

约2种，分布我国和日本。

1. 叶革质，长0.6-2.2厘米，宽3-6毫米；花冠筒比萼裂片长 ………………………………………… 1. **六月雪 S. japonica**
1. 叶纸质，长1.5-4厘米，宽0.7-1.3厘米；花冠筒与萼裂片等长 ………………………………… 2. **白马骨 S. serissoides**

1. 六月雪 图 967

Serissa japonica (Thunb.) Thunb. Nov. Gen. Pl. 9: 132. 1798.

Lycium japonicum Thunb. in Nov. Acta Reg. Soc. Sci. Upsal. 3: 207. 1780.

小灌木，高达90厘米。叶革质，卵形或倒披针形，长0.6-2.2厘米，宽3-6毫米，先端短尖或长尖，全缘，无毛；叶柄短。花单生或数朵簇生小枝顶部或腋生；苞片被毛，边缘浅波状。花萼裂片锥形，被毛；花冠淡红或白色，长0.6-1.2厘米，花冠筒比萼裂片长，花冠裂片扩展，先端3裂；雄蕊伸出冠筒喉部；花柱长，伸出，柱头2，直，略分开。花期5-7月。

产河南、安徽南部、江苏南部、浙江、福建、江西、湖北、湖南、广东、香港、广西、贵州、云南及四川，生于低海拔丘陵灌丛中。日本、越南及尼泊尔有分布。常栽培供观赏。

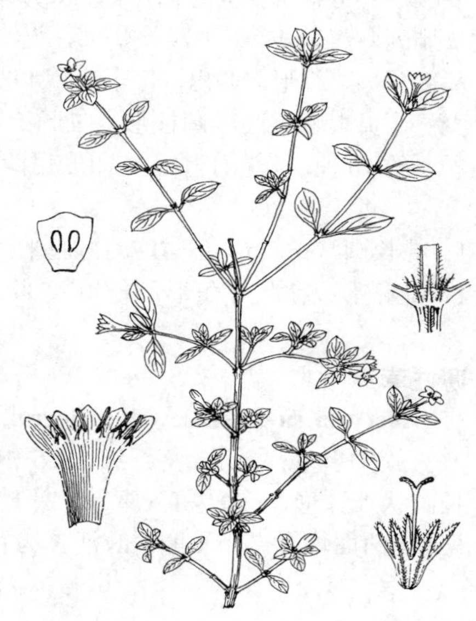

图 967 六月雪 （余汉平绘）

2. 白马骨 图 968

Serissa serissoides (DC.) Druce in Rep. Bot. Exch. Club. Brit. Isles 1916: 646.1917.

Democritea serissoides DC. Prodr. 4: 540. 1830.

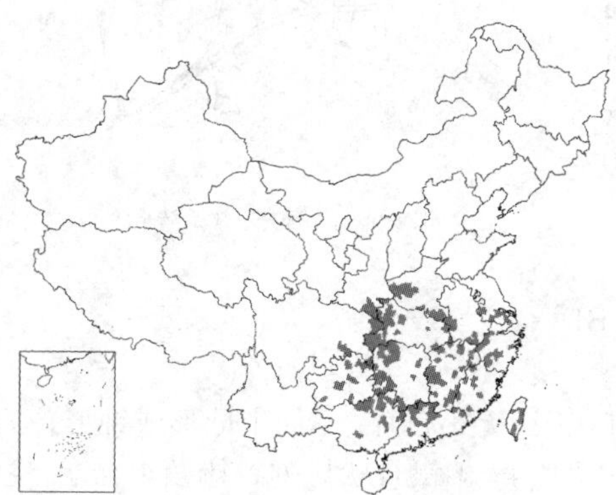

小灌木，高达1米。枝粗，灰色，被柔毛，后脱落。叶常簇生，纸质，倒卵形或倒披针形，长1.5-4厘米，宽0.7-1.3厘米，先端短尖，下面被疏柔毛，侧脉2-3对，在叶两面均凸起，小脉疏散不明显；叶柄短，托叶具锥形裂片，长2毫米，基部宽，膜

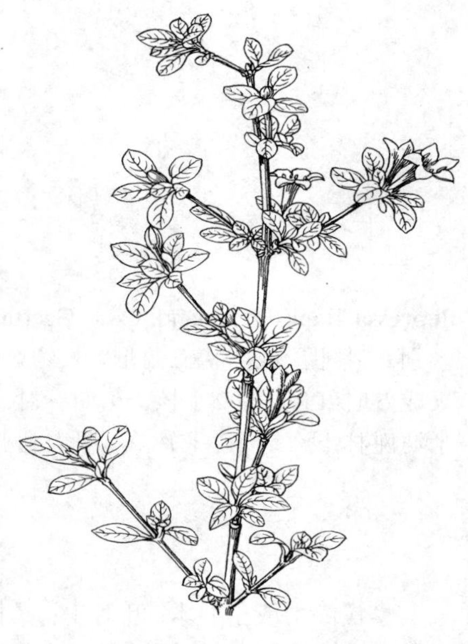

图 968 白马骨 （引自《图鉴》）

质，被疏柔毛。花无梗，生于小枝顶部；苞片膜质，斜方状椭圆形，先端长渐尖，长约6毫米，具小缘毛；萼筒无毛，萼裂片5，披针状锥形，长4毫米，具缘毛；花冠筒长4毫米，无毛，喉部被毛，与萼裂片等长，花冠裂片5，长圆状披针形，长2.5毫米；花药内藏。花期4-6月。

产河南、安徽、江苏南部、浙江、福建、台湾、江西、湖北、湖南、广东、香港、广西、贵州、四川及陕西南部，生于低海拔荒地或草地。日本有分布。亦有栽培供观赏。

84. 薄柱草属 **Nertera** Banks ex J. Gaertn.

小草本，匍匐状。叶对生；托叶小，生于叶柄间，全缘或具2齿或成鞘状。花小，单朵腋生或顶生。花无梗或梗极短；萼筒卵形，萼檐短筒形，顶端全缘或4-6齿裂或分裂，宿存；花冠漏斗形，冠筒喉部无毛，裂片4，镊合状排列；雄蕊4，生于冠筒基部，花丝线形，花药基着，长圆形，伸出；花盘环形；子房2室，花柱2分叉，分枝基部分离，线形，伸出，每子房室1胚珠。核果有小核2-4，小核平凸形，软骨质，内有1种子。种皮膜质，胚乳少；子叶叶状，胚轴圆柱形，向下。

约16种，分布于中国、印度尼西亚、菲律宾、澳大利亚、新西兰、南美洲。我国3种。

1. 叶长圆状披针形，长0.7-1.6厘米，两面均有微小秕鳞，叶柄长约1.3毫米；核果有4小核 … **薄柱草 N. sinensis**
1. 叶卵形或卵状三角形，长约6毫米，无秕鳞，叶柄长2-4毫米；核果有2小核 ……… (附). **红果薄柱草 N. depressa**

薄柱草 图 969

Nertera sinensis Hewsl. in Journ. Linn. Soc. Bot. 23: 391. pl. 10. 1888.

簇生小草；无毛。茎纤细，长5-10厘米，近匍匐，节上生根。叶纸质，长圆状披针形，长0.7-1.6厘米，宽3.5-5毫米，先端短尖或微锐尖，基部楔形，两面均有微小秕鳞；叶柄长约1.3毫米，托叶三角形，基部与叶柄合生，顶部长尖。花径约1.3毫米，单生茎顶，总苞杯形，有2尖头。花萼裂片细小；花冠浅绿色，辐状。核果深蓝色，球形，径约2毫米，有4小核。花期7-8月。

产福建、江西、湖北西南部、湖南、广东、广西东北部、云南、贵州及四川，生于海拔500-1300米山坡沟边或河边岩缝中。

[附] **红果薄柱草 Nertera depressa** Banks et Soland. ex J. Gaertn. Fruct. 1: 124. 1788. 本种与薄柱草的区别：叶卵形或卵状三角形，长约6毫米，无秕鳞，叶柄长2-4毫米；核果成熟时红色，有2小核。花期春夏。产台湾及云南，生于海拔500-1320米河滩林下石缝中。菲律宾、澳大利亚及新西兰有分布。

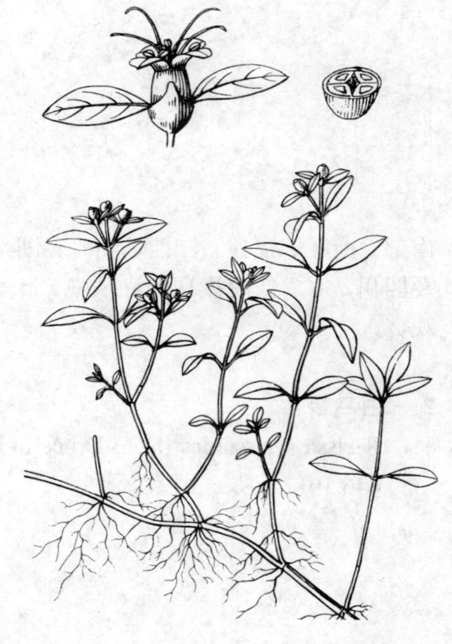

图 969 薄柱草 （余汉平绘）

85. 穴果木属 **Caelospermum** Bl.

攀援灌木或小乔木。叶对生；具柄；托叶成短鞘。伞状或聚伞状圆锥花序，无小苞片。萼筒半球形或钟形，萼檐短，顶部平截或4-5裂，宿存；花冠白或草黄色，漏斗形或高脚碟形，裂片4-5，镊合状排列；雄蕊4-5，着生冠筒喉部，花丝丝状，花药丁字着生，伸出；花盘环状或肿胀；子房完全或不完全4室，稀2室，花柱线形，柱头2；4室子房胚珠单生，2室子房胚珠成对，下垂。核果球形，干燥或肉质，有4小核。种子直立。

约10余种，分布于亚洲热带地区至澳大利亚。我国2种。

穴果木 图 966:2-4 图 970

Caelospermum kanehirae Merr. in Lingnan Sci. Journ. 5: 288. 1928.

藤本，常灌木状或小乔木状。茎近无毛。叶革质或厚纸质，椭圆形、卵圆形或倒卵形，长7-12厘米，宽5-10厘米，先端短尖、钝或圆，基部楔形或圆，上面无毛，下面被疏柔毛，侧脉4-7对；叶柄长1-2.5厘米；托叶先端平截或具2短齿。聚伞状圆锥花序具3-9伞状花序，长达17厘米，顶生，有时兼腋生；花序梗和花梗被粉状微柔毛。花梗长约6毫米；花萼杯形或钟形；被粉状微柔毛，花冠白或乳黄色，高脚碟状，长约1.2厘米，无毛或疏被乳突状毛；冠筒内面和喉部密被柔毛，裂片线形或长圆状线形，长5-6毫米；子房4室，每室1胚珠。核果近球形，径0.8-1.2厘米，分核2-4，种子1。花期4-5月，果期7-9月。

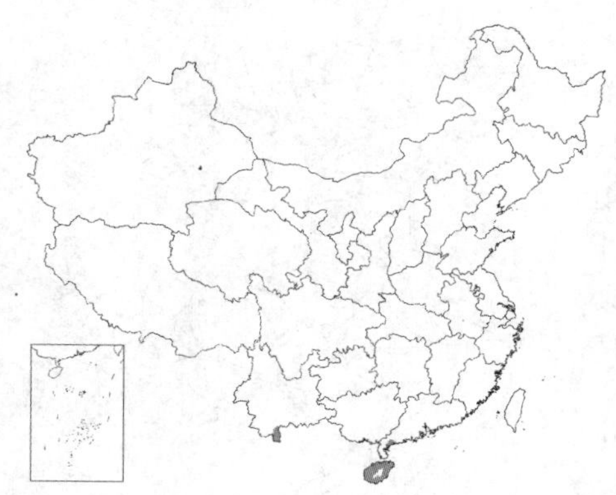

图 970 穴果木 （陈荣道绘）

产广东西南部、海南及云南南部，生于低海拔至中海拔山地林下、灌丛中。

86. 虎刺属 **Damnacanthus** Gaertn. f.

灌木。枝具针刺或无刺；根念珠状或中间缢缩，肉质。叶对生；托叶生于叶柄间，三角形，常具2-4锐尖。双花成束腋生，顶部叶腋常2-3束组成具短花序梗的聚序花序，下部叶腋或为单花；苞片鳞片状。萼杯状或钟状，萼裂片4-5，宿存；花冠白色，筒状漏斗形，无毛，喉部密被柔毛，裂片4，镊合状排列；雄蕊4，着生冠筒上部，花丝短，花药2室，背着；子房2或4室，每室1胚珠，花柱无毛，柱头2或4裂。核果红色，球形，分核1-4，分核平凸或钝三棱形，具1种子。种子角质，腹面具脐，胚乳丰富；胚小，胚根向下。

约13种，主要分布于亚洲东部温带地区，亚热带地区有分布。我国11种。

1. 具刺灌木；幼枝被毛。
  2. 刺长0.4-2.5厘米；叶下面中脉凸起。
    3. 叶卵形、心形或圆形，长1-3厘米，宽1-1.5厘米，先端锐尖，侧脉3-4对 ………………… 1. **虎刺 D. indicus**
    3. 叶披针形或长圆状披针形，长3-7.5厘米，宽0.9-2.4厘米，先端渐尖，侧脉5-10对 ……………………………………………………………………………………… 1(附). **西南虎刺 D. tsaii**
  2. 刺长1-6毫米；叶上面中脉凹下。
    4. 幼枝被硬毛；叶卵形、长圆状卵形或长圆状披针形，长3-8厘米；花柱内藏 … 2. **浙皖虎刺 D. macrophyllus**
    4. 幼枝疏被微毛；叶披针形或长圆状披针形，长4-15厘米；花柱伸出 ……………… 3. **短刺虎刺 D. giganteus**
1. 无刺灌木，稀顶叶托叶腋有短刺；幼枝无毛。

5．花萼裂片三角形，子房4室，花柱4裂。
6．叶薄纸质，披针形或披针状线形，长5-21厘米，宽0.6-2.1厘米，侧脉常14对以上 … 4. **柳叶虎刺 D. labordei**
6．叶革质，椭圆形、长圆状披针形或线形，长5-16厘米，宽2-6厘米，侧脉6-8对 … 5. **四川虎刺 D. officinarum**
5．花萼裂片钻形或披针形，大小不等；子房2室，花柱2裂 ………………………………… 5(附). **云桂虎刺 D. henryi**

1. 虎刺 图 971 彩片 211

Damnacanthus indicus Gaertn. f. Suppl. Carpol. 3: 18. t. 182. 1805.

具刺灌木。幼枝密被硬毛；节上托叶腋常生针刺，刺长0.4-2厘米。大叶长1-3厘米，宽1-1.5厘米，小叶长不及4毫米，卵形、心形或圆形，先端锐尖，基部常歪斜，钝、圆、平截或心形；上面中脉凸起，侧脉3-4对；叶柄长约1毫米，被柔毛；托叶脱落。花1-2朵生于叶腋，有时在顶部叶腋6朵组成具短花序梗的聚伞花序。花梗长1-8毫米；苞片2，披针形或线形；花萼钟状，长约3毫米，萼裂片4，三角形或钻形，长约1毫米，宿存；花冠白色，筒状漏斗形，长0.9-1厘米，外面无毛，内面喉部至上部密被毛，裂片4，椭圆形，长3-5毫米；子房4室。核果红色，近球形，径4-6毫米，分核1-4。花期3-5月，果期冬季至翌年春季。

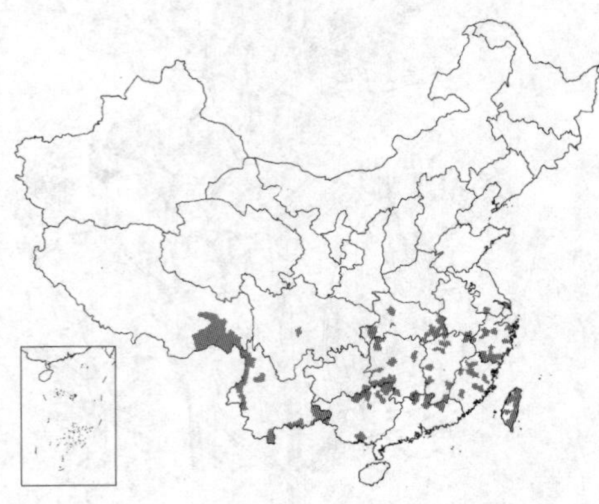

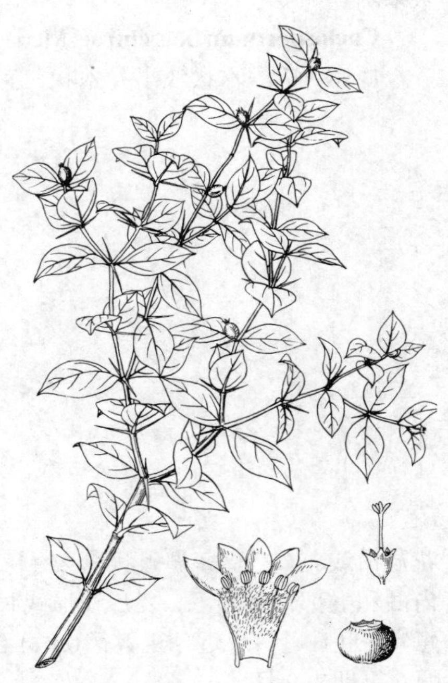

图 971 虎刺 （易敬度绘）

产江苏南部、安徽、浙江、福建、台湾、江西、湖北、湖南、广东、广西、云南、贵州东南部、四川及西藏东南部，生于低海拔至中海拔山地林下和灌丛中。日本、老挝、泰国、孟加拉及印度有分布。常栽培供观赏。根肉质，药用，祛风利湿、活血止痛。

[附] **西南虎刺 Damnacanthus tsaii** Hu in Bull. Fan Mem. Inst. Biol. Bot. 6: 178. 1936. 本种与虎刺的区别：叶披针形或长圆状披针形，长3-7.5厘米，宽0.9-2.4厘米，先端渐尖，叶侧脉5-10对。花期4月，果期冬季至翌年春季。产云南及四川，生于海拔1000-2500米山地林中或林缘。

2. 浙皖虎刺 图 972

Damnacanthus macrophyllus Sieb. ex Miq. in Ann. Mus. Bot. Lugd.-Bat. 3: 110. 1867.

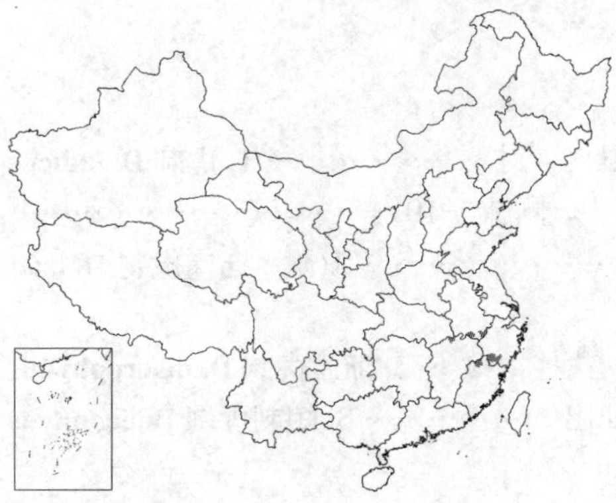

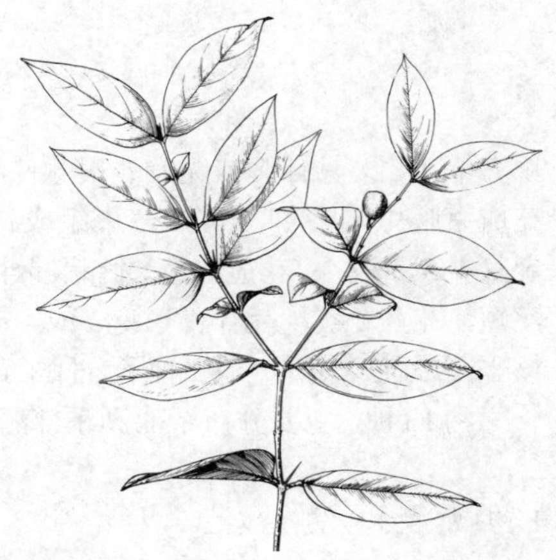

图 972 浙皖虎刺 （孙英宝绘）

具刺灌木，高达2米。幼枝被硬毛；刺长1-6毫米。叶卵形、长圆状卵形或长圆状披针形，长3-8厘米，宽1-3厘米，上面无毛，下面脉被毛，后无毛，先端短渐尖或短尖，基部楔形或圆；上面中脉凹下，侧脉3-7对；叶柄长1-2毫米，托叶钝三角形，具刺尖。花梗长约2毫米；花萼裂片三角形；花冠长1-1.5厘米，裂片4，卵状三角形；花柱内藏。核果近球形，径约5毫米，分核1-3。花期春季，果期冬季。

产安徽南部、浙江南部、福建西

北部及江西北部，生于海拔800-1000米山地溪边林中。日本有分布。

3. 短刺虎刺 图 973

Damnacanthus giganteus (Makiuo) Nakai, Trees et Shrubs Jap. ed. 1, 412. 1922.

Damnacanthus indicus Gaertn. f. var. *giganteus* Makino in Bot. Mag. Tokyo 18: 31. 1904.

具刺灌木，高达8米。幼枝疏被微毛；刺长1-2毫米。叶革质，披针形或长圆状披针形，长4-15厘米，宽2-5厘米，先端渐尖或短尖，基部圆，两面无毛，上面中脉凹下，侧脉5-7对；叶柄长2-5毫米，托叶早落。花1-4对腋生，花序梗短；苞片鳞片状。花梗长约2毫米；花萼钟状，长2-3毫米，萼裂片4，三角形；花冠白色，革质，筒状漏斗形，长1.5-1.8厘米，无毛，内面喉部和上部密被柔毛，裂片4，卵形或卵状三角形，长3毫米；花药伸出；子房4室，花柱伸出，顶部4裂。核果近球形，径5-8毫米，分核1-4，三棱形。种子近球形，角质。花期3-5月，果期11月至翌年1月。

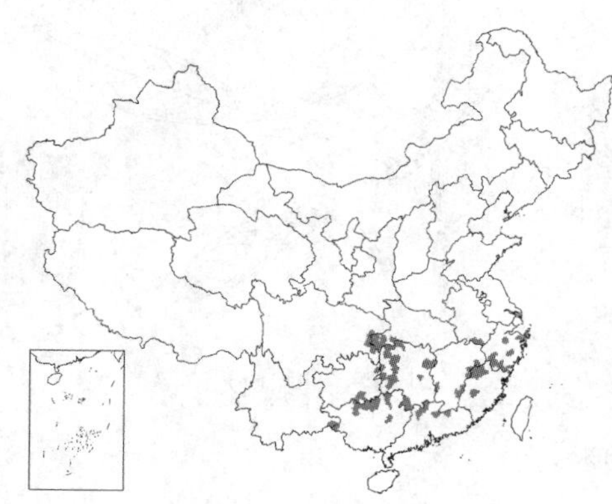

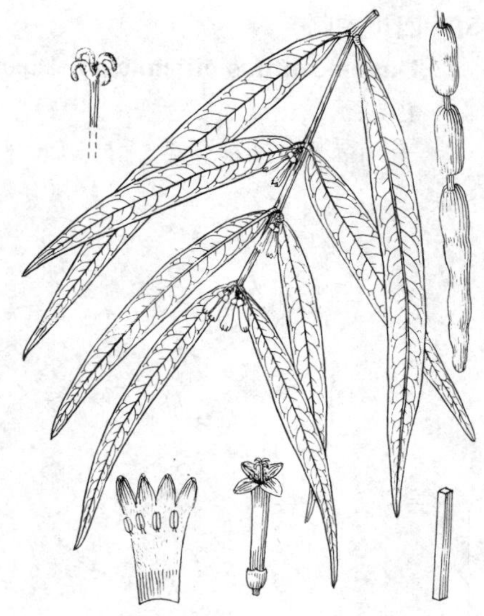

图 973 短刺虎刺 （余汉平绘）

产安徽南部、浙江、福建、江西、湖北西南部、湖南、广东、广西、贵州东部及东南部、云南东南部及四川东部，生于海拔500-1000米山谷林内或灌丛中。日本有分布。根药用，补气血、收敛止血。

4. 柳叶虎刺 图 974

Damnacanthus labordei (Lévl.) H. S. Lo in Acta Phytotax. Sin. 17 (3): 107. 1979.

Canthium labordei Lévl. in Fedde, Repert. Sp. Nov. 13: 178. 1914.

无刺灌木。枝无毛。叶灌纸质，披针形或披针状线形，长5-21厘米，宽0.6-2.1厘米，先端渐尖，基部楔形，边全缘或具波状细齿，两面无毛，侧脉常14对以上；叶柄长3-6毫米，无毛。花序少花至10朵腋生，有花序梗；苞片鳞片状。花梗长约2毫米；花萼钟状，长约1.5毫米，萼裂片3-4，钝三角形；花冠白色，革质，筒状漏斗形，长约1.2厘米，近无毛，内面上部被柔毛，裂片4，卵形；子房4室。核果红色，近球形，径约8毫米，分核1-4。花期2-3月，果期9-12月。

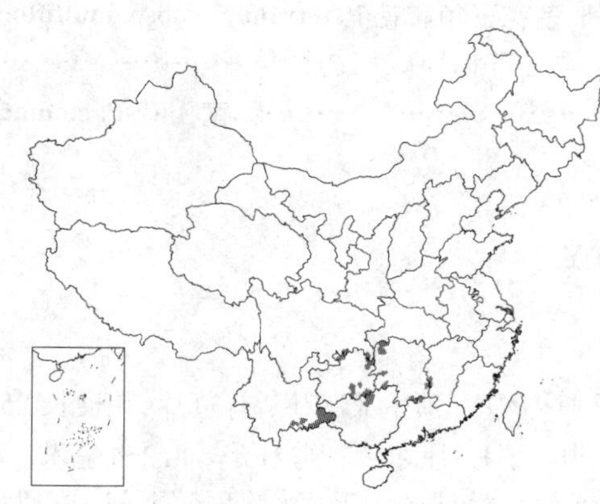

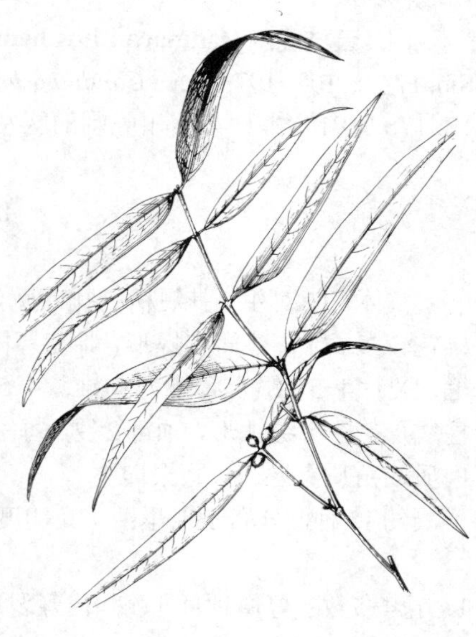

图 974 柳叶虎刺 （孙英宝绘）

产江西西部、湖南、广东北部、广西北部、云南东南部、贵州及四川东南部，生于海拔800-1800米山地林下或灌丛中。中南半岛有分布。

5. 四川虎刺 图 975

Damnacanthus officinarum Huang in Acta Phytotax. Sin. 17 (3): 108. 1979.

无刺灌木。幼枝无毛。叶革质，椭圆形、长圆状披针形或线形，长5-16厘米，宽2-6厘米，先端渐尖，基部楔形，两面无毛；侧脉6-8对；叶柄长约5毫米；托叶三角形。花1-2朵腋生，或聚伞花序；苞片鳞片状。花梗长约2毫米；花萼杯状，长2-3毫米，萼裂片4，宽三角形；花冠长1-1.2厘米，无毛，喉部密被柔毛，裂片4；子房4室，花柱内藏。核果红色，近球形，径6-7毫米，分核2-4，具1种子。花期冬季至翌年春季，果熟期10-12月。

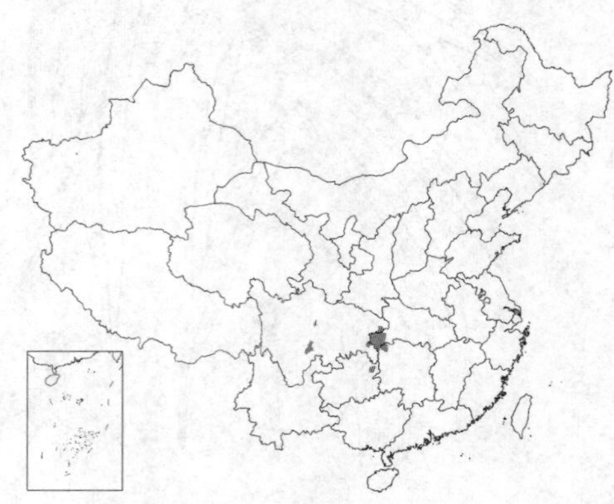

产湖北西南部、湖南西北部、贵州东北部及四川，生于海拔700-900米山坡林下或灌丛中。

[附] **云桂虎刺 Damnacanthus henryi** (Lévl.) H. S. Lo in Acta Phytotax. Sin. 17 (3): 108. 1979.——*Canthium henryi* Lévl. in Fedde, Repert. Sp. Nov. 13: 178. 1914. 本种与四川虎刺的区别：花萼裂片钻形或披针形，大小不等；子房2室，花柱2裂。花期10月，果期12月至翌年2月。产广西、云南、贵州及四川，生于海拔1200-1800米山地林中。

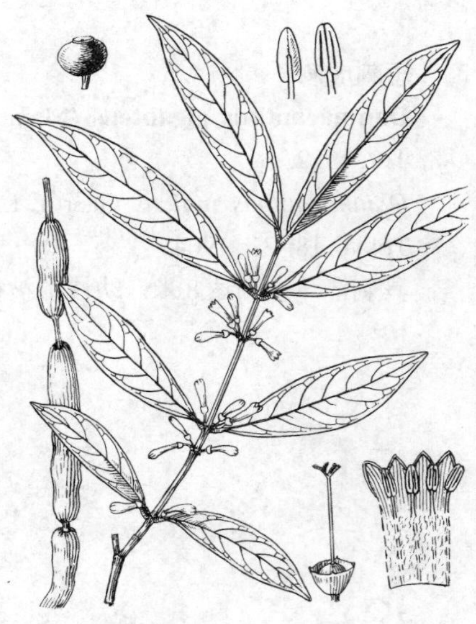

图 975 四川虎刺 （余汉平绘）

87. 南山花属 Prismatomeris Thw.

灌木。叶对生，具短柄；托叶宽，顶部1-2裂，裂片锐尖。花两性，稀单性；伞状花束顶生和腋生；雌花少，雄花较多。雄花萼筒陀螺形，雌花萼筒倒卵形；萼檐杯形，顶部平截或5浅裂，裂片宿存；花冠高脚碟形，喉部无毛，裂片4-5，镊合状排列；雄蕊4-5，着生冠筒管，花丝短，花药近基部背着，内藏；花盘垫形；子房2室，花柱线形，柱头纺锤形，顶部2裂，每室1胚珠。浆果，1-2室，种子1-2。种子近球形，腹部凹下，种皮膜质，胚乳肉质或角质；胚小，胚根向下。

约15种，分布于斯里兰卡、印度、中南半岛、加里曼丹岛至菲律宾。我国1种、2亚种。

1. 花4-5数；萼筒顶部平截，花萼裂片几无；花时柱头裂片不粘连 …… 1. **多花三角瓣花 P. tetrandra** subsp. **multiflora**
1. 花5数；萼筒顶部5裂，裂片三角形或钻形，长约3毫米；花时柱头裂片常粘连成扁纺锤体 …… 2. **南山花 P. connata**

1. 多花三角瓣花 图 966:5-7 图 976 彩片 212

Prismatomeris tetrandra (Roxb.) K. Schum. subsp. **multifolra** (Ridl.) Y. Z. Ruan in Acta Phytotax. Sin. 6: 447. 1988.

Prismatomeris multiflora Ridl. in Kew. Bull. 1939: 603. 1940.

灌木或乔木，高达8米。叶革质，披针形或长圆状披针形，长8-17厘米，宽3-6厘米，.先端渐尖或短尖，基部楔形，两面无毛，侧脉5-9对；叶柄长0.5-1.5厘米，托叶三角形。花两性，芳香，2-16朵簇生或组成伞形花序，顶生兼腋生；有苞片。花梗长0.5-1.5厘米；花萼杯形，长2-4毫米，无毛或疏腺毛，萼筒顶部平截，萼裂片

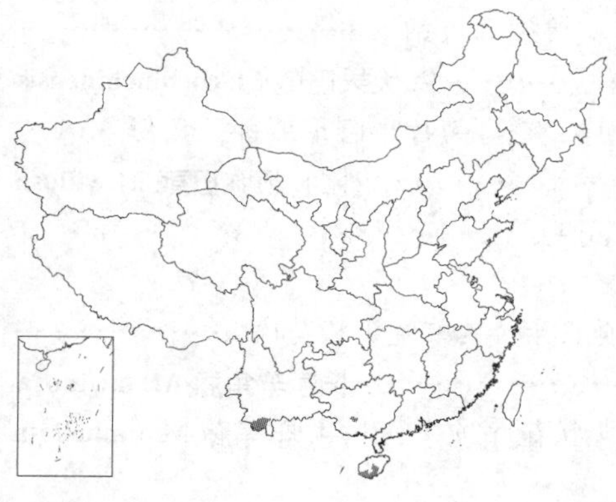

几无；药冠白或淡紫色，高脚碟形，长2-4厘米，冠筒长约2厘米，裂片长约1厘米，披针形；花柱内藏；柱头2裂，裂片不粘连。核果近球形，径8毫米，宿萼环状；种子1-2。花期5-9月，果期9-12月。

产云南西南部、广西及海南，生于海拔400-2400米山地林下或灌丛中。泰国有分布。

图 976 多花三角瓣花 （孙英宝绘）

2. 南山花 图 977

Prismatomeris connata Y. Z. Ruan in Acta Phytotax. Sin. 6: 447. 1988.

Prismatomeris tetrandra auct. non (Roxb.) K. Schum.: 中国高等植物图鉴 4: 256. 1975.

灌木或乔木。叶长圆形或披针形、卵形或倒卵形，长4-18厘米，宽2-5厘米，先端渐尖或钝，基部楔形，侧脉6-8对；叶柄长0.4-1.5厘米，托叶每侧2片，宿存。伞形花序顶生，常兼侧生，无花序梗，有3-16花。花芳香，两性，稀单性；苞片无或不明显；花梗长0.8-3.2厘米；花萼长3-6毫米，无毛或具稀少腺毛，花萼裂片5，三角形或钻形，长约3毫米；花冠白色，长2.1-2.9厘米，冠筒长1.4-2厘米，裂片5，披针形；雄蕊5，着生冠筒中部至上部；花柱异长，柱头2裂，裂片花时常连成扁纺锤体，子房2室。核果近球形，具环状宿萼，径0.8-1.2厘米；果柄长1-3厘米；种子1-2颗。花期5-6月，果期冬季。

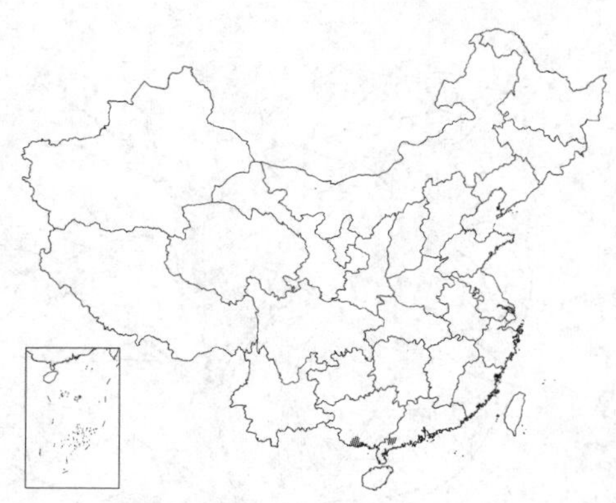

产广东西南部及广西南部，生于海拔300-1400米山谷林下或灌丛中。

图 977 南山花 （易敬度绘）

88. 巴戟天属 Morinda Linn.

藤状灌木或乔木。叶对生，稀轮生；托叶合生，鞘状。腋生或顶生头状花序，单生或成伞形复花序。萼筒状或半球形；花冠漏斗状或高脚碟状，裂片（4）5（-7），镊合状排列；雄蕊（4）5（-7），着生冠筒喉部，花丝短；子房2室或不完全4室，每子室1胚珠。聚合果具少至多个小坚果，稀为离生核果。

约102种，分布于热带、亚热带及温带地区。我国26种、1亚种、6变种。

1. 灌木或乔木；头状花序每隔一节一个，与叶对生 ………………………… 1. **海滨木巴戟 M. citrifolia**
1. 藤本；头状花序2-18个在枝顶成伞形花序或圆锥复花序。
  2. 枝、叶密被锈色或黄色长柔毛；侧脉7-13对；萼筒顶部4-5裂。

3. 叶侧脉7-10对，叶柄长5毫米；头状花序3-18个组成伞状复花序；花萼裂片近钻形 ………………………………………………………………………………… 2. 大果巴戟 M. cochinchinensis

3. 叶侧脉10-13对，叶柄长0.5-1.5厘米；头状花序2-4个组成伞状复花序；花萼裂片半圆形或钝三角形 ………………………………………………………………………………… 2(附). 须弥巴戟 M. villosa

2. 枝、叶无毛或被紧贴硬毛、柔毛；侧脉3-9对；萼筒顶部平截或1-3浅裂。

4. 花序梗被微柔毛，叶脉和叶柄有时被粒状毛，枝、叶无毛。

5. 叶长10-16厘米，宽3-7厘米，侧脉6-7对，叶柄长0.8-2厘米；顶部叶腋具单生头状花序 ………………………………………………………………………………… 3. 长序羊角藤 M. lacunosa

5. 叶长4-12厘米，宽1.5-3.5厘米，侧脉4-5对，叶柄长4-6毫米；头状花序顶生 …… 4. 羊角藤 M. umbellata

4. 枝、叶多少被毛。

6. 萼筒顶部平截、具1-3微波状齿或具1钻形小齿；花4-5基数。

7. 叶下面初被柔毛，后无毛；花序梗长0.6-2.5厘米；花冠长6-7毫米，冠筒长约2毫米，裂片比冠筒长 ………………………………………………………………………………… 5. 鸡眼藤 M. parvifolia

7. 叶下面密被黄色柔毛或脉被毛；花序梗长0.5-1厘米；花冠长约5毫米，冠筒长约2.5毫米，裂片与冠筒近等长 ………………………………………………………………… 5(附). 湖北鸡眼藤 M. hupehensis

6. 萼筒顶部具2-3齿，外侧1齿三角状披针形；花2-4基数 ………………………………… 6. 巴戟天 M. officinalis

1. 海滨木巴戟 海巴戟 图 978 彩片 213

Morinda citrifolia Linn. Sp. Pl. 176. 1753.

灌木或乔木。叶椭圆形或卵圆形，长12-25厘米，两端渐尖或短尖，无毛，侧脉5-7对，脉腋有束毛；叶柄长0.5-2厘米，托叶半圆形，全缘，无毛。头状花序每隔一节一个，与叶对生，花序1-1.5厘米；花多数，无梗。萼筒顶端近平截；花冠白色，漏斗状，长约1.5厘米，喉部密被长柔毛，裂片5，卵状披针形，长约6毫米；花药稍伸出；子房4室。果柄长约2厘米；聚花果具浆果状核果，卵形，径约2.5厘米，每核果具2-4分核，分核倒卵形，具1种子。花果期全年。

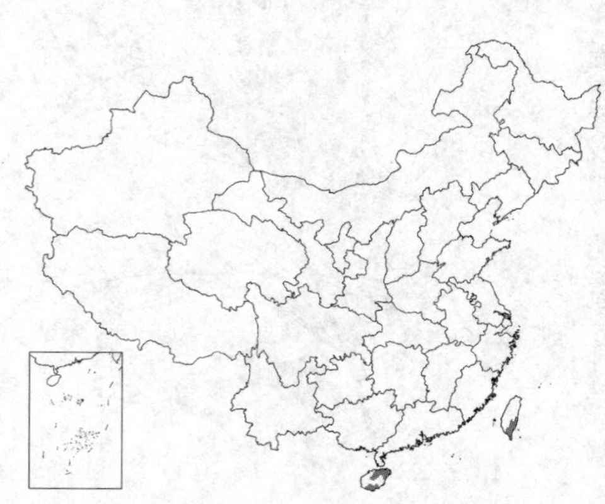

图 978 海滨木巴戟 （邓盈丰绘）

产台湾、海南及西沙群岛永兴岛，生于低海拔海滨平地、林下或灌丛中。印度、东南亚及澳大利亚有分布。果可食；根、茎可提取橙黄色染料；茎皮药用。

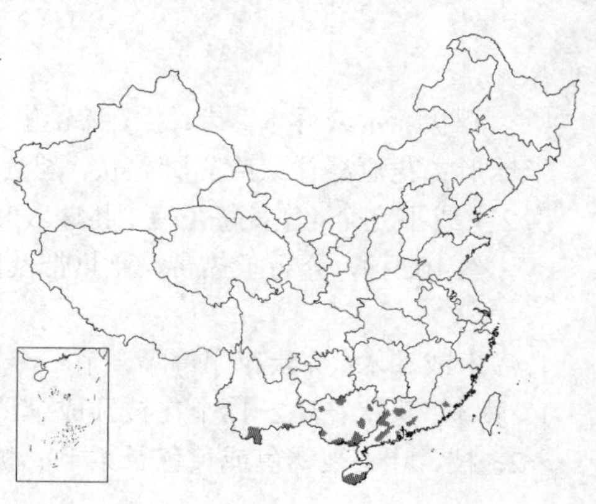

2. 大果巴戟 图 979

Morinda cochinchinensis DC. Prodr. 4: 449. 1830.

木质藤本。幼枝密被锈黄色长柔毛。叶纸质，椭圆形或倒卵状长圆形，长8-14厘米，先端尾尖或短渐尖，基部圆或稍心形，上面疏被糙硬伏毛，下面和叶柄密被锈色柔毛，侧脉7-10对；叶柄长0.5厘米，托叶管状，膜质，被柔毛。顶生头状花序3-18个组成伞形复花序；花序梗长1-3厘米，密被锈色柔毛，基部具多数丝状总苞片；头状花序具5-15花；每花具1-2片钻形或丝状苞片。花无梗；萼裂片近钻形，长1-2毫米，有柔毛，宿存；花冠白色，长约7毫米，冠筒长约2毫米，无毛，裂片4-5，长圆形或披针形，内面具长髯毛，外面被微柔毛；雄蕊4-5，着生花冠裂片侧基部，伸出；花柱内藏，长约2毫米，柱头2裂，子房4室。聚花果具1-8核果。近球形或长圆状球形，径1-2厘米，被柔毛；果序柄长2.5-4厘米，被锈毛；每核果具4分核；分核三棱形，具1种子。花期5-7月，果期7-11月。

产福建南部、广东、香港、海南、广西及云南南部，生于海拔约1200米以下山坡、山谷、溪旁林下或灌丛中。越南有分布。

[附] **须弥巴戟 Morinda villosa** Hook. f. Fl. Brit. Ind. 3: 158. 1880. 本种与大果巴戟的区别：叶侧脉10-13对，叶柄长0.5-1.5厘米；头状花序2-4个组成伞状复花序；花萼裂片半圆形或钝三角形。花期5-6月，果期7-9月。产云南，生于海拔850-900米山谷、水旁林下或灌丛中。越南及印度有分布。

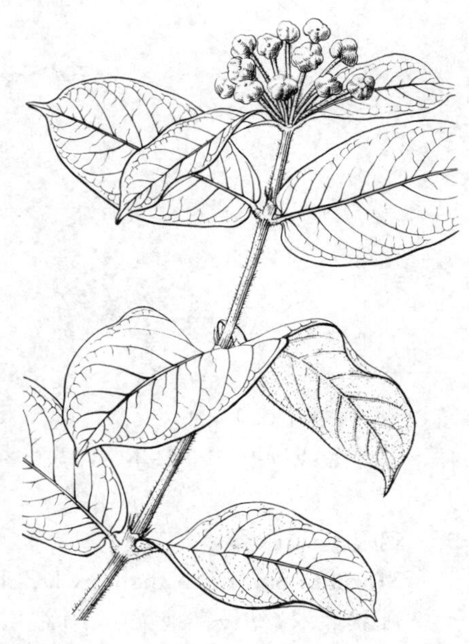

图 979 大果巴戟 （邓盈丰绘）

3. 长序羊角藤 图 980

Morinda lacunosa King et Gamble in Journ. Asiat. Soc. Bengal. 73: 87. 1903.

藤本，长达20米。幼枝无毛。叶椭圆形、椭圆状披针形或卵状长圆形，长10-16厘米，宽3-7厘米，先端渐尖或短尖，基部楔形，两面无毛，侧脉6-7对；叶柄长0.8-2厘米，无毛；托叶筒状，长1.7厘米，无毛，早落。头状花序单生于顶部叶腋，兼有顶生伞状复花序具5-8个头状花序，花序梗被微柔毛，基部常有线形总苞片1-2枚，头状花序径0.8-1厘米，具6-20花。花无梗；萼半球形，顶部平截，常具1三角形萼裂片；花冠白色，近钟形，长4-5毫米，裂片4，与冠筒近等长，内面中部以下密被髯毛；雄蕊4。聚花果具2-7个核果，近球状，径0.4-1.1厘米；核果顶部具环状宿萼，分核2-4，种子1。花期6月，果期12月。

产云南东南部，生于海拔1000-1050米溪边和林下阴湿处。中南半岛及马来半岛有分布。

图 980 长序羊角藤 （邓盈丰绘）

4. 羊角藤 图 981 彩片 214

Morinda umbellata Linn. Sp. Pl. 176. 1753.

Morinda umbellata subsp. *obovata* Y. Z. Ruan, Fl. Reipubl. Popul. Sin. 71(2): 324. 190. 1999.

Morinda umbellata auct. non Linn.: 中国高等植物图鉴 4: 244. 1975.

蔓状或攀援状灌木。叶倒卵形、倒卵状披针形或倒卵状长圆形，长4-12厘米，宽1.5-3.5厘米，先端短尖或钝，基部楔形，两面无毛，侧脉4-5对；叶柄长4-6毫米，疏被微毛，托叶膜质，鞘状，长2-6毫米。头状花序顶生，稀腋生，4-11个组成伞形复花序，每头状花序有6-12花，径0.6-

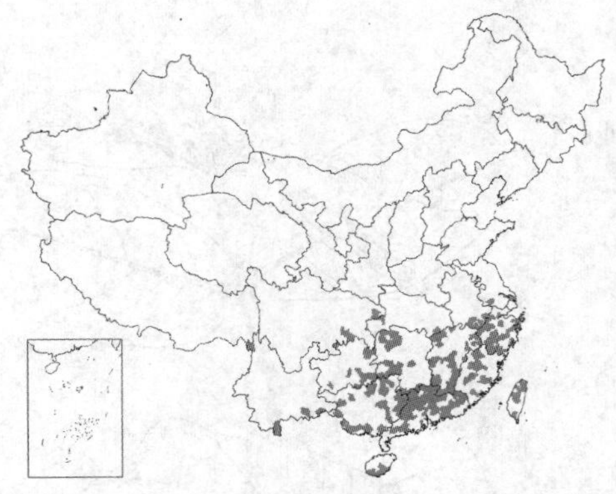

1厘米，花序梗长0.5-3.5厘米。花4-5数，花无梗；花萼顶端平截；花冠白色，稍钟状，长约4毫米，裂片长圆形，内面被髯毛。聚花果近球形，径0.7-1.5厘米，分核2-4，具1种子。花期6-7月，果期10-11月。

产江苏南部、安徽南部、浙江、福建、台湾、江西、湖北东南部及西南部、湖南、广东、香港、海南、广西、云南、贵州及四川，生于海拔300-1200米山地林下、林缘或灌丛中。日本、印度、东南亚及澳大利亚有分布。

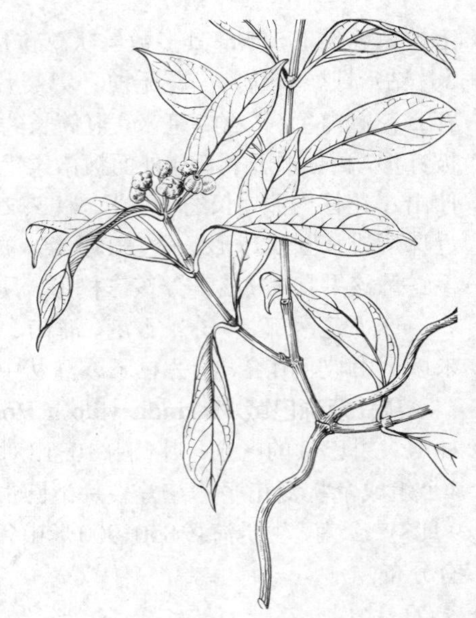

图 981 羊角藤 （邓盈丰绘）

5. 鸡眼藤 百眼藤 图 982 彩片 215

Morinda parvifolia Bartl. ex DC. Prodr. 4: 499. 1830.

藤状灌木。幼枝密被柔毛。叶纸质，倒卵形或倒卵状椭圆形，长2-7厘米，宽0.8-3厘米，先端钝或短锐尖，基部楔形，两面稍被柔毛或近无毛，侧脉3-6对；叶柄长3-8毫米，被粗毛，托叶膜质，筒状，长2-4毫米。头状花序顶生，花序梗长0.6-2.5厘米，由2-6个头状花序组成伞形复花序。花4-5数，花无梗；花萼合生；花冠白或绿白色，冠筒短，长约2毫米，裂片长圆状披针形，长约4-5毫米；雄蕊伸出；花柱伸出。聚花果具核果，近球形，径0.6-1.5厘米。花期4-6月，果期7-8月。

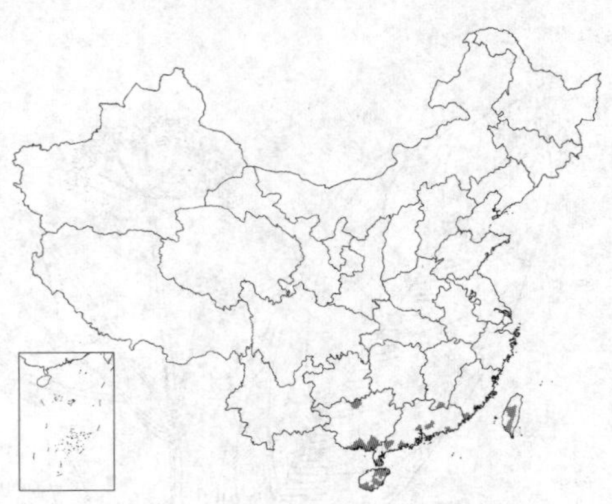

产福建南部、台湾、江西南部、广东、香港、海南、广西南部及北部，生于低海拔平地、沟边、丘陵灌丛中或疏林下。越南、菲律宾有分布。全株药用，清热利湿、化痰止咳。

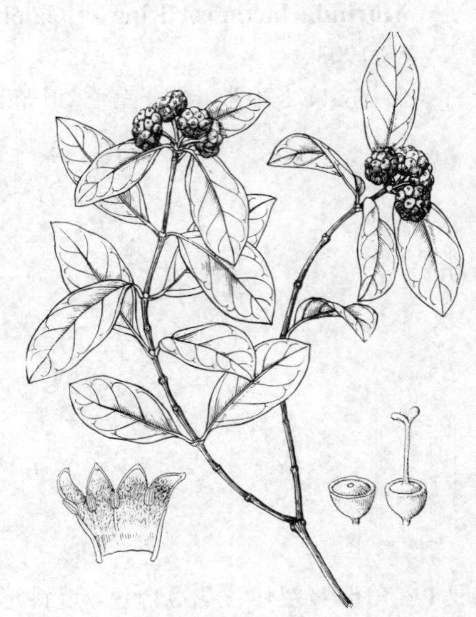

图 982 鸡眼藤 （黄少容绘）

[附] **湖北巴戟 Morinda hupehensis** S. Y. Hu in Journ. Arn. Arb. 33: 400. 1951. 本种与鸡眼藤的区别：叶下面密被黄色柔毛或脉被毛；花序梗长0.5-1厘米；花冠长约5毫米，冠筒长约2.5毫米，裂片与冠筒近等长。花期7-8月，果期10-11月。产福建、湖北、湖南、广西、贵州及四川，生于海拔400-1000米山地林下或灌丛中。

6. 巴戟天 巴戟 图 983

Morinda officinalis How in Acta Phytotax. Sin. 7: 325. 1958.

藤本。幼枝被硬毛。叶纸质，长圆形、卵状长圆形或倒卵状长圆形，长6-13厘米，宽3-6厘米，先端短尖，基部钝圆或楔形，有时疏被缘毛，上面初疏被紧贴长硬毛，后无毛，中脉被刺状或弯毛，下面无毛或中脉疏被硬毛，侧脉4-7对；叶柄长0.4-1.1厘米，密被硬毛，托叶长3-5毫米，顶

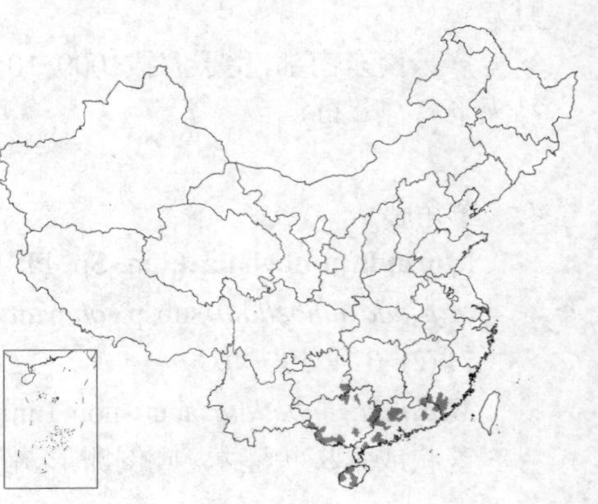

部截平。3-7个头状花序组成伞形复花序，顶生；花序梗长0.5-1厘米，被柔毛，基部常卵形或线形总苞片，头状花序有4-10花。花2-4基数，花无梗；花萼倒圆锥状，顶部具2-3波状齿，外侧一齿三角状披针形；花冠白色，近钟状，长6-7毫米，冠筒长3-4毫米，裂片2-4，卵形或长圆形，疏被柔毛，内面被髯毛；雄蕊2-4；花柱伸出，柱头2裂。聚花果具1至多个核果，近球形，径0.5-1.1厘米；核果具2-4分核；分核三棱形，具1种子。花期5-7月，果期10-11月。

产福建南部、江西南部、广东、海南、广西及贵州东南部，生于低海拔至中海拔山地林下或灌丛中。常见栽培。中南半岛有分布。肉质根干燥加工后成中药“巴戟天”。

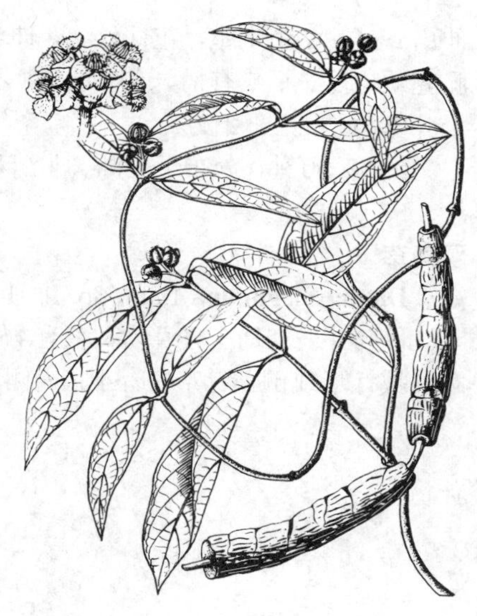

图 983 巴戟天 （邓盈丰绘）

89. 墨苜蓿属 Richardia Linn.

草本。叶对生，托叶与叶柄合生成鞘状，上部具丝状或钻状裂片。头状花序顶生，有叶状总苞片。花小，两性或杂性异株；萼筒陀螺状或球状，萼裂片4-8，宿存；花冠漏斗状，冠筒喉部无毛，裂片3-6，镊合状排列；雄蕊3-6，着生冠筒喉部，花丝丝状，花药近基部背着，伸出；花盘不明显；子房3-4室，花柱有3-4线状或匙形分枝，伸出；每子室1胚珠。蒴果自萼檐基部环裂。种子背部平凸，腹面有2槽，胚乳角质；子叶叶状，胚根柱状，向下。

约15种，分布于热带及亚热带地区。我国1种。

墨苜蓿 图 984

Richardia scabra Linn. Sp. Pl. 330. 1753.

一年生匍匐或近直立草本，长达80余厘米。茎被硬毛，分枝疏。叶厚纸质，卵形、椭圆形或披针形，长1-5厘米，宽0.5-2.5厘米，先端短尖或钝，基部渐窄，两面粗糙，有缘毛，侧脉约3对；叶柄长0.5-1厘米，托叶鞘状，顶部平截，边缘有数条长2-5毫米刚毛。头状花序多花，顶生，几无花序梗，有1-2对叶状苞片。花(5)6数；花萼长2.5-3.5毫米，萼筒顶部缢缩，裂片披针形，长为萼筒2倍，被缘毛；花冠白色，漏斗状或高脚碟状，冠筒长2-8毫米，内面基部有一环白色长毛，裂片6，花时星状展开；雄蕊6；柱头3裂。分果瓣3-6，长2-3.5毫米，长圆形或倒卵形，背面密被小乳凸和糙伏毛，腹面有窄沟槽，基部微凹。花期春夏间。

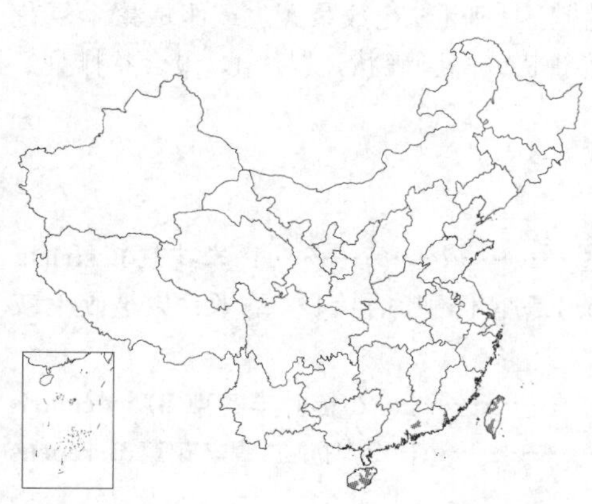

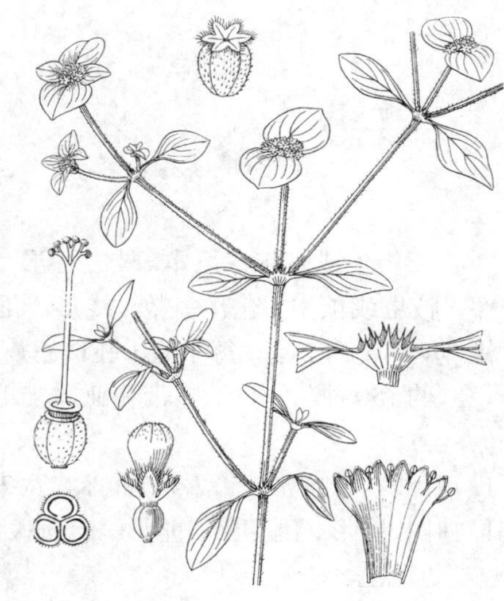

图 984 墨苜蓿 （余汉平绘）

产台湾、广东、香港、海南及西沙群岛，生于低海拔旷野草地或滨海沙地。热带美洲有分布。

90. 双角草属 Diodia Linn.

一年生或多年生草本。茎分枝。叶对生或假轮生，无柄，叶常有条状脉纹；托叶合生成鞘，鞘口有刚毛。花小，腋生。花萼裂片2(4)，常宿存；花冠漏斗状，裂片4，镊合状排列；雄蕊4，着生冠筒喉部，花丝丝状，花药背着，伸出；子房2(3-4)室，花柱丝状，伸出，2浅裂，裂片叉开，柱头2，头状，每子室1胚珠。果常具2分果爿平凸，脆壳质，腹部平或有槽，或啮蚀状，不裂。种子长圆形，背部凸起，脐生于腹面，前部有纵槽，胚乳角质；胚直，子叶宽，胚根生于下方。

约30-50种，分布于美洲、非洲和亚洲热带、亚热带地区。我国1种。

双角草 图 985

Diodia virginiana Linn. Sp. Pl. 104. 1753.

多年生、匍匐上升草本。茎有4棱，棱被毛，分枝长达60厘米。叶椭圆状披针形或倒披针形，有小齿，侧脉4-5对；叶柄长约3毫米，托叶膜质，与叶柄贴生。花单朵腋生。萼裂片2，线状披针形，长5-7毫米，被柔毛；花冠白色，檐部径1.8厘米，冠筒纤细，长1.5厘米，无毛，花冠裂片内面被柔毛。果被柔毛，椭圆形，长6-9毫米，有8条隆起棱脊，具宿萼裂片。种子有网纹。花果期8-9月。

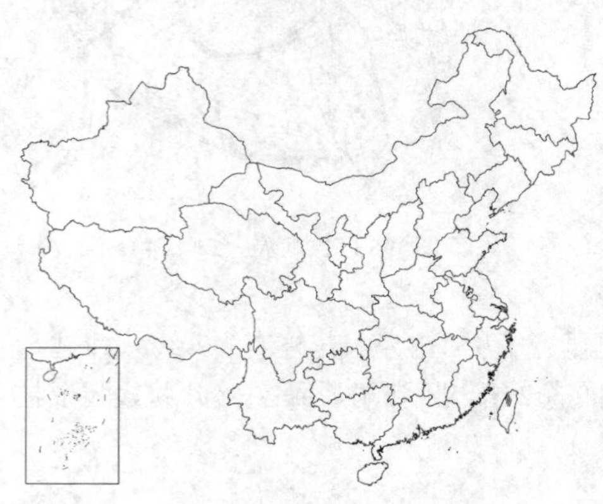

产台湾新竹，生于低海拔丘陵竹林边。日本及美洲有分布。

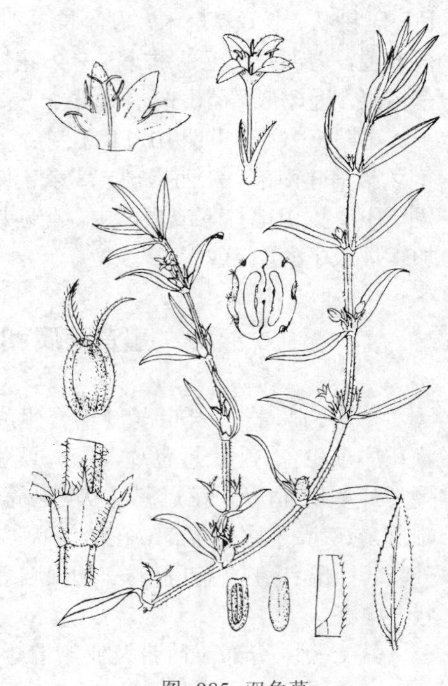

图 985 双角草

（引自《Bot. Bull. Acad. Sin.》）

91. 丰花草属 Borreria G. Mey. nom. cons.

一年生或多年生草本。枝方柱形。叶对生，稀簇生；托叶与叶柄成宽鞘，具刺毛。花数朵簇生或组成聚伞复花序，腋生或顶生，苞片多数，线形。花萼倒卵形，萼裂片2-4(5)；花冠漏斗状或高脚碟状，裂片4，镊合状排列；雄蕊4；子房2室，每子室1胚珠。蒴果，革质或脆壳质。

约150种，分布于热带和亚热带地区。我国5种。

1. 叶线状长圆形，长2.5-5厘米，宽2.5-6毫米，近无柄；果近顶部被毛 ··························· 1. **丰花草 B. stricta**
1. 叶长圆形、倒卵形、卵形、椭圆状长圆形或匙形，长1-3厘米，宽0.5-1.5厘米，叶柄长1-4毫米；果被硬毛或近无毛。
    2. 花萼裂片4；果被硬毛，长3-5毫米，径2-2.5毫米 ··························· 2. **糙叶丰花草 B. articularis**
    2. 花萼裂片2；果近无毛，长1-1.1毫米，径0.8-1毫米 ··························· 2(附). **二萼丰花草 B. repens**

1. 丰花草 图 986

Borreria stricta (Linn. f.) G. Mey. Prim. Fl. Esseq. 83. pl. 1. f. 1-3. 1818.

Spermacoce stricta Linn. f. Suppl. Sp. Pl. 120. 1781.

草本，高达60厘米。茎单生，稀分枝。叶近无柄，革质，线状长圆形，长2.5-5厘米，宽2.5-6毫米，先端渐尖，基部渐窄，两面粗糙，干后边缘背卷，侧脉不明显；托叶近无毛，顶部有数条浅红色长刺毛。花多朵簇生成球状生于托叶鞘内。花无梗；小苞片线形，长于花萼；萼筒长约1毫米，萼裂片4，线状披针形；花冠白色，近漏斗形，长2.5毫米，冠筒长约1毫

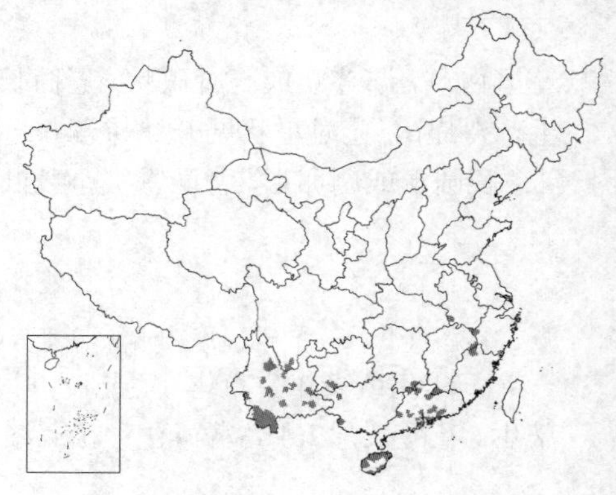

米，无毛，裂片4，线状披针形，长1.5毫米。蒴果长圆形或近倒卵形，长2毫米，径1-1.5毫米，近顶部被毛。种子窄长圆形，径0.5毫米。花果期10-12月。

产安徽西南部、浙江、福建、江西东北部及南部、湖南南部、广东、香港、海南、广西西部、云南、贵州及四川西南部，生于低海拔草地和草坡。热带非洲、亚洲有分布。

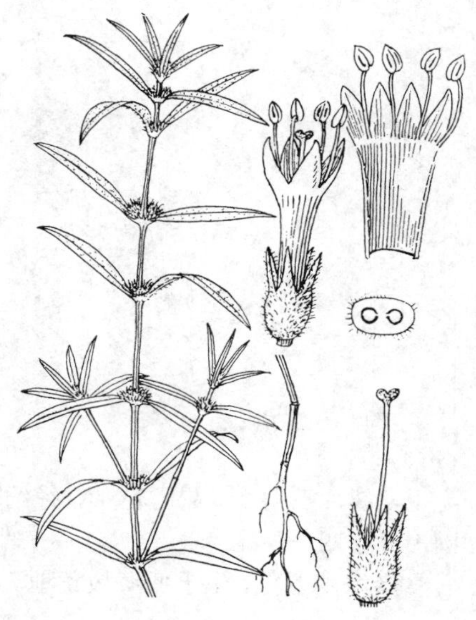

图 986 丰花草 （余汉平绘）

2. 糙叶丰花草 图 987

Borreria articularis (Linn. f.) G. Mey. in Bull. Herb. Boiss. 2 (5): 956. 1905.

Spermacoce articularis Linn. f. Suppl. Sp. Pl. 119. 1781.

草本。枝4棱，棱具硬毛。叶革质，长圆形、倒卵形或匙形，长1-3厘米，宽0.5-1.5厘米，先端短尖、钝或圆，基部楔形下延，边缘粗糙或具缘毛，干后常背卷，侧脉3对；叶柄长1-4毫米，托叶膜质鞘状，被硬毛，顶部有数条长刺毛。花4-6朵聚生于托叶鞘内，无梗；小苞片线形，长于花萼。萼筒圆筒形，长2-3毫米，被硬毛，萼裂片4，线状披针形，长1-1.5毫米；花冠淡红或白色，漏斗形，冠筒长4-4.5毫米，内外均无毛，花冠裂片4，长圆形，长1.5毫米。蒴果椭圆形，长3-5毫米，径2-2.5毫米，被硬毛，顶部纵裂。种子近椭圆形，长2-2.5毫米。花果期5-8月。

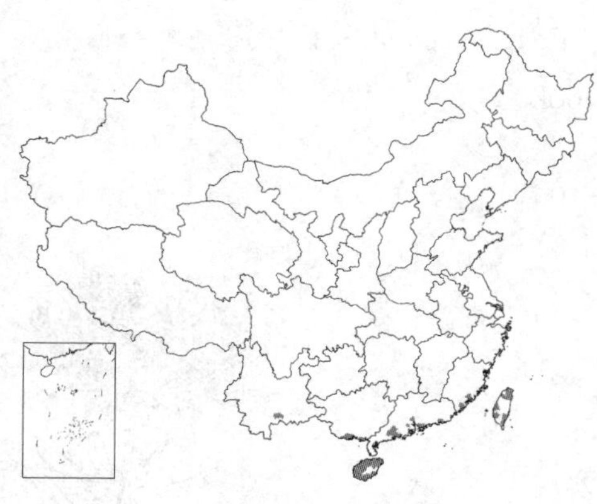

产福建东南部、台湾、广东南部、香港、海南、广西南部及云南南部，生于低海拔荒地、草地。日本、印度、东南亚有分布。

[附] **二萼丰花草 Borreria repens** DC. Prodr. 4: 542. 1830. 本种与糙叶丰花草的区别：花萼裂片2；果近无毛，果长1-1.1毫米，径0.8-1毫米。花果期几全年。产香港及海南，生于低海拔草地。印度尼西亚、毛里求斯有分布。

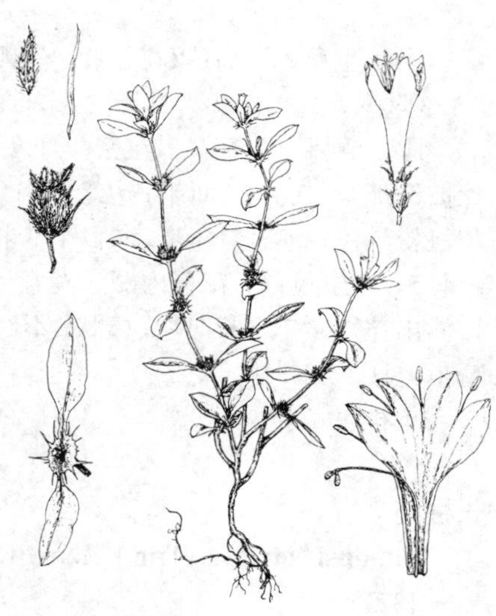

图 987 糙叶丰花草 （引自《Fl. Taiwan》）

92. 盖裂果属 Mitracarpus Zucc. ex J. A. Schultes et J. H. Schultes

直立或平卧草本。茎4棱。叶对生；托叶宿存。花两性，头状花序。萼裂片4-5，不等长，宿存；花冠高脚碟状或漏斗状，冠筒内部具1环疏长毛，裂片4，镊合状排列；雄蕊4，生于冠筒喉部；花盘肉质；子房2(3)室，花柱2裂，裂片线形，每子室1胚珠。果双生，盖裂。种子腹面平或4裂，胚乳肉质；子叶叶形，胚根向下。

约40种，分布于热带美洲、非洲、大洋洲和亚洲。我国1种。

盖裂果 图 988

Mitracarpus villosus (Sw.) DC. Prodr. 4: 572. 1830.

Spermacoce villosa Sw. Prodr. Veg. Ind. Occ. 29. 1788.

直立、分枝、被毛草本，高达80厘米。茎被疏粗毛。叶无柄，长圆形

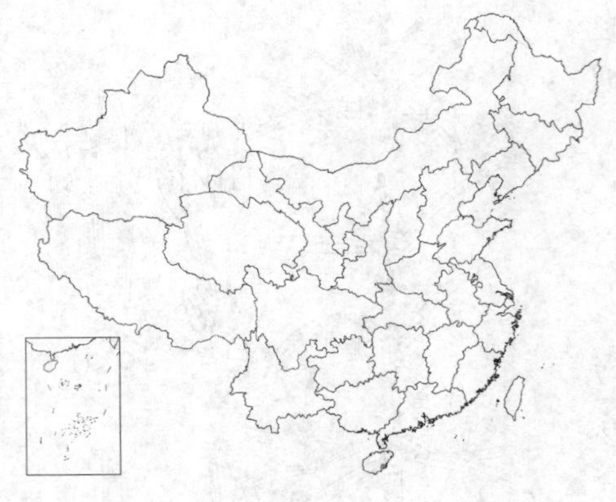

或披针形，长3-4.5厘米，宽0.7-1.5厘米，先端短尖，基部渐窄，上面粗糙或被极疏短毛，下面被稠密长毛，边缘粗糙，叶脉纤细不明显；托叶鞘状，顶端具多条刚毛状萼片。花簇生叶腋；小苞片线形，与萼近等长。萼筒近球形。萼裂片长短不等，长的1.8-2毫米，短的0.8-1.2毫米，具缘毛；花冠漏斗形，长2-2.2毫米，冠筒内面和喉部均无毛，裂片三角形。果近球形，径约1毫米，被疏短毛或粗糙。种子近长圆形。花期4-6月。

产海南万宁，生于低海拔荒地。印度、热带美洲和非洲有分布。

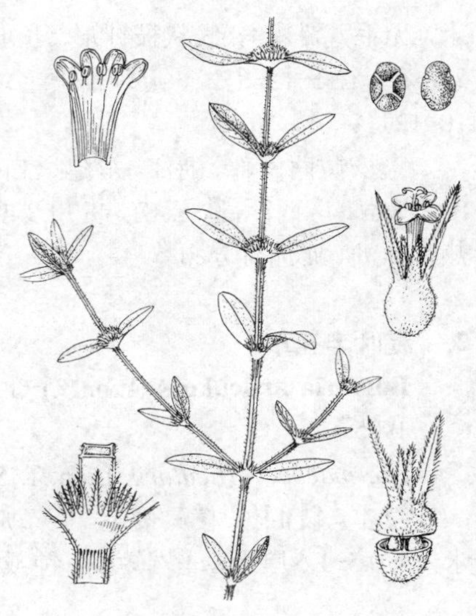

图 988 盖裂果 （余汉平绘）

93. 长柱草属 **Phuopsis** (Griseb.) Hook. f.

多年生草本，高达60厘米。茎具4棱，棱有疏刺毛，常不分枝。叶6-10片轮生，窄披针形，长1.2-2厘米，宽1.5-3毫米，先端渐尖，具针尖头，具刺状缘毛，两面无毛，1脉在上面凹下，具疏小刺；无柄。多花密集成头状花序，顶生，具多数密生苞片，苞片披针形，长0.8-1.2厘米，边缘具白色长刺毛。萼筒倒卵形，檐部不明显；花冠粉红色，筒状漏斗形，长约1厘米，裂片5，长圆状卵形，镊合状排列；雄蕊5，着生冠筒，花药内藏；花盘不明显；子房2室，每子室1胚珠，花柱伸出花冠达7毫米，柱头棒状，不明显2裂。坚果长圆状倒卵形，长约1.2毫米，具2分果爿。

单种属。

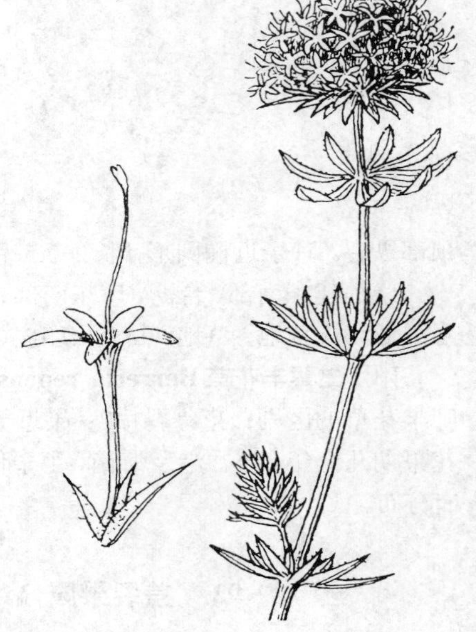

图 989 长柱花 （余 峰绘）

长柱花 图 989

Phuopsis stylosa (Trin.) Hook. f. in Benth. et Hook. f. Gen. Pl. 2: 151. 1873.

形态特征同属。花期5-8月。

原产俄罗斯、土耳其及伊朗。陕西武功有栽培，供观赏。

94. 车叶草属 **Asperula** Linn. nom. cons.

一年生或多年生草本，茎基部常木质成灌木状。枝纤细，具4棱。叶3-11片轮生，稀2片对生，无柄或具短柄，托叶叶状。花小，两性，(3)4(5)数，簇生或成近伞形花序、头状花序、聚伞花序或圆锥花序，常具总苞和苞片。萼檐不明显，稀具微齿；花冠高脚碟状、漏斗状或管状漏斗形，冠筒喉部无毛，裂片开展，镊合状排列；花丝丝状，花药伸出；花盘不明显；花柱2裂或2枚，柱头头状或棍棒状，子房下位，2室，每室1胚珠。坚果，球形，干燥或肉质，具2分果爿，背面凸，腹面平或有沟纹。种子附着果皮，外种皮膜质，胚乳角质；胚弯，子叶叶状，胚根圆柱形，下位。

约200种，分布于欧洲、亚洲、大洋洲，主产地中海地区。我国1种，引入栽培1种。

1．叶全对生，长3-6毫米，宽0.5-1.5毫米，无毛；花冠粉红色 ………………………… **对生车叶草 A. oppositifolia**

1．茎上部叶4-8片轮生，下部叶对生，长0.4-3厘米，宽2-5毫米，两面均被刺毛，具白色长缘毛；花冠淡紫蓝色 …………………………………………………………………… (附). **蓝花车叶草 A. orientalis**

对叶车叶草 图 990

Asperula oppositifolia Regel et Schmalh. ex Regel, Pl. Nov. Fedsch. 18: 42. 1881.

多年生草本，基部木质，高约15厘米。茎无毛或被微柔毛。叶对生，线形或线状披针形，长3-6毫米，宽0.5-1.5毫米，无毛，1脉；无柄。聚伞花序腋生或顶生，常3-5个簇生，花序梗长0.1-1厘米，疏被微柔毛，每花序有2-3花，苞片线形，叶状。花梗近无或长达3毫米，密被灰白色柔毛；花萼近球形，长0.5-1毫米，密被灰白色开展毛；花冠粉红色，漏斗状，长约3.5毫米，疏被柔毛，裂片4，卵状长圆形，长约1.5毫米；雄蕊4，着生冠筒喉部，花药线形，长约1毫米；花柱2深裂达基部，柱头头状，内藏。花期6月。

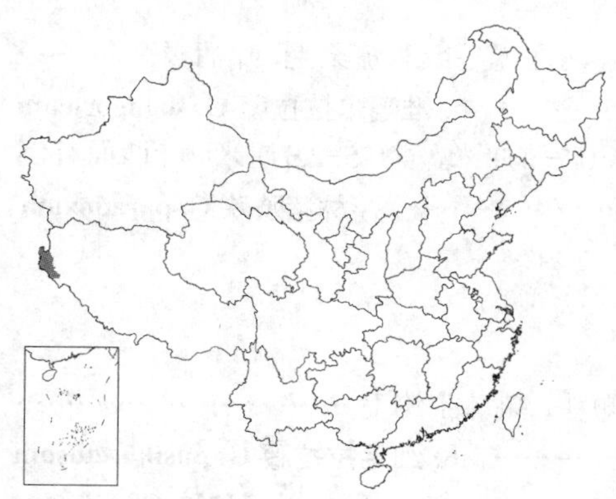

产西藏西部札达，生于海拔约3700米山坡砂砾地。俄罗斯、亚洲中部及西部有分布。

[附] **蓝花车叶草 Asperula orientalis** Boiss. et Hohen. in Boiss. Diagn. Pl. Orient. Nov. 1 (3): 30. 1843. 本种与对叶车叶草的区别：茎上部叶4-8片轮生，下部叶对生，长0.4-3厘米，宽2-5毫米，两面均被刺毛，具白色长缘毛；花冠淡紫蓝色。花期6-7月，果期8-9月。原产俄罗斯、土耳其、伊朗、欧洲。陕西、江苏及安徽有栽培。供观赏。

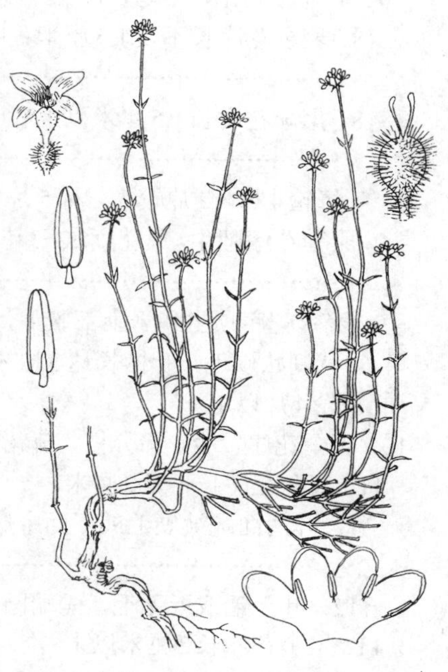

图 990 对叶车叶草 （余汉平绘）

95. 拉拉藤属 Galium Linn.

一年生或多年生草本。茎纤细，直立或攀援状。叶3至多枚轮生，稀对生；托叶叶状。花极小，两性稀单性，腋生或顶生聚伞花序，稀单生。花梗顶端有节；萼筒卵形或球形，萼檐不明显；花冠辐状，稀钟状或短漏斗状，裂片（3）4，镊合状排列；雄蕊（3）4，花丝短；花盘环状；子房2室，花柱短，2裂；每子室1胚珠。果小，孪生，革质或稍肉质，干燥，平滑或有小凸瘤，毛有时钩状。

约300种，广布全世界，主产温带地区，热带地区极少。我国58种、1亚种和38变种。

1．花冠辐状，稀短钟状，花冠裂片基部合生。

2．叶具1脉，稀羽状脉。

3．花单生，腋生或顶生。

4．叶每轮2片，有时4片，2片较小，叶倒卵形、宽披针形或椭圆形，宽达4毫米；花有梗 ……………………………………………………………………………… 1. **单花拉拉藤 G. exile**

4．叶每轮6片，有时4片，等大或近等大，叶披针形或倒披针形，宽1-2.5毫米；花常无梗 ……………………………………………………………………………… 2. **无梗拉拉藤 G. smithii**

3．聚伞花序，腋生或顶生。

5. 叶每轮4片，稀5片，茎下部的有时2片。
6. 叶每轮4(5)片，等大。
7. 叶窄带形，稍弯，边稍反卷，长1-6厘米，宽1-4毫米；果无毛 …………………… 3. **线叶拉拉藤 G. linearifolium**
7. 叶非窄带形，不弯，长0.3-3.4厘米，宽0.6-6毫米；果无毛或小疣点、小鳞片或钩毛。
8. 聚伞花序长不及1.5厘米；叶长0.3-1.2厘米，宽0.6-4毫米，边缘稍反卷，下面常有小腺点 …………………… 4. **腺叶拉拉藤 G. glandulosum**
8. 聚伞花序长1.5厘米以上；叶长0.6-3.4厘米，宽2-6毫米，边缘不反卷，下面无小腺点 …………………… 5. **四叶葎 G. bungei**
6. 叶每轮4片，2片较大，稀5片，茎下部的有时2片。
9. 聚伞花序腋生，单花，稀2-3花；叶长0.4-1.2厘米，宽1-5毫米，1脉，两面无毛或有疏柔毛，叶柄极短 …………………… 6. **准噶尔拉拉藤 G. soongoricum**
9. 聚伞花序顶生和于上部腋生，常三歧分枝，每分枝有1-2花；叶长0.7-3厘米，宽0.5-2.3厘米，叶两面有倒伏刺状硬毛，叶柄长达3厘米 …………………… 7. **林猪殃殃 G. paradoxum**
5. 叶每轮4片以上。
10. 聚伞花序较少，稀分枝，疏花，最末分枝具1-3花。
11. 聚伞花序长不及2厘米。
12. 叶两面疏被硬毛或下面中脉和边缘有倒刺毛，先端具硬尖或有短头；果疏生钩毛 …………………… 8. **细毛拉拉藤 G. pusillosetosum**
12. 叶无毛或近无毛，先端圆或钝，稀近短尖；果无毛 …………………… 9. **小叶猪殃殃 G. trifidum**
11. 聚伞花序长2厘米以上。
13. 聚伞花序顶生和上部腋生，分枝常广歧式叉开，花序梗长达6厘米；叶上面疏生糙伏毛 …………………… 10. **六叶葎 G. asperuloides** subsp. **hoffmeisteri**
13. 聚伞花序腋生，稀顶生，少分枝，花序梗长1.5-2.5厘米；叶下面无毛或有疏毛 …………………… 10(附). **三花拉拉藤 G. triflorum**
10. 聚伞花序较多，分枝常多而扩展，有时呈圆锥花序式。
14. 叶线形，边缘不反卷或卷成管状。
15. 花序稠密；花序梗和花梗非毛发状；叶长1.5-3厘米，边缘卷成管状 …………………… 11. **蓬子菜 G. verum**
15. 花序疏散；花序梗和花梗毛发状；叶长约1厘米，边缘不反卷 …………………… 12. **纤细拉拉藤 G. tenuissimum**
14. 叶非线形，边缘不反卷或稍反卷。
16. 果有毛或小瘤状凸起。
17. 叶带状倒披针形或长圆状倒披针形，常萎软状，干后常卷缩；果膨胀，径达5.5毫米，果柄粗，直或下弯，长达2.5厘米。
18. 果有小瘤状凸起，果柄下弯 …………………… 13. **麦仁珠 G. tricorne**
18. 果被钩毛，果柄直 …………………… 14. **拉拉藤 G. aparine** var. **echinospermum**
17. 叶非上述形状，如为上述形状，则非萎软状，干后不卷缩；果不膨胀，径1-2.2毫米；果柄常毛发状，长达1.5厘米。
19. 植株常攀援；聚伞花序腋生或顶生，多数；果被开展钩状硬毛 …… 15. **山猪殃殃 G. pseudoasprellum**
19. 茎直立；聚伞花序顶生或生于上部叶腋，较少；果被紧贴钩毛、柔毛或小瘤状凸起。
20. 叶倒卵状长圆形或近匙形，先端钝圆或微缺，具短尖头；花序较密，花序梗长1-1.5厘米 …………………… 16. **钝叶拉拉藤 G. davuricum** var. **tokyoense**
20. 叶长圆形，先端渐尖、短锐渐尖或具硬尖；花序疏，花序梗长约2厘米 …………………… 16(附). **大叶猪殃殃 G. davuricum**
16. 果无毛。

21. 叶每轮4-8片，先端锐尖、渐尖、短渐锐尖、钝圆或微凹而有小凸尖。

22. 茎被毛、无毛或棱有倒向小刺毛或皮刺；茎下部叶常较茎上部的大；花序梗和花梗稍粗，非毛发状；花冠裂片先端芒尖。

23. 植株较粗壮，常攀援状；茎无刺，被长柔毛或硬毛；叶较大，楔状长圆形，下面密被硬毛；花序大，少至多花 ………… 17. **楔叶葎 G. asperifolium**

23. 植株细弱，常直立；茎无刺或棱有倒向小皮刺，茎无毛或被疏柔毛或刚毛；叶较小，非楔状长圆形，下面被疏柔毛或中脉和边缘有刚毛或小刺毛；花序较小，常少花 ………… 17(附). **小叶葎 G. asperifolium** var. **sikkimense**

22. 茎无毛或棱有倒向疏小刺；叶常等大；花序梗和花梗长发状；花冠裂片先端非芒尖。

24. 茎直立，聚伞花序顶生或上部腋生；叶先端钝圆或微凹有小凸尖；果柄长达1厘米 ………… 16. **钝叶拉拉藤 G. davuricum** var. **todyoense**

24. 茎近直立或攀援；聚伞花序腋生和顶生；叶先端锐尖或钝有小凸尖；果柄长达1.5厘米 ………… 18. **线梗拉拉藤 G. comari**

21. 叶每轮常4（5-6）片，先端钝圆或稍尖，无小凸尖。

25. 聚伞花序较尖而少，少分枝，有3-4花；花冠裂片3 ………… 9. **小叶猪殃殃 G. trifidum**

25. 聚伞花序较大而多，常成圆锥花序式，花较多；花冠裂片4 ………… 9(附). **沼生拉拉藤 G. palustre**

2. 叶具3脉，稀5脉。

26. 果无毛。

27. 叶先端钝或稍尖，稀短渐尖，边缘常稍反卷，下面无小条纹；密花，花径3-4毫米 ………… 19. **北方拉拉藤 G. boreale**

27. 叶先端渐尖或长渐尖，稀稍钝，边缘不反卷，叶下面有时有棕色小条纹；疏花，花径2-2.5毫米 ………… 20. **显脉拉拉藤 G. kinuta**

26. 果被毛。

28. 茎无毛；叶宽椭圆形、宽倒卵形或近圆形，长1-2.5厘米，宽0.6-1.7厘米，两面被稀薄紧贴短毛，叶先端圆有小尖头 ………… 21. **三脉猪殃殃 G. kamtschaticum**

28. 茎有毛或无毛；叶非上述形状，如为上述形状，则毛被与上述不同，叶先端尖或钝，无小尖头。

29. 茎被硬毛或长柔毛，稀近无毛；叶两面均被毛，下面常有腺点；有时具5脉；叶常椭圆形、卵形、卵状披针形或披针形；花单性，稀两性 ………… 22. **小红参 G. elegans**

29. 茎无毛或被短毛；叶两面无毛或被疏短毛，下面脉有毛，无腺点；不具5脉；叶常窄披针形、线状披针形、宽披针形或卵状披针形，稀卵形；花两性。

30. 叶脉在叶上面常凹下，边缘常稍反卷；聚伞圆锥花序常顶生，密花 ………… 19. **北方拉拉藤 G. boreale**

30. 叶脉在叶上面平或稍凸起，边缘不反卷；聚伞花序长1-3厘米，常3-7花 ………… 23. **福建拉拉藤 G. nakaii**

1. 花冠钟状，稀短漏斗状，花冠裂片近中部合生。

31. 叶具1脉。

32. 果无毛。

33. 茎疏生倒向小刺或小刺毛；叶披针形、倒披针形或窄椭圆形，下面无白色柔毛，边缘不反卷；果有小瘤状凸起 ………… 24. **中亚车轴草 G. rivale**

33. 茎具白色柔毛；叶窄披针形或线形，下面被白色柔毛，边缘常反卷；果无小瘤状凸起 ………… 25. **蔓生拉拉藤 G. humifusum**

32. 果密被钩毛 ………… 26. **车轴草 G. odoratum**

31. 叶具3-5脉。

34. 叶每轮4-8片，纸质，椭圆形、卵形或卵状披针形，长1.5-5.3厘米，宽0.7-2厘米；花序疏散 …………

……………………………………………………………………………………………… 27. 异叶轮草 G. maximowiczii

34. 叶每轮4片，革质，卵形、卵状长圆形或宽椭圆形，长1.2-2.8厘米，宽0.5-1.5厘米；花序较稠密 ……………………………………………………………………………………………… 27(附). 卵叶轮草 G. platygalium

1. 单花拉拉藤 图 991

Galium exile Hook. f. Fl. Brit. Ind. 3: 207. 1881.

一年生纤细草本，高达20厘米。茎纤细，平卧或近直立，疏分枝，具4钝棱，无毛或稍粗糙。叶纸质，稀疏，每轮2片，有时4片，2片较小，倒卵形、宽披针形或椭圆形，长0.2-1.2厘米，宽1.5-4毫米，先端钝或近短尖，基部楔形或下延成短柄，两面无毛，边缘有向上小睫毛，1脉。花单生叶腋或顶生。花梗短，稍弯；花冠白色，辐状，径1-1.5毫米，裂片3，卵形；雄蕊3，比花冠裂片短。果褐色，近球形，径2-2.5毫米，分果爿近半球形，单生或双生，密被黄褐色长钩毛。花期6-7月，果期8-9月。

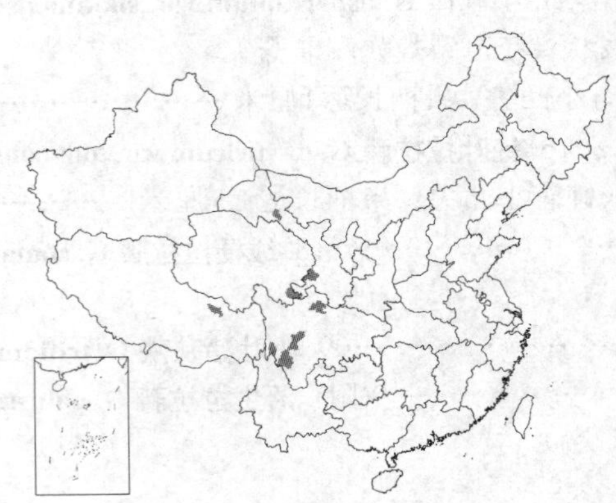

产甘肃、青海东南部、西藏东北部、四川北部及西南部，生于海拔2600-4800米山坡石缝中、沙砾草坝、灌丛中、草坡或河滩草地。印度、尼泊尔及锡金有分布。

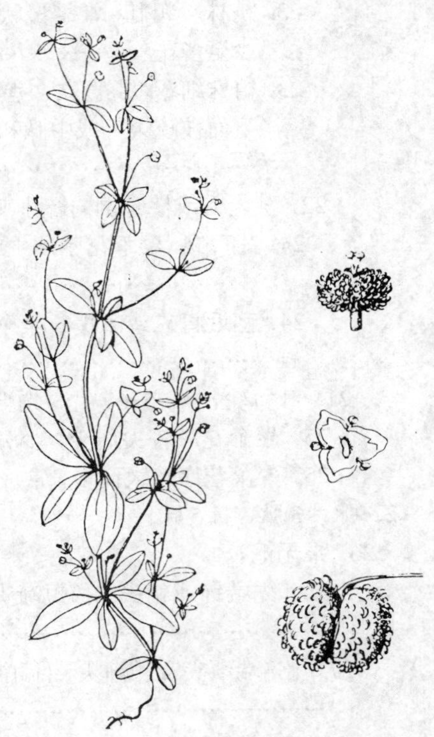

图 991 单花拉拉藤 （邓晶发绘）

2. 无梗拉拉藤 图 992

Galium smithii Cuf. in Oesterr. Bot. Zeitschr. 89: 236. 1940.

一年生草本，高达30厘米。茎直立，分枝，近丛生，稍具4钝棱。叶近革质，6片轮生，茎上部有时4片，近等大，披针形或倒披针形，长0.3-1.2厘米，宽1-2.5毫米，先端短尖，具细短尖头，基部楔形，边缘有时稍反卷，两面无毛，或有时上面和边缘及下面中脉有刺毛，1脉；近无柄。花单生于侧生小枝顶端。花无梗；花冠白色，宽不及1毫米，裂片4，卵形；雄蕊4。果球形或卵形，径约2.5毫米，密被棕黄色钩毛。花果期7-8月。

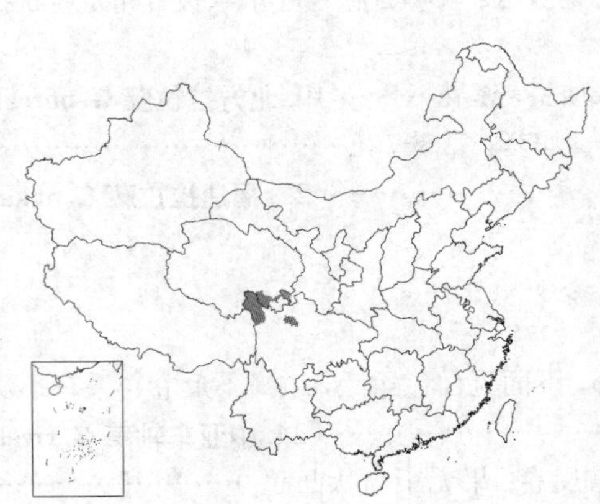

产甘肃西南部、青海东南部及四川西北部，生于海拔3850-4700米高山草甸或荫坡岩壁下。

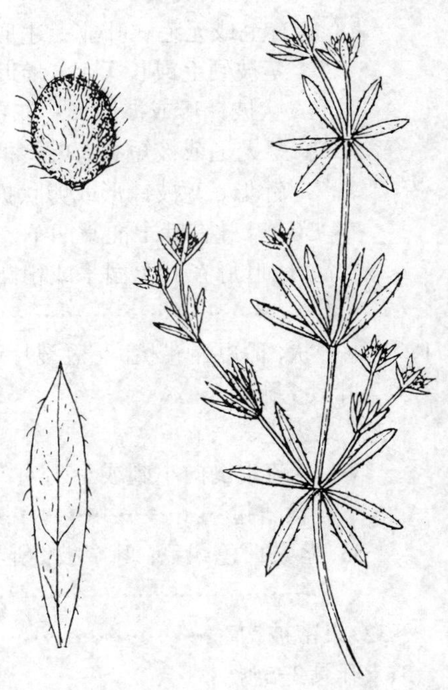

图 992 无梗拉拉藤 （邓晶发绘）

3. 线叶拉拉藤 图 993

Galium linearifolium Turcz. in Bull. Soc. Nat. Mosc. 7: 152. 1837.

多年生草本，高约30厘米，常丛生状。茎具4棱，节稍粗糙。叶近革质，4片轮生，窄带形，稍弯，长1-6厘米，宽1-4毫米，先端钝或稍短尖，基部楔形，边缘有小刺毛，稍反卷，上面疏生小刺毛，下面中脉有时有疏硬毛，1脉；无柄或近无柄。聚伞花序顶生，稀腋生，疏散，长约5厘米，常分枝成圆锥状；花序梗纤细，稍长。花径约4毫米；花梗纤细，长1.5-6毫米；花萼和花冠均无毛；花冠白色，裂片4，披针形，长约1.5毫米；雄蕊4。果无毛，径2.5-3毫米，果爿椭圆状或近球状，单生或双生；果柄长3-8毫米。花期6-8月，果期7-9月。

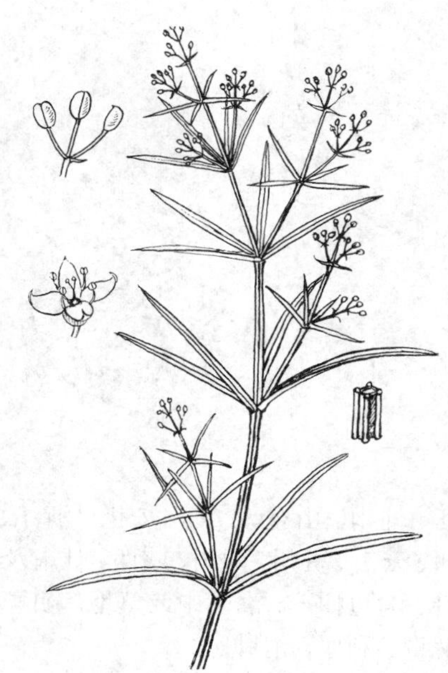

图 993 线叶拉拉藤 （余汉平绘）

产吉林、辽宁、河北、湖北西南部及四川东南部，生于海拔460-1800米山地草坡、林下、灌丛中或草地。朝鲜半岛北部有分布。

4. 腺叶拉拉藤 图 994

Galium glandulosum Hand.-Mazz. Symb. Sin. 7(4): 1028. 1936.

草本，匍匐或直立，高达15厘米。茎纤细，具4棱，密被柔毛或倒向糙伏毛，节密生1轮小刚毛，少分枝或基部分枝。叶近革质，4片轮生，卵状披针形或长圆状披针形，长0.3-1.2厘米，宽0.6-4毫米，先端短尖或稍钝，基部楔形，边缘稍反卷，下面有柔毛，上面有小乳头状凸起，下面有小腺点，1脉，在上面常凹下；无柄或近无柄。聚伞花序顶生和上部腋生，长不及1.5厘米，少花；花序梗长4-8毫米。花梗纤细，长1-2毫米，有柔毛；萼筒球形，有钩毛；花冠白色，裂片卵形，长约1毫米，有3条纹；雄蕊比花冠短；柱头球状，近无花柱。果径约0.7毫米，无毛或有白色钩毛；果柄有柔毛。花期6-8月，果期8-9月。

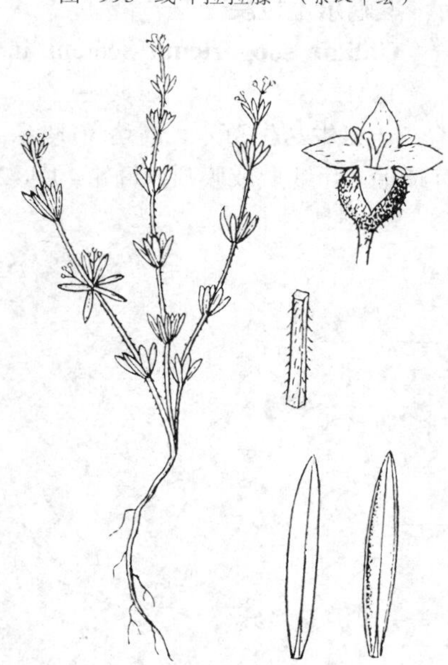

图 994 腺叶拉拉藤 （邓晶发绘）

产四川、云南西北部及广西，生于海拔2300-3900米山坡、河滩、灌丛中、草地或岩缝中。

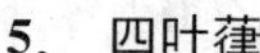

5. 四叶葎 图 995

Galium bungei Steud. Nom. Bot. ed. 2, 1: 657. 1840.

多年生丛生直立草本，高达50厘米。茎有4棱，不分枝或稍分枝，常无毛或节上有微柔毛。叶纸质，4片轮生，卵状长圆形、卵状披针形、披针状长圆形或线状披针形，长0.6-3.4厘米，宽2-6毫米，先端尖或稍钝，基部楔形，中脉和边缘常有刺状硬毛，有时两面有糙伏毛，1脉；近无柄或有短柄。聚伞花序长1.5厘米以上，顶

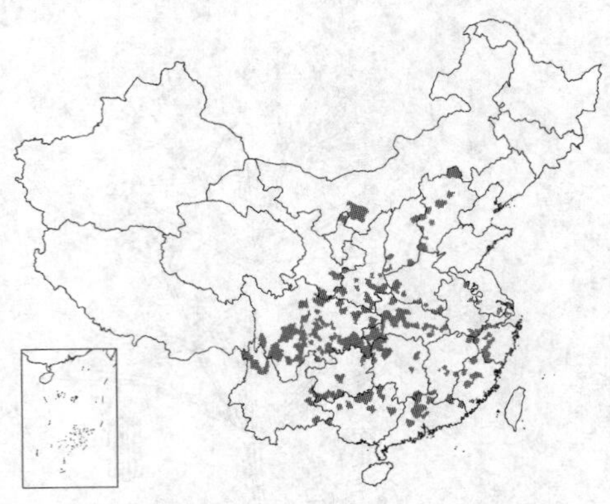

生和腋生，花序梗纤细，常3歧分枝，成圆锥状花序。花梗纤细，长1-7毫米；花冠黄绿或白色，辐状，径1.4-2毫米，无毛，裂片卵形或长圆形，长0.6-1毫米。果爿近球状，径1-2毫米，常双生，有小疣点、小鳞片或短钩毛，稀无毛；果柄纤细，长达9毫米。花期4-9月，果期5至翌年1月。

产辽宁、内蒙古、河北、山西、河南、山东、江苏、安徽、浙江、福建、江西、湖北、湖南、广东、广西、云南、贵州、四川、陕西、甘肃及宁夏，生于海拔2520米以下山地、旷野、沟边林下、灌丛中或草地。朝鲜半岛及日本有分布。全草药用，清热解毒、利尿、消肿。

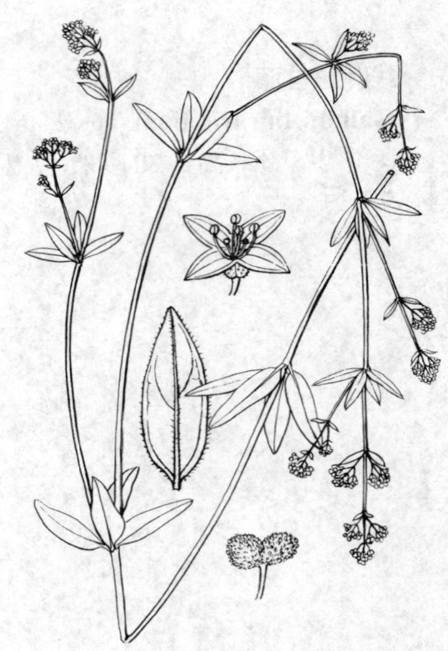

图 995 四叶葎 （引自《图鉴》）

6. 准噶尔拉拉藤 图 996

Galium soogoricum Schrenk in Fisch. et Mey. Enum. Pl. Nov. 1: 57. 1841.

一年生丛生草本，高达30厘米。茎稍分枝，纤细，具4棱，无毛，稀有疏毛。叶纸质或膜质，每轮4片，2片较大，椭圆形、卵形、长圆状倒卵形，长0.4-1.2厘米，宽1-5毫米，先端短渐尖或钝尖，基部楔形，两面无毛或有疏柔毛，有疏缘毛或无毛，1脉；柄极短。聚伞花序腋生，单花，稀2-3花，长不及2厘米，小苞片2。花梗纤细，无毛，长0.2-1.2厘米；花冠白或淡黄色，辐状，径0.5-1毫米，裂片4，卵状三角形；雄蕊4(5)。果具双果爿，稀单果爿，长约1毫米，径约2毫米，密被长钩毛；果柄纤细，长达2厘米。花果期7-9月。

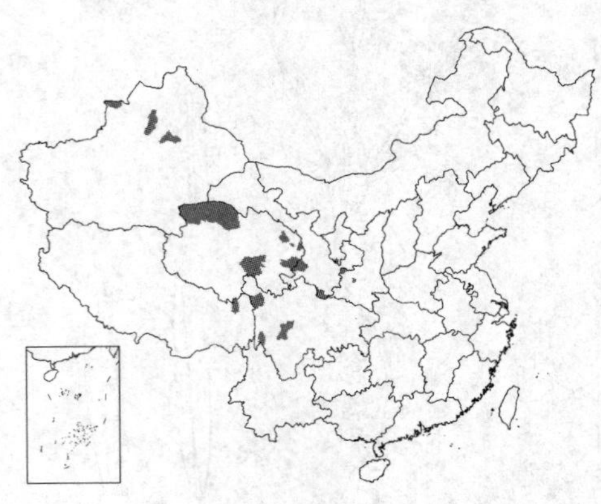

产陕西中西部、甘肃南部及西南部、宁夏南部、新疆、青海、西藏东北部及四川，生于海拔1200-4200米山坡林下、沟边、草地。俄罗斯有分布。

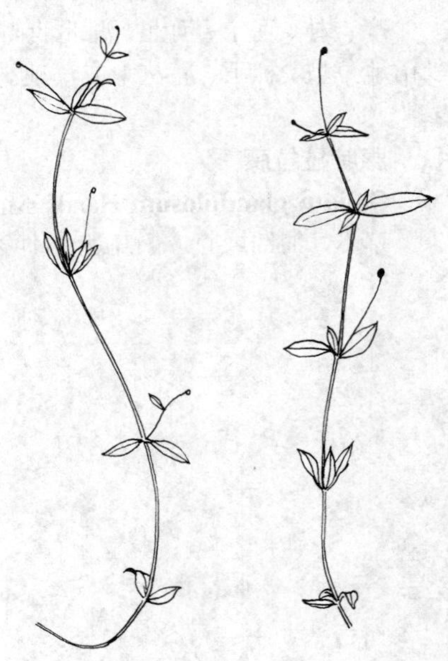

图 996 准噶尔拉拉藤 （孙英宝绘）

7. 林猪殃殃 图 997：1-4

Galium paradoxum Maxim. in Bull. Acad. Imp. Sci. St. Pétersb. 19: 281. 1874.

多年生草本，高达25厘米。茎柔弱，直立，常不分枝，无毛或有粉状微柔毛。叶膜质，4(5)片轮生，2片较大，余为托叶状，茎下部有时2片，卵形、近圆形或卵状披针形，长0.7-3厘米，宽0.5-2.3厘米，先端短尖、稍

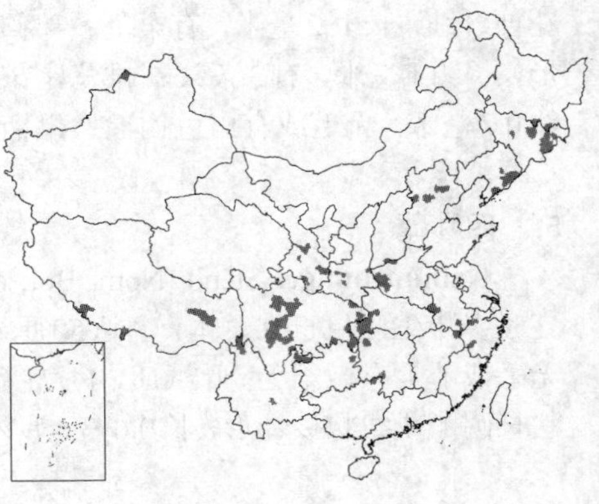

渐尖或钝圆，有小凸尖，基部钝圆，骤下延成柄，两面有倒伏刺状硬毛，近边缘较密，叶缘有小刺毛，羽状脉，中脉明显，侧脉2对，纤细而疏散，不甚明显；叶柄长0.2-3厘米，无毛。聚伞花序顶生和于上部腋生，常3歧分枝，每分枝有1-2花。花梗长1-3毫米，无毛；萼密被黄棕色钩毛；花冠白色，辐状，径2.5-3毫米，裂片卵形，长约1.3毫米。果爿单生或双生，近球形，径1.5-2毫米，密被黄棕色钩毛；果柄长1.5-8毫米。花期5-8月，果期6-9月。

产黑龙江、吉林、辽宁、河北、山西、河南、安徽、浙江、江西东北部、湖北、湖南、广西东北部、贵州、云南、四川、西藏、青海东北部、新疆西北部、甘肃及陕西，生于海拔1280-3900米山谷阴湿地、水边、林下、草地。日本、朝鲜半岛、俄罗斯、印度、尼泊尔及锡金有分布。

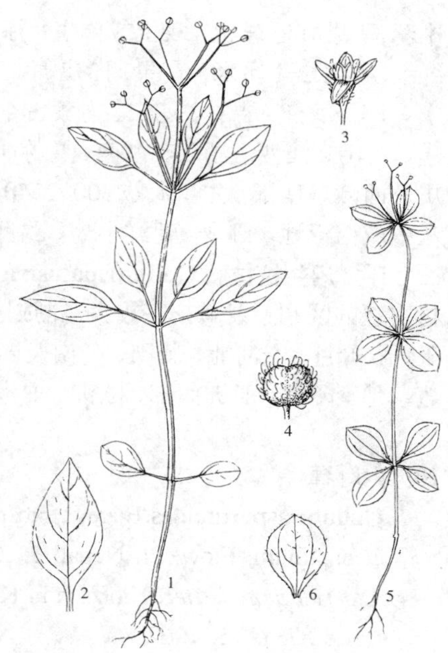

图 997：1-4.林猪殃殃 5-6.三脉猪殃殃
（邓晶发绘）

8. 细毛拉拉藤 图 998

Galium pusillosetosum Hara in Journ. Jap. Bot. 51: 134. f. 2. 1976.

多年生草本，高达40厘米。茎簇生，纤细，基部常匍匐，具4棱，被疏硬毛，稀近无毛，无皮刺。叶纸质，每轮4-6片，倒披针形、披针形或窄椭圆形，长0.3-1.7厘米，宽0.8-3毫米，先端具硬尖或有短尖头，基部渐窄或宽楔形，两面疏被硬毛或下面中脉和边缘有倒向刺毛，1脉；近无柄或具短柄。聚伞花序腋生或顶生，长1-2厘米，常1-3花；苞片叶状。花梗叉开，长达3毫米，无毛；花冠淡紫、黄绿或白色，辐状，径2.5-3毫米，裂片4，卵形，长1.2-1.5毫米，内面上部粗糙；雄蕊4；子房被白色紧贴硬毛，柱头头状。果近球形，径约2毫米，疏生钩毛。花果期5-8月。

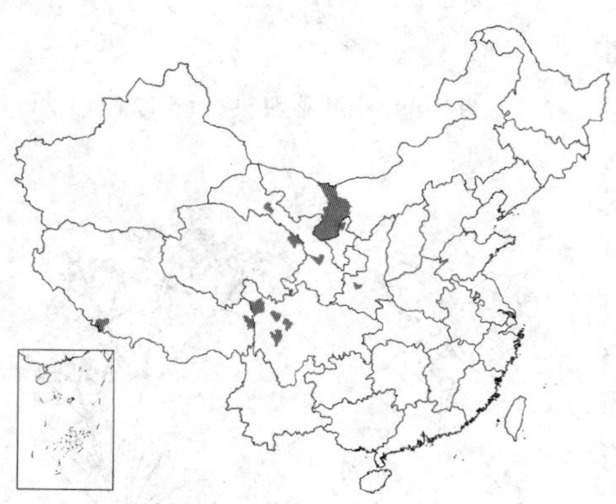

产内蒙古西部、陕西、宁夏北部、甘肃、青海东北部、四川及西藏，生于海拔2150-3900米山坡、沟边、荒地或草地。尼泊尔及不丹有分布。

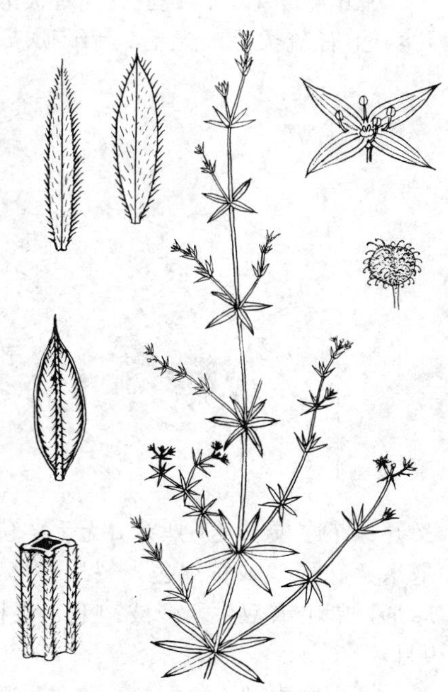
图 998 细毛拉拉藤 （余汉平绘）

9. 小叶猪殃殃 图 999

Galium trifidum Linn. Sp. Pl. 105. 1753.

多年生丛生草本，高达50厘米。茎纤细，具4棱，多分枝，近无毛。叶纸质，4（5-6）片轮生，倒披针形或窄椭圆形，长0.3-1.4厘米，宽1-4毫米，先端圆或钝，稀近短尖，基部渐尖，基部渐窄，无毛或近无毛，有时边缘有微小倒生刺毛，1脉；近无柄。聚伞花序腋生和顶生，少分枝，长1-2（-3.5）厘米，有3-4花，花序梗纤细。花径约2毫米；花梗纤细，长1-8毫米；花冠白色，辐状，裂片3（4），卵形，长约1毫米；

雄蕊3。果爿近球状，双生或单生，径1-2.5毫米，干后黑色，无毛；果柄纤细，长0.2-1厘米。花果期3-8月。

产黑龙江、吉林、辽宁、内蒙古东部、江苏南部、安徽南部、浙江、福建、台湾、江西、湖北、湖南、广东北部、广西东北部、云南、贵州、四川及西藏东南部，生于海拔300-2540米山地林下、旷野、沟边、草坡、灌丛中或沼泽地。日本、朝鲜半岛、欧洲及美洲北部有分布。

[附] **沼生拉拉藤 Galium palustre** Linn. Sp. Pl. 105. 1753. 本种与小叶猪殃殃的区别：聚伞花序较大，常成圆锥花序式，花较多；花冠裂片4。花果期5-8月。产河北、新疆、云南及四川，生于海拔440-2200米林下或水边草地。印度、亚洲西部、欧洲、非洲北部及美洲北部有分布。

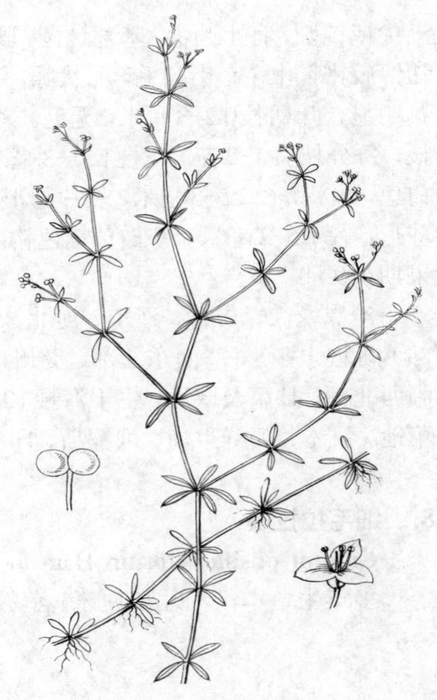

图 999 小叶猪殃殃 （余汉平绘）

10. 六叶葎 图 1000

Galium asperuloides Edgew. subsp. **hoffmeisteri** (Klotzsch) Hara in Hara et al. Enum. Flow. Pl. Nepal. 2: 201. 1979.

Asperula hoffmeisteri Klotzsch in Klotzsch et Garcke, Bot. Ergeb. Waldem. Reise 87. t. 75. 1962.

Galium asperuloides var. *hoffmeisteri* (Hook. f.) Hand.-Mazz.;中国高等植物图鉴 4: 280. 1975.

一年生草本，常直立，有时披散状，高达60厘米；近基部分枝。茎具4棱，有疏柔毛或无毛。叶纸质或膜质，茎中部以上常6片轮生，茎下部常4-5片轮生，长圆状倒卵形、倒披针形、卵形或椭圆形，长1-3.2厘米，宽0.4-1.3厘米，先端钝圆，具凸尖，稀短尖，基部楔形，上面疏生糙伏毛，常近边缘较密，下面有时疏生糙伏毛，中脉有或无倒向刺，边缘有时有刺毛，具1中脉；近无柄或有短柄。聚伞花序顶生和于上部腋生，少花，2-3次分枝，常广歧式叉开；花序梗长达6厘米，无毛；苞片常成对，披针形。花梗长0.5-1.5毫米；花冠白或黄绿色，裂片卵形，长约1.3毫米；雄蕊伸出。果爿近球形，单生或双生，密被钩毛；果柄长达1厘米。花期4-8月，果期5-9月。

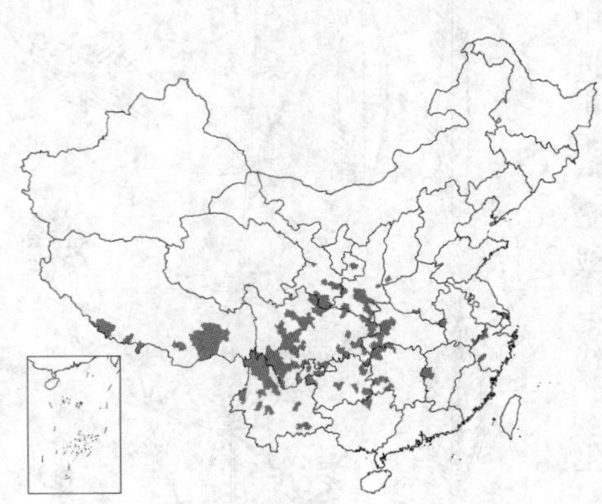

产山西南部、河南、安徽、浙江、江西、湖北、湖南、广西北部、贵州、云南、西藏、四川、甘肃及陕西，生于海拔920-3800米山坡、沟边、河滩、草地、灌丛中、林下。日本、朝鲜半岛、俄罗斯、印度、巴基斯坦、尼泊尔、锡金、不丹及缅甸有分布。

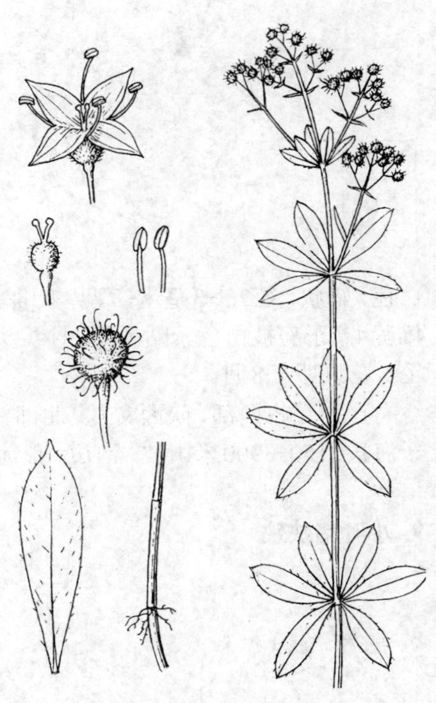

图 1000 六叶葎 （邓晶发绘）

[附] **三花拉拉藤 Galium triflorum** Michx. Fl. Bor. Amer. 1: 80. 1803. 本种与六叶葎的区别：聚伞花序腋生，稀顶生，少分枝，花序梗长1.5-2.5厘米；叶上面无毛或有稀毛。花果期7-9月。产黑龙江、吉林、内蒙古及四川，生于海拔2200-3380米山地林下或旷野。日本、欧洲及美洲北部有分布。

11. 蓬子菜 图 1001

Galium verum Linn. Sp. Pl. 107. 1753.

多年生草本，高达45厘米。茎有4棱，被柔毛或秕糠状毛。叶纸质，6-10片轮生，线形，长1.5-3厘米，宽1-1.5毫米，先端短尖，边缘常卷成管状，上面无毛，下面有柔毛，稍苍白，干后常黑色，1脉；无柄。聚伞花序顶生和腋生，多花，常在枝顶组成圆锥状花序，长达15厘米、径达12厘米，花序梗密被柔毛。花稠密；花梗有疏柔毛或无毛，长1-2.5毫米；萼筒无毛；花冠黄色，辐状，无毛，径约3毫米，裂片卵形或长圆形，长约1.5毫米。果爿双生，近球状，径约2毫米，无毛。花期4-8月，果期5-10月。

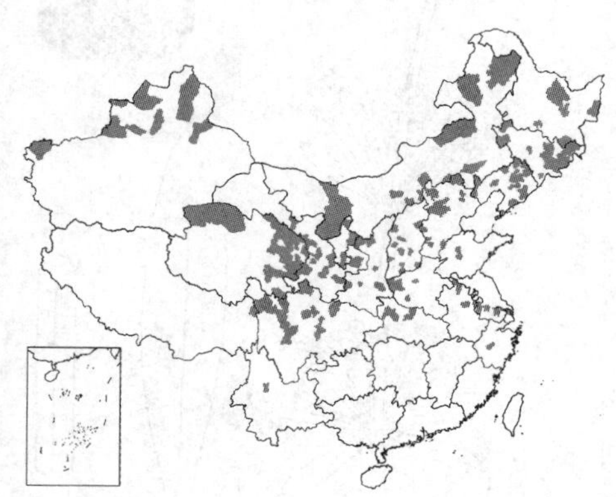

产黑龙江、吉林、辽宁、内蒙古、河北、山西、河南、山东、江苏、安徽、浙江、湖北、云南、四川、西藏东北部、青海、新疆、甘肃、宁夏及陕西，生于海拔4000米以下山地、河滩、沟边、草地、灌丛中或林下。日本、朝鲜、印度、巴基斯坦、亚洲西部、欧洲、美洲北部有分布。全草药用，清热解毒、行血、止痒、利湿。

图 1001 蓬子菜 （余汉平绘）

12. 纤细拉拉藤 图 1002

Galium tenuissimum M. Bieb. Fl. Taur.-Caic. 1: 104. 1808.

一年生草本，高达50厘米；茎直立，柔弱，常倒向粗糙，无毛，具4棱，分枝常叉开。叶纸质，每轮4-8片，线形，长约1厘米，宽0.5-1毫米，先端渐尖或短尖，基部渐窄，沿边缘和下面沿脉常具向上刺毛，1脉；具短柄或近无柄。聚伞花序腋生，疏散，纤弱，少花，分枝多，花序梗和花梗纤细，毛发状。花小，花梗长0.5-1.7厘米，无毛；花冠淡黄色，辐状，径1.5-2毫米，花冠裂片4，长圆状椭圆形，先端尖；花丝短；花柱2裂。果长约1毫米，径约1.3毫米，无毛，果爿双生或单生。花果期夏秋。

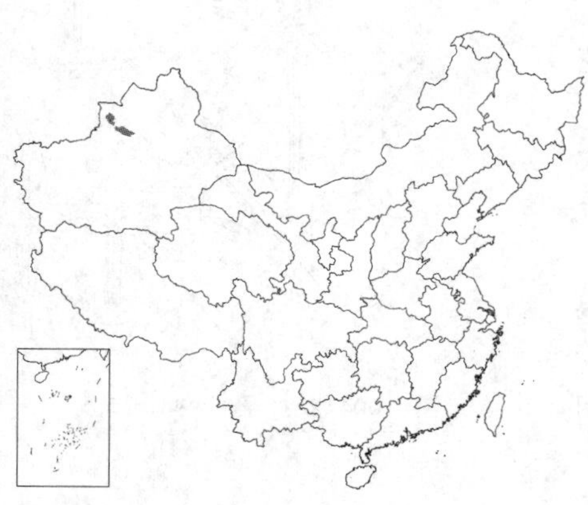

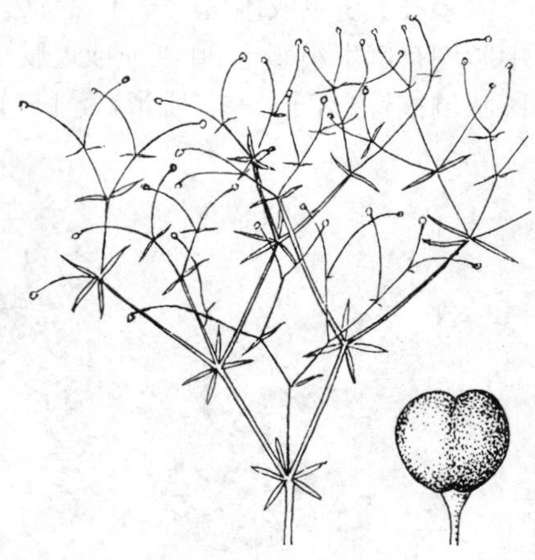

图 1002 纤细拉拉藤 （邓晶发绘）

产新疆西北部新源，生于中海拔山地阳坡。亚洲及欧洲有分布。

13. 麦仁珠 图 1003

Galium tricorne Stodes in With. Nat. Arr. Brit. Pl. ed. 2, 1: 153. 1787.

一年生草本，高达80厘米。茎具4棱，棱有倒生刺，少分枝。叶坚纸质，6-8片轮生，带状倒披针形，长1-3.2厘米，宽2-6毫米，先端锐尖，

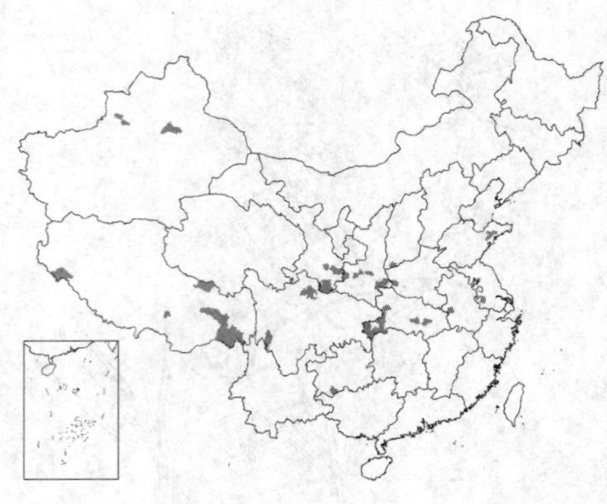

基部渐窄，常萎软状，干后常卷缩，两面无毛，下面中脉和边缘均有倒生小刺，1脉；无柄。聚伞花序腋生，花序梗长1-3.2厘米，稍粗，有倒生小刺，具3-5花，常下弯。花4数；花梗长3-7毫米，具倒生小刺，下弯；花冠白色，辐状，径1-1.5毫米，裂片卵形；雄蕊伸出。分果爿近球形，单生或双生，径2-2.5毫米，有小瘤状凸起，果柄较粗，下弯。花期4-6月，果期5月至翌年3月。

产山东东部、江苏、安徽、河南、山西南部、陕西、湖北、贵州西南部、四川、甘肃、新疆及西藏，生于海拔450-3980米山坡草地、旷野、河滩或沟边。印度、巴基斯坦、亚洲西部、欧洲、非洲北部及美洲北部有分布。

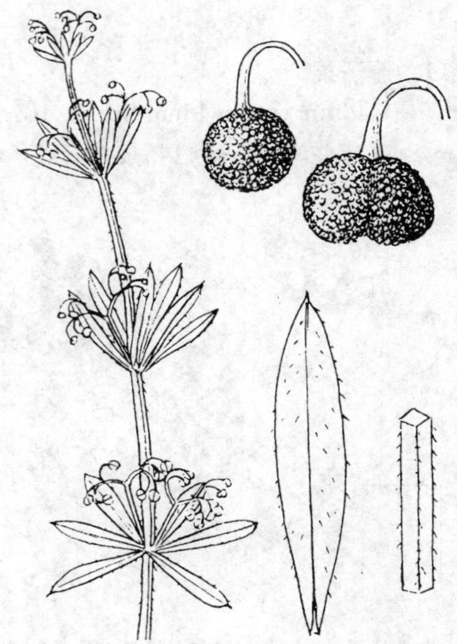

图 1003 麦仁珠 （邓晶发绘）

14. 拉拉藤 图 1004

Galium aparine Linn. var. **echinospermum** (Wallr.) Cuf. in Oesterr. Bot. Zeitschr. 89: 245. 1940.

Galium agreste Wallr. a. *echinospermum* Wallr. Sched. Crit. Pl. Fl. Halensis 59. 1822.

多枝、蔓生或攀援状草本，高达90厘米；茎有4棱；棱上、叶缘、叶中脉均有倒生小刺毛。叶纸质或近膜质，(4-5)6-8片轮生带状倒披针形或长圆状倒披针形，长1-5.5厘米，宽1-7毫米，先端有针状凸尖头，基部渐窄，两面常有紧贴刺毛，常萎软状，干后常卷缩，1脉；近无柄。聚伞花序腋生或顶生。花4数，花梗纤细；花萼被钩毛；花冠黄绿或白色，辐状，裂片长圆形，长不及1毫米，镊合状排列。果干燥，有1或2个近球状分果爿，径达5.5毫米，肿胀，密被钩毛，果柄直，长达2.5厘米。花期3-7月，果期4-11月。

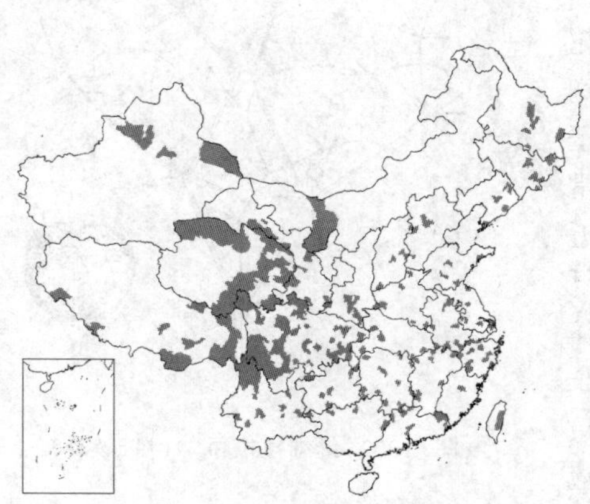

除海南及南海诸岛外，全国均产，生于海拔4600米以下山坡、沟边、河滩、林缘、草地。日本、朝鲜、俄罗斯、印度、巴基斯坦、尼泊尔、锡金、欧洲、非洲及美洲北部有分布。全草药用，清热解毒，消肿止痛，利尿。

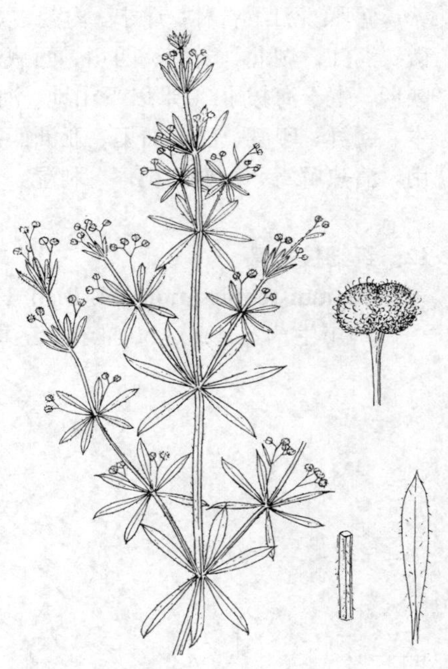

图 1004 拉拉藤 （邓晶发绘）

15. 山猪殃殃 图 1005

Galium pseudoasprellum Makino in Bot. Mag. Tokyo 17: 110. 1903.

多年生草本，常攀援，长达2.5米。茎纤细，具4棱，棱有倒向疏小刺。叶纸质，(4-5)6片轮生，线状披针形、线状长圆形或窄长圆形，长0.7-4厘

米，宽0.3-1.1厘米，先端短尖或稍钝，具短硬尖，基部骤渐窄，边缘和下面中脉有向上糙硬毛，1脉；近无柄。聚伞花序腋生或顶生，多数，较疏散，2-3次分歧，花序梗常细，无毛或下部有倒向疏刺毛；苞片和小苞片对生，线状或披针形，小苞片常微小。径1.8-3毫米；花梗毛发状，长达1.2厘米；花冠淡绿或白色，辐状，4裂，裂片三角形，顶端具细喙。果径约2毫米，有开展钩状硬毛，分果爿椭圆状长圆形，单生或双生；果柄纤细，常叉开。花期6-9月，果期7-11月。

产吉林、辽宁、河北、山西、河南、陕西、甘肃、青海、云南、四川、湖北、安徽、江苏及浙江，生于海拔200-2900米沟边、山地林下、灌丛中或草地。朝鲜半岛及日本有分布。

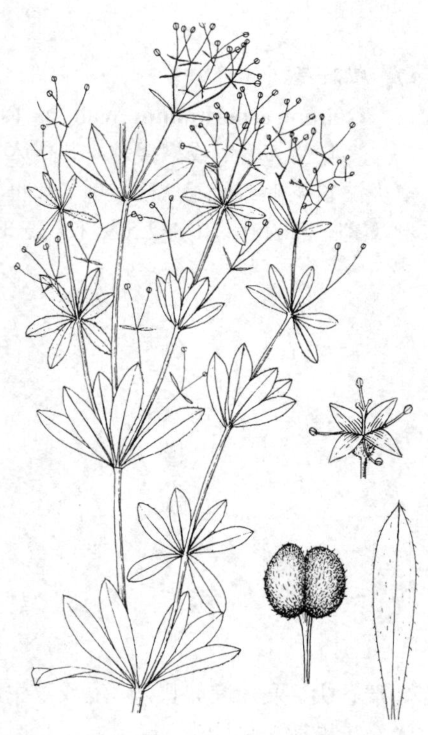

图 1005 山猪殃殃 （邓晶发绘）

16. 钝叶拉拉藤 图 1006

Galium davuricum Turcz. ex Ledeb. var. **tokyoense** (Makino) Cuf. in Oesterr. Bot. Zeitschr. 89: 243. 1940.

Galium todyoense Makino, Ill. Fl. Jap. 1 (2): 2. t. 69. 1891.

多年生草本，高达70厘米。茎直立，纤细，上部多分枝，具4棱，棱有倒向疏小刺。叶纸质，5-6片轮生，倒卵状长圆形或近匙形，长1.1-4厘米，宽2-9毫米，先端钝圆或微凹，具短尖头，基部渐窄，边缘常具小皮刺或粗糙，两面无毛，具1中脉；叶柄长约1毫米或近无柄。伞房状聚伞花序顶生和生于上部叶腋，常2-3歧分枝，无毛；花序梗毛发状，在果时常极叉开，长1-1.5厘米；苞片和小苞片匙状窄长圆形。花径3-4毫米；花梗纤细，毛发状，长1-2.5毫米，稍弯；花冠白色，辐状，开展，裂片4，卵状椭圆形，长约1毫米。有瘤状凸起，果爿椭圆形或近肾形，径约2毫米，单生或双生；果柄纤细。长达1厘米。花期6-7月，果期7月。

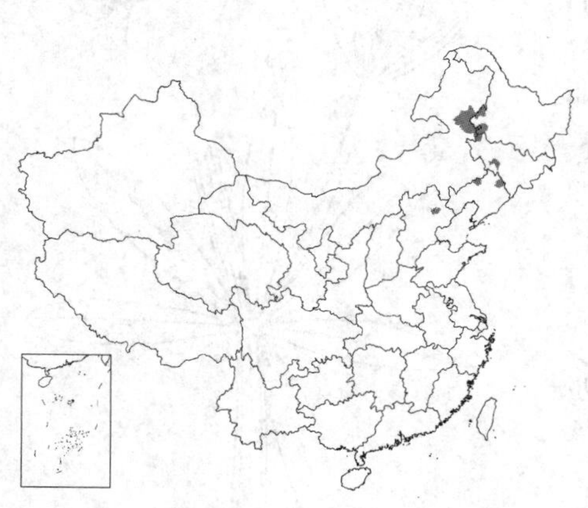

产黑龙江、吉林、辽宁、内蒙古及河北，生于海拔200-830米山地、河边、旷野林下或草地。日本及朝鲜半岛北部有分布。

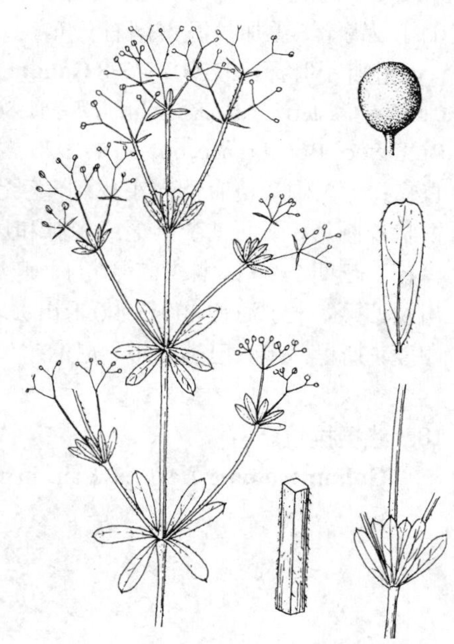

图 1006 钝叶拉拉藤 （邓晶发绘）

[附] **大叶猪殃殃 Galium davuricum** Turcz. ex Ledeb. Fl. Ross. 2: 409. 1844. 本种与钝叶拉拉藤的区别：叶长圆形，先端渐尖、锐短渐尖或具硬尖；花序疏，花序梗长约2厘米。花果期6-7月。产黑龙江、吉林、辽宁、内蒙古、河北及新疆，生于海拔760-1000米山地林中或草地。俄罗斯、朝鲜及日本有分布。

17. 楔叶葎 图 1007 : 1-5

Galium asperifolium Wall. ex Roxb. Fl. Ind. ed. Carey, 1: 381. 1820.

多年生、蔓生或攀援草本，高达70厘米，分枝多。茎较粗壮，具4棱，多少被长柔毛或硬毛，枝披散。叶每轮(4-)6(-8)片，楔状长圆形或倒披针形，茎下部的叶长1.5-2.5厘米，宽3-6毫米，茎上部叶长0.5-1厘米，宽1-2毫米，先端微凹或钝，具小凸尖，基部渐窄成短柄或无柄，上面暗绿色，粗糙，无毛或被小硬毛，下面苍白色，密被硬毛，边缘常被硬毛，1脉。聚伞花序顶生和腋生，常2次二歧分枝，成圆锥花序式，长达12厘米。花径约2毫米，4数，花梗长约1.5毫米；花萼无毛；花冠绿白或黄色，辐状，无毛，裂片披针形或三角状卵形，长1-1.5毫米，先端芒尖。果爿近球状，单生或双生，径约1-2毫米，无毛；果柄长1-3毫米。花果期6-9月。

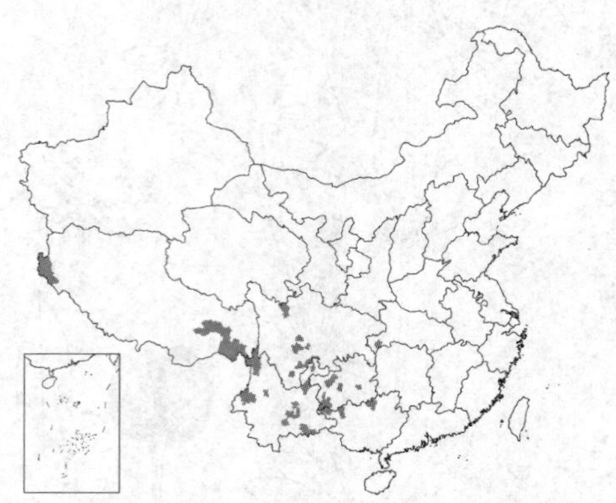

产湖北西南部、贵州、广西、云南、四川及西藏，生于海拔1250-3000米山坡、沟边、田边、草地、灌丛中或林下。阿富汗、印度、巴基斯坦、尼泊尔、锡金、孟加拉及泰国有分布。

[附] 小叶葎 图 1007 : 6-8 **Galium asperifolium** var. **sikkimense** (Gand.) Cuf. in Oesterr. Bot. Zeitschr. 89: 241. 1940.——*Galium sikkimense* Gand. in Bull. Soc. Bot. France 66: 307. 1920. 与模式变种的主要区别：植株细弱，常直立；茎无刺或棱有倒向小皮刺，茎无毛，稀被疏柔毛或刚毛；叶较小，非楔状长圆形，下面被疏柔毛或中脉和边缘有刚毛或小刺毛；花序较小，常少花。花期6-9月，果期7-10月。产湖北、湖南、广西、云南、贵州、四川及西藏，生于海拔400-3900米山坡、河滩、沟边、草地、灌丛中或林下。印度、斯里兰卡、巴基斯坦、尼泊尔、不丹、锡金及缅甸有分布。

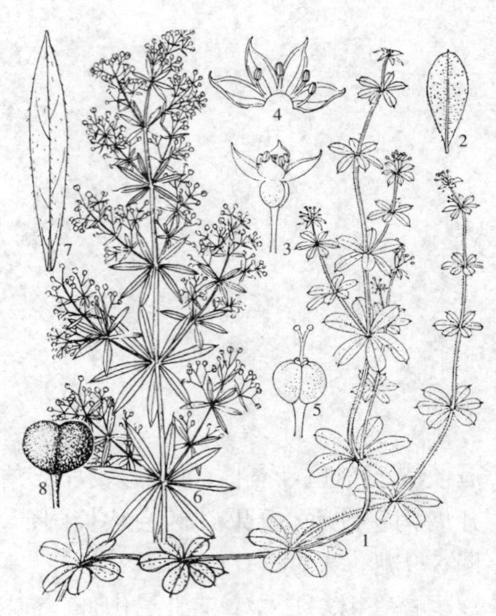

图 1007 : 1-5. 楔叶葎 6-8. 小叶葎 （曾孝濂 邓晶发绘）

18. 线梗拉拉藤 图 1008

Galium comari Lévl. et Van. in Bull. Soc. Bot. France 51: 145. 1904.

多年生草本，常披散；茎柔弱，高达1米，近直立或攀援，具4棱，沿棱具倒向疏小刺。叶每轮4-8片，长圆状倒卵形、倒披针形或线状长圆形，长0.7-3厘米，宽0.2-1.1厘米，先端锐尖或钝，有小凸尖，基部渐窄或短尖，上面无毛或沿脉和近边缘有糙伏毛，下面沿脉和边缘有疏刚毛，1脉；具短柄。聚伞花序腋生和顶生，多花，花序梗纤细，稍长而多分枝，与花梗均无毛；苞片线形；花疏散。花梗纤细，极叉开；花冠白色，辐状，径约2毫米，裂片三

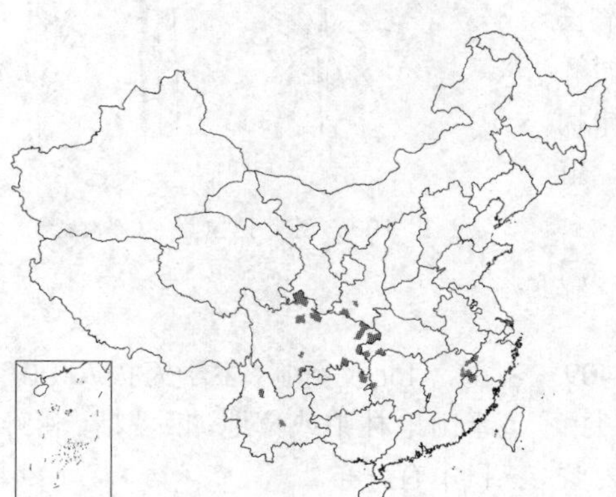

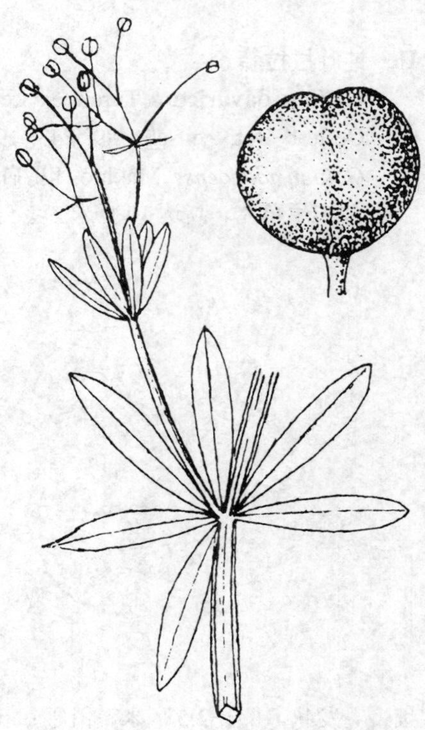

图 1008 线梗拉拉藤 （邓晶发绘）

角形。果爿近球形，双生或单生，径约2.2毫米，无毛；果柄纤细，长0.5-1.5厘米。花果期7-10月。

产浙江西南部、福建西北部、江西东北部及西部、湖北西南部、湖南、贵州东北部、云南及四川，生于海拔260-2200米山地、河边林下、灌丛中或草地。

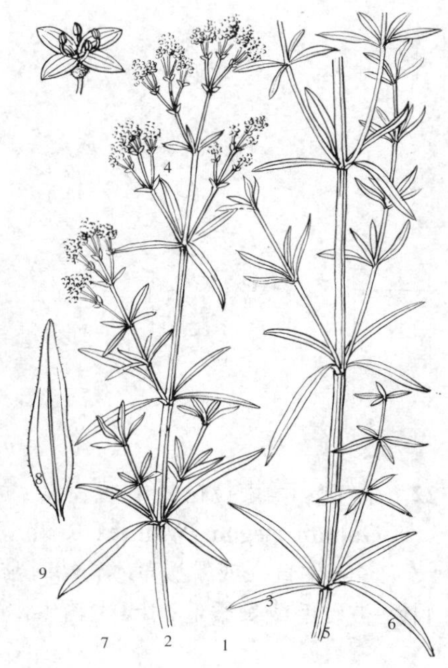

图 1009：1-4. 北方拉拉藤 5-6.显脉拉拉藤 7-9. 福建拉拉藤 （余汉平绘）

19. 北方拉拉藤 图 1009：1-4

Galium boreale Linn. Sp. Pl. 108. 1753.

多年生直立草本，高达65厘米。茎有4棱，无毛或有柔毛。叶4片轮生，窄披针形或线状披针形，长1-3厘米，宽1-4毫米，先端钝或稍尖，基部楔形或近圆，边缘常稍反卷，两面无毛，边缘有微毛，基出脉3条，在上面常凹下；无柄或柄极短。聚伞花序顶生和生于上部叶腋，常在枝顶组成圆锥花序式，密花。花梗长0.5-1.5毫米；萼被毛；花冠白或淡黄色，径3-4毫米，辐状，裂片卵状披针形，长1.5-2毫米。果径1-2毫米，果爿单生或双生，密被白色稍弯糙硬毛；果柄长1.5-3.5毫米。花5-8月，果期6-10月。

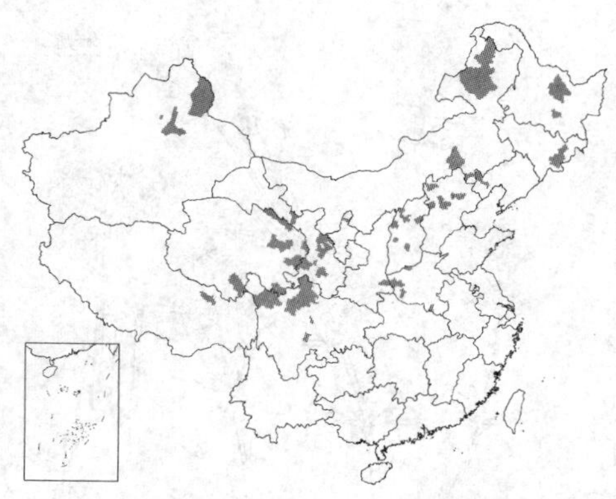

产黑龙江、吉林、辽宁、内蒙古、河北、山西、河南、湖北、陕西、甘肃、宁夏、新疆、青海、西藏及四川，生于海拔750-3900米山坡、沟旁灌丛中。林下或草丛中。日本、朝鲜、俄罗斯、印度、巴基斯坦、欧洲及美洲北部有分布。

20. 显脉拉拉藤 图 1009：5-6

Galium kinuta Nakai et Hara in Journ. Jap. Bot. 9: 518. 1933.

多年生草本，高达60厘米。茎直立，常不分枝，有4棱，常无毛，节有柔毛。叶纸质，4片轮生，披针形、卵状披针形或卵形，长2-8厘米，宽0.4-2厘米，先端渐尖或长渐尖，稀稍钝，基部钝圆或短尖，边缘不反卷，两面被极疏糙伏毛或无毛，叶脉和边缘有向上糙硬毛或疏短毛，稀近无毛，下面有时有棕色小条纹，3脉；叶柄长1-2毫米或近无柄。聚伞圆锥花序顶生，长达25厘米，径达15厘米，多花而疏；花序梗纤细，无毛；苞片线形或卵形。花径2-2.5毫米；花梗纤细，长2-3毫米；花冠白或紫红色，裂片4，卵形，白或紫红色，裂片4，卵形，3脉，无毛；雄蕊4，着生冠筒喉部。果无毛，径2.5毫米，果爿近球形，双生或单生；果柄纤细。花期6-7月，果期8-9月。

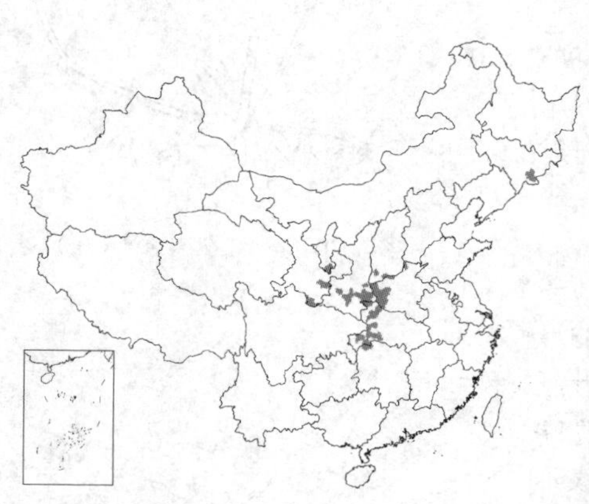

产吉林、河南、山西南部、陕西、宁夏、甘肃、四川北部及东部、湖北西南部至西北部、湖南西北部，生于海拔550-2100米山坡林下、水旁岩缝中或草地。日本及朝鲜半岛北部有分布。

21. 三脉猪殃殃 图 997：5-6

Galium kamtschaticum Steller ex Roem. et Schult. Syst. Veg. Mant. 3: 186. 1827.

多年生草本，高达15厘米。茎无

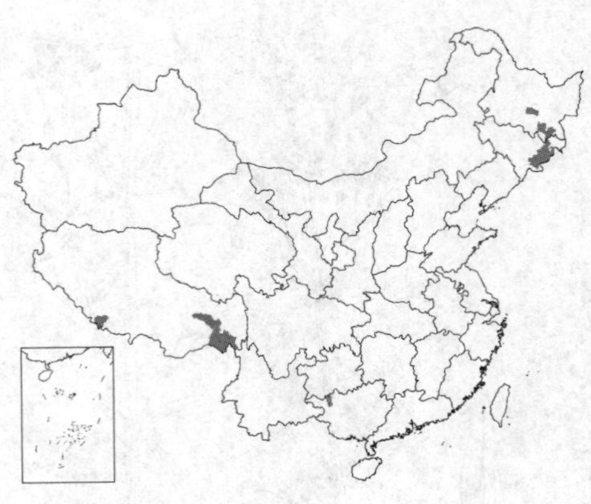

毛，柔弱。叶薄纸质，每轮4片，宽椭圆形、宽倒卵形或近圆形，长1-2.5厘米，宽0.6-1.7厘米，先端钝圆，有小尖头，基部短尖，两面被稀薄紧贴柔毛，具短缘毛，3脉；无柄或近无柄。聚伞花序顶生和生于上部叶腋，长2-6厘米，常2歧分枝，少花，最末分枝2-3花；花序梗长0.8-4厘米。花径3-4毫米；花梗长1-2毫米；萼筒被毛；花冠白或淡绿黄色，裂片4，椭圆状披针形或卵状三角形，长1毫米。果密被长钩状刚毛，径1.5-2毫米，果爿单生或双生；果柄长0.3-1.5厘米。花果期7-9月。

产黑龙江、吉林、西藏及广西，生于海拔1500-2300米山地林下或沟边草丛中。俄罗斯、朝鲜、日本及美洲北部有分布。

22. 小红参 西南拉拉藤 图 1010

Galium elegans Wall. ex Roxb. Fl. Ind. ed. Carey, 1: 382. 1820.

多年生直立或攀援草本，幼时常匍匐，高达1米。茎和分枝稍粗，有4棱，被硬毛或长柔毛。叶4生轮生，卵形、卵状披针形、椭圆形或披针形，长0.6-3厘米，宽0.3-2厘米，先端稍钝或短尖，基部钝圆或短尖，边缘常反卷，上面粗糙，下面常有淡黄色圆形腺点，两面均被硬毛或长柔毛，3（5）脉；近无柄或有短柄。聚伞圆锥花序顶生和腋生。花单性，稀两性；花梗长0.5-2.5毫米；花冠白或淡黄色，辐状，径2-2.5毫米，裂片卵状三角形，长1.2毫米。果径1-2毫米，果爿单生或双生，密被钩状长柔毛，稀无毛。花期4-8月，果期5-12月。

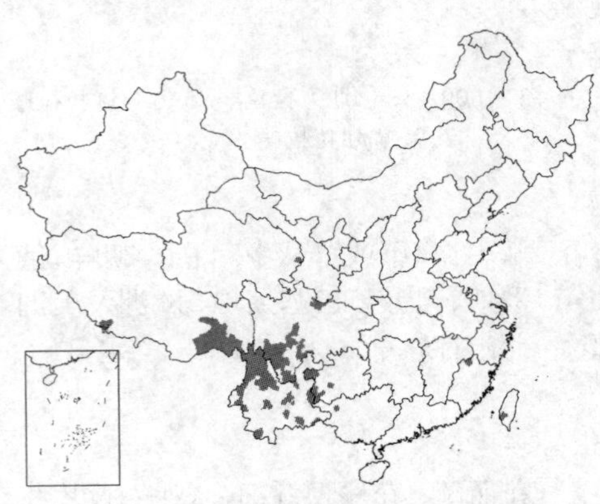

产福建西北部、台湾、广西西北部、云南、贵州、四川、青海东北部、西藏东南部及南部，生于海拔650-3500米处山地、溪边、林下、灌丛中、草地或岩缝中。印度、巴基斯坦、尼泊尔、不丹、孟加拉、缅甸及泰国有分布。

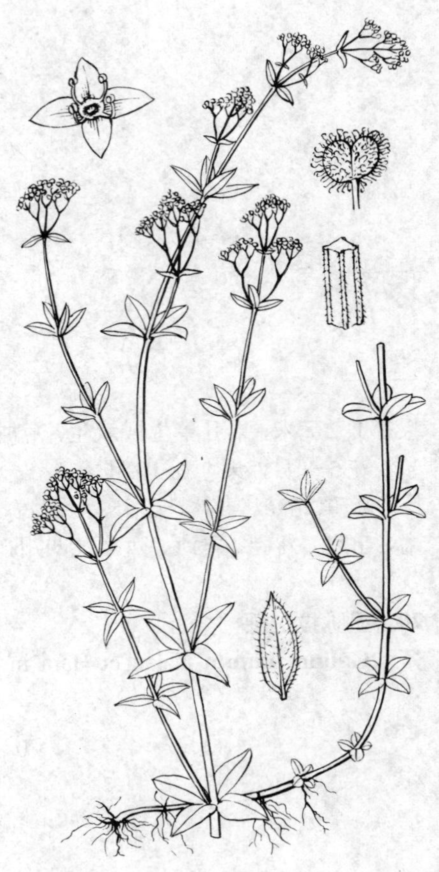

图 1010 小红参（余汉平绘）

23. 福建拉拉藤 图 1009：7-9

Galium nakaii Kudo ex Hara in Journ. Jap. Bot. 9: 517. f. 4. 1933.

多年生草本，高达40厘米。茎直立，常不分枝，有4棱，无毛。叶纸质，4片轮生，卵状披针形或卵形，长1.5-5.5厘米，宽0.6-2.5厘米，先端短尖，渐尖或稍尖，基部短尖，茎下部叶较小，宽卵形，先端钝，边缘不反卷，两面脉疏被糙硬毛，稀无毛，3脉，叶脉在叶两面平或稍凸起；近无柄。聚伞花序顶生或腋生，长1-3厘米，常3-7花；苞片线形或无。花径约3毫米；花冠白色，辐状，裂片4，卵形，3脉，无毛；雄蕊4，生于冠筒喉部。果被向上钩状糙硬毛，分果爿卵形，长2-3毫米，单生或双生。

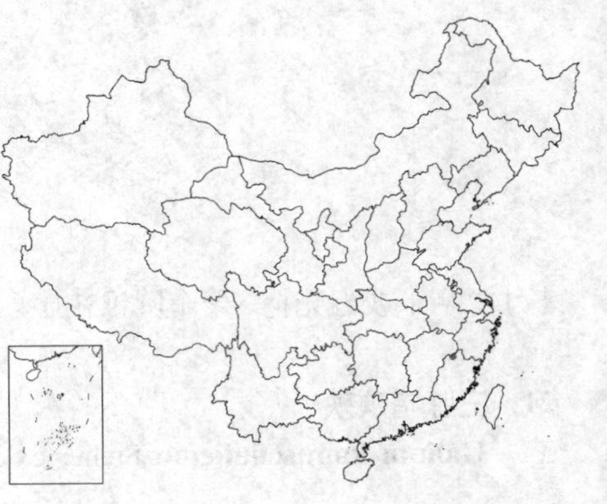

果期8月。

产福建西北部（崇安），生于海拔约1400米山谷林中。日本有分布。

图 1011 中亚车轴草 （邓晶发绘）

24. 中亚车轴草 图 1011

Galium rivale (Sibth. et Smith) Griseb. Spicil. Fl. Rumel. 2: 156. 1844.

Asperula rivalis Sibth. et Smith, Fl. Graec. Prod. 1: 87. 1806.

多年生草本，高达1.2米。茎直立或攀援，柔弱，具4棱，棱有倒向疏小刺或小刺毛。叶纸质，6-10片轮生，披针形、倒披针形或窄椭圆形，长0.6-5厘米，宽2-8毫米，先端短锐尖，基部渐窄，沿边缘具倒向小刺毛，下面中脉有倒向疏小刺，有时上面有疏刺毛，1脉；近无柄。聚伞圆锥花序腋生或顶生，长达12厘米，径约9厘米，多花，花序梗长，粗糙；苞片椭圆形或长圆状披针形，长1.5-3毫米。花梗无毛；花冠白色，短漏斗状，径约2.5毫米，冠筒长约1.2毫米，裂片4；雄蕊4，伸出，着生花冠裂片间。果近球形，长1.5-2毫米，具小瘤状凸起，果爿单生或双生。花果期6-9月。

产内蒙古、河北、山西、陕西、甘肃、宁夏、新疆、青海、四川及贵州西南部，生于海拔700-3300米山谷林下、沟边、河滩或草地。亚洲及欧洲有分布。

图 1012 蔓生拉拉藤 （邓晶发绘）

25. 蔓生拉拉藤 图 1012

Galium humifusum M. Bieb. Fl. Taur.-Cauc. 1: 104. 1808.

多年生草本。茎1至多个，平铺，长达1米，纤细，具4棱，被白色柔毛，稀近无毛，基部分枝。叶纸质，6-10片轮生，窄披针形或线形，长0.5-2.3厘米，宽1-5毫米，边缘常反卷，两面被白色柔毛，边缘具向上刚毛，1脉；近无柄。聚伞花序腋生或顶生，有时组成伞房状圆锥花序，花序梗和花梗被柔毛。花梗长1-4毫米，叉开；花冠黄白色，短漏斗状，长1.5-3毫米，冠筒与裂片等长或较短，裂片长圆形，花时反折。果无毛，宽椭圆形，长1-1.5毫米，常双生。花果期5-10月。

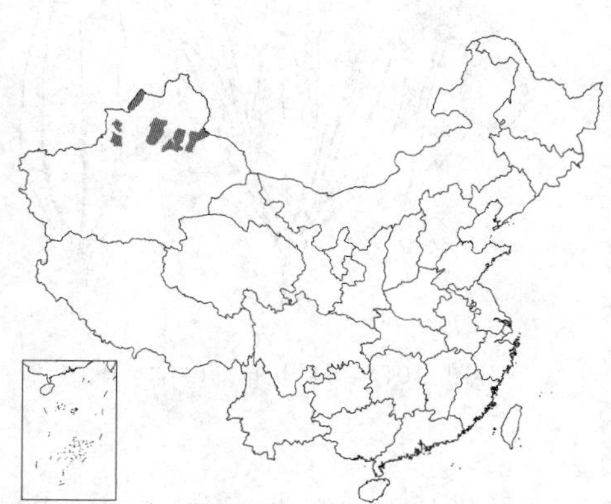

产新疆，生于420-2200米山坡、沟边、河滩、荒地或林中。欧洲及亚洲有分布。

26. 车轴草 图 1013

Galium odoratum (Linn.) Scop. Fl. Carn. ed. 2, 1: 105. 1771.

Asperula odorata Linn. Sp. Pl. 103. 1753.

多年生草本，高达60厘米。茎直立，少分枝，具4棱，无毛，节具一环白色刚毛。叶纸质，6-10片轮生，倒披针形、长圆状披针形或窄椭圆形，长1.5-6.5厘米，宽0.5-1.7厘米，茎下部叶长0.6-1.5厘米，宽3-5毫米，先端短尖或渐尖，或钝，有短尖头，基部渐窄，边缘和有时下面脉具向上刚毛或两面被稀薄紧贴刚毛，1脉；无柄或具柄极短。聚伞伞房花序顶生，长达9厘米；花序基部有4-6苞片披针形。花径3-7毫米；花梗长2-3毫米，无毛；花冠白或蓝白色，短漏斗形，长约4.5毫米，裂片4，长圆形，长2.5毫米，比冠筒长；雄蕊4。果爿双生或单生，球形，径约2毫米，密被钩毛；果柄长约4毫米。花果期6-9月。

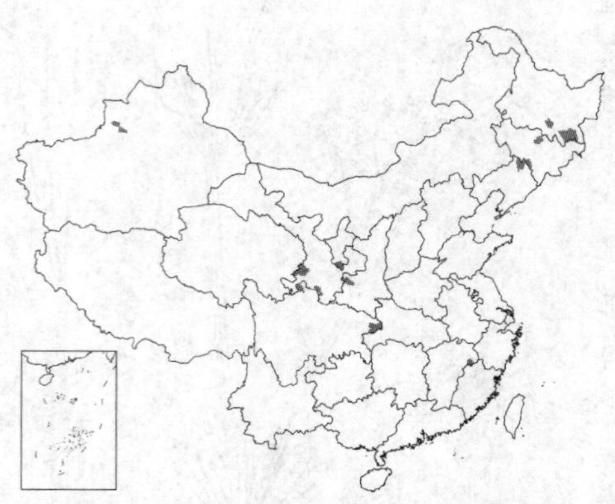

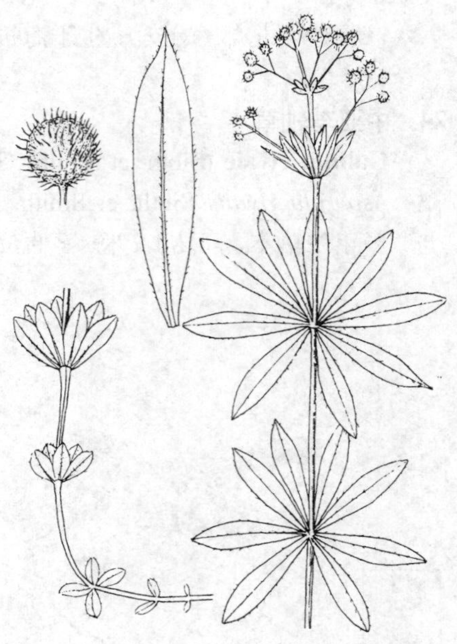

图 1013 车轴草 （邓晶发绘）

产黑龙江、吉林、辽宁、陕西、甘肃、宁夏、新疆及四川，生于海拔1580-2800米山地林下或灌丛中。日本、朝鲜半岛北部、俄罗斯、亚洲西部、欧洲、非洲北部及美洲北部有分布。

27. 异叶轮草 图 1014

Galium maximowiczii (Kom.) Pobed. in Nov. Syst. Pl. Vasc. 7: 277. 1971.

Asperula maximowiczii Kom. in Acta Hort. Petrop. 39: 109. 1923.

多年生草本，高达1米。茎4棱，无毛，分枝。叶纸质，4-8片轮生，椭圆形、卵形或卵状披针形，长1.5-5.3厘米，宽0.7-2厘米，先端钝圆，稀稍尖，基部短尖或渐窄成短柄，上面无毛或疏生硬毛，边缘和下面脉具向上硬毛，3(4-5)脉；叶柄长2-6毫米，有硬毛。聚伞圆锥花序顶生和生于上部叶腋，疏散，长约20厘米，径约15厘米。花梗纤细，长2-4毫米；花冠白色，钟状，径3毫米，长2.5毫米，裂片4，长圆形，与冠筒等长或稍短；雄蕊着生冠筒中部。果径2-2.5毫米，无毛，有小颗粒状凸起，果爿近球形，双生或单生；果柄纤细。花期6-7月，果期7-10月。

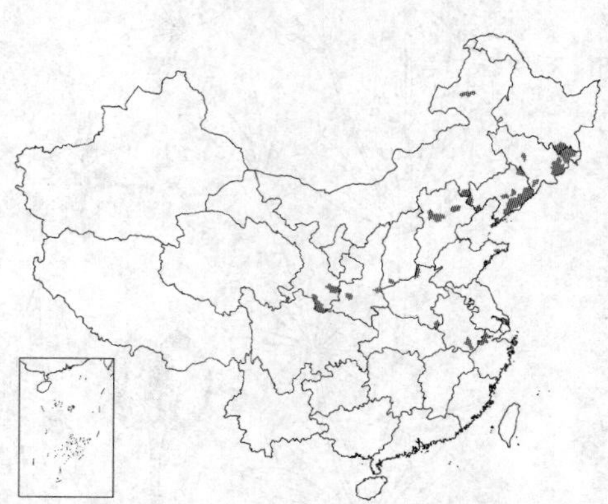

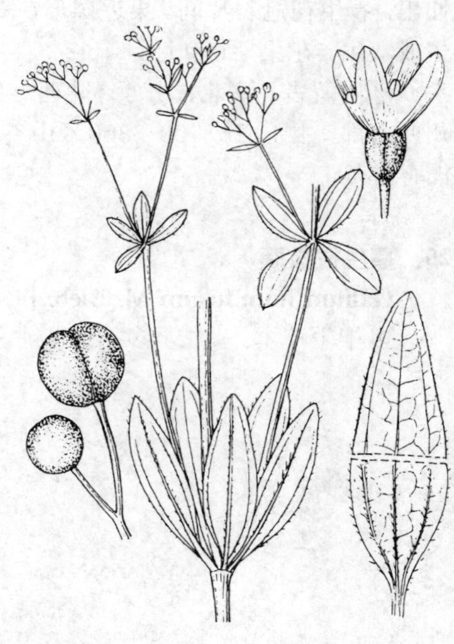

图 1014 异叶轮草 （邓晶发绘）

产黑龙江、吉林、辽宁、内蒙古、河北、山东、浙江、安徽、河南、山西、陕西及甘肃，生于海拔380-1600米山地、旷野、沟边林下、灌丛中或草地。俄罗斯及朝鲜半岛有分布。

[附] **卵叶轮草 Galium platygalium** (Maxim.) Pobed. in Nov. Syst.

Pl. Vasc. 7: 277. 1971. ——*Asperula platygalium* Maxim in Bull. Acad. Imp. Sci. St. Pétersb. 19: 284. 1874. 本种与异叶轮草的区别：叶4片轮生，革质，卵形、卵状长圆形或宽椭圆形，长1.2–2.8厘米，宽0.5–1.5厘米；花序较稠密。花果期7–9月。产黑龙江及吉林，生于中海拔山地林下。俄罗斯及朝鲜半岛有分布。

96. 茜草属 **Rubia** Linn.

直立或攀援草本；常有糙毛或小皮刺。茎有4棱或翅。叶常4-6片或多片轮生，稀对生，具掌状脉或羽状脉；有托叶。聚伞花序腋生或顶生。花两性，花有梗；萼檐不明显；花冠辐状或近钟状，裂片（4）5，镊合状排列；雄蕊（4）5（6），着生冠筒，花丝短，花药2室；花盘肿胀；子房（1）2室，花柱2裂，柱头头状；每子室1胚珠。果2裂，肉质浆果状，（1）2室。种子近直立，腹面平或无网纹，和果皮贴连，种皮膜质，胚乳角质；胚近内弯，子叶叶状，胚根长，向下。

约70余种，分布于西欧、北欧、地中海沿岸、非洲、亚洲温带、喜马拉雅地区、墨西哥至美洲热带。我国36种、2变种。

1. 叶具1中脉，侧脉羽状或不明显，叶线形或披针形。
  2. 叶4片轮生，侧脉6–10对，叶长5–12厘米，宽0.5–1.4厘米；花冠淡黄色 ……… 1. **长叶茜草 R. dolichophylla**
  2. 叶6片轮生，侧脉不明显，长2–5厘米，宽0.5–1毫米；花冠暗红色 ………… 1(附). **红花茜草 R. haematantha**
1. 叶具掌状基出脉3–7，有时9–11；叶形多样。
  3. 叶对生，卵形或卵状披针形，叶柄长2–8厘米，托叶心形或披针形 …………………… 2. **对叶茜草 R. siamensis**
  3. 叶4至多片轮生。
    4. 直立草本。
      5. 叶有柄。
        6. 叶基出脉5–7。
          7. 叶4片轮生，叶基部圆或宽楔形，稀微心形，叶柄长0.5–2厘米 ……………… 3. **中国茜草 R. chinensis**
          7. 叶4–12片轮生，基部深心形，叶柄长2–11厘米 ……………………………… 3(附). **林生茜草 R. syvatica**
        6. 叶基出脉3，如为5条则近叶缘的一对纤细而不明显，叶4片轮生，叶基部宽楔形、近钝圆或浅心形 …………………………………………………………………………………… 4. **大叶茜草 R. schumanniana**
      5. 叶无柄或近无柄。
        8. 叶基出脉3，稀5，在叶上面凹下，两面近无毛或脉上被硬毛 ……………………… 5. **紫参 R. yunnanensis**
        8. 叶基出脉5，两面均有微小皮刺 ……………………………………………… 5(附). **黑花茜草 R. mandersii**
    4. 攀援藤本。
      9. 叶柄短或近无柄，叶基部渐窄 ………………………………………………………… 6. **川滇茜草 R. edgeworthii**
      9. 叶柄较长，叶基部圆或心形。
        10. 植株密被灰色钩状硬毛 …………………………………………………………… 7. **钩毛茜草 R. oncotricha**
        10. 植株无毛，或毛被非钩状。
          11. 叶常4片轮生，一对较大，一对较小，叶先端非渐尖。
            12. 茎、枝有倒生钩刺，无毛；叶纸质，先端短尖或骤尖，基出脉5–7 ………… 8. **东南茜草 R. argyi**
            12. 茎、枝被糙伏毛，毛基部小球状；叶革质，先端钝；基出脉5 ……… 8(附). **厚柄茜草 R. crassipes**
          11. 叶常4片轮生，等大或近等大，先端渐尖或短尖。
            13. 花冠裂片反折。
              14. 叶长2–13厘米，宽1–6.5厘米，先端尾尖，基部深心形，叶干后粉绿或白色绿色，基出脉5–7，叶柄长2.5–13厘米 ……………………………………………………………… 9. **卵叶茜草 R. ovatifolia**
              14. 叶长2–8厘米，宽0.5–2.5厘米，先端短尖或渐尖，基部心形，叶干后常褐色，基出脉3–5，叶柄长1-5厘米 ………………………………………………………………………………… 10. **柄花茜草 R. podantha**
13. 花冠裂片不反折，向外伸展、近直立或内弯。
15. 叶线形、披针状线形、窄披针形或披针形，长3.5-9厘米，宽0.4-2厘米 …………… 11. **金剑草 R. alata**
15. 叶较宽，非上述形状。
16. 茎具紫红色髓和节；叶先端长渐尖或尾尖；果暗红色 ………………………………… 12. **梵茜草 R. manjith**
16. 茎具白色髓，节部非暗红色；叶先端渐尖、短渐尖、长渐尖或钝尖；果非暗红色。
17. 花冠裂片长3-4毫米，先端尾尖；叶脉无皮刺 …………………………………… 13. **金线草 R. membranacea**
17. 花冠裂片长1.3-1.5毫米，先端短尖或渐尖；叶脉有皮刺。
18. 叶常4片轮生；基出脉3，稀外侧有1对小基出脉；果成熟时桔黄色 …………… 14. **茜草 R. cordifolia**
18. 叶4或6片轮生；基出脉5；果成熟时黑色 ………………………………………… 15. **多花茜草 R. wallichiana**

1. 长叶茜草　　图 1015

Rubia dolichophylla Schrenk in Bull. Acad. Imp. Sci. St. Pétersb. 2: 115. 1844.

草本，高达1米；全株无毛。茎、枝、叶缘、叶下面中脉和花序梗均有小皮刺。叶4片轮生，近无柄，纸质，线形或披针状线形，长5-12厘米，宽0.5-1.4厘米，先端渐尖，基部楔形，边缘反卷；上面中脉平，侧脉纤细，叶下面明显，6-10对。花序腋生，单生或双生，由多个小聚伞花序组成；花序梗和分枝均纤细，第一对分枝处的苞片叶状，长达2厘米，其余苞片线形，长2-5毫米。花梗长4-6毫米，无小苞片；花萼干后黑色，近球形，径1-1.2毫米；花冠淡黄色，辐状，裂片（4）5，卵形，长约2毫米，先端喙状，内弯；雄蕊（4）5，生于冠筒中部以上。

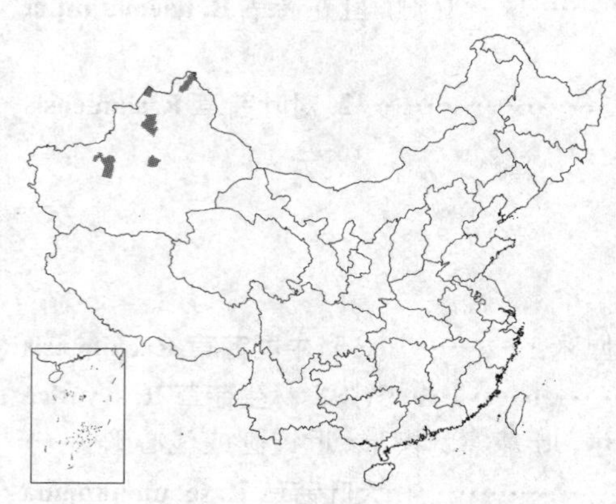

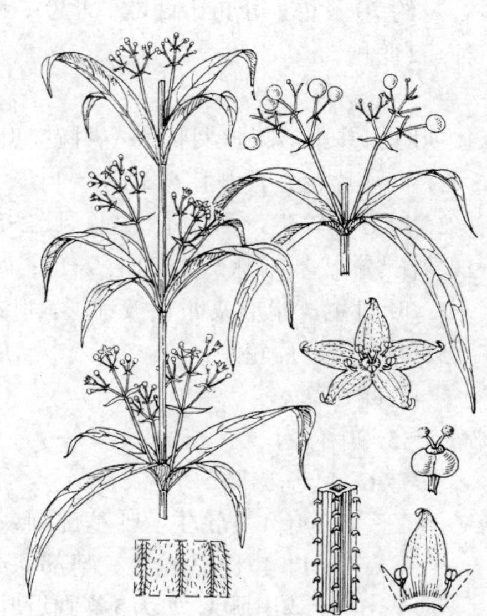

图 1015 长叶茜草 （余汉平绘）

产新疆北部及西北部，生于低海拔至中海拔水边或芦苇地。亚洲中部有分布。

[附] 红花茜草 **Rubia haematantha** Airy-Shaw in Kew Bull. 1931: 450. 1931. 本种与长叶茜草的区别：叶6片轮生，侧脉不明显；长2-5厘米，宽0.5-1毫米；花冠暗红色。花期夏季至秋初，果期秋末冬初。产云南及四川，生于海拔约3000米干热河谷灌丛中。

2. 对叶茜草　　图 1016

Rubia siamensis Craib in Kew Bull. 1911: 397. 1911.

草质攀援藤本，长达3米。棱有微小倒生皮刺。叶对生，厚纸质或近革质，卵形或卵状披针形，长5-11厘米，宽2-4厘米，先端骤尖或渐尖，基部心形或近圆，两面均粗糙，基出脉5-7，在叶两面凸起，侧脉和网脉叶两面明显；叶柄长2-8厘米，有小皮刺，托叶心形或披针形，长5-7毫米。花序圆锥状，长达30厘米。花冠绿白色，冠筒长1.3毫米，裂片线状披针形，长约2毫米，宽1毫米，内面被粉状毛；花柱短，柱头2裂。果序长7-11厘米；果干后黑色，球形，径5-6毫米，单生或双生。果期8-9月。

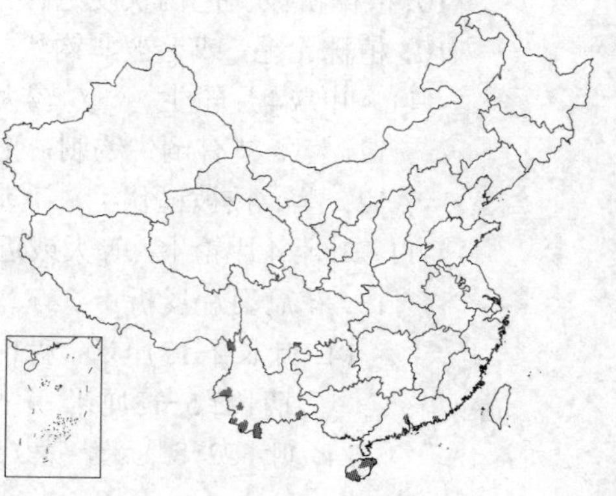

产云南、海南、广东南部及香港，生于海拔2200-2500米山地林中。泰国有分布。

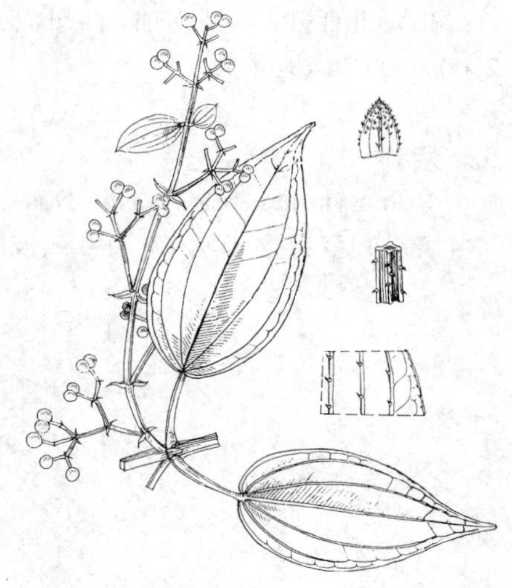

图 1016 对叶茜草 （余汉平绘）

3. 中国茜草 图 1017

Rubia chinensis Regel et Maack in Regel, Tent. Fl. Ussur. 76. no. 241, t. 8. f. 1-2. 1861.

多年生草本，高达60厘米。茎常数条丛生，稀单生，棱被向上钩毛。叶4片轮生，薄纸质或近膜质，卵形、宽卵形、椭圆形或宽椭圆形，长4-9厘米，宽2-4厘米，先端短渐尖或渐尖，基部圆或宽楔形、略心形，有密缘毛，上面近无毛或基出脉被硬毛，下面被白色柔毛，基出脉5或7；叶柄长0.5-2厘米，上部叶有时近无柄。聚伞圆锥花序，顶生和茎上部腋生，长15-30厘米，花序梗和分枝无毛或被柔毛；苞片披针形，长1.5-2毫米。花梗长2-5毫米；萼筒近球形，径约0.8毫米，干后黑色，无毛；花冠白色，干后黄色，冠筒长0.2-0.4毫米，裂片5-6，卵形或近披针形，长1.7-2毫米，先端尾尖；雄蕊5-6，生于冠筒近基部。浆果近球形，径约4毫米，黑色。花期5-7月，果期9-10月。

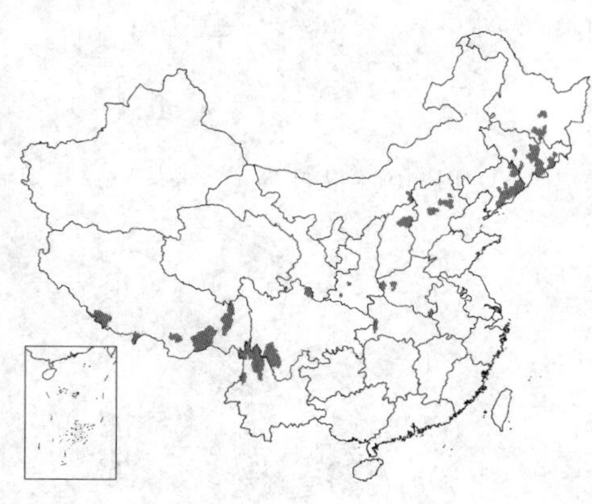

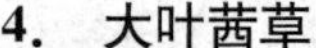

产黑龙江、吉林、辽宁、内蒙古、河北、山西、河南、湖北、陕西西南部、甘肃南部、四川西南部、云南西北部、西藏东部及南部，生于海拔200-1330米山地林下、林缘和草甸。俄罗斯、朝鲜、日本有分布。

[附] **林生茜草 Rubia sylvatica** (Maxim.) Nakai in Journ. Jap. Bot. 13: 783. 1937.——*Rubia cordifolia* Linn. var. *sylvatica* Maxim. Prim. Fl. Amur. 140. 1859. 本种与中国茜草的区别：叶4-12片轮生，叶基部深心形，叶柄长2-11厘米。花期7月，果期9-10月。产黑龙江、吉林、辽宁、内蒙古、河北、山西、陕西、甘肃、四川，生于低海拔至中海拔山谷林中或林缘。俄罗斯有分布。

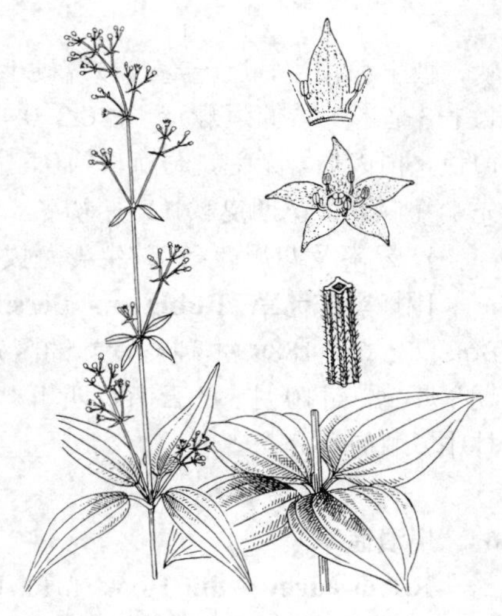

图 1017 中国茜草 （余汉平绘）

4. 大叶茜草 图 1018

Rubia schumanniana Pritz. in Engl. Bot. Jahrb. 29: 583. 1901.

草本，高约1米。茎和分枝近无毛，或有微小倒刺。叶4片轮生，披针形、长圆状卵形或卵形、宽卵形，长4-10厘米，宽2-4厘米，先端渐尖或近短尖，基部宽楔形、近钝圆或浅心形，边稍反卷而粗糙，上面脉有钩状硬毛，有时上面或两面均被硬毛，基出脉3，如5条则近叶缘一对纤细而不明显，常在叶上面凹下；叶柄近等长或2长2短，长0.5-3厘米。聚伞花序多具分枝，成圆锥花序式，顶生和腋生，花序梗长3-4厘米，有直棱，无毛；小苞片披针形，长3-4毫米，有缘毛。花径3.5-4毫米；花冠白或绿黄色，干后常褐色，裂片4-6，近卵形，先端渐尖或短尾尖，常内弯。浆果

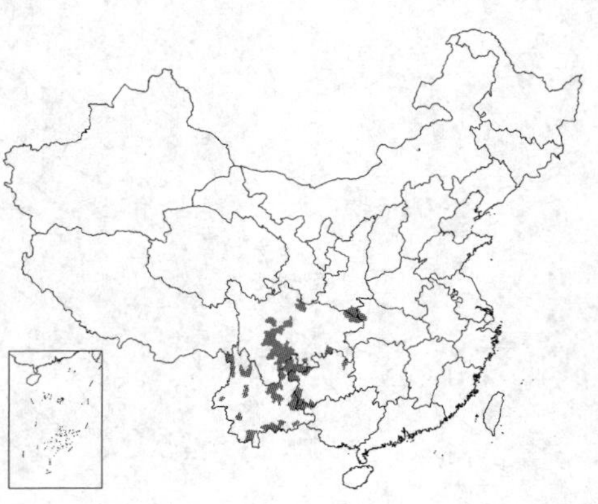

球状，径约5–7毫米，黑色。花果期夏秋季。

产湖北西部、陕西南部、四川、云南、贵州及广西西北部，生于海拔2600–3000米山地林中。

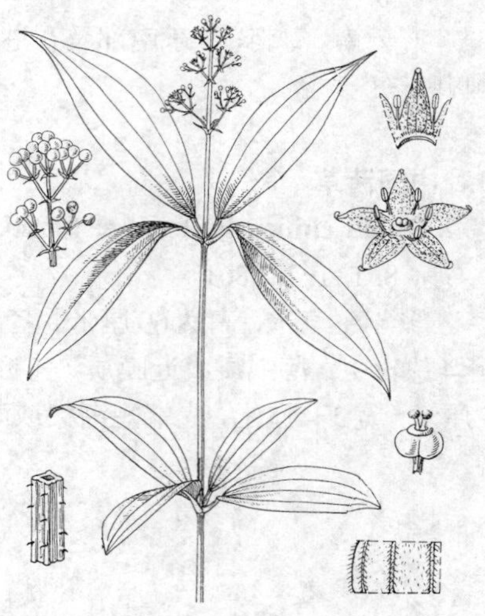

图 1018 大叶茜草 （余汉平绘）

5. 紫参 图 1019

Rubia yunnanensis Diels in Notes. Roy. Bot. Gard. Edinb. 5: 278. 1912.

草本；茎长达50厘米，直立或披散状，有时平卧。根稍肉质，数至十余条簇生和茎基部均红色；茎、枝均有4棱或4窄翅，节部被硬毛，余近无毛。叶纸质，线状披针形、卵形、倒卵形、长圆形、宽椭圆形或近圆形，长1–5厘米，宽0.3–2厘米，先端渐尖或短尖，边缘常反卷，被硬毛，两面近无毛或脉被硬毛，基出脉3，稀5，在叶上面凹下；几无叶柄或茎上部叶柄极短。聚伞花序3歧分枝成圆锥花序状，腋生和顶生，近无毛或被疏硬毛；小苞片披针形，长2–5毫米。花梗长1–3毫米；萼筒近球形，径0.3–0.4毫米，顶端平截；花冠黄色，干后近白色，稍肉质，无毛，冠筒长约0.5毫米，裂片5，近卵形，长1.2–2毫米，先端短喙状。花期夏秋，果期初冬。

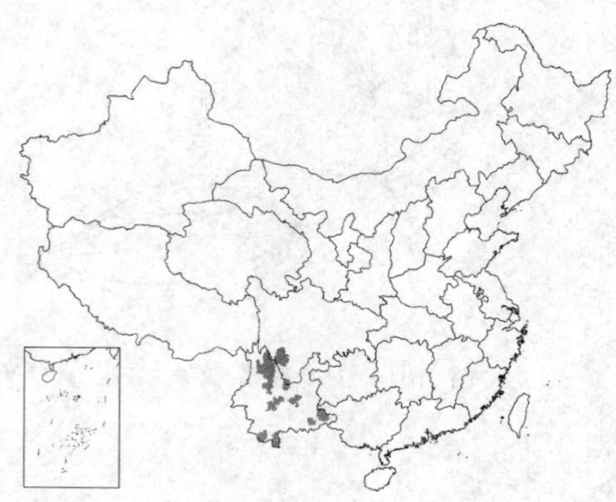

产云南及四川西南部，生于海拔1700–2500米山地灌丛中或草坡。

[附] **黑花茜草 Rubia mandersii** Coll. et Hemsl. in Journ. Linn. Soc. Bot. 28: 68. 1889. 本种与紫参的区别：叶基出脉5，两面有微小皮刺。花期8月，果期10月。产云南及四川，生于海拔1900–3000米干旱石山或松林中。缅甸有分布。

图 1019 紫参 （余汉平绘）

6. 川滇茜草 图 1020

Rubia edgeworthii Hook. f. Fl. Brit. Ind. 3: 203. 1881.

攀援草本；全株被毛。茎有8纵棱，粗糙。叶4片轮生，纸质，披针形或窄披针形，长4–7厘米，宽1.2–2厘米，先端短尖或渐尖，基部渐窄，全缘，两面均稍粗糙，基出脉3–5，在叶上面凹下；叶柄短或近无柄。聚伞花序组成圆锥花序式，腋生和顶生，开展，被硬毛；苞片披针形或近卵形，长2–5毫米；萼筒球状，近无毛或略被硬毛；花冠淡黄色，稍肉质，无毛或被硬毛，冠筒长约0.5毫米，裂片4–5，卵状披针形，长1–1.2毫米，先端钝，内弯；雄蕊着生冠筒上部；花柱2深裂。花期9月。

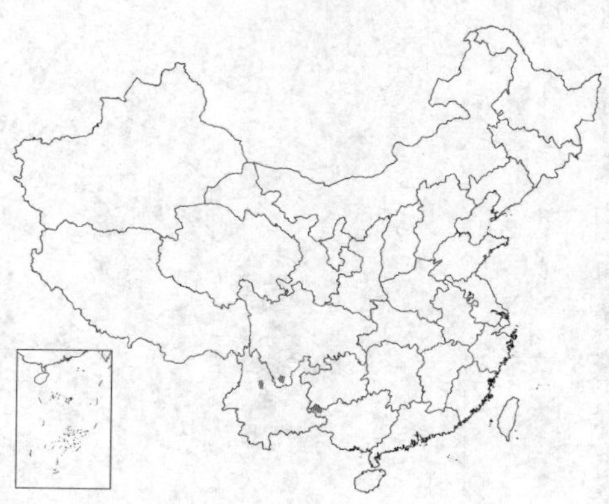

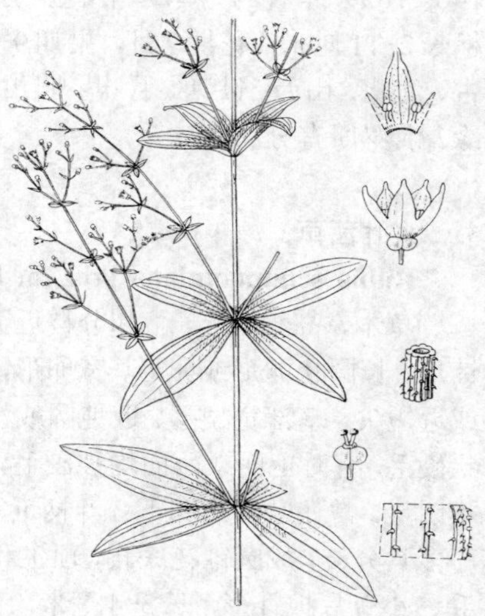

图 1020 川滇茜草 （余汉平绘）

产广西西北部、云南西北部及四川西南部，生于海拔约2100米草坡。印度有分布。

7. 钩毛茜草 图 1021

Rubia oncotricha Hand.-Mazz. Symb. Sin. 7 (4): 1031. 1936.

藤状草本，长达1.5米；常平卧或披散状，几全株密被灰色钩状硬毛，茎和分枝有4棱和纵沟。叶4片轮生，近纸质，披针形或卵形，长0.8–3.5厘米，宽0.3–1.5厘米，先端近渐尖，基部心形，边缘反卷，基出脉3–5条，最外侧的一对不明显，在叶上面凹下；叶柄长2–9毫米，有时近无柄。聚伞花序常组成窄长圆锥花序式，顶生或腋生；小苞片披针形，长2–5毫米。花梗长1–8毫米，有时近无梗；萼筒近无毛；花冠白或黄色，干后黑色，径3.5–4毫米，被长硬毛，冠筒长0.8–1毫米，裂片5，三角状卵形，长1.8–2毫米，先端尾尖；雄蕊5，生于冠筒近中部，花药伸出。核果浆果状，径3–3.5毫米，无毛，常有淡褐色斑点。花期夏秋，果期冬季。

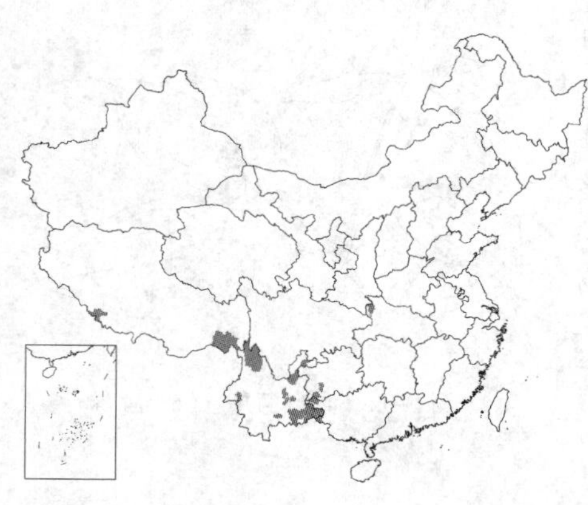

产广西西部、贵州西南部、湖北西北部、四川西南部、云南、西藏东南部及南部，生于海拔500–2150米山地林中、林缘或山坡草地。

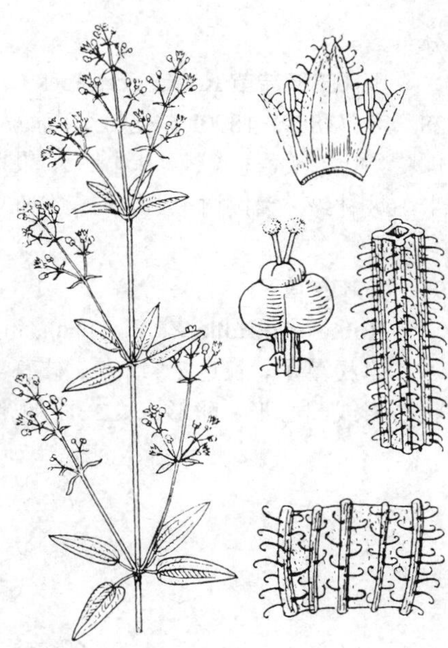

图 1021 钩毛茜草 （余汉平绘）

8. 东南茜草 图 1022

Rubia argyi (Lévl. et Van.) Hara ex L. A. Lauener et D. K. Ferguson in Notes Roy. Bot. Gard. Edinb. 32 (1): 114. 1972.

Galium argyi Lévl. et Van. in Bull. Soc. Bot. France 55: 58. 1908.

多年生草质藤本。茎、枝均有4棱或4窄翅，棱有倒生钩刺，无毛。叶4(6)片轮生，一对较大，一对较小，叶纸质，心形、宽卵状心形或近圆心形，长1–5厘米，宽1–4.5厘米，先端短尖或骤尖，基部心形或近圆，边缘和叶下面基出脉有皮刺，两面粗糙或兼有柔毛，基出脉5–7，在叶上面凹下；叶柄长0.5–9厘米，有纵棱，棱有皮刺。聚伞花序分枝成圆锥花序式，顶生和小枝上部腋生，花序梗和总轴均有4棱，棱有小皮刺，小苞片卵形或椭圆状卵形，花梗长1–2.5毫米，近无毛或稍被硬毛；萼筒近球形，干后黑色；花冠白色，干后黑色，稍厚，冠筒长0.5–0.7毫米，裂片4–5，卵形或披针形，内面有小乳突。浆果近球形，径5–7毫米，成熟时黑色。

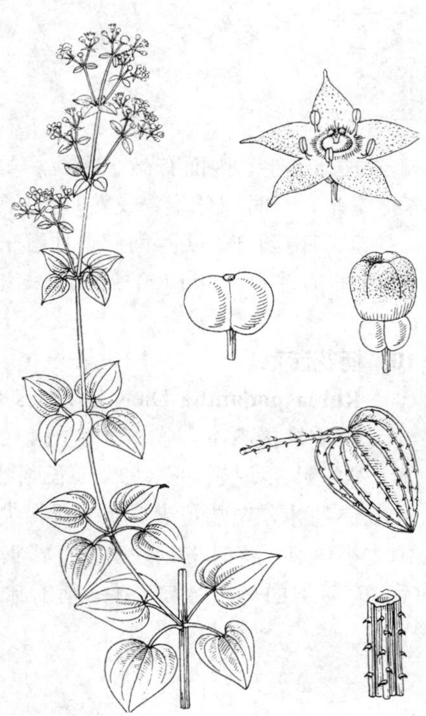

图 1022 东南茜草 （余汉平绘）

产河南、安徽、江苏、浙江、福建、江西、湖北、湖南、广东、广西、四川及陕西，生于低海拔至中海拔山地林缘或灌丛中。日本及朝鲜半岛有分布。

[附] **厚柄茜草 Rubia crassipes** Coll. et Hemsl. in Journ. Linn. Soc. Bot. 28: 68. (1889) 1890. 本种与东南茜草的区别：茎、枝被糙伏毛，毛基部小球状；叶革质，先端钝，基出脉5。果期秋季。产云南，生于海拔1400-2400米山坡林缘，攀援树上。缅甸有分布。

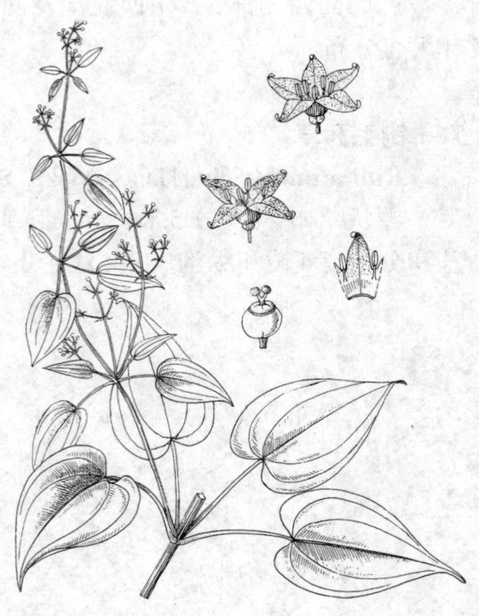

图 1023 卵叶茜草 （余汉平绘）

9. 卵叶茜草 图 1023

Rubia ovatifolia Z. Y. Zhang, in Fl. Tsinling. 1: 420. 15. f. 10. 1985.

攀援草本，长达2米。茎、枝有4棱，无毛。叶4片轮生，薄纸质，卵状心形或圆心形、卵形，长2-13厘米，宽1-6.5厘米，先端尾尖，基部深心形，两面近无毛或粗糙，有时下面基出脉有小皮刺，基出脉5-7；叶柄长2.5-13厘米，无毛，有时有小皮刺。聚伞花序组成疏花圆锥花序式，腋生和顶生，无毛，有时有疏小皮刺；小苞片线形或披针状线形，近无毛。萼筒近扁球形，2微裂，径约1毫米，近无毛；花冠淡黄或绿黄色，冠筒长0.8-1毫米，裂片5，反折，卵形，先端长尾尖，无毛或被疏硬毛，内面有微小颗粒；雄蕊5，生于冠筒口部。浆果球形，径6-8毫米，有时双球形，成熟时黑色。花期7月，果期10-11月。

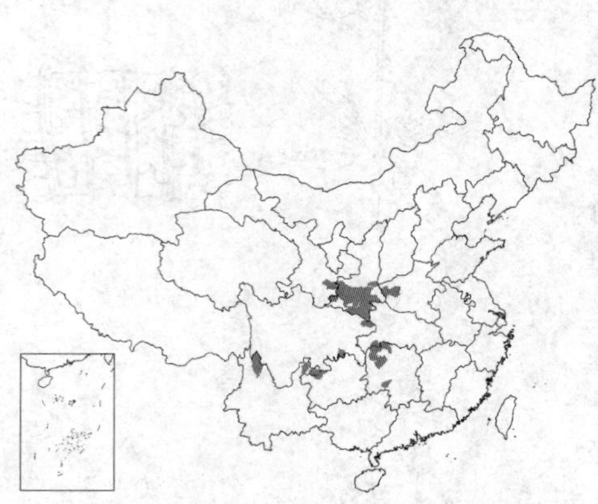

产河南西部、陕西南部、甘肃东南部、四川、云南、贵州、湖北、湖南及浙江，生于海拔1700-2200米山地林下或灌丛中。

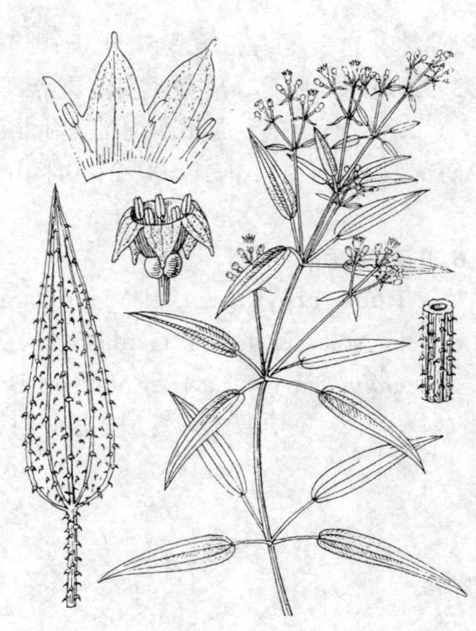

图 1024 柄花茜草 （余汉平绘）

10. 柄花茜草 图 1024

Rubia podantha Diels in Notes Roy. Bot. Gard. Edinb. 5: 277. 1912.

草质攀援藤本。茎和分枝稍4棱，棱有倒生小皮刺。叶4片轮生，纸质，窄披针形、披针形、卵形、长圆状卵形或宽卵状圆形，长2-8厘米，宽0.5-2.5厘米，先端短尖、渐尖或骤尖，基部心形，有缘毛，下面基出脉有倒生小皮刺，有时皮刺脱落，有乳头状残基，常上面被糙毛，稀两面被糙毛，有时上面基出脉被糙毛，基出脉3-5，最外2条常纤细；叶柄有棱，具倒生皮刺，长1-5厘米。花序腋生和顶生，聚伞花序组成圆锥花序式，主轴和分枝均有棱；小苞片披针形或近卵形，被糙毛。萼筒近球形，径约0.8毫米，近无毛；花冠紫红或黄白色，干后常褐色，杯状，常稍被硬毛，冠筒长0.8-1毫米，裂片5，卵形或披针形，反折，内面密被小乳突。浆果球形，单生或双生，径4-5毫米，成熟时黑色。花期4-6月，果期6-9月。

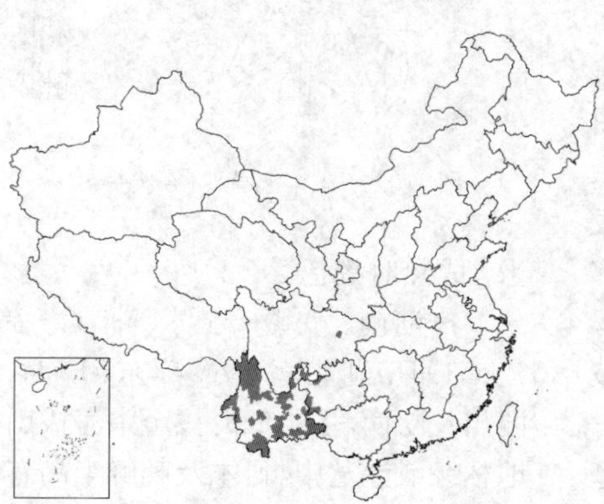

产广西西部、云南、四川及贵州，生于海拔1000-3000米山地林缘、林中或草地。

11. 金剑草 图 1025

Rubia alata Roxb. Fl. Ind. ed. Carey, 1: 384. 1820.

草质攀援藤本，长1-4米。茎、枝有4棱或4翅，棱有倒生皮刺，无毛或节被白色硬毛。叶4片轮生，薄革质，线形、披针状线形、窄披针形或披针形，长3.5-9厘米，宽0.4-2厘米，先端渐尖，基部圆或浅心形，边缘反卷，有小皮刺，两面均粗糙，基出脉3或5，在叶上面凹下，凸起，有倒生小皮刺或皮刺不明显；叶柄2长2短，长的长3-10厘米，有倒生皮刺，有时近无柄。花序腋生或顶生，多回分枝圆锥花序式，花序轴和分枝有小皮刺。花梗长2-3毫米，有4棱；小苞片卵形；萼筒近球形，径约0.7毫米；花冠白或淡黄色，无毛，裂片卵状三角形或近披针形，长1.2-1.5毫米，先端尾尖，内面和边缘均密被小乳凸状毛；雄蕊5，生于冠筒中部，伸出。浆果成熟时黑色，球形或双球形，长约0.5-0.7毫米。花期夏初至秋初，果期秋冬。

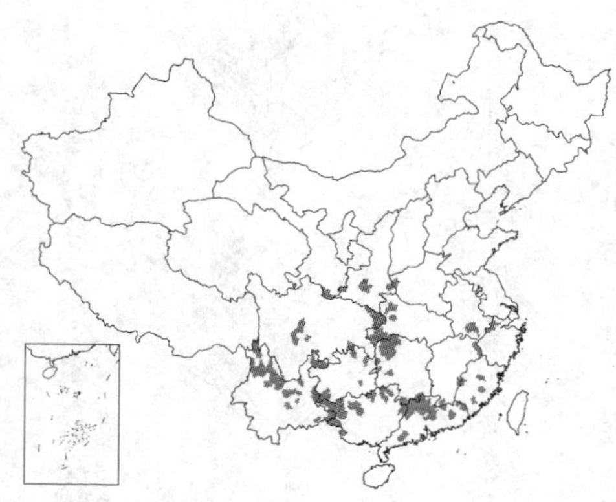

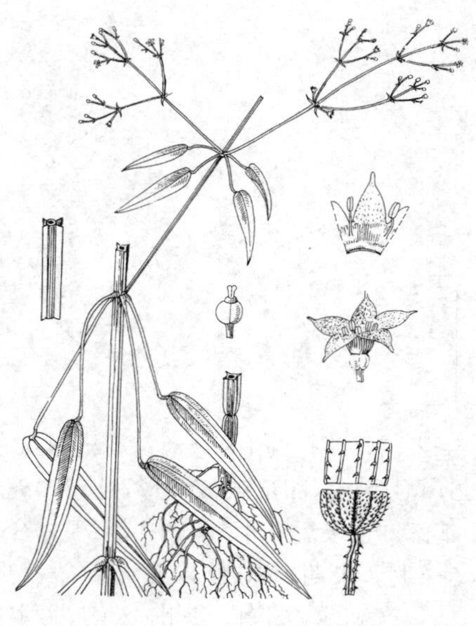

图 1025 金剑草 （余汉平绘）

产河南西部、安徽南部、浙江西北部、福建、江西、湖北、湖南、广东、广西、贵州、云南、四川、甘肃南部及陕西南部，生于海拔1500-2000米以下山地林下及灌丛中。

12. 梵茜草 图 1026

Rubia manjith Roxb. ex Flem. in Asiat. Res. 11: 177. 1810.

草质攀援藤本。茎、枝有4棱，棱有倒生小皮刺，髓部常紫红色。叶4片轮生，纸质，长圆状披针形、卵状披针形或卵形，长2.5-8.5厘米，先端长渐尖或尾尖，基部心形，边缘不反卷，有微小皮刺，基出脉(3)5，两面均有微小皮刺；叶柄长1-6厘米，密生小皮刺。聚伞花序多4分枝，圆锥状，花序轴和分枝均有小皮刺；小苞片长圆形或披针形，长不及2毫米。花冠红或紫红色，辐状，冠筒短，裂片5，星状展开，不反折，近卵形或披针形，长约1.5毫米。果球形，单生或双生，暗红色。花期7-8月，果期10月。

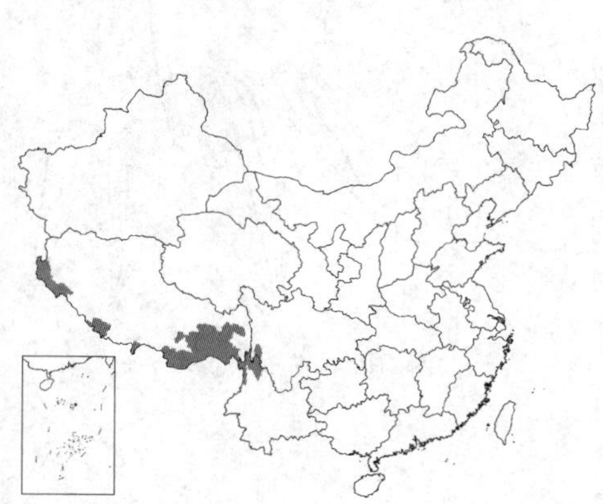

产西藏、云南西北部及四川东南部，生于海拔700-3600米山地林下或灌丛中。印度、不丹及缅甸有分布。

图 1026 梵茜草 （肖 溶绘）

13. 金线草 图 1027

Rubia membranacea Diels in Notes Roy. Bot. Gard. Edinb. 5: 279. 1912.

草质攀援藤本，长达2米。茎、枝

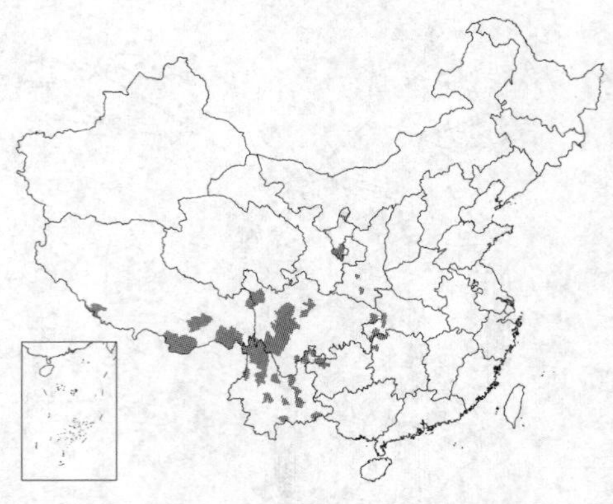

有4棱，茎常粗糙或有倒生皮刺，枝近平滑或节有硬毛。叶4片轮生，薄纸质，披针形或近卵形，长1-8厘米，宽0.5-4厘米，先端渐尖，基部钝圆或心形，叶脉无皮刺，边缘常有小皮刺，基出脉3-5；叶柄长0.5-2.5（-4）厘米。聚伞花序有花3朵或排成长2-3厘米的圆锥花序，腋生和顶生；苞片窄披针形，长5-5.5毫米。萼筒径约1.8毫米；花冠紫红色，辐状，冠筒长0.2-0.6毫米，裂片5，不反折，卵形或披针形，长3-4毫米，先端尾尖；雄蕊5，生于冠筒近基部。浆果近球形，单生或双生，径5-9毫米，成熟时深蓝或黑色。花期5-6月，果期8-10月。

产湖北、湖南、贵州、云南、西藏、四川、陕西及宁夏，生于海拔1100-3000米山地林下、林缘、灌丛中或草地。

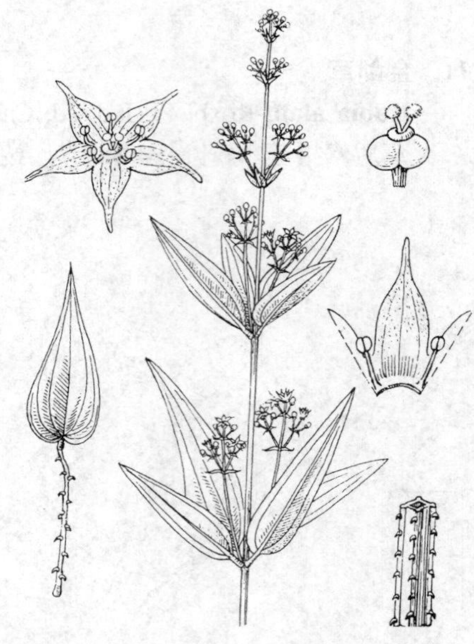

图 1027 金线草 （余汉平绘）

14. 茜草 图 1028

Rubia cordifolia Linn. Syst. Nat. ed. 12, 3: 229. 1768.

草质攀援藤本。茎数至多条，有4棱，棱有倒生皮刺，多分枝。叶4片轮生，纸质，披针形或长圆状披针形，长0.7-3.5厘米，先端渐尖或钝尖，基部心形，边缘有皮刺，两面粗糙，脉有小皮刺，基出脉3，稀外侧有1对很小的基出脉；叶柄长1-2.5厘米，有倒生皮刺。聚伞花序腋生和顶生，多4分枝，有花十余朵至数十朵，花序梗和分枝有小皮刺；花冠淡黄色，干后淡褐色，裂片近卵形，微伸展，长1.3-1.5毫米，无毛。果球形，径4-5毫米，成熟时桔黄色。花期8-9月，果期10-11月。

除新疆及香港外，各省区均有分布，生于低海拔至中海拔山地林下、林缘、灌丛中或草地。俄罗斯、朝鲜半岛北部、日本有分布。

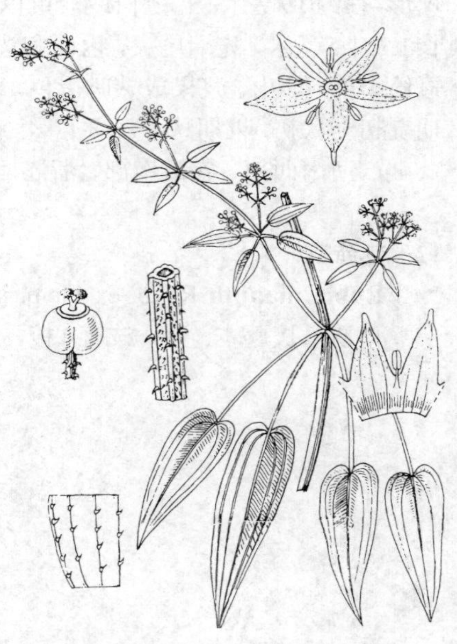

图 1028 茜草 （余汉平绘）

15. 多花茜草 图 1029

Rubia wallichiana Decne. Rcherch. Anat. et Physiol. Garance 61. 1837.

草质攀援藤本。茎、枝有4棱，棱有倒生短刺，无毛或节被毛。叶4或6片轮生，薄纸质，披针形或卵状披针形，长2-7厘米，宽0.5-2.5厘米，先端渐尖，基部圆心形或近圆，边缘常有刺毛，上面无毛或粗糙，下面无毛，中脉有皮刺，基出脉5，最外侧的2条纤细不明显；叶柄长

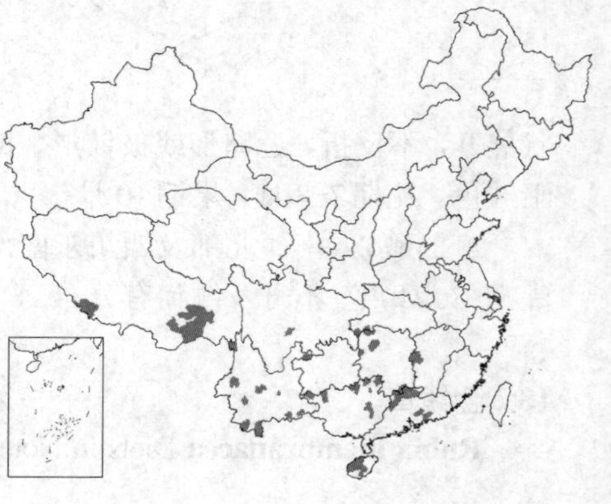

1-6厘米，有倒生皮刺。花序腋生和顶生，由多数小聚伞花序组成圆锥花序式，长1-5厘米；小苞片披针形，长2-3.5厘米。花梗长3-4毫米；萼筒近球形；花冠紫红色、绿黄或白色，辐状，裂片披针形，长1.3-1.5毫米。浆果球形，径3.5-4毫米，单生或双生，黑色。花期6-9月，果期10-12月。

产江西西部、湖北西南部、湖南、广东、香港、海南、广西、贵州、云南、四川及西藏，生于海拔300-2500米山地林下、林缘、灌丛中及旷野草地。印度有分布。

图 1029 多花茜草 （引自《海南植物志》）

97. 泡果茜草属 Microphysa Schrenk

多年生草本，高达50厘米；基部分枝。茎有棱，棱有小刺。叶4片轮生，近花序的对生，线状披针形或披针形，长3-5厘米，宽3-5毫米，边缘微反卷，中脉明显，下面脉有短刺毛。伞房状圆锥花序顶生。花两性，4基数；花梗被短刺毛；无萼裂片；花冠白色，漏斗状；雄蕊着生冠筒上部，花药长圆形；子房2室，每室1胚珠，柱头2浅裂。果爿双生，膀胱状，径约4毫米，具宿萼和柱头。

单种属。

泡果茜草 图 1030

Microphysa elongata (Schrenk) Pobed. in Kom. Fl. URSS 23: 286. 1958.

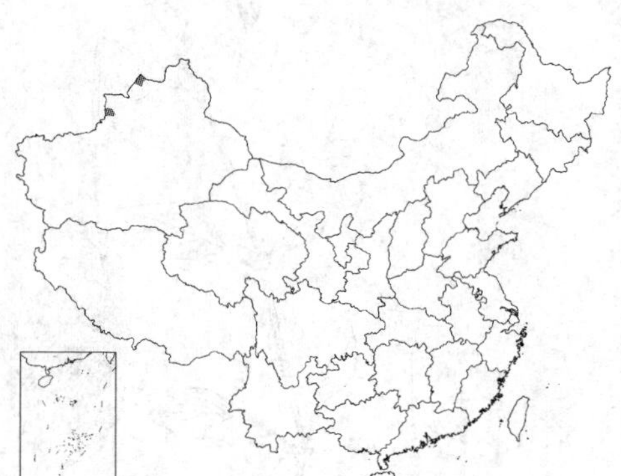

Asperula elongata Schrenk, Enum. Pl. Nov. 58. 1841.

形态特征同属。花果期5-7月。

产新疆西北部，生于中海拔河边。中亚有分布。

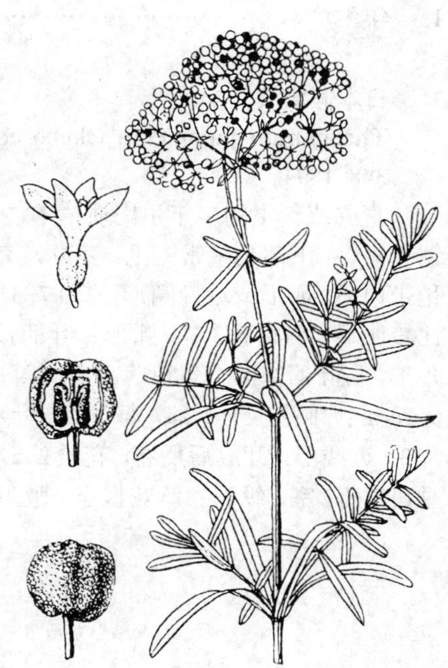

图 1030 泡果茜草 （余汉平绘）

210. 假繁缕科（假牛繁缕科）THELIGONACEAE

（陈淑荣）

一年生或多年生矮小肉质草本。单叶，通常下部叶对生，上部叶互生，全缘；托叶膜质，与叶柄基部合生。花小，1-3朵生于同一节或不同的节上，常组成聚伞花序；花单性，雌雄同株或为两性。雄花常2-3朵聚生于同一节上，近无柄；花被在芽时闭合，镊合状排列，开花时期5深裂，开放后裂片宽阔而反卷，有3-5脉；雄蕊（2-）6-12（-30），花丝丝状，花药线形，丁字形，背部着生，芽时直立，开花时悬垂。雌花1-3朵聚生同一节上或不同节上；花梗极短或无；花被管偏斜，多少呈瓶颈形，花被膜质，上部延伸成窄管，在口部有2-4齿裂；子房上位，基部偏斜，1心皮，内具2枚基生多少弯生的胚珠，花柱1，纤细，着生子房基部一侧，伸出花被管外。果为坚果状核果，近球形或卵圆形，两侧压扁，内有马蹄形种子1枚。种子胚乳肉质。

1属，分布于地中海沿岸及亚洲东部、加那利群岛。

假繁缕属 Theligonum Linn.

属特征与科特征同。

约4种。我国3种。

1. 多年生草本。
   2. 雄蕊20-25或16-20 ………………………… 1. 日本假繁缕 **T. japonicum**
   2. 雄蕊5-7 ………………………… 1(附). 台湾假繁缕 **T. formosanum**
1. 一年生草本 ………………………… 2. 假繁缕 **T. macranthum**

1. 日本假繁缕 图 1031：1-4

Theligonum japonicum Okubo et Makino in Bot. Mag. Tokyo 8 (90): 348. 1894.

直立或斜生的多年生肉质草本，高达36厘米。茎多基部分枝，被白或锈色短毛，下部老茎常无毛；茎叶常有臭气味。上部叶互生，下部叶对生，稍带肉质，卵形或近椭圆形，长0.7-3厘米，两面白或锈色短毛，尤在边缘比较明显，羽状脉3对，弧形；叶柄长短不一；托叶膜质，卵形或卵状三角形，与叶柄基部合生抱茎。花雌雄同株，腋生，或在上部与叶成对对生，无花梗；雄花生于上部，每2朵与叶对生，花萼绿色，萼筒长2毫米，裂片3，近线形，开放后反卷，花被2-5，全裂，雄蕊（16）20-25，外露，下垂，花药2室，纵裂；雌花极小，腋生，闭合，3-4齿裂，子房被毛，花柱生于一侧。果卵圆形，两侧压扁。春夏季开花。

产浙江西北部及安徽南部，生于海拔约950米山谷或溪边阴湿处。日本中部有分布。

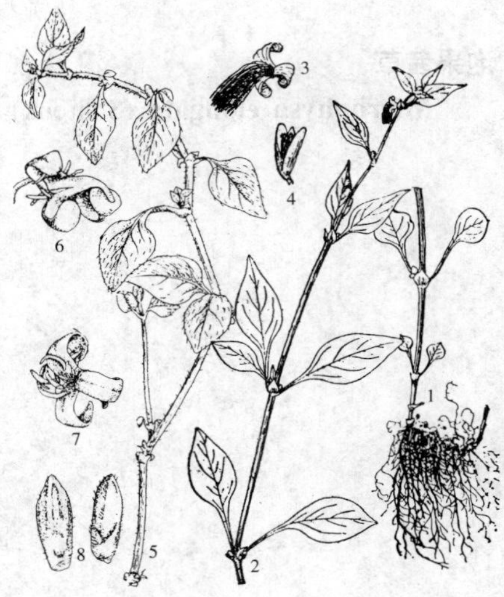

图 1031:1-4.日本假繁缕 5-8.台湾假繁缕（引自《浙江植物志》《Fl. Taiwan》）

[附]**台湾假繁缕** 图 1031：5-8 **Theligonum formosanum** (Ohwi) Ohwi et Liu in H. L. Li, Fl. Taiwan 3: 904. pl. 860. 1977. —— *Cynocrambe formosana* Ohwi in Acta Phytotax. Geobot. 2 (3): 157. 1933. 本种与日本假繁缕的区别：植株矮小，高10-15厘米，稍被短柔毛；叶先端急尖，基部稍心形，

上面被毛，下面脉上被稀疏毛；花被2裂；雄蕊5-7；坚果状核果近球形。产台湾。

2. 假繁缕 假牛繁缕 图 1032

Theligonum macranthum Franch. in Nouv. Arch. Mus. Paris ser. 2(10): 71. 1887.

直立多汁一年生草本，高达50厘米。茎多少被有锈色短柔毛，尤以节上较明显。下部叶对生，上部叶互生，草质，卵形、卵状披针形或近椭圆形，长2-5厘米，两面疏生短柔毛或变无毛；叶柄长0.5-1.8厘米，近无毛；托叶膜质，卵形或卵状三角形，与叶柄基部合生抱茎。花雌雄同株。雄花生于上部，每2朵与叶对生；花萼绿色，萼筒长约2毫米，开放后反卷；雄蕊约20余枚，花丝纤细，下垂；雌蕊极小，腋生，子房被毛，花柱生于一侧，柱头舌状。果卵圆形，两侧压扁，内有马蹄形种子1枚。春夏季开花。

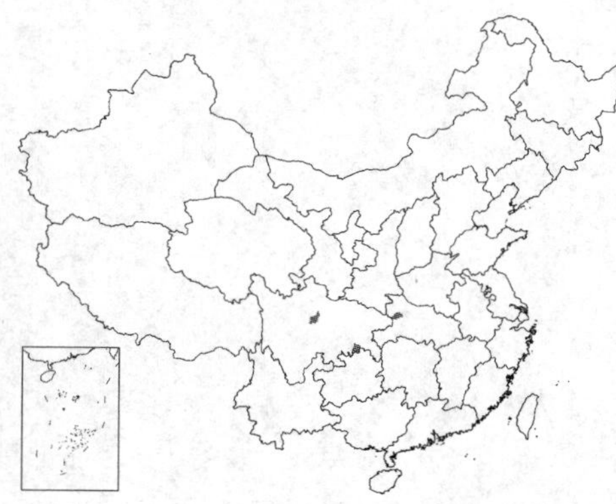

产湖北西部及四川，生于海拔2050-2400米林下阴湿处。

图 1032 假繁缕 （引自《图鉴》）

本卷审校、图编、绘图、摄影及工作人员

审　校	傅立国　洪　涛
图　编	傅立国（形态图　分布图）郎楷永（彩片）
绘　图	（按绘图量排列）余汉平　孙英宝　冯晋庸　黄少容　邓盈丰　吴彰桦　冀朝祯　张泰利　余　峰　陈锦文　王金凤　邓晶发　蔡淑琴　陈荣道　吴锡麟　鞠维江　易敬度　郭木森　张桂芝　张海燕　张春方　肖　溶　曾孝濂　李志民　马　平　钱存源　路桂兰　杨建昆　张宝福　何冬泉　谢　华　田　虹　李锡畴　唐庆瑜　王凤祥　李爱莉　何顺清　丁　柯
摄　影	（按彩片数量排列）郎楷永　武全安　李泽贤　吕胜由　刘　演　刘玉琇　李延辉　吴光弟　李光照　邬家林　林余霖　黄祥童　刘尚武　韦毅刚　刘伦辉　吴玉虎　陈虎彪　李渤生　陈家瑞　郭　柯　胡嘉琪　谭策铭　熊济华
工作人员	李　燕　孙英宝　陈慧颖　童怀燕

Contributors

(Names are listed in alphabetical order)

Revisers Fu Likuo and Hong Tao

Graphic Editors Fu Likuo and Lang Kaiyung

Illustrations Cai Shuqin, Chen Jinwen, Chen Rongdao, Dang Qingyu, Deng Jingfa, Deng Yingfeng, Dian Hong, Ding Ke, Feng Jinrong, Guo Mushen, He Dongquan, He Shunqing, Huang Shaorong, Ji Chaozhen, Ju Weijiang, Li Aili, Li Xichou, Li Zhimin, Lu Guilan, Ma Ping, Qian Cunyuan, Sun Yingbao, Wang Fengxiang, Wang Jinfeng, Wu Xilin, Wu Zhanghua, Xiao Rong, Xie Hua, Yang Jiankun, Yi Jingdu, Yu Feng, Yu Hanping, Zeng Xiaolian, Zhang Baofu, Zhang Chunfang, Zhang Guizhi, Zhang Haiyan and Zhang Taili

Photographs Chen Hubiao, Chen Jiarui, Guo Ke, Hu Jiaqi, Huang Xiangdong, Lang Kaiyung, Li Buosheng, Li Guangzhao, Li Yanhui, Li Zexian, Lin Yulin, Liu Lunhui,Liu Shangwu, Liu Yan, Liu Yuxiu, Lu Shengyuo, Tan Ceming, Wei Yigang, Wu Guangdi, Wu Jialin, Wu Quanan, Wu Yuhu and Xiong Jihua

Clerical Assistance Chen Huiying, Li Yan, Sun Yingbao and Tong Huaiyan

彩片 1　杉叶藻 *Hippuris vulgaris*（郎楷永）

彩片 2　白背枫 *Buddleja asiatica*（吴光第）

彩片 3　密蒙花 *Buddleja officinalis*（李延辉）

彩片 4　紫花醉鱼草 *Buddleja fallowiana*（吴光第）

彩片 5　巴东醉鱼草 *Buddleja albiflora*（郎楷永）

彩片 6　大叶醉鱼草 *Buddleja davidii*（郎楷永）

彩片 7　雪柳 *Fortanesia phillyraeoides* subsp. *fortunei*（刘玉琇）

彩片 8　光蜡树 *Fraxinus griffithii*（吕胜由）

彩片 9　苦枥木 *Fraxinus floribunda* subsp. *insularis*（吕胜由）

彩片 10　花曲柳 *Fraixinum rhynchophylla*（郎楷永）

彩片 11　连翘 *Forsythia suspensa*（郎楷永）

彩片 12　金钟花 *Forsythia viridissima*（武全安）

彩片 13　欧丁香 *Syringa vulgaris*（林余霖）

彩片 14　厚边木犀 *Osmanthus marginatus*（李泽贤）

彩片 15　木犀 *Osmanthus fragrans*（李光照）

彩片 16　山桂花 *Osmanthus delavayi*（武全安）

彩片 17　流苏树 *Chionanthus retusus*（郎楷永）

彩片 18　异株木犀榄 *Olea tsoongii*（武全安）

彩片 19　小叶女贞 *Ligustrum quihoui*（郎楷永）

彩片 20　女贞 *Ligustrum lucidum*（刘伦辉）

彩片 21　矮探春 *Jasminum humile*（郎楷永）

彩片 22　亮叶素馨 *Jasminum seguinii*（武全安）

彩片 23　扭肚藤 *Jasminum elongatum*（李泽贤）

彩片 24　茉莉花 *Jasminum sambac*（刘玉琇）

彩片 25　迎春花 *Jasminum undiflorum*（郎楷永）

彩片 26　川素馨 *Jasminum urophyllum*（吕胜由）

彩片 27　华素馨 *Jasminum sinense*（吕胜由）

彩片 28　素方花 *Jasminum officinale*（李延辉）

彩片 29　多花素馨 *Jasminum polyanthum*（武全安）

彩片 30　毛蕊花 *Verbascum thapsus*（刘玉琇）

彩片 31 毛泡桐 *Paulownia tomentosa*（郎楷永）

彩片 32 兰考泡桐 *Paulownia elongata*（郎楷永）

彩片 33 台湾泡桐 *Paulownia kawakamii*（李光照）

彩片 34 藏玄参 *Oreosolen wattii*（郎楷永）

彩片 35　肉果草 *Lancea tibetica*（武全安）

彩片 36　光叶蝴蝶草 *Torenia asiatia*（吴光第）

彩片 37　单色蝴蝶草 *Torenia concolor*（吕胜由）

彩片 38　岩白翠 *Mazus omeiensis*（吴光第）

彩片 39　毛地黄 *Digitalis purpurea*（刘伦辉）

彩片 40　地黄 *Rehmannia glutinosa*（郎楷永）

彩片 41　天目地黄 *Rehmannia chingii*（林余霖）

彩片 42　宽叶腹水草 *Veronicastrum latifolium*（邬家林）

彩片 43　爬岩红 *Veronicastrum axillare*（吴光第）

彩片 44　短穗兔耳草 *Lagotis brachystachya*（郭　柯）

彩片 45　圆穗兔耳草 *Lagotis ramalana*（郎楷永）

彩片 46　松蒿 *Phteirospermum japonicum*（黄祥童）

彩片 47　高山小米草 *Euphrasia nankotaizanensis*（吕胜由）

彩片 48　台湾小米草 *Euphrasia transmorrisonensis*（吕胜由）

彩片 49　硕大马先蒿 *Pedicularis ingens*（吴玉虎）

彩片 50　大王马先蒿 *Pedicularis rex*（武全安）

彩片 51　堇色马先蒿 *Pedicularis violascens*（郎楷永）

彩片 52　轮叶马先蒿 *Pedicularis verticillata*（郎楷永）

彩片 53　甘肃马先蒿 *Pedicularis kansuensis*（陈虎彪）

彩片 54　穗花马先蒿 *Pedicularis spicata*（郎楷永）

彩片 55　小唇马先蒿 *Pedicularis microchila*（郎楷永）

彩片 56　碎米蕨叶马先蒿 *Pedicularis cheilanthifolia* （吴玉虎）

彩片 57　阿拉善马先蒿 *Pedicularis alaschanica*（吴玉虎）

彩片 58　华北马先蒿 *Pedicularis tatarinowii* （郎楷永）

彩片 59　半扭卷马先蒿 *Pedicularis semitorta* （吴玉虎）

彩片 60　扭盔马先蒿 *Pedicularis davidii* （陈家瑞）

彩片 61　扭旋马先蒿 *Pedicularis torta* （吴光第）

彩片 62　大唇拟鼻花马先蒿 *Pedicularis rhinanthoides* subsp. *labellata*（郎楷永）

彩片 63　全叶马先蒿 *Pedicularis integrifolia*（郎楷永）

彩片 64　绵穗马先蒿 *Pedicularis pilostachya*（刘尚武）

彩片 65　青海马先蒿 *Pedicularis przewalskii*（刘尚武）

彩片 66　中国马先蒿 *Pedicularis chinensis*（郎楷永）

彩片 67　斑唇马先蒿 *Pedicularis longiflora* var. *tubiformis*（李渤生）

彩片 68　苦槛蓝 *Myoporum bontioides*（吕胜由）

彩片 69　丁座草 *Boschniakia himalaica*（吕胜由）

彩片 70　野菰 *Aeginetia indica*（李泽贤）

彩片 71　分枝列当 *Orobanche aegyptiaca*（郎楷永）

彩片 72　丝毛列当 *Orobanche caryophyllacea*（郎楷永）

彩片 73　革叶粗筒苣苔 *Briggsia mihieri*（武全安）

彩片 74　盾叶粗筒苣苔 *Briggsia longipes*（武全安）

彩片 75　大苞漏斗苣苔 *Didissandra begoniifolia*（武全安）

彩片 76　横蒴苣苔 *Beccarinda tonkinensis*（韦毅刚）

彩片 77　异裂苣苔 *Pseudochirita guangxiensis*（李光照）

彩片 78　异片苣苔 *Allostigma guangxiense*（刘 演）

彩片 79　单座苣苔 *Metabriggsia ovalifolia*（刘 演）

彩片 80　贵州半蒴苣苔 *Hemiboea cavaleriei*（李光照）

彩片 81　纤细半蒴苣苔 *Hemiboea gracilis*（熊济华）

彩片 82　半蒴苣苔 *Hemiboea subcapitata*（刘 演）

彩片 83　盾叶苣苔 *Metapetrocosmea peltata*（李泽贤）

彩片 84　牛耳朵 *Chirita eburnea*（李光照）

彩片 85 唇柱苣苔 *Chirita sinensis*（李泽贤）

彩片 86　蚂蝗七 *Chirita fimbrisepala*（刘 演）

彩片 87　桂林唇柱苣苔 *Chirita guilinensis*（李光照）

彩片 88　桂粤唇柱苣苔 *Chirita fordii*（刘 演）

彩片 89　羽裂唇柱苣苔 *Chirita pinnatifida*（刘 演）

彩片 90　光萼唇柱苣苔 *Chirita anachoreta*（吕胜由）

彩片 91　斑叶唇柱苣苔 *Chirita pumila*（武全安）

彩片 92　钩序唇柱苣苔 *Chirita hamosa*（刘 演）

彩片 93　东南长蒴苣苔 *Didymocarpus hancei*（刘　演）

彩片 94　长檐苣苔 *Dolicholoma jasminiflorum*（刘　演）

彩片 95　朱红苣苔 *Calcareoboea coccinea*（刘　演）

彩片 96　蛛毛苣苔 *Paraboea sinensis*（武全安）

彩片 97　锈色蛛毛苣苔 *Paraboea rufescens*（刘　演）

彩片 98　旋蒴苣苔 *Boea hygrometrica*（郎楷永）

彩片 99　芒毛苣苔 *Aeschynanthus acuminatus*（韦毅刚）

彩片 100　红花芒毛苣苔 *Aeschynanthus moningeriae*（李泽贤）

彩片 101　黄杨叶芒毛苣苔 *Aeschynanthus buxifolius*（武全安）

彩片 102　大花芒毛苣苔 *Aeschynanthus minetes*（武全安）

彩片 103　长圆吊石苣苔 *Lysionotus oblongifolius*（韦毅刚）

彩片 104　吊石苣苔 *Lysionotus pauciflorus*（吕胜由）

彩片 105　齿叶吊石苣苔 *Lysionotus serratus*（郎楷永）

彩片 106　攀援吊石苣苔 *Lysionotus chingii*（武全安）

彩片 107　浆果苣苔 *Cyrtandra umbellifera*（吕胜由）

彩片 108　尖舌苣苔 *Rhynchoglossum obliquum*（刘 演）

彩片 109　台闽苣苔 *Titanotrichum oldhamii*（吕胜由）

彩片 110　翼叶山牵牛 *Thunbergia alata*（李延辉）

彩片 111　山牵牛 *Thunbergia grandiflora*（李泽贤）

彩片 112　喜花草 *Eranthemum pulchellum*（李光照）

彩片 113　假杜鹃 *Barleria cristata*（李延辉）

彩片 114　板蓝 *Baphicacanthus cusia*（李泽贤）

彩片 115　金苞花 *Pachystachys lutea*（胡嘉琪）

彩片 116　火焰花 *Phlogacanthus curviflorus*（李延辉）

彩片 117　鳔冠花 *Cystacanthus paniculatus*（武全安）

彩片 119　云南山壳骨 *Pseuderandemum graciliflorum*（武全安）

彩片 118　白接骨 *Asystasiella neesiana*（武全安）

彩片 120　九头狮子草 *Peristrophe japonica*（刘玉琇）

彩片 121　枪刀药 *Hypoestes purpurea*（吕胜由）

彩片 122　枪刀菜 *Hypoestes cumingiana*（吕胜由）

彩片 123　珊瑚花 *Cyrtanthera carnea*（武全安）

彩片 124　虾衣花 *Calliaspidia guttata*（陈虎彪）

彩片 125　鸭嘴花 *Adhatoda vasica*（李泽贤）

彩片 126　芝麻 *Sesamum indicum*（李延辉）

彩片 127　炮仗花 *Pyrostegia* venusta（郎楷永）

彩片 128　楸 *Catalpa bungei*（陈虎彪）

彩片 129　滇楸 *Calatpa fargeeii* f. *duclouxii*（刘伦辉）

彩片 130　翅叶木 *Pauldopia ghorta*（邬家林）

彩片 131　菜豆树 *Radermachera sinica*（郎楷永）

彩片 132　凌霄 *Campsis grandiflora*（李泽贤）

彩片 133　厚萼凌霄 *Campsis radicans*（郎楷永）

彩片 134　角蒿 *Incarvillea sinensis*（刘玉琇）

彩片 135　黄花角蒿 *Incarvillea sinensis* var. *przewalskii*（刘尚武）

彩片 136　两头毛 *Incarvillea arguta*（武全安）

彩片 137　鸡肉参 *Incarvillea mairei*（郎楷永）

彩片 138　红波罗花 *Incarvillea delavayi*（郎楷永）

彩片 139　藏波罗花 *Incarvillea younghusbandii*（郎楷永）

彩片 140　密生波罗花 *Incarvillea compacta*（郎楷永）

彩片 141　火烧花 *Mayodendron igneum*（李延辉）

彩片 142　高山捕虫堇 *Pinguicula alpina*（邬家林）

彩片 143　怒江挖耳草 *Utricularia salwinensis*（邬家林）

彩片 144　圆叶挖耳草 *Utricularia striatula*（吕胜由）

彩片 145　黄花狸藻 *Utricularia aurea*（吕胜由）

彩片 146　裂叶蓝钟花 *Cyananthus lobatus*（郎楷永）

彩片 147　细叶蓝钟花 *Cyananthus delavayi*（武全安）

彩片 148　大萼蓝钟花 *Cyananthus macrocalyx*（李渤生）

彩片 149　灰毛蓝钟花 *Cyananthus incanus*（陈家瑞）

彩片 150　胀萼蓝钟花 *Cyananthus inflatus*（邬家林）

彩片 151　羊乳 *Codonopsis lanceolata*（林余霖）

彩片 152　党参 *Codonopsis pilosula*（黄祥童）

彩片 153　川党参 *Codonopsis tangshen*（郎楷永）

彩片 154　新疆党参 *Codonopsis clematidea*（郎楷永）

彩片 155　管钟党参 *Codonepsis bulleyana*（武全安）

彩片 156　脉花党参 *Codonopsis nervosa*（刘尚武）

彩片 157　灰毛党参 *Codonopsis canescens*（刘尚武）

彩片 158　鸡蛋参 *Codonopsis convolvulacea*（吴光第）

彩片 159　薄叶鸡蛋参 *Codonopsis convolvulacea* var. *vinciflora*（林余霖）

彩片 160　珠子参 *Codonopsis convolvulacea* var. *forrestii*（武全安）

彩片 161　金钱豹 *Campanumoea javanica* subsp. *japonica*（邬家林）

彩片 162　桔梗 *Platycodon grandiflorus*（刘玉琇）

彩片 163　紫斑风铃草 *Campanula punctata*（郎楷永）

彩片 164　北疆风铃草 *Campanula glomerata*（郎楷永）

彩片 165　聚花风铃草 *Campanula glomerata* subsp. *cephalotes*（黄祥童）

彩片 166　西南风铃草 *Campanula colorata*（武全安）

彩片 167　天蓝沙参 *Adenophora coelestis*（武全安）

彩片 168　沙参 *Adenophora stricta*（刘玉琇）

彩片 169　无柄沙参 *Andenophora stricta* subsp. *sessilifolia*（吴光第）

彩片 170　石沙参 *Adenophora polyantha*（刘玉琇）

彩片 171　杏叶沙参 *Adenophora hunanensis*（刘玉琇）

彩片 172　长白沙参 *Adenophora pereskiifolia*（黄祥童）

彩片 173　细萼沙参 *Adenophora capillaria* subsp. *leptosepala*（李延辉）

彩片 174　细叶沙参 *Adenophora paniculata*（郎楷永）

彩片 175　轮叶沙参 *Adenophora tetraphylla*（刘玉琇）

彩片 176　牧根草 *Asyneuma japonicum*（黄祥童）

彩片 177　半边莲 *Lobelia chinensis*（刘玉琇）

彩片 178　山梗菜 *Lobelia sessilifolia*（黄祥童）

彩片 179　江南山梗菜 *Lobelia davidii*（邬家林）

彩片 180　铜锤玉带草 *Pratia nummularia*（郎楷永）

彩片 181　草海桐 *Scaevola sericea*（李泽贤）

彩片 182　小草海桐 *Scaevola hainanensis*（李泽贤）

彩片 183　白花蛇舌草 *Hedyotis diffusa*（刘伦辉）

彩片 184　臭味新耳草 *Neanotis ingrata*（吴光第）

彩片 185　水金京 *Wendlandia formosana*（吕胜由）

彩片 186　绣球茜草 *Dunnia sinensis*（李泽贤）

彩片 187　流苏子 *Coptosapelta diffusa*（李泽贤）

彩片 188　香果树 *Emmenopterys henryi*（邬家林）

彩片 189　平滑钩藤 *Uncaria laevigata*（李延辉）

彩片 190　毛钩藤 *Uncaria hirsuta*（吕胜由）

彩片 191　攀茎钩藤 *Uncaria scandens*（李泽贤）

彩片 192　乌檀 *Nauclea officinalis*（李泽贤）

彩片 193　细叶水团花 *Adina rubella*（韦毅刚）

彩片 194　玉叶金花 *Mussaenda pubescens*（郎楷永）

彩片 195　狭叶栀子 *Gardenia stenophylla*（李泽贤）

彩片 196　栀子 *Gardenia jasminoides*（李光照）

彩片 197　狗骨柴 *Diplospora dubia*（吕胜由）

彩片 198　长隔木 *Hamelia patens*（陈虎彪）

彩片 199　琼梅 *Meyna hainanensis*（李泽贤）

彩片 200　猪肚木 *Canthium horridum*（李延辉）

彩片 201　海岸桐 *Guettarda speciosa*（李泽贤）

彩片 202　毛茶 *Antirhea chinensis*（李泽贤）

彩片 203　大粒咖啡 *Coffea liberica*（林余霖）

彩片 204　中粒咖啡 *Coffea canephora*（林余霖）

彩片 205　小粒咖啡 *Coffea arabica*（刘玉琇）

彩片 206　香港大沙叶 *Pavetta hongkongensis*（李延辉）

彩片 207　龙船花 *Ixora chinensis*（李泽贤）

彩片 208　九节 *Psychotria rubra*（谭策铭）

彩片 209　蔓九节 *Psychotria serpens*（吕胜由）

彩片 210　鸡矢藤 *Paederia scandens*（郎楷永）

彩片 211　虎刺 *Damnacanthus indicus*（吕胜由）

彩片 212　多花三角瓣花 *Prismatomeris tetrandra* subsp. *multiflora*（李延辉）

彩片 213　海滨木巴戟 *Morinda citrifolia*（李泽贤）

彩片 214　羊角藤 *Morinda umbellata*（李泽贤）

彩片 215　鸡眼藤 *Morinda parvifolia*（李泽贤）